特种混凝土设计与施工

（第二版）

雍　本　编著

中国建筑工业出版社

图书在版编目（CIP）数据

特种混凝土设计与施工/雍本编著．—2版．—北京：中国建筑工业出版社，2004

ISBN 7-112-07050-3

Ⅰ.特… Ⅱ.雍… Ⅲ.①特种混凝土-混凝土结构-结构设计②特种混凝土-混凝土施工 Ⅳ.TU377②TU755

中国版本图书馆CIP数据核字（2004）第126737号

本书重点突出当前国内外较新、实用性较强的混凝土科学技术，扼要介绍各种特殊材料、特殊性质、特殊用途、特种结构、特种配筋、特种施工条件和工艺技术的混凝土，并详尽叙述其发展方向、原材料要求、配合比设计和选择、物理力学性能和施工工艺，以及在某些特定情况下采用特殊而有效的方法施工的特种混凝土，并附有较为适用的系统资料和数据。

本书信息量大，涵盖面广，内容齐全，新颖翔实，实用性强。可供建设部门与混凝土有关的设计、施工、生产、监理、造价、招投标和管理等领域内广大工程技术人员及大专院校有关专业师生参考，亦可供从事水泥混凝土制品和硅酸盐制品行业的科研工作者阅读。

责任编辑：唐炳文
责任设计：刘向阳
责任校对：刘玉英　张　虹

特种混凝土设计与施工
（第二版）
雍　本　编著

中国建筑工业出版社出版、发行（北京西郊百万庄）
新　华　书　店　经　销
北京蓝海印刷有限公司印刷

*

开本：787×1092毫米　1/16　印张：99¼　字数：2470千字
2005年4月第二版　2005年4月第二次印刷
印数：8401-11400册　定价：**157.00**元
ISBN 7-112-07050-3
TU·6285（13004）

（邮政编码　100037）

本社网址：http：//www.china-abp.com.cn
网上书店：http：//www.china-building.com.cn

作 者 简 介

（身份证号：510103194711270975；
移动电话：13709086610）

雍　本，男，雍州人氏，毕业于重庆建筑大学，供职于四川省建筑科学研究院，高级工程师，客座教授。

作者喜好博览群书，刻意全面发展，立志在建筑材料、建筑装饰领域内有所建树，集设计、科研、教学、管理于一身，多所高校聘教，著述颇丰。曾编写《装饰工程施工手册》、《特种混凝土设计与施工》、《建筑装饰幕墙》、《幕墙工程施工手册》、《特种混凝土配合比手册》、《特种混凝土施工手册》等专著，并参编《混凝土手册》、《实用建筑装饰施工手册》、《装饰工程质量控制手册》、《建筑工程设计施工详细图集——装饰工程（3）》等，由多家出版社出版。个人著作逾1000万字，并曾获得科技图书一、二等奖，在国内几受好评。

作者温和谦逊，用一颗宽厚仁爱之心，一片师者之情，向青年撒播爱，传播知识，桃李满天下。先后曾被四川大学、西南交通大学、中央电大、四川工业学院、西安公路交通大学、成都大学、四川省建筑职业技术学院、四川省建筑技术进修学院等十余所院校相关专业聘教，执教逾24年，学生有3万余。凭着对专业的热爱，凭着不断进取的信念，在建筑研究领域内广为涉猎，成绩斐然。因为热爱，所以执着，对艺术、对建筑有着执着的追求，有着深厚的造诣。

第二版前言

自从改革开放以来，我国的建设规模迅猛扩大，建筑业已成为我国的一大支柱产业，以占建筑总面积近2/3的住宅建筑为例，每年国家用于城镇住宅建设的总投资超过500亿元，在今后10年内，新建住宅估计将达100亿m^2之多。随着建筑工程趋向现代化、多样化、节能化等方向迅速发展，涌现出越来越多的新材料。这些材料品种多、效能高、新颖、适用、经济、耐久、安全，对提高建筑物的功能性、多样性、装饰性、安全性起着十分重要的作用。据粗略统计，美国现有建筑材料的品种多达5万种以上，我国已能生产的新型建筑材料超过6000种。在一座现代化高层建筑中所用建筑材料与制品的种类可多达1000余种。近20余年来，我国建材工业发展迅速，传统建筑材料和新型建筑材料比翼齐飞；不少材料的生产技术、产品质量以及配套程度已接近国际先进水平，几近达到基本自给，不少产品已进入国际市场。

混凝土是用量最大、用途最广的建筑工程材料。由混凝土与增强材料组合而成的钢筋混凝土、预应力混凝土以及其他加筋混凝土，更加扩展了混凝土的应用领域。混凝土科学是一门应用科学，而应用科学是以取得最大经济效益为目标的。因此，混凝土科学技术的发展也应紧紧围绕着经济效益。随着时代的前进，人们对于经济效益的理解有很大改变，从以往为一个企业或一个行业谋取利润，提高到为一个国家乃至全人类谋利益。水泥混凝土由于原材料丰富、能耗与成本较低、适用性强、耐久性好、能够消纳工业废渣等特点，在今后相当长时期内仍将是一种用途最广、用量最多的建筑工程材料，与国计民生关系十分密切。因此，混凝土科技的进步将为广大人民带来巨大的综合经济效益。例如降低建设和维修费用、加快建设速度、提高建筑物的质量、延长其安全使用期、减轻劳动强度、保护和美化环境等等，这些统称为综合经济效益。只有从最大综合经济效益这个总目标出发，才能正确提出混凝土科技发展的方向和预测其发展前景。因此，混凝土科学技术，包括原材料的选择、性能的提高、工艺的变革、能耗料耗的节约、使用范围的扩大，预拌（商品）混凝土的应运而生，以至机理的探索、理论的建立等，都应以取得最大综合经济效益为目标。

随着混凝土科学技术的进展，以及无宏观缺陷水泥（MDF）、碳化硅纤维增强水泥（MDF）、DSP水泥、调粒水泥和球状水泥等许多高品质水泥的应用，又相继出现了许多特种混凝土，如高性能混凝土、高强度混凝土等等，并开发了许多新的施工方法和新的施工工艺。特种混凝土是一种由特别要求的材料组成或用特种生产工艺配制以及特殊方法施工的混凝土，它具有特殊的性能，适用于某些特殊工程领域内的建筑物和构筑物。因此，在诸如工业与民用建筑、交通与桥梁、航空跑道与停机坪、海工与大坝、原子能与军事等工程中，特种混凝土都获得了最广泛的应用；此外，在输油输气管道、大型贮罐、船舶港口以及工业窑炉中的应用，特种混凝土的需求量也日渐增多。据21世纪初的估算，全世界混凝土年使用量已突破85亿t，平均每人每年达2.5t。预计到本世纪末，混凝土年用量将达160亿t。在我国，混凝土的发展也很迅速，年浇灌量已超过3.5亿t，特别是预拌混凝土的发展与普及，对我国现代化建设起到了不可估量的作用。

混凝土学科经过一百多年的发展，已经形成一门独立而完整的体系。既有丰富的理论基础，又有先进的工艺技术，还有可靠的测试手段，而且正在不断发展、完善和创新中。对于这样一门有价值的应用科学技术，许多国家都投入很大的研究力量，并已积累了十分完备和更加系统的学术资料。

为了加快我国混凝土学科的继续发展，为了便于本专业和其他各行业人员学习、查找有关混凝土方面的科技知识，笔者在某些研究的基础上不揣孤陋，多年前特意编写了《特种混凝土设计与施工》一书，并应读者要求编写第二版，以应急需。本书在编著过程中，参阅了国内外大量的专著和文献，尽力采择国内外混凝土科学技术最新资料，力求全面介绍特种混凝土领域内的各项知识和技能，并以简明扼要、通俗易懂、系统实用为宗旨，俾能真正成为一部实用性很强的混凝土知识指南。

《特种混凝土设计与施工》第二版具有以下鲜明的特点：

一、信息量极大，涵盖面广，内容齐全，新颖翔实。全书集七十余种混凝土于一册，期望能够方便有关科研人员阅读和探索，籍以帮助和启迪；能为各级工程技术人员提供具体的设计方法和施工方案，渴望收到抛砖引玉的效果。

二、实用性强。除扼要叙述各种特种混凝土的定义、分类、物理力学性能外，还重点介绍了施工工艺技术和注意事项、质量要求和验收标准等。为力求实用，还尽可能向读者推荐了一些已由工程实践所证明是成熟的特种混凝土配合比，并重点突出其施工要点。

三、技术性能指标可靠。介绍了我国最新的混凝土规范、规定和规程以及对某些特种混凝土的特殊要求，便于有关专业人员参考、借鉴。

四、各章自成体系，相对独立。内容中增加部分特种混凝土应用的工程实例、专业论文，方便施工时参照选用。

总之，这是一册信息量大、新颖实用的大型专业书籍，具有一定的学术和实用价值。它的再版，将为我国建工、建材、冶金、化工、铁道、交通、水利、电力、港口、航运、地质、军事等部门从事现代建筑设计、施工、监理、质检、造价、招投标及商品混凝土生产管理人员及大专院校师生提供有用的信息，在特种混凝土的生产与使用部门之间起着沟通作用，这对于我国建筑业今后的发展，一定能够作出不小的贡献。

参加本书第二版修订的有：肖雪梅、张复兴、宗光华、米连瀛、傅志卿、支彦、邵婉珍、杨铭、张帆、贺风、卢国军、于宁祥、张智化、杜洪、赵蜀南、徐敏、梁晰、王大荣、黄婉蓉、戴克琪、林敏、陈建琮、成军、王红、何雪、晋文军、冯乃光、陈曦、陈华、巩建英、安静、宋慧、李梅、王宁英、白琳、杨理、伍筱姗、王宏、童锦玲、李禄夏、官丽萍、谭玲，刘彦辰等，并为本书清样、整理、插图、校正作了大量工作。此外，尚得到从事本学科的众多学者、专家的通力协助，他们不吝赐教，使本书增色不少，再次表示谢意。

囿于作者水平有限以及篇幅的限制，加之时间仓促，本书实难包罗万象，疏漏和谬误之处仍所难免，尚望与广大热心读者一起，不断予以修正和充实，为今后编写出更新、更完善、更系统的混凝土知识大全而努力。

雍　本

二〇〇四年四月于西安

目　录

第一章　聚合物水泥混凝土

（polymer-cement concrete）

第一节　概　　述

普通混凝土是一种质优量大的工程结构材料，在建筑工程中用途很广。但与本身的抗压强度比较，其抗拉、抗弯强度甚小，伸缩变形能力也小，在温、湿度变化条件下易产生裂纹或裂缝，耐化学腐蚀性能也较差。

聚合物水泥混凝土，是在普通水泥混凝土拌合物中再加入一种聚合物，以聚合物与水泥共同作胶结料粘结骨料配制而成。由于聚合物混凝土配制工艺比较简单，利用现有普通混凝土的生产设备即能生产，因而成本较低，实际应用较广。

将聚合物搅拌在混凝土中，聚合物在混凝土内形成膜状体，填充水泥水化产物和骨料之间的空隙，与水泥水化产物结成一体，起到增强同骨料粘结的作用。从而与普通混凝土相比，聚合物混凝土获得了无与伦比的特点：不但提高了普通混凝土的密实度和强度，而且显著地增加其抗拉、抗弯强度，不同程度地改善了防化学腐蚀性能和减少收缩变形等。

第二节　聚合物水泥混凝土原材料选择

聚合物水泥混凝土主要由胶凝材料、骨料和水及有关助剂等组成。

一、胶凝材料

（一）水泥

除普通硅酸盐水泥外，尚可使用各种硅酸盐水泥、高铝水泥（矾土水泥）、快硬水泥等。对各种水泥的要求同普通水泥混凝土。

（二）聚合物

1. 分类

与水泥掺合使用的聚合物有天然和合成橡胶浆、热塑性及热固性树脂乳胶、水溶性聚合物等，可分为以下三类：

（1）水溶性聚合物分散体乳胶类：包括橡胶乳胶、树脂乳液和混合分散体。

（2）水溶性聚合物：包括纤维素衍生物——甲基纤维素（MC）、聚乙烯醇（PVA）、聚丙烯酸盐——聚丙烯酸钙和糠醇。

（3）液体聚合物：包括不饱和聚酯和环氧树脂等。

聚合物的使用方法与混凝土外加剂一样，与水泥、骨料、水一起搅拌即可。在一般情况下，其掺量约为水泥质量的5%～25%，不宜过多。水泥掺和用聚合物在出厂商品内未加消泡剂时，拌合时务必加适量的消泡剂。

2. 性能要求

为了取得改善混凝土性能的良好效果，必须选用与水泥水化适应性好的有机高分子材料。因此，聚合物必须具备如下几点要求：

（1）对水泥凝结硬化和胶结性能无不良影响。

（2）在水泥碱性介质中不被水解或破坏。

（3）对钢筋无锈蚀作用。

3. 质量指标

水泥掺合聚合物的质量要求见表1-1。

水泥掺合聚合物的质量要求　表1-1

试验种类	试验项目	规定值
分散试验	外观 总固体成分	应无粗颗粒、异物和凝固物35%以上，误差在±1.0以内
聚合物水泥砂浆试验	抗弯强度（MPa） 抗压强度（MPa） 粘结强度（MPa） 吸水率（%） 透水量（g） 长度变化率（%）	>4 >10 >1 <15 <30 0~0.15

4. 常用品种

聚合物水泥混凝土中最初使用的有机材料是天然橡胶胶乳（NR′），20世纪50年代初期开始研究使用合成树脂分散体，如合成橡胶胶乳。以后相继使用了树脂乳液，如聚醋酸乙烯脂分散体、共聚物或三聚物（如丙酸乙烯脂/氯乙烯、苯乙烯/丙烯酸脂、苯乙烯/丁二脂）、丙烯酸脂类的聚合物等。它们的特点分别如下：

（1）聚醋酸乙烯脂（PVAC）在水泥中易于水解，在浸水情况下试件强度损失严重。

（2）聚偏二氯乙烯（PVDC）具有与前者相似的作用，但较轻。

（3）苯乙烯/丁二脂共聚物和丙酸乙烯脂表现出与碱性介质的作用很慢，在浸水情况下试件强度的增长只是中等，似乎不受浸水的影响。

（4）丙烯酸脂类的聚合物在浸水条件下试件能保持其强度，表现出趋于水解的性能。经共聚反应的聚偏二氯乙烯也具有相同的效果。

二、骨料

使用与普通水泥混凝土相同的粗骨料和细骨料，即河卵石、碎石、河砂、硅砂、碎砂，有时也使用人造轻骨料。当用于防腐目的时，应使用硅质碎石和碎砂。

三、拌合水

与普通水泥混凝土用水同。

四、主要助剂

（一）稳定剂

由于水溶性聚合物分散体（乳胶类）树脂在生产过程中大多数用阴离子型乳化剂进行乳液聚合，因此当这些聚合物乳胶与水泥浆混合后，由于与水泥浆中溶出的大量多价钙离子作用会引起乳液变质破乳，产生过早凝聚，使其不能在水泥中均匀分散，因此必须加入阻止这种变质现象的稳定剂。由于稳定剂的种类和掺量不同，其增强效果也会有明显的不同。稳定剂的加入，保证聚合物与水泥混合均匀，并能有效地结合起来。常用的稳定剂有OP型乳化剂、均染剂102、农乳600等。

（二）抗水剂

有些聚合物如乳胶树脂或其乳化剂、稳定剂的耐水性较差，因此在使用时尚需加入抗水剂。

（三）促凝剂

当乳胶树脂等掺量较多时，会延缓聚合物水泥混凝土的凝结，要加入促凝剂，以促进水泥的凝结。

（四）消泡剂

将胶乳与水泥拌合时，由于乳液中的乳化剂和稳定剂等表面活性剂的影响，通常会产生许多小泡，如不把这些小泡消除，势必会增加砂浆的孔隙率，使其强度明显下降。因此，必须添加适量的消泡剂。

1. 种类

常用的消泡剂有以下四类。

（1）醇类：有异丁烯醇、3-辛醇等。

（2）脂肪酸脂类：有甘油硬脂酸异戊酯等。

（3）磷酸脂类：有磷酸三丁脂等。

（4）有机硅类：有二烷基聚硅氧烷等。

2. 性能要求

良好的消泡剂必须具备四个条件。

（1）较好的化学惰性。

（2）表面张力比被消泡介质低。

（3）不溶于被消泡介质。

（4）具有较好的分散性、破泡性、抑泡性及碱性。

值得注意的是，消泡剂的针对性很强，它们往往在一种体系中能消泡，而在另一体系中却有助泡作用。因此，应很好选择消泡剂。通常，几种消泡剂复合使用有较好的效果。

第三节 聚合物水泥混凝土配合比设计与施工工艺

一、配合比设计

（一）水灰比对混凝土性能的影响

聚合物水泥混凝土的配合比仍在不断地试验研究之中。配合比是影响混凝土性质的主要因素之一。单从配合比方面来看，影响聚合物水泥混凝土的因素有：聚合物种类、聚合物与水泥之比、水灰比、消泡剂及乳化剂的种类和掺量等。其中水灰比的影响没有象对水泥混凝土那样大。因此，对聚合物水泥混凝土的水灰比，主要以被要求的和易性（坍落度或流动度）来表示。

（二）配合比设计

1. 设计原则

与普通水泥混凝土和砂浆的配合比相比，聚合物水泥混凝土除应着重其和易性及抗压强度外，还必须考虑抗拉强度、抗弯强度、粘结性、水密性（防水性）、耐腐蚀性等其他一些性能。这些性质虽然和水灰比有关，但与聚灰比（聚合物与水泥在整个固体中的质量比）的关系更密切，所以确定的配合比还必须符合使用要求。

2. 聚合物水泥砂浆的参考配合比

聚合物水泥混凝土的配合比设计，除考虑聚灰比以外，其他可大致按水泥混凝土进行。通常聚合物水泥砂浆的配合比是：水泥:砂＝1:2～1:3（质量比）。聚灰比在5%～

20%范围以内，水灰比可根据和易性适当选择，大致在0.3~0.6范围以内。各种用途的聚合物水泥砂浆的参考配合比见表1-2。

聚合物水泥砂浆的参考配合比　　表1-2

用途	参考配合比（质量比）			涂层厚度（mm）
	水泥	砂	聚合物	
路面材料	1	3	0.2~0.3	5~10
地板材料	1	3	0.3~0.5	10~15
防水材料	1	2~3	0.3~0.5	5~20
防腐材料	1	2~3	0.4~0.6	10~15
黏结材料	1	0~3	0.2~0.5	
	1	0~1	>0.2	
	1	0~3	>0.2	

3. 聚合物水泥混凝土的参考配合比

聚合物水泥混凝土的参考配合比见表1-3。

聚合物水泥混凝土参考配合比　　表1-3

聚合物与水泥之比（%）	水灰比 $\left(\frac{W}{C}\right)$	砂率（%）	聚合物分散体用量（kg/m^3）	用水量（kg/m^3）	水泥用量（kg/m^3）	细骨料用量（kg/m^3）	粗骨料用量（kg/m^3）	测定值	
								坍落度（cm）	含气量（%）
0	0.50	45	0	160	320	510	812	5	5
5	0.50	45	16	140	320	485	768	17	7
10	0.50	45	32	121	320	472	749	21	7

注　1. 聚合物为聚丙烯酸乙脂。
2. 聚合物与水泥之比为聚合物分散体对水泥固相组分的质量比（百分比）。
3. 水灰比为聚合物分散体中的用水量和加水量之和对水泥的质量比。

二、配制与施工工艺

配制聚合物水泥混凝土时，可使用与普通水泥混凝土一样的设备。聚合物水泥混凝土应在拌合后1h内进行施工与使用。养护时，应先湿养护，待水泥水化后再进行干养护，以使聚合物成膜。

（一）配制工艺

（1）聚合物水泥混凝土的配制工艺与普通水泥混凝土相似，其区别只是将水泥和聚合物共同作为胶结材料。通常在加水搅拌混凝土时掺入一定量的聚合物分散体及辅助材料配制、养护而成。

（2）聚合物水泥混凝土还可采用单体直接加入，然后聚合的办法制得。国外研究资料表明：

①甲基丙烯酸甲脂、丙烯腈、异戊间二烯和苯乙烯等可以提高混凝土的抗压强度。

②丙烯腈和甲基丙烯酸甲脂对水泥有缓凝作用。

③单体具有减少水泥水化程度的作用，甲基丙烯酸甲脂可减少水泥水化程度30%左右。

（3）采用聚合物粉末直接掺入水泥的方法来配制聚合物水泥混凝土。在混凝土配制和初始硬化后，加热混凝土，使聚合物溶化，这样，聚合物便浸入混凝土的孔隙中，待冷却和聚合物凝固后而成。这种聚合物水泥混凝土的抗水性能好。

（二）施工工艺

1. 基层处理

打底砂浆或混凝土的基层处理应按下列顺序施工：

（1）边喷砂、边用钢丝刷刷去老砂浆或混凝土表面脆性的浮浆层或泥土等，用溶剂（汽油、酒精或丙酮）洗掉油污或润滑油迹。

（2）接打处的孔隙、裂缝等伤痕要进行 V 型开槽，用砂浆进行堵塞修补，对排水沟周围、管道贯通部位也进行同样的处理。

（3）用水冲洗干净后，用棉纱擦去游离的水分。

2. 施工要点

（1）涂一层厚度为 7～10mm 左右的聚合物水泥砂浆。当所需的厚度大于 7～10mm 时，可以除 2～3 次。涂抹聚合物水泥砂浆时应注意：

①聚合物水泥砂浆不宜象普通水泥砂浆那样用抹子抹好几遍，以抹 2～3 遍为宜。

②在抹平时，抹子上往往会粘附一层聚合物薄膜，应边抹边用木片、棉纱等将其拭掉。

③当大面积涂抹时，每隔 3～4m 要留宽 15mm 的缝。

（2）施工后，必须注意养护。未硬化前不能洒水或遇雨，否则表面将形成一层白色脆性的聚合物薄膜，降低其使用性能。

第四节　聚合物水泥混凝土技术性能及用途

一、影响聚合物水泥混凝土性能的因素

（一）聚合物水泥混凝土的主要性能

1. 未硬化前的性能

（1）和易性好，达到规定的稠度（坍落度与流动度）所需的水灰比可以随聚灰比的增加而减少。这有利于提高强度和减少干燥收缩。

（2）具有合适的加气性，这对于增加稠度与改善抗冻性都具有良好的效果。

（3）保水性好。

（4）抗泌浆与抗材料分层离析的性能好。

（5）有时硬化较慢（由于诸助剂起缓凝作用），但不影响使用，在高温的夏天甚至有利。

2. 硬化后的性能

（1）即使不进行长期水养护，强度增长也快，特别是抗拉、抗弯强度大。由于养护时保水性好，所以水泥水化能持续进行，长期强度增长也明显。此外，延伸性也较好。

（2）由于形成了聚合物薄膜，促使气密性、水密性组织结构的形成，所以降低了混凝土的吸水性，提高了混凝土的抗渗性、抗冻性，改善了抗碳化性能，这更加有利于防止钢筋的锈蚀。

（3）与水泥混凝土、砂浆、石料、钢材、瓷砖等诸材料的粘结性能好。

（4）徐变和干燥收缩小。

(5) 抗冲击和抗磨性能好。

(6) 改善了抗化学腐蚀性能。

(二) 影响混凝土主要性能的因素

1. 聚灰比对混凝土强度的影响

聚合物分散体的种类不同，取得同强度所需的聚合物最佳掺量是大不相同的。最常用的聚合物水泥比在15%～20%范围以内。

一般来说，聚合物分散体掺量与混凝土力学性能发展趋势为：随着聚合物分散体掺量的增加，其抗压强度、弹性模量有增大的趋势，但掺量达一定程度后则有降低的倾向，而抗拉强度、抗弯强度随聚合物掺量的增加而增大。

聚合物水泥混凝土的强度特性见表1-4。聚合物改性砂浆的性能见表1-5。

2. 养护方法对混凝土强度的影响

养护方法对硬化聚合物水泥混凝土的强度影响很大，如表1-6所列。一般说来，气干养护可获得较高强度；在早期进行水中或潮湿养护，后再经气干养护可获得最高强度。这是因为早期水中养护，水泥进行水化反应，再由于干燥后能够生成聚合物薄膜的缘故。但应特别注意，不同种类的聚合物分散体，当养护方法不同时的影响是大不一样的。如耐水性很差的聚醋酸乙烯酯（PVAC）乳浊液，若采用水中养护，其强度将极大降低。

聚合物水泥混凝土的强度特性　　表1-4

种类	聚灰比 (%)	水灰比 $\left(\frac{W}{C}\right)$	相对强度				强度比			
			抗压 (f_c)	抗剪 (f_b)	抗拉 (f_τ)	剪切 (f_s)	$\frac{f_c}{f_b}$	$\frac{f_c}{f_\tau}$	$\frac{f_b}{f_\tau}$	$\frac{f_s}{f_c}$
普通水泥混凝土	0	0.600	100	100	100	100	6.88	12.80	1.86	0.174
丁苯橡胶水泥混凝土 (SBR)	5	0.533	123	118	126	131	7.13	13.84	1.94	0.185
	10	0.483	134	129	154	144	7.13	12.40	1.74	0.184
	15	0.443	150	153	212	146	6.75	10.05	1.49	0.168
	20	0.403	146	178	236	149	5.64	8.78	1.56	0.178
聚丙烯酸脂水泥混凝土 (PAE-1)	5	0.403	159	127	150	111	8.64	15.17	1.77	0.120
	10	0.336	179	146	158	116	8.44	16.23	1.96	0.111
	15	0.313	157	143	192	126	7.58	11.65	1.55	0.139
	20	0.300	140	192	184	139	5.03	10.88	2.19	0.170
聚丙烯酸脂水泥混凝土 (PAE-2)	5	0.590	111	106	128	103	7.23	12.92	1.81	0.161
	10	0.524	112	116	139	116	6.65	11.40	1.71	0.178
	15	0.430	137	167	219	118	5.64	9.06	1.62	0.148
	20	0.374	138	214	238	169	4.45	8.32	1.88	0.210
聚醋酸乙烯脂水泥混凝土 (PVAC)	5	0.518	98	95	112	102	7.13	12.53	1.78	0.178
	10	0.449	82	105	120	106	5.37	9.76	1.81	0.221
	15	0.420	55	80	90	88	4.69	8.39	1.81	0.274
	20	0.368	37	62	91	60	4.10	5.76	1.38	0.275

聚合物改性砂浆的性能　　表 1-5

砂浆种类	抗弯强度（MPa）		抗压强度（MPa）		吸水率（%）	干缩值（$\times 10^{-4}$）	粘结强度（MPa）	耐磨性（mg/1000转）	作抗冲击强度试验砂浆破裂时钢球的降落高度（cm）
	干养护	水养护	干养护	水养护					
普通砂浆	3.0	4.1	10.3	20.2	11.4	10.50	0.5	18512	25
丁苯橡胶改性砂浆（SBR-1）	6.0	4.8	19.9	18.9	1.2	8.29	1.3	454	210
丁苯橡胶改性砂浆（SBR-2）	9.4	5.2	28.3	16.1	3.9	8.93	1.9	392	100
氯丁橡胶改性砂浆（CR）	7.9	4.3	11.4	20.1	6.6	14.07	1.1	386	120
丁腈橡胶改性砂浆（NBR）	6.6	5.1	20.2	18.1	2.4	3.64	1.4	403	110
天然橡胶改性砂浆（NR）	2.0	2.0	4.5	4.4	3.6	9.57	1.5	622	235
聚醋酸乙烯酯改性砂浆（PVAC）	6.4	2.5	14.5	10.1	5.5	24.07	0.1	281	20
聚醋酸乙烯酯改性砂浆（PVAC）	8.2	4.4	24.9	23.9	3.0	9.64	1.3	696	50

养护条件对混凝土抗压强度（MPa）的影响　　表 1-6

养护方法	水泥砂浆	天然橡胶胶乳（NR）	聚醋酸乙烯酯（PVAC）	丁苯橡胶胶乳（SBR）	聚丙烯酸酯胶乳（PAE）	氯乙烯、聚偏二氯乙烯胶乳（PVDC）
28d 干燥养护	31.6	14.1	23.1	38.6	35.1	59.0
28d 干燥养护后 7d 水中浸渍	30.9	3.4	7.7	28.1	23.9	49.9

3. 影响干缩变形的因素

聚合物水泥混凝土的干缩变形较之普通水泥混凝土（未掺聚合物）大为减少，其原因主要是由于聚合物分散体中界面活性剂的效果。即具有减水作用，为得到同一稠度所需要的单位用水量少。

但也有的试验资料表明，在使用某些聚合物和某种养护条件等特殊情况下，干缩值有时也可增大。

4. 影响混凝土徐变的因素

使用丁苯橡胶胶乳和聚丙烯酸脂乳液的砂浆的徐变系数，比之水泥砂浆要小。但掺有醋酸乙烯脂和马来酸丁基的共聚物乳浊液的砂浆，在室温下徐变则是水泥砂浆的两倍以上，而 50℃下徐变更是显著增大，造成破坏。

5. 影响耐化学侵蚀性的因素

聚合物水泥混凝土在其组织结构内具有耐化学侵蚀性的聚合物连续薄膜，一般比普通水泥混凝土抵抗各种化合物的能力要大。这是聚合物水泥混凝土的特性之一。但根据聚合物分散体的种类不同，对油类及有机溶剂的抵抗力要稍许差一些。

二、聚合物水泥混凝土的用途

聚合物水泥混凝土、砂浆及聚合物水泥色浆是近年来才发展起来的一种新材料，具有优良的性能，虽然其中一些主要的结构特性（如徐变等）尚在研究之中，然而其用途已很广。一般主要用于以下诸方面：

（一）路面材料

用于地面、路面、桥面等，具有较好的耐腐蚀性能，强度高，不易产生弯曲变形。

（二）防蚀材料和内衬材料

接触化学物质的槽、罐、池等部位衬里或砌筑，尤其是洒落化学物质的楼地面更为适宜。

（三）其他用途

用于喷射混凝土和新旧混凝土接头。

聚合物水泥混凝土的具体使用范围见表 1-7。

聚合物水泥混凝土的使用范围 **表 1-7**

用　途	使　用　范　围
公路及地面材料	一般房屋、仓库、办公室、商店、厕所、体育馆、工厂等地板，通道，楼梯，站台，公路等
防水材料	混凝土屋面板、砂浆及混凝土块墙、水箱、游泳池、化粪池、水泥库等
粘结材料	混凝土面板、墙板上黏结其他面板、墙板及绝缘材料等用的黏结材料、老混凝土与砂浆的胶结、修补裂缝等
防腐材料	废液沟、化工厂地面、耐酸瓷砖的填缝材料、化粪池、机器基础、化学试验室及药品仓库地板
罩面材料	船舶的内外窗面，桥面，火车、货车的地板，天桥的桥面等

第二章　树脂混凝土

(resiner concrete)

第一节　概　　述

树脂混凝土又称聚合物混凝土，是以合成树脂（聚合物）或单体为胶结材料，以砂石为骨料的混凝土。常用一种树脂或几种树脂及固化剂，与天然或人工骨料混合固化而成。有时为了减少树脂的用量，往往加入填料粉砂等。由于完全不使用水泥，因此也被称作塑料混凝土。

一、树脂混凝土的特点

与普通混凝土相比，树脂混凝土的强度高达几倍以上；抗渗性、粘结性、耐水性、耐冻融性、耐磨性、耐药色性及耐化学腐蚀性能均有很大提高；尤其是它具有优良的电绝缘性能，更为其应用增光生辉。

其次，树脂混凝土具有施工方便、工艺简单、硬化快等特点，在装配式建筑板材、桩、管道等预制构件中已得到广泛应用。用它配上适当颜色，外表美观，故有时人们称它为人造大理石。

二、树脂混凝土的用途

树脂混凝土的用途见表 2-1。由于树脂混凝土具有一系列特点和用途，所以从 1950 年开始研究以来，受到很多国家的重视，尤其是德国、日本、美国等做了大量的研究和试制工作。我国江西、上海、北京等地有关部门也已进行研究并付诸应用。

树脂混凝土的用途　　**表 2-1**

用　途	可应用的方面
胶结材料	粘结瓷砖、预制混凝土板、修补混凝土裂缝、埋锚栓、修补混凝土枕木等
防腐材料	化工厂、实验室地面、废液槽、电解槽、温泉的浴槽等
底板材料	学校、医院、办公室、仓库、工厂地面、通道、站台、机械的基础等
防水材料	混凝土地下防水层、屋顶防水等
制　品	管、桩、板、柱、盖板、装饰板、卫生洁具等

第二节　树脂混凝土的原材料选择

一、胶结材料

树脂混凝土所用胶结材料主要为各种树脂和单体，通常是热固性液状树脂。使用较多的是不饱和聚酯树脂、环氧树脂与 MMA 单体。

（一）树脂和单体的种类

作为胶结材料主要成分的液态树脂和单体有下述数种：

1. 热固性液态树脂

常用热固性液态树脂，其种类如下：

(1) 热固性树脂：包括①不饱和聚脂树脂（邻苯二甲酸系和间苯二甲酸系）；②环氧树脂；③丙烯酸环氧酯；④呋喃树脂；⑤聚氨基甲酸酯；⑥酚醛树脂。

(2) 焦油改性树脂：包括①焦油环氧树脂；②焦油尿醛树脂。

(3) 沥青及改性树脂：包括①沥青；②环氧沥青；③橡胶沥青。

(4) 乙烯单体：包括①甲基丙烯酸甲酯（MMA）；②苯乙烯。

从价格和性能综合考虑，以不饱和聚酯树脂使用最多；

2. 热塑性树脂

常用的如聚氯乙烯树脂、聚乙烯树脂等。

(二) 性能要求

在选择用作胶结材料的液态树脂时，一般以下述条件为依据：

(1) 便于同骨料容易混合和牢固粘结。要求树脂或单体为黏度低、容易调整、具有流动性的黏稠液体。

(2) 在室温或加热条件下可以固化。当掺入硬化剂或催化剂、溶剂时蒸发，同空气中的水分反应时，不论加热或不加热，均容易硬化至固态，且硬化过程中不得产生有害物质。硬化后当被加热、受到溶剂或水分作用时，不会软化或膨胀；硬化收缩率应较小。

(3) 允许静置时间及硬化时间容易调整，并可任意选择。

(4) 具有良好的耐水性、耐碱性及化学稳定性；耐大气腐蚀性、耐老化性能良好。

(5) 在通常的成型条件或现场施工条件下，温度及湿度对硬化过程的影响不大。

(6) 使用在建筑工程中，应有较高的耐热性，要尽可能不易燃烧。

(7) 适应预制品的成型条件或现场施工条件，而且达到完全硬化的时间要短。

二、粗细骨料

与普通水泥混凝土相同，但要求充分干燥。天然骨料为：河砂、硅砂、河卵石及安山岩、玄武岩、石灰石、花岗岩等；人造骨料为：碎玻璃块、聚合物碎块、陶粒等。

(一) 骨料粒径

(1) 粗骨料：粒级 10~20mm。

(2) 细骨料：粒级 2.5~5mm。

(二) 空隙率

为了减少液态树脂的使用量，应选择使空隙率尽可能小的颗粒形状。空隙率愈小，树脂用量愈少。

(三) 强度

为了提高树脂混凝土的强度，骨料本身强度应尽可能高。因为只有这样，才不致于当混凝土工作时发生骨料先破坏的现象，以粗骨料影响最甚。一般规定，配制混凝土的骨料颗粒的强度为混凝土设计强度的 2 倍以上。

(四) 含水率

为了使骨料能与树脂牢固的粘结，骨料必须充分干燥，其含水率应在 0.5%以下，或为胶结材料质量的 0.3%以下。

（五）有害杂质

不允许含有阻碍树脂固化反应的杂质。

（六）其他

在使用轻质骨料时，须注意多孔质骨料对液态树脂的吸收量要小。

三、填充材料

（一）分类

填充材料在树脂混凝土组成中主要是产生增量效果，即减少树脂用量和改善树脂混凝土的性能。宜加入细度 1～30μm 的惰性材料。常与液态树脂一起使用的填料有：

（1）碳酸钙（$CaCO_3$）：即石灰石粉。

（2）二氧化硅（SiO_2）：即硅石粉、粉砂、粉煤灰、火山灰等。

（3）滑石粉及铸石粉等。

（二）性能要求

树脂混凝土用填充材料应具备如下条件：

（1）基本不含水分。

（2）不含对液态树脂硬化反应产生有害影响的杂质。

（3）对液态树脂吸收量要少。

（4）在改善液态树脂流变性质的同时，能满足强度增长的要求。

此外，在要求具有耐化学侵蚀性的用途上，为免受酸类侵蚀，不得使用碳酸氢钙。如使用普通硅酸盐水泥作填充材料，吸附水分将妨碍液态树脂的硬化，应加以注意。

四、外加剂

胶结材料除了液态树脂外还必须加入一定量的其他外加剂，其目的是使液态树脂转化为固态，以改善操作性能及硬化树脂混凝土的性能。树脂混凝土常用的外加剂见表 2-2。

树脂混凝土常用外加剂　　　　**表 2-2**

名　称	外　观	作　用	用量（%）
苯二甲胺	浅黄色液体	环氧固化剂	18～20
乙二胺	无色液体、有刺激臭味	环氧固化剂	6～8
多乙烯多胺	浅黄色液体	环氧固化剂	10～15
聚酰胺	深棕色黏稠液体	环氧增韧剂	20～30
		环氧固化剂	50～100
邻苯二甲酸二丁酯	无色液体	增韧剂	10～20
液体聚硫橡胶	浅蓝色黏稠体	环氧增韧剂	50～300
聚酯树脂	浅黄色黏稠体	环氧增韧剂	10～20
苯乙烯	无色液体	聚酯稀释剂	20～30
过氧化环已酮、苯甲酰	白色固体	引发剂	0.5～2.5
偶氮二异丁腈	白色固体粉沫	引发剂	0.5～2.0
环烷酸钴	紫褐色	促进剂	0.1～0.5
二甲基苯胺	浅黄色液体	促进剂	0.1～0.5

第三节　树脂混凝土配合比设计及选择

一、配合比设计

（一）配合比设计要求

配合比设计合理与否，对树脂混凝土的性能及成本有很大影响。树脂混凝土的配合比设计，主要是寻求作为胶结材料的液态树脂和骨料的有效配合比例，以满足以下几点要求：

(1) 提高混凝土的耐久性。

(2) 提高混凝土的安定性。

(3) 降低单位体积造价。

(二) 配合比设计步骤

配合比设计合理与否，对树脂混凝土的性能及成本有很大影响。树脂混凝土的配合比设计步骤如下：

(1) 确定树脂与硬化剂的适当比例，以保证有适宜的使用（施工操作）期和硬化后树脂混凝土的性能。硬化剂（引发剂、促凝剂）用量过多，硬化就会过快，来不及捣实，所生产的树脂混凝土不密实、性能差。硬化剂量过少，延长了硬化时间，不仅硬化不完全，而且会影响硬化树脂混凝土的性能。

(2) 根据连续级配或间断级配理论，使粒度分布不同的各种骨料和填料混合，测定其空隙率，找到最密实填充状态的骨料组成。填料、骨料用量对树脂混凝土性能的影响见表2-3～表2-5。

填充材料用量对聚酯树脂混凝土强度的影响　表 2-3

填料占骨料量（%）	骨料堆积密度（kg/m³）		混凝土抗压强度 f_c（MPa）
	松散	密实	
10	1730	2010	78.6
20	1780	2070	92.4
30	1830	2130	102.5
40	1860	2110	100.0

砂率对聚酯树脂混凝土强度的影响　表 2-4

砂率（%）	骨料堆积密度（kg/m³）		混凝土抗压强度 f_c（MPa）
	松散	密实	
30	1660	1840	40.1
35	1680	1840	46.2
40	1700	1920	50.0
45	1730	1920	63.4

(3) 以最密实填充状态级配的骨料、填料和胶结材料（树脂和外加剂）进行搅拌，制成树脂混凝土拌合物。由未凝固和硬化时的各性质（和易性、材料分离状况、强度等）确定树脂的用量，从而获得最佳配合比。

不同堆积密度环氧砂浆的强度　表 2-5

河砂用量（kg/m³）	水泥用量（kg/m³）	砂浆堆积密度（kg/m³）	强度（MPa）	
			抗压 f_c	抗拉 f_u
260	0	1840	61.2	11.5
200	100	1920	67.7	12.8

二、参考配合比选择

(一) 常用树脂混凝土参考配合比

在我国，常用树脂混凝土的参考配合比见表2-6。

(二) 树脂混凝土实用配合比

日本的各种树脂混凝土的实用配合比见表2-7。

树脂混凝土的参考配合比（质量比）　　表 2-6

组成材料	环氧树脂混凝土	聚酯树脂混凝土	组成材料	环氧树脂混凝土	聚酯树脂混凝土
环氧树脂	180～220	—	促进剂	—	0.5～2.0
溶剂	36～44	—	粉	350～400	350～400
不饱和聚酯树脂	—	180～220	砂	700～760	700
乙二胺	8～10	—	石	1000～1100	1000～1100
引发剂	—	2.0～4.0			

树脂混凝土实用配合比（质量比）　　表 2-7

原材料		聚酯树脂混凝土		环氧树脂混凝土	酚醛树脂混凝土	聚氨基甲酸酯树脂混凝土	呋喃树脂混凝土	丙烯酸酯树脂混凝土
胶结材料		不饱和聚酯树脂 10.0	不饱和聚酯树脂 11.5	环氧树脂（含固化剂） 10.0	酚醛树脂 10.0	聚氨基甲酸酯（含固化剂、填料） 20.0	单位（FA） 5.0	MMA9.0 聚甲基丙烯酸酯 0.5 三甲基甘油酯 0.5
填充材料		碳酸钙粉 12	碳酸钙粉 11.25	碳酸钙粉 10	碳酸钙粉 10	—	破碎砂 32.9	碳酸钙粉 10.0
骨料（mm）	细砂	（0.1～0.8） 20	（<1.2） 38.8	（<1.2） 20	（<1.2） 20	（<1.2） 20		（<1.2） 40.05
	粗砂	（0.8～4.8） 25.0	（1.2～5.0） 9.6	（1.2～1.5） 15.0	（1.2～1.5） 15	（1.2～1.5） 15	（5～20） 37.0	（1.2～5.0） 9.9
	石子	（4.5～20） 33.0	（5～20） 29.1	（5～20） 45.0	（5～20） 45.0	（5～20） 45.0	（20～40） 33.3	（5～20） 30.04
其他材料		短玻璃纤维（12.7mm）过氧化物促凝剂	过氧化甲基乙基甲酮辛烯酸钴适量	邻苯二甲酸二丁脂	—	—	苯磺酸（BSA）1.6 丙酮 0.2	过氧化苯甲酰 0.4 二甲基苯胺 0.1 二甲基对甲苯胺 0.1

第四节　树脂混凝土的技术性能

一、未硬化混凝土的性能

（1）与普通水泥混凝土相比，因液态树脂粘性较大，其和易性较差。

（2）适当选择掺入液态树脂内的硬化剂、促凝剂，即可在大范围内调节和控制混合物的操作和硬化时间。

（3）与普通水泥混凝土相比，强度发挥较早，一般可在浇筑后 1～3h 内脱模。在预制厂可加速模板周转；现场施工时，可节省时间，并可适用于寒冷地带或冬季施工。

二、硬化后混凝土的性能

硬化后的树脂混凝土具有各种优异的性能，如强度高，抗渗、抗冻性好，耐磨，抗冲击性优良，耐化学腐蚀及电绝缘性好等。但耐久性、难燃性差。

（一）树脂混凝土的物理力学性能

（1）树脂混凝土具有良好的物理力学性能和耐久性。各种树脂制作的混凝土的物理力学性能见表 2-8。

树脂混凝土的主要物理力学性能 表 2-8

性能	树脂种类						沥青混凝土	普通混凝土
	聚氨酯	呋喃	聚酯	酚醛	环氧	丙烯酸		
堆积密度（kg/m³）	2000~2100	2000~2100	2200~2400	2000~2100	2100~2300	2200~2400	2100~2400	2300~2400
抗压强度（MPa）	65~72	50~140	80~160	24~25	80~120	80~150	2~15	10~60
抗拉强度（MPa）	8~9	6~10	9~14	2~3	10~11	7~10	0.2~1.0	1~5
拉折强度（MPa）	20~23	16~32	14~35	7~8	17~31	15~20	2~15	2~7
弹性模量（$\times10^4$MPa）	10~20	2.0~3.0	1.5~3.5	1.0~2.0	1.5~3.5	1.5~3.5	0.1~0.5	2~4
吸水率（%）	0.3~1.0	0.1~1.0	0.1~1.0	0.1~1.0	0.2~1.0	0.05~0.6	1.0~3.0	4~6

（2）聚酯树脂混凝土的徐变与温度有关，在20℃时几乎看不到有徐变，而在60℃时则表现出明显的徐变。聚酯树脂混凝土有较好的耐水性，但耐火性差，在火灾作用下胶结材料可能燃烧，放出毒气而破坏。为了改善胶结材料的易燃性，可增加填料的含量。在特殊情况下，可在填料中掺入氢氧化铝，因其在高温下可释放出水分，阻止火焰燃烧，避免火灾。

美国和德国的聚酯（MMA）混凝土的物理力学性能见表2-9。

聚酯（MMA）混凝土的物理力学性能 表 2-9

力学性能	美国	德国	力学性能	美国	德国
抗压强度（MPa）	138.0	138.5	弹性模量（$\times10^4$MPa）	3.73	3.80
抗拉强度（MPa）	10.1	—	泊桑比	0.23	—
抗折强度（MPa）	21.4	29.0	密度（g/m³）	2.4	2.3
抗剪强度（MPa）	26.0	—	吸水率（%）	0.6	0.2

（3）各种树脂混凝土都具有良好的抗冻性。例如不饱和聚酯树脂混凝土，经400次冻融循环，其弹性模量不变。此外，其耐水性和耐化学腐蚀都比普通混凝土好。

（二）树脂混凝土的性能特征

树脂混凝土与水泥混凝土相比，尽管只是胶结材料不同，但由于胶结材料的性质差别很大，具有较大的选择性，在多数情况下，较之水泥混凝土具有更优良的性质。其主要表现在以下几个方面：

（1）树脂混凝土的胶结材料是由基剂树脂和硬化剂组成，如能改变硬化剂掺量，即能控制硬化速度。因此，可根据不同的用途，选择容许静置时间较宽。

（2）能获得早期高强度，有利于寒冷地区或冬期施工。

（3）可获得高强度，特别是可获得较大的抗弯、抗拉强度，因而可以减小构件断面尺寸。

（4）如表2-10所列，树脂混凝土硬化后可成为完全不透水的结构，具有优良的防水和抗渗性。由于水难以侵入内部，其抗冻融循环能力很强。

（5）一般有较好的黏结力，可黏结水泥混凝土和砂浆、石材、金属、木材、瓷砖等。

（6）如表2-11~表2-13所列，树脂混凝土抗化学侵蚀能力良好。另外，抗磨损、抗冲击、绝缘性能也很强。

树脂混凝土的抗渗、抗冻性能　　表 2-10

树脂混凝土种类	抗渗等级	-17℃冻融后的稳定系数			
		15次	25次	50次	100次
聚酯树脂混凝土	P3	0.93	0.95	0.91	0.94
聚酯树脂混凝土	P3	1.07	1.00	—	—
环氧树脂混凝土	P3	1.00	1.01	—	—

注：抗冻融稳定系数指试件冻融前后的抗压强度之比。

树脂混凝土的抗化学腐蚀性能　　表 2-11

树脂混凝土种类	10点法评价抗化学腐蚀性					
	酸	氧化剂	碱	盐	溶剂	油脂石油制品
酚醛树脂混凝土	9~10	3~4	5~7	10	7	8
呋喃树脂混凝土	10	2	9	10	8	8
聚酯树脂混凝土	8~9	6~7	3~4	8~10	4~5	7~9
环氧树脂混凝土	9	3	8	10	6~7	9
普通水泥混凝土	1	1	9	5	5~7	5~6

聚酯树脂混凝土的化学稳定性　　表 2-12

腐蚀介质	温度	浸泡下列龄期后的稳定系数				外观
		一个月	三个月	六个月	一年	
5%硫酸	常温	0.97	0.93	0.78	0.87	无变化
20%硫酸	常温	1.09	1.10	0.94	1.06	
5%盐酸	常温	0.96	0.85	0.75	0.84	
20%盐酸	常温	0.89	0.88	0.78	0.82	
5%硝酸	常温	1.01	0.92	0.85	0.78	
20%硝酸	常温	0.89	0.84	0.77	0.81	
5%醋酸	常温	0.86	0.92	0.82	0.84	
20%醋酸	常温	0.94	0.89	0.80	0.82	
5%铬酸	常温	0.95	0.98	0.79	0.81	
20%铬酸	常温	0.90	0.95	0.79	0.93	

树脂混凝土耐化学腐蚀性能　　表 2-13

介质名称	环氧	环氧酚醛(5:5)	环氧呋喃(7:3)	环氧焦油(7:3)	酚醛	聚酯(双酚A型)	聚酯(邻苯二甲酸型)
硫酸	≤70%耐	≤70%耐	≤70%耐	≤70%耐	≤70%耐	≤70%耐	≤60%耐
盐酸	≤30%耐	耐	耐	耐	≤31%耐	耐	耐
硝酸	≤10%尚耐	≤20%耐	≤20%耐	≤20%耐	≤10%耐	≤40%耐	≤30%尚耐
醋酸	≤10%耐	≤10%耐	≤10%耐	≤20%耐	≤30%尚耐	≤40%耐	≤30%耐
铬酸	≤20%尚耐	≤10%耐	≤10%耐	≤10%尚耐	≤30%耐	≤30%尚耐	≤30%尚耐
氢氟酸	不耐	≤20%尚耐	不耐	不耐	—	≤40%耐	≤20%耐
氢氧化钠	耐	尚耐	耐	耐	不耐	尚耐	不耐
碳酸钠	耐	耐	耐	耐	≤10%尚耐	尚耐	尚耐

续表

介质名称	环　氧	环氧酚醛 (5:5)	环氧呋喃 (7:3)	环氧焦油 (7:3)	酚　醛	聚　酯 (双酚 A 型)	聚　酯 (邻苯二甲酸型)
氨　水	耐	尚耐	耐	尚耐	不耐	不耐	不耐
尿　素	耐	耐	耐	耐	尚耐	耐	耐
氯化铵	耐	耐	耐	耐	尚耐	耐	耐
硝酸铵	耐	耐	耐	耐	尚耐	耐	耐
硫酸钠	耐	耐	耐	耐	尚耐	尚耐	尚耐
丙　酮	不耐	不耐	不耐	不耐	不耐	不耐	不耐
乙　醇	耐	尚耐	耐	尚耐	不耐	耐	不耐
汽　油	耐	尚耐	耐	耐	耐	耐	耐
苯	耐	耐	不耐	耐	耐	尚耐	不耐
5%硫酸、氢氧化钠交替	耐	尚耐	耐	耐	耐	尚耐	不耐

第五节　树脂混凝土的生产工艺

配制树脂混凝土时，除了要有一个好的配合比外，还必须有一个好的生产工艺。树脂混凝土的生产工艺流程如图 2-1 所示。其中影响树脂混凝土质量最重要的因素是称量的准确性，以及树脂和固化剂、促进剂在拌合物体积内的均匀性。

一、搅拌工艺

(一) 搅拌机类型及优缺点

树脂混凝土黏度很度。为了避免因高黏性而混合不均，需进行机械搅拌，而且搅拌要迅速，否则发生硬化反应，就有可能无法混合均匀。一般要求采用强制式搅拌机（亦可用搅拌水泥砂浆用的搅拌机）或专用的连续式搅拌机来拌和树脂混凝土或砂浆。

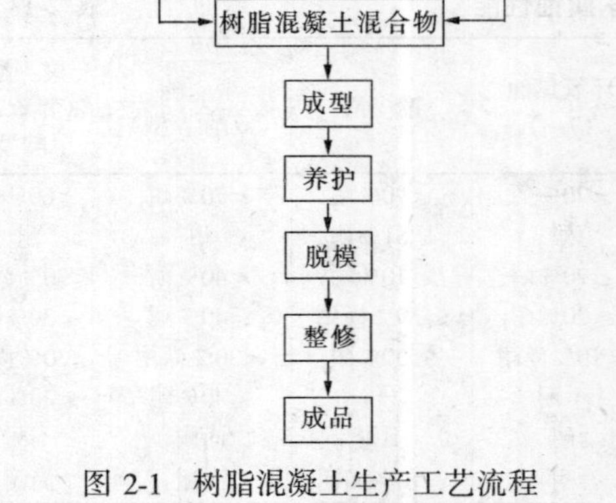

图 2-1　树脂混凝土生产工艺流程

目前国外生产树脂混凝土一般采用艾里奇型强制式搅拌机，其原理主要是搅拌盘与滚筒轮同时作反向回转运动。搅拌机有连续作用的，也有非连续作用的两种。

(二) 搅拌方法

树脂混凝土的搅拌通常采用两种投料方法：

(1) 先将骨料（包括填充材料）投入搅拌机中，约混合 2min，随后投入预先已混合好（约 2min）的液态树脂基剂和硬化剂、促进剂，再搅拌 3min 即可。

(2) 先在搅拌机中加入液态树脂基剂和硬化剂、促进剂，混合约 2min，随后投入骨料和填充材料的混合物，再搅拌 3min 即可。

无论采用何种方法，都应使拌合物达到

均匀状态。

（三）搅拌时注意事项

(1) 树脂混凝土中液态树脂与硬化剂、促进剂的比例要求相当严格，很小的称量误差也会给硬化速度和力学性质带来大幅度的变动，故应特别注意避免计量上的差错。

(2) 骨料中的水分将很敏感地引起强度下降，故应使骨料保持绝干状态。

(3) 搅拌时的温度以常温为宜，在高温或低温下均容易造成混合不均匀。

(4) 由于树脂混凝土黏度高，搅拌时不可避免地要混进空气泡，如能够在真空中搅拌则更好。

(5) 树脂混凝土的搅拌时间比普通混凝土长，约需 3～4min。

二、浇筑和成型工艺

（一）树脂混凝土的浇筑

(1) 树脂混凝土应在搅拌后允许时间内全部用完，不能较长时间地放在搅拌机内，应立即送到施工现场铺开，使反应热尽快散发。

(2) 应严格控制树脂混凝土每次的浇灌厚度，这主要取决于液态树脂的种类和发展程度。

(3) 树脂混凝土的发热不但很快而且大，为避免过大的热量产生不良影响，混凝土的浇筑厚度，目前一般掌握在 10cm 以下。若浇筑过厚，因蓄热的影响，可能出现不良后果。

（二）成型工艺

(1) 树脂混凝土对各种材料具有良好的粘结性，故在使用模板浇筑时，应根据树脂的种类选择适当的脱模剂（如硅酮系列等）。应事先将其涂在模型板上面，否则不易脱模，致使表面损伤，影响外观质量。模板拆除后，多用二氯甲烷洗涤剂清理模板。

(2) 在现场施工时，应作充分的打底处理，这一点十分重要。树脂混凝土一定要用合适的振捣器振捣，还必须用抹子细抹细压。

(3) 在预制厂生产构件时，注模、振动、离心、挤压等成型方法均可适用。究竟采用何种成型方法，这主要由产品的形状、尺寸和产量来确定。如大型构件，一般采用灌注和离心成型法居多。

三、养护工艺

树脂混凝土与水泥混凝土不同，其硬化条件随液态树脂和固化剂、引发剂、促进剂的种类、掺量而任意变化，这是该混凝土的一大特征。

树脂混凝土除自然养护外，还有加热养护。根据适用的温度条件，树脂混凝土的养护分为常温和加热硬化两类。

（一）常温硬化法

只要充分把握液态树脂和固化剂、引发剂、促进剂的种类及其掺量，即使不准备特别的加热装置，也可达到硬化的目的。这种成本低、硬化收缩值小的养护方法，最适宜用于现场浇注或大型制品以及形状复杂制品的生产。但另一方面这种养护方法容易受到气温等环境条件的影响，质量控制工作较复杂。

（二）加热硬化法

不受环境条件的影响，质量控制也比较容易，而且养护周期短，适于批量生产。对于使用冲压或挤压方法成型的制品，以成型条件看，宜采用加热硬化法。这种方法的缺点是：产品硬化收缩大，易发生变形或裂缝，需要配备加热装置，成本相应增加，现场浇筑应用较困难。

第六节　树脂混凝土的应用与技术经济效果

树脂混凝土的成本较高，因此在建筑工程中还未获得广泛应用。但由于它具有优良的性能，因此在某些工程部位的应用仍具有良好的技术经济效果。树脂混凝土同水泥混凝土一样，可作为陶瓷、钢铁、有色金属等的代用品。特别是利用其高强度、高抗渗性、高耐磨性等优点，适用于机械设备的基础、废液槽、电解槽、装修、标志、隔热等结构中。

目前，日本等国已经使用的树脂混凝土预制构件有纤维增强块，采矿工业用扇形砌块、纤维增强板、U形构件、沟盖板，装饰用水磨石（人造大理石）、高强度桩、人行道板；现场浇注的有大坝排水道的盖板、温泉地带建筑的基础、硫酸性水的防护堤等。俄罗斯等东欧国家应用的实例有贮水坝排水道的盖板、立坑盖板等预制构件、农业用筒仓、防放射线混凝土等。

近年来，国外又制成了预应力树脂混凝土。预应力树脂混凝土的技术经济指标见表2-14。该材料已作为代替钢材的新材料而崭露头角，因而树脂混凝土的价格也随着逐步提高。

预应力树脂混凝土经济比较　　表 2-14

序　号	项　目	预应力树脂混凝土	预应力水泥混凝土	钢　材
①	密度（g/cm^3）	2.4	2.4	7.8
②	抗压强度 f_c（MPa）	120	60	500
③	导入预应力（MPa）	40	20	—
④	容许张拉应力（MPa）	50	20	150
⑤	价格比	1.0	0.5	4.0
⑥	同一性能$\left(\frac{⑤}{④}\right)$构件单价比	1.0	1.25	1.33
⑦	同一性能$\left(\frac{①}{④}\right)$构件质量比	1.0	2.50	1.11

为了解决不饱和聚酯树脂混凝土和砂浆的裂缝问题，我国冶金部建筑研究总院采取在聚酯树脂混凝土和砂浆中加入聚氯乙烯粉的方法，制得低收缩聚酯树脂混凝土和砂浆，为树脂混凝土和砂浆的应用开辟了新前景。例如，用于成型大型酸洗槽就取得良好的效果。

第三章 沥青混凝土

(bituminous concrete)

第一节 概 述

采用石油沥青或焦油沥青（煤沥青）为胶结材料，与石粉、粗细骨料等矿质混合料按照使用要求的配合比和加热拌匀，经铺筑、碾压或捣实的混凝土，称之沥青混凝土。

一、特点

沥青混凝土结构，整体长缝，有一定弹性，材料来源广，价格低廉，施工简便，不需养护，冷固后即可使用，能耐中等浓度的无机酸、碱和盐类的腐蚀。缺点是耐热性较差（使用温度不超过60℃），夏季高温易流变；冬季低温易脆裂；易老化，强度低，遇重物易变形，色泽不美观；用于室内影响光线等。

二、分类

沥青混凝土根据组成材料或施工方法不同，分为以下两类：

（一）碾压沥青混凝土

系由质量良好的粗骨料、细骨料和填料等矿质混合料构成一个连续颗粒密级配，与加热沥青拌合成混合物，将其热铺筑碾压的叫碾压沥青混凝土。沥青混凝土按碾压后达到所要求的空隙率，进行配合比设计和施工。在各种类型的沥青混合料中，以热拌热铺的连续型密级配的沥青混凝土使用得最多，而间断型滚压式的混凝土是一个值得注意的发展方向。

另外，沥青混凝土根据其用途和性质又可分为耐蚀、道路、水工沥青混凝土，这些沥青混凝土按照骨料级配和种类又可分为三种。

1. 耐蚀沥青混凝土

耐蚀沥青混凝土包括：①耐酸沥青混凝土；②耐碱沥青混凝土。

2. 道路沥青混凝土

根据《公路沥青路面设计技术规范》（JTJ 014—1997），道路沥青混凝土包括：①粗粒式沥青混凝土，最大粒径为30或35mm；②用作沥青路面基层中粒式沥青混凝土，最大粒径为20或25mm。用作沥青路面基层，有时亦用作单层式沥青路面；③细粒式沥青混凝土，最大粒径为10或15mm。多用作沥青路面面层；④砂粒式沥青混凝土，最大粒径为5mm，即沥青砂浆。道路沥青混凝土多用作沥青路面的面层。

3. 水工沥青混凝土

根据《水工混凝土结构设计规范》（SL/T 191—1996），水工沥青混凝土包括：①粗级配沥青混凝土；②密级配沥青混凝土；③细级配沥青混凝土；④开级配沥青混凝土。

（二）注入式沥青砂浆和沥青胶（玛瑀脂）

注入式沥青砂浆、沥青胶系以加热搅拌形成流动性的混合物，在施工现场注入。一般是按照注入后没有空隙，进行配合比设计和施工。

三、用途

沥青混凝土主要用于铺筑路面、防腐工程、防水工程及海港工程中的沥青护面、沥青衬里和沥青屋面等。沥青材料的强度与温度有密切关系，在施工时其环境温度不宜低于5℃，最高使用温度不宜大于60℃。

沥青混凝土的用途见表3-1。

沥青混凝土的用途　　表3-1

混合物名称	结构物		用途
沥青混凝土	公路		沥青路面，按《公路沥青路面设计技术规范》JTJ 014—1997设计
	机场		沥青路面、跑道、引跑
	防腐工程	耐酸碱池、槽	基础、地坪面层、垫层
	海港工程	堤坝 填充大坝 贮水池 航道	护面、面层、高水压、防水层 面层、衬里、核心 衬里 衬里
沥青砂浆 沥青胶	公路		沥青路面、公路、桥面面层（沥青砂浆）
	防腐工程	耐酸碱池、槽	地平面层、池壁衬里
	海港工程	堤坝 填充大坝 航道 海岸港湾	底部加固（沥青胶） 核心（沥青胶） 护面（沥青胶） 用于下沉地面沥青垫层（沥青胶）

第二节　沥青混凝土组成材料及要求

一、胶结材料——沥青

沥青是沥青混凝土中的主要原料，在其中起胶结作用。

（一）沥青种类和牌号的选择

在通常情况下，配制沥青混凝土采用10号或30号石油沥青，或30号与10号、60号与10号石油沥青混合使用。不与大气直接接触的部位，如地下、水中和隐蔽工程，尚可考虑采用牌号较高的石油沥青，或用焦油沥青（煤沥青）。各气候区配制沥青混凝土用沥青材料的牌号可参考表3-2选用。

不同气候地区沥青混凝土用沥青牌号的选用表　　表3-2

气候分区	1年内最低月平均气温（℃）	1年内平均气温≥5℃天数（d）	沥青种类	沥青牌号
寒冷地区	<－10	<215	石油沥青 焦油沥青	S-140、S-100 J-7、J-8
温和地区	－10～0	215～270	石油沥青 焦油沥青	S-60、S-100 J-7、J-8
较热地区	>0	>270	石油沥青 焦油沥青	S-60 J-7、J-8

（二）沥青用量的确定

沥青用量主要视施工方式而定。采用平板振动器压实时，其用量见表 3-3。采用碾压机或热滚筒压实施工时，在满足强度指标前提下，其沥青用量可按表 3-3 适当减少。

沥青参考用量（平板振动器压实）　**表 3-3**

混合物类别	占粉料、骨料总量（%）	沥青牌号
沥青砂浆 细粒式沥青混凝土 中粒式沥青混凝土	11 ~ 14 8 ~ 10 7 ~ 9	1.10 号或 30 号石油沥青 2.10 号与 60 号石油沥青混合

二、矿物粉料

（一）种类选择

（1）用于耐酸工程时，可用石英粉、辉绿岩粉、瓷粉等。

（2）用于耐碱工程时，可用滑石粉或磨细的石灰岩粉、白云岩粉等。

（3）用于耐氢氟酸工程时，可用硫酸钡粉、石墨粉等。

（4）用于防水工程时，一般多用石灰石粉、河砂石粉，或滑石粉等。

（二）质量要求

（1）含水率：≤1%；

（2）耐酸率：≥95%；

（3）细度：要求通过 0.16mm 筛孔筛余率≤5%；

要求通过 0.08mm 筛孔筛余率 10% ~ 30%；

（4）亲水系数：≤1.1。

三、矿质骨料

除了粉料，沥青混凝土的矿质骨料尚有粗骨料和细骨料两种。粗细骨料大多数是以矿质混合料的形式与沥青胶结材料组成混凝土使用。为了使混凝土获得最大的密实度、强度和耐磨性能，矿质混合料的级配组成设计是很重要的，尤其是道路沥青混凝土。

（一）矿质细骨料

1. 种类选择

（1）用于防腐工程时，常用耐酸骨料破碎而成，也可用石英砂。其耐酸率不应小于 95%，吸水率不应大于 2%，含泥量不大于 1%。

（2）用于道路工程、海港工程时，可选用一般的河砂，山砂或海砂。

2. 骨料级配

（1）细骨料应选用级配砂，最大粒径不超过 1.25mm，空隙率不大于 4%。

（2）细骨料应级配良好（表 3-4），颗粒质地坚固、密实。

细骨料颗粒级配　**表 3-4**

筛孔尺寸（mm）	5.0	1.25	0.315	0.16
累计筛余（%）	0 ~ 10	35 ~ 65	80 ~ 95	90 ~ 100

（二）矿质粗骨料

1. 岩石种类选择

(1) 用于防腐工程时，粗骨料采用石英岩、花岗岩、辉绿岩、玄武岩、安山岩等酸性石料制成的碎石。

(2) 其他工程大多数采用石灰岩碎石。

2. 碎石最大粒径选择

最大粒径不超过面层分层铺设厚度的$\frac{2}{3}$，一般应不大于 25mm。

3. 化学性质选择

在沥青混凝土中，各种矿质骨料（包括粉料、细骨料和粗骨料）是与胶结料组成混凝土而使用于结构物中的。早年的研究认为，矿质骨料是一种惰性材料，它在混合料中只起着物理作用。随着近代理化-力学研究的发展，认为矿质骨料在混合料中与胶结料起着复杂的物理化学作用，矿质骨料的化学性质在很大程度上影响着混凝土的物理—力学性能。

(1) 化学成分：三种典型矿质石料的化学成分见表 3-5。通常，根据石料化学组成中的 SiO_2 含量将石料分为三种，见表 3-6。

典型石料化学成分分析 　　表 3-5

岩石名称	化学成分（%）								
	SiO_2	CaO	Fe_2O_3	Al_2O_3	MgO	MnO	SO_3	P_2O_3	烧失量
石灰石	1.00	55.57	0.27	0.27	0.06	0.01	0.01	—	42.81
花岗石	76.72	1.99	2.87	17.29	0.02	0.02	0.15	0.02	0.92
石英石	98.25	0.21	1.23	0.09	—	0.01	0.21	—	—

石料按 SiO_2 含量分类 　　表 3-6

岩石类别	SiO_2 含量（%）	主要岩石名称	岩石类别	SiO_2 含量（%）	主要岩石名称
酸性石料	765	花岗岩、石英岩	碱性石料	< 52	石灰岩、碱质石灰岩、玄武岩
中性石料	52 ~ 65	辉绿岩			

(2) 化学成分对混凝土抗压强度的影响：在沥青混凝土中，由于矿质骨料的化学成分不同，直接影响着混凝土的物理—力学性能，其影响程度见表 3-7。

不同矿物成分骨料组成的沥青混凝土强度比较 　　表 3-7

矿质沥青混凝土名称	干燥抗压强度 f_c（20℃）（kN）	浸水后抗压强度 f_c（浸水 72h，20℃）（kN）	浸水后强度降低 s_f（%）
石灰石矿质沥青混凝土	2058	1893	8.01
花岗石矿质沥青混凝土	1372	1166	15.01
石英石矿质沥青混凝土	1176	917	22.08

注：表中沥青混合料为细粒式密级配，沥青针入度为 60（1/10mm），沥青用量 7%。

从表 3-7 中可以看出，在其他条件完全相同的情况下，仅是矿质骨料的矿物成分不同时沥青混凝土的强度和浸水后的强度以及强度降低均有显著的差别。其区别在于：石灰石矿质混凝土强度最高，强度降低少，花岗石矿质混凝土次之，石英石矿质混凝土最差。

(3) 沥青与石料的粘附性：其现行试验方法有水煮法（适用于粗骨料）和亲水系数法（适用于矿粉）。另外，尚有最新研究的光电分光光度法。

①水煮法的试验结果　根据沥青膜的剥落程度，分为 5 个等级来评价石料的粘附性，等级愈高表示黏附愈好。

②亲水系数的试验结果　亲水系数 $\mu>1$ 者为亲水性石料，$\mu<1$ 者为憎水性石料。石料中矿物组成 SiO_2 含量增高，亲水系数就大。三种典型石料的试验结果见表 3-8。

不同矿物组成石料的黏附性和亲水系数比较　　**表 3-8**

岩石名称	水煮法粘附性（按剥落面积的等级）	亲水系数 $\left(\mu=\frac{V_w}{V_o}\right)$	岩石名称	水煮法粘附性（按剥落面积的等级）	亲水系数 $\left(\mu=\frac{V_w}{V_o}\right)$
石灰石	Ⅴ级	0.79	石英石	Ⅰ级	1.06
花岗石	Ⅱ级	0.98			

注：水煮法采用的沥青黏滞度 $C_{60}^{5}=240s$ 的慢凝液体沥青。

③国内曾研究采用光电分光光度法比较精确地测定石料与沥青的粘附性。当采用同一种沥青时，不同矿物成分的石料的剥落度见表 3-9。

不同矿物组成的岩石与沥青的黏附性　　**表 3-9**

序　号	岩石名称	剥落度（%）（光电分光光度）	序　号	岩石名称	剥落度（%）（光电分光光度）
1	石灰岩	9.06	5	闪长岩	18.62
2	橄榄岩	16.08	6	安山岩	12.73
3	玄武岩	16.43	7	花岗岩	28.91
4	辉长岩	21.13	8	流纹岩	34.82

注：试验采用沥青为黏滞度 $C_{60}^{5}=240s$ 的慢凝液体沥青。

从表中可以明显看出：从碱性、中性、直至酸性石料，随着 SiO_2 含量的增加，剥落度亦随之增加。为保证沥青混合料的强度，在配制沥青选择石料时，应优先考虑采用碱性石料，当地缺乏碱性石料而必须采用酸性石料时，可掺加各种抗剥剂以提高沥青与石料的粘附性。

4. 质量要求

(1) 矿质粗骨料的耐酸率不应小于 95%，浸酸安定性应合格。

(2) 空隙率不大于 45%，且应颗粒级配良好，坚固密实。

(3) 表面洁净，含泥量不大于 1%。

四、纤维状填充材料

为了改善性能，在沥青混凝土中有时需要加入一定数量的 6 级角闪石石棉或温石棉纤维状填充材料。耐酸工程宜采用角闪石类石棉，耐碱工程宜采用温石棉，亦可采用长度为 4 ~ 6mm 的玻璃纤维。

第三节　矿质混合料的组成设计

沥青混凝土用的砂石材料，大多数是以矿质混合料的形式与各种胶结材料（如水泥或沥青、硫磺等）共同组成混合料使用。道路沥青混凝土即是其中用途较广的一种。

一、基本设计要求和内容

（一）设计要求

道路沥青混凝土用的矿质混合料应满足以下两点基本要求。

1. 最小空隙率

不同粒径的各级矿质骨料，按一定的比例配合，使组成一种具有“最小空隙率”（即“最大密实度”）的矿质混合料。

2. 最大内摩擦力

在按一定组成的矿质混合料中，任何一级骨料应不干涉（或很少干涉）其他各级骨料的紧密排列，使其形成一个多级空间骨架结构，具有最大的内摩擦力。

（二）设计内容

为达到上述要求，对矿质混合料必须进行组成设计，其内容主要有两点：

（1）级配理论和级配范围的确定。

（2）基本组成的设计方法。

二、混合料的级配理论和级配曲线范围

（一）级配方法

矿质混合料是由各种不同粒径的骨料，按照一定比例搭配，以达到最大的密实度或摩擦力。为此，通常采用两类级配。

1. 连续级配

指某一混合料在标准筛孔配成的套筛中进行筛析时，所得的级配曲线平顺圆滑，具有连续的（不间断的）性质，相邻粒径的粒料之间，有一定的比例关系（按质量计）。这种由大到小、逐级粒径均有，按比例互相搭配组成的矿质混合料，称为连续级配混合料。

2. 间断级配

指在矿质混合料中剔除其中一个分级或几个分级形成一种不连续的混合料。把这种不连续的、有“空档”的矿质混合料称为间断级配混合料。

连续级配曲线和间断级配曲线见图 3-1 所示。

（二）级配理论

目前用于计算连续级配的理论有 W.B. 富勒理论、A.N. 泰波公式和我国简化公式。另外，C.A.G. 魏矛斯理论，它既可计算连续级配，亦可计算间断级配。现将四种级配理论分述如下：

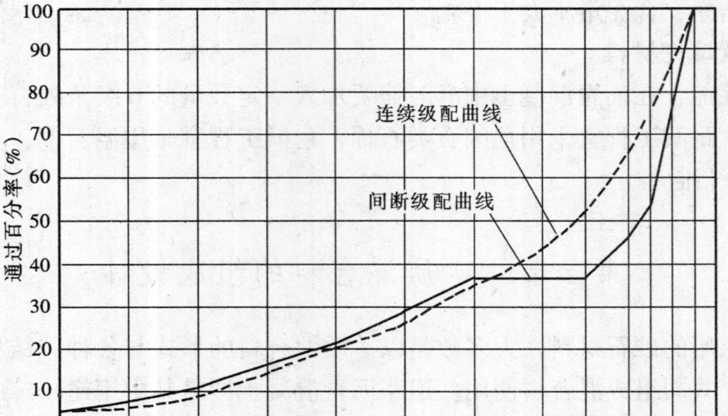

图 3-1　连续级配和间断级配曲线比较

1. 富勒最大密度曲线

W.B. 富勒（Fuller）根据实验提出一种理想级配，他认为："级配曲线愈接近抛物线时，则其密度愈大。"因此，当级配曲线为抛物线时为最大密实度曲线，如图 3-2 所示。对这种理论，也可表示为：

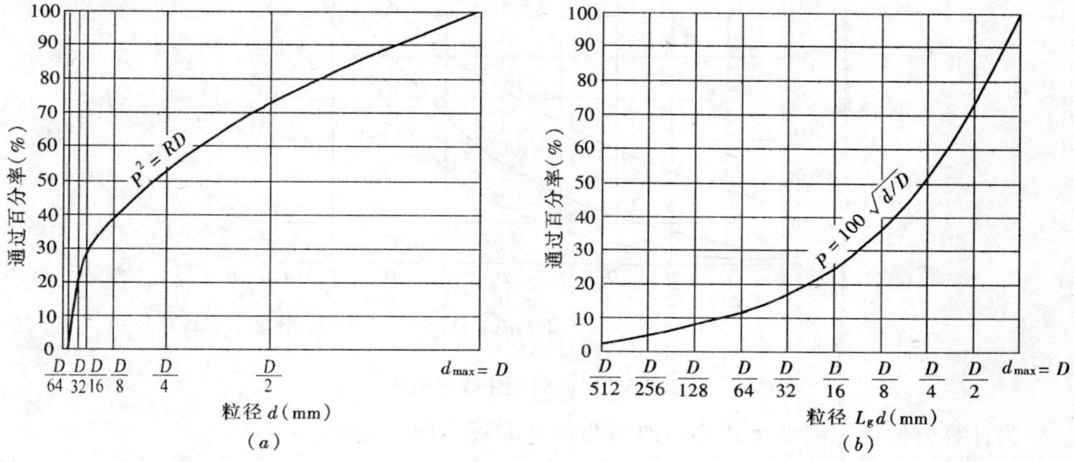

图 3-2　富勒理想级配曲线

（*a*）常数坐标；（*b*）半对数坐标

$$P^2 = Kd$$

当骨料的粒径 d 等于最大粒径 D 时，则即通过量等于 100%，即 $d = D$，$P = 100$，故

$$K = 100^2 \frac{1}{D}$$

求任一级粒径 d 的通过量时，即可得式：

$$P = 100\sqrt{\frac{d}{D}}$$

式中　P——通过欲计算的某级粒径，即筛孔尺寸为 d（mm）矿料的百分率（%）；

D——矿质混合料的最大粒径（mm）；

d——欲计算的某级矿质骨料粒径（mm）。

2. 泰波公式

A.N. 泰波（Tallol）认为富勒曲线为一种理想曲线，实际矿料应允许有一定的波动范围，故将富勒最大密度曲线改为 n 次幂的通式，即

$$P = 100\left(\frac{d}{D}\right)^n$$

式中　P——通过筛孔尺寸为 d（mm）的矿料的百分率（%）；

D——矿物混合料的最大粒径（mm）；

d——欲计算的某级矿质骨料的粒径（mm）；

n——实验指数。

从泰波公式可看出，当 $n = 0.5$ 时为抛物线，即富勒曲线。根据试验认为，当 $n = 0.3 \sim 0.6$ 之间时，具有较好的密实度。级配曲线范围如图 3-3 所示。

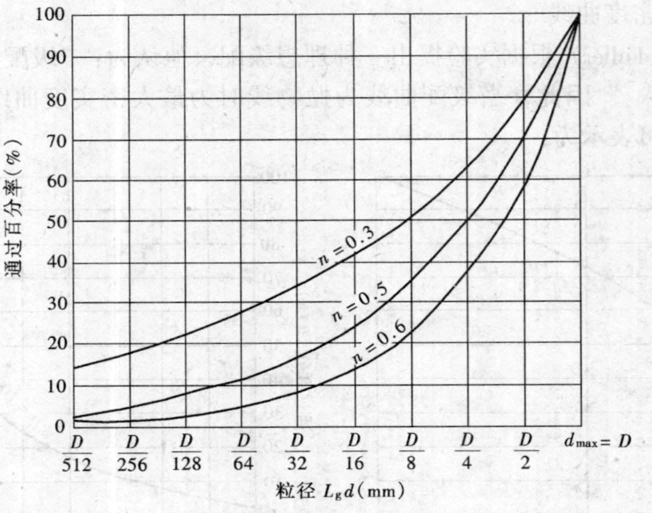

图 3-3　泰波级配曲线范围图

为计算方便计，泰波公式亦可改写为对数方程，即

$$\lg P=\lg 100+n\lg d-n\lg D=(2-n\lg D)+n\lg d$$

现举例说明如下：

【例一】 已知矿质混合料的最大粒径 $D=40$mm，$n=0.3$ 和 0.5，试求其各级粒料的通过百分率。

【解答】 矿料各级粒径尺寸按$\frac{1}{2}$递减，按泰波公式得：

$$\lg P=(2-0.3\lg 40)+0.3\lg d \text{ 和 } \lg P=(2-0.5\lg 40)+0.5\lg d$$

式中之 d 值，按最大粒径为 40mm 的$\frac{1}{2}$逐级递减所得的 d_1 代入计算各级粒径通过百分率。计算结果列入表 3-10。

理想级配曲线各级粒径通过百分率　　表 3-10

分级顺序 N		1	2	3	4	5	6	7	8	9	10
粒级比$\frac{D}{2^{N-1}}$		D	$\frac{D}{2}$	$\frac{D}{4}$	$\frac{D}{8}$	$\frac{D}{16}$	$\frac{D}{32}$	$\frac{D}{64}$	$\frac{D}{128}$	$\frac{D}{256}$	$\frac{D}{512}$
理论粒径 d_t（mm）		40	20	10	5	2.5	1.25	0.63	0.315	0.16	0.08
泰波式	$n=0.3$	100	81.23	65.98	53.59	43.53	34.93	28.37	23.04	18.71	15.20
指数	$n=0.5$	100	70.69	49.99	35.35	25.00	17.32	12.25	8.66	6.12	4.30
通过百分率（%）	$i=0.8$	100	80	64	51	41	33	26	21	17	14
递减率	$i=0.7$	100	70	49	34	24	17	12	8	6	4

3. 中国简化公式

我国在实践的基础上，提出直接以通过百分率的递减率 i 为参数的计算公式：

$$P=100\ (i)^{x-1}$$

式中　P——第 x 级通过量（%）；

x——级数，最大粒径为 D 时，$x=1$，直径按$\frac{1}{2}$递减；则$\frac{D}{2}$时，$x=2$；$\frac{D}{4}$时，$x=$

3；余类推；

i——通过百分率的递减率。即骨料中最大粒径为 D 时，其通过百分率为 100%；则 $\frac{D}{2}$ 时，其通过量为 $100\cdot i\%$；$\frac{D}{4}$ 时，为 $100\cdot i^2\%$；余类推。

本法计算较为简单，只要根据路面厚度控制最大粒径，即以最大粒径 D 为第 1 级百分率为 100% 开始，不断乘以 i 即可得出最后一级的通过百分率，直接应用计算所得绘制级配曲线。

本法 i 与泰波公式指数 n 之间，可以互换，即

$$i=\left(\frac{1}{2}\right)^n$$

利用本公式计算理想级配曲线各级粒径的通过百分率与泰波公式所得十分接近。

4. 魏矛斯粒子干涉理论

C.A.G. 魏矛斯（Weymouth）提出的粒子干涉理论，认为颗粒之间的空隙，应由次小一级颗粒所填充；其所余空隙又由再次小颗粒所填充，但填隙的颗粒不得大于其间隙之距离，否则大小颗粒之间势必发生干涉现象。为避免干涉起见，大小粒子之间应按一定数量分配，并从临界干涉的情况下可导出前粒级粒度的间距计算公式：

$$t=\left[\left(\frac{D_0}{D_a}\right)^{\frac{1}{3}}-1\right]\cdot D$$

或

$$d=\left[\left(\frac{D_0}{D_a}\right)^{\frac{1}{3}}-1\right]\cdot D$$

式中　t——前粒级的间隙距离（即等于次粒级的粒径 d）；

D——前粒级的粒径；

D_0——次粒级的理论实积率（即松堆密度与表观密度之比）；

D_a——次粒级的实用实积率。

现举例说明如下：

【例二】　灞河大桥为普通钢筋混凝土简支梁，高桩承台重力式墩。根据材料供应条件，允许采用多级骨料配制高密度混凝土以节约水泥。试用魏矛斯理论设计该桥上部和下部结构用混凝土骨料的级配。

【资料】　（1）上部结构：根据钢筋净距，允许骨料最大粒径为 40mm，骨料最小粒径，按施工可能控制至 0.16mm。骨料表观密度 $\rho_a=2.65g/cm^3$，堆积密度 $\rho_L=1700kg/m^3$。为防止产生离析现象，建议采用连续级配$\left(\text{即粒径比}\frac{d}{D}=\frac{1}{2}\right)$。

（2）下部结构：根据重力式墩的断面尺寸，允许骨料最大尺寸可放至 150mm，并允许采用间断级配以大幅度节约水泥。骨料最小粒径，按施工可能控制至 0.3mm，骨料表观密度 $\rho_a=2.65g/cm^3$，堆积密度 $\rho_L=1700kg/m^3$，间断级配推荐粒径比 $\frac{d}{D}=\frac{1}{6}$。

【解答】　1. 上部构造骨料级配

（1）理论实积率：不考虑次一分级骨料对第 1 分级骨料密排干涉时的理论实积率：

$$D_0=\frac{\rho_L}{\rho_a}=\frac{1.70}{2.65}=0.64$$

（2）实际实积率：为避免次一分级骨料对前一分级骨料干涉时的实用实积率：

$$D_a = \frac{D_0}{\left(\frac{d}{D}+1\right)^3} = \frac{0.64}{\left(\frac{1}{2}+1\right)^3} = 0.189$$

（3）按此，各级粒径的分计筛余、累计筛余和通过百分率计算如表 3-11 所列。

各级粒径的分计筛余、累计筛余和通过百分率　　表 3-11

粒径 d_i（mm）	分计筛余 a_i（%）	累计筛余 A_i（%）	通过百分率 P_i（%）	调整后的通过百分率 P_i（%）
40	0	0	100	100
20	18.9	18.9	81.1	76.76
10	（100－18.9）×0.189＝15.4	34.3	65.7	57.81
5	（100－34.3）×0.189＝12.4	46.7	53.3	42.56
2.5	（100－46.7）×0.189＝10.1	56.8	43.2	30.14
1.25	（100－56.8）×0.189＝8.2	65.0	35.0	20.05
0.63	（100－65.0）×0.189＝6.6	71.6	28.4	11.98
0.315	（100－71.6）×0.189＝5.4	77.0	23.0	5.29
0.16	（100－77.0）×0.189＝4.3	81.3	18.7	0

2. 下部结构骨料级配

（1）按题意，采用间断级配确定：

设两相邻粒度 $\frac{D_1}{d_1}=\frac{D_2}{d_2}=\frac{D_3}{d_3}=\frac{D_4}{d_4}=2$，又各粒级粒径比 $\frac{D_2}{d_1}=\frac{D_3}{d_2}=\frac{D_4}{d_3}=\frac{1}{6}$，则各分级粒度如表 3-12 所列。

骨 料 各 级 粒 度　　表 3-12

分　级	第 1 分级 $\frac{D_1}{d_1}$	第 2 分级 $\frac{D_2}{d_2}$	第 3 分级 $\frac{D_3}{d_3}$	第 4 分级 $\frac{D_4}{d_4}$
粒　径（mm）	$\frac{150}{75}$	$\frac{25}{12.5}$	$\frac{4}{2}$	$\frac{0.63}{0.315}$

（2）理论实积率：

$$D_0 = \frac{\rho_L}{\rho_a} = \frac{1.74}{2.65} = 0.66$$

（3）实用实积率：

$$D_a = \frac{D_0}{\left(\frac{d}{D}+1\right)^3} = \frac{0.66}{\left(\frac{1}{6}+1\right)^3} = 0.4156$$

（注：上式中的 $\frac{d}{D}$，即相当于间断级配中的 $\frac{D_2}{d_1}$。）

（4）各分级骨料的配量和调整后各分配量列于表 3-13。

各 分 级 骨 料 配 量　　表 3-13

分　级	粒度（mm）	各分级配量（%）	调整后各分级配量（%）
第 1 分级	150/75	41.56	47.05
第 2 分级	25/12.5	（100－41.56）×0.4156＝24.29	27.50
第 3 分级	4/2	（100－65.85）×0.4156＝14.20	16.07
第 4 分级	0.63/0.315	（100－80.05）×0.4156＝8.29	9.38

（三）级配曲线范围的绘制

按级配理论公式计算出各级骨料在矿质混合料中的通过百分率，以通过百分率为纵坐标，以粒径（mm）为横坐标，绘制成曲线，即为理论级配曲线。但由于矿料在轧制过程中的不均匀性，以及混合料配制时的误差等因素影响，使所配制的混合料往往不可能与理论级配完全相符合。因此，必须允许配料时的合成级配在适当的范围内波动，这就是级配范围。以下介绍在已确定的计算参数条件下绘制级配范围曲线的方法。

一般，常用筛孔是按$\frac{1}{2}$递减的，筛分曲线如按常坐标绘制，则必然造成前疏后密，不便于绘制和查阅。为此，通常用半对数坐标代替，即横坐标颗粒粒径（即筛孔尺寸）采用对数坐标，而纵坐标通过（或存留）百分率采用常坐标，但也有些国家采用双对数坐标，即颗粒粒径与通过百分率均采用对数坐标，这样所绘制成的级配曲线为一直线，使绘制和查阅更为方便。

我国沿用半对数坐标。绘制级配范围曲线的方法，首先要用按对数计算出各种颗粒粒径（或筛孔尺寸）在横坐标上的位置，而表示通过（或存留）百分率的纵坐标则按普通算术坐标绘制。绘制好纵、横坐标后，最好将计算所得的各颗粒粒径（d_i）的通过百分率（P_i）绘于坐标图上，再将确定的各点连接为光滑的曲线，在两个指数（n_1和n_2）之间所包括的范围即为级配曲线（通常用加绘阴影线表示）。现以$n_1=0.3$、$n_2=0.5$示例如图3-4所示。

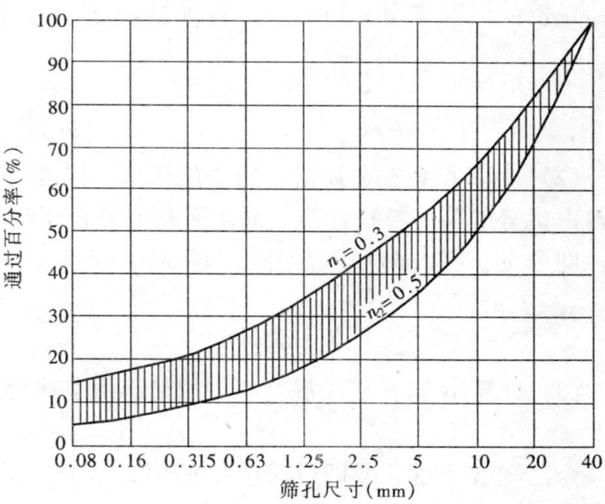

图3-4　级配范围曲线

三、混合料的组成设计方法

天然或人工生产的一种骨料的级配往往很难完全符合某一级配范围的要求，因此必须采用两种或两种以上的骨料配合起来才能符合级配范围的要求。因此，矿质混合料配合组成设计的任务就是确定组成混合料各骨料的比例。确定混合料配合比的方法很多，但是归纳起来主要可分为数解法和图解法两大类。

（一）数解法

用数学求解矿质混合料组成的方法很多，最常用的为“试算法”和“正规方程法”（或称“线性规划法”）。前者适用于两、三种矿料组成；后者可用于多种矿料组成，所得结果准确，但计算较为复杂，不如图解法方便。

1. 试算法

在数学解法中，最简单的方法为试算法。这个方法的基本原理是：设有几种矿质骨料，在决定各组成骨料的混合料中的比例时，先假定混合料中某种粒径的颗粒是由某一种对这一粒径占优势的骨料组成，其他各种骨料不含这种粒径。这样根据各个主要粒径去试探各种骨料在混合料中的大致比例。如果发觉比例不适合，则稍加调整，这样逐步渐近，最终达到符合混合料级配要求的各骨料配合比例。

例如，现有 A、B、C 三种矿质骨料，欲配制成 M 级配的矿质混合料。

设 X、Y、Z 为 A、B、C 三种骨料组成矿质混合料的配合比例，则

$$X+Y+Z=1$$

又设，混合料 M 中某一级粒径要求的含量为 $M_{(i)}$，A、B 和 C 三种骨料在某一粒径的含量各为 $m_{a(i)}$、$m_{b(i)}$ 和 $m_{c(i)}$，则

$$m_{a(i)}\cdot X+m_{b(i)}\cdot Y+m_{c(i)}\cdot Z=M_{(i)}$$

再按下列步骤求得 A、B 和 C 三种骨料在混合料中的比例。

(1) 计算 A 料在矿质混合料中的用量：在计算 A 料在混合料中的含量时，按 A 料占优势含量的某一粒径计算，而忽略其他骨料在此粒径的含量。

设按粒径尺寸为 i（mm）进行计算，令 $m_{b(i)}$ 和 $m_{c(i)}$ 均等于零，得 $m_{a(i)}\cdot X=M_{(i)}$，故

$$X=\frac{M_{(i)}}{m_{a(i)}}$$

(2) 计算 C 料在矿质混合料中的用量：同理，在计算 C 料在混合料中的含量时，按 C 料占优势的某一粒径计算，而忽略其他骨料在此粒径的含量。设按粒径尺寸 j（mm）计算，即令 $m_{a(j)}$ 和 $m_{b(j)}$ 均等于零，则 $m_{c(j)}\cdot Z=M_{(j)}$，故

$$Z=\frac{M_{(j)}}{m_{0(j)}}$$

(3) 计算 B 料在矿质混合料中用量：由上述公式可得

$$Y=1-(X+Z)$$

今已知 X 和 Z，故即可求出 Y 的值。

【例三】 现有碎石、砂和矿粉三种材料，经筛析试验后各骨料的分计筛余百分率列于表 3-14。又按推荐要求通过级配范围亦列于表 3-14 中。试求碎石、砂和矿料三种骨料在要求级配混合料中的比例。

原有骨料的分计筛余和混合料要求级配范围 **表 3-14**

筛孔尺寸 d_i (mm)	碎石分计筛余 $m_{a(i)}$ (%)	砂分计筛余 $m_{b(i)}$ (%)	矿粉分计筛余 $m_{c(i)}$ (%)	矿质混合料要求级配范围通过百分率 $P_{(n_1-n_2)}$ (%)
15	0.8	—	—	100
5	[60.0]	—	—	63~78
2.5	23.5	10.5	—	40~63
1.25	14.4	22.1	—	30~53
0.63	1.3	19.4	4.0	22~45
0.315	—	36.0	4.0	15~35
0.16	—	7.0	5.5	12~30
0.08	—	3.0	3.2	10~25

【解答】 矿质混合料中各种骨料用量配合组成可按下述步骤计算：

(1) 换算：先将表 3-14 中矿质混合料的要求级配范围的通过百分率换算为累计筛余百分率，然后再计算为各筛号的分计筛余百分率。计算结果列于表 3-15。

原有骨料和要求级配范围　　表 3-15

筛孔尺寸 d_i (mm)	碎石分计筛余 $m_{a(i)}$ (%)	砂的分计筛余 $m_{b(i)}$ (%)	矿粉分计筛余 $m_{c(i)}$ (%)	按累计筛余计级配范围 $A_{(n_1-n_2)}$ (%)	按累计筛余计级配范围中值 $A_{(i)}$ (%)	按分计筛余计级配范围中值 M_i (%)
15	0.8	—	—	—	—	—
5	60.0	—	—	37~22	29.5	29.5
2.5	23.5	10.5	—	60~37	48.5	19.0
1.25	14.4	22.1	—	70~47	58.5	10.0
0.63	1.3	19.4	4.0	78~55	66.6	8.1
0.315	—	36.0	4.0	85~65	75.0	8.4
0.16	—	7.0	5.5	88~70	79.0	4.0
0.08	—	3.0	3.2	90~75	82.5	3.5
<0.08	—	2.0	83.3	100	100	17.5

(2) 计算碎石在矿质混合料中用量：由表 3-14 可知，碎石中占优势的粒径为 5mm 的含量，故计算碎石的配合组成时，假设混合料中 5mm 的粒径全部是由碎石所组成，因此 $m_{b(5)}$和 $m_{c(5)}$均等于零。由前式可得：

$$m_{a(5)} \cdot X = M_{(5)}$$

$$X = \frac{M_{(5)}}{m_{a(5)}} \cdot 100\%$$

由表 3-15 知 $M_{(5)} = 29.5\%$，$m_{a(5)} = 60\%$，代入上式得：

$$X = \frac{29.5}{60} \times 100 = 49\%$$

(3) 计算矿粉在矿质混合料中的用量：同理，计算矿粉在混合料中的配合比时，按矿粉占优势的 0.08mm 粒径计算，假设 $m_{a(0.08)}$和 $m_{b(0.08)}$均为零。由上式得：

$$m_{c(0.08)} \cdot Z = M_{(0.08)}$$

$$Z = \frac{M_{(0.08)}}{m_{c(0.08)}} \cdot 100\%$$

由表 3-15 可知，$M_{(0.08)} = 17.5\%$，$m_{c(0.08)} = 83.3\%$，代入上式得：

$$Z = \frac{17.5}{83.3} \times 100\% = 21\%$$

(4) 计算 B 料在混合料中的用量：由上式得

$$Y = 1 - (X + Z)$$

已求得 $X = 49\%$，$Z = 21\%$，故

$$Y = 1 - (49\% + 21\%) = 30\%$$

(5) 校核：以试算得的配合比 $X = 49\%$，$Y = 30\%$，$Z = 21\%$，按表 3-16 进行校核。

根据校核结果，符合要求级配范围。如不符合级配范围，应调整配合比再进行试算。经过几次调整，逐步渐近，直到达到要求。如经计算确不能符合级配要求，应调换或增加骨料品种。

2. 正规方程法

设有 k 种骨料，各种骨料在 n 级筛析的通过百分率为 $P_{i(j)}$，欲配制如下级配范围的矿质混合料，其组成如表 3-17 所列。

矿质混合料配合组成计算校核表 表 3-16

筛孔尺寸 d_i (mm)	碎石			砂			矿粉			矿质混合料			要求级配范围通过量 $P_{(n_1-n_2)}$ (%)
	原来级配分计筛余 $m_{a(i)}$ (%)	采用百分率 X (%)	占混合料百分率 $m_{a(i)}\cdot X$ (%)	原来级配分计筛率 $m_{b(i)}$ (%)	采用百分率 Y (%)	占混合料百分率 $m_{b(i)}\cdot Y$ (%)	原来级配分计筛余 $m_{c(i)}$ (%)	采用百分率 Z (%)	占混合料百分率 $m_{c(i)}\cdot Z$ (%)	分计筛余率 $M_{(i)}$ (%)	累计筛余率 $A_{(i)}$ (%)	通过百分率 $P_{(i)}$ (%)	
①	②	③	④	⑤	⑥	⑦	⑧	⑨	⑩	⑪	⑫	⑬	⑭
15	0.8		=0.4							0.4	0.4	99.6	100
5	60.0		=29.4							29.4	29.8	70.2	63~78
2.5	23.5	×49	=11.5	10.5		=3.2				14.7	44.5	55.5	40~63
1.25	14.4		=7.1	22.1		=6.6				13.7	58.2	41.8	30~53
0.63	1.3		=0.6	19.4		=5.8	4.0		=0.8	7.2	65.4	34.6	22~45
0.315				36.0	×30	=10.8	4.0		=0.8	11.6	77.0	23.0	15~35
0.16				7.0		=2.1	5.5	×21	=1.2	3.3	80.3	19.7	12~30
0.08				3.0		=0.9	3.2		=0.7	1.6	81.9	18.7	10~25
<0.08				2.0		=0.6	83.3		=17.5	18.1	100	—	—
校核	Σ=100		Σ=49	Σ=100		Σ=30	Σ=100		Σ=21	Σ=100			

欲配制级配范围矿质混合料的组成 表 3-17

通过百分率(%) 筛孔 \ 骨料	各种骨料				各种骨料用量				级配范围中值
	1	2	…	k	x_1	x_2	…	x_k	
1	$P_{1(1)}$	$P_{2(1)}$	…	$P_{k(1)}$	$P_{1(1)}\cdot x_1$	$P_{2(1)}\cdot x_2$	…	$P_{k(1)}\cdot x_k$	$P_{(1)}$
2	$P_{1(2)}$	$P_{2(2)}$	…	$P_{k(2)}$	$P_{1(2)}\cdot x_1$	$P_{2(2)}\cdot x_2$	…	$P_{k(2)}\cdot x_k$	$P_{(2)}$
⋮	⋮	⋮	⋮	⋮	⋮	⋮	⋮	⋮	⋮
n	$P_{1(n)}$	$P_{2(n)}$	…	$P_{(kn)}$	$P_{1(n)}\cdot x_1$	$P_{2(n)}\cdot x_2$	…	$P_{k(n)}\cdot x_k$	$P_{(n)}$

设矿质混合料任何一级筛孔的通过量为 $P_{(j)}$，它是由各种组成骨料在该级的通过百分率 $P_{i(j)}$乘各种骨料在混合料中的用量（x_i）之和。

即
$$\Sigma P_{i(j)} \cdot x_i = P_{(j)}$$

式中　i——骨料种类，$i=1$、2、……k；

j——筛孔数，$j=1$、2、……n。

（1）按表 3-17 级配组成可列下列方程组：

$$\begin{cases} P_{1(1)} \cdot x_1 + P_{2(1)} \cdot x_2 + \cdots\cdots P_{k(1)} \cdot x_k = P_{(1)} & (1) \\ P_{1(2)} \cdot x_1 + P_{2(2)} \cdot x_2 + \cdots\cdots P_{k(2)} \cdot x_k = P_{(2)} & (2) \\ \cdots\cdots & \\ P_{1(n)} \cdot x_1 + P_{2(n)} \cdot x_2 + \cdots\cdots P_{k(n)} \cdot x_k = P_{(n)} & (n) \end{cases}$$

（2）按高斯（Gauss）法可列出下列正规方程组：

$$\begin{cases} [\Sigma P_{1(j)} \cdot P_{1(j)}]x_1 + [\Sigma P_{1(j)} \cdot P_{2(j)}] \cdot x^2 + \cdots\cdots + & (1) \\ [\Sigma P_{1(j)} \cdot P_{k(j)}] \cdot x_k = \Sigma P_{1(j)} \cdot P_{(j)} & \\ [\Sigma P_{2(j)} \cdot P_{1(j)}]x_1 + [\Sigma P_{2(j)} \cdot P_{2(j)}] \cdot x^2 + \cdots\cdots + & \\ [\Sigma P_{2(j)} \cdot P_{k(j)}]x_k = \Sigma P_{2(j)} \cdot P_{(j)} & (2) \\ \cdots\cdots & \\ [\Sigma P_{k(j)} \cdot P_{1(j)}]x_1 + [\Sigma P_{k(j)} \cdot P_{2(j)}] \cdot x^2 + \cdots\cdots + & \\ [\Sigma P_{k(j)} \cdot P_{k(j)}]x_k = \Sigma P_{k(j)} \cdot P_{(j)} & (k) \end{cases}$$

为方便计算可简写为：

$$\begin{cases} L_{11}x_1 + L_{12}x_2 + \cdots\cdots + L_{1k}x_k = L_1 y & (1) \\ L_{21}x_1 + L_{22}x_2 + \cdots\cdots + L_{2k}x_k = L_2 y & (2) \\ \cdots\cdots & \\ L_{k1}x_1 + L_{k2}x_2 + \cdots\cdots + L_{kk}x_k = L_k y & (k) \end{cases}$$

（3）用消元法解出 x_1，x_2……x_k 即为各种材料的配合比例。

【例四】　某大桥桥面铺装采用细粒式沥青混合料，骨料级配中值建议采用泰波公式 $n=0.40$，试求表 3-18 中四种材料符合级配要求的配合比。

细粒式沥青混凝土骨料级配要求　　**表 3-18**

材料名称	筛孔尺寸（mm）								
	15	10	5	2.5	1.25	0.63	0.315	0.16	0.08
	通过百分率（%）								
石　屑	100.00	90.00	50.00	38.00	20.05	10.50	6.50	5.20	3.00
粉末渣	100.00	80.00	75.00	48.20	88.40	30.20	20.00	10.20	4.10
黄　砂	100.00	75.00	63.50	53.40	44.40	35.50	25.60	19.00	13.55
石　粉	100.00	100.00	98.00	96.40	95.80	94.40	92.30	90.60	88.60
要求级配中值	100.00	85.00	65.00	50.00	38.00	30.00	23.00	18.00	14.00

【解答】 (1) 按高斯法可列出正规方程组：

$$L_{11}x_1 + L_{12}x_2 + L_{13}x_3 + L_{14}x_4 = L_1y$$
$$L_{21}x_1 + L_{22}x_2 + L_{23}x_3 + L_{24}x_4 = L_2y$$
$$L_{31}x_1 + L_{32}x_2 + L_{33}x_3 + L_{34}x_4 = L_3y$$
$$L_{41}x_1 + L_{42}x_2 + L_{43}x_3 + L_{44}x_4 = L_4y$$

计算结果（用电算术解更为方便）列于表 3-19 中。

(2) 按表 3-19 列出下列各式：

$$\begin{cases}12634.54x_1+14063.96x_2+13537.36x_3+21815.31x_4=14162.00\\14063.96x_1+17255.69x_2+16909.82x_3+29668.46x_4=17151.20\\13537.36x_1+16909.82x_2+17023.07x_3+31877.13x_4=17080.20\\21815.32x_1+29668.46x_2+31377.13x_3+71656.12x_4=31168.00\end{cases}$$

(3) 用消元法解得：

$$x_1 = 39.97\% \doteq 40\%$$
$$x_2 = 30.15\% \doteq 30\%$$
$$x_3 = 19.83\% \doteq 20\%$$
$$x_4 = 10.02\% \doteq 10\%$$

(4) 校核：计算结果校核如表 3-20 所列。

校核结果：合成级配与要求级配范围一致，表明配合组成优良。

(二) 图解法

1. 方法选择

采用图解法求矿质混合料组成，常选择以下三种方法。

(1) 对于两种骨料组配时，采用矩形法。

(2) 对于三种骨料组配时，需采用二次矩形法或三角形法。

(3) 对于多种骨料组配，则选用罗思富奇斯（Rothfuchs）提出的平衡面积法。此法后来被日本道路协会进行了修正，可以直接在筛分曲线上对多种骨料确定其配合组成。

计 算 结 果 表 3-19

$P_{1(j)}$	$P_{2(j)}$	$P_{3(j)}$	$P_{4(j)}$	$P_{(j)}$	$[P_{1(j)}]^2$	$[P_{2(j)}]^2$	$[P_{3(j)}]^2$	$[P_{4(j)}]^2$	$P_{1(j)} \times P_{2(j)}$
90.00	80.00	75.00	100.00	85.00	8100.00	6400.00	5625.00	10000.00	7200.00
50.00	75.00	63.50	98.00	65.00	2500.00	5625.00	4032.25	9604.00	3750.00
38.00	48.20	53.50	96.40	50.00	1444.00	2323.24	2862.25	9292.96	1831.60
20.05	38.40	44.40	95.80	38.00	402.00	1474.56	1971.36	9177.64	769.92
10.50	30.20	36.50	94.40	36.00	110.25	912.04	1332.25	8911.36	317.10
6.50	20.00	25.60	92.80	23.00	42.75	400.00	655.36	8611.84	130.00
5.20	10.20	19.00	90.60	18.00	27.04	104.04	361.00	8208.36	53.04
3.00	4.10	13.55	88.60	14.00	9.00	16.81	183.60	7849.96	12.30
Σ—	—	—	—	—	12634.54	17255.69	17023.07	71656.12	14063.96
					L_{11}	L_{22}	L_{33}	L_{44}	L_{12} $\boxed{L_{21}}$

续表

$P_{1(j)}\times[P_{3(j)}]$	$P_{1(j)}\times[P_{4(j)}]$	$P_{2(j)}\times[P_{3(j)}]$	$P_{2(j)}\times[P_{4(j)}]$	$P_{3(j)}\times[P_{4(j)}]$	$P_{1(j)}\times P_{(j)}$	$P_{2(j)}\times P_{(j)}$	$P_{3(j)}\times P_{(j)}$	$P_{4(j)}\times P_{(j)}$
6750.00	90000.00	6000.00	8000.00	7500.00	76500.00	6800.00	6375.00	8500.00
3175.00	4900.00	4762.50	7350.00	6223.00	3250.00	4875.00	4127.50	6370.00
2033.00	366.32	2578.70	4646.48	5157.40	1900.00	2410.00	2675.00	4820.00
890.22	1920.79	1704.96	3678.72	4253.52	761.90	1459.20	1687.20	3640.40
383.25	991.20	1102.30	2850.88	3445.60	315.00	906.00	1095.00	2832.00
166.40	603.20	512.00	1856.00	2375.68	149.50	460.00	588.80	2134.40
98.80	471.12	19.38	924.12	1721.40	93.60	183.60	342.00	1630.80
40.69	265.80	55.56	362.26	1200.53	42.00	57.40	189.70	1240.40
13577.36	21815.00	16909.82	29668.46	31877.13	14162.00	17151.20	17030.20	31168.00
L_{13} $\boxed{L_{31}}$	L_{14} $\boxed{L_{41}}$	L_{23} $\boxed{L_{32}}$	L_{24} $\boxed{L_{42}}$	L_{34} $\boxed{L_{43}}$	L_1Y	L_2Y	L_3Y	L_4Y

配合组成校核结果　　**表 3-20**

材料名称	筛孔尺寸 (mm)								
	15	10	5	2.5	1.25	0.63	0.315	0.16	0.08
	通过百分率 (%)								
石屑 100%	100.00	90.00	50.00	30.00	20.05	10.50	6.50	5.20	3.00
粉末渣 100%	100.00	80.00	75.00	48.20	33.40	30.20	20.00	10.20	4.10
黄砂 100%	100.00	75.00	63.50	53.50	44.40	36.50	25.60	19.00	13.55
石粉 100%	100.00	100.00	98.00	96.40	95.80	94.40	92.80	90.60	88.60
石屑 40%	40.00	36.00	20.00	15.20	8.02	4.20	2.60	2.08	1.20
粉末渣 0%	30.00	24.00	22.50	14.46	11.52	9.06	6.00	3.06	1.23
黄砂 20%	20.00	15.00	12.70	10.70	8.88	7.30	5.12	3.80	2.71
石粉 10%	10.00	10.00	9.80	9.64	9.58	9.44	9.28	9.06	8.86
合成级配	100.00	85.00	65.00	50.00	38.00	30.00	23.00	18.00	14.00

2. 修正平衡面积法

目前，我国交通部部颁标准《公路沥青路面施工技术规范》JTJ 032—94 和国家标准《沥青路面施工及验收规范》(GB 50092—96) 推荐的矿质混合料组成设计方法，均采用此法——修正平衡面积法。

(1) 已知条件：采用修正平衡面积法求解矿质混合料组成时，应已知下列两个条件：

①各种骨料筛析结果，用以求出各级粒径的通过百分率。

②按技术规范（或理论级配）要求的合成级配范围，用以求出要求的合成级配各级粒径的通过百分率中值。

(2) 设计步骤：修正平衡面积法分以下三步设计。

①绘制级配曲线　在设计说明书上按要求尺寸绘一长方形图框，连对角线 O-O'（图 3-5）作为合成级配的中值。纵坐标按算术标尺，标出通过质量百分率（0%～100%）。根据合成级配中值要求的各筛孔通过百分率，从纵坐标引平行线与对角线相交，再从交点作垂线与横坐标相交，其交点即作为各相应筛孔孔径（mm）的位置。

②确定各种骨料用量　将各种骨料的通过量绘于级配曲线坐标图上（图 3-6）。因为相

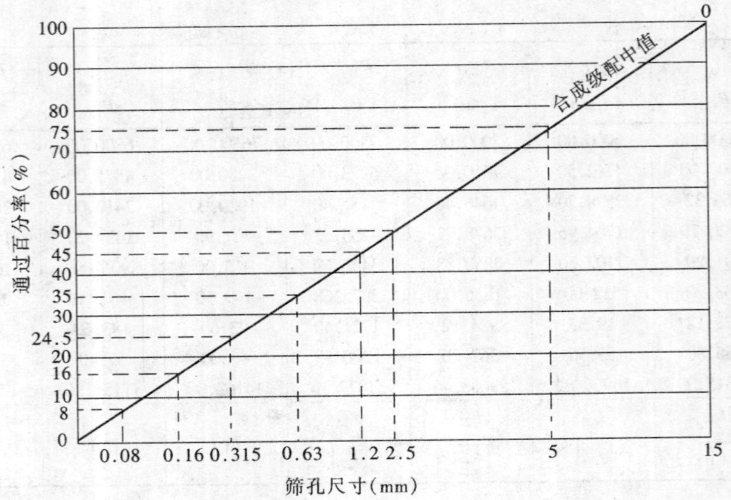

图 3-5 图解法用级配曲线坐标图

邻各种骨料的级配曲线，不外乎图 3-6 所示的三种情况，根据各骨料的级配曲线之间的关系，按下述方法即可确定各种骨料用量。

a. 两相邻级配曲线重叠（如骨料 A 级配曲线的下部与骨料 B 级配曲线的上部搭接时），在两级配曲线之间引一根垂直于横坐标的直线（即 $a=a'$）A-A' 与对角线 O-O' 交于点 M，通过 M 作一水平线与纵坐标交于 P 点。O-P 即为骨料 A 的用量。

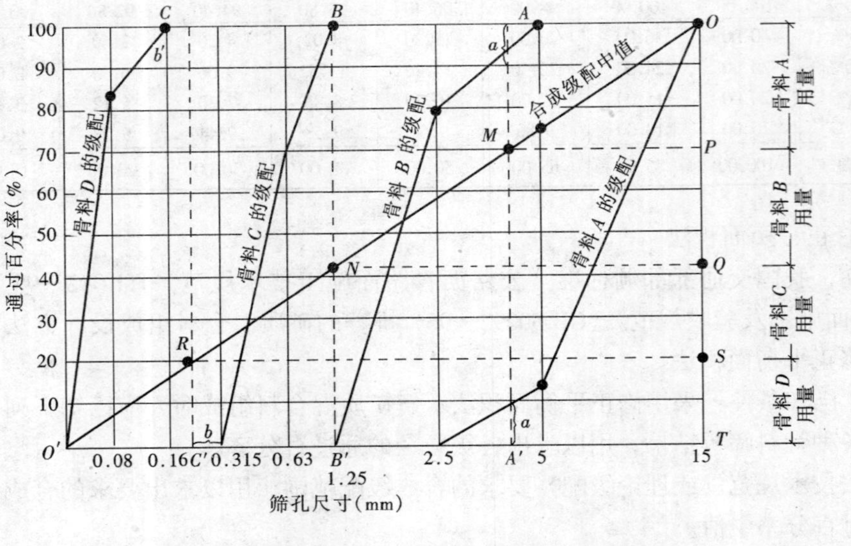

图 3-6 组成骨料级配曲线和要求合成级配曲线图

b. 两相邻级配曲线相接（如骨料 B 的级配曲线末端与骨料 C 的级配曲线首端正好在一垂直线上时），将前一骨料曲线末端与后一骨料曲线首端作垂线相连，垂线 B-B' 与对角线 O-O' 相交于点 N。通过 N 作一水平线与纵坐标交于 Q 点，P-Q 即为骨料 B 的用量。

c. 两相邻级配曲线相离（如骨料 C 的级配曲线末端与骨料 D 的级配曲线首端彼此离

开一段距离时），作一垂直线平分相离开的距离（即 $b=b'$），垂线 C-C' 与对角线 O-O' 相交于点 R，通过 R 作一水平线与纵坐标交于 S 点，Q-S 即为 C 骨料的用量。

d. 剩余 S-T 即为骨料 D 的用量。

③校核　按图解法所得的各种骨料用量，校核计算所得合成级配是否符合要求。如不能符合要求（超出级配范围），应调整各骨料的用量。

【例五】　现有碎石、砂和矿粉三种材料，筛析试验得到各粒径通过百分率列入表3-21。要求将上述三种材料组配成符合《沥青路面施工及验收规范》（GB50092—96）中的细粒式沥青混合料（LH-15、I-1）级配要求（表3-22）的矿质混合料，试确定各种骨料的用量比例。

组成骨料级配表　　**表 3-21**

材料名称	筛孔尺寸（mm）							
	15	5	2.5	1.25	0.63	0.315	0.16	0.08
	通过百分率（%）							
碎石	100	54	30	8	3	1	0	0
砂	100	100	100	90	71	41	15	1
矿粉	100	100	100	100	100	100	98	80

【解答】　（1）按前述方法绘制级配曲线图，如图3-7所示。图中纵坐标表示通过百分率。

混合料要求级配表　　**表 3-22**

混合料类型和级配		筛孔尺寸（mm）							
		15	5	2.5	1.25	0.65	0.315	0.16	0.08
		通过百分率（%）							
细粒式沥青混合料（LH-15、I-1）	级配范围	95~100	70~80	55~65	40~50	30~40	21~28	12~20	6~10
	级配中值	100	75	60	45	35	24.5	16	8

（2）连接对角线 O-O'，在纵坐标上找出细粒式混合料（HL-15、I-1）各筛孔要求的通过百分率，作水平线与对角线 O-O'相交，再从各交点作垂线交于横坐标上，确定各筛孔在横坐标上的位置。

（3）将碎石、砂和矿粉的级配曲线绘于图3-7上。

（4）在碎石和砂级配曲线相重叠部分作一垂线 A-A'，使垂线截取二级配曲线的纵坐标值相等（即 $a=a'$）。自垂线与对角线交点 M 引一水平线，与纵坐标相交于 P 点，O-P 的长度 $x=54\%$ 即为碎石的用量。

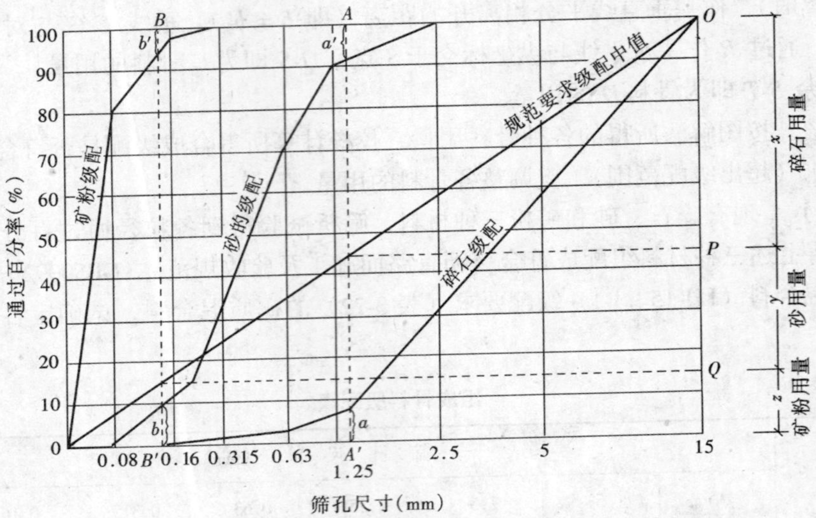

图 3-7　碎石、砂和矿粉级配与混合料要求级配图

(5) 根据图解法求得的各种骨料用量百分率，列表进行校核计算，如表 3-23 所列。

从表 3-23 看出按碎石:砂:矿粉 = 54%:33%:13%计算结果，合成级配中筛孔 0.08mm 的通过百分率为 10.7%（超过规范要求的 6%～10%）。

(6) 调整：为此，必须将 3 种矿料用量百分率进行调整。因通过 0.08mm 的颗粒太多，故将碎石与砂用量增加，矿粉减少。经试调结果，采用碎石:砂:矿粉 = 56%:34%:10%时，合成级配曲线正好在规范要求级配范围的中值附近（见表中括号内数值）。

(7) 将表 3-23 计算得到的合成级配的通过百分率，绘于规范要求的级配范围曲线中，如图 3-8 所示。同时，从图中可看出合成级配曲线完全在规范要求的级配范围之内，表明确定的组成符合要求，即碎石:砂:矿粉 = 56%:34%:10%。

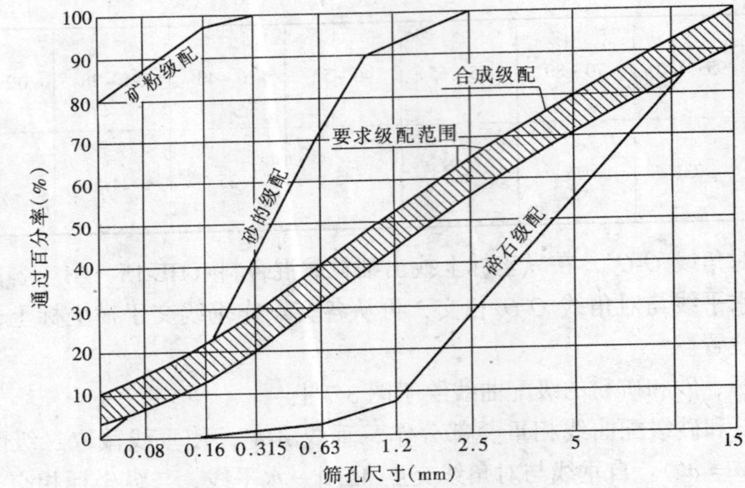

图 3-8　要求级配范围和合成级配曲线图

矿质混合料组合计算表　　表 3-23

材料		15	5	2.5	1.25	0.63	0.315	0.16	0.08
		通过百分率（%）							
原材料级配	碎石 100%	100	54	30	8	3	1	0	0
	砂 100%	100	100	100	90	71	41	15	1
	矿粉 100%	100	100	100	100	100	100	98	80
各种矿料在混合料中的级配	碎石 54%（56%）	54.0（56.0）	29.2（30.2）	16.2（16.8）	4.3（4.5）	1.6（1.7）	0.5（0.6）	0（0）	0（0）
	砂 33%（34%）	33.0（34.0）	33.0（34.0）	33.0（34.0）	29.7（30.6）	23.4（24.1）	13.5（14.0）	5.0（5.1）	0.3（0.3）
	矿粉 13%（10%）	23.0（10.0）	13.0（10.0）	13.0（10.0）	13.0（10.0）	13.0（10.0）	13.0（10.0）	12.7（9.8）	10.4（8.0）
合成级配		100.0（100.0）	75.2（74.2）	62.2（60.8）	47.0（45.1）	38.0（35.8）	27.0（24.6）	17.7（14.9）	10.7（8.3）
规范要求级配范围		95～100	70～80	55～65	40～50	30～40	21～28	12～20	6～10

注：表中（　）号内数据为调整后的配比和级配。

（筛孔尺寸（mm））

第四节　沥青混凝土配合比设计

沥青混凝土的施工配合比应根据工程种类、结构部位、使用温度、施工方法及所处的环境条件等因素来确定。不同的结构必须满足不同的性质，欲配制具有如此性质的混凝土，首先需要广泛地考虑沥青混凝土的各种性质。

一、必须具备的性质

防腐、道路、海港、水利等工程中所使用的沥青混凝土，在长期作用的外力荷载、气候和化学介质影响作用下，必须持久地具有结构物应该具备的性质。

（一）防腐沥青混凝土

1. 化学稳定性

应具有的稳定性，即是要保证沥青混凝土在长期的酸、碱、盐作用下，不产生渗透、强度降低、变形、裂缝、起层脱皮等现象。这就要求混凝土必须具有足够的密实度。

2. 温度稳定性

保证不至于由于温度的变化而引起沥青抵抗磨蚀介质的能力减弱。

一般情况下，沥青抵抗硝酸、浓硫酸、铬酸等能力很弱，但对于60%以上的盐、碱、非氧化性酸，要保证提高对其的抗腐蚀性。

（二）道路沥青混凝土

1. 高温稳定性和低温抗裂性

优质的沥青混凝土，它在夏季应具有一定的高温稳定性，冬季应具有一定的低温柔韧性。也就是说，应具有的稳定性，即是要保证不至由于夏季的高温当车辆通过时而产生的流动变形，而冬季不产生脆裂，这就要具有由内摩擦力和黏着力新构成的抵抗力。

2. 挠曲性

作为层结构的沥青路面，在运输荷载作用下，产生挠曲变形。相应于此，应具有不产生弯曲破坏的柔性。

3. 耐久性

耐久性分为抗交通作用和抗气候作用的耐久性。

(1) 抗交通作用耐久性：除要求具有稳定性和挠曲性外，尚需要有路面表面的抗磨性。

(2) 抗气候作用耐久性：有耐水耐久性和耐老化耐久性两种。

①耐水耐久性　即水分浸入沥青混凝土时，沥青不会从骨料中脱离，在冻融时也不会破等。

②耐老化耐久性　即防止由于沥青混凝土路面表面或空隙受到紫外线的照射，空隙中的空气和浸入的水分使沥青氧化和聚合而造成老化。

4. 抗滑性

随着现代化高速公路的发展，对沥青混凝土的抗滑性提出更高的要求。特别是在湿润状态下，路面的滑动摩擦系数会降低，汽车运行危险，故沥青混凝土路面必须考虑抗滑性。

道路沥青混凝土的配合比设计和施工，必须满足以上各种性质。骨料比例的变动或沥青数量的多少，都会带来影响。沥青过量，对重型交通线路会增大流动变形而降低滑动摩擦系数；不足时，则挠曲性和耐久性不够。这些注意点都是非常重要的。

(三) 水工沥青混凝土

虽然采用的原材料基本相同，但水工沥青混凝土必须具备的性质还是有根本的不同点。

1. 稳定性

特别是坡度陡峻的护面，其稳定性是指水工沥青混凝土应具有不产生斜坡流淌的内摩擦力和黏着力。

2. 挠曲性

主要是要有适应于地基的不可避免地自然下沉的挠曲性。其次是，对于波浪等动荷载作用，要有不会产生弯曲破坏的挠曲性。

3. 不透水性

建造大坝、贮水池、航道等水工结构是为了贮水和运水，故采用的沥青面层、沥青衬里必须是不透水的。

4. 耐久性

必须有抗浸蚀性、抗波浪、流水、砂及酸性水等的浸蚀。

只有具备上述性质，才是效果良好的水工沥青混凝土。

(四) 沥青砂浆或沥青胶 (玛瑞脂)

这类沥青混合物与沥青混凝土相比，混合物中沥青与填料的含量较多。在水工建筑中，根据使用要求，有必要分别考虑在水中的稳定性、挠曲性，不掺水性等。道路工程必须全面考虑稳定性、挠曲性和不渗水性等。特别是作为面层的材料，由于沥青砂浆中含有多量的沥青和填料，故其抗滑性能低，应铺撒一些小粒径的碎石在其表面上，以确保抗滑性能，这样的表面装修是必要的。

二、组成及设计方法

在沥青混凝土中最典型的品种，就是热拌热铺石油沥青混凝土，其他各种沥青混凝土都是按照密实骨架原则设计的矿质混合料，采用高稠度的石油沥青为胶结材料，经过高温加热和强制拌合，然后趁热摊铺、碾压而成。

（一）组成结构和强度理论

沥青混凝土是一种复合材料，它是由沥青、粗骨料、细骨料和矿粉以及外加剂所组成。在这些组成材料的混合料中，由于组成材料质量的差异和数量的多寡，可形成不同的组成结构，并表示为不同的力学性能。

1. 组成结构

（1）沥青混凝土组成结构的现代理论：随着对沥青混凝土组成结构的深入研究，目前提出了有悖于传统理论的并相互对立的两种新的理论。

①表面理论　按传统的理解，沥青混凝土是由粗骨料、细骨料和填料经人工组配成密实的级配矿质骨架，此矿质骨架由稠度较稀的沥青混合料分布其表面，而将它们胶结成为一个具有一定强度的整体。

②胶浆理论　近代某些研究从胶体理论出发，认为沥青混凝土是多级空间网状结构的分散系。它是以粗骨料为分散相，而分散在沥青矿浆的介质中的一种粗分散系；同样，矿浆是以细骨料为分散相，而分散在沥青胶浆的介质中的一种细分散系；而胶浆又是以填料为分散相，而分散在高稠度的沥青介质中的一种微分散系。这三级分散系以沥青胶浆最为重要，它的组成结构决定沥青混凝土的高温稳定性和低温变形能力。目前这一理论比较集中于研究：矿粉填料的矿物成分、级配（以 0.08mm 为最大粒径）以及沥青与填料内表面的交互作用等因素对混凝土性能的影响等。同时，这一理论的研究比较强调采用高黏滞度的沥青和大的沥青用量，以及采用间断级配的矿质混合料。

（2）组成结构类型：通常，沥青—骨料混合料按其组成结构可以分为下列三类：

①密实—悬浮结构　当采用连续型密级配矿质混合料时，沥青混凝土虽然可以形成密实的结构，但终因粗骨料较少不能形成骨架，因此成为一种“密实—悬浮”结构。这种沥青混合料表现为黏聚力较高，而内摩擦角较小。

②骨架—空隙结构　当采用连续型开级配矿质混合料时，矿质骨料中粗骨料较多虽可形成骨架，但终因细骨料数量过少不足以填满空隙，因此成为一种“骨架—空隙”结构，这种沥青混合料的强度主要取决于内摩擦角，故表现较低的黏聚力。

③密实—骨架结构　当采用间断型密级配时，粗骨料数量较多，可以形成空间骨架，同时细骨料的数量又足以填满骨架的空隙，因此成为一种“密实—骨架”结构，这种沥青混合料表现为密实度最大，同时具有高的黏聚力和大的内摩擦角。

上述三种结构的沥青混合料由于结构常数不同，因此反映为稳定性亦有显著差异，见表 3-24。

不同结构组成沥青混合料的结构常数和稳定性　　**表 3-24**

组合料名称	组成结构类型	结构常数			温度稳定性指标（65℃）	
		密度 ρ_s（g/cm³）	空隙率 V_v（%）	骨料空隙率 VMA（%）	黏聚力 c（kPa）	内摩擦角（rad）
连续型密级配沥青混合料	密实—悬浮结构	2.40	1.3	17.9	318	0.600
连续型开级配沥青混合料	骨架—空隙结构	2.37	6.1	16.2	240	0.653
间断型密级配沥青混合料	密实—骨架结构	2.43	2.7	14.8	338	0.658

2. 强度理论

沥青混合料可以认为是由矿质骨架和沥青胶浆所组成的、具有空间网络结构的一种分散体系。它是由不同粒度的矿质骨料，即粗骨料（碎石或砾石）和细骨料（砂）所构成的密实矿质混合料，分散在由沥青和填料（矿粉）胶浆中而组成的。

沥青混凝土在路面结构中产生破坏的情况，主要是发生在高温对由于抗剪强度不足或塑性变形过剩而产生推挤等现象，以及低温时抗拉强度不足或变形能力不好而产生裂缝现象。目前沥青混合料强度理论，主要是要求沥青混合料在高温时必须具备有一定的抗剪强度和抵抗变形的能力，称为高温强度和稳定性。沥青混合料的抗剪强度（τ）主要取决于沥青与矿质骨料物理——化学交互作用而产生的黏聚力（c），以及矿质骨料在沥青混合料分散程度不同而产生的内摩擦角（φ），其函数关系如下式表示：

$$\tau = f\ (c,\ \varphi)$$

影响沥青混合料抗剪强度参数的因素如下：

(1) 影响沥青混合料抗剪强度的内因：沥青混合料的抗剪强度是许多因素的函数，而其中最主要的是沥青的性质、矿粉的性质、沥青和矿粉的比例及矿质骨架的特征等。

①沥青黏度的影响　见表 3-25。从表中可以看出，在相同的矿料性质和组成条件下，随着沥青黏度的提高，沥青混合料的黏聚力有明显的提高，同时内摩擦角亦稍有提高。

沥青黏度对沥青混合料黏聚力和内摩擦角的影响　　表 3-25

沥青名称	沥青黏度		高温稳定性指标（65℃）	
	针入度 P（25℃，100g，5s）$\left(\frac{1}{10}\text{mm}\right)$	黏滞度 C_{60}^{10} (s)	黏聚力 c (MPa)	内摩擦角 φ (rad)
石油沥青	60	—	330	0.5667
石油沥青	71	—	313	0.5626
石油沥青	83	—	·239	0.5509
煤沥青	—	60	309	0.5405

②沥青与矿料化学性质对抗剪强度的影响　在沥青混合料中，沥青与矿粉交互作用后，沥青在矿粉表面产生化学组分的重新排列，在矿粉表面形成一层一定厚度的扩散溶剂化膜，在此膜厚度以内的沥青称为结构沥青，以外的称为自由沥青。如果矿粉颗粒之间接触处是由结构沥青膜所联结，这样则促成沥青具有更高的黏度，颗粒间可以获得更大的黏聚力。反之，如颗粒之间接触处是由自由沥青所联结，则具有较小的黏聚力。

沥青与矿料相互作用不仅与沥青的化学性质有关，而且与矿粉的性质有关。研究认为，在不同性质矿粉表面形成不同组成结构和厚度的吸附溶化膜。在石灰石粉表面形成较为发育的吸附溶化膜；而在石英石粉表面则形成发育较差的吸附溶化膜。所以在沥青混合料中，当采用石灰石矿粉时，矿粉之间更有可能通过结构沥青来联结，因而具有较高的黏聚力。

③矿料比表面和抗剪强度的影响　在相同沥青用量条件下，与沥青产生交互作用的矿料表面积愈大，则形成的沥青膜愈薄，则在沥青中结构沥青所占的比率愈大，因而沥青混合料的黏聚力亦愈高。

④沥青用量对抗剪强度的影响　在固定质量的沥青和矿料的条件下，沥青与矿料的比

例（即沥青用量）是影响沥青混合料抗剪强度的重要因素，见表 3-26。当沥青用量很少时，沥青不足以形成结构沥青的薄膜来黏结矿料颗粒。随着沥青用量的增加，结构沥青逐渐形成，沥青更为完满地包裹在矿料表面，使沥青与矿料间的黏附力随着沥青用量的增加而增加。当沥青用量足以形成薄膜并充分粘附矿粉颗粒表面时，沥青胶浆具有最优的黏聚力。如沥青用量继续增加，由于用量过多而在颗粒间形成未与矿粉交互作用的自由沥青，则沥青胶浆的黏聚力随着自由沥青的增加而降低。当沥青用量增加至某一用量后，沥青混合料的黏聚力主要取决于自由沥青，所以抗剪强度几乎不变。

沥青用量对沥青混合料的黏聚力和内摩擦角的影响　　**表 3-26**

沥青用量（%）		4.0	4.5	5.0	6.0	6.5	7.0
温度稳定性指标（65℃）	黏聚力 c（kPa）	276	300	267	225	209	129
	内摩擦角 φ（rad）	0.6225	0.6004	0.5899	0.5195	0.4928	0.3977

注：沥青针入度 $83\left(\frac{1}{10}\text{mm}\right)$。

沥青用量不仅影响沥青混合料的黏聚力，同时亦影响沥青混合料的内摩擦角。当沥青薄膜以结构沥青为主进行粘结时，具有最大的黏聚力；随着沥青用量的增加，沥青混合料的内摩擦角逐渐降低。

⑤矿质骨料的级配、粒度、表面性质对抗剪强度的影响见表 3-27。从表中可以看出，要想获得具有较大内摩擦角的矿质混合料，必须采用粗大、均匀的颗粒。在其他条件下，矿质骨料颗粒愈粗，所配制成的沥青混合料具有较高的内摩擦角。相同粒径组成的骨料，卵石的内摩擦角较碎石的为低。

骨料粒径和表面性质对沥青混合料黏聚力和内摩擦角的影响　　**表 3-27**

沥青混合料类型	骨料表面性质	温度稳定性指标（65℃）	
		黏聚力 c（kPa）	内摩擦角 φ（rad）
粗粒式沥青混合料	表面粗糙有棱角（碎石）	318	0.6004
中粒式沥青混合料	表面粗糙有棱角（碎石）	279	0.5905
细粒式沥青混合料	表面粗糙有棱角（碎石）	308	0.5841
粗粒式沥青混合料	表面光滑（卵石）	232	0.4387
中粒式沥青混合料	表面光滑（卵石）	172	0.3799

(2) 影响沥青混合料抗剪强度的外因：沥青混合料是一种黏-弹性材料，它的强度和稳定性与试验温度与变形速率有密切关系。在其他条件相同的情况下，温度和变形速率对沥青混合料的内摩擦角影响较小，而对沥青混合料的黏聚力的影响则较为显著。

（二）组成设计方法

在组成沥青混凝土的原材料选定后，其技术性质在很大程度上决定于各组成材料之间的比例。比例不同，可以形成不同的组织结构。例如粗骨料比例少时，可形成密实—悬浮结构；细粉料较少时，可形成骨架—空隙结构；中间颗粒骨料较少时，可形成间断级配的骨架—密实结构等。在其他材料的比例确定后，混凝土中矿粉的含量过低时，不仅降低沥青混合料的密实度，同时由于矿料和沥青相互作用的比表面积减少，也会导致强度和稳定性的降低。又如在其他材料的比例确定后，沥青的用量不足时，将使沥青混凝土的抗水性降低，同时显得比较脆硬，容易被车轮磨损。反之，沥青含量过多时，虽然可降低沥青混

沥青混凝土混合料的矿料级配组成和沥青用量表 表 3-28

混合料类型			通过下列筛孔（mm）的质量百分率（%）													参考沥青用量（%）
			35	30	25	20	15	10	5	2.5	1.2	0.6	0.3	0.15	0.074	
粗粒式	LH-35	Ⅱ	95～100	—	75～95	—	55～75	40～60	25～45	15～35	—	5～18	4～14	3～8	2～5	4.0～5.5
	LH-30	Ⅱ		95～100	75～95	—	55～75	40～60	25～45	15～35	—	5～18	4～14	3～8	2～5	4.0～5.5
中粒式	LH-25	Ⅰ			95～100	—	—	60～80	50～65	35～50	25～40	18～30	13～21	8～15	4～9	5.0～6.5
		Ⅱ			95～100	—	—	50～70	30～50	20～35	13～25	9～18	6～13	4～8	3～7	4.5～6.0
	LH-20	Ⅰ				95～100	—	70～80	50～65	35～50	25～40	18～30	13～21	8～15	4～9	5.0～6.5
		Ⅱ				95～100	—	50～70	30～50	20～35	13～25	9～18	6～13	4～8	3～7	4.5～6.0
细粒式	LH-15	Ⅰ-1					95～100	—	70～80	55～65	40～50	30～40	21～28	12～20	6～10	6.0～7.5
		Ⅰ-2					95～100	—	55～70	40～55	30～40	20～30	16～21	10～15	5～9	5.5～7.0
		Ⅱ					95～100	—	35～55	25～40	18～30	12～20	8～16	5～10	4～8	5.0～6.5
	LH-10	Ⅰ-1						95～100	70～80	55～65	40～50	30～40	21～23	12～20	6～10	6.0～8.0
		Ⅰ-2						95～100	55～70	40～55	30～40	20～30	16～21	10～15	5～9	5.5～7.5
		Ⅱ						95～100	35～55	25～40	18～30	12～20	8～16	5～10	4～8	5.0～6.5
砂粒式	LH-5	Ⅰ							95～100	65～85	45～65	30～52	17～37	11～28	8～12	7.0～9.0

注：1. LH 为沥青混凝土混合料的“沥混”两字汉语拼音首母；后缀数字（如 LH-35）为矿质混合料的最大粒径，以 mm 计。

2. 每种沥青混合料按空隙率分为：Ⅰ型空隙率为 3%～6%；Ⅱ型空隙率为 6%～10%。

3. 沥青用量以矿料 100%，按外加计算；用量系以石油沥青为准，如为煤沥青应增加 20%。

4. LH-35、LH-30、LH-25、LH-20Ⅱ型，适宜作面层的下层；LH-15、LH-10、LH-5 的Ⅰ型适宜作面层的上层。

凝土的饱水性，增强耐久性，但是又会使沥青混凝土混合物的塑性增加，高温稳定性降低，等等。因此，正确设计沥青混凝土混合料的组成，是保证混凝土技术质量的重要一环。沥青混凝土组成设计的任务就是确定粗骨料、细骨料、矿粉和沥青在设计的混合料中的最优配合比例。其设计步骤如下：

1. 确定矿质混合料的组成

根据理论曲线和实际工程调查资料，确定既能保证具有一定密实度，又能保证稳定性的矿质骨料级配范围（参见第三节）。目前，我国推荐的级配范围见表 3-28。按照规范推荐的最佳级配范围，将已知级配的碎石、砂和矿粉用图解法或数解法配制成具有足够密实度和较高内摩擦力的矿质混合料。

2. 确定沥青最佳用量

沥青最佳用量可以采用各种理论公式计算，但是由于实际材料性质的差异，理论公式只能用作粗略估算沥青用量。通常，确定沥青最佳用量多采用实验法。该法是按选定的矿质混合料组成，采用不同的沥青用量制备一系列试件，按马歇尔法测定稳定度、流值和其他特征值，再按有关规范要求确定最佳沥青用量。

马歇尔法是确定沥青最佳用量的有效方法，是按数解法（或图解法）确定各种粗、细骨料以及矿粉和沥青在沥青混合料中所占的配合比后，按配合比称出每一组各种矿质材料的用量，经规定的加热条件下拌制成沥青混合料，并以质量为 4.53kg 的锤和 45.7cm 落距的锤击方式，上下两面各锤击 50（或 75）次，制成直径为 101.6mm、高 63.5mm 的圆柱形标准试件，按下述方法测定稳定度和流值：

（1）稳定度测定：将标准试件在 60℃的条件下保温 45min，然后将试件放置于马歇尔稳定度仪上，见图 3-9，以 50 ± 5mm/min 的变形速度加荷，直至达到试件破坏时的最大荷载（以 N 计），即为稳定度。

（2）流值测定：在测定稳定度的同时，并测定试件的流动变形，当达到最大荷载的瞬间，迅速取下流值表，读得的流动变形的数值，称为流值（以 10^{-2}cm 计）。

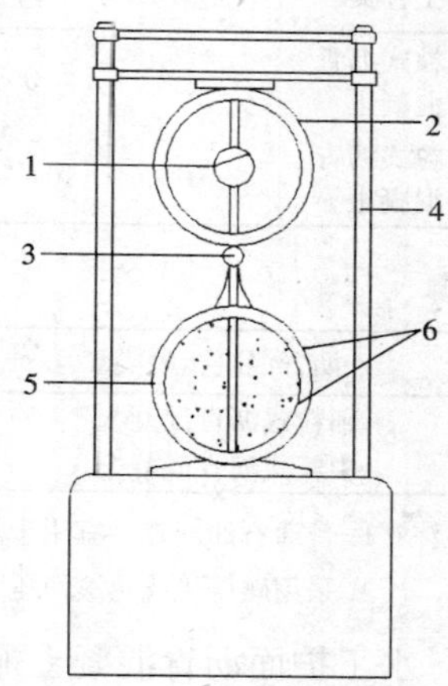

图 3-9　马歇尔稳定度仪装置简图

1—百分表；2—应力环；3—流值表；4—压力架；5—试件；6—半圆形压力

例如按图 3-10 的曲线确定稳定度和流值，再按照测得的稳定度和流值以及有关结构常数进行计算，即可绘出下列关系曲线：

①沥青混合料密度与沥青用量关系曲线；

②沥青混合料稳定度与沥青用量关系曲线；

③沥青混合料流值与沥青用量关系曲线；

④沥青混合料空隙率与沥青用量关系曲线；

⑤沥青混合料饱和度与沥青用量关系曲线。

再根据这一系列的关系曲线资料，按规范规定的指标来选择最优沥青用量。

三、参考配合比

（一）沥青混凝土

设计沥青混凝土配合比，应满足所要求级配的颗粒范围，以此骨料级配的混合物，求出基本沥青用量。其次，以

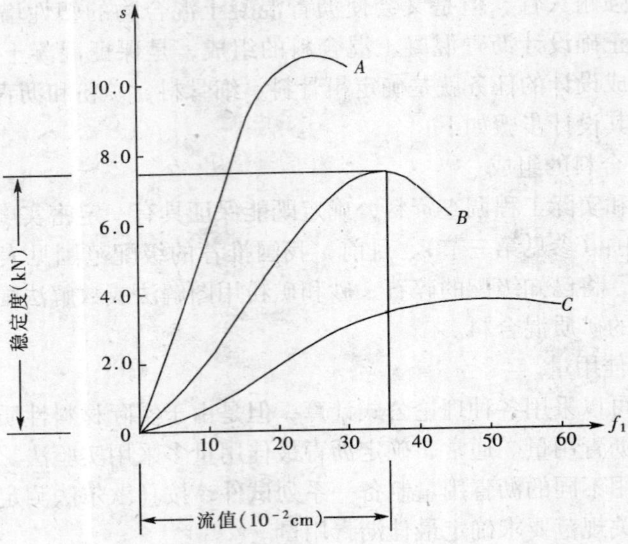

图 3-10　马歇尔稳定度与流值的关系图

此基本沥青量为中心，按照使用要求定出标准配合比。

1. 沥青混凝土参考配合比

常见粉料及骨料混合物的颗粒级配见表 3-29。沥青混凝土参考配合比见表 3-30。

2. 水工护面沥青混凝土配合比

粉料及骨料混合物级配　　表 3-29

沥青混凝土种类	混合物累计筛余（%）								
	25	15	5	2.50	1.25	0.63	0.315	0.16	0.08
细粒式沥青混凝土	—	0	22～37	37～60	47～70	55～78	65～85	70～88	75～90
中粒式沥青混凝土	0	10～20	30～50	43～67	52～75	60～82	68～87	72～90	77～92

沥青混凝土参考配合比（质量比）　　表 3-30

沥青混凝土种类	粉料和骨料混合物	沥青（质量计）%
细粒式沥青混凝土	100	8～10
中粒式沥青混凝土	100	7～9

注：1. 普通石油沥青不宜用于配制沥青混凝土。
2. 采用碾压机式热滚筒压实时，沥青用量应适当减少。

水工护面沥青混凝土配合比见表 3-31。

(二) 沥青砂浆

1. 沥青砂浆振压参考配合比

沥青砂浆振动压实时的典型用料配合比见表 3-22。如采用涂抹法施工时，沥青用量可增加为 25%，比振动器压实时多用一倍。同时，不宜采用普通石油沥青配制沥青砂浆。

水工护面沥青混凝土配合比　　　　**表 3-31**

沥青混凝土种类	标准混合比（%）			空隙率（%）	用途摘要（防护堤、航道、填筑坝，贮水池）
	纯沥青	填料	粗细骨料		
石层沥青混凝土	8 ~ 11	7 ~ 15	75 ~ 86	3 ~ 8	使用水工构筑物表面层上，沥青量适当，振捣良好，孔隙率4%，渗水系数 $10^{-8} \sim 10^{-7}$ cm/s
细级配沥青混凝土	7 ~ 9	7 ~ 10	81 ~ 86	3 ~ 8	
密级配沥青混凝土	5 ~ 8	4 ~ 8	84 ~ 91	2 ~ 6	使用在面层或中层，能够确保稳定性和耐久性。当孔隙率达 2% ~ 4% 时，从实用观点看是不渗水的；孔隙率为 3% 时，渗水系数 10^{-7}cm/s
粗级配沥青混凝土	5 ~ 7	3 ~ 7	86 ~ 92	4 ~ 8	使用在中层和底层
开级配沥青混凝土	4 ~ 6	2 ~ 6	90 ~ 94	—	可作为涌水和渗透水的排水层使用。渗透系数可按 $10^{-1} \sim 10^{-2}$cm/s 进行配合比设计

沥青砂浆典型配合比　　　　**表 3-32**

沥青混合物类别	混合物累积筛余率（%）							沥青质量（%）	沥 青 牌 号
	5	2.50	1.25	0.63	0.315	0.16	0.08		
沥青砂浆	0	20 ~ 38	33 ~ 57	45 ~ 71	55 ~ 80	63 ~ 86	70 ~ 90	11 ~ 14	30 号沥青、10 号沥青或 60 号与 10 号沥青混合

2. 沥青砂浆参考配合比

沥青砂浆参考配合比见表 3-33。

沥青砂浆参考配合比　　　　**表 3-33**

序号	标准配合比（%）			空隙率（%）	用 途 摘 要
	沥青	填料	粗细骨料		
1	14 ~ 30	20 ~ 25	38 ~ 63	0 ~ 2	注入填充碎石、卵石等间隙里，使之形成一个整体，承受各种外加确定配合比和施工方法时要确保基础加固工程，核心部分的抗冲击、抗拉、耐浸蚀、耐磨及挠曲性和水密性
2	7 ~ 9	25 ~ 30	细骨料 25 ~ 35 粗骨料 35 ~ 55	0	可用在有积雪的沥青路面层，承受轮胎防滑链的磨损和需要防水的桥面作沥青护面
3	11 ~ 14	20 ~ 30	细骨料 25 ~ 40 粗骨料 20 ~ 40	—	灌注到模板里，作为厚度为 5 ~ 10cm 的垫层。该垫层可起到防止渗水、冲刷、吸出作用。用于海岸防坡堤时的沉床，铺设在防波砌块和沉箱下面

（三）沥青胶（玛琋脂）

沥青胶的用量配合比见表 3-34。

沥青胶用量配合比

表 3-34

用途	软化点（℃）	配合比（质量比）			沥青耐热性能（℃）	
		沥青	石英粉	石棉	软化点	耐热稳定性
用于灌缝	75 90 110	100 100 100	80 80 80	5 5 5	95 110 117	40 50 60
用于隔离层	75 90 110	100 100 100	30 30 30	5 5 5	79 97 110	40 50 60
用于平面挤缝法铺砌块材	75 90 110	100 100 100	100 100 100	5 10 5	99 123 122	40 60 70
用于立面铺砌法铺砌块材	65 75 90 110	100 100 100 100	150 150 150 150	5 5 10 5	107 112 127 135	40 50 60 70
用于灌缝法施工铺砌平面结合层	65 75 90 110	100 100 100 100	200 200 200 200	5 5 10 5	120 147 > 147 > 147	40 50 60 70

第五节　沥青混凝土施工

一、配制和施工工艺

（一）配制工艺

（1）将沥青碎块加热至 160～180℃后搅拌脱水、去渣，使其不再起泡沫，直至沥青升至规定温度（建筑石油沥青 200～230℃）时为止。

（2）为了便于控制施工质量，原则上应采用一种牌号的沥青。当一种牌号沥青不能满足设计要求（耐热度）时，可采用两种不同软化点的沥青。此时应先熔化低软化点的沥青，待其熔化后，再加以高软化点沥青。两者应按下式配合：

$$P_1 = \frac{t_2 - t}{t_2 - t_1} \times 100 \tag{1}$$

$$P_2 = 100 - P_1 \tag{2}$$

式中　P_1——熔化物中低软化点沥青含量（%）；

P_2——熔化物中高软化点沥青含量（%）；

t——沥青熔化物所需软化点（℃）；

t_1——低软化点沥青的软化点（℃）；

t_2——高软化点沥青的软化点（℃）。

（3）按施工配合比，将预热至 140℃左右的干燥粉料和骨料混合均匀，随即将熬制好并升温至 200～230℃的沥青逐渐加入，并进行拌合，直至全部粉料和骨料被沥青包匀为止。

（4）拌合温度：当环境温度大于 5℃时，为 160～180℃；当环境温度为 －10～＋5℃时，为 190～210℃。

（二）施工工艺

1. 搅拌

沥青混凝土、沥青砂浆及沥青胶（玛琋脂）基本是在沥青加工厂加热搅拌生产的，量少者也有在施工现场采用沥青搅拌车加工的。

2. 运输

在施工现场一般以翻斗车运送沥青混凝土。而沥青砂浆或沥青胶在运输过程中，为了保证搅拌后的流动状态，使用一种装有防止离析的搅拌装置和保温加热装置的沥青炉。

3. 沥青混凝土的铺平和压实

(1) 铺平：可利用沥青表面整修机铺平，以确保所要求的层厚。

(2) 压实：为了得到所要求的压实度，可用碾压，或采用平板振动器压实。

4. 沥青砂浆或沥青胶的灌注

(1) 公路、桥面面层：与沥青混凝土一样，以改进的表面整修机进行表层的铺平和压实工作。

(2) 水工构筑物的浇筑：在无水情况下，可将沥青加热炉排出的搅拌物用溜槽直接注筑所指定的地点，或者使用准备好的吊桶注筑所指定的地点。

(3) 水工构筑物在水中的浇筑：当水深小于 0.5m 时，可使用溜槽直接注筑。当水较深时，可使用吊桶，由于其中装有沥青砂浆而沉入水中，当沉入与浇筑地点距离小于 1.0m 时，打开吊桶底注筑。

(三) 沥青混凝土施工温度

由于沥青为热塑性材料，因此施工温度至关重要。在施工过程中的各个阶段，加热沥青混合物的施工温度见表 3-35 所列，并须参考此温度进行施工。

沥青混合物的施工温度 **表 3-35**

施工过程 \ 混合物种类			沥青混凝土（℃）	沥青砂浆（℃）	沥青胶（℃）
加热混合	纯沥青	针入度 20 ~ 40($\frac{1}{10}$mm)	—	190 ~ 220	—
		针入度 60 ~ 80($\frac{1}{10}$mm)	150 ~ 165	—	150 ~ 165
		针入度 80 ~ 100($\frac{1}{10}$mm)	140 ~ 160	—	140 ~ 160
		针入度 120 ~ 150($\frac{1}{10}$mm)	135 ~ 155	—	135 ~ 155
	填料 骨料 搅拌机出料时		常温 150 ~ 170 135 ~ 165	50 ~ 100 或常温 180 ~ 240 190 ~ 220	50 ~ 100 或常温 160 ~ 200 160 ~ 180
铺平式注入			铺平 135 ~ 155	注入 220 ~ 260	注入 180 ~ 200
压实			开始 110 ~ 140 结束 60 ~ 90	—	—

二、施工要点

(一) 一般规定

(1) 不宜用于室外地面（要求不高的堆场地面可以使用）。

(2) 最高使用温度不大于60℃。

(3) 施工环境温度不宜低于5℃；低于5℃时宜采取加温措施，同时采取保温措施。

(4) 在施工期间，严禁遇水，即注意施工当日的气象消息。

(5) 沥青类防腐工程，施工完2h后，即可交付使用。

(二) 施工要点

(1) 沥青混凝土摊铺前，在已涂有冷底子油的水泥砂浆或混凝土基层上，先涂一层稀沥青胶（沥青:粉料=100:30）。

①一般情况下，沥青混凝土的摊铺温度为150~160℃，压实后温度为110℃；当环境温度在0℃以下时，铺摊温度为170~180℃，压实温度不低于100℃。

②铺摊后用铁辊压实。为防止铁辊表面黏结，可涂刷防黏液（柴油:水=1:2）。

(2) 沥青混凝土应连续施工，尽量不留施工缝。

①如工程量大，需留施工缝时，垂直施工缝应留成斜槎，并踋实。继续施工时，应把槎面清理干净，然后覆盖热沥青砂浆或热沥青混凝土进行预热，预热后将覆盖层除去，涂一层热沥青或稀沥青胶后继续施工。

②分层施工时，上、下层施工缝应错开，水平施工缝间也应涂一层热沥青或稀沥青胶。

(3) 细粒式沥青混凝土，每层压实厚度不宜超过30mm；中粒式沥青混凝土，不应超过60mm。虚铺厚度应经试压确定，用平板振动器时，一般为压实厚度的1.3倍。

(4) 沥青混凝土路面表层如有起鼓、裂缝、脱落等缺陷，可将缺陷处挖除，清理干净后涂一层热沥青，然后用沥青砂浆或沥青混凝土热填补压实。

三、碎石灌沥青或沥青胶

(1) 碎石灌沥青或沥青胶，其垫层不得在有明水或冻结的基土进行施工。

(2) 沥青的软化点应低于90℃；石料应干燥，材质须符合设计要求。

(3) 碎石灌沥青或沥青胶垫层施工时，先在基土上铺一层粒径为30~60mm的碎石，夯实后再铺一层粒径为10~30mm的碎石，找平、拍实，随后浇灌热沥青或沥青胶。

若设计要求垫层表面平整时，应在浇灌热沥青或沥青胶后随即撒布一层粒径为5~10mm细石，整平后再铺一层热沥青。

第六节　彩色沥青混凝土

彩色沥青混凝土是沥青混凝土的一种变种。彩色沥青混凝土混合料是由各种颜料、透明的胶黏料—增塑剂及无色矿质材料（碎石、砂、矿物）所组成，是一种新型的地面防水装饰材料。

彩色沥青混凝土通常用作道路铺砌行车道的分车带、行人过街道、城市道路电车停车场，亦可用作公园小路、广场景观装饰等。如四川成都闹市中心——春熙路广场步行街，均采用红色沥青混凝土铺设，脚感效果极佳。

一、组成材料

彩色沥青混凝土由颜料、胶黏剂、增塑剂及矿质材料所组成。这些材料在彩色沥青混凝土中所起的作用及技术要求如下：

（一）颜料

用于彩色混凝土中的颜料应该具有感光性和水稳性（不溶于水）。最常采用的有下列颜料：

①黄色的黄颜料（黄色）；②铁色的铅丹（红色）；③普鲁士蓝（蓝色）；④橙黄色黄颜料（橙黄色）；⑤氧化铬（绿色）；⑥锌钡白（白色）。

（二）胶黏料、增塑剂

1. 胶黏料

彩色沥青混凝土采用的黏结料应该是淡色透明，具有好的耐水性、耐热性及其稳定性，同时能保证与各种矿质材料的黏结作用。最常用的胶黏料有：树脂、松香等。但松香水稳性较低。

2. 增塑剂

增塑剂用以减少彩色沥青混凝土的脆性，增加塑性与提高抗冻性。增塑剂应有较好的气候稳定性，在其成分中不应含有较多挥发部分而变坏其性质。最常用的增塑剂有：阿立夫油、奥立斯油、绿油等。

（三）矿质材料

（1）彩色沥青混凝土中的矿质材料最好为白色或淡色的，深色的矿质材料会染坏混合料颜色。

（2）常用的有白色大理石或淡色石灰石废料轧制成的石屑及矿料，淡色或白色的石英砂。

二、配合比设计

彩色沥青混凝土的配合比设计应根据试验决定。

其配合比设计可分为：①决定脱黏料和增塑剂的比例；②决定矿质混合料组成第二个步骤。

（一）决定胶黏料与增塑剂的比例

胶黏料与增塑剂的最佳配合比，应该使混合物有相当于该种沥青混凝土所要求的沥青的技术性质（主要为针入度、软化点、延度），胶黏料与增塑剂用量比例一般在：1:4～1:5之间。

（二）决定矿质混合料组成

矿质混合料组成可按普通沥青混凝土规范推荐方法计算。

颜料用量根据试验决定，使混凝土获得目力观察有足够光亮度与鲜明颜色为度。

前苏联对彩色沥青混凝土的组成配合比，根据实际工程的考验这些配合比都是行之有效的，列于表 3-36，可供施工时参考。

彩色沥青混凝土组成配比　　表 3-36

组成数量百分率，按质量计（%）					
白色大理石石渣 <3～5mm	白色大理石石粉	石灰石的石粉	白砂	颜料	粘结-增塑剂
18	69	—	10		10
20	55	10	—	3	10
20	60	—	10	6	13
22	62	11	—	10	10.5

第四章 硫磺混凝土

（sulphur concrete）

第一节 概 述

硫磺混凝土是近年来兴起的一种热塑性材料，是将刚熬制好的硫磺砂浆灌注于耐酸粗骨料空隙中配制而成。硫磺砂浆是以硫磺为胶结材料，聚硫橡胶为增韧剂，掺入耐酸粉料和细骨料加热、熬制而成。

一、特点

硫磺混凝土具有密实性好、强度高、硬化快等特点。它能耐大多数无机酸、中性盐和酸性盐，不耐5%以上的硝酸、强碱及有机溶液。耐磨性、耐火性差，性质较脆，收缩性大，易出现裂纹和起鼓，不宜用于温度高于90℃以及与明火接触、冷热交替频繁、温度急剧变化和直接承受撞击的部位及面层嵌缝材料。

二、用途

硫磺混凝土的研究始于20世纪30年代，而在20世纪70年代才作出积极的努力，因为从天然气中得到了更多的硫。硫磺混凝土施工方便，不需养护，由于其具有快速固化和良好的硬化性质，赋予它许多特殊的用途。它特别适宜用于抢修工程、耐酸设备基础、浇筑整体地坪面层等工程部位。硫磺混凝土用作贮酸池衬里（地上或地下）、过滤池、电解槽、桥面、工业地面、下水管等，并已作为非金属衬里防腐蚀贮槽设计通用图册中的一种结构形式。

第二节 硫磺混凝土的组成材料

硫磺混凝土是一种用元素硫把骨料胶结在一起的复合材料。硫磺胶结材料或基体一般用增塑剂（或增韧剂）改性。

一、胶结材料——硫磺

（一）硫磺的种类

硫磺是硫磺混凝土的胶粘剂。通常用的硫磺分为纯硫磺和改性硫磺。

1. 纯硫磺

纯硫磺在常温下为淡黄色固体，相对密度2.07，熔点112.8℃，沸点444.6℃，在不同的温度下将形成不同的同素异形体和三态。其变化如图4-1所示。

熔融的硫磺，其黏度变化较为复杂：当温度为115℃时，黏度为0.0125Pa·s；160℃时，为0.0066Fa·s；165℃时，其黏度增加1000倍以上；198.8℃时，其黏度高达90Pa·s，增加10000倍以上。因此，硫磺应用在建筑工程中，其施工温度介于115～160℃之间。

硫磺的强度随温度不同而变化。据有关资料介绍，在20～40℃时，其强度最大。

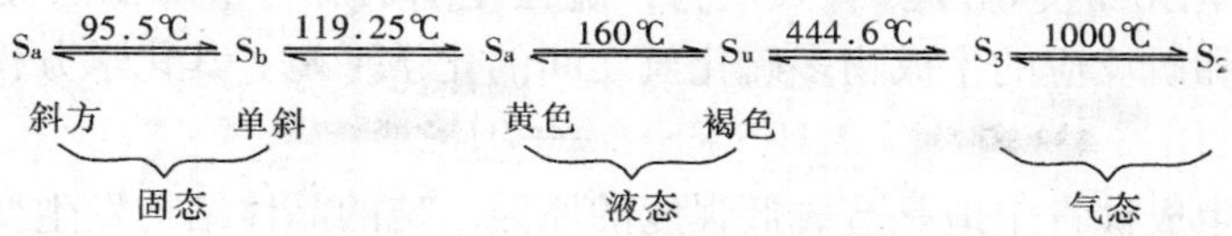

图 4-1　硫磺的三态变化

2. 改性硫磺

纯硫磺在熔融、冷却、凝固过程中，由于晶格的变化，当从单斜硫（S_b）转变为斜方硫（S_a）时，体积缩小，形成收缩应力，将使硫磺的耐热稳定性及其他特性（如粘结强度、抗冲击强度等）大为降低，在冷热交替及干湿环境中结构极易损坏。为了阻止和减少Sb向Sa的转变，在硫磺中加入少量的聚硫橡胶（为硫磺用量的1.7%～3.3%左右）。改性后的硫磺胶泥，其耐热稳定性、粘结强度及抗冲击性能均大有提高，见表4-1。

聚硫橡胶对硫磺胶泥性能的影响　　**表 4-1**

配合比	急冷急热残余抗拉强度（MPa）	与瓷板粘结强度（MPa）	抗冲击强度（MPa）	30d 收缩率（%）
硫磺:石英粉（60:40）	0.35	0.32	0.068	0.165
硫磺:石英粉:聚硫橡胶（58.5:40:1.5）	2.85	1.43	0.574	0.105

注：聚硫橡胶系以甲醛和多硫化钙缩聚而成。

但由于自制聚硫橡胶性能不够稳定，因此常影响硫磺材料的后期性能，近年来逐渐被二氯乙烷、二氯乙基缩甲醛、或以二氯乙烷、二氯丙烷为单体的聚硫橡胶所代替。据有关资料介绍，美国、东欧等国近年来已采用价格较低、来源较广而性能良好的双环戊二烯（$C_{10}H_{12}$）作为改性材料。掺入硫磺用量5%的双环戊二烯，硫磺混凝土冷却后在室温下保存18个月，均未发生S_a的再结晶。与不掺的硫磺混凝土比较，掺者两年后其黏结部分保留80%～100%，而不掺者仅保留5%。因此，掺双环戊二烯可取得较好的改性效果。

（二）硫的工程性质

影响硫磺混凝土力学性质的若干因素为：硫的纯度、硫中H_2S含量、试验温度、冷却历程、试件尺寸及试验时加荷速度。制作强度试验时往往难以得到均匀的试件，因为收缩过程引起的孔泡不能完全消除。Beaudoin 和 Sereda 用把硫粉末压实的方法制造孔隙率极低的均匀试件，这个技术避免了浇注熔融硫试件不密实的问题。表4-2列入硫的若干经选择的工程性质。这些数据是受许多条件限制的，只能作参考。硫元素的主要工程性质为：

元素硫的工程性质　　**表 4-2**

工程性质	弹性模量（×10⁴MPa）	显微硬度（MPa）	抗弯强度（MPa）	抗压强度（MPa）	热膨胀系数（×10⁻⁵/℃）	导热系数（W/m·K）
指　标	1.39	716	6～8	25～30	5.5	0.27

1. 强度

影响硫元素强度的因素较多，其中较显著的为以下几种。

（1）试验温度：硫的强度取决于试验温度，最大强度的试验温度看来是30～40℃。

（2）H_2S含量：与无H_2S的硫相比，含H_2S浓度为521ppm的硫，T_d的抗压强度及抗弯强度分别降低至90%及81%。有人认为，硫强度随H_2S含量降低的关键在于溶于元素硫中H_2S与H_2S和硫反应的生成物多硫化氢之间的化学平衡。其化学方程式为：

$$H_2S + S_{x-1} \rightleftharpoons H_2S_x$$

多硫化氢的生成被肯定地是造成低强度的原因。硫的晶体结构发生变化，而这决定于H_2S_x中S的多少。对硫研究的结果进一步发现，含H_2S的硫试件在40d后强度又有所恢复。这归因于长时间内硫的$\alpha \sim \beta$互相转变及H_2S_x固有的热力学不稳定性，它将随时间缓慢分解。

(3) 试件尺寸：当硫试件经受温度变化时，内应力在发展，这应力取决于试件尺寸，其产生是由于硫的低导热性及高温度膨胀系数。试件外表比内部冷却得快，因此在外表产生拉应力而内部核心受压应力。在一般试验中，试件尺寸实质上是决定于试验机与试件间摩擦应力的一个因素。因此，在比较试验结果时，试件的几何性是必须考虑的影响。

(4) 时效：硫磺混凝土中的硫是在120~130℃时液态下注模的。冷却时硫磺基体基本上含单斜及斜方晶体硫。随着时间延长，单斜硫转为斜方硫。这一般伴随着强度的增长，直到14d龄期。

(5) 增塑剂：硫系统中增塑剂的作用被认为是试图克服如硫磺混凝土那样的脆性材料所固有的缺点。这些外加剂有下列效果：降低硫的冰点，延缓或阻止结晶，使其能在高温下使用而不减小黏度。被广泛使用的增塑剂有：双环戊二烯（DCPD）、双戊烷、苯乙烯及甲基环戊二烯等。这些外加剂对硫性质的影响取决于许多参数，如浓度、反应时间及温度。这些参数在硫磺混凝土实际使用时是重要的。

2. 碱性环境

硫易受碱介质侵蚀，硫的溶液介质 pH > 10.5 时不稳定。在有水的情况下，硫与$Ca(OH)_2$化学反应生成有大晶体尺寸的生成物（如$CaSO_4$晶体）。建议避免把硫磺混凝土用在有$Ca(OH)_2$或$CaCO_3$的地方，假如硫磺混凝土用在含有$Ca(OH)_2$或$CaCO_3$介质的地方，比如混凝土管接头，将可能发生如下化学反应：

$$3S + 3Ca(OH)_2 \xrightarrow{H_2O} CaSO_4 + 2CaS + 3H_2O$$

$$2CaCO_3 + O_2 + 2S \xrightarrow{H_2O} CaS + CaSO_4 + 2CO_2$$

3. 可燃性

硫是可燃材料，在有O_2的条件下燃烧生成SO_2，易发生火灾，又放出刺激气味，不利于大量用于民用或工业建筑上。为了弥补这些不足，已研究的缓燃剂有苯乙烯、顺丁烯二酸、三甲苯磷酸盐、有机磷酸盐及溴酸盐、不饱和碳水化合物等。

(三) 质量要求

对硫磺的质量要求：①含硫量不应小于98.5%；②纯度不低于94%；③含水率不应大于1%；④无机械杂质。

二、耐酸粉料

(一) 耐酸粉料的作用

在硫磺混凝土中掺入一定数量的耐酸粉料，其作用：

(1) 可以提高硫磺混凝土的耐酸性；

(2) 增加强度；

(3) 改善其他性质，如可燃性等。

(二) 粉料的种类

(1) 常用的耐酸粉料有：①石英粉；②辉绿岩粉；③安山岩粉。

(2) 辉绿岩粉不宜单独使用，可与石英粉按 1:1 比例混合使用。

(3) 要求耐氢氟酸 (HF) 时，可用石墨粉或硫酸钡 ($BaSO_4$) 粉。

(三) 质量要求

(1) 耐酸率：≥95%。

(2) 细度：要求通过 0.16mm 筛孔筛余率≤5%；通过 0.08mm 筛孔筛余率为 10%～30%。

(3) 含水率：≤0.5%。

(4) 使用前须烘干，为了减少硫磺胶泥的收缩，改善其脆性，可掺入少量的棉绒（要求干燥，不含杂质）。

三、耐酸骨料

(一) 耐酸细骨料

1. 种类

配制硫磺混凝土时的耐酸细骨料常用石英砂。

2. 质量要求

①要求耐酸率不应小于 95%；②含水率不应大于 0.5%；③含泥量不应大于 1%；④粒径为通过 1mm 筛孔筛余率不应大于 5%；⑤使用前须烘干脱水。

(二) 耐酸粗骨料

1. 种类

配制硫磺混凝土时的耐酸粗骨料常用石灰石、花岗石和耐酸碎砖块等。

2. 质量要求

①其耐酸率不应小于 95%；②浸酸安定性合格；③使用前要烘干脱水。

3. 骨料级配

粗骨料级配要良好，其中 10～20mm 含量不应小于 85%，20～40mm 含量不应大于 15%，空隙率 46%，堆积密度 1400kg/m^3 左右。试验表明，10～20mm 及更小的骨料含量过多，硫磺混凝土将不易浇灌密实。试验结果见表 4-3。

4. 骨料选择

骨料级配与浇注情况　　**表 4-3**

石子粒径 (mm)			浇注情况	
5～10	10～20	20～40	石子为常温	石子加热 60℃
100	—	—	难于浇注	难于浇注、不密实
—	100	—	不易浇注	不易浇注
—	—	100	密　实	—
—	20	80	局部不密实	较密实
—	15	85	密　实	很密实

硫磺混凝土骨料的品种应根据其使用条件不同而异。

(1) 例如：①在耐酸工程中应采用石英石；②在盐的介质中可选用石灰石；③而在道

路及其他一般工程中，可采用普通碎石或卵石作骨料。

(2) 据有关资料介绍，当采用石灰石作骨料时，硫磺混凝土的抗压强度可比采用石英石的高出 1.5 倍。从而可以证明，硫磺与石灰石之间具有更好的化学结合。

四、增韧剂

(一) 增韧剂的作用

目前多采用聚硫橡胶为增韧剂，其作用是改善硫磺混凝土的脆性、和易性和提高抗拉强度。

(二) 增韧剂的种类

国内外用作硫磺增韧剂的主要有三大类：

1. 聚硫橡胶

固体聚硫橡胶应质软、富弹性、细微无杂质，使用前应烘干。聚硫橡胶有以下品种：

(1) 半固态聚硫甲胶 (JLG-300)，系多硫化钙和甲醛的缩聚；

(2) 半固态聚硫乙胶 (JLG-400)，系二氯乙烷和多硫化钠的缩聚物；

(3) 液态聚硫橡胶 (JLY-124)，系聚硫胶乳的固形物，为二氯乙基缩甲醛与多硫化钠缩聚、脱硫、裂解的烘干物。

2. 聚氯乙烯

系氯乙烯经聚合反应而成，再经烘干粉磨的粉状物。虽制成的胶泥、砂浆质软，富弹性，但收缩增大，使用温度低，一般不大于 60℃。

3. 双环戊二烯

系环戊二烯的二聚体，通常是由苯经馏分及石油产品中分离环戊二烯，即以其二聚体形式存在。这是一种效果非常好的增韧剂，但目前尚无试验数据可循。

增韧剂的技术性质　　表 4-4

项　　目	聚硫橡胶			双环戊二烯
	聚硫甲胶 JLG-300	聚硫乙胶 JLG-400	液态聚硫胶 JLY-124	
外　　观	黄绿色半固态胶	灰黄色半固态胶	棕褐色黏稠状液态	棕红色、浅黄褐色液体
密度 (g/cm^3)	—	—	—	0.98
纯度 (%)	—	—	—	≥9.0
pH 值	6~8	6~8	6~8	—
	10~50	5~50	—	—
柔软度 (20℃, s)	10~70			
水分 (%)	<2.0	<1.0	<0.10	—
含硫值 (%)	—	84	37~39	—
杂质 (%)	无	无	≤0.3	—
黏度 (20℃, Pa·s)	—	—	0.5~1.2	—
抗胀强度 (MPa)	>3.5	7.94	≥2.5	—
相对伸长率 (%)	>2.5	86	≥300	—
永久变形 (%)	>24	4	≤10	—
平均分子量	—	—	4000±500	—

(三) 技术性质

各种增韧剂的技术性质见表 4-4。

第三节　硫磺混凝土的配合比及配制工艺

一、硫磺混凝土的配合比

（一）配合比设计原则

硫磺混凝土的成型特点，是将熔融的硫磺胶泥（硫磺＋粉料＋增韧剂组成）浇注至浮铺并预热的粗骨料中而成为硫磺混凝土。因此，在确定配合比时，其设计原则是：要求粗骨料有适当的空隙率，硫磺胶泥有一定的流动度，以便能获得硫磺用量最少而又密实的混合物。

（二）参考配合比

1. 硫磺胶泥、砂浆及混凝土的参考配合比

硫磺胶泥、砂浆及混凝土的参考配合比见表 4-5。

硫磺胶泥、砂浆及混凝土参考配合比　　表 4-5

材料名称	配合比（质量比）									
	硫　磺	石墨粉	碳质材料	辉绿岩粉	细骨料	石棉绒	石英粉	聚硫橡胶	聚氯乙烯	粗骨料
硫磺胶泥	58～60	17～20	—	19～20	—	—	—	1～2	—	—
	54～60	18～20	—	18～20	—	—	—	—	5	—
	70～72	—	26～28	—	—	—	—	1～2	—	—
	58～59	—	—	—	—	—	40	1～2	—	—
硫磺砂浆	50	8.5	—	8.5	30	0～1	—	2～3	—	—
硫磺混凝土	40～50（硫磺胶泥或砂浆）									50～60

2. 硫磺混凝土材料用量配合比

配制每 1m³ 硫磺混凝土材料消耗量如表 4-6 所列，其中硫磺用量占组成材料总量约 22%～25%左右。

硫磺混凝土材料用量配合比　　表 4-6

材料名称	硫　磺	粉　料	聚硫橡胶	粗骨料
用量（kg/m³）	550～600	350～400	23～40	1400～1600

二、硫磺胶泥和硫磺砂浆的配制

（一）工艺流程

硫磺胶泥、砂浆的配制工艺流程见图 4－2。

（二）配制操作要点

（1）将硫磺破碎成 3～4cm 碎块，按配比称量装入特制的砂锅中，在 130～150℃下加热熔化、脱水，边熔化边加料搅拌，防止局部过热，加入量为砂锅容积的$\frac{1}{3}$～$\frac{1}{2}$。

（2）在熬制好的液态硫磺中，加入经 130℃预热干燥的粉料、细骨料（熬制砂浆时掺），边加边搅拌，加热温度保持在 140～150℃左右，直到搅拌脱水并无气泡时为止。

（3）再分批逐渐加入粒度小于 20mm 的聚硫橡胶，并加强搅拌，温度控制在不大于 160℃，待橡胶全部加完，泡沫减少，可继续升温到 160～170℃，约熬 3～4h。这时物料变得均匀，颜色一致，泡沫完全消失后即可使用。

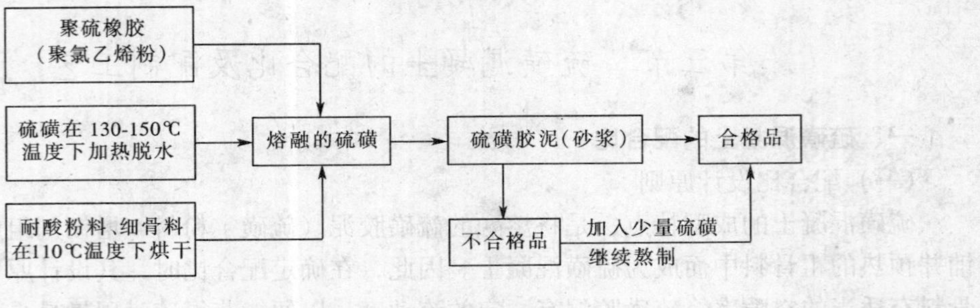

图 4-2　硫磺胶泥、砂浆配制工艺流程

(4) 熬制好的硫磺砂浆或胶泥应取样检查。在 140℃下浇注成“8”形抗拉试块，观察其冷却后有无起鼓、凹陷、不密实、分层等现象。如有起鼓，或将试件打断观察，颈部断面内肉眼可见小孔多于 5 个，应延长熬制时间，可在 160 ~ 170℃下继续加热熬制和搅拌，或加入适量硫磺和聚硫橡胶继续熬制，直至气体散发出来达到合格为止。

(5) 硫磺胶泥或砂浆一般可预先熬到好浇注成型小块备用，使用时再加热熔化。

第四节　硫磺混凝土的主要性能及技术要求

硫磺混凝土是一种新型热塑性材料，问世不久，应用时间不长，尚无标准的试验方法可循。为了与普通混凝土进行对比，以了解其性能特点和实用价值，因此性能试验大多采用与普通混凝土相同的试验方法，唯试件成型拆模后在室温下（20℃左右）养护 48h 后进行测定。

一、主要技术性能

(一) 主要物理力学性能

硫磺混凝土在不到 1d 时间内即可达到 100%的抗压强度，其主要原因是因为硫磺的硬化是冷却时的固化过程。与普通混凝土相比，硫磺混凝土强度发展到极大值的速度非常快。相同配合比的硫磺混凝土与普通混凝土的最终强度相似，其他基本性能见表 4-7。

1. 国内试验资料

国内对硫磺混凝土的主要物理力学性能进行了比较系统地试验，其结果见表 4-8 及表 4-9。

2. 国外试验资料

对硫磺混凝土的性能，国外也进行了不少的研究。

(1) 美国联帮矿物局威廉等人的试验资料见表 4-10。

(2) D.R.Lee 的试验资料整理如表 4-11 所列。

硫磺混凝土与普通混凝土物理力学性能比较　　**表 4-7**

性　能	硫　磺　混　凝　土	普　通　混　凝　土
抗压强度（MPa）	28 ~ 70	35
抗弯强度（MPa）	3.4 ~ 10.4	3.7
抗拉强度（MPa）	2.8 ~ 8.3	3.5
弹性模量（CPa）	20 ~ 45	28
热膨胀系数（$\times 10^{-6}$/℃）	8 ~ 35	11
导热系数（W/m·K）	0.4 ~ 2.0	1.6

硫磺混凝土的物理力学性能（一） 表 4-8

表观密度 (kg/m^3)	吸水率 (%)	抗压强度 (MPa)	抗弯强度 (MPa)	5 次冻融循环 $\left(\frac{残余抗压强度}{抗压强度}\times 100\%\right)$	弹性模量 (MPa)	抗渗等级
2430	微	43.8	4.38	68.0	2.6×10^4	P5

硫磺混凝土与龄期的关系 表 4-9

材料名称	收缩值 ($\times 10^{-5}$)			
	3d	7d	14d	28d
硫磺混凝土	14.9	15.9	17.9	20.0

硫磺混凝土物理力学性能（二） 表 4-10

骨料种类	硫磺用量 (%)	强度 (MPa)			表现密度 (g/cm^3)	孔隙率 (%)	300 次冻融循环 $\frac{残余抗弯强度}{抗弯强度}\times 100\%$
		抗 压	抗 弯	抗 拉			
石英石	24	43.02	9.39	5.34	2.23	7.2	23.2
石灰石	23	63.41	9.35	6.29	2.43	1.6	30.1

注：1. 硫磺中掺 5% 双环戊二烯增韧剂。

2. 骨料级配为 50% 小于 1.27cm 的石子和 50% 小于 0.315mm 的砂组成。

硫磺混凝土的物理力学性能（三） 表 4-11

骨料种类	硫磺用量 (%)	表观密度 (kg/m^3)	抗压强度 (MPa)	弹性模量 (MPa)	抗折强度 (MPa)	抗拉强度 (MPa)
1in 天然卵石	28	2460.5	31.71	3.9×10^5	30.6	3.66
1in 天然卵石	21	2420.2	23.27	4.1×10^5	36.6	2.85
3/4in 石灰石	25	2300	36.56	3.2×10^5	41.5	3.13
3/4in 碎卵石	21	2420	27.42	3.5×10^5	32.3	2.60
1in 天然卵石	21	—	24.30	2.5×10^5	28.8	—

注：硫磺中掺入混凝土总量的 1.05% 双环戊二烯增韧剂。

（二）钢筋锈蚀

为了解硫磺对钢筋是否有锈蚀问题，曾将铁丝埋入硫磺胶泥中进行长期观察，经两年后，其外露铁丝已经锈蚀，但打碎硫磺胶泥后观察其内部钢筋，却无锈蚀现象。这进一步证明，在硫磺混凝土中配筋是可行的。

（三）温度对硫磺混凝土的影响

大量试验资料表明，当温度在 20～80℃范围内时，膨胀值上升平缓，但超过 80℃，特别是至 90℃时，其膨胀值将直线上升，见图 4-3。因此，硫磺混凝土的使用温度以不超过 80℃为宜。

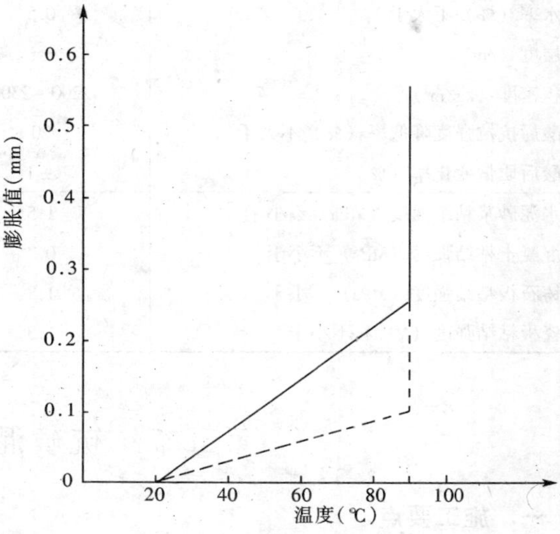

图 4-3 温度与膨胀值之间的关系

— —硫磺胶泥；⋯ —硫磺砂浆

（四）耐腐蚀性能

硫磺混凝土的主要特点是耐腐蚀性能良好。它主要是以硫磺胶泥组成，其耐蚀试验表明，硫磺胶泥对大部分有机酸、无机酸、中性及酸性盐均是耐蚀的。试验结果见表 4-12。

硫磺混凝土耐腐蚀性能 表 4-12

介质名称	浓度（%）	耐蚀性能	介质名称	浓度（%）	耐蚀性能
硫酸	任意	耐	氯化铵	任意	耐
盐酸	任意	耐	硝酸铵	任意	耐
硝酸	≤40	耐	硫酸铵	任意	耐
醋酸	≤50	耐	丙酮	任意	尚耐
铬酸	≤25	耐	乙醇	任意	耐
氢氟酸	≤40	耐	汽油	任意	耐
氢氧化钠	≤1	耐	苯	任意	不耐
碳酸钠	≤10	耐	5%硫酸和5%氢氧化钠交替作用	—	不耐
氨水	任意	尚耐			
尿素	任意	耐			

二、技术要求要点

为了在工程中广泛地应用硫磺材料，硫磺胶泥、砂浆和混凝土必须满足一定的技术要求，具体指标见表 4-13。

硫磺胶泥、砂浆和混凝土的技术要求 表 4-13

项目	技术性能指标		
	硫磺胶泥	硫磺砂浆	硫磺混凝土
抗压强度（MPa）不小于	—	—	4.0
抗折强度（MPa）不小于	—	—	4.0
抗拉强度（MPa）不小于	4.0	3.5	—
急冷，急热残余抗拉强度（MPa）不小于	2.0	—	—
抗渗性（MPa）大于	—	—	1.0
吸水率（%）不大于	0.5	0.5	0.5
分层度（cm）	—	0.7～1.3	—
堆积密度（kg/m^3）	2200～2300	—	2400～2500
浸酸后抗拉强度降低率（%）不大于	20	20	—
浸酸后质量变化率（%）	±1	±1	—
与水泥砂浆粘结强度（MPa）不小于	1.5	—	—
与混凝土粘结强度（MPa）不小于	0.7	—	—
与铸石板粘结强度（MPa）不小于	1.8	—	—
与瓷板粘结强度（MPa）不小于	1.3	1.3	—

第五节 硫磺混凝土施工

一、施工要点

硫磺混凝土是以硫磺胶泥或硫磺砂浆注入松铺的碎石层内而形成，因此其成型方法与普通混凝土不尽相同。国内外主要采用浇注成型工艺，其施工要点叙述如下：

（一）硫磺胶泥和砂浆的施工要点

（1）将硫磺胶泥或砂浆按配合比要求先行熬制，待热至135～145℃时要立即进行浇注。因此，熬制地点距浇注点不宜过远。

（2）施工环境温度不应低于5℃；低于5℃时，需铺砌的板块材应预热，预热温度为40℃左右，浇注温度也应适当提高，浇注完毕后应立即覆盖保温材料，防止温度骤变而发生裂纹。

（3）耐酸板块材用硫磺胶泥、砂浆灌注法铺贴时，板块材应先用碎耐酸瓷块或水玻璃砂浆块，按规定的结合层厚度和灰缝宽度垫高摆好；浇注宜分段分行进行，每次浇注面积不宜过大，铺好一段浇注一段，浇注点间距以60～100cm为宜。浇注时，灰缝处的胶泥或砂浆宜高出块材表面5mm左右。每段、行的边缘应用水玻璃粘贴水泥袋纸封严，防止胶泥或砂浆外流。如有坡度，浇注应由低向高进行，在适当位置用瓷管设置排气孔。

（4）块材应尽可能先拼成较大的预制板，然后按上列方法铺砌。预制时，将块材反铺（正面向下）在平整的底板上（板面需涂一层薄矿物油），留好灰缝宽度，封闭好边缘。浇注的胶泥不要高出预制块间的灰缝表面。

（5）用硫磺胶泥或砂浆浇注耐酸板块的结合层厚度和灰缝宽度见表4-14。

结合层厚度和灰缝宽度 **表4-14**

块材种类	结合层厚度（mm）	灰缝宽度（mm）
耐酸砖、板，铸石板	6～10	5～8
条石	10～15	8～15

（6）浇注垂直面时，一次不宜过高，以一皮砖或两皮砖为宜。侧面须封死，块材水平缝用垫块垫好，浇注时胶泥或砂浆不宜高出块材表面。侧面须撑牢，以防止变形。

（7）块材间灰缝突出或不平整时，可铲除或补浇，再烫平它，烫平温度为140～160℃。

（二）硫磺混凝土的施工要点

（1）硫磺混凝土是以硫磺胶泥或硫磺砂浆注入松铺的碎石层内而形成的。硫磺混凝土的模板要支牢，要求拼缝严密，表面平整、干燥，表面要涂一薄层矿物油（施工缝模板不宜涂油），以避免模板与硫磺混凝土之间粘结，便于脱模。

（2）耐酸石子在施工前必须干燥，并应预先在铁板上加热后再虚铺，使之在浇注时能保持40～60℃。每层厚度不宜大于40cm。在浇注点，可在铺放骨料时预埋钢管作为浇注孔，边浇边抽出，也可埋入小段废瓷管（图4-4），待浇注后不再抽出。

（3）浇注平面时，每一浇注区的面积以2～4m^{2}为宜。在一个浇注区内，浇注应同时向各预留的浇注孔进行，直至全部浇满为止，中间不要中断。硫磺混凝土表面应露出石子，最后用硫磺胶泥或硫磺砂浆找平。如施工温度较低（低于5℃时），应加覆盖物保温。一个浇注区浇完，宜待其冷固收缩后（一般为2h），再进行浇注下一区。

（4）在平面找平或浇灌第二层硫磺混凝土前，应将下一层硫磺混凝土表面收缩孔中的针状物凿除。

（5）浇灌立面时，每层硫磺混凝土的水平施工缝应露出石子，垂直施工缝应相互错开。

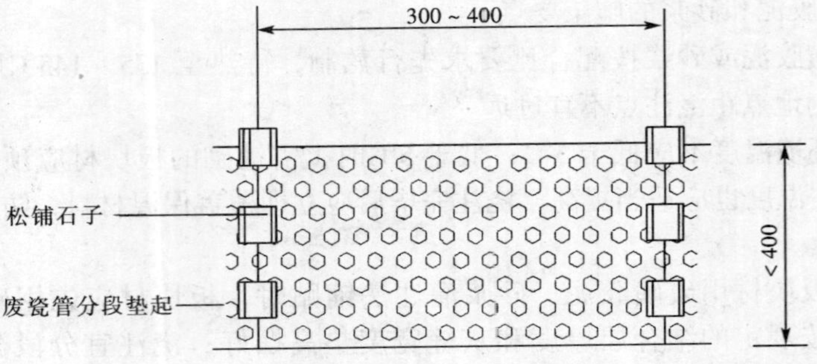

图 4-4　硫磺混凝土浇注示意图

（6）硫磺混凝土地面施工，亦可制成硫磺混凝土预制块，然后用硫磺胶泥或硫磺砂浆浇灌。

硫磺混凝土预制块的制作方法如下：

①将活动模板放置在平整的钢板上，钢板表面薄涂矿物油脱模剂；

②模板底部应先浇灌一层厚约 3mm 的硫磺胶泥或硫磺砂浆，作为预制块的面层；

③将干燥的粗骨料按规定厚度浮铺在硫磺胶泥或硫磺砂浆层上，随之浇灌硫磺胶泥或硫磺砂浆，待冷却后即可拆模，使用时平面向上。

二、施工安全防护

在配制和施工硫磺胶泥、砂浆和混凝土时，应特别注意安全防护。

（1）熬制硫磺胶泥和砂浆时会产生有毒气体，熬制地点应设在下风方向。在室内熬制时，锅上应设排气罩。

（2）熬制硫磺要严格控制温度，防止着火。发现黄烟时，应立即撤火降温；局部燃烧时，可撒石英粉灭火。

（3）工作人员操作时，要戴口罩、手套等保护用品。

三、技术要求和质量标准

（一）技术要求

硫磺胶泥、硫磺砂浆、硫磺混凝土的技术要求参见表 4-13。

（二）质量标准

（1）硫磺混凝土或砂浆面层应密实，不得有裂纹、气孔、脱皮、起壳、起砂、麻面等现象。

（2）用硫磺耐蚀材料浇注的板块，灰缝饱满、密实，黏结牢固，不松动，无裂纹，无起鼓现象。

（3）面层平整度用 2m 直尺检查，凹处空隙不得大于 6mm。板块材面层平整度用 2m 直尺检查，凹处空隙不大于 2～8mm；相邻板块材之间高差不超过 2mm。

四、质量通病、原因及防治

硫磺胶泥、硫磺砂浆、硫磺混凝土施工常见质量通病、原因分析及防治措施见表 4-15。

硫磺胶泥、砂浆、混凝土工程常见质量通病、原因及防治　　表 4-15

质量通病	原因分析	防治措施
在浇注块材的表面用锤轻击可听见空鼓声，有的块材松动或脱落，与其相邻的块材用物体轻撬也很容易脱落	1. 基层质量不好造成空鼓 2. 胶泥或砂浆熬制质量不好。如熬制时间不够，气体没能充分排除，增韧材料没能充分溶合，浇注时产生膨胀起鼓；熬制温度过高，增韧剂分解，降低胶泥或砂浆的质量；浇注温度低，流动度差，浇注不密实，并降低其粘结力 3. 块材的预制块体制作质量不好，灰缝不平。预制块体连接浇注时，凸出的灰缝面向下，影响胶泥或砂浆的流动和空气的排除，极易造成空鼓	1. 切实保证基层质量 2. 块材使用前应清洗干净，晾干或烘干。粘结面宜先薄涂一层硫磺胶泥，以提高粘结力 3. 硫磺胶泥或砂浆的熬制温度必须适度（140～160℃），出锅前要进行外观质量检查 4. 硫磺胶泥或砂浆的浇注温度，应保持在 135～145℃。最好能把胶泥或砂浆做成预制块，在现场熔化使用。为提高其流动度，在二次熔化时可外加硫磺 5%～10% 5. 将块材预制成块体时，注意灰缝中浇注的胶泥或砂浆不要高出块材表面。在块体连接浇注时，要布置好浇注孔和排气孔，避免堵住空气造成空鼓 6. 硫磺胶泥或砂浆都是可以重复使用的材料，发现有空鼓或黏结不牢的现象时，可将块材撬开，铲掉结合层，清理干净后用耐酸小垫块垫好，重新浇注。浇注时要注意在结合层和灰缝间留出排气孔，以排除气体
胶泥或砂浆浇注块材灰缝开裂、高低不平、面层变形	1. 块材本身不洁净或潮湿，与硫磺胶泥或砂浆粘结力差。浇注后硫磺胶泥或砂浆冷固收缩，易在粘结面处开裂 2. 施工环境温度低，块材未采取预热措施，使硫磺胶泥或砂浆冷固收缩过快，产生裂缝 3. 灰缝过宽，收缩量大，造成灰缝凹陷；浇注过高，胶泥熬制质量不好，气泡过多，膨胀起鼓造成灰缝突起 4. 结合层过厚，浇注时易膨胀起鼓；结合层厚薄不均，浇注后收缩不一致，易产生表面裂缝 5. 平面块材灰缝不直，尺寸不等，多因块材铺设后不注意保护，受到扰动，而浇注前又未进行检查、调整 6. 立面块材不平正，由于一次浇注过高，侧面支撑不牢，产生滑动。平面平整度差有时是由于块材外形不符合要求或铺设后受扰动	1. 使用前应认真挑选块材，在刷洗、烘干、运输过程中要注意保护。确保胶泥或砂浆的熬制质量，出锅前要取样检查 2. 块材浇注前宜进行预热。施工环境温度低于 5℃时，必须预热，预热温度不宜低于 40℃，并在浇注后随时采取覆盖保温措施 3. 胶泥或砂浆宜浇注到略高于块材表面，并控制好灰缝宽度。为避免膨胀起鼓现象，平面块材的灰缝在浇注时可盖以玻璃条，并留出排气孔 4. 面积较大的工程应分段施工；立面浇注一次不要过高，砖型的每次可两皮左右，板型的最好做成预制块体，立一块浇一块，浇注缝要留在板体上，不要留在板缝处，以免沿缝开裂，还要注意测面支撑的可靠性 5. 灰缝不满，应随即进行补浇；灰缝过高，可用热铲铲除，再用热烙铁烫平，烙铁温度控制在 160℃以内。不平处或裂缝处可撬开重新浇注。胶泥或砂浆碎碴可回收加热后再用

续表

质量通病	原因分析	防治措施
硫磺混凝土在冷固后，敲击可听见空鼓声，表面有明显裂缝	1. 预留浇注孔被堵塞或一次浇注过厚，影响胶泥或砂浆流淌，造成空鼓 2. 施工面积较大又组织不好，段、块划分不明确，浇注顺序紊乱，以至局部浇注不密实或漏浇，产生空鼓或表面裂缝 3. 施工环境温度低，材料预热温度不够，施工后未采取有效覆盖保温措施，使材料冷固收缩过快，表面产生裂缝	1. 粗骨料使用前必须洗净，烘干和预热，要求浇注时温度为40～60℃。施工环境温度低于5℃时，施工后应进行覆盖保温 2. 浇注孔如采用插管，应按浇注区、段随拔随浇，插管拔出后，要注意防止坍孔。如采用预埋小瓷管浇注，瓷管间要隔开，以便硫磺胶泥或砂浆分层流淌。硫磺混凝土每层浇注厚度不要超过400mm，以保证浇注密实 3. 施工面积大时，浇注应分块进行，每块面积为2～4m^2。浇注要同时向该块的各浇注孔进行，不要中断，直到全部浇满，但表面应露出石子层，最后用硫磺胶泥或砂浆找平 4. 发现空鼓或裂缝，可随时剔开补浇，然后烫平即可

第六节　硫磺混凝土的发展

综前所述，硫磺混凝土具有较好的力学性能和耐化学腐蚀性能，施工工艺简单，是一种很有发展前途的特种混凝土材料。

硫磺混凝土可广泛用于酸、盐腐蚀工程；采取配筋后，可作为储槽、中和池及电解池的结构材料和衬里材料；亦可预制成各种耐酸管道、盖板、砌块等新型材料。又由于硫磺混凝土有着优异的抗疲劳性能，因此美国、加拿大等国对在公路中应用硫磺混凝土进行了大量的研究，近年来已将以硫磺为基料的铺路材料在公路工程中予以应用。以硫磺代替40%的沥青用于铺路，可减少路面厚度20%，如不减厚度，则可延长道路使用寿命而降低费用。特别是在某些条件下，还可利用质量较低的骨料。硫磺混凝土也可作为低造价房屋建筑材料而加以应用，如农房建筑。

硫磺混凝土是我国最早研究和应用的，但由于各方面的原因，发展缓慢。作为特种混凝土，在短期内即可用于建筑工程。作为一种潜在的发展材料，硫磺混凝土有着极为广阔的发展前景，它的各种新组合和新用途，还有待于进一步研究和发现。随着硫磺工业生产的发展和防止环境污染条例的贯彻，硫磺的产量日益增加，硫磺混凝土也必将成为一种新型建筑材料而不断得到应用和发展。

第五章 高铝水泥混凝土

(high alumina concrete)

第一节 高 铝 水 泥

高铝水泥，又称矾土水泥，是配制高铝水泥混凝土的主要胶凝材料。高铝水泥是以矾土和石灰石作为主要原材料，按照适当比例配合后进行烧结或熔融，再经粉磨而成的一种快硬、高强、耐腐蚀的水硬性胶凝材料。高铝水泥熟料是以弱碱性铝酸盐矿物为基本组成。

一、化学成分和矿物组成

（一）化学成分

高铝水泥熟料的主要化学成分为氧化铝、氧化钙、氧化硅，还有氧化铁及少量的氧化镁、氧化钛等。其化学成分见表 5-1。

高铝水泥化学成分 **表 5-1**

化学成分	Al_2O_3	CaO	SiO_2	Fe_2O_3	FeO	TiO_2	MgO	K_2O+Na_2O
含量（%）	33～60	33～44	3～11	4～12	0～11	1～3	<2	<1

（二）矿物组成

由于高铝水泥的化学成分是以 Al_2O_3、C_2O、SiO_2 为主，因此其矿物组成大多按照 $CaO—Al_2O_3—SiO_2$ 三元系统相图进行讨论。

1. 铝酸一钙（$CaO·Al_2O_3$，简写 CA）

CA 是高铝水泥中的主要矿物，具有很高的水硬活性，其特点是凝结不快，而硬化迅速，为高铝水泥强度的主要来源。但 CA 含量过高的水泥，强度发展主要集中在早期，而后期强度增长就不显著。

2. 二铝酸一钙（$CaO·2Al_2O_3$，简写 CA_2）

在氧化钙含量较低的高铝水泥中，CA_2 的含量较多。CA_2 水化硬化较慢，后期强度较高，但早期强度偏低。如 CA_2 含量过多，将影响到高铝水泥的快硬性能。

质量优良的高铝水泥，其矿物组成一般是以 CA 和 CA_2 为主。由此可见，氧化铝和氧化钙是保证熟料中形成铝酸钙盐的主要成分。如氧化铝含量过低，熟料中常出现高碱性铝酸钙，使水泥凝结迅速，但强度不高，这时水泥质量下降。但氧化铝含量太高，熟料中又会出现高铝酸钙（如 CA_6），仍会降低水泥强度。

二、技术标准

高铝水泥的细度、凝结时间，体积安定性应符合《高铝水泥》（GB 201—81）规定，其强度也不得低于表 5-2 所规定的指标。

高铝水泥质量标准 表 5-2

项目		质量指标			
细度		0.08mm 方孔筛筛余量不得超过 10%			
凝结时间		初凝不得早于 40min，终凝不得迟于 10h			
强度	强度等级	抗压强度		抗折强度	
		1d	3d	1d	3d
	32.5 级	36.0	42.5	4.0	4.5
	42.5 级	46.0	52.5	5.0	5.5
	52.5 级	56.0	62.5	6.0	6.5
	62.5 级	66.0	72.5	7.0	7.5
二氧化硅（SiO_2）		熟料中二氧化硅含量不得超过 10%			
三氧化二铁（Fe_2O_3）		水泥中氧化铁含量不得超过 3%			

三、水化硬化过程

（一）水化反应

CA 是高铝水泥的主要矿物成分，因此高铝水泥的水化主要是 CA 的水化及其水化物的结晶。由于 CA 晶体结构中的钙、铝酸配位极不规则，因而水化极快。现在的绝大多数观点认为，其水化反应由于温度不同而有如下几种方式：

（1）当温度 < 20 ~ 22℃时：

$$CaO\cdot Al_2O_3 + 10H_2O \longrightarrow \underset{(CAH_{10})}{CaO\cdot Al_2O_3\cdot 10H_2O}$$

（2）当温度 > 20 ~ 22℃时：

$$2(CaO\cdot Al_2O_3) + 11H_2O \longrightarrow \underset{(C_2AH_8)}{2CAO\cdot Al_2O\cdot 8H_2O} + \underset{(AH)}{Al_2O_3\cdot 3H_2O}$$

（3）当温度 > 30℃时：

$$3(CaO\cdot Al_2O_3) + 12H_2O \longrightarrow \underset{(C_3AH_6)}{3CaO\cdot Al_2O_3\cdot 6H_2O} + 2\underset{(AH)}{(Al_2O_3\cdot 3H_2O)}$$

在一般温度条件下，CAH_{10}和 C_2AH_8 同时形成，一起共存，其相对比例随温度的提高而减少。但在较高温度条件下，水化产物则主要为 C_3AH_6。

高铝水泥中的 CA_2，其水化反应与 CA 基本相似，但水化速度极慢。

（二）硬化增强机理

高铝水泥水化反应的新生物 CAH_{10}或 C_2AH_8 都属于六方晶系，其晶体呈片状或针状，互相交错攀附，重叠结合，可形成坚强的结晶连生体，使水泥获得较高的机械强度。AH 凝胶又填充于晶体骨架的空隙，所以能形成比较致密的结构。同时，水化 5 ~ 7d 后，水化物的数量很少增加，因此高铝水泥硬化初期的强度增长很快，以后便不显著。

但 CAH_{10}或 C_2AH_8 都是亚稳相，要逐渐转化为比较稳定的 C_3AH_8。这个自发过程，随温度的提高而加速。例如，CAH_{10}的转化反应为

$$3CaO\cdot Al_2O_3\cdot 10H_2O \longrightarrow 3CaO\cdot Al_2O_3\cdot 6H_2O + 2Al(OH)_3 + 18H_2O$$

$$3(2CaO\cdot Al_2O_3\cdot 8H_2O) \longrightarrow 2(3CaO\cdot Al_2O_3\cdot 6H_2O) + Al(OH)_3 + 9H_2O$$

C_2AH_8 的转化结果也与此相似。因此，晶型转化的结果使水泥石出现游离水分，也就是孔隙体积大大增加。而且转化所成的 C_3AH_6 属方晶系，基本上是等尺寸的晶体，又常有较多的位错等缺陷存在，所以，C_3AH_6 晶体本身强度就较低；晶体之间的结合，也就是相互连生的效果要比 CAH_{10}和 C_2AH_8 的针、片状晶体差得多，又由于晶体表面常被覆有所析

出的游离水，因此使强度降低。

四、特性及用途

（一）高铝水泥的特性

1. 快硬高强

1d龄期强度可达80%以上，3d强度可达100%。

2. 低温硬化快

在5～10℃时，1d强度仅较正常温度养护（20℃左右）时低30%，3d强度与正常养护时接近。但由于晶型转化，会引起强度下降，特别是在湿热环境下。

3. 耐热性好

在干热处理过程中强度下降较少。加热到900℃时，强度下降30%；1300℃时，下降50%。在继续受热情况下，仍有良好的体积稳定性。

4. 耐蚀性好

在3%硫酸盐溶液内，高铝水泥的抗折强度仅较在淡水内降低4%。

（二）高铝水泥的用途

（1）紧急抢修工程及需要很快使用的军事工程。

（2）要求一定早期强度的特殊工程。

（3）冬期施工工程。

（4）抵抗硫酸盐侵蚀及冻融交替的工程。

（5）制作耐热砂浆、混凝土，抗硫酸盐混凝土和配制膨胀水泥。

第二节　高铝水泥混凝土的组成及配制

高铝水泥混凝土，乃是一种快凝快硬型混凝土。

一、原材料组成

（一）胶凝材料——水泥

1. 水泥用量

高铝水泥混凝土表面容易起砂，在养护不当时尤甚。因此，施工时高铝水泥的用量应比硅酸盐类水泥稍多。但是，由于高铝水泥急骤发热会引起裂缝，对混凝土强度产生不利影响，为了减少水化时的温度上升，同时必须控制单位水泥用量。

2. 使用要求

（1）不得与尚未硬化的硅酸盐类水泥、石灰等能析出$Ca(OH)_2$的胶凝物质混合使用；在拌合过程中也必须避免相互接触。否则，两种水泥颗粒表面的水化产物会剧烈地相互作用，反应非常迅速，于是凝结硬化极快，但水化过程却无法完全，而强度比单独使用时却要低。其原因如下：

①硅酸盐水泥中的石膏以及C_3S水化时所析出的CH均能加速高铝水泥的凝结。

②硅酸盐水泥中的石膏被高铝水泥消耗后，就不足以起应有的缓凝作用。

③C_3S的水化作用由于CH被消耗掉而得以加速。

（2）未经试验，不得掺入任何外加剂。

（3）运输、保存时，严防受潮和与其他水泥混杂。保存时间不宜超过两个月，超过者必须重新检验，合格后方可使用。

（二）骨料

1. 粗骨料

配制高铝水泥混凝土与普通混凝土同，可采用卵石或碎石，但不得含碱性，或混有含碱性的杂质。

2. 细骨料

配制高铝水泥混凝土最好采用中、粗砂，或中、粗砂混合使用。其含泥量不得过大，且不得含碱性物质。

（三）拌合水和养护水

拌合水和养护水必须洁净，并不得呈碱性。

二、混凝土的配制

（一）水灰比的选择

考虑高铝水泥混凝土配合比时，首先必须合理地选择水灰比。而确定水灰比时，必须按满足所需要的强度（短龄期强度及长龄期强度），还要考虑到高铝水泥混凝土是一种低流动性混凝土。因此，根据施工经验，施工时的水灰比一般控制在0.50~0.60左右。

（二）参考配合比

高铝水泥混凝土参考配合比见表5-3。

高铝水泥混凝土参考配合比 **表5-3**

序号	水泥用量 (kg/m³)	配合比 水泥:砂:石子:水	养护温度 (℃)	抗压强度 (MPa)			
				1d	3d	7d	28d
1	260	1:1.98:4.16:0.48	21	23.5	29.4	28.0	24.8
2	300	1:2.10:4.20:0.55	25	31.5	39.0	40.1	38.8
3	350	1:2.15:4.30:0.50	20	37.5	45.0	45.8	46.4
4	280	1:2.08:4.08:0.62	40	19.5	24.2	18.9	12.6
5	300	1:1.86:3.98:0.58	24	28.8	34.6	36.0	32.2
6	310	1:2.05:4.25:0.54	45	37.5	39.2	26.0	21.0

第三节 高铝水泥混凝土的特性及用途

高铝水泥混凝土的用途是由其性质决定的，而影响其性质的因素又很多。

一、特性

高铝水泥混凝土的特性主要表现在以下方面：

（一）凝结硬化特性

高铝水泥混凝土的凝结硬化特性与养护温度有相当大的关系。在各种养护温度条件下，高铝水泥混凝土产生强度最大的范围是10~20℃，当温度上升到30℃时强度有显著的降低。另外，当温度在2℃左右较低温度时，其强度几乎不再降低。

（二）强度转化特性

高铝水泥以及高铝水泥混凝土硬化时，由于湿热作用（温度和水），伴随有强度降低的性质。究其原因，主要是由于晶相的转化而引起强度的降低。其发展规律即是当湿度越大温度越高时，越能促进其晶相转化反应，因而强度降低也就越多。

表 5-4 是试验结果之一例。这表明，水灰比大，其强度降低就多。

水灰比对转化强度的影响 **表 5-4**

水灰比$\left(\frac{W}{C}\right)$	抗 压 强 度（MPa）		剩余强度比
	1d 强度	转化强度	
0.36	51.9	32.9	0.63
0.40	47.6	26.6	0.56
0.44	44.2	22.1	0.50
0.55	43.4	16.1	0.37

注：1. 转化强度是指龄期 1d 温度 20℃，其后在 50℃的水中养护，到龄期 14d 时所获得的最小强度。
2. 表 5-4 中数值是选用日本标牌 4 高铝水泥所求得的平均值。

（三）绝热后温度上升

高铝水泥混凝土终凝后，由于水化热大而表现出温度急骤上升的趋势。一般情况下，高铝水泥混凝土的绝大部分热量在水化后约 10h 内放出；在水化 24h 后，放出热量很少。

（四）干燥收缩

高铝水泥混凝土收缩较小，约为硅酸盐水泥混凝土干燥收缩的$\frac{1}{2}$。但是，随着温度下降，所产生的收缩增大，因此容易产生裂缝。

二、用途

（1）高铝水泥混凝土，利用其早强性质，可用于路面、桥面板、机械基础等加固工程，紧急抢修工程，又可用于冬季施工。

（2）由于其主要组成为低钙铝酸盐，因而水化时并不析出 $Ca(OH)_2$，水泥石中液相碱度较低；另外，高铝水泥水化时析出铝胶，不但使水泥结构极为密实，而且能够在水化或未水化颗粒表面形成保护性薄膜，因此具有一定的耐酸性，特别是配制抗硫酸盐混凝土，效果尤佳。

（3）与耐火骨料在高温下产生固相反应，烧结结合逐步代替了水化结合，使得高铝水泥所制备的混凝土具有一定的耐高温性，在高温下仍能保持较高的强度。因此，配制耐热混凝土或耐火混凝土，常被用作高炉外壳，内壁衬砌、高炉及熔融车间的基础。

（4）广泛用于生产 GRC 制品及构件。特别是生产欧典建筑——“仿真石”线条及配件的主要胶凝材料；另外也是加工园林景观建筑——“文化石”不可缺少的建筑材料。

第四节 高铝水泥混凝土施工

一、搅拌工艺

（1）人工、机械搅拌均可采用，但搅拌设备必须洁净，不得混有其他品种水泥或石灰。这一点非常重要，因为两者相混容易产生不利影响。

（2）为了获得高铝水泥混凝土的必要性质，搅拌温度须在 25℃以下。若搅拌温度有可能升高时，应采取下列措施：

①骨料或搅拌机不要直接暴露在日光之下。

②采用低温水进行搅拌。

③在夜间、低温条件下操作施工。

(3) 如搅拌完毕隔一段时间后发现表面似乎凝结时，千万不得另外加水，只需用工具稍加搅动，混凝土即会重新变烯。

二、浇灌与成型工艺

(1) 高铝水泥混凝土凝结硬化较快，一般自加水搅拌起，至浇灌完毕，不宜超过45min。夏季更应缩短。浇灌前须将模板用水湿透。

(2) 大型结构的混凝土一次浇灌的厚度不应超过0.3m，每次间隔时间为24h。如超过0.3m时，必须在硬化期内采取冷却措施。

(3) 避免与硅酸盐水泥混凝土或石灰质材料接触使用，但可与已经硬化的硅酸盐水泥混凝土（指施工缝处）接触使用。

(4) 严禁用于接触碱溶液的工程、长期承重工程和长期处于潮湿环境中的工程。

三、养护工艺

(1) 混凝土硬化过程中，坏境温度不应超过30℃。夏季施工应有降温措施。当环境温度在冰点以上不致使混凝土结冻时，均可浇灌高铝水泥混凝土。

(2) 高铝水泥混凝土浇灌后须立即以潮湿物体进行遮盖，8~12h后应立即洒水养护，养护期为3~7d。

(3) 高铝水泥混凝土不得在高温、高湿条件下养护，即不得采用蒸汽养护。

第六章　石 膏 混 凝 土

（gypsum concrete）

第一节　概　　述

石膏混凝土是以水硬性石膏、水和骨料为主要原料，按照一定比例经搅拌、混合、硬化而制成。与普通水泥混凝土的组成材料相似，只是胶凝材料使用石膏。正由于如此，与水泥混凝土相比，在骨料的种类、混凝土的性质及利用方法等方面，石膏混凝土都有其独特之处。

欧美等国家，基于充分利用丰富的石膏资源，石膏混凝土使用较多。我国石膏矿藏丰富，如云南、湖南、湖北、广东、陕西、四川等地，石膏矿品质优良，近几年来，在不同程度上因地制宜地使用了石膏混凝土。

第二节　石膏混凝土的原材料组成

一、胶结材料——石膏

（一）石膏的种类

石膏的化学成分为硫酸钙，是许多工业的副产品。水硬性硫酸钙有无水石膏（$CaSO_4$）、半水石膏$\left(CaSO_4\cdot\frac{1}{2}H_2O\right)$和生石膏（$CaSO_4\cdot 2H_2O$）三种形式。副产品石膏的主要种类是磷石膏、氟石膏、有机石膏、硼石膏、脱硫石膏、钛石膏、盐石膏和钠石膏等。

如表 6-1 所列，石膏的种类虽然很多，但其中能与水拌合而硬化的只有 α 型半水石膏$\left(\alpha—CaSO_4\cdot\frac{1}{2}H_2O\right)$、$\beta$ 型半水石膏$\left(\beta—CaSO_4\cdot\frac{1}{2}H_2O\right)$和Ⅱ型无水石膏等。这几种石膏的水化凝结反应、拌合物的流动性、硬化体的强度等各有特色。用于石膏混凝土的石膏，为了获得高强度，主要使用 α 型半水石膏或Ⅱ型无水石膏。

（二）石膏的生产

1. 水硬性石膏的生产

（1）α 型半水石膏：将天然二水石膏在 0.13MPa（124℃）的压蒸锅内蒸炼，则生成 α 型半水石膏，或称高强石膏。其化学反应：

$$CaSO_4\cdot 2H_2O \xrightarrow[(124℃)]{0.13MPa} \alpha—CaSO_4\cdot\frac{1}{2}H_2O + 1\frac{1}{2}H_2O$$

（2）β 型半水石膏：将天然二水石膏在常压下加热至 107～170℃时，部分结晶水脱出后得到 β 型半水石膏，亦称建筑石膏。其化学反应：

$$CaSO_4\cdot 2H_2O \xrightarrow{107\sim170℃} \beta—CaSO_4\cdot\frac{1}{2}H_2O + 1\frac{1}{2}H_2O$$

石 膏 的 种 类 **表 6-1**

类别			二水石膏	α型半水石膏	β型半水石膏	Ⅰ型无水石膏	Ⅱ型无水石膏	Ⅲ型无水石膏
分子式			$CaSO_4 \cdot 2H_2O$	$CaSO_4 \cdot \frac{1}{2}H_2O$		$CaSO_4$		
大气中的安定条件			常温	常温~250℃		高温	常温~1000℃	绝干状态
与水拌合后			少量溶解	快速水化凝结，5~20min凝结		—	在促凝剂下易硬化	—
可能调节凝结时间			—	数min~数h		—	数10min~数10h	—
硬化体	抗压强度（MPa）	干燥	—	30~60	2~8	—	36~60	—
		吸水	—	10~30	0.5~3	—	10~35	—
	密度（g/cm^3）	干燥	—	1.4~1.8	0.7~1.2	—	1.5~1.9	—
		吸水	—	1.8~2.0	1.0~1.6	—	1.8~2.0	—

（3）Ⅱ型无水石膏：系以二水石膏在温度750~800℃下煅烧，并与硫酸钾或硫酸铝共同磨细而成。

2. 副产品石膏的生产

（1）磷石膏：为生产正磷酸盐的副产品。磷酸钙矿物与硫酸的化学反应：

$$Ca_3(PO_4)_2 + 3H_2SO_4 + 6H_2O \longrightarrow 2H_3PO_4 + 3(CaSO_4 \cdot 2H_2O)$$

如磷酸盐矿物中有含氟杂质，则化学反应：

$$Ca_3F(PO_4)_3 + 5H_2SO_4 + 10H_2O \longrightarrow 5(CaSO_4 \cdot 2H_2O) + HF + 3H_2FO_4$$

（2）氟石膏：以氟石膏形成的无水石膏或石膏是用荧石矿与硫酸反应生成氢氟酸而制成的。其化学反应：

$$H_2SO_4 + CaF_2 \longrightarrow 2HF + CaSO_4$$

$$CaSO_4 + 2H_2O \longrightarrow CaSO_4 \cdot 2H_2O$$

（3）有机石膏：在甲酸、柠檬酸和酒石酸的生产中，钙盐与硫酸作用生成有机石膏。有机石膏生产的一般化学反应（以A表示甲酸、柠檬酸或酒石酸的阴离子）：

$$CaA_2 + H_2SO_4 + 2H_2O \longrightarrow 2AH + CaSO_4 \cdot 2H_2O$$

（4）硼石膏：是由硼酸盐矿物与硫酸的复分解反应而生成。其化学反应：

$$CaB_6O_{11} \cdot 5H_2O + 2H_2SO_4 + 6H_2O \longrightarrow 2(CaSO_4 \cdot 2H_2O) + 6H_3BO_3$$

（5）脱硫石膏：是用石灰［$Ca(OH)_2$或$CaCO_3$］提取SO_2，然后氧化得到的。其化学反应：

$$2Ca(OH)_2 + 2SO_2 \longrightarrow 2\left(CaSO_4 \cdot \frac{1}{2}H_2O\right) + H_2O$$

$$CaCO_3 + SO_2 + \frac{1}{2}H_2O \longrightarrow CaSO_4 \cdot \frac{1}{2}H_2O + CO_2$$

$$2\left(CaSO_4 \cdot \frac{1}{2}H_2O\right) + O_2 + 3H_2O \longrightarrow 2(CaSO_4 \cdot 2H_2O)$$

（6）钛石膏：由钛铁矿（$FeTiO_3$）生产钛白，得到废硫酸，用石灰处理废酸得到石膏。其化学反应：

$$FeTiO_3 + 2H_2SO_4 \longrightarrow TiO \cdot SO_4 + FeSO_4 + 2H_2O$$

$$TiO \cdot SO_4 + 2H_2O \longrightarrow TiO(OH)_2 + 2H_2SO_4$$

$$H_2SO_4 + CaCO_3 + 2H_2O \longrightarrow CaSO_4 \cdot 2H_2O + CO_2 + H_2O$$

（7）盐石膏：海水生产氯化镁（$MgCl_2$）时，硫酸盐和氯化钙间的反应生成盐石膏。其化学反应：

$$MgSO_4 + CaCl_2 + 2H_2O \longrightarrow MgCl_2 + CaSO_4 \cdot 2H_2O$$

（8）钠石膏：在生产苏打粉工业中，硫酸钠（Na_2SO_4）及氯化钙（$CaCl_2$）间的反应生成钠石膏。其化学反应：

$$CaCl_2 + Na_2SO_4 + 2H_2O \longrightarrow CaSO_4 \cdot 2H_2O + 2NaCl$$

副产品石膏的最大来源是磷酸工业，大部分有关的文献都介绍磷石膏的利用。副产品石膏进一步推广使用的两个主要障碍：①是产品组成的不稳定和杂质的存在，例如磷石膏中的杂质是可溶 P_2O_5 可溶氟化物及石膏晶格里掺杂的 P_2O_5。有关学者曾建议在一窄范围内控制水解过程的温度来消除杂质。②另一个因素是可能在其中存在放射性矿物，磷石膏可能有高水平的放射性，则脱硫石膏是另一种可能含放射物痕迹的产品。

（三）副产品石膏的特征

1. 抗压强度

一般来说，加副产品石膏的砂浆强度早期较低，但 7d 后稍高（表 6-2）。甲酸石膏（CaA_2）看来比其他材料较好地加速砂浆强度的发展；业已知道甲酸钙能加速 C_3S 水化，因而加速强度增加。

含副产品石膏水泥的凝结及强度特征　　**表 6-2**

石膏种类	初凝时间 (min)	终凝时间 (min)	抗压强度 (MPa)		
			3d	7d	28d
天然石膏	155	220	19.9	30.7	45.4
磷石膏	285	345	18.2	30.9	47.2
氟石膏	175	235	16.9	29.0	45.7
甲酸石膏	225	285	21.1	32.4	48.1

2. 调凝作用

副产品石膏的用途之一是具有调凝作用，凝结时间的趋势一般是延长的（表 6-2）。Chopra 等人发现，用水洗除去某些可溶杂质能控制凝结时间。他们得到，用未洗磷石膏凝结时间为 153min，而用洗过磷石膏凝结时间减为 115min。

二、粗细骨料

骨料除常使用天然砂外，还有的使用珍珠岩、蛭石等轻质骨料及植物纤维、动物毛、石棉、木片等纤维状材料。最近几年，也有使用多孔人造轻骨料的，如陶粒和陶粒砂等。

由于石膏的黏结性弱，应力求使用比表面积大或多孔质的骨料，以增加机械黏结力。河卵石比碎石的附着面积相对较少，比密度又较大，不宜使用。

第三节　石膏混凝土配合比设计

一、石膏强度的选择

为了合理地选择建筑石膏与混合石膏的强度，以制取规定强度等级的石膏混凝土，可采用下述方法进行选择：

（1）坚实骨料的石膏混凝土可采用：

$$f_y/f_c = 3.5 \sim 1.8$$

（2）轻质骨料的石膏混凝土可采用：

$$f_y/f_c = 6.0 \sim 2.7$$

式中 f_y——石膏强度（MPa）；

f_c——石膏混凝土强度（MPa）。

如果石膏活性与石膏混凝土的强度比值超过上述范围，那么，为保证混凝土混合料具有必要的工作度，最好掺用磨细的掺料，使建筑石膏成为具有所要求活性的混合石膏。

二、用石料作骨料时配合比的确定

（1）决定混凝土强度的公式：

$$f_c = K \cdot f_y \left(\frac{\frac{C}{B} - 0.50}{\frac{C_1}{B_1} - 0.50} \right)$$

（2）决定水膏（石膏）比的公式：

$$\frac{B}{C} = \frac{f_y}{\alpha \cdot \frac{f_c}{K}\left(\frac{C_1}{B_1} - 0.50\right) + 0.50 f_y}$$

（3）决定 $1m^3$ 石膏混凝土中，石膏用量的公式：

$$C = \frac{B \cdot \alpha \left[\frac{f_c}{K}\left(\frac{C_1}{B_1} - 0.50\right) + 0.50 f_y \right]}{f_y}$$

式中 f_c——在 50±5℃下干燥到恒重的试件的抗压极限强度（MPa）；

f_y——石膏的活性（MPa）；

B——按表 6-3 决定的 $1m^3$ 混凝土中的用水量（kg）；

B/C——水膏比（按质量计）；

C/B——膏（石膏）水比（按质量计）；

B_1/C_1——标准稠度石膏浆之水膏比；

α——系数，在使用具有标准磨细度之石膏及重骨料时，等于 1.3；

K——系数，按表 6-4 来决定。

石膏混凝土用水量参考表 **表 6-3**

石膏种类	在 $1m^3$ 石膏混凝土中的用水量（kg）当骨料为碎石和砂子		磨 细 掺 料
	重 骨 料	轻 骨 料	
高强度石膏	250	320	450
建筑石膏	300	410	—

注：使用振动器时，用水量可降低 10%～15%；人工浇筑时，则增加 10%～20%。

系 数 K 值 **表 6-4**

立方体试块的尺寸（cm）	系 数 K	
	用重骨料时	用轻质骨料时
7.07×7.07×7.07	1.00	0.70
10×10×10	0.90	0.65
15×15×15	0.80	0.55
20×20×20	0.75	0.50

三、用锯屑作骨料时配合比的确定

1. 计算水膏比（B/C）

水膏比公式：

$$\frac{B}{C}=\frac{f_y}{\alpha\cdot\frac{f_c}{K}\left(\frac{C_1}{B_1}-0.50\right)+0.50f_y}$$

2. 计算石膏用量（C）

$1m^3$ 石膏混凝土中石膏用量可按下式求得：

$$C=\frac{1000}{\frac{1}{r_y}+\frac{h}{r_c}+\frac{B}{C}}$$

式中　C——$1m^3$ 石膏混凝土中石膏用量（kg）；

r_y——石膏的密度（g/cm^3），建筑石膏为2.6，高强度石膏为2.7；

r_c——干木材的表观密度（g/cm^3），松木为0.45；

B/C——水膏比；

n 值可由下列计算确定：

（1）按下式确定干锯屑单位体积孔隙率：

$$H=(1-r_o/r_c)\times100\%$$

式中　r_o——干锯屑在松散状态下的松堆密度，t/m^3；

H——干锯屑单位体积孔隙率（%），其他符号意义同前。

（2）当用石膏浆充满锯屑中孔隙的系数为1.45时，测定 $1m^3$ 干锯屑中石膏的用量：

$$C_0=\frac{1.45H\times1000}{\left(\frac{1}{r_y}+\frac{B}{C}\right)}$$

（3）按下式确定 n 的数值；$n=r_o/C_o$

然后再解公式求出 C_o

3. 确定锯屑用量（C_n）

确定 $1m^3$ 石膏锯屑混凝土中干锯屑的用量：$C_n=n\cdot C_o$

4. 确定用水量（B）

确定 $1m^3$ 石膏锯屑混凝土中的用水量：$B=B/C\cdot C$

在 $1m^3$ 石膏混凝土中胶凝材料的最小用量规定见表6-5。

$1m^3$ 石膏混凝土中胶凝材料（石膏或石膏+掺料）最小用量（kg）　　表6-5

石膏种类	骨料种类		
	重骨料	轻骨料	锯屑
高强度石膏	250	300	350
建筑用石膏	300	400	600

第四节　石膏混凝土的技术性能

一、施工性能

（一）未硬化前的性能

1. 施工流动性

石膏混凝土搅拌后的流动性，可根据骨料用量、水与石膏之比、骨料粒度分布等自由调节，但随着时间增长，流动性会极大降低。

2. 凝结时间的调节

(1) 对于 α 型半水石膏，如增加骨料用量时，则可使缓凝剂的延缓效果显著减弱，需使用高效缓凝剂。

(2) 对于Ⅱ型无水石膏，由于强度增长快，如增加缓凝剂强度会下降，因此要与减水剂并用。

(二) 养护条件与强度的变化

1. 常温干燥条件对混凝土强度的影响

石膏混凝土的养护条件与强度增长的关系，与水泥混凝土有显著不同。石膏在短时间内水化凝结反应即结束，因此硬化后石膏混凝土就具有了相当的强度，此后只是由于所含水分蒸发而使强度继续增长，但不是随着水分的蒸发徐徐进行，而是在接近干燥状态时强度急剧地增长。

2. 水中养护对混凝土强度的影响

若进行水中养护，强度不增长。若较长时期地浸水，由于硬化的石膏是水溶性的，结构组织要发生分化，强度会逐渐下降。

3. 高温养护对混凝土强度的影响

除水分作用外，长期处于高温环境下强度也会下降。当温度大于 40℃时即可能出现问题。

此外，降低搅拌温度也能提高石膏混凝土强度。

二、物理力学性能

(一) 力学强度

石膏混凝土的抗压强度，与普通水泥混凝土一样，也取决于水与石膏的比例关系。如适当选择水膏比和骨料，在干燥状态下可以获得 40.0MPa 以下的抗压强度。石膏混凝土的抗压强度与堆密度关系如图 6-1 所示。

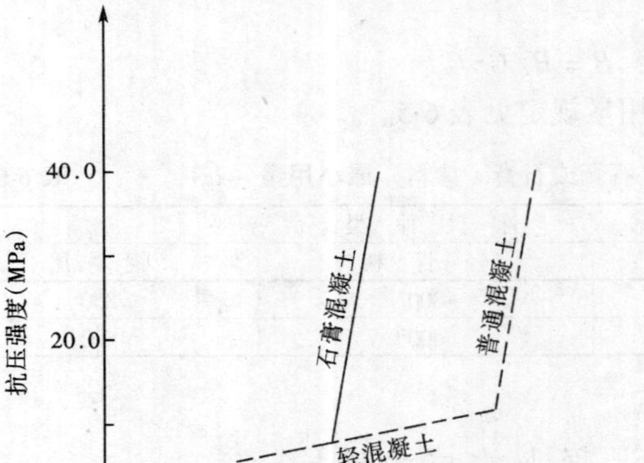

图 6-1 抗压强度与堆积密度的关系

从图 6-1 中可以看出，石膏混凝土比水泥混凝土更为有利，但在允许应力上，如有水分作用则必须以降低到接近一半的抗压强度值作为基准设计强度，故通常取普通混凝土抗压强度的 1/3 ~ 1/4为限值。

抗拉强度和抗剪强度与抗压强度的比值与普通混凝土大致相同，为 1/10 ~ 1/20 左右，但粘结强度很低，主要根据摩擦阻力和机械粘结力来规定允许粘结强度。

(二) 弹性模量

经试验，石膏混凝土的弹性模量即

是使用弹性模量较大的人造轻骨料也是较低的。与普通混凝土相比，在同一抗压强度下仅是普通混凝土的1/2～1/3，若接触水则还要降低。

（三）粘结力

由于石膏表面很滑，粘结力弱，因此石膏混凝土的粘结力也很小，用钢筋或金属网增强时，使用异形钢筋或加大表面积比例的细孔网，在节点处连接或焊接。关于金属材料的防蚀，可在石膏混凝土中掺入第三种物质，但一般则以在增强材料上镀抗蚀层来解决。

（四）堆积密度和强度

石膏混凝土的抗压强度和堆密度，与水泥混凝土一样，也取决于水和石膏的比例关系。如适当选择水膏比和骨料，在干燥状态就可自由调节40MPa以下的强度，比水泥混凝土更有利，但在允许应力度上，如作用水分，则必须以降低到接近一半的抗压强度作为基准，故以普通混凝土的1/3～1/4为限度。抗拉强度和抗剪强度对抗压强度的比与普通混凝土大致相同，为1/10左右，但黏结强度很低，主要根据摩擦阻力和机械粘结力来规定允许粘结强度。

第五节　石膏混凝土的施工要点

一、施工和易性

石膏混凝土搅拌后的流动性，可根据骨料用量、水膏比、骨料黏度分布等自由调节，但随着时间增长流动性会极大降低。对于α型半水石膏（$\alpha—CaSO_4 \cdot \frac{1}{2}H_2O$），如增加骨料量则可使缓凝剂的延缓效果显著减弱。需使用高效缓凝剂。而对于Ⅱ型无水石膏，由于强度增长快，如增加缓凝剂强度会下降，因此要和减水剂并用。

二、养护工艺

石膏混凝土的养护条件和强度增长的关系与水泥混凝土显著不同。石膏在短时间内水化凝结反应就结束，因此在硬化后石膏混凝土就具有了相当的强度，此后只是由于所含水分干燥而使强度继续增长，最终强度可达硬化后强度的2倍。因此如施以强制干燥，强度增长更快，但因干燥而使强度的增长，不是随着水分的蒸发徐徐地进行，而是在接近干燥状态时急剧地产生。若长期浸水，由于硬化的石膏是水溶性的，结构组织要发生分化，强度会逐渐下降。除水分的作用外，长期处于高温环境下强度也会下降。当温度大于40℃时就可能出现问题。此外，降低搅拌温度也能提高强度。

第六节　石膏混凝土的用途

石膏混凝土在欧美地区已广泛使用于建筑物需要特殊要求和性能的地方，参见表6-6。一般都在干燥状态下使用，需要防潮，可对石膏进行改性，如掺少量水泥、粉煤灰等。完全作防水处理的石膏混凝土技术较复杂。除负担自身质量以外的长期荷载的使用实例基本没有。即便是具有最大结构承载力的使用实例，如美国的石膏混凝土屋面板，也不过是在短期受风荷载而长期只支承自身质量。这除考虑到吸水后的强度下降之外，石膏混凝土较大的徐变也是其原因之一。

石膏混凝土的应用 **表 6-6**

<table>
<tr><th rowspan="2">国 别</th><th rowspan="2">用 途</th><th rowspan="2">种 类</th><th colspan="3">尺 寸 (cm)</th><th rowspan="2">特 征</th></tr>
<tr><th>厚 度</th><th>宽 度</th><th>长 度</th></tr>
<tr><td>德国</td><td>隔墙</td><td>板砌块</td><td>5 ~ 10
6 ~ 12</td><td>30 ~ 60
67</td><td>一层高
50</td><td>以高层建筑为对象的轻质化插入式的接合部</td></tr>
<tr><td rowspan="2">美 国</td><td>隔墙</td><td>砌块</td><td>5 ~ 15</td><td>30</td><td>75</td><td>由于空心而轻质化</td></tr>
<tr><td>屋面板</td><td>板现浇</td><td>5
5 ~ 19</td><td>38
—</td><td>300
—</td><td>钢绞和钢丝网增强、钢丝增强</td></tr>
<tr><td>俄罗斯</td><td>隔墙</td><td>砌块板</td><td>19 ~ 25
8 ~ 12</td><td rowspan="2">20
一层高</td><td rowspan="2">50 ~ 70
房间全长</td><td rowspan="2">由于空心而轻质化、整间尺寸</td></tr>
<tr><td>澳大利亚</td><td>墙</td><td>板</td><td>6.4</td></tr>
</table>

虽然石膏混凝土具有上述缺点，但由于它具有施工周期短、早强、比强度高、优良的耐火性，较好的隔声和隔热、卫生美观以及可自动调温调湿等一系列优点，仍不失为一种较好的新型建筑工程材料。

第七章　菱苦土混凝土

（maghisite concrete）

第一节　概　　述

菱苦土又称索勒尔胶结料（Sarel cement），即氢氧化镁胶结料（Oxyc hloride magnesium binder），是一种气硬性的高强镁质胶凝材料。由苛性菱苦土粉（将菱镁矿或苛性白云石经600～800℃煅烧，使碳酸镁分解为氧化镁再经磨细而成）加浓氯化镁溶液调合而得。调合液还可以用硫酸镁、硫酸亚铁、盐酸、氯化亚铁和硝酸镁等溶液。硬化产物主要是氢氧化镁、氧氯化镁（$3MgO \cdot 2MgCl_2 \cdot 11H_2O$）或氧硫酸镁（$xMgO \cdot yMgSO_4 \cdot zH_2O$）等，可用于生产抹灰砂浆、混凝土、锯末板、刨花板、隔声板、隔热板以及人造大理石等，特别用以胶结有机材料。

一、定义

菱苦土混凝土（Magnisite concrete）是以菱苦土为胶结材，掺入适量水硬性混合材料（如红砖粉、粉煤灰等）、砂、石与氯化镁溶液拌和、成型、自然养护而成。

二、技术分级

根据《建筑材料用菱苦土》（JC/T490—1991）规定，按化学成分和细度不同，苛性菱苦土可分为三级，其分级标准见表7-1。

苛性菱苦土技术分级　　　　**表7-1**

技术等级	一　级	二　级	三　级
化学成分 （按氧化镁MgO含量计）（%）	—	>83	>75
细度	—	900孔/cm² 筛筛余量≤5% 4900孔/cm² 筛筛余量≤25%	不作规定 但菱苦土颗粒粒径必须≤10mm

三、应用范围

菱苦土混凝土强度较高，但耐水性较差，不宜在潮湿环境中使用；与其接触的铁件易锈蚀，应作防锈处理。在菱苦土混凝土中，根据计算配置竹筋或苇筋以承受拉力，可作成檩条、屋架、空心条板等构件，以代替钢筋混凝土制品，用于次要建筑。

第二节　镁质胶凝材料

一、原料及煅烧

（一）镁质胶凝材料的原料

镁质胶凝材料一般是指苛性菱苦土（主要成分是MgO）和苛性白云石（主要成分是MgO和$CaCO_3$）。苛性菱苦土的主要原料是天然菱镁矿，苛性白云石的主要原料是天然白云石。

1. 天然菱镁矿（$MgCO_3$）

菱镁矿的主要矿物组成是 $MgCO_3$，并常含有一些氧化硅、黏土、碳酸钙等杂质。菱镁矿分晶质与非晶质。前者晶形结构清楚，具有玻璃光泽，因含杂质不同有不同的颜色，一般呈白色或淡黄色的粉末。后者呈瓷土状，一般为白色。它们的密度为 2.9 ~ 3.3g/cm^3。我国菱镁矿蕴藏量丰富，辽宁、青海（格尔木）、吉林、山东、陕西、四川、湖北、内蒙古等地均有。

菱镁矿的化学成分见表 7-2。

菱镁矿的化学成分（%） **表 7-2**

化学成分	SiO_2	Al_2O_3	Fe_2O_3	CaO	MgO	烧失量
辽宁	0.67	0.19	1.01	0.12	46.78	51.39
山东	3.63	0.36	0.60	0.89	46.72	49.20

2. 天然白云石（$MgCO_3 \cdot CaCO_3$）

白云石的主要矿物组成是碳酸镁与碳酸钙的复盐，即 $MgCO_3 \cdot CaCO_3$，改写为 $CaMg(CO_3)_2$，白云石同时也含有一些铁、硅、铝、锰等氧化物杂质，其颜色随所含杂质而异。密度为 2.85 ~ 2.95g/cm^3。白云石的组成在理论上应为 $CaCO_3:MgCO_3 = 1:1$，即 CaO 占 30.41%；MgO 占 21.87%；CO_2 占 47.72%。但是天然的白云石矿中常常在白云石与石灰石之间尚存在某些过渡组成，一般只有当 $MgCO_3$ 含量大于 25%时才称为白云石。天然白云石也呈晶质与非晶质两种类型，在结构上又可分为颗粒的、密致的、板状的、鳞状的等数种。在我国，白云石矿较之菱镁矿储量更大，分布面也更广，是发展镁质胶凝材料的重要资源。

制造镁质胶凝材料的原料除上述两种主要矿物外还有蛇纹石，其化学成分为含水硅酸镁 $3MgO \cdot 2SiO_2 \cdot 2H_2O$，也可利用冶炼轻质镁合金的熔渣或以海水为原料提制苛性菱苦土。

（二）镁质胶凝材料的煅烧

镁质胶凝材料一般是将菱镁矿或天然白云石经煅烧再磨细而成。其细度为 4900 孔/cm^2筛的筛余量不大于 25%。

1. 苛性菱苦土

苛性菱苦土是一种白色或浅黄色粉末，其主要成分是氧化镁（MgO），它的主要原料是天然菱镁矿（$MgCO_3$）。

碳酸镁一般在 400℃开始分解，到 600 ~ 650℃时分解反应剧烈进行。实际上生产镁质胶凝材料时，菱镁矿的煅烧温度还要高些，约为 800 ~ 850℃，分解 $MgCO_3$ 时放出的热量为 344kcal/kg。其反应为：

$$MgCO_3 = MgO + CO_2 \uparrow$$

煅烧时，在保证 $MgCO_3$ 充分分解的条件下应尽可能用较低的温度，因为过高的温度会使氧化镁（MgO）烧结成结晶的方镁石，所得的产品具有较低的活性（即烧僵），不适宜用作胶凝材料。

2. 苛性白云石

在生产苛性白云石（亦称轻烧白云石）时，应使白云石矿中的 $MgCO_3$ 充分分解而又

避免其中的 $CaCO_3$ 分解。所以一般煅烧温度以控制在 650 ~ 750℃为宜。这时所得的镁质胶凝材料主要是活性 MgO 和惰性的 $CaCO_3$。

在这种温度条件下制得的活性 MgO，即俗称轻烧粉。生产苛性白云石在上述温度范围内，白云石的分解按下列两步进行，首先是复盐的分解，紧接着是碳酸镁的分解：

$$CaCO_3 \cdot MgCO_3 = MgCO_3 + CaCO_3$$

$$MgCO_3 = MgO + CO_2$$

在生产苛性白云石作为镁质胶凝材料时，要避免煅烧温度过高，因为过高的煅烧温度会生成 CaO 而对镁质胶凝材料的性能产生不良影响。试验研究工作指出；只要控制好白云石的煅烧温度和 CO_2 的分压力，上述目的是完全可以实现的。

图 7-1 表示在 CO_2 为一个大气压时，白云石煅烧过程中的失重曲线 1 和温度曲线 2。从这个资料可以看出，如果 CO_2 气体保持一个大气压，温度控制在 540 ~ 900℃范围里，就不会有 CaO 产生。如果 CO_2 气体的压力低于一个大气压，温度要向低的方面转移，如果这时再保持 900℃的温度，白云石就可能发生 $CaCO_3$ 分解并生成 CaO，这一点在生产中也是要注意的。

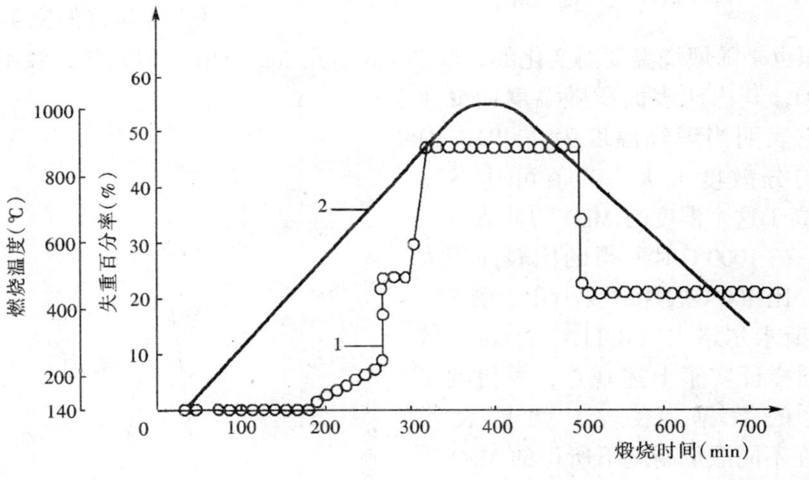

图 7-1　白云石加热过程

1—失重曲线；2—升温曲线

（三）MgO 的活性与煅烧温度的关系

MgO 的结构及水化反应活性与煅烧温度有很大的关系。我们知道，致密的天然方镁石的水化反应活性是很小的，只有将其磨至相当细时，才能在室温下开始与水缓慢作用。但是在 450 ~ 700℃条件下煅烧并经磨细到一定细度的 MgO，在常温下，数分钟内就完全水化。又如在 1000℃条件下煅烧的白云石，在常温下为了水化其中 95% 的 MgO，所需的时间为 1800h。

为什么 MgO 的水化反应与煅烧温度的关系如此密切呢？这是因为 $MgCO_3$ 加热分解逸出 CO_2 后形成的 MgO 或者 Mg $(OH)_2$ 加热失水后形成的 MgO，当煅烧温度低时，其晶格较大，并且在晶粒间存在着较大的空隙和相应的巨大的内比表面积。这时它们与水的反应面积大，反应速度快。如果提高煅烧温度或者延长煅烧时间，则晶格的尺寸减小，结晶粒子

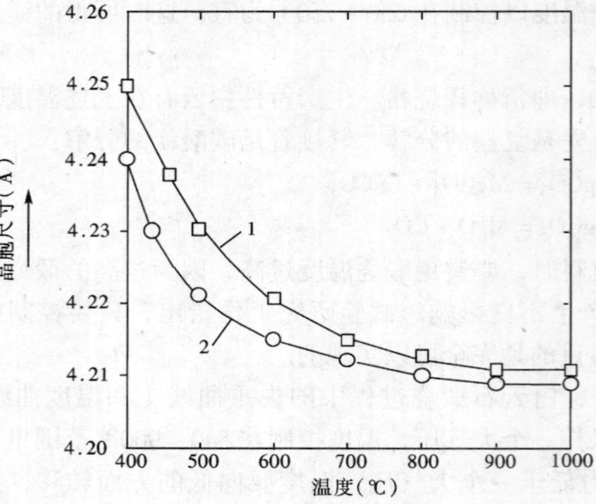

图 7-2　MgO 的晶格常数与煅烧温度的关系

1—$MgCO_3$；2—Mg（OH）$_2$

之间也逐渐密实，所以大大延缓了它的水化反应。

格拉森曾经列举了 Mg（OH）$_2$ 与 $MgCO_3$ 经不同煅烧温度制成的 MgO，其晶格常数随煅烧温度变化的情况，如图 7-2 所示。

图中曲线 1 表示用 $MgCO_3$ 经不同温度煅烧制取的 MgO 晶格常数的变化，而曲线 2 是表示采用 Mg（OH）$_2$经不同煅烧温度制取的 MgO 晶格常数的变化。我们知道方镁石的晶格常数 $a = 4.204$Å，而在 400℃煅烧所得的 MgO 晶格常数增大为 4.24～4.25Å。

氧化镁晶粒的空隙及其相应的内比表面积也是随煅烧温度而变化的，图 7-3 表示用 Mg（OH）$_2$ 为原料，经不同煅烧温度制取的 MgO，其内比表面积随温度而变化的情况。它表明当煅烧温度为 400℃左右时，MgO 的分散度最大，其值可达 $S = 180m^2/g$，高于这个温度时 MgO 的分散度又随之下降。在 1000℃时所得的比表面积大于 $10m^2/g$，比 400℃煅烧的要小几十倍。

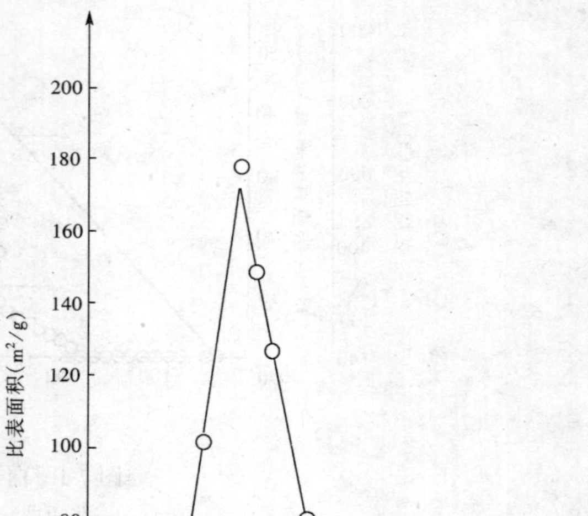

图 7-3　不同温度煅烧 Mg（OH）$_2$ 所得 MgO 的分散度

В.И. 斯米尔诺夫（В.И.Смирнов）等人的研究同样证实了上述观点，并得到了非常相近的数据。表 7-3 就是表示 Mg（OH）$_2$在不同煅烧制度下所得的 MgO 的分散度。它同样表明，随着煅烧温度的提高，MgO 的内比表面积显著减少，当温度大于 1000℃时，重结晶的速度加快，分散度急剧降低。

二、氧化镁-水体系

用水调拌苛性菱苦土（MgO）时，将生成 Mg（OH）$_2$，其按下式进行化学反应：

$$MgO + H_2O = Mg(OH)_2$$

生成的 Mg（OH）$_2$ 浆体凝结很慢，晶体体积膨胀，晶格呈针状结构，故硬化后强度很低。

前面已经指出，氧化镁的水化反应速度与其煅烧温度有关。表 7-4 表示用 $MgCO_3$

经不同煅烧温度制取的 MgO 的水化速度（以水化程度的百分率表示）。

MgO 比表面积与 $Mg(OH)_2$ 煅烧制度的关系　　**表 7-3**

编号	煅烧温度（℃）	煅烧时间（h）	比表面积（m^2/g）	编号	煅烧温度（℃）	煅烧时间（h）	比表面积（m^2/g）
1	450	5	125	3	1000	2	15
2	680	4	32	4	1300	3	3

MgO 水化速度与煅烧温度的关系　　**表 7-4**

水化时间（d）	煅烧温度（℃）		
	800	1200	1400
1	75.4	6.49	4.72
3	100.0	23.40	9.27
30	—	94.76	32.80
360	—	97.60	—

上述试验证明，当煅烧温度提高时，水化速度显著减小。

斯米尔诺夫等人曾研究过氧化镁浆体的水化过程和结构强度的发展过程，所采用的 MgO 具有不同的分散度（比表面积分别为 $125m^2/g$、$32m^2/g$、$15m^2/g$、$3m^2/g$）。浆体的组成是：10%MgO + 90%砂，其中除分散度为 $3m^2/g$ 的 MgO 的水固比采用 0.27 外，其他的水固比均为 0.32。

图 7-4 表示不同内比表面积的 MgO 浆体的水化速度。MgO 的比表面积愈大，其水化速度愈快。

但是，与之平行所做的试验表明，内比表面积愈大的 MgO 浆体，其最终的结构强度愈小，如图 7-5 所示。

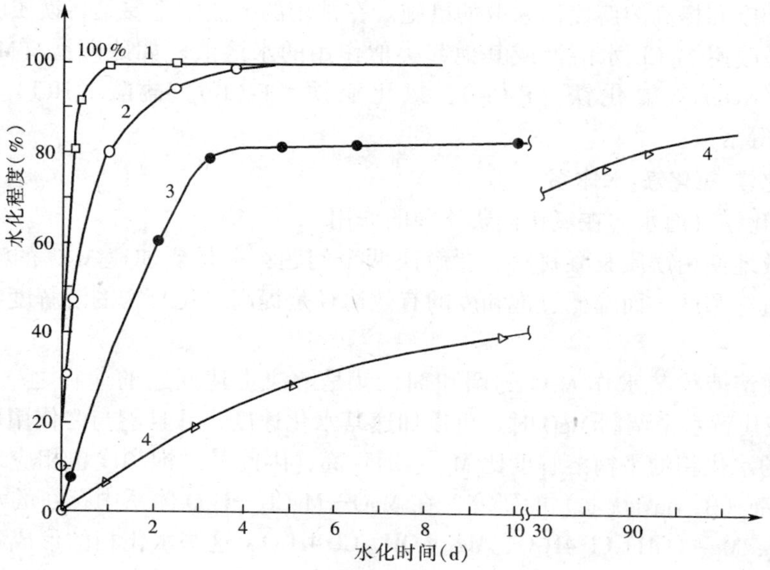

图 7-4　不同分散度的 MgO 的水化速度

1—$125m^2/g$；2—$32m^2/g$；3—$15m^2/g$；4—$3m^2/g$

综合上述试验资料可见，虽然内比表面积大的 MgO，其水化速度快，强度的发展也较

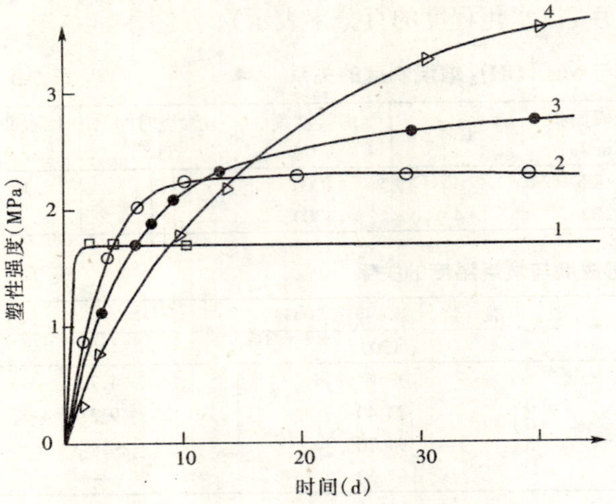

图 7-5　不同分散度的 MgO 浆体的塑性强度的变化

1—$125m^2/g$；2—$32m^2/g$；3—$15m^2/g$；4—$3m^2/g$

快，但是其结构强度的最终值很低。产生这种情况的原因显然与 MgO 溶液的过饱和度特别高有关。试验证明，经一般煅烧温度（600～800℃）所得的 MgO，在常温下水化时，其最大浓度为 0.8～1.0g/L。而其水化产物 $Mg(OH)_2$ 在常温下的平衡溶解度为 0.01g/L 左右，所以其相对过饱和度为 80%～100%。这个数值与别的胶凝材料相比是相当大的，因为过大的过饱和度会产生大的结晶应力，使形成的结晶结构网受到破坏。

这里就产生两个问题：一是由于 MgO 的溶解度本来就比较小，如果提高锻烧温度，降低其比表面积，则其溶解速度和溶解度更低，其水化过程就很慢。虽然经过很长时间的硬化，浆体可以得到较高的强度，但是很长的硬化周期对生产是很不合算的。二是如果提高 MgO 的内比表面积，虽然可以相应地增大 MgO 的溶解速度和溶解度，加快水化过程，但是其过饱和度太大，会产生很大的结晶应力，并导致结构的破坏，使强度显著降低。这两个问题都是 MgO 应用上的障碍。我们能否得到凝结时间较短而强度又高的镁质胶凝材料呢？通过生产和科学研究的实践，人们找到了一些途径，这些大多是围绕降低过饱和度和提高溶解度而采取的措施。在常用的办法中主要是将镁质胶凝材料不是用水拌和而是改用 $MgCl_2$ 水溶液或其他起类似作用的水溶液，如硫酸镁（$MgSO_4 \cdot 7H_2O$）、硝酸镁（$Mg(NO_3)_2$）、氯化铁（$FeCl_3$）、氯化亚铁（$FeCl_2$）、盐酸（HCl）或硫酸亚铁（$FeSO_4 \cdot H_2O$）等溶液。

三、氧化镁-氯化镁-水体系

（一）氯化镁（卤水）在氧化镁浆体中的作用

为了有效地使用镁质胶凝材料，要解决两个问题：一是要加速 MgO 的溶解：二是要降低体系的过饱和度，而降低过饱和度的有效途径是提高水化产物的溶解度或者迅速形成复盐。

用氯化镁溶液代替水作 MgO 的调和剂，就是解决上述问题的途径之一。试验证明，以 $MgCl_2$ 溶液代替水来调制 MgO 时，可以加速其水化速度，并且能与之作用形成新的水化相。这种新的水化相的平衡溶解度比 $Mg(OH)_2$ 高，因此其过饱和度也相应地降低。根据 B. 马特柯维奇（B. Матковиц）的研究，在 $MgO—MgCl_2—H_2O$ 体系中存在的水化相，主要是 $Mg(OH)_2$、$Mg_3(OH)_5Cl \cdot 4H_2O$、$Mg_2(OH)_3Cl \cdot 4H_2O$。这些水化相的形成和转变根据该体系中 $MgO/MgCl_2$ 分子比的不同而变化。表 7-5 中列有 $MgO—MgCl_2—H_2O$ 体系中的水化相。它表示当 $H_2O/MgO = 2$ 时，水化相随 $MgO/MgCl_2$ 分子比的变化而变化的情况。水化相用热分析和 x 光衍射鉴定。表中符号 +、+ +、+ + + 分别表示水化相的数量较少、中等和较多。从表 7-5 可看出，当 $MgO/MgCl_2 < 4$ 时，开始形成的水化物主要是 $Mg_3(OH)_5Cl \cdot 4H_2O$，

同时存在少量剩余的 $MgCl_2$，但是随着水化时间的延长，$Mg_3(OH)_5Cl \cdot 4H_2O$ 转变为 $Mg_2(OH)_3Cl \cdot 4H_2O$。这种转变的速度随着 $MgO/MgCl_2$ 比值的降低而提高。

$MgO—MgCl_2—H_2O$ 体系中的水化相　　**表 7-5**

$MgO/MgCl_2$（分子比）	时间（d）	水化相				
		MgO	$Mg(OH)_2$	$Mg_3(OH)_5Cl \cdot 4H_2O$	$Mg_2(OH)_2Cl \cdot 4H_2O$	$MgCl_2 \cdot Mg(OH)_2 \cdot 2MgCO_3$
3	1/12	+ +		+ + +		
	1	微量		+ + +		
	5			+ +	+	微量
	8			+	+ +	微量
	15				+ + +	微量
4	1/8	+		+		
	1	+		+ +		
	4			|||		
	66			+ + +		微量
	637			+ + +		+ +
5	1/6	+	+	+ +		
	1		微量	+ + +		
	7			+ + +		
	665		+	+ + +		+ +
6	427		+	+ + +	微量	+ +
	675		+ + +	+ + +	微量	+ +
7	1		+ + +			
	9		+ +		微量	
	22		+ +		+	
	62		+ +	+ +	+	微量
	665		+ +	+ +	+	+
8	1					
	29				+ +	
	69		||	|	|	
	75	+ +	+ +	+ +	+	+
	428		+ + +	微量	微量	+ +
	676		+ + +			+ + +
$\frac{Mg(OH)_2}{MgCl_2}=5$	10		+ + +			
	401		+	微量	+ + +	+
	645		+	微量	+ + +	+ +

当 $4 < MgO/MgCl_2 < 6$ 时，形成的水化物 $Mg_3(OH)_5Cl \cdot 4H_2O$ 是稳定的。

当 $MgO/MgCl_2 > 6$ 时，在常温下形成 $Mg(OH)_2$ 与 $Mg_3(OH)_5Cl \cdot 4H_2O$，在这种情况下，$Mg_3(OH)_5Cl \cdot 4H_2O$ 是不稳定的，并且转变为 $Mg_2(OH)_3Cl \cdot 4H_2O$。

当体系中 $Mg(OH)_2/MgCl_2 = 5$ 时也可以得到水化相 $Mg_2(OH)_3Cl \cdot 4H_2O$。

另外，在 $MgO—MgCl_2—H_2O$ 体系中，不论何种 $MgO/MgCl_2$ 分子比，其水化相都能与气体 CO_2 作用，生成 $MgCl_2 \cdot 2MgCO_3 \cdot Mg(OH)_2 \cdot 6H_2O$，其数量随时间增加而增加，也就是说，这些水化相的碳化稳定性不怎么好。但是试验证明，对于 $6 > MgO/MgCl_2 > 4$ 的硬化体来说，$Mg_3(OH)_5Cl \cdot 4H_2O$ 是相对稳定的，这个相在 CO_2 气体的作用下转化为 $MgCl_2 \cdot 2MgCO_3 \cdot Mg(OH)_2 \cdot 6H_2O$ 的过程是缓慢的，而且主要在表面进行。因此碳化作用对强度的影响不太大。

通过以上对 $MgO—MgCl_2—H_2O$ 体系的水化相及其转变的讨论，可以获得一个对生产实践具有十分重要意义的概念，就是要合理控制 $MgO/MgCl_2$ 分子比，使之在 4～6 之比例范围内，只有这时才能获得比较稳定的水化相，如果小于或大于这个比例范围都会随着硬化的进行发生相的转变。这种转变将导致结构网的局部破坏和强度降低。

（二）镁质胶凝材料硬化体的强度与抗水性

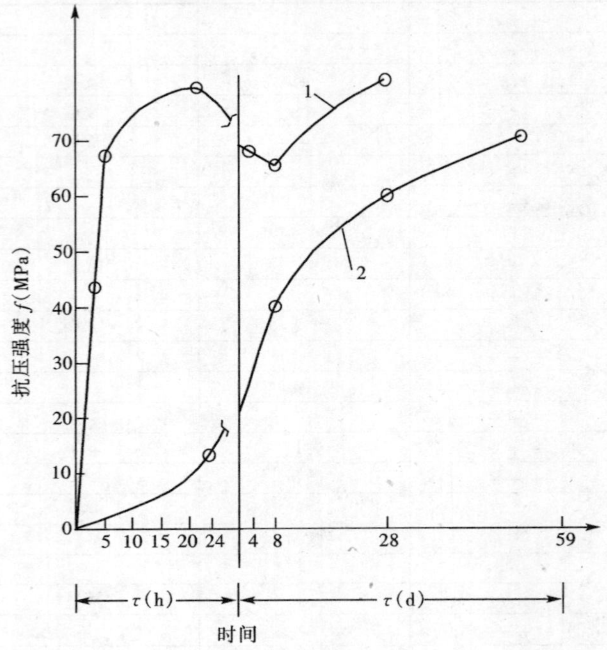

图 7-6 氯镁水泥（1）与硅酸盐水泥（2）强度发展的对比

用氯化镁溶液调制的镁质胶凝材料硬化体的结构与其他胶凝材料硬化体的结构有许多共同的特点。即它们都是多相多孔结构，它们的结构特性决定于水化物的类型和数量、水化物之间的相互作用以及孔隙率的大小和孔径分布规律。氯镁水泥和水化相之间的互相作用，如果控制得好，可以形成具有很高强度的结晶结构网。但是，由于其水化物，特别是它们之间的结晶接触点，具有高的溶解度，所以在潮湿条件下其强度很快降低。在这个意义上说它是不耐水的。但是，用 $MgCl_2$ 溶液调制的镁质胶凝材料在干燥条件下具有硬化快，强度高的特点。

图 7-6 表示在干燥条件下硬化，用苛性菱苦土配制的氯镁水泥与硅酸盐水泥强度发展的对比。曲线 1 表示氯镁水泥强度发展的过程，所用氯镁水泥砂浆的组成是 MgO 与 $MgCl_2$ 的分子比为 5.68，砂子与 MgO 的质量比为 2.75，加入的水与 MgO 的质量比为 1.3。曲线 2 代表硅酸盐水泥砂浆强度发展的曲线，其组成是：砂与水泥比为 2.75，水灰比为 0.50。从图 7-6 中可以看出，在干燥条件下硬化的氯镁水泥砂浆比硅酸盐水泥砂浆的强度发展快，强度值也较高。

但是图 7-6 中的曲线 1 在 24h 时出现了一次强度的下降，这主要是由于内应力引起的。由于氯镁水泥的过饱和持续时间长，所以在以后的时期里结晶结构仍然能够恢复和发展，而其强度也能得到相应的恢复和发展。

用苛性白云石（其组成主要是 MgO 与 $CaCO_3$ 的混合物）也可以配制出优质的镁质胶凝材料。在这里主要是利用其中的活性 MgO，而把 $CaCO_3$ 当成是惰性掺料。它所遵循的原则与苛性菱苦土是一样的。控制 $MgO/MgCl_2$ 与 H_2O/MgO 的比值也是最重要的原则之一，如果控制不当，在硬化体中会发生相的转变，势必会使结构遭到破坏而降低强度。图 7-7 表示用苛性白云石配制的镁质胶凝材料强度发展的情况。$H_2O/MgO = 3.5$，而 $MgO/MgCl_2$ 有所不同。曲线 1 是 $MgO/MgCl_2 = 5.4$；曲线 2 为 5.9；曲线 3 为 6.38；曲线 4 为 6.85。图 7-7 表明当 $MgO/MgCl_2$ 大于 6 时强度有所降低，而且这个比值愈大强度降低愈多。其原因如前所述，因为在这种情况下生成的 $Mg_2(OH)_3Cl\cdot 4H_2O$ 是不稳定的，它要转变为 $Mg_3(OH)_5Cl\cdot 4H_2O$，这种相的转变要引起结构强度降低。

镁质胶凝材料的抗水性差是人所共知的，其原因主要是氯盐的吸湿性大，结晶接触点的溶解度高，所以在潮湿条件下要引起硬化结构网的破坏。

四、氧化镁-氧化硅-水体系

前面讨论了 $MgO-H_2O$ 和 $MgO-MgCl_2-H_2O$ 体系。从中可以看出，无论是用水或者用 $MgCl_2$ 水溶液调制的镁质胶凝材料，都有其自身的缺点，其中最重要的是其抗水性差，特别是与 $CaO-SiO_2-H_2O$ 体系形成的硅酸钙胶凝材料相比，尤其如此。

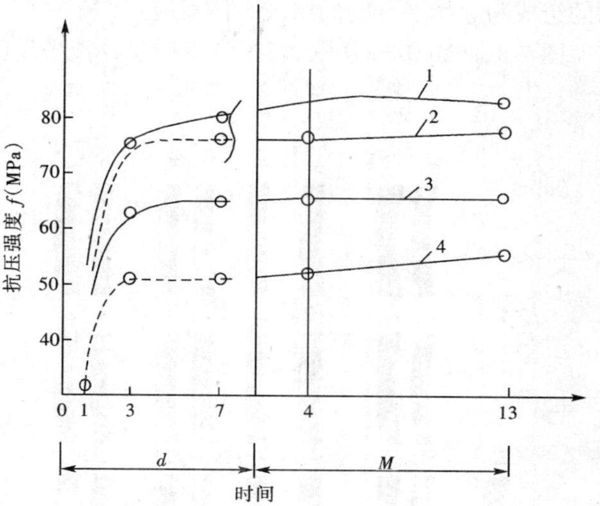

图 7-7　苛性白云石配制的氯镁水泥的强度发展

1—$MgO/MgCl_2=5.4$；2—$MgO/MgCl_2=5.9$；

3—$MgO/MgCl_2=6.38$；4—$MgO/MgCl_2=6.85$

因此，人们注意研究蒸压条件下 $MgO-SiO_2-H_2O$ 体系作为胶凝材料的一些问题。人们很早就发现，在常温下氢氧化镁也能与二氧化硅作用，尤其是在蒸压条件下，MgO 与二氧化硅的亲和力比 CaO 与二氧化硅的亲和力更大。G.L. 卡洛塞克（G.L. Kalousek）等人曾对氧化镁与二氧化硅在 75～350℃时的水热作用进行了研究，他们研究了 MgO/SiO_2 分子比为 0.5～2 的氧化镁和无水硅酸的悬浮液。试验表明在 75～100℃时的 $MgO/SiO_2=0.75$ 的试件中，氧化镁在 4h 内完全结合，而在 125～150℃时则不到 2h 就完全结合，在该温度范围内，MgO/SiO_2 的比值愈大，则氧化镁完全结合所需的时间愈长。例如，在 125～

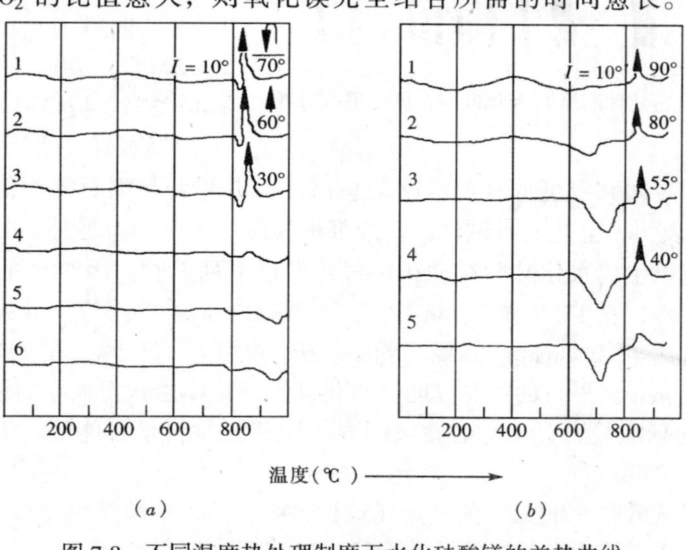

图 7-8　不同温度热处理制度下水化硅酸镁的差热曲线

150℃时，当 $MgO/SiO_2=1.5$ 的试件中 MgO 完全结合所需的时间为 10～14h，而 $MgO/SiO_2=0.75$ 时，则只需 2h。

在所有这些试件中，首先形成的水化相其组成开始均为 $MgO/SiO_2=1.5$，在继续处理时，水化相的碱度（即 MgO/SiO_2 的比值）逐渐降低，当处理时间足够长时，其最终水化物的组成与原始混合物的组成大体相应。

图 7-8 是 $MgO/SiO_2=0.75$ 和 1.5 的悬浮液中反应物的差热分析曲线。

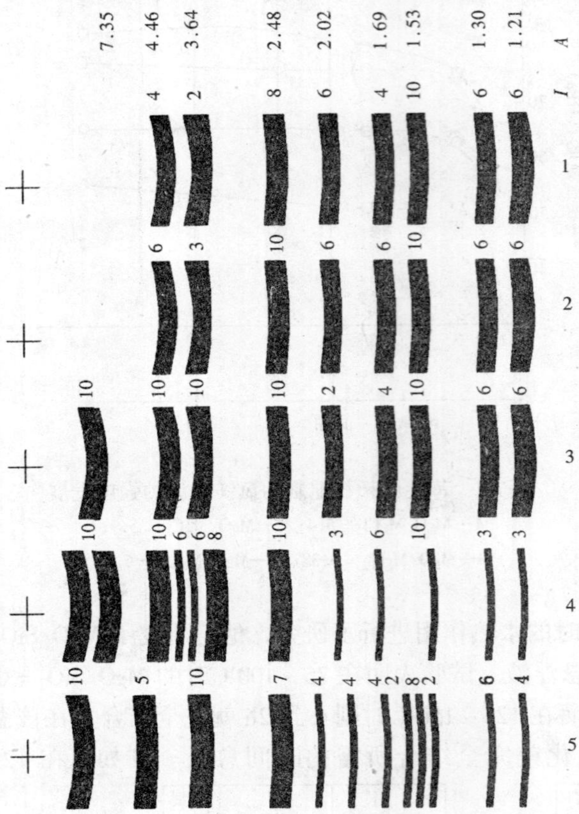

图 7-9　不同湿热处理制度时水化硅酸镁的 x 射线分析

$MgO/SiO_2=0.75$ 相应于滑石（$3MgO\cdot4SiO_2\cdot H_2O$）的化学计量，而 $MgO/SiO_2=1.5$ 相应于温石棉（$1.5MgO\cdot4SiO_2\cdot H_2O$）的化学计量。图 7-8（*a*）为 $MgO/SiO_2=0.75$ 的试件经不同制度水热处理后的差热曲线，其中曲线 1—150℃，2h；曲线 2—150℃，16h；曲线 3—200℃，44h；曲线 4—150℃，3d；曲线 5—300℃，5d；曲线 6—350℃，7d。从所示差热曲线可以看出，增加水热处理时间和温度时，放热效应减小，并使吸热效应向更高的温度方向移动，对于 350℃处理的试件，仅在 900℃左右才出现吸热效应，这正是结晶滑石的特征峰。

由图 7-8（*b*）可见，$MgO/SiO_2=1.5$ 经不同制度水热处理试件的差热曲线，每一试件相应的处理温度和时间为：曲线 1—150℃，16h；曲线 2—200℃，24h；曲线 3—280℃，24h；曲线 4—300℃，4d，曲线 5 为天然温石棉。从所示差热曲线可见，增加水热处理的时间和温度同样使放热效应减小，并得到与温石棉相似的吸热效应。同时，x 射线分析表明，上述所有试件的谱线都很相似（图 7-9）。另外，二氧化硅与碳酸镁相互作用时也可以生成水化硅酸镁。布特曾经做过下列试验，用 50% 的磨细砂与 50% 白云石粉压制成试件，在 175℃蒸压 8h，可以获得 3.0N/mm^2 的强度，而在 200℃时经 8h 处理后，其强度可达 10.0N/mm^2。如果用菱镁矿粉代替白云石粉时，在 204℃经 8h 处理可得到强度为 20.0N/mm^2。平行的试验表明，水化硅酸镁是使之获得强度的载体，用不经煅烧的、含 $MgCO_3$ 的碳酸盐岩石和磨细砂来制取蒸压建筑材料是可能的，为经济合理地使用地方资源开辟了新的途径。

此外，在以硅酸盐水泥为主的蒸压建筑材料中，掺入碳酸镁也能够提高其强度，这是因为水热处理时碳酸镁分解产生的 CO_2 可以与水泥水化析出 $Ca(OH)_2$ 作用生成 $CaCO_3$，这样就降低了新生成水化物的碱度，人们都知道，低碱性的水化硅酸钙要比高碱性的水化硅酸钙强度高。

第三节 菱苦土混凝土配合比和技术性能

一、菱镁胶凝材料的技术性能

（一）苛性菱苦土胶凝材料

苛性菱苦土是一种白色或浅黄色的粉末，其主要成分是氧化镁（MgO）。菱镁矿（$MgCO_3$）经煅烧所制得的适当的苛性菱苦土，其密度为3.1～3.4g/cm^3，堆积密度为800～900kg/m^3。

苛性菱苦土的密度为鉴定煅烧是否正常的重要指标，如密度小于3.1g/cm^3，说明煅烧温度过低（欠烧）；如密度大于3.4g/cm^3，则说明煅烧温度过高（过烧）。欠烧和过烧的菱苦土，其化学活性差，质量均不合格。

（二）苛性白云石胶凝材料

苛性白云石呈白色粉末，白云石（$CaCO_3 \cdot MgCO_3$）经煅烧所制得的苛性白云石（轻烧粉），其密度为2.95～3.15g/cm^3，堆积密度650～800kg/m^3。与苛性菱苦土技术性质相近，但凝结速度慢、强度较低。其用途与苛性菱苦土相同。

根据配合比为3:1（质量比）的菱镁胶凝材料与木屑混合物（用氯化镁溶液拌和）的28d抗压强度测定（按N/mm^{2}计），氯镁水泥分为三个强度等级：32.5级、42.5级及52.5级。

二、菱苦土混凝土的配合比

用水调拌菱苦土时，将生成Mg（OH）$_2$，将体凝结很慢，硬化后强度很低。可用氯化镁（$MgCl_3 \cdot 2H_2O$）、硫酸镁（$MgSO_4 \cdot 7H_2O$）、氯化铁（$FeCl_3$）或硫酸亚铁（$FeSO_4 \cdot H_2O$）等盐类的溶液来调拌。最常用的是用氯化镁溶液（卤水）拌和，MgO在$MgCl_2$水溶液中加速水化，因而加速硬化，强度最高（可达40～60MPa），但吸湿性大，抗水性差（水会溶解其中的可溶性盐类）。硬化后的主要产物为氧氯化镁（$xMgO \cdot yMgCl_2 \cdot zH_2O$，其中$x=3$，$y=1$，$z=11$）与Mg（OH）$_2$。它们从过饱和溶液中析出，形成胶体，而后又结晶成为晶体，即产生苛性菱苦土的硬化，形成强度。苛性菱苦土的硬化过程要继续进行很久。当提高温度时，硬化速度加快进行。

用氯化镁溶液（卤水$MgCl_3 \cdot 2H_2O$）拌和，所得制品的强度高，但吸湿性较大，抗水性较差，易变形和在表面上泛霜，其原因是氯盐的吸湿性大。为改善上述性质，可在使用氯化镁的同时，加入少许硫酸亚铁（$FeSO_4 \cdot H_2O$），或者改用硫酸镁（$MgSO_4 \cdot 7H_2O$）和铁矾（$FeSO_4$）等，但强度将有所下降。氯化镁溶液应用较多；而用硫酸镁溶液（$MgSO_4 \cdot 7H_2O$）拌和者强度虽低，但吸湿性较小。

菱苦土混凝土参考配合比见表7-6。

按照有关技术标准规定，苛性菱苦土用密度为1.28g/cm^{3}的氯化镁溶液（卤水），调制成标准稠度的浆体，其初凝时间不得早于20min，终凝时间不得迟于6h；在20℃温度下试验时，安定性应良好；硬化1d的抗拉强度不小于1.5N/mm^2。

因此，苛性菱苦土为凝结迅速、强度较高的胶凝材料。

菱苦土混凝土参考配合比（质量比） 表 7-6

组成材料	菱苦土	氯化镁溶液（$MgCl_2 \cdot 2H_2O$）	硫酸镁溶液（$MgSO_4 \cdot 7H_2O$）	硫酸亚铁溶液（$FeSO_4 \cdot H_2O$）	磷酸（或磷酸盐）（H_3PO_4）	木 屑	粉煤灰、滑石粉、石英砂、石棉粉、石屑
配合比	1	0.55～0.60	—	0.02	—	1.5～3.0	适量
	1	0.55～0.60	—	—	0.01	1.5～3.0	适量
	1	—	0.48～0.54	0.02	—	2.0～2.8	适量

注：1. 密度为 1.20～1.25g/cm^3 的氯化镁溶液。

2. 加入少量的水溶性树脂也可以在一定程度上提高镁质水泥的抗水性，如脲醛树脂、醛酚树脂等。

三、菱苦土混凝土的技术性能

菱苦土混凝土其 28d 抗压强度可达 30MPa 以上，但耐水性较差，不宜在潮湿环境中使用。

菱苦土混凝土的最大不足之处是它的耐水性较差，其主要原因是其中所含氯盐的吸湿较大、结晶接触点的溶解度高所致。但是，经过改性处理之后，可以显著地提高其耐水性能。

第四节 菱苦土混凝土的改性及应用

一、菱苦土混凝土的改性

为了提高菱苦土混凝土的抗水性，可以选择各种技术途径，常采用的办法是掺入某种外加剂，如加入少量的磷酸或磷酸盐，可以在一定程度上提高其抗水性。图 7-10 是苛性白云石强度发展的试验资料。曲线 1 是标准试样，其 $MgO/MgCl_2 = 5.7$，$H_2O/MgO = 3.3$；曲线 2 是在其中加入 1% 的 H_3PO_4 的试样。从图 7-10 可以看出，加入少量的 H_3PO_4 之后，在硬化开始的阶段，强度发展较慢，但到 7d 时，可达到标准样品强度，之后强度的增加超过了标准样品的强度。如果将加入 1% 的 H_3PO_4 的样品在空气中硬化 28d 后放到水中保存 1d，强度开始下降，但是浸在水中经 90d 的样品其强度可以稳定下来，并且接近标准标品的强度，如曲线 3 所示。

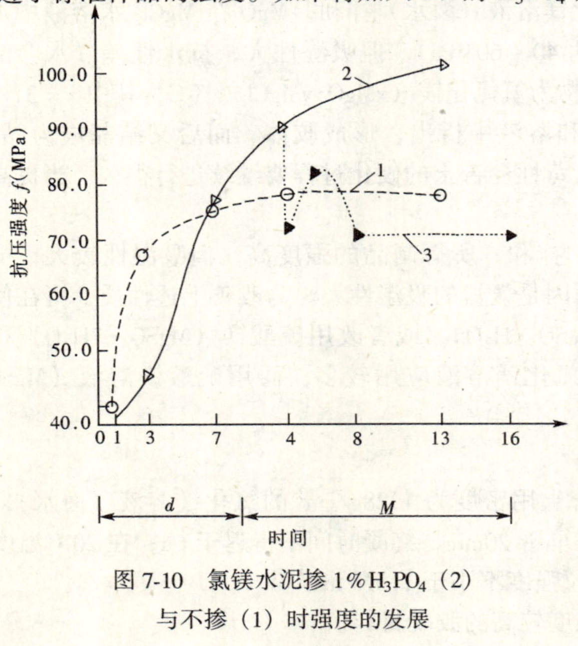

图 7-10 氯镁水泥掺 1% H_3PO_4 (2) 与不掺 (1) 时强度的发展

另外，在菱苦土混凝土成型时加入少量的水溶性树脂，也可以在一定程度上提高氯镁质水泥的抗水性，如脲醛树脂、酚醛树脂等。也有将菱苦土混凝土构件或制品成型后放在某种溶液中浸渍，显著地改善了菱苦土混凝土的吸湿性和提高其抗水性。

除此，还有一种改进抗水性常用的方法，就是不采用氯化镁做调和剂，因为氯盐的吸湿性大。所以，也常改用硫酸镁（$MgSO_4 \cdot 7H_2O$）、铁矾

（$FeSO_4$）等。实践证明，改用硫酸镁和铁矾作调和剂后，可以降低吸湿性，提高抗水性。但其强度较用氯化镁溶液者略低。

二、工程应用及注意事项

（一）工程应用

通常用的镁质胶凝材料，一般是指用氯化镁溶液调制的苛性菱苦土或苛性白云石。由于菱苦土的碱性较小，苛性菱苦土最突出的特点是能与木材等植物纤维很好地胶结，不致引起纤维的分解，因此，常与木纤维（如木丝、木屑、亚麻屑等）及玻璃纤维等复合使用。在建筑上，与纤维材料复合菱苦土胶凝材料主要用来制作菱苦土木屑地板、菱苦土木屑板、刨花板、木丝板、人造大理石及其他菱苦土制品和建筑零配件，还可用作轻质空心条形隔墙板、护壁板、窗台、门窗框和楼梯扶手等。

(1) 菱苦土木屑地面一般是将苛性菱苦土与木屑按 1∶1.5～3 配合，用密度为 1.20～1.25g/cm^3 的氯化镁溶液调拌，氯化镁溶液（按 $MgCl_2 \cdot 2H_2O$ 计）与菱苦土的适宜质量比为 0.55～0.60。为提高地面强度和耐磨性，可掺加适量滑石粉、石英砂、石屑等，但会提高地面的导热性和堆积密度。为提高地面的抗水性，可掺加适量的活性混合材料，如磨细碎砖或粉煤灰等。活性混合材料中的 SiO_2 和 Al_2O_3 能与 Mg（$OH)_2$ 作用，生成抗水性较强的硅酸镁和铝酸镁化合物。掺加耐碱矿物颜料，可将地面着成彩色。地面硬化干燥后常涂刷干性油，并用地板蜡打光。这种地面有弹性，能防爆（碰撞后不发火星，即不发火花混凝土）、防火、导热性小、表面光洁、不产生噪声与尘土，宜用于纺织车间、办公室、教室、剧场、居室等，但不宜用于经常潮湿的处所。

(2) 刨花板是将刨花、木丝、亚麻皮或其他纤维的有机材料用镁质胶凝材料胶凝起来，经加压成型和硬化而成的板材。其制作方法是先将苛性菱苦土或苛性白云石用氯化镁溶液调和成菱苦土乳，之后将它与刨花、木丝、纤维等材料拌和均匀，再在特制的模型内加工成型，压好的板材经硬化后就可以做建筑上的顶棚板和内墙等。

(3) 木屑板是先将锯木屑、颜料及其他材料与苛性菱苦土干拌均匀，再与配制好的氯化镁溶液拌和，此混合物可以经压制后成型为各种板材，也可以直接干铺于底层，经压实、修饰而成无缝地板。菱苦土混凝土木屑地板是一种弹性较好、保温隔热理想的装饰材料。

(4) 在用镁质胶凝材料做成隔热材料时，可以用氯化镁调制的苛性菱苦土或苛性白云石中加入发泡剂或者加入泡沫，经成型硬化后成为轻质多孔的隔热材料和制品。

(5) 在菱苦土混凝土中，根据计算配置竹筋或苇筋以承受拉力，可作成檩条、屋架、空心条板等构件，以代替钢筋混凝土制品，用于次要建筑。

（二）注意事项

(1) 施工时，应特别注意菱苦土胶结料与硅酸盐胶凝材料相容性较差，长期接触后会导致菱苦土混凝土疏松，强度严重下降。特别是在潮湿环境中，尤其如此。

(2) 由于菱苦土碱性较小，与木材等植物纤维结合良好，但它与水泥的结合力极差，易于脱落。拌制菱苦土混凝土的各种盐类溶液对于钢筋均有腐蚀性作用，故菱苦土混凝土制品不宜配制钢筋。如果需要配筋时，根据计算配置竹筋或苇筋，以承受拉力。

由于在潮湿的环境中，与其接触的铁件易于锈蚀膨胀，故菱苦土混凝土中不得设置铁件。在轻质墙板上不宜钉铁钉，否则必须作防锈处理，或选用不锈钢铁件，或钉水泥钉。

(3) 苛性菱苦土的耐水性较差，水会溶去其中的可溶性盐类，使菱苦土制品遭受破坏，因此，最好用于干燥的地方。设计时，长期处在潮湿环境中的部位，不宜考虑选择菱苦土混凝土地板和隔墙板，如用，菱苦土混凝土中的菱苦土胶结料必须采取改性措施。

(4) 苛性菱苦土和苛性白云石在运输、贮存及使用过程中应避免受潮，否则 MgO 与水作用生成 $Mg(OH)_2$，以后又在空气中碳化成疏松的 $MgCO_3$，使苛性菱苦土的活性降低。

第八章　硅灰混凝土

(silica concrete)

第一节　概　　述

目前，已取得成就的低能耗水泥质材料有粉煤灰、矿渣和火山灰等。最近，人们又开始把注意力放在可部分代替水泥的浓缩硅灰、稻壳灰等硅质材料上。这是因为这些材料在各国城乡普通存在；并且由于严格控制环境污染而停止向大气扩散所致；此外，也由于有效超塑化剂的诞生为这种材料作为水泥补充材料开创了可能性。

用硅灰材料配制高强混凝土开始于挪威、瑞典、冰岛、丹麦等国家。起初是把硅灰材料作为活性混合材料掺入混凝土中代替水泥，经试验研究结果证明，利用硅灰材料可以较容易地配制高强混凝土。因而，于1976年开始获得小规模地生产和应用。与此同时，北美等国也进行了硅灰混凝土的试验研究，并发表了许多有关论文和研究报告。20世纪70年代末，硅灰混凝土的研究、生产和应用已发展到许多国家，如1976~1978年瑞典用硅灰混凝土建立了哥德堡防波坝，它是采用了水泥用量370kg/m^3、硅灰材料掺量15%、28d抗压强度59.8MPa硅灰混凝土建筑的。美国1984年采用水泥用量390km/m^3、硅灰材料掺量15%、28d抗压强度59.8MPa硅灰混凝土建成了高层建筑。挪威采用掺入10%硅灰材料、28d抗压强度70.0MPa的硅灰混凝土建成了北海油田工程。1983年，美国在金竹河大坝工程中采用掺入18%硅灰、水泥用量450kg/m^3、28d抗压强度90.0MPa的硅灰高强混凝土。

有关硅灰高活性材料与掺入混凝土中配制硅灰混凝土的特点有以下几点：

(1) 混凝土中掺入细掺合料对改善混凝土的孔结构和界面粘结、增加密实度、提高混凝土的耐久性是十分重要的，同时可以不同程度地节约水泥。目前国际上对混凝土细掺合料的研究和利用，已引起一些国家的重视，有些国家在混凝土工业领域，利用工业废料和副产品加工提取细掺合料卓有成效。用活性较大的粉状物料作为混凝土的掺合料，会取得显著的经济效益。目前除广泛使用的细掺合料粉煤灰以外，硅灰、稻壳灰也成为人们注视的目标。

(2) 硅灰是冶金厂生产硅铁和工业硅过程中产生的废灰。当硅石、焦炭和生铁在电炉中共冶，温度达到1700~2000℃以上，部分硅与空气中的氧反应生成一氧化硅，一氧化硅烟气在上升过程中进一步氧化成二氧化硅，并冷却凝聚成细微的球状颗粒。用收尘器加以回收，就得到灰色的细粉末——硅灰（Silica fume）。硅灰在国内外还有硅雾、硅粉、硅尘、凝聚硅灰及活性硅等称呼。

通常从烟尘里分离的硅灰经冷却筛选，去掉粗颗粒，保留0.1μm左右的细颗粒。这种微细硅灰为纯净度86%~97%的活性火山灰材料，其粒径为普通硅酸盐水泥粒度为1/100，呈球状，为非结晶体。

(3) 硅灰作为有效的掺合料掺入新拌混凝土后，可使水泥颗粒间的孔隙由形成的硅化钙水化物核子所填充，硅灰与形成的氧化钙通过化学反应又形成了新的硅化钙水化物，不但提高了混凝土的强度，并从根本上改善了孔隙结构，增强了抗渗性。试验表明，普通混凝土掺入7.5%~8.1%（水泥质量）的硅灰，28d抗压强度可达到90~100MPa，比一般混凝土提高强度50%。坍落度可达到20~26cm。掺入硅灰的新浇混凝土，在控制产生离析和减少灰浆损失方面，具有更大的稳定性，混凝土的和易性好。掺入硅灰的混凝土用于泵送可增加黏聚力；用于喷射混凝土时很少出现回弹现象。利用它可以制取硅灰高强砂浆、硅灰高强混凝土、高强轻混凝土、超高强现浇混凝土等。

(4) 早在20世纪70年代，挪威、丹表、美国、加拿大等一些国家就对硅灰作为混凝土掺合料来改善混凝土性能等方面作了大量的研究，并配制出了1100MPa以上的超高强混凝土。硅灰现已在混凝土预制厂、商品混凝土搅拌站以及海上钻井平台、高速公路、隧洞等一些特殊工程中大量使用，收到了明显的效果。如美国芝如哥一幢77层大厦建设中，下部1/3采用C80硅灰混凝土，使柱子断面尺寸由原来（C30混凝土）的70cm×70cm减小到42.5cm×42.5cm，截面积减小60%以上。

近年来，北欧国家混凝土工业普遍采用硅灰，它的应用范围日趋广泛，诸如房屋构件、混凝土砌块、铺路板和预应力轨枕等产品，都少不了使用这种材料。由于掺硅灰的混凝土强度高，水泥瓦厂用来生产的薄屋面瓦，比一般水泥瓦的质量可减轻19%。

目前，国外已有商品硅灰出售，作为新型混凝土掺合料进入西欧和北美市场。我国硅灰资源目前尚难同某些发达国家相比，但在一些工业城市也存在硅灰的排放问题。如能积极加以回收，不但有利于开辟建材新资源、配制特殊用途混凝土品种，节约水泥，而且对减少大气污染、保障人体健康也是十分有利的。

(5) 目前硅灰产量最多的国家为美国、前苏联各国和挪威，挪威是世界上最大的硅灰出口国，1983年世界硅灰总产量约为110万t。表8-1为1981年世界主要国家硅灰产量估算值。

1981年世界硅灰产量估计 **表8-1**

国 家	产 量 (t)	国 家	产 量 (t)
美 国	300000	瑞 典	15000
俄罗斯	150000	加拿大	15000
挪 威	120000	巴 西	13000
日 本	70000	澳大利亚	12000
西班牙	30000	意大利	10000
法 国	20000	委内瑞拉	10000
冰 岛	20000	德 国	6000

近几年来，在我国上海建筑科学研究院、清华大学、西南交通大学、长安大学、四川省建筑科学研究院等单位已对硅灰混凝土进行了大量地试验研究，并在上海隧道工程中得以使用，效果良好，值得引起重视。

第二节 高活性材料——硅灰

一、硅灰生产、回收、运输与装卸

(一) 硅灰的生产

硅灰是在生产硅钢或硅金属时高纯度石英和煤在电弧炉中还原所得的副产品（图8-1），是含大量非晶体 SiO_2 的球形颗粒，从炉子排出废气中过滤收集而得。硅灰是一种非常有用的火山灰质材料。

在北欧，特别是挪威和丹麦已在研究硅灰掺入混凝土中的特性。硅灰的产量，1981年，估计在加拿大约为1.5万t；美国约为30万t；挪威是世界上硅灰产量最大的国家之一，约为12万t。全世界硅灰的总产量约100万t，见表8-1。

但是，要将硅灰用于混凝土是有选择的，在一定使用条件下才能充分发挥其优点。最大的问题是与硅酸盐水泥使用时，要求硅灰的细度太大和需水量较高，而使用超塑化剂则可以克服这类缺点。

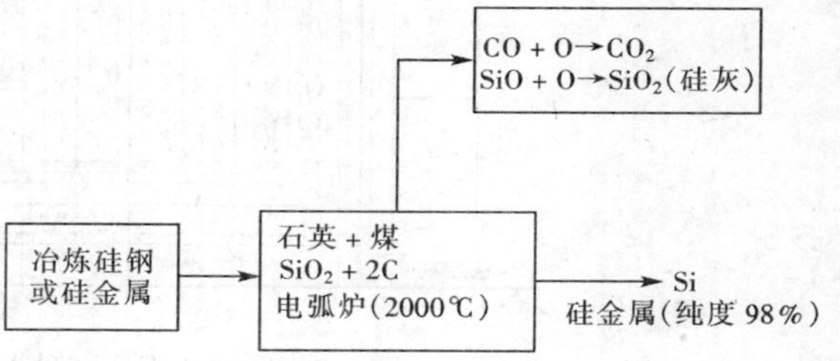

图8-1　硅灰生产工艺流程

（二）硅灰的回收

下面以国内某铁合金厂为例。该厂为一座2700kVA工业硅矿热电炉，所用原料为硅石、石油焦、木炭块，在1700℃高温的矿热电炉中冶炼。在冶炼过程中，硅石中二氧化硅还原生成Si和 SiO_2，其反应式如下：

$$SiO_2 + C = SiO + CO\uparrow$$

$$SiO_2 + 2C = Si + 2CO$$

此反应为吸热反应，故只能在高温下进行。还原出来的硅进入合金，而一部分未被吸收的SiO透过料层，在炉口与空气中的氧生成二氧化硅（$2SiO + O_2 = SiO_2$）微细粉尘随烟气排出。

冶炼硅铁要经常捣炉，使料层保持良好透气性，一般粉尘最高可达200kg/t左右，因此封闭起来操作是困难的。国内基本上都是敞开式电炉，污染严重。烟气中二氧化硅含量高，烟气量和烟尘的特性，使普通烟气净化设备很难有效。因此，目前对硅铁电炉的污染控制和回收利用方面，由于存在技术难度大和费用高昂等不利因素，还处于初始阶段。该厂设计的硅灰回收装置如图8-2所示。其为一座大型反吹风正压式玻璃纤维袋式过滤器，系用于2700kVA工业硅电炉上。该系统装置是在原炉内排烟罩的烟囱上部，用阀门切断，含尘气体由风机通过换向阀压入除尘器灰仓内，灰尘经过过滤袋过滤后，吸附在滤袋内壁上，净化后的气体经滤袋上部的百叶窗排入大气。

反吹风清灰时，由时间差压控制器自动控制，由电磁阀执行机构工作，通过换向阀，关闭进风口，反吸风口，切断除尘器的进风。由于反吸风管内的负压抽吸，使大气气流产生倒流，气流经百叶窗，由滤袋外侧透过滤袋进入内侧，流经灰仓，被吸收。滤袋内壁的积压灰，随之被抖入仓内。反吹风后的气流返回风机前的负压管道内，与含尘气体一起通过风机压入过滤袋室净化后排出。

该装置工艺设计参数如下：

①电炉烟气量 $Q = 30000m^3/h$；

②烟气温度150℃；

③烟气含尘浓度 $0.5 \sim 2g/m^3$；

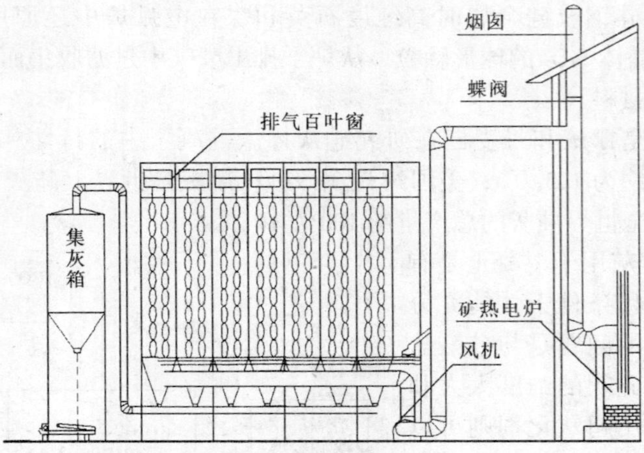

图 8-2　反吹风正压式玻璃纤维袋式过滤器

④过滤速度 0.34m/min，采用直径 ϕ230mm，长度 5m，分 7 组，每室 60 只，共 420 只布袋；

⑤反袋速度 0.7～1.0m/min；

⑥含尘管风速度 10m/s；

⑦清灰制度　周期 60min，时间 40～42s；

⑧清灰装置　除尘器下部装有回转卸料机，采用气力输送到集灰料仓。

通过数年的运行，积累了一定经验。由于硅铁电炉的烟尘特性是细而轻，比密度低，胶结性好，不易沉降，吸湿性差，粉尘在金属或纺织品表面上的黏结力很强，所以，在选择除尘器时要考虑这些特点，对选用布袋式除尘器时宜采取以下措施：

（1）改进设备。在敞开式电炉上采用矮烟罩及罩口距炉上较近，罩子的高度必须能保持一氧化碳基本上能在罩内完全燃烧。

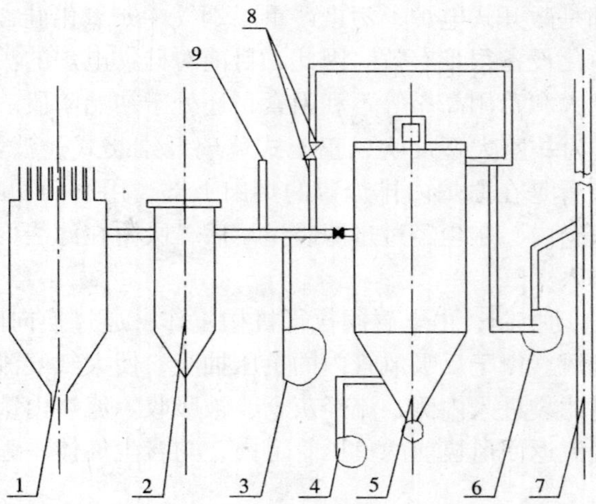

图 8-3　硅灰回收系统（1）

1—电炉；2—余热锅炉；3—混风风机；4—反吹风风机；5—袋式收尘器；6—吹风机；7—烟囱；8—控制阀；9—超温常温控制

（2）对于 600℃以上的烟气，可先导入余热锅炉冷却，使烟气湿度降至 250℃以下，然后再混入部分冷空气，达到所选择滤料的允许温度，也可采用风凉或水冷降低温度。

（3）选择高温滤布。国外采用滤布的材质有聚酯纤维、诺麦克斯、玻璃布等，根据我国国情一般宜选用玻璃布，但其机械强度低，不耐承受振动，故一般采用反吹法为好，采用内滤式，袋子下端设有弹性钢环，滤袋每隔 1m 设一个环，以防反清灰时压扁。

（4）为了提高硅灰质量，一般采

用两级除尘，第一级为除尘，消除一部分炭和粗粒，然后进入布袋吸尘器。

图 8-3 和图 8-4 为硅灰回收的另外两种系统。图 8-3 系从节能、提高经济效益、考虑余热利用着眼。其流程为，电炉→余热锅炉→袋式除尘器→排放烟囱。图 8-4 形式则不要余热锅炉。图 8-3 系统是节能与收尘的综合利用治理，从电炉出来的气体直接进入袋式除尘器显然是不行的。一般滤料耐温 120℃左右，玻璃纤维最高耐温也只有 280℃，因此必须采取降温措施。图 8-4 系统中，含尘烟气经过余热锅炉吸收部分热能，温度下降到 200℃左右，再混入少量冷风，就能达到滤材耐温的要求。而图 8-4 因无热能回收装置，则需要混入大量冷风降温，混风风机一刻不停地工作才能满足要求。这样不仅没有利用大量余热，而且消耗大量电能。

图 8-3 系统的除尘设备为 ZC-300 回转反吹扁布袋除尘器。运行实践表明，这套系统 1d 可回收 50000kg，仅此一项 1 年的收益就十分可观。同时，铁合金的产量也因之每天可平均增加 6.4%，电耗降低 4.4%，余热锅炉产蒸气量 0.6～0.7t/h。

该系统的缺点是除尘器效果不高，一般只有 80%左右。

（三）硅灰的运输与装卸

由于硅灰细度大、质量轻，就产生了运输与装卸问题。如瑞典硅灰的运输就有干湿两种方法。湿法是在硅灰中加入 50%水及稳定剂配成为灰浆，便于运输与泵送。目前大约 80%的产品为湿法输送和贮存。

在挪威、加拿大，为了解决运输问题，研究使用粉末压实工艺，已取得专利权。压实工序在硅铁厂进行，压实后的硅灰密度增加了 3 倍，但不影响硅灰品质。目前瑞典广泛使用的硅灰仍是未压实的松散硅灰。

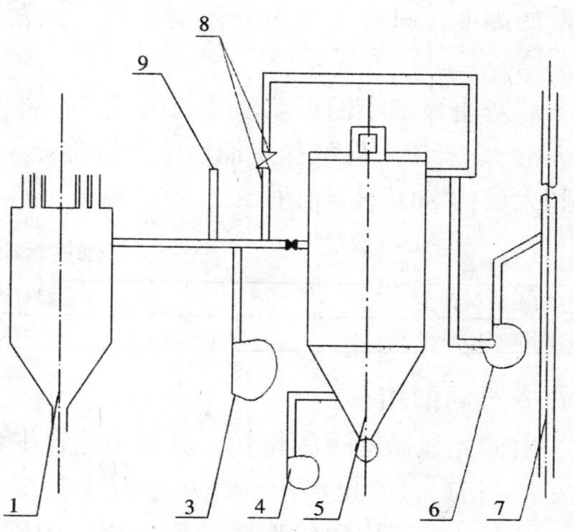

图 8-4 硅灰回收系统（2）

呼应注同图 8-3。

运输有气送式的筒状散装车与大口袋运输两种。用大口袋装卸时必须要有切包机，筒形贮藏仓及运输装置。

二、硅灰的物理特性和化学组成

（一）硅灰的物理特性

1. 外观颜色

硅灰外观为浅灰色极细粉末，颜色视其含碳高低而有深浅变化，白度为 40%～50%。硅灰掺混在水中带暗黑色，用其配制的混凝土也略带表黑色。由于硅灰表面能很大，在一般情况下往往团聚在一起。

2. 比密度

硅灰的比密度约为普通硅酸盐水泥的 2/3，典型硅灰的密度为 2.2g/cm^3，而普通硅酸盐水泥的约为 3.1g/cm^3。由于硅灰一般是少量掺用于混凝土中，故配合比无需大幅度调整，而其增添效果仍非常显著。

3. 松堆密度

硅灰的堆积密度只有250~300kg/m³，而普通硅酸盐水泥的约为1200kg/m³。这意味着袋装50kg水泥的纸袋只能装硅灰10~12.5kg。

4. 细度

硅灰是一种空心球状超细粉体。大部分颗粒粒径小于1μm，最细颗粒小于0.01μm，平均粒度约为0.1μm。用氮吸附法测得硅灰比表面积为25~35m²/g，比水泥的比表面积（约0.4m²g）大50~100倍；约是粉煤灰比表面积的3~50倍。

硅灰比表面积和粒径分布 表8-2

序号	比表面积 (m²/g)	45μm筛筛余量（%）	粒径测试方法	粒径分布（%） 0~0.3μ	0.3~0.5μ	0.5~0.7μ	0.7~1.0μ	1~5μ
1	28.4	0.77	超声震动	44.8	20.2	5.2	5.2	24.6
2	35.3	0.72		51.1	20.4	6.4	4.8	14.3
3	31.4	1.62		63.6	14.7	3.5	3.5	14.7

由表8-2可知，由于硅灰颗粒十分细小，因此用45μm筛筛余量已经不能正确反映出硅灰的细度，只有在使用分散剂和超声振荡分散条件下，测得硅灰颗粒粒径分布较为理想。

硅灰由极细小的玻璃质微粒组成，这种极细的硅灰微粒与其他细质材料的细度相比见表8-3。硅灰掺入硅酸盐水泥后之所以能显示出巨大的活性，主要是由于其极大的比表面积和大量的SiO_2玻璃体所致。

细质材料细度比较 表8-3

细质材料种类	硅灰	烟草烟灰	粉煤灰	普通硅酸盐水泥
细度（m²/kg）	30000	10000	400~700	300~400

5. 硅粉的相态

由偏光显微镜观察得知，硅灰中除含少量可见碳粒外，绝大多数均为非晶体矿物。

X—衍射试验也指出，硅灰中仅含很少量SiO_2结晶矿物。由扫描电镜表明，硅灰由1μm以下大小不均的球形颗粒所组成。因此，可以认为，硅灰主要由以无定形SiO_2为主要成分的超细珠形颗粒所组成。

（二）硅灰的化学组成

表8-4是从挪威和北美的硅熔炉中收集到的硅灰的化学成分。硅灰中通常含有90%以上非晶体SiO_2，其化学成分随所产生的合金或金属的品种不同而异。例如，由炼硅钢炉中所得的硅雾，其Fe和Mn的含量就比产生硅金属炉中所得的硅雾中的含量要高。

硅灰的化学组成及含量（%） 表8-4

化学成分	挪威	北美	化学成分	挪威	北美
SiO_2	90.0~90.6	93.7	Na_2O	0.2~0.7	0.2
Al_2O_3	0.5~3.0	0.3	K_2O	0.4~1.0	0.5
Fe_2O_3	0.2~0.8	0.8	C	0.5~1.4	2.6
MgO	0.5~1.5	0.2	S	0.1~0.4	0.1
CaO	1.0~0.5	0.2	LOI	0.7~2.5	2.8

由于硅灰系在高温、多相、多元素复杂条件下形成，因此，硅灰玻璃体下不可避免地固熔和黏附着其他元素，在回收过程中也混杂了烟气中的炭粒和其他成分。

1. 国产硅灰化学组成

检测表明，国产（上海铁合金厂）硅灰中 SiO_2 含量略低于国外同类产品，而烧失量略高，铁、铝、硫等其他元素含量相差不大，见表 8-5。

国产硅灰的化学组成示例 **表 8-5**

成分	定期检测含量范围（%）	连续检测 28d 含量范围（%）	总平均值	国外工业硅粉标准	国外 75%硅铁硅硅粉标准
SiO_2	87.11~96.80	93.7~97.02 平均 94.9	93.4	94~98	86~90
Al_2O_3	0.12~0.76		0.5	0.1~0.4	0.2~0.6
Fe_2O_3	0.20~0.97		0.5	0.02~0.15	0.3~1.0
MgO	0.20~0.90		0.5		1.0~3.5
CaO	0.13~0.69		0.4	0.05~0.3	0.2~0.6
SO_3	0.22~0.46		0.4	0.1~0.3	0.2~0.4
烧失量	0.71~9.64	2.66~3.26 平均 2.9	3.6	1.0~2.8	2.8~6.3

从表 8-5 中连续检测 28d 可知，工业硅灰含 SiO_2 基本上稳定在 94%，烧失量在 3%。

凝聚的二氧化硅烟尘的化学成分取决于所生产的金属硅和硅铁成分，从该厂在 75% 硅铁电炉中测试来看，主要是氧化铁含量高达 5%，而工业硅铁成分小于 1%，其次是碳。

2. 国外硅灰的化学组成

表 8-6 为国外主要国家硅灰的化学组成及其与普通硅酸盐水泥、高炉矿渣、粉煤灰组成的对比。图 8-5 为硅灰的 SiO_2-C_2O-Al_2O_3 相图。

国外硅灰的化学组成（%）示例（%） **表 8-6**

名称		SiO_2	Al_2O_3	Fe_2O_3	MgO	CaO	Na_2O	K_2O	C	S	烧失量
硅灰	挪威	90~96	0.5~3.0	0.2~0.8	0.5~1.5	0.1~0.5	0.2~0.7	0.4~1.0	0.5~1.4	0.1~0.4	0.7~2.5
	加拿大	93.7	0.3	0.8	0.2	0.2	0.2	0.5	0.6	0.1	2.8
	美国	94.3	0.36	0.66	1.42	0.27	0.76	1.11	—	—	—
普通硅酸盐水泥		17~28	2~8	0~6	0.1~4.0	60~67	—	0.2~1.5	—	1~4	0.7
高炉矿渣		28~40	10~22	4.0	2~16	32~48	—	3.0	—	3.0	—
粉煤灰		40~55	20~30	5~10	1~4	3~7	—	1~5	—	0.4~2.0	4.5

三、硅灰的作用机理

（一）硅灰的水化反应

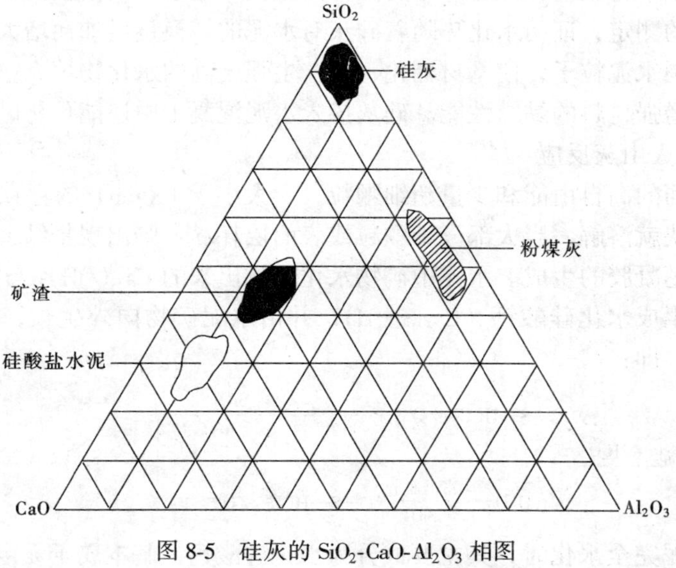

图 8-5 硅灰的 SiO_2-CaO-Al_2O_3 相图

硅灰按适当比例取代水泥，可以填充新拌水泥浆结构的空隙，而且能与水泥水化过程中放出的 Ca（$OH)_2$ 以及苛性钾、钠反应，形成不溶性的 C—S—H 凝胶。当取代 10%以上水泥时，明显地降低混凝土拌合物中的泌水与离析。在制备含水硅灰浆体时，可以不用超塑化剂，但此时这种胶凝材料需要比较高的水灰比。因硅灰的比表面积很高，早期能与碱性水泥孔缝溶液进行反应。

水泥与硅灰配比、密实填充的发现是很偶然的。原因是：

(1) 硅灰的颗粒很细，甚至比磨得很细的水泥还要细，更有助于填充到水泥颗粒间的空隙中去，得到密实的填充。

(2) 硅灰微粒是气相凝聚而成的，呈球形，有助于密实填充。

(3) 硅灰颗粒的化学反应活性比水泥低，消除了很细小水泥粒子接触硬化太快的问题。而且，硅灰似乎是加强了水泥颗粒之间凝聚结构的形成，最终得到优良、密实的微结构。

由于硅灰的粒度为 0.1μm 或更细，具有高的表面能，在饱和的 Ca（$OH)_2$ 溶液中 5～15mm就能溶解，浓度很大的 SiO_2 水化物形成层状或薄膜状，沉淀于硅灰颗粒的表面，C—S—H 凝胶的 CaO/SiO_2，比大约等于 1，在水泥中与水搅拌后，在温度为 20℃时，经过 24h 之后就能形成。如温度为 38℃，则只需 6h。硅灰与 Ca（$OH)_2$ 反应受比表面积及表面能的影响。一般，含硅灰的 C—S—H 水化物与水泥相比，$CaO/SiOs_2$ 低。C—S—H 中 CaO/SiO_2 低于 0.8 时，认为是热力学不稳定的。水化硅酸钙的一次产物转变成最低的 CaO/SiO_2 的 C—S—H 中时，这种水化物中含有大量的 SiO_2 与少量的 CaO。但这只能是在早期出现。随着水化龄期的增长，孔缝中溶液成分的改变，C—S—H 中的 CaO/SiO_2 会变的。

尽管早期反应快，但仍有许多硅灰残留下来，在后期反应很慢。例如，有人曾经指出，优选溶解性试验，7d 龄期时，在硅灰一硅酸盐水泥混合物中有许多硅灰进行反应，有相当多未反应的硅灰残留。含硅灰的混合物早期的水化放热常常与高早强水泥相同，虽然其水化放热由其配合比例与水灰比决定。当然，基准水泥的水化过程包括温升过程、与水拌合时迅速发生水化反应，而这种不受石膏掺量及其他添加剂掺量的影响。

通过等热量的测定，证明水化热随着硅灰对水泥的转换量增加而增大。

硅灰微粒包围水泥粒子，使基材稠化，并产生强度高的水化物填充空隙，改善与骨料的黏结性能以及增强材料的黏结性能。硅灰掺入水泥混凝土中还能预防碱一骨料反应。

（二）硅灰的火山灰反应

因为硅灰表面的高自由能和少量超细颗粒（大大小于 1.0μm）的存在，所以同水混合后，部分硅灰很快就溶解，当大部分细颗粒或表面层耗尽，则出现集结、成团或沉淀，导致无定型富硅贫钙凝胶的生成。水泥中矿物水化释放出来的 Ca（$OH)_2$ 与溶液中的 SiO_2 以及此种凝胶反应生成水化硅酸钙（C—S—H），并由水泥矿物向外生长，其化学反应的实质为火山灰反应，即：

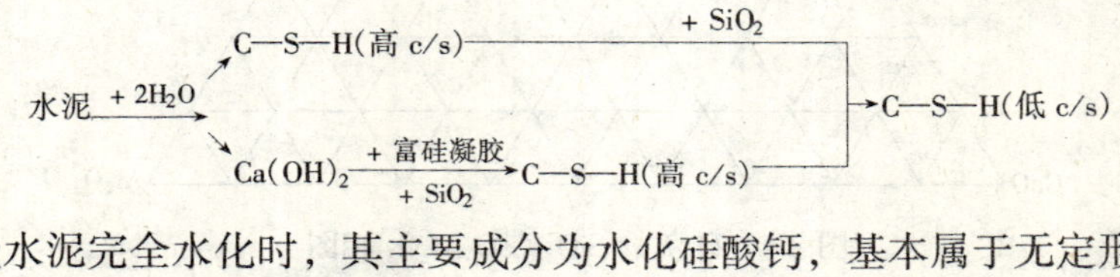

当硅酸盐水泥完全水化时，其主要成分为水化硅酸钙，基本属于无定形凝胶体，约占

70%；Ca（OH)$_2$ 晶体约占 20%；还有约 5%的水化硫铝酸钙。而当火山灰反应发生，则浆体中的 Ca（OH)$_2$ 被大量吸收，形成了 C/S 低的 C—S—H 凝胶，Ca（OH)$_2$ 量随硅灰的掺入量、水化龄期增长而下降。国外试验将硅酸盐水泥、硅酸盐水泥 + 22%粉煤灰、硅酸盐水泥 + 22%硅灰和硅酸盐水泥 + 11%粉煤灰 + 11%硅灰都用 0.75 的水灰比分别制成料浆，置于塑料瓶内摇晃 24h，然后将此硬化浆体取出，于室温下潮湿环境中养护后测定 Ca（OH)$_2$含量（表 8-7）和孔隙率。

各种硅灰掺量对水泥浆体游离石灰的影响　　　　**表 8-7**

品　　种	Ca（OH)$_2$（%）		
	龄期 7d	龄期 28d	龄期 90d
硅酸盐水泥	15.0	16.9	18.9
硅酸盐水泥 + 22%粉煤灰	11.8	13.2	13.4
硅酸盐水泥 + 22%硅灰	10.7	7.9	4.2
硅酸盐水泥 + 11%粉煤灰 + 11%硅灰	11.0	10.2	9.5

由以上对比数据可见硅灰的良好火山灰活性，并且可由 Ca（OH)$_2$ 的消耗中，推知在水泥石中 C—S—H 量的增加。根据对 80℃、40h 养护的砂浆电子探针显微分析结果，含硅灰砂浆水化硅酸钙的 C/S 比为 0.9，而硅酸盐水泥砂浆的 C/S 比则为 1.8。同时发现前者的水泥硅酸钙中含有 1.3%K_2O，而后者仅含有 0.5%K_2O。梮一般报道，掺硅灰在砂浆中形成的 C—S—H 的 C/S 在 1 左右。

（三）水泥浆体的孔结构

硅灰的掺入会极大地影响水泥浆体的孔级配和孔隙率。由图 8－6 可知，硅酸盐水泥——硅灰浆体，7d 时，大孔（＞0.1μm）体积仅 0.123mL/g，而硅酸盐水泥相应为 0.30 mL/g;在 28d 和 90d 时，总孔体积大小相近，而前者大孔体积接近于零，硅酸盐水泥浆体大孔体积分别为 0.225mL/g 和 0.17mL/g。由图 8-6 也可看出，在普通硅酸盐水泥中掺 11%粉煤灰 + 11%硅灰，孔级配亦引起很大的变化，大于 0.1μm 的孔显著减小。图中可看到 90d 后粉煤灰水泥的总孔隙率虽大于硅酸盐水泥，但大于 0.1μm 的孔却少于硅酸盐水泥。

掺入硅灰后，孔隙率下降和大孔率下降，并且随掺入量增加，这种现象还会提早出现，其原因在于：①有人认为活性 SiO_2 可促进水泥的最初水化反应，由于 C_3S 的水化速率常因在液相中环绕 C_3S 矿物颗粒的过饱和以及 Ca^{++} 离子的影响延缓。硅灰中 SiO_2 的活性是很高的，它的掺入降低了 Ca^{++}，因而加快了水化进程；②学者指出，由火山灰反应生存的 C—S—H 的密度小于由硅酸盐水泥生成的 C—S—H。因此会有更多体积的凝胶填充毛细孔，使大孔变小，毛细孔变得不连续；③在水泥浆体中，Ca（OH)$_2$ 粗大晶体的交错连生，也是硬化水泥浆体中大孔来源之一，由于硅灰的存在使 Ca（OH)$_2$ 量减少，结晶减小，亦有利于减少因此而引起的大孔。

四、硅灰掺入混凝土中的效应

（一）硅灰的经济效应——节约水泥

砖灰可部分代替水泥，节约水泥率为 0%～30%。

硅灰与其他火山灰质材料相似，通常在高水灰比的混凝土中更为有效。挪威和加拿大的研究资料表明，水灰比大于或等于 0.55 的混凝土，当以少量硅灰取代水泥时，有效系

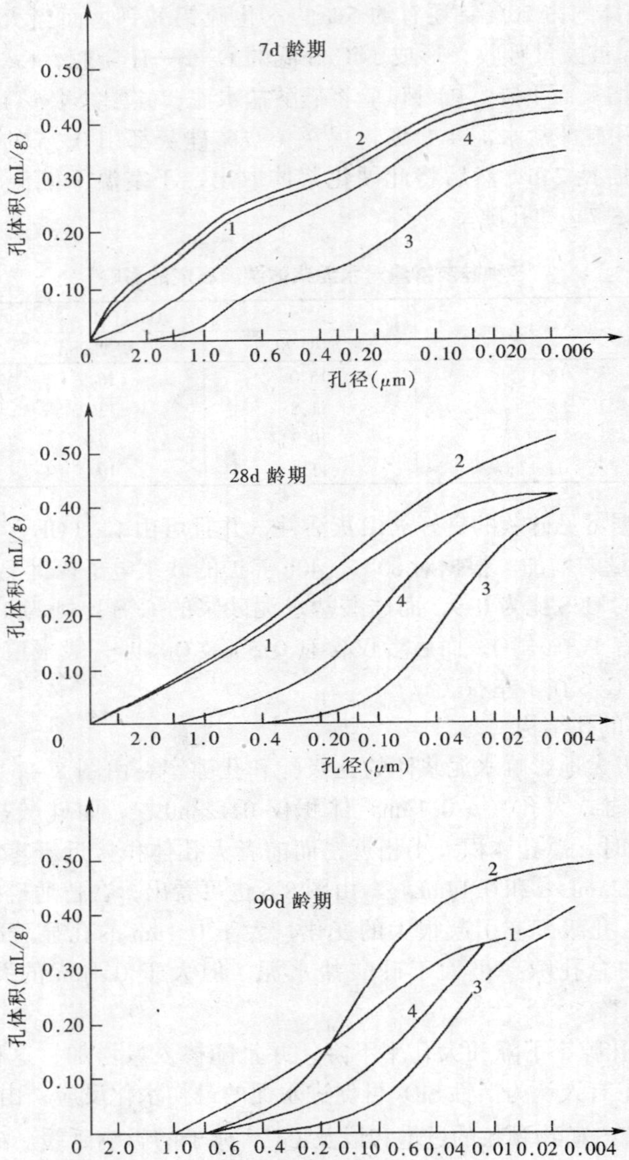

图 8-6 四种水泥浆体不同龄期的孔结构

1—硅酸盐水泥；2—硅酸盐水泥+22%粉煤灰；3—硅酸盐水泥+22%硅灰；4—硅酸盐水泥+11%粉煤灰+11%硅灰

数为3~4。例如1.0kg硅灰则可取代3.0~4.0kg水泥，而获得的混凝土仍具有相同的抗压强度。因此，硅灰具有很高的经济效应，特别是在高水灰比的混凝土中妥善地使用硅灰有助于节约水泥。

（二）硅灰的技术效应

1. 生产超高强混凝土

使用硅灰生产高强混凝土（$f_{28} \geqslant 50.0MPa$）和使用超塑化剂生产超高强混凝土（$f_{28} \geqslant 100MPa$）时，其抗压强度高达100MPa或更高，见表8-8和表8-9。当然，这仅仅是在特殊范围内少量应用的混凝土。

硅灰超高强混凝土和砂浆的强度　　表8-8

材料名称	骨料粒径和种类	堆积密度 ρ_b（kg/m^3）	抗压强度 f_{028}（MPa）
硅灰混凝土	16mm 花岗岩	2500	124.6
硅灰混凝土	16mm 辉绿岩	2666	168.1
硅灰混凝土	10mm 燃烧矾土矿	2878	217.5
硅灰砂浆	4mm 燃烧矾土矿	2857	268.3

硅灰混凝土各龄期强度发展　　表8-9

测定龄期（d）	1	7	28	90	128
抗压强度 f_{c28}（MPa）	64.9	94.6	111.4	115.1	124.2

2.控制碱-骨料反应

与粉煤灰和天然火山灰一样，硅灰可抵消混凝土中碱-骨料反应，其优点与前者材料相比，每1m^3混凝土用量也较少，成本低。这也是硅灰很具有发展前途的领域，尚有待进一步研究。

3.减少因氯化物引起的腐蚀

近年来，在寒冷或严寒地区施工钢筋混凝土结构时，却由于掺氯盐早强剂过量而易引起钢筋锈蚀，或混凝土桥面和车库结构由于除冰剂的化学腐蚀而造成损坏。基于硅灰混凝土具有良好的抗渗透性，使用于上述结构中可阻止因氯化物（除冰剂）引起的腐蚀。

4.提高混凝土的早期强度

由于硅灰是一种更有效的火山灰质材料，其凝结硬化作用在早期却显示出来，而粉煤灰混凝土、矿渣混凝土则在后期产生作用。主要原因是硅灰中的非结晶形SiO_2在潮湿环境或水中吸收因水泥熟料水化后析出的$Ca(OH)_2$而产生膨胀胶化作用，并且形成较多的水化硅酸钙（C—S—H）凝胶，使水泥石结构致密，具有较高的强度和抗渗性。因此，硅灰可改善粉煤灰混凝土和矿渣混凝土的早期强度。

五、使用中的几个问题

（一）运输问题

由于硅灰颗粒极细，故运输较成问题。在挪威是以泥浆形式运输和使用的；在加拿大已有专利将硅灰做成丸状以便运输。当然，如果能就近直接使用则更好。

（二）健康问题

硅灰对人体健康是有害的。虽然有限的资料表明由于其颗粒极细小和其他特性不会有上述问题，但在使用此材料时仍应当心，作适当防护是必要的。

（三）不易制作加气混凝土

加拿大矿业和技术研究中心的研究已经表明，在含水泥较高和掺20%～30%硅灰的混凝土中都使含气量达到5%～7%，是较难做到的。硅灰掺量少时，无此困难。但如今为达到所要求的含气量，加气剂的用量比原始混凝土的要显著增加。

总之，硅灰是高效能的硅质材料，由于其具有良好的火山灰反应和分散作用，用于混凝土中有很大潜力。但碍于排量较少的缘故，加之价格猛涨，成本较高，建议最好应用予解决特殊工程问题。

第三节　硅灰混凝土拌合物特性

一、水灰比

由于硅灰的比表面积特别大，其需水量也相应大增。在掺水量不变的情况下，随着硅灰的掺入和掺量的增加，坍落度明显减小。一般硅灰掺量在5%左右时，对需水量影响不大，但若再增加掺量则需水量成直线上升，可达130%。由于硅灰的粒径大部分都小于1μm，平均粒度在0.1μm，约比水泥细100倍，如在硅灰掺量为10%的水泥浆体中，每个水泥颗粒约被5万个硅灰粒子所包围，水泥颗粒水化需要的水要通过硅灰层，透过的阻力随粒子的增加而增加，这是需水量增大的主要原因。另一方面，硅灰本身要吸水生成硅凝胶 $Si(OH)_4$ 这一中间产物，然后再生成 C—S—H。因此，一旦凝胶开始生成，水泥浆体就会变稠，甚至出现早凝。

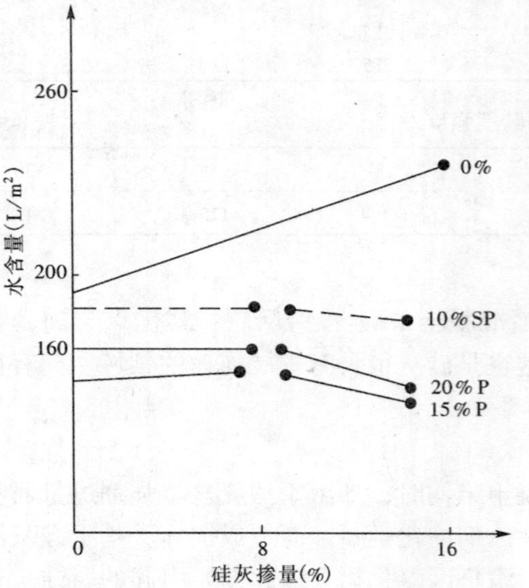

图 8-7　硅灰掺量与需水量的关系
P—减水剂；SP—高效减水剂

为了保持混凝土具有一定的流动度和坍落度，需要加入高效减水剂。高效减水剂使水的表面张力和界面张力降低，水泥粒子和硅灰粒子高度分散，改善了混凝土拌合物的工作度。图8-7表示在具有12cm坍落度的混凝土内，硅灰加入量与需水量间的关系。国外学者认为，要保证掺硅粉混凝土有良好的质量，惟一重要的因素是低水灰比，建议对重要用途的混凝土，其水灰比不得大于0.5。

二、流变性能

硅灰的掺入能改善混凝土拌合物的均匀性，提高内聚力，故使其有很好的稳定性，甚至在高坍落度的情况下也不离析。试验表明，当硅灰取代水泥用量大于15%时，坍落度为15～20cm，未见材料离析和泌水。当坍落度大于20cm、高效减水剂掺量为胶结料（水泥＋硅灰）质量的1%～2%时，也未见材料离析。硅灰取代水泥用量20%～30%时，即使是用自来水直接冲击混凝土也基本不离析。因此，硅灰混凝土拌合物的可泵性得以提高，用作喷射混凝土时，回弹损失减少。同时，由于改善了泌水性，减少了粗骨料或钢筋下形成的内泌水空腔，可改善混凝土的开裂和减小钢筋锈蚀；由于内聚力提高，在塑性状态下已有较好的强度，故有良好的水下浇筑性能，国外已成功地将其配制出水下灌筑混凝土。对于硅灰混凝土降低泌水现象和离析现象的性能，已应用于预拌混凝土。如瑞典70%的预拌混凝土都由有橡胶衬垫的簸箕式翻斗车运到工地，这就要求混凝土具有良好的粘聚性，在混凝土运输中不离析，因此不少的预拌混凝土公司都在商品混凝土中掺入4%

左右的硅灰，即使配制坍落度大于 15cm 的流动性混凝土，经半小时的翻斗车运输，混凝土仍具有良好和易性，没有明显的离析。但有一点应引起注意，由于泌水性的降低，保水性好，当外界水分蒸发速度大于水分运送到表面的速度时，易使混凝土表面出现塑性收缩裂纹或裂缝。因此必须注意混凝土的湿养护，即使在温和的气候条件下，浇注混凝土之后也需要立即覆盖并浇水养护。

国内学者认为，新拌混凝土具有以上性能是由于在超细粒子存在下减少了浆体内部液体的流动；接触点的增多也使内聚力增加；在浆体内部还由于水泥颗粒与硅灰粒子之间存在二次水化硅酸钙反应物牢牢地粘结在一起的原因。

三、水化放热与凝结速度

试验中用绝热热量计测定其对水化放热的影响，用硅灰取代 10% 水泥用量时，结果水化放热速度和放热量都略高于普通混凝土。这是因为硅灰的比表面积特别大，当硅灰存在于水泥颗粒之间的空隙中，与水泥水化时析出的 $Ca(OH)_2$ 迅速进行反应，从而导致凝结速度加快、强度快速增长。因此，可利用硅灰促进早强作用。常常将其与粉煤灰同时应用，以期改善粉煤灰早期水化速度慢的缺点。

四、坍落度损失

掺加高效减水剂的硅灰混凝土，拌合后的坍落度为 15～20cm 时，坍落度损失比普遍混凝土大，而且掺量越多损失越大。有人认为坍落度损失也与硅灰的细度即比表面积有关。

表 8-10 为掺硅粉对混凝土拌合物影响的试验。

掺硅粉对混凝土拌合物影响　　**表 8-10**

序号	水泥用量（kg/m³）	外掺料（剂）	混凝土坍落度（cm）/坍落度损失率（%） 出机	15min	30min	45min	60min	泌水性	密度（g/cm³）	含气量（%）	混凝土凝结时间（h:min） 初凝	终凝
1	450	0	6.0/100	5.5/92	4.6/77	4.2/72	3.4/57	较少	2.42	1.4	7:47	11:02
2	450	SN-Ⅱ	5.8/100	4.5/78	3.7/64	3.1/53	2.6/45	少	2.44	0.8	7:40	10:10
3	450	硅粉＋SN-Ⅱ	10.0/100	7.5/75	6.6/66	5.1/51	4.5/43	几乎没有	2.49	0.4	9:50	12:00

五、含气量

随着硅灰取代率的增加，为获得所要求的含气量，引气剂的用量将显著增大。这是由于硅灰用量增加，其总比表面积显著增加以及含碳量也增大等所造成。

六、成型与表面修整性能

硅灰混凝土拌合物的黏性很大，所以在成型时较大的空气泡易于残留在混凝土中。但由于这种混凝土经过充分振动也几乎不会产生离析，所以必要时可进行过分的振动以驱除较大的气泡。当硅灰取代率在 20% 以上时，混凝土的黏性非常大，表面修整很困难，一般应采用边振动边修整的方法。

此外，搅拌机在搅拌完硅灰混凝土后，应及时地将搅拌筒洗净。由于掺硅灰的混凝土黏糊在搅拌筒筒壁或叶片上，很难直接用水冲净，所以应将水装入搅拌机中多次旋转，并用刷子擦净。

第四节　硬化硅灰混凝土的特性

一、物理力学性能

（一）抗压强度

通常用“活性指数”K值来表示硅灰对混凝土抗压强度的效应。意即加入单位质量的硅灰到空白混凝土中所引起的强度增长，相当于需要加入多少质量的水泥才能等效。硅灰掺入后，每1m^3含300kg水泥的混凝土（20℃，100%相对湿度养护），一般28d的K值等于3左右。图8-6所示的几种水泥浆体的孔级配和与其相应的混凝土（骨料总质量不变，配比有调整）的抗压强度见表8-11。

四种混凝土不同龄期时的强度　　　表8-11

混凝土种类	3d		7d		28d		90d	
	抗压强度（MPa）	对比（%）	抗压强度（MPa）	对比（%）	抗压强度（MPa）	对比（%）	抗压强度（MPa）	对比（%）
对比混凝土	14.7		20.0		26.6		28.6	
硅酸盐水泥+22%粉煤灰	12.1	−18	17.8	−11	23.2	−12	27.6	−3
硅酸盐水泥+22%硅灰	15.2	+3	24.4	+22	47.0	+77	56.2	+93
硅酸盐水泥+11%粉煤灰+11%硅灰	14.2	−3	20.2	+1	37.9	+43.3	43.3	+53

由表8-11可见，随硅灰掺入量的增加，早期强度亦得到明显的改善，大大地改进了单独掺入粉煤灰引起的强度增进缓慢、早期强度低的缺点。

国外文献还介绍，一般混凝土中，水胶比（W/C+Si）为50%时，硅灰掺量8%的混凝土龄期28d抗压强度为70MPa；硅灰掺量16%的混凝土28d抗压强度达到86MPa，而未掺硅灰的对比混凝土28d抗压强度却为50MPa。由此可以看出，抗压强度与硅灰掺量成正比例关系，但硅灰掺量最多不得超过35%。一般硅灰掺量在5%～30%之内是有效的，经济上也是合理的。

（二）其他强度

如表8-12所示，掺硅灰的混凝土，除抗压强度以外，其抗拉强度、抗折强度、与钢筋黏结强度等比普通混凝土都有不同程度的提高。混凝土的抗拉、抗弯强度与抗压强度相同，一般也是随硅灰掺量的增加而直线提高。但抗压强度与抗拉、抗弯强度之间的关系与硅灰掺量关系不大，抗压强度/抗拉强度≈11；抗压强度/抗弯强度=7。

掺硅灰的混凝土的物理力学性能　　　表8-12

序号	混凝土设计强度等级	水泥用量（kg/m^3）	外掺料（剂）种类	坍落度（cm）	抗压强度（MPa）			轴心抗压强度（MPa）	抗折强度（MP）	劈裂抗拉强度（MPa）	与钢筋粘结强度（MPa）	静弹性模量（MPa）	收缩值（mm/m）		
					3d	7d	28						7d	28d	180d
1	C60	550	0	3.5	—	54.0	63.8	49.3	6.55	3.85	4.55	3.71	0.112	0.259	0.482
2	C60	350	硅灰+SN-Ⅱ	3.4	—	57.1	67.3	60.0	6.43	4.67	5.78	3.82	0.108	0.212	0.387
3	C60	430	硅灰+SN-Ⅱ	3.3	51.9	60.8	72.2	63.5	7.94	5.58	8.84	4.29	0.170	0.379	0.505
4	C60	430	硅灰+SN-Ⅱ	3.3	64.6	78.8	96.2	86.0	8.75	5.89	—	4.91	0.184	0.367	0.459

（三）弹性模量和泊桑比

由表 8-12 可知，硅灰混凝土的弹性模量较普通混凝土也有所提高。试验资料表明，弹性模量也是随着抗压强度的提高而增大，两者之间有良好的相关性，相关系数为 0.966。例如，龄期 28d 抗压强度 97.9MPa 的硅灰混凝土，其弹性模量为 4.3×10^4MPa，泊桑比为 0.21。

（四）收缩和徐变

由表 8-12 可知，在等强度情况下，硅灰混凝土的收缩值也比基准混凝土略小。但是，随着硅粉和减水剂掺量的增大，硅灰混凝土的早期收缩值偏大，后期则趋于正常。

图 8-8 为基准混凝土与硅灰混凝土的收缩和徐变对比试验结果。徐变变形通常是用荷载试件的总变形与不加荷试件的收缩值之差来表示的。在自然干燥条件下，硅灰混凝土的总变形要比基准混凝土有明显的降低。这种差别在加载时不明显。相反，在密封条件（用三层环氧树脂）下，硅灰混凝土的收缩、徐变与基准混凝土有较大的差别（分别是 19% 和 12%）。

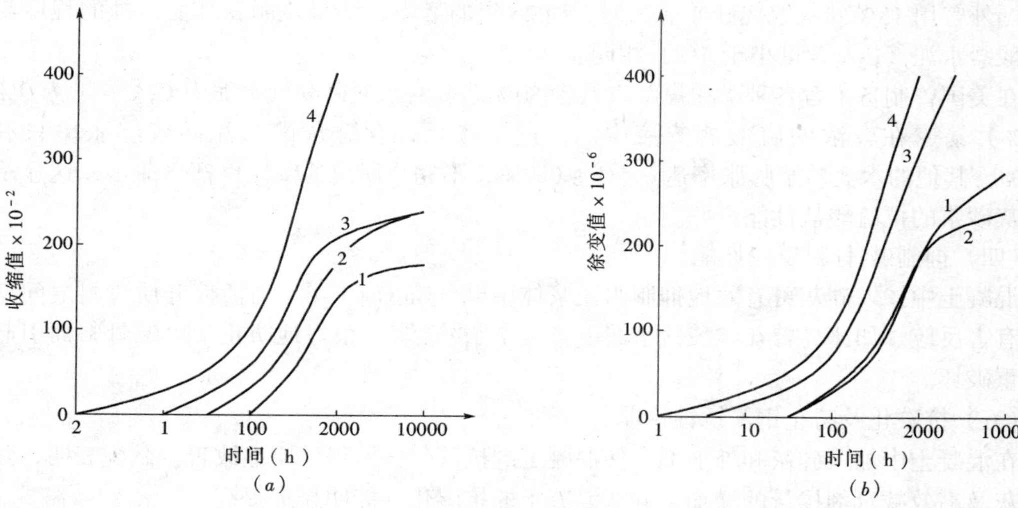

图 8-8　基准混凝土（*A*）与硅灰混凝土（*B*）的收缩和徐变曲线

（*a*）收缩曲线；（*b*）10MPa 时的徐变曲线

1—密封的 *A* 混凝土；2—密封的 *B* 混凝土；

3—不密封的 *A* 混凝土；4—不密封的 *B* 混凝土

研究结果表明，其与粉煤灰混凝土有明显不同。硅灰不会明显地降低混凝土的徐变，在减少混凝土干缩上有较大的影响。

二、耐久性能

（一）抗冻性

硅灰混凝土具有良好的抗冻性。如在水泥含量为 250kg/m³ 的混凝土内加入 10% 硅灰和 1% 的塑化剂，*K* 值约为 8。在没有引气剂的条件下，这种混凝土的抗冻性和含硅酸盐水泥 400kg/m³ 的混凝土相等。掺入 5% 的硅灰就可改善混凝土的抗冻性，取代量增到

15%～25%时效果更好，也就是说可以不用引气剂即产生良好的抗冻效果。

在混凝土中掺入硅灰对抗冻性的增强，对加气混凝土和轻骨料混凝土尤为突出。有关文献介绍，加气混凝土中掺入5%～15%的硅灰，不仅提高了强度，而且抗冻性明显提高。轻骨料混凝土中掺入硅灰10%，即使骨料含水率为15%～20%，其混凝土的耐久性指数为80%；相反，未掺硅灰的轻骨料混凝土，骨料含水率为10%，其耐久性指数却为50%。

（二）抗渗性

混凝土中掺入硅灰后密实度明显提高。资料介绍，在普通硅酸盐水泥含量为195～218kg/m^{3}的混凝土内掺加10%～16.7%硅灰，水灰比分别为1.0～1.2时，发现硅灰含量最小的混凝土，在一般的水压下也不易透水。在含水泥100kg/m^{3}混凝土中加入10%的硅灰后，渗透性从1.6×10^{-7}m/s下降到4.0×10^{-10}m/s。一般来说，其渗透能力的水泥等效因素K值高于强度的K值，但与强度发展的趋势相似，K值随硅灰的掺量增加而减小。

（三）抗硫酸盐侵蚀性

国外曾用15%硅灰取代硅酸盐水泥，经26年的暴露，结果表明，其受侵蚀的程度与抗硫酸盐水泥（C_3A含量小于5%）相同。

在美国曾制备了含各种类粉煤灰以及含30%硅灰的水泥砂浆（水泥中C_3A含量为9%～15%）暴露在较浓的硫酸盐溶液中，经过1年后，含硅灰的水泥砂浆膨胀率只有0.02%，其他的水泥砂浆膨胀率达0.5%～0.9%，不完全崩溃的试样也都弯曲了，这显示掺硅灰砂浆的抗硫酸盐性能良好。

（四）抑制碱-骨料反应性能

混凝土中掺入硅灰可有效地抑制水泥浆体中碱（Na_2O+K_2O）与活性硅质骨料之间产生的有害反应。如冰岛曾在硅酸盐水泥中掺入7.5%硅灰，很好地防止了由碱骨料而引起的严重破坏。

（五）抗碳化及防止钢筋锈蚀性能

在混凝土中加入硅灰和外加剂，使混凝工的抗碳化性能得以明显改善。试验表明，随着硅灰及高效减水剂掺量的增加，硅灰混凝土的抗碳化性能明显地提高。

一般认为，混凝土中氯离子含量过高，会促进钢筋锈蚀，而硅灰中几乎不含氯离子、氟离子等有害物质，一般高效减水剂的氯含量也有严格的出厂标准，因此在混凝土中外掺硅灰和外加剂后，并未增加对钢筋有害的物质。国内有关单位为判别硅灰混凝土对钢筋有无锈蚀作用，曾进行了新拌砂浆的极化曲线试验。结果表明，钢筋处于钝化状态。国外也曾测定过龄期为2～5年的3个含硅灰5%～10%的混凝土结构，割开后发现钢筋也基本上处于钝态。

（六）耐冲磨性能

上海市建筑科学研究院进行了混凝土含砂水流冲刷及砂浆耐磨的试验，其结果参见表8-13及表8-14。可以得知，硅灰混凝土的耐磨性能大大优于普通混凝土。

含砂水流冲刷试验结果 **表8-13**

外掺料（剂）种类	平均失量（kg）	磨损率［g/（h·m^2）］
0	0.2125	3.73
硅灰+SN-Ⅱ	0.0925	1.62

硬化砂浆磨损试验结果　　表 8-14

外掺料（剂）种类	平均损率（g/m^2）	
	3d	28d
0	0.089	0.068
硅灰 + SN-Ⅱ	0.069	0.058

三、强度增长的原因

（1）学者研究指出，在相同的水灰比下，水泥浆体的抗压强度与大孔（0.1μm）的体积成反比。硅灰的掺入使孔隙率下降，孔级配改善，大于 0.1μm 的孔减少，致使强度得到提高，这由图 8-8 和表 8-11 的关系中可以得到证实，并亦被实验所证明的一条科学规律。

（2）掺硅灰后生成的 C—S—H 为Ⅲ型，后期为Ⅳ型。Ⅲ型的 C—S—H 为等大粒子体，形状接近扁平，约几百纳米大小；Ⅳ型尺寸更小些，或者是由极小的粒子构成的连续多孔状物，粒子大小在 100nm 以下。颗粒愈小，比表面积愈大，表面相互黏结的力量亦愈大。另一方面超细粒子的硅灰可在水泥浆体中起到骨架作用，所以形成较高的强度。相反随着“纳米技术”的进一步地深化研究，硅灰在混凝土中增强机理将会更加微观化。

（3）近年来普遍认为水泥浆体——骨料的界面上的 $Ca(OH)_2$ 晶体有取向性，它的结构疏松，是材料破坏的薄弱环节，而掺硅灰后由于火山灰反应很快地进行，$Ca(OH)_2$ 晶体大大减小，晶粒亦减小，因而使界面区的 $Ca(OH)_2$ 取向生长现象减弱，加上 C/S 低的 C—S—H 具有更多的凝胶性，因而具有较好的界面黏结。

四、耐久性增强的原因

掺入硅灰后浆体的孔结构得到改善；火山灰反应使得 $Ca(OH)_2$ 含量降低，致使减少了因其溶解而产生的新的通道，这样混凝土变得很密实，水分子、SO_4^{-2}、Cl^- 的扩散受到阻力，使抗渗性能大大增强，抗冻性也相应提高。孔隙中溶液的 pH 值虽然下降，但当掺入 30%硅灰时的 pH 值为 11.5，仍在保持钢筋处于良好状态的临界值上。掺入硅灰能最终提高混凝土的阻抗，当在单位水泥用量为 $250kg/m^3$ 和 $400kg/m^3$ 的混凝土中，分别加入 10%和 20%硅灰时，电阻分别为原混凝土的 210%、615%、550%和 1600%，因而可保护钢筋不受锈蚀。另外，由于硅灰的良好火山灰活性，以及在掺硅灰后产生的 C—S—H 凝胶内能保留更多的碱，减少了孔隙溶液中的碱含量，加上在抗渗性能好的条件下，碱-骨料反应不易产生。

五、影响强度的因素

（一）温度

硅灰混凝土的早期强度受温度的影响较大，温度越高，强度越高，但 28d 强度基本相同。硅灰混凝土与普通混凝土相比较，即使在低温下，早期强度增长率也较大，28d 趋于接近。

（二）水泥品种及强度等级

对上海地区常用的几种 52.5 级普通硅酸盐水泥的试验表明，均能达到同样的结果。但是用 42.5 强度等级矿渣硅酸盐水泥时，其强度虽有一定的提高，但效果远不如 52.5 级普通硅酸盐水泥。

（三）骨料及减水剂

大量试验表明，凡是符合有关配制 C30 号以上混凝土用砂、石材料规定的骨料，以及达到产品出厂指标的高效减水剂，都能用来配制高强度等级硅灰混凝土。当然，若需配制超高强度（如 > C100）的混凝土，则对骨料及减水剂有更高的要求。

第五节 硅灰复合水泥砂浆

硅灰水泥砂浆的试验表明，在水泥生产中加入适量的硅灰，可将 42.5 级普通硅酸盐水泥的抗压强度提高 29% ~ 37.6%，而抗折强度的提高 43.2%。并且抗渗、耐磨、抗硫酸盐侵蚀的能力均有大幅度的改善。说明掺入硅灰后的复合水泥，实际上变成了性能优异的特种多功能水泥。这种水泥在北欧称为混合水泥，日本称为高密度水泥，我国称为复合水泥。

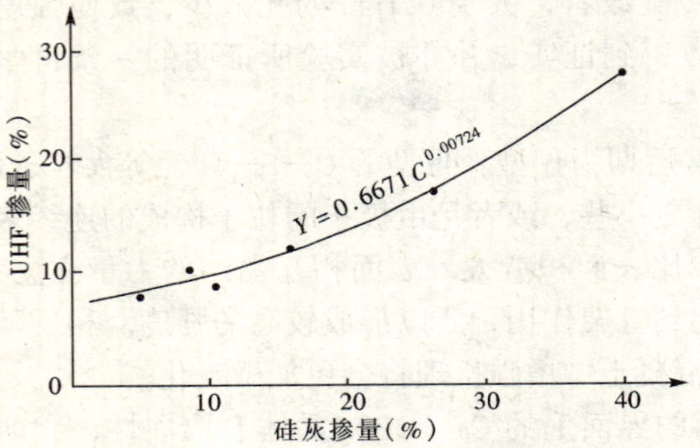

图 8-9 UNF 与硅灰掺量的关系

以大坝硅酸盐 52.5 级水泥、标准砂、萘系 UNF 高效减水剂以及硅灰配制砂浆，用软练水泥砂浆成型方法，以 4cm × 4cm × 16cm 试件测定水泥砂浆的抗压和抗折强度；以 2.5cm × 2.5cm × 27cm 试件，测砂浆的变形性能。试验时各种砂浆流动度均控制在 120mm 左右。

一、不同硅灰与外加剂掺量砂浆的试验

本组试验中，由于硅灰掺量的变化，改变高效减水剂 UNF 的掺量，以保持砂浆的流动度在 120mm 左右。其试验结果如图 8-9 所示。

不同硅灰与高效减水剂掺量的试验 表 8-15

编号	配合比 水:胶结材料:砂	UNF (%)	硅灰 (%)	强度（MPa）						线变形（$\times 10^4$）					
				抗压			抗折			湿养护条件			干养护条件		
				3d	7d	28d	3d	7d	28d	3d	7d	28d	3d	7d	28d
F_1	0.43:1:2.5	0	0	33.8	46.0	54.3	6.9	7.8	9.2	0.2	0.2	0.2	−0.8	−2.1	−3.8
F_2	0.36:1:2.5	0.67	0	42.6	53.0	63.7	7.0	7.9	8.7	0.1	0.1	0.1	−1	−2	−3.9
F_3	0.36:1:2.5	0.75	3	43.5	56.5	68.0	7.2	7.9	9.7	0.1	0.1	0.1	−1	−2	−3
F_4	0.36:1:2.5	0.90	7	44.1	56.1	75.3	7.4	8.1	9.6	0	0.1	0.2	−1.2	−2.1	−3
F_5	0.36:1:2.5	0.90	7	39.9	57.1	84.6	7.1	8.8	11.0	−0.3	−0.2	0.3	−1.5	−2	−3.7
F_6	0.36:1:2.5	1.2	15	39.9	56.9	84.8	7.6	8.9	11.8	−0.1	0	0.5	−1.2	−1.9	−3.2
F_7	0.36:1:2.5	2	30	39.9	57.5	85.1	7.5	8.8	13.5	−0.2	−0	0.4	−1.3	−2.1	−3.9
F_8	0.36:1:2.5	3	40	41.5	56.9	86.7	6.8	9.5	13.6	−0.4	−0.3	0.3	−1.4	−2	−3.4

注：水泥 + 硅灰为胶结材料。

从表 8-15 中可见，由于硅灰的掺入，需水量迅速增加，为了维持其水胶比，加入 UNF 以保持流动度在 120mm 左右。高效减水剂随硅灰的掺量的增加而增加。由表 8-15 的试验资料可以得出如下关系式：

$$r = 0.6671e^{0.0372k}$$

式中　r——高效减水剂掺量百分数；

k——硅灰掺量百分数。

高效减水剂 UNF 与硅灰两者掺量的关系如图 8-9 所示。

由图 8-9 可见，当硅灰掺量达 30%时，UNF 掺量为 2%，低于此掺量时，硅灰与 UNF 掺量基本上为直线关系；而当硅灰掺量超过 30%时，UNF 掺量迅速增加。这也说明高效减水剂在硅灰掺量过高时，增塑效果减少。故有一最佳掺量。

苏州水泥混凝土制品研究院试验证明，掺高效减水剂的水泥砂浆中，掺入 10%左右的硅灰，比不含硅灰的砂浆，达到相同的流动度时，可以降低需水量。其主要观点认为：硅灰颗粒填充水泥颗粒间的空隙中，置换出水泥颗粒间自由水；同时硅灰还可以吸附在水泥颗粒表面，起滚珠润滑作用，使浆体的流动性提高，需水量减少。

由表 8-15 可见硅灰具有明显的增强效果。硅灰掺量与砂浆强度有如下关系：

$$f_{c28} = 88.2e^{-0.7896/X}$$

式中　f_{c28}——砂浆 28d 抗压强度；

X——硅灰掺量百分数。

由图 8-10 可见，当硅灰掺量为 10%时，砂浆强度增加 33%，而当其掺量超过 10%时，强度效果不明显。

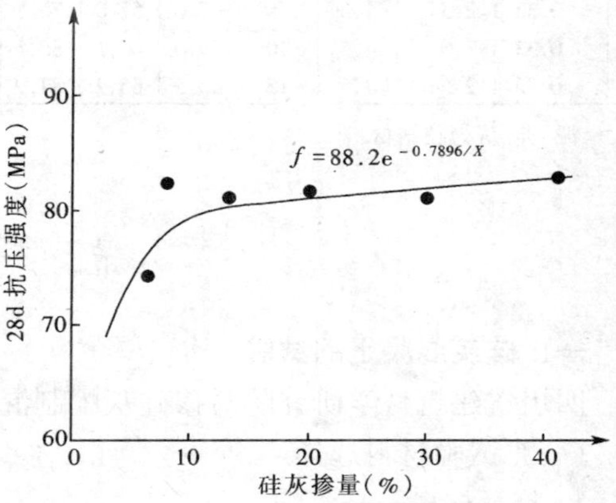

图 8-10　硅灰掺量与砂浆 28d 强度关系

硅灰掺量对变形的影响，从表 8-15 可见。硅灰掺量超过 10%时，在水中养护的条件下，7d 龄期前略有收缩，28d 龄期和其他掺量一样，略有膨胀。28d 龄期后，由水中取出放到恒温恒湿干缩试验室，在空气中保养，测其长度变形，28d 的干缩值，各硅灰掺量的水泥砂浆收缩基本一致。

二、以粉煤灰取代部分水泥以及掺少量硅灰的试验

以 30%、35%、45%及 47.6%的粉煤灰取代相应的水泥，与此同时以 5%的硅灰也取代相应的水泥，且相应增加 UNF 掺量，试验结果见表 8-16 所列。

粉煤灰取代部分水泥试验　　**表 8-16**

编号	配合比 水:胶凝材料:砂	UNF (%)	硅灰 (%)	粉煤灰 (%)	龄期强度(MPa) 抗压 3d	7d	28d	抗折 3d	7d	28d	龄期线变形(×10⁴) 湿养护条件 3d	7d	28d	干养护条件 3d	7d	28d
F_9	0.36:1:2.5	1.2	0	30	25.8	38.8	52.0	4.9	6.0	8.0	-0.5	-0.3	-0.1	-1.9	-3.2	-3.9
F_{10}	0.36:1:2.5	1.33	5	35	25.6	38.3	59.7	5.3	6.1	9.2	-0.3	-0.1	0.4	-1.7	-2.9	-3.8
F_{11}	0.36:1:2.5	1.37	5	45	20.8	32.3	56.4	4.3	5.6	8.3	-0.7	0.3	0.3	-1.8	-2.7	-3.8
F_{12}	0.36:1:2.5	4.0	—	47.6	19.1	24.4	43.8	4.4	5.5	6.9	-0.1	0.1	0.4	-2	-3.5	-3.8

注：水泥＋硅灰为胶结材料。

由表 8-16 可见，部分粉煤灰取代相应的水泥以后，拌制的砂浆强度明显下降。但如果用部分粉煤灰取代相应的水泥的同时，并以 5%的硅灰取代相应的水泥，则可以补偿砂浆的强度损失。

三、以硅灰取代部分水泥的砂浆

试验结果如表 8-17 所列。当砂浆配合比不变，以 3%、7%、10%及 15%的硅粉取代相应的水泥。当硅灰对水泥的取代量为 10%～15%时，砂浆的抗压强度达最大值，与前面所得的结论相一致。

不同硅灰取代水泥量的砂浆试验结果 **表 8-17**

编号	配合比	UNF	硅灰	龄期强度（MPa）						龄期线变形（$\times 10^4$）					
	水:胶结材料:砂	（%）	（%）	抗压			抗折			湿养护条件			干养护条件		
				3d	7d	28d	3d	7d	28d	3d	7d	28d	3d	7d	28d
S_1	0.44:1:2.5	0	0	32.3	49.3	58.8	6.7	8.1	8.6	0.2	0.2	0.5	-0.1	-2.6	-3.9
S_2	0.33:1:2.5	1.5	0	42.1	51.9	64.2	6.9	7.9	9.6	0.1	0.2	0.7	-1.7	-3.2	-4.3
S_3	0.33:1:2.5	1.5	3	44.6	55.4	70.2	7.4	8.8	10.0	0.1	0.1	0.3	-2.1	-3.3	-3.8
S_4	0.33:1:2.5	1.5	7	47.0	57.0	76.5	8.0	8.5	10.2	0.3	0.3	0.7	-1.3	-2.3	-3.8
S_5	0.33:1:2.5	1.5	10	49.0	66.1	86.5	8.6	10.1	11.9	0.2	0.2	0.5	-1.2	-2.3	-3.0
S_6	0.36:1:2.5	1.5	15	45.5	65.2	87.9	7.6	9.7	12.1	0.2	0.2	0.4	-1.0	-2.2	-3.2

注：水泥＋硅灰为胶结材料。

第六节 硅 灰 混 凝 土

一、硅灰混凝土的试验

四川省建筑科学研究院对掺硅灰配制混凝土进行了探索性的试验研究。

（一）试验材料选择

1. 胶凝材料——水泥

采用峨眉 42.5 级普通硅酸盐水泥和 52.5 级普通硅酸盐水泥。

2. 细骨料

采用四川金堂赵镇河砂，其物理性能见表 8-18，颗粒级配试验结果见表 8-19。从表 8-19 可以看出，赵镇河砂属中砂。

细骨料的物理性能 **表 8-18**

序 号	堆积密度（kg/m^3）	表观密度（g/cm^3）	含泥量（%）
1	1493	2.69	1.4
2	1447	2.66	1.6

细骨料的筛分试验结果 **表 8-19**

序号	项 目	筛孔尺寸（mm）							细度横数（M_x）
		5.0	2.5	1.25	0.63	0.315	0.16	<0.16	
1	分计筛余（%）	0	0.9	13.06	42.78	33.30	6.87	3.00	2.59
	累计筛余（%）	0	0.9	13.96	56.54	89.84	96.71	99.71	
2	分计筛余（%）	0	1.83	9.90	38.92	39.96	5.65	4.57	2.47
	累计筛余（%）	0	1.83	10.73	49.65	89.61	95.26	99.83	

3. 粗骨料

采用四川崇州市西河卵石，粒级为 5～15mm。其物理性能与颗粒级配分别见表 8-20 和表 8-21。

卵石的物理性能　　表 8-20

序号	堆积密度（kg/m^3）	密度（g/m^3）	吸水率（%）	含泥量（%）
1	1762	2.73	2.0	0.35
2	1840	2.69	—	0.42

卵石筛分析试验结果　　表 8-21

序　号	项　目	筛孔尺寸(mm)				
		20	15	10	5	<5
1	分计筛余（%）	0.17	9.23	29.01	41.11	20.29
	累计筛余（%）	0.17	9.40	38.41	79.52	99.81
2	分计筛余（%）	0	9.76	32.62	42.50	16.22
	累计筛余（%）	0	9.76	42.38	83.86	100.1

4. 外加剂

采用重庆市长寿化工厂生产的 NNO 和 FDN 减水剂，广东湛江市减水剂厂生产的 FDN 减水剂。

5. 硅灰粉

采用唐山市硅铁厂的收尘硅灰粉，其化学成分列于表 8-22 中。

硅灰粉的化学成分　　表 8-22

化学成分	SiO_2	Al_2O_3	Fe_2O_3	CaO	MgO	SO_3
含量（%）	91.43	0.48	2.06	0.22	1.37	—

（二）试验结果

1. 减水剂对混凝土 28d 抗压强度的影响

在同样配合比、水灰比等条件下，掺入减水剂可以显著地提高硅灰混凝土的强度，试验结果见表 8-23。

减水剂对硅灰混凝土抗压强度的影响　　表 8-23

序号	用量配合比（kg/m^3）				硅灰粉		水灰比 $\left(\frac{W}{C}\right)$	砂率（%）	减水剂（%）	坍落度（cm）	抗压强度（MPa）
	52.5 级普通水泥	砂	石子	水	掺量（kg）	掺率（%）					
1	516	562	1270	180	0	0	0.35	31	FDN 1.0	24.7	56.4
2	482	565	1278	181	36	7.0	0.35	31	1.0	26.8	82.4
3	505	571	1291	151	0	0	0.30	31	0.75	3.5	—
4	472	574	1298	152	36	7.0	0.30	31	0.75NNO	4.8	89.7
5	508	574	1298	152	0	0	0.30	31	1.0	5.7	68.6
6	465	572	1274	150	35	7.0	0.30	31	1.0	5.3	85.9

2. 水灰比对混凝土 28d 抗压强度的影响

水灰比对硅灰混凝土 28d 龄期抗压强度的影响见表 8-24。

从表 8-24 的数据可以看出：与普通混凝土强度和水灰比的关系基本是一致的。随着水灰比加大到 0.35 时，在同等条件下 28d 抗压强度只达到 47.4MPa，而且经观察混凝土混合物产生离析现象，保水性差；水灰比 0.30～0.33 时，28d 抗压强度却超过 58.8MPa，坍落度为 13.5～23.0cm，适用于泵送混凝土现浇工艺。

3. 砂率对混凝土28d强度的影响

砂率对混凝土28d龄期强度的影响见表8-25。

水灰比对硅灰混凝土抗压强度的影响 表8-24

序号	用量配合比（kg/m³）				硅灰粉		水灰比 $\left(\frac{W}{C}\right)$	砂率（%）	减水剂（%）	坍落度（cm）	抗压强度（MPa）
	42.5级普通水泥	砂	石子	水	掺量（kg）	掺率（%）					
1	464	614	1265	135	35	7.0	0.27	33	1.0	4.1	91.4
2	464	601	1238	150	35	7.0	0.30	33	1.0	18.3	77.6
3	465	583	1284	150	35	7.0	0.30	33	1.0	13.5	81.2
4	463	587	1210	164	35	7.0	0.33	33	1.0	23.0	71.8
5	472	590	1214	178	36	7.0	0.35	33	1.0	18.5	47.4

砂率对硅灰混凝土抗压强度的影响 表8-25

序号	用量配合比（kg/m³）				硅灰粉		水灰比 $\left(\frac{W}{C}\right)$	砂率（%）	NNO减水剂（%）	坍落度（cm）	抗压强度（MPa）
	42.5级普通水泥	砂	石子	水	掺量（kg）	掺率（%）					
1	460	525	1303	149	35	7.0	0.30	29	1.0	16.9	74.5
2	470	572	1293	152	35	7.0	0.30	31	1.0	16.0	81.7
3	464	601	1238	150	35	7.0	0.30	33	1.0	18.3	81.2
4	465	583	1284	150	35	7.0	0.30	33	1.0	13.5	77.6
5	461	616	1213	149	35	7.0	0.30	34	1.0	17.5	86.0
6	462	654	1179	149	35	7.0	0.30	36	1.0	19.5	81.8

从表8-25的数据可以看出：在允许范围内，砂率对硅灰混凝土无显著影响。

4. 硅灰掺量对混凝土28d抗压强度的影响

硅灰掺量对混凝土28d龄期抗压强度的影响见表8-26。

硅灰掺量对混凝土抗压强度的影响 表8-26

序号	用量配合比（kg/m³）				硅灰粉		水灰比 $\left(\frac{W}{C}\right)$	砂率（%）	NNO减水剂（%）	坍落度（cm）	抗压强度（MPa）
	42.5级普通水泥	砂	石子	水	掺量（kg）	掺率（%）					
1	504	570	1288	151	0	0	0.30	33	1.0	4.1	65.3
2	478	607	1251	151	25	5.0	0.30	33	1.0	8.4	81.0
3	464	601	1238	150	35	7.0	0.30	33	1.0	18.3	81.2
4	455	603	1292	150	45	9.0	0.30	33	1.0	15.3	85.1
5	443	601	1237	149	55	11.0	0.30	33	1.0	16.2	93.8

从表8-26的数据可以看出：当水泥用量及其他条件都基本相同，硅灰掺量为5%～11%时，其抗压强度在78.4～93.8MPa之间，混凝土混合物坍落度在8.4～18.3cm之间。据国外有关资料介绍，硅灰掺量在10%～15%范围内，加入超塑化剂可配制超高强硅灰混凝土。

5. 硅灰掺法对混凝土28d抗压强度的影响

硅灰掺加方法对混凝土28d抗压强度的影响见表8-27。

硅灰掺法对混凝土强度的影响 表 8-27

序号	用量配合比（kg/m^3）				硅灰粉		水灰比 $\left(\frac{W}{C}\right)$	砂率（%）	NNO 减水剂（%）	坍落度（%）	抗压强度（MPa）	备注
	42.5 级普通水泥	砂	石子	水	掺量（kg）	掺率（%）						
1	478	607	1251	151	25	5.0	0.316	33	1.0	8.4	81.0	内掺法
2	464	601	1238	150	35	7.0	0.323	33	1.0	18.3	81.2	
3	455	603	1242	150	45	9.0	0.330	33	1.0	15.3	85.1	
4	443	601	1237	149	55	11.0	0.396	33	1.0	16.2	93.8	
5	497	599	1235	149	35	7.0	0.30	33	1.0	4.9	90.1	外掺法
6	493	545	1225	148	44	9.0	0.30	33	1.0	5.1	95.5	
7	489	589	1213	147	54	11.0	0.30	33	1.0	6.9	89.6	

6. 不同水泥用量对混凝土 28d 抗压强度的影响

不同水泥用量对混凝土 28d 龄期抗压强度的影响见表 8-28。

水泥用量对硅灰混凝土强度的影响 表 8-28

序号	用量配合比（kg/m^3）				硅灰粉		水灰比 $\left(\frac{W}{C}\right)$	砂率（%）	NNO 减水剂（%）	坍落度（%）	抗压强度（MPa）	备注
	42.5 级普通水泥	砂	石子	水	掺量（kg）	掺率（%）						
1	421	634	1307	136	31.7	7.0	0.30	33	1.0	2.7	84.4	52.5 级普通水泥
2	371	656	1351	120	28.0	7.0	0.30	33	1.0	0.4	83.2	
3	430	634	1307	136	22.6	7.0	0.30	33	1.0	3.2	64.6	42.5 级普通硅酸盐水泥
4	417.7	629	1296	135	31.4	7.0	0.30	33	1.0	2.3	78.2	
5	405	623	1285	134	40.0	7.0	0.30	33	1.0	4.8	78.0	
6	370	654	1347	119	28.0	7.0	0.30	33	1.0	0.8	79.3	
7	370	654	1347	119	28.0	7.0	0.30	33	1.0	0.7	86.9	

从表 8-28 中可以看出，在掺入 7% 硅灰、1.0% 的 NNO 减水剂、水灰比 0.30 的条件下，当水泥用量为 360 ~ 420kg/m^3 时，都可制得高强混凝土。在此范围内水泥用量增加，硅灰混凝土强度虽可提高，但并不显著。相反，水泥强度等级的影响倒是主要的。

二、硅灰混凝土的物理力学性能

（一）物理性能

1. 颜色

新鲜或硬化的掺有硅灰的混凝土呈深灰色，特别是掺量大的。而普通掺量的为灰色。

2. 加气处理

为了生产所需含气量而掺加的加气剂，随着硅灰掺量的增多而显著增加。这可能是由于硅灰极细、表面积大和存在碳的缘故。

3. 多孔性

在砂浆和混凝土中掺加硅灰后，在水泥硅灰浆中总的孔隙率仍基本相似，但因减少了粗孔，封闭小孔增多，故能增强抗渗性能和抗冻性能。

4. 干缩

不论水灰比如何，硅灰混凝土的干缩（湿养 28d 后）一般与未掺硅灰的混凝土（原始混凝土）相似，基本未见增加收缩。

（二）力学性能

1. 抗压强度

硅灰混凝土的抗压强度试验结果见表 8-29。

硅灰混凝土的抗压强度对比 **表 8-29**

编号	用量配合比（kg/m³）				硅灰粉		水灰比（W/C）	砂率（%）	NNO减水剂（%）	坍落度（cm）	抗压强度（MPa）		
	42.5级普通水泥	砂	石子	水	掺量（kg）	掺率（%）					3d	7d	28d
1	428	619	1270	179	0	0	0.42	33	1.0	4.0	23.8	33.3	50.0
2	418	627	1289	136	31.5	7.0	0.42	33	1.0	3.5	47.5	64.9	79.3
3	461	591	1214	149	34.7	7.0	0.42	33	1.0	3.5	44.5	58.3	80.5

2. 棱柱、抗拉、抗折强度和弹性模量

硅灰混凝土的棱柱、抗拉、抗折强度和弹性模量的试验结果见表 8-30。

硅灰混凝土的基本性能 **表 8-30**

编　号	棱柱强度（MPa）	抗拉强度（MPa）	抗折强度（MPa）	弹性模量（$\times10^4$MPa）	备　注
1	40.61	2.94	5.39	3.769	未掺硅粉
2	79.96	4.61	9.80	4.46	
3	52.43	4.70	9.50	4.25	

3. 收缩值

硅灰混凝土的收缩试验结果见表 8-31。

硅灰混凝土的收缩 **表 8-31**

编号	混凝土龄期收缩值（%）				28d 抗压强度 f_{c28}（MPa）
	7d	14d	21d	28d	
1	0.039	0.124	0.252	0.300	43
2	0.089	0.126	0.189	0.193	84
3	0.118	0.271	0.337	0.372	67

（三）冻融循环后的耐久性

加气硅灰混凝土中硅灰掺量达 15%时，其抗冻融性能仍然良好。但应注意其掺量不能超过 20%，否则可能因掺量过高而导致水泥基质过分干稠，反过来导致影响水的活动。因而，不主张掺硅灰配制加气混凝土。

（四）强度发展趋势

（1）从加拿大对硅灰混凝土强度发展的研究资料可以看出，不论硅灰的掺量和坍落度的维持是靠多加水或掺超塑化剂，硅灰混凝土的 1d 强度低于或等于原始基准混凝土，然而 28d 强度和后期强度却较高，而且在许多工程中特别显著。这进一步证明，硅灰对掺有超塑化剂、高水灰比的混凝土具有较好的效应。

（2）掺硅灰混凝土的抗弯和劈裂抗拉强度的发展情况，基本与抗压强度相似。

（3）硅灰混凝土的强度发展很像粉煤灰混凝土和矿渣混凝土。其主要区别：硅灰是一种更有效的火山灰质材料，其凝结硬化作用在早期显现出来，而粉煤灰、矿渣则在后期产生作用。这些硅灰粉料配制的混凝土其强度发展分为两阶段：首先是硅酸盐熟料水化，除了主要生成水化物之外，同时析出 $Ca(OH)_2$；之后粉煤灰、矿渣中的活性成分（SiO_2 和 Al_2O_3）再与水泥水化析出的 $Ca(OH)_2$ 进行反应，混凝土进一步获得强度。水化反应不仅取决于粉料的表面积（细度），同时也直接决定混凝土的强度。

三、结束语

(1) 采用现有设备，利用现行混凝土生产工艺，掺 1.0% NNO 减水剂和 5% ~ 7% 硅灰粉，既可配制适用于混凝土预制厂 2 ~ 5cm 低坍落度混凝土混合物，也可配制现浇工艺需求的 15 ~ 20cm 坍落度混凝土混合物。如掺超塑化剂时，尚可生产满足工艺所需求坍落度的超高强混凝土混合物。

(2) 掺硅灰混凝土的基本力学性能完全满足要求。

(3) 在硅灰短缺的地方，可采用磨细粉煤灰代替，同样也可配制强度较高的混凝土，其基本力学性能同样符合设计要求。

第七节　硅灰高强混凝土

一、试验研究

以一种无加气剂的高强混凝土拌合物，使影响抗压强度的某些因素最佳化，从而使 28d 抗压强度达到 50 ~ 70MPa。然后研究用掺入硅灰和超塑化剂，来提高拌合物的强度及其他性能。

(一) 试验方案

试验方案分为三大组进行：①以硅灰取代混凝土中部分水泥，调整混凝土中用水量，保持坍落度为常数(50mm)，观察硅灰的取代量与用量变化及抗压强度之关系；②保持水与胶凝材料比 (0.34) 不变，改变硅灰取代量，观察坍落度及抗压强度变化；③水胶比 (0.34 及 0.28) 保持不变，改变硅灰的取代量，同时改变高效减水剂掺量，以维持坍落度在一定值 (50mm 左右)，观察抗压强度与硅灰取代率关系。

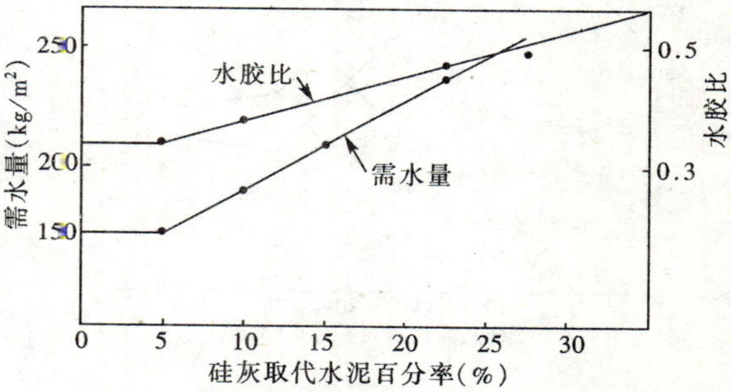

图 8-11　坍落度不变时需水量的变化

抗压强度试件为 ϕ150mm × 300mm 的圆柱体，抗弯试件为 100mm × 100mm × 350mm，三分点加载法试验。试件在相对湿度为 95% ± 3% 和温度为 23 ± 2℃ 的雾室中养护，至 7d、28d、56d 及 91d 试验为止。

(二) 第一组试验

在坍落度不变时掺入硅灰取代水泥，混凝土的配合比及新拌混凝土的性能见表 8-32 所列，坍落度变化及强度变化如图 8-11 及图 8-12 所示。

坍落度不变时掺入硅灰取代水泥　　　　**表 8-32**

硅灰取代水泥的数率 (%)	配合比 (kg/m^3)					新拌混凝土的性能		
	粗骨料	细骨料	水	水泥	硅灰	坍落度 (mm)	含气量 (%)	堆积密度 (kg/m^3)
0	1318	429	171	502	—	50	1.4	2420
5	1311	447	171	476	2.5	50	1.4	2430
10	1277	441	187	450	50	50	1.3	2405
15	1224	410	212	416	73	50	1.3	2335
20	1161	395	229	379	126	50	1.3	2290
25	1140	390	239	354	152	50	1.2	2275

由图 8-11 可见，为提高取代水泥的百分率，保持坍落度不变所需要的用水量是线性增加的。在水泥用量为 500kg/m^3 的高强混凝土中，用硅灰取代 5%的水泥，坍落度不受影响。

随着硅灰含量的增大，混凝土 7d、28d、56d 的抗压强度变化如图 8-13 所示。取代量为 5%的混凝土，其 28d 的抗压强度在一定程度上高于空白对比的混凝土。取代量较大时，强度则有明显的下降。可是 56d 的抗压强度可提高到取代量达 15%；在取代量为 25%和 30%时，各龄期的强度均有下降。在高强混凝土中，坍落度不变时，最佳取代量为 5%。

由图 8-13 可见，掺有硅灰的混凝土的抗弯强度，硅灰的取代率与抗弯强度的关系，类似于抗压强度。

（三）第二组试验

水-胶比（0.34）不变时，硅灰对水泥的取代。混凝土的配合比和新拌混凝土的性能列于表 8-33 中。

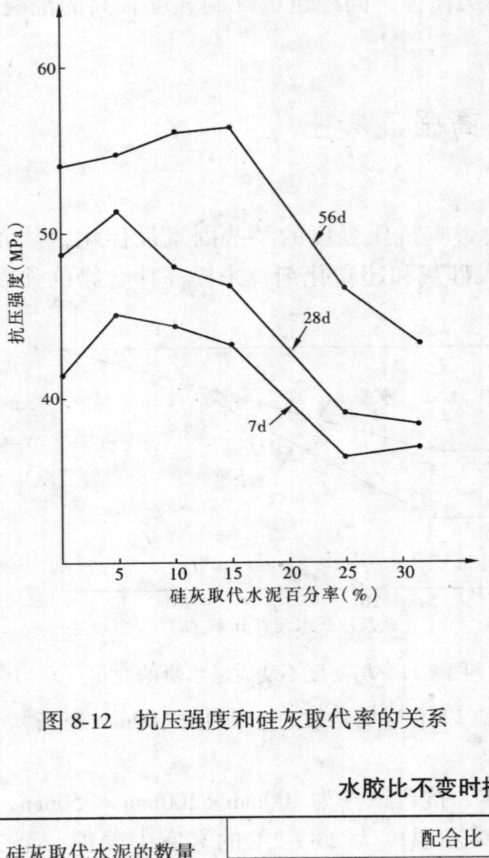

图 8-12　抗压强度和硅灰取代率的关系

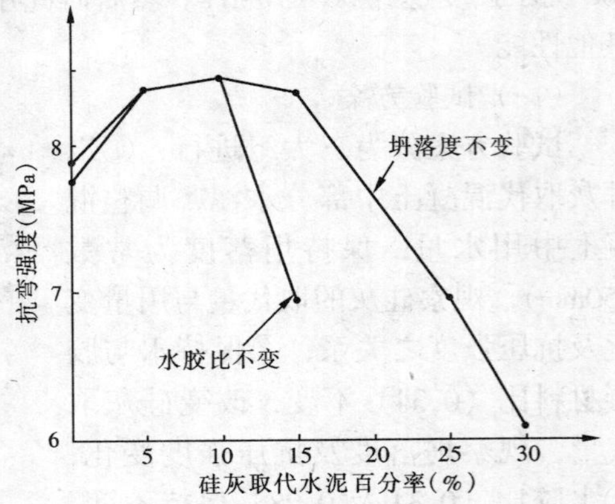

图 8-13　28d 抗弯强度的变化

水胶比不变时掺入硅灰取代水泥量　　**表 8-33**

硅灰取代水泥的数量（%）	配合比（kg/m^3）					新拌混凝土的性能		
	粗骨料	细骨料	水	水泥	硅灰	坍落度（mm）	含气量（%）	堆积密度（kg/m^3）
0	1318	427	171	502	—	50	1.3	2418
5	1309	447	170	478	25	50	1.3	2429
10	1292	437	171	450	50	10	1.4	2400
15	1292	436	171	425	75	0	1.4	2399

由表 8-33 可见，虽然在 5%取代量时的塌落度保持不变，但拌合物的黏聚性提高了，取代量为 10%和 15%的拌合物，变得非常黏稠，试件很难完全密实。

由图 8-14 可见，5%和 10%取代量的混凝土，7d、28d 和 56d 的抗压强度，略高于空白对比的混凝土；取代量 15%时的强度损失，是由于不能完全压实造成的。

（四）第三组试验

在水胶比不变时，掺超塑化剂、掺硅灰取代水泥。

水胶比为0.34和0.28，混凝土配合比见表8-34和表8-35，拌合物的坍落度为50mm左右，但坍落度损失太大。在水胶比为0.28和取代量为20%时，在15min内坍落度就下降到零。

水胶比为0.34和塌落度不变时混凝土配合比 **表8-34**

硅灰取代的水泥率（%）	配合比（kg/m³）					超塑化剂的用量（%）	新拌混凝土的性能		
	粗骨料	细骨料	水	水泥	硅灰		坍落度（mm）	含气量（%）	堆积密度（kg/m³）
0	1335	450	170	500	—	—	50	1.3	2455
5	1325	448	171	478	25	—	55	1.3	2447
10	1321	443	165	454	50	0.93	50	1.5	2438
15	1371	440	168	429	75	1.19	50	1.3	2426
20	1307	438	165	400	100	1.48	50	1.3	-417
25	1268	431	170	375	125	1.18	50	1.2	2396

水胶比为0.28和塌落度不变时混凝土配合比 **表8-35**

硅灰取代的水泥率（%）	配合比（kg/m³）					超塑化剂的用量（%）	新拌混凝土的性能		
	粗骨料	细骨料	水	水泥	硅灰		坍落度（mm）	含气量（%）	堆积密度（kg/m³）
0	1370	458	41	502	—	1.79	55	2.1	2480
5	1362	460	142	476	25	1.57	50	1.7	2473
10	1358	457	140	450	50	1.62	50	1.5	2463
15	1353	454	140	424	75	1.96	55	1.4	2456
20	1336	449	140	400	100	2.15	50	1.4	2436

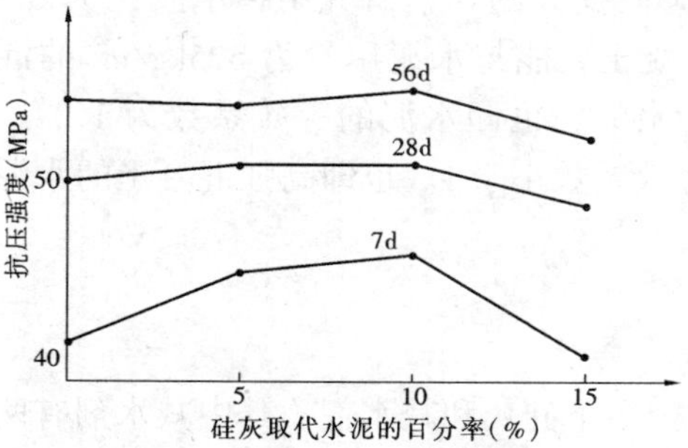

图8-14 水胶比不变时抗压强度的变化

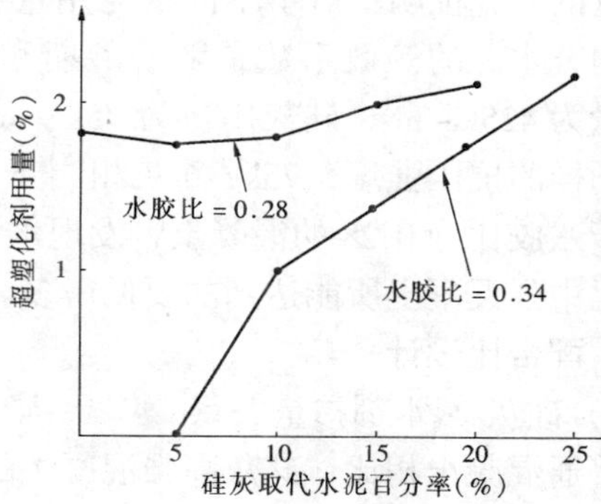

图8-15 坍落度不变时超塑化剂用量的变化

从图8-15可见，硅灰对水泥的取代量越大，水胶比越低时，保持坍落度不变所需的超塑化剂量也越多。在水胶比为0.34、取代量为10%~30%时，保持坍落度所需要的塑化剂的数量是线性地增大，而在取代量为5%，则不需掺塑化剂。可是水胶比为0.28、取代量为5%~10%时，需要超塑化剂的量较少，或者几乎与对比的空白拌合物一样。总而言之，超塑化剂的效率是随着硅灰的存在而提高的。

由图8-16可见，对于水胶比为0.34的混凝土、取代量达15%时，掺硅灰混凝土的抗压强度比对比的空白混凝土高，以后就下降了。可是，对于水胶比为0.28的混凝土、甚至取代量为5%时，掺硅灰的混凝土的28d、56d和91d的抗压强度均比控制混凝土低，如图8-17所示。

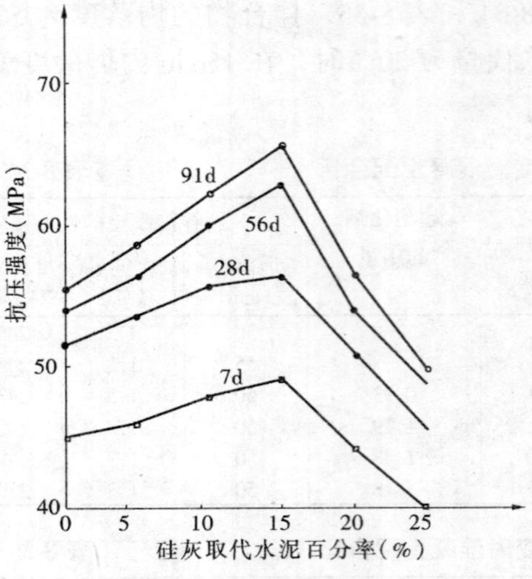

图 8-16 水胶比为 0.34 和坍落度不变时抗压强度的变化

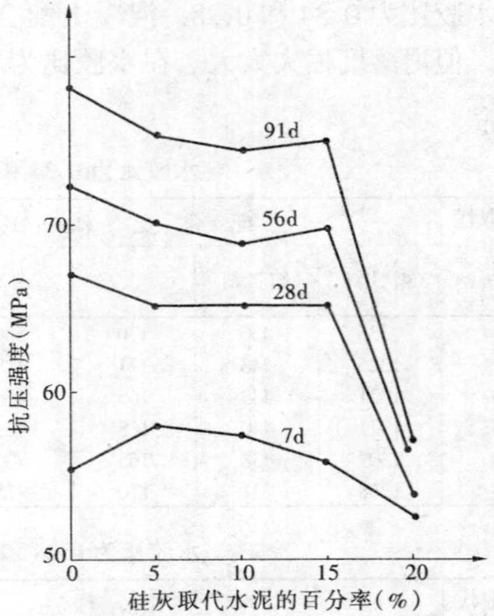

图 8-17 水胶比为 0.28 时坍落度不变时抗压强度的变化

这些混凝土抗弯强度的变化，亦与抗压强度相同。

由于以硅灰取代部分水泥，使混凝土的抗压强度提高。有必要引入水泥等效系数的概念。在素混凝土中加入必要的水泥质量，可以产生一个单位质量的硅灰所能产生的同样强度。最近的研究证明：对于不同水泥用量和水灰比，水泥的等效系数在 2～5 的范围内。业已证明，水泥的等效系数是随着龄期和水灰比而提高的。本研究中，水胶比为 0.34、水泥用量为 425kg/m^3、硅灰用量为 75kg/m^3 的混凝土，能与水泥用量为 525kg/m^3 的混凝土具有同样的抗压强度，75kg 硅灰相当于 100kg 水泥，也即水泥的等效系数为 1.33。可是，对于水胶比为 0.28 的混凝土，发现水泥的等效系数小于 1。也即高强混凝土的水泥等效系数比中强混凝土所能达到的要低得多。

二、配合比设计

(一) 硅灰-减水剂掺量关系

与普通混凝土相比，硅灰高强混凝土的组分中多了硅灰和减水剂。其中减水剂有两个作用，第一是减少混凝土用水量，第二是减少硅灰润湿并帮助分散到混凝土中去。为找出减水剂-硅灰用量之对应关系，选定 6 种 W/C 的混凝土，每种混凝土中分别掺 0%～15% 硅灰（分 6 种掺量）。通过调节减水剂用量来保证各组混凝土坍落度基本一致。这样得到了表 8-36 各种 W/C 下的硅灰-碱水剂掺量的线性关系。

硅灰-减水剂掺量的关系（%） **表 8-36**

水泥用量 (kg/m^3)	水灰比 (W/C)	坍落度范围 (cm)	硅灰掺量（%）						$r = AX + B$
			0	2.5	5.0	7.5	10.0	15.0	
340	0.532	3.1～3.8	0	0.16	0.31	0.43	0.69	0.98	$r = 0.0661X - 0.0124$
340	0.477	3.0～3.6	0.38	0.62	0.83	0.95	1.19	1.55	$r = 0.0766X + 0.409$
340	0.413	3.0～4.0	0.86	1.16	1.38	1.57	2.06	—	$r = 0.112X + 0.844$
460	0.388	3.2～4.0	0	0.24	0.43	0.57	0.74	1.09	$r = 0.071X + 0.040$
460	0.323	3.0～4.0	0.48	0.78	0.97	1.09	1.41	1.85	$r = 0.0887X + 0.507$
460	0.287	3.0～4.2	1.14	1.38	7.71	1.85	2.20	—	$r = 0.104X + 1.38$

注：硅灰、减水剂均以水泥质量百分比计。

从表 8-36 中可以看出，在大多数情况下，每掺加 1%硅灰要增加 0.07%～0.09%的减水剂，当然减水剂性能不同，这个数字可能还要变化。

（二）硅灰混凝土的 $f-C/W$ 关系

上述混凝土试验的 28d 抗压强度与 C/W 关系形成了在不同硅灰掺量下的 $f-W/C$ 关系（表 8-37）。

硅灰混凝土的 $f-C/W$ 关系（%）　　表 8-37

硅灰掺量（%）	1.88	2.10	2.42	2.58	3.10	3.45	$f=A/C/W+B$
0	35.2	41.4	41.7	49.8	59.2	65.5	$f=19.32C/W-1.15$
2.5	38.7	43.6	48.2	49.3	60.8	70.3	$f=19.46C/W+1.49$
5.0	41.9	43.5	54.6	55.9	66.7	72.1	$f=19.88C/W+2.35$
7.5	43.4	44.2	52.8	57.8	72.4	73.5	$f=21.64C/W+1.46$
10.0	44.0	49.2	57.0	61.5	75.0	77.5	$f=22.05C/W+2.51$
15.0	45.4	52.8	63.3	61.7	77.4	85.6	$f=22.99C/W+0.27$

从表 7-37 数据发现：在同样 C/W 下，混凝土强度随硅灰增加而提高。

表 7-37 试验用水泥实测抗压强度为 51.4MPa（28d）。同样配比，用抗压强度为 60.5MPa 的水泥得到在硅灰为 7.5%时的 f-C/W 关系为：$f=24.48$MPa $C/W-0.23$。这样，形成了一个 $f-C/W$ 关系范围（图 8-18），根据水泥流动性，用插入法可查得在所设计混凝土的硅灰用量和 W/C。在强度可以达到的情况下，硅灰用得越少越经济。

（三）配合比设计参考方法

1. 设计步骤

以下介绍硅灰混凝土配比设计方法，尽量使之与设计普通混凝土方法接近。其中许多参数与硅灰、减水剂、水泥以至砂石品种质量均有密切关系，应根据实际情况加以调整，这里仅作为一种配合比设计思路供参考。具体步骤如下：

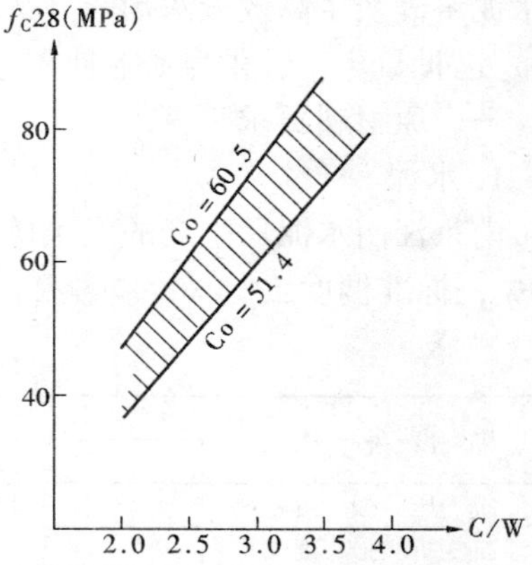

图 8-18　硅灰混凝土 $f-C/W$ 关系（Si = 7.5%）

（1）确定需水量：根据需水性定律 W = 10/3（T + K），按普通混凝土方法计算需水量，然后减去 15%～25%（高效减水剂对混凝土的减水率），在强度较低（60MPa 左右）和坍落度较小（6cm 以下）时取下限（15%～20%），反之取上限（20%～25%）。

（2）根据强度要求选定硅灰掺量，一般取 5%～10%。

（3）按“（一）”条说明，确定减水剂用量（包括混凝土本身所需超塑剂 0.5%～0.75%）。

（4）按图 8-18 或其他硅灰掺量下的 $f-C/W$ 关系，确定 C/W 和水泥用量。

（5）按普通混凝土方法选择砂率，并提高 10%～20%。

（6）用“绝对体积法”计算配合比。硅灰可以作为胶结材料之一计算。

也可用扣除等体积砂方法计算，通过适当调整砂率，两者实际上无多大差别。

2. 工程举例

下面举一个实例：

［例］要求混凝土28d抗压强度60MPa；坍落度6~8cm；水泥活性56MPa；5~25cm碎石，表观密度$2.67g/cm^3$；中砂，表观密度$2.60g/cm^3$。

（1）需水量：$W_0 = 10/3（7+51）= 193$，减20%为155kg。

（2）选硅灰7.5%，需多用超塑剂约0.6%，混凝土本身需0.6%，共1.2%。

（3）查图8-18，$C/W \approx 2.6$，$C = 2.6 \times W = 403kg/m^3$。

（4）查表知砂率为32%，乘1.2系数为$S_p = 38\%$。

（5）用绝对体积法算出配合比如下：

$W = 155kg$　　$C = 403kg$　　$S_i = 30.2kg$

塑化剂 = 4.84kg　　$S_0 = 706kg$　　$G = 1187kg$

扣除硅灰等体积砂　　$S = S_0 - W_{si}/X_{si} \times Y_s = 670kg$

试配结果：坍落度9.5cm，$f_{28} = 65.2MPa$，不需调整。

第八节　硅灰超高强混凝土

制备超高强混凝土的技术路线很多，但为从实用出发，应考虑两个因素：一材料易得，二与当前广泛采用的施工工艺和施工机械条件相适应，注重工厂化生产的技术经济效果。淮南矿业学院建工系为此采用目前国际上通用的“双掺”技术线路，即较高强度等级的水泥+硅灰+高效减水剂的方案，研制成功了高强混凝土其制品（超高强混凝土弧板支架），已批量生产，供煤矿业使用。

一、原材料要求

1. 水泥

南京江南水泥厂生产的五羊牌57.5级纯硅酸盐水泥，细度0.080mm，方孔筛筛余量3.9%，标准稠度23.5%，初凝2h 9min，终凝3h 29min，其力学性能见表8-38。

五羊牌水泥实测强度　　**表8-38**

强度种类	强度指标（MPa）		
	3d	7d	28d
抗压强度	34.2	50.7	64.6
抗折强度	6.3	7.4	7.1

2. 粗骨料

花岗岩碎石，最大粒径25mm，要求活性SiO_2含量不得大于1%，花岗岩堆积密度$r = 3330kg/m^3$，$\phi 5cm \times 10cm$圆柱试件抗压强度为171MPa。

3. 细骨料

中粗砂，细度模数$M_x = 2.6$。

4. 减水剂：

NF高效减水剂，无引气性。

5. 活性掺料：

硅灰，上海铁合金厂生产，其化学成分见表8-39。

二、技术性能

（一）堆积密度

经多次测定，混凝土的堆积密度介于 2456～2491kg/m³ 之间，平均堆积密度为 2473kg/m³。

硅灰化学成分分析　　表 8-39

化学成分	SiO_2	Al_2O_3	Fe_2O_3	MgO	CaO	Na_2O	K_2O	SO_3	烧失量
含量（%）	93.0	0.5	0.6	0.5	0.4	—	—	0.4	3.6

（二）抗压强度

硅灰超高强混凝土的立方体抗压强度见表 8-40。

抗压强度测定值　　表 8-40

立方抗压强度（MPa）			变异系数（%）
3d	7d	28d	
70.4	100.6	114.0	2.84

高强混凝土棱柱抗压强度（f_a）与立方强度 f_c 之比高于普通混凝土，普通混凝土 f_a/f_c 之值约为 0.7，而高强混凝土在 0.75～0.9 之间，硅灰超高强混凝土试验所得的结果 f_a/f_c 之值约为 0.9，取上限。

（三）劈拉强度与弯折强度

混凝土抗拉强度是比较小的（表 8-41），只有其抗压强度的 7%～14%，并且，抗压强度越高，其抗压比越小。换言之，抗拉强度不随抗压强度的增加而同步增长。这里所测得的超高强混凝土的劈拉强度只有抗压强度的 6%左右，根据现有的经验公式，一般混凝土的劈拉强度 f_{PL} 与抗压强度 f_c 之间有如下关系式：

$$f_{PL}=0.35f_c^{3/4}$$

按此式计算，$f_c=100$MPa 的 $f_{PL}=11.07$MPa，比实测所得值为大。

超高强混凝土 28d 龄期其他强度测定结果　　表 8-41

抗折强度（MPa）	劈拉强度（MPa）	轴心抗压强度（MP）	钢筋握裹力（MPa）
7.4	6.2	104.4	5.7

测得的硅灰超高强混凝土抗折强度值为 7.4MPa，略高于劈拉强度 6.2MPa，由于我国现行规范所规定的试验方法不尽相同，故无经验公式可比，就实验值而言，弯曲抗拉强度略大于劈拉强度。

尽管超高强混凝土的抗拉强度并不随抗压强度的提高而成比例地增大，抗拉强度增长率也远远小于抗压强度的增长率，拉压比降低，使得脆性问题更加突出，但只要在应用时采用适当的配筋形式和配筋量来加以控制，超高强混凝土构件的破坏则仍为塑性破坏。

（四）三轴强度

用 10cm×10cm×10cm 混凝土试块加工成 ϕ5cm×10cm 的圆柱体试件进行了假三轴压缩试验，结果见表 8-42。

硅灰超高强混凝土三轴试验记录　　表 8-42

顺　序	围压（$\sigma_2=\sigma_3$）（MPa）	轴向破坏荷载（kN）	压缩极限应力 σ_1（MPa）
1	0	196	101.86
2	8	274.4	142.6
3	16	372.4	193.5
4	24	392	203.7

通过理论计算可获得该混凝土在纯剪切受力状态时的理论抗剪强度平均值为15.13MPa，它比一般混凝土抗剪强度的经验公式计算值为小。

（五）弹性模量与泊桑比

经测定，得弹性模量 $E=4.6\times10^4$MPa，泊桑比 $r=0.238$。根据前人测定，一般混凝土强度等级C5增大到C60的弹性模量值由 1.5×10^4MPa 增大到 3.65×10^4MPa，泊桑比约为 $1/6=0.167$。硅灰超高强混凝土的弹性模量和泊桑比的数值都比它们大，符合一般混凝土随其强度等级增大该值也增大的规律。硅灰超高强混凝土的应力-应变呈线性关系，反映了高强混凝土真有脆性的性质。

（六）钢筋握裹力（粘结强度）

过去的试验表明，当混凝土的抗压强度值超过20MPa时，随着混凝土强度的增长，粘结强度的增长值逐渐减小。对于高强混凝土，粘结强度的增加值很小，可忽略不计。例如C30普通混凝土钢筋滑移0.25mm时的握裹力，光面钢筋为3.23MPa，螺纹钢筋可达5.88MPa。本次试验采用的是光面钢筋，其握裹力为5.7MPa，C100级混凝土和C30级混凝土强度比值为3.33，而握裹力的比值仅为1.76。

（七）收缩值

硅灰超高强混凝土各龄期收缩值的测定见表8-43。

硅灰超高强混凝土收缩值测定　　表8-43

龄期（d）	3	7	14	28
测定值（mm/m）	0.619	0.240	0.316	0.380

普通混凝土的极限收缩值一般在0.5~0.6mm/m之间，本次测定硅灰超高强混凝土的收缩值除3d的外，其余均小于一般值。

（八）抗冻性

各龄期硅灰超高强混凝土的抗冻试验结果见表8-44。

硅灰超高强混凝土的抗冻试验　　表8-44

序　号	冷冻天数（d）	平均抗压强度（MPa）	与不冻者比较（%）
1	3	105	0.90
2	7	97	0.83
3	14	100	0.86
4	未冻	117	1

硅灰混凝土早期强度高，尤其是C100级超高强混凝土其1d强度就在45~52MPa之间，且孔隙率小，密实度大，水分难以渗入内部，故抗冻性较好，试验表明，冻与不冻者的强度损失在10%~17%范围。

资料表明，普通混凝土（水灰比0.60）在接近0℃时就有一个初期冻害峰，而掺有8%硅灰的水泥——硅灰浆体无初期冻害峰，要到－20℃才发生第一次冻害。水灰比为0.60的硅灰超高强混凝土其抗冻害能力与水灰比0.48的普通混凝土相当。

（九）抗渗性

6个抗渗试件标养28d后，在HS-40型混凝土渗透仪上进行渗透试验，水压由0.2MPa开始，每增压0.2MPa恒压8h，直至增压4MPa，未发现任何试件有渗水现象。并将试件劈开后观察，除发现两个试件在底部约有5mm厚成薄板地被水平切割下来外，几乎无任何渗水痕迹。这充分说明了硅灰超高强混凝土的密实性很高，也说明了硅灰的微填补作用十分良好，从而使用超高强混凝土具有很高的抗渗性能。

（十）抗碳化能力

经人工碳化试验，在相同水灰比条件下，硅灰混凝土的抗碳化性能优于普通混凝土（表8-45）。因此，硅灰超高强混凝土作为钢筋的保护覆盖层性能是比较优良的，置于其中的钢筋不容易发生锈蚀。

混凝土碳化试验　　表8-45

混凝土种类	28d强度（MPa）	28d碳化深度（cm）
普通混凝土	64.7	1.0
硅灰超高强混凝土	114	0

（十一）强度随龄期的增长

硅灰超高强混凝土因添加高效减水剂及硅灰因而有明显的早强效果。立方体7d的强度可达28d的80%，在标准养护条件下，1年龄期的强度比28d可增长约6%，后期强度增长率较低。

第九节　硅灰混凝土的工程应用实例

硅灰掺入水泥和混凝土浆体中会对其性能带来许多新的特点。利用硅灰可以配制高强砂浆、高强混凝土、高强轻混凝土、超早超高强混凝土、超高强现浇混凝土以及喷射混凝土、抗渗混凝土、灌浆混凝土和高密度防护混凝土等。仅就硅灰高强混凝土而言，只需用普通材料、普通工艺即可配制，具有广泛的实用意义。用硅灰配制高强混凝土在经济上是合理的。用它来配制一般C50～C60高强混凝土，可以大幅度地降低水泥用量。此外，因采用硅灰高强混凝土而带来的增大构筑物跨度、缩小结构断面、减少材料消耗、减少养护时间、加快周期、解决工程特殊要求等，其经济效益则更加可观。

以下为国内外硅灰应用的实例。

一、国内应用实例

（一）预应力混凝土墙板

上海混凝土制品三厂生产的12m预应力墙板，由于体积太大，不能进行室内蒸养，而自然养护周期过长。以前采用室外蒸养，煤耗很大。现使用硅灰高强混凝土，使混凝土在较短的时间内就达到了所需的强度，在不增加成本的情况下，既加快钢模、场地的周转，又提高了混凝土的强度，增加了构件的承载能力。

（二）耐油地坪

上海某机械厂厂房楼地面，因油渗漏，急需修补。采用硅灰高强混凝土，仅用很短的时间，就交付了使用，该地坪质量良好，抗渗等级达到$P_{2.0}$以上，使用至今无渗油和磨损现象。

（三）公路桥面

某中小型公路桥，因车辆过往频繁，对桥面的耐磨性能有一定要求。在其面层使用了硅灰高强度混凝土，使它的耐磨性能比普通混凝土路面有明显的提高，并且桥面平整、光滑、无起灰现象。

二、国外应用实例

（一）用硅灰混凝土作结构物

国外用硅灰混凝土设计结构物，见表 8-46。

国外用硅灰混凝土结构物示例　　表 8-46

国别	工程结构构造性质	施工时间	环　境	使用硅灰的目的	混凝土配合比
美国	高层建筑	1984		• 减小柱的截面 • 提高强度 • 降低成本	水泥（C）$=390kg/m^3$ 硅灰（Si）15% 坍落度 = 18cm $f_{C28}=84MPa$
挪威	荷载桩的基础及石油贮库	1981	北海	• 提高耐久性	Si = 10% $f_{C28}=71.5MPa$
挪威	桥梁	1983 ~ 1985	寒冷地带	• 消除材料分离 • 提高抗冻性 • 增加表面光滑度	Si = 8% $f_{C28}=41MPa$
美国	道路路面	1983 ~ 1984	重要通荷载状态	• 提高早期强度 • 长期耐久性 • 钢筋抗腐蚀性 • 耐磨性	$C=450kg/m^3$ Si = 10% $f_{C1}=40MPa$ $f_{C28}=98.4MPa$
美国	人工河床	1984		• 长期耐久性 • 耐磨性	
瑞典	码头	1976 ~ 1978	受海浪冲击的码头	• 耐久性、耐磨 • 强度 • 保护钢筋免受腐蚀	$C=370kg/m^3$ Si = 15% $f_{C28}=61MPa$
挪威	粮仓	1979	特龙黑姆地区	• 钢筋防腐 • 耐久性	$C=280kg/m^3$ Si = 15% $f_{C28}=337kg/m^3$
挪威	上承式桥面	1971	受 SO_2 污染的海岸	• 防止 SO_2 侵蚀	$C=316kg/m^3$ Si = 12% $f_{C28}=48MPa$
挪威	桥面板	1977	硝酸工厂附近	• 防止硝酸腐蚀	$C=306kg/m^3$ Si = 15% $f_{C28}=45MPa$
美国	大坝消能池	1983	含有砂石的水流	• 抗磨 • 减少侵蚀	$C=474kg/m^3$ Si = 18% $f_{C28}=98MPa$
美国	钢纤维增强喷射混凝土	1984	坡面	• 保护坡面	$C=474kg/m^3$ $Si=45kg/m^3$ 钢纤维 $=75kg/m^3$ $f_{C89}=$ MPa
挪威	钢纤维增强喷射混凝土	1982 ~ 1984	隧道	• 降低成本提高强度 • 减少回弹 • 减少渗水性	$C=450kg/m^3$ $Si=36kg/m^3$ 钢纤维 $=75kg/m^3$

（二）用硅灰混凝土生产预制构件

国外用硅灰混凝土生产预制构件见表 8-47。

国外用硅灰混凝土生产预制构件示例　　**表 8-47**

混凝土预制构件名称	地区	硅灰使用目的	硅灰用量（C×%）
轻混凝土砌块	美国 欧洲	• 减少水泥用量 • 减少砌块破损	5~25
板、梁或常温养的混凝土	美国 欧洲	• 高强度 • 防止大坍落度下材料的离析制品表面光滑	5~20
屋面板（瓦）	欧洲	• 高强度 • 低透水性	5~30
玻璃纤维、混凝土、石棉制品等	欧洲 美国	• 提高抗弯强度 • 提高耐久性减少 Ca（OH）$_2$	10~30

三、硅灰应用中的有关问题

（1）硅灰是一种具有优良火山灰效应的火山灰质材料，可作为混凝土掺合料，节约水泥用量，试验结果得到：硅灰可代替水泥 10%~30%；水灰比≥0.55 的混凝土，硅灰的活性指数可达到 $K=3$，也就是 1kg 硅灰可代替 3kg 水泥，而不会改变混凝土强度。但是由于硅灰是金属硅或硅铁的副产品，总的资源不可能很广泛，特别是当前我国产量尚不高，所以除用来节约水泥以外，重点宜用于解决特殊的需要和制取特种产品。如在我国已有在机床厂试作浇筑楼板使用，防止机油渗透，效果良好。掺用硅灰混凝土的抗渗、抗冻、耐化学腐蚀和仰制碱-骨料反应方面有其独到之处，应加强这方面的应用研究。当然与粉煤灰一起掺入水泥中，改善强度的效果也是显著的，但早强、高强还可以通过其他多种途径获得。

（2）硅灰的掺入量对水泥和混凝土浆体的性能，特别是工艺性能的影响是很大的，掺入量在 5%~7%，是一个很关键的数值。国内外学者都有人认为掺入 5%的硅灰可获得一系列的良好性能，即改善孔结构，显著增加强度（图 8-19）；掺入 7%的硅灰可使 C45 的混凝土达到 C100，而不需用或只用 1%的超塑化剂。另有人也提出，为弥补粉煤灰混凝土 28d 抗压强度不高缺陷，只掺 5%的硅灰即可满足要求。前面曾用富硅凝胶的形成解释需水量增加的原因，但也说明此凝胶会放出结合水而引起收缩，如果有过多的凝胶留下，就会导致长龄期的体积不安定。基于此，有人主张将硅灰对水泥的取代量限制在 7%~10%的范围内。在国外有一掺至 30%硅灰的混凝土，界面结合牢固，强度很高，但却炸裂了。在抗压强度、抗弯强度和耐久性等方面，活性指数 K 值均随硅灰掺量的增加、水泥掺量的减少而下降，这点也是值得考虑的。

（3）硅灰混凝土虽然已经逐步推广应用，但在理论上和工艺上的某些问题仍需进一步完善解决。如抗拉强度和抗弯强度对抗压强度的比值欠佳，耐久性需要进一步考察和分析，早期收缩大以及与徐变的关系，硅灰掺量与材料变脆、破坏机理等等一系列理论上的问题；为获得良好的工作性，在掺入硅灰时，水泥的品种和用量、骨料配比、水灰比、塑化剂等方面的配合，适宜的养护制度等等工艺问题。

（4）其他问题：①为更好地利用硅灰，应尽早编制砂浆、混凝土用硅灰的质量标准，

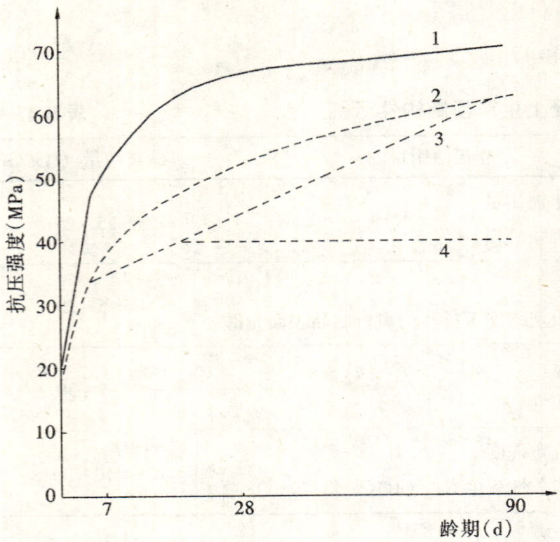

图 8-19　掺 5%硅灰后强度的变化

1—硅酸盐水泥；2—硅酸盐水泥 + 30%粉煤灰；3—硅酸盐水泥 + 25%粉煤灰 + 5%硅灰；4—硅酸盐水泥 + 30%石英

以此来控制硅灰质量的波动。因为根据硅灰的排放条件不同，其 SiO_2 含量大致波动在 63% ~ 89%范围内，而一般用于混凝土的硅灰 SiO_2 含量必须在 70%以上。②为使硅灰能均匀地分散在砂浆、混凝土中，有人提出，首先应将硅灰调成糊剂并选择性能良好的混凝土搅拌设备。③硅灰色调从浅黑至灰色不等，掺入砂浆或混凝土中可能会使混凝土的颜色变黑。④研究表明，高水泥含量且掺入 20% ~ 30%硅灰的混凝土，加入 5% ~ 7%空气量有一定的困难。如果代替较少，则不存在问题。但试验中与对比基准混凝土相比发现，加入一定量空气所需的引气剂量却明显增多。⑤有人认为硅灰可能会影响人体健康，也有人认为根据硅灰的性质，只要妥善处理将不致造成问题。总之在使用时应谨慎处置。⑥据国外资料，在过去的几年里，由于硅灰的价值已为人们所认识，故其价格猛涨。几年前还是废料，现价格已是普通硅酸盐水泥的 1.5 ~ 2 倍，国内也可能出现同样情况，应从降低硅灰的生产成本和政策等方面予以合理解决，以使硅灰混凝土的使用不仅具有技术价值，而且还带来较好的经济效益。

第十节　硅灰对高性能混凝土强度的作用

一、引言

高性能混凝土（High Performance Consrete，简称 HPC）是指高强度、高工作性和高耐久性的混凝土。HPC 所用的材料与普通混凝土并无本质的区别。HPC 使用的矿物掺合料一般为硅灰、粉煤灰或磨细矿渣。硅酸盐水泥 + 高效减水剂或塑化剂 + 硅灰的方法，已成为国际上研制 HPC 的基本技术途径。都知道硅灰对 HPC 有增强作用，而在增强机理方面探讨得还不多。

下面将从硅灰对 HPC 的增强机理作进一步分析。

二、硅灰的特性

硅灰又称凝聚硅或硅粉，是硅铁或金属硅在生产过程中由电弧炉中的高纯石英、焦炭和木屑还原产生的副产品。

1. 物理特性

硅灰颜色在浅灰色与深灰色之间，密度 2.2g/cm^3 左右，比水泥（3.1g/cm^3）轻，与粉煤灰相似，堆积密度一般在 200 ~ 350kg/m^3。

硅灰颗粒非常微小，大多数颗粒的粒径小于 1.0μm，平均粒径 0.1μm 左右，仅是水泥颗粒直径的1/100。硅灰比表面积介于1500～2500m^2/kg（采用氮吸附法即BET法测定）。

硅灰的物理性质，决定了硅灰的微小颗粒具有高度的分散性，可以充分地填充在水化水泥颗粒之间，提高浆体硬化后的密实度。

2. 化学特性

生产不同的硅合金所得到的硅灰的化学成分会有一定的差异，硅灰的典型化学成分见表8-48。

硅灰的典型化学成分　　　　**表8-48**

化学成分	SiO_2	Fe_2O_3	Al_2O_3	CaO	MgO	Na_2O	K_2O
比例（%）	92	0.8	0.3	0.4	0.3	0.2	0.9

由表8-48可知，硅灰的主要化学成分为非晶态的无定型氧化硅（SiO_2），一般占90%以上。

高细度的无定型SiO_2具有较高的火山灰活性，即在水泥水化产物氢氧化钙（CH）的碱性介质激发下能迅速与CH反应，生成水化硅酸钙凝胶（C—S—H），提高混凝土强度，改善混凝土性能。

三、硅灰对HPC强度的作用机理

1. 填充效应

混凝土在拌合时，为了获得施工要求的流动性，常需要多加一些水（超过水泥水化所需水量），这些多加的水不仅使水泥浆变稀，胶结力减弱，而且多余的水分残留在混凝土中形成水泡或水道，随混凝土硬化而蒸发后便留下孔隙。从而减少混凝土实际受力面积，而且在混凝土受力时，易在孔隙周围产生应力集中，成为易于破坏的薄弱部位。

在混凝土中，内部泌水受骨料颗粒的阻挡而聚集在骨料下面形成多孔界面，在骨料界面过渡区形成的氢氧化钙（CH）要多于其他区域，CH晶体生长较大并有平行于骨料表面的较强取向性。平行于骨料表面的大CH晶体较易开裂，比水化硅酸钙凝胶（C—S—H）薄弱。水泥浆与骨料之间的界面过滤区由于多孔和有许多定向排列的大CH晶体，而成为混凝土内部的强度薄弱区。

HPC中由于掺入一定量的硅灰，其强度与普通混凝土（不掺硅灰）相比，有明显改善。

有人曾计算：以15%的硅灰取代水泥，则在水泥颗粒数量与硅灰颗粒数量的比例为1∶2000000，即二百万个硅灰对一个水泥颗粒，因此硅灰对HPC强度有很大影响。

在HPC中小于水泥颗粒直径100倍的硅灰填充于水泥浆体的孔隙间，其效果如同水泥颗粒填充在骨料空隙之间和细骨料填充在粗骨料空隙之间一样，从微观尺度上增加HPC的密实度，提高了HPC的强度，这就是硅灰的“填充效应”。

在HPC中，填充于水泥浆体中的硅灰使水泥浆体孔的数量明显减少，匀质性提高，而总空隙率基本保持不变（图8-20）。

水泥浆与骨料界面过渡区的硅灰，降低了HPC的泌水，防止水分在骨料下面聚集，使骨料界面过渡区与水泥净浆的显微结构相似，从而提高了界面过渡区的密实度和有效减小界面过渡区的厚度。微小硅灰颗粒成为CH的“晶种”，使CH晶体的尺寸更小，取向更随机。

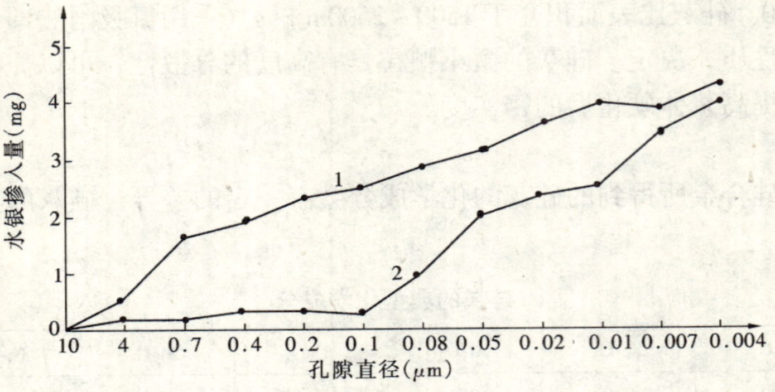

图 8-20 硅酸盐水泥和硅灰净浆的孔径分布

1—硅酸盐水泥；2—硅酸盐水泥 + 硅灰

因此，硅灰的掺入提高了 HPC 中水泥净浆与骨料粘结强度，消除了混凝土中不同复合组分的“弱连接”问题，使 HPC 具有复合材料的特性。骨粒颗粒在 HPC 中起着增强作用，而不仅仅是惰性的填充物。

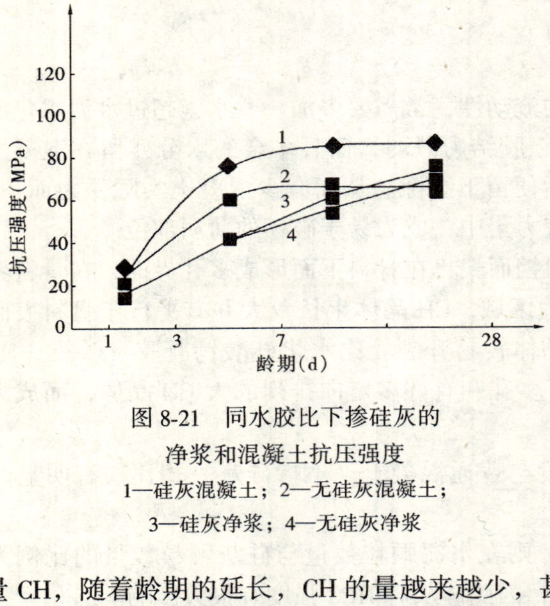

图 8-21 同水胶比下掺硅灰的净浆和混凝土抗压强度

1—硅灰混凝土；2—无硅灰混凝土；3—硅灰净浆；4—无硅灰净浆

硅灰对水泥净浆（无骨料）的强度提高影响不是很大，但却能使相同水胶比的混凝土的强度明显高于其基体（净浆）的强度（图 8-21）。

2. 火山灰效应

在硅酸盐水泥水化过程中，水泥水化反应生成水化硅酸钙凝胶（C—S—H)、氢氧化钙（CH）和钙矾石等水化产物。其中 CH 对强度有不利影响。硅灰高度分散的 SiO_2 组分能与 CH 反应生成 C—S—H 凝胶，即所谓火山灰效应：

$$Ca(OH)_2 + SiO_2 + H_2O \rightarrow C—S—H$$

许多研究表明：在有硅灰存在的情况下，水泥水化早期的水化产物中有大量 CH，随着龄期的延长，CH 的量越来越少，甚至完全测不到。

Grutzeck 等人对硅灰的火山灰效应提出解释：硅灰接触拌合水后首先形成富硅的凝胶，并吸收水分；凝胶在未水化水泥颗粒之间聚集，逐渐包裹水泥颗粒；CH 与该富硅凝胶的表面反应产生 C—S—H 凝胶，这些来源于硅灰和 CH 的 C—S—H 凝胶多生成水泥水化的 C—S—H 凝胶孔隙之中，大大提高了结构密实度。也就是说：硅灰的火山灰效应能将对强度不利的氢氧化钙转化成 C—S—H 凝胶，并填充在水泥水化产物之间，有力地促进了 HPC 强度增长。同时，硅灰与 CH 反应，CH 不断被消耗会加快水泥的水化速率，提高 HPC 的早期强度。

3. 孔隙溶液化学效应

在水泥-硅灰水化体系中，硅灰与水泥的比率增加则水化产物的 C/S 比降低，C/S 比低，相应的C—S—H凝胶就会结合较多的其他离子，如铝（Al）、碱金属（K，Na）离子等。这样就会使孔隙溶液的碱金属离子浓度大幅度降低。这就所谓孔隙溶液化学效应。增加硅灰取代水泥的比率，则孔隙溶液的pH值降低。这就是碱金属离子和CH与硅灰反应而消耗引起的。

对于含有碱活性骨料的HPC，硅灰这种降低孔隙K^+、Na^+离子浓度的作用非常重要，因为能够有效地削弱甚至消除发生碱-硅酸反应（ASR）的危害。

硅灰还可提高HPC的电阻率和大幅度降低Cl^-的渗透速率，防止钢筋锈蚀，提高HPC的强度和耐久性。

四、试验结果与讨论

制作了基准（不掺硅灰）及硅灰掺量分别为5%、10%、15%的HPC试件。试件龄期为3d、28d、56d、90d。试验结果见表8-49及图8-22所示。

掺硅灰的HPC配比参数和强度发展　　表8-49

配比编号	胶结料用量（kg/m^3）	胶结料组成（%）		砂率（%）	水胶比	抗压强度(MPa)			
		水泥	硅灰			3d	28d	56d	90d
1	650	100	0	40	0.20	85.8	108.1	113.6	117.3
2	650	95	5	40	0.20	89.7	126.8	129.1	131.7
3	650	90	10	40	0.20	99.3	140.7	147.6	157.7
4	650	85	15	40	0.20	92.3	139.9	148.0	151.0

由表8-49可知：与不掺硅灰的1号配比相比，2号、3号、4号配比由于掺入不同量的硅灰，HPC强度都有提高。3d龄期时，掺入硅灰的配比强度就有提高，这说明硅灰的活性很高，在3d龄期即有火山灰效应产生。此后，随着龄期的增加，火山灰效应增强，填充效应也发挥作用，HPC的强度不断提高。孔隙溶液化学效应对强度的影响主要对硬化后的HPC，需要长期的过程。

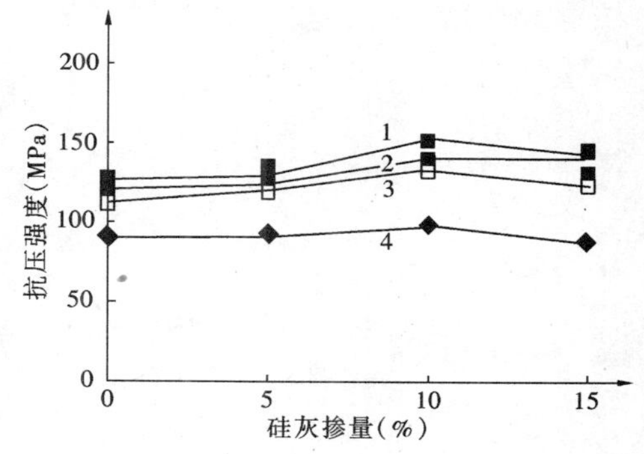

图8-22　硅灰掺量对HPC强度的影响

1—3d；2—28d；3—56d；4—90d

由表8-49可知，常温下硅灰对HPC强度的贡献主要在28d。也有试验表明硅灰能将HPC的18h强度提高30%左右。对于水泥-粉煤灰-硅灰的三组分胶结材的HPC，则不仅有较高的早期强度，后期强度也会有较大的增长。

由图8-22可知，当龄期相同时，随着硅灰掺量的增加，HPC强度也增加，但掺量超过一定量（10%）时，HPC强度反而下降。这说明硅灰掺量较小（5%）时，由于掺量不足，不能充分结合$Ca(OH)_2$，生成低碱性的C—S—H凝胶数量少，火山灰效应和填充效应较弱。掺量较大时（15%）时，火山灰效应增加不多，活性SiO_2过剩，填充效应就会影响又火山灰效应，所以HPC强度增长缓慢甚至有所下降。当硅灰掺量为10%时，火山灰效应和填充效应发挥最大，表现为HPC强度最大。

五、结语

（1）硅灰是HPC活性矿物掺合材料中活性最高的一种，其主要成分为活性SiO_2。硅灰颗粒很小（<1μm），具有高度分散性。

（2）硅灰对 HPC 强度的作用机理为：填充效应、火山灰效应、孔隙溶液化学效应。硅灰掺入 HPC 中，增加了 HPC 基体的密实度，提高了水泥浆体与骨料之间的黏结强度，减少了 CH 对 HPC 强度的不利影响，削弱了 ASR 对 HPC 强度的危害。

（3）HPC 中硅灰的掺量不宜过大，也不宜过小，最佳掺量 10%左右。

第九章　粉煤灰混凝土

(fly ash concrete)

第一节　概　　述

粉煤灰混凝土技术已有数十年的发展历史。随着时代的进展，以及能源危机、环境污染、矿物资源枯竭等问题的出现，近年来国内外许多专家学者才纷纷致力于粉煤灰混凝土技术的研究和开发。直至上个世纪80年代，终于使粉煤灰成为现代混凝土基本材料中的珍品。粉煤灰混凝土是现代混凝土技术新潮流中发展起来的一种经济的改性混凝土。

一、推广粉煤灰混凝土的效果

严格来说，粉煤灰混凝土亦系硅质混凝土范畴。凡是掺有粉煤灰的混凝土，不论是以何种方式和方法掺入，都可以叫做“粉煤灰混凝土”。

将粉煤灰应用于水泥和混凝土中，具有优越的社会、技术和经济效果，可以一举三得。但是，由于粉煤灰再循环的途径不同，所得之效果也不尽一样。

（一）粉煤灰再循环途径

粉煤灰的再循环途径广指将粉煤灰掺入水泥和混凝土中的方式和方法。如果再将其范围扩大到粉煤灰的水泥、骨料、混凝土及其制品工业系列，则粉煤灰再循环途径大致有以下五种。

1. 水泥原料

粉煤灰渣用作水泥生料组合，或利用含碳量较高的粉煤灰作为辅助燃料，直接喷入水泥回转窑中，可以帮助水泥煅烧。

2. 混合材料

将粉煤灰输入水泥磨中，与水泥熟料共同磨细，配制成粉煤灰硅酸盐水泥。炉底灰也可以与熟料共同磨细。同时，也可以生产三组分水泥，少熟料、无熟料水泥或其他具有各种特殊用途的混合水泥。

3. 预混合材料

在水泥厂中或专门设计的预混合工厂的混料机中，将水泥和粉煤灰均匀混合成粉煤灰硅酸盐水泥。预混合车间也可以设置在水泥熟料粉磨站或粉煤灰分配站中，生产混合水泥或专门用途混合胶凝材料。

4. 混凝土基本材料

将粉煤灰在预拌混凝土工厂、混凝土预制品工厂或混凝土工程现场直接加入拌合机中，从而制备粉煤灰混凝土、砂浆或灌浆材料。

5. 骨料和填充材料

将粉煤灰渣用作人造骨料的原料，包括粉煤灰陶粒、烧结料、炉底灰、液态渣、粗粉煤灰等骨料。其中有的需要经过复杂加工，有的只需简单地直接加入混凝土、砂浆或灌浆材料中取代全部或部分骨料，或用作工程填充材料。

（二）社会、技术及经济效果

1.社会效果

粉煤灰混凝土环境效益尤好。在水泥或混凝土中掺入粉煤灰，这一途径吃灰量相当大，灰渣出路稳定，能减少黏土质矿物的采掘和砂、石等天然资源的开采，有利于保护自然环境和资源。特别是在混凝土中扣除部分骨料用量，则效果还要更大一些。

粉煤灰混凝土节能效益特佳。在水泥或混凝土中掺入磨细粉煤灰，可以节约部分烧成熟料的能源，掺量越多，节能效益越大，有些熟料、无熟料水泥节能更大、其效益取决于灰渣中的碳分数量。如使用不需经过磨细的粉煤灰，还可节省部分粉磨能耗。另外，也还可节约对砂、石天然骨料和填充材料开采的能源。

2.技术效果

在水泥或混凝土中掺入粉煤灰，在有些情况下能对混凝土性能有一定程度的改善。但若采用新发展的预混合工艺，可按照使用的要求配制水泥、胶凝材料，其灵活性大，配料准确，还可同时掺入化学外加剂。除了能改善新拌混凝土和硬化混凝土的多项性能外，还能扩大混凝土的品种范围，可以取得更为显著的技术效果。

3.经济效果

在水泥或混凝土中掺入粉煤灰，其经济效益主要表现在以下方面：

(1) 作为混合材料时，有一定的降低水泥生产成本的经济效益，特别是在国内缺乏矿渣的地区，用（粉煤灰）灰渣取代部分或全部矿渣，经济效益相当明显。

(2) 作为预混合材料时，可节约部分生产硅酸盐水泥的成本，如生产特种用途的水泥，其经济上获利更多。

(3) 作为混凝土的基本材料时，其节约效果相当大，特别是水泥供应紧张地区，效果更大。根据上海地区近期应用粉煤灰混凝土的具体条件估算，在 $1m^3$ 混凝土使用 50～80kg 磨细粉煤灰可取代国产水泥 30～50kg，故可节约混凝土材料成本费 5～10 元。

(4) 作为骨料和填充材料时，在缺少砂、石材料资源地区内，其节约效果相当显著。

粉煤灰混凝土与普通混凝土对比，如欲在技术上、经济上立于不败之地，就必须依靠技术进步，在节约水泥的同时，改善混凝土的材料结构和使用性能。有的混凝土其水泥用量从技术角度分析，本来并不需要那么多，有的新技术必须要加粉煤灰，如泵送混凝土。采用现代新技术，按照工程的要求，制备比普通混凝土优越的粉煤灰混凝土也并不是十分困难；如果退一步，制备与普通混凝土性能类同的粉煤灰混凝土就更容易一些，而粉煤灰的成本总是低于水泥。因此，利用粉煤灰节约水泥获得经济效果是无可置疑的。

从近期发展趋势来看，粉煤灰混凝土领域正在不断开拓，从制备 C60 以上的高强度粉煤灰混凝土到预拌混凝土工业增加粉煤灰高用量的石灰粉煤灰混凝土（即石灰-粉煤灰-骨料系统），以及其他特殊用途的多品种粉煤灰混凝土等，都已有一定规模的推广应用，也将会进一步扩大和提高技术经济效益。

二、我国粉煤灰混凝土的发展

我国的粉煤灰混凝土技术发展较晚。上世纪 50 年代初期，为了降低普通水泥混凝土的水化热进而抑制混凝土内部温升，采用过粉煤灰混凝土。50 年代中期，冶金部东北基地建设中，推广干硬性混凝土，并掺加了占水泥质量20%左右的粉煤灰，收到了较好的技术和经济效果。从50年代末开始，曾在一些水利大坝工程中应用了大量的粉煤灰，并多数用于大坝内部。如三门峡水利枢纽工程，从1959年开始将粉煤灰用于坝体内部混凝土中，以后又扩大到外部混凝土，粉煤灰总体积约130万米^3，总用量3.55万t，共节约水泥2.66万t。根据近年的追踪调查表明，大坝混凝土中掺用粉煤灰，强度和耐久性都能满足工程的设计要求。1976年开始浇筑混凝土的广西大化水电站，掺用粉煤灰的数量更多，在近90万m^3的各类粉煤灰混凝土中，共用粉煤灰5万t之多，节约水泥3.80万t，节省资金20多万元。在我国的水利电力建设工程中，多年来由于不懈地坚持在大体积混凝土中掺加粉煤灰，达到了降低温升、增加混凝土早期抗裂能力的目的，取得不少经验。

60年代后期，上海水泥厂和永登水泥厂开始生产粉煤灰硅酸盐水泥，不但增加了一个水泥新品种，而且在改善水泥性能和降低成本上都收到很好效果。70年代后期，北京石景山电厂为满足日本营造商承包东南亚混凝土工程以及北京地铁工程的需要，开始加工符合日本粉煤灰产品规格的磨细粉煤灰，完成了出口任务，同时推动了国内粉煤灰混凝土的技术进步，节约水泥，提高了混凝土质量，并扩大了混凝土的品种。

纵观我国基本建设的发展历程，可以看出粉煤灰混凝土的推广势在必行。我国幅员辽阔，各地区条件不尽相同，应用时不宜只套用一个模式，不同地区尚须因地制宜，推行适用技术和组织有效开发。只要今后坚持不懈，在全国范围内推广现代混凝土新技术的前景，将会越来越光明。

第二节 粉煤灰的性质

粉煤灰是从烧煤粉的锅炉烟气中收集的粒状灰粒，又叫做“飞灰”或者“磨细燃料灰”。粉煤灰的外观和灰水泥差不多，然而在光学显微镜下却可以观察到多彩多姿的粉煤灰颗粒，它与水泥并无相似之处。粉煤灰实质上是这些颗粒的机械混合物，也即是所谓的“粒群”，而各类颗粒的组分也不尽相同。

一、化学组成

为了解清楚粉煤灰的化学性质，学者们都是以粉煤灰的化学成分、矿物组成和颗粒组成（级配）等着手研究的。必须指出的是，粉煤灰在这三方面组成之间是有一定内在联系的，并且与粉煤灰混凝土新技术密切相关，因此，在应用这些基本知识时，必须把它们联系起来，全面地加以考虑。

（一）粉煤灰的化学成分

1. 化学成分变化范围

根据国外大量的试验研究资料记载，一般应用于混凝土中的粉煤灰（低钙粉煤灰）的主要化学成分的变化范围见表9-1。我国粉煤灰的化学成分一般也在此范围之内，但Al_2O_3含量较高，烧失量较大。表9-2收集了我国粉煤灰化学成分的一般变化范围和美国对全国粉煤灰抽样实测化学成分的最大、最小值及美国典型粉煤灰的化学成分。

粉煤灰的化学成分，至今仍被认为是评定粉煤灰品质的重要技术数据。究其主要原因在于：

（1）低钙粉煤灰和高钙粉煤灰是按照化学成分中CaO含量来区分的。

粉煤灰化学成分变化范围　　表 9-1

化学成分	SiO_2	Al_2O_3	Fe_2O_3	CaO	烧失量
含量（%）	40～58	21～27	4～17	4～6	0.7～10

粉煤灰化学成分的范围及典型粉煤灰的化学成分　　表 9-2

化学成分	我国低钙粉煤灰化学成分变化范围（%）	美国粉煤灰化学成分变化范围（%）	典型粉煤灰化学成分（%）	
			低钙粉煤灰（F级灰）	高钙粉煤灰（C级灰）
SiO_2	40～60	10～70	54.9	39.9
Al_2O_3	17～35	8～38	25.8	16.7
Fe_2O_3	2～15	2～50	6.9	5.8
CaO	1～10	0.5～30	8.7	24.3
MgO	0.5～2	0.3～8	1.8	4.6
SO_3	0.1～2	0.1～30	0.6	3.3
Na_2O 及 K_2O	0.5～10	0.4～16	0.6	1.3
烧失量	1～26	0.3～30	—	—

（2）可以从烧失量（%）了解锅炉燃烧是否完全。

（3）有些国家的标准中规定 $SiO_2+Al_2O_3+Fe_2O_3$ 含量是评定粉煤灰在水泥和混凝土中应用的主要指标。如美国的粉煤灰标准（ASTMC618）规定：低钙粉煤灰（F级灰）中 $SiO_2+Al_2O_3+Fe_2O_3$ 须占化学成分总量的70%以上，高钙粉煤灰（C级灰）中须占50%以上。

（4）对一些被认为是对混凝土性质有害的化学成分，如 MgO、SO_3 等，应当加以限制。因此，了解粉煤灰化学成分的变异范围，还是很有必要的。显然，如果某来源的粉煤灰的化学成分发生显著的变化，就必须重新评估其质量。

2. 对化学成分的要求

对粉煤灰化学成分提出要求，其目的是要解决两个问题，其一是规定能够确保粉煤灰质量的有效成分的最小含量；其二是限制粉煤灰有害或有碍成分的质量指标。其限值都有明确的指标，并制订了相应的试验方法。由于粉煤灰的各种化学成分对混凝土的作用相当复杂，因此所谓的有效成分或有害成分（或有碍成分）都是针对粉煤灰混凝土而言的，实际上有些化学成分只是在一定条件下才能认为是有效的，而有些有害的化学成分在一定条件下也可能会起有益作用。

（1）SiO_2、Al_2O_3 和 Fe_2O_3 含量：世界上众多国家和地区的粉煤灰标准规范中，对低钙粉煤灰中 $SiO_2+Al_2O_3+Fe_2O_3$ 的含量都规定不小于70%。关于 SiO_2 和 Al_2O_3，这两者都是铝硅酸盐的主要成分，当然应当多些为好，尤其是 SiO_2 的成分应有保证，日本规定 SiO_2 至少应在45%以上。然而对于 Fe_2O_3，有人则认为对粉煤灰的性质没有什么好处，甚至认为潜伏着副作用。其实，根据大量的试验证明，Fe_2O_3 对降低粉煤灰的熔点有好处，即对形成粉煤灰玻璃微珠有利。含铁玻璃微珠具有一定的活性，即使是含铁较高的富铁微珠活性较低，它对于混凝土的减水作用也是有贡献的，对强度、密实性、稳定性也有贡献，不能笼统地把 Fe_2O_3 看作起副作用的化学成分。我国粉煤灰中 $SiO_2+Al_2O_3+Fe_2O_3$ 的含量都大于70%，故有关标准规范中对此不作规定。

（2）CaO 含量：在低钙粉煤灰中，CaO 绝大部分结合于玻璃相中；在高钙粉煤灰中，

CaO除大部分被结合外，还有一部分是游离的。对粉煤灰中的CaO过去常被认为是次要成分，不很重视，近年来才认识到它的重要性。在低钙粉煤灰中，CaO含量不多，但是与CaO结合的富钙玻璃微珠的活性仍较多。至于处在“死烧”状态的游离CaO，则具有有利于激发活性和不利于安定性的双重作用，因此有些国家的规范对CaO含量也加以限制。

（3）烧失量：粉煤灰中未燃尽的碳分都可按烧失量指标来估量。碳量一向被认为是对混凝土有害的物质，碳分的稳定性极不好。但是，大量的试验研究证实：粉煤灰中的碳分变成焦炭那样的物质以后，其体积是比较安定的，也不会对钢筋有害。但是惰性碳增多，将导致粉煤灰的活性成分减少。碳粒的平均比密度只有1.55，如以体积计算，粉煤灰中碳分的比例要比采用质量计算大得多；而且碳粒越粗，表观密度也越小，所占的体积越大，其影响也越大。更为严重的是，它使混凝土的需水量增加，密实度降低，还会明显地影响引气剂、减水剂等外加剂的掺量以及混凝土外观的颜色和均匀性。碳粉往往又在泌水过程中逐渐与浆体分离，上升到混凝土的面层，影响到面层混凝土的质量。当粉煤灰中烧失量超过70%时，如果在混凝土中掺入引气剂，就会严重影响混凝土含气量的控制。因此，对于配制粉煤灰混凝土的粉煤灰，不能不强调将碳分看作是一种有害的成分，其含量越少越好。对优质粉煤灰来说，烧失量应当不超过3%，这个指标一般的现代化电厂都能达到。

我国的《粉煤灰在混凝土和砂浆中应用技术规程》（JGJ 28—86）将粉煤灰分为三级，其中：Ⅰ级灰最大值为5%，用于结构混凝土；Ⅱ级灰最大值为8%，用于普通混凝土；Ⅲ级灰最大值为15%，主要用于配制砂浆。

（4）SO_3含量：含碳量高的母煤烧成的粉煤灰中含有较多的硫酸盐，其含量一般以SO_3质量的百分数来表示，此值通常在0.5%～1.5%之间。有些高钙粉煤灰的硫酸盐含量特别高，可达30%。由于硫酸盐能影响水泥的水化作用，尤其能提高早期强度（常作早强剂），因此在一定条件下被认作有益成分。但是，SO_3含量过高会生成钙矾石，因此各国粉煤灰标准中都把SO_3视作有害成分，并规定其最大限值为2.5%～5%，我国规定为3%。

（5）MgO含量：限制MgO含量的原因是顾虑MgO可能以方镁石（也有的学者否认）的形态出现，它水化缓慢，会引起膨胀破坏。由于较多的国家在编制粉煤灰标准灰规范时，不能完全排除在MgO含量较高的情况下会出现方镁石的可能性，因此规定粉煤灰中MgO含量不超过4%～5%。我国对MgO含量未作规定。

（6）有效碱（Na_2O、K_2O）含量：Na_2O和K_2O都能加速水泥的水化反应，而且对激发粉煤灰化学活性以及促进粉煤灰与Ca（OH）$_2$的二次反应有利，因此，有效碱显然是有益的化学成分。但是碱物质的增加，不免使人担心会加强碱-骨料反应及降低粉煤灰抑制碱-骨料反应的能力。因此，有不少国家的规范对有效碱的含量未加限制，一般要求有效碱（以Na_2O计）不超过1.5%。我国规范对此未作规定。

（7）含水量：粉煤灰中有水分存在往往使化学活性降低，产生一定的黏附力，易于成团结块，影响干状粉煤灰的包装运输、贮存和应用，因此一般的规范都限制在3%以下。我国的规范规定最大值为1%。

（8）其他物质含量：在粉煤灰化学成分中，当含有其他一些氧化物（如TiO_2、P_2O_5、Mn_2O_3等）、氯化物及放射性微量元素，由于含量低，它对粉煤灰混凝土性能影响不大，一般可予以忽略。

（二）粉煤灰的矿物组成

粉煤灰中的矿物与母煤的矿物有关，其中主要的是铝硅酸盐类的黏土质矿物和二氧化硅。煤粉燃烧的过程中，这些原矿物会发生化学反应，冷却以后，形成各种粉煤灰中的矿物和粉煤灰玻璃体。从矿物组成的比例来看，一般是玻璃体占优势，玻璃含量最多可达85%以上（质量比），矿物结晶体较少，而燃烧不完全的粉煤灰中则含有大量的碳粒。

1. 主要矿物组分

粉煤灰的矿物组分相当复杂。根据大量化学分析资料可知，目前在混凝土中应用较多的低钙粉煤灰主要有六种矿物组分：玻璃微珠、海绵状玻璃体、石英、氧化铁、碳粒、硫酸盐等。这六种矿物的含量较多，对粉煤灰的影响也较大，因此是主要研究对象，其组成比例及特征见表9-3。

粉煤灰主要矿物组分的数量和特征 表9-3

矿物组成	矿物含量（%）	特征
铝硅酸盐玻璃微珠	50～85	微粒粒径一般为0.5～250μm，在玻璃体基质中及颗粒表面上可能有石英和莫来石微晶，表面上还可能有微粒状的硫酸盐
海绵状玻璃体（多孔玻璃体）	10～30	海绵状玻璃体是未能熔融成珠而形状不规则的多孔玻璃颗粒，常粗于微珠，也有部分较细的碎屑
石英	1～10	石英物质，大部分存在于玻璃基质中，也有一些是单独的α型石英颗粒
氧化铁	3～25	氧化铁物质大部分熔融于玻璃体中，玻璃微珠的氧化铁含量越多，颜色越深，部分以磁铁矿、赤铁矿的形式单独存在
碳量	1～20	未燃尽的碳量，原始形状有时呈珠状，即“碳珠”，易碎，一般情况下为不规则的多孔颗粒
硫酸盐	1～4	主要是钙和碱金属的硫酸盐化合物，粒径为0.1～0.3μm，部分以粒状分散于粉煤灰中，部分黏附于玻璃微珠的表面

在我国现在排放的低钙粉煤灰中，玻璃微珠的含量较低，往往只有50%左右，海绵状玻璃体含量较多，碳粒含量有时高达20%以上，氧化铁含量不高，而莫来石往往偏多，矿物组成的波动也较大。

2. 矿物组成对粉煤灰性质的影响

矿物组成对粉煤灰性质的影响中的一个最主要的问题，即低钙粉煤灰的活性主要取决于非晶态玻璃体成分及其结构和性质，而不是取决于结晶矿物。低钙粉煤灰中的结晶矿物，在正常温度下往往是惰性的，只有硫酸盐对促进玻璃体的水化反应有些帮助。所以，从矿物组分来说，玻璃体的含量越多，低钙粉煤灰的化学活性也越高。

（三）粉煤灰的颗粒组成

1. 颗粒形貌

由于粉煤灰实际上是由多种颗粒机械混合的粒群，因此粉煤灰质量的优劣和波动，很大程度上取决于各种颗粒的组成及其组合的变化。粉煤灰形貌学的研究对象是各种粉煤灰的颗粒，并联系各种颗粒的化学成分、矿物组成、级配组合、形态结构等因素。

粉煤灰玻璃微珠的结构形貌，主要显露出玻璃微珠的石英微晶骨架或莫来石针状结构骨架。大量试验研究资料认为，玻璃颗粒为含有较多氧化钙的富钙玻璃微珠、含铁较多的富铁玻璃微珠、海绵状多孔玻璃颗粒、石英颗粒及玻璃碎屑等，而且不同的颗粒具有不同的活性。

2. 颗粒种类和特征

通常，可以从颗粒形貌上将粉煤灰中的颗粒粗略地分为珠状颗粒、渣状颗粒、钝角颗粒、碎屑及黏聚颗粒等五种颗粒，并且还可按其颗粒形貌区分出更多类别。

（1）珠状颗粒：珠状颗粒主要包括漂珠、空心沉珠、复珠（子母珠）、密实沉珠（实心微珠）及富铁微珠等。

①漂珠　漂珠是薄壁的空心玻璃微珠，有的壳壁上还有极小的针状洞穴。漂珠的粒径在珠状颗粒中是比较粗的，直径约 30～100μm，能浮在水面上。漂珠的化学成分中 SiO_2 的含量较多（55%～61%），颗粒密度为 0.4～0.8g/cm^3，松堆密度为 250～350kg/m^3，绝热和绝缘性能良好。漂珠壁薄易碎，所以往往在粉煤灰样品中发现一些漂珠碎片。通常所说的“空心微珠”，主要即是指漂珠。

②空心沉珠　空心玻璃微珠粒径为 0.5～20μm，珠壁密实无孔，厚度约占直径的 30%，颗粒比密度接近 2.0g/cm^3，故不能漂浮，在粉煤灰中大约占 50%～70%。空心沉珠强度很高，可承受 700MPa 的静水压力，对混凝土性能有重要贡献。

③复珠　又称子母珠。在有些较粗的薄壁微珠中，黏集了大量细小的玻璃微珠，在扫描镜下可观察到内部鱼卵状的细珠，所以叫做“子母珠”。此外，还有一些黏连的畸形微珠和痘疱状微珠，也可包括在复珠之列（均称为“珠联体”）。

④密实沉珠　又称实心微珠。在较多电厂的粉煤灰微珠中，主要是密实的玻璃沉珠，其表面光洁，但也有一些微珠的表面附有石英或莫来石微晶，还有附着硫酸盐微粒。密实沉珠主要是铝硅酸盐玻璃体的实心微珠，比密度 2.8g/cm^3 左右，玻璃中含钙和铁，几乎不含氧化铁，往往含钙较多，呈乳白色，叫富钙微珠。微珠粒径大多在 45μm 以下，多数为 1～30μm。密实沉珠的颗粒形貌为莫来石和石英骨架。

⑤富铁微珠　密实微珠中，有一小部分含氧化铁较高的微珠，叫富铁微珠。富铁微珠颜色较深，含铁多的呈黑色，有磁性，氧化铁含量大于 50%，比密度 3.4g/cm^3 以上，氧化铁含量较高的富铁微珠比密度在 4.0g/cm^3 以上，从粉煤灰中磁选的铁珠，可作工业原料。富铁微珠往往混杂于粗灰之中。

（2）渣状颗粒：渣状颗粒主要包括海绵状玻璃渣粒和碳粒等。

①海绵状玻璃渣粒　国产粉煤灰中常有相当数量的形状不规则、结构疏松的海绵状多孔玻璃颗粒，粒径较粗，但也有较细的碎屑。海绵状玻璃体的生成通常是因燃烧温度欠高，或在火焰中停留时间较短，或因灰分熔点较高，以致这些灰渣没有达到完全熔融的程度，故亦称之为“火山灰渣”。

②碳粒　粉煤灰中的碳粒一般是形状不规则的多孔体，但也有些电厂的粉煤灰烧剩的碳粒接近珠状，故亦称之“碳珠”。碳珠内部多孔，结构疏松，容易碾碎，孔腔吸水性高，粒径偏粗，45μm 以上的颗粒比例较高。

（3）钝角颗粒：粉煤灰中的钝角颗粒，有些是未熔融或部分熔融的颗粒，大部分是石英颗粒。在国外的商品粉煤灰和国产粉煤灰中，其钝角颗粒数量一般不多。

(4) 碎屑：粉煤灰中或多或少存在一些颗粒的碎屑，也就是通常的“尾粉”，颗粒一般小于 30μm。

(5) 黏聚颗粒：主要是指诸如上述各种颗粒的黏聚体，在粉煤灰中也有一定的数量，一般易于碾散。

二、物理性质

粉煤灰的质量评定和生产控制除了上述化学性质外，还应满足物理性质的晶质要求。在多数的粉煤灰标准规范中，一般都将粉煤灰活性指数（或称火山灰性质指数）列为物理性质的要求，其原因是这个指数需要根据掺粉煤灰的水泥砂浆或石灰浆的强度值或与基准水泥砂浆的强度比来确定的。

(一) 物理性质及要求

1. 外观和颜色

(1) 外观：粉煤灰外观类似水泥，因此在使用中必须谨防混入杂质。

(2) 颜色：由于燃烧条件不同以及粉煤灰的组成、细度、含水量等变化，都会影响粉煤灰的颜色，特别是组分中含碳量的变化，可以使粉煤灰的颜色从乳白色变成灰黑色，因此对于对表观和色调有要求的混凝土，应选用浅色和匀质的粉煤灰，也即是必须控制粉煤灰的颜色。高钙粉煤灰往往呈浅黄色。

在商品粉煤灰的质量评定和生产控制中，粉煤灰的颜色是一项重要的指标。因为颜色可以反映含碳量的多少和变异，所以颜色也就成为粉煤灰质量控制的基本指标之一。另外，粉煤灰颜色的变化在一定程度上也可以反映粉煤灰细度。因为碳粒往往存在于较粗的粉煤灰颗粒组分之中，所以颜色较黑的粉煤灰中粗粒所占的比例较多。

2. 密度和堆密度

(1) 密度：粉煤灰中各种颗粒的密度为 0.4～4g/cm^3，有些甚至更高，变化极大。因此，用李氏密度瓶测得的密度只是混合料的平均密度。如果密实的颗粒密度占优势时，粉煤灰平均密度就偏高；空心、多孔的颗粒增多时，平均密度必然偏低。

①低钙粉煤灰的密度一般为 1.8～2.6g/cm^3，但根据国内电厂粉煤灰实测值统计，密度在 2.0g/cm^3 以下的粉煤灰占 40%，其中最低值为 1.44g/cm^3。

②高钙粉煤灰密度较高，可达 2.5～2.8g/cm^3。

(2) 堆密度：根据堆积状态不同，粉煤灰的堆密度包括压实堆密度和松堆密度。低钙粉煤灰的压实堆积密度为 1000～1400kg/m^3，松散堆积密度变化范围为 600～1000kg/m^3；高钙粉煤灰的压实堆积密度为 1300～1600kg/m^3，松散堆积密度变化范围为 800～1200kg/m^3。

湿粉煤灰的压实堆积密度随含水量的增加而增加。当最佳含水量时达到最大压实堆积密度，含水量超过此值，压实堆积密度又趋下降。低钙粉煤灰的最佳含水量范围为 15%～35%，最大压实堆积密度可达 1700kg/m^3。

3. 细度和比表面积

(1) 细度：大量工程实践证明，粉煤灰的细度是影响混凝土性能的最重要的品质指标。如果粉煤灰越粗，需水性就越大，导致混凝土用水量增加。也就是因为碳粒和其他多孔颗粒，大部分存在于较粗的颗粒之中，所以粉煤灰越粗，表明海绵状颗粒的数量也越多，需水性必须越大。

粉煤灰颗粒粒径极限约为 0.5～300μm，其中玻璃微珠粒径为 0.5～100μm，大部分在

45μm 以下，平均粒径为 10～30μm，但漂珠往往大于 45μm。海绵状颗粒粒径（含碳粒）范围为 10～300μm，大部分在 45μm 以下。国内外大量试验资料证实，以 45μm 的标准筛测定粉煤灰的细度比较合理。因为人们发现 45μm 筛余的粉煤灰中海绵状颗粒较多，尤其是因为发现 45μm 筛余百分数与粉煤灰需水量比的相关性和复现性最佳。因此，国际间的现行粉煤灰标准规范，多数国家规定以 45μm 筛余百分数为细度指标。

我国将混凝土用粉煤灰分为三级，用气流筛测定细度（45μm 筛筛余%）：Ⅰ级灰，不大于 12%；Ⅱ级灰，不大于 20%；Ⅲ级灰，不大于 45%。

（2）比表面积：关于粉煤灰细度的指标，另一种国际上常用的方法是采用比表面积测定法。国外通常采用勃氏法，用这类方法所测定粉煤灰的比表面积的变化范围一般为 1700～6400cm^2/g。我国则用类似的测定水泥比表面积的透气试验法。国内各电厂粉煤灰比表面积的变化范围为 800～5500cm^2/g，一般为 1600～3500cm^2/g。

4. 需水量比

粉煤灰混凝土很重要的一个特点，即是在混凝土中掺入粉煤灰不但不会增加混凝土的用水量，反而可能降低用水量。但也发现了凡是含碳量较高的，也会明显地增加用水量，因此，在粉煤灰标准规范中采用粉煤灰水泥砂浆与基准水泥砂浆对比的需水量比作为粉煤灰物理性质的一项重要品质指标。

在混凝土基本组分中，除胶凝材料是活性组分外，如今还认为水也是一种活性组分，因为水分不仅参与水泥的水化反应以及粉煤灰的火山灰反应，而且混凝土中的多余水分，形成凝胶孔、毛细孔及其他孔隙，是影响混凝土结构和性能的最敏感的因素。混凝土中引入粉煤灰，改善了新拌混凝土的流变性质，提供了减少混凝土用水量的可能性。实际上，减少水化反应之外多余的水分所带来的利益是很明显的。因此，近年来粉煤灰需水量比这项品质指标越来越受到使用部门的重视。

我国《粉煤灰在混凝土和砂浆中应用技术规程》规定：Ⅰ级灰，需水量不大于 95%；Ⅱ级灰，需水量不大于 105%；Ⅲ级灰，需水量不大于 115%。

5. 火山灰活性指数

天然的或人造的火山灰材料，本身并无胶凝性能。但当在常温下有水存在时，这些粉料能与石灰起化学反应，生成具有胶凝性能的水化产物。这些水化产物一般能在空气中立即硬化，而后渐渐具有水硬性。其主要的水化产物是水化硅酸钙凝胶，所以也有人把该反应过程叫作"硅酸盐化"。火山灰材料掺入硅酸盐水泥或混凝土中时，它能与水泥水化作用分解出来的氢氧化钙进行"二次反应"，生成具有胶凝能力的 CSH 凝胶。这里顺便指出，水泥水化生成的氢氧化钙活性很强，与粉煤灰反应的水化产物也较好。如果在水热处理条件下（蒸汽养护或蒸压养护），硅酸盐化学反应过程会加剧和加深。作为一项性能指标或晶质指标，"火山灰质反应性是指在常温下火山灰与钙离子或氢氧化钙及水之间，或火山灰、水及氢氧化钙之间反应程度的指标。

粉煤灰是由多种不同性状的颗粒混合堆聚的粒群，并不是每种颗粒都具有火山灰活性，其中只有硅酸盐和铝硅酸盐玻璃体的微细颗粒，才能在碱溶液中显示出火山灰反应的性质。粉煤灰中的活性颗粒，主要是玻璃微珠和海绵状玻璃体。至于结晶体，如石英，在常温下火山灰质性质就不够明显；而莫来石则是惰性成分；富铁微珠活性较低甚至惰性，碳粒则不是火山灰质成分。一般说，玻璃体与结晶体比值越高，粉煤灰的活性越好。

在我国的《粉煤灰混凝土应用技术规范》(GBJ 146—90)中，对于用作水泥混合材料的粉煤灰，规定粉煤灰水泥砂浆三个月的抗压强度比不低于115%，然而对于直接加入混凝土的粉煤灰则不作规定，其理由是这个活性指数对粉煤灰混凝土应用技术来说实用意义不大，关于粉煤灰对混凝土强度的影响，应取决于混凝土的强度试验。

6. 安定性

安定性指标是粉煤灰品质指标中与化学性质有关的物理指标。测定粉煤灰安定性的目的主要是避免粉煤灰中有害的化学成分影响混凝土的耐久性，主要指 MgO。粉煤灰安定性试验往往采用与水泥安定性试验相同的测定方法，用蒸压膨胀或收缩率不超过0.8%来评价。

7. 干缩性

粉煤灰的干缩性是另一个从物理要求出发的体积变化性能，一般情况下都作为非强制性的粉煤灰品质指标，要求28d龄期试件干缩增加率不大于0.03%。

8. 均匀性

均匀性是粉煤灰用作胶凝材料时十分重要的指标，但是有些国家的标准规范对这项指标并设有明确的规定，而有些国家仅按照自己划定的均匀性标准，只对粉煤灰产品进行质量控制。

(二) 生产控制品质指标

国外为了供应均匀和质量可靠的商品粉煤灰，主要依靠生产控制技术，即是对几个紧要的粉煤灰品质指标进行快速测定，在产品生产的过程中，及时对粉煤灰性能的变化，作出迅速和灵活的反应。如英国波佐琅尼克粉煤灰公司对于低钙粉煤灰品质指标控制，可以减少到只要测定颜色、烧失量、45μm 筛余(%)即可。

在生产控制中，如有必要，尚须测定粉煤灰含水量、硫酸盐含量、比密度、需水量比等品质指标，对于粉煤灰化学成分的全分析，也定期进行试验。

第三节　粉煤灰混凝土的技术性能

由于原材料、配合比、施工条件、养护龄期、甚至于性能测试技术不同，粉煤灰混凝土的性能变异性是很大的。与普通混凝土相比，由于粉煤灰混凝土的结构状态是由不稳定逐渐转向稳定，似乎可以更为明显地划分为三个阶段：即新拌混凝土阶段，硬化中混凝土阶段及硬化混凝土阶段。各阶段混凝土的性能明显不同，而实验室中测定的混凝土性能指标与实际工程中的指标又差别较大。因此，为了进行粉煤灰混凝土的配合比设计，就有必要研究和了解这些性能。

一、新拌粉煤灰混凝土的性能

(一) 和易性基本参数——粉煤灰减水率

1. 粉煤灰的改性作用

粉煤灰对新拌混凝土改性，主要表现在与基准混凝土相等时，粉煤灰混凝土中的用水量降低。因此，粉煤灰的减水率是粉煤灰混凝土首要的工程性能参数。这对新拌混凝土带来的好处是：

(1) 为改善新拌混凝土和易性提供了基本条件；

（2）为硬化中的粉煤灰混凝土减少了出现收缩裂缝的危险；

（3）对硬化混凝土来说，则有利于提高强度和减少体积变化。

2. 影响粉煤灰减水率的因素

影响混凝土中粉煤灰减水率的主要因素是粉煤灰的细度、需水性、粉煤灰用量和水泥用量、水灰比等。粉煤灰本身的需水性当然是基本因素。粉煤灰需水量比这个参数，不能直接视作粉煤灰混凝土的减水率，而粉煤灰在混凝土中的减水率才是实用的参数，并且必须应用混凝土材料，通过试拌后测定。

3. 粉煤灰减水率的测定

测定粉煤灰的减水率，与具体改善混凝土的和易性有密切的联系。一般的方法是通过当地材料的系统性的配合比试拌，找出粉煤灰混凝土与基准混凝土保持等强度和等和易性的条件下，不同粉煤在掺量$\left(\frac{F}{C+F}\times100\%\right)$混凝土的减水率。通常，采用"单点法"或"两点法"测定。

上海磨细粉煤灰的试验结果表明，混凝土减水率降低不多，但在一定掺量范围内$\left(\frac{F}{C+F}\times100\%=30\%\right)$也不增加用水量。因此，为提供粉煤灰混凝土配合比设计依据，各地的粉煤灰资源在混凝土中应用之前，都必须测定出新拌混凝土在保持一定的和易性条件下的减水率，以作为粉煤灰混凝土和易性的基本实用参数。

（二）坍落度和维勃稠度试验

1. 坍落度

在实际工程中，坍落度法仍是测定混凝土和易性的最普遍的单点试验法。大量工程实践证明，用坍落度试验控制粉煤灰混凝土的和易性，在国内外都是比较容易接受的，并认为坍落度对粉煤灰混凝土和易性变异的反映是比较敏感的，基本上符合用水量每增减3～4kg/m^3，坍落度可增减1cm的规律。在坍落度试验的过程中，同时还可以观察到粉煤灰混凝土的离析现象、黏聚性、棍度、终饰性等是否得到改善。

2. 维勃稠度

较干硬的粉煤灰混凝土一般采用维勃稠度（s）作为和易性指标。

（三）影响粉煤灰混凝土凝结时间的因素

粉煤灰对水泥浆体具有缓凝作用，这已被大量的试验研究资料所证明。这种作用对要求快凝的工程来说，无疑是粉煤灰混凝土的缺点，而对于一些要求缓凝的混凝土工程来说（如滑模工艺、大体积混凝土工程等），则成为优点。

大量的工程实践已经证明，延缓混凝土凝结时间的因素很多。在混凝土配合比参数中，水泥用量、水灰比等是影响混凝土凝结时间的重要因素，而掺加粉煤灰这一因素比之水泥细度、水泥用量、用水量、环境温度等因素，其影响相对都要小一些。如果将多种延缓凝结时间的因素累计起来，往往影响就显著了，其实这并不完全是由于掺入粉煤灰的缘故。

（四）粉煤灰混凝土的泌水性和离析现象

1. 泌水性

新拌混凝土的泌水是由于其中固体颗粒下沉，而水分上浮到表面的现象。它将导致表面浮浆和浮灰，影响混凝土表面质量。有些泌水进入混凝土上层（外分层），损害表层混凝土的耐久性；有些泌水被截留于钢筋和粗骨料的底部（内分层），降低与砂浆的黏结力。粉煤灰是矿物质粉料，掺入混凝土中，可以弥补混凝土中水泥用量和细骨料中细粉部分的不足，可以增强新拌混凝土的保水能力，不至于发生泌水扰动现象。当水分蒸发时，有效水灰比降低，强度增高。粉煤灰还可阻塞泌水通道，提高抗渗性。这些都有利于减少泌水量（即混凝土单位面积的泌水数量，以 cm^3/cm^2 计），降低泌水率（即泌水百分数，以%计），延缓泌水速度（即单位时间内的泌水量，以 cm^3/s 计）。

2. 离析现象

粉煤灰混凝土的离析现象，即浆体和骨料分离的现象。离析现象一般有两种形式：一种是稠度过稀的混合料中，浆体流淌出来；另一种是黏聚性较差的混合料中，粗骨料分离出来。粉煤灰的加入，增加了混凝土中的粉料，也增加了浆体的体积，所以在任何情况下都有利于改善基准混凝土的黏聚性。掺加粉煤灰改善混凝土的离析现象在贫混凝土和大流动性混凝土中的效果尤为明显。

（五）粉煤灰混凝土的终饰性和抹面性能

在粉煤灰混凝土中，浆体体积增加，浇筑的表面比较饱满，终饰性好，容易抹面。但是，这种效果只有在采用优质粉煤灰时才比较明显。国内也曾发现一些使用质量较差的粉煤灰，致使保水性较差，面层浮浆、浮灰，终饰性不良。因这些表面混凝土实际含水较多，其质量比下部混凝土有所降低。有些粉煤灰中碳份较多，微细碳粒冒到表面，也有损混凝土质量和有碍外观。这些粉煤灰混凝土的终饰性也不如基准混凝土好。如果混凝土表面水分的蒸发速度快于泌水速度，则表面层还产生塑性收缩裂缝，或者硬化后形成疏松的“粉化层”。根据国内的施工经验，如遇到这种情况，应等待泌水蒸发后再进行抹面，或按照规定合理地二次抹面压实。掺优质粉煤灰的混凝土可用作艺术混凝土（装饰混凝土）和高级饰面，因为它能显著地减少模板接缝处的渗浆，也就减少微裂缝的产生。

二、硬化中粉煤灰混凝土的性能

（一）粉煤灰混凝土的降温作用

水泥与水作用以后放出热量，据测试，1kg 水泥放出的热量可高达 500kJ，它能使混凝土中的温度达到 75℃以上。因混凝土的热传导性较差，大体积混凝土内部产生的水化热造成温度急剧上升，与混凝土表面形成温度梯度，故其内部将产生拉应力，此拉应力很可能超过未成熟混凝土的抗拉强度，在以后的冷却过程中又可能再度产生拉应力，它们都足以使混凝土严重开裂。这些危害与混凝土中所达到的顶峰温度有关，如能采取技术措施将混凝土温度升至顶峰温度延迟或加以限制，则能避免开裂。根据国外的经验，若将顶峰温度控制在 70℃以下，则开裂的可能性不大；如超过 70℃，就要用冷却措施降低温度，这样费用要增加不少。用粉煤灰代替部分水泥，能使温升降低 15% ~ 35%，对混凝土温升起到缓解作用，这就是一种最经济的措施。

根据许多研究资料证明，粉煤灰的作用并不意味着使纯水泥的水化热减少，或者水化程度减缓，因此不能认为它是完全火山灰的作用所致。当然，粉煤灰取代部分水泥，水泥用量减少，水化热量也减少；粉煤灰掺量越多，降低温升的效应也越好。据现场实际工程测定，经过 180 ~ 360d，掺与不掺粉煤灰的水泥放出的总热量是接近的，只是先后速度不同而已。在实际应用中应当关心的是放热速度，而不是总的水化热量。粉煤灰除能降低顶峰温度以外，还能延缓温度升高。

（二）粉煤灰混凝土的成熟度

混凝土在硬化过程中成熟的程度，称为混凝土的成熟度。硬化中混凝土，可以理解为未成熟的混凝土。粉煤灰混凝土的硬化过程与普通混凝土的硬化过程有较大的不同，显然，它可以从成熟度与混凝土性能的关系中反映出来。

成熟度表示混凝土硬化速度随龄期及养护温度而变化的情况，一般以“度时积”［养护温度（℃）和养护时间（h）的乘积］来表示。温度变化的情况下，在龄期 T 的范围内对养护温度函数 $f(\theta)$ 进行积分，取得出龄期 T 的成熟度 M，即：

$$M = \int_0^T f(\theta)\mathrm{d}t$$

成熟度的单位是度时（℃·h）。如在 20℃下养护 30d，其成熟度 $M = 20 \times 24 \times 30 = 14400$（℃·h）。

在正常温度下，通常按 28d 龄期对比混凝土的各项性能，认为普通混凝土已基本成熟，而到了 28d 龄期时，粉煤灰效应还没有得到很好的发挥，所以粉煤灰混凝土强度和耐久性等重要性能指标，都要低一些。采用蒸汽养护或蒸压养护等水热处理措施，可使硬化中的粉煤灰混凝土加速成熟。其成熟度与蒸养的普通混凝土不同。粉煤灰混凝土成熟度随着养护温度的提高而显著提高，这是粉煤灰混凝土成熟度的一个重要特征。工程实践进一步证实，养护温度超过 20℃就能够较好地发挥粉煤灰对强度的效应。因此，在温、湿度较高的地区推广粉煤灰混凝土比较有利。有关试验表明，对于预制粉煤灰混凝土构件，蒸汽养护温度为 70℃时的技术经济效果最好，蒸养阶段的成熟度以不超过 1400℃·h 为宜。与普通混凝土相比，蒸养的粉煤灰混凝土还有一个异常的优点，即普通混凝土在蒸养条件下，生成较多的氢氧化钙［$Ca(OH)_2$］会造成后期强度降低，而蒸养粉煤灰混凝土后期强度在相当长的时间内仍能继续增长。

（三）粉煤灰混凝土的早期性能

如果没有任何加速成熟度的措施，在制备粉煤灰混凝土时则由于部分水泥用量为粉煤灰所取代，早期的混凝土中水化产物数量减少，其强度的发展必然减慢。即使龄期长达 180d，活性效应也可能仍未达到充分反应的程度，从扫描电镜中可以观察到，早期混凝土试件断面上粉煤灰微珠颗粒周围形成的水膜层间隙，尚未明显被水化产物所填充；从孔隙测定也可以发现，较大孔隙和敞开的毛细孔较多，结构密实性差。这些情况用简易的渗透性对比试验就可以得到证实。因此，粉煤灰混凝土和基准混凝土早期性能存在着一定的差距。

但是，大量的试验研究和工程实践都证明了粉煤灰混凝土的实际早期性能并不如想象的那样低劣。其依据有四方面：

（1）因为水泥水化热能使混凝土内部温度升高，因而有产生裂缝的危险，但是另一方面温度升高也有利于加速粉煤灰效应的发挥。

（2）根据测定，粉煤灰混凝土浇筑以后的 24h 以内，混凝土内部温度开始显著上升，它对粉煤灰混凝土强度的发展是很有利的。

（3）实测结果证明，大体积粉煤灰混凝土内部的实际强度，往往高于标准试块的强度。

（4）试验研究发现，这种粉煤灰混凝土早期强度并不降低的现象在大多数有足够厚度的结构粉煤灰混凝土中都会发生，而甚至有人提出普通混凝土由于早期温升可能使28d龄期强度降低20%左右，而粉煤灰混凝土都能提高10%左右的观点。另一种观点则认为，在养护早期阶段，粉煤灰掺量为20%的水泥与纯水泥的水化程度相同，而掺40%粉煤灰的水泥所产生的水化产物较少，这说明粉煤灰掺量对早期性能的影响比较明显。另外，粉煤灰混凝土的强度与所用水泥的性质有关，对早期强度的影响更为显著。

如工期迫切或有拆模时间要求，也可以通过专门的配合比设计，确保粉煤灰混凝土3~7d龄期的性能与基准混凝土相等，甚至超过基准混凝土。这里最关键的是如何合理发挥粉煤灰的效应问题。成熟的经验告诉我们，欲使粉煤灰混凝土的早期性能以及28d抗压强度与基准混凝土接近，选用优质低钙粉煤灰和合格的高钙粉煤灰是至关重要的。

三、硬化后粉煤灰混凝土的性能

（一）粉煤灰混凝土的强度

根据“水灰比定律”，控制混凝土强度的因素是水灰比。而菲莱公式则比“水灰比定律”更完善一些，用它可以更进一步阐述混凝土强度受固体含量（即固体浓度）的控制等问题。只有固体才能承受荷重，而流体（即水和空气）则不能承重。混凝土中固相越多，强度也越高。混凝土中的固相包括骨料、水泥的水化产物、未水化的水泥颗粒等。在相对强度与孔隙之间，也即是强度与水固比、固体含量之间，可以找出一定的关系。

如能象普通混凝土一样，证明粉煤灰混凝土的抗压强度作为评价混凝土质量与其他性能的一项有关联性的指标，那将对粉煤灰混凝土的推广应用起重要作用。其影响规律大致如下：

（1）粉煤灰混凝土的各种力学强度都与抗压强度有一定的关系，而实用性较大的粉煤灰混凝土其耐久性都十分复杂。

（2）抗压强度与抗渗、抗磨、抗硫酸盐侵蚀、抗碳化等性能能建立一定的关系，有较大的实用意义。

（3）粉煤灰混凝土的收缩性、徐变等性质不一定能用抗压强度来衡量。

（4）评价粉煤灰混凝土的质量，不能完全依靠抗压强度这一单一指标，比如说对混凝土耐久性的控制，可以简单地按抗压强度划分耐久性等级，但还要规定水灰比、水泥用量等参数，如果考虑结构性能，则还要提出对保护层厚度的要求。

（二）28d龄期抗压强度 f_{C28}

一般认为，现代水泥混凝土硬化较快，28d龄期时即能达到其最大强度值，所以现行的设计规范中都按28d龄期的抗压强度和性能来考虑。粉煤灰混凝土具有后期强度较高的特点，可是按照现行规范，仍须用与普通水泥混凝土相同的要求来对待。这即是说，一般情况下，要求粉煤灰混凝土的性能不低于基准混凝土的性能，并要求28d龄期时等强度。这样的粉煤灰混凝土必须经过配合比设计，采用适当措施，如改变粉煤灰等量取代水泥的条件等，才能使原来需要90~180d龄期才能达到等强度的水平提前到28d龄期。采用28d龄期强度为标准，除按设计要求外，与质量控制也有重要关系。

由于过去粉煤灰混凝土往往未考虑28d龄期等强度的要求，因此早期强度显著降低，28d龄期强度仍显著低于基准混凝土，其降低的程度取决于粉煤灰的掺量、取代水泥的份数、水泥性质和用量等有关因素。按一般规律，粉煤灰的取代率是多少，混凝土强度就降低多少。养护28d龄期时，与基准混凝土等强度的粉煤灰混凝土的其他性能，基本上也与基准混凝土接近。但是粉煤灰混凝土在28d龄期时，毕竟仍然处于未成熟期，混凝土性能尚在继续提高，因此按28d龄期性能设计，只不过是为满足现行规程的要求，其未被利用的潜力是相当可观的。

（三）后期抗压强度

由于粉煤灰混凝土的特点，在标准养护条件下，其最大抗压强度的龄期后移，因此现代混凝土、特别是专用粉煤灰混凝土配合比设计技术中，往往还是强调要考虑按混凝土最大抗压强度进行配料，即按照粉煤灰混凝土后期强度进行配合比设计。

粉煤灰对混凝土后期抗压强度的贡献是十分明显的。据统计，60～90d的抗压强度，一般比28d标准抗压强度增长20%～30%；180～360d抗压强度增长可达50%～70%。因而，国外在配制高强度粉煤灰混凝土（一般指抗压强度大于60MPa者）时，规定56d或91d作为配合比设计中的试配强度，从而提供较为经济的配合比。因此，我国的《粉煤灰在混凝土和砂浆中应用技术规程》中规定，用于地上工程的粉煤灰混凝土的强度等级龄期定为28d；用于地下工程的粉煤灰混凝土强度等级龄期定为60d。显然，这是充分考虑了粉煤灰后期强度的利用。

上海市使用符合《粉煤灰在混凝土和砂浆中应用技术规程》JGJ 28—86规定的磨细粉煤灰，其掺量为20%～30%，配制28d龄期等强度和等稠度的C20～C40粉煤灰混凝土，实测强度发展系数见表9-4，供利用后期强度进行配合比设计时参考。

粉煤灰混凝土强度发展系数 **表9-4**

水泥强度等级及品种	混凝土种类	混凝土强度发展系数				
		7d	28d	60d	90d	180d
42.5级普通硅酸盐水泥	基准混凝土	0.63～0.84	1.00	1.07～1.18	1.18～1.27	1.25～1.42
	粉煤灰混凝土	0.55～0.79	1.00	1.15～1.21	1.27～1.33	1.35～1.48
32.5级矿渣硅酸盐水泥	基准混凝土	0.66	1.00	1.18	1.19	—
	粉煤灰混凝土	0.61～0.63	1.00	1.19～1.21	1.25～1.29	—

（四）其他力学和变形性能

1. 抗拉强度、抗弯强度和抗剪强度

粉煤灰混凝土的28d抗拉强度（f_{st}）与立方体抗压强度（f_c）之间的函数关系：

$$f_{st} = 0.135 f_c^{0.8}$$

粉煤灰混凝土的28d龄期抗弯强度与抗压强度之比一般为0.12～0.16，比普通基准混凝土有所增强，这有利于将粉煤灰混凝土用于混凝土路面，以承受较大的动力和重复荷载，并且有利于提高防裂缝出现的能力。

粉煤灰混凝土的28d龄期抗剪强度，则不受粉煤灰掺加的影响，其值基本与抗压强度相等的基准混凝土的抗剪强度接近。

2. 黏结强度或握裹力

关于由混凝土与钢筋之间的摩擦力、粘着力、收缩压缩力产生的粘结强度或握裹力，往往发现由于混凝土均匀性不好而导致造成黏结强度试验值离散。粉煤灰混凝土的28d龄期粘结强度基本上与等强度的基准混凝土相同，但黏结弨度试验值的离散性可能要小一些，所以平均值可高一些，其原因即是粉煤灰混凝土的均匀性较好。工程实践也证明，粉煤灰对混凝土的粘结强度并无影响，且均匀性较好。C20～C40粉煤灰混凝土对光面钢筋滑移0.25mm时的28d龄期粘结强度为2.4～3.5MPa，粘结强度随混凝土抗压强度的增长而提高，强度等级为C40的粉煤灰混凝土，其粘结强度增长不多。

3. 弹性模量

在标准条件下养护28d龄期等强度的粉煤灰混凝土的静力弹性模量与基准混凝土近似，但在28d龄期以后，粉煤灰混凝土的弹性模量增长较快。混凝土的弹性模量在很大程度上取决于骨料的性质。建议计算公式：

$$E_c = 3.87\sqrt{f_c}$$

式中 E_c——粉煤灰混凝土的弹性模量（MPa）；

f_c——粉煤灰混凝土的立方体抗压强度（MPa）。

4. 受拉应变能力

混凝土的受压应变能力一般是用混凝土梁的受弯试验测定的。在现场测定的粉煤灰混凝土开裂时的受拉应变值为$70 \sim 75 \times 10^{-6}$，大约比普通混凝土低10%。混凝土受拉应变能力受到骨料性质、加荷速度、混凝土弹性模量、混凝土堆密度等因素的影响。一般规律是：受拉应变能力随水泥用量的增加而提高。在后期，粉煤灰对混凝土受拉应变能力的影响是很小的，如果粉煤灰后期强度显著高于基准混凝土，则受拉应变能力也会达到较高的水平。

5. 泊桑比

横向应变与纵向应变之比，称之为泊桑比。混凝土的泊桑比一般介于0.15～0.20之间，实测结果证实，粉煤灰混凝土的泊桑比也在此范围之内。

6. 徐变

在持续力下混凝土的应变随时间的增长逐渐增加，而在恒定应变下混凝土应力随时间的增长逐渐减小（松弛）的现象，称之为徐变。粉煤灰混凝土因长期强度提高，徐变大大减小，其减小值受到多种因素的影响，包括粉煤灰的质量、掺量、养护条件等。如使用优质粉煤灰，掺量为25%～35%时，徐变可减少20%～40%，这有利于减少挠度和预应力损失。此外，在实际工程中还发现，虽然粉煤灰混凝土早期发生的徐变可能较大，但是直接应力受到松弛，也有利于减少裂缝的出现。

7. 收缩和膨胀

混凝土的收缩在塑性阶段就已开始。粉煤灰混凝土的塑性收缩和硬化早期收缩都比基准混凝土的略小。在空气中存放的混凝土的干燥收缩部分，是全部收缩的主要部分。一般水泥用量为300kg/m^{2}时，混凝土的收缩值为8.0×10^{-4}左右，它取决于混凝土的用水量。如粉煤灰混凝土用水量减少20kg/m^3，则干缩值测定结果可从1.75×10^{-4}减少到1.0×10^{-4}。经过对粉煤灰混凝土干缩性的长期测定发现，截面很薄的粉煤灰混凝土构件，早期的干缩率比普通混凝土低，但两年后的收缩值与普通混凝土相似。一般认为，在使用优质粉煤灰的条件下，干缩性可以保证不大于基准混凝土。

在混凝土的表面层及薄型构件的收缩值中，还包括由于大气中CO_2的作用所引起的碳化收缩，它可以达到混凝土总收缩量的$\frac{1}{3}$。粉煤灰混凝土的碳化收缩往往大于普通水泥混凝土的碳化收缩。碳化收缩只是混凝土表面碳化层局部收缩，可是如果采用低质量的粉煤灰时，碳化收缩会较大的影响表层混凝土的质量。

只要是使用良好的粉煤灰且配合比适当，粉煤灰混凝土浸水引起的膨胀以及干湿交替引起的体积变化，是不会比基准混凝土大多少的，粉煤灰混凝土的浸水膨胀值为 $1.0\sim1.5\times10^{-4}$，它要比收缩体积变化小得多。

根据实测结果，粉煤灰混凝土的热膨胀系数平均值为 $8.9\sim10.7\times10^{-6}/℃$，与基准的普通混凝土接近，因此，影响不大。

四、粉煤灰混凝土的耐久性

（一）抗碳化能力

根据国内、外的经验，发现粉煤灰混凝土碳化深度大于基准混凝土的情况往往是在以下几种情况下发生的：

（1）过去使用质量较低的粉煤灰，粉煤灰掺量较大，尤其是矿渣硅酸盐水泥再掺大量的粉煤灰，粉煤灰等量取代部分水泥，或直接用粉煤灰水泥取代部分水泥；

（2）粉煤灰混凝土强度等级较低，一般在 C30 以下，水灰比也较大，在 0.60 以上。

当时，由于对粉煤灰效应和碳化作用的规律不熟悉，现在则可以按照粉煤灰混凝土碳化效率系数，设计与基准混凝土抗碳化能力相等的粉煤灰混凝土。如果水泥用量不减少，再外掺粉煤灰取代部分砂，这样的粉煤灰混凝土抗碳化能力即可以增加；同时掺用粉煤灰和减水剂（本质素磺酸钙），即采用所谓“双掺”的技术措施，还能更好地发挥粉煤灰效应，可以保证提高粉煤灰的抗碳化能力。

（二）钢筋锈蚀

近年来，国际上频繁发生的钢筋混凝土耐久性质量事故，多半是钢筋锈蚀造成的。钢筋锈蚀部分的体积膨胀 2～3 倍，能使混凝土胀裂或剥落。

1. 钢筋锈蚀的种类

（1）碳化作用：使钢筋的钝化膜失去了存在的条件。

（2）电化学侵蚀：使混凝土丧失护筋性。当钢筋表面有水分存在时，发生铁电离作用的阳极反应和溶解态氢还原的阴极反应，但合起来形成电化学侵蚀过程，在钢筋表面形成铁锈层，还有杂散电流作用（静电干扰），也会引起锈蚀。

（3）氯化物等侵蚀：氯离子、硫酸根离子及硫离子等都是能破坏钢筋钝化膜的有害成分，其中以氯离子的破坏最为剧烈。

（4）应力腐蚀断裂：狭义的应力腐蚀断裂是指在应力和侵蚀性介质共同作用下，阳极反应的脆性断裂；另一种形式是由于阴极反应，原子氢生成分子氢，发生应力的脆性断裂。

2. 碳化作用机理

对粉煤灰混凝土的耐久性问题往往集中到讨论影响混凝土护筋性的强弱问题，主要是碳化作用导致钝化膜的破坏，但是碳化并不直接影响钢筋的锈蚀，而只是形成了一个容易使水和氧气入侵锈蚀钢筋的环境。碳化只是处于初始阶段，而锈蚀过程要待保护层完全碳化后方才开始。粉煤灰混凝土也完全服从这个规律。

混凝土碳化开始于混凝土表面。混凝土的碳化作用机理：碳化过程乃是外界环境中的 CO_2 通过混凝土表层的孔隙和毛细孔不断地向内部扩散的过程。混凝土的碳化一定要有水分存在。若在毛细孔的孔壁上附着一层含有 $Ca(OH)_2$ 的水膜，则碳化就从带水膜的毛细孔壁开始。当环境的相对湿度为50%～60%时，碳化的反应最快，可是当孔隙全部为水分所填满时，也会妨碍CO_2的扩散。

3. 钢筋锈蚀过程

钢筋锈蚀开始于裂缝扩展阶段。只要混凝土保护层上无裂缝，那么钢筋的锈蚀过程即是：混凝土完全碳化以后，钢筋失去了钝化膜的防护，随着水分和氧气的入侵，钢筋表面逐渐锈蚀。如果保护层的混凝土上已存在直通钢筋的裂缝，那么既使保护层混凝土尚未完全碳化，钢筋也会锈蚀。还应指出的是，出现裂缝也会加速碳化，在微裂缝处要比较宽的裂缝处的混凝土碳化慢些，但是氧气在混凝土裂缝中的扩散几乎与裂缝宽度无关。氧气的存在是导致钢筋锈蚀的必须条件。因此，粉煤灰改善混凝土体积变化的性能（指细化毛细孔的作用），使混凝土避免出现裂缝和微裂缝，其意义与增强抗碳化能力对护筋性同样重要。此外，既使混凝土没有出现裂缝，如果孔隙较大，抗渗性较差，混凝土中的氢氧化钙浸析出来，这样降低钢筋周围混凝土的碱度，并且扩大混凝土中的孔隙，其对护筋性的影响也会不逊于混凝土的碳化。

（三）抗冻性

1. 粉煤灰抗冻效应

过去曾有一些试验资料表明：粉煤灰混凝土的抗冻性较差。但美国的一些研究资料指出了抗冻性差的原因是由于试验方法不合理以及粉煤灰混凝土技术比较陈旧所致。不少资料并证实：与基准混凝土等强度的粉煤灰混凝土，其抗冻性并不降低，如养护良好，粉煤灰效应充分发挥，抗冻能力尚可提高。粉煤灰对抗冻性的效应是：

（1）活性效应：活性效应固定了氢氧化钙，使不致因浸析而扩大加速冷冻劣化的孔隙；

（2）形态效应：形态效应能使混凝土用水量减少，明显有利于减少孔隙和毛细孔；

（3）微骨料效应：微骨料效应可使截留空气量和泌水量减少，并使孔隙细化，有助于使引气剂产生的微细气孔分布均匀。一些研究资料表明，粉煤灰混凝土中截留空气量大约可降到0.5%，总含量较低，引气剂的掺加仍能提高粉煤灰的抗冻性。另外，粉煤灰的比表面积较大，又含有一些多孔颗粒，对于含碳量较多的粉煤灰，如需达到相同的含气量，则必须增加引气剂的剂量。

2. 粉煤灰掺量对混凝土抗冻性的影响

混凝土冰冻劣化是由于毛细孔中水结成冰，体积膨胀9%，冰融循环，产生反复应力（交变力）所致。其破坏与疲劳试验的破坏类似。冰冻劣化的程度与渗透性有关。其实，冻融循环试验不仅可用来测定混凝土抗冰冻劣化的能力，还可用来评定混凝土的耐久性。我国水电科学研究院采用300次冻融循环试验测定若干粉煤灰混凝土的抗冻性，其结论是：

（1）混凝土的抗冻能力随粉煤灰掺量的增加而降低；

（2）不掺引气剂的混凝土，包括不掺粉煤灰的混凝土，即使水灰比降低到0.45，也只能经受50次冻融循环；

（3）在粉煤灰混凝土中掺用引气剂，可使掺加30%的粉煤灰的混凝土经受300次冻融循环。

（四）抗渗性

1. 混凝土渗透劣化原理

混凝土的渗透除了主要指液体的渗透外，尚包括外部气体向混凝土内部的扩散或叫做“气渗”。混凝土的渗透劣化原理：

（1）在水饱和的条件下，混凝土中的氢氧化钙不断浸析，析出表面或被水带走，或沉积于表面上，蒸发后碳化，在内部造成孔隙。

（2）水、氧气及各种侵蚀性介质穿透于混凝土保护层，导致钢筋锈蚀，混凝土胀裂。

2. 粉煤灰混凝土的抗渗性

粉煤灰混凝土的抗渗性能比基准混凝土显著提高，这在许多研究工作中已得到证实。美国资料表明，粉煤灰掺量为30%～50%的混凝土与基准混凝土渗透性对比，28d龄期的抗渗性能可能不好，而到180d龄期时，抗渗性则可大大提高（表9-5）。

（美国）**粉煤灰混凝土相对渗透性**　　**表9-5**

粉煤灰		$\frac{W}{C+F}$	相对渗透性（%）	
种类	掺量（%）		28d	180d
不掺	0	0.75	100	26
芝加哥粉煤灰	30	0.70	220	5
	50	0.65	1410	2
克利夫兰粉煤灰	30	0.70	320	5
	50	0.67	1880	7

（五）抗硫酸盐性

1. 混凝土的硫酸盐侵蚀机理

混凝土的化学侵蚀最常见的是硫酸盐侵蚀。如海港工程、有侵蚀性地下水和土层的地下工程，大多会发生硫酸盐侵蚀。在这些工程中，通常选用C_3A含量较低的水泥，但实际上只能解决部分问题。因为硫酸盐侵蚀过程中主要包括两个方面：

（1）可溶性$Ca(OH)_2$与硫酸盐作用生成硫酸钙，引起石膏膨胀；

（2）铝酸三钙（C_3A）与石膏反应生成钙矾石（水泥杆菌），引起膨胀破坏。

2. 粉煤灰混凝土的抗硫酸盐性

粉煤灰效应从化学上能稳定$Ca(OH)_2$，从物理上可细化毛细孔，减少含硫酸盐介质的渗透。所以它能有效地对硫酸盐侵蚀起免疫效应，在混凝土中掺加粉煤灰能提高水泥抗硫酸盐的性能。

3. 保证混凝土抗硫酸盐侵蚀的措施

为保证混凝土的抗硫酸盐性能，比较稳妥的办法是采用限制水泥中C_3A含量和掺加粉煤灰相结合的措施。

（1）对粉煤灰应有选择：根据美国的经验，对于抗硫酸盐混凝土的粉煤灰成分应有一定要求。粉煤灰抗硫酸盐系数R可分为四类（表9-6），其R值可按下式计算：

$$R=\frac{CaO\text{含量}-5}{Fe_2O_3\text{含量}}$$

由上式可见，粉煤灰中的CaO含量增加和Fe_2O_3含量减少，混凝土的抗硫酸盐性能降低。对此，Fe_2O_3是非常有益的化学成分。R仅仅是一个化学成分指标，另外如优质粉煤灰的减水作用，对抗硫酸盐的侵蚀效应也是十分重要的。

粉煤灰的 *R* 值与抗硫酸盐侵蚀性能　　表 9-6

类　别	*R* 值	粉煤灰抗硫酸盐侵蚀能力	类　别	*R* 值	粉煤灰抗硫酸盐侵蚀能力
Ⅰ类	<0.75	显著提高	Ⅲ类	$1.5\sim3.0$	无明显影响
Ⅱ类	$0.75\sim1.5$	提高程度适中	Ⅳ类	>3.0	能力降低

注：1. CaO 和 Fe_2O_3 百分数均据化学成分分析结果进行计算；

2. 如干湿循环频繁或抵抗 $MgSO_4$ 的侵蚀，则 *R* 值减小 0.5；

3. Ⅲ类的 *R* 值可能略有提高或略有降低；

4. 与硅酸盐水泥对照，水灰比控制在 0.45 左右。

（2）按水泥中 C_3A 含量选择粉煤灰掺量：粉煤灰掺量的增加可以提高混凝土的抗硫酸盐性能，因此，其掺量应随水泥中 C_3A 含量的增多而增加，具体可参考表 9-7，以确定粉煤灰的最小掺量。为改善混凝土的抗硫酸盐性能，一般粉煤灰掺量$\frac{F}{C+F}$可达 40%。

按水泥中 C_3A 含量选择粉煤灰掺量　　表 9-7

序号	水泥中 C_3A 含量（%）	粉煤灰最小掺量 $\left(\frac{F}{C+F}\times100\right)$	序号	水泥中 C_3A 含量（%）	粉煤灰最小掺量 $\left(\frac{F}{C+F}\times100\right)$
1	$2.5\sim5.0$	20	4	$10.0\sim12.5$	35
2	$5.0\sim7.5$	25	5	>12.5	不容许应用此种水泥
3	$7.5\sim10.0$	30			

（3）按硫酸盐侵蚀的强弱程度选择水胶比：根据工程环境中硫酸盐侵蚀的强弱程度，参考国外有关资料，在粉煤灰混凝土配合比设计时，建议按表 9-8 确定最大水胶比（水与胶凝材料之比）。

按硫酸盐侵蚀强弱程度选择水胶比　　表 9-8

序号	硫酸盐侵蚀强弱程度	SO_3 含量（mg/L）	最大$\frac{W}{C+F}$值
1	弱侵蚀	<1000	0.60
2	一般侵蚀	$1000\sim3000$	0.50
3	强侵蚀	>3000	0.40

（六）碱-骨料反应

如果只能就地取材采用活性氧化硅成分的石料，如果又使用碱总含量大于 0.6% 的水泥，则活性骨料与水泥中的碱性物质（Na_2O 和 K_2O）反应时发生体积膨胀，导致混凝土开裂。粉煤灰能抑制碱-骨料反应，主要依靠活性效应来拦截能与活性骨料反应的碱性物质，从而缓解碱-骨料的化学反应，避免产生体积膨胀。

（七）耐磨性

粉煤灰混凝土可用于承受磨耗的混凝土路面工程。混凝土的耐磨性与抗压强度有关。对于路面工程的混凝土往往要求 14d 龄期抗弯强度达到较高的水平。美国公路局科学家指出，采用 10%～25% 粉煤灰取代部分水泥可以获得与基准混凝土有所改善的性能。特别是粉煤灰混凝土，有利于适应现代道路工程中采用的低坍落度混凝土滑模施工的新技术，它不但和易性良好，而且磨耗层质量提高。

工程实践证明，近年来发展的粉煤灰碾压混凝土或高掺量粉煤灰路面优质混凝土，也具有良好的耐磨性。

第四节　粉煤灰混凝土配合比设计

粉煤灰混凝土配合比设计技术发展至今已经历了三个阶段，即早期的等量取代阶段、近期的改良配合比设计阶段及发展中的独立设计阶段。过去较长时间内粉煤灰混凝土推广不甚理想，大多是配合比设计不适当的缘故。近年来，粉煤灰混凝土配合比设计中还有一个共同特点，就是最低要求粉煤灰混凝土与基准混凝土和易性等同，以及28d龄期强度相当，也即是所谓配制等强度和等稠度的粉煤灰混凝土。这是因为只有粉煤灰混凝土性能不低于基准混凝土，才能引起工程界的广泛接纳。

粉煤灰混凝土配合比设计的主要目的是确定一个经济的材料最佳组合，主要的设计手段也是通过试验、试配和试拌。与基准混凝土相比，由于粉煤灰混凝土组分中多了一种粉煤灰组分，因此“选材”和“配料”要复杂一些。粉煤灰混凝土中有时还要加上化学外加剂组分，其复杂性还要有所增加。粉煤灰混凝土配合比设计方法的研究，就是要从复杂的因素中找出有条理的法则，有时为了满足混凝土生产和现场的需要，往往还要从一些复杂的理想配合比设计程序中整理出一些简易的方法，加以推广应用。

一、超量系数法

粉煤灰混凝土的配合比设计方法很多，但在我国应用最多、最普遍的是“超量系数法”。

（一）概述

中国建筑科学研究院混凝土研究所等编订的《粉煤灰在混凝土和砂浆中应用技术规程》中所规定的方法，也以基准混凝土的配合比为基础，按等稠度、等强度原则，用超量取代法进行调整。其实此法也属调整系数法的一种。因为这个方法的调整系数被叫做“粉煤灰超量系数”，所以叫它“超量系数法”，以示与一般概念的调整系数有所区别。

（二）设计原理

（1）超量系数法认为“超量系数 k”就是混凝土中粉煤灰掺入量 F 与其所取代的水泥量（C_0-C）的比值，即

$$k = \frac{F}{C_0 - C}$$

（2）超量系数法中规定“水泥取代率 f”，以取代水泥量 C 与基准混凝土的原水泥用量 C_0 的百分率表示，即

$$f = \frac{C_0 - C}{C} \times 100\%$$

（三）配合比设计步骤

1. 粉煤灰的最大掺量和最大取代水泥率

（1）《粉煤灰在混凝土和砂浆中应用技术规程》中规定了粉煤灰的最大掺量和最大取代水泥率。其中掺量以$\frac{F}{C_0}\times 100\%$表示。各种粉煤灰混凝土的粉煤灰掺量和取代水泥率不

宜超过表 9-9 中规定值。

粉煤灰掺量和取代水泥率限值 **表 9-9**

序　号	粉煤灰混凝土类别	最大粉煤灰掺量 $\left(\frac{F}{C_0}\times 100\%\right)$	最大取代水泥率 $\left(f=\frac{C_0-C}{C_0}\times 100\%\right)$
1	普通钢筋混凝土	35	20
2	轻骨料钢筋混凝土	30	15
3	无筋干硬性混凝土和砂浆	可适当增加	40

(2)《粉煤灰在混凝土和砂浆中应用技术规程》中规定了水泥的取代率。不同品种水泥和混凝土等级的粉煤灰钢筋混凝土中，粉煤灰取代水泥率 f 的限值范围见表 9-10。

粉煤灰取代水泥百分率 **表 9-10**

序　号	混凝土强度等级	取代普通硅酸盐水泥率 $\frac{C_0-C}{C_0}$（%）	取代矿渣硅酸盐水泥率 $\frac{C_0-C}{C}$（%）
1	< C15	15～25	10～20
2	C20	10～15	10
3	C25～C30	15～20	10～15

注：1. 以 42.5 级水泥配制成的混凝土取表中下限值；以 52.5 级水泥配制成的混凝土取上限值。

2. C20 以上的混凝土宜采用Ⅰ、Ⅱ级粉煤灰，C15 以下的素混凝土，可采用Ⅱ级粉煤灰。

3. 在预应力混凝土中的取代水泥率：普通硅酸盐水泥不大于 15%；矿渣硅酸盐水泥不大于 10%。

很显然，表 9-10 中 C15 以下混凝土规定的取代水泥百分率 f 最大值超过了表 9-9 中的限值，从理论上讲，是没有问题的。

2. 确定水泥用量

当确定了基准混凝土水泥用量 C_0，并从表 9-10 中选择了适当的粉煤灰取代水泥率 f 后，即可按下式算出 $1m^3$ 粉煤灰混凝土中水泥用量 C：

$$C = C_0(1-f)$$

3. 确定粉煤灰掺量

再按表 9-11 选出适当的粉煤灰超量系数$\left(k=\frac{F}{C_0-C}\right)$。以选取的粉煤灰超量系数 k，从下式求出 $1m^3$ 粉煤灰混凝土中粉煤灰的掺量 F：

$$F = k(C_0-C)$$

粉煤灰超量系数 k **表 9-11**

粉煤灰级别	超量系数 $k=\frac{F}{C_0-C}$
Ⅰ级	1.0～1.4
Ⅱ级	1.2～1.7
Ⅲ级	1.5～2.0

注：C25 以上混凝土取下限，其他等级的混凝土取上限。

这样一来，即可按材料密度计算粉煤灰混凝土中水泥、粉煤灰、砂的绝对体积，并求出粉煤灰超出水泥部分的体积，然后扣除同体积砂量。至于用水量，仍按基准混凝土配合比的用水量取用。这样就可根据绝对体积法原理，计算粉煤灰混凝土各组分的用量。通过试验，在保证设计所需和易性的基础上，进行配合比的调整，最后提出现场用粉煤灰混凝土配合比。要达到与基准混凝土等强度（用于地上工程的粉煤灰混凝土的强度龄期定为28d；用于地下工程的粉煤灰混凝土强度龄期定为60d）和等稠度选择适当的超量系数 k 是个关键。

（四）例题

根据工程要求，设计粉煤灰混凝土的配合比。

1. 已知条件

（1）混凝土设计强度等级为C30，其标准差 $\sigma_0=5.0MPa$；

（2）混凝土拌合物坍落度为30~50mm；

（3）水泥采用42.5级普通硅酸盐水泥，$\rho_c=3.1g/cm^3$；

（4）粗骨料为碎石，其最大粒径20mm；

（5）细骨料为河砂，属中砂，$\rho_s=2.6g/cm^3$；

（6）磨细粉煤灰，$\rho_F=2.2g/cm^3$。

2. 设计计算

（1）按《混凝土结构工程施工质量验收规范》（GB 50204—2002）规定，求得混凝土试配强度（f_h）为：

$$f_h = 30 + 5 = 35(MPa)$$

（2）根据《普通混凝土配合比设计规程》（JGJ 55—2000）先计算出基准混凝土（不掺粉煤灰的混凝土）的材料用量：

①由 $f_h=0.46f_c\left(\frac{C}{W}-0.52\right)$，$f_c=1.13f_c^b$（$f_c^b$ 为水泥强度等级）得

$$\frac{W}{C}=0.48$$

②查《普通混凝土配合比设计规程》（JGJ 55—2000）中表2.0.5得

用水量 $W_0=195$（kg/m^3）

水泥用量 $C_0=406$（kg/m^3）

③查《普通混凝土配合比设计规程》（JGJ 55—2000）表2.0.7取砂率 $S_p=36\%$。

④按体积法计算得

砂用量 $S_0=648$（kg/m^3）

石用量 $G_0=1151$（kg/m^3）

（3）粉煤灰混凝土配合比设计以基准混凝土为基础，用粉煤灰超量取代法进行计算调整。

①按《粉煤灰在混凝土和砂浆中应用技术规程》中表2选取粉煤灰取代水泥率为15%。

②按取代水泥率算出水泥用量（C）：

$$C = 406 \times (1 - 0.15) = 345(kg/m^3)$$

③按《粉煤灰在混凝土和砂浆中应用技术规程》中表3选取粉煤灰超量系数 $k=1.5$。

④按超量系数算出粉煤灰用量（F）：

$$F = 1.5 \times (406 - 346) = 92(\text{kg/m}^3)$$

⑤计算水泥、粉煤灰和砂的绝对体积，求出粉煤灰超出水泥部分的体积，并扣除同体积的砂用量，得

$$S = S_0 - \left(\frac{C}{\rho_c} + \frac{F}{\rho_F} - \frac{C_0}{\rho_c}\right) \cdot \gamma_s = 590(\text{kg/m}^3)$$

⑥取 $G = G_0$，$W = W_0$，由此得出 1m^3 粉煤灰混凝土材料计算用量：

$$C = 345(\text{kg/m}^3)$$
$$W = 195(\text{kg/m}^3)$$
$$S = 590(\text{kg/m}^3)$$
$$G = 1151(\text{kg/m}^3)$$
$$F = 92(\text{kg/m}^3)$$

(4) 经试配调整得出设计配合比：因试配得粉煤灰混凝土的实测堆积密度为 2410kg/m^3（计算堆积密度为 2375kg/m^3），故得校正系数：

$$K = \frac{2410}{2375} = 1.02$$

由此，得出 1m^3 粉煤灰混凝土的材料用量为：

$$C = 352(\text{kg/m}^3)$$
$$W = 199(\text{kg/m}^3)$$
$$S = 602(\text{kg/m}^3)$$
$$G = 1174(\text{kg/m}^3)$$
$$F = 94(\text{kg/m}^3)$$

二、调整系数法

(一) 设计原理

调整系数法系直接引用基准混凝土配合比设计结果，按照设计和易性相等和 28d 龄期强度相等的粉煤灰混凝土的要求，适当地调整各种基本材料的用量，包括确定粉煤灰用量，取代水泥量、水泥用量等，然后确定水灰比。因为调整法主要是乘以相应的“调整系数”，所以这些方法也叫做调整系数法。

现行的粉煤灰混凝土配合比设计调整系数法有好几种，尽管它们在某些问题或者细节上有所区别，但是基本原则是相同的。所以，只要充分了解这类方法的实质以及不同方法的具体条件，那么选择任何一种适合当地情况的方法都可以得到良好的结果。

(二) 设计步骤

用以调整系数法有三个关键步骤：

(1) 首先要按《普通混凝土配合比设计规程》(JGJ 55—2000) 设计选择好基准混凝土配合比；

(2) 要求本地区应有质量稳定的粉煤灰供应，因为粉煤灰质量波动过大，固定的调整系数就无法应变；

(3) 通过系统地试验制订出适用的调整系数表，并限制在当地一定范围内使用，见表 9-12。

（美国）粉煤灰混凝土调整系数表　　**表 9-12**

$\frac{F}{C+F}$ (%)	水泥用量调整系数 β	用水量调整系数 γ	胶凝材料用量调整系数 α
15	0.970	0.880	1.035
20	0.965	0.840	1.050
25	0.945	0.800	1.065
30	0.920	0.756	1.080
35	0.895	0.712	1.095
40	0.890	0.666	1.110
45	0.845	0.619	1.125
50	0.820	0.570	1.140

（三）例题

1. 已知条件

选用普通混凝土配合比设计确定的基准混凝土水泥用量：$C_0 = 300kg/m^3$，$W_0 = 190$ kg/m^3，$\left(\frac{W}{C}\right)_0 = 0.63$。

2. 设计要求

要求选用粉煤灰掺量$\frac{F}{C+F}$为30%时，配制28d龄期等强度的粉煤灰混凝土（调整系数可查表9-12）。

3. 计算步骤

（1）用水量：$W = W_0 \cdot \beta = 190 \times 0.92 = 175$（$kg/m^3$）

（2）水泥用量：$C = C_0 \cdot \alpha$（$1-30\%$）$=300 \times 1.08 \times 0.70 = 225$（$kg/m^3$）

（3）粉煤应用量：$F = C_0 \cdot \alpha \cdot 30\% = 300 \times 1.08 \times 0.30 = 100$（$kg/m^3$）

（4）水胶比：$\frac{W}{C+F} = \frac{175}{225+100} = 0.54$

4. 试验调整

为了进行配合比设计试验，同时试配了两组水泥用量 $C \pm 60kg/m^3$ 的配合比。

（1）水泥用量减少 $60kg/m^3$，则粉煤灰掺量为：

$$\frac{F}{(C+60)+F} \times 100\% = \frac{100}{(225-60)+100} \times 100 = 38\%$$

而水胶比：

$$\frac{W}{(C+60)+F} = \frac{175}{(225+60)+100} = 0.66$$

（2）水泥用量增加 $60kg/m^3$，则粉煤灰掺量为：

$$\frac{F}{(C+60)+F} \times 100\% = \frac{100}{(225+60)+100} \times 100\% = 26\%$$

而水胶比为：

$$\frac{W}{(C+60)+F} = \frac{175}{(225+60)+100} = 0.45$$

（四）结论

国产粉煤灰的质量波动较大，如果需要量小于95%，细度45μm筛余量12.5%的优质粉煤灰，可采用表9-12中的调整系数。但是，由于国内多数电厂的粉煤灰减水作用不明显，有的粉煤灰甚至起增水作用，因此粉煤灰掺量百分数与用水量调整系数的关系比较复杂，这也影响到胶凝材料用量的调整系数。根据上海市的经验，使用磨细粉煤灰产品，需水量比的变化范围稳定，一般为98%~102%，也即是符合规定的不大于105%的要求。在粉煤灰掺量不高的条件下，如$\left(\frac{F}{C+F}\times 100\%\right)$不超过30%，则配合比设计中可不调整用水量，只调整胶凝材料用量。但如用需水量比大于105%的粉煤灰，或者粉煤灰掺量较高时，胶凝材料调整系数α、用水量调整系数γ均应重新确定。

根据我国具体情况，用于钢筋混凝土的是符合《粉煤灰混凝土应用技术规范》（GBJ 146—90）规定的磨细粉煤灰，水泥强度等级可选用42.5级以上的矿渣硅酸盐水泥、硅酸盐水泥和普通硅酸盐水泥，建议参照表9-13选择胶凝材料调整系数，而用水量系数一般先不考虑在内。

（中国）**磨细粉煤灰混凝土胶凝材料调整系数表** **表9-13**

粉煤灰掺量 $\frac{F}{C+F}\times 100$	不同品种混凝土胶凝材料用量调整系数 α		
	42.5级 矿渣硅酸盐水泥	52.5级 普通硅酸盐水泥	42.5级~72.5级 硅酸盐水泥
0	1.00	1.00	1.00
10	1.025~1.045	1.030~1.050	1.035~1.055
15	1.045~1.065	1.050~1.070	1.055~1.075
20	1.065~1.085	1.070~1.090	1.075~1.095
30	—	1.090~1.100	1.095~1.150

注：1. 粉煤灰质量偏低时，取上限；质量较优时，取下限。
2. 如用32.5级普通硅酸盐水泥，可选用介于42.5级硅酸盐水泥与52.5级普通硅酸盐水泥之间的调整系数，即接近42.5级矿渣硅酸盐水泥的上限，或52.5级普通硅酸盐水泥的下限。

三、固定粉煤灰用量法

（一）设计原理

固定粉煤灰用量法的特点是预先确定1m³混凝土中粉煤灰的用量F（kg），这主要是根据每年制备粉煤灰混凝土的经验确定的。有些国家在混凝土中粉煤灰的掺量F的范围是50~150kg/m³，有的则是70~120kg/m³。这样，凭配合比设计工作经验或通过水泥用量变化的配合试验，选择粉煤灰用量固定的合适配合比。由于粉煤灰用量固定不变，因此对于粉煤灰作为一种混凝土基本组分的概念也能比其他方法明确一些，且配合比设计时也暂不可受其他条件的影响。实际上，按这种方法设计也是建立在对基准混凝土对比和调整基础上的，要求28d龄期等强度和等稠度，并受胶凝效率系数k的支配。

（二）设计方法

根据等效水灰比公式，取基准混凝土与强度相应的水灰比，作简单的计算。等效水灰比的公式可列为：

$$\left(\frac{W}{C}\right)_S = \left(\frac{W}{C}\right)_0 = \frac{W}{C + k \cdot F}$$

则

$$C = \frac{W}{\left(\frac{W}{C}\right)_S} - k \cdot F$$

式中 $\left(\frac{W}{C}\right)_S$——等效水灰比；

$\left(\frac{W}{C}\right)_0$——基准混凝土水灰比；

W——粉煤灰混凝土中用水量（kg/m^3）；

F——粉煤灰混凝土中粉煤灰用量（kg/m^3）；

k——粉煤灰胶凝效率系数。

此法必须先测定粉煤灰胶凝效率系数 k，粉煤灰混凝土用水量则需根据粉煤灰的需水性高低，对照基准混凝土用水量确定。

（三）例题

试设计固定粉煤灰用量为 $50kg/m^3$，28d 龄期等强度和等稠度的粉煤灰混凝土配合比。

1. 基本条件

（1）已知基准混凝土配合比设计资料：水泥用量 $C_0 = 250kg/m^3$；用水量 $W_0 = 175kg/m^3$；水灰比 $\left(\frac{W}{C}\right)_0 = 0.70$；砂石比 $\left(\frac{S}{G}\right)_0 = 40/60$。

（2）所用粉煤灰胶凝效率系数 $k = 0.50$（28d 龄期）；固定粉煤灰用量 $F = 50kg/m^3$。

2. 设计计算

（1）用水量：经选定，粉煤灰混凝土用水量可比基准混凝土减少 $8kg/m^3$，即 $175 - 8 = 167$（kg/m^3）。

（2）水泥用量：$C = \dfrac{W}{\left(\frac{W}{C}\right)_0} - k \cdot F = \dfrac{167}{0.7} - 0.5 \times 50 = 214(kg/m^3)$。

（3）胶凝材料用量：$C + F = 214 + 50 = 264$（kg/m^3）。

（4）骨料用量：可按绝对体积法常规计算。

（5）调整复核：计算后，查核是否符合有关规定要求。如不符，应按规定调整。

四、固定掺量比法

（一）设计原理

这种方法的特点是先行确定粉煤灰混凝土中粉煤灰与水泥的掺量比 $\frac{F}{C}$。在配合比设计中保持 $\frac{F}{C}$ 比值不变，往往是考虑经济方面的原因。选择的 $\frac{F}{C}$ 是经济效益最好的最佳掺量比。

（二）设计要点

至于此法的其他配合原则，则与固定粉煤灰用量法完全相同。但需将等效水灰比公式列成如下形式：

$$C = \frac{W}{\left(\frac{W}{C}\right)_S \cdot \left[1 + k\left(\frac{F}{C}\right)\right]} = \frac{W}{\left(\frac{W}{C}\right)_0 \cdot \left[1 + k\left(\frac{F}{C}\right)\right]}$$

式中的 $\frac{F}{C}$ 为已选择的粉煤灰与水泥掺量比（质量比），其余符号与前述符号相同。在已测定出粉煤灰胶凝效率系数 k，确定了粉煤灰混凝土用水量 W 以后，即可计算粉煤灰混凝土中水泥用量 C。

（三）例题

试设计固定粉煤灰掺量比 $\frac{F}{C}=0.25$ 的28d龄期等强度和等稠度的粉煤灰混凝土配合比。

1. 基本条件

（1）已知基准混凝土配合比设计资料：水泥用量 $C_0=250kg/m^3$；用水量 $W_0=175 kg/m^3$；水灰比 $\left(\frac{W}{C}\right)_0=0.7$；砂石比 $\left(\frac{S}{G}\right)_0=40/60$。

（2）固定粉煤灰掺量比：$\frac{F}{C}=0.25$。

（3）所用粉煤灰胶凝效率系数：$k=0.5$（28d龄期）。

2. 设计计算

（1）水泥用量：$C=\frac{W}{\left(\frac{W}{C}\right)_0\cdot\left[1+k\left(\frac{F}{C}\right)\right]}=\frac{167}{0.7\times(1+0.5\times0.25)}=211$（$kg/m^3$）

（2）粉煤灰用量：$F=0.25\times211=53$（kg/m^3）

（3）胶凝材料用量：$C+F=211+53=264$（kg/m^3）

（4）其余：计算方法与常规方法相同。

以上设计方法仅仅是几种简易或改良方法，究竟对粉煤灰混凝土配合比设计方法如何选择，应按照本部门的现有基础和条件，因地制宜选用，只要行之有效，也不必强求一格。在缺乏历史技术资料和缺少经验的情况下，宜采用现行规程中推荐的方法。

第五节　粉煤灰混凝土制备和施工

粉煤灰混凝土的制备和施工，从技术上看，与普通混凝土并无多大差别。在有些工程中，除了应用粉煤灰替代低热水泥、抗硫酸盐水泥等外，也对混凝土提出明显的改性要求，因此往往把它视为特种混凝土之一。但是，随着混凝土技术发展，现阶段已大都把粉煤灰混凝土与普通混凝土等量齐观，其制备工艺也是大同小异。

一、制备工艺

（一）验收、运输和贮存

1. 粉煤灰验收

粉煤灰供应单位按《粉煤灰在混凝土和砂浆中应用技术规程》中规定对粉煤灰按批检验，并签发出厂合格证，其内容包括：

（1）厂名和批号；

（2）合格证编号及日期；

（3）粉煤灰的级别及数量；

（4）检验：以24h连续供应的200t相同等级的粉煤灰为一批，不足200t按一批论。粉煤灰供应的数量按干灰（含水率 $<1\%$）的质量计算。必要时，需方可对粉煤灰的品质进行随机抽样试验。

①散装灰取样——从不同部位取10份试样，每份不少于1kg，混合拌匀，按四分法，缩取出比试验所需量大一倍的试样（称为平均试样）。

②袋装灰取样——从每批中任抽 10 袋，从每袋中取试样不少于 1kg，混合缩取平均试样。

每批粉煤灰必须检验细度和烧失量，有条件时，可以测需水量比，其它指标每季度至少检验一次。

2. 粉煤灰运输

粉煤灰散装运输时，必须采取措施，防止污染环境。

3. 粉煤灰贮存

（1）干粉煤灰宜贮存在有顶盖的料仓中，湿粉煤灰可堆放在带有围墙的场地上。

（2）袋装粉煤灰的包装袋上应清楚标明“粉煤灰”、厂名、等级、批号及包装日期。

（3）为了妥善贮存粉煤灰，预拌混凝土（商品混凝土）、预制混凝土厂和大型工地必须设计贮存水泥和粉煤灰的“双料系统”，根据生产规模，确定贮仓容积。与同质量水泥相比，粉煤灰贮仓容积须适当增加。贮仓必须装备防尘器、气力输灰等设施。

（二）配合比设计和质量检查

1. 粉煤灰混凝土的配合比设计

粉煤灰混凝土的配合比设计，在有关的规程或指南中都有一些规定。《粉煤灰在混凝土和砂浆中的应用技术规程》中对粉煤灰最大掺量及有关外加剂掺量的规定是：

（1）普通钢筋混凝土中，粉煤灰掺量不宜超过基准混凝土水泥用量的 35%，粉煤灰取代水泥率不宜超过 20%。

（2）轻骨料钢筋混凝土中，粉煤灰掺量不宜超过基准混凝土水泥用量的 30%，其粉煤灰取代水泥率不宜超过 15%。

（3）无筋干硬性混凝土和砂浆中，粉煤灰掺量可适当增加，其粉煤灰取代水泥率不宜超过 40%。

（4）粉煤灰宜与外加剂复合使用，以改善混凝土或砂浆拌合物的和易性，提高混凝土或砂浆的耐久性。外加剂的合理掺量可通过试验确定，但尚须进行粉煤灰、水泥和外加剂的相容性试验。

2. 粉煤灰混凝土质量检查

关于粉煤灰混凝土的质量检查，应按照《粉煤灰在混凝土和砂浆中的应用技术规程》中规定，并参照《混凝土结构工程施工质量验收规范》（GB 50204—2002）中的有关规定进行检查。其中包括对混凝土的组成材料、坍落度、配合比、搅拌时间、混凝土质量等的检查。其中关于混凝土强度验收标准：

（1）规定了重要结构的混凝土，应用数理统计方法按下述条件评定：

$$\bar{f}_{C28} - k \cdot S_n \geqslant 0.85 f_d$$

$$f_{C28min} \geqslant 0.85 f_d$$

式中　$\bar{f}_{C28}$——n 组试块强度的平均值（MPa）；

k——合格判定系数，按表 9-14 取值；

S_n——n 组试块强度的标准差（MPa）；

f_d——混凝土强度等级（MPa）；

f_{C28min}——n 组试块强度中最小的一组值（MPa）。

合格判定系数 表 9-14

n	10~14	15~24	≥25
k	1.70	1.65	1.60

(2)一般结构的混凝土，当验收的试块少于10组时，可用统计方法按下述条件评定：

①同批混凝土试块强度的平均值不得低于 $1.05f_d$；

②同批混凝土试块强度中最小一组值不得低于 $0.9f_d$。

在《粉煤灰在混凝土和砂浆中应用技术规程》中规定，对现浇的，自然养护和冬季施工的粉煤灰混凝土，应加强早期强度的检验。检验时，可按实际需要检验同条件养护下的早期强度，并预留后期强度试块备查。

(三)混凝土配料和搅拌

1. 粉煤灰混凝土的配料

(1)粉煤灰混凝土的配料称量设施与普通混凝土相同，但是一般不用激振器辅助卸料，因为振动会使仓内粉煤灰密实。这样反而影响卸料，因此常运用充气方法使卸料畅通。

(2)在规模较小的工地上，常采用袋装粉煤灰，水泥和粉煤灰用量均按袋计算，可省去拆袋称量，从而达到准确配料的要求。

(3)《粉煤灰在混凝土和砂浆中应用技术规程》中规定，将粉煤灰投入搅拌机可采用如下方法：

①干灰经计量后与水泥同时直接投入搅拌机内；

②湿灰经计量制成料浆后使用；

③粉煤灰计量的允许偏差为±2%。

2. 粉煤灰混凝土的搅拌

(1)选择搅拌机时，坍落度大于20mm的混凝土拌合物宜在自落式搅拌机中制备；坍落度小于20mm的或干硬性混凝土拌合物宜在强制式搅拌机中制备。

(2)粉煤灰混凝土拌合物一定要搅拌均匀，其搅拌时间宜比基准混凝土拌合物延长30s。

二、施工工艺

(一)运输、浇灌和成型

1. 粉煤灰混凝土的运输

(1)新拌粉煤灰混凝土的运输方法及设备与普通混凝土完全相同，可参照《混凝土结构工程施工质量验收规范》(GB 50204—2002)。

(2)《粉煤灰在混凝土和砂浆中应用技术规程》中只规定泵送粉煤灰混凝土拌合物运到现场时的坍落度不得小于80mm，并严禁在装入泵车时加水。

2. 粉煤灰混凝土浇灌和成型

(1)粉煤灰混凝土的浇灌和成型与普通混凝土同。

(2)用插入式振动器振捣泵送粉煤灰混凝土时，不得漏振或过振，其振动时间为：

①坍落度为80~120mm时，振动时间为15~20s；

②坍落度为120~150mm时，振动时间为10~15s；

（3）用粉煤灰混凝土抹面时，必须进行二次压光。

（二）粉煤灰混凝土的养护

（1）蒸养粉煤灰混凝土制品成型后，宜进行不小于1h的干热养护。常温静停时，静停时间宜适当延长。蒸养时的升温速度不宜超过20℃/h，恒温温度以不低于85℃为宜。

（2）粉煤灰混凝土在混凝土预制厂采用湿热处理或在我国南方湿热地区自然养护都是比较理想的养护方法。大体积断面或者绝热性能较好的模板，都对粉煤灰混凝土强的发展十分有利。

（3）正常温度下暴露的粉煤灰混凝土至少应当象对待普通混凝土一样，潮湿养护少于7d。

（三）粉煤灰混凝土拆模时间

虽然粉煤灰混凝土28龄期强度可能与基准混凝土强度相等，但自然养护混凝土早期强度的发展仍有可能延迟，特别是温度较低的情况下。在我国的有关标准和规程中，虽对粉煤灰混凝土的拆模时间未作规定，但其他一些国家根据本国的平均气温条件和模板类别，规定粉煤灰混凝土的拆模时间可延迟1~4d。但是，比较合理的方法是根据现场养护的试块强度测定结果，来确定粉煤灰混凝土拆模时间。《粉煤灰在混凝土和砂浆中应用技术规程》中所规定的早期强度检验，就是为了用来确定拆模时间的。

第六节 C60~C80粉煤灰混凝土

四川省建筑科学研究院采用低钙粉煤灰磨细到比表面积6000cm^2/g左右，或45μm筛筛余量（气流法）达2.0%左右，采用我国现行混凝土工艺，W/C+F等于0.3，水泥用量373kg/m^3到480kg/m^3，磨细粉煤灰的取代率10%~30%，配制出C60~C80的高强混凝土，而其力学性能基本上与基准高强混凝土一致。

一、原材料要求

1.水泥

52.5级普通硅酸盐水泥。

2.砂

①堆积密度1440kg/m^3，表观密度2.64g/cm^3，细度模量Mx=2.64，中砂。

②堆积密度1495kg/m^3，表观密度2.60g/cm^3，细度模量Mx=2.37，中砂。

两批砂质量符合《普通混凝土用砂质量标准及检验方法》（JGJ 52—92）。

3.石子

①河卵石，堆积密度1690kg/m^3，表观密度2.69g/cm^3；

②河卵石，堆积密度1695kg/m^3，表观密度2.67g/cm^3。

两批河卵石粒径5~20mm，均有少量风化岩石，符合《普通混凝土用碎石和卵石质量标准及检验方法》（JGJ 53—92）标准规定指标。

4.外加剂

萘系高效减水剂NNO，减水效果15%~20%。

5.粉煤灰

热电厂粉煤灰，采用磨细方法。

二、磨细灰在高强混凝土中的基本作用

（一）显著改善了原状灰的形貌

粉煤灰的"形貌效应"是其基本效应。原状粉煤灰经磨细后，其形貌有了显著的改变。

从扫描电镜照片上可以观察到，湿排粉煤灰的玻璃球体积少，大多数颗粒为不规则玻璃体，较多的颗粒直径为 5～6μm，部分颗粒为 20～40μm，有少量的 200μm 颗粒。但经磨细的湿排灰，颗粒直径大多为 2μm，约占 90%以上，且多为小玻璃球体，颗粒表面光滑、密实。

F-3 干排粉煤灰几乎没有玻璃球体，大多数为不规则玻璃块体和碳粒，颗粒表面粗糙，孔洞大且多，一般颗粒直径为 100～200μm。磨细的干排粉煤灰的玻璃球体很多，表面光滑且密实，其中混有较大的颗粒。

不论是干排或湿排粉煤灰经磨细后，不仅改变了它的形貌，而且也显著地改善了它的物理性能，表 9-15 是粉煤灰磨细前后的物理性能。

粉煤灰磨细后的物理性能　　表 9-15

编号	粉煤灰产地	堆积密度 (kg/m^3)	相对密度 (g/cm^3)	比表面积 (cm^2/g)	颗粒级配 筛孔尺寸（mm）			标准稠度需水量（%）	取样时间
					1.0	0.085	0.045		
F-2-1	成都热电厂湿排粉煤灰	750	2.01	2945	5.1	15.6	9.9	50.0	1989 年
F-2-2	成都热电厂磨细干排粉煤灰	788	2.58	5282	0.1	2.1	0.5	33.6	1989 年
F-3-1	成都热电厂干排粉煤灰	559	1.83	1375	微	59.2	11.7	84.0	1989 年
F-3-2	成都热电厂磨细干排粉煤灰	631	2.52	6580	微	1.1	0.2	38.8	1989 年
F-5-1	成都热电厂三场干排粉煤粉	670	2.32	5620	—	2.8	1.5	91.0 *	1991 年
F-5-2	成都热电厂磨细干排粉煤灰	700	2.42	6350	—	0.2	1.1	89.0 *	1991 年

注：* 为标准稠度需水量比。

表 9-15 中粉煤灰磨细前后物理性能有很大的变化，原状粉煤灰磨细后由于形貌、颗粒表面、密实度起了变化，因此磨细粉煤灰的堆积密度，相对密度都比未经磨细粉煤灰有所增加、颗粒级配好，标准稠度需水量或需水量比都有较大的减小，这对用它配制高强混凝土是有利因素。

（二）火山灰效应增强

粉煤灰火山灰效应是指粉煤灰的活性成分（可溶 SiO_2 和可溶 Al_2O_3）与混凝土中水泥析出 Ca（$OH)_2$ 的化学反应，但是粉煤灰火山灰效应的高低和反应速度、反应产物性质、结构以及产物的数量有着密切的联系。低钙质粉煤灰的火山灰效应主要是可溶 SiO_2 和可溶 Al_2O_3 与 Ca（$OH)_2$ 的化学反应，而高钙粉煤灰除火山效应外，还有一些类似于水泥矿

物的水化作用，即高钙质粉煤灰具有上述两者综合的效应。

如何评价粉煤灰的火山灰效应，国内外长期以来主要采用以下三种方法：

（1）石灰吸收值。

（2）粉煤灰的可溶 SiO_2 和可溶 Al_2O_3 测定值。

（3）在粉煤灰中加入一定数量的 CaO（或水泥），经加水搅拌，成型，养护 28d 测定其抗压强度值。

试验采用了前两种方法，即测定粉煤灰磨细前后可溶 SiO_2 和可溶 Al_2O_3 测定总量；粉煤灰磨细前后与一定量水泥加水拌和，做成浆体试件，在不同龄期测试件中的游离 CaO 值。表 9-16 是粉煤灰磨细前后可溶 SiO_2 和可溶 Al_2O_3 测定值；表 9-17 是粉煤灰与水泥混合浆体试件中的游离 CaO 值。

粉煤灰可溶 SiO_2 和可溶 Al_2O_3 测定值　　**表 9-16**

粉煤灰		可溶 SiO_2	可溶 Al_2O_3	可溶 SiO_2 + 可溶 Al_2O_3	取样时间
F-2-1	原状灰	3.92	1.68	5.60	1989 年
F-2-2	磨细灰	6.72	2.92	8.62	
F-3-1	原状灰	4.0	1.53	5.63	轻 1989 年
F-3-2	磨细灰	6.45	2.41	8.86	
F-5-1	原状灰	1.58	0.46	2.04	1991 年
F-5-2	磨细灰	1.88	0.72	2.60	

表 9-16 中数据说明粉煤灰磨细后的可溶 SiO_2 和可溶 Al_2O_3 有显著增加；表 9-17 中数据证明磨细粉煤灰与水泥混合浆体试件的漓离 CaO，随龄期的延长比纯水泥浆体和原状粉煤灰与水泥混合浆体的游离 CaO 明显减少。两种测试数据充分证明磨细粉煤灰的火山灰效应比原状粉煤灰显著地增强了。

不同龄期粉煤灰与水泥合浆体游离 CaO 测定值　　**表 9-17**

试件	游离 CaO			
	3d	7d	28d	90d
纯水泥浆体	—	15.0	16.9	18.9
F-1 磨细灰与水泥浆体	—	11.0	10.2	9.5
纯水泥浆体	14.08	15.48	14.94	—
F-2-1 原状灰与水泥浆体	12.16	14.50	14.6	—
F-2-2 磨细灰与水泥浆体	0.58	9.86	10.19	—

（三）具有较好的微骨料功能

磨细粉煤灰颗粒小，表面光滑、密实，分散度高，因此，在混凝土的搅拌过程中能较均匀地分散在混凝土中，并能堵塞混凝土的孔隙和毛细孔通道，密实混凝土。另一方面，随着水泥水化作用的深化，粉煤灰颗粒与水泥浆体界面之间的距离越来越近，而且在界面间会生成粉煤灰可溶 SiO_2、Al_2O_3 与水泥中分析出的 $Ca(OH)_2$ 反应产物，这种反应产物凝胶也会使骨料之间界面连接和致密，增强混凝土的结构强度。

三、混凝土的配制

（一）高强粉煤灰混凝土强度 f_c 与 W/C+F 的关系

经用 52.5 级普通硅酸盐水泥、掺有萘系减水剂 NNO 和不同磨细粉煤灰取代水泥率试验结果表明，高强粉煤灰混凝土的强度发展与 W/C+F 的关系，服从于混凝土强度 f_c 与 W/C+F 关系，如图 9-1 所示。

（二）磨细湿排粉煤灰与干排粉煤灰对高强混凝土强度的影响

采用磨细湿排与干排粉煤灰配制高强混凝土，经多次不同水泥取代率试验证明，磨细湿排粉煤灰的效果低于磨细干排粉煤灰，如图 9-2 所示。

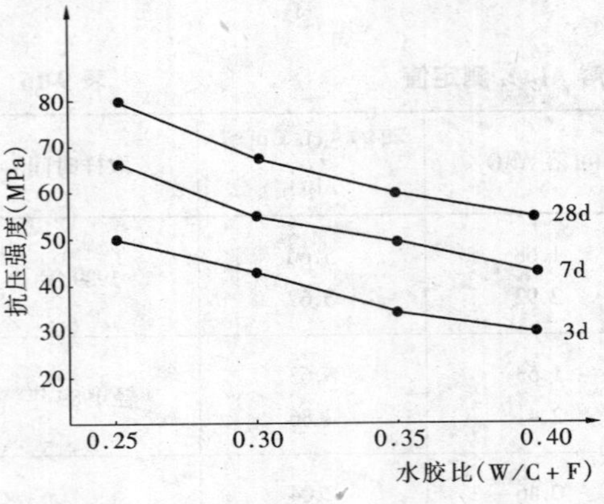

图 9-1　高强粉煤灰混凝土强度 f_c 与 W/C+F 关系曲线

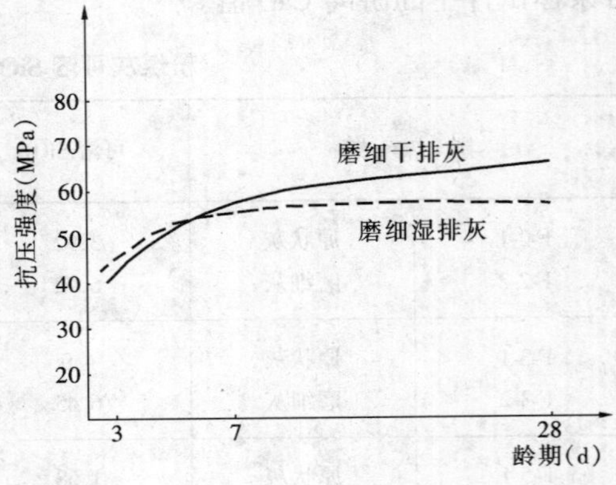

图 9-2　磨细湿排与干排粉煤灰对配制高强混凝土强度的影响

（三）粉煤灰磨细时间与高强粉煤灰混凝土强度的关系

根据采用成都热电厂干排低钙粉煤灰，进行 3h、6h、10h 磨细后，以同样水泥取代率配制混凝土试验结果如图 9-3 所示。根据实验室的磨机条件和成都热电厂粉煤灰的品质，磨细 3~6h 的粉煤灰效果较好。

（四）磨细粉煤灰水泥取代率对混凝土强度的关系

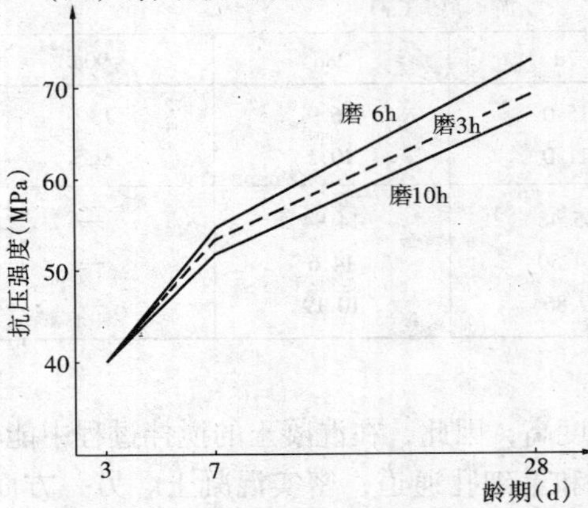

图 9-3　粉煤灰不同磨细时间与混凝土强度的关系

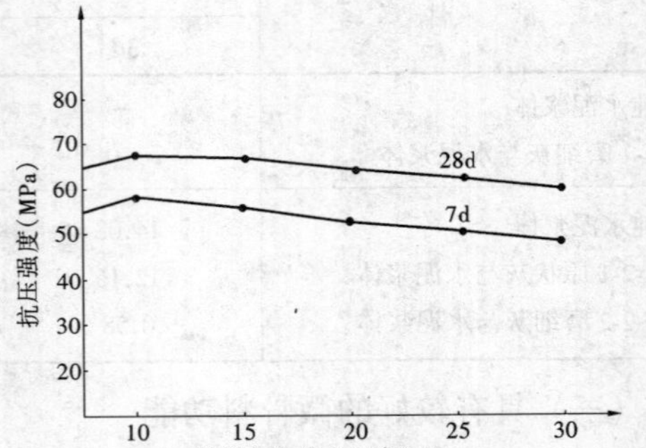

图 9-4　磨细粉煤灰水泥取代率与高强混凝土强度关系曲线

采用10%到30%磨细粉煤灰水泥取代率配制高强混凝土，其强度与粉煤灰水泥取代率的关系绘于图9-4。但粉煤灰的水泥取代率达25%到30%时，混凝土28d强度下降趋势较大。

（五）磨细粉煤灰对配制高强混凝土坍落度的影响

磨细粉煤灰形貌的变化，对配制高强混凝土的坍落度的影响较大。磨细粉煤灰对混凝土坍落度和砂浆流动度的影响绘于图9-5。

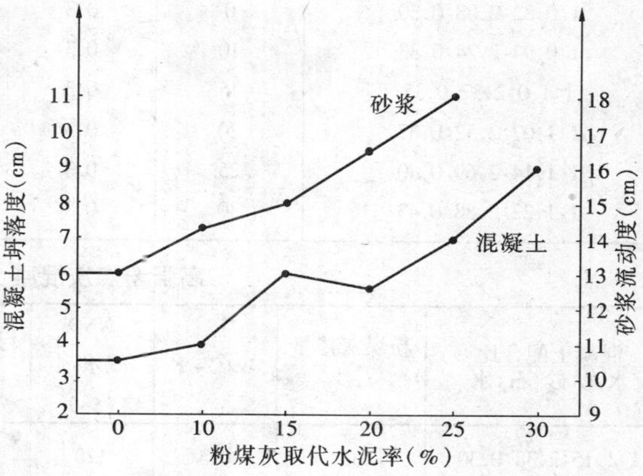

图9-5　磨细粉煤灰水泥取代率对混凝土坍落度和砂浆流动度的影响

根据前面磨细粉煤灰与混凝土强度的几种关系曲线和基本规律，认为磨细粉煤灰的细度达到比表面积6000cm²/g左右时，采用W/C＋F＝0.3，NNO减水剂掺量为1.0%，磨细粉煤灰水泥取代率从10%到30%，强度等级为52.5级普通硅酸盐水泥用量从480kg/m³到373kg/m³，可以配制出60MPa以上的高强混凝土。

四、物理力学性能

（一）抗压强度

高强粉煤灰混凝土试验是在磨细粉煤灰不同水泥取代率条件下进行的。也对混凝土长期强度和大坍落度混凝土的强度进行了试验，部分结果列于表9-18、表9-19、表9-20。

高强粉煤灰混凝土的抗压强度　　**表9-18**

混凝土配合比 水泥:砂:石:水	粉煤灰掺量(%)	W/C+F	NNO减水剂(%)	坍落度(cm)	抗压强度(MPa)	
					7d	28d
1:1.3:2.56:0.30	0	0.30	1.0	5.7	59.6	68.6
1:1.52:3.13:0.33	9	0.30	1.0	2.0	58.3	68.4
1:1.47:2.98:0.33	10	0.30	1.0	53.8	53.8	71.1
1:1.63:3.31:0.35	15	0.30	1.0	48.7	48.7	71.1
1:1.90:3.85:0.37	20	0.30	1.0	50.7	50.7	70.8
1:0.98:2.32:0.3	0	0.3	1.0	54.3	54.3	66.9
1:1.09:2.57:0.33	10	0.3	1.0	55.3	55.3	66.7
1:1.15:2.72:0.35	15	0.3	1.0	53.9	53.9	66.3
1:1.22:2.90:0.37	20	0.3	1.0	53.9	53.9	66.2
1:1.30:3.09:0.40	25	0.3	1.0	47.8	47.8	63.4
1:1.40:3.31:0.43	30	0.3	1.0	46.0	46.0	60.7

大坍落度高强粉煤灰混凝土的强度 表 9-19

混凝土配合比 水泥:砂:石:水	粉煤灰掺量(%)	W/C+F	NNO减水剂(%)	坍落度(cm)	抗压强度(MPa)	
					7d	28d
1:0.82:2.08:0.30	0	0.3	1.0	17.8	64.1	68.6
1:0.94:2.24:0.33	10	0.3	1.0	20.5	51.6	65.2
1:1.0:2.37:0.35	15	0.3	1.0	21.0	50.4	68.9
1:1.07:2.52:0.37	20	0.3	1.0	21.5	47.8	61.6
1:1.14:2.69:0.40	25	0.3	1.0	20.5	45.3	63.7
1:1.22:2.88:0.43	30	0.3	1.0	22.0	43.8	60.7

高强粉煤灰混凝土长期强度 表 9-20

混凝土配合比 水泥:砂:石:水	粉煤灰掺量(%)	W/C+F	NNO减水剂(%)	坍落度(cm)	抗压强度(MPa)				
					7d	28d	91d	180d	360d
1:1.15:2.38:0.30	0	0.3	1.0	4.0	59.3	68.0	70.7	76.3	—
1:1.09:2.57:0.33	10	0.3	1.0	1.3	54.0	64.0	76.3	78.9	75.5
1:1.150:2.72:0.35	15	0.3	1.0	5.0	53.0	64.0	70.6	76.7	81.4
1:1.22:2.90:0.37	20	0.3	1.0	4.5	53.6	62.1	85.4	80.4	80.2
1:1.30:3.09:0.40	25	0.3	1.0	11.0	50.8	62.1	80.3	82.3	80.4
1:1.39:3.31:0.43	30	0.3	1.0	14.7	46.0	60.8	75.8	82.3	80.9

大坍落度混凝土强度试验说明，磨细粉煤灰水泥取代率达30%时，也可以配制60MPa的高强混凝土，但水泥用量提高约90%。高强粉煤混凝土一年的强度仍在继续上升（试件放置室外空气中），但磨细粉煤灰取代水泥率20%、25%和30%的混凝土后期强度较大。

（二）抗渗、抗冻性及碳化性能

高强粉煤灰混凝土的抗渗性、抗冻性及碳化性能见表9-21。

高强粉煤灰混凝土抗渗、抗冻及碳化性能 表 9-21

混凝土配合比 水泥:砂:石:水	粉煤灰掺量(%)	在大气压下水渗透深度(cm)	25次冻融循环		碳化深度(cm)		
			质量损失(%)	强度损失(%)	人工碳化($20\%CO_2$) 140d	自然碳化	
						室内 140d	室外 140d
		1.0MPa					
1:1.09:2.38:0.3	0		0.21	0.82	4.1	—	极微
1:1.25:2.61:0.33	9	0.7	0.09	4.83	5.0	—	极微
		1.2MPa					
1:0.98:2.32:0.3	0	1.2	-0.1	1.75	—	—	180d极微
1:1.15:2.72:0.35	15	1.8	-0.03	0.82	—	—	极微
1:1.22:2.90:0.37	20	2.2	0.0	2.12	—	—	极微
1:1.3:3.09:0.40	25	2.5	0.03	5.06	—	—	极微

（三）收缩

高强粉煤灰混凝土的收缩试验是在成型后，将试件置放于室内的养护架上，定期测定它的收缩值，由于室内温度和相对湿度变化，试件的收缩值不十分稳定，但在半年后也可以测出规律，即半年后收缩趋于稳定，表 9-22 是高强粉煤灰混凝土收缩测定值。

高强粉煤灰混凝土收缩测定值 **表 9-22**

混凝土配合比 水泥:砂:石:水	粉煤灰掺量 (%)	W/C+F	NNO 减水剂 (%)	收缩值 (mm/m)					
				7d	28d	100d	120d	180d	360d
1:1.18:2.45:0.3	0	0.30	1.0	0.0633	0.162	0.360	0.295	0.643	0.620
1:1.36:2.82:0.33	9.0	0.30	1.0	0.0164	0.186	0.387	0.387	0.691	0.700
1:1.40:2.87:0.33	9.0	0.30	1.0	0.0967	0.214	0.440	0.571	—	0.564
1:0.98:2.32:0.30	0	0.30	1.0	—	0.111	0.294	0.261	—	—
1:1.15:2.72:0.35	15	0.30	1.0	—	0.124	0.279	0.255	—	—
1:1.22:2.90:0.37	20	0.30	1.0	—	0.125	0.377	0.281	—	—
1:1.30:3.09:0.40	25	0.30	1.0	—	0.044	0.370	—	—	—

（四）其他力学性能

表 9-23 中数据表明，高强粉煤灰混凝土除抗拉强度低于基准混凝土外，长直强度、弹性模量、粘结力与基准混凝土基本一致，但以碎石为骨料的高强粉煤灰混凝土的抗拉强度弹性模量都高于基准混凝土。总的来看，高强粉煤灰混凝土的力学性能与基准混凝土无显著差别。

高强粉煤灰混凝土的力学性能 **表 9-23**

混凝土配合比 水泥:砂:石:水	粉煤灰掺量 (%)	抗压强度 (MPa)	抗拉强度 (MPa)	长直强度 (MPa)	弹性模量 ($MPa \times 10^4$)	与钢筋粘结力 (MPa)
1:0.98:2.32:0.3	0	67.3	2.48	54.7	3.34	72.8
1:1.09:2.57:0.33	10	67.1	1.94	55.1	3.15	77.34
1:1.15:2.72:0.35	15	65.6	1.79	56.1	3.22	77.81
1:1.22:2.90:0.37	20	67.8	1.61	55.7	3.24	81.18
1:1.30:3.09:0.40	25	67.6	1.68	56.7	3.15	74.68
1:1.39:3.31:0.43	30	60.0	2.29	49.7	3.16	76.93
1:1.15:2.72:0.35	15	66.7	2.31	57.3	3.94	61.54
1:1.22:2.90:0.37	20	65.7	2.66	60.0	3.93	59.20
1:1.30:3.09:0.40	25	70.8	2.71	59.7	3.88	61.40
1:0.85:2.20:0.30	0	69.9	3.79	62.2	3.31	62.10
1:1.0:2.37:0.35	15	67.5	2.31	59.3	3.12	61.28
1:1.07:2.52:0.37	20	65.1	2.20	60.3	3.10	57.84

第十章　稻壳灰混凝土

(rise husk concrete)

第一节　概　　述

我国盛产大米，稻谷年产量均占世界总产量的36.4%，居首位。每年碾出稻壳约有2900万t。至今，除一部分稻壳用于发电、饲养掺合料和酿酒发酵的填料外，大部分未予很好利用。

用南京水利科学研究院研制的稻壳灰，按一定比例与石灰粉混合，能制成强度为20MPa的石灰-稻壳灰水泥。该种水泥，具有较高的抗折强度，并可配制C15混凝土，适用于农村建房和修筑5、6级水泥混凝土公路。该水泥需水量较大；浇制的混凝土干缩率偏大，但只要适当地延长湿养时间（7d），干缩率就可显著降低。

该种稻壳灰以外掺方式加入混凝土后，能大幅度提高混凝土的抗压、劈拉、黏结强度和密实性、抗氯离子渗透、抗钢锈等性能。若与减水剂同时使用，效果更佳。掺稻壳灰能制造高强、密实、耐钢锈混凝土，可用来建造大型现代建筑物和高速公路。掺稻壳灰混凝土的干缩率比不掺的混凝土略大，水化热偏高，在工程应用时必须加以注意。

用稻壳烧制稻壳灰，完全靠自燃，不需任何外界能源（当然磨灰需电能），而且稻壳在自燃过程中放出的热能，还可利用。因此，推广使用石灰-稻壳灰水泥、稻壳灰混合材，可大量节约水泥，节省能源，充分、有效地利用我国丰富的稻壳自然资源，是目前能源开发的一个重要课题。

第二节　稻壳灰的烧制和性能

一、稻壳灰的定义

由焚烧稻谷壳所产生的高活性硅土灰，能成功地使用在要求高强度大体积混凝土中，不会增加绝热温度。在混凝土混合料中，当稻壳灰的用量占所用胶凝材料总量的30%时，混凝土的7d龄期强度和28d龄期强度都比未掺的高，而绝热温度要低10℃左右。

据有关资料介绍，在稻米加工时，1t稻谷约产生182kg稻壳，燃烧这些稻壳约得到20%的灰。将此灰与水泥混合或与生石灰或熟石灰混磨是利用这些废料的途径之一。通过有控制的燃烧稻谷壳而产生的灰，有着高活动性SiO_2的特性。这种材料在有的地区能大量生产，如澳大利亚、新西兰等国，同时在不久的将来，也可以作为从稻谷壳中回收能量过程中的副产品而广泛地供应。

二、稻壳灰的烧制

烧制高活性稻壳灰，燃烧温度以400~600℃为佳。但由于影响稻壳灰烧制质量的因素较多，各地烧的灰，活性各不相同。

南京水利科学研究院研制了一种砖砌圆柱形的烧灰炉，稻壳放入后，使其自燃，烧出了灰白色的优质稻壳灰。灰出炉后，再在球磨机中研磨100min，即成稻壳灰成品。这种制灰工艺，操作简便，成本低廉，不需任何能源（磨灰时需少量电能），完全适合在农村推广应用。

三、稻壳灰的性能

（一）物理性能

所制的稻壳灰，比密度为2.08g/cm^3，比表面积67.2cm^2/g（氮吸容量法）。

（二）化学成分

稻壳灰的化学成分，见表10-1。

稻壳灰的化学成分　　表10-1

化学成分	SiO_2	Al_2O_3	Fe_2O_3	CaO	MgO	Na_2O	K_2O	SO_3	烧失量
含量（%）	88.05	1.23	0.69	1.60	0.50	0.25	2.28	0.40	5.82

稻壳灰在偏光显微镜下，用单偏光镜观察时，其颗粒呈乌云状灰黑色团块。在团块的个别边角处，存在着透明的发亮的小砂粒。此外，还有零星、分散的透明小砂粒。这表明，少量小砂粒是石英（α-SiO_2）结晶体。而大量的灰黑色大团块是无定型的SiO_2。

（三）稻壳灰的活性

稻壳灰的活性试验见表10-2。

稻壳灰的活性试验结果　　表10-2

龄　期	未掺稻壳灰（水胶比=0.58）	稻壳灰等量取代20%水泥（水胶比=0.58①）	稻壳灰等量取代6.2%水泥（水胶比=0.64①）
3d	13.45/100	10.25/76	15.13/113
7d	21.45/100	20.49/96	30.20/141
28d	37.76/100	45.20/120	48.17/128

①为水：（水泥+稻壳灰）。

②表中分数，分子为抗压强度（MPa），分母为抗压强度百分比。

由表10-2可见，在等量取代20%水泥的情况下掺稻壳灰试件，3d、7d抗压强度，均小于未掺稻壳灰的空白组；28d抗压强度较空白组增加20%。这表明，稻壳灰具有较高的火山灰活性。在超量取代水泥的情况下，稻壳灰的增强效果更明显。掺稻壳灰试件，3d、7d抗压强度，均已超过空白组；28d抗压强度较空白组高28%。

第三节　石灰-稻壳灰混凝土的物理力学性能

一、石灰-稻壳灰水泥

石灰-稻壳灰水泥，是由稻壳灰和石灰粉按一定比例均匀混合而成的硅酸盐系列的水硬性胶凝材料。按石灰成分的不同分为消石灰-稻壳灰水泥和生石灰-稻壳灰水泥。

（一）组成材料

1. 稻壳灰

其物理性能和化学成分、活性性能同前述。

2. 生石灰粉

三等钙质（CaO）块状生石灰，磨成细度为 84%（0.08mm 筛筛余）的石灰粉。要求严格控制 MgO 含量。

3. 消石灰粉

也称熟石灰粉，化学纯度的氢氧化钙［$Ca(OH)_2$］粉。

（二）标准稠度、凝结时间和安定性

由表 10-3 可见，两种石灰-稻壳灰水泥的标准稠度，较硅酸盐水泥标准稠度（24%左右）大得多。稻壳灰特大的比表面积，引起标准稠度的较大增加。

石灰-稻壳灰水泥的物理性能 **表 10-3**

物理性能		消石灰-稻壳灰水泥	生石灰-稻壳灰水泥
标准稠度（%）		64	59
凝结时间	初凝（h:min）	4:51	1:17
	终凝（h:min）	11:34	1:41
安定性		合格	合格

消石灰-稻壳灰水泥的凝结时间，较普通水泥略长，而生石灰稻壳灰水泥的凝结时间较快。后者水化时，会释放较多的热量，使水泥浆体温度升高，加速火山灰反应，从而缩短凝结时间。

两种石灰稻壳灰-水泥的安定性均合格。

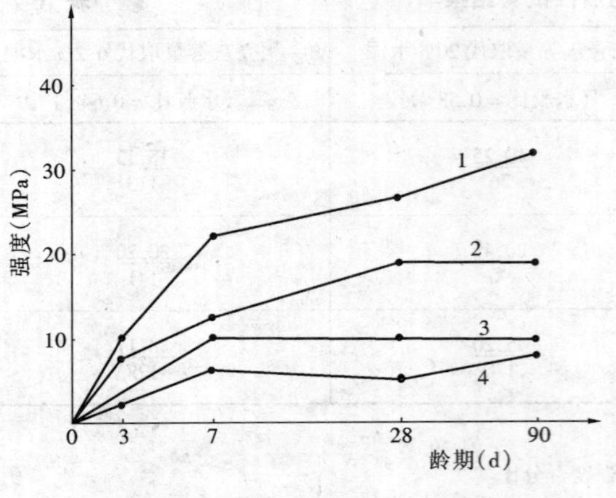

图 10-1 石灰-稻壳灰水泥胶砂强度

1—生石灰稻壳灰水泥抗压强度；2—消石灰稻壳灰水泥抗压强度；3—生石灰稻壳灰水泥抗折强度；4—消石灰稻壳灰水泥抗折强度；

（三）胶砂强度

由图 10-1 可知，消石灰-稻壳灰水泥胶砂，28d 抗压强度为 21.08MPa，28d 后强度基本不变；而生石灰-稻壳灰水泥胶砂，28d 抗压强度为 27.65MPa，并且 28d 后强度仍继续增长。两种石灰-稻壳灰水泥胶砂有较高的抗折强度。生石灰-稻壳灰水泥胶砂抗折强度略高于消石灰-稻壳灰水泥胶砂，分别为 10.10MPa、7.8MPa。并且 7d 后抗折强度基本稳定。两种水泥的抗压抗折强度比，仅 2.7 左右。

二、石灰-稻壳灰混凝土物理力学性能

所用混凝土的配合比为 0.76:1:1.53:2.70，坍落度 2.5～4cm，砂的细度模量为 2.62，石灰石碎石的最大粒径为 3cm，试验结果见表 10-4、图 10-2。

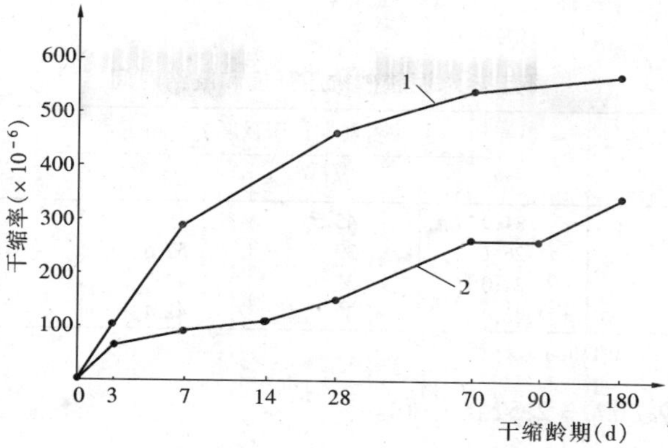

图 10-2　石灰-稻壳灰混凝土的干缩曲线

1—湿养 2d；2—湿养 7d

石灰-稻壳灰混凝土的力学性能　　**表 10-4**

力学性能	抗压强度（MPa）	劈拉强度（MPa）	静压弹模（$\times 10^4$MPa）
实测值	14.81	1.54	2.01

石灰-稻壳灰水泥标准稠度较大，拌制的混凝土要保持一定流动度，需较大的水灰比(0.76)，致使强度偏低；抗压强度 14.81MPa，劈拉强度 1.54MPa（表 10-4）。相信，若适当掺加一些减水剂，强度会有所提高。该混凝土的静压弹模较常规混凝土略低。由图 10-2 可知，湿养 2d 的石灰-稻壳灰混凝土干缩率较大。这与该配合比混凝土的水泥用量高、水灰比大有关。但只要延长湿养时间至 7d，其干缩率即可大幅度降低。

第四节　水泥-稻壳灰混凝土的物理力学性能

一、水泥-稻壳灰混凝土原材料组成

（一）水泥-稻壳灰混合料

1. 胶凝材料——水泥

普通硅酸盐水泥，比表面积 3300cm^2/g。试验中的用量为胶凝材料总量的 70%。

2. 掺合材料-稻壳灰

从稻壳灰的化学分析表明，它含 80%～95%的 SiO_2，1%～2%的 K_2O，其余为未燃碳。SiO_2 以非晶体态存在，85%以上的比表面积可高达 550000cm^2/g，比普通硅酸盐水泥的比表面积约大 150 倍。稻壳灰的比密度为 2.1g/cm^3，试验中占胶凝材料总量的 30%。

稻壳灰-水泥混合料的抗压强度和凝结时间的试验结果见表 10-5。结果表明，含 70%稻壳灰的混合料在所有龄期具有最高强度。稻壳灰中的 SiO_2 反应速度远比普通火山灰的反应快得多。稻壳灰-水泥混合料与普通水泥的收缩值实际上没有什么差别。

另外，用废石灰浆（制糖压出的渣）和稻壳混合料燃烧也能制得一种水硬性胶凝材料。这种胶凝材料能较好地应用于砌筑砂浆、抹灰砂浆及普通混凝土中。

（二）粗细骨料

1. 细骨料

稻壳灰-水泥胶砂抗压强度和凝结时间　　表 10-5

编号	混合料的比例稻壳灰:水泥	各龄期抗压强度 f_c（MPa）				凝结时间（min）
		3d	7d	28d	90d	
1	70:30	31.9	45.5	58.7	63.9	205
2	50:50	26.1	39.0	57.6	60.7	150
3	30:70	24.0	35.4	42.7	50.1	60
4	0:100	22.4	32.5	42.4	47.7	150

注：本表为美国资料，按 ASTMC-100 计算。

细骨料为细度模数 $M_x = 2.52$ 的中砂。

2. 粗骨料

粗骨料为最大粒径 15mm 和 40mm 砾石，以间断级配配合。

二、水泥-稻壳灰混凝土的配合比

水泥-稻壳灰混凝土与普通水泥混凝土的用量配合比见表 10-6。

三、与普通混凝土性能比较

（一）施工参数与强度比较

表 10-7 中所列水泥-稻壳灰混凝土与普通混凝土拌合物的施工坍落度、含气率、水灰比及硬化后龄期抗压强度的比较。

混凝土用料配合比（kg/m^3）　　表 10-6

组成材料	混凝土种类	
	普通混凝土	稻壳灰混凝土
普通硅酸盐水泥	377	237
稻壳灰	—	102
水	150	143
砂	676	717
最大粒径 15mm 砾石（5～15mm）	600	600
最大粒径 40mm 砾石（20～40mm）	606	606

混凝土性能比较　　表 10-7

混凝土性能		混凝土种类	
		普通混凝土	稻壳灰混凝土
坍落度（cm）		9.5	1.3
含气率（%）		1.5	1.2
水灰比（W/C）		0.40	0.42
抗压强度（MPa）	7d	31.1	32.6
	28d	40.6	42.8

从表 10-7 可以看出，与普通混凝土比较，水泥-稻壳灰混凝土 7d 抗压强度大约可提高 5%；28d 抗压强度大约可提高 8%。另外，从水泥-稻壳灰中还可以观察到另外一个事实，即尽管水泥-稻壳灰混凝土的强度提高，但所含胶凝材料的总量（水泥 + 稻壳灰）却减少 10%，特别是节约了水泥。

（二）抗酸侵蚀耐久性比较

水泥-稻壳灰混凝土的另外一个重要性质是它的抗酸侵蚀耐久性特别好。主要原因是水化硅酸盐水泥中含有 20%～25%游离氢氧化钙，而在稻壳灰-石灰或稻壳灰-水泥浆体中不存在游离氢氧化钙。Mehta 及 Polivka 报导，稻壳灰作为一种高活性火山灰成分，能减少含活性骨料砂浆或混凝土的碱-骨料反应所引起的膨胀。

（三）混凝土绝热温度率比较

在高强度大体积混凝土中，用稻壳灰可得到高强度而内部温升不大。典型的水泥-稻壳灰混凝土 28d 强度比普通硅酸盐水泥混凝土高 8%，而在 7～28d 内部温升却低约 21℃。水泥-稻壳灰混凝土与普通混凝土 7d 及 28d 温升率比较，分别见表 10-8 和表 10-9。

混凝土 7d 龄期绝热温升率比较（℃）　　表 10-8

龄期（d）		0	0.125	0.225	0.50	0.67	1.0	1.5	2.0	2.5	3	4	5	6	7
混凝土种类	普通混凝土	10	12	14	22	31	38	44	49	52	55	58	59	59	60
	稻壳灰混凝土	9	10	11	17	21	27	32	35	38	41	44	46	48	49

混凝土 7d 龄期绝热温升率比较（℃）　　表 10-9

龄期（d）		0	1	2	3	7	10	15	20	24	28
混凝土种类	普通混凝土	10	38	49	55	60	61	62	63	63	64
	稻壳灰混凝土	9	27	35	41	49	50	51	51	51	52

从表 10-8 中可以看出，在各龄期内，水泥-稻壳灰混凝土的绝热温升比普通水泥混凝土要低 10℃；而更有趣的是表 10-8 中混凝土 7d 的绝热温升率也是 10℃，事实上在这期间水泥-稻壳灰混凝土已经比相应的普通混凝土强度高。所以，这两种混凝土之间的温差值在绝热养护的最初 7d 之内已经确定。

由于稻壳灰有特别高的比表面积，所以水泥-稻壳灰混凝土的坍落度仅为 1.3cm，而试验用基准混凝土的坍落度为 9.5cm。如果向水泥-稻壳灰混凝土中额外加水，使之与试验用混凝土有相同的坍落度，则势必额外增加胶凝材料，用以维持水灰比，从而维持其强度。在这种条件下，即可以显著减少所产生热量的差别。然而，在水泥-稻壳灰混凝土的搅拌和浇灌过程中可以观察到，坍落度试验并不反映水泥-稻壳灰混凝土的内聚力和和易性。这种混凝土尽管有很低的坍落度，但有十分良好的和易性，并且在绝热量热器中甚至在搅拌后 1h 也能很好地捣实。

第五节　稻壳灰混凝土的物理力学性能

稻壳灰混凝土试验的技术条件见表 10-10。

稻壳灰混凝土试验的技术条件　　表 10-10

编号	稻壳灰掺量（%）	粉煤灰掺量（%）	减水剂掺量（%）	混凝土配合比（质量比）	节省水泥量（%）	坍落度（cm）	拌合物密度（g/cm^3）
1	0	0	0	0.56:2.40:3.99	0	3.4	2.44
2	20	0	0	0.61:1:2.40:3.99	3.8	4.0	2.42
3	20	0	A	0.475:1:2.46:4.08	2.4	5.6	2.46
4	20	20	B	0.49:1:2.40:3.99	21.0	5.0	2.44

注：1. A > B。

2. 粉煤灰以等量取代的方式掺入。

一、力学性能

由表 10-11 可以看出掺稻壳灰的 2 号、3 号、4 号三组的抗压强度，无论 3d，还是

28d、90d，均远高于空白1号组。强度提高的幅度较大（37%～169%），并且早期比后期大。这表明稻壳灰有强烈地增强作用。其中，掺减水剂的3号、4号组，由于减水剂的分散作用，使稻壳灰的增强作用得到更充分的发挥，强度增长更大（60%～169%）。稻壳灰掺入混凝土后，其活性SiO_2能较快地与水泥水化所生成的氢氧化钙起强烈的火山灰反应，形成低钙的水化硅酸钙凝胶，起到增加强度、改善骨料-水泥石界面结构和填实毛细孔的作用，从而使混凝土强度大大提高，密实性明显增加。此外，稻壳灰的增强作用，在3d就显示出来，一直持续到28d；28d后增强作用减弱，强度基本稳定。

稻壳灰混凝土的力学性能 **表10-11**

力学性能	龄期（d）	1	2	3	4
抗压强度（MPa）	3	9.47/100	13.97/148	25.47/269	16.35/173
	7	16.59/100	26.27/158	40.35/243	27.20/164
	28	33.47/100	49.50/148	66.26/198	54.59/163
	90	36.59/100	50.14/137	63.82/174	58/53/160
劈裂抗压强度（MPa）	3	0.82/100	0.94/115	2.05/250	1.48/180
	7	1.55/100	3.44/138	3.13/202	2.59/167
	28	2.84/100	2.14/121	4.30/151	3.53/124
黏结强度（MPa）		2.15/100	2.45/114	3.05/142	2.44/113
轴心抗压强度（MPa）		25.31/100	40.11/159	54.90/217	39.00/154
静弹性模量（$\times10^4$MPa）		3.68/100	3.84/104	4.18/114	4.14/113

注：分母为稻壳灰混凝土与空白混凝土的百分比。

掺稻壳灰后，混凝土的劈裂抗拉强度亦有明显提高，其各组增强规律与抗压强度相似，只是增强幅度相对稍小一些，以15%～150%。

掺稻壳灰2号、3号、4号组的黏结强度都明显提高，其中以双掺3号组提高幅度最大，达42%。

掺稻壳灰混凝土的轴心抗压强度，比空白1号组高得多（增加54%～117%）。其中双掺3号组提高幅度最高，并且在破坏时，有明显的崩裂现象。这是高强混凝土破坏时所特有的现象。

掺稻壳灰混凝土的静压弹模增高，显得较为刚硬。双掺2号、3号、4号组静压弹模分别为3.84×10^4MPa、4.18×10^4MPa、4.14×10^4MPa。

二、密实性

由表10-12可知，单掺稻壳灰2号组吸水率，较空白1号组略小；而双掺3号、4号吸水率均减少了3/4左右。混凝土掺稻壳灰后，电导和电荷量急剧减小，约减72%～89%。这表明混凝土抗氯离子渗透性能有很大提高，其中尤其掺减水剂的3号、4号组提高更大。由此可知，掺稻壳灰混凝土有很高的密实性，对防止海工钢筋混凝土建筑物的钢筋腐蚀十分有利。

三、钢筋锈蚀

由表10-12可知，掺稻壳灰2号、3号组，钢筋腐蚀大大低于不掺的空白1号组。单掺稻壳灰的2号组失重率、锈积率分别为空白组的28%、35%；掺减水剂的3号组，分别为空白组的8%、24%。这与稻壳灰因发生火山灰反应，能使混凝土致密的作用有关。因此，掺稻壳灰的钢筋混凝土，在有氯离子的腐蚀环境中，有较好的防钢锈性能。

稻壳灰混凝土的密实性和抗钢锈性能　　表10-12

技术性能		1	2	3	4
3h吸水率（%）		$\frac{4.23}{100}$	$\frac{4.19}{99}$	$\frac{3.09}{73}$	$\frac{3.17}{75}$
电导（$\times10^{-4}$西门子）		$\frac{25.88}{100}$	$\frac{7.29}{28}$	$\frac{4.58}{18}$	$\frac{4.53}{18}$
3h电荷量（库仑）		$\frac{3465}{100}$	$\frac{680}{20}$	$\frac{397}{11}$	$\frac{396}{11}$
钢锈	失重率（%）	$\frac{2.18}{100}$	$\frac{0.61}{28}$	$\frac{0.17}{8}$	—
	锈积率（%）	$\frac{74.4}{100}$	$\frac{26.3}{35}$	$\frac{18.1}{24}$	—

四、干缩率

试验得知，掺稻壳灰的三组试件，干缩率较为接近；但明显大于空白1号组，70d后较空白大（20~30）$\times10^{-6}$mm/m。掺稻壳灰混凝土的早期抗拉强度较高，对干缩开裂应有一定的抵抗能力，但为严防早期出现干缩综合裂缝，加强早期湿养护还是必要的。

五、水化热

由表10-13可知，以每1g胶凝材料（稻壳灰+水泥）计，单掺稻壳灰2号组水化热大于空白1号组；双掺3号、4号组水化热均小于空白组，其中以掺粉煤灰的4号组为最小。这表明，掺减水剂能有效地降低稻壳灰混凝土的水化热。另外，4号组掺加粉煤灰，水泥少用了21%，因此，水化热最低。

稻壳灰混凝土的水化热　　表10-13

编号	实测水化热①（J/g）			放热峰		计算混凝土水化热（kJ/m³）		
	1d	3d	7d	峰值（C）	出现时间（h:min）	1d	3d	7d
1	181.52	237.18	265.65	33.35	12:45	55712.12	72795.29	81533.30
2	186.96	249.47	291.53	34.69	11:00	66210.01	88347.31	103242.43
3	181.10	230.88	265.23	35.00	12:15	65076.47	82964.42	95307.75
4	146.37	203.98	244.15	31.65	12:00	53041.56	73918.27	88475.08

① 以每1g胶凝材料的水化热计。

六、凝结时间

稻壳灰混凝土的凝结时间试验结果见表10-14。

单掺稻壳灰2号组初凝、终凝时间均较空白1号组快，分别提前1h8min和32min。这与掺稻壳灰后引起剧烈的火山灰反应有关。掺较多减水剂的3号组，凝结时间较空白1号组略长；掺减水剂比3号组少的4号组，初凝时间与空白组相同，终凝提早30min。

稻壳灰混凝土的凝结时间 表 10-14

凝结时间	1	2	3	4
初凝时间（h:min）	5:15	4:07	5:54	5:12
终凝时间（h:min）	8:05	7:33	8:20	7:35

第十一章　沸石混凝土

（zeolite concrete）

第一节　概　　述

所谓沸石（F）矿粉是以天然沸石为主要原料，掺入其他矿物质材料，经磨细而成。F矿粉混凝土的特点是以5%～10%的F矿粉，置换相应的水泥配制混凝土，当水泥用量500kg/m^3左右，水灰比0.28～0.30，混凝土强度可达80MPa，比对比的普通混凝土强度约高10%左右。F矿粉掺入混凝土中还可以防止离析分层与泌水现象，可以配制坍落度为18～20cm、强度高于80MPa的高强高流态混凝土。F矿粉在混凝土中还可以抑制碱—骨料反应。

我国的天然沸石贮量大，分布广。1972年在我国的浙江省缙云县发现有工业价值的沸石矿以后不久，在河南、海南、山东、河北、黑龙江以及内蒙古等地也相继的发现沸石矿。现在我国的21个省区发现沸石矿120多处。

根据《混凝土和砂浆用天然沸石粉》（JC/T 3048—1998）和《天然沸石粉在混凝土与砂浆中应用技术规程》（JGJ/T 112—97），天然沸石可用作水泥掺合料和混凝土掺合料，水泥混凝土抑制碱—骨料反应添加剂，多孔混凝土的载气体，烧制轻骨料的原料以及生产微孔硅酸钙的硅质原料等。天然沸石作为建筑材料的矿产资源来开发是很有前途的。国内清华大学及其他科研院（所）对F矿粉混凝土进行了大量的、卓有成效的研究。

第二节　天然沸石的活性

天然沸石是指以沸石为主要造岩矿物的岩石。沸石是具有架状构造的含水铝硅酸盐矿物。其中含有K^+、Na^+、Ca^{++}等离子及少量的Sr^{++}、Ba^{++}、Mg^{++}等。沸石的化学成分通常以下式表示：

$$(Na、K)_x(Mg、Ca、Sr、Ba)_y\{Al(x+2y)\cdot Si[n-(x+2y)]O_2\}\cdot mH_2O$$

式中　Al的个数＝阳离子总价电子数；

O的个数＝（Al＋Si）×2，n是硅铝总个数。

至今为止，沸石共有38种，在建筑材料中广泛应用的有斜发沸石与丝光沸石。

一、沸石结构及一般特性

（1）沸石的基本结构单元是硅氧四面体，Si离子位于四面体的中心，四个O离子位于四面体的角顶，以［SiO_4］表示。硅氧四面体中的硅离子，能够为铝离子置换，称之为铝氧四面体。

（2）Si-O四面体通过角顶互相连接，构成硅氧四面体群。群体中每一个Si-O四面体中Si∶O＝1∶2，Si离子是四价的，所以群体的电价为零。但如果某部分Si-O四面体中，Si

离子被 Al 离子置换时，Al 是 3 价的，为了中和［AlO_4］中的 O 离子过剩的负电价，使电性中和，金属阳离子相应进入［AlO_4］中。而这些进入［AlO_4］中的金属阳离子是可以为其他金属离子置换的。一般，沸石中 Si 为 Al 所置换的数量是变化的，硅、铝是不同的，金属阳离子的含有量也不同。通过 SiO_4 与 AlO_4 中四面体的角顶相互连接，形成各种形状的、三元的硅（或铝）氧格架—沸石结构。

（3）硅或铝氧四面体由于连接方式不同，在沸石结构中形成许多空腔和孔道，有一维的、二维和三维的。通常，沸石的空腔和孔道为水所填充，通过加热可以把这些水分脱除而不破坏其结构。这种水称之为沸石水。

二、沸石的矿物特性

（一）斜发沸石

斜发沸石的单位晶胞式为（Na_4，K_4）（Al_3Si_{40}）$O_{96}\cdot 24H_2O$。

前面括号内为可交换的阳离子。从式中可知铝和碱的比常等于 1、Si∶Al＝5、（Si＋Al）∶O＝1/2。

斜发沸石的结晶体多呈板状或片状。斜发沸石颜色为白色或淡黄色，密度 2.16g/cm^3。

斜发沸石对铵离子的吸附容量是 218mg 当量/100g，根据这个数值可以计算天然沸石中的沸石含量。斜发沸石对阳离子的交换性能和顺序如下：

$$Cs^+ > Rb^+ > NH_4^+ > K^+ > Na^+ > Li^+$$

$$Ba^{++} > Sr^{++} > Ca^{++} > Mg^{++}$$

斜发沸石在加热过程中，300℃时失重明显，到 1000℃，失重约 12.5%。差热分析表明，125～300℃，由于吸附水的脱水而形成吸热峰，300～1000℃，由于结晶水的脱水和结晶结构的变化而产生吸热曲线。如加热至 800℃，恒温 12h，结构破坏，变成无定形体。

（二）丝光沸石

丝光沸石的单位晶胞式为：Na_8［$Al_8Si_{40}O_{96}$］$24H_2O$。

有时含的金属阳离子 Na^+、Ca^{++}、K^+，其中的含量关系为：NaCa＞K。Si/Al＝4.17～5.0。

丝光沸石的结晶多呈纤维状、毛发状，白色，密度 2.12g/cm^3。

丝光沸石对阳离子吸附容量是 223mg 当量/100g，对阳离子的交换顺序与斜发沸石相同。热失重加热至 1000℃时约 12.5%。加热至 750℃恒温 12h，结晶结构不发生变化，但加热至 850℃恒温 12h，结晶结构完全破坏，变成玻璃体。

三、沸石的火山灰活性

（一）沸石的石灰吸收值

我国的几个沸石矿样品的石灰吸收值高于一般凝灰岩和其他玻璃质的混合材料的石灰吸收值，见表 11-1。

由此可见，缙云天然沸石的石灰吸收值大于国家规定的标准值 3～4 倍，是烧凝灰岩的 3～4 倍。

（二）沸石的火山灰性试验

根据 GB 2487—81 规定的火山灰质混合材火山灰性试验方法，对沸石进行了火山灰性试验，其结果见表 11-2、图 11-1。图中“x”处为试验点处位置。

石灰吸收值试验　　表 11-1

产　地	沸石含量（%）	30d 的石灰吸收值[①]（mgCaO/lg 原料）	产　地	沸石含量（%）	30d 的石灰吸收值[①]（mgCaO/lg 原料）
缙云沸石（丝光）	>50	>150.0	江西凝灰岩	—	53.53
宣化沸石（斜发）	>50	176.12	江南烧凝灰岩	—	74.44
海林沸石（斜发）	>50	196.58	新疆烧黏土	—	31.53
海林沸石（斜发）	>75	262.0	国家规定标准	—	>50～60

① 以 1g 重代表性试样，在石灰饱和溶液中经 30d 吸收的 CaOmg 数。

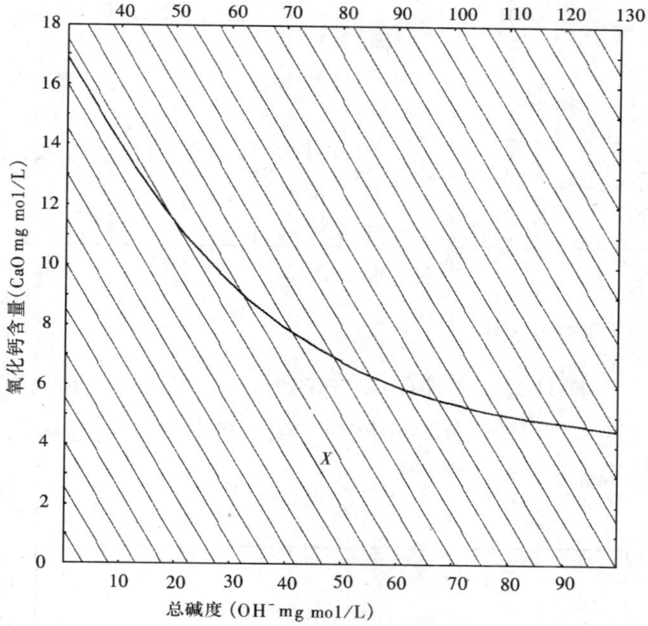

图 11-1　天然沸石在火山灰活性图中的位置

沸石的火山灰性试验数据　　表 11-2

沸石样品试验内容	未经烘烧	500℃烘烧	1000℃烘烧
总碱度（OHmg mol/L）	40.0	42.0	47.0
CaO 含量（CaOmg 分子/L）	10.0	8.6	7.1

由图可见，未经煅烧的沸石，火山灰活性试验的数据点落在曲线下方，说明沸石的活性合格。

将缙云天沸石粉末进行不同温度处理后，其可溶性硅、铝随着处理温度的提高而降低，见表 11-3 所示。

不同温度处理的天然沸石中的可溶硅、铝　　表 11-3

燃烧温度	未燃烧	500℃	800℃
可溶 SiO_2（%）	12.08	10.81	9.02
可溶 Al_2O_3（%）	8.39	8.37	7.37

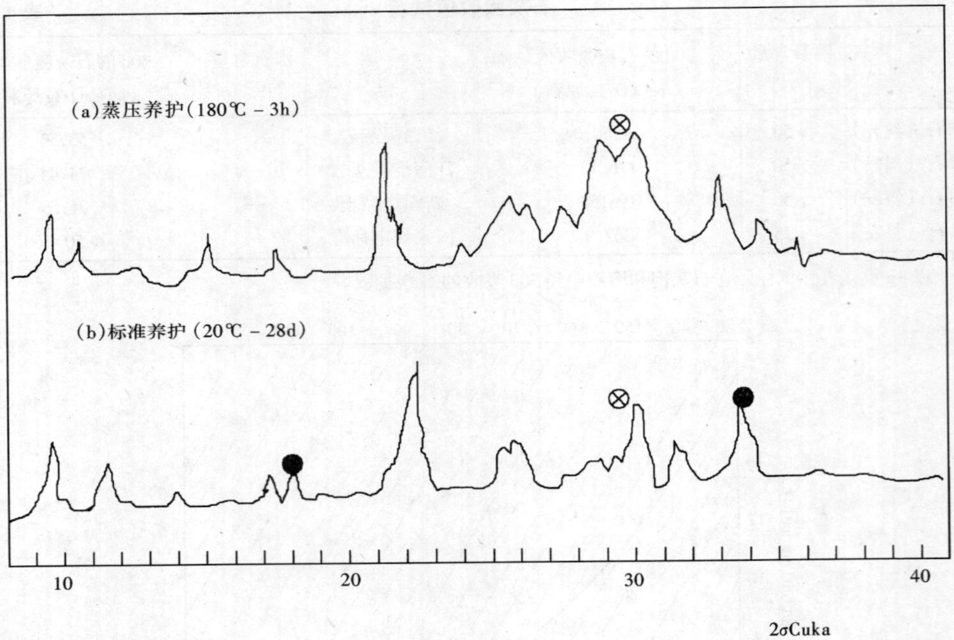

图 11-2　天然沸石-Ca（OH）$_2$-H_2O 试样的 XRD 图谱

●—Ca（OH）$_2$；⊗—（C-S-H）

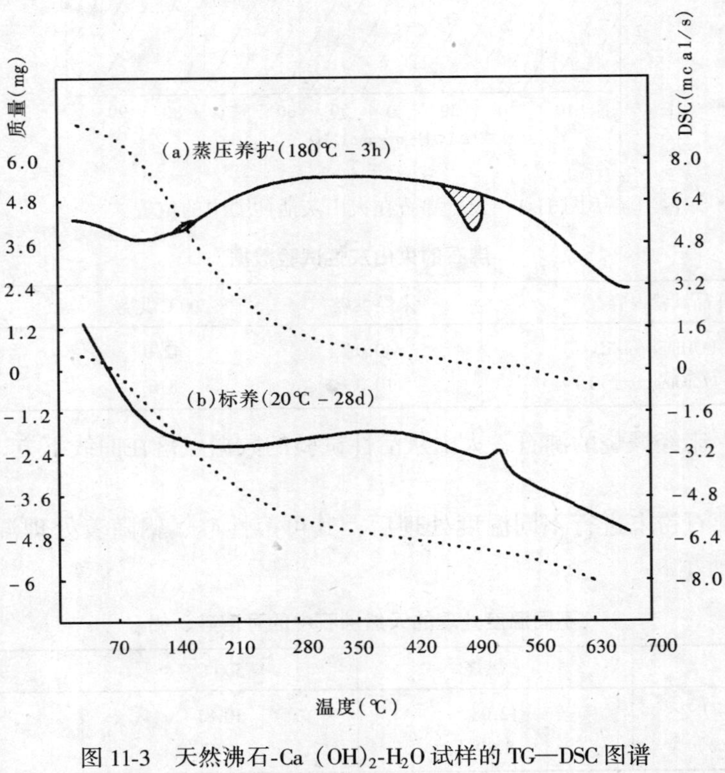

图 11-3　天然沸石-Ca（OH）$_2$-H_2O 试样的 TG—DSC 图谱

将天然沸石粉末与经500℃、800℃处理的天然沸石粉，分别与Ca（OH）$_2$和水按3:1:2.6的比例制成试件，经标养及蒸压（180℃、3h）之后，进行各试件的XRD、SEM及TG—DSC分析，图11-2、图11-3分别为XRD、TG—DSC图谱。

试件中的Ca（OH）$_2$与天然沸石的反应，随着热处理的条件而变化。未经处理和经500℃处理的天然沸石，其反应性能大体相同，28d龄期时，试件中Ca（OH）$_2$的反应程度约90%，但经800℃热处理的天然沸石粉末，其反应性能下降，龄期28d时，试件中Ca（OH）$_2$反应程度约75%。

在蒸压条件下，只生成C-S-H相，沸石中的Al_2O_3固溶C-S-H相中。从图11-3（*b*）的DSC曲线可见，未处理及经500℃热处理的天然沸石试件，其中的Ca(OH)$_2$能与天然沸石全部反应，没有残留，但经800℃处理的天然沸石的试件中的Ca(OH)$_2$，只反应了80%，从图11-2（*a*）XRD图上也可以看到，未经热处理及经500℃热处理的天然沸石试件中的Ca(OH)$_2$已全部反应，生成结晶度较高的C-S-H相，Ca(OH)$_2$的特征峰消失。但经800℃热处理的天然沸石的试件中还残留部分Ca(OH)$_2$，XRD图上仍可以看到Ca（OH）$_2$的特征峰，C-S-H的结晶性较差。从SEM图中也发现，未经热处理及经500℃处理的天然沸石试件中生成的是针状的C-S-H种，而经燃烧过的沸石的试验点落于曲线上方，活性较低。这与化学分析结果是一致的。将天然沸石制造F矿粉，可以不通过热处理，直接磨细即可。

第三节　沸石矿粉混凝土

一、新拌混凝土的性质

F矿粉中的主要成分是天然沸石。沸石晶体具有较大的开放性，有很多空隙和孔道，表面积很大，即使混凝土混合物中用水量较多时，也能为沸石吸收，使混凝土拌合物在运输、浇筑和捣实过程中都能保持其全部水分。而普通硅酸盐水泥或矿渣硅酸盐水泥，当水灰比较大时经常出现离析分层现象。因此F矿粉的掺入提高了混凝土拌合物的均匀性与保水性。

用硅酸盐水泥和掺入25%F矿粉的水泥作对比试验，水灰比0.414，配制500cm^{3}的水泥浆，做成表面积为62.5cm^2，高8cm的圆柱形试样，观测130min，硅酸盐水泥的析水量为32.5cm^3，而含F矿粉的硅酸盐水泥为18.6cm^3，析水量几乎减少一半。

F矿粉掺入量为30%的水泥，密度为2.65g/cm^3，硅酸盐水泥密度3.1g/m^3，掺30%矿渣的水泥密度3.05g/cm^3。因此，同样质量的水泥，可以制出较大体积的水泥浆，能更好地包裹骨料和填充孔隙；同时沸石矿粉颗粒吸水性大，在水泥中掺量30%以内时，混凝土混合物达到同样坍落度的用水量与硅酸盐水泥相近，但比同样掺量的矿渣水泥用水量大。在水泥熟料中，分别掺入30%磨细矿渣，配制成矿渣水泥混凝土，每1m^{3}混凝土中水泥用量均为400kg，用水量200kg，中砂、破碎卵石的最大粒径为40mm。沸石矿粉水泥混凝土的坍落度为7.5～9cm；矿渣水泥混凝土为10～11cm；硅酸盐水泥混凝土为8cm。

对于轻骨料混凝土，掺入沸石粉以后，提高了水泥浆的结构黏度，轻骨料混凝土在振动成型中的上浮问题可以大大改善。

一般情况下，沸石矿粉掺量在30%以上时，沸石矿粉每增加10%的掺量，达到同样坍落度时的每1m^{3}混凝土中的用水量增加10kg。

二、抗压强度

(一) F矿粉水泥混凝土与矿渣水泥混凝土比较

在硅酸盐水泥中掺入40%的F矿粉，配制成沸石水泥，与矿渣水泥(32.5级)在相同条件下配制混凝土，对比其抗压强度。混凝土的配合比见表11-4，标养条件下不同龄期的抗压强度见表11-5、图11-4。

每1m³沸石混凝土的材料用量　　表11-4

水泥品种	计算用料量(kg)				计算堆积密度(kg/m^3)	实测堆积密度(kg/m^3)	试验实际用料量(kg)			
	水泥	砂	碎石	水			水泥	砂	碎石	水
沸石水泥	430	536	1249	185	2400	2385	427	523	1242	184
32.5级矿渣水泥	430	536	1249	185	2400	2480	444	554	1291	191

沸石混凝土不同龄期的强度比较　　表11-5

混凝土品种	7d强度(MPa)		28d强度(MPa)		90d抗压强度(MPa)	180d抗压强度(MPa)
	抗拉	抗压	抗拉	抗压		
沸石水泥混凝土	3.1	39.9	3.4	51.3	61.1	68.0
矿渣水泥混凝土	1.16	18.0	2.8	36.3	51.4	58.8

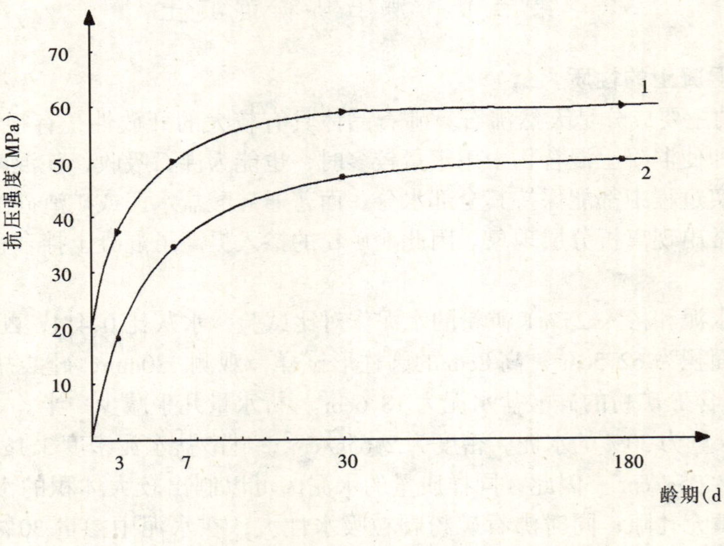

图11-4 沸石水泥与矿渣水泥混凝土强度对比

1—F矿粉水泥混凝土；2—矿渣水泥混凝土

试验结果表明，在同样配制条件及养护条件下，F矿粉水泥混凝土的早期及后期强度均比矿渣水泥混凝土高。

(二) 养护条件对强度的影响

利用北京水泥厂生产的硅酸盐水泥熟料，掺入40%F矿粉，共同磨细配成沸石水泥，并按表11-6的配合比配制成沸石混凝土，测定不同养护条件及龄期强度。

沸石混凝土配合比　　表 11-6

水灰比 (W/C)	每 1m³ 混凝土材料用量 (kg)					坍落度 (cm)	设计堆积密度 (kg/m³)
	水泥	水	F 矿粉	粗骨料	NF 减水剂		
0.45	400	180	550	1250	2	2	2380

成型后的混凝土试件，一部分标养，一部分蒸养（90～100℃，恒温 10h），一部分在室内存放。

不同龄期强度对比见表 11-7 及图 11-5。

不同养护条件不同龄期的沸石水泥混凝土强度　　表 11-7

养护条件	抗压强度 (MPa)		
	7d	28d	91d
蒸养（90～100℃，10k）	28.9	32.4	35.8
室内存放（12～25℃）	27	36.3	45.5
标养（20±3℃，90%）	29.0	47.20	54.0

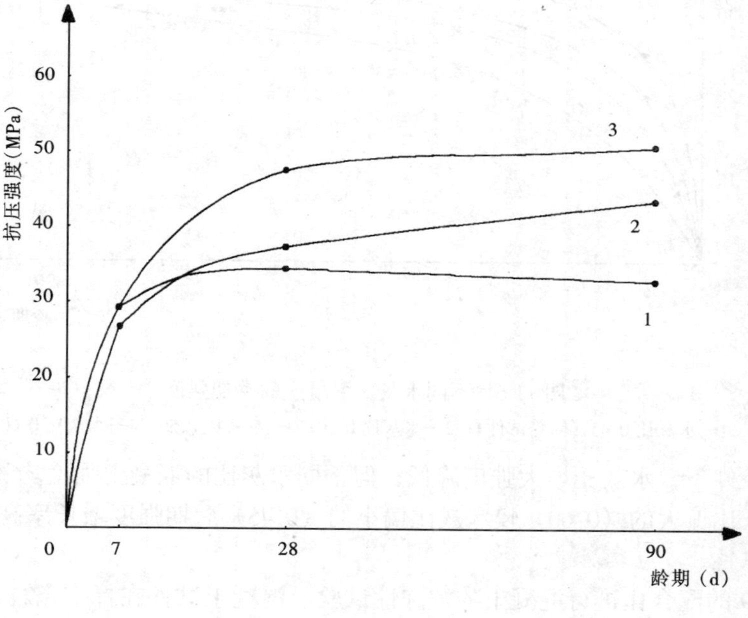

图 11-5　沸石水泥混凝土强度

1—蒸养后不同龄期强度；2—自然存放不同龄期强度；3—标养不同龄期强度

由表 11-7 与图 11-5 可知，沸石水泥混凝土在标准条件下养护，强度发展较快，增长率较高；而蒸养后混凝土的强度没有明显的增长；成型脱模后在室内自然条件下存放的试块，强度也不断提高，但其强度值及增长率均比标养的低。由此可见，沸石水泥混凝土最适宜于潮湿环境中养护，例如地下或水下混凝土。

（三）不同水灰比的混凝土强度

沸石水泥的配比为北京水泥厂熟料 55%、天然沸石 40%、石膏 5%，共同磨细而成。混凝土的配合比及不同龄期混凝土强度见表 11-8 及图 11-6、图 11-7。

不同水灰比混凝土的材料用量及龄期强度 **表 11-8**

水灰比	计算材料用量（kg/m³）				坍落度（cm）	不同龄期混凝土强度		
	水泥	碎石	砂	水		7d 强度（MPa）	28d 强度（MPa）	90d 强度（MPa）
0.45	400	1250	550	180	0	24.5	40.1	44.4
0.50	400	1250	550	200	1~2	21.3	35.4	42.8
0.55	400	1250	550	220	2~4	14.5	33.1	39.3
0.60	400	1250	550	240	3~5	11.6	29.8	38.6

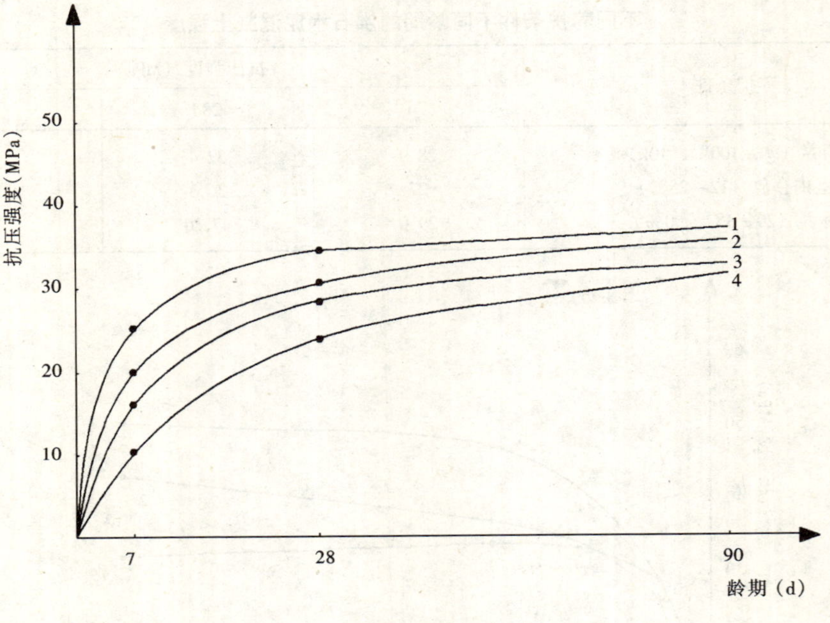

图 11-6　不同水灰比混凝土的龄期强度

1—水灰比 0.45（标养试件）；2—水灰比 0.50；3—水灰比 0.55；4—水灰比 0.60

在标养条件下，水灰比增大强度降低；但不同水灰比的混凝土强度均随着龄期的增长而增长。水灰比偏大的（0.60）较水灰比偏小的（0.45）后期强度增长率高。

三、抗冻性

按表 11-9 的配合比进行混凝土的抗冻性试验。混凝土试件在标准条件下养护 28d 后，进行抗冻性试验，－40℃下经 25 次冻融循环结果见表 11-9。

F 矿粉混凝土与矿渣水泥混凝土抗冻性 **表 11-9**

编号	试块尺寸（mm）	出池块重（g）	饱水块重（g）	冻后块重（g）	冻后破坏荷载（t）	冻后抗压强度（MPa）	强度平均值（MPa）	标养 28d 强度（MPa）	冻后强度损失（%）	冻后质量损失（%）
F1-2	10×10×10	2490	2495	2495	52.3	47.0				0
F1-3	10×10×10	2440	2460	2450	50.8	45.7				0.4
F1-4	10×10×10	2480	2495	2495	53.5	48.1	47.2	52.5	10.9%	0
F1-5	10×10×10	2480	2495	2495	51.5	46.3				0
F1-6	10×10×10	2430	2445	2442	54.0	48.6				0.1

续表

编号	试块尺寸（mm）	出池块重（g）	饱水块重（g）	冻后块重（g）	冻后破坏荷载（t）	冻后抗压强度（MPa）	强度平均值（MPa）	标养28d强度（MPa）	冻后强度损失（%）	冻后质量损失（%）
矿1-2	10×10×10	2520	2550	2545	39.5	35.5	33.5	36.2	7%	0.2
矿1-3	10×10×10	2520	2530	2530	38.5	34.6				0
矿1-4	10×10×10	2480	2490	2490	33.8	30.4				0

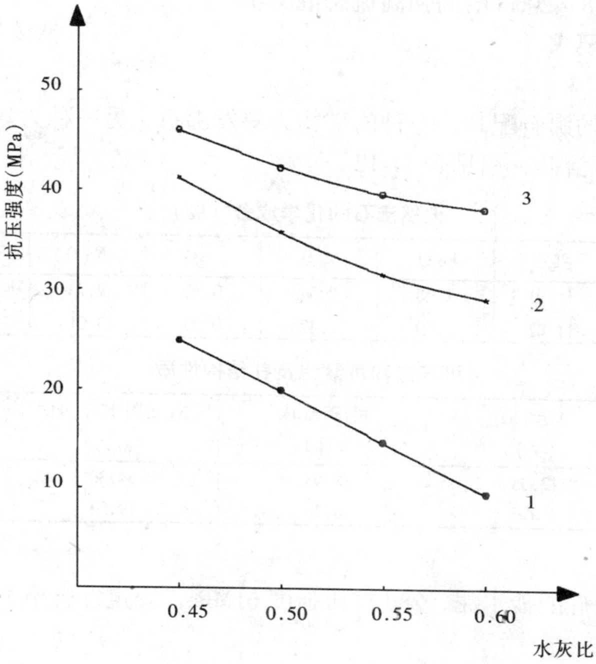

图 11-7　水灰比与强度

1—7d 龄期；2—28d 龄期；3—90d 龄期

按规范要求，冻后强度下降不低于 25%，掺 40% 沸石矿粉水泥混凝土，在 -40℃经 25 次冻融循环以后，强度只下降 10.9%，证明抗冻性良好。

四、抗渗性

以水泥熟料 65%，石膏 5%，分别掺入沸石 30% 或矿渣 30% 经磨细制成沸石水泥与矿渣水泥，并在相同的配制因素下配制混凝土，对比这两种混凝土的抗渗性，混凝土的配合比与 28d 龄期强度见表 11-10。

抗渗混凝土的配合比及强度　　**表 11-10**

水泥品种	每 1m³ 混凝土用量（kg）				坍落度（cm）	湿容重（kg/m³）	28d 抗压强度（MPa）
	水泥	水	砂	石			
沸石水泥	400	200	550	1250	8～9	2380	36.5
矿渣水泥	400	200	550	1250	10～11	2420	31.0

从表11-10看出，用沸石矿粉水泥配制的混凝土强度，较矿渣水泥混凝土强度约高14%。

对上述两种混凝土进行抗渗试验，沸石水泥混凝土抗渗等级达P4.2，而矿渣抗渗等级为P2.0，不到沸石水泥混凝土的一半，说明沸石水泥混凝土的抗渗性优良。

第四节　沸石高强高流态混凝土

以天然沸石为主要成分的F矿粉，置换5%～10%的硅酸盐水泥，可以配制强度为60～80MPa、坍落度为18～20cm的高强高流态混凝土。

一、原材料技术要求

1. F矿粉

用两种不同类型的沸石配制，一种的矿物为斜发沸石，另一种为丝光沸石。其主要化学成分见表11-11，可溶硅、铝见表11-12。

天然沸石的化学成分（%）　　　　**表11-11**

种　类	SiO_2	Al_2O_3	Fe_2O_3	CaO	MgO	Na_2O	K_2O	烧失量
沸石1	70.17	11.81	1.68	2.54	0.52	2.73	1.95	8.71
沸石2	68.37	11.82	2.29	2.47	0.99	3.01	2.21	9.93

可溶硅和可溶铝及孔结构性质　　　　**表11-12**

种类（%）	可溶 SiO_2（%）	可溶 Al_2O_3（%）	N_2 吸附 BET 表面（m^2/g）	最小孔径（Å）
沸石1	12.08	8.93	34.30	23.3
沸石2	8.076	8.20	19.54	25.0

2. 水泥

强度等级为42.5硅酸盐水泥，28d抗压强度61MPa，安定性合格。

3. 粗骨料

破碎卵石 $r_0 = 1560kg/m^3$，$r = 2.69g/cm^3$，$D_{max} = 20mm$。

4. 细骨料

河砂，$r_0 = 1550kg/m^3$，$r = 2.61g/cm^3$，$M_x = 3.2$。

二、试验方案

进行含与不含F矿粉的混凝土试验，共有4个系列，观察不同因素对混凝土强度的影响。

第一系列：混凝土中水泥用量500kg/m³，分别以F矿粉、粉煤灰、磨细矿渣置换50kg/m³水泥，其他因素不变，比较不同掺合料对混凝土强度的影响。该系列混凝土组成见表11-13。

第一系列试验用的混凝土配合比　　　　**表11-13**

水泥、F矿粉或掺合料		W/C+F（%）	砂率（%）	材料用量（kg/m^3）					
种类	平均粒径（μm）			水泥	F矿粉	砂	卵石	水	减水剂
水泥	8.0	35	32	500	—	560	1207	175	5.0
F_1	6.7	35	32	450	50	560	1207	175	5.0
F_2	6.2	35	32	450	50	560	1207	175	5.0
粉煤灰	5.6	35	32	450	50	560	1207	175	5.0
矿渣	6.7	35	32	450	50	560	1207	175	5.0

第二系列：基准混凝土与第一系列相同，但以 F_1、F_2 分别置换混凝土中 50kg/m^3 水泥，改变 F_1、F_2 的平均粒径，观察细度对混凝土强度的影响，混凝土的组成见表 11-14。

第二系列混凝土配合比　　表 11-14

水泥、F 矿粉		W/C+F (%)	砂率 (%)	材料用量 (kg/m^3)					
种类	平均粒径 (μm)			水泥	F 矿粉	砂	卵石	水	减水剂
水泥	8.0	35	32	500	—	560	1207	175	5.0
F_1	6.7	35	32	450	50	560	1207	175	5.0
F_1	6.2	35	32	450	50	560	1207	175	5.0
F_1	5.6	35	32	450	50	560	1207	175	5.0
F_2	6.8	35	32	450	50	560	1207	175	5.0
F_2	6.4	35	32	450	50	560	1207	175	5.0

第三系列：混凝土中胶凝材料（C+F）为常数 500kg，以 F 矿粉置换 10%、15%及 20%水泥，观察由于 F 矿粉置换率改变对混凝土强度的影响。第三系列试验混凝土配合比见表 11-15。

第三系列混凝土配合比　　表 11-15

水泥、F 矿粉		W/C+F (%)	砂率 (%)	材料用量 (kg/m^3)					
种类	置换量 (%)			水泥	F 矿粉	砂	卵石	水	减水剂
F_1	10	35	32	450	50	560	1270	175	5
F_1	15	35	32	425	75	560	1270	175	5
F_1	20	35	32	400	100	560	1270	175	5
F_2	10	35	32	450	50	560	1270	175	5
F_2	15	35	32	425	75	560	1270	175	5
F_2	20	35	32	400	100	560	1270	175	5
HB	10	35	32	450	50	560	1270	175	5
HB	15	35	32	425	75	560	1270	175	5
HB	20	35	32	405	100	560	1270	175	5

第四系列：以 F_1 分别掺入矿渣水泥与硅酸盐水泥中，观察 F 矿粉对不同水灰比、不同品种水泥混凝土强度的影响。其混凝土配合比见表 11-16。

第四系列混凝土配合比　　表 11-16

水泥种类	掺与不掺 F 矿粉	W/C+F (%)	砂率 (%)	材料用量 (kg/m^3)					
				水泥	F 矿粉	砂	卵石	水	减水剂
普通硅酸盐水泥	不掺	37.8	33.3	450	0	620	1208	170	4.0
	掺			390	60	620	1208		
	不掺	35.5	34.1	450	0	625	1208	160	5.0
	掺			390	60	625	1208		
	不掺	33.0	34.1	450	0	625	1208	160	
	掺			390	60	625	1208		5.5
	不掺	31.0	34.3	450	0	630	1208	140	
	掺			390	60	630	1208		6.0

续表

水泥种类	掺与不掺F矿粉	W/C+F（%）	砂率（%）	材料用量（kg/m³） 水泥	F矿粉	砂	卵石	水	减水剂
矿渣硅酸盐水泥	不掺	37.8	33.3	450	0	620	1208	170	4.0
	掺			390	60	620	1208		
	不掺	35.5	34.1	450	0	625	1208	160	5.0
	掺			390	60	625	1208		
	不掺	33.0	34.1	450	0	625	1208	160	5.5
	掺			390	60	625	1208		
	不掺	31.0	34.3	450	0	630	1210	140	6.0
	掺			390	60	630	1210		

三、制备与养护

50L强制式搅拌机用来拌和混凝土。F矿粉直接加入搅拌机中与其他材料一同搅拌。减水剂采用后掺法，待混凝土拌合物出机前以干粉掺入，搅拌1min出机。总搅拌时间大约2.5～3.0min。试块尺寸10cm×10cm×10cm，标准条件下养护，直至试验龄期进行抗压强度试验。

四、试验结果与讨论

沸石混凝土的试验结果列表11-17。

试验结果一览表　　**表11-17**

系列号	试体编号	实测坍落度（cm）	实测含气量（%）	抗压强度（MPa） 3d	7d	28d
系列一	1	20.0	3.1	47.5	59.5	70.8
	2	17.5	3.0	52.4	67.0	80.0
	3	16.5	3.2	48.1	61.8	74.6
	4	20.0	3.3	43.1	54.7	66.9
	5	21.0	3.1	41.1	51.6	66.1
系列二	6	20.0	3.1	47.5	59.5	70.8
	7	17.5	3.5	49.0	65.5	77.9
	8	17.0	3.5	51.3	66.6	77.9
	9	17.0	3.4	51.3	68.4	80.0
	10	17.0	3.5	48.5	52.5	75.7
	11	17.0	3.3	48.5	65.5	76.4
	12	17.0	3.2	52.5	64.2	74.3
系列三	13	17.5	3.0	—	67.0	80.0
	14	17.0	3.4	—	59.5	77.8
	15	16.0	3.6	—	59.2	68.5
	16	17.0	3.5	—	62.5	75.7
	17	17.0	3.6	—	61.3	69.4
	18	15.5	3.6	—	58.3	72.1
	19	17.0	3.2	—	60.2	77.9
	20	16.5	3.4	—	54.8	74.3
	21	15.5	3.4	—	60.5	70.8

续表

系列号	试体编号	实测坍落度(cm)	实测含气量(%)	抗压强度(MPa)		
				3d	7d	28d
系列四	22	17.0	3.1	—	52.0	59.2
	23	15.5	3.2	—	58.2	66.9
	24	14.5	3.0	—	53.8	66.8
	25	14.0	3.1	—	59.1	76.8
	26	14.0	3.3	—	58.7	71.2
	27	13.0	3.2	—	65.7	84.0
	28	11.0	3.4	—	61.8	74.2
	29	10.0	3.3	—	69.8	85.3
	30	18.0	3.5	—	34.2	45.0
	31	15.5	3.2	—	36.6	50.4
	32	16.0	3.1	—	36.2	47.8
	33	15.0	3.0	—	39.1	54.0
	34	15.0	3.4	—	39.0	52.0
	35	14.0	3.6	—	42.1	58.8
	36	12.0	3.2	—	48.3	56.4
	37	10.0	3.0	—	53.1	64.3

（一）新拌混凝土的性质

在试验中，F矿粉的种类、细度以及置换量是可以改变的，但用水量，粗、细骨料保持不变。新拌混凝土坍落度10~20cm，含不含F矿粉的混凝土坍落度不同。一般情况下，以10%F矿粉置换相应的水泥，混凝土的坍落度约降低1.0~1.5cm，置换量越大，混凝土的坍落度越大。因为F矿粉的主要成分是天然沸石，表面积大，吸收拌和水。掺入F矿粉对大坍落度的泵送混凝土是很适宜的。因为其可以提高混凝土拌合物的稠度。

（二）硬化混凝土的性质

1. 不同矿物质掺合料对混凝土强度的影响（第一系列试验）

第一系列试验混凝土在标准养护条件下，3d、7d及28d的强度列于表11-17。这些混凝土的相对强度的比较如图11-8所示。

由表11-17及图11-8可见：含F_1、F_2的混凝土强度，在不同龄期，均高于纯水泥混凝

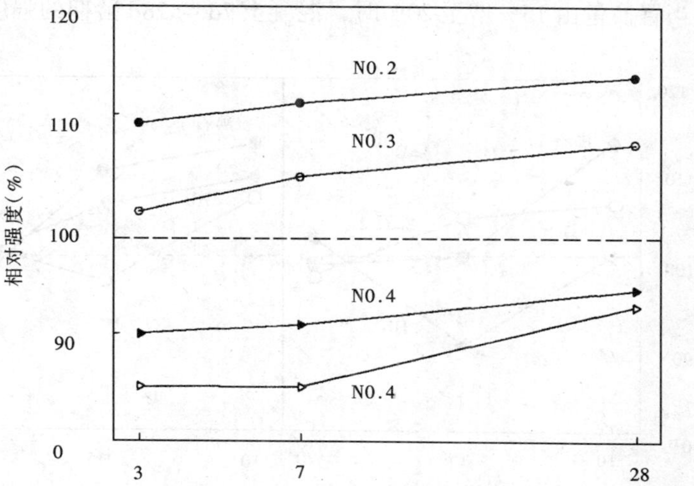

图11-8　含不同矿物质掺合料混凝土在不同龄期相对强度

土强度；而含磨细矿渣与粉煤灰混凝土，3d、7d 及 28d 的强度均低于对比混凝土强度。说明 F 矿粉具有比较好的增强效果。

2. 不同细度的 F 矿粉对混凝土的强度效应（第二系列试验）

第二系列试验混凝土试验结果列于表 11-17 及图 11-9 所示。

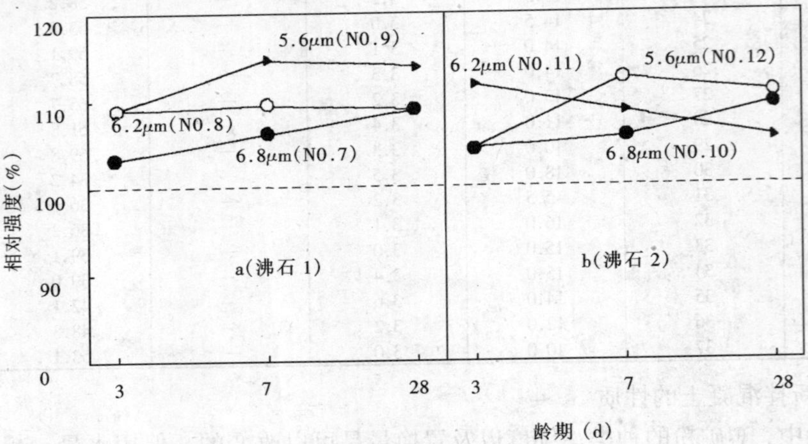

图 11-9　含不同细度 F 矿粉混凝土强度与龄期关系

试验了三种细度的 F 矿粉 2 种，对水泥置换都为 10%，含 F 矿粉的混凝土 3d、7d 及 28d 的强度均高于对比的纯水泥混凝土的强度。两种 F 矿粉的增强效应均以平均粒径为 5.6μm 的最好。

3. F 矿粉对水泥不同置换量混凝土的相对强度（第三系列试验）

第三系列混凝土试验汇总于表 11-17 及图 11-10 所示。当 F 矿粉用以置换混凝土中的 10% 的水泥时，混凝土的强度，无论是 7d 或 28d 龄期，均高于对比的混凝土强度。当置换量由 10% 增至 15% 时，混凝土的 7d 强度与对比的纯硅酸盐水泥混凝土相近。（除了河北沸石外）。但当置换量由 15% 增至 20% 时，混凝土 7d 与 28d 龄期的强度均与对比的纯水泥混凝土相近。

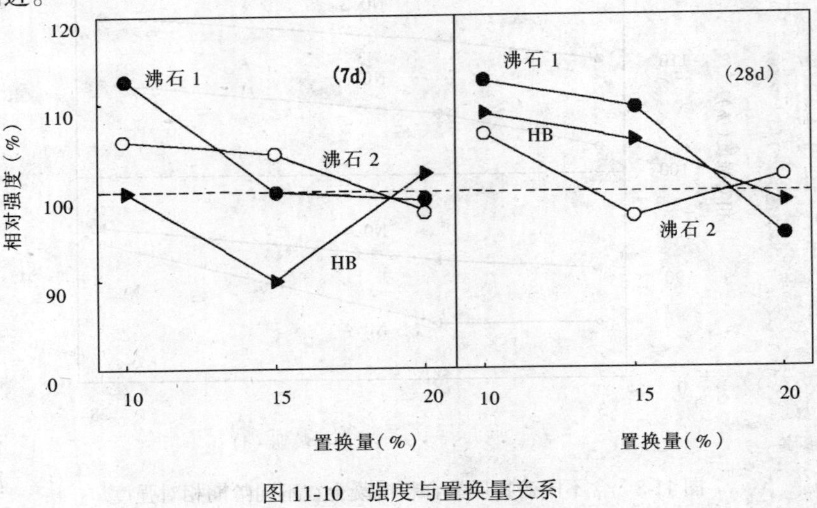

图 11-10　强度与置换量关系

4.F矿粉在不同水灰比下对矿渣水泥与硅酸盐水泥的增强效果（第四系列试验）

第四系列试验混凝土结果汇总于表11-17及图11-11所示。F矿粉对矿渣水泥混凝土增强效果，在不同水灰比下和硅酸盐水泥相似。在每一个水灰比下，F矿粉对水泥的置换量都是13.3%，含F矿粉的混凝土强度都比对比的基准混凝土强度高。

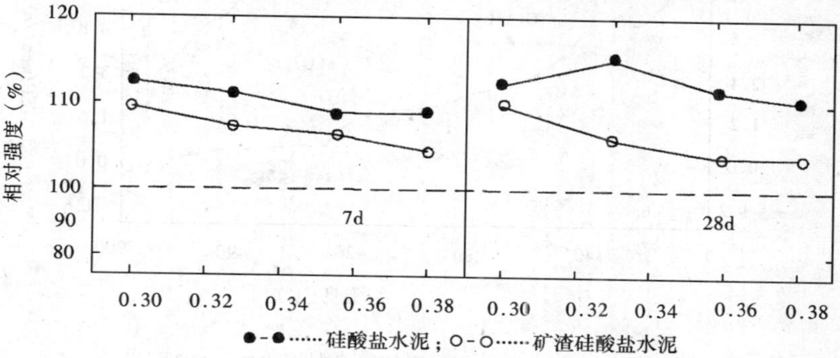

图11-11　硅酸盐水泥与矿渣水泥含与不含F矿粉时混凝土的强度

五、沸石矿粉对水泥混凝土的增强机理

理论上硅酸盐水泥充分水化的水灰比为38%，但含高效减水剂的水泥混凝土，水灰比可降到27%～33%，也就是说在高强混凝土中有一部分水泥永远未能水化，仅起填充料的作用。日本学者Yamzeki认为：利用与水泥颗粒尺寸相同的矿物细料，置换混凝土中的部分水泥，能提高水泥的水化程度。矿物颗粒与水泥颗粒聚集在一起，从而为水化产物的填充提供外部空间。F矿粉本身不具备水硬性，但与水泥颗粒水化放出的Ca（OH)$_2$能发生化学反应，进而产生强度；同时，F矿粉巨大的内表面积，为水泥水化提供更大的空间，因此比一般的矿粉掺合料具有更高的强度效应。

（一）F矿粉与水泥水化放出的Ca（OH)$_2$反应

水泥水化过程中释放大量的Ca（OH)$_2$是一种片状结晶，层与层之间靠微弱的分子键结合，对水泥石强度的贡献甚微。而大量的C—S—H凝胶结晶网的形成、长大，使水泥石的强度得到不断发展。

试验中按F矿粉∶CaO∶水＝3∶1∶2.6的配合比制样，标养28d进行XRD、TG—DSC、SEM分析，观察F矿粉与Ca（OH)$_2$作用的情况。XRD、TG—DSC分别如图11-12及图11-13所示。

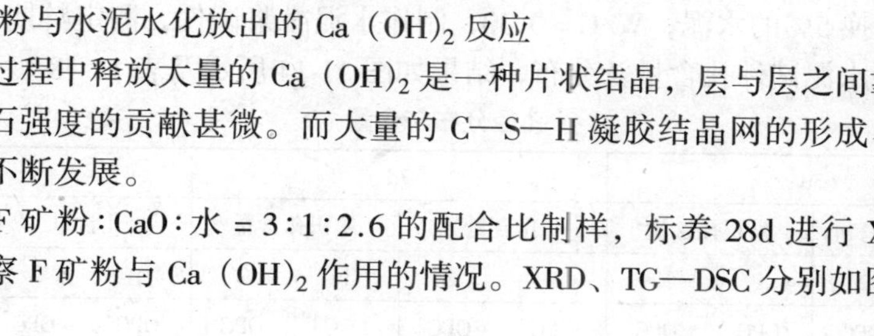

图11-12　F矿粉-CaO-H_2O系统硬化体的XRD图谱

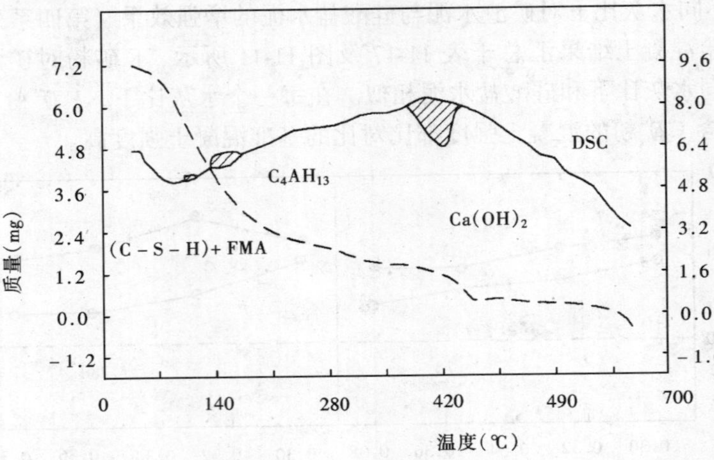

图 11-13　F 矿粉-CaO-H_2O 系统硬化体的 TG—DSC 图谱

从以上三种分析均说明了 F 矿粉能与 Ca $(OH)_2$ 作用生成 C—S—H 相，从而提高水泥石密实度，提高混凝土的强度。

（二）掺入 F 矿粉能改善水泥石的孔结构

P.K.Mehta 通过对希腊火山灰水泥的研究，证明孔径分布对强度、干缩、抗硫酸盐性能以及碱-骨料反应都有显著影响。认为改变孔级配加上火山灰材料本身的活性，对提高火山灰硅酸盐水泥的强度和耐久性将起重大作用。Mehts 将水泥中孔的直径大约分为：<45nm、45~500nm、500~1000nm、>1000nm 四种，并认为只有 100mm 以上的孔才对强度和抗渗性有害。小于 500mm 的孔可能属于以凝胶为主的水化物内部的微孔，因此小于 500nm 的孔数量多少可能反映出凝胶数量的多少。水化产物多，则强度高，抗渗性也好。

以 F 矿粉置换 5%的水泥，W/C = 0.30，制作水泥净浆试件，测定龄期为 3d、7d、28d 的含 F 矿粉及纯水泥试件孔含量及分布，结果如图 11-14 所示及表 11-18。

孔径分布与含量　　**表 11-18**

孔直径 (nm)	3d				7d				28d			
	孔含量		累积孔含量		孔含量		累积孔含量		孔含量		累积孔含量	
	1 OPC	2 OPC + FMA	1 OPC	2 OPC + FMA	1 OPC	2 OPC + FMA	1 OPC	2 OPC + FMA	1 OPC	2 OPC + FMA	1 OPC	2 OPC + FMA
7500	0	0	0	0	0	0	0	0	0	0	0	0
75	0.1305	0.1389	0.1305	0.1389	0.2850	0.1855	0.2850	0.1855	0.0446	0.1396	0.0446	0.1396
1816	0.4567	0.1389	0.5872	0.2778	0	0.0931	0.2850	0.2786	0.1340	0.0465	0.1786	0.1861
938	0.4567	0.1389	1.0439	0.4167	0.4750	0.0465	0.7600	0.3251	0.2232	0.1396	0.4018	0.3257
625	1.1744	0.6249	2.2183	1.0416	0.9500	0.7430	1.7100	1.068	0.2678	0.3258	0.6696	0.6515
375	3.8495	4.0277	6.0678	5.0693	4.1326	4.1793	5.8426	5.2474	2.500	2.7455	3.1696	3.3970
214	1.8922	2.3611	7.9600	7.4304	2.2325	2.2754	8.0751	7.5228	1.5625	1.8614	4.7321	5.2584
125	2.1530	2.2916	10.1130	9.7220	1.8525	1.9039	9.9276	9.4267	1.2053	1.5822	5.9374	6.8406
75	1.8269	1.5278	11.9399	11.2498	1.4251	1.2538	11.3527	10.6805	1.6518	1.1634	7.5892	8.0040
54	0.8482	0.2778	12.7881	11.5276	0.5225	0.8358	11.8752	11.5136	0.8328	0.6980	8.4829	8.7020
42	0.7830	0.5555	13.5711	12.0831	0.1425	1.3003	12.0177	12.8166	0.7143	0.3257	9.1963	9.0277
38	0	0.2083	13.5711	12.2914	0.1425	0.3250	12.1602	13.1416	0.2232	0.2327	9.4195	9.2604

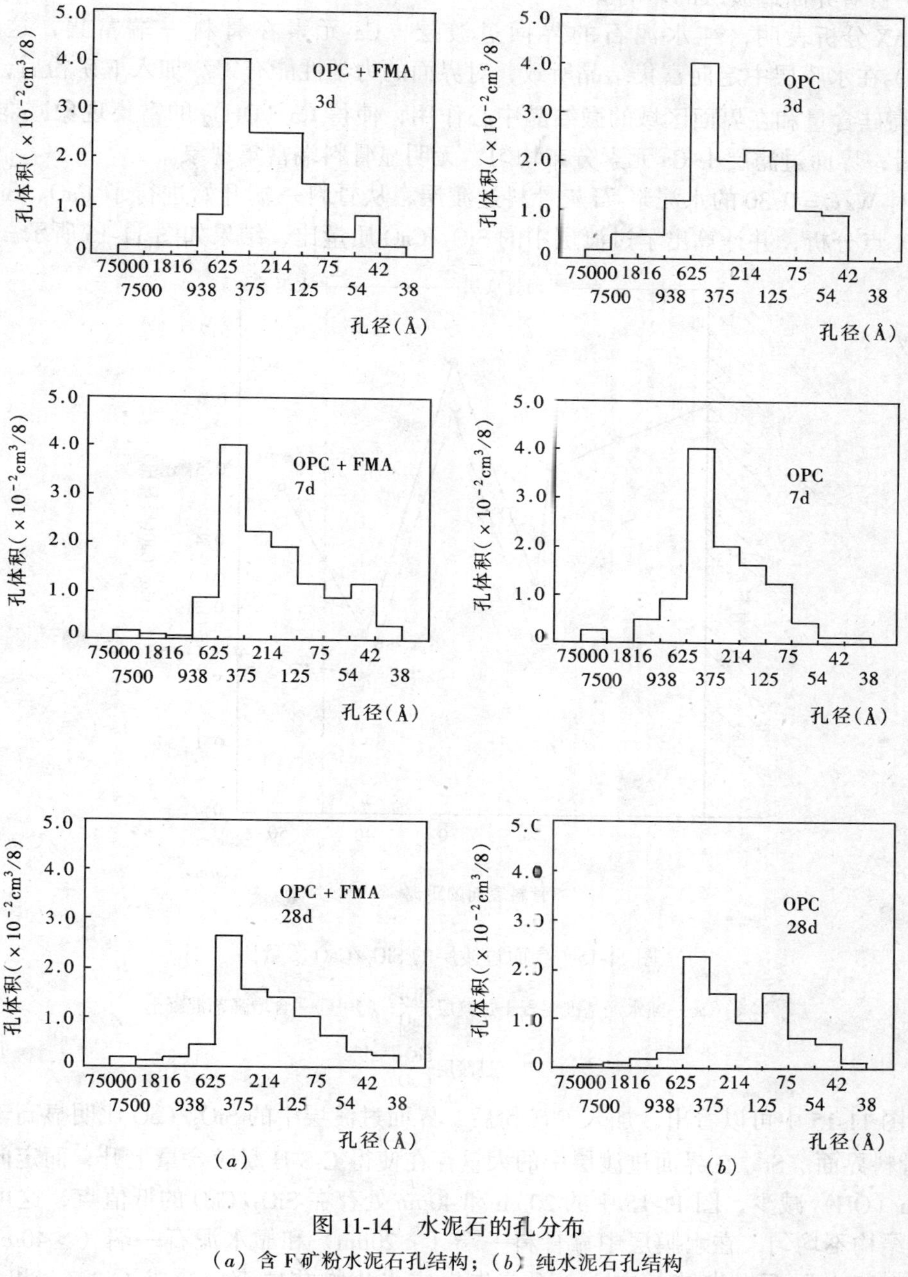

图 11-14　水泥石的孔分布

（a）含F矿粉水泥石孔结构；（b）纯水泥石孔结构

从图 11-14 及表 11-18 可见，掺 F 矿粉水泥石 3d、7d 及 28d 龄期的试件，其大于 1000nm 以上的孔含量比纯水泥石少，而 <500nm 的孔含量比纯水泥石试件高。这说明 F 矿粉使水泥水化产物增多，内部微孔也随之增多，使水泥石强度与抗渗性得到改善。

（三）F矿灰对混凝土结构的改善

对龄期为 28d 的水泥浆-石灰石骨料界面过渡层进行了 EDAX 分析（W/C=0.30），从骨料一端开始，直到水泥石，进行连续元素线分布和间断氧化物含量测定，观察内掺

10%F矿粉对界面过渡层的影响。

EDAX分析表明，纯水泥石的界面过渡层，Ca元素在骨料一端富集，这是由于Ca（OH）$_2$在水膜层中定向富集结晶所致，对界面的力学性能有害。加入F矿粉后，由于F矿粉的高硅含量和在界面区域的微结晶中心作用，使得Ca（OH）$_2$的富集现象减弱。掺入F矿粉后，界面过滤层中Ca元素分布均匀，无明显骨料端富集现象。

还对W/C=0.30的水泥浆-石灰骨料过渡层，从骨料一端开始进行了CaO、SiO_2含量的EDAX点分析，并计算出了过渡层中的SiO_2/CaO质量比，结果如图11-15所示。

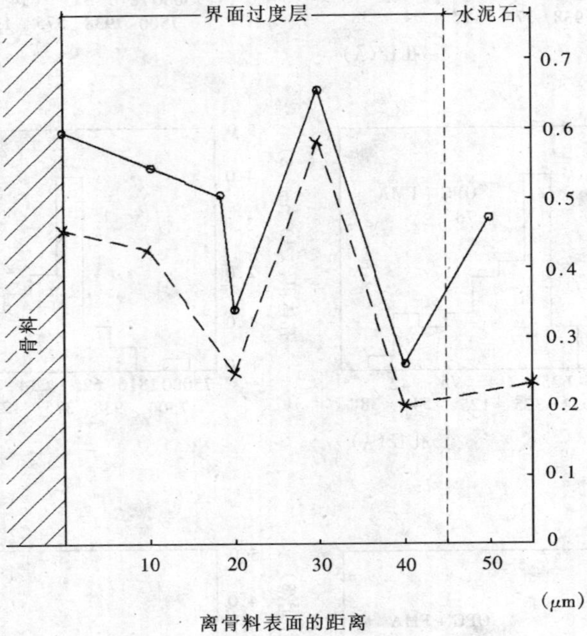

图11-15 界面过渡层的SiO_2/CaO质量比

×…×—纯水泥基准混凝土过渡层$\frac{SiO_2}{CaO}$；○…○—含增强剂混凝土过渡层$\frac{SiO_2}{CaO}$

从图11-15中可以看出，加入F矿粉后，界面过渡层中的SiO_2/CaO比明显高于基准水泥石-骨料界面。Si^{4+}在界面过渡层中的大量存在使得C-S-H凝胶含量上升，而定向排布的片状Ca（OH）$_2$减少，图11-15中的20μm和40μm处存在SiO_2/CaO的低值点，这可能是由于晶面结构不均匀，在水膜层中靠骨料一端（<20μm）和靠水泥石一端（>40μm）处均由于骨料和水泥石提供结晶中心，而首先生成水化物并填充，造成了20μm和40μm处SiO_2/CaO比的特殊变化。

为进一步观察F矿粉对界面过渡结构的影响，实验中还采用X射线层析技术，对过渡层中Ca（OH）$_2$的取向指数R和取向范围进行了分析测定。

在界面过渡层中Ca（OH）$_2$结晶呈六方形结晶，Ca（OH）$_2$结晶的C轴垂直于骨料表面，Grandet和Ollivier报告了X射线衍射法测定试件中断裂面的Ca（OH）$_2$晶体的取向性。通过逐层分析，得出靠骨料断面上Ca（OH）$_2$晶体的取向性强，远离骨料的断面上取向性减弱；而且，断裂往往发生在 Ca（$OH)_2$ 晶体的内部，这种定向结晶对界面性能产生了不利影响。改善过渡层的元素分布，减少 Ca（$OH)_2$ 晶体的存在，减弱晶体的取向性，将对界面性能产生有利影响。

实验中，对 W/C = 0.50 的纯水泥和内掺 10%F 矿粉的水泥石灰骨料界面 28d 龄期进行了 X 射线层析，逐层对 Ca（$OH)_2$ 的（001）晶面（2Q = 18.08°）和（101）晶面（2Q = 34.08°）的衍射峰强度 I 进行了测定，理论上 I（001）/I（101）为 0.74，测定结果按正式计算取向指数 R。

$$R = [I(001)/I(101)]/0.74$$

式中　R——Ca（$OH)_2$ 取向指数；

I（001）——（001）晶面衍射强度；

I（101）——（101）晶面衍射强度。

测定结果如图 11-16 和图 11-17 所示。

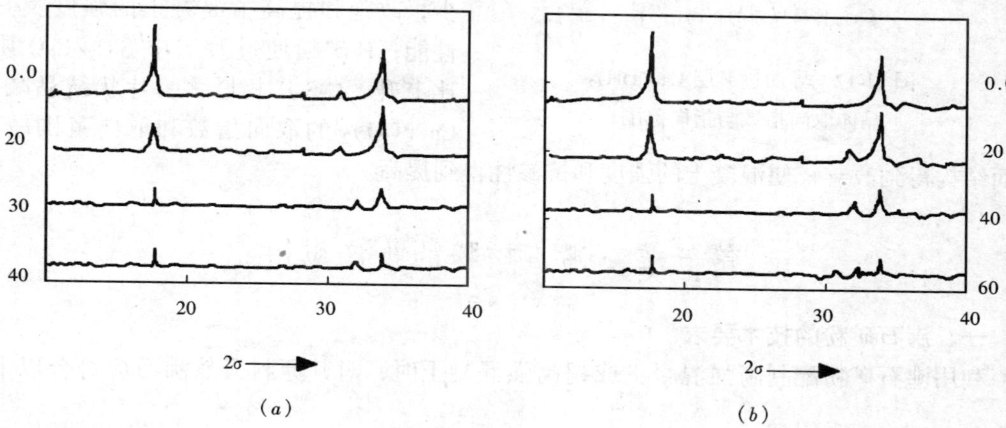

图 11-16　界面过渡层 Ca（$OH)_2$ 特征峰图谱

（a）纯水泥-骨料层折衍射图；（b）含增强剂水泥-骨料层折衍射图

实验分析结果表明，加入 F 矿粉之后，晶面过渡层中取向明显比纯水泥-骨料界面过渡层取向减弱，取向范围也由纯水泥界面中的 50μm 减少到 40μm 左右。Ca（$OH)_2$ 取向范围的减少，使整个过渡的不均匀性减弱，界面性能得到改善。这从水泥浆体与骨料间界面的 SEM 观察也得到了证实。

由此可得出结论：

（1）F 矿粉置换部分水泥，能更有效地配制高强及超高强混凝土。研究中采用强度等级为 52.5 级硅酸盐水泥，水泥用量 450kg/m³，F 矿粉用量 500kg/m³，W/C = 0.35，混凝土 28d 强度达 80MPa 以上；而相应水泥用量 500kg/m³、水灰比相同的纯水泥混凝土，28d 抗压强度仅 70MPa。也就是说，以 10% 左右的 F 矿粉置换相应的水泥之后，混凝土的强度还可以提高 10% ~ 15%，既节约水泥，又能提高强度，两全其美。

（2）F 矿粉对混凝土的增强效果，不仅适用于普通硅酸盐水泥，还适用于矿渣硅酸盐水泥。

（3）F 矿粉对低水灰比的高强混凝土效应较明显，水灰比较大时，如 W/C > 0.45，F

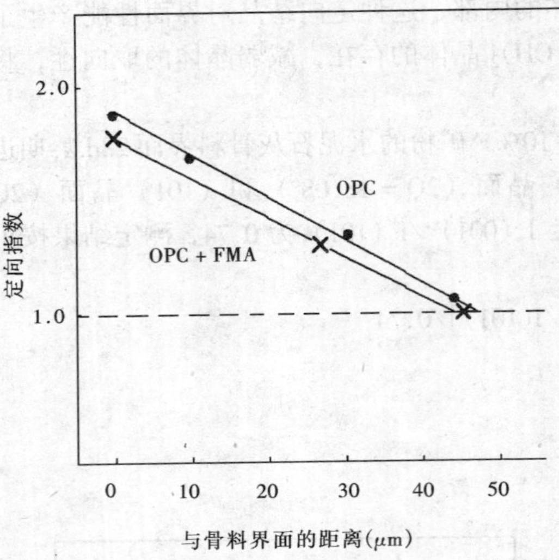

图 11-17 界面过渡层 Ca（OH）$_2$ 晶体取向指数与指向范围

矿粉对混凝土的增强效果较差。

（4）F 矿粉的增强效果决定于其化学成分和矿物组成；以天然沸石岩为主要原料的 F 矿粉，其沸石含量应在 60%以上，可溶性硅、铝含量分别为 10%左右。此外，F 矿粉的细度也是决定其增强效果的主要因素之一。只有其低于水泥细度之后，才有增强强度的能力。

（5）F 矿粉能与 Ca（OH）$_2$ 反应，吸收水泥水化析出的 Ca（OH）$_2$，生成 C-S-H 相，使水泥石强度提高；F 矿粉水泥石中 <500nm 孔增加，有害大孔（>1000nm）减少，改善和提高了混凝土的强度及其他性能；F 矿粉使过渡层中 SiO_2/CaO 质量比上升，C-S-H 相增多，片状结晶减少，Ca（OH）$_2$ 的取向指数和取向范围减小，界面结构得到改善，使混凝土的强度和抗渗性得到提高。

第五节　沸石矿粉的生产应用

一、沸石矿粉的技术要求

利用沸石矿粉配制高强混凝土或超高强混凝土时，对其原料天然沸石应符合以下要求：

（1）沸石含量：60%以上，（相当于铵离子交换容量 130～140mg 当量/100g）。

（2）SiO_2 含量：65%以上，其中活性 SiO_2 > 10%。

（3）Al_2O_3 含量：12%～14%，其中活性 Al_2O_3 为 8%～10%。

（4）F 矿粉细度：平均粒径 5～10μm，以 5.6μm 为最理想。

二、高强混凝土配合比

F 矿粉高强混凝土的配合比应按《混凝土结构工程施工质量验收规范》（GB 50204—2002）第 4.2.2 规定进行，并选择三个不同的水灰比进行计算。计算配合比时可以用绝对体积法或假定堆密度法。采用假定堆密度法时，取值为 2450～2500kg/m^3，先计算出不掺 F 矿粉的基准混凝土配合比，再用 F 矿粉置换基准混凝土配合比中水泥用量的 10%，计算出掺 F 矿粉混凝土配合比，经试配、调整至符合施工操作要求的和易性，成型养护至 28d 龄期试压，满足设计强度要求，方可确定施工配合比。

F 矿粉高强混凝土配合比中，水胶比控制在 0.35～0.28 之间。砂率视选用的粗骨料规格、水灰比而定，当用 5～20mm 碎石，水灰比为 0.35～0.28 时，砂率 29%～32%；每立方米混凝土用水量应根据水灰比和使用的减水剂品种、坍落度大小而定，一般是 160～180kg/m^3，而且必须采用高效减水剂，其掺量为胶结料总量的 0.8%～1.5%。

F 矿粉高强混凝土，水泥用量一般为 450～600kg/m^3，F 矿粉用量 50～60kg/m^3。F 矿

粉高强混凝土的配合比实例见表 11-19。

表 11-19 中所用水泥是强度等级为 52.5 级硅酸盐水泥，采用 15cm×15cm×15cm 试块，标养。砂略偏粗，粗骨料为 5～20mm 级配良好的碎石。

三、高强混凝土的拌制

混凝土原料均按质量计，各种材料计量允许偏差不得超过下列规定：

F 矿粉高强混凝土的配合比实例　　表 11-19

混凝土强度等级	水胶比 $\frac{W}{C+F}$	每 1 立方米混凝土用量（kg）					坍落度（cm）	抗压强度（MPa）	
		水泥	F 矿粉	砂	石	减水剂		7d	28d
C50	0.40	410	40	598	1215	4.5	18	45	56
C60	0.35	450	50	598	1076	5.0	16	55	67
C70	0.30	500	50	465	1085	5.5	12	66	77
C80	0.28	520	60	450	1092	5.8	10	68	85

（1）水泥：±2%；

（2）粗细骨料：±3%；

（3）水、F 矿粉、减水剂：±1%。

拌制高强混凝土必须用强制式搅拌机，投料顺序如图 11-18 所示。

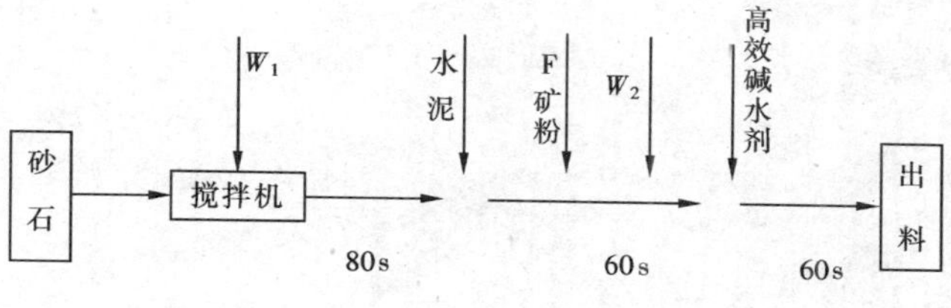

图 11-18　沸石矿粉混凝土拌制制料顺序

$W_1 + W_2 = W$（混凝土中总用水量）

F 矿粉混凝土的运输、浇筑与养护与其他混凝土的要求一样，但 F 矿粉混凝土的和易性和保水性好，不易发生离析分层现象，一次浇筑高度最高可达 3m，浇筑高度再高时，须加溜槽、串筒。

四、高强混凝土应用实例

根据《天然沸石粉在混凝土与砂浆中应用技术规程》（JGJ/T 112—97），C60 的 F 矿粉高强混凝土在预应力管桩、高层建筑以及超高层建筑施工现场均得到了较大的应用。

（1）广东省建筑构件公司目前生产的强度为 60MPa 的高强混凝土管桩，采用了 F 矿粉配制。W/C = 0.32，配合比水泥∶砂∶石 = 1∶1∶2.38，其中水泥用量 500kg/m^3，F 矿粉 500kg/m^3，FDN 为 3.5kg/m^3，混凝土 28d 抗压强度 71.6MPa。

（2）辽宁省建筑总公司在施工中采用强度等级为 52.5 级硅酸盐水泥，水灰比 0.34 kg/m^3，水泥用量 450kg/m^3，F 矿粉 50kg/m^3，外加载体流化剂 C×2%，能控制坍落度在 60min 内为 17cm，混凝土 28d 抗压强度为 60MPa。试验结果见表 11-20 所列。

沸石矿粉混凝土 表 11-20

W/C (%)	混凝土用料量（kg/m³）							抗压强度（MPa）		
	水	水泥	砂	碎石	UNF	载体流化剂	F矿粉	3d	7d	28d
34	170	500	560	1250	3.5	0	0	32	48	64
34	170	500	560	1250	3.5	10	0	34	50	68
34	170	400	560	1250	3.5	10	50	36	52	72

高强混凝土掺入 C×2%（即水泥用量的 2%）的载体流化剂，可控制 90min 内坍落度无损失。混凝土中内掺 F 矿粉及外掺 C×2%载体流化剂，28d 抗压强度比对比试件提高5%～10%。

第十二章　硅酸盐混凝土

（calcium silicate concrete）

第一节　概　　述

硅酸盐混凝土是用石灰和含硅原料（砂、粉煤灰、炉渣、烧煤矸石，尾矿粉及其他天然含硅原料）和工业废料，以一定的工艺方法制成的人造石材。因为这类人造石材中的胶凝物质基本上或主要是水化硅酸盐类，所以这类石材称为硅酸盐混凝土。由于组成材料和成型方法不同，堆密度一般在 1200～2200kg/m^3 之间；用自然砂和石灰为原料制作的灰砂硅酸盐混凝土，其强度可达 10～20MPa；如果在拌合物中加入磨细砂或其他磨细硅质材料，其强度可达 50～70MPa。

第二节　硅酸盐混凝土原材料的技术要求

一、石灰-Ca 质成分

石灰是由石灰石烧制而成，其化学反应式：

$$CaCO_3 \xrightarrow{900℃} CaO + CO_2 \uparrow$$

按《硅酸盐建筑制品用生石灰》（JC/T 621—1996），石灰作为制造蒸压硅酸盐制品的钙质原料，其技术指标要求如下：

1. 细度

要求全部通过 0.2mm 的方孔筛（相应于 900 孔/cm^2 筛），在通过 0.08mm 方孔筛（相当 4900 孔/cm^2 筛）上的筛筛余量不大于 15%。

2. 终凝时间

石灰的终凝时间不应早于 20min 和不迟于 60min。

3. 石灰的活性

石灰活性是指石灰中活性氧化钙和活性氧化镁含量的总和，石灰活性越高越好，一般要求应达 60%～70%。

4. 氧化镁（MgO）含量

在烧制的生石灰中，要求氧化镁（MgO）的含量不应大于 5%。

5. 过烧、欠烧石灰量

过烧石灰含量以不大于石灰活性的 5%为宜；欠烧石灰含量不宜太多。否则，石灰的质量就差，并且利用率低。

6. 消化时间

生石灰加水后，经过化学反应即变成熟石灰，其化学反应式：$CaO + H_2O = Ca(OH)_2$。

这一过程即生石灰的消化或熟化过程，其消化时间不应大于30min，一般以介于15~20min为宜。对于采用生石灰含量工艺方法制造硅酸盐制品时，石灰消化时间不宜小于5min，消化温度一般应大于50~70℃。

二、砂-Si质成分

砂、砂岩及黄土、亚砂土、尾矿砂等均可用来作为制造蒸压硅酸盐制品的硅质原料。其技术指标要求如下：

1. SiO_2 含量

一般要求砂中 SiO_2 的含量应大于65%，对于制造高强度的灰砂硅酸盐混凝土，砂中 SiO_2 的含量宜大于80%或更高。

2. 级配

砂的级配要合理，级配不是太差的天然砂均可使用。

3. 黏土杂质含量

一般不宜超过10%。特别是蒙脱石含量不宜超过4%。

4. 云母

云母是生成硅酸盐制品原料中的有害成分，含量以小于0.5%为宜。

5. 水溶性碱类氧化物（Na_2O+K_2O）含量

水溶性碱类氧化物含量不得超过2%（按重量计）。

6. 有机物含量

通过比色法试验鉴定，砂的试验液颜色以不深于标准色为宜。

三、粉煤灰

粉煤灰为灰色细粉，密度1.9~2.4g/cm^3，堆积密度为550~700kg/m^3，比表面积约为2700~3500cm^2/g，通过0.80mm孔筛其筛余约为10%~30%，空隙率为55%~75%。其主要技术指标要求如下：

1. 细度

一般要求0.080mm方孔筛上的筛余不大于20%。

2. 化学成分

化学成分要求见表12-1。

粉煤灰的化学成分　　表12-1

组　成	含量及其波动范围（%）	生产建筑制品的要求（%）	组　成	含量及其波动范围（%）	生产建筑制品的要求（%）
SiO_2	40~60	>40	CaO	1.5~5	—
Al_2O_3	20~35	>15	Na_2O+K_2O	0.5~2.5	<25
Fe_2O_3	3~10	<15	SO_3	微量~1.5	<4
MgO	0.5~5	<5	烧失量	3~20	<15

四、炉渣

炉渣为多孔状的融结结构，呈灰黑色或褐红色，实际密度在2.5g/cm^{3}左右，堆积密度在700~900kg/m^{3}之间，颗粒密度约为1250~1500kg/m^3，颗粒强度在0.85~2.2MPa之间，吸水率约为5.5%~15%。

用于制作硅酸盐制品的炉渣，应满足表12-2的要求。

炉渣的质量技术要求

表 12-2

化学成分（%）						作骨料的粒度要求	体积安定性
SiO_2	Al_2O_3	MgO	K_2O+Na_2O	SO_3	烧失量		
>40	>15	<5	<2.5	<4	<20	1.2mm 以下者<25%	良好

五、矿渣

矿渣中，若 CaO、Al_2O_3 含量高，SiO_2 含量低时，矿渣活性高，一般以下面三个系数综合评定矿渣的活性：

1. 碱性系数（Mo）

碱性系数大时，活性高，一般要求 Mo>0.5。

2. 活性系数 $Ma=Al_2O_3/SiO_2$

活性系数大，矿渣活性高，一般要求 Ma>0.12。

3. 质量系数

$$K=CaO+MgO+Al_2O_3/SiO_2+MnO$$

质量系数大，矿渣活性高，一般要求 $K>1.0$。

矿渣碎石应经过稳定性试验，并认为合格后方可应用。

第三节 硅酸盐混凝土基本参数的选择

影响硅酸盐混凝土强度的主要因素有：混合料的活性石灰、硅质材料的细度（当加入磨细砂或其他磨细硅质材料时，主要是磨细砂和这些磨细砂硅质材料的细度）、混合料的成型含水量，以及湿热处理制度等。现将这些参数的选择分述如下：

一、混合料中活性石灰（及石膏）用量

混合料的活性石灰用量（混合料活性），对硅酸盐混凝土的强度影响很大。当其他条件相同时，特别是当硅质材料的细度一定时，其强度起初是随着活性 CaO 数量的增加而增长。但当活性 CaO 数量超过一定量时，其强度反而降低。因此，存在一个最佳的活性 CaO 含量。对于采用自然砂生产灰砂硅酸盐砖而言，其最佳活性 CaO 含量约在 10%~20%之间。此时，水化硅酸钙胶凝物质数量最多。若活性 CaO 的用量超过最佳值时，混凝土中存在的游离氧化钙增多，强度反而下降。一般对于采用自然砂生产灰砂砖时，混合料中活性 CaO 含量根据砂的细度和混凝土的强度等级确定，通常介于 5%~14%之间。

同理，对于粉煤灰砌块的胶结料，其最佳活性石灰用量在 15%~26%，如图 12-1 所示。对于粉煤灰砖而言，混合料的最佳石灰用量在 12%~14%之间。

在我国生产的蒸养粉煤灰硅酸盐制品中，往往在胶结料中掺入石膏作为激发剂，其掺量多少，也影响到制品的强度，如图 12-2 所示。对粉煤灰砌块，最佳石膏掺量为胶结料的 2%~5%。对于压制成型的粉煤灰砖，石膏的最佳掺量为石灰用量的 8%~11%，或总用料量的 1.6%~2.2%。

二、硅质材料细度的影响

砂的细度对灰砂硅酸盐制品的强度影响极大。细度增大，砂子参加反应的表面积越大，产生的水化硅酸钙胶凝物质越多，强度也就越高。

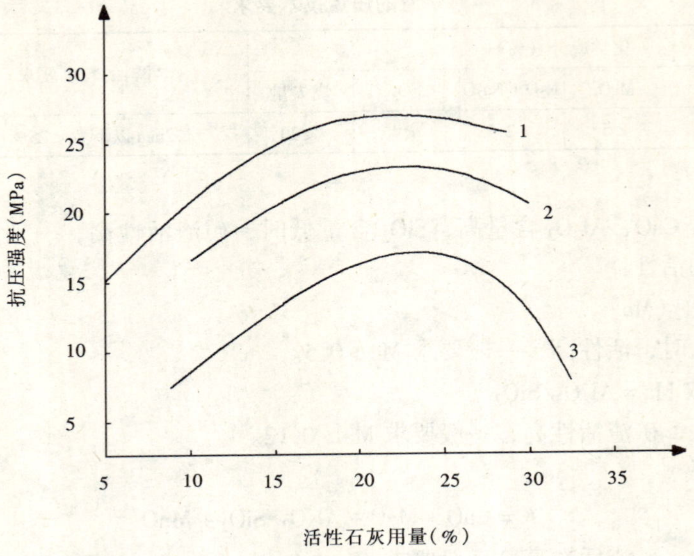

图 12-1 活性石灰用量对粉煤灰砌块强度的影响

1、2—采用干排灰制作的试件；3—采用湿排灰制作的试件

自然砂由于细度不够，往往要加入部分磨细砂，以提高灰砂硅酸盐制品的强度。图12-3 表示了磨细砂对灰砂硅酸盐混凝土强度的影响，当磨细砂的细度增加时，强度增大，但增大到一定值后，其强度反而下降。一般磨细砂的最佳细度约为 3000~5000cm^2/g。

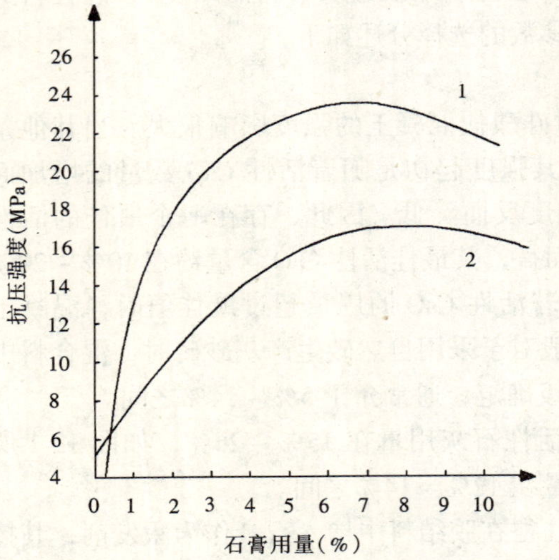

图 12-2 石膏掺量对粉煤灰砌块强度的影响

1—中排灰，半水石膏；2—湿排灰，二水石膏

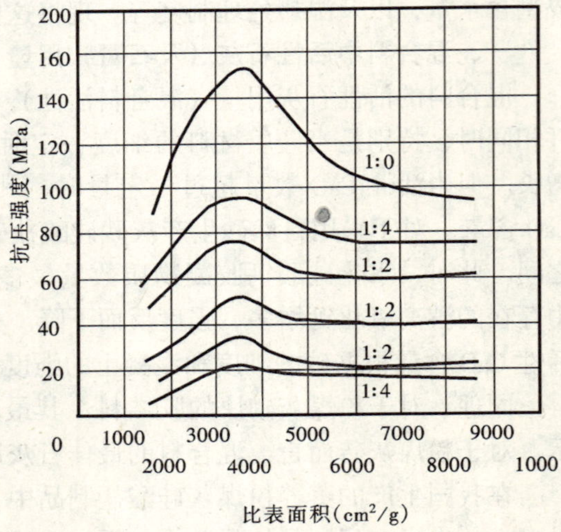

图 12-3 磨细砂细度对制品强度的影响

注：图中数值表示胶结材和自然砂的比例；磨细石灰砂胶结材中的 CaO 含量为 23%；细度为磨细砂的细度。

当磨细砂的细度一定时，随着磨细砂在混合料中数量的增加（相应的 CaO 用量也要增加），混凝土强度不断上升。当加入磨细砂时，最佳 CaO 含量主要决定于磨细砂的细度和用量。在这种情况下，一般把磨细砂和石灰总称为石灰-砂胶结材。这种胶结材中的 CaO 和 SiO_2 之比 CaO/SiO_2 称为原料钙硅比（简写 C/S），最佳 C/S 值随着石灰-砂胶结材细度的增大而增大。一般磨细砂的比表面在 $3000m^2/g$ 左右时，石灰-砂胶结材的最佳 C/S 为 0.25 左右；当比表面积在 $5000m^2/g$ 时，最佳 C/S 为 0.50 左右。

三、混合料含水量的影响

混合料的含水量对成型后的制品的密实度有直接关系。在一定的成型方法下，混合料含水过多或过少，制品的强度都将因密实度降低而降低。对于每一种具体的成型方法和一定配比的硅酸盐混凝土都存在 1 个最佳的含水量，它可用试验方法确定。图 12-4 表示了压制成型的灰砂硅酸盐混凝土强度随混合料含水量变化的情况。同时，还可以看出，随着混合料中粉料（石灰-砂胶结材）增加，最佳含水量的数值增大。这是因为粉料增多时，整个混合料的表面积增大，所需要水分增加。

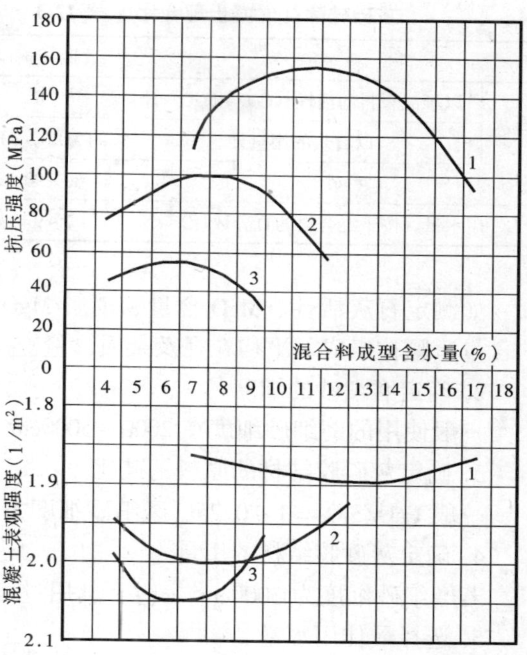

图 12-4　灰砂混合料的成型含水量对试件强度的影响
1—胶砂比 1:0；2—胶砂比 1:1；3—胶砂比 1:2，灰砂混合磨细胶结材 C/S = 0.23，磨细砂比表面积 $3700cm^2/g$ 试件成型压力 300MPa

成型方法不同，其最佳含水量亦不同；当采用圆盘压砖机时，对于无磨细砂的灰砂混合料，其最佳含水量一般在 7%～10%；采用高压杠杆压砖机时，一般在 6%～9%之间；采用振动成型时，含水量在 10%～15%之间；如果用磨细生石灰时，其最佳含水量（按计算）在 16%～20%之间。

对每一种灰砂硅酸盐混凝土混合料亦存在一个相应的最佳含水量。例如，对于用湿排灰的粉煤灰砌块，其最佳含水量在 30%～36%之间，对于用压制成型的粉煤灰砖而言，其混合料最佳含水量在 19%～27%之间。

第四节　硅酸盐混凝土配合比设计

对于各类硅酸盐混凝土的配合比，目前尚缺乏简单可靠的计算方法。一般是结合当地原材料条件，综合考虑到强度、耐久性、成型条件、经济性等方面的要求，用试验方法进行。

一、灰砂硅酸盐混凝土的配合比设计

灰砂硅酸混凝土砖的配合比设计，一般参照已有的生产经验，以当地原材料进行试验，选择物理力学性能优良而又经济的配合比作为生产用配合比。表12-3所列数据可作

灰砂硅酸盐混凝土配合比　表 12-3

物料名称		数量（%）
石灰	以干混合料的活性（CaO + MgO）计	6 ~ 8
	以石灰的用量计	约为 10 ~ 20
砂		80 ~ 90
用水量（按干混合料的百分数计）		7 ~ 9

为选择配合比时的参考。

二、高强度灰砂硅酸盐混凝土配合比设计

高强度灰砂硅酸盐混凝土配合比设计亦是根据已有资料用实验方法来完成，其步骤如下：

1. 评定原材料的质量

如测定石灰活性、MgO 含量、消解 MgO 含量、消解速度等；确定砂矿物成分、SiO_2 的含量、颗粒组成、平均粒径及杂质含量。

2. 确定磨细砂的细度

一般使用的磨细砂细度在 2000 ~ 5000cm^2/g 之间，而经常使用的细度为 3000cm^2/g。

3. 确定灰砂胶结材的原料钙硅比

一般 $CaO/SiO_2 = 1 \sim 0.25$。磨细砂细度大者取大值。

4. 确定灰砂胶结材的用量

若磨细砂细度为 3000cm^2/g 时，其用量可按表 12-4 中数据选择。

5. 选择最佳用水量

一般振动成型的混合料最佳用水量为干混合料的 10% ~ 15%（熟石灰工艺）或 16% ~ 20%（生石灰工艺）。

高强度灰砂硅酸盐制品配合比参考表　表 12-4

混凝土强度等级	各组成的用量（%）				
	磨细灰砂胶结材				自然砂
	活性 CaO	石灰	磨细砂	胶结材（石灰 + 磨细砂）	
C15	5 ~ 6	6 ~ 10	5 ~ 12	10 ~ 22	89 ~ 78
C20	7 ~ 7.5	9 ~ 12.5	7 ~ 15	16 ~ 27.5	84 ~ 72.5
C30	9 ~ 9.5	11 ~ 16	9 ~ 19	20 ~ 35	80 ~ 65
C40	10 ~ 11	12.5 ~ 18	10 ~ 22	22.5 ~ 40	77.5 ~ 60

三、粉煤灰硅酸盐混凝土配合比设计

在粉煤灰砖的配合比设计中，除了第二节已经阐述过的要保证混合料的最佳活性灰含量和最佳成型用水量外，为了改善混合料的成型性能，需要在混合料中掺入适当数量较粗的物料（如炉渣、水淬碱性矿渣、砂等）来调整混合料的颗粒级配。否则，砖坯在成型过程中易产生层裂，且制品的抗折强度偏低。有时，为了提高蒸养粉煤灰硅酸盐的强度，可以在混合料中掺入石膏，其掺量为石灰用量的 8% ~ 11%。掺量过多，对提高强度已无显著效果，不但提高了砖的成本，而且还影响到碳化稳定性和抗冻性。表 12-5 中列出了粉煤灰硅酸盐混凝土砖配合比选择参考资料。

四、粉煤灰硅酸盐混凝土砌块配合比设计

粉煤灰硅酸盐混凝土砌块由石灰、石膏、粉煤灰、炉渣等原材料制成，除在第二节中业已论述过的混合料最佳石灰用量、最佳石膏掺量和最佳含水量外，在这种硅酸盐混凝土配合比中，胶结材（石灰 + 石膏 + 粉煤灰）和骨料（炉渣）之间保持适当的比例（称胶骨

比）也是十分重要的。在一定范围内增大骨料的用量，对制品强度影响不大，在保证制品强度不变的前提下，增加骨料的用量，可以减少胶结材的用量，降低砌块在湿热处理过程中膨胀应力的破坏作用并减小制品的堆密度和改善制品的热工性能。除此之外，增加骨料的用量还可降低制品的收缩值并提高制品的抗裂性。但是骨料用量过多时，混合料的和易性差，容易产生蜂窝现象，降低制品的密实度和强度。一般胶结材和炉渣的比例为1:1～1:1.5为宜。表12-6中列举了粉煤灰硅酸盐混凝土砌块的参考配合比。

粉煤灰硅酸盐混凝土配合比资料　　表12-5

制品名称	原材料配合比（%）				混合料中活性氧化钙含量（%）	成型含水量（%）	备　注
	粉煤灰	炉渣	石　灰				
			生石灰	电石渣			
蒸养粉煤灰混凝土	60～70	13～25	13～15	—	9～11	19～27	成型方法为圆盘压砖机压制成型
	55～65	13～28	—	15～20	9～12	19～27	
	65～70	13～20	12～15	—	8～11	19～23	

粉煤灰硅酸盐混凝土砌块配合比　　表12-6

原材料名称	适宜用量	备　注
胶结材中活性氧化钙用量（%）	15～25	以胶结材总量的百分比计
石膏掺量（%）	2～5	经胶结总量的百分比计
胶骨比	1:1.0～1:1.5	炉渣用量按胶骨比标出
含水量（湿排粉煤灰）（%）	30～36	振动成型，工作度15～30s

第五节　灰砂硅酸盐混凝土

灰砂硅酸盐建筑制品是以石灰与砂子为主要原料，用一定的工艺方法制成砖、砌块、预制构件、墙板等建筑制品。这类制品都是在水热合成条件下产生强度，其内部的胶凝物质基本上是以水化硅酸盐类的矿物，所以称为硅酸盐建筑制品。

1880年，德国学者米哈依列斯提出了以石灰与砂子为原料，在蒸压釜中用高温饱和蒸汽处理的水热合成方法来生产建筑材料的建议。此后，首先是灰砂硅酸盐材料性能不断改善，其应用范围也逐渐扩大。目前，可以用这种材料制作密实混凝土、轻骨料混凝土、加气和泡沫混凝土，做成的制品种类繁多，诸如：砖、砌块、墙板、预应力构件等等。总之，除了现浇工程外，几乎所有在工厂生产的建筑制品与构件，基本上都可以用灰砂硅酸盐混凝土制作，其性能完全可以同水泥混凝土制品媲美。

一、原材料的技术性质

（一）石灰-钙质材料

1. 石灰活性

石灰中CaO + MgO的含量对于制品的质量十分重要。一般来说，石灰活性越高，这样，为使灰砂硅酸盐混合料和其他硅酸盐混合料内达到一定数量的CaO + MgO的含量所用石灰量越少。但是这样高质量的石灰往往价格较高，而且不易获得。因此，在灰砂硅酸盐制品的生产实践中，石灰活性是指石灰中活性氧化钙和活性氧化镁含量的总和，一般要求石灰的活性大于60%～70%即可。

2. MgO含量

MgO在高温条件下也和CaO一样能与砂和其他含硅原料产生水化硅酸盐胶凝物质，计算石灰的活性时实际上也把它计算在内。但对于石灰中MgO的有害影响却要加以限制，一般在生产实践中，对于生产灰砂密实硅酸盐制品用的石灰，其氧化镁的含量不应大于5%（称低镁石灰）。MgO含量高的石灰，例如镁质石灰（MgO含量为5%～20%）和白云质石灰（高镁石灰，MgO含量为20%～40%）也并非不可以应用，不过此时应该降低石灰的煅烧温度，或者提高石灰的消化温度，使之完全消化后方可用于配料。

3. 过烧石灰含量

过烧石灰是指由于CaO在高温作用下（1400～1700℃）重结晶为粗大的氧化钙晶粒（大于10μm者），其含量以不大于石灰活性的5%为宜。

4. 欠烧石灰含量

欠烧石灰是煅烧没有分解完全或未分解的石灰石，即未分解的$CaCO_3$。用于生产密实硅酸盐制品的石灰消化速度不应大于30min，一般以介于15～25min为宜。对于采用生石灰工艺方法制造硅酸盐制品时，石灰消化速度不宜大于5min，消化温度一般应大于50～70℃。

（二）砂-硅质原料

1. 砂的品种

作为制造蒸压硅酸盐制品的硅质原料，广泛使用的是砂和泡砂岩。其他原料，如黄土、亚砂土、尾矿粉等亦可用来制作蒸压硅酸盐混凝土制品。

2. 砂的矿物成分

砂的砂物成分对于灰砂硅酸盐混凝土制品的强度影响很大。在生产中经常使用含石英矿物为主的砂。在因地制宜的原则下，也可使用长石砂或含长石矿物为主的砂。一般要求砂中SiO_2的含量大于60%～70%。对于制造高强度灰砂硅酸盐混凝土，砂中SiO_2的含量应大于80%～85%。

3. 砂的级配

砂的级配好，空隙率小，填充于空隙中的胶结料（石灰或石灰砂混合磨细胶结料）就可以少掺。生产实践证明，不需要追求理想的级配，只要级配一般的天然砂均可使用。表12-7中列举了作为生产灰砂硅酸盐混凝土制品用砂的参考级配。

生产灰砂硅酸盐混凝土制品用砂的参考级配

表12-7

粒径（mm）	所占重量（%）
2.5～5	3～5
1.2～2.5	3～5
0.3～1.2	45～60
0.15～0.3	20～30
<0.15	<30

4. 砂的质量要求

(1) 砂中黏土杂质含量一般不宜超过10%。特别是蒙脱石含量不宜超过4%。砂中云母含量以小于0.5%为宜。

(2) 砂中水溶性碱类化合物（Na_2O+K_2O）按重量计不得超过2%。砂中有机杂质的含量必须通过比色试验鉴定。砂的试验颜色以不深于标准色为合格。

(3) 砂中不得含有草根、树皮等杂质。

（三）外加剂

在灰砂硅酸盐混凝土制品生产工艺中，常采用下列类型的外加剂：

1. 胶结料的快硬剂

碱（NaOH，KOH）、硫酸钠（Na_2SO_4）、硫酸钾（Ka_2SO_4）、氯化钙（$CaCl_2$）、氯化钠（NaCl）、氯化钾（KCl）、氯化铵（NH_4Cl）和盐酸（HCl）等可以作为快硬剂。其掺量通常为胶结料的0.5%（按质量计）。提高掺量会出现相反的效果，如出现盐析，引起钢筋锈蚀等。

2. 石灰缓凝剂（水化延缓剂）

石膏作为缓凝剂具有重要的实际意义，加入石灰活性的3%～5%的石膏可以有效延缓石灰的水化凝结速度。同时石膏在石灰消解过程中，可以减小氢氧化钙晶体尺寸10～100倍左右。这样，$Ca(OH)_2$ 的分散度增大，加强了它和 SiO_2 之间的水化反应。

3. 混合料的塑化剂

亚硫酸酒精废液同时也是混合料的塑化剂，其掺量为石灰活性的0.1%～0.5%。

4. 晶种掺料

作为晶种掺料，一般是用废品加工而成。例如，在制造灰砂硅酸盐砖时，就是掺入碎砖。碎砖按比例和石灰一道进行粉磨。碎砖磨细的细度要求的0.080mm筛孔的筛余量不大于15%～20%。碎砖的掺量一般为石灰质量的10%～20%。

二、普通灰砂硅酸盐混凝土配合比设计

在普通灰砂硅酸盐混凝土砖生产中，其配合比一般参照已有的生产经验，结合当地原材料的实际情况，选择物理力学性能优良而又经济的配合比作为生产用配合比。一般可以根据表12-8的数据作为设计灰砂硅酸盐混凝土砖配合比时参考。

灰砂硅酸盐混凝土砖配合比　　表12-8

物料名称	配合比质量（%）
干混合料的活性（即活性 CaO + MgO 含量）	6～8
石灰用量（根据石灰的活性和干混合料需要的活性算出）	约为10～12
砂用量	80～90
成型水分	7～9

已知石灰的活性和干混合料所需要的活性后，干混合料中的石灰用量（%）可按下式算出：

$$G_{石灰} = \frac{C_f}{C_0}$$

式中　$G_{石灰}$——干混合料中石灰的用量（%）；

C_f——干混合料中所需的石灰活性（%）；

C_0——生石灰的活性（%）。

例如，设干混合料所需的活性为7%，而生石灰的活性70%，干混合料中的石灰用量为：

$$G_{石灰} = \frac{C_f}{C_0} = \frac{7}{\left(\frac{70}{100}\right)} = 10(\%)$$

$G_{石灰}$值亦可按表 12-9 查出。

$G_{石灰}$ 取 值 表 **表 12-9**

石灰活性 C_s（%）	干混合料所需活性 C_f（%）																	
	5	6	7	8	9	10	11	12	13	14	15	16	17	18	19	20	21	22
50	10.0	12.0	14.0	16.0	18.0	20.0	22.0	24.0	26.0	28.0	30.0	32.0	34.0	36.0	38.0	40.0	42.0	44.0
55	9.1	10.9	12.7	14.5	16.3	18.2	20.0	21.8	23.6	25.5	27.3	29.1	30.9	32.7	34.5	36.3	38.2	40.0
60	8.3	10.0	11.7	13.3	15.0	16.7	18.4	20.0	21.6	23.3	25.0	26.7	28.4	30.0	31.6	33.2	35.0	36.7
65	7.7	9.2	10.8	12.3	13.8	15.4	16.9	18.5	20.0	21.5	23.0	24.6	26.1	27.7	29.2	30.7	32.3	33.8
70	7.1	8.6	10.0	11.4	12.8	14.2	15.7	17.1	18.6	20.0	21.5	22.9	24.3	25.7	27.1	28.6	30.0	31.5
75	6.7	8.0	9.3	10.6	12.0	13.3	14.6	16.0	17.4	18.7	20.0	21.3	22.7	24.0	25.3	26.6	28.0	29.3
80	6.3	7.5	8.7	10.0	11.2	12.4	13.7	15.0	16.3	17.5	18.8	20.0	21.2	22.5	23.7	25.0	26.2	27.5
85	5.9	7.1	8.2	9.4	10.6	11.8	12.9	14.1	15.3	16.5	17.7	18.8	20.0	21.1	22.4	23.5	24.6	25.9

知道了干混合料中的石灰用量的百分数后，砂用量的百分数即可算出：

$$[G_{砂} = 1 - G_{石灰}(\%)]$$

式中 $G_{砂}$——干混合料中砂的用量（%）。

如前例，已算出石灰用量为干料总量的 10%，则砂子用量的百分数为：

$$[G_{砂} = 1 - 0.10 = 90\%]$$

根据砖的干密度和砖的体积，即可算出 1000 块砖的干混合料需要量：

$$W = \gamma_{干} \cdot V$$

式中 W——1000 块砖的干混合料用量（t）；

$\gamma_{干}$——砖的干密度（t/m^3）；

V——1000 块砖的体积（m^3）。

这样，根据石灰和砂子的百分比及 1000 块砖的干混合料需要量，便可以计算出 1000 块砖中两种原料的需要量。在考虑原料的供应计划时，还要考虑外加 2%～3%的在生产中的损失量。

三、配筋灰砂硅酸盐混凝土配合比设计

到目前为止，尚缺乏比较精确和简便的配筋灰砂硅酸盐混凝土配合比的计算方法，选择其配合比时，主要是参照已有的试验和生产资料，并结合当地的具体情况用试验的方法来确定。

在选择配合比之前，首先要选用好原材料。要采用低镁石灰，其活性要在 60%以上。

宜采用 SiO_2 含量不低于 80%的石英砂来制造高强度灰砂硅酸盐混凝土。作骨料用的自然砂，可以采用含长石在 25%以内的砂。尽可能采用粗砂和中砂作为骨料。作为磨细砂的原料宜用细砂。

灰砂磨细胶结料中的 CaO/SiO_2 比值随胶结料的细度而定，宜控制在 0.25～0.5 之间，细度高的取小值，细度低的取大值。胶结料中磨细砂的细度应在 2000～5000cm^2/g 之间，过低不能保证制品的强度，过高会降低磨细设备的生产率和增加电耗。如石灰和砂单独磨细时，石灰的细度应比磨细砂的细度高 1～1.5 倍。最好采用混合磨细方法，因为单独磨细，难以保证灰砂胶结料在混合料中的高度均匀性。

根据成型设备的捣实能力选择灰砂混合料的和易性（干硬度或坍落度）。用振动台成型空心板时，一般宜采用坍落度为1～2cm（干硬度15～25s）的低流动性混合料。用振动台加附重（50g/cm²）成型时，干硬度可以提高到80s以内。用振动芯模加附重时为100s。最好用试验方法来决定成型设备的捣实能力和确定混合料的和易性，再参照表12-10确定混合料的成型含水量。

灰砂硅酸盐混合料干硬度（S） 表12-10

混合料含水量（%）	自然砂种类			
	特细砂 ρ = 1200～1290kg/m³	细砂 ρ = 1300～1390kg/m³	中砂 ρ = 1400～1550kg/m³	粗砂 ρ = 1560～1650kg/m³
10	—	—	300	180
11	—	400	200	100
12	400	300	120	60
13	300	200	80	40
14	200	120	50	25
15	140	60	30	15
16	80	40	20	10
17	50	25	15	5

注：ρ—堆积密度（kg/m³）。

灰砂硅酸盐混凝土常用的几种配合比可参照表12-11确定。

灰砂硅酸盐混凝土配合比 表12-11

混凝土强度等级	配合比（%）				
	活性石灰	石灰	磨细砂	磨细胶结料（石灰磨细砂）	自然砂
C20	7～7.5	9～12.5	7～15	16～27.5	84～72.5
C30	9～9.5	11～16	9～19	20～35	80～65
C40	10～11	12.5～18	10～22	22.5～40	77.5～60

表列数据是以生石灰、磨细砂（细度为3000cm²/g）和中砂为原材料的。当使用熟石灰时，混合料的活性相应提高20%。当其条件不变，使用粗砂时，胶结料用量要适当降低，使用细砂时，胶结料用量要适当提高。胶结料细度不够时，其用量适当提高；细度超过时，其用量适当降低。

四、石灰-砂胶结料的制备

如前所述，取决于生产工艺的不同，灰砂胶结料（磨细生石灰和磨细砂）的制备方法可以分单独磨细和混合磨细两种。一般建议采用石灰与砂混合磨细的方法，因为这种方法能保证灰砂胶结料中磨细砂粒子高度均匀地分散在胶结料中。若采用生石灰工艺流程时，在粉磨石灰或混凝灰砂胶结料时，尚需加入活性灰质量5%以内的二水石膏与之一起粉磨。

在入磨以前，块状石灰需在破碎机（颚式、反击式或辊式破碎机等）中破碎，破碎后的粒径不大于20～30mm。同样，二水石膏亦需破碎到上述粒径。

需要磨细的那部分砂可以预先在干燥筒内干燥（干燥后砂的含水量不大于2%～2.5%），然后按比例与碎石灰、二水石膏一起喂入球磨机中进行磨细。也可以用不经干燥的自然含湿状态的砂（含水量5%～7%）按比例与碎石灰、二水石膏在搅拌机中混合，然后将这种混合料在料斗中存放2h左右，使部分石灰吸收砂中的水分而消化，而砂也因石灰的吸湿作用而被干燥。这样，就可以不需要干燥筒，使流程简化。然后将这种部分消化后的灰砂混合料送入球磨机中，经磨细到规定细度即得到所需要的灰砂胶结料。

采用第三种工艺流程（熟石灰流程）时，碎石灰、砂和水一起搅拌混合并在料斗中存放消化，消化后的混合料的水分应不大于2%，然后送入球磨机中磨细到规定细度。

磨细后的灰砂胶结料应有下列细度：

在0.2mm孔筛上的筛余量　　0.5%；

在0.080mm孔筛上筛余量　　10%～15%；

按比表面积计　　4000～7500cm^2/g。

磨细后的灰砂胶结料活性控制在25%～45%范围内，胶结料的细度越高，其活性应越大。

砂是较难磨细的物料、磨机磨细砂和灰砂胶结料时的生产率较磨石灰时为低，特别是细度要求较高时，图12-5是采用ϕ1500mm×7500mm双仓磨机磨石灰、灰砂胶结料和湿磨砂时的生产率参考资料。

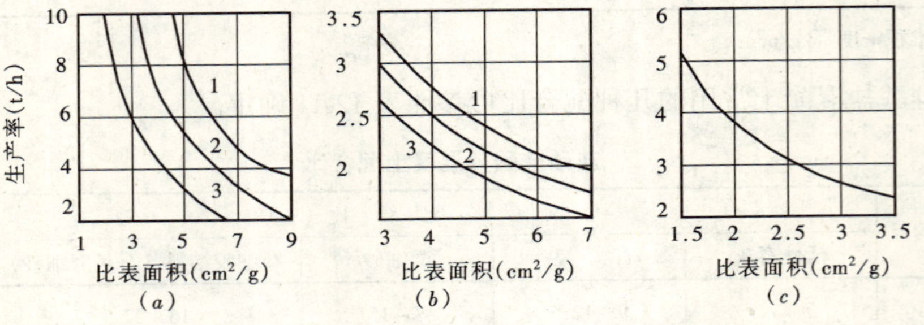

图12-5　ϕ1500mm×5100mm双仓磨机的生产率

（a）磨石灰

1—密度低的软石灰；2—中等密度的石灰；3—密度大的硬石灰

（b）磨灰砂胶结料

1—石灰；2—石灰:砂=1:1.5；3—石灰:砂=1:2

（c）湿磨砂

由于商品石灰或自烧石灰的质量波动较大，常使灰砂胶结料的活性及消化速度变化较大。为了生产过程稳定，产品质量均匀，工艺控制容易，可以采用空气搅拌装置或空气、机械联合作用的搅拌装置将灰砂胶结料匀化后再使用。

第十三章 粉煤灰陶粒混凝土

(ceramisite concrete)

第一节 概 述

在国外，生产和使用人造轻骨料混凝土用得最广泛的国家是美国，并且每年以5%～8%的速率增加。轻骨料的质量也不断提高，这也就使轻骨料越来越多地用于承重结构。1969年，美国就用轻骨料混凝土建成了高218m、52层的休斯敦贝壳广场大厦。

人造轻骨料——陶粒早在1918年就研制成功，1928年初即进行工业化生产。1959年，丹麦率先生产超轻陶粒，它是当今世界上人均年产量最多的国家。前苏联是世界上最大的人造轻骨料生产国家，而德国和日本是当今世界上天然轻骨料产量最大的国家。

我国于1958年前后在许多地区研制和生产粉煤灰陶粒，并于1966年在天津建成第一个年产5万m^3粉煤灰陶粒厂，继而粉煤灰陶粒混凝土也在全国各地地迅速发展，并获得愈来愈广泛地应用。

粉煤灰陶粒混凝土具有隔热、抗渗、抗冲击、耐热、抗腐蚀等优良性能。在高层建筑、桥梁工程、地下建筑工程、造船工业及耐热混凝土等工程中，正逐渐得到越来越广泛的应用。

第二节 粉 煤 灰 陶 粒

一、陶粒的基本特点

粉煤灰陶粒是用粉煤灰作为主要原料，掺加少量胶粘剂（如黏土）和固体燃料（如煤粉），经混合、成球、高温焙烧（1200～1300℃）而制得的一种人造轻骨料。

粉煤灰陶粒一般呈圆球形，表皮粗糙而坚硬，淡灰黄色；内部有细微气孔，呈灰黑色。其主要特点是堆积密度小、强度高、导热系数低、耐火度高、化学稳定性好等。因而比天然石料具有更为优良的物理力学性能。

粉煤灰陶粒一般用来配制各种用途的高强度轻质混凝土。根据需要，可以配制不同强度等级的无砂大孔陶粒混凝土、素陶粒混凝土、钢筋陶粒混凝土和预应力陶粒混凝土。

粉煤灰陶粒根据焙烧前后体积的变化（收缩和膨胀），可以分为烧结粉煤灰陶粒和膨胀粉煤灰陶粒两种。前者比后者堆积密度大，强度高，因而应用范围也有所不同。

焙烧后的粉煤灰陶粒常出现不结块的和结块的两种。前者为松散圆球状，即为粉煤灰陶粒，后者称为粉煤灰陶块，需经破碎和筛分后方能使用。破碎后部分外壳被破坏，形状也不规则，通常与球状陶粒混合使用。

二、陶粒的技术条件

如天津市硅酸盐制品厂根据多年来生产经验和和各地使用要求，拟订该厂烧结粉煤灰陶粒的技术条件如下：

1. 堆积密度

干燥状态下堆积密度：650～700kg/m³。

2. 抗压强度

其筒压强度如下：

压入 4cm	>7MPa；
压入 4.5cm	>8MPa；
压入 5cm	>12MPa。

3. 混合级配

陶粒粒径规格是 ϕ5～15mm 的混合级配。其中：

粒径（mm）	含量（%）
ϕ<5	≯5；
ϕ8～12	>65；
ϕ12～15	25；
ϕ>5	≯5。

4. 吸水率

干燥状态下吸水率：

1h	16%～17%；
24h	20%～21%。

5. 抗冻性

陶粒经 25 次冻融循环后，抗压强度损失≯25%，重量损失≯5%。

三、生产工艺流程

粉煤灰陶粒的生产一般包括原材料处理、配料及混合、生料球制备、焙烧、成品处理等工艺过程。

焙烧是生产粉煤灰陶粒的关键。采用不同的焙烧设备，其他工艺过程也有所差别。生料球制备也是生产粉煤灰陶粒的重要一环。不同的成球工艺及成球设备，对原材料处理、配料及混合等工艺也有不同要求。

天津市硅酸盐制品厂采用半干灰成球盘制备生料球，烧结机焙烧陶粒。其生产工艺流程如图 13-1 所示。

四、粉煤灰的技术性能要求

粉煤灰占粉煤灰陶粒原材料总量的 80%左右。生产粉煤灰陶粒对粉煤灰的技术要求如下：

1. 细度

通过 0.080mm 筛筛孔，其筛余量小于 40%。若遇粗灰须与细灰掺合使用。

2. 残余含炭量

含炭量高可以减少固体燃料的掺入量，因而能节约燃料，但含炭量过高，即使不掺加固体燃料，仍然超过配合比要求，焙烧时会产生过烧。因而粉煤灰含炭量一般不宜高于 10%，并希望含炭量稳定。

3. 有害杂质

粉煤灰不应混有有害杂质，如块状煤渣、杂草等。

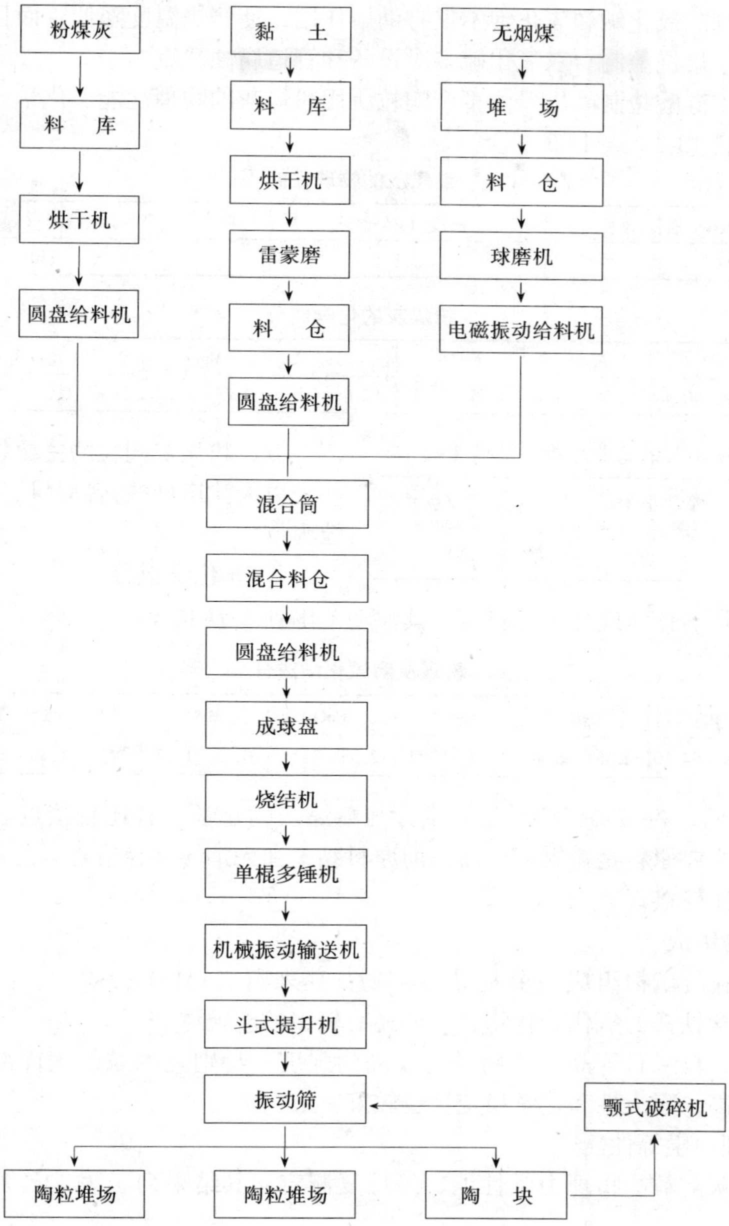

图 13-1　陶粒生产工艺流程

4. 高温性能

高温变形温度应为 1200～1300℃，软化温度为 1500℃左右。

5. 化学成分

一般不受严格限制。但三氧化铁（Fe_2O_3）含量不宜大于 10%，并希望含有较多的氧化钠（Na_2O）、氧化钾（K_2O）和较少的三氧化硫（SO_3）。这是因为三氧化二铁被还原时产生氧化亚铁（FeO），有显著助熔作用，但氧化亚铁过多，又会使焙烧温度范围减小，不利于焙烧控制。氧化钠和氧化钾不仅有助熔作用，使焙烧温度降低，而且使焙烧温度范围较宽，有利于焙烧控制。三氧化硫多对设备和管道腐蚀严重。

现将天津市硅酸盐制品厂目前生产陶粒所用粉煤灰的物理性能、化学成分、工业分析列于表 13-1、表 13-2、表 13-3 中。

粉煤灰的物理性能　　表 13-1

细度（4900 孔/cm^2 筛余）（%）	密度（g/cm^3）	堆积密度（kg/m^3）
≯40	2.1	730

粉煤灰的化学成分　　表 13-2

化学成分	SiO_2	Al_2O_3	Fe_2O_3	CaO	MgO	Na_2O+K_2O	SO_3	烧失量
含量（%）	46.32～40.48	35.64～40.47	3.35～6.52	2.6～4.8	0.75～2.76	未测	0.41	2.18～4.7

粉煤灰的工业分析　　表 13-3

灰分（%）	挥发分（%）	固定炭（%）
94.12	4.50	1.38

五、粉煤灰陶粒的主要技术性能

以天津市硅酸盐制品厂生产的粉煤灰陶粒为例。

（一）化学成分

粉煤灰陶粒的化学成分比较稳定，其波动范围列于表 13-4。

粉煤灰陶粒化学成分　　表 13-4

化学成分	SiO_2	Al_2O_3	Fe_2O_3	CaO	MgO	SO_3	烧失量	残余含碳量
含量（%）	50.09～54.50	32.56～36.44	3.94～5.82	2.26～3.34	0.13～1.77	微量	1.18～2.00	0.55～1.79

表 13-4 说明，粉煤灰陶粒的化学成分与粉煤灰的化学成分比较接近。这是因为生产粉煤灰陶粒的主要原料是粉煤灰，而辅助原料黏土和无烟煤（经焙烧后的灰分）与粉煤灰的化学成分也比较接近。

（一）矿物组成

粉煤灰陶粒的矿物组成主要是晶体矿物：莫来石（$3Al_2O_3 \cdot 2SiO_2$），α-石英（α-SiO_2）可能还有少量含铁镁的氧化硅化物，此外还有较多的玻璃体。

分析认为，莫来石等晶体矿物具有较高的强度。特别是陶粒的表面部分，玻璃体较多，不仅强度高，耐火性和化学稳定性也较好。

（二）物理力学等性能

干燥粉煤灰陶粒的物理力学性能，经反复测定，其结果列于表 13-5 和如图 13-2、图 13-3 所示。

1. 物理力学性能

粉煤灰陶粒的物理力学性能　　表 13-5

粒径（mm）	密度（kg/m^3）			孔隙率（%）	吸水率（%）		颗粒级配	筒压强度（MPa）	
	松散	密实	颗粒		1h	1d		压入 4cm	压入 5cm
φ5～15	360～700	720～730	1200～1300	45～48	16～17	20～21	<5mm，≯50% 8～12mm，65%～70% 12～15mm，25%～30% >15mm，≯5%	6.5～9	11～15

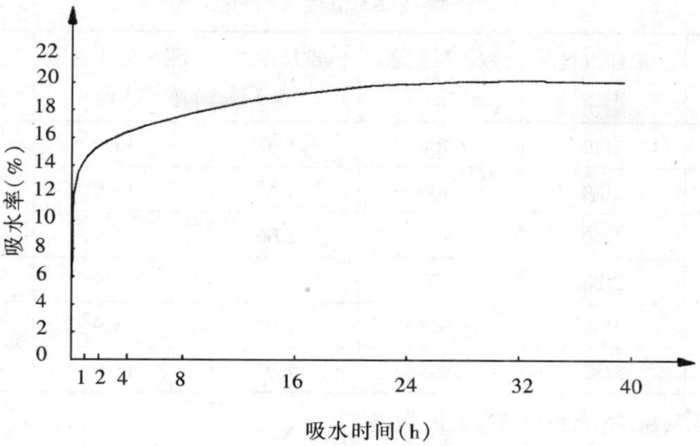

图 13-2　粉煤灰陶粒吸水率与吸水时间的关系

2. 吸水率与吸水时间的关系

如图 13-2 所示，粉煤灰陶粒在 1h 以内的吸水率增长较快，特别是 10min 以内的吸水率增长极快，1h 以后的吸水率增长逐渐缓慢，24h 以后几乎不再增加，即陶粒 1d 的吸水率与饱和吸水率相近。

试验还证明，陶粒质量不同，吸水率也不同。陶粒焙烧质量好，筒压强度高，吸水率小；反之，吸水率大。这说明，陶粒烧结越差，水分越容易渗入内部。

3. 筒压强度与压入深度的关系

测定粉煤灰陶粒的颗粒强度比较复杂，所测结果的代表性也较差。生产中常以筒压强度作为陶粒强度性能的主要指标。测定陶粒筒压强度的方法比较简单，取样的代表性也好，但所测结果只间接反映了陶粒强度的大小。

粉煤灰陶粒筒压强度与测定时压模的压入深度关系很大。图 13-3 就是粉煤灰陶粒筒压强度与压入深度的关系曲线。曲线表明，在压入 3cm 以前，筒压强度增长较慢，几乎与压入深度成线性关系。压入 4cm 以后，筒压强度增长很快，超过 5cm 时，筒压强度增长极快，已不能代表陶粒的强度性能。目前，实际生产中常以压入 4cm、4.5cm 和 5cm 时的筒压强度作为粉煤灰陶粒的主要强度指标。

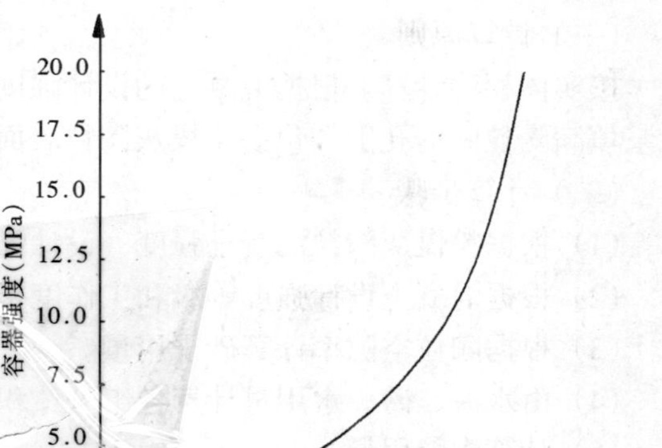

图 13-3　粉煤灰陶粒筒压强度与压入深度的关系

试验证明，粉煤灰陶粒筒压强度还与粉煤灰陶粒的颗粒级配有关。在粉煤灰陶粒颗粒强度相同的条件时，级配好，筒压强度稍高，反之，筒压强度稍低。

（三）化学稳定性

粉煤灰陶粒的化学稳定性好，测定耐酸性能列于表 13-6。

粉煤灰陶粒的耐酸性能　　表 13-6

	酸浓度（当量）	取样重量（g）	浸蚀后重量（g）	重量损失（%）	浸前筒压强度（MPa）	浸后筒压强度（MPa）	强度损失（%）
盐酸	1	2180	2100	3.67	15.9	11.8	6.9
	3	2180	2100	3.67	15.9	15.4	3.14
硝酸	1	2180	2135	2.06	15.9	15.8	0.6
	4	2180	2100	3.67	15.9	14.8	6.9
硫酸	1	2180	2005	0.92	15.9	14.1	9.4
	6	2180	2005	0.92	15.9	15.0	5.65

注：表中所列数据系陶粒在酸溶液中浸泡 1 个月时测得。

（四）热工性能

由于粉煤灰陶粒内部有许多细微气孔，因而不仅堆密度小，而且导热系数低，保温性能好。用以配制 C20 粉煤灰陶粒混凝土，其导热系数为 0.55～0.58W/m·K，比 C20 普通混凝土的导热系数低。

粉煤灰陶粒是经高温焙烧的人造轻骨料，内含有较多的二氧化硅（SiO_2）和三氧化二铝（Al_2O_3），因此耐火度较高。经天津市耐火器材厂中心试验室测定，粉煤灰陶粒的耐火度为 1610℃。可以用来配制耐热 1000℃左右的粉煤灰陶粒混凝土。

第三节　粉煤灰陶粒混凝土配合比设计

一、配合比计算

粉煤灰陶粒混凝土的配合比计算有几种方法，下面仅介绍一种比较简易的计算方法。

（一）计算原则

按实体积法计算。根据混凝土的设计强度等级和实践经验确定水泥用量，并假定水泥砂浆填满陶粒间的孔隙和包裹粉煤灰陶粒表面。

（二）计算步骤

(1) 根据粉煤灰陶粒混凝土强度（设计强度等级）和水泥强度等级，确定水泥用量。

(2) 根据混凝土设计强度等级和工作度指标确定水灰比和有效用水量。

(3) 根据陶粒空隙率计算砂子用量。

(4) 由水泥、砂、水用量计算各组分体积。

(5) 计算陶粒用量：

陶粒用量 = 陶粒颗粒堆积密度 ×（1 - 水泥体积 - 砂体积 - 水体积）

(6) 根据陶粒吸水率，算出陶粒 15min 吸水量和总拌合水用量（有的地区采用陶粒 30min 的吸水量）。

（三）计算举例

【例】　试用强度等级为 32.5 级普通硅酸盐水泥配制 C25 低流动陶粒混凝土。已知陶粒颗粒堆积密度为 1240kg/m³，空隙率为 46.2%，15min 吸水率为 16.8%。

计算步骤：

（1）确定水泥用量为 330kg。

（2）确定水灰比为 0.45。有效用水量 = 330 × 0.43 = 148kg。

（3）砂子用量 = 46.2 × 1420 = 656kg。

（4）算出水泥、有效水、砂的实体积

已知：水泥密度为 3100kg/m³，砂表观密度为 2000kg/m³，水的密度为 1000kg/m³，则水泥体积：330 × 1/3100 = 0.406m³，砂子体积：656 × 1/2600 = 0.251m³，有效水体积：148 × 1/1000 = 0.148m³。

（5）计算陶粒用量

陶粒用量 = 1240 ×（1 - 0.106 - 0.251 - 0.148）= 614kg。

（6）计算总加水量

陶粒 15min 吸水量 = 614 × 16.8% = 103kg，则总加水量 = 103 + 148 = 251kg。

所以，该陶粒混凝土每 1m³ 原材料用量计算结果如下：

水泥——330kg;
水（总加水量）——251kg;
砂子——656kg;
陶粒——614kg。

二、常用参考配合比

用天津市硅酸盐制品厂生产的粉煤灰陶粒，一般可配制强度等级为 C10 ~ C30 普通陶粒混凝土。现将一些使用单位常用的配合比列于表 13-7，供参考。

粉煤灰陶粒混凝土常用参考配合比　　表 13-7

混凝土强度等级	水泥强度等级	配合比（重量比）水泥:砂:陶粒	水灰比（W/C）	每 1m³ 陶粒混凝土原材料用量（kg）			
				水泥	砂	陶粒	有效水
C10	32.5 级	1:3:3	0.67	230	690	690	155
C15	32.5 级	1:2.4:2.4	0.55	280	680	680	155
C20	32.5 级	1:2.33:2.23	0.49	305	680	680	150
C25	32.5 级	1:2.03:2.03	0.45	330	670	670	150
C20	42.5 级	1:2.52:2.52	0.56	270	680	680	150
C25	42.5 级	1:2.26:2.26	0.50	300	680	680	150
C30	42.5 级	1:2.09:2.09	0.47	320	670	670	150

第四节　粉煤灰陶粒混凝土的技术性能

利用粉煤灰陶粒可以配制 C10 ~ C30 轻混凝土，与同强度等级普通混凝土相比，它的堆积密度小，导热系数低，抗渗性好，抗冲击性能强。其他性能诸如与钢筋的粘结强度，抗冻性，收缩性，耐水性，抗拉、抗折、抗剪与抗压强度的关系等均能满足同强度等级普通混凝土的设计要求。粉煤灰陶粒混凝土的缺点是力学弹性模量小，徐变值大，单位立方米混凝土水用量大。但由于具有以上这些良好性能，因而正在获得越来越广泛的研究和应用。

粉煤灰陶粒混凝土的物理力学性能见表 13-8。

粉煤灰陶粒混凝土物理力学性能　　表 13-8

强度（MPa）				弹性模量（MPa）	导热系数（W/m·K）	干堆积密度（kg/m^3）	收缩率（%）	抗渗性			抗冻性	
立方抗压	抗拉	抗折	棱柱抗压					试验水压（MPa）	加压制度（kg/h）	渗透厚度（cm）	冻融循环（次）	强度损失（%）
15～25	1.4～1.7	4.0～4.3	18	1.4×10^4～1.8×10^4	0.55～0.58	1600～1650	0.0222	2.5	8	>5	25 50 100	2 11.2 17.7

一、弹性模量

粉煤灰陶粒混凝土的弹性模量一般为 1.4×10^4～1.8×10^4·MPa，比普通混凝土低 30%～10%。这是因为，在相同应力阶段，粉煤灰陶粒混凝土的变形比普通混凝土大。变形大的原因，分析有下述两点：

（1）陶粒内部有很多细微气孔，与碎石比较，颗粒软弱，在相同应力状态下变形也较大，使陶粒混凝土变形也增大，这是主要原因。

（2）配制同强度等级混凝土时，粉煤灰陶粒混凝土的水泥用量略高于普通混凝土（每 $1m^3$ 用水泥 15～35kg），水泥砂浆在混凝土内所占体积也相应增加；在应力状态时，水泥砂浆变形比碎石大，使粉煤灰陶粒混凝土的变形也随之增加

二、抗渗性

粉煤灰陶粒混凝土的抗渗性能比普通混凝土好得多。其主要原因分析如下：

（1）粉煤灰陶粒表面粗糙，在混凝土中与水泥砂浆结合非常牢固，使液体从陶粒与砂浆粘结面处渗透的可能性大大降低。

（2）陶粒能较多地吸取水泥砂浆中的水分，引起了陶粒周围的“自真空”状态（吸附作用），使水泥颗粒在“自真空”作用下进入陶粒表面的孔隙中，将孔隙紧密填充，从而提高了抗渗性。

（3）陶粒混凝土养护时，陶粒中的水分又能逐渐放出，产生混凝土内部自养，使水泥砂浆有更充分的水化条件，因而水泥砂浆更为致密，导致陶粒混凝土抗渗性提高。

由于陶粒混凝土抗渗性好和抗腐蚀性好，因而适用于地下工程和其他抗渗工程。

三、抗冲击性能

在同样冲击荷载作用下，陶粒混凝土板的裂缝宽度比普通混凝土板细，构件挠度比普通混凝土板小，卸载后回弹比较快。冲击试验后 24h，两种板的变形已基本回弹，这时陶粒混凝土板的裂缝肉眼已不易看到。

陶粒混凝土板在冲击荷载下的裂缝荷载为 20kg，而普通混凝土板为 13kg。

试验说明，陶粒混凝土的抗冲击性能比普通混凝土好。

四、筒压强度

（一）配制较高强混凝土的原因

粉煤灰陶粒的筒压强度（压入 4cm）一般为 6.5～9.0MPa，低于石子，但同样能配制 C10～C30 甚至强度更高一些的轻混凝土。其原因分析如下：

（1）粉煤灰陶料颗粒圆整，外力使用时，陶粒在混凝土中各向受力比较均匀，相应提

高了颗粒极限强度。

(2) 混凝土成型后，水泥砂浆能均匀地包裹在陶粒表皮周围，相应提高了陶粒的颗粒强度。

(3) 粉煤灰陶粒能较多地吸取水泥砂浆中的水分，引起陶粒周围的“自真空”状态（吸附作用），提高了水泥砂浆与陶粒之间的粘结强度，也有利于混凝土强度的提高。

(4) 粉煤灰陶粒混凝土振动成型时，球形陶粒在混凝土中容易紧密而均匀地排列，有利于提高混凝土的密实度，从而提高了混凝土强度。

(5) 在较高强度特级的粉煤灰陶粒混凝土中，粉煤灰陶粒本身的强度不是最重要的，在混凝土中仅起填充作用，混凝土的强度主要取决于水泥砂浆所形式的拱架作用。

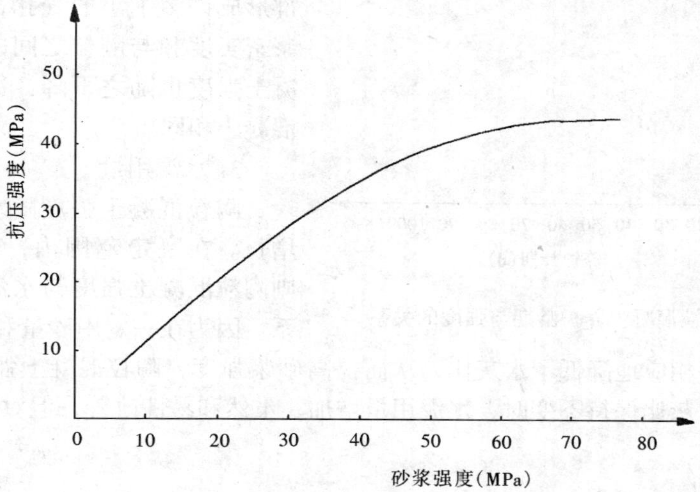

图 13-4　粉煤灰陶粒混凝土强度与砂浆强度的关系

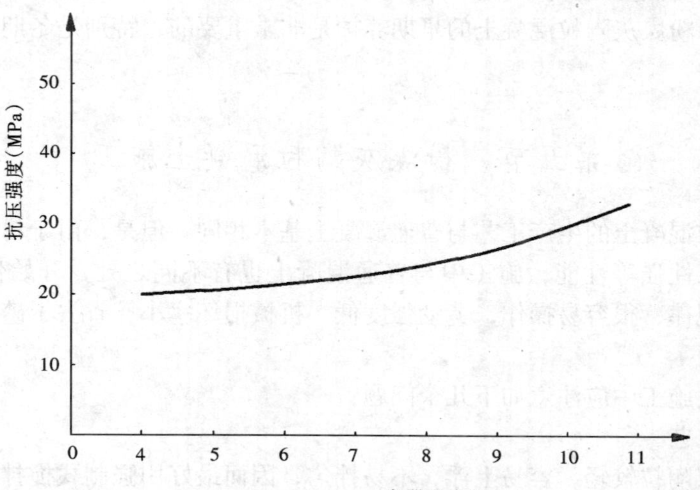

图 13-5　粉煤灰陶粒筒压强度与混凝土强度的关系

（二）影响粉煤灰陶粒混凝土的因素

1. 砂浆强度

从图 13-4 和图 13-5 看出，陶粒筒压强度增加，混凝土强度虽然也有所提高，但很缓慢；而砂浆强度提高，则混凝土强度显著增加，在一定范围内，几乎等量递增。因此，在一般情况下，可以用改变砂浆强度的方法来控制粉煤灰陶粒混凝土的强度。

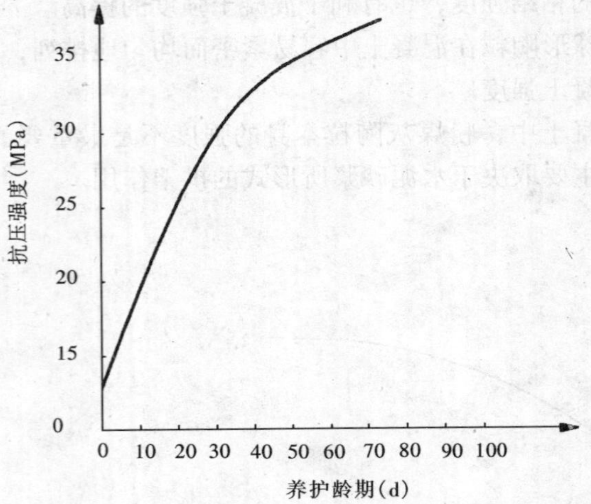

图 13-6 陶粒混凝土养护龄期与强度的关系

2. 水灰化

水灰比和混凝土强度近似于线性关系变化。水灰比增大，粉煤灰陶粒混凝土强度降低。因为水灰比大，混凝土中自由水较多，当水分蒸发后，使砂浆内部形成许多细小的气孔，从而降低了砂浆密实度和与陶粒之间的粘结强度，混凝土强度也随之下降，这一规律与普通混凝土相同。

3. 水泥用量

陶粒混凝土强度随水泥用量增加而增长。在一定范围内，若加水量一定。则陶粒混凝土强度与水泥用量成直线关系。因为在一定用砂量和用水量条件下，增加水泥用量即相应地降低了水灰比，从而提高砂浆强度，陶粒混凝土强度也随之增加。试验证明，当水灰比保持不变时，水泥用量增加，虽然和易性改善，但对混凝土强度影响并不大。

4. 养护龄期

粉煤灰陶粒混凝土的养护龄期与强度增长关系如图 13-6 所示。可以清楚地看出，粉煤灰陶粒混凝土的强度随养护龄期而增加。56d 以前的强度几乎呈直线上升，之后强度增加平缓。所以，粉煤灰陶粒混凝土的早期养护是非常重要的，特别是冬期保温养护和夏天的保湿养护。

第五节 粉煤灰陶粒混凝土施工

粉煤灰陶粒混凝土的生产工艺与普通混凝土基本相同。但是，由于粉煤灰陶粒具有堆积密度小、吸水性强等性能，施工中与普通混凝土也有不同之处，开始使用会有些不习惯，但掌握了规律，很容易操作，劳动强度低，机械损坏率小，省去了碴石筛洗工艺，生产效率高。

陶粒混凝土施工中应注意如下几个问题：

一、搅拌工艺

由于粉煤灰陶粒较轻，容易上浮，不易拌匀，因而最好用强制式搅拌机。搅拌时间比普通混凝土长一些，一般为 1.5min 左右。若采用自落式搅拌机，搅拌时间可控制为 2～3min。

粉煤灰陶粒混凝土搅拌时，放水与进料顺序也很有关系。如采用自落式搅拌机搅拌时，料斗升起刚进料就应放水，这样拌合时间可缩短，拌出来的混凝土混合料也比较均匀。若先加水或后加水，搅拌不易均匀。

二、加水量的确定

由于粉煤灰陶粒具有吸水性能，在配制混凝土时，总加水量比普通混凝土要大，一般要增加所用陶粒 1.5min 的吸水量。对于露天堆放的粉煤灰陶粒，实际含水量变化幅度较大，陶粒堆的上部和下部不一，早中晚又不一，气候变化时，特别是雨天以后，陶粒的含水量变化更大。因此，必须根据实际情况及时测定陶粒的含水量，以便准确确定合理的总加水量，保证粉煤灰陶粒混凝土的质量。

加水的方法目前有两种：一种是对陶粒预先洒水，近乎饱和状态，再用于配料、搅拌，搅拌时只加入有效用水量。这种方法的优点是配比比较稳定，缺点是，陶粒吸水（近乎饱和）后配制混凝土，陶粒混凝土的强度下降。另一种方法是将自然干燥状态的陶粒直接用于配料、搅拌，搅拌时加入总用水量（包括根据配比计算的有效用水量和所用陶粒 1.5min 吸水量）。这种方法的缺点是配比不易稳定，优点是配制的陶粒混凝土强度较高。上述两种方法各有利弊，一般认为后一种方法较好。

粉煤灰陶粒混凝土搅拌后的湿料，坍落度几乎等于零，工作度低于 30s，但从外观看，比普通混凝土湿料干些，流动性也差。这是因为粉煤灰陶粒混凝土轻，在自重状态下流动性也差一些。但振动时还是能振实，流动性也与普通混凝土一样。因此，先避免由于外观判断上的错觉而随便更改陶粒混凝土的总加水量。

三、浇捣工艺

因为陶粒吸水率在 1h 内增加较快，因此应尽量缩短陶粒混凝土搅拌后到浇灌操作的时间。时间长了湿料很易变干，就会影响浇捣质量。

陶粒的颗粒堆积密度比水泥砂浆湿密度小，砂浆容易下沉。实践证明，振捣后，下层陶粒由于上部砂浆的阻挡不会浮上来，只有面层的陶粒容易产生露面现象。因此，应该采取加压振动。当出现陶粒露面时，可用木柏将陶粒压（拍）下使浆水向上，再加以抹平。若采用插入式振动器时，应快插慢拔，增加插点，插点要均匀。振动时间不宜过长，否则易使陶粒和砂浆分离。

粉煤灰陶粒是圆球形，踩在上面容易滑倒，操作时应适当注意安全，防止发生事故。

四、养护工艺

由于粉煤灰陶粒混凝土的强度随养护龄期而增长，特别是 56d 龄期以前的强度增长很快，这就要求根据粉煤灰陶粒混凝土的特性，加强早期养护，保温保湿，以利于混凝土强度的良性发展。

第六节　预应力粉煤灰陶粒混凝土

一、物理力学性能

在预应力混凝土结构中，混凝土抗拉强度不足的问题，是由预应力钢筋对混凝土预先施加压应力后得到妥善解决的。如果混凝土的抗压强度不足，就会影响钢筋预应力值的建立。因此，在预应力结构中应该采用较高强度的混凝土，一般常用 C30 ~ C50。

此外，用于预应力构件中的混凝土还应具有较高的早期强度，较小的收缩和徐变，对混凝土与钢筋的粘结性能也有一定的要求。

天津市建筑科学研究院等单位共同研制了预应力粉煤灰陶粒混凝土，对高强度等级陶粒混凝土物理力学性能进行了测试，结果列于表 13-9。

高强度等级粉煤灰陶粒混凝土物理力学性能　　　　**表 13-9**

物理力学性能	指　标	备　注
混凝土设计强度（MPa）	30～35	
水灰比（W/C）	0.40	
配合比（水泥:砂:陶粒）	1:1.8:1.34	
水泥用量（kg/m³）	400	
混凝土密度（kg/m³）	1680～1700	
抗压强度（MPa）	34.5	10cm×10cm×10cm 试块 ϕ4mm 钢筋
抗拉强度（MPa）	1.98	10cm×10cm×30cm 试块
抗折强度（MPa）	4.52	
棱柱强度（MPa）	33.5	
抗剪强度（MPa）	单剪 3.74 双剪 5.16	
混凝土与钢筋粘结强度（MPa）	5.0	
弹性模量（MPa）	$1.8\times10^4\sim2.0\times10^4$	
收缩性（mm/m）	0.40（28d） 0.56（180d）	温度：20±3℃ 湿度：60～75%
干密度（kg/m³）	1600～1700	

试验结果说明，高强度等级陶粒混凝土与同强度等级普通混凝土相比，除弹性模量较低，徐变值较大外，其他物理力学性能较良好，可以应用于预应力结构构件。

二、配合比计算方法

（一）原材料要求

配制高强度等级陶粒混凝土，应采用较高强度的粉煤灰陶粒，其筒压强度（压入4cm）应大于 6.5MPa；胶结料最好采用强度等级为 42.5 级或 42.5 级以上的普通硅酸盐水泥，不宜采用火山灰质硅酸盐水泥；细骨料最好采用中粗砂，不宜采用粉砂或陶砂。

（二）配合比计算方法

（1）根据施工条件确定每 1m³ 混凝土加水量（150～190kg）；

（2）在保证混凝土强度等级与工作度（40s）的情况下，确定水灰比（0.37～0.42）；

（3）求得水与水泥体积；

（4）再求出砂和陶粒的体积和重量。

试验证明，为了克服陶粒混凝土弹性模量偏低的缺点，确保弹性模量大于 1.8×10^4MPa，体积砂率必须控制在 33%～38%范围内，水泥（42.5 级普通硅酸盐水泥）用量应大于 400kg/m³。

现将高强度等级陶粒混凝土配合比范围列于表 13-10。

高强度等级粉煤灰陶粒混凝土配合比　　表 13-10

陶粒混凝土设计强度等级（MPa）	水泥品种	水泥用量（kg/m³）	水灰比（W/C）	配合比（重量比）水泥:砂:陶粒	试块 28d 抗压强度（MPa）
≥C30	42.5 等级普通硅酸盐水泥	400～450	0.37～0.42	1:1.36:1.24～1:1.84:1.48	≥30

第七节　高强粉煤灰陶粒混凝土

在轻骨料质量良好的前提下，配制高强度等级轻骨料混凝土的方法很多，例如：①采用高强水泥。陕西省建筑科学研究院曾采用 62.5 级普通硅酸盐水泥配制过 C50 陶粒混凝土。但高强水泥的产量还不够多，且价格昂贵，不宜推广。②水泥重磨活化。此方法复杂，成本高。③为使其工艺简便，经济合理，该院采用掺减水剂同时改革成型工艺条件（采用两次变频振捣）的方法。试验证明两次变频的成型工艺的作用是显著的。

一、原材料及配合比

1. 胶凝材料

42.5 级普通硅酸盐水泥，安定性合格。

2. 细骨料

中砂（偏细），符合施工要求。

3. 粗骨料

粉煤灰陶粒，其技术性能见表 13-11、表 13-12 及表 13-13。

粉煤灰陶粒物理力学性能　　表 13-11

试样编号	堆积密度（kg/m³）	颗粒密度（g/cm³）	密度（g/cm³）	空隙率（%）	孔隙率（%）	1h 吸水率（%）	筒压强度（MPa）	
1	890	1.60	2.61	41	42	10.9	10.8	>30.0
2	890	1.48	2.61	42	43	11.2	10.4	85.1

粉煤灰的筛分结果　　表 13-12

试样编号	不同孔径累计筛余（%）/分计筛余（%）（mm）				
	>20	15～20	10～15	5～10	底
1	9.6/9.6	57.7/48.7	97.6/39.9	99.7/2.1	100/0.4
2	0.4/0.4	10.2/9.8	78.3/68.1	99.7/21.4	100/0.3

粉煤灰陶粒化学成分（%）　　表 13-13

试样编号	SiO_2	Al_2O_3	Fe_2O_3	CaO	MgO	SO_3	烧失量	残余含碳量
1	54.24	19.69	10.07	5.90	0.78	—	—	—
2	55.40	22.21	8.39	5.28	1.08	—	—	—
3	54.49	20.84	9.22	6.78	0.81	—	—	—

4. 减水剂

选用的五种减水剂是：木质素磺酸钙（开山屯）、建1（北京）、MF（上海）、FDN（武汉）、UNF（天津）。

5. 配合比设计原理

其配比设计按“轻骨料及轻骨料混凝土的统一试验方法”中的绝对体积法计算。

二、混凝土制备工艺

（1）采用人工与机械搅拌两种方法。先干拌 0.5min。加水后再拌 2min。

（2）成型、振动、养护时又采用了高频插捣器（其频率为 10000 次/min。插捣时间为 10~15s/次），配合振动后作变频振捣。

（3）减水剂先溶于拌合水中，然后与拌合水一起加入拌合物中。

（4）工作度控制在 30s。

三、影响混凝土强度的因素

（一）各种配制因素对混凝土强度的影响

影响混凝土强度的因素较多。为了确定配比的最佳方案，采用了在水灰比固定的情况下正交设计试验法。由试验可知，水泥用量取 500~550kg/m^3，减水率 15%；砂子利用系数取 1 是较合适的。对陶粒混凝土来讲，减水剂掺量：UNF 取 0.5%、建 1 取 1%、木钙取 0.15% 为宜。从正交分析的极差看，在水灰比固定的情况下，水泥用量对陶粒混凝土的影响较大，其次是减水剂掺量，再次为减水率。砂子综合利用系数影响很小，可以不加考虑。

（二）工艺条件对混凝土强度的影响

经过分析得到了以上各种材料的最佳用量。但从最初的试验结果看，混凝土 28d 抗压强度未能全部达到预期的要求。经分析认为其主要原因与成型工艺有关。因有的减水剂本身是引气的，混凝土中存在气泡会使强度下降，一般每增加 1% 的气泡混凝土强度要降低 5%。为了消泡，采用高频插捣是必要的。

还作了“单插”、“单振”、“复合变频”振捣以及人工搅拌和机械搅拌、减水剂先掺和后掺的对比试验。其结果见表 13-14。

高强粉煤灰陶粒混凝土不同成型工艺法对比试验结果 表 13-14

试样编号	混凝土设计强度等级	水灰比 (W/C)	工作度 (s)	每 1m^3 混凝土材料用量 (kg)				减水剂品种与掺量 (%)	f_{c28} (MPa)	$\rho_干 f_{c28}$ (kg/m^3)	备注
				水泥	砂	陶粒	水				
1	C50	0.28	6.3	550	630	621	减水 20% 193	木 0.15	56.3	1820	单插
2	C50	0.28	10.8	550	630	621	193	木 0.15	52.0	1850	单振
3	C50	0.28	5.8	550	630	621	193	木 0.15	55.5	1870	复合
4	C50	0.28	6.0	550	628	634	225	0	52.6	1820	单插
5	C50	0.28	3.0	550	628	634	减水 30% 179	建 1.00	53.2	1840	单插
6	C50	0.28	4.6	550	628	634	减水 15% 201	木 0.25	50.0	1830	单插
7	C50	0.28	5.9	550	628	634	225	0	52.9	1830	单振

续表

试样编号	混凝土设计强度等级	水灰比（W/C）	工作度（s）	每 $1m^3$ 混凝土材料用量（kg）				减水剂品种与掺量（%）	f_{c28}（MPa）	$\rho_{干}f_{c28}$（kg/m^3）	备　注
				水泥	砂	陶粒	水				
8	C50	0.28	2.9	550	628	634	179	建 1.00	46.9	1810	单振
9	C50	0.28	4.8	550	628	634	201	木 0.25	53.1	1870	单振
10	C50	0.28	6.3	0.28	628	634	225	0	54.2	1810	复合
11	C50	0.28	3.3	550	628	634	179	建 1.00	52.8	1830	复合
12	C50	0.28	5.0	550	628	634	201	六 0.25	55.2	1830	复合
13	C50	0.28	7.2	550	628	634	225	0	50.3	1820	人工
14	C50	0.28	7.7	550	628	634	201	木 0.25	56.6	1850	人工
15	C50	0.28	6.9	550	628	634	225	0	53.7	1800	机械
16	C50	0.28	4.5	550	628	634	201	木 0.15	58.5	1850	机械
17	C50	0.28	7.1	550	630	621	201	木 0.15	55.7	1850	先掺
18	C50	0.28	6.4	550	630	621	201	木 0.25	56.5	1860	先掺
19	C50	0.28	5.2	550	630	621	201	木 0.35	58.2	1860	先掺
20	C50	0.28	8.0	550	630	621	201	木 0.15	56.2	1860	后掺
21	C50	0.28	6.5	550	630	621	201	木 0.25	60.8	1880	后掺
22	C50	0.28	5.2	550	630	621	201	木 0.35	52.6	1860	后掺

三种减水剂的试验结果列于表 13-15 可见，掺木钙减水剂的混凝土其强度最高，掺建 1 的次之。木钙在陶粒混凝土中有这样好的效果是值得重视的。

高强粉煤灰陶粒混凝土掺三种减水剂的试验结果　　表 13-15

减水剂品种	$f_{c,28}$（MPa）	S（MPa）	N（组数）	G_V（%）	备　注
UNF	50.2	0.9	5	—	1. $f_{c,28}$ 为加权平均值 2. S 为均方差 3. G_V 为变异系数
建 1	52.4	2.4	12	4.6	
木质素磺酸钙	55.9	3.4	30	6.1	

第十四章　稻 壳 混 凝 土

（rice husks cement concrete）

第一节　概　　述

一、普通混凝土的优缺点

水泥混凝土的优点主要在于原料来源丰富、价格便宜、施工方便、耐腐蚀能力强、强度高等。因此在许多方面都是不可替代的室内外主要建筑材料。

随着各项建设事业的发展，水泥混凝土的用量也迅猛增加。对于采用砂石做骨料的混凝土，由于其自身质量大，所以整个建筑的荷载也大，故不少人一直在致力于轻混凝土研究与应用。

轻混凝土虽然强度较低，但其自身质量小，因此，对强度要求并不高的非承重构件，若能采用轻混凝土，将整个建筑的自身质量大为降低，不仅能使承重构件可以采用较小的截面，而且基础尺寸也可相应减小，从而降低建筑造价。但由于现有轻混凝土价格高，一般情况下骨料均需进行预处理，其施工难度也相应提高。因此，到目前为止还未能得到广泛推广和应用。

二、稻壳混凝土的优缺点

稻壳混凝土是以稻壳为骨料，水泥为胶结材料，108 建筑胶为增强剂的稻壳水泥混凝土保温材料。该材料原料来源丰富，价格便宜，施工方便，保温性能好，抗腐蚀能力强。它不同于以往轻混凝土之处，在于稻壳混凝土的骨料不需进行任何预处理，拌和好的混凝土也不需要加热烘烤，或机械加压成型。它与用砂石做骨料的普通混凝土具有完全相同的施工工艺。稻壳混凝土可以加入钢筋或钢丝网做成预制块，从而大大提高其整体强度，也可用水泥砂浆进行粘结和填缝。因此，它是一种较便宜的室内外轻混凝土保温材料。

三、稻壳混凝土的发展

使用植物纤维及其碎粒与水泥混合加压成型制造板材，在国内外已有几十年历史。但迄今为止，实现工业化生产的都是使用木质纤维，如水泥刨花板，它虽已问世 80 多年，却越来越趋于停滞，主要原因是木材越来越紧缺，而且其产品的成本也难以为用户所接受。

考虑到这些因素，发展稻壳混凝土的优势也就越大，前景自然光明。这主要在于稻壳是一种农业废料，利用其配制混凝土，即有利于环境保护，又可变废为宝，一举几得；另一方面，更重要的是这种骨料不需进行矿化处理（加入氯化钙溶液中去糖）即可配制稻壳混凝土，免却了一些不必要的工艺过程，降低成本。因此，稻壳混凝土是一种价格低廉、用途广泛的室内外轻混凝土保温材料。

第二节 稻壳混凝土组成材料

一、稻壳

稻壳是水稻果实的外壳。水稻是人类主要食物之一，目前世界上至少有三分之一的人以食稻米为主。水稻的主要产地集中在亚洲，其中我国年产稻谷约二亿 t，折算成稻壳年产量约四千万 t，占世界总产量的 30%以上，居世界第一位。过去稻壳在我国农村除作燃料外，几乎全成为废物浪费了。随着科学技术的进步，稻壳的开发利用在国内外也得到了迅速的发展，但与年产量相比，其利用率仍然很低。

稻壳约占稻谷总量的 20%，稻壳内含可分解的养分很少，其主要成分是 SiO_2、木质素、纤维素等。从微观结构来看，稻壳是以网状高纯度 SiO_2 为骨架，再包裹一层致密的纤维素。因此稻壳孔隙度大、质量轻、保温性能好、耐腐蚀能力强。它不仅具有非常好的韧性，而且还具有一定的强度。稻壳颗粒均匀，粒度适中，稻壳湿润后体积不膨胀，易于压实。这有利于拌和均匀和提高混合料的密实度。此外，稻壳内含有少量钾，因此稻壳灰的水溶液呈弱碱性，而水泥和 108 胶均属弱碱性物质，因此选用稻壳与水泥和 108 胶拌和，其混合料的化学性能较稳定。

二、108 胶

108 胶由聚乙烯醇和甲醛进行部分缩合反应，而制得的水溶性聚乙烯醇缩甲醛胶黏剂。该产品为弱碱性，它除具有较强的胶黏性外，加入水泥后能改善水泥涂层的强度、韧性、黏附性及防止开裂和脱落等。由于 108 胶使用方便，价格便宜，因此，现已成为木质纤维和建筑业中的主要胶粘剂。它对稻壳这类含有大量木质纤维的物质，具有很好的粘结力，而且对水泥有增强作用，加入 108 胶后可以提高水泥与稻壳间的粘结性、韧性及其强度。更主要的是由于 108 胶在水中溶解度很高，加入水泥中能大大提高混合料的和易性，有助于现场拌和施工。

108 胶起到了粘接稻壳和水泥的作用。

三、胶凝材料——水泥

配制稻壳混凝土应选用 32.5 级以上的硅酸盐水泥，其中水泥主要在混凝土内部起着黏结和内聚的主要作用，能提高混凝土的强度和密实度，也可以改善混凝土的其他一些技术性能。

第三节 稻壳混凝土的配合比

一、密实增强机理

稻壳水泥混凝土是以稻壳为骨料，108 建筑胶为稻壳的裹覆剂和水泥的增强剂。水泥具有黏着和内聚性质，能使稻壳黏结成密实的整体。

由于稻壳的空隙度大，而其表面有一层致密的纤维素能充分地吸附 108 胶，从而大大提高了混凝土的整体强度。

稻壳混凝土拌合料所选用的材料均呈弱碱性，因此其化学性能比较稳定，抗腐蚀能力强。稻壳从生产加工到运输整个过程均没有什么污染，而且其粒度均匀，大小适中。因此，用它做骨料不需要进行任何预处理（如矿化处理），即可现场拌和施工。

二、常用配合比

稻壳混凝土在体积一定的情况下，其自身质量和强度主要取决于水泥与稻壳用量的比例。当然混合料的均匀性和密实度，是强度高低的一个关键因素。稻壳混凝土中稻壳与水泥的用量，可根据对强度和质量的要求进行选择，按质量比一般为：

稻壳∶水泥＝（27～18）∶100

水∶水泥＝49∶100

108胶∶稻壳＝30∶100

第四节　稻壳混凝土物理力学性能

一、试件制作

（一）准备工作

①称取风干稻壳140g；

②称取108胶44mL；

③量取自来水325mL（假设水密度为1）；

④称取42.5强度等级普通硅酸盐水泥760g；

⑤准备三联水泥胶砂试模。

（二）试件成型

将稻壳倒入搅拌器内，倒入108胶，并从已量取的325mL水中取44mL倒入搅拌器内，充分搅拌10min，再将剩余的水倒入再搅拌8～10min，将拌合好的混合料分三次倒入试模进行振捣密实，并于24h内脱模。脱模后的试件小心用塑料布盖严，并注意保持湿度，养护到28d后测定，其强度如表14-1所列。

稻壳混凝土力学强度试验　　　　表14-1

抗折强度（MPa）		抗压强度（MPa）		
一组抗折强度	强度平均值	二组抗压荷载（kN）		强度平均值
5.00		31.75	31.75	
4.70	4.90	30.00	32.00	12.60
5.12		29.75	33.50	

二、主要物理力学性能

（一）质量轻

稻壳混凝土根据强度要求其堆积密度可以在800～1300kg/m^{3}间变动。

（二）保温性能好

由于稻壳混凝土采用孔隙度很高的稻壳为骨料，因此其保温性能好，导热系数仅为0.23W/m·K左右。

（三）强度较高

由于稻壳混凝土作为保温材料其强度较高，并且还可根据需要选用不同的水泥与稻壳用量，以及提高混合料的密实度等方法，达到进一步提高其强度的目的。稻壳混凝土的一般强度为：抗压强度8.0～15.0MPa；抗折强度2.0～6.0MPa。

尤其是稻壳混凝土的抗折强度相对较高，一般抗压强度与抗折强度的比为 2～3，高于用砂石做骨料的普通混凝土。

（四）抗冻性能好

稻壳混凝土抗冻性能好，在 -20℃经 25 次冻融后其试件均无变化，并选三组试件测定其冻融后的强度值如表 14-2 所列。

稻壳混凝土抗冻性能试验　　　　**表 14-2**

试件号	-20℃25 次冻融循环强度（MPa）		对比强度（MPa）	
	抗折	抗压	抗折	抗压
1	3.9	11.6	5.1	11.6
2	3.5	12.1	4.6	11.7
3	3.0	11.5	4.5	14.0

第五节　稻壳混凝土施工

一、施工操作要点

称取一定量的风干稻壳并加于搅拌器内，按 108 胶与稻壳用量比，称取所需的 108 胶，并用水稀释至 1:1 倒入搅拌器内搅拌 10min。再取一定量的水泥，倒入搅拌器内，再搅拌 10min。再按 0.49 的水灰比称取一定的水量，并扣除稀释 108 胶所用的水量，将剩余的水全部倒入搅拌器内，再搅拌 8～10min，即可入模。入模后应尽可能地振捣密实，以提高其密实度。

二、施工养护要点

由于稻壳孔隙度大，保水性能好，因此养护时一般只需加盖塑料布、草垫等，不用将试件浸入水中。若试件不易被塑料布盖严，可于数天后适当洒一些水，使之保持一定的湿度。也可采用湿锯末覆盖面层，当然最好用于暴露面积较大的部位。

第六节　稻壳混凝土的应用前景

一、原材料丰富，价格低廉

水泥及 108 胶都是常用的建筑材料，且价格都不贵，尤其是稻壳几乎遍布全国，目前价格约为 0.10 元/kg，有些地区则更低。

二、施工方便、加工性能好、用途广

稻壳混凝土的骨料不需要进行任何预处理，它与砂石做骨料的普通混凝土具有完全相同的施工工艺，因此便于现场拌和施工。稻壳混凝土与金属有较强的粘结力，因此可以加入钢丝网或钢筋，从而大大提高其整体强度。又由于是以大量稻壳为骨料，而稻壳的微观结构内除了网状 SiO_2 外，主要是木质素和纤维素，因此稻壳混凝土与木材相似，可钉性很好，可直接用铁钉和螺丝钉钉，钉钉无裂纹。也可用手锯锯，且锯面很平滑。

由于是水泥混凝土，因此其表面可选用多种材料涂层，从而可提高其抗腐蚀能力和美观性。并且可以用价格十分便宜的水泥砂浆进行粘结和填缝。

稻壳混凝土用途广，是一种价格低廉、用途广泛的室内外轻混凝土保温材料。

第十五章　特细砂混凝土

(ultrafine concrete)

第一节　概　　述

从技术的角度讲，细度模数在1.5~0.7、或平均粒径在0.25mm以下的细砂，通常称为特细砂。由于特细砂颗粒极细，因此级配很差，空隙率大（比一般中、粗砂大10%~15%），表面积大（比一般中、粗砂大两倍）。另外，含泥量也高。

在我国长江、黄河、珠江、松花江流域和甘肃、宁夏、四川、广西、河南等地，蕴藏着丰富的特细砂，但缺少中、粗砂。特别是长江中、上游地区，不但储量大，含泥量也较高。

通过长期的科学实验和工程实践证明，在满足设计要求和施工技术的前提下，就地取材，采用特细砂可以配制普通混凝土、钢筋混凝土、预应力钢筋混凝土，乃至高强度混凝土，并广泛用于工业与民用建筑、道路桥梁和某些水工建筑及大体积混凝土工程。

我国特细砂混凝土的应用已有60年的历史。目前的使用范围日益广泛，除工业与民用建筑外，特细砂混凝土已用于道路、桥梁、水管、电杆、水坝、引水渠及冷库等工程。

用特细砂配制的混凝土，目前以C30较为普遍。在重庆等地区业已用来配制C35和C40混凝土，并用于各种预应力和非预应力构件。经过长期强度试验，耐久性一般能满足使用要求，证明后期强度大于环境条件对混凝土的破坏损失。但在应用特细砂配制的混凝土工程中，也有出现裂缝的，究其原因主要是由于施工时尚未完全掌握特细砂混凝土的特点，拌合用水量过大，砂率过高，搅拌不均匀，养护欠佳；加之混凝土设计强度等级过低，对收缩缝的设置考虑不周，施工质量不高，导致出现较多的裂缝。

第二节　砂含泥量对混凝土性能的影响

施工验收规范规定，普通混凝土（强度等级≤C30）常用砂的含泥量不得超过5%，而许多地区所产的特细砂，常含有大量的泥土杂质，有些甚至超过5%的规定。

泥土杂质是微细颗粒，在许多方面都对混凝土产生影响，其影响往往随水泥品种、强度等级、拌制方法、泥土存在状态、成分与数量等各种因素而变，如能结合具体条件采取有效措施，那么虽然过量，也能拌制出合格的混凝土。

一、含泥量对混凝土性能的一般影响

（一）泥土的有害影响

含泥量对混凝土性能的影响是多方面的。主要表现在如下几点：

(1) 砂子颗粒表面的含泥量，可减弱水泥与砂子颗粒的粘结力。

(2) 若搅拌不均匀，泥团在混凝土中成为软弱的“空域”。

(3) 较干的泥土吸水率高，使混凝土混合物变稠，流动性降低。

(4) 增加混凝土的体积收缩。

(5) 泥土中往往含有硫酸盐，特别是镁质硫酸盐，这对混凝土增加了腐蚀破坏作用。

(6) 增加骨料比表面积，消耗多量水泥。

(二) 泥土产生不同的作用及其条件

(1) 泥土本身的主要矿物成分为石英质或菱镁土矿等，在水中或150℃蒸压处理中，砂浆的破裂度均较高，而长石类砂则在150℃蒸压处理后的砂浆强度较低。

(2) 在水泥用量较低、水泥标号较高而混凝土搅拌均匀时，泥土可视为惰性混合材料，起降低水泥强度等级、增加胶结材料数量的作用。对贫混凝土、高水灰比的强度等级低的混凝土是有利的。

(3) 泥团必须排除。经验表明，贴附在砂子表面的泥土，常成结团状态存在。在工地上使用时可用过筛方法，除去大于5mm的团粒后可使砂子的含泥量大为降低。也可采用延长混凝土的搅拌时间或预湿润等措施。

(4) 将混凝土中的总含泥量限于一定的数量。降低砂率，可使混凝土中含泥总量减少。在低砂率混凝土中，砂子的含泥量可较高砂率混凝土高一些，其有害影响不会很大。

二、含泥量对试验结果的影响

(一) 试验结果

含泥量对混凝土强度和坍落度的影响　　表15-1

水泥品种	$\frac{W}{C}$	砂率 (%)	含泥量 (%)	每1m³混凝土用量 (kg)				坍落度 (cm)	f_{c28} (MPa)	$\frac{含13\%泥 f_{c28}}{无泥 f_{c28}}$
				水泥	水	特细砂	10～20mm 碎石			
矿渣硅酸盐水泥 (f_c=45.5MPa)	0.45	31	0	435	196	547	1222	0.5	27.9	0.96
	0.45	31	13	435	196	547	1222	0	27.7	
	0.65	33	0	294	191	628	1277	1.4	17.0	1.06
	0.65	33	13	294	191	628	1277	1.4	18.0	
	0.85	34.5	0	226	193	676	1286	1.7	12.4	0.97
	0.85	34.5	13	226	193	676	1286	3.0	11.6	
普通硅酸盐水泥 (f_c=50.5MPa)	0.45	31	0	445	200	541	1211	2.0	37.7	0.97
	0.45	31	13	445	200	541	1211	0.8	36.6	
	0.65	33	0	298	194	625	1271	3.5	27.5	0.93
	0.65	33	13	298	194	625	1271	2.6	25.6	
	0.85	34.5	0	230	196	671	1286	3.0	17.8	0.95
	0.85	34.5	13	230	196	671	1286	3.3	17.0	
火山灰质硅酸盐水泥 (f_c=53.3MPa)	0.45	31	0	466	210	527	1175	1.6	29.7	1.03
	0.45	31	13	466	210	527	1175	0.5	30.7	
	0.65	33	0	314	204	612	1243	7.2	16.3	0.98
	0.65	33	13	314	204	612	1243	3.6	16.0	
	0.85	34.5	0	242	206	660	1252	12.0	10.8	0.94
	0.85	34.5	13	242	206	660	1252	7.5	10.2	

(1) 冶金部建筑科学研究院对细度模数 $M_K = 0.55$ 的特细砂进行的试验结果表明，含泥量在 0%～11%，当水泥用量 C = 250kg/m³、用水量 W = 150kg/m³ 时，混凝土混合物的流动性（坍落度）由 2.5 提高至 5.0cm，其强度未见显著变化。

(2) 原西北建筑工程管理局材料试验所，在所进行的河砂石含泥量对混凝土强度影响的试验结果中得知，如果混凝土配合比设计合理，则砂石含泥量超过 5%，仍可在一定限度内不致影响混凝土的强度。如无特殊要求时，砂子含泥量可达 9%，石子含泥量可达 4%，亦可不加淘洗直接使用。

(3) 河南省建工局科研所试验数据见表 15-1。

(4) 国外对特细砂的研究表明，含泥量高的细砂，由于存在大量黏土和淤泥杂质，混凝土强度波动较大，但用含泥量不大于 5% 的细砂所配制的混凝土的强度有时与一般中、粗砂配制的混凝土强度相等，甚至略有超出。

（二）试验结论

通过大量的工程实践和试验，初步可得出以下三方面的结论：

(1) 无论采用清洗与否的特细砂配制普通混凝土，对其强度影响都不大。

(2) 在一定条件下，使用未经清洗的特细砂有时能够改善混凝土的和易性，在低强度等级混凝土中还能增加保水性。

(3) 拌制混凝土时，若采用特细砂，其含泥量可比中、粗砂多一些。含泥量可按表 15-2 选用，在取得足够数据时，尚可放宽。

特细砂混凝土含泥量 **表 15-2**

水泥标号与混凝土强度等级比值	含泥量（%）
当水泥强度等级与混凝土强度等级比值 $\frac{f_c^b}{f_{c28}} \leqslant 2$ 时	≤5
当水泥强度等级与混凝土强度等级比值 $\frac{f_c^b}{f_{c28}} > 2$ 时	≤7.5
当水泥强度等级与混凝土强度等级比值 $\frac{f_c^b}{f_{c28}} \geqslant 3$ 时	≤10

第三节 特细砂混凝土的配制

一、配制要求

特细砂混凝土是一种人造石材，为了保证质量，使其能够更加推广应用，它必须满足以下四个方面的要求。

（一）混凝土的强度要求

影响特细砂混凝土强度的因素很多，但主要有水灰比、水泥标号、骨料质量、搅拌方式和时间、温度与湿度、龄期等。

（二）混凝土的施工和易性要求

特细砂混凝土的和易性是指在搅拌、运输、浇灌、捣实等施工过程中，混凝土混合物能否保持成分均匀，是否产生分层、泌水、离析现象，能够振捣密实的程度。这是一项综合的性能，包括混合物的流动性、黏聚性和保水性等三个方面的含义。

（三）混凝土的耐久性要求

特细砂混凝土的耐久性是指混凝土抵抗外来及内部侵蚀破坏的能力。如受气候影响，对冻、融、干、湿的膨胀抵抗；对接触土壤及地下水化学物质侵蚀的抵抗；对机械磨损、冲击的抵抗等。耐久性是优良混凝土所必须具备的性能。

（四）混凝土用料经济

水泥是混凝土中价格较高的材料，因而直接影响混凝土的造价和成本。配制特细砂混凝土时，在满足强度要求的前提下，应尽量少用水泥；同时，也要本着就地取材的原则，选用其他组成材料，以降低混凝土的成本。

二、配制原则

（一）宜选用低砂率

特细砂的特点是含泥量高，比表面积大，但如配制时套用与中、粗砂混凝土相同的砂率，不仅水泥用量增多，而且混凝土强度亦提不高，反而制品的收缩增大。特细砂混凝土适用低砂率配制的原理可以由两种理论来解释。

1. 骨料排列理论

（1）假设条件：骨料的排列从物理力学观点的几何图形出发，必须满足如下条件：

①颗粒的排列应该是最紧密的，每个颗粒的位置应该最安定，而且位能减至最小；

②在大小颗粒比密度相差不大的情况下，受颗粒分布概率的支配，骨料中大小颗粒处于互相均匀交错位置；

③排列紧密主要取决于颗粒粒形及其干涉程度；

④假设骨料为球形，球体积按骨料的平均粒径计算。

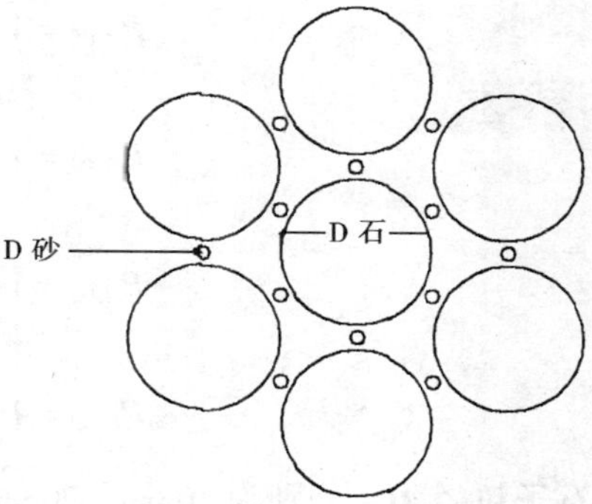

图 15-1　石子间的理想距离

（2）理论推导：

①先以单纯粗骨料而言，在盛于某单位体积容器中，当容器边长与粗颗粒 $D_{石}$ 之比值较大，颗粒平排时，每排颗粒数：

$$N_1 = \frac{1}{D_{石}}，共有颗粒数 \qquad N_1 = \left(\frac{1}{D_{石}}\right)^3。$$

当颗粒错排时，每排颗粒数：

$$N_2 = \frac{2}{\sqrt{3}D_{石}}，共有颗粒数\ N_2 = \left(\frac{2}{\sqrt{3}D_{石}}\right)^2 \cdot \frac{1}{D_{石}} = \frac{4}{3D_{石}^3}$$

按错排时盛石料的单位体积容器的空隙：

$$P_{石} = 1 - N_2\frac{\pi D_{石}^3}{6} = 0.302$$

②在砂石混合排列时，石料间距离在理想情况下，等于砂粒的粒径，如图 15-1 所示。在此容器内，砂石混合体中石子颗粒数：

$$N_c = \frac{4}{3\left(D_{石} + D_{砂}\right)}$$

如夹于石子中的砂子体积忽略不计，砂石颗粒混合错排时，骨料的理想空隙体积：

$$P_c = 1 - N_c \frac{\pi D_{石}^3}{6} = 1 - 0.698\left(\frac{D_{石}}{D_{石} + D_{砂}}\right)^3$$

$$= 1 - 0.698 \frac{1}{\left(1 + \frac{D_{砂}}{D_{石}}\right)^3}$$

由上式可知 $D_{砂}$ 越大，则 P_c 也越大，$D_{砂}$ 越小，则 P_c 也小。

如果取石子的平均粒径 $D_{石} = 10mm$，砂子 $D_{砂}$ 分别为 0.6、0.5、0.4、0.3mm 及 0.2mm，则相应的理想空隙率分别为：

$$P_{0.06} = 1 - 0.698 \times \frac{1}{(1 + 0.06)^3} = 0.42$$

$$P_{0.05} = 1 - 0.698 \times \frac{1}{(1 + 0.05)^3} = 0.40$$

$$P_{0.04} = 1 - 0.698 \times \frac{1}{(1 + 0.04)^3} = 0.38$$

$$P_{0.03} = 1 - 0.698 \times \frac{1}{(1 + 0.03)^3} = 0.36$$

$$P_{0.02} = 1 - 0.698 \times \frac{1}{(1 + 0.02)^3} = 0.34$$

若石子粒径 $D_{石}$ 分别为 10mm、20mm、30mm，砂子粒径 $D_{砂}$ 固定为 0.2mm，则

$$P_{10} = 1 - 0.698 \times \frac{1}{(1 + 0.02)^3} = 0.342$$

$$P_{20} = 1 - 0.698 \times \frac{1}{(1 + 0.01)^3} = 0.322$$

$$P_{30} = 1 - 0.698 \times \frac{1}{\left(1 + \frac{0.2}{30}\right)^3} = 0.317$$

结论：上述推导说明混凝土中砂子越细，空隙越小；石子越粗，空隙率越小，但减小的速率比砂子粒径变化的速率小。

这里值得指出的是，在实际混凝土的骨料中，砂石排列不规则，粒形不圆，有互相干涉现象，实际空隙率必然较上述计算值为大。如能确定粒形改正系数和颗粒干涉系数（干涉系数是砂、石平均粒径的函数，在已知平均粒径后可以从相关曲线中查得），就可获得接近实际情况的混合体的空隙率近似值。然后，按砂粒紧密填充石子空隙的原则，即可求出混凝土的近似最佳砂率。上述推导可以证明最佳砂率在特细砂混凝土中必然比中、粗砂混凝土中为小。

2. 水泥浆膜厚度理论

从水泥浆膜厚度可解释特细砂混凝土适用低砂率的另一重要理论。

(1) 不同砂粒间距对拌合物流动性的影响：混凝土可视为由水泥砂浆包裹石子表面和填充石子空隙组成的统一体。而砂浆则可理解为由水泥浆部分包裹于砂粒表面和部分填充砂粒空隙组成另一体系，它是混凝土产生结构生成作用的基本部分。砂浆通过显微观察，在砂粒四周有一层扩散结构的水泥胶体薄膜，薄膜中所含水分呈不均匀分布，由骨料向薄膜四周递增，而水泥胶体的黏度则递减。当截取某一单元进行分析时，由于砂粒间的距离不同，将会出现下列六种不同的结构生成情况（图 15-2）。

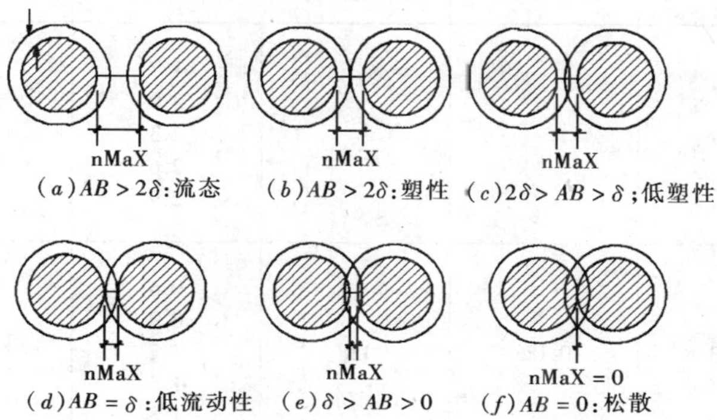

图 15-2　不同砂粒间距对拌合物流动性的影响

(*a*) $AB>2\delta$：流态；(*b*) $AB=2\delta$ 塑性；(*c*) $2\delta>AB>\delta$：低塑性；

(*d*) $AB=\delta$：低流动性；(*e*) $\delta>AB>0$；(*f*) $AB=0$：松散

据重庆市建筑科学研究所的某些试验资料介绍，认为砂浆组成中水泥浆除需满足填充砂的空隙外，还需要有足够厚度的包裹层，水泥浆越稠，包裹层就要厚些。这里所谓足够厚度的包裹层正是指图 15-2 中的（*c*）、(*d*）、(*e*）三种类型，即 $2\delta>AB>\delta$，或 $AB=\delta$，或 $\delta>AB>0$，砂粒逐渐靠近，薄膜互相作用呈面接触，拌合物呈低塑性（$2\delta>AB>\delta$）、低流动性（$AB=\delta$）或干硬性（$\delta>AB>0$），砂浆显出逐渐增强的结构生成作用，体系的强度和密实度不断提高。接触界面上的水泥浆的性质和接触面积大小、砂粒多少、拌合物黏度、砂浆或混凝土强度和密实度有关。

(2) 水泥浆膜厚度与砂浆强度的关系：浆膜厚度 δ 与水泥砂浆的强度存在一定关系。

浆膜厚度 δ 的计算可按配合比计算的水泥浆量，扣除砂的振实空隙体积，以其剩余水泥浆分布于砂的总表面积上，即

$$\delta=\frac{V_P-V_S}{S}$$

式中　V_P——水泥浆量；

V_S——砂子振实空隙体积；

S——砂子总表面积（用拉氏公式计算粒形取 1.3）。

采用 42.5 级矿渣硅酸盐水泥与不同细度模数（M_x）的砂和水灰比$\left(\frac{W}{C}\right)$为 0.4 拌制成的砂浆的抗压强度见表 15-3。由表中可知：

①当水泥浆膜厚度相近时，砂浆抗压强度较为接近。由此可以初步推知，浆膜厚度 δ 与砂浆抗压强度的关系，在中砂与特细砂中不受砂种影响。

②当 δ 由 5 至 20μm 时，砂浆抗压强度陡增，20μm 以上增长速率缓和（表 15-4）。由水泥浆薄膜厚度 δ 与砂浆抗压强度 f_{M28} 关系图（图 15-3）可见，两者关系呈双曲线变化。其关系式为：

水泥浆膜厚度与砂浆抗压强度的关系 **表 15-3**

砂种	细度模数 M_x	平均粒径 D_6（mm）	比表面积 S（cm²/g）	砂灰比 S/C	水泥浆厚度 δ（μm）	抗压强度（MPa）
中砂	2.39			1.7	37.9	46.8
				2.0	28.0	42.8
				2.3	20.5	39.5
				2.6	15.2	36.6
				2.9	10.5	32.0
特细砂 1 号	0.93	0.186	138	0.6	65.8	49.4
				0.9	37.7	47.9
				1.2	23.5	45.1
				1.5	15.1	35.5
				1.8	9.5	29.1
特细砂 3 号	0.73			0.6	55.0	44.3
				0.9	31.5	43.7
				1.2	19.8	36.1
				1.5	13.0	33.1
				1.8	8.2	17.2
混合特细砂 4 号	0.53			0.6	46.3	47.1
				0.9	26.7	43.5
				1.2	16.5	39.2
				1.5	10.5	33.0
				1.8	6.6	17.0

水泥浆膜厚度与抗压强度增长速率 **表 15-4**

水泥浆膜厚度 δ（μm）	砂浆抗压强度（MPa）			
	中砂	特细砂 1 号	特细砂 3 号	特细砂 4 号
10 ± 0.5	32.0	29.1	—	33.0
15 ± 0.5	36.6	35.5	—	—
20 ± 0.5	39.5	—	36.1	—
26.5 ~ 28.0	42.8	—	—	43.5
31.5	—	—	43.7	—
37.8 ± 0.1	46.8	47.9	—	—
46.3	—	—	—	47.1
55.0	—	—	44.3	—
65.8	—	49.4	—	—

$$f=521-\frac{2380}{\delta}$$

因此水泥浆膜厚度不宜小于 20μm，也不宜大于 30μm。否则水泥消耗量大增而砂浆强度所增有限，且增加了收缩。最优厚度 $\delta=20\sim30\mu m$。

③当水灰比加大时，最优浆膜厚度较上述数值减小。

可以看出，砂粒粗细本身不是影响强度的直接因素，影响混凝土强度的主要因素是水泥浆膜厚度，影响拌合物稠度的因素之一，也是浆膜厚度。

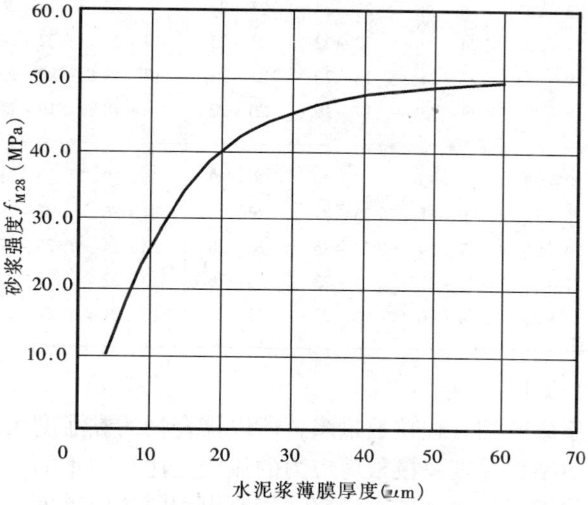

图 15-3　砂浆抗压强度与浆膜厚度关系图

在水灰比和工作性质相同的条件下，由于砂粒粗细不同，要取得相等的强度，也就是要有相等的浆膜厚度。

如砂的空隙率为 P，单位实体积的表面积为 A，砂表面水泥浆膜厚度为 δ，则 1m³ 砂浆的实体积砂用量 V_x：

$$V_x=\frac{1}{\frac{1}{1-P}+A\cdot\delta}$$

因为特细砂的总表面积较普通砂大得多，空隙率也较大，因而上式的 V_x 值就比中粗砂砂浆为小。

同理，在混凝土中设石子空隙率为 P，单位实体积石子的表面积为 A，石子表面砂浆包裹层厚度为 δ，则 1m³ 混凝土的实体积石子用量 V_y：

$$V_y=\frac{1}{\frac{1}{1-P}+A\cdot\delta}$$

由于特细砂混凝土砂率小，砂浆包裹厚度 δ 可以相对地薄一些，在石子粒径和空隙率固定情况下，石子用量可以增大一些，而砂浆用量减少一些。这样，可以使骨架坚强，节约水泥，减小收缩。

总之，特细砂混凝土必须采用较少的砂浆，而砂浆中为保证足够的水泥浆膜厚度又须用较少的砂，故特细砂混凝土必须采用低砂率（表15-5）。

特细砂混凝土砂率参考数表 表15-5

石子种类	水泥用量 C（kg） \ D（mm） M_x	20		30		40		60	
		0.7～1.0	1.0～1.5	0.7～1.0	1.0～1.5	0.7～1.0	1.0～1.5	0.7～1.0	1.0～1.5
卵石	200	25～27	28～30	24～26	27～29	23～25	26～28	22～24	25～27
	250	23～25	26～28	22～24	25～27	21～23	24～26	20～22	23～25
	300	21～23	24～26	30～22	23～25	19～21	22～24	18～20	21～23
	350	19～21	22～24	18～20	21～23	17～19	20～22	16～18	19～21
	400	18～20	11～23	17～19	20～22	16～18	19～21	15～17	18～20
碎石	200	22～30	31～33	27～29	30～32	26～28	29～31		
	250	26～23	29～31	25～27	28～30	24～26	27～29		
	300	24～26	27～29	23～25	26～28	22～24	25～27		
	350	22～24	25～27	21～23	24～26	20～22	23～25		
	400	21～23	24～26	20～22	23～25	19～21	22～24		

（二）宜采用低流动性

特细砂混凝土由于砂子细，颗粒数量多，所以拌合物的黏滞度大。黏聚力较强，要靠混凝土自身质量来克服结构黏度及极限剪应力的流变是比较困难的，在相同的砂量下，比粗、中砂混凝土拌合物需消耗较多的水泥浆才能获得相同的坍落度。但坍落度对特细砂混凝土拌合物来说，并不能表征拌合物的真正和易性，因为即使坍落度较小的拌合物，在混合、抹面方面均表现出有较好的性能，经过振动，也不易产生离析与分层，对浇灌成型并无困难。

（1）须用振动法的工作性来表达特细砂混凝土拌合物的和易性。当在外力振动下，能使混凝土拌合物从弹性、黏性、塑性状态转变到黏滞的液体状态。此时，特细砂粒子较小，粒形通常较中、粗砂整齐，不致过分凸出或内凹，表面较光滑，在振动的条件下滑动的能力较强，流动速度较快。通常实践也证明：外观较中、粗砂混凝土干硬的特细砂混凝土拌合物在振动时反而易于先振实。在当前的生产条件下，特细砂混凝土拌合物的和易性用工作度作为其主要指标，比用坍落度真实性强。

（2）当前特细砂混凝土拌合物适用于低流动性混凝土或半干硬性混凝土。由于特细砂混凝土拌合物中砂浆用量较少，为了增加流动性，就得多用水泥砂浆或提高水灰比——导致提高水泥标号，这对经济与技术性能均不利，故其流动性应以小为宜。一般适用范围为工作度在30s以内，坍落度在3cm以内。然而，过分干稠，在现有设备下达到振实也较困难。

（3）用水量：在水灰比一定的条件下，用水量实质上就是水泥用量，是与技术经济有关的问题。由于特细砂比表面积大，为达到同一稠度，须较粗、中砂混凝土多用一些水，随即发生超用水泥问题。

试验发现，为达到一定坍落度，特细砂混凝土的需水量随砂率增大而增加，参见表15-6。为改善特细砂混凝土拌合物的和易性，不能认为只有加水是惟一可以达到指定和易性的措施，通常采用较低砂率（表15-7）也能改善特细砂混凝土的和易性。

用水量与砂率的关系　　表15-6

原材料	用水量（kg/m³）	砂率（%）	坍落度（mm）	抗压强度（MPa）	
				f_{c7}	f_{c28}
32.5级矿渣硅酸盐水泥 C=350kg/m³ 0.5~2cm卵石	150	14	25	14.1	23.5
	155	16	20	13.0	23.4
	160	18	30	13.3	20.6
	165	20	30	11.8	19.9
	170	22	20	12.0	18.9
	175	24	35	11.9	19.0
	180	26	30	11.6	18.0
32.5级矿渣硅酸盐水泥 C=250kg/m³ 0.5~4cm卵石	140	16	30	10.0	17.2
	145	18	50	9.8	17.2
	150	20	45	11.4	17.4
	160	22	45	9.4	15.3
	170	24	45	8.6	16.0
	180	26	45	6.5	11.1

三、配合比设计

综前所述，特细砂混凝土的特点是采用低砂率，低流动性，测定其和易性（更确切点应为流动性）应采用工作度，坍落度已不能准确地反映特细砂混凝土的真实情况。因此，在设计特细砂混凝土配合比时，应充分注意考虑到这些特点。

（一）配合比设计步骤

特细砂混凝土一般采用剩余系数法设计配合比。在配合比设计方法上，与普通混凝土并无不同，只是在参数选择上要掌握上述特点。特细砂不宜配制高流动塑性混凝土，特别是混凝土强度等级要求较高时，塑性混凝土不仅水泥耗用量大，而且强度不易达到要求。在有条件的施工单位，可采用干硬性或半干硬性混凝土，一般最好采用低流动性混凝土。

特细砂混凝土拌合物的工作度或坍落度　　表15-7

序　号	结构种类	机械捣实		人工振捣	
		工作度（s）	坍落度（cm）	工作度（s）	坍落度（cm）
1	基础或地面等的垫层	50~70	—	50~70	0
2	无配筋厚大结构或配筋稀疏结构	—	—	—	1~3
3	板、梁和大型或中型截面柱子	30~50	0~1	30~50	3~5
4	配筋密列的钢筋混凝土结构	10~30	1~3	10~30	5~7
5	配筋特密的钢筋混凝土结构	5~15	3~5	5~15	—

剩余系数法设计配合比步骤如下：

1. 求水灰比$\left(\frac{W}{C}\right)$

根据特细砂的细度模数，选取不同强度的经验公式，再视水泥的实际强度、混凝土的设计强度等级及所用石子种类计算水灰比。

2. 求用水量（W）

（1）选择特细砂混凝土拌合物的坍落度或工作度：根据结构种类和捣实方法可按表15-7选择。

（2）选择用水量：再根据选定的坍落度或工作度、所用石子的种类和最大粒径，查表15-8求用水量。

物细砂混凝土用水量参考表（kg/m^3）　　表15-8

混凝土工作度或坍落度	卵石最大粒径（mm）				碎石最大粒径（mm）	
	10	20	40	60	20	40
20～30（s）	145	135	125	115	175	165
10～20（s）	155	145	135	125	185	175
0～1（cm）	165	155	145	135	195	185
1～3（cm）	175	165	155	145	205	195
3～5（cm）	185	175	165	155	215	205
5～7（cm）	195	185	175	165	225	215

3. 计算水泥用量（C）

根据计算的水灰比和确定的用水量，按下式计算水泥用量：

$$C = \frac{W}{\left(\frac{W}{C}\right)}$$

4. 计算石子用量（G）

$$V_G = \frac{1000}{1 + \alpha \frac{P_G}{1 - P_G}}$$

$$\therefore \quad G = V_G \cdot \rho_G$$

式中　V_G——每$1m^3$特细砂混凝土石子的体积（L）；

P_G——石子的紧密空隙率（%）；

ρ_G——石子的表观密度（kg/L）；

α——砂浆过剩系数，按表15-9选用。

特细砂混凝土 α 选用表　　表15-9

特细砂混凝土坍落度（cm）	粗骨料最大粒径（mm）			
	10	20	40	80
0～1	1.30～1.35	1.20～1.25	1.15～1.20	1.10～1.15
1～3	1.35～1.40	1.25～1.30	1.20～1.25	1.15～1.20
3～5	1.40～1.45	1.30～1.35	1.25～1.30	1.20～1.25
5～7	1.45～1.50	1.35～1.40	1.30～1.35	1.25～1.30

5. 计算砂子用量（S）

$$V_s = 1000 - \frac{W}{\rho_w} - \frac{C}{\rho_c} - \frac{G}{\rho_G}$$

$$S = V_s \cdot \rho_s$$

式中　　V_s——每 1m³ 特细砂混凝土砂子体积（L）；

ρ_s、ρ_w、ρ_c——分别为砂的表观密度（kg/L）、水和水泥的比密度（kg/L）。

6. 求初步配合比

按计算出的水泥、砂、石和水的理论用量，求得特细砂混凝土的初步配合比。

7. 试拌校核强度和坍落度

（1）校核强度：取计算 $\frac{W}{C}$ 值为中间值，按规定分别采用 $\left(\frac{W}{C}-0.05\right)$、$\frac{W}{C}$、$\left(\frac{W}{C}+0.05\right)$ 三种水灰比配制三组混凝土进行强度对比试验。

（2）试验坍落度：方法同前，惟在调整坍落度时，用水量的加减较普通混凝土多。

（二）配合比计算举例

某工程配制屋面板用混凝土，采用机械搅拌振捣，要求混凝土强度等级为 C20，坍落度 0～1cm。其他原材料试验结果如下：

水泥：重庆 42.5 级矿渣水泥，活性 $f_c = 43\text{MPa}$，

$\rho_c = 3.1$

砂：特细砂，$M_x = 0.85$，$\rho'_s = 1300\text{kg/m}^3$，

$\rho_s = 2.69$，$P_s = 51.6\%$

石子：5～20mm，$\rho'_G = 1750\text{kg/m}^3$，$\rho_G = 2.65$，

$P_G = 34\%$

水：自来水

试计算特细砂混凝土配合比。

1. 求水灰比 $\left(\frac{W}{C}\right)$

$\because\quad M_k = 0.85 < 1$

$\therefore\quad f_{c28} = 0.31 f_c\left(\frac{C}{W} - 0.39\right)$

即　$20 = 0.31 \times 43 \times \left(\frac{C}{W} - 0.39\right)$ 得 $\frac{W}{C} = 0.53$

2. 求用水量（W）

查表 15-8，取 W = 155（kg）

3. 求水泥用量（C）

$$C = \frac{155}{0.53} = 294\ (\text{kg})$$

4. 计算每 1m³ 混凝土石子用量（G）

$$V_G = \frac{1000}{1 + \alpha\dfrac{P_G}{1 - P_G}} = \frac{1000}{1 + 1.2 \times \dfrac{0.34}{1 - 0.34}} = 618\ (\text{L})$$

$$G = 618 \times 2.65 = 1638\ (\text{kg})$$

5. 计算每 1m³ 混凝土特细砂用量（S）

$$V_s = 1000 - V_G - \frac{W}{\rho_W} - \frac{C}{\rho_C} = 1000 - 618 - 155 - \frac{294}{3.0} = 129\ (\text{L})$$

$$S = 129 \times 2.69 = 347\ (\text{kg})$$

6. 特细砂混凝土理论配合比

水泥:特细砂:石子:水 = 294:347:1638:155 = 1:1.18:5.57:0.53

7. 试拌调整坍落度

调整方法同前。惟在调整坍落度时，水量的加减较用普通砂配制混凝土稍多。后再根据现场砂、石的含水率，将此配合比调整为施工配合比即可。

四、参考配合比

配合比参考重庆市建筑科学研究院"特细砂混凝土和砂浆强度试验及应用"技术资料。

(一) 特细砂卵石混凝土配合比

特细砂卵石混凝土配合比见表 15-10。

(二) 特细砂碎石混凝土配合比

特细砂碎石混凝土配合比见表 15-11。

特细砂卵石混凝土配合比

0.5～1cm 卵石；32.5 级矿渣硅酸盐水泥　　**表 15-10**

混凝土强度等级	气温 5～15℃		气温 15～25℃		气温 25℃以上	
	水泥用量 (kg/m³)	质量配合比 水泥:砂:石:水	水泥用量 (kg/m³)	质量配合比 水泥:砂:石:水	水泥用量 (kg/m³)	质量配合比 水泥:砂:石:水
工作度 10～30s						
C15	331	1:1.11:4.82:0.49	312	1:1.24:5.11:0.52	295	1:1.36:5.41:0.55
C20	413	1:0.72:3.86:0.39	383	1:0.84:4.16:0.42	358	1:0.97:4.45:0.45
C25	506	1:0.42:3.15:0.32	463	1:0.54:3.44:0.35	425	1:0.66:3.74:0.38
C30					494	1:0.45:3.22:0.33
工作度 1～3s						
C15	379	1:0.79:4.13:0.48	357	1:0.89:4.39:0.51	337	1:1.00:4.65:0.54
C20	476	1:0.45:3.29:0.38	442	1:0.56:3.55:0.41	411	1:0.66:3.85:0.44
C25					492	1:0.40:3.17:0.37
工作度 3～5s						
C15	390	1:0.78:3.95:0.48	367	1:0.88:4.20:0.51	346	1:0.98:4.44:0.54
C20	503	1:0.41:3.06:0.37	465	1:0.51:3.31:0.40	433	1:0.62:3.56:0.43
C25					519	1:0.36:2.92:0.36
工作度 5～7s						
C15	400	1:0.77:3.78:0.48	377	1:0.87:4.02:0.51	356	1:0.97:4.25:0.54
C20	516	1:0.40:2.93:0.37	478	1:0.50:3.17:0.40	444	1:0.61:3.40:0.43
0.5～2cm 嘉陵江卵石；32.5 级矿渣硅酸盐水泥						
工作度 10～30s						
C15	290	1:1.44:5.53:0.49	273	1:1.58:5.87:0.52	258	1:1.73:6.21:0.55
C20	362	1:0.99:4.44:0.39	336	1:1.13:4.77:0.42	313	1:1.27:5.12:0.45
C25	444	1:0.63:3.61:0.32	406	1:0.78:3.95:0.35	373	1:0.92:4.29:0.38
C30			477	1:0.52:3.36:0.30	433	1:0.66:3.70:0.33

续表

0.5～2cm嘉陵江卵石；32.5级矿渣硅酸盐水泥

混凝土强度等级	气温5～15℃		气温15～25℃		气温25℃以上	
	水泥用量(kg/m³)	质量配合比 水泥:砂:石:水	水泥用量(kg/m³)	质量配合比 水泥:砂:石:水	水泥用量(kg/m³)	质量配合比 水泥:砂:石:水
工作度1～3s						
C15	338	1:1.07:4.63:0.48	318	1:1.19:4.92:0.51	300	1:1.32:5.21:0.54
C20	424	1:0.68:3.69:0.38	393	1:0.80:3.98:0.41	366	1:0.93:4.27:0.44
C25			477	1:0.50:3.28:0.34	438	1:0.62:3.57:0.37
工作度3～5s						
C15	358	1:0.96:4.29:0.48	337	1:1.07:4.56:0.51	319	1:1.19:4.83:0.54
C20	462	1:0.55:3.33:0.37	428	1:0.67:3.60:0.40	398	1:0.78:3.88:0.43
C25			521	1:0.38:2.95:0.33	478	1:0.50:3.22:0.36
工作度5～7s						
C15	379	1:0.82:4.02:0.48	357	1:0.93:4.27:0.51	337	1:1.04:4.52:0.54
C20	489	1:0.44:3.11:0.37	453	1:0.55:3.37:0.41	427	1:0.66:3.62:0.43
C25					508	1:0.39:3.01:0.36
工作度10～30s						
C15	296	1:1.44:5.95:0.49	273	1:1.58:6.31:0.52	258	1:1.73:6.68:0.55
C20	362	1:0.99:4.77:0.39	336	1:1.13:5.14:0.42	313	1:1.27:5.50:0.45
C25	444	1:0.63:3.89:0.32	406	1:0.78:4.25:0.35	374	1:0.92:4.62:0.38
C30			477	1:0.52:3.62:0.30	433	1:0.66:3.98:0.33
工作度1～3s						
C15	338	1:1.07:4.98:0.48	318	1:1.19:5.29:0.51	300	1:1.32:5.61:0.54
C20	424	1:0.68:3.97:0.38	393	1:0.80:4.28:0.41	366	1:0.93:4.60:0.44
C25			477	1:0.50:3.53:0.34	438	1:0.62:3.84:0.37
工作度3～5s						
C15	358	1:0.96:4.61:0.48	337	1:1.07:4.90:0.51	319	1:1.19:5.19:0.54
C20	462	1:0.55:3.58:0.37	428	1:0.67:3.87:0.46	398	1:0.78:4.16:0.43
C25					478	1:0.50:3.46:0.36
工作度5～7s						
C15	379	1:0.82:4.32:0.48	357	1:0.93:4.59:0.51	337	1:1.04:4.86:0.54
C20	489	1:0.44:3.35:0.37	453	1:0.55:3.62:0.40	421	1:0.66:3.89:0.43
0.5～4cm卵石；32.5级矿渣硅酸盐水泥						
工作度10～30s						
C15	269	1:1.57:6.19:0.49	254	1:1.72:6.57:0.52	240	1:1.87:6.95:0.55
C20	336	1:1.09:4.97:0.39	312	1:1.24:5.35:0.42	291	1:1.39:5.13:0.45
C25	413	1:0.72:4.04:0.32	377	1:0.87:4.47:0.35	347	1:1.02:4.80:0.38
C30			443	1:0.60:3.76:0.30	403	1:0.75:4.14:0.33

续表

0.5～4cm 卵石；32.5 级矿渣硅酸盐水泥

混凝土强度等级	气温 5～15℃		气温 15～25℃		气温 25℃以上	
	水泥用量（kg/m³）	质量配合比 水泥∶砂∶石∶水	水泥用量（kg/m³）	质量配合比 水泥∶砂∶石∶水	水泥用量（kg/m³）	质量配合比 水泥∶砂∶石∶水
工作度 1～3s						
C16	230	1∶1.91∶7.08∶0.67	220	1∶2.04∶7.40∶0.70	211	1∶2.16∶7.71∶0.73
C15	317	1∶1.16∶5.14∶0.48	298	1∶1.29∶5.43∶0.51	282	1∶1.42∶5.78∶0.54
C20	397	1∶0.75∶4.10∶0.38	368	1∶0.88∶4.42∶0.41	343	1∶1.01∶4.74∶0.44
C25	490	1∶0.43∶3.32∶0.31	447	1∶0.56∶3.46∶0.34	411	1∶0.69∶3.96∶0.37
C30					478	1∶0.46∶3.40∶0.32
工作度 3～5s						
C10	245	1∶1.74∶6.54∶0.67	234	1∶1.87∶6.83∶0.70	224	1∶1.97∶7.12∶0.73
C15	338	1∶1.03∶4.74∶0.48	318	1∶1.15∶5.04∶0.51	300	1∶1.27∶5.34∶0.54
C20	435	1∶0.61∶3.68∶0.37	403	1∶0.73∶3.98∶0.40	374	1∶0.85∶4.28∶0.43
C25			491	1∶0.43∶3.26∶0.33	450	1∶0.55∶3.56∶0.36
工作度 5～7s						
C10	260	1∶1.59∶6.04∶0.67	249	1∶1.70∶6.33∶0.70	238	1∶1.81∶6.60∶0.33
C15	358	1∶0.92∶4.39∶0.48	337	1∶1.13∶4.67∶0.51	319	1∶1.15∶4.94∶0.54
C20	462	1∶0.52∶3.40∶0.37	428	1∶0.63∶3.68∶0.40	398	1∶0.75∶3.96∶0.43
C25					478	1∶0.47∶3.29∶0.36
0.5～6cm 卵石；32.5 级渣硅酸盐水泥 工作度 10～30s						
C15	249	1∶1.77∶6.81∶0.49	235	1∶1.93∶7.22∶0.52	222	1∶1.98∶7.64∶0.55
C20	310	1∶1.25∶5.46∶0.39	288	1∶1.42∶5.88∶0.42	269	1∶1.48∶6.30∶0.45
C25	381	1∶0.85∶4.45∶0.32	349	1∶1.01∶4.86∶0.35	321	1∶1.08∶5.28∶0.38
C30			410	1∶0.72∶4.13∶0.30	373	1∶0.88∶4.55∶0.33
工作度 1～3s						
C15	299	1∶1.30∶5.59∶0.48	278	1∶1.44∶5.94∶0.51	263	1∶1.58∶6.29∶0.54
C20	371	1∶0.87∶4.46∶0.38	344	1∶1.00∶4.81∶0.41	321	1∶1.14∶5.16∶0.44
C25	458	1∶0.53∶3.61∶0.31	418	1∶0.66∶3.96∶0.34	384	1∶0.80∶4.31∶0.37
C30			493	1∶0.42∶3.36∶0.29	447	1∶0.56∶3.76∶0.32
工作度 3～5s						
C10	230	1∶1.91∶7.08∶0.67	220	1∶2.04∶7.40∶0.70	211	1∶2.16∶7.71∶0.73
C15	317	1∶1.16∶5.14∶0.48	298	1∶1.29∶5.46∶0.56	282	1∶1.41∶5.78∶0.54
C20	403	1∶0.71∶3.99∶0.37	378	1∶0.84∶4.31∶0.40	351	1∶0.96∶4.63∶0.43
C25			461	1∶0.52∶3.53∶0.33	422	1∶0.65∶3.85∶0.36
C30					494	1∶0.42∶3.30∶0.31

续表

0.5～6cm卵石；32.5级渣硅酸盐水泥

混凝土强度等级	气温5～15℃		气温15～25℃		气温25℃以上	
	水泥用量（kg/m³）	质量配合比 水泥:砂:石:水	水泥用量（kg/m³）	质量配合比 水泥:砂:石:水	水泥用量（kg/m³）	质量配合比 水泥:砂:石:水
工作度5～7s						
C10	245	1:1.74:6.54:0.67	234	1:1.87:6.83:0.70	225	1:1.97:7.12:0.73
C15	338	1:1.03:4.74:0.48	318	1:1.15:5.04:0.51	300	1:1.28:5.34:0.54
C20	435	1:0.61:3.68:0.37	403	1:0.73:3.98:0.40	374	1:0.85:4.28:0.43
C25			491	1:0.43:3.26:0.33	450	1:0.55:3.56:0.36
0.5～1cm卵石；42.5级矿渣硅酸盐水泥						
工作度10～30s						
C15	267	1:1.58:5.97:0.61	258	1:1.66:6.17:0.63	250	1:1.74:6.37:0.65
C20	330	1:1.14:4.83:0.49	317	1:1.20:5.03:0.57	305	1:1.28:5.22:0.53
C25	397	1:0.77:4.01:0.41	379	1:0.85:4.40:0.43	362	1:0.89:4.40:0.45
C30	468	1:0.51:3.40:0.35	443	1:0.59:3.60:0.37	421	1:0.67:3.78:0.39
工作度1～3s						
C15	305	1:1.18:5.13:0.60	295	1:1.25:5.30:0.62	285	1:1.33:5.49:0.64
C20	379	1:0.79:4.13:0.48	364	1:0.86:4.30:0.50	350	1:0.92:4.47:0.52
C25	457	1:0.49:3.43:0.40	435	1:0.46:3.60:0.42	415	1:0.63:3.77:0.44
C30					484	1:0.36:3.24:0.38
工作度3～5s						
C15	318	1:1.14:4.84:0.59	308	1:1.20:5.00:0.61	298	1:1.28:5.16:0.63
C20	397	1:0.74:3.88:0.47	381	1:0.81:4.04:0.49	366	1:0.88:4.20:0.51
C25	484	1:0.44:3.18:0.39	460	1:0.51:3.35:0.41	439	1:0.57:3.51:0.43
工作度5～7s						
C15	327	1:1.13:4.62:0.59	316	1:1.20:4.78:0.61	306	1:1.26:4.94:0.63
C20	408	1:0.73:3.71:0.47	391	1:0.80:3.87:0.49	376	1:0.87:4.02:0.51
C25	494	1:0.44:3.06:0.39	470	1:0.51:3.21:0.41	448	1:0.58:3.38:0.43
0.5～2cm嘉陵江卵石，42.5级矿渣硅酸盐水泥						
工作度10～30s						
C15	234	1:1.99:6.85:0.61	226	1:2.08:7.09:0.63	220	1:2.17:7.29:0.65
C20	289	1:1.45:5.55:0.49	278	1:1.54:5.77:0.51	267	1:1.64:6.00:0.53
C25	384	1:1.04:4.60:0.41	332	1:1.14:4.83:0.13	317	1:1.23:5.06:0.45
C30	411	1:0.74:3.90:0.35	389	1:0.83:4.12:0.37	369	1:0.93:4.34:0.39
工作度1～3s						
C15	267	1:1.59:5.86:0.61	259	1:1.67:6.04:0.63	251	1:1.74:6.23:0.65
C20	340	1:1.06:4.60:0.48	326	1:1.13:4.85:0.50	313	1:1.22:4.99:0.52
C25	407	1:0.73:3.84:0.40	388	1:0.81:4.05:0.42	370	1:0.89:4.22:0.44
C30	482	1:0.39:3.24:0.34	455	1:0.55:3.44:0.36	431	1:0.63:3.63:0.38

续表

0.5～2cm 嘉陵江卵石，42.5 级矿渣硅酸盐水泥

混凝土强度等级	气温 5～15℃		气温 15～25℃		气温 25℃以上	
	水泥用量（kg/m³）	质量配合比 水泥:砂:石:水	水泥用量（kg/m³）	质量配合比 水泥:砂:石:水	水泥用量（kg/m³）	质量配合比 水泥:砂:石:水
工作度 3～5s						
C15	293	1:1.36:5.25:0.59	283	1:1.44:5.43:0.61	274	1:1.52:5.61:0.63
C20	365	1:0.92:4.21:0.47	351	1:0.99:4.38:0.49	337	1:1.07:4.56:0.51
C25	443	1:0.60:3.48:0.39	421	1:0.68:3.65:0.41	402	1:0.75:3.82:0.43
C30			497	1:0.43:3.09:0.55	470	1:0.51:3.27:0.37
工作度 5～7s						
C15	310	1:1.19:4.92:0.59	300	1:1.26:5.08:0.61	296	1:1.33:5.25:0.63
C20	387	1:0.79:3.94:0.47	371	1:0.86:4.12:0.49	356	1:0.93:4.28:0.51
C25	469	1:0.49:3.25:0.39	446	1:0.56:3.42:0.41	425	1:0.63:3.59:0.43
C30					497	1:0.40:3.07:0.37
0.5～2cm 长江卵石；42.5 级矿渣硅酸盐水泥						
工作度 10～30s						
C15	234	1:1.99:7.37:0.61	226	1:2.08:7.63:0.63	220	1:2.17:7.84:0.65
C20	289	1:1.45:5.97:0.49	278	1:1.54:6.20:0.51	267	1:1.64:6.46:0.53
C25	348	1:1.04:4.95:0.41	332	1:1.14:5.19:0.43	317	1:1.23:5.44:0.45
C30	411	1:0.74:4.19:0.35	389	1:0.83:4.43:0.37	369	1:0.93:4.67:0.39
工作度 1～3s						
C15	272	1:1.53:6.22:0.60	263	1:1.65:6.44:0.62	255	1:1.70:6.64:0.64
C20	338	1:1.07:5.01:0.48	324	1:1.15:5.23:0.50	311	1:1.23:5.44:0.52
C25	407	1:0.73:4.13:0.40	388	1:0.81:4.33:0.42	370	1:0.89:4.54:0.44
C30	482	1:0.47:3.49:0.34	455	1:0.55:3.70:0.30	431	1:0.63:3.90:0.38
工作度 3～5s						
C15	293	1:1.36:5.64:0.59	283	1:1.44:5.84:0.61	273	1:1.52:6.03:0.63
C20	365	1:0.92:4.53:0.47	351	1:0.99:4.71:0.49	337	1:1.07:4.91:0.51
C25	443	1:0.60:3.73:0.39	421	1:0.68:3.93:0.41	402	1:0.75:4.11:0.43
C30			497	1:0.43:3.33:0.35	470	1:0.51:3.52:0.37
工作度 5～7s						
C15	310	1:1.19:5.27:0.59	300	1:1.26:5.46:0.61	290	1:1.33:5.65:0.63
C20	383	1:0.79:4.23:0.47	371	1:0.86:4.42:0.49	356	1:0.93:4.60:0.51
C25	469	1:0.49:3.49:0.39	446	1:0.56:3.67:0.41	425	1:0.63:3.86:0.43
C30					497	1:0.40:3.30:0.37
0.5～4cm 卵石；42.5 级矿渣硅酸盐水泥						
工作度 10～30s						
C30	382	1:0.80:4.33:0.35	362	1:0.96:4.57:0.37	343	1:1.06:4.82:0.39
C25	324	1:1.19:5.10:0.41	309	1:1.28:5.03:0.43	295	1:1.39:5.61:0.45
C20	269	1:1.62:6.15:0.49	258	1:1.74:6.41:0.51	248	1:1.84:6.67:0.53

续表

0.5～4cm卵石；42.5级矿渣硅酸盐水泥

混凝土强度等级	气温5～15℃		气温15～25℃		气温25℃以上	
	水泥用量（kg/m^3）	质量配合比 水泥:砂:石:水	水泥用量（kg/m^3）	质量配合比 水泥:砂:石:水	水泥用量（kg/m^3）	质量配合比 水泥:砂:石:水
工作度1～3s						
C30	435	1:0.53:3.59:0.34	428	1:0.61:3.80:0.36	405	1:0.70:4.02:0.38
C25	383	1:0.80:4.25:0.40	365	1:0.88:4.46:0.42	348	1:0.97:4.68:0.44
C20	371	1:1.16:5.13:0.48	304	1:1.24:5.35:0.50	292	1:1.33:5.57:0.52
C15	255	1:1.64:6.38:0.60	247	1:1.73:6.59:0.62	239	1:1.81:6.81:0.64
工作度3～5s						
C30	497	1:0.40:3.22:0.33	469	1:0.48:3.41:0.35	443	1:0.56:3.61:0.37
C25	418	1:0.66:3.83:0.39	398	1:0.73:4.02:0.41	379	1:0.81:4.22:0.43
C20	345	1:0.99:4.64:0.47	331	1:1.07:4.84:0.49	318	1:1.15:5.03:0.51
C15	276	1:1.45:5.80:0.58	267	1:1.53:5.99:0.60	259	1:1.61:6.18:0.63
工作度5～7s						
C30			497	1:0.40:3.17:0.35	470	1:0.48:3.35:0.37
C25	444	1:0.57:3.54:0.39	421	1:0.64:3.74:0.41	402	1:0.72:3.91:0.43
C20	366	1:0.88:4.30:0.47	351	1:0.96:4.48:0.49	337	1:1.03:4.67:0.51
C15	293	1:1.32:5.27:0.59	284	1:1.38:5.54:0.61	275	1:1.46:5.72:0.63
0.5～6cm卵石；42.5级矿渣硅酸盐水泥						
工作度10～30s						
C30	354	1:1.00:4.75:0.35	335	1:1.11:5.02:0.37	318	1:1.22:5.29:0.39
C25	300	1:1.35:5.60:0.41	286	1:1.46:5.88:0.43	273	1:1.57:6.16:0.45
C20	249	1:1.82:6.25:0.49	239	1:1.44:7.03:0.51	330	1:2.05:7.31:0.53
工作度1～3s						
C30	424	1:0.63:3.90:0.34	400	1:0.72:4.14:0.36	379	1:0.81:4.37:0.38
C25	358	1:0.92:4.62:0.40	340	1:1.01:4.87:0.42	325	1:1.10:5.09:0.44
C20	296	1:1.30:5.59:0.48	284	1:1.39:5.83:0.50	273	1:1.49:6.06:0.52
C15	238	1:1.83:6.95:0.60	231	1:1.91:7.16:0.62	223	1:2.01:7.42:0.64
工作度3～5s						
C30	467	1:0.49:3.49:0.33	440	1:0.57:3.70:0.35	416	1:0.66:3.92:0.37
C25	392	1:0.76:4.15:0.39	373	1:0.84:4.36:0.41	356	1:0.92:4.57:0.43
C20	323	1:1.12:5.04:0.47	310	1:1.20:5.25:0.49	298	1:1.29:5.46:0.51
C15	259	1:1.61:6.28:0.59	250	1:1.69:6.51:0.61	242	1:1.78:6.72:0.63
工作度5～7s						
C30	496	1:0.41:3.23:0.33	468	1:0.48:3.42:0.35	443	1:0.56:3.61:0.37
C25	417	1:0.66:3.84:0.39	397	1:0.74:4.03:0.41	379	1:0.82:4.22:0.43
C20	344	1:0.99:4.65:0.47	330	1:1.08:4.85:0.49	317	1:1.15:5.04:0.51
C15	276	1:1.45:5.80:0.59	267	1:1.53:5.99:0.61	258	1:1.61:6.20:0.63

续表

0.5～1cm卵石；52.5级矿渣硅酸盐水泥

混凝土强度等级	气温5～15℃		气温15～25℃		气温25℃以上	
	水泥用量（kg/m³）	质量配合比 水泥:砂:石:水	水泥用量（kg/m³）	质量配合比 水泥:砂:石:水	水泥用量（kg/m³）	质量配合比 水泥:砂:石:水
工作度10～30s						
C15	231	1:1.93:6.90:0.72	227	1:1.98:7.02:0.73	224	1:2.01:7.11:0.74
C20	283	1:1.43:5.63:0.58	278	1:1.47:5.73:0.59	273	1:1.52:5.84:0.60
C25	326	1:1.13:4.89:0.50	320	1:1.17:4.98:0.51	313	1:1.22:5.09:0.52
C30	381	1:0.83:4.18:0.43	373	1:0.87:4.27:0.44	364	1:0.92:4.38:0.45
C35	500	1:0.42:3.19:0.33	485	1:0.46:3.28:0.34	471	1:0.50:3.88:0.35
工作度1～3s						
C15	258	1:1.53:6.07:0.72	255	1:1.56:6.14:0.73	251	1:1.60:6.24:0.74
C20	323	1:1.06:4.85:0.57	317	1:1.09:4.94:0.58	312	1:1.13:5.02:0.59
C25	373	1:0.81:4.20:0.49	366	1:0.87:4.28:0.50	359	1:0.87:4.36:0.51
C30	438	1:0.55:3.58:0.42	428	1:0.58:3.66:0.43	418	1:0.62:3.75:0.44
工作度3～5s						
C15	265	1:1.52:5.81:0.72	262	1:1.52:5.81:0.72	258	1:1.58:5.97:0.74
C20	338	1:1.01:4.55:0.56	332	1:1.05:4.64:0.57	326	1:1.08:4.72:0.58
C25	402	1:0.76:3.93:0.48	384	1:0.79:4.01:0.49	376	1:0.83:4.09:0.50
C30	473	1:0.50:3.34:0.41	450	1:0.54:3.42:0.42	440	1:0.57:3.53:0.43
工作度5～7s						
C15	272	1:1.50:5.56:0.72	268	1:1.54:5.64:0.73	265	1:1.57:5.71:0.74
C20	346	1:1.01:4.37:0.56	340	1:1.04:4.45:0.57	334	1:1.08:4.53:0.58
C25	402	1:0.75:3.76:0.48	394	1:0.79:3.84:0.49	386	1:0.82:3.92:0.50
C30	473	1:0.50:3.20:0.41	462	1:0.53:3.27:0.42	451	1:0.57:3.35:0.43
0.5～2cm嘉陵卵石；52.5级矿渣硅酸盐水泥						
工作度10～30s						
C20	248	1:1.81:6.46:0.58	244	1:1.86:6.57:0.59	240	1:1.90:6.68:0.60
C25	286	1:1.47:5.61:0.50	280	1:1.52:5.73:0.51	276	1:1.55:5.83:0.52
C30	335	1:1.11:4.79:0.43	327	1:1.16:4.90:0.44	320	1:1.20:5.01:0.45
C35	439	1:0.63:3.65:0.33	426	1:0.68:3.76:0.34	414	1:0.75:3.87:0.35
工作度1～3s						
C15	231	1:1.93:6.77:0.72	227	1:1.98:6.89:0.73	224	1:2.01:6.98:0.74
C20	288	1:1.39:5.43:0.57	283	1:1.43:5.52:0.58	278	1:1.47:5.62:0.59
C25	333	1:1.09:4.70:0.49	326	1:1.13:4.80:0.50	320	1:1.17:4.89:0.51
C30	390	1:0.79:4.01:0.42	381	1:1.20:4.10:0.43	373	1:0.87:4.19:0.44
C35			500	1:0.42:3.13:0.33	485	1:0.46:3.22:0.34

续表

0.5～2cm 嘉陵卵石；52.5 级矿渣硅酸盐水泥

混凝土强度等级	气温 5～15℃		气温 15～25℃		气温 25℃以上	
	水泥用量（kg/m³）	质量配合比 水泥:砂:石:水	水泥用量（kg/m³）	质量配合比 水泥:砂:石:水	水泥用量（kg/m³）	质量配合比 水泥:砂:石:水
工作度 3～5s						
C15	244	1:1.78:6.30:0.72	241	1:1.82:6.38:0.73	238	1:1.85:6.46:0.74
C20	311	1:1.22:4.94:0.56	305	1:1.26:5.04:0.57	300	1:1.30:5.12:0.58
C25	360	1:0.94:4.27:0.48	353	1:0.98:4.35:0.49	346	1:1.02:4.44:0.50
C30	424	1:0.66:3.63:0.41	414	1:0.70:3.17:0.42	405	1:0.73:3.80:0.43
工作度 5～7s						
C15	258	1:1.58:5.91:0.72	255	1:1.61:5.98:0.73	251	1:1.65:6.07:0.74
C20	329	1:1.06:4.63:0.56	323	1:1.10:4.72:0.57	317	1:1.14:4.81:0.58
C25	381	1:0.81:3.40:0.48	371	1:0.85:4.11:0.49	366	1:0.88:4.16:0.50
C30	449	1:0.54:3.99:0.41	438	1:0.58:3.48:0.42	428	1:0.61:3.56:0.43
工作度 10～30s						
C15	248	1:1.81:6.46:0.58	244	1:1.86:6.57:0.59	240	1:1.90:6.68:0.60
C20	286	1:1.47:5.61:0.50	280	1:1.52:5.73:0.51	276	1:1.55:5.83:0.52
C25	335	1:1.11:4.79:0.43	327	1:1.16:4.90:0.44	320	1:1.20:5.01:0.45
C30	439	1:0.63:3.65:0.33	426	1:0.68:3.76:0.34	414	1:0.75:3.87:0.35
工作度 1～3s						
C15	231	1:1.93:4.97:0.72	227	1:1.98:6.89:0.73	224	1:2.01:6.98:0.74
C20	288	1:1.39:5.24:0.57	283	1:1.43:5.52:0.58	278	1:1.47:5.62:0.59
C25	333	1:1.09:5.05:0.49	326	1:1.13:4.80:0.50	320	1:1.17:4.89:0.51
C30	390	1:0.79:4.31:0.42	381	1:1.20:4.10:0.43	373	1:0.87:4.19:0.44
C35			500	1:0.42:3.13:0.33	485	1:0.46:3.22:0.34
工作度 3～5s						
C15	244	1:1.78:6.30:0.72	241	1:1.82:6.38:0.73	238	1:1.85:6.46:0.74
C20	311	1:1.22:4.94:0.56	305	1:1.26:5.04:0.57	300	1:1.30:5.12:0.58
C25	360	1:0.94:4.27:0.48	353	1:0.98:4.35:0.49	346	1:1.02:4.44:0.50
C30	424	1:0.66:3.63:0.41	414	1:0.70:3.71:0.42	405	1:0.73:3.80:0.43
工作度 5～7s						
C15	258	1:1.58:5.91:0.72	255	1:1.61:5.98:0.73	251	1:1.65:6.07:0.74
C20	329	1:1.06:4.63:0.56	323	1:1.10:4.72:0.57	317	1:1.14:4.81:0.58
C25	381	1:0.81:3.40:0.48	371	1:0.85:3.11:0.49	366	1:0.88:4.16:0.50
C30	449	1:0.54:3.39:0.41	438	1:0.58:3.48:0.42	428	1:0.61:3.56:0.43

特细砂碎石混凝土配合比 **表 15-11**

0.5~1cm 石灰岩碎石；32.5 级矿渣硅酸盐水泥

混凝土强度等级	气温 5~15℃		气温 15~25℃		气温 25℃以上	
	水泥用量（kg/m³）	质量配合比 水泥:砂:石:水	水泥用量（kg/m³）	质量配合比 水泥:砂:石:水	水泥用量（kg/m³）	质量配合比 水泥:砂:石:水
工作度 10~30s						
C15	339	1:1.33:4.18:0.57	322	1:1.45:4.40:0.60	306	1:1.57:4.63:0.63
C20	417	1:0.92:3.40:0.46	392	1:1.04:3.62:0.49	369	1:1.16:3.84:0.52
C25	495	1:0.63:2.89:0.39	460	1:0.75:3.08:0.42	429	1:0.87:3.30:0.45
C30					497	1:0.62:2.85:0.39
工作度 1~3s						
C15	388	1:0.99:3.55:0.56	368	1:1.09:3.74:0.59	350	1:1.19:3.93:0.62
C20	470	1:0.66:2.92:0.46	441	1:0.77:3.12:0.49	415	1:0.87:3.32:0.52
C25					482	1:0.62:286:0.45
工作度 3~5s						
C15	402	1:0.93:3.39:0.55	381	1:1.03:3.54:0.58	362	1:1.13:3.77:0.61
C20	489	1:0.61:2.79:0.45	458	1:0.71:2.98:0.48	431	1:0.81:3.16:0.51
C25					502	1:0.57:2.72:0.44
工作度 5~7s						
C15	413	1:0.87:3.27:0.55	391	1:0.98:3.45:0.58	372	1:1.07:3.63:0.61
C20	489	1:0.57:2.69:0.45	471	1:0.66:2.87:0.48	443	1:0.76:3.05:0.51
0.5~2cm 石灰岩碎石；32.5 级矿渣硅酸盐水泥						
工作度 10~30s						
C15	302	1:1.70:4.78:0.57	287	1:1.83:5.03:0.60	273	1:1.98:5.29:0.63
C20	372	1:1.22:3.88:0.46	349	1:1.36:4.14:0.49	329	1:1.49:4.39:0.52
C25	411	1:0.88:3.28:0.39	410	1:1.02:3.52:0.42	382	1:1.16:3.78:0.45
C30			468	1:0.76:3.09:0.37	444	1:0.87:3.25:0.39
工作度 1~3s						
C15	343	1:1.35:4.09:0.56	325	1:1.48:4.32:0.59	282	1:1.84:4.98:0.68
C20	415	1:0.97:3.38:0.46	390	1:1.09:3.60:0.49	367	1:1.21:3.83:0.52
C25	492	1:0.67:2.85:0.39	457	1:0.91:3.29:0.45	427	1:0.91:3.29:0.45
C30					495	1:0.66:2.84:0.39
工作度 3~5s						
C15	367	1:1.17:3.79:0.55	348	1:1.28:4.00:0.58	331	1:1.40:4.20:0.61
C20	347	1:0.81:3.11:0.45	419	1:0.92:3.32:0.48	394	1:1.04:3.53:0.51
C25			493	1:0.64:2.82:0.41	459	1:0.76:3.03:0.44
工作度 5~7s						
C15	385	1:1.04:3.58:0.55	366	1:1.14:3.76:0.58	348	1:1.24:3.96:0.61
C20	469	1:0.70:2.94:0.45	440	1:0.80:3.13:0.43	414	1:0.91:3.33:0.51
C25					493	1:0.62:2.79:0.43

续表

0.5～4cm石灰岩碎石；32.5级矿渣硅酸盐水泥

混凝土强度等级	气温5～15℃		气温15～25℃		气温25℃以上	
	水泥用量（kg/m³）	质量配合比 水泥:砂:石:水	水泥用量（kg/m³）	质量配合比 水泥:砂:石:水	水泥用量（kg/m³）	质量配合比 水泥:砂:石:水
工作度10～30s						
C10	222	1:2.61:6.63:0.74	213	1:2.76:6.91:0.77	205	1:2.90:7.18:0.80
C15	284	1:1.86:5.18:0.57	270	1:2.01:5.45:0.60	257	1:2.15:5.73:0.63
C20	350	1:1.35:4.20:0.46	329	1:1.49:4.47:0.49	310	1:1.65:4.75:0.52
C25	415	1:1.00:3.55:0.39	386	1:1.13:3.81:0.42	360	1:1.28:4.09:0.45
C30			441	1:0.88:3.34:0.37	418	1:0.98:3.52:0.39
工作度1～3s						
C10	252	1:2.14:5.68:0.73	242	1:2.26:5.91:0.76	233	1:2.38:6.14:0.79
C15	325	1:1.48:4.40:0.56	308	1:1.60:4.65:0.59	268	1:1.98:5.34:0.68
C20	393	1:1.07:3.64:0.46	369	1:1.20:3.88:0.49	348	1:1.33:4.11:0.52
C25	467	1:0.75:3.06:0.39	433	1:0.89:3.30:0.42	404	1:1.01:3.54:0.45
C30			495	1:0.66:2.89:0.37	469	1:0.75:3.05:0.39
工作度3～5s						
C10	273	1:1.86:5.19:0.71	262	1:2.00:5.41:0.74	252	1:2.09:5.63:0.77
C15	349	1:1.28:4.06:0.55	331	1:1.40:4.28:0.58	315	1:1.51:4.50:0.61
C20	424	1:0.90:3.34:0.45	398	1:1.01:3.56:0.48	375	1:1.13:3.78:0.51
C25			468	1:0.72:3.03:0.41	436	1:0.85:3.25:0.44
工作度5～7s						
C10	287	1:1.67:4.89:0.71	279	1:1.78:5.09:0.74	265	1:1.89:5.30:0.77
C15	367	1:1.13:3.83:0.55	348	1:1.24:4.03:0.58	331	1:1.36:4.24:0.61
C20	447	1:0.78:3.14:0.45	419	1:0.89:3.35:0.48	394	1:1.00:3.65:0.51
C25					470	1:0.69:2.99:0.43
C30					543	1:0.50:2.63:0.38

0.5～6cm石灰岩碎石；32.5级矿渣硅酸盐水泥

混凝土强度等级	气温5～15℃ 水泥用量（kg/m³）	质量配合比 水泥:砂:石:水	气温15～25℃ 水泥用量（kg/m³）	质量配合比 水泥:砂:石:水	气温25℃以上 水泥用量（kg/m³）	质量配合比 水泥:砂:石:水
工作度10～30s						
C10	208	1:2.91:7.14:0.74	200	1:3.06:7.43:0.77		
C15	267	1:2.09:5.56:0.57	253	1:2.26:5.87:0.60	241	1:2.42:6.16:0.63
C20	328	1:1.55:4.53:0.46	308	1:1.70:4.82:0.49	290	1:1.86:5.12:0.52
C25	390	1:1.15:3.81:0.39	362	1:1.31:4.10:0.42	338	1:1.46:4.39:0.45
C30			414	1:1.03:3.59:0.37	392	1:1.13:3.79:0.39
工作度1～3s						
C10	238	1:2.38:6.07:0.73	229	1:2.51:6.31:0.76	220	1:2.65:6.57:0.79
C15	307	1:1.66:4.71:0.56	292	1:1.79:4.95:0.59	253	1:2.21:5.71:0.68
C20	372	1:1.22:3.88:0.46	349	1:1.36:4.14:0.49	329	1:1.41:4.39:0.52
C25	441	1:0.88:3.28:0.39	410	1:1.02:3.52:0.42	382	1:1.16:3.78:0.45
C30			463	1:0.78:3.09:0.37	444	1:0.87:3.25:0.39

续表

0.5～6cm石灰岩碎石；32.5级矿渣硅酸盐水泥

混凝土强度等级	气温5～15℃		气温15～25℃		气温25℃以上	
	水泥用量(kg/m³)	质量配合比 水泥:砂:石:水	水泥用量(kg/m³)	质量配合比 水泥:砂:石:水	水泥用量(kg/m³)	质量配合比 水泥:砂:石:水
工作度3～5s						
C10	259	1:2.06:5.53:0.71	249	1:2.18:5.75:0.74	239	1:2.30:5.99:0.77
C15	331	1:1.44:4.32:0.55	314	1:1.56:4.56:0.58	298	1:1.69:4.80:0.61
C20	402	1:1.03:3.56:0.45	377	1:1.15:3.80:0.48	355	1:1.29:4.03:0.51
C25	479	1:0.71:2.99:0.38	444	1:0.84:3.22:0.41	414	1:0.97:3.46:0.44
C30					482	1:0.70:2.97:0.38
工作度5～7s						
C10	273	1:1.86:5.19:0.71	262	1:1.98:5.41:0.74	252	1:2.09:5.63:0.77
C15	349	1:1.128:4.06:0.55	331	1:1.40:4.28:0.58	315	1:1.51:4.50:0.61
C20	424	1:0.90:3.34:0.45	398	1:1.01:3.56:0.48	375	1:1.13:3.78:0.51
C25			480	1:0.48:2.95:0.40	447	1:0.80:3.17:0.43
0.5～1cm石灰岩碎石；42.5级矿渣硅酸盐水泥 工作度10～30s						
C15	285	1:1.74:4.92:0.68	277	1:1.82:5.12:0.70	269	1:1.90:5.27:0.72
C20	344	1:1.29:4.12:0.56	332	1:1.38:4.27:0.58	321	1:1.46:4.41:0.60
C25	404	1:0.97:3.51:0.48	388	1:1.05:3.65:0.50	373	1:1.12:3.80:0.52
C30	464	1:0.72:3.05:0.42	443	1:0.80:3.20:0.44	423	1:0.88:3.35:0.46
工作度1～3s						
C15	325	1:1.35:4.24:0.67	315	1:1.42:4.37:0.69	307	1:1.48:4.49:0.71
C20	387	1:0.99:3.56:0.56	374	1:1.06:3.68:0.58	361	1:1.13:3.81:0.60
C25	454	1:0.71:3.03:0.48	436	1:0.78:3.16:0.50	419	1:0.84:3.29:0.52
C30	521	1:0.50:2.64:0.42	497	1:0.56:2.77:0.44	476	1:0.63:2.89:0.46
工作度3～5s						
C15	336	1:1.28:4.06:0.66	326	1:1.34:4.18:0.68	317	1:1.41:4.30:0.70
C20	401	1:0.93:3.40:0.55	387	1:1.00:3.52:0.57	374	1:1.07:3.65:0.59
C25	472	1:0.66:2.89:0.47	453	1:0.72:3.01:0.49	435	1:0.79:3.13:0.51
C30					497	1:0.56:2.74:0.45
工作度5～7s						
C15	345	1:1.21:3.91:0.66	335	1:1.23:4.03:0.68	325	1:1.34:4.15:0.70
C20	412	1:0.88:3.28:0.55	398	1:0.94:3.39:0.57	384	1:1.01:3.52:0.59
C25	485	1:0.61:2.78:0.47	465	1:0.67:2.90:0.49	447	1:0.73:3.02:0.51

续表

0.5～2cm石灰岩碎石，42.5级矿渣硅酸盐水泥

混凝土强度等级	气温5～15℃		气温15～25℃		气温25℃以上	
	水泥用量（kg/m³）	质量配合比 水泥:砂:石:水	水泥用量（kg/m³）	质量配合比 水泥:砂:石:水	水泥用量（kg/m³）	质量配合比 水泥:砂:石:水
工作度10～30s						
C15	254	1:2.18:5.69:0.68	247	1:2.27:5.85:0.70	240	1:2.36:6.02:0.72
C20	307	1:1.66:4.71:0.56	296	1:1.75:4.88:0.58	286	1:1.84:5.05:0.60
C25	360	1:1.28:4.01:0.48	346	1:1.37:4.17:0.50	332	1:1.46:4.35:0.52
C30	414	1:0.99:3.49:0.42	395	1:1.08:3.66:0.44	387	1:1.17:3.82:0.46
工作度1～3s						
C15	288	1:1.77:4.88:0.67	279	1:1.86:5.03:0.69	271	1:1.94:5.18:0.71
C20	342	1:1.36:4.11:0.58	331	1:1.44:4.24:0.58	320	1:1.51:4.39:0.61
C25	402	1:1.02:3.49:0.48	386	1:1.09:3.64:0.50	371	1:1.18:3.78:0.52
C30	461	1:0.76:3.05:0.42	440	1:0.84:3.19:0.44	421	1:0.92:3.33:0.46
工作度3～5s						
C15	307	1:1.56:4.53:0.66	298	1:1.64:4.67:0.68	290	1:1.71:4.79:0.70
C20	367	1:1.17:3.79:0.55	354	1:1.24:3.92:0.57	342	1:1.32:4.07:0.59
C25	431	1:0.86:3.22:0.47	414	1:0.93:3.36:0.49	398	1:1.00:3.49:0.51
C30	497	1:0.62:2.80:0.41	474	1:0.69:2.93:0.43	453	1:0.77:3.07:0.45
工作度5～7s						
C15	322	1:1.40:4.28:0.66	313	1:1.48:4.40:0.68	304	1:1.55:4.53:0.70
C20	385	1:1.04:3.58:0.55	371	1:1.11:3.71:0.57	359	1:1.18:3.84:0.59
C25	453	1:0.74:3.04:0.47	434	1:0.81:3.17:0.49	417	1:0.88:3.30:0.51
C30			497	1:0.59:2.27:0.43	475	1:0.66:2.90:0.45
0.5～4cm石灰岩碎石；42.5级矿渣硅酸盐水泥						
工作度10～30s						
C15	269	1:1.96:5.32:0.68	232	1:2.47:6.34:0.70	226	1:2.56:6.51:0.72
C20	287	1:1.84:5.13:0.56	277	1:1.94:5.31:0.58	268	1:2.04:5.49:0.60
C25	339	1:1.41:4.34:0.48	326	1:1.50:4.51:0.50	313	1:1.60:4.70:0.52
C30	390	1:1.10:3.77:0.42	372	1:1.20:3.96:0.44	356	1:1.29:4.13:0.46
工作度1～3s						
C10	215	1:2.65:6.66:0.86	210	1:2.73:6.81:0.88	205	1:2.82:6.98:0.90
C15	273	1:1.92:5.24:0.67	265	1:2.00:5.40:0.69	257	1:2.09:5.57:0.71
C20	323	1:1.50:4.43:0.56	312	1:1.58:4.59:0.58	301	1:1.67:4.75:0.60
C25	381	1:1.12:3.76:0.48	366	1:1.31:3.91:0.50	351	1:1.29:4.08:0.52
C30	438	1:0.85:3.27:0.42	418	1:0.93:3.42:0.44	460	1:1.02:3.58:0.46

续表

0.5～4cm 石灰岩碎石；42.5 级矿渣硅酸盐水泥

混凝土强度等级	气温 5～15℃		气温 15～25℃		气温 25℃以上	
	水泥用量（kg/m³）	质量配合比 水泥:砂:石:水	水泥用量（kg/m³）	质量配合比 水泥:砂:石:水	水泥用量（kg/m³）	质量配合比 水泥:砂:石:水
工作度 3～5s						
C10	232	1:2.33:6.11:0.84	224	1:2.44:6.33:0.87	221	1:2.49:6.41:0.88
C15	292	1:1.69:4.85:0.66	283	1:1.77:5.01:0.68	275	1:1.85:5.15:0.70
C20	349	1:1.28:4.06:0.55	336	1:1.36:4.22:0.57	325	1:1.43:4.36:0.59
C25	410	1:0.94:3.46:0.47	393	1:1.03:3.61:0.49	378	1:1.10:3.75:0.51
C30	473	1:0.70:2.30:0.41	451	1:0.77:3.14:0.43	431	1:0.85:3.29:0.45
工作度 5～7s						
C10	244	1:2.12:5.75:0.84	238	1:2.20:5.90:0.86	232	1:2.28:6.05:0.88
C15	307	1:1.52:4.57:0.66	298	1:1.59:4.71:0.68	290	1:1.66:4.84:0.70
C20	367	1:1.13:3.83:0.55	354	1:1.21:4.00:0.57	342	1:1.28:4.11:0.59
C25	431	1:0.81:3.26:0.47	414	1:0.90:3.39:0.49	398	1:1.00:3.53:0.51
C30	497	1:0.59:2.82:0.41	474	1:0.66:2.96:0.43	453	1:0.74:3.10:0.45
工作度 10～30s						
C15	225	1:2.63:6.60:0.68	218	1:2.75:6.81:0.70	212	1:2.85:7.00:0.72
C20	271	1:2.05:5.48:0.58	262	1:2.15:5.66:0.58	253	1:2.26:5.87:0.60
C25	318	1:1.60:4.67:0.48	306	1:1.70:4.85:0.50	294	1:1.81:5.05:0.52
C30	366	1:1.27:4.06:0.42	350	1:1.37:4.24:0.44	334	1:1.48:4.45:0.46
工作度 1～3s						
C15	258	1:2.13:5.60:0.67	250	1:2.13:5.78:0.69	243	1:2.32:5.91:0.71
C20	307	1:1.66:4.71:0.56	296	1:1.75:4.88:0.58	286	1:1.85:5.05:0.60
C25	360	1:1.28:4.01:0.48	346	1:1.36:4.17:0.50	332	1:1.46:4.35:0.52
C30	414	1:0.98:3.49:0.42	395	1:1.07:3.66:0.44	378	1:1.17:3.82:0.46
工作度 3～5s						
C10	220	1:2.57:6.50:0.24	212	1:2.69:6.75:0.87	210	1:2.73:6.81:0.88
C15	277	1:1.88:5.17:0.66	269	1:1.96:5.32:0.68	261	1:2.05:5.48:0.70
C20	330	1:1.44:4.34:0.55	319	1:1.52:4.49:0.57	308	1:1.60:4.65:0.59
C25	389	1:1.08:3.68:0.47	373	1:1.16:3.84:0.49	358	1:1.25:4.00:0.51
C30	448	1:0.81:3.19:0.41	427	1:0.90:3.35:0.43	408	1:0.98:3.51:0.45
工作度 5～7s						
C10	232	1:2.33:6.11:0.84	226	1:2.42:6.27:0.86	221	1:2.49:6.41:0.88
C15	292	1:1.69:4.85:0.66	283	1:1.77:5.01:0.68	275	1:1.84:5.15:0.70
C20	349	1:1.28:4.06:0.55	336	1:1.36:4.22:0.57	325	1:1.43:4.36:0.59
C25	410	1:0.94:3.46:0.47	393	1:1.03:3.61:0.49	378	1:1.10:3.75:0.51
C30	473	1:0.70:3.00:0.41	451	1:0.78:3.14:0.43	431	1:0.85:3.29:0.45

续表

0.5～1cm 石灰岩碎石；52.5 级矿渣硅酸盐水泥

混凝土强度等级	气温 5～15℃		气温 15～25℃		气温 25℃以上	
	水泥用量 (kg/m³)	质量配合比 水泥:砂:石:水	水泥用量 (kg/m³)	质量配合比 水泥:砂:石:水	水泥用量 (kg/m³)	质量配合比 水泥:砂:石:水
工作度 10～30s						
C20	252	1:2.06:5.63:0.78	249	1:2.06:5.69:0.79	252	1:2.06:5.63:0.78
C25	300	1:1.60:4.73:0.65	295	1:1.64:4.81:0.66	291	1:1.68:4.87:0.67
C30	340	1:1.32:4.17:0.57	334	1:1.36:4.24:0.58	328	1:1.40:4.32:0.59
C35	390	1:1.03:3.63:0.50	382	1:1.07:3.71:0.51	375	1:1.10:3.78:0.52
C40	490	1:0.63:3.89:0.40	478	1:0.67:2.97:0.41	466	1:0.71:3.04:0.42
工作度 1～3s						
C20	287	1:1.61:4.80:0.77	283	1:1.79:4.87:0.78	279	1:1.68:4.94:0.79
C25	342	1:1.23:4.03:0.64	336	1:1.26:4.10:0.65	331	1:1.29:4.16:0.66
C30	382	1:1.01:3.66:0.57	375	1:1.05:3.67:0.58	369	1:1.08:3.73:0.59
C35	438	1:0.76:3.14:0.50	429	1:0.80:3.21:0.51	420	1:0.83:3.27:0.52
工作度 3～5s						
C20	301	1:1.50:4.53:0.75	297	1:1.53:4.59:0.76	294	1:1.76:4.64:0.77
C25	358	1:1.17:3.86:0.63	348	1:1.20:3.92:0.64	343	1:1.23:3.98:0.65
C30	396	1:0.95:3.44:0.56	389	1:0.98:3.51:0.57	392	1:1.02:3.57:0.58
C35	455	1:0.70:3.00:0.49	446	1:0.74:3.06:0.50	437	1:0.77:3.12:0.51
工作度 5～7s						
C20	308	1:1.44:4.38:0.75	363	1:1.48:4.46:0.74	306	1:1.50:4.50:0.77
C25	363	1:1.10:3.72:0.63	357	1:1.14:3.78:0.64	352	1:1.16:3.84:0.65
C30	407	1:0.89:3.32:0.56	400	1:0.93:3.38:0.57	393	1:0.96:3.44:0.58
C35	467	1:0.66:2.89:0.49	458	1:0.69:2.95:0.50	449	1:0.72:3.01:0.51
0.5～2cm 石灰岩碎石；52.5 级矿渣硅酸盐水泥 工作度 10～30s						
C20	225	1:2.54:6.42:0.78	222	1:2.59:6.51:0.79	231	1:2.45:6.25:0.76
C25	267	1:2.02:5.41:0.65	263	1:2.06:5.49:0.66	259	1:2.11:5.58:0.67
C30	303	1:1.68:4.77:0.57	298	1:1.73:4.85:0.58	293	1:2.09:4.93:0.59
C35	348	1:1.34:4.15:0.50	341	1:1.39:4.24:0.51	334	1:1.44:4.32:0.52
C40	437	1:0.88:3.31:0.40	426	1:0.93:3.39:0.41	416	1:0.97:3.47:0.47
工作度 1～3s						
C20	254	1:2.09:5.53:0.77	251	1:2.13:5.59:0.78	248	1:2.16:5.56:0.79
C25	303	1:1.63:4.63:0.64	291	1:1.67:4.71:0.65	293	1:1.71:4.79:0.66
C30	338	1:1.37:4.15:0.57	332	1:1.42:4.23:0.58	327	1:1.45:4.29:0.59
C35	388	1:1.12:3.62:0.50	380	1:1.12:3.69:0.51	373	1:1.16:3.76:0.52
C40	487	1:0.67:2.88:0.40	475	1:0.71:2.96:0.41	464	1:0.75:3.03:0.42

续表

0.5～2cm石灰岩碎石；52.5级矿渣硅酸盐水泥

混凝土强度等级	气温5～15℃		气温15～25℃		气温25℃以上	
	水泥用量（kg/m³）	质量配合比 水泥:砂:石:水	水泥用量（kg/m³）	质量配合比 水泥:砂:石:水	水泥用量（kg/m³）	质量配合比 水泥:砂:石:水
工作度3～5s						
C20	274	1:1.83:5.07:0.75	271	1:1.86:5.13:0.76	267	1:1.90:5.21:0.77
C25	323	1:1.43:4.30:0.63	318	1:1.47:4.37:0.64	313	1:1.51:4.44:0.66
C30	362	1:1.19:3.84:0.56	356	1:1.22:3.91:0.57	350	1:1.26:3.97:0.56
C35	416	1:0.91:3.34:0.49	408	1:0.95:3.41:0.50	400	1:0.99:3.48:0.51
C40			512	1:0.57:2.72:0.40	500	1:0.60:2.78:0.41
工作度5～7s						
C20	288	1:1.65:4.78:0.75	284	1:1.68:4.85:0.76	280	1:1.72:4.92:0.77
C25	339	1:1.28:4.06:0.63	334	1:1.32:4.12:0.64	329	1:1.31:4.19:0.65
C30	380	1:1.06:3.62:0.56	373	1:1.09:3.69:0.57	367	1:1.13:3.75:0.58
C35	436	1:0.80:3.16:0.49	428	1:0.83:3.22:0.50	419	1:0.87:3.29:0.51

第四节　特细砂高强混凝土

在我国缺少中、粗砂的重庆、河南等地，很早就已开始研究使用特细砂配制普通混凝土的工作，近年来发展很快。究竟特细砂是否可以配制高强混凝土？近年来，有关单位采用加减水剂NNO作为提高特细砂混凝土强度的主要措施，研究配制出高强度的特细砂混凝土。

一、减水剂NNO的增强机理

如前所述，特细砂颗粒小，因而空隙率和比表面积大。用特细砂配制高强度混凝土，为了满足坍落度要求，务必增加用水量，而这样做的结果，势必要影响混凝土的密实度，欲获得高强度混凝土的目的就很难达到。为保持相应的水灰比，增加水泥用量，既不经济，又易收缩、开裂，还影响混凝土的强度。若采用掺NNO减水剂的办法，即能较好地解决此问题。

NNO是一种表面活性剂，加入混凝土中能对水泥颗粒起吸附—扩散作用，从而把包裹在水泥凝聚体中的游离水分释放出来，使水泥得到充分水化。由于NNO有这种表面活化作用，在混凝土中掺用后，可以减少用水量，降低水灰比，改善混凝土的和易性，提高密实度和强度，使混凝土具有早强、高强效果。由于减少了用水量，大大减少了混凝土硬化过程中多余水分蒸发所留下的毛细孔，使结构更加密实。因此，掺用NNO减水剂的特细砂高强混凝土的后期强度、抗掺性、抗腐蚀性、抗冻性等都有所提高，其耐久性能也较好。

二、参考配合比

特细砂高强混凝土的参考配合比见表15-12。

特细砂高强混凝土参考配合比 表 15-12

混凝土强度等级	水泥强度等级及品种	混凝土用料配合比（kg/m³）				水灰比 $\left(\frac{W}{C}\right)$	NNO 掺量（%）	坍落度（cm）或工作度（s）	抗压强度（MPa）	
		水泥	砂	石子	水				7d	28d
C35	42.5 级矿渣水泥	445	387	1450	165	0.37	0.7	3.5cm	30.1	42.2
C35	42.5 级矿渣水泥	408	433	1450	163	0.40	0.7	11.0cm	30.6	46.9
C35	42.5 级矿渣水泥	408	433	1450	163	0.40	0.7	3.0cm	30.7	42.2
C35	42.5 级普通水泥	445	387	1450	147	0.33	0.7	4.0cm	46.7	50.0
C35	42.5 级普通水泥	445	387	1450	151	0.34	0.7	10.0cm	43.5	45.8
C40	42.5 级普通水泥	500	410	1380	180	0.36	1.0	10s	35.6	48.9
C40	42.5 级普通水泥	500	410	1380	150	0.30	1.0	5s	—	53.8
C40	42.5 级普通水泥	500	410	1380	160	0.32	1.0	15s	46.7	59.9
C40	42.5 级普通水泥	482	327	1450	154	0.32	1.0	4.0cm	—	50.0
C40	42.5 级普通水泥	500	410	1380	120	0.24	1.0	7s	—	50.9
C40	42.5 级矿渣水泥	482	327	1450	159	0.33	1.0	3.0cm	39.8	47.7

三、施工要点

在试验中掺入占水泥质量 0.7% ~ 1.0% 的减水剂，即可取得理想的效果。但在使用 NNO 减水剂配制特细砂高强混凝土时，应注意以下几个问题：

（一）配制与成型

（1）水泥强度等级要高出欲配制混凝土强度 10MPa 以上，最高水泥用量不得超过 500kg/m³。想要降低水泥用量，可采取如下措施：

①采用低砂率。

②改善骨料级配，采用三级（45∶20∶35）碎石。

③掺加用砂量 1%左右的 0.5cm 以下的石粉，可增加混凝土中粉料的数量。

（2）特细砂混凝土拌合物的黏度大，宜采用机械拌合、机械捣固。拌合时间应比采用中、粗砂时延长 1 ~ 2min。用特细砂混凝土浇筑防护门等时，成型时应进行两次抹面，以提高表层的密实度。

（3）特细砂中一般含泥量较大，在配制高强混凝土时，应将砂中泥土、杂质冲洗干净，含泥量不得高于 1%。

（二）养护工艺

（1）配制高强混凝土，水泥用量大，产生的水化热比较大。因此，要特别加强早期养护，养护时间不能少于 7d，最好为 15d 左右。

（2）养护期内要始终保持混凝土表面湿润，以防止混凝土干裂。

（三）动荷载试验

高强度混凝土多用于承受核爆炸冲击波作用的防护结构中，混凝土产生快速变形，从开始变形到达最大值的时间一般约为 0.01 ~ 0.1s。因此，掺加 NNO 用特细砂配制高强混凝土，还应作动载试验。试验结果见表 15-13。

动荷载试验结果 表 15-13

组　别	28d 抗压强度（MPa）	加载到破坏时间（s）	75d 抗压强度（MPa）	强度提高值（K）
1	36.8	静 130～240 快速 0.01	48.0 62.5	1.30
2	47.7	静 130～240 快速 0.01	58.5 72.5	1.24

试验破坏时的极限变形为 1650～1800μm。快速加荷下的极限变形值与静载时无显著差异。得出强度提高比值分别为 1.30 和 1.29，说明特细砂混凝土的动载性能还是好的。有关单位建议在实际应用中考虑提高强度 20%，即取强度提高值 $K=1.20$ 为宜。

第五节　特细砂掺中砂混凝土

在混凝土配合比的其他材料都确定的情况下，将特细砂与中砂掺合使用，改善特细砂的级配，使之符合普通混凝土用砂质量标准。这对于盛产特细砂的地区，为克服砂源不足，尤其是在中砂价格偏高的情况下，配制出质量稳定的混凝土，提高经济效益，有重要意义。

一、配合比设计

特细砂与中砂掺合配制混凝土，其配合比设计的具体方法如下：

（1）在混凝土工程施工前由试验室将所有混凝土原材料进行试验。

（2）将特细砂与中砂选用 3 个方案进行试配掺合，使其混合砂的细度模数（M_X）为 1.6～2.2 范围内。

（3）根据混凝土原材料的各项技术指标进行混凝土配合比设计和试配工作，使其混凝土的各项技术指标符合设计要求；

（4）确定施工配合比。

二、工程实例

如 1992 年 10 月某公司承建的黄海饭店工程，承台的混凝土强度设计等级为 C20，所使用的细骨料如表 15-14 所示。

特细砂掺中砂方案比较 表 15-14

筛尺寸（mm）	累计筛余率（%）				
	甲砂	乙砂	第一方案 甲砂 20%＋乙砂 80%	第二方案 甲砂 50%＋乙砂 50%	第三方案 甲砂 70%＋乙砂 30%
5.00	0	3	$0\times0.2+3\times0.8=2.4$	$0\times0.5+3\times0.5=1.5$	$0\times0.7+3\times0.3=0.9$
2.50	0	10	$0\times0.2+10\times0.8=8.0$	$0\times0.5+10\times0.5=5.0$	$0\times0.7+10\times0.3=3.0$
1.25	0	30	$0\times0.2+30\times0.8=24$	$0\times0.5+30\times0.5=15$	$0\times0.7+30\times0.3=9.0$
0.63	1	55	$0\times0.2+55\times0.8=44.2$	$0\times0.5+3\times0.5=1.5$	$1\times0.7+55\times0.3=17.2$
0.315	10	83	$0\times0.2+83\times0.8=68.4$	$1\times0.5+55\times0.5=28$	$10\times0.7+83\times0.3=3169$

续表

筛尺寸（mm）	累计筛余率（%）				
	甲砂	乙砂	第一方案	第二方案	第三方案
			甲砂 20% + 乙砂 80%	甲砂 50% + 乙砂 50%	甲砂 70% + 乙砂 30%
0.16	84	97	$84\times0.2+97\times0.8=94.4$	$10\times0.5+83\times0.5=465$	$87\times0.7+97\times0.3=87.9$
0.08	100	100	$100\times0.2+100\times0.8=100$	$84\times0.5+97\times0.5=90.5$	$100\times0.7+100\times0.3=100$
细度模数 M_x	0.95	2.68	2.33	$100\times0.5+100\times0.5=100$	1.48
级配评定	特细砂级配很差	中砂符合二级配区	中砂符合二级配区	细砂比第三级配区偏细	特细砂

在表15-13中，甲砂为特细砂，细度模数（M_x）为0.95，该砂的级配很差；乙砂为中砂，细度模数（M_x）为2.68，该砂的级配良好，在第二级配区内。为了调整特细砂的颗粒级配，将特细砂和中砂按不同比例进行了试配。

（一）配比试配方案

(1) 第一种方案是按甲砂 20% + 乙砂 80%，配合后的混合砂的细度模数（M_x）为2.33，仍可评定为中砂。

(2) 第二种方案是按甲砂 50% + 乙砂 50%，配合后的混合砂的细度模数（M_x）为1.80，可评定为细砂。

(3) 第三种方案是按甲砂 70% + 乙砂 30%，配合后的混合砂的细度模数（M_x）为1.48，仍可评定为特细砂。

（二）级配评定

从以上三个方案比较可知：第一方案虽然混合砂的级配较好，但特细砂的掺量太少，不经济。第三方案的混合砂中特细砂掺量大，但混合砂的颗粒级配仍很差。在实际施工时选用了第二方案的混合砂作为混凝土配合比用砂，这样仍可直接按《普通混凝土配合比设计规程》（JGJ55—2000）标准进行配合比设计，经试配及调整施工配合比确定为1:0.61:2.24:4.76（水泥:水:混合砂:石子）。该配合比每立方米混凝土的水泥用量为279kg，砂率为32%。该工程混凝土承台施工时留置了18块试块，其混凝土试块28d抗压强度试验结果合格，该批混凝土的强度完全满足设计要求，从而降低工程造价，取得了较好的经济效益。

第六节　如何配制特细砂高性能混凝土

高性能混凝土是当今混凝土技术发展的一大趋势。目前国内外配制高性能混凝土绝大多数采用中砂，而我国的特细砂资源丰富，几乎遍布全国各地，如长江、黄河、珠江等流域的河砂，西北和新疆等地的风积砂，因此，推广应用特细砂高性能混凝土就很有必要，以做到就地取材，降低材料费用，在国内很多地区，都具有显著的经济效益。

我国从上世纪50年代就开始了利用特细砂配制混凝土的研究与应用，取得了巨大的成绩与经济效益，然而，目前大量应用的仍是C40以下的特细砂混凝土。而如按现有的观念，高性能混凝土对原材料的质量要求却很高。在特细砂混凝土中，以30%粉煤灰、

30%磨细矿渣等量取代水泥，并采用高效减水剂、高效塑化剂，制得了坍落度为24.5cm，28d抗压强度达63.3MPa的不振捣密实混凝土。

特细砂配制高性能混凝土所遵循的技术路线仍是硅酸盐水泥+高效减水剂或塑化剂+矿物掺合料（粉煤灰磨细矿渣、硅灰、稻壳灰等），但仍具有一些特色。

一、配制特细砂混凝土的技术路线

（一）特点

由特细砂配制混凝土具有以下特点：

1. 特细砂颗粒细，比表面积大

用特细砂配制混凝土，在拌制相同稠度的混凝土拌合料时，单位用水量比同等条件下的中、粗砂多，而水泥用量相同时，必须增大混凝土的水灰比，导致强度降低。

2. 空隙率大

特细砂空隙率大，需要填充砂子空隙的水泥净浆量就多，故导致水泥用量明显增大。

3. 细颗粒多

用特细砂配制混凝土，拌合物黏滞性大，黏聚性较强，需增大水泥浆量以获得相同的流动性。

4. 水泥用量大

由于特细砂混凝土中水泥用量大，导致收缩与徐变增大，引起预应力损失。

（二）配制理论

针对特细砂存在的问题，我国学者曾提出低砂率、低流动性及控制水泥强度等级与混凝土设计强度比值三个方面配制特细砂混凝土的理论。

1. 低砂率

即比用一般粗、中砂的砂率低。石子用量相对增加，加强骨架作用，提高混凝土强度；砂子越细，石子间的砂浆层厚度可以减薄。因此，净浆量减少，用砂量也随之减少。

2. 低流动性

特细砂的颗粒细，比表面积大，拌和用水有相当多的部分被砂的表面所吸附，显得水泥浆干稠；但通过振动，能释放自由水，改善混凝土和易性，满足施工要求。若配制塑性混凝土，必须增大用水量和增加水泥用量，降低混凝土的性能，因此提出低流动性理论。

3. 控制水泥强度等级与混凝土强度等级的比值

规定水泥强度等级宜比混凝土强度等级高C10且不低于C30，以减少水泥用量，起到提高和保证混凝土质量的效果。

（三）改善混凝土性能的途径

这些理论具有一定的合理性，然而高性能混凝土的发展不能墨守成规。特细砂比表面积大、空隙率大、级配较差的缺点，对配制高性能混凝土非常不利。但将特细砂应用于高性能混凝土也具有良好的一面，从材料本身来看，高流动性混凝土中微粉量高达450～650kg/m^3，因此可以将特细砂中的微粉作为粉体的一部分，并且特细砂混凝土拌合物还具有黏聚性好、不易分离、泌水少、易密实性好的优点。通常可以通过以下途径改善特细砂混凝土性能。

（1）掺加石屑或中砂，或特细砂和中砂按一定比例混合使用，改善特细砂的颗粒级配，降低空隙率和比表面积。

（2）采用高效减水剂、高效塑化剂或复合减水剂，大幅度减少混凝土用水量。

（3）掺入混合材，如火山灰、硅灰、稻壳灰、磨细炉渣，大掺量粉煤灰，以节约水泥、加速水泥水化、改善混凝土性能、提高混凝土强度。特别是利用优质粉煤灰。品质优良的粉煤灰，颗粒细，玻璃微珠含量高，具有较高活性，掺用优质粉煤灰不增加混凝土用水量或许还可以减少用水量，可显著改善拌和混凝土的和易性和硬化混凝土的物理力学性能。

（4）采用低热微膨胀水泥或加入膨胀剂以补偿特细砂混凝土的收缩。

二、最佳砂率选择

砂率影响新拌混凝土的工作度，因为砂率的变动会使骨料的表面积和空隙率发生变化。砂率过大、过小都对混凝土的工作度产生不良影响，特别是特细砂，由于其表面积大，影响更显著。选择最佳砂率，必须考虑对混凝土流动性的影响。

试验以一特定的配合比，仅调整砂率，以确定砂率对流动性的影响。表 15-15 即为特细砂砂率与混凝土流动性的关系。采用重庆渠江产的特细砂，细度模数为 $M_x=1.2$。

特细砂砂率与流动性的关系　　**表 15-15**

编号	水泥用量 C（kg/m^3）	用水量 W（kg/m^3）	水灰比（W/C）	砂率（%）	坍落度（cm）	扩展值（cm）
1	550	165	0.3	24	24.6	61.5/64.0
2	550	165	0.3	25.7	23.5	61.2/55.4
3	550	165	0.3	27	23.4	55.5/57.2
4	550	165	0.3	28.4	21.5	46/46
5	550	165	0.3	30	19.7	38/36.2
6	550	165	0.3	31	19.3	34/33.4

试验结果表明，砂率从 24%增至 31%，坍落度、扩展度均随砂率增大而减小，从试验现象上看，24%的低砂率虽然坍落度、扩展度较大，但有增大离析和跑浆的倾向；随着砂率的增大，新拌混凝土的保水性和黏聚性不断增大。当砂率调到 36%时，拌合物搅拌困难，外表干涩，用于泵送，可能缺乏足够的砂浆润湿而出现堵管。如果不振捣，则由于粘聚性过大，阻碍了混凝土中气泡的溢出而影响混凝土的强度及耐久性。研究表明，特细砂流态混凝土砂率增加，塑性黏度增加，屈服应力增加，屈服应力有极小值，此时的砂率为最佳砂率。砂率的增加、粗细骨料比表面之和增加、内聚力增大，层流运动时层与层之间的动摩擦力增大，致使塑性黏度增加，因而显现出扩展度随砂率增加而减小。最佳砂率是屈服应力 τ_0 和塑性黏度 η_{p1}的函数，即 $S_{\rho(最佳)}=f$（τ_0、η_{p1}）。实验证明，当砂率高时，则反之，最佳砂率应是协调这两种矛盾的结果。

试验结果认为，在此试验条件下，最佳砂率在 26%～28%之间。应当注意，最佳砂率的选择受如下因素的影响：

①骨料的料径：骨料的最大粒径增大，砂率降低；

②粗骨料的种类，碎石混凝土的砂率，比卵石混凝土的大；

③细骨料的粗细程度：用细砂的砂率，较粗砂的小；

④水泥用量增大，砂率低；

⑤此外，外加剂与混合材掺量、水泥性能也影响最佳砂率。

三、高效减水剂的适宜掺量及复合效果

外加剂的掺量与砂、石、水泥及水的用量相比虽然很少，但却显著地影响着混凝土的技术性能（如和易性、强度、含气量、凝结时间等）及使用效果。各种外加剂均有其适宜的掺量，若掺量过小，效果就不显著，但若掺量过大，不仅不经济而且还可以造成事故。

每一种外加剂都有其适宜的掺量，其原因在于水泥颗粒吸附减水剂量达到极限吸附以后，减水剂对这一体系达到临界胶束浓度，不再降低水的表面张力，也不降低水与水泥粒子间的界面张力，水泥粒子对于减水剂的适宜掺量与其饱和点相对应，掺用超过饱和点时的高效减水剂剂量是没有好处的。在混凝土中表现为水泥浆与骨料开始离析。

国内外的许多研究表明，外加剂的适当复合使用可以取得良好的综合效果。另外，在暑期施工或为了延缓混凝土的坍落度损失，应用中常常将高效减水剂与缓凝外加剂复合使用。

因此，试验对特细砂混凝土的高效减水剂和适宜掺量及其与木钙复合的效果进行了研究。结果见表15-16所示。

外加剂掺量及复合对混凝土性能的影响　　表15-16

编号	配合比 C：F：B：W：S：G	外加剂品种及掺量（%）	水胶比	砂率（%）	流动性（cm）		抗压强度（MPa）		
					坍落度	扩散度	3d	7d	28d
H_1	1：0：0：0.328：0.827：2.245	FDN1.0	0.328	27	21.2	56.0/48.0	50.3	—	69.7
H_2	1：0：0：0.318：0.827：2.245	FDN2.0	0.317	27	21.5	58.0/50.0	49.6	—	63.6
H_3	1：0：0：0.298：0.827：2.245	FDN2.0 木钙 0.15	0.298	27	21.5	59.0/50.5	48.7	—	63.6
H_4	1：0：0：0.296：0.827：2.245	FDN2.0 木钙 0.3	0.296	27	21.0	46.0/52.0	43.9	—	63.6
D_2	0.4：0.3：0.3：0.30：0.827：2.245	FDN1.5	0.30	27	25.3	60.0/68.0	0.68	1.59	31.6
CL-1	0.4：0.3：0.3：0.285：0.827：2.245	FDN0.5	0.285	27	4.8	—	24.0	41.0	56.2
CL-2	0.4：0.3：0.3：0.285：0.827：2.245	FDN1.0	0.285	27	24.5	69.0/68.0	30.0	42.8	60.6
CL-3	0.4：0.3：0.3：0.285：0.827：2.245	FDN1.5	0.285	27	24.5	67.7/68.7	28.7	43.9	66.7
CL-4	0.4：0.3：0.3：0.285：0.827：2.245	FDN2.0	0.285	27	25.0	68.8/66.9	27.1	42.8	66.9

注：C为水泥；F为粉煤灰矿渣；W为水；S为石子；B为矿渣；C为石子。

试验结果表明，在混凝土中，大量掺加高效减水剂，无论对早期强度还是后期强度都不利。对于木钙，大量的实践证明其适宜的掺量在0.3%以下。复合外加剂试验结果表

明，掺入低剂量的木钙，虽然能在保持坍落度不变的基础上，进一步降低水灰比，并由于其具有减少泌水性而对流动性有利，但其降低早期强度是肯定的。对后期强度也几乎没有提高；另外，当木钙的掺量由0.15%变动到0.3%，水灰比可降低，早期强度也进一步降低，后期强度变化不大，外加剂适宜掺量的试验说明，在 D_2 配合比的条件下，1.5%的FDN过量，表现为水泥浆流动性过度，不能维持粗、细骨料稳定地悬浮，出现严重的离析与泌水，并进而造成强度的降低；特细砂混凝土中高效减水剂的用量通常可取为1.0%～1.5%，也就是说要比普通混凝土的略高。

四、工程实例

在配制特细砂高性能自密实混凝土的过程中，试验确定了一级低水泥用量大掺量粉煤灰的特细砂高性能混凝土配合比，结果见表15-17，从中亦可说明配制特细砂高性能混凝土 的一般方法。

特细砂高性能混凝土配合比　　表15-17

编号	配合比	外加剂品种及掺量（%）	水胶比	砂率（%）	流动性（cm）		强度（MPa）	
	水泥：磨细矿渣：水：砂：石子				坍落度	坍落度流动	3d	28d
H_1	0.4:0.3:0.286:0.827:2.245	（FDN）1.0	0.285	27	24.5	64.0/63.0	46.4	65.3

五、结束语

配制特细砂高性能混凝土的技术关键仍是新型高效减水剂及超细矿物掺合料，除此之外，最佳砂率、适宜的减水剂及其掺量值得注意：

（1）砂率对新拌混凝土工作性能影响显著，特细砂混凝土随砂率增大（24%～31%），坍落度、扩展度减小，而保水性、黏聚性增大，因此，其最佳砂率应为屈服力 τ_0 和塑性黏度 η_{pl}的函数，即 $\mu_{f(最佳)}=f(\tau_0、\eta_{pl})$。特细砂高性能混凝土应采用低砂率，其砂率不宜超过30%。

（2）外加剂有一适宜掺量，当掺量达到一定值时，进一步增大掺量对流动性改善不再明显，大量掺加减水剂可能导致离析，对早期引起严重缓凝，低剂量虽对流动性有利，但降低早期强度，对后期强度影响甚微。将木钙应用于高性能混凝土应当慎重，特细砂混凝土中的高效减水剂用量较普通混凝土的为高。

第十六章 轻骨料混凝土

(lightweight aggregate concrete)

第一节 概 述

一、定义及分类

(一) 轻骨料混凝土的定义

用轻粗骨料、轻细骨料(或普通砂)、水泥胶凝材料和水配制而成的混凝土,其堆密度不大于 1900kg/m^3 者,称之为轻骨料混凝土。轻骨料混凝土一般用水泥胶凝材料,但有时也用石灰、石膏作胶凝材料。

轻骨料混凝土与普通混凝土不同之处,在于骨料中存在着大量空隙,也正因如此,才赋于其许多优越的性能。轻骨料混凝土具有轻质、高强、保温和耐火等性能特点,并且变形性能良好,弹性模量较低,在一般情况下,其收缩和徐变也较大。

虽然多孔轻骨料的强度低于普通骨料,但是由于轻骨料的孔隙在拌合料搅拌时具有吸水作用,造成轻骨料颗粒表面的局部低水灰比,增加了骨料表面附近水泥石的密实性。同时,因轻粗骨料表面粗糙且具有微孔,提高了轻骨料与水泥石的粘结力。这样,在骨料周围形成了坚强的水泥石外壳,约束了骨料的横向变形,使得骨料在混凝土中处于三向受力状态,从而提高了骨料的极限强度,使得轻骨料混凝土的强度与普通混凝土接近。

轻骨料混凝土的强度等级是按《轻骨料混凝土技术规程》(JGJ 51—2002)的有关规定,制作边长为 15cm×15cm×15cm 的立方体试件,在标准养护条件下(温度 20±3℃,相对湿度>90%)养护 28d 后测得的混凝土平均极限抗压强度。其强度等级划分为:LC5.0、LC7.5、LC10、LC15、LC20、LC25、LC30、LC40 和 LC50、LC55、LC60 等。

(二) 轻骨料混凝土分类

轻骨料混凝土种类繁多,一般有以下三种分类方法。

1. 按粗骨料分类

轻骨料混凝土按粗骨料的品种划分,见表 16-1。

轻骨料混凝土按粗骨料品种分类 **表 16-1**

类 别	粗骨料品种	轻骨料混凝土		
		名 称	密度(kg/m^3)	抗压强度范围(MPa)
天然轻骨料混凝土	浮石 火山渣 多孔凝灰岩	浮石混凝土 火山渣混凝土 多孔凝灰岩混凝土	1200~1800	15.0~20.0

续表

类别	粗骨料品种	轻骨料混凝土		
		名称	密度（kg/m^3）	抗压强度范围（MPa）
工业废料轻骨料混凝土	炉渣 碎砖 自然煤矸石 膨胀矿渣珠	炉渣混凝土 碎砖混凝土 自然煤矸石混凝土 膨胀矿渣珠混凝土	1600～1800	20.0～30.0
	粉煤灰陶粒	粉煤灰陶粒混凝土	1600～1800	40.0～50.0
人造轻骨料混凝土	膨胀珍珠岩	膨胀珍珠岩混凝土	800～1400	10.0～20.0
	页岩陶粒 黏土陶粒	页岩陶粒混凝土 黏土陶粒混凝土	800～1400	30.0～50.0

2. 按细骨料分类

轻骨料混凝土按细骨料品种划分，见表16-2。

轻骨料混凝土按细骨料品种分类 **表16-2**

混凝土名称	细骨料品种
全轻混凝土	细骨料全部用轻砂，如粉煤灰砂、岩砂与陶砂等
砂轻混凝土	细骨料部分或全部采用普通砂

3. 按用途分类

轻骨料混凝土按用途划分，见表16-3。

轻骨料混凝土按用途分类 **表16-3**

类别	混凝土名称	混凝土强度等级	混凝土密度范围（kg/m^3）	用途
1	保温轻骨料混凝土	LC5	≤800	主要用于保温的围护结构或热工构筑物
2	结构保温轻骨料混凝土	LC5.0 LC7.5 LC10 LC15	800～1400	主要用于既承重又保温的围护结构
3	结构轻骨料混凝土	LC15 LC20 LC25 LC30 LC40 LC50 LC55 LC60	1400～1900	主要用于承重的配筋构件或构筑物

二、发展概况

(一) 国外发展概况

在国外，生产和使用人造轻骨料已有 70 多年历史。其中轻骨料混凝土应用最广泛的国家是美国，20 世纪 70 年代初轻骨料年产量就达 1800 万 m^3，并且每年以 5% ~ 8% 的速率递增。轻骨料的质量也不断提高，使轻骨料混凝土越来越多用于承重结构。1969 年美国就用轻骨料混凝土建成了高 218m、52 层的休斯敦贝壳广场大厦。

黏土陶粒早在 1918 年就研制成功，1928 年进行工业生产。1959 年丹麦首先生产超轻陶粒，是当今世界上人均年产量最多的国家。前苏联 1955 年在莫斯科建成第一个黏土陶粒中间试验厂。以后发展迅速，现成为世界上最大的人造轻骨料国家。

世界各国天然轻骨料的总产量约为 2800 万 m^3，约占轻骨料总产量的 25%，德国和日本是当今世界上天然轻骨料产量最高的国家。

(二) 国内发展概况

我国轻骨料的年产量约为 100 多万立方米。中国建筑科学研究院编制了《轻骨料混凝土技术规程》(JGJ 51—2002)，为我国轻骨料及轻骨料混凝土的发展创造了条件。目前，我国已经能够用国产的粉煤灰陶粒、黏土陶粒和页岩陶粒配制 C30 以上的高强度轻骨料混凝土。随着建设事业的发展，轻骨料混凝土的应用将更加广泛。

国内研制轻骨料始于 1956 年。1958 年前后许多地区试制和生产黏土陶粒、页岩陶粒和粉煤灰陶粒。1966 年天津建成第一个年产 5 万 m^3 粉煤灰陶粒厂。截止 1980 年，全国已建成的各种人造轻骨料工厂共 27 个，年产量约为 57 万 m^3。

1982 年，新疆维吾尔族自治区建筑科学研究院研制成功了堆积密度小于 400kg/m^3 的超轻黏土陶粒，抚顺市红砖一厂也研制出堆积密度小于 500kg/m^3 超轻页岩陶粒。

轻骨料混凝土在我国应用较晚。1958 年在北京建成第一栋轻骨料混凝土装配式大板试点建筑。1965 ~ 1968 年，上海在 12 万 m^3 的装配式工业和民用建筑中应用了陶粒混凝土板板材。天津的应用范围更广泛，多数预制构件都用陶粒混凝土，特别是楼板中应用得最多。截止 1980 年，辽宁省在全装配大板、滑升模板、现浇墙板、空心砌块等建筑中，已用了约 12 万 m^3 轻骨料混凝土，总建筑面积达 50 万 m^2。近年来，轻骨料在小型空心砌块方面，亦得到了愈来愈广泛的应用。

第二节 轻 质 骨 料

凡堆积密度小于 1200kg/m^3 的多孔骨料，称为轻骨料。

一、轻骨料种类

(一) 按粒径大小分类

轻骨料包括轻粗骨料和轻细骨料（又称轻砂）。

1. 轻细骨料

粒径小于 5mm，其松堆密度小于 1200kg/m^3 者，称为天然轻细骨料；堆积密度小于 1100kg/m^3 者，称为人造轻细骨料。

2. 轻粗骨料

粒径不小于 5mm，最大堆积密度小于 1000kg/m^3 者，称为轻粗骨料。

（二）按原材料来源分类

1. 天然轻骨料

由火山爆发或生物沉积形成的天然多孔岩石加工而成。如浮石、火山渣、火山凝灰岩、多孔石灰岩等及其轻砂。

2. 工业废料轻骨料

以粉煤灰、矿渣、煤矸石等工业废料为原料，经过加工而成的多孔轻骨料，如粉煤灰陶粒、膨胀矿渣珠、自然煤矸石、煤渣、炉下灰等及其轻砂。

3. 人造轻骨料

以黏土、页岩、板岩或某些有机材料为原材料（以地方材料为主）经加工而成的多孔材料。如页岩陶粒、黏土陶粒、膨胀珍珠岩、沸石岩轻骨料、聚苯乙烯泡沫轻骨料等。

（三）按材料的属性分类

1. 无机轻骨料

天然或人造无机硅酸盐类的多孔材料，如浮石、火山渣等天然轻骨料和各种陶粒、矿渣等人造轻骨料。

2. 有机轻骨料

天然或人造的有机高分子多孔材料，如木屑、碳珠、聚苯乙烯泡沫轻骨料等。

二、轻骨料的性能及影响因素

（一）轻骨料的性能

为配制具有一定强度、堆积密度和工作度或具有其他特定性质的轻骨料混凝土，首先必须了解轻骨料本身的性质，才能掌握轻骨料对轻骨料混凝土性能的影响。

1. 骨料颗粒密度

轻骨料的颗粒密度，系给定数量轻骨料的重量与颗粒所占体积之比值。该体积包括颗粒内部的孔隙，但不包括颗粒之间的空隙。颗粒密度又根据骨料含水状态，分为绝干状态密度和表干状态密度。轻骨料吸水一般持续较长时间，在短时间内是不能够达到面干而内部饱和状态的。因此，求面干颗粒密度的吸水时间，国外一般定为24h或28h，而我国定为1h。

颗粒密度取决于材料的表观密度和材料内部的孔隙量，颗粒密度随骨料粒径变化。粒径小时，颗粒密度较大，这是由于粒径较小的颗粒内部孔隙含量较少的缘故。因此，颗粒密度越大，强度也越高。颗粒密度能较好地反映轻骨料的强度。

颗粒密度对轻骨料混凝土的堆积密度和强度有很大影响。一般情况下，轻骨料颗粒密度越大，用其配制的混凝土强度也越大，堆积密度也相应的增加。

2. 堆积密度

堆积密度表示轻骨料在某一级配条件下自然堆聚状态时单位体积的重量。该体积包括颗粒之间的空隙和颗粒内部的孔隙。它取决于轻骨料的颗粒密度、粒径、级配和粒形。一般情况下，堆积密度为颗粒密度的$\frac{1}{2}$。

堆积密度不仅能反映轻骨料的强度，且能反映骨料的颗粒密度、粒形、级配、粒径等变化。国家规定，按堆积密度对轻骨料进行分类：粗骨料按堆积密度分为8个等级；轻砂按堆积密度分为8个等级（表16-4）。

轻骨料堆积密度（kg/m³） **表 16-4**

轻粗骨料		轻砂		轻粗骨料		轻砂	
密度等级	堆积密度范围	密度等级	堆积密度范围	密度等级	堆积密度范围	密度等级	堆积密度范围
300	210~300	500	410~500	700	610~700	900	810~900
400	310~400	600	510~600	800	710~800	1000	910~1000
500	410~500	700	610~700	900	810~900	1100	1010~1100
600	510~600	800	710~800	1000	910~1000	1200	1110~1200

3．颗粒级配

骨粒颗粒大小的搭配称为级配。级配的均匀性对混凝土的工作性和强度都有极大的影响。由于受生产和管理水平的限制，我国有关国标对轻粗骨料级配的规定只控制最大、最小和中间粒级的含量及其空隙率。其指标详见表 16-5 和表 16-6。

关于轻粗骨料颗粒级配的规定 **表 16-5**

品种名称	粒级划分（mm）	粒型	不同筛孔累计筛余（按质量%计）				空隙率（%）
			D_{min}	$\frac{1}{2}D_{max}$	D_{max}	$2D_{max}$	
粉煤灰陶粒	5~10 10~15 15~20	圆球型	≥90	30~70 （特级品）	≤10	0	<47
黏土陶粒	5~10 10~20 20~30	普通型 单一或混合级配	≥90	—	≤10	0	<50
页岩陶粒	5~10 10~20 20~30	普通型 混合级配	≥90	30~70	≤10	0	<50
		圆球型 单一粒级	≥90	0	≤10	0	
天然轻骨料	5~10 10~20 20~30 30~40	混合级配	≥90	40~60	≤10	0	—
		单一粒级	≥90	0	≤10	0	—

注：摘自《粉煤灰陶粒和陶砂》（GB 2838—81）；《黏土陶粒和陶砂》（GB 2339—81）；《页岩陶粒和陶砂》（GB 2840—81）、《天然骨料》（GB 2841—81）。

关于轻砂颗粒级配的规定 **表 16-6**

品种名称	等级划分	细度模数 MK	不同筛孔的累计筛余（按质量%计）			
			10.0	5.00	0.63	0.16
粉煤灰陶粒	不划分	≤3.7	0	≤10	25~65	≥75
黏土陶粒	不划分	≤4.0	0	≤10	40~80	≥90
页岩陶粒	不划分	≤4.0	0	≤10	30~70	≥90
天然轻砂	粗砂	4.0~3.1	0	0~10	50~80	>90
	中砂	3.0~2.3	0	0~10	30~70	>80
	细砂	2.2~1.5	0	0~5	15~60	>70

（1）对于粗骨料，粒径越大，强度和耐久性越低。特别是对于人工轻骨料，大粒径的

比小粒径的膨胀得大，因而内部孔隙较大，孔壁较薄，强度和耐久性都较低。

①结构轻骨料混凝土用的粗骨料，其最大粒径不宜大于20mm；

②保温及结构保温轻骨料混凝土用的粗骨料，其最大粒径不宜大于30mm。

(2) 对于轻砂，只要求细度模数不超过4.0，比普通粗砂略粗即可，其他未作规定。

4. 颗粒强度

我国规定用筒压法测定粗骨料强度，从而获得的强度为轻骨料筒压强度。它是表示轻骨料颗粒强度的一个相对指标。由于轻骨料在筒内为点接触，在荷载作用下，是多向挤压而破坏，因此其强度不是轻骨料的极限抗压强度，而只是一个相对的强度，可在一定程度上反映粗骨料的颗粒强度。

试验表明，轻骨料的筒压强度与其堆积密度、粒型、颗粒级配及其孔隙率有密切关系，特别是某些粒形相似的轻骨料，其相关性更显著。我国轻骨料的筒压强度见表16-7。另外，筒压强度与堆积密度的经验关系如下：

$$f_t = 0.48\rho'_s$$

式中　f_t——粗骨料的筒压强度（MPa）；

ρ'_s——粗骨料堆积密度（kg/m^3）。

轻骨料筒压强度（MPa）　　**表16-7**

序号	堆积密度等级	粉煤灰陶粒和陶砂 GB 2838—81	黏土陶粒和陶砂 GB 2839—81	页岩陶粒和陶砂 GB 2840—81	天然轻骨料 GB 2841—81
1	300	—	—	—	0.2
2	400	—	0.5	0.8	0.4
3	500	—	1.0	1.0	0.6
4	600	—	2.0	1.5	0.8
5	700	4.0	3.0	2.0	1.0
6	800	5.0	4.0	2.5	1.2
7	900	6.5	5.0	3.0	1.5
8	1000	—	—	—	1.8

5. 吸水率和软化系数

轻骨料与普通骨料相比，具有较大的吸水率和软化系数，见表16-8。轻骨料的孔隙结构和烧成程度对其吸水率和软化系数有很大影响。一般人工轻骨料24h的吸水率在10%～25%左右，这主要与轻骨料内部的孔结构和表面状态有关。一般情况下，表面有一层致密的“釉化”硬壳，内部孔隙较少，并且呈封闭结构的轻骨料，其吸水率较低，吸水速度也较慢。

我国生产的轻质粗骨料，除少数外，其1h吸水率都不超过20%。因此，规范规定粗骨料1h吸水率不应大于25%。

6. 抗冻性和坚固性

轻骨料的抗冻性是耐久性的一个重要指标，一般用直接冻融后的质量损失表示。按我国GB 2838—81～GB 2841—81中的规定，粉煤灰陶粒、黏土陶粒、页岩陶粒和天然轻骨料的抗冻性，经15次冻融循环（F15）的重量损失不应大于15%。

轻骨料吸水率和软化系数 **表 16-8**

品种与国标	堆积密度等级（kg/m^3）	吸水率（%）	软化系数 K_r
天津粉煤灰陶粒 西安粉煤灰陶粒	700 900	21.0 11.0	0.90 0.90
GB 2838—81	700～900	≤22	≥0.80
北京黏土陶粒 上海黏土陶粒 天津碱土陶粒	700 800 1000	6.3 8.2 2.0	0.96 1.22 0.93
GB 2839—81	400～900	≤10	≥0.80
北京页岩陶粒 北京页岩陶粒（水上）	700 400	7.0 7.6	0.86 0.88
抚顺页岩陶粒（水上） 抚顺页岩陶粒（水下）	400 600	14.2 14.2	0.97 0.81
GB 2840—81	400～900	≤10	≥0.80
内蒙浮石 黑龙江浮石 辉南火山渣 辉南浮石	700 800 800 800	19.0 — 18.0 10.0	1.01 0.84 0.83 0.89
GB 2841—81	400～1000	不规定	≥0.70

轻骨料的抗冻破坏，是由于其内部的多孔结构吸水后在负温下结冰产生膨胀应力所致，水结冰体积膨胀约 9%，如果骨料内的孔隙完全被水饱和，则最容易冻坏。试验表明，在室温和常压下，骨料颗粒是不可能达到吸水饱和状态，因而用轻骨料制成的混凝土有较好的抗冻性。

轻骨料的抗冻性也可用经硫酸钠饱和溶液浸泡，经 5 次干湿循环后的重量损失用坚固性来表示。我国几个主要地区轻骨料的坚固性指标和国标的有关规定见表 16-9。

轻骨料的坚固性指标 **表 16-9**

品种与国标	粒级（mm）	重量损失（%）		
		最大值	最小值	平均值
天津粉煤灰陶粒 西安粉煤灰陶粒	5～10 10～20	1.85 0.60	0 0	0.73 0.21
GB 2838—81	不规定	—	—	≤5
北京黏土陶粒 天津黏土陶粒 上海黏土陶粒	10～20 10～20 10～20	0.30 0.50 0.88	0 0 —	0.08 0.16 0.43
GB 2839—81	不规定	—	—	≤5
北京页岩陶粒 本溪页岩陶粒 抚顺页岩陶粒	5～20 5～20 5～20	0.80 0.97 12.82	0.06 0.12 5.64	0.41 0.50 8.50
GB 2840—81	不规定	—	—	≤5
黑龙江浮石 吉林火山渣 辽宁浮石 内蒙浮石	5～20 5～20 5～20 5～20	7.50 9.80 12.00 10.14	1.50 1.00 3.14 0.60	3.18 3.53 5.60 4.60
GB 2841—81	不规定	—	—	≤10

7. 安定性

某些轻骨料，如炉渣、高炉矿渣往往含有硫化铁、过烧石灰等不稳定物质，在使用过程中，如果分布集中在局部地区，则可能出现体积变化不均匀的现象，易引起体积膨胀而脆裂，安定性不合格。为了解轻骨料中某些不稳定物质对其体积安定性的影响，我国标准规定，用煮沸法和铁分解法检验轻骨料的安定性。

我国主要地区的轻骨料的安定性指标及国标的有关规定见表 16-10。

轻骨料的安装性指标 表 16-10

品种和国标	平均质量损失（%）		品种和国标	平均质量损失（%）	
	煮沸法	铁分解法		煮沸法	铁分解法
天津粉煤灰陶粒	0.54（1.40）	0.35	北京页岩陶粒	0.27（0.43）	0.10（0.17）
西安粉煤灰陶粒	0.25（0.75）	0.10	本溪页岩陶粒	0.53（0.88）	0.59（0.89）
			抚顺页岩陶粒	0.79（1.14）	1.4（2.02）
GB 2838—81	≤2	—	GB 2840—81	≤2	≤5
北京黏土陶粒	0.18（0.50）	0.12	黑龙江浮石	2.82（4.33）	2.14（5.0）
天津黏土陶粒	0.39（0.76）	0.09	吉林火山渣	3.35（5.43）	2.61（5.0）
上海黏土陶粒	0.17（0.28）	0.06	辽宁浮石	2.43（4.80）	2.32（5.33）
			内蒙浮石	2.44（6.60）	2.61（5.00）
GB 2839—81	≤2	—	GB 2841—81	≤5	≤5

注：括号内为最大值。

8. 杂质含量

轻骨料中的有害杂质主要有硫酸盐（按 SO_3 的百分率含量计）、氯盐（按 Cl^- 百分率含量计）、含泥量（以骨料总量的百分率计）、含碳量（按烧失量%计）和有机物含量等，我国国标有关规定见表 16-11。

轻骨料有害物质含量的规定 表 16-11

品种名称	硫酸盐（按 SO_3%计）	氯 盐（按 Cl^- %计）	含泥量（%）	烧失量（%）	有机物杂质
粉煤灰陶粒	<0.5	<0.02	<2	<4	不深于标准色
黏土陶粒	<0.5	<0.02	<2	—	
页岩陶粒	<0.5	—	<2	<3	
天然轻骨料	<0.5	<0.02	<3	—	

9. 轻粗骨料的粒型系数

粒型系数即单个粗骨料颗粒的长向最大尺寸与中间截面最小尺寸之比值。由于成型或破碎工艺不同，轻粗骨料的粒型往往有很大的不同。如用成珠盘成型的黏土陶粒、粉煤灰陶粒，一般呈圆球状；若采用半干法压轧成型，则呈短柱状，或椭圆形；采用干法生产，破碎制粒的页岩陶粒，其粒型也往往成长方形，或扁平状。

如前所述轻骨料的粒型对其混凝土的强度指标有显著的影响，因此，必须加以控制。我国国标对几种主要轻骨料的粒型系数及其含量的要求见表 16-12。

轻粗骨料粒型系数的规定　　表 16-12

骨料品种	粒型系数	大于规定粒型系数的允许含量（%）
粉煤灰陶粒	不规定	不规定
黏土陶粒	≤3.0	<25
页岩陶粒	≤3.0	<20
天然轻骨料	≤3.0	<15

轻粗骨料的强度等级　表 16-13

骨料品种	堆积密度等级（kg/m^3）	强度等级（MPa）
粉煤灰陶粒	700	25~30
	800	30~35
	900	35~40
黏土陶粒	400	75~10
	500	10~15
	600	15~20
	700	20~25
	800	25~35
	900	35~40
页岩陶粒	400	5~7.5
	500	7.5~10
	600	10~15
	700	15~25
	800	25~30
	900	30~35

10. 轻粗骨料的强度等级

测定轻粗骨料强度的方法很多，但都不能准确反映出其使用时的真正强度。我国国标关于轻粗骨料的强度等级的规定见表 16-13。

我国各主要地区生产的轻骨料主要性能指标见表 16-14、表 16-15。

（二）轻骨料对混凝土性能的影响

表 16-16 所列轻骨料的性能对混凝土性能的影响。《轻骨料混凝土技术规程》（JGJ 51—2002）中以轻骨料的五大主要性能指标，即堆积密度、颗粒级配、筒压强度、吸水率、抗冻性作为控制轻骨料质量和配制轻骨料混凝土时选择轻骨料品种的依据。

火山天然轻骨料的主要性能指标　　表 16-14

序号	产地与品种	堆积密度（kg/m^3）	筒压强度（MPa）	软化系数	抗冻性（F15）	坚固性（%）	安定性		含泥量（%）	硫酸盐含量（折合 SO_3）（%）	氯盐含量（折合 Cl^-）（%）	烧失量（%）	有机物含量（%）
							煮沸质量损失（%）	铁分解质量损失（%）					
1	黑龙江二克山浮石	712	1.25	0.84	合格	3.18	2.82	2.14	合格	0	0.001	0.09	合格
2	吉林辉南火山渣	771	1.80	0.33	合格	3.53	3.35	2.61	合格	0.07	0.001	0.01	合格
3	辽宁宽甸浮石	881	1.19	—	合格	5.60	2.43	2.32	合格	0.02	0.018	0.20	合格
4	内蒙乌兰哈达浮石	698	1.09	1.01	合格	4.40	2.44	2.61	合格	0.03	0.002	0.01	合格
5	海南岛岭南浮石	716	3.08	0.94	合格	2.00	0.60	0.22	1.05	0	0	0.10	合格
6	海南岛石山浮石	641	1.64	0.92	合格	2.50	0.10	0.18	1.20	0	0	1.07	合格
7	山西大同浮石	770	2.40	1.00	0.7	—	0	0.60	2.20	0	0	0.18	合格

人造轻骨料的主要性能指标　　表 16-15

序号	产地与品种	堆积密度（kg/m^3）	筒压强度（MPa）	软化系数	抗冻性（F15）	粒型系数	安定性		含泥量（%）	硫酸盐含量（折合 SO_3^-）（%）	氯盐含量（折合 Cl^-）（%）	烧失量（%）	有机物含量（%）
							煮沸质量损失（%）	铁分解质量损失（%）					
1	天津粉煤灰陶粒	680	6.2	1.0	0.5	1.1	0.9	0.9	1.4	0.04	0.0001	0.19	合格
2	上海黏土陶粒	740	4.4	0.9	0	1.7	0.5	0.4	0.3	0	0.00015	0.12	合格

续表

序号	产地与品种	堆积密度(kg/m^3)	筒压强度(MPa)	软化系数	抗冻性(F15)	粒型系数	安定性		含泥量(%)	硫酸盐含量(折合SO_3^-)(%)	氯盐含量(折合Cl^-)(%)	烧失量(%)	有机物含量(%)
							煮沸质量损失(%)	铁分解质量损失(%)					
3	北京黏土陶粒	620	3.0	1.0	0.2	1.7	0.5	0.2	2.1	0.02	0.00015	0	合格
4	北京页岩陶粒	670	3.2	1.0	2.9	2.3	0.8	1.2	0.2	0.02	0.0001	0	合格
5	抚顺页岩陶粒	770	6.7	1.0	16.3	1.1	0.2	0.6	0.1	0.4	0.0004	0.56	合格
6	自贡页岩陶粒	590	3.5	0.9	0.3	1.4	1.4	0.5	0.2	0	0.0002	0	合格
7	大庆页岩陶粒	410	2.1	1.1	2.0	2.4	1.4	1.3	0	0.02	0.0004	0	合格

轻骨料性能与其混凝土主要性能的关系 **表 16-16**

序号	混凝土性能	轻骨料性能
1	和易能	颗粒级配、粒型、吸水率
2	强度	堆积密度、筒压强度、变形模量、最大粒径、颗粒级配、粒型、含泥量、有害杂质
3	堆密度	堆积密度、比密度、孔隙率、最大粒径、颗粒级配
4	弹性模量	弹性模量、堆积密度、孔隙率、筒压强度、颗粒级配
5	收缩与徐变	弹性模量、最大粒径、颗粒级配、吸水率、粒型、孔隙率
6	热工性能	堆积密度、导热系数、比热、含水率、孔隙率、最大粒径
7	耐久性	筒压强度、弹性模量、热膨胀系数、吸水率、有害物质含量

三、人造轻骨料的制造工艺

（一）制造生产轻骨料的基本原理

多孔轻骨料的制造方法主要有烧胀法和烧结法两种。

1. 烧胀法

以黏土或黏土质岩石为原料生产轻骨料，大多采用烧胀法，即经过焙烧产生膨胀，形成多孔结构，如黏土陶粒或页岩陶粒。烧胀法的机理是：在高温下生料球软化，并形成具有适宜黏度的熔融体，与此同时，生料球内的物质产生足够的气体。在这种情况下，熔融体包住气体，使之不能逸出。在气体压力作用下，料球膨胀，内部形成多孔结构。熔融体冷却凝固后，仍然保持这种结构成为陶粒。

烧胀温度一般在1100～1250℃之间，膨胀的气体可以由各种反应产生：

（1）约从400℃起，硫化物和有机物质分解和燃烧；

（2）大约600℃时，黏土矿物放出化合物；

（3）900℃左右，碳酸盐水解，产生CO_2；

（4）Fe_2O_3 在1100℃左右被还原，产生CO_2。

关于促使膨胀的气体到底是哪些？是如何产生的？至今尚有很大争论。但基本原理肯定是气体膨胀所致。

2. 烧结法

将原料烧至部分熔融，产生适量的液相。冷却凝固后将各个颗粒互相粘结在一起，形成多孔结构的陶粒。例如粉煤灰陶粒。

烧结的温度则取决于原料的矿物组成，一般为1200~1300℃。

（二）生料制备

原料在焙烧前必须加工成粒形和粒径合适的颗粒，通常有三种方法：①干法制备；②半干法制备；③塑化法制备。

（三）焙烧方法

成型后的颗粒要获得强度，必须经过焙烧。通常采用以下焙烧方法：①回转窑焙烧；②烧结机焙烧。

四、膨胀矿渣珠的生产

当炉排出的热溶渣从渣罐流入接渣槽后，进入溜槽。溜槽下的水管喷出高压水，与熔渣同时流至一高速旋转的滚筒上，被打散并甩到空中冷却，成珠落地即为膨珠。

因为熔渣中含有大量气体，如CO、CO_2、H_2、O_2、N_2和H_2S等。当这些含气熔渣流至溜槽和液筒时，遇水后快速冷却，使熔渣内的气体来不及释放，形成多孔结构。另外，由于水及液筒的作用，也会使膨珠内形成一些微孔。

第三节　轻骨料混凝土配合比设计

一、配合比设计要求和特点

（一）配合比设计要求

轻骨料混凝土配合比设计的任务，是在满足使用要求的前提下，确定施工用的合理的混凝土材料用量。为满足工程使用要求，并使混凝土具有较理想的技术经济指标，应考虑以下几项基本要求进行配合比设计。

（1）轻骨料混凝土的设计强度等级与密度等级。

（2）满足施工要求的和易性。

（3）轻骨料混凝土的某些性能（在某些情况下应考虑）。

（4）节约水泥，降低成本。

（二）配合比设计特点

与普通混凝土相比，轻骨料混凝土配合比设计有以下几个特点：

（1）除了具有强度、和易性、耐久性和经济性要求外，还要考虑密度要求。

（2）轻骨料混凝土的密度主要取决于骨料的堆积密度和在混凝土中体积含量。轻骨料混凝土的强度不但取决于水灰比，而骨料强度和体积含量对其有很大的影响。所以，在轻骨料混凝土配合比设计中，必须考虑骨料性质这个重要影响因素。

（3）轻骨料呈多孔结构，必须考虑其吸水性能的影响。若使用干燥骨料，则加到混凝土中的总水量分为两部分：

①有效用水量　即与水泥形成水泥浆的水，其多少决定了水泥石的强度。

②附加用水量　即考虑到被轻骨料在1h内吸走的水量。

因此，轻骨料混凝土的水灰比也分为两种：

①总水灰比　即总用量与水泥用量之比。

②有效水灰比　即有效用水量与水泥用量之比。

若用预先被水饱和的轻骨料，则计算配合比时与普通混凝土一样，只要考虑有效用水量即可。

二、配合比设计原则

轻骨料混凝土的强度等级与水泥砂浆和骨料的强度有关。当配制全轻混凝土时，轻粗骨料的强度往往大于砂浆的强度。这时，全轻混凝土的强度主要取决于轻砂浆的强度。在配制砂轻混凝土时，由于普通砂浆的强度往往大于轻粗骨料的强度，砂轻混凝土的强度主要取决于轻粗骨料的强度和刚度。

（一）提高轻骨料混凝土强度的措施

为了提高轻骨料混凝土强度，一般可采取如下措施：

（1）选用圆球形的、颗粒级配较好的、筒压强度较高的陶粒作粗骨料。

（2）采用普通中砂作细骨料，或是在轻砂中掺入一定比例的普通砂（约占细骨料总量20%～30%为宜）。

（3）选用最大粒径较小的轻粒骨料（最大粒径以不大于20mm为宜）。

（4）采用较高的强度等级的水泥。

（5）正确选择混凝土的水灰比，使之具有符合施工所要求的和易性指标的最小水灰比。

（6）选择与混凝土拌合物和易性相适应的成型与养护制度。

（7）掺入提高混凝土密实性的化学外加剂，或火山灰质的磨细矿物掺合料（如粉煤灰等。）

（二）降低轻骨料混凝土（堆密度）等级的措施

（1）选用圆球型的、表面孔隙少的、空隙率低的轻粗骨料。

（2）尽可能减少水泥和普通砂的用量。

（3）选用较大粒径的轻粗骨料（最大粒径以不小于40mm为宜）。

（4）采用堆积密度较小的轻砂和轻粗骨料（用于保温轻骨料混凝土的轻砂，其堆积密度以200～300kg/m^3为宜，轻粗骨料以不大于500kg/m^3为宜）。

（5）采用引气剂或泡沫外加剂。

（6）采用无砂大孔混凝土。

（7）限制混凝土拌合物的搅拌时间和成型时的振捣时间。

三、试配参数的选择

普通混凝土配合比设计的原则和方法，也同样适用于轻骨料混凝土。当轻骨料混凝土中的粗骨料强度高于或等于水泥砂浆强度，从理论上讲可以与普通混凝土一样，采用鲍罗米强度公式来设计配合比。但由于轻骨料品种繁多，各种骨料的性质差异很大，实际上很难用这样一个统一的关系式来表达。

而对于粗骨料强度低于水泥砂浆强度的轻骨料混凝土，由于水泥砂浆强度大，粗骨料相对较弱，轻骨料混凝土不能获得和水泥砂浆相等的强度。因此，普通混凝土强度的关系式就不再适用，配合比也不能再按照普通混凝土配合比设计原则来进行设计。

（一）水泥品种和强度等级

与普通混凝土一样，水泥强度等级对轻骨料混凝土的强度有较大影响。由于轻骨料表面粗糙多孔，要求较多的水泥包裹其表面，才能满足其和易性要求。所以，低强度等级的轻骨料混凝土宜采用较低强度等级的水泥；对高强轻骨料混凝土来说，宜采用高强度等级水泥。水泥品种和强度等级一般按表 16-17 选择。

轻骨料混凝土对水泥的要求　　表 16-17

轻骨料混凝土强度等级	较合理的水泥强度等级	水泥品种
LC5 LC7.5 LC10 LC15 LC20	32.5 级	普通硅酸盐水泥 矿渣硅酸盐水泥 火山灰质硅酸盐水泥 粉煤灰硅酸盐水泥 复合硅酸盐水泥
LC20 LC25 LC30	42.5 级	
LC30 LC40 LC50	52.5 级	硅酸盐水泥 普通硅酸盐水泥

（二）轻骨料的堆积密度

轻骨料的性能对轻骨料混凝土的密实和强度指标有决定性的影响。其中堆积密度是最重要的影响因素，是配合比设计中必须考虑的主要参数之一。

轻粗骨料的堆积密度推荐值　　表 16-18

混凝土种类	堆积密度（kg/m^3）
结构轻骨料混凝土	700 ~ 800
结构保温轻混凝土	600 ~ 700
保温轻骨料混凝土	≤500

堆积密度取决于颗粒密度、颗粒大小及粒型等，另外，含水率对它也有很大影响。因此，在配合比设计中，统一采用绝干时的堆积密度。不同用途的轻骨料混凝土所用轻粗骨粒的堆积密度见表 16-18。用不同堆积密度的轻骨料配制成的轻骨料混凝土可能达到的性能指标见表 16-19。

各种轻骨料混凝土的性能指标　　表 16-19

序号	轻粗骨料			轻细骨料		混凝土可能达到的指标	
	品　种	堆积密度（kg/m^3）	筒压强度（MPa）	品　种	堆积密度（kg/m^3）	密　度（kg/m^3）	抗压强度（MPa）
1	浮　石	500	0.6	轻　砂 普　砂	<300 1450	900 ~ 1000 1200 ~ 1500	5.0 ~ 7.5 10 ~ 15
2	火山渣	800	1.2	轻　砂 轻　砂 普　砂	<300 <900 1450	1100 ~ 1400 1300 ~ 1500 1600 ~ 1800	5 ~ 10 10 ~ 15 15 ~ 20
3	页岩陶粒	500	1.5	轻　砂 轻　砂 普　砂	<300 <900 1450	900 ~ 1000 1100 ~ 1300 1600 ~ 1800	5 ~ 10 10 ~ 15 15 ~ 20
		800	2.5	轻　砂 轻　砂 普　砂	<300 <900 1450	1200 ~ 1400 1400 ~ 1600 1600 ~ 1800	7.5 ~ 10 10 ~ 20 20 ~ 30
4	黏土陶粒	600	2.0	轻　砂 轻　砂 普　砂	<300 <900 1450	1000 ~ 1200 1200 ~ 1400 1400 ~ 1600	7.5 ~ 10 10 ~ 15 15 ~ 20
		800	4.0	轻　砂 轻　砂 普　砂	<300 <900 1450	1200 ~ 1400 1400 ~ 1600 1600 ~ 1800	7.5 ~ 10 10 ~ 25 20 ~ 35

续表

序号	轻粗骨料			轻细骨料		混凝土可能达到的指标	
	品　种	堆积密度（kg/m³）	筒压强度（MPa）	品　种	堆积密度（kg/m³）	密　度（kg/m³）	抗压强度（MPa）
5	粉煤灰陶粒	700	4.0	轻　砂 轻　砂 普　砂	<300 <900 1450	1000~1300 1400~1500 1600~1800	7.5~10 10~25 20~30
		800	5.0	轻　砂 轻　砂 普　砂	<300 <900 1450	1200~1400 1400~1600 1600~1900	10~15 10~30 25~40

（三）最小水泥用量

水泥用量对轻骨料混凝土的强度有很大影响。由于轻骨料品种与性能变化较大，因此与普通混凝土不同，其水泥用量变化也较大。轻骨料混凝土的水泥用量主要与轻骨料的品种和堆积密度有关，见表16-20。如对相同强度等级的轻骨料混凝土来说，采用圆球形粉煤灰陶粒，其水泥用量较小；而采用碎石型的表面多孔的火山渣作骨料时，其水泥用量则大，它们之间的水泥用量可相差100kg/m³左右。但对某一品种的轻骨料来说，其可能达到的混凝土强度等级和水泥用量都是有一定限度的。无限制地提高水泥用量并不可能使其强度等级相应提高。考虑经济原因，及对混凝土水化热、收缩、徐变等的影响，轻骨料混凝土的最大水泥用量，不超过550kg/m³。

轻骨料混凝土最小水泥用量　　表16-20

序号	混凝土强度等级	不同堆积密度轻骨料的水泥用量（kg/m³）						
		400	500	600	700	800	900	1000
1	LC5	250~300	230~280	200~250	—	—	—	—
2	LC7.5	280~360	260~320	230~280	200~250	—	—	—
3	LC10	—	280~370	250~350	220~300	—	—	—
4	LC15	—	—	280~380	250~350	240~340	—	—
5	LC20	—	—	300~400	280~380	270~370	260~360	250~350
6	LC25	—	—	—	330~400	320~390	310~380	300~370
7	LC30	—	—	—	380~450	370~440	360~430	350~420
8	LC40	—	—	—	420~500	410~490	400~480	390~470
9	LC50	—	—	—	450~550	440~540	430~530	420~520

表16-20系采用52.5级普通硅酸盐水泥的用量，当采用其他强度等级水泥时，可按表16-21调整。

不同强度轻骨料混凝土水泥用量变化系数　　表16-21

水泥强度等级	水泥用量变化系数		
	C5~C10	C15~C20	C25~C50
32.5级	1.10	1.15	—
42.5级	1.00	1.00	1.00
52.5级	—	0.85	0.90

（四）用水量

由于轻骨料的吸水率较大，轻骨料混凝土用水量的概念与普通混凝土略有不同，它常用有效用水量或总用水量表示。有效用水量系指不包括轻骨料1h吸水量（附加用水量）在内的混凝土用水量（其水灰比则称为有效水灰比），总用水量系数指包括轻骨料

1h 吸水量（附加用水量）在内的混凝土用水量（其水灰比则称为总水灰比）。

轻骨料混凝土配合比中的用水量一般用有效用水量（或有效水灰比）表示。因某些轻砂的吸水量较难准确测定，配制全轻混凝土时，允许用总用水量表示。

轻骨料混凝土的有效用水量，可根据混凝土的不同用途、及其施工要求的和易性（坍落度或工作度）参照表 16-22 选用。

轻骨料混凝土有效用水量 **表 16-22**

序号	用途	和易性		有效用水量（kg/m^3）
		工作度（s）	坍落度（mm）	
1	预制混凝土构件	<30	0~30	155~200
2	现浇混凝土 （1）机械振捣 （2）人工振捣或钢筋较密	 — —	 30~50 50~80	 165~210 200~220

注：1. 本表值适用于圆球型和普通型骨料，对于碎石型或用轻砂时，要增加 10kg 左右的水。
2. 本表值系采用普通砂，如采用轻砂，需增加 1h 吸水率的附加水。

（五）水灰比

和普通混凝土一样，水灰比对轻骨料混凝土的性能，特别是耐久性能有很大影响。水灰比太大将使混凝土的密实性降低，在周围介质的长期反复作用下，会导致混凝土或钢筋混凝土内部结构的破坏，最终使整个结构物遭受破坏。因而，对其最大水灰比必须加以限制。

（1）轻骨料混凝土配合比中的水灰比用有效水灰比表示。配制全轻混凝土时，允许用总水灰比表示，但必须加以说明。

（2）最大水灰比和最小水泥用量：为满足耐久性的要求，根据《混凝土结构工程施工质量验收规范》（GB 50204—2002）的要求，其最大水灰比和最小水泥用量应符合表 16-23 所列数据。

轻骨料混凝土的最大水灰比和最小水泥用量 **表 16-23**

混凝土所处的环境条件	最大水灰比	最小水泥用量（kg/m^3）	
		配筋混凝土	素混凝土
不受风雪影响混凝土	不作规定	270	250
受风雪影响的露天混凝土；位于水中及水位升降范围内的混凝土和潮湿环境中的混凝土	0.50	325	300
寒冷地区位于水位升降范围内的混凝土和受水压或除冰盐作用的混凝土	0.45	375	350
严寒和寒冷地区位于水位升降范围内和受硫酸盐、除冰盐等腐蚀的混凝土	0.40	400	375

注：1. 严寒地区指最寒冷月份的月平均温度低于 -15℃者，寒冷地区指最寒冷月份的月平均温度处于 -5~-15℃者；
2. 水泥用量不包括掺和料；
3. 寒冷和严寒地区用的轻骨料混凝土应掺入引气剂，其含气量宜为 5%~8%。

（六）粗细骨料总体积

粗细骨料总体积是指配制每 $1m^3$ 轻骨料混凝土所需粗细骨料松散体积的总和。它是用松堆密度法设计配合比时的一个重要参数。粗细骨料总体积主要与粗骨料的粒型、细骨料的品种以及混凝土的内部结构（是密实的或是多孔的等）有关。

采用圆球型的轻粗骨料时，每 $1m^3$ 混凝土所需的粗细骨料总体积，比采用碎石型骨料时略小；而采用普通砂作细骨料时，则比采用轻砂所需粗细骨料总体积小。

密实结构的普通轻骨料混凝土的粗细骨料总体积，比采用碎石型骨料时略小；而采用普通砂作细骨料时，则比采用轻砂所需粗细骨料总体积小。

密实结构的普通轻骨料混凝土的粗细骨料总体积，可按表 16-24 选用。粗细骨料总体积选择不当时，配制成的粗骨料混凝土的制成量系数往往小于 1 或大于 1。若小于 1，则是说明其粗细骨料总体积偏小；反之，则偏大，应适当调整。

（七）砂率

砂率对轻骨料混凝土的和易性及硬化后的堆密度、强度与变形性能等有较大影响。轻骨料混凝土的砂率，一般比普通混凝土的砂率大。采用普通砂作细骨料时，在一定砂率范围内（28%～60%），对轻骨料混凝土的强度影响不大，但随着砂率的提高，混凝土的强度和弹性模量则可能有所降低。

对同一品种轻粗骨料来说，粒径越小，或级配越差，其所需砂率越大。不同轻骨料混凝土的砂率可按表 16-25 选用。

粗细骨料总体积　　表 16-24

轻粗骨料粒型	细骨料品种	粗细骨料总体积（m^3）
圆球型	轻　砂	1.25～1.50
	普通砂	1.10～1.40
普通型	轻　砂	1.30～1.60
	普通砂	1.10～1.15
碎石型	轻　砂	1.35～1.65
	普通砂	1.10～1.60

注：轻砂中当采用膨胀珍珠岩时，取表中上限；当采用陶砂或其他天然砂时，取表中下限。

轻骨料混凝土的砂率　表 16-25

轻骨料混凝土用途	细骨料品种	砂率（%）
预制构件	轻　砂	35～50
	普通砂	30～40
现浇混凝土	轻　砂	—
	普通砂	35～45

注：1. 当混合使用普通砂和轻砂作细骨料时，砂率宜取中间值，宜按普通砂和轻砂的混合比例进行插入计算；

2. 当采用圆球型轻粗骨料时，砂率宜取表中值下限；采用碎石型时，则宜取上限。

（八）外加剂和掺合料

1. 外加剂

轻骨料混凝土允许采用各种外加剂（如减水剂、塑化剂及引气剂等），其掺量应通过试验确定或按有关技术规定执行。

2. 掺合料

当配制 C10 以下轻骨料混凝土时，允许加入占水泥用量 20%～25%的粉煤灰或其他磨细水硬性矿物外掺料，以改善拌合物的和易性。

四、混凝土配合比设计

（一）配合比设计方法

轻骨料混凝土的配合比设计，一般采用松散体积法。此法是以干堆密度为基础，即假

定每 $1m^3$ 混凝土的干堆密度为其各组成材料的干质量之总和，以此为依据通过试验调整求出的配合比。

（二）配合比设计要点

轻骨料混凝土配合比设计方法与普通混凝土基本相似，所不同之点在于：

（1）必须考虑轻骨料对混凝土一系列性能的影响，其中最主要的是对混凝土堆密度的影响；而对普通混凝土来说，其堆密度几乎是一个定值。

（2）必须考虑轻骨料吸水率对混凝土用水量的影响，而对普通混凝土来说，骨料的吸水率一般是略而不计的。

（三）配合比设计步骤

（1）根据原材料性能和轻骨料混凝土的设计强度、堆密度及和易性要求，参照表 16-20、表 16-21、表 16-22、表 16-25，选择有关参数（水泥用量、有效用水量、砂率或确定总用水量）；

（2）根据表 16-24 选用粗细骨料总体积 V_{Q+S}；

（3）根据选用的粗细骨料总体积和砂率，求每 $1m^3$ 轻骨料混凝土细骨料用量：

$$V_S = V_{Q+S} \times S_p\ (m^3)$$

$$S = V_S \times \rho'_s\ (kg)$$

式中　S_p——砂率（%）；

ρ'_s——细骨料堆积密度（kg/m^3）。

（4）求每 $1m^3$ 混凝土粗骨料用量：

$$V_Q = V_{Q+S} - V_s (m^3)$$

$$Q = V_Q \times \rho'_Q (kg)$$

式中　ρ'_Q——粗骨料堆积密度（kg/m^3）。

（5）根据施工要求的和易性选择用水量：参照表 16-22，再根据粗骨料 1h 的吸水率计算附加水，则总用水量为

$$W_z = W + Q \cdot q (kg)$$

式中　W——有效用水量（kg）；

Q——粗骨料用量（kg）；

q——粗骨料 1h 吸水率（%）。

若缺乏轻砂吸水率的数据，在选择有效用水量时，按照表 16-22 要求增 10L 左右的水，作为考虑轻砂吸水率的附加水，而在试拌时，可根据和易性的要求再行调整。

（6）根据算出的材料用量估算混凝土干表观密度（$\rho_干$）：

$$(\rho_干) = 1.15C + Q + S (kg/m^3)$$

式中　C——水泥用量（kg）；

1.15——考虑水泥水化后由于结合水而导致水泥重量增加的系数。

估计出的干表观密度应符合设计要求，误差不得大于 5%，否则再进行调整计算。

（四）拌合物的试配和调整

（1）根据试配用试模的大小（一般为 10cm × 10cm × 10cm）和组数计算出试模总容积，

考虑到混凝土成型时密实度加大，同时在配制混凝土时会有所损耗，因此应将试模总容积乘以 1.05 系数，作为试配实际用料量。

（2）为了选择较优的配合比，可根据上述选用的水泥用量，另选相邻两个水泥用量（±30kg）试配六组（三个水泥用量、三个用水量和 7d、28d 两个龄期），待 7d、28d 龄期作抗压强度的合格性检验，并测定混凝土干表观密度后，最后选定满足设计强度等级和表观密度要求的水泥用量最小的配合比。

（3）确定实用配合比：根据选用配合比的各组成材料用量和混凝土的湿表观密度调整配合比，即为施工和成批试验用的每 $1m^3$ 轻骨料混凝土的实际用料量。

五、配合比计算实例

【例一】 全轻混凝土计算实例

试配页岩陶粒加入人工破碎陶砂的轻骨料混凝土，设计强度等级 C10，干表观密度为 $1400kg/m^3$，工作度 20s，陶粒堆积密度 $620kg/m^3$，陶砂堆积密度 $760kg/m^3$，陶粒 1h 吸水率为 3.8%，求混凝土配合比。

（1）查表 16-17，配制 C10 混凝土选用 32.5 级矿渣硅酸盐水泥。

（2）根据 C10 混凝土和 700 级陶粒堆积密度，查表 16-20 选用水泥用量为 300kg，因水泥强度等级为 32.5 级，按表 16-21 并采用 1.10 调整系数，则水泥用量应为：

$$C = 300 \times 1.10 = 330\ (\text{kg})$$

（3）查表 16-24 选用骨料总体积：

$$V_{Q+S} = 1.4m^3$$

（4）按表 16-25 选用砂率：

$$S_p = 35\%$$

（5）计算细骨料用量：

$$V_S = V_{Q+S} \times S_p = 1.4 \times 35\% = 0.49(m^3)$$

$$S = 0.49 \times 760 = 372.4(kg)$$

（6）计算粗骨料用量：

$$V_Q = V_{Q+S} - V_S = 1.4 - 0.49 = 0.91(m^3)$$

$$Q = 0.91 \times 620 = 564.2(kg)$$

（7）根据工作度要求，按表 16-22 选用有效用水量为 165kg，因细骨料为陶砂，需要增加 10kg 水，则总用水量为：

$$W_z = (165 + 10) + 564.2 \times 3.8\% = 196.4(kg)$$

（8）核算混凝土干表观密度：

$$\rho_{干} = 330 \times 1.15 + 564.2 + 372.4 = 1316 < 1400kg/m^3$$

（9）按试配要求调整配合比：

经过试配，当 $C = 330kg$ 时，其混凝土拌合的和易性符合要求，湿表观密度重 $\rho'_{湿} = 1500kg/m^3$，$R_{C28} = 12.5MPa$，所以其制成量系数为：

$$K = \frac{C + Q + S + W_z}{\rho'_{湿}} = \frac{330 + 564.2 + 372.4 + 196.4}{1500} = 0.98$$

这样，调整后的每 $1m^3$ 混凝土材料用量应为：

水泥　C = 330/0.98 = 336.7（kg）；

陶粒　Q = 564.2/0.98 = 575.7（kg）

陶砂　S = 372.4/0.98 = 380（kg）

总水量　W_z = 196.4/0.98 = 200.4（kg）

【例二】 砂轻混凝土计算实例

根据民用住宅空心楼板的要求，采用粉煤灰陶粒和普通砂配制 C20 砂轻混凝土，其干表观密度不大于 1800kg/m^3，混凝土工作度不大于 30s。原材料条件：粉煤灰陶粒堆积密度为 680kg/m^3；普通砂堆积密度为 1450kg/m^3；粉煤灰陶粒吸水率为 15.5%。试设计混凝土配合比。

(1) 按表 16-17，配制 C20 轻骨料混凝土，选用 42.5 级矿渣硅酸盐水泥。

(2) 根据 C20 混凝土和陶粒堆积密度属 700 级的要求，按表 16-20 选择水泥用量 C = 330kg，因水泥强度等级为 42.5 级，混凝土强度等级为 C20，按表 16-21 调整系数为 1.0，故此水泥用量仍为 330kg。

(3) 按表 16-24 选用粗细骨料总体积：

$$V_{Q+S} = 1.30\text{m}^3$$

(4) 按表 16-25，选用砂率：

$$S_p = 40\%$$

(5) 计算细骨料用量：

$$V_S = 1.30 \times 0.4 = 0.52\text{m}^3$$

$$S = 0.52 \times 1450 = 754\text{kg}$$

(6) 计算轻粗骨料用量：

$$V_Q = 1.3 - 0.52 = 0.78\text{m}^3$$

$$Q = 0.78 \times 680 = 530\text{kg}$$

(7) 根据工作度要求，按表 16-22 选用有效用水量 160kg，总用水量：

$$W_z = 160 + 530 \times 0.155 = 242\ (\text{kg})$$

(8) 核算混凝土的干表观密度：

$$\rho'_{干} = 330 \times 1.15 + 754 + 530 = 1664\text{kg/m}^3$$

(9) 经试配，取 C = 300kg 时，可满足设计要求，f_{c28} = 26.0MPa，$\rho'_{湿}$ = 1850kg/m^3。所以，其制成量系数：

$$K = \frac{300 + 754 + 530 + 242}{1850} = 1.0$$

故调整后的每 1m^3 混凝土的材料用量为：

水泥　$$C = \frac{300}{1.0} = 300\ (\text{kg})$$

普砂　$$Q = \frac{530}{1.0} = 530\ (\text{kg})$$

陶粒　$$S = \frac{754}{1.0} = 754\ (\text{kg})$$

总水量 $W_Z = \frac{242}{1.0} = 240$（kg）

第四节　轻骨料混凝土的物理力学性能

一、物理性能

（一）实际密度

轻骨料混凝土的密度主要与轻骨料的品种及其用量、水泥用量有关。各种轻骨料混凝土的实际密度大致波动在表16-26所列范围之内。

（二）表观密度

轻骨料混凝土的表观密度一般分为烘干表观密度和气干表观密度两种。前者对某一品种轻骨料混凝土来说为一定值，后者为变值。我国规定是以烘干表观密度为轻骨料混凝土的表观密度（简称密度）。

轻骨料混凝土的密度主要取决于轻粗骨料的堆积密度、细骨料的品种及其堆积密度、以及配合比等因素。我国轻骨料混凝土干表观密度等级见表16-27，而用不同轻骨料配制的轻混凝土的密度波动范围见表16-28。

轻骨料混凝土的实际密度　　表16-26

序号	混凝土品种	密度（g/cm^3）
1	浮石混凝土	2.4～2.50
2	火山渣混凝土	2.6～2.90
3	陶粒混凝土	2.4～2.75
4	膨胀珍珠岩混凝土	2.4～2.60
5	膨胀矿渣混凝土	2.7～2.90
6	炉渣混凝土	2.2～2.60
7	碎砖混凝土	2.6～2.75
8	普通混凝土（比较用）	2.6～2.90

轻骨料混凝土的干表观密度　　表16-27

序号	密度等级	允许变化范围（g/cm^3）
1	800	700～890
2	1000	900～1090
3	1200	1100～1290
4	1400	1300～1490
5	1600	1500～1690
6	1800	1700～1900

不同轻骨料配制的轻骨料混凝土的密度范围　　表16-28

序　号	轻粗骨料的堆积密度（kg/m^3）	采用不同细骨料时轻骨料混凝土的密度（kg/m^3）		
		珍珠岩砂（$300kg/m^3$）	陶　砂（$900kg/m^3$）	普通砂（$1450kg/m^3$）
1	400	800～900	1100～1250	1200～1400
2	500	900～1000	1200～1350	1300～1500
3	600	1000～1200	1300～1400	1400～1600
4	700	1100～1300	1400～1500	1500～1700
5	800	1200～1400	1450～1600	1600～1800
6	900	1300～1500	1500～1650	1700～1850
7	1000	1400～1600	1600～1700	1750～1900

（三）密实度的孔隙率

1. 密实度

轻骨料混凝土的密实度（D）用其表观密度与实际密度之比来表示。

2. 孔隙率

轻骨料混凝土的孔隙率（P）是水泥石和轻骨料孔隙率的总和，可按公式：

$$P = (1 - D) \times 100\%$$

来计算。用各种轻骨料配制成的轻骨料混凝土的平均孔隙率范围列于表 16-29。

（四）透气性与蒸汽渗透性

1. 透气性

轻骨料混凝土的透气性与其内部结构，特别是与其开敞孔隙率有关。根据俄罗斯的资料，在正常情况下，用密实轻骨料混凝土做成的围护结构的透气系数见表 16-30。

2. 蒸汽渗透性

轻骨料混凝土的蒸汽渗透性比普通混凝土稍差。其蒸汽渗透系数主要与其表观密度有关。轻骨料混凝土的蒸汽渗透系数见表 16-31。

（五）抗渗性

轻骨料混凝土平均总孔隙率参考值 表 16-29

混凝土品种	不同强度等级的轻骨料密实混凝土的平均总孔隙率（%）		
	LC5 ~ C75	LC10 ~ C15	LC20 ~ C30
浮石混凝土	46 ~ 42	39 ~ 36	34 ~ 32
火山渣混凝土	46 ~ 44	42 ~ 40	38 ~ 36
陶粒混凝土	53 ~ 47	41 ~ 37	33 ~ 30
膨胀矿渣混凝土	46 ~ 42	39 ~ 36	34 ~ 32
膨胀珍珠岩混凝土	70 ~ 65	60 ~ 57	—
炉渣混凝土	46 ~ 43	40 ~ 37	—
碎砖混凝土	36 ~ 33	31 ~ 29	27 ~ 25
普通混凝土（比较用）	20 ~ 17	15 ~ 12	10 ~ 9

轻骨料混凝土的透气系数

（ΔP = 1mm 水柱） 表 16-30

轻骨料混凝土表观密度（kg/m³）	透气系数（kg/m·h·mm 水柱）	轻骨料混凝土表观密度（kg/m³）	透气系数（kg/m·h·mm 水柱）
800	0.0012 ~ 0.0017	1400	0.0002 ~ 0.00025
1000	0.0007 ~ 0.0011	1600	0.00015 ~ 0.00020
1200	0.0003 ~ 0.00065	1800	0.00010 ~ 0.00015

混凝土蒸汽渗透系数的计算值 表 16-31

混 凝 土 品 种	不同表观密度混凝土的蒸汽渗透系数（g/m·h·mm 水柱）					
	800	1000	1200	1400	1600	1800
陶粒混凝土	0.025	0.018	0.014	0.013	0.0135	0.012
膨胀矿渣混凝土	—	—	0.016	0.015	0.014	0.013
炉渣及天然轻骨料混凝土	—	0.018	0.014	0.012	0.011	0.010
珍珠岩混凝土	0.035	0.025	0.020	0.018	0.016	0.014
碎砖混凝土	—	—	—	0.012	0.011	0.010
无砂大孔混凝土	0.044	0.040	0.037	0.034	0.031	0.029
石英砂加气混凝土（比较用）	—	0.018	0.015	0.013		—

注：表观密度为 2400kg/m³ 的普通混凝土，其蒸汽渗透系数计算值等于 0.004g/m·h·mm 水柱。

轻骨料混凝土和普通混凝土的抗渗性基本相同，尽管轻骨料混凝土的孔隙率和吸水率较大，但由于混凝土的抗渗性主要取决于砂浆的性质，而在轻骨料混凝土中由于骨料的“微泵”作用，使轻骨料周围砂浆的密实性提高，从而提高了轻骨料混凝土的抗渗能力。

（六）吸水性和吸湿性

1. 吸水性

轻骨料混凝土的吸水性主要与其孔隙结构有关，轻骨料的品种、混凝土的配合比、振动工艺等也对其有明显影响。各种轻骨料混凝土浸水24h的吸水率见表16-32。

轻骨料混凝土的重量吸水率 **表16-32**

混凝土品种	不同强度等级轻骨料混凝土的24h吸水率（%）		
	LC5～C7.5	LC10～C15	LC20～C30
火山渣混凝土	15.5～13.5	11～10	—
粉煤灰陶粒混凝土	20～19	17～16.5	13.5～11.5
膨胀矿渣混凝土	15.5～14	12.5～11.5	—
黏土陶粒混凝土	16.8～13.5	10.3～8	—
页岩陶粒混凝土	17～14	11～9	8.0～7.5
膨胀珍珠岩混凝土	30～25	—	—
碎砖混凝土	23～22.5	20.5～19.0	18.5～18.0
炉渣混凝土	20.5～19	17.0～16.5	—

2. 吸湿性

轻骨料混凝土在某相对湿度条件下的吸附湿度，随其堆密度的变化而有较大不同。温度对其吸附湿度也有较大影响。在接近于0℃的正温条件下，其吸附湿度显著上升。吸附湿度的提高，将使轻骨料混凝土的保温性能降低。

轻骨料混凝土墙体的平衡含水率，大致变化在其吸附湿度范围内，或者稍大些，一般为4%～8%（按体积计，一般按6%取用）。混凝土平衡含水率的确定，对其墙体的热工性能有很大影响。各种轻骨料混凝土的平衡含水率（按体积计）大致变化范围见表16-33。

各种轻骨料混凝土平衡含水率变化范围 **表16-33**

序号	混凝土品种	平衡含水率（%）
1	火山渣和膨胀矿渣混凝土	4～5
2	浮石混凝土	6～8
3	黏土陶粒混凝土	4～5
4	硅质石灰岩骨料制成的普通混凝土	2～3

（七）抗冻性

抗冻性是评价轻骨料混凝土耐久性的重要指标。实践证明，轻骨料混凝土具有良好的抗冻性。由于轻骨料多孔，因此当采用干骨料时，不用引气剂也能获得良好的抗冻性，这是普通混凝土所不及的。

轻骨料在常压下很难达到吸水饱和状态，但当孔隙内水分结冰膨胀时，有足够的孔隙供缓冲之用，因此粗骨料是很难冻坏的。轻骨料混凝土在冻融循环作用下引起破坏，主要是由于粗骨料中的部分水分转移至水泥砂浆中结冰膨胀，而引起水泥砂浆破坏，导致轻骨料混凝土破坏。所以，轻骨料混凝土的抗冻性，决定于水泥砂浆强度和密实性。因此，过大的水灰比和过低的水泥用量，都将降低水泥砂浆的强度和密实度，而使混凝土的抗冻性降低。

试验进一步表明，为了满足抗冻性要求，轻骨料混凝土的最小水泥用量，不宜小于200kg/m^3；最大水灰比不宜大于0.70。对于全轻混凝土，其总水灰比不宜大于1.0。

（八）吸声性和隔声性

1. 吸声性

轻骨料混凝土的吸声性用吸声系数表示。吸声性即是表示声能碰撞到材料表面上，被该表面吸收的性能。轻骨料混凝土的多孔性，使其具有较好的吸声性。陶粒珍珠岩混凝土砖的吸声系数见表16-34。

以混响法测得的各种材料的吸声系数　　表16-34

频率（Hz）	材料名称				
	陶粒珍珠岩混凝土砖实铺	陶粒珍珠岩砖+10cm空腔	纯陶粒混凝土砖实铺	纯陶粒混凝土砖+10cm空腔	水泥矿渣膨胀珍珠岩砖实铺
125	0.4	0.43	0.24	0.51	0.27
160	0.69	0.81	0.48	1.02	0.38
200	0.71	0.62	0.39	0.95	0.41
250	0.75	0.56	0.57	0.68	0.42
315	0.91	0.59	0.85	0.59	0.38
400	0.82	0.68	0.95	0.65	0.52
500	0.75	0.56	0.83	0.62	0.46
630	0.74	0.75	0.82	0.62	0.56
800	0.79	0.78	0.74	0.80	0.62
1000	0.84	0.77	0.75	0.80	0.65
1250	0.87	0.78	0.91	0.70	2.65
1600	0.83	0.85	0.83	0.76	0.65
2000	0.83	0.83	0.77	0.77	0.65
2500	0.85	0.83	0.87	0.78	0.65
3150	0.83	0.90	0.85	0.84	0.63
4000	0.78	0.94	0.94	0.81	0.62

2. 隔声性

与其他材料一样，隔声性主要取决于材料的密度值。密度越大，其隔声效果越好。由轻骨料混凝土制成的墙体的隔声性能可用其对空气声波的隔声指标表示；而楼板则用对冲声音的隔声指标表示。在缺少实例资料时，允许以每1m^{2}结构质量来估计其隔声指标。据俄罗斯有关资料介绍，轻骨料混凝土结构对空气声波的隔声性能比普通混凝土结构好，而对冲击声波则较差，其试验结果见表16-35。

各种结构的隔声指标　　表16-35

结构类型	材料品种	结构质量（kg/m^3）	隔声指标（dB）	
			空气声波	冲击声波
墙和隔墙	普通混凝土	300	~3	—
	普通混凝土	250	~5	—
	陶粒混凝土	300	~1	—
	陶粒混凝土	220	~5	—
	抹面砖砌体	250	~4	—
承重楼板	普通混凝土实心板	250	~5	-15
	普通混凝土肋形板	110	~11	-13
	陶粒混凝土实心板	120	~8	-23

（九）热工性能

轻骨料混凝土的热工性能主要指它的导热性、比热、导温性和蓄热性，其热物理系数见表16-36。影响轻骨料混凝土热工性能的主要因素有密度、含水率、骨料品种等。

轻骨料混凝土的各种热物理系数　　**表16-36**

密度等级	导热系数		比热容		导温系数		蓄热系数	
	λ_d	λ_c	c_d	c_c	a_d	a_c	S_{d24}	S_{c24}
	(W/m·K)		(kJ/kg·K)		(m^2/h)		(W/m^2·K)	
600	0.18	0.25	0.84	0.92	1.28	1.63	2.56	3.01
700	0.20	0.27	0.84	0.92	1.25	1.50	2.91	3.38
800	0.23	0.30	0.84	0.92	1.23	1.38	3.37	4.17
900	0.26	0.33	0.84	0.92	1.22	1.33	3.73	4.55
1000	0.28	0.36	0.84	0.92	1.20	1.37	4.10	5.13
1100	0.31	0.41	0.84	0.92	1.23	1.36	4.57	5.62
1200	0.36	0.47	0.84	0.92	1.29	1.43	5.12	6.28
1300	0.42	0.52	0.84	0.92	1.38	1.48	5.73	6.93
1400	0.49	0.59	0.84	0.92	1.50	1.56	6.43	7.65
1500	0.57	0.67	0.84	0.92	1.63	1.66	7.19	8.44
1600	0.66	0.77	0.84	0.92	1.78	1.77	8.01	9.30
1700	0.76	0.87	0.84	0.92	1.91	1.89	8.81	10.20
1800	0.87	1.01	0.84	0.92	2.08	2.07	9.74	11.30
1900	1.01	1.15	0.84	0.92	2.26	2.23	10.70	12.40

注：1. 轻骨料混凝土的体积平衡含水率取6%。

2. 用膨胀矿渣珠作粗骨料的混凝土导热系数可按表列数值降低25%取用或经试验确定。

（十）钢筋抗锈蚀能力

混凝土对钢筋的保护作用主要是依靠混凝土液相的碱度。因为钢筋在pH值为9～13的碱性介质中是不会生锈的，而水泥水化时液相的pH值可达1.25左右。但是在长期使用过程中，由于大气中的CO_2与水泥水化产物Ca（OH)$_2$不断进行反应，使混凝土逐渐中性化（即碳化作用），碱度降低，钢筋锈蚀并逐渐发展，所以，混凝土的保护层必须有足够厚度。

轻骨料混凝土中的水泥石一般比同强度的普通混凝土致密，所以碳化速度较之要慢。然而大多数轻骨料抵抗气体扩散的能力较低，又有利于CO_2渗入内部。为了确保轻骨料混凝土保护钢筋的能力，混凝土的水泥用量应不少于220kg/m^3，水灰比不应大于0.60，而且施工时捣实应良好。在这种情况下，轻骨料混凝土对钢筋的保护能力与普通混凝土相近。

二、力学性能

（一）抗压强度

抗压强度（f_c）是评价轻骨料混凝土重要指标之一（表16-37）。它与混凝土的密度关系密切，密度小，强度高，说明其技术水平高。

轻骨料混凝土的标准强度和设计强度（MPa） 表 16-37

序号	强度种类		符号	混凝土强度等级								
				LC5	LC7.5	LC10	LC15	LC20	LC25	LC30	LC40	LC50
1	轴心抗压	标准强度	f_a^b	3.5	5.2	7.0	10.5	14.0	17.5	21.0	28.0	35.0
		设计强度	f_a	2.8	4.2	5.5	8.5	11.0	14.5	17.5	23.0	28.5
2	弯曲抗压	标准强度	f_w^b	4.1	6.5	9.0	13.0	17.5	22.0	26.0	35.0	44.0
		设计强度	f_w	3.5	5.2	7.0	10.5	14.0	18.0	22.0	29.0	35.5
3	轴心抗拉	标准强度	f_u^b	0.55	0.72	0.85	1.05	1.35	1.60	1.90	2.20	2.50
		设计强度	f_u	0.46	0.55	0.68	0.85	1.15	1.30	1.50	1.80	2.00
4	抗裂	设计强度	f_f	0.55	0.72	0.85	1.05	1.35	1.60	1.90	2.20	2.50

影响轻骨料混凝土抗压强度最主要因素是：

1. 骨料品种及其堆积密度

对同一品种轻骨料来说，堆积密度越大的轻骨料，配制出的轻骨料混凝土的抗压强度越高。要配制轻质高强的轻骨料混凝土，要求采用堆积密度较小，筒压强度较高的圆球型轻骨料。

2. 水泥强度等级及其用量。

采用较高强度等级的水泥及较大的水泥用量，可配制出强度较高的轻骨料混凝土。与普通混凝土同强度等级的轻骨料混凝土，需用较多的水泥，但随着混凝土强度等级的提高，水泥用量的影响减小。

3. 细骨料品种及其用量

采用普通砂做细骨料的砂轻混凝土，可比用轻砂配制的全轻混凝土获得较高的抗压强度，掺入普通砂可提高轻骨料混凝土的强度，但却会大大提高混凝土的密度。掺入20%的普通砂，可使轻骨料混凝土的密度提高约200kg/m^3。

（二）轴心抗压强度

轻骨料混凝土的轴心抗压强度（f_a）见表16-37，其与立方体抗压强度（f_{c28}）有明显的相关关系，经验表达式如下：

$$f_a = 0.805 f_{c28} + 23$$

但考虑到轻骨料混凝土本身的匀质性较差，以及试验误差等的影响，在设计中建议取值与普通混凝土相同，即 $f_a = 0.7 f_{c28}$。

（三）抗拉强度

与普通混凝土一样，轻骨料混凝土的抗拉强度至今还没有一个较满意的统一试验方法。由于试验方法不同，其抗拉强度的表示方法也不同。

1. 轴心抗拉强度

轻骨料混凝土的轴心抗拉强度（f_u）与其抗压强度（f_{c28}）的关系与普通混凝土基本相同（见表16-37），但考虑某些因素的影响，在某些规程中其设计强度的取值都不尽相同。试验资料表明，不同骨料品种和强度等级的轻骨料混凝土与同强度等级普通混凝土的轴心抗拉强度非常接近。但考虑到轻骨料混凝土的匀质性较差和其他因素的影响，建议按普通混凝土轴心抗拉强度降低15%取用，使之更趋于安全可靠。

2. 劈裂抗拉强度

与普通混凝土一样，轻骨料混凝土的劈裂抗拉强度与其抗压强度的关系十分密切。影响轻骨料混凝土劈裂抗拉强度的因素很多，其中轻骨料品种和养护方法影响较大。骨料影响必须通过试验确定。养护方法的影响一般比普通混凝土大。在干燥条件下养护，轻骨料混凝土的劈裂抗拉强度降低较大，最大可达30%。湿养护条件下，则与同强度等级的普通混凝土差不多。但总的说来，轻骨料混凝土的劈裂抗拉强度比普通混凝土分散性大，其平均值也比普通混凝土低得多。

3. 弯曲抗拉强度

轻骨料混凝土的弯曲抗拉强度（f_{uw}）较轴心抗拉强度约高68%～81%。当混凝土强度等级为C20～C40时，轻骨料混凝土的弯曲抗拉强度约为其抗压强度的$\frac{1}{6}\sim\frac{1}{10}$，而普通混凝土则为$\frac{1}{5}\sim\frac{1}{7}$。在干燥条件下养护，或在风干过程中，轻骨料混凝土的弯曲抗拉强度将约降低30%。

（四）抗剪强度

轻骨料混凝土的抗剪强度目前国内外尚无统一的试验方法，研究也较少。因此，其指标很难进行比较。建议轻骨料混凝土的抗剪强度参考表16-38取值。

粉煤灰陶粒混凝土抗剪设计强度　　**表16-38**

混凝土强度等级	LC5	LC7.5	LC10	LC15	LC20	LC25	LC30	LC40	LC50
抗剪设计强度 f_j（MPa）	0.8	1.0	1.2	1.7	2.0	2.5	2.8	3.4	4.1
抗剪标准强度 f_j^b（MPa）	1.0	1.3	1.6	2.1	2.5	3.0	3.4	4.1	4.8

（五）粘结力和粘结强度

1. 粘结力

由于轻骨料对应力集中的抵抗能力不如普通密实骨料，所以轻骨料颗粒在变形钢筋的肋之间较易剪坏。但是，对于同强度等级混凝土来说，轻骨料混凝土中的砂浆强度高于普通混凝土，因而变形钢筋在轻骨料混凝土中的粘结力并不亚于普通混凝土。对于圆钢筋，轻骨料颗粒强度对钢筋粘结力的影响很小，而主要是取决于砂浆的强度。当轻骨料混凝土拌合物流动性太大时，或施工时过度振捣，则由于轻骨料上浮、分层而削弱了上部混凝土的质量，影响上部钢筋的粘结力。所以，受弯构件用的轻骨料混凝土，其流动性不宜过大。

表16-39是我国轻骨料混凝土钢筋粘结力的数据。粘结力采用拔出试验，ϕ16mm圆钢。

轻骨料混凝土粘结力　　**表16-39**

轻骨料品种	抗压强度 f_{c28}（MPa）	表观密度（MPa）	钢筋粘结力（MPa）
天津粉煤灰陶粒	34.5	1701	5.01
西安粉煤灰陶粒	6.3 11.8	1066 1206	0.87 1.47
本溪页岩陶粒	13.0 20.5 36.0	1320 1568 1683	2.96 3.45 3.52
上海黏土陶粒	10.7 17.8 19.0 29.0	1602 1602 1670 1650	1.95 3.46 3.52 3.96

2. 粘结强度

当采用中等直径的光圆钢筋时，轻骨料混凝土与钢筋的粘结强度约为2.5~3.0MPa。它与抗压强度的比值随着混凝土强度等级的提高而减小。各种轻骨料混凝土的粘结强度与抗压强度的比值变化范围见表16-40。

轻骨料混凝土粘结强度与抗压强度之比　　表16-40

混凝土品种	$f_{粘}/f_c$	混凝土品种	$f_{粘}/f_c$
陶粒混凝土	0.11~0.42	膨胀珍珠岩混凝土	0.15~0.32
浮石混凝土	0.15~0.40	多孔烧结料混凝土	0.16~0.30
膨胀矿渣混凝土	0.16~0.45	普通混凝土（比较用）	0.10~0.29

（1）水平光圆钢筋与轻骨料混凝土的粘结强度一般比与普通混凝土低，但在采用或掺入普通砂时，其粘结强度有所改善。在垂直钢筋的情况下，其粘结强度则与骨料品种无关。

（2）当采用螺纹钢筋时，轻骨料混凝土的$\frac{f_{粘}}{f_c}$的比值可提高0.5~2.0倍。

（3）加热养护使混凝土与钢筋的粘结强度稍有降低。密孔的或大孔轻混凝土与钢筋粘结力指标也较低。遭受冻融循环后，轻骨料混凝土粘结强度的降低比普通混凝土大。

（六）弹性模量

轻骨料混凝土的弹性模量主要取决于骨料和水泥石的变形性能，以及它们在混凝土中所占的比例。由于轻骨料多孔性的影响，其弹性模量的变化主要与混凝土强度等级和密度有关（表16-41）。

轻骨料混凝土的弹性模量 E_{LC}（$\times 10^2$MPa）　　表16-41

强度等级	密度等级							
	1200	1300	1400	1500	1600	1700	1800	1900
LC15	94	102	110	117	125	133	141	149
LC20	—	117	126	135	145	154	163	172
LC25	—	—	141	152	162	172	182	192
LC30	—	—	—	166	177	188	199	210
LC35	—	—	—	—	191	203	215	227
LC40	—	—	—	—	—	217	230	243
LC45	—	—	—	—	—	230	244	257
LC50	—	—	—	—	—	243	257	271
LC55	—	—	—	—	—	—	267	285
LC60	—	—	—	—	—	—	280	297

注：用膨胀矿渣珠、自燃煤矸石作粗骨料的混凝土，其弹性模量值可比表列数值提高20%。

轻骨料混凝土的弹性模量一般比普通混凝土的低25%~65%，对密度大于1400kg/m³、强度等级高于LC15的结构轻混凝土弹性模量约低25%~50%；对密度小于1400kg/

m^3、强度等级小于 LC15 的结构保温轻混凝土则约低 60%～65%。实践证明，可以采用调整骨料颗粒级配、提高砂率、用普通砂作细骨料、掺入膨胀矿渣珠等措施来提高轻骨料混凝土的弹性模量。

（七）徐变

由于轻骨料的粒径、形状和表面特征有别于普通密实骨料，故导致轻骨料混凝土水泥用量较多，骨料弹性模量小和限制变形能力低，因而其徐变变形一般比普通混凝土的大，其徐变度一般为 $6.5 \sim 9.0 \times 10^{-5}$/MPa，且随着混凝土强度等级的减少而提高，最高可达 26×10^{-5}/MPa，其徐变特征值为 1.0～9.0。

（1）影响轻骨料混凝土徐变的因素：①水泥石含量；②持荷时间；③加荷龄期；④加荷时的强度。

（2）轻骨料混凝土徐变度取值：轻骨料混凝土的最终强度见表 16-42。

在标准条件下轻骨料混凝土的最终徐变度　　表 16-42

混凝土品种	不同强度等级混凝土的徐变度（$C_t \times 10^{-6}$/MPa）							
	LC7.5	LC10	LC15	LC20	LC25	LC30	LC35	LC40
陶粒、膨胀矿渣、浮石、粉煤灰陶粒、多孔烧料混凝土	14.6	11.3	8.0	6.3	5.3	4.6	4.2	3.8
粉煤灰烧结块、硅藻土陶粒、火山凝灰岩混凝土	18.0	14.0	10.0	8.0	6.6	5.5	4.9	4.4
炉渣、大颗粒轻骨料和膨胀珍珠岩砂混凝土	26.0	20.0	14.5	11.5	9.0	7.6	6.6	6.0

（八）收缩

轻骨料混凝土的水泥用量较高，骨料弹性模量低和限制水泥石不收缩变形的能力小以及轻骨料粒型和表面特征不合适导致水泥用量增多等原因，都会造成收缩增大。

（1）影响收缩的因素：①水泥石含量及其质量；②骨料；③时间；④介质湿度。

（2）最终收缩值：轻骨料混凝土的最终收缩值见表 16-43。

轻骨料混凝土的最终收缩值　　表 16-43

混凝土种类和强度等级	最终收缩值（mm/m）
LC10～LC40 结构轻混凝土	0.4～0.6
<LC10 的结构保温轻混凝土	0.35～0.5

（九）温度变形

混凝土的温度变形与骨料品种、混凝土配合比、以及含水率和温度等有关。轻骨料的弹性模量小，所以在混凝土中对水泥石温度变形的约束力也小。但轻骨料本身的线膨胀系数比普通密实骨料低得多，因此轻骨料混凝土的线膨胀系数就与普通混凝土相差不多，通常情况下要稍微小些。

第五节　轻骨料混凝土施工

轻骨料混凝土的施工工艺基本与普通混凝土相同。但由于轻骨料的密度小和多孔结构吸水的特性，配制成的轻骨料混凝土也具有某些特点。在施工中务必加以注意，才能保证工程质量，防患于未然。

一、混凝土的搅拌

（1）配料要求：轻骨料混凝土各组份配料计量允许误差见表16-44。

轻骨料混凝土配料计量允许误差　表16-44

序　号	材料名称	允许误差（%）
1	粗、细骨料	±3
2	水、水泥和外加剂	±2

（2）在生产过程中，应经常抽测轻骨料含水率，调整用水量。

（3）轻骨料混凝土的搅拌必须采用强制式搅拌机。

（4）搅拌时的加料顺序：吸水率较大的粗轻骨料，在搅拌前预湿，有利于混凝土强度的增长。

（5）外加剂先溶在水中然后投入。

在轻骨料混凝土搅拌时，使用预湿处理的轻粗骨料，宜采用图16-1的投料顺序；使用未预湿处理的轻粗骨料，宜采用图16-2的投料顺序。

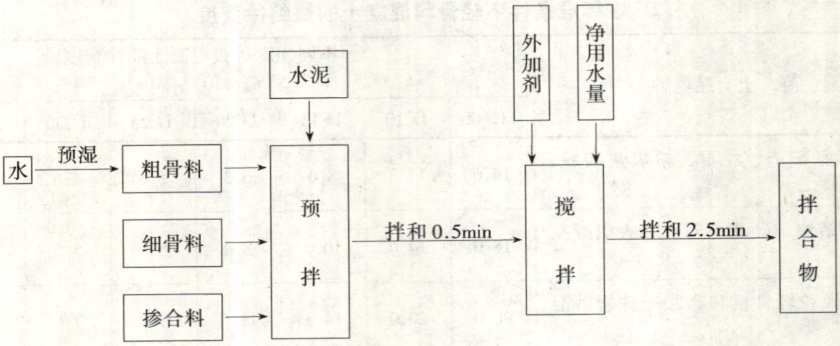

图16-1　使用预湿处理的轻粗骨料时的投料顺序

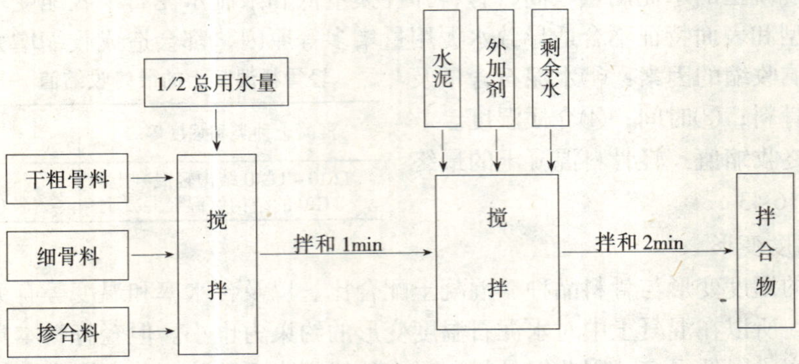

图16-2　使用未预湿处理的轻粗骨料时的投料顺序

二、混凝土的运输

（1）轻骨料混凝土搅拌后，宜立即浇筑入模。如在停放或运输过程中导致和易性损失，宜在浇筑前采用人工二次搅拌。

（2）混凝土从搅拌机卸出后到浇筑的时间，一般不超过45min。

三、混凝土的浇筑与成型

（1）各种构件或结构轻骨料混凝土的浇筑成型参数见表16-45。

各种构件混凝土浇筑成型参数　　表 16-45

构件类型	拌合物类型		构件厚度（cm）	浇筑方式	振捣方式	表面加压值（MPa）	振捣时间（s）
板式构件	全轻（干硬度 30s） 砂轻（坍落度 10 ~ 30mm）		≯30 < 20	一次 一次	振动台 表面振动	20 ~ 30 无要求	60 ~ 120 30 ~ 60
梁式构件或结构	砂轻（干硬度 30s）		≯50	两层	振动台	20 ~ 30	60 ~ 90
	砂　轻	坍落度 10 ~ 30mm 坍落度 30 ~ 50mm	≯50	两层	插入式	无要求	30 ~ 45 20 ~ 30
竖向构件或结构	砂　轻	坍落度 30 ~ 50mm 坍落度 50 ~ 80mm	> 50	分层、每层不小于 30cm	插入式	无要求	20 ~ 30 15 ~ 20

注：1. 振动时间上限，适用于配筋较密的构件或结构。
2. 现浇梁或竖向结构，每层浇筑高度不宜超过 30cm。

（2）用插入式振捣器振捣时，其振捣间距应小于普通混凝土的振捣间距，不应大于振动棒作用半径的一倍。多层振捣时应插入下层拌合物约 50mm。

四、混凝土的养护

（1）轻骨料内部所吸收的水分，随着混凝土表面水分的蒸发，会从骨料内部不断向水泥砂浆迁移。因此，在一般时间内能自动供给水泥水化用水，造成良好的养护条件。这段时间的长短，视周围气候而定。在温暖和潮湿的气候下，轻骨料混凝土中的水分就可以保证水泥的水化，因而不需覆盖和喷水养护。但在炎热干燥的气候下，有必要进行覆盖和喷水养护，以防表面干燥和收缩干裂。

（2）轻骨料混凝土的热容量较低，热绝缘性较大，蒸汽养护的效果比普通混凝土好。在相同的蒸养期间，内部温度升高比普通混凝土高。蒸养时升温速度或降温速度不能太快，一般以 15 ~ 25℃/h 为宜。

（3）如果采用蒸汽养护，成型后的静置时间应不小于 1.5 ~ 2.0h，以免发生表面起皮、酥松等现象。

（4）采用蒸汽养护时的成型工艺和静停制度与升温速度的关系见表 16-46。

成型工艺和静停制度与升湿速度的关系　　表 16-46

生产工艺	静停制度		升温速度（℃/h）
	温度（℃）	时间（h）	
平模工艺	10	> 3	15 ~ 20
	20	2 ~ 3	20 ~ 25
	50	1 ~ 1.5	25 ~ 30
成组竖模	10 ~ 20	1 ~ 1.5	30 ~ 35

注：静停时间，用矿渣硅酸盐水泥取上限，用普通硅酸盐水泥取下限。

（5）由于轻骨料混凝土堆密度较小，导热系数低，再加上混凝土中水泥含量较高，故浇灌完毕后混凝土内部的温度升得较高。因此，冬季施工时在浇灌完后的最初几个小时内，坏的危险性也较小。在冬季，可在低于普通混凝土所允许的气温下施工。由于轻骨料混凝土的绝热性能较好，在冬季养护时，恒温后构件的降温要特别注意，否则因温差太大，而引起裂缝。

（6）轻骨料混凝土的养护周期，一般较普通混凝土缩短 1 ~ 3h。混凝土堆密度越小，构件厚度越薄，其恒温的时间越短。

(7) 采用干热养护时，由于轻骨料吸水，在养护过程中会逐步放出，有利于水泥水化，因此其养护效果一般比普通混凝土好。但为了防止表面失水太快，引起表面疏松、强度降低，干热养护的最高温度不宜超过60℃。

第十七章　煤矸石混凝土

(Gangue concrete)

第一节　概　　述

煤矸石混凝土亦是一种硅酸盐混凝土，主要由煅烧煤矸石、生石灰和石膏组成，水在湿碾过程中加入。块状煅烧煤矸石经过轮碾，有一部分碾碎成细小颗粒，与氢氧化钙反应生成水化硅酸钙而产生强度。大部分煤矸石成为骨料。因此煤矸石混凝土的配合比与一般水泥混凝土不同，组成中没有明确的胶结料和细、粗骨料之分。生石灰和石膏应根据材料的质量通过试验来确定。

第二节　原材料与配合比的基本要求

一、石灰

根据《建筑石灰》(JC/T 480—1992)，石灰用量多少必须保证生成水化生成物(C—S—H)的需要。在一定范围内，石灰用量增加，煤矸石混凝土的强度亦相应提高，到一定量后，再增加石灰用量，强度就无明显的增长。石灰用量过多，由于石灰产生的水化热增加，加快混合料的凝固，影响制品的成型，强度也会降低。试验资料见表17-1。

石灰用量试验　　表 17-1

煤矸石	生石灰	蒸后抗压强度 (MPa)
100	6	19.8
100	8	27.6
100	10	27.7
100	12	22.6
100	14	26.1

注：生石灰中按生石灰:石膏 = 10:1 掺入石膏。

石灰用量以有效氧化钙计算达 5% ~ 9% 时，煤矸石混凝土的强度可达 20MPa 以上。由于煤矸石混合料中属于胶结料部分（指 0.15mm 以下的颗粒）占 30% 左右，因此有效氧化钙占混合料总量中的 5% ~ 9%，即相当于在胶结料中的有效氧化钙含量为 17% ~ 30%，这与一般蒸养硅酸盐制品控制有效氧化钙含量为 20% ~ 25% 是相接近的。一般石灰的有效氧化钙在 65% ~ 75% 左右，因此石灰用量可为总干料量的 8% ~ 12%。

二、石膏

配合比中掺入 0.5% ~ 1% 的石膏，可提高煤矸石混凝土的强度，但耐水性降低。根据有关研究单位对粉煤灰硅酸盐混凝土耐久性的研究，掺石膏的抗碳化性能不如不掺石膏的好，并且加入石膏要增加原材料的成本，因此石膏用量要适当控制。强度等级低于 C15 煤矸石混凝土可以不掺石膏，试验资料见表 17-2。

石膏用量试验 表17-2

煤矸石	生石灰	石膏	水	蒸后抗压强度（MPa）	蒸后饱水抗压强度（MPa）
92	8	0	20	21.5	21.8
92	8	0.5	20	29.4	25.9
92	8	1.0	20	25.7	23.2

注：煤矸石系人工煅烧煤矸石，石膏为二水石膏。

三、矿渣粉

水淬高炉矿渣活性较高，在煤矸石混凝土中加入少量磨细矿渣粉可明显的提高强度。尤其是采用煅烧质量不很好的煤矸石或配制强度较高的煤矸石混凝土时，外掺15%矿渣粉可作为一项保证质量的技术措施。试验资料见表17-3。

矿渣粉掺量试验 表17-3

煤矸石	石灰渣粉	矿渣粉	蒸后抗压强度（MPa）
82	18	10	28.5
82	18	15	33.3
82	18	20	30.1
82	18	25	30.1

注：1. 煤矸石系煤矸石作燃料烧石灰后的废渣。
2. 矿渣粉系重庆钢铁厂水淬矿渣磨细成粉。

四、水

用水量对煤矸石混凝土的强度有明显的影响。用水量过少，混凝土不易振捣密实，会产生蜂窝麻面。用水量过大，虽然操作容易，但强度明显降低。煤矸石混凝土的适宜用水量与成型方式有关。当煤矸石为人工煅烧，采用振动成型时，用水量可掌握在18%～20%，加压振动成型时，可掌握在14%～16%。

五、减水剂

根据《混凝土外加剂》（GB 8076—1997）和《混凝土外加剂应用技术规范》（GB 50119—2003），减水剂掺于混凝土中，可减少水灰比，改善拌合物的和易性，促进混凝土的早强和增强作用。在煤矸石混凝土工作度基本相同的情况下，采用NNO扩散剂（亚甲基二萘磺酸钠）作减水剂，如掺量在0.5%～1%时，减水率可达10%～25%，混凝土强度增长13%～37%。用自燃煤矸石配制胶结料的混凝土，当掺减水剂0.5%～1%时，强度增长率可达11%～30%，混凝土强度等级都在C30以上。

在满足设计要求强度等级的混凝土中，掺加减水剂可以节约水泥用水量，降低制品成本。

第三节 煤矸石混凝土空心砌块

煤矸石混凝土空心砌块是以煤矸石无熟料水泥作胶结料，以自燃煤矸石作粗细骨料所配制的混凝土制品。在了解和掌握各种原材料的性能和作用的基础上，合理地选择确定煤矸石混凝土空心砌块的配合比，对保证产品质量、满足工艺要求和降低生产成本都有着重要的作用。

一、原材料的技术要求

（一）煤矸石无熟料水泥

在煤矸石混凝土空心砌块各组成材料中，煤矸石无熟料水泥是起主要作用的。因为煤矸石无熟料水泥和水拌合以后发生一系列的物理化学反应，特别是通过蒸气养护，其反应更为剧烈，使之凝结硬化，并将粗、细骨料包裹和紧密地联结在一起，形成组织紧密、质地坚实的人工石材。所以煤矸石无熟料水泥质量的好坏，对煤矸石混凝土空心砌块的强度和性能起着重要的作用。

煤矸石无熟料水泥是由自燃或人工煅烧的煤矸石加生石灰、石膏混合磨细而制成的。

1. 原材料及化学成分

(1) 煤矸石：某地煤矿排出的煤矸石，主要是碳质页岩、高岭石类黏土岩及少部分砂岩、石灰岩等矿物。煤矸石的化学成分见表 17-4 所示。

煤矸石的化学成分 **表 17-4**

煤矸石及产地		SiO_2	Fe_2O_3	Al_2O_3	TiO_2	CaO	MgO	烧失量
自燃煤矸石 1 号	某矿井	54.76	6.64	16.93	0.16	2.52	1.68	12.66
自燃煤矸石 2 号	竖　井	—	5.29	16.83	0.23	2.42	1.56	14.15
自燃煤矸石 3 号	某矿井	57.98	8.27	16.88	0.16	2.27	1.09	9.93
自燃煤矸石 4 号	某矿井	52.96	6.47	17.94	0.39	4.42	0.53	8.72
自燃煤矸石 5 号	某矿井	55.68	7.35	16.88	0.56	2.33	0.68	10.65
自燃煤矸石 6 号	某矿井	64.50	9.06	16.63	0.48	1.95	0.50	3.65
自燃煤矸石	某矿二立井	58.24	8.07	17.60	0.39	2.83	0.77	6.96
煤矸石碎砖	某市砖厂	58.50	8.88	20.09	0.48	2.64	1.63	2.93

配制无熟料水泥用的煤矸石，要经过 950～1100℃煅烧，以提高煤矸石的活性。在煅烧过的煤矸石中，须将坚硬的砂岩拣除，这样不仅能提高无熟料水泥的质量，而且也改善了水泥的易磨性能。

(2) 石灰：石灰是煤矸石无熟料水泥中的碱性激发剂。石灰中的有效氧化钙与煤矸石中的活性氧化硅、氧化铝，在湿热条件下，反应生成水化硅酸钙（C-S-H）和水化铝酸钙（C-A-H），它是砌块产生强度的主要因素。石灰的有效氧化钙较高，正火生石灰为好，已消解的石灰不宜采用。

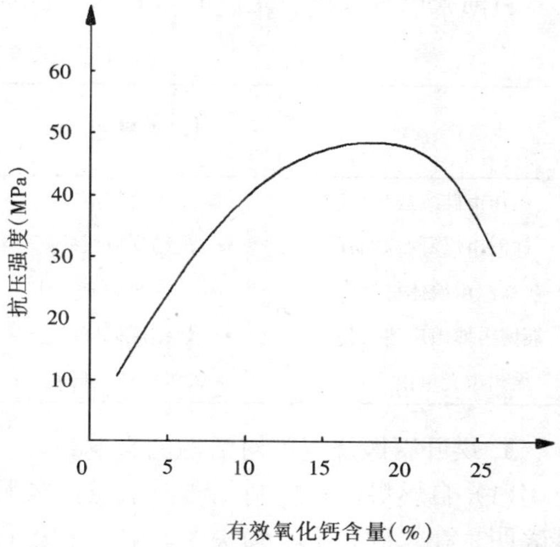

图 17-1　有效氧化钙含量对煤矸石无熟料水泥强度的影响

(3) 石膏：石膏是硫酸盐激发剂，它与煤矸石中的活性氧化铝进行湿热反应，形成硫铝酸钙（钙矾石），可以显著提高制品的强度。在无熟料水泥中，以天然二水石膏为宜（CaO32.48%、$SO_6$44.55%），废模型石膏也可采用。

2. 水泥的配合比选择

煤矸石无熟料水泥配合比的选择，既要符合设计要求，又要经济合理，所以尽量减少石灰、石膏的用量，增加煤矸石的用量。

从图 17-1 可以看出，在一定范围内，随着生石灰掺量（以有效氧化钙计）的增加，煤矸石无熟料水泥的强度相应提高。这是由于生石灰掺量增加，提高了无熟料水泥中氢氧化钙的浓度，通过蒸气养护，水化产物不断增多的缘故。但生石灰掺量超过某含量继续增加时，煤矸石无熟料水泥中将出现没有起反应的游离石灰，加之过量生石灰消化时体积膨胀对结构的破坏作用，反而使无熟料水泥的强度下降。所以必须选择适宜的生石灰掺量，才能保证煤矸石无熟料水泥具有良好的性能。

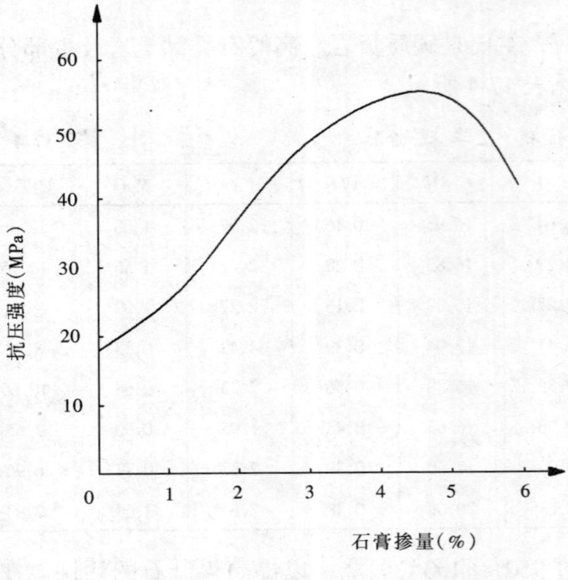

图 17-2　石膏掺量对煤矸石无熟料水泥强度的影响

根据煤矸石空心砌块的生产实践和参照粉煤灰硅酸盐砌块的生产经验，煤矸石无熟料水泥中生石灰的掺量，一般应控制其有效氧化钙含量在 15%～25%范围内。这样既可保证砌块的强度，又能提高砌块的耐久性能（如抗碳化能力等）。

从图 17-2 可以看出，石膏掺量对煤矸石无熟料水泥强度的影响很灵敏，其规律与生石灰掺量的影响类似。石膏掺量一般在 3%～6%的范围内较为适宜。

运用正交试验设计方法，进行煤矸石无熟料水泥选择配合比。人工配料入球磨机磨细，水泥细度要求 4900 孔/cm^2 筛的筛余不超过 7%。

目前我国有关单位生产的煤矸石空心砌块，其煤矸石无熟料水泥配合比列于表 17-5。

煤矸石无熟料水泥配合比实例　　**表 17-5**

生产单位	胶结料品种	配合比 煤矸石:生石灰:石膏	蒸养抗压强度（MPa）
焦作市硅酸盐制品厂	沸腾炉渣	70:25:5	大于 40
株洲市煤矸石制品厂	烧结煤矸废砖	70:25:5	大于 40
株洲市墙体材料厂	沸腾炉渣	71:23:6	大于 20
淄博市博山房建二公司	烧结煤矸废砖	70:25:5	大于 20
徐州市九里山采石厂	人工煅烧煤矸石	71:25:4	大于 40

3. 煤矸石煅烧温度对活性的影响

（1）自燃煤矸石配制无熟料水泥：水泥配合比为：煤矸石:石灰:石膏 = 70:25:5。实践表明，在煤矸石空心砌块生产中，不宜采用自燃煤矸石配制无熟料水泥。因为煤矸石的活性波动很大，在同堆场，取样点不同，即使化学成分接近，在相同条件下配制的水泥强度，差别也很大。

(2) 煅烧温度对煤矸石活性的影响：将煤矸石在不同温度煅烧后，配合比为：煤矸石:石灰:石膏 = 70:25:5。随着煅烧温度的提高，煤矸石中活性 SiO_2 和 Al_2O_3 含量增加，配制的水泥强度也随之提高。但是，在配制无熟料水泥时，煤矸石必须控制在 950～1100℃的煅烧范围内，才能达到稳定生产。

在烧结煤矸石砖企业，煤矸石砖的煅烧温度一般控制在 950～1100℃。因此，利用砖厂的碎砖代替煅烧煤矸石配制无熟料水泥是可行的。如用正火、欠火或过火碎砖，按碎砖:石灰:石膏 = 75:25:5 的配合比，水灰比为 0.42～0.49，其蒸后抗压强度为 23.1～33.4MPa，可以满足生产煤矸石空心砌块的要求。

4. 利用次石灰和废模石膏配制煤矸石水泥

采用电石厂的下脚料次石灰（有效 CaO 为 73.16%）和陶瓷厂的废模石膏，配合比为：按煤矸石:次石灰:废模石膏 = 67:28:5 或 76:19:5，水料比为 0.45～0.49，蒸后抗折强度为 5.0～6.3MPa，抗压强度为 30.1～36.0MPa。利用次石灰和废模石膏配制的煤矸石水泥，可以满足砌块生产的要求。有条件的地方，应尽可能采用这两种原料，既可以综合利用，又可降低生产成本。但在生产控制中，一定要使无熟料水泥中的有效 CaO 和 SO_3 的含量稳定在控制的指标范围内。

（二）骨料

自燃煤矸石为混凝土的骨料，要经过拣选、破碎和筛分。细骨料的粒径为 2.5～5.0mm，粗骨料的粒径为 5～20mm。

未经自燃的煤矸石，不能作为混凝土的骨料。因为煤矸石中不少岩石受大气作用和日晒雨淋后容易风化解离，严重影响制品质量。

作骨料用的自燃煤矸石，要求体积稳定，并具有较高的强度。骨料中严禁夹杂石灰礓块，否则，制品在蒸养过程中，或堆放过程中将逐渐消解，体积膨胀，造成制品开裂。

（三）拌合水

拌合水应符合《混凝土拌合水标准》(JGJ 63—89) 要求。

二、配合比设计

煤矸石混凝土空心砌块的配合比设计及正确选择，既要考虑制品能满足墙体材料的使用要求，又要经济合理，便于生产操作。

煤矸石混凝土的胶骨比以 1:3～4 比较合适，细骨料与粗骨料以 1:2～3.5 为宜。水灰比宜控制在 0.5～0.6 之间，以 0.5～0.55 较好。自燃煤矸石吸水性较强，应根据骨料含水量和气候变化情况，在生产中及时调整加水量，避免水灰比不适宜而影响制品质量。目前生产煤矸石混凝土空心砌块的各单位，其混凝土配合比多采用正交设计或试配等试验方法来确定。表 17-6 所示煤矸石混凝土空心砌块配合比。

煤矸石混凝土空心砌块配合比 **表 17-6**

煤矸石产地	混凝土配合比					蒸后堆积密度 (kg/m^3)	蒸后抗压强度 (MPa)
	水灰比 (W/C)	胶结料	细骨料	粗骨料	胶骨比		
A 地	0.55	1	1.04	2.66	1:3.7	2043	22.0
	0.60	1	0.80	2.70	1:3.5	2117	17.7
	0.50	1	1	2	1:3	2117	32.8
	0.55	1	1	2	1:3	2163	26.1

续表

煤矸石产地	混凝土配合比					蒸后堆积密度	蒸后抗压强度
	水灰比（W/C）	胶结料	细骨料	粗骨料	胶骨比	(kg/m^3)	(MPa)
B地	0.50	1	1.03	3.18	1:4.21	2071	21.7
	0.60	1	0.80	2.70	1:3.5	2115	31.3
	0.50	1	1	2	1:3	2131	35.9
	0.55	1	1	2	1:3	2115	38.6

在上述混凝土配合比及水灰比范围内，混凝土强度都在C20以上，可以满足砌块生产要求。如采用1:1:2配合比进行生产，其产品质量可以基本稳定。表17-7和表17-8所示为湿碾煤矸石混凝土空心砌块的配合比，可供设计时参考。

湿碾煤矸石混凝土配合比（一） **表17-7**

编号	原材料配合比（%）			用水量（%）	备注
	煅烧煤矸石	生石灰	石膏		
1	88~92	8~10	0.5~1	18~20	立窑煅烧，振动成型
2	82	10~12	3	16~18	沸腾炉煅烧，成型机成型

湿碾煤矸石混凝土配合比（二） **表17-8**

编号	骨料品种	混凝土配合比 胶结料:细骨料:粗骨料	水胶比	蒸养抗压强度（MPa）
1	自燃煤矸石	1:1:3	0.50~0.55	15.0~20.0
2	卵石、河砂	1:2:4	0.50:0.55	20.0
3	卵石、河砂	1:1:4	0.50~0.55	15.0~20.0
4	自燃煤矸石	1:1:2	0.50:0.55	20.0
5	人工煅烧煤矸石、碎石屑	1:2.3:3	0.45~0.5	15.0~20.0

第四节 压蒸煤矸石混凝土

压蒸（即压制蒸养）煤矸石混凝土是以自燃煤矸石中沸腾炉渣为主要原料，再掺入一定量的生石灰、石膏，经过压力成型后再经过蒸养而成的，煤矸石混凝土的抗压强度稳定在8~12MPa。

一、原材料的技术要求

1. 原材料化学性质

压蒸煤矸石混凝土的主要原材料是自燃煤矸石、生石灰。

煤矸石的化学成分与黏土质相似，其中二氧化硅（SiO_2）、三氧化二铝（Al_2O_3）的含量占大多数；三氧化二铁（Fe_2O_3），氧化钙（CaO）和氧化镁（MgO）等含量极少。二氧化硅与三氧化二铝是煤矸石的主要活性成分，活性愈高，制品质量愈好。生产煤矸石混凝土，一般要求二氧化硅的含量不低于40%，三氧化二铝的含量不低于15%。

生石灰的主要化学成分是氧化钙及少量氧化镁。它在蒸制煤矸石混凝土中起激发作用，使煤矸石混凝土具有一定的物理力学性能。生产煤矸石混凝土，应尽可能的选用新鲜生石灰。

2. 原材料的制备

将自燃后的煤矸石用锤式破碎机粉碎，通过4mm筛孔的筛子，其粗料（1～3mm）占25%。生石灰用球磨机磨细，通过4900孔/cm^2的筛网，其筛余量为15%。

二、配合比设计

压蒸煤矸石混凝土的配合比设计，应通过试验确定，下述配合比可供设计时参考。

某厂采用的配比为：自燃煤矸石80%，生石灰20%，外加水20%，生石灰的掺量，是配比中选择的主要问题，为使煤矸石活性充分发挥，必须用生石灰激发，才能使砖获得一定的强度。因此，生石灰的掺量不能过多或过少，一定要掺得适宜为好。

第十八章　浮石混凝土

(pumice concrete)

第一节　概　述

浮石混凝土是以天然浮石作骨料的轻骨料水泥混凝土。

浮石混凝土的堆积密度约 1000～2000kg/m³，抗压强度 7.5～30MPa。由于浮石骨料颗粒表面呈蜂窝状，为了保证混凝土的工作性，必须适当增加水泥砂浆用量，即每 1m³ 浮石混凝土的水泥用量偏高。在浮石资源较丰富的地区，常用作墙体材料建筑构件，以减轻建筑物自身质量，提高保温隔热性能和降低建筑造价。

第二节　浮石混凝土原材料技术要求

一、浮石的技术要求

选用浮石作骨料配制混凝土时，其浮石骨料必须满足以下技术要求：

(1) 松堆密度和强度较大，表面孔隙较小而清洁。

(2) 最大粒径不宜超过 20mm。

(3) 一般可分为两级：5～10mm、10～15mm。使用前试配，使水泥用量能减小。

(4) 砂子宜用普通中砂，若采用浮石砂配制全轻浮石混凝土可减轻混凝土堆积密度，但对和易性和混凝土强度不利。

二、胶凝材料的技术要求

(1) 水泥一般用 32.5 级或 32.5 级以上的普通硅酸盐水泥。

(2) 水泥用量 (C) 一般不应低于 250kg/m³，试配时可参考表 18-1。

水泥用量参考表　　**表 18-1**

混凝土强度等级	C10	C20	C30
水泥用量 (kg/m³)	180～220	200～300	300～360

(3) 为节约水泥改善浮石混凝土的和易性，可掺入磨细的粉煤灰、硅藻土、烧黏土 15%～30%（以水泥为 100%）或塑化剂、加气剂。若用纸浆废液可加入水泥量的 0.2%～0.3%。

第三节　浮石混凝土的配合比选择

一、浮石用量

先测得浮石的紧堆积密度，并测得其颗粒间的孔隙率 P_y，在紧堆积密度大和 P_y 值小的情况下的级配最好，其质量即为每 $1m^3$ 的混凝土浮石用量。

一般级配采用 5～10mm 为 60%颗粒和 10～15mm 为 40%颗粒级配较好，见表 18-2 所示。

浮石颗粒级配和混凝土堆密度孔隙率参考表　　表 18-2

配合比例（%）		紧堆密度 r_0（kg/m^3）	孔隙率 P_y（%）
5～10mm	10～15mm		
0	100	746	43.6
30	70	781	40.8
40	60	811	39.0
60	40	833	37.4

二、用砂量

先确定砂紧堆积密度及石子空隙率计算砂子用量，再乘以剩余系数 1.1～1.2。一般用量为 680～800kg，见表 18-3 所示。

石子空隙与砂子用量参考表　　表 18-3

石子空隙率 P_y（%）	砂子用量（kg/m^3）
43.8	790
40.8	735
39.0	700
37.4	674

三、水泥用量（C）

可参考表 18-1 试配，在中低强度等级混凝土中，必须加入 15%～30%的掺合料或 0.2%～0.3%塑化剂（纸浆废液）。

四、用水量（W）

（1）最初用水量以所配的拌合物能在掌中挤压成团而不粘手为准。一般用水量约介于 150～200kg/m^3 之间。

（2）在不同水泥用量的条件下，再选择最优用水量，以所配混凝土的强度为最大。或拌合物系数最小的用水量即为最优用水量。

五、测定堆密度

先在试件破型前称取质量，然后在破型后将试块烘干，根据其含水率，可得浮石混凝土的标准堆密度（干堆密度）。

六、选定配合比

按不同颗粒组成、不同水泥用量、不同用水量进行试配，可利用正交试验法求得符合强度和堆积密度要求的浮石混凝土的配合比。

第十九章 矿 渣 混 凝 土

(slag concrete)

第一节 概 述

矿渣混凝土是以硅酸盐系列水泥为胶凝材料，矿渣碎石为粗骨料，普通砂为细骨料加入水和其他化学外加剂，按照一定比例配合的混凝土。

一、高炉矿渣粉末混凝土

20世纪50年代，在南非开始了作为混合材的高炉矿渣微粉末混凝土的使用，波及英国、加拿大、美国，也引起了日本的关注。

近代的高炉矿渣微粉末的概念，与20世纪30～50年代用过的粗粉碎的高炉矿混合材不同，在南非，1958年以来使用350cm^2/g细度的高炉矿渣微粉末，作为混合材或胶结材生产现浇混凝土。利用高炉矿渣微粉末制备现浇混凝土的业绩很多，在英国自1969年以来曾生产高炉矿渣粉末（未添石膏），用以配制世界最长的英国亨伯河大桥主塔的现浇混凝土。在欧、美还积累了湿式生产高炉矿渣微粉末的经验，用于地基加固材料、灌浆材料、矿渣—石膏系水泥等，为进一步扩大胶结材品种，节约水泥开辟了新的途径。

二、全矿渣混凝土

矿渣混凝土系以矿渣碎石为粗骨料，普通砂为细骨料配制的混凝土。而粗细骨料均为矿渣的混凝土则称全矿渣混凝土。用矿渣砂代替全部砂子，配制的砂浆称矿渣砂浆。它们有着区别于普通混凝土、普通砂浆的工艺特点及性能。

应用高炉重矿渣作混凝土骨料，即有节约能源、改善环境、开辟新型石材资源等综合社会效益，又有极为显著的经济效益。

三、碱矿渣高强混凝土

1957年，前苏联研制成功碱矿渣水泥，并首次运用于建筑工程。经过30多年的研究和发展，已成功地大量应用于各种不同的建筑工程。除前苏联外，波兰、美国、法国、印等国也进行了大量的研究。国内，重庆建筑大学建材科学系从基础理论到工程应用，对碱矿渣混凝土（JK混凝土）进行了卓有成效的研究。

碱矿渣混凝土集高强、快硬、高抗冻、低热、高耐久等优越性能于一身，因此，可以称之为高级混凝土。它的技术性能是目前广泛使用的硅酸盐水泥混凝土难以达到的，或者是不可能达到的。

碱矿渣混凝土的宏观结构与普通硅酸盐水泥混凝土基本一样，但其细观结构则有很大的不同，其特点是：碱矿渣水泥石的结构致密，孔隙率低，且孔隙多系封闭的微孔；水泥石与骨料的粘结十分牢固；其水化产物中，除了$CaO\text{-}SiO_2\text{-}H_2O$系统的水化物外（如托贝莫来石等），尚含有大量的$R_2O\text{-}CaO\text{-}Al_2O_3\text{-}SiO_2\text{-}H_2O$系统的水化物（如方沸石、方钠石等）。碱矿渣混凝土的这些特点赋予了这种混凝土以优良的物理力学性能。根据观察，碱矿渣混凝土受荷破坏时，断裂面发生在水泥石和骨料中，而很少发生在它们的界面上。

长期以来，人类所使用的矿物胶结材，基本上都是周期表第二族元素的化合物，而第一族元素的化合物则被认为是没有胶凝性能的，或者是不耐水的。碱矿渣胶结材的发现和其他碱金属化合物胶结材的发现，在理论上有重大意义，它把水硬性矿物胶结材从第二族元素的化合物扩展到了第一族元素的化合物，扩展了矿物胶结材的范围，发现了性能更为优越的矿物胶结材。

碱矿渣胶结材的制造工艺简单，只需将合适的原料根据选定的配比磨细到规定细度即可，不需要高温锻烧熟料。

碱矿渣混凝土的施工工艺与普通混凝土的基本一样，没有什么特别不同的地方。它可以用来生产预制构件，也可以用于现浇工程，具有普通水泥混凝土的万能性（灰砂混凝土就不具备这样的万能性），应用现有的施工方法和施工机具即可进行施工，所以，推广应用方便。

根据前苏联的资料，碱矿渣混凝土的成本比普通硅酸盐水泥混凝土的成本低得多。这是由于碱矿渣胶结材的主要原料为工业副产物或工业废料，资源丰富，价格低廉。例如和52.5级的硅酸盐水泥比较，1000～1200级的碱矿渣胶结材其成本要低压41%～65%。由于碱矿渣胶结材的制造工艺十分简单，无需高温锻烧熟料，其煤耗要降低66%～86%，电耗要降低50%，可见，碱矿渣混凝土又是低能耗混凝土和低成本混凝土。因此，开发碱矿渣混凝土有重大的直接经济利益，并可节约大量国家短缺的能源。

由于碱矿渣混凝土强度很高，容易制成C60～C100混凝土，因而可以满足大跨、高耸建筑结构的需要，可以减小构件断面，减轻建筑物的自身质量，从而减少了材料的用量并由此带来巨大的节约。

由于碱矿渣混凝土系快硬和超快硬混凝土，模板可以早期脱模，结构可以早期加荷，而大大加快施工进度，加快施工机具和模板的周转，缩短工期，使工程项目及早投入使用，发挥经济效益。这样，会大大加快建设资金的周转，由此而带来的经济和社会效益更是不可估量的。

四、超细矿渣混凝土

水淬高炉矿渣（简称矿渣）是炼铁时的副产品。在炼铁高炉中，装放铁矿石、焦炭以及石灰石等主要原料，从顶部吸入氧气，使炉内焦炭燃烧，发生还原性气体（CO），使铁矿还原、熔融，铁水与熔渣分离，熔渣比密度小，浮于铁水上表面。熔渣的黏性低、融点低、脱硫能力高，这是生铁冶炼不可少的。将熔渣排出，用水急冷，即得水淬矿渣。每炼1t生铁，即有300kg水淬矿渣。我国矿渣年产量达25000万t以上。

1862年，德国的E.Langen发现能通过碱性激发发挥矿渣潜在的水硬性。从此以后，主要在欧洲，把渣矿作为一种水硬性的材料进行研究与开发，使矿渣水泥与普通水泥一样成为不可缺少的一种工程材料。我国矿渣水泥年产量约4000万t，占水泥总产量的15%～20%。表19-1是各国在矿渣的生产与利用方面的情况。

矿渣一直是一种非常贵重的资源，现在对其评价更高了。目前，矿渣作为一种资源，利用其进一步生产与扩大应用矿渣水泥的同时，开发了超细矿渣，其可以进一步满足高性能要求制品。过去矿渣的比表面积约4000cm^2/g左右，但现在很多研究成果证明，利用矿渣作为混凝土的掺合料，其比表面积约6000cm^2/g以上，产品就具有新的特性。超细矿渣高强混凝土的开发受到了广泛的注目。

砂渣的产量与利用率（1984） **表 19-1**

国　名	生　产　量 （$\times10^6$t）	利　用　量 （$\times10^6$t）	比　　率 （%）	国　名	生　产　量 （$\times10^6$t）	利　用　量 （$\times10^6$t）	比　　率 （%）
澳大利亚	4.7	0.12	2.6	日　本	24	8.2	34.2
加拿大	2.9	0.2	6.9	荷　兰	1.1	1	90.9
中　国	22	16	72.7	南　非	1.5	0.6	40.0
法　国	10.4	1.9	18.3	英　国	1.5	0.25	16.7
德　国	15	2.8	18.7	美　国	13	1	0.7
印　度	7.8	2.8	35.9				

第二节　混合材-高炉矿渣微粉末

一、高炉矿渣微粉末的加工

高炉矿渣微粉末的制造，可以说仅仅是水淬矿渣的干燥和粉磨。有时在粉磨前添加石膏和制造水泥用石灰石等。过去，水淬矿渣的粉磨在管式磨机中进行，最近新设计的磨机大部分为竖式磨机，由于有热风发生机与之组合，干燥与粉磨同时进行。

由于水淬矿渣比熟料硬，粉磨至同一细度的能耗较大。细度达 3700～5000cm^2/g，以其中值 4500cm^2/g 来标定。高炉矿渣微粉末的制造，管式磨机的电耗为 70～80kW·h/t，竖式磨机为 35～45kW·h/t。

二、高炉矿渣微粉末的质量标准

各国的高炉矿渣微粉末的质量标准，见表 19-2。

各国的高炉矿渣微粉末标准 **表 19-2**

技术性质	日　本 土木学会标准	加拿大 CSAAA363—83(86) CSA3—A23.5(CH) —M86	美　国 ASTMC898—82 （ASTME1065—85）	英　国 BS6699—86
碱度（C+M+S）/S	1.4 以上	1 以上（参考值）	—	1.0 以上
C/S	—	—	—	1.4 以下
不溶物（%）	—	—	—	1.5 以下 3.0 以下
强热灼减量（%）	3.0 以下	—	—	—
全硫下 S（%）	—	—	—	—
硫化物 S（%）	2.0 以下	—	—	（可不添加石膏）
三氧化硫 SO_3（%）	3.0 以下	2.5 以下（H 型）	4.0 以下	14.0 以下
MgO（%）	10.0 以下	5.0 以下（G 型）	—	2.0 以下
Mn_2O_3（%）	—	—	—	（MnO 换算 1.8 以下）
Cl（%）	—	—	—	
湿度（%）	—	—	测定	—
（水分）	1.0 以下	（任意） 3.5 以下（G 型）	—	1.0 以下 玻璃成分 40% 以上
玻璃量（%）	—	—	—	玻璃质 85% 以上（镜检），66% 以上（XRD 法）

续表

	技术性质	日本 土木学会标准	加拿大 CSAAA363—83(86) CSA3—A23.5(CH) —M86	美国 ASTMC898—82 (ASTME1065—85)	英国 BS6699—86
矿渣的物理性质	细度(45μm筛余%)	—	20以下(变动±5%)	20以下	—
	布莱恩值——比表面积(cm^2/g)	2750以上	—	—	2750以上
	密度(g/cm^3)	2.8以上	(变动±5%)	—	—
混合物的性质	凝结时间(Vicat)	—	—	—	(70% ggbfs + 30% opc 初凝:45min以上 终凝:10h以上)
	安定性(勒夏特列装置)	—	—	—	—
	安定性(压蒸法)	—	0.5%以下(G型)	—	—
	活性指数SAI $\frac{矿渣水泥强度}{硅酸盐水泥强度}$	SAI50/50(密度比) (W/C50%;S/C2.5) 4试料平均 7d 55%以上 28d 75%以上 91d 95%以上	SAI50/50(容积比) 28d 80%以上 (CSA3)	SAI50/50(密度比) 5试料 7d 平均各值 80级 — — 100级 75 70 120级 96 90以上 28d 平均值 80级 75 70 100级 95 90 120级 115 100以上	
	强度(MPa) 其他	— 塑性流动值比95%以上	自硬(矿渣单独)强度(H型)14d 3.5,28d 10.5 稠度率110±5%矿渣量(g)$\frac{500\times 矿渣密度}{3.15}$砂量 1375ASTM(441的14d,RE≥60%时ASR控制)	矿渣40%以上的情况,R_2O 1%程度的高碱水泥有效。但是,按ASTM441R,$E_{14d}\geq 75\%$,$E_{14d}\geq 0.02\%$矿渣量60%以上,产品有耐硫酸盐性	矿渣70%,W/C=0.4的混凝土(BS4550) 2d抗压强度3 28d抗压强度22

对于高炉矿渣水泥用的高炉矿渣的碱度，在JIS中要求1.4以上，德国1.0以上。但是过去所定的DIN4210《高硫酸盐矿渣水泥》中，高炉矿渣的碱度1.6以上，要求氧化铝（Al_2O_3）占13%以上。

日本土木学会、ASTM、CAN的规定中，用普通硅酸盐水泥与高炉矿渣微粉末等量混合的砂浆强度，与单纯这种普通硅酸盐水泥的砂浆强度比，以表示流行性度指数。据此，来评价高炉矿渣微粉末的水硬性。

三、高炉矿渣的潜在水硬性及矿渣胶结材的种类

（一）高炉矿渣的水硬性

水淬矿渣和水相接触，颗粒表面的硅酸（盐）成分生成厚薄不等的、不透水凝胶膜。由于其覆盖了颗粒表面，水化反应不能继续进行。但是，碱性条件下上述不透水膜被打破，硅酸盐结构被切断。硅酸盐和铝酸盐溶出，促进钙离子结合水化，得到C-S-H为主体

的硬化体。把这种材料叫做潜在水硬性物质的碱性活化剂或激发剂。再者，在适当的碱性条件下，过量的硫酸盐存在时，与溶出的氧化铝 Al_2O_3 反应生成复盐——钙矾石（$C_3A \cdot 3CaSO_4 \cdot 32H_2O$）和 C-S-H 作为主体的、致密组织形态的硬化体。把这种材料叫做硫酸盐激发剂。

作为碱性激发剂，氢氧化钙及硅酸盐水泥常被采用。另一方面，氢氧化钠、硅酸钠、碳酸钠等的碱金属化合物是强碱物质，用这样的物质作为矿渣胶结材料的激发剂，初期强度也极大。

用碱金属化合物使高炉矿渣活性化的胶结材被开发，有 30 年以上的使用实绩。这种条件下，与硅酸盐水泥和高炉矿渣水泥的情况不同，是生长安定性的水化物。这种矿渣胶结材，由于高炉矿渣水泥与硅酸盐水泥相比 C/S 的值小，碱金属—矿渣微粉末不能看作是通常的水泥，作为铝硅酸盐水化物 $R_2O\text{-}RO\text{-}R_2O_3\text{-}SiO_3\text{-}H_2O$ 固定下来，硬化体中不存在游离的氢氧化钙，硅酸钙水化物 C-S-H 的 C/S 比值比通常的水泥小，可称为耐久、致密的硬化体，也能得到凝结速度快的，速硬性的高强度混凝土。

（二）矿渣胶结材的种类

用高炉矿渣微粉末作胶结材组成的碱性矿渣水泥，其分类见表 19-3。

用高炉矿渣微粉末作胶结材的组成 表 19-3

分　类	激 发 剂	激 发 剂 用 量	备　注
石灰水淬高炉矿渣水泥	消石灰	30%以下（ASTM） 25%以下（NBN） 30%以下（NF）	现在几乎不使用
高炉矿渣硅酸盐水泥	硅酸盐水泥	20%～90% （JIS30%～95%）	现在最多使用。作为第 3 种材料也有含白榴火山灰等
高硫酸盐水泥	适当碱性条件下的硫酸钙（石膏）	40%以下 对于一般类型 5%以下石膏	40 年前欧洲使用大体积混凝土中。目前多用于地基加固
碱-水淬矿渣水泥	可溶性碱金属化合物	换算 Na_2O15%以下	东欧预制混凝土中使用，也有加入白榴火山灰、硬质矿渣等

四、高炉矿渣微粉末混凝土的性质和施工

高炉矿渣微粉末的活性度指数、细度对所配制的砂浆、混凝土强度有很大影响。

（一）使用高炉矿渣做粉末的目的

（1）抑制由于水化热所引起的温度上升；

（2）提高混凝土的耐海水侵蚀性；

（3）保护由于氯化物离子浸透而腐蚀钢筋；

（4）提高对于硫酸盐及其他化学作用的耐蚀性、耐久性；

（5）抑制碱-骨料反应；

（6）提高耐外界高温的持久性等。

（二）混凝土的性质特点及管理

（1）即使单位粗骨料用量较多的情况下，由于使用高炉矿渣微粉末，材料的离析性小，并能得到和易性良好的混凝土，适用于混凝土泵送浇筑并捣实。

（2）把高炉矿渣微粉末部分代替水泥使用时，其代替部分的量占水泥加水淬矿渣微粉末总量百分率称为置换率。在现场搅拌或在现浇混凝土厂制造混凝土时，应将水泥与高炉

矿渣粉末分别贮藏在各自的筒仓中。有这两种胶结料混合配制混凝土的搅拌时间，与普通混凝土的搅拌时间相同。

(3) 硬化过程对于温度、湿度的依存性。含有高炉矿渣微粉末胶结材的反应，受养护温度的影响比硅酸盐水泥显著。在低温下强度增长小；反之，在高温下强度增长大，随着混凝土温度上升而呈增大的倾向。

在成型浇筑时的及养护中的混凝土，温度不应低于10℃。而且，在充分长养护期间必须不干燥。

(4) 硬化过程中的湿润养护。浇筑的混凝土能够充分发挥硬化作用，确保在一定期间湿润状态下的适当温度以促进其水化。要求：

①保持湿润，避免早期干燥；

②适当的保温，尤其要避免低温、寒气；

③不能施予激烈的温度变化；

④不能施予有害的振动，冲击荷载；

⑤考虑到风、雨、雾、直射日光作用，要保护混凝土的露出面；

⑥硬化过程中，不应受海水及硫酸介质的侵蚀。

(5) 对碱—骨料反应的抑制作用：早在1950年即有高炉矿渣对碱—骨料反应抑制作用的论述发表。

日本建设省土木研究所及钢铁渣协会，共同组织研究，于1987年提出了高炉矿渣微粉末，控制碱—骨料反应的方法，综合如表19-4所示。

高炉矿渣微粉末控制碱—骨料反应的方法　　表19-4

条　　件	有效的置换率
碱量的水准1.0%～1.2% R_2O 的硅酸盐水泥混合情况	50%以上
碱量的水准0.85% R_2O 的硅酸盐水泥混合情况	40%以上

考察试验结果，置换率40%以上，对于硅酸盐水泥单一的碱除稀释作用外，可以看出也有碱的固定作用。作出的规定对抑制作用有充分的可靠性。因为最近的（硅酸盐水泥）的碱量几乎都在0.85%以下，只要保证置换率在40%以上，骨料及其他的材料的碱量可以不加限制。

第三节　矿渣及全矿渣混凝土

一、原材料技术要求

(一) 水泥

符合国家标准42.5级、52.5级普通硅酸盐水泥和32.5级矿渣硅酸盐水泥。

(二) 高炉矿渣

高炉矿渣大致可以根据：①化学成分与矿物组成；②碱性率与活性率；③物理、力学性能；④矿渣的结构稳定性来综合评定重矿渣的质量，并作为选择使用条件的依据。反过来也可根据不同用途，对四个方面的要求各有不同侧重。

作为混凝土骨料，要求矿渣具有良好的结构稳定性、孔隙少、吸水率低、强度高。如果用来制造用离心法成型的钢筋混凝土电杆，则需严格控制其含铁量。否则，容易在制品表面出现花点铁锈斑。

1. 化学成分与矿物组成

我国高炉重矿渣的化学成分，综合于表 19-5 和表 19-6 中。

我国各类重矿渣的化学成分 **表 19-5**

矿渣种类	化学成分（%）								
	CaO	SiO_2	Al_2O_3	MgO	MnO	FeO	S	TiO_2	V_2O_5
普通重矿渣	31 ~ 50	31 ~ 44	6 ~ 18	1 ~ 16	0.05 ~ 2.6	0.2 ~ 1.5	0.2 ~ 2	—	—
锰铁重矿渣	28 ~ 47	22 ~ 35	7 ~ 22	1 ~ 9	3 ~ 24	0.2 ~ 1.7	0.17 ~ 2	—	—
钒铁重矿渣	20 ~ 31	19 ~ 32	13 ~ 17	7 ~ 9	0.3 ~ 1.2	0.2 ~ 0.9	0.2 ~ 0.9	6 ~ 31	0.06 ~ 1

高炉重矿渣的化学成分 **表 19-6**

化学成分（%）						碱性率（%）	活性率（%）	玻璃质含量（%）	矿物成分			
CaO	SiO_2	Al_2O_3	MgO	Fe_2O_3	S				C_2S	C_2AS	α-CS	CMS_2
46.80	39.40	7.40	4.35	0.90	0.50	1.30	0.188	—	40 ~ 50	15 ~ 20	10 ~ 15	—
46.45	38.32	7.19	4.76	0.61	0.60	1.12	0.188	3 ~ 5	25 ~ 30	20 ~ 25	—	30 ~ 35
46.00	38.80	8.11	5.04	—	0.69	1.08	0.21	3 ~ 5	25 ~ 35	30 ~ 35	—	30 ~ 35
45.44	38.98	7.01	6.45	—	0.48	1.03	0.181	—	25 ~ 35	30 ~ 35	—	35 ~ 30
43.63	40.90	7.21	2.90	FeO 0.60	0.87	0.950	0.174	3 ~ 5	20 ~ 30	30 ~ 35	—	30 ~ 35
42.51	41.60	8.06	2.74	FeO 0.75	0.87	0.914	0.194	3 ~ 5	20 ~ 30	30 ~ 35	—	—
43.58	36.70	8.50	7.26	FeO 0.50	0.80	1.03	0.232	3 ~ 5	25 ~ 30	30 ~ 35	5 ~ 10	—
40.10	20.30	4.84	15.93	FeO 0.15	0.50	2.24	0.232	—	20 ~ 25	30 ~ 35	—	—

我国普通型重矿渣包括如下矿物成分：C_2S、C_2AS、α-CS、CMS、CMS_2、MA 等。

各结晶矿物对其使用性能的影响如下：

（1）C_2S——硅酸二钙，多含于碱性渣中。它是水泥熟料的一种矿物组成，重矿渣中含 C_2S，除了流态渣在冷却中可能发生晶型转化外，别无他害。C_2S 含量高的矿渣，具有相当潜在活性，有利于提高混凝土的后期强度。

（2）C_2AS——铝黄长石，无胶凝性质，亦无结晶晶型转化。

（3）其他矿物——假硅灰石 α-CS，钙镁橄榄石（CMS）、透辉石（MS_2）、镁铝尖晶石（MA）等多数为耐火材料中的矿物。所以重矿渣块、重矿渣粉均具有一定的耐热性，可用于配制 700℃的中温耐火混凝土。

2. 结构稳定性

作为矿渣混凝土骨料的首要条件是体积稳定性。影响矿渣体积稳定性的主要因素包括：

（1）硅酸盐分解：碱性矿渣含有较多的 C_2S（硅酸二钙），C_2S 在加热或冷却过程中常伴生多晶转化。尤其是冷却至 673 ~ 525℃时会由 β-C_2S 转变为 γ-C_2S，相对密度由 3.28 变成 2.79，体积增大约 10%，晶体内应力致使出现粉末，但经长期的观察研究认为，重矿渣的硅酸盐分解在矿渣冷却后几天，甚至几小时内就基本结束。常温下长期堆存的陈渣，一般不再发生硅酸盐分解了。

(2) 石灰分解与铁、锰分解，其方程式如下：

$$f-CaO + H_2O = Ca(OH)_2 \qquad FeS + 2H_2O = Fe(OH)_2 + H_2S$$

$$MnS + 2H_2O = Mn(OH)_2 + H_2S \qquad CaS + 2H_2O = Ca(OH)_2 + H_2S$$

产生 $Ca(OH)_2$、$Fe(OH)_2$、$Mn(OH)_2$ 的同时伴生的体积效应，导致矿渣酥碎。

试验表明，即使含有 β-C_2S 的重矿渣作混凝土骨料，不仅试块完好无损，而且后期强度增长率略高于普通碎石混凝土。因为重矿渣属微活性骨料，促进了混凝土后期强度的增长。

此外，通过对碱性渣的十余次压蒸试验，25 次矿渣冻融试验，平均质量损失 1.17%，小于冶金部制订的《高炉重矿渣应用暂行技术规程》中 5%的规定。

重矿渣中总含硫量控制在小于 1.0% ~ 1.5%，均可保证结构稳定性良好。

经 1.1MPa，170℃恒温 8h 压蒸处理，试件未显现任何裂纹，证明用作混凝土骨料具有良好的结构稳定性。

3. 物理力学性能

(1) 重矿渣的密度：重矿渣的密度大小，取决于其所含矿物的密度。矿渣中不同矿物的密度，列于表 19-7。

矿渣中不同矿物的比密度　　　　**表 19-7**

矿物名称	密度 (g/cm³)	矿物名称	密度 (g/cm³)	矿物名称	密度 (g/cm³)
黄长石	2.9 ~ 3.1	方锰矿	5.09 ~ 5.18	透辉石	3.2 ~ 3.38
假硅灰石	2.995	蔷薇辉石	3.4 ~ 3.68	钛辉石	3.4 ~ 3.48
硅酸二钙	3.2 ~ 3.38	钙钛矿	4.03	尖晶石	3.55 ~ 3.80

由于普通矿渣中所含的主要矿物 C_2AS、C_2S、CMS_2 等的密度较接近。因此，矿渣的密度波动不大，一般介于 2.97 ~ 3.0 之间。

(2) 重矿渣的堆积密度与孔隙率：矿渣的孔隙率含量较少的热熔矿渣，倾倒在干燥场地上缓慢冷却，则形成较致密的重矿渣；如熔渣中气体含量较高，熔渣以倾倒在潮湿场地上或在熔渣冷却过程中，偶尔混入碳酸盐一类矿物，就可能形成多孔体。

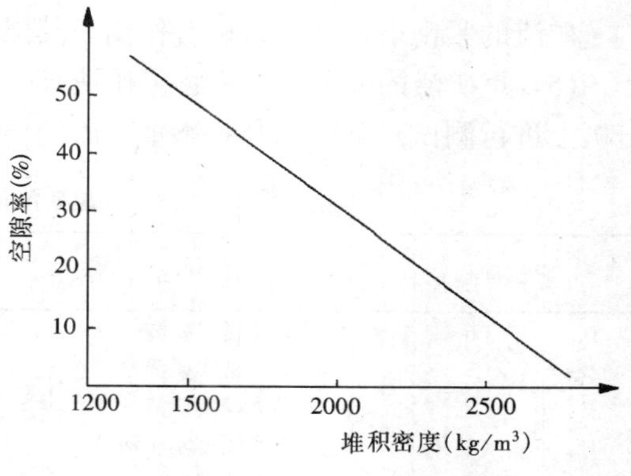

图 19-1　重矿渣孔隙率与其堆积密度的关系

重矿渣的堆积密度与孔隙率，两者呈线性关系，如图 19-1 所示。

重矿渣块体堆积密度多在 1900kg/m³ 左右，相应的孔隙率在 35%以下。

(3) 重矿渣的抗冻性：虽然重矿渣的吸水率多数高于普通石料，但其饱和水系数低。多数在 0.6 以下，远低于 0.9，当水冻结成冰时，重矿渣中的孔隙率有缓冲膨胀的作用，不致产生很大内应力。因此，具有较好的抗冻性。

重矿渣的抗冻性试验结果，列于表 19-8。

重矿渣的抗冻性试验结果　表 19-8

矿渣结构特征	块体堆积密度 (kg/m³)	冻融试验后矿渣外观	
		冻融 15 次	冻融 25 次
密实矿渣	2640～2890	完好无损	完好无损
较密实矿渣	1950～2500	完好无损	完好无损
含较多孔洞矿渣	1580～1850	完好无损	完好无损
多孔矿渣	1140～1390	完好无损	完好无损

（4）重矿渣的抗压强度：重矿渣的抗压强度，一般随其松堆堆密度的增大而提高，我国各大钢铁企业所产的重矿渣，堆积密度多在 1900kg/m³ 以上，抗压强度大于 50MPa，相当于一般质量的天然石材。将矿渣制成 $\phi \times h = 50mm \times 50mm$ 圆柱试体，测得不同堆积密度的矿渣，其抗压强度表如 19-9 所示。

重矿渣的堆密度与抗压强度　表 19-9

试块编号	试块堆积密度（kg/m³）	抗压强度（MPa）	试块编号	试块堆积密度（kg/m³）	抗压强度（MPa）
1	2890	162.0	7	1870	36.3
2	2840	155.0	8	1820	29.8
3	2640	136.5	9	1780	42.0
4	2230	62.0	10	1750	26.0
5	2070	49.6	11	1690	23.0
6	2040	49.7			

当要求使用较高强度的矿渣时，可选用堆积密度较大的重矿渣。

矿渣的紧密堆积密度，可看作衡量其强度的间接指标。

（5）重矿渣的撞击强度：将重矿渣加工成 $\phi \times h = 25mm \times 25mm$ 的圆柱体，在石材撞击机上进行测试。不同结晶状态重矿渣的撞击强度，列于表 19-10。

重矿渣的撞击强度　表 19-10

序号	试样编号	结晶结构状况	试件堆积密度 (kg/m³)	孔隙率 (%)	撞击强度 (MPa)	按脆性分组
1	C6	结晶质密实矿渣	2580	13.6	3.5	极韧的
2	C5	结晶质密实矿渣	2520	15.6	2.0	极韧的
3	C8	结晶质密实矿渣	2500	16.2	1.1	极韧的
4	C2	近于结晶质密实矿渣	2820	6.0	1.1	极韧的
5	C3	近于结晶质密实矿渣	2930	2.33	0.8	韧性的
6	C4	近于结晶质密实矿渣	2370	21.0	0.8	韧性的
7	C1	近于结晶质密实矿渣	2520	16.0	0.7	韧性的
8	C7	结晶质小孔矿渣	2430	18.6	0.8	韧性的
9	C9	结晶质小孔矿渣	1910	36.0	0.6	韧性的
10	C10	结晶质小孔矿渣	1920	35.8	0.5	韧性的
11	C12	结晶质大孔矿渣	1860	37.6	0.6	韧性的
12	C13	结晶质大孔矿渣	1710	42.6	0.4	脆　的
13	C14	结晶质大孔矿渣	1320	55.7	0.2	脆　的

由表 19-10 可看出：一般重矿渣（结晶质，接近结晶密实体）均具有良好的抗冲击韧性。

（6）矿渣碎石的韧度与磨耗率：矿渣碎石与天然石进行韧度与磨耗率对比试验，试验结果综合如表 19-11 所示。

矿渣碎石的韧度与磨耗率　　**表 19-11**

序号	碎石种类	来　源	堆积密度（kg/m³）	韧度 σ	磨耗率（%）
1	天然碎石	鞍钢花岗石	1315	45.5	—
2	天然碎石	昌　图	1316	115.21	21.65
3	天然碎石	昌　图	1387	44.61	33.90
4	石灰石	昌　图	—	—	25.65
5	矿渣碎石	鞍　钢	1266	87.70	22.70
6	矿渣碎石	鞍　钢	1251	89.41	20.38
7	矿渣碎石	鞍　钢	1103	56.08	28.46
8	矿渣碎石	鞍　钢	1370	76.48	16.12
9	矿渣碎石	重　钢	1260	69.98	25.43
10	矿渣碎石	首　钢	1298	63.96	—
11	矿渣碎石	新　钢	1232	67.94	23.22
12	矿渣碎石	新　钢	—	—	27.08
13	矿渣碎石	新　钢	—	—	38.03
14	矿渣碎石	鞍　钢	1260	69.98	25.43
15	矿渣碎石	鞍　钢	1239	60.17	28.98
16	矿渣碎石	鞍　钢	1190	64.67	21.59
17	矿渣碎石	鞍　钢	1204	54.06	29.44

选取各种堆积密度的碎石与天然碎石，按《碎石道碴标准》规定，韧度与磨耗率分别采用洛杉矶磨耗机测定。矿渣碎石堆积密度在 1200kg/m³ 以上，磨耗率与天然碎石（石灰石、花岗岩等）相接近。

（三）粗骨料

5～20mm 矿渣碎石，堆积密度 1240～1586kg/m³；20～40mm 矿渣碎石，堆积密度 1270～1485kg/m³；5～20mm 石灰石，堆积密度 1435～1402kg/m³。

（四）细骨料

1. 矿渣砂

5mm 以下细料，堆积密度 1349～1579kg/m³；7mm 以下细料，堆积密度 1390～1470kg/m³，平均料径 0.54mm。

2. 河砂

中砂，含泥量要求符合规定。

（五）水

与拌制普通混凝土相同，须符合《混凝土拌合水标准》要求。

二、矿渣混凝土工艺性能

（一）矿渣碎石混凝土工艺特点

1. 砂率与和易性的关系

矿渣碎石的吸水率随着堆积密度的减小而增加，变化幅度也较大，饱和吸水率波动于0.57%～4.65%之间（高于普通碎石的吸水率），此外矿渣碎石的孔隙率也多数高于普通碎石，其表面粗糙，孔内摩阻大。为此，宜采用下列措施以改善矿渣混凝土的和易性。

（1）适当提高砂率，以减少矿渣碎石颗粒间内摩擦阻力，减少泌水和离析倾向；

（2）由于矿渣碎石多孔，必然要从混凝土拌合物中吸取较多的水分，而使混凝土和易性变坏。为此，需补上附加水。附加水量相当于矿渣碎石从开始搅拌至浇灌这段时间所吸附的水分。所以只要砂率适当，就不会导致混凝土强度降低。

为了进一步改善和易性，激发矿渣的表面活性，提高混凝土强度，节约水泥，宜掺入适量木钙、萘磺酸盐甲醛缩合物之类的减水剂。

砂率对矿渣碎石混凝土强度及和易性的影响，综合见表19-12。

不同砂率的矿渣碎石混凝土的稠度与和易性 **表19-12**

序号	矿渣碎石堆积密度（kg/m^3）	混凝土配合比（质量比）	水灰比（W/C）	砂率（%）	工作度（s）	水泥用量（kg/m^3）	抗压强度（MPa）
1	1170	1:1.35:3.28	0.55	29.2	30	360	220
2	1170	1:1.50:3.15	0.55	32.3	11	360	246
3	1170	1:1.66:3.02	0.55	35.5	9	360	301
4	1170	1:1.80:2.86	0.55	38.7	9	360	277
5	1170	1:1.93:2.77	0.55	41.0	7	360	275
6	1170	1:2.05:2.67	0.55	43.5	6	360	269
7	1170	1:2.15:2.56	0.55	45.7	7	360	275
8	1170	1:2.26:2.48	0.55	47.6	9	300	253
9	1170	1:1.52:3.10	0.65	33.0	10	350	190
10	1170	1:1.67:2.96	0.65	36.0	11	350	207
11	1170	1:1.81:2.84	0.65	39.0	10	350	202
12	1170	1:1.93:2.72	0.65	41.5	9	350	187
13	1170	1:2.05:2.62	0.65	44.0	9	350	167
14	1170	1:2.16:2.52	0.65	46.2	9	350	173

由表19-12可看出：矿渣碎石混凝土虽比普通混凝土砂率略高一些，但也要适中。砂率过高，仍导致强度降低；砂率适中，混凝土和易性可大为改善。表中14个配合比中，以砂率为35.5%～36.0%为佳。

2. 玻璃质矿渣含量对混凝土力学性能的影响

不同玻璃质含量矿渣对混凝土力学性能的影响，见表19-13。

玻璃质矿渣含量对混凝土力学性能的影响 **表19-13**

粗骨料		水灰比（W/C）	水泥用量（kg/m^3）	工作度（s）	抗压强度（MPa）	抗拉强度（MPa）	钢筋粘结强度（MPa）
种类	玻璃质矿渣含量（%）						
重矿渣	0	0.75	250	17.5	13.0	0.22	1.13
重矿渣	5	0.75	250	13.5	13.0	1.29	—
重矿渣	25	0.75	250	12.5	12.7	1.23	1.21

表 19-13 中的资料表明：在 < 20% 范围内，玻璃质矿渣含量对混凝土强度没有多大影响。

3. 矿渣堆积密度对矿渣碎石混凝土物理力学性能的影响

矿渣堆积密度对矿渣碎石混凝土物理、力学性能的影响。综合如表 19-14、表 19-15。

矿渣碎石堆积密度对矿渣碎石混凝土和易性与抗压强度的影响　　表 19-14

品　种	粗骨料			水泥品种及强度等级	砂率（%）	水泥用量（kg/m^3）	混凝土湿堆积密度（kg/m^3）	工作度（s）	水灰比（W/C）	抗压强度（MPa）
	粒径（mm）	堆积密度（kg/m^3）	附加水（%）							
石灰石	5~20	1435	0	普通硅酸盐水泥 42.5 级	36	320	—	14.5	0.55	303
重矿渣	5~20	1415	1.0		36	320		13.5	0.55	301
重矿渣	5~20	1300	1.0		38	320		21.5	0.55	335
重矿渣	5~20	1200	1.5		40	320		23.5	0.55	298
重矿渣	5~20	1100	2.5		42	320		29.0	0.55	302
石灰石	5~20	1400	0	普通硅酸盐水泥 42.5 级	34	360	—	23	0.50	381
重矿渣	5~20	1216	0		36	360		40	0.50	434
重矿渣	5~20	1110	0		38	378		43	0.50	439
重矿渣	5~20	1000	0		40	404		48	0.50	439
石灰石	5~20	1435	0	普通硅酸盐水泥 52.5 级	34	600	2476	14.0	0.34	608
重矿渣	5~20	1440	1.0		34	600	2397	16.0	0.34	613
重矿渣	5~20	1301	1.5		36	600	2363	19.3	0.34	611
重矿渣	5~20	1200	2.0		36	600	2294	16.9	0.34	625

由表 19-14 中的试验资料可以看出：孔隙率高、堆积密度小的矿渣碎石，虽然其本身抗压强度明显低于普通碎石，但松堆密度越小，孔隙率越多，水泥浆与活性骨料之间接触面积增大，矿渣碎石与水泥石之间粘结也更牢固，因而增强了混凝土的整体工作性能，即抗压强度。

因此，堆积密度大于 1200kg/m^3 的矿渣碎石，其堆积密度波动对配制 C60 以下混凝土的抗压强度无明显影响。

以上试验由于保持水灰比相同，砂率增大，工作度增大，提高混凝土密实性，因而，在一定范围内，增大砂率混凝土抗压强度有所提高。

重矿渣堆密度对矿渣碎石混凝土物理、力学性能的影响　　表 19-15

序号	粗骨料		混凝土配合比（质量比）	水灰比（W/C）	水泥用量（kg/m^3）	工作度（s）	物理力学性能							
	种　类	堆积密度（kg/m^3）					f（MPa）	f_a（MPa）	f_z（MPa）	f_1（MPa）	$E\times10^4$（MPa）	λ（W/m·K）	f_1/f（%）	f_z/f（%）
1	石灰石	1400	1:3.16:5.16	0.80	240	8	15.1	14.4	4.16	0.91	2.627	1.117	6.0	27.5
2	重矿渣	1216	1:3.06:4.58	0.80	240	17	17.2	14.4	3.87	1.1	2.517	0.9594	6.4	22.5
3	重矿渣	1110	1:3.12:4.03	0.80	240	17	20.4	19.0	4.45	1.56	2.450	0.6448	7.6	21.8
4	重矿渣	1000	1:3.19:4.70	0.80	240	30	18.6	19.7	4.41	1.42	2.345	0.5984	7.6	23.6
5	石灰石	1400	1:1.79:3.47	0.50	360	23.0	36.0	33.2	7.06	2.20	3.285	—	6.1	19.5
6	重矿渣	1216	1:1.70:3.08	0.50	360	40.0	41.0	38.0	6.40	1.93	3.008	—	4.7	15.6
7	重矿渣	1110	1:1.69:2.76	0.50	378	43.0	41.5	41.2	6.9	2.12	2.898	—	5.1	16.6
8	重矿渣	1000	1:1.62:2.44	0.50	404	48.0	41.4	40.5	7.16	1.89	2.848	—	4.6	17.3
9	石灰石	1400	1:2.32:4.12	0.60	300	6	28.2	25.4	5.42	2.8	3.187	—	9.9	19.2
10	重矿渣	1216	1:2.23:3.65	0.60	300	20	33.4	23.0	5.63	2.73	3.135	—	8.2	16.9
11	重矿渣	1110	1:2.34:3.52	0.60	300	35	33.6	30.0	5.84	2.68	2.697	—	8.5	18.4
12	重矿渣	1000	1:2.56:3.07	0.60	300	40	35.1	25.0	6.24	2.75	2.983	—	7.8	17.8

续表

序号	粗骨料		混凝土配合比（质量比）	水灰比（W/C）	水泥用量（kg/m³）	工作度（s）	物理力学性能							
	种类	堆积密度（kg/m³）					f（MPa）	f_a（MPa）	f_z（MPa）	f_1（MPa）	$E\times10^4$（MPa）	λ（W/m·K）	f_1/f（%）	f_z/f（%）
13	重矿渣	1190	1:2.28:3.71	0.60	300	5.8	21.2	17.5	—	1.76	2.390	—	—	—
14	重矿渣	1171	1:2.24:3.66	0.60	300	17.0	17.3	—	—	1.65	—	—	—	—
15	重矿渣	1093	1:2.22:3.65	0.60	300	18.5	23.4	19.6	—	1.88	2.300	—	—	—

由表19-15可以看出，用矿渣碎石配制C40及C40以下的混凝土，只要工艺得当，对混凝土物理、力学性能无显著影响。有些性能指标，还比普通混凝土略高。但静力弹性模量 E 比普通碎石混凝土低8.6%~19%。

提高 E 值的方法：

(1) 选用密实性好、堆密度大的矿渣骨料。

(2) 国外研究指出，“在潮湿或水中养护的全矿渣混凝土，动弹性模量高于普通碎石混凝土。相反，如果在干燥环境中养护，则低于普通砂石混凝土的 E 值。”

因此，矿渣混凝土应尽量置于潮湿环境中养护，以利于提高弹性模量值。

4. 养护条件对矿渣碎石混凝土强度的影响

蒸养对普通碎石与矿渣碎石混凝土强度的影响，见表19-16。

矿渣混凝土与普通混凝土蒸养效果对比 **表19-16**

序号	粗骨料种类	混凝土配合比（质量比）	水灰比（W/C）	水泥用量（kg/m³）	抗压强度（MPa）		$f_{蒸}/f_{40}$（%）	蒸养制度（h）（℃）
					f_{40}	$f_{蒸}$		
1	石灰石	1:1.53:2.84	0.41	420	32.7	31.1	95.1	3~18~3 85~90℃
2	重矿渣	1:1.50:2.79	0.41	420	34.0	37.7	110.8	
3	石灰石	1:2.94:4.07	0.65	277	21.8	13.9	63.8	
4	重矿渣	1:2.93:3.72	0.65	277	24.1	18.4	76.3	
5	石灰石	1:1.98:2.96	0.60	367	27.7	15.0	54.2	3~18~3 85~95℃
6	重矿渣	1:1.96:2.71	0.60	367	27.7	18.3	66.1	
7	石灰石	1:1.81:3.36	0.50	360	34.3	20.4	59.5	
8	重矿渣	1:1.81:3.08	0.50	360	37.9	28.6	75.3	
9	石灰石	1:1.69:2.76	0.55	400	21.3	12.6	59.2	3~18~3 85~90℃
10	重矿渣	1:1.68:2.52	0.55	400	26.4	19.0	72.0	
11	石灰石	1:2.46:4.02	0.60	300	16.0	9.4	58.8	
12	重矿渣	1:2.40:3.91	0.60	300	18.1	15.3	84.5	

注：1. 是新钢铁锰渣。
2. 采用52.5级普通硅酸盐水泥。

由表19-16可以看出，用矿渣矿石配制的混凝土，约比普通混凝土常温强度提高5%~10%。蒸养85~95℃、24h强度则提高30%左右。而且蒸汽养护的强度比率也较高。因此，有理由认为：矿渣混凝土对蒸汽养护有良好的适应性。因为高温养护有利于激发矿渣表面的潜在活性，增强了水泥浆与矿渣表面的粘结，因而显著提高强度。

预制构件广泛采用矿渣骨料，混凝土强度提高，预制构件自身质量减轻，成本降低，一举多得。

三、全矿渣混凝土与矿渣砂浆工艺性能

（一）工艺措施

鉴于矿渣块粗骨料的饱和吸水率波动于0.57%～2.47%之间，矿渣砂的饱和吸水率波动于4.9%～7.85%之间，均高于普通砂、石，且表面粗糙，堆积密度多数略低于普通砂、石。因此在配制混凝土时，应充分考虑这些特点，采取如下相应措施：

（1）配合比设计中，除配料水外，还应考虑矿渣砂、块在混凝土搅拌至浇灌时间内所吸附的所谓“附加水”。

（2）通过试验确定最佳砂率。

（3）每1m³矿渣砂浆、全矿渣混凝土，宜掺入100～150kg粉煤灰、尾矿粉之类细粉及通常用量的木钙、萘磺酸盐甲醛缩合物等减水剂，既有利于改善砂浆及混凝土的和易性，又有利于激发水泥和矿渣细粉的潜在活性。

（二）配合比及性能

表19-17为大模板工程用全矿渣混凝土及矿渣砂浆的配合比及其技术性能。

大模板工程用全矿渣混凝土及矿渣砂浆的配合比及其技术性能　　表19-17

混凝土强度等级	坍落度（cm）	配合比（kg/m³）						常温养护不同龄期抗压强度（MPa）			
		水	32.5级矿渣水泥	矿渣砂	5～25矿渣块	掺合料尾矿粉	木钙减水剂	16h拆模强度	3d	7d	28d
C15	3～4	230	310	710	1160	50	1.24	—	—	—	15.0～16.3
C15	1	230	310	710	1160	—	1.24	—	5.1～5.5	9.7～10.8	16.3～18.8
C15	2～4	220	42.5级普通水泥300	680	1090	100	1.20	0.5～0.9	—	—	14.4～16.4
C20	3～4	210	42.5级普通水泥360	680	1170	—	1.44	—	—	—	16.6～18.2

砂浆强度等级	稠度（cm）	配合比（kg/m³）					常温养护不同龄期抗压强度（MPa）	
		水	42.5级普通水泥	矿渣砂	尾矿粉	木钙减水剂	7d	28d
M10	6～7	360	250	1390	150	1.0	4.7～5.0	10.0～12.0
M7.5	6～7	360	200	1500	120	0.8	5.2～6.4	9.0～11.0

（三）全矿渣混凝土及矿渣砂浆的强度

普通砂浆与矿渣砂浆强度的对比　　表19-18

试验编号	稠度（cm）	配合比（kg/m³）					不同养护条件的强度及其增长率（Δf±%）			
							70～80℃蒸气养护12h		常温养护28d	
		水	32.5级矿渣水泥	砂（矿砂）	尾矿粉	木钙减水剂	抗压强度（MPa）	Δf（±%）	抗压强度（MPa）	Δf（±%）
17	2	300	350	1500	—	—	3.3－3.6/3.4		8.8－9.7/9.2	—
18	2	316	350	矿砂1350	150	1.40	4.1－4.9/4.3	23.3	14.6－16.1/15.2	65.2
23	2	295	350	1490	—		2.9－3.4/3.1		8.3－9.0/8.7	—
24	1.8	307	350	矿砂1340	150	1.40	5.2－5.4/5.3	71.0	10.7－12.7/11.5	32.1
30	3.5	310	350	1500	—	—	4.8－5.6/5.3		15.4－18.0－16.5	—
31	2.5	330	350	矿砂1350	150	1.40	7.3－8.8/8.1	52.8	19.6－20.0/19.9	20.6

续表

试验编号	稠度（cm）	配合比（kg/m³）					不同养护条件的强度及其增长率（$\Delta f \pm \%$）			
							70～80℃蒸气养护 12h		常温养护 28d	
		水	32.5 级矿渣水泥	砂（矿砂）	尾矿粉	木钙减水剂	抗压强度（MPa）	Δf（±%）	抗压强度（MPa）	Δf（±%）
34	2.5	300	350	1500	—	—	2.6－3.2/3.0		6.4－7.6/7.0	—
36	3.7	316	350	矿砂 1350	150	1.40	2.2－2.6/2.4	－20.0	7.8－8.4/8.0	14.3
46	1.8	300	310	1540		—	—		6.6－7.1/6.8	—
47	1.8	300	310	矿砂 1440	100	—	—	—	6.6－8.6/7.5	＋10.03

注：表中分子为波动值，分母为平均值。

普通砂浆与矿渣砂浆，抗压强度的对比试验的结果，见表 19-18。由表中可以看出：

（1）常温养护的矿渣砂浆，除一组相等外，一般均高于普通砂浆强度，平均提高 15%～20%左右。

（2）蒸汽养护 12h，除有一批强度降低 20%外，其余均高于普通砂浆强度，平均提高 25%左右。

全矿渣混凝土与普通混凝土蒸汽养护的抗压强度对比见表 19－19。常温养护的抗压强度对比见表 19－20。

全矿渣与普通混凝土蒸养的抗压强度表　　**表 19-19**

试验编号	坍落度（cm）	水泥		碎石或（矿块）规格（mm）	配合比（kg/m³）						70～80℃蒸养 12h 抗压强度（MPa）				
		品种	强度等级		水	水泥	砂 矿砂	碎石 矿块	尾矿粉	木素磺酸钙	1	2	3	平均	Δf（±%）
104	3	矿渣	32.5 级	20～40	195	410	670	1140	—	—	19.3	18.6	19.6	19.2	—
105	2.5	矿渣	32.5 级	20～40	200	410	矿砂 600	矿块 1200	—	—	18.8	19.3	19.1	—	—
148	3.5	五羊普硅	32.5 级	20～40	190	270	720	1200	—	—	16.3	16.1	16.2	—	—
149	2.5	五羊普硅	32.5 级	20～40	190	270	矿砂 740	矿块 1180	100	1.24	16.3	16.4	16.4	16.4	＋12.4
158	工作度 10s	矿渣	32.5 级	20～40	200	310	755	1135	—	—	10.4	10.9	12.3	11.2	—
160	工作度 23s	矿渣	32.5 级	20～40	200	310	矿砂 779	矿块 1011	100	1.24	13.3	11.1	12.8	12.4	＋10.7
167	3.5	矿渣	32.5 级	20～40	205	310	矿砂 910	矿块 860	100	—	11.9	13.4	—	12.6	—
166	3.5	矿渣	32.5 级	20～40	199	310	810	1090	—	—	13.6	13.6	—	13.6	—
170	2.5	矿渣	32.5 级	20～40	200	310	矿砂 770	矿块 1000	100	1.24	13.8	14.2	14.2	14.1	＋16.7
171	4.0	矿渣	32.5 级	20～40	210	310	845	1045	—	—	12.4	11.7	—	12.1	—
174	1.5	矿渣	32.5 级	20～40	220	310	矿砂 970	矿块 1112	—	1.24	12.0	12.1	—	12.1	—
188	2.5	矿渣	32.5 级	20～40	200	310	770	1112	—	—	10.8	11.2	11.7	11.2	—
191	1.5	矿渣	32.5 级	20～40	200	310	矿砂 779	矿块 1011	100	1.24	12.5	12.3	13.3	12.7	＋13.4

常温养护条件下全矿渣与普通混凝土强度对比　　**表 19-20**

试验编号	坍落度（cm）	水泥		碎石或矿渣块规格（mm）	配合比（kg/m³）						抗压强度 f_{28}（MPa）				
		品种	强度等级		水	水泥	砂 矿砂	碎石 矿块	尾矿粉	木素磺酸钙	1	2	3	平均	Δf（±%）
138	2.0	矿渣	32.5 级	20～40	220	310	811	1089	—	—	17.4	19.1	18.5	18.5	—
143	2.0	矿渣	32.5 级	20～40	207	310	矿块 634	矿砂 1176	100	1.24	19.7	17.6		18.7	—
158	工作度 10s	矿渣	32.5 级	20～40	200	310	755	1135	—	—	20.4	18.8	18.7	19.3	—
160	工作度 23s	矿渣	32.5 级	20～40	200	310	矿砂 779	矿块 1011	100	—	20.8	21.3	22.0	21.4	+10.9
104	C30 混凝土 3.0	矿渣	32.5 级	20～40	195	310	670	碎石 1140	—	—	30.5	31.1	29.8	30.5	—
105	C30 混凝土 2.5	矿渣	32.5 级	20～40	200	310	矿砂 600	矿块 1200	—	—	30.4	31.0	31.3	30.9	+1.2
172	4.0	矿渣	32.5 级	20～40	203	310	845	1045	—	—	21.6	22.1	22.2	21.9	—
174	5.0	矿渣	32.5 级	20～40	220	310	矿砂 911	矿块 864	100	1.24	23.4	22.4	22.1	22.7	+5

由表 19-19 与表 19-20 可以看出，无论是蒸汽养护还是常温养护，全矿渣混凝土与同强度等级的普通砂石混凝土抗压强度相接近或略有提高。有关试验还进一步证明，只要保证矿渣和矿渣砂的堆积密度在 1200kg/m³ 上，其堆积密度的波动，对于配制强度等级为 C50 及 C50 以下的混凝土抗压强度无明显影响。这是因为矿渣的孔隙率较大，表面粗糙，则与水泥浆间粘结增强，整体工作性能亦随着增强的缘故。

（四）施工操作要点

1. 矿渣砂浆的施工要点

用于拌制砌筑与抹灰的矿渣砂浆，均要求矿渣砂通过 5mm 或 7mm 筛网。由于矿渣砂吸水率较高，为了防止矿渣砂浆失水太快，宜事先浇水湿润。

为了改善矿渣砂浆的和易性，应用粉煤灰、尾矿粉之类掺合细粉与木钙一类减水剂是非常必要的。掺合细粉用量不宜过多（一般为 120～160kg/m³），否则砂浆过分黏稠不便施工。

2. 全矿渣混凝土施工要点

（1）由于全矿渣混凝土需掺入细粉和减水剂，组分增加，要相应延长 1min 左右搅拌时间。还应特别注意每拌完一罐，应先加水搅拌几圈后，再加粗、细骨料，最后加水泥。这样，可使多孔的矿渣块、砂尽快与水接触，防止失水太快，又避免了混凝土粘罐现象。

（2）浇灌时要均匀下料，注意不同位置的均衡振捣，防止集中一处振捣将水泥浆冲散，造成混凝土表面局部产生蜂窝、麻面。

（3）大模板工程施工全矿渣混凝土，待其达到 0.8～1.2MPa 抗压强度左右方可拆模。

（4）模板平滑、有油膜，混凝土中有足量的细粉和角模不漏浆的条件下才能保证混凝土不粘模并保持表面光洁。

四、全矿渣泵送混凝土

在重矿渣加工成矿渣碎石过程中产生 20%～30% 粒径在 5mm 以下的副产品矿渣粉（矿渣砂），在一定条件下可与水泥水化产物发生二次反应，用它代替河砂配制全矿渣混凝土，其力学性能、长期性能、耐久性能同普通混凝土，蒸汽养护的全渣混凝土强度略高于普通混凝土。

在推广应用全渣构件混凝土同时，随着混凝土泵运输车的出现，高层建筑群的兴起，泵送大流动性全渣混凝土近几年在国内开始研制。

（一）原材料的技术要求

1. 胶凝材料

水泥采用42.5级矿渣硅酸盐水泥，其技术性能见表19-21。

矿渣硅酸盐水泥的技术性能　　表19-21

品　种	抗折强度（MPa）		抗压强度（MPa）		安定性（沸水煮法）
	7d	28d	7d	28d	
42.5级矿渣硅酸盐水泥	6.1	7.7	32.7	42.8	合　格

2. 矿渣砂

细度模数 $M_x = 25.9 \sim 3.1$，接近中砂标准，含泥量0.1%。

矿渣砂级配曲线见表19-22所示。

矿渣砂级配曲线（试样500g）　　表19-22

筛孔尺寸（mm）	分计筛余		累计筛余（%）	备　注
	（g）	（%）		
10.0	4.00	0.80	0.80	
5.0	43.0	18.6	19.4	
2.5	130.0	26.0	45.4	
1.25	66.0	13.2	58.6	
0.63	86.0	17.2	75.8	
0.315	61.0	12.2	88.0	
0.16	21.0	4.2	92.2	
0.16	39.0	7.8	100	0.80mm以下

3. 粗骨料

采用 ϕ20~40mm矿渣碎石；ϕ5~20mm矿渣碎石，其堆积密度1250~1558kg/m^3。

4. 外加剂

外加剂用木质素磺酸钙，掺量0.25%，干粉掺在水泥表面上。

5. 水

采用饮用水、自来水。

（二）配合比设计

以C30强度等级的大流动性全渣混凝土为例，其配合比设计参照《普通混凝土配合比设计规程》（JGJ 55—2000）规定和《混凝土泵送施工技术规程》（JGJ/T 10—95）规定。

1. C30试配强度取值

C30大流动性全渣混凝土的取值根据是：

①按数理统计 $m_{f_{cu}} = 30 + 1.645s = 30 + 1.645 \times 5 = 38$MPa

②按非数理统计 $m_{f_{cu}} = 30 \times 115\% = 34.5$MPa

取C30试配强度 $m_{f_{cu}} = 38$MPa

2. 选择适宜砂率

考虑矿渣碎石，矿渣砂多孔，表面粗糙，粒径间摩擦力大，且矿砂 5mm 以上颗粒在 18% 以上，为增大拌合物流动性，全渣混凝土砂率比矿渣碎石配制混凝土砂率提高 2%～3%。

3. 矿渣砂、矿渣碎石的吸水率

矿渣砂石的堆积密度小，孔隙率大，吸水率大，在拌制全渣混凝土时，矿渣砂、石要从混凝土拌合物中吸去较多水分，使拌合物的和易性变差，故在配合比设计中，除配料水外还应补添骨料附加水，该水量相当于矿渣砂石在混凝土搅拌运输时间内的吸水量，时间一般按 1～2h 考虑。

矿渣碎石 $\phi2\sim4$cm，加水 1.8%；矿渣碎石 $\phi5\sim20$cm，吸水 2.0%；矿渣砂，吸水 4.5%。

4. 坍落度

C30 大流性混凝土的坍落度 12～14cm。

（三）配合比选择

根据实际工程需要进行配合比选择，表 19-23 所示可供参考。

全矿渣混凝土参考配合比　　**表 19-23**

序　号	强度等级	设计坍落度（cm）	选用水泥	选用粗细骨料	双掺情况及说明
1	C30	12～14	矿 42.5 级	矿渣碎石矿渣砂	掺减水剂增加骨料吸附水
2	C30S8	12～14	矿 42.5 级	矿渣碎石矿渣砂	掺减水剂增加骨料吸附水
3	C30	12～14	矿 42.5 级	矿渣碎石矿渣砂	掺减水剂粉煤灰
4	C20	5	矿 42.5 级	矿渣碎石矿渣砂	预应力构件或结构配合比
5	C30	12～14	矿 42.5 级	矿渣碎石矿渣砂	耐热 500℃掺或不掺耐火粉

通过试验和工程应用证明，C30 系列塑性和大流动性混凝土，可在混凝土结构和构件中使用。在防渗混凝土工程中，采用全矿渣混凝土，抗渗等级可达 P20，受到业主赞许。在强度等级 C20 耐热 500℃混凝土工程中采用全矿渣混凝土，技术性能达到有关标准，经济效益巨大。

第四节　碱矿渣高强混凝土

一、理论基础

（一）碱性物质激发矿渣活性的机理

众所周知，粒化高炉矿渣的主要成分为 Al_2O_3、CaO 和 SiO_2 在碱矿渣混凝土中一般可达 90%以上。其中，碱性矿渣的活性高于酸性矿渣，通常，它是一种玻璃体结构，玻璃体含量一般在 85%以上，故它有较高的潜在活性。

但是，矿渣的活性只有通过激发剂激发后才能较好地发挥出来。目前，广泛应用的方法是用二价金属化合物——石灰和石膏作为激发剂。它呈碱性反应，在温室和常压蒸汽养护下，一般生成 C-S-H（B）。而碱矿渣混凝土的特点在于激发剂采用碱金属化合物（既一价金属化合物），一般，它比碱土金属化合物（即二价金属化合物）有着更强烈的碱性反应。要使矿渣具有一定胶凝性质，其基本条件是具备碱性介质。矿渣中加入碱金属化合物是参加反应的组成材料之一。

碱金属和碱土金属氧化物的氢氧化物的碱活性可按下列顺序排列：

Cs、Rb、K、Na、Li、Ba、Sr、Ca、Mg，介质 pH 值和氢氧化物的溶解度由左往右顺序降低。从碱活性排列顺序中可以看出，苛性碱是强烈的碱性物质，因此，以它为主要材料同碱土金属氢氧化物为主要材料一样，可以制得水硬性胶凝物质。本章中着重介绍 Na_2SiO_3 及碱性（NaOH、$Na_2S_2O_3$）工业废料在碱矿渣混凝土中的活性反应。

由于矿渣中含有较高的 CaO，当加入 Na_2SiO_3 及碱性 NaOH、$Na_2S_2O_3$ 和工业废渣后，系统中有一定的 Na^+ 存在，可以把反应组分视为碱质——碱土质铝酸盐的分散系统来进行分析研究。在整个胶体系统中，存在着碱金属氢氧化物（NaOH），碱土金属氢氧化物 $Ca(OH)_2$，呈酸性的氧化物（SiO_2）以及两性氧化物（Al_2O_3）。

一般说来，碱质——碱土质铝硅酸盐分散系统凝聚成耐水性生成物过程的动力学，可以用胶体的静电性观点来解释。

系统中，硅酸水溶液带有负电荷，多价金属水溶液带正电荷，相互作用，使粒子产生凝聚作用，凝胶状粒子吸附存在于系统内的 Na^+，最终发生碱性化合物的合成，包括系统内的结晶过程。

还应指出，铝阳离子对碱性的硅酸盐水溶液产生强烈的凝聚作用，然后凝聚成耐水的碱性化合物。每 1 摩尔 Al_2O_3 能俘获 1.0～1.5 摩尔碱金属氧化物，从而成为非溶性新生产物，而且往往以四组分的形成（$R_2O \cdot Al_2O_3 \cdot SiO_2 \cdot H_2O$）的矿物存在。

碱土金属氧化物 $Ca(OH)_2$ 也能与呈酸性的硅酸水溶液和氧化铝发生凝聚作用，并生成凝胶。在凝胶体中，含有碱土和碱金属氧化物，从而合成以五组分形式（$R_2O \cdot RO \cdot Al_2O_3 \cdot SiO_2 \cdot H_2O$）存在的矿物。

上述可见，含有水硬胶凝性质的碱金属化合物之混合物是水化作用的必要条件。此外，水化产物组成中还要有两性金属阳离子（Al^{3+}），它在水化过程中与 SiO_2 结合生成凝胶，这样有助于碱的结合。

粒化矿渣的结构以玻璃体为主，一般在 85%以上，且 Al_2O_3 含量也比较高，一般为 10%以上。由此可见，矿渣为什么可能用碱物质（包括含碱工业废料）来进行激发制造碱矿渣混凝土的机理。

（二）碱矿渣胶结料的 X 射线衍射谱线分析

为了进一步阐明矿渣胶结料的反应机理和生成的矿渣，对碱矿渣胶结料作了 X 射线衍射分析。

试样制作：将水淬矿渣磨细至 0.08mm 筛筛余为 0.5%，化学成分：CaO　30.2%，SiO_2　35.60%，Al_2O_3　12.27%，MgO　10.06%，Fe_2O_3　0.62%，属中性矿渣，其 $M_0 \approx 1$。

矿渣通过含碱工业废料（主要含 NaOH）激发。制作净浆试件（3.16mm×3.16mm×3.16mm），进行常压蒸汽养护，制度为 1+6（90℃）+1，蒸后 28d 抗压强度为 77.4MPa。其 XRD 如图 19-2 所示。

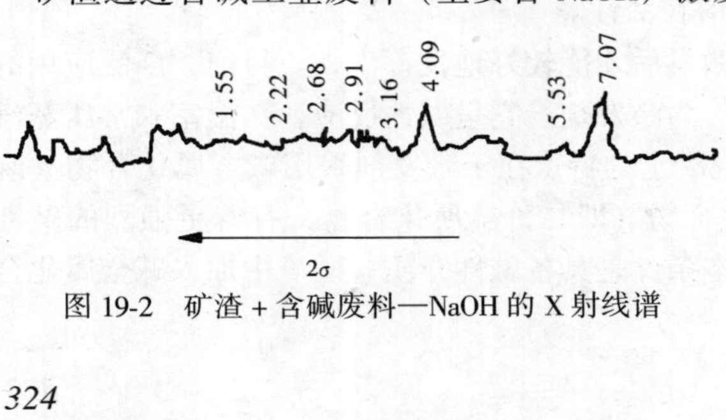

图 19-2　矿渣＋含碱废料—NaOH 的 X 射线谱

由图可见，经碱（NaOH）激发后，在 X 射线谱上有清晰的结晶新生成物的线条，其 $d = 7.07mm$、$4.09mm$、$3.16mm$、$2.68mm$，属于等轴晶系的方沸石（Na_2O、Al_2O_3、$4SiO_2$、$2H_2O$）。

碱矿渣胶凝材料经水化反应后，除了生成低碱度的水化硅酸钙以外，还生成沸石类的水化硅铝酸盐，这与自然界中有关矿物形成是相符的。

从地质学原理可知，沉积生成的沸石类矿物，如方沸石，是在自然界中低温水热反应而形成的。它的矿物组成主要是由不同结构和变体的水化硅铝酸盐。自然界中的方沸石往往以晚期结晶的原生矿物产出在中基性岩或碱性岩中，其形成温度一般不超过 100℃，因此，在沉积岩中，它以自生矿物产出。

综上所述，碱矿渣混凝土之所以有水硬胶凝性质和良好的物理力学指标，其原理上可视为模拟自然界沸石矿物的形成条件而形成的。

二、胶凝材料的配制

碱矿渣胶凝材料是矿渣通过碱性激发后，生成沸石类的水化硅铝酸盐。因此，如何选择水玻璃模数、掺量及调节凝结时间，成为碱矿渣胶凝材料的技术关键。

（一）水玻璃模数、掺量以及养护条件对强度影响

将磨细矿渣与不同掺量和模数的水玻璃及适量的水拌和，制备试件，养护至规定龄期，分别测定浆体的抗压强度，见表 19-24 所示。

配合比及养护条件对抗压强度影响　　**表 19-24**

序号	溶性水玻璃		养护条件	抗压强度（MPa）		
	模数	掺量（%）		3d	7d	28d
1	0.8	10	标准养护	29.5	35.2	49.8
2	1.0	10	标准养护	33.2	38.2	58.2
3	1.5	10	标准养护	25.5	31.7	42.5
4	2.0	10	标准养护	9.0	25.2	39.8
5	1.0	5	普通养护	21.7	30.0	46.6
6	1.0	8	普通养护	26.8	35.1	52.2
7	1.0	10	普通养护	33.2	38.2	58.2
8	1.0	15	普通养护	27.0	35.3	51.0
9	1.0	10	空气中养护	29.0	35.3	51.5
10	1.0	10	标准养护	33.2	38.2	58.2
11	1.0	10	水中养护	30.0	34.8	44.4

注：1. 全部试件 W/C = 0.26；
2. 水中养护温度 20 ± 2℃。

由表 19-24 可见：①1～4 号试样中，水玻璃掺量一定（10%）时，水玻璃的模数对浆体的强度影响较大，从试验结果来看，1.0 为最佳模数。②5～8 号样品中，水玻璃模数为 1.0，掺量由 5%～15%之间变化，浆体强度随着掺量的增加而提高，但当掺量增至 15%时，浆体的抗压强度反而下降，故水玻璃最优掺量为 10%。③9～11 号样品用三种养护制度养护，对早期强度影响不大，但从 28d 抗压强度来看，还是标准养护好。

（二）凝结时间的调整

采用上述试验结构模数为 1、掺量为 10%的水玻璃制备碱矿渣水泥胶凝材料，初凝及终凝时间均很短，故需要掺入一定量的可溶性碳酸盐，调节其凝结时间，试验结果见表 19-25。

试件凝结时间测定 **表 19-25**

序号	Na_2CO_3 含量(%)	初凝时间(min)	终凝时间(min)
1	0	8	38
2	0.05	17	44
3	0.10	22	58

由表 19-25 可见，掺入 0.10% 的 Na_2CO_3，使初凝时间由 8min 延至 22min，终凝时间由 38min 延至 58min。可见掺入可溶性碳酸盐（Na_2CO_3），可以调节凝结时间，这是因为 CO_3^{2-}，与矿渣表面溶出 Ca^{2+} 反应，形成沉积包裹在颗粒表面，起到阻止矿渣的水化作用。

碱矿渣胶结料的最优配合比选择出来以后，就可以按照混凝土的配制规律选择混凝土的配合比了。碱矿渣混凝土的粗骨料可以用石灰岩碎石、花岗岩碎石；细骨料可选用中砂、粉砂、其含泥量范围较宽。

三、配合比设计

碱矿渣水泥混凝土不同于硅酸盐水泥混凝土，它是由磨细的矿渣（如粒化高炉矿渣、粒化电炉矿渣等）、碱性组分、骨料及水按一定比例配制而成的，因此，这种混凝土的配合比设计也不同于普通混凝土。

（一）参数的确定

对于碱矿渣水泥来说，其强度不仅取决于拌合水的量，而且还取决于碱性组分的加入量。同时，在碱性组分加入量相同的情况下，拌合水的量越多，则溶液中碱性组分的浓度也就越小，因此常常固定碱性组分的浓度来确定加水量和碱性组分的加入量。

图 19-3 为使用不同浓度的碱性溶液来拌合混合料时，混凝土的强度与矿渣/水比值的关系。

根据实际工程对混凝土强度的要求,选择一种碱性组分浓度及加水量适当的矿渣/水比值。

在混凝土的实际使用过程中，要求混合料具有一定的流动性，这样才便于成型。混凝土混合料的流动性与混合料水泥浆的含量及粗细骨料的比例（Y/X）有关。图 19-4 和图

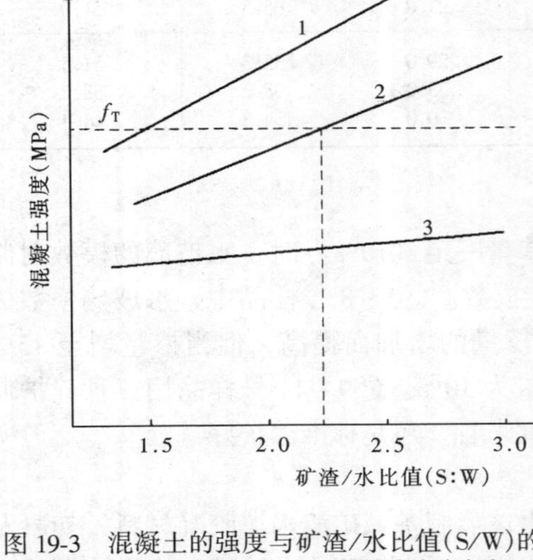

图 19-3 混凝土的强度与矿渣/水比值(S/W)的关系
1—碱性溶液浓度为 20%；2—碱性溶液浓度为 15%；3—碱性溶液浓度为 10%；f_T—混凝土设计强度

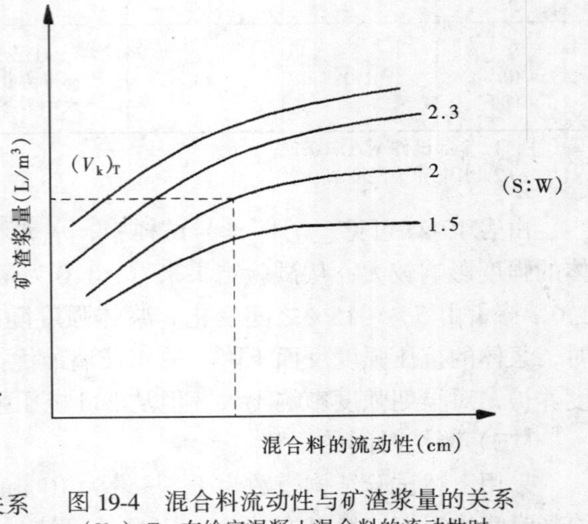

图 19-4 混合料流动性与矿渣浆量的关系
(V_{kl}) T—在给定混凝土混合料的流动性时，碱矿渣浆体的量

19-5 为混合料中矿渣浆量与其流动性的关系及混合料的砂子份数与混合料流动性的关系。根据实际工程对混合料流动性的要求，根据实验结果确定混合料水泥的含量及骨料中砂子的份数。

（二）配合比设计步骤

1. 需水量

混凝土混合料中的加水量取决于混合料的流动性及骨料的质量，表 19-26 为每 1m³ 碱矿渣混凝土的用水量。

2. 确定水渣比和矿渣用量

对于碱矿渣混凝土，其强度与渣水比呈近似线性关系。

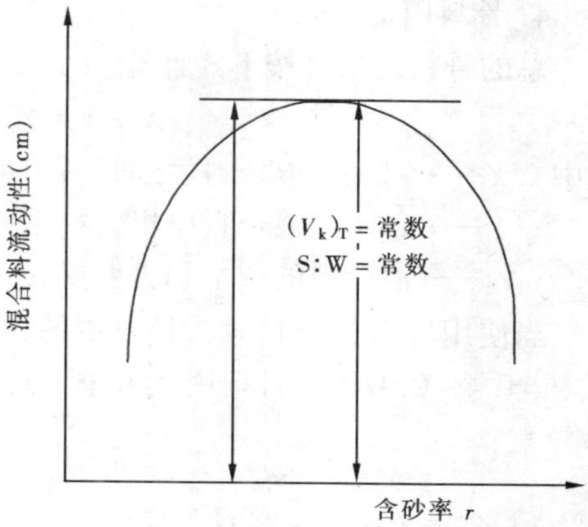

图 19-5　混合料流动性与含砂率之间的关系

每 1m³ 碱矿渣混凝土的用水量（L）　　**表 19-26**

流动性		最大骨料尺寸（mm）								砂质混凝土
流动度（cm）	干硬度（s）	砾石				碎石				
		5	10	20	40	5	10	20	40	
10～12	—	235	215	195	183	250	225	203	195	—
5～7	—	230	205	180	175	240	215	195	185	—
1～3	—	220	190	165	160	230	200	180	170	—
—	15～30	—	—	—	—	—	—	—	—	220
—	30～50	200	175	155	145	210	185	165	155	200
—	60～80	180	160	145	140	190	170	155	150	180

注：1. 如果所用砂子的细度模数小于 2.5，则每 1m³ 混凝土用水量增加 10L。
2. 如果每 1m³ 混凝土矿渣用量超过 400kg，则在 400kg 以上部分，每增加 100kg 矿渣，用水量增加 10L。

在通常条件下，$f = 0.35\,(W/S - 0.55)\,f_b$

式中　f——混凝土的强度（MPa）；

W/S——水用量与矿渣用量之比；

f_b——碱矿渣水泥的强度（MPa）；

知道了 W/S 及用水量 W（kg）以后，则可按下式来求出矿渣用量：

$$S = W \times S/W\ (\mathrm{kg})$$

3. 用碱量的确定

若碱溶液的比密度为 ρ，则每 1m³ 混凝土混合料所需碱溶液的体积 P 为：

$$P = W\Big/\left(\rho - \frac{C}{1000}\right)\ (\mathrm{L/m^3})$$

式中　C——溶液中碱的浓度（g/L）；

ρ——碱溶液的密度（kg/m³）；

用碱量 A 可按下式计算：

$$A = PC/1000\ (\mathrm{kg/m^3})$$

4. 骨料用量的确定

总的骨料用量可按下式计算：

$$X + Y = \gamma_v - (S + P_\rho)\ (kg/m^3)$$

式中 X——每 $1m^3$ 混合料中细骨料用量（kg/m^3）；

Y——每 $1m^3$ 混合料中粗骨料用量（kg/m^3）；

γ_v——混合料的湿堆积密度（kg/m^3）。

当使用砾石为骨料时，骨料中的含砂率为 $\gamma = 0.36 \sim 0.38$；而使用碎石作为骨料时，则 $\gamma = 0.4 \sim 0.47$，故骨料用量可按下式计算：

$$X = \gamma\ (X + Y)$$

$$Y = (X + Y) - X$$

（三）配合比计算实例

【例】 现要配制 350kg 混凝土，混合料中含水量为 13%，混合料的组成为：骨料占 75%（用细砂作骨料），矿渣占 25%，骨料中含水量不超过 1.5%，在计算中可忽略不计。用 Na_2CO_3 浓度为 15%的溶液来拌合，计算所需材料的用量。

解 （1）确定用水量：$W = \dfrac{350 \times 0.13}{1 + 0.13} 40.26$（kg）

（2）确定苏打（Na_2CO_3）用量：$85:15 = 40.26:A \quad A = 7.069$（kg）

（3）确定矿渣和细砂的总量：$S + X = 350 - 40.26 - 7.069 = 302.67$（kg）

（4）确定骨料用量：$X = 302.67 \times 75\% = 227.00$（kg）

（5）确定矿渣用量：$S = 302.67 \times 25\% = 75.67$（kg）

（6）苏打溶液体积的确定：

所需苏打溶液的质量为：$40.26 + 7.069 = 47.329$（kg）

含 Na_2CO_3 总量 15%的溶液的密度约等于 1.15（g/cm^3），则所需苏打溶液的体积为：

$$47.329 \div 1.15 = 41.15\ (L)$$

四、技术性能

（一）物理性能

1. 吸水率

碱矿渣高强混凝土的吸水率很低，见表 19-27。吸水率反映混凝土中孔隙空间体积的大小，吸水率低，说明混凝土密实性高。

碱矿渣高强混凝土的吸水率 **表 19-27**

序号	抗压强度（MPa）	绝干密度（g/cm^3）	饱水密度（g/m^3）	吸水率（%）
1	81.6	2.488	2.542	2.17
2	76.5	2.483	2.549	2.66
3	61.2	2.396	2.456	2.50
4	52.9	2.326	2.432	4.56

由表 19-27 可见，抗压强度为 50.0MPa 以上的高强混凝土吸水率由 2.17% ~ 4.56%。普通水泥混凝土的吸水率 3.4% ~ 7.7%，说明了碱矿渣高强混凝土的结构是致密的。

2. 软化系数

碱矿渣高强混凝土的软化系数试验结果见表 19-28，混凝土在浸水饱和以后，由于水分子楔入劈裂作用，其强度都有所降低。材料的软化系数即表征它的耐水性能。软化系数大于 0.85 者，属于耐水材料。

碱矿渣高强混凝土的软化系数　　**表 19-28**

序　号	绝干强度（MPa）	饱水强度（MPa）	软化系率
1	104.6	91.9	0.88
2	97.1	89.1	0.92
3	77.3	65.8	0.85
4	67.3	63.1	0.94

碱矿渣高强混凝土的软化系数在 0.85～0.94 之间，说明其耐水性良好，系耐水性材料。

3. 抗冻性

有资料报道，碱矿渣高强混凝土能达到 300～1000 次冻融循环，而对普通混凝土只能达到 300 次。以 3 组配合比的碱矿渣高强混凝土的冻融试验结果见表 19-29。

矿渣高强混凝土的冻融试验　　**表 19-29**

序　号	冻融前试件质量（kg）	循环次数（次）	融融后质量（kg）	质量变化		备　注
				（g）	（%）	
1	2.543	218	2.540	－3	－0.118	质量稍微降低
2	2.527	207	2.530	＋3	＋0.118	质量无变化
3	2.462	203	2.466	＋4	＋0.612	质量无变化

4. 抗碳化性能

碱矿渣混凝土的抗碳化性能试验是在人工碳化箱中进行，温度 20±3℃，相对湿度 70±5%，CO_2 浓度 20±3%。试验结果见表 19-30。

碱矿渣混凝土的抗碳化试验　　**表 19-30**

序　号		1	2	3	4
碳化前抗压强度（MPa）		21.7	39.9	43.0	54.0
碳化 3d	抗压强度（MPa） 碳化深度（mm）	20.1 14.3	38.1 11.2	46.0 12.3	57.0 8.8
碳化 7d	抗压强度（MPa） 碳化深度（mm）	20.0 21.8	37.7 17.5	45.7 16.5	54.2 13.5
碳化 14d	抗压强度（MPa） 碳化深度（mm）	19.8 30.0	37.5 23.0	45.5 20.6	54.2 19.1
碳化 28d	抗压强度（MPa）	17.8	38.7	45.8	57.4
	强度变化（%） 碳化深度（mm）	－17.8 40.7	－3.6 34.0	＋6.5 27.6	＋6.3 23.8

试验结果说明了低强度碱矿渣混凝土的碳化速度快，碳化深度大；高强度的碱矿渣混凝土则相反；这是由于后者结构致密所致。

碳化 28d 时，对 C40、C50 的碱矿渣混凝土的抗压强度还稍有增长；对 C30 的碱矿渣混凝土几乎没有变化；而对 C20 碱矿渣混凝土的强度降低了 17.9%＜20%（规定值），而且几乎完全被碳化。

应当指出，人工碳化和自然碳化是很不同的。根据 Somlosyk 的观点，碳化深度 20mm 的自然碳化，对 C20 的普通水泥混凝土要 7 年，而对 C40 混凝土则要 64 年，碳化速度比普通混凝土更慢、更安全。

5. 抗渗性

抗渗性试验按《普通混凝土长期性能和耐久性能试验方法》进行，渗透深度将经过渗透试件劈开来测定。其试验结果见表 19-31。

碱矿渣混凝土抗渗性试验 **表 19-31**

序号	抗压强度（MPa）	渗透压力（MPa）	抗渗等级	试验条件与结果	渗透深度（mm）
1	26.5	3.5	P35	升压至 3.5MPa 停 8h，试件周边渗漏	10
2	52.4	4.0	> P40	一个试件在压力时渗漏，剩余 5 个试件在 4.0MPa 压力下不透水	2 ~ 3
3	52.4	4.0	> P40	6 个试件在 4.0MPa 压力下 16h 不透水	2 ~ 3
4	99.0	4.0	> P40	6 个试件在 4.0MPa 压力下 24h 不透水	1

由表 19-31 可见，碱矿渣混凝土能达 P35 ~ P40 不渗透，比普通混凝土的抗渗性（P16 ~ P20）要好得多，也比掺硅灰的高强水泥混凝土（P16 ~ P20）好。

（二）化学性能

1. 化学侵蚀性

用硫酸镁及酸溶液对碱矿渣混凝土进行了腐蚀试验，结果见表 19-32。

碱矿渣混凝土化学侵蚀性试验 **表 19-32**

试验期限	24 个月				6 个月		1 个月	
侵蚀介质	pH = 2 的 HCl		2% $MgSO_4$		10% H_2SO_4		10% $MgSO_4$	
抗压强度（MPa）	原 始	试验后	原 始	试验后	原 始	试验后	原 始	试验后
	82.4	122.8	80.6	112.2	87.7	54.2	96.8	101.9
强度变化率（%）	+ 48.3		+ 39.2		− 38.2		+ 5.27	

由表 19-32 可见，在 2% 的 $MgSO_4$ 溶液中及 pH = 2 的稀酸溶液中，试件强度不但没有降低，反而大幅度提高，提高碱矿渣混凝土有良好的抗硫酸侵蚀能力。这是因为碱矿渣混凝土结构致密，有害孔少，而且不存在 $Ca(OH)_2$ 等高碱性水化物，在硫酸盐作用下还可能生成石膏或钙矾石，因此，其抗硫酸盐侵蚀能力特别好。由于结构致密，稀酸对混凝土的侵蚀作用小于混凝土本身的结构形成作用，但在浓酸中碱矿渣混凝土则受到严重腐蚀。

2. 护筋性

为加速碱矿渣混凝土中钢筋的锈蚀，采用浸烘方法，试验结果见表 19-33。

碱矿渣混凝土护筋性 **表 19-33**

编 号	抗压强度（MPa）	pH 值	循环次数（次）	试验前钢筋重（g）	试验后钢筋质量（g）	质量损失（g）	质量损失率（%）
1	100.7	12.34	75	25.7782	25.7721	0.0061	0.24
2	86.9	12.24	75	26.1245	26.1198	0.0047	0.18

续表

编　　号	抗压强度（MPa）	pH值	循环次数（次）	试验前钢筋重（g）	试验后钢筋质量（g）	质量损失（g）	质量损失率（%）
3	69.0	12.29	75	23.8101	23.8017	0.0084	0.35
4	59.4	11.93	75	26.9286	26.9214	0.0072	0.27
5	21.8	11.97	75	26.0241	26.0158	0.0083	0.32
6	35.3	12.17	48	20.2894	20.2828	0.0066	0.33
7	36.8	12.29	48	22.7938	22.7855	0.0087	0.37
灰砂混凝土	30～40	11.95	45	—	—	—	1.29
水泥砂浆	30～40	12.32	45	—	—	—	1.80

由于混凝土具有足够的碱性，抗渗性优异，护筋性良好，经48～75次循环破坏后，试件中钢筋无任何变化，质量损失率极低，基本上未受腐蚀。

（三）力学性能

碱矿渣混凝土的力学性能见表19-34。

碱矿渣混凝土其他力学性能　　**表19-34**

序　号	抗压强度（MPa）	劈拉强度（MPa）	抗折强度（MPa）	轴压强度（MPa）	钢筋粘结力（MPa）	弹性模量（$\times10^4$MPa）
1	25.6	2.80	5.62	21.6	3.94	3.18
2	36.1	3.26	5.98	28.7	4.86	3.18
3	52.9	4.04	6.71	46.6	6.00	3.77
4	61.2	4.10	7.87	49.6	5.48	3.89
5	76.5	4.22	7.50	—	6.05	4.01
6	81.6	4.58	4.43	64.6	6.21	3.82
7	91.2	4.71	—	78.6	—	3.62
8	120.5	5.58	—	99.6	—	2.95

由表19-34可见，随着碱矿渣混凝土抗压强度提高，劈拉强度也随之提高，但提高速度很慢，导致拉压比下降。说明碱矿渣混凝土也属脆性材料。随着抗压强度提高，脆性增大，碱矿渣混凝土的折压比为0.180～0.091，随着抗压强度提高，折压比下降。碱矿渣混凝土的轴压比在0.791～0.881之间。弹性模量介于3.18～4.01×10^4MPa，比普通混凝土略高。钢筋粘结强度也高于普通混凝土。

五、碱矿渣粉煤灰混凝土

碱矿渣粉煤灰混凝土是以矿渣、粉煤灰为主要材料，通过碱性激发剂激发而成的胶凝材料，外加粗细骨料，经自然养护或常压蒸养而制得的一种人造石材。

碱矿渣粉煤灰胶凝材料的活性机理如第一节所述。其不同者是粉煤灰的组成与矿渣不同，要在粉煤灰中掺入一定量的水淬矿（一般粉煤灰:矿渣＝7:3），然后用Na_2SiO_3来激发。例如，粉煤灰70%，水淬矿渣30%，用Na_2SiO_3来激发，制作净浆试件（3.16mm×3.16mm×3.16mm），在20℃左右的室温下自然养护，测得28d抗压强度为52.5MPa。经X射线衍射分析证明，其主要的矿物成分为斜方晶系的钠沸石型（$Na_2O\cdot Al_2O_3\cdot 3SiO_2\cdot nH_2O$）。也就是说，矿渣-粉煤灰-碱胶凝材料经水化反应后，其水化产物与矿渣-碱胶凝材料的水化产物是相近的。

（一）碱矿渣粉煤灰混凝土的配制

1. 原材料

粉煤灰及矿渣主要化学成分见表 19-35。将原状灰磨细至 0.08mm 方孔筛筛余 2%左右（相当比表面积约 3000～4000cm^2/g）；水淬矿渣也磨至与粉煤灰相同的细度，然后用碱性激发剂 Na_2SiO_3 来激发。

粉煤灰与矿渣主要化学成分（%） 表 19-35

材料名称	CaO	SiO_2	Al_2O_3	MgO	Fe_2O_3	S	烧失量	0.08mm 方孔筛筛余（%）
粉煤灰	2.32	48.00	28.04	2.32	4.74	1	6.49	18.00
矿　渣	30.20	35.60	12.27	10.06	0.620	1.017	—	—

2. 高强碱矿渣粉煤灰混凝土的配制

高强碱矿渣粉煤灰混凝土的配合比及试验结果见表 19-36。

高强碱矿渣粉煤灰混凝土配合比及结果 表 19-36

序号	配合比（质量比）						试件类型及尺寸（cm）	抗压强度 $f_{c.28}$（MPa）			
								蒸　后		自　养	
	粉煤灰	矿渣	Na_2SiO_3	砂	石	水		蒸后	蒸后 28d	7d	28d
1	1	0.43	0.17	标砂 2.86	1	0.51	1:2 砂浆试件 3.16×3.16×3.16	62.1	68.4	36.4	58.6
2	1	0.66	0.17	标砂 3.33	1	0.35	1:2 砂浆试件 3.0×3.0×3.0	75.7	80.1	47.4	76.0
3	1	0.43	0.17	1.13	2.63	0.45	混凝土试件 7.07×7.07×7.07	58.6	61.4	35.8	55.6

注：表中蒸养制度 1+6（90℃）+1；室内自养 10～20℃。

由表 19-36 可见，无论采取蒸养或自然养护，混凝土的抗压强度均能达 50.0MPa 以上。说明该混凝土在 20～100℃温度范围内，其激发效果相同。

（二）影响碱矿渣粉煤灰混凝土的因素

影响碱矿渣粉煤灰混凝土的主要因素是粉煤灰的细度、水胶比、激发剂的种类和用量等。

1. 粉煤灰的细度影响

采用原状灰和磨细灰作对比试验，结果见表 19-37。

粉煤灰细度对强度的影响 表 19-37

试件编号	粉煤灰细度	激发剂种类	养护方法	抗压强度 $f_{c.28}$（MPa）
1	0.08mm 筛筛余 2%	含碱工业废渣	蒸　养	25.5
2	0.08mm 筛筛余 24%	含碱工业废渣	蒸　养	13.5

由表 19-37 的试验结果可见，磨细灰比原状灰的试件强度高得多，比表面积大，粒子反应比较完全。

2. 水胶比的影响

碱矿渣粉煤灰混凝土的强度与普通混凝土一样，受水灰比的影响。从表 19-38 中可见，当其他条件相同强度，水胶比从0.35提高到0.50时，强度降低了50%。这是由于水胶比增大，孔隙率提高，导致混凝土强度降低，故生产中要控制用水量。

水胶比对碱矿渣粉煤灰混凝土强度影响　　表19-38

试件编号	水胶比	激发剂种类	养护方法	抗压强度 $f_{c.28}$（MPa）
1	0.35	含碱废渣	自然蒸养	14.0
2	0.50	含碱废渣	自然蒸养	7.8

3. 激发剂种类和用量的影响

不同种类激发剂对混凝土强度的影响见表19-39。激发剂掺入量对强度的影响见表19-40。试验证明，最优的激发剂是水玻璃，其次是含碱的工业废渣。水玻璃的含量用其相对密度来控制，相对密度低于1.25时，强度明显降低。试件的配合比均按粉煤灰:矿渣:水玻璃=1:0.66:0.18配制。

激发剂种类对强度影响　　表19-39

编号	激发剂种类	粉煤灰细度	养护方法	抗压强度 $f_{c.28}$（MPa）
1	S（水玻璃）	0.08mm筛筛余<2%	1+6（90℃）+1	蒸后28d，89.6
1	CH（废渣）	0.08mm筛筛余<2%	1+6（90℃）+1	蒸后28d，43.4
1	DA（废渣）	0.08mm筛筛余<2%	1+6（90℃）+1	蒸后28d，25.5

激发剂掺量对强度影响　　表19-40

水玻璃相对密度 ρ	粉煤灰细度	养护方法	抗压强度 $f_{c.28}$（MPa）（蒸后）
1.30	0.08mm筛筛余<2%	蒸养1+6（90℃）+1	60.8
1.25	0.08mm筛筛余<2%	蒸养1+6（90℃）+1	58.6
1.20	0.08mm筛筛余<2%	蒸养1+6（90℃）+1	14.1
1.15	0.08mm筛筛余<2%	蒸养1+6（90℃）+1	7.5

4. 粉煤灰中含碳量影响

不同含碳量粉煤灰对混凝土强度的影响见表19-41。含碳量的增加，影响粉煤灰的活性及混凝土的技术性能，因含碳量增加，往往会增加用水量。未燃尽碳遇水后阻碍粉煤灰颗粒内部渗透，从而影响碱组分与活性氧化物发生作用。

粉煤灰含碳量对强度影响　　表19-41

编号	碱性激发剂	含碳量（%）	细度	养护方式	抗压强度 $f_{c.28}$（MPa）
1	DA（废渣）	3.49	0.08mm筛筛余24%	自然养护	15.7
2	DA（废渣）	14.05	0.08mm筛筛余24%	自然养护	12.8

（三）碱矿渣粉煤灰混凝土的发展与应用

碱矿渣粉煤灰混凝土是一种主要利用废渣的新型建筑材料。其特点适宜于低温下水热合成，即能在常压蒸汽养护和自然养护条件下进行制品的生产。图19-6表示原状灰的粉煤灰碱矿渣粉煤灰混凝土与普通碱矿渣粉煤灰混凝土抗压强度增长情况。

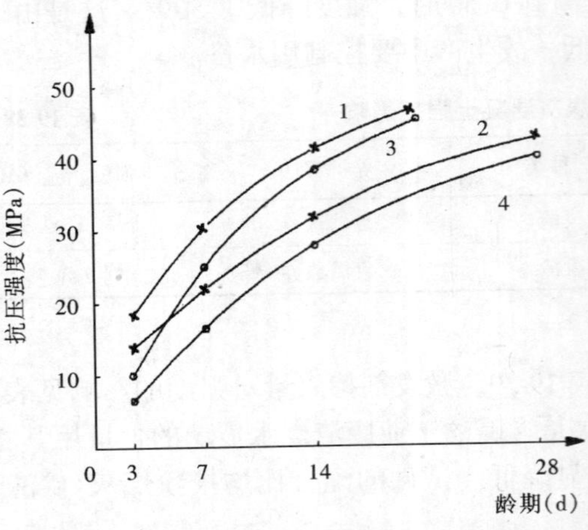

图 19-6 不同温度条件下混凝土强度发展

1—25～30℃，原状粉煤灰（Ⅲ级）碱矿渣混凝土；

2—2～15℃，原状粉煤灰（Ⅲ级）碱矿渣混凝土；

3—4～32.5 强度等级矿渣水泥混凝土

由图 19-6 可见，在 15℃气温下强度增长明显低于 20℃以上的气温下养护的强度增长，故碱矿渣粉煤灰混凝土宜于 20℃以上气温下生产或宜蒸养生产。

同时还可以看到，它比用 32.5 级碱矿渣水泥配制的同强度等级混凝土强度增长速度略高。说明利用最差的原状灰和含碱废料可以通过自然养护生产，为建筑材料的生产节能开辟了一条新的途径。

表 19-42 是磨细灰和配制的碱矿渣粉煤灰混凝土，在自然养护条件下强度的增长情况，不仅能达到高强，而且具有早强的特点。1d 强度能达 10MPa，是一种耗能低，无需热处理的无熟料碱矿渣粉煤灰混凝土，是一种高效新材料。

磨细粉煤灰碱矿渣混凝土的强度 表 19-42

胶结材料主要成分	养护条件	各龄期抗压强度(MPa)						
		f_{5h}	f_{8h}	f_{1d}	f_{5d}	f_{7d}	f_{14d}	f_{28d}
粉煤灰-矿渣-水玻璃	室温(10～15℃)	4.8	6.8	9.9	28.8	32.8	42.9	58.4

第五节 超细矿渣高强混凝土

利用水淬矿渣的水硬性，长期以来一直被用于生产矿渣水泥，这种水泥得到了广泛的应用。近年来，由于磨细技术不断发展，出现了超细矿渣，选用高掺量低发热量的矿渣水泥配制的混凝土、高强混凝土以及高流态混凝土，是高品质混凝土技术发展的方向。

一、矿渣的化学成分与性能

（一）矿渣的化学成分

矿渣的主要成分是 SiO_2、Al_2O_3、CaO、MgO 等，这四种成分约占 96%，还有少量的 MnO、Fe_2O_3、TiO_2、硫（SO_3）以及碱（K_2O+Na_2O）等。表 19-43 是矿渣以及普通水泥的化学成分，两者很相似。

矿渣与普通水泥的化学成分 表 19-43

	SiO_2	Al_2O_3	CaO	MgO	Fe_2O_3	MnO	SO_3	Na_2O	K_2O
矿渣水泥	33.08	13.93	42.28	6.90	—	0.39	—	0.20	0.31
普通水泥	21.6	5.1	63.7	1.70	3.0	—	2.0	—	—

（二）矿渣冷却方法与性质

在炼铁炉中矿渣处于 1500℃以上的高温熔融状态，冷却方法不同，性能也不同。缓慢冷却的矿渣称作“徐冷矿渣”，是块状的，是一种结晶态的化学稳定的结构，因此，徐冷矿渣几乎没有水硬性。

徐冷矿渣主要矿物成分是钙铝黄长石（$2CaO\cdot Al_2O_3\cdot SiO_2$）和镁黄长石（$2CaO\cdot MgO\cdot 2SiO_2$）

的固溶体以及 β-2CaO·SiO$_2$。但是,由于矿渣的化学组成不同,也有 CaO·Al$_2$O$_3$·SiO$_2$、CaO·2SiO$_2$、3CaO·SiO$_2$ 以及 3CaO·MgO·SiO$_2$ 等硅酸盐析出,还有少量的硫与钙化合生成 CaS。

如果熔融状态的矿渣以大量的水急冷（每秒钟数百度时，由于黏度的急速提高，原子还没有沿着结晶体方向排列就被固结下来，变成玻璃质（非晶质），这称之为水淬矿渣，变成如砂一样的粒状产品。水淬矿渣与徐冷矿渣相比，结构不稳定，也就是说，其化学反应活性高。从这一点来看，两者的差别很大。

硅酸盐水泥熟料矿物与水接触时，发生水化反应而硬化。但水淬矿渣即使与水接触，也没有反映出水硬性，其水硬性是很弱的，但当受到碱的激发，有少量的消石灰以及硫酸盐存在时，表现出明显的水硬性，这称之为潜在的水硬性质。

水淬矿渣的网状结构是由 SiO$_2$ 链状结合而成的。但通过强碱可以切断硅氧键，溶出的 CaO、MgO、Al$_2$O$_3$ 等可以进入网架系统内部。一旦反应开始，水淬矿渣处于高 pH 值的液相中，其含有的 CaO 与 SiO$_2$ 溶出，形成 CaO-SiO$_2$-H$_2$O 系统水化物，产生硬化现象。这与普通水泥具有相同的水化反应的性质。矿渣水泥就是利用水淬矿渣这种性质而配制的。

作为矿渣水泥的原料，水淬矿渣质量的评价方法，是通过矿渣的化学成分来计算其碱度 b；或者通过显微镜法、X 射线方法测定其结晶化率，计算其玻璃化程度来进行判断。

$$b=\frac{CaO+MgO+Al_2O_3}{SiO_2}$$

$$玻璃化率=（1-结晶化率）\times 100（\%）$$

水淬矿渣的碱度以及玻璃化率大，水化性能好，适宜于作矿渣水泥的掺合料。但水淬矿渣只是根据这两方面的因素来评价其潜在的水硬性是不能完全说明问题的。

我国水淬矿渣的碱度在 1.8 以上，玻璃化率 98%以上，作为矿渣水泥的原料，其质量范围是适宜的。

二、对混凝土性能的影响

超细矿渣的开发研究近几年来发展很快。水淬矿渣变成超细粉后，水化性能大幅度增大，由于超细粒子的增加，混凝土的各种技术性能与过去所用的矿渣粉末相比，发生了明显的变化。下面阐述超细矿渣对混凝土各种技术性能的主要影响。

（一）新拌混凝土

混凝土的坍落度一定时，如图 19-7、图 19-8 所示，置换率相同，矿渣的细度越大，需水量越低。水料比相同，对水泥的置换率越大，单位用水量越低，矿渣微粒表面比较平滑致密是其原因之一。

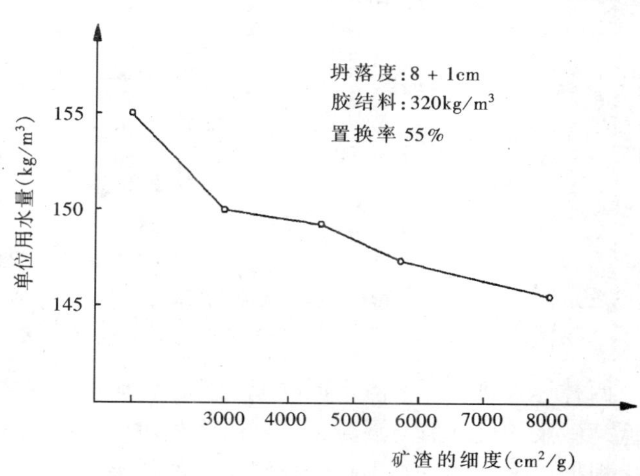

图 19-7 矿渣细度与单位用水量的关系

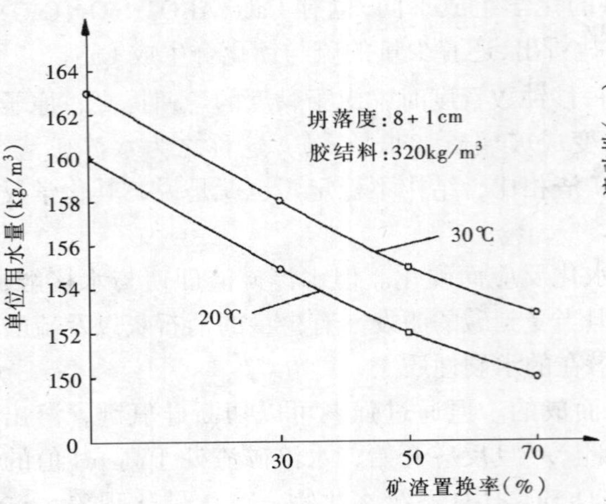

图 19-8 矿渣置换率与单位用水量关系

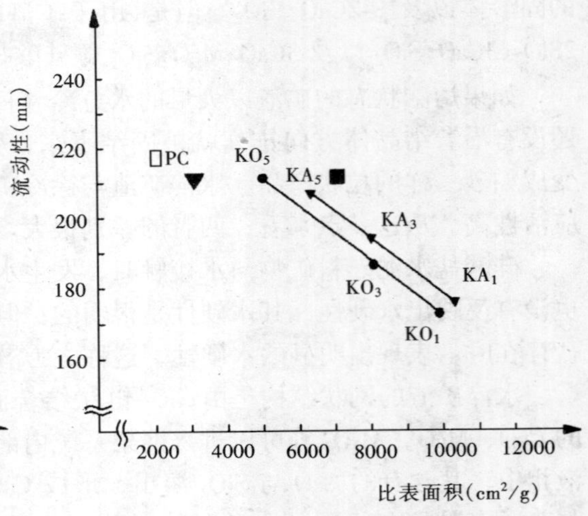

图 19-9 比表面与超细矿渣砂浆流动值关系

KO、KA 均为矿渣 W/C = 50%, S/C25% } 基准砂浆；V_w/V_1, V_s/V_1 } 体积比一定

另一方面，矿渣细度与砂浆流动值的关系如图 19-9 所示。这个试验是水泥体积 =（水泥 + 矿渣）体积的条件下进行的。细度越大，流动值越小。此外，日本丸安等人，以 A、B、C 三种矿渣水泥，在混凝土的水灰比较小的范围内进行试验，得到如图 19-10 所示的结果。在坍落度一定的情况下，矿渣含量多的水泥，单位用水量大。

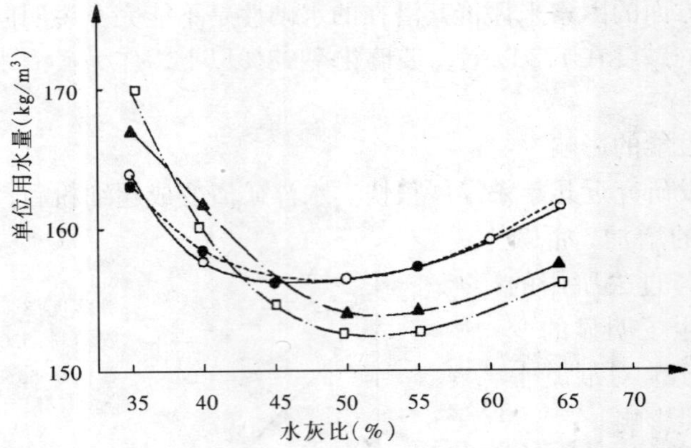

图 19-10 水灰比与单位用水量关系

●……● —A 种矿渣水泥；▲—·—▲—B 种矿渣水泥；□—·—□—C 种矿渣水泥；○—○ —普通水泥

西林等人研究了矿渣水泥的流变特性，矿渣掺量大的水泥，其砂浆与混凝土的屈服值降低，砂浆的流动值与混凝土的坍落度相对应的结果是令人感兴趣的（图 19-11）。

根据以上所述，对影响新拌混凝土的效果分别进行了不同的试验，即使对砂浆的流动值与混凝土的坍落度值一样考虑，矿渣的细度、置换率与砂浆及混凝土流动性的关系，至

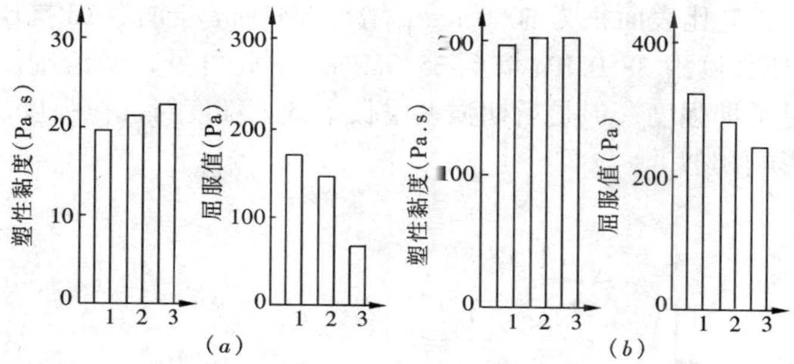

图 19-11　砂浆与混凝土的流变参量
（a）砂浆；（b）混凝土

今还不十分清楚，因而需要结合减水剂、流化剂的试验进一步解析清楚。

超细矿渣的细度越大，为了获得相同的含气量，需要引气剂的量越大，但泌水量降低。其试验结果如图 19-12、图 19-13 所示。

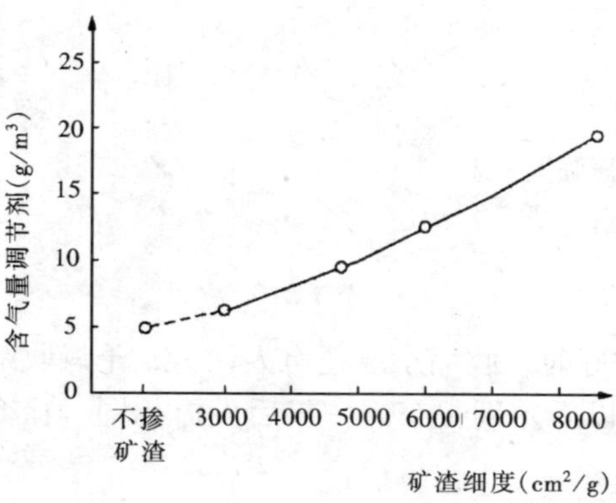

图 19-12　矿渣细度与含气量调节剂量的关系
坍落度：4.5±0.5cm；
胶结料：320kg/m³；
置换率：55%

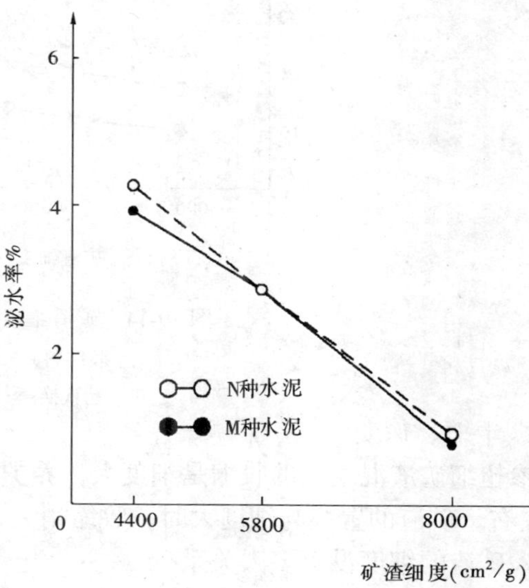

图 19-13　矿渣细度对混凝土泌水量影响
坍落度：8cm；
胶结料：320kg/m³；
置换率：35%；
含气量：5%

由图可见，矿渣越细，置换混凝土中部分水泥以后，泌水量越低。

由图可见，为了达到混凝土相同的含气量（4%～5%），不掺矿渣的空白混凝土仅需要含气量调节剂 5g/m³。当掺入比表面积 8000cm²/g 的超细矿渣时，则需要 20g/m³。由此可以得出：细度越大，需要含气量调节剂量越多。

（二）硬化混凝土的性能

1. 抗压强度

矿渣的细度大，水化活性高，混凝土早期强度增长快。图 19-14 所示矿渣置换率为

55%时的实例。当矿渣比表面积为 3000cm²/g 增至 8000cm²/g 时，1d 抗压强度由 10MPa 增至 20MPa，28d 抗压强度由 38.0MPa 增至 55.0MPa。由此可见，矿渣细度对混凝土强度的影响很大，特别是早期强度，但是后期强度增长率低。细度对抗拉强度、弹性模量的影响也与抗压强度的影响相似。

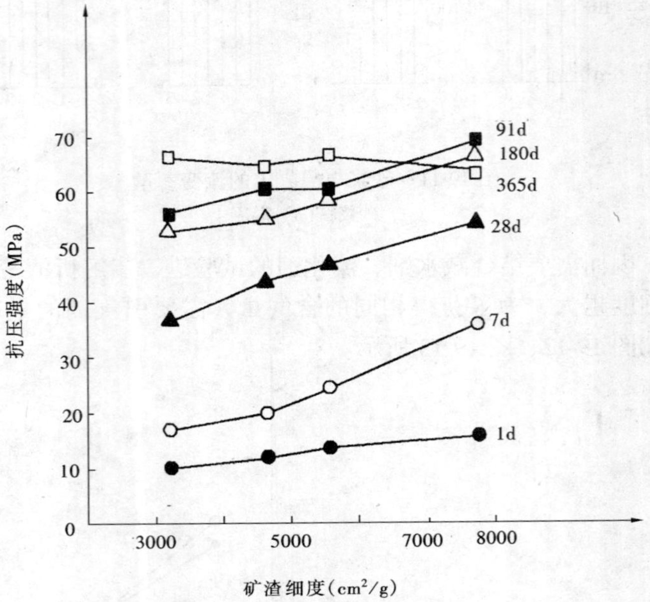

图 19-14　矿渣细度与抗压强度关系

胶结料：320kg/m³；

置换率：55%

2. 干缩、徐变

掺超细矿渣混凝土的收缩是细度大，养护条件好时，收缩小。还有人认为，干燥收缩 5 周左右，矿渣的置换与细度大时，收缩稍大，但以后差别很小，一年后大体相同。徐变与掺入矿渣的细度没有多大关系。

3. 抗冻性

矿渣细度对抗冻性的影响很小，但含细度大的矿渣的混凝土抗冻时，表面损伤小。

用 Na_2SO_4 溶液浸渍进行抗冻试验，发现矿渣的细度大，密实度高，抗硫酸盐的性能特别好。

4. 碳化

碳化深度，根据碳化试验开始时的抗压强度来推定，矿渣的细度越大，碳化系数 b 越小。

$$X_c = b \cdot t$$

式中　X_c——碳化深度（mm）；

b——碳化系数；

t——龄期（周）。

5. 碱-骨料反应

关于超细矿渣对碱-骨料反应的抑制效果，一般认为矿渣对水泥的置换率大，效果增大；对于矿渣的细度对碱-骨料反应的影响，还没有明确的看法。一般也认为细度大对抑制碱-骨料反应有利。

三、超细矿渣高强混凝土

（一）细度与强度

将不同细度的矿渣，置换混凝土中水泥量的10%，混凝土成型后第二天脱模，放入标准条件下养护，测定其不同龄期的强度，如图19-15所示。

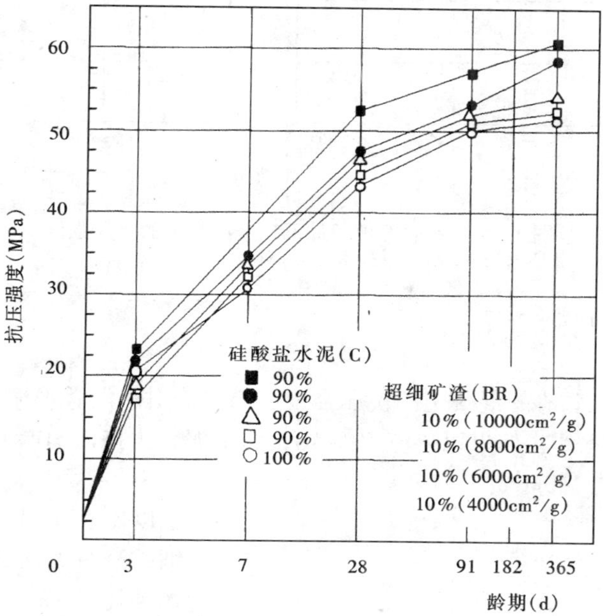

图19-15　超细矿渣混凝土的抗压强度

由图可见，矿渣对水泥的置换量相同，均为10%，但随着矿渣的细度增大，对混凝土的增强效果越好。比表面积8000cm^2/g以上时，无论是早期或后期强度，均比空白对比的混凝土强度高。比表面积4000cm^2/g以上时，7d以后各龄期的强度均比空白对比混凝土稍高，但不明显。因此，如用超细矿渣配制高强混凝土，其比表面积最好是8000cm^2/g以上。

（二）养护条件与强度

以磨细矿渣置换混凝土中的部分水泥，置换率分别为0%、30%、40%、55%、70%，混凝土的配合比相同，成型后脱模，放在20℃水中养护；另一组7d后脱模，放在空气中养护。混凝土的龄期与强度如图19-16所示。

由图可见，含磨细矿渣的混凝土在水中养护的效果很好，矿渣对水泥置换率30%～40%的混凝土，28d龄期的强度与空白对比的混凝土强度相同；3个月的强度，矿渣对水泥置换率达70%的混凝土，其强度也达到了空白对比的混凝土强度，而且矿渣对水泥的置换率越大，强度越低。

由此可见，含超细矿渣的混凝土，应当在水中或潮湿的环境中养护。

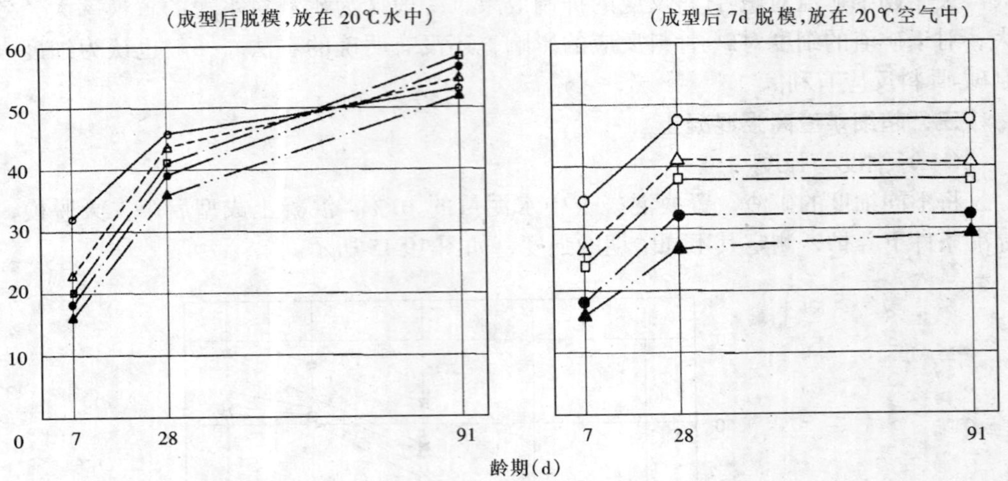

图 19-16 不同养护条件下矿渣混凝土的抗压强度

普通水泥中,矿渣置换率:○—○—0%;
●—●—55%;
△—△—30%;
▲—▲—70%
□—□—40%

现在,采用超细矿渣的混凝土的抗压强度,当矿渣对水泥置换率在40%时,龄期56d可以达到110MPa。此外,如果以矿渣置换10%的水泥,再掺入10%的硅粉的混凝土,龄期56d时,强度可达140MPa。

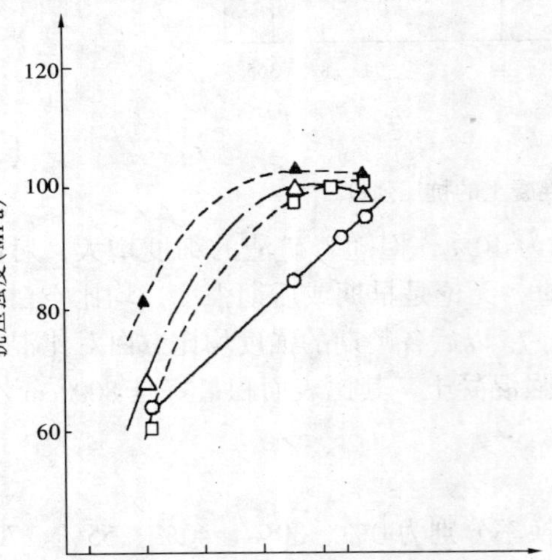

图 19-17 不同龄期下矿渣混凝土的抗压强度

○—○—HP(空白对比混凝土);

□- - -□—NP+矿渣 A50%;

△—·—△—NP+矿渣 50%;

▲- - -△—NP+矿渣 B50%。

矿渣 A 比表面积 $6000cm^2/g$;矿渣 B 比表面积 $8000cm^2/g$。

以比表面积 $6000cm^2/g$、$8000cm^2/g$的超细矿渣,置换50%的水泥,混凝土的水胶比25%,掺入1.2%的高效减水剂,混凝土的工作性能好,标准养护28d,可以得到100MPa的高强混凝土,如图19-17所示。

用超细矿渣置换部分水泥,配制高强混凝土,已纳入日本建设省综合开发计划,用其作为新钢筋混凝土的高强混凝土。

日本的长田等人,以比表面积 $6060cm^2/g$ 的超细矿渣50%与50%的早强硅酸盐水泥配合成混合水泥,以其用量 $420kg/m^3$,高效减水剂配合,配制混凝土,其设计强度40.0MPa(相当于中国的50.0MPa),施加预应力时强度为35.0MPa,制造预应力混凝土桥梁。通过蒸养,1d龄期时施加预应力,这种高强混凝土已在铁路桥梁中广泛应用。

四、超细矿渣在其他方面的应用

（一）低热水泥混凝土

高强混凝土的水泥用量一般都超过500kg/m^2，硅酸盐水泥的水化热高，混凝土的绝热温升也高，体积稍大的混凝土构件，往往产生温度裂缝。为了抑制温度裂缝，从结构物的设计、施工、材料等方面，分别加以研究与改善，掺超细矿渣的低热水泥混凝土是研究开发的重要方面。

1. 低热水泥

采用低热硅酸盐水泥熟料，与高掺量的矿渣，配制低发热型水泥，世界许多国家都已制订了有关技术标准，这种水泥的7d与28d的发热量是很低的（表19-44）。

低热水泥配制及其发热量　　**表19-44**

国　名	熟料量（%）	矿渣量（%）	SO_3（max）（%）	水化热（max）（kJ/kg）	
				7d	28d
澳大利亚	64～20	36～80	4.0	—	—
芬　兰	85～20	15～80	—	250	—
德　国	20～64	80～36	4.5	—	—
葡萄牙	40～20	60～80	4.0	—	—
西班牙	50～20	50～80	4.5	250	—
英　国	50～10	50～90	3.0	250	290
美　国	75～35	26～65	3.0	293	335
日　本	95～30	5～70	3.0	70	83

现在，日本的中等发热量水泥水化热规定值的上限，7d是293kJ/kg，28d是347kJ/kg；美国的矿渣水泥的水化热规定值是293kJ/kg及354kJ/kg；英国是250kJ/kg及290kJ/kg；我国则为187kJ/kg与229.9kJ/kg。

矿渣低热水泥具有以下特性：

（1）矿渣对水泥熟料的置换与水化热关系：矿渣的置换率增加，水化热降低，特别是早期的水化热降低更多，如图19-18所示。当矿渣的置换率在70%以上时，水化热降低更加明显。

（2）矿渣置换率与砂浆强度关系：如图19-19所示，矿渣置换率对砂浆强度发展的影响与对水化热的影响是完全不同的。随着矿渣置换率的增加，早期强度下降，28d龄期时，置换率为70%左右的砂浆强度达到最大值，超过70%以后强度降低。

（3）矿渣的细度与水化热的关系：图19-20是矿渣置换率为85%时，矿渣细度与水化热关系。由图可见，矿渣的细度增大，水化热随着龄期发展而有所提高。当矿渣置换率在70%以上，水化热就能明显地降低；细度大的矿渣能抑制水化热上升。

（4）矿渣细度与砂浆强度关系：矿渣的细度与砂浆强度的关系如图19-21所示。随着矿渣细度增加，各龄期的抗压强度均有所提高，而且龄期越长，提高的幅度越大。

因此，矿渣的置换率在70%以上时，水化热可以明显地降低，细度增大可以抑制水化热，而且28d龄期以后的抗压强度可望得到提高。

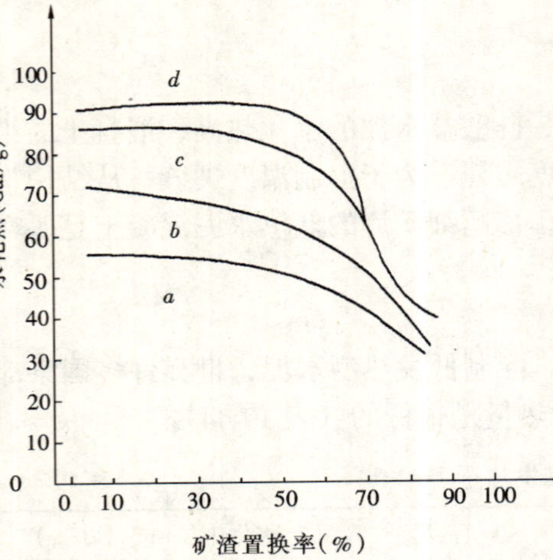

图 19-18 矿渣的置换率与水化热关系

SO_3 = 21%；矿渣比表面积 4480cm^2/g；

硅酸盐水泥比表面积 3700cm^2/g。

a—3d；*b*—7d；*c*—28d；*d*—91d

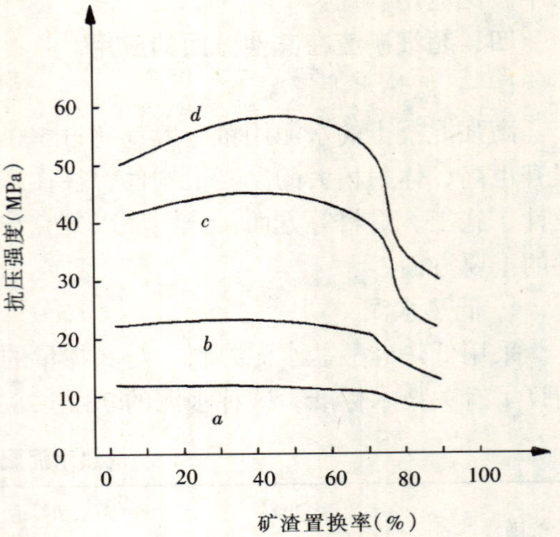

图 19-19 矿渣的置换率与砂浆强度

SO_3 = 2.1%；矿渣比表面积 4480cm^2/g；

水泥比表面积 3700cm^2/g。

a—3d；*b*—7d；*c*—28d；*d*—91d

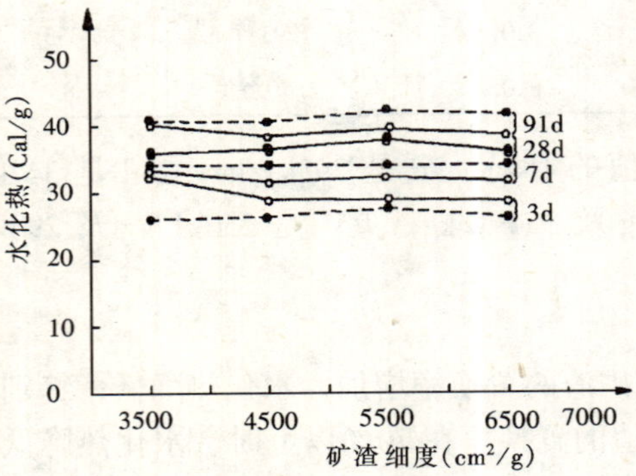

图 19-20 矿渣细度与水化热关系

○—○—SO_3 = 2.1%；●---●—SO_3 = 1.2%

矿渣置换率 85%；水泥细度 3700cm^2/g。

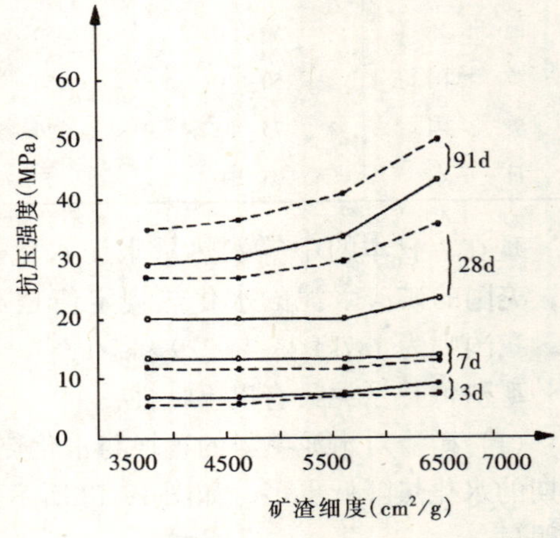

图 19-21 矿渣细度与砂浆抗压强度

○—SO_3 = 2.1%；●—SO_3 = 1.2%

矿渣置换率 85%；硅酸盐水泥细度 3700cm^2/g。

由于掺入超细矿渣可以大幅度降低水化热，又能提高混凝土的强度，这样的特性受到了广泛的重视，得到了进一步的开发。图 19-22 是采用超细矿渣与水泥双组分低热水泥混凝土的绝热温升。其中矿渣掺量 70%～85%，细度 6000cm^2/g 左右。

2. 低热混凝土

日本于 1990 年在九州市户区采用矿渣低热水泥混凝土，浇筑了 9.6m×9.6m×1.5m，混凝土量 138m^3 的工厂基础 4 个。其混凝土配合比及抗压强度见表 19-45，测定基础中心部位的温度变化曲线如图 19-23 所示。

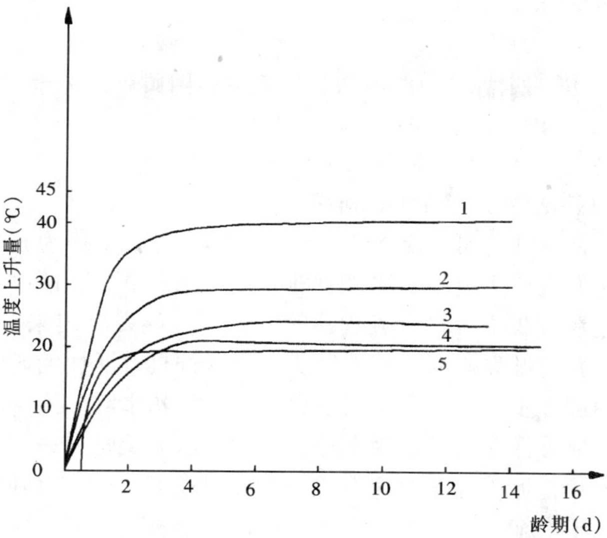

图 19-22　混凝土绝热温升与龄期关系

二组分水泥的配制：

1—矿渣水泥 B（NSSO）；2—早强硅酸盐水泥 + 矿渣 80%；3—早强硅酸盐水泥 + 矿渣 85%—4000cm²/g；4—中等水化热水泥 + 矿渣 70%；5—硅酸盐水泥 + 矿渣 85%—6000cm²/g

混凝土配合比及抗压强度　　**表 19-45**

水　　泥	水灰比（%）	单位用量（kg/m³）		养护方法	抗压强度（MPa）			
		W	C		3d	7d	28d	91d
低热水泥	59.6	115	260	现场水中	15.7	19.0	23.4	28.0
				标准养护	11.4	17.0	24.4	29.5
砂渣水泥（B种）	56.0	164	290	现场水中	15.3	22.7	30.3	36.6
				标准养护	11.3	19.5	30.8	36.9

（二）水下混凝土及高流态混凝土

利用超细矿渣配制混凝土，研究其水下浇筑不分散性能。混凝土中胶凝材料用量 300kg/m³，矿渣细度 14000cm²/g，置换率 40%，水胶结料比 66%，采用甲基纤维素、缓凝型减水剂及高效减水剂。施工结果，91d 钻孔取样混凝土强度 26.9MPa（标准差 1.0MPa），抗离析性、泵送性、流动性等良好。

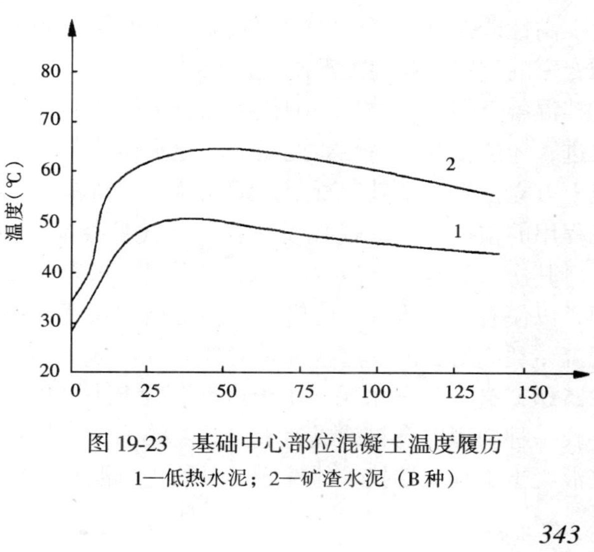

图 19-23　基础中心部位混凝土温度履历

1—低热水泥；2—矿渣水泥（B种）

利用比表面积 5500～6000cm²/g 的超细矿渣，取代部分水泥，配制高流态自密实混凝土，这也是超细矿渣研究与开发应用目的之一。

第六节　矿渣微粉混凝土应用技术

一、问题的提出

1. 高炉水淬矿渣的活性及其活性的利用

高炉水粹矿渣潜在活性的研究历史几乎和水泥的一样长。作为胶凝材料，石灰矿渣水泥和矿渣硅酸盐水泥的生产历史甚至比普通硅酸盐水泥还早。长期以来矿渣的活性被称为潜在活性，是因为它在石灰质材料或硫酸钙的激发下才能发挥出来。上世纪30年代，一种有效地激发矿渣活性的湿碾矿渣工艺被发明。但这种具有活性的矿渣——石灰浆由于其运输和储存的困难而被逐步淘汰。在比利时也曾经将粒状水淬矿渣湿磨后成为浆状的料浆加以储存，作为单独成分保存直到混凝土拌合时才和水泥及骨料一起加入到拌合机中，这种方法虽可作短期储存，但仍存在运输不便、掺加困难等缺点。直到上世纪50年代后期，南非人将水淬矿渣烘干磨细，并在混凝土的搅拌过程中直接加入，应该说这是矿渣微粉作为混凝土一个单独组分材料开始。有资料表明，当矿渣在石灰、水泥熟料或石膏等激发剂共同存在时，其28d强度是十分可贵的。

表19-46说明对矿渣潜在活性的挖掘还远远没有达到应有的效果，潜力尚十分大。

矿渣在不同配合比时的强度　　　　**表 19-46**

编号	配合比（%）				28d抗压强度（N/cm²）
	矿渣	石灰	水泥熟料	石膏	
1	100				0
2	92.5			7.5	0
3	80	20			1880
4	47.7		47.7	4.6	4770
5	74.5		15	10.5	6400

因此，对矿渣活性利用的研究是一个十分具有现实意义的课题。

2. 矿渣微粉的应用

高性能混凝土（HPC）的问世，在世界范围广泛地引起了从事混凝土工程技术的学者和专家的重视。高性能混凝土应用技术中一个十分突出的课题就是混凝土的改性。无论是新拌混凝土的性能，还是硬化后混凝土的性能，均应在普通混凝土的基础上有较大提高和改进，才能被称作高性能混凝土。随着预拌混凝土技术的发展，使大体积（几千立方米甚至上万立方米）基础混凝土连续浇灌（不留施工缝）成为可能。然而这类超大体积混凝土工程用的预拌混凝土就必须具有以下优良性能：首先是混凝土的黏聚性和可泵性要十分好。其次，具有尽可能少的泌水。再则要求有较低的水化热或可推迟水化热峰值的出现时间，以便有利地协调温度应力和初始结构强度这一对矛盾，从而达到不出现或尽可能少出现温差裂缝的目的。这些都是对新拌混凝土的改性要求。因目前我国常用42.5级普硅中32.5级矿硅等品种水泥，用于这类混凝土中分别存在水分热高和泌水量大的缺陷。因此，寻找一种新型掺合料就成为十分必要的了。再如随着高层、超高层建筑和大跨度桥梁等一些混凝土工程尖端技术的发展，对硬化后混凝土的一系列物理力学性能的改性要求也越来越高。矿渣微粉由于其在混凝土中的特殊作用，无论对混凝土的强度、脆性、徐变、弹模等力学性能还是对体积稳定性、耐久性等混凝土主要性能均有较好的改性作用，因而受到重视。混凝土强度和泵送高度等一些技术指标在不断地提高，大流动高强度混凝土已成为被普遍采用的一个混凝土品种。而生产这类混凝土没有一种高效的复合掺合料作为水泥基胶结材料的补充恐怕也是较难达到的。矿渣微粉恰恰又是这类复合掺合料的主要成分。综上所述，深入地开展矿渣微粉混凝土应用技术的研究将是有十分远大的发展前景。

3. 大力发展环保型建材，走可持续发展道路

建材工业和钢铁工业都是消耗能源最大和对环境污染最严重的工业门类之一。今天把能耗降低到最低的限度，走可持续发展的道路，把生产过程中对环境的污染做到尽可能地少，也是放在我们面前的一项严肃的课题。

1996 年上海一年生产了 1200 万 m^3 混凝土（其中预拌混凝土达 1070 万 m^3），宝钢约产了 300 多万吨的高炉水淬矿渣。根据初步摸索的矿渣微粉混凝土试验数据可以证明：在 42.5 级普硅或纯硅水泥中矿渣微粉的掺量达 50% ~ 70%，仍配制出了 C30 ~ C40 混凝土，且后期强度的发展比普通混凝土更有潜力，如按掺量 50% 计，上海每年节约普通硅酸盐水泥熟料约 200 余万吨，同时综合利用工业废料矿渣 200 余万吨。

传统的矿渣水泥采用矿渣和水泥熟料混磨工艺，由于两种材料硬度之间的差异和对细度要求的不一样，带来了能耗浪费和容易产生泌水的弊病。而采用将矿渣按需要的细度粉磨，以矿渣微粉的形式直接掺入混凝土搅拌机生产矿渣微粉混凝土，既降低了能耗又利用了废渣，是既节约能源又保护环境的可持续发展道路。

二、应用技术研究

（一）矿渣微粉复合掺合料在 C80 混凝土配制中的应用

（1）从 1996 年开始结合 × × 工程项目的需要，积极地开展了 C80 泵送混凝土的试验研究工作。经过一年多的工作，先后对不同水泥品种、外加剂、掺合料和骨料，设计了 90 多组不同配合比的混凝土，对其新拌混凝土的性能和强度进行了试验，已摸索出一套 C80 泵送混凝土的配合比设计方案，新拌 C80 泵送混凝土的流动性，黏聚性、抗离析性能均极佳，2h 经时坍落度损失不大于 20%，其技术指标如下：28d 平均抗压强度 > 88MPa，出机坍落度 22cm，2h 后坍落度 > 19cm。

（2）试验结果汇总：

①原材料

水泥：42.5 级普硅，江南小野田，实测软练强度 65.0MPa。

细骨料：长江砂，$M_x = 2.5 \sim 2.8$，含泥量 < 1%。

粗骨料：獐山碎石，岩石抗压强度 140MPa，含泥量 < 0.7%，针片状含量 < 5%，压碎指标值 5.6%。

超塑化剂：SQ-Ⅱ。

掺合料：C_1、C_2、C_3、C_4。

②配合比　C80 混凝土试验配合比见表 19-47。

③ 坍落度和强度试验结果　C80 混凝土坍落度和强度试验结果见表 19-48。

根据试验比较，我们最终选用了 3 号配合比。

（二）大掺量矿渣微粉混凝土试验

C 80 混凝土配合比 **表 19-47**

序号	配合比（kg/m³）					
	水泥	砂	石子	水	外加剂（SQ-Ⅱ）	掺合料
1	500	630	986	170	15	C_1 100
2	500	693	957	158	15	C_2 100
3	480	587	1090	150	17.78	C_3 120
4	510	614	1002	158	17.78	C_4 00

C 80 混凝土坍落度和强度试验结果 **表 19-48**

序号	坍落度（mm）			抗压强度（MPa）	
	出机	1h	2h	7d	28d
1	200	140	110①	77.6	87.4
2	220	160	120①	73.8	86.4
3	220	210	210	71.6	89
4	210	180	170	62.4	82②

①掺合料中含硅粉成分，坍落度损失较大。

②掺合料（矿粉）的比表面积小，混凝土强度偏低。

（1）为摸索大掺量矿渣微粉混凝土的一般性能，设计了一套试验方案，采用52.5级普硅配制一批C40～C60矿渣微粉泵送混凝土。矿渣微粉掺量分别为胶结材料的50%和70%，试验获得了令人满意的结果。

（2）试验用原材料：

水泥　52.5级普硅，江南小野田。

细骨料　长江中粗细，$M_x = 2.6$。

粗骨料　5～25碎石，浙江獐山。

矿渣微粉　K60宝钢水淬高炉矿渣。

超塑化剂　SQ-Ⅱ。

（3）配合比设计：

C40～C60矿渣微粉泵送混凝土试验配合比见表19-49。

C 40～C 60 混凝土配合比 **表 19-49**

组号	水胶比	序号	配合比（kg/m³）					
			水泥	矿粉	砂	石	水	SQ-Ⅱ
一	0.45	1	400	0	762	1042	180	6
		2	200	200	751	1040	180	6
		3	120	280	746	1042	180	6
二	0.34	4	500	0	691	1040	170	7.5
		5	250	250	691	1040	170	7.5
		6	350	150	699	1040	165	7.5
三	0.29	7	600	0	609	1040	175	9
		8	300	300	591	1040	175	9
		9	420	180	599	1040	170	9

（4）坍落度和强度试验结果：C40～C60矿渣微粉泵送混凝土坍落度和强度试验结果

见表 19-50。

混凝土坍落度和强度　　表 19-50

组　号	序　号	坍落度 (cm)	f_3 (MPa)	f_7 (MPa)	f_{28} (MPa)	f_{60} (MPa)	$f_{c.90}$ (MPa)
一	1	19.5	33.7	41.6	50.4	58.3	60.5
	2	20	27.5	37.4	47.8	54.2	62.4
	3	20	21.5	28.2	44.2	51.5	53.8
二	4	8.5	49.9	62.1	74.6	71.2	84.6
	5	14.5	39.1	47.7	60.3	64.6	65.9
	6	20	32.8	43.5	60.3	64	62.4
三	7	5	58.3	65.2	83	77.3	88.4
	8	4.5	43.5	59.5	69.4	79.2	82.3
	9	85	40.1	58.9	71.2	74.7	81.7

（三）矿渣微粉混凝土的应用

用 42.5 级普硅和矿渣微粉直接在混凝土搅拌机中配制混凝土，使混凝土胶结材料的化学组分控制在国家标准对矿渣硅酸盐水泥的允许范围内，而矿渣微粉的细度比水泥细度更细，经过 4 个多月的生产应用，共配制了 C20 混凝土 1600m^3、C25 混凝土 400m^3、C60 混凝土 6000m^3、C40 混凝土 14000m^3，共计 22000m^3，强度合格率达 100%。例如生产了同配合比 C40 矿渣微粉混凝土 2100m^3，做了 20 组试块，其 28d 抗压强度分别为 48.6、43.1、47、48.6、45.9、46.7、45.1、44.6、41.5、42.4、41.2、42.1、40.7、42.8、42.6、42.1、56.5、54.5、53.4、47MPa，$Mf_{cu}=45.8$MPa。

$Mf_{cu}\cdot\min=40.7$MPa、$Sf_{cu}=4.6$MPa，按《混凝土强度检验评定标准》（GBJ 107—87）标准统计方法二验收：

① $Mf_{cu}-\lambda_1 Sf_{cu}>0.9cu-k$

② $Mf_{cu}\cdot\min>\lambda_2 f_{cu-k}$

$\lambda_1=165\quad\lambda_2=0.85$

$45.8>1.65\times4.6+0.9\times40$

$45.8\text{MPa}>43.59\text{MPa}$

$40.7>0.8\times54$

$40.7>34$

三、结束语

在我国矿渣微粉混凝土已引起各方的关注，并做了大量的工作，然而对矿渣微粉混凝土的一系列优良性能的形成和发展机理的研究，尚待进一步的深化。著名材料专家吴中伟院士提出的“中心质——介质理论”将是指导研究矿渣微粉混凝土的主要理论依据。各级中心质效应对混凝土物理力学性能的提高所起的作用的研究将是十分有意义的。如矿渣微粉在 $Ca(OH)_2$ 或硫酸盐激发剂的作用生成的二次水化物，对混凝土细观密实度的增加将起十分重要的作用。

再如，矿渣微粉细度、颗粒状态等对混凝土强度的影响规律，也将是一个重要课题。

不同激发剂对矿渣微粉混凝土强度的影响，以及这些激发剂对现有各种外加剂的适应性的研究，也将有广阔的研究领域。

第二十章　石 屑 混 凝 土

(aggregate chips concrete)

机制石屑砂是利用生产碎石的剩余物石屑经简单加工制成的一种新型建筑砂。该砂除 $\phi<0.08$mm 石粉含量超标外，其他各项指标均达到国标优质砂水平，用其配制的普通混凝土的强度、和易性、耐久性等技术性能经实践证明能满足有关规范和施工要求，是解决天然砂日益短缺、质量下降的一条行之有效的好途径。

第一节　概　　述

砂是建筑工程中的基本材料之一。目前,北京市每年需要建筑用砂 1000 多万 t,而国营建材企业每年只能提供 90 万 t 砂,其余大多数来自乡镇、个体企业的自行开采。由于砂的自然原因限制和一些企业质量意识较差,砂的质量按国家标准检测多数不合格。据北京建筑工程学院建材试验所对近两年工程施工单位送检的砂样检测结果进行统计:级配不合格的砂为 75%(1995 年为 68%,1996 年为 83%),因含泥量或泥块含量超标不能配制 C30 以上混凝土的砂为 51%;细度模数低于 2.3 的细砂为 59%(1995 年为 54%,1996 年为 65%)。由此造成配制混凝土多用水泥或工程质量下降。天然砂是不可再生资源,今后砂资源只能越来越少,质量越来越差,而现代工程建设对砂的需求量却在逐年增加,对其质量要求也是日益提高。同时,由于砂资源的日益短缺所引发的滥采挖造成了可耕地大面积被破坏,造成极为恶劣的后果。因此,砂资源问题必须引起各方面的重视,想法加以解决。

全国一些地区的采石场，在生产机制碎石的同时，产出大量的石屑作为废弃物常年堆放，占用场地，污染环境。对于这些石屑能否变砂为宝的问题，应开始进行专门研究。

石屑混凝土，又称无砂混凝土。与普通混凝土的组成相似，所不同者石屑混凝土的粗骨料多为碎石，细骨料被石屑、石粉混合料所代替，而不是用天然砂。生产实践表明，颗粒级配良好、石粉含量适宜的石屑、石粉混合料，可替代天然细砂配制混凝土用来生产预制构件及水泥制品，对减水剂也具有较好的适应性，有较高的技术经济效益和无法估量的社会效益。

第二节　石屑混凝土原材料要求

一、胶凝材料——水泥

根据不同的工程种类和施工条件，可采用多种水泥，其中尤为普通硅酸盐水泥和矿渣硅酸盐水泥用得最多。

二、粗细骨料

碎石均由粒径为 150～200mm 的石灰岩母岩经一级破碎而成。在破碎碎石过程中，不可避免地要产生30%左右的细碎石屑。由碎石粗骨料和石屑细骨料共同组成石屑混凝土的结构骨架。

（一）石屑分级

石屑混凝土的粗、细骨料，系由不同粒径的颗粒分级而成。其中：

（1）碎石碴：粒级5~14mm；

（2）石屑：粒级0.16~5mm；

（3）石粉：粒级<0.16mm。

（二）石屑物理性能

1. 表观密度和空隙率

骨料的表观密度、松堆密度和空隙率等是判别其质量的重要指标，也是混凝土配料计算中必须掌握的基本数据。表观密度是由骨料的石质、风化程度等决定的固有物理性质。一般来说，表观密度小的骨料，其结构较疏松多孔，吸水率大，强度较低。松堆密度与表观密度、颗粒级配有关，空隙率更是决定于颗粒级配。由表20-1所列数据可知，石屑的质量优于安徽阜阳细砂。

石屑细骨料与阜阳砂物理性能比较 **表20-1**

物理性能指标	表观密度 (g/m^3)	松堆密度 (kg/m^3)	空隙率 (%)	含泥量 (%)	石粉含量 (%)	细度模数 (M_x)
石　屑	2.73	1480	4.60	—	14.1~17.4	3.0~2.3
阜阳砂	2.58	1330	48.5	1.0~2.5	—	2.2~1.6

2. 石屑颗粒级配

机制石屑的原料来源有两种，一种在产地称为碎石屑，一种称为石粉。按《普通混凝土用砂、质量标准及检验方法》（JGJ52—92）标准规定的取样方法和筛分方法对原状碎石和石粉进行筛分，筛分结果见表20-2。

机制石屑砂的颗粒级配 **表20-2**

石屑种类	累计筛余（%）							细度模数 (M_x)	与国标比较
	筛孔直径（mm）								
	5	2.5	1.25	0.63	0.315	0.16	筛底		
石屑（2组）	25	88	92	96	97	98	100	4.6	完全不符
原粉砂1（4组）	0~1	45~47	69~71	83~84	87~88	90~91	100	3.7~3.8	超标14%~18%
原粉砂2（4组）	1	22~25	48~51	70~73	79~81	85~87	100	3.0~3.2	相　符
原粉砂3（10组）	1	21~26	46~50	73~77	83~87	90~93	100	3.1~3.3	相　符
原粉砂4（8组）	0~1	19~21	41~44	63~65	73~75	81~84	100	2.7~2.9	超标6%~9%

由表20-2可以看出，石屑级配严重超标，必须再加工后才能使用。石粉随产地不同而不同，如产2、产3原石粉砂的级配完全符合国标对砂的级配要求，有些则略有超标，如产4原石粉砂，超标始终在6%~9%之间，有些则超标较多，如产1原石粉砂，但无论是哪个产地的机制石屑砂，其级配和细度模数是相当稳定的，质量的稳定性远远高于自然形成的河砂。

另外，石屑的细度模数为3.0~2.3，相当于人工中砂，应属配制混凝土的理想细骨料。安徽阜阳细砂的细度数为2.3~1.6，属天然细砂。

（三）石屑加工处理方式

对于级配超标严重的石屑和石粉砂，通常用两种方法进行处理：一是改变生产线的筛网网孔直径；二是利用现有的破碎机分不同参数进行一次性破碎，处理方式及处理后的筛分结果见表20-3。

机制石屑砂的加工处理方式　　表20-3

处理方式	累计筛余（%）							细度模数（M_x）	与国标比较
	筛孔直径（mm）								
	5	2.5	1.25	0.63	0.315	0.16	筛底		
G~1~2	0~1	22~26	52~53	76~77	87~89	93~94	100	3.3~3.4	符　合
F~6.5~7	0~1	22~36	51~61	68~77	79~83	86~87	100	3.1~3.4	符　合
X~6.2~6.3	0	17~34	47~64	71~84	81~90	87~94	100	3.0~3.6	符　合

由表20-3可以看出：无论是何种处理方式，对于石屑和石粉均能一次性制出级配符合国标要求的机制石屑砂，细度模数在3.0~3.6之间，机制石屑砂的粒型呈方形，颗粒尖锐，针片状不明显。

（四）石屑的质量指标

经多次检测的机制石屑砂质量指标与国标GB/T 4684—93的比较可以看出，机制石屑砂除了含泥量一项超标外，其余各项均达到优等品砂的质量标准。关于含泥量，对于机制石屑砂来说，实质上是与母岩成分相同的石粉含量。

人工砂在生产过程中将不可避免的产生一定比例的石粉，有关石粉含量对混凝土性能的影响问题，国外及我国的贵州和水电部对此均进行过大量细致的研究，其研究结果证明，将石粉含量控制在一定范围内，可以作为混凝土的一种惰性掺合料使用。研究的机制石屑砂含泥量（即小于0.08mm筛孔的石粉）一般小于11%。根据贵州省地方标准《山砂混凝土技术规定》，该机制石屑砂的石粉含量在许用范围内。另外也进行了验证，验证结果与上述结论基本相同。

（五）石屑碱-骨料反应

采用快速法（南非砂浆棒法ASTM.P214）和慢速法（砂浆长度方法）按《普通混凝土用砂质量标准及检验方法》JGJ 52—92、《普通混凝土用碎石、卵石质量标准及检验方法》JGJ 53—92分别进行，每个采点各两组，同时用河砂作对比试验四组，结果见表20-4和表20-5。

快速法测定碱-骨料反应　　表20-4

编　号	不同龄期的膨胀值（mm/m）			平均膨胀率（%）	标准要求（ASTMP214）
	3d	7d	14d		
石　砂　1	0.03	0.04	0.06	0.04	14d膨胀率<0.1%的即为对工程无害非碱活性骨料
石　砂　2	0.04	0.04	0.06	0.04	
石　砂　3	0.05	0.06	0.08	0.05	
石　砂　4	0.05	0.06	0.08	0.05	
河　砂	0.04	0.06	0.09	0.06	

慢速法测定碱-骨料反应　　表 20-5

编　号	不同龄期的膨胀值（mm/m）			平均膨胀率（%）	标准要求 JGJ 52—92
	60d	90d	180d		
石　砂　1	0.01	0.02	0.03	0.02	砂浆 180d 膨胀率小于 0.1%判为无潜在危害
石　砂　2	0.01	0.02	0.03	0.02	
石　砂　3	0.01	0.02	0.03	0.01	
石　砂　4	0.02	0.03	0.03	0.02	
河　砂	0.02	0.03	0.03	0.02	

从表 20-4 和表 20-5 可以看出，试验的四个采点的机制石屑砂均为对工程无害的非碱活性骨料，但对其他矿点的机制石屑砂还是应在使用认证前进行碱活性试验，且以后应定期复查，以确保工程的长期安全。

第三节　石屑混凝土的技术性能

石屑混凝土比普通混凝土成本低，材料来源广泛，特别是缺少砂、石的山区，如安徽、贵州、广西等地，就显得更加重要。

一、物理力学性能

（一）未掺外加剂石屑混凝土

通过大量的试验证明，在石屑、碎石碴及级配合格和施工质量良好的条件下，石屑混凝土的抗压强度、抗渗等级等性能指标均较普通混凝土高。石屑混凝土与普通混凝土的技术性能对比见表 20-6。

石屑混凝土与普通混凝土技术性能比较　　表 20-6

序号	混凝土种类	$1m^3$ 混凝土材料用量（kg）配合比 水泥∶石屑或砂∶石碴或石子	水灰比（W/C）	砂率（%）	坍落度（cm）	抗压强度（MPa）	抗压强度对比（%）	抗渗压力（MPa）	抗渗压力对比（%）
1	普通混凝土 石屑混凝土	265∶767∶1298 1∶2.89∶4.89	0.64	37	0.50 0.20	18.1 21.8	100 120.5	0.75 1.00	100 133
2	普通混凝土 石屑混凝土	210∶726∶1409 1∶3.46∶6.70	0.74	34	0.30 0.10	16.2 19.0	100 117	0.45 0.725	100 161

注：1. 采用 32.5 级矿渣硅酸盐水泥。
2. 试验均在蒸汽养护（80℃）后进行。

（二）掺减水剂石屑混凝土

在配合比、成型方法和养护条件相同的条件下，安徽蚌埠水泥制品厂分别用石屑和阜阳细砂配制混凝土作对比试验。

1. 试验条件

已知试验条件如下：

（1）当采用 32.5 级普通硅酸盐水泥时，混凝土配合比为：1∶1.87∶3.70∶0.48。

（2）当采用 32.5 级普通硅酸盐水泥时，混凝土配合比为：1∶1.87∶3.70∶0.41。

（3）粗骨料均为 5～20mm 碎石，水泥用量均为 $340kg/m^3$。

2. 试验结果

试验结果见表 20-7。

石屑混凝土物理力学性能　　表 20-7

水泥编号	细骨料	减水剂掺量（%）	工作度（s）	抗压强度（MPa）			备　注
				A	*B*	*C*	
普 1 矿 1	石　屑	0 0.8	40 38	27.2 36.1	22.2 —	43.8 —	A-80～85℃蒸 8h B-5～10℃自然护养 7d C-标准养护 28d
普 2 矿 2	阜阳细砂	0 0.8	45 40	21.3 32.3	17.2 —	37.5 —	

从试验结果可以看出：

（1）在不掺减水剂情况下，石屑混凝土强度比普通混凝土强度高 16.7%～28.0%。

（2）在减水剂掺量相同情况下，石屑混凝土强度比普通混凝土强度高 11%以上，减水率为 17.1%。用两种细骨料配制的混凝土对减水剂的适应性基本相同。

（3）石屑混凝土的工作度较小，比普通混凝土更易于成型。石屑混凝土加水量较大，成型时要适当减少振捣时间，以克服泌水现象，避免制品表面形成疏松层。

二、影响石屑混凝土技术性能的因素

（一）石屑混凝土的抗压强度

用机制石屑替代天然河砂，用不同水灰比、不同砂率、不同配合比、不同坍落度及不同掺加料和外加剂等去配制不同的混凝土。配合比设计方法遵照《普通混凝土配合比设计规程》（JGJ 55—2000）（JGJ 64—2000）和《混凝土结构工程质量验收规范》（GB 50204—2002）有关规定。实验室试验的材料是随机采用工地上送来的不同品种的水泥、粗骨料，再随机组合；试点工程的配合比材料是采用工程所专用的材料。试验方法采用《普通混凝土拌合物性能试验方法标准》（GB/T 50080—2002）和《普通混凝土力学性能试验方法》（GB/T 50081—2002）。机制石屑混凝土的抗压强度部分结果见表 20-8。

机制石屑混凝土的抗压强度　　表 20-8

组　数	强度等级	水泥（kg/m^3）	平均 28d 抗压强度（MPa）	坍落度（cm）	和易性
10	C20	300	30.5	2.5～8.2	良
8	C25	306～398	36.2	2.0～10.0	良
10	C30	340～424	41.3	4.0～19.0	良
2	C35	413	46.3	6.0	良

从表 20-8 可以看出，机制石屑代替天然河砂按一般的设计和成型方法，在水泥用量不增加的前提下完全可以配制出抗压强度合格、和易性满足施工要求的混凝土。

（二）不同石粉含量、细度模数、砂率石屑混凝土的抗压强度

这里的石粉含量是指机制石屑砂筛分中通过 0.16mm 筛的质量占筛分总量的百分率，即筛底的分计筛余。它在筛分中可直接得到，且易掌握。用不同石粉含量的机制石屑砂进行一般的设计与试配，结果见表 20-9，试验证明其能满足混凝土强度要求。适量的石粉含量正好弥补了机制石屑混凝土和易性不足的缺陷。

不同石粉含量、细度模数与砂率的机制石屑混凝土的抗压强度　　表 20-9

混凝土设计强度值	组　数	机制石屑砂细度模数 M_x	石粉含量（%）	28d 抗压强度（MPa）	和易性
C20、C25、C30	10	2.57～3.52	6.4～27.2	27.0～39.9	良

（三）石屑混凝土的抗冻性能

为检验机制石屑砂混凝土的抗冻性能，考察是否适应在北方工程中使用的特殊环境，先后分三批进行混凝土的抗冻试验。其中第三批委托国家建筑工程质量监督检测中心，采用《普通混凝土长期性能和耐久性能试验方法》中的慢冻法进行检测，冻融周期为 50 次循环，检测结果见表 20-10。

机制石屑混凝土的抗冻性能　　**表 20-10**

混凝土编号	F50 冻融后强度（MPa）	同龄期对照组强度（MPa）	强度损失（%）	质量损失（%）
机制石屑混凝土 1	43.1	42.3	－1.86	－0.33
机制石屑混凝土 2	49.3	47.7	－3.36	－0.16
机制石屑混凝土 3	47.3	45.3	－4.41	－0.00

从表 20-10 可以看出，机制石屑混凝土的抗冻性能良好，F50 后，基本无质量和抗压强度损失，可以在北方寒冷地区安全使用。

（四）机制石屑混凝土的干缩性能

为检验机制石屑混凝土的干缩性能，考查其在北方干燥环境下混凝土的干缩量的变化，特委托国家建筑工程质量监督检测中心进行了为期一年的干缩试验。采用不同石粉含量的混凝土两组同时与天然河砂混凝土一组进行平行试验，其不同龄期的收缩试验结果见表 20-11。

机制石屑混凝土的干缩性能　　**表 20-11**

试件编号	试件尺寸（mm）	不同龄期的收缩率（mm/m）								
		1d	3d	7d	14d	28d	45d	60d	90d	365d
石　砂	1000×500	0.02	0.06	0.10	0.14	0.20	0.28	0.30	0.30	0.39
河　砂	100×100×500	0.02	0.06	0.12	0.16	0.22	0.30	0.32	0.32	0.40
石　砂	100×100×500	0.02	0.04	0.10	0.16	0.22	0.30	0.32	0.32	0.42

从表 20-11 试验结果中可以看出，机制石屑混凝土没有引起收缩值的改变，可以在工程上推广使用。

（五）石屑混凝土的其他性能

石屑混凝土其他性能，委托国家建筑工程质量监督检测中心分别进行了试验，结果见表 20-12。

机制石屑混凝土的其他性能　　**表 20-12**

轴心抗压 C20（MPa）	弹性模量 C20（MPa）	抗折强度 C20（MPa）	劈拉强度 C20（MPa）	抗渗性（MPa）
20.9	3.2×10^4	5.39	3.73	C30 混凝土
轴心抗压 C20（MPa）	弹性模量 C20（MPa）	抗折强度 C20（MPa）	劈拉强度 C20（MPa）	≥58
39.5	4.15×10^4	4.50	4.10	

从表 20-12 可以看出，机制石屑混凝土的其他性能也与天然砂混凝土无明显差别，满足《混凝土结构设计规范》（GB 50010—2002）中有关对混凝土的要求。

第四节　石屑混凝土的配合比

目前，许多地方和单位依靠各自采用的原材料及施工方法，通过反复试验，提出了一些适用于各自情况的石屑混凝土配合比。表 20-13 列出有关单位研究和提出的石屑混凝土参考配合比，仅供使用时参考。

石屑混凝土参考配合比 **表 20-13**

水泥种类	混凝土强度等级	坍落度（cm）	水灰比（W/C）	砂率（%）	质量配合比 水泥:石屑:石渣	$1m^3$ 混凝土材料用量（kg）			
						水 泥	石 屑	碎石渣	水
32.5 级普通水泥	C20	0	0.747	33	1:3.38:6.76	210	710	1420	157
		1~3	0.741	34	1:3.27:6.32	220	720	1390	163
	C25	0	0.623	32	1:2.54:5.46	260	660	1420	162
		1~3	0.622	33	1:2.52:5.11	270	680	1380	168
	C30	0	0.539	31	1:2.03:4.52	310	630	1400	167
		1~3	0.566	32	1:2.00:4.25	320	640	1360	178
32.5 级矿渣水泥	C10	0	0.882	35	1:4.48:8.34	170	760	1420	150
		1~3	0.862	36	1:4.34:7.67	180	780	1380	155
	C15	0	0.738	34	1:3.45:6.72	210	725	1410	155
		1~3	0.727	35	1:3.36:6.72	220	740	1380	160
	C20	0	0.615	33	1:2.62:5.39	260	680	1400	160
		1~3	0.612	34	1:2.59:5.04	270	700	1360	165
	C25	0	0.538	32	1:2.10:4.46	310	650	1380	165
		1~3	0.546	33	1:2.06:4.18	320	660	1340	175

注：1. 骨料规格，碎石渣 5~40mm，石屑 5mm 以下。
2. 按机拌机捣考虑，若采用人工拌、捣，应适当调整。

第五节 石屑混凝土施工

石屑是一种人工细骨料，利用石屑配制混凝土，可弥补砂源不足的困难。石屑混凝土的施工方法与普通混凝土基本相同。除此，应特别注意以下几点：

一、石屑中石粉含量的控制

在配制石屑混凝土过程中，要特别注意控制石粉含量（粒径 < 0.16mm）。

（1）如果石屑颗粒级配良好，石粉含量适宜，不仅可以提高混凝土的保水性和黏聚性，改善和易性，而且经充分搅拌的石屑混凝土，因自由水的分布情况得到改善，促进了水泥的水化，从而减少泌水，同时混凝土强度也可获得提高。石屑中所含的适量石粉属微细颗粒，可堵塞混凝土中的毛细孔道，从而提高混凝土的密实度，大大地改善了混凝土的抗渗性能。

（2）石粉含量过多，会使混凝土拌合物过于干稠，不便施工，而且会阻碍水泥与骨料颗粒表面的粘结，使混凝土强度降低，耐磨性变差，而早期收缩增大。

因此，施工中应特别注意控制石屑中石粉的含量。要求在高强度等级的石屑混凝土中，石粉与水泥的总量不超过 $500kg/m^3$ 为宜；在低强度等级混凝土中，石粉在石屑中的含量应不大于 25%。

二、骨料规格的控制

（1）应严格控制骨料的规格。骨料规格：碎石碴 $\phi5 \sim 40mm$；石屑 $< \phi5mm$。

（2）若石屑粒径大于 5mm，即石屑中含有部分碎石碴时，现场施工应根据石屑的颗粒级配进行实际材料用量的计算。

三、施工操作要点

（1）在石屑混凝土制备过程中，应适当延长搅拌时间，缩短振捣成型时间。

（2）自然养护时，应加强早期潮湿环境下的养护，特别是采用矿渣硅酸盐水泥的混凝土更应如此。蒸汽养护前适当控制静停时间，并严格掌握升温和降温速度。

第六节 石屑混凝土工程实例

一、工程概况

为检验机制石屑砂的实用性，在北京市建委和有关单位的支持下，1996 年开始进行了工程实用试点。

工程一：

北京市甘家口危改小区 4 号楼工程，建筑面积 $11270m^2$，地上 9 层，地下 1 层，全现浇剪力墙结构，3 层以下混凝土为 C30，3 层以上为 C25，5 层以下使用的是河砂混凝土，6 层以上使用的是机制石屑混凝土。使用部位包括墙体、顶板、楼梯、阳台、悬臂梁等全部混凝土结构。

工程二：

北京市森德散热器厂厂房工程，使用部位为地面混凝土和地下基础混凝土，设计强度等级为 C10、C15、C20，混凝土近 $3000m^3$。实用证明：机制石屑砂代替河砂配制混凝土在现场施工，从施工机具、施工设备到施工工艺都无特殊要求。混凝土和易性能满足不同施工要求，强度达到要求，满足《混凝土结构工程施工质量验收规范》（GB 50204—2002），且质量稳定，从留置的 60 多组试件统计，机制石屑砂混凝土强度标准差为 3.6MPa，而河砂、混凝土强度标准差为 4.9MPa。施工外观良好，顺利通过验收。另外，机制石屑砂含水率一般很低，现场无需调整配合比（即将理论配合比调整为施工配合比），其级配稳定，减少现场验收的工作量。

二、经济效益分析

目前，按北京市建委 1996 年颁布的建筑砂预算定额价是 31.5 元/t，市场调节价是 35.00 元/t，而机制石屑砂送到本市工地的平均价格为 26.00 元/t，每 1t 可节省费用 5.5～9.0 元。以本市每年用 200 万 t 机制石屑计算，每年可以降低建筑成本 1000～1800 万元。目前，该地区每年约有石屑 500 万 t，如果全部开发利用，则经济效益就更为显著。

三、社会效益分析

机制石屑砂的推广使用，既给建筑单位带来经济效益，给采石场减少环境污染，也减少了不合格的河砂进入建筑市场，有利于提高建筑工程质量，并通过市场降低对河砂的需求量，以避免滥采滥挖，保护耕地，保护水土流失，有利于环境生态平衡。

四、结束语

（1）机制石屑砂的颗粒级配及其他物理化学性质均符合建筑用砂的质量标准，其中 <0.08mm筛孔的石粉含量虽然超标，但控制得当并不影响其正常使用，且砂质稳定。但由于采点较多且又分散，在使用前还必须通过有关单位的筛分和碱-骨料反应等试验鉴定，需要处理的石屑和石粉，要经过必要的加工处理。

（2）机制石屑混凝土的各项物理力学性能、施工性能及耐久性均达到有关国家标准、规范的规定要求，其配合比设计可与天然河砂采用相近的方法、标准和有关数据。

(3) 机制石屑砂作为一种来源广、质量稳定的新砂源，对于解决砂源日益减少，砂质日益下降，具有长远的社会效益和环境效益，对生产和使用企业均有显著的经济效益，有关部门和施工单位应积极稳妥地推广使用，但需要经过全面的试验认可。

第二十一章　聚苯乙烯膨胀珠混凝土

(polystyrene-pearlite concrete)

第一节　概　　述

聚苯乙烯膨胀珠混凝土是一种隔热保温性能优良的绝热材料。这种材料即是在混凝土成型过程中选用多孔骨料生产成的一种轻质材料。这种混凝土堆积密度小，导热系数低，建筑热工性能好。

为适应发展新型墙体材料和推广节能建筑的需求，提出了一种全新的建筑体系——格构建筑体系。该体系首要的是轻质墙体材料，即聚苯乙烯膨胀珠混凝土复合墙体材料。聚苯乙烯膨胀珠混凝土在国内尚属新材料，具有极佳的绝热性能。

第二节　聚苯乙烯膨胀珠

聚苯乙烯膨胀珠是以聚苯乙烯树脂为基料，加入一定量的发泡剂、催化剂、稳定剂等辅助材料，经加热发泡而成的一种新型轻质保温、隔热、吸声、减震材料。

一、膨胀聚苯乙烯分类

（一）膨胀聚苯乙烯（PS）

膨胀聚苯乙烯（PS）分为普通型可发性聚苯乙烯和硬质PB型聚苯乙烯。

（二）聚苯乙烯膨胀珠

聚苯乙烯膨胀珠是采用含有添加剂型阻燃剂的可发性聚苯乙烯珠粒，并经预发泡，加入多孔模内加热熔解成型而制得。

二、特点及用途

（一）特点

(1) 质轻（松堆密度21～51kg/m^3），保温隔热，吸声隔声，无吸湿性，耐低温性能好，耐酸，耐碱，有一定弹性，易于加工。

(2) 材料自熄性能好，即燃着后移开火源1～2s内自行熄灭，有良好的防火不燃性能。

（二）用途

建筑上主要用于保温隔热、隔声、吸声、防震及耐水要求较高的工程上，一般是作为绝热材料，其效果特佳，质量上乘。

第三节　聚苯乙烯膨胀珠混凝土的组成与结构

一、混凝土组成与特性

聚苯乙烯膨胀珠混凝土属于轻质混凝土，它比一般的轻质混凝土如加气混凝土更轻，而且隔热性更好，强度也较高。它的堆密度 200 ~ 1000kg/m^3，导热系数0.058 ~ 0.407W/m·K，抗压强度为 0.5 ~ 10MPa。聚苯乙烯膨胀珠混凝土主要由水泥、砂、水和膨胀聚苯乙烯珠组成，调整各组分的比例即可得到不同堆积密度的制品。聚苯乙烯珠由可发性 PS 发泡制得，粒径一般为 1.5 ~ 2.5mm，堆积密度为 13kg/m^3 左右。除以上组分外，聚苯乙烯膨胀珠混凝土中还须加入润湿助剂，因为聚苯乙烯珠表面是憎水的，与水泥的粘结力较差，加入润湿助剂能大大提高两者间的粘结力。润湿助剂一般为双组分环氧树脂配成的乳液。

二、混凝土的基本结构

聚苯乙烯珠膨胀混凝土有两种基本结构：

（一）开放式结构

在水泥用量较少时形成这种结构。这时水泥仅能包裹聚苯乙烯珠颗粒，但还不足以填满颗粒间的空隙。在这种结构中，聚苯乙烯珠颗粒以最密集的方式堆积，所占的体积为 25.4% ~ 73.8%。除这部分气孔外，聚苯乙烯珠膨胀混凝土中还有未被水泥填塞的一小部分气孔。

（二）封闭式结构

在水泥含量较多时形成这种结构。这时水泥不仅包覆了聚苯乙烯珠，而且足以填满所有空隙并使颗粒间隔开一定距离。

实验证明，松堆密度在 35kg/m^3 以下的聚苯乙烯膨胀珠混凝土属于开放结构，以上者则属于封闭式结构。

第四节　聚苯乙烯膨胀珠混凝土配合比设计

一、配合比设计基本要求

（一）要求技术指标

格构建筑体系对聚苯乙烯膨胀珠混凝土墙体材料的基本要求是：

（1）导热系数：$\lambda = 0.01 \sim 0.14$W/（m·K）；

（2）立方体抗压强度：$f_c \geqslant 0.5$MPa；

（3）绝干堆积密度：$\rho_p \leqslant 500$kg/m^3；

（4）抗冻性：经 15 ~ 25 次冻融循环合格。

（二）原材料要求

根据以上要求，对原材料的配合比进行了探索研究：聚苯乙烯膨胀珠粒径小于 8mm，松散密度为 15kg/m^3；水泥为 42.5R 级普通硅酸盐水泥；保水剂为甲基纤维素，起增稠作用，可以改善混凝土拌合物的黏聚性；早强剂采用 $CaCl_2$，在无筋混凝土中可以安全使用；引气剂为松香皂微沫剂，它可以改善混凝土拌合物的和易性并提高混凝土的抗冻性；粉煤灰为取代部分水泥而掺入的，因为要使聚苯乙烯膨胀珠混凝土获得足够的强度，水泥石必须形成连续相，即要求有足够的水泥浆，故而掺入部分粉煤灰以节省水泥；用水量视混凝土拌合物流动性而定。因此，水泥用量、粉煤灰品种及其掺量，是确定配合比的主要参数。

二、正交试验设计配合比

设计聚苯乙烯膨胀珠混凝土的配合比，其方法是通过三因素、三水平［L_9（3^3）］正交设计来确定，见表 21-1 和表 21-2。

正交设计因素水平表 **表 21-1**

因素 / 水平	水泥用量（g）A	粉煤灰用量（%）B	粉煤灰品种 C
1	340	40	原灰
2	420	30	原灰
3	500	20	原灰

［L_9（3^3）］试验方案与试验结果 **表 21-2**

编号	A（g）	B（%）	C	f（MPa）	ρ_0（kg/m^3）
1	1（340）	1（40）	1（原灰）	0.344	355
2	1（340）	2（30）	2（细灰）	0.344	314
3	1（340）	3（20）	3（中灰）	0.246	310
4	2（420）	1（40）	2（细灰）	0.396	325
5	2（420）	2（30）	3（中灰）	0.356	393
6	2（420）	3（20）	1（原灰）	0.336	345
7	3（500）	1（40）	3（中灰）	0.534	447
8	3（500）	2（30）	1（原灰）	0.460	447
9	3（500）	3（20）	2（细灰）	0.440	405
K1	0.906	1.274	1.140	—	
K2	1.088	1.160	1.180		
K3	1.434	1.022	1.136		
K1	0.302	0.425	0.380		
K2	0.363	0.387	0.393		
K3	0.478	0.341	0.379		
R	0.176	0.084	0.014		

注：表中：“A”为水泥用量，“B”为粉煤灰用量，“C”为粉煤灰品种，“f”为抗压强度，“ρ_0”为绝干密度。

试件尺寸为 70.7mm×70.7mm×70.7mm，考核指标为抗压强度。粉煤灰掺量按水泥用量的百分数计算，粉煤灰品种中的中灰，是指原灰和磨细灰的混合物，在试验中，其他外掺剂均取通常用量。

从表 21-2 极差分析可以看出，水泥用量极差最大，即这个因素的水平若选择不当，对强度的影响要比其他因素都大；粉煤灰用量极差大于粉煤灰品种的极差；编号 7 试件的强度最大，是确定配合比的基础，为保证强度稳定，再适当增加水泥用量 50kg/m^3，则聚苯乙烯膨胀珠混凝土的配合比（不含其他外加剂）为：聚苯乙烯膨胀珠 1.7m^3，水泥 300kg，粉煤灰（原灰占 40%）120kg。

按上述配合比，又进行了各种外加剂不同用量的试验，用减水剂取代保水剂，结果找出了一组最佳配合比，见表 21-3。

最佳配合比（质量比） **表 21-3**

水泥	粉煤灰	聚苯乙烯膨胀珠	水	微沫剂	早强剂	减水剂
100	40	8.5	80	0.19	2	0.2

三、常用参考配合比

聚苯乙烯膨胀珠混凝土的配合比由所需制品的性质、加工方法等决定，见表 21-4。从表中可以看出，不管聚苯乙烯膨胀珠混凝土的堆积密度有多大，在混凝土中均加入 1.0～1.1m^3 的聚苯乙烯膨胀珠颗粒和 0.5kg 润湿助剂——EP 树脂乳液。但是，在加入前应预先在约 20L 的水中配制成乳液。EP 的加入提高了聚苯乙烯膨胀珠颗粒的润湿性，使聚苯乙烯膨胀珠混凝土中的颗粒结构比较均匀；并且由于提高了粘结力，聚苯乙烯膨胀珠混凝土的抗压、抗弯强度也大大提高。

聚苯乙烯膨胀珠混凝土配合比 表 21-4

混凝土堆积密度 (kg/m^3)	聚苯乙烯膨胀珠混凝土组成				新拌混凝土堆积密度 (kg/m^3)	力学强度 f_{c28} (MPa)	
	聚苯乙烯膨胀珠 (m^3)	水泥 (kg)	砂（1.5mm） (kg)	水 (kg)		抗压	抗弯
200	1.100	115	—	85	210	—	—
300	1.100	200	—	105	320	0.5	0.5
400	1.100	285	—	120	420	1.0	0.7
500	1.100	340	40	130	520	1.5	0.8
600	1.085	380	90	140	620	2.5	0.9
700	1.065	390	165	155	720	3.5	1.0
800	1.040	390	260	165	830	4.5	1.1
900	1.000	400	340	175	930	6.0	1.2
1000	0.950	400	435	180	1030	8.5	1.3

四、物理力学性能

按表 21-3 配合比成型试件，进行各项物理力学性能指标的检测，结果见表 21-5。

聚苯乙烯膨胀珠混凝土物理力学性能 表 21-5

物理力学性能		实例数据
绝干密度（kg/m^3）		420
抗压强度（MPa）		1.01
导热系数（W/m·K）		0.118
吸水率	体积吸水率（%）	15
	质量吸水率（%）	32.5
抗冻性	强度损失（%）	16.3
	质量损失（%）	1.65
软化系数		0.60

从表中数据可以看出，立方体抗压强度远远超出要求，而且绝干密度和导热系数均满足要求，特别是抗冻性，经过 25 次冻融循环合格后，试件继续冻融到 35 次，仍未发现试件破坏超出要求。

第五节　聚苯乙烯膨胀珠混凝土制备和施工

一、混凝土制备工艺

聚苯乙烯膨胀珠混凝土的制备方法有两种：用特殊的泡沫混合设备直接制取，即直接法；用一般的混合机由已用水泥包覆的聚苯乙烯膨胀珠颗粒制备，即混合法。

（一）直接法

可发性聚苯乙烯在预发泡前的颗粒粒径为0.1～0.3mm，堆积密度1000kg/m^3。可发性聚苯乙烯用压缩空气送入预发泡机，发泡后的堆积密度变小。聚苯乙烯膨胀珠本身的堆积密度对混凝土强度影响不大，因此应制备堆积密度尽可能小的聚苯乙烯膨胀珠，以节省材料，降低成本。发泡后的聚苯乙烯珠贮存在一个大料仓内熟化12h，使泡内外的压力平衡，空气向泡内渗透，聚苯乙烯珠获得弹性。

双组分EP润湿助剂先加入配制器与水乳化，然后与计量好的聚苯乙烯膨胀珠在预混合机内混合。混合后再进入主混合机与水泥、砂、水混合，即得新拌聚苯乙烯膨胀珠混凝土。

（二）混合法

该法首先要制取少数水泥包覆的聚苯乙烯膨胀珠颗粒，然后在施工现场再将被水泥包覆的聚苯乙烯膨胀珠与水泥、砂和水拌合成聚苯乙烯膨胀珠混凝土，制取设备与直接法相同，聚苯乙烯膨胀珠也与润湿助剂预混合，但在主混合机中则只加入50kg/m^{3}的水泥，必要时还可加入少量石粉。

用混合法制得的聚苯乙烯膨胀珠混凝土，在相同堆积密度时的强度比用直接法制得的低一些。同时，聚苯乙烯珠的堆积密度小，体积大，运输成本较高。

二、混凝土施工工艺

聚苯乙烯膨胀珠混凝土的浇捣方法与普通混凝土相似，但又有其特殊法。普通混凝土在振捣时，骨料由于自身荷载和振动的作用而被捣实。配制聚苯乙烯混凝土的聚苯乙烯膨胀珠骨料很轻，如果振动频率过大，或水灰比太大，水泥料浆较多，振动时聚苯乙烯膨胀珠反而会浮起来。因此，在浇捣时要调节好适当的振动频率。浇捣后的表面不易抹光，可在表面铺一层水泥净浆后再抹光。养护时可在表面覆以PE薄膜。在养护期，由于聚苯乙烯膨胀珠混凝土的隔热性，聚苯乙烯膨胀珠混凝土的温度会上升得较快和较高，尤其是体积较大的制品，可以利用这一效应来加速凝结。

新拌制聚苯乙烯膨胀珠混凝土具有良好的流动性，可用管道输送。硬化后可用锯切的方法锯开，便于再加工或施工安装。

聚苯乙烯膨胀珠混凝土作为复合墙体材料的表面包覆层，各项性能指标均能满足格构建筑体系中轻质墙体材料的要求，与膨胀珍珠岩混凝土结合很好，经抗冻性能试验无裂缝、无脱落现象。同时，与外层抹面砂浆的结合也很好。而且，该混凝土具有韧性，可减少构件运输过程中的破损率。因此，由聚苯乙烯膨胀珠混凝土构成的复合墙体材料，可以满足节能建筑要求，成本也较低，现已在试点建筑中应用，预期在不久的将来将成为节能墙体的首推材料。

第二十二章　磁化水混凝土

（magnitized water concrete）

第一节　概　述

水作为混凝土的基本组分之一，其用量对混凝土的流动性、强度、耐久性等性能有很大的影响。在这方面有很多的研究，但对于水本身的性质对混凝土性能影响的研究则很少。如今，在对混凝土的其他组分（水泥、骨料、外加剂、掺合料）对混凝土性能影响的研究已达到相当高程度的时候，对如何对水进行处理以得到高性能混凝土的研究也得到了重视。

磁化作为一种十分有效的处理水的技术，在近年来得到了很大发展，在医疗等方面已得到广泛应用。对于磁化水对混凝土性能的影响也有了一些初步的研究，研究结果表明：磁化水能显著提高混凝土的强度性能。由于磁化水技术是一种投资很小，应用简便的技术，因此它也是一种很有前途的技术。

一、水的磁化和磁化水

（一）水的磁化

使普通自来水以一定速度流经磁场，由于切割磁力线使水的性质发生变化，并以此来提高水的“活性”，称之为水的磁化。

（二）磁化水

凡是经过磁化过程的水，即所谓的磁化水。磁化水在国外已广泛应用于化工、冶金、农业和医疗卫生事业。国内在一些领域内已有所应用，对于改进工艺过程和生物过程起着一定的积极作用。

二、磁化水混凝土的发展

（一）磁化水混凝土

磁化水混凝土是近年来才发展起来的一种新工艺建筑工程材料，并引起国内外的相当重视。磁化水混凝土的生产工艺与普通混凝土基本相同，它是将普通自来水加工成磁化水，再用其配制混凝土。

试验证明，在用磁化水拌合混凝土时，水与水泥进行水解水化作用，就会使水分子比较容易地由水泥颗粒的表面进入内部，加深水泥的水化作用，使其更充分、更完全，水化产物越多，水泥石形成越快，从而提高混凝土的强度，节约水泥，有很好的技术经济效益。

（二）磁化水混凝土的发展

俄罗斯等东欧国家从 1962 年即开始尝试使用磁化水拌合混凝土，并做了大量的试验工作，取得了很有价值的研究成果，而且在生产工程实践中也有广泛的应用。

我国西安、哈尔滨、贵州等地从上世纪 80 年代也开始了这方面的研究工作，研制了磁场强度可变化的电磁式磁化器，对于各种磁场强度下混凝土强度的变化情况，也进行了研究，并取得了一定成果，为今后进一步的研究工作和在生产中的具体应用打下了良好的基础。

磁化水混凝土易于推广，而且效果较好。磁化水混凝土的关键问题在于将普通水磁化的工艺，以及水的磁化强度测定技术和方法，以提高水的活性和掌握被活化的工艺参数。

第二节　磁化水的制备及增强机理

一、磁化水的制备技术

凡能制备磁化水的装置称为磁化器，亦即磁化器是一种拌制混凝土活性水的制备装置。

（一）磁化器种类

1. 按磁场形式分类

按磁场形成的方式不同，可将磁化器分为永磁式磁化器和电磁式磁化器两种。永磁式磁化器和电磁式磁化器在间隙磁场强度相同的情况下效果相同，但各有特点。

（1）永磁式磁化器：其最大优点是不需能源，同时结构简单，操作维护方便，但其磁场强度受到磁性材料和充磁技术的限制，且存在随时间的延长或水温的提高而退磁的现象。

（2）电磁式磁化器：其优点是磁场强度容易调节，而且可以达到很高的磁场强度，同时磁场强度不受时间和温度影响，稳定性好，但其需要外界提供激磁电源。

2. 按磁场位置分类

磁化器按磁场位置不同又可分为内磁式磁化器和外磁式磁化器两种。

（1）内磁式磁化器：检修不方便，需要检修时必须先停水，常出现磁短路。

（2）外磁式磁化器：较内磁式磁化器具有更大优越性，其主要优点是检修时不必停水，也不必拆卸管道，同时又不易引起磁短路现象。

目前，国内已有5项关于磁化器技术的研究专利（ZL940207313；ZL95208516；ZL95230425；ZL96231614；ZL97212047）。这些专利之共同点都是通过选用不同的磁性材料和水流的通路形式来达到使自然水磁化的目的。

（二）磁化水制备途径

磁化器系一新型涉及水处理装置，主要用于建筑业及混凝土的制备和混凝土现代化生产工艺流程。其技术特征主要是从进水管到混凝土搅拌器连接成一个整体，且在路途中设置第一磁通道和第二磁通道。进入本装置的普通水以一定速度垂直流经两个磁通道（磁路间隙），水流方向与磁场方向垂直或平行（透镜式磁场）即可得到磁化水，使水产生物理变化，具有强烈的活性，从而使混凝土的和易性得到充分改善，强度大幅度提高。经混凝土标准坍落度法反复测定，在同等条件下，其抗压强度平均可提高28%，我国试验值提高可达38%，而前苏联几乎提高50%～60%。

二、磁化水混凝土增强机理

由于磁化水在混凝土中的应用较少，而且水的磁化机理并末完全弄清，所以，对于磁化水改善混凝土技术性能的机理并不明确，论点各异，尚有待进一步探索。但一般倾向以下两种观点：

（一）第一种理论

对于磁化水提高混凝土强度的机理，目前已有的理论是：由于水分子为极性分子，在普通水中，水分子相互吸引形成大的分子团，未被大分子团吸引的单分子水分布在大的分子团之间。与大的分子团相比，单分子水的物理化学活性很强，但在普通水中单分子水太少，所以水的活性不高，不能使水泥充分水化，水泥的水化只能在水泥颗粒的表面进行，而水泥表面的一层胶体膜将阻碍水泥颗粒进一步水化，这样就会影响到混凝土强度的提高。当水经过磁场时，在磁场力的作用下，大的分子团破裂变成单个水分子，这些单个水分子重新排列整齐，增加了水分子间的电性吸引力。由于单分子水的物理、化学活性和渗透力很强，可直接渗入水泥颗粒内部，使水泥充分水化，从而提高了混凝土的强度。

（二）第二种理论

磁化水提高混凝土强度机理的倾向性观点认为：水是由氧、氢两种不同原子形成的共价键，由于氧原子吸引电子的能力大于氢原子，所以氧原子带负电荷，而氢原子带正电荷。氢、氧原子分别分布在分子两端，氧原子一端带负电荷，氢原子一端带正电荷。水分子是极性分子，因此，水的分子之间就存在一种电性的吸引力，能使其由单水分子而形成多水分子的综合体。结果，这些水分子的综合体之间，失去或减小这种电性吸引力。

水经磁化后，由于洛仑兹力使极性水分子（O^{--}和H^{+}）从综合体中重新排列为整齐的水分子，因而增强了水分子间的电性吸引力，且使水分子之间不易再分开。这就是自来水经磁化后所具有的特性。

水泥遇水后，水化作用首先在水泥颗粒表面进行，水化作用的结果，使水泥颗粒表面包上一层胶体膜。这层胶体膜，阻碍了水泥颗粒的进一步水化，从而影响水泥强度的增长。

如果用分子间增强了吸引力的磁化水拌制混凝土，会使水分子较容易地从表面进入水泥颗粒内部，帮助水泥深入进行水化，这样在第一时间水泥颗粒内、外同时进行化学反应，使水化反应在早期就进行得更充分、更完全，从而可以提高混凝土的强度。

三、影响水磁化效果的因素

水的磁化效果与水的化学成分是否有关的问题，说法不一。国外有关学者认为，当水中含有铁离子和氯离子时，对磁化起有利作用；而带有过量的氯气或氨气时，对磁化起不良作用。而且，还认为水中与硬度有关的盐类的含量，如 $Ca(HCO_3)_2$ 等，也对磁化效果起很大作用。

国内研究者曾对普通水磁化水和纯蒸馏水磁化水进行对比试验，结果发现普通水磁化水和纯蒸馏水磁化水对混凝土强度影响基本相同，从而认为水的化学成分对水的磁化效果并无甚影响。

另外也有研究资料表明，强、中、弱三种不同程度的磁化场以及静磁化场、动磁化场的不同处理方式，可产生不同的磁场效应，使得制备的磁化水对水泥混凝土产生不同的变化和影响。后来的试验结果亦证明：以静磁场处理的磁化水可对硅酸钙成分进行分离，在水化反应初期有一定溶石作用；以强磁场处理的磁化水有对钙离子游离的作用。这样，就促进了水泥与水的水化反应，使其更迅速、更激烈、更充分、更完全地生成水化硅酸钙（包括水化硅酸二钙、水化硅酸三钙）、钙矾石及其他水化产物。

第三节 磁化水对混凝土性能的影响

一、对砂浆流动性的影响

表22-1给出了由不同磁场强度制备的磁化水对砂浆流动度的影响。从中可以看出，磁化水可以增大砂浆的流动度，而且磁场强度越大，砂浆的流动度越大。

不同磁场强度下磁化水对砂浆流动度的影响 表22-1

磁场强度（T）		0	0.2	0.4	0.6	0.8	1.2	1.35
砂浆流动度	扩展直径（cm）	18	18.5	18.8	18.9	19.2	19.0	19.6
	百分比（%）	100	103	105	105	107	106	109

二、对砂浆抗压强度的影响

图22-1给出了由不同磁场强度制备的磁化水对砂浆抗压强度的影响。从中可以看出，磁化水可以增大砂浆的抗压强度，而且磁场强度越大，砂浆的抗压强度越高；在用磨细矿渣取代部分水泥的情况下，磁化水同样可以增加砂浆的抗压强度。

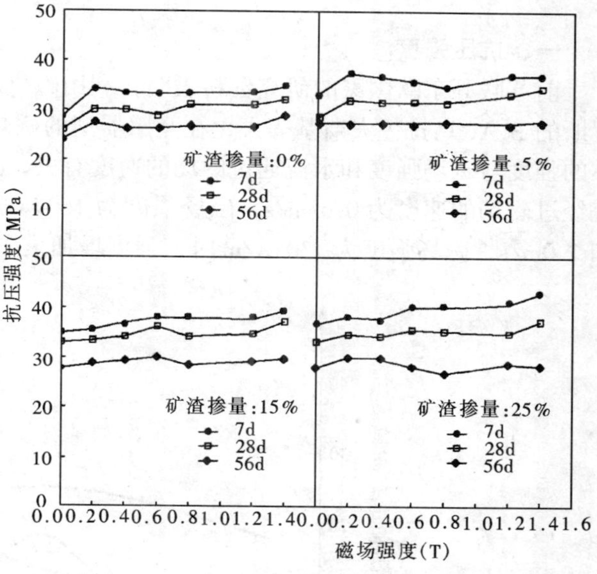

图22-1 不同磁场强度制备的磁化水对砂浆抗压强度的影响（W/B=0.85）

三、对混凝土抗压强度的影响

表22-2给出了不同磁场强度制备的磁化水对混凝土抗压强度的影响。从表中可以看出，磁化水可以增大混凝土的抗压强度10%～23%，当磁场强度为0.8T或1.2T时，混凝土的抗压强度最大；在用磨细矿渣取代部分水泥的情况下，磁化水同样可以增加混凝土的抗压强度。

不同磁场强度制备的磁化水对混凝土抗压强度（MPa）的影响 表22-2

水泥中的矿渣含量（%）	龄期（d）	磁场强度（T）						
		0	0.2	0.4	0.6	0.8	1.2	1.35
0	7	27.1	30.1	29.8	29.6	32.5	29.0	28.0
	28	29.6	34.5	33.2	32.4	36.9	32.9	31.4
	56	33.7	38.0	36.9	37.0	40.0	37.6	35.5
5	7	26.5	28.0	31.2	31.7	31.1	32.5	31.1
	28	29.6	30.5	34.8	35.7	35.4	36.9	35.1
	56	32.4	33.6	38.4	39.1	37.8	39.4	37.3

续表

水泥中的矿渣含量（%）	龄期（d）	磁场强度（T）						
		0	0.2	0.4	0.6	0.8	1.2	1.35
15	7	26.0	29.0	31.4	28.5	32.6	33.7	29.6
	28	32.6	34.7	37.3	33.2	38.3	39.0	35.1
	56	36.9	39.4	42.3	38.9	42.1	42.1	39.2
25	7	23.5	29.0	30.1	28.0	30.4	29.4	28.2
	28	29.6	35.3	38.0	34.7	36.3	35.8	34.7
	56	33.7	38.3	40.4	38.4	39.2	38.7	39.4

第四节　磁化水混凝土的物理力学性能

一、抗压强度

前苏联等东欧国家的研究资料表明，利用磁化水拌合的水泥浆，其强度有所提高。俄罗斯的 B.A. 乌拉佐夫斯基等人，在互感器型的磁化设备里进行试验中还发现，水石泥块体的强度与磁场强度和水流通过磁场的速度有关，见图 22-2。从图中曲线可以看出，当水流经过磁场的速度为 0.65m/s，磁场强度为 160kA/m 时强度增加最多；而当流速 0.94m/s 和 1.0m/s，磁场强度为 130kA/m 时，强度增加最多。

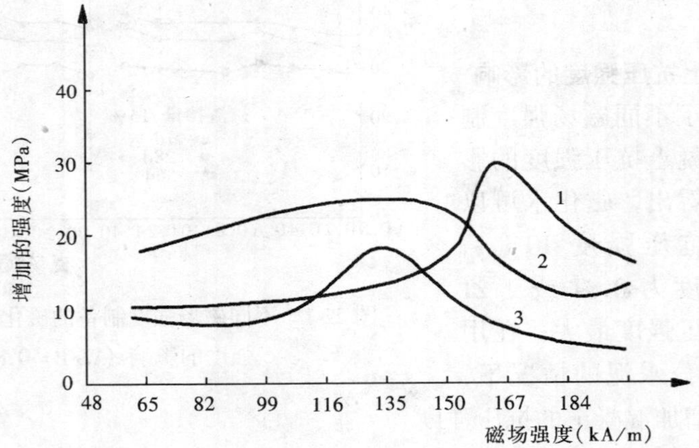

图 22-2　水泥强度增长曲线

1—$V=0.65$m/s；2—$V=0.94$m/s；3—$V=1$m/s

我国贵州工业大学所进行的试验表明磁化水混凝土的抗压强度与磁场强度有关，见表 22-3 所列。由试验结果可以看出，混凝土抗压强度与磁化水流经磁场的强弱有直接关系。当磁感强度为 0.21T 时，混凝土的抗压强度最高，也即是说磁化水的最佳磁感强度为 0.21T，磁化水的最佳流量为$\frac{1}{75}\sim\frac{1}{100}$kg/s。

至于磁化水混凝土的后期强度，与用普通水拌制的混凝土相同，也是随着龄期而增长。

普通水与磁化水混凝土强度对比　　表 22-3

序　号	试块编号	磁感应强度（T）	磁化水流量（kg/s）	水　温（℃）	坍落度（cm）	抗压强度	
						28d 抗压强度 f_{c28}（MPa）	相对百分率（%）
1	P-1 C-1	0.68		21	3 3	37.7 37.0	100 98
2	P-2 C-2	0.45		32	1 1	37.2 39.1	100 105
3	P-3 C-3	0.36	$\frac{1}{22}$		3.2 3.2	38.3 39.3	100 103
4	P-4 C-4	0.30			3.4 4.0	38.4 39.5	100 103
5	P-5 C-5	0.28		29	1 1	36.0 44.0	100 122
6	P-6 C-6	0.27	$\frac{1}{40}$		8 7	32.0 38.0	100 119
7	P-7 C-7	0.24	$\frac{1}{35}$	23.5	3.5 3.0	37.0 43.7	100 118
8	P-8 C-8	0.21	$\frac{1}{73}$	22.5	1.5 1.5	36.5 45.6	100 125
9	P-9 C-9	0.21	$\frac{1}{100}$	25	1.5 1.5	39.4 49.3	100 125
10	P-10 C-10	0.19	$\frac{1}{80}$	25	3 5	31.8 37.6	100 118

注：P—用普通水拌制的混凝土试块；C—用磁化水拌制的混凝土试块。

根据俄罗斯进行的一系列研究，与普通水混凝土比较，磁化水混凝土可提高强度约50%。我国的现有试验资料也表明，在不减少水泥用量的情况下，混凝土强度可提高20%～40%。当然，不同的试验条件得到的试验结果也不尽相同。

俄罗斯还试验了磁化水在磁化前先进行真空处理，试验证明，用未经真空处理的磁化水拌制砂浆，其抗压强度和抗剪强度提高27%，而用前先进行真空处理再经磁化的水进行拌制砂浆，则其强度提高60%，无论是早期强度或28d强度都是如此。

二、抗冻性

俄罗斯 Ю.И. 希皮洛维曾进行了磁化水对水工混凝土密实度和抗冻性影响的研究。并认为磁化水可以降低水灰比，改变混凝土的结构，减少混凝土的收缩孔隙和毛细管孔径，能降低混凝土的透水性，大大提高抗冻性，其抗冻等级在F100以上。如果采用掺亚硫酸盐纸浆废液的磁化水拌制的混凝土，将能承受1000次以上的冻融循环，而其强度和质量并不显著降低。

磁化水混凝土和掺外加剂的磁化水混凝土的抗冻性试验结果见表22-4。

从表22-4中可以看出，凡是用磁化水拌制的混凝土，其抗冻性都有明显的提高；掺入增塑剂等外加剂时，其抗冻性提高更加明显。

磁化水对混凝土抗冻性的影响 表 22-4

序号	水的种类	用水量 (kg/m^3)	水泥用量 (kg/m^3)	水灰比 (W/C)	坍落度 (cm)	抗冻融循环次数
1	普通水	190	210	0.905	5	147
2	磁化水	190	210	0.905	2	196
3	磁化水	182	210	0.867	1	223
4	普通水	207	344	0.602	5	249
5	磁化水	207	344	0.602	3	326
6	磁化水	195	344	0.567	1	792
7	普通水	208	344	0.468	5	310
8	磁化水	208	445	0.468	3	537
9	磁化水	193	445	0.468	1	990
10	普通水 + 0.15%亚硫酸废液	203	445	0.457	3	404
11	磁化水 + 0.15%亚硫酸废液	187	445	0.442	3	> 1000
12	普通水 + 综合外加剂	183	445	0.413	2	927
13	磁化水 + 综合外加剂	178	445	0.401	0.5	> 1000

第五节 技术经济效果分析

磁化水混凝土，在原材料用量不变的条件下，仅仅使用磁化后的拌合水，即可提高混凝土强度 20% ~ 40%，因而节约了水泥。据我国初步试验的结果而知，用磁化水拌制混凝土，水泥减少 10%，混凝土强度不但没有降低，反而提高 10%以上，其效果已很显然。

用磁化水配制混凝土，在俄罗斯、日本等国许多建设部门已经推广应用，并取得巨大的经济效益。如亚速海石油建筑公司的钢筋混凝土预制构件厂，用磁化海水拌制混凝土，混凝土强度可提高 40% ~ 50%，水泥用量可节约 14%。

综上所述，国内外的试验结果和应用效果，可以肯定地认为磁化水混凝土的经济效应是较好的。为生产磁化水而增加的设备投资，在较短时间就可以收回。所以，磁化水混凝土这项新技术，在混凝土和水泥制品中应用，是蕴藏着一定潜力的，是具有巨大经济效益和现实意义的。

综上所述，磁化水技术是一种能提高混凝土性能的简单易行的技术，有很大的发展潜力。但由于它在混凝土中的应用较少，对于其对混凝土其他性能的影响未见研究报道。为了使这一技术能尽快的大量应用，需要在以下方面作进一步的研究：①磁化水与化学外加剂的适应性；②用磁化水制备的混凝土的耐久性；③不同来源的水经磁化处理后对混凝土性能的影响；④磁化水对混凝土性能影响的机理研究。

第二十三章 掺防冻剂混凝土

(concrete with anti-freezing admixture)

第一节 概 述

实践证明，在寒冷地区，为了保证混凝土中的水泥胶凝材料能够正常地进行水化反应，进而凝结硬化，产生强度，掺防冻剂是一种行之有效的方法。

防冻剂，这是冬期混凝土施工时为防止混凝土冻结而使用的外加剂，通常也称作抗冻剂。冬期施工中可使用的外加剂除防冻剂以外，还有加气剂、减水剂、早强剂等，并常常将它们复合使用。

将防冻剂按所需剂量加入拌合水中，可以使冰点下降，从而使硅酸盐水泥熟料在负温下水化，混凝土在-15℃甚至在-25℃下获得强度。故掺防冻剂混凝土又称“冷混凝土”。强度的增长取决于混凝土养护时的温度和湿度条件、外加剂的种类、混凝土的配合比、所用水泥的品种及其他因素。

防冻剂是前苏联在上世纪50年代最早提出并在冬期施工中实际使用的。最先提出的防冻剂是掺加大剂量 $CaCl_2$ 和 NaCl（掺量高达水泥用量的10%~15%）。过后不久前在前苏联就出现了许多因钢筋锈蚀而破坏的钢筋混凝土结构；同时也发现有掺大剂量氯盐混凝土的抗冻性降低；在水中膨胀值增大和干燥环境下收缩值增大等缺点。因此，在上世纪60年代，列宁格勒科技人员提出了第二代防冻剂——碳酸钾。K_2CO_3 对钢筋无加剧锈蚀的作用，降低冰点效果好，早期强度较高，但是 K_2CO_3 本身即是一种速凝剂，所以必须与缓凝剂复合利用；后来又发现掺加 K_2CO_3 会使混凝土的孔结构变粗，降低混凝土的抗掺性和抗冻性。因此，前苏联对碳酸钾的使用范围作了限制。70年代以来前苏联研究推广一系列新一代防冻剂，包括亚硝酸钠、亚硝酸钙-硝酸钙混合物、亚硝酸钙-硝酸钙-尿素混合物等。

我国在上世纪50年代继前苏联后曾试用过氯盐防冻剂，同样有结构物因钢筋锈蚀而遭破坏的实例。70年代初山东建科院研究了亚硝酸钠 $NaNO_2$ 防冻剂，继而哈尔滨建工学院和黑龙江省低温建科所对 $NaNO_2$ 防冻剂进行了较系统的研究，在上世纪70年代中开始在国内大量推广使用。嗣后由于 $NaNO_2$ 货源不足，许多单位又开发了 $Ca(NO_3)_2$、K_2CO_3、尿素等防冻剂。现在防冻剂在我国北方地区冬期施工中使用越来越广泛，取得很大的经济效果。可以说，我国和前苏联一样，防冻剂在混凝土冬期施工中占有重要的地位。

长期以来，西方国家工程界对掺防冻剂的混凝土多抱有疑虑，他们认为在混凝土中掺大量盐类，对混凝土的性能特别是耐久性不能没有不利的影响。他们的这种疑虑反映在他们的一些出版物中。近年来西方书刊中也开始对防冻剂有所介绍。西方国家的水泥大部分为纯熟料水泥，早期强度发展很快，所以冬期施工主要采用保温或加热的方法，另外较喜欢掺加高效减水剂，使混凝土在正温下得到很高的早期强度。

第二节　防　冻　剂

一、防冻剂作用机理

加入防冻剂，可以使在寒冷条件下进行施工而不需要对材料加热，在成型后，也无需对混凝土加热。防冻剂的作用是在负温下确保混凝土中有液相存在，从而使水泥中矿物成分可以水化，即混凝土在严寒条件下硬化。

水中加入防冻剂，因为化学作用使其冰点降低并且由于生成了溶剂化物，即在被溶解物质与水分子间形成比较稳定的组分。当将溶液中水转化为水分子时，不仅需要降低水分子的温度，而且需要使水分子从溶剂化物中分开，使两者都需要消耗能量。

防冻剂对冰的力学性质有极大的影响，这样生成的冰，结构有缺陷，强度很低，它的结构呈薄片状，不会对混凝土产生显著的损害。与此相反，不加防冻剂的混凝土在硬化的早期受冻时，混凝土力学性能及耐久性都受到很大的损害。

与不加防冻剂的混凝土比，含防冻剂混凝土受冻时所生成的冰，其结晶强度低，可以允许受冻。防冻剂的主要作用除降低水的冰点外，还参加水泥的水化过程，改变熟料矿物的溶解性及水化产物，并且对水化生成物的稳定性起作用。

二、防冻剂的复合和选用原则

（一）选用原则

无论是低温或负温条件下，选用外加剂都必须遵循下列原则：

(1) 防止混凝土的早期冻害，提高抗冻融能力，以保证相当小（$<5\% f_{cc,标}$）的强度损失。

(2) 在低温、负温下能促进水泥水化、硬化和释放化学潜热；有助于液相状态形成钙矾石 $3CaO \cdot Al_2O_3 \cdot 3CaSO_4 \cdot 32H_2O$、亚硝酸铝酸钙 $3CaO \cdot Al_2O_3 \cdot 3Ca(NO_2)_2 \cdot 10H_2O$ 等复盐，尽可能提高混凝土早期强度。

(3) 保证混凝土的良好耐久性。

(4) 保证钢筋不致锈蚀。

(5) 节约能源。

(6) 有广泛来源和较低的价格。

(7) 无毒害，方便施工。

上述各条原则并非并列，而就以“早强耐久为基础，防冻、抗冻为主导，无毒、经济、简便”为补充条件。

（二）多元复合剂配方

为了弥补单一外加剂的局限性和副作用，各国都倾向于发展多元复合外加剂，以期达到减免冻害、改善结构、节能节灰、方便施工、提高质量的目的。

近几年来，国内外常选用的复合外加剂配方可概括如下：

(1) 早强剂+减水剂。

(2) 防冻剂+早强剂+阻锈剂。

(3) 防冻剂+早强剂+阻锈剂+减水剂。

(4) 防冻剂+早强剂+减水剂+引气剂。

（5）防冻剂+早强剂+减水剂+引气剂+阻锈剂。

（6）防冻剂+早强剂+减水剂+引气剂+阻锈剂+其他（如冰晶干扰剂、激发剂、氯离子干扰剂、催化剂等）。

（三）多元复合剂的作用

上述第4组为典型配方，其合理组合与各组分的作用是：

1. 防冻剂

能使混凝土在相当低（如 $-15\sim-25$℃）负温下硬化。水灰比（W/C）为0.60的基准混凝土，约在 $-0.5\sim-1$℃即可冻结，其（即 $-10℃\pm1℃$ 下保持28d，再标养28d的抗压强度）强度达 $48.3\%f_{cc,标}$，强度损失达一半。而掺水泥量5%乙酸钠（CH_3COONa），其强度达 $67.5\%f_{cc,标}$。因为防冻剂既能降低混凝土溶液冰点，又能防止混凝土结构因冻胀而疏松。

选择防冻剂除了考虑降低混凝土溶液的冰点外，尚应考虑对混凝土强度的影响。开发新品种防冻剂可按拉乌尔定律大致推断可能降低混凝土溶液冰点的度数 Δt，即如下式：

$$\Delta t = K_f C/M$$

式中　K_f——化学试剂某一温度下的电离常数；

C——某一温度下溶液中固相平衡浓度；

M——化学试剂分子量。

2. 早强剂与减水剂

降低混凝土中的游离水；缓解混凝土早期冻害，减少后期强度损失；促进早期强度发展，缩短达到受冻临界强度的时间；提高混凝土的胶空比、密实性、抗渗性、耐久性及对钢筋的握裹力。

3. 引气剂

对于冬期施工混凝土具有不容忽视的作用。主要是封闭微孔，隔断毛细孔，进一步降低混凝土混合物溶液的冰点；因能降低混凝土导热系数而减少热拌混凝土的热量散失；微泡的存在得以缓冲因水的相转变所伴生的体积膨胀，故对混凝土强度无害，反而有利。掺有引气剂的混凝土即使冻融1250次，也未达到一般空白混凝土冻融110次所产生0.1%膨胀率这一终极指标。

三、防冻剂的分类

（一）分类原则

1. 按作用和效果

按其在混凝土中所起的作用和效果，可分为：

（1）防冻、抗冻型：如NON-F（防冻4号）、KMF（防冻7号）、LD等。

（2）抗冻害型：即加入混凝土中降低冰点较小，允许混凝土在负温下冻结甚至有一定初始含冰率，但转入正温时强度增长迅速，并达到或超过设计强度，如ZB-3、尿素（NH_2）CO_3、苛性钠型等。

（3）早强型：如ESJ、SNC、MS-F、NG、SG、$NC_Ⅰ$、$NC_Ⅱ$等。

（4）引气型：如CON-A、PC-2、R-H、YJ-1型等，共有40多个品种。

2. 按材料属性

按组成材料中是有机材料或无机材料两大类别，可分为：

（1）无机盐类复合型：$NaNO_2$ 与 Na_2SO_4；$NaNO_2$ 与 $CaCl_2$；$NaNO_2$ 与 NaCl、Na_2CO_3；Na_2CO_3 与 $NaAlO_2$ 复合等。

（2）有机盐类复合型：$(CH_2CH_2OH)_3N$、三乙醇胺与 CO $(NH_2)_2$；尿素与木钙复合；或密胺树脂与乙酸钠复合等。

（3）有机盐类与无机盐类复合型：如三乙醇胺与木钙、氯化钠复合；尿素与苛性钠（NaOH）、硫酸钠（Na_2SO_4）复合等。

（二）防冻、抗冻型

约有30种，大多数的主要成分含有亚硝酸钠、硫酸钠。根据型号不同，再复合尿素、萘系减水剂或密胺树脂（SM）高效减水剂、三乙醇胺早强剂、引气剂（AE剂）和氯盐等。按其基质材料与复合材料不同，又可分为3种：

1. 非氯盐复合防冻剂

具有不锈蚀钢筋和较宽阔的负温适用范围（－5～－25℃），且大多数能保证自然养护90d强度和负温养护28d后，再标养28d强度，接近或超过设计强度等特点。其中，LD、防冻4号（NON-F）、防冻5号（MN-F）、防冻7号（KM-F）等复合防冻剂，尚能减少泌水率20%左右和减水率20%左右。

KD-3、LD、LJ-D型为辽宁建筑科学研究院研制，BM-F、NON-F、MN-F、NN-F、CN-I和BF等型号为黑龙江省低温建筑研究所中间试验厂的系列产品；此外，还有ND-1型为吉林市生产，KM型、YLM型为哈尔滨市生产等。

2. 复盐型复合防冻剂

具有吸湿、早强，并提高强度5%～20%等特点，适宜使用的负温范围大致为－5～－15℃。由于配料中含有氯盐质量1.3～2.0倍的亚硝酸钠（$NaNO_2$）阻锈剂，不致引起混凝土中钢筋的锈蚀。这类防冻剂最适用于负温下拌制冷砂浆。

如KD-1、KD-2G型由辽宁建科院研制，WN-D型由黑龙江低温所研制并生产；另外，有GKD-Ⅱ型，其主要成分为硝酸钙-亚硝酸钙和氯化钙，由哈尔滨建筑工程学院与黑龙江化工研究所共同研制并生产；天津建研院研制并生产的FW-1型也属此类。但后者适宜于－5～－10℃天津或华北部分地区使用。

3. 新型复合防冻剂

如哈尔滨建筑工程学院研制并生产的GKD-I型，以硝酸钙-亚硝酸钙为主要成分，可适宜于－15～－25℃的低负温范围使用，对钢筋无锈蚀，有一定促凝作用，成本较低。在－18～－22℃下掺用12%，强度达到$f_{cc,标}$的80%～110%。

新疆建科院研制并生产的AN非引气型防冻剂，由木钙、乙酸钠、硝酸钠配制，也具有相对掺量少（2%～5%）、组成合理等特色；其次，还包括河北水工局外加剂厂生产的DH_8-A、－B、C和UNH、FD等。

（三）早强型

其中较有影响的有冶金部建筑研究总院研制的ESJ和山东建科院研制的SNC。这两种产品都经部级鉴定，均适用于＋5～－7℃正负交替气温下使用，前者以促进早期形成钙矾石，后者因引入糖钙、硅、铝溶液而有效地改善水泥石孔结构，且使$f_{cc,90d}$达到$f_{cc,标}$的120%～130%。SNC颇适宜矿渣水泥的改性。

由木钙、硫酸钠、三乙醇胺组成的MS-F，也曾在＋10～－10℃下正负交替气温的工程应用中，取得较好的早强效果。

（四）引气型

包括松香皂、松香热聚物和树脂酸盐两种类型的主要成分，如 CON-A、PC-2、RH 和 YJ-1 等 4 种，最适宜于冻融交替下的水工混凝土施工，含气量一般控制在 3%～5%以内。

四、防冻剂的掺量

防冻剂溶液的冰点降低程度，取决于溶液的共晶点。采用防冻剂的温度极限应高于该防冻剂溶液的共晶点。例如采用亚硝酸钠的温度不应低于－15℃，其共晶点温度为－19.6℃。这是由于继续增加浓度，将减少溶液中自由水分子的数量，而后者是与水泥起水化作用的，因而硬化被极大地减慢限制。

由于上述理由，混凝土防冻剂的加入数量不应超过表 23-1 所示数量，采用该数量就已经可以保证在该混凝土硬化温度下有液相存在，当混凝土含有适宜的防冻剂含量，气温降至设计温度时有 30%～50%的水变为冰，对混凝土质量没有坏影响。当浓度高于适宜值时，则会极大地减慢混凝土的硬化。

防冻剂的限制掺量　　**表 23-1**

混凝土的应用温度（℃）		干燥防冻剂占水泥量的（%）					
自	止	NN	HK + HN	NK + M NNK + M	NNHK HK + NK	NNHK + M	P
0	－5	4－6	0＋3－2＋3	3＋1－4＋1.5	3－5	2＋1－4＋1	4－6
－6	－10	6－8	3.5＋3.5－2.5＋4	5＋1.5－7＋2.5	6-9	4＋1－7＋3	6－8
－11	－15	8－10	5＋2-5＋3.5	6＋2－8＋3	7－10	6＋2－8＋3	8－10
－16	－20	—	6＋2.5－7＋3	7＋3-9＋4	8－12	7＋2－9＋4	10－12
－21	－25	—	—	—	10－14	8＋2－10＋4	12－14

注：1. NN——亚硝酸钠，NK——硝酸钙，HK——氯化钙，HN——氯化钠，M——尿素，NNK——亚硝酸钙、硝酸钙，NNHK——NNK＋氯化钙，P——碳酸钾。

2. 在给定温度下混凝土中抗冻外加剂的适宜用量，对采用不加热材料，与水灰比有关，对采用预热材料时，与水泥的类型及其矿物成分有关。

①当采用冷材料时：水灰比＜0.50，采用最低限量；水灰比≥0.50，采用最高量。

②预热骨料：当水泥熟料中含 C_3A≥6%时，HK＋HN、NK＋M、NNK－M、NNHK＋M 及 P 采用低值；当水泥熟料中 C_3A＜6%时，NN 及 HK＋HN 采用低值。

3. 溶液的浓度（骨料含水量的允许值），对于 P 不大于 30%，NK＋M、NNK＋M、NNHK＋M、HK＋HN、HK＋NN 不大于 26%，对于 NN，不大于 20%。

4. 如果混凝土的温度超过－5℃，允许以 HK 代 HN，用量为水泥质量的 3%。

各类防冻剂的掺量范围参见表 23-2。

防冻剂掺量范围　　**表 23-2**

防冻剂类别	掺　量
氯盐类	不得大于拌合水质量的 7%
氯盐阻锈类	总量不得大于拌合水质量的 15%，当氯盐掺量为水泥质量的 0.5%～1.5%时，亚硝酸钠与氯盐之比应大于 1。当氯盐掺量为水泥质量的 1.5%～3%时，亚硝酸钠与氯盐之比应大于 1.3
无氯盐类	总量不得大于拌合水质量的 20%，其中亚硝酸钠、亚硝酸钙、硝酸钠、硝酸钙均不得大于水泥质量的 8%，尿素不得大于水泥质量的 4%，碳酸钾不得大于水泥质量的 10%

第三节　防冻剂对混凝土性能的影响

一、拌合物性能

尿素和 $NaNO_2$ 对混凝土拌合物有塑化作用，如保持流动性不变，能减小水灰比，这对冬期施工是很有利的。然而 K_2CO_3 则相反，减小拌合物的流动性，必须与缓凝剂和(或）减水剂复合使用。

K_2CO_3 和 $CaCl_2$ 加速混凝土的凝结，$CaCl_2$ 的加速凝结作用不会引起施工困难。$Ca(NO_3)_2$和 $NaNO_2$ 对凝结时间影响不大，尿素则起缓凝作用。

尿素和 $NaNO_2$ 可能增加混凝土的泌水性。如用于泵送施工，可能增大输送压力，可在配合比设计中适当增大细骨料的用量来弥补。

二、力学强度

与不掺防冻剂的空白混凝土在标养下的强度相比，单掺 K_2CO_3、$NaNO_2$ 和 NaCl 的混凝土的后期强度可能有程度不同的降低，降低的幅度与水泥组成有关，可达 10%～20%。后期强度降低的机理还不够清楚，可能是这些外加剂加速了水泥早期水化，早期形成较致密的结构阻碍后期的水化，另外，某些防冻剂与水泥中铝酸盐矿物反应生成的新生成物强度较低。然而，负温硬化对混凝土强度也有有利的一面。因此，最终强度的影响要看混凝土环境温度的变化历程。如混凝土先在正温条件下养护一段时间，然后再进入负温，则前者不利影响因素所起的作用大；如成型后直接进入负温，后者有利因素起作用。

掺防冻剂混凝土的拉压强度比、弹性模量等其他力学性能与普通混凝土没有多少差异。

三、抗渗性

前苏联资料认为掺钙盐防冻剂混凝土的抗渗性比空白混凝土有所提高，掺 K_2CO_3 有所降低，掺 $NaNO_2$ 没有多大影响。

黑龙江省低温建科所的资料表明，掺 $NaNO_2$ 的负温硬化混凝土抗渗性有所降低。

在有抗渗性特殊要求的结构中，如用防冻剂要谨慎，应作抗渗性能试验，更不能使混凝土受早期冻害。

四、抗硫酸盐侵蚀性

如混凝土处于硫酸盐侵蚀的环境中，硫酸盐能与混凝土中的 $Ca(OH)_2$、铝酸三钙（C_3A）和铁铝酸四钙（C_4AF）及其水化物作用，生成钙矾石，产生体积膨胀，混凝土强度降低。

掺钙盐防冻剂混凝土受硫酸盐侵蚀有加剧的趋势，这是因为防冻剂参与水泥水化生成的水经氯铝酸钙、硝铝酸钙等能与硫酸盐反应，因水化硫铝酸钙的溶解度比氯铝酸钙、硝铝酸钙都小，所以 $CaCl_2$、$Ca(NO_3)_2$ 被置换出来，而生成水化硫铝酸钙。

$$3CaO \cdot Al_2O_3 \cdot 3CaCl_2 \cdot + 32H_2O + 3SO_4^{2-} \rightarrow 3CaO \cdot Al_2O_3 \cdot 3CaSO_4 \cdot + 31H_2O + 6Cl^-$$

这个反应过程破坏混凝土的结构。因此在有硫酸盐侵蚀的环境中，不宜用这类防冻剂。掺 $NaNO_2$ 和尿素防冻剂对硫酸盐侵蚀影响不大。

五、抗冻性

前苏联资料认为，除 K_2CO_3 外，掺其他防冻剂的混凝土的抗冻性都不降低。

然而，西方学者的一些著作持不同的观点：掺大量盐类的混凝土抗冻性会降低。他们提出了掺氯盐混凝土抗冻性降低的数据。因为混凝土中液相中溶有大量盐类，蒸气压降低，在周围环境的相对湿度相同的条件下，掺盐混凝土比空白混凝土吸收更多的水分，也即饱和含水量增大，或者说饱水程度增大，因而导致抗冻性降低。在对抗冻性有特殊要求的结构中，用防冻剂要谨慎，事先必须做抗冻性试验。另掺引气剂能大幅度提高抗冻性。

六、盐析现象

由于钠和钾的离子不直接进入水泥水化生成物，而留在混凝土中的液相中，在水分蒸发时，钠盐会析出于混凝土表面，泛白。盐析现象影响混凝土表面的美观。盐的结晶压力也可能破坏表层的混凝土结构。

七、碱-骨料反应

如骨料有活性，钠盐和钾盐防冻剂会加剧碱-骨料反应，特别在水泥本身呈富碱状态时，会更甚。

几种常用防冻剂低共熔温度及其对混凝土强度的影响参见表 23-3。

几种复合防冻剂混凝土在负温下的强度参见表 23-4。

几种常用防冻剂低共熔温度对混凝土强度的影响　　**表 23-3**

名　称	化学式	析出固相共熔体时		掺　量	抗压强度（MPa）/相对强度（%）		
		浓　度 （g/100g 水）	温　度 （℃）	（C×%）	$f_{cc,28d}$	$f'_{cc,28d}$	强　度
空　白	—	—	—	—	23.2/100.0	0.49/100.0	10.7/100.0
氯化钠	$NaCl$	30.1	−21.2	5	24.2/104.3	8.83/1802	14.9/139.3
氯化钙	$CaCl_2$	42.7	−55	5	24.7/106.5	1.96/400.0	19.8/185.1
亚硝酸钠	$NaNO_2$	61.3	−19.6	5	25.2/108.6	9.52/1943	17.4/162.6
硝酸钙	$Ca(NO_3)_2$	78.6	−28	5	24.9/107.3	0.79/161.2	12.1/113.1
硝酸钠	$NaNO_3$	56.4	−18.5	5	18.32/78.9	6.57/1341	13.91/130.0
碳酸钾	K_2CO_3	56.5	−36.5	5	18.6/80.1	0.59/120.4	9.23/86.3
硫代硫酸	$Na_2S_2O_3$	42.8	−11	5	22.03/95.0	1.77/361.2	8.35/78.0
碳酸钾	$NaSO_4$	3.8	−1.2	5	20.9/90.0	0.587/119.8	0.51/4.8
钠	CH_2COONa	—	−17.5	5	23.9/103.1	5.2/1061	15.6/141.1
硫酸钠	$(NH_2)_2CO$	78	−17.6	6	24.3/104.7	3.14/641	12.15/113.6
尿　素	NH_4OH	161	−84	4.5～5.0	—	12.5～15.0/2551～3061	23.8～26.3/222.4～245.8
氨水甲醇	CH_3OH	212	−96	10（占水量）	24.8/106.9	0.5/102.0	18.6/173.8

注：1. 混凝土用 32.5 级普通硅酸盐水泥配制。

2. $f_{cc,28d}$为标养 28d 抗压强度；$f_{cc,28d}$为在（10 = 10）℃条件下保持 28d 的抗压强度。

几种复合防冻剂混凝土在负温下的强度增长　　表 23-4

混凝土设计强度等级	混凝土坍落度（cm）	混凝土配合比（kg/m^3）				化学外加剂（占水泥质量%）	负温下各龄期强度（MPa）						
		水	32.5级普硅水泥	砂	5~30 m 碎石		3d		7d		28d		标养 28d 强度 f_{28}（MPa）
							t_1（℃）	2d	t_7（℃）	7d	t_{28}（℃）	28d	
C30	3.0	205	470	570	1160	亚硝酸钠 4%＋甲酸钙 2%＋三异丙醇胺 0.03%	0.5～－6.5 －3.3	13 3.74	－2～－6.5 －4.6	74 21.2	＋3～－15.2 －7.3	16.0 46.0	34.8 100
C30	3.5	210	470	570	1160	亚硝酸钠 4%＋半水石膏 3%＋氯化钠 1%＋三异丙醇胺 0.03%	0.5～－6.5 －3.3	8.1 22.2	－2～－6.5 －4.6	14.1 38.7	＋3～－15.2 －7.3	17.4 47.7	362 100
C25	3.5	210	400	630	1160	亚硝酸钠 5%＋半水石膏 3%＋氯化钠 1%＋三异丙醇胺 0.03%	－4～－13 －7.5	12 4.4	－4～－17 －8.3	12.6 46.5	－2～－19 47.7	15.9 58.7	27.1 100
C25	3.0	210	400	630	1160	硝酸钙 3%＋氯化钠 1%＋半水石膏 3%＋三异丙醇胺 0.03%	－4～－13 －7.5	0.6 2.3	－4～－17 －8.3	9.5 36.9	－2～－19 47.0	14.3 55.5	25.8 100
C25	4.0	210	400	630	1160	亚硝酸钠 4%＋氯化钠 1%＋半水石膏 3%＋废浆度液 0.02%	－10～－13 －12.2	1.9 7.85	－7.3～－13 －10.8	4.1 16.9	－1.7～－13 －9.6	9.7 40.0	24.3 100
C25	2.5	210	400	630	1160	亚硝酸钠 4%＋氯化钠 1%＋硫酸钠 3%＋废浆度液 0.02%	－10～－13 －12.2	2.1 8.4	－7.3～－13 －10.8	6.3 25.1	－1.7～－13 －9.6	10.0 40.0	25.1 100
C25	3.5	210	400	630	1160	亚硝酸钠 4%＋半水石膏 3%＋氯化钠 1%＋松香酸钠 0.02%	－7.9～－12 －9.7	2.3 9.3	－7.9～－12 －10.8	6.5 27.6	－2.5～－14 －6.7	16.7 70.7	24.6 100
C25	3.0	210	400	630	1160	亚硝酸钠 4%＋硝酸钠 3%＋氯化钠 1%	－7.9～－12 －9.7	1.6 7.2	－7.9～－12 －9.8	5.1 23.0	－2.5～－14 －6.7	12.7 57.0	22.3 100

第四节 掺防冻剂混凝土的配合比选择

一、原材料要求

拌制防冻剂混凝土的原材料应根据配制优质混凝土的要求选择。

(一) 水泥

选用不同的防冻剂，对水泥的要求也不相同。在选择防冻的同时，首先要考虑防冻剂与水泥品种的相容性，对混凝土的品质无明显损害。

对氯化钙（$CaCl_2$)、氯化钠（NaCl)、亚硝酸钠（$NaNO_2$）和碳酸钾（K_2CO_3）这类防冻剂，建议采用熟料 C_3S 含量大于50%的普通硅酸盐水泥。不宜使用矿渣硅酸盐水泥和火山灰质硅酸盐水泥，因为它们在负温下强度增长缓慢。高铝水泥也不适用。

掺有某些复合防冻剂的混凝土，必须用熟料中 C_3A 含量小于8%而 C_3S 在50%以上的硅酸盐水泥拌制。如果浇筑的混凝土能在不低于－10℃下硬化临界强度，也可采用矿渣硅酸盐水泥。对于无抗冻性要求的混凝土，可采用火山灰水泥。氨水作防冻剂可用于水工建筑物的混凝土中，混凝土用普通硅酸盐水泥、塑化硅酸盐水泥和憎水硅酸盐水泥拌制。由于缺乏生产经验，暂时不准推荐使用火山灰硅酸盐水泥、矿渣硅酸盐水泥和高铝水泥（即矾土水泥)。

用于拌制工业和民用建筑结构的混凝土，可采用普通硅酸盐水泥和矿渣硅酸盐水泥，其强度等级均不得低于32.5级。以上各种水泥的强度等级均不应低于32.5级。

(二) 粗细骨料

拌制重质混凝土用的砂为天然砂，其松堆密度不应小于1200kg/m^3，粒径不得超过5mm；粉末、黏土和淤泥含量不超过质量的3%。

粗骨料可采用碎石和砾石,其中片状和针状颗粒的数量不得超过质量的15%。骨料中含有多量有机杂质会使混凝土早期强度增长缓慢。粗骨料中不应有不耐冻的颗粒和矿物成分。

浇筑在湿度较大条件下工作的混凝土结构时，如果采用 K_2CO_3、$NaNO_2$ 和 NaCl 作为防冻剂，则粗骨料中不能含有活性二氧化硅成分。这是因为防冻剂与水泥起反应生成的碱，能与活性二氧化硅起碱—活性骨料膨胀反应，在混凝土内部产生很高的内应力，引起微裂纹、大裂缝，以致使混凝土遭到破坏。复合外加剂中如果含有 $NaNO_2$ 也会出现上述现象。采用氢氧化钠时更是如此。

(三) 拌合水

防冻剂混凝土的拌合水，应尽量采用饮用水。当采用天然水和地下水时，其中不应含有阻碍混凝土凝结和硬化的杂质，也不应含有能与外加剂发生反应的杂质，使用这些水，必须事先经过分析和试验。

(四) 外加剂

冬期施工用的外加剂应选用工业品或就地取材采用工业下脚料。购买工业品应弄清的有效成分含量，尤其要知道结晶水的含量。不少化学品含有数量不等的结晶水，如不弄清楚，容易造成使用上的错误，因掺量不足或过多而发生质量事故。例如，芒硝中的硫酸钠含有10个结晶水（$Na_2SO_4 \cdot 10H_2O$)，含水量高达56%，而元明粉是无水硫酸钠。如果将芒硝作为无水硫酸钠使用，那么实验掺量只有额定掺量的44%，无疑会影响早强效果。

氯化钙有无水物，也有含 2、4 或 6 个结晶水的工业品，使用时容易弄错。生产施工中通常把它配成溶液，用密度控制掺入量。

常用防冻剂原料性能及用途参见表 23-5。

常用防冻剂原料性能及用途　　表 23-5

防冻剂	性能用途	货源
工业氯化钙 ($CaCl_2$)	多孔灰色小块，易吸潮融化，纯度 83%。能加速水泥水化作用，并产生热量，有促凝早强效果，对钢筋有锈蚀作用	各地化工原料公司
工业氯化钠 ($NaCl$)	白色立方晶体，易溶于水，纯度 95.95%，有早强防冻作用	各地化工原料公司
工业亚硝酸钠 ($NaSO_4$)	白色或淡黄色斜晶体，易溶于水，纯度 88.76%，有毒，有防冻、防锈和塑化作用	各地化工原料公司
工业硫酸钠 (Na_2SO_4)	白色或淡黄色粉状体，纯度 97.92%，低温下溶解度小，有早强作用	各地化工原料公司
尿素 [$CO(NH_2)_2$]	白色粒状晶体，纯度 96%～98%，有防冻、防锈、塑化作用	各地化工原料公司和化肥厂
三乙醇胺 [$N(C_2H_4OH)_3$]	无色或淡黄色液体，呈碱性，易溶水，不易燃，有早强作用	天津助剂厂，上海红卫洗涤剂厂

使用工业下脚料，必须知道其中有效成分的含量和主要的杂质成分。使用前必须经过化学分析，并经试验证明它对水泥正常水化和混凝土品质无明显损害时才能使用。

二、配合比选择

掺防冻剂的混凝土，在配合比的设计上，与不掺外加剂的混凝土相比，计算方法基本相同，但考虑的问题要复杂一些。

掺化学外加剂法是冷法施工，混凝土浇筑以后，一般都是在低温甚至在负温下养护的，即使掺了外加剂混凝土也不会被破坏，其强度增长是缓慢的，一般都不能像常温施工的混凝土那样，28d 就达到设计强度等级。在设计混凝土配合比时，就要根据使用要求具体处理。如工程急等使用，28d 必须达到设计强度等级，或者为了场地、模板的周转，要求很快达到设计强度等级的 70%，此时，就要无条件地提高混凝土的设计强度等级，使之在指定龄期内达到预定的强度。如果工程不急于使用，就可不提高强度等级，等气温回升开冻以后逐渐增长，达到设计强度等级不迟。

有的早强剂，如氯化钠、硫酸钠等早期增强效果好，但后期强度、工程验收强度（标养 28d 强度）较低，必须适当提高强度等级。氨水作为防冻剂，虽然能在很低的负温下保护混凝土不被冻坏，但强度增长很慢，只能在气温回升以后才能达到较高的强度，设计时也要考虑到。另外，使用氨水或尿素作防冻剂时应提请注意，最好忌用在民用建筑、商品房内，否则将长期在室内留下刺鼻的氨气味道影响室内环境。

冬期施工的混凝土，为了减轻冻害，加快强度增长，应尽量减少混凝土的游离水量，在保证施工和易性的要求下，应尽量降低坍落度，这就要尽量采用低的水灰比。掺防冻剂的混凝土，水灰比不应大于0.50~0.60，水泥用量不少于250kg/m^3，水泥强度等级不低于32.5级，尽量采用普通硅酸盐水泥。氯化钙、碳酸钠、碳酸钾等外加剂会使拌合物快凝，掺量过大甚至会使水泥“假凝”，使浇筑困难。此时，除降低拌合物温度外，应适当增大水灰比。而亚硝酸钠、尿素、氨水等外加剂对水泥有缓凝、塑化作用，不会加快坍落度的损失，就不必增大水灰比，还可适当减小用水量。

以上诸方面说明，在设计防冻（早强）剂混凝土配合比时，必须熟悉所用外加剂的性能特点和对建筑物的使用要求，才能设计合格的混凝土。冬期施工质量事故比较多，固然有许多原因，但配合比设计不当也是造成事故的重要因素。

第五节　掺防冻剂混凝土施工工艺

一、外加剂水溶液的配制

混凝土冬期施工中掺用的固体或胶状体外加剂，都应预先配成一定溶液的水溶液后使用。固体外加剂采用干掺的方法虽然很方便，但难以搅拌均匀，造成外加剂在混凝土拌合物中有不溶团块，或则局部过量，或则局部过少，使混凝土质量不均匀。芒硝等外加剂低温下溶解度很小，如用干掺法，在1~2min的搅拌时间内难以全部溶解，不溶团块待混凝土浇筑完毕后，慢慢吸水膨胀，会使强度很低的新浇混凝土局部破坏。氯化钠等外加剂即使磨细后干掺入干拌合料中，它遇水就会结块，难以溶解，也会出现分布不均现象，因此干掺法必须慎用。

前苏联等国家，要求先把固体外加剂配成浓缩溶液，然后将此浓缩溶液与搅拌水混合成工作浓度溶液，再抽入搅拌机使用，而不直接使用浓缩溶液。这样做的好处是，浓缩溶液加到搅拌水中浓度减小，不会因温度变化而析出沉淀，分批容易准确，外加剂在拌合物中分布均匀。在我国，通常是使用浓缩溶液的，往往配制时用热水，待温度降低后容器底部析出很多沉淀，上层溶液仍按配制浓度使用，结果实际掺量比预定的低，影响工作质量。

浓缩溶液的配制浓度应根据外加剂的品种和温度而定，浓度应尽可能大，但在预定温度下不能有沉淀析出。

外加剂溶液配制浓度的控制方法，有的可以用密度控制。对于配制浓度较大，对密度与浓度关系有准确资料或结晶水量变化不定的外加剂，如氯化钙和氯化钠等，可采用密度法。对密度反应不灵敏、掺量又较小的外加剂，如引气剂、木钙、UNF等，不能用密度法，而应该采用准确称量的方法配制。几种常用外加剂的溶解度与温度的关系列于表23-6，可供配制溶液时参考。

常用防冻-早强剂在水中的溶解度（g/100g水）　　**表23-6**

分子式	结晶水	0°	10°	20°	30°	40°	50°	60°	80°	100°
$CaCl_2$	$6H_2O$	50.5	65.0	74.5	100.4	100.4	—	—	—	—
	$4H_2O$	—	—	—	100.4	100.4	—	—	—	—
	$2H_2O$	—	—	—	—	—	—	137.0	146.9	159.1
NaCl	—	35.7	35.8	35.9	36.0	46.4	36.8	37.1	38.1	39.3
NaOH	$2H_2O$	—	51.5	109.2	118.8	128.8	114.5	174.0	—	—

续表

分子式	结晶水	0°	10°	20°	30°	40°	50°	60°	80°	100°
	无水	—	—	—	—	—	—	—	311.6	346.5
Na_2SO_4	$10H_2O$	4.71	8.93	19.2	40.8	49.7	—	—	—	—
	无水	—	—	—	—	48.2	47.1	45.5	43.4	—
$CaSO_4$	$2H_2O$	0.176	0.193	—	0.209	—	0.210	0.205	—	—
$Ca(NO_3)_2$	$4H_2O$	102.1	115.5	129.3	152.5	165.0	—	—	—	—
	$3H_2O$	—	—	—	—	—	281.7	—	—	—
	无水	—	—	—	—	—	—	—	358.7	362.9
K_2CO_3	$2H_2O$	107.9	109.2	11.9	114.6	116.9	121.3	126.8	139.8	155.7
Na_2CO_3	$10H_2O$	—	—	—	—	—	—	—	—	—
	H_2O	—	—	—	—	49.7	47.5	46.4	45.9	45.0
$FeCl_3$	$6H_2O$	74.5	91.8	91.9	106.6	—	—	—	—	—

注：表列数值指在100g水中能溶解无水物的克数。

二、掺防冻剂混凝土施工

(一) 搅拌工艺

掺化学外加剂混凝土的搅拌，应随掺用外加剂性能的不同而注意不同的问题。例如，掺加能加快水泥凝结的外加剂，混凝土拌合物的温度不能太高，还应当增加拌合水量，否则会引起水泥假凝而出不了罐。这类混凝土最好是在浇筑地点拌合，随拌随浇，尽量缩短运输距离。用搅拌车拌合时，可以将混凝土预先拌合，快到浇筑地点时将外加剂加入，拌匀后立即浇筑。

(二) 运输方式

掺防冻剂的混凝土拌合物，可用自卸卡车、料斗车、转运卡车运到浇筑地点，对掺有氯化钙、碳酸钾之类促凝性强的外加剂的混凝土，可以用搅拌车边搅边送，也可以用在混凝土搅拌站装满于拌合物装料罐，由汽车运给浇筑地点的搅拌机搅拌。

采用自卸卡车运输混凝土拌合物最为普遍。用自卸卡车运输，必须在水泥开始凝结以前在流动性允许损失的时间内把拌合物送到浇筑地点。试验表明，水泥开始凝结的时间长短，取决于混凝土拌合物的温度、水泥特性、拌合物的干硬度和外加剂的种类和掺量，工地应根据具体情况经试验确定。

用几种防冻剂水溶液拌制的混凝土拌合物在不同温度下的最佳运输时间参见表23-7，从表中可见，掺碳酸钾的拌合物只能就地拌制，而掺氨水和亚硝酸钠的拌合物可以长距离运输。

混凝土拌合物的可运输时间 **表23-7**

混凝土拌合物温度（℃）	防冻剂水溶液的浓度（%）	混凝土拌合物可能运输时间（h）
-5	K_2CO_3-14 氨水-5 $NaNO_2$-12	0.5 8~9 8~9
-10	K_2CO_3-22 氨水-9 $NaNO_2$-19	0.5 9~10 9~10
-15	K_2CO_3-27 氨水-12 $NaNO_2$-25	0.5 9~10 9~10

续表

混凝土拌合物温度（℃）	防冻剂水溶液的浓度（%）	混凝土拌合物可能运输时间（h）
-20 -20 -30	K_2CO_3-32 氨水-15 氨水-18	0.5 14~15 20~30
+20	用普通水	2~3

如果防冻剂掺量足够，拌合物在运输过程中不会结冰，则装载拌合物的容器可不带加热器。为了防止水分和挥发性防冻剂（氨水）的蒸发，以及恰好下雪时，混凝土拌合物的暴露面应该用塑料薄膜或帆布覆盖。还要考虑到运输车内残存的拌合物会部分结冰，运输工具（自卸卡车车厢和料斗）必须加热并有保温盖。

（三）浇筑方式

掺防冻（早强）剂混凝土拌合物的浇筑，可按常温施工工艺进行，但要采取若干特殊措施。

（1）准备浇筑混凝土的天然地基和人工地基，不得有隆胀；设计规定的地基应具备的物理-力学性能，在解冻时必须保持原状。

（2）模板和钢筋不得沾有碎屑、污物、雪和冰层。模板不能有裂缝，与混凝土接触的模板部分要涂沫润滑剂或衬垫薄膜材料，防止硬化混凝土与模板粘结。据报道，冬期条件下最合适的模板润滑剂为熟石灰-黏土混合物，用防冻剂不冻结水溶液搅拌（供1d使用）。

（3）准备浇筑混凝土的区段（结构），必需备有塑料薄膜或其他类似材料，免遭降雪之害。在降雪期间，正在浇筑的混凝土中应防止雪花落入，如无防范措施，应停止施工。

（4）新浇筑混凝土的暴露面，务必铺盖薄膜材料、卷材或松散材料，如锯末、草垫等，防止受冻和降雪。

（四）养护工艺

掺抗冻（早强）剂的混凝土，在低温或负温下硬化，强度增长比常温下慢得多。对这类混凝土养护的基本要求，是在浇筑以后，立即按蓄热法的要求用保温材料覆盖暴露面，并围护模板。表面模板数较大的结构，应在暴露表面紧贴一层塑料薄膜，防止水分蒸发。新浇混凝土中水分被蒸发是十分有害的，它一方面会使混凝土表面干缩，出现微裂，并使水泥水化得不到足够的水分，使表面起粉；另一方面水分蒸发带走大量热量，降低混凝土的温度。保温期限至少应使混凝土达到允许受冻强度以上。混凝土过早暴露于负温，会引起表面脱皮和强度严重损失。如果用围护覆盖的方法还不足以保护混凝土时，就应考虑其他热养护措施。

另外，对于掺有挥发性防冻剂（如氨水）的混凝土，浇筑以后，必须防止抗冻剂挥发掉，才能保持其防冻增强能力。混凝土表面层1~2cm的深度内，氨最容易逸出。养护这类混凝土时，必须在混凝土表面铺盖聚乙烯薄膜或压土，或铺盖绝热材料，也可涂刷成膜材料（清漆、乙烯漆和沥青乳剂）。在普通混凝土进一步硬化时，建议用成膜材料作为养护材料。

第六节　使用防冻剂的安全措施

一、防止工程质量事故

（1）防止工程质量事故的主要措施是，根据负温条件结构对混凝土的要求，合理选择适宜的防冻剂、早强剂，并确定合理的掺入量。另外，不能认为掺了防冻剂、早强剂就万事大吉了。从国外和国内的工程实践看，冬期施工采用掺防冻剂的方法，固然是一项经济有效、使用方便的措施，但还必须覆盖保温材料、加热等辅助措施与之相配合，在很冷的天气里，还要结合加热方法一起进行，甚至还需有安全养护期，当然，它可以比不掺外加剂的混凝土短一些。

（2）在养护阶段，在构件中可能有防冻剂迁移及在某些部位（表面、截面变动处、内部有缺陷处）集中并结晶。

产生上述现象的最适宜条件是正、负温度反复交替出现，而混凝土的冷却及加热的速率是1～5℃/h，一般是春季及秋季，以及冬季出现融冰时刻。当空气中相对湿度增加，混凝土中水泥及防冻剂用量大，则这种现象会加速进行，并且与所用水泥成分有关。

盐的结晶析出会使其体积增大，在构件中某些部位积聚，可在混凝土中造成局部缺陷。含有碳酸钾及硝酸钙的防冻剂，在实际应用中可以产生这一类损害。

（3）掺防冻剂的混凝土如用于侵蚀性水中，生成的复盐及水化产物可能成为水泥石的潜在危险。因此，在这类介质中的混凝土，防冻剂要限制使用。

（4）当混凝土采用钾盐或钠盐作为防冻剂，在水泥硬化过程生成苛性钠或苛性钾时，骨料中不得含有活性硅（蛋白石、玉髓等），以防止生成碱性侵蚀。这种侵蚀在有水分存在下发生。

（5）掺防冻剂的混凝土，通常抗渗性良好。但当与水长时间接触时，由于游离的外加剂被溶解除掉，其挤渗性会降低。因此，要测得其真实的抗渗性，需预先将试件在水中浸放一段时间。如果防冻剂与减水剂、减水引气剂或引气剂等复合使用，则抗渗性可能增加。

（6）亚硝酸钠及亚硝酸钙是混凝土中钢筋的防蚀剂，但是它们本身可以引起韧化钢筋的断裂侵蚀。硝酸钙及硝酸钾对钢筋没有腐蚀作用，而氯化钠及氯化钙在潮湿环境及空气中氯的存在下，会加速钢筋的锈蚀。氯盐对钢筋的锈蚀，当溶液中有亚硝酸离子并当亚硝酸钠或亚硝酸钙与氯化钙的比例不小于1:1时，氯离子的侵蚀作用即可防止。

（7）氯化钙、硝酸钙、亚硝酸钙不可与硫酸钠溶液混合使用。因氯化钙有消泡作用，所以引气型减水剂和引气剂（AE）不得与氯化钙溶液混合使用。

（8）硝酸盐、亚硝酸盐、碳酸盐不适用于镀锌钢材或与铝铁相接触部位的混凝土，也不适用于预应力混凝土。

（9）防冻剂混凝土的水泥用量不宜低于300kg/m^3，水灰比不宜大于0.60。该种混凝土在受冻前的临界强度不得低于3.5MPa，缓凝型防冻剂混凝土不低于2.5～3.0MPa。

（10）处于水位变动区的结构，距高压电源100m以内的结构，与含酸、碱、硫酸盐腐蚀性水相介质相接触的结构等，禁用复合防冻剂进行混凝土冬期施工。

（11）表23-8为各类防冻剂的适用范围。

防冻剂的适用范围　　**表 23-8**

结构种类及应用条件	外加剂种类						
	HK HK + HN	SN	NK NNK NK + M NNK + M	HK + NN	NNHK NNHK + M	NN NH_1	P
1. 预应力钢筋混凝土结构（2 除外）、装配式构件接头及其与现浇结构的接头	−	+	(+)	−	−	+	−
2. 采用冷拉钢筋的预应力构件	−	+	−	−	−	+	−
3. 非预应力的普通钢筋混凝土构件，当钢筋直径大于 5mm 等于或小于 5mm	(+)	+	+	+	+	+	+
4. 普通钢筋混凝土构件装配式及现浇构件的连接部分，有外露及埋入钢件的装配式结构	−	+	+	(+)	(+)	+	+
①钢筋未加防护	−	+	+	−	−	+	+
②镀锌钢筋	−	−	−	−	−	+	−
③镀铝钢筋	−	−	(+)	−	(+)	−	−
④涂有防护层（在金属材料上涂以耐碱漆或其他耐碱防护涂层）没有预埋件或钢筋的接头	(+)	+	+	(+)	(+)	+	+
5. 内浇外砌的砌块结构	−	+	+	+	+	+	+
6. 钢筋混凝土结构，用于							
①无侵蚀性气体的环境	(+)	+	+	+	+	+	+
②有侵蚀性气体的环境	−	+	+	(+)	(+)	+	+①
③除 6.①以外，有侵蚀性水及无侵蚀性水	+	+	+	+	+	+①	
④侵蚀性水，含有硫酸盐、氯盐及苛性钠或钾并有蒸发面时	−	+	−	−	−	+	−
	−	+	+	−	−	+	−
⑤水位变动部位							
⑥当骨料含有活性氧化硅、在相对湿度大于 60% 的水及气体环境	−②	−	+	−	+	−	−
⑦在外部有杂散直流电区域	−	+	+	−	−	+	+
7. 输电用钢筋混凝土结构及使用直流电的工业企业	−	−	−	−	−	−	−

注：+：表示可用；(+)：表示只是早强可用；−：表示不可用；

①允许与缓凝剂复合使用；

②除 HK 可用于素混凝土结构外，不得使用。

1. 本表中第 1～3 项所列外加剂可否使用，还应该按第 6 项的使用限制加以检查；第 1～3 项当钢筋有防蚀涂层时，按第 4 项规定处理。
2. 本表中第 4 项及 6①、6⑥及 6⑤，对于碳酸钾，仅限于素混凝土中使用。
3. 本表中 6②的情况下，当环境中含有氯或氯化氢气体中，除 NN 外采用其他外加剂及早强剂，必须谨慎研究。
4. 结构经常与水、凝结水、工业流体接触，即被认为在相对湿度大于 60% 的条件下使用。

HK—氯化钙；HN—氯化钠；SN—硝酸钠；NK—硝酸钙；NNK—硝酸—亚硝酸钙；NNHK—硝酸钙—亚硝酸钙—氯化钙；M—尿素；P—碳酸钾。

二、防止人身事故

不少防冻剂是有毒、有腐蚀性、容易燃烧的，因此，在运输、配制、使用和储存时，必须了解其性能特点并采取严格的安全措施。以下介绍各类防冻剂主要成分的特点及其注意事项。

(1) 亚硝酸钠是一种对人体毒性较大，而且容易燃烧的化学品。它通过破皮肤渗透和误食引起中毒。一般认为误食 0.5～1g 亚硝酸钠，人就有生命危险。它外观与食盐相近，保管不善，容易发生误食中毒事故，这类伤亡事故已不止一次发生过。沾染上亚硝酸钠的易燃物，极容易燃烧，而且一经燃烧就不容易熄灭。因此，工地使用的亚硝酸钠必须妥善保管，附近要备有灭火器和砂箱，明火不能靠近。配制亚硝酸钠溶液时，要带胶布手套，穿胶靴和胶布围裙。不许在配制地点吃食品，下班前必须洗净手、脸。

(2) 氨水挥发性很强，具有强烈的刺激性臭味，对呼吸道和皮肤有很强的刺激作用，吸多了会引起中毒。因此，氨水必须用密封容器储存。使用时，操作人员要带防毒面具、特制的夹胶工作服和胶靴及橡皮手套。眼和皮肤一旦沾染上氨水，要用 5% 硼酸、柠檬酸、醋酸或稀盐酸清洗。氨水也是易燃物质，在 50m 以内禁止使用明火。拌制氨水混凝土时应加强通风。

(3) 氢氧化钠是强碱性物质，有很强的腐蚀性，配制和使用时，操作人员要带护目镜、橡胶手套，穿胶布围裙和胶靴。

(4) 尿素燃点低（182℃），储库里必须备有灭火设备。

(5) 使用甲醇、乙醇等醇类防冻剂，不仅要防毒，更应注意防火。

第二十四章　纤维混凝土

（fiber concrete）

第一节　概　　述

混凝土已有200多年的发展历史，其特点是具有比较高的抗压强度，但是也存在一些主要缺陷。在钢筋混凝土结构中，混凝土是脆性材料，仅局部配筋以承受拉力。混凝土对开裂、冲击、疲劳等抵抗能力不足，在构造上也存在着明显的方向性。

纤维混凝土，又称纤维增强混凝土，是以水泥净浆、砂浆或混凝土作基材，以非连续的短纤维或连续的长纤维作增强材料，所组成的水泥基复合材料。由于在$1m^3$纤维混凝土体中分散混合着几百万根（容积1%～2%）纤维，故其增强效果遍及混凝土体的各个部分，使整体显示出延性大的匀质材料特征。

一、普通混凝土的缺点

（一）抗拉强度低

质量好的普通混凝土的抗拉强度仅为1.5～3.0MPa，而钢材、木材、塑料的抗拉强度分别高达400～600MPa、50～200MPa、250～400MPa，即为混凝土的20～45倍。

（二）抗拉断裂应变值小

混凝土的应变值为$\varepsilon_t=（1\sim5）\times10^{-4}$。图24-1为混凝土同其他材料断裂应变的比较。可以看出，混凝土比非陶瓷材料断裂应变小得多。

（三）呈脆性

混凝土的这个缺点是由于前两者的结果而产生的，即不但呈脆性，而且能量吸收少，为此抗冲击能力差，容易发生裂缝和破损。

由于这种本质上的缺陷，使混凝土的适用范围受到限制。为此，人们采取了许多消极的改良方法，如从混凝土材料、配合比、外加剂、制造方法、浇捣工艺等加以研究和改造，已取得很大的成果。但这些方法都未能使硬化体的基本性质获得大幅度的变化。鉴于此，人们又将陶瓷、塑料、金属等材料与混凝土复合使用，使混凝土的强度和变形性能大大改善。这些积极的复合方法，可以使混凝土的某些性能指标改变数倍之多。

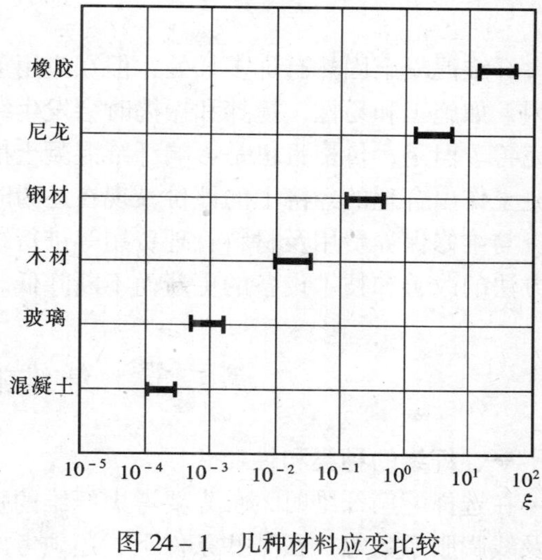

图24-1　几种材料应变比较

二、纤维混凝土的应用

如前所述，纤维混凝土是在混凝土中

掺入各种长、短纤维并分散均匀地撒布在混凝土基体中而形成的改性复合材料。已被应用的这种复合材料，从广义角度看：金属系材料有钢筋混凝土、预应力钢筋混凝土、钢丝网混凝土等；陶瓷系材料有石棉水泥制品、人造轻骨料混凝土等；塑料系材料有掺聚合物的防水砂浆和粘结用砂浆等。

对于纤维增强混凝土，目前国外已积极地从理论研究转向工程实践，应用越来越广泛。玻璃纤维增强水泥在建筑工程中主要用作挂墙板、屋面板、窗台板、遮阳板、内墙板、天花板、盒子间、各种街头小品以及外墙浮雕等非承重结构构件。钢纤维混凝土除用于飞机跑道、隧道衬垫、道路工程、反应堆外壳、重要的防爆设施等方面外，在建筑工程中也用作墙、板、梁、楼梯踏步板、盒子结构、打入桩桩尖、桩帽等。

三、纤维混凝土的发展

纤维增强混凝土是上世纪 70 年代发展起来的新型复合材料。就我国目前情况来看，纤维混凝土，特别是钢纤维混凝土在大面积混凝土工程上的应用最为成功。如桥面部分的罩面和结构；公路、地面、街道和飞机跑道；坦克停车场的铺面和结构；采矿和隧道工程、耐火工程及大体积混凝土的维护与补强等。此外，在预制构件方面也有不少应用，而且除了钢纤维，其他如玻璃纤维、聚丙烯纤维的应用也取得了一定的经验。纤维混凝土预制构件主要有管道、楼板、墙板、桩、楼梯、梁、浮码头、船壳、机架、机座乃至电线杆等。

目前发展起来的纤维增强混凝土主要是指钢纤维增强混凝土和玻璃纤维增强水泥混凝土。前者在国内已经制成高强纤维混凝土，抗压强度 100 ~ 110MPa，抗弯强度也接近 15MPa，抗冲击强度为普通混凝土的 3.6 ~ 6.3 倍。

纤维混凝土与普通混凝土相比虽有许多优点，但毕竟代替不了钢筋混凝土。这已引起了人们对在配有钢筋的混凝土中掺加纤维，使其成为钢筋——纤维复合混凝土研究的兴趣，这可能是纤维混凝土应用的又一有发展前途的途径。

纤维混凝土应用的另一个可能的前景，就是用于抗震建筑，特别是多震地区的国家。如日本，已投入相当的人力致力于这方面的探讨和研究。可以想象到，纤维混凝土以它良好的韧性、抗疲劳和抗冲击性能，完全符合抗震设计的要求，一定能在这个领域内得到确认。

纤维混凝土固然有许多长处，但在应用上目前还受到一定限制。虽然有工艺上的一些原因，如施工和易性，搅拌和振捣时会发生纤维成团和折断等问题，粘结性能也有待进一步完善。但是，价格贵也是影响纤维混凝土推广应用的一个重要因素。事实上，要对纤维混凝土作出合理的经济上的评价，现在还为时尚早，这需要对长期利益和短期利益，一次投资与维修保养费用及材料管理费用等进行综合考虑。何况，纤维的生产造价也将随着生产方法的改善和技术设备的更新而不断降低。

第二节　纤维混凝土增强机理

一、纤维的种类和性能

在选择配筋纤维时，首先要考虑纤维的强度、变形性、化学稳定性、同混凝土的粘结力及线膨胀系数等。在某些条件下，还须考虑纤维材料的成本和产量。

目前常用的有三种类型的纤维增强材料：即钢纤维、玻璃纤维和聚丙烯类纤维。这些材料的一个共同特点是作为增强材料使用时，必须进行分散。作为混凝土的纤维配筋材料，钢纤维是最为有效的，其弹性模量比混凝土要高出4倍，而且它在混凝土中具有化学稳定性。玻璃纤维直径一般为8～10μm，其强度相当于高碳冷拔钢丝强度，约1.8～2.5MPa，其堆积密度要比钢纤维小71%。玻璃纤维的弹性模量比钢低，但比混凝土的弹性模量约高1倍，因而也是一种有效的混凝土增强材料。用聚丙烯和其他有机原料制备的合成纤维都具有很高的变形性，而且这类纤维的弹性模量还不超过普通混凝土弹性模量的$\frac{1}{4}$，因而它难以作为混凝土的增强材料。表24-1为国外常用的几种纤维材料的物理力学性能。

纤维的物理力学性能　　　　**表 24-1**

纤维种类	密度 (g/cm³)	抗拉强度 (×10³MPa)	弹性模量 (×10³MPa)	断裂长度 (%)
钢纤维	7.8	1.10～1.15	210.0	3～4
尼龙纤维	0.9～1.5	0.40～0.84	1.4～8.4	10～45
玻璃纤维	2.6	1.05～3.85	70.0～80.0	1.5～3.5
石棉纤维	2.6	0.91～3.10	68.0	0.6
碳纤维	—	2.8	270.0	—
聚丙烯纤维	0.91	0.56～0.77	3.5	1.5～2.5
聚乙烯纤维	—	0.56～0.70	0.1～0.4	1.5～10.0
丙烯酸纤维	—	0.20～0.40	2.1	25～45
醇胺纤维	—	0.42～0.84	2.4	15～25
人造丝纤维	—	0.40～0.65	7.0	10～25

金属纤维可以采用机械、电化学和融化成型方法制造，其中以机械方法制取较为普遍，如普通的拉丝拔制，以及用金属薄片和薄板切割等。常用的金属纤维直径为0.3～0.5mm，长度为20～40mm。为了增强钢纤维和混凝土间的粘结力，美国和其他国家生产特种形式纤维，纤维断面有直角形和正方形，纤维的长度方向被折弯、扭曲、压成波纹或表面呈凹凸不平状态。普通碳素钢纤维用于常温下的增强混凝土，不锈钢纤维则用于高温和耐热的混凝土工程。带弯钩或异型的钢纤维具有较高的抗拔强度，在比平直的纤维掺量少的情况下，也可获得相同性能的纤维混凝土。

二、纤维混凝土增强机理

在混凝土配合比一定的情况下，纤维的体积率、长径比和纤维在混凝土中排列均匀与否，是影响纤维混凝土性能的重要因素。目前有两种关于估计纤维混凝土的初裂强度或比例极限的增强机理，即纤维间距机理和复合材料混合律机理。

（一）纤维间距机理

强调纤维的阻裂作用和纤维的线性弹性断裂力学，它与纤维的间距有关。在没有纤维的情况下，混凝土在外力作用时易出现裂缝并扩展贯穿整个材料，这是因为脆性材料对抵抗断裂的能力是极其微弱的。当在混凝土基体材料中加入一定数量的纤维筋时，由于纤维的断裂应变大大高于水泥的开裂应变，纤维能完好地跨接在缝口上，抑制裂缝的扩展。

（二）复合材料混合律机理

认为复合材料的初裂强度主要与纤维的体积率、取向和长径比有关。至于纤维混凝土的极限强度，则主要取决于纤维的体积率、长径比和纤维与混凝土的粘结强度。纤维与混凝土的粘结强度是影响纤维增强作用的主要因素。当纤维混凝土承受压力时，荷载由混凝土通过纤维-混凝土的界面传递给纤维。如果界面无粘结，纤维是不能发生增强作用的。如果界面粘结得不够强，则在不大的应力作用下，将发生界面粘结破坏，这样也不能发挥纤维的增强作用。

当纤维的最大拉应力 σ_{max} 等于其抗拉强度 f_u 时，则纤维的长径比称为临界长径比。

$$\frac{l_c}{d}=\frac{f_u}{2\tau}$$

式中 τ——界面的粘结强度（Pa）；

d——纤维的直径（mm）；

l_c——纤维的临界强度（Pa）。

显然，当采用的纤维长径比大于临界值时，纤维混凝土在拉力作用下，将发生纤维拉断破坏，这意味着充分发挥了纤维的增强作用。当长径比小于临界值时，则发生纤维拔出性破坏。由上式可以看出，临界长径比随着纤维——混凝土界面粘结强度的增大而减小。钢纤维混凝土在长径比小于 150 的情况下，大多发生纤维拔出性受拉破坏。

纤维混凝土的纤维同混凝土之间有效地共同工作，不仅与所用纤维种类有关，而且还取决于纤维在混凝土中的分布和配向。纤维配筋有两种方法：一种是按受力方向的定向配筋（基本上按长度方向）；另一种是短纤维的无序的分散配筋。增强纤维的配向对纤维混凝土在荷载作用下的性能有很大影响，纤维配向的影响常用效力指数来表示，见表 24-2。从表中可以看出，平面分散的“二维”配筋要比“三维”的无序配筋效果高 1 倍，这是由于大部分纤维在荷载作用下都参加了工作的缘故。

纤维的配向与效力指数 **表 24-2**

纤维的配筋	相互平行	相互垂直	平面分散	体积分散
效力指数（%）	100	40～50	30～70	约 20

第三节　玻璃纤维混凝土

玻璃纤维混凝土（GRC）是将弹性模量较大的抗碱玻璃纤维材料，均匀地分布在水泥砂浆、混凝土基材中，来增强基材物理力学性能的一种复合材料。

一、特点

玻璃纤维混凝土是一种轻质、高强、不燃类的新型建筑材料，它具有较高的抗拉强度和抗弯强度，韧性较大，耐冲击性能良好，其堆积密度及导热系数均小于水泥制品（表 22-3），因此可以设计成薄壁或水泥制品不易成型的其他形状的制品。鉴于长期耐久性有待进一步考察，故现阶段主要限于用作非承重或次要承重的构件或制品。

二、配制工艺

（一）原材料及要求

1. 耐碱玻璃纤维

耐碱玻璃纤维的成分中，由于含有一定量的氧化锆（ZrO_2），在碱液作用下，此种纤

维表面的 ZrO_2 会转化成 Zr（OH）$_4$ 的胶状物，并经脱水聚合在玻璃纤维的表面，形成一层致密的膜层，从而延缓了水泥石液相中的 Ca（OH）$_2$ 对玻璃纤维的侵蚀。

（1）化学成分：耐碱玻璃纤维的化学成分见表 24-3。

耐碱玻璃纤维的化学成分 表 24-3

名称	化学成分（%）								
	SiO_2	CaO	Na_2O	K_2O	ZrO_2	TiO_2	Al_2O_3	MgO	Fe_2O_3
中国锆钛纤维	61.0	5.0	10.4	2.6	14.5	6.0	0.3	0.25	0.20

（2）力学性能：耐碱玻璃纤维的力学性能见表 24-4。

耐碱玻璃纤维的力学性能 表 24-4

名称	单丝直径（μm）	比密度（g/cm^3）	抗拉强度（MPa）	弹性模量（$\times10^3$MPa）	极限延伸率（%）
中国锆钛纤维	12～14	2.7～2.78	2000～2100	6.3～7.0	4.0

（3）品种：耐碱玻璃纤维根据生产工艺不同分为两种。

①无捻粗纱　将 30 股左右的连续耐碱玻璃纤维原丝（每束原丝含 200 根左右的单丝）不经加捻直接平行合并卷绕成圆筒形纱，称为无捻粗砂。使用时可由纱团的内孔抽出粗纱，并切割成任意长度。

②网格布　系由耐碱玻璃纤维无捻粗砂经、纬相交编织而成的具有方形网孔的织物。根据玻璃纤维混凝土制品或构件受力状况，可织成经、纬纱粗细不等的网格布。常用的网格布规格见表 24-5。

耐碱玻璃纤维网格布的规格 表 24-5

网格尺寸（mm）	幅宽（mm）	经向		纬向		质量（g/cm^2）
		经纱密度（根/cm）	承载力（N/cm）	纬纱密度（根/cm）	承载力（N/cm）	
5×5	850	4	324	2	151	130

2. 硫铝酸盐水泥

（1）化学成分：硫铝酸盐水泥的化学成分见表 24-6。

硫铝酸盐水泥的化学成分 表 24-6

水泥类别	化学成分（%）						
	SiO_2	Fe_2O_3	TiO_3	Al_2O_3	CaO	MgO	SO_3
早强型水泥	11.38	1.11	1.58	26.53	37.54	2.66	14.53
Ⅰ型低碱度水泥	4.93	0.72	0.73	13.83	40.38	2.23	31.67

（2）物理力学性能：硫铝酸盐的物理力学性能见表 24-7。

3. 骨料

玻璃纤维混凝土用骨料的规格和质量要求见表 24-8。

（二）配合比选择

硫铝酸盐水泥的物理力学性能　　表 24-7

技术规格和性能	比表面积（cm^2/g）	凝结时间（h）		1:3 砂浆强度					
				抗折强度			抗压强度		
		初凝	终凝	3d	7d	28d	3d	7d	28d
早强型	5011	0.88	3.5	2.5	2.8	3.2	39.6	48.8	60.3
Ⅰ型低碱度	5800	0.33	0.66	2.2	1.9	3.2	41.5	45.1	64.1

骨料质量要求　　表 24-8

技术规格和性能	最大粒径 D_{max}（mm）	细度模数 M_x	含泥量（%）
指标	2	1.2～1.4	≤0.3

玻璃纤维混凝土的配合比因成型工艺不同而异，详见表 24-9。

不同成型工艺参考配合比　　表 24-9

成型工艺	玻璃纤维	水泥	骨料	外加剂	灰砂比	水灰比
直接喷射法	抗碱玻璃纤维无捻粗砂，切短长度：33～44mm；体积掺率 2%～5%	早强型或Ⅰ型低碱硫铝酸盐水泥（445～515kg/m^3）	D_{max} = 2mm，细度模数：M_x = 1.2～1.4；含泥率：≤0.3%	减水剂或塑化剂掺量由预拌试验确定	1:0.3～1:0.5	0.32～0.33
喷射—抽吸法	抗碱玻璃纤维无捻粗纱，切短长度：33～44mm；体积掺率：2%～5%	早强型或Ⅰ型低碱硫铝酸盐水泥（445～515kg/m^3）	D_{max} = 2mm，细度模数：M_x = 1.2～1.4；含泥率：≤0.3%	一般可不掺	1:0.3～1:0.5	起始值：0.5～0.55 最终值：0.25～0.3
铺网—喷浆法	抗碱玻璃纤维网格布，厚 10mm 的板用层网格布；体积掺率：2%～3%	早强型或Ⅰ型低碱硫铝酸盐水泥（445～515kg/m^3）	D_{max} = 2mm，细度模数：M_x = 1.2～1.4；含泥率：≤0.3%	同直接喷射法	1:1～1:1.5	0.42～0.45

三、成型工艺

玻璃纤维混凝土的浇筑、密实成型和纤维处理等工艺措施有别于传统施工方法。浇筑要有专门设备，密实成型可采用不同类型的平板或插入式振动器、振动台和轮压设备。与普通混凝土相比，纤维混凝土的振动时间要适当延长。采用喷射法成型时，可以促进纤维在成型平面内定向排列，而用普通方法浇筑和成型时，纤维在混凝土三个平面内是无序排列的。

（一）直接喷射法

1. 工艺原理

直接喷射法的施工工艺原理是将玻璃纤维无捻粗纱切割至一定长度后由气流喷出，再与雾化的水泥砂浆在空间内混合，并一起喷落在模具上，如此反复喷射直至混凝土达到要求的厚度。

直接喷射法成型一般要采用专门的施工工具——喷射枪。喷射枪由砂浆喷射部分和纤维切割部分组成。两部分喷射束形成一个夹角的称双枪式；两部分喷射束相重合的称单枪式。

2. 特点

（1）纤维的长度与掺量可在一定范围内调节。

（2）切短的玻璃纤维无捻粗纱可分裂成原纱，并均布于水泥基材中。

（3）纤维在混凝土中呈二维随机分布。

3. 工艺流程

玻璃纤维混凝土直接喷射法施工工艺流程如图 24-2 所示。

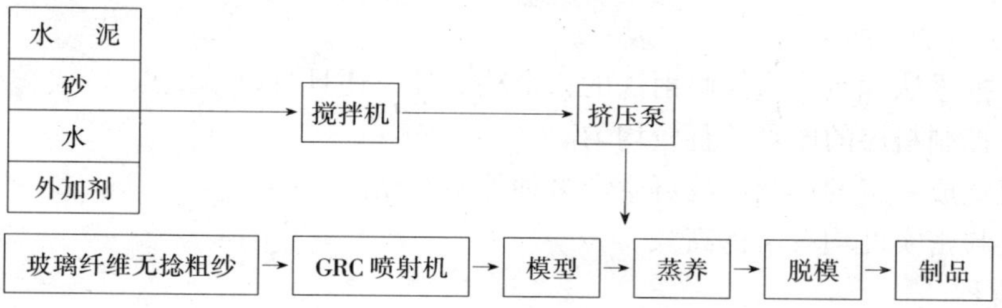

图 24-2　直接喷射法施工工艺流程

4. 主要设备

直接喷射法成型工艺的主要设备见表 24-10。

直接喷射成型工艺主要设备　　表 24-10

序号	设备名称	作　用	型　式	主要技术参数
1	GRC 喷射机	使玻璃纤维无捻粗纱切成一定长度后喷出，水泥砂浆雾化喷出，并使两者混合	按水泥砂浆与玻璃纤维喷射方式可分为双枪式或单枪式；按所用马达类型，可分为气动式或电动式	纤维切割长度：22 ~ 66mm 纤维喷射量：100 ~ 1000g/min 砂浆喷射量：2 ~ 22kg/min
2	砂浆搅拌机	制备水泥砂浆	强制式	容积：0.1 ~ 0.2m³
3	砂浆输送泵	使已制备的水泥砂浆送至 GRC 喷射器的砂浆喷枪内，并可调节其输送量	挤压式或螺旋式	输送能力：1 ~ 25L/min
4	空气压缩机	喷吹纤维与水泥砂浆，带动切割喷射器的气动式马达	气冷式	送气量：0.9 ~ 1.2m³/min 气压：0.6 ~ 0.7MPa

5. 施工成型工艺

（1）喷射方法：采用双枪式喷射时，为使切割后的玻璃纤维与砂浆在空间内较好地混合，应使纤维喷枪与砂浆喷枪保持 28° ~ 32°的夹角。切割喷射机与喷射面的间距，宜处于 300 ~ 400mm 范围内。

（2）整修工艺：当模具内纤维混凝土达到要求厚度时，停止喷射，并用压辊或振动抹刀压实，以除去内含空气。

（3）养护工艺：覆盖塑料薄膜，经不少于 20h 的空气养护后脱模，继而在蒸汽养护室内养护7d左右，也可将整修好的玻璃纤维混凝土静停2~3h后，在40~50℃下进行6~8h蒸养，脱模后再在蒸汽养护室内养护4d左右。

（二）喷射——抽吸法

1. 工艺原理

喷射——抽吸法的施工工艺原理基本同前，所不同的是混合后落在可抽真空的模具上。模具的表面开有许多棋盘式小孔，并覆以滤水性好的织物。当喷射达一定厚度后，即通过真空抽吸以降低料层的水灰比，并使之趋于密实，从而获得具有一定强度的湿坯。用真空吸盘将湿坯吸出，并模塑成一定的形状。

2. 特点

喷射——抽吸法除具有直接喷射法的三个特点外，还具有以下优点。

（1）易于控制料层的厚度，且较均匀。

（2）可模塑成一定的形状，故可生产多种外型制品。

（3）强度与密实度均有所提高。

3. 工艺流程

采用喷射——抽吸法施工工艺流程，见图24-3。

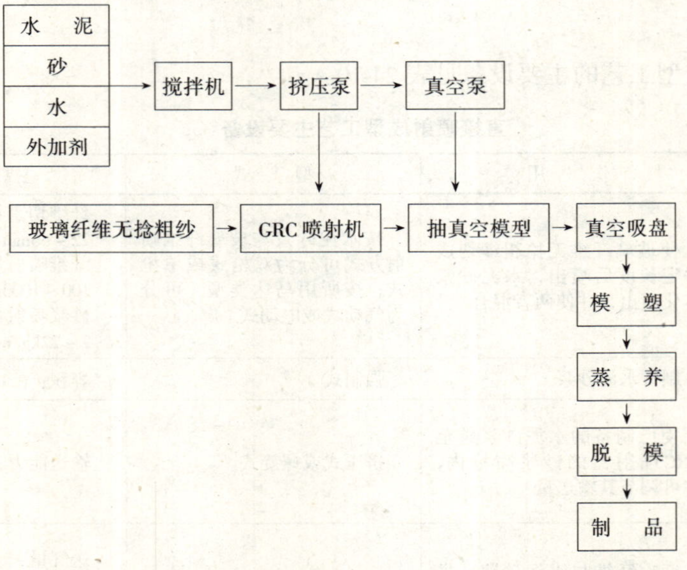

图24-3　喷射——抽吸法施工工艺流程

4. 主要设备

除表24-10所列之设备外，尚需增加真空泵（使模型的真空腔内的真空度达8000Pa）与真空吸盘等。

5. 成型工艺

（1）喷射：同直接喷射法。

（2）整修：当模具上的玻璃纤维混凝土层达到要求厚度而进行真空抽吸后，可采取边抽真空、边压实的方法进行整修。

（3）模塑：用真空吸盘将玻璃纤维混凝土湿坯吸至另一成型模上用手工模塑成型。

（4）养护：参见直接喷射法。

（三）铺网——喷浆法

1. 工艺原理

铺网——喷浆法的施工工艺原理可参照钢丝网水泥制作工艺的原理。将一定数量、一定规格的玻璃纤维网格布置于水泥砂浆中以制得一定厚度的玻璃纤维混凝土制品或构件。

2. 特点

由于玻璃纤维可连续而有规则的排列于水泥基材中，故纤维的利用率较高。

3. 工艺流程

铺网——喷浆法的施工工艺流程如图 24-4 所示。

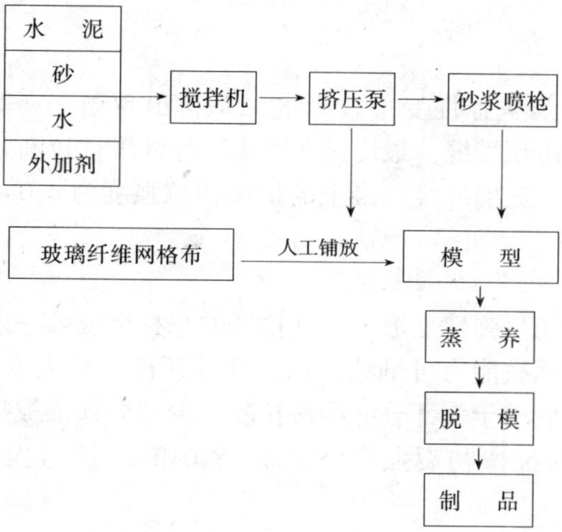

图 24-4　铺网——喷浆法施工工艺流程

4. 主要设备

有砂浆搅拌机、砂浆输送泵与砂浆喷枪等。

5. 成型工艺

（1）喷浆与铺网：用砂浆喷枪先在模型上喷一层砂浆，用人工将一层玻璃纤维网格布铺于该砂浆层上；再在此层网格布上喷一层砂浆，然后铺上第二层网格布。如此反复操作直至玻璃纤维混凝土层达到一定厚度为止。

（2）养护：与直接喷射法同。

四、物理力学性能

（一）物理性能

1. 堆密度

玻璃纤维混凝土的堆积密度为 1900～2100kg/m^3。

2. 吸水率

干燥状态下的玻璃纤维混凝土的吸水率为 10%～15%。

3. 耐热性

其使用温度不宜超过 80℃。

4. 抗冻性

按混凝土的抗冻试验法，经25次反覆冻融，无分层与龟裂等现象发生。

5.抗掺性

不仅有较高的不透水性，在潮湿状态下还有较高的不透气性。例如壁厚为20mm的玻璃纤维混凝土罐内充6000Pa的沼气，在24h内无压降损失。

6.防火性

由两层厚度为10mm的玻璃纤维混凝土板与厚度为100mm的膨胀珍珠岩水泥内芯组成的复合板，其耐火度可达4h以上。

7.耐久性

预测由硫铝酸盐水泥制成的玻璃纤维混凝土制品，在自然环境中使用寿命至少50年。

（二）力学性能

1.抗拉强度

玻璃纤维混凝土受拉时，先是呈弹性变形，当水泥基材出现第一条裂缝（即初裂）后，呈现塑性变形，基材上不断出现裂缝。最终破坏时大部分纤维被拉断，而少部分纤维则由基材中拔出。试验结果表明，玻璃纤维混凝土的抗裂初拉强度为4.0~5.0MPa，抗拉极限强度为7.5~9.0MPa。

2.抗弯强度

玻璃纤维混凝土受弯时，最初呈弹性变形，当受拉区的基材出现第一条裂缝后，试件横断面的应力重新分布，不仅其承载能力可继续提高，并且还产生较大变形。与此同时，其受拉区不断出现新的裂缝，最后由于大部分纤维被拉断，少部分纤维被拔出而破坏。试验结果表明，玻璃纤维混凝土的抗弯初裂强度为7.0~8.0MPa，抗弯极限强度为15~25MPa。

3.抗压强度

与增强的水泥砂浆相比变化不大或有所降低，但降低相对幅度不大于10%。

4.韧性

玻璃纤维混凝土在受拉或受弯时具有较大的变形能力，故韧性很高，其受弯时的破坏韧性比未增强的砂浆提高30~120倍。

5.抗冲击强度

用摆锤法测得的玻璃纤维混凝土的抗冲击强度为1.5~3.0J/cm^2。

6.弹性模量

与未增强的水泥砂浆相比稍有提高，其值为$2.6\sim3.1\times10^4$MPa。

GRC外墙板的技术性能见表24-11。

GRC外墙板的技术性能 **表24-11**

技术性能	性能指标	技术性能	性能指标
堆积密度（kg/m^3）	1900~2000	弹性模量（MPa）	1.8×10^4
抗拉强度（MPa）	7.5~8.0	吸水率（%）	5~6
抗弯强度（MPa）	20	导热系数（W/m·K）	0.98
抗冲击强度（kg·cm/cm^2）	15	膨胀系数（mm/m·℃）	0.01

玻璃纤维混凝土的应用　　**表 24-12**

工程类别	构　件　及　制　品	工程类别	构　件　及　制　品
建筑工程	屋面瓦（波瓦、半波瓦、折瓦等）外壁面板 复合外墙板（用矿棉、玻璃棉、泡沫聚苯乙烯、膨珠等作芯材）隔墙板 顶棚板、阳台栏板与分户板、旧墙面修复浴缸、水盆、家具、防火门	市政工程	遮阳亭、候车廊、售货亭、书报亭、路标、种植盒，园林小品
		农业工程	沼气池、热水器、太阳能灶壳体、粮仓，塑料暖棚支架、公共厕所、渡槽
土木工程	永久性模板、管道的衬砌、快速车道的挡土墙、回声壁、水下管道	渔业工程	浮浅桥、浮标、人工渔礁

五、工程应用

玻璃纤维混凝土与石棉水泥制品相比有较好的抗冲击性，而与玻璃钢相比又具有较好的耐火性。在我国各地这种新型复合材料正在发展，其应用领域也在日趋扩大。因其耐久性有待进一步研究，目前仅限于用作非承重构件或制品，见表 24-12。

第四节　钢 纤 维 混 凝 土

在混凝土拌合物中掺入适量的钢纤维，可配成一种既可浇灌又可喷射的特种混凝土，这即是钢纤维混凝土。与普通混凝土相比，其抗拉、抗弯强度及耐磨、耐冲击、耐疲劳性、韧性和抗裂、抗爆等性能都可得到提高。这是由于大量很细的钢纤维均匀地分散在混凝土中，钢纤维与混凝土的接触面积很大，因而在所有的方向都使混凝土的强度得到增高，既具有各向同性的增强，又大大改善了混凝土各项性能，并使钢纤维混凝土作为一种新的复合材料，具有普通钢筋混凝土至今还未有的性能。

钢纤维混凝土对原材料的技术要求见表 24-13。

钢纤维混凝土对原材料的技术要求　　**表 24-13**

原材料名称	对原材料技术要求
胶凝材料—水泥	一般选用≥42.5 级的普通硅酸盐水泥或硅酸盐水泥、明矾石膨胀水泥
细骨料—砂	粒径为 0.15～5mm，其他没有具体规定，可与普通混凝土相同
粗骨料—石	一般采用最大粒径不超过 15mm 的碎石或卵石
砂　率	一般应不低于 50%
钢纤维长径比	一般为 60～80，最大不得超过 100
掺加外加剂种类	一般常用普通减水剂或超塑化剂

一、钢纤维

（一）对钢纤维基本要求

1. 钢纤维的强度

钢纤维混凝土破坏时，往往是钢纤维被拉断，因此要提高其韧性，但也没有必要过于增加其抗拉强度。如果材料是用淬火或其他激烈加工硬化方法获得较高的抗拉强度，则质地变脆，在搅拌过程中易被折断，反而降低了强化效果。因此，仅从强度方面看，只要不是易脆断的钢材，通常强度较高的纤维均可满足要求。

2. 钢纤维的尺寸和形状

钢纤维的尺寸主要由强化特性和施工难易性决定。钢纤维如太粗或太短，其强化特性差；如过长或过细，则在搅拌时容易结团。为了增加钢纤维同混凝土之间的粘结强度，常采用增大表面积或将纤维表面加工成凹凸形状，如波形、哑铃形、端部带弯钩、扁平形等。但不宜做得过薄或过细，因为这不仅在搅拌时易于折断，还会提高成本。表面呈凹凸形状的钢纤维，只是在同一方向定向时效果显著，在均匀分散状况下则不一定有效。

圆截面长直形的钢纤维，其直径一般在0.25～0.75mm范围内，扁平形钢纤维的厚度为0.15～0.40mm，宽度为0.25～0.9mm。这两种钢纤维的长度一般均在20～60mm范围内。带弯钩的集束状钢纤维系用水溶性胶将20～30根纤维粘结在一起制成的，其单根钢纤维的直径为0.30～0.5mm，长度为40～60mm，黏集后纤维束的人为长径比为20～30，这种集束状纤维在搅拌过程中遇水后可离解成单根纤维并易于均匀地分布在混凝土中。

3. 钢纤维价格

钢纤维掺量约为混凝土体积的2%。其价格约为厚钢板的4倍，薄钢板的2.5倍，钢筋的4倍。不难看出，钢纤维的价格是较贵的，这亦是限制推广使用的一个重要因素。因此，国外认为宁可降低一些强化特性，也应力求降低一些钢纤维的成本。

（二）钢纤维的种类和特征

钢纤维的种类、制造方法及特征见表24-14。从各类钢纤维对混凝土的增强效果来看，则以切断纤维、冷轧钢板剪切纤维和加工硬度较大的切削纤维较好。

各类钢纤维的制造方法和特征　　表24-14

钢纤维种类	制造方法	特征				存在问题
		断面形状	表面	防拔方法	其他	
切断钢纤维	将钢丝切断	圆形	冷拔表面	压痕折弯	强度高，表面处理容易	原材料成本高
剪切钢纤维	将薄钢板用旋转刀具切断	正方形 长方形	压延面 切断面	压痕、折弯、扭曲	可使用不锈钢、脱脂	刀具寿命短
切削钢纤维	用平刀铣刀将钢块或钢板进行切削的金属屑	三角形	切断面皱纹状粗面回火色	扭曲	硬度大，可制细纤维、用不锈钢	刀具寿命短
熔融抽丝钢纤维	熔钢粘在冷却的圆盘上被甩	月牙形	氧化皮膜回火色	两端较粗	淬火或回火可用不锈钢	熔炉材料的耐久性问题

（三）钢纤维的技术性能

水泥混凝土增强用钢纤维的主要技术性能指标见表24-15。

水泥混凝土增强用钢纤维主要技术指标　　表24-15

材料名称	相对密度	直径（$\times10^{-3}$mm）	长度（mm）	软化点（℃）能熔点（℃）	弹性模量（$\times10^5$MPa）	抗拉强度（MPa）	极限变形%（10^{-2}）	泊桑比
低碳钢纤维	7.80	250～500	20～50	500/1400	2.0	400～1200	4～10	0.3～0.33
不锈钢纤维	7.80	250～500	20～50	550/1450	2.0	600～1600	4～10	—

钢纤维的抗拉强度见表24-16。

各种钢纤维的抗拉强度　　表 24-16

钢纤维种类		平均断面积 (mm²)	拉伸荷载 (N)	抗拉强度 (MPa)
切断钢纤维		0.10	230	2350
剪切钢纤维	1号	0.11	90	790
	2号	0.25	140	540
	3号	0.25	120	460
切削钢纤维		0.25	180	710
熔融抽丝钢纤维	1号	0.26	160	620
	2号	0.23	150	670
	3号	0.18	130	760

二、物理性能

（一）物理力学性能

在混凝土基体中掺入各种纤维，其性能能得到明显改善。特别是把直径为 0.3～0.6mm、长为 20～40mm 的钢纤维均匀地掺入混凝土中构成一种新的复合混凝土时，其性能改善尤为明显，见表 24-17。近年来，用喷射法施工钢纤维混凝土逐渐增多，钢纤维喷射混凝土与喷射混凝土的性能比较见表 24-18。

（二）影响力学性能的因素

除钢纤维的掺量直接影响混凝土的物理力学性能外，尚有钢纤维形状尺寸、配置方向及分散程度等因素。

1. 钢纤维形状尺寸

当钢纤维的形状尺寸在适合钢纤维混凝土需要的范围以内时，即直径为 0.2～0.6mm，长细比为 40～100，钢纤维混凝土的抗拉强度和抗剪强度随长细比的增大而增加，对于抗剪强度的影响更为明显。

2. 纤维的方向性

钢纤维在混凝土中配置的方向对混凝土各项力学性能影响很大，因为钢纤维的方向性如果很不好，则钢纤维达不到在混凝土中三向随机配向的条件，因而不能构成钢纤维混凝土的基本特性，力学强度也就不能提高。影响纤维配向的因素有：

钢纤维混凝土的性能（钢纤维掺入率为 2%）　　表 24-17

序号	钢纤维混凝土的物理力学性能	与普通混凝土比较
1	抗压强度	1.0～1.3 倍
2	抗拉强度和抗弯强度	1.5～1.8 倍
3	早期抗裂强度	1.5～2.0 倍
4	抗剪强度	1.5～2.0 倍
5	疲劳强度	有所改善
6	耐冲击性能	5～10 倍
7	耐破损性能	有所改善
8	延伸率	约 2.0 倍
9	韧　性	40～200 倍
10	耐热性能	显著改善
11	对冻融作用的抵抗能力	显著改善
12	耐久性	密实性高，表面裂缝宽度不大于 0.08mm，有所改善，暴露于大气中的面层钢纤维产生锈斑

钢纤维喷射混凝土的性能　　表 24-18

序号	钢纤维喷射混凝土的物理力学性能	与喷射混凝土的比较	序号	钢纤维喷射混凝土的物理力学性能	与喷射混凝土的比较
1	抗压强度	1.3～1.5倍	4	韧　性	30～300倍
2	抗拉强度	1.5～1.8倍	5	耐冲击性	8～60倍
3	抗弯强度	1.8～2.0倍	6	收　缩	0.5～0.8倍

(1) 振捣方式：在进行振动捣固时，纤维就会发生与模板平行、与重力作用方向垂直以及与振动方向平行的倾向。这些倾向随着振动频率的增大和振动时间的加长而增长。

(2) 构件尺寸：由于接近模板面的纤维有平行于模板面的倾向，所以构件断面愈小时，纤维愈是沿构件纵长方向配置。钢纤维混凝土的“尺寸效应”较大，在进行强度试验时应特别注意。

(3) 纤维的形状尺寸及掺量：在进行振动捣固时，长细比愈大，纤维愈是向某个特定方向配置；与剪切纤维相比，钢丝切断纤维的这种倾向更为明显。此外，由于纤维掺量不同，配向度也将不同。

(4) 混凝土基体的配合比：在选择混凝土基体的配合比时，砂率、粗骨料最大粒径、水灰比、用水量等都影响纤维的配向度。如坍落度为一定数值，水灰比为0.50，砂率为60%，其纤维配向最强。

3. 纤维的分散度

钢纤维的分散度如果很差，则达不到在混凝土中三向随机均匀分散的条件，因而混凝土的力学强度也就不能提高。影响纤维分散度的因素有：

(1) 搅拌方向：搅拌钢纤维混凝土的目的即使纤维均匀分散，不形成分离和球块。影响纤维分散的因素有搅拌机种类（日本常采用无叶片搅拌机）、搅拌时间和物料投入顺序等。

(2) 捣固方法：进行振动捣固时，振动频率愈大、振动时间愈长，钢纤维下沉的倾向也愈强，分散系数因而减小。

(3) 纤维形状尺寸及掺入率：钢纤维长细比愈大，则分散度愈差；长细比相同时，纤维直径愈小，分散度愈差。

4. 其他影响因素

如粗骨料最大粒径和砂率等，对钢纤维混凝土抗弯强度也有一定影响。当粗骨料最大粒径为15mm左右、砂率为60%时，钢纤维混凝土的抗弯强度最大。

三、配制工艺

(一) 配制要求

为了获得高强度的纤维混凝土，必须满足如下条件：

(1) 具有足够数量的、匀质的高强钢纤维。

(2) 在整个工艺过程中，钢纤维仍保持本身的大部分强度。

(3) 纤维同混凝土的粘结力较好，纤维同砂浆接触部分的密实度较高。

(4) 纤维应均匀分布在基体材料的整个体积中，不允许彼此搭接。

(5) 基体材料对纤维应是化学惰性的。

(6) 纤维的弹性模量应比基体弹性模量高。

(7) 基体材料应具有足够的抗剪强度。

(8) 力求做到纤维在基体材料中的定向排列。

(二) 混凝土组成材料

1. 水泥

水泥一般使用32.5级和42.5级普通硅酸盐水泥，配制高强钢纤维混凝土可使用52.5级以上的硅酸盐水泥或硫铝酸盐(明矾石)水泥。

2. 骨料

(1) 细骨料：砂的粒径为0.15~5mm。

(2) 粗骨料：卵石或碎石的最大粒径一般不宜大于15mm，对钢纤维喷射混凝土则不宜大于10mm。

3. 外加剂

掺外加剂是为了降低水灰比从而改善拌合物的和易性，可使用减水剂或超塑化剂。配制钢纤维喷射混凝土则需掺入适量速凝剂。

4. 砂率

为保证钢纤维混凝土拌合物的和易性，混凝土的砂率一般不应低于50%。水泥用量一般较之未掺纤维的混凝土高10%左右。

(三) 配合比设计

据国外有关资料介绍，可按照抗拉强度配制钢纤维混凝土。在确定钢纤维混凝土的配合比时，首先应满足使钢纤维均匀地分散在混凝土中。

1. 钢纤维的规格与掺量

为使钢纤维能均匀地分布于混凝土中，必须使钢纤维具有合适的长径比，一般均不应超越纤维的临界长径比值。当使用单根状钢纤维时，其长径比不应大于100，多数情况为60~80。

对每一种规格的钢纤维与每一种混凝土组分，均存在一最大纤维掺量的限值，若超过此限值，则拌制过程中钢纤维会互相缠结。钢纤维的掺量以体积率表示，一般为0.5%~2%。

2. 混凝土水灰比确定

钢纤维混凝土的抗拉强度，基本上受钢纤维的平均间隔(S)和混凝土基本强度(σ_m)所支配。钢纤维的平均间隔愈小，势必导致增加钢纤维掺量并使用直径小的钢纤维，同时混凝土的水灰比越小，则钢纤维混凝土的抗拉强度亦愈高。抗拉强度的推定式如下：

$$\sigma_t = K\left(\frac{1}{\sqrt{S}} - 1\right) + \sigma_m \quad S = 3\sqrt{\frac{\pi}{\beta}} \cdot \frac{d}{\sqrt{p}}$$

式中　σ_t——钢纤维混凝土的抗拉强度(MPa)；

σ_m——普通混凝土的抗拉强度(MPa)；

S——在拉伸断面上的钢纤维平均间隔(cm)；

K——由钢纤维和混凝土粘结强度所决定的常数，使用切断钢丝为45，冷轧钢板切断钢纤维为57；

β——钢纤维定向系数，用考虑长径比影响的下式求得：

$$\beta = 0.002\left(\frac{l}{d}\right) + 0.4$$

d——钢纤维的直径（cm）;

p——钢纤维的体积掺量（%）;

l——钢纤维的长度（cm）。

3. 粗骨料最大粒径的确定

粗骨料的最大粒径对钢纤维混凝土的抗弯强度有较大的影响。其主要原因是钢纤维混凝土的抗拉强度和抗弯强度受钢纤维的平均间隔所支配。如粗骨料的粒径较大，钢纤维就不能均匀分散，引起局部混凝土中平均间隔加大，导致抗弯强度降低。

4. 砂率的确定

钢纤维混凝土的砂率比普通混凝土更具重要意义。其原因：

(1) 砂率支配着钢纤维在混凝土中的分散度，对强度有一定的影响；

(2) 砂率是支配钢纤维混凝土稠度最重要的因素。从强度方面考虑，砂率在60%左右较合适；但从稠度方面考虑，砂率大致为60%~70%左右较合适。

5. 外加剂的使用

钢纤维混凝土的单位水泥用量一般较大，普通超过400kg/m³。利用高效能减水剂能大幅度地降低水泥用量，见表24-19。如适当地使用高效减水剂，大约可节约15%水泥。

(四) 参考配合比

(1) 日本在实际工程中使用的钢纤维混凝土配合比见表24-20。

(2) 美国依里欧斯大学经过试验研究，得出的一种典型的钢纤维混凝土的设计配合比见表24-21。这是一种经济、切实可行具有较高强度和较小干燥收缩值的配合比。这种拌合物的28d强度见表24-22。

高效减水剂对钢纤维混凝土水泥用量的影响 表24-19

砂率（%）	类别	水泥用量		钢纤维混凝土坍落度（cm）				
		单位用量（kg/cm³）	比较值（%）	P=0.1%	P=0.5%	P=1.0%	P=1.5%	P=2.0%
60	不掺减水剂	410	100	7.0	4.7	2.4	0.6	0
	掺减水剂	350	85	8.0	6.0	2.8	0.2	0
80	不掺减水剂	434	100	5.7	4.8	3.8	2.8	1.7
	掺减水剂	356	84	7.0	5.7	4.7	3.4	1.4

注：1. 高效减水剂的掺量为水泥用量的1.5%。

2. P为钢纤维掺量。

钢纤维混凝土的配合比 表24-20

粗骨料最大粒径（mm）	水灰比（W/C）	砂率（%）	钢纤维掺量（%）	坍落度（cm）	混凝土材料用量（kg/m³）					
					水泥	水	砂	石子	外加剂	钢纤维
25	0.42	50	1.5	5	434	182	808	839	1.11	118
10	0.42	80	2.5	5	512	215	1116	231	1.28	196
9.5	0.40	70	1.3	3.8~7.6	384	155	842	366	1.68	100
10	0.53	72	1.4	7.5	393	207	1151	471	—	133

典型的钢纤维混凝土设计配合比　　表 24-21

原材料	水　泥	粉某灰	砂　子	石子（最大粒径 15mm）	水	钢纤维
用量（kg/m³）	297	139	848	837	142	71～119

典型配合比的钢纤维混凝土强度　　表 24-22

混凝土类别	抗压强度（MPa）	抗拉强度（MPa）	弯折模量（MPa）	抗弯强度（MPa）
素混凝土	42.0	3.0	—	—
钢纤维混凝土	45.0	5.5	4.1	7.8

（3）美国华盛顿州斯内克下游的莫纽门特尔水闸坝所属部分溢洪道所采用的钢纤维混凝土的配合比见表 24-23。

钢 纤 维 混 凝 土 的 配 合 比　　表 24-23

组　成　材　料	配拌量（kg/m³）	组　成　材　料	配拌量（kg/m³）
水　泥	384	钢纤维（0.41×19mm）	100
砂	842	减水剂	1.42
粗骨料（最大粒径 9.5mm）	766	加气剂	0.26
水	155	助泵送剂（流代剂）	0.04

（4）钢纤维喷射混凝土的配合用量见表 24-24。

钢纤维混喷射混凝土的配合用量　　表 24-24

组　成　材　料	细骨料配合用量（kg/m³）	10mm 骨料配合用量（kg/m³）
水　　泥	450～550	450
砂	1500～1680	700～800
＜10mm 的粗骨料	—	700～875
钢纤维	40～60	60～120
速凝剂	变　化	变　化
水灰比	0.40～0.45	0.40～0.45

（5）德国水泥工业研究所有关资料介绍的钢纤维混凝土配合比及特性见表 24-25。

钢纤维混凝土配合比及特性　　表 24-25

序　号	纤维体积（%）	混凝土混合物配合比				水泥用量（kg/m³）	湿堆积密度（kg/m³）	含气体积（%）
		水　泥	骨　料	钢纤维	水			
1	0	1	4.51	0	0.42	400	2.39×10³	0.3
2	1	1	4.38	0.20	0.42	400	2.46×10³	0
3	2	1	4.31	0.40	0.42	400	2.50×10³	0.1
4	2.5	1	4.28	0.50	0.42	400	2.52×10³	0.3
5	3	1	4.25	0.60	0.42	400	2.55×10³	0
6	1.5	1	3.90	0.27	0.42	430	2.47×10³	0.1
7	1.5	1	3.90	0.27	0.42	430	2.47×10³	0
8	2.0	1	3.87	0.37	0.42	430	2.48×10³	0.2
9	2.0	1	3.87	0.37	0.42	430	2.50×10³	0
10	2.0	1	3.87	0.37	0.42	430	2.49×10³	0
11	2.5	1	3.84	0.46	0.42	430	2.51×10³	0
12	2.5	1	3.84	0.46	0.42	430	2.53×10³	0
13	2.5	1	4.28	0.50	0.42	400	2.49×10³	0.5
14	2.5	1	4.28	0.50	0.42	400	2.52×10³	0.3

(6) 我国空军工程学院，对钢纤维混凝土的抗拉强度、抗弯强度分别进行了36组和26组试验，其配合比和强度值分别见表24-26和表24-27。

钢纤维混凝土配合比及抗拉强度　　表24-26

系列	混凝土强度等级	石料	水灰比(W/C)	材料用量(kg/m³)			减水剂HF(%)	消泡剂SP_{169}(%)	钢纤维用量					
				水泥	砂	石			0%	0.5%	1.0%	1.5%	2.0%	2.5%
Ⅰ	C60	碎石	0.26	300	404	944	0.8	—	3.85 3.97	4.12 3.72	4.22 4.30	4.70 4.53	4.60 5.12	5.13 5.54
Ⅱ	C40	卵石	0.42	340	778	1167	0.5	0.04	2.31 2.64	2.93 3.09	3.72 3.35	4.21 3.92	4.49 4.22	4.89 4.98
Ⅲ	C30	卵石	0.58	320	910	910	0.5	0.04	1.65 1.90	2.61 2.51	3.13 3.17	3.30 3.49	3.87 4.22	3.75 4.24

钢纤维混凝土配合比及抗弯强度　　表24-27

系列	混凝土强度等级	石料	水灰比(W/C)	材料用量(kg/m³)			减水剂HF(%)	钢纤维				强度(MPa)	
				水泥	砂	石		d(mm)	l(mm)	$\frac{l}{d}$	p(%)	抗弯	抗压
Ⅰ	C60	卵石	0.26	760	354	1122	0.8	—	—	—	0	4.50	64.43
								—	—	—	0	4.23	61.59
								0.70	42	60	0.50	4.80	—
								0.70	42	60	1.00	5.36	59.62
								0.70	42	60	1.50	6.25	57.96
								0.70	42	60	2.00	6.67	56.98
								0.70	42	60	2.50	8.68	—
								0.55	60	109	0.51	5.10	—
								0.55	60	109	1.02	6.86	60.90
								0.55	60	109	1.28	7.20	54.82
								0.55	60	109	1.91	9.37	57.47
								0.55	60	109	2.55	11.50	—
Ⅱ	C40	卵石	0.42	380	761	1141	0.5～0.7	—	—	—	0	3.92	35.21
								0.55	42	76	0.50	4.83	—
								0.55	42	76	1.00	5.88	33.64
								0.55	42	76	1.50	7.24	35.30
								0.55	42	76	2.00	8.57	39.32
								0.55	42	76	2.50	9.81	—
								0.55	47	85	2.00	9.00	—
								0.55	60	109	1.50	6.54	34.03
								0.55	60	109	2.00	8.65	38.64
								0.45	32	71	1.50	5.36	—
								0.45	32	71	2.00	6.54	33.83
								0.45	32	71	2.50	7.19	—
								0.45	45	100	1.50	6.32	36.77
								0.45	45	100	2.00	6.86	—

四、施工工艺

(一) 搅拌工艺

1. 搅拌设备

可使用强制式混凝土搅拌机。在纤维掺量增多时，应适当减少一次拌合量。

2. 纤维加入方法

为使纤维能均匀分散于混凝土中，应通过摇筛或分散机加料。使用集束状钢纤维时，则不需使用上述之附加设备。

3. 投料顺序

采用预拌法制作纤维混凝土，主要要使纤维在水泥硬化体中均匀分散。特别是当纤维掺量较多时，如不能使其充分地分散，就容易同水泥浆或砂子一起结成球状的团块，将极大降低增强效果。目前常用的一般认为较好的混合投料顺序有三种：

(1) 纤维以外的材料预先混合均匀，随后加入纤维搅拌（图 24-5）。

(2) 首先骨料和纤维混合，随后加入水泥和水搅拌（图 24-6）。

(3) （砂 + 水泥）$\xrightarrow{\text{混合搅拌 0.5min}}$ + （石子 + 纤维）$\xrightarrow{\text{混合搅拌 2min}}$ + （水 + 活性剂）⟶搅拌⟶排料（图 24-7）。

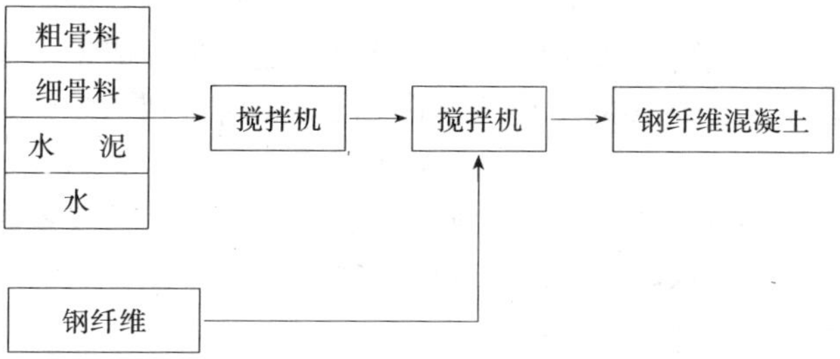

图 24-5　投料顺序（方法一）

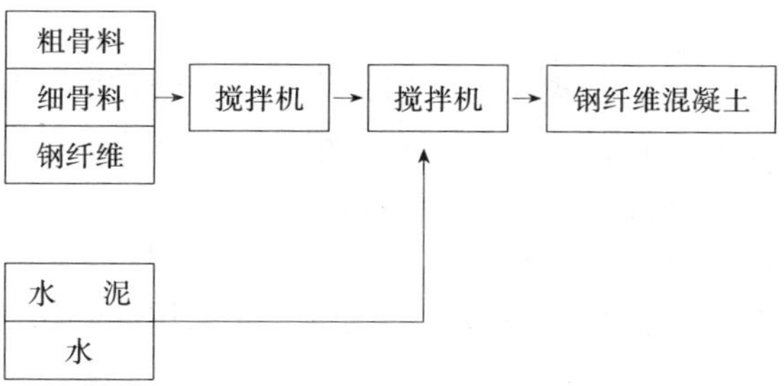

图 24-6　投料顺序（方法二）

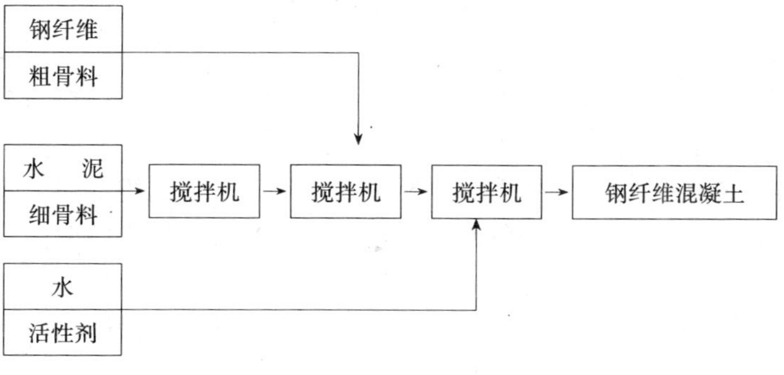

图 24-7　投料顺序（方法三）

为提高纤维的分散性，采用非离子型界面活性剂聚氧乙烯辛基、苯酚醚是有效的。但该界面活性剂会使混凝土增加伴生空气量，为防止形成多孔而降低强度，可并用 0.05% 的消泡剂硅乳浊液。从金属纤维同合成纤维比较来看，金属纤维一般较缺乏柔性，在带有一定刚性时，由于纤维相互缠绕，致使在搅拌过程中生成无数细团，因此比合成纤维的分散性要差。但对于掺入3%以下的少量纤维时，即使不掺活性剂，只要使用优良的干式搅拌机，在砂浆中就可获得满意的纤维分散效果，但一般倾向于用强制式混凝土搅拌机。使用集束状纤维时，则可将此种纤维视为粗骨料，按普通混凝土的投料顺序先行试拌。

（二）浇筑与成型工艺

钢纤维混凝土的浇筑、密实成型和纤维处理等工艺措施有别于传统的施工方法。

1. 混凝土浇筑

纤维混凝土成型所需要的能量比普通混凝土要大。搅拌后的纤维混凝土的流动性，即使掺有表面活性剂，也随着纤维掺量的增加而极大地下降，增加施工难度。其原因是纤维相互摩擦和相互缠绕使具有一定程度的刚性而形成空间网结构，抑制了内部水及水泥浆的流动度所致。因此，应采用喷射法成型，这样可以促进纤维在成型平面内定向排列，而用普通方法浇筑和成型时，纤维在混凝土三个平面内是无序排列的。

2. 混凝土振捣成型

为了克服施工和易性的下降，除了增加活性剂的数量外，掺以聚合物乳浊液、成型中以外部振动和加压等均是有效的。总之要注意纤维掺量不得过多，否则会导致在浇灌时不能密实填充模型，反而招致强度下降。

钢纤维混凝土的成型可使用普通的振动台或表面振动器，内部振动器则不太合适，以免振捣时将纤维折断，也防止钢纤维起团。与普通混凝土相比，振捣时间要适当延长。

3. 纤维定向处理

根据结构构件的受力特点，在捣实时可以人为地使纤维定向。如采用磁力定向、振动定向及挤压定向等。除了预拌法外，国外也有采用喷射法、离心法、离心一振动复合成型法及泵送法的。特别是喷射法施工，钢纤维在喷射时不易受到损伤，且喷射物分布均匀，不会产生结团现象，这样就能提高长径比，提高界面粘结性能，同时也能增大纤维含量，从而使钢纤维混凝土的物理力学性能有较大的改善。而采用离心法或离心——振动复合成型可以使纤维处于最有利的环向受力状态。不同的捣实方法对钢纤维混凝土中纤维的取向有很大影响。

(1) 用泵送法将流态的钢纤维混凝土拌合物直接灌注入模，不再加以插捣，则纤维在其中呈三维乱向。

(2) 用插入式振动器捣实钢纤维混凝土时，大部分钢纤维在与振动方向垂直的平面上呈二维乱向，少部分纤维为三维乱向。

(3) 使用钢纤维喷射混凝土时，纤维在喷射面上呈二维乱向。

(4) 用离心法或挤出法制备钢纤维混凝土制品时，纤维的取向介乎一维定向与二维乱向之间。

(5) 使钢纤维混凝土拌合物在磁场中振捣时，纤维可沿磁力线方向分布，即纤维呈一维方向分布。

五、工程应用

（一）在大面积混凝土工程中的应用

钢纤维混凝土是一种典型的复合材料，这种材料通常含有抗拉强度不高的砂浆、混凝土基体材料和抗裂性大以及弹性模量高的定向或无序配置的纤维配筋材料，因而抗拉强度、抗弯强度、抗裂强度、韧性和抗冲击性等都可获得改善，已广泛用于道路、飞机跑道、桥面铺设、隧道衬里等工程中。

目前，钢纤维混凝土的实际应用领域见表 24-28。

（二）在预制混凝土构件方面的应用

在预制混凝土制品方面的纤维混凝土研究与应用不如在大面积混凝土工程上深入。采用纤维混凝土预制产品具有如下特点：

（1）降低材料的管理费用；

（2）提高生产效率；

（3）降低堆置和运输中的破断损失；

（4）降低运输费用；

（5）使用时间较长；

（6）使用中的保养要求较低。

钢纤维混凝土在预制混凝土产品方面的应用见表 24-29。

钢纤维混凝土的应用领域　　表 24-28

应　用　领　域	纤维类型	使　用　国　家
桥面的罩面层结构	钢	美　国
公路街道、飞机场跑道的罩面层	钢、玻璃	美国、英国、加拿大
新筑路面结构	钢	美　国
大面积混凝土工程（堤坝　板块路面、桥梁、涵洞）的维修	钢	美国、英国、西欧
采矿和隧道工程	钢	美国、英国、日本、中国、德国、瑞典
岩石边坡稳定	钢	美国、瑞典、英国
工厂地坪和楼面	钢	美国、意大利、英国
耐火工程	钢	美　国
抗震抗爆结构	钢	中国、美国

钢纤维混凝土预制制品的应用　　表 24-29

产　品　用　途	纤　维　类　型	国　家
停车场顶板	钢	英　国
混凝土管道	钢、玻璃	美国、英国
混凝土桩材	聚丙烯	英　国
浮　码　头	钢、玻璃	英　国
船　壳	钢、玻璃	美国、英国
混凝土台阶	玻　璃	美　国
电　线　杆	钢	加拿大
装饰性装配墙板	聚丙烯	英　国
结构构件	钢	美　国
海底天然气和石油输送管线的加重套壳	钢、聚丙烯	美国、英国
桩　端	钢、玻璃	美　国
机　座	钢	美　国
机　架	钢	美　国
预制耐火型件	钢	美　国

第五节　聚丙烯纤维混凝土

聚丙烯纤维混凝土，是将切成一定长度的聚丙烯膜裂纤维，均匀地分布在水泥砂浆、混凝土基材中，用以增强基材的物理力学性能的一种复合材料。这种混凝土材料具有轻质、高强、抗冲击性和抗裂性能好，同时因纤维可代替部分钢筋而降低混凝土的自重。

一、原材料要求

（一）聚丙烯膜裂纤维

聚丙烯膜裂纤维系一种束状的合成纤维，拉开后成为网格状，其纤维直径为6000～26000旦尼尔（每9000m长的质量g数）。可将连续的聚丙烯膜裂纤维卷绕成为圆筒形的纱团，也可切成长度为19～64mm，以供使用。为防止老化，使用前应放在黑色容器或袋中，以防紫外线直接照射而老化。其特性和物理力学性能分别见表24-30和表24-31。

聚丙烯膜裂纤维主要特征　　表24-30

优　点	缺　点
1. 呈网状结构，可增强纤维与水泥基材的粘结 2. 表面具有憎水性，与水泥基材拌合时不会结团 3. 耐化学腐蚀，可抗强碱、强酸（发烟硝酸除外） 4. 软化点（140℃）和熔点高（165℃） 5. 无毒性，对人体无影响	1. 耐燃性差，燃烧时聚合物挥发 2. 弹性模量低，极限延伸率大 3. 在紫外线、氧气作用下易老化

聚丙烯膜裂纤维物理力学性能　　表24-31

纤维名称	密度（g/cm^3）	抗拉强度（MPa）	弹性模量（$\times 10^4$MPa）	极限延伸率（%）	泊桑比
聚丙烯膜裂纤维	0.91	400～500	0.8～1.0	8.0	0.29～0.46

（二）胶凝材料——水泥

可采用强度等级为32.5级或42.5级的硅酸盐水泥或普通硅酸盐水泥。

（三）骨料

配制聚丙烯纤维混凝土用骨料的最大粒径：

细骨料 $D_{max}=5mm$；粗骨料 $D_{max}=10mm$。

二、参考配合比

聚丙烯纤维混凝土的配制因成型方法而异，不同成型方法的材料配合比要求不同，见表24-32。

不同成型工艺的配合比　　表24-32

成型工艺	聚丙烯膜裂纤维	水泥	骨料	外加剂	灰骨比	水灰比（$\frac{W}{C}$）
预拌法	细度＝6000～13000旦尼尔 切矩长度＝40～70mm 体积掺率＝0.4%～1.0%	强度等级为42.5级或52.5级的硅酸盐水泥或普通硅酸盐水泥	细骨料：$D_{max}=5mm$ 粗骨料：$D_{max}=10mm$	减水剂或超塑化剂，掺量由预拌试验确定	砂浆中： 水泥:砂＝1:1～1:3 混凝土中： 水泥:砂:石子＝1:2:2～1:2:4	0.45～0.50

续表

成型工艺	聚丙烯膜裂纤维	水　泥	骨　料	外 加 剂	灰 骨 比	水灰比 $\left(\frac{W}{C}\right)$
喷射法	细度 = 4000～1200 旦尼尔 切距长度 = 20～60mm 体积掺率 = 2%～6%	强度等级为 42.5 级或 52.5 级的硅酸盐水泥或普通硅酸盐水泥	骨料：D_{max} = 2mm	减水剂或超塑化剂，掺量由预拌试验确定	砂浆中： 水泥:砂 = 1:0.3～1:0.5	0.32～0.40

三、物理力学性能

聚丙烯纤维混凝土硬化后的物理力学性能见表 24-33。

聚丙烯纤维混凝土的物理力学性能　　表 24-33

名　称	性　能
抗拉强度	用喷射法制得的极限强度可达 7.0～10MPa
抗弯强度	体积掺率为 1%左右时，抗弯强度提高不超过 25% 用喷射法（掺率 6%）。极限强度可达 20MPa
抗压强度	比普通砂浆、混凝土无明显增加
抗冲击强度	体积掺率为 2%时，可提高 10～20 倍 用喷射法（体积掺率 6%），可达 3.0～3.5J/cm^2
抗收缩性	体积掺率 1%左右时，收缩率降低约 75%
耐　火　性	体积掺率 1%左右时，耐火等级与普通混凝土同
抗　冻　性	经 25 次冻融，无龟裂、分层现象，质量和强度基本无损失
耐　久　性	英国研究院曾将体积掺率为 4.4%聚丙烯纤维混凝土构件在 60℃水中浸泡一年，未发现抗弯极限强度和抗冲击强度有明显下降

四、成型工艺

（一）预拌法

1. 拌合工艺

使用普通转筒式或盘式搅拌机，若用后者，则应适当调整叶片的角度，以防纤维聚集于叶片与挡板间发生堵塞现象。

2. 捣实工艺

可用振动台或插入式振动器。振动频率与时间按具体情况而定，应使拌合物中所含空气充分逸出。

3. 养护工艺

同普通混凝土。

（二）直接喷射法

1. 拌合工艺

将聚丙烯纤维切割至一定长度后由气流喷出，再与雾化的水泥砂浆在空气中混合，并一起喷落在模具上，如此反复喷射直至混凝土达到要求的程度。

2. 特点

直接喷射法有以下三个特点：

(1) 纤维的长度与掺量可在一定范围内调节。

(2) 切断的聚丙烯膜裂纤维可均布于水泥基材中。

(3) 纤维在混凝土中呈二维随机分布。

五、工程应用

聚丙烯纤维混凝土既可用于制作预制品，也可用于现场施工。掺加适量的短切聚丙烯膜裂纤维，即可部分地或全部代替制品或构件中的钢筋，达到提高抗冲击性，保持裂后整体性与降低自身质量等目的。其主要的应用见表24-34。

聚丙烯纤维混凝土的应用领域　　表24-34

分　类	应 用 领 域
预 制 品	1. 柱壳、柱帽；2. 非承重挂板；3. 人孔盖板；4. 下水管；5. 水上浮体；6. 化粪池
现浇构件	1. 停车场；2. 车库工业地板的路面；3. 浇于构造钢板上组成的复合楼板；4. 加固河堤

第二十五章　水玻璃耐酸混凝土

（water glass acid-proof concrete）

在工业生产、特别是化工生产过程中，由于酸性介质的不断作用，而使混凝土产生不同程度的物理、化学和物理化学破坏，称之酸性腐蚀。为了防腐，对接触酸性介质的结构应采用耐酸混凝土。因此，要提高和保证建筑结构的耐久性，首先在建筑工程中从设计和施工两方面严格把关，要做到设计合理，施工精细，特别是要注意严格控制工程质量。

根据胶凝材料不同，耐酸混凝土可分为水玻璃耐酸混凝土、沥青耐酸混凝土、硫磺耐酸混凝土及高铝水泥耐酸混凝土等。

第一节　概　　述

一、定义、特点和用途

（一）定义

水玻璃耐酸混凝土是以水玻璃作胶结材料，氟硅酸钠作硬化剂，加之耐酸粉料和耐酸骨料或另掺外加剂按一定比例配合而成。

（二）特点

水玻璃耐酸混凝土具有优良的耐酸及耐热性能，它能抵抗各种强氧化性酸（如硫酸、盐酸、硝酸、醋酸、蚁酸和草酸等）和大部分腐蚀性气体（氧气、二氧化硫、三氧化硫等）的侵蚀，在高温下（1000℃以下）仍具有良好的抗酸性能，并具有较高的机械强度。但这种材料不耐氢氟酸、300℃以上的热磷酸、高级脂肪酸或油酸的侵蚀。

为了提高和改善水玻璃耐酸混凝土的技术性能，可采用在水玻璃中掺外加剂的方法。水玻璃耐酸混凝土的耐腐蚀性能见表25-1。

水玻璃耐酸混凝土的耐腐蚀性能　　表25-1

介质名称	浓度（%）	温度（℃）	耐蚀情况	介质名称	浓度（%）	温度（℃）	耐蚀情况
硝　酸	40～98	不　限	耐	铬　酸	60	不　限	耐
硫　酸	85～95	不　限	耐	甲　酸	90	不　限	耐
硫　酸	<50	不　限	较　耐	次氯酸	10	不　限	耐
盐　酸	>30	不　限	耐	硼　酸	浓溶液	不　限	耐
盐　酸	<5	不　限	耐（渗透性大）	氟硅酸	任　意	不　限	不　耐
醋　酸	<10	不　限	较　耐	氢氟酸	任　意	不　限	不　耐
磷　酸	—	>300	不　耐	氢氧化钠	任　意	不　限	不　耐

水玻璃耐酸混凝土是一种传统的防腐材料。它具有材源广、耐酸性能好，造价低廉等优点，已在我国防腐工程中广泛应用。而其缺点是不耐碱，抗渗和耐水性能差，施工较复杂，养护周期长。

（三）用途

水玻璃耐酸混凝土广泛用于浇筑地面整体面层、设备基础，化工、冶金等工业中的大型构筑物的外壳及内衬和大型设备如贮酸槽、反应塔等防腐蚀工程。

二、分类

水玻璃耐酸混凝土以其材料品种、性能特点和用途不同分类，结果见表25-2。

水玻璃耐酸混凝土的分类 **表25-2**

按水玻璃品种分类	钠水玻璃耐酸混凝土：以钠水玻璃为胶结材料 钾水玻璃耐酸混凝土：以钾水玻璃为胶结材料
按骨料品种分类	硅质耐酸胶泥和混凝土：以石英粉、瓷粉等硅质材料为骨料 辉绿岩耐酸胶泥和混凝土：以辉绿岩铸石粉为骨料 安山岩耐酸胶泥和混凝土：以安山岩为骨料
按性能特点分类	普通型耐酸混凝土：采用一般水玻璃为胶结材料 密实型耐酸混凝土：采用经外加剂改性的水玻璃作胶结材料
按用途分类	耐酸胶泥：用作铺砌耐酸块材、管道接头封口材料等 耐酸砂浆：用作耐酸的抹灰层或铺砌表面粗糙的耐酸块材等 耐酸混凝土：用作捣制整体防酸建筑物、构筑物、衬里或制作预制块

第二节　水玻璃耐酸混凝土的原材料选择

水玻璃耐酸混凝土的原材料包括胶结材料、固化剂、耐酸骨料及外加剂。组成水玻璃耐酸混凝土的原材料的性质不同，配制的混凝土就会具有不同的性能和使用范围。为了能够正确合理地选用耐酸混凝土的原材料，必须了解各种材料的性质及要求，尤其是一些特殊的性质。

一、胶结材料——水玻璃

水玻璃是耐酸混凝土的胶结材料，而且也是砂浆或混凝土具有耐酸性能的主要材料。

（一）水玻璃组成与生产

水玻璃根据其碱金属氧化物的不同种类，可分为钠水玻璃和钾水玻璃（在建筑工程中通常采用钠水玻璃），见表25-3。其化学组成可用通式表示：

水玻璃分类 **表25-3**

按模数分类	$M \geqslant 3$ 者称中性水玻璃或高模数水玻璃 $M < 3$ 者称碱性水玻璃或低模数水玻璃	
按碱金属氧化物分类	含 Na_2O 者称钠水玻璃 含 K_2O 者称为钾水玻璃 含 K_2O、Na_2O 者称为钾钠水玻璃	
按固液状态分类	以溶液状态存在的称液体水玻璃	
	以固体状态存在的称固体水玻璃	1. 未经溶解的块状或粒状水玻璃 2. 溶液除去水分后的粉状水玻璃 3. 含有结晶水的水合水玻璃

$$R_2O \cdot nSiO_2$$

式中　R_2O——指金属氧化物，如 Na_2O 或 K_2O；

n——SiO_2 的摩尔数。

按其状态不同，分为固体水玻璃和液体水玻璃，见表 25-3。固体水玻璃是由磨细的石英砂（SiO_2）（或石英岩粉）与碳酸钠（Na_2CO_3）按一定比例混合后，置于 1350～1400℃ 熔炉中经过熔融反应而制得的，其化学反应如下：

$$Na_2CO_3 + nSiO_2 \xrightarrow{1350\sim1400℃} Na_2O \cdot nSiO_2 + CO_2 \uparrow$$

将固体水玻璃装进蒸压釜内，通入水蒸汽使其溶解于水，便获得较实用的液体水玻璃。在固体水玻璃溶解于水的过程中，发生了一系列的物理化学反应而变成一种复杂的胶体溶液，其硅酸钠胶团结构示意见图 25-1。由于水玻璃是一种强碱弱酸盐，所以溶液还具有碱性溶液的性质。

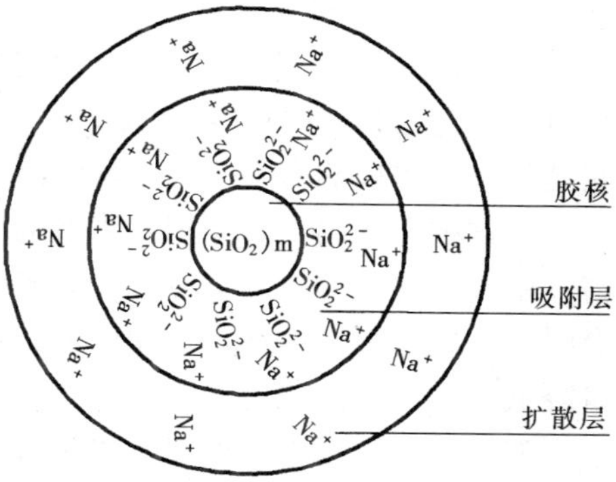

图 25-1　硅酸钠胶团结构示意

（二）水玻璃的技术性能指标

水玻璃具有两项重要的技术性能指标，模数和比密度。

1. 水玻璃模数（M）

为了方便，通常把水玻璃组成中的二氧化硅和氧化钠的摩尔数之比，称之为水玻璃模数，其值为：

$$M = \frac{A}{D} \times 1.032$$

式中　M——水玻璃模数；

A——二氧化硅（SiO_2）的百分含量（%）；

D——氧化钠（Na_2O）的百分含量（%）；

1.032——氧化硅与氧化钠分子量之比，即

$$\frac{SiO_2}{Na_2O} = \frac{62}{60} = 1.032$$

模数是水玻璃一个重要技术性能指标，它的大小直接决定着水玻璃的品质及其制品的物理化学性能。

2. 水玻璃密度（ρ_s）

密度是水玻璃另一项重要技术指标。它的大小与水玻璃溶液中溶解的固体水玻璃的总量及其化学组成有关。水玻璃溶液的浓度可用密度表示，波美表测定。两者之关系如下：

$$\rho_s = \frac{145}{145 - °B'e}$$

或

$$°B'e = 145 - \frac{145}{\rho_s}$$

式中　°B′e——水玻璃波美度。

市场上销售的水玻璃有各种不同的模数（M）和比密度（ρ_s）。作为耐酸混凝土的胶结材料，水玻璃最常使用的模数为2.6～2.8，密度为1.38～1.45g/cm^3，参见表25-4。

水玻璃品种　　表25-4

水玻璃模数（M）	3.3	2.4			2.8	3.6
波美度（°Be）	40	40	51	56	45	35
分子通式 $Na_2O \cdot nSiO_2$	1:3.0～1:3.4	1:2.2～1:2.5			1:2.6～1:2.9	1:3.5～1:3.7

3．水玻璃模数、密度对混凝土性能的影响

（1）对凝结时间的影响：①水玻璃模数提高，耐酸混凝土凝结速度加快；反之，凝结时间延长。②水玻璃密度增大，耐酸混凝土的凝结速度减慢；反之，则加快。

产生这种现象的主要原因是耐酸混凝土中氧化钠含量不同之故。耐酸混凝土的凝结速度与其中硅酸凝胶的析出量有关，而硅酸凝胶的析出又与碱度有关。水玻璃中氧化钠含量较高时，呈碱性，硅酸在水玻璃中的稳定性较大，不易析出；反之，当水玻璃中的氧化钠含量降低时，硅酸的稳定性下降，析出较易。水玻璃与氟硅酸钠（Na_2SiF_6）反应的实质，是氟硅酸钠水解生成的氢氟酸与水玻璃中的氧化钠中和，使硅酸凝胶析出。其反应方程式：

$$Na_2O \cdot nSiO_2 + Na_2SiF_6 + mH_2O \longrightarrow 6NaF + (2n+1)\ SiO_2 \cdot mH_2O$$

相对而言，模数高的水玻璃比模数低的水玻璃氧化钠含量低；密度小的水玻璃较密度大的氧化钠含量少。因而，当水玻璃与氟硅酸钠发生化学反应时，模数高的和密度小的水玻璃凝结速度较快。此外，当水玻璃密度大时，溶液的黏度增大，液相中离子的扩散速度降低，因而也导致凝结速度减慢。

另一方面，由于耐酸混凝土的凝结是水玻璃与氟硅酸钠发生化学反应引起的，因而反应温度对于凝结速度有很大影响，温度高时反应速度快，温度低时反应速度减慢。

（2）对混凝土和易性的影响：水玻璃密度相同而模数不同时，配制相同和易性的耐酸混凝土所需水玻璃的数量不同，模数高者用量较多。当水玻璃模数相同而密度不同时，配制相同和易性的耐酸混凝土的水玻璃用量也是不相同的，密度低的用量高。

水玻璃的黏度随其密度的增大而增高。使用密度大的水玻璃拌制耐酸混凝土时，由于其黏度大，为了使拌合料达到所需要的和易性，必须增加水玻璃用量，否则施工困难。增加水玻璃用量，不但成本高，不经济，而且耐酸性能下降。因此，水玻璃密度过大是不适宜的。

（3）对混凝土强度的影响：水玻璃的密度大，一般耐酸混凝土的密实度较高，抗渗性能也较好。但这种混凝土的收缩大，而且收缩变形延续的时间也较长，经养护90d后仍有收缩现象。收缩变形大，能引起耐酸混凝土的开裂、起壳和脱皮等现象，此外，化学稳定性也较差，浸水后试件表面的溶蚀性随水玻璃密度增大而逐渐严重。密度 $\rho_s = 1.50$g/cm^3 以上时，不论模数高低，水玻璃耐酸混凝土都有严重的溶蚀现象。因此，配制耐酸混凝土时，水玻璃的密度太大是不适宜的。

综前所述，为了保证耐酸混凝土使之具有良好的技术性能，必须选择适宜模数和密度的水玻璃。根据耐酸工程施工经验，建议在技术标准中要求水玻璃模数提高到 2.6 ~ 3.0，相应的密度为 1.38 ~ 1.40g/cm^3。

4. 水玻璃模数和密度的调整

一般商品水玻璃的模数在 1.8 ~ 3.0 之间，密度在 1.28 ~ 1.45g/cm^3 之间。如模数和密度不符合要求时，则应进行适当的调整，其调整方法如下：

(1) 调整模数：在建筑工程中常用的水玻璃胶泥、砂浆和混凝土的模数和密度见表 25-5。如需提高模数，可掺入可溶性的非晶质 SiO_2（硅藻土），其数量根据水玻璃模数及硅藻土中的可溶性 SiO_2 含量而定。如需降低水玻璃模数，可掺入 NaOH。100g 水玻璃需 NaOH 可由下式计算：

水玻璃模数和密度　　表 25-5

配料名称	水玻璃模数（M）	水玻璃密度 ρ_s（g/cm^3）
水玻璃胶泥	2.6 ~ 2.9	1.40 ~ 1.45
水玻璃砂浆	2.6 ~ 2.9	1.40 ~ 1.42
水玻璃混凝土	2.6 ~ 3.1	1.38 ~ 1.42

$$\text{NaOH} = \left(\frac{S}{M'} - N\right) \times 80.02$$

式中　S——每 100g 水玻璃中 SiO_2 的摩尔数；

N——每 100g 水玻璃中 Na_2O 的摩尔数；

M'——要求调整后的水玻璃模数。

(2) 调整密度：如需提高水玻璃密度，可加热使水分蒸发；如需降低水玻璃密度，可加入 40 ~ 50℃的热水。所调整的密度是否达到要求，可用波美密度计测出水玻璃的波美度（°B′e），再按前式换算为密度。

（三）水玻璃的性质

水玻璃溶液是一种复杂的胶体溶液。水玻璃的溶解是一个复杂的物理化学过程。

1. 水玻璃的物理力学性质

(1) 质量良好的水玻璃溶液完全透明，或稍带灰色。

(2) 水玻璃溶液经长时间敞开静置，由于表面水分蒸发而结成一层厚皮，并由于沉降而有结底沉淀。

(3) 水玻璃溶液在低温下放置时，同样会产生冻结现象。水玻璃溶液的冰点在 -2 ~ -11℃之间。

(4) 水玻璃溶液的黏度是随模数和密度而变化的（表 25-6 和表 25-7）。在水玻璃溶液中加入 NaCl 可以提高黏度。作为耐酸材料的胶黏剂，水玻璃最常使用的模数为 2.6 ~ 2.8，密度为 1.36 ~ 1.42g/cm^3。

(5) 水玻璃溶液具有较强的粘结性能，其粘结强度的大小与胶体组分（SiO_2）有关。在溶液中加入尿素，可以提高水玻璃的粘结能力。

2. 水玻璃的化学性质

水玻璃是一种复杂的强碱弱酸盐胶体溶液。它能与许多物质发生相当复杂的物理化学反应。

(1) 水玻璃溶液与酸的反应：由于水玻璃溶液是一种既具有胶体性质，又具有真溶液性质的胶体溶液，这种溶液呈碱性，因此它能同无机酸或有机酸发生置换反应。

水玻璃溶液的组成 表 25-6

序号	密度 ρ_s（g/cm³）	波美度 °B′e	模数 M	化学组成（%）		
				SiO_2	Na_2O	H_2O
1	1.160	20	2.5	12.4	5.1	82.5
			3.0	13.8	4.6	81.6
			3.5	14.6	4.2	81.2
			4.0	15.5	3.9	80.6
2	1.260	30	2.5	18.7	7.6	73.7
			3.0	20.6	6.9	72.5
			3.5	21.9	6.3	71.8
			4.0	23.3	5.8	70.9
3	1.380	40	2.5	24.9	10.2	65.0
			3.0	27.5	9.2	63.2
			3.5	29.2	8.4	62.4
			4.0	—	—	—
4	1.525	50	2.5	31.1	12.7	56.2
			3.0	34.4	11.5	54.1
			3.5	—	—	—
			4.0	—	—	—

水玻璃的密度、模数及化学组成 表 25-7

水玻璃	密度（g/cm³）	模数 M	化学组成（%）		
			SiO_2	Na_2O	H_2O
稀的	1.34	3.3	26.5	7.0	65.0
较稀的	1.41	3.3	29.0	8.9	62.1
稠的	1.53	2.6	35.0	13.5	51.5
黏滞的	1.71	2.1	37.0	18.0	45.0
很黏的	1.92	1.6	37.0	23.0	40.0

水玻璃溶液与盐酸的反应，其简单方程式：

$$Na_2O \cdot nSiO_2 + 2HCl + (2n-1)H_2O = 2NaCl + nSi(OH)_4$$

反应结果析出的硅酸凝结，最后以凝胶体沉淀离析出来。

弱的硼酸、各种磷酸、亚硫酸、亚硝酸都能使浓的水玻璃溶液发生凝结。弱的碳酸，甚至在低浓度时也能使水玻璃溶液分解而析出硅酸凝胶。当水玻璃在露天中凝结时会吸收空气中的 CO_2，而使水玻璃溶液硬化。其化学反应：

$$Na_2O \cdot nSiO_2 + CO_2 + 2nH_2O = Na_2CO_3 + nSi(OH)_4$$

反应结果证明了水玻璃可在空气中凝结硬化（系反应型气硬性胶凝材料），只不过凝结硬化速度较慢时间较长而已。

有机酸，如苹果酸、柠檬酸、醋酸、丙酸、丁酸及酒石酸等，在不加热或煮沸的情况下，也能使浓水玻璃溶液析出硅酸凝胶，其必要条件是这些有机酸应具有水溶性，像硬脂酸或油酸这一类不溶解于水的有机酸，则完全不能引起水玻璃溶液的凝结。

（2）水玻璃溶液与碱的反应：水玻璃溶液可以与各种碱发生各式各样的物理化学反应，并且这些反应都具有自己的某些特点。

如水玻璃溶液与碱金属 $Ca(OH)_2$ 之间的反应：

$$Na_2O \cdot nSiO_2 + Ca(OH)_2 \longrightarrow Na_2O \cdot (n-1)SiO_2 + CaO \cdot SiO_2 + H_2O$$

生成的硅酸钙胶体可以填实石灰质制品的孔隙，使制品的密实度有所提高。

（3）水玻璃溶液与碱金属盐的反应：水玻璃溶液可以同许多金属的盐类发生作用，其中以 Na_2SiF_6 的反应具有其特殊性。

水玻璃、氟硅酸钠在水溶液中分别发生水解反应：

$$Na_2O \cdot nSiO_2 + (2n+1)H_2O \rightleftharpoons 2NaOH + nSi(OH)_4$$

$$Na_2SiF_6 + 4H_2O \rightleftharpoons 2NaF + 4HF + Si(OH)_4$$

氢氟酸（HF）的存在使氟硅酸钠溶液的 pH 值达到 3 左右。因此，当水玻璃与氟硅酸钠接触时，两者便会发生酸碱中和反应，其反应方程式：

$$2Na_2O \cdot nSiO_2 + Na_2SiF_6 + 2(n+1)H_2O \longrightarrow 6NaF + (n+1)Si(OH)_4$$

随着反应的进行，溶液中的氢氧化钠逐渐被氢氟酸中和，其碱度逐渐下降，硅酸凝胶不断被析出，形成了坚固的硬化产物。

在水玻璃与氟硅酸钠反应过程中，由于受到反应温度、氟硅酸钠粒度和溶解度等因素影响，反应并不能完全进行。由于氟硅酸钠在水中的溶解度较小，所以它与水玻璃的反应是缓慢而又逐渐进行的，这不仅有利于施工（可以保证充足的施工时间），而且硬化物的致密性及其强度也高，所以是一种较理想的固化剂。

二、固化剂——氟硅酸钠（Na_2SiF_6）

水玻璃本身是一种气硬性胶凝材料，但在空气中凝结硬化较慢，为了加速其硬化，须加固化剂。作为水玻璃的固化剂，最常使用的是氟硅酸钠。虽然可以与水玻璃发生硬化反应的化合物很多，但是由于存在种种缺点，在防腐工程中很少被采用，但其中也有一些，如一氧化铅、氟硅酸钾、氟硅酸镁等，也可以氟硅酸钠混合作为复合固化剂使用。

（一）氟硅酸钠的性质

（1）氟硅酸钠的外观为白、浅灰色或浅黄色粉末，系生产过磷酸钙或氟化盐的副产品。

（2）氟硅酸钠的水溶液呈酸性，pH = 3。这是由于氟硅酸钠的水解产物含有氢氟酸的缘故。其化学反应：

$$Na_2SiF_6 + 4H_2O \rightleftharpoons 2NaF + Si(OH)_4 + 4HF$$

降低溶液酸性有利于反应向右进行，当 pH = 8 ~ 8.5 时，氟硅酸钠可完全水解呈硅胶沉淀析出，当它遇到水玻璃溶液时，氟硅酸钠的水解产物氢氟酸不断与水玻璃中的氧化钠结合，促使氟硅酸钠的水解反应不断进行，从而水玻璃中氧化硅不断析出而逐渐硬化。由于氟硅酸钠与水玻璃的反应是在常温下缓慢进行的，因而作为耐酸混凝土的固化剂，氟硅酸钠具有很大的实用价值。

（二）氟硅酸钠的技术指标

氟硅酸钠作为水玻璃耐酸混凝土的固化剂时，其技术性能指标应符合表 25-8 的要求。

必须注意氟硅酸钠在存放过程中易受潮结块，应包装严密，并存放在干燥环境之中。这主要是由于氟硅酸钠细度小的缘故。氟硅酸钠的细度越小，越能促使硬化反应完全，因而结块的氟硅酸钠，必须经过磨细过筛才能使用。

氟硅酸钠的技术指标 表 25-8

项目	技术指标		项目	技术指标	
	一级	二级		一级	二级
外观及颜色	白色结晶颗粒	允许浅灰或浅黄色	硫酸钠（%）	≯0.2	≯0.3
纯度（%）	≮95	≮90	Na_2O（%）	≯3.0	≯5.0
游离酸（折合 HCl）（%）	≯0.2	≯0.3	水分（%）	≯1.0	≯1.2
氟化钠（%）	≯0.2	≯0.3	水不溶物（%）	<0.5	—
氯化钠（%）	≯0.2	≯0.3	细度	全部通过 0.16mm 的筛孔筛	

三、耐酸骨料

骨料是耐酸混凝土的主要骨架。水玻璃耐酸混凝土的骨料，一般由天然耐酸岩石（表 25-9）或人造耐酸石材破碎而成。常被采用的有石英石、花岗石、安山岩、辉绿岩、石英砂、人造铸石或酸性耐火黏土砖等，也可采用天然的石灰质河、山卵石。

耐酸性能是耐酸骨料重要的性能。一般说来，当骨料中二氧化硅含量较高、氧化钙含量较低时，其耐酸性能较好，例如石英石、花岗石即属此类。也有些人造耐酸材料不完全遵循上述规律，例如耐火黏土砖，它的二氧化硅含量并不高，但含有较高量的经过强烈煅烧的氧化铝，能抵抗高温下的酸碱腐蚀，因此，耐火黏土砖同样具有高的耐酸性；又如铸石粉，其二氧化硅含量低于 50%，但耐酸度却高达 98%，其原因是经高温煅烧的铸石粉含有稳定的辉石晶相物质及明显微晶的微晶结构。

一般对耐酸混凝土所用骨料的要求是：耐酸度高、级配良好、不含泥分等杂质。因此应采用坚实的无风化和无非耐酸夹层的耐酸石料如安山岩、石英解斑岩、玄武岩、花岗石、石英岩、致密长石等以及铸石、红砖、耐酸陶瓷碎块等制成的耐酸粗、细骨料。

对耐酸粗、细骨料的主要技术指标的规定见表 25-9。耐酸粗骨料的粒径及级配应符合普通混凝土用卵石、碎石的规定。

耐酸骨料主要技术指标 表 25-9

指标项目	细骨料	粗骨料
耐酸度	≥95%	≥95%
空隙率（自然状态）	≤40%	≤40%
含泥量	无	无
有机杂质	符合普通混凝土用砂要求	—
湿度	≤20%	≤1%
吸水率	—	≤2%
浸酸后安定性	—	无裂缝、掉角
外观	—	无风化和耐酸夹层

随着科学技术的不断发展，特别是对界面效应的研究，现在可以肯定，骨料在水玻璃耐酸材料中并非是仅起填充作用的惰性材料，而是水玻璃耐酸材料中相当重要的组成部分，它的物理和化学性质对水玻璃耐酸材料的最终质量起着仅次于水玻璃的重要作用。

(一) 耐酸粉料

耐酸粉料是水玻璃耐酸混凝土必不可少的填充材料，更是耐酸胶泥惟一的填充料。它的用量与性能影响着混凝土和胶泥的各项性能，诸如凝结时间、密实度、收缩度及耐酸稳定性等，因此粉料在水玻璃耐酸材料中起着重要作用。

1. 化学成分

耐酸粉料的耐酸性能与其矿物组成和化学成分有关。各种天然耐酸石材的组成和性能见表25-10，耐酸粉料的化学成分见表25-11。

各种天然耐酸石材的组成及性能　　表25-10

技术性能		花岗岩	石英岩	辉绿岩及玄武岩	安山岩	石英砂	纹石
组成		长石、石英及少量云母等组成的火成岩	石英颗粒被二氧化硅胶结而成的变质岩	长石和少量辉石组成的火成岩	长石（斜长石）及少量石英、云母组成的火成岩	天然河砂原生岩风化而成	产于山西五台山，由二氧化硅矿物组成
颜色		呈灰色、蓝灰色或浅红色	呈白色、浅黄色或浅红色	呈深灰色或绿黑色	呈灰色或深灰色	白色或黄色	灰白色或肉白色
特性		强度高、耐寒性好，但热稳定性差	强度高，耐火性好、硬度大、难于加工	密度大，耐磨性好，脆性大，强度极大，加工较难	热稳定性好，硬度较小，加工较容易	—	构造层理呈薄片状，质软易加工
主要成分（SiO_2%）		60~75	>90	47~49	61~65	86~90	>60
密度（g/cm^3）		2.60~2.80	2.50~2.80	2.90~3.00	2.70	1.60左右	2.80~2.90
抗压强度（MPa）		110~250	150~400	180~250 250~500	—	—	50~100
耐酸度（%）		94~94	>96	80~85 80	94~96	>96	—
耐酸性能	硫酸（33%）	耐	耐	耐	耐	耐	耐
	盐酸（20%）	耐	耐	耐	耐	耐	耐（>90℃时不耐）
	硝酸（30%）	耐	耐	耐	耐	耐	耐

耐酸粉料化学成分及耐酸度　　表25-11

名称	化学成分（%）					耐酸度（%）
	SiO_2	Fe_2O_3	Al_2O_3	CaO	MgO	
铸石粉	48.14	11.60	17.94	8.38	7.46	98
耐火黏土砖粉	47.80	0.12	43.68	1.50	0.45	97
安山岩粉	60~62	3~5	15~20	—	—	>94
石英粉	96.74	0.21	0.83	0.74	0.13	>97
瓷渣粉	76.5	0.74	13.4	1.22	0.14	>96
河砂粉	69.54	2.39	12.56	4.55	2.03	96
69号灰	>93	<0.7	<5	—	<0.5	—

2. 种类及应用

耐酸粉料是由天然耐酸岩或人造耐酸石材经磨细加工而成。耐酸粉料中以铸石粉、石英粉、瓷粉等应用较广。

（1）石英粉：耐酸度在97%以上，是一种耐酸性好的粉料，但配制的耐酸胶泥抗渗性差，收缩率偏高，这使得石英粉的广泛应用具有一定的局限性。

（2）铸石粉：是由辉绿岩等原料经过高温熔融结晶后制得的，它的颗粒结构致密，用它配制的耐酸混凝土或胶泥收缩率小，耐酸液渗透力较强、强度较高。目前，在水玻璃耐酸混凝土中，铸石粉是一种广泛应用的较理想的耐酸材料。

（3）瓷粉：用瓷粉调制的耐酸胶泥和易性好，其制品收缩率较小，耐酸性能强，也是常用的耐酸粉料之一。

另外，耐火黏土砖粉、石墨粉、石英粉、铸石粉等，都是耐酸稳定性高的粉料，一般用于有特殊要求的耐酸工程中。不同粉料耐酸胶泥物理化学性能比较见表 25-12。

不同粉料耐酸胶泥物化性能比较 表 25-12

粉料品种	吸水性	收缩性	耐酸性	耐磨性	耐热性	导热性	粘结力	和易性
铸石粉	小	小	好	高	高	一般	高	好
石英粉	较	大	好	一般	一般	一般	一般	差
石墨粉	小	小	好	较差	高	好	高	差

3. 技术指标

耐酸粉料用作水玻璃耐酸材料的填料时，要求其细度大，耐酸度高。其技术指标应符合表 25-13 的要求。

耐酸粉料的技术指标 表 25-13

性能项目	耐酸度（%）	含水率（%）	细度（%）	
			0.16mm 筛孔筛余	0.08mm 筛孔筛余
指标	≥95	≤0.5	≤5	10～30

（二）耐酸细骨料

常用的耐酸细骨料为石英砂，一般工程中也可用黄砂，但需经严格筛洗，并作必要的耐腐蚀检验。

1. 技术指标

耐酸细骨料作水玻璃耐酸材料时，其技术指标应符合表 25-14 的要求。

耐酸细骨料的技术指标 表 25-14

性能项目	耐酸度（%）	含水率（%）	含泥量（%）
指标	≥95	≤1.0	≤1.0

2. 粒径及级配

水玻璃耐酸砂浆用细骨料，用于铺砌时，其粒径不应大于 1.25mm；用于涂抹时，其粒径不应大于 2.5mm。水玻璃耐酸混凝土所用细骨料的级配，应符合表 25-15 规定。

耐酸细骨料的级配 表 25-15

筛孔尺寸（mm）	0.16	0.315	1.25	2.50	5
累计筛余（%）	95～100	70～95	20～55	10～35	0～10

3. 化学成分和耐酸度

天然石英砂是一种较好的耐酸混凝土细骨料。其 SiO_2 含量较高，颗粒较密实，耐酸度在95%以上。石英砂的化学成分和耐酸度见表25-16。

石英砂的化学成分和耐酸度　　表25-16

材料名称	化学成分（%）			耐酸度（%）
	SiO_2	CaO	Fe_2O_3	
石英砂	98.6	0.21	0.0013	>96

（三）耐酸粗骨料

配制水玻璃耐酸混凝土常用的粗骨料有石英石、花岗石、碎瓷片、耐酸砖块等。耐酸粗骨料是水玻璃耐酸混凝土的主要骨架，它直接影响着耐酸混凝土的物理化学性能。因此，认真选择耐酸粗骨料是不容忽视的一个重要环节。

1. 化学成分和耐酸度

各种耐酸粗骨料的化学成分和耐酸度见表25-17。

耐酸粗骨料化学成分和耐酸度　　表25-17

骨料名称	化学成分（%）								耐酸度（%）
	SiO_2	Al_2O_3	Fe_2O_3	CaO	MgO	Na_2O	K_2O	FeO	
石英石	99.03	—	0.0025	0.21	—	—	—	—	>96
花岗岩	69.92~72.60	13.88~14.78	1.43~1.62	1.32~2.15	0.38~0.97	3.28~3.54	4.03~4.07	0.82~1.67	94~97
辉绿岩	49.50	18.00	2.03	10.64	6.62	2.82	0.97	5.08	80~85
玄武岩	49.30	14.79	16.34	8.74	10.03	—	—	—	80
安山岩	59.59~63.51	17.31~18.70	3.23~5.49	5.80~7.88	2.75~4.80	3.39	2.12	3.15~4.20	—
耐火黏土砖	50.55	40~45	3.80	1.2~2.0	0.9~1.0	—	—	—	>94

2. 技术指标

欲配制优质水玻璃耐酸混凝土，其耐酸粗骨料须符合表25-18所列质量要求。

耐酸粗骨料技术指标　　表25-18

性能项目	耐酸度（%）	含水率（%）	吸水率（%）	含泥量（%）	溶酸后安定性
指标	≥95	≤0.5	≤1.5	不允许有	合格（无裂缝、掉角）

3. 骨料级配

水玻璃耐酸混凝土选用粗骨料的级配见表25-19。

耐酸粗骨料的级配　　表25-19

筛孔尺寸（mm）	5	1/2最大粒径	最大粒径
累计筛余（%）	90~100	30~60	0~5

4. 最大粒径

耐酸粗骨料的最大粒径应不超过结构断面最小尺寸的$\frac{1}{4}$，钢筋净距的$\frac{3}{4}$，用于楼地面层时不应超过25mm，且小于面层厚度的$\frac{2}{3}$。

四、外加剂

(一) 外加剂的作用

在水玻璃中掺少量外加剂，可以显著改善耐酸混凝土制品的各项性能，特别是抗渗性能。除此之外，尚有一些方法也曾被采用，例如在骨料中掺入活性含硅物质硅藻土或铜、铅、铁、钛、钒等矿渣粉；以有机单体浸渣水玻璃耐酸混凝土等。这些方法对混凝土的性能均有不同程度的改善。

(二) 外加剂的种类

目前，国内使用的外加剂，大体可分为四类，见表25-20。

外加剂种类及特性 表25-20

分类	代表化合物	主要特性
呋喃类有机单体	糠醇、糠醛丙酮、糠醇与糠醛丙酮混合物等	以呋喃环为基体，沸点在150℃以上，溶于水。在酸性催化剂（如盐酸苯胺）作用下，糠醇能缩聚成树脂
水溶性低聚物	多羟醚化三聚氰胺、水溶性氨聚醛低聚物、水溶性聚酰胺等	均为有机低聚物，水溶性好，如多羟醚化三聚氰胺能与水以任何比例混溶，在酸性介质中可发生聚合反应
高分子化合物	水溶性环氧树脂、呋喃树脂等	为黏稠状液体，由于树脂聚合度较高，于水玻璃中的分散状态比以上两类外加剂差
烷芳基磺酸盐	木质素磺酸钙、亚甲基二萘磺酸钠等	属阴离子表面活性剂，粉状，易溶于水，其水溶液可均匀分散于水玻璃溶液中

第三节 水玻璃混凝土的耐酸机理

一、硅胶的形成

为了能够更好地了解水玻璃耐酸混凝土的耐酸机理，首先应了解其凝结硬化过程中的化学反应，因为这种硬化被认为主要是水玻璃和氟硅酸钠发生化学反应的结果。水玻璃的硬化主要经过水解—化合—干燥三个阶段后，产生强度和耐久性。

(一) 水解反应阶段

1. 水玻璃水解

水玻璃水解时其化学反应方程为

$$2Na_2O\cdot nSiO_2+2(n+1)H_2O=\!=\!=4NaOH+nSi(OH)_4$$

2. 氟硅酸钠水解

氟硅酸钠水解时其化学反应方程为

$$Na_2SiF_6+4H_2O=\!=\!=2NaF+4HF+Si(OH)_4$$

(二) 化合反应阶段

1. 氢氧化钠与氟化氢反应

氢氧化钠与氟化氢反应时其化学反应方程为

$$4NaOH+4HF=\!=\!=4NaF+4H_2O$$

2. 综合反应

综合上述三个反应其反应方程为

$$2Na_2O\cdot nSiO_2+Na_2SiF_6+2(n+1)H_2O=6NaF+(n+1)Si(OH)_4$$

（三）干燥阶段

1. 水玻璃碳化

在干燥空气中，表面水玻璃碳化时其化学反应方程为

$$Na_2O\cdot nSiO_2+2nH_2O+CO_2=Na_2CO_3+nSi(OH)_4$$

2. 硅胶脱水

在常温下，硅胶脱水时其化学反应方程为

$$Si(OH)_4=SiO_2+2H_2O$$

综上所述，水玻璃与氟硅酸钠起化学反应生成硅胶 $Si(OH)_4$，此种硅胶沉积在耐酸粉料和粗细骨料表面，形成一层硅胶薄膜，由于硅胶本身具有粘结性，将掺合料和粗细骨料相互胶结成一整体。无定形硅胶进而脱水变成氧化硅（石英石），使混凝土强度进一步提高，从而增强了水玻璃混凝土的耐酸能力。

二、影响耐酸性能的因素

（一）反应程度的影响

水玻璃与氟硅酸钠的一系列化学反应在混凝土中无法进行完全，外层进行反应时间较短，内层虽然时间较长，但不能全部反应到底，其反应率仅达80%左右。即使各组分的比例得当，在混凝土硬化体中仍然存在着未水化的硅酸钠和氟硅酸钠；因此，水玻璃耐酸混凝土硬化过程中所产生的可溶性物质（如 NaF）和未参与反应的硅酸钠的存在，是使得混凝土的抗稀酸性、抗水性和渗透性较差的基本原因。同时，在制备水玻璃耐酸混凝土的过程中，如果氟硅酸钠用量不足，水玻璃模数过低，密度过大，早期养护过低，也会降低混凝土的抗稀酸性能和抗水性能。

（二）反应温度的影响

水玻璃耐酸混凝土在低温下的硬化是十分缓慢的，当温度升高时，它的硬化过程就大大加快。这是由于氟硅酸钠的溶解度随温度的升高而加大，因而导致混凝土的凝结加快，强度提高。一般情况下，耐酸混凝土要在温暖（10℃以上）和干燥的环境中硬化，严禁浇水养护。

三、提高耐酸性能的措施

为了改善和提高水玻璃耐酸混凝土的抗稀酸、抗水性、抗渗透性和其他物理化学性能，配制水玻璃耐酸混凝土的原材料应严格按照技术要求进行选择，配合比应合理设计，养护条件应控制适宜，这样才能保证耐酸混凝土内部的硅酸凝胶 $Si(OH)_4$ 脱水并形成固态 SiO_2，减少可溶性钠盐的含量，提高内部结构的密实性，从而获得性能良好的耐酸混凝土。

第四节 水玻璃耐酸混凝土配合比设计和选择

一、配合比设计要求和原则

水玻璃耐酸混凝土施工时的最佳配合比，应根据设计和施工要求由试验确定。

（一）设计要求

根据对耐酸混凝土的基本要求，在设计和选择配合比时必须考虑以下四点要求。

(1) 应使水玻璃耐酸混凝土具有良好的耐稀酸、抗水稳定性。

(2) 耐酸混凝土应具有适宜的强度和耐久性。按《建筑防腐蚀工程施工及验收规范》(GB 50212—2002) 中规定。

①水玻璃耐酸砂浆　其 28d 龄期抗压强度不应小于 15.0MPa;

②水玻璃耐酸混凝土　其 28d 抗压强度不应小于 20.0MPa;

③改性水玻璃耐酸混凝土　其 28d 抗压强度不应小于 25.0MPa; 抗渗等级不应小于 P12。

(3) 所选择的配合比应为混凝土的施工操作提供必要的条件。按《建筑防腐蚀工程施工及验收规范》(GB50212—2002) 中规定:

①耐酸胶泥的稠度　水玻璃耐酸胶泥的稠度为 7~15cm。这在实际施工过程中可能会感觉太稠，根据不同的材质及施工部位应作适当调整，以保证施工质量。

②水玻璃耐酸砂浆的沉入度　铺砌块材为 3~4cm; 涂抹面层为 4~6cm。

③水玻璃耐酸混凝土的坍落度　机械捣实时 ≤1.0cm; 人工捣实时为 1.0~2.0cm。

(4) 所设计和选择的配合比应最大限度地降低混凝土的造价。

以上四点必须同时兼顾，不应单方面追求高强度，强度高并不一定就意味着耐酸、抗水性能就好，同时，也应兼顾施工性能和经济造价。例如，在混凝土中水玻璃用量少，混凝土强度有所增长，但其密实度却降低了，达不到耐酸、抗水的目的。同样，强度低的耐酸混凝土也同样达不到这些目的。混凝土强度低的原因，主要是由于采用了模数低、比密度小的水玻璃；或者是水玻璃用量过多、氟硅酸钠掺量不足以及混凝土在温度较低的环境下硬化等原因引起的。

(二) 设计原则

为了保证混凝土的强度和耐久性，同时又便于施工的性能，混凝土各组成材料的用量可按下述原则选用。

1. 水玻璃用量

胶结材料用量根据坍落度、沉入度及稠度确定。选择原则是在确保施工和易性情况下水玻璃用量尽量少。水玻璃用量多少，对混凝土的耐酸、抗水性能有很大影响。用量过少，和易性差，不仅施工操作困难，特别是不易捣固密实，也达不到抗水的目的；用量多，和易性虽好，但混凝土的耐酸、抗水稳定性变差。故在满足施工和易性要求的条件下，应尽量少用水玻璃，这不仅经济，而且混凝土的耐酸性、抗水稳定性及抗渗透性都相应提高。

通常，每 $1m^3$ 耐酸混凝土水玻璃用量控制在 250~300kg 之间。

2. 氟硅酸钠固化剂的掺量

氟硅酸钠固化剂的掺量除对硬化速度有影响外，对混凝土的抗酸和抗水稳定性也有很大影响。同时，混凝土的强度随着氟硅酸钠掺量的增加而提高，但掺量超过某一限度时，其强度增长不显著，或略有降低。混凝土在酸作用下，其强度均有所增长；当氟硅酸钠掺量少时，强度增长较大；掺量超过一定数量时，增长缓慢。此外，氟硅酸钠掺量过多，混凝土硬化快，对施工操作不利，也增加了造价。

当水玻璃模数、密度确定后，氟硅酸钠的理论用量就是一个定值。氟硅酸钠固化剂的理论掺量按下式计算:

$$G = 1.5 \times \frac{N_1}{N_2} \times 100$$

式中　G——氟硅酸钠用量占水玻璃用量百分率（%）；

N_1——水玻璃中含氧化钠百分率（%）；

N_2——氟硅酸钠纯度（%）。

显然，配制耐酸混凝土时，氟硅酸钠硬化剂的掺量过多是不适宜的，一般掺量为水玻璃用量的12%~15%，这主要视拌制时的温度来确定。当水玻璃模数 $M=2.4\sim2.9$、比密度 $\rho_s=1.38\sim1.40\text{g/cm}^3$ 之间时，氟硅酸钠的掺量可选自表25-21和表25-22。

Na_2SiF_6 掺量与拌制温度的关系　　**表25-21**

拌制及养护温度（℃）	8~15	15~25	>25	备　注
氟硅酸钠占水玻璃（%）	7	15	13	氟硅酸钠纯度>95%

氟硅酸钠固化剂理论用量参考值（占水玻璃量的百分数）　　**表25-22**

密　度 ρ_s（g/cm³）	水玻璃模数（M）				
	3.2	3.0	2.8	2.6	2.4
1.46	—	—	—	—	18.9
1.44	—	15.9	16.3	17.5	17.9
1.42	14.5	15.5	15.9	16.5	17.4
1.40	13.9	15.0	15.5	16.0	16.7
1.38	13.5	14.1	14.5	15.4	15.9
1.36	12.9	13.7	14.0	14.5	14.8
1.34	12.3	—	—	—	—

但是实际上，由于水玻璃与氟硅酸钠的化学反应一般是不能进行到底的，其最终反应率只能达到70%~80%，因此，通过性能试验得出，氟硅酸钠的实际用量以取理论用量的90%~100%为宜。

3. 耐酸粉料用量

耐酸粉料起填充骨料空隙使混凝土达到最大密实度的作用。耐酸粉料用量少，混凝土塑性差，密实度降低；但粉料用量过多，会使混凝土拌合料的黏性增大，不易浇筑密实，硬化后内部存在较多气泡，从而抗渗能力差，吸水率大。粉料用量过多或过少，均不能提高混凝土的抗渗能力。

在每1m³水玻璃耐酸混凝土中，粉料的掺量以400~550kg为宜。

4. 粗细骨料用量

粗细骨料用量对耐酸混凝土性能的影响，一般不如前三者。但粗骨料的粒径不宜过大，并要求有良好的级配，砂率要求在40%以上才能保证耐酸混凝土有良好的密实度。

粗细骨料的总用量，可由每1m³耐酸混凝土的总质量（即堆密度为2350~2450kg/m³）中减去水玻璃、氟硅酸钠和耐酸粉料三者的用量求得，再根据控制砂率来分别求得细骨料和粗骨料用量。

总之，进行配合比设计应在砂石级配符合技术规范的前提下，首先考虑骨料空隙率，在选择砂石的比例时应使骨料空隙率最小。根据实践经验，砂率一般控制在35%~45%。确定粉料用量时，应使混凝土的堆密度最大，空隙率最小，一般当选择的粉、砂、石比例在1:1.2~1.5:1.7~2.0范围内，可使混凝土堆积密度达2300~2450kg/m^3。水玻璃用量根据混凝土坍落度确定，水玻璃耐酸混凝土宜选择在0~3cm范围内，密实水玻璃耐酸混凝土宜选择在3~7cm范围内。固化剂氟硅酸钠的掺量约为水玻璃质量的12%~15%。

5. 外加剂掺量。

各种外加剂的掺入量，根据混凝土或胶泥的性能测试数据选定（表25-23）。

外加剂掺量（按质量计）　　表25-23

水玻璃	外加剂				
	糠醇单体	糠酮单体	多羟醚化三聚氰胺	木质素磺酸钙+水溶性环氧树脂	NNO
100	3~5	5	5~8	2+3	4~5

注：用糠醇时也可加入盐酸苯胺，其用量为糠醇的4%。

二、水玻璃耐酸混凝土的配合比

耐酸混凝土、砂浆和胶泥的配合比一般可参考经验配合比选择，然后再通过试验调整，最后确定出适合的配合比。

（一）水玻璃耐酸混凝土配合比

1. 水玻璃耐酸混凝土典型配合比

水玻璃耐酸混凝土典型配合比可参考表25-24。

普通型水玻璃耐酸混凝土典型配合比　　表25-24

配合比编号	水玻璃混凝土配合比（质量比）						
	水玻璃	氟硅酸钠	粉料			骨料	
			辉绿岩粉	辉绿岩粉 石英粉1:1	69号耐酸水泥	细骨料	粗骨料
1	1.0	0.15~0.16	2.0~2.2	—	—	2.3	3.2
2	1.0	0.15~0.16	—	1.8~2.0	—	2.4~2.5	3.2~3.3
3	1.0	0.15~0.16	—	—	2.1~2.2	2.6~2.7	3.2~3.3

2. 水玻璃耐酸混凝土参考用料配合比

水玻璃耐酸混凝土参考用料配合比可参见表25-25和表25-26。

普通型水玻璃耐酸混凝土参考配合比（一）　　表25-25

配合比编号	水玻璃耐酸混凝土配合比（kg/m^3）								抗压强度（MPa）		
	水玻璃			氟硅酸钠	粉料	砂子	碎石				
	模数 M_x	密度（g/cm^3）	用量				粒径（mm）	用量	f_{c7}	f_{c14}	f_{c28}
1	2.3	1.35	300	49.0	450	520	20~40	1200	18.0	—	—
2	2.8	1.39	309	45.3	543	604	5~15	906	—	20.5	—
3	2.8	1.39	320	48.0	515	575	5~15	894	—	21.3	—
4	2.8	1.39	295	44.3	531	590	5~25	1033	—	21.7	—
5	2.8	1.39	318	47.7	509	572	5~25	954	—	19.0	—
6	2.3	1.39~1.41	330	49.5	450	450	5~25	1100	—	—	22.0

普通型水玻璃耐酸混凝土参考配合比（二）　　表 25-26

序号	砂石品种	水玻璃 (kg)	氟硅酸钠 (kg)	铸石粉 (kg)	砂子 (kg)	碎石 (kg)
1	石英砂、石英石	260～280	39～42	500	700	900
2	石英砂、花岗岩石	280～300	42～45	500	700	900
3	安山岩砂、安山岩石	280～300	42～45	500	700	900
4	石英质河沙、卵石	250～270	37.5～40.5	500	700	900
5	耐火黏土砖砂石	380～420	57～63	500	700	900

（二）水玻璃耐酸胶泥、砂浆配合比

1. 水玻璃耐酸胶泥和砂浆典型配合比

水玻璃耐酸胶泥、水玻璃耐酸砂浆典型配合比见表 25-27。

普通型水玻璃耐酸胶泥和砂浆配合比　　表 25-27

耐酸材料名称	配合比编号	水玻璃耐酸胶泥和砂浆配合比（质量比）					
		水玻璃	氟硅酸钠	耐酸粉料			耐酸细骨料
				辉绿岩粉	石英粉	69 号耐酸水泥	
耐酸胶泥	1	1.0	0.15	2.55～2.70	—	—	—
	2	1.0	0.15	—	—	2.40～2.60	—
	3	1.0	0.15	—	2.20～2.40	—	—
耐酸砂浆	1	1.0	0.15	2.0～2.2	—	—	2.5～2.7
	2	1.0	0.15	—	2.0～2.2	—	2.6～2.7
	3	1.0	0.15	—	—	2.0～2.2	2.6～2.7

2. 水玻璃耐酸胶泥、砂浆用料配合比

水玻璃耐酸胶泥根据稠度可分为稀胶泥和稠胶泥两种。

（1）稀胶泥：稠度＞40mm，一般用作瓷砖（板）的底子层或作为处理施工缝的涂层。

（2）稠胶泥：稠度＜40mm，主要用作砌筑耐酸块材的粘结材料、找平层、或作勾缝等。

可供耐酸胶泥使用的粉料品种很多，一般说来以铸石粉、瓷粉等耐酸填料比较理想，使用时应视工程要求予以选择。为了减少耐酸胶泥凝结硬化后的体积收缩，有时常在胶泥中掺入适量的细骨料配制成水玻璃耐酸砂浆。

水玻璃耐酸胶泥和水玻璃耐酸砂浆的施工用料配合比见表 25-28。

普通型水玻璃耐酸胶泥和砂浆施工配合比　　表 25-28

水玻璃耐酸材料		耐酸粉料品种	粉料	水玻璃			氟硅酸钠	细骨料
				模数 M_x	密度 (g/cm^3)	用量		
耐酸胶泥	稀胶泥	铸石粉	100	2.6～3.0	1.38～1.42	100	13～16	—
	稠胶泥	铸石粉	100	2.6～3.0	1.38～1.42	36～39	13～16	—
		铸石粉:石英石（1:1）	100	2.6～3.0	1.38～1.42	40～45	13～16	—
耐酸砂浆		铸石粉	100	2.6～3.0	1.38～1.42	45～50	13～16	120～140

三、密实水玻璃耐酸混凝土的配合比

水玻璃耐酸混凝土虽然具有良好的耐酸、耐高温及抗冲击性能，但其主要缺点是抗渗性差，在与酸液接触时较易为酸液所渗透。渗入到混凝土中的酸液，在干湿交替循环条件下，形成金属盐结晶（以硫酸为甚），产生很大的结晶应力，从而导致体积膨胀，使混凝土遭到破坏；渗入的酸液，还会引起钢筋锈蚀，被锈蚀的钢筋产生的膨胀应力又会引起混凝土的顺筋裂缝。以上这些破坏导致混凝土表面疏松、剥落，并逐渐失去原有的机械强度。水玻璃耐酸混凝土的这种缺陷，不仅影响了混凝土的使用效果，而且也限制了其使用范围。为了提高水玻璃耐酸混凝土的密实性，人们研究出在水玻璃中掺入少量 NNO、糠醇和盐酸苯胺、多羟醚化三聚氰胺等外加剂配制改性水玻璃，并以此配制密实水玻璃耐酸混凝土。

（一）密实水玻璃耐酸混凝土配合比

密实水玻璃耐酸混凝土的配合比见表 25-29。

密实水玻璃耐酸混凝土配合比（质量比） 表 25-29

配方编号	水玻璃	氟硅酸钠	铸石粉	石英砂	石英石	外加剂						
						糠醇单体	盐酸苯胺	糠酮单体	多羟醚化三聚氰胺	木质素磺酸钙	水溶性环氧树脂	NNO
1	100	15	180	250	320	3~5	0.12~0.2	—	—	—	—	—
2	100	15	185	260	330	—	—	—	5~8	—	—	—
3	100	15	300	250	135	—	—	5	—	—	—	—
4	100	18	210	230	320	—	—	—	—	2	3	—
5	100	15	190	270	350	—	—	—	—	—	—	4~5

（二）密实水玻璃耐酸胶泥配合比

密实水玻璃耐酸胶泥配合比见表 25-30。

密实型水玻璃耐酸胶泥配合比（质量比） 表 25-30

外加剂		水玻璃			铸石粉	氟硅酸钠（%）
品种	掺量（%）	模数 M_x	密度（g/cm³）	用量		
不掺	—	2.8~3.0	1.38~1.42	36~38	100	13~16
多羟醚化三聚氰胺	5	2.8~3.0	1.38~1.42	35~37	100	13~16
NNO	10	2.8~3.0	1.38~1.42	33~35	100	13~16
糠醇+盐酸苯胺	3+0.12	2.8~3.0	1.38~1.42	37~39	100	13~16
糠醇单体或糠酮树脂	5	2.8~3.0	1.38~1.42	36~38	100	13~16

第五节 水玻璃耐酸混凝土主要技术性能

一、耐酸混凝土硬化前的性能

水玻璃耐酸混凝土硬化前的主要性能有湿堆积密度、凝结时间及施工和易性。

（一）湿堆密度

水玻璃耐酸混凝土的湿堆密度因骨料的种类不同而异，但一般都在 2250~2450kg/m³ 范围内波动，见表 25-31。

水玻璃耐酸混凝土的湿堆积密度　　表 25-31

骨　料	石英石	花岗石	安山岩	辉绿岩	耐火黏土砖	河卵石	石英石
湿堆积密度（kg/m^3）	2350	2330	2300	2320	2260	2360	2430

注：如用石英石作骨料，粉料为铸石粉，其他均用石英粉。

（二）凝结时间

在施工所用的水玻璃规格、氟硅酸钠用量、骨料品种、环境湿度等条件确定以后，应于现场测定耐酸胶泥凝结时间。凝结时间总的要求：初凝不小于 30min，终凝不大于 8h。常用耐酸胶泥的凝结时间见表 25-32。影响耐酸胶泥凝结时间的因素有：

水玻璃耐酸胶泥凝结时间　　表 25-32

外加剂	水玻璃		稠度（mm）	测试温度（℃）	凝结时间（h:min）	
	模数 M_x	密度（g/cm^3）			初凝	终凝
不掺	2.98	1.42	18	20	4:45	6:10
多羟醚化三聚氰胺	2.98	1.42	18	20	5:05	5:35
糠醇	2.98	1.42	17	20	4:40	5:40
NNO	2.98	1.42	16	20	4:30	5:50

(1) 胶泥凝结时视水玻璃模数、密度、固化剂用量、环境温度等条件不同而变化。

①提高水玻璃模数或降低水玻璃密度可使胶泥凝结加快；降低模数或提高密度则胶泥凝结减缓。

②提高氟硅酸钠固化剂用量，胶泥凝结加快；反之，则凝结减缓。

(2) 耐酸胶泥的凝结时间还与环境温度有直接关系：一般夏季施工，胶泥在 2～3h 内凝结；而冬期施工，终凝时间延长到 5～6h，甚至更长。

在施工中，对于具体工程，则要求凝结时间长于一次施工所需的全部时间。如果凝结过快，将会发生后半部振捣还在进行，前半部混凝土已凝结而被振裂的现象，此时应通过调整水玻璃模数、密度、氟硅酸钠用量或施工温度等措施加以解决。

（三）施工和易性

施工和易性是指水玻璃耐酸混凝土按一定配合比例混合后，其浇筑成型和振捣密实施工的难易程度。在施工前应测定耐酸混凝土的坍落度、砂浆沉入度或胶泥稠度，使其符合规范标准方能施工。

二、耐酸混凝土硬化后的性能

（一）力学性能

1. 强度

耐酸混凝土的抗压强度为 20～40MPa，抗拉强度约为抗压强度的$\frac{1}{10}$。掺外加剂密实型耐酸混凝土抗压强度为 30～50MPa，约增加 10%～30%。水玻璃耐酸混凝土的强度指标见表 25-33。

水玻璃耐酸混凝土的强度指标 **表 25-33**

类别	外加剂	抗压强度（MPa）	抗拉强度（MPa）	与钢筋粘结力（MPa）	与瓷砖粘结强度（MPa）	粘结强度（MPa）		
						与瓷砖	与花岗岩	与耐酸砂浆
混凝土	不掺	32.9	—	4.6	—	—	—	—
	糖醇	40.6	3.2	4.6	—	—	—	—
	多羟醚化三聚氰胺	36.1	3.1	4.9	—	—	—	—
	NNO	29.0	—	3.6	—	—	—	—
胶泥	不掺	38.8	4.0	—	1.2~1.5	5.0	4.4	>3.0
	糠醇+盐酸苯胺	52.4	5.6	—	0.8~1.0	3.8	3.8	>3.0
	糠醇	49.0	4.6	—	0.8~1.0	3.7	3.5	>3.0
	多羟醚化三聚氰胺	43.1	5.2	—	0.8~1.0	4.4	3.6	>3.0

耐酸混凝土的早期强度增长较快，一般3d龄期强度可达28d龄期强度的50%~80%，7d龄期强度可达28d龄期强度的80%~90%，而后期强度增长较缓慢。

2. 影响强度的因素

影响水玻璃耐酸混凝土强度的因素很多，其中主要的有骨料品种、水玻璃规格和施工养护温度。

（1）骨料品种：如表25-34所列，在各种骨料中，以耐火黏土砖作骨料配成的混凝土强度最高，花岗岩次之，石英石又次之；而以辉绿岩、安山岩、河卵石等作骨料的强度较低。在耐酸胶泥中，以铸石粉作填料的强度要比石英粉为填料的高50%左右。

（2）水玻璃规格：如表25-35所列，在水玻璃规格允许范围内，选择较高模数和密度，可以提高耐酸胶泥和混凝土的强度指标。

骨料品种对混凝土强度的影响 **表 25-34**

强度		骨料（粉料为石英粉）						粉料	
		石英石	花岗岩	安山岩	辉绿岩	耐火黏土砖	河卵石	铸石粉	石英粉
抗压强度（MPa）	混凝土	25.5	27.8	21.2	20.5	39.5	21.8	—	—
	砂浆	—	—	—	—	—	—	31.0	20.7
抗拉强度（MPa）	胶泥	—	—	—	—	—	—	4.0	2.4

水玻璃模数、密度对胶泥强度的影响 **表 25-35**

品种	抗压强度（MPa）				抗拉强度（MPa）				粘结强度（MPa）	
	$M_x=3.0$		$\rho_s=1.42g/cm^3$		$M_x=3.0$		$\rho_s=1.42g/cm^3$		$M_x=3.0$	
	$\rho_s=1.35g/cm^3$	$\rho_s=1.46g/cm^3$	$M_x=2.4$	$M_x=3.2$	$\rho_s=1.35g/cm^3$	$\rho_s=1.46g/cm^3$	$M_x=2.4$	$M_x=3.2$	$\rho_s=1.34g/cm^3$	$\rho_s=1.0g/cm^3$
耐酸胶泥	23.4	31.4	26.7	35.2	3.1	4.7	3.1	5.1	3.2	4.7
糠醇改性耐酸胶泥	35.4	39.3	40.8	41.0	4.3	4.7	4.7	6.6	3.6	4.7

注：1. 粘结强度采用瓷砖8字试模测定；2. 表中 M—水玻璃模数；ρ_s—水玻璃密度。

（3）养护条件：如表25-36所列，不同的施工条件与养护温度对水玻璃耐酸混凝土的强度影响较大。比较理想的施工与养护温度为18~30℃，如温度过低，强度将下降10%

~20%，早期强度下降更甚。耐酸混凝土在养护初期不应采取加热措施，不然强度也将下降，这是由于水玻璃失水过快造成的。养护后期进行的加热烘干工艺，混凝土强度可以增长20%左右。

不同养护条件下混凝土强度变化规律　　表 25-36

养护条件	抗压强度增长百分率（%）					
	f_{c1}	f_{c3}	f_{c7}	f_{c14}	f_{c28}	7d后烘干
28~30℃	74.9	80.9	85.0	94.5	100.0	125.4
6~12℃	16.8	58.4	84.9	84.1	87.6	—
60℃烘箱中	69.7	79.1	68.5	80.3	81.8	—

（二）变形性能

以不同耐酸骨料或不同外加剂配制的耐酸混凝土的变形性能均不相同，见表 25-37 选择热膨胀系数和弹性模量数值较小品种的耐酸混凝土，对防止混凝土在受热条件下的开裂是有益的。

水玻璃耐酸混凝土的变形性能　　表 25-37

混凝土类别	热膨胀系数（1/℃）	弹性模量（$\times10^4$MPa）	胀缩率（%）
耐酸混凝土	1.06×10^{-5}	2.18	-0.02~0.1
糠醇改性混凝土	1.12×10^{-5}	2.69	+0.1~0.2
多羟醚化三聚氰胺改性混凝土	0.938×10^{-5}	2.35	+0.04~0.1
糠醇改性混凝土	0.71×10^{-5}	1.58	—

（三）耐久性能

1. 密实性

耐酸混凝土的密实性较差，抗渗等级仅有 0.2MPa 左右，中等浓度以下的酸水容易渗透到混凝土内部。在干湿交替的情况下，钠盐将会析出，造成结晶膨胀腐蚀，导致混凝土疏松、剥落而失去原有强度。耐酸混凝土密实性不高的原因主要是由于硅酸凝胶是一种多孔的基质，它在凝固过程中要不断脱水缩聚，形成无数微小细孔的连续相，并且液体水玻璃中的水分要逸散，因此，水玻璃凝固体中产生大量气孔的事实不可避免。经外加剂改性的密实型水玻璃耐酸混凝土，由于内部结构中无数微小气孔的直径大幅度减小，变为无害孔径，并且由于外加剂的作用，部分开口孔隙变为封闭孔，因此水玻璃耐酸混凝土的密实性得以大幅度提高。

普通水玻璃胶泥的孔径主要分布在 10000~1000Å 之间，最可几孔径为 2128Å，添加外加剂后 10000~1000Å 之间的大孔大量消失或被填平封闭，而小于 250Å 的胶孔剧增，最可几孔径向 127Å 偏移，这个微观试验结果在宏观上的体现就是外加剂促使耐酸混凝土由多孔型向密实型转变。

如表 25-38 所列数据表明，经过外加剂改性的耐酸混凝土其显孔率降低 80%~90%，抗渗等级提高 10 倍以上，对酸液的渗透具有强的遏制能力。酸液对密实型水玻璃耐酸混凝土的渗透深度不随浸酸龄期的延长而加深，而是停留在某一数值上不变，这是可贵的特性。

水玻璃耐酸混凝土的密实性指标 表 25-38

外加剂	耐酸混凝土				耐酸胶泥			
	显气孔率（%）	抗渗等级（MPa）	渗水深度（mm）	密度（g/cm^3）	显气孔率（%）	抗渗等级（MPa）	吸油率（%）	密度（g/cm^3）
不掺	8.96	0.1~0.2	150（透）	2.33	27.07	0.1	8.13	2.01
糠醇	0.59	3.0	150	2.35	2.33	>2.0	4.53	2.07
多羟醚化三聚氰胺	0.60	>3.0	40~50	2.37	2.00	>2.0	4.46	2.02
NNO	1.50	2.0	150（透）	2.33	2.13	>2.0	4.64	2.04

2. 耐冻性

如表 25-39 所列，水玻璃混凝土中耐冻蚀性能较好的是普通型水玻璃耐酸混凝土及掺糠醇外加剂的耐酸混凝土。

水玻璃耐酸混凝土的耐冻性 表 25-39

外加剂	抗压强度（MPa）		
	冻蚀前	冻蚀 25 次后	冻蚀 50 次后
不掺	32.8	30.9	27.5
糠醇	31.8	30.9	27.5
多羟醚化三聚氰胺	31.6	27.4	18.5
NNO	24.5	18.5	—

3. 耐酸性

水玻璃耐酸混凝土具有优良的耐酸性能，它不仅能抵抗大部分的有机、无机类酸液和酸性气体的腐蚀，而且能耐强氧化性酸及高浓度酸的腐蚀，耐酸混凝土的耐蚀能力还表现在经酸液浸蚀后其强度不是下降而是趋于稳定或有所上升，并且随浸酸时间的延长及酸浓度的提高，其强度也趋稳定或呈增长趋势。耐酸混凝土对稀酸及水的耐蚀能力反而不及对浓酸的，它不耐碱类腐蚀。

耐酸混凝土不宜用于盐类介质干湿交替作用频繁的部位。如果用于呈酸性反应的盐类介质作用的部位时，应采用密实型耐酸混凝土。耐酸混凝土的耐酸、耐盐性能见表 25-40 ~ 表 25-42。

水玻璃耐酸混凝土在不同浓度硫酸中的稳定性 表 25-40

龄期	抗压强度 f_c（MPa）					
	空气中	H_2O 水	5% H_2SO_4 中	10% H_2SO_4 中	30% H_2SO_4 中	50% H_2SO_4 中
一个月	19.8	18.0	19.8	24.3	27.2	23.3
三年	26.3	17.6	23.7	25.6	37.8	41.4

水玻璃耐酸混凝土在不同介质中的稳定性 表 25-41

龄期	抗压强度（MPa）				
	空气中	H_2O 中	10% H_2SO_4 中	10% HNO_3 中	10% HCl 中
一个月	26.1	26.9	30.6	—	
一年	—	26.8	33.0	30.7	35.6
二年	28.8	20.9	38.1	35.8	42.8

水玻璃耐酸混凝土耐酸性盐类腐蚀性能　　表 25-42

介　　质	抗　压　强　度 f_c (MPa)				一年后介质渗透深度 (mm)
	1　月	3　月	6　月	12　月	
20% H_2SO_4	40.3	42.4	41.2	41.0	1~3
20% $CuSO_4$ 全浸	37.6	48.1	33.4	40.6	1~3
20% $CuSO_4$ 半浸	36.5	49.6	34.2	41.0	1~3

第六节　水玻璃耐酸混凝土施工

与沥青、硫磺、树脂耐酸混凝土相比，水玻璃耐酸混凝土的施工工艺简便，可常温操作，机具易清洗，毒性小，因而在防腐工程中用得最多。

一、施工准备

（一）水玻璃的配制

1. 模数、密度的调整

(1) 模数调整：防腐工程中耐酸混凝土所用水玻璃的模数应为 2.6~3.0。

①如市场上出售的水玻璃无此规格，则应同时购进高、低两种模数的水玻璃，进行配制，测定配好的水玻璃的模数，如不合要求，应重新调高低模数的比例，直至配出所需模数的水玻璃时为止。其计算公式：

$$G_1 = \frac{M_0 - M_2}{M_1 - M_2} \times 100$$

$$G_2 = 100 - G_1$$

式中　G_1——高模数水玻璃含量（%）；

G_2——低模数水玻璃含量（%）；

M_1——高模数水玻璃的模数；

M_2——低模数水玻璃的模数；

M_0——要求的水玻璃的模数（2.6~3.0 范围内）。

②水玻璃模数过高时，也可加入氢氧化钠（配成小溶液）来调整。加入氢氢化钠的质量按下式计算：

$$G = \frac{(M_1 - M_0) \cdot N \cdot G_1}{M_0 \cdot P} \times 1.29$$

式中　G——加入氢氧化钠的质量（g）；

G_1——高模数水玻璃的质量（g）；

M_1——高模数水玻璃的模数；

M_0——要求的水玻璃的模数；

N——高模数水玻璃的氧化钠含量（%）；

P——氢氧化钠的纯度（%）。

(2) 密度调整：耐酸混凝土所用水玻璃的密度应为 1.38~1.45g/cm³。调整好模数的水玻璃应用密度计测定密度，如密度过高，可加水稀释，并不断搅拌，直至配出所需密度为止。如密度过小，则可将水玻璃加热浓缩（注意防止锅底结块及表面结皮）。水玻璃经过模数、密度调整合格后方能使用。

2. 改性水玻璃的配制

如采用密实型耐酸混凝土，则在施工前应先配制外加剂改性水玻璃，见表25-43。

改性水玻璃的配制　　表25-43

外加剂	配制方法
糠醇+盐酸苯胺	将盐酸苯胺过0.2mm孔筛，按配合比加入糠醇，搅拌使其溶解（20℃下约30min），然后缓慢倒入水玻璃中，并不断搅拌；至均匀为止
糠醇或糠酮	按比例倒入水玻璃中，并搅拌均匀
多羟醚化三聚氰胺	按比例缓慢倒入水玻璃中，并不断强烈搅拌至均匀为止
NNO	将NNO配成50%的水溶液，于70℃水溶液加热1h，待溶解冷却后，在搅拌下倒入水玻璃中，至均匀为止
水溶性环氧树脂+木质素磺酸钙	将木质磺酸钙配成溶液，然后将外加剂加入水玻璃中，搅拌至均匀为止

（二）基层及隔离层要求

（1）基层要求：耐酸胶泥衬砌块材的基层表面要求平整，以保证砌筑质量。

（2）隔离层要求：凡在水泥砂浆、混凝土或钢基层上作耐酸混凝土衬里者，必须设置隔声层，这是由于耐酸混凝土不耐碱的腐蚀（水泥呈碱性）而钢基层不耐水及氟离子腐蚀的原因。为防止耐酸混凝土由于密实性差及开裂造成的渗漏，设置防酸防渗隔离层也是必要的。隔离层可采用树脂玻璃钢、耐酸橡胶板、沥青油毡、铅板或涂层等。无论采用何种隔离层，均要求搭接缝平整、严密、不渗漏，并与基层有较好的粘结强度。

（三）钢筋要求

水玻璃耐酸混凝土如需设置钢筋，则宜采用焊接网架，如采用绑扎钢筋，应注意钢丝头不得露出混凝土保护层。钢筋的耐酸混凝土保护层应在25mm以上。为防止渗漏酸液对钢筋的锈蚀，施工前，钢筋应除锈并涂刷耐酸涂层（如环氧、过氯乙烯漆等）作保护。

二、施工工艺

（一）耐酸混凝土的施工要点

1. 搅拌工艺

（1）机械搅拌水玻璃耐酸混凝土时，按配合比先将粉料、粗细骨料与氟硅酸钠加入搅拌机内，干拌均匀，然后加入水玻璃湿拌1min以上，直至均匀为止。搅拌时宜选用强制式搅拌机，搅拌时间4~5min。常用型号为J_w-375、J_4-375，每次搅拌的混凝土量以不超过150L为宜。

（2）人工搅拌时，先将粉料和氟硅酸钠混合，过筛两遍后，加入粗细骨料，放在铁板上干拌混合均匀，然后逐渐加入水玻璃湿拌，湿拌不少于3次，直至均匀，一般在5~7min内拌制完成。每次拌合量应在30min内用完。

（3）改性水玻璃混凝土配制时，应先将改性材料如糠醇单体或糠酮树脂加水玻璃在小搅拌机内搅拌均匀后，直接按上述程序搅拌。

若加木钙及水溶性环氧树脂时，应先计算出调整水玻璃比密度时所需的总加水量，将木钙溶解后再与水溶性环氧树脂及水玻璃进行搅拌。

(4) 拌合好的水玻璃混凝土，严禁加入任何物料，并须在初凝前（一般加水玻璃起30min内）用完。

2. 混凝土浇筑

(1) 水玻璃类材料不耐碱，在呈碱性的水泥砂浆或混凝土基层上铺设水玻璃混凝土时，应设置油毡、沥青涂料等隔离层。施工时，应先在隔离层或金属基层上涂刷两道稀胶泥（水玻璃∶氟硅酸钠∶粉料＝1∶0.15∶1），两道之间的间隔时间为6～12h。

(2) 浇筑大面积地面工程时，应作分格处理，分格缝内可嵌入聚氯乙烯胶泥或沥青胶泥。

(3) 水玻璃耐酸混凝土终凝时间较长，侧压力大，模板应支撑牢固，拼缝严密，表面平整，当池槽的底板与主壁同时施工时，浇筑时宜设封底模板。模板与混凝土接触面应涂以非碱性矿物油脱模剂，钢筋与预埋件必须除锈刷漆。

(4) 拌合好的水玻璃混凝土应立即浇灌。混凝土的坍落度，采用机械振捣时不大于1.0cm；人工振捣时为1.0～2.0cm。混凝土应分层浇筑，每层厚度应不大于20cm，并在初凝前振捣密实。耐酸贮槽的浇筑应一次完成，并以一次连续浇灌成型不留施工缝为宜，如必须留施工缝时，需在下次浇灌前将施工缝凿毛，清理干净后涂一层同类型的耐酸稀胶泥，稍干后再继续浇灌。

(5) 水玻璃耐酸混凝土的捣实主要采用振动成型，见表25-44。

3. 混凝土拆模

(1) 混凝土浇筑后，在不同的温度条件下可以拆模的时间：在10～15℃时，应不少于5d；在16～20℃时，应不少于3d；在21～30℃时，应不少于2d；在31～35℃时，应不少于1d。

(2) 拆模后，如有蜂窝、麻面、裂纹等缺陷，应将该处混凝土凿去并清理干净，然后薄涂一层水玻璃胶泥，待稍干后再用水玻璃胶泥砂浆进行修补。

振动机具及适用场合　　　　**表25-44**

振动机具	适用场合
振动台	成型耐酸混凝土预制块、构件等
平板振动器	成型耐酸混凝土地面、槽、罐底平面等
附着式振动器	成型整体耐酸混凝土槽罐等设备
插入式振动器	成型侧壁厚度较大的槽罐设备（可与附着式振动器配合使用）

（二）耐酸胶泥和砂浆的施工要点

耐酸胶泥主要用于砌筑块材，耐酸砂浆既可用于砌筑块材又可用作抹面层。耐酸块材包括各种天然与人造块材。表面较平整、光滑的块材可采用耐酸胶泥砌筑；表面较粗糙的块材如耐酸混凝土预制块、花岗岩块材等，可采用耐酸砂浆砌筑。根据工程的不同要求，可采用耐酸胶泥（砂浆）砌筑原浆勾缝，也可采用原浆砌筑，树脂胶泥勾缝。

1. 搅拌工艺

(1) 耐酸胶泥的搅拌国内尚无定型设备，常用双向转动的砂浆搅拌机代替。其搅拌顺序：先加入粉（砂）料、氟硅酸钠干拌，然后加入水玻璃湿拌，至均匀为止。

(2) 人工搅拌水玻璃砂浆时，先将粉料和氟硅酸钠混合，过筛二遍后再加入耐酸细骨料，放在铁板上干拌混合均匀，然后逐渐加入水玻璃湿拌，湿拌不少于3次，直至均匀，一般在5~7min内拌制完成。每次拌合量应在30min内用完。

2．混凝土浇筑

（1）防腐工程的块材砌筑要求较高，砌筑时基层及块材衬砌面均应打灰，采用挤浆法将打灰后的块材经揉压后定位，以保证结合层和灰缝饱满、密实，见表25-45。块材砌筑应避免十字通缝。

结合层和灰缝要求　　表25-45

块材种类	结合层厚度（mm）		灰缝宽度（mm）	
	耐酸胶泥	耐酸砂浆	耐酸胶泥	耐酸砂浆
耐酸块材及铸石板	5~7	6~8	2~5	4~6
耐酸石材	—	10~15	—	8~15

（2）耐酸砂浆抹面应分层进行，每层厚度，立面不宜大于5mm，平面不宜大于10mm。抹面层应做到牢固密实。

三、养护工艺

（一）养护制度

水玻璃耐酸混凝土（包括砂浆、胶泥）施工完毕后，应进行养护，其制度见表25-46。

水玻璃耐酸混凝土的养护制度　　表25-46

环境温度（℃）	拆模时间（d）	养护时间（d）
15左右	不少于4	20
20~25	不少于2	14
25以上	不少于1	7

（二）注意事项

（1）水玻璃耐酸混凝土宜在15~30℃的干燥环境中施工和养护，温度低于10℃时应采取冬季施工措施。

（2）养护期间应防曝晒，并严禁与水接触或采用蒸汽养护，也要防止冲击和震动。

（3）水玻璃耐酸混凝土在不同养护温度下的养护期不应小于：在10~20℃时，为12d；在21~30℃时，为6d；在31~35℃时，为3d。另外，当温度<15℃、且相对湿度>80%时，应升温干燥养护，养护期内要防止雨淋、曝晒。

四、酸化处理和加热处理

（一）酸化处理

水玻璃耐酸混凝土经养护硬化后，为了提高耐酸混凝土制品的性能须进行酸化处理，使表面残留的水玻璃转化为硅酸凝胶，从而防止水玻璃耐酸混凝土受溶性腐蚀，并堵塞住混凝土中的孔隙，提高混凝土的密实度，以增强抗酸能力，同时，也使有害的Na_2O变成盐类析出，减少碱性腐蚀作用。

酸化处理的化学反应可写成：

$$Na_2O \cdot SiO_2 + 2H^+ + H_2O \longrightarrow Si(OH)_4 + 2Na^+$$

显然，酸化处理对提高水玻璃耐酸混凝土的稳定性有一定作用。

酸化处理的龄期应根据试件强度来确定。处理过早，水玻璃尚未与氟硅酸钠充分进行反应，会损害混凝土的强度，表面层容易产生麻面、软化、发酥现象，使混凝土耐酸、耐水性能降低。处理过迟，混凝土表面发生碳化，阻碍酸液渗入，同样会影响酸化处理效果。

施工中酸化处理可参考下述条件（表 25-47）。

（1）酸化处理的时间在完成混凝土养护期后进行。

（2）酸的浓度：①30%～40%浓度的硫酸：②20%～25%浓度的盐酸，或 1:2～3 的盐酸酒精溶液；③40%浓度的硝酸。

（3）酸化处理时，宜在 15～30℃下进行。

（4）每次酸化处理前，应清除表面析出的白色结晶物。

（5）酸化处理，要求涂刷均匀，每一历程不少于 3 次，每次间隔时间为 8～10h。

水玻璃耐酸混凝土酸化处理制度　　**表 25-47**

酸　类	浓　度（%）	处理次数
H_2SO_4	20～40	3～4
HNO_3	15～30	3～4
HCl	15～20	3～4

外加剂改性的密实型混凝土，由于性能获得了改善，养护后不必再进行酸化处理。

（二）加热处理

在有条件的情况下，如能对养护后的耐酸混凝土进行干热养护，同样可以达到促进反应完善及提高制品强度等作用。热处理对于耐酸混凝土预制块一般较合适。热处理制度见表 25-48。

热处理过程必须避免剧冷剧热，对于大型构件，特别是配有钢筋的耐酸混凝土构件，应注意避免由于温度应力而引起的裂缝。

水玻璃耐酸混凝土热处理制度　　**表 25-48**

加热历程	温　度（℃）	速　率（℃/h）	时　间（h）
升温阶段	常温→100～200	升温 20	3～4
恒温阶段	100～120	—	8～16
降温阶段	100～120→常温	降温 20	3～4

五、工程质量要求

当无设计规定时，耐酸混凝土的抗压强度应不低于 15MPa；浸酸后，抗压强度的降低应不大于 20%，外观检查应无裂纹或掉角。

第七节　水玻璃耐酸混凝土的工程应用

水玻璃耐酸混凝土是防腐蚀领域中的传统材料之一，在我国已有 50 余年的使用历史，在实践中积累了丰富的经验。水玻璃耐酸混凝土的性能优良，材源广泛，施工简便，价格低廉，加之毒性较小，施工机具易于清洗，因此它在化工、冶金、石油、轻工、食品等各工业部门得到广泛应用。

实践证明，由于水玻璃耐酸混凝土的上述特点，它不仅可以解决一般工业设备及建筑物的抗酸性腐蚀问题，而且还可以解决某些苛刻条件的工程问题，而这些往往是现有的一般有机高分子材料所不能胜任的。

根据原材料来源不同，水玻璃耐酸混凝土的价格约为：普通型 400~500 元/m^3；密实型 500~600 元/m^3。耐酸混凝土的用途及使用说明见表 25-49。

水玻璃耐酸混凝土的用途及使用说明　　表 25-49

用　途	作　法	说　明
1. 用于酸洗槽、电解槽、电镀槽、分解槽、浓缩塔、吸收塔、饱和器、沉淀槽、贮酸罐、蒸解罐、制药塔、脱硝塔等贮酸设备	以耐酸混凝土整体浇捣、作设备或作内衬防腐层	可使用 8~10 年，使用及维修得当的可长达 15 年
2. 用于防腐地面、流槽、设备基础、柱子等耐酸建筑物、构筑物的防腐层及胶结料	以耐酸混凝土整体浇捣或预制块砌筑作防腐面层；块材以耐酸胶泥铺砌	可使用 5~10 年，维护得当可延长使用年限
3. 用于排放酸性气体烟囱，大型容酸槽罐设备，防腐层的块材胶结料	以耐酸混凝土预制块或其他耐酸块材作面层，以耐酸胶泥铺砌	烟囱可使用 20 年以上，经维修后可继续使用
4. 用作管道接头封口材料及耐酸抹面层等	以耐酸胶泥或砂浆粘结抹面	
5. 用作高温窑炉内衬材料	耐酸混凝土浇捣或砂浆砌筑	

第二十六章 耐碱混凝土

(alkili resistance concrete)

第一节 概 述

耐碱混凝土是一种对强碱类（如苛性钠溶液和钠盐等）侵蚀性介质具有耐侵蚀能力的混凝土。一般采用耐碱性能好的硅酸盐类水泥作为胶凝材料，石灰岩和火成岩类作为耐碱骨料，掺入磨细粉料，以较低的水灰比配制成密实性、抗掺性和耐碱腐蚀能力较好的混凝土。如掺入 $Al_2(OH)_3$、$Fe(OH)_3$、荷兰的 TM 密实剂等，能显著地提高混凝土的耐碱能力。

耐碱混凝土应具有较高的抗压强度和耐久性（主要指抗渗等级）。在 50℃以下能抵抗浓度 25%的氢氧化钠和在 50～100℃以下能抵抗 10%～15%浓度氢氧化钠，以及铝酸钠、碳酸钠、氨水和石灰水等碱液腐蚀。它主要用于受碱介质腐蚀的基础、地面、池槽等结构工程。

第二节 碱性介质对混凝土的腐蚀机理

在碱性介质中，混凝土的腐蚀可以从物理、化学和水溶三个方面加以分析讨论。

一、物理腐蚀理论

物理腐蚀，是指碱性介质从混凝土外部通过混凝土的孔隙渗透到基表层，再与空气中的 CO_2 和 H_2O 化合而生成新的结晶，由于体积膨胀而造成混凝土的破坏。

如强碱 NaOH 在混凝土中的物理破坏如下：

$$2NaOH + CO_2 + 9H_2O = Na_2CO_3 \cdot 10H_2O$$

生成新的产物 $Na_2CO_3 \cdot 10H_2O$ 具有 10 个结晶水分子，较原来的固相体积（NaOH 的体积）增大 2.5 倍。显然，新生物在孔隙内结晶，乃至膨胀，这将在混凝土内部产生很大内应力，使混凝土遭到腐蚀破坏。

二、化学腐蚀理论

化学腐蚀，是指溶液中的强碱和混凝土中的水泥水化物发生化学反应，生成易溶于水的新化合物，从而破坏了水泥石的整体结构，使混凝土解体。如苛性钠（NaOH）溶液浓度较大、温度较高时，它与水泥石会发生如下反应：

$$2CaO \cdot SiO_2 \cdot xH_2O + 2NaOH = 2Ca(OH)_2 + Na_2O \cdot SiO_2 + (x-1)H_2O$$

$$nCaO \cdot mAl_2O_3 \cdot xH_2O + 2mNaOH = nCa(OH)_2 + 2mNaAlO_2 + yH_2O$$

这些反应不但破坏了水泥石结构，而且生成的硅酸钠和偏铝酸钠都易为碱性介质所溶解，最后导致混凝土破坏。

碱性介质对混凝土的腐蚀有时是以物理腐蚀为主，有时是以化学腐蚀为主，有时则可能两者同时进行。在一般生产条件下，物理腐蚀的可能性偏多。如当混凝土局部处于碱溶液中，碱液则从毛细孔渗入，或者受碱液的干湿交替作用时都会发生这种腐蚀。化学腐蚀只是在温度较高、浓度较大和介质碱性较强的情况下才易发生。

从上述两种特征来分析，如果能提高混凝土的密实度，物理腐蚀是可以防止的，这可用严格控制骨料的级配、减少孔隙率、降低水灰比或掺外加剂等方法达到。而化学腐蚀，主要是选择耐碱性的骨料和磨细掺料，特别是提高水泥的耐碱性来达到。

三、浸析性腐蚀理论

由于水泥水化反应而析出的 Ca $(OH)_2$ 溶解而使混凝土遭到浸析的腐蚀，在碱性介质中可以不考虑。

在碱溶液中存在有大量的氢氧离子，由于同离子效应的影响，使 Ca $(OH)_2$ 的溶解度降低。而 Ca $(OH)_2$ 的极限溶解度为 CaO1.3g/L，相当于浓度为 2.3% 的 NaOH 溶液的碱度，即当 NaOH 溶液浓度大于 2.3%时，Ca $(OH)_2$ 就不能溶解。在生产过程中，一般碱溶液浓度都大于这个数值。因此，浸析性腐蚀对于为碱溶液所浸没的混凝土是可以不考虑的。

第三节 耐碱混凝土的原材料要求

耐碱混凝土所选用的原材料，除了必须满足普通混凝土的技术要求外，还应具备相当的耐碱性和密实性。

一、胶凝材料——水泥

胶凝材料应采用硅酸盐水泥和普通硅酸盐水泥，也可采用碳酸盐水泥。水泥的耐碱性能主要取决于水泥化学成分和矿物组成，其耐碱度不应低于 90%。

（一）化学成分

在水泥的化学成分中，氧化钙耐碱，氧化硅不耐碱，氧化铝只有和氧化铁（Fe_2O_3）等构成络合物的那一部分才是耐碱的，其余大部分是以铝酸盐形式存在的，耐碱性最差。

（二）矿物组成

（1）水泥熟料的矿物组成中，C_3S 和 C_2S 是耐碱性高的矿物，C_4AF 次之。C_3A 由于易为碱液所解，故不耐碱，因而含量不应大于 19%。因此，在配制耐碱混凝土时，最好采用 C_3S、C_2S 含量偏高的硅酸盐类水泥，尤以硅酸盐水泥和普通硅酸盐水泥耐碱性能为最好。

（2）矿渣硅酸盐水泥的化学成分和矿物组成也具有较好的耐碱性，但由于泌水性较大，所配制的混凝土的密实性难以保证。但若采取适当的措施，是可以补偿这些缺点的，如掺 Al $(OH)_3$、Fe $(OH)_3$ 密实剂或荷兰的 TM 密实剂等。改善了混凝土结构的密实度，即能显著提高其耐碱能力。

（3）火山灰硅酸盐水泥、粉煤灰硅酸盐水泥和高铝水泥等水泥中含有大量的氧化铝和氧化硅，故极不耐碱，所以不宜用作配制耐碱混凝土。

二、粗细骨料

（一）耐碱性能

骨料的耐碱性能，主要取决于化学成分中碱性氧化物含量的高低和骨料本身的致密性。

耐碱混凝土对于骨料性能的主要要求是耐碱性高、级配良好。骨料的耐碱性主要取决于化学成分中的碱性氧化物的含量及骨料本身岩质的致密性。一般可使用耐碱性较高、岩质致密的石灰岩类，如石灰岩、白云岩、大理岩等。对于碱性不强的腐蚀性介质，亦可采用密实的花岗石、辉绿岩和石英岩，这类火成岩虽然二氧化硅含量较高，但由于分子的聚合度高、密实性好，所以也具有一定的耐碱性。一般以硫酸钠饱和溶液中浸透后晾干，反复循环15次而不呈现破坏现象时，认为骨料的耐碱性合格。

（二）骨料种类

用作配制耐碱混凝土的骨料，通常采用石灰岩类（石灰岩、白云岩、大理岩等）和火成岩类（辉绿岩、花岗岩等）岩石而制成的碎石和石屑，不得掺入红砖块或泥土等不耐碱腐蚀的材料。对于碱性强的腐蚀介质，亦可采用密实的花岗岩、辉绿岩和石英质普通砂。这类火成岩虽然氧化硅含量高，但由于分子的聚合度高，密实度大，所以其碎石或中等粒径的砂都具有一定的耐碱性。只有细粉状的火成岩在较高的温度下才易于被碱性溶液所溶解。

（三）骨料碱溶率

粗、细骨料的碱溶率应不大于1.0g/L。

（四）骨料级配

由于耐碱混凝土的密实性要求较高，故其对骨料的级配要求也较严格。耐碱混凝土粗、细骨料的级配应按照图26-1进行选择。图中 F、E、D 为卵石混合骨料级配曲线；G、K 为碎石混合骨料级配曲线。

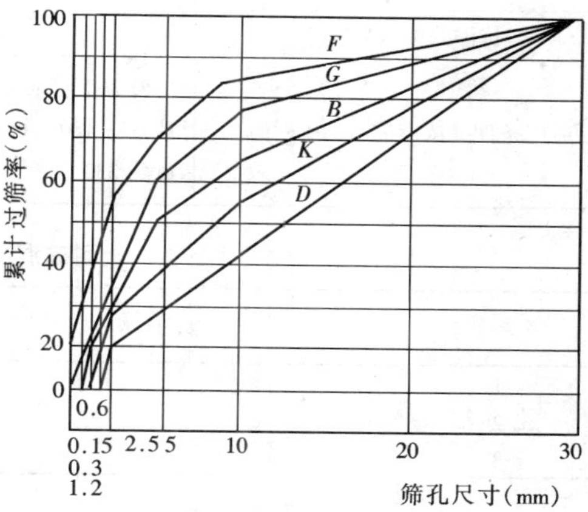

图26-1　混合骨料级配曲线

三、掺合材料

（一）掺合料的作用

磨细掺合材料在耐碱混凝土中究竟起何作用？这个问题很简单，磨细掺合料主要是用来填充骨料颗粒之间孔隙的，以提高耐碱混凝土的密实度。

（二）质量要求

一般常用掺合材料主要为磨细石灰石粉，其细度应通过0.08mm方孔筛，筛余量不大于25%，且粒径小于0.16mm。碱溶率应不大于1.0g/L。

四、拌合水和养护水

耐碱混凝土成型后需加强养护，其拌合水和养护水不得呈酸性，要求 pH > 6。因此，要求使用的自来水、井水或海水须经过化验后符合要求时才能被采用。

第四节　耐碱混凝土的技术性能和配合比

一、主要技术性能

耐碱混凝土除了具有足够的强度和良好的耐久性外，更重要的是必须具备抵抗碱性介质（碱及碱性盐）的侵蚀，特别是强碱介质，同时这些性能也是相辅相成的。混凝土的抗压强度应满足设计要求，其抗渗等级不得低于P8。耐碱混凝土的技术性能见表26-1。

二、参考配合比

（一）配合比设计

耐碱混凝土的配合比设计是以提高密实度为目的的。

1. 选择水灰比

在一般情况下，耐碱混凝土的水灰比不得大于0.60，混凝土坍落度不宜大于5cm。水灰比愈小，密实度愈高，耐腐蚀能力也愈强。根据试验资料和施工经验，在常温情况下，当其他条件相同时，与各种浓度的NaOH溶液相适应的耐碱混凝土的水灰比，大致可以控制在表26-2范围内。

耐碱混凝土主要技术性能　　表26-1

技术性能	耐碱等级	
	一级	二级
抗压强度（MPa）	≥30	≥25
抗渗等级（MPa）	≥1.6	≥1.2
适用条件（浓度以NaOH g/L）	常温下，浓度＜330；40～70℃时，浓度＜180；短暂作用100℃时，浓度为330	常温下，浓度＜230；40～70℃时，浓度＜120；短暂作用100℃时，浓度为330

耐碱混凝土的水灰比　　表26-2

序号	NaOH浓度（%）	混凝土水灰比$\left(\frac{W}{C}\right)$
1	＜10	0.60～0.65
2	10～25	0.50～0.60
3	＞25	＜0.50

2. 硅酸盐水泥的选择

（1）选择水泥用量：根据研究资料得知，每1m^3耐碱混凝土的水泥用量一般不得少于300kg。为了节约水泥，通常控制总的细粉料用量（含水泥和粒径小于0.15mm的磨细掺料）不少于一定数值（占骨料总量6%～8%），然后再根据具体情况酌情增减水泥用量。施工经验表明，总的细粉料用量每1m^3混凝土应不少于400kg。

（2）选择水泥强度等级：水泥强度等级高的抗碱腐蚀性能必然较强。这是因为同品种的水泥熟料中，高强度等级水泥熟料中C_3S含量较之低强度等级水泥为高，所以耐碱性能也较好。因此，配制耐碱混凝土时，不宜采用低于32.5级的硅酸盐水泥或普通硅酸盐水泥。

另外，选择水泥强度等级的高低尚取决于碱性介质的浓度。在碱溶液浓度低的情况下，也可采用较低强度等级的水泥配制。

（二）耐碱砂浆、混凝土典型用料配合比

按规定要求配制的耐碱砂浆、耐碱混凝土可耐50℃以下，浓度为25%NaOH溶液及50～100℃以内，浓度12%的NaOH和$NaAlO_2$溶液的腐蚀，以及任何浓度的氨水、碳酸钠、碱性气体和粉尘等的腐蚀。对耐碱砂浆、耐碱混凝土的配合比有关规定见表 26-3。

耐碱混凝土配合比及主要规定　　表 26-3

项　目	混凝土种类	
	耐　碱　混　凝　土	耐　碱　砂　浆
用料配合比	水泥:砂:耐碱骨料 = 1:1.56:2.50 （骨料粒径：0.5～4cm，级配符合规定）	水泥:砂 + 粉料 = 1:2 水泥:粉料（重晶石）:石棉绒 = 50:45:5
水泥用量	用河砂时：水泥用量≥300kg/m³ 用山砂时：水泥用量≥330kg/m³	用河砂时：水泥用量≥315kg/m³ 用山砂时：水泥用量≥345kg/m³
水灰比$\left(\frac{W}{C}\right)$	一级≤0.50；二级≤0.60	≤0.50
稠　度	坍落度≤40mm	用于混凝土基层：沉入度≤60mm 用于砖墙面：沉入度≤80mm
粉料用量	占粗细骨料和粉料总量 6%～8%	占砂和粉料总量 15%～25%

（三）耐碱混凝土参考配合比

耐碱混凝土参考配合比见表 26-4。

耐碱混凝土参考配合比　　表 26-4

序号	耐碱混凝土配合比（kg/m³）							坍落度（cm）	自然养护（d）	浸碱养护（d）	抗压强度（MPa）
	水泥		石灰石粉	中砂	碎石		用水量				
	强度等级与品种	用量			粒径（mm）	用量					
1	32.5 级普通水泥	360	—	780	5～40	1170	178	5	28	14	21.0
2	32.5 级普通水泥	340	110	740	5～40	2120	182	5	24	28	23.8
3	200 号碳酸盐水泥	340	—	600	10～40	1405	150	2	—	—	13.8
4	42.5 级普通水泥	330	—	637	5～15	366	188	—	—	—	30.0
					5～40	854.7					

注：1. 浸碱养护的碱液为浓度 25% NaOH 溶液。

2. 耐碱砂浆质量配合比为：水泥：（砂 + 石灰石粉料） = 1:2，粉料占骨料总量 15%，$\frac{W}{C}$ = 0.50。

3. 有些低强度等级水泥和特种水泥，需要量大时，可与厂家协商生产。

第五节　耐碱混凝土施工

耐碱混凝土的主要特点是配制高密度混凝土，因此施工时必须严格要求。

一、成型工艺

（一）搅拌

耐碱混凝土宜采用机械搅拌（强制式搅拌机最好），搅拌时间不得少于 2min。

（二）浇筑与振捣

混凝土要求一次浇筑，不得留施工缝。浇筑时必须用振捣器振捣密实，以获得最大的密实度。楼地面应采用一次找坡抹平、压实、压光。压光工作应在砂浆终凝前完成，禁止铺撒干水泥，以使混凝土具有良好的抗渗性、抗裂性，其抗渗等级高达 P15 ~ P20 为宜。

二、养护工艺

施工完毕后，应对混凝土加强养护，这一点特别重要。根据施工经验，养护时间不少于 14d，以防止收缩开裂。在养护期内，对耐碱混凝土特别要强调保温，冬季施工既保温又保湿，严禁混凝土面层曝晒。

第二十七章 耐油混凝土

（oil-proof concrete）

第一节 概 述

耐油混凝土，主要是指不与植物油、动物油及矿物油类起化学作用，并能阻抗其渗透的混凝土。在一般机械工业生产过程中，由于传动、金属切削及研磨流溅出来的油类，如某些矿物油或植物油等，大部分比密度小、黏度低、渗透能力强，易破坏水泥与骨料之间的粘结，有的油类尚含有一些偏酸类与酯类，对钢筋混凝土构件的强度影响很大，因此要求混凝土密实度大，抗渗性强。其抗渗等级均在P8以上，一般为P8～P10。

以往对耐油渗混凝土楼、地面的问题并未引起足够的重视，一般仅考虑提高混凝土的密实度以满足抗渗要求。但由于施工因素及材料质量等影响，即使密实的水磨石面层，也不能达到耐油渗透的目的，甚至出现水泥面层被油脂溶蚀的现象。因此，配制耐油混凝土时既要考虑抗渗要求，又要重视耐油问题，两者同时兼顾。一般情况下，耐油混凝土是在普通混凝土中掺入密实剂配制而成的。常用的密实剂有$Fe(OH)_3$、$FeCl_3$、荷兰TM密实剂等。耐油混凝土主要适用于抗渗性能要求较高的贮存轻油类和重油类的油灌工程和耐油底板、车间地坪等，也可代替一般常用金属等贵重材料。

第二节 油质对混凝土的破坏作用

根据考查资料，发现某些机床底座、油泵基础和贮油罐等部分混凝土存在着松软现象。究其原因，这首先得从石油的组成来分析。石油产品主要是由烷烃、芳香烃及环烷烃组成的碳氢化合物，其硫、氧、氮含量少于1%，其中含氧化合物中除环烷酸类具有酸性外，其他成分在正常温度下，一般不与水泥起作用，不会引起水泥水化生成的$Ca(OH)_2$溶解，也不会引起水化硅酸钙破坏的情况，因而对具有一定龄期的混凝土无浸蚀作用。但如油品中含有较高的酸质，特别是环烷酸，或有一定植物油（有机酸）存在，则对混凝土强度会有一定影响。

一、油质对混凝土浸蚀破坏机理

混凝土受油质浸蚀发生松软现象破坏机理，常有如下三种形式论述。

（1）油质含有高分子量的有机酸，如油酸、硬脂酸以及脂肪酸，对混凝土会产生一定的腐蚀作用。因为有机酸或其他氧化物使油质酸值增加，与水泥混凝土中的$Ca(OH)_2$起作用生成相应的复酸而分解混凝土，引起混凝土松软。

（2）油质逐渐渗入水泥石结构内部，破坏水泥石和粗、细骨料之间的粘结力，也会导致混凝土疏松，强度降低。

（3）在混凝土尚未获得一定强度时，过早使混凝土受油质浸入，油质会逐渐渗入到混凝土的毛细孔孔隙中，包裹水泥颗粒，阻碍水泥颗粒充分水化，使混凝土后期强度增长缓慢。

二、油质对混凝土的作用程度及处理方法

各种油类及其他物质对混凝土的作用程度及处理方法可参阅表 27-1。

油类及其他物质对混凝土的作用　　表 27-1

油类名称	对未处理混凝土的作用程度	建议处理方法
猪　油	腐蚀极轻	氟硅酸盐、硅酸钠及亚麻油
脚子油	腐蚀极轻	
鱼　油	腐蚀极轻	
椰子油	腐蚀极轻	
橄榄油	腐蚀轻	氟硅酸盐、硅酸钠、亚麻子油及树脂漆
菜子油	腐蚀轻	
杏仁油	腐蚀轻	
罂果子油	腐蚀极轻	
胡桃油	腐蚀极轻	
豆　油	腐蚀极轻	
花生油	腐蚀极轻	
棉子油	腐蚀轻	
亚麻油	腐蚀轻	
松香油	腐蚀轻	
啤　酒	鲜啤酒无作用，陈啤酒能引起缓慢腐蚀。发酵过程生成的酸能缓慢地腐蚀混凝土	发酵池加衬里
漂白粉	对质量好的混凝土无破坏作用，游离氯和漂白粉的溶液将腐蚀混凝土	—
亚硫酸氢钙	溶液能腐蚀混凝土	高铝水泥砌筑的衬里效果良好
墨　水	含游离硫酸和有机酸的酸性墨水能腐蚀混凝土	—
去垢剂	酸性去垢剂，例如含有磷酸，可能缓慢腐蚀普通混凝土，对高铝水泥混凝土腐蚀较轻，但含有游离碱金属氢氧化合物的去垢剂对高铝水泥混凝土有腐蚀	—
甲　醛	稀溶液对混凝土的腐蚀性强。因氧化生成的甲酸比醋酸的破坏性更大	合成树脂搪瓷或玻璃、橡胶或地方沥青膏作衬料
钛酸盐	烷基钛酸盐腐蚀混凝土，并引起混凝土地板的破坏	—
硼酸钠	即硼砂，对混凝土略有影响	—
硫化钠	浓度达百分之几的硫酸钠溶液腐蚀普通混凝土，形成硫化物，强度显著降低	高铝水泥混凝土用作 14% 溶液的储库，使用效果良好
亚硫酸钠	溶液腐蚀普通混凝土	高铝水泥混凝土对其耐腐蚀性较好
硫代硫酸钠（连二亚硫酸盐）	溶液能腐蚀混凝土。照相液的泄漏曾引起混凝土、砌筑砂浆的破坏。五水硫代硫酸钠洗水池的普通水泥砂浆也遭受腐蚀	—
鞣革液	生皮鞣革液中含有鞣酸、乳酸、甲酸及硫酸、亚硫酸以及各种盐，酸浓度可以从微量至 1%，而 pH 值由 5 至 2，这些溶液将腐蚀混凝土	—
磷酸三钠	5% 的溶液无明显的作用	—
尿	新鲜尿无作用，但陈化后会产生酸性物质，牲畜间的混凝土地板和液体肥料库的砂浆接缝曾遭到破坏	用硅酸钠和氟化硅处理，高铝水泥耐腐蚀性强

续表

油类名称	对未处理混凝土的作用程度	建议处理方法
酒	新鲜混凝土中含 $Ca(OH)_2$，因此会影响酒味	用 1:3～4 的酒石酸和水溶液进行表面处理
咖啡和可可	发酵时生成糖和有机酸，将腐蚀普通水泥混凝土	高铝水泥混凝土耐腐蚀性较好

第三节　耐油混凝土的原材料选择

对于贮油罐，尤其是轻油来说，主要还是保证混凝土的致密性，解决渗漏问题。如果混凝土抗油渗性能好，对耐腐蚀性就有一定保证。若在混凝土中掺入适量的致密外加剂，以堵塞混凝土内部毛细管孔隙，即可不增加水泥用量，不减小水灰比，用一般骨料配制致密的耐油混凝土。

一、胶凝材料——水泥

（一）品种和强度等级

配制耐油混凝土，应优先采用强度等级为 42.5 级或 42.5 级以上的硅酸盐水泥或普通硅酸盐水泥，也可采用火山灰质硅酸盐水泥等。

（二）质量要求

一般对水泥的要求是泌水性小，细度高，且游离 CaO 含量少，贮存期不超过 3 个月且无受潮现象。

二、骨料

配制耐油混凝土的骨料主要分为细骨料和粗骨料。

（一）细骨料

细骨料可采用河砂或山砂，最好用石英砂。应通过 5mm 筛孔，细度模数不小于 2.5，平均粒径大于 0.35mm、不含泥块杂质的洁净砂。砂、石混合后的级配空隙率应小于 35%。

（二）粗骨料

粗骨料宜采用 5～40mm 符合筛分曲线的碎石。要求使用级配良好，空隙率小于 45%。吸水性小，不含或少含泥土杂质，石料坚实，组织致密。松散多孔和吸水性较大的砂岩、石灰岩不宜采用，这一点尤其重要。

三、拌合水

一般洁净的自来水或饮用水均可。

四、外加剂

根据《混凝土外加剂》（GB 8076—1997）和《混凝土外加剂应用技术规范》（GB 50119—2003），外加剂要求制作方便，原料来源广泛、价廉，效果稳定。国内常用外加剂有以下四种：

（一）氢氧化铁[$Fe(OH)_3$]密实剂

1. 氢氧化铁密实剂的密实机理

氢氧化铁是一种不溶于水的黏性凝胶状物质，由氯化铁（$FeCl_3$）和氢氧化钠（NaOH）

配制而成，掺入到混凝土拌合物中，可以堵塞混凝土和砂浆内部的毛细孔隙，提高密实性，从而提高其抗渗性或不透油性。其化学反应方程为：

$$FeCl_3 + 3NaOH \longrightarrow Fe(OH)_3 + 3NaCl$$

2. 配制方法

按下述方法可配制出质量良好的氢氧化铁密实剂。

（1）根据计算，每 1kg 纯 $FeCl_3$ 加 0.74kg 纯 NaOH 或 0.68kg 生石灰，可制成 0.66kg 纯 $Fe(OH)_3$；$Fe(OH)_3$ 胶凝体掺量为 2.0%左右。

（2）$Fe(OH)_3$ 溶液中含有较多的氯化钠（NaCl），需要用六倍于总配置量的清水三次清洗、沉淀、滤净。

（二）三氯化铁（$FeCl_3$）复合密实剂

1. 三氯化铁复合密实剂密实机理

$FeCl_3$ 复合密实剂是由 $FeCl_3$、木糖浆和少量 $Al_2(SO_4)_3$ 复合而成，掺入到混凝土拌合物中与水泥水化产物 $Ca(OH)_4$ 起化学作用，生成 $Fe(OH)_3$ 胶体，不仅能提高混凝土的抗渗性，而且在长期受油的浸渍下，其强度仍能正常增长，是一种高效能防油外加剂。

2. 配制方法

严格按以下方法和比例可配制出质量良好的三氯化铁复合密实剂。

（1）由 $FeCl_3$（固体或液体）掺入含有一定量木质素木糖钙配制而成。复合剂的配制比例见表 27-2。

三氯化铁复合密实剂的配合比及施工掺量　　表 27-2

材料名称	配合比例（%）	掺量（水泥质量%）
三氯化铁（$FeCl_3$）	85～86	1.5
明矾（$K_2AlSO_4 \cdot 12H_2O$）	5～6	0.1
木糖浆（含固量 33%）	8～9	0.15

（2）为了改善 $FeCl_3$ 的收缩性，可以在 $FeCl_3$ 溶液中掺入水泥用量 0.1%的 $Al_2(SO_4)_3$。

（三）氢氧化亚铁[$Fe(OH)_2$]密实剂

配制 $Fe(OH)_2$ 胶凝体的原材料之一——硫酸亚铁（$FeSO_4$）是工业废料，且配制的胶凝体对钢筋不起电化作用，不需经过冲洗，施工简便，正在试点应用。$Fe(OH)_2$ 胶凝体掺量为 2%左右。

（四）木质素磺酸钙减水剂

最近在 C30 混凝土中掺入木质素磺酸钙减水剂（掺量为水泥质量的 0.25%），通过抗渗试验，能达到 P8 级以上的要求。这种耐油混凝土效果较好，减水剂同样也适用于耐油砂浆，今后可以推广。

第四节　耐油混凝土的配合比和技术性能

耐油混凝土除了具有普通混凝土的性质之外，还应要求具有较高的抵抗油介质渗透的能力，即应有较高的密实性。为了保证耐油混凝土的高密实性，除了施工中掺入密实剂外，更重要的是要控制水泥用量、水灰比以及选择骨料的良好级配。

一、耐油混凝土的配合比

耐油混凝土（砂浆）的配合比设计与普通混凝土基本相同，水灰比要求小于 0.60。其建议的参考配合比见表 27-3 和表 27-4。

耐油混凝土（砂浆）参考配合比（一）　　**表 27-3**

名　称	水	52.5 级普通硅酸盐水泥	砂	石　子	氢氧化铁 $Fe(OH)_3$	三氯化铁 $FeCl_3$	木糖浆	硫酸铝 $Al_2(SO_4)_3$
耐油混凝土	0.55	1	1.74	3.22	0.02	—	—	—
耐油砂浆	0.50	1	2.00	—	—	0.015	0.0015	0.001

注：耐油混凝土水泥用量为 330～370kg/m³；耐油砂浆水泥用量为 550kg/m³。

耐油混凝土参考配合比（二）　　**表 27-4**

序号	耐油混凝土配合比（kg/m³）										28d 抗压强度（MPa）	抗渗性	
	水泥	砂	碎石	水	氢氧化钠	亚硝酸钠	三氧化铁	氢氧化亚铁	明矾	木糖浆		抗渗等级	油渗深度（cm）
1	350	689.5	1281	185.9	—	—	—	—	—	—	41.6	P12	14.7
2	355	617.7	1143.1	195.3	—	—	—	—	—	—	28.1～33.4	P3～P4	15.0
3	355	617.7	1143.1	195.3	—	—	5.325	—	0.355	0.355	29.3～43.3	P12	1.3～2.7
4	370	643.8	1191.4	203.5	—	—	—	—	—	—	28.1	P04	15.0
5	370	643.8	1191.4	203.5	7.4	—	—	—	—	—	31.0	P12	6～8
6	370	643.8	1191.4	203.5	—	—	5.55	—	—	0.555	37.2	P12	2～4.5
7	370	839.9	1158.1	192.4	—	—	—	—	—	—	36.4	P12	10.0
8	370	617.7	1143.1	195.3	—	—	7.1	—	—	—	22.0～38.6	P12	4.5～11.0
9	370	691.9	1076.7	196.1	—	—	—	—	—	—	40.2	P12	12.8
10	370	691.9	1076.7	196.1	—	—	—	7.4	—	—	31.0～46.6	P12	1.3～4.6
11	370	691.9	1676.7	196.1	—	3.7	—	7.4	—	—	37.1～39.6	P12	3.4～4.5
12	380	668.8	1132.4	193.8	—	—	—	—	—	—	41.9	P09	15.0
13	380	668.8	1132.4	193.8	7.6	—	—	—	—	—	32.5	P12	6.2
14	380	668.8	1132.4	193.8	—	—	—	7.6	—	—	37.2	P12	4.4
15	550	1100	—	—	—	—	—	—	—	—	34.4	P12	3.5
16	550	1100	—	—	11	—	—	—	—	—	33.3	P06	3.5
17	550	1100	—	—	—	8.25	—	—	—	0.825	35.2	P12	1.0～1.5

注：1. 砂石以绝干状态计。
2. 氢氧化铁、亚硝酸钠、三氯化铁、氢氧化亚铁和明矾均按有效物质计。
3. 浸油试块采用轻质油（煤油）作侵蚀介质。
4. 耐油砂浆用于油罐抹面层。

二、耐油混凝土的物理力学性能

（一）耐油混凝土的长期强度

上海市建筑科学研究所对耐油混凝土的抗压强度、抗拉强度、粘结强度、棱柱强度及弹性模量等性能进行了长期浸油试验，其结果见表 27-5。

试验结果表明，掺加 $Fe(OH)_3$ 胶凝体和 $FeCl_3$ 混合剂、$Fe(OH)_2$ 胶凝体都能提高混凝土的抗渗性能，并相应地改善了混凝土的耐油性。掺加 $Fe(OH)_3$ 胶凝体和 $FeCl_3$ 混合剂的耐油混凝土两年后其设计强度等级 C30 提高 46%～66%，而普通混凝土浸油两年后，剖开试件观察其结果，油料全部渗入。掺$Fe(OH)_3$胶凝体的耐油混凝土，油渗深度为2~5cm；而掺$FeCl_3$混合剂的耐油混凝土则仅为1.0~3.5cm(边长为15cm立方体试件)。浸油一年后的性能试验表明，其抗压强度、弹性模量都未降低，并有适当的提高。$FeCl_3$混合剂在混凝土中的抗油渗效果最为稳定，施工也较简便，但对钢筋略有锈蚀作用，早期收缩较大，故一般宜掺入砂浆或素混凝土中，并应及时养护。$Fe(OH)_3$胶凝体掺在混凝土中，抗油渗效果也较好，对钢筋无锈蚀作用，可用于钢筋混凝土结构中。掺密实剂在油罐工程中推广应用已有数万立方米。

混凝土长期浸油强度对比　　表 27-5

浸油品质	浸油龄期	普通混凝土			掺氢氧化铁			掺三氯化铁混合剂		
		平均强度(MPa)	增长率(%)	渗油深度(cm)	平均强度(MPa)	增长率(%)	渗油深度(cm)	平均强度(MPa)	增长率(%)	渗油深度(cm)
汽油	标养28d	25.5			31.3			30.4		
	浸油90d	29.5			36.2			32.2		
	浸油180d	31.3			38.1			39.9		
	自然养护180d	31.7			38.4			37.5		
0号轻质柴油	标养28d	28.1			31.05	3.5		37.3	24.2	
	浸油180d	38.1	2.70		37.9	26.5		43.1	43.7	
	浸油365d	37.8	26.0		42.7	42.0		48.2	60.7	
	浸油730d	43.9	46.7	全透	42.8	46.0	2~5	50.2	66.4	1~3.5
	浸油365d 棱柱强度	28.3			37.2			34.2		
	浸油10年 抗拉强度	3.48			3.36			3.43		
	浸油365d 与钢筋粘结强度	4.00			4.62			4.92		
	浸油365d 弹性模量	3.70×10^5			4.03×10^5			3.42×10^5		

掺密实剂对混凝土强度和抗油渗性能的影响　　表 27-6

搅拌方式	密实剂	掺量(%)	配合比 水泥:砂:石子:水	水泥用量(kg/m^3)	抗油渗等级	油渗深度(cm)	耐油混凝土强度(MPa) 抗压强度	抗拉强度	粘结力	棱柱强度	弹性模量
手工搅拌	无	0	1:1.74:3.22:0.55	355	P3~P4	15.0	28.1~33.4	2.10	4.20	19.0	3.32×10^4
	$Fe(OH)_3$	2	1:1.74:3.22:0.55	355	P4	15.0	22.0~38.56	2.58	3.70	25.0	3.30×10^4
	$FeCl_3$ 明矾 木糖浆	1.5 0.1 0.15	1:1.74:3.22:0.55	355	P12	1.3~2.7	29.3~43.3	2.40	4.01	27.9	—
强制搅拌	清洗$Fe(OH)_2$	2	1:1.87:2.91:0.53	370	P12	4.3	45.2	3.37	—	28.6	3.07×10^4
	无	0	1:1.76:2.98:0.51	380	P9	15.0	41.9	—	—	—	—

（二）掺密实剂对混凝土强度和抗油渗性能的影响

掺密实剂对混凝土强度和抗油渗性能的影响见表27-6。

在保证混凝土自密实的条件下，采用强制式搅拌机搅拌，经机械振捣密实，不掺外加剂的密实混凝土，抗油渗等级也可达P9。但在对某工程调查后也发现一些普通混凝土贮油罐、地下防空洞和车间地坪，由于没有采取一定的技术措施，加之施工质量偏差，渗漏现象也较严重。

第五节　耐油混凝土施工

耐油混凝土是在混凝土混合物中掺加$Fe(OH)_3$或$FeCl_3$混合剂配制而成。为了保证工程质量，施工中应特别注意各工序的操作。

一、搅拌工艺

（1）粗骨料要准确计量，误差控制在±3%以内；严格控制水灰比，其含水量应按实际扣除。

（2）混凝土的充分搅拌是提高油渗等级的一个重要因素，因此必须使混凝土的组成材料搅拌均匀。如采用400L搅拌机，搅拌时间一般为150～180s。

二、成型工艺

（1）混凝土的运输、卸料要采取适当措施，以防止混凝土混合物分层、离析。

（2）浇筑和振捣时要均匀卸料，不得使粗骨料过分集中。

（3）振动器插入点要分布均匀，严防漏振，务使混凝土达到充分密实，然后将混凝土表面抹平、压光。

三、养护工艺

（1）耐油混凝土必须加强养护，特别是选用$FeCl_3$为密实剂时，更应注意。

（2）当混凝土浇筑完成后，冬季施工时要及时做好保温措施；夏季施工时在混凝土浇捣整平12h后做好保湿措施，浇水或洒水养护，养护期间混凝土表面不得脱水。养护期不少于14d，使水泥充分水化，防止混凝土表面产生毛细裂纹或裂缝。

（3）如果混凝土结构处于地下（如油罐等），应在施工前根据水位具体情况，事先采取处理地下水的有效措施，使混凝土在养护期间不受地下水入浸。

第二十八章　耐磨混凝土

(wear-resisting concrete)

第一节　概　　述

在许多场合，混凝土表面可受到磨损。这种磨损往往可能是因为滑动、擦动或冲击等摩擦所造成的。混凝土的耐磨性能很难评定，因为损坏作用的变化取决于磨损的真正原因。因此，选择耐磨混凝土最适用的指导原则是混凝土的抗压强度，因为这才是决定混凝土具有耐磨性的最主要因素。

一、磨损类型

在某些使用中，混凝土表面的严重磨损可以导致使用问题。现将三种不同的磨损类型区别于下：

(一) 磨损

被反复研磨或摩擦过程的损坏（磨耗）。这一述语用于路面上和工业地板与交通有关的磨损。

(二) 剥蚀

被液体和悬浮固体的磨损作用所损坏。剥蚀是磨耗的一种特殊情况，发生在供水设备中：槽、引水管道、管和溢水道等。

(三) 气蚀

当有一高速流动流体被扰乱时所产生的冲击破坏，它发生在大坝的溢洪道和冲淤道以及灌溉装置中。

二、耐磨混凝土的主要性能

(一) 抗磨耗性

一般水泥浆抗磨性不好，混凝土的抗磨耗性能则多数取决于所用骨料的硬度。像金刚砂、石英砂这样一类特别硬的骨料或铁丸都被应用于工业地板面层以抗磨耗。低水灰比的高强混凝土的抗磨耗性与骨料的品种关系不大，但若采用正确的抹面技术时，采用低水灰比却能提供一个高强密实的耐磨耗混凝土（图 28-1）。为了形成一致密均匀的表面，应该用抹子（或镘刀）不只一次地抹平表面，这也是至关重要的。应用特殊的有机和无机材料能增加其表面结硬。这种处理包括用液体（如聚合物和单体）浸渍其表面，以后起作

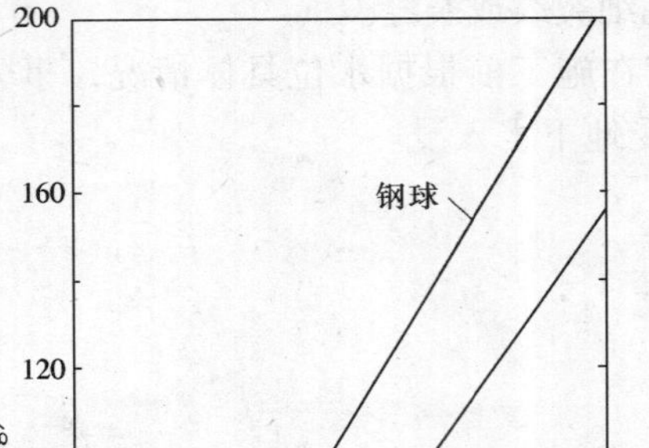

图 28-1　水灰比对混凝土抗磨损的影响

用并沉积固体材料于浆体孔隙中。许多配方都基于硅酸钠（水玻璃）与氢氧化钙反应生成C-S-H，或者基于可溶解的氟硅酸盐上形成不溶解的氟硅酸钙。

混凝土的抗磨耗性很难评价，因为损坏作用取决于磨损的确切原因。在路面和地板上的磨损包括削刮损坏和冲击荷载以及摩擦损失。不同的试验方法用于不同类型的磨损，但没有一种试验方法能令人满意地来评价各种条件下的磨损。确实，磨损试验最困难之处在于解释其结果。一般，混凝土水平表面的抗磨耗性试验有三种方法：

1. 钢球磨耗试验

钢球磨耗试验系施加一个荷载于含有钢球的转头上，所磨耗下来的材料用清水不断地洗刷，以暴露出新鲜的表面，然后计量。

2. 磨轮磨耗试验

磨轮磨耗试验系施加荷载于旋转着的钢磨轮。

3. 转盘磨耗试验

转盘磨耗试验系用旋转着的平圆盘，其中连带着碳化硅磨料。

每种试验中在试验一定时间以后测量其磨损深度，质量损失也是磨损程度的另一重要指标。然后，据以磨损深度、质量损耗来评价混凝土的抗磨耗性能。这些试验意味着模拟轮子和频繁行走的磨损，系结合诸如实际可能发生的冲击和磨损施加不同量的摩擦。

为了特殊的应用，需要做骨料的特殊试验：如路面、地面的耐滑是考虑的一个重要方面。骨料的逐步磨光最后会发展成光滑表面。硬而易碎的骨料，其断裂面不是很光的，最有希望保持耐滑表面。由不同磨光率矿物造成的骨料，会获得较耐滑的表面。

（二）抗剥蚀性

混凝土的剥蚀很大程度取决于悬浮固体的数量和性质。没有沉淀物的水，除非含有化学侵蚀发生，否则造成的剥蚀似乎不大。抗剥蚀性主要决定于混凝土的抗压强度$\left(\text{或}\frac{W}{C}\right)$。大颗粒骨料的使用，看起来是有利的。在磨耗的情况下，混凝土表面最易受剥落。于是，应特别注意保证在浇灌时获得一个高质量的表面。喷砂试验能够用于测量抗剥蚀性。

（三）抗气蚀性

由于气蚀破坏是一个更为严重的问题，甚至优质混凝土都可以遭受剧烈的侵蚀。发生气蚀是当一股高速流水（或任何其他流体）在方向或速度上遭到急剧变化，从而在紧靠变化处下游的表面上出现一个低压区。压强下降足以形成水汽孔穴（或空腔）。在剩下的低压区域内这些水汽孔穴发生突然崩溃；崩溃造成混凝土表面发生一个局部的高能量冲击。此冲击乃由水汽空腔的挤压力引起，局部压力高达700MPa，甚至足以影响最强的金属。很清楚，混凝土受到严重影响，也许最好的防护方法是力求在设计中消除气蚀。消除流动中的紊乱性，或流速减至小于12m/s，据说在水中加入空气，能缓和上述气蚀效应并因此而减少破损。

气蚀现象总是不能避免的，但是，应用非常好的材料可使破坏减至最小。经验证明使用小颗粒骨料（不大于20mm）配制的低水灰比高强混凝土，以及有一个良好的界面粘接，则将得到最好的抵抗性。聚合浸渍混凝土（为了高强和好的粘结力）或纤维——增强混凝土（为了良好的抗冲击性）被视为针对气蚀破坏的一种较为理想的耐磨材料。这些新材料，目前正在上述领域内推广使用。

在我国，通常采用的有抗冲耐磨水泥砂浆、抗冲耐磨聚合物水泥砂浆、钢屑耐磨混凝土和石英砂耐磨混凝土等。

第二节 抗冲耐磨水泥砂浆

以抵抗夹砂石水流冲磨能力来衡量其质量的砂浆称为耐冲耐磨砂浆。

抗冲耐磨水泥砂浆是由水泥、水和砂（细骨料）等材料按适当比例配制而成。它与抗冲耐磨水泥混凝土的差别在于没有粗骨料。硬化后的砂浆也和混凝土一样可以看成是水泥石和骨料组成的复合材料。当水泥石的粘结强度在夹砂石水流条件下足以把砂子粘结在一起时，砂浆的抗冲磨强度也和混凝土一样，主要决定于组成材料的耐冲磨性能及其在砂浆中所占的比例。由于砂浆中只有细骨料，细骨料的空隙率和总比表面积都要比混凝土中使用粗细骨料搭配的混合骨料的要大得多。故 $1m^3$ 砂浆中水泥所占的比例也要比混凝土的大得多。在一般骨料的耐冲磨性能比水泥石高的情况下，砂浆的抗冲磨强度是不如混凝土的。但由于砂浆没有粗骨料，故磨损后的表面要比混凝土平整得多，这是对抗气蚀非常有利的一面。砂浆组成中若选用耐冲磨性能较好的细骨料，并采用非引气型的高效减水剂以降低砂浆水灰比，提高水泥石的抗冲磨强度与粘结强度，则砂浆的抗冲磨强度也可以得到很大的提高。如三门峡排砂底孔采用 M_{70} 的石英砂浆就比用当地卵石配制的 C30 混凝土抗冲磨强度高 3 倍多。故选用耐冲磨性能好的细骨料配制的高强砂浆，既有利于作为防止气蚀的材料又有利于作为受夹砂石水流冲磨情况下的抗磨蚀材料。例如，碧口排砂洞、陆水护垣均曾采用高强砂浆修补气蚀及磨损破坏的混凝土，都获得了较满意的效果。所以，抗冲耐磨砂浆可以作为泄水建筑物耐冲蚀的护面材料。

一、干硬性铸石预缩砂浆

干硬性水泥预缩砂浆是将拌制后的砂浆归堆存放 0.5～1.5h 后再使用的一种特种砂浆。干硬性预缩砂浆比普通砂浆强度高，抗冲磨性能较好。为了提高其抗冲耐磨性能，可用铸石砂代替普通石英砂以配制干硬性铸石预缩砂浆。

（一）原材料

铸石砂，级配尽可能符合中、粗砂级配区；水泥，用新鲜高强度等级（强度等级高于 52.5 级）的硅酸盐水泥或纯大坝水泥；非引气型高效减水剂如 FDN、UNF、NF……等。

（二）配合比

所选用的配合比为：水∶水泥∶铸石砂 = 0.25～0.27（视砂子的粗细及级配而定）∶1∶2，其中减水剂掺量为水泥质量的 1%。

二、氯偏砂浆

氯偏砂浆是在干硬砂浆中掺入 5%～10% 的氯乙烯、偏氯乙烯和丙烯酸丁酯的共聚物及适量促进剂、扩散剂和消泡剂而成的一种特种砂浆。它具有快硬、早强及抗水等性能。适用于水下施工沉箱内修补混凝土缺陷时使用。在葛洲坝沉箱内修补冲磨破坏的混凝土时，它是使用得最多的材料。

（一）氯偏砂浆对原材料的要求

1. 氯偏乳液

氯偏乳液是以 OP-10 为乳化剂，水为溶剂，把氯乙烯、偏氯乙烯和丙烯酸丁酯的共聚物乳化而成的乳液。氯偏乳液一般由厂家配成 45% ~ 50% 共聚物的乳液，用磷酸三钠中和至 pH 值为 7。使用时若 pH 值降低，可加适量的磷酸三钠直至 pH 值为 7 ~ 8 为止。

2. 水泥

宜选用与被修补混凝土使用的品种相同的高强度等级的新鲜水泥。

3. 砂

选用清洁坚硬的河砂或人工砂。为了减少砂浆中抗冲磨强度较低的水泥石含量且又便于施工，最好选用级配良好的粗砂或中砂，或中、粗砂混合使用，避免用细砂。若修补层较薄，应筛除大于 5mm 粒径的部分，以利于施工。

4. 外加剂

宜采用非引气型的高效减水剂为水泥扩散剂，正硅酸乙酯为促进剂，284P（或 742P）为消泡剂（消泡剂为武汉市化工研究所研制）。

（二）氯偏砂浆的配合比

一般氯偏砂浆的配合比为：水灰比为 0.21 ~ 0.23（视施工面干湿程度而定）；灰砂比为 1∶2；45% 的氯偏乳液为水泥质量的 15% ~ 20%（具体掺量视修补面积大小而定。面积较大，一次拌制量较多，掺量可取较小值，使砂浆不致凝结过快，有足够的时间进行施工）；OP-10 掺用量为氯偏乳液中固体含量的 4%，FDN 扩散剂为水泥质量的 0.75%，一般先配成 20% 的溶液；正硅酸乙酯促进剂为氯偏固体含量的 5% ~ 10%（视施工条件而定。低温可多一些，反之则少一些）；284P（或 742P）消泡剂为氯偏固体的 1%，配制氯偏砂浆加水时，应减去氯偏乳液及 FDN 溶液中水分和砂子的表面含水。

例如，氯偏砂浆的常用配合比参数为：水灰比 0.22；灰砂比为 1∶2；氯偏乳液为水泥质量的 15%，OP-10 为氯偏固体物的 4%；FDN 为水泥含量的 75%；正硅酸乙酯促进剂为氯偏固体物的 7%，284P 消泡剂为氯偏固体物的 1%，使用河砂的表面含水率为 3%。

氯偏砂浆的施工配料单计算如下（设水泥质量为 100）：

饱和面干砂质量为 100 × 2 = 200，工地湿砂质量为 200；

200 + 200 × 3% = 206（其中砂的表面含水量为 6）；

45% 氯偏乳液为 100 × 15% = 15（其中含水为 15 × 55% = 8.25，固体物为 6.75）；OP-10 为 6.75 × 4% 为 0.27；正硅酸乙酯为 6.75 × 7% = 0.4725；284P 消泡剂为 6.75 × 1% = 0.0675；FDN 为 0.75，20% 的 FDN 溶液为 3.75（其中含水为 3）；加水量为 100 × 0.22 − 6 − 8.25 − 3 = 4.75。

氯偏砂浆的施工配料单的比例见表 28-1。

氯偏砂浆的施工配料单的配合比例　　表 28-1

材料名称	水	水　泥	砂	20% FDN 溶　液	45% 氯偏乳液	OP-10 乳化剂	正硅酸乙酯促进剂	284P (或 742P) 消泡剂
质量比	4.75	100	206	3.75	15	0.27	0.473	0.0675

第三节　抗冲耐磨聚合物砂浆

一、环氧树脂砂浆

（一）原材料的性质

凡含有环氧基团 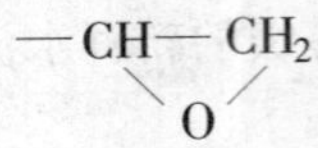 的高分子化合物，统称环氧树脂。环氧树脂种类很多，其中应用最广、产量最大的一种是双酚 A 型环氧树脂，它是由环氧氯丙烷 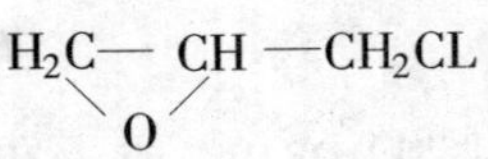 和双酚 A（二酚基丙烷）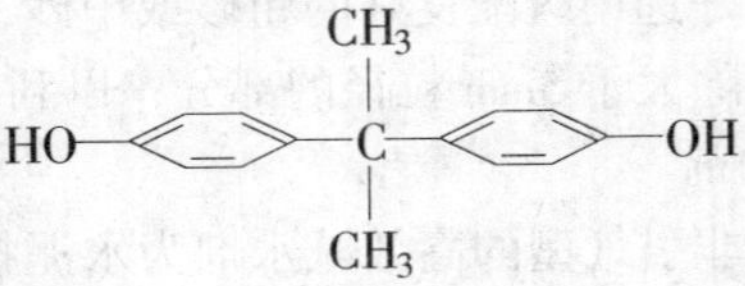 缩聚而成，其分子通式为：

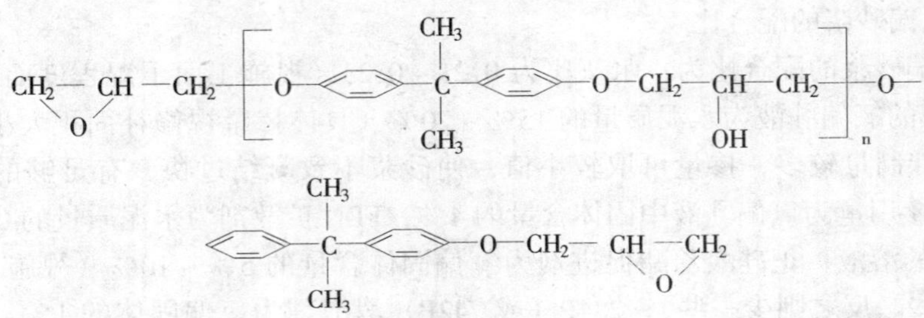

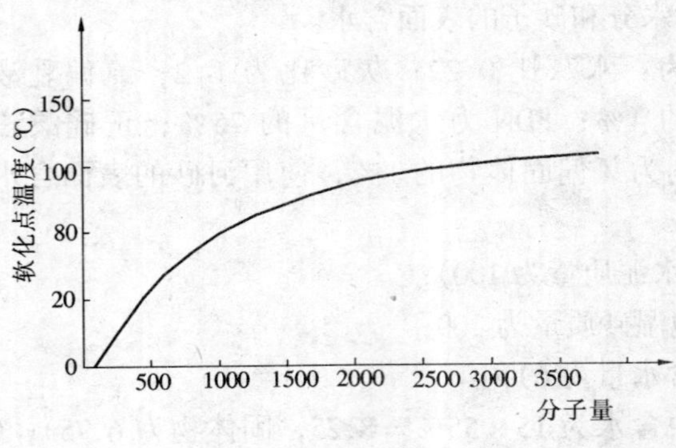

图 28-2　分子量与软化点关系

式中 $n=0\sim19$，平均分子量在 340～7000之间（包括 E-51、E-44、E-42 等十多种不同分子量的规格品种）。树脂本身是热塑性高分子化合物，分子量不大，使用时可通过加固化剂使它进一步交联成体型结构的巨大分子，从而固化成不溶不熔的硬质产物。通常把 $n=0\sim2$ 软化点在 50℃以下的环氧树脂称为低分子量树脂，主要用于浸渍、灌注和粘结；$n=2\sim5$，软化点在 50～90℃之间称为中分子量树脂，主要用于浇筑；$n=6\sim19$，软化点在 90℃以上的称为高分子量树脂，主要用于绝缘覆盖层。树脂的分子量越低其软化点也越低，反之亦然。分子量与软化点的关系如图 28-2 所示。

环氧树脂中所含环氧基的多少是环氧树脂的一项重要指标，通常用环氧当量和环氧值表示。将分子量除以每个分子中所含环氧基的个数，所得的值叫做环氧当量；每 100g 环氧树脂所含环氧当量数叫做环氧值。例如，$n=0$ 的环氧树脂分子量为 340，每个分子含有两个环氧基，它的环氧当量便是 $340\div2=170$；环氧值便是 $100\div170=0.588$。由于每个分子中环氧基总是 2，因此，分子量越大则环氧当量越大，而环氧值则越小。常用环氧当量或环氧值来表示环氧树脂的品种和规格。水利水电建筑物中常用的环氧树脂牌号及规格见

表 28-2。

环氧树脂未固化时，可溶于丙酮、甲苯、二甲苯等溶液中，并具有如下独特的优良性能。

水工建筑物中常用的环氧树脂　　表 28-2

国家统一牌号	旧　称	规　格	
		软化点（℃）	环　氧　值
E-51 号	618	液　态	0.48～0.54
	619	液　态	≮0.48
E-44 号	6101	12～20	0.40～0.47
E-42 号	634	21～27	0.32～0.47
E-35 号	637	20～35	0.30～0.40
E-31 号	638	40～55	0.23～0.38

（1）良好的工艺性能：它可以在常温下固化，并且树脂的黏度以及适用时间，都可以按需要在一定范围内调节，而以不影响树脂固化后的性能，并且可用多种固化剂，易和多种填料混合，以满足不同的用途。

（2）粘结性能好：环氧树脂具有独特的高粘结能力，是由于环氧树脂分子中的羟基（—CH—）、醚键（—O—）和极为活泼的环氧基（—CH—CH_2），使环氧树脂分子与它接触的界面之间容易产生极性的相互作用，其环氧基还可以和胺基、羧基、羟基的化合物反应，生成化学键，因而粘结力特别强。

（3）收缩性小：环氧树脂在固化时没有副产物生成，因而收缩小，一般在 2%以下。若加入填料，则收缩率更小（约为 0.1%）。同时，膨胀系数也很小。因此，环氧树脂用途十分广泛。

（4）较好的耐腐蚀性：固化后的环氧树脂，由于含有稳定的苯环、醚键，其结构又稠密封闭，因而在化学溶剂中较为稳定，具有耐酸、耐碱性能。

（5）机械强度高：环氧树脂固化后的力学性能列于表 28-3。

环氧树脂固化后的力学性能（MPa）　　表 28-3

抗拉强度	抗弯强度	抗压强度	抗冲击强度
65.0～80.0	90.0～120.0	110.0～130.0	10.5～13.0

环氧树脂冲击韧性好的原因是环氧树脂的环氧基位于分子键两端，交联点间距较大，分子键的内旋较方便，所以韧性较好。

（6）吸水率低：在室温下吸水率小于 0.5%，故可做防潮材料。

（二）施工配合比

根据水利工程修补混凝土建筑物的特点，结合我国化学工业的生产状况，上世纪 60 年代的环氧砂浆只能在干燥条件下使用。新安江、青铜峡、新丰江及三门峡水利工程，多使用间苯二胺（属芳香族胺类）固化剂，它是加温固化剂，固化温度约 40℃；脂肪胺类如乙二胺、二乙烯三胺能在常温下固化，固化速度快、黏度小，使用方便，其缺点是使用期短。树脂固化后的强度不如芳香族胺类固化的树脂，一般只在室内用量少时使用。涂抹在干燥条件下的环氧砂浆配合比见表 28-4。

水利工程在修补混凝土时，需要保持干燥，这就给施工带来许多困难。为此，许多单位研制了能使环氧在潮湿环境甚至在水下固化的固化剂，这类固化剂的品种越来越多，但其成分多未公开，一般价格较贵。涂抹在潮湿或水下目前使用较多的环氧砂浆配合比列于表28-5。

涂抹在干燥部位的环氧胶液及砂浆配合比　　表28-4

材料名称		环氧砂浆配方（质量比）		
		1	2	3
环氧树脂E-44		100	100	100
增韧剂	聚酯树脂（牌号304号）	30	20	
	聚酰胺树脂（牌号650号）			60
稀释剂	环氧丙烷苯基醚（牌号690号）	20	20	
	环氧丙烷丁基醚（牌号501号）			15
固化剂	间苯二胺	15~17		
	乙二胺		9~10	
	二乙烯三胺			8~11
环氧胶液				
填料	石英粉	125~100	125~200	125~200
	砂	375~600	375~600	375~600
将所有材料拌制均匀则成环氧砂浆				

涂抹在潮湿或水下部位环氧胶液及砂浆配合比　　表28-5

材料名称	配方（质量比）		
	1	2	3
环氧树脂E-44号（或E-42号）	100	100	100
810号环氧固化剂	32~35		
MA环氧固化剂		10	
T-31固化剂			20~40
环氧丙烷丁基醚（牌号501号）	15~20		
丙酮		10	10
聚酰胺树脂（牌号650号）	40		
聚硫橡胶（分子量1000）		20	
DMP-30促进剂		1~3	
生石灰粉	20		
石英粉	140~200		160
环氧胶液			
石英砂或河砂	500~600	500~700	400
环氧砂浆			

为了适应水利工程冬季施工需要（有的地方气温在0℃以下），又研制了低温固化剂。YH-82环氧低温固化剂已在引滦入津及白山水电站工程中应用，其配合比见表28-6。

适用于低温条件下的环氧砂浆配合比　　表28-6

材料名称	技术指标	质量比
环氧树脂E-44号	环氧值0.47	100
糠醇稀释剂	工业品含量98%	15~25
YH-82低温固化剂	胺值>600	30
DM-30促进剂	粗品	0~3
水泥填料	42.5级或52.5级大坝水泥	100
砂子填料	混凝土用砂	400~500

在填料中适当减少石英粉、水泥、砂子，加入石子的成分便成为环氧混凝土，见表28-7。

环氧混凝土配合比（低温条件）　　**表 28-7**

材料名称	技术指标	质量比
环氧树脂 E-44 号	环氧值 0.47	100
糠醇稀释剂	工业品含量 98%	15～25
DMP-30 促进剂	粗　品	0～3
YH-82 低温固化剂	胺值 > 600	30
水泥或石英粉	42.5 级或 52.5 级大坝水泥	100～120
砂填料	混凝土用细骨料	300～400
石　子	混凝土用粗骨料	600～700

二、呋喃树脂砂浆

（一）原材料

1. 呋喃树脂

呋喃树脂是以糠醛（$C_5H_4O_2$）、糠醇（$C_5H_6O_2$）等为原料制成的类聚合物的总称，其分子结构都带有呋喃环（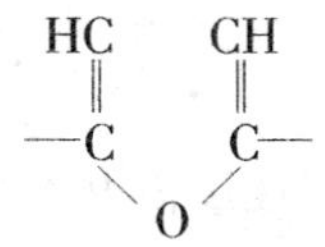），其品种有糠醇树脂、糠醇-糠醛树脂、糠醛-丙酮树脂及糠醛-丙酮-甲醛树脂等。制成呋喃树脂所用糠醛的原料主要是一些农副产品，如棉子壳、稻壳、玉米芯及玉米杆等。由于原料来源广泛，故成本较低。

呋喃树脂在酸性固化剂（苯磺酸，苯磺酰氯等）作用下，在常温条件就能使呋喃开环，形成网状结构而固化。对强酸、强碱和有机溶剂的腐蚀作用，有很强的抵抗能力，耐热性好，电绝缘性亦高；粘结力与机械强度也高，但较环氧树脂稍差，性较脆。

2. 固化剂

常用固化剂为苯磺酸和苯磺酰氯。

3. 固化剂溶剂

常用固化剂苯磺酸和苯磺酰氯之溶剂为糠醛（单体）。

4. 填料

常用填料为石英粉和石英砂。

（二）配合比

呋喃胶液及呋喃砂浆配合比见表 28-8。

呋喃胶液及呋喃砂浆配合比　　**表 28-8**

材料名称	质量比例		材料名称	质量比例	
	呋喃胶液	呋喃砂浆		呋喃胶液	呋喃砂浆
呋喃树脂	100	100	苯磺酰氯	2.5	3.75
糠醛（单体）	25	25	石英粉	—	100～150
苯磺酸	—	3.75	石英砂	2.5	400～600

三、不饱和聚酯树脂砂浆

（一）不饱和聚酯树脂砂浆的组成成分

1. 不饱和聚酯树脂

不饱和聚脂是由醇和酸酐进行酯化反应后得到的含有 —CH═CH— 不饱和双键的高分子化合物。不饱和树脂是用单位苯乙烯作溶剂深解不饱和聚酯所组成的溶液，其牌号UP307及UP189是目前国产较便宜的两种。丙烯酸环氧树脂是一种含有不饱和键的线型结构树脂与苯乙烯的混合物，系属于一种新型的不饱和聚酯树脂。

2. 引发剂

引发剂是容易产生游离基的过氧化合物，使树脂和苯乙烯单位中的双键活化发生共聚反应，放出热量形成立体网状交联结构的大分子，其反应为：

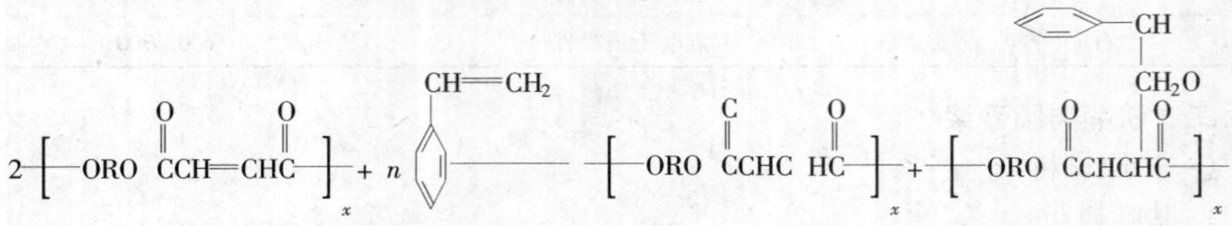

一般使用的引发剂为过氧化环乙酮糊，它是过氧化环乙酮与邻苯二甲酸二丁酯各为50%的浆状物。

3. 促进剂

促进剂是降低引发剂正常分解温度、加快分解速度的化合物，一般使用环烷酸钴溶液、含钴量约为0.5%；萘酸钴溶液，含钴量约为2%。不饱和聚酯树脂在低温使用时，有时需加第2促进剂，一般使用二甲基苯胺。

4. 减缩剂

减缩剂是为了克服不饱和聚酯树脂固化时收缩较大而加入配方中的热塑性聚合物。可采用聚氯乙烯粉末或用聚苯乙烯颗粒加到苯乙烯单体中配成减缩剂溶液。根据试验资料表明，掺减缩剂溶液的不饱和聚酯树脂砂浆的和易性及减缩效果都比聚氯乙烯粉末好一些。

5. 填料

填料是为了减少树脂用量、降低成本、减少树脂砂浆收缩及提高抗冲磨等力学性能而加入的矿物质材料。

使用的填料与环氧砂浆填料品质基本相同，一般为矿物粉及砂、石料。

（二）施工配合比

不饱和树脂砂浆（及混凝土）在水利工程中已开始试用，如葛州坝、三门峡泄水建筑物中均受到了现场试验及应用的经验，其配合比见表28-9。

不饱和聚酯树脂砂浆及混凝土配合比 　　**表28-9**

材料名称	聚酯砂浆配合比（质量比）				聚酯混凝土配合比（质量比）
	1	2	3	4	
不饱和聚酯树脂（UP307）	100	80	100	—	70
丙烯酸环氧树脂（含60%苯乙烯）	—	—	—	100	—
丙烯酸	—	—	—	3~5	—

续表

材料名称	聚酯砂浆配合比（质量比）				聚酯混凝土配合比（质量比）
	1	2	3	4	
过氧化环己酮：邻苯二甲酸二丁酯 = 1:1 的糊	2.5	2.5	—	2.0	2.5
过氧化环己酮	—	—	4.0	—	—
萘酸钴苯乙烯溶液	1.25 ~ 2.5	2.0	1.5 ~ 2.0	1.2	1.5
N-N′——二甲基苯胺	—	—	—	0.35 ~ 0.07	—
减缩剂溶液	—	20	—	—	30
石英粉	156	156	—	165	120
辉绿岩铸石粉	—	—	300	—	—
河砂	400	400	400	385	270
卵石	—	—	—	—	940

第四节　钢屑耐磨混凝土

一、钢屑耐磨混凝土

钢屑耐磨混凝土（砂浆），亦称铁屑耐磨混凝土（砂浆）。用除去油污后的铁屑作为一部分骨料，再与一定数量的水泥、砂石和水配制而成的特种混凝土。

钢屑混凝土具有较高的抗压强度、耐磨性、导电性和导热性，是一种高强耐磨性材料。钢屑混凝土的抗压强度可达 40.0 ~ 80.0MPa，耐磨性相当于花岗岩。主要用于耐磨地面的耐磨层、矿仓料斗衬里、吊车轨道及楼梯踏步等，也可用于防核子射线的围护结构等工程。

（一）原材料要求

1. 胶凝材料——水泥

配制钢屑耐磨混凝土，宜选用强度等级不低于 42.5 级的硅酸盐水泥、普通硅酸盐水泥或矿渣硅酸盐水泥，强度和耐磨性能要求较高的结构，应优先选用硅酸盐水泥。

2. 细骨料

对于耐磨耗性要求高的部位，常采用坚硬的、密实的特殊骨料。例如优先选用粗石英砂，也可采用含泥量较低的普通河砂。

3. 粗骨料

承重的工业用楼板的面层或要求耐磨耗性高的其他部位，经常用特殊骨料。为此，采用硬的、密实的、坚固的材料如煅烧矾土或金刚石、金刚砂、金属、火石或石英。水泥浆的强度和水泥——骨料界面粘结力比骨料硬度更为重要。经长期观察发现，在老的路面已经发生严重的磨损和磨光现象，因而可以认为在混凝土的耐磨和防滑方面，骨料无疑为一个重要因素。

通常，为了经济起见，多选用级配较好的碎石或卵石，石子粒径要小，最大粒径不宜超过 15mm。同时要求石子清洁，软弱颗粒含量少，含泥量低。

如果选用混合骨料，在混合料中要求其骨料含有硬的和软的矿物，使其磨损和磨光速率不同。3～10mm粒径范围内的细骨料占的比例大，能显著改善混凝土的防滑性和耐磨性，因细骨料比粗骨料含有硬矿物的百分比更高。

4. 掺合料——钢屑

采用金属切削废屑，粒径为0.5～5mm。使用前以10%浓度的NaOH溶液煮沸脱脂，除去油污，然后用热水清洗、晾干。

（二）钢屑混凝土和砂浆配合比

钢屑混凝土和砂浆配制方法与普通混凝土基本相同。

1. 钢屑水泥砂浆典型配合比

钢屑水泥砂浆典型配合比见表28-10。

钢屑水泥砂浆典型配合比　表28-10

质量配合比	抗压强度（MPa）	用　途
水泥:砂:钢屑:水 1:0.3:1.0～1.5:0.12	40～80	车间混凝土地面耐磨层、矿仓料斗衬面、楼梯踏步等

2. 钢屑混凝土典型配合比

钢屑混凝土典型配合比见表28-11。

钢屑混凝土典型用料配合比　表28-11

项　目	钢屑混凝土配合比（质量比）					适用部位	备　注
	42.5级水泥	钢　屑	砂	石　子	水		
配合比	1	2.13	1.33	3.38	0.60	耐磨地坪、煤仓、或贮煤仓漏斗	本配合比抗压强度可达20MPa
每1m³混凝土材料用量（kg）	310	659.8	412.9	1233	186		
配合比	1	1.0	2.0	2.3	—	抹　面	1. 本配合比抗压强度可达20～40MPa 1. 以50mm厚计，每10m²用0.525m³混凝土
每1m³混凝土材料用量（kg）	380	380	760	874	—		

3. 钢屑混凝土参考配合比

钢屑混凝土参考配合比见表28-12。

钢屑混凝土参考配合比　表28-12

序号	混凝土强度等级	水泥强度等级	钢屑混凝土配合比（kg/m³）				抗压强度（MPa）	抗拉强度（MPa）
			水　泥	砂	铁　屑	水		
1	C40	42.5级	1150	（细砂）345	1150	323.1	45.4	6.68
2	C50	52.5级	929	（细砂）464	1858	343.7	64.85	14.6
3	C50	52.5级	1051	（中砂）329	1544	361	54.5	—
4	M40	52.5级	978	—	1467	350	48.0	—

（三）施工方法

（1）钢屑混凝土的施工方法与普通混凝土基本相同。浇灌时，应用人工随时强力捣实、压光。

（2）略有泛浆的混凝土，表面层强度较高，因而其耐磨性也较好；产生泌水现象，耐磨性降低。

(3) 延迟抹面时间，往往对于提高耐磨性是有利的。

(4) 终凝后浇水潮湿养护 14d，且适当延长养护时间是必要的，也是很重要的。另外，真空吸水或薄膜养护也可以改善混凝土表面的耐磨性。

二、钢屑水泥浆

钢屑水泥浆是以钢屑、水泥和水按照一定比例混合而成的拌合料。这种耐磨材料一般用于有较高耐磨要求的地面层，铺设在结合层或找平层而成。其结合层一般为 20mm 厚的 1:2 水泥砂浆，如图 28-3 所示。

(一) 原材料要求

1. 水泥

采用强度等级不低于 32.5 级的硅酸盐水泥或普通硅酸盐水泥。

2. 钢屑

粒径 1 ~ 5mm，过大的颗粒和成螺旋状的应予破碎，小于 1mm 的颗粒应予筛去。钢屑中不应有其他杂物，在使用前应除去钢屑上的油脂，并用稀酸溶液除锈，再以清水冲洗后使用。

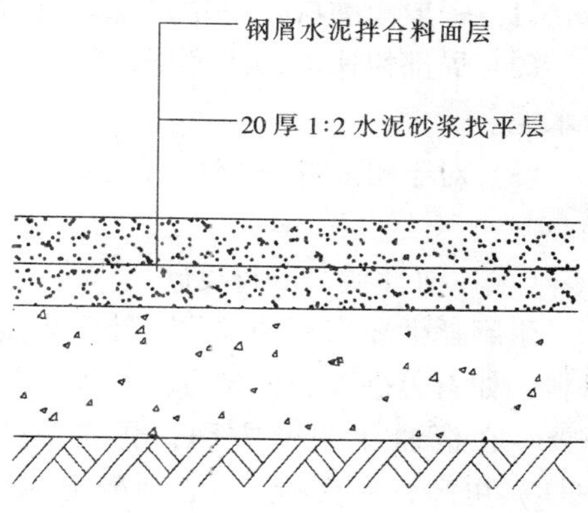

图 28-3　钢屑水泥浆面层

(二) 施工要点

(1) 钢屑水泥砂浆面层的配合比，应通过试配，以水泥浆能填满钢屑的空隙为准，其强度等级不低于 M40，稠度不大于 1cm。必须拌合均匀。

(2) 钢屑水泥浆应随铺随拍实，抹平工作应在初凝前完成，压光工作应在终凝前完成。

(3) 其他方面施工同钢屑混凝土和砂浆及水泥砂浆面层。

三、耐磨抗冲刷铁钢砂混凝土

水电站的建筑物群包括溢流坝、厂房、船闸、底孔等混凝土建筑物，其中底孔的消力池护垣需承受挟带沙石等推移质的高速水流的常年冲刷，最大流速可达 30 ~ 40m/s，其气蚀和冲刷能量很大，为此，设计人员把消力池护坦设计为高强耐磨抗冲刷的铁钢砂混凝土，其抗冲磨混凝土总厚度一般为 60 ~ 100cm，底层为 C40 的高强混凝土，表面为 10 ~ 20cm 的铁钢砂混凝土。

某水电站 1992 年采用铁钢砂混凝土作为消力池护垣，铁钢砂密度为 4.12g/cm^3，骨料最大粒径为 20mm，其成分以 Fe_2O_3 和 SiO_2 为主，施工中采用 52.5 级普通硅酸盐水泥，水灰比为 0.35，用水量为 220kg/m^3，水泥用量 627kg/m^3，外加剂使用的是缓凝型糖蜜，糖蜜缓凝剂用量 0.942kg/m^3。

为了保证表层铁钢砂混凝土与基层混凝土结合更紧密，施工前进行了结合面的抗剪强度试验，基层混凝土分别为老混凝土，初、终凝之间及初凝前三种状态，分别接浇铁钢砂混凝土，28d 龄期结合层间抗剪强度分别为 4.43MPa，4.75MPa 和 5.68MPa。试验表明在基层混凝土初凝前紧接浇筑铁钢砂混凝土，结合层结合力最强，现场施工即按此进行。

施工中铁钢砂耐磨抗冲刷混凝土现场取样，$f_{cc,28d}$ = 63.5MP，$f_{cc,92d}$ = 73.1MPa，大于设计强度等级。至今为止，底孔护垣运行 4 年，相邻护垣的高强混凝土表面局部已有磨损，约2~3cm厚，而面层为铁钢砂的混凝土则完好无损。

第五节 石英砂耐磨混凝土

石英砂耐磨混凝土（耐磨砂浆）是以水泥与石英砂按照一定比例配合而成。

一、原材料要求

（一）胶凝材料——水泥

（1）一般耐磨层，可用强度等级为42.5级普通硅酸盐水泥。

（2）局部快速冲击耐磨层，须选用强度等级不低于52.5级的普通硅酸盐水泥或硅酸盐水泥。

（3）对于耐酸冲刷层，可用耐酸水泥，或矿渣水泥，其水泥强度等级不得低于42.5级。

（二）细骨料——石英砂

耐磨耗性要求高的部位，经常采用特殊骨料。为此，必须采用硬的、密实的、坚固的材料，如石英砂、金钢砂等。水泥浆的强度和水泥-骨料界面之间粘结力比骨料硬度更为重要。在混凝土耐磨方面，骨料成为一个重要因素。细骨料比粗骨料含有的硬矿物（SiO_2）更高，更有利于改善混凝土的耐磨性。

1. 石英砂分类

按生产方式不同，石英砂分为三种：①天然石英砂；②人造石英砂；③机制石英砂。

人造石英砂及机制石英砂，系将石英砂加以焙烧，经过人工或机械粉碎、筛分而成。它比天然石英砂质量好，纯净，而且二氧化硅（SiO_2）含量高。

2. 质量要求

石英砂质量要求见表28-13。

石英砂质量要求 表28-13

项目名称	SiO_2 (%)	云母 (%)	硫化粉 (%)	尘土 (%)	硬度 (HB)	吸水率 (%)	密度 (g/cm^3)	孔隙率 (%)	堆积密度 (g/cm^3)	粒径 (mm)
质量要求	≥95	≤0.5	≤0.5	≤0.5	5~7	1.0	2.65	≤40	≥1600	≥0.15

二、配合比确定

（一）水灰比选择

根据有关试验资料可知，混凝土的耐磨性与抗压强度成正比，与水灰比成反比。因此，在选择配制耐磨混凝土的水灰比时，除了要满足混凝土的密实度和强度外，更重要的是便于施工。兼顾两者，在实际施工过程中，一般控制水灰比不得大于0.50。

（二）典型配合比

石英砂耐磨混凝土的典型配合比见表28-14。

（三）参考配合比

根据耐磨工程结构层不同，石英砂混凝土的组成要求也不同。其参考用料配合比见表

28-15。

石英砂耐磨混凝土的典型配合比　　表 28-14

工程结构层	耐　磨　层	耐磨抗压层	耐磨冲击层	耐酸保护层
配合比 （水泥:石英砂）	1:1.8～2.5	1:1.2～1.8	1:1.0～1.2	1:1.0～1.2
备　　注	水灰比≤0.50	水灰比≤0.50	水灰比≤0.50 配 16 号左右钢丝网	水灰比≤0.50 用耐酸水泥

石英砂耐磨混凝土参考用料配合比　　表 28-15

结构层名称	堆积密度（kg/m^3）	石英砂耐磨混凝土用料配合比（kg/m^3）		
		水　泥	石 英 砂	水
		500	1100	220
耐磨层	1600	580	1020	200
		640	1160	250
耐磨抗压层	1800	800	1200	260
		800	1800	280
耐磨冲击层	1800	900	900	320
耐酸保护层	1800	900	900	300

三、技术经济特点及适用范围

（一）技术经济特点

（1）堆密度仅为钢屑耐磨混凝土的 80%左右。

（2）材料来源广，造价低廉，为钢屑耐磨混凝土的 18%。

（3）较易施工。

（二）适用范围

（1）石英砂混凝土适用于煤仓、贮煤仓漏斗及一般贮仓，或作地面耐磨层。

（2）如采用耐酸水泥，用于一般受酸性侵蚀、冲刷的保护层，如蓄电池室、矿灯房的地面等。

四、施工工艺

（1）石英砂耐磨混凝土的施工工艺方法基本与普通混凝土或砂浆相同。

（2）如果受冲击力大的耐磨层，可预制成 200mm × 200mm × 30mm 石英砂耐磨混凝土砌块铺贴。找平层用 1:3 水泥砂浆，厚度 20mm 左右。待板块固化后，再用 1:2 水泥石英砂浆填筑砌缝。

第六节　新型耐磨混凝土地面施工

一、耐磨混凝土现状

近年来，为改善混凝土地面耐磨、不起尘和抗冲击性能，国内外开展了大量的试验研究。根据我国的实际情况，尽可能用廉价的耐磨骨料，水泥强化材料配以恰当的施工技术，使耐磨地面达到国外同类产品的性能。福建某叉车有限公司联合厂房 6.5 万 m^2 耐磨混凝土地面的施工，值得借鉴及推广。

二、混凝土耐磨面层的作用机理

（1）提高水泥石的耐磨性，主要是通过实验来降低水灰比，以提高耐磨性。

（2）提高骨料本身的耐磨性，主要是选用硬质骨料，剔除可能混杂的软质材料。

（3）改善水泥石与骨料的粘结，在耐磨面层材料中含有组份的增强材料，它们的共同作用导致材料强度的提高和与骨料的粘结力提高。

（4）改善骨料级配，天然砂中含有一部分粉状物质和细颗粒，这些形成混凝土磨损的薄弱环节。另外，骨料的粗细、级配都可能影响耐磨性。因此，采取相应措施，加上大部分原材料实行预拌，可以明显提高地面的耐磨性。

三、耐磨面层的材料及技术参数

耐磨材料是继钢纤维之后，又一现代新型的建筑材料，其材料是以水泥为胶凝材料，以人造烧结材料和金属屑为骨料，配以化学外加剂和矿物掺合物，同普通水拌合，敷设于刚筑成的混凝土过渡层表面，达到强化混凝土表面的目的。使面层材料的耐磨性能比普通C30混凝土强度提高2~5倍，抗压强度达到100MPa，抗折强度大于11.7MPa，抗冲击性能良好，比普通C30混凝土强度提高一倍以上，可以提高混凝土早期强度20%~40%，耐磨硬度（磨耗率）小于0.28g/$cm^2$1000转。

四、耐磨混凝土施工工艺

（一）施工顺序

浇筑过渡层→过渡层表面打浆→加少量水拌合耐磨材料（采用强制式搅拌机）→铺设耐磨材料→机械碾抹→人工抹光二遍→养护→表面磨光（粗磨）。

（二）耐磨层与过渡层混凝土施工

耐磨面拌合料的施工是在过渡层混凝土处于塑性状态时，即制作拌合料进行随打随抹的施工方法。按照不同的制作时间，面层的拌合料干湿程度分干撒、湿撒两种方法，以适应不同工程或部位的需要，保证面层与过渡层成为一整体，不出现裂缝、起壳、空鼓现象。

1.过渡层的施工

过渡层混凝土的强度要求一般大于33MPa，厚度一般为5cm左右（不得小于3cm）。水泥宜采用强度等级为52.5级普通硅酸盐水泥，砂宜采用中、粗砂，含泥量小于3%，石子粒径一般为0.5~2cm，含泥量不大于1%。混凝土的坍落度为3~5cm。应严格控制平整度。过渡层混凝土的拌合及摊铺同普通混凝土施工。

2.耐磨面层施工

（1）用料：水泥宜采用强度等级为52.5级普通硅酸盐水泥。将骨料、外加剂、水泥根据设计配合比及面层厚度进行配制拌合。

（2）拌合：将骨料、水泥、外加剂按规定的质量比，放入强制式搅拌机拌合均匀，加水湿拌，拌成手捏成团，1m高处落地即散的干硬性拌合料。

（3）摊铺：当过渡层处于初凝前，八成干即刚能上人时，有轻微脚印，即可摊铺面层（一般0.5~2cm）采用刮尺刮平，进行标高及平整度的测量。

（4）刮平、拍实面层：采用圆盘机械抹光机进行碾压及提浆，然后进行第一遍抹平，此项工序必须在水泥初凝完成。

（5）面层抹光：面层初凝后、终凝前，采用铁抹抹压2～3遍，每次压抹走向相互垂直，可抹压掉气泡及砂眼，以达到面层的美观、光洁。

（6）养护：成活24h后，用覆盖物加水进行养护，使地面保持潮湿，养护时间不少于7d。

五、施工质量控制

1. 耐磨面层铺设时间的控制

耐磨面层铺设时机的掌握对工程质量影响关系很大。铺设过早，基层混凝土的浆水会导致表层水灰比过高而影响效果，反之过晚基层无浆水可提高面层粘结，如果基层已经硬化，则可能引起界面粘结不牢。

由于基层混凝土的凝结时间不同，施工时的气温、环境各不一样，因而不可能指定耐磨层的具体铺设时间。但可以通过测定基层混凝土的凝结程度，也可以根据以往实践经验来确定。一般，当人员可以在基层上小心走动留痕不明显时较为适中。在正常情况下，这一段时间有1～2h，只要现场调度得当，铺设工作可以从容完成。为保证施工质量，现场应备混凝土贯入阻力仪，并由专人测定，以便及时指挥。

2. 干撒和湿撒施工的原则

两种施工方法选择的原则由耐磨面层的厚度决定。多次试验表明，当面层厚度超过10mm时用干撒法施工往往难以获得必要的浆水，宜考虑采用湿撒法施工。

3. 表面防尘处理

由于混凝土表面有较多的浮浆很容易被磨去，这就是起灰的原因，而耐磨面层的浮浆相对少得多。如果在面层硬化后，再用磨光机稍加抛磨，除去少量浮浆，就会得到十分光洁、坚实的表面，达到比水磨石地面更好的防尘要求。

该耐磨面层材料各项技术指标接近国际先进水平，造价却比同类进口产品低1/2～2/3，耐磨性能比传统施工的面层提高2～5倍，可以避免地面修复，经济技术效益较为突出。厂房耐磨地面施工完毕后，整个地面6.5万m^2平整度良好，面层施工3d后，即可行走叉车。多年来，地面未出现任何裂缝，取得较好的效果，被评为优良工程。

第七节　耐磨混凝土研究及其应用

一、混凝土磨损机理

关于物体的机械磨损，G.A.Tomlinson在研究了金属材料的摩擦行为以后，早于1929年提出了磨损的分子理论。他认为，当两块金属物体摩擦而使表面充分接近时，某块金属物体上的原子可能被撞出或牵引出并运动得足够远，使其脱离原来的晶格位置，这就是磨损机理。显然，分子磨损理论无法圆满地解释混凝土的磨损行为。后来R.Holm、J.T.Burwell等人相继提出了黏着磨损理论，即认为：两个相互作用的表面仅在少数几个孤立的凸出点上发生接触，导致这些接触面产生很高的应力，这些微凸体发生黏着，相对运动时，内聚力较弱一方的微凸体即被对方材料所俘获。上述研究认为，材料的磨损与作用面的垂直荷载和滑动距离成正比，而与材料的屈服应力成反比。

20世纪70年代以来，随着断裂力学的迅猛发展，材料的磨损理论被不断充实和完善，混凝土的磨损被解释为是一个“断裂过程”，即表面材料经受着裂纹形成、扩展、失稳扩展及碎屑脱离本体这一循环过程。N.P.Suh 根据断裂力学理论提出的脱层磨损理论认为磨损是空穴生核率、裂纹扩展率、摩擦系数及硬度的函数。

虽然断裂力学理论明确提出材料的断裂韧性是影响其耐磨性的重要因素，而且也有学者进行了聚合物—水泥混凝土的研究并考察了其耐磨性。但是，长期以来，混凝土的强度一直被认为是决定其耐磨性的主要因素。随着研究地深入，人们发现混凝土的强度与其耐磨性并不存在简单的可用某一方程式来表示的函数关系，在同样强度的情况下改善水灰比、灰砂比、骨料的粒径等都有助于耐磨性的提高。笔者认为，混凝土的磨损是一个从表面开始的复杂过程，在基本不提高（或不大幅度提高）强度的情况下，如何改善并优化混凝土的表面结构对于提高其耐磨性起着重要的作用。

二、原材料及配合比

（一）试验方法

国际上迄今为止尚没有统一混凝土耐磨试验方法，而且根据各国标准作出的试验结果几乎没有可换算性。考虑到国内实际情况，耐磨试验采用《水泥花砖》JC 401—91 中的耐磨试验法。其基本原理是：试块平置并用夹具固定在试验机承台上，磨具为铁合金滚珠用滚珠盘倒扣在试块上，在与滚珠盘相连的活动轴顶部用荷载加压。试验机开动后，电机带动活动轴作圆周运动，同时滚珠盘也产生自转，这样，试块便受到滚珠运动轨迹复杂的磨损。

试验条件为：荷重 80N，磨耗时间 8min，以磨耗物质量作为其磨损指标。

（二）试验原材料

1. 水泥

强度等级为 42.5 级的普通硅酸盐水泥，苏州金猫水泥集团公司产。

2. 砂

建筑中砂，细度模数 2.7~3.2；石屑砂，苏州金山采石场。

3. 碎石

花岗岩碎石，粒径 10~15mm，苏州金山采石场。

4. 混凝土耐磨剂

耐磨剂 A：丁苯胶乳（上海高桥石化厂）+复合稳定剂Ⅰ（自配）+消泡剂。

耐磨剂 B：苯丙胶乳（苏州造漆厂）+复合稳定剂Ⅱ（自配）+消泡剂。

耐磨剂 C：90 型高效混凝土耐磨剂（自制）。

5. 水

自来水，或洁净的饮用水。

（三）基本配合比

抗磨混凝土地面的基本配合比：水泥 30kg：砂 45kg：碎石 75kg：液剂 15~14.1kg。

其中液剂质量按水质量+2×混凝土耐磨剂质量=15kg 计算。

（四）试块成型及养护

1. 成型

振动时间：1.5min。

抗压试块尺寸：100mm×100mm×100mm。

耐磨试块尺寸：200mm×200mm×50mm。

2. 养护

先标准养护 14d，然后自然养护 14d，共养护 28d。

三、试验结果讨论

1. 试块表面整修方法

表 28-16 显示，混凝土在成型时表面精细压光的试块比表面一般性地加以抹平的试块耐磨性要好得多，证实了混凝土在成型时表面的整修情况将在较大程度上影响其耐磨性，这与早期部分学者的研究结论相符。究其原因，这与表面密实性的提高是分不开的。当然也认为这一现象某种程度上与耐磨试验方法所存在不完善之处有关。

未加耐磨剂混凝土的性能　　**表 28-16**

试块编号	成型		28d 性能	
	坍落度（mm）	表面整修情况	抗压强度（MPa）	磨损量（g）
K11	22	一般抹平	39.8	14.1
K12	22	精细压光	39.8	9.8
K21	20	一般抹平	41.2	12.3
K22	20	精细压光	41.2	8.5

注：K11、K12 试块采用一般建筑中砂；K21、K22 试块采用石屑砂。

2. 砂对混凝土耐磨性的影响

试验结果同时表明，采用石屑砂作为细骨料的混凝土其耐磨性优于黄砂作为细骨料的混凝土。这是由于“石屑—水泥石”之间的界面状态或咬合力显然优于“石屑—水泥石”界面状态之故。实际上，工业地坪或道路、市政等工程立用的混凝土在其使用寿命内除受磨损外，还受到空气的碳化作用和水分的冻融破坏等等。很明显，如若混凝土表面遭受碳化作用时，河（海）砂较之石屑砂容易剥落得多。

3. 耐磨剂对混凝土耐磨性的影响

表 28-17 将自行研制或用国内现有的部分高分子合成液改性配制而成的三种混凝土耐磨剂暂时命名为耐磨剂 A、耐磨剂 B 和耐磨剂 C。将耐磨剂掺入混凝土后，试验结果表明，耐磨剂对混凝土的抗压强度影响不大，但耐磨性均有不同程度的提高，尤其以耐磨剂 C 提高混凝土耐磨性最为显著。从表 28-17 中可以看出，当耐磨剂 C 的掺量达到水泥用量的 6%时，混凝土的耐磨效果提高了两倍以上。

添加耐磨剂混凝土性能　　**表 28-17**

试块编号	耐磨剂及掺量	成型		28d 技术性能	
		坍落度（mm）	表面整修情况	抗压强度（MPa）	磨损量（g）
A12	A，3%	18	精细压光	41.8	7.5
A22	A，6%	25	精细压光	42.7	6.3
B12	B，3%	22	精细压光	38.4	7.9
B22	B，6%	28	精细压光	37.5	7.1
C12	C，3%	25	精细压光	41.5	5.9
C21	C，6%	36	一般抹平	40.6	7.5
C22	C，6%	36	精细压光	40.6	3.8

注：1. 细骨料全部采用石屑砂；

2. 耐磨剂掺量相当于水泥用量的质量百分比；

3. 未掺耐磨剂的混凝土试验见表 28-16 中 K21、K22。

关于耐磨剂提高混凝土耐磨性的机理，主要是高分子合成乳液和其他表面活性物质改善了混凝土的细观结构。在搅拌混凝土时，由于表面活性作用，可以适当减小水灰比，使混凝土更趋密实；在水化过程中，耐磨剂减缓了水分挥发，改善了混凝土的毛细孔结构，减少了微裂缝的形成和发展；水泥硬化完成后，高分子合成乳液失水后形成的部分连贯的聚合物相填充了混凝土的部分毛细孔和其他空隙，同时，由于聚合物相弹性模量极低，它可以大量地吸收外力对混凝土所做的功而将其转化为变形能，使混凝土的宏观韧性得以提高。这一原理与其他聚合物改性混凝土相仿。

研究同时表明，在掺量不高时，单一品种丁苯类及苯丙类合成乳液对提高混凝土耐磨性的效果是有限的。

四、耐磨混凝土的研制

试验证明，通过改善混凝土的细观结构（尤其是表面结构）来提高其耐磨性是行之有效的方法。除采用石屑砂作为细骨料和采用精细压光成型法外，在改进了耐磨剂C（90型高效混凝土耐磨剂）的生产配方后，研制的耐磨混凝土性能见表28-18。

耐磨混凝土与素混凝土性能对比 **表28-18**

物理力学性能	素混凝土	耐磨混凝土	物理力学性能	素混凝土	耐磨混凝土
抗压强度（MPa）	41.2	41.8	干缩变形率	2.3×10^{-4}	1.8×10^{-4}
抗折强度（MPa）	10.6	12.1	磨耗质量（g）	8.5	3.4

注：原材料及配合比（采用石屑砂）、成型方法（采用表面精细压光）、养护制度及耐磨试验方法均同前。

就工程应用而言，除考虑施工和造价问题外，尚应注意以下问题：

（1）浇筑耐磨混凝土时应给予必要的振捣，以使水分（含耐磨剂）向表面富集，使不宜产生过多浮浆。如浮浆过多，则应减少单位用水量；少量的浮浆可用水泥干粉或其他适宜的材料收干。

（2）掌握好耐磨混凝土的初凝时间，及时压光。但压光后的表面不宜反复搓动，以免破坏表面相对富集的聚合物结膜层。

（3）考虑到工程造价，大范围的混凝土耐磨地坪或路面可采用二次浇筑法，即下层铺设素混凝土，振捣、刮糙；而后铺设30mm细石耐磨混凝土面层。

五、工程实例

1. 工程概况

苏州爱斯克梯级有限公司仓库地坪面积为1600m^{2}余，混凝土设计强度等级为C20，原地坪建成于1999年。由于种种原因，原地坪不能适应重载叉车的频繁行驶，并产生翻砂现象。经研究论证，受业主委托，于1999年底至2000初，将该仓库全部改建成耐磨混凝土地坪。

2. 施工工艺

（1）风镐凿除原地坪表面30mm厚老混凝土层。

（2）清除老混凝土碎渣，用吸尘器仔细吸净灰粉（部分区域当不影响业主生产时采用高压水冲洗）。

（3）水平仪定位，沿原地坪伸缩缝固定金属嵌条。

（4）拌制细石耐磨混凝土，90型高效混凝土耐磨剂的掺量为水泥用量的6%，骨料配比与前述有所调整。

（5）原地坪表面涂刷界面结合剂。

（6）铺料，直尺刮平，碾压提浆。

（7）均匀播撒耐涂硬顶 H（粉料，FOSROC 公司产品），收干表面。

（8）在初凝——终凝时间范围内完成压光。

（9）次日开始，连续洒水养护 7d。

3. 质量验收

28d 后经回弹仪检测，混凝土抗压强度达 C30 以上，表面平整美观。使用一年余后回访，未见任何磨损痕迹。

第八节　100MPa 高强耐磨混凝土地面施工

山东轮胎厂子午线轮胎车间一期工程 25000m^2 地面采用 100MPa 高强耐磨地面，其施工情况介绍如下：

一、地面构造

（1）100MPa 高强耐磨面层 15mm 厚。

（2）C30 配筋细石混凝土过渡层（铺 ϕ4@200mm 网）500mm 厚。

（3）C20 配筋混凝土垫层（铺 ϕ10@200mm 网）200mm 厚。

（4）素土夯实。

二、施工操作

1. 基本施工

基土密实系数要求 95%，基土为黏性土，压实后承载力标准值 $f_k = 130 \sim 180$kPa，施工中再做压实系数检验。

2. 垫层施工

（1）基土完成后及时施工 C20 混凝土垫层，垫层钢筋网置于下部，保护层 70mm，混凝土石子最大粒径 50mm，用平板振动器振捣密实，终凝后保湿养护。

（2）本工程垫层伸缩缝间距 12m × 12m，用 2cm 木方板间隔不取出。

3. 过渡层施工

过渡层既具有垫层、面层间强度转换的作用，又具垫层、面层间施工操作结合层的作用。

（1）水平仪找平控制标高，定位放线支模。过渡层伸缩缝间距也为 12m × 12m，与其下垫层对齐，支模时在垫层上按伸缩缝位置钻孔，埋入短钢筋用以支撑槽钢立模，组成 12m × 12m、厚 5cm 整浇块，浇灌邻近整浇块时，该处槽钢取出周转使用，并形成平头伸缩缝。

（2）待垫层强度达到 C10 以上，清理并凿毛垫层表面，使界面粗糙，再扫刷水泥浆粘结层，表面不应积水，并即摊铺过渡层细石混凝土，其钢丝网置于下部，保护层 10mm，混凝土石子最大粒径 20mm，用平板振动器振捣密实，2m 刮杆刮平、铁抹板抹平，此时水泥应处于初凝前阶段。

4. 高强耐磨面层施工

(1) 材料与配比：耐磨骨料主要以人造硬质烧结矿物及金钢砂制造而成，再配以强度等级为52.5级普通硅酸盐水泥、外加剂、水组成高强耐磨面层。耐磨骨料及外加剂由上海建科院开发，按配比用袋装运至工地，水泥在工程所在地解决。本工程配合比为：52.5级普通硅酸盐水泥:耐磨骨料:外加剂:水=1:2.5:0.03:0.14。

耐磨骨料为灰黑色，粗骨料粒径3~5mm，属角砾级配；细骨料粒径0.5~1mm，属粗砂级配。粗细骨料各占1/2，分袋包装，具高强耐磨功能。外加剂为灰白色，颗粒粒径0.05~0.1mm，粉状，粉砂级配，具增强功能。

(2) 过渡层水泥初凝后用圆盘抹光提浆，然后即铺高强耐磨面层材料，面层材料用$0.2m^3$混凝土强制式搅拌机搅拌，因搅拌水灰比比较小，呈手握成团、落地即散状，从而可使该面层搅拌料再次吸收过渡层浆体水分，经机械压实、凝结硬化后，两层间界面结合可靠，确保无空鼓现象。

(3) 高强耐磨面层铺设后，用水平仪控制标高，用2m刮杆刮平，再用圆盘打光机压实抹光，铁抹板压光3~4遍，达到面层初步平整、光洁无砂眼，此时水泥应处于终凝前阶段。

(4) 高强度耐磨面层在水泥终凝后（面层施工完后10~12h左右），浇水保湿养护，养护时间3d。

(5) 面层浇水保湿养护3d后，即开始初磨地坪面层，磨光机磨盘（ϕ360mm）下用螺栓固定多块高强金刚石磨块，采用水磨操作方法，为此要合理组织研磨粉末及污水的排放，磨耗层约为1mm左右，直到达到平整度等允许偏差要求为止；或遇砂眼等弊病，可用水泥:外加剂=1:0.03浆液修补，养护后另行局部研磨。

(6) 在竣工交付使用前再进行二磨工序，仍采用水磨操作方法，磨块可改用钢丝绒，以达到表面光洁要求。

(7) 面层的留缝仍为12mm×12mm，并与过渡层、垫层位置一致，在面层研磨前用切割机切成宽3.5mm、深4cm缝，研磨后剔去缝内沉积物，清理干燥后缝内填沥青胶泥。

5. 其他事项

(1) 各层施工温度日平均气温连续5d要求不低于5℃，并应保持至强度不低于各层设计要求的50%。

(2) 某些车间考虑功能划分等需要，高强耐磨地面可做成不同的彩色面层，此时可在面层水泥中掺入耐碱矿物颜料，但掺量不得大于3%。

(3) 垫层及过渡层均用中砂，水泥分别为32.5级及42.5级普通硅酸盐水泥。

三、高强耐磨混凝土地面质量标准

1. 保证项目

(1) 面层材质及强度应符合设计要求。本工程地面检验情况如下：高强耐磨面层抗压强度要求为100MPa。抗压强度检验方法：在$0.2m^3$强制式搅拌机中搅拌后卸料取样，装于4cm×4cm×16cm三联模中，经振动成型后次日脱模，并置于室内同条件养护28d后将试块整条置于压力机上试压，承压板为4cm×6.25cm，试块应每$1000m^2$地面留置一组，本工程试块试压强度达108~124MPa，完全符合设计要求。

(2) 各层间结合牢固无空鼓。

2. 基本项目

面层要求表面光滑、无裂纹、砂眼、磨纹，分格条无缺楞，坡度符合设计要求。

3. 允许偏差项目

表面平整度 4mm，缝格平直 3mm。

四、技术经济指标分析

（1）本工程强度 100MPa，厚度 1.5cm 高强耐磨面层合同单价 115 元/m^2。面层每 $1m^2$ 用工 0.5 工日，用料水泥 16kg、骨料 40kg、外加剂 0.48kg。

（2）本工程高强耐磨地面无空鼓、裂纹、砂眼、起尘现象，表面平整光滑，强度检验合格。

第二十九章　防 水 混 凝 土

（waterproof concrete）

第一节　概　　述

防水混凝土是以调整混凝土配合比、掺外加剂或使用新品种水泥等方法提高自身的密实性、憎水性和抗渗性，使其满足抗渗等级大于 P6（抗渗压力 0.6MPa）的不透水性混凝土。

一、混凝土的渗水原因

（一）渗水通道的形成

普通混凝土渗透水的通道，主要是水泥石本身和水泥与砂、石接触界面处各种形状的缝隙和毛细管等引起的。其形成的原因主要有混凝土中游离水蒸发之后造成的孔隙；因混凝土拌合物的和易性差，或者施工质量不良所造成的各种形状的缝隙孔洞；混凝土拌合物在灌筑后由于保水性不良产生砂、石沉降、水分上浮的泌水通路，蒸发后形成树根状连通孔隙；混凝土由于收缩形成裂缝，或温度与荷载应力造成的裂缝；在使用过程中由于浸蚀水，特别是有压力的浸蚀水通过混凝土形成的受浸蚀孔道引起的渗透水等。硬化后的混凝土的孔隙按成因不同主要分为结构孔隙和施工孔隙，见表 29-1。

混凝土孔隙的分类　　**表 29-1**

类别		产生原因
结构孔隙	毛细孔	在水泥水化过程中多余水分蒸发后在混凝土中遗留下的孔隙，其数量和大小与水灰比、水泥水化程度和养护条件有直接关系
	沉降孔隙	在混凝土结构形成时由于钢筋的阻力或因骨料与水泥各自比密度和颗粒大小不一致，在地球引力作用下产生不同程度的相对沉降而引起的
	接触孔	由于砂浆和骨料变形不一致，以及骨料颗粒表面存有水膜，水分蒸发后残留的孔隙
	余留孔	由于混凝土配合比不当，水泥贫瘠，不足以填满粗细骨料的间隙而出现的孔隙
施工孔隙		由于浇灌、振捣不良引起的

（二）水的渗透原因

从混凝土内部结构看，由于混凝土拌合物沉降泌水作用所引起的缝隙、毛细管是主要的渗水通道。它所形成的孔隙、毛细管数量较多，而且多存在于水泥石和砂、石骨料接触面处。孔径的大小不同，形状不一，其中胶孔尺寸极小的是不透水的，对混凝土的抗渗性没有影响。其中孔径大于 250Å（$1Å = 10^{-10}m$）的孔隙，由于孔径较大，且是开口型的（闭口型孔不渗透），是造成混凝土渗水的主要原因。

二、防水混凝土的防水机理

防水混凝土一般分为普通防水混凝土、外加剂防水混凝土和膨胀水泥防水混凝土及自防水混凝土。

防水混凝土的防水机理，是针对普通混凝土由于内部结构毛细管、缝隙引起的渗透水而采取相应的措施，如选择合适的骨料级配、降低水灰比、采用富配合比以及掺入适量的外加剂等，有意识地调整或破坏混凝土内部结构毛细管的构造，使相互连通的毛细管网最大限度地减少，提高混凝土的密实性，以期达到防水的目的。防水混凝土是依靠提高混凝土本身的憎水性和密实度来达到防水要求的。

三、防水混凝土的优点

与采用油毡卷材防水相比，防水混凝土具有许多优点：

(1) 节约材料，简化施工，缩短工期，兼有防水和承重两种功能。

(2) 材料来源广泛，成本低廉。

(3) 当结构物具有复杂造型的情况下，施工简便，防水质量可靠。

(4) 渗漏时容易检查，便于施工修补。

(5) 耐久性好。

(6) 改善劳动条件。

四、防水混凝土的适用范围

防水混凝土适用于水池、水塔等贮水构筑物；江心、河心取水构筑物；沉井、沉箱、水泵房等地下构筑物及一般地下建筑，并广泛用于干湿交替作用的工程中，如海港、码头、桥墩等建筑中。

不同类型的防水混凝土具有不同的特点，应根据使用要求加以选择。各种防水混凝土的适用范围见表 29-2。

防水混凝土的适用范围　　**表 29-2**

种类		最高抗渗等级	优点	适用范围
普通防水混凝土		P>3	施工简便，材料来源广泛	适用于一般工业与民用建筑及公共建筑的地下防水工程
外加剂防水混凝土	加气剂防水混凝土	P>2.2	抗冻性好	适用于北方高寒地区抗冻性、耐久性要求较高的防水工程及一般防水工程，不适于抗压强度大于 20MPa 或耐磨性要求较高的防水混凝土工程
	减水剂防水混凝土	P>2.2	流动性好	适用于钢筋密集或捣固困难的薄壁型防水构筑物，也适用于对施工工艺有特殊要求的防水工程（如泵送混凝土工程）
	三乙醇胺防水混凝土	P>3.8	早期强度高，抗渗性好	适用工期紧迫，要求早强及抗渗性能较高的防水工程及一般防水工程
	三氯化铁防水混凝土	P>3.8	密实性好，抗渗性好	适用于水下工程无筋少筋的防水工程及一般地下工程。$FeCl_3$ 防水砂浆适用于防水工程的修补、抹面
膨胀水泥防水混凝土		P3.6	密实性好，抗裂性好	适用于一般工业与民用建筑及公共建筑的地下，屋面防水工程
矿渣碎石防水混凝土		P4.2	矿渣碎石多为封闭孔体	适用于一般要求抗渗性能要求较高的防水工程

防水混凝土不能单独用于耐蚀系数小于 0.8 的受侵蚀防水工程。当耐蚀系数小于 0.8 和地下混有酸、碱等腐蚀性介质时，使用防水混凝土应有可靠的防腐蚀措施。耐蚀系数公式如下：

$$耐蚀系数=\frac{在浸蚀性水中养护6个月的混凝土试块的抗折强度}{在饮用水中养护6个月的混凝土试块的抗折强度}$$

防水混凝土用于受热部位时，其表面温度不大于100℃，否则应采取相应的隔热防护措施。

五、抗渗等级的选择

防水混凝土最首要的是应满足抗渗性能的要求，其强度则根据结构计算而定。一般普通防水混凝土的最低抗压强度为20MPa，加气剂防水混凝土的抗压强度为15MPa。当防水混凝土的抗渗性能达到要求时，其抗压强度均能满足要求。

水压力值及结构厚度是确定防水混凝土抗渗等级的主要依据。设计抗渗等级一般应根据最大计算水压头（即最高地下水位高于地下室底面的距离）与混凝土壁厚的比值选定。防水混凝土的设计抗渗等级可参照水工混凝土抗渗等级的有关规定确定，参见表29-3。

防水混凝土抗渗等级选择　　表29-3

最大作用水头/建筑物最小壁厚	抗渗等级（MPa）	最大作用水头/建筑物最小壁厚	抗渗等级
<5	P4	10~50	P8
5~10	P6	>50	P12

由于防水混凝土配筋较多，不允许渗漏，其防水要求一般应高于水工混凝土。为此，防水混凝土抗渗等级最低定为P6，重要工程抗渗等级可定为P8~P12，可参照表29-4选择。

防水混凝土抗渗等级选择　　表29-4

水力梯度（m）	<10	10~20	>20
设计抗渗等级	P6	P8	P10~20

六、防水混凝土的设防高度

防水混凝土工程的设防高度应根据地下水情况和建筑物周围的土壤性质确定。凡属强透水性地基（渗透系数>1m/d的土壤，如沉积的卵石、砾石、砂地层等），按潜水水位考虑，设防高度应设至毛细管带区。毛细管带区一般设计取为潜水水位以上1m，在毛细管带区以上部分应设置防潮层。凡属弱透水性（渗透系数<0.001m/d，如黏土、重亚黏土及密实的坚硬岩石）及一般透水性地基（渗透系数为0.001~1.0m/d，如亚砂土、亚黏土及含裂缝小的坚硬岩石）上的地下建筑，无论有潜水还是有滞水，均应考虑防水，防水高度设至地面。

第二节　普通防水混凝土

普通防水混凝土是以调整配合比的方法，在普通混凝土的基础上提高其自身密实度和抗渗能力的一种混凝土。普通防水混凝土中的水泥砂浆除了起到填充、润滑和粘结作用外，还在石子周围形成良好的砂浆包裹层，以切断石子表面形成的毛细管渗水通路，从而提高混凝土的密实性，达到提高抗渗性的目的。

一、防水机理

工程实践证明，混凝土抗渗性能的好坏不仅在于骨料的级配，更重要的是取决于混凝土的密实度。因此，对砂石级配不必做特殊要求。混凝土是非匀质性材料，从微观结构上看属于多孔体，其内部有许多大小不同的微细孔隙，它的渗水就是通过这些微细孔隙和裂缝进行的。混凝土的透水性与孔隙大小、孔隙的连通程度有关。孔隙率越大，特别是开口孔隙率越大，透水率越高，尤其是孔径大于250Å的开放式孔隙危害极大，是造成混凝土渗漏水的主要原因，提高混凝土的抗渗性，就是要提高其密实度，抑制孔隙。理论研究表明，孔隙的形成和孔隙的大小都与水灰比值密切相关。因此，可用控制水灰比、水泥用量和砂率来保证混凝土中砂浆的质量和数量，以抑制孔隙，使混凝土浸水一定深度而不致透过，这就使得混凝土的抗渗性具有实用意义。

普通防水混凝土之所以能防水，其机理是由于在保证一定施工和易性的前提下降低水灰比，以减少毛细孔的数量和直径；适当提高水泥用量、砂率和灰砂比，在粗骨料周围形成质量良好的和足够厚度的砂浆包裹层，使粗骨料彼此隔离，以阻隔沿粗骨料互相连通的渗水孔网；采用较小骨料粒径，以减少沉降孔隙；并保证搅拌、浇筑、振捣和养护的施工质量，以防止和减少施工孔隙。

总之，普通防水混凝土是从材料和施工两个方面抑制和减少混凝土内部孔隙的生成，改变孔隙的特征（形成和大小），堵塞漏水通道，从而不依赖其他附加防水措施，仅靠提高混凝土自身密实性达到防水的目的。

二、原材料要求及选择

（一）胶凝材料——水泥

1. 对水泥性能的要求

配制防水混凝土所用的水泥，要求抗水性能好，泌水性少，水化热低和具有一定的抗侵蚀性。

2. 水泥品种的选择

配制普通防水混凝土，常用普通硅酸盐水泥和火山灰硅酸盐水泥。

（1）普通硅酸盐水泥：早期强度增长快，泌水和干缩却较少，但其抗水性和抗硫酸盐类侵蚀能力却比火山灰硅酸盐水泥差。

（2）火山灰硅酸盐水泥：抗水性好，水化热低，抗硫酸盐类浸蚀能力较强，但早期强度低，干缩率较大，抗冻性较差，在使用时应加强养护。

3. 水泥强度等级选择

水泥强度等级可根据混凝土强度等级及抗渗压力来选择，见表29-5。

水泥强度等级选用　　**表29-5**

抗渗压力（MPa）	防水混凝土强度等级		
	C15	C20	≥C30
<1.5	32.5级	32.5级	42.5级
>1.5	42.5级	42.5级	52.5级

4. 水泥质量要求

配制普通防水混凝土所用之水泥，主要必须满足以下三点要求。

（1）防水混凝土应选用不低于32.5级的水泥。

(2) 过期、受潮及混入有害杂质的水泥不得使用。如果水泥结块，必须过筛后才能使用。

(3) 在不受侵蚀性介质和冰冻作用时，宜采用火山灰硅酸盐水泥或普通硅酸盐水泥；在受冰冻作用时，应优先采用普通硅酸盐水泥，不宜采用火山灰质硅酸盐水泥。

常用各种水泥的性能特点比较见表 29-6。

常用各种水泥性能特点比较　　表 29-6

水泥品种	硅酸盐水泥 普通硅酸盐水泥	火山灰硅酸盐水泥	矿渣硅酸盐水泥
优点	早期及后期强度都较高，在低温下强度增长比其他水泥快，泌水性小，干缩率小，抗冻、耐磨性好	耐水性好、水化热低，抗硫酸盐浸蚀能力较好	水化热低，抗硫酸盐浸蚀能力较好（优于普通硅酸盐水泥），耐热性最好
缺点	抗硫酸盐浸蚀能力及抗水性比火山灰水泥差	早期强度低，在低温下强度增长较慢，干缩变形大，抗冻耐磨性差	泌水性和干缩变形大，抗渗 抗冻和耐磨性均较差
用途	适用于一般地上、地下和水中结构及受冻融作用的防水工程，不宜用于含硫酸盐地下水浸蚀的工程	适用于有硫酸盐浸蚀介质的地下防水工程。不宜用于受反复冻融及干湿循环作用的防水工程	采取提高水泥研磨细度或掺入外加剂的办法减小或消除泌水现象后可用于一般地下防水工程

（二）细骨料

1. 砂的性能要求

要求砂颗粒均匀、圆滑、质地坚固，最好选用河砂。

2. 质量要求

配制普通防水混凝土所用细骨料的质量应符合下述要求：

(1) 含泥量不大于 3%；

(2) 砂的平均粒径为 0.4mm 左右，颗粒级配要求适宜的中、粗砂，最好含有适量的细粉料。

防水混凝土对细骨料组成不作特殊规定，其技术性能要求可参照表 29-7 选择。

（三）粗骨料

1. 石子性能要求

石子的外形、品种、粒径、级配以及杂质含量等对防水泥混凝土的抗渗性及强度有很大的影响，因此必须选用组织细密、形状整齐的坚硬碎石、卵石或碎矿渣。对有条件的地方，以采用卵石为好。因为施工时，卵石混凝土比碎石混凝土容易捣实，密实性较好，其抗渗能力也较高。

防水混凝土对细骨料的技术要求　　表 29-7

项目名称	筛孔尺寸（mm）					
	0.16	0.315	0.63	1.25	2.5	5
累计筛余率（%）	100	70～95	45～75	20～55	10～35	0～5
泥土杂质	含量不得大于总量的 3%，且不得呈块状或包裹砂子表面					
材质要求	颗粒坚实的天然砂或由坚硬的岩石粉碎制成的人工砂					

2. 质量要求

配制普通防水混凝土所用粗骨料的质量要求应符合下述要求。

（1）含泥量不大于1%。

（2）软弱颗粒（指针、片状颗粒）含量不大于15%。

（3）粒级以5~30mm为宜，最大粒径不得大于40mm，其颗粒自然级配要适宜。

防水混凝土对粗骨料组成不作特殊规定，其技术性能要求可参照表29-8选择。

防水混凝土对粗骨料的技术要求　　表29-8

项目名称	筛孔尺寸（mm）		
	5	$\frac{1}{2}D_{max}$	D_{max}
累计筛余率（%）	95~100	30~65	0~5
泥土杂质	含量不得大于1%，且不得呈块状或包裹石子表面		
材质要求	坚硬的卵石、碎石、矿渣碎石。矿渣碎石的坚固性要求见表29-9		

矿渣碎石的坚固性要求　表29-9

混凝土强度等级	经硫酸钠溶液5次浸泡烘干循环后的质量损失（%）
C40	≯3
C30~C20	≯5
C15	≯10

（四）拌合水和养护水

配制防水混凝土时，其拌合水和养护水应采用无侵蚀性的洁净水。

三、配合比设计

（一）配合比设计原则

设计普通防水混凝土的配合比时，首先应考虑提高砂浆的不透水性。增大石子的拨开系数$\left(拨开系数=\frac{砂浆体积}{石子空隙体积}\right)$，并在混凝土粗骨料周边形成一定数量和良好质量的砂浆包裹层，以提高砂浆的抗渗性，并使粗骨料彼此隔离，有效地阻隔沿粗骨料互相连通的渗水孔网是混凝土防水的关键，也是普通防水混凝土配合比设计的总原则。

普通防水混凝土配合比一般采用绝对体积法设计。在设计时，应考虑以下原则：

（1）首先应满足抗渗性要求。根据工程要求，由混凝土的抗渗性、耐久性、使用条件及材源情况确定水泥的品种；由混凝土的强度确定水泥的强度等级，并根据施工性能适当提高水泥用量。

（2）砂、石材料应合理选用，一般应优先考虑当地的砂、石材料，适当提高砂率及其相应的灰砂比，但必须符合工程要求。

（3）水灰比主要依据工程要求的抗渗性和施工最佳和易性来确定。施工和易性要由结构条件（如结构截面、钢筋布置等）和施工方法（运输、浇筑和振捣等）综合考虑决定。

要严格控制水灰比。混凝土水灰比对硬化后混凝土孔隙率的大小、数量起决定性作用，直接影响着混凝土结构的密实性。表29-10和表29-11为国内、外对具有耐久性要求的混凝土所规定的水灰比。从满足混凝土抗渗性及耐久性出发，防水混凝土允许最大水灰比定为0.60。但水灰比过小，施工操作困难，亦将影响混凝土的密实性，降低其抗渗性。因此，防水混凝土的水灰比应能使混凝土具有良好的耐久性、抗渗性和适宜的施工和易性。工程实践证明，水灰比为0.50~0.60是适宜的。

总之，要配制出质量良好的防水混凝土一定要遵循以下技术要点：

① 水灰比不得大于0.60。

② 每 $1m^3$ 混凝土水泥用量不少于 320kg；水泥强度等级不得低于 42.5 级。

③ 砂率以 35%～40%为宜，灰砂比应为 1:2～1:2.5。

④ 粗骨料最大粒径不大于 40mm；细骨料采用中砂。

国内混凝土水灰比 $\left(\frac{W}{C}\right)$ 最大允许值 **表 29-10**

混 凝 土 部 位		混凝土允许最大水灰比 $\left(\frac{W}{C}\right)$	
		有抗冻要求的地区	无抗冻要求的地区
外部混凝土	水位变化区 水上或水中	0.55 0.60	0.60 0.65

国外混凝土水灰比 $\left(\frac{W}{C}\right)$ 最大允许值 **表 29-11**

结构物工作条件及结构特征		最大水灰比 $\left(\frac{W}{C}\right)$	最小 f_{c28} (MPa)
有水的渗透作用	薄截面的混凝土 厚截面的混凝土	0.60 0.70	25 20
有浸蚀性的水和土的作用	普通程度的侵蚀性 强 侵 蚀 性	0.60 0.50	25 35
受湿状态下的冻结作用	未掺加气剂混凝土 掺加气剂的混凝土	0.60 0.70	25 20
同上（同时使用防冻剂时）	掺加气剂的混凝土	0.60	25

此外，施工防水混凝土，从搅拌、浇灌、振捣到养护各个环节均应严格控制质量，防止和减少施工缝隙的出现，防止混凝土早期失水，才能确保防水混凝土防水性能。要使混凝土绝对不渗水是困难的，但在上述措施下使水浸入到一定深度而不穿透混凝土或使水的渗透量小于蒸发量，从而保证混凝土具有足够的抗渗性是完全可以做到的。

（二）配合比计算

普通防水混凝土的配合比按绝对体积法设计，其计算步骤如下：

(1) 根据工程要求的抗渗等级、强度及结构条件和施工条件选定坍落度、确定水灰比、用水量，并计算水泥用量。

① 确定水灰比 $\left(\frac{W}{C}\right)$ 普通防水混凝土的水灰比可参考表 29-12 选用。

普通防水混凝土参考水灰比 $\left(\frac{W}{C}\right)$ **表 29-12**

混凝土抗渗等级	混凝土强度等级		备 注
	C20～C30	＞C30	
P6～P8	0.60	0.55～0.60	1. 试块 P 值视设计提高 0.2MPa 2. 严格控制水灰比小于表中数值
P8～P12	0.55～0.60	0.50～0.55	
＞P12	0.50～0.55	0.45～0.50	

② 确定用水量（W）用水量应根据结构条件（如结构截面大小、钢筋布置疏密等）和施工方法（运输、浇捣方法等）综合考虑决定。可先参照表 29-13 选择坍落度，再根据选定的坍落度参考表 29-14 所列用水量通过试拌来确定混凝土的最佳用水量。

普通防水混凝土坍落度选择参考表　　　　**表 29-13**

结构种类	坍落度（mm）	结构种类	坍落度（mm）
厚度 > 25cm 结构	20 ~ 30	厚度大的少筋结构	< 30
厚度 < 25cm 或钢筋稠密的结构	30 ~ 50	大体积混凝土或立墙	沿高度逐渐减小坍落度

普通防水混凝土参考用水量（kg/m^3）　　　　**表 29-14**

坍落度	砂率（%）		
	35	40	45
10 ~ 30	175 ~ 185	185 ~ 195	195 ~ 205
30 ~ 50	180 ~ 190	190 ~ 200	200 ~ 210

注：1. 表中石子粒径为 5 ~ 20mm，若石子最大粒径为 40mm，用水量应减少 5 ~ 10kg/m^3。

2. 表中石子按卵石考虑，若为碎石，用水量应增加 5 ~ 10kg/m^3。

3. 表中采用火山灰水泥，若采用普通水泥，用水量可减少 5 ~ 10kg/m^3。

③ 计算水泥用量　根据确定的水灰比和用水量，可利用公式 $C=\dfrac{W}{\left(\dfrac{W}{C}\right)}$ 计算水泥用量。

（2）选用砂率：普通防水混凝土的砂率不得小于 35%，具体数值可根据石子空隙率和砂的细度模数或平均粒径参考表 29-15 选用，但对于钢筋稠密、厚度较小、埋设件较多等不易浇捣施工的混凝土工程，亦可将砂率提高到 40% 左右。

砂率选用表（%）　　　　**表 29-15**

砂的细度模数和平均粒径		石子隙率（%）				
细度模数（M_x）	平均粒径（mm）	30	35	40	45	50
0.70	0.25	35	35	35	35	35
1.18	0.30	35	35	35	35	36
1.62	0.35	35	35	35	36	37
2.16	0.40	35	35	36	37	38
2.71	0.45	35	36	37	38	39
3.25	0.50	36	37	38	39	40

注：本表是按石子平均粒径为 5 ~ 50mm 计算的，若采用 5 ~ 20mm 石子时，砂率可增加 2%。

（3）计算砂、石混合表观密度：根据选用的砂率，按照下式计算砂、石混合表观密度。

$$\rho_{a(s+G)} = \rho_{as} \cdot S_p + \rho_{aG}(1 - S_p)$$

式中　S_p——砂率（%）；

$\rho_{a(s+G)}$——砂、石混合表观密度（g/cm^3）；

ρ_{as}——砂的表观密度（g/cm^3）；

ρ_{aG}——石子的表观密度（g/cm^3）。

(4) 计算砂、石混合用量 $(S+G)$：按照下式计算砂、石混合用量：

$$a = \rho_{a(s+C)}\left(1000 - \frac{W}{\rho_{\omega}} - \frac{C}{\rho_{sc}}\right)$$

式中 a——砂、石混合用量（kg）；

W——用水量（kg）；

ρ_{ω}——水的密度（g/cm^3）；

C——水泥用量（kg）；

ρ_{sc}——水泥密度（g/cm^3）。

(5) 计算砂和石子用量 $(S、G)$：按照下式分别计算砂和石子用量：

$$\begin{cases} S = S_p \times a \\ G = a - S \end{cases}$$

式中 S——砂的质量（kg）；

S_p——砂率（%）；

a——砂、石混合用量（kg）；

G——石子质量（kg）。

(6) 验证灰砂比 $\left(\frac{C}{S}\right)$：在普通防水混凝土砂率及最小水泥用量均已确定的情况下，还应对灰砂比进行验证，此时的灰砂比对抗渗性的影响更为直接，它可直接反映水泥砂浆的浓度以及水泥包裹砂粒的情况。灰砂比以1:2～1:2.5为宜。

配制普通防水混凝土的各项技术要求见表29-16。

配制普通防水混凝土的技术要求　　表29-16

项　目	技　术　要　求
水灰比 $\left(\frac{W}{C}\right)$	0.50～0.60
坍落度（mm）	30～50
水泥用量（kg/cm^3）	≥320
含砂率（%）	≥35 对于厚度较小、钢筋稠密、埋设件较多等不易浇捣施工的工程可提高到40%
灰砂比 $\left(\frac{C}{S}\right)$	1:2.0～1:2.5
骨　料	粗骨料最大粒径≯40mm；采用中砂或细砂；级配5～20:20～40=30:70～70:30或自然级配

(7) 初步确定配合比：根据上面计算所得每1m³混凝土的各种材料用量列出初步配合比：

$$水泥:砂:石子 = C:S:G$$

$$水灰比 = \frac{W}{C}$$

(8) 试配调整配合比：选定初步配合比后即进行试拌，分别测定其和易性、堆密度和强度，并按工程要求进行校正。如与工程要求不符，则进行调整，直到满足工程要求为止。最后，再正式制作三组抗压强度和一组抗渗试块，以鉴定其强度等级及抗渗性能。

（三）配合比计算举例

1. 例题

配制 C20 普通防水混凝土，工程配筋较密，采用机械振捣，初步选定混凝土的坍落度为 30~50mm，砂率 38%。原材料材性如下：

水泥：42.5 级普通硅酸盐水泥，安定性合格，密度 $\rho_{sc}=3.1g/cm^3$；

砂：中砂，表观密度 $\rho_{as}=2.6g/cm^3$；

石子：最大粒径 30mm 的卵石，表观密度 $\rho_a=2.7g/cm^3$；

水：洁净的自来水。

2. 设计计算

（1）根据工程要求的混凝土坍落度和强度，初步确定水灰比为 0.55，用水量为 190 kg/m³。

（2）水泥用量：$C=\frac{W}{0.55}=\frac{190}{0.55}=345kg/m^3$

（3）砂石混合表观密度：

$$\rho_{a(s+G)}=\rho_{as}\cdot S_p+\rho_{aG}(1-S_p)=2.6\times0.38+2.7\times(1-0.38)=2.66g/cm^3$$

（4）砂石混合用量：

$$a=\rho_{a(s+G)}\cdot\left(1000-\frac{W}{\rho_\omega}-\frac{C}{\rho_{sc}}\right)=2.66\times\left(1000-\frac{190}{1}\frac{345}{3.1}\right)=1858kg/m^3$$

（5）砂的用量　$S=a\cdot S_p=1858\times0.38=706$（kg/m³）

石子用量　$G=a-S=1858-706=1152$（kg/m³）

（6）灰砂比：$\frac{C}{S}=\frac{345}{706}=0.49$　符合要求

（7）初步配合比：

$$C:S:G=345:706:1152=1:2.05:3.34$$

（8）混凝土的计算堆积密度为：

$$\rho_h=345+190+706+1152=2393\ (kg/m^2)$$

（四）普通防水混凝土的参考配合比

普通防水混凝土是通过改善混凝土组成材料的质量、合理选择配合比和改善粗细骨料的级配来提高混凝土自身的密实度而配制成的。其参考配合比见表 29-17。

普通防水混凝土参考配合比　　**表 29-17**

强度等级	抗渗等级	混凝土配合比（质量比）							坍落度（cm）
		水泥		砂子	石子		粉煤灰	水	
		品种	数量		品种	数量			
C20	P8	42.5级普通	360	细砂 564	碎石 5~40	1256	20	200	2~4
C20	P8	42.5级普通	360	中砂 800	碎石 5~40	1050	—	190	3~5
C20	P8	42.5级普通	360	细砂 539	卵石 5~50	1456	—	176	3~5
C20	P8	42.5级普通	360	细砂 450	卵石 5~50	1505	—	176	3~5

续表

强度等级	抗渗等级	混凝土配合比（质量比）							坍落度(cm)
		水泥		砂子	石子		粉煤灰	水	
		品种	数量		品种	数量			
C20	P8	42.5级普通	360	细砂 552	碎石 5~40	1228	—	200	2~4
C20	P12	42.5级普通	360	中砂 800	碎石 5~20mm 20~40mm	415 735	—	190	3~5

四、主要物理力学性能

（一）抗渗性

抗渗性是防水混凝土的主要耐久性指标。在工程中，防水混凝土的抗渗能力是通过抗渗试验确定的。普通防水混凝土在反复经受水压力作用时的抗渗性能见表 29-18。

防水混凝土在长期压力作用下，不仅不会降低其抗渗性，甚至还会有所提高。这是由于水泥石受水浸泡后，其体积膨胀，而将混凝土中的毛细管通路堵塞之故。

此外，在混凝土结构中产生的细微裂缝，有时会自行愈合。这是由于在细微裂缝处渗水时，体内的游离$Ca(OH)_2$会被溶出，随着强度的不断增大而转变为$Ca(OH)_2$结晶。当$Ca(OH)_2$碳化时，生成$CaCO_3$结晶。这两种结晶均能堵塞细微裂缝，使其逐渐愈合。

普通防水混凝土在反复经受压力作用下的抗渗性　　表 29-18

水灰比	水泥用量(%)	砂率(%)	透水试件顺序	试件总龄期(d)	两次试验间隔日期(d)	同一试件抗渗压力(MPa)		
0.6	320	45	第一次	60	—	0.4	0.6	0.4
			第二次	74	14	0.8	1.0	0.6
			第三次	74	—	0.8	0.8	0.6
			第四次	101	27	1.3	2.0	>2.0

注：试件养护后，在100℃下烘干至恒重，进行第一次抗渗试验，透水后卸下，在空气中放置一段时间再进行第二次试验。

（二）抗压强度和抗拉强度

防水混凝土强度与普通混凝土基本相同，当水泥用量和砂率不变时，其抗压强度随水灰比而变化，而抗拉强度又随抗压强度而提高，两者之间的比值波动在$\frac{1}{8}\sim\frac{1}{10}$之间。

（三）弹性模量

弹性模量是反映防水混凝土变形的性能指标，与混凝土组成材料的变形性质有关。普通防水混凝土的弹性模量比普通混凝土略低。其弹性模量见表 29-19。

普通防水混凝土的静力弹性模量　表 29-19

混凝土强度等级	轴心抗压强度(MPa)	弹性模量($\times 10^4$MPa)
C20	17	2.60
C25	20	2.92

（四）耐热性

在常温下具有较高抗渗性的普通防水混凝土，加热至100℃后，其抗渗性会降低。当温度超过250℃时，混凝土的抗渗能力急剧下降（表 29-20）。因此，普通防水混凝土的使用温度不宜超过 100℃。

不同温度对防水混凝土抗渗性的影响　　表 29-20

温　度 (℃)	抗渗压力 (MPa)	温　度 (℃)	抗渗压力 (MPa)
常温	1.8	200	0.7
100	1.1	250	0.6
150	0.8	300	0.4

第三节　矿渣碎石防水混凝土

用高炉重矿渣代替普通碎石作骨料配制的防水混凝土，被称为矿渣碎石防水混凝土，高炉重矿渣是由炼铁时产生的热熔矿渣经自然冷却而形成的一种坚硬的材料。高炉重矿渣经破碎、筛分后可得各种粒级的矿渣碎石。

一、矿渣碎石的基本性质

（一）化学成分和矿物组成

1. 化学成分

我国高炉矿渣的化学成分主要是氧化钙（CaO）、氧化硅（SiO_2）、氧化铝（Al_2O_3）和氧化镁（MgO），共约占 95%左右。各类矿渣的化学成分及含量见表 29-21。矿渣的化学成分随矿物成分、燃料、助熔剂及熔化金属的化学成分而转移。大部分矿渣成分中基本上包含着 SiO_2-Al_2O-CaO，并混有 MgO、FeO、MnO 等。根据化学成分采用碱度（或酸度）作为矿渣分类基础。碱度是矿渣中碱性氧化物之和与酸性氧化物之和之比，通常用模量 M 来表示。

我国各类重矿渣的化学成分　　表 29-21

矿渣种类	化学成分（%）								
	CaO	SiO_2	Al_2O_3	MgO	MnO	FeO	ΣS	TiO_2	V_2O_3
普通重矿渣	31~50	31~44	6~18	1~16	0.05~2.6	0.2~1.5	0.2~2	—	—
锰铁重矿渣	28~47	22~35	7~22	1~9	3~2.4	0.2~1.7	0.17~2	—	—
钒铁重矿渣	20~31	19~32	13~17	7~9	0.3~1.2	0.2~0.9	0.2~0.9	6~31	0.06~1

CaO、MgO、FeO 和 MnO 属于碱性氧化物，SiO_2、P_2O_3 和 TiO_2 等是酸性氧化物。硫化物 FeS、MnS 是矿渣的中性成分。Al_2O_3 是具有两面性的氧化物，遇碱时起弱酸作用，遇酸时起弱碱作用。矿渣的酸性和碱性可用下列模量表示：

$$\text{碱性矿渣}\ M=\frac{CaO+MgO}{SiO_2+Al_2O_3}>1$$

$$\text{酸性矿渣}\ M=\frac{CaO+MgO+Al_2O_3}{SiO_2}<1$$

$$\text{中性矿渣}\ M=\begin{cases}\dfrac{CaO+MgO}{SiO_2+Al_2O_3}<1\\[2ex]\dfrac{CaO+MgO+Al_2O_3}{SiO_2}>1\end{cases}$$

2. 矿物组成

我国普通型重矿渣包括如下矿物组成：C_2S、C_2AS、α-CS、CMS、CMS_2、MA 等。各结晶矿物对其使用性能的影响如下：

（1）C_2S——硅酸二钙：多含于碱性矿渣中，它是水泥熟料的一种矿物组成。重矿渣中含 C_2S，除了流态渣在冷却中可能发生晶态转化外，别无它害。C_2S 含量高的矿渣，具有相当潜在活性，有利于提高混凝土的后期强度。

（2）C_2AS——铝黄长石：无胶凝性质，亦无结晶晶型转化。

（3）其他矿物：假硅灰石 α-CS、钙镁橄榄石 CMS、透灰石 MS_2、镁铝尖晶石 MA 等多数为耐火材料中的矿物。所以，重矿渣块、重矿渣粉均具有一定的耐热性，可用于配制700℃的中温耐火混凝土。

（二）稳定性

我国重矿渣的性能绝大部分是稳定的，但其中某种化学成分含量较高时，也可能产生分解。通常所说的矿渣稳定性问题是指有否以下三种分解现象。

1. 硅酸盐分解

在氧化钙含量较高的熔融矿渣冷却过程中，会自动产生粉碎和酥松现象，这就是硅酸盐分解。这种分解现象是直观可见的，而且发生在矿渣的冷却过程中，因此通常使用的矿渣碎石不再存在硅酸盐分解现象，也不会对混凝土的性能产生不良现象。

2. 铁锰分解

硫化亚铁（FeS）和硫化亚锰（MnS）在水作用下，生成氢氧化亚铁和氢氧化亚锰，体积增大38%和24%，并在矿渣中产生内应力。当内应力超过矿渣组织结合力时，就会导致矿渣破碎，这就是铁锰分解。我国普通重矿渣中，硫、氧化铁、氧化锰含量一般均在1%左右，生成的硫化亚锰或硫化亚铁是很有限的，因此在我国各钢铁企业的重矿渣中，铁锰分解是很少见的。

3. 石灰分解

由于重矿渣中夹杂了游离的石灰颗粒，遇水后生成消石灰，体积会增大1.9倍，由此产生很大内应力而导致矿渣碎裂。熔融矿渣中一般不含游离石灰，只有在高炉生产不正常，炉料中的石灰石未全部与矿石中的脉石化合时，才可能在排渣中存在游离石灰，或者在渣罐上所浇石灰水中含有未消化的生石灰夹杂于矿渣的渣壳中，致使石灰分解的可能性加大。因此，应加强石灰分解的检验。

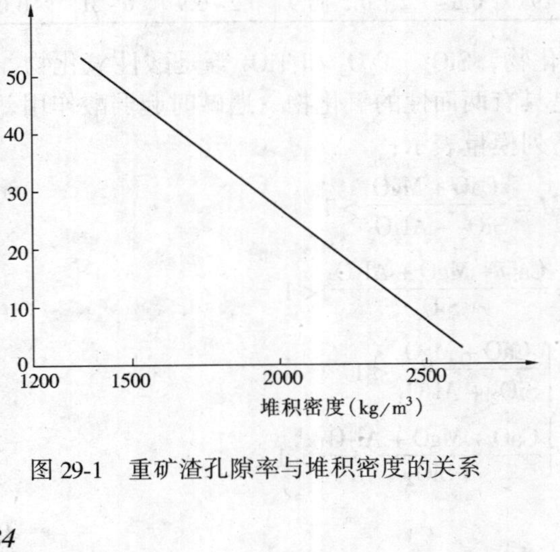

图 29-1　重矿渣孔隙率与堆积密度的关系

必须注意的是，在矿渣堆放期中切勿混进钢渣以及锻烧过的白云石或石灰石等均匀分解的杂物。因此，开采及选用重矿渣时应定期进行化学分析，并进行稳定性检验。

（三）堆积密度与孔隙率

如图 29-1 所示，重矿渣的堆积密度与孔隙率两者呈直线关系。

（四）抗压强度

重矿渣的抗压强度随着堆积密度的增大而提高。块体堆积密度为 2890kg/m^3 的重矿渣，其抗压强度可达 162MPa，相当于花岗岩。重矿渣的块体堆积密度多在 1900kg/m^3 以上，抗压强度一般大于 50MPa，相当于中硬的天然岩石。

重矿渣的抗压强度见表 29-22。当要求使用较高强度的矿渣时，可选用堆积密度较大的重矿渣。重矿渣的压实密度，可被看作衡量其强度的间接指标。

重矿渣的堆积密度与抗压强度的关系　　**表 29-22**

堆积密度 (kg/m^3)	2899	2840	2640	2230	2070	2040	1870	1820	1780	1750	1695
抗压强度 (MPa)	162.0	155.0	136.5	62.0	49.6	49.7	36.3	29.8	42.0	26.0	23.0

（五）吸水性能

吸水性与重矿渣的孔隙率及其形成条件有关。CaO、MgO 含量较高、气体含量较少的热熔矿渣，倾倒在干燥场地上或在熔渣冷却过程中，偶尔混入碳酸盐一类矿物，即可能形成多孔体。重矿渣表面粗糙、有孔，但大部分为密闭孔，互不连通亦不透水，因此不同于天然岩石。重矿渣的吸水率随堆积密度减少而增大，吸水速度随骨料粒径的减小而加快，见表 29-23。

重 矿 渣 吸 水 性　　**表 29-23**

编　号	矿渣状态		矿渣粒径 (mm)	堆积密度（kg/m^3）		空隙率 (%)	吸水率（%）	
	密实体（%）	多孔体（%）		松　散	捣　实		1h	饱　和
1	100	0	5～40	1521	1637	38.5	0.60	0.75
2	90	10	5～40	1470	1554	39.5	0.88	1.35
3	80	20	5～40	1385	1460	40.0	1.20	1.50
4	70	30	5～40	1342	1440	40.8	1.33	1.75
5	50	50	5～40	1223	1325	43.8	1.93	2.55
6	30	70	5～40	1130	1243	44.5	2.73	3.50
7	0	100	5～40	890	1000	48.0	3.00	4.30
8	正常生产		5～25	1240		47.0	2.70	3.20
9	正常生产		5～15	1252		46.2	4.50	5.80

（六）坚固性

重矿渣碎石一般能满足冶金部《高炉矿渣应用暂行技术规程》中坚固性最小限值和工程的要求，见表 29-24。矿渣坚固性是以经饱和硫酸钠溶液多次浸泡与烘干循环后的质量损失情况来衡量的。对 C40、C30～C20、C15 强度等级的混凝土分别要求经 5 次循环后质量损失分别不大于 3%、5%和 10%。

矿渣碎石的坚固性　　**表 29-24**

矿渣特征	粒　　径 (mm)	堆积密度 (kg/m^3)	浸泡烘干循环次数 (次)	质量损失 (%)
密实矿渣	5～20	1300	5	0.92
多孔矿渣	5～20	1100	5	0.30

（七）抗冻性

虽然重矿渣的吸水率多数高于普通石料，但其吸水饱和系数却较低。材料的吸水饱和系数 K_B 按下列公式计算：

$$K_B = \frac{W \cdot \rho_b}{P}$$

式中 W——重矿渣的质量吸水率（%）；

ρ_b——重矿渣的堆积密度（g/cm^3）；

P——重矿渣的空隙率（%）。

重矿渣的吸水饱和系数多数在0.6以下，远低于0.9。当水冻结成冰时，重矿渣的孔隙率有缓冲膨胀作用，不致产生很大的内应力，因此，具有较好的抗冻性。

重矿渣的抗冻性试验结果，列于表29-25。

重矿渣的抗冻性试验结果 **表29-25**

矿渣结构特征	堆积密度（kg/m^3）	冻融试验矿渣外观	
		冻融15次	冻融25次
密实矿渣	2640~2890	完好无损	完好无损
较密实矿渣	1950~2560	完好无损	完好无损
含较多孔洞矿渣	1580~1850	完好无损	完好无损
多孔矿渣	1140~1390	完好无损	完好无损

二、矿渣碎石防水混凝土

矿渣碎石防水混凝土是以矿渣碎石为粗骨料，普通砂为细骨料配制的防水混凝土。

（一）工艺特点

1. 砂率与和易性的关系

矿渣碎石的吸水率随着堆积密度的减小而增加，变化幅度也较大，饱和吸水率波动于0.57%~4.65%之间（高于普通碎石），此外矿渣碎石的孔隙率也多数高于普通碎石，其表面粗糙，内摩阻大。为此，为改善矿渣混凝土的和易性宜采取下列措施：

（1）适当提高砂率，以减少矿渣碎石颗粒间内摩擦阻力，减少泌水和离析倾向。

（2）因矿渣碎石多孔，必须要吸取较多拌合水，而使混凝土和易性变坏。为此，需补上附加水。附加水量相当于矿渣碎石从开始搅拌至浇灌这段时间所吸附的水分。所以，只要砂率适当，就不会导致混凝土强度降低。

总之，碎渣混凝土的砂率应比普通混凝土略高一些，但也要适中。砂率过高，导致混凝土强度降低。砂率适中，混凝土和易性也大为改善。砂率以36%左右为宜。为进一步改善和易性，激发矿渣的表面活性，提高混凝土强度、节约水泥，宜掺适量减水剂（如木质素磺酸钙、MF、NNO等）。

2. 玻璃质矿渣含量对混凝土力学性能的影响

不同玻璃质含量的矿渣对混凝土力学性能的影响见表29-26。

从表29-26中的数据表明：在<20%范围以内，玻璃质矿渣含量对混凝土强度没有多大影响。

3. 矿渣堆积密度对混凝土物理力学性能的影响

矿渣堆积密度对矿渣碎石混凝土物理力学性能的影响见表 29-27。

玻璃质矿渣含量对混凝土力学性能的影响　　表 29-26

粗骨料		水灰比 $\left(\frac{W}{C}\right)$	水泥用量 (kg/m^3)	工作度 (s)	抗压强度 (MPa)	抗拉强度 (MPa)	钢筋粘结强度 (MPa)
种类	玻璃质矿渣含量 (%)						
重矿渣	0	0.75	250	17.5	13.0	1.22	1.13
重矿渣	5	0.75	250	13.5	13.0	1.29	—
重矿渣	20	0.75	250	12.5	12.7	1.23	1.21

矿渣碎石堆积密度对混凝土和易性与抗压强度的影响　　表 29-27

品种	粗骨料			水泥品种及强度等级	水泥用量 (kg/m^3)	混凝土湿堆积密度 (kg/m^3)	工作度 (s)	水灰比 $\left(\frac{W}{C}\right)$	砂率 (%)	抗压强度 (MPa)
	粒径 (mm)	堆积密度 (kg/m^3)	附加水 (%)							
石灰石	5~20	1435	0	普通硅酸盐水泥 42.5 级	320	—	14.5	0.55	36	30.3
重矿渣	5~20	1415	1.0		320		13.5	0.55	36	30.1
重矿渣	5~20	1300	1.0		320		21.5	0.55	38	33.5
重矿渣	5~20	1200	1.5		320		23.5	0.55	40	29.8
重矿渣	5~20	1100	2.5		320		29.0	0.55	42	30.2
石灰石	5~20	1400	0	普通硅酸盐水泥 42.5 级	360	—	23.0	0.50	34	38.1
重矿渣	5~20	1216	0		360		40.0	0.50	36	43.4
重矿渣	5~20	1100	0		378		43.0	0.50	38	43.9
重矿渣	5~20	1000	0		404		48.0	0.50	40	43.9
石灰石	5~20	1435	0	普通硅酸盐水泥 52.5 级	600	2476	14.0	0.34	34	60.8
重矿渣	5~20	1440	1.0		600	2397	16.0	0.34	34	61.3
重矿渣	5~20	1301	1.5		600	2363	19.3	0.34	36	61.1
重矿渣	5~20	1200	2.0		600	2294	16.9	0.34	36	62.5

从表 29-27 中的试验数据可以看出：孔隙率高、堆积密度小的矿渣碎石，虽然其本身抗压强度明显低于普通碎石，但其堆积密度越小，孔隙率越大，水泥浆与活性骨料之间接触面积增大，矿渣碎石与水泥石之间粘结也更牢固，因而增强了混凝土的整体工作性能。因此，堆积密度大于 1200kg/m^3 的矿渣碎石，其堆积密度的波动对配制 C60 以下混凝土的抗压强度无明显影响。

由表 29-28 可以看出：用矿渣碎石配制 C40 及 C40 以下的混凝土，只要工艺得当，对混凝土物理力学性能无显著影响。有些性能指标，还比普通混凝土略高。但静力弹性模量 E 比普通碎石混凝土低 8.6%～19%。要提高弹性模量值，其方法：

重矿渣堆积密度对混凝土物理力学性能的影响　　表 29-28

序号	粗骨料		水泥用量 (kg/m^3)	水灰比 $\left(\frac{W}{C}\right)$	工作度 (s)	混凝土物理力学性能							
	种类	堆积密度 (kg/m^3)				f_c (MPa)	f_p (MPa)	f_{tm} (MPa)	f_t (MPa)	$E\times10^4$ (MPa)	λ (W/m·K)	$\frac{f_t}{f_c}$ (%)	$\frac{f_{cm}}{f_c}$ (%)
1	石灰石	1400	240	0.80	8	15.1	14.4	4.16	0.91	2.627	1.30	6.0	27.5
2	重矿渣	1216	240	0.80	17	17.2	14.4	3.87	1.10	2.517	1.12	6.4	22.5
3	重矿渣	1110	240	0.80	17	20.4	19.0	4.45	1.56	2.450	0.75	7.6	21.8

续表

序号	粗骨料 种类	粗骨料 堆积密度 (kg/m^3)	水泥用量 (kg/m^3)	水灰比 $\left(\frac{W}{C}\right)$	工作度 (s)	f_c (MPa)	f_p (MPa)	f_{tm} (MPa)	f_t (MPa)	$E\times10^4$ (MPa)	λ (W/m·k)	$\frac{f_t}{f_c}$ (%)	$\frac{f_{cm}}{f_c}$ (%)
4	重矿渣	1000	240	0.80	30	18.6	19.7	4.41	1.42	2.345	0.70	7.6	23.6
5	重矿渣	1400	360	0.50	23	36.0	33.2	7.06	2.20	3.285	—	6.1	19.5
6	石灰石	1216	360	0.50	40	41.0	38.0	6.40	1.93	3.003	—	4.7	15.6
7	重矿渣	1110	378	0.50	43	41.5	41.2	6.90	2.12	2.893	—	5.1	16.6
8	重矿渣	1000	404	0.50	48	41.4	40.5	7.16	1.89	2.848	—	4.6	17.3
9	石灰石	1400	300	0.60	6	28.2	25.4	5.42	2.80	3.187	—	9.9	19.2
10	重矿渣	1216	300	0.60	20	33.4	23.0	5.63	2.73	3.135	—	8.2	16.9
11	重矿渣	1110	300	0.60	35	33.6	30.0	5.84	2.68	2.697	—	8.5	18.4
12	重矿渣	1000	300	0.60	40	35.1	25.0	6.24	2.75	2.983	—	7.8	17.8
13	重矿渣	1190	300	0.60	5.8	21.2	17.5	—	1.76	2.390	—	—	—
14	重矿渣	1171	300	0.60	17	17.3	—	—	1.65	—	—	—	—
15	重矿渣	1093	300	0.60	18.5	23.4	19.6	—	1.88	2.300	—	—	—

（1）选择密实性好、堆积密度大的矿渣碎石骨料。

（2）置于潮湿环境中进行养护。

4. 养护条件对矿渣碎石混凝土强度的影响

据有关研究资料可知：用矿渣碎石配制的混凝土，约比普通碎石混凝土常温强度提高5%～10%；蒸养85～95℃，24h强度提高30%左右；而且蒸汽养护与常温养护的强度比值亦较高。因此，有理由认为：矿渣混凝土对蒸汽养护有良好的适应性。因为高温养护有利于激发矿渣表面的潜在活性，增强了水泥浆与矿渣表面的粘结，因而可显著提高强度。

5. 矿渣碎石中游离铁对混凝土耐久性的影响

矿渣碎石中含有游离铁，将严重影响混凝土的耐久性。对于薄壁构件、离心成型构件尤为明显。由于铁的比密度大，成型时被离心力甩到构件边缘，氧化锈蚀后形成许多锈斑。内部的铁块（铁粒）锈蚀后，体积胀大若干倍，因而在混凝土内部形成很大的膨胀应力，导致表面胀裂。钢筋保护层被破坏，必然影响混凝土耐久性。因此，在生产规格渣时，除了粗选外，还应在工艺上采取磁选。既可回收废钢铁，又保证了矿渣碎石的质量。用于薄壁和离心构件的矿渣碎石中，铁含量＜0.5%～1.0%，必须严格控制。

（二）强度和后期强度

冶金建筑研究总院对矿渣混凝土的龄期强度和为期六年的后期强度进行试验，其试验资料综合如表29-29所列。

矿渣、碎石防水混凝土的后期强度　　表29-29

序号	粗骨料种类	水灰比 $\left(\frac{W}{C}\right)$	水泥用量 (kg/m^3)	各龄期抗压强度/相对强度（以普通混凝土为100%） f_{c28}	f_{c60}	f_{c90}	f_{c180}	$f_{c.2年}$	$f_{c.1.5年}$	$f_{c.6年}$
1	石灰石	0.41	420	$\frac{327}{100}$	$\frac{487}{100}$	$\frac{485}{100}$	$\frac{534}{100}$	—	—	—
2	重矿渣	0.41	420	$\frac{340}{104}$	$\frac{519}{107}$	$\frac{571}{118}$	$\frac{595}{112}$	—	—	—

续表

序号	粗骨料种类	水灰比 $\left(\frac{W}{C}\right)$	水泥用量 (kg/m³)	各龄期抗压强度/相对强度（以普通混凝土为100%）						
				f_{c28}	f_{c60}	f_{c90}	f_{c180}	$f_{c.2年}$	$f_{c.1.5年}$	$f_{c.6年}$
3	石灰石	0.50	360	312/100	—	300/100	429/100	507/100	499/100	542/100
4	重矿渣	0.50	360	314/101	—	287/129	411/96	497/98	493/99	523/96.7
5	石灰石	0.60	300	209/100	—	297/100	317/100	338/100	321/100	375/100
6	重矿渣	0.60	300	227/109	—	303/102	361/114	424/126	385/120	427/114
7	石灰石	0.80	220	122/100	—	184/100	209/100	189/100	208/100	242/100
8	重矿渣	0.80	220	148/122	—	210/144	243/116	240/127	288/138	318/131

由表29-29可以看出：f_{c180}除一组例外，矿渣混凝土均比普通混凝土提高强度10%～15%。$f_{c.1.5年}$及$f_{c.6年}$，除一组例外均比普通混凝土同龄期强度提高20%～30%。矿渣的渣在活性，显著提高混凝土的后期强度，这是任何其他材质的骨料所无与伦比的。

（三）物理性能

1. 抗渗性

按水工混凝土要求，保证混凝土水灰比不大于0.60，可以达到P18抗渗等级。矿渣混凝土与普通碎石混凝土抗渗性对比试验结果综合如表29-30所列。

矿渣、碎石防水混凝土的抗渗性　　表29-30

序号	组骨料		水灰比 $\left(\frac{W}{C}\right)$	水泥用量 (kg/m³)	抗压强度 f_{c28} (MPa)	抗渗等级 P
	种类	堆积密度 (kg/m³)				
1	石灰石	1420	0.50	360	31.2	>2.8
2	重矿渣	1200	0.50	360	31.4	>2.8
3	重矿渣	1300	0.50	360	31.4	>2.8
4	重矿渣	1170	0.50	360	26.2	>4.0
5	重矿渣	1170	0.60	300	20.0	1.8
6	重矿渣	1170	0.75	250	10.9	<0.2
7	重矿渣	1170	0.80	240	10.9	<0.2

由表29-30可以看出：只要矿渣碎石防水混凝土的骨料级配和养护情况良好，水泥用量符合水工混凝土有关规定，大于300kg/m³，同样可以配制抗渗等级大于P16的防水混凝土。综合有关工程经验，欲应用矿渣碎石配制防水混凝土必须注意以下几点：

（1）矿渣在搅拌前须浇水湿润。

（2）要振捣密实，适当延长振捣时间。

（3）适量掺合粉煤灰之类细粉料。

（4）尽量采取自然养护，但要求具备潮湿条件，或采取保湿措施很重要。

2. 抗冻性

矿渣碎石防水混凝土与普通碎石混凝土经15次与25次冻融循环试验后的质量损失、强度变化列于表29-31。

矿渣、碎石防水混凝土的抗冻性 表 29-31

序号	粗骨料种类	水灰比 $\left(\frac{W}{C}\right)$	水泥用量 (kg/m³)	抗压强度 f_{c28} (MPa)	15次循环冻融		25次冻融循环	
					质量变化 (%)	强度变化 (%)	质量变化 (%)	强度变化 (%)
1	石灰石	0.80	220	12.1	0	+1.80	-0.04	-4.7
2	重矿渣	0.80	220	14.7	0	-20.90	0	-6.8
3	石灰石	0.50	360	31.2	0	-5.40	—	—
4	重矿渣	0.50	360	31.4	0	-8.70	—	—
5	石灰石	0.60	300	20.9	0	+0.47	-0.04	+7.8
6	重矿渣	0.60	300	22.7	-1.16	+11.08	-0.80	-2.5

由表 29-31 可以看出：由于矿渣碎石孔隙率多数高于普通混凝土，经 15 次、25 次冻融循环后的强度损失略高于普通混凝土。并随着混凝土水灰比的增大，冻融后的强度损失增大，但均小于 25%。

3. 热工性能

不同堆密度、不同品种矿渣碎石防水混凝土的导热系数见表 29-32。

矿渣碎石防水混凝土的导热系数 表 29-32

序号	粗骨料			水灰比 $\left(\frac{W}{C}\right)$	水泥用量 (kg/m³)	混凝土堆积密度 (kg/m³)	混凝土导热系数 (W/m·K)	抗压强度 f_{c28} (MPa)
	种类	粒径 (mm)	堆积密度 (kg/m³)					
1	石灰石	5~20	1400	0.8	240	2304	1.30	15.9
2	重矿渣	5~20	1216	0.8	240	2176	0.93	18.2
3	重矿渣	5~20	1110	0.8	240	2103	0.91	21.6
4	重矿渣	5~20	1000	0.8	240	2100	0.79	19.7

由于矿渣碎石的多孔结构及其本身含有一定量的玻璃质，因而，混凝土堆积密度减少 5%~8%。用堆积密度 1000kg/m³ 的矿渣碎石配制混凝土，导热系数仅为 0.79W/m·K，约为普通砂石混凝土的$\frac{1}{2}$，也略小于红砖砌体。可见，矿渣防水混凝土的保温隔热性能是较好的，故可广泛用于墙体和屋面材料。

（四）矿渣碎石防水混凝土的配制

1. 配制要点

矿渣碎石防水混凝土与普通防水混凝土两者的防水机理相同。但由于矿渣碎石表面粗糙，有孔洞、吸水率及空隙率较大，因此在混凝土配制过程中应采取相应措施，限制不利因素，以保证其抗渗性。

（1）矿渣碎石虽为多孔体，但大部分为密闭孔，互不连通亦不透水，故不同于砂岩，可作防水混凝土骨料，当水泥用量大于 300kg/m³ 时，可配制 P16 以上的混凝土。

（2）应用稳定性合格的矿渣，其技术指标必须符合冶金部《高炉重矿渣应用暂行技术规程》的要求。

（3）矿渣碎石吸水率大，在混凝土拌合、浇灌过程中将吸取砂浆中较多的水分，使砂浆原有的水灰比明显降低，和易性变差，拌合物松散、离析，不易浇灌振捣，从而降低混凝土的抗渗性。因此，在配制矿渣碎石防水混凝土时，要将矿渣预润湿或增加占矿渣质量

1%～2%的拌合水量（相当于每 $1m^3$ 混凝土 10～20kg 用水量），以保证必要的施工和易性。坍落度以 1～3cm 为宜。

（4）水灰比不得大于 0.60。其拌合用水量应等于理论配合比的用水量扣除矿渣现有含水量与饱和吸水量之差的水量。

（5）矿渣碎石空隙率较大，一般为 47%～52%，为了使混凝土获得良好的密实性和抗渗性，应在骨料配比中适当加入一些吸水快的小粒径矿渣粉料，这不仅可改善级配，而且小粒径矿渣吸水快，较短时间即达到饱和，从而不致影响成型后混凝土的抗渗性。

（6）砂率应比普通防水混凝土高 2%～3%；最小水泥用量普通硅酸盐水泥不小于 $330kg/m^3$，32.5 级矿渣硅酸盐水泥不小于 $350kg/m^3$；灰砂比宜为 1:2～1:2.5。

2. 配制技术要求

矿渣碎石防水混凝土的配制技术要求见表 29-33。

矿渣碎石防水混凝土的配制技术要求　　**表 29-33**

项　　目	技　术　要　求
水泥用量（kg/m^3）	普通硅酸盐水泥：≥330；矿渣硅酸盐水泥：≥360
水灰比 $\left(\frac{W}{C}\right)$	0.50～0.60，另外增加矿渣湿润水应以控制适宜坍落度为宜
坍落度（mm）	10～30
矿　率（%）	37～42
灰砂比 $\left(\frac{C}{S}\right)$	1:2.0～1:2.5
骨　　料	大小矿渣搭配使用，适当掺用部分 5～25mm 小粒径矿渣

3. 参考配合比。

矿渣碎石防水混凝土的参考配合比见表 29-34。

矿渣碎石防水混凝土参考配合比　　**表 29-34**

序号	矿渣碎石堆积密度（kg/m^3）	混凝土水泥用量（kg/m^3）	混凝土配合比（质量比）水泥:砂:矿渣	水灰比	坍落度（cm）	工作度（s）	抗压强度 f_{c28}（MPa）	抗渗等级 P	说　明
1	1200	360	1:1.63:3.16	0.50	—	—	31.4	>2.8	
2	1300	360	1:1.63:3.16	0.50	—	—	31.4	>2.8	—
3	1170	360	1:1.73:3.18	0.5	—	—	26.2	>4.0	—
4	1170	300	1:2.25:3.68	0.60	—	—	20.0	1.8	—
5	1170	250	1:3.04:4.20	0.75	—	—	10.9	<0.2	—
6	1170	240	1:3.16:4.37	0.80	—	—	10.9	<0.2	—
7	—	220	1:3.20:5.22	0.80	—	—	12.1	—	—
8	—	360	1:1.63:3.16	0.50	—	—	31.4	—	—
9	—	300	1:2.13:3.79	0.60	—	—	22.7	—	—
10	—	400	1:1.44:3.05	0.45	0.6	—	27.7	0.2	干矿渣
11	—	360	1:2.00:3.13	0.53	2.0	14	22.3	1.2	湿矿渣
12	—	400	1:1.13:3.40	0.36	—	12	24.4	1.8	湿矿渣
13	—	400	1:1.31:3.21	0.40	—	13.7	17.7	1.4	湿矿渣
14	—	400	1:1.83:2.73	0.43	3.5	7	20.4	1.2	湿矿渣

续表

序号	矿渣碎石堆积密度（kg/m³）	混凝土水泥用量（kg/m³）	混凝土配合比（质量比）水泥:砂:矿渣	水灰比	坍落度（cm）	工作度（s）	抗压强度 f_{c28}（MPa）	抗渗等级 P	说明
15	—	420	1:1.71:2.60	0.41	1.5	15	24.9	2.0	湿矿渣
16	—	380	1:1.56:3.01	0.54	2.0	—	22.4	1.4	湿矿渣
17	—	380	1:1.68:2.98	0.53	4.0	—	20.8	2.2	湿矿渣
18	—	400	1:1.27:3.25	0.41	5.9	—	21.4	1.0	湿矿渣
19	—	450	1:1.06:2.92	0.38	—	10.6	21.7	1.4	湿矿渣

三、全矿渣防水混凝土及砂浆

全矿渣防水混凝土是粗、细骨料均为矿渣的混凝土。用矿渣砂代替全部砂子配制成的砂浆，称为矿渣防水砂浆。它们有关区别于普通混凝土、砂浆的工艺特点及性能。

（一）原材料

1. 水泥

42.5 级、52.5 级普通硅酸盐水泥，32.5 级矿渣硅酸盐水泥。

2. 粗骨料

5～20mm 矿渣碎石，堆积密度 1240～1586kg/m³；20～40mm 矿渣碎石，堆积密度 1270～1485kg/m³；5～20mm 石灰石碎石，堆积密度 1435～1402kg/m³。

3. 细骨料

矿渣砂 5mm 以下细料，堆积密度 1240～1586kg/m³；7mm 以下细料，堆积密度 1390～1470kg/m³，平均粒径 0.504mm。河砂为中砂。

（二）配制工艺要点

鉴于矿渣块粗骨料的饱和吸水率波动于 0.57%～2.74%之间，矿渣砂的饱和吸水率波动于 4.9%～7.85%之间，均高于普通砂、石，且表面粗糙，堆积密度多数略低于普通砂、石。因此，在配制防水混凝土时，应充分考虑这些特点，采取如下相应措施：

（1）配合比设计中除配料水外，还应考虑矿渣砂、块在混凝土搅拌至浇灌时间内所吸取的附加水。

（2）必须通过试验来确定最佳砂率。

（3）每 1m³ 全矿渣防水混凝土、砂浆，宜掺入 100～150kg 粉煤灰、尾矿粉之类的细粉及通常用量的木钙、MF、NNO 减水剂。这样做，既有利于改善混凝土和砂浆的和易性，又有利于激发水泥和矿渣细粉的潜在活性。

（三）矿渣防水砂浆的性能

1. 抗压强度

矿渣砂浆抗压强度试验结果见表 29-35。

从表 29-35 中可以看出，在常温下养护的砂浆的抗压强度，一般均高于普通砂浆，平均可提高 15%～20%。

2. 收缩率

矿渣砂浆收缩率试验结果见表 29-36。

矿渣砂浆的抗压强度　　表 29-35

序号	1m³ 砂浆材料用量（kg/m³）						砂浆稠度（cm）	抗压强度 f_{c28}（MPa）
	32.5 级矿渣硅酸盐水泥	细骨料		尾矿粉	木钙减水剂	水		
		河砂	矿砂					
1	350	1500	—	—	—	300	2	9.2
2	350	—	1350	150	1.40	316	2	15.2
3	350	1490	—	—	—	295	2	8.7
4	350	—	1340	150	1.40	307	1.8	11.5
5	350	1500	—	—	—	310	3.5	16.5
6	350	—	1350	150	1.40	330	2.5	19.9
7	350	1500	—	—	—	300	2.5	7.0
8	350	—	1350	150	1.40	316	3.7	8.0
9	350	1540	—	—	—	300	1.8	6.8
10	310	—	1440	100	—	300	1.8	7.5
11	（普 42.5 级）250	—	1390	150	1.0	360	6～7	10.8
12	（普 42.5 级）200	—	1500	120	0.8	360	6～7	9.8

由表 29-36 中可以看出，即使矿渣砂浆的体积比普通砂浆大 7%，而其 7d、28d 及 145d 的平均收缩率分别为 0.027mm/m、0.081mm/m 及 0.097mm/m，较之普通砂浆相应龄期的收缩值 0.037mm/m、0.085mm/m 及 0.126mm/m 分别减少 23%、4.7% 及 15.1%，亦均小于工程计算习惯采用的收缩系数 0.15mm/m 之数值。

（四）全矿渣防水混凝土的性能

1. 抗压强度

全矿渣防水混凝土在常温养护条件下的抗压强度见表 29-37。

矿渣防水砂浆的收缩率　　表 29-36

砂浆种类	水泥用量（kg/m³）	木钙用量（kg/m³）	配合比（质量比）水泥:水:砂（矿砂）:尾矿粉	稠度（cm）	收缩率（mm/m）		
					7d	28d	145d
普通砂浆	350	—	1:0.885:4.28（河砂）	2.5	0.037	0.285	0.126
矿渣砂浆	350	1.40	1:0.945:3.86:0.428（矿砂）	3.7	0.027	0.081	0.097

全矿渣防水混凝土的抗压强度　　表 29-37

序号	粗细骨料种类	水泥用量（kg/m³）	水灰比	木质素磺酸钙（%）	坍落度（cm）	工作度（s）	抗压强度 f_{c28}（MPa）
1	石灰石碎石、河砂	310	0.71		2.0		18.5
2	全矿渣	310	0.67	0.4	2.0		18.7
3	石灰石碎石、河砂	310	0.65			10	19.3
4	全矿渣	310	0.65			23	21.4
5	石灰石碎石、河砂	410	0.48		3.0		30.5
6	全矿渣	410	0.49		2.5		30.9
7	石灰石碎石、河砂	310	0.66		4.0		21.9

续表

序号	粗细骨料种类	水泥用量 (kg/m^3)	水灰比	木质素磺酸钙 (%)	坍落度 (cm)	工作度 (s)	抗压强度 f_{c28} (MPa)
8	全矿渣	310	0.71	0.4	5.0		22.7
9	石灰石碎石、河砂	310	0.65		4.5		19.4
10	全矿渣	310	0.72	0.4	2.0		19.1
11	石灰石碎石、河砂	310	0.64		3.5		24.1
12	全矿渣	310	0.65	0.4	2.0		24.0
13	石灰石碎石、河砂	360	0.57		4.0		43.1
14	全矿渣	361	0.53	0.4	4.5		44.2
15	石灰石碎石、河砂	450	0.47		3.0		29.9
16	全矿渣	450	0.53		2.0		27.4
17	石灰石碎石、河砂	310	0.61		4.5		21.0
18	全矿渣	310	0.64	0.4	4.5		25.6
19	石灰石碎石、河砂	310	0.65		3.0		23.5
20	全矿渣	310	0.61	0.4	3.5		28.2

由表29-37可以看出：全矿渣混凝土与同强度等级的普通砂、石混凝土抗压强度相接近或略有提高。有关试验还进一步证明，只要保证矿渣碎石或矿渣砂的堆积密度在1200kg/m³以上，其堆积密度的波动对于配制C50及C50以下混凝土的抗压强度无明显影响。这是因为矿渣的孔隙率较大，表面粗糙，则与水泥浆间粘结增强，整体工作性能亦随着增强的缘故。

2. 抗折强度及劈裂抗拉强度

全矿渣防水混凝土的抗折强度及劈裂抗拉强度见表29-38。

从表29-38中可以看出：全矿渣混凝土与普通砂、石混凝土的劈裂抗拉强度大致相等。抗折强度除一组外均有不同程度的提高，约提高7%左右。

3. 静力弹性模量

全矿渣防水混凝土的弹性模量见表29-39。

全矿渣混凝土的抗折及劈裂抗拉强度 **表29-38**

序号	粗细骨料种类	水泥用量 (kg/m^3)	水灰比	木质素磺酸钙 (%)	坍落度 (cm)	劈裂抗拉强度 f_t (MPa)	抗折强度 f_{tm} (MPa)
1	石灰石碎石、河砂	370	0.54	—	1.2	—	6.15
2	全矿渣	370	0.67	0.4	1.0	—	6.4
3	石灰石碎石、河砂	370	0.56	—	3.5	2.4	4.95
4	全矿渣	370	0.60	0.4	1.0	2.3	3.9
5	石灰石碎石、河砂	370	0.57	—	1.5	2.15	4.95
6	全矿渣	370	0.60	0.4	1.0	2.25	6.95

从表29-39中可看出：全矿渣防水混凝土的抗压静力弹性模量约比同等级的普通混凝土低7%～10%左右。主要是由于矿渣的堆积密度稍小、匀质性较差引起的。

4. 钢筋粘结强度

全矿渣防水混凝土与钢筋的粘强度见表 29-40。

全矿渣防水混凝土的弹性模量　　表 29-39

组数	混凝土种类	抗压强度 f_{c28}（MPa）	棱柱强度 f_{cp}（MPa）	弹性模量 E（MPa）
1	普通混凝土	21.4	19.5	2.64×10^4
	全矿渣混凝土	22.5	23.3	2.27×10^4
2	普通混凝土	30.7	34.1	3.22×10^4
	全矿渣混凝土	—	27.4	3.16×10^4

全矿渣防水混凝土的钢筋粘强度　　表 29-40

组数	混凝土种类	抗压强度 f_{c28}（MPa）	钢筋粘结强度	
			f_n（MPa）	粘结系数 K
1	普通混凝土	32.6	3.22	0.099
	全矿渣混凝土	33.9	3.93	0.116
2	普通混凝土	33.7	3.40	0.1010
	全矿渣混凝土	24.7	3.40	0.1332
3	普通混凝土	23.1	7.0	0.303
	全矿渣混凝土	22.3	6.8	0.305
4	普通混凝土	20.2	4.85	0.240
	全矿渣混凝土	20.8	5.80	0.279

从表 29-40 中可以看出：全矿渣防水混凝土与钢筋的粘结强度一般比普通混凝土高 1%左右。

5. 抗冻性

全矿渣防水混凝土的抗冻性见表 29-41。

从表 29-41 中可以看出：C20～C30 全矿渣防水混凝土的抗冻性与普通混凝土接近。经 50 次、100 次冻融后的强度损失均低于现行规范规定的强度损失不大于 25%的限值。如全矿渣混凝土中，再掺入适量减水剂，则可获得具有优良抗冻性能的混凝土。

全矿渣防水混凝土的抗冻性能　　表 29-41

序号	混凝土种类	抗压强度 f_{c28}（MPa）	冻融循环试验后的变化（%）					
			25 次		50 次		100 次	
			质量变化	强度变化	质量变化	强度变化	质量变化	强度变化
1	普通混凝土	27.3	—	—	—	−5.3	—	−11.7
2	全矿渣混凝土	18.0	—	−15.3	—	−24.4	—	—
3	全矿渣混凝土	27.6	—	−7.1	—	−15.8	—	−17.3
4	全矿渣混凝土	30.9	—	0	—	−2.5	—	−15.3
5	全矿渣混凝土	32.1	0	0	—	+3.9	—	−10.0
6	全矿渣混凝土	21.4	—	+6.19	0	+2.32	0	0
7	全矿渣混凝土	27.3	−0.69	−0.71	0	+5.07	0	+2.72
8	全矿渣混凝土	27.9	—	−1.06	0	−5.63	—	—
9	全矿渣混凝土	30.8	—	+6.03	0	−4.19	—	—

6. 抗渗性

全矿渣防水混凝土的抗渗性见表29-42。

全矿渣防水混凝土的抗渗性 表29-42

序号	水灰比	矿渣碎石		矿渣砂		和易性		抗压强度 f_{c28} (MPa)	抗渗等级 P	渗水高度 (cm)
		堆积密度 (kg/m³)	附加水 (%)	堆积密度 (kg/m³)	附加水 (%)	工作度 (s)	坍落度 (cm)			
1	0.539	1300	1.0	1480	1.5	22	—	32.9	>P20	2.5~12
2	0.588	1300	1.0	1480	1.5	22	—	31.0	>P20	3.0~7.0
3	0.562	1320	1.0	1579	1.5	—	6.5	21.6	>P20	1.0~10.0
4	0.562	1320	1.0	1579	1.5	—	9	23.7	>P20	2.5~11.0

从表29-42中可以看出：当水灰比为0.53~0.59、工作度为22s左右时，全矿渣防水混凝土的抗渗等级可达P20以上。主要因为矿渣粗、细骨料是表面粗糙，与水泥浆之间结合紧密的微活性骨料，因而全矿渣防水混凝土具有良好的抗渗性能。如再掺入适当的木质素磺酸钙、MF、JN减水剂，将进一步提高其抗渗性。因此，全矿渣混凝土可以广泛地应用于防水混凝土工程中。

7. 导热性能

全矿渣防水混凝土的导热性能见表29-43。

全矿渣防水混凝土的导热性能 表29-43

序号	骨料种类		水灰比	粗骨料		细骨料		混凝土			
	粗骨料	细骨料		堆积密度 (kg/m³)	附加水 (%)	堆积密度 (kg/m³)	附加水 (%)	工作度 (s)	干密度 (kg/m³)	导热系数 (W/m·K)	f_{c28} (MPa)
1	石灰石	河砂	0.80	1400	0	—	0	8	2304	1.30	15.9
2	重矿渣块	重矿渣砂	0.54	1300	1.0	1480	1.5	22	2233	0.91	32.9
3	重矿渣块	重矿渣砂	0.59	1300	1.0	1480	1.5	22	2224	0.93	31.0
4	重矿渣块	重矿渣砂	0.55	1265	1.5	1394	2.0	22	2150	0.79	29.4

从表29-43中可以看出：全矿渣防水混凝土的常温导热系数，约比相同等级的普通混凝土减少30%~35%。全矿渣混凝土不仅本身具有较好的保温隔热性能，而且又具有良好的耐热性能，适宜在受高温作用的冶金、动力、能源、化工等工程中应用。

8. 收（干）缩率

混凝土干缩率的大小，与混凝土中水泥品种及用量、水灰比的大小、骨料级配及表面状况、混凝土孔结构等因素有关。全矿渣混凝土的干缩值见表29-44。

全矿渣防水混凝土的收（干）缩值（m/mm） 表29-44

混凝土种类	龄期 (d)											
	40	80	120	160	200	240	280	320	360	400	440	480
普通碎石混凝土	-0.200	-0.270	-0.294	-0.315	-0.335	-0.337	-0.370	-0.380	-0.394	-0.394	-0.410	-0.423
矿渣碎石混凝土	-0.180	-0.230	-0.250	-0.271	-0.294	-0.315	-0.345	-0.345	-0.350	-0.350	-0.370	-0.380
全矿渣混凝土	+0.158	-0.185	-0.215	-0.228	-0.237	-0.240	-0.250	-0.267	-0.269	-0.270	-0.277	-0.279

从表29-44中可以看出：全矿渣防水混凝土的干缩值分别小于矿渣防水混凝土和普通混凝土。其原因是矿渣骨料与水泥浆粘结牢固，界面反应阻碍了水泥浆的干缩以及矿渣骨

料干缩小、甚至在水中有微膨胀的特性所引起的。

（五）全矿渣防水混凝土的参考配合比

全矿渣防水混凝土的参考配合比见表 29-45 和表 29-46。

全矿渣防水混凝土用量参考配合比（一） 表 29-45

序号	水泥		材料用量（kg/m³）						坍落度	工作度	抗压强度
	品种	强度等级	水泥	水	矿砂	矿块	尾矿粉	木质素磺酸钙	（cm）	（s）	f_{c28}（MPa）
1	矿渣	32.5 级	410	200	600	1200	—	—	2.5	—	19.2
2	普通	52.5 级	270	190	740	1180	100	—	2.5	—	16.4
3	矿渣	32.5 级	310	200	779	1011	100	1.24	—	23	12.4
4	矿渣	32.5 级	310	205	910	860	100	1.24	3.5	—	12.6
5	矿渣	32.5 级	310	200	770	1000	100	1.24	2.5	—	14.1
6	矿渣	32.5 级	310	220	970	1112	—	—	1.5	—	12.1
7	矿渣	32.5 级	310	200	779	1011	100	—	1.5	—	13.4
8	矿渣	32.5 级	310	207	643	1176	100	1.24	2.0	—	18.7
9	矿渣	32.5 级	310	200	779	1011	100	—	—	23	10.9
10	矿渣	32.5 级	410	195	670	1140	—	—	—	—	30.9
11	矿渣	32.5 级	410	200	600	1200	—	—	2.5	—	30.5
12	矿渣	32.5 级	310	220	911	864	100	—	5.0	—	22.7
13	矿渣	32.5 级	310	222	970	905	—	1.24	2.0	—	19.1
14	矿渣	32.5 级	310	200	770	1000	100	1.24	2.0	—	24.0
15	普通	52.5 级	361	191	660	1170	—	1.24	4.5	—	44.2
16	矿渣	32.5 级	450	240	660	1080	—	—	2.0	—	27.4
17	矿渣	32.5 级	310	197	620	1150	130	1.24	4.5	—	25.6
18	矿渣	32.5 级	310	200	750	1120	—	—	3.0	—	23.5
19	矿渣	32.5 级	310	188	770	1000	100	1.24	3.5	—	28.2
20	矿渣	32.5 级	370	246	780	1050	—	—	1.0	—	—
21	矿渣	32.5 级	370	246	780	1050	—	1.48	1.0	—	—
22	矿渣	32.5 级	370	221	610	1070	1.00	1.48	1.0	—	—
23	矿渣	32.5 级	370	220	610	1070	1.00	1.48	1.0	—	—
24	普通	42.5 级	320	237	720	1050	1.00	1.28	0	—	33.9
25	普通	42.5 级	370	240	630	1050	1.00	1.48	1.5	—	24.7
26	普通	42.5 级	370	221	610	1070	1.00	1.48	1.0	—	22.3
27	普通	42.5 级	370	218	610	1070	1.00	1.48	1.0	—	20.8
28	普通	42.5 级	320	172.6	685	1119	—	—	—	22	32.9
29	普通	42.5 级	300	176.4	711	1159	—	—	—	22	31.0
30	普通	32.5 级	420	236	660	989	—	0.42	6.5	—	21.6
31	普通	32.5 级	420	236	660	989	—	（JN）	9.0	—	23.7
32	普通	42.5 级	320	176	686	1186	—	0.42	—	22	29.4
33	普通	42.5 级	360	210	660	1170	—	1.44	3～4	—	17.2
34	普通	42.5 级	300	220	680	1090	100	1.20	2～4	—	15.3
35	矿渣	32.5 级	310	230	710	1160	50	1.24	3～4	—	15.8
36	矿渣	32.5 级	310	230	710	1160	—	1.24	1.0	—	17.5
37	矿渣	42.5 级	533	218	523	1130	—	—	—	—	45.2（离心）
38	矿渣	32.5 级	420	190	630	1160	—	—	2.0	—	30.6（预应力）

全矿渣防水混凝土参考配合比（二） 表 29-46

序号	水泥强度等级及品种	混凝土配合比（质量比）水泥:矿砂:矿块:水	木质素磺酸钙（%）	抗压强度 f_{c28}（MPa）
1	32.5 级矿渣硅酸盐水泥	1:1.75:2.68:0.60	—	18.0
2	32.5 级矿渣硅酸盐水泥	1:1.38:2.81:0.50	—	27.6
3	32.5 级矿渣硅酸盐水泥	1:1.31:2.34:0.50	—	30.9
4	32.5 级矿渣硅酸盐水泥	1:1.31:2.34:0.44	0.30	32.1
5	42.5 级矿渣硅酸盐水泥	1:2.54:4.52:0.71	—	21.4
6	42.5 级矿渣硅酸盐水泥	1:2.20:3.60:0.60	—	27.3
7	42.5 级矿渣硅酸盐水泥	1:2.09:3.02:0.55	—	27.9
8	42.5 级矿渣硅酸盐水泥	1:2.00:3.40:0.50	—	30.8

（六）技术经济效果

每 1m³ 普通混凝土、砂浆与全矿渣防水混凝土、矿渣砂浆的材料费对比见表 29-47。

以矿渣为骨料生产的 100mm 厚 C30 预应力钢筋混凝土楼板的力学性能指标见表 29-48。

从表 29-48 中可以看出：矿渣完全可用于配制高强度预应力混凝土。构件的抗压强度、抗裂系数、安全系数均达到甚至超过国家规范规定要求。应用重矿渣配制防水混凝土、预应力混凝土，既有利于提高质量，尤其是提高抗渗性能，又有利于降低混凝土成本和冶金矿渣的综合利用。

普通混凝土、砂浆与全矿渣混凝土、砂浆的材料费比较 表 29-47

混凝土或砂浆种类	粗骨料单价（元/m³） 混凝土组成材料成本（元/m³）						混凝土或砂浆人工费（元/m³）	混凝土或砂浆材料费（元/m³）	全矿渣混凝土或砂浆降低材料费（元/m³）
	5～25mm 碎石	5～25mm 矿渣块	普通砂	普通砂	尾矿粉	木钙			
普通混凝土	26.0/21.54	—	12.0/6.1	—	—	—	—	21.64	—
全矿渣混凝土	—	7.2/56.6	—	6.0/4.2	0.50/0	0.41/0	—	10.78	10.80
普通砂浆	—	—	12.0/11.59	—	—	—	—	11.59	—
矿渣砂浆	—	—	—	7.2/7.08	0.40/0	0.30/0	0.25	8.03	3.56

全矿渣预应力混凝土的力学性能指标 表 29-48

混凝土强度等级	矿渣碎石规格（mm）	32.5 级矿渣水泥用量（kg/m³）	坍落度（cm）	抗压强度 f_{c28}（MPa）	安全系数		抗裂系数	
					规范规定	实测	规范规定	实测
C30	5～25	420	2.0	30.6	>1.55	1.90	>1.25	1.60

第四节 外加剂防水混凝土

为了提高普通混凝土的密实性，或者改善混凝土结构中孔的结构特征，而在混凝土拌合物中掺入少量的无机物或有机物，这样配制的混凝土即为外加剂防水混凝土。

外加剂的种类较多：属无机物的氯化铁、氢氧化铁防水剂，亦称密实剂；属有机物的有加气剂、减水剂、三乙醇胺早强剂等。按所掺外加剂种类的不同可分为氯化铁防水混凝土、加气剂防水混凝土、减水剂防水混凝土和三乙醇胺防水混凝土等。

一、氯化铁防水混凝土

根据《混凝土外加剂》（GB 8076—1997）和《混凝土外加剂应用技术规范》（GB 50119—2003），氯化铁（$FeCl_3$）防水混凝土，是在混凝土拌合物中加入少量 $FeCl_3$ 防水剂而拌制的具有高抗渗性、高密实度的混凝土。已大量用于水池、水塔、海港、码头、地下室、人防工程、隧道、油罐等工程。用氯化铁防水剂配制的防水砂浆，则广泛用于地下防水工程的砂浆抹面和大面积渗漏的修补，取得良好的技术经济效果。

（一）防水机理

氯化铁防水剂是利用工业废料硫铁矿渣为主要原料，加入盐酸、硫酸铝、废铁屑配制而成的一种红棕色液体，其所含的主要成分为氯化铁、氯化亚铁和硫酸铝。氯化铁防水混凝土所以能防水，其机理在于：

(1) 防水剂 $FeCl_3$ 掺入混凝土中后，在水泥水化过程中产生不溶于水的氢氧化铁、氢氧化亚铁及氢氧化铝等凝胶体。其化学方程为：

$$2FeCl_3 + 3Ca(OH)_2 = 2Fe(OH)_3 + 3CaCl_2$$

$$FeCl_3 + Ca(OH)_2 = Fe(OH)_2 + CaCl_2$$

$$Al_2(SO_4)_3 + 3Ca(OH)_2 + mH_2O = 2Al(OH)_3 + 3CaSO_4 \cdot mH_2O$$

这些凝胶体填充混凝土内的孔隙，增加混凝土的密实性，这种密实填充作用是氯化铁防水混凝土提高抗渗性的主要原因。

(2) 由于混凝土混合物中的凝胶组分数量增加，因而降低了泌水率，也大大减少了泌水通道所留下的毛细孔隙，提高了混凝土的密实性。

(3) 氯化铁与水泥水化析出的氢氧化钙作用，生成氯化钙，又可激化矿物熟料，使其水化反应加速，并与硅酸三钙、铝酸二钙水合成氯硅酸钙和氯铝酸钙晶体，从而提高了混凝土的密实性和不透水性。其化学反应方程为：

$$2CaO \cdot SiO_2 + CaCl_2 + nH_2O \longrightarrow 2CaO \cdot SiO_2 \cdot CaCl_2 \cdot nH_2O$$

$$3CaO \cdot Al_2O_3 \cdot 6H_2O + CaCl_4 + 4H_2O \longrightarrow 3CaO \cdot Al_2O_3 \cdot CaCl \cdot 10H_2O$$

(4) 硫酸钙还与铝酸三钙及水合成硫铝酸钙晶体，产生微小体积膨胀，也增加了混凝土内部的密实度。其化学反应方程为：

$$3CaSO_4 + 3CaO \cdot Al_2O_3 \cdot 6H_2O + 25H_2O \longrightarrow 3CaO \cdot Al_2O_3 \cdot 3CaSO_4 \cdot 3H_2O$$

（二）物理力学性能及技术特性

1. 物理力学性能

(1) 抗压强度：氯化铁防水剂具有早强和增强多种效应，其原因就在于加速水化反应，增加混凝土的密实性，从而提高混凝土的抗压强度。由于激化过程比较持久，因而氯化铁防水剂也能持续地提高混凝土的后期强度。

(2) 钢筋锈蚀：混凝土中钢筋的锈蚀属于电化学腐蚀过程。Cl^- 离子对钢筋的腐蚀过程要在氧和水同时具备的条件下才能顺利地进行。而在氯化铁防水混凝土中，由于生成大量的氢氧化铁、氢氧化铝凝胶，使其密实度提高，因而水和氧的侵入就十分困难，在一定程度上抑制了腐蚀过程的进行。

但是，在掺氯化铁的混凝土中，难免存在少量氯盐，这是促进腐蚀过程的不利条件。为慎重起见，氯化铁的掺量宜参照有关规范执行。

(3) 干缩：氯化铁防水剂中各组分对水泥的干缩影响，差别较大。氯化铁增加干缩最大，氯化亚铁次之，而硫酸铝还有减少干缩的作用。由于过多的干缩可能引起混凝土裂缝，为减少收缩，在制备氯化铁防水剂时，一方面控制氯化铁和氯化亚铁的比例，另一方面可同时掺入适量的硫酸铝或明矾[$KAl_2(SO_4)_3 \cdot 12H_2O$]。

(4) 凝结时间：氯化铁对水泥有促凝作用，氯化亚铁对水泥有缓凝作用。由于这两者的配合比例不同，因而对凝结时间的影响也不尽相同。使用前最好先测定时间，以判定对混凝土起何作用。

此外，氯化铁防水剂与水泥作用时为放热反应，混凝土的早期升温较快。这在施工大体积混凝土时，特别要引起注意。

2. 技术特性

(1) 优良的抗渗性。氯化铁防水剂的主要成分是 $FeCl_3$ 和 $FeCl_2$。掺入适量的氯化铁防水剂，可以大大提高砂浆和混凝土的抗渗性，配制出抗渗等级高达 P40 的防水混凝土、抗渗等级达 P30 的抗油渗混凝土以及抗掺等级大于 P24 的防水砂浆。氯化铁防水剂是几种常用外加剂防水混凝土中抗渗性最好的一种，其配合比及抗渗性见表 29-49 和表 29-50。

(2) 早期抗渗能力高。这对要求施工后很快承受水压的工程以及用水泥砂浆作修补的防水工程有较大的实用价值。表 29-51 为 $FeCl_3$ 防水砂浆 3d 龄期的抗渗能力。

氯化铁防水混凝土的抗渗性 **表 29-49**

水泥品种及强度等级	配合比(质量比)水泥:砂:碎石	水灰比	固体防水剂掺量(%)	龄期(d)	抗渗性		抗压强度 f_{c28}(MPa)
					抗渗压力(MPa)	渗水高度(cm)	
32.5 级普通硅酸盐水泥	1:2.95:3.50	0.62	0	52	1.5	—	22.5
	1:2.95:3.50	0.62	0.01	52	0.4	—	33.3
	1:2.95:3.50	0.62	0.02	28	7.15	2~3①	19.9
	1:1.90:2.66	0.46	0.02	28	7.32	6.5~11①	50.0
32.5 级矿渣硅酸盐水泥	1:2.5:4.7	0.60	0	14	0.4	—	12.8
	1:2.5:4.7	0.60	0.015	14	2.3	—	22.0③
42.5 级矿渣硅酸盐水泥	1:2.0:3.5	0.45	0	7	0.6	—	21.6
	1:2.0:3.5	0.45	0.03②	7	7.38	—	21.6
	1:1.61:2.83	0.45	0.03②	28	74	—	—

① 试块用汽油作抗渗试验。

② 为液体防水剂。

③ 7d 龄期抗压强度。

(3) 早期及后期强度高。在 1:3 胶砂（硬练）中加入 3%氯化铁防水剂，可使其抗压强度提高 13%~40%，龄期 5 年仍按原比例增长。表 29-52 所示不同品种水泥中掺入氯化铁，防水剂后 7~90d 龄期的抗压强度提高值。

氯化铁防水砂浆的抗渗性　　表 29-50

水泥品种	配合比（质量比）			抗渗性		备注
	水泥	砂	固体防水剂掺量（%）	抗渗压力（MPa）	比值（%）	
32.5 级	1	3	0	0.7	100	—
普通硅酸盐水泥	1	3	0.01	>2.4	344	渗水高度 2.5cm
32.5 级	1	3	0	1.1	100	—
矿渣硅酸盐水泥	1	3	0.01	2.0	182	—
32.5 级	1	3	0	2.4	—	—
火山灰硅酸盐水泥	1	3	0.01	>2.4	—	渗水高度 1.0cm

3d 龄期的水泥砂浆抗掺能力　　表 29-51

序号	水泥品种	配合比（质量比）			水灰比 $\left(\frac{W}{C}\right)$	试件厚度（cm）	抗渗压力（MPa）
		水泥	砂	液体防水剂（%）			
1	42.5 级普通硅酸盐水泥	1	2	0	0.50	3	0.1
2	42.5 级普通硅酸盐水泥	1	2	0.03	0.50	3	>1.5
3	42.5 级矿渣硅酸盐水泥	1	2	0	0.50	3	0.1
4	42.5 级矿渣硅酸盐水泥	1	2	0.01	0.50	3	0.5
5	42.5 级矿渣硅酸盐水泥	1	2	0.03	0.50	3	>1.5
6	42.5 级矿渣硅酸盐水泥	1	2	0.05	0.50	3	>1.5

掺氯化铁防水剂的不同水泥强度提高值　　表 29-52

水泥品种	矿渣硅酸盐水泥	硅酸盐水泥	火山灰硅酸盐水泥
抗压强度提高值（%）	25~38	9~16	10~29

（4）混凝土结构致密，抗腐蚀性好。由于氯化铁防水混凝土的结构致密，水和氧气就不易侵入，电化学腐蚀就难以进行。同时，氢氧化铁胶体在钢筋周围形成保护膜，使钢筋不易腐蚀。经 7 年长期水中养护以及短期浸烘循环快速钢筋腐蚀试验，埋在氯化铁防水混凝土中的钢筋（试验前磨光、除锈）均未发现锈蚀。

（三）氯化铁防水剂的配制

氧化铁防水剂是氧化铁和盐酸按适当比例在常温下进行反应，生成一种深棕色氯化铁溶液，再加入适量的硫酸铝而制成。

1. 原材料

（1）氯化铁：宜采用轧钢过程脱落的氧化铁皮，它含有 FeO、Fe_2O_3 及 Fe_3O_4 等。氧化铁皮应粉碎通过 3mm 筛孔，如有油污应进行脱脂处理，在锅里或钢板上加热烧净。

（2）盐酸：工业品，比密度为 1.15~1.19g/cm^3。

（3）硫酸铝：主要成分为含水硫酸铝，工业品。

2. 配制方法

称量氧化铁皮并投入盐酸瓷缸中，再注入为氧化铁质量两倍的盐酸，不断搅拌使其充分反应。当反应进行 2h 左右，再继续加入质量为氧化铁 20% 的氧化铁皮，继续反应 4~5h，逐渐变成深棕色浓稠氯化铁溶液。将该溶液静置 3~4h，吸出清液，向清液中加入其质量 5% 的硫酸铝，搅拌均匀至完全溶解，即成为氯化铁防水剂。

3. 质量要求

（1）配制的氯化铁防水剂，其比密度应大于1.4g/cm³。

（2）经化学分析，其中氯化铁和氯化亚铁的比例应在1:1.0～1.3之间，而且总含量不少于400g/L。

（3）氯化铁防水剂溶液的pH值为1～2，硫酸铝的含量为溶液质量的5%。

（四）氯化铁防水混凝土施工

1. 技术要求

配制氯化铁防水混凝土的技术要求见表29-53。

氯化铁防水混凝土配制技术要求 表29-53

项　目	技　术　要　求
水灰比$\left(\frac{W}{C}\right)$	≯0.55
水泥用量	≮310kg/m³
坍落度	30～50mm
防水剂掺量	以3%为宜，掺量过多对钢筋锈蚀及混凝土干缩有不良影响，如果采用氯化铁砂浆抹面，掺量可增至3%～5%

2. 配制要点

（1）应使用42.5级以上的水泥，洁净的中、粗砂以及符合质量标准的氯化铁防水剂进行配制。市场上出售的化学试剂$FeCl_3$不能作为氯化铁防水剂使用。

（2）氯化铁防水剂使用前应用水稀释，再拌合混凝土，严禁将氯化铁防水剂直接注入水泥或骨料中。

（3）氯化铁防水剂的掺量一般以3%为宜。掺量过多，对钢筋锈蚀、混凝土干缩和凝结时间都有影响；掺量过少，则效果不够显著。如采用氯化铁防水砂浆抹面，掺量可增加3%～5%。

（4）水灰比应为0.50～0.55，拌合水用量中应扣除防水剂中的含水量，水泥用量不少于310kg/m³，坍落度为30～5mm。

（5）配料要准确，应采用机械搅拌。上料时必须先注入清水及水泥，而后再注入氯化铁水溶液，以免搅拌机遭受腐蚀。待搅拌2min以上时方可出料。

（6）所有施工缝都要用10～15mm厚的防水砂浆胶结。防水砂浆的质量配合比为：水泥:砂:氯化铁防水剂＝1:2.50:0.03，$\frac{W}{C}=0.50$。

3. 养护工艺

（1）氯化铁防水混凝土的养护极为重要。配合比相同，养护条件不同，其抗渗效果会有很大差异，见表29-54。砂浆低温（10℃以下）养护时，抗渗性最差；当养护温度从10℃提高到25℃时，抗渗压力相应地由0.1MPa提高到1.5MPa以上。但温度过高，也会使抗渗性能降低。因此，采用蒸汽养护时，最高温度不得超过50℃。

不同养护制度对抗渗性的影响 表29-54

序号	液体氯化铁防水剂掺量（%）	养护温度（℃）	养护时间（d）	蒸汽加热		抗渗压力（MPa）
				温度（℃）	时间（h）	
1	0	10	3	—	—	0
2	3	10	3	—	—	0.1

续表

序号	液体氯化铁防水剂掺量（%）	养护温度（℃）	养护时间（d）	蒸汽加热		抗渗压力（MPa）
				温度（℃）	时间（h）	
3	0	25	3	—	—	0~0.1
4	3	25	3	—	—	>1.5
5	3	20	1d后脱模蒸养	60	4	>1.5
6	0	20	1d后脱模蒸养	100	4	0.1~0.2
7	3	20	1d后脱模蒸养	100	4	0.5

（2）自然养护时，浇灌8h后即用湿草袋覆盖，夏季还应提前覆盖。24h后应定期浇水养护14d，前7d要使混凝土保持潮湿状态。

（3）冬季施工氯化铁防水混凝土时，因温度低，应采用硅酸盐水泥。为了加速凝固，可将氯化铁防水剂掺量适当提高，但不宜大于5%。施工完毕后，要特别注意加强养护。

二、加气剂防水混凝土

根据《混凝土外加剂》（GB 8076—1997）和《混凝土外加剂应用技术规范》（GB 50119—2003），加气剂防水混凝土是在普通混凝土中掺入微量加气剂配制而成。是依靠一定数量和结构特征的密闭气泡而使它在凝结前具有良好的和易性，在硬化后具有良好的抗渗性、抗冻性和耐久性，且技术经济效果较佳，国内外应用也较普遍。

在我国，常用的加气剂有松香酸钠和松香热聚物（统称松香皂），此外还有烷基磺酸钠及烷基苯磺酸钠等。

（一）加气剂防水机理

加气剂是一种表面活性物质，具有憎水作用。在混凝土中掺入后，可以显著降低拌和物的表面张力，搅拌后会产生大量微小而均匀的气泡。这些产生的气泡具有下列一些作用：

（1）使拌合物中骨料颗粒之间的接触点大大减少，降低体系的摩擦力，大大地改善混凝土拌合物的和易性。

（2）使沉降阻力增加，起阻隔作用。减少了由于沉降作用引起的混凝土不均匀缺陷、骨料周围粘结不良和沉降孔隙。

（3）提高了水泥的保水能力，使拌合物的泌水大为减少。

（4）由于这些微细、封闭、互不连通的气泡的阻隔，使混凝土拌合物中自由水的蒸发路线变得曲折、细小、分散，因而改变了毛细管的数量和特性，减少了混凝土的渗水通路。

（5）使水泥颗粒憎水化，从而也使混凝土中的毛细管壁憎水化，这就阻碍了混凝土的吸水和渗水作用。

气泡的上述作用，都有利于提高混凝土的密实度和抗渗性。

（二）影响混凝土性能的因素

影响加气剂防水混凝土性能的因素一般分为两类：一类是原材料方面的因素；另一类是工艺方面的因素。这些因素大多数是通过影响含气量而影响混凝土性能的。

1. 加气剂掺量

混凝土混合物的含气量，是影响加气剂防水混凝土质量的决定性因素，而含气量的多少又主要取决于加气剂的掺量。当加气剂掺量适宜时，混凝土内气泡比较细少、均匀，混凝土的结构也就比较匀质。加气剂掺量对混凝土抗渗性的影响见表29-55。

加气剂掺量对混凝土抗渗性的影响　　表29-55

松香酸钠掺量（$\times 10^{-4}$）	含气量（%）	吸水率（%）	抗渗压力（MPa）	透水高度（cm）
0	1.0	10.1	1.4	—
1.0	4.5	9.1	>2.2	11.5
3.0	5.5	9.3	>2.2	12.0
5.0	6.5	9.2	>2.2	12.5
10.0	8.0	9.7	1.8	—

注：水泥用量为280kg/m^3，混凝土水灰比为0.55。

在水泥用量较低的素防水混凝土（即普通防水混凝土）中掺入加气剂可显著改善拌合物的和易性，增加密实性和抗渗性，这是其他外加剂所无法比拟的。加气剂防水混凝土内的无数微细气泡，增大了砂粒间距，使固体粒子间的摩擦大为减少，混凝土的粘滞性明显增加，施工时便于浇灌，易于振捣，因此加气剂防水混凝土的水泥用量一般低于普通防水混凝土，每1m^{3}混凝土约少20kg左右。加气剂的这种塑化效应，在低水泥用量的混凝土中尤为突出。

以提高抗渗性、改善混凝土内部结构及保持应有的混凝土强度出发，加气剂的掺量以获得3%～6%的含气量为宜，也即是松香酸钠的掺量应为0.01%～0.03%，松香热聚物的掺量约为0.01%。

2. 水灰比

加气剂防水混凝土气泡的生成与混凝土拌合物的稠度有关，而拌和物的稠度又取决于水灰比。水灰比较高时，拌合物的稠度小，有利于气泡的生成，含气量也会提高。因此，水灰比不仅决定着混凝土内部毛细管的数量和大小，而且也影响着气泡的数量和质量，对加气剂防水混凝土抗渗性的影响也是比较显著的。

水灰比在某一适宜范围内，混凝土可获得适宜的含气量和较高的抗渗性。为了保证混凝土的抗渗性和强度，同时又使含气量不超过6%，加气剂掺量要适宜。加气剂掺量与水灰比关系见表29-56。

加气剂掺量与水灰比关系　　表29-56

水灰比	0.50	0.55	0.60
加气剂掺量（$\times 10^{-4}$）	1～5	0.5～3	0.5～1

根据冶金部建筑研究总院试验资料和大量工程统计，加气剂防水混凝土水灰比最大不得超过0.65，以0.50～0.60为宜。加气剂防水混凝土水灰比与抗渗性的关系见表29-57。

加气剂防水混凝土水灰比选用表　　表29-57

水灰比	0.40～0.50	0.55	0.60	0.65	备注
抗渗等级	≥P12	≥P8	≥P6	≥P4	此表可供选择施工配合比时参考

3. 灰砂比

灰砂比直接影响混凝土的粘滞性。水泥所占比例越大，混凝土的粘滞性越大，含气量越少，为了获得一定的含气量就需要增加加气剂的掺量。反之，砂子比例大，就应减少加气剂掺量。

4. 砂的细度

砂的粒径影响气泡的大小。试验证明，砂子愈细，气泡愈细小均匀，对混凝土抗渗性较为有利；采用中砂，混凝土物理力学性能较好；砂子愈粗，气泡愈大，混凝土结构不均匀，抗渗性较差（表 29-58）。但采用细砂需增加水泥用量和用水量，收缩也相应增大。因此，建议在工程中因地制宜，可采用中砂或细砂。特别是采用细度模数在 2.6 左右的砂为好。

砂的粒径对混凝土抗渗性的影响 **表 29-58**

砂子特性		坍落度 (mm)	含气量 (%)	拌合物堆密度 (kg/m^3)	抗渗压力 (MPa)
中砂:细砂	细度模数 M_x				
100:0	2.88	90	9.1	2300	0.6
50:50	2.335	95	7.35	2320	0.8
0:100	1.79	87	7.1	2360	1.0

注：水灰比 = 0.55；水泥用量 = 280kg/m³；砂率 = 28%；加气剂掺量 = 0.5%。

5. 搅拌时间

搅拌时间对混凝土的含气量有明显的影响。一般是含气量先随着搅拌时间的增加而增加，待搅拌 2～3min 时含气量达到最大值，如继续搅拌，则含气量开始下降。

合适的搅拌时间应通过试验确定，一般较普通混凝土搅拌时间为长，约为 2～3min。

6. 养护工艺

养护工艺对于加强加气剂防水混凝土的抗渗性影响很大，要求在一定的温度和湿度下养护（表 27-59）。低温养护对加气剂防水混凝土尤其不利，因为加气剂吸附于水泥颗粒表面，妨碍水泥的水化作用，所以冬季施工需特别注意。

养护湿度越高，对提高加气剂防水混凝土的抗渗性越有利。如在合适温度的水中养护，则其抗渗性最好。养护湿度对加气剂防水混凝土抗掺性能的影响见表 29-59。

养护条件对混凝土抗渗性的影响 **表 29-59**

养护条件		含气量 (%)	抗压强度 f_{c28} (MPa)	抗渗压力 (MPa)	渗水高度 (cm)	水灰比 $\left(\frac{W}{C}\right)$
湿度	自然养护	4.1	27.9	0	全透	0.49
	标准养护	4.1	30.9	1.4	4～5	0.49
	水中养护	4.1	35.0	1.6	2～3	0.49
温度（℃）	8	8.4	16.2	0.2	—	0.53
	18	8.6	23.0	0.8	—	0.53
	40	7.5	22.9	>1.4	—	0.53

7. 振捣工艺

各种方式的振捣工艺，都会降低混凝土的含气量。振捣时间愈长，含气量损失愈大。为了保证混凝土有一定的含气量，振动时间不宜过长。用插入式内部振动器时，一般不宜超过 20s。用高频率低振幅振动器捣实效果较好，气泡直径小而均匀，混凝土强度较高，抗渗性能也好。

（三）混凝土的物理力学性能

1. 抗渗性

在混凝土中，只有因沉降和泌水造成的缝隙和大毛细孔，以及养护时游离水蒸发造成的大毛细孔，才影响其抗渗性。而加气剂能改善拌合物的和易性，减少沉降和泌水，因而使渗水渠道大为减少。加气剂防水混凝土中的微小气泡是封闭的，由于气泡的存在影响了毛细管的形成和发展，从而有助于减少混凝土的孔隙。再由于毛细管网憎水等因素，因而加气剂防水混凝土的抗渗等级较高。

2. 抗冻性

加气剂能提高混凝土的抗冻性，一般松香皂加气剂防水混凝土的抗冻性可比普通混凝土高3~4倍，见表29-60。其原因是加气剂防水混凝土具有较好的抗渗性，水难以渗入，也相应地减轻了混凝土的冻害。同时，加气剂在混凝土中形成无数微小封闭气泡，增加了混凝土的变形能力，当水渗入混凝土结冰产生体积膨胀时，附近的气泡能吸收和消除混凝土的内应力，保护混凝土不受损坏。

加气剂防水混凝土的抗冻性　　表29-60

水灰比 $\left(\frac{W}{C}\right)$	水泥胶结材料		加气剂掺量（$\times10^{-4}$）	抗压强度 f_{c28}（MPa）	冻融150次循环强度损失（%）
	品　种	用　量（kg/m³）			
0.50	42.5级抗硫酸盐水泥	312	0.5	19.0	4
0.47	42.5级普通硫酸盐水泥	345	0.75	30.4	0
0.47	42.5级矿渣硅酸盐水泥	357	0.75	35.7	0

增加混凝土的水泥用量和减少水灰比，能有效地提高抗冻性。因此，对抗冻性要求较高的工程，应采用低水灰比（0.40~0.45）和足够的水泥用量（320~400kg/m³）。

3. 抗压强度

加气剂防水混凝土早期抗压强度较低，后期强度有与普通混凝土接近的趋势。早期强度较低，是因加气剂的定向吸附薄膜削弱了水泥的水化作用。到后期，水化晶体的生长逐渐突破了吸附膜，而使强度增长正常。加气剂防水混凝土强度增长速率见表29-61。

加气剂防水混凝土强度增长速率　　表29-61

含　气　率（%）	不同龄期混凝土强度相对值（%）			
	3d	7d	28d	90d
—	37.8	57.6	100	119.7
3	34.8	57.0	100	122.5
5	32.8	55.9	100	124.7
7	31.3	53.9	100	125.6

一般情况下，加气剂防水混凝土的含气量每增加1%，28d强度下降3%~5%；但掺加气剂能改善拌合物的和易性，在保持和易性不变的情况下可相应地减少用水量，从而减少强度损失。

4. 弹性模量

掺入加气剂后，混凝土的弹性模量有所降低（表29-62）。一般含气量每增加1%，弹性模量约降低3%。这是因为混凝土微小气泡的存在，使加气剂防水混凝土受力后变形有所增大之故。弹性模量降低，对预应力结构则将加大应力损失。

加气剂防水混凝土静力弹性模量　　表 29-62

含气量（%）	抗压强度 f_{C28}（MPa）	棱柱强度 f_P（MPa）	静力弹性模量	
			（$\times10^4$MPa）	（%）
—	25.8	24.0	3.13	100
3.5	21.9	15.0	2.89	92.5
10	18.4	13.2	2.53	81.8

总之，从以上性能分析可见，加气剂防水混凝土适用于抗渗、抗冻要求较高的防水混凝土工程，特别适用于处于恶劣自然环境的工程。

（四）加气剂的配制

1. 松香酸钠的配制方法

松香酸钠加气剂是用低级松香或氧化树脂酸和氢氧化钠溶液加热反应配制而成。其配制方法如下：

（1）将松香熔融至冒青烟（约 200℃）呈深棕色备用，或将熔融的松香冷却后粉碎备用。若采用氧化树脂酸，可以直接粉碎使用。

（2）配制氢氧化钠溶液，其浓度应根据松香的皂化系数确定。皂化系数是指中和 1g 松香所需氢氧化钠的毫克数。一般松香的皂化系数为 160～180，可取 180 为宜。

制备 1L 氢氧化钠溶液所需要的氢氧化钠质量可按下式计算：

$$a = 100k\frac{B}{C}$$

式中　a——氢氧化钠质量（g）；

B——松香皂化系数；

C——氢氧化钠纯度；

k——比例系数$\left(\frac{\text{NaOH 当量}}{\text{KOH 当量}}=\frac{40.0}{56.1}=0.71\right)$。

（3）在工地可将氢氧化钠配制成比密度为 1.125～1.160g/cm³ 的溶液备用。1kg 松香需要 1kg 氢氧化钠溶液。

（4）将氢氧化钠溶液煮沸，边搅拌边徐徐加入松香粉或熔融的松香。全部松香加完后，再继续熬煮 30min 以上。

（5）熬制的松香酸钠取出少量以水稀释。稀释至外观澄清透明，无混浊物及沉淀物，即为皂化完全。也可将松香酸钠加温水稀释至一定浓度，贮存备用。

2. 松香热聚物的配制方法

松香热聚物是用硫酸和石碳酸将松香聚合，再用氢氧化钠中和而制成的。粉碎的松香应通过 0.6mm 筛孔，石碳酸、硫酸和氢氧化钠均用工业品。其配制方法如下：

（1）配制 100g 热聚物松香酸钠的比例见表 29-63。

热聚物松香酸钠配合比　　表 29-63

材料名称	松香	石碳酸	硫酸	氢氧化钠
配合比例	70g	35g	2mL	4g

（2）将松香粉、石碳酸和硫酸按比例投入大烧瓶中，用搅拌器加以搅拌，并安装冷凝器和温度计，徐徐加热，不断搅拌，控制温度 70～80℃，加热 5～6h。

(3) 暂停加热，将氢氧化钠溶液按比例加入，继续加热 2h，控制温度接近而不超过100℃。

(4) 停止加热，静置片刻，趁热倒入贮器中，即制成胶状的松香热聚物成品，并应放于阴凉处。

拌合混凝土使用的加气剂溶液配比如下：

NaOH:加气剂:热水 = 1:5:150，热水温度 70～80℃。

(五) 加气剂防水混凝土的配制与施工

1. 配制技术要求

加气剂防水混凝土的配制技术要求见表 29-64。

加气剂防水混凝土配制技术要求 **表 29-64**

项　目	技　术　要　求
加气剂掺量	以使混凝土获得 3%～6%的含气量为宜，松香酸钠掺量约为 0.01～0.03，松香热聚物掺量约为 0.01
含　气　量	以 3%～6%为宜，此时拌合物堆密度降低不得超过 6%，混凝土强度降低值不得超过 25%
坍　落　度	30～50mm
水泥用量 (kg/m^3)	≮250，一般为 280～300kg/m^3，当耐久性要求较高时，可适当增加用量
水灰比 $\left(\frac{W}{C}\right)$	≯0.65，以 0.50～0.60 为宜，当抗冻耐久性要求较高时，可适当降低
砂　率	28%～35%
灰砂比 $\left(\frac{C}{S}\right)$	1:2.0～1:2.5
砂石级配	10～20:20～40 = 30:70～70:30

2. 配制要点

根据试验和施工实践经验，加气剂防水混凝土配制应注意以下几点：

(1) 加气剂掺量：以使混凝土获得 3%～6%的含气量为宜，此时加气剂的掺量为：

① 松香酸钠加气剂掺量为水泥质量 0.03%，掺入后搅拌均匀，再加入 0.075%（占水泥质量）的氯化钙。

② 松香热聚物加气剂的掺量为水泥质量的 0.005%～0.015%。要求拌合物的堆密度降低不超过 6%，混凝土强度降低不超过 25%。

(2) 水灰比与水泥用量：水灰比宜在 0.50～0.60 之间，不得超过 0.65，参考表 29-57。用于大坝等水工混凝土的水泥用量最少不得低于 250kg/m^3，一般防水工程的水泥用量最少不得低于 280kg/m^3，宜为 280～300kg/m^3。当抗冻性要求比较高时，还应适当提高水泥用量。

(3) 砂率：以 28%～35%为宜，砂宜采用中砂或细砂。用细砂，可获得细小、均匀的气泡，对混凝土的抗渗性较为有利；而用中砂，混凝土的物理力学性能较好。工程实践表明，砂子的细度模量在 2.6 左右时，混凝土可获得较好的和易性，较高的抗压强度、抗渗性和抗冻性，干缩性也较小。

(4) 砂石级配和坍落度：要求基本同普通混凝土。

3. 参考配合比

加气剂防水混凝土参考配合比见表29-65。

加气剂防水混凝土参考配合比 表29-65

养护条件		水灰比 $\left(\frac{W}{C}\right)$	配合比 水泥:砂:石	含气量（%）	坍落度（mm）	抗压强度（MPa）	抗渗强度（MPa）	抗渗等级
温度（℃）	5	—	1:2.05:3.80	8.4	60	16.2	0.2	P2
	8	0.53		8.6	80	23.0	0.8	P8
	14	—		7.5	120	22.9	>1.4	P14
湿度	自然养护	—	1:1.91:3.60	4.1	—	27.9	0	P0
	标准养护	0.49		4.1	—	30.9	1.4	P14
	水中养护	—		4.1	—	35.0	1.6	P16

4．施工要点

（1）加气剂防水混凝土宜用机械搅拌。搅拌时首先将砂、石、水泥倒入混凝土搅拌机。加气剂则应预先加入混凝土拌合水中混拌均匀后再加入搅拌机内。加气剂不得直接加入搅拌机，以免气泡集中而影响混凝土质量。

（2）搅拌过程中应按规定检查拌合物的和易性（坍落度）和含气量，使其严格控制在规定的范围内。

（3）宜采用高频振捣器振捣，以排除大气泡，保证混凝土的抗冻性。

（4）养护条件对加气剂防水混凝土的抗渗性有很大的影响（表29-65），尤其是低温养护影响更甚，因此冬季施工应特别注意。湿度对混凝土的抗渗性也有很大影响。湿度越高，对提高防水混凝土的抗渗性越有利。在适宜温度的水中养护，可使混凝土获得良好的抗渗性。

三、减水剂防水混凝土

根据《混凝土外加剂》（GB 8076—1997）和《混凝土外加剂应用技术规范》（GB 50119—2003），凡是以各种减水剂拌制的、以提高抗渗性为目的的防水混凝土，统称减水剂防水混凝土。目前用于配制防水混凝土的减水剂主要有：NNO（亚甲基二萘磺酸钠）、MF（次甲基甲基萘磺酸钠）、木质素磺酸钙（木钙）和糖蜜等，见表29-66。

防水混凝土常用的几种减水剂 表29-66

种类		优点	缺点	适用范围
木质素磺酸钙		①有增塑引气作用，提高抗渗性能最为显著 ②有缓凝作用，可推迟水化热峰出现 ③可减水10%～20%，或增强10%～20% ④价格低廉，货源充足	①分散作用不及NNO、MF、JN等高效减水剂 ②温度较低时强度发展缓慢，须与早强剂气合使用	一般防水工程均可使用，更适用于大坝，大型设备基础等大体积混凝土工程，最适宜夏季施工
多环芳香族磺酸钠盐	NNO MF JN FDN UNF	①均为高效减水剂，减水12%～20%，增强15%～30% ②可显著改善和易性，提高抗渗性 ③MF、JN有引气作用，抗冻性、抗渗性较NNO好 ④JN价格最低，为NNO的40%	①货源少，价格较贵 ②生成的气泡较大，需用高频振动器排除气泡以保证混凝土质量	防水混凝土工程均可使用，气温低时使用更为适宜

续表

种　类	优　点	缺　点	适 用 范 围
糖　蜜	①分散作用及其他性能均同木钙 ②掺量少，经济效果显著	由于可从中提取酒精、丙酮等，故货源日趋减少	宜于就地取材配制防水混凝土

（一）减水剂防水机理

混凝土掺入减水剂后，能提高抗渗性和具备防水能力。究其原因如下：

(1) 在混凝土中掺入减水剂后，由于减水剂的吸附——扩散作用，得以将水泥凝聚体中所包裹的游离水释放出来，显著地改善了混凝土的施工和易性。因此，在满足一定和易性要求时，可以减少拌合水用量，从而减少混凝土游离水的数量和减少水分蒸发后留下的毛细孔体积，提高了混凝土的密实性。

(2) 减水剂溶于水后离解为阴离子和金属阳离子，阴离子吸附于水泥颗粒表面，使之带负电荷而互相排斥，因而使水泥颗粒彼此分离，分布均匀，从而改变了混凝土中孔结构的分布情况，使孔径及总孔隙率显著减少。

(3) 掺入加气型减水剂（MF、木质素磺酸钙），犹如掺入加气剂，使混凝土中产生封闭的气泡，从而降低泌水率，有利于提高混凝土的抗掺性。

（二）对混凝土拌合物性能的影响

1. 改善和易性

由于减水剂对水泥有高度扩散作用而明显地改善了混凝土的和易性。在配合比不变的条件下，掺入减水剂可使混凝土坍落度明显增大，增大值随减水剂的品种、掺量、水泥品种、用量及用水量不同而异。一般 NNO、MF、JN、FDN、UNF 等高效减水剂的扩散效果较好，加入后混凝土坍落度可增大 10~15cm，加入木钙及糖蜜后约增大 8~10cm。这对用于钢筋稠密的薄壁防水混凝土构筑物极为有利，既改善了混凝土的施工和易性，又保证了混凝土的抗渗性和工程质量。坍落度增大值还与原始（即不掺减水剂）混凝土坍落度有关，干硬性混凝土及大坍落度（>100mm），混凝土的坍落度增大幅度均不明显，而低流动性混凝土效果极为显著。

由于减水剂能增大混凝土的流动性，故掺有减水剂的防水混凝土，其最大施工坍落度可不受 50mm 的限制，但也不宜过大，以 50~100mm 为宜。

2. 降低泌水率

混凝土拌合物的泌水性，对硬化后混凝土的抗渗性有很大影响。不同品种的减水剂均有降低泌水率的良好效果，参见表 29-67。

减水剂防水混凝土的泌水率　　表 29-67

减水剂		混凝土配合比	水灰比	坍落度	泌水率	泌水率比	水泥强度等级和品种
品种	掺量（%）	水泥:砂:石子	$\left(\frac{W}{C}\right)$	(cm)	(%)	(%)	
—	0	1:1.85:3.29	0.51	0	4.87	0	32.5 级矿渣硅酸盐水泥
NNO	0.5	1:1.85:3.29	0.51	3.5	3.81	78	
MF	0.5	1:1.85:3.29	0.51	16.5	2.05	42	
木　钙	0.26	1:1.85:3.29	0.51	3.5	1.17	24	

续表

减水剂		混凝土配合比	水灰比 $\left(\frac{W}{C}\right)$	坍落度（cm）	泌水率（%）	泌水率比（%）	水泥强度等级和品种
品种	掺量（%）	水泥:砂:石子					
—	0	1:2.16:4.38	0.626	2.2	10.5	100	42.5级普通硅酸盐水泥
JN	0.5	1:2.16:4.38	0.626	12.0	2.0	19	
NNO	0.5	1:2.16:4.38	0.626	11.0	2.5	24	

注：泌水率 $=\frac{\text{混凝土析出水量}}{\text{混凝土拌合物用水量}}\times 100\%$；泌水率比 $=\frac{\text{加减水剂混凝土泌水率}}{\text{未加减水剂混凝土泌水率}}\times 100\%$。

3. 提高抗渗性

减水剂配制的混凝土，由于降低了拌合水用量，因此改善了和易性和大幅度降低泌水率，从而游离水的数量远比一般混凝土少，硬化混凝土中孔结构的形状和特征得到改善，孔径缩小，孔隙率明显减小，水泥石结构致密，抗渗性显著提高。当坍落度相同时，混凝土抗渗性提高1倍以上。减水剂对混凝土的抗渗性见表29-68。

减水剂防水混凝土的抗渗性　　表29-68

减水剂		水泥胶结材料		水灰比 $\left(\frac{W}{C}\right)$	坍落度（cm）	抗渗性	
品种	掺量（%）	强度等级及品种	用量（kg/m³）			等级	渗透高度（cm）
—	0	42.5级普通硅酸盐水泥	300	0.60	1～3	P8	全透
NNO	1		264	0.60	1～3	P15	全透
—	0	42.5级矿渣硅酸盐水泥	380	0.54	5.2	P6	全透
木钙	0.25		380	0.48	5.6	P30	全透
—	0	42.5级矿渣硅酸盐水泥	350	0.57	3.5	P8	全透
MF	0.5		350	0.49	8.0	P10	全透
木钙	0.25		350	0.51	3.5	＞P20	10.5
—	0	32.5级矿渣硅酸盐水泥	300	0.626	1.0	P8	＜全透
JN	0.5		300	0.550	1.3	＞P20	3.2

掺入减水剂后，抗渗性提高首先依靠减少用水量，其次是含气量的提高同时亦起了辅助作用。因此，掺木钙和MF的抗渗性较掺NNO为好，虽然NNO为高效减水剂。

4. 降低温峰和推迟热峰出现

由于大体积混凝土中的水泥水化热过高以及温度叠加作用，而使混凝土内温升过快，冷却过程中又由于温差大而引起开裂。减水剂的掺入，可使水泥水化热峰推迟出现，尤以缓凝型减水剂更为明显，见表29-69。这就使得混凝土在出现降温时已具有一定的抗拉强度抵抗温度应力，可减少或避免裂缝出现。由此看来，就能在少用甚至不用伸缩缝的条件下保证混凝土的防水效果。

各种减水剂降低水化热效果　　表29-69

水泥等级及品种	外加剂		水化热（J）			放热峰	
	品种	掺量（%）	1d	3d	7d	出现时间（h）	出现温度（℃）
广州五羊牌42.5级普通硅酸盐水泥	—	0	123	190	239	14	7.5
	纸浆废液	0.20	95	186	240	22	6.4
	NNO	0.75	105	179	219	19	7.4
中国水泥厂生产的42.5级普通硅酸盐水泥	—	0	129	196	234	—	—
	木钙	0.25	73	181	235	—	—

续表

水泥等级及品种	外加剂		水化热（J）			放热峰	
	品种	掺量（%）	1d	3d	7d	出现时间（h）	出现温度（℃）
大同水泥厂生产的42.5级普通硅酸盐水泥	—	0	178	244	224	17.5	33.1
	MF	0.50	165	206	221	19.5	32.4

5. 抗冻性较好

试验证明，减水剂防水混凝土的抗冻性，一般皆优于不掺外加剂的混凝土。

为提高混凝土的抗冻性，过去一直习用加气剂。但随着减水剂的出现，现在往往在掺入加气剂的同时也可掺入减水剂。事实证明，加气剂与减水剂复合使用，可增加气泡数量，减少气泡间歇系数，从而发挥了气泡对混凝土结冰冻胀时的缓冲作用，提高了混凝土的抗冻性能。

6. 抗压强度有较大幅度提高

减水剂具有减少拌合用水量的效应，因而不但可能提高混凝土的抗渗性，同时也能大幅度地提高混凝土的强度。

此外，掺减水剂后对混凝土的抗拉强度、弹性模量、钢筋握固力等均无不利影响，且有一定程度的提高。

（三）减水剂选择

（1）NNO减水剂是一种高效分散剂。其掺量为0.5%～1.0%，减水率为12%～20%，增加强度15%～20%（指f_{c28}），3d和7d强度增加明显，可使混凝土的抗渗性能提高1倍以上。

（2）MF、JN减水剂是一种兼有加气作用的高效能分散剂，掺量为0.25%～1.0%，其减水和增强作用不亚于NNO，而且提高抗渗性和抗冻性的效果均较NNO为佳。使用时应用高频振动器排出大气泡。

（3）木钙减水剂也兼有加气作用，掺量为0.2%～0.3%，其分散作用不及MF和NNO，一般可减水10%～15%，增强10%～20%，对抗渗性能的提高最突出，具有缓凝作用，宜于夏季施工。其缺点是当温度较低时，强度发展缓慢，需与早强剂复合使用。木钙成本较低，材料来源广泛，国外应用较广。

（四）混凝土配制要点

减水剂防水混凝土的配制除应遵循普通防水混凝土的一般规定外，还应满足以下技术要求。

（1）根据工程需要调节水灰比。当工程需要混凝土坍落度较大（8～10cm）时，可不减少或稍减少拌合水用量。当要求与普通防水混凝土相近的坍落度（3～5cm）时，可大大减少拌和用水量，并随之可获得良好的抗渗性和其他物理力学性能。

（2）选择最佳减水剂掺量。减水剂的适宜掺量见表29-70。

（3）减水剂一般先溶在水里，将水溶液加入拌合物中再搅拌均匀。配制减水剂防水混凝土要求用机械搅拌为宜。

四、三乙醇胺防水混凝土

三乙醇胺防水混凝土是在混凝土中随拌合水掺入一定量的三乙醇胺早强防水剂配制而

不同减水剂的适宜掺量　　表 29-70

种　　类	适宜掺量（%）	备　　　注
木钙、糖蜜	0.2～0.3	掺量不应大于0.3%，否则将影响混凝土强度增长及过分缓凝
NNO、MF	0.5～1	在此范围内仅稍增加混凝土造价，而对混凝土其他性能无大影响
JN	0.5	

成的。三乙醇胺可提高混凝土的抗渗性，并且有早强和增强作用，特别适用于有早强要求的防水混凝土工程，如水塔、蓄水池、地下室、泵房、设备基础、地坑和电缆沟等，并取得良好的技术经济效果。

（一）防水机理

（1）三乙醇胺具有催化作用。在混凝土拌合物中掺入微量时，可加速水泥的水化，使水泥在早期就生成较多的水化产物，夺取较多的水与其结合，相应地减少游离水，也就减少了由于游离水蒸发而遗留下来的毛细孔，从而提高了混凝土的密实度，进而提高抗渗性。

（2）如果三乙醇胺与氯化钠（NaCl）、亚硝酸钠（$NaNO_2$）复合使用时，氯化钠和亚硝酸钠等无机盐在水泥水化过程中能分别生成氯铝酸盐和亚硝酸铝酸盐络合物，这些络合物的生成发生体积膨胀，可以堵塞混凝土内部的孔隙和切断毛细管通路，增大混凝土的密实度。

（二）影响混凝土抗渗性的因素

1. 砂率

试验证明，当水泥用量较高时，砂率对抗渗性的影响不大。随着水泥用量降低，砂率对抗渗性能的影响较为显著。因此，混凝土中的砂率，必须随着水泥用量的减少而相应地增加，以保证混凝土有足够的砂浆数量，提高混凝土的抗渗性能。当水泥用量为280～300kg/m^{3}时，砂率宜为40%左右。三乙醇胺防水混凝土的砂率选择见表29-71。

砂率选用值参考表　　表 29-71

序号	质量配合比	水灰比	水泥用量	砂　率	坍落度	早强防水剂参量（%）		抗压强度	抗渗压力	抗渗等级
	水泥:砂:石子	$\left(\frac{W}{C}\right)$	(kg/m^3)	(%)	(cm)	$C_6H_{75}O_3H$	NaCl	(MPa)	(MPa)	
1	1:1.84:4.07	0.58	320	31	2.0	0.05	0.5	28.2	2.2	P22
2	1:2.12:3.80	0.58	320	36	2.5	0.05	0.5	27.6	2.2	P22
3	1:2.40:3.62	0.58	320	41	1.7	0.05	0.5	21.6	2.4	P24
4	1:2.00:4.38	0.62	300	31	4.0	0.05	0.5	21.6	0.6	P6
5	1:2.30:4.08	0.62	300	36	3.0	0.05	0.5	23.9	1.2	P12
6	1:2.60:3.80	0.62	300	41	1.6	0.05	0.5	26.1	2.2	P22
7	1:2.50:4.41	0.66	280	36	3.4	0.05	0.5	24.7	0.4	P4
8	1:2.82:4.09	0.66	280	41	1.5	0.05	0.5	24.0	1.8	P18

普通防水混凝土的灰砂比限制为1:2.5，而三乙醇胺防水混凝土的灰砂比可以小于此限制。

2. 水泥品种和用量

三乙醇胺防水混凝土的水泥品种适应性较好，矿渣硅酸盐水泥掺入三乙醇胺早强防水剂后，可以改善水泥的泌水性和黏滞性，较显著地提高抗渗性，因而可以和普通硅酸盐水泥一样用在防水工程上。

如表29-72所列，水泥用量是影响混凝土各项性能指标的一个重要因素。水泥用量不足，将会影响混凝土的和易性、密实性、抗渗性和耐久性。水泥用量过多，除浪费外，还会使混凝土收缩增大，易出现干缩裂缝。

水泥用量对三乙醇胺防水混凝土抗渗性影响　　表29-72

序号	配合比 水泥:砂:石	水灰比	水泥用量 (kg/m^3)	砂率 (%)	早强防水剂(%)		抗压强度 (MPa)	抗渗压力 (MPa)
					三乙醇胺	氯化钠		
1	1:2.40:3.62	0.58	320	41	0.05	0.5	26.6	2.4
2	1:2.60:3.30	0.62	300	41	0.05	0.5	26.1	2.5
3	1:2.82:4.09	0.66	280	41	0.05	0.5	24.0	1.8
4	1:3.08:4.46	0.69	260	41	0.05	0.5	25.4	1.8

对于三乙醇胺防水混凝土，当设计抗渗压力为0.8~1.2MPa时，水泥用量可为280~300kg/m^3。

3. 石子级配

对石子级配无特殊要求，只要在一定水泥用量范围内并保证有足够的砂率，无论采用那一种级配的石子，都可以使混凝土有良好的密实度和抗渗性（表29-73）。

不同石子级配下三乙醇胺防水混凝土的抗渗性　　表29-73

序号	水泥品种	水灰比	水泥用量 (kg/m^3)	砂率 (%)	三乙醇胺 (%)	抗渗压力 (MPa)	不同粒级含量(%)			
							5~15 (mm)	5~25 (mm)	20~40 (mm)	5~40 (mm)
1	42.5级矿渣硅酸盐水泥	0.62	300	40	—	0.6	—	—	100	
2		0.62	300	40	0.05	2.4	—	—	100	
3	42.5级普通硅酸盐水泥	0.5	380	38	—	1.4	—	—	—	100
4	42.5级矿渣硅酸盐水泥	0.5	380	38	0.05	>3.0	—	—	—	100

4. 三乙醇胺对水泥的适应性

三乙醇胺早强剂对不同品种水泥的适应性较强，特别是能改善矿渣硅酸盐水泥的泌水性和黏滞性，明显地提高了其抗渗性。因此，对要求低水化热的防水工程，以使用矿渣硅酸盐水泥为好。

（三）物理力学特性

1. 优良的抗渗性

在混凝土中掺入单一的三乙醇胺或三乙醇胺与氯化钠复合剂，均可显著提高混凝土的抗渗性能，抗渗压力可提高3倍以上，见表29-74。

三乙醇胺防水混凝土的特性　　表29-74

序号	水泥强度等级及品种	质量配合比 水泥:砂:石子	水灰比	水泥用量 (kg/m^3)	早强防水剂掺量(%)		抗压强度 (MPa)	抗渗压力 (MPa)
					$C_6H_{15}O_3H$	NaCl		
1	52.5级普通硅酸盐水泥	1:1.60:2.93	0.46	400	—	—	35.1	1.2

续表

序号	水泥强度等级及品种	质量配合比 水泥:砂:石子	水灰比	水泥用量（kg/m³）	早强防水剂掺量（%） $C_6H_{15}O_3H$	 NaCl	抗压强度（MPa）	抗渗压力（MPa）
2	52.5 级普通硅酸盐水泥	1:1.60:2.93	0.46	400	0.05	0.5	46.1	>3.8
3	42.5 级矿渣硅酸盐水泥	1:2.66:3.80	0.60	342	—	—	27.4	0.7
4	42.5 级矿渣硅酸盐水泥	1:2.99:3.50	0.60	334	0.05	—	26.2	>3.5
5	42.5 级普通硅酸盐水泥	1:2.99:3.50	0.60	300	0.05	—	28.2	>2.0
6	42.5 级普通硅酸盐水泥	1:1.84:3.00	0.45	340	0.05	0.5	34.0	2.4
7	32.5 级矿渣硅酸盐水泥	1:2.10:4.08	0.55	309	0.05	0.5	22.5	—

2. 有明显的早强和增强效果

在混凝土中加入三乙醇胺早强防水剂，3d 龄期抗压强度比不掺者提高 60%左右，28d 龄期强度提高 15%以上，365d 强度仍在继续增长，见表 29-75。

三乙醇胺防水混凝土早强和增强效果　　**表 29-75**

序号	水泥强度等级及品种	早强防水剂（%） $C_6H_{15}O_3H$	 NaCl	 $NaNO_2$	混凝土抗压强度（MPa） 2d	 3d	 7d	 28d	f/f^0（%） $\frac{f_2}{f_2^0}$	 $\frac{f_2}{f_3^0}$	 $\frac{f_7}{f_7^0}$	 $\frac{f_{28}}{f_{28}^0}$
1	42.5 级普通硅酸盐水泥	—	—	—	9.6	13.0	20.6	31.6	100	100	100	100
2		0.05	0.5	—	15.7	19.9	27.1	36.8	162	153	131	116
3		—	—	—	7.4	9.5	—	27.6	100	100	—	100
4		0.05	0.5	1	12.4	16.2	24.4	32.0	167	167	—	116
5	32.5 级矿渣硅酸盐水泥	—	—	—	—	4.4	7.4	16.6	—	—	100	100
6		0.05	0.5	—	—	6.4	9.9	22.5	—	—	134	135
7		0.05	0.5	1	5.0	6.9	10.8	23.2	—	—	146	139

注：1. 采用配合比：水泥用量 309kg/m³，水灰比 0.55，水泥:砂:石 = 1:2.10:4.08。

2. f 表示掺三乙醇 胺早强防水剂的混凝土强度，f^0 表示不掺外加剂混凝土的强度。

3. 凝结时间快

由试验结果可知，单掺三乙醇胺时对凝结时间基本上无影响；复合掺加三乙醇胺和 NaCl 时，影响较大，但不影响正常施工。

4. 网筋锈蚀甚微

如表 29-76 和表 29-77 所列，单独在三乙醇胺早强防水剂的配方（Ⅰ号配方）中掺有氯化钠时，由于掺量较少，所以锈蚀甚微，且发展缓慢，只要按规定施工，一般是可以的。如同时掺入亚硝酸钠阻锈剂，则可抑制钢筋锈蚀。靠近高压电源和大型直流电源的防水工程的防水工程宜采用Ⅰ号配方早强防水剂，不得使用Ⅱ号和Ⅲ号配方。

5. 节约水泥用量

由于三乙醇胺早强防水剂对混凝土具有早强、增强和密实作用，因此它与其他几种防水混凝土相比，在具有相同抗渗性的情况下，其水泥用量较低。当水泥用量为 280kg/m³ 时，抗渗压力仍能达到 1.8MPa。但考虑到混凝土的耐久性要求和现场材料质量与施工水平波动等因素，每 1m³ 混凝土的水泥用量宜不少于 300kg。

其他方面，混凝土掺入三乙醇胺早强防水剂后，抗压、抗拉强度有所提高，对弹性模量和钢筋的粘结力影响不大，收缩值稍大于普通混凝土，所以应重视早期养护。

三乙醇胺防水混凝土钢筋锈蚀试验结果 表 29-76

序号	水泥品种及用量	配合比	水灰比 (W/C)	早强防水剂（%）			钢筋表面情况	养护时间（月）			
		水泥:砂:石		三乙醇胺	氯化钠	亚硝酸钠		1	3.	6	18
1	42.5级普通硅酸盐水泥（300kg/m^3）	1:2.52:3.80	0.65	—	—	—	车光钢筋表面光洁	不锈	不锈	不锈	不锈
2				0.05	0.5	—	车光钢筋表面光洁	—	—	不锈	不锈
3	42.5级普通硅酸盐水泥（309kg/m^3）	1:2.10:4.10	0.55	—	—	—	车光钢筋表面较粗糙	不锈	不锈	—	—
4				0.05	0.5	—	车光钢筋表面较粗糙	$\frac{2}{3}$有锈，占总面积0.04%	$\frac{1}{3}$有锈，占总面积0.026%	—	—
5				0.05	0.5	1	车光钢筋表面较粗糙	不锈	不锈	—	—
6	42.5级矿渣硅酸盐水泥	1:2.10:4.10		0.05	0.5	—	车光钢筋	—	—	不锈	不锈
7				0.05	0.5	1	车光钢筋	—	—	不锈	不锈
8	32.5级矿渣硅酸盐水泥（309kg/m^3）	1:2.10:4.10	0.55	—	—	—	车光钢筋表面较粗糙	不锈	不锈	—	—
9				0.05	0.5	—	车光钢筋表面较粗糙	3根全锈，占总面积0.08%	3根全锈，占总面积0.26%	—	—

三乙醇胺防水剂配方 表 29-77

型号	三乙醇胺（$C_6H_{15}O_3H$）	氯化钠（NaCl）	亚硝酸钠（$NaNO_2$）	备注
Ⅰ	0.05%	—	—	1. 百分数指水泥质量的百分数
Ⅱ	0.05%	0.5%	—	2. Ⅰ型配方适合夏季和常温施工
Ⅲ	0.05%	0.5%	1%	3. Ⅱ型、Ⅲ型配方适用于冬季施工

（四）三乙醇胺早强防水剂的配制

1. 原材料

三乙醇胺（$C_6H_{15}O_3H$）为橙黄色透明粘稠状的吸水性液体，无臭，不燃烧，呈碱性，pH值8～9，比密度为1.12～1.13g/cm^3，工业品纯度为70%～80%。三乙醇胺能吸收CO_2，而不随水蒸汽一同挥发，应避光保存，使用前应预先配好备用。

2. 配方

三乙醇胺早强防水剂配方有三种，具体见表29-77。

3. 防水剂的配制

配制100kg三乙醇胺防水剂材料用量见表29-78。

三乙醇胺防水剂参考材料用量 表 29-78

材料名称	Ⅰ型配方	Ⅱ型配方	Ⅲ型配方	备注
水（kg）	98.75/98.33	86.25/85.83	61.25/60.83	1. 表中分子为100%浓度三乙醇胺量
三乙醇胺（kg）	1.25/1.67	1.25/1.67	1.25/1.67	2. 表中分母为75%浓度三乙醇胺量
NaCl（kg）	—	1.25/1.25	1.25/1.25	
$NaNO_2$（kg）	—	—	25/25	

配制防水剂溶液时，按表中数据先将水放入容器中，再将其他材料放入水中，搅拌直至溶解，即成防水剂溶液。施工时，拌合混凝土，每 50kg 水泥随拌合水掺入 2kg 三乙醇胺防水剂溶液即可。

（五）混凝土配制要点

（1）严格按配方配制防水剂溶液，并应充分搅拌至完全溶解，防止氯化钠和亚硝酸钠溶解不充分，或三乙醇胺分布不匀而造成不良后果。

（2）不得将防水剂材料直接投入搅拌机中，致使拌合不均匀而影响混凝土质量。配好的防水剂应与拌合用水拌合均匀使用。

（3）靠近高压电源和大型直流电源的防水工程宜采用Ⅰ型配方来配制防水混凝土，不宜采用Ⅱ型或Ⅲ型配方。

第五节　膨胀水泥防水混凝土

以膨胀水泥为胶结材料配制的防水混凝土，称为膨胀水泥防水混凝土。它是依靠水泥本身在水化硬化过程中形成大量体积增大的结晶体（如钙矾石、氢氧化钙）并产生一定膨胀能，来减少或消除混凝土的体积收缩，提高混凝土的抗裂性，从而提高混凝土的防水能力的。这是一种从内因解决混凝土抗渗性的新途径。

一、膨胀水泥及其膨胀机理

（一）膨胀水泥及膨胀剂

膨胀水泥又称不透水水泥，我国始用于上世纪 60 年代，多用于配制管道接缝砂浆，上世纪 70 年代开始用于制作补偿收缩混凝土。90 年代在地下工程、轻油储罐、结构接头和接缝以及屋面防水工程中应用也取得初步成效。

1. 硫铝酸钙型

在水泥中加入下列任何一种膨胀组分：①高铝水泥 + 石膏；②明矾石 + 石膏；③无水硫铝酸钙熟料等任一种膨胀组分，则在水化过程中均能形成水化硫铝酸钙（$3CaO \cdot Al_2O_3 \cdot 3CaSO_4 \cdot 32H_2O$），又名钙矾石，其固相体积可增加 1.22 ~ 1.75 倍，从而使水泥石中的孔隙填满和堵塞，切断毛细管与其他孔隙的联系。我国试制成功和正式生产的石膏高铝膨胀水泥、硅酸盐膨胀水泥、明矾石膨胀水泥和硫铝酸钙水泥都属于这一类型水泥。

2. 氧化钙型

在硅酸盐水泥中加入 3% ~ 10% 过烧（1250 ~ 1350℃）的石灰石或加入生石灰与含有机酸的抑制剂共同混磨可配制成这一类型水泥。氧化钙（CaO）与水作用生成氢氧化钙［$Ca(OH)_2$］，其固相体积比氧化钙增加 0.98 倍。我国生产的浇筑水泥及脂膜石灰膨胀剂均属此类。

3. 氧化镁型

在硅酸盐水泥中加入 5% ~ 9% 的经 800 ~ 900℃ 高温煅烧的菱镁矿或白云石，共同粉磨即成镁质膨胀水泥。氧化镁（MgO）在水化时形成氢氧化镁［$Mg(OH)_2$］，其固相体积膨胀 0.94 ~ 1.24 倍。

4. 铁型

用铁粉和氧化铁直接或预先拌制成外加剂加入硅酸盐水泥中即可制成铁系膨胀水泥。

铁氧化生成氧化铁（Fe_2O_3、FeO 和 Fe_3O_4）而增大体积，使混凝土结构致密。

5. 铝型

这种类型的水泥是在普通硅酸盐水泥中加入微量铝粉和分散剂而制成的。铝粉与水反应生成[$Al(OH)_3$]，同时产生氢气（H_2），使水泥获得微膨胀。

上述诸类膨胀水泥各有其优缺点，其中硫铝酸钙型及氧化钙型膨胀水泥的效果较好，品种也较多，见表 29-79。

膨胀水泥的主要品种　　表 29-79

品种	配方	膨胀源	固相体积膨胀倍率	产品名称
硫铝酸钙型	在水泥中加入一定数量的以下任何组分均可： 1. 高铝水泥 + 石膏 2. 明矾石 + 石膏 3. 无水硫铝酸钙	水化硫铝酸钙（钙矾石） $3CaO \cdot Al_2O_3 \cdot 3CaSO_4 \cdot 32H_2O$	1.22 ~ 1.75 倍	石膏高铝膨胀水泥、硅酸盐膨胀水泥、明矾石膨胀水泥、硫铝酸钙膨胀水泥
氧化钙型	在硅酸盐水泥中加入以下任一组分均可： 1. 3% ~ 5% 过烧石灰 2. 生石灰 + 有机酸抑制机	氢氧化钙 $CaO + H_2O \rightarrow Ca(OH)_2$	0.98 倍	浇筑水泥、脂膜石灰膨胀剂

（二）膨胀密实机理

膨胀水泥防水混凝土是依靠水泥本身在硬化过程中形成大量体积增大的结晶体（如钙矾石、氢氧化钙），填充和堵塞了混凝土硬化后形成的孔隙，并产生一定膨胀能，减少或消除了混凝土体积收缩，改善混凝土的抗裂性，从而提高混凝土的防水能力。

二、膨胀水泥防水混凝土的特性

（一）物理特性

1. 提高抗渗性

膨胀水泥防水混凝土在水化硬化过程中，形成大量结晶膨胀的钙矾石，填充和堵塞了孔隙，切断了毛细管和其他孔隙的联系，并使孔径变小，从而提高了抗渗性。在相同水泥用量条件下，膨胀水泥防水混凝土的抗渗等级远高于普通水泥防水混凝土，见表 29-80。

膨胀水泥防水混凝土的抗渗性　　表 29-80

水泥品种	水泥用量 (kg/m^3)	配合比 水泥:砂:石子	水灰比 $\left(\frac{W}{C}\right)$	养护时间 (d)	抗渗性			抗渗介质
					抗渗压力 (MPa)	恒压时间 (h)	渗透高度 (cm)	
明矾石膨胀水泥	360 350 380	1:1.61:3.91 1:2.13:3.20 1:1.82:2.83	0.50 0.52 0.52	28 28 28	3.6 1.0 2.5	8 16.8 11	13 1 ~ 2 13 ~ 14	水 气油 水
CSA 水泥	400	1:1.73:2.66	0.52	28	3.0	11	1.2 ~ 2.5	水
普通水泥	370	1:2.08:3.12	0.47	28	1.2	8	12 ~ 13	水

2. 胀缩可逆性

膨胀水泥防水混凝土具有一定的胀缩可逆性，即产生膨胀后如果水分不足还将会出现回缩。如在雾室中养护 14d 后放在干空气中再养护 90d，约束膨胀率将从 6.48×10^{-4} 下降

凝土表面温度控制在30℃左右。

(17) 防水混凝土对养护要求较严，因此不宜过早拆模。拆模时，混凝土表面温度与周围气温之差不得超过15~20℃，以防混凝土表面出现裂缝。

(18) 浇筑后的防水混凝土严禁打洞，所有预埋件预留孔都应事前埋设准确。

(19) 地下结构部分的防水混凝土工程，拆模后应及时回填土，以利于混凝土后期强度的增长及获得预期的抗渗性能，要严格控制回填土的含水率及压实指标，同时作好基坑周围的散水坡，以防回填土干裂和避免地面水入侵。一般散水坡度不大于800mm，横向坡度不大于5%。

二、冬期施工注意事项

在冬期低温条件下施工防水混凝土时，应注意如下事项：

(1) 不能采用电热法或蒸汽加热法。厚大体积地下防水构筑物应采用蓄热法，地上薄壁防水构筑物需采用暖棚法（棚温在5℃以上）和低温蒸汽加热法（混凝土表面温度不得超过50℃）。

(2) 如需对组成材料加热时，水温不得超过60℃，骨料温度不得超过40℃，混凝土出罐温度不得超过35℃，混凝土入模温度不得低于热工计算要求。

(3) 必须采取措施保证混凝土有一定的养护湿度，尤其是大体积混凝土工程蓄热法施工，要防止由于水化热过高、水分蒸发过快而使表面干燥开裂。混凝土表面应用湿草袋或塑料薄膜覆盖以保持湿度，再覆盖干草袋或草垫加以保温。

第三十章 耐热混凝土

(thermal resistance concrete)

第一节 概 述

普通混凝土不能耐热有两个方面的原因。一是水泥石中的水化产物在高温作用下分解脱水，使其晶格和结构遭到破坏，混凝土强度下降。水化硫铝酸钙在110～160℃时石膏开始脱水；氢氧化钙在500～600℃脱水；水化铝酸钙在500～800℃脱水；水化硅酸钙在800～1000℃脱水。特别是氢氧化钙脱水生成氧化钙（石灰），体积发生收缩，后因脱水的氧化钙水化而又生成氢氧化钙，又使混凝土体积膨胀，进而又有可能引起崩溃，这是普通混凝土在高温下强度降低的主要原因。二是各种岩石成分的骨料，受热变形也不相同。含有石英岩（如石英砂、砂岩等石英质骨料），在573℃以下体积逐渐膨胀，而在573℃时突然膨胀；含有石灰岩的骨料，在750～900℃条件下分解成氧化钙，强度显著降低。故普通混凝土不宜在高温环境下使用，其使用温度也一般不超过250℃。

普通混凝土在高温时强度降低规律如图30-1所示。在低于300℃时，温度升高对强度影响较小；但在高于300℃，混凝土强度损失随温度升高而增加，而且发生颜色变化；当温度为500～600℃时，由于氢氧化钙的脱水及石英岩骨料的膨胀，强度急剧下降；当温度为750～900℃时，由于水化硅酸钙脱水及石灰岩分解成石灰，混凝土强度几乎完全丧失。受火灾时，混凝土经受的最高温度及所具有的剩余强度，根据以上规律可近似地从颜色上加以判断和估计，这对评估耐热混凝土的耐久性乃至使用寿命有着一定的重要意义。

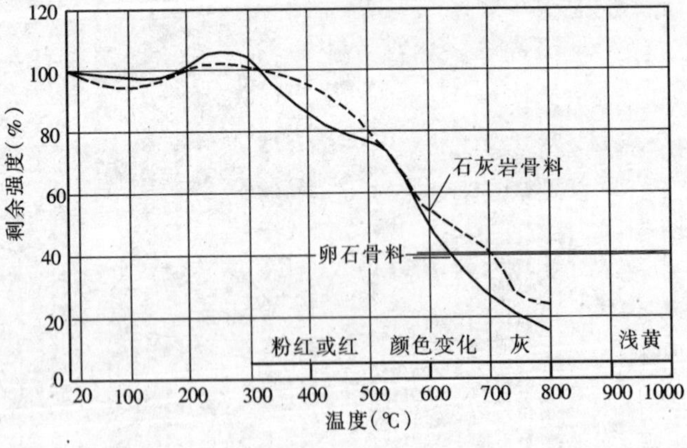

图30-1 高温下混凝土的强度和颜色

耐热混凝土是指能够长时间承受200～1300℃温度作用，并在高温下保持所需要的物理力学性质的特种混凝土。如工业窑炉基础，高炉外壳及烟囱等工程，长时间受高温作用，而且有加热冷却反复的情况；原子能压力容器，在80℃左右，有一部分近乎加热到400℃的情况，等等。

耐热混凝土在原材料的选择方面类似耐火混凝土，但在经受的外界条件方面又不同于耐火混凝土。耐火混凝土主要是要求在短时间高温作用下，要保持混凝土的物理力学性能。

第二节　耐热混凝土分类及性能

耐热混凝土按其胶凝材料不同，一般可分为水泥耐热混凝土和水玻璃耐热混凝土。

一、水泥耐热混凝土

（一）普通硅酸盐水泥耐热混凝土

混凝土是由普通硅酸盐水泥、磨细掺合料、粗骨料和水调制而成。混凝土的耐热度为700～1200℃，强度等级C10～C30，高温强度3.5～20MPa，最高使用温度达1200℃，或更高。适用于温度较高，但无酸碱侵蚀的工程。

（二）矿渣硅酸盐水泥耐热混凝土

混凝土是由矿渣硅酸盐水泥、粗细骨料，有时掺加磨细掺合料和水调制而成。耐热度700～900℃，混凝土强度等级C15以上，最高使用温度可达900℃，适用于温度变化剧烈，但无酸碱侵蚀的工程。

（三）高铝水泥耐热混凝土

混凝土是由高铝水泥或低钙铝酸盐水泥、耐热度较高的掺合材料以及耐热骨料和水调制而成。混凝土耐热度为1300～1400℃，强度等级C10～C30，高温强度3.5～10MPa，最高使用温度可达1400℃，适用于厚度小于400mm的结构及无酸、碱盐侵蚀的工程。

高铝水泥耐热混凝土虽然在300～400℃时强度会剧烈降低，但此后残余部分的强度都能保持不变。而在1100℃以后，结晶水全部脱出而烧结成陶瓷材料，其强度又重新提高。因高铝水泥的熔化温度低于其极限使用温度，使用时是不会被熔化而降低强度的。

二、水玻璃耐热混凝土

（一）技术性能

混凝土是由水玻璃、氟硅酸钠、磨细掺合料及粗细骨料按一定配合比例组成。混凝土耐热度为600～1200℃，强度等级C10～C20，高温强度9.0～20MPa，最高使用温度可达1000～1200℃。

（二）使用范围

水玻璃耐热混凝土，随着掺合材料、粗细骨料及最高使用温度不同，其使用范围集中于两方面：

（1）当最高使用温度为600～900℃时，采用黏土熟料或黏土砖、安山岩、玄武岩等骨料配制的耐热混凝土，可用于同时受酸（HF除外）作用的工程，但不得用于经常有水蒸汽及水作用的部位。

（2）当设计最高使用温度为1200℃时，采用一等冶金镁砂或镁砖配制的耐热混凝土，可适用于受钠盐溶液作用的工程，但不得用于受酸、水蒸汽及水作用的部位。

第三节　耐热混凝土的原材料选择

耐热混凝土在长期高温作用下，应具备与热工设备需要相适应的高温物理力学性质，如耐热度（或混凝土的最高加热温度）、荷载软化温度、烘干强度、残余强度、高温强度、热稳定性、高温体积固定性等特殊性能。因此，必须对其组成材料加以适当的选择。

一、胶凝材料

（一）水泥胶凝材料

配制耐热混凝土用的普通硅酸盐水泥、矿渣硅酸盐水泥和高铝水泥，除应符合国家现行水泥标准外，并应符合下列要求：

（1）在生产普通硅酸盐水泥时，不得掺有石灰岩类混合材料；

（2）采用矿渣硅酸盐水泥配制最高使用温度为700℃的耐热混凝土时，水泥中磨细水淬矿渣含量不得大于50%；

（3）任何一种水泥的强度等级不得小于32.5级；

（4）每$1m^3$耐热混凝土的水泥用量为300~450kg。

（二）水玻璃胶凝材料

（1）配制水玻璃耐热混凝土时，所用水玻璃模数$M=2.6\sim2.8$，密度$\rho_s=1.38\sim1.40g/cm^3$为宜；

（2）硬化剂——氟硅酸钠（Na_2SiF_6）其纯度按质量计不少于95%，含水率不大于1%，细度通过0.125mm筛孔，其筛余量小于10%；

（3）每$1m^3$耐热混凝土的水玻璃用量为300~400kg，Na_2SiF_6用量为水玻璃的12%~15%。

二、掺合材料

工程经验表明，在配制耐热混凝土时，除使用温度小于350℃的普通水泥耐热混凝土和矿渣水泥耐热混凝土，以及最高使用温度为700℃，水渣含量大于50%的矿渣水泥耐热混凝土可不加掺合材料外，其余的耐热混凝土均需加掺合材料。

（一）胶凝材料与掺合材料的选择

1. 普通硅酸盐水泥及掺合材料

由于普通硅酸盐水泥在水化过程中析出Ca（$OH)_2$，而其又在560~590℃温度下脱水生成游离CaO，体积收缩；当混凝土受热后再冷却时，CaO吸收空气中的水分而消解，体积膨胀使水泥石开裂。所以，用普通硅酸盐水泥配制高温耐热混凝土时，必须掺入磨细掺合材料，掺合材料中的活性化学成分SiO_2、Al_2O_3和游离CaO在高温下进行化学反应：

$$CaO+SiO_2\longrightarrow CaO\cdot SiO_2$$

$$CaO+Al_2O_3\longrightarrow CaO\cdot Al_2O_3$$

生成在高温下稳定的无水硅酸钙（$CaOSiO_2$）和无水铝酸钙（$CaO\cdot Al_2O_3$），使水泥具有独特耐热性能。

2. 矿渣硅酸盐水泥与掺合材料

矿渣硅酸盐水泥作为耐热混凝土的胶凝材料，实质上即等于硅酸盐水泥熟料掺矿渣，这里的矿渣本身就是磨细混合材料。

3. 高铝水泥与掺合材料

高铝水泥在高温作用下，易与耐火骨料起固相反应，以烧结结合的形式代替水化结合，因而高铝水泥本身即具备耐热性。

（二）掺合材料的技术性质

掺合材料种类繁多，可采用黏土熟料、铝矾土熟料、烧结镁、黏土砖粉、粉煤灰等。掺合材料的技术要求应符合表 30-1。

耐热混凝土用掺合材料技术性质　　**表 30-1**

项次	磨细活性混合材料种类		混合材料细度通过 0.08mm 筛孔筛余量不小于（%）		混合材料化学成分（%）						
			水泥耐热混凝土	水玻璃耐热混凝土	MgO	SiO_2	Al_2O_2	CaO	Fe_2O_3	SO_3	烧失量
1	黏土质	黏土熟料	70	50	—	—	≥30	—			—
		黏土砖	70	50	—	—	≥30	—	≤5.5	≤0.3	—
		红　砖	70	—	—	—					—
2	高铝质	高铝砖	70	—	—	—	≥65	—	—	—	—
		矾土熟料	70	—	—	—	≥48	—	—	—	—
3	镁质	镁　砂	—	70	≥87	≤4		≤5	—	—	≤0.5
		镁　砖	—	70	≥87			≤3.5	—	—	
4	粉煤灰		85	—			≥20		—	≤4	≤8
5	高炉重矿渣		—	—				≤4.5	—	—	—

注：掺合材料含水率不得大于 1.5%。

三、粗细骨料

按照我国《混凝土结构设计规范》（GB 50010—2002）耐热混凝土是指能承受高温作用(200℃以上)，并在高温下保持所需的物理力学性能的特种混凝土。但目前国外倾向于把用于受长期反复高温作用的诸如烟囱、工业窑炉及耐热隔断的混凝土称为耐热混凝土。另外，对于长期受到热作用，表面温度 60～200℃的结构混凝土也应适当考虑提高其抗热性能。

配制耐热性能良好的耐热混凝土，必须采用抗热性能优良、稳定的骨料。一般经常采用的是耐热性能较高的岩石破碎成的碎石、破碎砂及高炉渣、碎砖等。

（一）耐热性能

(1) 不同骨料受热时的性能不同。含有石英的砂子、砾石受热在 573℃以下时随温度升高而逐渐膨胀，在 573℃时突然膨胀 0.85%，由低温型石英转变为高温型石英。由硅质砾石，燧石和花岗岩骨料配制的混凝土，在受到高温作用时会发生碎裂。耐热混凝土骨料应根据极限使用温度及胶结材料情况选用安山岩、玄武岩碎石，高炉重矿渣石，黏土块、耐热砖碎块等作为粗骨料，以其碎渣作为细骨料。

(2) 耐热混凝土用骨料的粒径和级配对其耐热性能也有一定影响。虽然大粒径骨料在高温作用下不易变形，因而粒径增大时，荷重软化点的始点温度相应提高。但粒径过大时却不利于成型，另外，骨料粒径较大时，由于胶结材料与骨料之间变形的差异而会明显降低耐热混凝土在高温下的强度，而采用较小粒径骨料则有利于减少这种强度损失。级配良好的骨料，有利于提高耐热混凝土的密实性，从而改善其耐热性能。因此，耐热混凝土用骨料除耐热性必须满足使用温度要求外，还应符合表 30-2 的有关要求，且不得混有石灰石，方解石等杂质。

耐热混凝土用骨料的级配（一）　　表 30-2

筛孔尺寸（mm）	骨料通过筛的数量，质量百分比（%）		
	细骨料	粗骨料	砂与碎石混合物
20	—	95 ~ 100	100
10	—	40 ~ 70	65 ~ 85
5	85 ~ 100	—	40 ~ 45
1.2	45 ~ 80	—	20 ~ 35
0.3	5 ~ 30	—	2 ~ 15
0.5	0 ~ 25	—	0 ~ 10

注：对于钢筋配置不密的厚大结构允许采用最大粒径为 40mm 的粗骨料。

(3) 对于承受长期热作用的耐热混凝土，粗骨料一般宜采用安山岩类碎石或火山砾石、人造轻骨料等，细骨料可以用天然砂，但不宜使用石灰石质岩石碎石。

(4) 对于一般结构表面温度为 60 ~ 200℃的混凝土，为提高其耐热性能，应采用在温度作用下膨胀系数较小的、热稳定性较好的花岗石、玄武岩、闪长岩、安山岩、石灰岩等碎石及高炉重矿渣骨料，且粗骨料最大粒径不宜大于 20mm；不宜采用卵石及石英岩、砂岩等碎石。细骨料宜采用河砂，也可用上述热稳定性较好的岩石破碎后的石屑，但应注意不得含有金属矿物、云母、硫酸盐和硫化物。

(二) 质量要求

(1) 耐热混凝土不宜采用石英质骨料，如砂岩、石英等，以避免 SiO_2 受热膨胀而使混凝土破坏。

其他如黏土熟料、铝矾土熟料、耐火砖碎料、红砖碎料、高炉矿渣、安山岩、玄武岩、辉绿岩等，都可用于不同性能要求的耐热混凝土中。其中铝矾土熟料、烧结镁砂、铬铁矿为耐热优质骨料。

(2) 骨料的燃烧温度不低于 1350 ~ 1450℃。由于骨料及掺料在混凝土中占的比例甚大。它们的耐火度对混凝土的耐热性能起着重要影响。因此，必须根据结构物所承受的温度及各种原料的化学分析结果，参考有关技术规定，通过试验决定。

(3) 对于黏土质材料，如已用过的砖，除去表面熔渣和杂质，且强度应大于 10MPa；对于镁质材料，使用前必须碳化处理，并不得使用已用过的镁质制品；对于高炉重矿渣，应具有良好的安定性，不允许有 25mm 的玻璃质颗粒。

(4) 一般粗骨料粒径不得大于 20mm，在钢筋不密的厚大结构中不应大于 40mm。

(5) 骨料中严禁混有有害杂质，特别是石灰岩类碎块等。

(三) 技术性质

(1) 耐热混凝土粗骨料粒径一般为 5 ~ 15mm，细骨料粒径为 0.15 ~ 5mm。

(2) 骨料的颗料级配随混凝土的成型方法而有不同，见表 30-3。

耐热混凝土骨料的颗粒级配（二）　　表 30-3

成型方法	筛孔尺寸（mm）				
	15 ~ 10	10 ~ 5	5 ~ 0.15	5 ~ 1.2	1.2 ~ 0.15
振动成型（%）	25 ~ 30	20 ~ 25	45 ~ 55	—	—
捣固成型（%）	—	35 ~ 45	—	25 ~ 35	20 ~ 30
喷射成型（%）	—	25 ~ 35	—	30 ~ 40	25 ~ 45
机压成型（%）	—	—	—	50 ~ 60	40 ~ 50

(3) 耐热骨料的种类：颗粒粒径、颗粒级配及化学组成见表 30-4。

耐热混凝土骨料的技术性质　　**表 30-4**

项次	磨细混合材料种类		骨料颗粒级配（按累计筛余计）(%)						化学成分含量（%）						
			粗骨料粒径（mm）			细骨料粒径（mm）			MgO	SiO_2	Al_2O_3	CaO	Fe_2O_3	SO_3	烧失量
			25	10	5	5	1.2	0.5							
1	黏土质	黏土熟料	0~5	30~60	90~100	5~10	20~55	90~100	—	—	≥30	—	≤5.5	≤0.3	—
		黏土砖	0~5	30~60	90~100	0~10	20~55	90~100	—	—	≥30	—			—
		红　砖	0~5	30~60	90~100	0~10	20~55	90~100	—	—					—
2	高铝质	高铝砖	0~5	30~60	90~100	0~10	20~55	90~100	—	—	≥65	—	—	—	—
		矾土熟料	0~5	30~60	90~100	0~10	20~55	90~100	—	—	≥48	—	—	—	—
3	镁质	镁砂	—	0~5	90~100	0~10	20~55	90~100	≥87	≥4	—	≤5	—	—	≤0.5
		镁砖	—	0~5	90~100	0~10	20~55	90~100	≥87		—	≤3.5	—	—	
4	粉煤灰		—	0~5	—	—	—	—	—	—	≥20	—	—	≤4	≤8
5	高炉重矿渣		0~5	30~60	90~100	0~10	20~55	90~100	—	—	—	≤4.5	—	—	—

四、拌合水和养护水

耐热混凝土的拌合水与养护水与普通混凝土同。

第四节　耐热混凝土的配合比设计

一、配合比设计原则

(1) 在设计耐热混凝土配合比时，应根据极限使用温度和使用条件，并通过试验确定。

(2) 如在高温下要求有较高强度的结构，则以采用水玻璃耐热混凝土较为适宜。水玻璃耐热混凝土的特点是在高温下不降低强度。而水泥耐热混凝土在高温作用下强度有所降低，最大可降低 60%左右，但剩余强度在长期高温作用下，仍能保持混凝土不致破坏。

二、参考配合比

(一) 设计方法

由于耐热混凝土的配合比选择用计算方法比较繁琐，故一般常用经验配合比为初始配合比，再通过试拌调整求出适用的配合比。

(二) 参考配合比

1. 工程实例配合比

耐热混凝土的工程实例配合比参考表 30-5。

耐热混凝土配合比实例　　**表 30-5**

工程项目	52.5 级普通硅酸盐水泥	52.5 级矿渣硅酸盐水泥	细骨料 (0.15~5mm)	粗骨料 (5~25mm)	掺合料	水	抗压强度 (MPa)	极限使用温度 (℃)
高炉基础	1	—	1.90	2.70	1	0.95	24	1200
贮矿槽	—	1	1.50	2.25	—	0.48	38	900
返矿槽	—	1	1.80	2.50	—	0.70	37	900

2. 材料用量配合比

耐热混凝土的材料用量配合比参考表 30-6。

耐热混凝土材料组成及配合比　　表 30-6

项次	种类	极限温度（℃）	耐热混凝土材料组成及用量配合比（kg/m³）			强度等级	适用范围
			胶凝材料	掺合材料	粗细骨料		
1	普通水泥耐热混凝土	700	普通水泥（300~400）	水渣、粉煤灰（150~300）	高炉重矿渣、红砖、安山岩、玄武岩（1300~1800）	C15	温度变化不剧烈、无酸碱侵蚀的工程
		900	普通水泥（300~400）	耐热度不低于1670℃的黏土熟料、黏土砖（150~300）	耐热度不低于1610℃的黏土熟料、黏土砖（1400~1600）	C15	无酸碱侵蚀的工程
		1200	普通水泥（300~400）	耐热度不低于1670℃的黏土熟料、黏土砖、矾土熟料（150~300）	耐热度不低于1670℃的黏土熟料、黏土砖、矾土熟料（1400~1600）	C20	无酸碱侵蚀的工程
2	矿渣水泥耐热混凝土	700	矿渣水泥（300~400）	耐热度不低于1670℃的黏土熟料、粘土砖	高炉矿渣、红砖、安山岩、玄武岩（1400~1900）	C15	无酸碱侵蚀的工程
		900	矿渣水泥（350~450）	水渣、黏土熟料、黏土砖（0~200）	耐热度不低于1670℃的黏土熟料、黏土砖（1400~1600）	C15	温度变化不剧烈、无酸碱侵蚀的工程
3	高铝水泥耐热混凝土	1300	高铝水泥（300~400）	耐热度不低于1730℃的黏土熟料、矾土熟料（150~300）	耐热度不低于1730℃的黏土砖、矾土熟料、高铝砖（1400~1700）	C20	宜用于厚度小于400mm结构、无酸碱侵蚀的工程
4	水玻璃耐热混凝土	600	水玻璃（300~400） 氟硅酸钠：水玻璃质量12%~15%	黏土熟料、黏土砖（300~600）	安山岩、玄武岩（1550~1650）	C15	可同时用于受酸（HF除外）的作用的工程，但不得用于经常有水蒸汽及水作用的部位
		900	水玻璃（300~400） 氟硅酸钠：水玻璃质量12%~15%	耐热度不低于1670℃的黏土熟料、粘土砖（300~600）	耐热度不低于1670℃的黏土熟料、粘土砖（1200~1300）	C15	可用于同时受酸作用的工程（HF除外）；但不得用于经常有水蒸汽及水作用的部位
		1200	水玻璃（300~400） 氟硅酸钠：水玻璃质量12%~15%	一等冶金镁砂或镁砖（500~600）	一等冶金镁砂或镁砖（1700~1800）	C15	可用于受氯化钠、硫化钠、硫酸钠、氟化钠溶液作用的工程，但不得用于受酸及水和水蒸汽作用的部位

第五节　耐热混凝土施工

一、施工工艺要点

（一）耐热混凝土的搅拌

耐热混凝土宜采用机械搅拌。在拌制耐热混凝土时，应按下列规定进行：

（1）拌制水泥耐热混凝土时，水泥和掺合材料必须预先拌合均匀，约拌 2min。拌制水玻璃耐热混凝土时，氟硅酸钠和掺合材料必须预先混合均匀，可用机械或人工搅拌。

（2）水玻璃耐热混凝土拌制要求与水玻璃耐酸混凝土相同，应遵守下列具体规定：

①粉状骨料应先与氟硅酸钠拌和，再用筛孔为 2.5mm 的筛子过筛两次；

②干燥材料应在混凝土搅拌机中预先搅拌 2min，然后再加水玻璃；

③搅拌时间，自全部材料装入搅拌机后算起，应不少于 2min；

④每次拌制量，应在混凝土初凝前用完，但不得超过 30min。

（3）耐热混凝土的用水量（或水玻璃用量）在满足施工要求条件下应尽量少用，其坍落度应比普通混凝土相应地减少 1～2cm。如果采用机械振捣，可控制在 2cm 左右；用人工捣固，宜控制在 4cm 左右。应分层浇筑，每层厚度为 25～30cm。

（4）耐热混凝土的搅拌时间应比普通混凝土延长 1～2min，使混凝土混合料颜色达到均匀为止。

（二）耐热混凝土的养护

耐热混凝土的养护应遵守下列规定：

（1）水泥耐热混凝土浇筑后，宜在 15～25℃的潮湿环境中养护，其中普通水泥耐热混凝土养护不少于 7d；矿渣水泥耐热混凝土不少于 14d；高铝水泥耐热混凝土一定加强初期养护管理，养护时间不少于 3d。

（2）水玻璃耐热混凝土宜在 15～30℃的干燥环境中养护 3d，也需防止太阳直接曝晒而脱水快，产生龟裂，一般为 10～15d 即可吊装，烘干加热。

（3）水泥耐热混凝土在气温低于 +7℃和水玻璃耐热混凝土在气温低于 +10℃的条件下施工时，均应按冬季施工执行，并应遵守下列规定：

①水玻璃耐热混凝土可采用蓄热法或加热法（电流加热、蒸汽加热等），加热时普通水泥耐热混凝土和矿渣水泥耐热混凝土的温度不得超过 60℃，高铝水泥耐热混凝土不得超过 30℃；

②水玻璃耐热混凝土的加热只许采用干热方法，加热时混凝土的温度不得超过 60℃；

③耐热混凝土中不应掺用化学促凝剂。

（4）用耐热混凝土浇筑的热工设备，必须在混凝土强度达到设计强度等级的 70%时，方可进行烘干加热。

（三）耐热混凝土的热处理

（1）耐热混凝土待其达到设计强度后，即可进行处理，但不应早于下列期限：

①高铝水泥耐热混凝土和水玻璃耐热混凝土，不早于 3d。

②硅酸盐类水泥耐热混凝土，不早于 7d。

（2）耐热混凝土的窑炉在热处理时是采取烘炉的方法，在烘干过程应注意保持均匀的升温，升温过快，烘干后的表面容易干裂。

二、施工质量要求

耐热混凝土的检验项目和技术要求应符合表30-7所列。

耐热混凝土的检验项目和技术要求　　表30-7

极限使用温度	检验项目	技术要求
≤700℃	1. 耐热混凝土强度等级 2. 加热至极限使用温度并经冷却后的强度	1. ≥混凝土设计强度等级 2. ≥45%烘干抗压强度
900℃	1. 混凝土强度等级 2. 残余抗压强度 (1)水泥胶结料耐热混凝土 (2)水玻璃耐热混凝土	1. ≥混凝土设计强度等级 2. ≥混凝土烘干抗压强度 (1)≥30%烘干抗压强度，不得出现裂纹 (2)≥70%烘干抗压强度，不得出现裂纹
1200～1300℃	1. 混凝土强度等级 2. 残余抗压强度 (1)水泥胶结料耐热混凝土 (2)水玻璃耐热混凝土 (3)加热至极限使用温度后的线收缩 极限使用温度为1200℃时 极限使用温度为1300℃时 (4)荷载软化温度(变形4%)	1. ≥混凝土设计强度等级 2. ≥混凝土烘干抗压强度 (1)≥30%烘干抗压强度，不得出现裂纹 (2)≥50%烘干抗压强度，不得出现裂纹 (3)加热至极限使用温度的线收缩 加热至1200℃时，≤0.7% 加热至1300℃时，≤0.9% (4)≥极限使用温度

第三十一章　耐火混凝土

（refractory concrete）

第一节　概　　述

作为特种混凝土材料之一的耐火混凝土，是一种不经煅烧的新型耐火材料。耐火混凝土不同于耐热混凝土，指的是短时间内暴露在900℃以上的温度中，没有反覆加热的情况，并在高温作用下保持所需要的物理力学性能的特种混凝土。

一、耐火混凝土的定义及特点

（一）定义

耐火混凝土是由适当的胶凝材料（或加入外加剂）、耐火骨料（包括掺入磨细的矿物掺合材料）和水（或其液体）按一定比例组成，经搅拌、成型、养护而获得的耐火度高达1500℃以上的混凝土。

（二）特点

耐火混凝土主要代替耐火砖用于工业窑炉上。在窑炉的膛壁或主体结构上使用耐火混凝土与耐火砖相比，其优点是生产工艺简单，能预制成大块，施工效率高，易于满足异形部位施工和热工要求，维修费用少，使用寿命长，成本低廉，其应用日益广泛，现已成为不定形耐火材料的一个重要品种。

二、耐火混凝土的分类

耐火混凝土种类繁多。一般来说，根据胶凝材料、耐火骨料的性质及松堆密度，耐火混凝土可分为以下诸类：

（一）按胶凝材料分类

耐火混凝土根据胶凝材料的凝结条件（或结合剂种类）不同，分为以下三类：

1. 水硬性耐火混凝土（或水泥结合耐火混凝土）

此耐火混凝土所用胶凝材料为硅酸盐水泥、普通硅酸盐水泥、矿渣硅酸盐水泥、高铝水泥、低钙铝酸盐水泥和铝－60水泥；粗骨料为碎黏土熟料、红砖、铬铁矿、矿渣和安山岩等；掺合材料为磨细铬铁矿、镁砖、烧结镁砂、黏土熟料、浮石、粉煤灰、铝铬渣粉和硅藻土等。

这种耐火混凝土使用温度在1200℃以下，如用矿渣硅酸盐水泥及耐火度低的骨料和掺合材料所配制的耐火混凝土，其使用温度不超过900℃。

2. 火硬性耐火混凝土（或黏土结合耐火混凝土）

此耐火混凝土所用胶凝材料为高铝水泥、低钙铝酸盐水泥、纯铝酸钙水泥、工业磷酸或磷酸铝；粗细骨料及磨细掺合材料均为碎镁砖、烧结镁砂、烧焦宝石、矾土、镁铁矿、高铝质耐火材料、锆英石和黏土熟料等。

这种耐火混凝土具有高温韧性强、耐磨性好、耐火度高等特点，在低温、中温和高温作用下都具有良好的力学性能。如采用铝酸盐水泥配制火硬性耐火混凝土，其使用温度分别为1400℃（高铝水泥）、1600℃（钙铝酸盐水泥）、1800℃（纯铝酸钙水泥）。如采用磷酸盐，其极限使用温度可达1500～1700℃。

3．气硬性耐火混凝土（或化学结合耐火混凝土）

此耐火混凝土所用胶凝材料为水玻璃（$Na_2O \cdot nSiO_2$），并用氟硅酸钠（Na_2SiF_6）作固化剂；粗细骨料为碎铬铁矿、镁砖、铬镁砖、烧结镁砂、黏土熟料、石英砂、滑石、焦宝石、镁橄榄石和安山岩等；磨细掺料为黏土熟料、石英砂、镁砂、滑石和安山岩等。

这种耐火混凝土的最高使用温度为1200℃。

（二）按骨料矿物成分分类

按粗细骨料的化学成分及矿物组成不同，耐火混凝土分为以下三类：

1．铝质耐火混凝土

此耐火混凝土所用骨料的主要化学成分为 Al_2O_3，如高铝质耐火材料其含量大于60%。这种混凝土的特点是耐火度都比较高，一般都在1800℃以下，甚至更高。

2．硅质耐火混凝土

此耐火混凝土所用骨料的主要化学成分为 SiO_2，如石英砂、焦宝石等含量都较多。这种混凝土的耐火度一般都在1200℃以下。

3．镁质耐火混凝土

此耐火混凝土所用骨料的主要化学成分为MgO，如镁铁矿、镁砖、镁砂等。这种混凝土的耐火度一般在800℃以下。

（三）按堆密度分类

按堆密度的大小不同，耐火混凝土分为以下两类：

1．普通耐火混凝土

此耐火混凝土所用骨料系指一般的石材，如河卵石、石灰岩、碎石等，骨料的松堆密度都较大。

2．轻质耐火混凝土

此耐火混凝土所用骨料系指天然轻骨料（如浮石等）、人造轻骨料（如陶粒、珍珠岩等）及工业废渣轻骨料（如煤渣、粒化高炉矿渣等），骨料都较轻，松堆密度小。

（四）按用途分类

耐火混凝土按其用途不同分类见表31-1。

耐火混凝土的种类　　表31-1

混凝土种类	工作温度极限（℃）	水泥品种	骨料
结构用耐火混凝土 耐热混凝土	300 1000	硅酸盐水泥 高铝水泥	普通岩石 细颗粒、碱性火成岩（玄武岩、粗粒玄武岩），经热处理的多孔骨料（砖、溶液、膨胀页岩）
普通耐火混凝土	1350	高铝水泥	耐火砖
超耐火混凝土	1450 1350～1600	铝酸钙水泥 高铝水泥 铝酸钙水泥	耐火砖 耐火菱镁矿、碳化硅、矾土、耐火泥 耐火骨料

第二节 耐火混凝土的原材料选择

耐火混凝土的原材料主要有胶凝材料和耐火骨料，主要原材料的性质决定了耐火混凝土的特性和用途。如能合适地选用材料，则混凝土能圆满地用于高温的窑炉设备中，可代替耐火砖用于需要复杂形状或用于整体结构中。为了获得性能良好的耐火混凝土，对原材料应有严格的要求，特别是对水泥和骨料的耐火性需作选择（表 31-1），并应根据耐火混凝土处于酸、碱或中性的不同使用环境条件，采用与之相适应的原材料。

一、胶凝材料和胶结材料

（一）水泥胶凝材料

配制耐火混凝土所用的水泥胶凝材料通常有硅酸盐类水泥和铝酸盐类水泥两类。

1. 硅酸盐类水泥

（1）水泥性能：常用的硅酸盐类水泥有硅酸盐水泥、普通硅酸盐水泥和矿渣硅酸盐水泥。其性能除应符合国家标准规定的各项技术指标外，水泥中不得含有石灰类杂质，矿渣硅酸盐水泥中其矿渣掺量不得大于 50%。所有水泥的强度等级不得低于 32.5 级。

①硅酸盐水泥　其强度指标见表 31-2。

硅酸盐水泥强度指标　　**表 31-2**

强度等级	抗压强度		抗折强度	
	3d	28d	3d	28d
42.5	17.0	42.5	3.5	6.5
42.5R	22.0	42.5	4.0	6.5
52.5	23.0	52.5	4.0	7.0
52.5R	27.0	52.5	5.0	7.0
62.5	28.0	62.5	5.0	8.0
62.5R	32.0	62.5	5.5	8.0

②普通硅酸盐水泥　其强度指标见表 31-3。

普通硅酸盐水泥的强度指标　　**表 31-3**

强度等级	抗压强度（MPa）		抗折强度（MPa）	
	3d	28d	3d	28d
32.5	11.0	32.5	2.5	5.5
32.5R	16.0	32.5	3.5	5.5
42.5	16.0	42.5	3.5	6.5
42.5R	21.0	42.5	4.0	6.5
52.5	22.0	52.5	4.0	7.0
52.5R	26.0	52.5	5.0	7.0

③矿渣硅酸盐水泥　其强度指标见表 31-4。

矿渣硅酸盐水泥强度指标　MPa　　**表 31-4**

强度等级	抗压强度		抗折强度	
	3d	28d	3d	28d
32.5	10.0	32.5	2.5	5.5
32.5R	15.0	32.5	3.5	5.5
42.5	15.0	42.5	3.5	6.5
42.5R	19.0	42.5	4.0	6.5
52.5	21.0	52.5	4.0	7.0
52.5R	23.0	52.5	4.5	7.0

（2）改善水泥耐火性的措施：欲改善硅酸盐类水泥的耐火性能和提高耐火混凝土的耐火温度，通常采用掺混合材料的方法。

①为了改善硅酸盐水泥和普通硅酸盐水泥的耐火性能，在硅酸盐水泥中应适量掺入磨细的矿物掺料。因为水泥在水化过程中产生的$Ca(OH)_2$在400～595℃高温下将脱水变成CaO，体积收缩。但当混凝土受热后再冷却时，CaO吸收空气中的水分而消解，产生体积膨胀，从而导致水泥石开裂。硅酸盐水泥的矿物经水化后，在正常养护条件下，最大的$Ca(OH)_2$析出量约为10%。为了结合这些$Ca(OH)_2$，约需要12%左右（占水泥用量）的SiO_2或27%的黏土熟料。

②硅酸盐水泥石中水化硅酸二钙的最大含量约为40%。欲使硅酸盐水泥配制的水硬性耐火混凝土在高温下不会引起强度剧烈降低，需再掺入适量的SiO_2的黏土熟料的磨细掺料，这种掺料均匀分布在水泥石中，能加速$Ca(OH)_2$及水化硅酸二钙与黏土熟料或SiO_2的固相反应，生成无水的硅酸钙和铝酸钙，并可减少凝胶体脱水收缩。此外，为了消除游离$Ca(OH)_2$的不利影响，也可适当掺入相当于水泥细度的铬铁矿和菱镁矿粉，铬铁矿能与游离$Ca(OH)_2$结合生成熔点为1880℃的亚铬酸一钙。而菱镁矿在高温时不会与硅酸盐水泥石中的矿物起作用而成为高耐火度的方镁石颗粒。水泥在高温时的熔融物覆盖于方镁石颗粒表面，起着固相颗粒间胶粘剂的作用。这样，能有效地提高混凝土的耐火度和荷重软化点，并减少高温的烧缩。

2. 铝酸盐类水泥

（1）高铝水泥：又称矾土水泥，其矿物组成是以铝酸钙为主，氧化铝含量约50%的熟料，磨制而成的水硬性胶凝材料。其强度指标见表31-5，它是一种硬化很快，但凝结时间正常的水泥，其3d龄期强度可达最大强度值的100%左右或达到水泥强度等级（28d龄期强度值）。水泥在常温下与水化合的反应进行得很快且很剧烈，同时有大量热量放出。水泥常温水化产物处在亚稳状态，随着时间的推移，这些水化物要向形成稳定的水化物方向转化。水泥的水化物在高温下分解后可以生成瓷质的材料（二次莫来石），具有良好的耐热性，再与耐火骨料结合则可配制成性能极好的不定形的耐火材料——耐火混凝土。

高铝水泥的强度指标 **表31-5**

水泥强度等级	抗压强度（MPa）		抗折强度（MPa）	
	1d	3d	1d	3d
42.5级	35.3	41.7	3.9	4.4
52.5级	45.1	51.5	4.9	5.4
62.5级	54.9	61.3	5.9	6.4
72.5级	64.7	71.1	6.9	7.4

高铝水泥是一种相当不纯的铝酸钙混合物，含有许多铁、二氧化硅和铝酸一钙（CA）。

（2）高铝水泥-60：以倒焰窑生产，水泥的化学成分中$Al_2O_3 \geqslant 60\%$，耐火度为1530～1550℃，强度见表31-6。

高铝水泥-60的强度指标（实例） **表31-6**

强度种类	抗压强度(MPa)		抗折强度(MPa)	
龄　期	3d	7d	3d	7d
强度指标	40.0～50.0	60.0～70.0	3.7～4.1	4.4～5.3

（3）高铝水泥-65：应符合《高铝水泥-65》JC236—81 的有关要求。它是以铝酸钙为主要矿物组成，氧化铝含量约为 65% 的熟料，磨细制成的水硬性胶凝材料。其强度和耐火度指标见表 31-7。

高铝水泥-65 的强度和耐火度指标　　**表 31-7**

水泥强度等级	抗压强度（MPa）			抗折强度（MPa）			净水泥试锥耐火度（℃）
	1d	3d	28d	1d	3d	28d	
52.5 级	11.8	22.5	51.5	1.5	2.9	5.4	≮1610
62.5 级	14.7	26.5	61.3	2.0	3.4	6.4	≮1580

（4）纯铝酸钙水泥：水泥化学成分中 Al_2O_3 含量为 70%～75%，耐火度为 1730～1750℃，其强度指标见表 31-8。

纯铝酸钙水泥的强度指标（实例）　　**表 31-8**

强度种类	抗压强度（MPa）			抗折强度（MPa）		
龄　　期	1d	3d	7d	1d	3d	7d
强度指标	30.0	48.0	65.0	2.4	3.5	4.0

（5）超高铝水泥：水泥化学成分中 Al_2O_3 含量约为 80%，耐火度 1770～1790℃，其强度指标见表 31-9。这是一种非常纯净的铝酸钙水泥，仅含有 CA、C_3A_5 和 $C_{12}A_7$，用于很高温度下。

超高铝水泥的强度指标（实例）　　**表 31-9**

强度种类	抗压强度（MPa）		抗折强度（MPa）	
龄　　期	1d	3d	1d	3d
强度指标	16.9	19.3	3.5	—

（二）黏土胶结材料

黏土胶结材料属于陶瓷胶结材料的一种，应用最为广泛。

（1）黏土胶结材料所用的黏土为软质黏土（又称结合黏土），能在水中分散，可塑性良好，烧结性能优良。

（2）黏土技术指标参考《软质及半软质黏土》（GB/T 2213—2000）中有关规定，见表 31-10。

黏土技术指标规定　　**表 31-10**

级　　别	化学成分（%）		耐火度	烧失量
	$Al_2O_3+TiO_2$	Fe_2O_3	（℃）	（%）
一级品	>30	≤2.0	≥1670	≤17
二级品	26～30	≤2.5	≥1610	≤17
三级品	22～26	≤3.5	≥1580	≤17

（三）化学胶结材料

配制耐火混凝土所用的化学胶结材料通常有水玻璃和磷酸盐两类。

1. 水玻璃

水玻璃又称泡花碱，是由碱金属硅酸盐组成的，其化学分子通式为 $R_2O \cdot nSiO_2$。工业氟硅酸钠的含量不应少于 90%，其掺量一般为 10%～12%左右。配制耐火混凝土常用的是液体钠水玻璃，其技术条件见表 31-11。

水玻璃的技术条件 **表 31-11**

项　　目	中性水玻璃	碱性水玻璃	
	1:3.3（$Na_2O \cdot 3.3SiO_2$）	1:2.4（$Na_2O \cdot 2.4SiO_2$）	
比密度(20℃, g/cm^3)	1.376～1.386	1.376～1.386	1.530～1.550
波美度(°Be′)	40	40	51
Na_2O(%)	8.52～9.09	10.14～10.94	13.10～14.20
SiO_2(%)	27.20～29.10	23.60～25.50	30.30～33.10
摩尔比(n)	1:3.3	1:2.4	1:2.4
Fe_2O(%)	<0.06	<0.06	<0.08
水不溶物(%)	0.7	0.7	0.7

2. 磷酸盐

磷酸盐的种类很多，在耐火混凝土中普遍应用磷酸铝。磷酸铝溶液通常是用活性较大的工业氢氧化铝与磷酸反应而制得，其化学反应产物为：磷酸二氢铝（$Al_2O_3 \cdot 3P_2O_5 . 6H_2O$）、磷酸一氢铝（$2Al_2O_3 \cdot 3P_2O_5 \cdot 3H_2O$）和磷酸铝（$Al_2O_3 \cdot P_2P_5$）。各种磷酸铝的化学组成列于表 31-12。

磷酸铝的化学组成 **表 31-12**

名　　称	化 学 式	分 子 量	化学组成（%）		
			Al_2O_3	P_2O_5	H_2O
磷酸二氢铝	$Al(H_2PO_4)_3$	317.89	16.0	67.0	17.0
磷酸一氢铝	$Al_2(HPO_4)_3$	341.87	29.8	62.3	7.9
磷酸铝	$AlPO_4$	121.95	41.8	58.2	—

目前，更为普遍的是直接采用磷酸配制耐火混凝土。磷酸胶结材料一般由工业磷酸调制而成，磷酸浓度是决定耐火混凝土耐高温性能的重要因素。磷酸有三种：正磷酸（H_3PO_4）、焦磷酸（$H_4P_2O_7$）和偏磷酸（HPO_3）。正磷酸是稳定的一种，所以配制耐火混凝土主要采用正磷酸（简称磷酸），常用工业磷酸的成分为 $H_3PO_4 \cdot 0.5H_2O$，浓度通常为 85%，配制耐火混凝土所用的磷酸浓度一般为 40%～60%，因此可按表 31-13 加水稀释后使用。为了节约昂贵的工业磷酸，可掺入电镀用废磷酸（经过蒸发浓缩，比密度 1.48～1.50g/cm^3）与浓度为 50%的工业磷酸对半调成密度为 1.38～1.42g/cm^3 的磷酸溶液，其效果不亚于工业磷酸。

磷酸稀释加水量 **表 31-13**

磷酸浓度（%）	密　度（g/cm^3）	每 1kg 磷酸的加水量（kg）	磷酸浓度（%）	密　度（g/cm^3）	每 1kg 磷酸的加水量（kg）
20	1.113	3.250	50	1.335	0.700
40	1.254	1.125	60	1.426	0.417
42.5	1.274	1.000	70	1.526	0.214
45	1.293	0.889	85	1.689	0

二、耐火骨料

配制耐火混凝土的骨料包括粗骨料（粒径≥5mm）、细骨料（粒径 0.15～5mm）和粉料（粒径≤0.088mm）。粗细骨料在耐火混凝土组成中用量最多，起骨架作用，因其化学组成的不同，决定或显著影响混凝土的高温性能和适用范围。粉料除起着填充空隙、改善施工性能和保证密实度的作用外，有时可与某些胶结材料发生反应，使耐火混凝土具有强度或其他性能。

（一）耐火骨料的要求

用作耐火混凝土的骨料，主要是耐火性能较高的岩石和废砖经破碎后的碎石、碎砂和粉料。

1. 骨料粒度

骨料粒度对耐火混凝土性能有明显影响。如荷载软化点随骨料的临界粒度而变化，颗粒加大，荷载软化的始点温度提高。这是因为大颗粒的骨料在高温作用下不易变形的缘故。当临界粒度增大到 7mm 时，其荷载软化点虽然较高，但压制成型性能差，容易缺角掉棱，烘干强度也低。因此，对压制成型的磷酸高铝耐火混凝土，临界粒度一般以 3～5mm 为宜。耐火混凝土在加热至高温后，其强度降低的主要原因之一，是由于胶凝材料与骨料之间绝对变形不同而产生的应力引起的。为了减少强度的降低，采用较小颗粒的骨料也具有一定的效果。

2. 骨料级配

颗粒的级配组成，一般都采用混合粉碎后的自然级配。但是为了达到颗粒的最大松堆密度，必要时也采用人工级配，这样可得到较致密的制品，对提高耐火混凝土的性能有利。

耐火骨料除耐火性能必须满足耐火混凝土的使用温度外，其级配还应符合表 31-14 的要求。

耐火骨料的级配　　　　**表 31-14**

筛孔尺寸（mm）	筛余量（%）		
	细骨料	粗骨料	细砂和碎石混合物
20	—	95～100	100
10	—	40～70	65～85
5	85～100	—	40～45
1.2	45～80	—	20～35
0.3	5～30	—	2～5
0.15	0～25	—	0～10

（二）耐火骨料的有关规定

将耐火混凝土常用骨料按化学组成不同分类，对各种耐火骨料的有关规定如下：

1. 黏土质耐火骨料

这种骨料主要指硬质黏土熟料（焦宝石熟料），其 Al_2O_3 含量为 30%～50%，矿物成分为高岭石、叶腊石，并有石英、硫铁矿、金红石、方解石和云母等杂质。作为耐火混凝土的骨料，应符合《不定形耐火材料》（GB/T 4513—2000）中有关规定（表 31-15）。

硬质黏土熟料骨料技术条件 表 31-15

牌号	化学成分（%）		吸水率（%）	耐火度（℃）
	Al_2O_3	Fe_2O_3		
NG-42	≥42	≤2.7	≤3.0	≥1730
NG-36	≥36	≤3.5	≤5.0	≥1670
NG830	≥30	—	≤5.0	≥1630

2. 高铝质骨料

高铝质骨料主要指高铝矾土熟料，其 Al_2O_3 含量应大于 45%，矿物成分为莫来石（$3Al_2O_3 \cdot 2SiO_2$）、刚玉（α-Al_2O_3）和微量方石英等。作为耐火混凝土的骨料，应符合《不定形耐火材料》（GB/T 4513—2000）中有关规定（表 31-16）。

高铝矾土熟料骨料技术条件 表 31-16

牌号	化学成分（%）			吸水率（%）	耐火度（℃）
	Al_2O_3	Fe_2O_3	CaO		
LG-85	≥85	≤2.7	≤0.8	≤3.0	>1770
LG-80	≥80	≤3.2	≤0.8	≤5.0	>1770
LG-60	≥60	≤3.5	≤0.8	≤7.0	≥1770
LG-50	≥50	≤2.7	≤0.8	≤6.0	≥1770

3. 半硅质骨料

作为耐火混凝土骨料，在实际应用中仅有叶腊石（$Al_2O_3 \cdot 4SiO_2 \cdot H_2O$），其理论成分为 SiO_2—66.7%；Al_2O_3—28.3%；H_2O—5%。叶腊石并可不经煅烧直接用作骨料，其技术指标见表 31-17。

叶腊石技术指标 表 31-17

类型	化学成分（%）							密度（g/cm³）	耐火度（℃）
	SiO_2	Al_2O_3	Fe_2O_3	CaO	TiO_2	K_2O	烧失量		
高岭石-叶腊石	50.95	36.75	0.47	0.26	0.15	1.04	9.35	2.75	1710～1730
水铝石-叶腊石	48.02	42.16	—	0.13	0.23	—	9.80	2.95	1750～1770
叶腊石	65.82	28.19	—	0.18	—	—	5.32	2.79	1710
石英-叶腊石	72.29	22.62	0.19	0.13	0.19	—	4.30	2.27	1690

4. 硅质骨料

以 SiO_2 含量不小于 96% 的硅石为主要的硅质骨料，为了促进石英转变为方石英或磷石英，在配制耐火混凝土时一般均加入矿化剂，通常采用的矿化剂为铁磷以及氧化钙和氧化锰等。作为耐火混凝土骨料，硅石骨料指标应符合《硅砖》（GB/T 2608—2001）中的有关规定（表 31-18）。

硅石技术指标 表 31-18

等级	化学成分（%）			耐火度（℃）	吸水率（%）
	SiO_2	Al_2O_3	CaO		
特级品	≥98	≤0.5	≤0.4	≥1750	≥3.0
一级品	≥97	≤0.1	≤0.5	≥1730	≥4.0
二级品	≥96	≤1.3	≤1.0	≥1710	≥4.0

此外，还经常利用硅砖破碎分级后的颗粒作为硅质骨料。

5. 镁质骨料

镁质骨料主要包括镁石质、镁橄榄石质以及白云石质等种，按其化学性质又称碱性骨料。应用最多的是镁砂，制造镁砂的原料是菱镁矿或从海水及盐湖中人工提取的氧化镁等，我国目前主要是用菱镁矿制取镁砂，即将菱镁矿预先在竖窑等热工设备中，经高温煅烧制成烧结镁石以供使用。作为耐火混凝土骨料，应符合《烧结镁砂》（GB/T 2273—1998）中的有关规定（表 31-19）。烧结镁砂经过精选，在电弧炉中熔融，制得电熔镁砂，其特点是纯度高，耐高温性能好，抗碱性渣浸蚀能力强和热震稳定性好等。

镁砂技术指标　　表 31-19

类别		化学成分(%)					密度 (g/cm^3) (不小于)
		MgO (不小于)	SiO_2 (不大于)	Fe_2O_3 (不大于)	CaO (不大于)	烧失量 (不大于)	
普通镁砂	MS-91	91	4.5	—	1.6	0.3	3.54
	MS-89	89	5.0	—	2.5	0.5	3.53
	MS-87G	87	7.0	—	2.5	0.5	3.51
	MS-84C	84	9.0	—	2.5	0.5	3.51
	MS-88Ga	88	4.0	—	5.0	0.5	—
	MS-83Ga	83	5.0	—	8.0	0.8	—
	MS-78Ga	78	6.0	—	12.0	0.8	—
合成镁砂	MST	80	—	9	—	—	—

6. 特殊骨料

以人造合成骨料为主，如碳化物、氮化物等，也有天然原料或经再加工的原料，如锆英石等，我国也常将刚玉和合成莫来石归入此类。特殊骨料的特点是纯度高，耐高温性能好，抗化学侵蚀能力强，但由于价格昂贵，一般限于特殊部位使用，其中以刚玉、碳化硅、锆英石应用较多。

(1) 刚玉：配制配火混凝土所用刚玉系指人造刚玉，由工业氧化铝或铝土矿经电熔或烧结后制得。电熔工业氧化铝获得白色刚玉，Al_2O_3 含量为 99%；以铝土矿作原料制得的普通电熔刚玉，其 Al_2O_3 含量为 91%～93%，刚玉化学成分为 α-Al_2O_3，分级规定见表 31-20。

人造刚玉的化学成分　　表 31-20

等级	化学成分（%）		
	Al_2O_3	TiO_2	Fe_2O_3
一级别	>94	<4	<2.5
二级品	>90	<5	<3.5

(2) 碳化硅：又称金刚砂，是由 SiO_2 和硅质原料（主要为焦炭）混合通电流后制得。工业碳化硅的化学成分主要是 SiC，还有碳化铁、胶体炭和氧化物等杂质。以黏土为胶混材料制造的碳化硅其性能见表 31-21。

碳化硅的技术指标　　表 31-21

制　法	化学成分（%）		显气孔率（%）	密　度（g/cm^3）	耐火度（℃）	荷载软化开始温度（2MPa）（℃）	导热系数（W/m·K）
	SiC	SiO_2					
压　制	86.88	10.05	31.4	2.10	>1800	1620	7.33
捣　打	86.92	9.5	—	—	>1800	1640	9.88

（3）锆英石（$ZrSiO_4$）：它是一种天然原料，其理论成分为：氧化锆（ZrO_2）含量为67.03%，二氧化硅（SiO_2）含量为32.97%。锆英石耐火性能良好，我国资源丰富，但品位偏低，ZrO_2 含量只有55%左右。

7. 其他骨料

其他包括某些天然骨料，可以不经煅烧直接作为耐火混凝土的骨料，已经使用的有高炉矿渣、白砂石、安山岩、玄武岩、辉绿岩、浮石等。

（三）轻质骨料

1. 天然轻骨料

如前所述，天然轻骨料如浮石、沸石、火山渣等，在某些地方其蕴藏量很大。

2. 人造轻骨料

人造轻骨料的生产制造方法：利用天然原料加热膨胀而成的人造轻骨料，如蛭石、页岩陶粒、膨胀珍珠岩等；利用加入外加物煅烧而成的人造轻骨料，如多孔黏土熟料等；利用高温熔融而成的人造轻骨料，如氧化铝空心球等；利用轻质耐火制品或碎块制成的轻骨料。其常用产品有：

（1）轻质耐火砖轻骨料：用废旧轻质耐火砖经破碎筛分后制得。

（2）多孔熟料轻骨料：用硬质黏土或高铝矾土为原料，磨细后加入外加物，经煅烧后获得的多孔熟料，具有强度高，高温性能稳定，适宜于在1200～1400℃温度范围内使用。

（3）氧化铝空心球轻骨料：用工业氧化铝经高温电熔吹制而成，颗粒为白色、空心、薄壁的小球，其化学成分为 $Al_2O_3>99.5\%$，$SiO_2 0.1\%\sim0.2\%$，具有松堆密度小、导热系数低、强度大、耐火度高等特点，但价格高，一般只用于高温特殊部位。

（四）磨细掺合材料

配制耐火混凝土用的磨细掺合材料不应含有石灰石、方解石等在高温下易分解的杂质，以免影响混凝土的强度和耐久性。对磨细掺合材料的具体要求，可参考表31-22。

耐火混凝土掺合材料技术要求　　表 31-22

耐火混凝土掺合材料种类		黏土熟料	黏土耐火砖	黄土	高铝砖	矾土熟料	冶金镁砂	镁砖	铬铁矿	石英	粉煤灰
通过0.08mm筛孔筛余不少于(%)	水泥类	70	70	70	70	70	—	—	85	—	85
	水玻璃类	50	50	—	—	—	70	70	—	85	—
化学成分	Al_2O_3	≥30	≥30	—	≥65	≥48	—	—	—	—	≥25
	Fe_2O_3	≤5.5	—	≤5	—	—	—	—	≤16	—	—
	SO_3	≤0.3	—	—	—	—	—	—	—	—	≤4
	SiO_2	—	—	≥70	—	—	≤4	—	≤8	≥90	—
	CaO	—	—	≤8	—	—	≤4	—	≤1.5	—	—
	MgO	—	—	—	—	—	≥88	—	—	—	—
	Cr_2O_3	—	—	—	—	—	—	—	≥4.5	—	—
	烧失量	—	—	≤8	—	—	≤0.6	—	—	—	≤8

三、外加剂

配制耐火混凝土所采用的外加剂种类较多，如促硬剂、膨胀剂、减水剂、矿化剂等。

(一) 促硬剂

配制耐火混凝土时，不同的胶结材料应选用各自的促硬剂，用化学或黏土（陶瓷）胶结材料时，其促硬剂尤其重要，往往成为必不可少的组分。用水泥胶结材料时，一般应为适合某种需要的附加组分。

1. 纯铝酸钙水泥耐火混凝土用促硬剂

纯铝酸钙水泥在常温下早期强度较高，以往很少再加入促硬剂，为了调整其硬化性能，国外已经引用各种促硬剂，已知的有：氢氧化钙、氢氧化钠、碳酸钠、锂盐、硅酸钠、硅酸盐水泥等，我国在近期也已开始使用。

2. 黏土耐火混凝土用促硬剂

以黏土作为耐火材料的胶结材料，常温强度很低，为适应施工要求，必须加入促硬剂，这种促硬剂一般采用硅酸盐水泥或石灰。

硅酸盐水泥作为促硬剂，其水化产物中有氢氧化钙和钙离子及氢氧根，而作为胶结材料的黏土遇水后，颗粒表面的钙离子被钠离子置换，并与黏土耐火混凝土中常用的化学分散剂（三聚磷酸钠）结合形成沉淀的钙盐。同时，黏土吸附的钠离子还与水泥水化产生的钙离子进行离子交换。由于钙离子水化膜薄，使黏土颗粒又重新凝聚，加强了黏土浆体的强度。此外，水泥水化后形成的针状硫铝酸钙，穿插在黏土颗粒和骨料之间，形成针状和团粒状结合体，使黏土和骨料的黏结强度提高。通过上述反应，促进常温下的凝结和硬化从而形成较高的强度。

作为促硬剂的石灰遇水水化形成六方晶系晶粒，加强结合体间的凝聚并填充于黏土颗粒之间，促进黏土浆体的固化作用，从而提高黏土和骨料间的结合强度，因而使混凝土的强度明显提高。

3. 水玻璃耐火混凝土常用促硬剂

水玻璃耐火混凝土常用的促硬剂见表 31-23。

水玻璃耐火混凝土的促硬剂 表 31-23

名称	化学式	名称	化学式
硅	Si	硅酸二钙	$2CaO \cdot SiO_2$
氟硅酸钠	Na_2SiF_6	矿渣	—
磷酸铝	$Al_2O_3 \cdot P_2O_5$	有机脂类	RCOOR
氧化钙	CaO	乙二醛	CHO | CHO

我国普遍采用氟硅酸钠作为这种耐火混凝土的促硬剂，在一定加入量范围内，随着氟硅酸钠用量增加，强度有所提高，但由于氟硅酸钠的熔点较低，特别是它与水玻璃之间的反应产物熔点更低（900～980℃），因此，在能满足强度和硬化时间要求的前提下，也应当尽量减少氟硅酸钠的用量，一般为水玻璃用量的 12%～15%，如以硅酸盐水泥为促硬剂时，其用量为水玻璃用量的 8%～12%。

4. 磷酸盐耐火混凝土用促硬剂

磷酸盐耐火混凝土的促硬机理比较复杂，主要是磷酸和酸式磷酸盐溶液离解出的磷酸根离子取代促硬剂组分中的金属阳离子（或铵离子），并形成胶凝性能较好的磷酸盐。含水磷酸盐或使生成物沉淀，从而使耐火混凝土发生凝结和硬化。国外常用的促硬剂有氧化镁（MgO）、氧化钙（CaO）、氧化锌（ZnO）、氢氧化铝（$Al(OH)_3$）、氟化铵（NH_4F）等，其中以MgO使用较为普遍，其优点是在1000℃以下硬化快，强度高，缺点是当温度超过1100℃时强度大幅度下降。我国采用硅酸盐水泥、高铝水泥、高铝水泥-60（65）、纯铝酸钙水泥为促硬剂，尤以高铝水泥最为常用，其用量一般为材料总质量的2%。应该说明，上述促硬剂仅仅能够提高耐火混凝土的常温强度而又往往影响其高温性能，因此，当不要求常温强度或使用温度偏高时，应尽量少用或不用此类促硬剂。

（二）膨胀剂

配制耐火混凝土所用的膨胀剂主要有蓝晶石。蓝晶石与硅线石、红柱石是一族同质多相变体的无水铝酸盐矿物，其化学分子式均为 $Al_2O_3 \cdot SiO_2$，蓝晶石为三斜晶体，通常呈扁平状晶体，晶面上有平行的条纹，颜色为蓝色，有时为绿色、黄色和白色，硬度因方向而异，比密度为3.57~3.63g/cm^3。

蓝晶石被加热到一定温度时，转化成富铝红柱石（莫来石），其反应方程式：

$$3(Al_2O_3 \cdot SiO_2) \longrightarrow 3Al_2O_3 \cdot 2SiO_2 + SiO_2$$

蓝晶石在高温煅烧时，于1200℃开始分解，不可逆地转化为莫来石，并析出游离 SiO_2，到1360~1400℃时分解很快，1500℃以后出现石英玻璃及与原来晶体表面垂直的纤维莫来石。此反应是由外向里逐渐转化的，并伴随这种反应产生约16%~18%的体积膨胀，利用这一膨胀特性，提高与改善耐火混凝土的高温性能。

我国对蓝晶石的耐火机理已作许多研究试验工作，效果也比较好，工业性的应用还处于开始阶段。

（三）其他外加剂

1. 减水剂

在应用减水剂方面，耐火混凝土只是引用一般混凝土常用的减水剂。但由于耐火混凝土品种多，性质差异大，因此选用减水剂需经过试验后才能确定。

2. 矿化剂

矿化剂一般只应用于硅质材料配制的耐火混凝土。

四、钢筋

应该不用加钢筋或者用少量钢丝网而不用钢筋，因为在高温下钢筋可能引起增加弹性变形及产生腐蚀等问题。钢筋由于水硬性黏结，而使耐火混凝土具有较高的抗压强度。加热时，在800~1000℃范围内粘结力下降，抗压强度可以下降为原始强度的20%。进一步加热时，由于形成陶瓷粘结强度可以再升高。

第三节　耐火混凝土的组成和性能

由于组成耐火混凝土的原材料品种繁多，其组成设计主要是依据使用温度和使用要求并根据实践经验和试验结果确定。耐火混凝土是必然在高温条件下使用的，因此，研究在高温作用下的性能是决定耐火混凝土使用范围的重要依据。

一、耐火混凝土基本组成和性能

（一）基本组成

1. 水泥胶结材料耐火混凝土

（1）硅酸盐水泥耐火混凝土的组成：见表31-24。

硅酸盐水泥耐火混凝土的组成　　表31-24

材料名称	黏土质			硅酸盐水泥	水
	黏土熟料（5～15mm）	黏土熟料（<5mm）	黏土熟料粉（<0.15mm）		
组成（%）	30～40	35～40	7.5～15	13～15	10～15

（2）高铝水泥耐火混凝土的组成：见表31-25。

高铝水泥耐火混凝土的组成　　表31-25

高铝质		黏土质	
材料名称	组成（%）	材料名称	组成（%）
矾土熟料（5～15mm）	30～40	黏土熟料（5～15mm）	30～40
矾土熟料（<5mm）	30～40	黏土熟料（<5mm）	30～40
矾土熟料粉（<0.15mm）	≤15	黏土熟料粉（<0.15mm）	≤15
高铝水泥	12～18	高铝水泥	12～18
水	9～12	水	9～12

（3）纯铝酸钙水泥耐火混凝土的组成：见表31-26。

纯铝酸钙水泥耐火混凝土的组成　　表31-26

刚玉质		高铝质	
材料名称	组成（%）	材料名称	组成（%）
刚玉（0.5～5mm）	40～45	矾土熟料（0.5～5mm）	40～45
刚玉（<0.5mm）	20	矾土熟料（<0.5mm）	20
刚玉粉（<0.15mm）	20	氧化铝粉（<0.15mm）	20
纯铝酸钙水泥	15～20	纯铝酸钙水泥	15～20
水	9～10	水	9～10

2. 黏土胶结材料耐火混凝土

黏土耐火混凝土的组成见表31-27。

黏土耐火混凝土的组成　　表31-27

高铝质		黏土质	
材料名称	组成（%）	材料名称	组成（%）
矾土熟料（<10mm）	70	黏土熟料（<10mm）	70
矾土熟料粉（<0.15mm）	20	黏土熟料粉（<0.15mm）	20
黏土	10	黏土	10
三聚磷酸钠	0.15	三聚磷酸钠	0.15
促硬剂	适量	促硬剂	适量
水	9～10	水	9～10

3. 化学胶结材料耐火混凝土

（1）水玻璃耐火混凝土的组成：见表31-28。

水玻璃耐火混凝土的组成　　表31-28

高铝质		黏土质	
材料名称	组　成（%）	材料名称	组　成（%）
矾土熟料（5～15mm）	30～40	黏土熟料（5～15mm）	30～40
矾土熟料（＜5mm）	30～40	黏土熟料（＜5mm）	30～40
矾土熟料粉（＜0.15mm）	25～30	黏土熟料粉（＜0.15mm）	25～30
水玻璃	13～16	水玻璃	13～16
氟硅酸钠（占水玻璃量）	12～15	氟硅酸钠（占水玻璃量）	12～15

（2）磷酸盐耐火混凝土的组成：见表31-29。

磷酸盐耐火混凝土的组成　　表31-29

高铝质		黏土质	
材料名称	组　成（%）	材料名称	组　成（%）
矾土熟料（5～15mm）	30～40	黏土熟料（5～15mm）	30～40
矾土熟料（＜5mm）	30～40	黏土熟料（＜5mm）	30～40
矾土熟料粉（0.15mm）	25～35	黏土熟料粉（＜0.15mm）	25～35
高铝水泥	＜3	高铝水泥	＜3
磷　酸	13～15	磷　酸	13～15

（二）基本性能

1. 耐火度

混凝土在高温作用下不熔化的性质，称为耐火度。耐火混凝土的耐火度，主要由骨料的耐火度来决定，并与混凝土配合比有关。

2. 荷载软化温度

耐火混凝土在0.2MPa静荷作用下，按照规定的升温速度加热到一定量变形的温度，称之为荷载软化度。

易熔物质的数量增多，会降低耐火混凝土在高温下的强度。对高铝质耐火混凝土而言，Na_2O是有害成分；对硅质耐火混凝土，Al_2O_3是有害成分；对镁质耐火混凝土，SiO_2是有害成分。但作为矿化剂并能改善混凝土结晶转化的氧化物，可以促使混凝土软化温度提高。

3. 高温下的体积固定性

耐火混凝土在高温长期作用下，会引起相组成的继续变化及产生重结晶和烧结等现象。由于在高温下加热的结果，使耐火混凝土产生线尺度的非可逆变化，称为线收缩及线膨胀。

各种水泥耐热混凝土第一次在200～900℃范围内加热时，由于凝胶体失水或$Ca(OH)_2$脱水，体积发生变化，混凝土产生收缩。第二次在200～900℃范围内加热时，混凝土则产生膨胀，其膨胀系数一般为$4.0 \sim 6.6 \times 10^{-6}$之间。水玻璃耐火混凝土加热到100～800℃时的热膨胀系数在$6 \sim 8 \times 10^{-6}$之间。

耐火温度在加热温度高于800℃时，则产生收缩，当加热温度为800～1250℃时，其线收缩值为0.2%～0.7%。当温度为1350℃时，增加到1.2%。掺入黏土砖、耐火黏土、石英砂和黏土熟料等掺合材料的耐火混凝土，其收缩较少；掺矿渣、硅藻土和铬铁矿等掺合材料的耐火混凝土，其线收缩较大。

硅酸盐水泥用量较多的耐火混凝土，其线收缩也较大。如水泥用量为 580kg/m^3 的耐火混凝土，加热到 250℃时，水泥局部熔化而使试件变形，其线收缩值达 1.5%。

大部分耐火混凝土在高温影响下，产生残余收缩，混凝土继续致密。这主要是由于组成的液相表面张力和重结晶作用促使结晶物质或固体物质互相靠近，引起混凝土致密。如高铝质耐火混凝土，γ-Al_2O_3（相对密度 3.7）成为 α-Al_2O_3（相对密度 4.0）的重结晶即引起残余收缩；又如高硅质耐火混凝土由于重结晶，组成密度较小的新物质，产生残余膨胀，即当石英重结晶成磷石英和方石英时，相对密度从 2.65 降到 2.30～2.32，引起混凝土的残余膨胀。

4. 热震稳定性

耐火混凝土对于急冷急热温度变化的抵抗性能，称为热震稳定性。

耐火混凝土耐急冷急热性一般在 5～25 次范围内。黏土熟料作骨料的水玻璃耐火混凝土具有相当良好的热震稳定性（能耐 37 次急冷急热作用）。硅酸盐水泥用量较多的耐火混凝土，在耐急冷急热性能方面并不优于水泥用量较少的耐火混凝土。具有较好耐急冷急热性能的是硅酸盐水泥用量约为 350kg/m^3 时的耐火混凝土。

5. 抗压强度

耐火混凝土的强度主要取决于本身的结构。结构愈密实均匀，颗粒愈细，胶凝材料与骨料之间的微裂纹愈少，其强度愈高。而结构的质量主要决定于材料的颗粒组成和烧结程度。耐火混凝土一般加热到 800℃和 1000℃时，强度均有不同程度的降低；而再加热到 1250℃，由于部分烧结熔融，其时强度均较未加热的强度增高。

热工设备及重要结构用的混凝土，除测定它在 100～110℃下烘干试件的抗压强度外，还必须测定它在加热到设备工作温度后的抗压强度。

如果混凝土要在 800℃或更高温度下使用，则试件必须加热到 800℃或更高温度，把试件加热到 800℃或更高温度之后的冷却抗压强度和烘干后抗压强度之比值，称为剩余抗压强度。

（三）技术指标

1. 水泥胶凝材料耐火混凝土

硅酸盐水泥耐火混凝土和铝酸盐水泥耐火混凝土的技术指标见表 31-30。

水泥胶凝材料耐火混凝土技术指标　　表 31-30

耐火混凝土种类			硅酸盐水泥耐火混凝土	高铝水泥耐火混凝土					
牌　号			GN	G_3L	G_2L	G_2N	G_1L	G_1N_2	G_1N_3
指标	Al_2O_3（%）不小于		30	85	60	42	60	42	30
	耐火度（℃）不低于		—	1790	1690	1650	1690	1650	1610
	烧后 3h 线变化不大于 1%的试验温度（℃）		1200	1500	1400	1350	1400	1350	1300
	105～110℃烘干后	抗压强度（MPa）	20.0	25.0	20.0	10.0	10.0	10.0	10.0
		抗折强度（MPa）	—	5.0	4.0	4.0	3.5	3.5	3.5
最高使用温度(℃)			1200	165	1400	1350	1400	1350	1300

注：G_3L 为纯铝酸钙水泥耐火混凝土。

2. 黏土胶结材料耐火混凝土

黏土耐火混凝土的技术指标见表 31-31。

黏土耐火混凝土的技术指标　　表 31-31

牌号			NL_2	NL_1	NN
指标	Al_2O_3（%）不小于		65	55	45
	耐火度（℃）不低于		1730	1710	1690
	烧后保温 3h 线变化不大于 1%的试验温度（℃）		1450	1350	1300
	105~110℃烘干后	抗压强度(MPa)	3.0	3.0	3.0
		抗折强度(MPa)	0.5	0.5	0.5
最高使用温度(℃)			1450	1350	1300

3. 化学胶结材料耐火混凝土

水玻璃耐火混凝土和磷酸盐耐火混凝土的技术指标见表 31-32。

化学胶结材料耐火混凝土的技术指标　　表 31-32

耐火混凝土种类			水玻璃耐火混凝土	磷酸盐耐火混凝土		
牌号			BN	LL_2	LL_1	LN
指标	Al_2O_3(%)不小于		40	75	60	45
	耐火度(℃)不低于		—	1770	1730	1710
	烧后保温 3h 线变化不大于 1%的试验温度(℃)		1000	1450	1450	1450
	105~110℃烘干后	抗压强度(MPa)	20.0	15.0	15.0	15.0
		抗折强度(MPa)	—	3.5	3.5	3.5
最高使用温度(℃)			1000	1600	1500	1450

二、轻质耐火混凝土的组成和性能

在现阶段，轻质耐火混凝土应用很广，但尚未形成完整的系列，表 31-33 所列系借鉴并综合国内外有关轻质耐火混凝土的组成和性能的资料，以资参考。

轻质耐火混凝土的组成和性能　　表 31-33

使用温度(℃)	组成材料		堆积密度(kg/m^3)	导热系数(W/m·K)	抗压强度(MPa)	烧后线变化(%)	Al_2O_3(%)
	胶结材料	骨料					
800~1000	硅酸盐水泥 水玻璃	蛭石 珍珠岩	700~1100	0.17~0.23	2.0~4.0	-0.15~1.8	25~30
	硅酸盐水泥 高铝水泥 水玻璃	陶粒	1300~1400	0.41~0.47	7.0~15.0	-0.2	15~25
1000~1300	高铝水泥	轻质粘土质	1150~1500	0.27~0.52	3.0~10.0	-0.8~1.2	35~45
1300~1400	高铝水泥	轻质高铝质	1300~1500	0.41~0.52	7.0~15.0	-1.0~+0.3	45~50
1400~1600	纯铝酸钙水泥	氧化铝空心球	1200~1600	0.35~0.81	5.0~18.0	-0.3~+0.6	90~95

轻质耐火混凝土组成中通常采用两种或两种以上混合骨料，先根据所要求的使用温度选择胶结材料和骨料品种，再按照要求的堆积密度和强度选择胶结材料和轻质骨料的比例，一般采取质量比为：胶凝材料:骨料 = 1:1 ~ 1:4，再用试配法确定组成。

三、耐火砌筑胶泥的组成

耐火混凝土除整体浇筑外，还可以预制构件拼装成构筑物，此时需要加砌筑胶泥。砌筑胶泥原则上应与砌体的材质相同；也可以采用一般黏土质胶泥或高铝质胶泥。当砌缝较大时，尤其是灌筑竖向预留孔洞时，可以加入 30%左右的细骨料，细骨料的最大粒径一般小于 5mm，也可以应用同种耐火混凝土加以填充。为便于人工捣固，还应适当增加用火量或配制耐火混凝土专用液体的用量。

（一）黏土耐火混凝土所用砌筑胶泥的组成

黏土耐火混凝土所用砌筑胶泥由其细骨料的同种材料组成，或选用表 31-34 所列砌筑胶泥即可。

耐火混凝土胶泥的组成 **表 31-34**

混凝土种类	材料名称	组成(%)	混凝土种类	材料名称	组成(%)
硅酸盐水泥耐火混凝土	硅酸盐水泥 黏土熟料粉 水	20 ~ 30 70 ~ 80 适量	水玻璃耐火混凝土	黏土熟料粉 黏土 糊精 水玻璃	85 ~ 90 10 ~ 15 1 40 ~ 46
	硅酸盐水泥 黏土熟料粉 黏土质耐火泥 水	20 50 30 适量	磷酸盐耐火混凝土	黏土熟料粉 工业磷酸(85%浓度) 水	100 16 ~ 20 15 ~ 24
高铝水泥耐火混凝土	高铝水泥 矾土熟料粉(或粘土熟料粉) 水	20 ~ 25 75 ~ 80 适量		矾土熟料粉 工业磷酸(20%浓度) 石墨粉(土状) 机油	100 25 ~ 30 5 ~ 7 0 ~ 2
	黏土熟料粉 工业磷酸(85%浓度) 水	100 16 ~ 20 15 ~ 24		矾土熟料粉 工业磷酸(85%浓度) 水	100 16 ~ 18 15 ~ 14
	矾土熟料粉 工业磷酸(20%浓度) 石墨粉(土状) 机油	100 25 ~ 30 5 ~ 7 0 ~ 2			
	矾土熟料粉 工业磷酸(85%浓度) 水	100 16 ~ 18 15 ~ 24			

（二）硅质和镁质耐火砌筑胶泥的组成

硅质耐火混凝土及镁质耐火混凝土所用砌筑胶泥的组成见表 31-35。

硅质和镁质耐火砌筑胶泥的组成 **表 31-35**

混凝土种类	材料名称	组成(%)	混凝土种类	材料名称	组成(%)
硅质耐火混凝土	GF-90 硅质耐火泥 水	100 适量	硅质耐火混凝土	硅石粉 黏土 水玻璃 水	80 ~ 85 15 ~ 20 8 ~ 10 适量
	GF-85 硅质耐火泥 水玻璃 水	100 8 ~ 10 适量	镁质耐火混凝土	镁砂粉 黏土质耐火泥 卤水	80 20 适量
	硅石粉 黏土 水	80 ~ 95 5 ~ 20 适量		镁砂粉 水玻璃	100 适量

第四节　耐火混凝土配合比设计

一、配合比设计

耐火混凝土的配合比不但应满足耐火性能的要求，同时也必须满足一定强度和和易性的要求，即既能满足使用要求，又便于施工。

耐火混凝土组成材料本身的性能是决定其具备高温性能的主要因素。但胶凝材料的用量、水灰比（或水胶比）、骨料级配、掺料用量和外加剂等，对改善耐火混凝土的高温性能也有很大的作用。因此，配合比的选择非常重要。在进行配合比设计时，必须详细了解混凝土各组分对其性能的影响。

（一）胶凝材料用量

一般情况下，骨料的耐火度都较之胶结材料高些。胶凝材料用量超过一定范围时，随着用量的增加，混凝土的荷载软化点降低，残余变形增大，耐火性能降低。因此，为了提高耐火混凝土的高温性能，在满足施工和易性和常温强度的要求下，尽可能地减少胶凝材料的数量。

如水泥胶凝材料耐火混凝土，在不同的使用要求下，水泥用量一般可控制在10%～20%范围内（以混凝土总质量计）。对荷载软化点和耐火度要求较高而常温强度要求又不高的水泥胶凝材料耐火混凝土，其水泥用量可控制在10%～15%以内。

（二）水灰比或水胶比

水泥耐火混凝土水灰比的增减对强度和残余变形的影响较显著。与普通混凝土相似，随着水灰比的增加，混凝土的强度降低。但对耐火混凝土更为显著，因为耐火混凝土经常处于高温环境，水分容易散失，导致混凝土内部孔隙增加，结构疏松，强度降低。因此，配制耐火混凝土时，在施工条件允许的前提下，应尽可能减少用水量，降低水灰比。一般坍落度不宜大于2cm，最好采用干硬性混凝土。

如果耐火混凝土为干硬性混凝土，应在保证混凝土和易性和密实度的条件下，尽量降低用水量，以提高混凝土的常温及高温强度，其水灰比一般为：

（1）机械搅拌时：水灰比为0.38～0.40；

（2）人工搅拌时：水灰比为0.40～0.45。

如胶凝材料为水玻璃的化学胶凝材料耐火混凝土，水玻璃模数常在2.6～2.8范围内，比密度一般采用1.36～1.40g/cm^3。氟硅酸钠用量常为水玻璃用量的10%～12%。用磷酸作胶凝材料的耐火混凝土，工业磷酸浓度一般为50%。

（三）掺合材料用量

掺合材料可提高混凝土的耐高温性能，改善施工和易性，同时还可减少水泥用量。从试验结果得知，硅酸盐水泥石不加掺合料的耐火度为1440℃，烘干强度为80.4MPa，经1200℃加热后强度降低达46.6%。而加入与水泥质量比为1:1的掺合料后，烘干强度只有52.8MPa，水泥耐火度增至1640℃。经加热至1200℃后，强度为50.8MPa，仅仅降低3.8%。因此，对常温要求强度不高的耐火混凝土，掺料用量可多些。一般用量为水泥的30%～100%，最高可达300%。

（四）骨料级配及砂率

骨料用量约占耐火混凝土混合料总量的80%左右，改善骨料级配对提高耐火混凝土密实度和高温特性均有良好的效果。选择骨料时，必须注意骨料的类别和耐火度，使之与胶结材料相适应，同时还应选择适宜的粒度。一般粗骨料如果粒径过大，用量过多，则混凝土混合料的和易性较差，难于成型，密实度下降，在高温易于分层脱落。实践证明，砂率宜在40%～60%之间为度。

二、参考配合比

由于耐火混凝土的配合比设计比较繁琐，一般常采用经验配合比为原始配合比，再通过试拌调整，求出较适用的配合比。

（一）普通耐火混凝土参考配合比

表31-36列举出数种耐火混凝土的经验配合比及使用极限温度资料，以供施工中参考选用。

耐火混凝土配合比及极限温度　　表31-36

序号	混凝土种类	极限温度（℃）	组成材料及用量（kg/m^3） 胶凝材料	掺合材料	细骨料	粗骨料	强度等级（MPa）
1	水玻璃和镁砖	1200	水玻璃（$\rho_s=1.38$）（300～350） 氟硅酸钠（30～35）	镁砂粉（600）	镁砖粉（600）	镁砖碎块（1150）	C15～C20
2	水玻璃和滑石	1100	水玻璃（$\rho_s=1.38$）（350～400） 氟硅酸钠（40～45）	滑石粉（400）	滑石粉（600）	滑石碎石（1150）	C15～C20
3	水玻璃和铬铁矿	1100	水玻璃（$\rho_s=1.38$）（250～300） 氟硅酸钠（30～35）	铬铁矿粉（700）	铬铁矿砂（800）	铬铁矿石（1300）	C15～C20
4	水玻璃和黏土熟料	1000	水玻璃（$\rho_s=1.38$）（350～400） 氟硅酸钠（40～50）	黏土熟料粉（500）	黏土熟料砂（500）	黏土熟料碎石（750）	C15～C20
5	磷酸+高铝	1500	磷酸（浓度50%）7.5%外加	一级矾土粉15% 二级矾土粉15%	二级矾土砂60%（<3mm） 硅石10%（<1mm）	—	C40～C50
6	磷酸+高铝	1650	磷酸（浓度50%）6.8%外加	一级矾土粉20% 二级矾土粉10% 苏州泥5%	一级矾土砂60%（<5mm） 硅石10%（<1mm）	—	C40
7	高铝水泥和铬铁矿	1400	高铝水泥 （300） （350）	—	铬铁矿砂 （1300） （1200）	铬铁矿石 （1100） （1050）	C15～C20
8	高铝水质和黏土熟料	1300	高铝水泥 （300） （350） （558）	—	黏土熟料砂 （800） （800） （1670）	黏土熟料碎石 （700） （650） —	C15 C20 C50
9	硅酸盐水泥和黏土熟料	1200	硅酸盐水泥 300 350	黏土熟料粉 300（90） 350（105）	黏土熟料砂 500（600） 450（570）	黏土熟料碎石 700（810） 650（770）	C15～C20
10	硅酸盐水泥和普通黏土砖	900	硅酸盐水泥 300 350	普通砖瓦粉 300（90） 350（105）	普通砖碎砂 450（550） 400（520）	普通砖碎石 650（760） 600（725）	C10～C15

注：1. 一级矾土粉：$TiO_2+Al_2O_3=80\%\sim90\%$；二级矾土粉：$TiO_2+Al_2O_3=60\%\sim80\%$；苏州泥：$Al_2O_3=31.27\%$。

2. 序号9、10两行括号内数字是掺料为胶凝材料30%的配合比。

（二）轻质耐火混凝土参考配合比

轻质耐火混凝土的配合比，应视具体性能要求选配，增大骨料颗粒可减小堆密度，增加水泥用量，混凝土堆密度增加而强度增高。用膨胀蛭石作骨料，混凝土残余变形较大。轻质耐火混凝土配合比见表31-37和表31-38。

轻质耐火混凝土用料配合比　　表31-37

编号	质量配合比（%）			水灰比 $\left(\frac{W}{C}\right)$	组成材料		
	胶凝材料	掺合料	骨料		胶凝材料	掺合料	骨料
1	40~45	30~35	20~30	—	水玻璃（加硬化剂）	耐火黏土砖粉熟料粉	膨胀蛭石
2	15~20	15~20	60~65	0.45~0.55	硅酸盐水泥	耐火黏土砖粉熟料粉	陶粒
3	30~35	—	65~70	—	高铝水泥	—	陶粒
4	123.8（kg/m^3） 41.2（kg/m^3） 33.0（kg/m^3）	— — —	165（kg/m^3） 165（kg/m^3） 165（kg/m^3）	— — —	磷酸铝溶液 硫酸铝溶液 纸浆废液	— — —	膨胀珍珠岩
5	27~28	8~9	37~38	0.7~0.8	高铝水泥	耐火黏土砖粉熟料粉	轻质黏土砖

轻质耐火混凝土参考配合比　　表31-38

编号	材料组成及配合比	水灰比 $\left(\frac{W}{C}\right)$	水泥（kg/m^3）	湿堆积密度（kg/m^3）	极限温度（℃）	使用范围
1	高铝水泥:蛭石粉:蛭石块 1:0.47:0.21	1.12	455	1230	800	隔热部位
2	高铝水泥:陶粒砂:陶粒 1:0.90:1.15	0.57	415	1500	900	隔热承重部位
3	高铝水泥:蛭石砂:陶粒 1:0.34:0.83	0.90	398	1230	1000	隔热部位
4*	高铝水泥:粉煤灰:珍珠岩 1:1.0:3~4（另掺1%黏土）	0.8~1.1	—	—	1000	隔热部位
5	高铝水泥:黏土砖粉:轻土粉:轻土块 1:0.33:0.33:1.07	0.77	460	1700	1300	隔热部位
6	高铝水泥:轻铝砖粉:轻铝砖砂:轻铝砖块 1:0.62:0.25:0.63	0.56	458	1690	1300	隔热部位
7*	高铝水泥:珍珠岩:轻质高铝砖砂 1:2:2	0.52 （外加）	—	1340	1300	隔热部位
8	纯铝酸钙水泥:氧化铝粉:氧化铝空心球 1:1.85:2.85	0.13 （外加）	—	—	1600	隔热部位

第五节　耐火混凝土施工

耐火混凝土通常是由耐火材料厂将耐火骨料（包括粉料）和胶结材料混合配制以后，以袋装运往工地，或将所需的各种原料在施工现场调制，然后加水（或其他液体组分），或再加入外加剂拌合后使用。此外，也可以在耐火材料厂中制成预制构件，在施工现场装配使用。

耐火混凝土的施工工艺与普通混凝土基本相同，即经过拌和、成型、养护等工序。不同的是需要经过烘烤以后才能使用，这是配制耐火混凝土的一个非常重要的工艺特点。

一、施工准备

（一）原材料质量要求

1. 胶结材料

（1）硅酸盐水泥、普通硅酸盐水泥与矿渣硅酸盐水泥，除应分别符合有关国家标准要求外，作为生产耐火混凝土的胶结材料，还应满足下列要求：

①普通硅酸盐水泥中，不得掺有石灰岩、菱镁矿、白云石一类在高温下可分解的惰性混合材料，以防止高温使用条件下受热分解，而导致耐火混凝土裂缝、毁坏。

②用矿渣硅酸盐水泥配制极限使用温度为900℃的耐火混凝土时，水泥中的水渣含量不得大于50%。

③因为水泥的耐火度远远低于耐火骨料和耐火粉料，在保证耐火混凝土设计强度等级的情况下，尽可能减少胶结材料用量，以确保耐火混凝土的高温性能。为此，要求所用水泥强度等级不得低于32.5级。

④高于32.5级的矿渣硅酸盐水泥、火山灰硅酸盐水泥，粉煤灰硅酸盐水泥均可作耐火混凝土的胶结材料。但各种水泥龄期强度不得低于规定值，SO_3含量不得超过4%。

（2）铝酸盐水泥具有快硬高强、水化热集中、耐火和抗硫酸盐侵蚀等特点，而成为耐火混凝土的良好胶结凝料。其主要品种有高铝水泥、高铝水泥－60、低钙铝酸盐水泥、纯高铝酸钙水泥和超高铝水泥等。不宜使用高碱性铝酸盐水泥，否则会引起速凝，不便施工。

（3）水玻璃（$Na_2O \cdot nSiO_2$）：又称泡花碱，其主要成分是碱金属硅酸盐。常用液体水玻璃，配制水玻璃耐火混凝土。为了加速凝结硬化，须掺适量硬化剂——氟硅酸钠（Na_2SiF_6）。对于需速凝快硬的水玻璃耐火混凝土，可选用溶解度大的氟硅酸镁（$MgSiF_6$）及氟硅酸铝［Al_2（SiF_6）$_3$］等硬化剂。

（4）磷酸和磷酸盐：磷酸有正磷酸（H_3PO_4）、焦磷酸（$H_4P_2O_7$）和偏磷酸（HPO_3），配制耐火混凝土主要采用正磷酸。

2. 耐火骨料和粉料

（1）一般粒径大于5mm的耐火骨料称粗骨料；小于5mm者为细骨料。作为耐火混凝土的骨料粒径不宜过大。我国多采用5～10mm粒径耐火粗骨料，也有采用最大粒径为15mm者。大体积耐火混凝土的粗骨料，最大粒径也不超过25～30mm。

（2）为了使耐火混凝土达到较高的堆密度及物理、力学、高温性能，应以达到最紧堆密度为理想级配。其级配要求，还随着成型方法的不同而略有差别。耐火骨料的颗粒级配见表31-39。

耐火骨料颗粒级配 表31-39

成型方法	耐火骨料筛余量（%）				
	15~10	10~5	5~0.15	5~1.2	1.2~0.15
振　动	25~30	20~25	45~55	—	—
捣　实	—	35~45	—	25~35	20~30
喷　涂	—	25~35	—	30~40	25~45
机　压	—	—	—	50~60	40~50

（二）原材料准备

（1）配制耐火混凝土的各种原材料，均需在施工前准备齐全，并妥善保管。水泥在运输存放期不得受潮结块或混入杂质。

（2）一般出厂的水玻璃比密度较高，用水稀释时使用中性水，不得采用工业废水。

（3）一般工业磷酸浓度为85%，使用时多稀释至40%~50%浓度，稀释过程不宜使用金属器皿。

（4）现场配制硫酸镁（$MgSO_4$）、硫酸铝［$Al_2(SO_4)_3$］溶液时，主要控制溶液的浓度。

（5）耐火粉料在贮运中，应防止受潮或混入有害杂质。耐火骨料、粉料在使用前应进行质量检验。

（三）配料

主要解决配合比的确定和计量的准确性。

1. 确定配合比

确定配合比通常有两种方式：

（1）根据设计图纸或通知书所给定的原材料技术要求、施工配比，经试拌满足施工要求，即可按此配合比进行施工。

（2）如设计图纸只提出耐火混凝土品种及其技术要求，可由施工单位根据有关规程、标准确定施工配合比。其程序如下：

①由试验部门提出拟用配合比及原材料技术要求，并取样进行试验达到设计要求后，向供应部门提出备料配合比，以便购进各种合格的原料。

②试验部门发出施工配合比，在施工现场进行试拌，如满足施工要求，即可按该配合比施工。

2. 耐火混凝土配料的允许误差

耐火混凝土配料的允许误差应满足如下要求：水泥、粉料为±1%；耐火骨料为±3%，水及液体胶结材料为±1%。

二、搅拌和运输

（一）搅拌工艺

耐火混凝土的搅拌与普通混凝土基本相同。耐火混凝土宜采用机械拌合，搅拌机有自落式搅拌机（如C-145、J-400、J400A）和强制式搅拌机（如J-375、JW-375）、以选用强制式搅拌或湿碾机为好。耐火混凝土的搅拌有如下特点：

（1）由于耐火混凝土组分较多，搅拌时宜比普通混凝土延长1~2min。如果采用磷酸盐作胶凝材料的混凝土，其搅拌程序：第一次拌和——困料——第二次拌和。

①第一次拌和 干原料混合 1min 后，加入所需磷酸用量的$\frac{1}{2}$左右，湿混 2~3min，送至贮料仓斗或场地困料。

②困料 因为耐火粉料中由于球磨带入铁粉，与磷酸发生化学反应：

$$2Fe + H_3PO_4 = 2FeSO_4 + 3H_2\uparrow$$

困料的目的就在于耐火混凝土成型前，使该反应充分完成，以防止成型后继续发生化学反应而放出氢气，影响耐火混凝土的密实性。

③第二次拌和 在困好的料中加入促硬剂，搅拌 1~2min 使之混合均匀，然后再加入所需磷酸用量的剩余部分$\left(\frac{1}{2}\text{左右}\right)$，再搅拌 1~2min 即可使用。如不加促硬剂时，在困好的料中加入磷酸用量的剩余部分，搅拌 1~2min 后使用。搅拌好的料要尽快使用，最好在 20~30min 内用完。

（2）以黏土、水泥或水玻璃作为胶凝材料的耐火混凝土，当采用强制式搅拌机拌合时，先将原料干混 1min，然后加水（或水玻璃）湿混 2~4min，总搅拌时间不少于 3min。如果采用湿碾机搅拌时，先干混 2~3min，湿混 8~10min，总搅拌时间 10~12min，搅拌好的料要在 30min 之内用完。特别是采用水玻璃胶结材料时，由于黏度较大，应尽可能选用强制式搅拌机或湿碾机。

（3）因为耐火混凝土是一种干硬性混凝土，宜选用强制式搅拌机搅拌。搅拌设备必须洁净，特别是采用高铝水泥时，不得有其他品种的硅酸盐水泥或与其他品种水泥混合使用。

（二）混凝土物料运输

耐火混凝土拌合物，可采用间歇式机械运往施工现场，亦可采用混凝土泵运送。泵送具有经济可靠、快速方便、能保证拌合物均质性等优点，适宜于大型热工设备、基础或大体积混凝土施工。

三、混凝土振捣成型工艺

（1）耐火混凝土应连续浇筑，间歇时间不得大于混凝土上、下层初凝时间，以避免形成过多施工缝。

（2）耐火混凝土应分层浇筑，分层振捣。它可以采用机械振动成型或人工捣固成型，后者只适用于施工部位复杂，用量较少的特殊场合。不同捣实方法的耐火混凝土，其捣捣层厚度见表 31-40。

耐火混凝土的浇捣层厚度 **表 31-40**

序号	振实混凝土的方法	浇捣层厚度（mm）
1	插入式振捣	振动器作用部分长度的 1.5 倍
2	表面振捣	200
3	人工振捣 1. 在基础、无筋混凝土和配筋稀疏结构中 2. 在炉顶、炉墙等构筑物中 3. 在配筋较密的构筑物中	 250 200 150
4	轻质耐火混凝土表面振动（加荷）	200

四、混凝土的养护和拆模

(一) 养护工艺

1. 养护制度

耐火混凝土的养护制度根据其种类不同可参考表31-41。

耐火混凝土的养护制度　　表31-41

混凝土种类	养护环境	养护温度(℃)	养护时间(d)
黏土耐火混凝土	自然养护	>20	3~7
高铝水泥耐火混凝土	水中养护或潮湿养护	15~20	>3
硅酸盐水泥耐火混凝土	水中养护、潮湿养护	15~25	>7
	蒸汽养护	60~80	0.5~1
磷酸盐耐火混凝土	自然养护	>20	3~7
水玻璃耐火混凝土	自然养护	15~30	7~14

注：蒸汽养护时升温速度为10~15℃/h，不应超过20℃/h，降温速度不宜大于40℃/h。

2. 注意事项

(1) 耐火混凝土中，凡采用高铝水泥作胶结材料的，不宜在高于30℃的环境中施工，更不得采用蒸汽养护。否则将发生如下化学反应：

$$CaO\cdot Al_2O_3 + nH_2O \xrightarrow{<21℃} CaO\cdot Al_2O_3\cdot 10H_2O$$

$$CaO\cdot Al_2O_3 + nH_2O \xrightarrow{21\sim35℃} 2CaO\cdot Al_2O_3\cdot 8H_2O$$

$$CaO\cdot Al_2O_3 + nH_2O \xrightarrow{>35℃} 3CaO\cdot Al_2O_3\cdot 6H_2O + Al(OH)_3 + H_2O$$

$$CaO\cdot Al_2O_3\cdot 10H_2O \xrightarrow{21\sim35℃} 2CaO\cdot Al_2O_3\cdot 8H_2O \xrightarrow{>35℃} 3CaO\cdot Al_2O_3\cdot 6H_2O$$

在高于35℃的环境中，铝酸钙(CA)水化产物的晶型转化，由针状、板状、结构紧密的$CaO\cdot 10H_2O$转化为$3CaO\cdot Al_2O_3\cdot 6H_2O$的立方晶系，同时产生游离水而导致混凝土强度降低。

但对于高铝水泥-60、高铝水泥-65、低钙铝酸盐耐火水泥，终凝后可直接通蒸汽养护。

(2) 水泥胶结材料耐火混凝土，在最低气温低于+7℃条件下施工，水玻璃耐火混凝土低于+10℃条件下施工，均按冬季施工执行。其加热方法：

①水泥胶结材料耐火混凝土，可采取蓄热或加热，普通硅酸盐水泥或矿渣硅酸盐水泥耐火混凝土加热温度不超过+60℃。

②水玻璃耐火混凝土的加热，只许采用干热法，且加热温度不宜超过60℃。

(二) 混凝土拆模

1. 预制构件的拆模时间

耐火混凝土构件的脱模时间可参考表31-42。

耐火混凝土构件的脱模参数时间(h)　　表31-42

耐火混凝土种类	夏季		冬季	
	振动成型	捣实成型	振动成型	捣实成型
磷酸盐耐火混凝土	2~4	2~3	6~8	5~6
高铝水泥耐火混凝土	4~6	3~4	6~8	5~6
水玻璃耐火混凝土	12~16	10~12	16~24	12~16
硅酸盐水泥耐火混凝土	6~10	~	16~24	—

2. 现浇混凝土拆模时间

根据施工经验，现浇耐火混凝土整体结构的拆模时间，可根据下列情况决定：

（1）磷酸或磷酸二氢铝作胶结材料的耐火混凝土，常温养护 1~2d，抗压强度达 8~12MPa 后即可拆模。

（2）不承重的侧面模板，在耐火温度不因拆模损坏表面棱角时，即可拆除。

（3）承重模板，应在耐火混凝土达到 50%~70%设计强度后方可拆除。

（4）耐火混凝土预制块脱模时间，与耐火混凝土品种、气温，成型水分、制品或构筑物的形状、大小、促硬剂的效果等因素有关。

五、耐火混凝土的配筋

耐火混凝土一般不配置钢筋，因为 0~300℃时钢筋的膨胀系数为 40×10^{-6}/℃，而铝酸盐高铝质耐火混凝土的膨胀系数为（6.2~7.0）$\times10^{-6}$/℃，两者相差 4~5 倍以上，钢筋膨胀，混凝土开裂或剥落，钢筋氧化或软化而失去增强作用。所以，配筋时应考虑如下两点措施：

（1）对于必须配筋的大跨度构件，应遵循如下配筋原则：

①尽量配制在冷面，以利于降低钢筋的温度。一般说，配筋混凝土不宜超过 400℃，如为低温承重结构，不宜超过 700℃；

②某些特殊部位，可选用热轧钢筋，或钢筋表面“渗铝”，以提高其抗氧化能力，这样使用温度可提高至 600~800℃。

（2）某些炉顶构件，可埋入“工”字钢，端墙或承重墙构件中，可埋入钢管等埋设件，以便通水冷却，提高使用效果。

六、耐火混凝土的热烘烤处理

耐火混凝土中含有大量的游离水和结合水，要求在养护后待混凝土达到 70%强度再进行热烘烤处理。

（一）热处理特点

正如前述，虽然耐火混凝土的搅拌、成型、养护工艺与普通混凝土基本相同，但应视胶凝材料的特点而对混凝土选择不同的热处理条件。

（1）水玻璃耐火混凝土应在不低于 15℃的干燥空气条件下进行硬化。

（2）磷酸盐耐火混凝土需在 150℃以上烘干，总计干燥时间不少于 24h，且在硬化时不允许浇水。

（3）高铝水泥耐火混凝土的养护温度最好不要超过 35℃。

（二）热处理起始时间

耐火混凝土的热工设备，待其混凝土达到设计强度后，即可进行热处理，但不应早于下列时间：

（1）高铝水泥耐火混凝土和水玻璃耐火混凝土，不应早于 3d。

（2）硅酸盐水泥耐火混凝土，不应早于 7d。

（三）热处理制度

耐火混凝土的窑炉在热处理时是采取烘炉烘烤的方法。在烘干过程中应注意保持均匀的升温速度，因为干燥过程中混凝土内部不断排除吸附水。如果升温过快，烘干后的表面容易开裂。特别是对比较大型或形状复杂的窑炉体，这一点尤其重要。因此，耐火混凝土的热处理应按一定的制度进行。表 31-43 所列耐火混凝土的烘烤制度，系根据有关实践经验积累综合而成，仅供相应的耐火工程施工时参考选用。

耐火混凝土烘烤热处理制度 **表 31-43**

砌体厚度（mm）	<200			200~400			>400		
升温速度和时间 / 温度（℃）	升温速度（℃/h）	需要时间（h）	累计时间（h）	升温速度（℃/h）	需要时间（h）	累计时间（h）	升温速度（℃/h）	需要时间（h）	累计时间（h）
常温~150	20	7	0	15	9	0	10	13	0
150±10 保温	—	24	31	—	32	41	—	40	53
150~350	20	10	41	15	13	54	10	20	73
350±10 保温	—	24	65	—	32	89	—	40	113
350~600	20	13	73	15	17	103	10	25	138
600±10 保温	—	16	94	—	24	127	—	32	170
600~使用温度	35	—	—	25	—	—	20	—	—

烘干的目的是排除游离水分，使结构不致在高温下开裂。烘干温度及脱水量的关系见表 31-44。

烘干温度及脱水量 **表 31-44**

烘干温度（℃）	110	150	300	600	800
脱水量（%）	61	62.5	90	95	98.7

升温在 110℃、150℃、300℃、500℃、800℃等各阶段，均须有足够的保温时间，以保证混凝土的质量。混凝土的保温时间见表 31-45。

混凝土结构厚度及保温时间 **表 31-45**

混凝土结构厚度（mm）	<200	200~400	>400
保温时间（h）	24	36	40

总之，由于使用条件不同，按照使用场合制定合理的烘烤制度最为经济合理。初次使用时以缓慢烘烤为宜，避免因急剧升温而引起开裂或局部爆裂。如果耐火混凝土用于烟道等隐蔽部位，也应采取必要的措施加以烘烤。

第六节 耐火混凝土的应用及检验

一、耐火混凝土的应用

（一）适用范围

各类耐火混凝土的牌号、最高使用温度、特点和适用范围见表 31-46。

（二）工程应用

耐火混凝土早在上世纪 50 年代初期已应用于热工窑炉的基础、烟道、烟囱等部位。近 30 年来耐火混凝土已在冶金、石油、化工、核电力等工业部门的窑炉中广泛应用。

1. 冶金工业窑炉

各类耐火混凝土的适用范围　　表 31-46

混凝土种类	牌　号	最高使用温度（℃）	特点和适用范围
黏土耐火混凝土	NL_1 NL_2 NN_1	1450 1350 1300	常温强度低，材料来源广泛，价格低廉，适用于均热炉、加热炉等
高铝水泥耐火混凝土	G_3L	1650	常温强度高，性能良好，价格较高，适用于高温特殊场合
	G_2L G_2N	1400 1350	常温强度高，材料来源广泛，施工方便，适用于无酸、碱侵蚀的一般工业窑炉和热工设备内衬
	G_1L G_1N_1 G_1N_2	1400 1350 1300	常温强度高，材料来源广泛，施工方便，适用于无酸、碱侵蚀的厚度小于400mm的一般工业窑炉内衬和热工设备内衬
磷酸盐耐火混凝土	LL_1 LL_2 LN	1600 1500 1450	热震稳定性好，耐冲击，耐磨，价格较高，适用于均热炉、加热炉的高温段、回转窑烧结带、燃油燃烧室等
水玻璃耐火混凝土	BN	1000	热震稳定性好，耐磨性能优良，适用于受热同时受酸（氢氟酸除外）作用的工程部位，但不得用于经常存水及水蒸汽作用的部位

冶炼工业的选烧、炼铁、炼钢、轧钢等多种窑炉中都已采用耐火混凝土。例如，烧结系统中的贮矿槽、还原竖炉和球团焙烧炉；炼铁系统高炉炉身及炉缸的修补、热风管道及风口、出铁沟、热风炉炉顶和炉衬；除钢系统平炉蓄热室、沉渣室、出钢槽、盛钢桶以及真空脱气装置，轧钢系统大中型初轧厂的均热炉。磷酸耐火混凝土均热炉炉衬的寿命达18个月；黏土耐火混凝土均热炉炉衬更为经济实用，寿命长达三年。轧钢加热炉全国已有上百座炉的全炉或炉顶的炉衬，包括连续式加热炉、间歇式加热炉、环形炉、室式或车底式加热炉。使用耐火混凝土，其寿命较砖砌内衬提高1~2倍，有的达5年之久。

2. 石油化工窑炉

石油化工窑炉种类繁多，形状复杂，使用温度一般并不太高，要求能承受压力，抗磨损、抗化学侵蚀，还要求炉衬整体性良好。因此，采用耐火混凝土是比较适宜的，尤其是轻质耐火混凝土获得广泛的应用。例如，炼油管式加热炉，催化裂化装置、页岩干馏炉、转化炉，煤气发生炉等。

3. 其他工业窑炉

发电锅炉和一般锅炉以及沸腾燃烧锅炉；隧道窑和回转窑等窑炉内衬也普遍应用耐火混凝土。

二、耐火混凝土的检验方法

1. 检验项目

按照《黏土质耐火泥浆》（GB/T 14982—1994）和《高铝质耐火泥浆》（GB/T 2994—1994）规定，耐火混凝土的检验项目包括：①化学成分；②耐火度；③烧后线变化；④抗压强度；⑤抗折强度。这些项目可以按照有关国家标准和部标准进行测定。

2. 试样规格及检验数量

耐热混凝土的试样规格及检验数量见表 31-47。

耐热混凝土试样规定 **表 31-47**

试 验 项 目	试 样 规 格 (mm)	检 验 数 量
耐火度		1
烧后线变化	70.7×70.7×70.7	3
抗压强度	70.7×70.7×70.7	3
抗折强度	40×40×160	3
荷载软化温度	ϕ50×50	1
显气孔率、堆密度	50×50×50 或 ϕ50×50	3
热震稳定性	230×115×65	3
热膨胀	ϕ(20~25)×100 或(20~25)×(20~25)×100	1
高温耐压强度	70.7×70.7×70.7	3
高温抗折强度	40×40×160	3
导热系数	薄试件:200×200×10~30　厚试件:200×200×60~100	薄 1 厚 2

第三十二章　绝 热 混 凝 土

(thermal insulation concrete)

第一节　概　　述

绝热混凝土即是保温隔热性能良好的混凝土材料，在成型过程中人为的造就成一种多孔结构或采用多孔骨料生产成一种轻质材料。这种混凝土堆密度小，导热系数低，建筑热工性能好。

一、绝热混凝土分类

绝热混凝土均为轻质混凝土。按其组成，可分为两类：

（一）多孔混凝土

多孔混凝土——通过利用预先配制的或就地配制的泡沫，使水泥浆或水泥砂浆含有气孔而制成的混凝土。这类混凝土的堆密度为 240～1440kg/m^3，诸如加气混凝土、充气混凝土、泡沫混凝土等。

（二）骨料混凝土

骨料混凝土——用膨胀珍珠岩、蛭石或膨胀聚苯乙烯珠作骨料而制成的混凝土。这类混凝土的烘干堆密度为 240～960kg/m^3。

绝热混凝土的堆密度为 600kg/m^3 以及小于该堆密度的混凝土，在这个堆密度范围内其隔热效果最好，而且常被用作道路和基础的填充材料，因为在那些场合中，它们的质量—强度组合要比天然土壤为好。

二、设计需要考虑的特性

在现有的轻质混凝土范围里，最轻的混凝土能提供最好的绝热性能指标，导热系数为 0.05～0.10W/m·K，但强度低。无论是屋面材料或基础填料，设计者不但必须考虑混凝土材料的绝热值，而且也必须考虑其他性能，以及它是如何与相邻材料组合的。因此，设计时需要考虑它的以下特性：

（一）导热系数

普通混凝土的导热系数一般介于 1.3～1.7W/m·K 之间。

对于每种绝热混凝土混合物的设计，导热系数必须通过试验室测定。在缺乏试验资料时，可据图 32-1 获得。

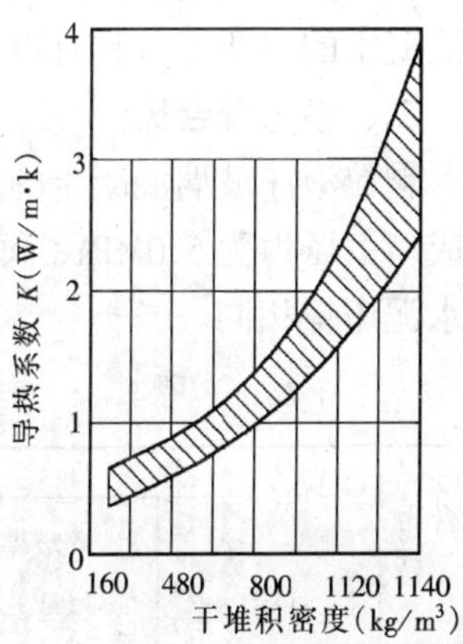

图 32-1　干堆积密度与导热系数的关系

（二）抗压强度

混凝土的抗压强度随堆积密度的增大而增加，用于地下蒸汽管道保温隔热的混凝土，其抗压强度为 7.0MPa 或更低些，而用于屋面或楼面的填料，则需要有足够的早期强度，以承受操作人员的走动，这种早期强度尽管有时规定高达 35MPa，但通常有 7.0～14.0MPa 即足够了。

（三）干缩值

虽然过度的收缩会引起卷曲，然而对于低堆积密度的填充材料或绝热混凝土，收缩值通常不是关键性的。潮湿养护的无骨料多孔混凝土（如加气混凝土），具有较高的收缩值。

（四）抗冻融性

轻质绝热混凝土通常是被热铺沥青或硬沥青等屋面材料所覆盖，因此不直接与水和各种化学介质接触，其抗冻融性能较好。

第二节 颗粒泡沫玻璃混凝土

一、颗粒泡沫玻璃

（一）颗粒泡沫玻璃的组成

颗粒泡沫玻璃主要是由火山灰——珍珠岩（SiO_2）和氢氧化钠（NaOH）两种材料组成。

（二）技术性能指标

通常用作粗骨料的为颗粒泡沫玻璃；用作细骨料的为泡沫玻璃砂或破碎陶粒砂。

1.粗骨料

粗骨料系颗粒泡沫玻璃。其技术性能指标如下：

（1）松堆密度：350～380kg/m³。

（2）强度：有圆筒内的挤压强度为 1.4～1.6MPa。

（3）吸水率：1h 吸水率为 6%～10%（按质量计）。

2.细骨料

细骨料系泡沫玻璃砂或破碎陶粒砂。

（1）泡沫玻璃砂：堆积密度 602kg/m³；细度模数 M = 2.05（含粉状颗粒 32.2%）。

（2）破碎陶碎砂：堆积密度 674kg/m³；细度模数 M = 2.44（含粉状颗粒 17.8%）。

（三）颗粒泡沫玻璃的特性

颗粒泡沫玻璃强度高而堆积密度小，导热系数低，化学热稳定性能良好，所以用其来作混凝土的主要组分具有很大意义。

二、参考配合比

颗粒泡沫玻璃混凝土的参考配合比见表 32-1。混凝土拌合料的工作度为 90～120s，加压成型，压力为 5.0MPa，每 1m³ 颗粒泡沫玻璃混凝土的水泥用量与同强度等级普通混凝土水泥用量相同。

1m³ 颗粒泡沫玻璃混凝土材料用量 **表 32-1**

配合比编号	每 1m³ 混凝土各种材料用量						拌和颗粒间空隙（%）
	水泥（kg）	破碎玻璃砂（m³）	破碎陶粒砂（m³）	颗粒泡沫玻璃（m³）粒径（mm）		水（L）	
				5～10	10～20		
1	200	0.517	—	0.365	0.620	220	2.75
2	200	—	0.518	0.367	0.624	225	3.20

三、物理力学性能

颗粒泡沫玻璃混凝土的物理力学性能见表 32-2。堆积密度、抗压强度、抗拉强度、导热系数、吸水率和抗冻性等指标，均按标准方法测试。

从表 32-2 可以看出，当变异系数 V = 3.81%时，掺破碎玻璃砂的混凝土试件的抗压强度在 6.95 ~ 7.96MPa 之间；而掺破碎陶粒砂的试件的抗压强度则在 6.83 ~ 8.65MPa 之间，此时 V = 6.23%。由此可见，采用上述配合比的颗粒泡沫玻璃混凝土，无论其结构的匀质性或强度，均符合标准要求。

颗粒泡沫玻璃混凝土物理力学性能　　表 32-2

混凝土性能	颗粒泡沫玻璃混凝土		混凝土性能	颗粒泡沫玻璃混凝土	
	掺玻璃砂	掺陶粒砂		掺玻璃砂	掺陶粒砂
抗压强度(MPa)	7.55	7.57	弹性模量(MPa)	6200	6940
棱柱体强度(MPa)	6.74	6.87	导热系数(W/m·K)	0.188	0.202
弯曲抗拉强度(MPa)	1.83	1.88	堆积密度(kg/m³)	875 ~ 922	881 ~ 950
轴线抗拉强度(MPa)	1.06	1.09			

第三节　膨胀珍珠岩混凝土

一、珍珠岩和膨胀珍珠岩

（一）珍珠岩

珍珠岩是一种酸性玻璃质岩石，主要包括珍珠岩、黑曜岩、松脂岩等三种岩石，因为它具有珍珠裂缝结构而得名。为了便于航运，把这种岩石粉碎成砂子大小的颗粒，在这些细小颗粒里，饱含着少量的水，当被加热到 815 ~ 1095℃时，颗粒会爆裂，膨胀到大约为原来体积的 10 倍以上。

（二）膨胀珍珠岩

膨胀珍珠岩亦称珠光砂，系以酸性玻璃质珍珠岩、黑曜岩、松脂岩矿石经过适当破碎，筛分、加热焙烧到 900 ~ 1200℃使其体积瞬时急剧膨胀而成的一种堆密度较小的白色多孔颗粒状物质。

1. 技术特点

膨胀珍珠岩具有轻质、导热系数低、吸湿性小、使用温度范围广（ - 273 ~ 1000℃)、化学性质稳定、无毒、无味、不燃烧等特点。膨胀珍珠岩的物理性能、化学成分和粒度组成见表 32-3。

膨胀珍珠岩物理性能、化学成分和粒度组成　　表 32-3

物理性能		堆积密度 (kg/m³)	导热系数 (W/m·K)	使用温度 (℃)	比热 (kJ/kg·K)	吸水率 (%)	吸湿率 (%)
		160 ~ 300	0.038 ~ 0.062	- 196 ~ 1200	0.67	220	0.05
化学成分（%）		SiO_2	Al_2O_3	Fe_2O_3	CaO	MgO	$K_2O + Na_2O$
		69 ~ 75	12 ~ 16	2 ~ 5	3	2	0.05
粒度组成	筛孔尺寸（mm）	5	2.5	1.2	0.6	0.3	0.15
	累计筛余（%）	0	0.5	10	24	95	99

2. 用途

膨胀珍珠岩可广泛用于建筑、化工、国防、冶金、电力、农业、机械制造和交通运输等部门。其具体应用如下：

(1) 可用各种胶粘剂（如水泥、沥青、水玻璃等）加工成各种用途的制品。

(2) 由于其功能适合于建筑工业的需要，故可用作保温、隔热和隔声材料，做轻质混凝土的多孔骨料，做耐火、隔热、吸声的抹灰砂浆和墙体、屋面的保温层。

(3) 膨胀珍珠岩在制冷工程中用作保冷、隔冷材料。

3. 技术要求

膨胀珍珠岩按堆积密度分为三类，各类产品的技术指标应符合表 32-4 规定。

膨胀珍珠岩的分类和技术指标　　表 32-4

指标名称	产品分类		
	1	2	3
堆积密度（kg/m^3）	<80	80~150	150~250
粒度	粒径大于 2.5mm 的不超过 5% 粒径小于 0.15mm 的不大于 8%	粒径小于 0.15mm 的不大于 8%	粒径小于 0.15mm 的不大于 8%
导热系数（25℃）（W/m·K）	<0.042	0.052~0.064	0.064~0.076
含水率（%）	<2	<2	<2

二、膨胀珍珠岩混凝土

膨胀珍珠岩混凝土，又称耐低温混凝土。是以膨胀珍珠岩为骨料，硅酸盐水泥或高铝水泥为胶结材料，加水和泡沫剂（或加气剂）按一定比例混合搅拌而制成。

（一）技术经济特点

膨胀珍珠岩混凝土具有堆积密度小、导热系数小、比较经济等特点。当用在平屋面上时，可以减轻荷载，节约水泥用量，降低造价，减少工序，缩短工期，已在建筑工程中广泛推广应用。

另外，膨胀珍珠岩混凝土又能耐 -200℃左右低温，是一种十分理想的绝热材料和耐低温材料。

（二）应用特征

1. 低温下的应用

膨胀珍珠岩混凝土也可用于很低的温度（-200℃左右），如液化丙烷气体的贮库，假如混凝土是缓慢地冷却以及不经受热的循环，则性能良好。受冻前经良好养护的膨胀珍珠岩混凝土，其强度可比室温测定的相同混凝土高很多。干燥的混凝土受冰冻时，其强度仅稍高些。在较低的温度时弹性模量也增加，而热膨胀系数有些减小。在极低温（约 -70℃以下）冰冻又在普通室温下融化，仅 1~2 次循环后，混凝土强度就遭受很大损失，且不可恢复。然而，事实证明，假如混凝土在温度循环开始之前已经干燥，则强度损失要小一些。

2. 保温隔热功能

膨胀珍珠岩混凝土可用于钢铁厂室外空气分离塔工程，也可广泛用于屋面或夹壁等处作现浇隔热、保温、隔声层。它可以被浇筑在平坦或不平坦的平面上，也可以直接浇筑在弯曲的或倾斜的表面上。在平屋面上，可采用改变膨胀珍珠岩混凝土厚度的方法，做出所规定的排水坡度。

（三）原材料要求

1. 水泥

膨胀珍珠岩混凝土的强度较低，加之水泥在水泥-珍珠岩混凝土结构中又起骨架作用，因此应优先选用不低于强度等级为42.5级的硅酸盐水泥和普通硅酸盐水泥，或选用早期强度较高的其他水泥；夏季施工时，宜选用水化热较低的矿渣硅酸盐水泥；有耐火、耐热要求的混凝土，以选用高铝水泥为好，并要求水泥无受潮结块现象，存放期不超过3个月。

2. 膨胀珍珠岩

配制膨胀珍珠岩料其技术性能要求见表32-5。

膨胀珍珠岩技术要求 **表32-5**

膨胀珍珠岩性能	堆积密度（kg/m^3）	比密度（g/cm^3）	平均粒径（mm）	导热系数（W/m·K）
指　标	120~220	0.04~0.2	0.33~0.44	0.052

3. 松香酸钠泡沫剂（加气剂）

用松香、碱和动物胶配制而成。配制方法参考泡沫混凝土。

（四）混凝土配合比和性能

选择膨胀珍珠岩混凝土时，其主要技术指标是最恰当的强度值和隔热值（导热系数）。而混凝土的物理力学性能是由它的干堆积密度（规范规定的主要参数）来控制。堆积密度为120~220kg/m^3的膨胀珍珠岩混凝土，能够在减轻自身质量、适当的抗压强度、压痕强度及良好的隔热值之间取得一个理想的平衡。如果更高的强度和更高的握固力比隔热值更重要的话，可以规定更大的堆积密度。对倾斜的隔热屋面盖板，习惯上常用的堆积密度为300~400kg/m^3。

膨胀珍珠岩混凝土的配合比及一般物理力学性见表32-6（用于墙面粉刷）和表32-7（用于屋面或夹壁现浇隔热保温层）。

（五）施工要点

1. 泡沫剂溶液的配制

在泡沫剂中按1:1的体积比加入100℃沸水搅拌均匀成为泡沫剂溶液，搅拌混凝土时和水一起加入。

膨胀珍珠岩混凝土配合比及性能（一） **表32-6**

用料规格		用料体积比（水泥:珍珠岩:水）	灰浆堆积密度（kg/m^3）	抗压强度（MPa）	导热系数（W/m·K）
膨胀珍珠岩	水　泥				
堆积密度：320~350（kg/m^3）	32.5级或42.5级普通硅酸盐水泥	1:10:1.55	480	1.05	0.081
		1:12:1.60	430	0.8	0.074
堆积密度 120~160（kg/m^2）	32.5级或42.5级普通硅酸盐水泥	1:15:1.70	335	0.9~1.0	0.065

膨胀珍珠岩混凝土配合比和性能（二）　表 32-7

水泥:珍珠岩砂（体积比）	普通水泥用量（kg/m³）	膨胀珍珠岩用量（kg/m³）	泡沫剂掺量（占水泥量）（%）	物理力学性能			
				湿堆积密度（kg/m³）	导热系数（W/m·K）	抗压强度（MPa） f_{c28}	抗压强度（MPa） -196℃
1:2	647	205	0.05	1100	0.308	11.9	14.2
1:2.5	520	206	0.02	990	0.251	8.4	9.8
1:2.5	550	217	0.05	1100	0.270	11.0	8.4
1:3	480	228	0.05	700～800	0.176	10.5	8.6
1:3	440	209	0.05	936	0.217	7.8	7.4
1:3	405	192	0.03	879(干)	0.267	10.7	10.2
1:3.5	—	—	0.05	600～1000	0.14～0.21	2.5～12.0	—
1:4	360	228	0.05	—	—	—	—
1:4	480	264	0.05	—	—	—	—
1:6	—	—	—	548	0.121	1.65	—
1:8	—	—	—	510	0.085	1.95	—
1:10	—	—	—	389	0.080	1.15	—
1:12	—	—	—	360	0.074	1.05	—
1:14	—	—	—	351	0.071	1.00	—
1:16	—	—	—	315	0.064	0.85	—
1:18	—	—	—	309	0.061	0.65	—
1:20	—	—	—	296	0.056	0.70	—

注：1. 膨胀珍珠岩堆积密度为 120～220kg/m³。

2. 水灰比一般为 0.7～0.8，以混合时加水手握成球为宜。

2. 混凝土的搅拌

(1) 膨胀珍珠岩混凝土可采用混凝土或砂浆搅拌机搅拌，每次投料量为搅拌机标准筒容量的 80%为宜。

(2) 如不掺泡沫剂，可先将水泥和膨胀珍珠岩按一定比例干拌均匀，然后加水拌和。水不宜过多，否则珍珠岩将由于体轻上浮，产生离析现象。灰浆稠度以外观松散，手握成团，挤不出水泥浆或只能挤出少量水泥浆为宜。

(3) 如加泡沫剂，其加料顺序为：先加水和泡沫剂搅拌 1min，再加水泥搅拌 1min，最后加入膨胀珍珠岩继续搅拌 3～4min 左右，至颜色均匀一致，坍落度为 3～5cm 为宜。

3. 混凝土的浇筑和抹面

(1) 搅拌好的混凝土应立即浇筑，以保证混凝土内有充足的气泡。混凝土应分层浇筑，每层厚度不大于 30cm。

(2) 在施工珍珠岩保温隔热层时，一般通常采用抹压法，因此基层表面事先应洒水湿润，墙面粉刷时用力要适当。用力过大，易影响隔热保温效果；用力过小，与基层粘结不牢，易产生脱落，一般掌握压缩比为 130%左右即可。

(3) 平面铺设（如屋面保温层）应分仓进行，铺设厚度一般为设计厚度的 130%左右，经夯实至设计厚度。

4. 混凝土的捣实和养护

(1) 膨胀珍珠岩混凝土宜用人工捣实，表面用刮尺、木抹或方锹抹刮拍实并划毛，浇筑最后一层宜用木抹抹压平整。要求连续施工，一次捣完，不宜留施工缝。

（2）捣实后的表面不能直接铺贴油毡防水层，必须先抹 1∶2.0～3.0 水泥砂浆找平层一道，厚度为 7～10mm。

（3）浇筑好的混凝土表面层用草袋覆盖，进行保湿养护，防止干燥裂缝。冬期施工，要有保温措施。

三、膨胀珍珠岩砂浆

膨胀珍珠岩（珠光砂）砂浆具有质量轻、导热系数小的特点，可用于保温隔热要求较高的内墙面抹灰，亦称珠光砂砂浆抹灰。

（一）使用材料

1. 水泥

42.5 级普通硅酸盐水泥或矿渣硅酸盐水泥。

2. 膨胀珍珠岩

按堆积密度分轻、中、重三级，抹灰砂浆常用轻级（$<80kg/m^3$）或中级（$80～120kg/m^3$）。

3. 松香酸钠加气剂

松香酸钠加气剂的配制方法（质量比）如下：

（1）按 1∶4.5（氢氧化钠∶水）配制成氢氧化钠溶液；

（2）将氢氧化钠溶液加热至沸点，然后按 1∶0.36（氢氧化钠∶松香粉，松香粉需过 3mm 筛）缓慢加入松香粉，随加随搅拌，并继续熬煮 1～1.5h，至松香完全溶化、颜色均匀、没有颗粒沉淀为止，冷却备用（在熬制过程中蒸发掉的水分应补充）。

（3）为了使加气剂用量准确，在使用前可另加 9 倍水进行稀释后再用。

（二）配合比

膨胀珍珠岩砂浆的配合比及适用部位见表 32-8。

膨胀珍珠岩砂浆配合比和适用部位　　表 32-8

序号	配合比（质量比）					抗压强度（MPa）	适用部位
	水泥	水	膨胀珍珠岩	加气剂	稠度（cm）		
1	1 (533)	0.5 (276.2)	0.4 (220.4)	—	7	$f_{c28}=9.8$	空调控制室墙面抹灰
2	1	0.35	0.60	—	—	$f_{c28}=5.0$	屋面保温层
3	1	0.41	0.40	0.05%	6.5	$f_{c28}=2.85$	液氧排放槽基础抹灰

注：表中（　）内为每 $1m^3$ 膨胀珍珠岩材料用量（kg）。

（三）施工要点

（1）基层需适量湿润，但不宜过湿，因为膨胀珍珠岩砂浆有良好的保水性。

（2）底层厚度宜控制在 15～20mm，分层操作，中层厚度宜在 5～8mm。

（3）底层灰抹后须隔夜抹中层灰，待中层灰稍干后需用木抹搓平。

（4）灰浆稠度宜控制在 10cm。

（5）抹灰时不宜用力过大，以免影响抹灰层的保温隔热效果。

（6）待中层灰 6～7 成干后，再罩纸浆灰面层。

第四节 膨胀蛭石混凝土

一、蛭石和膨胀蛭石

(一) 蛭石

蛭石是一种柔软的、分层的、云母状的矿物。天然蛭石用途很小，但是当它被加热而层状剥落后，便成为一种在填充料和绝热混凝土里价值很高的轻质骨料。

(二) 膨胀蛭石

膨胀蛭石系以蛭石为原料，经烘干、破碎、焙烧（850~1000℃），在短时间内体积急剧增大而膨胀约20倍左右，成为由许多薄片组成的层状结构的松散颗粒。膨胀蛭石是一种良好的无机保温、隔热、吸声材料。

1. 特点

膨胀蛭石具有堆积密度小，导热系数小，防火防腐，化学性质稳定，无毒无味等特点。

2. 技术性能

膨胀蛭石是金黄色或灰白色颗粒状物料。颗粒结构呈细薄的层状叠片，具有轻质、绝热、吸声、不燃烧、防火等特性。

(1) 堆积密度：膨胀蛭石的堆积密度约为80~300kg/m³。膨胀蛭石堆积密度的大小，主要和蛭石的膨胀性能与蛭石结构水化程度、颗粒组成和其他杂质含量等有关。

(2) 导热系数：膨胀蛭石的颗粒结构呈细薄的层状叠片，其间充满着空气，因此它的导热系数低。膨胀蛭石的导热系数一般为0.047~0.081W/m·K。

①在常温情况下（温度范围20~30℃）膨胀蛭石的导热系数与粒度及堆积密度的关系见表32-9。

常温下膨胀蛭石导热系数、堆积密度、粒度的关系 表32-9

堆积密度（kg/m³）	蛭石粒度（mm）	导热系数（W/m·K）	堆积密度（kg/m³）	蛭石粒度（mm）	导热系数（W/m·K）
113	5	0.053	150	2	0.048
120	3	0.052			

②在超低温情况下（温度范围298~77°K）膨胀蛭石的导热系数与粒度及真空度的关系见表32-10。

超低温情况下膨胀蛭石导热系数、粒度与真空度关系 表32-10

粒度（mm）	充填气体	堆积密度（kg/m³）	真空度			
			533.2×10^{-3}Pa	666.5×10^{-2}Pa	399.9×10^{-2}Pa	1013×10^{-2}Pa
0.2~0.8	氮气	250	11.06	—	3.3325	7.4648
1~3	氮气	240	—	0.74648	3.5327	7.4648
1~100目	氮气	280	—	0.4266	2.1328	8.6645

(3) 耐火度和使用温度：膨胀蛭石的耐火度为1300~1350℃，这个温度不能作产品的安全使用温度。膨胀蛭石作为保温材料使用，主要是因为它的颗粒呈细薄的层状叠片结

构。如果这些层状叠片受到破坏，绝热性能也将随之失去，所以把膨胀蛭石在高温下颗粒开始变形、收缩率达10%的温度点定为安全使用温度。膨胀蛭石的安全使用温度一般为900℃。

（4）吸水性、吸湿性、抗冻性：膨胀蛭石具有很大的吸水性，因此引起许多不良结果，如强度下降、绝热性能降低等。据有关资料介绍，按它本身堆积密度增加1%水分时，其导热系数便提高5%，其吸水性与堆积密度成反比，即松堆密度小的膨胀蛭石吸水率大。

膨胀蛭石的吸湿性差（含水率小），在相对湿度为100%的环境下，经过24h后，含水率一般不大于2%。

膨胀蛭石的抗冻性质是经过反复冻融循环后，颗粒有否发生变化来评定的。膨胀蛭石处在干燥状态时，具有很好的抗冻性，在-20℃时，经过15次冻融循环，其粒度组成不变。

（5）抗菌性：膨胀蛭石为无机物，因此不受菌类侵蚀，不腐烂，不变质，不易被虫蛀鼠咬。

（6）耐腐蚀性：膨胀蛭石耐碱不耐酸，因此不宜用于有酸性侵蚀处。

3. 用途：

膨胀蛭石广泛应用于建筑、化工、石油、电力等部门，其具体应用如下几方面：

（1）可以用各种胶粘剂（如水泥、水玻璃、沥青等）加工成各种用途的制品。

（2）膨胀蛭石粉、粒可以直接用于工业窑炉、建筑物墙板、楼板、顶棚、斜屋面的夹层间，做填充性保温材料。

（3）与木质纤维混合的制品可做录音室、电话室、剧院的墙壁吸声材料。

二、膨胀蛭石混凝土

膨胀蛭石混凝土是以不同粒度膨胀蛭石为骨料，以水泥为胶结材料和水按一定比例搅拌配制而成。

（一）特点

膨胀蛭石混凝土具有堆积密度小、导热系数较低，保温、隔热和耐火性能好，强度适宜，工料经济等特点。当用作平屋面时，可减轻屋面荷载，节约水泥用量，降低造价，缩短施工工期。在建筑工程中，已广泛推广应用。

（二）用途

膨胀蛭石混凝土可用于屋面、炉墙、烟道内衬、蒸气管道、设备工程或夹壁等处作现浇隔热保温层和预制隔热保温层。

（三）原材料要求

1. 水泥

水泥早期强度的高低，直接影响水泥-蛭石体系的早期强度，因此为了缩短水泥蛭石保温隔热层的施工工期，应选用早期强度较高的水泥。所使用的水泥强度等级不得低于32.5级，一般选用强度等级为42.5级普通硅酸盐水泥，且不得过期或受潮结块。

2. 膨胀蛭石

选用5~20mm的大颗粒级配、堆积密度115~380kg/m^3、不含杂质的蛭石。这样可以使颗粒的总表面积减少，以减少水泥用量，减小膨胀蛭石混凝土的堆积密度，增加强度。

在低温环境中使用时，它的保温性能较好。

（四）配合比及技术性能

1.体积配合比及性能

水泥和膨胀蛭石的体积比，一般以1:12为经济合理。常用的膨胀蛭石混凝土施工配合比及技术性能分别见表32-11、表32-12和表32-13。

现浇膨胀蛭石混凝土施工配合比及技术性能　表32-11

配合比（体积比）水泥:蛭石:水	每1m³蛭石混凝土用料 水泥（kg）	蛭石（L）	压缩率（%）	1:3水泥砂浆找平层厚度（mm）	养护时间（h）	堆积密度（kg/m³）	导热系数（W/m·K）	抗压强度 f_{c28}（MPa）
	42.5级普通水泥							
1:12:4	110	1300	130	10	112	290	0.0873	0.25
1:10:4	130	1300	130	10	112	320	0.093	0.30
	42.5级普通水泥							
1:12:3.3	110	1300	140	10	112	310	0.0919	0.30
1:10:3	130	1300	140	10	112	330	0.0988	0.35
	32.5级矿渣水泥							
1:12:3	110	1300	130	15	112	290	0.0870	0.25
1:12:4	110	1300	130	5	112	290	0.0870	0.25
1:10:4	130	1300	125	10	112	290	0.0870	0.34

喷、抹膨胀蛭石灰浆的配合比及性能（一）　表32-12

配合比及性能		灰浆类别 水泥蛭石浆	水泥石灰蛭石浆	石灰蛭石浆
体积配合比	水泥	1	1	—
	石灰膏	—	1	1
	膨胀蛭石	4~8	5~8	2.5~4
	水	1.40~2.60	2.33~3.75	0.96~1.80
主要技术性能指标	堆密度(kg/m³)	509~638	636~749	405~497
	导热系数[W/(m·K)]	0.152~0.184	0.161~0.194	0.154~0.164
	抗压强度(MPa)	0.36~1.17	1.22~2.13	0.157~0.181
	抗拉强度(MPa)	0.198~0.745	0.586~0.946	0.190~0.212
	粘结强度(MPa)	0.233~0.373	0.118~0.244	0.0142~0.0156
	吸湿率(%)	2.54~4.00	0.78~1.01	1.54~1.56
	吸水率(%)	88.4~137.0	62.0~87.0	114.0~133.5
	平衡含水量(%)	0.41~0.60	0.67~0.45	0.57~1.27
	线收缩(%)	0.311~0.397	0.318~0.398	0.981~1.427

喷、抹膨胀蛭石灰浆的配合比及性能（二）　表32-13

序号	基层处理 材料及配合比（质量比）	厚度（mm）	材料及质量配合比（水泥:石灰膏:蛭石） 底层	面层	适用部位
1	1:1.5水泥细砂砂浆	2~3	1:1:5	1:1:6	地下坑壁
2	1:3.0水泥细砂砂浆	2~3	1:1:5 1:1:12	1:1:6 1:1:10	墙面
3	水泥浆		1:1:12	1:1:10	顶棚

2. 水灰比

水灰比的大小，对施工质量及保温隔热层的强度和它的保温隔热效果，施工水分的排出等有直接影响。由于膨胀蛭石的吸水率高，吸水速度快，水灰比过大，会造成施工水分排出时间过长和强度不高等效果。水灰比过小，又会造成找平层表面龟裂、隔热保温层强度降低等缺点。一般水灰比以体积比 2.4～2.6 为宜。现场检查时，将拌好的水泥蛭石浆用手紧握成团不散，并稍有水泥浆滴下时为合适。

（五）施工方法及注意事项

（1）采用机械搅拌，膨胀蛭石颗粒破损甚大，有时能达 50%，且极易与搅拌筒粘结，因此不宜采用机械搅拌。

（2）采用人工拌和，可先将定量的水与水泥均匀调成水泥浆，然后用小桶将水泥浆均匀地泼在定量的膨胀蛭石上，随泼随拌，拌和均匀，直致拌合物干湿一致方可。

（3）加水量根据膨胀蛭石颗粒级配而定，一般以拌合物用手捏成团，稍有水珠挤出，手放开又不松散为宜。

（4）膨胀蛭石用量，可按下式计算：

$$Q = 150X$$

式中　Q——每 100m^2 保温隔热层中膨胀蛭石的用量（m^3）；

X——保温层设计厚度（m），$X \geqslant 0.05$m。

（5）屋面铺设隔热保温层时，应采取分仓施工，每仓宽度为 700～900mm，可采用木板分隔，控制宽度和铺设厚度。

（6）由于膨胀蛭石吸水较快，施工时，最好把原材料运至铺设地点，随拌随铺，以保证水灰比准确，确保工程质量。配制后的混凝土拌合物，通常是用泵送到屋面施工现场，并用刮板在基底上面将其刮平。

（7）隔热保温层虚铺厚度一般为设计厚度的 130%（不包括找平层），铺后用木拍板（木蟹）拍实抹平至设计厚度。铺设时应尽可能使膨胀蛭石颗粒的层理平面与铺设平面平行，并保持表面平整。

（8）膨胀蛭石混凝土压实抹平后应立即抹找平层，两者不得分开（分两阶段）施工，即不留施工缝。找平层砂浆配合比为：

42.5 级硅酸盐水泥∶粗砂∶细砂＝1∶2∶1，稠度 7～8cm。

（9）找平层抹好后，一般情况下可以不必洒水养护。因为蛭石混凝土含水量较大，故整个保温隔热层可以用干法自然养护，不必浇水。一般在 20℃的温度及 70%的湿度条件下，养护 3d，强度可达后期强度的 30%左右。

（10）工厂预制可采用机械加压法成型，其压力为 0.05～0.1MPa。成型后应先采用自然养护（保持一定湿度）放置 48h，然后在 80～100℃下进行干热养护。

第三十三章　防射线混凝土

（radiation shielding concrete）

第一节　概　　述

一、防射线混凝土的定义

防射线混凝土又称防辐射混凝土、原子能防护混凝土、屏蔽混凝土、核反应堆混凝土或重混凝土。它能屏蔽原子核辐射和中子辐射，是原子能反应堆、粒子加速器及其他含放射源装置常用的防护材料。防射线混凝土即指防护来自实验室内各种同位素、加速器或反应堆等原子能装置的原子核辐射的特种混凝土。所谓的原子核辐射，即放射线，一般是指α、β、γ、x射线和中子流等。

二、防射线混凝土分类

按水泥品种不同，可分为由普通硅酸盐水泥和特种水泥（如钡水泥、锶水泥等）制成的防射线混凝土。按混凝土抵抗射线种类的不同，可分为抗x、γ射线和抗中子流辐射混凝土。

三、防射线混凝土的工程应用

随着原子能工业和放射性元素提炼工业的发展，为防止射线对人体的伤害，在建造原子反应堆时必须设置防护体。防射线混凝土，有的用作防射线的遮蔽体（如实验室、探伤室、治疗室的墙体等），有的用于原子能反应堆结构。大多数情况，防射线混凝土均采用重骨料配成的重质混凝土，或称为高密度混凝土。为达到防射线的目的，必须根据射线的种类，并要求考虑经济性及施工可能性。

第二节　混凝土的防射线性能

辐射线对人体有害，在有人的场所必须防止辐射线，这就需要使用一定的防护材料。混凝土具有适当的强度和耐久性，可作结构材料使用，其成分和形状也可灵活地变化，且价格便宜，因此是一种常用的防护材料。作为防护材料，其对辐射线的防护能力、对辐射线损伤的特性及被辐射物质污染的特性等是重要的指标。

一、辐射线对混凝土的损伤

普通混凝土遭受一般碰到的射线（如γ射线、中子流射线等）照射时，通常认为对混凝土的性质几乎没有什么影响。但是，吸收放射的能量可转化为热量，导致混凝土中温度升至100℃或更高。在反应堆防护装置中，除非采取步骤去消除热量，通过释放热量来降低温度，否则混凝土的温度可以达到几百度甚至更高，使混凝土结构内部膨胀而遭到破坏。

既然混凝土较难受到辐射线的损伤，在原子反应堆的使用寿命期间内就可以充分地予以使用。但也应注意以下几点：

（1）混凝土内部因吸收辐射线温度上升而产生体积变化；

（2）混凝土结构强度和刚性也随之下降；

（3）混凝土内部和表面水分损失严重等；

（4）此外，混凝土若含有易被辐射线活化的物质也是不利的。

例如，将普通混凝土和珍珠岩混凝土用 10^{10}n/cms 的热中子流射线长期照射，混凝土被活化产生的 γ 射线量的计算值见表 33-1 所示，可以得知，钠、锰、钴等有出现问题的可能性。

二、混凝土对辐射线的防护能力

（1）通常需防护的辐射线有 α 射线、β 射线、γ 射线、x 射线、中子射线等。α 及 β 射线非常容易被吸收，混凝土不能加以防护。因此主要考虑防护 γ 射线、x 射线和中子射线。

（2）平行的 γ 射线束，在与其垂直的防护体中，大致按 $e^{-\mu d}$ 的比例衰减。其中 e 为自然对数的底，d 为防护体的厚度，μ 为防护材料对 γ 射线的吸收能力（cm^{-1}），称作线吸收系数。

线吸收系数除以吸收物质的比密度之值称作质量吸收系数 μ_m（cm^2/g）。防护的对象多为 1～3MeV 能量附近的 γ 射线，物质的种类不同，μ_m 值没有什么差别。当厚度相同时，防护体的防护性能随堆密度的增大而成正比地增加。这就是防护 γ 射线使用重混凝土的道理。各种防护材料对 γ 射线的线吸收系数见表 33-2 及表 33-3 所示。

由热中子射线长期照射混凝土被活化产生的 γ 射线量　　表 33-1

混凝土品　种	元素	混凝土中元素含量（%）	活化断面积（cm^2/g）	活化元素的半衰期	活化产生的放射性 γ 射线的能量	由 10^{10}n/cm·s 秒的热中子射线长期照射后混凝土被活化产生的 γ 射线量
普通混凝土	Fe	1.4	4.2×10^{-7}	47d	1.1（50%） 1.3（50%）	0.75
	Na	1.6	2.1×10^{-7}	15.04h	2.78（100%） 1.38（100%）	1100
	K	1.3	1.4×10^{-7}	12.4h	1.51（20%）	6.3
	Co	3.5×10^{-1}	1.3×10^{-7}	5.3 年	1.17（100%） 1.33（100%）	4.7
珍珠岩混凝土	Fe	8.78	2.6×10^{-6}	47d	1.1（50%） 1.3（50%）	4.8
	Co	0.0022	8×10^{-6}	5.3 年	1.17（100%） 1.33（100%）	31
	Na	0.13	1.7×10^{-5}	15.04h	2.78（1000%） 1.38（100%）	90
	Mn	0.07	1.0×10^{-4}	2.58d	0.822（100%） 2.06（20%） 1.77（30%）	265

各种防护材料对γ射线的线吸收系数、对中子射线的除去断面积　　表 33-2

防护材料类别	比密度 (g/cm^3)	对 5MeV γ射线的线吸收系数 (cm^{-1})	对高速中子射线的除去断面积 (cm^{-1})
玄武岩混凝土	2.48	0.0715	0.084
褐铁矿混凝土	2.72	0.0817	0.104
赤铁矿混凝土	3.32	0.0996	0.105
珍珠岩混凝土	3.02	0.0952	0.088
高炉矿渣混凝土	2.29	0.0665	0.077
铁骨料混凝土	4.42	0.1377	0.130
	2.40	0.0686	0.080
铁　板	7.80	0.2410	0.208
水	1.00	0.0303	0.097

x 射线的防护也是重质材料为优，与能量低的γ射线的情况一样，特别以含铅或钡等重金属元素的物质最为有效。

防护体特别是在迷宫设施等场合使用时，以辐射线后方散射少的材料为佳。后方散射的量，有效原子序号愈小的愈少，见表 33-3 试验结果。

各种混凝土的γ射线纯吸收系数及后方散射（厚 10cm 的试件，以 1.25MeV 的γ射线垂直入射）量　　表 33-3

混凝土类别	密度(g/m^3)	线吸收系数(cm^{-1})	有效原子序号	后方散射γ射线的量①
普通混凝土	2.35	0.13	11.3	12.35
珍珠岩混凝土	3.60	0.18	34.8	6.33
磁铁矿混凝土	3.89	0.2	18.9	—
磁铁矿、含氧化硼的方解石混凝土	3.71	0.19	18.3	11.62
铁、磁铁矿混凝土	5.12	0.27	22.8	9.84

注：①指后方散射光子数对入射光子数的比率的计算值。

（3）对于中子射线，相当于γ射线时的线吸收系数的吸收常数（称呼为断面积），它随吸收物质的种类及中子射线的能量等而显著变化；发生于中子射线被吸收时的高能γ射线（称二次γ射线）的防护也必须考虑，其不同于γ射线，仅仅是遵循一种简单的法则，即使用的材料愈重，防护效果愈好。行之有效的办法是采用含有适当比例下述元素的物质。

①将快中子减速和吸收二次γ射线的有效元素，有铅、钡等重金属及铁等较重金属元素。

②将慢中子进一步减速和容量吸收的有效元素，有氢等轻元素，其代表性的物质是水。

③不产生二次γ射线、吸收慢中子的元素，有硼等特种元素。

表 33-2 为对高速中子射线的除去断面积的示例。

三、防射线混凝土的防辐射原理

防射线混凝土作为防辐射材料是有其特效性的，当代它最适用于原子核反应堆的预应力混凝土压力容器中。普通混凝土能用于屏蔽，但需要特别加厚。恰当地选用防射线混凝土将改善辐射的衰减或减少所需要的厚度。

防射线的种类很多，一般要防止的射线有x射线、γ射线、中子射线、α射线和β射线等几种。其中α射线、β射线穿透能力低，易被吸收，甚至厚度很小的防护材料也能完全挡住它们，因此表面防护材料本身即可防护，从防止的角度来看可以忽视。在设计中最重要的是要考虑γ射线和中子射线的屏蔽，因此，原子反应堆和加速器的防护问题主要归结为对γ射线和中子射线的防护。

（一）γ射线

γ射线是一种高能量、高频率的电磁波，其穿透能力很强，其波长远比x射线短得多。射线的衰减主要是通过电子的弹性碰撞（康普顿散射效应）。当这些射线在通过某种高密度建筑材料时其能量可被减弱，而且当用某种建筑材料配制的混凝土具有一定密度和厚度时，射线能够完全被吸收。由此可见，高密度材料是很好的衰减剂，配制防射线混凝土时，希望采用特殊高密度的粗细骨料。

对于γ射线，当防护体厚度为常数时，防止射线的性能与其密度成正比；如果是用一种材料，则其防止射线的性能与其厚度成正比。

γ射线穿透过一定厚度材料时，其强度要逐渐衰减，其减弱程度，可用公式表示：

$$J = J_c e^{-\mu d}$$

式中 J——射线通过材料后的残余强度；

J_c——射线通过材料前的强度；

μ——材料对γ射线的吸收系数，主要取决于材料的比密度；故称作线吸收系数（cm^{-1}）；

d——射线通过材料（防护屏）的厚度（cm）。

这说明，材料物质的密度愈大，防护性能愈好。防护材料超过某一厚度时，γ射线就会被完全吸收。这就给人们在设计防射线混凝土时，指出了一条行之有效的途径。

（二）中子射线

中子射线是由不带电荷的微粒组成，具有高度的穿透能力。原子核只能俘获和吸收慢速热中子，快速中子是通过和原子核的弹性碰撞而减速，中速中子则是通过轻元素原子核减速到俘获要求的热能，而在轻元素中氢最为有效。

高速中子的衰减也需要高密度，当有原子存在时将吸收中速和慢速中子，因此，对于中子射线，防止射线的性能只考虑材料的密度大还达不到目的。防止中子射线屏蔽不仅必须含重元素，而且必须含有充分数量的轻元素。对于能量大的快中子，在密度大的材料中有减速作用；对于能量低的热中子，只有含氢原子和水的材料者具有减速的效果。

因此，对于普通堆积密度（$2400kg/m^3$左右）混凝土，要求以质量计含有0.45%的氢，当混凝土含水量为4%时即能达到这样的要求。完全干燥的混凝土不会含有足够的水，因而要求骨料中能含有一些氢（表33-4）。当氢吸收慢速中子时，产生高能量γ射线，这种γ射线同样要使慢速中子衰减。硼是一种更为有效的中子吸收剂，并产生能量非常低的γ射线，更容易屏蔽。因此，含硼骨料宜用于屏蔽中子。水溶性硼化物不宜用，然而它们可以延迟水泥的水化。硅质骨料其含氧比例高，也有利于缓和中子。

屏蔽辐射的选用骨料 表 33-4

骨料类别		密度 (g/m^3)	屏蔽能力	骨料类别		密度 (g/m^3)	屏蔽能力
天然骨料	矾土矿	2.0	快速中子（适量氢）	人造骨料	重矿渣	5.0	γ射线
	蛇纹矿	2.5	快速中子（适量氢）		磷铁	6.0	γ射线
	针铁矿	3.5	快速中子（适量氢）		硅铁	6.7	γ射线
	褐铁矿	3.5	快速中子（适量氢）		穿孔钢材或钢弹丸	7.5	γ射线
	硼方解石	2.5	中子（适量硼）		硼铁	5.0	中子（适量硼）
	硬硼酸钙	2.5	中子（适量硼）		碳化硼	2.5	中子（适量硼）
	重晶石	4.2	γ射线		硼玻璃	2.6	中子（适量硼）
	磁铁矿	4.5	γ射线				
	钛铁矿石	4.5	γ射线				
	赤铁矿	4.5	γ射线				

由此而论，为了削弱中子和吸收γ射线，要求在防护材料中含有不同的组成。混凝土制品是同时可以满足这两方面要求的遮蔽体材料。因为它具有较高的堆积密度，并含有较多的化学结晶水，这些结晶水有的包含有水泥的水化矿物组成中，也有的存在于某些天然的骨料之中，如结晶水、化合水等。

四、辐射线物质产生的表面污染

混凝土或砂浆硬化后的表面愈粗糙、空隙愈多，则愈易被放射性物质污染。因此，最好使用不易污染的材料对混凝土或砂浆的表面进行处理。

各种工程材料的吸附性试验公式：

$$\text{吸附率} = \frac{\text{水洗后残存的辐射能}}{\text{滴下的辐射线}} \times 100\%$$

第三节 防射线混凝土的组成

防射线混凝土除了吸收γ射线之外，还必须具有削弱中子的能力。通常的途径是配制重混凝土用作防辐射材料，以保护工作人员免受放射源产生的γ射线和中子流射线的影响。如空间不受限制，则普通堆积密度的混凝土非常经济，但堆积密度大的（>3200kg/m^3）混凝土，具有较好的减弱射线的性质，即对屏蔽同样剂量的放射源，可以用更薄的断面。为了满足这样的条件，合理地选择原材料是十分重要的。

一、防射线材料要求

（一）防γ射线的建筑材料

防γ射线的建筑材料，同时也用作防中子辐射作用，应从以下八个方面考虑选用。

(1) 要有较大的堆密度，以便最有效地吸收γ射线的屏蔽层中由于吸收中子所引起的次级γ射线（二次γ射线）。

(2) 应具有优良的均匀性、导热性和尽可能小的收缩率。

(3) 须有足够的含氢量（含在结晶水中），因为氢能慢化快中子，然后予以吸收。同时，希望建筑材料中氢的含量与材料的温度关系不大。

(4) 中子被建筑材料慢化或吸收时，要求该建筑材料能使中子可能产生的次级γ射线的能量为最少。

（5）在射线作用下，建筑材料应具有优良的稳定性。

（6）建筑材料应具有优良的结构强度，不准有可能透过射线的穿透缝隙、孔洞、蜂窝和裂缝。另外，还要求该建筑材料具有较低的弹性模量。

（7）应不透水、不透气，具有优良的耐热性及尽可能小的热膨胀系数。

（8）应经济耐用，施工方便；对金属无腐蚀作用（中性的），对屏蔽成型和施工简便。

（二）抗中子射线的建筑材料

抗中子射线的建筑材料，应从下列四个方面考虑选用：

（1）快中子减弱：对3~4兆中子伏特以上的高能中子，由于氢的散射，截面迅速减少。所以，防中子射线的建筑材料一般须采用一些重材料，诸如铁、铅、钢等，并通过这些重材料的非弹性散射来加速快中子能量的损失，使其更快地慢化下来。

（2）中子慢化与中能中子积累：快中子由高能组分分出后，即开始慢化。在慢化过程中主要应使通过氢或其他氢元素的弹性散射来损耗中子的能量，因此必须在建筑材料中组合一些含氢材料或其他一些高效能的中子减速材料。中能中子减弱的快慢，在中子防护中非常重要，若减弱得慢，则会引起中能中子的积累，有时甚至成为全部中子剂量的主要来源。因此，选择建筑材料时须特别注意。

（3）热中子的扩散与俘获：当中子慢化成低能中子即热中子后，须进一步将其扩散与俘获。建筑材料对热中子的扩散性能以“扩散长度”来表示：扩散长度越长，屏蔽性能越差。至于对热中子的俘获，由于许多材料在俘获中子后会放出很强、很硬（即高质量）的次级γ射线，所以不能采用一般材料，应用一些含硼量较高的材料。因硼吸收中子后，只放出很易屏蔽的α射线，并不放出次级γ射线，因此比较理想。

（4）次级γ射线的屏蔽：中子慢化过程中会产生非弹性散射γ与中子俘散γ，因此选用建筑材料时须考虑对它们的屏蔽。

二、原材料选择

（一）胶凝材料——水泥

1. 水泥品种

用于防射线混凝土的胶凝材料，以采用密度较大、需水性和水化热都较少的水泥为宜；由于反应堆设备中的温度很高，也应选用耐热性能好的水泥。一般可采用硅酸盐水泥、普通硅酸盐水泥、火山灰质硅酸盐水泥、矿渣硅酸盐水泥、高铝水泥、镁质水泥等。其中硅酸盐水泥和普通硅酸盐水泥应用最多最广，因为这两种水泥最易获得，且比密度大，需水性和水化热都相对较小。火山灰质硅酸盐水泥仅用于地下的构造物。高铝水泥、石膏高铝水泥以及高镁水泥可以增加混凝土中结合水的含量，因此，在防射线混凝土工程中，最好采用高铝水泥或其他特种水泥。当防护体墙壁较厚，构成大体积块状时，应尽量采用水化热较小的低热水泥。而高铝水泥、高镁水泥虽可增加结合水的含量，但水化热很大，施工中必须采用相应的冷却措施。用氯化镁（$MgCl_2$）溶液拌合镁质水泥可获得良好的技术性能，但这种水泥对钢筋的腐蚀较大。

防射线混凝土常用水泥的性能、规定和要求见表33-5。

对于防止中子射线的混凝土，有人曾建议使用白水泥，因为含铁量较低（0.35%~0.40%），有助于减弱诱导中子的能力。除此，对配制防射线要求较高的混凝土，还可考虑采用钡水泥或锶水泥，这种水泥具有较大的密度（$\rho_s > 4.0g/cm^3$）。

防射线混凝土常用水泥的性能、规定和要求　表 33-5

水泥名称	密度 (g/m^3)	结合水含量（%）		水泥的性能、规定和要求
		28d	365d	
硅酸盐水泥 普通硅酸盐水泥 矿渣硅酸盐水泥 火山灰质硅酸盐水泥 粉煤灰硅酸盐水泥 复合硅酸盐水泥	2.9～3.1	15	20	1. 常温下含结晶水约 15%，在高温下（100℃以上）脱水较少 2. 能满足一般防护结构的要求
高铝水泥	30～3.1	25	30	1. 常温下含结晶水 20%～23%，但在高温下（100℃以上）脱水严重 2. 早期强度增长较快，但水化热在烧筑后 1～3d 集中散发，易出现早期裂纹 3. 宜用以配制水化混凝土或砂浆，用于对结晶水含量有较高要求之防护
石膏高铝水泥	3.0～3.1	28	32	1. 常温下含 25%～28% 的结晶水，在 100℃以上高温下易脱水 2. 早期强度增长快，水化热集中散发，易出现早期裂纹 3. 凝结时有微膨胀 4. 除适用配制水化混凝土外，宜用于配制填充孔洞的混凝土和砂浆
镁质水泥 ($MgO + MgCl_2$)	2.9～3.0	35	40	1. 常温下含 30%～35% 结晶水，高温下脱水严重 2. 水化热大，凝结快，易受大气侵蚀，对钢筋有腐蚀作用，故应用较少

2. 水泥用量

中子类似气体，能渗入建筑物的裂缝。为了保证混凝土没有裂缝，应使混凝土硬化后产生的温度应力小，干燥收缩少，抗折强度高。而水泥用量较高的混凝土，其弹性较好，对保证混凝土不产生裂纹和裂缝有利。但为降低水泥的水化热和混凝土的收缩率，大体积混凝土又必须对水泥用量加以限制。

一般情况下，防射线混凝土的水泥用量较高，要大于 $350kg/m^3$，从而可由水泥浆结晶水量高而有助于改善混凝土的防辐射特性。另外，最好采用低热水泥施工，这样可以降低混凝土的水泥水化热。

3. 水泥强度等级

根据施工经验证明，应采用强度等级不低于 42.5 强度等级的水泥，这样既有利于保证结构物的强度，又不致增加水泥用量，便于施工。

(二) 粗细骨料

1. 骨料种类

防射线混凝土是有效的防射线材料。防射线混凝土除使用普通粗细骨料外，为了提高混凝土的防护性能，减轻结构厚度，常常使用比密度较大、含水率（结晶水）较高的重骨料或含硼较多的骨料。

(1) 重骨料：防射线混凝土经常使用的重骨料有褐铁矿、赤铁矿、磁铁矿、重晶石、蛇纹石、废钢块、钢段、铁砂或钢砂（碎屑）、石英砂等。

防射线混凝土常用重骨料的种类及性能见表 33-6。

防射线混凝土常用重骨料　表 33-6

种　类	主要成分	密　度 (g/m^3)	材　质	粒　形	使　用
铁块废钢块等	Fe	7~8	坚硬，一般易锈	无一定形状，多孔者不宜使用	粘有油污时不宜使用，生锈时有害；在中子作用下产生二次γ射线；易使混凝土分层不易保证均匀
磁铁矿	$FeO \cdot Fe_2O_3$	4.5~5.2	大体坚硬，硬度5.5~5.6，纯磁铁矿除盐酸、王水外不易受到侵蚀	易成八面体开裂，因而破碎后有较好的粒形，一般呈块状或粒状	易得到良好的粒形及级配，便于使用，但缺点是有磁性
铁　砂	磁铁矿、褐铁矿赤铁矿等	4~5	大体坚硬	较好	用以补充骨料中细小粒径不足部分，有利于改善混凝土和易性
褐铁矿	$Fe(OH)_3 \cdot nH_2O$ $FeO_2 \cdot nH_2O$ $FeO_3 \cdot nH_2O$	2.7~4	较分散，结合水量一般为8%~18%，块重1.3~3.2t/m^3	具有从均匀致密到脆弱海绵状、粉末状等形态	软质部分及含泥等杂质难以使用；由于含结晶水较多有利于防中子射线；以密度大且结合水量不低于10%为宜
赤铁矿	Fe_2O_3	4~5.3	大体坚硬，硬度为5~6，纯赤铁矿矿石易受侵蚀作用	易成菱形八面体开裂，具有柱状，粒状或粉状	表面粘着泥分时，不充分冲洗难以使用
重晶石	$BaSO_4$	4.0~4.7	性脆，纯重晶石很易碎成粉末，硬度为2.5~3.5，抗性较差，热胀系数及收缩性大	有显著的斜方晶体开裂性，软质者棱角易于磨损，粒形一般好	易于破碎且粒形良好使用方便，宜用纯度较低硬度较大者，不能用于有流水作用部分、温度超过100℃可能冻处
玄武石	斜长石 辉　石	2.5~3.1	坚硬，黑色，分解物带有绿色	由于材质坚硬破碎时易成片状	
蛇纹岩	$Mg_3Si_2O_5(OH)_3$	2.4~2.7	一般软，硬度2~5，结合水约10%~19%	单斜结构，有利于风化者	所配制混凝土的强度较低
磷化亚铁	Fe_2P	6~6.5			价格较高，与硅酸盐水泥反应可能产生有害气体

（2）含硼骨料：试验研究表明，硼元素能有效地捕捉中子，而且不会形成二次γ射线，因此，含硼骨料具有理想的防射线性能。

防射线混凝土常用含硼骨料的种类及性能见表 33-7。

2. 骨料技术性能

如前所述，防射线混凝土除了需要含重元素外，还应尽可能含有多量的轻元素，其中最重要的是氢。为了满足这些条件，除了适当增加水泥用量以提高混凝土的结晶水含量外，更重要的是选择适当的骨料。防射线混凝土常用骨料参考表 33-6 和表 33-8 选择。

通常，防射线混凝土大多采用重骨料组成的重混凝土。配制不同堆密度的防射线混凝土对其骨料松堆密度的要求见表 33-9。重骨料材料如铁、磁铁矿、砂铁、褐铁矿、赤铁矿、蛇纹矿、重晶石等，其技术性能要求见表 33-10。石英砂常被作为细骨料使用。粗、细骨料成分中结晶水多的以褐铁矿（$2Fe_2O_3 \cdot 3H_2O$）和磁铁矿（$Fe_3O_4 \cdot H_2O$）的防护性能较好，因为有永久含水量（化学结合水），水中的氢原子具有可以吸收射线的能力。褐铁矿特别适宜于用作防中子射线的混凝土，见表 33-11。

防护混凝土常用含硼骨料 表 33-7

种类	密度 (g/m^3)	化学成分	B_2O_3 含量（%） 理论值	实测值
硬硼钙石	2.42	$2CaO \cdot 3B_2O_3 \cdot 5H_2O$	50.8	46~33
含氧化硼方解石	2.4	$4CaO \cdot 5B_2O_3 \cdot 7H_2O$	49.8	40
赛黄晶石	2.97	$CaO \cdot B_2O_3 \cdot 2H_2O$	28.4	25
斧石	3.3	$H(FeMn) \cdot 2CaO \cdot Al_2O_3 \cdot B_2O_3 \cdot 4SiO_2$	约 5	16
硼铁矿	3.1~3.6	$Fe^{2+}MnFe^{3+} \cdot B_2O_3$	—	3~6
硼化玻璃（人工合成含硼玻璃碎渣）	2.75	—	—	28

防射线混凝土选用骨料 表 33-8

骨料分类	骨料名称	密度 (g/m^3)	结晶水（%）	主要化学元素	混凝土堆积密度 (kg/m^3)	永久含水量 (kg/m^3)	用途
一般骨料	砂、石	2.6~2.7		Si	2350	60	
	石灰石、辉绿岩、玄武岩	2.6~3.1		Si、Al、Ca、Fe	2590	60	
	高炉矿渣	2.6~3.0		Si、Al、Ca	3520	60	
重骨料	钛铁矿	4.5	6~12	Fe、O、Ti	3440~3840	50	提高吸收 γ 射线的能力
	重晶石	4.3~4.7		$BaSO_4$	3200~3400	60	
	磁铁矿石	4.9~5.2		Fe、O、H	3200~4000	60	
	赤铁矿	5.0~5.3		Fe	5900	60	
	铁磷渣	6.2~6.6		Fe、P	5110	60	
	钢、铁	7.5~7.8		Fe	5960	60	
含结晶水骨料	褐铁矿	3.2~3.4	10~18	Fe、H、O	2600~3000	340	提高吸收中子流的能力

不同堆积密度的混凝土对骨料松堆密度的要求 表 33-9

防射线混凝土设计堆积密度 (kg/m^3)	3000	3100	3200	3300	3400	3500	3600
骨料要求堆积密度 (kg/m^3)	3600~3800	3700~3900	3800~4000	4000~4100	4100~4200	4300~4400	4400~4500

注：若骨料堆积密度不能配出设计要求堆积密度的防射线混凝土时，可掺入一定量切断去油的铸铁块、废铁块、钢棒、钢筋头（长 80mm 以内）或钢板边块等。

抗 x、γ 射线混凝土用骨料的技术性能要求 表 33-10

骨料种类	骨料堆积密度 (kg/m^3) 细骨料 0.16~5mm	粗骨料 5~80mm	岩石堆积密度 (kg/m^3)	质量要求
赤铁矿（Fe_2O_3）	1600~1700	1400~1500	3200~4000	堆积密度大，坚硬石块含量多，细骨料中 Fe_2O 含量不低于 60%；粗骨料中 Fe_2O_3 含量不低于 75%，仅含少量杂质
磁铁矿（$Fe_3O_4 \cdot H_2O$）	2300~2400	2600~2700	4300~5100	
褐铁矿（$2Fe_2O_3 \cdot 3H_2O$）	1600~1700	—	3200~4000	Fe_2O_3 含量不低于 70%，仅含少量杂质
重晶石（$BaSO_4$）	3100~3200	2600~2700	4300~4700	$BaSO_4$ 含量不低于 80%，内含石膏或黄铁矿在硫化物不超过 7%

抗中子射线混凝土用骨料的性能、规定和要求　**表 33-11**

骨料名称	密度（g/m^3）	堆积密度（kg/m^3）	技术性能、规定和要求
褐铁矿（粗骨料）	3.4～4.0	1400～1500	1. Fe_2O_3 含量不少于 70% 2. 结晶水含量不少于 10%，一般含 10%～18% 3. 吸水率 9%～10% 4. 杂质少，特别是黏土杂质
褐铁矿（细骨料）	3.0～4.0	1600～1700	1. Fe_2O_3 含量不少于 60% 2. 结晶水含量不少于 10% 3. 吸水率 9%～10% 4. 黏土杂质含量少
白硼钙石			1. B_2O_3 含量尽可能多 2. 不溶于水 3. 分子式：$4CaO \cdot 5B_2O_3 \cdot 7H_2O$
钠硼钙石	1.96		1. 不溶于冷水 2. 分子式：$Na_2O \cdot 2CaO \cdot 5B_2O_3 \cdot 16H_2O$

应该注意，氧也有助于控制中子，因而如采用含有大量氧原子的硅石等骨料可能是有益的。

为了增大防射线混凝土的堆积密度，往往加入铁质骨料配制防射线混凝土。这种混凝土对于防护 γ 射线特别有效。但是，由于这种混凝土没有足够的结合水，防护中子射线的能力还远不够理想。而且铁质骨料在中子流的作用下，容易诱发起二次 γ 射线。因此，常采用多种混凝土骨料来拌制防射线混凝土，以增加混凝土的堆积密度及结合水含量，克服单一骨料的缺点。如用铁质骨料作粗骨料而用褐铁矿砂作细骨料；用重骨料与普通骨料混合，最好加入一些含硼骨料等。

有些骨料中常会含有一些影响水泥正常凝结硬化的杂质，如硬硼酸钙的石粉等，使用时应千万加以注意。

3. 最大粒径和级配

防射线混凝土常用粗骨料的最大粒径为 40mm，其级配应符合图 33-1 所示筛分曲线阴影部分的范围要求；防射线混凝土用细骨料的级配应符合图 33-2 所示筛分曲线阴影部分的要求。

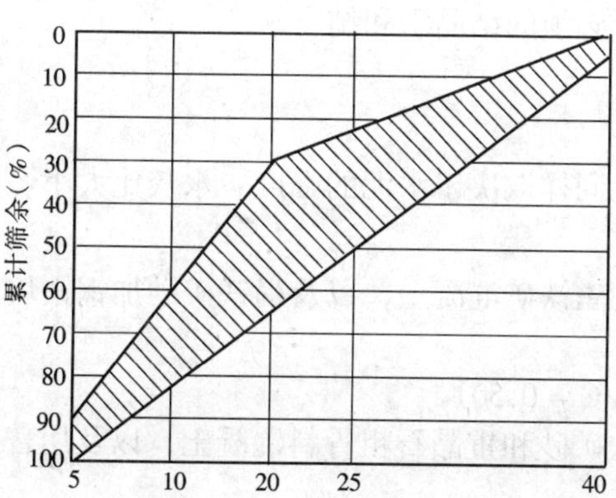

图 33-1　防射线混凝土用粗骨料级配要求

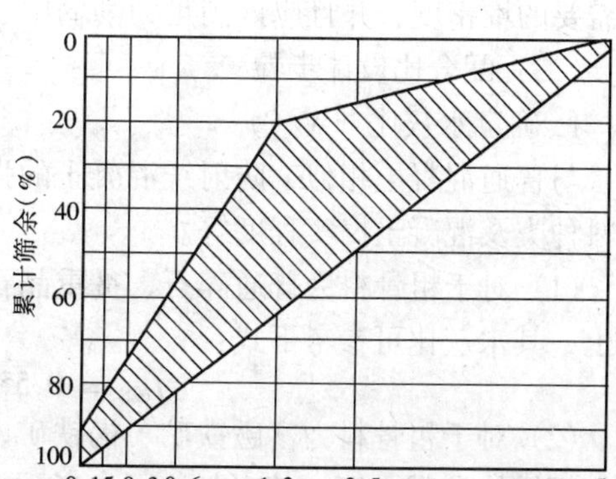

图 33-2　防射线混凝土用细骨料级配要求

含水矿石骨料的规格见表 33-12。

含水矿石骨料的规格 表 33-12

筛孔尺寸（mm）	80	40	20	10	5	<5
筛余量（%）	—	38.0	30.3	13.3	6.80	11.8

骨料应具有良好的级配，以防止混凝土产生离析。由于骨料不足而造成的任何孔穴都会使混凝土堆积密度降低，从而减弱吸收 γ 射线的能力。重骨料由于其粒形和组织结构，趋于配成干硬的拌合料，因此要求采用细度模数小的细骨料，或采用较高的细骨料与粗骨料之比（即增大砂率）。德国曾以熔解刚玉的副产品，含铁 70% 的硅铁粒作防射线混凝土的骨料，制得堆密度为 5000kg/m^3 的防射线混凝土。

（三）掺合材料

在施工中，常常有意掺入一定数量的掺合材料，以提高混凝土防射线的能力，如硼或锂盐等。

硼是一种十分理想的掺合材料，见表 33-11，能有效地捉速中子，且不形成第二次 γ 射线。将硼掺入混凝土中，可以降低防护结构的厚度。或者将硼和其他化合物作为防护结构的内表面涂层，或作为薄片贴在防护结构的内表面上，亦有显著的防射作用。

锂盐，如碘化锂（$LiI\cdot 3H_2O$）、硝酸锂（$LiNO_3\cdot 3H_2O$）、硫酸锂（$Li_2SO_4\cdot H_2O$）等掺入混凝土中，亦可改善混凝土的防护性能。

（四）拌合水和养护水

选用洁净的、pH > 4 的湖水、河水、井水或自来水均可，要求水质洁净，不含杂质。

（五）塑化剂

为改善混凝土的和易性，减少用水量，可掺入适量的塑化剂。一般常用造纸厂的亚硫酸盐纸浆或苇浆废液塑化剂。

第四节 防射线混凝土的配合比及物理力学性能

一、配合比设计

（一）设计要求

防射线混凝土除了要满足普通混凝土所必须的强度和和易性外，还应具有吸收 γ 射线所需要的堆密度，并且应该满足为削弱中子流所必须的结晶水和结合水。

（二）配合比设计步骤

1. 确定水灰比（W/C）

与普通混凝土相似，防射线混凝土的强度也同样取决于水泥的强度、水灰比大小、粗骨料种类及混凝土捣实程度等。

（1）对于粗骨料为普通碎石、贫重晶石、贫磁铁矿混凝土，以及褐铁矿砂加钢铁块混凝土，其水灰比可参考下式：

$$f_{c28} = 0.55 f_c (\mathrm{W/C} - 0.50)$$

（2）对于粗骨料为富磁铁矿、褐铁矿、褐铁矿砂和重晶石粗骨料混凝土，以及用普通砂加钢铁块混凝土等，其水灰比可参考下式：

$$f_{c28} = 0.45 f_{ce}\left(\frac{\mathrm{C}}{\mathrm{W}} - 0.60\right)$$

2. 确定用水量（W）

防射线混凝土浇灌时，由于粗骨料比密度较大而下沉，使混凝土上、下层组成相差悬殊。为了避免产生分层离析现象，建议采用坍落度为1~3cm的低流动性混凝土混合料，或工作度为30~60s的干硬性混凝土混合料。对于不同流动性的混凝土，其用水量参考表33-13。

防射线混凝土用水量参考值（kg/m³）　　**表33-13**

<table>
<tr><th>细骨料+粗骨料</th><th>低流动性混凝土</th><th>干硬性混凝土</th><th>细骨料+粗骨料</th><th>低流动性混凝土</th><th>干硬性混凝土</th></tr>
<tr><td>褐铁矿+褐铁矿</td><td>280~290</td><td>270~280</td><td rowspan="2">重晶石+重晶石
普通砂+铸铁
普通砂+普通碎石</td><td rowspan="2">180~195</td><td rowspan="2">145~170</td></tr>
<tr><td>褐铁矿+磁铁矿
磁铁矿+磁铁矿
褐铁矿+铸铁
褐铁矿+重晶石</td><td>225~235</td><td>220~240</td></tr>
</table>

3. 计算水泥用量（C）

$$C = \frac{W}{\left(\frac{W}{C}\right)}$$

4. 计算骨料用量（S+G）

按规定堆积密度（ρ_h）计算骨料用量（S+G）。防射线混凝土的堆积密度参考表33-21。

$$S + G = \rho_h - W - C$$

5. 按下式计算砂率（S_p）

$$S_p = \alpha \cdot \frac{P_g \cdot \rho_s}{P_g \cdot \rho_s + \rho_g}$$

式中　P_G——粗骨料空隙率；

ρ_G、ρ_S——石、砂堆积密度（kg/m³）；

α——砂浆剩余系数，$\alpha = 1.1 \sim 1.4$。

6. 计算粗、细骨料用量（S、G）

$$S = S_P \cdot (S + G)$$

$$G = (S + G) - S$$

7. 试配调整

按计算出的用量进行试拌调整，其方法同普通混凝土。

（三）防射线混凝土配合比

防射线混凝土的堆积密度越大，则其对射线的防护能力就越强。防射线混凝土的种类及技术要求见表33-14。防射线混凝土的配合比，应根据射线种类、混凝土的设计堆积密度和原材料等条件来选择。

1. 防射线混凝土参考配合比

防射线混凝土的参考配合比见表33-15。

2. 防射线混凝土的施工配合比

用重晶石配制的防射线混凝土（砂浆）的施工配合比（工程实例）见表33-16。

3. 防射线砂浆的施工配合比

用钡砂（粒径0.6~1.2mm无杂质）和钡粉（细度全部通过0.3mm筛孔）配制的防射线砂浆的施工配合比见表33-17。

防射线混凝土种类及技术要求 **表 33-14**

种　类	名　　称	技术性能及要求
防 x、γ 射线混凝土（兼防中子射线）	普通混凝土	1. 堆积密度须达到 2200～2400kg/m^3 2. 骨料：细骨料粒径 0.15～5mm，粗骨料粒径 5～80mm，骨料级配通过试验确定 3. 水泥：须用硅酸盐水泥，其他水泥因吸收 x 射线差 4. 混凝土不得有可能透过辐射的穿透空隙以及空洞，蜂窝和裂缝
	重混凝土 1. 褐铁矿混凝土 2. 赤铁矿混凝土 3. 褐铁矿砂混合混凝土 4. 重晶石混凝土 5. 磁铁矿混凝土 6. 金属骨料矿石混凝土	1. 堆积密度：＞2500kg/m^3 2. 骨料：见表 33-8 和表 33-10 3. 水泥：42.5 级或 42.5 级以上的硅酸盐水泥 4. 水：井水、河水、湖水，pH＞4 5. 塑化剂：草浆或苇浆废液
防中子射线混凝土	普通混凝土	1. 堆积密度：2200～2400kg/m^3 2. 结晶水：当水泥用量为 300～400kg/m^3 时，结晶水含量为 3%～3.5% 3. 水泥：用硅酸盐水泥，因其密度大（3.0～3.1g/cm^3），亦可用普通硅酸盐水泥 4. 高温下脱水较水化混凝土少 5. 可用于一般中子射线防护结构
	水化混凝土： 1. 褐铁矿混凝土 2. 高铝水泥砂浆	1. 堆积密度：2300～2700kg/m^3 2. 结晶水：含量＞10%，约为普通混凝土 3～3.5 倍 3. 高温下脱水严重，在 50～200℃作用时，须采用防止水分过度蒸发的专门防护层 4. 掺入适量的铁块和铁砂，可调整堆积密度达 3000～3300kg/m^3
		1. 堆积密度：1800～2300kg/m^3 2. 结晶水：＞10% 3. 凝结速度：快凝快硬，应尽快搅拌、浇筑，并须加强养护 4. 可用小铁珠或褐铁矿砂代替普通砂，以提高堆积密度和结晶水含量
	加硼混凝土及砂浆： 1. 加硼混凝土 2. 加硼水泥砂浆	1. 堆积密度：2600～4000kg/m^3 2. B_2O_3：含量达 1%～2%（按混凝土质量计） 3. 掺入适量硼矿石，不会降低混凝土强度和延缓凝结 4. 以调整铁块含量来配制所需密度的混凝土混合物，可以满足混凝土堆积密度的要求
		1. 堆积密度：1800～2000kg/m^3 2. 水泥：普通硅酸盐水泥 3. 在砂浆中加入一定量硼化物，如硼砂、硼酸、碳化硼等配制而成，硼化物易溶于水，能使砂浆强度降低、延长凝结时间，产生泌水现象等，故须特别注意采取措施 4. 硼化物必须在水泥砂浆中分布均匀，才能正确有效地发挥抗中子射线作用

防射线混凝土参考配合比　　**表 33-15**

序号	名称	堆积密度 (kg/m^3)	质量配合比	用途
1	普通混凝土	2100～2400	硅酸盐水泥:砂:石子＝1:3:6	抗γ及中子射线
2	褐铁矿混凝土（水化混凝土）	2600～2800	水泥:褐铁矿砂：褐铁矿碎石:水＝1:2.8:3.7:0.80 水泥:褐铁矿粗细骨料:水＝1:3.3:0.5 水泥:褐铁矿砂:褐铁矿碎石:水＝1:2.0:2.4:0.50（另加适量增塑剂）	
3	褐铁矿石＋废钢铁块混凝土	2900～3000	水泥:褐铁矿石细骨料:废钢铁块粗骨料＝1:2.0:4.3:0.40	
4	赤铁矿混凝土	3200～3500	水泥:赤铁矿砂:普通砂:赤铁矿碎石:水 ＝1:2.14:1.43:6.67:0.67 　1:2.00:1.22:7.32:0.68 水泥:普通砂：赤铁矿碎石:水＝1:2.0:8.0:0.66	抗α、γ及中子射线
5	磁铁矿混凝土	3300～3800	水泥:磁铁矿砂:磁铁矿石:水 ＝1:1.36:2.64:0.56 　1:1.70:3.30:0.55 水泥:磁铁矿粗细骨料:水 ＝1:7.60:0.50 　1:5.0:0.73	
6	重晶石混凝土	3200～3800	水泥:重晶石砂:重晶石碎石:水 ＝1:3.40:4.54:0.50 　1:4.46:5.44:0.60	
7	重晶石砂浆（钡砂砂浆）	2500	石灰:水泥:重晶石粉＝1:9:35 水泥:重晶石粉:重晶石砂:普通砂＝1:0.25:2.50:1	
8	加硼混凝土	2600～4000	水泥:砂:碎石:碳化硼:水＝1:2.54:4.00:0.15:0.73 水泥:硬硼酸钙石细骨料:重晶石:水＝1:0.50:4.90:0.38	抗中子射线
9	加硼水泥砂浆	1800～2000	石灰:水泥:重晶石粉:硬硼酸钙粉＝1:9:31:4	
10	废铅渣及高铝水泥混凝土	2400～3520	国外有用废铅渣及高铝水泥配制成防射线混凝土，其中子防护系数比重晶石混凝土和磁铁矿混凝土高 每 $1m^3$ 混凝土材料用量： 高铝水泥（密度 $\rho_s=3.2g/cm^3$）545.2kg 细废铅渣（密度 $\rho_s=4.0g/cm^3$）2026.6kg 水 321.8kg	抗中子射线

防射线混凝土施工配合比 表 33-16

类别	水泥用量(kg)	重晶砂		重晶石块		堆积密度(kg/m^3)
		粒度(mm)	用量(kg)	粒度(mm)	用量(kg)	
混凝土	342	<5	1144	8~20	1867	3350
	320	<5	1440	75	1440	3200
砂浆	460	<5	2740	—	—	3200

钡砂(重晶石)砂浆配合比 表 33-17

材料名称	水	水泥	河砂	钡砂	钡粉
配合比(质量比)	0.48	1	1	1.8	0.4
每 $1m^3$ 用量(kg)	252.5	526	526	947	210.4

含有2%硼的硅藻土防射线混凝土的参考配合比见表 33-18。

含有2%硼的硅藻土混凝土参考配合比 表 33-18

材料名称	体积成分		质量成分	
	(L)	(%)	(kg)	(%)
硅藻土	56.6	51.3	44.2	38.6
水	25.5	23.1	25.4	22.6
钙铝水泥	28.3	25.6	42.6	39.4

重晶石防射线混凝土的参考配合比见表 33-19。

重晶石混凝土参考配合比 表 33-19

混凝土拌和物序号	水泥强度等级(MPa)	质量配合比(水泥:重晶石:水)	每 $1m^3$ 水泥用量(kg)	混凝土的堆积密度(kg/m^3)	视孔率(%)	捣实程度
1	32.5级	1:10.4:0.50	295	3.550	—	1.21
2	32.5级	1:16.8:0.55	200	3.650	1.6	1.33
3	32.5级	1:10.4:0.48	300	3.610	0.6	1.21
4	32.5级	1:11.8:0.50	270	3.610	1.0	1.27

蛇纹石防射线混凝土的参考配合比见表 33-20。

蛇纹石防射线混凝土参考配合比 表 33-20

材料名称	每 $1m^3$ 混凝土所用材料的数量			
	质量(kg)	体积(L)	质量(%)	体积(%)
蛇纹石	1206	463.1	54.5	51.9
砂	567	215.8	25.8	23.9
水泥	311	99.2	14.2	23.0
水	211	221.4	5.5	11.1
增塑剂	0.82	—	—	—

二、物理力学性能

(一)物理性能

1. 堆密度

抗x、γ射线及中子流的混凝土的堆积密度见表 33-21。

防射线混凝土的堆密度　　表 33-21

混凝土种类	堆积密度（kg/m³）最小	堆积密度（kg/m³）最大	备注
普通混凝土	2200	2500	粗骨料为碎石，细骨料为河砂
磁铁矿或赤铁矿混凝土	2800	4000	粗、细骨料均为磁铁矿或赤铁矿
重晶石混凝土	3300	3600	粗、细骨料均为重晶石
加硼混凝土	2600	4000	粗骨料为重晶石，细骨料为硬硼酸钙
加褐铁矿砂和下列粗骨料的混合混凝土			
1. 普通碎石	2400	2600	
2. 重晶石	3000	3200	
3. 磁铁矿或赤铁矿	2900	3800	

2. 导热性

防射线混凝土与普通混凝土的各种性质基本相似。强度可以用同一水灰比关系加以估计，其物理性质将在很大程度上取决于骨料的性质。当用磁铁矿制成的防射线混凝土（重混凝土）时，其导热性与普通混凝土大致相同，但用重晶石作骨料要小一半，如用钢铁块骨料则导热性更高。

（二）力学性能

防射线混凝土的力学性能见表 33-22 ~ 表 33-26。

防射线混凝土配合比、主要性能和用途　　表 33-22

类别	水泥 品种	水泥 强度等级	骨料 细骨料规格和品种	骨料 粗骨料规格和品种	配合比（质量比）水泥:细骨料:粗骨料	水灰比 $\left(\frac{W}{C}\right)$	堆积密度（kg/m³）
混凝土	普通硅酸盐水泥	42.5 级	< 5mm 普通河砂	5 ~ 30mm 花岗岩碎石	1:3.3:5.7	0.76	2300
	普通硅酸盐水泥	42.5 级	< 5mm 重晶石砂	7 ~ 20mm 重晶石块	1:2.7:4.2	0.45	3310
	普通硅酸盐水泥	42.5 级	< 5mm 磁铁矿砂	7 ~ 25mm 磁铁矿块	1:2.36:4.22	0.41	3410
	普通硅酸盐水泥	42.5 级	< 5mm 普通砂	7 ~ 25mm 磁铁矿块	1:2.00:5.82	0.52	3139
	普通硅酸盐水泥	42.5 级	< 5mm 硼镁铁矿砂	7 ~ 20mm 硼镁铁矿块	1:2.83:3.56	0.50	2930
	普通硅酸盐水泥	42.5 级	< 5mm 硼镁铁矿砂	7 ~ 2 重晶石块	1:1.89:4.28	0.45	3020
	钡水泥	42.5 级	< 5mm 重晶石砂	7 ~ 25mm 重晶石块	1:1.8:2.8	0.30	3471
	钡水泥	42.5 级	< 5mm 磁铁矿砂	7 ~ 25mm 磁铁矿块	1:1.7:2.7	0.26	3626
	钡水泥	42.5 级	< 5mm 普通砂	7 ~ 25mm 磁铁矿块	1:1.16:3.38	0.32	3285
	含硼水泥	32.5 级	< 5mm 重晶石砂	7 ~ 20mm 重晶石块	1:3.1:4.9	0.45	3364
	含硼水泥	32.5 级	< 5mm 低硼镁砂石	7 ~ 20mm 重晶石块	1:1.9:4.2	0.45	2983
	石膏高铝水泥	32.5 级	< 5mm 重晶石砂	7 ~ 40mm 重晶石块	1:3.0:9.0	0.70	3400
	石膏高铝水泥	32.5 级	< 5mm 重晶石砂	5 ~ 40mm 磁铁矿块	1:3.43:8.43	0.70	3600
	特快硬高铝水泥	72.5 级	< 5mm 钛矿渣砂	5 ~ 10mm 钛矿渣块	1:2.3:2.3	0.40	3140
	特快硬高铝水泥	72.5 级	< 5mm 硼镁矿砂	8 ~ 10mm 硼镁铁矿石块	1:2.3:2.3	0.40	2880
砂浆	普通硅酸盐水泥	42.5 级	< 2.5mm 重晶石砂	—	1:0.35	0.50	2961.5
	普通硅酸盐水泥	42.5 级	< 2.5mm 硼镁铁矿石砂	—	1:3.0	0.48	2671
	钡水泥	42.5 级	< 2.5mm 重晶石砂	—	1:3.0	0.35	3174

续表

类别	强度（MPa）								正常养护7d后，不同温度处理后的抗压强度（MPa）						用途
	抗压				抗拉										
	1d	3d	7d	28d	1d	3d	7d	28d	常温	50℃	100℃	200℃	300℃	500℃	
混凝土	—	—	—	—	—	—	—	—	—	—	—	—	—	—	制作抗穿透性辐射的围护结构
	10.1	17.9	25.9	41.7	0.8	1.4	1.9	2.3	25.9	31.4	32.6	37.2	41.2	29.0	
	12.3	25.4	36.2	56.6	0.9	2.4	3.0	4.0	—	—	—	—	—	—	
	10.5	18.4	29.8	40.2	0.7	1.7	2.4	3.0	—	—	—	—	—	—	
	—	23.0	32.6	41.7	—	1.8	2.5	3.2	28.4	28.8	32.1	37.6	42.0	39.4	
	—	30.4	40.1	45.6	—	2.7	2.8	3.0	30.9	30.5	33.8	36.6	37.9	40.1	
	22.9	36.0	41.6	44.1	1.2	2.2	2.4	2.5	38.4	35.3	18.8	9.4	9.7	10.1	
	10.2	22.9	34.9	43.1	0.4	1.3	2.0	3.1	—	—	—	—	—	—	
	4.6	11.9	21.9	31.6	0.2	0.7	1.4	2.1	—	—	—	—	—	—	
	28.2	29.5	29.8	32.2	1.8	1.9	2.0	2.1	32.5	30.3	30.3	35.1	35.1	36.8	
	31.0	33.5	36.0	37.7	2.0	2.8	2.6	2.4	38.4	40.7	37.1	37.6	36.9	29.5	
	—	15.2	15.4	18.3	—	—	—	1.4	17.3	21.3	15.5	—	10.2	9.8	
	—	20.6	21.8	23.6	—	—	—	1.7	25.2	27.8	22.5	—	14.4	12.8	
	61.4	67.4	66.1	77.2	3.6	3.4	3.9	4.2	—	—	—	—	—	—	
	51.2	—	—	65.0	—	—	—	—	—	—	—	—	—	—	
砂浆	3.9	8.3	16.9	34.0	0.3	0.7	1.2	1.9	—	—	—	—	—	—	围护结构表面防护材料；抗穿透性辐射的围护结构砌筑砂浆
	19.4	31.3	53.9	61.9	1.6	2.3	3.4	3.4	—	—	—	—	—	—	
	7.3	16.7	23.0	32.8	—	—	—	—	—	—	—	—	—	—	

防射线混凝土的力学性能 **表 33-23**

混凝土强度（MPa）	防射线混凝土的强度		
	C10	C20	C30
轴心受压（棱柱强度）	8	12	14.5
弯曲受压	10	14	18
轴心受拉（抗拉强度）	1	1.5	2
弯曲受拉	1.6	2.1	2.6
与钢筋握裹力	1.1	1.8	2.2
弹性模量	1.4×10^4	1.75×10^4	2.15×10^4

重晶石混凝土技术性能指标 **表 33-24**

混合物序号	圆柱体28d龄期抗压强度极限（MPa）		表观密度（kg/m^3）		抗压弹性模数 E $\times10^4$（MPa）	横向膨胀系数（mm/m）	水的渗透深度（cm）	在受拉时的抗剪强度（MPa）	混凝土收缩指标			
									最终的计算收缩率（%）	大块构筑物换算收缩率（%）	大块混凝土构筑物的最终收缩率（%）	
	单个试样	平均值	单个试样	平均值							颗粒15~30mm的碎石块	用粗骨料
1	26.8	27.9	3580	3560	2.865	—	11	2.2	—	—	—	—
	29.0	—	3550	—	—	—	—	—	—	—	—	—
2	27.4	—	36530	—	—	—	—	—	—	—	—	—
	29.0	27.7	3650	3640	2.935	4.2	11	2.0	—	—	—	—
	26.6	—	3640	—	—	—	—	—	—	—	—	—
3	34.0	36.7	—	3640	3.1	5.2	6	2.3	0.32	0.16~0.19	0.22	0.25
	39.3	—	3640	—	—	—	—	—	—	—	—	—
4	34.7	—	3590	—	—	—	—	—	—	—	—	—
	35.4	35.0	3640	3620	3.080	4.7	3	2.5	0.24	0.12~0.15	0.19	0.21

蛇纹石混凝土的试验结果　　**表 33-25**

蛇纹石混凝土的技术性能	拌和物	掺蛇纹石的拌和物	
		A	B
拌和次数	8	1	1
拌和体积(m^3)	0.765	—	—
新配制的混凝土的土体密度(kg/m^3)	2280	2300	2360
在 5500℃时干燥到恒重后的土体密度(kg/m^3)	2080	2090	2140
在潮湿大气中的抗压强度(MPa)	27.4	—	—
在潮湿条件下的抗弯强度(MPa)	0.754	0.898	0.902
在潮湿条件下质量的损失(%)	0.128	0.38	0.096
线收缩(%)	0.349	0.235	0.285
体积收缩(%)	172	170	181

褐铁矿、磁铁矿、重晶石防射线混凝土的物理力学性能　　**表 33-26**

强度指标 (MPa)	防射线混凝土强度等级		
	C10	C20	C30
轴心受压（棱柱强度）	8	12	14.5
弯曲受压	10	14	18
轴心受拉（抗拉强度）	1	1.5	2
弯曲受拉	1.6	2.1	2.6
与钢筋握裹力	1.1	1.8	2.2
弹性模量	1.4×10^4	1.75×10^4	2.15×10^4

注：1. 褐铁矿混凝土的收缩率应采用：浇筑 6 个月后为 55μm/m，全收缩率为 700μm/m。

2. 普通混凝土相应收缩率：6 个月为 45.0μm/m，全收缩率为 950μm/m。

（三）防射线混凝土的铅当量

重晶石（$BaSO_4$）防射线混凝土对 x、γ 射线的铅当量见表 33-27。

抗 x、γ 射线重晶石混凝土的铅当量　　**表 33-27**

项目	管电压 (kW)	管电压及混凝土种类																		
		普通混凝土（比密度 = 2.1 ~ 2.2g/cm^3）										重晶石混凝土（密度 = 2.7g/cm^3）								
防射线混凝土厚度 (mm)	60	—	—	—	—	—	—	—	—	—	—	11	22	—	—	—	—	—	—	—
	80	30	55	100	180	—	—	—	—	—	—	6	13	26	40	—	—	—	—	—
	100	30	50	85	150	210	—	—	—	—	—	5	8.5	17	25	—	—	—	—	—
	120	30	50	90	160	220	—	—	—	—	—	5.5	9.5	19	31	—	—	—	—	—
	160	—	60	100	200	275	350	420	490	—	—	7	16	36	60	86	112	—	—	—
	180	—	60	100	200	290	375	460	550	—	—	8.5	19	43	70	94	118	144	—	—
	200	—	60	100	200	280	365	445	530	—	—	9.5	20.5	46	72	96	122	146	—	—
	270	—	50	90	160	215	265	310	350	390	420	12	24	46	75	84	101	120	138	156
相当铅厚 (mm)		0.25	0.5	1.0	2.0	3.0	4.0	5.0	6.0	7.0	8.0	0.5	1.0	2.0	3.0	4.0	5.0	6.0	7.0	8.0

注：1. 在照射域的数值内有 20% 的修正。

2. 直流电压到 200kW；270kW 电压一项是根据 3 倍路压电得到的。

第五节　防射线混凝土施工工艺措施及要点

一、防射线混凝土施工

在施工防射线混凝土时，如搅拌、运输、浇筑、拆模等，要切实注意施工管理。重骨料价格昂贵，并要求考虑特殊的浇灌方法和配合比设计。重骨料防射线混凝土只适用于厚度空间很小的结构，在施工中重骨料容易使混凝土拌合物变得干硬粗糙，同时有离析的趋势，所以更为完美的骨料要求比通常的细小；用高质量的砂和高水泥用量可配成有工作性和内聚力的混凝土。重骨料防射线混凝土如采用一般的分层浇灌时，重骨料则由于比密度大而下沉，使混凝土分层，造成密度不匀现象。如果采用混凝土灌浆法施工，即可消除这种现象。总结施工经验，应特别注意以下要点：

(1) 搅拌机和运输设备里的混凝土数量不宜过多，应根据混凝土堆密度的增大相应减少数量。

(2) 重混凝土堆密度大，模板要坚固牢靠，保证在混凝土自身荷载或较大的侧压力下不发生损坏和变形。

(3) 注意不得产生重骨料离析，尤其是在运输和浇灌时更应重视。因此，建议粗、细骨料均采用高密度材料，以尽量减少不正常离析。

(4) 对于结构较复杂的防护结构物，或在施工时必须分层浇灌的防射线混凝土，采用预填骨料灌浆混凝土法施工，这对于克服骨料下沉现象，效果更明显，并制成堆密度均匀的重混凝土。

(5) 重混凝土可用泵送，但因其堆密度大而只能泵送很短的距离。

(6) 施工较大体积的防射线混凝土时，为保证质量，要采取相应的导温措施，以防止水泥水化热集中造成的工程质量事故。

(7) 随着养护条件与使用条件（温度、相对湿度等）的不同，后期混凝土的结晶水含量将有差异。若养护条件好，水泥水化过程继续进行，在1年龄期后结晶水含量可能增加5%左右。因此，对于抗中子射线的混凝土，要特别注意加强养护。

二、防射线砂浆施工

防射线砂浆常用的细骨料主要为钡砂（重晶石）。钡砂是天然硫酸钡（$BaSO_4$），钡砂砂浆是一种放射线防护材料，用它作为掺合料制成砂浆的面层对x、γ射线有阻隔作用，常用作x射线探伤室、x射线治疗室、同位素实验室等墙面抹灰。

（一）配合比

防射线砂浆的配合比参考表33-15、表33-16、表33-18~表33-21。

（二）施工注意事项

在施工时应注意以下要点：

(1) 拌制砂浆的水应加热到50℃左右。

(2) 按比例先将钡粉（重晶石石粉）与水干拌合，然后再与砂子和钡砂拌和，最后加入水搅拌均匀。

(3) 抹灰前，墙面基层要认真清除尘污，凹凸不平处预先用1:3水泥砂浆补齐或凿平，并浇水湿润。

(4) 每层抹灰厚度一般不超过3~4mm，每天抹一层。根据设计厚度，一般应分7~8次抹成，并要一层横抹一层竖抹，互相垂直交叉，分层施工。每层抹灰要求连续施工，不得留施工缝。在抹灰过程中如发现裂缝，必须铲除重抹。每层抹完后0.5h要再压一遍，表面要划毛，最后一层必须待收水后用铁抹子压光。

(5) 阴阳角要抹成圆弧形，以免棱角开裂。

（6）从抹完灰后开始，每1d喷水不少于5次，整个抹灰完毕后须关闭门窗一周，地面要浇水，使室内有足够的湿度，并用喷雾器喷水养护。

第六节　核反应堆混凝土

预应力混凝土反应压力容器用作核电力发电装置时，采用重混凝土比其他防辐射形式要多得多，压力容器与一般结构比较，前者在较高的温度和应力状态下使用，且混凝土处于明显的温度和湿度梯度条件下。混凝土在这样严酷的工作条件下，在短期和长期都必须保持其完整性，因此混凝土的热学性质在设计时应给予慎重考虑。

一、混凝土在温度-应力条件下的行为

（一）预应力混凝土压力容器的破坏

预应力混凝土反应压力容器可以期望在整个容器温度大约70℃时，在比较高的多轴向应力下运转，这种容器在其运转期内将受到一些热的周期变化。由于非弹性变形，如徐变、收缩，能使混凝土产生微裂纹并损失预应力。与此相类似，在骨料和水泥骨料间热学上的不一致性，同样能在混凝土内产生微裂缝，特别是当发生温度周期性变化时更易产生。微裂缝不仅减小预计容器的预应力和压力，同时也减小混凝土强度和渗透性。

（二）核反应堆混凝土用材料的性质

在许多情况中，在复杂条件下，正常的分析不足以认识混凝土的性质。在过去40年中，大量研究已直接向着弄清楚许多关于混凝土在高温多轴应力和循环温度条件下的行为。对混凝土的这些性质通过研究已有充分了解，足以对其作出合理选择，并认识到必须要做的协调办法（表33-28），在选择原材料和设计核反应堆混凝土时有了依据。

核反应堆用混凝土材料的性质　　**表33-28**

组成材料性能		核反应堆混凝土的性质	组成材料性能		核反应堆混凝土的性质
名　称	用量及性能		名　称	用量及性能	
水　泥	用量多 用量少	工作性好 徐变、收缩小，发热量低	骨　料	密度大 高模量 热膨胀大 热膨胀小	屏蔽性好 徐变、收缩小 内应力小 内应力大
水	用量多 用量少	工作性好，屏蔽性好 高强、徐变、收缩、渗透性小			

二、影响核反应堆混凝土性能的因素

（一）水泥用量的影响

核反应堆混凝土的强度通常比普通混凝土高，以保证能适当地支持长期强度。需要高强度意味着要采用低水灰比，但为了在高度密集的钢筋周围浇灌密实，故要求工作性好。因此，需要水泥用量多，但如果未采取措施控制水化热，则就有可能因发热而导致开裂。水泥用量多同样会导致徐变和收缩变形比想象的大。这些变形可以采用高弹性模量的骨料以限制浆体的变形而使其减至最小。

（二）温度变化的影响

要求混凝土热膨胀小以减小热应力。另一方面，在加热至特定工作温度时所发生的应力损失，可以认为主要是由于粗骨料与水泥浆体间热性质不一致而引起粘结破坏。使用含

硅量高的骨料可增加骨料的热系数，从而可与水泥浆更为一致，但这样会增加混凝土的热膨胀。

（三）湿度变化的影响

严重的水分损失，能导致收缩变形的差别，并产生内应力，故同样也是反应堆设计中考虑的重点。严重失水也减低混凝土的热传导系数，因此周期性热变化时，使热应力的危险更大。进一步说，混凝土的含水量影响其防辐射能力，因为水是减慢中子的良好衰减剂。当采用含水骨料以增进屏蔽中子的性质时，其最大的工作温度必须加以限制，以避免骨料脱水。

（四）水灰比的影响

采用低水灰比以保持混凝土高强时，同样有利于制成低渗透性混凝土（假定捣实良好)。这点对于在压力容器中所应用非渗透性衬垫破坏的情况下有利于减小渗漏，渗透性小同样会减小失水率，因此也就减小收缩梯度。

三、核反应堆混凝土的发展途径

早期，凭藉着对混凝土的有限知识将其应用于预应力核反应堆压力容器。以后随着对操纵容器的研究和现场计算的体会，认为有必要对组成核反应堆混凝土的各种材料进行深入广泛的了解，要求各种材料有一个宽广的使用范围。引用最新工艺（超塑化剂、纤维增强、聚合物复合材料等）以及考虑复合结构的优点等，可进一步获得改善其应用的可靠性。

第七节　大体积重晶石防辐射混凝土工程

一、工程概况

某省人民医院，位于市中心，是该省内科研、教学、医疗中心之一，年门诊105万人次，开放床位1000余张，是本省规模最大的医院之一。

为了更好的为肿瘤患者服务，医院巨资引进了西门子公司生产的医用直线加速器。医用直线加速器是一种能输出高能（兆伏特级）X射线的设备。其原理是用高能X射线照射肿瘤，来抑制和消灭肿瘤细胞，从而达到治疗的目的。作为X射线的辐射源，要求有效的做好安全防护，防止辐射泄漏是安全使用医用直线加速器的基本保证。而本院地处居民密集区，所以必须确保辐射防护万无一失。

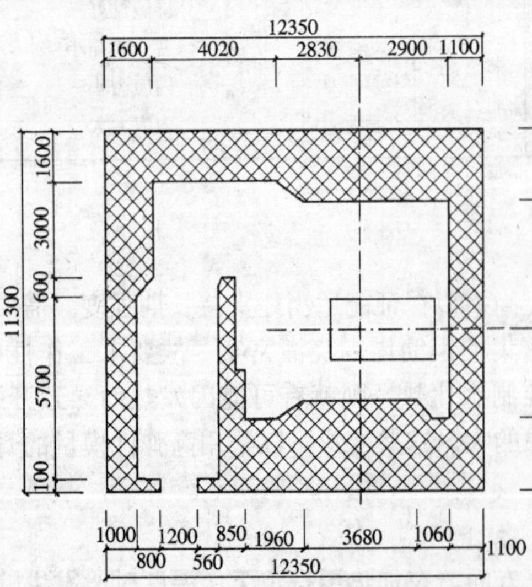

图33-3　直线加速器防护房平面图

经过与设计部门及省防疫站多次计算、论证，考虑到建筑面积的可利用率，决定使用堆密度较大的重晶石混凝土作为防护材料，以最大限度地减小墙体厚度。经计算，墙体防主射线体厚度2250mm，防闪射线和漏射线墙体厚度分别为160mm和1100mm，顶板最大厚度2250mm。平面布置如图33-3、图33-4所示。

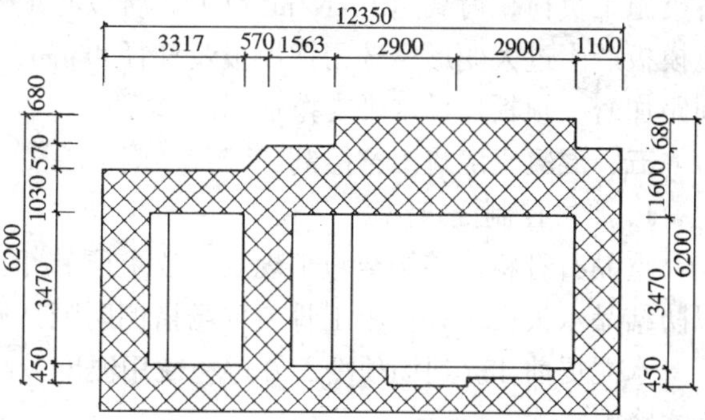

图33-4　直线加速器防护房剖面图

二、施工条件

(1) 本工程于施工时平均气温白天为23℃，夜晚为15℃，昼夜温差较大。因混凝土墙、顶板体积较大，而重晶石混凝土导热性差，必须做好混凝土的温度控制。

(2) 因为重晶石混凝土为重混凝土，堆密度达3200～3800kg/m^3，因其堆密度大而只能泵送很短的距离。泵送混凝土的缺点是使用水泥多，水灰比大，砂率高，骨料要求细，相应的水化热大，发热快，混凝土堆密度低。最后确定采用现场机械搅拌，手推车下料的方法进行浇筑施工。为保证混凝土有效防护X射线，在施工过程中不能留施工缝，混凝土必须一次连续浇筑完成，现场搅拌混凝土超过500m^3，施工强度大。

三、技术准备

(一) 原材料要求

1. 水泥

选用水化热较低的本地产强度等级为42.5级硅酸盐水泥。

2. 骨料

粗骨料选用粒级7～40mm的重晶石块，松堆密度2600～2700kg/m^3；细骨料亦选用松堆密度3000～3100kg/m^3，粒径<5mm的重晶石沙，以减小粗细骨料的堆密度差，保证骨料的级配，避免混凝土的离析。

要求粗细骨料的$BaSO_4$含量不低于80%，含石膏或黄铁矿的硫化铁及硫酸化合物不超过7%，重晶石砂含泥量不超过3%，重晶石含泥量不超过1%。

3. 外加剂

考虑到本工程墙、顶板混凝土浇筑体积大，掺入木质素硫酸钙（木钙）缓凝减水剂，可以延长混凝土振捣的时间，防止施工缝的产生；改善混凝土的和易性及保水性；减少用水量，降低水化热；也可以使水泥水化热放热速率减慢，有利于热量的控制。

(二) 混凝土配合比的确定

重晶石混凝土的配合比，与普通混凝土配合比的设计原理基本相同。由于重晶石骨料的表观密度（4.3～4.7g/cm^3）大，混凝土易离析，故选择配合比时应选用尽可能小的坍落度。而且重晶石骨料会延缓凝结硬化的时间，经多次试配，最后确定混凝土配合比见表33-29。

C25重晶石混凝土的配合比　　表33-29

材料名称	水泥	水	重晶石砂	重晶石
用量（kg/m^3）	352.2	162	1083.8	2103.7

注：坍落度3～5cm，木钙用量为水泥含量的0.25%，砂率为34%，水灰比0.46。

四、工程模板的控制

因混凝土为重混凝土，堆密度大，模板承受混凝土压力及振捣混凝土的振动力，以及各类施工负荷，荷载达 $13kN/m^2$ 以上，所以必须保证模板及其支撑体系的充分可靠性。防止模板产生过大变形。选用钢模板及外径 48mm、内径 41mm 的脚手架钢管组成支撑体系，间距加密，顶板加设水平支撑加固。

五、混凝土浇筑工艺控制

1. 严格控制浇筑温度

重晶石骨料从矿场至施工现场，要求所有粗细骨料装入麻袋，分袋运输，避免日晒，以防结晶水失去。并在施工骨料堆场搭棚防晒，专人对材料浇水降温。

水泥提前 48h 到场预冷，并避免使用温度较高的新出炉水泥。浇筑前在浇筑现场四周浇水降温。

2. 严格控制浇筑过程

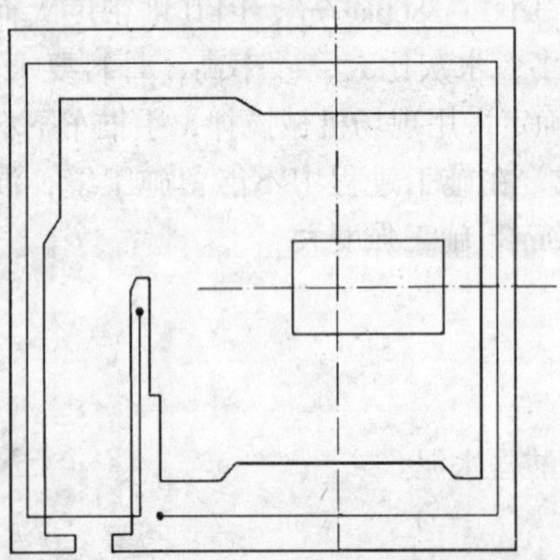

图 33-5　浇筑分组示意图

浇筑过程分二组循环浇筑推进，方向如图 33-5 所示。

重晶石砂、重晶石石骨料各备料 $100m^3$ 以上，随施工进度进料。组织施工人员 130 余人，3 台搅拌机，分 3 个班组，轮流作业，连续进行施工。根据连续浇筑的要求，采用“全面分段分层”的方法浇筑。考虑到重晶石表观密度大，易离析，重晶石混凝土导热性差，为使混凝土的充分散热的特点，每层厚度控制在 250mm 以下。并要求在振捣新一层混凝土时，振捣棒必须垂直插入原混凝土层约 50mm 进行振捣，以防止重晶石混凝土产生夹心层。浇筑每层时间控制在 3~3.5h 之间。

3. 严格控制混凝土的离析

混凝土现场搅拌时，严格控制搅拌时间和入料量。对双轮车中混凝土的数量进行控制，现场配备溜槽，保证混凝土自由倾落高度不超过 1m。

4. 严格对混凝土坍落度的控制。

混凝土坍落度的大小，在工程中对混凝土质量影响很大。所以在工程浇筑过程中，设专人对混凝土的坍落度进行经常抽查。对个别坍落度小或大的混凝土，必须经过现场技术人员进行技术处理后使用。

六、混凝土保温养护

工程浇筑季节：昼夜温差较大，环境温度的陡降对混凝土内外温差控制不利。所以在浇筑完成后，在钢模外包二层保温草袋，并在顶板覆盖三层草袋保温。专人定期浇水保持湿润。经测量，内外温差始终低于 25℃。符合《混凝土结构工程施工质量验收规范》（GB 50204—2002）的要求，工程实践证明，温度控制达到了预期的效果。

七、混凝土温度控制

(1) 工程测温采用水银玻璃温度计。测温管采用 ϕ38mm 的钢管制作，钢管底部焊上钢板密封，上部用软木塞紧，防止水分浸泡。预埋的测温管用拉结条与钢筋焊接在一起，特别注意的是测温管必须与 X 射线照射路径成一定夹角，以防止射线的泄漏。测温时温度计必须放入管中5min以上，以保证读数的可靠性。

（2）在墙体及预制板选定具有代表性的测温点八组，每组两个测温管，分别埋深1200mm及50mm。从浇筑完12h后开始测温，浇筑完成后3～6d每隔2h测温一次，6d后每4h测一次，专人记录整理。

（3）通过测量记录发现，混凝土表面（50mm处）受环境温度影响较大，而在1200mm深处温度基本不受外界影响，呈抛物线均匀变化。

（4）拆模后测温管用熔融铅灌注密封，防止射线泄漏。

八、实施效果

撤除保温后，经过30d的细致观察，表面未发现裂缝。经省放射监测站和省放射卫生监督监测所测试，各项防护指标完全达到国家规定的GB 8703—88的要求。

大体积重晶石混凝土作为辐射源的防护材料，关系到人民群众的生命安全。在施工过程中，必须牢牢抓住重晶石混凝土堆密度大、混凝土浇筑体积大的两个特点。对重晶石骨料易粉化离析，以及混凝土的温度控制为重点。后期做好混凝土的保温养护，特别是拆模后的养护。大体积重晶石防射线混凝土的质量是完全可以得到保证的。

第八节　医用防辐射大体积混凝土工程

一、工程概述

某省某医院电子直线加速治疗房工程是建造在城市闹市区的临街建筑。根据房屋使用性能，有以下特点：

（1）围护结构体积大。四周墙体及屋顶均为混凝土构筑，最厚尺寸为2.8m。

（2）围护结构防辐射。混凝土的质量要能有效抵抗射线辐射，在施工中不能留施工缝，不能出现收缩裂缝，材料配合比、水灰比控制严格。

（3）预埋件多。房屋内采暖、通风、设备布置、照明走线、起重钢梁等均要一次性预留、预埋到位，位置精确。

医用电子加速器是一种能够输出高能（兆伏特级）X射线的机器，用X射线照射肿瘤，来抑制和逐步消灭肿瘤病毒，从而达到治疗目的。可以说电子直线加速器是放出X射线的辐射源，有效地做好完全防护，防止辐射泄漏，是安全使用医用电子直线加速器的基本保证。因此防辐射大体积混凝土（辐射屏蔽）设计与施工必须十分慎重。

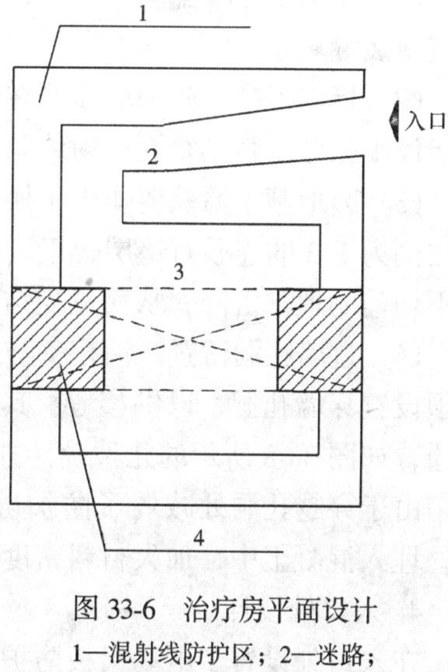

图33-6　治疗房平面设计

1—混射线防护区；2—迷路；3—治疗室；4—原射线防护区

二、设计要点

本着既满足安全防护，又能节约的原则，辐射屏蔽防护设计分原射线防护与漏射线防护，并按照设计原则，设计出治疗房平面、剖面，如图33-6、图33-7所示。

1. 材质要求

原射线防护区域，采用加赤铁矿混凝土，堆密

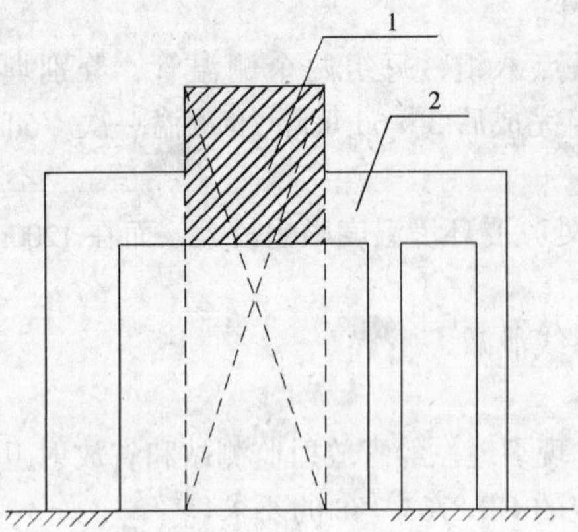

图 33-7 治疗房剖面设计
1—顶棚原射线防护区；
2—混射线防护区

度 3200kg/m^3，细骨料中 Fe_2O_3 含量不低于 60%，粗骨料中 Fe_2O_3 含量不低于 70%，粗细骨料的粒度级配须满足施工规范要求，混凝土强度等级 C20。漏射线防护区域，采用普通混凝土，堆积密度不小于 2350kg/m^3，骨料级配符合施工规范要求，强度等级 C20。

2. 防护层厚度计算

根据所采用设备工作负荷及技术指标，原射线每周工作量为 8.69×10^4 伦琴/周，最大允许量 0.1 伦琴/周。在原射线防护区域上，经防护屏蔽后距放射源最近距离为 5.95m，应用公式计算出减弱倍数 K 值（考虑 5 倍的安全系数）：

$$K=\frac{WUT}{DR^2}=\frac{8.69\times10^4\times1\times1}{0.1\times5.95^2}\times5=1.23\times10^5 \text{ 倍}$$

查表得出赤铁矿混凝土防护厚度为 2.58m，结合到飞利浦公司产品对防护的一些要求，取值 2.80m 厚。同理计算，取顶棚防护厚度 2.6m。

在漏射线防护区，漏射线工作量按原射线工作量 0.1% 计，同理应用公式计算后，取外围护墙体厚度为 1.30m，内护墙体厚度 0.8m，顶棚防护厚度 1.60m。

3. 防止微裂缝措施

由于墙体、顶棚的混凝土厚度较大，属大体积混凝土，结构承重主要为自身质量，从强度方面来说，结构配筋达到最小配筋率即可。然而，结构在控制微裂缝上有很高要求，设计中采取以下一些措施：

(1) 适当增大钢筋与配筋率，来抵抗温度收缩应力引起的裂缝，原射线防护区为 0.25%，漏射线防护区为 0.21%。钢筋布置不是平均分配，而是影响大的地方多配置钢筋，影响小的地方少配置钢筋，钢筋均选用螺蚊钢筋，以防止混凝土与钢筋在接触面上产生贯通裂缝。

(2) 指定混凝土防护墙体除在地面以下标高 -0.80m 处留一道施工缝外，其他位置均不能设施工缝。特别是在原射线防护区不能出现任何施工缝，并保证浇筑的整体性。

(3) 因地基土质软弱作人工换填处理，在基础底板下，设一层平均厚度 2.60m 砂、卵石比例为 1:3 的连砂石垫层，以确保在自身质量荷载作用下地基稳固，受荷均匀、不会产生不均匀的地基沉降，从而避免结构产生裂缝。

(4) 过墙孔洞留置。治疗室与外界联系（通风系统、电缆线路、空调排水等进出口）必须设置穿墙孔洞，以供参考。其做法是：位置不能设在原射线防护区内，孔洞形式不能直通，如图 33-8 所示的几种设计方案。

由于穿越孔洞处减弱了防护层的有效厚度，因此穿越孔洞均用 10mm 厚钢板焊成孔套，埋入混凝土中，加大材料密度来补偿这种削弱。

4. 入口处设计

在入口处设置了电动铅板防护门，作为漏射线逃逸迷路最后一道防线。但铅板门尺寸为 1.50m 宽，2.10m 高，不能通过装箱设备最大件的进入，因此必须待主机搬进机房后再

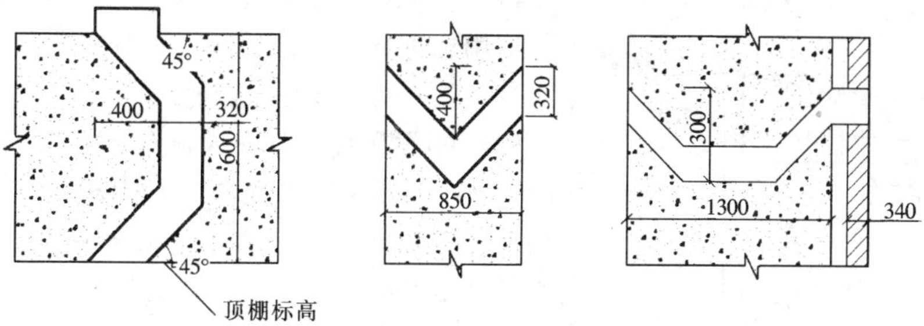

图 33-8　过墙孔洞的设计

将门封窄，安装铅板防护门，如图 33-9 所示。

三、施工要点

为保证防辐射大体积混凝土保质按量施工，特别制订如下技术措施：

（一）选材、操作、养护

从选材、操作、养护上着手来实现减少温差裂缝的目标。混凝土在凝结过程中，产生大量的水化热，温度很高，如果其体积巨大，中心部位的热量不能及时散发，温度也不能很快降下来，表面混凝土的散热与降温较快一些，从而产生温差，一旦这种温差过大会引起混凝土内部产生裂缝。为尽量降低温差，采取的方法是：

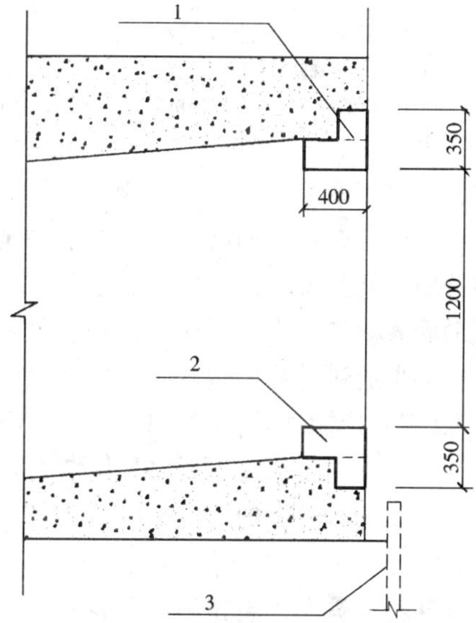

图 33-9　入口处设计

1—缺口 200mm×200mm；2—补浇混凝土；3—电力铅板防护门

1. 选材

选用江西萍乡水泥厂生产并订购一批低水化热的强度等级为 42.5 级矿渣硅酸盐水泥来浇筑混凝土。经长沙铁道学院试验检测，在混凝土中添加萘系高效复合型减水剂，来减少用水量，改善混凝土和易性，从而在混凝土内部减少热源。

2. 操作

按规范要求，混凝土内部中心温度的温差始终控制在 25℃以内。为防止天气突变，室温大幅下降，应作蒸气养护的防范准备，确保万无一失。

3. 养护

加强混凝土温度监控与保湿养护，在房屋工程外侧设置数个测温点，温度计插在混凝土表面，每隔 4h 测量一次，及时掌握混凝土内外温差的变化，将其严格控制在规定范围（+25℃）内。

（二）施工方案

（1）保证混凝土连续施工，不出现施工缝，关键在于混凝土上、下两个浇筑层的间隔时间不超过混凝土初凝时间，一般为 2.5h。采用矿渣硅酸盐水泥，其初凝时间可延长到 4～5h，缓解了浇筑的紧张程度。根据工程量计算，混凝土浇筑量为 600m^3，浇筑流程分两组循环浇灌，推进方向如图 33-10 所示，浇筑厚度 40cm，迷路夹墙所需水泥、赤铁矿材

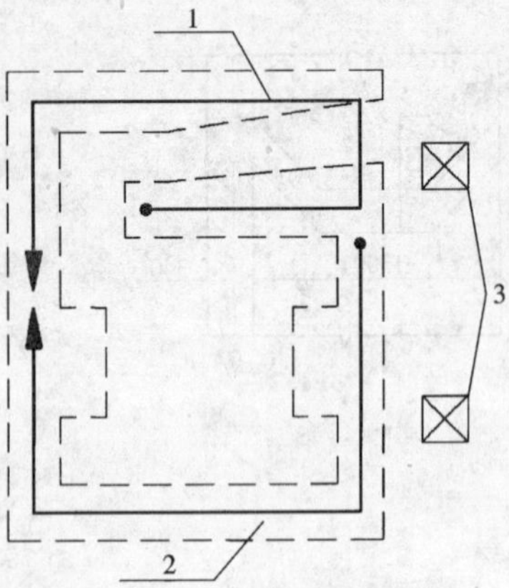

图 33-10 混凝土浇筑示意
1—第一组浇筑路径；2—第二组浇筑路径；3—提升机

料、机械设备均一次到位，砂、卵石各备料 $100m^3$ 以上，边用边进料。组织 100 人，分三班作业，每班各个工种人员齐备，连续不断施工。

(2) 对模板工程则特殊制作，特殊安装。工程中混凝土模板不能象常规那样，所有模板安装好后浇筑混凝土。这是因为：①混凝土从顶棚倾倒下来，最大落差高达 5.0m，不符合施工规范要求，墙内钢筋密布，也不便安装使用串筒与溜槽；②振捣无法进行；③劳动强度大，无法在短时间内完成。

这样，模板安装只能随混凝土浇筑高度上升而安装，即边浇筑混凝土，到了一个施工层后，再边安装模板。

选用 1.0cm 厚竹夹板作墙体侧模，用 2.5cm 厚松木板作顶棚底模，先固定顶棚底模、墙内侧模和夹墙模板，外墙外侧模则随捣随安，主要用钢筋螺栓与内侧模板对位连紧，再在外连顶支撑紧固，如图 33-11 所示。内侧模板按照拉结构造筋间距先钻好孔洞，拉结筋就位，内侧螺帽适度拧紧。外侧模板预先要排位编号，钻好拉结筋孔洞备用，到需要时按顺序安装就位，内外螺帽同时紧固即可。拉接钢筋采用螺纹钢，以防在钢筋表面处产生贯通裂缝。拉结钢筋间距、大小及排布、模板厚度、木枋断面大小及钢垫板都是通过计算确定。

(三) 顶棚顶盖大梁支撑体系施工设计

(1) 顶棚顶盖厚度最大 2.6m，最小 1.6m，自身质量加上各种施工荷载，近 $100kN/m^2$。因此其支撑体系与模板的强度、刚度、稳定性必须有足够的保证。

(2) 选用脚手架钢管作支撑体系用材，钢管外径为 48mm，内径 41mm，纵横布置，间距 600mm × 600mm，支撑高度为 5.0m，中间加设三道水平支撑。

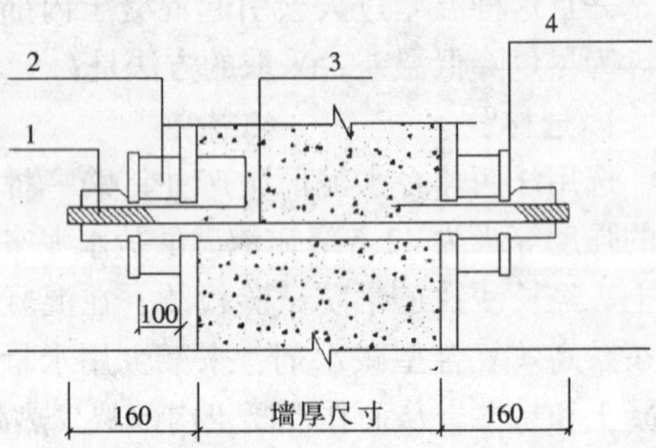

图 33-11 模板安装
1—ϕ16 螺杆；2—60mm × 100mm 木枋两根一组；3—12mm 厚钢垫板；4—ϕ12 螺纹钢间距 400mm × 600mm

(四) 混凝土施工配合比

混凝土防辐射能力主要表现在它的密实度上，密实度愈高，防辐射能力愈强。因此，必须保证混凝土配制质量，使之尽可能满足设计要求。

1. 骨料选取

经考察衡阳市几家砂石料场的材质情况，决定就地取材。砂、卵石、赤铁矿等材质抽样结果见表 33-30。其中卵石为同一砂石场，规格为 5 ~ 30mm、20 ~ 40mm，按 1∶3 比例混合实测的，现场施工亦应按同样比例混合后施工。

2. 配合比确定

为使混凝土具有一定的流动性，其坍落度按偏大考虑，取 6 ~ 8cm，水泥用量尽可能按最少的考虑（260 ~ $280kg/m^3$），混凝土堆密度为 $3200kg/m^3$ 和 $2350kg/m^3$ 两种。按以上原则，先配制出初步配合比，再经过配比试验、修改调整，提出施工配合比，见表33-31。

各种骨料的材质抽样结果　　**表 33-30**

孔径（mm）		筛分结果												表观密度（g/cm³）	堆积密度（kg/m³）	含泥量（%）	压碎指标（%）
		0.16	0.16	0.31	0.63	1.25	2.5	5.0	10	20	40	50					
累计筛余率（%）	砂	100	97.9	91.8	55.1	25.2	13.1	3.2	0	—	—	—	—	2.61	1.6	0.8	—
	卵石	—	—	—	—	100	99.8	98	82	47	4	0	—	2.63	1.58	0.3	8.6
	赤铁矿砂	100	98.2	89.7	61.3	28.2	15.4	4.6	0	—	—	—	—	3.48	2.59	0.6	—
	赤铁矿石	—	—	—	—	100	97.6	95.2	83.1	42	10	0	—	3.46	2.50	0.4	3.5

混凝土施工配合比　　**表 33-31**

部位	水泥（kg/m）	中砂（kg/m）	卵石（kg/m）	赤铁矿砂（kg/m³）	赤铁矿石（kg/m³）	水（kg/m）	减水剂（kg/m³）	水灰比（$\frac{W}{C}$）	坍落度（cm）	抗压强度（MPa）		初凝时间（h:min）	慢热升温（℃）	堆积密度（kg/m³）
										7d	28d			
原射线区	280	400	—	600	1868	188	0.85	0.67	6	21.2	28.3	5h5min	24.3	3300
漏射线区	280	734	1212	—	—	150	0.84	0.54	6	19.4	30.1	5h20min	21.6	2380

3. 保证质量措施

从细节入手，保证配制混凝土质量符合要求。根据具有的设备能力，混凝土在现场用两台400L搅拌机拌料（另设两台备用），人力双轮车运输。按照搅拌机每盘用料按一包水泥的施工配合比计算出所需粗、细骨料用量。定制一批上料双轮推车，专用于粗、细骨料的上料。在搅拌机旁设蓄水池，搅拌用水用铁桶计量加入。对标高-0.80m处留置的施工缝，做成凹凸缝，穿墙管洞虽然有钢套埋入，不会变形，但为防止混凝土浆在振捣中从两个端口侵入套内，堵塞洞孔，事先将两端口用铁板焊封，待拆模后再吹割成孔。

某医院电子直线加速器治疗房辐射屏蔽防护工程，在精心设计、严密组织施工下，经过连续108h的施工，顺利完成竣工，经有关部门评审结果质量优良。医用防辐射大体积混凝土与普通混凝土比较，虽然在设计和施工方面都有一些不同，但只要了解其防辐射特性来设计和施工，是完全能够掌握它的特点，并取得满意效果。

第三十四章　不发火花混凝土

（spark-proof concrete）

不发火花混凝土，是一种能经受冲击而不发生火花的特种混凝土，又称防爆混凝土。当所配制的混凝土与金属或坚硬石块等物体发生摩擦冲击或冲擦等机械作用时，均不发生红灼火花或火星，使易燃物质不易引起发火或爆炸危险。这种混凝土是用水泥、不发火花骨料和水拌制而成，多用于冶金、化工工厂内严禁火种的车间地面面层（防爆车间、危险品仓库等）和墙裙，或具有一定防火要求的建筑物和构筑物。

第一节　不发火花混凝土原材料要求

一、胶凝材料——水泥

混凝土发火与否，一般与胶凝材料无关，主要取决于粗细骨料的种类和粒径的大小。但混凝土的强度取决于胶凝材料，所以原则上应选择强度等级为32.5级以上的胶凝材料（主要指水泥）为宜。

另外，也有的国家和地方采用镁质水泥和其他骨料配制菱苦土混凝土（$MgO + MgCl_2$）作不发火花混凝土材料的。

二、粗细骨料

（一）细骨料

配制不发火花混凝土，应采用石砂，主要成分为碳酸钙且不发火的材料。石砂的粒径为0.15～5mm。

（二）粗骨料

配制不发火花混凝土所用的石屑或细石，应是以碳酸钙为主要成分的白云石、大理石或石灰石加工而成。使用前必须经过试验，将上述石料和硬化后的混凝土，分别在暗室内金刚砂轮上作摩擦试验，一旦证明是不发火的方可使用。细石或石屑的粒径应小于15mm。

三、拌合水和养护水

配制不发火花混凝土采用自来水或一般饮用水即可。要求水质洁净。

第二节　不发火花混凝土配合比选择

不发火花混凝土的配合比设计，与普通混凝土基本相同。

一、不发火花砂浆参考配合比

不发火花砂浆参考配合比见表34-1。

二、不发火花混凝土参考配合比

（一）不发火花细石混凝土参考配合比

不发火花砂浆参考配合比（质量比）　　**表 34-1**

序　号	水泥强度等级	不发火花砂浆强度等级及配合比					
		M10			M20		
		水　泥	石　砂	水	水　泥	石　砂	水
1	32.5 级	1	5.00	0.55	1	3.10	0.46
2	42.5 级	1	5.60	0.55	1	3.60	0.51

不发火花细石混凝土参考配合比见表 34-2。

(二) 不发火花混凝土施工配合比

不发火花混凝土、水磨石和砂浆施工配合比（实例）见表 34-3。

不发火花混凝土参考配合比（质量比）　　**表 34-2**

序　号	水泥强度等级	不发火花混凝土强度等级及配合比							
		C15				C20			
		水　泥	石　砂	细　石	水	水　泥	石　砂	细　石	水
1	32.5 级	1	3.10	5.50	0.82	1	1.90	3.40	0.53
2	42.5 级	1	3.70	6.50	0.92	1	2.30	4.00	0.62

不发火花混凝土（砂浆）**施工配合比**（实例）　　**表 34-3**

混凝土（砂浆）强度等级	配　合　比					备　注
	普通硅酸盐水泥	大理石石　砂	大理石碎　石	白云石石子3号或4号	水	
C20	390/1	655/1.736	1068/2.832	—	226/0.58	42.5 级水泥
C20	360/1	673.4/1.87	1098/3.052	—	224/0.62	52.5 级水泥
M20	600/1	1350/2.25	—	—	—	32.5 级、42.5 级水泥
C20	750/1	—	—	1490/1.98	—	用于水磨石，5d 抗压强度 3.5MPa

注：表中分子表示每 $1m^3$ 用量，分母表示相对于水泥的比例。

第三节　不发火花混凝土地面工程

无论是设计工业或民用建筑的地面工程时，主要考虑的技术指标乃是耐磨性，而耐磨性是指地面抵抗机械摩擦、撞击、剪切等综合作用的性能。如果地面材料采用了易发火的骨料，则在这些机械外力的综合作用时，使易燃物引起发火或爆炸的危险。

一、地面垫层施工

(一) 使用材料

不发火花混凝土地面的垫层，一般多采用强度等级为 C10、C15 的混凝土。要求骨料粒径不应超过 50mm，并不应超过垫层厚度的$\frac{2}{3}$。

(二) 施工要点

(1) 灌筑混凝土垫层前，基层应洒水湿润。

(2) 灌筑大面积混凝土垫层时，应在纵横尺寸 6～10m 中间设置水平桩，以控制厚度均匀，面层平整。

(3) 大面积灌筑宜采用分仓浇灌的方法，要根据变形缝或考虑施工缝的位置，以及不同材料面层连接部位或设备基础位置情况进行分仓，仓距一般为3～6m，酌情确定。

(三) 用料参考

混凝土垫层用料参考指标见表34-4。

混凝土垫层用料参考表　　表34-4

混凝土强度等级	每1m³混凝土材料用量			
	32.5级普通水泥（kg）	32.5级矿渣水泥（kg）	砂　（m³）	0.5～3.2cm卵石（m³）
C7.5	—	180	0.565	0.859
C10	185	—	0.564	0.855
C10	—	192.5	0.545	0.865

二、地面面层施工

(一) 不发火花水磨石地面

1. 使用材料

(1) 水泥：宜采用不低于32.5级普通硅酸盐水泥、矿渣硅酸盐水泥或白色水泥、彩色水泥。水泥应分厂按批按类分别堆放，以保证掺颜料配色后色泽一致。

(2) 石碴：要求颗粒坚韧、有棱角、洁净，并不发火花的石灰石、大理岩石碴。石碴中不得含有风化的石粒和杂草、泥块、砂粒等杂质。常用的石碴见表34-5。石碴应分批按不同规格、品种、颜色存放在席子上保管，使用前用水冲洗干净。

石碴规格品种表　　表34-5

名　称　(俗称)	大二分	一分半	大八厘	中八厘	小八厘	米厘石
粒　径　(mm)	约20	约15	约8	约6	约4	2～4

(3) 颜料：选用耐碱、耐光的矿物颜料，掺入量不得大于水泥质量的15%，否则影响强度。

(4) 分格嵌条：见表34-6。

分格嵌条种类及规格　　表34-6

嵌条种类	铜　条	铝　条	玻璃条
长×宽×厚（mm）	1200×10×1.0～1.2	1200×10×1.0～2.0	不限×10×3.0

(5) 其他：草酸用块、末均可，川蜡要颜色符合磨面的要求，还有煤油、松香水和鱼油等。

2. 配合比

不发火花水磨石石碴浆配合比见表34-7。

不发火花水磨石石碴浆配合比　　表34-7

石碴规格	大八厘	大、中、小八厘混合	中、小八厘混合
水泥:石碴（体积比）	1:2	1:1.5	1:1.25

3. 施工要点

(1) 在混凝土垫层上铺抹水泥砂浆找平层、要求扫毛或划出纹道。

(2) 找平层铺抹后相隔应不少于24h，方可进行嵌条分格工作，分格条要用水泥砂浆镶嵌牢固，然后浇水养护3~5d。

(3) 铺不发火花石碴浆，铺设厚度按设计要求，并高出分格条1~2mm。面层石碴铺好后，再在表面均匀撒一层石碴，拍实压平，并用滚筒压实，待表面出浆后，再用抹子抹平，次日即开始养护。

(4) 开磨时间以石碴颗粒不松动为准，并从水磨石压实抹光后算起，见表34-8。开磨前宜先试磨，要随磨随洒水，确保磨盘下有水，同时要随时清扫磨石浆。当开磨时间过晚，面层过硬时，可在磨盘下撒少量砂子（过窗纱筛）助磨。

不发火花水磨石地面开磨时间　　表34-8

平均温度（℃）	开磨时间（d）	
	机械磨	人工磨
20~30	2~3	1~2
10~20	3~4	1.5~2.5
5~10	5~6	2~3

(5) 分四遍磨石，各遍磨石要求见表34-9。但一定要注意，第三遍磨完后用稀草酸溶液进行酸洗处理。全部酸洗后再用清水冲洗干净。

不发火花水磨石地面磨石要求　　表34-9

遍数	选用磨石	要求及说明
第一遍	60~90号粗金刚石	1. 磨匀磨平，使全部分格条不能外露 2. 磨后要将泥浆冲洗干净，稍干后随即涂擦一道同色水泥浆，用以填补砂眼，个别掉落部位石碴要补好 3. 不同颜色的磨石，应先涂擦深色浆，后涂浅色浆 4. 涂擦色浆后，养护2~3d
第二遍	90~120号金刚石	1. 同第一遍的2、3、4条 2. 磨至表面光滑为止
第三遍	200号金刚石	1. 磨至表面石子颗粒显露、平整光滑、无砂眼细孔 2. 用水冲洗后涂草酸溶液（热水:草酸=1:0.35，质量比，溶化冷却后用）一遍
第四遍	240~300号油石	研磨至出白浆表面光滑为止，用水冲洗后晾干

(6) 为了便于水磨石地面面层抛光，提高地面的光泽度，在加稀草酸的同时掺入少许氧化铝（Al_2O_3），与草酸混合。

氧化铝系白色粉末，比密度3.9~4.0g/cm^3，熔点2050℃，沸点2980℃，不溶于水。

(7) 在不影响面层质量的其他工序完成后上面层蜡（0.5kg石蜡与2.5kg煤油加热熔化配制而成），后铺锯末进行养护。

4. 用料参考

不发火花水泥石碴浆用料参考见表34－10。

不发火花水泥石碴浆用料参考表（kg/m^3）　　表34-10

材料名称	配合比（质量比）					
	1:1	1:1.25	1:1.5	1:2	1:2.5	1:3
32.5级普通硅酸盐水泥	956	862	767	640	550	481
不发火花黑白石子	1200	1285	1390	1550	1677	1762
水	280	270	260	240	230	220

（二）不发火花水泥砂浆地面

1. 使用材料

（1）水泥：不低于32.5级普通硅酸盐水泥或矿渣硅酸盐水泥。

（2）砂：不发火花的石灰石或大理石粗、中石砂。

2. 施工要点

（1）不发火花砂浆须采用干硬性砂浆，以手捏成团稍出浆为准。要拌合均匀，颜色一致。

（2）应随铺随抹，宜在水泥初凝前用木抹搓平压实。

（3）面层压光宜用铁抹子分三遍成活，逐遍加大压力。如采用地面抹光机压光，在压第二、三遍时，砂浆的干硬度应比手工压光时稍干一些。面层压光应在水泥终凝前完成。

（4）压光砂浆干湿度不适合时，可稍洒水或撒1:1干灰砂（体积比），不得撒干水泥，以防止加速导致出现开裂。

（5）面层压光后，24h用锯末覆盖，洒水养护7～10d。

3. 用料参考

不发火花水泥砂浆配合比用料参考见表34-11。

不发火花水泥砂浆用料参考表　　表34-11

材料名称	配合比（体积比）					
	1:1	1:2	1:2.5	1:3	1:3.5	1:4
32.5级普通硅酸盐水泥（kg/m^3）	812	517	438	380	335	300
不发火花石砂（m^3）	0.81	1.06	1.12	1.17	1.21	1.24

（三）不发火花细石混凝土地面

1. 使用材料

（1）水泥：不低于32.5级普通硅酸盐水泥或矿碴硅酸盐水泥。

（2）砂：不发火花的石灰石或大理岩石砂，中、粗粒度。

（3）石碴：用坚硬、耐磨、级配良好的碎石石碴，以不发火花的石灰石或大理石岩为最好，粒径5～12mm，最大粒径不应该超过面层厚度的$\frac{2}{3}$。

2. 施工要点

（1）不发火花细石混凝土宜为干硬性，手捏成团，以能拍出浆为准。

（2）铺设前，应按标准水平线用木板隔成宽度不大于3m的条形区段，以控制厚度。

（3）宜用机械振捣。采用人工捣实时，滚筒要交叉来回滚压3～5遍，至表面泛浆为准。

（4）随铺随抹，再撒体积比为1:1干灰砂压实抹光。

（5）面层压光后，经24h后用锯末覆盖，洒水养护7～10d。

3. 用料参考

不发火花细石混凝土常用配合比及用料参考见表34-12。

不发火花细石混凝土用料参考表　　表 34-12

面层类别	配合比（体积比）	32.5 级普通水泥（kg）	不发火花石砂（m^3）	不发火花石碴（m^3）
不发火花细石混凝土	1:1:2	453	0.38	0.76
	1:1.5:1.5	453	0.57	0.57
	1:2:4	259	0.44	0.88

（四）不发火花沥青砂浆及混凝土地面

1. 使用材料

（1）沥青：包括石油沥青和焦油沥青，两者的耐腐蚀性能几乎相似。一般防腐蚀工程均采用石油沥青，焦油沥青只适宜用于地下和隐蔽工程中。不发火花沥青混凝土以采用石油沥青为好。

（2）纤维状填料：可采用 6～7 级石棉绒，也可采用长度为 4～6mm 的玻璃纤维。

（3）耐酸粉料：宜采用滑石粉或磨细的石灰岩粉、白云岩粉。

（4）细骨料：以不发火花的石灰石、大理岩石砂为宜，要求平均粒径 0.25～2.5mm 的中、粗砂。

（5）粗骨料：选用不发火花的石灰石、长石、大理岩制成的碎石，以粒径不大于 25mm 为宜。

2. 配制工艺

（1）将沥青碎块加热至 160～180℃，搅拌、脱水、去渣，使其不再起泡沫。当用不同软化点的沥青时，应先熔低软化点的，待其熔融后，再加入高软化点的沥青。

（2）按施工配合比将预热至 140℃左右的干粉料和骨料混合均匀，随即将熬制好升温至 200～230℃的沥青逐渐加入，拌合至全部粉料和骨料直至被沥青包匀为止。

（3）拌和温度：当环境温度在 5℃以上时，为 160～180℃；当环境温度在 -10～5℃时，为 190～210℃。

3. 施工要点

（1）不发火花沥青砂浆或沥青混凝土摊铺前，应在已涂有沥青冷底子油的水泥砂浆或混凝土基层上先涂一层沥青稀胶泥（沥青:粉料 = 100:30）。

（2）不发火花沥青砂浆或混凝土的摊铺温度为 150～160℃，压实后成活温度 110℃。当环境温度在℃以下时，摊铺温度为 170～180℃，其成活温度不低于 100℃。摊铺后应用铁辊压实，为防止铁滚表面粘结，可涂刷防黏液（柴油:水 = 1:2）。

（3）铺摊施工时，应尽量不留施工缝。如工程量大，必须留施工缝时，垂直施工缝应留成斜槎，并蹴实。继续施工时，应把槎面清理干净，然后覆盖沥青砂浆或热沥青混凝土进行预热，预热后将覆盖层除去，涂一层热沥青或稀胶泥后继续施工。分层施工时，上、下层的垂直施工缝要错开，水平施工缝间也应涂一层热沥青或胶泥。

（4）沥青砂浆或细粒式沥青混凝土每层压实厚度不宜超过 30mm；中粒式沥青混凝土不应超过 60mm。虚铺厚度应经试压确定，用平板振动器时一般为压实厚度的 1.3 倍。

（5）立面涂抹沥青砂浆时，每层厚度不应大于 7mm，最后一层用铁烙铁烫平。

（6）沥青砂浆或沥青混凝土表层如有起鼓、裂缝、脱落等缺陷，可将缺陷处挖除，清理干净后涂一层热沥青，然后用沥青砂浆或混凝土趁热填补压实。

4. 施工参考配合比

不发火花沥青砂浆及混凝土施工参考配合比见表 34-13。

不发火花沥青砂浆及混凝土参考配合比　　表 34-13

种　　类	粉料 + 骨料	沥　　青
不发火花沥青砂浆	100	11 ~ 14
不发火花细粒式沥青混凝土	100	8 ~ 10
不发火花中粒式沥青混凝土	100	7 ~ 9

注：1. 适当加入纤维状材料，可提高不发火花沥青砂浆的抗裂性。

2. 本表是采用平板振动器振实的沥青用量，采用碾压机或热滚筒压实时，沥青用量应适当减少。

3. 用平板振动器施工时，宜采用 30 号石油沥青；采用碾压机施工时，宜采用 60 号石油沥青。

三、地面的构造和性能

几种常用不发火花混凝土地面的构造和性能见表 34-14。

不发火花混凝土地面的构造和性能　　表 34-14

序号	名称	分层构造	燃烧性	容许受热温度（℃）	受磨性	允许冲击荷载（N）	耐水性	透油性	耐油性（矿物油、煤油、气油）	耐酸性	耐碱性	导电性
1	水磨石地面	15 厚 1:2 水泥石碴（不发火花的石灰石、大理石）面层 15 厚 1:2 水泥砂浆找平层 80 厚 C7.5 混凝土垫层 素土夯实	不燃	100	强	46	耐	稍透	耐	不耐		导
2	水泥砂浆地面	20 厚 1:2 水泥砂浆（不发火花的石灰石、大理石砂）面层 80 厚 C7.5 混凝土垫层 素土夯实	不燃	100	中	29.4	不耐	稍透	耐	不耐		导
3	混凝土地面	30 厚 C20 细石混凝土（不发火花的石灰石、大理石骨料）面层 80 厚 C7.5 混凝土垫层 素土夯实	不燃	100	强	98	耐	稍透	耐	不耐		导
4	沥青砂浆地面	20 厚沥青砂浆（不发火花的石灰石、大理石骨料或掺 6 ~ 7 级石棉纤维）面层 15 厚 1:2 水泥砂浆找平层（涂冷底子油两遍） 80 厚 C7.5 混凝土垫层 素土夯实	难燃	50	中	29.4	耐	不透	采用石油沥青时，不耐油；采用焦油沥青时，可耐煤油、汽油以外的其他矿物油	不耐	采用石灰岩、白云岩等碱性骨料时，在常温下适用于有浓度 20% 以上苛性碱溶液作用的地段	采用不导电的大理石骨料和掺有 6 ~ 7 级石棉纤维时，是不导电的（绝缘性能必须经试验确定）
5	沥青混凝土地面	40 厚沥青混凝土（不发火花的石灰石、大理石骨料）面层 80 厚 C7.5 混凝土垫层（上撒水泥涂冷底子油两遍） 素土夯实	难燃	50	中	49	耐	不透		不耐		

第四节　不发火花混凝土施工要点

不发火花混凝土的施工方法、操作过程与普通水磨石楼地面、细石混凝土楼地面基本相似。但必须注意下列事项：

一、原材料检查

（1）在原材料加工过程中，须防止其他石种及杂质夹杂在内。

（2）加工完毕后，应进行一次吸铁检查，这一道工序很重要。

（3）在搅拌前再检查一次，以防杂质混入。

（4）严格掌握材料配合比，搅拌应均匀一致。人工拌和时，不得少于干拌3次、湿拌四次，直至拌合均匀，颜色一致。

二、施工工艺要点

（1）必须按标高线分仓浇捣，铺上混凝土后用直尺刮平，滚筒来回滚压，直到表面露浆，人踏上去不显脚印为止。并随即用铁抹子抹平压光，待收水后再压2~3遍。

（2）养护8h后才能拆去分仓木模条，嵌放20mm×（15~20）mm铝片。面层分格均不得骑踏在垫层缝上。

（3）表面磨光、打蜡应在养护7d后进行。分两次打磨，然后打蜡，即成为不发火花的水磨石地面。

不发火花砂浆地面面层施工，与普通水泥砂浆地面同。

第三十五章　导电混凝土

(electroconductive concrete)

第一节　概　述

导电混凝土，在国外一些国家又称之为电工混凝土。其与普通骨料配制的普通混凝土不同，它是用特殊的导电相材料来配制，具有良好的导电性能和物理力学性能，是一种宝贵的特种混凝土。

一、混凝土的导电性

普通混凝土的电阻率一般在 $10^6 \sim 10^9\Omega\cdot cm$ 范围内，既不属于绝缘体，也不属于良导体。但是，对于交流电，干燥混凝土是良好的绝缘体，其电阻率为 $10^{13}\Omega\cdot m$。但潮湿的混凝土电阻率较低，约 $10^6\Omega\cdot m$，在半导体范围以内。传导性的增加是由于毛细管中存在着水，毛细管内含有的溶解盐可以充当电介质，所以，混凝土的电阻率将为电解质溶液的浓度所控制。增加浓度的因素为水泥中碱含量的增加（孔溶液中碱盐占优势），电解质混合物中氯化钙的存在，以及水化的程度和 W/C 所控制的毛细管水等（表 35-1），对于直流电，电能有极化效应，但在 50Hz 时观察到混凝土在直流电或交流电之间电阻没有差别。电流从混凝土通至钢筋，或从钢筋流出电流，人们认为是极化效应所致。

碱含量对混凝土电阻率的影响　　**表 35-1**

Na_2O 含量（%）	水灰比 (W/C)	随龄期增加电阻率（100Hz，4V 时）（$\Omega\cdot m$）		
		7d	28d	90d
0.2	0.4	103000	117000	157000
	0.5	79000	88000	109000
	0.6	53000	70000	76000
1.0	0.4	123000	136000	769000
	0.5	82000	95000	120000
	0.6	72000	73000	79000

若在混凝土中添加一定量的导电物质，可以使混凝土的导电性大大改善，从而成为具有较好性能的导电体。这样，就为混凝土在电力工业方面的应用创造了条件。

导电混凝土是用导电相材料部分或全部地取代混凝土中的普通骨料凝结硬化后组成的特种混凝土，具有规定的电性能和一定的力学性能。这是一种新型混凝土，前苏联将它归为电工混凝土的一种。

这种混凝土可根据导电相骨料和胶凝材料的不同组分和质量而具有不同的导电能力，可用于接地装置、避雷设备、消除静电、环境加热、电阻器及阴极保护技术等。

二、导电混凝土的用途

（一）导静电和阻电击

在使用可燃性的麻醉瓦斯的手术室中，因为手术的主要人员和作业员，还有患者，手术用器具的相互间蓄积起来的静电压，彼此相互接近甚至接通，产生火花的可能性很大，这种情况引起可燃性气体（瓦斯）爆炸的危险是很多的。

例如在30%湿度状态下，掀一床患者用的床单能产生1200V左右的静电，即使在50%~60%的湿度下也能产生从300V到500V左右不等的静电。另外，手术室内的人的静电容量约200PF，在麻醉瓦斯中及乙醚和氧气、环丙烷和氧气之类混合瓦斯中，因为用0.01mJ的微小能量就爆炸，是极其危险的。500V静电压、200PF的能量约为0.025mJ，相当于上述瓦斯的临界能量的25倍，爆炸的危险是相当高的。

所以，不使静电在人和物体上蓄积，必须将其引走，为此使用导电地面。但是，导电性太好也不行，患者、手术人员会受到电冲击，反倒带来危险。为此，有适当电阻的地面是理想的，最适合此目的的而且又经济方便的材料是将导电混凝土施工成地面亦是通常的导电地面。

纺织工厂、印刷工厂内的滚辊与印刷纸之间的静电，制粉工厂由于粉体的摩擦，照片冲洗工厂的滚辊与胶卷间带电等不用说，即使制药厂、橡胶厂、飞机修理工厂，使用可燃性瓦斯、溶剂的诸多类型的工厂乃至电子计算机室，由于静电带电有产生各种各样事故及效率降低等问题。为了防止这些问题，防止相当部分的静电及减少电击的效果，往往也同样采用导电地面。

导电混凝土可用于接地、避雷、消除静电、采暖及无线电频率干扰屏蔽等。如铁路轨枕，其不适宜的电阻可影响信号系统，在地下管线附近，混凝土可受到感应电流的作用。故采用导电混凝土作为防杂散电流结构。

（二）电加热融雪——化冰

另外，在寒冷的冬季，因道路积雪严重地影响交通安全，给客货运输带来不便。为了保证交通畅通，采用加掺导电相材料的导电混凝土，既可进行融雪化冰处理，保证车辆安全行驶，避免交通事故。

三、导电混凝土的发展

导电混凝土在国外已经有30多年的研究历史。但早在上世纪30年代初，前苏联、法国、美国和德国就研究了利用混凝土电性能的问题，由于混凝土的导电率变化范围非常大，所以普通水泥混凝土虽然在一定条件下具有有用的电性能，但尚不能满足电工材料的要求。

50年代末，随着固体物理、介电质物理的分支——电工材料学和硅酸盐物理化学的迅速发展，同时，随着与混凝土和钢筋混凝土制品相关的工业部门的出现和发展，在利用混凝土电性能问题上才有了重大的突破。

前苏联学者为了在电力工业中采用价廉物美的导电结构材料，深入地研究了混凝土的电性能，并将具有规定电性能的混凝土应用于电力工业中，他们把电力工业中应用的混凝土称之为电工混凝土。电工混凝土分为3类，即绝缘混凝土、导电混凝土和特种电工混凝土。前两类混凝土在大气条件下（包括在土壤中）工作，后者是在变压器油介质、真空中及离子辐射作用下工作。

前苏联在这一时期已经掌握了导电混凝土的性能、结构特点和制造工艺。

四、导电混凝土的种类

目前，各国研制的导电混凝土已有许多种，所用的原材料及其用途各不相同。根据胶凝材料的不同，可将导电混凝土大体上分为三大类，即无机类（如水泥导电混凝土和水玻璃导电混凝土）、有机类（如沥青导电混凝土和树脂导电混凝土）和复合类（如聚合物导电混凝土和浸渍导电混凝土）。

导电混凝土原材料来源广泛，价格便宜，制作和成型也很方便。据估计，导电混凝土的成本仅比一般普通混凝土高10%～20%。实际上，导电混凝土不仅成本低，导电性较好，而且在某些场合还会显示出比现时所采用的电工材料更好的特性，可以在许多领域内取代现用的电工材料，从而获得较好的经济效益和使用效果。

导电混凝土的施工视其用途可以预制，也可以现浇施工。前苏联大多采用挤压成型工艺，而美国是用喷射法施工。

本章除了主要介绍采用普通硅酸盐水泥配制的碳质骨料混凝土外，同时也详尽介绍聚酯或环氧树脂、合成橡胶树脂配制成的树脂混凝土。

第二节　导电相材料

一、导电混凝土组成材料

导电混凝土是由胶凝材料、导电相材料、介电骨料和水按照一定配合比混合、凝结、硬化而成的多相复合材料。导电混凝土主要是依靠导电相材料的相互接触来导电的。混凝土组分中除胶凝材料外，还有各种粒度级配的骨料。对于建筑混凝土骨料而言，只与混凝土强度特性相关，而涉及利用混凝土的电性能时，则在混凝土中体积占50%～90%的骨料的电性能具有决定性的因素。具有各种不同电性能骨料的应用是改变混凝土电性能的主要手段。

二、导电混凝土的性能要求

导电混凝土的导电相材料应具有必需的导电性、足够的机械强度、温度稳定性，同时在组分局部过热时能抗氧化作用，它不应与胶凝材料发生化学反应（即相容性好），导电相材料和胶凝材料的线性膨胀系数值彼此相近。导电相材料的导电性对温度的依赖性应最小。

三、导电相材料及特点

（一）金属导电相材料

并非电阻率低均适宜作导电相材料，如金属铜屑、铁屑等，虽然电阻率极低（铜大约是$1.7\times10^{-8}\Omega\cdot m$，铁是$9.7\times10^{-8}\Omega\cdot m$），但水泥浆是强碱性，会侵蚀某些金属，所以许多金属如铜、铝、铝合金、锌等是不适于掺入混凝土中的。含铁的金属掺入混凝土后，混凝土的碱性会使其钝化，结果在金属表面形成一层氧化膜（钝化膜），这层氧化膜的电阻率比金属自身的大得多，而且，这些金属往往被水泥混合物所包围，形成离子和电子通路并存现象，所以不适于作导电阻。

（二）碳质导电相材料

1. 非晶碳

非晶碳（包括乙炔碳黑、烟黑和灯黑等）主要用于制造橡胶制品、墨水、颜料及某些塑料。虽然这些非晶碳具有较小的电阻率，且价格低廉，但其自身强度差，吸水性大，又无稳定的吸水率，体积稳定性也差，对水灰比、强度和收缩均有不良影响。

2. 石墨

石墨是一种可行的导电相材料，具有强度高的特点，但因其价格昂贵，不能制作理想的级配和电阻率较高而限制了应用。

3. 焦炭

焦炭具有电阻率小、质量轻、价廉等优点，虽然有一定的孔隙率和吸水性，但吸水率稳定，且吸水后体积不膨胀，不足之处是其自身强度较低。

试验表明，在众多的导电相材料中，碳质骨料最适宜作为导电混凝土的骨料来配制导电混凝土。

四、导电相材料加工处理

对于大多数的导电相材料来说，一般不能直接用于制作导电混凝土，必须首先对其进行必要的加工处理，把它们制作成一定的粒度、形状和级配才能作为导电相。较为满意的颗粒级配须通过试验来获得。各国在这方面的经验也各不相同。前苏联主要将导电相材料（如焦炭）磨细成 5mm 以下的细颗粒，以比表面积控制细度，与水泥或水玻璃等拌和制作导电砂浆。美国则以粗骨料的形式取代石子。一般来说，导电相材料的掺量须由所需的导电性来决定。

第三节　导电混凝土的主要技术性能

目前，因导电混凝土的用途不同，其配合比也就不同，因而对其主要性能技术指标尚无统一的规定。各国对导电混凝土的要求，主要是在满足使用强度要求的基础上，具有良好的导电性。此外，根据导电混凝土的用途，提出一些特殊的技术性能要求，如干缩性、导热性等。

一、力学性能

（一）强度

导电混凝土的力学性能指标通常是以抗压强度等级来决定的。各国的混凝土抗压强度等级指标大多按照各自的标准混凝土抗压强度试验方法测得的。对于特殊用途的导电混凝土还可适当考虑抗折强度和抗拉强度等。按照用途的不同，导电混凝土的抗压强度大致可控制在 10～50MPa 之间。

（二）影响强度的因素

影响导电混凝土强度的因素很多，主要有胶凝材料的品种、强度等级和用量，骨料（包括导电相）的自身机械强度、粒度、形状、级配和掺量，施工制作工作及环境条件（温度、湿度）等。碳质导电相材料由于自身强度较差，它在混凝土中所占的体积百分率往往对导电混凝土强度有着决定性的作用。

二、导电性能

（一）导电率

导电混凝土是在电场下工作，或是作为输导电流的导电材料。自然，导电性是导电混凝土主要的物理参数，它应具有给定的数值，并且在一定的时间、允许荷载和温度范围内保持其稳定。衡量导电性的指标一般为电阻率。导电混凝土的电阻率视其用途而异，一般可变化在 $10^{-3}\sim10^{2}\Omega\cdot m$ 范围以内。

(二) 影响导电率的因素

导电混凝土的导电率取决于导电相材料的电学性能、物理性能以及导电相材料与胶凝材料的相互作用。导电混凝土中导电相材料自身的电学性能、颗粒尺寸和形状以及它在混凝土中的分布特征，对整个导电混凝土综合参数有重大的影响。温度、湿度和电压这3个外部因素与导电混凝土的电阻率关系最大。在一定温度范围内，导电混凝土的电阻率与温度的关系呈线性特征。湿度的影响程度取决于导电相的掺量，掺量较大时，影响较小，但不呈线性关系。导电混凝土的电压参数则主要取决于导电相的分散度，其电压特征在达到一定电压之前呈线性。当导电混凝土受到外界压力作用时，所测得的电阻率数值有所减小。

三、施工性能

对于常用而廉价的水泥导电混凝土来说，在满足强度和电阻率的同时，其和易性必须满足施工和操作的要求。此时，拌合物用水量对导电混凝土和易性和强度起决定作用。而以碳质导电相材料（如焦炭、碳黑）作导电相时，导电混凝土拌合物的水灰比则有所增加，因为结构疏松的导电相材料会吸附一部分拌合水贮存起来。对这种导电混凝土来说，还必须考虑干缩和抗冻性等指标。

总之，导电混凝土性能指标应视其使用的原材料、配合比、用途和环境条件而定。

第四节　导电混凝土的工程应用

一、电热电器

由水泥、石墨和耐水材料组成的导电混凝土，既具有普通混凝土的易成型性，又能承受一定程度的高温，还具有一定的导电性。因此它是一种较为理想的电阻加热元件，只调节石墨含量，就可以方便地调整混凝土块的导电性，从而改变其电阻值，以满足各种电热元件的功率要求。

这种新型的非金属电热元件，由于电流是在整个混凝土块内部较为均匀地流过，故其通流截面较大；另外，它的单位面积所允许通过的最大电流也很多（测定发现，电流超过200A/cm^{2}时，导电混凝土块也不会损坏）。所以，导电混凝土块中所允许的最大电流可以比额定工作电流高出许多。因此，其抗过电流、抗过电压的能力很强，当然它的使用寿命也较长。另一方面，由于这种电热元件的体积可以做得比较大，相应的散热面积也较大，这样就使得散热快而均匀，电热元件表面温度降低，从而避免出现明火，提高安全性。因此，这种电热元件可在电热电器领域中开发应用。

二、断路器的合闸电阻

输电线路的合闸都是依靠断路器来完成的。线路的合闸一般是用加装并联合闸电阻的断路器进行。合闸时，断路器内部的合闸电阻上会在较长时间内流过较大的电流，因此要求其有较大的热容量。过去一般是采用由金刚砂掺以碳墨制成的煅烧电阻来作合闸电阻的，由于金刚砂和碳墨均是较好的导热体，其热容量还可能做得很大。由于断路器合闸电阻的热容量不够大，因此常会造成线路合闸时断路器的合闸电阻被烧毁。

采用导电混凝土可以较好地解决这一问题，合闸电阻的阻值一般在数百至上千欧姆。只要适当调节导电混凝土中石墨的含量，就可以使电阻值满足合闸电阻的要求。导电混凝土是由水泥、砂、骨料等组成，它们的热容量均比金刚砂和碳墨的热容量大得多，故导电混凝土的热容量可高达 500～800J/cm^3。因此，采用导电混凝土作为断路器的合闸电阻时，可以大大提高其热容量。实测表明，导电混凝土合闸电阻的热容量比原煅烧合闸电阻的热容量提高约 2.5 倍。导电混凝土合闸不仅热容量很大，而且承受过电流的能力也很强，允许通过的最大电流密度可高达 200A/cm^2，因此通过很大的故障电流也不会造成损坏。

三、金属防腐

导电混凝土的另一重要功能是对金属的防腐蚀性。金属是依靠电子导电的，而电解质是依靠离子导电的。金属的腐蚀性主要发生在电子导电转向离子导电的界面处。在普通钢筋混凝土中存在着这种界面，因此，腐蚀是难以避免的。如果消除这种界面，则可以防止腐蚀的产生。由于导电混凝土主要是依靠电子导电的，如果将导电混凝土应用于钢筋混凝土中，就可以消除这种界面，防止钢筋的腐蚀。当然，前提是要尽可能排除导电混凝土中的离子相通路。为了达到这一目的，可以将其用憎水剂来浸渍，浸渍后导电混凝土的电阻率几乎没有变化。前苏联已于上世纪 60 年代生产出这种具有良好耐腐蚀性的导电混凝土制品。

四、其他工程应用

在冬季需要取暖的广大北方地区，采用导电混凝土装置用于环境加热有可能代替现有的取暖设备。在我国越来越多的高层建筑、超高层建筑中，导电混凝土用作避雷装置是非常适宜的。至于用导电混凝土屏蔽无线电干扰，防御电磁波等等，也有待我们开发研究。

美国联邦公路局研制成的一种聚合物导电混凝土，其抗压强度在 4h 超过 28MPa，电阻率小于 0.1Ω·m，吸水率小于 0.5%，与混凝土黏结性好，且抗冻融和抗氯气、酸气的侵蚀的性能佳。

英国等国家研制的导电聚合物混凝土就是用来代替价格高昂且容易腐蚀的金属作为屏蔽材料，这种导电聚合物可有效地消除电磁波。

第五节　碳质骨料导电混凝土

在设计导电混凝土过程中，存在着许多需要克服的问题。其中比较主要的问题是：在不降低混凝土力学强度的情况下，制品的导电性必须达到适合特定用途的要求。因此，首先需要配制的混凝土拌合物必须具有稳定而足够低的电阻率。

一、混凝土导电原理

（一）混凝土的电阻率

在硅酸盐类水泥混凝土中，要获得稳定的导电性主要在于：使电能够借助于电解质中离子的运动或金属与半导体中电子的运动而流动。

由水泥与天然石材骨料组成的混凝土完全干燥后具有极高的电阻，因此往往把它归为绝缘体类。然而，在潮湿状态下，混凝土中含有一种容许电流通过的电解质。这种电解质是由水溶性导电化合物组成的，而这种化合物是从水泥粉末中溶出，存在于拌合水或被吸收的潮气中。

新浇塑性混凝土的初始电阻率取决于可溶盐的数量、混凝土拌合物的温度和水灰比等。据有关资料介绍，在水灰比为 0.35～0.60 的硅酸盐类水泥的混凝土中，其电阻率值为 300～600Ω·m，即电流穿过 $1m^3$ 材料试块的两个相对表面时感到的电阻。

（二）电阻率的变化

混凝土混合物是一经成型捣实并呈静止状态后，电阻率即会产生很大变化。最引人注目的特点是电阻率在最初 1h 左右显著降低，随后逐渐上升，达到一个不能预料的数值，如图 35-1 所示。发生变化的原因可以解释为电流通过潮湿混凝土主要是以电解方式传导，而在蒸发水中是以离子方式传导的。总的是由于水泥发生水化反应过程中离子密度发生变化而引起的。从图 35-1 可以看出，混凝土拌合物的电阻率将逐渐上升至某个数值，然后停止下来。这个数值取决于浇灌完毕的混凝土所处介质的种类。如果将混凝土埋入潮湿的土壤中，电阻率大约为 3000～8000Ω·m，如果将混凝土暴露于高温或较干燥的条件下，电阻率将达到 $2.0\times10^6\Omega\cdot m$，甚至更大。

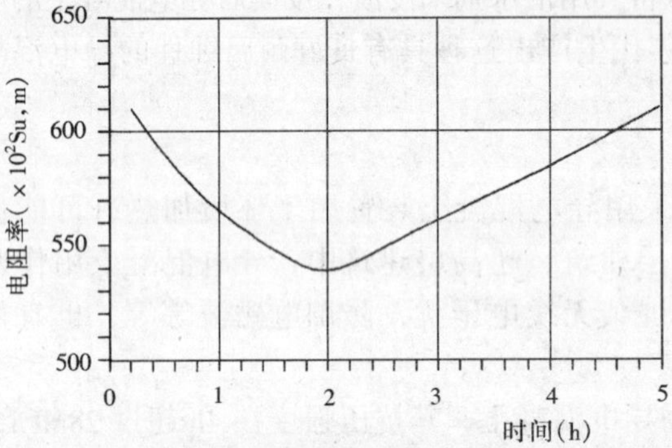

图 35-1　混凝土拌合物电阻率变化曲线

普通的新拌混凝土虽然可以说是导电的，但即使电阻率很小（比方说只有 500Ω·m）的拌合物，也完全不能适用任何一种用途。因为拌合物硬化时，电阻率便会变大，成为原来的 400 倍以上。鉴于此，必须设法使电解质的电阻短路。因此，要做到这一点，可以在混凝土中掺入导电材料，使整个混凝土基质中出现相连的导电粒子链，借助于电子的运动使之导电。

金属的电阻率和各种电解质相比是极低的。例如，铜的电阻率为 $1.7\times10^{-8}\Omega\cdot m$，铁的电阻率为 $9.7\times10^{-8}\Omega\cdot m$ 等。由此看来，在混凝土拌合物中掺入研磨、切削或刮下来的少量屑粉、球粉或粒状金属适合制成导电混凝土。

（三）金属氧化膜对混凝土导电性的影响

由于水泥水化反应后析出 $Ca(OH)_2$ 的结果，水泥净浆呈高碱性（pH≥13），可以腐蚀某些金属（如铝、铝合金、锌和锌基合金等），因而这些金属不适于掺入混凝土中。铁类金属看来似乎可被选用于混凝土，但混凝土中的碱性介质会使铁类金属钝化，在金属表面生成一层氧化膜。这层氧化膜的电阻比基本金属的电阻高很多，而且所有的金属粒都被水泥与骨料组成的拌合物包裹，其结果形成一种复杂的由离子与电子的传导线路混联（串联与并联混合）而成的导电网络。

最初阶段，氧化膜的电阻率比普通混凝土的电阻率低。但在水化阶段，电阻率将沿着图 35-1 所描述的曲线变化，并且最后稳定在一个数值上。该数值取决于浇灌完毕的混凝土所处的介质状况和其拌合物中金属含量。把两个光亮的钢片直接插入新拌混凝土拌合物中，然后监测两钢片之间的电阻便很容易观察到这些变化。

讨论了金属氧化膜的形成以及对混凝土导电性能的影响，即可设想采用不受水泥影响的导电材料。常用的有碳质材料，如石墨、乙炔黑、碳黑等。这些材料价格低廉，且易买到，但对混凝土的水灰比产生不良作用。碳质材料可以为粉末状的添加材料，也可作为具有一定粒度的轻质骨料。

二、碳质骨料导电混凝土的配制

（一）原材料要求

1. 胶凝材料——水泥

为保证导电混凝土的强度，最好采用强度等级不低于 42.5 级的硅酸盐水泥或普通硅酸盐水泥。由于碳质材料一般均为粉末状或细粒状，表面积较大，因此每 $1m^3$ 导电混凝土的水泥用量都偏高，一般以不少于 500kg 为度。

2. 骨料——碳质材料

在国外，通常采用导电骨料来代替传统骨料配制导电混凝土，这是一种先进的实用技术。这种骨料必须具备电阻率较低，机械强度高，颗粒级配适当，硫酸盐和氧化物含量少，在化学条件下呈惰性，pH≥7，并且吸水性较差等条件。

（1）石墨骨料：石墨是一种可以采用的骨料，但不够理想，因为只能够满足一部分要求。妨碍其使用的基本原因是：

①要使其成为具有一定粒度的骨料，技术上较困难。

②配制的混凝土电阻不够。

③成本较高。

（2）碳质轻骨料：英国 Marconi 通讯系统公司已研究出一种碳质骨料（专利）。这种骨料不仅克服了石墨骨料之不足，而且便宜得多。

①碳质轻骨料的技术性质　碳质骨料是一种轻骨料，堆积密度为 $800kg/m^3$，压实堆积密度 $960kg/m^3$。骨料中杂质极少，pH 值为 7.1。其具体杂质含量要求见表 35-2。

碳质骨料杂质含量　　**表 35-2**

杂质名称	氧化物	硫酸盐	烧失量	灰烬
杂质含量（%）	0.025	0.01	0.3	0.2

②骨料的干燥性　碳质骨料与传统骨料不同，它的吸水性是瞬时的，在面干状态（含水率 0.2%）时的吸水率约为 15%。掌握了这种特性后，有利于在设计配合比和施工过程中更容易控制水灰比。

除此，在搅拌之前预先湿润骨料时，可以观察到碳质骨料不存在湿胀现象。

（3）导电粉末（专利）：有一种在地板上使用的磨细导电材料——导电粉末。这种磨细方法对水灰比没有不利作用，是一种将先混合好的水泥和导电粉末在抹面工作的适当阶段压入面层的方法。无需另外加水，导电材料仅仅嵌留在面层上部。另外，在导电水磨石地面上还成功地应用了乙炔黑。在英国国家水磨石和马赛克（镶嵌砖）协会的刊物上载有详细说明。在静电散逸比较重要的地方，特别是医院手术室的地面上使用了这种面层。

据有关资料介绍，电阻率的变化也可发生于掺有碳质骨料的普通水泥拌合料中。人工捣实试样的初始电阻率为 8Ω·m，然后开始下降，但几天后便稳定在一个数值上，该数值由在凝固阶段所施加的压强来确定。人工灌注混凝土的电阻率约为（10～15）Ω·m，而在暂时施加压力的情况下则能获得低于 1Ω·m 的电阻率值。混凝土的电阻率比碳的电阻率高得多，在最初几小时后，就无关紧要了。

3. 拌合水

拌合水的含盐量（掺入早强剂 $CaCl_2$ 或使用海水）对电阻的影响在于混凝土的强度。

在水灰比高的混凝土中影响最大，在高强度混凝土中则影响极小。因此，根据所配制混凝土强度的不同，对水质应有一定要求。

（二）碳质导电混凝土的配合比确定

1. 确定水灰比

配制导电混凝土，根据所选用的碳质材料种类不同，其水灰比也不尽相同。

正如前述，如果采用碳黑、乙炔碳黑、灯黑等无定性碳作为添加材料，则混凝土和易性会明显降低，对此，必须添加更多的水来阻止。例如，按质量计算，由100份骨料（矿质）、25份水泥和5份乙炔黑组成的拌合物大约需要40份水，才能获得比较好的和易性，这相当于水灰比$\frac{W}{C}=1.6$。这些碳对水灰比有不良作用，从而也对成型后的混凝土收缩及强度产生不利影响。但如降低碳的含量，又将会增加电子轨道的电阻，从而使得离子输送电阻固有的不稳定性占优势。

如果配制混凝土时采用的是碳质轻骨料，虽然此时比较容易控制水灰比，但应当注意的是当水灰比一定时，碳质轻骨料15%的吸水率会使混凝土的和易性稍稍降低，似乎比普通混凝土干硬一些。

总而言之，配制碳质导电混凝土的游离水灰比（游离水量与水泥用量之比）虽然较少，但总水灰比（实际加水量与水泥用量之比）要比普通混凝土的大，即用水量偏高。

2. 确定骨胶比

大量试验资料表明，碳质轻骨料与普通硅酸盐水泥的质量比为2:1时，混凝土的电阻率较小，可适用于大多数用途。

3. 参考配合比

碳质骨料导电混凝土的配合比与抗压强度见表35-3，碳质导电砂浆和碳质导电水磨石参考配合比见表35-4。

碳质骨料导电混凝土参考配合比 表35-3

材料名称	材料用量 (kg/m^3)	骨胶比	水灰比$\left(\frac{W}{C}\right)$		7d抗压强度 (MPa)
			游离水量	总水量	
普通硅酸盐水泥 碳质骨料 水	485 1450 385	3.0	0.34	0.79	8.2
普通硅酸盐水泥 碳质骨料 水	550 1380 380	2.5	0.31	0.69	16.7
普通硅酸盐水泥 碳质骨料 水	645 1290 375	2.0	0.29	0.58	24.1

碳质骨料导电砂浆和水磨石参考配合比 表35-4

导电混凝土种类	配合比（质量比）			
	普通硅酸盐水泥	碳黑粉	砂	石子或石碴（小八厘）
碳质导电砂浆	1	1	3	—
碳质导电混凝土	1	1	3	10
碳质导电水磨石	1	1	—	2

三、碳质骨料导电混凝土施工

（一）施工要点

（1）碳质骨料导电砂浆地面用加入碳黑粉的砂浆，在该砂浆的底层中铺设网眼为4～11cm的11～16号左右的镀锌金属网、铜丝网，满铺作为地线。表面层加入铁粉的砂浆在下层导电砂浆未干透时涂上，用铁抹子加工。这样施工的地面不一定就能发挥高性能，而是与医院手术室的导电地面相比具有经济性好，防止相当部分的静电及减少电击的效果。

（2）碳质骨料导电水磨石地面是在混凝土基层上抹平1.5～2.0cm原水泥砂浆后，施工3～4cm厚导电砂浆，压实抹平后，在导电砂浆中铺20号左右的铜线。导电砂浆施工后，以水磨石的石碴和导电砂浆按2:1的比例抹出导电水磨石。其厚度一般为1.5cm，石碴规格为米粒或小八厘，用白色方解石或彩色大理石破碎加工。

（3）碳质骨料导电混凝土地面是在普通混凝土垫层或基层抹平1.5～2.0cm厚水泥砂浆层后，施工厚度不小于5cm的导电混凝土，导电混凝土的粗骨料可用石子或碳质骨料，但最大粒径不得大于2.0cm。

（二）注意事项

（1）碳质骨料导电混凝土浇筑后一般不须振捣，表层赶平抹光即可。由于导电混凝土较干硬，施工较困难时可稍加振捣，但时间不宜过长，以免碳黑上浮或金属网被碰断。

（2）镀锌金属网、铜线的一端要牢固接地。根据施工经验，嵌缝条选用塑料嵌缝条较理想，取面积3600cm^{2}左右为一块较合适。

（3）对于碳质骨料导电混凝土或砂浆地面，要求每一周清扫一次，一般采用中性洗涤剂。油性的东西，会使导电性降低，故避免使用。

第六节 树脂导电混凝土

一、聚酯或环氧树脂混凝土

采用聚酯或环氧树脂代替普通硅酸盐水泥，与碳质骨料制成的导电混凝土，其电阻率不同于普通水泥混凝土拌合物，也不同于采用砂、石骨料的树脂混凝土硬化体。

树脂混凝土的导电率取决于骨料与树脂的比例。在胶凝和硬化期间，电阻率将下降，并在数小时内稳定在一个较低的数值上。图35-2表示树脂混凝土电阻率变化曲线。所采用的混凝土堆密度为1220kg/m^3，人工捣实，碳质骨料与聚酯树脂质量比为3:1。

应当着重指出的是，在树脂凝固阶段，电阻率对压力是极为敏感的。

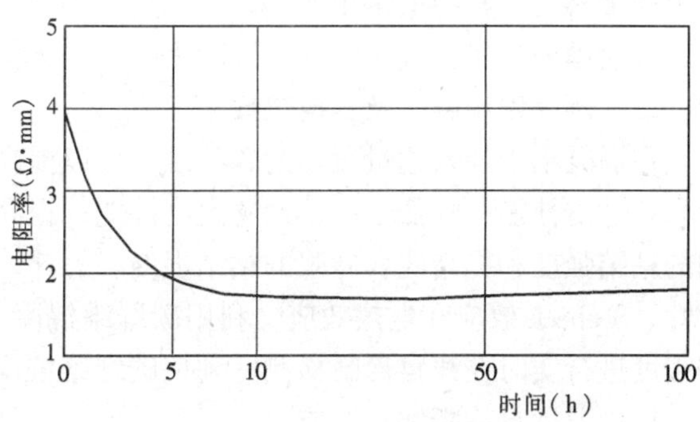

图35-2 聚酯树脂混凝土电阻率变化曲线

二、合成橡胶混凝土

采用合成橡胶乳液，并混入碳黑（粉）、碎石（碴、粉），涂抹于水泥砂浆或混凝土地面面层上，也可制10mm厚度的导电地面。这种地面不需要接地，施工方便，步行感也好，以作为导电水磨石使用。

第七节 导电混凝土融雪——化冰机理

一、引言

水泥混凝土路面具有强度高、稳定性好、抗滑性能优良、耐磨耗、使用寿命长等优点，因而在世界各国得到了广泛的应用。在我国公路、城市道路、港口码头和机场大量修建了水泥混凝土路面。在寒冷的冬季，当水泥混凝土路面因降雪结冰时，给道路畅通和行车安全带来了严重的影响，甚至造成道路和机场关闭。给客货运输带来不便，也给建设单位造成巨大的经济损失。因此，为了保障道路畅通和行车安全，必须采取措施对混凝土路面结构进行融雪化冰。

目前，世界各国主要通过撒盐（NaCl，$CaCl_2$）来融雪化冰。这一方法是利用盐降低水的冰点，使积雪自动融化。该法具有材料来源广泛、价格便宜、化冰雪效果好等特点，因而得到了普遍应用。但是，撒盐法也给混凝土路面结构、路缘石结构和环境带来了许多负面效应，主要表现为钢筋、钢纤维锈蚀，路面剥蚀破坏和环境污染等问题。世界上不少国家因使用除冰盐，已造成道路、桥梁的严重破坏，目前正在花费巨额费用进行修复，其经济损失十分巨大。例如，1998 年，美国 60 万座钢筋混凝土桥中，被列入修复费已是建桥费的 1.6 倍。我国东北沈大路也因撒除冰盐及其在机场跑道等路面除冰方面的应用，造成一定负面损失。2004 年春节期间，我国哈尔滨市市区道路因撒盐融雪化冰，也给市民特别是出租车司机造成一定的负面影响。近年来，美、英、加拿大等发达国家开展了关于导电混凝土及其在桥梁路面除冰应用方面的实验研究。

导电混凝土是在普通混凝土中添加一定含量的导电组分材料制成的一种新型水泥基复合材料。普通混凝土的电阻率一般在 $10^6 \sim 10^9\Omega \cdot m$ 范围内，既不属于绝缘体，也不属于良导体。在混凝土中添加一定含量的导电组分，可使其导电性大大改善，从而成为具有良好导电性能的导电体。这就使得混凝土不仅作为一种建筑承载材料使用，而且还将在电工、电子、电磁干扰屏蔽、防静电、电加热器和钢筋阴极保护等方面发挥重要作用。利用导电混凝土融雪化冰，即利用导电混凝土良好的导电性，通过外加交流或直流电场后所产生的热量畅通和行车安全，而且还将消除除冰盐的使用及除冰盐给混凝土结构和环境所带来的负面效应。目前常用于制作水泥基复合导电材料的导电组分基本可分为三类：聚合物类、碳类和金属类。其中最常用的是碳类和金属类。如石墨粉、碳粉、碳纤维、钢纤维及钢屑等。目前国内外研究较多的导电混凝土主要是碳纤维混凝土。

二、碳纤维混凝土及其电热效应

在混凝土中加入适量短切的碳纤维，可以提高混凝土的抗拉强度、弯曲强度、弯曲刚度和抗冲击性能；降低干缩；改善耐磨性能；提高混凝土的减震能力；改善新旧混凝土之间的粘结强度和提高砖和砂浆的粘结强度。另外，碳纤维混凝土还具有良好的导电性、压敏性、Seebeck 效应和电热效应。利用碳纤维混凝土的压敏性，可对自身的应力状况和损伤程度进行实时在线自诊断检测。利用碳纤维混凝土的 Seebeck 效应和电热效应，可对混凝土结构温度自诊断和自适应。

将短切聚丙烯腈（PAN）基碳纤维，长度 5mm，性能见表 35-5，52.5 级普通硅酸盐水泥；甲基纤维素（作为分散剂，以帮助碳纤维均匀地分散在水泥基体中）和水，按一定比例混合搅拌均匀，倒入钢模并振捣密实，制成150mm×150mm×5mm薄板，在室温潮湿环境中养护28d。然后用导电胶在板的两端黏上导线，按图35-3所示装置连接。当直流电源连通后，碳纤维混凝土板产生热量，温度升高，通电初期温度上升快，随后上升速度减慢，最后温度保持恒定不再发生变化（图35-4）。在通电过程中，分别用伏特计和电流计测试碳纤维混凝土板两端的电压和电流，同时用数字温度计测试板上表面中心温度，测试时室温为15℃。板的电阻由欧姆定律 $R=V/I$ 计算，发热功率由公式 $P=VI$ 计算。测试结果表明，随着通电时间的延长，碳纤维混凝土板温度升高，电流 I 略为增大，因而电阻 R 略为减小，但减小的幅度不大。温度升高88℃，电阻只减小了13%，如图35-5所示。因此，当电压 V 一定时，电阻 R 变化小，则功率 P 变化也小，即发热功率是比较稳定的。通过改变通电电压的大小可得到不同的发热功率，以满足不同情况下融雪——化冰的需要。图35-4所示为不同发热功率时板的升温曲线。

碳纤维技术性能　　表35-5

项　目	单丝直径（μm）	拉伸强度（GPa）	拉伸模量（GPa）	2k一束线电阻（$\Omega\cdot m^{-1}$）	密度（g/cm^3）
指　标	7±0.2	≥1.95	≥175	310	≥1.75

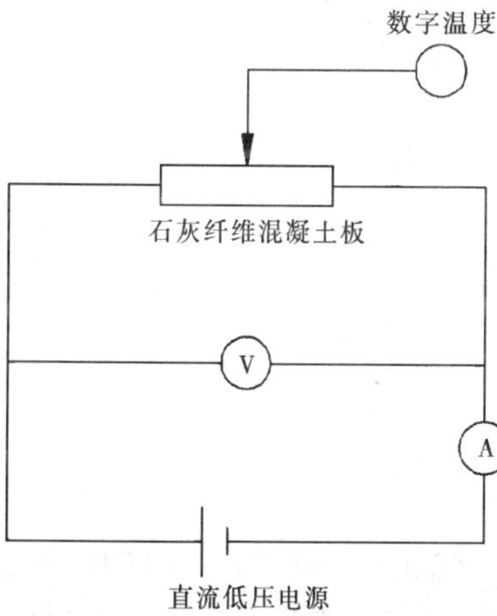

图35-3　碳纤维混凝土板电加热装置

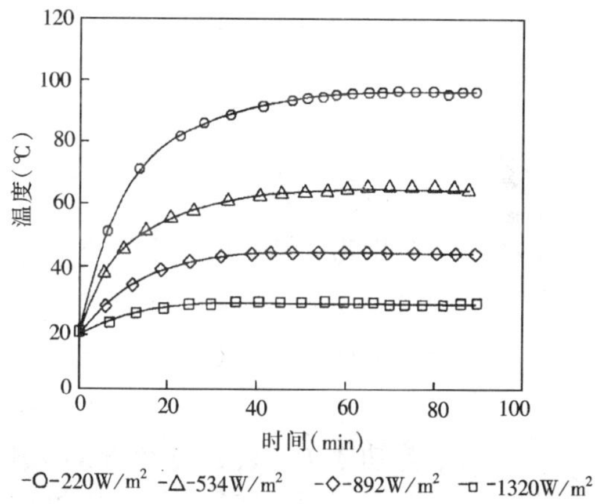

图35-4　升温-时间曲线

三、电热层的设置

利用碳纤维混凝土的电热效应融雪——化冰时，根据能量守恒定律，碳纤维混凝土通电所产生的热量，应等于混凝土升温的蓄热量、冰雪升温及融化吸收的热量和热量损失三者之和。因此，为了提高融雪——化冰效果，应减少热量损失和混凝土的蓄热量。为此，采用图35-6所示碳纤维导电混凝土涂层的形式设置电热层。即碳纤维混凝土设置在路面的表层，约40~50mm厚，其下为普通混凝土结构层，以阻止热量向下传导。这样，导电混凝土通电所产生的热量，主要被路面上的冰雪吸收，从而达到低能耗、高效率地融

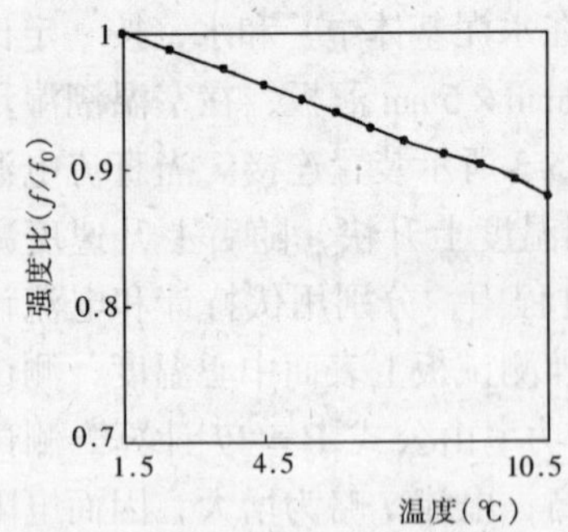

图 35-5　R/R_0-温度曲线

雪——化冰。

四、融雪——化冰机理

(一) 化冰机理分析

对图 35-6 所示碳纤维导电混凝土涂层融雪——化冰模型，当电源连通后，导电混凝土产生热量，温度升高，并通过混凝土与冰的接触面向上传导。冰吸收热量后温度逐渐升高，当温度达到 0℃时，冰开始融化。在冰融化的过程中温度 0℃不变，直到冰全部融化成水。在忽略热量损失的条件下，由能量守恒定律知，碳纤维混凝土通电所产生的热量，应等于混凝土升温的蓄热量、冰升温吸收的热量和冰融化成水吸收的热量之和，即：

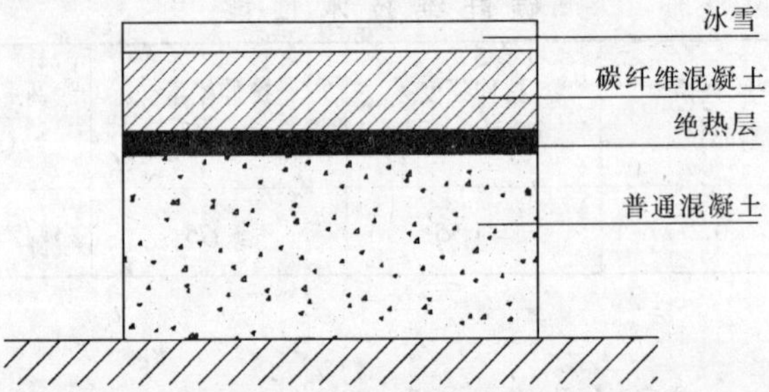

图 35-6　电热层的设置

$$P\Delta t = m_c C_{pc}\Delta T_c + m_i C_{pi}\Delta T_i + Q_1 m_i$$

式中　P——发热功率；

Δt——通电时间；

m_c、C_{pc}、ΔT_c——分别为碳纤维混凝土的质量、比热和升高的温度；

m_i、C_{pi}、ΔT_1——分别为冰的质量、比热和升高的温度。

Q_1——冰的熔解热。显然，只要知道碳纤维导电混凝土涂层的厚度、面积、温度；冰的厚度、温度；化冰所需的时间限制，即可由上式求出所需的发热功率 P。表 35-6 和图 35-7 所示为按上式计算的在 1h 内，融化不同厚度、不同温度的冰，所需的发热功率 P（计算时假定冰的温度与导电混凝土涂层的温度相同，导电混凝土的厚度为 40mm）。由图 35-7 可见，化冰所需的功率 P 与冰的温度成线性关系，冰的温度越低，需要的功率越大；结冰厚度越大，需要的功率越大。

不同厚度、不同温度的冰融化所需的功率 P (W/m^2)　　**表 35-6**

厚度 (mm)	-30℃	-25℃	-20℃	-15℃	-10℃	-5℃
2	845	734	622	509	396	283
3	948	833	718	602	487	371
4	1050	932	814	696	578	459
5	1151	1031	910	789	668	546

在计算过程中，涉及导电混凝土的比密度和比热等物理参数。由于导电混凝土是由普通混凝土和一定含量的导电相材料所组成的复合材料，其密度和比热可按下述公式计算：

$$\rho = \rho_c V_c + \rho_r V_r$$

$$C_p = \frac{\rho_c}{\rho} V_c C_{pc} + \frac{\rho_r}{\rho} V_r C_{pr}$$

式中　ρ、C_p——导电混凝土的密度和比热；

ρ_c、C_{pc}、V_c——普通混凝土的比密度、比热和体积含量；

ρ_r、C_{pr}、V_r——导电组分的密度、比热和体积含量。

在计算时，考虑到碳纤维混凝土中碳纤维体积含量较低，对导电混凝土的密度和比热影响较小，因此直接采用普通混凝土的密度和比热进行计算。

（二）融雪机理分析

为了不使混凝土道路积雪结冰，在降雪时，给导电混凝土通电，使雪及时融化成水流走，从而保证道路畅通和行车安全。在忽略热量损失的条件下，由能量守恒定律知，碳纤维混凝土通电所产生的热量，应等于混凝土升温的蓄热量、雪升温吸收的热量和雪融化成水吸收的热量之和。能量守恒同样可用（1）式表达。因此，只要已知降雪时的温度和降雪量（降雪等级），即可由（1）式计算出降雪时将雪及时融化所雪的功率 P。对这一情况，可分两步进行讨论：①在降雪的第一小时内，碳纤维混凝土通电产生热量，使混凝土的温度从负温升高到 0℃、雪的温度升高到 0℃并融化成水。为计算简便，假定碳纤维混凝土与雪的温度相同。此时所需的功率与温度之间的关系见表 35-7，功率需求随降雪量（小雪、暴雪）的多少而略有变化。②在随后的过程中，碳纤维混凝土只需产生使降下的雪及时融化所需的热量，即能保证路面不积雪结冰。融雪时的功率需求受降雪等级的影响较大，但此时所需的功率相对较小，是很容易满足的，见表 35-8。因此，利用导电混凝土的电热效应融雪化冰能取得较好的效果。

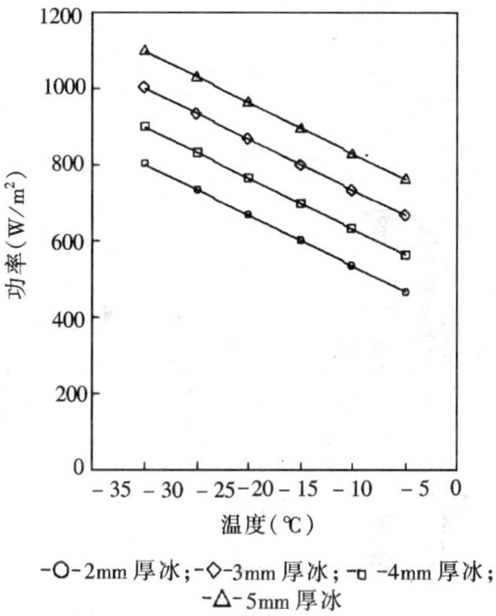

图 35-7　化冰所需功率-冰的温度关系曲线

降雪时第一小时内融雪所需的功率 P　　**表 35-7**

温度（℃）	-30	-25	-20	-15	-10	-5
功率（W/m²）	655～695	547～581	440～473	332～364	225～256	117～147

降雪时及时融化所需的功率 P（W/m²）　　**表 35-8**

降雪等级及 24h 降雪量	-30℃	-25℃	-20℃	-15℃	-10℃	-5℃
小雪（0.1～2.4mm）	～11.0	～10.7	～10.4	～10.2	～9.9	～9.6
中雪（2.5～4.9mm）	～22.5	～21.9	～21.3	～20.7	～20.1	～19.5
大雪（5.0～9.9mm）	～45.5	～44.3	～43.1	～41.9	～40.7	～39.5
暴雪（≧10.0mm）	≧45.9	≧44.7	≧43.5	≧42.3	≧41.1	≧39.9

五、结束语

碳纤维混凝土具有良好的导电性，通电后其发热功率十分稳定，可用来对混凝土路面、桥面和机场跑道等结构进行融雪化冰。化冰所需的功率 P 与冰的温度成线性关系，冰的温度越低，需要的功率越大；结冰度越大，需要的功率越大；融雪时需要的功率比化冰时小。利用导电混凝土融雪——化冰能取得较好的效果。

第三十六章　装 饰 混 凝 土

(decorative concrete)

第一节　概　　述

混凝土的优点之一是它的多功能性，不仅可作建筑材料，而且也具有可作装饰材料的美术效果。混凝土可以浇筑成各种各样几何尺寸的复杂形状（可塑性），并给以各种各样的表面涂层、组织结构和颜色，而且还用于雕塑、壁饰以及其他的美术创作品。可以用适当选择混凝土的原材料、模板材料、特别的浇筑工艺、或使硬化的混凝土表面具有某些组织结构来达到装饰效果。通常，装饰混凝土的价格比普通结构混凝土贵，成本也较高，但如果普通混凝土用其他装饰作处理，例如涂色或镶砖作为比较的话，实际上装饰混凝土还是便宜的。

装饰混凝土主要指的是白色混凝土和彩色混凝土。白色混凝土是以白色水泥为胶凝材料，白色或浅色矿石为骨料，或掺入一定数量的白色颜料而配制成的装饰混凝土。而彩色混凝土则是以白色水泥、彩色水泥或白色水泥掺入彩色颜料，以及彩色骨料和白色或浅色骨料按一定比例配制而成的装饰混凝土。白色和彩色混凝土主要用于建筑物内、外墙表面的装饰工程上，在国内外已经获得比较广泛地应用。此外，白色混凝土还常被用于道路工程中的行驶标志等，以保证夜间行驶安全，避免交通事故发生。

目前，对白色和彩色水泥，美国、俄罗斯、日本、德国等国都进行了大量的试验研究，并投入大批量生产使用。所用颜料多为红、黄、黑、褐、蓝、绿等色。彩色混凝土和白色混凝土所用原材料基本相同，所不同的是彩色混凝土除用白色水泥、白色骨料制作之外，还常常要使用彩色水泥、彩色骨料及彩色耐碱矿物颜料。

第二节　混凝土本色与配色

对混凝土（或砂浆）的着色方法，包括采用白色水泥和彩色水泥、人造彩色骨料、颜料、着色涂料、彩色化学外加剂、化学染色剂、干撒着色硬化剂以及天然有色骨料等。

混凝土的颜色在很大程度上受水泥颜色支配，除特殊装饰工艺以外，骨料颜色的影响是很小的。常使用对水泥着色的颜料。颜料的作用，乃是以不溶于水或溶媒的有色微粒子状的无机或有机化合物，混合到展色材上，在涂膜或成形物上便形成一定的色彩。从原理上讲，彩色混凝土所产生的色彩是由于极微小的颜料颗粒对可见光的选择性吸收的结果。例如，在混凝土中掺进氧化铁红，则氧化铁红颗粒将吸收可见光中除红色以外的所有颜色而将红色光反射出去。这样，人们看到的就只有红色。

近年来，由于人们对美化居住环境的要求越来越高，彩色混凝土和砂浆的用量也逐步增加，用途越来越广泛。其中诸如多种彩色和美术水磨石制品、装饰性混凝土标牌、彩色花地砖、多种彩色和美术混凝土铺路块、建筑砌块、水刷石、干粘石用的彩色砂浆等。

一、混凝土颜色的性质

（一）水泥的颜色

（1）硅酸盐水泥的颜色，随化学成分和生产条件而变化，一般为青灰色。颜色主要由水泥化学成分中的氧化铁和氧化镁的含量以及它们的比例而定，但水泥熟料的烧成温度、冷却速度和水泥的细度也有影响。

（2）白色硅酸盐水泥的氧化铁含量应在0.3%以下（普通硅酸盐水泥约为3%），这样才可获得所需要的白色，也就是白色。

（3）矿渣水泥、粉煤灰水泥、硅质水泥均是在灰色的硅酸盐水泥中掺入灰颜色的高炉矿渣、粉煤灰、白土等制成，虽与普通硅酸盐水泥的颜色略有不同，但都呈灰色。

（二）混凝土的颜色

（1）普通混凝土呈灰色。混凝土的色调主要是由水泥的颜色而造成的。除特殊情况以外，骨料颜色对混凝土颜色的影响远没有水泥的大。

（2）硅酸盐水泥、复合硅酸盐水泥等都是在严格的质量管理条件下生产的，但由于原料不同，原料中所含的矿物组成不同，其灰色的深度也有所差异。

（三）混凝土颜色的变化

混凝土硬化后，随着时间的发展颜色往往有所变化。因其变化随混凝土的组成、表面的干燥状态、外界的情况而不同，故混凝土的颜色是复杂的，颜色的变化对外观有种种影响，但除表面以外，一般对混凝土其他性能影响不大。外观颜色的变化因素以白花、濡湿及外界污染现象为主。

1. 白花现象

（1）白花原是指砖石结构中在砖的表面出现的白色物质，现也泛指混凝土、砂浆、瓷砖等表面出现的白色物质，亦称泛白。

（2）水泥水化时生成多量的氢氧化钙，此外，因为水泥中含有少许碱性氧化物（Na_2O、K_2O、CaO等）和硫酸钙盐，混凝土中的水会将这些盐类溶解。由于凝结、硬化过程中引起的组织变化和干燥等，这些溶液要渗透到混凝土表面，当失去水分后溶解的盐类就会析出，这就是所谓白花。

（3）白花的成分，根据水泥、骨料、搅拌水的成分、产生的时期、外界的影响的不同，而多少有些变化。主要成分有碱和硫酸钙盐、氢氧化物，它们同空气中的二氧化碳化合成为碳酸盐，其中以碳酸钙为主。这些盐类的状态，根据析出条件而变化，对白花现象发生影响。

（4）根据白花发生的时期，可简单地分为一次白花和二次白花两类。

①一次白花有时从混凝土浇灌数小时以后产生。但多数是在拆模后，伴随着从混凝土表面蒸发水分，若溶解了上述盐类的水分渗到表面，盐类析出即成为一次白花。

②二次白花是硬化后的混凝土从外部吸收雨水等，它们将混凝土内部的盐类溶解再渗透到表面，继而析出盐类而成。

（5）白花的成分中对混凝土颜色影响最大的是碳酸钙。由于碳酸钙随着时间而逐渐增加，因而混凝土的颜色也发生变化。因此，当对混凝土的颜色、色均匀性、污染、斑点等有特别限制和要求时，就要针对外加剂、施工时期、混凝土含水状态、气象条件等影响，采取相应措施防止出现白花。

2. 濡湿现象

(1) 混凝土如被水濡湿则变成深灰色，但干燥后又会恢复原来的颜色。如日常在被雨水濡湿时常常会看到的变化情况。

(2) 由于混凝土表面常程度不等地存在白花，其自然地掩盖了水泥的本色—灰色，而使之呈显浅灰色。若同时相接触，那么：

①白花粒子（水泥水化颗粒也同样）吸水在表面形成水膜；

②由于是多孔质组织，吸收的水将充满组织内的空隙。

其结果是：

①白花粒子层的透明度增加；

②由于水化物减少光线的反射，增加吸收，而使颜色变暗，成为深灰色。

(3) 除水以外的液体同样也可引起变色。这些都是对混凝土本身质量无影响而仅使外表不雅观的现象。

3. 污染现象

(1) 混凝土的组织结构为多孔质，其表面也是较粗糙的。因此，可以吸收溶有铁锈的水、污水等；此外，还可粘附大气中浮游的粉尘而被污染。

(2) 在城市、工厂区等烟尘和粉尘多的地方，污染更为明显。有时因雨水堵留而使室外的混凝土表面严重污染。

由于混凝土污染仅是外观问题，因此常常被人们所忽略。

(四) 混凝土的本色和美观性

(1) 在评价混凝土颜色的时候，要设一基准色，即颜色变化前的“本色”。设色方法是在玻璃板上浇以混凝土，待干燥后，以从玻璃面所看到的色作为基准色；也可使用干燥后混凝土断面的颜色。

(2) 如从混凝土颜色美观与否来评价，其本身有暗而阴沉的感觉。但各人眼睛的感受也是有区别的（即人对色的生理作用）。当产生白花时，基本是一种明亮的白色，可以增加混凝土的色彩效果，但白花极敏感地受到混凝土组成的影响，并非同时在表面产生，因而使混凝土表面斑剥不匀，显然损害了混凝土的外观。

(3) 在室内是一次白花为主，室外则以二次白花为主，加上外界的污染，使混凝土表面很不美观，必要时可用白色水泥或彩色水泥加以装饰。

(五) 改善混凝土外观的方法

从现代建筑结构物的材料方面来看，可以说进入了混凝土时代。人们是围绕着混凝土而生活。因此，混凝土外观的美丑对美化生活环境具有很大的影响，然而混凝土又极易被污染。尽管如此，目前对其色彩（包括污染）问题并没有达到十分关注的地步，这有种种原因，其中一大原因是目前对增进混凝土的美观还没有十分理想的方法。

为了增加混凝土结构物的美观性，目前通常采用的方法有：使用白色水泥、彩色硅酸盐水泥以及涂刷涂料等。

1. 白色水泥

(1) 白色水泥过去主要作为装饰砂浆使用。近来，同时兼作建筑物结构材料和装饰材料的白色水泥混凝土，其使用量也逐渐增加。

(2) 白色水泥与普通硅酸盐水泥的性质，除颜色以外几乎没有什么差别，因而它们所构成的混凝土的性质也基本是一样的。

(3) 在特别重视白色度时，可以使用白色骨料，一般情况下骨料使用洁净的河砂等即可，此时前者的白色度为87%～89%，后者为79%～85%。

(4) 白色混凝土不受白花污染，但极易受到外部污染，因此，在施工时需要采取保护性措施。

2. 彩色混凝土

为提高混凝土的装饰性，可使用彩色混凝土。对混凝土着色的方法主要有以下几种：使用彩色水泥；使用有色骨料；涂刷彩色涂料；喷涂彩色水泥或色浆。

(1) 使用彩色水泥：这是利用白色水泥或普通硅酸盐水泥，并在其中掺入颜色使其成为彩色水泥的方法。

优点：使整个混凝土着色，抗破损、磨耗能力强。

缺点：从颜料的耐碱性、对水泥性质的影响及经济性等考虑，颜色种类、掺入量受到限制，不但不能获得深色和鲜艳色彩，而且由于产生白色，不可避免地要受到污染。此外，在现场均匀拌和颜料也有困难，因此这种方法只适宜着较浅的颜色。

(2) 使用有色骨料；有色骨料（主要是细骨料）单独使用，或与彩色水泥并用。要通过清洗、研磨、粘结压合等施工方法，使骨料颜色露出。

优点：可以获得深色或鲜艳色调。

缺点：因处理较复杂，成本较高。

(3) 涂刷彩色涂料：该方法较简单，仅在表面涂色，是广泛使用的一种方法。

优点：颜料的种类和选择的范围广，不仅可以获得各种色调的深色或鲜艳色彩，还可以描绘花色图案。由于用涂膜覆盖，还可使混凝土增加防水性能，在一定程度上可防止白花及其他化学侵蚀作用。

缺点：使用一般高分子涂料，这些有机化合物膜层耐久性较差，而且价格较高。也有耐久性很强的涂料，但价格昂贵，只限于特殊场合使用。因涂膜很致密，当混凝土内部的水和水蒸气向外排出时，有可能发生气泡，因而不能排除膜层剥离的危险性。此外，涂膜受到外力时易损伤。

(4) 喷涂彩色水泥或色浆：这是水泥涂料，也属于水剂型涂料品种之一。

优点：使用水泥，价格便宜。

缺点；因使用以掺颜料方法而制得的彩色水泥（白水泥＋颜料）或色浆，所以与前述使用彩色水泥的缺点相同。此外，由于仅为一薄层，其耐久性较差。

二、混凝土着色材料

（一）水泥、骨料和混凝土的颜色

对混凝土着色的材料，有掺混到水泥或混凝土中的颜料、有色骨料以及着色涂料等。颜料有优良的着色性能，是极重要的着色材料。

混凝土的颜色在很大程度上受水泥颜色支配，除特殊装饰以外，骨料颜色的影响是很小的。一般使用对水泥着色的颜料。颜料的作用，乃是以不溶于水或溶媒的有色微粒子的无机或有机化合物，混合到展色材上，在涂膜或成形物上形成一定的色彩。

（二）水泥用颜料应具备的性质

颜料的种类很多，但用于水泥着色的颜料，要求具有下述性质，其品种也就受到很大限制。

1. 不应有明显损害水泥的性能

颜料会程度不等地影响水泥的性质（凝结、硬化、强度、收缩等）。有时是颜料的材质起作用，有时则是颜料中的杂质起作用。在作为涂料使用时可以完全不加考虑的物质，而有时却对水泥产生损害。因此，水泥与颜料必须具有一定的相容性。

2. 颜料掺量

颜料对水泥性质的影响随掺量的增高而加大，因此希望尽量减少掺量而效果反而显著。这就要求色彩浓厚。从对水泥性质有影响的颜料的掺合比例而言，一般均限制在10%以内。过高，则将降低水泥的强度，且不易控制水泥的颜色。

3. 颗粒细度

颜料颗粒的细度根据其种类和制造方法而不同，从 0.1μm 到 1μm 不等。由于颗粒细度与表面积有关，颗粒愈细则着色力愈强，着色力与粒径的平方成反比，即当粒径减至一半时，同一着色效果所需要的颜料仅为1/4。

4. 对水的分散性

颜料可分为易溶于水（亲水性）和难溶于水（疏水性）的两种。后者在搅拌时，易同水泥分离使着色不均匀，另外颜料颗粒易生成团块使着色力降低（如碳黑），这时有必要使用亲水性表面活性剂。

5. 耐碱性能

因水泥水化时生成多量的氢氧化钙，故含于混凝土中的水呈强碱性，所以如加入颜料耐碱性不强就易被分解变色。有机颜料一般耐碱性较弱，而无机矿物颜料则耐碱性较强，故在建筑装饰工程中常选用后者。

6. 耐光性、耐大气腐蚀性

混凝土大多数在户外，长年经受太阳光、雨、雪、水等的作用，颜料容易分解变色，为此要求颜料有较强的耐光性和耐大气腐蚀性。有机颜料的耐光性、耐大气腐蚀性较弱，而无机矿物颜料则较强。

7. 杂质

颜料在制造、贮藏、运搬过程中如混进杂质（如砂糖、腐殖酸等），可能会损害水泥的性能，以及助长发生粉化（如水溶性盐类）等。

（三）适合水泥着色的颜料

大致能满足上述各项要求的颜料，亦即适合水泥着色的颜料，见表36-1。

（四）颜料使用注意事项

(1) 要注意同一名称的颜料因制造厂商不同而质量有所不同，而同一制造厂商的质量不一定都相同。

(2) 将颜料和水泥混合成一定颜色，并且要求均匀，需要熟练的技术。即使使用同一数量的颜色，因混合装置不同，水泥可能出现颜色差别。

(3) 质量管理较差的工厂，很难制得固定颜色的水泥，因此，在混凝土施工现场混合是不理想的。

水泥着色用颜料　　表 36-1

颜色	名称	发色成分
红	红色合成氧化铁	三氧化二铁（Fe_2O_3）
红	铁丹	三氧化二铁（Fe_2O_3）
橙	橙色合成氧化铁	三氧化二铁（Fe_2O_3）
黄	黄色合成氧化铁	氢氧化铁 $Fe(OH)_3$
绿	氧化铬	氧化铬
绿	水泥绿*	黄土和酞菁蓝的混合物
蓝	酞青	$2(Al_2Na_2Si_3O_{10})\ Na_2S_4$
蓝	水泥蓝*	体质颜料和酞青蓝的混合物
蓝	酞菁蓝*	有机颜料
蓝	钴蓝	$C_0O\cdot nAl_2O_3$
紫	紫色氧化铁	三氧化二铁的高温煅烧物
黑	碳黑*	碳
黑	黑色合成氧化铁	四氧化三铁（Fe_3O_4）

注：*——使用时特别要加以注意。

（五）有色骨料

为制造彩色混凝土，除彩色水泥以外，还可采用有色骨料。装饰加工方法很多，最常用的方法是将骨料裹以水泥浆，为露出骨料的颜色，可除去表面的水泥浆，或采取不包裹骨料的施工，其中有洗出、研磨、敲剁、暴露骨料等施工方法。采取这些方法，要根据混凝土的使用目的选用骨料的种类。有色骨料多为天然产物，根据岩石的种类有如表 36-2 所列的各种色彩。用天然岩石不能获得的颜色，可用涂刷着色办法，或通过高温煅烧制成磁质的人造着色产品，如彩釉砂、彩釉石等。

三、混凝土防污染性

（一）污染原因

混凝土建筑物受污染的主要原因见表 36-3。这些污染往往叠加作用，其中最普遍的为尘埃污染。

天然有色骨料的颜色和石质　　表 36-2

岩石名称	颜色	石质
大理石	白、粉红、红、棕、黄蓝、灰黑	硬质
蛇纹岩	墨绿	硬质
花岗岩	灰、粉红、红棕、黑	高硬质
安山岩	灰、淡褐、淡绿	致密质粗
砂岩	灰、各种淡色	软质
凝灰岩	白、灰、淡绿、绿	软质

混凝土污染类别　　表 36-3

序号	污染原因	示例
1	尘埃	砂土尘埃、纤维尘埃
2	附着物	煤、油烟、烟草的烟尘、泥土
3	人为附着物	手垢、食物、墨水
4	动植物	动物排泄物、霉菌、苔藓
5	雨水	含尘埃的雨水
6	浸出物	松脂、白花
7	锈	铁锈
8	化学物质	盐类
9	变色、退色	局部变色、退色、使表面不美观

混凝土的本色为灰色，附着尘埃后尚不显眼，由于混凝土建筑物表面常涂刷或喷涂装饰材料，因此以下主要述及表面装饰材料的污染问题。

（二）污染的测定及评价方法

1. 肉眼观察

预先将受污染体分成几等做成样品，将受污染物与样品比较。这种方法很简单，操作方便，但缺点是不能定量地表示污染的程度。

用扩散反射率法测定经涂饰的石棉柔性板试件一个月后的污染率，再求水洗后的恢复率，随后再反复暴露，测定每一个月的污染率和恢复率。由此了解到，在反复污染和洗净的时间内，反射率逐渐降低，也就是说，污染逐渐难以清除。

表36-4为各种涂料和喷涂料的膜层在室外和室内暴露5年时的污染率以及水洗后的恢复率示例。可以看出，室外比室内更易污染；像装修用水泥喷涂材料及合成树脂乳胶砂面状喷涂材料等，表面越粗糙的材料越容易被污染，并且用水冲洗也较难清除干净。

各种涂膜的污染率和恢复率（5年后）　　表36-4

涂料、喷涂材料类别	室外暴露（房檐下）		室内暴露（走廊）	
	污染率（%）	恢复率（%）	污染率（%）	恢复率（%）
调和漆	13.8	99.3	23.5	93.1
合成树脂乳胶漆（液态）	14.0	95.6	12.3	95.1
氯乙烯磁漆	14.2	98.4	18.1	99.6
丙烯烤漆	13.2	99.4	20.0	99.0
水泥水性涂料	24.6	84.6	18.1	90.5
装饰用水泥喷涂料	49.0	63.7	26.7	89.0
复层型喷涂料（水泥类）	19.2	98.0	23.6	100.0
复层型喷涂料（树脂类）	13.7	98.7	15.9	97.7
砂面状喷涂料（内装修用）	18.1	50.2	16.4	93.8
砂面状喷涂料（外装修用）	51.0	67.7	23.6	90.1
平　　均	23.1	89.5	19.8	94.8

复层型喷涂材料的表面具有较大的凹凸起伏，堆积的尘埃很难用水清洗掉。表面较平滑的材料不易被污染，况且污染后也容易清除。

2. 测定表面光泽度的方法

表面如受到污染，光泽就会降低，测定污染前和污染后的60°镜面光泽度，可由下式得出污染率（%）：

$$污染率=\left(1-\frac{污染后的光泽度}{污染前的光泽度}\right)\times100\%$$

上述方法较适合用于混凝土、木材等本身光洁度较小的材料，其测定误差可能会增大。像有机材料等在日光直射下会较快失去光泽的有些材料，不能采用此方法。

3. 测定表面扩散反射率的方法

对于特别明亮的色，如表面受到污染，就将逐渐发黑，测定表面45°、0°扩散反射率，由下式得出污染率（%）：

$$污染率=\left(1-\frac{污染后的扩散反射率}{污染前的扩散反射率}\right)\times100\%$$

清扫或清洗污染表面时的恢复率（%）由下式求出：

$$恢复率=\frac{清扫（清洗）后的扩散反射率}{污染前的扩散反射率}\times100\%$$

该方法用于扩散反射率小（深色）的材料，或易变色的材料误差较大，是其中一个缺点。此外，使用测定光泽度和扩散反射率的方法，需要测定原来初期的数值。

第三节　白色混凝土原材料选择

一、白色硅酸盐水泥

灰色的硅酸盐水泥不能显示出骨料色彩的优点，并且还会改变着色剂获得的颜色。因此，通常使用白色硅酸盐水泥配制白色混凝土和具有轻淡优美色彩的彩色混凝土。

白色硅酸盐水泥系采用含极少量着色物质（氧化铁、氧化锰、氧化钛、氧化铬等）的原料，如纯净的高岭土、纯石英砂、纯石灰石或白垩等，在较高的温度下（1500～1600℃）烧制成的以硅酸钙为主要成分及含少量铁质的熟料。在粉磨和运输时均应防止着色杂质混入，常用重油或煤气作燃料，在磨机中应用硅质石材或坚硬陶瓷、铸石作为衬板及研磨体。在熟料磨细时加入适量石膏和10%～15%白色混合材料。磨细后的水泥具有洁白颜色。

（一）定义

凡以适当成分的生料，烧至部分溶融，所得以硅酸钙为主要成分及含少量铁质的热料，加入适量的石膏，磨成细粉，制成的白色水硬性胶凝材料，称为白色硅酸盐水泥，简称白色水泥或白水泥。

普通硅酸盐水泥因含有氧化铁等着色氧化物，故颜色为青灰色，减少水泥中氧化铁含量，颜色即逐渐变浅变白。白水泥的矿物组成和建筑特性与普通水泥相似。在制造过程中则处处要考虑减少对白色度的污染（不用煤、采用天然气、重油等能源），选用含铁量极微的各种原料；在粉磨过程中，要尽量减少研磨介质（磨机内壁衬以花岗石、人造铸石板，研磨体也用此材料加工而成）——铁的磨损，以提高水泥的白色度。

（二）生产工艺简介

1. 原料、燃料选择

（1）白水泥需用质地较纯的各种原材料配制，对其化学成分中 Fe_2O_3 的含量有严格的要求。各种原料的化学成分及含量要求见表36-5。

配制白水泥原料的化学成分及含量要求 表36-5

名称	化学成分（%）					
	SiO_2	Al_2O_3	Fe_2O_3	CaO	CaF_2	SiO_2/Al_2O_3
石灰石	—	—	<0.10	>55	—	—
白黏土（瓷土）	>60	15～25	<1.0	—	—	>2.5
石英砂岩	>90	—	<0.6	—	—	>10.0
荧石	—	—	<0.1	—	>70	—

（2）燃料最好用重油或天然气，如用烟煤时，不仅要求灰分低（7%以下），而且灰分中 Fe_2O_3 也要尽量低，以减少对熟料的污染程度。

光华水泥厂生产的白色硅酸盐水泥所用的各种原料的化学成分见表36-6。

白水泥原料化学成分 表36-6

名称	年份	烧失量（%）	化学成分（%）						产址
			SiO_2	Al_2O_3	Fe_2O_3	CaO	MgO	F	
石灰石	1978年	43.54	0.53	0.11	0.07	55.55	0.24	—	吴县西山
白泥（瓷土）	1978年	3.66	68.07	21.13	0.69	0.88	0.38	—	吴县浒山
瓷石	1978年	2.62	78.89	13.12	0.51	0.50	0.30	—	吴县光福
荧石	1978年	2.79	20.10	1.40	0.33	54.53	—	34.40	浙江金华
煤灰	1973年	—	50.25	18.29	13.17	8.47	1.35	—	山西大同
煤工业分析：挥发38.78%，灰分6.17%，定碳63.07%。									

2. 生料制备

生料制备是水泥生产工艺中的第一关，要求化学成分稳定，质量均匀，才能烧制出优质的白水泥熟料。江苏光华水泥厂采用苏州市当地的石灰石、白泥、瓷石（代替砂岩）作主要原料，1974 年后燃料由大同特块煤改为重油以后，产品白色度较为稳定并有所提高。生料磨机采用雷蒙磨（立式辊磨），铁质磨损较少，粉磨细度稳定，易于控制，生料制备工艺如图 36-1 所示。

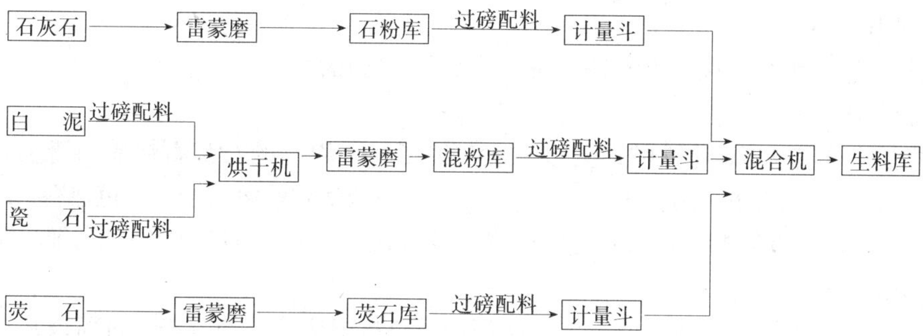

图 36-1　白泥生料制备工艺

将各种原料用雷蒙磨分别进行粉磨，细度控制在 4900 孔/cm^2 筛筛余小于 4%，粉状物料入库贮存，经取样分析化验后计算配合比，由库底螺旋输送机送至配料秤，按每个配料单位正确计量后入混合机混合成生料。它的优点是能够控制原料，质量稳定，生料成分调配方便，$CaCO_3$ 波动范围小（可控制在 ±0.4%以内）。这是一种小型干法特种水泥生产的较好生料工艺方法。

白水泥的配料计算方法和普通硅酸盐水泥相同，只是各率值要求与普通水泥不同。

由于白水泥含 Fe_2O_3 极微，熟料烧成温度高，故可加入萤石作矿化剂以降低烧成温度，易于回转窑操作。萤石的加入量，一般在生料中为 0.25% ~ 0.60%。江苏光华水泥厂生熟料化学成分见表 36-7。

生料中各原料配比为：石灰石 80%，白泥 10%，瓷石 10%，萤石（外加）0.26%。

生料、熟料化学成分　　表 36-7

名称	烧失量	化学成分（%）					石灰饱和系数（kH）	硅酸率（n）	铁率（P）
		SiO_2	Al_2O_3	Fe_2O_3	CaO	游离 CaO			
生料	36.33	15.00	3.59	0.21	44.62	—	0.92	3.95	17.1
熟料	—	24.30	5.43	0.32	69.08	1.64	0.86	4.23	17.0

3. 熟料的煅烧

生料粉入回转窑煅烧而成熟料。煅烧方法与普通水泥相同，用重油或气体燃料，因无灰分的污染，管理上比较方便。如用煤作燃料，需要严格选择。由于白水泥熟料中 Fe_2O_3 含量低，通常在 0.4%以下，融剂矿物较少，故煅烧温度比普通水泥要高，窑的生产能力约为煅烧普通硅酸盐水泥的 70%左右。要加强煅烧制度，一般游离石灰控制在 2.5%以下。

为提高熟料白色度，可在高温熟料出窑时，洒水急速冷却，一般洒水后熟料水分控制在 2%左右。熟料颗粒大小不同，白色度也有区别，粒度在 3 ~ 12mm 的熟料白度最好，故出窑熟料对其颗粒大的，要进行筛分堆放，以便磨制不同白度的白水泥。

4. 水泥的制备

白水泥熟料掺加4%～6%白石膏共同粉磨后成为水泥。粉磨白水泥的管磨要砌花岗石、铸石或陶瓷衬板，并用天然鹅卵石（石英质）作研磨介质。

水泥细度一般控制在4900孔/cm^2筛余5%左右（透气比表面积3000cm^2/g左右），细度愈细，白度愈白，但磨机产量下降，故可根据不同要求进行生产。

（三）国外生产方法

各国制造白色水泥的方法各有不同，大致有下列几种：

1. 脱色法

日本是将含有2%氧化铁的白土或黏土与纯度90%以上的石灰石烧成的淡色熟料，在1000℃以上的赤热状态下，用氯化石灰（漂白粉）溶液或氯化镁溶液浸渍灰色熟料，或撒在熟料上面，熟料转瞬即全部变成白色，经过水洗、干燥后，再加入适量的石灰，磨细即成。

2. 快冷法

用不起氧化作用的液体（或气体）冷却剂将熟料很快冷却的方法。目前最常用的冷却剂是水，其用量约为水泥熟料质量的一半。这种冷却剂能消除水泥熟料中的氧化物，特别是氧化铁Fe_2O_3。

3. 掺氧化钡法

罗马尼亚常用氧化钡代替一部分氧化钙，且尽量不掺有害的溶剂来制造含氧化钡白色硅酸盐水泥。

试验表明，在水泥原材料混合料中，掺加占混合料质量10%的工业用硫酸钡（含82%$BaSO_4$），或8%的人造硫酸钡（99.13%$BaCO_3$、0.18%Fe_2O_3），或12%的氧化铁含量极低的天然重晶石最适宜。

（四）物理性能

1. 白色度

白水泥对红、绿、蓝三原色的反射率与氧化镁标准白板的反射率之比值称为白度。

白水泥技术条件中规定，白水泥的白色度一般用光电反射比色仪测定，以$BaSO_4$为100，白水泥反射系数一般在77%以上。白水泥的白度分为四级，各级的白度不同。特级白度为86%，一级白度为84%，二级白度为80%，三级的白度为75%。

2. 细度

技术条件规定为4900孔/cm^2筛筛余不超过15%，实际生产中一般控制在5%左右。故水磨石表面光洁细腻，质量美观。

3. 凝结时间

技术条件规定为初凝时间不得早于30min，终凝时间不得迟于12h。一般气温在20℃左右时，4h凝结硬化，适合工程施工要求。

4. 安全性

试饼经蒸煮法试验，体积变化均匀，须符合体积安定性要求。

5. 强度

32.5级白熊牌白色硅酸盐水泥各龄期强度不低于表36-8数值，完全能满足一般水磨石工程的力学强度要求。

在生产工艺中，采取一些技术措施后，强度等级可提高到52.5级和62.5级。本章介绍的整体饰面白色混凝土用的白水泥，是专门定制的，故其强度等级较高。

白色硅酸盐水泥的力学强度 **表 36-8**

力学强度	各龄期强度		
	3d	7d	28d
抗折强度（MPa）	1.5	1.9	2.4
抗压强度（MPa）	16.0	26.0	40.0

（五）国产白色硅酸盐水泥

1. 白色硅酸盐水泥的技术标准

国产白色硅酸盐水泥的技术标准见表 36-9。

白色硅酸盐水泥技术标准（摘自 GB 2015—91） **表 36-9**

项目			技术标准					
物理性能	白度（%）		特级 86；一级 84；二级 80；三级 75					
	细度		0.08mm 方孔筛，筛余量不得超过 10%					
	凝结时间		初凝不早于 45min，终凝不迟于 12h					
	安定性		用煮沸法试验，合格					
	强度（MPa）	强度类别及龄期 / 强度等级	抗压强度			抗拉强度		
			3d	7d	28d	3d	7d	28d
		32.5 级	14.2	20.5	32.5	2.5	3.5	5.5
		42.5 级	18.0	28.5	42.5	3.5	4.5	6.5
		52.5 级	23.0	33.5	52.5	4.0	5.5	7.0
		62.5 级	28.0	42.0	62.5	5.0	6.0	8.0
化学成分	烧失量	水泥烧失量不得超过 5%						
	氧化镁	熟料氧化镁含量不得超过 4.5%						
	三氧化硫	熟料中三氧化硫含量不得超过 3.5%						

2. 白色硅酸盐水泥的产品性能、用途及生产单位

根据《白色硅酸盐水泥》GB2015—91 规定，白色硅酸盐水泥产品分为三个等级，其产品等级与白度等级之间的关系如下：优等品为特级，有 62.5 级和 52.5 级；一等品为一级和二级，其中一级有 52.5 级和 42.5 级，二级有 52.5 级和 42.5 级；合格品为二级和三级，其中二级为 52.5 级，三级为 42.5 级和 32.5 级。

白色硅酸盐水泥的产品性能、用途及生产单位见表 36-10。

白色硅酸盐水泥的产品性能、用途及生产单位 **表 36-10**

特性及用途		生产单位	水泥强度等级	白度（%）	注意事项
特性	强度高，色泽洁白，可配制各种彩色砂浆、彩色混凝土及彩色涂料	光华水泥厂（苏州）	32.5 级 42.5 级	70～84	1. 使用时不能掺合其他物质，以免影响白度 2. 施工和养护方法与普通硅酸盐水泥相同。但施工时底层及搅拌工具必须清洗干净，否则将影响白色水泥的效果
用途	1. 建筑装饰工程的粉刷和雕塑 2. 制造有艺术性的各种彩色和白色混凝土或钢筋混凝土等的装饰结构部件 3. 制造各种颜色的水刷石、人造大理石及水磨石等制品 4. 配制彩色水泥	长兴白水泥厂（浙江）	32.5 级 42.5 级	70～75	
		长安白水泥厂（陕西）	32.5 级	75	
		广州市建材一厂	32.5 级 42.5 级	70～80 75～85	

注：山西闻喜县白水泥厂尚生产白色硫酸盐水泥；重庆第二机制砖瓦厂生产钢渣白水泥。

二、白色或浅色骨料

骨料对白色混凝土的亮度影响很大。天然存在的硬性岩石（如石英等）一般是透明的，用它们作骨料时，则在混凝土磨光面上粒径为1mm以上的骨料颗粒会呈现出暗色。用作道路混凝土时，粗大颗粒在车辆不断行驶之下会使混凝土表面变暗。如在细小和中等的颗粒成分中间掺加一种不透明的白色岩石（如白色石灰石），可以克服这一缺点。

但是掺加石灰有利于亮度，却不利于耐磨性。如果需要较大的耐磨性，则只能少使用石灰石，但色彩就暗淡；如果较大的亮度，则磨损损失也大。因此，用石灰石制成的白色混凝土可用于不受磨或受磨较小的地方。国外经验表明，在各种由方解石矿物形成的岩石中，最常用的是侏罗系的白色石灰石。

如果白色混凝土既要满足耐磨性要求，又要满足亮度的要求，则用煅烧过的燧石更为适宜。因为其具有硬性岩石的硬度，以及不透明的侏罗系石灰石的白度。使用时，须使它不沾染颜色，并磨细到0~3mm粒度。用它制成的混凝土如进行蒸汽养护，则效果更好。同时，由煅烧的燧石粉代替一部分水泥，即可减少混凝土中水泥的用量。

三、拌合水

混凝土拌合用水必须是清洁的，并不含油质、酸、碱和盐类，其中pH>4。水质在很大程度上能决定混凝土制品的耐久性、强度和防水性能。

四、耐碱颜料

在混凝土中掺入一定数量的白色颜料，可以提高白色混凝土的亮度。如用氧化镁反射的百分率来表示亮度，则其最低值在干燥的情况下应为70%，在潮湿时应为60%。而普通的白色混凝土达不到这一数值，因此需掺加一些白色颜料。为了提高混凝土的白色效果，所掺颜料具备下列条件：

(1) 欲使混凝土反射白色，不应有吸湿现象。因为彩色颜料起作用，主要是由于材料吸湿而显色。

(2) 颜色颗粒愈细愈好，因为白色混凝土对照射光的反射率是随着颜料表面的扩大而增长的。颜料颗粒愈小，表面积愈大；表面积愈大，反射和折射的本领就愈强。

(3) 折射能力越大越好。如果仅具备上述两条件，则在干燥时能满足白度要求，但湿润后亮度极大消减，原因是水与颜料接触面的折射率太小。表36-11是一些能很好折射出白色、并易于制成细颗粒状的物质。

根据对水的折射率数值 n，可以确定这些材料是否适用作白色混凝土的颜料。n 必须大大高于1，因为如果为1时，即根本不发生光的反射。表36-11所列物质都适宜于用作白色混凝土的颜料，但价格较高，此外，锌白会破坏水泥的硬化能力，铅白在一定气候条件下会发黑。

(4) 所掺加的颜料对混凝土的某些重要性能不应产生不良影响。国外试验证明，白垩及石英砂对水的折射率小，因此不适宜用作白色颜料，最适用的二氧化钛和硫化锌，其价格也较便宜。当其掺量达10%左右时，也不会破坏混凝土的抗压或抗弯及抗拉强度。相反，有些情况下甚至会提高，因为很好加以湿润的颜料在无细砂的骨料中能更好地密实。

(5) 由于作标志用的白色混凝土一般是分两道工序来制造的，即底面层用普通灰色混凝土，上面再铺设含白色颜料的白色混凝土，因此避免上面一层混凝土的收缩比底面层大，否则会引起内应力，产生裂缝或高低不平。

常用白色颜料材料　　表 36-11

材料名称	化学成分	对水的折射率 n	材料名称	化学成分	对水的折射率 n
金刚石	C	1.83	毒重石（碳酸钡）	$BaCO_3$	1.20
金红石（二氧化钛）	TiO_2	2.03	硬石膏（硫酸钙）	$CaSO_4$	1.19
锐钛矿（二氧化钛）	TiO_2	1.91	方解石	$CaCO_3$	1.18
硫化锌	ZnS	1.78	石　英	SiO_2	1.16
氧化锑	Sb_2O_4	1.64	石　膏	$CaSO_4\cdot 2H_2O$	1.14
铅　白	$Pb_3(OH)_2\cdot(CO_3)_2$	1.51	玻　璃	—	1.13～1.36
氧化锌	ZnO	1.50	（水）	H_2O	1.00
重晶石（硫酸钡）	$BaSO_4$	1.23	（空气）	—	0.75

从试验结果可以看出，当颜料掺加量达最高时的收缩应是比不掺颜料的白色混凝土的收缩小。在111d完全干燥后，普通白色混凝土比底面层多收缩0.21mm/m，而掺加占水泥质量15%的硫化锌混凝土仅多收缩0.02mm/m，因此是完全无损害的。二氧化钛和硫化锌对抗冻、抗霜性能也无不利作用。

白色颜料在潮湿情况下特别显眼，对亮度起决定性作用的是其中所含的二氧化钛或硫化锌，其掺量为水泥质量的3%～5%时最为适宜。

第四节　彩色混凝土原材料选择

熟练运用颜色是建筑师惯于使用的关键性有效措施。通过使用特种水泥和颜料或选择彩色骨料可获得彩色混凝土。彩色混凝土的建筑费比普通混凝土高，因为为了达到均匀的颜色必须特别注意混凝土的制备和捣实。彩色混凝土有两种做法：一种是使整个混凝土混合物中混入颜色；另一种是只在混凝土表面涂上颜色。前者成本较高，但不那么依赖于技巧或环境条件，容易取得成功。后者施工方便，但耐久性差，不受磨损或碰撞，且易于褪色。

一、彩色硅酸盐水泥

（一）定义

彩色水泥是在普通灰水泥或白水泥熟料中，加入适量的颜料，经磨细混合加工制成的。混合时，加入色分散剂和表面活性剂，可使色彩更均匀。各国生产彩色水泥的方法基本相同，只是掺入的颜料不同，所得水泥的颜色也不同。

国产彩色水泥的定义是：凡以白色硅酸盐水泥熟料和优质白色石膏在粉磨过程中掺入颜料、外加剂（防水剂、保水剂、增塑剂、促硬剂等）共同粉磨而成的一种水硬性彩色硅酸盐水泥，简称彩色水泥。

（二）彩色水泥使用的颜色

一般使用天然或合成的矿物颜料较为适宜，它不会与水泥或骨料起反应。有机颜料易褪色。适于做彩色水泥和混凝土的颜色有：红、黄、黑、褐、绿、蓝等。所用颜料如下：

1. 红色

天然或合成颜料都可以。氧化铁红颜料更好（四氧化三铁）。加1%～2%氧化铁淡红颜料可产生橙红色。

2. 浅黄、黄色

氧化铁黄颜料（四氧化三铁）。一般用50%的合成颜料和白色水泥混合而成。

3. 黑色

合成氧化铁。用四氧化三铁还能产生灰色和深灰色。

4. 褐色

用合成氧化铁褐色颜料（四氧化三铁），在混合物中加1%～3%的褐色氧化物和淡色水泥制成淡褐色，用量6%～8%，则呈深褐色。

5. 绿色

氧化铬。

6. 蓝色

用氧化铬或合成颜料都不能得到很好的蓝色。美国系采用含98%的钴的合成颜料。

表36-12列举了一些用于彩色水泥的颜料。

配制彩色水泥的颜料 **表36-12**

颜色色调	颜料	颜色色调	颜料
灰→黑色	黑色氧化铁、黑颜料、碳黑	象牙色、奶油色、浅黄色	黄色氧化铁
蓝色	群青蓝、酞菁蓝、钴蓝	绿色	氧化铬、钛菁绿
鲜红→深红色	红色氧化铁	白色	二氧化钛（TiO_2）
褐色（咖啡色）	褐色氧化铁、富锰赭土和烧赭土		

（三）彩色水泥的各项技术性能指标

彩色水泥除了彩色硅酸盐水泥之外，尚有彩色硫酸盐水泥和钢渣彩色水泥。

彩色硅酸盐水泥的各项性能指标见表36-13。

彩色硅酸盐水泥的各项技术性能指标 **表36-13**

项目			性能指标										
			深红	砖红	桃红	米黄	樱黄	浅蓝	深绿	浅绿	深灰	银灰	白色
色彩	主波长（μm）		625	700	—	582	579	485	552	548	484	496	—
	色饱和度（%）		38.7	32.5	—	22.0	30.2	34.2	7.2	4.4	38.0	68.0	—
	亮度（%）		32.8	17.8	—	71.4	77.4	47.0	40.2	58.5	37.7	67.4	—
析水率（%）			21.4	21.4	—	7.3	—	5.05	10.1	22.9	—	10.5	—
凝结时间（%）	初凝（h:min）		0:57	—	0:48	1:14	—	1:12	0:53	1:07	—	1:11	1:36
	终凝（h:min）		1:47	—	1:22	2:14	—	1:51	1:28	1:33	—	1:34	2:26
强度（MPa）	抗拉强度	3d	1.67	—	2.04	1.57	—	1.76	1.96	1.71	—	1.62	1.74
		7d	2.10	—	2.38	1.97	—	2.28	2.27	2.04	—	2.12	2.26
		28d	2.67	—	2.98	2.76	—	2.85	2.73	3.04	—	2.75	3.19
	抗压强度	3d	34.1	—	36.9	34.0	—	33.9	38.4	36.3	—	30.9	40.8
		7d	42.4	—	45.8	42.7	—	43.4	46.3	45.4	—	42.7	48.6
		28d	63.5	—	64.5	65.9	—	61.6	65.0	68.6	—	61.8	68.0

注：表列彩色水泥均系广州市建材一厂产品。该产品最近几年来有不少改进，故表列数字，仅供参考。

（四）国产彩色硅酸盐水泥

1. 彩色水泥的技术标准

彩色水泥执行白色硅酸盐水泥的标准，其品质均按白色水泥的相应指标《白色硅酸盐水泥》（GB 2015—91）衡量。

广州市建材一厂所生产的彩色硅酸盐水泥产品技术标准见表 36-14 所示。

彩色硅酸盐水泥的技术标准 表 36-14

<table>
<tr><th colspan="3">项 目</th><th colspan="6">技 术 标 准</th></tr>
<tr><td rowspan="6">物理性能</td><td colspan="2">细 度</td><td colspan="6">通过 0.08mm 方孔筛，其筛余量不得超过 10%</td></tr>
<tr><td colspan="2">凝结时间</td><td colspan="6">初凝不早于 30min，终凝不迟于 12h</td></tr>
<tr><td colspan="2">体积安定性</td><td colspan="6">用沸煮法试验，试件体积变化必须均匀</td></tr>
<tr><td rowspan="3">强度（MPa）</td><td>强度类别及龄期</td><td colspan="3">抗压强度</td><td colspan="3">抗拉强度</td></tr>
<tr><td>标 号</td><td>3d</td><td>7d</td><td>28d</td><td>3d</td><td>7d</td><td>28d</td></tr>
<tr><td>≥32.5 号</td><td>30.0</td><td>42.0</td><td>60.0</td><td>1.6</td><td>2.0</td><td>2.6</td></tr>
<tr><td rowspan="3">化学成分</td><td colspan="2">烧 失 量</td><td colspan="6">水泥烧失量不得超过 5%</td></tr>
<tr><td colspan="2">氧 化 镁</td><td colspan="6">熟料中氧化镁的含量不得超过 4.5%</td></tr>
<tr><td colspan="2">三 氧 化 硫</td><td colspan="6">水泥中三氧化硫的含量不得超过 3%</td></tr>
</table>

2. 彩色水泥品种

广州市建材一厂生产标号 325 号的彩色硅酸盐水泥如表 36-15。

彩色硅酸盐水泥的品种编号 表 36-15

编 号	品 种	编 号	品 种	编 号	品 种
101	深 红	301	孔雀蓝	502	浅 灰
102	砖 红	302	浅 蓝	503	米 色
103	桃 红	401	深 绿	601	白 色
201	米 黄	402	浅 绿	701	黑 色
202	樱 黄	501	深 灰	702	咖 啡

注：重庆第二机制砖瓦厂尚利用钢渣白水泥配制生产钢渣彩色水泥。

彩色水泥施工注意事项 表 36-16

<table>
<tr><th colspan="3" rowspan="2">施 工 方 法</th><th colspan="2" rowspan="2">注 意 事 项</th><th colspan="3">用料配合比</th></tr>
<tr><th colspan="2">用料名称</th><th>质量比（%）</th></tr>
<tr><td colspan="2">基层表面处理</td><td>被粉刷的基层表面必须彻底清扫、洗刷干净。不得有任何粉尘、污垢、霉菌、砂灰残余、油漆及其他松散物质</td><td rowspan="3">防止脱粉的措施</td><td rowspan="3">彩色水泥施工后，常发生脱粉（干后粉刷脱面）及被雨水冲刷两种现象。其原因并非（彩色水泥）这种水硬胶凝物质本身，而系水泥浆涂层很薄，所含水分在水泥浆尚未得到硬化之前即被蒸发尽净，致使水泥达不到应有强度，粘结力大大降低。水泥浆与基层粘结不牢，故施工前基层必须用水湿润。完工以后，涂层必须严格浇水养护。头道浆必须用大水灰比。还可加入水泥质量 1%～2%无水氯化钙，以提高早期强度和粘结能力</td><td rowspan="2">水</td><td>头道浆</td><td>75</td></tr>
<tr><td rowspan="3">彩色水泥色浆配制及施工</td><td>配料</td><td>配料专人负责，严格掌握用料比例，准确过秤下料</td><td>二道浆</td><td>65</td></tr>
<tr><td rowspan="2">配浆</td><td rowspan="2">配制彩色水泥头道二道浆。头道浆：按 0.75 水灰比；二道浆：按 0.65 水灰比。先以用水量的 1/3 加入水泥中，充分搅拌调匀后呈漆状稠液，然后再加入其余 2/3 的全部水，充分搅拌直到完全均匀</td><td colspan="2">无水氯化钙</td><td>1～2</td></tr>
<tr><td>浮水现象</td><td>有浮水现象。须充分拌匀</td><td colspan="2">皮胶水</td><td>（按质量浆 7 重量计）</td></tr>
<tr><td colspan="5"></td><td colspan="3">坍落度规定；
刷浆用水泥浆坍落度规定如下：
用 300g 锥形稠度仪
测定沉入度应在 13cm 左右

备注：使用促凝剂无水氯化钙时，应将氯化钙先加水调匀后，用 34 孔/25mm 铜丝过罗后再加入水泥浆内</td></tr>
</table>

（五）彩色水泥施工注意事项

采用彩色水泥配制彩色混凝土施工时，应注意事项见表 36-16。

（六）各类装饰水泥简况

表 36-17 中列出各种装饰水泥，以供施工时参考使用。

各类装饰水泥简况　　表 36-17

	名称	制造方法	白度（%）或彩色	标号
白色系列	白色硅酸盐水泥	回转窑烧结法	75、80、84、86	425 号 525 号 625 号
	白色矿渣水泥	高炉炼铁法	65、70、75	325 号 425 号
	白色还原钢渣水泥	平炉还原钢渣	65、70、75	325 号 425 号
	石膏熔渣白水泥（白色硫酸盐水泥）	小高炉法（出铁、出水泥、出钾肥）	65、70、75	325 号 425 号
	白色熔融水泥	电炉法	75、80、84、86	425 号 525 号 625 号
彩色系列	天然装饰水泥	间接法（白水泥＋色料）	粉红色、乳黄色、土红色	325 号、425 号
	弹涂水泥	间接法（白水泥＋色料）	红色、黄色、白色	275 号、325 号
	采色水泥	间接法		325 号
		间接法（白水泥＋色料）	各种颜色	425 号
		间接法（白色高炉渣＋色料）	各种颜色	325 号
		直接法（烧结法）	各种颜色	325 号、425 号

二、颜料（着色剂）

混凝土或砂浆中的颜料一般是其中的惰性组分，将其掺于混凝土或砂浆中能得到一定的色彩。近年来，由于人们对美化居住环境的要求逐步提高，彩色混凝土和砂浆的用量也越来越大，用途越来越广泛。其中诸如各种彩色水磨石制品、装饰性混凝土标牌、彩色花地砖、各种混凝土铺路块、路缘石、建筑砌块、水刷石、干粘石用的砂浆等。

颜料种类很多，但主要是天然颜料和人造颜料两大类。前者多为矿物性颜料，后者有有机颜料和无机颜料之分。颜料必须能抵御高碱性水泥浆的侵蚀，也必须是耐光和耐见光的，而且应该像骨料一样不溶于水，牢固地混合在水泥细颗粒中。混凝土或砂浆常用的颜料有各种氧化铁颜料、群青、酞菁、铬绿、亚硝基二萘绿、钛白粉等。具体选用何种颜料，除根据下面的要求选择外，还应考虑装饰效果的要求，与环境的协调一致，价格高低等。

通常，人们除了对颜料的呈色效果有一定要求外，还用遮盖力、耐老化性、耐候性、耐水性和耐酸碱性等指标来衡量其质量。其中遮盖力是指颜料覆盖在物体表面将基层遮盖住并显示颜色本身色彩的能力。一般的氧化铁类颜料、铬绿、群青等的耐老化性、耐侯性、耐碱性（除氧化铁蓝不耐碱外）等均较好。且氧化铁类原料的价格比较便宜，是彩色混凝土和砂浆最常用的颜料。

新鲜混凝土或砂浆的性能几乎不受颜料的影响。用水量的稍微增大有时可因和易性的适当改善而得到补偿，但一般会使混凝土的强度稍有降低。如果在掺作颜料的同时用了防水剂，则混凝土的干缩减小。抗渗性有所提高。

（一）颜料的种类

水泥着色颜料及掺量见表 36-18。

水泥着色颜料掺量　　表 36-18

颜　色	名　称	发 色 成 分	标准用量（占水泥量%）
红	红色合成氧化铁	三氧化二铁（赤铁矿 Fe_2O_3）	5
红	铁　丹	三氧化二铁	5
橙	橙色合成氧化铁	三氧化二铁	5
黄	黄色合成氧化铁	氢氧化铁	5
绿	氧化铬	氧化铬	6
绿	水泥绿*	黄土和酞菁蓝的混合物	6
蓝	酞　菁	2（$Al_2Na_2Si_3O_{10}$）Na_2S_4	0.7
蓝	水泥蓝*	体质颜料和酞菁蓝的混合物	—
蓝	酞菁蓝*	有机颜料	0.7
蓝	钴　蓝	$C_0O \cdot nAl_2O_3$	5
紫	紫色氧化铁	三氧化二铁的高温煅烧物（Fe_2O_3）	5
黑	碳黑*	碳	2
黑	黑色合成氧化铁	四氧化三铁（Fe_3O_4）	5

注：*——使用上要加以注意。

（二）颜料的技术要求

欲获得多姿多彩、美仑美奂的彩色混凝土，最常用的方法是在混凝土搅拌过程中加入彩色颜料。常用具有代表性颜料的技术要求如下：

1. 均匀性

必须要注意保证颜料在混凝土内的良好分散作用。有些特种水泥厂以颜料和白水泥共同粉磨——磨细来提供一系列彩色水泥。这样可以很好地控制色彩的均匀性。即使如此，要在一段时间内使混凝土的连续配料完全是同样颜色也是困难的，这也是彩色混凝土过去难于普及的理由之一。

2. 不损害水泥的性能

彩色颜料会程度不等地影响水泥的性质（凝结、硬化、收缩等）。有时是彩色颜料本身的材质起作用，有时则是混入颜料中的杂质在起作用。在作为涂料使用时，完全可以不加考虑的物质，而有时却对水泥产生损害，这是始料不及的。所以，应该认真了解各种颜料的组成和性能，以避施工过程对水泥造成的损害。

3. 色彩浓

颜料对水泥性质的影响随掺量的增高而加大，因此希望尽量减少掺量而增大效果。这就要求色彩浓厚。以对水泥性质有影响的颜料的掺合比例而言，一般限制在 10% 以内。颜料应能在自然环境中长期暴露而不腿色。

4. 颗粒细

颜料颗粒的细度根据某种类和制造方法而不同，从 0.1μm 到数 1μm 不等。由于颗粒细度与表面积有着直接关系，颗粒愈细则着色力愈强，着色力与粒径的平方成反比，即当粒径减至一半时，则同一着色所需要的颜料为 1/4。

5. 分散性好

颜料可分为易溶于水（亲水性）和难溶于水（疏水性）的两种。后者在搅拌时，易同水泥分离使着色不均匀，另外，颜料过细颗粒易生成团块使着色力降低（如碳黑）。这时有必要使用亲水性表面活性剂，使颜料能更好，更均匀地分散在混凝土中。

6. 耐碱性强

因水泥水化时生成多量的氢氧化钙，含于混凝土中的水呈强碱性。所以如颜料耐碱性不强就易被分解变色。有机颜料一般耐碱性较弱。碱性作用可以导致某些颜料失去其颜色，使混凝土变色、褪色或咬色。颜料的耐碱性一般分为7级，用于水泥配色，按规定就为第Ⅰ级（最优级）。

7. 耐光性、耐大气腐蚀性

混凝土大多数在户外，长年经受太阳风光、雨、雪、水等的作用，颜料容易分解变色，为此要求颜料4有较强的耐光性和耐大气腐蚀性。有机颜料的耐光性、耐大气腐蚀性较弱，而天然矿物颜料，人造无机颜料则较强。

8. 杂质

颜料在制造、贮藏、运搬过程中如混进杂质可能会损害水泥的性能（如砂糖、腐殖酸），以及助长发生粉化（如水溶性盐类）等。

9. 与水泥和骨料的相容性

选用天然或合成的矿物颜料为宜，其不会与水泥或骨料起化学反应，以免影响彩色混凝土的表面质量和彩色效果。

（三）颜料的掺用方法

掺加一定数量的颜料，其呈色效果受其掺加方式的影响。如果是大量拌制彩色混凝土或砂浆（如生产水磨石、花色地砖等），最好用混料机将颜料和水泥预先在一起混匀，亦即先制成彩色水泥。这样混凝土所用的颜料在同样的呈色效果下与混合料拌制时，直接加进搅拌机中所用的颜料相比，要节约将近一半。颜料的掺量不宜太大或太小。太小了不易和水泥、白石粉、钛白粉等混合均匀；太大了则给混凝土或砂浆的性能带来不利影响。

由于水泥本身的特性，混凝土或砂浆硬化后，氢氧化钙会向表面迁移并在表面被大气中的二氧化碳所碳化，转变成碳酸钙；也会被大气中的酸性污染物转变成硫酸钙。这些反应在宏观上就是混凝土的“泛碱”现象。它不受配料设计、拌制方法、原材料或养护条件的影响，且会给装饰效果带来不利影响。其解决办法是采用防水剂，它可有效地抑制氢氧化钙的迁移。

对于墙面的装饰工程（如踢脚线、墙裙、墙面），由于对面层的强度要求不那么严格，用普通硅酸盐水泥一般都可以；由于地面、台面对面层强度要求较高（有不少公共场所，因地面强度不够，时间稍长就被人流的脚踏磨蹭成凹坑），为减少颜料掺量（即减少惰性组分），宜用白水泥作胶结材料。由于颜料的掺入，在一定程度上降低了水泥石的强度，更应注意清洗砂、石米、碎石等骨料，采用半干硬性的混凝土或砂浆，认真养护。

此外，某些颜料在水泥中不呈惰性，而起某些化学反应，如锌白 ZnO 会破坏水泥的凝结和硬化，铬黄、铬绿会和氢氧化钙起不良反应。选用颜料时，应知晓其有无不良的化学反应，耐碱性能如何，颜料的耐碱性一般分为7级，用于水泥配色一般应为第1级（最优级）。

1. 颜料掺量

颜料的掺入量取决于颜料的品种及所要求得到的色彩，在正常情况下约是水泥用量的6%，最多不超过10%。在混合时，加入色分散剂和表面活性剂，可使水泥的色彩更均匀。各国生产彩色水泥的方法基本相同，只是掺入的颜料不同，所得水泥的颜色也不相同。有些水泥可以是浅黄色、棕黄色或浅灰色，或者具有浅绿色的色调，视掺入的天然颜料而定。

水泥砂浆的颜料掺量参考用量见表36-19。

水泥砂浆的颜料掺量参考用量表（质量比）　　**表36-19**

呈　色	红　色			黄　色			青　色			绿　色		
	浅红	中红	暗红	浅黄	中黄	深黄	浅青	中青	暗青	浅绿	中绿	暗绿
普通硅酸盐水泥	93	96	79	95	90	85	93	96	79	95	90	85
颜　料	7	14	21	5	10	15	7	14	21	5	10	15
呈　色	棕　色			淡紫色			褐　色			黑　灰		
	浅棕	中棕	深棕	浅紫	中紫	暗紫	浅褐	咖啡	暗褐	浅	中	黑
普通硅酸盐水泥	95	90	85	93	86	79	94	88	82	95	90	85
颜　料	5	10	15	7	14	21	6	12	18	5	10	15

注：如用白色水泥时，表列颜料用量酌减60%~70%。

2. 颜料掺加方法

（1）可以把磨成细粉的固体彩色颜料归入矿物颜料一类，虽然其掺量大大低于其他矿物掺合料的掺量，但它可以和别的外加剂一起用，如加入减水剂能够改善颜料的分散作用；并能使颜料漂浮到表面的倾向减至最低限度；同时亦可减少浮浆和风化。但是，减水剂的加入会降低色度。特别应避免加入氯化钙，因为它能影响颜色的均匀性。

（2）颜料也可直接加入水平面施工的混凝土里，只在饰面过程中仅以干颜料撒布于表面而成色，其整个截面并不掺加颜料。颜料也可以与表面硬化剂、耐磨顶面覆盖层等一起配制，用作水平的耐磨表面保护层。获得均匀的颜色和适当装饰的混凝土是这一着色方法存在的问题。无论如何，这是一个颜料更经济的用法，而且能更容易的达到较强的色度。

（3）化学着色剂也已用于彩色混凝土的面层。这些材料是含水的金属盐类的酸性溶液。这类盐与碱性的混凝土反应而在混凝土孔隙内沉积金属氢氧化物（或羧基盐类）。所呈现的颜色取决于金属盐的本性，但通常是黑色、绿色或各种深浅的褐色。混凝土轻微的酸洗有助于着色剂的渗透。通常只有水泥浆体被着色，骨料却不受影响。这样，颜料对用于磨石混凝土，或者用于不需要整体色彩混凝土的其他组织结构的表面都是有利的。

三、彩色骨料

配制彩色混凝土除了采用彩色水泥之外，也可选用有色骨料。在装饰工程中常用的彩色骨料种类有天然有色骨料和人工彩色骨料。

品种繁多的天然彩色岩石可以用作混凝土骨料，给人以愉悦的色彩效果。颜色变化范围比使用颜料要多得多。可以获得的彩色岩石种类非常广泛，并且有些颜色几乎在任何地方都可得到。最普通的是在许多河卵石和浅白色的石英中所得到的不同色调的褐色和赭色。当配制彩色混凝土时，纯白色石英作细骨料（石英砂）特别有利。破碎大理石提供的颜色最为广泛，而花岗石（这是极好的混凝土骨料）为不同色调的粉红色、灰色、黑色和白色。应用彩色玻璃和陶瓷可扩大天然颜色的范围，但是许多玻璃易起碱——骨料反应。彩色骨料用于露出骨料的饰面或用于锯开并磨光的水磨石最有利。它们是一种昂贵的骨料，因为必须仔细加工使之具有均匀的颜色和组织结构。

（一）天然彩色骨料

在装饰工程中，为制造彩色混凝土，除着色水泥以外，还可采用彩色骨料。

选用适当的骨料对彩色混凝土的亮度影响很大。天然存在的硬性岩石（如石英等）一般是透明的，用它作骨料时，则在混凝土磨光面上，粒径为1mm以上的颗粒会呈现出暗色。用作道路混凝土时，粗大颗粒大车辆不断行驶之下会使混凝土表面变暗。如在细小和中等的颗粒成分中间掺加一种不透明的白色岩石（天然存在的只有白色的石灰石），可以克服这一缺点。

但是，掺加石灰石有利于亮度，却不利于耐磨性。如果需要较大的耐磨性，则只能使用小量石灰石，色彩就暗谈；如果需要较大的亮度，则磨损度也大。因此，用石灰石制成的白色混凝土可用于不受磨或受磨较少的地方。国外经验表明，在各种由方解石矿物形成的岩石中，最常用的是侏罗系的白色石灰石。

如果彩色混凝土既要满足耐磨性的要求，又要满足亮度的要求，则用煅烧过的燧石更为适宜。因为它具有硬性岩石的硬度，以及不透明的侏罗石灰石的白度。使用时，须使它不沾染颜色，并磨细到0~3mm粒度。用它制成的混凝土如进行蒸压养护，则效果更好。由于用段烧的燧石粉代替一部分水泥，就可以减少混凝土中水泥的用量。

混凝土制品的骨料，不容许含有尘土、有机物和可溶盐。因此须将骨料清洗后晾干，然后才能使用。一般采用天然石材，如花岗岩或陶瓷材料，特殊的混凝土制品的骨料常用膨胀矿渣、页岩、火山灰、浮石以及带色石子或彩色石碴、彩色瓷粒等。

（二）人工彩色骨料

人造彩色砂（将彩色砂料径放大即成彩色石子）与天然彩色砂有较大的区别。从外观讲，人造彩色砂颜色鲜艳，质量好的表面还有光泽，它可根据对颜色品种和要求来加工制作。而天然彩砂（石）的色泽仅限制在天然色石的范围内。虽然用人造彩砂和天然彩砂均能作彩砂外墙涂料的颜色，但采用人造彩砂配制的彩砂外墙涂料，其涂层色彩要鲜艳得多，颜色的可选择性要丰富得多，还能仿制各种天然岩石的花样和色泽，颜色的耐久性也好，因此装饰效果就好得多。基于人造彩砂具有上述优点，尽管它的价格远高于天然彩砂，但在彩砂外墙涂料中还是趋向于用人造彩砂，或彩釉砂。

1. 原材料

(1) 砂子：制备人造彩砂以采用质地洁净的石英砂为好。国外还用珍珠岩、蛭石、浮石等制作人造彩砂的，由于其强度不够，在机械喷涂中易破损等缺陷而难得到好的效果。同时也不宜采用白云石砂，即使是洁白的白云石砂也不适宜。因为白云石砂经高温煅烧便要发生分解反应，使彩色砂呈多孔的粗糙表面，无光泽，而且彩色砂的表面颜色深浅不均匀。但用石英砂制备的彩色砂，表面较致密，光泽度好，色彩鲜艳，吸水率很小。这样，配制彩色涂料就可减少乳液的用量，有利于降低成本。相反，用白云石砂制备的彩色配制涂料时，在砂粒表面孔隙中，将沾附一定量的乳液，从而增加了乳液的用量，导致提高彩砂的成本。

（2）颜料：制备人造彩砂，均采用无机陶瓷颜料，这是为人造彩砂能经受长时期阳光照射不褪色所必须的。

（3）胶黏剂：宜用价格低廉、稀释效果好的有机纤维胶黏剂。

（4）助剂：掺入一定量的助剂，可使着色表面固化，提高表面机械强度和色彩稳定性。常用助剂是铅丹。

2. 生产工艺

（1）早期制作人造彩砂，采用将瓷釉料烧结成大块，然后破碎成各种粒级。这样制得的人造彩砂整体着色，但成本较高。

（2）裹砂工艺。即将瓷釉料制成为一薄层包裹在砂的外面，然后烧成，从而显著地降低成本。然而这种做法在技术上存在一定难度。因为希望烧成色彩艳丽，并有一定光泽的彩砂，就需要保持适宜的烧成温度，使釉料烧至出现液相，但这样却又容易使砂粒之间粘连结块。假若要避免烧结成团块，则需降低烧成温度，使其不致出现或少出现液相，当然人造彩砂就不易有光泽。如果温度控制得过低的话，薄釉料层与砂粒粘结不够牢固，当涂料经受机械搅拌和喷涂时，很可能颜色釉料层会从砂粒上剥落下来。如温度更低的话，甚至难以使釉料变色。

（3）将无机陶瓷颜料用胶粘剂包裹在砂粒外面，酌加助熔剂，通过在高温下烧结制备彩砂的工艺。用该工艺制成的彩砂表面光泽度和颜色耐久性均好，比起前两种方法来成本低得多，这样就更便于它的推广应用。以上的工艺演变都是在高温焙烧基础上进行的。

（4）不经高温焙烧进行着色的方法，这就是采用有机颜料浸染色法来生产彩砂。

①有机颜料浸染法是将砂粒浸泡在加有胶粘剂的有机颜料中使其染色，经干燥即彩砂。

②树脂涂层染色法是用树脂拌和无机颜料涂布在砂粒表层，然后在 200～300℃温度下烘熔固化制得彩砂。

这两种方法制得的彩砂，一般均经受不了大自然的考验，特别是采用有机颜料浸染法制得的彩砂，在建筑外墙上使用 1 年后就可发现有褪色和脱层现象，故而不宜采用。

3. 生产实例

下面介绍四川省建材工业科研院研制的机械搅拌上色和加热固色的人工彩砂生产工艺。

（1）工艺流程见图 36-2 所示。

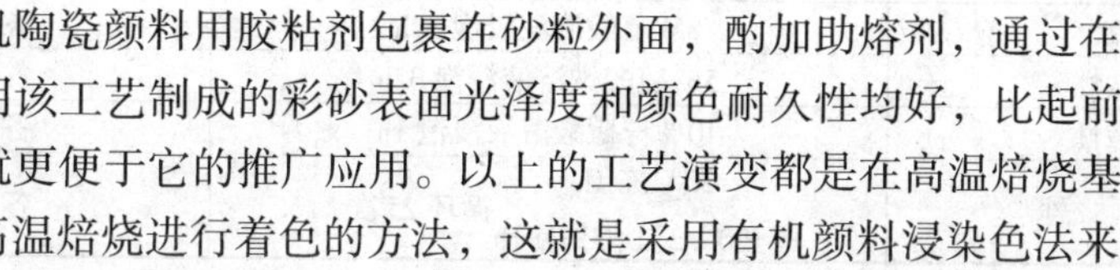

图 36-2　彩釉砂生产工艺流程图

（2）配合比：根据石英砂的不同粒径和色料的着色能力，确定不同粒径砂子、不同色料、不同胶粘剂的最恰当的配合比。

（3）搅拌：搅拌混合是保证彩砂质量的一个重要环节，一般采用机械搅拌。按照原材料的性质，确定不同的加料顺序和搅拌时间。如果加料顺序变动就会出现结团或搅拌不匀的现象；如果加料得当，在一定的搅拌时间内就会得到颜色均匀的色砂。

(4) 干燥：已搅拌好的混合料，可利用烟道余热将彩砂烘干。

(5) 加热：加热是彩砂生产的最后一个关键性环节。按加热的材料性质和规格，通过加热制度和加热温度范围的反复试验，确定合理的加热制度和各项工艺参数，再按此参数设计出连续燃煤隔陷式加热窑炉和选用相应的定型设备。加热温度在750℃以下，但大多数颜色在350℃左右生产各种不同色彩的彩砂。加热时要求温度控制在允许在波动范围内，做到均匀、稳定，这样就可保证质量，得到合格产品。如果温度超出波动范围，就会出现质量不稳定和色泽的差异，甚至失去所需要的颜色。

(三) 物理化学性能

人工彩砂的物理化学性能见表36-20。

人工彩砂的物理化学性能 表36-20

测试项目		测试方法	测试结果
耐水性		蒸馏水或冷开水中浸泡500h	各色无异常
耐碱性		饱和氢氧化钙溶液中浸泡500h	各色无异常
耐酸性	醋酸	4%（0.67M）醋酸溶液浸泡32h	各色无异常
	盐酸	5%（1.4M）盐酸溶液浸泡32h	各色无异常
	硫酸	8M硫酸溶液浸泡32h	各色无异常
耐硫酸盐性		5%硫酸钠溶液浸泡32h	各色无异常
抗棕檬酸性		10%柠檬酸溶液浸泡1h	各色无异常
抗冻性		-20℃冻1h 20±2℃水中融1h　循环25次	各色无异常

四、着色涂料

(一) 工程应用

利用着色涂料生产彩色水泥混凝土制品，一般是将水泥、水、所需骨料和其他添加物混合成拌合物，按所需形状成型后，在其表面用由水泥和颜料为主要原料组成的无机质着色料涂敷，形成彩色层，经过养护硬化，再涂敷乳液涂料和有机溶剂涂料，送入100~130℃温度下的热风烘干机中烘至10~15min，制成彩色水泥制品。但是，这种制作方法需要大型干燥设备，工厂占地大，设备和燃烧的费用高，增大了制品的成本。

这里介绍的是国外专利方法，也属先涂装法，只是养护时，按特定养护条件，分第一和第二阶段进行养护。首先按常用制作方法成型，在其上面形成无机着色层，再涂敷乳液有机涂料，然后进行养护。

本生产方法分两个养护阶段养护硬化，每个养护阶段同时调节养护空气温度和湿度，图36-3中的斜方格部分是温度和湿度的规定范围。

第一养护阶段，空气温度由室温（5~30℃）升至30~50℃时，相对湿度调节至50%~80%，当达到一定养护阶段的养护温度30~50℃时，相对湿度又调至70%~100%。为了形成牢固的乳液有机涂料涂膜。该阶段所需养护时间应在3h以上，最好在3~6h。

第二养护阶段，空气温度升至50~80℃时，相对空气湿度调节至50%~80%，当达到第二养护阶段温度50~80℃后，相对空气湿度又调节至70%~100%。两个阶段的总养护时间由原来的20h缩短到10~15h。

(二) 着色原理和特点

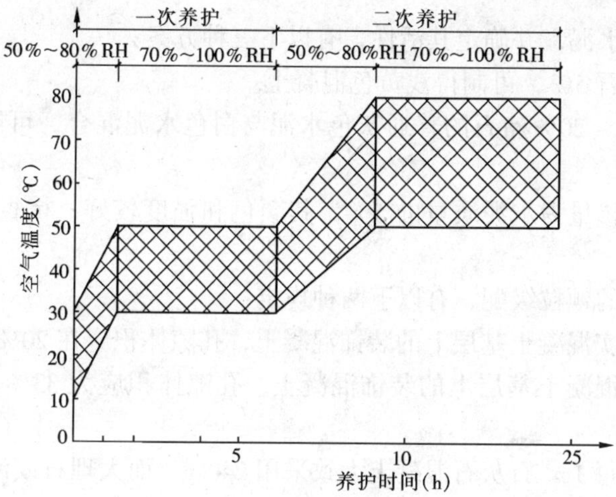

图 36-3　养护制度
（RH—空气介质的相对湿度）

采用上述养护条件的理由如下：升温比恒温时的温度低，能防止成型钢模结露，恒温时，相对湿度保持在 70%～100%，能在水泥制品硬化过程中，防止所需水分蒸发。第二养护阶段比第一养护阶段的养护空气温度高，能缩短养护时间。经第一养护阶段养护，乳液有机涂料已形成牢固的涂膜，因此第一养护阶段结束时的升温能促进养护。但第二阶段的养护温度不要超过 80℃，不然会导致水泥硬化体中的空气膨胀，使硬化体变质。第一和第二养护阶段的升温速度应从提高强度和防止结露方面来考虑。这种升温速度最好在 0.5℃/0.5～1min。但对升温速度未作特殊限制。

本方法不仅缩短了养护时间，由于是两阶段养护，因此不需要大型烘干设备，养护设备的规格也可缩小一半，同时也减少了成型钢模的数量。升温时保持低温度和第二阶段高温养护有助于乳液有机涂料成膜，提高涂膜的技术性能，从而制得质量较好的彩色水泥制品。

五、掺合材料和外加剂

选用浅色或有色掺合料、染色剂来配制彩色混凝土，也是一种有效途径之一。

（一）填充材料

为了增加混凝土的密实度和改善混合物的施工和易性，特别是在制作彩色混凝土砌块时，有时掺加磨细的硅石、黏土和硅藻土。其掺量占水泥用量的 3%～8%。

（二）火山灰和粉煤灰

火山灰和粉煤灰的主要化学成分为 SiO_2 和 Al_2O_3（活性成分），能与水泥水化时产生的石灰质发生化学作用，在含高碱性骨料的混凝土拌合物中特别有用。但粉煤灰含有未燃烬碳质，能使彩色混凝土制品和构件变成黑色或减弱它的颜色。

第五节　彩色混凝土配合比设计

一、装饰用彩色混凝土配合比选择

装饰混凝土配合比设计原理与普通建筑混凝土基本相同。

(一) 要求与步骤

(1) 配制彩色水泥，并确定其活性，有以下三种方案：

①白水泥掺赭石5%，可制得浅黄色混凝土。

②采用掺10%~20%赭石的普通灰色水泥与白色水泥混合，可制得带灰色的黄色混凝土。

③掺铁丹时，掺量为水泥质量的5%，其颜色和强度较好；掺量增至10%~20%时，混凝土强度下降。

(2) 选择骨料的颗粒级配，有以下两种规定：

①对浇灌在密实混凝土基层上的装饰混凝土，孔隙体积应在20%左右。

②对浇灌在轻混凝土基层上的装饰混凝土，孔隙体积应为33%~35%，粗骨料最大粒径不大于20mm。

(3) 用水量：每$1m^3$石灰石混凝土大致采用240kg，而大理石或河砂混凝土则为120kg用水量。

(4) 水灰比和混凝土强度等级：按普通混凝土强度公式（即鲍罗米公式）求得水灰比。一般混凝土的强度等级为C10~C15。

(5) 求水泥用量：为使彩色混凝土具有最大的气候稳定性，必须使水泥用量较少，而混凝土表面突出颗粒较多。水泥用量及最优用水量以试拌确定，骨料用量按彩色砂浆的制成系数（0.65~0.75）来确定。

(6) 混凝土拌合物的捣实系数：应近似取1.3~1.4。

(7) 试压后调整配合比。

(二) 工程举例

【例题一】 选择外墙陶粒混凝土预制板装饰用彩色混凝土的配合比。

1. 已知条件

原材料采用$f_{ce}=43.0$MPa的白水泥，混凝土要求为浅黄色，强度等级为C10，骨料为粒径小于10mm石灰石碎屑，块状堆积密度$2250kg/m^3$，质量洁净。

2. 设计计算

设计计算步骤如下：

(1) 掺5%赭石的水泥在球磨机中细磨至颜色均匀，制成彩色水泥，确定$f_{ce}=43.0$MPa。

(2) 对石灰碎屑作筛分析试验，测得振实骨料混合物堆积密度为$1500kg/m^3$，则混合物空隙率为

$$P=\frac{2240-1500}{1500}\times100\%=33\%$$

符合要求。

(3) 用水量：选用$W=240kg/m^3$。

(4) 水泥用量C：按公式

$$f_{c28}=0.55f_{ce}\left(\frac{C}{W}-0.50\right)$$

$$10=0.55\times43\times\left(\frac{C}{W}-0.50\right)$$

得　C = 222（kg）

（5）骨料用量：在选用混凝土制成系数为 0.7 时，确定每 $1m^3$ 混凝土骨料用量约为 $1.25m^3$。

（6）按水泥 C = 222kg，W = 190、215、240kg 三种用水量试拌，得最大捣实系数的一组为 W = 190kg，捣实系数为 1.35，符合要求。

（7）制作试块，得抗压强度约为 $f_{c28} = 8.0MPa$，未达到强度要求。须调整：在原配合比基础上增加水泥用量，取 C = $245kg/m^3$，重新选择配合比。

（三）参考配合比

装饰混凝土与其基层有关。在多孔基层上的装饰混凝土应特别要注意表面特征，如选择不当，装饰效果不佳，不能自然形成质感，导致破坏整个建筑的整体美。多孔基层上的彩色混凝土参考配合比见表 36-21。

多孔基层彩色混凝土参考配合比　　**表 36-21**

混凝土类别	配合比（质量比）				水灰比 $\left(\frac{W}{C}\right)$	表面特征
	彩色水泥浆	石　灰	砂	碎　石		
泡沫混凝土	1	—	4	—	0.60	细粒状
加气混凝土	1	—	2	2	0.50	中粒状
加气粉煤灰混凝土	1	—	1	3	0.45	粗粒状
泡沫硅酸盐	—	1	4	—	1.40	细　粒
加气硅酸盐	—	1	2	2	1.20	中　粒

二、结构用彩色混凝土配合比选择

（一）要求与步骤

（1）骨料混合物颗粒级配的选择：采用细度模数 M_x 不小于 2.0 的中、粗砂和细度模数不大于 4.0 的碎石，必要时也可采用彩色骨料，如大理石与石灰石骨料。

（2）水泥颜色：为保证水泥的强度不致降低太多，颜料的掺量应加以限制：

铁丹≤1.5%；赭石≤15%

（3）若采用干硬性混凝土，可参考有关经验公式，例如：

$$f_{c蒸} = 0.16 f_{ce}\left(\frac{C}{W} - 0.50\right)$$

式中　$f_{c蒸}$——混凝土经 2h 蒸养后强度（MPa）

（4）水泥用量用试验方法确定，先近似选用胶骨比。例如：

①长台法生产预制板，其胶骨比为

$$\begin{cases}\frac{C}{S+G} = 1:3.5\\ C:S:G = 1:2.5:1\end{cases}$$

②压轧法生产板材，其胶骨比为

$$\begin{cases}\frac{C}{S+G} = 1:2.0\\ C:S:G = 1:1.5:0.5\end{cases}$$

按先确定的$\frac{W}{C}$加水，测定混凝土的工作度，然后调整水泥浆用量使混凝土的工作度达到 30～40s 左右。

(5) 试压测定强度和鉴定颜色后，再改变水泥用量及颜色用量。

(二) 工程举例

【例题二】 选择外墙压轧板用结构彩色混凝土的配合比。

1. 已知条件

原材料采用普通硅酸盐灰色水泥，水泥强度 $f_{ce}=60.0$MPa；要求混凝土呈粉红色，$f_{c蒸}=21.0$MPa；骨料采用普通砂；混凝土工作度 40s。

2. 设计计算步骤如下：

(1) 配制彩色水泥：水泥与 5% 掺量的铁丹（氧化铁红）在球磨机中搅拌均匀。

(2) 测定彩色水泥的活性：$f_{ce}=55.0$MPa。

(3) 进行砂样筛分：结果见表 36-22。

砂样筛分析结果 **表 36-22**

筛孔尺寸（mm）	10	5	2.5	1.25	0.63	0.35	0.16	<0.16
分计筛余（%）	0	5.5	0.1	16.4	16.2	20.3	24.6	10.6
累计筛余（%）	0	5.5	11.6	28.0	44.2	64.5	89.1	—

砂的细度模数：

$$M_x = 0.01\times(5.5+11.6+28.0+44.2+64.5+89.1) = 2.43$$

砂为中砂。

(4) 求水灰比：将已知条件代入公式，得

$$21 = 0.16\times 55\times\left(\frac{C}{W}-0.50\right)$$

$$\frac{W}{C}=0.35$$

(5) 进行试拌调整：先按彩色水泥∶砂∶水＝1∶2∶0.35 比例配料，制作 3 块 10cm×10cm×10cm 立方体试块，则需用水泥 2.25kg，砂 4.5kg，水 0.78kg。同时用工业黏度计或维勃稠度仪测得工作度为 45s。从结果看出太干，故按 1∶0.35 比例增加水泥浆，其材料实际用量改为：

水泥：$C'=2.25+0.25=2.5$（kg）；

水：$W'=0.78+0.35\times 2.5=0.881$（kg）；

砂：$S'=S=4.5$（kg）。

(6) 用试块确定强度：用重新调整后的混凝土作试块（10mm×10mm×10cm），经 2h 蒸养处理后测得 $f_{c蒸}=24.0$MPa，折合标准强度为 22.8MPa，符合设计要求。

(7) 混凝土配合比：彩色混凝土的设计配合比为：

彩色水泥:砂:水=1:1.80:0.35

第六节　彩色混凝土着色方法

一、色彩基本知识

色彩是由颜料配制而成的。不同的颜料可以配制各种色彩。而各种色彩又可获得不同的装饰效果。

配制彩色水泥或彩色混凝土所用的颜料，必须具有高度的磨细度与着色力，根据使用部位不同，尚须有一定的耐光、耐碱性能（耐石灰和水泥），不得含石膏和酸性杂质。

（一）颜料的性能要求

1. 耐碱性

耐碱性一般分为七个等级。彩色水泥和彩色混凝土的耐碱性，一般应为一级（最优级），因为水泥及石灰在水化过程中，均析出 $Ca(OH)_2$，故颜料在其中是处于强碱状态下的。如耐碱性差，则饰面层发生变色、褪色现象，有时甚至局部泛白，影响装饰效果。

2. 耐久性

颜料在太阳光紫外线长期照射下，其色稳定的性能称为颜料的耐光性。耐光性一般分为八个等级，彩色水泥砂浆、混凝土的耐光性应在7级以上。

3. 着色力

着色力系颜料与水泥或其他胶凝材料混合后所显现颜色深浅的能力。着色力的大小，影响到颜料的用量和粉刷的色彩及成本。颜料的着色力决定于颜料本身饱和度的高低，高着色力效果好，低着色力效果差。

4. 氧化-还原作用

凡是在空气中易被氧化-还原的颜料，均不能用作配制彩色混凝土的颜料。

5. 密度

颜料的密度在一定程度上对色浆、彩色砂浆或混凝土色泽的均匀性有一定的影响。一般要求颜料的密度与胶凝材料的密度基本接近。密度小的颜料，拌合时容易出现漂浮现象。

6. pH 值

配制彩色混凝土的颜料，其 pH 值以 7~8 为宜。pH 值低于 6 者，配制的彩色混凝土将发生早期褪色现象，故不宜使用。

7. 破坏水泥凝结硬化作用

凡对水泥凝结硬化具有破坏作用的颜料，不宜用作配制彩色混凝土。如锌白就对水泥有破坏作用。

（二）颜料的系别及性能

1. 红色系

(1) 氧化铁红：有天然和人造两种。遮盖力与着色力均强，有优越的耐光、耐高温、耐大气影响，耐污染气体及耐碱性能，是较经济的红色颜料之一。

(2) 甲苯胺红：为鲜艳红色粉末，遮盖力、着色力较强，耐光、耐热、耐酸碱，在大气中无敏感性，一般用于高级装饰工程。

2. 黄色系

(1) 氧化铁黄：是装饰工程中既美观又经济的颜料之一，遮盖力比其他黄色颜料都高，着色力、耐大气影响，耐污染气体及耐碱性都比较强。

(2) 铬黄（铅铬黄）：着色力高，遮盖力强，较氧化铁黄鲜艳，但不耐强碱。

3. 蓝色系

(1) 群青：为半透明鲜艳的蓝色颜料，耐光、耐热、耐酸碱性能较好。

(2) 钴蓝：为带绿光的蓝色颜料，耐光、耐热、耐酸碱性能较好。

4. 绿色系

(1) 铬绿：是铅铬黄和普鲁士蓝的混合物，颜色变动较大，决定于两种成分的组合，遮盖力强，耐气候、耐光、耐热性能均好，但不耐酸碱。

(2) 氧化铁绿：群青与氧化铁黄酸合作用。

5. 棕色系

氧化铁棕：是氧化铁红与氧化铁黑的混合物。

6. 紫色系

氧化铁紫：氧化铁红 + 群青。

7. 黑色系

(1) 氧化铁黑：遮盖力、着色力很强，耐光、耐一切碱类，对大气作用也很稳定，是一种既好又经济的黑色颜料之一。

(2) 碳黑系：分为槽黑和炉黑两种，装饰工程常用炉黑，性能与氧化铁基本相同。

(3) 锰黑：遮盖力颇强。

(三) 色彩的选择

颜料使水泥和混凝土具有各种色彩，以达到设计要求的装饰效果和艺术效果。选择色彩应根据各人的爱好和建筑物所处的环境。

1. 色彩三要素

色彩即颜色，常被认为是颜料材料本身固有的，这种看法并不全面，色彩决定于三个方面：

(1) 材料的光谱反射。

(2) 观看时射于材料上光线的光谱组成。

(3) 观看者眼睛的光谱敏感性。

这三个方面涉及到物理学、生理学和心理学。但三者中，光线尤为重要，因为无光线也就看不出什么颜色。

人的眼睛对颜色的辨认，由于某些生理和心理上的原因，不可能两个人对同一个颜色感受到完全相同的印象。因此，要科学地、客观地测定颜色，应依靠物理方法，在各种分光光度测色仪上进行。

2. 选择色彩

选择色彩应根据人们的感情以及建筑物所处的环境。颜色的色彩与感情的关系见表36-23。

(1) 如果房间光线较暗，内墙不宜采用深颜色，即单色。

(2) 客厅、房间一般采用奶黄色或绿色，这两种颜色柔和、协调，给人以舒适的感觉；也可选用蓝色，它给人以明快的感觉。

(3) 餐厅、饭店涂上浅紫红色或桔红色，使人有兴奋感，会增加食欲，使人身心健康，延年益寿。

颜色的色彩与感情的关系　　表 36-23

色的属性	色的种类	色彩赋予的感情	各种颜色对人的情绪的感染	
			颜　色	感情的象征
色　相	暖　色	温暖的 积极的 活动的	红	激烈、欢喜、活力、兴奋
			黄　红	喜悦　欢闹、活泼、健康
			黄	快活、明朗、愉快、强壮
	中性色	平庸的 平静的 平凡的	绿	安闲、舒适、平静、富有生气
			紫	严肃、神密、不安、温柔
	冷　色	凉　的 消极的 沉静的	黄　绿	安息、凉快、忧郁
			青　蓝	沉着、寂寞、悲衰、沉静、深远
			蓝　紫	神秘、崇高、孤独
亮　度	明	明朗的	白	纯真、清新
	中	沉着的	灰	沉着、忧郁
	暗	阴郁的、稳重的	黑	郁闷、不安、庄严
色　度	高	新鲜活泼的	朱红	热烈、激烈、热情
	中	舒适的、温和的	粉红	可爱、温柔
	低	雅致的、沉着的	茶色	沉着

(4) 天花板最好选择白色，能使整个房间比较空旷，不致给人一种压迫感。

(5) 地脚线配上深色彩，可防止受脏，以免影响观美。

总之，内墙不宜色彩过深，必要时可配小面积深色以作装饰。外墙则视建筑物所处的位置、环境而定，不能一概而论。

(四) 色彩的调配

色彩的调配是一种比较细致而复杂的工作，因为色彩多种多样，要进行调色，首先须对色彩的性能要有一定的了解。

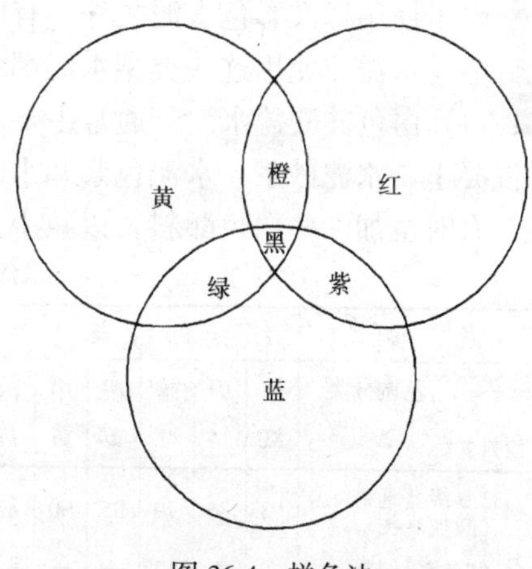

图 36-4　拼色法

1. 原色

原色即单色。有红色、黄色和蓝色三种。

2. 复色

两种色彩通过复合，即可得复色。其拼色法参见图 36-4。其色彩图参见图 36-5。

从图 36-4 拼色法可以看出：红色 + 黄色→橙色；红色 + 蓝色→紫色；黄色 + 蓝色→绿色；红色 + 黄色 + 蓝色→黑色；橙色 + 紫色 + 绿色→灰色。从图 36-5 色彩图中可以看出更多的色彩拼色关系，其中黄色在色彩圈中表明最浅色，紫色在色彩圈中表明是最深色。

在调色时，两种单色拼成一个复色，而与其对应的另一个色则为补色。补色加入复色中会使色彩变暗发土，甚至变成灰色或黑色，因此需要注意。调色与补色的关系见表36-24。

调色与补色的关系　　表 36-24

调　色	成　色	补　色	调　色	成　色	补　色
红色＋黄色	橙色	蓝色	紫色＋橙色	森褐	绿色
红色＋蓝色	紫色	黄色	橙色＋绿色	棕檬	紫色
黄色＋蓝色	绿色	红色	紫色＋绿色	橄榄	橙色

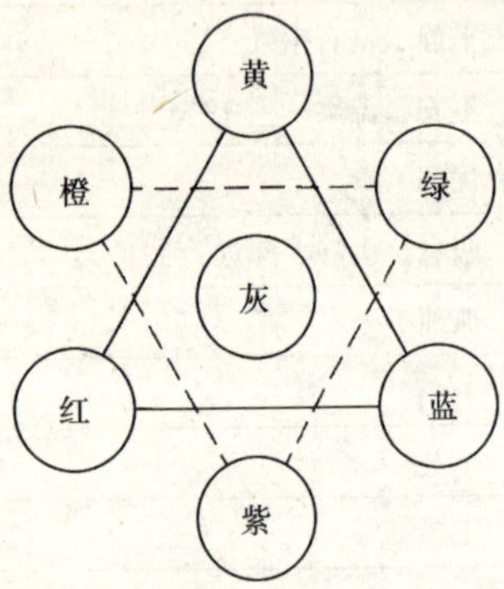

图 36-5　色彩图

原色与蓝色用白色冲洗，可得深浅不同的色彩。调配色彩时，应注意选择色彩和色调，如果把三种原色的配合比作更多的变化，就可调出更多的不同色彩。

3. 水泥色浆颜料用量配合比

采用不低于 32.5 级的普通硅酸盐水泥配制水泥色浆，其颜料用量配合比见表 36-25

4. 配合注意事项

(1) 颜料与水泥混合时，须搅拌均匀。

(2) 检查集色程度。

(3) 湿时与干时比较，深浅约相差三成。

二、彩色混凝土着色法

(一) 彩色水泥和配制彩色水泥

除了使用标准彩色水泥之外，有四种普通类型水泥，它们不同于会影响色彩的标准灰色硅酸盐水泥，使用这些类型水泥都可以生产复色混凝土，但相互间的成本相差甚大。

(1) 白色硅酸盐水泥：通常主要用于要求采用白色或浅色硅酸盐水泥的地方，诸如艺术混凝土、水泥砂浆、水泥色浆和水泥涂料及其他类型的装饰混凝土等。为获得洁白的外观，有时也加一些白色颜料，以减小其透明度。

水泥色浆颜料用量配合比　　表 36-25

色调	红色			黄色			青色			绿色			棕色			紫色			褐色		
色调分类 / 颜料名称	浅红	中红	暗红	浅黄	中黄	深黄	淡青	中青	暗青	浅绿	中绿	暗绿	浅棕	中棕	深棕	浅紫	中紫	暗紫	浅褐	中褐	暗褐
32.5 级普通硅酸盐水泥	93	86	79	95	90	85	93	86	79	95	90	85	95	90	85	93	86	79	94	88	82
红色系颜料	7	4	12	—	—	—	—	—	—	—	—	—	—	—	—	—	—	—	4	7	9
黄色系颜料	—	—	—	5	10	15	—	—	—	—	—	—	—	—	—	—	—	—	—	—	—
蓝色系颜料	—	—	—	—	—	—	3	7	12	—	—	—	—	—	—	—	—	—	—	—	—
绿色系颜料	—	—	—	—	—	—	—	—	—	5	10	15	—	—	—	—	—	—	—	—	—
棕色系颜料	—	—	—	—	—	—	—	—	—	—	—	—	5	10	15	—	—	—	—	—	—
紫色系颜料	—	—	—	—	—	—	—	—	—	—	—	—	—	—	—	7	14	21	—	—	—
黑色系颜料	—	—	—	—	—	—	—	—	—	—	—	—	—	—	—	—	—	—	2	5	9
白色系颜料	—	—	—	—	4	7	9	—	—	—	—	—	—	—	—	—	—	—	—	—	—

(2) 微带浅色的标准硅酸盐水泥。

(3) 为某种色彩而专门制造的某种水泥，这类水泥具有不同的黄褐色调。

(4) 把颜料同硅酸盐水泥（通常是白色的）拌和为带色水泥，把彩色水泥同彩色外加剂混合在一起，可得到良好的效果。这种方法虽然费用比较昂贵，但所要求的准确颜色往往是其他方法所不能达到的。

（二）彩色化学外加剂

用彩色外加剂着色混凝土，不仅适用于平面的，而且也适用于立面的艺术混凝土。彩色外加剂不同于过去使用的其他混凝土着色料，它是用适当的组分按比例配制成均匀的混合物。

彩色外加剂可提高混凝土在所有龄期内的强度，改善施工和易性以及对水泥和颜料有扩散作用，从而能在混凝土中分布开，并取得良好的色彩均匀性。

（三）掺颜料

在混凝土中直接加入矿物氧化颜料，也能使混凝土着色。根据颜料加入混凝土的方法，在技术上被认为是一种外加剂，但这些颜料并不属于彩色化学外加剂范畴。必须对颜料仔细的选择和配制。同彩色化学外加剂比较，使用颜料的优点是比较价廉。使用颜料的方法通常有两种：

1. 混合法

把矿物晶体颜料掺到拌合物中，成为混凝土的成分，色彩的获得是由于颜料出现在混凝土中，而不是由于晶体的溶解。这种方法的缺点是，人们看到的只是混凝土的表面，而从里及表完全着色，不仅费用大，还会损害混凝土的强度。

2. 粉饰法

在混凝土抹平、压实、表面水分蒸发后，撒上颜料，待颜料从混凝土中吸收水分后，再抹平压光一次。粉饰时，撒一次颜料是不够的，应该再撒第二次颜料，然后第三次抹光，以获得均匀的彩色表面。适用于这种方法的色彩是褐红色、瓦红色、绿色、棕色、黑色、米色等。这类颜色适于铺设轻便交通道或人行道的路面。

（四）化学染色剂

混凝十着色的另一种方法是将化学染色剂施加于已养护的混凝土上。

真正的化学染色剂是一种金属盐水溶液，它浸入混凝土并与之反应，从而在混凝土孔隙中生成难溶的、抗磨的颜色沉淀物。染色剂含有稀释的酸，用以轻微地腐蚀混凝土表面，从而使着色剂成分能浸透较深和反应更加均匀。

染色剂应施加在已养护的混凝土上，其龄期至少为一个月，并且应清除掉阻碍着色剂溶液的浸透和与混凝土起反应的一切杂质。

由混凝土染色剂通常可以得到黑色、绿色、微红的褐色及各种色调的黄褐色。所产生的颜色不仅仅在表层，而且一直浸透到所限制的深度。虽然它细碎、不裂缝或不剥落，但是在混凝土表面范围内会被磨损。染色的表面经受频繁的步行需要施加彩色石蜡或彩色填缝料进行维修。对于风化的、磨损较厉害的混凝土，用褐色或黑色染色剂通常可得到最好的效果。

（五）干撒着色硬化剂

干撒着色硬化剂是一种现成的产品，用以对新浇混凝土楼板、庭院、水池底、人行道、汽车道及其他水平表面进行着色、促凝和饰面。

对于工业或其他商业用楼板、坡道和装载码头等要求高抗磨和防滑的地方，在干撒着色硬化剂制品的制造中应掺入金刚砂或金属骨料。

干撒着色剂产品是不闪光的，颜料必须耐碱（CaO），并且对阳光的影响具有最大的耐久性（抗紫外线）。着色剂所包含的骨料颗粒按硬度和纯度进行选择，并通过各种筛孔进行分段，以使表面具有密实性和抗磨性。

（六）浸渍法

先将混凝土表面粗略加工或使骨料表面暴露，然后在水泥或其他水硬性胶凝材料凝结和硬化过程中，用液体浸渍新拌混凝土物料的表面。由于湿的混凝土或砂浆在凝固时强度减弱，水泥具有吸收作用，因此此时浇到表面上的颜料液体被吸入到混凝土或砂浆内部一定的深度，它在孔隙中形成了一定的色彩。浸渍法所采用的颜料几种配比如下：

(1) 将占质量15%可溶于挥发油的偶氮颜料微微加热，使它溶解在占质量98.5%的挥发油中，将这种溶液喷在混凝土表面上。

(2) 在胶体磨中将挥发油和亚麻油油漆按1:1的比例混合，将占质量2.5%极小颗粒的绿色苯二甲蓝素放在混合液中。用缓凝剂延缓混凝土表面硬化，然后刮去一层未凝固的水泥砂浆，使骨料裸露，将上述悬浮液涂抹或喷于露骨料的混凝土表面。

(3) 将占质量89%的氧化铁溶解在占质量92%的水中，用喷射或涂抹方法使混凝土表面的胶凝材料部分吸收这种溶液。由于水泥砂浆的石灰乳形成了黄褐色的不溶性氢氧化铁，而在露骨料表面上不发生这种变化，结果使混凝土表面呈花色。

(4) 将占质量1.5%的可溶于油的偶氮颜料溶于占质量98.5%的亚麻油油漆中。用这种溶液浸渍多孔的灰浆表面，溶液深入孔隙中，亚麻油油漆就在孔隙中聚合成固态物质，使孔隙封闭起来。

(5) 将占质量2%可溶于油的偶氮颜料溶于占质量98%的溶液中，溶液是由氯化的二苯酸树脂溶化在挥发油中配成，其配比为1:1，用这种溶液浸渍混凝土表面。

(6) 将占质量2.5%的绿色偶氮颜料溶于占质量97.5%蒸馏过的油脂中。用这种溶液处理混凝土表面，它与石灰乳形成的脂油钙皂填塞了毛细孔隙。

第七节　装饰混凝土施工

装饰混凝土当外观表层要求复杂的铸型时，必须特别注意在振动作用下的工作度，以保证混凝土与模板紧密接触，从而形成棱角清晰的细部构造。在材料及浇筑方法容许的条件下坍落度应尽可能地低，以减少面层泌水的可能性；泌水可引起泌水范围内颜色的变化。要达到表面颜色均匀，最好是增加水泥用量和增加细砂。在应用露石面层之处，希望有高于常用比例的粗骨料，以造成较大的露石密度。应用粒径范围狭小间断级配骨料可达到露石更加均匀地分布。应该宁可应用细砂也不愿应用粗砂以保持混凝土的工作性。

一、装饰混凝土的成型

（一）搅拌工艺

用搅拌机分批搅拌彩色混凝土，只需连续搅拌2~3min即可。但如果使 用干拌法，则只需8min。这主要根据搅拌机类型、翼片情况和每种材料的性质而定。为了使所有色料发挥最好的效果，防止产生条痕或不均匀，最好把色料和干水泥在搅拌机中至少分别搅拌 10min 后再调合。

（二）浇筑成型工艺

1. 一次浇筑法

与混凝土的普通浇筑方法相同。

2. 两次浇筑法

先浇筑下层，待其凝固和表面水分蒸发后，再浇筑 1.5～2.5cm 厚彩色混凝土面层。

这两种方法都应将上层表面用木镘刀进行平整，如需要更光滑的表面，可用轻质钢镘刀镘平。但过度的镘干会降低混凝土表面的耐磨性能，因而容易造成粉尘现象。

3. 撒粉法

用 1 份水泥、0.5～1 份砂和色料干拌在一起，然后把它撒在新浇筑的混凝土表面上，所用色料不少于 0.06kg/m^2。然后把这种混合料镘平，直到获得均匀的颜色为止。

（三）振捣密实工艺

对于装饰混凝土，当要求以浇灌面作为饰面时，捣实是个需要着重考虑的问题。

（1）当表面在以后会饰以某种组织结构时，可容许捣实偏差大些，但即使在这种情况，也不可借此使其变化幅度很大。适当的振动对于没有表面缺陷并具有表面光滑、棱角清晰的均匀成品是关键。

（2）当应用精心设计的低坍落度混凝土时，超振未必会引起不良的作用；振动不足倒更可能引起表面缺陷。如果振动不能正常进行，则被驱赶到模板表面的空气就不能被彻底排除。

（3）不应使振动器碰到模板，因为这样将引起表面多浆，导致组织结构和颜色的改变。当采用露石饰面时，应使振动器距模板表面至少保持 75mm，以防由于成型造成的细料小囊。

二、模型板

（一）模型板材料的选择

如果要求铸造饰面，必须特别注意模型板材料的选择（表 36-26）及其构造与设备，非常精确地浇筑混凝土可复制表面，从而有利于采用紧贴木模型板直接浇筑，以获得木纹的效果，或用橡皮或塑料的模型衬板以获得其压印的组织结构。但是，混凝土也将如实地复印出模板表面上的缺陷和瑕疵，如节疤、补丁和在表面上打上或画上的印记，可能会由于未经处理的木材、模板上的油类或生锈的钢质引起污染。某些胶合板和纤维板能引起严重的污染，于是需要有保护层。对于白色混凝土油污尤引人注目，为此，可用特别的不着色脱模剂。

装饰混凝土模型板材料　　**表 36-26**

模型板材料	说　明	重复使用次数
胶合板	吸水性变化无常，可能引起疵点。以木材保护剂涂刷	5
塑料贴面胶合板	接缝必须密封，可能引起疵点	10
钢	可能引起颜色与织构的变化；铁锈可能引起色斑。以环氧树脂涂刷	50～100
玻璃纤维模板嵌入件	特殊的织构；变化无常的吸水性，并且可能延缓凝结，以材料保	20～30
木材	护剂涂刷	1～20
橡胶、聚氯乙烯	特殊的组织结构；可弯曲；均匀的表面	100
玻璃纤维	特殊的造型与织构	20～30

（二）脱模后混凝土表面的缺陷

脱模后混凝土表面的缺陷见表 36-27。

脱模后混凝土表面的缺陷 **表 36-27**

种　　类	最可能产生的原因	种　　类	最可能产生的原因
颜色变化	原材料的变化 搅拌时间不足 在浇筑过程中的离析作用 配料的偏差	褐色斑渍	脱模剂不纯 脱模剂过量 来自模型上的铁锈
		蜂窝麻面	细骨料不足 捣实不充分 接缝不密闭
水化变色	模板的不同吸收作用 模板漏水 脱模剂施加不均匀 养护不稳定	“沟洞”	混凝土混合料含砂过多 模板不吸水 模板表面润湿性能不良 振动不足
骨料透明层	含砂量低 光滑、挠曲的模板 振动过头 外部振动	剥落或碎裂	混凝土强度低 脱模剂不足 脱模太早
染料变色	模板表面玷污或着色 与模板涂层反应 脱模剂不纯	裂　纹	混合料水泥用量太多，水灰比高 模板吸收能力差 养护不足 脱模太早

如果模型板是有吸收能力的（例如木材），在凝结之前它将从混凝土中吸去水分。总的水分迁移把水泥粒子带到表面。因此，在吸水性较高的区域，如上所述，会产生较深的颜色。这通称为水化变色，可用密封模型板表面，使用有均匀吸水能力的材料(不容易)，或者选用非吸收性模型板材料加以消除。塑料挡板可用作非吸收性模型衬板，但不好应用塑料薄膜，因为不易排除皱折并且将复印于混凝土表面。贴着非吸收性表面的混凝土具有较浅的颜色。同样地，吸收能力低的材料往往会增加“沟洞”的数目与大小。有少量的截留气孔出现在模板的表面，即使充分振动也难以完全除掉。用降低含砂量，尤其是较粗砂的数量来减少沟洞，但是含砂量低会导致颜色变化更大。这样，在均匀的颜色和沟洞出现率之间有必要采取某些折衷办法。膜模剂能促使沟洞的形成，建议采用表面活性剂。

当紧贴非吸收性光滑模板浇筑混凝土时，出现骨料透明层。一层非常薄的砂浆层总是隔在粗骨料与模板之间。当和光滑表面接触时，在水化过程中生成的氢氧化钙晶体定向地形成一透明覆盖层，通过这层看得见的骨料，而产生有斑点的表面。在粗糙的表面或与吸收性模板接触的表面上，氢氧化钙无规律地结晶并形成半透明层。用轻微浸蚀或研磨使表面粗糙，或用吸收性的模型衬板可以校正骨料的透明层。某些脱模剂会使表面毛糙。

构造严密的模型板将不漏水，对于优良的饰面是重要的。不密闭的接缝漏水将引起水化变色，而漏浆将带来组织结构和颜色的改变。过多的漏浆将导致产生蜂窝状结构和局部露出骨料——这种情况即使承重混凝土也应当避免。在振动过程中，当水泥浆被排出而空气被吸入时，接缝的渗漏还能恶化沟洞问题。只要有可能，接缝应当用胶带密封，用适当的纤维堵缝材料堵塞，或用压缩的垫片保护。

三、饰面与找平

白色或彩色混凝土的镘光找平可消除组织结构的微小差别并让更多的水泥（和颜料）带到表面上，可以改善颜色的均匀性，从而导致色彩更好和表面更亮。但是，如果耽误到混凝土太硬之后镘光，可能出现“镘刀烧伤”。这主要是由于均匀的压缩所引起的褪色。为避免镘刀烧伤，混凝土表面应加以保护以排除过大的蒸发，应避免使用氯化钙，同时应使用塑料镘刀。

有许多别的因素能引起混凝土找平的斑点或褪色。例如，水泥的含碱量，或者不适当的养护方法都能引起或加重斑渍。表面杂色的出现可能是由水化铁酸盐相数量的变化或者孔隙内盐类的局部沉积作用所引起。在某些情况下反复的冲洗可以除去斑渍，但在另一些情况下必须用化学处理。

四、养护工艺

良好的养护工艺对于维护混凝土表面的均匀性、保证适当的水化作用和强度发展是重要的。让混凝土过早地干燥，其颜色较更长时间养护的混凝土为浅，这与水化变色是同样的作用。因为养护不足的水泥浆体与增加水灰比具有同样效果。因此，应该均一地养护混凝土，否则由水化变色将重新引起颜色变化。如果使用塑料薄膜来保持混凝土湿润，则应避免与混凝土局部接触，因为这能引起斑点。防水纸不会引起表面着色。混凝土最好是在脱模之前养护若干天以保证均匀的水化作用和良好的强度发展，减少脱模过程中可能发生的破坏，并能使迅速干燥引起的开裂或裂纹减至最少。不要推荐用养护复合剂，因为它们能引起着色或褪色。

有时，应用混凝土密封层来保护白色或彩色混凝土防止被大气污染弄脏。这样的材料其性能变化很大，有些能引起混凝土永久褪色，除严重污染的区域外一般避免应用这些材料。

五、全面清理与装饰

（一）清理与装饰

（1）在脱模之后，露出的混凝土应当清理并修复到表面均匀、光滑。这需要用砂浆填充螺栓孔和拉杆孔、修补蜂窝麻面、切掉不平和凸出部分、清除污斑以及填塞表面的沟洞和气孔。这些要求在脱模之后应尽可能快地去做。如果已经仔细地控制了混凝土的浇筑与捣实，则需要清理的工作量一定很小，但在极个别情况下，大量劣质混凝土可能需要拆去和重浇。

（2）小的孔和坑应当用尽可能干的砂浆填补，同时用凿刀切掉突出部分，并且磨光。小面积的蜂窝麻面可以涂薄浆，但大面积的必须彻底拆去和重浇。

（3）污斑通常由脱模剂或铁锈斑点所引起，用轻微的喷砂可以很容易除掉，因为它们只在表面。然后润湿表面并在整个表面上用刷、喷射或擦涂一层普通硅酸盐水泥和细砂的薄浆，便可填满小的气孔并盖住补钉和其他表面组织结构与外观的不均匀性。薄浆用镘刀适宜抹平并刮去多余的。表面干燥之后，用粗麻布擦掉任何残留在表面上干涸的薄浆。如果干涸的薄浆停留时间太久，则要去掉它就十分困难。这样处理将形成颜色均匀、光滑无瑕的表面。

（4）在整个修补操作期间应该使用完全相同的原料和配合比是很重要的。应该提前配制薄浆以获得所要求的准确颜色。同样地，任何局部的修补，如蜂窝麻面的修补，应当应用与最初使用相同的材料和配合比，以便获得良好的协调颜色。

（二）防止表面碳化的方法

碳化作用，是指混凝土表面出现白色沉淀物（又称白花）。它是由于水泥或石灰与水发生水化作用后产生的。在混凝土表面上的 $Ca(OH)_2$ 遇到空气中 CO_2 而生成白色的 $CaCO_3$ 晶体，隐蔽了水泥的本色。为了保证彩色水泥的装饰效果，必须防止或刷去这层白色沉淀物。去掉 $CaCO_3$ 的方法有以下几种：

（1）先用水洒湿混凝土表面，然后用 1 份盐酸和 5～10 份水的溶液进行洗涤，再用清水、冲洗干净。

（2）采用一种吸收性很强的防水混凝土材料，用水、水泥和粗细骨料按适当比例拌合，进行适当地养护。有时采用加气水泥，或施加细填料或防水剂。

在饱和的 CO_2 气体中进行处理，目的是把构件中所含的 $Ca(OH)_2$ 变成不溶性碳酸盐——$CaCO_3$。这种处理应在混凝土养护至少 24h 后进行，否则由于水泥粘结性能的迅速反应，将使混凝土表面发生软化。

六、施工注意事项

（1）彩色水磨石面层施工前，应对已有的砂浆或混凝土的基层做仔细检查，如发现问题及时处理，水平程度应符合要求，强度达到设计抗压强度的 50% 以上后方可进行水磨石面层施工。如果是光面的基层，应做凿毛处理，并用钢丝刷彻底洗刷干净，清除污水污物，以利上下层粘结牢固和保证面层色彩鲜明（旧地面上做彩色水磨石面层方法亦同）。

（2）砂石骨料务必彻底清洗多遍，到水清为止。骨料粒度不应超过面层厚度的 2/3。

（3）选购白度等级较高的白水泥和优质颜料备用。必要时，施工前在白水泥中掺配预定数量的颜料加水拌成净浆，制成试件，硬化后观察色彩鲜明程度，并为施工时的配合比做参考。

（4）水磨石面层如有彩色拼花图案，应先备好嵌条（铜、铝或玻璃的），按照图案要求位置准确地设置在基层上，为了不污染面层图案的色彩，嵌条要先洗净，最好用白水泥浆以坐浆法局部固定在基层上。嵌条的高度应与水磨石面层的设计厚度一致，面层厚度一般为 10～15mm。

（5）白水泥中掺配无机颜料的比例一般为 5%～15%，通常采用 10%；掺配有机合成颜料的比例，应按照产品说明书中的规定。水泥与碎石的体积配合比一般为 1∶2～1∶3。水灰比应控制在 0.45～0.55，用水量按照施工需要的稠度确定，以干硬些为宜。事先应计算好彩色水泥混凝土的工程量，然后按各种颜色的需要量配料，避免浪费。如果工程量不大时，宜手工拌合均匀，在基层上用洗净的工具按顺序抹布、找平，然后用滚筒仔细压实。当工程量很大时（例如大面积的门厅、候车室、展览厅、阅览室及室外地坪等水磨石面层），经准确配料后，宜用强制式混凝土搅拌机拌合均匀，供施工使用，但事先务必将所用设备、工具等彻底洗刷干净，避免对于彩色水磨石地面造成污染。

（6）为了避免因温差等原因引起整体大面积彩色大磨石地面裂缝，在设计中必须考虑，在不影响地面美观前提下，适当设置地面伸缩缝。

（7）彩色水磨石面层的洒水养护时间，与当时气温高低有关系，一般为 2～4 周，抗压强度应达到设计要求的 70% 以上。应先用磨光机做小面积的表面试磨，如获成功，即可进行正式磨光操作；如遇面层上有局部缺陷，应立即用同颜色的彩色水泥浆修补完善，达到强度后再磨光。整体大面积的彩色水磨石面层用磨光机磨光，不方便操作，用手工磨光。全部磨光完成后，做上蜡或涂丙烯酸类树酯等的表面处理。

第八节　装饰混凝土表面组织结构

虽然颜色在装饰混凝土方面起重要作用，但组织结构构造和设计甚至可能更重要。起纹理的表面不仅令人喜爱，而且能够消除或掩盖以模板为饰面的表面结构和颜色的细小变化。实现组织结构饰面的目的有三个基本的方法：起纹理的模板衬里、露石饰面及机械饰面。

一、起纹理的模板衬里

使用起纹理的模板衬里能产生一些有趣的效果。这可通过简单的重复几何图案，以凸线或凹纹开始一直到复杂的壁饰设计。光滑、灵活的模板衬里可模制具有各种各样组织结构的图案。它们通常是由橡胶、热塑性塑料或玻璃纤维制造的。可重复使用多次，同时适用于预制和现场浇筑混凝土。或者用砂型或者用膨胀的聚苯乙烯垫块雕塑特别设计的壁饰。扩墙板通常采用反打，这有助于获得设计详图的清晰复制品。可把露面或特殊衬里材料合并到这样的设计里，以得到各种各样的艺术效果。

二、露石饰面

在混凝土表面露出粗骨料可利用其材料的颜色、形状及组织结构变化等优点。甚至露出普通的砾石或碎石都能带来使人愉悦的效果。有几种方法可用来获得露石饰面。

（一）正打法

正打法广泛应用于庭院和人行道，是用来制作特殊面层的干撒法的一个变种。浇筑、用样板尺刮平及用镘刀抹平普通混凝土基层。用所要求的骨料均匀覆盖住表面，然后使骨料淹没到表层里并重新用镘刀抹平。差不多初凝时轻微喷水，小心地冲洗掉水泥浆薄层。也可用高压水喷射，但要得到良好的结果需要熟练的技术和经验。要不然，在用镘刀抹平之后，对混凝土表面施加缓凝剂。大约16h之后，当其余的混凝土已经凝结，可以很容易地刷去并冲洗掉表面缓凝的水泥浆。在普通混凝土的上面用彩色骨料及白色或彩色水泥便可在素混凝土上浇筑特别的面层。如果骨料较大块，可用手摆成特殊的图案。

（二）反打法

也可应用缓凝剂作为模型的涂层以阻止混凝土与模型的接触。可以直接喷涂缓凝剂，或者可以用浸透缓凝剂的布给模型做衬里。特种外加剂的配方对于露石饰面是有效的。用这种方法对水平和垂直表面都可浇筑。水平浇筑用于预制工艺，并且有较大的多方面的适应性。以掺缓凝剂的方法在底部模板上反打护墙板，象正打方法那样，可应用包括特别选择的颜色、形状和组织结构的骨料的特种饰面混合料。允许粗骨料有较大的密集度，并且也可应用白色或彩色水泥，然后在上面浇筑普通混凝土以形成一块完整的护墙板。这样的方法不允许用于垂直浇筑，全部混凝土必须都用露出的骨料。垂直浇筑可用预填骨料法。

缓凝剂的种类和剂量取决于骨料露出的深度。缓凝深度为1.5~3.0mm时，建议用非水溶性的缓凝剂，而水溶性的缓凝剂能更深地渗入混凝土并使露出深度更深。露出深度不应超过平均粒径的$\frac{1}{3}$。骨料粒径的选择是这样，部分依赖于组织结构的深度，而组织结构深度本身又取决于必须看得见组织结构的距离（表36-28）和总的浇筑面积。

露石混凝土的能见度等级 表36-28

露石粒径（mm）	看得见织物的距离（m）	露石粒径（mm）	看得见织物的距离（m）
6~12	6~9	25~50	22~40
12~25	12~22	50~75	40~55

（三）喷砂法

只要求骨料轻微露出（小于3mm）时，可应用喷砂法。喷砂法需要特殊的设备并且花钱多，其外面层的均匀性还难以达到，而且硬度较低的骨料会被擦伤，足以失掉其色度。可用轻微的喷砂把局部的颜色变化减至最低限度，例如轻微的斑点，或一层层颜色轻微变化。

（四）酸侵法

需要骨料轻微露出（小于3mm）时，也可应用酸侵法。酸侵法是企图溶解掉表面硬化的水泥浆体，但缓慢且难以控制均匀。对碳酸盐骨料（石灰石、白云岩、大理石等）不能用酸侵法，因为骨料受酸侵蚀，会引起褪色或丧失完整性。有时用轻微的酸洗以净化露石面层。用酸浸是危险的，必须穿适当的防护服和工具，加强劳动保护。

（五）砂垫工艺

当要求露出大的石子或特别效果时，例如要求布置扁平石子，则应用砂垫工艺有其优点。铺设如同用于混凝土中一样的砂垫，并把选好的骨料埋入其中要求达到的深度，然后全部弄湿以固结，并在上面浇筑结构用的混凝土。混凝土硬化之后，搬开护墙板并冲去表面多余的砂。这种方法能使露出的深度更大，达12~50mm，大于化学缓凝剂可能达到的深度。

三、机械饰面

机械饰面包括磨蚀（喷砂）作用和凿毛工艺（凿石工艺）。另外，还常用研磨抛光工艺—水磨石饰面。

（一）喷砂——磨饰作用

喷砂法的效用是由于硬化水泥石优先磨损的结果，轻微的喷砂可以产生表面轻微的琢毛而不露出骨料，或者可用于露石深度达12mm之多。磨去的深度随砂粒的粗细、混凝土的龄期和喷射的时间而定。用橡胶板以保护混凝土的某些面积可产生令人满意的设计。

（二）凿毛工艺

可用各种各样的工具来斩毛混凝土的表面。剥落可使表面显示美好的组织结构。斩毛机具有三个风动的錾子，它们轮换并通过冲击斩毛混凝土表面。气动凿毛常用于水平的露石混凝土表面，因为大部分水泥石要凿掉。气动凿毛机具有一个工作面，类似斩肉器，反复冲击混凝土表面。当混凝土足够坚固时使用风镐或錾子制作，以便使粗骨料以及水泥浆体斩毛，用这种方法可以获得多种多样的效果。一种常用的方法是用模型衬板在混凝土表面浇制棱纹（或苇管状痕纹）；用磨、凿毛或斩成棱纹以产生有条纹的效果。

（三）研磨抛光工艺

可以研磨并抛光表面。磨石子是由水泥（通常是白水泥）和大理石碎粒制成的装饰面层。当水磨石硬化后，粗略地研磨表面以露出骨料，用水泥浆填满所有气孔，然后细致地研磨并抛光表面。

第九节　装饰混凝土的工程应用

由于装饰混凝土中的白色混凝土比彩色混凝土更为醒目，因此除了用作建筑物的装饰材料之外，另一个主要用途即是作道路混凝土的标志材料，如边沿线、汽车道中央分界线、机场降落标记等。由于道路混凝土经常受磨，并且露置于空气中，因此须使其在车辆频繁以及黑夜或雨天时都能鲜明。为此，国外采用在混凝土表面每隔一定距离留出凹缝的办法来解决这一问题。为了保证安全，如果所留凹缝是与地面垂直的，其高度不应超过10~20mm，同时也要考虑到雨水能很快地从两侧流掉。

彩色混凝土除主要用作建筑物的装饰材料外，尚可制成混凝土砌块、混凝土砖及庭院石等制品，也可用作道路混凝土。用作装饰材料时，首先要满足色彩鲜明的要求。而且用路面材料时，还要使用混凝土具有足够的耐磨度。

第十节　仿真石装饰

造型就是变形，变自然形为艺术形。

石材对完成建筑实体和建筑艺术起着不可估量的作用，为建筑造型创造了千古不朽的功绩。它是构成建筑实体的一种物质基础，是创造建筑艺术的必备条件。缺乏石材的特殊表现，建筑就会失去生命光环。

一、诠释仿真石

仿真石是精制建筑预制石材构件，是以天然石材的精华为母本，如石灰石、大理石、花岗岩、方解石、石英石等，再辅以天然砂石、水泥、矿物颜料、增强材料、化学外加剂和水，通过一定特殊工艺浇注而成的某种形体。因它的外观质感接近天然琢石，故又称“人造石”，国外称之为“云石”。仿真石可以任意着色，因此，它酷似大理石、石灰石、褐石、青石、花岗岩、板岩石亦就不足为奇。如配以一定比例的赤陶上，它还会制造出绝妙的仿砖制品。仿真石装饰制品捕捉了天然石每一点细微的痕迹，造就了它逼真的自然外观和感觉。

与天然琢石相比，仿真石装饰制品在造型上是更富有纹理的琢石。作为最古老的混凝土造型之一，它今天已成为最具审美情趣和最精制的现代混凝土造型。与普通混凝土相比，仿真石装饰制品是用来代替天然石材的，密实、光滑的表面增强了它的耐候性和耐污性，数十年的风吹雨打，其纹理依旧，避免了骨料表面的钝化和精微细部的丧失。

随着科学技术的发展，仿真石如果按照最佳的配合比混合配料，即可生产出类似天然石材、富有精雕绘刻纹理的产品来。采用白色水泥，使色彩更加鲜艳，颜色更趋一致；如果采用硫铝酸盐水泥，由于这种水泥凝结硬化快速，体积膨胀，制品成型快，线条、形体饱满，因此表面质量效果佳。五光十色的天然砂石俯首皆拾，也可将采来的大理石、花岗石破碎、磨细、筛分而成，或用人造轻质陶粒、破碎聚乙烯塑料泡沫代替，以减轻仿真石制品的质量。最重要的是辅以少量的增强制材料，如双钢筋、玻璃纤维等，来赋予有结构优势的预制仿真石制品以天然石材之美。

通常，对具有一定装饰艺术效果的仿真石制品，人们称之为"仿真石装饰制品"或"仿真石工艺制品"。仿真石装饰制品是装饰混凝土发展途径中的一项新工艺材料，还有另类仿真石，其机理变化丰富，起伏效果强烈，如仿蘑菇、仿劈裂石制品等。它具有取材方便，能耗小，可塑性强，成型容易，便于安装，色彩丰富，稳定持久，理化性能良好及经济实用的特点，因而被装饰设计师广泛选择使用，为千千万万建筑增添了光彩，是技术与艺术相结合的产物。

二、仿真石装饰制品的特性

仿真石装饰制品是由无机材料制作而成，胶凝材料一般为硅酸盐水泥或特种水泥，骨料为天然石渣和石屑，制品内部有配筋，外部可留预埋件，并采用 GRC 配合比工艺。制品成型以模具为主，辅以特殊工艺，区别于传统的以模具成型的装饰材料。它具有工艺的独特性与一定的装饰艺术性。

（一）工艺独特性

仿真石装饰制品同其他一些依靠模具成型的制品一样，都需要一个设计→制模→成型→脱模→整型的工作程序，它的制作区别于其他材料的工艺特点有以下两点：

1. 简化制模程序

仿真石装饰制品同其他一些依靠模具成型的制品一样，都需要一个设计、制模、成型等严格而复杂的工艺过程。模具化生产的制品，其成本的主要构成因素在于模具材料的投入及技术工时的投入，无论是硬型模具还是弹力模具，一般的制模程序为：设计稿（泥模）→石膏阴模→石膏阳模→成型阴模（材料视设计要求）。而仿真石装饰制品的制作模具的工艺特色在于一次性成型阴模，从而简化了工艺程序，提高了生产效率，降低成本。

以一幅 1000mm×1000mm×30mm 浅浮雕人物壁画为例，由 2 名技术工人用传统工艺制作模具，约需 7d 完成，为便于脱模，可选用造价低廉的弹力模具材料（聚胺酯），需材料费约 800 元。同样一幅壁画模具，由 2 名技术工人采用仿真石制品工艺制作，1d 即可完成，材料费仅 40 元。

一幅好的浮雕壁画会使建筑功能得到广延，使建筑更加充实，更加完善。装饰设计师希望设计意图得以落实，使建筑物取得整体美、环境美的效果。究竟怎样配合设计师实现整体设想呢？从装饰材料角度看，涉及到材料的耐久性，工艺的灵活性，装饰的艺术性和经济的实用性。

仿真石装饰制品在继承和发扬装饰混凝土传统工艺的基础上，力求对社会需要的适应能力，即图案造型可以满足设计需要，而且不受生产量的制约。追求与石材雕刻效果的质感及性能，但与之售价比却为 1:8，降低多多。

仿真石装饰制品只有增强了对建筑的适应性，才会具有生命力。因为建筑是仿真石存在的基础，建筑功能、建筑风格、建筑所传达的观念规范着仿真石装饰制品的内容和用以表达其内容的形式，它在建筑中占有并影响的空间应当始终是和谐的。

2. 调整材料配合比和成型程序

仿真石装饰制品始终注重材料的机理与质感。表现石材质感的工艺方法有许多，有的采取面层处理，仿真石装饰制品主要采用露明骨料的工艺，并力求其自然，粒度及疏密适宜。即将仿真石混凝土装饰制品骨料的质感和色彩用喷砂、抛丸、酸蚀、水洗等方法剥去浆皮，显露骨料，达到装饰方面的质感效果。骨料既可以是仿真石混凝土中之砂石，也可是各色石碴。露明骨料工艺对表现石材质感比较自然，并且耐久性较好。在遵循装饰混凝土工艺基础理论的原则下，为取得较为理想的机理质感效果，对传统的材料配合比工艺和成型程序进行调整。仿真石装饰制品的造型特点是一个方面，而材料的质感有特色，值得推广。

仿真石装饰制品一方面力求使其材质接近石材，另外也要顺其自然，使其古朴大方的特色得以展现。

（二）装饰艺术性

装饰是人类基本欲求之一。一种装饰材料，追求什么样的装饰效果，不同时期、不同区域有着不同的定位。对于理想的仿真石装饰制品而言，一是要解决工艺和材质问题，二是要解决装饰艺术的方向问题。

装饰艺术在中国历史悠久，其渊源可追溯到几千年前的新石器时代。我国民族文化艺术的宝库为仿真石装饰制品提供了取之不尽的源泉。我们的指导思想是：向民族传统文化艺术学习。另一方面也要整理变形，要根据仿真石装饰制品的工艺和材料特点进行设计，使仿真石装饰制品在装饰艺术方面有所发展和提高。对建筑外立面所需的浮雕壁画要尽量遵重设计师的意见，因为壁画一旦走进建筑环境，它不仅是艺术造型问题，同时涉及空间感、建筑体量及环境装饰的整体布局。

但对于室内陈设的工艺壁挂，就相对自由些，只要变形得当，且有情趣，人为与自然的艺术成分处理得体，自然会呈现出非凡的艺术魅力。这里要力求掌握似与不似之间的分寸，把更多的联想、悬念、思考留给观众。

仿真石装饰制品应注意充分发挥其质地土气、大方、拙朴的特色，去大胆而艺术地表现历史题材，为美化生活环境作出新的尝试。

三、仿真石装饰制品的应用

在已有的仿真石装饰制品中，工艺造型效果最好的当属雕塑制品。其中以浮雕制品为主，用于建筑物内外立面装饰，如大浮雕制品可作为室内壁挂陈设等。雕塑分为浮雕制品和圆雕制品，它的原理主要是以光影效果来表现造型，并具有较强的力度感和空间感。

（一）浮雕制品

1. 装饰浮雕壁画

传统的浮雕制品，我国汉代多用石灰石，它不透明，故往往运用光面与毛面对比产生显著的反光和吸光的色彩效果，强调人物外形的刻画、线条与大面积的对比。它的造型外部单纯、内部具体、质感厚实，因此，效果佳，整体气势感强。时至今日，它仍具有较现实的装饰情趣。

设计时，仿真石装饰制品在表现浮雕壁画方面，不仅适于历史题材，而且也适用现代题材，这主要在于设计师的设计理念和设计手法。

2. 壁挂工艺浮雕

仿真石工艺壁挂浮雕制品的优点在于展现了一种新型的装饰材料。浮雕制品以手工制作为主，每个造型生产量小，意在满足个别消费者的心理需求，对仿真石装饰制品的长远发展将产生积极的影响。仿真石壁挂工艺已在一些艺术领域内有所陈列，建筑界和艺术界对此反应强烈，呼声也很高，这显示了它在室内装饰领域内具有一定的生命力。

（二）圆雕制品

仿真石圆雕制品主要通过全方位来表现造型，其特点是空间感强，适宜小区、街心花园、渡假村、休闲山庄的环境艺术和景观装饰造型。

小件圆雕制品可以作为室内陈设，而大件则可作为高层建筑的门厅柱体，以显示建筑物气势宏伟，如成都国嘉大厦——世界最高的仿真石爱奥尼克柱。

仿真石装饰制品以其丰富的自然面、多变的外观及鲜明柔和的色彩，给设计师们提供了一个丰富的设计空间和无限的表现手段，使设计师能够充分体现自己的个性和品味，创造出雍容华丽、高贵典雅、韵味独特的建筑效果。

在我国，仿真石装饰目前仍处于发展阶段，仍需不断挖掘新材料、发展新工艺、研制新产品、扩大生产规模，满足社会需求，为美化城市空间、渲染生活环境、反映时代风貌、展现民族特色做出积极贡献。

第十一节　GRC装饰件的制作与施工

GRC是英语Glass Fiber Rfouced Cement的缩写，意思是玻璃纤维增强水泥。GRC即是以水泥砂浆作基材、玻璃纤维为增强材料的无机复合材料。GRC具备混凝土和水泥砂浆所无法具有的优良特性，如抗拉强度高、抗裂性好、制品薄、自身质量轻、耐冲击性好等，与普通混凝土和水泥砂浆同样具有阻燃、耐久性好、无异味、对人体和环境无毒、无污染等优点。GRC的应用十分广泛，如多孔轻质内隔墙板，国家已作为墙改推广产品，成都、西安、重庆、上海已有标准图集；再如建筑装饰件如檐口线脚、腰线、窗套、艺术柱、栏杆等已开始应用；还有外墙板、屋面瓦、落水管以及艺术小品等。随着人民生活水平的不断提高，居住小区的地位也随之提高，GRC的应用将越来越多。特别是GRC装饰件，可以再现中外古典建筑艺术，它把线条的造型、质感和色彩有机的结合起来，配以周围的绿化、小桥、山水，使得建筑和环境的格调富有艺术氛围和优美情趣，更好地为人们服务。

一、工程概况

某地高尔夫球场第五期别墅小区共有43幢3层楼房，总建筑面积为17795m^2，建筑外装饰中采用GRC装饰制品的主要有：檐口线脚、女儿墙线脚、阳台线脚、窗套、窗柱、阳台、栏杆、艺术柱等，品种多，用量大，使用GRC装饰件的总表面积达16683m^2（图36-6）。

二、制作工艺

（一）原材料要求

1. 玻璃纤维

耐碱玻璃纤维无捻粗纱：氧化铬含量不低于14%，符合JC/T572—1994的规定，选用陕西（兴平）玻璃纤维总厂的产品。

2. 硫铝酸盐水泥

低碱快硬硫铝酸盐水泥：符合JG714—1996的规定，pH值不大于11.7，选用中英合资漂阳汉森水泥厂的产品。这是一种特种水泥，具有快硬高强，且体积微膨胀的特点。

3. 细骨料

中砂：洁净河砂，含泥量不大于0.5%。

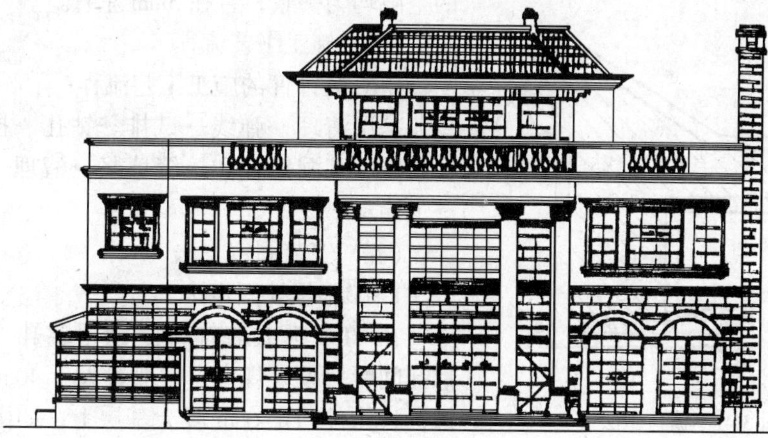

图 36-6　应用 GRC 的建筑立面

4. 外加剂

外加剂：上海花王化学品有限公司的高效缓凝减水剂。

5. 水

拌合用水符合国际《混凝土拌合用水标准》(JGJ63—89)。

6. 脱模剂

脱模剂系上海花王化学品有限公司的水性脱模剂，使用效果较好，且价廉物美。

7. 其他材料

钢筋、铁件、石子或陶粒等，质量符合一般建筑工程规定。

（二）产品成型工艺

玻璃纤维经纤维切割机切割成规定长度，通过气压泵和气动喷头喷出；充分拌合的水泥砂浆通过螺杆泵和气压泵从另一个气压喷头喷出，这样纤维和水泥砂浆在工作面混合，分层喷射，形成短切玻璃纤维束二维乱向均匀分布料浆层，最后人工用铁板收光。一定时间后脱模，经浸水养护，保证 72h 内充足水分，待抗压强度达到设计要求后方可启运使用。

三、安装施工技术

（一）施工材料

除 GRC 制品外，膨胀螺栓、水泥砂浆、丙烯酸型胶粘剂、密封胶防锈漆、焊条等，都是施工制作的配套材料。

（二）施工机具

切割机、钻孔机、电焊机、水准仪、卷尺、墨线盒、角尺、直尺、塞尺、麻线等。

（三）现场准备

1. 基层清理

清除混凝土基层的污垢、砂浆块、垃圾等附着物，局部若有突出地方，应作凿除处理。检查基层的质量是否符合要求。

2. 弹线放线

基层面弹出水平线、垂直线以及 GRC 制品位置线，必须做到横平竖直。件与件之间

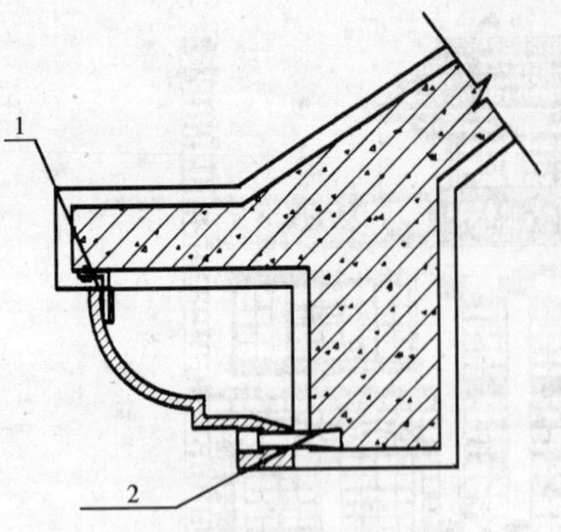

图 36-7 檐口做法

1—4mm×40mm 扁铁，膨胀螺栓固定打掉的粉刷层，用水泥砂浆拌丙烯酸型胶粘剂；2—膨胀螺栓固定后，用水泥砂浆拌丙烯酸型胶粘剂修补、抹平

的空隙均匀一致，且在 5mm 左右。

（四）施工工艺流程

GRC 装饰件的施工工艺流程：

基层清理→弹线→试排→钻孔→挂板→校正→固定→孔洞修补和接缝填浆→清理→嵌密封膏→上涂料。

（五）安装固定方法

1. 膨胀螺栓固定法

在 GRC 板或装饰件上预留螺孔（退拔状），螺孔间距按设计规定，一般不大于 40mm，用膨胀螺栓将构件固定在混凝土基层上，如图 36-7 所示檐口做法和图 36-8 所示窗套做法。

2. 电焊固定法

GRC 板内预埋铁板或钢筋，混凝土基层相应位置预埋铁板，安装时用电焊方法将其固定，必要时增加联接铁件。如图 36-9 所示柱子做法，柱脚和柱帽均分为两块拼接而成，柱身根据自身质量分段，每段也由两块拼成。

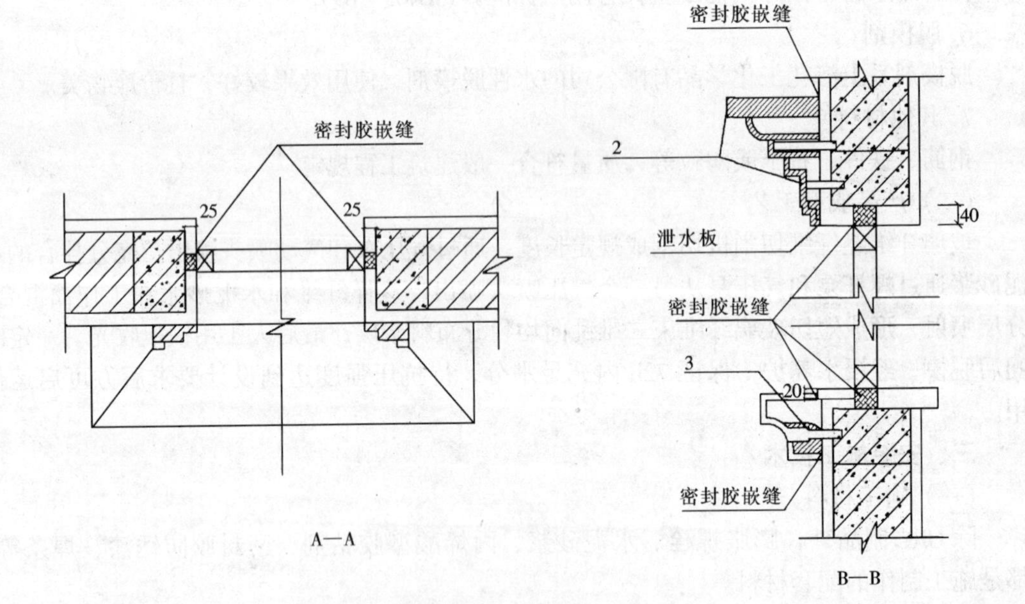

图 36-8 窗套做法

1、2、3—膨胀螺栓固定，用水泥砂浆拌丙烯酸胶粘剂修补、抹平

（六）操作要点

（1）挂 GRC 装饰件制品按顺序就整幢建筑应由上往下挂，上口要以水平线为准，底层的挂好后，要用直尺检查校正，不得有上下左右不齐的现象，制品间离缝控制在 5mm 左右。

（2）接缝处采用水泥砂浆聚丙烯酸型胶粘剂拌匀后分三次嵌满接缝，每次嵌缝间隔

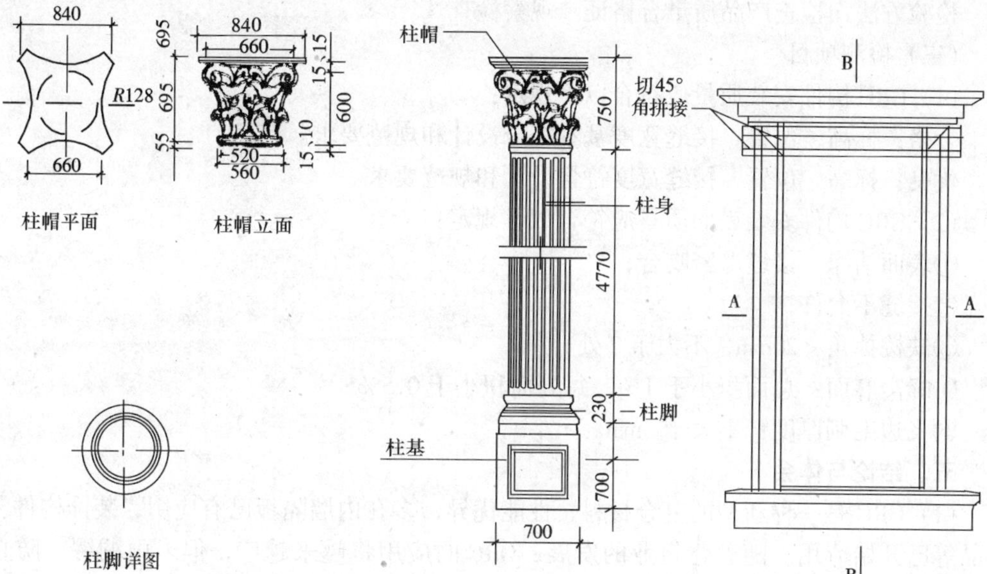

图 36-9　柱子做法

24h 以上。

(3) 制品与基层交接处用汇丽牌密封膏嵌缝，与铝合金表面的交接处用道康宁中性白色硅胶嵌实。

(4) 所用坚固件宜采用镀锌处理的，埋件外露部分，联接铁件钢筋及焊缝等均应作防腐处理，一般为红丹防锈漆。

(5) 控制好钻孔直径和深度，严格控制膨胀螺栓的埋入深度，符合设计要求。必要时要做抗拔试验。

(6) 施工阶段做好隐蔽工程验收工作。

四、质量检验和评定

由于本分部分项工程尚无国家标准或地方标准，建议参考混凝土预制构件和装饰工程有关规范，结合工程实践制定如下质量检验评定标准。

(一) 检查数量

室外，以 4m 左右高为一检查段，每 10m 长抽查一处，每处 3 延伸米，但不少于 3 处。

(二) 保证项目

(1) GRC 构件、配件和联接件的型号、规格和技术条件应符合设计及有关规范要求。GRC 构件强度符合设计要求，表面无裂缝。

检验方法：检查构件出厂证明文件、产品质量合格证，检查水泥砂浆试块强度报告，观察检查构件表面。

(2) GRC 构件安装方法和安装质量应符合设计要求，安装牢固无松动。

检验方法：观察检查，用手轻摇。检查隐蔽验收单。

(3) 接缝砂浆强度符合设计及有关规范要求，构件粘结牢固，无裂缝。

检验方法：检查接缝砂浆强度试块报告。观察检查。

(4) 防水构造和做法符合设计及有关规范要求。

检验方法：检查产品质量合格证。观察检查。

（三）检测项目

(1) GRC构件安装质量应符合以下规定：

合格：标高、位置、接缝宽度基本符合设计和规范要求。

优良：标高、位置、接缝宽度符合设计和规范要求。

(2) GRC构件安装表面质量应符合以下规定：

①表面洁净、接缝严密吻合；

②接缝不允许；

③缺棱掉角<20mm，不大于2处；

④蜂窝麻面：总面积小于1%，每处面积小于0.5%；

⑤飞边毛刺厚度：不大于3mm。

五、结论与体会

(1) GRC是一种新型的复合材料，性能优异，多孔内墙隔板已有应用，装饰构件艺术小品等已开始应用。随着建筑业的发展，GRC的应用将越来越广，但未雨绸缪，防止鱼龙混杂，规范GRC市场成为十分必要且迫切的事。

(2) GRC构件的原材料很重要，牵涉到它的耐久性、安全性等问题，必须按照要求严格选用。

(3) 对于GRC，国内尚无统一规范、标准，应尽快组织制订，预算定额也应尽快测算。

(4) GRC装饰件的设计尚未标准化，设计各异，这样模具利用率不高，成本较高。今后设计应趋标准化，利于降低成本和推广应用。

(5) GRC内外墙板国内外均已有应用。GRC内外墙板改变了传统的、落后的砌体外墙构造，且优于混凝土外墙板，有必要进一步深入研究，扩大推广应用。

第十二节　内外GRC内隔墙板安装施工技术

GRC轻质隔墙板作为一种非承重墙的墙体装饰材料，抗折强度较高，抗冲击性能优良，材料表面性能稳定；比密度小，减轻了墙体荷载，可降低建筑物主要结构的造价；墙体较薄（只有60mm、80mm或90mm厚），增加了建筑使用面积。它还可进行钉、锯、刨等加工，安装下分方便快捷；可取消粉灰等湿作业，改善工人施工操作环境，大大降低劳动强度。

GRC轻质隔墙板属于建设部十项新技术中的“框架轻墙”体系，但目前只有板材质量的行业标准，而没有施工操作技术规程。成都、重庆、西安、长沙等地区从上世纪90年代初开始推广使用GRC轻质隔墙板，从以往的工程实例来看，因施工过程控制不好，技术措施不到位，往往容易出现下列问题：

(1) 隔墙平整度、垂直度等指标达不到中、高级抹灰的验评标准，需要重新粉灰，完全背离了GRC轻质隔墙板的主要优点。

(2) 墙体在GRC墙板拼缝处出现裂纹，甚至裂缝。

(3) 卫生间墙体出现渗水现象等。

如何避免这些问题的出现，下面就一些工程的施工实践谈谈 GRC 内隔墙的安装施工技术。

一、工程概况

金鼎大厦位于某地黄金地段，总建筑面积 4500m^2，层高 3.2m，是一座集高科技展厅、实验室和高档写字楼于一体的综合性大厦。钢筋混凝土框架-剪力墙结构，楼盖采用 GBF 薄壁管混凝土空心无梁平板（板厚 300mm），这种平板结构最适宜于用 GRC 轻质墙板隔墙，它可以根据用户的要求，自由地分隔空间。共计有 12500m^2 的内隔墙。金鼎大厦工程施工开发商和监理方要求按鲁班工程的标准进行，GRC 内隔墙平整度、垂直度等指标要达到高级抹灰的验评标准，可以直接进行墙漆涂料等下道装饰工序的施工。针对开发商的要求，结合 GRC 隔墙板安装容易出现的一些问题，重点应抓住以下几个环节。

二、原材料技术要求

（一）板材

大“框架轻墙”体系中，GRC 空心隔墙板的各项技术指标必须符合质量要求。

（1）板面不起灰，不得有裂缝、气孔及峰窝麻面。如出现裂缝，每处长度小于 30mm，且少于两处。

（2）板材为 2860mm × 600mm × 90mm，除卫生间外均为空心板，板材外型尺寸允许偏差见表 36-29。

GRC 隔墙板外型尺寸允许偏差（mm）　　**表 36-29**

长　度	宽　度	厚　度	对角线长相差	平 整 度
±5	±3	±2	≤6	≤2

（3）板材强度、含水率满足质量标准要求，若未加早强剂，要满足 28d 龄期时抗压强度的要求。

（二）其他材料

1. 水泥

采用低碱硫铝酸盐水泥，这种特种水泥混凝土硬化快，强度高，而且硬化后体积膨胀。有些工程用的是普通硅酸盐水泥，这将影响墙体的耐久性。这是因为低碱硫铝酸盐水泥与硅酸盐水泥的相容性要差一些，两者混合甚至于接触都将导致前者强度的降低，故耐久性不可避免地受到影响。

2. 水泥砂浆

所有接缝水泥浆的强度等级都不得低于 M2.5。

3. 玻璃纤维布

接缝表面粘贴用抗碱玻璃纤维布，且抗拉性能要好。

4. 固定件

固定墙板上、下端采用 3mm 厚 U 形和 L 形钢板卡。实际上很多工程用的是铁皮，实践证明，这对墙体的抗震性能和稳定性是很不利的。

三、施工方法及技术措施

（一）安装工艺流程

GRC 内外隔墙板的安装工艺流程：弹线→就位→塞浆→砂浆收口、捻口→填槽→养护→刮涂→刷墙漆等涂料。

（二）安装技术措施

1. 就位、塞浆、砂浆收口、捻口

（1）就位前墙板四周及楼、地板接触面清洗干净并湿润，装好天棚面的U型固定卡，卡具对中板缝。

（2）板顶铺一层干硬性水泥砂浆，板侧槽用108胶水泥砂浆胶粘填实，然后将板置于安装位置，一人用专用橇棍橇起，并上下略作撬动，一人在板的一侧将板推挤，将板与板、板与楼盖之间挤紧，将浆剂出来，刮掉再捻一道，这样就使接缝处灰浆饱满。

（3）就位后及时用靠尺等工龄检查墙面直度、平整度和线脚的情况并进行调整。

（4）安装位置调整到位后，用木楔塞紧下部，替下橇棍，并轻轻敲击墙板，观察是否松动，然后再检测一次垂直度和平整度，调整至符合要求，然后在墙板底部钉L形卡固定墙板。

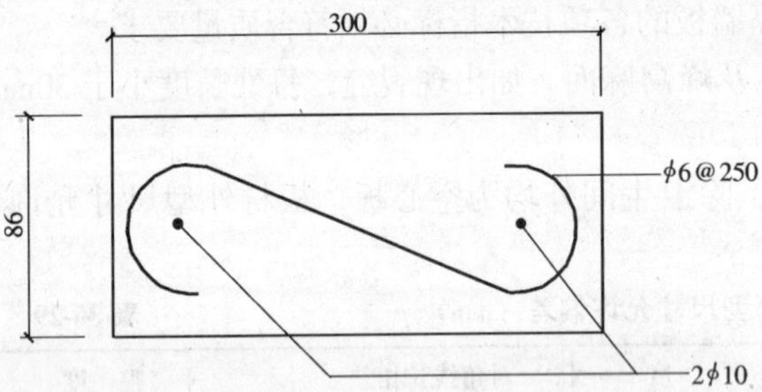

图 36-10　构造柱的设置

（5）最后在板底留有的不少于30mm缝隙内，用掺10% UEA膨胀剂的C20豆石混凝土塞填，用短钢筋反复插捣使填料密实。

2. 填槽

填槽前板缝应清理干净并用水湿润，先用108胶涂刷板槽一遍，在108胶未干之前贴上玻纤布胶带，再抹一层108胶水泥浆于槽内，抹平至板面齐平。

3. 设置构造柱

沿墙方向每隔8m设置一个构造柱，柱断面尺寸为300mm×86mm，主筋为2ϕ10，箍筋为ϕ6@250，C20混凝土。一般GRC内外隔在墙板安装一星期后再施工构造柱。构造柱如图36-10所示。

4. 养护与成品保护

所有部位的混凝土、砂浆施工12h后应喷水养护，养护期7d，这期间不得碰撞、敲打墙体，也不能进行下一道工序的施工，以免粘结料未完全固化而因振动使接缝开裂。

5. 细部构造

（1）墙体转角处处理：墙体转角处易地产生应力集中，使用特制“L”形板和“T”形板，如图36-11和图36-12所示。

（2）墙板与混凝土墙、柱的连接：首先将接缝处的混凝土凿毛并湿水，再在上面抹一道浆（108胶水泥砂浆），墙板板侧凹槽面与混凝土墙柱相接时，应将凹槽内用浆填满，墙板就位后挤紧捻一道；凸槽相接时，将凸槽上抹浆与墙、柱顶

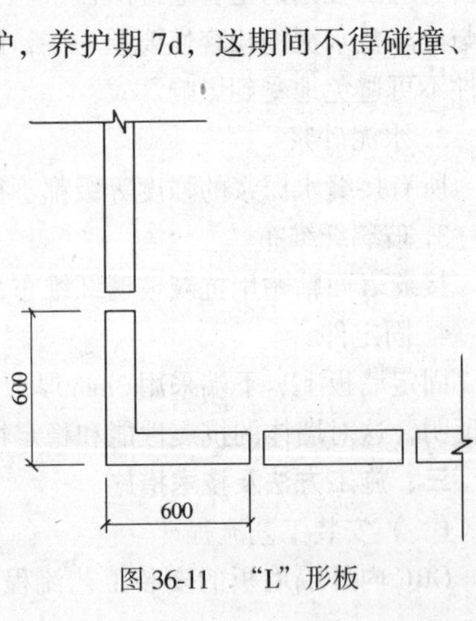

图 36-11　“L”形板

紧，浆略干后再分几次抹浆填实。板与墙、柱阴角处均应贴玻纤布胶带。

（3）竖向墙板相接：金鼎大厦顶层层高 5.4m，竖向采用 2860mm × 600mm × 90mm 或 1860mm × 600mm × 900mm 两块板相接，中间设断面为 86mm × 300mm 的圈梁，圈梁主筋 4ϕ10，箍筋 ϕ6 @ 250，C20 混凝土，圈梁与构造柱相连，构造柱距离加密至每 4m 一个，如图 36-13 所示。

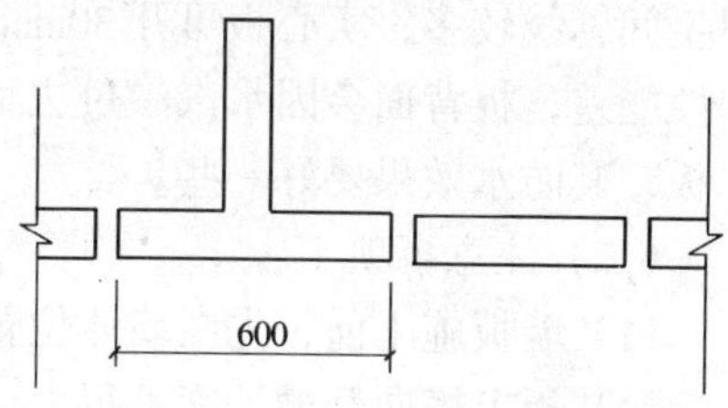

图 36-12　"T" 形板

（4）预留、预埋：

①门、窗洞预留、预埋　门窗顶设钢筋混凝土过梁，门洞边每边设三个木砖，木砖尺寸为 30mm × 30mm × 100mm，木砖应伸入板内第一排孔内，并用 108 胶砂浆固定。该排孔须用 C20 细石混凝土灌实，如图 36-14 所示。

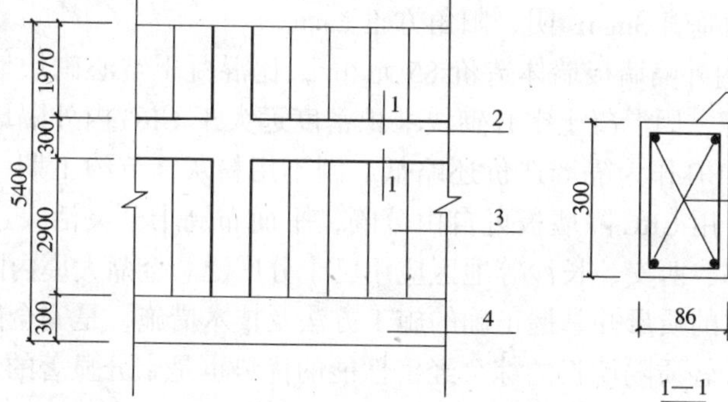

图 36-13　竖向墙板相接

1—构造柱；2—圈梁；3—墙板；4—楼板；5—ϕ6@250；6—4ϕ10

②洗水盆、热水器、取暖器　以上所需预埋铁件或木砖，在墙板上按设计位置剔孔后用 108 胶砂浆黏结固定。

③水电线路敷设及开关安装　电线暗线敷设时，竖向电线沿板孔敷设，水平电线则埋设在楼层混凝土里，开关可剔孔埋设，108 胶水泥砂浆固定。空心板板面严禁开凿线槽。

④卫生间内的水管、电线敷设　可在实心板上开不深于 30mm 的槽。

（5）小于整板三分之二宽度的板材若要用在工程上，须将空心部分用珍珠岩细石混凝土填实以保证其刚度。

（6）对个别平整度达不到安装质量要求的，要先进行刮涂，刮涂材料配合比为：水泥∶石灰∶108 胶 = 1∶3∶0.5∶0.2，然后才能进行墙漆涂料的施工。

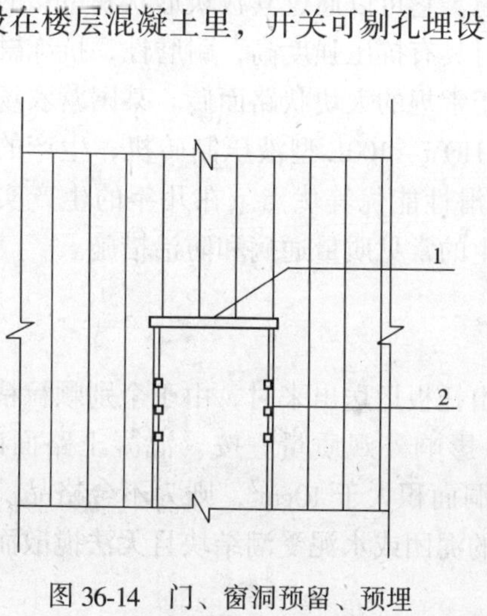

图 36-14　门、窗洞预留、预埋

1—混凝土过梁；2—木砖

四、卫生间墙体施工技术措施

卫生间墙体应采取防水措施，另外卫生间管线较多，墙体施工应考虑管线的布设。

（一）材料

金鼎大厦卫生间墙体采用的是 90mm 厚 GRC 憎水实心板，内面为毛面，便于贴面砖。卫生间管线较多，实心板可开 30mm 深的槽，自来水管、电线均可暗敷。普通 GRC 板自防水性能差，板背面会因水汽渗过去而引起板上的涂料泛黄，所以金鼎大厦选用了 GRC 憎水板，其防水效果要好一些。

（二）注意事项

（1）墙板施工前，先在墙体位置做好 300mm 高同板厚的混凝土防水板沿。

（1）板上横向开槽深度不得大于 30mm，须用切割机切割，不得随意敲凿。

（2）本工程公共卫生间的电热水器因为质量太大，故将其吊挂在楼盖上。

五、质量验收标准

（1）使用材料应符合技术标准和技术要求。

（2）任何位置都不允许出现裂纹。

（3）墙板板面、线角按高级抹灰的验评标准进行验收。允许偏差：平整度 2mm；阴、阳角垂直 2mm；立面垂直 3mm；阴、阳角方正 2mm。

金鼎大厦 GRC 内外隔墙板墙体造价 85 元/m^2，比混凝土空心砌块墙体（含粉灰）高约 30%，但综合考虑，因混凝土空心砌块堆积密度远大于 GRC 内外隔墙而增加结构部分的造价，实际上用 GRC 作为隔墙造价还略低。因不用粉灰，节约工期一个月以上。本工程楼盖为无梁平板，用 GRC 隔墙板可自由分隔，平面布局十分灵活，这种平板加轻质隔墙的结构形式在成都、西安、长沙等地区应用已十分广泛。金鼎大厦内隔墙的施工实践证明，只要控制好板材的质量并掌握正确的施工方法及技术措施，是完全能达到不粉灰、不开裂等要求的，GRC 轻质隔墙板的综合经济性能的优势也是十分显著的。

第十三节　彩色混凝土路面砖质量通病及防治措施

随着我国国民经济的腾飞和城市建设、环境美化的需求，彩色混凝土路面砖以其多姿多彩的独有魅力越来越受到人们的青睐。彩色混凝土路面砖主要用于人行道、广场、庭院、住宅小区的环境美化，还可用于停车场和车行道。它可以通过其板块形状和色彩的组合，设计出独特的、令人赏心悦目的彩色路面，同时具有抗压强度高，耐磨性、抗冻融性好及经久耐用等特点。其防滑效果、施工工艺都优于常规的大块状路面砖。某国营农场为了加快小城镇建设，美化环境，1997 年初购进一套 HQY－100E 型液压制砖机，生产的彩色混凝土路面砖具有密实高强、耐磨性好、表面抗滑性能优等优点。在几年的生产实践中，总结出了该设备生产彩色混凝土路面砖容易产生的常见质量通病和防治措施。

一、表面孔洞（表面黏皮）

（一）现象与原因分析

这一现象是在成型工艺过程中就产生的，当砖由托板运送出来时，由于个别颗粒粘附在压头上，从而在砖体表面出现黏皮形成小孔洞，影响外观质量。按《混凝土路面砖》（JG/T 446—1996）行业标准规定检验，若黏皮形成洞面积大于 10cm^2，则为不合格品。分析这一现象的起因为材料质量问题，即面料砂子中的泥团或水泥受潮结块且无法搅散而引起。

（二）防治措施

(1) 严格控制砂子、水泥的质量，不合格的原材料不准使用。

(2) 对面料用的砂子进行过筛（水筛的效果最好）处理，筛去泥团和粗颗料。

(3) 水泥堆放处应注意采用防潮措施，若用水泥罐，则应注意水泥罐的密封。对超过使用期限且已结团的水泥弃之不用。

(4) 适当增加混凝土搅拌时间。

二、裂纹、裂缝

(一) 现象与原因分析

混凝土路面砖产生非贯穿性裂纹或贯穿性裂缝，出现裂缝有以下几种主要原因：

(1) 生产工艺参数不适当，如压力过大；

(2) 上下模具不水平，导致脱模时给砖施加横向压力；

(3) 托板强度不足，如用小木板拼装的托板使用一段时间后容易出现螺丝松动，致使相邻小木板受压后的回弹力大小不等，回弹时间不同步；

(4) 养护不及时，导到早期强度较低，不能抵抗各种原因造成的拉应力破坏。

(二) 防治措施

如果出现裂纹而导致裂缝，首先应注意围绕以上几个方面进行观察，分析其属于哪一类。一种准确有效的辨别方法为：若裂缝细小且无规则，则首先应考虑（4）养护因素；若大部分砖裂缝方向与托板拼装方向平行，则应考虑（3）托板强度问题；若出现裂缝的砖的位置在托板中相对固定，则应考虑（2）模具的水平情况；或不能从这三个方面找出原因，则应考虑（1）液压工艺参数。找出主要原因后，再通过进一步的验证，便可对其进行由点到面、逐个击破，问题也就迎刃而解了。我们在生产中发现其中最为严重的是第（3）类问题，针对这一问题，对托板进行定期维修保养以及逐步对旧的拼装托板进行更换，并通过对不同材质的托板进行试用和对性能价格比分析优选后致认为，采用无接缝的高强度纤维板作托板，应用效果极佳。总结其相应的防治措施为：

(1) 对托板质量进行严格控制，使用高强度、无拼接缝的纤维板作托板。

(2) 选择适当的工艺参数进行生产，特别是液压工艺参数。

(3) 更换模具时，应使用适当器具保证上、下模具与底座的水平程度。

(4) 及时进行洒水养护，以使早期强度迅速增长。

三、表面蜂窝麻面

(一) 现象与原因分析

混凝土路面砖侧面出现严重的蜂窝、麻面，空隙大且多，影响外观和强度。出现这一问题主要原因是因为底料混凝土配合比不合理，应对底料配合比进行调整，选择最优配合比。

(二) 防治措施

(1) 通过实践对比，选用合适的混凝土配合比，见表36-30。

混凝土路面砖底料配合比　　　　**表36-30**

项　目	42.5级水泥	5～10mm碎石	中　砖	水	备　注
每1m³混凝土用(kg)	450	600	1200	135	砂、石含水率<2%

采用表36-30的混凝土配合比生产的路面砖，其3d龄期抗压强度达35MPa，符合标准

《混凝土路面砖》(JC/T—1996) 规定的强度要求。

(2) 选用适当级配组合的骨料。可用石屑完全代替碎石和砂子，但因石屑颗粒级配、含泥量变化大，质量难于控制。当石屑过粗时，就易产生侧面蜂窝麻面现象影响外观质量。故当采用石屑作为骨料时，应严格控制含泥量和筛除过粗的石屑粒子。

四、强度波动较大

(一) 现象与原因分析

试验发现路面砖的强度差别大，不能满足设计要求，这一问题产生因素比较多，在此归结出影响较大的两类：

(1) 是对液压制砖机机械维修不当所致；

(2) 是材料离析，因配料拌出的混凝土通过皮带输送并卸入到制砖机料斗中有一定高差，加之混凝土较为干硬、松散、容易产生粗细颗粒离析。

如有近一个月时间，试验室抽检发现面砖强度波动很大，其中抗压单块最高值达39MPa，最小值只有18MPa。通过分析，发现生产出来的同一板砖后排与前排的厚度之差竟达2mm，即严重倾斜不平，再深入检验分析时发现两排砖抗压强度之差达15MPa（后排平均抗压强度为40MPa，前排平均抗压强度25MPa），对生产过程进行分析发现，由于料斗刮料板磨损过度，造成送料不均匀，导致送给后排砖的底料过多，加之制砖机底座前排减震胶老化后操作人员又处理不当导致成型时压力不平衡，所以出现强度差。通过对这些因素进行分析调整后，便解决了强度波动问题。

(二) 防治措施

(1) 应定期对设备进行精心维护。

(2) 尽量降低或消除卸料高差，防止混凝土产生离析。

(3) 运用统计技术对试验结果进行分析，使生产过程质量处于稳定受控状态。

(4) 有关质检人员应对尺寸偏差等外观质量及时认真地进行检测、分析，并及时向质量控制部门反馈质量信息。

五、彩色砖表面色泽不一致

(一) 现象与原因分析

产生这一现象除配料系统本身的误差之外，另一因素是由于颜料本身质量问题。曾经在同一颜料生产厂购买颜料，不同批次的氧化铁红颜料，发现色彩有差异。

(二) 防治措施

(1) 选定一家质量可靠的颜料厂商是保证颜色一致的前提。有条件时可到附近地区的颜料生产厂商进行考察，选择样品进行分析，选定一家质量稳定可靠、生产规模大的颜料生产厂商作为定点供应厂。另外购买颜料时，应同时考虑耐久性等质量因素，也会在堆放过程发生颜色改变而产生表面色泽不一致现象。

(2) 定期对计量设备进行校准，减少计量误差。

(3) 有条件的地方，可选择德国“拜耳”颜料。使用时，可适当加入分散剂。

六、冬天表面泛白

(一) 现象与原因分析

彩色混凝土路面砖在养护期间，由于混凝土中多余的拌合水将水泥水化生成的氢氧化钙溶液，或混凝土外部的水使氢氧化钙溶解而渗析到表面后，与空气中二氧化碳反应，产生不溶性的碳酸钙，形成泛白现象。由于采用压制成型工艺生产的彩色混凝土路面砖表面相对粗糙，在冬季极易出现泛白现象。

（二）防治措施

（1）应提高路面砖表面致密度，即密实度，这就要调整液压制砖机的工艺参数；

（2）改善养护条件，且必须及时养护；

（3）使用外加剂特别是早强剂，以氯化钙为最好经济；

（4）使用质量好的颜料，如德国“拜耳”颜料。

杜绝彩色混凝土路面砖质量问题的出现以及及时进行防治，对提高彩色混凝土路面砖的生产质量，减少废品率，提高经济效益有重要意义。

第三十七章　补偿收缩混凝土

(compensatory shrink concrete)

第一节　概　述

一般普通混凝土在硬化之后，其体积是收缩的；而膨胀混凝土在硬化后，其体积不收缩或微膨胀。混凝土硬化后的体积变化，实质上是胶凝材料水泥硬化后体积变化的反映。因为混凝土在硬化过程中，其骨料砂、石的体积并没有变化，所以将配制膨胀型混凝土用的水泥称为膨胀水泥。

膨胀型混凝土分为两大类：一种叫补偿收缩混凝土；另一种称自应力混凝土。当混凝土的体积受到约束时，因其体积膨胀而产生的压应力（约0.2～0.7MPa）全部补偿了因水泥硬化收缩而产生的拉应力，这种即称为补偿收缩混凝土。而当混凝土体积受到一定约束时，因其体积膨胀而产生的压应力，除抵消水泥硬化收缩产生的拉应力之外，尚有剩余，并以压应力的形式储存于混凝土内部（约0.7～7.0MPa），这种即称为自应力混凝土。本章仅介绍前者。

使用膨胀型混凝土的目的，是利用其硬化后体积膨胀增大的特点，当其周围存在约束时（如修补空洞时四周老混凝土的约束），因体积膨胀产生侧向挤压力，以达到新老混凝土结合严密。一般水泥硬化后有两个缺点：一是体积收缩（与灌筑后初凝状态体积相比较），其次是本身抗拉强度低，往往因水泥硬化后体积收缩而产生的拉应力过大，从而出现微裂缝，这对结构显然是不利的。尤其是对预制框架的梁柱现浇节点，或加固、修补混凝土缺陷所使用的普通混凝土，常因水泥硬化后体积的收缩，而在新老混凝土结合面之间产生间隙，影响了结构的正常受力。为此，人们对水泥在早期硬化阶段，使其体积由收缩变化到膨胀的问题上，进行了研究。其结论是：要克服这种收缩的缺陷，应使用膨胀水泥配制膨胀型混凝土。

补偿收缩混凝土在国外已有近百年的发展历史，特别是德国、美国、日本、法国和俄罗斯已应用在许多重要的工程结构上。中国建筑材料科学研究院于1957年首先研究成功硅酸盐自应力水泥后大量用来制作压力管。1965年试制成功明矾石膨胀水泥（Ⅰ型），1967年又试制成功明矾石膨胀水泥（Ⅱ型），用来配制补偿收缩混凝土，并将其用于修建较大规模的人防工程，1000m^3 的砖砌轻油罐，北京毛主席纪念堂工程中的后浇缝，以及各种梁柱接头等，都收到较好的效果。补偿收缩混凝土具有广阔发展前途，今后应将进一步扩大膨胀水泥的品种，改善其性能，降低造价。研究和提高补偿收缩混凝土的各种性能，并注意推广应用，则其使用范围必将进一步扩大。

第二节　膨　胀　水　泥

补偿收缩混凝土基本是采用膨胀水泥或加膨胀剂制成的，是一种适度膨胀的混凝土，就是用膨胀来抵消混凝土的全部或大部分收缩，因而避免或减轻混凝土的开裂。另外，补偿收缩混凝土尚具有良好的抗渗性和较高的强度，所以是一种比较理想的结构抗渗材料。配制性能良好的各种补偿收缩混凝土须利用膨胀水泥或掺膨胀剂。我国与美国、俄罗斯等国皆利用膨胀水泥，而日本则是利用掺膨胀剂的方法来制备补偿收缩混凝土。

一、膨胀水泥的分类

国内外研究成功的膨胀水泥较多，但具有实用价值的主要有硫酸盐型膨胀水泥和石灰系膨胀水泥。

（一）硫酸盐型膨胀水泥

这是一种以形成钙矾石为主而产生体积膨胀的水泥，亦是世界各国补偿收缩混凝土用水泥的主流。其膨胀机理基于如下反应方程式：

$$6CaO + Al_2O_3 + 3SO_4 + 32H_2O \longrightarrow \underset{\text{（钙矾石）}}{3CaO \cdot Al_2O_3 \cdot 3CaSO_4 \cdot 32H_2O}$$

反应生成物是具有 32 个分子结晶水的针状结晶物，即为钙矾石，在生成结晶时发生显著的膨胀。

1.K 型膨胀水泥

K 型膨胀水泥系由无水硫铝酸钙（$4CaO \cdot 3Al_2O_3SO_3$）和 $CaSO_4$、CaO 组成的膨胀剂与硅酸盐水泥熟料混合而制得的。其中一种膨胀剂的配比为 $C_4A_3\overline{S}:CaO:CaSO_4 = 43:28:29$，膨胀剂对硅酸盐类水泥的混合比例为 10% ~ 13%。美国主要生产这种水泥，年产量达几十万吨。

2.M 型膨胀水泥

M 型膨胀水泥系用高铝水泥和硫酸钙掺入到硅酸盐水泥中，或由硅酸盐类水泥熟料、高铝水泥熟料和石膏混合粉磨而成。我国和俄罗斯主要生产这种水泥。

3.S 型膨胀水泥

S 型膨胀水泥系提高硅酸盐水泥基材中 $3CaO \cdot Al_2O_3$ 和 $CaSO_4$ 的含量，利用其反应具有膨胀性。美国和俄罗斯都有生产。

4.CAS 膨胀剂

CAS 膨胀剂，这是由石灰石、铝矾土和石膏经煅烧并粉磨而成的一种水泥膨胀剂。在现场搅拌时，将其直接加入到普通水泥中，便能制得所需的补偿收缩混凝土。掺量标准：当用于补偿收缩混凝土防止裂缝时，对水泥的质量比为 6% ~ 12%；当用于自应力混凝土获得自应力时，则对水泥的质量比为 12% ~ 17%。日本主要采用这种方法配制补偿收缩混凝土和自应力混凝土，目前我国也已研究成功。

5. 明矾石膨胀水泥

明矾石膨胀水泥系由硅酸盐水泥熟料、天然明矾石、无水石膏和粉煤灰或矿渣共同粉磨而成。与其他膨胀水泥相比。工艺简单，成本低廉，性能良好。

6. 石膏高铝膨胀水泥

石膏高铝膨胀水泥系由高铝水泥（矾土水泥）熟料和二水石膏共同粉磨而成，我国和俄罗斯都有生产。

7. 硫铝酸盐水泥

硫铝酸盐水泥系由以 $C_3\overline{AS}$—β-C_2S 为主要矿物组成的熟料和适量的二水石膏共同粉磨

而成。我国已研制成功，并投入生产使用。

（二）石灰系膨胀水泥

石灰系膨胀水泥是利用生石灰的水化膨胀而制得。其反应方程式：

$$CaO + H_2O \longrightarrow Ca(OH)_2$$

日本是以石灰膨胀剂在现场搅拌时加入到硅酸盐类水泥中，制成补偿收缩混凝土或砂浆。

我国是采用在硅酸盐水泥熟料中加入石灰膨胀剂和石膏，而后共同粉磨的方法生产这类水泥，称之为浇筑水泥。其掺量标准：当用于防止裂缝时，为水泥质量的8%～9%；当用于自应力时，为水泥质量的8%～10%。

二、国产膨胀水泥

（一）硅酸盐膨胀水泥

凡以适当成分的硅酸盐水泥熟料、膨胀剂和石膏按一定比例混合粉磨而制得的水硬性胶凝材料，称为硅酸盐膨胀水泥。硅酸盐膨胀水泥的基本特性是：在水中硬化时体积增大；在湿气中硬化的最初3d不收缩或微膨胀。

（二）石膏高铝膨胀水泥

凡以适当成分的铝矾土水泥熟料、天然二水石膏和少量助磨剂，按一定比例混合后共同粉磨而制得的一种具有快硬、早强、膨胀的水硬性胶凝材料，称为石膏高铝膨胀水泥。石膏高铝膨胀水泥的基本特性是：

1. 强度特性

石膏高铝膨胀水泥其强度特性如下：

(1) 在常温下硬化时，早期强度增进率大，而后期强度基本稳定。

(2) 在低温环境中硬化较慢，尤其当温度低于5℃时，不但早期强度显著降低，而且对后期强度也有影响。因此，在低温施工时，应采取保温措施。

2. 抗渗性

不论是配制砂浆或混凝土，其抗渗等级均比普通硅酸盐水泥高得多。

3. 抗冻性

石膏高铝膨胀水泥砂浆的抗冻性能较高，而石膏矾土膨胀水泥混凝土的抗冻性能较差，不过掺入引气剂后，抗冻性可以获得改善。

4. 膨胀特性

在水中或潮湿环境中硬化时，会产生一定的体积膨胀，且膨胀稳定快。其膨胀值以在水中养护为最大，且随水泥用量增加、水灰比减小而增大。由于膨胀的结果，其粘结力成倍增加。石膏高铝膨胀水泥砂浆、混凝土如不预养护而一直放在干空气中时，则非但不会膨胀，反而要产生一定的收缩。这种膨胀和收缩性能都必须予以注意。

（三）浇筑水泥

浇筑水泥是近年来研制成功的一种无收缩或微膨胀的石灰系膨胀水泥，最早由江苏吴县水泥厂生产。

1. 特性

浇筑水泥的特性主要有如下五点：

(1) 快硬、高强、粘结力大。

（2）早期强度增长较快，后期强度较高。

（3）无收缩，微膨胀。净浆试件的线膨胀率约为 0.03%～0.2%。

（4）抗冻性及抗渗性能较好。可以承受 3.0MPa 水压而不渗透；抗冻循环可达 100 次以上。

（5）施工和易性好。

2. 注意事项

使用时应注意以下五点：

（1）未经试验，不得掺入其他外加剂。

（2）可同一般硅酸盐水泥混合使用，但不得与其他任何品种的水泥混合，否则即失去原有特性。

（3）要求膨胀量大的混凝土工程，不宜使用浇筑水泥（可用自应力水泥）。

（4）5℃以下的低温环境，不能使用浇筑水泥；加热养护温度也不宜超过 40℃，否则强度将显著降低。

（5）浇筑水泥细度较大，运输、贮放均须严防受潮。保存时间不宜超过两个月，过期水泥须重新检验，合格后方得使用。

第三节 混凝土收缩率与限制膨胀率

补偿收缩混凝土是以抵消干缩为目的，由于膨胀被约束而产生的压应力同由于干缩而产生的拉应力相抵消，这就是补偿收缩混凝土的基本原理。因此，要获得比较理想的补偿收缩，测定收缩率从而确定限制膨胀率的工作是十分重要的。

一、混凝土的收缩

混凝土的收缩，主要是干缩和冷缩：干缩即湿度收缩，冷缩即温度收缩。除此，尚有由于水泥水化反应结果而产生的体积减缩（化学减缩）；由于颗粒沉降而产生的沉缩；混凝土硬化早期产生的塑性收缩；以及空气中 CO_2 对水泥水化物作用而产生的碳化收缩等。

（一）混凝土的干缩

混凝土的干缩，是由于混凝土中水分的散失或温度的下降而引起的。混凝土中的水分存在于各种孔隙中，而这些孔隙分布于水泥石中、骨料中以及骨料与水泥石、水泥石与钢筋的交界面处。

孔隙分为凝胶孔、毛细孔和气孔三种。气孔的直径约为 0.01～1mm，气孔中存在着自由水，自由水的增减不会引起体积变化。毛细孔的尺寸约为气孔的$\frac{1}{100}$，其中存在着受毛细管力作用的可蒸发水。胶孔的尺寸又为毛细孔的$\frac{1}{1000}$，其直径为水分子直径的 5 倍，胶孔约占凝胶体积的$\frac{1}{3}$～$\frac{1}{4}$，胶孔中充满着水。毛细孔水和胶孔水与混凝土的体积变化有密切关系。因此，混凝土的干缩与水分蒸发有关。除此，影响混凝土干缩率的因素还有：

1. 环境湿度

环境湿度是影响干缩的重要因素。环境湿度愈大，混凝土中水分蒸发速度愈慢，则水化反应愈充分，强度增长愈快，则干缩值愈小。特别是早期湿度，对混凝土干缩影响尤其显著。

2. 骨料

在混凝土中，骨料的数量和弹性模量都对混凝土的干缩率产生明显的影响，这已被许多研究和资料所证明。

3. 水灰比与用水量

用水量多，水灰比大，混凝土的干缩也相应增大。

4. 水泥与外加剂

水泥中的活性混合材料掺量多，如矿渣硅酸盐水泥和火山灰硅酸盐水泥等，则需水量大，相应地干缩值也增加。水泥用量加大时，则相应地骨料要减少，那么干缩值也增加。

外加剂对混凝土的干缩值也产生影响。掺 $CaCl_2$ 早强剂，一般使干缩值增大，而掺减水剂和加气剂则影响不大。

5. 配筋率

配筋对混凝土干缩有一定影响，但配筋率不大时，则影响不显著。

6. 结构的形状和尺寸

结构的形状对混凝土的干缩有一定影响。如结构的裸露系数（结构表面积与体积之比）较大时，干缩大；反之，则干缩小。结构尺寸增大，干缩亦小，但有一定的限度。

与混凝土干缩同时存在的还有混凝土的徐变变形。对于补偿收缩混凝土，徐变有其不利的一面，但也有其有利的一面。在混凝土湿养护期内，也就是膨胀阶段，混凝土产生压应力，引起受压徐变，有限制膨胀减少之势，这是徐变不利的一方面。但是由于一般压应力较小，且时间也短，所以影响极小。只有在大限制的条件下，混凝土的压应力较高时，才产生较大的受压徐变，对以后的补偿收缩能力有不利因素。当混凝土开始收缩以后，混凝土中的压应力开始减小，受压徐变也随之减小。当混凝土中出现拉应力时，受拉徐变也随之产生。受拉徐变能增加混凝土的拉伸变形能力，能提高混凝土的极限延伸率，对防止混凝土的开裂是有利的，所以这是徐变有利的一方面。总的来说，徐变对于补偿收缩混凝土是有利的，所以在条件许可时，可采用掺外加剂、选用弹性模量较低的骨料等办法来提高补偿收缩混凝土的徐变，以避免或减少混凝土的开裂。

（二）混凝土的冷缩

混凝土的冷缩是由于热量散失引起的。冷缩如果受到限制，就可能导致混凝土开裂，这对于大体积混凝土尤为普遍和严重。

混凝土中的热量来源于原材料和水泥的水化热，后者是热量的主要来源。水泥水化热的数量和发热的迟早，与水泥品种、水泥用量、水泥的矿物组成和细度有关。硅酸三钙（C_3S）和铝酸三钙（C_3A）含量较高的水泥，水化热较多；水泥细度愈细，则水化热放出愈早。水泥的水化热与水泥用量成正比。

与水泥水化热引起温升和散热引起温降的同时，混凝土内部结构也随着龄期而发展，表现为强度、弹性模量的增长和塑性的降低。这种性能的变化，对于因温度变化而引起的混凝土变形有很大影响。

混凝土在早期升温最快，一般 3d 龄期左右就接近或达到最高温度。混凝土在升温阶段，内部产生热胀变形，但由于此时结构发育得还不够，混凝土尚有一定塑性，因此热胀变形大部分为塑性变形和徐变所消耗。当混凝土开始降温时，混凝土就出现冷缩变形，但此时混凝土随着龄期的增长塑性已大大减小，因此当冷缩变形受到限制时，即容易在混凝土中产生裂缝。

因此，要避免或减轻冷缩裂缝，就要设法减少混凝土温升值，从而降低以后的降温幅度，或者采用补偿收缩混凝土，以减少冷缩。如果能采用水化热低又有适当膨胀的水泥，则同时可以满足减少温升值和补偿收缩更为理想。

二、限制膨胀率的确定

膨胀水泥在水化过程中产生膨胀能，使混凝土产生体积膨胀。如果没有外力的限制，产生的膨胀叫自由膨胀，在配筋或其他条件限制下，混凝土产生的体积膨胀叫限制膨胀。只有限制膨胀才能起补偿收缩和产生自应力的作用。

补偿收缩混凝土经过一定的潮湿养护后，即产生限制膨胀率 l_{2m}，此后就进入使用阶段，依靠已产生的限制膨胀来补偿此后产生的各种收缩，所以限制膨胀率 l_{2m}的选定是很重要的。补偿收缩混凝土的补偿收缩作用的通式为

$$l_{2m} - \Sigma S_m = D$$

式中　ΣS_m——各种收缩率之和。如果只补偿干缩时：$\Sigma S_m = S_2$（干缩率）；如果同时补偿干缩和冷缩时：$\Sigma S_m = S_2 + S_T$（冷缩率）；

D——补偿收缩后的最终变形，即剩余变形。如果不允许出现拉应力：$D \geqslant 0$；如果构件式结构不允许出现裂缝：$D \leqslant |S_K|$。S_K 为混凝土极限延伸值。

为便于确定补偿收缩混凝土的限制膨胀率，事先必须能够确定各种收缩率和混凝土的极限延伸值。如某工程初步确定：

$$S_2 = 0.05\%, S_K = 0.02\%;$$

则

$$l_{2m} - \Sigma S_m = S_K$$

即

$$l_{2m} - 0.05\% = -0.02\%$$

∴

$$l_{2m} = 0.03\%$$

由于补偿收缩混凝土历史较短，缺乏完整的试验数据，因此目前尚缺乏一整套经济合理的设计方法。现在国内外基本采用“试验——估计”法来确定限制膨胀率 l_{2m}以补偿干缩变形。对冷缩的补偿，尤其是对于大体积混凝土的降温收缩和干缩的联合补偿，正在进一步研究之中。

第四节　补偿收缩混凝土配合比选择及施工

补偿收缩混凝土的强度，不只象普通混凝土那样仅受水灰比的支配，而且还受膨胀率的支配。其规律是增加膨胀剂的使用量，增大膨胀率，则其强度和其他力学性能都要下降。因此，当选定补偿收缩混凝土的配合比时，在获得所需膨胀率的同时，还必须满足该硬化混凝土的强度及其他力学性能所需的值。不同膨胀材料配制的补偿收缩混凝土，其限制膨胀率和强度是不尽相同的，同时也取决于混凝土的配合比。

一、补偿收缩混凝土的配合比

（一）石膏高铝膨胀水泥混凝土配合比

石膏高铝膨胀水泥混凝土参考配合比见表 37-1。

石膏高铝膨胀水泥混凝土参考配合比 表 37-1

膨胀水泥混凝土配合比（质量比）		水灰比	坍落度（cm）	抗压强度（MPa）			抗渗等级
				1d	3d	28d	
砂 浆（水泥:砂）	1:1	0.33	2~4	38.4	36.2	42.8	>P10
	1:2	0.35	2~4	29.4	33.9	42.2	
	1:2	0.40	—	—	—	—	
	1:3	0.45	2~4	22.3	25.9	37.1	
混凝土（水泥:砂:石子）	1:1.32:3.74	0.40	5~7	33.6	38.2	41.5	
	1:1.85:3.90	0.50	5~7	30.1	32.5	36.2	
	1:2.82:5.50	0.65	3.0	—	—		>P12
	1:1.76:4.20	0.47	3.0	—	—	—	>P12

（二）明矾石膨胀水泥混凝土参考配合比

明矾石是由硅酸盐水泥熟料、钾明矾石及无水石膏按照一定比例混合而成的一种水泥。四川省建筑科学研究院以此种水泥配制的补偿收缩混凝土广泛地用在四川化工厂化肥生产线装置安装工程中，获得了良好的技术经济效益和社会效果。四川化工厂使用的明矾石水泥补偿收缩混凝土施工配合比见表 37-2。

四川化工厂补偿收缩混凝土参考配合比 表 37-2

水泥品种及标号	水灰比 $\left(\frac{W}{C}\right)$	配合比（质量比）			工作度（s）	抗压强度（MPa）			
		微膨胀水泥（100%）水泥:明矾:石膏	砂	石子		1d	3d	7d	28d
江苏嘉华熟料（52.5 级）	0.35	$\frac{1}{1:0:0}$	1	—	5.6	19.6	—	48.6	81.0
江苏嘉华熟料（52.5 级）	0.418	$\frac{1}{96:2:2}$	1	—	8	16.8	—	42.1	60.1
峨嵋普通硅酸盐水泥（42.5 级）	0.39	$\frac{1}{96:2:2}$	1	—	4	—	34.3	54.1	57.7
江油普通硅酸盐水泥（42.5 级）	0.36	$\frac{1}{96:2:2}$	0.564	1.52	1	—	30.6	39.8	49.5

（三）浇筑水泥混凝土配合比

四川省建筑科学研究院在四川维尼纶厂建设工程中，采用江苏吴县水泥厂生产的浇筑水泥配制补偿收缩砂浆和混凝土，并大量用于转速高达 13000r/min 的精密高速动力设备基础工程中。经过实践考验，其应用效果良好，确保了工程质量，受到日本、法国援华专家的好评。川维工地使用的浇筑水泥混凝土施工配合比见表 37-3。

四川维尼纶厂工程浇筑水泥混凝土配合比 表 37-3

水 泥	配合比（质量比）水泥:砂:石子	水灰比 $\left(\frac{W}{C}\right)$	工作度（s）	抗 压 强 度（MPa）			
				1d	3d	7d	28d
52.5 级浇筑水泥	1:1.5	0.30	0~1	14.6	38.8	54.0	79.4
	1:1.5	0.41	5~7	8.0	29.1	37.8	59.0
	1.2.0	0.36	0~1	10.4	29.5	39.1	69.7
	1:2.0	0.48	5~7	5.4	21.0	—	57.5
	1:1.26:3.76	0.39	0~1	—	22.9	—	48.1
	1:1.18:2.38	0.39	3~5	—	24.7	—	51.1
	1:1.57:4.47	0.45	0~1	—	19.5	—	55.6
	1:1.40:3.77	0.45	3~5	—	14.6	—	42.0

二、硅酸盐膨胀水泥混凝土施工

（一）水泥使用注意事项

（1）自水泥发出日起10d内，必须将水泥试验报告寄给购货单位。

（2）报告中应包括除28d龄期强度以外的全部结果。

（3）28d龄期强度数值，须自水泥发出日起31d内向购货单位补报。

（二）混凝土施工注意事项

禁止使用在有硫酸盐浸蚀性的水中工程。

三、石膏高铝膨胀水泥混凝土施工

（一）水泥使用注意事项

（1）不得与硅酸盐水泥、石灰等碱性材料混合。

（2）不能用于与碱溶液接触的工程、施工温度低于5℃以及环境温度或工作温度高于80℃的工程。

（3）在运输与保管时，不得受潮和混入杂质。不同品种、不同强度等级的水泥，应分别储运，不得混杂。

（4）水泥生产单位，自水泥发出日起7d龄期内将试验报告寄给购货单位。试验报告中应包括除28d龄期强度及28d龄期线膨胀率以外的全部试验结果。28d龄期强度及28d龄期线胀系数值，必须自水泥发出之日起31d内向购货单位补报。

（二）砂浆、混凝土施工注意事项

1. 补强及预制构件锚接工程

（1）表面处理：严格按下述三点要求施工处理：

①结构物需加补强之外，须先将混凝土杂质及疏松部分清除干净。如待修补之处有裂缝时，须沿裂缝深度及长度，将混凝土全部剔净，再行施工。

②预制构件需锚接之处，应先将混凝土打毛至表面石子露出为止，然后用水清洗干净，再行施工。

③在浇灌补偿收缩水泥砂浆、混凝土前，必须将旧混凝土表面用水充分湿润，然后在旧混凝土表面上刷石膏高铝膨胀水泥净浆一道，始得进行浇灌。

（2）水泥用量：补偿收缩砂浆其水泥用量不少于600kg/m^3；补偿收缩混凝土其水泥用量不应少于400kg/m^3。

（3）水灰比：补偿收缩混凝土其水灰比应不大于0.50。

（4）养护：砂浆或混凝土浇筑后，必须用湿草帘加以覆盖，待终凝后充分浇水养护。砂浆须养护1d，混凝土须养护3d即可使用。

2. 砂浆防水层工程

（1）基层处理：如基层为混凝土，须将混凝土表面凿毛，直至表面稍露出石子为止；如基层为砖，须用钢丝刷将砖表面上的浮物刷掉，并用水冲洗干净。

（2）防水砂浆层数及用料配合比：防水砂浆抹面施工以前，必须先将基层用水充分润湿后再行施工。一般抹面须分两层涂抹。

第一层：先在基层上刷石膏高铝膨胀水泥净浆一道，厚约1~2mm；

第二层：第一层稍干后，再粉刷防水砂浆一道，厚约10~15mm。

防水砂浆的用料配合比为1:3（水泥:砂），砂浆防水层粉刷完后，终凝以前，必须用抹刀切实抹压2~3遍。

(3) 养护：砂浆防水层终凝后（1h)，必须充分浇水养护，养护期为7d，如周围环境相对湿度在90%以上时，可不浇水养护。

(4) 其他注意事项：施工时，还应注意以下事项：

①石膏高铝膨胀水泥凝结较快，在常温下（20±5℃）配制的砂浆必须在1h内用完；混凝土在2h内用完。当气温超过30℃时，则砂浆必须在0.5h内用完，混凝土在1h内用完。搅拌地点离浇灌现场越近越好。

②石膏高铝膨胀水泥砂浆、混凝土在高温（>30℃）下施工时，可掺入酒石酸或亚硫酸酒精废液作缓凝剂，以延缓其凝结时间，其掺量须通过试验确定。

③石膏高铝膨胀水泥砂浆、混凝土水化热较高，如环境温度大于30℃时，其凝结时间将显著缩短，因此砂浆、混凝土必须在初凝前浇灌完毕，否则必须采取措施（如加缓凝剂或预冷骨料等)，以延缓其凝结时间。

④石膏高铝膨胀水泥砂浆、混凝土必须于缓凝后立即进行养护，尤其在前7h内，应特别加强洒水养护。

四、浇筑水泥混凝土施工

(一) 配制浇筑水泥砂浆注意事项

1.用料要求

浇筑水泥砂浆所用之砂，应为中砂，必须经过筛洗，不得含有泥土及其他杂物。

2.用料配合比

(1) 浇筑水泥砂浆的用料配合比，应根据设计规定办理。

(2) 其他配比一般情况下为1:1~1:2（质量比)。

(3) 在20℃左右的潮湿环境下养护时，其中$f_{c1}=15\sim20$MPa；$f_{c3}=30\sim40$MPa；$f_{c28}=50$MPa。

3.水灰比及坍落度

水灰比一般取0.35~0.40，坍落度约在100mm左右较为合适。但因各工程的具体情况不同，施工时应根据试验确定的水灰比进行试配。

4.搅拌

搅拌完毕待用的浇筑水泥砂浆，应经常翻动，以保护水、灰、骨料等混合均匀。在常温下搅拌的砂浆，应在40min内用完。

5.养护

(1) 砂浆施工完毕终凝后，应盖以草帘等物进行浇水养护，养护期一般不少于7d。

(2) 在环境温度低于5℃时，不宜进行施工。

(3) 低温及冬季施工时，应根据强度要求通过试验确定养护时间及采取的措施。

(4) 采用蒸汽或其他加温措施进行养护时，养护温度不宜超过40℃。

(二) 配制浇筑水泥混凝土注意事项

1.用料要求

砂、石均须通过筛洗，不得含有混凝土及其他杂物。颗粒级配须按试验结果严格掌握。

2.用料配合比

用料配合比，应根据设计的强度要求通过试验确定。但每 $1m^3$ 混凝土内的水泥用量不得小于 350kg，一般为 500kg。

3. 水灰比及坍落度

水灰比 $\frac{W}{C}=0.35$ 左右；坍落度一般为 40～60mm。

4. 搅拌工艺

搅拌完毕待用的浇筑水泥混凝土，应经常翻动，以保持水、灰、骨料等混合均匀。在常温下搅拌的混凝土，应在 40min 内用完。

5. 养护工艺

（1）浇筑水泥混凝土施工完毕终凝后，应盖以草帘等物进行浇水养护，养护期一般不少于 7d。

（2）在 20℃潮湿环境下养护时，其 $f_{c1}=20.0MPa$；$f_{c3}=30.0MPa$；$f_{c28}=40.0MPa$。

（三）浇筑水泥砂浆、混凝土施工注意事项

（1）梁柱节点及其他预制构件节点用浆锚法连接之处均须用清水冲洗，并充分保持湿润，但不得有积水；吊装前 24h 柱顶应用 1:1 浇筑水泥砂浆找平；接缝处采用压力灌浆灌注接缝砂浆或灌孔砂浆，并采取其他有效措施保证砂浆密实，并注意养护。

（2）抢修、补修工程，非大体积加固工程，预制构件接缝处应将疏松部分剔除干净，如有裂缝应沿裂缝深度将缝剔净，并用清水冲洗干净，使之充分湿润；必要时表面须打毛，直至石子露出为止；然后在施工缝处旧混凝土面层先刷纯浇筑水泥浆一道，待初凝后始得进行填灌、涂抹或浇灌。

第五节　补偿收缩混凝土的技术性能

一、补偿收缩混凝土的性能

（一）膨胀特性

图 37-1 为补偿收缩混凝土的膨胀特件。理想的补偿收缩混凝土，伴随着空气中养护龄期的增加收缩变形应该为零，但实际的补偿收缩混凝土，在保持干燥条件时，仍然显示了收缩。

1. 限制膨胀率

限制膨胀率是补偿收缩混凝土最为重要的性能。在采用“试验——估算”法进行补偿收缩混凝土设计时，为了使其能符合设计要求，常需要作一些试验和调整，为此须了解影响其限制膨胀率的因素。

根据有关试验资料介绍，影响补偿收缩混凝土限制膨胀率的因素很多，诸如膨胀剂的种类（性质及化学成分）和掺量、约束条件和配筋率、水泥种类和质量、骨料性质、配合比、养护条件等。其中影响最大的是前两者：膨胀剂掺量越大，则水中养护时的限制膨胀率明显增大；在无约束状态下具有最大的膨胀，随着约束钢筋比的增大，其膨胀量相应减小。

2. 自由膨胀率

自由膨胀率对限制膨胀率有一定影响，一般 $\frac{l_1}{l_2}=2\sim10$ 之间，视水泥种类、限制程度和龄期等而变化。

自由膨胀率太大时，混凝土的强度和耐久性会显著降低，在钢筋混凝土中甚至会使钢筋保护层脱落。所以，为了保证补偿收缩混凝土的性能，应对自由膨胀率加以适当的控制。

影响自由膨胀率的因素很多，有水泥与骨料种类、水泥用量、膨胀剂掺量、养护条件及拌合方法等。随着膨胀剂使用量的增加，与水灰比无关的自由膨胀率极大的增加；膨胀剂掺量越大，则水中养护时的膨胀率明显增大；自由膨胀率随水泥的强度而显著不同。

（二）力学性质

1. 强度

补偿收缩混凝土的强度，不只象普通混凝土那样仅受水灰比的支配，而且还受膨胀率的支配。其规律是增加膨胀剂的使用量而增大膨胀率，则强度和其他力学性能都要下降。

补偿收缩混凝土的强度均能超过20.0MPa。普通混凝土的水灰比法则也同样适用于补偿收缩混凝土。表37-4是美国土木学会（ACI）提出的强度与水灰比的大致关系。

补偿收缩混凝土强度与水灰比关系 **表37-4**

抗压强度 f_{c28} (MPa)	水灰比		抗压强度 f_{c28} (MPa)	水灰比	
	不加气	加气		不加气	加气
42	0.42~0.45	—	28	0.60~0.63	0.50~0.53
35	0.51~0.53	0.42~0.44	21	0.71~0.75	0.62~0.65

我国常用的明矾石膨胀水泥混凝土，当水灰比为0.52、水泥用量为350kg/m^{3}时，28d抗压强度大于30.0MPa，6月强度为28d强度的150%。在限制条件下，强度还能增加10%。

强度与膨胀率之间存在着矛盾。当自由膨胀率超过0.1%以上时，强度即有明显下降，如图37-2所示。

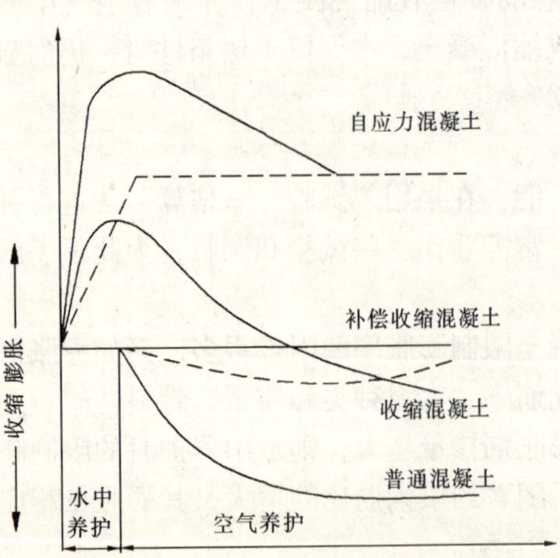

图37-1 补偿收缩混凝土的膨胀收缩特性

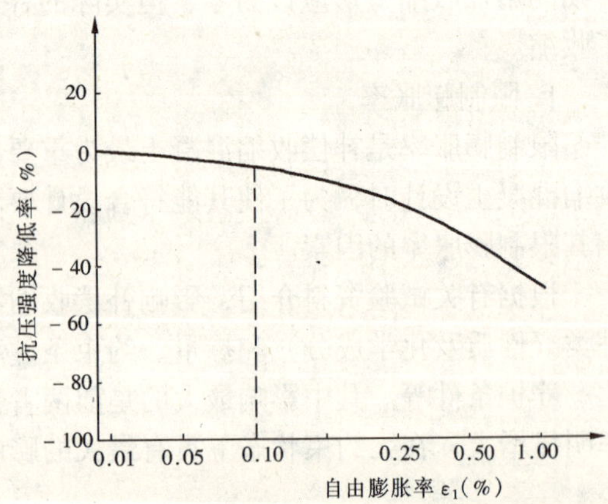

图37-2 抗压强度与自由膨胀率的关系

2. 收缩与徐变

膨胀结束后的收缩与徐变值，与普通混凝土相似。但是在限制条件下，干缩略低于普通混凝土。

3. 握裹力、弹性模量与泊桑比

黏结力及与钢筋的握裹力，与同强度等级的普通混凝土相近或稍高。弹性模量与泊桑比，当膨胀率不大时与普通混凝土相近。

（三）施工和易性

补偿收缩混凝土的需水量较大，拌合物有较大的黏性，所以不泌水，不易离析，泵送性能较好，但是坍落度损失较大。

（四）耐久性

1. 抗渗性与抗冻性

在限制条件下，抗渗性及抗冻性均优于普通混凝土。加气剂的影响与普通混凝土相同。

2. 抗硫酸盐性

如补偿收缩混凝土有抗硫酸盐性要求，可选用铝酸三钙（C_3A）低的熟料，并注意限制条件，以提高密实性。

3. 钢筋锈蚀

以硅酸盐水泥熟料为主要组合的补偿收缩混凝土，如明矾石膨胀水泥混凝土、硅酸盐自应力水泥混凝土等，由于碱度较高，钢筋在其中无产生锈蚀的危险。碱度较低的补偿收缩混凝土，如果膨胀率较小，在限制条件下密实性较好，锈蚀也较轻微。如果膨胀率较大，尤其是当钢筋保护混凝土强度和密实性下降很多时，则将引起钢筋的严重锈蚀。

二、影响膨胀性能的主要因素

仅以石膏高铝膨胀水泥砂浆、混凝土为例，可以看出影响膨胀性能的因素很多。

（一）水泥用量的影响

（1）单位体积内水泥用量的多少，直接影响着砂浆与混凝土膨胀的大小，膨胀值随水泥用量的增加而增大。但当砂浆的配合比小于 1:3 以及混凝土中水泥用量少于 400kg/m^3 时，则膨胀值显著减小。

（2）石膏高铝膨胀水泥砂浆及混凝土在空气中的干缩值，也取决于水泥的用量，并随水泥量的增加而增大。

（二）流动性的影响

在水泥用量基本相同的情况下，流动度对石膏高铝膨胀水泥砂浆或混凝土的膨胀值有显著影响；砂浆的流动度（稠度）增加 2～4cm 时，其膨胀值则减少 25%～30%。

（三）养护的影响

1. 初始养护时间

这是指砂浆或混凝土浇灌后开始进行养护（洒水养护或给予足够的湿度）的时间。膨胀主要发生在硬化初期，初始养护时间愈早，膨胀愈大。试验证明，当 1:1 砂浆初始养护时间为 2～3h 时，其膨胀值超过水泥净浆膨胀值的 0.5～2.0 倍，但当初始养护时间为 24h 时，其膨胀值仅为水泥净浆膨胀值的 0.2 倍。由此可见，如果初始养护时间不当，则不能充分发挥膨胀水泥的特点。养护过迟，不但不膨胀，甚至还会产生收缩；养护过早，则不但降低强度，而且密实度也会降低。

2. 养护期

石膏高铝膨胀水泥砂浆及混凝土膨胀值的发挥，还与养护期有着直接关系。试验证明，砂浆及混凝土在养护过程中产生的膨胀，在前 3～7d 趋于稳定，经过一段时间养护后，在空气中产生回缩。养护期愈长，回缩愈小。所以，控制养护期对地上结构，尤其是预制构件接缝工程十分重要。

3. 养护方法

石膏高铝膨胀水泥的膨胀性能是由于水化时生成的水化硫铝酸钙（$3CaO \cdot Al_2O_3 \cdot 3CaSO_4 \cdot 32H_2O$）所致，而生成一个水化硫铝酸钙（钙矾石）分子就要一个水分子，因此在水分不足的情况下（如在空气中硬化时），水泥中就不能生成足够数量的水化硫铝酸钙，所以不但不膨胀，反而收缩。石膏高铝膨胀水泥用于较大体积的工程，单靠表面养护是不够的，因为内部的水泥由于水分不足，水化不完全，就难以产生体积膨胀。

第六节 补偿收缩混凝土的应用与施工要求

一、应用概况

补偿收缩混凝土的用途主要有两方面：作混凝土的补偿收缩；填充砂浆或混凝土用。

（一）补偿收缩

补偿收缩混凝土的目的是为了防止裂缝。即在短龄期混凝土强度较小时，使混凝土膨胀，令混凝土不产生拉应力；即使在长龄期时混凝土产生干缩，也比普通混凝土的干缩值要小，从而防止混凝土产生裂缝。防止产生裂缝，其抗渗性、耐久性也获得改善，有时可以省去其他防水施工措施。

这种以防止裂缝为主要目的混凝土，目前常用于防裂要求较高的建筑物（如原子能发电及防射线混凝土结构），制别是建筑物的屋面板中，同样的目的用在高架桥或桥梁的板面、停车场板面、道路路面、水道等。结构物本身要求防水性强，在充分进行养护条件下，均可应用这种混凝土，例如水槽、游泳池、贮水池、地下结构物等。

（二）填充砂浆、混凝土

在设计上不考虑预应力值，而是由膨胀力提高同两端或周边的混凝土、钢材、岩基的粘结强度，这就是膨胀砂浆及混凝土的用途。为了这种使用目的，过去一般采用铁粉系膨胀材料，而目前膨胀水泥也是较适用的。

作为填充砂浆、混凝土的例子很多，大规模使用如钢管混凝土的衬里；特殊使用有海底基础桩的固定等。其他还有水中浇灌的钢管桩和型钢的接头以及地下结构物的倒衬砌法。

二、国产膨胀水泥混凝土的用途

（一）硅酸盐膨胀水泥混凝土

1. 作防水层和防水混凝土

用补偿收缩混凝土作防水屋面板或刚性屋面，可以取消防水层，施工简便，技术经济效果显著。我国江苏 1974～1990 年期间采用硅酸盐膨胀水泥混凝土作刚性屋面防水层达 40 万立方米，取得了良好的防水效果；在北京，亚运村工程几乎全部采用这种防水屋面。

目前，此种成果正在全国广泛推广，并获得较好效果。

2. 加固结构

浇灌机器底座或地脚螺栓，并可用于接缝及修补工程。

（二）石膏高铝膨胀水泥混凝土

（1）利用石膏高铝膨胀水泥快硬早强的特性，使用于混凝土或钢筋混凝土结构的紧急补强工程以及整体或局部灌注的加固结构工程。

（2）利用石膏高铝膨胀水泥的膨胀特性，使用于装配式混凝土或钢筋混凝土预制构件的接缝及管道接头工程。

（3）利用石膏高铝膨胀水泥的不透水特性，使用于制作砂浆防水层、防水混凝土和钢筋混凝土、防水抹面、隧道和地下室等防水工程及贮油罐等。

（三）明矾石膨胀水泥混凝土

采用补偿收缩混凝土预制防水屋面板，板材之间没有柔性接缝，可提高防水、防渗效果。安徽省建筑科学研究院采用明矾石膨胀水泥混凝土作防水屋面层，其防水效果甚好，四川化工厂大型化肥设备基础灌浆，均获得好评。

（四）浇筑水泥混凝土

（1）用于装配式钢筋混凝土框架结构拼装时钢筋之间锚固、连接（即浆锚法），以代替一般的焊接连接。

（2）用于各种钢筋混凝土预制件之间，以及梁、柱接头等处的锚固连接。

（3）用于抢修及修补工程、非大体积的结构加固工程、混凝土及钢筋混凝土预制构件的灌缝连接等。

（4）用于精密高速动力设备底座的灌浆：四川维尼纶厂高速设备底座灌浆，均采用江苏吴县水泥厂生产的浇筑水泥配制的补偿收缩砂浆、混凝土，收到良好的效果。

（5）代替快硬水泥或高级水泥使用。

三、补偿收缩混凝土的施工要求

补偿收缩混凝土虽然在国内外已获得了广泛地应用，但终究因时间较短，研究资料不足，有待进一步积累经验，所以至今尚缺少成熟的施工规程。

以下仅从几个主要的施工阶段总结国内外的经验，提出施工补偿收缩混凝土的一些应该注意的事项。

（一）补偿收缩混凝土的配制

当配制补偿收缩混凝土时，除应严格遵守普通混凝土关于原材料、配合比和拌合等方面的规定之外，尚应针对补偿收缩混凝土的特点，注意下列事项：

（1）水泥用量对膨胀率的影响很大，所以水泥称量必须准确，误差不得超过1%。如果是直接掺加膨胀剂，则称量的误差应更小，以保证设计规定的膨胀率。

（2）补偿收缩混凝土的需水量较大，所以拌合水应比相同坍落度的普通混凝土多10%～15%。但是增加水量会增大水灰比，使膨胀率减少和干缩率增加，所以应在操作条件允许的前提下尽量少加水，或掺加减水剂以减少用水量。

（3）选择骨料应使其不对膨胀率和干缩率带来不利影响。如砂岩骨料就会降低膨胀率，海砂会加大干缩率。一般情况下骨料采用间断级配有利于提高膨胀性能。

（4）外加剂的选用应慎重，一般须通过试验后才能使用。掺用各种外加剂时，应注意：

①加气剂的掺量和效果，都与普通混凝土相似。

②$CaCl_2$ 早强剂一般不宜掺用，如掺量超过 1%，将会显著减少膨胀率和增加干缩率。

③缓凝剂也能减少膨胀率和增加干缩率。通过试验如证明无其他不良影响时，方可使用。

④减水剂能加快钙矾石（$3CaO \cdot Al_2O_3 \cdot 3CaSO_4 \cdot 32H_2O$）的生成，将会减少膨胀率。但在明矾石膨胀水泥混凝土中，掺加水泥质量 0.5% 的 MF 减水剂，可以降低水灰比 10%，而且可以改善和易性，增加早期强度和稍增加限制膨胀率，所以是可以掺用的。

(5) 进行补偿收缩混凝土配合比设计时，可以采用试配法。即首先通过若干组试验绘制出 $f-\frac{W}{C}$ 关系曲线，再根据要求的 f 来选定 $\frac{W}{C}$。然后按选定的水泥用量（$\geqslant 280kg/m^3$）来计算加水量。此后再根据选定的砂率（可略低于普通混凝土）来计算试配用的混凝土配合比。

进行试配时，要核对坍落度，并制强度试件、自由膨胀率试件和限制膨胀率试件。当强度和膨胀率均符合设计要求时，再经过现场试拌进行调整，便可确定工程采用的配合比。

（二）补偿收缩混凝土的构造

为了使补偿收缩混凝土能有效地发挥补偿收缩作用，体现出膨胀特点，在其构造方面应注意下列事项：

(1) 宜采用变形钢筋或焊接钢丝网片。如配筋集中于构件一侧，在不配筋的一侧应加配少量补偿收缩钢筋。在地下或路面中配置补偿收缩钢筋时，宜配置在上表面即厚度的 $\frac{1}{3}$ 处。

(2) 开口和角隅附近最易开裂，可在对角线的垂直方向上配置钢筋，也可加密开孔四周的结构钢筋。

(3) 除按照设计规范设置隔断缝外，在板、柱或板、墙连接处，为了预防混凝土膨胀也应设置隔断缝，使其互相不粘结（留有膨胀的余地）。隔断缝的作法可用沥青厚纸板或纤维板嵌入。在柱、墙连接部位，亦可酌加钢筋，以抵抗可能发生的挤压力。

(4) 补偿收缩混凝土板的施工缝应与普通混凝土板同样处理，但缝距可以增大。在温度变化较小时，可以连续浇筑 $1500m^2$；温度变化较大时，亦可连续浇筑 $650 \sim 1100m^2$。板的长宽比不得超过 3:1，有时亦可改变配筋来放宽长宽比的限值。

(5) 补偿收缩混凝土勿需留设伸缩缝，但间距可大于普通混凝土。在露天温度和温度变化较大的地方，伸缩缝最大间距可为 30m；在室内则可达 60m。

（三）补偿收缩混凝土的浇筑

在施工浇筑方面，补偿收缩混凝土除应遵照普通混凝土的施工规程外，还应特别注意下述几方面：

(1) 在浇筑补偿收缩混凝土之前，应将所有与混凝土接触的物件充分加以湿润。与混凝土的接触面，最好先行保潮 12～24h。

(2) 补偿收缩混凝土拌合物黏稠，无离析和泌水现象，因此泵送性能很好，宜于泵施工。由于不泌水，容易产生早期塑性收缩裂缝，因此必须注意早期养护。拌和之后，如运输和停放时间较长，坍落度损失将引起施工困难，此时不允许添加拌合水，以免大大降低强度和膨胀率。补偿收缩混凝土的浇筑温度不宜超过35℃。

(3) 补偿收缩混凝土浇筑后的保湿养护十分重要。浇筑后应立即开始养护，养护时间不少于7d，以充分供应膨胀过程中需要的水分。养护方法最好是蓄水，亦可洒水和用塑料薄膜覆盖。

(4) 由于补偿收缩混凝土不泌水，凝结时间较短，所以抹面和修整的时间可以提早，不宜过晚。

此外，补偿收缩混凝土在施工过程中会产生少量的膨胀，这对模板不会产生危害，因此对模板不需特别进行设计和处理，只要能够基本保证其强度、刚度和稳定性即可。

第三十八章　加 气 混 凝 土

(gas concrete)

第一节　概　述

一、加气混凝土的定义

凡是由氧化钙与硅质材料表面发生化学反应生成的水化产物，将“硅质材料残核”胶结起来成为整体的混凝土称为硅酸盐混凝土。在料浆中均匀分布着大量封闭气孔的硅酸盐混凝土，又称为多孔混凝土。加气混凝土，即是多孔硅酸盐混凝土。

二、加气混凝土的发展趋势

(一) 国外加气混凝土的发展

早在罗马时代，人们就已将多孔石材用于寺院的墙壁和圆顶，以减轻建筑物的质量。混凝土作为一种人造石材问世以来，学者们就力求在其中混入气泡以减轻其自身质量。1989年，捷克霍夫曼取得了用盐酸和碳酸钠制造加气混凝土的专利。1919年，柏林格罗沙海用金属粉作发气剂，生产出加气混凝土。1923年以后，瑞典人埃里克森取得了以铝粉为发气剂，以工业化的方式生产加气混凝土的专利，并于1929年正式建厂生产。50年代初期，加气混凝土的世界产量不超过100万m^3，分布在40多个国家。而据80年代中期有关资料统计，加气混凝土的生产已遍及75个国家，年产量已逾4000万m^3之多。

(二) 国内加气混凝土的发展

我国加气混凝土的生产技术是从国外引进的。上世纪50年代后期，才开始着手加气混凝土的研究工作，并生产了一批蒸压和蒸养的加气混凝土制品，但由于浇注稳定性不好及制品收缩过大而未正式投入生产。60年代初期，原建工部建筑科学研究院（中国建筑科学研究院）和北京市有关单位相互协作进一步对加气混凝土进行研究，在北京市硅酸盐制品厂建立了一条中间试验线，并以其产品建造试验建筑，从而打下了发展加气混凝土的基础。1967年，北京加气混凝土厂从瑞典引进成套设备并投入生产，使我国的加气混凝土工业进入到生产发展的新阶段。

80年代后期，随着建筑工业的飞速发展，多层及高层建筑在各地拔地而起，与其配套的框架轻板（块）体系不断扩大，理想的轻型墙体材料——加气混凝土也随之不断发展。据不完全统计，近年来仅四川省就涌现出60余家加气混凝土及制品生产厂家。

第二节　加气混凝土结构形成机理

加气混凝土是一种多孔硅酸盐混凝土。它是由钙质材料与硅质材料在水热合成过程中生成一系列水化产物，由铝粉发气所形成的气孔结构以及未反应完的原料颗粒共同组成的一个统一体。这种结构是由料浆浇注、静停和蒸压养护等生产工序所发生的化学反应和物理变化而形成的。

一、结构组织

加气混凝土在生产过程中形成的结构，系由气孔和孔间壁组成。气孔在铝粉发气时形成，并经蒸压硬化后固定在混凝土中；孔间壁系由水化产物、未反应的材料颗粒和孔间壁内的孔隙组成。

（一）加气混凝土的孔间壁结构

1. 水化产物

加气混凝土的水化产物主要是不同结晶度的托勃莫来石、C—S—H 凝胶和水化石榴石。

2. 未水化颗粒

在孔间壁材料中，除水化产物外，还有一定数量的未反应颗粒。水化产物为胶凝材料，未反应颗粒为骨架，形成强度。

3. 孔间壁内孔隙

在孔间壁内孔隙分为两类。

(1) 毛细孔：孔径在几十微米至 100Å 之间，体积约占总体积（表观密度 500kg/m^3 时）的 30%左右。毛细孔率对强度有一定影响。孔率越大，强度越低。

(2) 凝胶孔：孔径在 100Å 以下，这类孔的体积只占总体积（表观密度 500kg/m^3）的 1%。

（二）加气混凝土的气孔结构

表观密度为 500kg/m^3 的加气混凝土，其气孔体积约占总体积的 49%，孔为球形，孔径约在 0.2～0.8mm 之间。气孔率对加气混凝土强度影响很大。

二、结构形成机理

加气混凝土的结构，是通过以下生产工序所发生的化学反应和物理变化而形成的：其一，由于各种组份相互反应而放气的物－化过程；其二，料浆的稠化和凝结过程；其三，物料各组分发生水热反应的蒸压养护过程。

（一）料浆发气化学反应

在加气混凝土料浆中，发气反应的产生是通过原料搅拌、浇注开始的。在搅拌机中加入砂浆、水泥、生石灰、铝粉、水及其他外加剂之后，水泥和生石灰即发生水化反应。水泥水化时要析出 $Ca(OH)_2$，生石灰与水作用时也要生成 $Ca(OH)_2$，加入烧碱（或纯碱）时有 NaOH 或 KOH 存在，因而加气混凝土料浆中的液相呈碱性，且迅速变成饱和溶液，pH 值达 12 左右。铝粉颗粒极易与碱溶液相互作用，反应如下：

$$2Al + 3Ca(OH)_2 + 6H_2O \longrightarrow 3CaO \cdot Al_2O_3 \cdot 6H_2O + 3H_2\uparrow$$

$$2Al + 6NaOH + 6H_2O \longrightarrow 3Na_2O \cdot Al_2O_3 \cdot 6H_2O + 3H_2\uparrow$$

$$2Al + 6H_2O \longrightarrow 2Al(OH)_3 + H_2\uparrow$$

$$2Al + Ca(OH)_2 + 3CaSO_4 \cdot 2H_2O + mH_2O \longrightarrow 3CaO \cdot Al_2O_3 \cdot 3CaSO_4 \cdot 32H_2O + 3H_2\uparrow$$

由上述反应可知，铝粉与碱性饱和溶液发生反应产生氢气，这些氢气很少溶于水，而且随着温度的升高体积还要增大，因而使混凝土混合料发生膨胀。

（二）料浆膨胀、稠化、凝结的物理过程和化学反应

1. 料浆发气膨胀过程

料浆发气时最初生成的氢气立即溶解于液相中，由于氢气的溶解度不大，溶液很快达到饱和。当达到一定的过饱和度时，在铝粉颗粒表面上形成一个或数个泡核，由于氢气的逐渐积累，气泡内压力逐渐增大，当内压力克服上层料浆对它的自身荷载和料浆的极限剪应力以后，气泡长大并推动料浆膨胀。铝粉与水反应生成氢气和料浆膨胀始终处于动态平衡。

料浆膨胀的动力是气泡内的内压力，料浆膨胀的阻力是上层料浆的自身荷载和料浆的极限剪应力。发气初期，铝粉不断产生氢气，内压力不断得到补充，因而迅速膨胀。随着石灰、水泥不断水化，极限剪应力不断增大，这时铝粉的反应仍在继续进行，只要气泡内压力继续大于上层料浆的自身荷载和极限剪应力，膨胀就会继续下去。当料浆迅速稠化，极限剪应力急剧增大，这样膨胀就会逐渐缓慢下来。当铝粉反应结束，气泡内不再增加内应力，或者这种内应力不足以克服上层料浆的自身荷载和料浆的极限剪应力时，膨胀过程即行停止。

2. 料浆的稠化过程

加气混凝土料浆失去流动性的过程称为稠化过程。稠化是由于料浆中的石灰、水泥不断水化，其极限剪应力急剧增大的结果。因此，料浆的稠化过程就是料浆的极限剪应力不断增大的过程。

料浆的极限剪应力随时间而变化的曲线可以看作是料浆的稠化曲线。如果料浆实际的稠化曲线低于正常稠化曲线，表示料浆稠化太慢，有可能产生塌模；如果料浆稠化太快，实际稠化曲线高于正常稠化曲线，则有可能产生不满模、憋气等不正常现象。因此，加气混凝土的稠化过程要通过修正稠化曲线来加以调整。

3. 加气混凝土料浆的流变特性

加气混凝土料浆是一种粘、塑、弹性组合体，其发气、膨胀、稠化过程也是在剪切条件下发生流动和变形的过程，用流变学方法能够直接反映料浆发气和稠化过程的规律。

加气混凝土料浆从搅拌浇注开始至坯体硬化为止，按其结构特性可以分为以下几个变化过程：刚形成的料浆可以看作是一种溶液粗分散体系，其流变特性接近于理想牛顿黏性体；随后固体粒子互相碰撞，在范德华力作用下互相粘结起来，形成最初的絮凝结构，这是骨架形成阶段，其流变特性具有假塑性特征；随着水化反应的继续进行，固相粒子形成三维的空间网络，这时整个结构具有显著的弹、粘、塑性特征，表现出极限剪应力，这是骨架发育阶段；最后结构强度明显上升，弹塑性质比例如大，这是结构密实化阶段。可以用料浆的各种流变特性的变化来表征加气混凝土料浆结构的发生、发展和不断完善的过程。

4. 料浆凝结过程和化学反应

当料浆浇注入模、开始膨胀的时候，随着放气反应的进行，水泥和石灰即发生水化作用。

(1) 首先，生石灰与水作用，形成 Ca $(OH)_2$，并发放大量热，其反应：

$$CaO + H_2O \longrightarrow Ca(OH)_2 + 64895.4J$$

(2) 水泥熟料中的矿物组成分别与水发生水化反应：

$$2(3CaO \cdot SiO_2) + 6H_2O \longrightarrow 3CaO \cdot 2SiO_2 \cdot 3H_2O + 3Ca(OH)_2$$

$$2(3CaO\cdot SiO_2)+4H_2O \longrightarrow 3CaO\cdot 2SiO_2\cdot 3H_2O+Ca(OH)_2$$

$$3CaO\cdot Al_2O_3+6H_2O \longrightarrow 3CaO\cdot Al_2O_3\cdot 6H_2O$$

$$4CaO\cdot Al_2O_3\cdot Fe_2O_3+7H_2O \longrightarrow 3CaO\cdot Al_2O_3\cdot 6H_2O+CaO\cdot Fe_2O_3\cdot H_2O$$

(3) 由于石膏的存在，其与部分矿物组成在水中发生化学反应：

$$3CaO\cdot Al_2O_3+CaSO_4\cdot 2H_2O+30H_2O \longrightarrow 3CaO\cdot Al_2O_3\cdot 3CaSO_4\cdot 32H_2O$$

当放气完毕、膨胀结束时，料浆中的石灰质矿物胶凝材料却仍在水化，水化产物在液相中不断地积累起来，同时体系中的自由水分由于水化作用的进行逐渐减少，这就使得溶液中水化产物的浓度逐渐增加，并且很快达到过饱和状态成胶体或析出的晶体。不断地积累使胶体聚结并使晶体成长，且形成结晶连生体，使整个系统具有一定能支承自身质量的结构强度，即达到初凝或稠化。随着水化继续进行，体系结构不断紧密，固相越来越多，液相越来越少，当达到能抵抗相当外力的结构强度时，便达到终凝。料浆达到终凝之后，水化作用在常温下就不能再很快进行，整个料浆体系结构也就基本上稳定，成为坯体。为了使加气混凝土料浆成为具有一定结构强度，可以进行切割的坯体需要有一段静置停放过程。因此，静停过程也就是料浆凝结过程。

（三）坯体在蒸压养护时的水热反应

1. 石灰与含硅材料的反应

$Ca(OH)_2$ 与 SiO_2 在大约 1MPa 大气压、180℃的蒸压养护条件下进行化学反应：

$$7CaO+4SiO_2+nH_2O \longrightarrow 7CaO\cdot 4SiO_2\cdot nH_2O$$

反应开始时温度较低，Ca $(OH)_2$ 和 SiO_2 的反应是通过吸附、扩散方式进行的，在加气混凝土坯体内部形成$\left(\frac{CaO}{SiO_2}>1\right)$高碱性水化硅酸钙晶体。随着温度的升高及反应的继续进行，高碱性的水化硅酸钙不断遭到破坏，开始转变为$\left(\frac{CaO}{SiO_2}<1\right)$低碱性水化硅酸钙晶体。变化过程的化学反应：

$$5(7CaO\cdot 4SiO_2\cdot nH_2O)+8SiO_2 \longrightarrow 7(5CaO\cdot 4SiO_2\cdot nH_2O)$$

$$5CaO\cdot 4SiO_2\cdot nH_2O+SiO_2 \longrightarrow 5(CaO\cdot SiO_2\cdot nH_2O)$$

$$4(CaO\cdot SiO_2\cdot nH_2O)+SiO_2 \longrightarrow 4CaO\cdot 5SiO_2\cdot nH_2O$$

如果养护时间充分，多量结晶水的水化硅酸钙，最终生成强度高、结晶度好的“托勃莫来石”，即

$$4CaO\cdot 5SiO_2\cdot nH_2O \longrightarrow 4CaO\cdot 5SiO_2\cdot 5H_2O$$

2. 水泥和含硅材料的反应

掺有水泥的加气混凝土在蒸压过程中，SiO_2 不仅与 C_2S 和 C_3S 发生作用，而且还与 C_3A、C_4AF 发生作用生成（水榴子石）CSH（B）等，并析出 $Ca(OH)_2$；这些 CSH(B)和 $Ca(OH)_2$又要与 SiO_2 反应生成托勃莫来石。所以，以水泥为原材料时，高压蒸养时生成托勃莫来石有两种反应过程：一种是水泥水化产物与硅砂作用成为低钙水化物而形成的托勃莫来石；另一种是水泥析出的$Ca(OH)_2$ 与硅砂生成的托勃莫来石。由此可知，水泥混凝土制品在常温下硬化与在高温下硬化其硬化机理是不相同的。常温下，仅仅由于水泥的水化作用形成水泥石，将石子和砂粘结起来，从而产生强度；高温下，水泥不仅仅是水化，还与砂子颗粒表面产生化学反应，形成托勃莫来石。

3. 石灰—水泥—石膏—粉煤灰的化学反应

(1) 升温阶段：随着温度升高，$Ca(OH)_2$ 与粉煤灰中的活性 SiO_2 反应生成碱度较高的水化硅酸钙，并随着 SiO_2 的不断溶解，水泥水化的 C—S—H 凝胶与石灰、粉煤灰合成的 C—S—H 等水化硅酸钙的碱度不断降低，开始变化成半结晶的CSH(Ⅰ)。与此同时，三硫型的水化硫铝酸钙分解为单硫型的水化硫铝酸钙。

(2) 恒温阶段：在 180～200℃的恒温初期，大量生成CSH(Ⅰ)。在此温度下，单硫型水化硫铝酸钙也无法稳定，继续分解成 C_3AH_6 和硫酸钙，水化铝酸钙和 SiO_2 作用生成水石榴子石。随着恒温时间的延长，水化硅酸钙的结晶程度不断提高，生成托勃莫来石，进一步延长时间还可能生成其他结晶相的水化硅酸钙。

因此，蒸压石灰—水泥—石膏—粉煤灰加气混凝土中的水化产物有 CSH(Ⅰ)、托勃莫来石、水石榴子石，随着恒温压力和养护时间的不同，其数量和结晶程度均在变化。

第三节 加气混凝土的原材料组成

一、基本组成材料

(一) 石灰—钙质材料

1. 石灰生产原理

石灰是石灰石（主要成分是碳酸钙）经高温煅烧，CO_2 被分解放出，但未达到烧结状态的以 CaO 为主要成分的白灰块体。

碳酸钙的分解反应：

$$CaCO_3 \xrightarrow{900\sim1200℃} CaO + CO_2\uparrow$$

碳酸钙的分解作用是吸热反应，分解 1kg 碳酸钙，理论上需要热量 1.78×10^6J。

碳酸钙分解时，按质量比 44% 的 CO_2 逸出，但其体积仅缩小 10%～15%，因而石灰具有多孔结构。

2. 石灰的化学成分

石灰的化学成分主要是 CaO，也含有少量的 MgO、Fe_2O_3 和 SiO_2 等。由于在煅烧过程中碳酸钙的分解往往不完全，在石灰中含有未分解的碳酸钙和其他化合物。因此，石灰的成分分为两部分：一部分是非活性部分；另一部分是以碳酸钙中分解出来呈游离状态的 CaO，属活性部分，一般称之为有效氧化钙。

3. 石灰的分类

根据《建筑石灰》(JC/T480—1992) 规定，石灰种类如下：

按 MgO 含量多少，石灰分为钙质石灰和镁质石灰。其分类见表 38-1。根据消化速度不同，石灰可分为三种，其分类见表 38-2。

石灰分类　　表 38-1

石灰品种	MgO 含量（%）	
	钙质石灰	镁质石灰
生石灰	≤5	>5

石灰分类　　表 38-2

石灰类别	快速消化石灰	中速消化石灰	慢速消化石灰
达到最高温度消化时间（min）	≤10	10～30	>30

4. 石灰在加气混凝土中的作用

(1) 向加气混凝土提供有效氧化钙（ACaO），使之与硅质材料中的活性成分 SiO_2、Al_2O_3 作用生成水化产物，使制品获得强度。

(2) 石灰提供了料浆碱度，提供了铝粉的发气条件，促使铝粉发气。

(3) 石灰水化时放出热量，可以促使坯体硬化。

5. 石灰的技术要求

(1) 如生产水泥—石灰—粉煤灰加气混凝土，对石灰技术规定如下：

①活性氧化物（CaO + MgO）含量不得少于 80%。

②CaO 总含量不得少于 92%。

③MgO 含量不得超过 2%。

④消解时间 10～30min，消解温度不得低于 65℃。

⑤按标准方法测定，消解温度不得低于 70℃。

⑥磨细生石灰的细度：在 0.08mm 方孔筛上的筛余量不大于 20%。

(2) 如果生产水泥—石灰—砂加气混凝土，对石灰技术规定如下：

①生石灰的消解性能。消解最高温度 70～85℃；石灰水化后体系达 50℃的时间一般应在 5～10min 之间；消解时间为 8～15min。

②生石灰中的 ACaO 含量 > 60%。CaO 总含量 > 80%。

③生石灰中 MgO 含量 < 7%。

（二）水泥—钙质材料

1. 水泥在加气混凝土中的作用

水泥在加气混凝土中可以作为单一钙质材料，也可以与石灰一起作为混合钙质材料。

(1) 当水泥作为单一钙质材料时，它的作用主要是提供 CaO 和高碱水化硅酸钙，在水热条件下与 SiO_2 反应生成低碱水化硅酸钙，构成加气混凝土的强度组分。在浇注和静停过程中，水泥水化，使料浆逐渐稠化和凝结。

(2) 当水泥和石灰一起作为混合钙质材料时，由于石灰提供的 CaO 多于水泥，因而水泥的主要作用是保证浇注稳定，并加速坯体硬化。

2. 水泥的技术要求

(1) 如果生产水泥—石灰—粉煤灰加气混凝土，对水泥技术规定如下：

①游离氧化钙（qCaO）含量不得超过 1.5%。

②Na_2O 和 K_2O 含量不得超过 1.0%～1.5%。

③比表面积 2500～3500cm^2/g。

④体积安定性合格。

⑤凝结时间　初凝时间，1～3h；终凝时间，3～5h。

⑥生产加筋构件用的水泥不应含有除石膏和粉煤灰外的其他外加剂和掺料。

(2) 如果生产水泥—石灰—砂加气混凝土，对水泥技术规定如下：

①品种为硅酸盐水泥和普通硅酸盐水泥。

②CaO 总含量 > 58%。

③游离 CaO 含量 < 3.0%，游离 MgO 含量 < 4.5%。

④细度为 3000～3500cm^2/g（比表面积）。

（三）粒化高炉矿渣—钙质材料

1. 矿渣的特征

（1）物理特性：粒化高炉矿渣是钢铁厂炼铁炉中的熔融废渣，经过水淬急冷而成的松散细小颗粒，故又称水淬矿渣或水渣。粒化高炉矿渣呈白色、淡灰色、黄色或绿色。松散多孔。粒径在10mm以下，大部分在0.5～5mm左右。比密度一般为2.95，堆积密度500～800kg/m^3。

（2）化学成分：主要是CaO、SiO_2、Al_2O_3、MgO和Fe_2O_3等，还有少量硫化物，如CaS、MnS、FeS等，个别情况下还有TiO_2、P_2O_5等。其中CaO、SiO_2、Al_2O_3占总成分的90%。

2. 矿渣的分类

（1）按矿渣中氧化物的相对含量——碱性系数（M_0）划分。碱性系数以矿渣中碱性氧化物与酸性氧化物之比来表示，即

$$M_0=\frac{CaO+MgO}{SiO_2+Al_2O_3}$$

按碱性系数M_0，矿渣分为：

①碱性矿渣　$M_0>1$；

②中性矿渣　$M_0=1$；

③酸性矿渣　$M_0<1$。

（2）按矿渣质量划分：根据GB 203—63规定，按矿渣质量可分成两类，划分标准见表38-3。

矿　渣　分　类　　　　表38-3

技术标准	矿渣类别	
	一　类	二　类
碱性系数$\left(\frac{CaO+MgO}{SiO_2+Al_2O_3}\right)$不小于	0.65	0.50
活性系数$\left(\frac{Al_2O_3}{SiO_2}\right)$不小于	0.20	0.12
质量系数$\left(\frac{CaO+MgO+Al_2O_3)}{SiO_2+MnO}\right)$不小于	1.25	1.00

3. 矿渣在加气混凝土中的作用

磨细的粒化高炉矿渣在饱和的$Ca(OH)_2$溶液中，会产生显著的水化反应，有明显的胶凝性能。在加气混凝土料浆中，生石灰水化后生成$Ca(OH)_2$，水泥熟料中硅酸盐矿物水化时，也析出$Ca(OH)_2$，液相呈碱性状态，可以激发矿渣的活性，因此，矿渣可以代替部分水泥，作为加气混凝土的钙质材料。

4. 粒化高炉矿渣的技术要求

（1）水淬良好，颗粒松散、均匀，外观呈淡黄色或灰白色，有玻璃光泽，无铁渣及硬渣大块。

（2）化学成分：粒化高炉矿渣的化学成分见表38-4。

粒化高炉矿渣化学成分　　表 38-4

化学成分	CaO	Al_2O_3	SO_3	Cl^-	$\frac{CaO}{SiO_2}$
含量（%）	>40	9~16	0.8~1.6	<0.02	>1

不符合表 38-4 要求时，应通过试验鉴别其可用性。

（四）磨细砂—硅质材料

1. 砂在加气混凝土中的作用

砂在加气混凝土中的作用主要是提供 SiO_2，在蒸压条件下与 CaO 化合生成水化硅酸钙。此外，尚未反应完的砂核起到骨料的作用。

2. 主要组分对加气混凝土性能的影响

（1）氧化硅（SiO_2）：砂中的 SiO_2 一部分以石英状态存在，一部分以长石或其他矿物组分存在，在常温下呈惰性。在高温水热条件下，砂的溶解度增大，SiO_2 与 CaO 反应生成水化硅酸钙，其中尤以石英态的 SiO_2 的反应产物抗压强度最高。因此，要求砂中 SiO_2 含量越多越好，特别是石英态的 SiO_2 含量越多越好。

（2）氧化钠（Na_2O）和氧化钾（K_2O）：Na_2O 和 K_2O 在加气混凝土生产过程中生成可溶性硫酸钠（Na_2SO_4）、硫酸钾（K_2SO_4）。随着制品中水份的迁移，Na_2SO_4 和 K_2SO_4 均可从制品内部转移到表面来，并根据蒸发条件的不同，在制品表面上或者表层下析出盐类的结晶体（白霜），即产生盐析现象。这种现象将导致表面剥离和饰面脱落，因而必须限制砂中的钾、钠含量。

（3）有机酸（腐植质）：有机酸在料浆中和碱起中和作用，含量过多时，将降低料浆碱度，影响发气和坯体硬化。

（4）黏土质：由于黏土是一种高分散物料，吸水性强，含量过多时，会使料浆黏度增大，延长坯体硬化时间。但是，黏土中含有一定的 Al_2O_3，可以促进托勃莫来石的形成。因此，其含量限制应由试验来确定。

3. 砂的技术要求

据北京加气混凝土厂的试验和生产实践，提出对砂的技术要求，见表 38-5。

砂的技术要求　　表 38-5

技术性质	细　度	SiO_2	Na_2O	K_2O	Cl^-	黏土含量	烧失量	石子含量
技术要求	不　限	>75%	<2.0%	<3.0%	<0.02%	<10%	<5%	不　含

（五）粉煤灰—硅质材料

1. 粉煤灰形成原理

粉煤灰是以煤碳为燃料的发电厂排出的废渣。在燃煤电厂，将煤碳磨细成煤粉，送入锅炉燃烧室燃烧后，其灰粉除少量呈渣状漏入炉底外，其余随烟气一起运动离开燃烧室进入烟道，利用除尘器收集下来，这就是粉煤灰。除尘器有干式和湿式两大类，灰的排放方式也有干法和湿法两类，因此粉煤灰也有干湿之分。

煤炭中除了含可燃物外，还含有各种黏土质矿物，粉煤灰实际上是黏土矿物在高温下煅烧的产物。由于煤粉中的黏土成分 SiO_2、Al_2O_3、Fe_2O_3 在 1000℃以上时开始熔融，这些熔融物在表面张力作用下形成液滴，在排出炉外时经过急骤冷却（冷淬），形成 1~5μm

的细球形颗粒，其中大部分为硅铝玻璃体，从而具有良好的活性。

2. 粉煤灰的特性

(1) 矿物组成：粉煤灰的主要矿物成分是硅铝玻璃体，其含量一般为70%左右。其他还有结晶矿物和未燃烬碳。结晶矿物主要是莫来石和石英，还有少量的碳酸钙、赤铁矿和磁铁矿等。

(2) 物理性质：粉煤灰是一种浅灰色细粉，随含碳量的增加，颜色变深。密度为1.5 ~ 2.5g/cm^3，堆积密度600 ~ 1000kg/m^3，密实度变化在30% ~ 50%之间，细度（通过0.08mm筛孔筛余）变化在3% ~ 30%之间，标准稠度需水量变化在24.3% ~ 74.1%之间。

3. 粉煤灰的活性及其影响的主要因素

(1) 粉煤灰的活性：粉煤灰本身并不具有单独硬化的性能，但是当它与石灰或硅酸盐水泥混合加水拌合成浆体后，能在空气中硬化，并能在水中继续硬化，粉煤灰的这种性能称为活性。活性是综合表示粉煤灰中各项成分与CaO进行反应能力的指标。在加气混凝土生产中，粉煤灰的活性是以蒸压条件下硬化浆体的强度来表示。

(2) 影响粉煤灰活性的主要因素：

①密度　粉煤灰密实度大，孔隙率小，在一般情况下意味着玻璃体含量多，因而标准稠度需水量小。用这种粉煤灰配制的加气混凝土料浆水料比少，制品强度高。

②细度　粉煤灰加气混凝土获得强度的主要原因是Ca$(OH)_2$与粉煤灰颗粒表面反应生成水化产物，从而把尚未反应的粉煤灰内核粘结起来形成整体强度。粉煤灰越细，比表面积越大，与石灰的接触面越多，反应越快，水化产物也较多，强度也就越高。但是，无限制地提高粉煤灰的细度，会使未反应的粉煤灰内核减少，不能形成骨架，制品收缩值加大。

4. 粉煤灰技术要求

(1) 化学成分：粉煤灰的化学成分见表38-6。

粉煤灰的化学成分　　**表38-6**

化学成分	SiO_2	Al_2O_3	Fe_2O_3	烧失量
含量（%）	>40	15 ~ 35	<15	<10

(2) 细度：通过0.08mm方孔筛，其筛余小于15%。如超过此值时，必须磨细。

（六）石膏

1. 种类

在建筑中采用如下几种石膏。

(1) 天然石膏：化学成分为$CaSO_4 \cdot 2H_2O$。

(2) 非天然石膏：①化学石膏——磷石膏；②废模型石膏。

2. 石膏在加气混凝土中的作用

(1) 提高坯体强度。掺入少量石膏的制品，在静停过程中，生成C—A—$\bar{S}$—H和C—S—H凝胶，提高了坯体的强度，使坯体经受蒸压过程中温度、湿度变化而引起的温差应力和湿差应力的能增加，并为提高最终强度打下了基础。

(2) 提高制品强度，降低收缩值。掺入少量石膏可以促进水热反应的进程，使CSH(I)向托勃莫来石转化。同时，可以抑制水石榴子的生成，从而使留在试件中的铝离子掺杂到 CSH（I）中去，部分掺杂的 CSH（I）可以转化为铝代托勃莫来石，而 Al_2O_3 本身也能促进 CSA（I）向托勃莫来石转化，并稳定托勃莫来石不向硬硅钙石转化。托勃莫来石数量的增加，导致制品强度的提高和收缩值的降低。

（3）延缓料浆稠度速度。在加气混凝土中掺入少量石膏，可以延缓水泥凝结速度，抑制石灰消解，从而延缓料浆稠化速度。

①延缓水泥凝结速度　水泥本身掺有少量起缓凝作用的石膏，但在铝粉发气过程中要消耗大量 $CaSO_4$，如果不加补充，势必因水泥水化时因缺少 $CaSO_4$ 而凝结过速。

②抑制石灰消解　石膏是一种电解质，加入石灰和含硅材料的混合料中，可以降低石灰的溶解度，从而减缓其消解速度，相应地降低其消解温度。

3. 石膏技术要求

对于生产石灰—水泥—粉煤灰加气混凝土，石膏技术要求规定如下：

（1）块状石膏含水率：不得大于 5.0%。

（2）磨细石膏含水率：不得大于 1.5%。

（3）二水硫酸钙（$CaSO_4 \cdot 2H_2O$）含量：不得低于 80%。

二、发气剂

（一）发气剂的种类

1. 双氧水（H_2O_2）

双氧水在 $Ca(OH)_2$ 介质中发生分解，产生氧气。这里，$Ca(OH)_2$ 是催化剂，本身并不直接参与反应，其化学反应式：

$$2H_2O_2 \longrightarrow 2H_2O + O_2 + 1.925 \times 10^5 J$$

在标准状态下，每 1g 双氧水可以放出氧气 0.33L。

2. 碳化钙（CaC_2）

碳化钙（俗称电石）系由焦炭在电炉里还原生石灰而得。其遇水立即反应生成乙炔（即电石）。其化学反应：

$$CaC_2 + 2H_2O \rightleftharpoons Ca(OH)_2 + C_2H_2$$

乙炔使料浆膨胀而获得气孔结构。

3. 活泼金属

一些活泼金属，如铝、锌、镁等，都可以置换出水中的氢，放出氢气。在标准状态下，每 1g 铝粉可产生氢气 1.24L。由于用铝粉作发气剂，操作稳定，工艺上易于控制，也比较经济，为世界各国加气混凝土生产所采用。

（二）铝粉的规格及质量标准

国家标准《发气铝粉》（GB 2084—80）对球磨法生产的作为加气混凝土发气剂用的铝粉都作出了明确的规定。

1. 规格

发气铝粉的粒度应符合表 38-7 规定。

2. 质量标准

（1）发气铝粉呈银灰色、花瓣状；

（2）发气铝粉应无异类夹杂物和结团；

（3）发气铝粉的盖水面积和化学成分应符合表 38-8 规定。

发气铝粉的粒度　　表 38-7

牌　号	代　号	粒　度	
		筛网孔径（μm）	不大于（%）
1 号发气铝粉	FLQ_1	80	1.0
2 号发气铝粉	FLQ_2		

铝粉盖水面积和化学成分　表 38-8

代号	活性铝不小于（%）	油脂不小于（%）	盖水面积不小于（%）
FLQ_1	85	3.0	40
FLQ_2	85	3.0	60

（三）干铝粉的脱脂处理

1. 烘烤脱脂法

将铝粉置于烘箱中，逐步加热至 200℃，使铝粉表面一层硬脂酸挥发掉。在烘烤过程中，极易着火燃烧甚至爆炸。此法目前已较少使用。

2. 化学脱脂法

利用某些有机溶剂，如丙酮、二甲苯等；表面活性物质，如平平如（高级脂肪醇环氧乙烷）、拉开粉（二丁萘磺酸钠）、皂素植物、合成洗涤剂、普通肥皂等，使铝粉与硬酯酸分离。由于这种方法既简单，又安全可靠，目前为我国各企业采用，尤以拉开粉、平平加用得最多。

（四）铝粉性质对加气混凝土生产的影响

1. 铝粉的细度

铝粉的细度不同，不影响其发气量，而影响其发气速度。颗粒越细，发气开始越早，发气速度越快，发气结束亦早。过细或过粗，都将使铝粉发气与料浆稠化不相适应。

2. 颗粒形状

通常有两种形状的铝粉：一种是磨细粉，其颗粒呈鳞片状；一种是喷制粉，其颗粒为水滴状。喷制粉发气很少，必须采用磨细粉。

3. 盖水面积

铝粉的盖水面积，是指单位质量的铝粉在水面上按颗粒单层连续排列，在颗粒间无可见空隙所占有的面积。铝粉盖水面积的大小反映了颗粒的细度和形状。表 38-9 为颗粒细度和盖水面积的关系。

铝粉颗粒细度与盖水面积的关系　　表 38-9

颗粒细度（μm）	颗粒粒径（μm）	盖水面积（cm^2/g）	颗粒细度（μm）	颗粒粒径（μm）	盖水面积（cm^2/g）
200	>200	900	75	75～90	3440
150	150～200	1450	60	60～75	4300
100	100～150	1660	<60	<60	6420
90	90～100	2970			

（五）铝粉的技术要求

（1）如果生产水泥—石灰—粉煤灰加气混凝土，其干铝粉技术规定要求：

①外观呈银灰色松散片状没有结块的铝粉；

②不允许含有其他金属构成的机械杂质；

③盖水面积　4000～6000cm^2/g；

④有机物含量　不应超过 1.5%；

⑤金属铝的含量　不应少于 88%；

⑥活性 正常情况下放出氢气量见表 38-10。

(2) 如果生产水泥—矿渣—砂加气混凝土，干铝粉技术规定要求：

①金属铝含量 >98%；

②活性铝含量 >89%；

③颗粒细度 绝大部分在 65~75μm 之间；

④盖水面积 4000~5000cm^2/g；

⑤发气曲线 正常情况下的发气量见表 38-11。

时间与氢气放出量的关系 表 38-10

发气时间 (min)	2	8	16
氢气数量 (mL)	0~4	35~45	58~70

铝粉发气曲线 表 38-11

发气时间 (min)	2	8	16	24
发气数量 (mL)	5	60	76	全部结束

国产 FLQ_1 和 FLQ_2 基本上符合上述要求。

三、气泡稳定剂

(一) 稳定机理

加气混凝土料浆在发气以前是固-液两相系统，当铝粉在料浆中放出氢气以后，料浆就变成固-液-气三相体系。形成的气泡是由液体薄膜包围着气体。这样，体系内增加了许多新表面。同时，石灰消化时放出的热量使料浆温度上升，气泡受热膨胀，进一步增加了气-液界面，体系表面自由能急剧增大，体系极不稳定。由于表面张力的作用，液体表面要自动缩小，气泡容易破裂；当气泡合并成大气泡，大气泡上浮逸出，从而造成料浆沸腾塌模。因此，降低料浆体系的表面能，增加气泡膜的机械强度，均可防止气泡破裂。表面能是表面张力与气孔表面积的乘积，降低气孔表面积显然是不允许的，因此，为了稳定料浆中的气泡，只有降低液相中的表面张力。表面活性剂可以降低液体的表面张力，所以气泡稳定剂就是表面活性剂。

在加气混凝土料浆中加入表面活性剂以后，表面活性剂的亲水基一端与水相吸，憎水基一端与水相斥而指向气体，这样表面活性剂就被吸附在气-液界面上，降低了气-液界面的表面张力。同时，由于表面活性剂能在液相表面形成单分子吸附膜，使液面坚固而不易破裂，从而达到稳泡的目的。

(二) 常用气泡稳定剂

1. 可溶油

(1) 可溶油的组成：可溶油是将油酸、三乙醇胺和水按一定比例混合配制而成。

(2) 油酸：油酸是由油脂（植物油脂或动物油脂）经水解后而获得的含有 18 个碳原子的不饱和脂肪酸。其分子式为：$C_{17}H_{33}COOH$。油酸为无色油状液体，冷却时得到针状结晶。溶点 14℃，沸点 223℃，密度 0.895。

(3) 三乙醇胺：是一种胺类化合物，由氯乙醇或环氧乙烷与氨作用而得。三乙醇胺具有弱碱性，其分子式为 $N(C_2H_4OH)_3$。三乙醇胺的溶点为 20~21℃，沸点为 310℃，系无色粘稠液体，有吸湿性，在空气中变成黄褐色，溶于水、乙醇和氯气中。

2. 氧化石蜡皂

(1) 氧化石蜡皂的性质：氧化石蜡皂是石油工业副产品，它是以石蜡为原料，在一定温度下通入空气进行氧化，再用苛性钠加以皂化后得到的一种饱和脂肪酸皂，分子式为 $C_nH_{2n+1}COONa$ ($n=5\sim22$)。氧化石蜡皂是棕色膏状体，溶于热水。

(2) 氧化石蜡皂技术规定要求：氧化石蜡皂的技术规定要求如下：

①总脂肪酸　37±2%；

②羧酸　22%~24%；

③羟酸　15%；

④游离钙　<0.1%；

⑤不皂化物　5%。

(3) 氧化石蜡皂与碳起作用，因此不宜用于粉煤灰或煤矸石加气混凝土中。

3.SP稳泡剂

(1) 稳泡剂的特性：其特性如下述：

①化学成分　皂甙含量≮60%，熔点170~190℃，油分1%~2%。

②物理特性　该稳泡剂是一种棕褐色的粉状物质，具有可溶于水、易吸湿及略有油味等物理性能，对酸、碱和硬水均有较强的化学稳定性。

(2) SP稳泡剂的功能：不但可以稳泡，还具有铝粉脱脂和抑制石灰消化等多种功能。

①脱脂功能　SP稳泡剂与铝粉脱脂剂的脱脂效果比较见表38-12。

脱脂效果比较　　**表38-12**

脱脂剂种类	每1g脱脂剂可处理铝粉数量(g)	脱脂速度(min)	脱脂剂种类	每1g脱脂剂可处理铝粉数量(g)	脱脂速度(min)
平平加	27	1~2	SP型稳泡剂	50	1
净洗剂710	200	1			

②稳泡功能　SP型稳泡剂与其他两种稳泡剂的稳泡效果见表38-13。SP型稳泡剂的表面张力值比其他两种稍高，但其稳泡效果可以达到加气混凝土生产的要求。

稳泡剂稳泡效果比较　　**表38-13**

种　类	稳泡剂效果比较$\left(\frac{浓\quad度}{表面张力}\right)$				
拉　开　粉	$\frac{1:50}{33.9}$	$\frac{1:100}{34.1}$	$\frac{1:200}{33.5}$	$\frac{1:400}{32.4}$	$\frac{1:800}{34.4}$
SP型稳泡剂	$\frac{1:30}{43.8}$	$\frac{1:45}{43.3}$	$\frac{1:90}{42.3}$	$\frac{1:180}{43.5}$	$\frac{1:360}{43.5}$
可　溶　油	$\frac{1:1}{33.1}$	$\frac{1:2}{37.2}$	$\frac{1:4}{37.6}$	$\frac{1:8}{34.3}$	$\frac{1:64}{31.9}$

(三) 气泡稳定剂用量

(1) 最佳用量的确定：气泡稳定剂的最佳用量是使水的表面张力降低到一个稳定值的最小掺量。

(2) 稳泡剂的最佳掺量：最佳掺量与水表面张力的关系见表38-14。

稳泡剂掺量与水的表面张力关系　　**表38-14**

技术项目	稳泡剂种类和掺量		
	可　溶　油	SP	拉　开　粉
折合水溶液浓度	$\frac{1}{500}$	$\frac{1}{800}$	$\frac{1}{3000}$
表面张力 (dn/cm)	40	44	40

四、调节剂

为了使加气混凝土料浆发气膨胀和料浆稠化相适应，以保证浇注稳定并获得性能良好的坯体；为了加速坯体的硬化，提高制品强度；为了消除制品裂缝，保证制品质量，需要在料浆中加入适当的调节剂。加气混凝土种类不同，所用的调节剂也有差异。水泥—矿渣—砂加气混凝土常用的调节剂有纯碱、硼砂、水玻璃、菱苦土等四种；水泥—石灰—粉煤灰加气混凝土常用的调节剂则为烧碱、水玻璃、菱苦土等三种。

（一）纯碱——碳酸钠（Na_2CO_3）

1. 纯碱特征和质量标准

根据国家标准《工业用碳酸钠》（GB 210—1992）规定，纯碱的特征和质量标准如下。

（1）特征：纯碱有以下三个特征：

①工业碳酸钠系由氨碱法和联碱法制得；

②分子式为 Na_2CO_3；

③分子量为 105.99。

（2）质量标准：纯碱应符合以下质量标准。

①外观呈白色粉状结晶；

②技术指标如表 38-15。

工业碳酸钠质量标准　　表 38-15

技术性能	技术指标			测定方法
	一级	二级	三级	
总碱量（以 Na_2CO_3 计）（%）大于	99.0	98.5	98.0	GB 2368—80
氯化物（以 NaCl 计）（%）小于	0.80	1.0	11.2	GB 2369—80
铁（以 Fe_2O_3 计）（%）小于	0.008	0.01	0.02	GB 2370—80
水不溶物（%）小于	0.10	0.15	0.20	GB 2371—81
烧失量（%）小于	0.50	0.50	0.70	GB 2372—80

2. 纯碱在加气混凝土中的作用

①提高碱性，参与并加速铝粉发气反应；

②纯碱是矿渣的活化剂，促使矿渣充分激发胶凝性能；

③提高制品抗压强度。

3. 纯碱的技术要求

要求 Na_2CO_3 含量大于 98%，符合国家标准的一、二、三级工业用碳酸钠都可以使用。带有结晶水的碳酸钠也可以使用，但在配料计算中应扣除结晶水部分的质量。

（二）硼砂——四硼酸钠（$Na_2B_4O_7 \cdot 10H_2O$）

1. 硼砂的特征和质量标准

（1）特征：工业用硼砂，即含有 10 个结晶水的四硼酸钠。其特征是：①分子式为 $Na_2B_4O_7 \cdot 10H_2O$；②分子量为 381.36。

（2）质量标准：硼砂的质量应符合以下技术要求。

①外观呈洁白细小的结晶体；

②技术指标符合表 38-16 规定。

2. 硼砂在加气混凝土中的作用

硼砂的质量指标　　表 38-16

指　标　名　称	指　标	指　标　名　称	指　标
10 水四硼酸钠($Na_2B_4O_7 \cdot 10H_2O$)(%)不小于	95.00	硫酸钠(Na_2SO_4)(%)不大于	0.20
水不溶物(%)不大于	0.04	氯化钠(NaCl)(%)不大于	0.10
碳酸钠(Na_2CO_3)(%)不大于	0.40	铁(Fe)(%)不大于	0.002

硼砂在水泥—矿渣—砂加气混凝土中的作用是延缓加气混凝土料浆中水泥的水化和凝结速度，调节料浆稠化速度，使其与铝粉发气速度相适应。

3. 硼砂技术要求

符合国家标准的工业用硼砂，都可用于加气混凝土生产。含 5 个结晶水的硼砂，也可以使用。

（三）烧碱——氢氧化钠（NaOH）

（1）烧碱的特征：烧碱又名火碱，苛性钠。其特征为：①分子式为 NaOH；②分子量为 40；③熔点为 327.6℃；④比密度为 2.02g/cm^3；⑤形状呈白色结晶。

（2）烧碱在加气混凝土中的作用：对于不用矿渣的加气混凝土，如果需要提高料浆的碱度，一般采用烧碱。

（3）烧碱技术要求：符合国家标准的工业产品都可用于加气混凝土生产。

（四）水玻璃——硅酸钠（$Na_2O \cdot nSiO_2$）

（1）水玻璃的特征：①水玻璃是将固体硅酸钠或硅酸钾溶解于水而制得，是具有一定粘性的液体；②水玻璃分子式的通式为 $R_2O \cdot nSiO_2$（式中：n——水玻璃模数；R——Na 或 K）；③比密度为 1.30g/cm^3；④模数为 2.0～3.5。

（2）水玻璃的作用：水玻璃在加气混凝土中的作用是延缓铝粉在料浆中开始发气的时间，消除因铝粉、料浆温度、碱度的变化所引起开始发气过快的现象。

（3）水玻璃技术要求：各种水玻璃均可用于加气混凝土生产，但是其用量随水玻璃的特性和加气混凝土料浆的特性而变。

（五）菱苦土（MgO）

1. 菱苦土形成机理与特征

（1）形成机理：菱苦土又名煅烧镁石或菱镁轻烧粉，是由菱镁矿（主要成分是 $MgCO_3$)煅烧后磨细而得的产物。菱镁矿受热分解，其反应

$$MgCO_3 \xrightarrow{\Delta} MgO + CO_2 \uparrow$$

$MgCO_3$ 的理论分解温度是 450℃，加气混凝土用菱苦土的煅烧温度为 1000℃左右。

（2）特性：菱苦土的特性：①形态呈淡黄色粉末；②分子式为 MgO；③分子量为 40.32；④比密度约为 3.2g/cm^3；⑤堆积密度为 800～900kg/m^3。

2. 菱苦土技术要求

对于不同的加气混凝土，菱苦土的技术要求不同，应由试验确定。

第四节　加气混凝土的物理力学性能

一、孔隙性能和特征

（一）堆积密度与孔隙率

我国生产的加气混凝土制品的堆积密度以（500±50）kg/m^3为主，也有（600±50）kg/m^3和（700±50）kg/m^3两种，同时正在试制生产（300±50）kg/m^3的制品。

加气混凝土的堆积密度与孔隙率有关。孔隙率愈大，堆积密度愈小；反之，亦然。

（二）气孔的大小和分布特征

加气混凝土的性能不仅与气孔数量（以孔隙率和堆积密度表征）有关，而且与气孔的大小和分布特征有关。研究资料表明：在加气混凝土中，当孔径为0.5～1mm的气孔数量较多、孔径大于2mm的气孔含量较少时，其抗压强度较高，为3.78～4.09MPa；相反，当孔径为0.5～1mm气孔含量较少、孔径大于2mm的气孔含量较多时，抗压强度较低，为2.36～2.88MPa。

二、力学性能

（一）抗压强度

加气混凝土的标准抗压强度，是指在基准含水率［(35±10)%］下的抗压强度。试验时如加气混凝土试件不到基准含水率，则应将试件处理至基准含水状态后，（浸水4～48h）进行抗压强度试验。

（1）加气混凝土的强度随堆积密度减小、孔隙率提高而降低，其抗压强度（f_c）与堆积密度的关系测定值见表38-17。

加气混凝土抗压强度与堆积密度的关系　　表38-17

加气混凝土堆积密度（kg/m^3）	400	500	600	700
水泥—矿渣—砂加气混凝土标准抗压强度（MPa）	2.97	4.30	6.49	8.00
水泥—石灰—粉煤灰加气混凝土标准抗压强度（MPa）	3.92	5.35	7.99	12.00

（2）加气混凝土的抗压强度与含湿状态有关。加气混凝土在绝干状态时，抗压强度最高，随着吸水，强度急剧下降；当含水率超过15%时，下降趋势减缓；当含水率超过25%以上，强度趋于稳定。

（3）加气混凝土的抗压强度与加压方向和制品不同的部位有关。

由于发气膨胀过程和生产工艺的影响，一般气孔沿发气方向呈椭圆形，平行于发气方向的抗压强度大约为垂直方向强度的80%左右。

据实测统计，一模制品中，自上至下堆密度稍有增大，相差1%～3%；上、中、下强度相差3%～5%；外皮强度较里层低10%；内部各层强度偏差10%。

（二）抗拉强度

影响加气混凝土抗拉强度的因素很多，诸如堆积密度、含湿状态、加压方向及制品的不同部位等，基本与抗压强度同。

水泥-矿渣-砂加气混凝土的劈裂抗拉强度：

$$f_{pe} = (0.08 \sim 0.12) f_c$$

（三）抗折强度

影响加气混凝土抗折强度的因素与抗压强度同。水泥-矿渣-砂加气混凝土的抗折强度：

$$f_w = (0.15 \sim 0.22) f_c$$

（四）轴心抗压强度（棱柱强度）

加气混凝土的轴心抗压强度低于立方体抗压强度，一般为：

$$f_{ca}=0.93f_c$$

三、吸水导湿性能

（一）平衡含水率

1. 定义

平衡含水率是指热力学水蒸汽等温吸附与解吸过程的平衡，是解湿吸湿的极限。

2. 吸附与解吸曲线

根据实测，夏季墙内含水率由外向内直线递减，内外湿含量差较大，平均为4%；冬季和春季由外向内递增，湿含量差较小，平均为2%；抹灰层含水率基本控制在1%左右。

（二）整体吸水

试验结果表明：在浸水后的10h内，吸水很快，10h后，吸水减缓；浸水1~3月，最大吸水率可达45%，此时仍有35%左右的孔隙不能充水；抽真空后，有90%的孔隙吸水。

（三）单端吸水

试验结果表明：加气混凝土浸水后24h，剧烈吸水，以后渐缓，10d后达到平衡。加气混凝土的单端吸水高度约有9cm，吸水量约为200~300g/100cm²。与其相对比的粘土砖，吸水10h，高度就超过24cm，吸水速度比加气混凝土快得多，吸水量比加气混凝土大2~3倍。

四、热工性能

（一）比热

加气混凝土的比热与含湿状态有关。

（1）在干燥状态下，加气混凝土的比热大体保持为一常数：$c_d=0.2$J/kg·K。

（2）含湿状态下，加气混凝土的比热为：

$$c_w=\frac{c_d+0.01\mu}{1+0.01\mu}$$

式中 c_w——含湿状态下加气混凝土的比热（J/kg·K）；

c_d——干燥状态下加气混凝土的比热（J/kg·K）；

μ——重湿度，以干燥状态下质量为基数的含水率（%）。

（二）导热系数

加气混凝土的导热系数与混凝土的堆积密度、含水率及温度等因素有关。

1. 堆积密度与导热系数的关系

在堆积密度为400~700kg/m³范围内，导热系数几乎与堆积密度成直线关系。其关系式如下：

$$\lambda=a+b\rho_0$$

式中 ρ_0——加气混凝土的堆积密度（kg/m³）；

a、b——常数。水泥—矿渣—砂加气混凝土：$a=0.0272\sim0.0604$；$b=0.000106\sim0.00016$。

2. 含水率与导热系数的关系

随着含水率增加，导热系数也增加，保温隔热性能降低。

在含水率不太高时（$W<50\%$），可以把导热系数和含水率近似地看作是直线关系：

$$\lambda_w = \lambda_0 + a_\lambda \omega$$

式中　λ_0——绝干状态时的导热系数（$r_0 = 500kg/m^3$ 时，$\lambda_0 = 0.11W/m\cdot K$）；

a_λ——导热系数的含水率系数；

ω——加气混凝土的含水率（%）。

3. 温度与导热系数的关系

温度也对加气混凝土的导热系数有一定的影响，随着温度升高，导热系数增大。两者之间的关系：

$$\lambda = 0.10 + 0.0001t$$

式中　t——温度（t 在 0～90℃之间变化）。

（三）导温系数

导温系数表征材料在受热或冷却时，由一面向另一面进行散热的速度。导温系数越小，温度变化越慢，热惰性越好。导温系数的计算公式：

$$a = \frac{\lambda}{c \cdot \rho_0}$$

式中　a——材料的导温系数[（$W\cdot m^2$）/J]；

λ——材料的导热系数［W/（m·K）］；

c——材料的比热［J/（kg·K）］；

ρ_0——材料的堆积密度（kg/m^3）。

加气混凝土的导温系数见表 38-18。

各种加气混凝土的导温系数　　**表 38-18**

生　产　厂　家	品　　种	堆积密度（kg/m^3）	$\bar{\lambda}$［W/（m·K）］	$\bar{a}$［（$W\cdot m^2$）/J］
北京加气混凝土厂	水泥—矿渣砂	540	0.11	9.2×10^{-4}
天津硅酸盐制品厂	水泥—石灰—粉煤灰	500	0.095	8.3×10^{-4}
哈尔滨建筑工业加工厂	水泥—石灰—砂	535	0.10	8.4×10^{-4}

五、耐久性

（一）抗冻性

三种主要原料体系的加气混凝土的抗冻性试验结果见表 38-19。

加气混凝土抗冻性能试验结果　　**表 38-19**

加气混凝土品种及配合比	统计组数	对比试件			15 次冻融循环后					
					强度损失			质量损失		
		$\bar{R}$	δ	Cr	$f_{损}$ (%)	δ	Cr	$G_{损}$ (%)	δ	Cr
水泥:矿渣:砂 = 20:20:60	20	31	2.5	0.08	8.6	7.3	0.85	2.57	2.20	0.85
水泥:石灰:粉煤灰 = 18.5:18.5:63	20	33	3.0	0.09	8.6	7.0	0.81	3.28	1.74	0.50
水泥:石灰:砂 = 15:25:60	20	34.5	2.1	0.061	9.4	8.3	0.89	2.58	1.34	0.50

（二）碳化性能

加气混凝土的碳化性能是指其水化产物在 CO_2 和水作用下发生分解难易程度及对其物理力学性能的影响。

1. 碳化系数

碳化性能的主要性能指标为碳化系数 K_c，即制品碳化后的抗压强度与未经碳化时的抗压强度之比。其碳化系数：

$$K_c = \frac{f_{cc}}{f_{oc}}$$

式中 f_{cc}——碳化后抗压强度平均值（MPa）；

f_{oc}——未经碳化抗压强度平均值（MPa）。

2. 碳化对加气混凝土性能的影响

碳化对水泥—矿渣—砂加气混凝土的碳化性能的影响主要有以下两点：

（1）碳化对抗压强度的影响：在 CO_2 作用下，抗压强度随龄期的变化。先上升，后下降至最低值，然后又有回升。但 K_c 都大于 1 或接近于 1，即说明碳化基本上不降低制品的抗压强度。

（2）碳化对堆积密度的影响：碳化是一个增重过程，其变化过程与碳化对抗压强度的影响相似。

第五节 加气混凝土制品施工

我国加气混凝土制品的应用已有 30 余年历史，在各种类型的工业与民用建筑中使用，都取得了成功的经验。

加气混凝土可作屋面板、砌块、配筋墙板和绝热材料。按《砌体结构设计规范》（GB 50003—2001）要求，强度 3.0MPa 的砌块用于横墙承重的房屋时，其层数不得超过 3 层，高度不超过 10m。强度为 5.0MPa 的砌块用于横墙承重的房屋时，一般不超过 5 层，总高度不超过 16m。

一、建筑施工有关规定

（一）一般规定

（1）装卸加气混凝土砌块时，要轻拿轻放，码堆整齐。装卸加气混凝土板材时，应规定专用工具，运输时应采用良好的捆绑措施。

（2）加气混凝土板材，施工堆放场地需选择靠近安装地点，地势坚实平坦干燥，并不得使板材直接接触地面。墙板堆放时，宜侧立放置，堆放高度不宜超过 3.0m。屋面板可以平放，但须按表 38-20 要求堆放保管。雨季时，应采取覆盖措施。

屋面板堆放要求 **表 38-20**

堆放方式	堆放限制高度		垫木			
	垛放	全垛	位置	长度	断面尺寸	数量
平放	1.5m 以下	3.0m 以下	距端头 ≤600mm	约 900mm	100×100mm	板长 4.0m 以上时，每点两根。4.0m 以下时，每点一根

（3）凡有穿过加气混凝土墙体的管道，应严格防止渗水、漏水。

（4）加气混凝土不宜冬季施工。非承重墙体的冬季施工，可参照《砌体工程施工质量验收规范》（GB 50203—2002）修订本中有关规定进行。

（5）在加气混凝土墙体或屋面板上钻孔，镂槽或切锯时，均应采用专用工具。

（二）砌块施工

（1）砌筑砌块时，应向浇筑面适量浇水，以保证砌块间的粘结。砌筑时应上下错缝，搭接长度不宜小于砌块长度的$\frac{1}{3}$。

（2）对于砌块承重建筑，要求内外墙体同时咬槎砌筑，临时间断处可留成斜槎，不允许留直槎。灰缝应横平竖直，砂浆饱满，垂直缝宜用内外临时夹板灌缝。水平灰缝厚度不得大于15mm，垂直夹缝宽度不得大于20mm。

（3）切锯砌块要用专用工具，不得用斧子或瓦刀任意砍劈。洞口两侧，应先用规则整齐的砌块砌筑。

（4）砌筑外墙时，不得留有脚手眼，可采用里脚手架或双排外脚手架。

（三）墙板安装

（1）外墙板安装时，需有专用的配套工具和设备。外墙板的板缝应灌筑具有一定防水性能的砂浆或黏结砂浆，灌缝应饱满。墙板在安装前应将粘结面用钢丝刷刷去油污并清除渣末。

（2）内隔墙的安装顺序应从门洞处向两端依次进行，门洞两侧得用整块板。无门洞的墙体应从一端向另一端顺序安装。

（3）为防止隔墙板缝开裂，拼缝间粘结砂浆要饱满，安装时以缝隙间挤出砂浆为宜。缝宽不得大于5mm，板底应用经防腐处理的木楔，顺板宽方向楔紧，不再取出。安装时应按设计要求，并尽可能减少墙面和楼板的震动。

（四）屋面工程

（1）安装屋面板应用专用工具，不得用钢丝绳直接绑吊，以防止板材损坏。

（2）屋面板上部施工时，不得超过设计荷载，并采取相应措施。

（五）内外墙装修

（1）内外墙面应严格按设计要求的工序进行施工。在做完基础处理后，抹灰层厚度应予控制，一次抹灰厚度不宜超过10mm，如需超过时，则应分层抹，其总厚度宜控制在15mm以内。

（2）抹灰层所用的砂不得使用细砂，底子灰宜用砂子，中层及面层可用中砂，砂的含泥量不得大于3%。

二、建筑设计与施工

（一）砌块砌筑施工

1. 建筑构造

砌块应用的建筑构造，可参阅北京市建筑设计院的《加气混凝土应用技术参考图集》81SJ—23的砌块部分，图号K-2至K-20。

2. 砌筑施工

（1）砌筑砂浆：用混合砂浆砌筑时，强度不得低于2.5MPa，垂直灰缝宽度及水平灰缝厚度在15mm左右，灰浆须平直饱满。砌筑前，砌块砌筑面应充分浇水湿润。也可用水玻璃磨细矿渣粘结砂浆砌筑（矿渣∶水玻璃∶水＝1∶1∶2）。用粘结砂浆砌筑时，砌块不必浇水，灰缝宽度为3～5mm左右，垂直缝粘结面应均匀、密实。

（2）外墙饰面：加气混凝土砌块外墙应做饰面，基层应做处理，在常温下浇水4～5遍，或刷掺20%以下108胶的素水泥浆，然后抹1∶1∶6（质量比）的混合砂浆（其底子灰厚度不宜超过 15mm)，然后在上面做喷涂或滚涂，或做其它饰面。

(3) 内墙饰面：墙面处理与外墙相同，一般可做 1:3 石灰砂浆打底，或用 1:1:6 混合砂浆打底，用纸筋灰或玻璃丝灰罩面，喷大白粉即可。如内墙需做油墙，可采用下列配方：

①底层 1:3 水泥砂浆打底，厚度约 3mm，中层为 1:0.5:3 混合砂浆，厚度 7～8mm；面层 1:1:2 混合砂浆，其厚度 5mm。

②1:3 水泥砂浆打底；中层为 1:0.5:4 混合砂浆；面层为 1:2.5 水泥砂浆。

(4) 抹灰操作注意事项：欲保证工程质量，应严格按下述要求施工：

①砌块缺棱掉角应用修补剂修补，修补部位要刷 108 胶水溶液。修补剂配方如下：水泥:石膏:加气混凝土粉末 = 1:1:3，适当加水拌和成糊状。

②基层应处理，须浇透水，或刷 108 胶素水泥浆等。

③一次抹灰厚度不应超过 10mm。

④底层与中层、中层与面层抹灰的间隔时间，在常温下不应少用 48h，其总厚度控制在 15mm 以内。

(二) 屋面板安装施工

1. 建筑构造

屋面板应用的建筑构造，可参阅北京市建筑设计院的《加气混凝土应用技术参考图集》81SJ—23 的屋面板部分，图号 0-1 至 0-21。

2. 建筑施工

(1) 挑檐板的固定：挑檐板与屋面板用浆锚销连接使之固定。

(2) 油毡的铺法：为了防止渗漏，油毡须按下述要求铺设：

①加气混凝土屋面板上房使用含水率应≤15%。

②雨季施工时，应在屋面上刷冷底子油，并有覆盖措施，以防雨水淋湿板面。

③屋盖铺设应平整，一般可不做找平层，有不平整处可用水泥砂浆局部找平（找平前，先在该部位刷 108 胶水溶液一道）。

④端头缝处干铺 150～200mm 宽油毡一条，当端头缝有变动时，能起自由滑动和加强作用。

⑤底层油毡点铺和花甩，搭头处和屋面四周为满粘，二层以上油毡为满铺。

(三) 外墙板安装施工

1. 建筑构造

外墙应用的建筑构造，可参阅北京市建筑设计院的《加气混凝土应用技术参考图集》81SJ—23 的外墙板部分，图号 W-3 至 W-21。

2. 建筑施工

(1) 外墙饰面：原则上加气混凝土外墙应做饰面，标准较低的工业厂房及库房可不做饰面，但也应在表面做憎水处理。饰面一般可分涂料型饰面、斫石型饰面和粘贴型饰面三种。

一般采用第二种类型（斫石型饰面)。饰面的施工方法通常如下：

①板材修补　板材缺棱少角者，应用修补剂修补。

②板面处理　为了防止饰面材料中的水分过快地被加气混凝土吸收而使饰面造成空

鼓、剥皮、脱落及至全部破坏，板面需刷108胶水溶液，也可刷108胶素水泥浆。

③底层灰 如板面安装比较平整，一般可不做底灰，在板面处理完毕后直接做粘结层及面层。对板面需要做底灰的，可采用1:1:6混合砂浆。

④面层灰 做底灰的饰面只要底灰质量良好，面层做法与传统做法无异。不做底灰的饰面，通常有两种做法：一种是涂料型的饰面（如喷、滚、刷、涂等），可在板面处理后直接进行；另一种是干黏石饰面，其做法是在板面处理完毕后抹粘结层（水泥:砂=2:1，并加入15%左右108胶），用手工或机械喷石子，最后用油印滚子滚压一遍。

（2）墙板施工：墙板施工的关键是施工机具。

①工具和配套材料 外墙板的施工应配备专用施工工具和配套材料。

②吊装 采用单块吊装时，如在主体结构完成后吊装，墙板可布置在建筑物周围，用小型起吊设备（如卷扬机、少先吊等）吊装。

（四）拼装大板施工

1. 建筑构造

拼装大板是外墙板的一种类型，其建筑构造同样参阅北京市建筑设计院的《加气混凝土应用技术参考图集》81SJ—23的外墙板部分，图号W-25至W-27。

2. 现场拼装大板的冬季措施

（1）大板构造以W-13所示的横条板为主，中穿带丝扣钢筋的拼装形式，板材之间主要靠螺栓紧固，可不受粘结砂浆凝固时间的限制。

（2）采用热水玻璃砂浆。质量配合比：水玻璃:磨细矿渣:砂:矿渣水泥=1:1:2:0.15。可先采用矿渣、砂、水泥配好干拌后放在炒盘上烘烤，随烤随翻动，使其温度均匀。达50℃时，便能掺水玻璃拌合砂浆，但不能高于50℃太多。水玻璃温度要0℃以上，使用热砂浆约30℃左右。

（3）加盖养护罩养护：用轻质保温材料制作养护罩，罩内温度要不低于15℃，经48h养护，自然降温后即可。

（4）钻孔插钢筋：以大板拼缝的侧向打斜孔，孔内插ϕ8钢筋一根以加强板缝之间联结，并确保吊装时的安全。孔内注入热水玻璃砂浆，为了加速凝固，将水泥掺量由0.15改为0.5，其他配比不变。

（五）隔墙板安装施工

1. 建筑构造

隔墙板应用的建筑构造可参阅北京市建筑设计院的《加气混凝土应用技术参考图集》81SJ—23的隔墙板部分，图号G-4至G-13。

2. 建筑施工

（1）隔墙板的安装方法：按下述要求安装。

①隔墙板一般采用垂直安装，平面设计时要充分考虑60cm的模数。

②隔墙板之间用粘结砂浆粘结。粘结砂浆采用以下两种材料配方。

配方1——水玻璃矿渣粘结砂浆配合比为：矿渣:水玻璃:砂=1:1:2（质量比），外加氟硅酸钠（Na_2SiF_6），掺量按水玻璃用量8%计，如气温为10～－2℃之间，应掺5%的矿渣水泥。温度低于－2℃不得使用。

配方2——108胶聚合水泥砂浆配合比为：水泥:砂:107胶=1:2.5:1.25～1.40（质量

比)。

③板材安装时的含水率不应大于15%。每道墙应选用外观大致相同、厚薄一致的条板。

④安装前应作排板平面图，并列出板的就位顺序，尽量减少和避免在隔墙的垂直方向嵌入板的数量，以保证拼缝的粘结质量。

⑤在板材安装前应对每层净高尺寸和板材的实际尺寸进行复核，如施工中有误差或板的长度不符合设计要求，需要对板材进行切锯或加接时，板材的长度应比净高短20~30mm。

⑥板材在涂抹粘结剂前，不必在板上浇水，先用钢丝刷清除粘结面上的风化物、浮渣和油污，胶粘剂涂抹要饱满均匀，并呈泥鳅脊状，安装缝要挤紧粘牢，缝宽控制在3~5mm。

板就位后，在板底或板顶打入经防腐处理的木楔，打入后不再扯出。木楔尺寸为120mm×50mm×1~25mm。

每安装完后一块板，即在板缝上下$\frac{1}{3}$高度位置按30°角钉联结铁片或扒锯，在墙拐角处沿墙高度钉经过防锈处理的ϕ6、长200mm的钢筋。约每米1根。在墙体黏缝没有产生一定强度以前、严禁碰撞振动，以免板缝错动开裂。

⑦门口上部过梁最后安装。

⑧板材安装完毕后，要待胶粘剂具有一定强度后才能在墙上钻孔、镂槽等操作，同时这类操作必须使用专门工具，严禁剔凿。

⑨有的建筑中，隔墙板数量较多，纵横交叉。在安装时，应避免十字墙或丁字墙两个方向同时安装，要先安装其中一个方向，待胶粘剂具有一定强度后，再安装与之交叉的另一个方向的隔墙。

(2) 内墙饰面：在粉刷前，对缺棱少角部分进行修补，修补部分用108胶水泥素浆溶液湿润。如破损过大，用加气混凝土块涂粘结砂浆粘铺。

墙面做法通常有以下四种：①贴壁纸；②抹薄纸筋灰和麻刀灰；③喷涂；④抹灰。

(3) 踢脚线做法：板面用水浇一遍；抹1∶0.5∶4混合砂浆一道，刮底扫毛，厚度3mm；在常温情况下，24h后抹1∶2.5水泥砂浆罩面压光，厚度10mm左右。

(4) 墙裙做法：墙裙通常分为抹灰型和喷涂型两种做法。

①抹灰型做法　同踢脚线。

②喷涂型做法　墙面洒水一遍，然后喷聚合物水泥浆两道。聚合物水泥浆的配合比：水泥∶108胶∶PVA乳胶=1∶0.1∶0.1。

墙板阳角不抹抱角灰，但须刮成圆角，半径15mm左右。门窗与墙面的缝用1∶0.5∶4混合砂浆勾成三角缝。

第三十九章　充　气　混　凝　土

(aerated concrete)

第一节　概　　述

一、充气混凝土的特点

充气混凝土是多孔混凝土的一种，其气泡是压缩空气经过充气装置的充气介质在料浆中弥散而成的。除气泡形成原理与加气混凝土不同外，原材料、产品性能、生产工艺及设备等均与加气混凝土相同。

二、气泡形成工艺原理

充气法气泡形成的工艺原理是：使压缩空气通过一个具有均匀、致密气孔的充气介质，在料浆中放出大量微小气泡，同时料浆中的稳泡剂使气泡稳定，最后造成多孔结构。因此，充气混凝土中的气泡都是空气泡。

第二节　充气混凝土原材料及配合比

一、充气混凝土的原材料体系

国内的充气混凝土基本是水泥-石灰-砂或石灰-砂原料体系。稳定剂采用氧化石蜡皂。对原材料的要求与加气混凝土基本相同。

二、充气混凝土的基本配合比

充气混凝土的基本参考配合比见表 39-1。

充气混凝土参考配合比　　　　**表 39-1**

制品名称	基本配合比(%)				附　注
	水　泥	石　灰	砂	石　膏	
砌　块	20	20	60	—	
	—	42	49.5	3.5	石灰中 ACaO 占 50%～60%
	—	39	52.5	3.5	石灰中 ACaO 占 60%～70%
	—	36	55.5	3.5	石灰中 ACaO 占 70%～80%
屋面板	16	20	55.5	3.5	石灰中 ACaO 占 70%～80%

第三节　充气混凝土生产工艺及设备

充气混凝土的生产工艺及设备与加气混凝土基本相同，不同之处主要在于一些工艺参数及工艺过程。

一、主要工艺参数

(1) 料浆温度：温度不得低于42℃。

(2) 搅拌时间：搅拌时先加砂浆后加粉料，加粉料后搅拌4min。

(3) 充气压力：压力保持0.02~0.06MPa。

(4) 静停温度和时间：静停温度20~35℃；静停时间1.5~2.5h。

(5) 蒸压制度：抽真空0.5h—升温3h—在0.8~0.9MPa压力下恒压4h—降温2h，共计时间为9.5h。

二、充气工艺过程

首先开动空压机，将压缩空气送入充气装置系统，使气压保持规定的压力，再开动充气装置的立式搅拌机。之后，将搅拌好的料浆由进料口进入装有充气介质的充气槽内进行充气。充气膨胀后的料浆沿充气槽高度上升，至上部出料口溢出，注入模具成型。

三、充气设备

(1) 空压机：普通空气压缩机。

(2) 充气介质。

(3) 充气槽：直径760mm，高500mm。

(4) 搅拌装置：主轴转速87r/min，电动机功率1.1kW。

第四节　充气混凝土制品规格及性能

一、制品规格

充气混凝土制品的基本生产规格为：

(一) 充气混凝土砌块

其规格为：①600mm×300mm×200mm；②600mm×300mm×250mm；③600mm×150mm×200mm；④600mm×10mm×300mm。

(二) 充气混凝土屋面板

一般通常用的屋面板其规格为：①3900mm×600mm×200mm；②3300mm×600mm×200mm；③3000mm×600mm×200mm。

二、充气混凝土制品性能

(一) 物理力学性能

①绝干堆密度609kg/m^3；②绝干热压强度3.52MPa；③抗拉强度0.29MPa；④棱柱强度2.4MPa；⑤静弹性模量1.25×10^{3}MPa；⑥软化系数$K_r=0.67$；⑦收缩率0.707mm/m；⑧导热系数0.113W/m·K；⑨吸水率——质量吸水率53.1%；体积吸水率32.4%；⑩抗冻性：15次冻融试验后，强度无损失，外观完好；25次冻融试验后，强度损失1.27%，外观有轻微掉边；⑪板材结构安全系数$K=2.6$。

(二) 板材结构试验

取长度为3.3m的充气混凝土屋面板，进行结构性能试验。充气混凝土屋面板结构性能试验结果见表39-2。

JB_{33}屋面板结构破坏试验结果　　**表 39-2**

加载顺序	负荷量（kN）	均布荷载（kN/m²）	最大挠度（mm）	挠度:跨度 $f:L$	附　　注
1	3.75	1.89	5.0	1:620	1. 试验板长：3300mm
2	5.41	2.74	6.3	1:492	2. 支点跨度：3100mm
3	7.15	3.60	8.4	1:371	
4	8.90	4.50	9.5	1:326	
5	10.60	5.35	10.9	1:285	
6	12.80	6.45	11.5	1:270	
7	13.55	6.85	12.5	1:248	
8	13.55	6.85	13.0	1:238	0.5h 后出现第一道裂缝

第四十章 泡沫混凝土

(foam concrete)

第一节 概 述

一、定义

泡沫混凝土是用机械方法将泡沫剂水溶液制备成泡沫，再将泡沫加入含硅质材料(砂、粉煤灰等)、钙质材料（石灰、水泥等)、水及其他附加剂组成的料浆中，并经混合搅拌，浇注成型，蒸汽养护而成的一种新型建筑材料。

二、特点

泡沫混凝土的特点：质轻多孔，气孔率高达85%，堆密度小，约为400~600kg/m^3；强度较低，一般为0.4~0.7MPa；导热系数小，仅为0.15~0.21W/m·K；浇塑性好，可以生产各种不同尺寸的异形制品。

三、用途

泡沫混凝土一般主要用于建筑保温、隔热等工程，如冷库建筑的屋面、隔墙和供热工程的热力管道的保温层敷设等。

第二节 泡沫形成原理

一、泡沫混凝土的结构特点

硬化后的泡沫混凝土是由混凝土固体成分和气孔组成的。因此，与其他混凝土相比，它的结构具有一定的特点。

(1) 气孔呈圆球或椭圆球状，孔径0.1~0.8mm，以0.2~0.5mm为主。

(2) 料浆在搅拌过程中即混入泡沫，并形成泡沫混凝土拌合物，浇注入模后不再发生膨胀，因而可以采用各种异形模具浇注，生产各种异形制品和构件。

二、泡沫形成基本原理

泡沫是由于液体中混入泡沫剂而形成的。泡沫是由细小空气泡组成的分散体系，气泡之间由细微的液体薄膜隔开。

由于液体的表面张力，液体表面有自动缩小的趋势，因而静止液体经搅动以后并不能发生大量泡沫。在静止液体中，两个气泡相碰就会毫无阻碍地结合在一起，最后气泡全部破裂。但如在液体中溶解一种能降低气-液相表面张力的物质，使其形式在组成上与其他液体有区别的，并有一定机械强度的临界层，那么在这两个气泡相碰时，这种临界层便会作为“缓冲层”防止气泡破裂。泡沫剂是一种表面活性物质，这类物质常常是由不对称的极性分子组成，能聚集在气-液相界面上，降低表面张力，提高膜的机械强度，形成“缓冲层”，因而在静止液体中加入泡沫剂以后，用搅拌、混合、吹入、喷射等机械方法将气体带入泡沫剂液体中，即能制得稳定的泡沫。

三、泡沫混凝土结构的形成

如果将配制的泡沫和含硅、钙质材料组成的料浆剧烈搅拌，即制成泡沫混凝土混合料。搅拌使硅、钙质材料的硬质微粒粘附到泡沫的外壳上面，泡沫的气泡就变为互相隔开的单个气泡。气泡的壁体是由泡沫料浆的微粒和水构成的，泡沫混凝土的气孔形状，不是形成椭球体，它在毛细管作用之下多少要产生变形而变成多面体。混合料中细孔分布得愈均匀，尺寸愈小，则泡沫混凝土强度愈高。在静停期间，多孔混合料逐渐稠化凝结，形成坯体。在蒸养或蒸压条件下，硅质材料与钙质材料之间产生水热化合，生成水化硅酸盐及水化铝酸盐胶凝物质，使坯体逐渐变成具有一定强度和其他物理力学性能的多孔人造石材。

第三节　泡沫剂的组成及配制

生产泡沫混凝土的关键问题是配制泡沫剂。能产生泡沫的物质是很多的，但并非所有能产生泡沫的物质都能用于泡沫混凝土的生产。只有在泡沫和砂浆混合时薄膜才不致破坏，才具有足够的稳定性，对胶凝材料的凝结和硬化不起有害影响的泡沫剂，才能用来生产泡沫混凝土。一般广泛使用松香胶泡沫剂、废动物毛泡沫剂、纸浆废液泡沫剂、树脂皂素脂泡沫剂、石油磺酸铝泡沫剂和水鲜血泡沫剂等。

一、常用泡沫剂及其原材料组成

（一）松香胶泡沫剂

1. 技术性质

松香胶泡沫剂是用碱性物质定量中和松香中的松脂酸，生成松香皂，并加入适量稳定剂胶溶液，再加水熬制而成液体泡沫剂。热泡沫剂呈乳白色，冷却后呈棕色的泛磷光胶体溶液。

2. 原材料组成

视堆密度的大小而不同，制取 $1m^3$ 泡沫混凝土约用胶 150～200g，松香 100～140g，碱 18～24g。

（1）松香：金黄色，透明，皂化系数 170 左右，其软化温度不低于 65℃，不含松脂油和其他脂肪杂质，干燥状态时不发粘，且不成浊红色。

（2）胶：用骨胶或皮胶。胶应在 30～40℃的水中慢慢溶解，不应有腐臭和发霉现象，不应含有脂肪杂质。

（3）碱：用工业苛性钠或苛性钾即可。乳白色，$\rho_s = 2.7g/cm^3$，总碱量 75%左右，用时须测其纯度。

（二）废动物毛泡沫剂

1. 技术性质

废动物毛泡沫剂是废动物毛溶于沸腾的 NaOH 溶液中，用硫酸中和酸化后滤得的红棕色液体，再经浓缩、干燥、粉磨而制成的粉状物质。这种泡沫剂是动物毛在水解过程中所得的中间体混合物，是一种表面活性物质。它具有如下性质：

（1）废动物毛泡沫剂的发泡能力随泡沫溶液浓度的增加而增强。当浓度低于 2%时，泡沫呈流动性，此时泌水性大，当浓度大于 3%时，泡沫易呈脆性。所以，在选定泡沫浓度为 2.5%~3.0%时，其时为 22 倍发泡倍数，泌水量为 3ml，沉陷距为 2cm。

（2）密度 ρ_s：=1.3~1.6g/cm^3。

（3）在空气中易吸湿潮解，在170℃高温下易碳化。

2. 原材料组成

（1）废动物毛：可采用毛刷品下脚料、地毯毛、毛毡等，并要求毛料清洁、干燥、杂质少。

（2）碱：采用工业 NaOH。

（3）酸：采用工业用 H_2SO_4，浓度 25%以上。

（4）水：用自来水或洁净的淡水。

（三）纸浆废液泡沫剂

1. 技术性质

（1）泡沫倍数：5~10 倍。

（2）沉陷距：在 0~2mm 范围之内。

（3）分泌液：约 5~10mL。

2. 原材料组成

（1）纸浆废液：其成分和性质如下述。

①成分分析　纸浆废液是极其复杂的特殊溶液。其主要成分为：无机物 30%左右，有机物 70%左右，其中木质素占 20%~40%。木质素分子结构式和磺化分子结构式大致如下：

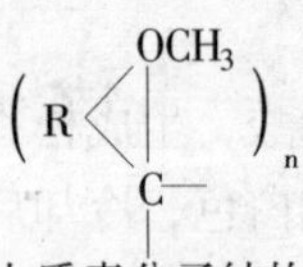

（木质素分子结构）

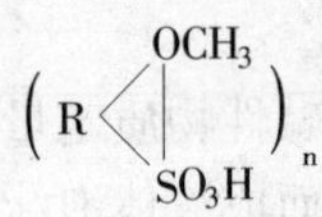

（磺化木质素分子结构）

②化学成分　碱法造纸的纸浆废液成分大致为 B′e7°~B′e12°（波美度），木质素 27~40g/L（以 50%左右计）。

③纸浆废液的性质　溶液为碱性，木质素完全溶于溶液，呈亲水胶体而不沉淀；木质素能溶剂化，它的胶体分子带有电的核和溶化外壳，构成亲水性基团；由于木质素分子有极性基团互相排斥和吸引而定向排列，构成吸附层，具有吸附性；易氧化，能磺化（即与硫酸化合），表面张力比水低，可起泡沫；一般 B′e3°~B′e5°，pH 值为 7~8。

（2）助泡剂和稳泡剂：在纸浆废液中加入助泡剂和稳泡剂，其作用分别如下述。

①助泡剂的作用　为提高纸浆废液的活性，降低表面张力，使两相界面层上的吸附层增厚，加大泡沫倍数，应加入适量的助泡剂。目前，通常使用的助泡剂为硫酸。

②稳泡剂　为了使泡沫壁具有一定的强度、弹性和塑性，以便获得稳定性更好的泡沫，应选用合理的稳泡剂。目前，我国使用的稳泡剂主要为生石灰粉。

（3）硫酸：用工业硫酸，不含其他杂质，浓度 98%。

（4）生石灰粉：一般通过 0.16mm 筛孔，其筛余量＜20%。

（四）其他泡沫剂

1. 树脂皂素脂泡沫剂和石油磺酸铝泡沫剂

树脂皂素脂泡沫剂系用皂素植物制成。石油磺酸铝泡沫剂系由煤油促进剂、硫酸铝和苛性钠制成。

2. 水解血胶泡沫剂

水解血胶泡沫剂由新鲜（未凝结）动物血、苛性钠、硫酸亚铁和氯化铵制成。

二、松香胶泡沫剂的配制

1. 碱用量的确定

以中和 1kg 松香所需的碱为例，当碱与松香质量比调整为 1∶8 时，滴定结果可呈中性，取碱用量为 0.125kg。

2. 胶用量的确定

胶的用量可按图 40-1 查得，若胶的黏度为 3.5Pa·s，查图可得出干胶与松香质量比为 1.13，施工时通常还需乘以经验系数 1.1，即 1kg 松香需用干胶为 $1.13 \times 1.1 = 1.24$kg。若胶的含水量为 17%，则需用含水胶为$\left(\dfrac{1.24}{1-0.17}\right) = 1.5$kg。

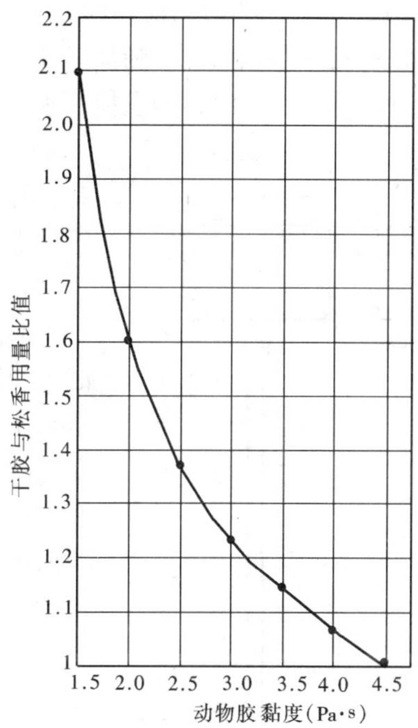

图 40-1　黏度与干胶松香用量比之关系

3. 用水量确定

（1）碱的加水量：以碱液配成 1L 和与松香配 1kg 为准。

$$\therefore 碱的加水量 = 1 - \frac{碱量\ J}{比密度\ \rho_J} = 1 - \frac{0.125}{2.17} = 0.94\text{kg}$$

（2）胶的加水量：以使胶水比为 1∶1 为佳，考虑熬胶的水分损失为 0.15。在含水胶中

$$加水量 = 1 - 0.17m + 0.15$$

式中　m——为配制 50%浓度胶溶液的系数，其值为 0.02。

因此，每 1kg 胶中，加水量 $= 1 - 0.17 \times 0.02 + 0.15 = 0.83$（kg）。

当含水胶为 1.5kg 时，其

$$加水量 = 1.5 \times 0.83 = 1.25\text{kg}$$

（3）碱与胶的总加水量：总加水量 $= 0.94 \times 1.25 = 2.19$（kg）

4. 泡沫剂配合比

$$松香:碱:含水胶:水 = 1:0.125:1.50:2.19$$

5. 熬制方法

（1）工艺流程：松香胶泡沫剂的熬制工艺流程如图 40-2 所示。

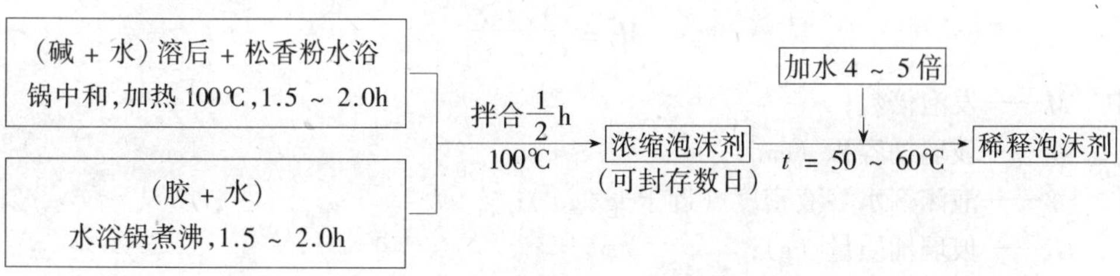

图 40-2　泡沫剂的熬制工艺流程

（2）熬制方法：泡沫剂是用胶液和松香碱液按一定的比例在一定的工艺下配制而成的。

①胶液的配制　将胶擦干净，用锤砸成4～6cm的碎块，经天平称量后，放入内套锅内，再加入外套锅内隔水加热，随熬随拌，待全部溶解为止，熬煮时间不宜超过2h。

②松香碱液的配制　将松香碾成粉末，用100号细筛过筛。将碱配成碱液（比密度1.16～1.18），装入玻璃容器中，称取定量的碱液盛入内套锅中，待外套中水温加热到90～100℃时，再将盛碱液的内套外套锅中，继续加热，待碱液温度为70～80℃时，将称好的松香粉末徐徐加入。随加随拌，松香粉末加完后，熬煮2～4h，使松香充分皂化，成黏稠的液体。在熬时，蒸发掉的水分应予补足。

③泡沫剂的配制　待熬好的松香碱液和胶液冷却至50℃左右时，将胶液徐徐加入松香碱液中急速地搅拌，至表面有漂浮的小泡为止。即成为泡沫剂。

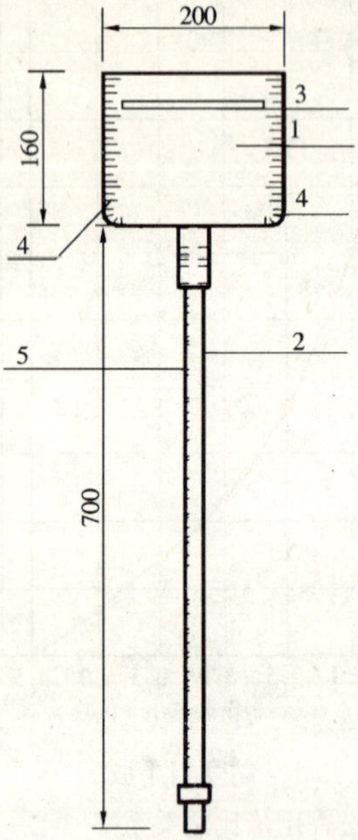

图40-3　测定泡沫质量用仪器
1—容器；2—玻璃管；3—浮标；4—测泡沫柱高度用刻度；5—测泌水量用刻度

三、泡沫质量的鉴定

泡沫的质量从坚韧性、发泡倍数，泌水量等指标来鉴定。泡沫的韧性就是泡沫在空气中规定时间内不致破坏的特性，常以泡沫柱在单位时间内的沉陷距来确定。发泡倍数是泡沫体积大于泡沫剂水溶液体积的倍数。泌水量是指泡沫破坏后所产生泡沫剂水溶液体积。当泡沫指标符合下列指标时，即可用来生产泡沫混凝土。

（一）泡沫质量要求

生产泡沫混凝土所用的泡沫剂，其质量要求如下：

（1）1h后泡沫的沉陷距大于10mm；

（2）1h的泌水量不大于80ml；

（3）泡沫的倍数不小于20。

（二）泡沫质量指标的测定

泡沫的沉陷距和泌水量可用图40-3仪器测定。该仪器由容器、玻璃管和浮标组成。容器底部有孔。玻璃管与容器的孔相连接，玻璃管直径为14mm，长度为700mm，底部有水龙头。浮标是一块直径为190mm和质量25g的圆形铝板。根据上端容器上的刻度，测定泡沫的沉陷距。根据量管（管子）上的刻度，测定由破裂泡沫所分泌出的液体的容量即泌水量。

发泡倍数的测定方法是将制成泡沫注满容积为250mL，直径为60mm的无底洞玻璃桶内，两端刮平，称其质量。发泡倍数M可按下式计算：

$$M = \frac{V_{\mathrm{r}} \cdot \gamma}{G_2 - G_1}$$

式中　M——发泡倍数；

V——玻璃桶容积（cm^3）；

γ——泡沫剂水溶液密度（近于lg/cm^3）；

G_1——玻璃桶质量（g）；

G_2——玻璃桶和泡沫质量（g）。

第四节 泡沫混凝土性能及配合比选择

一、技术性能

（一）堆积密度与孔隙率

泡沫混凝土的堆积密度，取决于多孔混凝土混合料的组成材料及其制造过程中所形成的细孔数量。混合料的堆积密度与硬化后的泡沫混凝土的堆积密度之间关系，可以用下式表示：

$$\rho_h = K\rho(1 + W/T) + W_h$$

式中 ρ_h——多孔混合料的堆积密度（kg/m^3）；

K——考虑到硬化后结合水和吸附水系数：泡沫混凝土堆积密度 < $800kg/m^3$，取 0.99；堆积密度 $800 \sim 1200kg/m^3$，取 0.95；

ρ——在已烘干状态下多孔混凝土的堆积密度（kg/m^3）；

W/T——水料比；

W_h——泡沫剂溶液和搅拌机中的倒入的水量（L）。

每 $1m^3$ 多孔混凝土的材料可根据下列公式确定：

$$A = \frac{K \cdot \rho_n}{1 + H} \quad H = A \cdot n \quad W = (A + H)\frac{W}{T}$$

式中 A——每 $1m^3$ 多孔混凝土的水泥用量或石灰和水泥拌和物的用量（kg）；

n——每 1 份胶凝材料所用的磨细砂的分数；

H——每 $1m^3$ 多孔混凝土的磨细砂用量（kg）；

W——每 $1m^3$ 混凝土的用水量（L）。

堆积密度随孔隙率而变。孔隙率减小，堆积密度增大。泡沫混凝土堆积密度与孔隙率之关系见表 40-1。

泡沫混凝土堆积密度与孔隙率之关系　　表 40-1

堆积密度（kg/m^3）	600	800	1000	1200
孔隙率（%）	76	68	60	52

（二）强度与弹性模量

泡沫混凝土的强度取决于堆积密度、原材料的品质和性能及蒸压制度。不同堆积密度的泡沫混凝土的强度及弹性模量见表 40-2。

泡沫混凝土强度及弹性模量　　表 40-2

堆积密度（kg/m^3）	泡沫混凝土强度（MPa）				棱柱强度（MPa）	弹性模量（MPa）
	抗压	抗拉	抗弯	抗剪		
600	3.0	0.3	0.6	0.4	1.5	1.5×10^3
800	5.0	0.5	1.0	0.8	1.5	2.5×10^3
1000	10.0	1.0	2.0	1.4	2.0	5.0×10^3
1200	14.0	1.4	2.8	2.1	7.0	7.0×10^3

不同堆积密度泡沫混凝土的导热系数（λ）、比热（C）、蓄热系数（S_{24}）见表 40-3。

（三）抗冻性

泡沫混凝土的热工性能指标 **表 40-3**

堆积密度(γ_0) (kg/m³)	导热系数(λ) [W/(m·K)]	比热(C) [J/(kg·K)]	蓄热系数(S_{24}) [W/(m²·K)]	堆积密度(γ_0) (kg/m³)	导热系数(λ) [W/(m·K)]	比热(C) [J/(kg·K)]	蓄热系数(S_{24}) [W/(m²·K)]
600	0.21	837.36	2.76	1000	0.40	837.36	4.89
800	0.29	837.36	3.75	1200	0.52	753.62	5.87

泡沫混凝土在经过 15 次冻融循环试验后，其抗压强度降低不大于 10% ~ 20%。

(四) 收缩

泡沫混凝土的收缩值受堆积密度及钙质材料影响比较大，见表 40-4。

泡沫混凝土的收缩值（mm/m） **表 40-4**

堆积密度 (kg/m³)	钙质材料			堆积密度 (kg/m³)	钙质材料		
	水泥	水泥+石灰	石灰		水泥	水泥+石灰	石灰
800	0.43	0.53	0.60	1200	0.53	0.57	0.65

二、常用配合比选择

(一) 水泥泡沫混凝土

1. 配合比及技术性能

水泥泡沫混凝土一般采用不低于 42.5 级的硅酸盐水泥、普通硅酸盐水泥和矿渣硅酸盐水泥，水灰比取 0.50，其配合比及技术性能见表 40-5。

水泥泡沫混凝土配合比及技术性能 **表 40-5**

100kg 水泥泡沫剂用量 (kg)	100kg 水泥泡沫剂掺水量 (kg)	每 1m³ 混凝土水泥用量 (kg)	泡沫混凝土堆积密度 (kg/m³)	混凝土强度 f_{c28} (MPa)
0.70	4.2	340	400	—
0.80	5.6	320	—	0.64
0.90	6.3	310	365	0.58
1.00	8.0	300	345	0.54

2. 水泥泡沫混凝土生产

(1) 水灰比：采用硅酸盐水泥或普通硅酸盐水泥时，其水灰比宜采用 0.50 ~ 0.65；采用火山灰质硅酸盐水泥时，其水灰比宜控制在 0.55 ~ 0.70 之间。

(2) 泡沫剂用量：与混凝土堆积密度及泡沫的产量有关，泡沫混凝土堆积密度与泡沫剂用量之关系见表 40-6。

混凝土堆积密度与泡沫剂用量之关系 **表 40-6**

混凝土堆积密度（kg/m³）	300	400	500	600	700	800	900	1000
泡沫剂用量（L）	4 ~ 5	3.5 ~ 4.5	3.4	2.5 ~ 3.5	2.0 ~ 2.5	1.5 ~ 2.0	1.0 ~ 1.5	0.5 ~ 1.0
泡沫总用水量（L）	24 ~ 28	22 ~ 26	20 ~ 24	18 ~ 22	16 ~ 20	14 ~ 18	12 ~ 16	10 ~ 14

(3) 生产工艺流程：先将熬制好的泡沫剂加入数倍冷水稀释拌和，然后再与已搅拌好的水泥浆混合、搅拌，最后浇注成型。其生产工艺流程如图 40-4 所示。

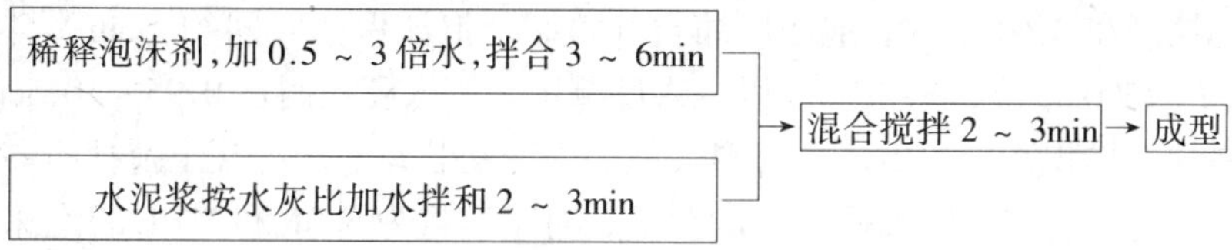

图 40-4　水泥泡沫混凝土生产工艺流程

（二）石灰—水泥—砂泡沫混凝土

在生产石灰—水泥—砂泡沫混凝土时，其配合比可按表 40-7 初步选择两种配合比方案，每种配合比以 3 种水料进行试拌，制备 6 组试件，从中选择物理力学性能最优的 1 组的配合比为生产配合比。

石灰—水泥—砂泡沫混凝土配合比　　表 40-7

原　材　料	泡沫混凝土的堆积密度（kg/m³）					
	800		1000		1200	
	Ⅰ配比	Ⅱ配合	Ⅰ配比	Ⅱ配合	Ⅰ配比	Ⅱ配合
石灰（kg）	100	100	100	100	100	100
水泥（kg）	70	100	70	100	70	100
磨细砂（kg）	590	560	780	750	976	900
石灰:水泥:砂（质量比）	1:0.7:5.9	1:1:5.6	1:0.7:7.8	1:1:7.5	1:0.7:9.7	1:1:9.4
水料比	0.38	0.40	0.36	0.38	0.34	0.36

注：1. 泡沫剂用水量不计算在水料比内。

2. 如果用试验方法测得的多孔混凝土的抗压极限强度符合规范或设计要求，则多孔混凝土配合比采用较小的胶凝材料用量。

（三）水泥—砂泡沫混凝土

在生产水泥—砂泡沫混凝土时，其配合比可按表 40-8 中所列初步选择两种配合比方案，每一种配合比以 3 种水料进行试拌，制备 6 组试件，从中选择物理力学性能最优的 1 组配合比，将其定为生产配合比。水泥—砂泡沫混凝土组成中的砂一定要磨细，其细度必须符合要求。

水泥—砂泡沫混凝土试验拌料配合比　　表 40-8

原　材　料	800		1000		1200	
	Ⅰ配比	Ⅱ配合	Ⅰ配比	Ⅱ配合	Ⅰ配比	Ⅱ配合
水　泥	300	350	300	350	300	350
磨细砂子	460	410	650	840	840	790
水泥:砂子（质量比）	1:1.5	1:1.2	1:2.2	1:2.8	1:2.8	1:2.3
开始时的水料比	0.32	0.34	0.28	0.26	0.26	0.28

（四）粉煤灰泡沫混凝土

这是国内目前生产较多的一种泡沫混凝土，其常用配合比见表 40-9。

粉煤灰泡沫混凝土常用配合比　　表 40-9

原　料　料　名　称	配合比（质量比）	混合料中 ACaO 含量（%）	抗压强度 f_{c28}（MPa）
粉煤灰:生石灰:模型石膏	72:22:4	8 ~ 10	9.92

水料比控制在0.60左右。泡沫压缩空气喷制，泡沫保持时间约1min。料湿堆积密度控制在1250~1300kg/m³，料浆稠度以沉入度测定，沉入度控制在0.95~10.5cm之间。

要获得规定堆积密度的生产拌合料，就必须变动装在泡沫混凝土搅拌机砂浆滚筒中的干燥物质（水泥、石灰、磨细砂子）的数量，对于容量为500L和750L的泡沫混凝土搅拌机，根据多孔混凝土不同堆积密度而定的干燥物质的参考数量列于表40-10。

泡沫混凝土搅拌机每1次搅拌所需干燥物质参考数量　　表40-10

泡沫混凝土的堆积密度（kg/m³）	每1次搅拌所需干燥物质参考数量	
	500L泡沫混凝土搅拌机	750L泡沫混凝土搅拌机
800	260	550
100	330	675
1200	400	750

三、参考配合比及性能

各种泡沫混凝土的参考配合比、配制工艺和技术性能见表40-11。

泡沫混凝土配合比、配制工艺和技术性能　　表40-11

名称	配合比	配制工艺	技术性能
水泥泡沫混凝土	水泥:水:泡沫剂=1:0.5:6（体积比）水泥用量为240~300kg/m³	（1）分别制得泡沫剂与水泥浆，然后一起倒入混凝土搅拌机内搅拌 （2）浇筑入模后静停24h，再浇水养护，或在70~90℃以下蒸养24h	堆积密度200kg/m³时，抗压强度0.4~0.5MPa，导热系数0.09W/m·K，耐温250~300℃ 堆积密度400kg/m³时，抗压强度0.6~0.9MPa，导热系数0.10W/m·K，耐温250~300℃ 堆积密度500kg/m³时，抗压强度0.8~1.5MPa，导热系数0.13W/m·K，耐温250~300℃
粉煤灰泡沫混凝土	粉煤灰:生石灰粉:石膏粉:水泥:水=52:15:2:12:6	（1）将粉料与泡沫剂混合搅拌 （2）浇筑入模，入模后静停2~3h （3）经95℃湿热蒸养12h	堆积密度400~460kg/m³时，抗压强度0.2~0.4MPa，导热系数0.072W/m·K，耐温250~300℃
碳化泡沫混凝土	以生石灰粉、石膏粉、水泥与泡沫剂试配确定	（1）搅拌成型 （2）碳化处理	堆积密度264~530kg/m³时，抗压强度0.4~0.6MPa，导热系数0.12~0.14W/m·K
石灰黄土泡沫混凝土	生石灰粉:黄土:铝粉:水泥:水=10:60:0.3:30:60	（1）搅拌后入模 （2）经24h拆模 （3）潮湿养护7d	堆积密度500kg/m³时，抗压强度0.8~1.5MPa，导热系数0.12~0.19W/m·K
矿渣泡沫混凝土	石膏粉:生石灰粉:炉渣=5:25:70用松香酸钠作为发泡剂	（1）搅拌入模后，静停6h （2）蒸养14~18h	堆积密度350~450kg/m³时，抗压强度0.4MPa
耐热泡沫混凝土	水泥:耐火粉:水=1:0.9~1.1:0.5	（1）分别将水泥、耐火粉浆与泡沫剂一起倒入搅拌机均匀搅拌 （2）浇注、入模成型	耐热900~1100℃，荷重软化点840~880℃

注：1. 烟灰泡沫、碳化泡沫及耐热泡沫等混凝土的泡沫剂用量，与水泥泡沫混凝土基本相同。
2. 配合比除注明者外，均为质量配合比。

第五节 泡沫混凝土配合比设计实例

试设计堆积密度 800kg/m³ 和抗压极限强度 5MPa 的泡沫混凝土的配合比。泡沫剂采用水解血胶。

一、选择制备泡沫的最佳水量和泡沫剂量

根据表 40-12 挑选下列水介质和泡沫剂的比值：16∶0.5；16∶0.75；16∶1。在生产用泡沫混凝土搅拌机中按上述配合比，各做 1 个试验拌料，并测定泡沫的质量。在研究这 3 个泡沫试验拌料的效果时，较好的泡沫是在水和泡沫剂的比值等于 16∶0.75 时获得。采用这种配合比作为最适宜的配合比。因而，在 1 次搅拌中需加 16L 水和 0.75L 水解血胶泡沫剂。

水和泡沫剂的配合比 **表 40-12**

泡沫剂种类	500L 泡沫混凝土搅拌机				700L 泡沫混凝土搅拌机			
	用水量（L）	泡沫剂的配量（L）			用水量（L）	泡沫剂的配量（L）		
		Ⅰ	Ⅱ	Ⅲ		Ⅰ	Ⅱ	Ⅲ
松香胶	10	0.8	1.0	1.2	15	1.5	2.0	2.5
树脂皂素	16	2.1	2.3	2.5	24	4.0	4.5	5.0
石油磺酸铝	16	2.8	3.0	3.2	24	5.5	6.0	6.5
水解血胶	16	0.5	0.75	1.0	24	1.0	1.5	2.0

二、选择最佳配合比和水料比

首先确定水泥和砂子的比值。在泡沫混凝土的堆积密度等于 800kg/m³ 时，每 1m³ 混凝土所需干燥物质的数量为：

$$K \times 800 = 0.95 \times 800 = 760\text{kg}$$

参考表 40-8 中第一种配量方案，当水泥用量为 300kg/m³ 时，水泥和砂子的比值为：

$$1 : \frac{760 - 300}{300} = 1 : 1.53$$

水泥的用量根据第 2 种配量方案时，水泥和砂子的比值为 1∶1.17。根据这两个配合比，在试验室的泡沫混凝土搅拌机中制备 6 个试验拌料，这 6 个试验拌料是按第 2 种水泥和砂子的配合比以及 3 种水料比的配量方案制出的。随后，将每一拌合料制备尺寸为 10cm × 10cm × 10cm 的立方体试块 6 块。将各试件蒸压，并在温度 110℃之下烘干到恒重以后，测定它们的抗压极限强度。哪些水泥用量最少，同时抗压极限强度又能达到 5.0MPa 的试样，就有最好的水泥和砂子的配合比和最好的水料比。以本例来说，1∶1.53 的水泥和砂子的配合比在水料比为 0.30 时即是最佳的配合比。

三、多孔拌合物松堆积密度的测定

根据公式：$\rho_h = 0.95 \times 800\ (1 + 0.30)\ + 16.75 = 1004.75\text{kg/m}^3$

因而，在检查生产用拌合料时，1L 泡沫混凝土拌合物的质量应为 1005g。

四、每 1m³ 泡沫混凝土材料用量

根据公式确定水泥（A）、砂子（H）和水（W）的需用量：

$$A = \frac{0.95 \times 800}{1 + 1.53} = 300\text{kg};$$

$$H = 300 \times 1.53 = 460\text{kg};$$

$$W = (300 + 460) \times 0.30 = 228\text{L}。$$

五、泡沫混凝土施工配合比

（一）500L 搅拌机一次搅拌材料用量

根据表 40-10，一次搅拌干燥物质总的数量为 260kg。在所研究的工程实例中，水泥和砂子的配合比等于 1:1.53，因而，1 次搅拌需要材料用量是：

$$水泥:\frac{260}{1+1.53} = 103\text{kg}$$

$$砂子:260 - 103 = 157\text{kg}$$

$$水:0.3 \times (103 + 157) = 78\text{L}$$

（二）750L 搅拌机一次搅拌材料用量

根据表 40-8 一次搅拌干物资总的数量为 550kg，在工程实例中，水泥与砂的配合比等于 1:1.53，因此，一次搅拌材料用量：

$$水泥 = \frac{550}{1+1.53} = 217\text{kg}$$

$$砂 = 550 - 217 = 333\text{kg}$$

$$水 = (217 + 333) \times 0.3 = 165\text{kg}$$

第六节　泡沫混凝土的生产工艺

目前，我国泡沫混凝土生产采用平模或立模浇筑、带模蒸压养护的生产方式，浇筑高度低，生产效率不高，工艺比较落后。最近，四川省建材工业研究院的研究证明，泡沫混凝土的浇筑高度也可达 600mm，浇筑稳定性良好，料浆硬化速度也比较快，为泡沫混凝土采用钢丝切割工艺奠定了基础。因此，泡沫混凝土的生产工艺，除发泡和搅拌与加气混凝土不同外，其他工序和加气混凝土大体相同，故不赘述。

泡沫混凝土常用产品规格及技术性能见表 40-13。

泡沫混凝土的产品规格及技术性能　　**表 40-13**

序号	技术性能	水泥-石灰泡沫混凝土	石灰-粉煤灰泡沫混凝土
	出产厂	重庆市加气混凝土厂	天津硅酸盐制品厂
	产品名称	砌块	砌块
1	出釜堆积密度（kg/m^3）	674	1050 ~ 1150
2	干堆积密度（kg/m^3）	570	750 ~ 850
3	出釜抗压强度（MPa）	33.7	75
4	绝干抗压强度（MPa）	48.8	90
5	抗拉强度（MPa）	5.9	8 ~ 13
6	抗折强度（MPa）	15.8	20 ~ 28
7	棱柱强度（MPa）	47.1	75 ~ 114
8	弹性模量（MPa）	1.787×10^4	$3 \sim 4 \times 10^4$
9	软化系数	0.67	0.8
10	干燥收缩值（Mm/m）	0.66	—
11	导热系数（W/m·K）	0.13	0.15 ~ 0.20
12	抗冻性	冻融 15 次，合格	冻融 25 次，质量损失小于 5%，强度损失小于 25%

第七节　如何改善泡沫混凝土的吸水性能

一、概述

泡沫混凝土具有堆积密度低、保温、隔热、隔声、隔潮等优异功能，而且生产投资少、施工方便、可大量利用工业废渣，因而在国内外建筑业受到高度重视并得到广泛应用。泡沫混凝土在生产时引进了大量气泡，原料以粉料和细颗粒为主，从而随着堆积密度的降低，引进气泡量增大，其吸水率和收缩率将不断增加，这严重影响了泡沫混凝土的使用效果，制约了应用领域。为此，进行了泡沫混凝土的吸水性和收缩性研究，以期探明影响这两个技术性能的主要因素，从而提出相应的改进措施。

二、泡沫混凝土原材料选择

泡沫混凝土生产主要使用早强型水泥，其目的基于：① 在制备泡沫混凝土特别是超轻低密度泡沫混凝土时，如果形成稳定结构的时间过长，可能会发生塌陷；② 在泡沫混凝土使用时，通常需要较高的早期强度，尤其是生产泡沫混凝土制品时。鉴于此，在研究中选用了 WWX-I 型泡沫混凝土超早强剂，在要求水泥迅速凝结且达到一定强度时使用。为改善泡沫混凝土的性能，尤其是吸水性能和收缩性能，在研究中还分别使用了掺合料粉煤灰和硅灰、轻骨料膨胀珍珠岩、纤维增强材料、膨胀剂和憎水剂等。

三、泡沫混凝土的吸水性能

降低泡沫混凝土吸水率的技术措施有多种，如掺加憎水剂和在表面涂覆防水材料。通过试验对比发现，掺憎水剂效果较好且直观。在研究中选用与 CCW-95 型混凝土泡沫剂相容性较好的代号为 F1 型的粉状憎水剂。

（一）试验材料

1. 泡沫剂

CCW-95 型混凝土泡沫剂。

2. 憎水剂

F1 型憎水剂，白色粉末，无毒，密度近 1.0g/cm^3，且不溶于水。

3. 胶凝材料

42.5 级普通硅酸盐水泥，52.5 级硫铝酸盐水泥

4. 掺合料

符合质量标准要求的粉煤灰。

5. 轻骨料

膨胀珍珠岩。

6. 速凝剂

WWX-I 型泡沫混凝土超早强剂。

（二）试验方法

1. 降低泡沫混凝土的吸水率的技术路线。

在混合料中掺加 F1 型憎水剂，分别对不同配合比、不同密度等级（300kg/m^3、600kg/m^{3}和 1000kg/m^3）的泡沫混凝土及制品进行吸水性研究，以探索水泥品种、掺合料、憎水剂掺量及堆积密度对泡沫混凝土吸水率的影响。

2. 吸水率测定方法

吸水率试验对照《加气混凝土性能试验方法》（GB 11969~11975—89）和《轻骨料混凝土技术规程》（JGJ 51—2002）进行；吸水率随时间变化，试验按照《轻骨料混凝土技术规程》（JGJ 51—2002）测定试块在水中浸泡不同时间的吸水率。

（三）试验结果

试验结果见表 40-14 和表 40-15。

泡沫混凝土配合比试验结果 **表 40-14**

编　号	堆积密度（kg/m^3）	水　泥（kg）	膨胀珍珠岩（kg）	F1 憎水剂（%）	速凝剂（%）	抗压强度（MPa）	饱和吸水率（%）
FE1	592	90	10	0	0.38	1.99	53.0
FE2	650	90	10	0.3	0.38	2.43	31.8
FE3	638	90	10	0.5	0.38	2.56	24.5
FE4	668	90	10	0.8	0.38	2.74	13.7
FE5	663	90	10	1.0	0.38	2.76	14.2
TA1	298	90	10	0	1.5	0.46	122.3
TA2	320	90	10	0.3	1.5	0.59	62.0
TA3	323	90	10	0.5	1.5	0.56	51.5
TA4	325	90	10	0.8	1.5	0.60	43.1
TA5	322	90	10	1.0	1.5	0.64	35.8
SA1	1022	90	10	0	0.2	12.2	38.3
SA2	1020	90	10	0.3	0.2	12.8	18.6
SA3	1008	90	10	0.6	0.2	12.3	11.9
SA4	955	90	10	0.9	0.2	10.9	9.8

泡沫混凝土随时间的吸水速率变化 **表 40-15**

编　号	堆积密度（kg/m^3）	1h（%）	6h（%）	24h（%）	48h（%）	72h（%）
FE1	592	32.3	43.1	48.8	51.6	53.0
FE2	650	17.2	21.0	25.6	29.2	31.8
FE3	638	12.8	16.7	19.8	22.7	24.5
FE4	668	5.5	7.0	10.3	12.3	13.7
FE5	663	2.9	5.3	8.9	11.6	14.2
TA1	298	115.6	117.9	120.1	121.2	122.3
TA2	320	40.6	48.4	54.2	60.4	62.0
TA3	323	28.9	37.1	42.3	49.0	51.5
TA4	325	26.2	31.3	36.4	42.1	43.1
TA5	322	17.1	22.3	26.4	33.2	35.8
SA1	1022	33.1	36.4	37.4	37.9	38.3
SA2	1020	7.7	11.1	14.2	17.0	18.6
SA3	1008	5.0	7.1	8.8	10.6	11.9
SA4	955	3.3	5.4	7.0	9.2	9.8

（四）结果分析及讨论

1. 堆积密度与吸水率的关系

试验表明，堆积密度等级为 300kg/m^3、600kg/m^3 和 1000kg/m^3 的泡沫混凝土随堆积密度的降低，吸水率不断增大。主要是由于引进的气泡越多，混凝土中孔隙多所致。

2.F1 掺量对强度的影响

在试验中，保持混凝土配合比、堆积密度等级和原材料不变，只改变 F1 憎水剂的掺量。在 FE 系列和 TA 系列中设计了 0%、0.3%、0.5%、0.8%和 1.0%五种掺量，SA 系列中则设计了 0%、0.3%、0.5%和 0.8%四种掺量。结果表明，掺加 F1 憎水剂的泡沫混凝土，其强度没有显著变化，且大部分有强度升高的现象。

3.F1 掺量对吸水率的影响

试验结果表明，随着 F1 掺量的增加，泡沫混凝土的吸水率快速降低。尤其是 F1 掺量 0%变为 0.3%时，吸水率降幅最大。F1 能有效地降低吸水率是由于自身具有很高的憎水性，在用于制备泡沫混凝土时，它能吸附于泡沫混凝土孔结构的表面，减少了水在混凝土表面的润湿，增大了水的接触角，使水难以向孔隙中渗透，从而使混凝土具有憎水性。

因堆积密度对泡沫混凝土的吸水率影响较大，将比吸水率（吸水率/强度 × 1000）进行了统计，见表 40-16。

比吸水率统计表　　表 40-16

编　　号	比吸水率	编　　号	比吸水率	编　　号	比吸水率
FE1	0.895	TA1	4.104	SA1	0.375
FE2	0.489	TA2	1.938	SA2	0.182
FE3	0.384	TA3	1.594	SA3	0.118
FE4	0.205	TA4	1.326	SA4	0.103
FE5	0.224	TA5	1.112	—	—

表 40-16 的统计结果也同样表明，随着 F1 掺量的增大，泡沫混凝土的比吸水率也呈迅速下降的趋势，尤其是泡沫混凝土堆积密度较小的 FE 系列和 TA 系列，比吸水率降低的幅度很大。这表明，F1 型憎水剂对于堆积密度较小的泡沫混凝土有更加显著的憎水效果。

4. 吸水率随时间的变化

测试了泡沫混凝土试块泡水 1h、6h、24h、48h 和 72h 后的吸水率。从表 40-15 和图 40-5、图 40-6 可以看出，在 0 ~ 1h 这个阶段中，吸水率的增加最快，而在 1 ~ 72h 之间，吸水速率则相对较慢。特别是不掺 F1 的空白试样，1h 的吸水率达到了饱和和吸水率的 60%以上，后期吸水率则增长较慢。掺入 F1 后，早期的吸水率，特别是小时吸水率，得到了很好的控制。掺量越高，其控制效果越明显。

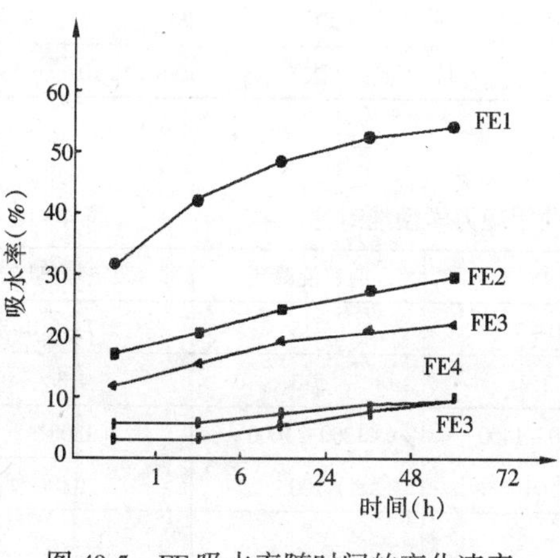

图 40-5　FE 吸水率随时间的变化速率

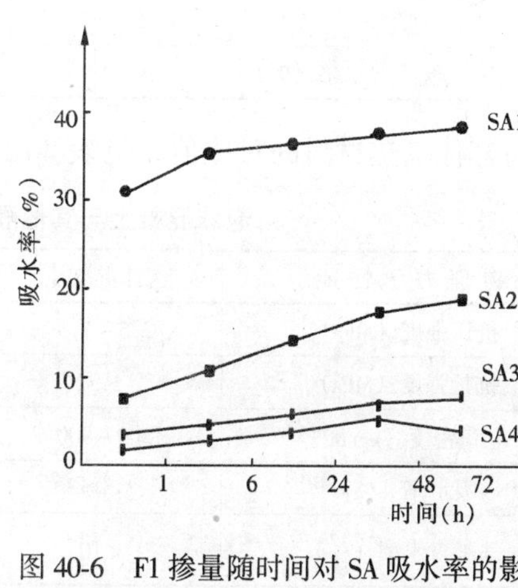

图 40-6　F1 掺量随时间对 SA 吸水率的影响

四、结束语

(1) 堆积密度对泡沫混凝土的吸水率影响较大，随着密度的减小，泡沫混凝土的饱和吸水率增幅很大。

(2) F1 憎水剂对泡沫混凝土的强度无负面影响，掺入后多数强度升高。

(3) 随着 F1 憎水剂掺量的增加，泡沫混凝土的吸水率快速下降，取得明显的憎水效果。

(4) 泡沫混凝土在 0 ~ 1h 期间，吸水率增加很快，在 1 ~ 72h 期间，吸水率增加较慢；掺入 F1 憎水剂可使泡沫混凝土的小时吸水率得到很好的控制。

第八节　隔热泡沫混凝土在工程中的应用

改革开放以来，随着建筑业的发展，一种新型的隔热材料——泡沫混凝土应运而生。由于隔热效果显著，施工较为方便而且造价不高，是目前房屋屋面隔热层的首选材料之一。因此，在南方地区工程中被日益广泛应用及推广。

一、泡沫混凝土的基本性能

1. 结构形式

泡沫混凝土是以水泥（42.5 级以上）、细砂为基料，加入发泡剂、膨胀剂、助剂、乃至防水剂，经过专用搅拌机搅拌而成，具有无数微小独立、分布均匀、呈圆形封闭的气孔结构。

2. 物理性能

由于泡沫混凝土具有独特的气孔结构形式，使其具有良好的隔热性能，还兼有质轻体硬、防水、防火、抗震等性能，见表 40-17。

泡沫混凝土的物理力学性能　　表 40-17

序号	检测项目	数值	备注	序号	检测项目	数值	备注
1	抗压强度（MPa）	2.5 ~ 7.5		6	干燥收缩（mm/m）	< 0.5	
2	抗折强度（MPa）	1.2		7	导热系数（W/m·K）	0.18	
3	堆积密度（kg/m³）	500 ~ 900	绝干恒重	8	耐火极限（h）	2.7	
4	吸水率（%）	< 15		9	隔　声（dB）	20	9cm 厚度
5	气干含水率（%）	< 10		10	抗冲击性（次）	100	10kg·m 落差

与其他隔热材料的对比值，见表 40-18。

泡沫混凝土与其他隔热材料的物理力学性能对比　　表 40-18

物理力学性能	泡沫混凝土	膨胀珍珠岩	陶粒混凝土	架空隔热层
抗压强度（MPa）	2.5 ~ 7.5	5.0 ~ 7.5	7.5	2.7 ~ 5.0
抗折强度（MPa）	1.2	3.2	5.3	4.3
堆积密度（kg/m³）	500 ~ 900	1000 ~ 1400	1200 ~ 1600	1800
吸水率（%）	< 15	64	100	100
气干含水率（%）	< 10			

续表

物理力学性能	泡沫混凝土	膨胀珍珠岩	陶粒混凝土	架空隔热层
干燥收缩（mm/m）	<0.5	0.6	0.65	0.8
导热系数（W/m·K）	0.18	0.59	0.83	0.76
耐火极限（h）	2.7			
隔热效果对比值（cm）	6	65	80	40
抗冲击性 10kg·m/次	100	120	150	2

注：1. 本表部分数据摘自《民用建筑规范》GB 50176—95；

2. 隔热效果对比值是指隔热效果等同时相对应的隔热层厚度。

3. 隔热与堆积密度、强度的关系

热的传递有传导、对流、辐射三种方式，由于泡沫混凝土内有大量的封闭圆孔，而孔内有静止空气存在，而静止空气的导热系数特低，大大降低了它的导热性能；又因为其体内气泡处于独立、封闭的状态，不能形成空气和液体的对流（因为吸水率较低），气泡也使得界面增加，从而有效地减少热能的穿透（如电磁波的辐射等），这就是泡沫混凝土的隔热机理。表 40-19 是泡沫混凝土及有关材料的导热系数，以供对比。

几种材料的导热系数 **表 40-19**

材料名称	导热系数［W/（m·K）］	材料名称	导热系数［W/（m·K）］
空气	0.22	泡沫混凝土	0.151～0.291
普通混凝土	1.28～1.55	钢材	58.00

从泡沫混凝土的隔热机理可知，气泡越多，堆积密度越小，强度越低，隔热效果越好；反之，气泡越少，密度越大，强度越高，隔热效果越差。表 40-20 是泡沫混凝土在两种堆积密度时的强度及导热系数对比值。

不同堆积密度时的强度与导热系数 **表 40-20**

堆积密度（kg/m^3）	强度（MPa）	导热系数［W/（m·K）］	堆积密度（kg/m^3）	强度（MPa）	导热系数［W/（m·K）］
400	2.0	0.151	800	7.0	0.291

二、泡沫混凝土的特性

从保温隔热的目的出发，用泡沫混凝土取代长期沿用屋面架空隔热板，其特性主要体现在以下几个方面：

1. 保温隔热，节约能源

泡沫混凝土的热阻值是普通架空隔热板的 5～10 倍，保温隔热效果非常显著，从而节约能源。

2. 保护屋面，防止屋面结构变形开裂

由于泡沫混凝土具有良好隔热性能，可以有效地防止屋面结构变形以及屋面结构与砖墙交接处的温差裂缝通病。

3. 延长防水层寿命，加强防水效果

吸水率低、导热系数小、质轻体硬的泡沫混凝土与防水层（或结构层）紧贴一体，既可以有效防止因热胀冷缩而引起屋面结构层（或刚性防水层）的变形裂缝，出现渗漏现象，又可以有效地防止柔性防水材料的老化变质。而泡沫混凝土吸水率较低（<15%），本身就具有防水效果，因此泡沫混凝土在保护屋面的同时，还可以延长防水层的寿命并加强防水效果。

4. 可使屋面环境更加美观、平整和实用

由于泡沫混凝土隔热层是现浇捣、整体成型、质轻体硬、与基层紧密相连，大大提高了隔热层的承重能力，可将原来不雅观的架空隔热屋面变成美观、平整和实用的园林休闲或文娱康体场地等，扩大建筑物的使用空间。

5. 节约造价，施工较为简便

泡沫混凝土的堆积密度通常为500~900kg/m^3，现在有的可以做到350kg/m^3，可按使用要求选用各种堆积密度和厚度的隔热层，当代替结构找坡时，既可节约工程造价，又可避免结构找坡而出现顶层天花梁板倾斜现象。泡沫混凝土隔热层一般为6~8cm，由于其坍落度较大，因此泡沫混凝土的施工比普通混凝土施工更为简便，不需振捣，只需按排水方向用直尺抹平。同时，泡沫混凝土的造价并不高，6cm厚的泡沫混凝土比五脚架空板造价略高，这也是泡沫混凝土易于推广的一个重要因素。

三、泡沫混凝土的施工工艺流程

（1）施工前，按照泡沫混凝土隔热、强度、堆积密度等要求，设计出泡沫混凝土相应的施工配合比以及隔热层的厚度。

（2）泡沫混凝土施工前必须先做好柔性或刚性防水层，上人或非上人屋面防水隔热构造可按图40-7和图40-8施工。

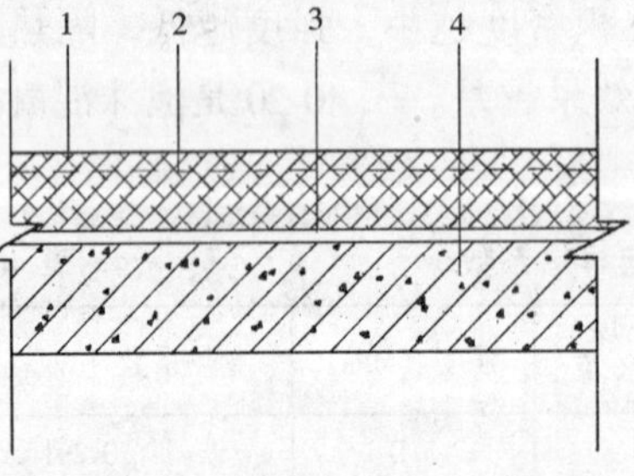

图40-7　非上人屋面防水隔热层构造图

1—现浇泡沫混凝土隔热层；2—ϕ2@150×150防裂钢丝网；3—防水层；4—钢筋混凝土结构层

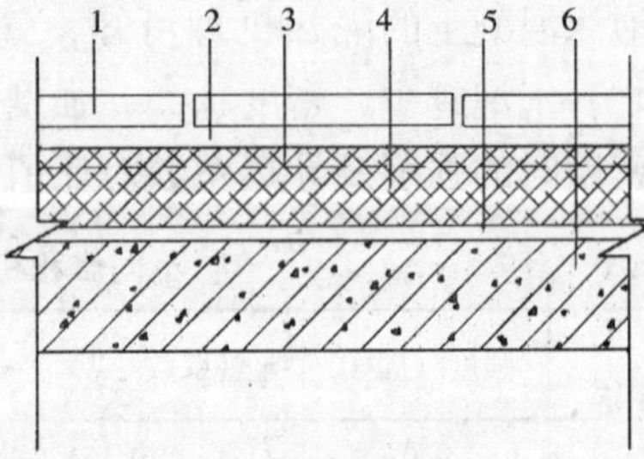

图40-8　人上屋面防水隔热层构造图

1—地砖贴面；2—水泥砂浆找平层；3—现浇泡沫混凝土隔热层；4—ϕ2@150×150防裂钢丝网；5—防水层；6—钢筋混凝土结构层

（3）按保温隔热层的设计厚度，用水泥砂浆打定点，做好坡度，坡度宜为2%左右，把基层清理干净。

（4）铺设ϕ2@150×150防裂钢丝网，为节约起见，也可用竹片代替。

（5）在泡沫混凝土搅拌机上面的晶体搅拌器内，按一定的配合比，加入清水（1.6~10kg）和发泡剂（0.1~0.6kg），快速搅拌约3min，使其成为待用的泡沫晶体。

（6）在搅拌泡沫晶体的同时，按一定配合比将清水（24~150kg）注入下面的搅拌器内，依次加入水泥（48~150kg，强度等级为42.5级以上）和适量的细砂（可用粉煤灰）、膨胀剂、助剂等，慢速搅拌均匀，约2min。

(7) 将泡沫晶体加入下面搅拌器中的水泥混合物内继续搅拌均匀，约 2min 后待用。

(8) 将待用的泡沫混凝土运送至所需施工的基面，用直尺按定点抹平。

(9) 施工完毕后开始自然养护，24h 左右后可洒水保湿，约半个月后才能交付使用。

(10) 如需铺设地砖，须在泡沫混凝土施工后能上人时方可进行。

四、泡沫混凝土的设计及施工注意事项

(1) 设计泡沫混凝土隔热层时，要考虑隔热效果。其与泡沫混凝土的强度、堆积密度基本成反比的关系，建议与泡沫混凝土专业公司联系，通过配合比试验，设计出合理的强度、堆积密度以及厚度。

(2) 泡沫混凝土的强度毕竟较低，抗压强度 2.5~7.5MPa，干缩性也较大，在凝结过程很容易裂，因此有必要加设防裂网，还须经常淋水养护，每天淋水 2~3 次为宜。

(3) 用作上人的屋面，须在泡沫混凝土上面铺地砖，以防破坏隔热层，以达到美观耐用的效果。铺设地面砖前，先淋湿泡沫混凝土面，再涂 1~2 道水泥浆。

(4) 泡沫混凝土的施工必须有专业知识的技术人员指导下进行，对每道工序严格把关，才能保证施工质量。

(5) 施工前要清理干净基层，以保证泡沫混凝土与基层紧密相连。

(6) 泡沫混凝土凝结较慢，在施工约 2d 后，才能行人，在未能行人时切勿在其上面行人或堆积杂物，以免破坏泡沫混凝土的气泡结构，影响其隔热效果。

(7) 由于泡沫混凝土的流动性很大，如用作尖顶屋面的隔热层，施工时须用模板辅助。

(8) 浇捣泡沫混凝土，建议按每 $100m^2$ 制作一组试压件，试压件按砂浆试件要求制作。

(9) 考虑热胀冷缩影响，建议按 6m×6m 留设 2cm 的伸缩缝，缝内填充柔性防水涂料。

(10) 用作泡沫混凝土的发泡剂不得过期，水泥须检验合格，泡沫混凝土的加工要按配合比进行。

第九节　现浇泡沫混凝土屋面隔热层施工

一、引言

长期以来，我国建筑物屋面隔热多采用屋面结构混凝土架空大阶砖（或隔热板）的办法，具有一定的隔热效果。但随着我国经济的发展和人民生活水平的不断提高，对屋面隔热保温的要求也越来越高，在此情况下，工程技术人员从材料制作工艺上不断进行技术革新，各种新型的屋面隔热材料应运而生，如聚氯乙烯板隔热、聚氨酯发泡隔热等，但是在这些新型材料中，有的因其造价较高，得不到大面积推广应用，有的由于隔热效果不理想或施工较复杂，得不到市场认同而淘汰。现浇泡沫混凝土正是克服了这些缺点，不仅造价低，而且隔热效果非常显著，因此，它的开发成功将会在屋面隔热工程中得到普遍应用，并创造出一个安全、舒适、适用的环境。

二、现浇泡沫混凝土隔热层的特点

1. 保温隔热性能强

泡沫混凝土的热阻值为普通阶砖（或隔热板）的5~10倍，导热系数<0.22W/（m·K），隔热效果特别明显。实验证明，用60mm的试块在炉火上燃烧20min，背面仍不觉热。

2. 保护层面不渗漏

由于保温隔热性能强，由其构成的结构屋面不会因温度变化而引起开裂，导致防水层破坏渗漏。

3. 施工快捷方便

一般泡沫混凝土隔热层的施工厚度为50~60mm，每台班可完成500~800m^2，现场浇制后12h能上人行走，施工速度较快。

4. 美观、平整、实用

由于泡沫混凝土屋面与结构层紧密地连接，将原来不雅观的大阶砖（或隔热板）架空隔热层面变成平整优美的文娱、园林场地、扩大建筑物屋面的使用范围。

5. 价格实惠，应用广泛

现浇轻质泡沫混凝土隔热层的造价不但低于传统的陶粒珍珠岩隔热层，而且仅是其他隔热层造价的40%~60%。因其堆积密度低，保温性能好，可做泡沫混凝土管道包容层，天面找坡、阳台等需填充的位置使用。对于50~60mm厚的泡沫混凝土隔热层，施工包含人工费、材料费、机械费，一般每平方米仅24元左右，造价较为低廉。

三、泡沫混凝土的技术指标

现浇轻质泡沫混凝土隔热层的技术性能指标见表40-21。

现浇泡沫混凝土的性能技术指标　　表40-21

堆积密度（kg/m^3）	抗压强度（MPa）	干燥收缩值（mm/m）	吸水率	导热系数［W/（m·K）］
500~1000	>1.2	<1.5	<20%	<0.22

四、现浇泡沫混凝土隔热层的制作与施工

泡沫混凝土隔热层通过特制的搅拌机，将发泡剂溶液与水泥砂浆按其所需堆积密度的一定比例均匀拌合，形成具有无数微小独立、均匀分布、封闭气孔的泡沫混凝土，然后按设计厚度要求浇制而成。一般可按要求选用不同堆积密度和厚度，堆积密度可做成500~1000kg/m^3，厚度为5~6cm，且可代替结构找坡。完成的泡沫混凝土表面做1:2.5水泥砂浆保护层2cm厚（或做钢丝网细石混凝土厚4cm），然后按规范对水泥砂浆保护层及泡沫混凝土设置分仓缝。

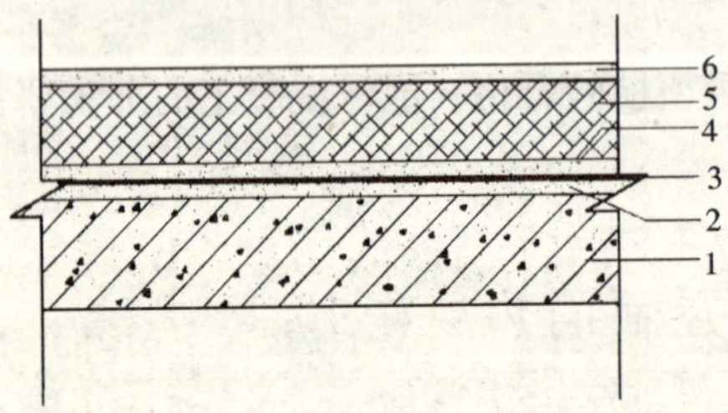

图40-9　泡沫混凝土结构屋面形式

1—钢筋混凝土楼盖板；2—1:2水泥砂浆找平层；3—防水层（柔性防水）；4—1:3水泥砂浆保护层（1~2cm）；5—现浇泡沫混凝土隔热层；6—1:2.5水泥砂浆面层（2cm）

泡沫混凝土屋面隔热层结构形式如图40-9所示。

五、工程实例与经济指标分析

（1）广东东莞安力厂房屋面约3000m^2，于1998年10月施工完成。其结构形式为：防水层一布三油（采用881PVC防水涂料），后现浇泡沫混凝土50mm厚，上做1:2.5水泥砂浆保护层。

（2）广东东莞扬升集团厂房小区屋面面积约8000m^2，于1999年6月完成。其结构形

式为：防水层一布三油（881PVC 防水涂料），后现浇泡沫混凝土 50mm 厚，上做 1:3 水泥砂浆保护层。

（3）广州海珠区南翠苑小区屋面约约 $2500m^2$，于 1999 年 7 月施工完成。其结构形式为：聚氨酯防水层→现浇泡沫混凝土 5cm 厚→4cm 厚钢丝细石混凝土找平压光。

（4）广州海富花园二期屋面 $3500m^2$，于 1999 年 7 月施工完成。其结构形式为：防水层二布四油（881PVC 防水涂料）→1:2.5 水泥砂浆保护层 1.5cm 厚→现浇泡沫混凝土 5cm 厚→1:2.5 水泥砂浆保护层 2.5cm 厚。

以上 4 个工程实例，隔热层造价 24～28 元/m^2，防水层根据业主自行选用。表 40-22 是几种最新隔热层的比较表（隔热层上均应设有水泥砂浆保护层）。从表 40-22 中可以看出，泡沫混凝土价格低，强度比泡沫塑料类隔热层要高，其缺点是堆积密度大。不过，屋面上做 5cm 泡沫混凝土（堆积密度 500～1000kg/m^3）每平方米只有 25～50kg 的荷载，对一般结构来说是可以承受的。相反，由于泡沫塑料类堆积密度过低，施工还应考虑与混凝土的粘结力，这给施工带来很大的麻烦，相应增加了造价。

四种新型屋面隔热层比热　　　　**表 40-22**

名　　称	厚度（cm）	堆积密度（kg/m^3）	抗压强度（MPa）	单价（元/m^2）
泡沫混凝土	5～6	500～1000	≥1.2	24
聚氨酯硬泡板	3～6	30～40	≥0.2	60
聚氯乙烯板	4～6	≤45	≥0.18	40～45
脲醛泡沫板	4～6	≤15	0.015～0.025	50

根据泡沫混凝土的特点及其使用情况说明：它的使用具有很好的经济效益和社会效益，不仅降低工程成本，而且改善了人民的生活。但是，它作为一种新生事物，还有需要改进的地方。随着科学技术的发展和施工观念的更新，屋面隔热层无论从材料上、工艺上均将作为一门边缘学科，不断发展，同时也将层出不穷地推出更新、更好的隔热层，满足人们日益增长的生活需要。

第四十一章　隧道混凝土

(tunnel concrete)

第一节　衬砌工程规格和组成材料

一、衬砌工程规格

除设计规定有特殊要求外，隧道常用衬砌工程规格见表 41-1。

隧道常用衬砌工程规格　　**表 41-1**

工程部位 / 类别	拱圈		边墙		仰拱	隧底	水沟及电缆槽	沟槽盖板
	Ⅰ-Ⅲ类围岩	Ⅳ-Ⅵ类围岩	Ⅰ-Ⅲ类围岩	Ⅳ-Ⅵ类围岩				
混凝土	C20	C15	C20	C15	C15	C10	C15	—
钢筋混凝土	—	—	—	—	—	—	—	C15
水泥砂浆砌体	混凝土块或粗凿石	混凝土块或粗凿石	混凝土块或粗凿石	混凝土块或粗凿石	—	—	—	—

注：1. 拱圈和边墙的混凝土按定型图表规定制成。

2. C15 片石混凝土和 M10 水泥砂浆砌块石，仅用于Ⅳ类围岩的直墙式边墙衬砌。

3. 碎石道床下铺底或仰拱的回填和填充用 C10 混凝土，也可用 C10 片石混凝土，整体道床下的回填用 C15 混凝土。

二、隧道混凝土组成材料

(一) 胶凝材料——水泥

1. 水泥品种的选择

一般混凝土采用普通硅酸盐水泥。抗渗性混凝土不宜采用矿碴硅酸盐水泥，应根据具体施工条件合理选用水泥。

2. 水泥强度等级的选择

选择水泥强度等级一般为所配制混凝土相应强度等级的 1.5~3.0 倍，用于≤C20 混凝土时，一般为 2.0~2.5 倍；用于 C25~C30 混凝土时，可为 1.2~2.0 倍。

有抗冻性要求的混凝土，所用水泥强度等级在寒冷地区不低于 42.5 级；在严寒地区不宜低于 42.5 级。否则，必须掺用塑化外加剂。

(二) 细骨料——砂

1. 细骨料种类选择

混凝土细骨料一般采用天然砂，也可利用经过试验和鉴定合格的炼铁高炉水淬矿渣砂。采用特细砂时，应按特细砂混凝土有关规定施工。

2. 技术要求

细骨料应按《建筑用砂》(GB/T 14684—2001) 中有关规定选用。

3. 矿渣砂

用矿渣砂代替河砂拌制混凝土，每立方米混凝土能节约水泥 10 ~ 28kg；28d 龄期抗压强度一般能提高 10% ~ 13%，90d 和 180d 龄期后期强度增长率也较高。但是矿渣砂拌制的混凝土和易性很差，抗渗性能也差，可用细度模数 $M_X = 1.5 \sim 1.9$ 的河砂与细度模数 $M_X = 3.6 \sim 3.9$ 的矿渣砂对半掺合成细度模数为 $M_X = 2.4 \sim 2.8$ 的混合砂。这样，即可改善和易性，又可提高抗渗性。如掺用塑化剂，则效果更好。

（三）粗骨料——石子

1. 粗骨料种类的选择

混凝土粗骨料常用坚硬的卵石和碎石，也可用隧道内试验合格经筛分析所得的弃渣、碎石和卵石混合也可使用。

2. 技术要求

粗骨料应按《建筑用卵石、碎石》（GB/T 14685—2001）中有关规定选用。

石子的技术要求见表 41-2。

石子技术要求　　表 41-2

<table>
<tr><th>序号</th><th colspan="2">项　目</th><th colspan="3">卵　石</th><th colspan="3">碎　石</th></tr>
<tr><td>1</td><td colspan="2">空隙率不大于（%）</td><td colspan="3">45</td><td colspan="3">45</td></tr>
<tr><td rowspan="2">2</td><td rowspan="2">颗粒级配</td><td>筛孔尺寸（mm）</td><td>5</td><td>$\frac{1}{2}D_{max}$</td><td>D_{max}</td><td>5</td><td>$\frac{1}{2}D_{max}$</td><td>D_{max}</td></tr>
<tr><td>累计筛余（%）</td><td>90 ~ 100</td><td>30 ~ 60</td><td>0 ~ 5</td><td>90 ~ 100</td><td>30 ~ 60</td><td>0 ~ 5</td></tr>
<tr><td>3</td><td colspan="2">软弱颗粒含量不大于（%）</td><td colspan="3">10（5）</td><td colspan="3">—</td></tr>
<tr><td>4</td><td colspan="2">边长 5cm 立方体强度以岩石在饱和水状态下的抗压极限强度与混凝土设计强度之比不小于（%）</td><td colspan="3">—</td><td colspan="3">150（200），并不得小于 30MPa</td></tr>
<tr><td>5</td><td colspan="2">针、片状颗粒含量不大于（%）</td><td colspan="3">15</td><td colspan="3">15</td></tr>
<tr><td>6</td><td colspan="2">含泥量不大于（%）</td><td colspan="3">2（1）</td><td colspan="3">2（1）</td></tr>
<tr><td>7</td><td colspan="2">SO_3 含量不大于（%）</td><td colspan="3">1</td><td colspan="3">1</td></tr>
<tr><td>8</td><td colspan="2">石子耐久性（抗冻、抗风化）按硫酸钠法试验循环次数不小于（且质量损失不超过 10%）</td><td colspan="6">隧道衬砌暴露在空气中遭受湿气影响，但不在吸水范围内的混凝土结构物：在严寒地区为 7 次；寒冷地区为 5 次；温暖地区不作规定</td></tr>
</table>

注：1. 括号内数字为有抗冻、抗渗、抗侵蚀性要求和 ≥ C30 混凝土的技术要求。
2. 严禁石子中混有受过煅烧的白云石和石灰石粒块。

3. 最大粒径的选择

混凝土粗骨料应具有适当的颗粒级配。其最大粒径不得超过截面最小尺寸 $\frac{1}{4}$；同时，不得大于钢筋间净距的 $\frac{3}{4}$。

4. 最佳级配选择

对特殊要求的抗掺性、抗冻性和 ≥ C30 混凝土，应采用最佳的骨料颗粒级配，可将粗骨料按不同尺寸的颗粒分为2~5级，并分别计量拌和，通过试验确定最佳级配率，见表41-3。

石子最佳级配　表41-3

骨料最大粒径（mm）	分级参考值（%）					合计百分率
	5~20	20~40	40~60	60~80	80~100	
40	60~45	40~55	—	—	—	100
60	50~35	45~35	20~15	—	—	100
80	35~25	35~25	20~30	15~20	—	100
100	35~25	30~20	25~20	15~20	5~10	100

（四）石料

砌石圬工所用的石料，石质应为均匀一致、不易风化、无裂纹和无表面剥落的坚硬岩石。片石、块石、粗凿石的极限抗压强度以不低于40.0MPa为宜，其厚度不小于15cm。严寒地区和寒冷地区有渗水或受冻害的部位不宜采用石砌体，必须使用时，石料的吸水率不大于2.5%，砂岩的软化系数在0.80以上。

（五）拌合水

一般能供饮用的自来水或洁净自然水均可使用。

（六）外加剂

1.塑化剂

常用的是木质素磺酸钙或其他木质素磺酸盐类塑化剂。其掺量为水泥质量的0.1%~0.3%，一般最佳掺量为0.25%左右。采用酸化废液效果较好，采用碱化废液时，混凝土强度降低较多，应减少掺量0.06%，并另加掺0.14% $CaCl_2$，以控制混凝土早期强度的降低。

2.引气剂

常用热聚松脂皂、普通松脂皂、石油磺酸盐、烷基磺酸钠、烷基苯磺酸钠、脂肪醇硫酸钠作为引气剂。掺量一般为0.0075%~0.015%，混凝土中含气量不超过表41-4规定。

混凝土拌合物最佳含气量　表41-4

粗骨料最大粒径（mm）	混凝土拌合物最佳含气量（%）	粗骨料最大粒径（mm）	混凝土拌合物最佳含气量（%）
20	6±1	80	4±1
40	5±1		

3.早强剂

隧道衬砌为了提早拆模，承受外力或其他需要，加快混凝土（或砂浆）固结硬化过程，提高早期强度，可掺用早强剂。CaCl掺量为水泥质量的1%~3%，三乙醇胺的掺量为水泥质量的0.05%~0.10%。两者复合掺用，其效果更好一些。

4.速凝剂

目前使用的有“红星一型”及“711型”速凝剂，掺量一般为水泥质量的2%~4%。

5.减水剂

采用减水剂可以改善混凝土的抗渗性能，以提高混凝土的密实度。如水泥用量不变，能提高混凝土或砂浆的强度。

第二节　隧道混凝土配合比设计

隧道混凝土的配合比与普通混凝土一样，也是以满足强度、和易性和耐久性的要求为前提，同时兼顾就地取材、降低成本、少用水泥的原则。

一、配合比设计及参考配合比

（一）配合比设计步骤

1. 确定水灰比和坍落度

根据混凝土强度、和易性和耐久性的要求，选定混凝土的水灰比和坍落度。其最大水灰比和坍落度参考表 41-5。

隧道混凝土最大水灰比和坍落度　　**表 41-5**

<table>
<tr><th colspan="2" rowspan="2">混凝土类别</th><th colspan="2">最大水灰比</th><th colspan="2">坍落度（cm）</th><th rowspan="2">说　明</th></tr>
<tr><th>寒冷地区</th><th>温暖地区</th><th>机械捣实</th><th>人工捣实</th></tr>
<tr><td rowspan="2">混凝土</td><td>受冻害</td><td>0.55</td><td>0.65</td><td>1～3</td><td>2～5</td><td rowspan="5">1. 混凝土掺引气剂水灰比极限值可比表中增大 0.05
2. C20 以下混凝土可放宽，水灰比增加 0.05</td></tr>
<tr><td>不受冻害</td><td>0.65</td><td>0.70</td><td>1～3</td><td>2～5</td></tr>
<tr><td colspan="2">半干硬性混凝土</td><td>0.40</td><td>0.40</td><td>0～1</td><td>—</td></tr>
<tr><td rowspan="2">钢筋混凝土</td><td>配筋稀少</td><td>0.55</td><td>0.65</td><td>1～3</td><td>2～5</td></tr>
<tr><td>一般配筋</td><td>0.65</td><td>0.70</td><td>3～5</td><td>5～7</td></tr>
</table>

2. 用水量确定

根据粗细骨料种类和粒径大小，以及对混凝土坍落度要求，选定用水量，再经过试样予以调整。用水量见表 41-6。

每 $1m^3$ 混凝土参考用水量（kg）　　**表 41-6**

<table>
<tr><th rowspan="2">粗细骨料种类</th><th rowspan="2">石子最大粒径
（mm）</th><th colspan="5">坍　落　度　（cm）</th></tr>
<tr><th>0～1</th><th>1～3</th><th>3～5</th><th>5～7</th><th>7～9</th></tr>
<tr><td rowspan="3">碎石中砂</td><td>20</td><td>185</td><td>190</td><td>195</td><td>20</td><td>205</td></tr>
<tr><td>40</td><td>175</td><td>180</td><td>185</td><td>190</td><td>195</td></tr>
<tr><td>80</td><td>165</td><td>170</td><td>175</td><td>180</td><td>185</td></tr>
<tr><td rowspan="3">卵石中砂</td><td>20</td><td>175</td><td>180</td><td>185</td><td>190</td><td>195</td></tr>
<tr><td>40</td><td>165</td><td>170</td><td>175</td><td>180</td><td>185</td></tr>
<tr><td>80</td><td>155</td><td>160</td><td>165</td><td>170</td><td>175</td></tr>
</table>

注：1. 使用细砂时，用水量约增加 10kg；用粗砂时，用水量约减 10kg。
2. 使用级配较差的粗骨料或火山灰水泥时，需增加用水量。
3. 使用塑化剂时，用水量可酌减 10kg。

3. 计算水泥用量

根据水灰比和选定的用水量，每 $1m^3$ 混凝土水泥用量可按下式计算：

$$C=\frac{W}{\left(\frac{W}{C}\right)}$$

在隧道主体工程上，每 $1m^3$ 混凝土的水泥用量不得小于 200kg。

4. 计算骨胶比

根据水灰比和水泥用量，计算混凝土的骨胶比，即计算粗细骨料之和与水泥之比。如已知配合比为1:S:G，则骨胶比为（S+G）:1。

混凝土的骨胶比可按下式计算：

$$\frac{S+G}{C}=\frac{2650}{C}-2.65\times\left(\frac{W}{C}\right)-0.85$$

如果混凝土掺用引气剂时，则：

$$\frac{S+G}{C}=\frac{2520}{C}-2.65\times\left(\frac{W}{C}\right)-0.85$$

上式中的2.65为砂石的加权平均表观密度。

5. 选择砂率

混凝土的适当砂率与粗骨料种类及其最大粒径、空隙率、砂的细度模数和水灰比等因素有关。砂率见表41-7。砂率不宜过大，也不得过小，否则将影响混凝土的施工和易性或增加水泥用量。一般应选择空隙率最小的同时比表面积也最小的最佳砂率。

混凝土参考砂率（%） **表41-7**

水泥用量（kg/m³）	粗骨料最大粒径（mm）					
	20		40		80	
	碎石	卵石	碎石	卵石	碎石	卵石
200	—	—	43	40	38	36
250	47	43	40	35	36	34
300	45	41	38	34	34	32
350	41	37	36	32	32	30
400	35	33	33	30	28	26

注：1. 本表根据水灰比0.65、细度模数为2.50的砂、空隙率42%的石子和机械捣实等条件制定。

2. 水灰比每增减0.05时，砂率相应增减1%。

3. 砂的细度模数每增减0.1%，砂率相应增减0.5%。

4. 石子空隙率每增减1%，砂率相应增减2%。

5. 人工捣固时，砂率增加2%。

（二）参考配合比

对防水抗渗要求较高的混凝土配合比，应通过试验确定，并需结合改善骨料级配进行，必要时还可使用防水水泥或掺密实剂。其骨料级配见表41-8。高防水抗渗混凝土参考配合比见表41-9。

骨料级配 **表41-8**

项目	骨料类别					
	砂			石子		
筛孔尺寸（mm）	5.0~2.5	1.2~0.6	0.3~0.15	≤20	20~30	>30
累计筛余（%）	0~35	35~75	75~100	40~70	60~90	85~100

混凝土参考配合比 **表41-9**

施工部位	密实度要求	抗渗等级	水灰比	坍落度（cm）	砂率（%）	水泥品种	水泥用量（kg/m³）
拱圈	高密实度	>P6	0.55	3~4	45~50	普通硅酸盐水泥 火山灰质硅酸盐水泥	>300
边墙	高密实度	>P6	0.50	2~3	35~45	普通硅酸盐水泥 火山灰质硅酸盐水泥	>280

注：使用时应掺加气剂0.01%。

二、配合比施工控制

混凝土施工时，工地试验人员要和现场施工人员密切配合，使在试验室标准条件下选择的混凝土理论配合比能具体贯彻到实际工程中去。混凝土配合比施工控制的主要目的在于保证所有的水泥、砂、石和水等材料质量和用量与理论配合比相同。混凝土理论配合比是以面干饱和材料计算的，施工前应由试验人员负责测定砂、石表面含水率，换算成实际施工拌合材料用量（即按实际湿度计算），据此进行施工。

施工过程中，不但要每天测定砂、石含水率，而且在雨天潮湿时，还应增加测定次数对防水抗渗要求较高的混凝土配合比，应严格经过试验程序最后确定。

第三节　隧道混凝土施工

一、配料工艺

配料前各种计量设备须进行校核，对包装完好的纸袋水泥也应予以过称查验。对各种组成材料来说，按配合比配料的允许误差（按质量计）均不得超过表41-10规定，这要在施工配料时严格掌握。

混凝土组成材料允许误差　　表41-10

材料种类	工地拌制		中心场或工厂拌制
	塑性混凝土	半干硬性混凝土	
水泥和干燥状态掺合料	±2%	±2%	±1%
粗细骨料	±5%	±3%	±3%
水、外加剂溶液和潮湿掺料	±2%	±1%	±1%

二、搅拌工艺

混凝土应搅拌均匀，颜色一致。拌制塑性混凝土可采用250~400L容量的自落式搅拌机；拌制干硬性混凝土宜采用375L容量的强制式搅拌机。其最短的搅拌时间按表41-11规定选取。

最短搅拌时间　　表41-11

混凝土拌合物坍落度（cm）	0~1	2~7	>7
最短时间（s）	120	60	45

注：1. 细砂混凝土应延长60~120s。
2. 用自落式搅拌机拌制干硬性混凝土应延长搅拌时间30~60s。
3. 掺外加剂时，应延长搅拌时间30~60s。

三、混凝土运输

混凝土拌合物应随拌随用。运送时应避免在中途发生离析或严重泌水现象。发生离析或坍落度损失过大时，应在灌筑入模前进行二次搅拌，但不得随意加水。混凝土拌合物的运送持续时间，自搅拌机卸料至入模灌筑捣固为止，不应超过表41-12规定。

四、浇筑工艺

(1) 混凝土拌合物的自由倾落高度，应保证其不发生离析，一般不超过2m。否则，须加设溜槽或串筒，以降低其倾落高度。

混凝土运送持续时间 表 41-12

混凝土自搅拌机卸出温度（℃）	允许运送持续时间（min）	混凝土自搅拌机卸出温度（℃）	允许运送持续时间（min）
30～20 20～10	45 60	<10～5	90

（2）灌筑对开马口的左右两侧边墙和拱圈时，应两侧对称分层进行。其分层度见表41-13规定。

浇筑分层度规定 表 41-13

捣固方法	浇筑层允许最大厚度（cm）	捣固方法	浇筑层允许最大厚度（cm）
插入式振捣器振动 附着式振捣器振动	振捣器作用半径的1.25倍，隧道内常为30 25	人工捣固	20

（3）边墙封口和拱圈封顶的混凝土，均宜适当降低水灰比，并认真捣固密实。

（4）灌筑混凝土宜不间断地进行；如必须中止，其间歇时间应控制在前层混凝土开始凝结前将次层混凝土灌筑完毕，否则应按施工缝处理。

（5）灌筑次层混凝土前，应清除其松软层和水泥浆薄膜，表面凿毛，再用压力水冲洗干净，保持充分湿润，但不存积水。

五、间歇灌筑（施工缝）

间歇过程中如中断时间超过了混凝土初凝时间，应作间歇灌筑处理。间歇灌筑在拱圈和曲墙的浇筑面应成辐射状；直墙的灌筑应成水平。间歇灌筑应俟灌筑面混凝土达到1.2MPa以上强度后，再继续施工。混凝土达到1.2MPa强度应由试验来确定。15～20MPa混凝土达到1.2MPa强度所需间歇时间见表41-14。

间歇时间（h）参考值 表 41-14

水泥品种和强度等级	环境温度（℃）			
	1～5	5～10	10～15	15～20
42.5级普通硅酸盐水泥	60	48	36	24
32.5级普通硅酸盐水泥、42.5级矿渣或火山灰水泥	90	72	48	36

六、振动捣实工艺

混凝土振捣时，粗骨料粒径小的宜采用振幅较小、频率较高的振捣器；反之，粒径较大的宜采用振幅较大、频率较低的振捣器。其最佳频率和振幅见表41-15。

最佳振动频率和振幅的选择 表 41-15

粗骨料最大粒径（mm）	10	20	40	80
最佳频率（min^{-1}·rpm）	6000	3000	2000	1000
最佳振幅（mm）	0.04	0.10	0.20	0.40

塑性混凝土的合理振捣时间见表41-16。半干硬性混凝土应用插入式振捣器振捣。

七、衬砌背后回填

（1）衬砌背后空隙均应回填密实，且与衬砌同时进行，但回填不得侵入衬砌范围。衬砌背后如有排水设施，回填时应注意切勿堵塞。

塑性混凝土振捣时间　表 41-16

振捣器类型	插入式振捣器	表面振捣器	附着式振捣器
振捣时间（s）	20～30	45～60	120～300

（2）墙基和先拱后墙法的拱圈脚以上 1m 范围内，应用同强度等级混凝土浇筑，以便与围岩粘结紧密。

（3）超控在允许极限值内，须用与衬砌同等级的混凝土回填；超控已超过允许极限值时，可用 5.0MPa 水泥砂浆（渗漏时 7.5～10.0MPa）或片石混凝土回填。

（4）围岩稳定、干燥无水时，才能用干燥片石回填。

八、养护和拆模

除寒冷及严寒地区并受冻害影响的圬工，环境温度在 +5℃以下时，不洒水养护。除按冬季施工有关规定做好防冻保温工作外，一般均对圬工表面及钢、木模板洒水，并保持湿润。其养护时间随水泥品种不同而异，见表 41-17 及表 41-18。

参 考 养 护 时 间　表 41-17

水泥品种	洒 水 养 护 期 限 （d）			
	相对湿度 >90%	相对湿度 60%～90%	相对湿度 <60%	要求高抗渗或掺外加剂
普通硅酸盐水泥	不洒水	7	14	14
矿渣或火山灰水泥	不洒水	14	21	21

参 考 养 护 时 间　表 41-18

混凝土类别	环境温度（℃）	圬工完成后开始养护时间（h）	开始 3d 以内	3d 以后
半干硬性混凝土	+5 以上	<2	每昼夜洒水不少于 6～8 次，视气温而定	每昼夜洒水至少 4 次
塑性混凝土	+15 以上	8～10	每昼夜洒水不少于 6～8 次，视气温而定	每昼夜洒水至少 4 次
塑性混凝土	+5～+15	10～12	每昼夜洒水 4～6 次	每昼夜洒水至少 4 次

承重模板如曲墙和单线隧道拱圈等，一般情况以混凝土达到设计强度等级 70%时拆除。受较大围岩压力的单线隧道和多线隧道的拱圈与曲墙模板，则应以混凝土达到设计强度 100%后方能拆除。

九、隧道混凝土冬季施工

凡是拌和工地和隧道内灌筑地段的环境气温平均低于 +5℃或最低气温低于 -3℃时，以及混凝土拌合物在灌筑入模后，开始养护前的最低温度低于 +5℃时，均为冬季施工。

在遭受冰冻前，混凝土在养护中的强度不应低于设计强度等级的 50%，也不得低于 7.0MPa。砌石圬工的砂浆不应低于设计强度等级的 70%。所有圬工必须达到设计强度的 100%后，才允许承重全部设计荷载。

在选定配合比时，一般要选用硬化较快、水化热高的特种水泥或普通水泥，水泥必须在正温下使用。

混凝土（或砂浆）宜选用较低的坍落度，减少用水量，水灰比控制在 0.65 以内，并掺用外加剂。施工时要采用机械拌和和机械捣固。混凝土（或砂浆）拌和时环境温度宜不低于 10～15℃。

冬季条件下混凝土的灌筑温度，一般宜为 15～25℃，在任何条件下都不得低于 +5℃。

水及砂石骨料的加热强度，应根据灌筑温度以及混凝土在拌和、灌筑等工序中的热量散失综合考虑，通过热工计算和试拌结果适当确定。拌和时，热水应先与骨料拌和后再加水泥，拌和时间应比常温施工时的要求延长 50%。

混凝土（或砂浆）的灌筑环境温度在 0℃以下时，模板外也应加防寒保温材料覆盖，或采取保暖升温的措施。当混凝土达到拆模要求后，要使混凝土降温冷却速度不超过 10℃/min。

第四十二章　道 路 混 凝 土

（highway concrete）

第一节　概　　述

道路混凝土路面，主要是指以水泥混凝土作为面层的路面而言。混凝土路面，其上要有重型车辆通过，尤其是要受到风、雨、霜、雪、日晒等大自然作用的影响，是暴露在严峻环境下的结构物。并且，行驶的车辆是高速运行的，如果混凝土路面不平坦，不仅给行人一种不舒适和不安全感，而且还会给混凝土面层施加一个很大的冲击力。

一、道路混凝土的性质和施工特点

（一）道路混凝土的性质

随着交通事业的蓬勃发展，道路路面的等级标准也越来越高。因此，道路混凝土必须具备下列性质：

（1）抗折强度高，波动度小。

（2）表面要致密，要有良好的抗磨性。

（3）要有承受气象作用的良好耐久性。

（4）在温度和湿度的影响下体积变化不大。

（5）表面易于整修。

（二）道路混凝土的施工特点

道路混凝土的施工特点是：混凝土面层较薄，而且质量的波动会大幅度地影响到结构强度，故应首先做到大型机械化施工，以便高效率地浇筑出数量多、质量好、尺寸准确的混凝土路面。其次在施工时还应注意到，混凝土路面的铺设浇筑与其他工种（如道路的跨越结构、人行道、排水沟、中央分离带等）的施工有密切关系。

二、混凝土路面的分类

（一）按路面结构及所用机械分类

1. 普通混凝土路面

普通混凝土路面是通常采用的型式，每隔 7 ~ 10m 有一条伸缩缝，间距是 60 ~ 240m，混凝土板厚 20 ~ 30cm。其他国家有的采用钢筋混凝土板，钢筋网的布筋率通常是 $3kg/m^2$。

2. 连续配筋混凝土路面

连续配筋混凝土路面可使混凝土的收缩裂缝微小而均匀，因而可以取消路面的分块接缝，这样既保证了混凝土板的连续性，又改善了车辆在路面上的行驶性。

3. 预应力混凝土路面

预应力混凝土是在路面板上施加预压应力，从而消除了在板内产生的拉应力，可以提高路面的承载能力。在抗拉强度很小的混凝土中施加预应力，尽管板的厚度很小，但在超重轮压荷载引起拉应力的路面板上施加预应力，可以极大增强路面的受力性能。

4. 钢筋混凝土板

在普通混凝土路面中，在板的上、下插入钢筋，是增强板体的一种配筋形式。它与连续配筋路面的不同点是设置接缝，以防止板面出现裂缝。

（二）按路面材料及施工工艺分类

按《水泥混凝土路面设计规范》（JTJ012—94）与混凝土路面按所用材料及施工工艺不同，可分为以下两类。

1. 水泥混凝土路面

水泥混凝土路面又称刚性路面、白色路面或混凝土路面。它包括素混凝土、钢筋混凝土、预制混凝土、预应力混凝土、钢纤维混凝土，机场道面、过水路面及停车场高级路面、停车场低级交通路面和一般道路路面、试验研究阶段的高级路面与机场跑道。

一般所谓的混凝土路面，即指水泥混凝土路面，尤其用得最多的是素混凝土路面，以及这种面层板与基层（包括垫层）所组成的路面结构体。面层板除在接缝区和局部范围外，一般不配置钢筋。水泥混凝土路面在行车荷载及自然气候影响下，应具有以下特点：

（1）刚性大，整体性强，在荷载作用下变形很小。

（2）在车轮荷载作用下，板体受弯拉容易产生破坏，因此要求混凝土面层板体必须有足够的抗弯、抗拉强度与厚度。

（3）水泥混凝土路面受温度影响较大，为了减小由于气温的变化使混凝土面层板产生的温度应力，要将混凝土路面划分成较小的块体，并设有各种不同类型的接缝。

（4）土基与基层要有足够的强度，并有良好的均匀性与稳定性。在荷载作用下，不因基层脱空使板体产生过大的拉应力而造成破坏。

2. 沥青混凝土路面

沥青混凝土路面又称柔性路面或黑色路面。它包括细粒式沥青混凝土、中粒式沥青混凝土、粗粒式沥青混凝土和级配沥青混凝土路面，适用于路面表层、防水层、磨耗体底面层、磨耗层、防滑体底面层、透水路面防滑层、透水路面、磨耗层等。

沥青混凝土路面可参阅第三章沥青混凝土。

三、混凝土路面构造和要求

（一）路面构造

一般所指的混凝土路面，是在基层上铺筑具有横缝、纵缝及厚度为 23 ~ 30cm 的矩形混凝土连续板。混凝土路面的平面布置及横断面如图 42-1 和图 42-2 所示。

（二）构造技术要求

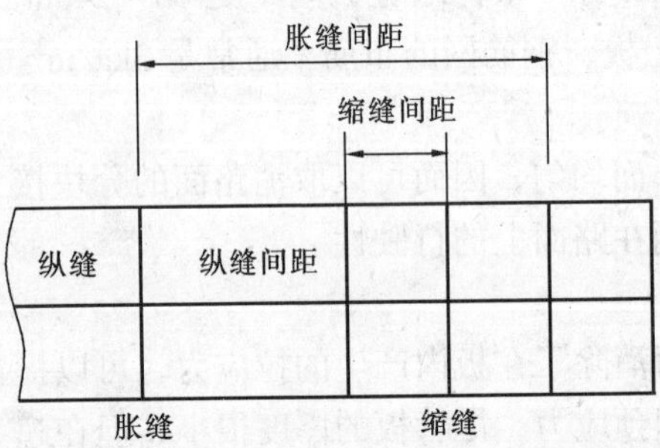

图 42-1　混凝土路面平面图

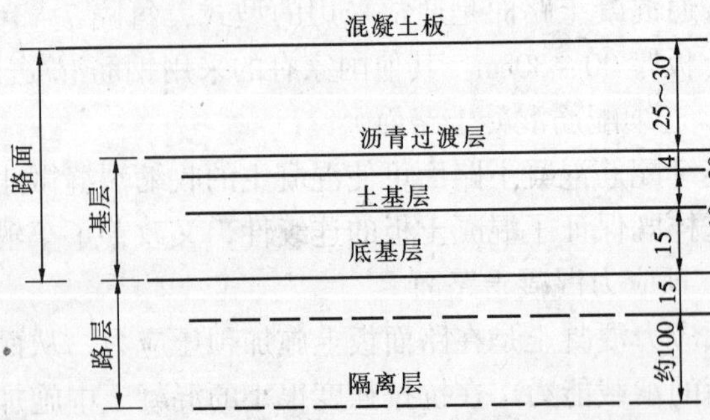

图 42-2　混凝土路面断面层

对混凝土路面构造（各组成部分）的技术要求如下：

1. 路面厚度

混凝土路面的厚度，主要取决于行车荷载、交通量和混凝土的抗折强度，可结合路面与基层的强度和稳定性，参照表42-1、表42-2酌情选择。

不同交通量混凝土路面技术参考指标 **表42-1**

交通量分级	标准轴载（t）	使用年限（年）	动载系数	起载系数	基层顶面最低回弹模量（MPa）	抗折强度（MPa）	抗折弹性模量（$\times 10^4$MPa）
繁　重	10	30	1.15	1.20	100	5	4.1
中　等	10	30	1.20	1.10	80	4.5	3.9
轻　量	10	30	1.20	1.00	60	4.5	3.9

路面混凝土板的经验厚度 **表42-2**

交通量分级	标准轴载（t）	基层回弹弯层值 L_0（cm）	混凝土面层厚度范围（cm）
繁　重	10	0.10	≥26
中　等	10	0.13	23～26
轻　量	10	0.15	20～23

混凝土面层板体是直接承受自然影响和行车作用的重要层次，应有高强、平整、耐磨和一定的粗糙度。混凝土面层一般采用单层式，路面的路拱坡度一般为1%～1.5%。路肩横向坡度可与路拱坡度相同或大于1%。

2. 路面板下的基层和土基

在行车荷载作用下，为了防止产生混凝土板体下沉、错台、断裂、拱胀等病害，确保混凝土路面经久耐用，对于其基层与土基的技术要求见表42-3。

混凝土路面板下的基层和土基的技术要求 **表42-3**

结构名称	技　术　要　求	材　料　要　求	厚　度（cm）
基　层	基层要求铺设坚实、稳定、均匀、平整、透水性小、整体性好，确保混凝土路面经久耐用，基层铺设宽度，宜较路面两边各宽出20cm，以备施工支模及防止边缘渗水至土基	1. 石灰稳定碎石或砂砾石 2. 级配砂砾石 3. 石灰土、碎（砾）石灰土、炉渣石灰土、粉煤灰石灰混合料、工业废渣等	15～20 20～30 10～15
垫　层	垫层介于基层与路基之间（通常设于潮湿或过湿路基顶面）。按其作用不同应有较好水稳定性与一定强度，寒冷地区应有较好的抗冻性。垫层铺设宽度应横贯路基全宽	1. 石灰或水泥稳定土、粉煤灰石灰稳定土 2. 砂、天然砂砾、碎石等颗粒材料 3. 冰冻潮湿地段在石灰石垫层下设隔离层（砂或炉渣）	≯15
土　层	土基是混凝土路面的基础，必须有足够的强度和稳定性，表面应有合乎要求的拱度和平整度。土基上部1m厚应用良好土质，填方路基应分层压实，压实系数以轻型击实法为标准：填方高度80cm以上的，≮0.98；80cm以下的，≮0.95	土基的压实应在土壤的最佳含水量条件下进行	填土压实厚度一般以20～30cm为宜

3. 板体接缝的布置与构造

(1) 缝的布置：混凝土板体由于热胀冷缩的作用产生变形。白昼的高温，可使板材顶面温度高于底面温度，这种温差会造成板体中部的隆起，如图 42-3（*a*）所示；夜晚温度降低，可使板顶面温度低于底面温度，造成板体的边缘和角隅翘起如图 42-3（*b*）所示。这些变形会受到与基础之间的摩擦阻力和粘结作用以及板的自身质量和车轮荷载等的约束，使板体产生过大的应力，造成板的断裂和拱胀等破坏。

另外，由于冬季冻胀或春季融化，土基将产生不均匀的沉陷或隆起，板体在行车作用下也可能开裂。为了克服这些缺陷，在混凝土路面上必须沿纵向、横向布置接缝，把整个路面分割成许多板块（如图 42-4）。

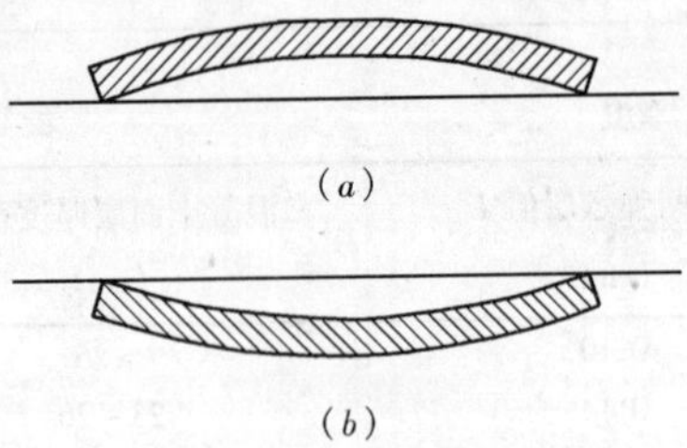

图 42-3 混凝土板由于温度应力而引起的变形

（*a*）白天，板中部隆起；（*b*）夜间，板边角翘起

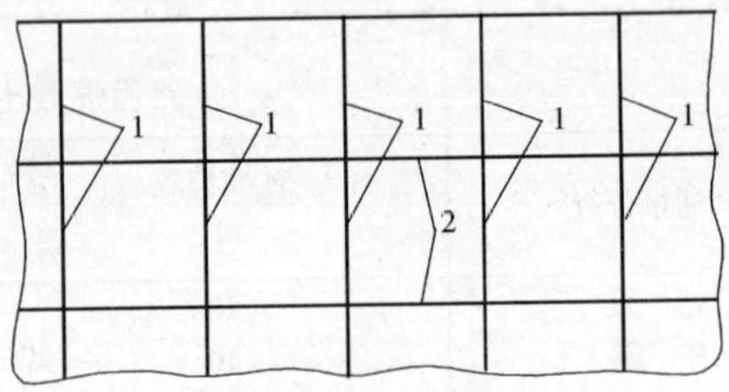

图 42-4 板体分块与接缝

1—横缝；2—纵缝

横向接缝有胀缝与缩缝两种。缩缝保证板体在温度和湿度降低时能自由收缩，从而避免产生不规则的裂缝。胀缝保证板体在温度或湿度升高时能自由伸张，从而避免产生拱胀或板边的挤碎和折断现象。同时，胀缝也能保证板体的自由收缩。另外，混凝土路面每天完工或因雨天或其他原因不能继续施工时，应尽量做到胀缝处。如不可能，也应做至缩缝处，并做成工作缝的构造形式。

(2) 缝的构造：分胀缝的构造和缩缝的构造。

①胀缝的构造　胀缝间隙宽度约为 18～25mm。如果施工时气温高，缝隙可小些，反之可大些。缝隙上部在板厚的$\frac{1}{3}$～$\frac{1}{4}$处浇灌填缝料，下部则放置嵌缝板。对于交通繁重的路面，在胀缝处，于板厚的中央放置滑动传力杆，杆长为 40～60cm，直径为 20～25mm，间距 30～50cm，如图 42-5（*a*）所示。同结构物衔接处或与其他道路交叉处的胀缝无法设传力杆时，可采用厚边枕垫型，如图 42-5（*b*）、（*c*）所示。

胀缝应根据板厚、施工温度、混凝土膨胀性并结合当地经验确定，一般应尽量少设。在夏季施工，板厚等于或大于 20cm 可以不设胀缝。其他季节施工，一般每隔 100～200m 设置一条胀缝。

②缩缝的构造　缩缝一般用假缝形式（图 42-6*a*），即在板体上部设缝隙，当板体收缩时，即沿此最薄弱断面有规则地自行断裂。对于交通繁重和水文条件不良路断，也应设置传力杆，如图 42-6（*b*）所示，杆长为 30～40cm，直径为 14～16mm，间距为 30～70cm。

③纵缝的构造　纵缝一般每隔一个车道宽度（3～4m）设一道，这对行车和施工都较方便，当双车道路面按全幅宽度施工时，纵缝可做成假缝的形式，但当按半幅宽度施工

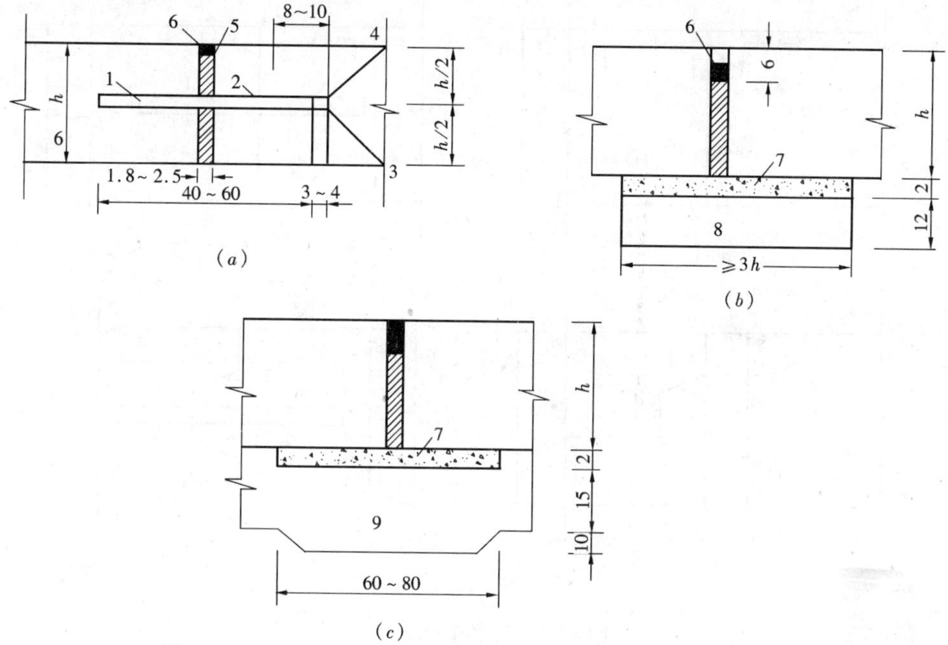

图 42-5　胀缝的构造形式

(*a*) 传力杆式；(*b*) 枕垫式；(*c*) 基层枕垫式

1—传力杆；2—沥青涂层；3—金属套筒；4—木屑等弹性材料；5—软木板；6—沥青填缝料；7—沥青砂；8—C10 混凝土预制枕垫；9—炉渣石灰土

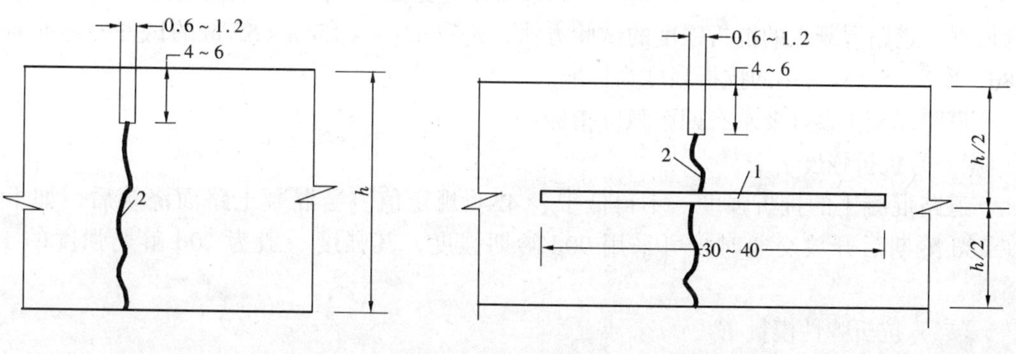

图 42-6　缩缝的构造形式

(*a*) 无传力杆的假缝；(*b*) 有传力杆的假缝

1—传力杆；2—断裂

时，则可做成平头缝形式，如图 42-7（*a*）、（*b*）所示。当板厚大于 20cm 时，为便利板间力的传递，可采用企口式纵缝，如图 42-7（*c*）、（*d*）所示。

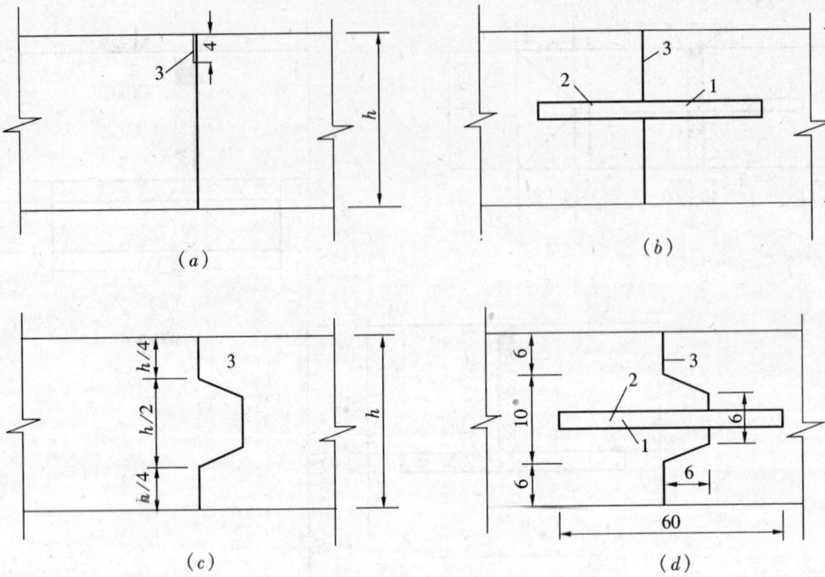

图 42-7　纵缩缝的构造形式

(*a*) 平头缝；(*b*) 平头缝加拉杆；(*c*) 企口缝；(*d*) 企口缝加拉杆

1—拉杆；2—沥青涂层；3—沥青填缝料

第二节　道路混凝土的技术要求

一、设计强度——抗折强度

道路混凝土主要是以混凝土的抗折强度（抗弯拉强度）为设计标准。设计混凝土路面的厚度应以行车返复荷载产生的应力不超过混凝土路面设计使用年限末期的疲劳抗折强度为依据。道路混凝土的抗折强度的试验方法，是以 15cm × 15cm × 55cm 的试件，标准养护 28d，以三分点双力点的抗折强度为标准。

道路混凝土设计要求有四个强度指标：

（一）抗折强度 $f_{c\cdot tm}$

道路混凝土的抗折强度，不得低于表 42-4 规定值。当混凝土路面浇筑后，如不需在 28d 龄期后开放交通时，可采用 90d 龄期强度，其强度一般为 20d 龄期强度的 1.1 倍。

（二）抗折弹性模量 E_c

计算道路混凝土厚度时，需要混凝土抗折弹性模量值 E_c，E_c 与 $f_{c\cdot tm}$之间有表 42-4 之相互关系。

道路混凝土 E_c 与 $f_{c\cdot tm}$之间的关系　　　　表 42-4

抗折强度 $f_{c\cdot tm}$（MPa）	4.0	4.5	5.0	5.5
抗折弹性模量 E_c（$\times 10^4$MPa）	3.6	3.9	4.1	4.3

（三）抗折疲劳强度 $f_{c \cdot f}$

按混凝土路面的使用年限设计交通量 Ne，由下式计算混凝土的抗折疲劳强度：

$$f_{c \cdot f} = (0.94 - 0.77 \log Ne) \cdot f_{c \cdot tm}$$

（四）抗压强度 f_{c28}

道路混凝土的抗折强度与抗压强度的比值，一般为1:5.5～7.0。为了保证路面混凝土的耐久性、耐磨性、抗冻性等要求，除有混凝土抗折强度外，还有抗压强度不应低于30MPa。混凝土强度等级与抗折弹性模量之间的关系见表42-5。

道路混凝土强质等级与 E_c 之间的关系　　**表 42-5**

混凝土强度等级	抗折弹性模量 E_c（$\times 10^3$MPa）								
	美　国	德　国	日　本	英　国	俄罗斯	中　国 建研院	厂矿规范 GBJ22—87	冶金部 建研院	公路二院 1981年
C20	21.21	19.73	22.20	25.00	26.50	25.97	—	27.21	—
C25	23.72	22.06	24.80	26.00	29.00	28.41	23.00	29.41	39.00
C30	25.98	24.16	27.19	28.00	31.50	30.30	27.00	31.09	41.00
C35	28.06	26.10	29.36	—	33.00	31.82	28.00	32.41	42.00
C40	30.00	27.90	31.39	31.00	35.00	33.06	31.00	33.47	44.00
C50	33.54	31.19	35.10	34.00	38.00	34.97	33.00	35.09	46.00

二、施工和易性

在保证混凝土要求强度的前提下，混凝土尚应满足易于拌合、运输、灌筑、振实等各道工序的操作要求，且在施工过程中不产生离析，质量稳定；铺筑后的面层具有密实、平整、耐久、耐磨、防滑等特性。因之，拌制混凝土前，必须根据使用材料、施工机械、施工气候等条件，选择合理的配合比和适宜的坍落度或工作度，必要时可以掺入减水剂或引气剂。

三、耐久性

由于路面混凝土直接受到行驶车辆的磨损，寒冷积雪地区又受到防滑链轮胎和带钉轮胎的冲击，同时长年经受风吹日晒、雨水冲刷及冰雪冻融的侵蚀，因此，要求混凝土路面必须具有良好的耐用性。

为了提高混凝土的耐久性，应注意以下几点要求：

（1）提高混凝土抗压强度，一般在抗压强度相同情况下，引气混凝土与普通混凝土具有相同的耐磨耗性。

（2）保证每 $1m^3$ 混凝土中有足够的水泥用量，减少水灰比值，充分养护。采用42.5级水泥时，单层或双层路面的面层；其水泥用量应不少于 $300kg/m^3$；双层路面的下层，其水泥用量应不少于 $270kg/m^3$。

（3）粗骨料的质量是影响混凝土耐久性的最重要的因素，应符合表42-6的要求。

（4）注意混凝土的早期养护，尽可能地延长养护时间。

（5）合理选择原材料的品种，正确设计混凝土的配合比。

道路混凝土用碎（砾）石的质量要求　　表 42-6

项　　目	技术规格		要求指标
抗压强度和磨耗率 1. 以 5cm×5cm×5cm 立方体，在饱和水状态下检验抗压强度 2. 于双筒磨耗机中测定磨耗率	砾石磨耗率（%）		20～30
	火成岩	抗压强度（MPa）	100～120
		磨耗率（%）	4～5
	石灰岩	抗压强度（MPa）	80～100
		磨耗率（%）	5～6
	片　岩	抗压强度（MPa）	80～100
		磨耗率（%）	4～5
骨料粒径（mm）	路面厚度小于 25		最大粒径不大于 4
	路面厚度大于 25		最大粒径不小于 5
骨料级配	分档配合		适合于要求颗粒级配
软弱颗粒含量	百分含量（%）		小于 5
针、片状颗粒含量	碎（砾）石（%）		小于 15
黏土杂质含量	碎（砾）石（%）		小于 1
有机物含量	碎（砾）石（%）		淡于标准色
空　隙　率	碎（砾）石（%）		小于 45

第三节　道路混凝土的组成材料

一、胶凝材料——水泥

（一）水泥品种

配制道路混凝土所用的普通硅酸盐水泥、矿渣硅酸盐水泥等，均应符合国家现行水泥标准的规定。采用普通硅酸盐水泥为佳，因其凝结硬化快、早期强度高、收缩性小、耐磨性能强、抗冻性好。在冬季施工时，或早期强度要求较高的情况下，可优先选用早强水泥。矿渣硅酸盐水泥、火山灰硅酸盐水泥及粉煤灰硅酸盐水泥早期强度均较低，必须充分养护，所以在施工时应结合工期、施工时间及养护方法等综合考虑。

（二）水泥强度等级

(1) 一般应采用 42.5 级、52.5 级普通硅酸盐水泥。当采用 32.5 级普通硅酸盐水泥时，必须抽样检验，质量合格后方可使用，并要采用低水灰比的干硬性混凝土或真空吸水工艺。

(2) 一般不宜采用 32.5 级矿渣硅酸盐水泥。高速公路、一级公路及飞机场跑道都应采用 42.5 级以上的普通硅酸盐水泥或硅酸盐水泥。使用矿渣水泥时（机场跑道不宜采用），应适当延长搅拌时间，降低水灰比，加强振捣，做好养护，提高早期强度。

在施工中，决定混凝土质量的因素，不仅是水泥及其他材料的性质，而且也取决于施工条件。所以，在选用水泥时，除参照已有工程实例外，还应对水泥及混凝土进行试验。

二、粗细骨料

混凝土的骨料有粗骨料和细骨料。道路混凝土用的粗细骨料大多数是以矿质混合料的形式与各种胶凝材料（水泥或沥青、硫磺等）组成混凝土使用。为了使混凝土获得最大的密实度、强度和摩擦力，矿质混合材料的级配组成设计是很重要的。

（一）细骨料

细骨料中粗细颗粒级配应当良好。用颗粒大小一致的细骨料或细颗粒多的细骨料拌制所需稠度的混凝土时，需要的单位体积用水量多。反之，粗颗粒过多时，混凝土粗糙泌水，且表面抹压困难。

（1）道路混凝土一般要求用洁净、坚硬、耐久、级配良好的中、粗砂。砂的质量要求应符合C30以上普通混凝土用砂要求，参见《建筑用砂》（GB/T14684—2001）。

（2）如果当地（或就近）无法取得理想的中、粗砂时，经过试拌，混凝土达到设计要求强度后，可以采用含泥量小于3%的细砂，但应适当降低砂率，以求达到要求的技术指标。

（3）细骨料的级配见表42-7。

细骨料的级配　　表42-7

筛孔尺寸（mm）	0.16	0.315	0.63	1.25	2.5	5	10
累计筛余（%）	0~10	5~20	15~30	35~65	65~95	90~100	100

（二）粗骨料

配制道路混凝土用的粗骨料通常多采用质量良好的碎（卵）石。为了获得质量均匀的道路混凝土，并且取得良好的施工性能，粗骨料的最大粒径最好在10mm以下。这主要由道路混凝土路面板的设计厚度来定。最大粒径过大，虽然单位体积混凝土用水量减少，但亦使强度降低。要保证混凝土的强度，粗骨料本身即必须具有较高的抗压强度和耐磨硬度等多种力学性能技术指标。

1.路用石料的技术分级

按《建筑用卵石、碎石》（GB/T 14685—2001），路用石料视其技术性质的不同而分为四个等级。对各种不同组成的岩石技术性质的要求是不同的，因此，在分级之前首先应按其造岩矿物的成分、含量以及组织结构来确定岩石名称，然后划分其所属的岩类。路用岩石按技术要求的不同，分为四类，见表42-8。

路用岩石的分类和分级　　表42-8

岩类	代表性岩石	级别	物理—化学性质
岩浆岩类	花岗岩、正长岩、辉长岩、辉绿岩、闪长岩、橄榄岩、玄武岩、安山岩、流纹岩等	Ⅰ级	最坚强的岩石
石灰岩类	石灰岩、白云岩、泥灰岩、凝灰岩等	Ⅱ级	坚强的岩石
砂片岩类	石英岩、砂岩、片麻岩、花岗片麻岩等	Ⅲ级	中等强度的岩石
卵石类	河卵石	Ⅳ级	软弱的岩石

2.路用岩石的技术标准

路用岩石根据上述分类和分级方法，对各岩石类的各级岩石的技术指标要求见表42-9。

3.力学性质

道路混凝土用的石料在工程结构物中，除了受到各种自然因素的影响外，尚还受到车辆荷载复杂力系的作用。因此，它们除了具备各种物理性质外，还必须具备多种力学性质。

道路混凝土用石料强度技术分级标准 表 42-9

岩石类别	主要岩石名称	石料等级	技术指标：极限抗压强度（饱水状态）（MPa）	技术指标：磨耗率 搁板式磨耗机试验法（%）	技术指标：磨耗率 双筒式磨耗机试验法（%）
岩浆类	花岗岩	1	>120	<25	<4
	玄武岩	2	100~120	25~30	4~5
	安山岩	3	80~100	30~45	5~7
	辉绿岩	4	—	45~60	7~10
石灰岩类	石灰岩	1	>100	<30	<5
	白云岩	2	80~100	30~35	5~6
		3	60~80	35~50	6~12
		4	30~60	50~60	12~20
砂片岩类	石英岩	1	>100	<30	<5
	砂岩	2	80~100	30~35	5~7
	片麻岩	3	50~80	35~45	7~10
	花岗片麻岩	4	30~50	45~60	10~15
卵石类	河卵石	1	—	<20	<5
		2	—	20~30	5~7
		3	—	30~50	7~12
		4	—	50~60	12~20

(1) 抗压强度：石料抗压强度，通常有单轴抗压强度和三轴抗压强度两种。在石料的技术性质测定中，一般仅需进行单轴抗压强度试验。单轴抗压强度能够反映石料的基本特性，所以作为强度分级的重要指标之一。道路混凝土用石料的抗压强度，是将石料（岩块）制备成50mm×50mm×50mm正立方体或直径和高度均为50mm的圆柱体试件，经吸水饱和后在单轴受压并按规定的加载条件下，达到极限饱和时单位承压面积的强度，计算公式为：

$$f_{sc} = \frac{P_{max}}{A_0}$$

式中 f_{sc}——石料抗压强度（MPa）；

P_{max}——极限破坏荷载（N）；

A_0——按规定计算方法的试件截面（mm^2）。

(2) 磨耗率：磨耗率是石料抵抗撞击、剪切和摩擦等综合作用的性能。在这些力学综合作用下，使石料产生磨耗和破碎。石料的磨耗率是以试样通过2mm筛孔的质量损失百分率来表示，计算公式为：

$$Q_{ab} = \frac{m_1 - m_2}{m_1} \times 100$$

式中 Q_{ab}——石料的磨耗率（%）；

m_1——磨耗试验前烘干试样的质量（g）；

m_2——试验后洗净烘干石料试样的质量（g）。

磨耗试验是道路混凝土用石料的一个综合指标，也是评定石料等级的依据之一，因此世界各国都很重视这一指标。

(3) 撞击韧度：石料抵抗多次连续重复冲击荷载作用的性能称为撞击韧度。道路混凝土用石料因受到车辆动荷载的重复作用，所以它必须具备能承受由于动荷载产生变形而不破坏的性能。撞击韧度的计算公式为：

$$N_{tm} = \frac{V_s}{V_p} \cdot n$$

式中　N_{tm}——石料的韧度；

V_s——标准试件的（ϕ25cm×2.5cm）体积（cm^3）；

V_p——试验时试件的实际体积（cm^3）；

n——试件撞击破坏时的次数。

石料的撞击韧性取决于矿物成分、晶体粗度、胶结物质的结构等因素，一般说来含有石英、玻璃质物质（非晶质）的岩石较脆，例如石英岩、石英质砂岩和含硅质的岩石等。而含有辉绿石、角闪石、斜长石等全晶质的岩石韧性较大，例如辉绿岩、辉长岩、闪长岩以及某些含角闪石较多的正长岩、橄榄岩及角闪岩等。

(4) 耐磨硬度：石料抵抗外界物体压入其本体的性能称为硬度。岩石硬度愈高则愈耐磨损。用于道路路面的石料经常受到车辆轮胎的摩擦，因此要求石料有一定的耐磨性能，以便使路面不致磨损过大。石料的耐磨硬度可用硬质系数表示，其计算公式为：

$$K_n = 20 - \frac{m_0 - m_1}{3}$$

式中　K_n——石料的硬度系数；

m_0——石料试件在试验前的质量（g）；

m_1——石料试件在试验后的质量（g）。

硬度系数是一种表示石料硬度的经验系数。硬度系数愈大，表示石料的耐磨损性能愈好。

(5) 磨光性：在现代高速交通的行车条件下，对路面的粗糙度提出更高的要求。因此，要求路面石料在车辆轮胎的作用下，不仅不要产生较大的磨损，同时要求不要被磨光。石料的磨光性可用磨光系数来表示，通常在0.3~0.8之间。几种典型石料的磨光系数见表42-10。必须指出，磨光系数只是石料的磨光性能的相对指标，并非路面的摩擦系数。

几种典型岩石的磨光系数　　**表42-10**

岩石名称	石灰岩	角闪岩	斑　岩	石英岩	花岗岩	玄武岩	砂　岩
磨光系数	0.43	0.45	0.56	0.53	0.59	0.62	0.72

4. 粗骨料级配

要配制经济而又质量较高的混凝土，则必须保证骨料颗粒的合理级配，其级配范围见表42-11。路面石料的级配应满足最小空隙率和最大摩擦力两点基本要求，为此即必须将各种不同粒径的粗骨料按照一定的比例搭配起来，以获得最大的密实度（或最大摩擦力）。矿质粗骨料的组成设计可参考第三章沥青混凝土。

粗骨料颗粒级配范围（累计筛余百分率） **表 42-11**

级配	公称粒级(mm) \ 筛孔尺寸(mm)	2.5	5	10	14	20	25	30	40	50	60	80	100
连续级配	5~10	95~100	80~100	0~15	0	—	—	—	—	—	—	—	—
	5~15	95~100	90~100	30~60	0~10	0	—	—	—	—	—	—	—
	5~20	95~100	90~100	40~70	—	0~10	0	—	—	—	—	—	—
	5~30	95~100	90~100	70~90	—	15~45	0	0~5	0	—	—	—	—
	5~40	—	95~100	75~90	—	30~65	—	—	0~5	0	—	—	—
单一级配	10~20	—	95~100	85~100	—	0~15	0	—	—	—	—	—	—
	15~30	—	95~100	—	85~100	—	—	0~10	0	—	—	—	—
	24~40	—	—	85~100	—	80~100	—	—	0~10	0	—	—	—
	30~60	—	—	—	95~100	—	—	75~100	45~75	—	0~10	0	—
	40~80	—	—	—	—	95~100	—	—	70~100	—	30~60	0~10	0

5. 质量要求

根据道路混凝土的特点，碎（砾）石的质量要求见表 42-6。

三、外加剂

在道路混凝土施工中常掺用某些外加剂，在工程中应根据其性能合理地选用。夏季施工时，为保证捣实及表面修整所需的时间，最好选用质量较好的缓凝剂。冬季施工时，为了加速混凝土硬化并保证性能，以掺加速凝剂和抗冻剂为宜。采用膨胀剂时，因膨胀率受各种因素的影响，应通过试验后再用。混凝土着色剂的用量，应为水泥用量的 5%以下，为取得所需的颜色，可用耐碱性及气候稳定性好的无机颜料。用作着色剂的材料有铅丹、氧化铁、铁黑、氧化铬等。

道路混凝土工程常用外加剂的种类及使用方法见表 42-12。

道路混凝土工程常用外加剂种类及使用方法 **表 42-12**

种类	名称	技术性能	掺入量(%)
减水剂	木钙 M 剂	未脱糖的木质素磺酸钙，对混凝土有缓凝作用，适用于高温季节	0.15~0.25
	脱糖 M 剂	脱糖的木质素磺酸钙，少有缓凝作用，适用于低温季节	0.15~0.25
	糖蜜	未脱糖转化的缓凝减水剂	0.10~0.25
	糖蜜	脱糖转化的非缓凝型减水剂	0.10~0.25
引气剂	松香热聚物		0.05
	松香皂		0.05

续表

种 类	名 称	技 术 性 能	掺入量（%）
早强剂	氯化钙 三乙醇胺	早强并增加混凝土密实度	1~2 0.03~0.05
缓凝剂	酒石酸	与羟基羧酸复合使用，凝结时间延长一倍	0.1~0.2

四、拌合水和养护水

搅拌混凝土所用水中，不得含有影响混凝土质量的油、酸、盐类及有机物等有害物质。海水不能用作搅拌混凝土用。另外，氯盐含量应不超过5000mg/L，硫酸盐含量（以SO_3计）不得超过2000mg/L。养护用水不能含有影响混凝土表面的酸、盐、油、糖类物质。

五、钢筋

道路混凝土中的钢筋，设在混凝土板体的边缘与角隅起加固作用；设在板体接缝上的钢筋起传力杆作用。道路混凝土中的钢筋应满足如下要求：

（1）钢筋的品种、规格、数量、尺寸等必须符合设计要求，抗拉强度必须符合该钢材规定要求。

（2）钢筋须平直，不允许有裂缝、断裂、刻痕，表面不许有油污和老锈，以免影响与混凝土结合。

六、填缝材料

道路混凝土板体的接缝，是路面结构的重要组成部分，也是薄弱、易坏、影响路面使用寿命的极重要环节。

（一）填缝材料的作用

填缝材料用于填充混凝土板体的接缝中，可防止路面上的水分侵入，防止砂石等硬块物体落入缝隙，保护板体的接缝使其发挥应有的作用。

（二）技术要求

填充材料应具备下列性能。

1. 耐候性

最高气温季节时，填缝料不流淌，不外溢；最低气温季节时，不产生缩裂，并有一定的延伸度。

2. 粘结性

与混凝土表面保持较好的粘结力，当混凝土板的缝隙因板体收缩而变宽或因膨胀而变窄时，填缝材料应粘结混凝土板的缝壁不脱落。

3. 防水性

随着气温的升降，板体的缝隙改变宽度时，不使地面水或大气水沿缝隙下渗至路基，保证接缝的不透水性。

4. 弹性

填缝材料应有较高的拉伸强度，在气温反复作用下，应有良好的抗疲劳性，经久耐用，不老化。在低温下当板体收缩时，填缝材料在接缝中不被拉断。

另外，填缝材料除了具有上述良好的性能外，还必须使用方便，操作容易，施工时工艺简单，而且，材料来源丰富，价格便宜。

(三) 填充材料的种类

道路混凝土板体使用的填缝材料有两种：一是现灌液体填缝材料，另一种是预制嵌缝条。

1. 现灌液体填缝材料

在防水沥青（或焦油）中，加入橡胶、聚氯乙烯、增塑剂、稳定剂、表面活性剂等多种材料，制成不同类型的填缝材料，各种填缝材料的技术要求见表 42-13、表 42-14。

目前，广泛用于道路混凝土接缝上半部填缝材料的配合比见表 42-15 和表 42-16。

加热灌入式掺橡胶沥青灌缝材料的质量标准　　表 42-13

项目	水泥混凝土路面规范（1980年 日本）		SS-S-140A 低弹性型（美）	SS-S-140B 高弹性型（美）
	低弹性型	高弹性型		
灌入温度（℃）	—	—	—	232℃以下
安全加热温度（℃）	—	—	<11	—
针入度（25℃圆锥）（mm）	<6	<9	<9	<9
塑变（60℃）（mm）	<5	<3	<5	<3
弹性（球针）贯入度（mm）	—	0.5~1.5	—	—
复原率（%）	—	>60	—	>60
粘结性（拉伸量）（-10℃）（mm）	>3	>10		
结合性（29±1℃）非水浸（℃）	—	—	-17.8	合格
水浸（℃）	—	—	—	合格
分离（上、下公差）（%）	>6	—	—	—
相溶性（对沥青路面 60°）	—	—	—	合格
耐候性（耐候性试验机 160h）	—	—	—	—

聚氯乙烯类填缝材料技术标准　　表 42-14

技术性质		标号 D-100	标号 D-80
软化点（环球法）（℃）不小于		100	80
与水泥砂浆的粘结强度（MPa）	20℃不小于	0.25	0.25
延伸率（%）	20℃不小于	500	500
	-20℃不小于	100	150
回弹率（%）	20℃不小于	80	80

沥青橡胶填缝材料的配合比例　　表 42-15

编号	沥青掺配成分	掺配沥青（%）	石棉屑（%）	石粉（%）	橡胶粉（%）
1	30号石油沥青（85%）+重柴油（15%）	70~75	5	10	10~15
2	10号石油沥青（80%）+重柴油（20%）	70~75	5	10	10~15

聚氯乙烯胶泥填缝材料的配合比例　　表 42-16

编号	煤焦油（%）	聚氯乙烯（%）	邻苯-甲酸二丁脂（%）	硬脂酸钙（%）	滑石粉（%）
1	100	10	10	1	10
2	100	15	15	1	15

2. 预制嵌缝条

国外在板体的缩缝、胀缝及纵缝中加入的预制嵌缝条用料有三种。各种嵌缝条的技术性能见表 42-17。

国内常用的嵌缝条有两种：一种为软木板、木纤维或沥青浸制的油毡压制而成，适用于胀缝的下半部；另一种为沥青橡胶嵌缝条，用沥青与橡胶粉、石棉粉、石粉，按比例配合压制成板条，适用于缩缝、胀缝及纵缝的上半部分。其配合比例见表 42-18。

嵌缝条用料技术性能（试验结果）　　**表 42-17**

试验项目	嵌缝板材种类			
	木材类（杉木板）	泡沫橡胶及泡沫塑料类	沥青纤维类	沥青类
抗压强度(MPa)	6.3~31.0	0.11~0.51	2.0~10.2	0.9~5.8
复原率(%)	58~74	93~100	65~72	50~64
挤出量(mm)	1.4~5.6	1.5~4.6	1.0~3.7	
弯曲刚度(N)	140~410	0~480	2~320	
特　点	抗压强度适宜,不易弯曲变形,便于处理,施工易,厚度的复原率稍差,应用较广泛	适宜混凝土的胀缩需要,施工简便,如提高刚度就更需用	不适于混凝土板胀缩需要,施工不便,挤出量大	不适于混凝土板胀缩需要,施工不便,挤出量大,但可用于移动量小的纵向缝

沥青橡胶预制嵌缝条的配合比例　　**表 42-18**

编号	沥青掺配成分	掺配沥青（%）	废橡胶粉（%）	石　粉（%）	石棉粉或短绒（%）	备　注
1	10 号石油沥青（80%）+重（轻）柴油（20%）	50	25	20	石棉粉 5	适用于缩缝 适用于胀缝
2	10 号石油沥青（80%）+重（轻）柴油（20%）	50	25	20	石棉短绒 10	适用于胀缝上半部

此外，还有多孔橡胶嵌缝条，系采用氯丁橡胶原料，按设计图形用橡胶挤出机挤压成型，然后放在硫化罐内硫化而成，适用胀缝的上半部分。

第四节　道路混凝土配合比设计

道路混凝土的配合比设计，应使混凝土符合强度高、耐久性好、抗磨性和抗冲击性强、变异性小等质量要求，并具有适合操作的施工和易性。道路混凝土的设计强度，在这里主要是指路面混凝土的抗折强度。而试配选择强度应比设计要求强度提高 10%~15%，当材料质量和施工条件较好时，采用低值；施工条件较差时，宜选用高值。

一、设计配合比应考虑的因素

（一）施工和易性

混凝土应具有与铺路机械相适应的施工和易性，以保证施工要求。施工中混凝土的流动性以坍落度为 2.5cm，或工作度为 30s 为宜。在搅拌设备离现场较远时，或者在夏季施工，坍落度会逐渐降低，对此应予以必要的注意。

（二）单位粗骨料体积

单位粗骨料体积，应当在所要求的和易性及易修整性的允许范围内，达到最小单位用水量。单位粗骨料体积见表42-19。

若与上述条件不同时，则单位粗骨料体积应修正，其修正要求见表42-20。

单位参考粗骨料体积 **表42-19**

粗骨料 D_{max} (mm)	砾石混凝土		碎石混凝土	
	单位粗骨料体积 (m^3)	单位用水量 (kg)	单位粗骨料体积 (m^3)	单位用水量 (kg)
40	0.76	115	0.73	130
30		120		135
20		125		140

注：此表适用于细度模数 $\mu_f = 2.8$ 的细骨料，坍落度约2.5cm，使用优质减水剂，含气率4%，刚由搅拌机卸出时的混凝土。

单位粗骨料体积修正值 **表42-20**

条件变化	单位粗骨料体积	单位用水量
对于细骨料 μ_f 增减	单位粗骨料体积＝表42-19中单位粗骨料体积×（$1.37-0.133\mu_f$）	不修正
对于工作度增减10s	不修正	±2.5kg
对于含气量增减1%		±2.5%

过去常采用细骨料率（砂率）设计道路混凝土的配合比。在有关细骨料率（28%～32%）配合比参考表中，如果粗骨料的最大尺寸、单位水泥用量、单位用水量、空气量及稠度等有变化，必须对细骨料率进行修正，而用单位粗骨料体积表示混凝土配合比时，则无此必要。

（三）单位用水量

单位用水量根据粗骨料的最大尺寸、骨料级配及其形状、单位粗骨料体积、稠度、外加剂种类、混凝土温度等而不同。由于在运输时间内坍落度降低，所以必须以所用材料通过试验而定。单位用水量可参考的经验数值为：最大粒径为40mm的粗骨料（干燥状态），卵石（砾石）不大于160L/m^3，碎石不大于170L/m^3，如掺用各种外加剂和掺合料时，可相应增减用水量。

单位用水量与坍落度有关，每1cm坍落度的单位用水量变化是：

坍落度8.0cm，用水量变化1.5kg；

坍落度5.0cm，用水量变化2.0kg；

坍落度2.5cm，用水量变化4.0kg；

坍落度1.0cm，用水量变化7.0kg。

（四）单位水泥用量

单位水泥用量应根据要求的混凝土质量决定，其标准用量为280～350kg。按强度决定单位水泥用量时，必须根据抗折试验结果。如果根据耐久性决定单位水泥用量时，其水灰比可参考表42-21。

道路混凝土的最大水灰比　表 42-21

序　号	环　境　条　件	水　灰　比
1	特别恶劣的气候，长期冻结，反复干湿循环或冻融循环时	0.45
2	有时发生冻融循环情况	0.50

单位水泥用量根据配合比设计的试验结果决定，当超过标准很多时，应对使用的材料尤其是骨料的质量、配合比设计的基本资料及试验结果进行研究后，再决定单位水泥用量。根据道路混凝土的特点，选用 42.5 级普通硅酸盐水泥时，其用量不少于 300kg/m^3。单位水泥用量过高时，不仅不经济，而且容易产生塑性裂缝、温度裂缝，因此在满足所要求的质量条件下，应尽量减少水泥用量。

（五）单位外加剂量

单位外加剂掺量是根据所选用的外加剂种类及所要求的混凝土质量来决定。不同种类的外加剂，用在相同工程上其掺量多少也是不相同的。

道路混凝土常用外加剂掺量见表 42-22。

道路混凝土常用外加剂及参考用量　表 42-22

城市	调　查　概　况
南宁	道路工程中用过 FDN 减水剂，在 C30 混凝土中掺入水泥用量的 0.2%～1%，能减少用水量 1.3%～1.5%，混凝土 28d 强度可提高 20%～25%，用于路面施工，可改善混凝土和易性，提高混凝土的早期强度。节约水泥用量 15%左右
东川	糖蜜减水剂，采用云南省建研院的配方，先加入适量的水，使糖蜜稀释至相对密度为 1.2g/cm^3。然后加热至 60℃，加入其质量 12%的细石灰粉。放置 7d 后使用，混凝土强度可由 C30 提高至 C35
茂名	FON，掺量 0.3%，28d 龄期抗压强度强度平均提高 20%
成都	在道路上使用了吉林省开山屯生产的木质素磺酸钙，用量为水泥用量的 2.5%，改善了混凝土和易性，3d 龄期抗压强度可达原 7d 龄期抗压强度，节约水泥用量 8%～10%，成都蜀都大道地下电力电缆隧道混凝土使用 MESA 早强剂，增加了和易性，3d 可以脱模
广州	早强剂和减水剂使用较少，但也使用过 NNO、NF、FON、FFT 四种减水剂，用量是 0.5%，个别工程为了提高早期强度也曾用过氯化钙和三乙醇胺。掺外加剂后，3d 抗压强度达 70%以上
武汉	早期使用的早强剂有氯化钙与食盐，掺量分别为 2%和 1%（均占水泥用量）。近几年来多使用硫酸钠、亚硝酸钠、食盐等复合早强剂，亦使用过三乙醇胺（用于混凝土早强剂）、硫酸钠复合早强剂（用于道路维修工程），为缩短养护期，达到早期开放交通，收到了较好的效果。常用掺量：硫酸纳 1.5%～2.0%，食盐 1.0%（按水泥用量）。常用减水剂为 NNO 及木质素磺酸钙，掺量两种减水剂均为水泥的 0.25%～0.5%，NNO 造价不经济，但无缓凝作用，在冬期施工有利；木质素磺酸钙价廉，减水效果也好，掺用木钙减水剂时保证混凝土质量能起到良好作用，去年在解放大道维修工程中用木钙减水剂，混凝土强度等级均达到要求
南通	NII 型减水剂（标高 LU 分散剂）按水泥质量的 5%掺用，约可减少用水量 13%，节省水泥 13%。早强剂常用三乙醇胺，按水泥用量的 0.5%掺用，7d 的抗压强度达到 50%（平均气温 15℃）
南京	（1）氯化钙，掺量 2%，3d 提高强度 24.5%，温度 0～5℃时 （2）三乙醇胺，掺量 0.05%，3d 龄期抗压强度提高 1.7%，温度 0～5℃时 （3）硫酸钠复合剂，掺量 3%，3d 龄期抗压强度提高 75% （4）硫酸钠复合剂＋木钙减水剂，掺量 3%＋0.25%，3d 龄期抗压强度提高 80%，温度 0～5℃时 （5）NNO（原名亚甲醛二萘硫酸钠）掺量 0.5%，3d 龄期抗压强度提高 70%～75% （6）木钙粒（为木质素磺酸钙），掺在混凝土中可以降低水灰比，改善和易性，有利于泵送，提高混凝土强度和密实性，另有早强、抗渗作用。掺量从 0.25%～0.3%。节约水泥 8%～10%

续表

城市	调　查　概　况
西宁	混凝土掺用过NNO减水剂，用量为水泥的0.5%～0.7%，亦用过SN-Ⅱ型减水剂，掺量为水泥的0.5%～0.8%（为预配减水剂），能达到早强，可提高混凝土的强度15%～22%。效果较好
苏州	预制厂用过的早强剂主要有：氯化钙（用于无筋混凝土）与复合乙型硫酸铜（可用于钢筋混凝土），根据使用情况，加了早强剂后混凝土早期强度有所增长，后期强度增长较慢，掺量一般1%～2%（占水泥质量）。减水剂用过天津产的UNF-2高效减水剂，掺量为5%时，节约水泥8%～10%。该厂已试验成功，待混凝土搅拌机的加水计量器（电子）安装好投产
长沙	路用混凝土早强剂：氯化钙（一般掺量为水泥质量的≤2%） 三乙醇胺（为水泥质量的0.05%）一般在冬期施工中采用
郑州	冬季掺用氯化钙，能早强，掺量为水泥量2%，效果较好。冬期采用NNO减水剂，能减水早强，掺量为水泥量的0.7%，效果好。采用NC早强剂，按质量比加入4%，3d强度可达到设计强度的70%～76%。7d可达到80%～92%，28d达到156%～179%，加入早强剂比不加的强度提高35%～45%，7d提高36%～38%，28d提高60%～80%，C25混凝土，水灰比0.42，配合比1:1.17:2.84，C20混凝土水灰比0.61，配合比1:2.14:4.1
桂林	常用广东湛江市FON减水剂，坍落度一定，减水10%～15%，效果良好，节约水泥10%～15%。混凝土强度等级也有保证

二、配合比设计

（一）配合比设计步骤

（1）首先选用配合比参考表，或者根据过去的经验资料，假定能够得到符合设计条件及施工条件的混凝土配合比。

（2）用选定的配合比进行试拌，研究维勃稠度（或坍落度）及空气量是否合适，再根据不同配合比的几种混凝土强度试验结果及其耐久性决定配合比中的水灰比，再对假定的配合比进行修正，并且也要对粗细骨料的比例进行分析。

（3）考虑搅拌机的性能及运送过程中稠度及空气含量的变化，再对修正后所定的配合比进行修正，得到标准配合比。在施工过程中，结合实际情况不断加以修正。

（二）配合比设计举例

1.设计资料

（1）设计条件：混凝土板厚25cm，用机械施工，设计标准抗折强度4.5MPa。配合比设计强度应使低于标准强度的概率大于20%。

（2）使用材料：普通硅酸盐水泥、河砂（$M_x=2.87$）、碎石（最大粒径40mm）和减水剂（掺量0.25%）。使用材料见表42-23。

道路混凝土原材料质量　　**表42-23**

材料名称	种　类	相对密度	吸　水　率（%）	堆积密度（kg/m^3）
水泥	普通硅酸盐水泥	3.15	—	—
细骨料	河砂	2.63	1.8	—
粗骨料	碎石	2.65	0.8	1605

（3）混凝土质量：配制强度 $f_{\mathrm{p}}=4.5\times1.15=5.2\mathrm{MPa}$（取概率 15%）；浇筑现场坍落度 2.5cm，搅拌站坍落度 4.0cm；含气率：现场浇筑 4%，搅拌占 5%。

2. 试搅拌用混凝土配合比

（1）水灰比：根据过去的资料或经验公式求得。其灰水比（C/W）或水灰比（W/C）与抗折强度的经验关系式为：

$$f_{\mathrm{p}}=15.6+14.0\times(\mathrm{C/W})$$

解得相当于配制强度 $f_{\mathrm{p}}=5.2\mathrm{MPa}$ 时混凝土的水灰比为 0.385。

（2）单位粗骨料体积及单位用水量：见表 42-24。

单位粗骨料体积及单位用水量　　**表 42-24**

项　　目	单位粗骨料体积（m^3）	单位用水量（kg）
参考骨料体积及用水量	0.73	130
因 M_x 不同而修正	$0.73\times(1.37-0.133\times2.87)=0.721$	130

（3）计算材料单位体积用量：根据上述结果，为得到要求质量的混凝土，水灰比为 0.385，单位粗骨料体积为 0.72，单位用水量为 130kg。据此，计算使用材料的单位用量如下：

①单位体积用水量　$W=130$（kg）。

②单位体积水泥用量　$C=130\times\frac{1}{0.385}=388$（kg）。

③单位体积粗骨料用量　$G=1605\times0.72=1156$（kg）。

④单位体积细骨料用量　$S=2.63\times\left(1000-\frac{338}{3.15}-\frac{130}{1.0}-\frac{1156}{2.65}-10\times4\right)=745$（kg）。

⑤单位体积减水剂量　$A=338\times0.25\%=0.845$（kg）。

3. 试搅拌

按计算所定的配合比进行试搅拌，其结果如下：

（1）按单位粗骨料体积、单位用水量及单位外加剂量试配混凝土，其试搅拌结果见表 42-25。

试 搅 拌 结 果　　**表 42-25**

搅拌次数	道路混凝土单位材料用量（kg/m^3）					粗骨料体积	固结系数	坍落度	含气率
	C	W	S	G	A	（m^3）	（s）	（cm）	（%）
1	338	130	753	1156	0.845	0.72	43	1.5	2.8
2	348	134	735	1156	0.870	0.72	32	2.5	3.1
3	341	131	748	1156	0.853	0.72	33	2.5	4.1

（2）水灰比：用求得的单位用水量 131kg 及单位粗骨料体积 $0.73m^3$，对于四种不同水灰比的混凝土配合比，求出水灰比与 28d 龄期抗折强度的关系见表 42-26。

此设计举例中相当于配合比强度（指抗折强度）5.2MPa 的水灰比为 0.40，此值也满足耐久性对水灰比的要求。

（3）和易性与强度的调整：按上述求得的试搅拌配合比，进行试拌并检验其和易性与强度，如不符合要求应进行调整。

水灰比与28d龄期抗折强度的关系 表42-26

序号	水灰比	坍落度（cm）	含气率（%）	粗骨料体积（m^3）	道路混凝土单位材料用量（kg/m^3）					28d抗折强度（MPa）
					W	C	S	G	A	
1	0.476	2.5	4.1	0.73	131	275	787	1172	0.6875 (0.005)	4.44
2	0.426	2.5	4.1	0.73	131	308	760	1172	0.770 (0.005)	4.93
3	0.385	2.0	3.9	0.73	131	341	732	1172	0.8525 (0.005)	5.49
4	0.351	2.0	4.0	0.73	131	373	706	1172	0.9325 (0.005)	5.90

①和易性调整　其方法可按表42-27进行。

混凝土和易性的调整 表42-27

试配坍落度情况	观察含砂量情况	保持水灰比不变条件下的校正方法	备　注
比要求坍落度小时	含砂量适宜 含砂量不足 含砂量过多	适当增加水泥浆 适当提高砂率和增加水泥浆 适当减少砂率和增加水泥浆	1. 水泥浆的增减，每次以每1m^3用量增减5kg左右
比要求坍落度大时	含砂量适宜 含砂量不足 含砂量过多	适当减少水泥浆 适当提高砂率和减少水泥浆 适当减少砂率和水泥浆	2. 调整砂率一般每次增减2%

②强度调整　如试拌试块的强度太低，应分析原因，采取相应措施：如降低水灰比；改善骨料级配；提高水泥标号或增加水泥用量。

现场施工时，应测定粗、细骨料现场的含水量，再将上述经试配调整后的配合比换算为施工配合比。

道路混凝土标准配合比 表42-28

粗骨料 D（mm）	坍落度标准值（cm）		含气率标准值（%）		水灰比	单位粗骨粒体积（m^3）	道路混凝土材料用量（kg/m^3）				
							水 W	水泥 C	细骨料 S	粗骨料 G	外加剂 A
	搅拌站	现场	搅拌站	现场							
40	4.2	2.5	5.0	4.0	0.40	0.73	136	340	720	1172	0.8425 (0.005)
备注	1. 设计标准抗折强度：4.5MPa 2. 配制强度 f_p：5.2MPa 3. 水泥种类：普通硅酸盐水泥 4. 细骨料细度模数：$M_x=2.87$ 5. 粗骨料种类：碎石 6. 粗骨料空隙率：$P=39.4\%$ 7. 外加剂种类：减水剂 8. 运输时间：30min 施工时间：8～10月										

4．决定标准配合比

考虑到运输中的变化，在搅拌站混凝土拌合物的坍落度为 4.0cm，含气率为 5%，单位用水量 136kg。根据施工具体情况，进行反复调整，以得到适宜的配合比——标准配合比，见表 42-28。

三、参考配合比

国内各地道路混凝土常用参考配合比见表 42-29。

道路混凝土参考配合比　　表 42-29

<table>
<tr><th>城市</th><th>调　查　概　况</th></tr>
<tr><td>南宁</td><td>常用普通水泥混凝土，一般选用 C20（多用于人行道）及 C25 与 C30 号（用于快车道）。选用材料，砾石最大粒径为 40mm，本地粗砂，南宁市政水泥厂生产的矿渣水泥
配合比　　水泥:砂:石:水
C20　1:1.93:5.21:0.61（质量比）
C25　1:1.63:4.2:0.52
C30　1:1.5:3.4:0.43</td></tr>
<tr><td>东川</td><td>普通混凝土：水泥:砂:碎石 = 1:1.3:2.7</td></tr>
<tr><td>福州</td><td>主干道用 C30 ~ C25 水泥混凝土，水灰比 0.47 ~ 0.50，42.5 级普通水泥，配合比为 1:1.83:4.71 ~ 1:1.92:4.64，市中区八一七路和五一路使用 20 余年，除个别断裂和板边隆起顶坏外，其余基本完好</td></tr>
<tr><td>成都</td><td>常用道路混凝土：抗压强度 f_{28} = 30 ~ 35MPa，抗折强度 f_{28} = 4.5 ~ 5MPa，设计时考虑配合比：水泥（普通硅酸盐水泥）52.5 级，砂率 30% ~ 32%；石子为二级卵石，0.5 ~ 2cm 占 35% ~ 45%，2 ~ 4cm 占 55% ~ 65%，水灰比 0.4 ~ 0.45，水泥用量 300 ~ 340m³，工作度 15 ~ 25s，以上配合比的施工及使用效果较好</td></tr>
<tr><td>武汉</td><td>常用混凝土为 C25、C30 两种普通混凝土，按可塑程度属干硬性混凝土，坍落度 0 ~ 1cm（一般无坍落度），工作度一般在 15 ~ 25s，主要干道混凝土强度等级要求不低于 C30，抗折强度要求不低于 4.5MPa，次要干道混凝土强度等级要求不低于 C25，抗折强度要求不低于 4MPa（抗折强度均采用单支点试验，试验为短梁），根据实际施工的情况下都能达到要求，常用配比如下：C25 混凝土水泥用量 340kg/m³（32.5 级矿渣水泥）水灰比为 0.53，石料最大粒径为 40mm，机制碎石采用三级配，配合比：0.53:1:1.82:3.78 = 水:水泥:砂:石子
由于水泥供应紧张，该市道路工程多年采用本地矿渣硅酸盐水泥，基本上没有普通水泥，虽然混凝土强度等级能满足要求，但耐磨性差，较多混凝土路面出现早期剥落，与水泥品种有密切关系</td></tr>
<tr><td>广州</td><td>用于筑路的水泥使用 42.5 级水泥，拌干硬性 C30 混凝土，桥梁主要工程则用 42.5 级或 52.5 级水泥，一般均达到设计强度等级要求。常用混凝土配合比：
<table>
<tr><th rowspan="2">水泥强度等级</th><th rowspan="2">混凝土强度等级</th><th rowspan="2">水泥用量（kg/m³）</th><th rowspan="2">水灰比</th><th colspan="4">质　量　配　合　比</th></tr>
<tr><th>水泥</th><th>中砂</th><th>碎石（1cm ~ 2cm）</th><th>碎石（3cm ~ 5cm）</th></tr>
<tr><td rowspan="2">32.5 级</td><td>C30</td><td>330</td><td>0.45</td><td>1</td><td>2.08</td><td>—</td><td>3.88</td></tr>
<tr><td>C30</td><td>340</td><td>0.43</td><td>1</td><td>1.68</td><td>0.485</td><td>3.74</td></tr>
<tr><td rowspan="3">42.5 级
52.5 级</td><td>C30</td><td>365</td><td>0.425</td><td>1</td><td>1.73</td><td>—</td><td>3.64</td></tr>
<tr><td>C30</td><td>300</td><td>0.427</td><td>1</td><td>2.25</td><td>—</td><td>4.58</td></tr>
<tr><td>C40</td><td>400</td><td>0.40</td><td>1</td><td>1.61</td><td>2.99</td><td>—</td></tr>
</table></td></tr>
<tr><td>南京</td><td>常用 C35 混凝土，配比为：1:1.886:2.93:0.73:0.46 = 水泥:黄砂:中碎:三乙醇胺:水，能保证抗折强度达到 4.5MPa 以上，抗压强度能保证达到 35MPa</td></tr>
<tr><td>西宁</td><td>常用砾石混凝土强度等级 C25 ~ C30，质量配合比：0.50:1:2.5:4.01，用中砂，砾石 2 ~ 4cm，经施工效果尚好</td></tr>
<tr><td>苏州</td><td>预制厂一般用低塑性混凝土，坍落度 2 ~ 4cm；常用混凝土配比：C20，水灰比 0.59，砂率 34%，水:砂:水泥:碎石 = 190:606:322:12.6，大型混凝土构件另按针对性配比设计</td></tr>
</table>

续表

城市	调查概况
长沙	碎石混凝土配合比： 水:42.5级水泥:粗砂:1～4cm碎石　　$f_{28压}\geqslant 30$MP 0.49:1:1.791:3.632 砾石混凝土配合比：水:42.5级水泥:粗砂　　$f_{28弯}\geqslant 4.5$MPa 0.46:1:1.686：混合河砾石
贵阳	常用C20～C25混凝土，一般水灰比0.62～0.65，水泥用量常在280kg/m³以上，砂石比0.5～0.62（按质量比），曾采用微膨胀水泥，强度较高，三天达C30，用于市电厂桥拱肋的开裂修补，效果很好
桂林	常用普通混凝土C20、C25两种。C20混凝土、配比为：硅酸盐水泥为32.5级，水泥:砂:石（2cm～4cm碎石）普通硅酸盐42.5级为：1:2.3:4.4。C25混凝土配比：普通硅酸盐32.5级为1:1.95:3.9，普通硅酸盐42.5级为1:1.98:4，抗压、抗折强度均可

四、影响配合比的主要因素

（一）混凝土抗折强度与抗压强度的关系

国家标准《水泥混凝土路面施工及验收规范》（GBJ 97—87）条文说明指出，据交通部二院等单位所作混凝土抗折强度与抗压强度对比试验所得的数据，点子很分散，回归方程的强度离差系数很大，故认为抗折与抗压为两种不同的受力范畴，不存在一定的相关式。但其他试验证明，两者有良好的相关式，至少在同一工程中，两者确实有良好的相关性，因此值得进行讨论。

1. 国外混凝土抗折与抗压强度关系式

美国混凝土学会采用一种普遍的关系式为 $F=0.62$MPa。美国波特兰水泥协会提出混凝土抗压强度 $f_{c.28}$、劈裂抗拉强度 f_p 和抗折强度 F 的关系表，经整理抗折、抗压强度的关系式为：$n=6$，$r=0.097$，$F=1.32+0.0943f_{c.28}$，$S=0.14$MPa，$C_v=3.1\%$。如果考虑美国圆柱体强度换算成立方体强度，取换算系数为1.16，则此式变为 $F=1.32+0.0943\times 1.16f_{c.28}=1.32+0.108f_{c.28}$。这与我国1988年取得的经验式 $F=1.30+0.11f_{c.28}$，十分接近。

日本水泥协会道路对策专门委员会1982年用65个砂石场的骨料进行大量试验得出混凝土抗折和抗压强度的关系式为 $f_{c.28}=7.82F-15.56$（kg/cm²），$r=0.80$。

道路混凝土7d和28d龄期抗折强度与抗压强度的经验公式见表42-30。

7d和28d龄期混凝土抗折强度 F 与抗压强度经验公式　　**表42-30**

序号	单位	石料种类	水泥	N	F	经验式	S (MPa)	CV (%)
1	公路所等 （1988年8～11月）	砾石	52.5级 42.5级 32.5级	72	0.946	$F=1.30+0.11f_{c.28}$ （7d，28d）	0.41	9.5
2	公路所等 （1989年9月）	砾石	52.5级 一种	10	0.724	$F=2.38+0.121$ $f_{c.28}$ （28d）	0.57	8.4

续表

序号	单 位	石料种类	水泥	N	F	经 验 式	S (MPa)	CV (%)
3	公路所等 (序号1+序号2)	砾石	序号 1+2 两批	82 82	0.951 0.951	$F=1.15+0.121f_{c.28}$ $F=0.412f_{c.28}^{0.726}$ (7d，28d)	0.32 0.31	7.3 7.0
4	唐山市交通局	砾石		24 24	0.960 0.963	$F=1.092+0.134f_{c.28}$ $F=0.376f_{c.28}^{0.769}$ (7d，28d)	0.32 0.31	7.3 7.0
5	公路所+ 唐山市交通局	碎石+砾石		106 106	0.949 0.951	$F=1.205+0.121$ $f_{c.28}$ $F=0.415f_{c.28}^{0.785}$ (7d，28d)	0.44 0.43	9.7 9.5
6	河南省交通厅公路设计院在107国道现场取样			60	0.385	$F=3.63+0.0575$ $f_{c.28}$ (28d)	0.635	11.5
7	公路所+唐山市+河南107国道	碎石+砾石		166	0.896	$F=1.34+0.120f_{c.28}$ (7d，28d)	0.564	11.5
8	山西省交通厅公路局		32.5级 42.5级 早强	12	0.926	$F=0.146+0.182$ $f_{c.28}$ (7d，28d)	0.577	14.2
9	河南省鹤壁公路现场			178	0.899	$F=0.427f_{c.28}^{0.723}$	0.546	11.0
10	公路所+唐山市+107国道+山西公路局			59	0.766	$F=0.456f_{c.28}^{0.687}$ (28d)	0.532	11.2
11	公路所+唐山市+107国道+山西+河南省鹤壁			237	0.876	$F=0.435f_{c.28}^{0.713}$ (7d，28d)	0.559	11.4

2. 国内混凝土抗折与抗压强度关系式

表42-31列出混凝土抗折与抗压强度参考表，经整理二者的关系式为：$n=4$，$r=0.999$，$F=1.52+0.999f_{c.28}$。

与GBJ97—89条文说明表的试验结果比较 **表42-31**

试验单位	试验组数	28d平均抗压强度 $f_{c.28}$ (MPa)	28d平均抗折强度 F_{28} (MPa)	抗折强度推定值 $F28'$ (MPa)	$F28'/F28$
民航、交通部二院	11	37.4	5.83	5.75	0.99
交通部二院	16	44.6	4.95	6.52	1.32
民航81年试验（1）	19	41.2	5.83	6.16	1.03
民航81年试验（2）	55	44.1	6.73	6.47	0.96

注：推定公式为 $F=0.453f_{c.28}^{0.713}$ ($n=237$，$r=0.876$)。

交通部公路所、唐山市交通局和山西省交通厅公路局根据各自的条件分别建立混凝土抗折与抗压强度的关系式，相关系数高达0.95左右，如果包括河南省现场施工中取得的试验资料，237组建立的关系式 $F=0.435f_{c.28}{}^{0.713}$，相关系数为0.876，其母体关系 P 位于0.93～0.843的概率为95%，充分证明，混凝土抗折、抗压强度有一定的对应关系。

用上述关系式与GBJ97—87条文表的试验资料进行比较示于表42-31。

从表42-31看出，用建立的关系式与GBJ98—87条文说明的试验资料进行比较，除交通部二院一批试验相差较大之外，其余三批试验结果基本相符。

3. 混凝土抗折、抗压强度关系式的应用

混凝土抗折强度试件包括铁模，每只总共质量达70kg，试验繁重，工作量很大，无论是配合比设计或是现场质量控制都是极为不便的，因此建立抗折、抗压强度关系很有实际意义。

当混凝土材料等条件变化较大时，抗折与抗压强度关系式的常数可能变化较大。因此，用抗压强度推求抗折强度时，应根据工程实际采用的材料通过试验建立两者的关系，并满足以下四点要求：

(1) 水灰比的范围尽可能大，最好是1.5～2.5；

(2) 试验组数不宜过少，建立不少于5组；

(3) 相关系数必须较大，应不低于0.88（$a=0.05$），以保证经验式的可靠性；

(4) 抗折强度推定值应减去经验式的剩余标准差，以保证推定值的可靠性。

根据日本的经验，满足上述要求经验式不仅可用抗压强度进行路面混凝土的配合比设计，而且可用于现场质量控制，乃至用抗压强度作为判断路面混凝土质量是否合格的依据。在没有条件通过试验取得经验式时，可能参考本次试验取得经验式，并减去剩余标准差，即 $F=0.435f_{c.28}{}^{0.713}-0.559\text{MPa}$。此种经验式基本符合上述4点要求，其推定值与GBJ98—87附表的数值基本相同。

(二) 石子用量法的比较、验证

选定混凝土的砂石用量有两种不同的方法：

1. 砂率法

参考常用的砂率表，先求砂子用量，后求石子用量，根据不同砂子细度模数等条件下的石子填充体积百分率 V 和所用石子捣实松堆密实实测值 r，取两者的乘积求出石子用量 G，即 $V\times r=G$，最后求出砂子用量。

影响砂率的因素相当复杂，例如石子种类和级配，水灰比和水泥用量，砂子细度模数 μ_f 等，GBJ98—87提供的砂率只是一个范围，对于中砂，$\mu_f=3.0\sim2.0$ 均在范围之内，没有严格区分，只能以“粗砂和较大的砂率，细砂采用较小的砂率”，经验指导配合比设计。

2. 石子用量法

可以根据砂子不同 μ_f 提出的 V 值，制成表格或相应的经验式，以算出石子用量。石子用量与水灰比、水泥用量基本无关。当水灰比和水泥用量发生变化时，砂率可以自行调整。石子用量的另一个优点是从实际情况出发，采用石子捣实密度实测值 r。r 值测定简单，又能集中反映石子粒形（砾石或碎石）、级配、相对密度等因素的实际情况。这些优点体现了它的科学性与先进性，所以国内外混凝土配合比设计中采用了石子用量法。

在20世纪70年代，我国已经通过试验取得不同石子最大粒径和不同砂子细度模数的

V 值表，并纳入水工混凝土规程。此次通过三次正交试验优选出坍落度最大的 V 值如下：

（1）$D=40$mm 砾石混凝土 $V=1640\text{kg/m}^3$，$\mu_f=2.65$，$V=0.76$；

（2）$D=40$mm 碎砾石混凝土 $V=1810\text{kg/m}^3$，$\mu_f=2.24$，$V=0.80$；

（3）$D=40$mm 碎砾石混凝土 $V=1810\text{kg/m}^3$，$\mu_f=2.24$，$V=0.82$。

现将我国水工混凝土试验规程、日本路面设计施工纲要和美国 ACI 建立的 V-Mx 关系示于表 42-32 中。

中、日、美不同砂子细度模数的 V 值　　表 42-32

提出者	Mx / 石子种类	V值					经验式
		2.2	2.4	2.6	2.8	3.0	
水工混凝土试验规程 SD105	砾石或碎石	0.82	0.80	0.78	0.76	0.74	$V=1.04-0.1Mx$
日本水泥混凝土路面设计施工纲要	砾石	0.82	0.80	0.78	0.76	0.74	$V=0.76(1.37-0.33Mx)=1.04-0.1Mx$
	碎石	0.78	0.76	0.74	0.72	0.70	$V=0.73(1.37-0.33Mx)=1.00-0.1Mx$
美国 ACI	砾石或碎石	—	0.76	0.74	0.72	0.70	$V=1.00-0.1Mx$

从表 42-32 可以看出：

①我国水工混凝土的 V 值与日本砾石混凝土的 V 值完全相同；

②日本碎石混凝土的 V 值与美国 ACI 的 V 值完全相同；

③我国试验第一次和第二次 V 值介于两者之间，第三次 V 值吻合，说明试验结果相符，由此可见，国内 V-Mx 的基本规律是一致的。

混凝土砂石用量的确定性能根据具体条件进行优选。试验室选定后并不是一劳永逸的，应结合施工情况对配合比进行修正，有时要进行反复修正，才能取得要求的和易性。例如当现场砂的细度模数变化超过决定配合比的砂的细度模数 0.2 以上时，则必须改变配合比。

（三）混凝土混合料维勃时间与坍落度的关系

在进行混凝土混合料的和易性试验时，曾以坍落度 SI 和维勃时间（s）作为判断混凝土稠度的两项指标。通过 35 组试验，取得 SI-s 的经验式，并绘成图。此项经验式的相关系数 $r=-0.742$，相关性不高，但相关性还是比较显著的。经验表明，用维勃时间进行石子填充体积 V 值选优时，虽然趋势与坍落度一致，但不及坍落度灵敏。例如日本纲要中规定现场混凝土稠度以坍落度 2.5cm 或捣实系数 30s 为标准，当坍落度为 2.5cm 时，在我国的条件下维勃时间仅 4.2s 左右，而与日本的 30s 相差 7 倍。由于维勃时间过短，所以不及坍落度灵敏。造成维勃时间过短的原因，初步分析认为主要原因在于中日两国振动台的每分钟振动次数相关较大。日本振动台在电力为 50Hz 时振动次数为 1500r/min。我国洛阳产振动台 50Hz 时振动次数为 2900r/min。因此坍落度相同时，国产振动台测出维勃时间很短，值得研究改进。

综上所述概括如下：

（1）通过三种水泥，六种灰水比建立混凝土抗折强度下与水泥胶砂抗折强度 f，水灰比 C/W 鲍罗米经验式（$r=0.816$）与空军工程学院为制定机场道面混凝土配合比设计技术标准研究提出碎石、砾石两种同类经验式（$r=0.81\sim0.819$）进行比较，强度推定值十分接近，相差约为0%～6%，说明这些经验式有一定可靠性，碎石和砾石对混凝土抗折强度的影响在一般试验误差范围内。

（2）GBJ97—87 列出砾石混凝土抗压强度鲍罗米经验式和试验所得的同类经验式进行比较，强度推定值相关系数可达12%～13%，说明即使同属砾石混凝土，由于试验条件不同引起的差异远大于碎石和砾石混凝土抗压强度的影响。

（3）同条件下建立混凝土抗折强度下与水泥胶砂抗折强度 f 或抗压强度 f_c、水灰比（C/W）的二元回归式（$r=0.899-0.904$）比抗折强度的鲍罗米经验式（$r=0.776$）的相关性好，经统计检验是高度显著的。通过现场实测资料验证，误差约10%左右。此种二元回归式可以作为路面混凝土配合比设计的一种经验式。

（4）建立混凝土抗折与抗压强度的经验关系有很大实际意义。在同一试验室条件下，混凝土抗压强度与抗折强度有良好的相关性（$r=0.95$ 左右）。在不同试验室条件下，根据237组数据建立的幂函数经验式（$r=0.876$）。母体相关系数 P 位于0.903～0.843的概率为95%，包括陕西、河北、河南、山西室内外，碎石、砾石、引气与不引气和各种水泥等不同条件，充分证明了，混凝土抗折、抗压强度具有良好的相关系数。

（5）考虑到我国幅员辽阔，情况比较复杂，当混凝土原材料等条件变化时，抗折与抗压强度关系式的常数可能变化较大，用抗压强度推求抗折强度时应根据工程实际采用的材料通过试验建立两者的关系，并满足以下四点要求：

①水灰比的最大与最小值之差不小于1.0（例如1.5～2.5）；

②试验组数不少于5组；

③相关系数不低于0.88（$a=0.05$）；

④抗折强度推定值应减去经验式的剩余标准差。

（6）没有条件通过试验取得经验式时，可参照下式 $F=0.435f_{c.28}{}^{0.713}-0.559\text{MPa}$ 进行混凝土试配。此式的推定值与GBJ97—87附表1.1的数值基本相同。

（7）根据三种水泥、六种灰水比、7d和28d两个龄期的试验结果建立混凝土劈裂抗拉、抗折、抗压强度各种经验式相关系数可达0.95左右，可以证明，在一定条件下，混凝土各种强度之间存在良好的相关关系。这些相关关系优于常用的包括水泥胶砂强度的鲍罗米经验式。

（8）根据交通部系统九个单位包括40多种水泥、237组试验数据建立 $f_{28}-f_7$ 经验式（$r=0.947$）可以推出GBJ98—87附表一4个28d抗压强度相对应的7d抗压强度值，用简化经验式求出的 f_{28}，与GBJ98—87附表一所列4种 f_{28} 值基本吻合，说明此项经验式是简捷、方便的，也是偏于安全的。

（9）用正交表安排混凝土配合比试验是可行的。在原材料一定的条件下，用 L_3（3^4）表安排三因素（水泥用量、用水量、石子填充体积）、三水平的9次正交试验，可以优选出满足设计要求的水灰比、用水量和砂石用量。利用简化经验式和 f_7-C/W 经验式求出相应水灰比。这种方法的优点是，节省试验工作量，缩短试验时间，结果偏于安全。

（10）与现行砂率法相比，石子用量法的优点体现了它的科学性和先进性。通过分析比较表明，国内外石子填充体积 V 与砂子细度模数 Mx 的关系和规律是一致的。通过三个正交试验优选出坍落度最大的 V 值场与国内外 $V-Mx$ 的数值相符。建议路面水泥混凝土配合比设计采用石子用量法。

（11）试验表明，石子用量（或砂率）是影响坍落度的显著因素，必须通过试验进行优选，但是砂率对抗折强度是不显著的因素，通常可以忽略不计。

（12）试验表明，52.5 级中热水泥在维持水泥用量为 $300kg/m^3$ 的条件下，无论是碎石或砾石，掺与不掺引气剂，混凝土 28d 抗折强度变化在试验误差范围内，可以说明掺引气减水剂在改善和易性、坍落度略增的条件下由于用水量少，水灰比缩小，引气并不降低混凝土抗折强度。同时砾石对混凝土抗折强度并无不利影响。在维持水泥用量为 $400kg/m^3$ 的条件下，砾石混凝土和易性好，达到一定稠度时用水量少，水灰比小，可以制成抗折强度高达 7.7MPa 的混凝土，碎砾石混凝土达不到这样高的抗折强度。

（13）按照日本标准，路面混凝土单位用水量不应大于 $150kg/m^3$，坍落度 4cm，碎石混凝土必须掺用引气减水剂。引气混凝土的用水量可以达到 $125kg/m^3$（砾石）或 $140kg/m^3$（碎砾石）。

（14）试验表明，碎砾石引气混凝土即使用水量比砾石引气混凝土多 $15kg/m^3$，坍落度仍明显偏低，和易性不及砾石混凝土。在水泥用量维持不变的条件下，砾石混凝土的抗折强度并不亚于碎石混凝土。如果砾石供应不成问题，砾石混凝土用于路面工程是很适宜的。

（15）影响混凝土抗折强度最主要的因素是水泥的强度等级，其次是水泥的用量（即水灰比），路面混凝土应当优先采用 42.5 级以上的优质水泥。试验表明，采用 42.5 级中热水泥和引气减水剂的条件下，满足 28d 抗折强度为 5.1MPa、坍落度约 3cm 的引气混凝土，水泥用量降至 $275\sim250kg/m^3$ 是可能的。

第五节　道路混凝土施工

道路混凝土面临四季施工的问题。因此，根据施工季节不同，需要充分考虑极限温度，并采取相应的措施。

一、施工准备

道路混凝土施工，要求各工序工种平行流水（如工程大应分段进行线性流水），相互交错，施工机具、劳力必须密切配合；工程使用的材料，品种多、数量大、要求严，必须进行科学管理；道路施工现场分布面广、作业线长、条件差，必须有严密的施工组织计划，施工前应做好充分准备，保证工程的进展与质量，因此必须作好以下施工准备工作。

（一）工程计划

按设计文件要求，结合施工条件，确定施工方案，编制施工组织设计。其内容包括：施工的全面布署；现场布置图；施工进度计划；劳力、材料、机具的计划与安排；工地的试验、检验机构；生活后勤与安全保护等。

（二）临时设施

混凝土施工的水源、电源、运输工具、行走路线、给排水布置、工棚的配置、公害及火灾的防护措施等，应按现场布置图的要求，在混凝土施工前作好准备，保证混凝土铺筑的顺利进行。

(三) 混凝土浇筑前的准备

检测基、垫层的标高，宽度，厚度，密实度，路拱，平整度等，检验合格后，在基、垫层上测量，布桩放样，支立模板。

道路混凝土的施工模板简单。模板可用钢模板或木模板，为了保证工程质量，节省木材，尽量使用钢模板。钢模板可用 4~5mm 钢板冲压而成，也可用槽钢组合而成，还可以用 3~4mm 钢板与边宽 40~50mm 的角钢组合构成，模板高度要求与混凝土面层厚度相同，钢模板需涂防锈漆。如因条件所限必须使用木模板时，应选用质地坚实，变形小，无腐朽、扭曲、裂纹的木材，板厚应不小于 5cm，顶面与内侧面要刨光，边角平整无缺。加工制作允许误差：高度为 ±2mm，长度 ±5mm，企口舌部 ±1mm。

支立模板要符合设计的平面位置与高程，支立准确、稳固，接头紧密、平顺，不得有离缝、前后错茬和高低不平等现象。

二、搅拌和运输

(一) 混凝土搅拌

(1) 混凝土必须采用机械搅拌。搅拌站和搅拌机的位置，应考虑公路工程作业线长，施工中要不断前进的特点。搅拌站以移动式为好，每段转移的距离，根据所用运输工具(适宜的运输距离) 而定。每站搅拌机的配置不少于 2 台 (400L 搅拌机)。对于工程比较集中的城市道路及飞机跑道，一般采用固定式搅拌站，每站不少于 2 台 800L 搅拌机，并应设有自动配料计量设备。

(2) 拌制混凝土应保证材料计量及拌合时间准确，严格控制砂、石料含水量的变化。拌制好的混合料，应以最短时间运至铺筑地点。

(二) 混凝土运输

(1) 自搅拌机出料到运至铺筑地点进行摊铺、振捣直至做成的最长允许时间，可由工地试验室根据使用的水泥及施工气候等条件进行确定。一般道路混凝土拌合物最长使用时间见表 42-33。

道路混凝土拌合物最长使用时间 表 42-33

施工温度(℃)	允许最长时间(h)	施工温度(℃)	允许最长时间(h)
5~10	2.0	20~30	1.0
10~20	1.5	30~35	0.75

(2) 混凝土拌合物运输过程中，要保持不漏浆、不变干、不离析、卸料高度不超过 1.5m，如在现场有明显离析现象，应在铺筑前重新拌匀。

三、混凝土浇筑

(一) 摊铺厚度

(1) 道路混凝土浇筑之前，应对模板支撑的稳定性、润滑情况、接缝处传力钢筋的位置、数量、固定装置等情况进行全面的检查。混凝土拌合物的一次摊铺厚度应根据路面厚度、振捣机具的功能等确定（表 42-34）。

道路混凝土拌合物的摊铺厚度　　表 42-34

路面厚度 h (cm)	振 捣 方 式	浇 筑 方 法
<22	平板振捣器捣实	一层摊铺拌合物
22~40	平板振捣器，分两次振捣	分上、下两层浇筑，分层振实，紧密衔接
23~30	插入式与平板式配合振捣	一次浇灌，混合振实

(2) 混凝土混合物的摊铺厚度，一般应比道路路面厚度高出 2cm 左右。如果是人工摊铺，应用锹扣料，禁止抛掷，防止混合料产生离析。当分两次摊铺分层振捣时，上部混凝土的拌合物必须在下部拌合物初凝以前完成，保证上下结成整体。

(二) 捣实工艺

(1) 混凝土路面拌合物的振实，一般先用 2.2~2.8kW 平板振动器进行振捣，振动板在纵横方向应相互重叠 10~20cm 进行振实；然后再用 1.1kW 长平板振动器进行振捣拖平。

(2) 靠近模板部分用 1.1kW 插入式振捣器辅助插捣，在设有钢筋部位，振捣要细心，勿使钢筋移位。

(3) 平板振动器每个位置振捣时间，以混合料不再下沉，不再冒出大量气泡，并以在表面出现水泥砂浆为准，一般不少于 15s，亦不宜过长。

(4) 当混凝土面层厚度大于 22cm 时，如配合使用插入式振捣器，应先进行插入振捣，后用平板振动器振捣，可消除孔穴，保证密实。振捣时，随时掌握混凝土面层的平整，随时拉线找平，并有专人检查模板有无下沉和松动，并及时予以校正与稳定。

(5) 经平板振动器振实后，再用长平板振动器（振动梁）拖平，促使平面平整，并使水泥砂浆分布均匀。

四、真空吸水工艺

道路混凝土表面经过振捣整平后，有条件的地方可以采用真空吸水工艺。

(一) 工艺特点

1. 技术特点

真空吸水工艺用于道路混凝土施工，可以降低混凝土水灰比，明显提高密实性和强度（表 42-35 和表 42-36），增强物理力学性能；同时，由于采用真空吸水工艺，可以配制流动性较大的混凝土，减轻劳动强度，提高施工效率。

真空吸水前后抗折强度比较表（32.5 级水泥）　　表 42-35

试件编号	设计强度 (MPa)	未经真空处理的混凝土		经真空处理的混凝土	
		抗折强度 (MPa)	水灰比 (W/C)	抗折强度 (MPa)	水灰比 (W/C)
1	4.5	4.74	0.45	5.40	0.454
2	4.5	4.18	0.45	4.87	0.439
3	4.5	4.60	0.45	6.00	0.414
4	4.5	5.11	0.45	5.87	0.425
5	4.5	4.67	0.45	6.27	0.452
平均值	4.5	4.72	0.45	5.68	0.437

注：表中个别经真空处理后的水灰比大于原水灰比，这是不太正常的，原因可能是试验误差造成。

真空吸水前后抗压强度比较表　　表 42-36

试件编号	设计强度（MPa）	未经真空处理的混凝土		经真空处理的混凝土	
		抗折强度（MPa）	水灰比（W/C）	抗折强度（MPa）	水灰比（W/C）
1	35	40.7	0.45	—	—
2	35	31.3	0.50	43.7	0.464
3	35	35.3	0.45	43.3	0.454
4	35	45.9	0.45	44.0	0.439
5	35	45.7	0.45	49.8	0.414
6	35	41.5	0.45	48.3	0.425
7	35	39.3	0.51	43.9	0.452
平均值	35	39.96	0.47	45.5	0.440

2. 经济特点

真空吸水工艺用于混凝土路面施工，可以缩短工序间的衔接时间，加速模板的周转，减轻劳动强度，缩短养护周期，加速施工进度。

（二）操作要点

（1）真空作业前，首先检查泵机系统的密封情况，严防漏气，保证作业的真空度，经过试运转，做好开机前的一切准备。

（2）经过长平板振动器整平的混凝土表面，可以铺设过滤布与薄膜气垫（光面朝上，半球面凸头部分朝下，形成真空腔），四周边粘结密封边，贴于混凝土表面。

（3）启动真空机组进行操作，约经 3～5min，使混凝土表面产生 80kN/m^2 负压，从而将混凝土拌合物中多余的水分挤出，这时真空度要保持稳定，吸水持续的时间（min）一般为面层厚度（cm）的 1.0～1.5 倍。

（4）吸水工作完成后，沿通道方向稍作掀起密封层，使气流将残留水带出，然后拆除气垫薄膜，移动真空机组进行下一块作业。

（5）完成以上作业的混凝土表面，进一步密实变硬，可以立即用抹面机进行抹面找平，在靠近模板与接缝处由人工抹平，随后用鹅毛刷子与滚槽机使混凝土表面拉毛出槽，达到一定的粗糙度。完后立即覆盖塑料薄膜，再盖上湿草帘子进行养护，并可立即拆除模板。

五、路面混凝土板体接缝施工

路面混凝土板体接缝的施工，直接影响着路面的平整度，也是影响路面寿命的重要环节，因此，必须精心设计，精心施工，切实保证接缝的质量与作用。混凝土路面板体的接缝，在横向设置胀缝、缩缝及施工缝，纵向设置纵缝，缝的构造在设计图上应有明确规定。

（一）胀缝

胀缝与缝壁垂直，贯穿到底，又称伸缝。缝的上部宽为 2.0～2.5cm，深为 6cm，缝中浇灌填缝料；胀缝的下部设置嵌缝板，嵌缝板可用油浸或沥青浸制的软木板。胀缝一般应设置传力杆，传力杆可采用顶头定位木模固定或预制支架两种固定方法（图 42-8）。施工时，将传力杆置在胀缝板上放样打眼，眼孔略大于传力杆直径，保持传力杆与胀缝缝壁垂直。顶头定位木模固定法，如图 42-8（*a*）所示，是在端模板外侧增设一块定位模板固定传力杆的位置。预制支架固定法，如图 42-8（*b*）所示，是将传力杆两端固定在预制的金属架上。这两种方法使传力杆在混凝土浇筑与振捣过程中保持正确的位置。

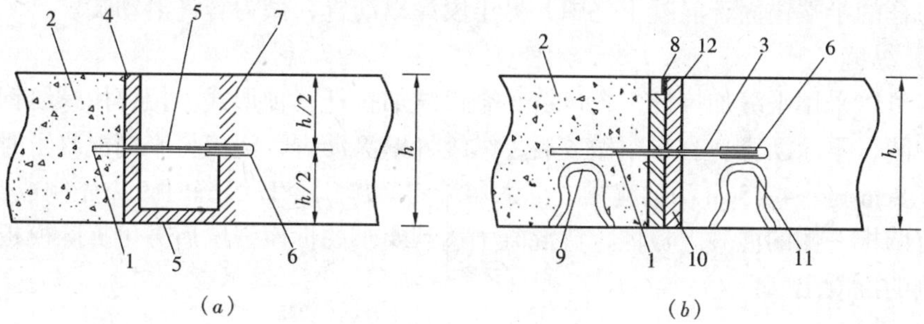

图 42-8　胀缝传力杆安装示意图

（*a*）顶头定位木模固定传力杆；（*b*）预制支架固定传力杆

1—传力杆；2—先浇混凝土；3—半段涂沥青；4—端头模板；5—固定模木；6—金属或塑料套筒；7—外侧定位模板；8—预制压缝板；9—托筋；10—油浸杉木板（或甘蔗板）；11—钢筋小支架；12—两块对半拼装模板

传力杆的一端应涂刷一层沥青，并沿套筒长度薄涂一层黄油，再将套筒按设计要求位置慢慢插入传力杆。定位后，即用纱头或其他软质材料将套筒口和传力杆间缝予以填塞，防止砂浆浸入。

（二）缩缝

缩缝一般采用不贯穿到底的假缝，可采用压缝法或切缝法制作。

1. 压缩法

在混凝土整平抹面（或真空吸水后抹面整平）后，在缩缝处用振动切缝刀切一条缝，压至规定深度后，将振动切缝刀轻轻提出，修平槽边后，将铁制或木制压缝板放入，收水抹面后，再轻轻取出压缝板（用木条将两边混凝土压住），缝宽 0.6～0.8cm，深约 4～5cm。

2. 切缝法

混凝土浇捣后，经过养护达到设计强度的 20%～30%，按着缩缝的位置用切缝机进行切割。切缝时间不宜过早或过迟，应根据气温的不同掌握适宜的切缝时间，一般参照表 42-37 进行。

适宜切缝时间　　　　**表 42-37**

序　号	昼夜平均气温（℃）	进行切缝时间（d）	序　号	昼夜平均气温（℃）	进行切缝时间（d）
1	5	4	4	20	1.5
2	10	3	5	>25	1
3	15	2			

注：1. 进行切缝时间是指混凝土抹面后所需强度经历的时间。

2. 早晚温差悬殊地区，应通过试验后决定进行切缝时间。

（三）施工缝

施工缝一般采用贯穿到底的平缝，缝中不留空隙，其部位应尽可能与横缝相结合。多车道路面及机场道面的各层施工缝应避免设在同一横断面上。施工缝中应放置活动的传力杆，传力杆的半端锚固于混凝土之中，另半段涂以沥青，做为容许滑动端。

（四）纵缝

纵缝可以采用平缝加拉杆、企口缝、企口缝加拉杆三种形式。拉杆用螺纹钢筋设置在板厚的中间，不涂沥青。当半幅做成后，纵缝缝壁涂沥青，浇捣另半幅混凝土时，缝的上部做成 0.8cm 宽、4～5cm 深的缝槽，灌入填缝料。施工企口纵缝时，应先制成凸榫模板，先浇灌有凹榫一侧的混凝土板体，待混凝土达到要求的拆模强度后方可拆除模板，然后浇灌另一侧的混凝土。

（五）灌缝

混凝土板体养护期满后，用填缝料灌缝。灌缝前，要彻底清除缝内的杂物，以防残存杂物顶破混凝土板体的边角。灌缝作业必须在缝槽处于干燥状态下进行。灌缝操作要仔细、清洁、整齐，勿使填缝料溢出路面。

六、养护工艺

混凝土路面浇筑后，经过抹面、拉毛完毕，应及时进行养护。

（一）潮湿养护

当混凝土表面已有相当硬度，用手指轻压没有痕迹时，随即开始养护。一般是在潮湿混凝土表面上先盖一层塑料薄膜，上面再盖湿草帘、湿麻袋或 2～3cm 厚湿砂，每天浇洒水，经常保持潮湿状态。在昼夜温差大的地区，应注意混凝土初期（3d 内）的保温、防冻，防止因气温骤降混凝土面层产生收缩开裂。混凝土的强度尚未达到 25%时，严禁手推车通行；尚未达到 80%时，禁止机动车辆通行；养护达到规定日期，方可清除覆盖物。

（二）塑料薄膜养护

薄膜养护是利用塑料薄膜（黑色最好）的不透水性，将混凝土中的水化热及蒸发水大部分积蓄下来进行自养。干旱地区或施工用水困难的地区，多数情况下是采用覆盖塑料薄膜的方法。此外，也有用以过氯乙烯树脂为主加入其他助剂喷洒成薄膜养护。目前，使用的成膜材料的配合比（质量比）为：过氯乙烯树脂 10%，二辛脂 4%，硬脂酸钡 1%，粗苯 84%，醋酸丁脂 1%。当混凝土表面不见浮水，用手指按压无痕迹时即可喷洒这种成膜材料。喷洒时间过早会腐蚀混凝土表面，过迟又易引起混凝土表面缩裂。在薄膜养护期间应注意薄膜的完整，发现有破损应及时刷补，喷洒薄膜 3d 内禁止人在上面行走，养护期内禁止一切车辆行驶。

七、拆模及开放交通

（一）拆模

根据气温及混凝土强度增长的情况，及时进行拆模。拆模时应能保证混凝土边角不因拆模而损坏。一般拆模时间见表 42-38。

（二）开放交通

道路混凝土强度达到设计强度的 80%（机场道面达 100%），接缝全部灌入填缝材料后，方可开放交通。开放行车时间如果需要提前，可掺入速凝剂，缩短养护期。

道路混凝土拆模时间 表 42-38

昼夜平均气温（℃）	成型后最早拆模时间（h）	昼夜平均气温（℃）	成型后最早拆模时间（h）
5	72	20	36
10	60	25	24
15	48	>30	18

注：1. 使用矿渣硅酸盐水泥时，拆模时间延长 50%～100%。

2. 采用真空吸水作业后的混凝土板体，可以抹面整平后立即拆模。

八、不同季节施工要求

道路混凝土面临四季施工问题，因此施工时根据季节不同，需要充分考虑极限温度；加之混凝土路面的施工完全为露天作业，因而与空气湿度及气候的变化也有着密切关联，针对气候的变化，应采取相应技术措施。

（一）雨季混凝土施工

影响混凝土强度的主要因素之一是水灰比，雨天施工不可避免地导致路面混凝土水灰比变大。因此，为了保证工程质量，对于道路混凝土，原则上雨天不施工，但应备有防雨棚。一旦在浇筑过程中突然降雨时，坚持完成一块板的铺筑后，不再另外铺筑，以免影响质量。

（二）夏季混凝土施工

在炎热气候条件下进行混凝土施工，当混凝土温度达到 30℃以上时，灌筑的混凝土温度应尽可能降低，从开始浇筑到表面整修的操作应尽快进行，并进行充分的养护。应注意不要用水化热大的水泥，骨料经长时间的烈日曝晒，其表面温度升高。所以，应避免用靠近料堆表面部分的骨料，尽可能由料堆内部取用，或采取洒水冷却粗骨料等措施，尽量防止骨料的温度升高。

混凝土温度增高时，为得到要求稠度（或坍落度）的单位用水量亦增多，并且从搅拌到灌注期间内坍落度的下降值增大。所以试拌混凝土时，要考虑由搅拌到浇筑时间内稠度降低的比例，必须增加单位用水量及单位水泥用量的百分数。如单位用水量增加显著时，最好使用优质的缓凝剂。

在开始浇筑混凝土前，在不损坏模板、钢筋、基层等条件下，以洒水冷却为好，能起到冷却附近冷空气的作用。如气温较高，可在傍晚或夜间灌筑混凝土。浇筑混凝土温度要低于 35℃。待表面修整完成后，尽量早些遮蔽，根据情况洒少量水，防止由于日光及风力引起的干燥。混凝土表面在硬化前，不得由于操作而引起损伤，并应及时进行后期养护。

（三）冬期混凝土施工

混凝土浇筑后 24h 内，气温在 5℃以下及在 6d 以内出现低于 0℃时，应作为冬期混凝土施工考虑。

(1) 在冬期施工时，硬化前不要使混凝土冻结，由于早期强度较低的缘故，所以必须对混凝土板采取充分保护的措施。绝对不允许在冻土上浇铺混凝土。

(2) 冬期施工可考虑使用早强水泥，也可以在普通水泥中掺入促凝剂（如加入氯盐可降低素混凝土的冰点），以增加早期强度。在骨料储存时，要防止骨料中的水分冻结，使骨料不要混杂冰雪。

(3) 气温在0℃以下时，应将水或水与骨料的混合物加热。但温度过高时易使水泥很快凝结，发生“闪凝”或“假凝”现象，所以在加入水泥时，水与骨料混合物的温度应在40℃以下，特别是水的温度不宜超过80℃。

(4) 应当特别注意的是，在任何情况下水泥都不得加热；混凝土中水量少时即使冻结，其所受的冻害程度也低，所以应尽可能地减少单位用水量；铺筑混凝土时，要保护基层，不要使其冻结；混凝土的搅拌、运输、浇筑方法，应采取损失热量最少的方法。

(5) 浇筑混凝土时的温度应在+5℃以上，对混凝土进行充分养护，至少在抗折强度达到1.0MPa、抗压强度达到5.0MPa以前，要充分保护，不使其受到冻害。养护初期最好采用覆盖蓄热法，覆盖材料采用草垫、黑塑料薄膜、湿砂、锯末等，其中以湿锯末效果最好，这是近年来用在道路路面混凝土保温保湿中较普遍的一种材料。养护后期可直接洒水养护，以保证必要的湿度。

第六节　道路混凝土的新技术

一、装配式混凝土路面

这种路面是在工厂中把混凝土预制成板块，然后运至工地在现场装配而成。

(一) 工艺特点

这种路面的优点是：混凝土板块可以常年在工厂生产，不受气候与季节影响，混凝土质量容易保证，而且施工进度较快，铺筑完毕即可通车。这种路面不要现场养护，损坏后容易拆换修补。因此，较适于城市道路、厂矿道路、大型基建基地、停车站场和软弱土基上。装配式混凝土路面的缺点是：接缝多，整体性差，容易引起行车颠簸跳动，因而在长途、高速公路上不宜采用。

(二) 板块规格和构造

(1) 为了便于吊装及搬运，一般装配式混凝土板做成正方形或长方形，边长为1~2m；也可作成边长为1m或2m的六角形。板厚一般为12~18cm。六角形板块的强度和稳定性较好。

(2) 近年来，有些国家采用长3~7m、宽3.5m的矩形板，但需要有相应的运输和吊装机具来配合。

(3) 为了能承受车轮荷载应力和吊装应力，装配式混凝土板可在边缘和角隅配置钢筋，有时亦可安设全面网状钢筋，为了提高板体的质量，还可以采用预应力、真空吸水、机械振捣或蒸汽养护等技术。

(三) 施工要点

(1) 为了保证混凝土板与基础密切接触，并提高基础强度，最好在基础上铺设水泥砂浆找平层，厚约5~10cm。

(2) 装配式板的接缝，最好采用企口式，以传递荷载，避免形成错台。

二、连续配筋混凝土路面

(一) 配筋的作用及配筋率

混凝土路面的配筋，并不能防止细小裂缝的产生，但能使裂缝分布均匀，并阻止其扩展；增加板内配筋，还可以增大板体长度。

一般钢筋混凝土路面的配筋率只占0.1%～0.2%，板长为12～13m；连续配筋混凝土路面的配筋率高达0.6%～1.0%，板长可以增至100～300m，或只在工作缝和与结构物毗邻处设置横缝。连续配筋混凝土板的厚度，可较无筋混凝土路面减薄20%～25%，一般采取15～23cm，它对混凝土和对基层的要求，与无筋混凝土路面相同。

（二）配筋构造

连续配筋绝大部分是纵向的，因为行车荷载和温度应力都是纵向较横向大得多。在板体的两端（纵向）应设端缝，端缝有两种形式：

1. 自由式

即设置间隙宽约20～25mm的胀缝3～4条，以利于板体端部的伸缩滑动。

2. 锚固式

即在板体底部设置3～4根肋梁或以桩埋入地基内，以阻止板体的滑动。对纵缝的要求与无筋混凝土路面相同，但最好设置拉杆。

三、预应力混凝土路面

预应力混凝土路面能抵消一部分车轮荷载和温度变化所引起的拉应力，板厚可以减薄到10～15cm，板长可以增大到100～150m，而且可以减少裂缝，防止裂缝的扩展。与普通混凝土路面相比，预应力混凝土路面具有较大的柔性和弹性，故能承受多次重复荷载作用而不破坏，对基础的不均匀变化也有较大的适应性。这种路面宜用强度等级为C35～C40的混凝土，基础上应铺沥青砂浆或塑料薄膜等，以利于板体的伸缩滑动，并可减少预应力的损失。预应力混凝土路面的铺筑有以下几种形式。

（一）无筋预应力混凝土路面

在板体两端设置墩座埋入地基内，面板中央设置加力缝。在混凝土浇筑1～2d后，在加力缝内设置千斤顶，对混凝土施加压应力，开始为1.5MPa，以后逐渐增大，第7d约为5.0MPa，待混凝土结硬后，即在加力缝内填塞混凝土预制块，并取出千斤顶，用混凝土填塞缝隙，两端墩座与板体之间设置弹力缝，放进弹簧钢，以储存部分预应力。

（二）有筋预应力混凝土路面

一般采用后张法。在浇筑混凝土板体时，留下若干条孔道，待混凝土结硬后，将钢丝束或钢筋穿进孔道，张拉并将两端锚固，再向孔道内灌筑水泥浆，使钢丝束或钢筋与混凝土粘牢。宽3～4m的板体仅在纵向加力；宽5～7m以上的板体需纵横两向加力，其钢丝束或钢筋可沿横向安设，或与路中线成小于45°角的方向安放。后者的优点是：可以连续浇筑很长的路面板，而预加应力可以在板的两侧进行。钢丝束或钢筋一般设在板厚的中央，有时也可在板的上下部分的对称设置。所施加的应力，在纵向要达到2.0～4.0MPa，横向0.4～1.4MPa即可。钢筋的极限抗拉强度应达到100MPa，钢丝束的极限抗拉强度应达到1700MPa。

（三）自应力混凝土路面

近年来，国外曾用膨胀水泥试铺自应力混凝土路面。如果配筋可通过面板的膨胀以产生预应力；如不配筋，需在板的两端设置墩座以产生预应力。试验表明，配筋的自应力混凝土路面板薄，裂缝较少，效果也较好。即使配筋，其用钢量也较连续配筋混凝土路面少得多。一般预应力混凝土路面用钢量约2.7kg/m^2，而连续配筋混凝土路面则要达到5.4～

$10.8kg/m^2$。因此，国外均肯定预应力混凝土路面有发展前途。但是它的施工工艺和施工机具尚未完全解决，因而尚未能得到广泛应用。

四、钢纤维混凝土路面

近年来，国内外都在研究应用钢纤维混凝土，即在混凝土中掺入一些低碳钢、不锈钢等纤维，制成一种均匀而又多向分布的配筋混凝土。钢纤维与混凝土的握裹力可达4.0MPa，而且随着钢纤维掺入量的增加，混凝土的抗折强度显著的增长（表42-39）。也可利用废钢丝绳切断成短纤维，其长度一般为50～70d（d为钢纤维直径）。切丝钢纤维掺入量不应大于2%（体积比），切丝纤维长度不应大于80mm，否则钢纤维在混凝土中难以拌合均匀，影响混凝土拌合物的和易性。用废钢丝绳制作钢纤维时要先将油污、浮锈、麻絮等杂物清除，并分散成单丝。

钢纤维混凝土与普通混凝土的物理力学性能的比较见表42-40。

在搅拌混凝土过程中，为了保证钢纤维均匀分布，钢纤维又不致成团，应按砂、碎石、水泥、钢纤维的顺序加入搅拌机中，干拌2min后，再加水湿拌1min。在运输钢纤维和将其倒入搅拌机时，应注意使其不结成团。钢纤维混凝土路面可用一般混凝土路面的施工方法来铺筑，也可用滑动模板摊铺机，不需要特殊的机具设备。在抹面时，需将冒出混凝土表面的钢纤维拔出。

五、振碾混凝土路面

干硬性混凝土用振动压路机进行强力的振动与碾压，使混凝土达到密实与高强，用这种新工艺铺筑混凝土的施工方法称为振碾混凝土（RCC）。1976年美国首次在大坝混凝土浇筑工程中试用这种施工方法。由于施工效率高，进度快，节省水泥，混凝土质量好，强度高，因而很快就被推广试用于公路与机场的混凝土道面工程中。这种施工方法要求混凝土必须是干硬的，使推铺的拌合物能支承振动压路机的质量，同时又要求有适宜的工作度，使拌合物在拌合与振碾过程中，能有足够的水泥浆分布于混凝土之中，这就要求混凝土具有适宜的配合比设计，使浇筑后的混凝土在1min内能够振碾密实。实践证明，RCC的用水量要比普通混凝土（塑性混凝土）减少40%，水泥浆少30%。RCC适宜的工作度，应根据所使用振动压路机的功率、振频、碾压速度、碾压次数等因素决定。振动压路机应选功率大、线压力高、多振频或变振频（使振动压路机的各种频率能接近于各种骨料的自振的共振频率），以及碾压速度低等，使RCC的密实度和强度提高。粗骨料的规格以5～40mm为宜，为了减少混凝土的离析，应适当增加小粒料的比例以及掺入适量的粉煤灰，以利于改善混凝土的和易性与密实性。这样既可节省水泥用量，又有利碾压密实，使混凝土得到平整的表面。

不同掺量钢纤维混凝土28d抗折强度 **表42-39**

钢纤维掺入率(%)	普通混凝土抗折强度(MPa)	钢纤维混凝土			
		粗骨料最大粒径25mm		粗骨料最大粒径15mm	
		抗折强度(MPa)	与普通混凝土抗折强度之比值	抗折强度(MPa)	与普通混凝土抗折强度之比值
1	4.5	6.6	1.47	7.5	1.67
1.5	4.5	8.5	1.89	10.2	2.27
2.0	4.5	8.1	1.80	9.8	2.13
2.5	4.5	10.8	2.40	8.6	1.90

钢纤维混凝土与普通混凝土物理力学性能比较　　表 42-40

物理力学性能	钢纤维混凝土	普通混凝土	物理力学性能	钢纤维混凝土	普通混凝土
抗折强度（MPa）	5～26	2～5.5	抗磨指数	2	1
抗压强度（MPa）	35～56	21～35	抗疲劳限度	0.80～0.95	0.5～0.55
抗剪强度（MPa）	42	25	抗裂指标	7	1
弹性模量（$\times 10^3$MPa）	15～35	20～35	耐冻融破坏指数	1.9	1
热膨胀系数（$\times 10^{-6}$/K）	10.4～11.1	9.9～10.8			

六、水平滑模施工混凝土路面

水泥混凝土路面的滑模摊铺施工方法与滑模摊铺机问世于上世纪60年代中期，它是土木专家根据不同坍落度水泥混凝土施工的研究而提出的。该项技术采用滑动成型模板代替原来的固定模板，对低流动性混凝土（坍落度一般在1～6cm）连续一次成型，摊铺后无需模板支撑而保持稳定形状。滑模施工的高生产率和良好的经济性，使滑模摊铺机和滑模施工技术在60年代末得到了开发和推广。70年代中期，滑模摊铺施工技术相继在路缘石、隔离带、隔声和消声设施、低挡土墙、桥面、人行道、花池围墙、机场、码头、车站、停车场、排水沟、连坡、水渠和排污设施等施工中得到广泛应用。在一定程度上，滑模施工技术几乎可能应用于任意形状断面的施工对象。

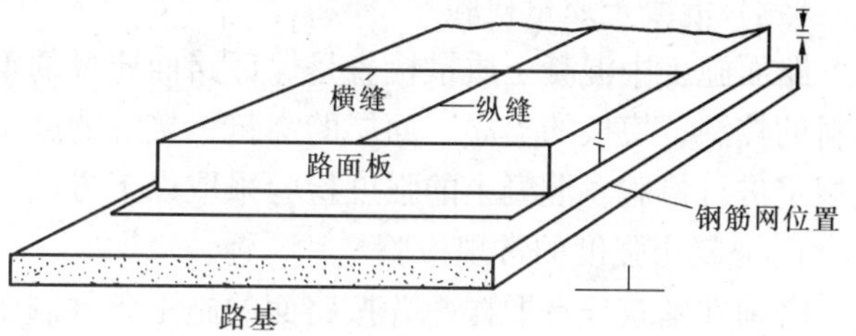

图 42-9　滑模施工水泥混凝土路面

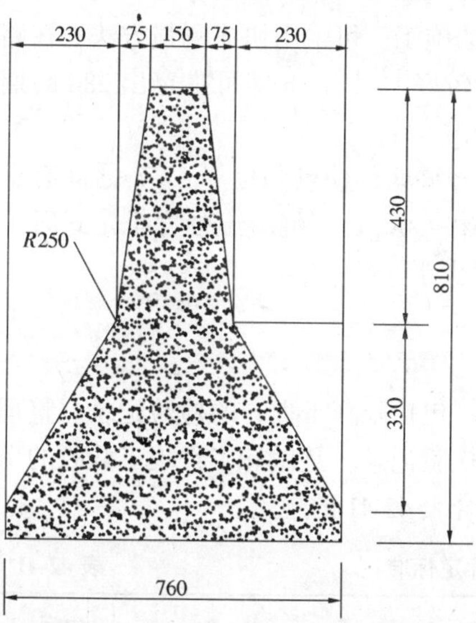

图 42-10　滑模施工高速公路隔离带（mm）

典型的水平滑模施工断面分别为水泥混凝土路面和高速公路隔离带墙体，分别如图 42-9 和图 42-10 所示。

支撑模板的消除使得滑模施工节省了人力和材料成本，大大缩短了施工工期，是滑模施工的另一优势。对于能连续滑模施工的宽度为7.5m、厚度为0.25m的路面，生产率可达200～300m^3/h，这对固定模板施工是很难达到的。生产效率的大幅度提高与完工后路面质量较好已足以弥补前期一次性投资较高的缺点，这就更加说明了采用这种工艺施工水泥混凝土路面是先进的。

第七节　道路混凝土工程验收

道路混凝土根据《水泥混凝土路面施工及验收规范》（GBJ97—87）进行施工验收。

一、质量检验

（一）原材料质量检验

各种原材料的质量，按本章第二节中的有关规定进行检验，并做好施工质量检验记录。

（二）基层质量检验

路基的密实度、平整度、高程、纵横向坡度等必须符合设计要求，并经验收合格后方可铺筑基层，基层施工一般以弯沉值检验其强度与均匀性，并要达到设计中规定的要求。

（三）混凝土质量检验

路面施工中混凝土质量检查是保证路面质量的重要环节。如混凝土材料的配合比、混合料的拌制、模板的支立、面层的浇筑、接缝的施工、抹面整平等，均按本章第四节中有关规定进行检验。混凝土的强度检验采取以下方法：

1. 混凝土强度的常规检验

必须在铺筑地点取样，并按路面的施工条件制备试件。每 $400m^3$ 混凝土，制作两组抗折试件（每组六块），其养护龄期分别为 7d 和 28d，每铺筑 1000 ~ $2000m^3$ 混凝土增做一组后期强度（90d 或更长）试件，并利用抗折试件的断头进行抗压强度的试验。

2. 混凝土强度的快速测定

为能及时掌握混凝土的强度，指导现场混凝土的施工，可采用快速测强方法。在路面施工中，目前以促凝压蒸快速测定法试验的效果为较好，只需 1h 即可推定出 28d 龄期强度。

由于混凝土标准养护 28d 龄期强度（f_{c28}）和压蒸砂浆的快硬强度（$f_{c快}$）之间有良好的相关性，根据 f_{c28} ~ $f_{c快}$ 关系式，便可由 $f_{c快}$ 推定出 f_{c28}。建立混凝土强度推定式时，取样数不得少于 30 组，各种水灰比重复试验次数不得少于 5 次。

二、竣工验收

（一）道路混凝土路面

施工现场的试验，检验人员必须做好每道工序（包括隐蔽工程）的检验记录，整理好混凝土的配合比设计，材料检验及混凝土施工质量检验记录，是做好工程竣工验收的重要依据。公路、城市道路、厂矿道路的评定标准应符合表 42-41 的规定。

道路混凝土工程质量评定标准 **表 42-41**

序 号	检 查 项 目	允 许 偏 差	检 查 方 法	定 分
1	抗折强度	在合格条件之类	按规定检查	45
2	平整度	5mm	用 3m 直尺，每 100m 检查 5 处	15
3	相邻两板高差	3mm	每 100m 量 5 个断面，每断面量 2 ~ 4 点	5
4	纵断高程	± 10mm	每 100mm 内水准仪测 5 处	10
5	路拱横坡	± 0.15%	每 100mm 量 3 个断面	5
6	路面宽度	不小于设计	每 100mm 抽量 2 处	5
7	路面厚度	± 10mm	每 100mm 抽量 1 处	10
8	纵横缝直顺度	15mm	用 20m 拉线，每 100m 纵横各量 1 处	5

如果混凝土道面外观有脱皮、印痕、裂缝、露面、缺边掉角等现象，应予以扣分。凡是外观检验合格，允许偏差（表 42-41）中项目达到 60～79 分为合格，80 分以上者为优良。

混凝土路面施工完毕，施工单位应将全线以 1km 作为一个检查段，按随机取样的方法选择对每一检查段的测点，按混凝土面层质量验收和允许偏差的规定进行自检，并向监理部门和建设单位提供全线检测结果及施工总结报告。施工质量监理单位应会同施工单位一起按随机抽样的办法选择一定数量的检查段进行抽样检查，抽样总长度不宜少于全程的 30%，检查的内容和频度应符合规范规定。检查指标的评定标准为：对于高速公路和一级公路，可考虑 $a_1 = 95\%$ 的保证率；对于其他等级公路可考虑 $a_2 = 90\%$ 的保证率。检查段应不少于 3 个，每段长度为 1km。

混凝土路面完全完工后，应根据设计文件、交工资料和施工单位提出的交工验收报告，按国家建设工程竣工验收的办法组织验收。验收时应提交设计文件和交工资料、交工验收报告、混凝土强度试验报告、材料检查及材料试验记录、基层检查记录、工程重大问题处理文件、施工总结报告、工程监理总结报告等。高速公路和一级公路水泥混凝土路面的工程质量验收检查内容和允许偏差应符合表 42-42 的规定，路面外观应无露石、蜂窝、麻面、裂缝、啃边、掉角、翘起和轮迹等现象。

高速公路和一级公路水泥混凝土面层质量验收和允许偏差　　表 42-42

<table>
<tr><th colspan="2" rowspan="2">检查项目</th><th colspan="2">检查频率</th><th rowspan="2">质量标准或允许偏差</th><th rowspan="2">检查方法</th></tr>
<tr><th>范围</th><th>点数</th></tr>
<tr><td colspan="2">抗折强度（MPa）</td><td>每台班或每 200m³</td><td>2 组</td><td>不小于标准</td><td>小梁抗折试验或钻芯取样实测</td></tr>
<tr><td colspan="2">板厚度（mm）</td><td>每车道每检查段</td><td>10 处</td><td>－5</td><td>用尺量，必要时钻芯取样实测</td></tr>
<tr><td rowspan="2">平整度（mm）</td><td>平整度仪</td><td>抽一车道连续检测</td><td></td><td>1.8（2.5）</td><td>平整度仪，按每 100m 计 δ</td></tr>
<tr><td>3m 直尺</td><td>半幅车道每检查段</td><td>10 处</td><td>3（5）</td><td>用 3m 直尺，每处连量 10 尺</td></tr>
<tr><td colspan="2" rowspan="2">相邻板高差</td><td>每条胀缝</td><td>2 点</td><td>2</td><td>用尺量</td></tr>
<tr><td>每检查段纵、横各 10 条</td><td>20 点</td><td>(3)</td><td>每条、处测 2 点</td></tr>
<tr><td colspan="2">纵缝顺直度（mm）</td><td>每检查段</td><td>20 处</td><td>10</td><td>拉 20m 细线量取最大值</td></tr>
<tr><td colspan="2">横缝顺直度（mm）</td><td>每检查段</td><td>20 处</td><td>10</td><td>沿板宽拉线，量取最大值</td></tr>
<tr><td colspan="2">板宽度（mm）</td><td>每检查段</td><td>20 处</td><td>±10</td><td>用尺量</td></tr>
<tr><td colspan="2">纵断高程（mm）</td><td>每检查段</td><td>20(10)点</td><td>±10
(±15)</td><td>用水准仪量</td></tr>
<tr><td colspan="2">模坡度（%）</td><td>每检查段</td><td>20（10）断面处</td><td>±0.15
(±0.25)</td><td>用水准仪量</td></tr>
<tr><td rowspan="2">板面纹理</td><td>拉毛深度（mm）</td><td>每检查段</td><td>20 块</td><td>2～3</td><td>用尺量</td></tr>
<tr><td>构造深度（mm）</td><td>每检查段</td><td>2 块</td><td>符合设计要求</td><td>用砂铺法，每板测 2 点</td></tr>
</table>

注：1. 表中括号内数值为其他等级公路指标值。

2. 表中 δ 为平整仪测定的标准偏差，h 为 3m 直尺与板面的最大间隙。

(二) 机场混凝土路面

机场跑道面混凝土面层检验，应按建设部颁发的《关于基本建设项目竣工验收暂行规定》进行验收，其混凝土跑道面的工程质量应符合表42-43规定。

机场道面混凝土面层工程质量标准 表42-43

项目		质量标准	说明
强度		每组试件28d强度平均值低于强度等级的组数不得超过5%，任何一组试件平均强度的最低值不得低于设计强度等级的90%	必要是现场取样，以抗折极限强度为主
平整度		矩形板允许偏差±5mm	有条件用水准仪测定，没有条件用矩形板、3m尺检查
相邻板高差		允许偏差±3mm	
厚度		允许偏差±5mm	厚度均匀
高程		允许偏差±5mm	纵坡顺适平整
长度		允许偏差1/3000L	
宽度		允许偏差1/1000B	边线顺整齐
板边垂直性		允许偏差±5mm	胀缝板边垂直无偏差
横板		允许偏差±0.15%	包括弯道外测超高
外观	外表	不应有露石、蜂窝、麻面、裂缝、脱皮、粘浆、啃边、掉角、印痕及轮迹等现象，填缝饱满，粘结牢固，无空隙、无杂物，绝缘、清洁、整齐	
	接缝的直线性	每20m段长度内，允许误差10mm	用20m长线拉尺检验，应抽查缝总长的1/10
	预埋件、预留孔中心线位移	允许偏差5mm	
	表面的粗糙度	路道高速出口滑行道不得小于0.5mm，滑行道、停机坪不得小于0.3mm	用填砂法检验，其平均纹理深度小于左边规定之值

第八节 道路混凝土常见病害原因分析

水泥混凝土结构由于混凝土本身老化或施工缺陷，常导致混凝土结构发生局部破损。例如混凝土浇筑过程因水化作用引起收缩而产生裂缝，施工不当带来构件缺陷，使用过程因构筑物的坍陷不均，磨损或大气影响造成剥落开裂等破损情况也是常有的。

在道路工程中的混凝土路面及桥梁，除上述影响因素外，还要经受长期自身荷载和重复荷载作用，混凝土更易产生裂缝和破损，不仅会降低结构的刚度和整体性，且会加剧钢筋锈蚀或因改变受力状况而缩短混凝土结构的使用寿命。

一、混凝土路面常见病害现象

工程中常见到的混凝土路面的病害主要有接缝破坏和混凝土板体损坏两种现象，其具体形式如下：

（一）接缝的破坏

1. 挤碎

胀缝的上部如有混凝土搭连，或被硬石子阻塞，当板体伸胀时，板的上部将产生集中压应力，当其超过混凝土的抗剪强度时，板体边部即发生剪切挤碎。

2. 搭起

当胀缝的上部被阻塞，板体伸胀时所产生的压应力尚未超过混凝土抗剪强度时，缝旁两块板可能会向上拱起，甚至在炎热夏季里昼间会突然将板体拱起折断。

3. 错台

当胀缝的下部缝隙与上部缝隙未能对齐，或胀缝歪斜，则缝旁两块板在伸胀挤压过程中，会上下错开而成错台。缩缝断裂后，水沿裂口渗入基础而使其软化，或者裂口断面被磨光，传力效果降低，都会导致产生错台。当交通量或基础的承载力在横向各幅板上分布不均匀时，各幅板会产生横向沉陷不一致，纵缝也会产生错台现象。

4. 缝的错开

在横向各幅板与基础间的摩擦阻力不均匀，各幅板所承受的交通量不尽相同，致使各幅板的挤动方向、速度和距离都不能完全一致，结果导致横缝（包括伸缩缝）错开现象。

5. 纵缝拉宽

由于板体自身荷载沿着路拱横坡的分力方向作用，而路肩对路面板横向移动的阻力不足，则板体将产生横向爬动，纵缝间隙将增宽。另外，在反复的温度变化作用下，板体会多次胀缩，而纵缝间隙也会增宽。

6. 填缝丧失和脱落

在板体有胀缩作用下，填缝料会被挤出而被车轮带走。

（二）混凝土路面板体自身的破坏

主要是板体的裂缝及路面上出现麻坑、剥落、磨损、折断与沉陷等。板体产生裂缝的原因有以下几种：

(1) 基础软弱，强度不均匀。

(2) 板材太长，当板体收缩时，它与基础间的摩擦阻力引起的应力之和，超过混凝土板体自身的抗拉强度。

(3) 由于材料或施工质量不良，混凝土未能达到设计强度要求。

二、病害原因分析及防治措施

（一）产生原因分析

一般道路路面破损的主要原因如下：

(1) 水泥混凝土级配不良，水灰比失控，强度不够理想。

(2) 基础尚不理想，导致局部破碎，路面出现翻浆。

(3) 混凝土板块划分不合理，车辆荷载过于集中，致使部分 25～40cm 宽修补板块上重新断裂。

(4) 环氧树脂灌缝修补失败，说明将裂缝仅作表面处理将不会取得良好效果。

(5) 部分板块龟裂严重，除施工中养护不良外，其所用水泥品质还需作进一步验证。

(6) 裂缝继续扩展的原因，很大程度上是切缝深度不够，实际切缝深度仅 3～4cm。

(二) 防止病害扩大的措施

(1) 对现已破损的路面进行有效的补强和修缮，以确保该段路面安全畅通和尽量满足设计使用寿命是当务之急，在技术上是可行的，在经济上的损失是最小的，社会影响也缩小到有限范围内。

(2) 加强必要的养护措施，如灌缝、清除杂物等，将有助于现有路况的整体性，使基层和土路基免遭进一步破损。

(3) 展开对该路段胀（缩）缝深度的调查，对浅缝采取补救措施，以防较长路段路面的加速破损已是一项十分迫切和必须的措施。

(4) 在可能情况下，对该路段混凝土质量进行重新评估，以预测在使用期内。可能产生的破损，并制定相应的技术措施。

第九节　道路混凝土路面的维修

为了延长混凝土结构的使用寿命，对已破损的混凝土构筑物进行修补是非常必要的。针对不同破损，采用不同的修补方案，具体的修补地点、范围要视现场状况而定。

一、混凝土路面维修

(一) 接缝的维修

接缝处理不好是引起混凝土路面破坏的重要原因。因此，不仅在铺筑路面时要小心地处理好接缝，而且在养护时要特别注意接缝的防护。首先，要使填缝材料经常填满，填实封平，而且在填嵌之前必须先用钢丝刷将缝内杂物清除。当缝隙的宽度有所扩大拉宽时，应先灌热沥青，使其渗入路基，而后再填嵌缝材料，照原结构进行修复。如因夏天高温时嵌缝材料被挤出缝外，应及时铲除。冬天温度低，缝隙增宽或填缝材料丧失脱落时，应及时补充填缝材料。如果填缝材料因日久老化失去弹性，应予以铲除并更新。填缝材料的质量对于接缝的保护有着至关重要的影响，必须认真地选配。

(二) 裂缝的修补

对于微细小的裂纹或裂缝，应及时将缝隙内的尘土清除干净，再罐入环氧树脂，沥青玛琋脂或沥青砂浆等。对于严重裂缝，宜先将松动部分凿掉，除去碎块，清除灰尘，然后在表面干燥状态下，用液体沥青涂刷缝壁，再填入沥青夯实，用烙铁烫平，再以细砂覆盖保护。裂缝的修补工作，宜在秋末初冬进行，因此时气温低，缝隙宽，雨水少。

采用粘结法、单边粘结法、增缝法、灌浆法和条带罩面法等五种方法修补裂缝。

1. 粘结法

沿裂缝全深度扩缝，用 SC-Ⅰ型胶粘剂现场修补，并使板体恢复整体功能。

2. 增缝法

沿板体裂缝走向全深度扩缝，清除破损混凝土，选择 SC-Ⅰ胶粘剂修补，现场浇筑宽度大于 1m 的混凝土板，使原板体增设多余缩缝。

(1) 修补工艺流程：

切割→翻挖→粘结界面清理→胶粘剂配料→搅拌→灌注→振捣→抹平→（灌缝）→养护（3d）→观察、开放交通。

（2）主要设备工具、材料：

大型切割机、空压机、电动刷、小型强制式搅拌机、微型平板振动机、干燥的粗骨料（石子）、细骨料。

（3）技术要求：

①粘结界面必须用电动刷刷清洁；

②视路面破坏情况，可设置一层或双层钢筋网；

③抹平一次结束，控制平整度；

④采用塑料薄膜养护。

3. 压注灌浆法

对宽度在0.5mm以下的非扩展性表面裂缝，可采取压注灌浆法。

（1）用压缩空气清除缝隙中泥土杂物；

（2）将松香和石蜡按1:2配制并加热熔化；

（3）每隔30cm安置一个灌浆嘴；

（4）用胶带将缝口贴牢，并在灌浆嘴及胶带上加封松香石腊；

（5）用压力灌浆器将灌浆材料溶液压入缝内。

4. 扩缝灌浆法

对局部性裂缝且缝口较宽时，可采取扩缝灌浆法。

（1）先顺着裂缝用冲击电钻将缝口扩宽成1.5cm的沟槽，槽深根据裂缝深度确定，最大深度不得超过2/3板厚；

（2）用压缩空气吹除混凝土碎屑，填入粒径为0.5cm的清洁的小石屑（含泥量小于1%）；

（3）根据选用的裂缝修补材料使用方法，准备好灌浆材料；

（4）灌入选用的裂缝修补材料；

（5）用远红外灯加热增强2~3h即可通车。

5. 直接灌浆法

对非扩展性裂缝，可采取直接灌浆法。

（1）先将缝内泥土、杂质清除干净，随后用钢丝刷将缝口刷一遍，并用吸尘器将浮土吸掉，确保缝内无水、干燥；

（2）缝内及路面先铺一层聚氨酯底胶层，厚度为（0.3±0.1）mm。底胶用量为0.15kg/m，底胶铺设采用涂刷方法；

（3）准备好灌浆材料；

（4）将灌浆材料灌入裂缝，固化后达到通车强度，即可放行。

6. 条带罩面法

对贯穿全厚的开裂状裂缝，宜采取条带罩面法进行修补。

（1）首先顺裂缝两侧各约20cm，且平行于缩缝切7~10cm深两条横缝；

（2）在两模缝内侧用风镐或液压镐凿除混凝土7~10cm；

（3）沿裂缝两侧10cm，每隔50cm钻一对钯钉孔，钯钉孔的直径略大于钯钉的直径；

(4) 用 ϕ16 螺纹钢筋制做长 20cm、弯钩长 7cm 的钯钉；

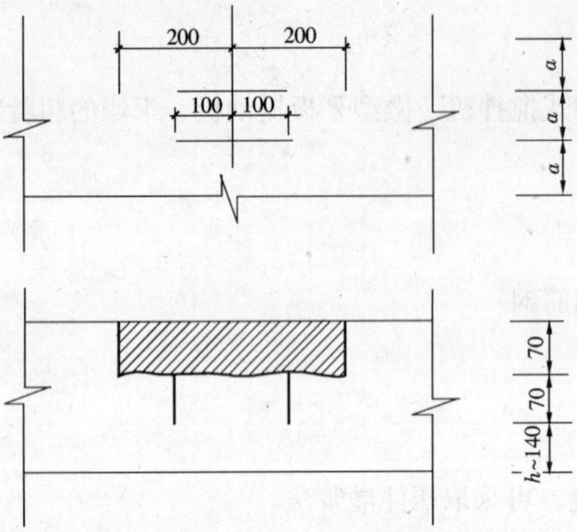

图 42-11 钯钉罩面示意图（单位：cm）

a—钯钉间距；*h*—混凝土面板厚度

(5) 将孔槽内填满快硬砂浆，安装钯钉；

(6) 人工将切割的缝内壁凿毛，以增强新老混凝土的粘结力。人工去除已破裂尚未掉下来的表面裸石；

(7) 在修补面上涂刷一层同混凝土配合比的修补砂浆，然后浇筑快硬混凝土（图 42-11）；

(8) 喷洒养生剂养生。为防止修补混凝土中的水分沿相邻老混凝土孔中失去，养护剂的喷洒面应延伸到相邻老混凝土内 20cm 以上；

(9) 用切缝机加深缩缝；

(10) 灌填缝料；

(11) 在裂缝端部路肩外修盲沟以利排水。

7. 表面龟裂的处理

(1) 对于表面裂缝较多及表面龟裂，可把裂缝划分为一个施工面；

(2) 将其施工面中的裂缝凿成一块 3~6cm 凹槽；

(3) 把混凝土碎屑吹除干净；

(4) 配制聚合物乳液混凝土或备好其他修补材料；

(5) 浇筑修补混凝土；

(6) 喷洒养生剂养生；

(7) 养生至规定通车强度时即可通车。

(三) 断裂的修理

根据断裂的部位，将板体开裂部分凿成深约 5~7cm 的长方形槽，将槽刷洗干净后，用水泥砂浆抹涂壁和底面，然后用混凝土修补。较为彻底的修补方法是将凹槽凿至贯通整个板厚，在开槽两边板体厚度中央部分打深为 10cm、直径为 3~4cm 的洞，其水平间距为 30~40cm，并应预先将每个洞孔周围湿润，插入一根直径为 18~20cm、长约 20cm 的钢筋作为传力杆，然后用最大粒径为 5~10mm 的细粒混凝土填塞捣实，洞口留下 1~2cm 不浇满，钢筋的一半伸出洞外。待细石混凝土硬结后，再将凹槽边壁湿润，涂刷水泥浆一道，然后将与原来相同的混凝土浇入槽中夯捣密实，如图 42-12 所示，这种方法可使新老混凝土结合成牢固的整体。

板体全深度破坏的清除，用 SV-Ⅱ早强混凝土重筑。

1. 修补工艺流程

切割→翻挖→粘结界面清理→配料→搅拌→灌注 SV-Ⅱ早强混凝土→振捣→抹平→拉毛→养护（3d）→观察、开放交通。

2. 使用机械、工具

大型切割机、空压机、插入式振捣机、行夯板、强制式搅拌机、拉毛器。

3. 技术要求

(1) 专人控制好外加剂用量及水灰比，骨料干燥；

(2) 振捣后，插入式振捣机和平板振动机配合使用；

(3) 浇筑后拉毛，保证一定的粗糙度。

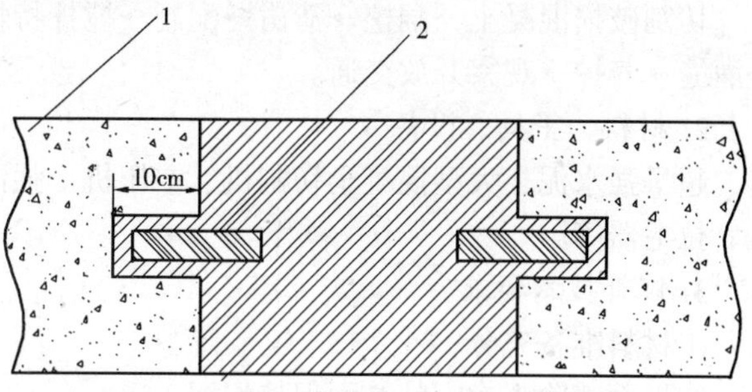

图 42-12　小块混凝土路面修理方法

1—细颗粒混凝土；2—ϕ8～20 钢筋（长 20cm，间距 30～40cm）

(四) 麻面、剥落及坑洞的修补

首先将破坏部分的碎屑、尘土清除干净，再用 1:2（水灰比 0.45～0.50）水泥砂浆或硫磺水泥填补。硫磺水泥强度高，能与多种材料粘结快硬，不需要养护，并有耐酸抗渗作用。也可用掺有 10%～20% 聚醋酸乙烯乳液的水泥砂浆进行修补。对于这些损坏，也可先涂环氧树脂或掺有 10% 聚醋酸乙烯乳液的水泥浆，然后用掺有早强剂的混凝土填补。如涂环氧树脂时，必须在它固化前浇筑上面的混凝土，以利粘结牢固。

在原路面上用 SC-Ⅰ型胶粘剂进行加层铺罩，使原路面保持平整和恢复结构强度。

1. 修补工艺

切割→清凿→修补材料配制→搅拌→浇筑→养护→灌注→观察→开放交通。

2. 使用工具及设备

小型切割机、空压机、锒头、凿子、微型平板振捣机、电动刷等。

3. 技术要求

(1) 加罩层厚度大于 1cm；

(2) 选用的骨料应干燥；

(3) 采用电动刷界面清洁时，应适当扩大清洁范围。

(五) 边角缺损，胀缝破坏修补

清除破损混凝土，选择粘结型材料（SC-1 胶粘剂）补强整修。

(1) 修补工艺流程

切割→清凿破损混凝土→配制→搅拌→浇筑→灌缝→养护（3d）→观察→开放交通。

(2) 使用工具及设备

小型切割机、空压机、锄头、凿子、微型平板振捣机、电动刷。

(3) 技术要求

①离缩缝边缘啃边较深的（>1/2h）的破损面，视破损状态，可参照“裂缝单边粘结法”修补；

②骨料要干燥，修补后胀（缩）缝与原路面一致；

③浇筑后应灌注浇筑缩缝。

(六) 桥面铺装裂缝修补

采用特快硬混凝土翻筑。

1. 修补工艺流程

切割破损混凝土→翻挖→清凿→配制→搅拌特快硬混凝土→浇捣→抹平→拉毛→切割→灌缝→养护→观察开放交通。

2. 材料、工具、设备

超早强水泥、大型混凝土切割机、空压机、强制式搅拌机、插入式振捣器、平板振动机、拉毛器等。

3. 修补技术要求

①材料准备充分；

②界面清除干净，粘结面保持湿润；

③注意进出料施工速度；

④及时拉毛；

⑤切割后灌缝；

⑥养护浇水。

（七）大面积磨损的处理

当磨损、剥落的面积大时，可用坚硬石料进行双层沥青表面处治。粘层油（与要修补的旧路面相结合的沥青）应用较硬的沥青，用量应少，以免剥落。对于已磨光的路面（抗滑力减少），影响行车安全，应用切割机将混凝土路面切割出浅横槽，从而提高路面对于行车的防滑能力。

（八）整仓修复

当裂缝分布在整块板体上时，可将该块板体击破拆除，重新夯实基层，另浇筑新混凝土板。

（九）罩面

当混凝土路面普遍损坏后，可在其上用新混凝土覆盖罩面。为了增进新老混凝土的结合，可在旧路面上先涂环氧树脂，然后铺筑新混凝土面层或钢丝网水泥。近些年来，国外倾向于采用厚度为 8～13cm 连续配筋混凝土板做罩面，效果较好。

（十）裂纹修补

根据现有裂纹路况，应对裂纹重新评价再商洽处理方案。

二、修补道路混凝土路面的胶粘剂

近年来，国内外对混凝土技术颇为重视，进行多方面的试验研究，但多以采用环氧树脂有机高分子粘结材料进行修补，由于这类材料单价较高，使用范围受到一定限制，特别对大面积施工，更为困难，基于上述，通过对几种有机、无机类粘结修补材料作了多种探索性试验，其中有聚醋酸乙烯脂乳液、聚乙烯醇醇缩甲醛建筑胶水、硅酸钠与水泥材料等作结合材料的胶粘剂。对比试验的结果表明这几种材料粘结补修的效果。其中以 SC-Ⅰ型胶为理想，特别是 SC-Ⅰ型胶粘剂本身具有快硬、早强特性，它的粘结强度均超过普通水泥净浆或砂浆的粘结强度。其比较如图 42-13 和图 42-14 所示。

通过分析比较筛选后，对硅酸钠系进行了较为系统的试验，配制成功双组分 SC-Ⅰ型混凝土胶粘剂，经过多年来的研究和工程试点应用，效果良好。

（一）SC-Ⅰ型混凝土胶粘剂的性质

SC-Ⅰ型胶粘剂是以硅酸钠为结合剂，金属氧化物作固化剂，以二氧化硅为主体的砂、石料作骨材的一种新型胶粘剂。

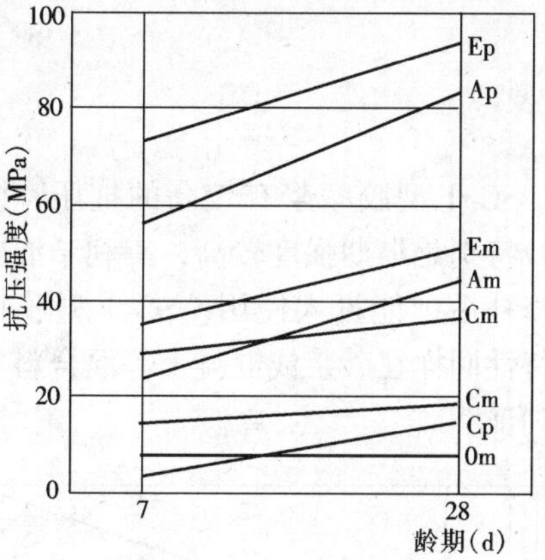

图 42-13　材质强度比较

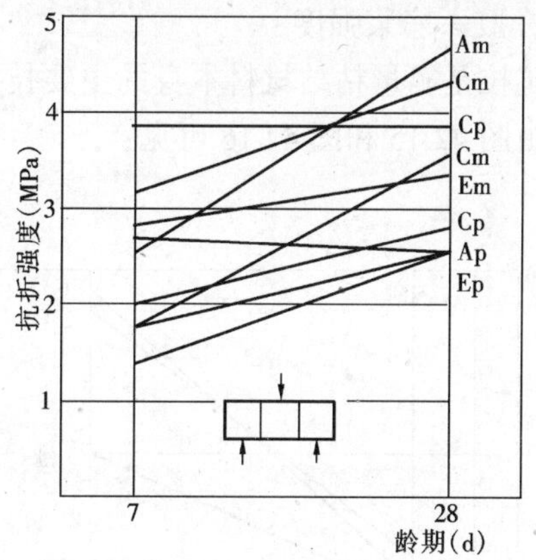

图 42-14　粘结强度比较

图 42-13 和图 42-14 符号表示意义：

A_p—SC-1 型胶净浆；A_m—SC-1 型胶砂浆；E_p—减水剂水泥净浆；E_m—减水剂水泥砂浆；O_m—水泥砂浆；C_p—聚乙烯醇缩甲醛水泥净浆；C_m—聚乙烯醇缩甲醛水泥砂浆

硅酸钠是水溶性无机胶粘剂的一种，其作用系涂布干燥后发挥效力。未经改性的硅酸钠胶层有吸潮性，耐入性也差。所以，硅酸钠作为结合剂的历史虽长，但由本身性质所限，其粘合强度仅比淀粉略高，低于骨料、酪朊类胶粘剂。同时，它不能粘被碱性物质污染的物体，故一般用作多孔材料的结合，如纸张、织物、木材等。有时则作为脲醛、三聚氰胺和淀粉等胶粘剂的掺料。

为了获得较高的结合强度并提高其耐水性，开展了对硅酸钠改性方面的试验研究工作。

通过分析筛选，以 0 号、1 号、2 号、3 号配比的粉剂和经不同波美度 Be 比较选择后的硅酸钠，进行下列 SC-Ⅰ型胶粘剂本身材质强度检测，试验结果如下：

（二）胶粘剂及其发展规律

在对 SC-Ⅰ型胶粘剂进行配比选择后，开始进行相应的强度发展规律的测试，以期掌握这一新材料长期强度的变化规律。与此同时，鉴于 SC-Ⅰ型胶粘剂本身强度并不能代表其粘结效果，还进行了 SC-Ⅰ型胶粘剂长期粘结强度的检测试验。

试验按净浆、砂浆、混凝土的次序先后进行。净浆抗压试件采用 2cm×2cm×2cm 立方体试模成型；抗折强度则采用水泥净浆快速测定试饼模成型试件进行检测；稠度及凝结时间采用水泥软练法稠度仪进行检测。考虑到胶粘剂有较快凝结速度的特点，试验中将原规定的加水拌和时间由 5min 改为 3min。而稠度则仍按水泥软练要求的标准稠度为准。砂浆强度测试，为减少试验误差和取得较好的可比性条件，试验中均采用水泥软练抗压、抗折强度测试方法进行，与此同时，还采用了 5cm×5cm×5cm、7.07cm×7.07cm×7.07cm 立方体试件进行净浆、砂浆抗压强度比较试验，其稠度则为砂浆稠度仪进行检测；在拌制混凝土时均按普通水泥混凝土技术要求进行，但胶粘剂系经对比筛选后决定。

从 SC-Ⅰ型胶粘剂强度来看，不论胶或胶砂浆，其早期或后期均有足够良好的强度。其中一年抗压强度，净浆达 70MPa 以上，砂浆亦达到 60MPa 左右，抗拉强度在后期亦有一定增长。

1. 胶—净浆强度

抗拉是衡量粘结材料本身的主要技术性质指标。

由图 42-15 和图 42-16 可见：

SC-Ⅰ型胶净浆有较高的抗压、抗拉强度，特别是早期强度较高，有利于混凝土粘结修补后即能投入使用；SC-Ⅰ型胶粘剂这一特性同样在砂浆或混凝土等混合料应用中得到证明。

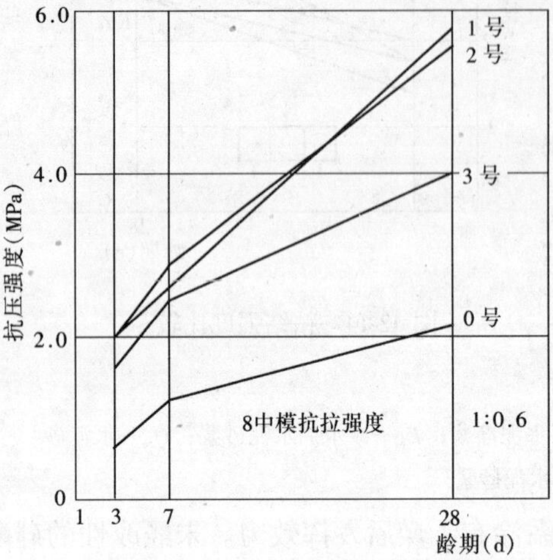

图 42-15　SC-Ⅰ型净浆抗拉强度

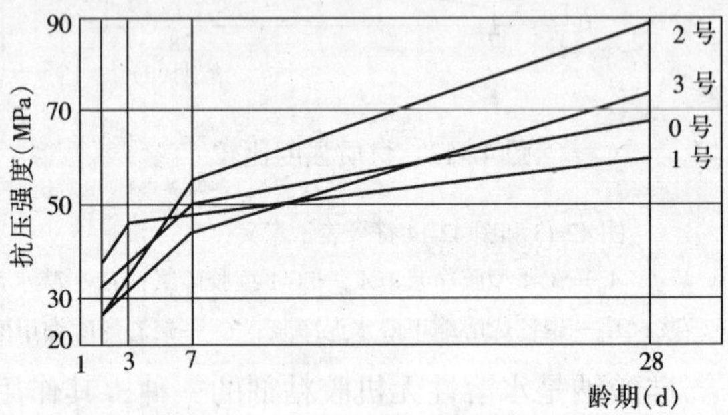

图 42-16　SC-Ⅰ型净浆抗压强度

2. 胶—砂浆强度

试验采用水泥软练法进行，拟通过检测 SC-Ⅰ型胶砂本身强度与水泥强度等级数值进行比较，见表 42-44。

SC-Ⅰ型胶砂浆强度　　　　**表 42-44**

SC Ⅰ	抗折强度（MPa）					抗压强度（MPa）				
	f_1	f_4	f_7	f_{28}	f_4	f_1	f_4	f_7	f_{28}	f_4
1号	3.34	4.35	5.35	6.98	6.08	21.2	32.2	41.3	58.7	70.5
2号	3.46	3.64	4.12	8.05	5.26	21.2	29.0	35.7	56.5	48.4
3号	3.44	4.27	4.48	6.38	4.27	18.3	30.0	38.5	56.6	54.1

注：f_4 表示蒸汽养护 4h 强度（f_4 为龄期强度）。

结果表明：SC-1 型胶砂具有良好的力学性质，按水泥强度等级推算，已近于 52.5 级水泥标准，此外通过蒸煮试件强度检测证明，SC-1 胶砂适当蒸养，体积无不安定现象。

3. 胶—混凝土强度

鉴于较大破损的混凝土结构物修补情况，尤其对大面积及一定厚度的修补工程，考虑以普通砂、石料作骨料，按普通水泥混凝土拌制方法成型，试拌进行试验检测。

试验结果（表 42-45）表明：SC-Ⅰ型胶同样可以掺加粗、细骨料配制成混凝土混合料应用，而且强度受胶灰比影响颇大。应用时宜采用较小胶灰比为宜。

SC-Ⅰ型胶混凝土抗折、弹模试验　　表 42-45

试件编号	抗折强度（MPa）		弹性模量（$\times 10^{-4}$MPa）	
	f_7	f_{28}	f_7	f_{28}
A_{ws}	0.06	4.30	1.423	2.140

4. 胶粘剂长期强度发展规律

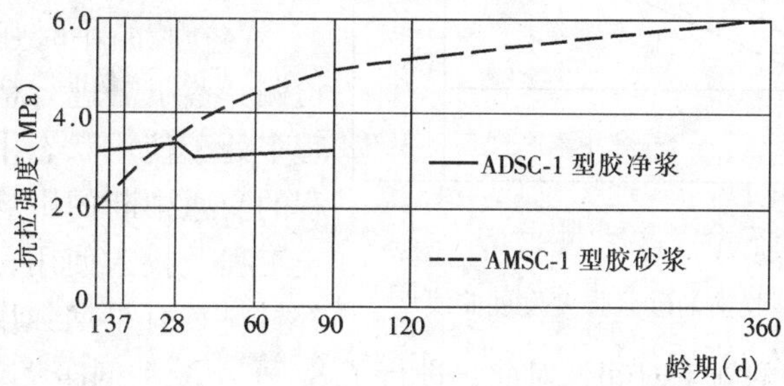

图 42-17　SC-Ⅰ型胶抗拉强度发展

(1) 通过多年来试验检测，SC-Ⅰ型胶强度无论净浆或砂浆均有良好的长期强度，特别是砂浆抗拉强度随其龄期延续而递增，这对粘结料应用效果具有重要意义，如图 42-17 和图 42-18 所示。

(2) 不同拌和方式比较：鉴于 SC-1 型胶黏度大，凝固时间快，在施工操作时，较之普通水泥混合料拌制，浇灌振实会增加一定难度，为此采用手拌、机拌两种方式进行比较(图 42-19)，并以强度校核。

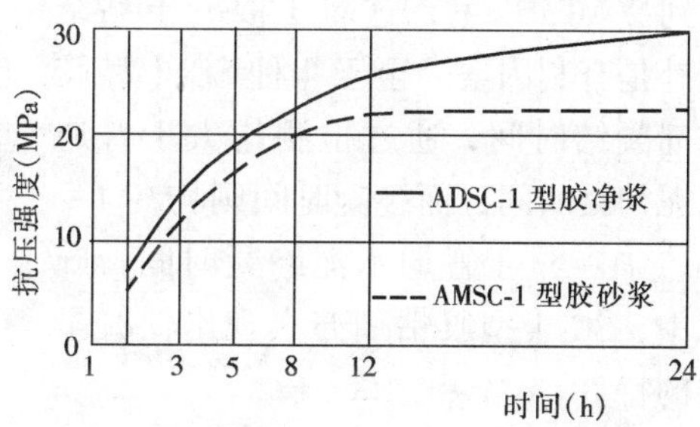

图 42-18　SC-Ⅰ型胶小时抗压强度发展

由图 42-19 可见，SC-Ⅰ型胶机拌强度均高于手拌，在施工中应尽量采用机拌为宜。

(3) 不同养护条件对胶的影响：为考察 SC-Ⅰ型胶对不同养护条件的适应性，试验采用浸水养护、标准养护及自然养护等三种条件进行，对比结果表明 SC-Ⅰ型胶对三种养护条件

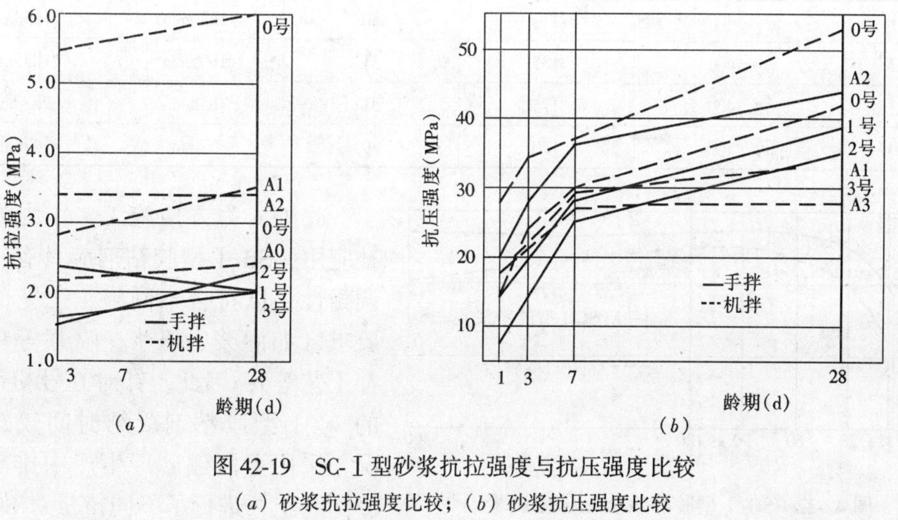

图 42-19　SC-Ⅰ型砂浆抗拉强度与抗压强度比较

(a) 砂浆抗拉强度比较；(b) 砂浆抗压强度比较

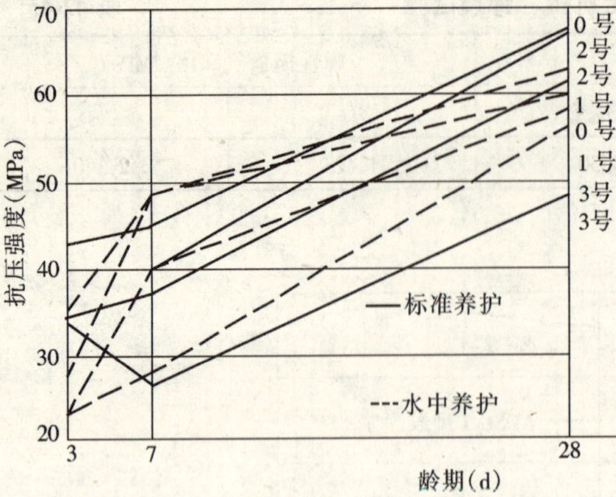

图 42-20 SC-Ⅰ型胶粘剂砂浆强度发展曲线

下的强度差异不大，可以认为 SC-Ⅰ型胶并不苛求养护条件。值得指出的是 SC-1 型胶成型后的初期强度颇为重要，特别在作为 SC-Ⅰ型胶净浆使用的情况，1~3d 内必须加强浇水养护，否则，易于产生收缩裂纹，如图 42-20 和图 40-21 所示。

(4) 胶的小时强度试验及凝结时间检测：鉴于需进行粘结修补的混凝土工程多处于使用状态中，为减少在修补过程的交通中断的影响和利于修复的混凝土工程及投入使用，一般均要求粘结修补材料具有早期强度发展快的特点，另外还需要保证有足够的施工时间，对此，进行了 SC-Ⅰ型胶粘剂净浆、砂浆小时强度和凝结时间检测试验，结果表明：SC-Ⅰ型胶粘剂具有早强效应，在 8~12h 即可达到 20MPa 以上，这对于混凝土粘结修补是有利因素。至于 4 种 SC-Ⅰ型胶粘剂凝结时间，通过检测均大于普通水泥初凝时间；而终凝时间则均在 1~2h 左右，早于普通水泥终凝时间；施工中，SC-Ⅰ型胶粘剂亦表现出促凝早强的特点。

试验结果如图 42-22 和表 42-46 所示。

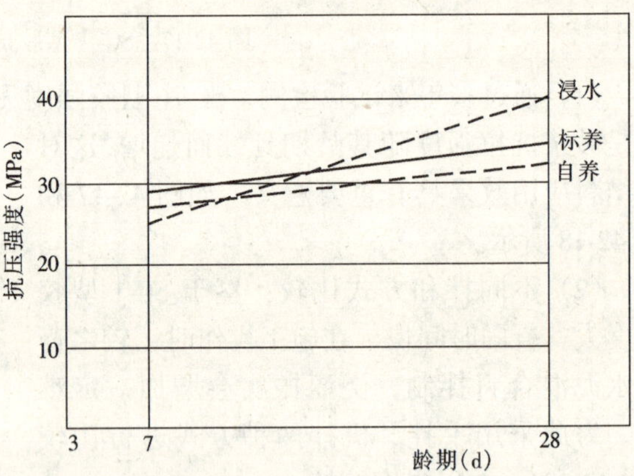

图 42-21 各种养护条件下 SC-Ⅰ型胶粘剂砂浆强度

SC-Ⅰ型胶净浆凝结时间的测定的结果 **表 42-46**

编号	胶(g)	灰(g)	稠度(mm)	初凝	终凝
1	400	170	30	1h30min	1h50min
2	400	185	31	1h05min	1h35min
3	400	175	31	1h58min	2h20min
0	400	170	29	37min	47min

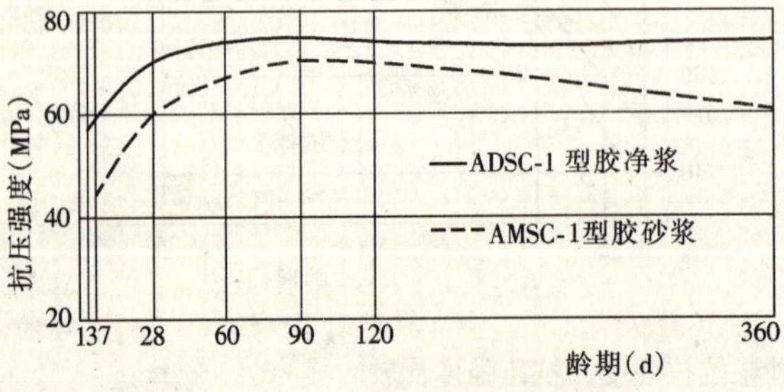

图 42-22 SC-Ⅰ型胶净浆抗压强度试验

此外，为方便施工，作为凝结修补应用，SC-Ⅰ型胶粘剂应具有一定可调凝性，以符合不同施工工艺的技术要求（如灌浆、压浆、喷浆等粘结修补工艺等）；因此，针对 0 号粉剂配制的 SC-Ⅰ型胶粘剂凝结时间较短的状况，采用上海硼砂厂生产中排出的废渣膨润土，进行了不同掺量对 SC-Ⅰ型胶粘剂调凝及强度试验，试验结果表明：随膨润土掺量增加，SC-Ⅰ型胶粘剂凝结时间减缓，掺量愈高，凝结时间愈明显延长，但强度有所降低，膨润土掺量在30%以下，其28d强度相关不大，可以认为，在SC-Ⅰ型胶粘剂中掺配一定量的膨润土，可使凝结时间得到调节，以满足不同施工条件要求，试验结果如图42-23所示。

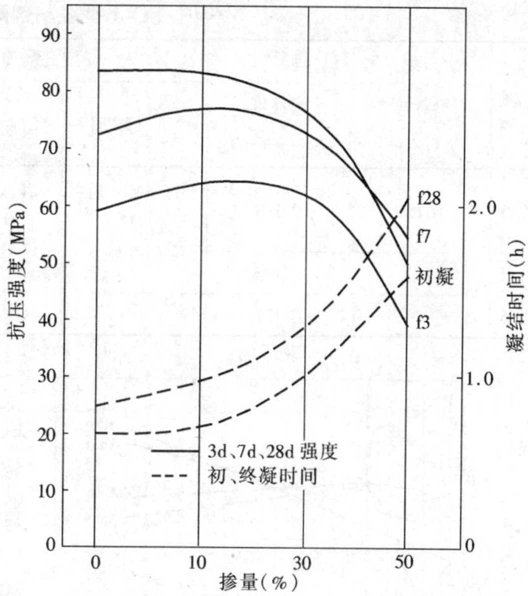

图42-23　膨润土掺量对凝结时间和强度的影响

(5) SC-Ⅰ型胶粘剂的收缩比较试验：对SC-Ⅰ型胶粘剂的收缩检测，采用了标准湿度养护、浸水养护、室外自然养护和室内干燥等四种养护方式进行。通过一年来观测结果表明：无论以1d或7d龄期为基准测定，SC-Ⅰ型胶粘剂在湿润养护条件下，其收缩值接近于普通水泥混凝土；而其干燥条件下的收缩较大。由图42-24可见，在60d龄期后，其收缩值变化均趋于平缓。可以认为，SC-Ⅰ型胶粘剂作为胶粘修补材料，宜加强早期的湿润养护，以期取得良好效果，试验结果如图42-24所示。

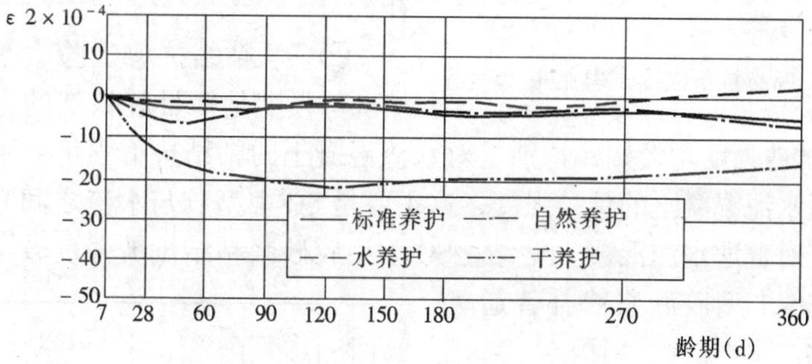

图42-24　养护条件对收缩值的影响

(6) SC-Ⅰ型胶粘剂的耐久试验：为检验SC-Ⅰ型胶粘剂工程应用耐久性质，对其抗冻性、抗渗性及抗磨性进行了测试。

①为检验SC-Ⅰ型胶粘剂，通过25次冻融循环后强度损失仅为4%，可见SC-Ⅰ型胶粘剂型冻融性质良好。

②按净浆、砂浆抗渗标准要求进行检测，不论龄期为7d或28d抗渗均达到较好效果，即循序加压至1.5MPa，并不透水。

③耐磨试验共3批4次，试验表明SC-Ⅰ型胶粘剂与普通水泥混凝土一样具有较好的抗磨耗性能，试验结果见表42-47。

鉴于当前国内尚无统一的粘结强度试验方法，特别对于粘结力测定较为合理的方法更少，今参照引用一些测试方法进行比较。

SC-Ⅰ型胶粘剂耐久性试验　　表 42-47

编号	耐磨试验		抗渗试验		抗冻试验		
	磨耗度 f_7（g/cm²）	磨耗度 f_{28}（g/cm²）	Sf_7（MPa）	Sf_{28}（MPa）	未经冻融试料强度（MPa）	25 次冻融后强度（MPa）	强度损失率（%）
A_m-5	0.123	0.130	11.5MPa 后保持 6h	1.5MP 后保持 6h			
A_m-4		0.125					
A_N-5		0.131			58.1	55.97	36

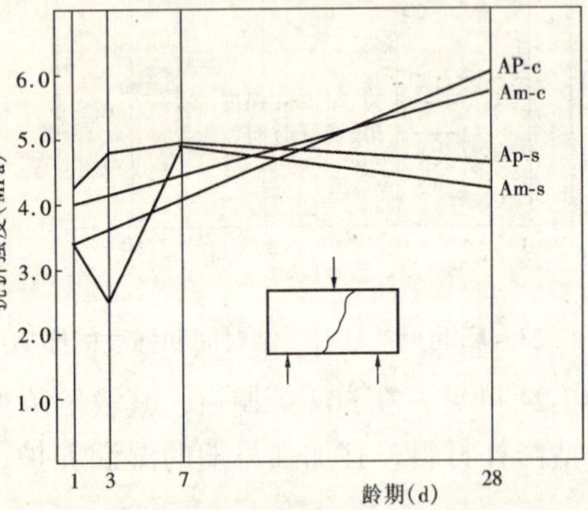

图 42-25　断裂抗折强度试验结果

（7）SC-Ⅰ型胶粘剂的粘结强度试验：为进一步检验 SC-Ⅰ型胶站结强度，按前述试验方法进行测定，试验中采用水渣混凝土和普通水泥混凝土两种试件，试验结果如下：

①断裂或三联粘结抗折试验　由图 42-25 和图 42-26 可见，水渣混凝土或混凝土粘结强度净浆均高于砂浆，试验中有多块折断部位不在粘结缝上（混凝土被折断）。此外，SC-Ⅰ型胶早期粘结强度较显著，1d 龄期即可达 4.0MPa 以上，有利于混凝土的快速修补。

②三联粘结抗剪试验　一般情况下，粘结抗剪强度是衡量胶粘剂的主要指标。由图 42-27 可见粘结抗剪强度均较好，特别是对水渣混凝土的粘结抗剪强度，不论是净浆或砂浆都超过对普通水泥混凝土的粘结强度，这主要是 SC-Ⅰ型胶与水渣之间有良好的亲和性的缘故。另外，对普通水泥混凝土粘结，SC-Ⅰ型胶砂浆粘结抗剪强度较高，所以，一般情况下宜配制 SC-Ⅰ型胶砂浆修补普通水泥混凝土为好。

（8）胶净浆、砂浆粘结强度的检测：针对混凝土的粘结修补，在配制成新型 SC-Ⅰ型胶后，除按常规方法来检测其本身物理力学性能外，对 SC-Ⅰ型胶净浆、砂浆进行较为全面的粘结强度复演检测试验。试验中，试件系湿碾水渣混凝土及普通水泥混凝土两种，粘结试验均采用前文所述的粘结试验方法进行，试验结果见表 42-48。

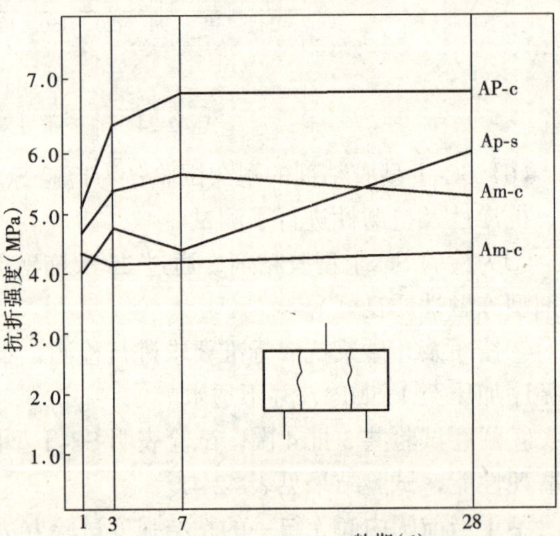

图 42-26　三联抗折强度试验结果

①SC-Ⅰ型胶净浆，砂浆对水渣混凝土或普通水泥混凝土均具有一定粘结修补强度，水渣混凝土或普通水泥混凝土

在折断后，如以 SC-Ⅰ型胶净浆、砂浆粘结修补，经 28d 龄期养护后，可以恢复原试件强度的 72.5%～90.9%，其粘结强度效果是显著的。

②通过三联抗折或抗剪粘结强度检验证明 SC-Ⅰ型胶净浆均具有较高的粘结强度，如三联抗折粘结强度均超过 4.0MPa，而 28d 三联抗剪强度则达到 4.33～9.14MPa 以上，接近普通环氧砂浆强度。

③SC-Ⅰ型胶净浆，砂浆粘结强度再次检测结果表明：其复演性良好，一般均超过原配制试验检测的数值。

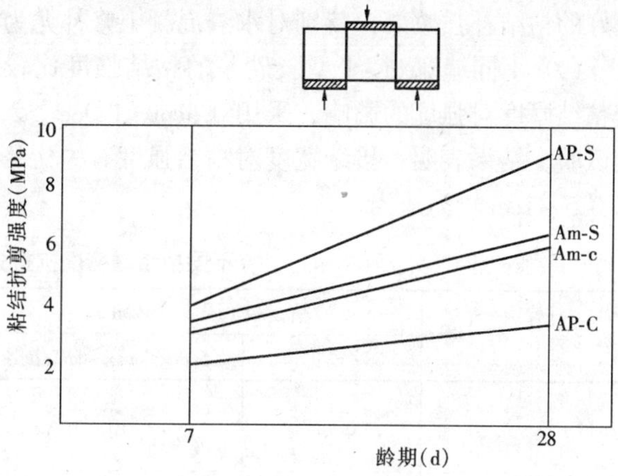

图 42-27　各种混凝土粘结抗剪强度比较

SC-Ⅰ型胶净浆、砂浆粘结强度测试汇总表　　　　**表 42-48**

编号	对象加载形式			f_1	f_3	f_7	f_8
AP3	水渣混凝土	抗折强度（MPa）	折断前	5.79	5.95	6.35	6.0
			粘结后	4.45	4.82	4.98	4.92
			粘结强度之比	79.9%	80.9%	78.4%	82.0%
		三联抗折（MPa）		7.05	4.81	4.43	5.74
		抗剪（MPa）		—	—	8.29	4.32
	普通混凝土	抗折强度（MPa）	折断前	6.76	7.05	65.8	7.2
			粘结后	3.96	4.11	4.40	6.03
			粘结强度之比	53.9%	50.3%	66.9%	83.3%
		三联抗折（MPa）		4.93	6.54	6.87	6.65
		抗剪（MPa）		—	—	8.29	4.32
Am3	水渣混凝土	抗折强度（MPa）	折断前	4.83	4.98	5.05	6.55
			粘结后	3.58	2.6	4.9	4.75
			粘结强度之比	74.1%	52.2%	97%	72.5%
		三联抗折（MPa）		4.67	5.47	5.62	5.23
		抗剪（MPa）		—	—	6.52	6.85
	普通水泥混凝土	抗折强度（MPa）	折断前	7.14	6.69	6.03	6.26
			粘结后	3.41	3.85	4.44	5.69
			粘结强度之比	47.8%	57.5%	73.6%	90.9%
		三联抗折（MPa）		4.35	4.24	4.20	4.47
		抗剪（MPa）		—	—	3.61	6.68

通过上述测试结果，可以认为 SC-Ⅰ型胶粘剂对水渣混凝土或普通水泥混凝土均具有

良好的粘结补强效果，特别对水渣混凝土修补尤为适宜。

(9) 不同缝宽 SC-Ⅰ型胶砂浆的粘结强度比较试验（表 42-49）：为考察不同 SC-Ⅰ型胶粘结厚度对强度的影响，采用 0.5cm、1.0cm、2.0cm 三种不同接缝宽度进行粘结强度比较试验，结果表明：接缝宽度对粘结强度有一定影响，特别在 3d 之内较明显，接缝宽度以 0.5～1cm 较为适当。

不同粘结缝宽度抗折强度比较　　　　表 42-49

编号	龄期	粘结强度（MPa）		粘结抗折强度（MPa）		
		8 字模抗拉	（5cm×5cm×5cm）抗压	接缝 0.5cm	接缝 1.0cm	接缝 2.0cm
	f_1	0.704	10.4	—	—	—
				100%	—	—
	f_3	1.750	17.1	0.746	2.676	1.685
				100%	97.5%	61.4%
	f_7	1.400	21.0	2.605	2.665	1.980
				100%	102.3%	76.0%
	f_8	3.110	33.6	3.285	2.827	2.505
				100%	86.1%	76.3%
备注	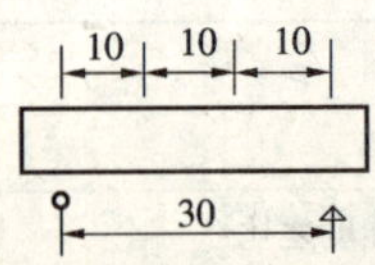					

(10) 小梁粘结修补试验：考虑 SC-Ⅰ型胶作构件补强粘结修补应用的可能性，进行了有筋及无筋小梁粘结强度测定。成型 15cm×15cm×120cm 混凝土及钢筋混凝土小梁进行弯折试验，在测定混凝土抗弯强度后（抗量支距为 1m），钢筋混凝土控制裂缝开展宽度为 1.5mm。以矿物胶进行粘结修补，并经养护 7d，重新进行弯折试验。

试验结果见表 42-50，试验结果表明：

混凝土小梁折断后粘结试验　　　　表 42-50

混凝土强度等级	混凝土试样尺寸（cm）	加载形式	粘结料	粘结料强度（MPa）		混凝土粘结前抗折（MPa）	混凝土粘结后抗折（MPa）	备注
				抗压 f_1	8 字模抗拉 f_1			
C30	无筋 15×15×120	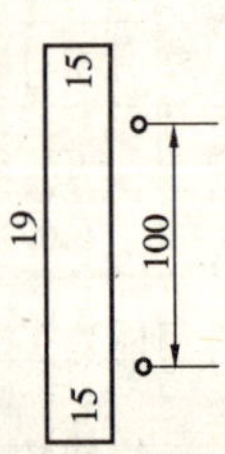	4 号料	22.3	1.7	3.49 100	3.42 98.8	粘结修补后强度可恢复 79.1%～98.1%
						5.61 100	4.44 79.1	
C30	有筋 15×15×120		4 号料	22.3	1.7	16.89	18.89	在控制裂缝宽度加载可达原吨位，另未见新裂缝发生
						100	100	

经粘结修补的抗弯强度基本得到恢复，由此可以证明 SC-Ⅰ型胶粘剂具有良好的粘结修补性能，可以用作混凝土或钢筋混凝土的破损修补。

（11）SC-Ⅰ型胶混凝土与普通水泥混凝土粘结修补比较试验：针对混凝土修补施工中，多呈干湿相接状况，进行混凝土及SC-Ⅰ型胶混凝土粘结修补试验（表42-51），结果表明：在强度相同的情况下：采用SC-Ⅰ型胶混凝土的粘结强度，不论f_1、f_7、f_{28}均比水泥混凝土强度为高。可以认为，用SC-Ⅰ型胶进行普通混凝土修补，有良好效果。

不同混凝土的粘结修补抗折强度　　　**表42-51**

配合比			混合料强度（MPa）		抗折强度（MPa）	
混凝土	SC-Ⅰ型	龄期（d）	混凝土抗压强度	粘结料混凝土抗压强度	混凝土与混凝土湿接	混凝土与粘结料湿接
水泥:砂:石 1:2:4 水灰比 0.5	AH_1	f_1	—	21.0	1.79	2.035
					100%	113.7%
		f_7	—	—	2.60	3.140
					100%	120.89%
		f_{28}	40.1	49.8	2.30	3.868
					100%	168.2%

第十节　道路混凝土路面施工中常见质量问题与处理

一、混凝土和易性不好

（一）现象

（1）混合料松散不易粘；

（2）混合料粘聚力大、成团、不易烧筑；

（3）混合料中水泥砂浆填不满石子间孔隙；

（4）混合料在运输、浇筑过程中分层离析，表面严重泌水。

（二）原因分析

（1）水泥用量选用不当。当水泥用量过少，水泥量不足包裹砂子时，混合料粘聚性不够，表面为松散，不易粘结；当水泥用量过多，水泥浆量富裕太多，此时水灰比没有调节好，混合料粘聚力大，成团，不易浇筑。

（2）砂率选择不当。砂率过大，即使水泥用量正常，水泥量也不足包裹砂子，此时，混合料同样粘聚性不够，松散、不易粘结；砂率过小，倘若此时砂石级配质量差，空隙度大，即使水泥用量正常，此时，混合料中总体的水泥砂浆过少，填不满石子间的孔隙。

（3）水灰比选择不当。或在夏季路用商品混凝土从运输车上倾料不畅，施工人员擅自加水，造成混合料坍落度过大，混合料运输或浇筑过程中难以控制其均匀性，出现分层离析。

（4）水泥品种选择不当。选择玻璃体含水量大的水泥，如矿渣水泥、粉煤灰水泥等，造成混合料泌水，以致竣工后路面耐磨性差。

（5）混合料拌和时，计量工作不准确，计量制度不严格或计量方法不正确。

（6）搅拌时间短，混合物本身不均匀。

（7）配合比选择，不符合施工工艺对和易性的要求。

（三）预防措施

（1）路面混凝土的配合比设计，其计算方法应按《水泥混凝土路面施工及验收规范》（GBJ98—87）中要求执行。

（2）道路混凝土宜采用硅酸盐水泥或普通硅酸盐水泥，其强度等级不低于42.5级；当条件受限制时，可采用矿渣水泥，其强度等级不应低于42.5级，并应严格控制用水量，适当延长搅拌时间；加强养护工作。机场道面和高速公路，必须采用强度等级不低于42.5级硅酸盐水泥。

（3）水泥用量不应小于300kg/m³，不应大于550kg/m³。

（4）砂应采用洁净、坚硬、符合规定级配、细度模数在2.5以上的粗中砂；当无法取得粗、中砂时，经配合比试验，可采用泥土杂物含量小于3%的细砂。具体技术要求见表42-52。

（5）碎（砾）石应质地坚硬，并应符合规定级配，最大粒径不应超过40mm。碎石的技术性能要求，见表42-53，砾石的技术性能要求见表42-54。

砂的技术性能要求 表42-52

项目			技术性能要求					
颗粒级配	筛孔尺寸（mm）		方孔筛				圆孔筛	
			0.16	0.315	0.63	1.25	2.50	5.0
	累计筛余量（%）	Ⅰ区	100~90	95~80	85~71	65~35	35~5	10~0
		Ⅱ区	100~90	92~70	70~41	50~10	25~0	10~0
		Ⅲ区	100~90	85~55	40~16	25~10	15~0	10~0
泥土杂物含量（冲洗法）（%）			≤3					
硫化物和硫酸盐含量（折算为SO_3）（%）			≤1					
有机杂质含量（比色法）			颜色不应深于标准溶液的颜色					
其他杂物			不得混有石灰、煤渣、草根等其他杂物					

注：1. Ⅰ区砂基本属于粗砂。Ⅱ区砂属于中砂和一部分偏粗的细砂，颗粒适中，级配最好，Ⅲ区砂属细砂和一部分偏细的中砂。

2. 有机物含量标准溶液的配制方法，取2g鞣酸粉溶于98ml的10%酒精溶液中即得所需鞣酸溶液。然后取该溶液2.5mL注入97.5mL浓度为3%的氢氧化钠溶液中，加塞后剧烈摇动，静置24h即得标准溶液。

碎石技术性能要求 表42-53

项目		技术性能要求			
颗粒级配	筛孔尺寸（mm）（圆孔筛）	40	20	10	5
	累计筛余量（%）	0~5	30~65	75~90	95~100
粒度	石料饱水抗压强度与混凝土设计抗压强度比（%）	≥200			
	石料强度分级	≥3级			
针、片状颗粒含量（%）		≤15			
硫化物及硫酸盐含量（折算为SO_3）（%）		≤1			
泥土杂物含量（冲洗法）（%）		≤1			

注：石料强度分级，应符合《公路工程石料试验规程》（JTJ054—94）的规定。

砾石技术性能要求　　表 42-54

项目		技术性能要求			
颗粒级配	筛孔尺寸（mm）（圆孔筛）	40	20	10	5
	累计筛余量（%）	0～5	30～65	75～90	95～100
空隙率（%）		≤45			
软弱颗粒含量（%）		≤5			
针片状颗粒含量（%）		≤15			
泥土杂物含量（冲洗法）（%）		≤1			
硫化物及硫酸盐含量（折算为 SO_3）（%）		<1			
有机物含量（比色法）		颜色不深于标准溶液的颜色			
石料强度分级		≥3 级			

注：石料强度可采用压碎指标值（%）。

（6）混凝土掺用外加剂，应经配合试验，符合要求后方可使用。掺用的外加剂，可按下列规定选用：

①为减少用水量，改善和易性或节约水泥、提高混凝土强度，可掺减水剂。

②夏季施工或需延长作业时间，可掺缓凝剂。

③冬季施工为提高早期强度或为缩短养护时间，可掺早强剂；

④严寒地区抗冻，可掺引气剂。

（7）混合料的稠度试验，采用坍落度测定时，坍落度宜为 1～2.5cm；坍落度小于 1cm 时，应用维勃稠度仪测定，维勃时间宜为 10～30s；当采用路用商品混凝土时，坍落度宜为 6～8cm。

（8）混凝土最大水灰比，应符合下列规定：

①公路、城市道路和厂矿道路不应大于 0.50；

②机场道面和高速公路不应大于 0.46；

③冰冻地区冬季施工不应大于 0.45；

④采用商品混凝土时，为 0.45～0.50。

（9）混凝土的单位用水量，应按下列经验值采用：

①碎石为 150～170kg/m^3；

②砾石为 140～160kg/m^3；

③路用商品混凝土为 160～190kg/m^3；

④掺外加剂掺合料时，应试配调整用水量。

（10）混凝土砂率按表 42-55 选用。

混凝土砂率（%）　　表 42-55

水灰比	碎石最大粒径 40（mm）	砾石最大粒径 40（mm）	水灰比	碎石最大粒径 40（mm）	砾石最大粒径 40（mm）
0.40	27～32	24～30	0.50	30～35	28～33

注：1. 表中数值为Ⅱ区砂的选用砂率。

2. 采用Ⅰ区砂时，应采用大砂率；采用Ⅲ区砂时，应采用小砂率。

(11) 原材料计量应建立岗位责任制，计量方法力求简便易行。

①进入拌合机的砂石，必须准确过秤。磅秤班开工前应检查校正；

②散装水泥必须过秤。袋装水泥，当以袋计量时，应抽查其量是否准确；

③严格控制水量。每班开工前，实测砂、石料的含水量，由工地试验确定施工配合比；

④原材料按质量计的允许误差，不应超过：

水泥±1%、粗细骨料±3%、水±1%、外加剂±2%。

(12) 混凝土搅拌时间应符合表42-56规定。

混凝土拌合物最短搅拌时间　　表42-56

搅拌机容量(L)		转速(r/min)	搅拌时间(s)	
			低流动性	干硬性
自落式	400	18	105	120
	800	14	165	210
强制式	375	38	90	100
	1500	20	180	240

(13) 混凝土在拌制和浇筑过程中应按下列规定进行检查：

①检查拌制混凝土所用原材料的品种、规格和用量，每一工作班至少两次；

②检查混凝土在浇筑地点的坍落度，每一工作班至少两次；

③在每一工作班内，当混凝土配合比由于外界影响有变动时应及时检查；

④混凝土拌样时间应随时检查；

⑤当采用路用商品混凝土时，应在商定的交货地点进行坍落度检查，实测的混凝土坍落度与要求坍落度之间允许偏差须符合±20mm内的要求。

(四) 治理对策

因和易性不好而影响路面质量工程的混合料，只能用于其他次要市政制品或构件中。

二、外加剂使用不当

(一) 现象

(1) 混凝土浇筑后，局部或大部长时间不凝结硬化。

(2) 在炎热夏季，路面过早出现贯穿收缩裂缝。

(3) 已浇筑完的混凝土表面鼓包。

(4) 路用商品混凝土倾料不畅，坍落度过小。

(二) 原因分析

(1) 缓凝型减水剂掺量过多。

(2) 炎热夏季，减水剂选择不当，缓凝时间不够，致使混凝土凝结时间过快，水分蒸发多，路面过早出现横向收缩贯穿裂缝。

(3) 不按外加剂使用说明方法，以干粉状掺加，使混合料会有未溶颗粒，遇水膨胀，造成混凝土表面鼓包。

(4) 外加剂选择不当或混合物运输时间过长，造成坍落度严重损失。

（三）预防措施

（1）应熟悉各种外加剂的品种，掌握外加剂特性，在使用前，必须结合实际工程的特点，经过配合比调配，合格后方可使用。

①普通减水剂及高效减水剂。减水剂可分为：木质素磺酸盐类、多环芳香族磺酸盐类、其他如腐殖酸、胡敏酸等。普通减水剂宜用于日最低气温5℃以上施工的混凝土；高效减水剂宜用于日最低气温0℃以上，适用于制备高强度混凝土。减水剂的掺量应严格按使用说明书的指定掺量使用，溶液中水量应从拌合水量中扣除。

②缓凝剂及缓凝减水剂。缓凝剂及缓凝减水剂可分为：糖类（如糖钙等）、木质素磺酸盐类（如木质素磺酸钙等），羟基羧酸及盐类（如柠檬酸、酒石酸钾、钠等）、无机盐类（如锌盐、硼酸盐等）、其他（如胺盐及其衍生物等）。可用于炎热气候条件下施工的混凝土，以及须长时间停放或运输的混凝土缓凝剂及缓凝减水剂，不宜用于日最低气温5℃以下施工的混凝土。其品种及掺量，应根据混凝土的凝结时间、运输距离、停放时间、强度等要求确定。

③早强剂及早强减水剂。早强剂分为：氯盐类（如氯化钙、氯化钠等）、有机胺类（如三乙醇胺等）、其他（如甲酸盐等）、早强剂及早强减水剂可用于常温、低温和负温（最低气温不低于－5℃）条件下施工的早强或防冻要求的混凝土。氯盐、结晶硫酸钠以及有机胺类早强剂可配成溶液使用，需要时可用40～70℃的热水加速溶解，溶液必须充分溶解。硫酸钠溶液宜随配随用，溶液浓度不得大于20%，使用前如有结晶沉淀现象，应加热搅拌使之完全溶解。在钢筋混凝土中氯酸盐掺量一般不大于1%，硫酸盐掺量一般不大于2%。

（2）粉状外加剂要保持干燥状态，防止受潮结块。已结块的粉状外加剂，应烘干、碾碎，过0.6mm筛后使用。

（3）应尽量选择离施工现场较近的搅拌站，缩短运输时间，减小坍落度损失。

（四）治理对策

（1）因缓凝型减水剂掺量过多造成混凝土长时间不凝结硬化，可延长其养护时间，推迟拆模，后期强度一般不受影响。

（2）因缓凝时间不够，致使混凝土凝结时间过快，水分蒸发多，路面过早出现横向收缩贯穿裂缝，应采用适当的修补措施。

（3）因外加剂颗粒造成的鼓包，应剔除后再修补。

（4）路用商品混凝土因外加剂选用不当，或运输停留时间过长，造成交货时坍落度严重损失，倾料不畅，不能通过强行加水搅拌增大坍落度来解决问题，而应作退货处理。

三、抗弯强度低、离散性大

（一）现象

（1）同批混凝土试件的抗折强度平均低于设计要求的抗折强度与试件强度标准差与合格判定系数 k 之乘积的和（其中 k：$n=6\sim9$ 时为0.35；$n=10\sim14$ 时为0.45；$n=15\sim24$ 时为0.55；$n\geqslant25$ 时为0.65）。

（2）同批混凝土中最低一组试件抗折强度值低于0.85设计抗折强度。

（3）同批混凝土中个别试件抗折强度值过高或过低。

（4）冬期施工，同条件养护试件达不到预期的拆模强度或撤除保温时的强度要求。

（二）原因分析

（1）混凝土原材料不符合要求：

①水泥过期或受潮结块，水泥未经检查就拿来使用；所用袋装水泥质量不足50kg。

②砂、石、骨料级配不好，空隙率大，含泥量、杂质多。

③对外加剂种类选择不当：外加剂未经检验就拿来使用，掺量不准确。

（2）混凝土配合比不准确：

①试验室不按材料情况调配配合比，试验室配合比本身有问题。

②不向试验室申请配合比，随意套用以往配合比。

③管理混乱、计量设备陈旧或维修保管不好，精度不合格。

④砂、石、水泥等不认真过磅，计量不准确。

⑤混凝土加水不准或随意加水；特别夏季路用商品混凝土倾料不畅，强行加水，使混凝土水灰比和坍落度增大，影响强度。

⑥砂石含水量不检测或测定不准确，影响强度。

（3）混凝土拌和时，不注意加料顺序，搅拌时间不够，混合料混合不均匀。

（4）混凝土冬季施工，没有措施，早期受冻。

（5）混凝土试件没有代表性：

①试模保管不善，多次使用后产生变形，而未及时更换，试模尺寸和混凝土石子粒径不相适应。

②不按规定制作试块，随意取样或多加水泥；试件没有振捣密实。

③试件标准养护管理不善或养护条件不符合要求；同条件养护时，早期脱水或随意乱扔外力撞击等。

（6）混凝土混合料停留时间过长，特别是路用商品混凝土，使混凝土强度受到损失。

（三）预防措施

（1）确保混凝土原材料质量：

①水泥进场必须附有质量证明文件，并对品种、强度等级、包装、出厂日期等进行检查验收，取试样送试验室检验，并按试验结果强度等级使用。

②应加强对水泥的保管工作。水泥库应尽量搭设在地势高、干燥、运输方便处。水泥堆放时，下面要垫高约30cm，四周离墙30cm以上，堆高一般不超过10包，便于取用。同时应按不同品种、牌号、强度等级、出厂日期分别堆放，插上标签，避免搞错。要做到先到先用，避免存放三个月以上，散装水泥宜置于水泥筒仓内。

③砂、石堆放场地要进行清理，防止杂物混入，各种粒径的砂石隔离堆放，不得混放。批量达规定量时，应及时交试验室检验。

④外加剂的保管工作也应与水泥一样，特别是干粉状外加剂，应避免吸水受潮。

（2）严格控制混凝土配合比：

①现场来料后，应及时将原材料交试验室检验，试验室应确保配合比的正确性。

②严格按试验室配合比计量施工，在规定计量偏差内称量。

③各种计量器具应建立校验、维修、保管制度。

④骨料含水率应经常测定，特别在雨季；应根据含水率的实际情况，增加测定次数，及时调整配合比。

(3) 拌制混凝土时，要建立岗位责任制。

(4) 冬期施工，要有早强或保温措施，防止混凝土早期受冻，在遭受冻结以前，早期养护的强度须达到设计强度的30%。

(5) 应按《水泥混凝土路面施工及验收规范》(GBJ97—87) 中取样频率以及《普通混凝土力学性能试验方法标准》(GB/T 50081—2002) 中的试件制作与养护规定，认真制作试件，并加强对试件的管理与养护。

(四) 治理对策

(1) 当试件检测结果与要求相差悬殊时，或试件合格而对混凝土实际强度有怀疑，或有试件丢失、编号搞乱、忘记作试件时，可采用非破坏性检验方法（如回弹法、超声波法等）来测定混凝土强度，或按《硬化混凝土芯样的钻取、检查和强度试验》(JTJ 0532—91) 进行测定。

如果测定的混凝土强度不符合要求，应经过有关人员研究，查明原因，采取必要措施进行处理。

(2) 冬季施工，宜在混凝土中加入早强剂，或采用热砂覆盖、电热毯加温等保温措施。

四、混合料色差大

(一) 现象

(1) 硬化后混凝土路面颜色深浅不一。

(2) 每盘出料的混合料颜色呈“花样”。

(二) 原因分析

(1) 在施工期间，因水泥进料量不够，而采用了不同品牌的水泥，而不同品牌水泥的颜色有差异，造成铺筑后路面有深浅色差。

(2) 搅拌时，时间没按规定的最短拌料时间进行，造成混合料均匀性差，产生同一盘出料的混合料颜色不均匀。

(三) 预防措施

(1) 在预估水泥进料量时，应根据配合比与阶段工程量，确定阶段进料量，最好能选择水泥品质稳定、产量较大的水泥供货单位。

(2) 应根据拌合机的种类、容量以及混合料的情况，保证适当的搅拌时间，使混凝土混合料质量均匀稳定。

(3) 建立原材料进货保管以及搅拌工艺的岗位责任制。

(四) 治理对策

发现因搅拌时间不足，造成混合料均匀性差颜色有异，如还能控制同盘搅拌量，应及时返送搅拌机，延长搅拌时间，使之均匀。若不能控制，则此盘料不能使用，移作其他用。

第十一节　彩色混凝土路面施工

彩色水泥混合料系由普通硅酸水泥或白色硅酸水泥、彩色硅酸盐水泥、砂、碎石以及颜料、外加剂、掺合料等拌合而成的新型混合料。它通过一定的生产加工工艺，可制成色泽鲜明的彩色水泥净浆、砂浆、混凝土预制成品或供现场浇灌、修筑应用。

彩色水泥混合料及其制品是一门与环境美学、建筑装饰、土木工程技术相连系的综合科学，也是当代得到国内外重视的一项新技术。

目前，国外已将彩色水泥混合料制品或路面用于美化环境，如城镇道路，在重要建筑区建筑物面墙装饰和室内地坪，住宅区道路，名胜古迹、园林等游览区道路，停车场，游泳场休息地坪，或作为安全设施标志使用。也可用作桥面铺装、隧道路面或码头、港口、机场地坪使用，并可采用多种色彩拼成图案，用以美化城市和周围环境。

随着我国实现四个现代化建设和国民经济蓬勃发展，城市建设也欣欣向荣，相应地对于丰富人民生活，美化城市建设面貌，以改善土木工程单一色调，在当前已渐引起人们的重视。除对各类建筑物的外观造型方面要求增加美感外，在色彩上也有进一步与自然环境、风俗习惯协调统一起来的要求，以达到丰富生活、美化环境的目的。因此，对能美化工程建筑的装饰材料需求量逐年增多。

彩色水泥混合料是一种较为常用的装饰材料，以往主要通过煅烧白水泥熟料，然后选择掺加适量着色剂制成彩色水泥后应用。但由于白水泥生产对原材料选择、生产工艺及控制要求很高，造成产品价格昂贵，给使用带来一定局限性，同时由于产品供应量少，亦使大量推广应用受到影响。因此，如何采用普通水泥掺加颜料，配制彩色水泥混合料，研究其物理、力学、耐水性能，并应用土木建筑工程中，已是改善环境、美化城市值得注意的问题。

一、应用材料性状

彩色水泥混合料是以水泥（胶凝材料）、砂、碎石或白云石（骨料）为主要成分，掺以颜料和其他外加剂配制而成，应用原材料性状分述如下：

（一）胶凝材料——水泥

水泥作为胶凝材料，是保证强度、耐久性和胶结颜料、骨料的主要原料。水泥强度等级高低、品质好坏对彩色思水泥混合料质量起决定性作用。

1. 常用水泥品种

（1）32.5 级白色硅酸盐水泥

（2）42.5 级矿渣硅酸盐水泥

（3）52.5 级普通硅酸盐水泥

2. 质量要求

上述水泥经检验均符合国家规定水泥品质指标。

（二）骨料

骨料在彩色混合料中仍起骨架作用。但骨料本身色泽深浅及表面粗糙程度还将直接影响彩色混合料中颜色的用量、效果和着色牢度。

在生产彩色混凝土中采用的常规砂和规格碎石，其性状检测结果见表 42-57 和表 42-58。在镶嵌式砌块中，还以市售白云石子作面层骨料。

（三）颜料

颜料是彩色水泥混合料区分于普通水泥混合料的特征材料。对它的一般技术要求是有优异的染色、遮盖性能和分散性，而且在碱性条件下不得退色变色，从常年经受风吹、日晒、雨淋的使用条件，也要求颜色的较好的耐水、耐候性。

砂筛分析表　表42-57

细度模数（M_x）	1号	2号	3号
	2.807	2.18	2.93
分　类	中砂	细砂	中砂
颗粒级配	良好	一般	良好
含泥量（%）	—	1.6	—

碎石筛分析表　表42-58

项　目	1号	2号
规格（mm）	15~25	5~15
颗粒级配	良好	良好
含泥量（%）	1.0	1.3

通过调研和技术经济比较，在彩色水泥混合料的试验及生产中，大多采用无机类氧化铁颜料进行配色，才能达到预期效果。氧化铁颜料基本技术性能指标见表42-59。

氧化铁颜料基本技术性能指标　表42-59

指　标	氧化铁红	氧化铁黄	氧化铁棕	氧化铁黑
标准号	HG1-237-65	HG1-236-65	1	沪QHG14-020-64
组成	本品是用金属废铁在硝酸和硫酸混合介质中空气氧化方法所制成的红色颜料	本品是由金属废铁在硫酸介质中的空气氧化所得的黄颜料	本品是由氧化铁黄、氧化铁红和硝酸亚铁与碱合成方法所制得棕色颜料	本品是三氧化二铁和氧化亚铁合成而制得的黑色颜料
分子式	Fe_2O_3	$Fe_2O_3 \cdot H_2O$	Fe_2O_3、F_{eo}	Fe_3O_4
特性	略	略	略	略
(1) 耐性	7级	6级	7级	7级
(2) 耐热性（℃）	200	120	130	100
(3) 耐酸性	仅溶于热的强酸中	仅溶于热的强酸中	仅溶于热的强酸中	仅溶于热的强酸中
(4) 耐碱性	1级	1级	1级	1级
质量指标				
1. 外观	红棕色粉末	黄色粉末	棕色粉末	黑色粉末
2. 色差	相似	相似	相似	相似
3. 遮盖力（g/m^2）	$7g/m^2$	$15g/m^2$		$25g/m^2$
4. 含水量（%）	≤1.0	≤1.0	≤1.0	≤1
5. 水盐（%）	≤0.3	≤0.5	≤0.25	≤0.5
6. 吸量（%）	≤25	≤35		≤20
7. 细度（%）(325目筛)	≤0.2	≤0.5	≤0.30	≤1.2
8. 三氧化二铁(%)(干重计)	≥96	≥35	≥96	≥96
9. 盐酸（%）	0.25	≤0.5		

二、配合比选择及其性能检测

为了配制施工和易性好、强高度、耐久性好、经济性好而且有色泽鲜明、着色性能高的彩色水泥混合料，对多种混合料组成及其相对组成比例进行了大量试验，确定了多种色泽彩色水泥净浆、砂浆、混凝土基本相同，唯在颜色的使用上，要严格选择品种，掌握其性质和科学合理的用量，以期取得良好的技术、经济的效益。

鉴于彩色水泥混合料的胶凝材料——水泥是碱性材料，因此要求使用颜料应具有良好的耐碱性能，同时，由于应用场合和经济效益的要求，颜料应有较强的耐候性和较低的价格。综合上述技术经济要求，以往几乎均在选用无机矿物颜料作为水泥的着色剂，因为这类金属氧化物具有不易退色和良好的耐候性。

无机颜料实际上是不溶于胶凝材料而又分散得很细的固体微粒，掺入后主要依靠水泥的慢凝固结作用而使砂浆、混凝土着色成彩色水泥砂浆或混凝土。因此，可以认为颜料是配色及其外加剂优选混合料中的“惰性”填料。其掺量大小将起决定性的影响。

(一) 彩色水泥净浆试验

试验中，采用白色水泥和普通硅酸盐水泥为基料，掺用无机颜料（氧化铁系列颜料）进行配色及其外加剂优选试验。

1. 配色

为考虑水泥在掺入颜料后性状及其变化，进行了六大色系的配色及强度比较，同时为保证色浆有足够的强度以供进一步配制砂浆或混凝土应用，还掺用定量外加剂。

颜色由光波吸收和反射而成。产生白色的色彩印象是由白色光线所导致，而呈现不同颜色的色彩时，则是入射的白色光线被不同程度吸引所引起。因此，配色的宗旨就是要求得到所需的色泽，优异的明暗色调和颜色的纯正饱和程度。

由表 42-60 和表 42-61 可见：

52.5 级彩色硅酸盐水泥净浆强度 表 42-60

编号	颜色	抗压强度（MPa）	相对强度百分比（%）
		蒸养 4h	蒸养 4h
2	原色	51.2	100
3	红	46.7	91.21
4		42.9	91.86
5		32.8	64.06
6	黄	49.1	95.90
7		32.1	60.94
8		19.8	38.67
9	黑	46.6	91.02
10		42.8	83.59
11		36.1	70.51
12	棕	42.8	83.59
13		42.5	83.01
14		26.5	51.76
15	绿	51.9	101.37
16		37.4	73.05
17		21.5	41.99

32.5 级白色硅酸盐水泥彩色净浆抗压强度 表 42-61

编号	颜色	抗压强度		相对强度百分比（%）	
		蒸养 4h	28d	蒸养 4h	28d
2	原色	98.5	112.8	100	100
1	红色	77.7	104.1	78.09	92.29
2		69.3	104.0	65.65	92.00
3		56.8	94.8	57.08	84.04

续表

编　号	颜　色	抗　压　强　度		相对强度百分比（%）	
		蒸养 4h	28d	蒸养 h	28d
4	黄色	58.8	97.4	59.10	86.35
5		60.6	103.0	60.90	91.31
6		64.8	105.7	65.12	93.70
7	黑色	75.1	94.5	75.48	83.78
8		95.1	90.5	95.58	80.23
9		73.0	82.4	73.37	73.05
10	棕色	80.8	112.1	91.21	99.38
11		71.4	102.2	71.76	90.60
12		63.4	91.7	63.72	81.29

（1）当采用 52.5 级普通硅酸盐水泥中掺入颜料 0%～15%，SN-Ⅱ掺入 0.75%（都以水泥质量百分比计），其净浆蒸养 4h 抗压强度可达 55.7～93.1MPa，28d 抗压强度为 80.8～109.9MPa，其详细试验结果参见表 42-60。

（2）当采用 32.5 级白色硅酸盐水泥时，掺入颜料 0%～15%，SN-Ⅱ掺入 0.75%，净浆蒸养 4h 抗压强度为 19.4～50.9MPa，其详细试验结果参见表 40-61。

（3）随着水泥中氧化铁类颜料掺量的增加，其强度有所降低，特别对于氧化铁类颜料掺入白水泥中尤为显著。

（4）一般氧化铁类颜料在白水泥中掺入 10%以上，在普通硅酸盐水泥中掺入量 15%以上，其强度明显下降，尤其是黄绿色。

（5）随着水泥中颜料剂量的增大其颜色有一定增深，但是颜料增加到一定限度其色度增加并不明显。

（6）对于华蓝颜料掺入水泥中，虽有一定强度但不着色，因此华蓝不能应用水泥与混凝土中。

2. 其他外加剂优选

为使颜料充分得到应有效果，对选用外加剂（减水剂、分散剂）和颜料掺量，采用正交试验作进一步优选试验。试验结果参见表 42-62。

外加剂和掺量正交优选试验　　表 42-62

试验计划				试验结果	
试验号	红色掺量（%）	外加剂（%）	分散剂（%）	7d 强度（MPa）	28d 强度（MPa）
1	0	0	0	70.2	88.1
2	0	0.5	0.5	76.6	111.5
3	0	1.0	1.0	71.9	89.8
4	5	0	0.5	76.4	114.3
5	5	0.5	1.0	72.3	97.5
6	5	1.0	0	68.8	93.2
7	10	0	1.0	68.1	87.1
8	10	0.5	0	67.8	103.6
9	10	1.0	0.5	64.7	102.7

由正交试验及直观分析如下：

(1) 颜料掺入量在1%以内时，对抗压强度影响不显著；

(2) 分散剂掺入量以 $C\times0.5\%$左右较为合适；

(3) 高效减水剂掺入量以 $C\times0.5\%$为宜；

(4) 通过适当调配，可能制成高强度色浆供应用户或制成砂浆混凝土应用。

(二) 彩色水泥胶砂试验

颜色掺量以较多10%掺入水泥中测定其软体标号，如图42-28所示。由图中可以看出掺入10%颜料后与不掺外加剂比较（除黑之外），其强度等级低5级；与同样掺外加剂而不掺颜料比较强度等级低5~10级。由于氧化铁类颜料是非活性材料，取代了水泥后会降低水泥胶砂强度，因此必须合理选择级配及其掺量，以保证其设计强度。

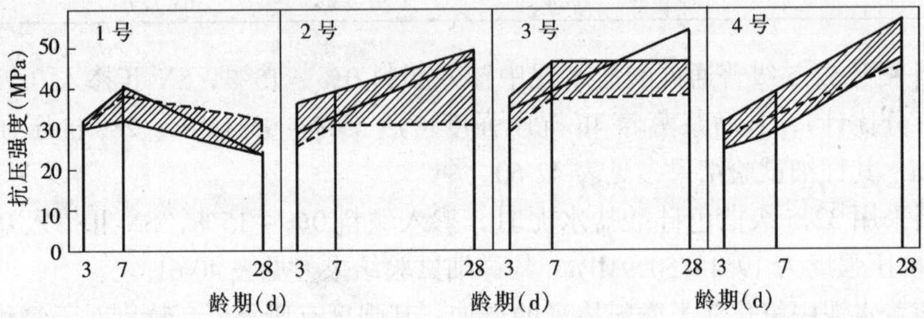

图42-28 不同着色剂掺量的影响

(三) 彩色混凝土砌块材料试验

在室内大量试验的基础上，对彩色花板用于人行道的试验进行了研究。

1. 磨石子花板试验（镶嵌式花板）

花板面层配合比采用水泥:磨石子=1:2.5，厚为1.0~1.5cm，颜料掺量以水泥用量计。

2. 技术性能

在混凝土构件中，耐磨是一项重要的技术指标，但目前尚无全国统一标准试验方法的情况下，用7.07cm×7.07cm×7.07cm试模，经28d养护后在杆式磨耗机上进行试验，另作了7.07cm×7.07cm×7.07cm的强度试块，以作对比试验，列于表42-63，磨耗度在0.142~0.172g/cm² 范围，抗压强度为39.2~54.0MPa范围。

耐磨试验 **表42-63**

试样品名	抗压强度(MPa)	磨耗度(g/cm²)	色彩	试样品名	抗压强度(MPa)	磨耗度(g/cm²)	色彩
彩色磨石子花板	39.2~54.0	0.142~0.172	较鲜明	彩色白水泥净浆花板	40.5~53.0	0.152~0.203	鲜艳
彩色净浆花板	51.9~74.0	0.139~0.184	较鲜明				

从表42-62可得出：

(1) 彩色磨石子花板强度稍低，且颜色较鲜明，表面要磨光，工序复杂；

(2) 彩色白水泥净浆，颜色鲜艳夺目，但耐磨性能稍差，强度稍低，价格偏高；

（3）彩色普通水泥净浆强度高，色度在彩色磨石子与彩色、白色水泥净浆之间，耐磨性能与彩色磨石子接近；

（4）用彩色净浆做面层有时产生微细裂纹或裂缝。

（四）彩色混凝土人行道板材性试验

1. 原材料

（1）水泥：系用52.5级普通硅酸盐水泥、42.5级矿渣硅酸盐水泥。

（2）颜料：各色颜料。

（3）外加剂：SN-Ⅱ型混凝土减水剂。

（4）黄砂：中砂。

（5）石子：骨料要求采用最大粒径15~25mm，也可采用5~15mm小石子。

2. 彩色混凝土配合比选择

彩色混凝土人行道板必须具有足够的强度，一定的耐磨性能和鲜艳的色彩，在彩色水泥净浆和彩色水砂浆配合比试验的基础上，进行了在一定颜料掺量的条件下以及不同颜料掺量下对混凝土强度的影响，经过选择，以颜料较大剂量10%掺入混凝土中，在蒸气养护（养护制度，静停2h，升温2h，恒温8h）条件下进行掺不同颜料对蒸汽养护混凝土强度的影响，见表42-64抗压、抗折强度影响试验。

掺不同颜料对蒸气养护混凝土的强度影响　　表42-64

编号	颜色	配合比（水泥:砂:石子）	蒸养抗压强度（MPa）		蒸养抗压强度（MPa）	抗压相对强度百分比（%）		抗折相对强度百分比（%）
			f_1	f_{28}		f_1	f_{28}	
GB—11	原色	1:1.48:2.74	38.2	52.900	64.7	100/72	180	100
GB—12	红	1:1.48:2.74	43.2	56.644	67.6	113/76	187	194
GB—13	黄	1:1.48:2.74	30.0	40.082	57.8	78/75	76	89
GB—14	绿	1:1.48:2.74	32.0	44.002	58.8	84/73	83	91
GB—15	棕	1:1.48:2.74	37.0	46.746	69.6	97/79	88	108
GB—16	黑	1:1.48:2.74	36.5	49.098	68.60	95/74	93	106

从表42-63中可得出一般规律，由于颜料是非活性材料掺入水泥中增加用水量，使混凝土强度降低，而且不同颜料对混凝土强度的影响也有所不同，与彩色净浆与砂浆的规律基本一致，特别加入黄色颜料后强度影响较大，1d出现抗压强度降低22%，28d抗压强度降低24%，28d抗折强度降低11%，其次是绿色颜料对强度的影响，1d与28d的抗压强度分别相差16%和17%，红、棕、黑色对强度影响小，说明各颜料对强度下降的趋势有所不同，因此要严格控制用水量，适当增加单位水泥用量以弥补混凝土强度的损失，一般人行板蒸养1d后就起吊，要保证起吊强度在设计强度（或28d强度）70%以上，要保持一定的色度（不褪色）又要增加颜色的深度，用SN-Ⅱ型减不剂，其掺量在0.5%~0.75%。

3. 彩色混凝土力学性能与耐磨试验

（1）混凝土力学性能：在相同混凝土配合比的情况下，掺黄色混凝土的抗压强度与抗折都比其他各种彩色为低，但从表42-64可知，1d蒸养强度都达不到28d抗压强度的70%以上。

(2) 混凝土耐磨性能：表 42-65 基本上与表 42-64 一致，掺黄色颜料的混凝土强度低、其磨耗度大，这与掺黄色颜料的净浆、砂浆的情况基本一致。

彩色混凝土耐磨试验 **表 42-65**

编　号	颜　色	强度(MPa)	磨耗度(g/cm^2)	编　号	颜　色	强度(MPa)	磨耗度(g/cm^2)
GB—11	原色	48.7	0.0502	GB—14	绿	50.1	0.0597
GB—12	红	60.5	0.0521	GB—15	棕	53.7	0.0556
GB—13	黄	39.8	0.0805	GB—16	黑	51.4	0.0556

4. 彩色人行道板物理力学性能比较

对铺设在道路两旁的人行道板进行了强度、耐磨、干湿与冻融、收缩试验。

(1) 彩色混凝土人行道板力学性能和耐磨性：彩色混凝土的磨耗度是在剔除粗骨料后，用制成 7.07cm×7.07cm×7.07cm 立方体砂浆试块进行的。

其彩色混凝土符合普通混凝土的强度增长规律，即随着龄期的增长及其强度也增长。

从表 42-66 中可以看出，加了外加剂的彩色混凝土，不论是蒸汽养护或者标准养护其磨耗值基本接近，前者磨耗度略小，实际生产均采用蒸汽养护，对早期强度与磨耗度较为有利。

彩色混凝土人行道板力学性能 **表 42-66**

编号	颜色掺量(%)	养护方法	水泥		配合比(水泥:砂:石子)	坍落度(cm)	抗压强度(MPa)				抗折强度(MPa)		耐磨	
			品种与强度等级	用量(kg/m^3)	1:1.48:2.74		出池	7d	28d	180d	出池	28d	强度(MPa)	磨耗度(g/cm)
GB—3	423 黑 2	标养	52.5 级普	410	1:1.48:2.74	—	—	29.4	44.8	46.1	—	6.0	—	0.088
GB—4	423 黑 2	蒸养	52.5 级普	410	1:1.48:2.74	—	243 23814	—	31.5	38.3	4.7	4.9	35.3	0.083
GB—5	423 黑 2	标养	42.5 级矿	410	1:1.48:2.74	4.8	—	28.5	48.6	54.8	—	5.2	43.9	0.086
GB—6	423 黑 2	蒸养	42.5 级矿	410	1:1.48:2.74	4.8	379 37142	—	45.7	56.1	4.9	6.3	55.4	0.836
GB—7	423 黑 2	标养	42.5 级矿	410	1:1.48:2.74	4.5	—	33.9	43.4	58.4	4.4	5.8	44.9	0.869
GB—8	423 黑 2	蒸养	42.5 级矿	410	1:1.48:2.74	4.5	387 37926	—	43.4	58.4	4.4	5.2	51.4	0.866
GB—17	黄 5 红 1	标养	42.5 级矿	410	1:1.48:2.74	—	—	—	39.3	46.6	—	6.1	38.2	0.869
GB—18	黄 6 红 1	蒸养	42.5 级矿	410	1:1.48:2.74	—	—	—	37.2	43.6	—	4.8	41.8	0.072
GB—22	绿 7 黑 5	标养	42.5 级矿	520	1:1.20:1.84	4	—	—	36.7	—	—	—	—	—
GB—23	绿 7 黑 5	蒸养	42.5 级矿	520	1:1.20:1.84	4	—	—	42.8	47.4	45.1	9.6	—	—

(2) 彩色混凝土人行道板收缩试验：做了黄色与黑绿颜色混凝土的收缩试验，由于颜料是非活性的粉状材料，掺入混凝土中增加了比表面积，使用水量增加，这样必然会增加收缩，为此经过反复试验，一方面严格控制掺量，另一方面掺入分散剂，减少用水量使混

合物拌合均匀，根据180d龄期观察，彩色混凝土的收缩值控制在允许范围内。

(3) 彩色混凝土人行道板干湿试验：掺加红色与黄色颜料的混凝土在标准养护条件下与蒸汽养护条件下作25次干湿循环试验，其试验结果见表42-67。从对比试验来看，掺加颜料后的混凝土经过25次干湿循环试验，其强度损失对标准养护与蒸汽养护条件下影响不大，仅其中一组强度损失为22.5%。

彩色混凝土干湿循环试验　表42-67

编号	颜色掺量（%）	养护方法	水泥		配合比	28d抗压强度（MPa）	25次干湿循环强度			25次干湿质量		
			品种与强度等级	用量（kg/m³）	水泥:砂石:子		对比（MPa）	干湿（MPa）	强度损失率（%）	原质量（g）	干湿质量（g）	损失率（%）
GB3	423黑2	标养	52.5级普	410	1:1.48:2.74	44.0	45.6	38.9	14.8	2373	2400	11.14
GB4	423黑2	蒸养	52.5级普	410	1:1.48:2.74	31.5	35.0	31.2	10.9	2353	2417	12.78
GB5	423黑2	标养	42.5级矿	410	1:1.48:2.74	40.8	39.9	33.5	16.0	2380	2378	0.08
GB6	423黑2	蒸养	42.5级矿	410	1:1.48:2.74	45.7	44.9	34.8	22.5	2377	2372	0.21
GB7	423黑2	标养	42.5级矿	410	1:1.48:2.74	43.4	10.2	26.2	4.5	2368	2413	1.26
GB8	423黑2	蒸养	42.5级矿	410	1:1.48:2.74	43.4	49.0	46.6	4.8	2383	2400	0.71

(4) 彩色混凝土人行道板冻融试验：掺加红色颜料的混凝土标准养护条件下与蒸汽养护条件下作25次冻融循环试验。从红色混凝土冻融25次循环来看强度损失小于25%的规范要求。

经过25次干湿循环试验与25次的冻融试验之后，对颜色色差作了肉眼的观察，基本上与不经过试验的颜色基本一致。

从一系列试验来看，由于减水剂与分散剂是一种表面活性剂，对水泥有强烈的分散效能，可以使水灰比降低，由于多余的水分蒸发而留下毛细孔体积减少，孔径变细，水泥浆体微观结构就比较细密，而且使水泥与颜料颗粒分散均匀，水化产物分布均匀，改善了混凝土黏聚性、和易性、密实度，从而提高混凝土的强度和耐久性，也使水泥与颜料颗粒产生吸附作用，使其保持一定色度，以致经常冲刷而不易褪色。

三、物理力学性能测试方法与质量要求

随着我国科学技术的发展及人民生活水平的提高，彩色水泥混合料在人行道广场、庭院、游乐场、文化体育场所等公共设施上得到广泛应用，但是目前此种材料的物理力学性能测试方法在国内尚无统一的试验方法，故借鉴其他试验方法编写彩色水泥混合料物理力学性能测试方法，供施工单位在应用时作为参考。

（一）原材料性能测定

1. 水泥的稠度与安定性及颜料的细度测定

按照我国水泥新标准《水泥细度检验方法》（80μm筛筛析法）（GB 1345—1999）进行，颜料采用干筛法进行。

水泥根据GB 175—1999、GB 1344—1999及GB 1345—1999标准，规定安定性用沸煮法检验必须合格。

2. 黄砂筛分析及密度测定

按照我国《普通混凝土用砂质量标准及检验方法》（JGJ 52—92）规定进行测试。

3. 石子筛分析密度测定

按照我国《普通混凝土用碎石或卵石质量标准及检验方法》（JGJ 53—92）规定进行测试。

（二）彩色净浆物理力学测试

为了使彩色水泥净浆测得应有的性能，借鉴了《水泥胶砂强度检验方法（ISO 法）》，用来控制其质量。

1. 净浆稠度试验

（1）仪器及工具：净浆搅拌机，稠度仪，小刮刀。

（2）水泥及各色颜料。

（3）试验条件：恒温室要求（20±5）℃。

（4）试验过程：

①称取粉料约 400g（水泥与颜料按所需配比）倒入净浆搅拌机中，开动电源，渐渐倒入水搅拌 5min。

②5min 后立即取下，倒入锥模后，用小刀捣动，振动数次，刮平，迅速放置试锥下固定位置，试锥放至试样表面，拧紧螺旋，然后放松以试锥下沉深度（28±2）cm 时拌合水量为标准稠度用水量。

2. 净浆抗压强度测定

（1）成型方法：以标准稠度所制成的净浆装入 2cm×2cm×2cm 的试模中，然后抹平，试块经拆模后放在标准养护或蒸汽养护条件下进行蒸养，测定 7d、28d 强度，同时观察外观色度并作记录。

（2）计算式：

$$f_i = P_i / F \times 10^4$$

式中 f_i——各龄期抗压强度（Pa）；

P_i——实测荷载（N）；

F——受压面积（cm^2）。

（三）彩色水泥胶砂物理力学性能测试

采用《水泥胶砂强度检验方法（ISO 法）》进行搅拌。

1. 胶砂抗折抗压强度

（1）成型方法：经搅拌好的材料放入 4cm×4cm×16cm 三联的试模中，然后抹平，试件经拆模后放在标准养护条件下，按 3d、7d、28d 龄期进行测试，同时观察外观色度，并作记录。

（2）抗折强度计算式：

$$f_f = 3pl / 2bh^2 = 0.234P$$

式中 f_f——抗折强度（kPa）；

P——破坏荷重；

l——支撑圆柱中心距即 10cm；

b、h——试件断面宽与高均为 4cm。

采用杠杆比 1:50，0.234 须乘以 50，即为 11.7。

（3）抗压强度计算式。

经抗折经验后的两个断块立即在 30t 试验机上进行抗压试验，试验受压面积为 4cm×6.25cm。

（四）彩色水泥砂浆物理力学性能测试

采用 0.1L 的砂浆搅拌机，将上定配比的水泥、颜料、砂、外加剂与水进行拌合均匀，拌好的材料装入 7.07cm×7.07cm×7.07cm 试模中，然后抹平，试件经拆模后放入标准养护室中养护，按所需龄期进行测试，同时观察外观色度，并作记录。

1. 砂浆抗压强度计算式：

$$f_j = P_j/S = 0.02P_j$$

式中　f_j——砂浆抗压强度（kPa）；

P_j——破坏荷重（N）；

S——受压面积（$50cm^2$）。

抗压强度以三个试件为一组。

2. 砂浆磨耗度测定

目前尚未定国家标准，试件经养护后按 28d 龄期在杠杆耐磨试验机上进行磨耗试验。杠杆臂为 1∶5，杠杆一端挂一个 5kg 重物，试验时试件放在圆盘上然后用夹子夹住，除底与顶面外每面撒上 20g 标准砂后使试验机转动 22 转后自动停止，然后转动 90°，现场重复其他三个面，磨完后称其质量和测其面积，以三个试件为一组。

3. 磨耗度计算式：

$$A = (m_1 - m_2)/S$$

式中　A——磨耗度（g/cm^2）；

m_1——初磨时质量（g）；

m_2——磨耗后质量（g）；

S——受磨耗面积（cm^2）。

（五）彩色混凝土物理力学性能测试

彩色混凝土在没有统一试验方法之前一般采用普通混凝土的物理力学性能方法进行，主要有：抗压强度测试；抗折强度测试；干湿性能（收缩）测试；耐磨性能测试等。

1. 彩色混凝土干湿性能测试

已硬化的彩色混凝土经 25 次干湿循环，测定其强度损失及色度变化，此种方法无标准试验，采取模拟试件在自然状态下的湿度、温度与色度的变化。

（1）试验方法：试件经 27d 养护后烘干一昼夜称其质量，然后浸水 16h，次日再经 100℃烘箱烘 8h，反复 25 次后测定其强度与相对龄期强度之比。

（2）计算式：

$$W = f_2 - f_1/f_2$$

式中　f_1——经 25 次干湿循环后的抗压强度（kPa）；

f_2——相对龄期抗压强度（kPa）；

W——抗压强度损失百分率。

2. 彩色混凝土耐磨试验测试

彩色混凝土耐磨试验是在剔除粗骨料后，制成 7.07cm×7.07cm×7.07cm 立方体试件测试，测定方法与计算式同（四）。

（六）彩色水泥混合料成品质量检验

(1) 拆模后的成品按图纸要求，进行外观质量检验，彩色混凝土人行道板质量要求见表 42-68。

彩色混凝土人行道板质量要求 表 42-68

名称	试件尺寸（mm）			尺寸容许误差（mm）	三支点加载破坏荷重（kN）	吸水率（%）
	长	宽	厚			
1/4 板	245	245	60	±2	≥11.76	<8
1/2 板	245	490	60	±2	≥12.74	<8
折边条形	—	—	60	±2	≥12.74	<8
六角形	—	—	60	±2	≥12.74	<8

(2) 经检验后的混凝土成品应按生产日期分批堆放，搬运时要轻放。

(3) 生产时，同时成型强度和耐磨等试件，成品应抽样检验其力学性能。

（七）彩色水泥混合料与耐磨性能

彩色水泥混合料与耐磨性能相应指标见表 42-69。

彩色水泥混合料与耐磨性能相应指标 表 42-69

彩色混凝土强度（MPa）	28d 平均磨耗度（g/cm^2）	彩色混凝土强度（MPa）	28d 平均磨耗度（g/cm^2）
29.4	≮0.150	39.2	≮0.100
34.3	≮0.125		

第十二节　商品混凝土路面施工

一、商品混凝土的优越性

随着水泥混凝土技术的发展，商品混凝土（Readymixed Conerete or Commereial Concrete）已被广泛应用于建筑、土木、水利、交通工程中。由于它的现代化生产形式是把混凝土这一主要建筑材料从备原材料、拌制生产到运输一系列生产工艺环节由沿用混凝土变革出来，成为独立核算科学管理的材料加工工业，并通过一定的销售网络使之商品化，使得水泥混凝土现场拌制应用存在的诸多影响质量、环境、交通等弊端在厂内得以解决。

国内外商品混凝土生产应用实践证明，由于生产专业化，管理集中化，可为工程节约水泥、砂、石等原材料，改进施工组织，提高设备利用率，减轻劳动强度，降低生产成本，加快施工速度，提高可靠技术保障。例如：节约水泥一般可达 10%左右；提高质量，强度保证率可增 10%左右；生产效率可以提高 2~3 倍；降低混凝土成本 5%；减少混凝土损耗 12%左右；节省设备和投资费 30%~50%等。其他还有如：采用广泛使用的外加剂和生产多品种多功能特种混凝土，利于节约能源，提高设备利用率，推广散装水泥，减少环境污染，进行文明施工、加快工程进度等，均为商品混凝土的显著优点。

路用混凝土应用水泥混凝土量大，要求高，与普通混凝土结构不一样，其厚度与面积相比是非常薄的结构，而且承受汽车荷载反复磨耗冲击作用和气温变化、雨雪冻融等气候因素的影响，因此往往要求高质量的混凝土供应，否则难以胜任繁重交通运输要求，以往我国常采用干硬低塑性混凝土用作路面混凝土工程，以提高混凝土抗弯拉，减少水泥混凝土路面所引起的裂缝，增加抗磨耗能力等，而今现行商品混凝土不能马上投入到路面工程使用，主要由于路面混凝土设计方法、抗折强度要求、单位水泥用量及水灰比不能无穷大等因素制约，需要必要的试验研究，掌握路用商品混凝土应用技术各个环节，方能投入大规模生产使用。

国内外使用商品混凝土已积累了较为成功的经验，但在用作混凝土路面工程的现场浇筑大面积快速施工方面还缺少实践。面对这一现实，在上海已开展原材料选择及混凝土配合比探索调节试验，对凝结时间、含气量进行了检测试验，对混凝土施工和易性控制指标和快速试验方法进行了试验研究。另外对商品混凝土路面性能，如：抗折、抗压强度，对商品混凝土拆模锯缝时间、路面抗滑工艺、砂的厚度分析测试、振实工艺探讨等内容作了大量的检测试验。与此同时，上海市内水泥混凝土路面施工进行了工程试点，完成了蒙自路、永嘉路、襄阳路、延长路、北石路、合肥路、普安路、华山路、船厂路、淮海路等十项商品混凝土路面试点工程，总共已逾 5 万 m^2，各个单位与课题组密切配合通过试点，基本上均熟悉了商品混凝土路面施工要领。

科学研究和试点工程实践证明：路用商品混凝土采用先进拌合设备拌制，搅拌运输车运输，结合常规施工工艺，施工和易性大大提高，混凝土板易于密实，路面施工生产率可提高一倍，劳动强度降低，改善施工现场（扬尘小，场地省，节约原材料等）条件，利于文明施工，深受广大市民欢迎。

二、路用商品混凝土配合比的选择

众所周知，道路混凝土系主要用作机场道面或道路工程面层结构应用的水泥混凝土，它要求有足够抗折强度和耐久性及耐磨性。为保证上述技术指标，以往均采用较干硬（坍落度 1～5mm）的混凝土，并以强度力夯振方法进行施工。而今路用商品混凝土需用搅拌车运输，其泵出卸料坍落度必须在 5cm 以上，为了保证混凝土强度及质量，对路用商品混凝土配合比的选择是重要的技术关键。按照我国现行《水泥混凝土路面施工及验收规范》要求，参考本《水泥混凝土路面设计施工纲要》开展试验研究。

（一）水灰比（W/C）选择

为了保证路用商品混凝土设计强度、耐磨、耐久性，路面混凝土水灰比基本上采用 0.45～0.48。由于路用商品混凝土坍落度要求增大，势必增大水灰比而导致混凝土路面强度及使用质量下降。为此，选用掺量为 0.35% 外加剂（Master C6210 和 C6220 引气缓凝减水剂）配制路用商品混凝土，水灰比仅 0.45 左右，从而使路面板设计强度及使用质量得到保证。

（二）水泥用量选择

为了满足路用商品混凝土要求的较高抗折强度及耐磨性等指标，选用 52.5 级普通硅酸盐水泥取得了较好效果。与此同时，为了降低工程造价和改善一般商品混凝土单位水泥用量大，增大混凝土收缩量，影响路面使用质量，在保证路面设计标准前提下，不断降低水泥用量，从 410kg/m^3、380kg/m^3 直至试验室配制成 360kg/m^3，已接近日本《水泥混凝土路面设计施工钢要》上限值 350kg/m^3 水平。

（三）混凝土单位用水量

混凝土单位用水量为 160～190kg/m^3（酌减减水剂的减水量）。

(四) 混凝土的砂率选择

混凝土的砂率，应按砂石和砂的用量、种类规格及混凝土的水灰比确定，宜在27%~35%范围内选用。选定砂率并经试配后，采用绝对体积法或假定堆密度法计算砂、石用量，并确定混凝土拌合物的理论配合比，制备时，应测定料场实用骨料的含水率，将理论配合比调整为生产配合比，作为商品混凝土配料的依据。

(五) 外加剂选择

在以往应用混凝土外加剂成果实践及经验基础上，结合路用商品混凝土搅拌、运输、振捣、抹面整修工艺要求，选择应用引气缓凝减水剂，取得了良好效果，使得拌制路用商品混凝土有较好的施工和易性（坍落度5~9cm），保证了一定的运送及施工操作时间（4~6h），提高路面抗冻融耐久性（含气量为4%），这样使路用商品混凝土耐久性质量得以确保。

商品混凝土路面工程应用配合比实例见表42-70。

商品混凝土路面工程应用配合比实例 **表42-70**

工程名称	配合比				
	水泥品种	水泥用量（kg/m^3）	用水量（kg/m^3）	砂率（%）	外掺剂掺量（%）
蒙自路	52.5级普通硅酸盐	410	185	0.35	0.35
永嘉路	52.5级普通硅酸盐	380	176	0.36	0.35
襄阳路	52.5级普通硅酸盐	380	176	0.36	0.35
延长路	52.5级普通硅酸盐	380	176	0.36	0.35
北石路	52.5级普通硅酸盐	38	176	0.36	0.35
合肥路	52.5级普通硅酸盐	410	185	0.37	0.35
普安路	52.5级普通硅酸盐	410	185	0.35	0.35
华山路	52.5级普通硅酸盐	380	176	0.33	0.35

三、商品混凝土路面施工

(一) 施工准备和基层、垫层

施工准备和基层及垫层的施工应符合《水泥混凝土路面施工及验收规范》及水泥混凝土有关操作规程的规定。施工现场的基层材料若发现离析应重新翻拌均匀再予摊铺，摊铺时粗、细骨料应分布均匀，整平后的基层应平整，但很粗糙，并具有一定数量的粗骨料裸露面积。

(二) 路用商品混凝土施工工艺

路用商品混凝土的施工工艺与原路用混凝土非商品混凝土的施工工艺基本相同，因此，在施工时要符合商品混凝土的施工规范要求，由于其在和易性方面有别于原路用混凝土，因此在施工时有其特殊性。其施工流程如图42-29所示。

1. 商品混凝土出厂检验

商品混凝土质量检验分为出厂检验和交货检验。出厂检验的取样试验工作应由供方承担。检验是指对混凝土抗折强度、坍落度、含气量、氯化物总含量和混凝土堆密度等项质量指标进行试验，以判定混凝土质量是否符合要求。试样应在搅拌地采取。

混凝土抗折强度应按《水泥混凝土路面施工及验收规范》规定的方法试验。取样频率

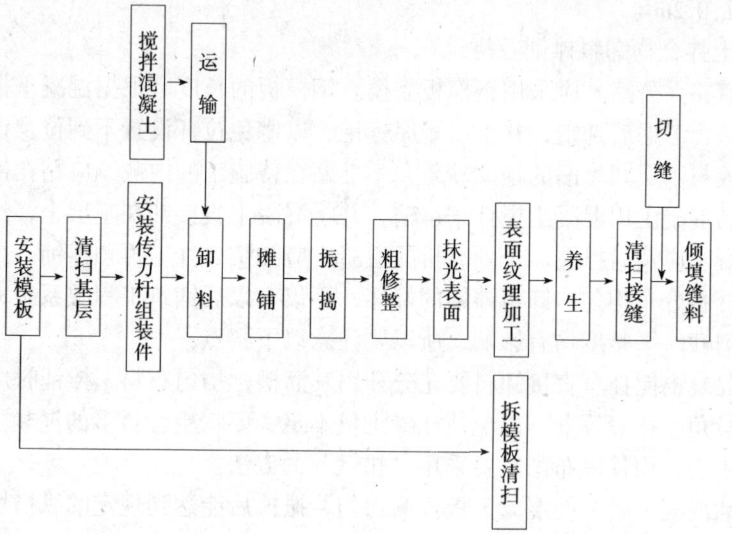

图 42-29　路用商品混凝土施工工艺流程

定为 100m³ 拌制的相同配合比的混凝土取样试验不得少于一次，每一个工作班拌制的相同配合比的混凝土不足 100m³ 时，取样检验也不得少于一次。其试样组批条件应符合 GBJ107 规定，检验结果符合表 42-71 规定者为合格。

路用商品混凝土抗折强度　　表 42-71

交通量分级	特　重	重	中　等	轻	其　他
抗折强度（MPa）	5.0	4.5	4.5	4.0	4.35

坍落度试验应按《普通混凝土拌合物性能试验方法标准》（GBJ50080—2002）有关规定进行，每 100m³ 相同配合比的混凝土取样检验不得少于一次；但一个工作班不足 100m³ 时，取样检验也不得少于一次。也可每送一车混凝土取样检验一次。检验结果符合混凝土的施工和易性要求，此要求应根据路面工程和路用商品混凝土的生产和运输及施工工艺确定，当采用搅拌车运输时的坍落度为 6～8cm 标准者为合格。

含气量试验应按《普通混凝土拌合物性能试验方法标准》（GBJ 50080—2002）有关规定进行。检验频率应按合同规定执行，其检验结果符合混凝土中的闭塞空气含量有利于提高抗冻融性，一般应在 3%～5%范围内，不过高者为合格。

混凝土堆密度与氯离子总含量的取样检验次数应按设计要求规范进行；当合同未规定时，每月取样检验不得少于一次，并分别按《普通混凝土拌合物性能试验方法标准》（GBJ50080—2002）的有关规定和根据混凝土各组成材料的氯离子含量进行试验和计算，其检验结果符合路用商品混凝土的堆积密度宜为 2400kg/m³±3%。混凝土拌合物中中氯离子总含量应符合如下规定为合格。

（1）素混凝土路面不大于 2%；

（2）钢筋混凝土路面不大于 0.3%。

每个试样应随机地从一盘或一运输车中抽取；混凝土试样应在卸料过程中卸出料 1/4 至 3/4 间采取。每个试样量应满足混凝土质量检验评定及配合比考核等所需数量的 1.5

倍，不宜少于0.2m³。

2. 混凝土拌合物卸料摊铺及浇筑

高等级道路（公路）应采用钢模板立模。钢模板的长度宜根据混凝土板长度和纵向拉杆设置间距综合考虑后选定，并予以顺序标记，以避免拉杆设置不到位及设在缩缝处的弊病；用于模板与基层间堵漏的预贴砂浆，不准贴在待施工的内侧，应贴在模板的外侧。

路用商品混凝土用混凝土搅拌车运输，并将混凝土直接卸在基层上，经坍落度测定合格的商品混凝土应及时摊铺。个别离析的混凝土应扣铲、拌匀再预摊铺，摊铺后的混凝土应达到粗细骨料分布均匀。卸料摊铺的好坏，不仅对以后铺筑工程关系很大，而且还对混凝土板的均匀性、平整度均有影响，所以要注意以下各点：

(1) 由混凝土搅拌车直接卸料要充分利用其溜槽，均匀布料，摊铺时应首先布满安装模板边缘、板角、接缝等处，以免使混凝土量不足，要将粗骨料多的混凝土分散到质量均匀的混凝土中去，用铁锹布产时要采用"扣锹"的方法。

(2) 摊铺混凝土时为使混凝土板普遍均匀，振捣后能达到规定的纵横坡度要求，应留有适当的余高。

(3) 模板及传力杆组装件附近，摊铺不易均匀，要特别注意预先填实为宜。

3. 振实工艺

由于路用商品混凝土的和易性好，即坍落度大，因此不能照搬干硬性混凝土的振实工艺，在振捣时需注意以下几点：

(1) 摊铺好的混凝土应迅速地利用插入式振捣器和平板式振动器均匀充分地振捣，插入式振捣器行列有序地振实，每振捣位置的振捣时间宜为7～15s，移动距离不大于振动器作用半径的0.5倍，对板边、角隅、接缝等处，要特别注意，不要漏振。振实后，一般不再采用平板振捣器重复振捣，即用振捣梁再振并刮平表面振捣时需辅以人工找平。

(2) 振捣应充分振捣到表面泛出砂浆，但不能过振，以免导致砂浆层积聚过厚，要严格控制振捣时间。

4. 整平抹面

商品混凝土的整平抹面应符合下列规定，以保证路面平整度。

(1) 振捣作业结束后，目测路面应基本平整，并有一层薄薄的滋润砂浆，发现明显的凹凸，必须采取高铲低补措施。低补时应选用混凝土拌合物或其中细粒碎石较多的混凝土找平，严禁用净浆或中粗砂粒甚少的细砂浆找平。找平后应用底面平直长4m或4.5m的直尺斜放在已清除残留物钢模顶面，沿施工方向和逆向各检查一遍平整度，检查同时辅以人工找平。

(2) 振动梁整平和铁滚筒提浆整平后均应采取斜向滑移检查平整度措施，使不平整度控制在约2.5mm后，分二次做面。

(3) 没有路拱时，应使用带路拱振动梁或路拱成形板振动或拍击整平。

(4) 商品混凝土的早期强度增长较快，宜及时组织人力做好收水抹面工作，一般分二次做面。抹面时，对采用搅拌车运送的坍落度较大的混凝土路面，不得采用抹面机抹面，应采用长木抹子抹面，以免影响平整度，当表面不再出现泌水，即应第二次抹平。混凝土板面应平整和密实，平整度斜向滑移检查，板面与尺底面目测应无明显间隙出现，第二次抹面不应过早，以免路表面形成一薄层硬壳发生收缩细裂缝。

5. 滚槽或拉槽工艺

第二次做面后应根据正式施工路面前在模拟板上试滚或初拉所确定的时机范围，进行V形滚槽或拉槽作业（指市区低速道路）、V形变间距滚槽或变间距拉槽（指公路和快速、高速城市道路）作业的饰面工作，以增大路面粗糙度。

（三）接缝施工

（1）接缝施工应符合《水泥混凝土路面施工及验收规范》（GBJ97—87）的有关规定。当在活动区的缩缝设置拉杆或传力杆，并采取连续施工技术以提高路面平整度时，也可参照以下条款执行。

（2）当缩缝设置传力杆和拉杆时，应先在两侧钢模顶面及外侧边沿，按切缝位置用色漆做上标记；随后以色漆连线作中心线，先摊铺宽约1.5m的下层混凝土拌合物并振实；检查并校准已绑扎在缩缝定位架上的传力杆或拉杆位置，将定位架就位，此时传力杆或拉杆必须平行于板面及路面中心线，其所有杆件1/2的连线应与切缝中心线平行，再摊铺并基本振实上层混凝土拌合物，拆除绑扎铁丝并取出定位架，用钢针检查校正杆件位置后与其他部位一起振捣密实。

（3）当胀缝设胀缝传力杆或钢筋笼时应符合下列规定：

①当胀缝设胀缝传力杆时，首先在两则钢模板顶面及外侧边沿按胀缝宽度在胀缝位置用色漆标记两条切缝线，随后按《水泥混凝土路面施工及验收规范》支架固定传力杆安装方法规定进行施工。

②当胀缝设钢筋笼时，首先在两侧钢模板顶面及外侧边沿按胀缝宽度在胀缝位置用色漆标记两条切线缝，随后固定胀缝板并在两侧钢筋笼位置预铺厚度略大于1/4板厚的混凝土拌合物，振实后使钢筋笼就位，将混凝土均匀地投入笼内及两边，需小心摊铺，振捣密实，插入振捣器、振捣棒，不准直接扰动胀缝板，随后按上述有关规定完成饰面。

四、试点工程应用状况

自1990年7月开始至今，上海市分别在蒙自路、襄阳路、延长路、北石路、合肥路、普安路、华山路、淮海路等工程中，根据试点工程设计要求、施工质量管理状况和运输距离等，对路用商品混凝土配合比进行了调整，并按研究计划，在保证抗折强度达到设计及满足施工和易性要求的前提下，将单位水泥用量由410kg/m^{3}减少到380kg/m^3，得到初步设计配合比。

1. 现场坍落度分布测定

根据上述试点工程中路用商品混凝土到场坍落度抽样测试数据分析表明，目前坍落度的分布图在设计的6~8cm范围内有一定的波动，如表42-72及图42-30所示。

坍落度分布范围表　　表42-72

项　目	范　围	平均值
平均坍落度（cm）	6.44~8.48	$X=7.46$
均方差（cm）	0.44~1.64	$\sigma=1.09$
C_v值（%）	5.84~22.98	$C_v=14.76$

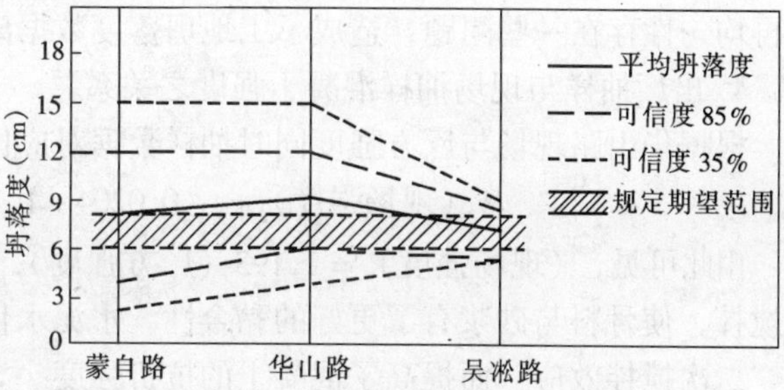

图42-30　坍落度的分布图

由表42-72分析，平均坍落度7.46cm，而坍落度的方差达到期望值1cm，因此只要将平均坍落度逐步调整到期望值7cm，就能使现场坍落度符合设计要求。

2. 现场混凝土抗折强度分布情况

根据上述试点工程的抽样抗折强度测定结果分析，路面商品混凝土是能满足设计与验收要求的，特别是路用商品混凝土的抗折强度分布具有离散性小的显著特点，这是精确控制施工质量，减少水泥用量而取得的。

选取蒙自路、延长路、合肥路、华山路的抽样试件抗折强度进行了分析，如表42-73及图42-31所示。

抗折强度分布范围表　　表42-73

项　目	范　围	平均值	项　目	范　围	平均值
平均抗折强度（MPa）	4.80～5.46	$X=5.196$	C_v值（%）	7.14～14.97	$C_v=11.52$
均方差（MPa）	0.39～0.75	$\sigma=0.59$			

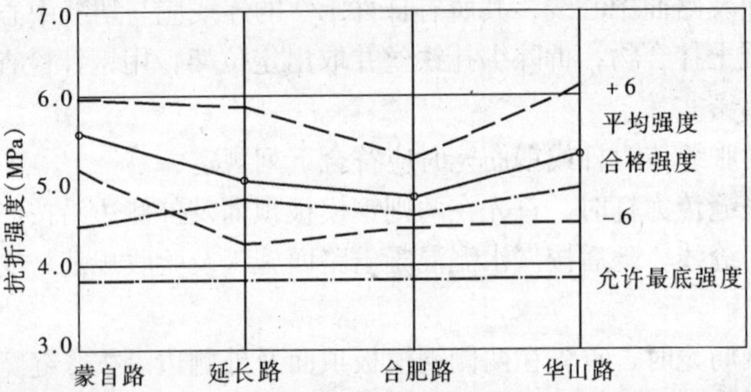

图42-31　抗折强度分布图

由图42-31和表42-73分析可知，以上四条工程路用商品混凝土的抗折强度平均值大于合格强度，由分析所得的均方差值为0.59，可见其离散程度较小，至少有93%～97.5%的概率保证其板体的抗折强度高于下限。

3. 出厂坍浇度与现场坍落度之关系

蒙自路试点工程中的出厂坍落度和现场坍落度对应比较，见表42-74。

出厂坍落度和现场坍落度对应比较　　表42-74

抽样地点	X	σ	C_v
出厂	7.93	1.025	12.92%
工地	7.95	3.167	39.8%

由表42-74分析可知，坍落度在运输中几乎无损失，但由于到工地后卸料摊铺工艺上的再均匀性存在一些问题，造成了工地坍落度数据离散远高于出厂抽样离散。

4. 出厂抽样与现场抽样混凝土强度之关系

根据华山路现场与厂方强度同时抽样数据对应比较分析，发现其有一定线性规律：

$$\sigma（现场强度）=-0.0204+1.193\sigma_1（厂方强度）$$

由此可见，（现场强度）=1.193（厂方强度），这现象表明可能混凝土经过运输途中的搅拌，使骨料与砂浆有了更好的黏合性，水泥水化反应充分，同时长时间搅拌可能产生了“二次搅拌效应”而提高了混凝土的抗折强度。

同时分析了出厂抽样强度与现场抽样强度的离散程度：

出厂抽样：$C_v = 7.07\%$

工地抽样：$C_v = 14.17\%$

以上表明：工地抽样抗折强度的离散程度较出厂抽样强度的离散程度高一倍，说明混凝土由搅拌车卸料和摊铺还存在相当的不均匀性。

五、路用商品混凝土的质量

路用商品混凝土的研究和推广是一项涉及面广实践性强的课题，以上着重谈了路用商品混凝土配合比的设计方法和施工工艺特点及试点工程实践，同时也就试验所得的抗折强度和坍落度等，着重反映了控制路用混凝土的质量除与以上所述的因素有关外，还应注意以下几个方面。

1. 把好原材料质量关，确保预拌混凝土的质量

路用商品混凝土不仅要有一定的和易性，以满足运输和施工要求，并且又要达到较高抗折强度，因而对原材料，特别是骨料的质量指标有较高的要求。其中把好原材料（尤其是石子）质量关，是确保路用商品混凝土质量的前提，应设专人负责检验，对试验不合格的砂、石材料及时退货处理，对一些部分超规格的石子，则按试验结果采用按比例搭配，掺合使用的方法，保证所用的原材料在规定的曲线范围内得以有效的控制，以保证混凝土质量的合格。

2. 充实跟班现场检验人员，加强质量控制

为了加强检验，及时调整配合比，合理安排，充实调整路用商品混凝土现场检验人员，每班设两名检验员。在现场控制中，加强了砂、石含水率的测定，以便及时调整用水量，减少混凝土坍落度波动，坍落度合格率达 85%以上。由于安排两人一班的现场质量控制，健全了检验复核制度，如对混凝土配合比使用通知单，由一人签发，一人复核，确认各项内容无误后才送搅拌站使用，从而强化并保证了工作质量，其他各项工作质量都有了明显地提高。

3. 建立相应的技术操作规程和制度，保证生产的稳定及产品质量提高

严格工艺纪律是产品稳定提高的前提，预拌混凝土是件新生事物，没有现成的经验，要建立一套相应的技术操作规程和制度，只有向有经验的混凝土搅拌站学习其长处为本搅拌站所用。另外，利用本厂原有的工艺纪律，结合搅拌站的特点，制定搅拌站工艺和规章制度。除混凝土生产一般的工艺外，还要做以下一些工作：

（1）建立预拌混凝土企业标准，预拌混凝土生产技术管理制度，岗位责任制和安全技术操作规程，使各项工作有章可循，有法可依，使生产和管理逐步走上正规化。

（2）针对生产中出现的矛盾，不断完善工艺。如建立交接班制度。针对预拌混凝土工作时间长，通过建立交接班制，沟通了上下联系，各工种联系，以便及时解决上一班遗留问题，做好各项工作；又如建立运输车驾驶员班后即将搅拌筒倒转，以除去桶内因清洗或雨后的积水，保证了预拌混凝土的坍落度能符合工程需要。

第十三节　纤维混凝土路面施工

一、纤维混凝土的优缺点

混凝土是一种优良的建筑材料，它的发展和应用已有 100 多年的历史，但是它存在一

个主要的缺陷，即材料的脆性。它的抗压强度虽然比较高，但其抗拉、抗弯、抗冲击、抗爆以及韧性等性能却比较差。纤维混凝土就是基于人们考虑如可改善混凝土的脆性，提高它的抗拉、抗弯、抗冲击和抗爆等性能的基础上发展起来的，它是含有杂乱分布的小直径的短纤维普通混凝土，用作纤维材料的一般有钢、碳、玻璃、石棉、尼龙、聚丙烯以及其他合成材料。钢纤维的抗弯拉强度高，抗冲击的性能好，应用范围广，故使用较普遍。目前，在国外已大量使用于公路桥梁面层、机场跑道、重型军用机械停车场的罩面等。普遍认为钢纤维混凝土路面与其他高级路面相比，养护、维修费用低，使用性能好，虽然一次投资较大，但从长期的经济、技术观点来看，它仍具有较大优越性。在高级路面的翻修、改建工程中，花少量投资在原有路面上加铺一层厚 6～10cm 钢纤维混凝土，不仅可以恢复原有道路的使用，还改善了路面的性能，大大延长其使用寿命。我国目前由于水泥供应不足，纤维尚未成批定型生产，钢纤维混凝土还处于试验研究阶段，未能普遍推广使用。

除了钢纤维，其他如玻璃纤维和聚丙烯纤维混凝土的应用也取得了一定的经验。纤维混凝土预制构件主要有管道、楼板、墙板、柱、楼梯、梁、浮码头、船壳、机架、机座及电线杆等。

纤维混凝土与普通混凝土相比虽有许多优点，但毕竟代表不了钢筋混凝土。这又引起了人们对配有钢筋的混凝土中掺加纤维，使其成为钢筋-纤维复合混凝土的研究的兴趣，这可能是纤维混凝土应用的又一新的发展前途。

纤维混凝土应用的另一个可能的前景，就是用于抗震建筑，特别是那些多震国家，如日本，已投入相当的人力致力于这方面的探讨和研究。可以想象，纤维混凝土以它良好的韧性、抗疲劳和冲击性能，完全符合抗震设计的要求，一定能在这个领域得到确认。

纤维混凝土固然有许多长处，但在应用上，目前还受到一定的限制。这虽然有工艺上的一些原因，如施工和易性较差，搅拌和振捣时会发生纤维成团和折断等问题，粘结性能也有待进一步改善。然而，价格贵也是影响纤维混凝土推广使用的一个重要因素。事实上，要对纤维混凝土作出合理的经济上的评价，现在为时尚早，这需要对长期利益和短期利益、一次投资与维修保养费用以及材料管理费用等进行综合考虑。何况，纤维的制造价格也是随着生产方法、规模的扩大和技术设备的更新而不断降低。

纤维混凝土作为一种新型混凝土，自有它一系列的优点以及一些有待进一步解决的问题。但是人们完全有理由相信，在不远的将来，它一定会在国内外更多的应用范围内显示出许多潜在的优越性。

纤维混凝土作为一种罩面材料，可充分发挥其抗拉、抗弯和抗冲击等多种力学性能的优点，随着我国钢产量的增加，钢纤维生产商品化，纤维的造价可逐步降低。而且在施工过程中可以用普通素混凝土设备进行搅拌、摊铺和整修。因此不久的将来，在公路干线或机场跑道等方面的应用是可能的。在施工中，我们以人工和机械相结合，在现场进行配料试验，确定适当的工艺过程，从而消除了纤维“结团”的现象，路面放行后使用一年未发现破裂、扰曲、局部破坏的现象。

由于路面上混凝土在拍打、压实、抹平的过程中，混凝土表面产生泌水现象，降低了表面水泥浆强度，致使通车后路面出现麻面，有时搅拌机拌合钢纤维后，拌筒未彻底清洗干净，使混凝土表面仍可见到个别的钢纤维，从实际观察中看到这些钢纤维均斜插在混凝土中，对车轮轮胎影响不大，亦未见有戳破自行车带的事故发生。

对于钢纤维混凝土和素混凝土路面总造价（不包括基础）比较：23cm 厚 C30 素混凝土路面：16.50 元/m^2；16cm 厚 C30 钢纤维混凝土路面（碎石骨料，包括 1.5cm 的素混凝土面层）：69.20 元/m^2；14.5cm 厚 C30 钢纤维混凝土（矿渣骨料）：61.30 元/m^2。

目前钢纤维是小规模的试生产，成本较高，每吨 2550 元，大大影响了钢纤维混凝土的推广使用，相信随着大批量生产和技术改进后，成本将会有大幅度下降。

二、纤维混凝土配合比设计

纤维混凝土的原材料选择和配合比设计，是决定其性能优劣和成败的关键。确定配合比时，既要符合设计强度要求，又要考虑施工方便，同时还须兼顾经济性。在我国，纤维混凝土研究还属初步阶段，即使起步较早的国家如英、美、法、前联邦德国、日、加拿大、前苏联及中欧等，要定量的确定配合比的最优设计、恰到好处地选择原材料类型也还为时尚早。尽管如此，国内外许式试验和应用的实例，已提供了不少成功的经验。

关于钢纤维的含量，根据它对力学性能的影响，建议取 2% 左右的纤维体积含量为宜，见表 42-75，长径比（L/d，L 为长度，d 为直径）为 60 ~ 100，以及尽可能取有利于和基体粘结的纤维状，而又制造价格便宜。在实际应用时，希望能进行试拌，要避免使钢纤维混凝土拌合物的和易性下降很大，影响施工质量。

钢纤维（$d = 0.55$mm　$L = 38$mm）含量对力学性能的影响　　**表 42-75**

力学性能	0%	1%	1.5%	2%
抗弯拉强度 f_{wL}（MPa）	4.37	5.8	6.54	7.01
抗拉强度 f_L（MPa）	28.97	28.4	31.3	32.1
劈拉强度 f_{pL}（MPa）	2.53	3.58	3.42	3.63
韧性（kN·mm）	1.561	10.067	12.367	14.55

钢纤维混凝土的水泥宜用较高的标号，一般选用 42.5 级或 52.5 级普通硅酸盐水泥，水泥用量比普通混凝土大，多为 350kg/m^3 以上。水灰比基本上与普通混凝土相同（0.4 ~ 0.6），但若用减水剂则既可节省水泥，又可降低水灰比。骨料最大粒径宜为 10 ~ 15mm，骨料含量小于普通混凝土，从而使有限长度的钢纤维的增强效果尽量得以发展。砂率的选用很重要，对强度和和易性都有影响，建议取 60% 左右。从图 42-32 和图 42-33 可以看出最大粒径及砂率对拌合物强度及和易性的影响。

聚丙烯纤维混凝土的配合比设计原则与钢纤维混凝土一致，但含纤率一般只在 0.2% 左右（质量比），聚丙烯单丝由于表面积极小，不易被混凝土握裹，且市场价格也较高，故实用上较为普遍的是纤维束或原纤化纤维带。

纤维混凝土的和易性一般比普通混凝土差，而且流动性也低，这给混凝土的浇筑带来困难，为此，可以粉煤灰代替部分水泥，以改善拌合物的施工和易性。实践证明，这样做是有效的。

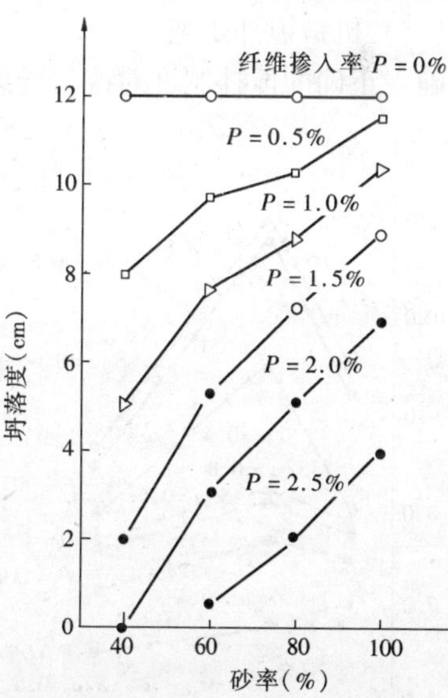

图 42-32　砂率对钢纤维混凝土坍落度的影响

粗骨料（碎石）的最大粒径 12mm；水灰比为 50%；钢纤维 0.5mm × 0.5mm × 30mm

表 42-76～表 42-79 为四种类型混凝土路面组分对比。

1 号路面组分（kg/m³）　　表 42-76

混凝土类型	42.5 级普通水泥	水	豆罗砂	矿渣 0.5～1cm	钢纤维 $d=0.5$mm $L=30$mm
钢纤维混凝土下层	420	215	1116	632	108
矿渣混凝土上层	400	200	1116	624	0

2 号路面组分（kg/m³）　　表 42-77

混凝土类型	42.5 级普通水泥	水	豆罗砂	矿渣 0.5～1cm	钢纤维 $d=0.5$mm $L=30$mm
钢纤维混凝土下层	420	215	1128	632	110
碎石混凝土上层	400	200	1116	624	0

3 号路面组分（kg/m³）　　表 42-78

混凝土类型	42.5 级普通水泥	水	豆罗砂	矿渣 3～5cm	备注
矿渣混凝土	352	172	696	1136	

4 号路面组分（kg/m³）　　表 42-79

混凝土类型	42.5 级普通水泥	水	豆罗砂	矿渣 3～5cm	备注
碎石混凝土	352	172	696	1136	

三、纤维混凝土路面施工

纤维混凝土路面施工的关键主要是纤维混凝土的搅拌、浇筑和设备选择。

(一) 机械搅拌工艺

确立正确的搅拌制度对改善纤维混凝土的质量有很大作用。主要是在搅拌过程中防止纤维分布不匀，避免引起纤维成团。一般说来，投料顺序、搅拌时间、搅拌机类型以及纤维形状和数量对搅拌质量都有影响。

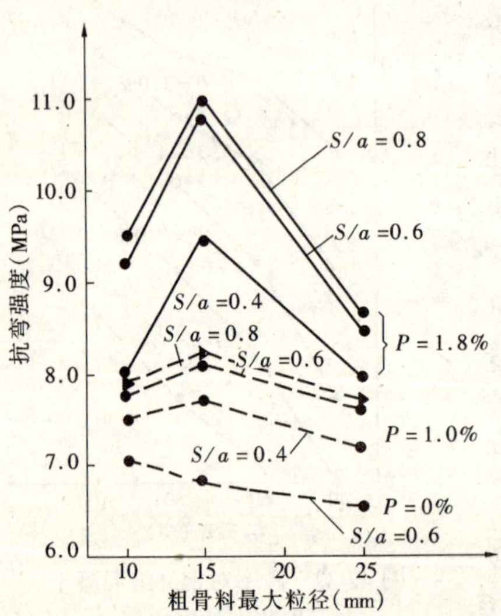

图 42-33　粗骨料最大粒径和砂率对钢纤维混凝土强度的影响

就预拌法而言，我国目前常用的投料顺序是：先将纤维和骨料进行干拌，使纤维均匀地撒布在骨料内，然后加入水泥进行干拌，最后加水湿拌。有人主张，先将纤维、砂、石、水泥一起干拌，然后加水湿拌。也有人主张，先将砂、石、水泥进行干拌，然后加水湿拌的同时徐徐撒入纤维。若从确保纤维撒布均匀、防止纤维成团、提高界面粘结的角度出发，对于钢纤维混凝土，前两种方法较好，而对于聚丙烯纤维混凝土，由于纤维材料不吸湿，界面粘结主要为机械咬合作用，则可以在砂、石、水泥和水湿拌终了前较短时间内撒入纤维，使纤维尽量保持完好无损。纤维混凝土的搅拌强度要比普通混凝土大，故搅拌时间比普通混凝土长。至于搅拌机的选择，强制式和自落式皆可，都能拌制良好的纤维混凝土，国内外正在试图用强制式混凝土搅拌机搅拌纤维混凝土。

鉴于纤维混凝土与普通混凝土的工艺特性不同，国内外正在考虑采用常用的搅拌设备或搅拌辅助设备，这不但可以改善拌合物的质量，也可以大大缩短搅拌时间。例如用振动筛（或往复运动筛）将纤维分散，直接送到搅拌机内，美国俄亥俄州贝特尔研究公司试研了一种搅拌设备，并用这种设备成功的拌制了不含纤维团的纤维混凝土。这种设备是在混凝土搅拌过程中将纤维直接送到新拌的混凝土上。另外，据有关研究资料介绍日本研制出一种无叶片搅拌机设备（专利），可以使纤维定向均匀地分布在混凝土内，有效地提高了混凝土的抗拉强度和增加了韧性。

（二）振动成型工艺

纤维混凝土的浇筑可以采用与普通混凝土相同的方法，但在选择振捣器时最好不用插入式振动器，这一方面是为了避免振捣时将纤维折断，另一方面也防止纤维成团。通常采用振动后成型或采用模外平板式振动器成型。我国目前已研制了钢纤维振动分散机和便携式模外振动器，对于提高纤维混凝土的现场施工质量，起到一定的作用。

根据结构构件的受力特点，在捣实时可以人为地使纤维定向。如采用磁力定向、振动定向及挤压定向等。

除了预拌法之外，国外还在隧道工程、墙板、壳体、空心截面构件及建筑物表面补强等方面，推广喷射法施工。这种施工方法的优点，是纤维在喷射时不易受到损伤，且喷射物分布均匀。由于纤维从一个喷嘴里喷出，而基体则经搅拌机搅拌后由泵送到另一个喷嘴处喷出，故不会产生结团现象。这样就能提高长径比（60~100），提高界面粘结性能，同时也能增大纤维含量，从而使纤维混凝土的物理力学性能有较大的改善。据国外测定，用喷射法施工确实比预拌法有效。我国现在采用这种方法还不多，主要是喷射设备跟不上，而且还未解决好施工时的反弹损失、纤维折断等问题。

对于管类构件，则普遍采用离心成型法或离心振动复合工艺成型法，这样可以使纤维处于最有利的环向受力状态。

在国外还用泵送法来施工纤维混凝土，如美国的下莫纽门特尔坝。但纤维混凝土的流动性低，坍落度小，泵送有一定的困难。

第十四节　钢纤维混凝土路面施工

一、钢纤维混凝土的优良性

钢纤维混凝土是近年来国际上混凝土技术的重大进展之一。尽管钢纤维混凝土的优良性能早就为大家所了解和接受，但由于其成本高，纤维易结团，流动性差，搅拌、施工困难等原因，钢纤维混凝土一直未能广泛的应用。直到 80 年代，国际上先后研制出一些新型钢纤维品种，这些纤维在设计时，考虑纤维在混凝土中增强作用的同时，还考虑了纤维应具备良好的施工性能。

（一）掺入钢纤维的效果

钢纤维能改善混凝土的各种力学性能，弯曲强度的提高可在两方面发挥作用，即在路面板厚不变的情况下，虽然提高了造价，但可延长路面的使用寿命；或在不缩短路面使用寿命的条件下，减少路面板的厚度，减少材料用量及人工等。因掺入钢纤维而获得力学性能的显著改善，除抗弯拉强度外，还有劈拉强度、冲击抗力、韧性等，这些性能的改善无疑对路面也是有利的。表 42-80 为四种类型混凝土力学性能比较，由于抗拉强度的提高，从而提高了路面耐温度变化的能力，因此原规定的素混凝土标准接缝间距便可加大，而且较高的抗冲击能力对路面板接缝间存在少量高度差异而引起的撞击也是有利的。

四种类型混凝土力学性能的比较　　表 42-80

性能＼类型	钢纤维重矿渣混凝土	钢纤维碎石混凝土	重矿渣混凝土	碎石混凝土
抗弯拉强度 f_{wL}（MPa）	6.10	5.74	4.8	4.67
拉压强度 f_c（MPa）	3.42	30.9	—	—
劈拉强度 f_{PL}（MPa）	3.42	3.08	—	—
弹性模量 E（$\times 10^3$MPa）	32.35	33.76	—	—
棱柱体强度（MPa）	27.70	27.65	—	—

注：$d=0.5$mm，$L=30$mm，$V_f=1.5\%$（含量）。

（二）提高钢纤维效果的途径

从理论上来分析混凝土中钢纤维的受力情况：纤维所受的应力与纤维的长径比和界面粘强度成正比，要提高纤维在混凝土中的增强效果，一是提高纤维长径比，二是提高钢纤维与基体之间的粘结强度。但是长径比过大，钢纤维混凝土的施工性能就变得非常差，混凝土和易性降低，还会产生纤维结球现象，破坏拌合物的均匀性，从而影响钢纤维混凝土的质量。所以合理的长径比和提高界面粘结性能是改善钢纤维增强效果又能保证其施工性能的有效途径，就钢纤维本身而言，即取决于它的形状及表面情况。表 42-81 数据表现了钢纤维直径与长度对混凝土力学性能影响。

含量 1.5% 钢纤维直径与长度对力学性能的影响（碎石）　　表 42-81

<table>
<tr><td rowspan="2">性能＼直径＼长度</td><td colspan="3">$d=0.6$mm</td><td colspan="3">$d=0.5$mm</td><td colspan="3">$d=0.4$mm</td><td rowspan="2">素混凝土</td><td rowspan="2">备注</td></tr>
<tr><td>$L=25$mm</td><td>38mm</td><td>50mm</td><td>$L=25$mm</td><td>38mm</td><td>50mm</td><td>$L=25$mm</td><td>38mm</td><td>50mm</td></tr>
<tr><td>抗弯拉强度 f_{mL}（MPa）</td><td>5.1</td><td>5.96</td><td>6.45</td><td>5.91</td><td>6.68</td><td>6.54</td><td>7.12</td><td>8.02</td><td>11.05</td><td>4.82</td><td></td></tr>
<tr><td>拉压强度 f_c（MPa）</td><td>28.0</td><td>28.3</td><td>27.6</td><td>31.6</td><td>31.3</td><td>28.2</td><td>32.6</td><td>36.3</td><td>36.9</td><td>—</td><td></td></tr>
<tr><td>劈拉强度 f_{PL}（MPa）</td><td>2.75</td><td>3.18</td><td>3.25</td><td>3.21</td><td>3.24</td><td>3.50</td><td>3.30</td><td>3.60</td><td>4.10</td><td>—</td><td></td></tr>
<tr><td>弹性模量 E（$\times 10^3$MPa）</td><td>31.95</td><td>30.90</td><td>34.10</td><td>31.00</td><td>32.20</td><td>32.60</td><td>34.26</td><td>31.85</td><td>35.66</td><td>30.80</td><td></td></tr>
<tr><td>韧性（kN·mm）</td><td>—</td><td>—</td><td>—</td><td>11.36</td><td>12.87</td><td>12.33</td><td>10.85</td><td>11.36</td><td>14.00</td><td>—</td><td></td></tr>
<tr><td>泊松比</td><td>0.315</td><td>0.275</td><td>—</td><td>—</td><td>—</td><td>—</td><td>—</td><td>—</td><td>—</td><td>—</td><td></td></tr>
<tr><td rowspan="2">冲击强度</td><td colspan="6">第一条裂缝出现时钢球下落次数</td><td colspan="5">最后破坏时钢球下落次数</td></tr>
<tr><td colspan="3">钢纤维混凝土 2 次</td><td colspan="3">无纤维混凝土 1 次</td><td colspan="3">钢纤维混凝土 34 次</td><td colspan="2">无纤维混凝土 2 次</td></tr>
</table>

（三）钢纤维的种类

新型钢纤维如德国的 Harex 钢纤维、美国 Novocon 剪切钢纤维和比利时的 Dramix 钢丝纤维等出现之后，钢纤维混凝土在国际上，特别是在欧美发达国家有了较大规模的应用，并且这种势头正在逐年增长，如1995年欧洲共用了7万t钢纤维，其中用于道路、地坪的占65%，约为15万m^3混凝土。

上海于1993年底从德国引进专用技术及成套设备，开始生产铣削钢纤维，这种纤维的长径比仅为30~40，保证了其优良的施工性能，普通钢纤维掺到$60kg/m^3$以上混凝土施工就有困难，而铣削钢纤维掺量即使达到$120kg/m^3$时，也可像普通混凝土一样，用于预制拌合混凝土的生产和泵送施工。它有一个象砂皮般粗糙的表面，使它与水泥浆体的粘结较为牢固，它是用铣刀直接从钢坯上切削下来，所以表面绝对无油污；另外其径向扭曲以及两端的弯钩能使应力的散布面更大。它与基体的粘结强度是普通钢纤维的1.3倍。基于此类钢纤维具有许多优良性能，并已形成一定生产规模（2万t），使研究有了实际的意义。

二、铣削钢纤维混凝土的配制、浇筑和检验

（一）原材料质量要求

（1）铣削钢纤维混凝土所用铣削钢纤维的质量应符合其技术要求的规定（见随后内容）。

（2）拌制铣削钢纤维混凝土不得采用海水、海砂，严禁掺加氯盐。

（3）铣削钢纤维混凝土采用粗骨料的粒径不宜大于25mm。

（4）铣削钢纤维混凝土所用水泥、水、骨料、掺合料、外加剂、钢筋以及其他材料，还应符合现行有关规范中混凝土和钢筋混凝土所用原材料的规定。

（5）拌制铣削钢纤维混凝土宜掺加减水剂，其技术性能应符合现行标准《混凝土外加剂应用技术规范》（GBJ 119）的规定，并经试验验证后方可采用。

（6）采用硅酸盐水泥或普通硅酸盐水泥拌制的铣削钢纤维混凝土，可掺用掺合料。掺合料的技术性能应符合现行标准的规定，其掺量应通过试验确定。

（二）铣削钢纤维混凝土

（1）铣削钢纤维混凝土的强度等级应按立方体抗压强度标准值确定。立方体抗压强度标准值按现行有关混凝土结构设计规范的规定采用。

（2）铣削钢纤维混凝土的强度等级不应低于C20，并应满足设计对强度等级与弯拉强度的要求。

铣削钢纤维混凝土的钢纤维体积率不应小于0.35%。

（3）铣削钢纤维混凝土弯拉强度设计值可按下式确定：

$$f_{\omega} = f_{\omega}(1 + 40V_{f})$$

式中　f_{ω}——钢纤维混凝土弯拉强度设计值（MPa）；

f_{ω}——同强度等级普通混凝土弯拉强度设计值（MPa），按现行有关水泥混凝土路面设计规范的规定采用；

V_{f}——钢纤维体积率（%）。

（4）铣削钢纤维混凝土的弯拉弹性模量，可根据同强度等级普通混凝土弯拉强度设计值按现行有关水泥混凝土路面设计规范的规定采用。

（5）在特殊环境条件下对铣削钢纤维混凝土抗冻等级、抗渗等级、耐磨性、耐腐蚀性等的要求可按现行有关的混凝土结构设计规范规定采用。铣削钢纤维混凝土抗冻等级、抗渗等级、耐磨性、耐腐蚀性等项性能应通过专门试验或技术论证确定。

（三）配合比设计

(1) 铣削钢纤维混凝土的配合比设计，应满足设计要求的抗压强度与弯拉强度，以及施工要求的和易性，在某些条件下还应满足对抗冻性、抗渗性、耐磨性或耐腐蚀性等项的要求。

(2) 本节只对铣削钢纤维混凝土配合比设计的专门要求作出规定，未作具体规定的事项应按现行标准《普通混凝土配合比设计规程》（JGJ55—2000）及其他有关专业规范的规定执行。

(3) 铣削钢纤维混凝土配合比设计应按下述步骤进行：

①根据强度标准值或设计值以及施工配制强度提高系数，确定试配抗压强度与弯拉强度。

②根据试配抗压强度计算水灰比。

③根据试配弯拉强度，按第二、2、(3) 条的规定计算或通过已有资料确定铣削钢纤维体积率。

④根据施工和易性要求，通过试验或已有资料确定单位体积用水量。铣削钢纤维（体积率）每掺加0.5%，单位体积用水量相应增加6kg，如掺用外加剂时应考虑外加剂的影响。

⑤确定合理砂率，铣削钢纤维（体积率）每掺加0.5%，砂率相应增加2%。

⑥按绝对体积法计算材料用量，确定试配配合比。

⑦按试配配合比进行拌合物性能试验，调整单位体积用水量和砂率，确定强度试验用基准配合比。

⑧根据强度试验结果调整水灰比和铣削钢纤维体积率，确定施工配合比。

(4) 铣削钢纤维混凝土的施工配制抗压强度应按现行国家标准《混凝土强度检验评定标准》及其他有关规范关于普通混凝土施工配制强度的规定采用，弯拉强度的施工配制强度提高系数，可取用抗压强度施工配制强度提高系数。

(5) 铣削钢纤维混凝土的稠度可参照同类工程对普通混凝土所要求的稠度确定，其坍落度值可比相应普通混凝土值小20mm，其维勃稠度值与相应普通混凝土要求值相同。

(6) 铣削钢纤维混凝土试配配合比确定后，应进行拌合物性能试验，检查其稠度、黏聚性、保水性等是否满足施工要求，若不满足则应在保持水灰比和钢纤维体积率不变的条件下，调整单位体积用水量或砂率直到满足要求为止，并据此确定用于强度试验的基准配合比。

(7) 铣削钢纤维混凝土配合比的强度试验，应分别进行抗压强度与弯拉强度试验，制作铣削钢纤维混凝土试块时，尚应测定其拌合物的稠度和堆密度。

(8) 根据测得水灰比与抗压强度关系，可求出与试配抗压强度对应的水灰比；根据铣削钢纤维体积率与弯拉强度的关系，可求出与试配弯拉强度对应的铣削钢纤维体积率。据此可参照现行标准《普通混凝土配合比规程》（JGJ55—2000）确定施工配合比。

（四）搅拌工艺

(1) 铣削钢纤维混凝土应采用机械搅拌，最好采用强制式搅拌机搅拌。

（2）搅拌铣削钢纤维混凝土的各种材料的质量，应按施工配合比的一次搅拌量计算确定，其称量偏差不得超过表42-82的规定。

材料称量的允许偏差　　表42-82

材料名称	铣削钢纤维	水泥、混合材	粗、细骨料	水	外加剂
允许偏差（%）	±2	±2	±3	±1	±2

（3）铣削钢纤维混凝土搅拌的投料顺序和方法与普通混凝土相同，应以保证一定的生产率为原则。

（4）铣削钢纤维混凝土的搅拌时间由搅拌机类型决定，并应较普通混凝土规定的搅拌时间延长10~20s。

（五）运输、浇筑和养护

（1）铣削钢纤维混凝土的运输可采用与普通混凝土相同的运输规定，运输过程中应避免拌合物离析。

（2）铣削钢纤维混凝土可采用泵送施工。混凝土应保持连续泵送，必要时可降低泵送速度。

（3）铣削钢纤维混凝土的浇筑方法应保证钢纤维分布的均匀性和结构的连续性，在一个规定连续浇筑的区域内，浇筑施工过程不得中断，在浇筑过程中不得因拌合料干涩而加水。

（4）铣削钢纤维混凝土应采用机械振捣，不得采用人工插捣，所采用的振捣机械和振捣方法除应保证混凝土密实外，还应保证钢纤维的分布均匀不得结团成球。

（5）铣削钢纤维混凝土采用与普通混凝土相同的养护方法。

（六）质量检查

铣削钢纤维混凝土的质量检验，除应对原材料、配合比，施工的主要环节按现行有关施工与验收规范的规定执行外，尚应补充下列检验项目：

（1）按规范中附录的规定对铣削钢纤维进行质量检验。

（2）铣削钢纤维的称量每一工作班至少检验两次；同时，应采用水洗磁铁收集法在浇筑地点取样检验钢纤维体积率，每一工作班至少一次；该方法检验钢纤维体积率的误差不应超过配合比要求的钢纤维体积率的±15%。

铣削钢纤维混凝土强度检验的试件制作、数量以及对强度的评定方法应参照现行有关混凝土工程施工验收规范及国家标准《混凝土强度检验评定标准》（GB/T 50107—2002）的规定执行。

三、铣削钢纤维的技术要求

（一）化学成分

铣削钢纤维的化学成分见表42-83。

化　学　成　分　　表42-83

碳（C）	锰（Mn）	硅（Si）	磷（P）	硫（S）
0.1~0.2	0.90~1.60	≤0.55	≤0.04	≤0.04

（二）长度偏差

铣削钢纤维长度偏差不应超过公称直径的 ± 5%，每吨产品随机取样 100 根，长度偏差按下式计算：

$$\delta_{\mathrm{t}} = \frac{\sum_{i=1}^{100} L_i}{100} L_{\mathrm{f}}$$

式中 δ_{t}——铣削钢纤维长度偏差值；

L_i——每根受检纤维的实测长度；

L_{f}——铣削钢纤维长度公称值。

（三）质量偏差

铣削钢纤维的质量偏差不应超过按尺寸公称值计算质量的 ± 15%，每 3t 产品随机取样 100 根，钢纤维质量偏差按下式计算：

$$\delta_{\mathrm{w}} = W_{\mathrm{o}} - W_{\mathrm{c}}$$

式中 δ_{w}——铣削钢纤维长度偏差值；

W_{o}——100 根钢纤维实测质量；

W_{c}——按铣削钢纤维形状尺寸公称值计算的 100 根钢纤维理论重量。

（四）扭曲角度

铣削钢纤维径向扭曲角度应小于 20°。

（五）抗拉强度

铣削钢纤维的抗拉强度不应低于 600MPa。其抗拉强度按下式计算：

$$f_{\mathrm{f}} = \frac{F_{\max}}{A_{\mathrm{f}}}$$

式中 f_{f}——铣削钢纤维抗拉强度；

$F_{\max}$——一根钢纤维抗拉试验的最大拉伸荷载；

A_{f}——钢纤维截面公称面积。

（六）清洁度

铣削钢纤维表面不得沾有油污和其他妨碍与水泥砂浆粘结的杂质。

（七）杂质含量

铣削钢纤维内含有的因加工不良造成的粘结片、铁屑及杂质的总质量不应超过钢纤维质量的 1%。每 3t 随机取样 5kg，用人工挑拣并称质量计算。

第十五节　超塑早强混凝土路面施工

一、超塑早强混凝土

随着我国改革开放的不断深化，举国上下以经济建设为中心，我国的国民经济正以史无前例的规模与速度发展着。

道路建设是市政工程中最基本的建设工程。道路类型主要有沥青路面与水泥混凝土路面两种形式。近年来，由于国内沥青材料的材质问题以及进口沥青价格昂贵等因素，沥青混凝土路面一般均应用到高等级路面如高速公路路面，而大量的普通道路基本上使用水泥混凝土路面。另外，我国又是一个水泥大国，水泥产量占世界首位，这对水泥路面的使用起了很大的推动作用。

水泥混凝土路面具有刚度大、强度高、板体性佳、稳定性好、耐用、抗侵蚀能力强、养护费用少等特点。目前水泥混凝土路面在我国有了很大的应用与发展。但是，水泥混凝土路面也有其缺点所在：与沥青路面相比，不能立即开放交通；除碾压式混凝土外，其他混凝土路面均需一定的养护期，以获得足够的强度增长，一般铺筑完后需要14～21d的间隔时期，才能开放交通。

超塑早强混凝土是指水泥、黄砂、碎石和水等在适当配合比下用搅拌机搅拌一定时间，再掺入适量早强剂、高效减水剂，经规定时间搅拌均匀而成的混凝土。用它铺筑的路面称为超塑早强混凝土路面。

超塑早强混凝土具有早期强度高、路面致密性好、施工和易性好等特点，有利于改善施工操作，并在节能，降低劳动强度和机械损耗等方面均有良好效果。对要求早强的混凝土路面补修工程，可达到缩短工期，提前开放交通的目的。一般3～6d就能开放交通。其技术经济效益尤为显著，是水泥混凝土路面快速施工、及时投入使用的有效措施。

二、原材料选择

（一）水泥混凝土路面面层的要求

水泥混凝土路面直接承受行车荷载的反复作用及环境因素（温度和湿度）的影响，使用条件恶劣，因而面层混凝土具有较建筑物或其他工程结构物混凝土为高的使用品质。这表现在：

1. 强度

面层混凝土板承受行车荷载和温度梯度的弯曲作用，要求有较高的抗折强度，耐抗折强度是影响混凝土路面使用寿命的首要因素，因此，对道路混凝土抗折强度规定了很高的强度值，见表42-84。

与交通等级相应的道路混凝土抗折强度的规定值　　**表42-84**

交通分级	特重	重	中等	轻
抗折强度（MPa）	5.0	4.5	4.5	4.0

2. 耐久性

道路混凝土直接受大气温度和湿度的反复作用，因此要求混凝土具有较高的耐气候性，即须较低的水泥用量、较低的水灰比和适宜的混合料级配。

3. 耐磨性

道路混凝土承受车轮反复碾压，因此要求混凝土有较高耐磨性。

4. 工作性

面层混凝土由于其耐久性与耐磨性的要求甚高，因此在水灰比甚低的情况下，仍要求与施工工艺相匹配的工作性。

以上是对普通路面混凝土的要求，除此之外，超塑早强混凝土还有早期强度高的额外要求，因此，路面混凝土原材料的质量品质和混凝土混合物的组成有严格的要求。

（二）对路面混凝土材料的要求

1. 水泥

水泥的质量和用量不仅对混凝土的强度有直接的影响，而且对新浇或硬化混凝土的某些性质，如凝结和硬化速率、混凝土的早期收缩开裂、泌水、磨耗等。带来一定影响。

路面用水泥希望具有抗折强度高、收缩小、耐磨性和耐久性好以及弹性模量低等技术品质。目前市场上已有道路水泥品种出现。但目前路面用的水泥主要为硅酸盐水泥或普通硅酸盐水泥。矿渣水泥由于其泌水因素易造成路面的耐磨性下降故未应用。因此，对于不同等级的公路混凝土路面，建议采用表 42-85 所列品种。

各级公路混凝土路面建议采用的水泥品种 表 42-85

公路等级	水 泥 品 种	公路等级	水 泥 品 种
高速公路	≥52.5 级硅酸盐水泥	二级公路	≥42.5 级普硅水泥，52.5 级矿渣水泥
一级公路	≥52.5 级硅酸盐水泥，52.5 级普通硅酸盐水泥	三级公路	≥42.5 级普硅水泥，42.5 级矿渣水泥

以上是对各类道路所建议采用的水泥品种的选择规定，对于超塑早强混凝土，则对水泥品种的选择要求更高，它要求水泥具有早强及后期强度发展保持稳定的水泥。配制超塑早强混凝土等应选用以下水泥品种。

(1) 42.5 级普硅水泥、52.5 级普硅水泥、52.5 级硅酸盐水泥：硅酸盐水泥主要的矿物组分有硅酸三钙 C_3S、硅酸二钙 C_2S、铝酸三钙 C_3A、铁铝酸四钙 C_4AF 等。水泥的性能与它的矿物组成有一定关系，硅酸盐水泥强度主要与 C_3S 和 C_2S 含量有关，28d 以前的强度取决于 C_3S 含量，25d 至 6 个月间的强度增长与 C_2S 含量有近似的直线关系。C_3S 含量高的水泥，早期强度高，但 C_2S 含量高的水泥强度为随龄期不断增长，至 12 个月龄期时，几乎与 C_3S 的强度相等，水泥中的 C_3A 与 C_4AF 水化速度很快，对水泥早期强度有所贡献，但最终对水泥强度有负的影响，一般普通硅酸盐水泥中 C_3S 占了总矿物的 30%～60%，对水泥早期强度发展贡献大，与其他外加剂掺配，更能发挥其早强的功效，另外，这三种水泥与其他早强水泥相比，价格成本低，是一种用量广泛的早强混凝土原材料。

(2) 62.5R 级、72.5R 级型硅酸盐水泥：62.5R 级、72.5R 级型硅酸盐水泥系上海白水泥厂于 1994 年 7 月，开发生产的高强度等级水泥新品种。这种水泥的生产选择了合适的矿物组成范围，以优质原材料生产优质熟料，以优质熟料生产高强度等级水泥，主要以生产白水泥的优质原材料为主，再调整铁的含量，来配制高强度等级硅酸盐水泥生料，取得了成功。

这种水泥，比表面积为 $4500cm^2/g$，早期强度发挥快，3d 抗折强度达 28d 的 76%，7d 达 28d 的 87%，抗压强度 3d 达 28d 的 81%，是配制抢修工程超塑早强混凝土的好材料，但成本较贵。

(3) 早强硫铝酸盐水泥：硫铝酸盐水泥熟料的主要矿物为无水硫铝酸钙 C_4A_3S（占总矿物的 52%～68%）及硅酸二钙 β-C_2S（占总矿物的 18%～36%）。当 C_4A_3S、β-C_2S、$CaSO_4 \cdot 2H_2O$ 三者共存时，会相互之间促进水化速率，使发挥很快，特别在 6～12h 强度发展速率很快，6h 强度可达 5～10MPa，其 3d 强度几乎是同强度等级普硅水泥的两倍。此类水泥也可与其他外加剂掺配，可进一步提高早期强度，因此非常适宜于路面的抢修工程应用。

2. 细骨料

粒径为0.16～5mm的骨料为细骨料。砂粗细程度按细度模量 M_x 分为粗、中、细三级，其范围应符合以下规定：

粗砂：$M_x = 3.7 \sim 3.1$；

中砂：$M_x = 3.0 \sim 2.3$；

细砂：$M_x = 2.2 \sim 1.6$。

混凝土用砂希望具有高的比密度和小的比表面积，以保证混凝土混合料有适宜的工作性，硬化后有足够的强度和耐久性。同时又能达到节约水泥的目的，为此选用的砂须符合表42-86所列级配要求。

混凝土用砂的级配范围　　　　表 42-86

筛孔尺寸（mm）＼累计筛余＼级配区	Ⅰ　区	Ⅱ　区	Ⅲ　区
10.0	0	0	0
5.00	10～0	10～0	10～0
2.50	35～5	25～0	10～0
1.25	65～35	50～10	25～0
0.630	85～71	70～41	40～16
0.315	95～80	92～70	85～55
0.160	100～90	100～90	100～90

Ⅰ区的砂率属粗砂范畴，配制混凝土时，内摩擦阻力大，保水性差，不易捣实成型，应提高砂率；Ⅱ区砂为中砂，配制混凝土时宜优先选用；Ⅲ区的砂为细砂，宜降低砂率，以保证混凝土强度。超塑早强路面混凝土采用中砂。

细骨料中含有泥土、云母、有机质、硫化物和硫酸盐、轻物质等杂质时，会在骨料表面形成包裹层而妨碍骨料与水泥的粘结，妨碍水泥水化或同水泥水化产物发生不良反应等，因此砂的质量必须符合《普通混凝土用砂质量标准及检验方法》（JGJ 52—92）的各项质量指标。

3. 粗骨料

为获得密实、高强、耐久性好、耐磨耗的路面混凝土，粗骨料必须具备一定的强度、耐磨耗，有足够的坚固性，有良好的级配。

粗骨料的50mm×50mm×50mm立方体抗压强度与设计强度之比值应不低于2。骨料的磨耗率，用双筒式磨耗机测定时，应不大于4%。

粗骨料的粒状以接近正方体为佳。表面粗糙且多棱角的碎石骨料，与水泥的粘结性能好，配制的混凝土具有较高的强度。粗骨料的最大粒长不大于40mm，粗骨料的级配可采用连续级配或间断级配，连续级配的优点是所配制的混凝土较密实，有优良的工作性，不易产生离析现象。间断级配相应地配制相同强度混凝土所需水泥用量可少些，但容易产生离析现象。

选用含有非晶体活性二氧化硅的岩石，如蛋白石、凝灰岩、硅镁白灰岩等用作粗骨料时，水泥中的碱性物质水解生成的$Ca(OH)_2$会同骨料中活性二氧化硅发生化学反应，在骨料表面生成碱-硅酸凝胶，这种物质吸水膨胀，造成较深网裂，使混凝土结构破坏，这种现象叫“碱-骨料反应”，选用骨料时应避免。

粗骨料的质量必须符合《普通混凝土用碎石或卵石质量标准及检验方法》（JGJ 53—92）的质量指标。

4. 外加剂

近年来，外加剂技术发展很快，世界各国竞相研制。品种日益增多，用途日益扩大，使外加剂逐渐变为混凝土除水泥、水、砂、石外的第五种组分材料。主要有普通减水剂、高效减水剂、早强减水剂、缓凝减水剂、引气减水剂、早强剂、缓凝剂、引气剂等，品种繁多。各类外加剂的使用，均要求与施工工程的特点、水泥的品质特点等通过调配来实现。

在超塑早强路面混凝土研究中，外加剂也是提高混凝土早期强度的一种有力措施。

5. 水

用于拌制和养护混凝土的水，不应含有影响水泥正常凝结硬化的有害物质。工业废水、污水、沼泽水、pH 值小于 4 的酸性水等不宜使用。凡能饮用的自来水和清洁的天然水，一般都可使用。混凝土拌合用水应符合《混凝土拌合用水标准》（JGJ 63—89）。

三、配合比设计原则

路面混凝土混合料配合比设计的目的，主要是根据对路面混凝土的强度、耐久性、工作性以及经济成本的要求，确定混凝土混合料各组分的配合比例。在确定混合料中水泥、细骨料、粗骨料和水 4 种基本组分用量时，关键是选择好水灰比、用水量和砂率，对于超塑早强路面还要求掌握水泥用量和外加剂使用两个因素。

超塑早强路面混凝土配合比设计遵循的一般步骤为：

(1) 针对工程需要的早期要求和施工要求，常以以往所取得的经验配合比为主，以普通道路混凝土设计配合比参考依据，综合得出初拟设计配合比。

(2) 按初拟设计配合比进行试拌，考察混合物的工作性，按要求情况作必要调整，而后进行强度和耐久性试验，按要求情况再作必要的调整，得到设计配合比。

(3) 根据混凝土的现场实际浇筑条件，如骨料供应情况（级配偏差、含水量等）、摊铺机具和气候条件等，进行适当调整，提出施工配合比。

普通路面混凝土配合比的设计对超塑早强路面混凝土的设计具有参考依据，其设计方面与建工方面应用的混凝土有所区别。在下面对普通路面混凝土设计方法稍作介绍。

普通路面混凝土配合比设计可按下列步骤进行：

（一）确定混凝土的试配强度

根据《水泥混凝土路面施工及验收规范》（GBJ 97—87），可按下式确定混凝土试配强度：

$$f_c = (1.10 \sim 1.15)\sigma$$

式中 f_c——路面混凝土的抗压或抗弯试配强度（MPa）；

σ——抗压或抗弯的设计强度（MPa）。

（二）计算灰水比

按抗压强度配制混凝土时，可按试配抗压强度 f_c 和下式确定计算灰水比 C/W：

采用碎石时：$f_c = 0.48 f_{cc}$（C/W－0.52）

采用卵石时：$f_c = 0.52 f_{cc}$（C/W－0.61）

式中　f_{cc}——水泥的实际抗压强度或为1.13倍的水泥标号值（MPa）。

按抗弯强度配制混凝土时，则要求按试配抗弯强度 R_s 和下述经验公司确定C/W。

采用碎石时：

$$f_s = -1.0079 + 0.3485 f_{sc} + 1.5684(C/W)$$

采用卵石时：

$$f_s = -1.5492 + 0.4565 f_{sc} + 1.2618(C/W)$$

式中　f_{sc}——水泥的抗折强度（MPa）。

路面混凝土的最大W/C，应符合《水泥混凝土路面施工及验收规范》（GJB 97—87）规定：

（1）公路、城市道路和厂矿道路，不应大于0.50。

（2）机场道路和高速公路，不应大于0.46。

（3）冰冻地区冬期施工，不大于0.45。

（三）计算用水量（W）

每立方米混凝土用水量W（kg/m^3）按下列经验方案式确定：

采用碎石时：

$$W_0 = 104.97 + 3.09h + 11.27C/W + 0.61S_P$$

采用卵石时：

$$W_0 = 86.89 + 3.70h + 11.24C/W + 1.00S_P$$

式中　h——坍落度值cm，路面混凝土一般取为1～3cm；

S_P——砂率%，砂率可按表42-87取值。

路面混凝土混合料砂率（%）　　**表42-87**

水灰比（W/C）	碎石最大粒径（mm）		卵石最大粒径（mm）	
	20	40	20	40
0.40	29～34	27～32	24～31	24～30
0.50	32～37	30～35	29～34	28～33

（四）计算水泥用量

$$C_0 = W_0(C/W)$$

路面混凝土水泥用量不小于300kg/m^3。

（五）确定粗、细骨料用量

用绝对体积法或假定堆积密度法确定粗、细骨料用量。

用绝对体积法计算时，采用以下两式：

$$\frac{C_0}{P_c} + \frac{G_0}{P_G} + \frac{S_0}{P_s} + \frac{W_0}{P_w} = 1000$$

$$\frac{S_0}{G + G_0} \times 100 = S_p(\%)$$

用假定堆积密度法计算采用下两式：

$$C_0 + G_0 + S_0 + W_0 = P_b$$

$$\frac{S_0}{G + G_0} \times 100 = S_p(\%)$$

式中 C_0、G_0、S_0、W_0——每立方混凝土中水泥、粗骨料、细骨料、水的用量（kg/m^3）；

P_c——水泥密度，可取 2.9～3.1g/cm^3；

P_G 和 P_s——粗、细骨料表观密度（g/cm^3）；

P——水密度取 1.0（g/cm^3）；

P_b——混凝土假定堆积密度，可根据经验或在 2400～2500kg/cm^3 范围内选取。

（六）配合比调整

调整方法基本同普通混凝土配合比调整方法。

以上为普通道路混凝土的配合比设计方法，与普通混凝土配合比设计不同之处在于以抗折强度计算水灰比为主，道路混凝土首先以满足抗折强度指标为先。

超塑早强混凝土配合比是以普通路面混凝土配合比设计为基础，结合以往的经验，在水泥用量与外加剂使用上，再经调配，最终能在早期满足路面混凝土的使用要求。

四、超塑早强路面混凝土的种类

超塑早强路面混凝土系满足普通路面混凝土的施工性能及使用性能的基础上，采取一系列措施，发挥路面混凝土早期强度性能，使路面得以提前使用的一种新品种路面混凝土。下面就国内现有的超塑早强路面混凝土品种以及已取得的经验进行这方面的介绍。

（一）掺早强剂路面混凝土

在路面混凝土中掺适量的早强剂，能缩短混凝土的凝结时间，提高早期强度，从而缩短混凝土养护时间，达到提前开放交通的目的。

混凝土的早强剂以氯化钙 $CaCl_2$ 最为著名，由于氯化钙货源充足，价格便宜，而且研究资料丰富，已在许多国家得到广泛使用。

在混凝土掺入氯化钙，能与水泥中 C_3A 作用生成氯铝酸钙，并与 C_3S 水化析出的 $Ca(OH)_2$ 形成氧氯化钙等复杂物质，这些复盐均不溶于水溶液，因而能从水泥-水系统析晶，降低了该系统的碱度，使 C_3S 的水化易于进行，同时也加快了水泥中有关组分溶解速度，从而促进其水化反应。

从宏观上来看，掺加适量的氯化钙，会加快混凝土的凝结，从初凝至终凝的时间都会有所缩短。如果超量掺用氯化钙，会导致急凝。

混凝土强度的增加与氯化钙掺量有很大关系。掺量适当强度较高，掺量太大则反而降低强度。根据各种不同试验资料综合分析，氯化钙掺量范围为 1%～4%，一般说来，掺量 2%早强效果较好，一般 3d 抗压强度可提高 20%～30%，在大多数情况下，甚至一年龄期混凝土强度也较高。掺量较大（3%～5%），可使初期强度提高，但后期强度会产生不利的现象。许多专家认为，从强度和耐久性角度综合考虑，片状的氯化钙掺量不应超过 2%，或无水氯化钙掺量不应超过 1.5%。

关于掺加氯化钙对混凝土抗折强度的影响，也有大量资料介绍，见表 42-88。

掺有氯化钙混凝土抗折强度与不掺的对比　　**表 42-88**

抗折强度（MPa）											
0d		3d		7d		28d		90d		365d	
未掺	2% $CaCl_2$	未掺	2% $CaCl_2$	未掺	2% $CaCl_2$	未掺	2% $CaCl_2$	未掺	2% $CaCl_2$	未掺	2% $CaCl_2$
1.8	2.4	3.2	3.5	3.9	3.8	4.7	4.4	5.2	5.3	5.2	5.6

从以前资料介绍可见，3d前，掺氯化钙混凝土早期强度发挥显著，到了后期基本与不掺的大致相等。

氯盐混凝土有一个钢筋锈蚀问题，有关氯盐的掺量，在《混凝土结构工程施工质量及验收规范》（GB50204—2002）中所规定的钢筋混凝土中，$CaCl_2$ 掺量不得超过1%，在无筋混凝土中掺量不超过3%。

$CaCl_2$ 掺入混凝土中，对混凝土收缩影响较为显著，这点在路面混凝土施工中应引起注意。缩缝的切割时间应及时，以保证路面在缩缝外不出现无规则裂缝。

（二）掺TJ型抗折高效减水剂超型早强路面混凝土

TJ型抗折高效减水剂系同济大学开发，上海华联外加剂厂生产的一种可提高路面混凝土抗折强度、高效发挥混凝土早期强度、并具减水作用的一种灰色粉状物体，投入使用后，对加快道路交通的开通有显著效果。

对掺用TJ型高抗折高效减水剂的试验情况见表42-89。

对掺用TJ型高抗折高效减水剂路面混凝土与不掺的对比试验　　**表 42-89**

水泥品种及用量（kg/m^3）	外加剂掺量（%）	水灰比（W/C）	坍落度（cm）	抗压强度（MPa）		抗折强度（MPa）		备注
				7d	28d			
42.5级普硅330	0	0.55	1.65	26.2	34.2	3.77	4.70	碎石： 5～15mm：30% 25～40mm：70%
42.5级普硅330	2.5	0.47	1.50	39.7	39.5	5.08	5.82	
52.5R级普硅320	0	0.60	2.10	33.6	40.7	4.2	5.00	
52.5R级普硅320	2.5	0.51	1.80	45.0	53.7	6.80	7.70	
52.5R级普硅320	0	0.65	6.00	25.3	35.3	4.84	6.41	
52.5R级普硅320	2.5	0.55	6.00	32.1	46.1	6.14	8.10	
52.5R级普硅320	0	0.60	14.00	29.4	30.8	4.95	6.10	
52.5R级普硅320	2.5	0.51	13.00	35.2	36.7	5.96	7.40	

从以上的试验情况分析，TJ型高抗折高效减水剂的减水效果达高效减水剂的标准，减水率大于12%，早期7d的强度均提高至120%以上，特别在低水灰比的情况下，7d的强度提高更为显著，28d的强度掺比不掺也有较大的提高，因此，TJ型高抗折高效减水剂特别适宜配制3～7d后即可开放交通的超塑早强路面混凝土。

TJ型高抗折高效减水剂是一种粉状产品，使用时不可溶于水后加，必须直接投入搅拌机中，因此这种材料特别适宜现场拌合施工，搅拌时间相应适当延长，一星期内的养护工作仍应得到重视，另外该种混凝土具有早强特性，缩缝时间也应尽早尽快，以防不规则缩缝的出现。该种超塑早强路面混凝土在浦东张扬路施工中，得到广泛使用。

（三）掺高效减水剂的超塑早强混凝土

高效减水剂是一种减水效果高的外加剂，在不改变混凝土工作性的情况下，它能大幅度减少混凝土用水量，从而显著地提高混凝土的强度；或不改变混凝土用水量的条件下，能显著改善混凝土的工作性。目前高效减水剂按化学成分可分三类：①萘系高效减水剂；②三聚氰胺高效减水剂；③改性木质素系高效减水剂。

高效减水剂之所以能够提高混凝土的强度，主要是它的吸附—分散作用。水泥加水后由于颗粒很细，颗粒互相粘合，形成一种凝聚团。这是因为粒子间的凝聚力大于颗粒表面的润湿力造成的。减水剂的分散作用，就是减水剂的链节深入水泥颗粒的缝隙，使水泥团分解成细小单个粒子，均匀分散于水中，同时减水剂溶于水后离解成阴离子和金属阳离子，阴离子吸附于水泥颗粒表面，使之生成带电相，呈负电。静电场作用使水泥颗粒相互排斥，彼此分离。另外，水泥颗粒表面形成一层稳定水模，水泥颗粒只要有少量的水即可拌合均匀，拌合用水量大为降低，使硬化后混凝土中毛细孔数量减少，混凝土比较致密，强度得以提高。

在试验中，我们选用了上海五四助剂厂的 SN-Ⅱ型高效减水剂，是以 β-苯磺酸甲醛缩合物为主要成分的阴离子表面活性剂，属高效低泡沫型混凝土减水剂。水泥采用宁国 52.5 级普通硅酸盐水泥，砂为中砂，碎石用 5～15mm、25～38mm 间断级配，进行了正交试验。

在正交试验中，A 因素为水泥用量：280kg/m^3、310kg/m^3、340kg/m^3；B 因素为灰水比：2.00、2.25、2.50，亦即水灰比 W/C 取 0.40～0.50 范围；C 因素为粗骨料容积 Vc 取：0.70、0.74、0.78；D 因素为 SN-Ⅱ掺量（%）：0.25、0.50、0.75。试验采用自然养护气温为 20～30℃，正交试验结果见表 42-90。

正交试验结果 **表 42-90**

试验号	A	B	C	D	抗折强度（MPa）				抗压强度（MPa）				坍落度（cm）
	C	C/W	V_a	SN-Ⅱ（C×%）	f_1	f_3	f_7	f_{28}	f_1	f_3	f_7	f_{28}	
1	280（1）	200（1）	0.70（1）	0.25（1）	2.5	5.07	4.94	5.82	27.4	27.1	38.9	43.0	1.2
2	280（1）	225（2）	0.74（2）	0.50（2）	3.6	5.2	4.8	6.53	30.8	38.2	44.4	49.1	3
3	280（1）	250（2）	0.78（3）	0.75（3）	3.66	4.74	4.69	5.7	32.4	40.6	41.4	48.1	1
4	310（2）	200（1）	0.74（2）	0.75（3）	2.75	4.1	4.6	5.1	21.9	28.0	34.3	39.5	2
5	310（2）	225（2）	0.78（3）	0.25（1）	3.3	5.0	4.6	5.5	20.2	31.3	39.7	42.5	0.5
6	310（2）	250（3）	0.70（1）	0.50（2）	2.4	3.1	4.19	4.2	20.9	29.4	35.5	47.5	3
7	340（3）	200（1）	0.78（3）	0.50（2）	2.9	3.3	4.3	5.3	23.4	34.6	34.6	43.7	12.5
8	340（3）	225（2）	0.70（1）	0.75（3）	3.7	4.5	5.3	5.8	25.1	35.7	39.1	44.0	2.5
9	340（3）	250（3）	0.74（2）	0.25（1）	2.5	4.37	5.0	5.1	28.5	39.0	39.2	44.0	0.5

由直观分析可见：

（1）掺 SN-Ⅱ型高效减水剂早强路面混凝土抗压强度的高低，主要取决于水泥用量，特别是 1d 和 3d 龄期的抗压强度与水泥用量的关系更为明显；其次是受水灰比影响，水灰比小强度则高；

（2）混凝土抗折强度 1d 龄期强度与水灰比大小密切有关，而 3d、28d 龄期强度与水泥用量关系较大，同时掺用 SN-Ⅱ型高效减水剂也是提高混凝土早期抗折强度的主要因素。

（3）坍落度大小对混凝土施工和易性具有一定影响，是保证混凝土路面施工质量的重要环节。SN-Ⅱ型高效减水剂、水灰比、水泥用量是影响坍落度的主要因素。

（4）针对混凝土路面铺筑后，需经受周而复始的季节、气候和车辆反复磨耗作用的特点，进行了掺 SN-Ⅱ型高效减水剂早强路面混凝土的抗冻融、抗磨耗对比试验，见表 42-91。

掺 SN-Ⅱ型高效减水剂混凝土抗冻融、磨耗对比试验　　表 42-91

SN-Ⅱ型高效减水剂掺量（%）	水泥用量（kg/m^3）	水灰比（W/C）	坍落度（cm）	冻融循环		磨　耗	
				次　数	强度损失（%）	失重（g）	磨耗度（%）
未掺	310	0.60	4.0	50	18.6	18.2	0.091
0.75	310	0.51	3.6	50	10.2	11.0	0.054

从以上结果来看，经 50 次冻融试验后，强度损失仅为混凝土的 55%，而磨耗度则为未掺的 59%。可以认为，SN-Ⅱ型高效减水剂早强路面混凝土，由于较大幅度降低了混凝土用水量，提高了强度和致密度，使混凝土具有很好的耐久性能，这对于混凝土路面的使用寿命来说是有利的。

掺 SN-Ⅱ型高效减水剂的超塑早强路面混凝土不但早期强度发展快，另外还具有施工和易性好的性能，这种混凝土可以满足 3～7d 开放交通的技术要求。

此种超塑早强混凝土在中山西路-兰皋路口抢修工程中应用，当时正值内环线高架在此路段施工，路面下的窑井因重车通行而下陷，造成路面破坏，一下子从窑井涌出大量的污水，使附近居民家纷纷进水，采用这种超塑早强混凝土，一边抽水一边施工，很快顺利通车。

此种超塑早强路面混凝土由于价格成本比较低，因此应用广泛。在南北高架道路、沪杭高速公路及市区重点道路改造工程等混凝土路面中，以及在新建道路如车亭线、沪闵线及在桥梁抢修工程的桥面铺装广深珠高速公路等的高架伸缩缝早强混凝土等工程上，应用此种超塑早强混凝土，效果良好。

（四）高强度等级水泥超塑早强混凝土

上海白水泥厂近年来开发的 72.5R 级型硅酸盐水泥，是一种早期强度发挥很快的水泥，其水泥性能的情况见表 42-92。

这种水泥配制的超塑早强路面混凝土对道路的快速抢修极其有利。表 42-93 为采用了这种高强度等级水泥所作试验的结果。

从以上试验结果可以得出，水泥用量在 310kg/m^3 左右，配合外加剂，配制出的超塑早强路面混凝土，可满足3d开放交通的要求；水泥用量在400kg/m^{3}左右，配合外加剂，配制出的超塑早强路面混凝土可满足1d开放交通的要求。但这类超塑早强路面混凝土成本较高，只能用于抢修工程的应用。

72.5R级型硅酸盐水泥性能 表42-92

比表面积（cm^2/g）	凝结时间（h:min）		抗折强度（MPa）				抗压强度（MPa）			
	初凝	终凝	1d	3d	7d	28d	1d	3d	7d	28d
4510	1:22	1:51	5.9	7.5	8.6	9.8	28.4	47.1	63.9	77.7

72.5R级型硅酸盐水泥作超塑早强混凝土试验 表42-93

水泥用量（kg/m^3）	水灰比（W/C）	SP-401外加剂（%）	坍落度（cm）	抗压强度（MPa）			
				1d	3d	7d	28d
310	0.55	1	1	22.2	31.8	38.4	54.2
320	0.51	1.25	0.2	21.5	32.8	41.5	54.0
400	0.40	1	3	32.4	39.9	47.4	54.06
400	0.40	1	0.2	37.3	43.6	53.3	59.3

（五）硫铝酸盐水泥超塑早强路面混凝土

硫铝酸盐水泥是用矾土、石灰石、石膏按一定比例煅烧成熟料，粉磨时加入适量石膏制成。矿物成分主要为无水硫铝酸钙（C_4A_3S）和硅酸二钙（β-C_2S）。

与其他水泥不同，它的强度等级以3d抗压强度表示，分为42.5级、52.5级、62.5级三个强度等级，强度值见表42-94。

三种标号硫铝酸钙水泥的强度增长比较 表42-94

强度等级	抗折强度（MPa）			抗压强度（MPa）		
	12h	1d	3d	12h	1d	3d
42.5级	29.4	34.4	41.7	5.9	6.4	6.9
52.5级	36.8	44.1	51.5	6.4	6.9	7.4
62.5级	39.2	51.5	61.3	6.9	7.4	7.8

这种水泥的水化产物主要是C_4A_3S与石膏反应生成的钙矾石和水化氧化铝$Al_3O_3 \cdot 3H_2O$，β-C_2S与水反应形成C—S—H凝胶与Ca（OH）$_2$，Ca（OH）$_2$与$Al_2O_3 \cdot 3H_2O$和石膏又生成钙矾石水化速度很快的原因在于石膏对水化有促进作用，在C_4A_3S—β-C_2S—$CaSO_4 \cdot 2H_2O$——系统中，三者相互促进，加速水化，使得强度发挥很快。

早强硫铝酸盐水泥，最主要的特性是早强快硬，12h的抗压强度在30～40MPa间，相当于同强度等级硅酸盐水泥的7d强度，3d达到其他水泥28d的强度，以早强硫铝酸盐水泥配制的混凝土，当水灰比在0.5～0.6之间，常温6h抗压强度为5～10MPa，12h为20MPa左右。早强硫铝酸盐水泥混凝土在3d前的强度发展速率很快，3d强度远高于硅酸盐水泥，几乎2倍，以后强度发展迅速减慢，后期28d逐渐接近硅酸盐水泥。

在3d龄期内，6～12h之间，强度发展速率最高，12h抗压强度达3d的50%左右。

与硅酸盐水泥一样，其强度与水灰比关系密切，随水灰比增大，抗压强度降低，有资料介绍见表42-95。

早强硫铝酸盐水泥混凝土抗压强度与水灰比关系　　表42-95

水灰比	坍落度（cm）	抗压强度（MPa）						
		6h	8h	12h	1d	3d	7d	28d
0.40	6.5	9.0	15.1	22.0	29.0	39.0	41.1	44.1
0.50	7.0	8.3	14.1	21.5	25.4	34.1	35.7	58.4
0.60	6.0	7.2	12.8	20.5	23.8	29.7	31.0	32.1

这种水泥掺加适当的外加剂，还可进一步提高混凝土早期强度。

早强硫铝酸盐水泥水化放热与强度发展速度同步，也集中在早期，虽然总的放热量并不高，比普通硅水泥还低，但1d的水化热放热量占总放热的70%～80%，与其他水泥相比，它的温升最高，出现最好温升最早，1d后温度快速下降，这个特性对冬季施工非常有利。

早强硫铝酸盐水泥的初凝时间多为30～40min，终凝时间在55～75min之间，但配制成混凝土后，因水灰比放大，凝固时间也随着延长，这种混凝土在常温下，实际初凝时间在2～3h，一般可以满足施工要求，但对于大体积混凝土施工或远距离运送施工，若掌握不好会严重影响工作质量或使施工无法进行。通过掺加缓凝剂可以延长初凝时间，但缓凝剂的品种必须与该种水泥做适应性（相容性）试验。

硫铝酸盐水泥水化产物中的钙矾石是一种膨胀性晶体，配制成的混凝土也具有微膨胀性，在水中养护具有膨胀值，在干燥空气中养护有微收缩，其干缩值是普硅水泥的1/3左右，收缩还是比较小的，该水泥的这种微膨胀低收缩特点对路面混凝土来说是一个有利因素。

下面是我们采用硫铝酸盐水泥外加缓凝剂高效减水所作的试验情况，见表42-96。

硫铝酸盐水泥路面混凝土强度情况　　表42-96

水灰比	抗压强度（MPa）					抗折强度（MPa）				
	4h	8h	12h	1d	28d	4h	8h	12h	1d	28d
0.45	15.8	24.7	28.4	33.5	48.7	2.2	4.1	4.9	5.3	6.7

从上面介绍来看，硫铝酸盐水泥超塑早强路面混凝土是一种很好的抢修材料，可满足12h后即可开放交通的要求。该种超塑早强路面混凝土应用到中山路—武夷路的铁道路口路面的抢修工程中，晚上施工，到了第二天一早便开放交通，取得良好的效果。

五、超塑早强混凝土路面施工技术

（一）材料选用

1．水泥

（1）宜采用普通硅酸盐水泥，强度等级不得低于42.5级，其性能应符合国家GB 175—1999和GB/T 17671—1999规定的要求。进场时须有出厂合格证，出厂期超过三个月或发现受潮的水泥，必须先检验，合格的方准使用。混有杂质或变质的水泥，不准使用于水泥混凝土路面工程。

（2）不同品种、不同厂家、不同出厂日期的水泥，必须分别堆放，堆放高度不超过10包。堆放处必须设置防潮、防漏、通风等设施，以确保水泥质量。

（3）水泥应按先到先用的顺序使用，散包水泥应尽先使用，禁止各种水泥混杂堆放和混合使用。

2. 黄砂（细骨料）

（1）宜选用质地坚硬、富有棱角的粗砂或中粗砂，细度模数为2.30～3.00；其他技术要求应符合《普通混凝土的用砂的质量标准及检验方法》的有关规定。

（2）不同料源的砂应分别堆放，分别使用。若有困难而杂混堆放时，则混凝土试配时的取样应符合现场状况。

3. 碎石（粗骨料）

（1）宜选用质地均匀、坚硬无风化，且表面粗糙多棱角的碎石，其粒径和规格及配合比例须根据混凝土的试配确定，其他技术规定应符合《公路工程石料试验规程》（JGJ 054—94）及《公路工程水泥混凝土试验规程》的有关规定。

（2）不同料源、规格的碎石，应做到分别堆放、分别使用。若有困难而混杂堆放时，则混凝土试配取样应以符合现场状况为准。

4. 水

拌合水和养护用水必须洁净，一般采用饮用水。含有油、酸碱类及其他污浊物质而有害混凝土强度的水，不得使用。

5. 高效减水剂（超塑剂）

（1）高效减水剂是以萘磺酸钠甲醛缩合物为主要成分的阴离子表面活化剂，其性能应符合出厂标准。

（2）粉状产品在搬运及存放时，应防止包装破坏受潮结块，使用前应测定粉剂水分，折算加入量。

（3）高效减水剂溶液的配制浓度以 $N=10\%$ 为宜；减水剂在混凝土中的掺用量以单位水泥用量经计算确定，掺量范围，一般为水泥质量的0.50%～1.00%，适宜掺量宜为0.75%。

（4）减水剂溶液必须由专人进行配制；使用前应检查溶液是否有沉淀和结块，有则再次拌合均匀，并用液体浓度计进行校验；使用时应与拌合水一起加入，不准将粉剂直接加入拌机筒。隔天使用的减水剂须在使用的当天再次拌匀，以防沉淀。

（5）减水剂溶液的掺加量必须由专人按计算确定量加入，不得多加和少加。

（二）拌制工艺

（1）减水剂的减水效果与掺入混凝土的时间有一定的关系。因此，拌合工艺应按如下规定进行：

①预先在搅拌机筒倒入原级配水泥砂浆一道，以避免搅拌机在初拌时存在的吸浆现象，第二道再按规定的配合比进行正式拌制混凝土。

②正式拌制时，应先在搅拌机筒内倒入1/3的拌合用水，随后将约1/2的25～38mm的碎石倒入料斗。接着倒入5～15mm的全部碎石，再倒入水泥和黄砂，最后将余下的25～38mm的碎石全部倒入料斗。启动料斗，一次将所有材料倾入搅拌机筒内。开机拌合约

1min后，将减水剂溶液由出料口倒入搅拌机筒中，并加入余下2/3拌合用水。总计拌合3min后即可出料。

③拌制好的混凝土，应色泽均匀，无粒料分离，拌合机旁混凝土坍落度抽检结果应考虑到运输距离坍落度损失。

④余下的2/3拌合水也可边搅拌边加水，但减水剂溶液在开机拌合约1min后加入为宜。

(2) 拌用料必须严格按质量比分别秤量准确。配量精确度：水泥为±1.5%，砂为±2%，碎石为3%。每班拌制应有专人负责检查控制至少检查材料配量两次，半天内检查混凝土坍落度至少两次，并做好各项记录。

(三) 运输方式

(1) 超塑早强混凝土的和易性变化比较明显，以就地机械拌合为宜。

(2) 在暑热季节施工时，拌合后的混凝土的最长运送时间应在20min内，以免造成施工困难。

(3) 混凝土运送注意行车平稳，避免车辆剧烈颠动。运抵工地后若发现离析，应加翻拌后方可使用。

(4) 炎热干燥、大风和阴雨天气运输时，混凝土应加覆盖，每车卸料后必须及时清除车厢内的粘附料。

(5) 混凝土运抵工地后，工地应有专人随时检查坍落度和质量，进行检验签证，若发现问题，应及时与搅拌站联系、改正。

(四) 施工工艺

超塑早强混凝土路面的施工，其测量放样，立模、横缝和纵缝的设置，传力杆安装和处理，安放钢筋，准备工作和摊铺等和普通水泥混凝土的技术要求相同，可参照制定的有关操作技术规程执行。暑热季节宜在夜间施工。

1. 振捣

(1) 已摊铺好的混凝土应及时进行振捣。宜先用插入式振捣器按行列式逐点振捣一遍，每一振捣位置的振捣时间不宜过长，一般为7～15s，以免砂浆集中；振捣棒移位时，应缓缓提起，以免留下空隙；每次移动间距不得大于振捣作用半径的1.5倍。

(2) 用插入式振捣器振捣后，应即时用平板振捣器（1.7kW）逐段、逐排有顺序地进行振实、振平。在每一振捣位置的振捣时间以使表面无明显的凹凸痕迹、基本平整为度。在转入第二排振捣时，与前振搭头的重叠面为20cm（约1/3的平板宽度），不得漏振。

(3) 振捣器振捣后，再用振动夯样板搁在模板顶上来回振捣1～2遍，使混凝土表面符合设计路拱，过多的混凝土随振动夯样板的移动而刮去，低洼不足的地方需及时补足。

(4) 振动夯样板翻捣后（或用木夯样板夯打后），随即用特制的铁滚筒反复滚压多遍，将浮在面上的石子压下，使表面平整。

(5) 振捣后的混凝土表面，应平整不露石子，并有一层薄薄的水泥砂浆，符合设计要求。严格禁止在混凝土面层上采取不合理的“补浆”办法，以避免日后发脆脱皮及出现收缩细裂缝等质量问题。

2. 整平抹面

掺SN-Ⅱ型高效减水剂混凝土的早期强度增长较快，故每块板振捣后应及时做好收水抹面工作，即用铁抹子在路面上反复抹平，第一次抹面结束，混凝土自然养护 5 ~ 10min 后即应进行第二次抹面（表面不再出现泌水），用铁抹子压下石子，将混凝土抹平，最后用清洁干燥的芦花扫帚或大排笔（不宜使用软排笔）。顺横坡方向整齐均匀地扫毛，使之有一定粗糙度。

(1) 整平抹面工作必须在工作桥上进行，禁止站在混凝土路面上操作；禁止采用洒水、撒干水泥、拌掺水泥砂浆和随意添加外来材料等办法进行找平。

(2) 混凝土路面成型后，应平坦、密实、无抹痕，不露石子，无砂眼及气眼，并具有一定粗糙度，且相邻的板块高差不得超出允许误差标准。

3. 养护

(1) 超塑早强混凝土对覆盖草帘（或草包）洒水保湿养生，塑料成膜养生及其他沿用养生方法均有良好的适应性，由于早期强度增长较快，所以养生期较短，一般为 3d。

(4) 养生技术要求与普通混凝土相同，可参照制定的有关操作技术规程执行。

4. 拆模

(1) 拆模时间应根据气温及混凝土强度增长而定，一般混凝土路面成型后养生 24h 即可拆模。

(2) 拆模时的技术要求与普通混凝土相同，可参照制定的有关操作技术规程执行。

5. 填缝

(1) 由于早期强度较高，故填缝时间可以较普通混凝土路面提前，但必须在养生工作完成后进行。

(2) 填缝时的技术要求与普通混凝土相同，可参照制定的有关操作技术规程进行。

6. 开放交通

(1) 混凝土路面应在混凝土强度达到 100%后方可开放交通。

(2) 开放交通初期，禁止履带车、压路机和重型载重车通行，通行时间须按设计部门规定。

(五) 质量评定标准

1. 评定在标准条件下养生 3d 的部位（单位）工程试块抗压和抗折极限强度的合格条件如下：

(1) 部位（单位）工程试块抗压极限强度平均值，不得低于设计强度等级；

(2) 任意一组试块的极限抗压强度的最低值，不得低于设计强度等级的 85%；

(3) 部位（单位）工程中达到设计强度等级的抗压试块组数，不得少于总组数的 85%；

(4) 任意一组抗折极限强度最低值，均不得低于设计强度等级。

2. 计算每组（3 块）试块的极限抗压强度或极限抗折强度的平均值时，若其中一个最小值与其余两个中的较小值相差 20%以上时，则强度的平均值应按两个较大的试验结果计算。

(1) 不应有蜂窝、麻面、脱皮、裂缝、石子外露、缺边掉角及表面有草包或其他的痕迹的现象。

(2) 纵横缝须顺直对齐，不得错开，填缝料饱满、平整、不外挤或污染面层。

(3) 缩缝与纵缝的压缝的切缝深度不得小于设计要求；伸缝（胀缝）必须上下贯通，

缝内不得有石子、砂浆、砂、泥等杂物。

(4) 传力杆或联钉的上、下、左、右都必须与伸缩面垂直。

(5) 路面应平顺、竖挺，有一定的路拱；平整度等各项技术指标应在表 42-97 中的允许偏差范围内；具有一定的刚度和粗糙度。

各项技术指标允许偏差表　　**表 42-97**

项　　次	项　　　　目	允许偏差
1	平整度（用 3m 直尺靠量）(mm)	5
2	相邻板高差（mm）	3
3	宽度（mm）	≮设计宽度
4	厚度（%）	±3
5	路拱坡度（%）	+0.15，－0
6	标高（mm）	+2.0，－0
7	纵横平面位置（20m 直线检查）(mm)	10
8	横缝平面位置（在车行道宽度内）(mm)	10
9	各传力杆或联钉位置高差（mm）	5
10	各传力杆或联钉位置间距（mm）	10
11	边角钢筋及其他加固钢筋位置（mm）	10

第十六节　裸石混凝土防滑路面施工

一、路面混凝土技术要求

近年开发和研究出一种经济实用且能使施工后路面具有较高的防滑能力、粗糙度和耐久性的新的水泥混凝土路面，该防滑施工工艺所要达到的预期目标如下：

1. 抗滑力值

新建路面竣工验收标准：摆值≮55；

开放交通运行 2 年后：摆值≮45。

2. 粗糙程度

路面粗糙度竣工验收值≮0.8mm。

3. 材料及工艺

提出相应的材料要求及施工工艺。

二、国内外对防滑路面研究现状

就路面本身的防滑能力来说，它实际上是由路面的抗滑力和粗糙度这两个特征值所决定的，因此任何一种路面防滑施工工艺均是围绕如何提高和改善这两个特征值而展开的。经过多年的研究、实践和总结，世界各国均在它们各自的标准和规范中规定了各种等级公路的抗滑力和粗糙度所需达到的最低值。

从 20 世纪 20 年代德国在汉堡建造了世界上第一条高等级水泥混凝土公路以来的这 70 年中，整个水泥混凝土路面防滑施工工艺和技术在提高路面的抗滑力和粗糙度方面基本上沿着如下的发展过程。即从：

光面施工工艺→横向深刻痕工艺——拉毛工艺 / 滚槽工艺→嵌压工艺→裸骨工艺——机械裸骨 / 化学裸骨 / 刻槽工艺

（一）防滑路面的发展阶段

从历史的角度出发，可将其划分为这样几个发展阶段：

(1) 从20世纪20年代初至40年代末，粗糙度施工工艺主要由横向深刻痕工艺独霸天下，在此期间技术上的主要发展是由拉毛工艺发展到滚刻槽，从而使路面的纹理深度得以加深。

(2) 从1949年起，首先在比利时出现了一种全新的专用于交通繁忙地段、高速公路和普通公路危险地段上的防滑施工工艺——嵌压工艺。它通过在未干路面上嵌压一段具有一定粒径、一定用量、高强度、高磨光值的骨料并借助于人工或机械方式使其均匀地裸露出路面表面，从而使得路面的抗滑力、粗糙度及耐久性得以提高，其试验路段在经过长达20~25年的交通运行后，路面的抗滑力和粗糙度仍能满足使用要求，该工艺的技术发展主要可分为两个阶段，即：

从1949年至1969年为人工操作阶段；

从1973年开始为机械施工阶段，其目的是为了提高嵌压骨料的配比精确性及其撒布的均匀性。

从1959年起比利时在Wenent Louvam-malineo高速公路上由人工做了一段裸骨料工艺试验路段，该工艺首先对混凝土中的砂、石料质量提出了较高的要求，亦即它们必须是高强和具有较高的磨光值，其中要求石料的快度磨光值不小于50，然后在路面板混凝土浇注成型并经过一个适当长的养护时间后，由人工来刷除路面表层的水泥浮浆，以使骨料裸露从而达到一个与嵌压工艺相近的结果。从1974年起人们开始研制相应的机械设备，使施工方法有了很大的发展，在比利时已有70万m^2以上的试验路段采用了该技术，获得了较为满意的使用结果。

从1976年开始，人们针对机械裸骨法施工工艺中存在的除浆时间难以控制及有效操作时间短暂等缺点，开发了化学裸骨料法这一新的施工工艺，该工艺通过在刚成型的混凝土路面上喷撒一定用量的化学凝剂，从而使得人们能够从容地把握除浆时间并使有效操作时间得以延长，因此受到广泛的欢迎，并呈现出取代机械裸骨料工艺的趋势。在比利时、法国等国家和地区正在进一步地开发和研究。如在1980~1981年间，在Achene的布鲁塞尔——阿龙的E40高速公路上就做了25万m^2的试验路段，其路面尺寸为3.50~7.50m，并获得良好的效果。

（二）防滑路面施工工艺

从技术的角度出发，我们可以将整个水泥混凝土路面防滑施工工艺划分为如下两大类：

(1) 用于改变水泥混凝土路面表面水泥砂浆层宏观纹理形状及深度施工工艺，其形式主要包括：拉毛，滚槽，刻槽，这些工艺的共同之处是路面表面宏观纹理的骨架是由水泥砂浆所构成，而不同之处则主要是在于进一步改善路面的使用性能（如降低噪声及提高行车舒适度）及其耐久性。该类工艺操作简便，成本低廉，路面早期使用性能及效果良好，但它的使用寿命则取决于构成宏观纹理骨架的水泥砂浆的强度及耐磨性。据法国在二级公路上的试用结果表明，滚槽工艺在开放交通2~5年后其路面抗滑力和粗糙度的数值降低值与光面路面相近。据此美国等国提出的看法是采用高强度等级水泥、高强度等级混凝土及高耐磨的砂，以提高路面材料本身的耐磨性，并通过不规则网状纹理来减少纹理骨架的应力集中，其使用情况良好，然而代价高昂。

(2) 用裸露于混凝土路面表面的具有高强度高快速磨光值的骨料来提高路面的抗滑力和粗糙度的施工工艺，亦即嵌压和裸骨工艺，这类工艺由于具有高强度，高快磨光值的骨料来作用为路面的磨耗层，从而显著地延长路面有效使用寿命。西欧国家试验路段表明，经20年到25年使用后，路面的抗滑力和粗糙度略有降低，但仍满足其使用要求，因此受到西方国家的重视，进入80年代后已得到进一步的发展，比利时、丹麦、法国和加拿大及其他一些国家均制定了相应的规范和技术标准，从使用的角度出发，基本认为：

①横向深刻痕施工工艺较适用于一般公路，在经过恰当的技术处理后也可用于高等级公路。

②嵌压工艺可用于高等级公路及一般公路的危险地段，该工艺对机械化施工程度要求较高，但可大大减少高强度、高快速磨光值骨料的用量。

③裸骨工艺适用于高等级公路的危险地段，与嵌压工艺相比，它更适用于那些机械化施工程度不高但强度高，快速磨光值高的骨料资源丰富的国家和地区。

三、裸石混凝土路面工艺选择

在我国，近几年来由于优质沥青资源贫乏，水泥混凝土路面在整个公路里程中所占的比例越来越高，并有继续上升的趋势。随着高等级公路的发展，对路面的抗滑力与粗糙度及耐久性提出了更高的要求，如何保证它的圆满实现已成为一个急待解决的技术问题，然而由于各国的国情不一，国外的成熟经验不能完全照搬。例如：

(1) 由于我国高强度等级水泥及高耐磨砂资料少，因而不可能用通过大幅度提高混凝土强度等级及水泥砂浆强度等级的方法来解决路面纹理骨架的耐久性问题。

(2) 由于我国施工机械化程度的限制，造成目前无条件实施和推广嵌压工艺。

(3) 由于我国强度高快速磨光值骨料资源贫乏，从而使我国不能广泛的实施化学裸露工艺。据此，我们在分析各种施工工艺优缺点的基础上，结合我国的现状，提出“倒嵌→缓凝→冲刷→裸骨”施工工艺。即利用现行的施工工艺在路表形成1～2cm砂浆层，然后均匀地嵌入一定数量、一定粒径的高磨光值的粗骨料，使其被砂浆所包裹，待整平后喷洒一定量的混凝土表面缓凝剂于路面上，约0.5～2h后逐渐成膜，该膜即可防止或延缓路面表层水分蒸发。同时藉助依附在颗粒载体表面的水溶性缓凝物质，在混凝土表层水分作用下逐渐溶解和渗透到混凝土一定深度处，使其深度处的混凝土缓凝，而其余的混凝土则按正常速度凝结，这样上、下层混凝土会形成一个强度差，当这种强度差达到一定值时，即可藉助工具除去表层的浮浆，露出均匀排列的高磨光值骨料。该工艺结合了“载压”及“裸骨”工艺的优点并有所创新，如用提浆辊筒碾压提浆来代替机械嵌压，并通过化学缓凝剂来实现裸骨，从而避免了嵌压工艺机械化施工要求高，难以在我国推广这个弱点，同时由于仅在路面表层嵌压了一层高快速磨光值骨料，从而大大节约了这种骨料的用量，因此它基本上与我国现有的施工条件相适应，既保证了防滑、粗糙，又可节约高快度磨光值骨料。

四、化学外加剂的研制

(一) 喷涂型混凝土表面缓凝剂

采用混凝土表面缓凝剂是实施本工艺的一个必不可少的先决条件，然而该类产品在国内尚属空白，在广泛收集并综合了国外同类产品资料、样品及优缺点的基础上，通过每次的室内试验及实际试验路段试验，开发和研制了国内首创的第一代喷涂型混凝土表面缓凝剂，其主要技术经济指标及性能均已达到或超过国外同类产品。其作用机理及性能特点如下：

1. 作用机理

本剂主要是由水溶性的混凝土缓凝物质、活性分散剂、颗粒载体、成膜物质及溶剂和水所构成。当该剂喷涂在新拌混凝土路面后，其内溶的成膜物质在0.5~2h后逐渐成膜，从而起到防止或延缓路面表层水分蒸发的作用。与此同时，依附在颗粒载体表面上的水溶性缓凝物质，在混凝土路面表层水分的作用下，逐渐地溶解和渗透到混凝土路面表层中，使一定深度范围内的混凝土凝结硬化速度放慢，而其余部分的混凝土则按正常速度凝结硬化，从而使混凝土的早期强度产生上层低下层高的强度级差，当这种强度级差达到一定数值时（一般控制在混凝土加水搅拌后约24h左右），即可除去路面表层的水泥砂浆，使高磨光值骨料均匀地裸露出来。

2. 喷涂量与刻蚀深度

该剂喷涂量的多少，直接决定混凝土表面的刻蚀深度。该剂中所含的混凝土缓凝物质的绝对含量也在增加，渗透到表面混凝土中的缓凝物质也随之增大，并且其渗透深度增大，具体试验数据见表42-98。

喷涂量与混凝土刻蚀深度关系 **表42-98**

混凝土表面缓凝剂喷涂量（kg/m^2）	2	3	4
刻蚀深度（mm）	3.3	4.4	5.5

注：1. 养护温度为20℃。

2. 试验在10cm×10cm×10cm试块上进行，刻蚀深度是混凝土表面砂浆刷除量除以混凝土密度及表面积之商或由专门仪器测试所得。

3. 表面缓凝剂对混凝土强度的影响。

该剂对混凝土的强度无不利之影响且使其略有提高，试验数据见表42-99。

表面缓凝剂与混凝土强度关系 **表42-99**

混凝土种类	3d	7d	28d
基准混凝土（MPa）	18.75	23.2	31.0
掺表面缓凝剂混凝土（MPa）	20.28	24.6	33.5

究其原因，主要是由于该剂中所含的缓凝物质只对混凝土的早期水化速度产生一定的抑制作用，而对其中后期的水化速度影响甚微，并且这种缓凝物质又具有一定减水效果，故可对混凝土的后期强度产生一定的有益影响。

3. 表面缓凝剂的使用功能

（1）该剂具有良好的成膜性，能有效地阻止或延缓混凝土表层水分的蒸发，从而使其对混凝土同时兼具缓凝和养生这两项功能。

（2）该剂具有低黏滞度（$N<40$），易于喷涂，对钢筋无腐蚀作用，并具有良好的运输及储存稳定性。

（二）混凝土缓凝早强剂

夏季施工时，一般气温较高，使新拌混凝土中的水分蒸发快，坍落度损失大，工作性变差，混凝土极易产生瞬凝现象，给正常施工操作造成相当困难，对此，通常采用的对应措施是掺加混凝土缓凝剂，但这会导致混凝土早期强度增长减缓，对工程进度及交通开放产生不利影响。而缓凝早强剂，由于其同时具有缓凝及早强的功能，将基本上改变上述状况，这就为本工艺的顺利实施提供了良好的施工条件。值得指出的是此类产品在国内尚属空白，其性能指标如下：

（1）抗压强度与基准混凝土相比，其提高幅度为：

$f_3 \geqslant 135\%$；

$f_7 \geqslant 140\%$；

$f_{28} \geqslant 140\%$（基准混凝土为 100%）。

按国家标准，该剂属高效型减水剂。

（2）与基准混凝土相比，其凝结时间：

①标准养护时

初凝延长　　6h 左右；

终凝延长　　6h 左右。

②当养护温度为 40℃时

初凝延长　　6h 左右；

终凝延长　　3h 左右。

③其他力学性能指标见表 42-100。

其他力学性能指标　　　　**表 42-100**

混凝土品种	耐　磨 C40	碳化深度（mm）28dCO_2 浓度 20.4%	抗冻性	自然收缩（mm/m）					
				7d	14d	28d	60d	90d	180d
基准混凝土	0.013	3.1	f_0 冻后 42.9	0.065	0.167	0.194	0.242	0.192	0.240
掺缓凝剂混凝土	0.011	0.4	F_0 冻后 53.8	20.81	0.166	0.177	0.287	0.176	0.220
备　注	试件尺寸 15cm×15cm×15cm，设计强度等级 C40								

④与掺 SN-Ⅱ高效减水剂相比，坍落度损失减小 20%～25%。

⑤该剂的引气量＜3%。

⑥该剂为粉剂，最佳掺量由图 42-34 可知，约为水泥用量的 0.75%～0.85%，用湿掺法掺入混凝土中。

五、原材料及混合材料要求

（一）原材料品质要求

（1）水泥、砂、石等材料其物理、化学、力学性能均须满足有关规范的规定。通常要求水泥强度等级不低于 42.5 级普通硅酸盐水泥；砂为坚硬的粗砂、中粗砂；石料强度不小于 2 级，但用于抗滑面层的骨料，则除了满足一般要求外必须有较高的磨光值，其磨光值的大小，随路面摩阻系数要求而异，对高速公路而言，希望路面摩阻系数大于或等于 47。该骨料的品质直接决定了本工艺施工后路面的抗滑性与使用寿命。

(2) 高磨光值骨料的粒径要求：根据国外有关试验数据表明，表层嵌压骨料平均粒径的大小对路面的使用性能产生一定的影响，骨料粒径过大（>15mm），将使行车噪声与轮胎磨损增大，路面表面均匀性下降。只有在重复交通及超高速道路上使用14~20mm的较粗粒径的高磨光值骨料。另外，我国现行施工工艺，常使路表的水泥砂浆及浮浆层厚度处在1~2cm之间，因此当滑料的粒径过大时将使嵌压工艺产生困难。当然粒径过小，骨料与水泥的有效粘结面积减小，易于脱落。鉴于上述分析以及生产实践的验证，骨料粒径采用10~15mm左右，使用结果较理想。

(3) 表层高磨光值骨料的最佳撒布量：表层骨料撒布量的大小，对本工艺的使用效果有重大影响。这是由于：

①如果撒布量过小，则将有大量的普通骨料裸露在表面，影响抗滑效果及表面匀质性。

②如果撒布量过大，骨料排列过密，石子与石子间容易出现胶结料欠包裹的现象，表面嵌压石子易于脱落，影响使用寿命。

因此研究最佳的骨料撒布量甚为重要，为此进行了一系列的撒布量与抗滑力值（摆值）的室内试验，得到图42-35的结果。有图42-35表明嵌石骨料最佳撒布量在7kg/m^{2}左右，与国外的6kg/m^{2}较接近。当撒布量大于7kg/m^{2}时，摆值下跌，当然，摆式仪不能完全反映高速行驶汽车在路面上的摩阻性能，但在初步定量意义上还是可以接受的，更精确的数据需要实地试验，但限于经费和条件目前尚难进行。

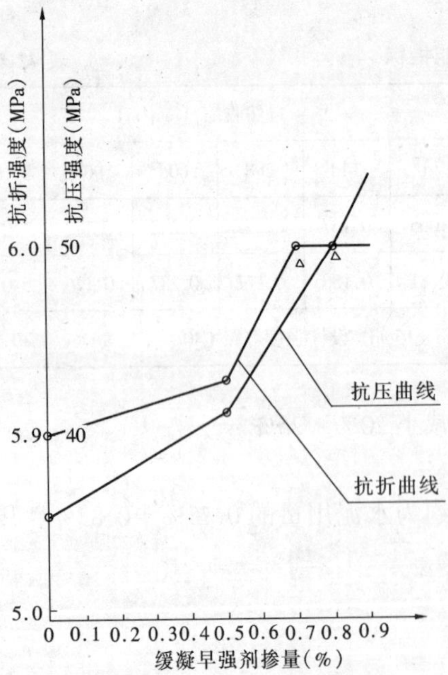

图42-34 缓凝早强剂最佳掺量选择曲线

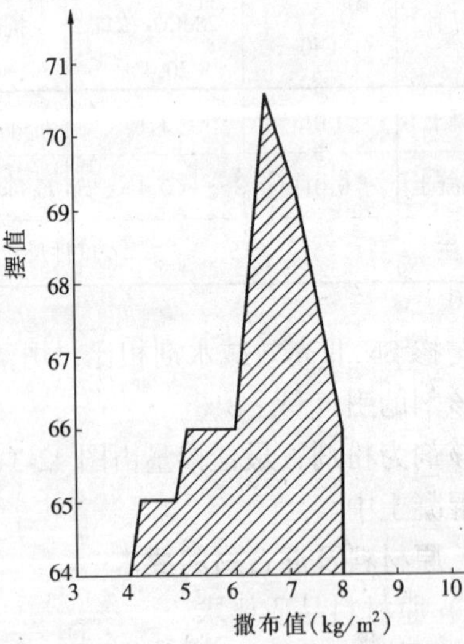

图42-35 骨料最佳撒布曲线

(4) 混凝土配合比的选择：道路混凝土配合比的选择主要根据抗折强度的优劣来决定，按照混凝土路面设计规范，计算抗折强度通常为4.5MPa，故配置的混凝土抗折强度应达到5.0MPa以上，以此为目标，进行了正交试验，结果如表42-101所示。

基准混凝土配合比正交试验（lg^3）结果分析　　表 42-101

列号 / 试验号	因素 A	因素 B	因素 C	因素 D	7d抗折强度（MPa）1	2	3	ΣX_1	28d抗折强度（MPa）1	2	3	ΣX_i
2	1	1	1	1	4.06	5.39	4.32	13.77	5.72	5.65	5.28	16.65
2	1	2	2	2	4.35	3.72	4.50	12.57	5.12	5.19	5.96	16.27
3	1	3	3	3	4.69	4.88	4.19	13.76	4.79	5.85	5.68	16.32
4	2	1	2	3	4.84	5.12	5.12	15.08	4.95	5.39	5.32	15.66
5	2	2	3	1	5.85	5.24	5.92	17.01	5.99	5.40	5.40	16.79
6	2	3	1	2	5.04	5.13	4.72	14.89	4.79	4.39	5.43	—
7	3	1	3	2	4.26	4.19	4.06	12.51	5.25	4.85	6.65	16.75
8	3	2	1	3	3.92	4.20	3.33	11.45	4.52	4.46	4.46	13.44
9	3	3	2	1	2.79	4.12	2.66	9.57	4.06	3.66	3.66	11.71

7d级差分析					28d级差分析				
K	40.10	41.36	40.11	40.35	K281	49.24	49.06	44.70	45.15
K72	46.98	41.03	37.22	39.97	K282	47.06	46.50	43.64	47.63
K7	33.53	38.22	43.28	40.29	K283	41.90	42.64	49.86	45.42
K7	13.45	3.14	6.06	0.38	K28	7.34	6.42	6.22	2.48

7d方差分析表

方差来源	平方和	自由度	均方	F	临界值
水灰比 A	$S_A=30.16$	2	15.08	100.39	F0.01（2.2）=99
水泥掺量 B	$S_B=1.95$	2	0.98	63.34	F0.05（2.2）=19.0
砂石屑比 C	$S_C=6.19$	2	3.09	206	F01（2.2）=9.0
粗细骨料比 D	$S_D=0.03$	2	0.015	—	—
总　和	$S_r=38.22$	8		—	—
误　差	$S_e=0.03$	2	0.015	—	—

28d方差分析表

方差来源	平方和	自由度	均方	F	临界值
水灰比 A	$S_A=9.47$	2	4.735	30.94	F0.01（2.2）=0.90
水泥掺量 B	$S_B=6.96$	2	3.48	49	F0.088（2.2）=19.0
砂石屑比 C	$S_C=7.38$	2	3.69	6.30	—
粗细骨料比 D	$S_D=1.17$	2	0.525	—	—
总　和	$S_r=25.05$	8	—	—	—
误　差	$S_e=1.17$	2	—	—	—

备注：由7d方差分析表得最优配合比　A2　B1　C3　D1；由28d方差分析表得最优配合比　A2　B1　C3　D1

注：1. 水灰比1号0.43；2号0.45；3号0.47。
2. 水泥用量：1号280kg/m³；2号310kg/m³；3号340kg/m³。
3. 砂石屑比：1号30:70；2号40:60；3号50:50。
4. 粗细骨料：（d5～15:d25～38）1号30:70；2号40:60；3号50:50。

上述混凝土中缓凝早强剂掺量为C×0.75%。

由表42-101可得最优路面混凝土配合比为：

W:C:S:G屑:G5～15:G25～38:缓凝早强剂=0.45:1:1.484:0.3632:06:2.06:0.75%。

现场试验结果：

掺加SN-Ⅱ减水剂C×0.75%，水泥用量280kg/m³。

六、裸石混凝土施工工艺

（一）工艺流程

选择真空吸水施工工艺。

需要特别指出的是下层混凝土除了需按有关施工规范规定的要求施工外，其混凝土表面更加要求平整，它的目的是为了保证撒布骨料、嵌压及冲洗工序完成后裸露表面的平整度符合规范要求。

（二）骨料撒布工艺

骨料撒布前需充分浸水湿润，以提高其与水泥胶结料之间的有效粘结强度。

表面磨光值骨料必须均匀且单层的撒布覆盖在混凝土路面表层上，以提高裸露表面的均匀性与水泥胶结料的粘结力。

（三）滚压工艺

在国外早期内表层骨料的嵌压是由提浆辊筒碾压来完成，近期则是由滑模摊铺机上的嵌压钢板来完成。在国内，由于施工机械的限制，只能采用辊筒碾压技术，经过几次试验证明，只要在实际操作中严格按下面的要求进行，嵌压工艺是能获得满意的效果的。试验路段在经过两年多的通车运行后，无石子脱落现象发生。其操作要求是：当表层骨料均匀撒布完后，马上用辊筒滚压提浆，一般要滚 30 ~ 50 遍（当局部地方发生提浆困难时，可采取插入式振捣提浆再加辊筒滚压，不允许外加水泥砂浆罩面），从而使水泥砂浆及净浆尽可能包裹在骨料表面，随后用圆盘式粗细磨机进行粗细磨。利用粗细磨机具有近似表层混凝土搅拌功能来提高骨料与水泥胶结料的粘结力及裸露表面的匀质性。

（四）路面平整度的控制

保证路面平整度是高等级公路路面施工中的关键问题，国外多采用机械化施工，平整度要求一般多在 3 ~ 4mm，保证平整度主要靠“认真”对待。平整度应采用如下做法：

（1）在骨料撒布前需对混凝土板体表层进行 3m 直尺挂线找平。

（2）在机械粗细磨过后再次用 3m 直尺挂线找平。

（3）在人工冲刷除浆时，一般将水压控制在 0 ~ 0.4MPa，需精心操作，以免冲掉石子及冲刷成槽。这种施工程序与要求所得平整度结果见后述。

（五）表面缓凝剂喷涂时间

混凝土浇筑后多少时间喷涂表面缓凝剂较为适宜，这同气候有关，过早过晚都不适宜，会影响除浆量的多少即纹理深度以及工程进度，为能在不同施工季节获得一个具有相同路面性能的工艺状态，进行了室内试验，试验的依据是除浆时间，控制在自混凝土加水搅拌起 24h 左右（这是为了与进度与现行施工条件和节骤相适应），裸露路面的平均纹理深度参考国外经验取 2 ~ 3mm。缓凝剂用量在 $3m^2/kg$。试验在 10cm × 10cm × 10cm 的试件上进行，通过在各个温度条件下不同的表面缓凝剂喷涂时间与表面砂浆除去量的关系曲线（图 42-36），以求得纹理深度为 2 ~ 3mm 时（其时的砂浆除去量为 44 ~ 66g 之间这一原则）得出在各种不同温度条件下表面缓凝剂的喷涂时间，其结果见表 42-102。

温度与表面缓凝剂喷涂时间（h） **表 42-102**

混凝土品种	5℃	15℃	30℃	45℃
普通混凝土	6 ~ 7	4 ~ 6	0.5 ~ 1.5	成型后立即喷涂
掺缓凝早强剂混凝土	5 ~ 5.5	2.5 ~ 4	1.5 ~ 3	0.5 ~ 1.5

（六）表面缓凝剂操作要求

（1）喷涂时间应严格按表 42-102 中规定的数据进行，这是保证裸露表面纹理深度和均匀性的一项重要条件。

(2) 喷涂量应准确（试验路段做法是用筒装表面缓凝剂喷涂前后的质量差来控制用量）及喷涂面积效果良好。喷涂器具用高压喷枪（电动），喷涂均匀。

(3) 由于表面缓凝剂的缓凝作用须在表层水分的作用下才具效能，因此当混凝土表面喷涂完后，需立即加盖塑料薄膜养护，以期减小表面水分的蒸发，在几次试验路段试验工作中，基本上是按上述要求做的，其效果良好，而且方法简易可行。

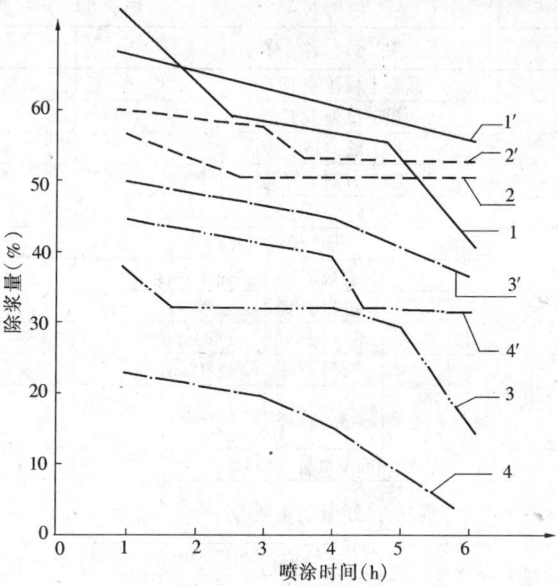

图 42-36　浮浆除去量与缓凝剂喷涂时间的关系

(七) 人工冲刷除浆

由于经费及试验条件的限制，除浆工作只能人工进行，这虽然会给整个裸露表面的均匀性产生一定的影响，但只要操作"认真"并按事先要求进行仍能获得一个较为理想均匀的裸露表面，几次试验路段试验结果证明了这一点，另外前联邦德国也曾在 1km 长的高速公路上采用人工除浆，效果良好。具体操作要求：

(1) 冲刷时间控制在混凝土加水拌合后（24 ± 1.5）h 以下。

(2) 冲刷工具建议用加压水枪、硬竹扫帚、钢丝刷等。

(3) 水压力控制在 0 ~ 0.4MPa，防止水压过大时冲掉骨料或形成凹槽。

(4) 在用硬竹扫帚及钢丝刷除浆时须用力均匀，以求获得一个均匀优质的裸露表面。

(八) 表面缓凝剂对锯缝工艺的影响

表面缓凝剂只对路面表面 3mm 范围内的混凝土起缓凝作用，不影响下面混凝土的凝结硬化速度，因此粒径 10 ~ 15mm 嵌压石子有足够的有效面积与水化胶结料胶结，因而它不会影响正常的锯缝操作。惟一需要提醒的是，若在夏季施工，锯缝需在 24h 以内完成时，则由于此时表层缓凝混凝土尚未刷去，故锯缝时需小心操作，尽量减少缓凝保护膜层的破坏，以免影响冲刷效果与出现豁口。

(九) 养护工艺

冲刷除浆后，须按规定进行正常路面混凝土养护。

混凝土路面强度达到设计强度的 100%，接缝全部灌满填缝料后，方可开放交通。

七、试验路段测试结果分析

(一) 试验路段概况

为了进一步验证、修改和完善室内试验所获得的有关技术结论，并对施工工艺作生产性检验，先后在三个不同地方进行了六次试验。具体情况及测试结果如下：

(1) 沪青平公路方家窑段第一次试点工程：试验条件见表 42-103。

此次试验主要是从定性角度出发，考察化学裸骨工艺是否可行，并意图与后几次试验路段结合，初步考察不同磨光值裸露骨料对路面抗滑力耐久性的影响强度。

试 验 条 件　　表 42-103

项 目 名 称		具体内容及测试数据
混凝土板体施工工艺		非真空吸水
粗糙度施工工艺		化学裸骨法
试 验 路 段		长 42m，宽 4m，位于第二车道
施工日期、气温		1987 年 7 月 29～30 日 39℃
水 泥		52.5 级普通硅酸盐水泥
砂的材质	细度模量（μ_f）	2.9，属中砂
	表观密度（g/cm³）	2.61
	堆积密度（kg/m³）	2300
	含 泥 量 （%）	0.65
花岗岩骨料材质	粒 径（mm）	0～6，5～15，25～38
	密度（g/cm³）	D2.58　D2.48　D2.46 （0～6）　（5～15）　（25～38）
外加剂及掺量（%）		缓凝早强剂，掺量为 e×0.175%
混凝土配合比（重量比）		W:C:S:$G_{0\sim6}$:$G_{5\sim15}$:$G_{25\sim38}$:缓早 0.451:1.484:0.636:2.06:2.06:0.175%
混凝土强度	抗 压（MPa）	f_{a7}41.8　f_{a28}41.13
	抗 折（MPa）	f_{c7}5.52　f_{c28}6.03
除 浆 时 间 （h）		自混凝土加水搅拌起 18 后

注：粗骨料快速磨光值在 40 左右。

在具体施工中工人操作认真，施工情况正常，只是由于具体需要提前喷涂了混凝土表面缓凝剂（成型后立即喷），故涂浆时间也就相应提前。在冲刷时由于个别地方长时间用水枪高压冲刷，产生跑石现象。并发现“化学裸骨”工艺所产生的裸露表面各个粒径的骨料都有，因而均匀性较差，并对平整度带来一定的影响。

（2）沪青平公路方家窑第二次试点工程：试验条件见表 42-104。

试 验 条 件　　表 42-104

项 目 名 称		具体内容及测试数据
混凝土板体施工工艺		“真空吸水”施工工艺
粗糙度施工工艺		“倒嵌、缓凝、冲刷、裸露”工艺
试 验 路 段		长 18m，宽 3.75m，位于第三车道
施工日期、气温		1987 年 7 月 21～22 日 35℃
水 泥 材 质		宁国 42.5 级普通硅酸盐水泥
砂的材质	细度模量（Mx）	2.9，属中砂
	表观密度（g/cm³）	2.61
	堆积密度（kg/m³）	2300
	含 泥 量 （%）	0.65
花岗岩骨料材质	粒 径（mm）	0～6，5～15，25～38
	密度（g/cm³）	D2.58　D2.48　D2.46 （0～6）　（5～15）　（25～38）
外加剂及掺量		—
混凝土配合比（质量比）		采用工地所用的通用混凝土配合比
混凝土强度	抗 压（MPa）	f_{a28}:39.1
	抗 折（MPa）	f_{w28}:4.93
除 浆 时 间 （h）		自混凝土加水搅拌起 24 后

注：表层撒布骨料属常用花岗岩，粒径为 5～15mm。由人工撒布，其快速磨光值甚低，在 30～35 范围内。

此次试验的主要目的是为了从定性的角度出发验证“倒嵌→缓凝→冲刷→裸骨”工艺的可行性。由于施工条件所限及其他原因，撒布骨料粒径为5～15mm，撒布量未能记录，其他施工冲刷及养护情况良好。

(3) 沪青平公路方家窑第三次试点工程：试验条件见表42-105。

试验条件　　表42-105

项目名称		具体内容及测试数据
混凝土板体施工工艺		“真空吸水”施工工艺
粗糙度施工工艺		“倒嵌、缓凝、冲刷、裸露”工艺
试验路长、宽及位置		长12m，宽3.75m，位于第四车道
施工日期、气温		1987年10月4～5日30℃
水泥材质		宁国42.5级普通硅酸盐水泥
砂的材质	细度模量（μ_f）	2.9，属中砂
	表观密度（g/cm³）	2.61
	堆积密度（kg/m³）	2300
	含泥量（%）	0.65
花岗岩骨料材质	粒径（mm）	0～6，5～15，25～38
	密度（g/cm³）	D2.58　D2.48　D2.46 （0～6）　（5～15）　（25～38）
外加剂及掺量		—
混凝土配合比（重量比）		采用工地所用的通用混凝土配合比
混凝土强度	抗压（MPa）	f_{a28}33.3
	抗折（MPa）	f_{w28}4.63
除浆时间（h）		自混凝土加水搅拌起24后

注：表层撒布骨料为石英类岩石，粒径为5～15mm，其快速磨光值在42左右，撒布量为7.7kg/m²。

此次试验是为了从初步定性定量的角度出发，进一步考察本工艺的可行性及施工适应性，除了撒布骨料粒径及品质（这时指磨光值）由于条件所限未能按规定选择外，其他施工情况正常，并发现平整度较“化学裸骨”法有较大幅度改善。

(4) 湖州104国道三天门试验路段：两次试验发现试验室每一批研制的表面缓凝剂抗震性均不理想，在经长途运输后产生介乳现象。施工时对此进行了改进，改变了这一状况。试验目的主要是为了考察本工艺与非真空吸水工艺的适应性。试验结果证明适应性良好。但由于操作工人撒布骨料不熟练及表面缓凝剂介乳影响喷涂均匀性，从而给裸露表面的均匀性带来了一定的不利影响。

试验条件及试验结果见表42-106。

(5) 浦东南路张扬路段试验路：试验条件见表42-107。

本次试验是在对前面几次试验工作中所显露出来的各种技术问题加以逐个解决及完善的基础上，对本工艺做进一步的定性及定量分析和验证，在此基础上确定具体的工艺操作流程并制定出本工艺的施工操作规范（草案），由于在施工中存在一定的缺点，一些地方用加罩水泥砂浆代替滚压提浆。

一部分高磨光值骨料由于与水泥胶结料粘结强度不够而被冲刷掉，结果底层的非高磨光值骨料裸露出来，另外由于施工天气寒冷，持续时间较长，故而被迫提前在成型后马上喷涂表面缓凝剂，这样就使冲刷时间延长至48h。

试验结果见后述。

试验条件　表 42-106

项目名称			具体内容及测试数据
混凝土板体施工工艺			"真空吸水"施工工艺
粗糙度施工工艺			"倒嵌、缓凝、冲刷、裸露"工艺
试验路长、宽及位置			长 50m，宽 4m，位于第一～二车道
施工日期、气温			1987 年 10 月 28～29 日 25～27℃ 1987 年 11 月 9～10 日 13～14℃
水泥材质			湖州水泥二厂 42.5 级普通硅酸盐水泥
砂的材质	细度模量（μ_f）		2.9 属中砂
	表观密度（g/cm³）		2.59
	堆积密度（kg/m³）		2280
	含泥量（%）		0.71
花岗岩骨料材质		粒径（mm）	5～40
		密度（g/cm³）	2.50
外加剂及掺量			—
混凝土配合比（质量比）			W:C:S:$G_{1\sim40}$:G 缓早剂 0.47:1:1.82:4.24:0.175%
混凝土强度		抗压（MPa）	f_{a28}42.5
		抗折（MPa）	f_{w28}4.72
除浆时间（h）			自混凝土加水搅拌起 25 后

注：表层撒布骨料属花岗岩（当地俗称"建筑石"）。粒径为 A5～15mm、B25～35mm 撒布量为 5～55mmkg/m²。

试验条件　表 42-107

项目名称			具体内容及测试数据
混凝土板体施工工艺			"真空吸水"施工工艺
粗糙度施工工艺			"倒嵌、缓凝、冲刷、裸露"工艺
试验路长、宽及位置			长 65m，宽 3.75m，位于第二车道
施工日期、气温			1989 年 12 月 5～12 日 10～2℃
水泥材质			宁国 42.5 级普通硅酸盐水泥
砂的材质	细度模量（μ_f）		3.0
	表观密度（g/cm³）		2.63
	堆积密度（kg/m³）		2320
	含泥量（%）		0.63
花岗岩骨料材质		粒径（mm）	5～15　25～38
		密度（g/cm³）	$D_1 = 2.58$　$D_2 = 2.56$
外加剂及掺量			—
混凝土配合比（重量比）			W:C:S:$G_{5\sim25}$:$G_{25\sim38}$ 0.48:1:2.09:2.05:3.08
混凝土强度		抗压（MPa）	f_{a28}　42.5
		抗折（MPa）	f_{w28}　4.78
除浆时间（h）			自混凝土加水搅拌起 48 后

注：表层撒布骨料为磨光值较大的全盖山石矿所产之玄武岩，粒径为 8～17mm 快速磨光值为 50，含泥量为 0.178%，相对比密度 2.63g/cm³，撒布量为 6.5kg/m²，7.5kg/m²。

（二）试验路段测试结果

1. 青浦试验路段

（1）平整度：见表42-108。

平整度测试结果　表42-108

防滑施工工艺		1号	2号	3号	普通滚槽工艺
		化学裸露工艺	"倒、缓、冲、裸"工艺	"倒、缓、冲、裸"工艺	
平整度（mm）	机测	4.02	3.27	2.24	2.37
	3m直尺	3.89	3.21	2.30	2.27

注：1号平整度较大是由于不同粒径骨料裸露表面而引起的，在2号、3号中由于裸露骨料粒径为5～15mm得到控制，提高了裸露表面的均匀性，从而使平整度得以改善。

（2）噪声对比测试见表42-109。

噪声对比测试结果（dB）　表42-109

车　速	白色路面		黑色路面
	裸　骨	普通滚槽	孔隙率4.1%～7.1%
V＝60km/h	85	87	83～88
	85	88	
V＝80km/h	80	90	—
V＝100km/h	92	91	—

注：1. 对比车辆，三菱面包车，夜间无干扰。测点离路面0.5m、路边缘处。

（3）摆值等测试：结果见表42-110。

摆值、纹理深度测试结果　表42-110

次　数		一	二	三	四	五	六	七	八	九
日期、气温		87.7.7 39℃	87.9.8 26℃	87.11.15 15℃	87.12.28 10℃	88.1.28 8℃	88.4.25 22℃	88.7.10 38℃	89.2.23 11℃	89.8.24 26℃
裸骨1号	摆值	68.2	57.44	56.2	55.5	57.4	52	53.5	50.33	51.0
	纹理深度（mm）	1.28	1.1	1.23	1.07	0.97	1.11	1.15	0.92	1.15
2号	摆值	—	—	56	52.1	49.3	51.5	50	52.86	4.3
	纹理深度（mm）	—	—	1.55	1.31	1.53	1.42	1.15	1.12	0.66
3号	摆值	—	—	68	63.5	60.7	61	62	62.86	59
	纹理深度（mm）	—	—	1.22	1.07	1.13	1.14	1.07	1.12	1.03
滚槽	摆值	50.6	49.5	48	47.2	44.7	45.12	42.67	43.07	54＊
	纹理深度（mm）	0.393	0.363	0.374	0.380	0.376	0.370	0.386	0.357	0.33
光面	摆值	42.5	42	40	41	39	40	41	41.5	48＊
	纹理深度（mm）	0.227	0.225	0.168	0.202	0.210	0.210	0.205	0.212	0.210

注：1. 试验用殊阳仪器厂生产的摆式仪。
2. 表列的数据已经温度修正。
3. 表示测试时表层净浆已磨光，路面露砂。

（4）摆值衰减曲线如图42-37所示。

1号第一次试验路段：化学裸骨法；

2号第二次试验路段："倒嵌、缓凝、冲刷、裸骨法"；

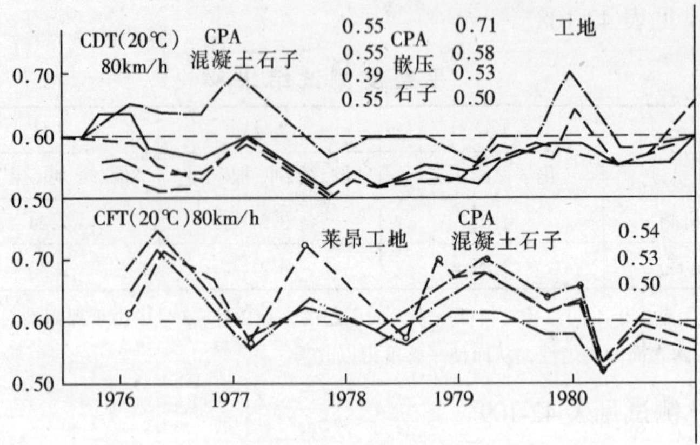

图 42-37　裸骨法摆值衰减曲线图

（以每小时 80km 速度输出的 C.F.T 数值）

3 号第三次试验路段："倒嵌、缓凝、冲刷、裸骨法"。

上述测试结果中，1 号、2 号位于 2、3 车道，交通量基本相同，3 号处于 4 车道，车流量明显减小，故衰减速率小，摆值高。至于"滚槽"与光面，在 18 个月后摆值反而增加，其原因是表层水泥净浆磨光，黄砂外露所致，由于黄砂磨光值不高，估计摆值将会有较快的衰减。

2. 湖州试验路段

测试数据见表 42-111。

湖州路段测试结果　　　　表 42-111

防滑工艺	"倒嵌、缓凝、冲刷、裸露" 1 号	"倒嵌、缓凝、冲刷、裸露" 2 号	扫　毛
摆　　值	61	71	56
平整度（mm）	2.73	2.85	2.21

注：1. 竣工日期 1987 年 10 月 28～29 日（1 号）、11 月 9 日～10 日（2 号）。

2. 测试日期 1988 年 5 月 5 日气温 25℃，板温 31℃。

3. 表例数据已经温度校正。

3. 浦东试验段

其测试数据见表 42-112。

浦东试验段测试结果　　　　表 42-112

防滑工艺	"倒嵌、缓凝、冲刷、裸露"		扫　毛	
测试日期	1989.3.26，18℃	1989.8.25，27℃	1989.3.26，18℃	1989.8.25，27℃
摆　　值	50*	57	37.5*	45.5
纹理深度（mm）	1.70	1.10	0.35	0.28
平整度（mm）	2.58		3.72	

注：1. * 表示由于测试时，橡皮老化，故而造成摆值偏小。

2. 表列摆值数据已经温度修正。

3. 竣工日期 1987 年 12 月 5 日～12 日。

八、裸石防滑混凝土路面技术经济效果

（一）技术结果

1. 骨料磨光值对摩阻系数的影响

在柔性路面方面已进行了大量的研究，我国和国外不少国家已制订了规范，提出了严格的要求（如比利时、法国规定 PSV > 50），这是保证路面有持久稳定摩阻力的关键。对刚性路面而言，特别是采用裸骨法，骨料磨光值的意义同样是主要的。

骨料磨光值与摆值关系见表 42-113。

骨料磨光值与摆值关系　　**表 42-113**

青浦试验路段	2号 PSV30	1号 PSV40	3号 PSV42	浦东试验路 PSV50	湖州试验路
交通量	5	55	61	57	66
通车半年左右摆值	51	55	61	57	66

表 42-113 显示骨料磨光值对摆值的大致影响，值得注意的是，磨光值较低的 2 号路，摆值随时间的衰减率明显偏大，22 个月后，已降低至 45 以下，低于正常行驶的要求，因此采用合格的嵌压骨料是十分必要的。

2. 裸骨法施工工艺与滚槽光面工艺的比较

裸骨法施工工艺，其摆值取决于裸露骨料磨光值的大小，而滚槽光面工艺，则主要取决于面层水泥砂浆中水泥强度等级及砂的耐磨光性。从各试验段的测试结果看（表 42-114），裸骨法的摩阻系数明显的高于光面与拉毛，也稍高于滚槽。从绝对值来看，光面或拉毛的路面摩阻系数不能充分保证在正常使用状态下摆值 45 的要求，因此对于高速公路来说，一定要采取防滑的措施，而本工艺是一种有效的措施。至于长期的路面抗滑衰减问题，根据比利时的足尺试验，只要采取高磨光值的骨料（PSV > 50），通车 10 年后，其使用性能仍然十分良好（图 42-38）。至于裸骨法与滚槽法相比，其摆值短期数据相近，纹理深度明显高于滚槽，从长远来看，裸骨工艺，理应有较好的耐久性。限于时间，目前尚难定论。

不同防滑工艺比较　　**表 42-114**

<table>
<tr><td>试验路段地点</td><td colspan="2">青　浦</td><td>浦　东</td><td>湖　州</td></tr>
<tr><td>通车日期</td><td>6个月</td><td>12个月</td><td>8个月</td><td>6个月</td></tr>
<tr><td>裸骨法摆值
滚槽摆值</td><td>1.15</td><td>1.19</td><td>—</td><td>—</td></tr>
<tr><td>裸骨法摆值
光面摆值</td><td>1.31</td><td>1.23</td><td>—</td><td>—</td></tr>
<tr><td>裸骨法摆值
拉　毛</td><td>—</td><td>—</td><td>1.24</td><td>1.18</td></tr>
</table>

3. 裸骨法对平整度的影响

裸骨法对平整度的影响，主要取决于施工设备与工艺。目前，采用工人撒布骨料，其撒布均匀性不易保证。滚筒滚压，以及人工冲刷对路面平整度亦有所影响，但从前述测试结果来看，影响不大。要在大生产连续施工中较好地解决均匀性与平整度问题，配置相应的机械化施工机具（如布料机及冲洗等）是一个必要的条件。

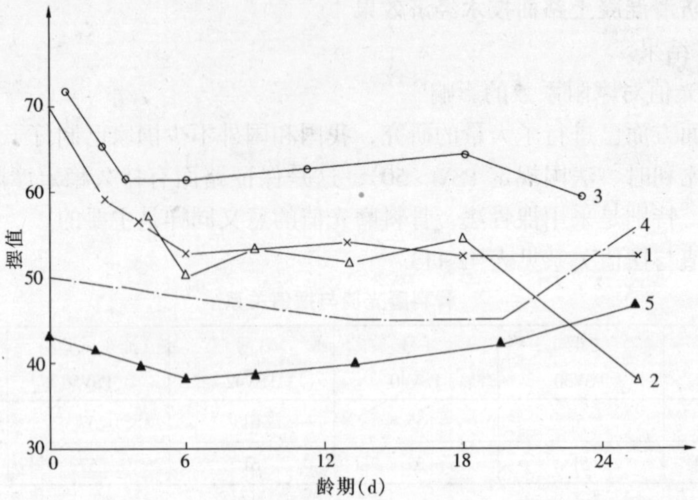

图 42-38 不同工艺施工路面摆值与龄期的关系

1—化学裸骨工艺；2、3—化学露嵌工艺；4—普通滚槽工艺；5—扫毛工艺

4. 裸骨法工艺可行性

通过三个地点实地试验，证明所提出的嵌压→缓凝→冲刷→裸骨工艺是可行的，配制的表面缓凝剂及缓凝早强剂是实用的，采用此工艺施工后路面的抗滑性能有明显的提高，但是限于试验段的施工条件，在材性、平整度、均匀度方面尚未达到预定要求。

5. 裸骨法对噪声的影响

从前述试验来看，裸骨法在不同行车速度下的路面噪声并未显示出黑色路面有明显的增加，相反较滚槽法还稍低一些，但比利时的研究结果（图 42-39）。似乎裸骨法的噪声偏大。

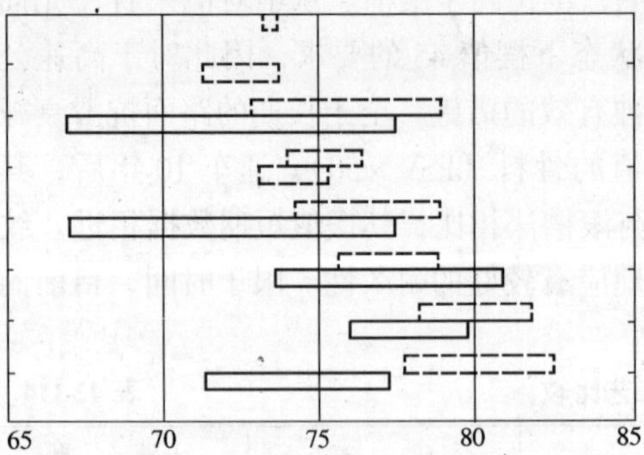

图 42-39 各类罩面上车辆内外部噪声曲线

（二）经济分析

通过少量的足尺试验，根据试验路段当时情况，初步估计，采用本工艺后每平方米增加造价 0.7～0.9 元，其中材料费为 0.4～0.5 元/m^2，人工费为 0.30 元/m^2，较滚槽法贵 0.10～0.30 元/m^2。

通过室内外试验，特别是足尺试验，证明所提出的材料与施工工艺在技术上是可行的，路用性能亦是好的，是确保高速公路抗滑力的一项重要措施。本项目不足之处是观测龄期甚短，尚需继续观察，另外，大规模施工时尚需有相应的机械化施工工具与此相配。

裸骨法工艺，已有良好的开端，配套的技术尚待进一步完善。

第十七节 滚槽混凝土防滑路面施工

一、滚槽混凝土的特点

水泥混凝土路面较沥青路面使用寿命长，养护费用少，这已众所周知，尤其是随着交通量不断的增长和重型车辆的出现，近年来欧美等国高速公路的水泥混凝土路面里程有了明显的增长。在美国的州际公路中水泥混凝土路面占85%；前联帮德国约6000km的高速公路中水泥混凝土路面占60%；而英国在近10年的高速公路中水泥混凝土路面相对里程则增加了10倍。

高速公路的水泥混凝土路面，若按常规其粗糙度往往达不到要求，抗滑能力较低，即使初期能满足要求，但在车轮的磨损下容易变成打滑的路面。为了维持车辆行驶所需的抗滑能力，减少交通事故，国外一般采取对塑态混凝土整饰或对旧道面刻槽等方法来提高或恢复路面粗糙度。为了降低噪声，规范规定拉成的凹槽之间距应是不规则变化的，欧洲大部分国家均采用横向扫刷工艺，美国肯尼迪国际机场经过各类槽纹比较试验认定V形槽为最优。但是法国和比利时等国家则认为这些工艺开放交通。2~5年后表明其抗滑能力和粗糙度数值会降低到与普通路面相近。对此，美国等采用高强度等级水泥、高强度等级混凝土及高耐磨优质砂，以提高混凝土的耐磨性，并通过规则网状纹理来减少纹理骨架的应力集中，取得了良好的效果。比利时则采用嵌压工艺于1949年首次在交通繁忙及危险地段铺筑了试验路段，经20余年的交通运行路面粗糙度仍能满足使用要求，后又于1959年和1980年先后在高速公路工程中铺筑了人工露骨料工艺和化学露骨料工艺试验路段各一段，取得了与嵌压工艺相近的结果。

国内，首都机场曾采用刻槽方法恢复旧道面的粗糙度，江浙等省则采用U型车等间距滚槽器和点状滚槽器对塑态混凝土滚槽或压点。但是U型滚槽器存在不易切入路面，并易因混凝土的塑态滚动致槽纹闭合，等间距的槽纹易产生共振尖啸噪声，点状滚槽器滚出的路面则还存在排水不畅的缺点。

上海市政工程研究所自1986年开始，根据国情和道路工程施工现状，在参加单位的协作下开展了V形变间距滚槽工艺、变间距拉槽工艺以及化学露骨和化学露嵌工艺的研究。

104国道改建工程先后铺筑了V形变间距滚槽工艺和变间距拉槽工艺的试验路段及数十公里V形变间距滚槽工艺的路面实体工程，经过近4年的观测，都取得了项目任务书规定之路面竣工后摆值不小于55，2~3年后摆值不小于45的满意结果。V形变间距滚槽工艺还被安徽省高速公路办公室指定为高速公路水泥混凝土公路的整饰工艺，全国抗滑研究协作组建议施工规范修订时作为滚槽整饰的首选。

二、变间距滚槽路面工艺

（一）滚槽器的研制

普通的U形滚槽器采取等间距布置，槽纹是U形的。该类滚槽器存在下列弊病：由于是平头的，切入砂浆时所受到的阻力就大，形成的槽纹就浅，混凝土的塑态流动量对U形槽纹导致闭合，影响了排水效果，并对由轮载的作用和结冻所产生的风化、剥蚀是不利的。此外，等间距槽距布置还产生较高的交通噪声。

为了改善普通的U形滚槽器的工作性能，先后研制了SZ-1型和SZ-2型滚槽器，经试用比较SZ-1型滚动灵活。槽嘴偏差小，故定型SZ-2型滚槽器供生产使用。

1. 滚槽间距与滚槽横断面的选定

槽形一定的滚槽间距一般设计成用来排出面层水，变动的间距则用来消除交通噪声，而滚槽断面则设计用作贮存面层水防止水滑溜的发生。法国规范规定间距是不规则变化的，而肯尼迪国际机场经过计算和比较试验认定V形槽为最优。为此，参考国外较为成熟的经验，兼顾施工方便，将滚槽器断面设计成头部3mm宽、底部6mm或9mm宽、深6mm的V形。滚槽间距设计成-21、5-28-21、5-25-15-21、5-25-15（单位为mm）。

2.SN-2型滚槽器

SN-2型滚槽器如图42-40所示。由于采用于轴承传动，使用时滚动灵活，基本无位移偏差，保证了滚槽间距，V形切入砂浆层的阻力较U形小，改善了混凝土塑态滚动导致槽纹闭合的影响，方便排水，并比U型增大了对轮载作用和结冻所产生的风化、剥蚀的抵抗能力，不等的变动槽距最大限度地降低或消除交通噪声的产生，经过试验路段和实体工程的使用取得了良好的效果。经过4年的观测和测定，实测摆值符合任务书规定的技术要求，并仍保留了一定的纹理深度。

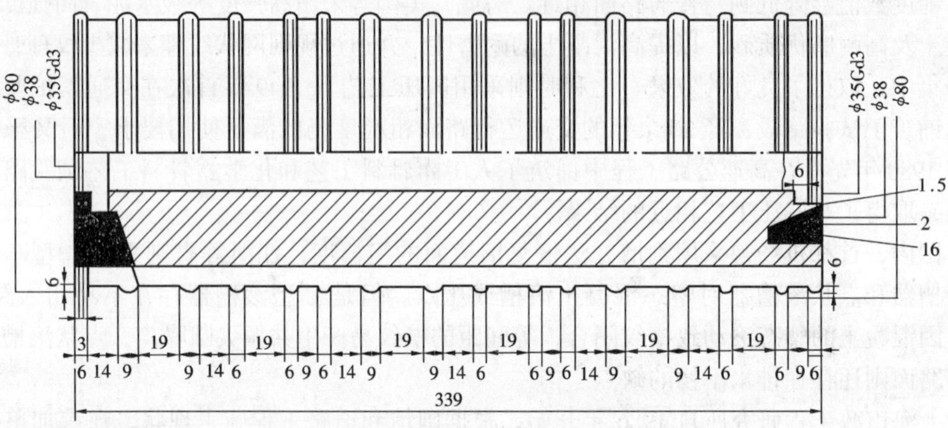

图42-40　SN-2型滚槽器主体

（二）滚槽时机

采取真空吸水工艺者，鉴于该工艺提高了混凝土的早期强度，故滚槽宜早勿迟，一般在整平抹面结束后即应在初凝滚槽完毕，滚槽宜匀，慢速进行，不宜快速推压，因为滚槽器切入混凝土的时间长，则抵抗混凝土塑态流动就有利，而匀速能避免加压不均匀导致的路面发花及不平整。

采取非真空吸水工艺者，混凝土表面无泌水时即宜滚槽，但鉴于施工的季节不同，气温、风速及日照的不同和混凝土级配及外掺剂量的不同，宜在正式施工前在路边浇铺模拟板或在抗折试件上试浇来确定滚槽时机的范围。

（三）滚槽作业

当确定了滚槽时机的范围，在整平抹面作业结束后即可选定滚槽时机进行作业，滚槽作业按先铺筑先作业的顺序逐行滚槽。

（1）在两侧的模板上架好脚踏板，以脚踏板作基准线，该端应平直并与道路中心线垂直。

（2）将滚槽器轻轻放置在一侧模板上，使其一端紧贴脚踏板作为基准线的一面。

（3）缓缓匀速拉动紧贴脚踏板滚槽器至另一侧模板后，提起滚槽器放还另一侧路边。

（4）以脚踏板基准线向待滚方向在两侧模板上用尺量出移动距离（等于滚槽第一齿与

末齿中的间距加一槽距)，并在模板上标记。

(5) 移动并固定脚踏板，使基准端与模板的两标记重合。

(6) 重复 (2)、(3)、(4)、(5) 的动作至滚槽作业结束。

(四) 滚槽效果和分析

结合104国道，浙江湖州改建工程在40K和42K间设置了V形变间距滚槽工艺与扫毛工艺对比段，并设立比较观测点，在60K至64K设置了实体工程鸡马岭观测点，由张家港市政工程公司第四工程队施工，该工程经省级和部级的验收被评为优良工程，其中V形变间距滚槽工艺受到与会代表好评，合肥高速公路指挥部代表指定张家港市政工程公司在参与修建安徽省高速公路时用该项工艺作为增大路面粗糙度的技术措施。

1. 上柏比较试验路段

扫毛工艺的工具棕丝扫帚，V形变间距滚槽工艺的工具为SZ-2滚槽器，测定结果见表42-115。

上柏试验所粗糙度摆值测定结果　　**表 42-115**

装饰工艺	地　段	摆值＼测定日期 施工日期	88.5.26	89.6.25	89.10.25	91.4.17
V形变间距滚槽	42K1号	87.8	64	49	60	60
	42K2号	87.7	68	54	60	74
拉　毛	40K号	87.6	45	40	54	49

2. 杭文线实体工程鸡马岭观测点的粗糙度和平整度

测定结果见表42-116和表42-117，工具为SZ-2型滚槽器。

杭文线实体工程粗糙度测定结果　　**表 42-116**

地　段	摆值＼测定日期 施工日期	88.10.26	89.6.27	89.10.12	91.4.17
60K～61K	88.10	71	60	58	61
63K～64K	88.8	82	69	64	65

杭文线实体工程平整度测定结果　　**表 42-117**

桩　号	平整度 (mm)		备　注
	左车道	右车道	
61K+000～62K+000	2.1	2.4	采用3m直尺测定
62K+000～63K+000	2.8	2.5	
63K+000～64K+000	2.4	2.4	

3. 莘松高速公路南新立交桥下穿道实体工程。

试验段布置在松江至莘庄的46K+610～17K+220路段的南侧四个车道，由象山建筑安装工程公司在1990年的连续高温季节负责施工，竣工初的9月3日对实际工程段及北侧对比段采用细纹等间距滚槽的路面进行了测定，其结果见表42-118。

4. 测定结果分析

从表42-118可知，经两年余至近四年的行车磨损（日交通量为标准轴载的7000余辆次)，V 形变间距滚槽路段的摆值有所降低，但仍具维持正常行驶的摆值，粗砂粒的显露摆值有所上升，扫毛路段摆值就偏小，抗滑能力低。虽然当砂粒显露的后阶段摆值有所回升，但据 1991 年 4 月 17 日的测定结果，提示摆值下降将呈 S 形波动，当砂粒磨掉，新的砂粒尚未足够显露，则路面抗滑能力仍较小，不符合高速公路的需要。

南新下穿道实体工程粗糙度测定结果　　表 42-118

测定日期	V 变		普、细	
	摆值	槽深	摆值	槽深
1991 年 9 月 3 日	59	2.2	52	0.8

从表 42-118 可知，实体工程不仅竣工初具备足够的抗滑能力，经每日 7000 余辆次标准轴载的行车磨损摆值有所降低，但由于设置了 V 形槽摆值波动较小，并经近三年的测定摆值仍保持在 55 以上，而且经观测槽纹清晰，平均深约 1.7mm，这表明采用 SZ-2 型滚槽器装饰路面对提高抗滑能力是行之有效的，但长期的抗滑能力尚需定期观测。

从表 42-117 可知，实体工程的平整度实测平均值均在 3mm 以下，由于原路面检测标准值要求在 5mm 以下，故 150 点的实测值中，大于 4mm 小于 5mm 的占 3%，大于 3mm 者占 9%，绝大部分在 2mm 上下，由此看来只要认真施工，采用 SZ-2 型滚槽器装饰路面是不会影响路面平整的。沪嘉高速公路 1km 多水泥路面采用普通滚槽器滚槽的检测平整度值的标准偏差 σ 为 2.9mm（参考沥青路面 3m 直尺换算法相当于 6.1mm），平整度甚差，这表明除了施工队伍的技术素质较差外，滚槽器选用不当不无影响。表 42-118 表明 V 形变间距滚槽工艺不仅比普通间距细纹理滚槽工艺摆值高，而且槽纹深，这对延长耐磨时间是有利的。

综合前述分析可知，扫毛路面不符合高速行车要求，而 V 形变间距滚槽工艺在目前看来，作为提高水泥路面粗糙度，增大路面抗滑能力是一项行之有效的工艺措施，莘松高速公路实体工程竣工初摩擦系数摆值为 59。

（五）结论

在水泥路面施工中，影响路面抗滑能力的因素很多，除了选用工具外，诸如施工人员素质，混凝土的配合比，粗、细骨料的质量等主客观因素均影响着路面抗滑的提高。在施工实践中有如下体会：

(1) 滚槽是在砂浆层内进行，因此足够的纹理深度就需要有一定的砂浆层厚度，砂浆内没有足够的优质中粗砂粒和胶结强度，则延长不了路面粗糙度的寿命。

(2) 摊铺整平后的路面，其混凝土中粗细骨料应分布均匀，否则不仅使混凝土强度不均匀，还会使所滚槽纹发花，纹理深浅不一，影响路面平整度。

(3) 滚槽器操作人员需经培训，专人负责以保证滚槽质量，按现行工艺施工时，路面平整度控制除了前述外，应在平整和抹面作业的前、中和后加强 4.5m 直尺斜向滑移检查，每次辅以人工打平，找平时不准用净浆或中粗砂粒含量少的细砂浆罩平路面，这样做法不仅降低路面粗糙度，且易造成路面通车后出现坑塘和不平整。

(4) 滚槽作业应在混凝土初凝前抓紧完成，一般宜在模板上试滚确定滚槽时机的范围，滚槽时宜匀速缓缓滚动，勿快速不均匀地推压。

(5) 实测结果表明扫毛工艺不宜作为高等级路面的整饰措施。采用 SZ-2 型滚槽器的

V形变间距滚槽工艺，经过试验路段和实体工程行车磨损近4年多和近3年后的测定结果表明，它是作为高等级道路的路面整饰工艺的有效措施，宜推广应用。

三、变间距拉槽路面工艺

以往整饰路面的横向扫刷，国内一般采用芦花、棕丝、猪鬃和竹丝等扫帚或刷子作业，扫刷的纹理偏浅，因而路面抗滑能力较低，亦不能持久。为了提高抗滑能力，采用变间距塑管和钢丝束拉槽器，经工地实践使用取得了良好的效果。

（一）拉槽器的研制

拉槽器由拉槽头和木（竹）棍连接组成，拉槽头由塑管或钢丝束按不等间距嵌入木板槽孔，借助螺栓固定而成。

1. 拉槽机理

拉槽时，拉槽头的塑管或钢丝束与路面成一个30°~35°的夹角，这时良好弹性的塑管或钢丝束在人力的拉压下，对路表砂浆层有一个向下的力，拉槽器移动即在路表拉出一定宽度和深度的槽，并使部分砂粒显露，路面变得粗糙，增大了抗滑能力。

2. 拉槽间距与塑管或钢丝绳的选定

为了最大限度地消除交通噪声及不因过密的排列拉走砂浆，拉槽间距设计成：17—13—21、19—15—21、13—19—15、17—19—13、17—21—15、17—19—13、21—15—15、21—13—17、19—13—21—15（单位mm）。

为了具有足够的贮存面层水，防止水上滑溜的产生，遇粗骨料能滑过，拉成较深的槽，故选用弹性较好的塑管（外径3.5mm）和2.3mm的钢丝绳作为拉槽器的主体。

3. 拉槽器

拉槽器由6mm长塑管和钢丝绳、两块凿有不等间距半圆槽和固定孔的硬木板及连接用螺栓和竹或木棍组装成，如图42-41所示。

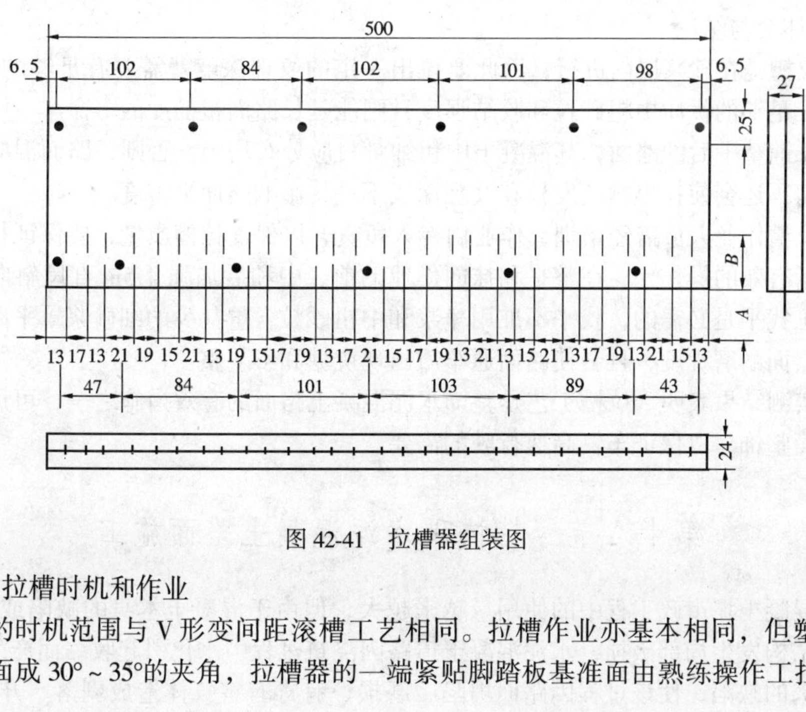

图42-41　拉槽器组装图

（二）拉槽时机和作业

拉槽的时机范围与V形变间距滚槽工艺相同。拉槽作业亦基本相同，但塑管与钢丝绳需与路面成30°~35°的夹角，拉槽器的一端紧贴脚踏板基准面由熟练操作工拉压出一排槽纹，其槽深宜控制在 2.5mm，不小于 1.5mm。

（三）拉槽效果

张家港市政工程公司采用塑管及丝束滚槽器对 104 国道浙江二虎头桥上、下坡四个车道于 1989 年 9 月 10 日进行了拉槽作业：经行车磨损后于 1989 年 10 月 17 日和 1991 年 4 月 17 日分别进行了竣工后和近两年磨损后的摩擦系数测定，取得了良好的效果，其所测摆值符合计划任务书规定要求，见表 42-119。

不同整饰工艺摆式仪测定结果　　表 42-119

路　段	青　浦 比较试验段	青　浦 比较试验段	湖州市 鸡马岭	湖州市 二虎头桥
整饰工艺	扫　毛	普通滚槽	变间距滚槽	拉　槽
一个月龄期摆值	43	51	71	70
备　注	扫毛工具为芦花扫帚 普通滚槽器为市购 变间距滚槽器为 SZ-2 型滚槽器 拉槽工具为新试制塑管拉槽器			

从表 42-119 摆式仪测定结果可知，拉槽工艺与变间距滚槽工艺所测定结果相近似，其与扫毛或普通滚槽工艺相比则提高路面抗滑能力的程度较为显著，其槽深约 2.2mm，比间距滚槽工艺的平均值还深，这是有利的。

1991 年 4 月 17 日又对该试验段布置在上坡方向的三和四车道及下坡方向的一和二车道进行了复测，其测定结果摆值分别为 67、58、72 和 69，槽深平均约为 2.0mm。从这近两年的测定结果表明，摆值与一个月测定结果相比无甚衰减，故预测其长期抗滑能力可能较变间距滚槽工艺为优良或相近，可在近期作为高等级路面增大抗滑能力的整饰措施。

（四）体会与结论

(1) 拉槽是在砂浆层内进行，因此要拉出一定的纹理深度就需要有足够的砂浆厚度，砂浆内有了足够的优质中粗砂粒和胶结强度，则能延长路面粗糙度的寿命。

(2) 摊铺整平后的路面，其混凝土中粗细骨料应分布均匀，否则，路面混凝土的强度不仅不均匀，还会使拉出槽纹发枝和纹理深浅不一，影响路面平整度。

(3) 拉槽作业人员需经培训，作业由专人负责，以保证拉槽质量，要保证拉槽路面的平整度除了有效的操作外，在整平和抹面作业的前、中和后加强 4.5m 直尺斜向滑移检查和每次人工找平是必需的，找平不准用净浆和中粗砂粒含量甚少的细砂浆罩平路面，这样不仅降低路面耐磨程度，且会使路面通车后出现坑塘和不平整。

(4) 实测结果表明，拉槽工艺是整饰水泥混凝土路面的有效措施之一，可用于高等级道路的路面整饰，以保证车辆高速行驶的需要。

第十八节　特快硬水泥混凝土路面施工

水泥混凝土在市政工程中的使用量越来越大，但由于混凝土本身的缺陷或施工缺陷，使混凝土结构发生局部破损，水泥混凝土道路因浇筑过程中水化引起收缩而产生裂缝，施工不当带来的缺陷，使该过程因路面坍陷、磨损、有毒有害气体造成剥落、开裂等现象，不仅会降低结构的刚度和整体性，而且会改变结构的受力状况而缩短混凝土的使用寿命，为保证混凝土路面的承载能力，延长道路的使用寿命，对已破损的混凝土修补抢修是非常必要的。

近年来，国内外对混凝土修补技术颇为重视，进行多方面的试验研究，但各种用以修补的材料和工艺都有它的使用范围和局面性，然而混凝土破损的原因和形式却是多方面的，因此，特快硬混凝土作为一种可供选择的修补材料及施工工艺就显得非常重要。

试验研究表明，特快硬水泥混凝土具有快硬、早强特性，其快硬强度可达20MPa，特别适应于应急抢修工程和快速施工工程。

一、原材料性质

特快硬水泥混凝土是由硫铝酸盐超早强水泥、砂、石及掺加一定量SN-Ⅱ减水剂和其他外加剂复合配制而成的，它具有快硬、凝结时间快，4h强度达20MPa左右的特性。它可以作为一种紧急抢修工程的理想材料。

（一）硫铝酸盐超早强水泥的物理力学性能

硫铝酸盐超早强水泥具速凝、快硬、早强、微膨胀、宽水灰比、低温性能好、抗硫酸盐侵蚀等性能。在适当调节硬化时间和合理应用水灰比条件下，能满足混凝土机械化施工要求，特别是这种水泥力学强度超前发挥于早期。

1. 超早强水泥凝结时间及外加剂等对凝结时间影响

超早水泥凝结时间，初凝一般为3～9min，终凝约为20min左右。为便于施工，作为粘结修补应用，超早强水泥应具有一定可调凝性，以符合不同施工工艺技术要求，针对超早强水泥凝结时间短的特点，采用复合外加剂进行不同掺量对超早强水泥凝结时间影响试验，如图42-42所示。试验结果表明，随复合外加剂掺量增高，超早强凝结时间减缓，掺量增高，凝结时间应明显增长，但掺量达水泥用量的2%以上，对凝结时间的影响就不明显。可以认为，在超早强水泥中掺配一定量的复合外加剂，可调节凝结时间，以满足不同施工工艺要求。

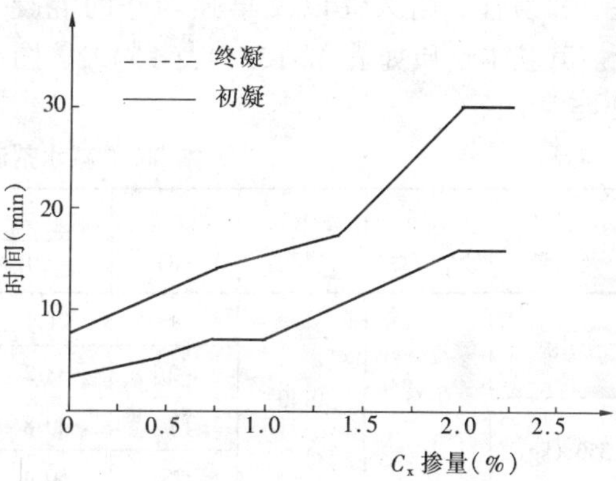

图42-42　不同掺量对凝结时间的影响

2. 超早强水泥强度及外加剂对强度的影响

超早强水泥各龄期的强度见表42-120和图42-43、图42-44，从表中可以看出，该水泥4h的抗压强度可达20MPa，抗折强度可达3.0MPa。为适应施工要求，在材料中需要添加一定量的外加剂。从图中可看出，随着外加剂的掺量增加，超早强水泥的强度有所增长。在超早强水泥中掺加一定外加剂，以提高材料的抗压、抗折强度。

超早强水泥各龄期强度　　**表42-120**

强　度	水灰比（W/C）	4h	8h	12h	1d	28d
抗折强度（MPa）	0.46	3.0	45	5.5	60	7.5
抗压强度（MPa）	0.46	20	25	30	35	53

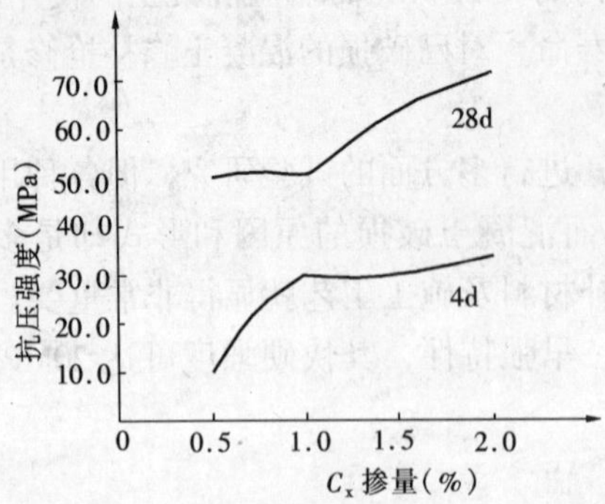

图 42-43 不同掺量对抗折强度的影响

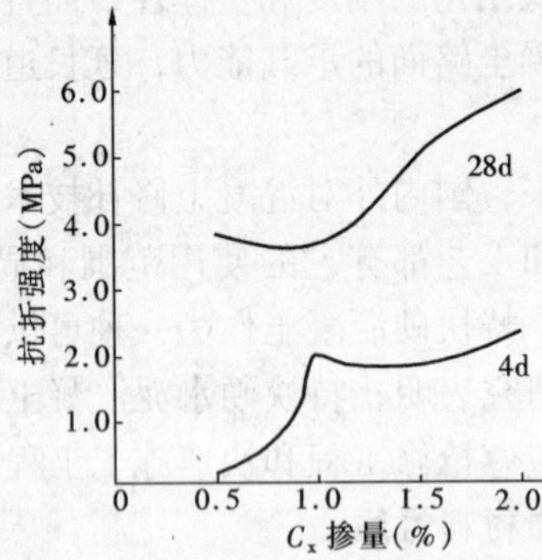

图 42-44 不同掺量对抗压强度的影响

（二）SN-Ⅱ高效低泡减水剂

SN-Ⅱ高效低泡减水剂系一种以 β-萘磺酸钠甲醛缩合物为主要成分的阴离子表面活性剂，它对水泥具有强烈的分散作用，在掺入混凝土后，可以大幅度降低用水量，同时，由于不会引入大量空气，可以配制密实性、和易性、耐久性以及早强均好的混凝土。其基本性质如表 42-121、表 42-122、图 42-45 所示。

SN-Ⅱ减水剂出厂技术指标　　表 42-121

指标名称	指标	
	液状产品	粉状产品
外　形	棕褐色液体	棕色干粉
pH 值	8±1	8±1
含固量（%）	40±20	90±2
水泥净浆流动度（mm）	250±20	250±20

推 SN-Ⅱ减水剂混凝土各龄期强度　　表 42-122

水泥品种及用量	SN-Ⅱ砂量（%）	水灰比（W/C）	龄期（d）	强度（MPa）					
				抗　压	抗　折	抗　拉	轴心抗压	弹　模	轴心抗拉
金山牌 350（kg）	0.75	0.40	1	21.1	—	—	—	—	—
			2	33.2	—	—	—	—	—
			7	40.8	0.80	2.29	37.2	3.09×10	2.80
			28	50.4	7.38	2.94	40	0.95×10	3.91

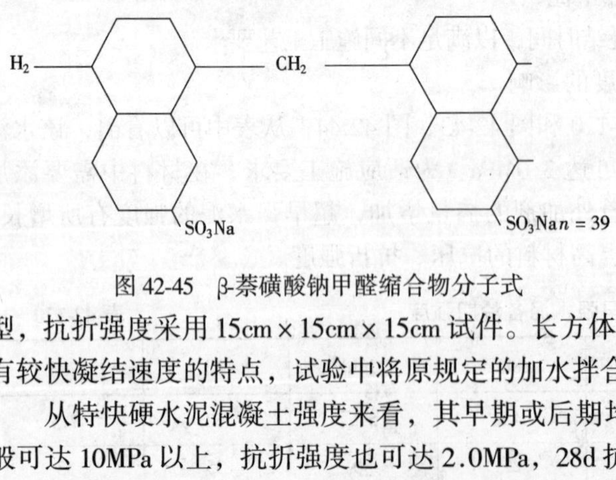

图 42-45 β-萘磺酸钠甲醛缩合物分子式

二、强度发展规律

特快硬水泥混凝土进行配合比选择后，开始进行相应的强度及强度发展规律测试，以期掌握其强度变化规律。

试验中，混凝土抗压强度采用 15cm×15cm×15cm 立方体试模成型，抗折强度采用 15cm×15cm×15cm 试件。长方体试模成形，考虑到特快硬水泥混凝土有较快凝结速度的特点，试验中将原规定的加水拌合时间改为 1min。

从特快硬水泥混凝土强度来看，其早期或后期均有足够的强度，其中 4h 抗压强度一般可达 10MPa 以上，抗折强度也可达 2.0MPa，28d 抗压强度可达 20MPa 以上。

由图 42-46、图 42-47 及表 42-123 的试验结果表明：特快硬水泥混凝土强度具有较高的抗压、抗折强度，特别是早期强度较高，有利于混凝土抢修后即能投入使用。

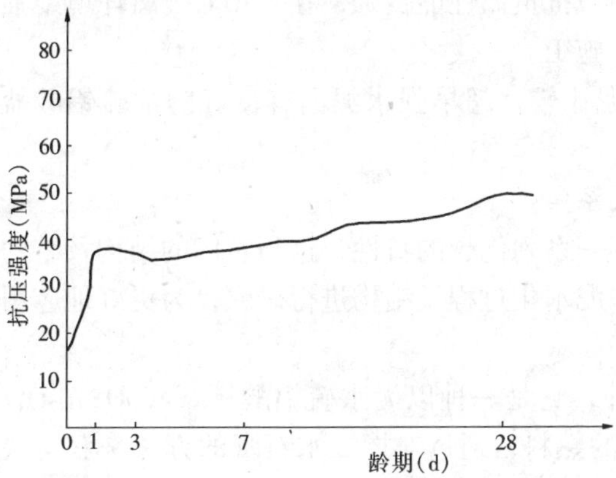

图 42-46　特快硬混凝土抗压强度发展曲线

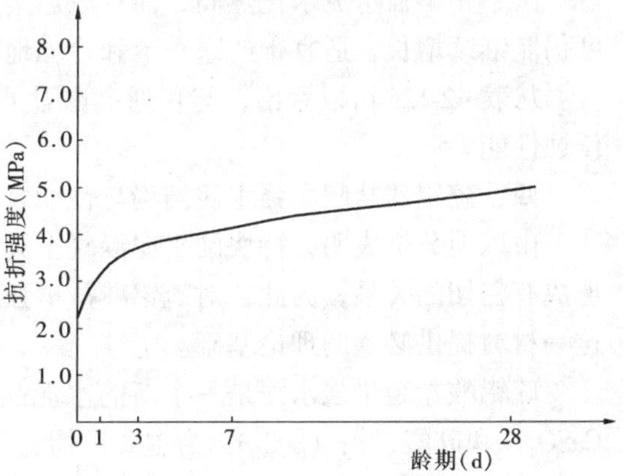

图 42-47　特快硬混凝土抗折强度发展曲线

超早强水泥不同水灰比的抗压强度（MPa）　　**表 42-123**

编　号	水灰比$\left(\frac{W}{C}\right)$	4h	8h	12h	1d	3d	7d	25d
V_1	0.40	12.1	28.1	35.6	42.3	44.0	44.7	46.1
V_2	0.50	18.6	18.4	20.7	22.8	32.1	33.2	24.7
V_3	0.60	12.6	17.2	32.6	12.0	20.0	29.7	31.2

表 42-123 的试验结果表明：特快硬水泥混凝土的强度受到水灰比的影响颇大，应用时以采用较小水灰比为宜。但小水灰比的混凝土和易性差。为制取高强度等级的混凝土，在特快硬水泥混凝土中掺加适量的高效减水剂，以便早期强度满足开放交通的要求。

三、耐久性能和耐蚀性能试验

为检验特快硬水泥混凝土工程应用耐久性质，对其抗冻性、抗渗性、抗硫铝酸盐侵蚀性、锈蚀性及抗磨性能进行测试。混凝土试验结果见表 42-124、表 42-125。

超早强水泥的其他性能　　**表 42-124**

名　称	冻　融 12h	抗渗等级	耐酸性（mg）			
			4h	8h	1d	38d
超早强水泥砂浆	合格	>P12	—	—	—	—
超早强水泥混凝土	合格	>P12	0.18	0.14	0.11	0.09

两种水泥耐酸盐侵蚀试验　　**表 42-125**

溶液深度	超早强水泥				普通硅酸盐水泥			
	F1 月	F2 月	F3 月	F6 月	F1 月	F2 月	F3 月	F6 月
5% Na_2SO_4	1.02	0.82	1.00	1.09	0.98	0.90	0.55	0.44
10% Na_2SO_4	1.16	1.66	1.44	1.00	0.96	0.38	0.32	0.42
3% Na_2SO_4	0.22	0.51	0.38	0.76	0.76	0.75	0.62	0.81
38% Na_2SO_4	0.85	0.72	0.76	0.51	0.62	0.50	0.52	0.88

由试验结果可知，混凝土试件在水中养护4h后，在8个大气压下不透水，养护28d的试件承受20个大气压，不透水。

由于超早强水泥水化热高，而且放热集中，抗负温性能良好，在-10℃气温环境中强度仍能继续增长，适宜于严寒季节和冷冻地区施工。

从表42-125可以看出，与普通硅酸盐水泥比较，超早强水泥具有良好的抗硫铝酸盐侵蚀性能。

四、硫铝酸盐超早强水泥结构与性能之关系

由以上分析表明，特快硬水泥混凝土具有一系列优越的特性，这与它们的结构及结构形成有密切的关系，为此，对硫铝酸盐早强水泥水化过程及结构进行研究，为更好地应用这一材料提供必要的理论基础。

硫铝酸盐超早强水泥是一个新的水泥品种，它是一种以无水硫铝酸钙（$4CaO \cdot Al_2O_3 \cdot CaSO_4$）和硅酸二钙（$\beta$-$C_2S$）为主要矿物组成的熟料，通过对掺二水石膏的方法来获得快硬早强等性能的特种水泥。

硫铝酸盐超早强水泥加水拌合时迅速发生水化反应，经相分析鉴定主要水化产物为钙矾石（$3CaO \cdot Al_2O_3 \cdot 3CaSO_4 \cdot 32H_2O$）、水化氧化铝凝胶（$Al_2 \cdot 3H_2$）和水化硅酸钙凝胶（C—S—H）。图42-48为超早强水泥的X—射衍射线（XRO）和差热分析（DTA）谱线，钙矾石的X射线主要特征峰为9.8A、5.7AT和4.83A（4.35A峰与$CaSO_4 \cdot 2H_2O$特征峰重合），差热曲线特征是270~300℃之间有个吸热峰，水化硅酸钙凝胶差热曲线特征是920℃左右有个放热峰。

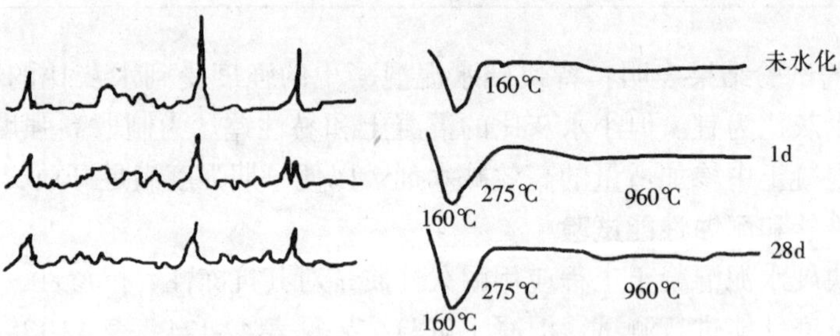

（a）　（b）

图42-48　硫铝酸盐超早强水泥水化反应相分析

（a）X—射衍射线（XR）分析谱线；（b）差热分析（DTA）分析谱线

从X射线及差热分析结果表明，钙矾石、水化氧化铝凝胶及水化硅酸钙凝胶随着水化时间延长而增多，C_4A_3S和$CaSO_4 \cdot 2H_2O$随着水化时间延长而减少。

根据上述相分析的结果，水泥中C_4A_3S与石膏的水化反应按下式进行：

$$C_4A_3S + 2(CaSO_4 \cdot 2Al_2O_3) + 34H_2O \rightarrow C_3 \cdot 3CaSO_4 \cdot 32H_2O + 2Al_2 \cdot 3H_2O$$

β-C_2S水化生成水化硅酸钙凝胶，H.F.W.Taylov得出其C/S比与液相CaO浓度有关，在普通硅酸盐水泥中，CaO浓度过饱和，其C/S一般为1.5，即生成而放出0.5$Ca(OH)_2$。

在硫铝酸盐超早强水泥液相中，CaO浓度一般在0.5g左右，大大低于$Ca(OH)_2$的饱和浓度。试验中得到的C—S—H凝胶其CS经在0.8~1.5之间。试验中得到的C—S—H凝胶在920℃左右，有一个放热峰。为此，可以认为，在硫铝酸盐超早强水泥中水化生成的C—S—H凝胶，基本上属于C—S—H（B）或C—S—H（I）类型的水化硅酸钙凝胶，其平均C/S比约为1左右，这样1克分子β-C_2S除水化生成C—S—H凝胶外，还放出1克分子Ca（OH）$_2$。Ca（OH）$_2$又与该系统中的$Al_2O_3\cdot 3H_2O$和$CaSO_4\cdot 2H_2O$起作用，形成钙矾石，其反应式如下：

$$\beta\text{-}C_2S + 2H_2O \rightarrow C—S—H + Ca(OH)_2$$

$$3Ca(OH)_2 + 3CSH_2 + Al_2O_3\cdot 3H_2O + 20H_2O \rightarrow C_3A\cdot 3CaSO_4\cdot 32H_2O$$

由此可以看出，石膏不仅促进了C_4A_3的水化，而且促进了β-C_2S水化。这是因为在熟料中，联成片的C_4A_3S晶体把细小的C_2S颗粒包围，由于C_4A_3S的水化，使C_2S表面很快暴露出来，与水起反应。因而，C_2S的水化加快。另一方面，由于C_2S水化放出$Ca(OH)_2$很快与周围的水化氧化铝、石膏反应生成钙矾石，因而也加速了C_2S水化。综合上述，石膏和β—C_2S—C_4A_3S相互之间的促进作用是硫铝酸盐超早强水泥早期强度发挥快的主要原因。

五、特快硬水泥混凝土施工工艺

特快硬混凝土由于其凝结时间短，因此，拌合工艺应按如下规定进行：

（1）拌制特快硬混凝土应用强制式搅拌机拌合。

（2）预先在搅拌筒内倒入原级配水泥砂浆预拌，以免搅拌时存在吸浆现象，然后，在按规定的配合比进行正式拌制特快硬水泥混凝土。

（3）特快硬水泥混凝土正式拌制时，按普通混凝土拌制方式倒入各种材料，开机拌和2~3圈后，将复合外加剂及拌合水倒入搅拌机内，总计拌和45~60s后即可出料。

特快硬水泥混凝土的施工由于其凝结时间短，早期强度发展快，因此，与普通混凝土相比有较大差别，要求振捣、抹面、切割等工序必须在30min内完成。

特快硬混凝土浇筑成型后，由于其强度超前发挥于早期，水化热释放迅速，混凝土内部温度骤升至37℃以上，促进混凝土发白及收缩。为防止板体产生裂缝，必须在混凝土强度超过10MPa时，不断浇水养护，养护一般为4~6h，即可拆模。

六、结论

（1）特快硬水泥混凝土的水化反应主要是无水硫铝酸钙（C_4A_3S）与二水石膏在同一反应中生成钙矾石与水化氧化铝凝胶及β-C_2S水化生成C—S—H凝胶的过程来完成的，由于它们的相互促进作用，使特快硬混凝土早期强度发展很快，其4h强度可达20MPa。

（2）由于硫铝酸盐超早强水泥的水化产物钙矾石、水化氧化铝和水化硅酸盐凝胶都是稳定的，因此，特快硬水泥混凝土的长期强度是稳定的。

第十九节　联锁型混凝土路面砖路面施工

一、混凝土砌块砖路面概况

上海各区，特别在南市、黄浦等街坊道路，在20世纪50~60年代天然石材的铺街路面得到普遍应用。以后道路改建，提高路面等级，由于铺街路面平整度差，铺砌施工工艺要求高及料源缺少等方面因素，目前几乎已全部改建为沥青混凝土路面或水泥混凝土路面。

上海人民大道（黄陂北路至西藏中路），原有花岗石路面，在1979年进行改建设计，改建方案仍为花岗石路面，全长472m，宽23m。这条大道路面是上海惟一具有标准的砌块路面。花岗石每块尺寸：30cm×30cm×15cm，四周护边平石30cm×60cm×15cm。砌块路面结构组合：砌块面层15cm，找平层5cm水淬渣拌水泥，基层25cm三渣，原有基层25cm大石块。路面横坡2%。对石材厚度、边长边角及垂直度等均有较高要求，铺砌面层平整度，直尺靠量要求达3mm，砌块缝隙≤1mm。改建后的人民大道花岗石路面使用十几年后，路用情况良好，在上世纪90年代后期人民广场改建工程中最后改建为沥青混凝土路面。

随着道路建设发展，上海的高等级路面日益增多。我国已从国外引进多条水泥混凝土砌块生产线，水泥混凝土砌块代替天然石材，其优势是可设计成各种形状，不同厚度，预制块尺寸精度得到保证，而且可生产出各种颜色、组合丰富多采的图案，在适应道路交通要求的同时，对改善都市景观亦有着重要意义。水泥混凝土砌块路面代替天然石材是必然趋势。

在我国虽早从上世纪80年代起，已从国外引进多条水泥混凝土砌块生产线设备，但由于砌块路面缺乏系统应用研究，也无明确设计方法，以至上海近年来砌块路面应用仅停留在道路的人行道上，而且在砌块尺寸及结构组合上还有待改善和统一，路面质量方面也不尽人意，面层不平整，砌块断裂，砌块不联锁，接缝未得到嵌挤处理，砌块与基层不密贴，雨后积水，砌块松动，对行人及环境污染较严重。

国外许多国家十分重视铺筑彩色路面的应用研究。研究认为，在城市街道上铺筑不同彩色路面，可以与道路周围的建筑艺术更好的协调，从而体现出一个国家或一个城市的特色和风格。在设计应用方面，国外许多国家提出了各自的设计方法，总的认为砌块路面设计方法属于柔性路面的观点。

现代的块料铺面（联锁块铺面）被定义为用高强、高精度的水泥混凝土预制块紧密排列作为面层的铺面。

联锁块铺面的第一个尝试出现于德国（1938年）。不过，大量的研究和应用则是20世纪50年代以后，20世纪80年代中期在中美、南美和南非得到大量应用，70年代被引入英国、北美、澳大利亚、新西兰和日本，80年代又传到了中东和亚洲。80年代初期，德国联锁块的产量已超过4500万m^2，其中38%用于道路铺面，30%用于站场铺面。国外块体的生产也已专业化，研制出高效的块体生产线，块体的年产量已愈1亿m^2，其中80%用于行车区铺面。

联锁块铺面的缺点是平整度差，高速行车时（>60km/h）不能提供满意的服务水平，使它仍能取得如此迅速的应用，主要是因为具有如下优点：

(1) 块体可手工铺装，不需要具有专门技能的劳动力，是劳动密集型产品，只需最简易的设备，也可使用机械设备。

(2) 铺面的寿命长，可超过20年，块体可重复利用，其残值比其他路面类型的大得多。施工结束后可立即开放交通，养护费用低。

(3) 彩色联锁块可拼成永久性的标志标线，可美化而不污染环境，且具有很高的抗油污能力。

(4) 能适应很大的基础不均匀沉降，具有很高的竖向和水平抗力。

(5) 块体在工厂批量生产，成本低，质量（强度、平面尺寸）能够保证，且不需耗用沥青之类的所需能源。

二、一般技术规定

1. 路面结构及构造要求

联锁型路面砖路面结构应由面层、基层、垫层组成，如图 42-49 所示。

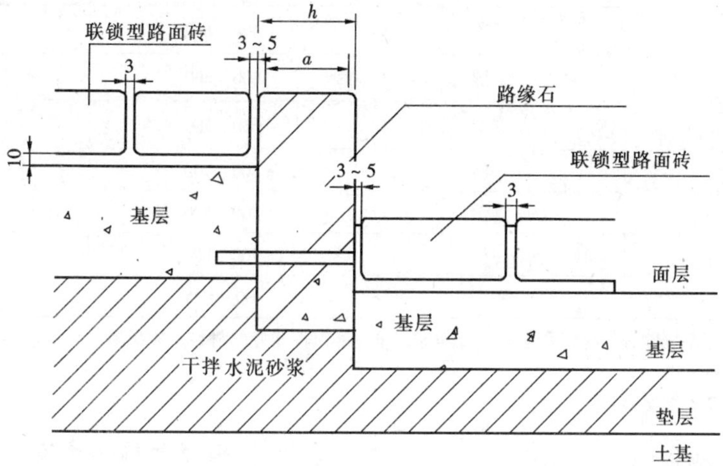

图 42-49　路面构造

面层是由联锁型路面砖、接缝砂和垫砂层组成的结构层。面层中，两块相邻路面砖间的接缝宽度及垫砂层厚度应符合表 42-126 中的要求；路面砖的强度、最小厚度、块形及铺筑形式应符合表 42-127 中的要求。

接缝宽度和垫砂层厚度标准值和允许误差　表 42-126

项　目	标准值（mm）	允许误差（mm）
接缝宽度	3	±1
垫砂层厚度	30	±5

路面砖强度、最小厚度、块形及铺筑形式　表 42-127

道路分类	适用范围	强　度（MPa）	（MPa）单　块	最小厚度（mm）	块　形	铺筑形式
主干道	包括重型停车场、堆场	60	50	100	双面联锁	人字
次干道		60	50	80	双面联锁	人字
支路	包括中型停车场、堆场	50	42	80	双面联锁	—
街　道	包括停车场、堆场	35	30	80	—	—
居住区道路	包括人行道、自行车道	30	25	60	—	—

注：强度试验方法按附录 A 的规定进行。

基层可分为两层，上基层和底基层。在交通量较小的情况下，基层一般可采用一层。基层的设计应符合现行行业标准《城市道路设计规范》中的有关规定。

在水温状态较差的情况下，宜采用垫层。垫层厚度可按当地经验确定，一般大于 150mm。在季节性冰冻地区路面总厚度小于表 42-128 中规定时，应以垫层材料补足。

联锁型路面砖路面的排水坡度，除应符合现行行业标准《城市道路设计规范》（CJJ

37—90）中规定外，其横截面的排水坡度宜按表 42-129 选用。

联锁型路面砖路面防冻最小厚度　　表 42-128

冰冻深度（mm）	路基干湿类型	最小厚度（mm）	
		粉质土	黏质土 含细粒土的砂
500～1000	中湿	300～500	300～400
	潮湿	400～600	350～500
1000～1500	中湿	500～600	400～500
	潮湿	600～700	500～600
1500～2000	中湿	600～700	500～600
	潮湿	700～800	600～700
2000	中湿	700～800	600～700
	潮湿	800～1100	700～900

注：1. 表中数值系按砂砾类材料及非冻胀土考虑，采用隔温性能好的材料，如矿渣、炉渣、粉煤灰掺加料等，其值可酌减。
2. 过湿路基取潮湿路基栏的大值。

2. 路面砖选择

根据需要可选择不同彩色、不同块形（表 42-130）、不同功能的联锁型路面砖、设计与周围环境协调的各色花纹图案，满足特定功能要求，以改善城市环境。

接缝宽度和垫砂层厚度标准和允许误差，参考表 42-126。

横截面排水坡度　　表 42-129

类　别	坡度（%）	备　注
车行道	1.5～3.0	有排水设施
公园道路、人行道	1.5～2.0	无特殊要求
自行车道	0.5～1.0	无特殊要求
停车场	0.5～1.0	有排水设施
堆放场	0.5～1.0	有排水设施

三、面层材料的质量要求

1. 路面砖

路面砖的抗压强度、块形应符合本规程中的要求。其尺寸允许偏差、外观质量、耐磨性、吸水率、抗冻性应符合现行行业标准《混凝土路面砖》（JC/T 446—1996）中的要求，非采暖地区可不做抗冻试验。

路面砖顶面四周应有 4×45°的倒角。

2. 接缝用砂

2.5mm 筛孔的累计筛余量不应大于 5%。砂的级配应符合表 42-131 中的规定：含泥量应小于 3%，泥块含量应小于 1.0%。含水率应小于 3%。

3. 垫砂层用砂

（1）5mm 筛孔的累计筛余量不应大于 5%，同现行混凝土及柔性路面的要求一致；

（2）砂的级配应符合表 42-132 中的规定；

（3）含泥量应小于 5%，泥块含量应小于 2%；

（4）含水率宜小于 3%。

砂的每一试验项目所需砂最小取样数量见表 42-133。

联锁型路面砖块形　　　　表 42-130

块形（mm）	数量（块/m²）	块形（mm）	数量（块/m²）	块形（mm）	数量（块/m²）
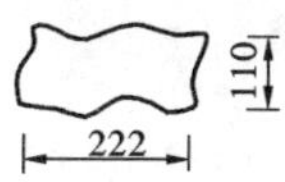	39.6	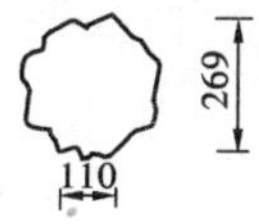	17.1	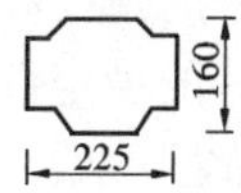	31.7
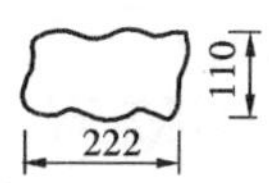	39.6	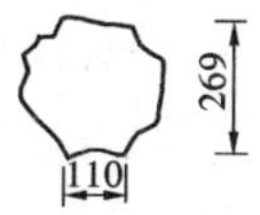	17.1	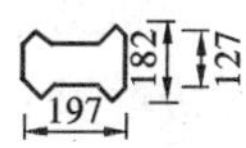	44.4
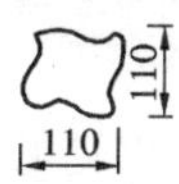	79.0	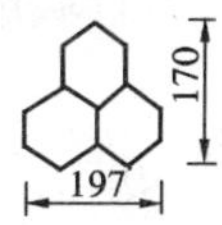	38.0	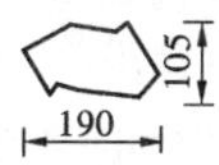	33.6
	79.0	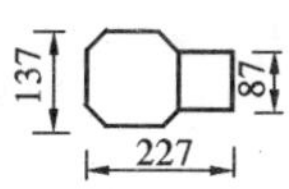	37.8		25.5
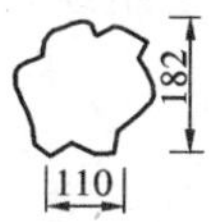	30.5	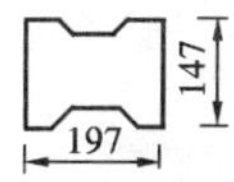	40.0	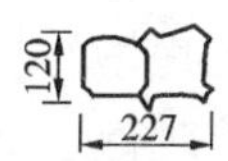	35.6
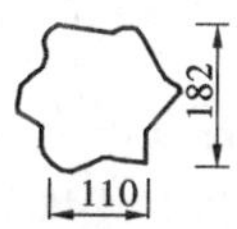	30.5				

接缝用砂级配表　　　　表 42-131

筛孔尺寸（mm）	累计筛余量（%）	筛孔尺寸（mm）	累计筛余量（%）
5.00	0	0.630	75～15
2.50	5～0	0.315	90～60
1.25	20～0	0.160	100～90

垫砂层用砂级配表　　　　表 42-132

筛孔尺寸（mm）	累计筛余量（%）	筛孔尺寸（mm）	累计筛余量（%）
10.0	0	0.630	75～40
5.0	5～0	0.315	90～70
2.50	15～0	0.160	100～90
1.25	50～15		

每一试验项目所需砂的最小取样数量　　　　表 42-133

试验项目	最小取样数量（g）	试验项目	最小取样数量（g）
颗粒级配	4400	含泥量	4400
泥块含量	10000		

四、对基层的要求

1. 基层要求

(1) 具有足够的强度和刚度;

(2) 具有良好的稳定性;

(3) 拱度与面层一致，表面必须平整、密实。

2. 路面基层规定

(1) 整体型：无机结合料稳定粒料、工业废渣混合料、石灰土、水泥稳定土。

(2) 嵌锁型和级配型：泥结（泥灰结）碎（砾）石、水结碎石、级配碎（砾）石、天然砂砾。

(3) 各种基层材料要求和施工工艺，应符合现行城市道路柔性路面设计和施工规范的规定。

必须对基层（含旧路面做基层）的厚度、密实度、平整度、拱度、强度进行检验，确定质量达到设计要求后方可铺筑面层。

五、联锁型混凝土路面砖施工

(一) 施工准备

1. 施工组织设计

(1) 施工前对现场状况应进行调查，根据施工要求及调查情况，编制施工组织设计。确定材料运入施工现场的时间及堆放地点。

(2) 确定施工时行人及车辆的通行量与绕行路线。

(3) 制定安全措施。

2. 材料准备

(1) 根据设计资料及本规程的规定，对所用材料应进行质量检验，合格后方可进场。

(2) 路面砖码放时应轻拿轻放、码放整齐，并按颜色、块形、厚度、抗压强度分垛堆放。

(3) 垫砂层有接缝砂应分垛堆放，并应防止雨淋。

(二) 定位、标定高程及基层复查

1. 定位、标定高程

根据设计图纸进行路面的定位及标定高程。

2. 基层复查

(1) 基层中管沟及构筑物应与设计一致。

(2) 检查基层的每一部分是否与标定的高及横向排水坡度一致。

(3) 基层表面是否有凹凸不平的不良状况。

(4) 修复后的基层表面的强度是否达到设计要求。

(三) 路缘石的铺筑

1. 路缘石基准点的设定

根据铺筑平面设计图，设定路缘石基准点。

2. 路缘石基准线的设定

根据铺筑平面设计图，通过路缘石基准点，设置一条路缘石基准线（图 42-50)。

3. 路缘石的铺筑

根据设计图纸的要求，沿路缘石基准线铺筑路缘石，并应清除其基础突出部位（图

42-51）直至路面基层。

（四）路面砖基准点和基准线的设定

1. 路面砖基准点的设定

根据铺筑平面设计图，在路缘石边设定路面砖基准点。

2. 路面砖基准线的设定

（1）通过路面砖基准点，设置两条相互垂直的路面砖基准线，其中一条基准线与路缘石基准线的夹角宜为0°或45°，如图42-52所示。

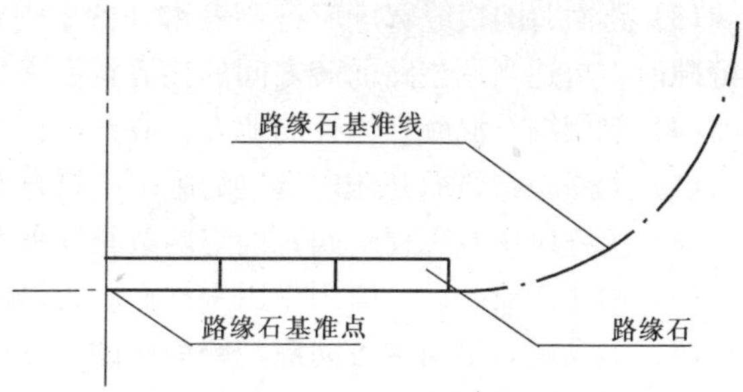

图42-50　路缘石基准点和基准线

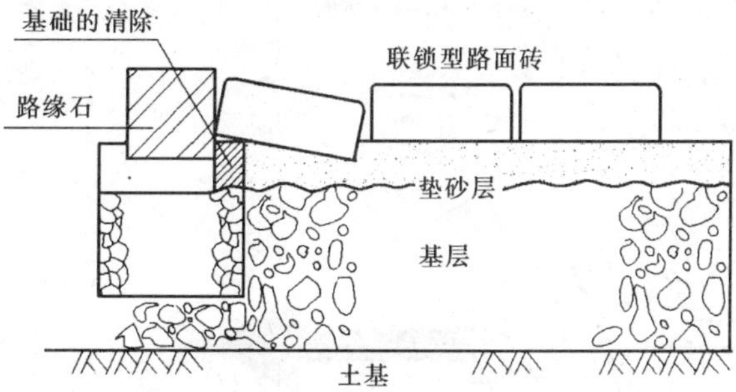

图42-51　基础突出部位的清除

（2）设置两个或两个以上路面砖基准点同时铺筑路面砖时，应根据工程规模及路面砖块形尺寸，宜设5~10m间距的纵横平行路面砖基准线。

（五）垫砂层的摊铺

（1）应确认垫砂层用砂的质量。

（2）垫砂层的虚铺厚度应由试验确定，一般可取比设计厚度高15~20mm。

（3）摊铺垫砂层的方法，根据工程量的大小，可采用刮板法、耙平法、沥青摊铺机摊铺法等。

（4）在已摊铺好的垫砂层上，不应有任何扰动。

（六）路面砖的铺筑

（1）根据设计图纸，以（四）所确定的路面砖基准点开始，并以路面砖基准线为基准，按设计规定的图案铺筑路面砖。

（2）铺筑路面砖时，严禁站在垫砂层上作业，可在刚铺筑的路面砖上，垫上一块大于0.3m^{2}的木板，站在木板上铺筑。

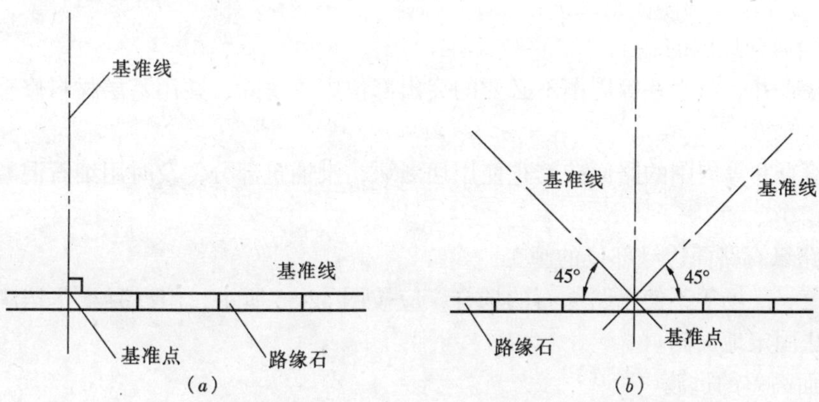

图42-52　路面砖基准点和基准线的设置

(3) 路面砖的接缝宽度应符合表 42-126 中规定的要求。铺筑到路边产生不大于 20mm 的缝隙时，可适当调整路面砖之间的接缝宽度来弥补，不宜使用水泥砂浆填补。

(4) 要用细石混凝土填补的地方，应在当日用规定强度等级的细石混凝土填补好。

(5) 无路缘石路面其侧向定位的施工应符合本规程 7 的规定。

(6) 接缝应按本规程（四）确定两条相互垂直的路面砖基准线为基准拉线调整。

(7) 铺完路面砖后，应用专用手扶振动胶轮碾压机由路边缘向中间路面碾压 2～3 次。碾压时，振动碾压机前进方向应与路面砖的长度方向垂直（图 42-53），前进速度与步行速度相当，并应注意不使路面砖受到过分扰动。

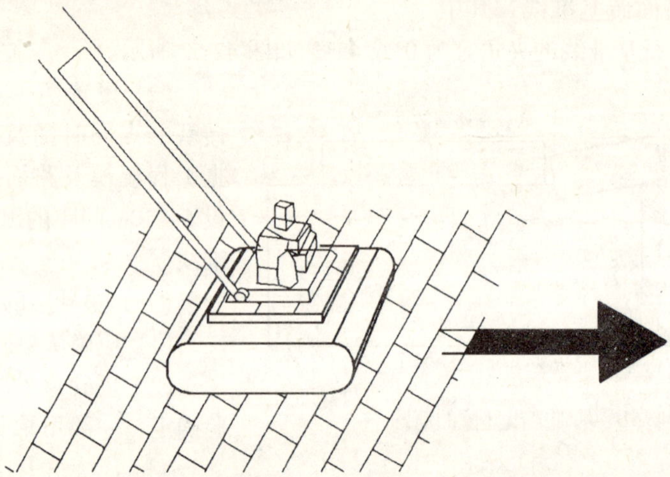

图 42-53 碾压方向

(8) 路面砖之间的接缝中应用砂灌满填实，接缝灌砂的方法如下：

①在路表面均匀撒薄薄一层接缝用砂；

②用扫帚或板刷等工具将路面上的砂子扫入接缝中；

③用手扶振动胶轮碾压机按图 42-52 中所示的方法碾压，使砂灌入接缝；

④接缝灌砂与振压要反复进行，直至接缝灌满填实为止。

⑤路面砖路面施工完后，路面上砂子应清扫干净。

（七）特殊部位的路面施工

1. 路面设施周围的施工

(1) 检查井、污水井等周围不必要的突出部位应予清除，并用基层材料修整至基层顶面标高。

(2) 检查井等周围的路面砖禁止使用切断块，没铺筑部分，及时用细石混凝土填补好（图 42-54）。

2. 无路缘石路面边缘部位的施工

人行道、广场等不使用路缘石的场合，应按图 42-55 所示，用混凝土止挡法或路面砖砂浆粘结法固定地面砖。

3. 路面高差的过渡

路面高差比较大处（图 42-56），应将路面基层及垫砂层做成连续的曲线状，不应施工

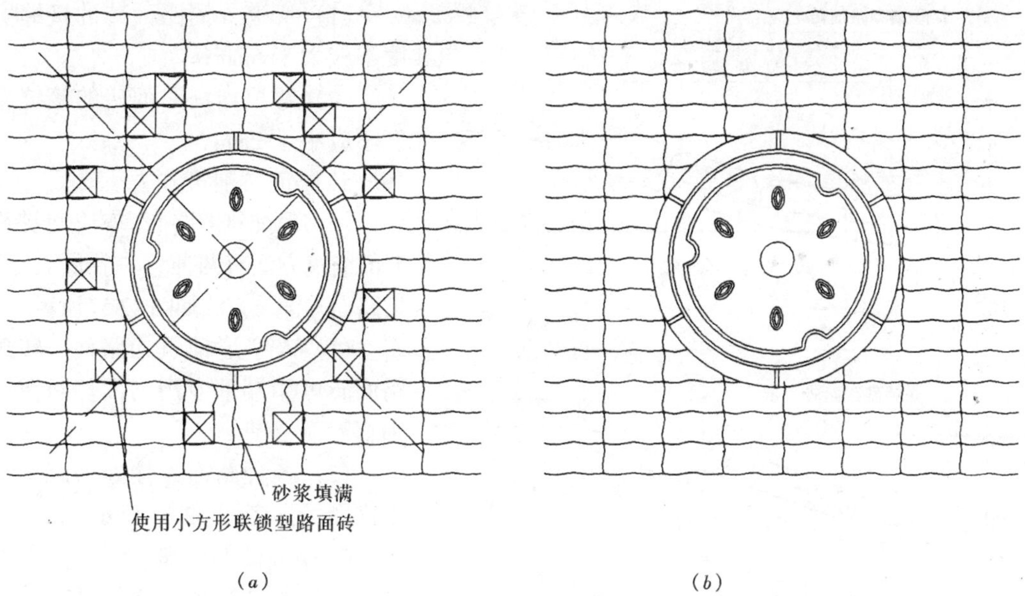

图 42-54　路面设施周围路面砖的排列

(a) 正确；(b) 不正确

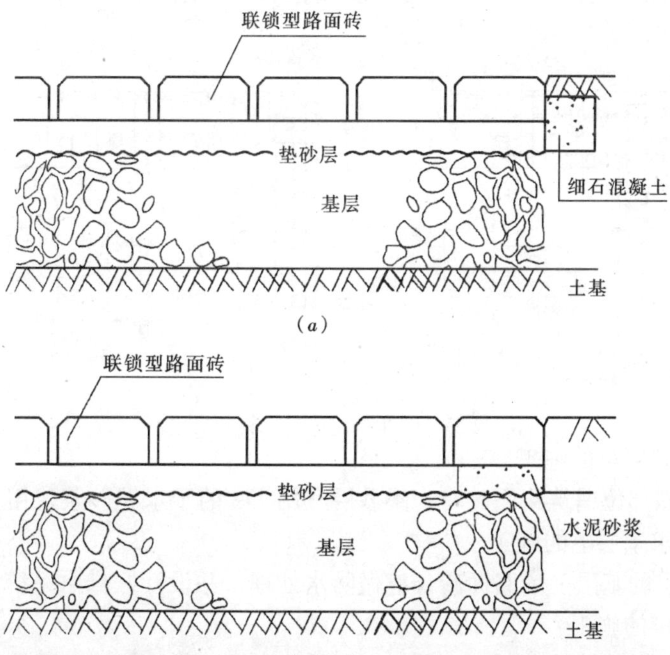

图 42-55　无路缘石路面边缘部位的施工

(a) 混凝土止挡法；(b) 端部路面砖砂浆粘接法

成折线状，其接缝宽度应在 2～6mm 之内。

4. 弯曲路面的施工

弯曲路面可采用调整路面砖接缝宽度进行施工，其接缝宽度应符合下列要求：

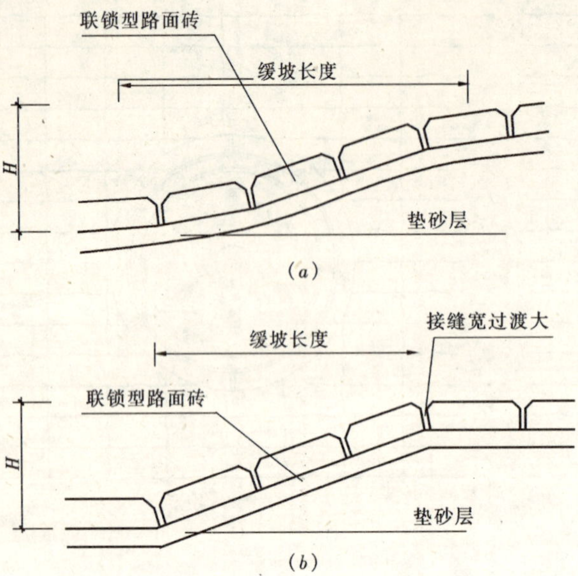

图 42-56 路面高差过渡的施工
(a) 正确；(b) 不正确

(1) 弯道外周路面砖的接缝宽度不应大于 6mm；

(2) 弯道内周路面砖的接缝宽度不应小于 2mm。

5. 路面砖铺筑方法

一字形铺筑的路面，转角处路面砖的铺筑方法有两种。一字形和人字形路面砖铺筑方法如图 42-57 所示。

(1) 人字形铺筑的路面，转角路面砖可用端部专用路面切断块或细石混凝土铺筑。

(2) 各种路面连接处的施工节点详图可参考图 42-58 所示。

6. 路面砖的切割

在路面的边界或交界处不能使用端部专用路面砖时，可将路面砖切断后使用。路面砖的切断可用液压切砖机或金刚石切割机来切割。切断块的最小尺寸应大于 20mm（图 42-59）。

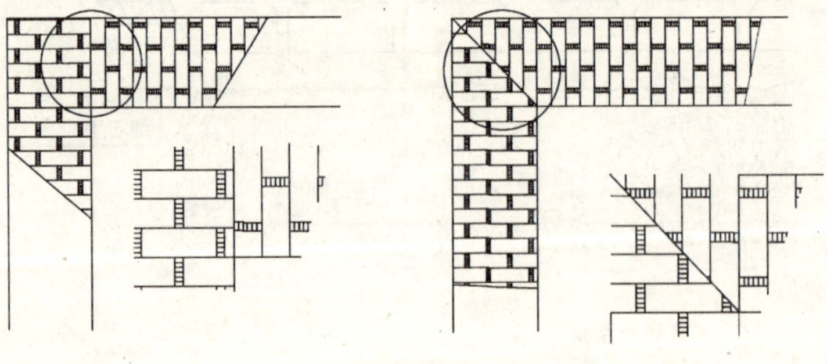

图 42-57 转角处路面砖的铺筑方法

7. 振动较激烈部位的施工

在振动较激烈部位铺筑路面砖时，垫砂层宜用 1:3 的干水泥砂浆代用。

8. 有防水要求基层上的施工

在有防水要求的基层上铺路面砖，应做防水处理，并设计好排水系统。

9. 有浸蚀部位的施工

在有浸蚀部位铺筑路面砖时，宜用 1:3 的干拌水泥砂浆，将缝灌满填实，再用水灌入缝中，将干拌水泥砂浆浸湿。

六、质量要求与检查验收

(1) 联锁型路面砖的质量标准应符合本规程第三条的规定，其检查验收应符合下列要求：

①路面砖块形、颜色、厚度、强度应与设计要求相符；

②以同一块形，同一颜色，同一强度为一验收批，每 2000 块为一批，不足 2000 块也按一批计。每批中随机抽取 50 块。

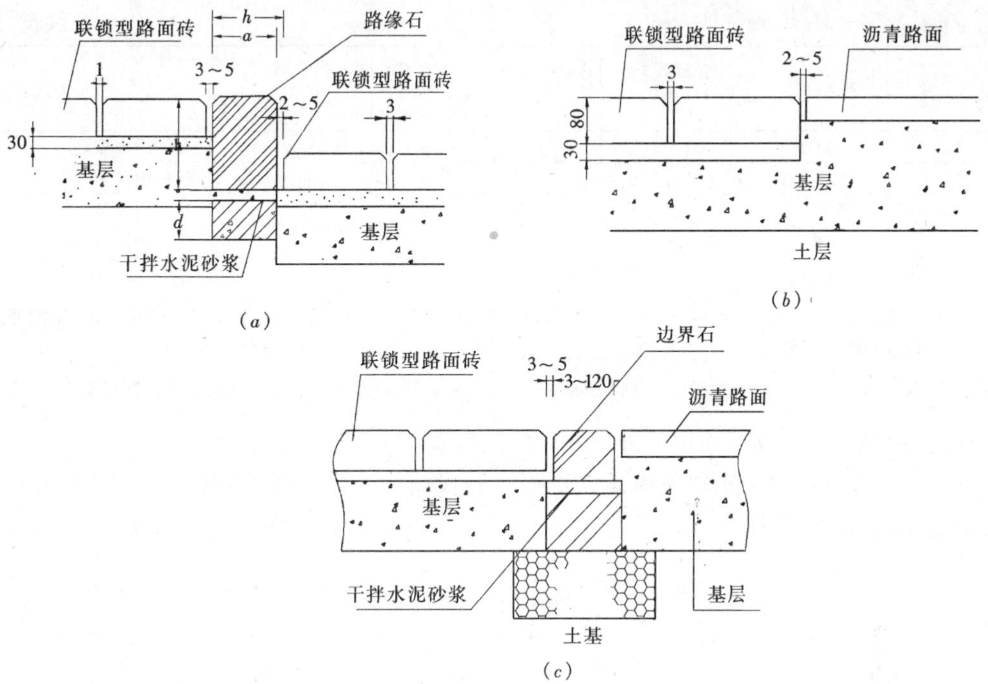

图 42-58　施工节点详图

(a)人行道与车行道连接处施工节点详图；(b)与沥青路面交接处的施工节点详图；(c)使用边界石的施工节点详图

③每验收批的主检项目：尺寸允许偏差，外观质量，抗压强度。抗压强度试验方法和其他试验方法应符合现行行业标准《混凝土路面砖》中的要求。

(2) 接缝用砂、垫砂层用砂的质量标准应符合本规程第三条规定，其检查验收应符合下列要求：

① 垫砂层用砂及接缝用砂分别以 200m^3 或 300t 为验收批，不足 200m^3 或 300t 亦按一批计。

②每验收批的主检项目：颗粒级配、含泥量和泥块含量。试验方法应符合现行行业标准《普通混凝土用砂质量标准及检验方法》中的要求。

③在每批中进行随机抽样，每组样品的取样数量，对每一单项试验不应小于表 42-133 所规定的最小取样数量。

(3) 联锁型路面砖路面面层质量应符合表 42-134 的规定，并应符合下列要求：

联锁型路面砖路面面层质量标准　　**表 42-134**

序　号	项　目	允许误差（mm）	检验频率			检验方法
			范围（m）	路宽（m）	点　数	
1	平整度	5	100	5	5	3m 直尺
				5～15	10	
				15	15	
2	宽度	50 $^{+20}_{-30}$	100	3		用尺量
3	中线高程	6	100	5		用水准测

续表

序号	项目	允许误差（mm）	检验频率			检验方法
			范围（m）	路宽（m）	点数	
4	坡度	0.5%	100	5		用水准测
5	接缝宽度	1	100	$1m^2$		用尺量
6	邻块高差	2	100	$1m^2$		用尺量
7	井框差	5	每个	每个		用尺量

注：1. 平整度允许误差为最大值。

2. 接缝宽度，在每 100m 道路内，随机选取 $1m^2$ 道路，检查其接缝宽度，要求 90% 以上符合 3.0.2.1 的要求，特殊部位的施工，应符合本规程的规定。

3. 邻块高差：在每 100m 道路内，随机选取 $1m^2$ 道路，检查其邻块高差，要求 100% 符合允许误差的要求。

① 联锁型路面砖路面面层的外观质量应符合表 42-135 的要求。

②车行道用 10t 以上压路机碾压，不得有明显轮迹，路面砖不应有裂缝。

路面面层外观质量　　表 42-135

项目	适用范围	允许值
裂纹	车行道	不允许
	人行道	≤20mm
表面黏皮	人行及车行道	不允许
掉角	车行道	不允许
	人行道	≤10mm

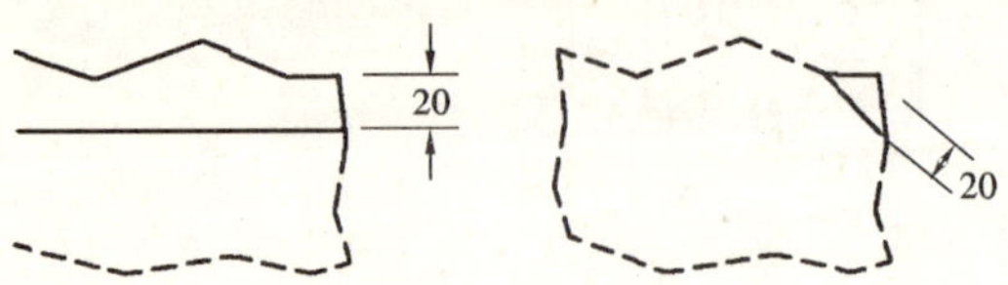

图 42-59　切断块的最小尺寸

第二十节　碾压混凝土路面施工

一、碾压水泥混凝土路面

碾压水泥混凝土路面（Roller Compacted Concrete Pavement，简称 RCCP），是采用沥青混凝土路面施工机械，通过强力振动和碾压的共同作用，将超干硬性混凝土压实成型的一种新型水泥混凝土路面。碾压水泥混凝土路面，既具有水泥混凝土路面高强、稳定、耐久性的特点，又兼有沥青混凝土路面施工方便、快速开放交通的优点，且节省水泥，经济效益显著，因此，很受许多国家公路界亲睐。近十几年来，西班牙、美国、法国、加拿大、澳大利亚和日本等发达国家都先后开展了碾压混凝土路面技术的开发与应用研究，且已分别铺筑了试验路面和实体工程数十万平方米至数百万平方米。从 80 年代起，我国交通部公路科学研究所，江苏、安徽、福建、广东、山西等省也开展了碾压水泥混凝土路面的试验研究。

目前，在上海市的城市道路及公路的改、扩建和新建工程中，水泥混凝土路面已占很大的比重，工程量逐年上升，而水泥混凝土路面施工技术仍停留在手工作业的落后施工状态，特别表现在路面混凝土的摊铺与浇筑技术方面。碾压混凝土与自动水泥混凝土摊铺机技术无疑是扭转水泥混凝土路施工落后状态的有效措施。为此，可以认为，在大力发展水泥混凝土路面的形势下，通过引进消化国内外的成功经验，适时开展碾压水泥混凝土路面的推广应用工作，并推广适合于施工机具、材料及路况特点的碾压水泥混凝土路面应用技术，无疑是非常必要和及时的。

二、国内外碾压水泥混凝土路面研究现状

国外对碾压水泥混凝土路面的研究虽开展较早，但有许多国家仍未完全解决振碾水泥混凝土路面的平整度问题。为此，目前主要应用于低速重车货场、港口码头、停车场和低等级重交通路面。在个别国家，如西班牙等，将碾压水泥混凝土应用于高等级道路上。日本在碾压水泥混凝土路面施工中，由于采用高密实度大型摊铺机，并较重视路面水泥混凝土配合比设计等材料方面的研究，近年来发展很快，目前，已基本解决路面平整度难题，正组织力量进行高等级公路的应用研究。

国外研究资料表明，提高碾压水泥混凝土路面质量的首要途径是采用机械高密度摊铺设备，并采用良好的混凝土配合比，要降低粗骨料最大粒径。据介绍，国外在碾压混凝土路面施工中，骨料最大粒径已降至20mm左右，甚至更低。

国内从20世纪80年代初起，即开展了碾压混凝土路面的应用研究工作，限于国内的条件，一般都无能力采用摊铺机进行摊铺，常采用人工摊铺，在混凝土配合比方面，多采用与普通水泥混凝土相同的骨料，最大粒径一般为40mm。因此，为解决路面平整度问题，主要采用下层碾压混凝土，上层为普通水泥混凝土或用沥青混凝土罩面的方式。

据最新的资料，交通部公路科研所等单位进行了全厚式水泥混凝土路面的试验研究，并铺筑了试验路段，其全层碾压混凝土所用骨料最大粒径为25mm。

三、筑路机具设备的合理选择

水泥混凝土路面使用性能，在很大程度上取决于施工质量，而施工质量又取决于筑路机具的优劣。所以，筑路机具是发展水泥混凝土路面的关键之一。碾压混凝土施工设备，主要包括拌合、运输、摊铺和碾压设备。这些设备中，拌合和摊铺设备是关键，它们的优劣，对碾压混凝土路面质量有着重要的影响。

（一）拌合设备

世界各国生产水泥混凝土拌合设备的厂家很多，规格、型号、功能各异。但碾压混凝土基本上都是在连续拌合的卧式滚筒拌合机中配料拌合。实践表明，它具有强力的拌合作用，通常每小时可生产240～320t碾压混凝土。这种设备便于运送、组装与校准，并装有聚料斗，当货车不能再装时，可暂存新拌好的碾压混凝土（美国、加拿大多采用澳大利亚ARAN公司的ASF系列的拌和设备）。

忌用混凝土搅拌运输车拌合碾压混合料，因为搅拌运输车拌合的质量不够均匀，当加水时细料不容易拌合彻底，且易生成球状，若采用搅拌运输车拌合时，水泥和骨料应在加水前干拌均匀。应注意的是，一个施工点，最好使用相同的拌合设备，尽量减少拌合机的种类。这样，才能从根本上保证混合料的均匀性、稳定性和连续性，从而保证碾压混凝土的质量。

（二）摊铺设备

现在使用的碾压混凝土摊铺设备主要有两种类型：

1.轨道式摊铺机

轨道式摊铺机由铺料机、振动机、捣实机、整平机、切缝机、做面机等单机组成的机组，机组支撑在平底轨道上，水平调整由轨道控制，垂直调整根据所采用的摊铺机类型可以由轨道的表面或者钢边架棱边条控制，这不仅工作可靠，结构简单，操作方便，而且还具有平整度好，路拱横坡偏差小，熨板偏差小和厚度标准一致等优点。目前欧美各国和日本等在城市道路、高等级公路和大型机场跑道的施工中，广泛采用轨道式水泥混凝土摊铺

设备。美国GP-1500摊铺机的主要技术参数见表42-136。

2. 滑模式摊铺机

滑模式摊铺机是安装在履带式底盘上，在板边外侧移动，支撑侧边的滑动模壳沿机器长度安装在机器内。机器的方向和水平由固定在路面两侧桩上拉紧的导向钢丝来控制。滑模式摊铺机不受模板限制，可以实现连续铺筑，它与沥青混凝土摊铺机的功能调控和操作类似，具有密实度好（可达96%以上），铺筑均匀，表面平整度好，摊铺厚度大，路面质量好等优点。缺点是：由于滑模的移动，混凝土在硬化期间，没有侧模的保护，有坍落的危险，且操作技术难度大。但由于自身的优势，在美国、欧洲各国得到了广泛采用并有很大的发展潜力。

GP-1500摊铺机的主要技术指标 **表42-136**

型　号	铺筑精度（mm/m）	工作宽度（m）	工作厚度（cm）	工作速度（m/h）	质　量（t）	主要功能
GP-1500	3~5/3	3.5~7.3	15~30	40~60	2.2~2.6	摊铺、整捣、整平、压实抹光

四、合理选择材料和确定混凝土配合比

路面的强度与耐久性条件是碾压混凝土材料选择与配合比确定的主要因素。合理选择材料和确定配合比，是节省材料，降低成本，提高路面质量的前提条件。

（一）骨料要求

碾压混凝土路面表面纹理与沥青混凝土路面类似，即摊铺后表面有小孔洞，其原因是骨料之间的间隙没有全部填满。所以，最好采用百分比高的细骨料。美国工程师协会建议粗骨料为55%，细骨料为45%，粗骨料的最大粒径为1.9~2.2cm，特别是表面平整度要求高的高等级路面，当所用骨料粒径大于1.9cm时，有可能发生偏析与石坑，产生离析和石窝现象。其采用两层摊铺时，下层粗骨料的最大尺寸可增大到3cm。为产生更好的和易性，使路面更加平整，加拿大对于通过200号筛的材料的数量允许增大到最大值8%。

骨料的含黏土量对路面质量的影响很大，因为，含黏土量多，需要的水分也多，会导致混凝土收缩，强度下降。目前美国工程师协会规定，液相使用量为20%，通过40号筛骨料的塑性指数为4，就是为了限制细骨料的塑性。

（二）配合比的确定

对所有碾压混凝土混合料配合比的要求原则是：要有足够的粘结剂填充骨料的空隙。若空隙填充不好，又不能充分压实，将导致产生更大截留空气的含量。典型配合比见表42-137。

传统水泥混凝土与碾压混凝土的典型配合比 **表42-137**

组成成分	粘结材料（%）	水（%）	粗骨料（%）	细骨料（%）	水灰比（W/C）
传统混凝土路面（按质量）	15	6	49	30	0.43
碾压混凝土路面（按质量）	13	4	45	38	0.32

1. 确定最佳含水量

世界各国目前完工的所有工程，按质量计的含水率均在3.5%~4.5%，按水灰比计，通常为0.30~0.40，为了解决所有石料的含量，应在实验室作干湿、冻融试验，如果因为天气的原因使水分蒸发时，应加上2%的含水量。

2. 确定胶凝材料最佳用量

胶凝材料含量是很重要的。太少了，易发生解体现象，太多了，会使表面收缩力加大，随时间的推移发生块体裂缝及损坏。胶凝材料主要是水泥。水泥用量是根据施工工艺和混合料的设计来确定的，通过两层铺筑的碾压混凝土路面下层的水泥含量为7%～8%（按骨料质量计）。为了改善路面强度，提高表面的耐久性，对两层铺筑中的上层（或一个单层）路面的水泥含量按骨料的质量可增加到12%～15%。

3. 确定掺合材料最佳用量

为改善混合料的粘结性能，并使水化热降低，在一些工程中还采用了C级粉煤灰或H级火山灰作为部分胶凝材料，但这种添加材料必须限制在整个胶凝材料的20%～40%以内，最好在25%左右。

五、碾压混凝土的特点及施工技术

碾压混凝土的最大优点是节约。它具有如下特点：一是施工工艺的设备简单，在劳动力方面占用少，施工速度快，每小时可达200～350t混凝土；二是对骨料的要求不严格，可大量节约水泥，使工程投资费用节省15%～35%，若用它修筑水泥混凝土堤坝，可节省投资费用60%以上，经济效益好；三是水灰比小，养生时间短，只需7d即可开放交通，社会效益好；四是强度高，寿命长，同时具有很强的抗冻融能力，能经得起燃油、油脂等化学物质的侵蚀，承载力高。要获得上述效果，必须掌握正确的操作规程。碾压混凝土的施工工序如图42-60所示。

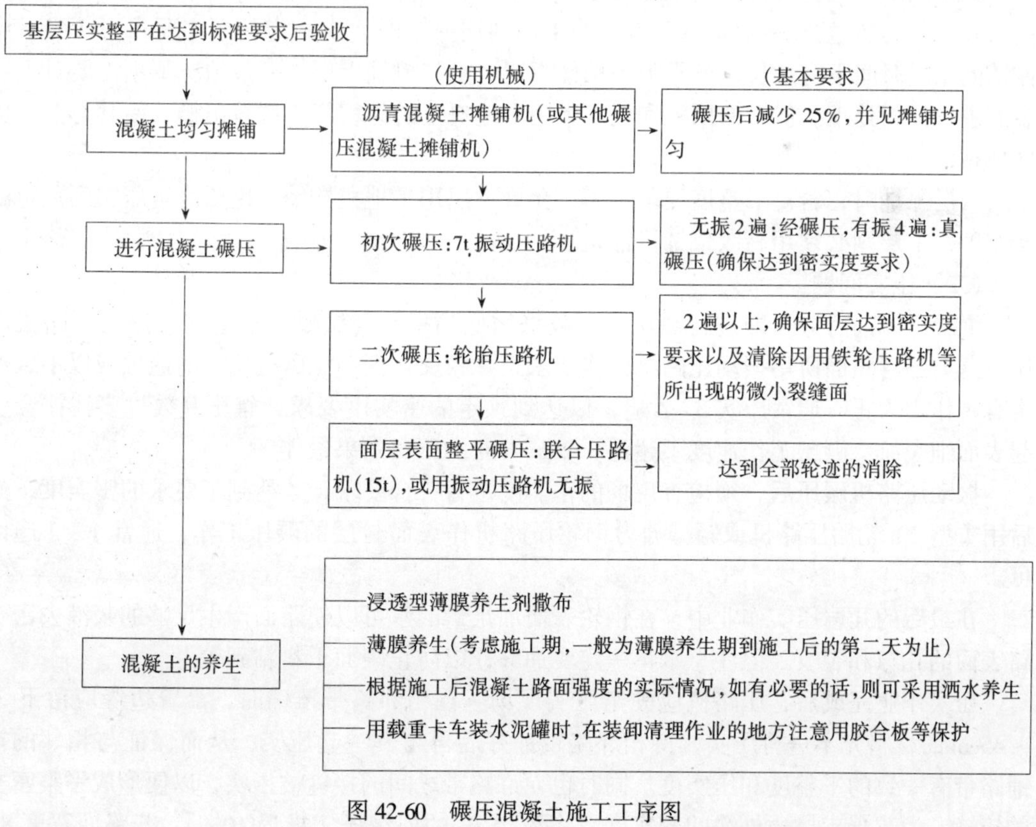

图42-60　碾压混凝土施工工序图

六、碾压混凝土施工中应注意的问题

碾压混凝土施工是一种新工艺、新技术，在施工中若掌握不当，则会出现质量问题，有时甚至是非常严重的质量事故，为此，我们必须予以高度重视。现在我们根据施工实践，把施工中易出现的问题通过总结，分述如下。

（一）摊铺质量问题

碾压混凝土的摊铺是由摊铺机来完成的，铺层厚度为 15～35cm，若用较简单的设备摊铺可获得表面平整度与纹理合格的路面，若用高级摊铺机，如沥青混合料摊铺机，可把铺层摊得更均匀，并提高表面平整度。所以，通常应使用带有双振捣板熨平装置的沥青混凝土摊铺机。在摊铺过程中应注意以下几点：

（1）导向线要经常检查，传感器也要经常检查。以保证摊铺机平稳地、均匀地工作。

（2）机器应连续工作，停开次数尽量减少。

（3）振动板前的料量应保证一致。

（4）摊铺螺杆至少要 80%的时间工作。

（5）避免运料机撞动摊铺机。

（6）路面的冷接缝尽可能做得最少。

在相邻路带摊铺时最好是用两台摊铺机一次排开或梯队形式，后边一台与前一台时间不超过 1h。在摊铺过程中，摊铺机的振动板已进行了预压实，但一般留 10%～15%的预留压实高度。

碾压混凝土混合料的摊铺最好是单层摊铺，路面厚度超过 30cm 时，则应采用两层摊铺为好。因为超过 30cm 后不易压实。当采用两层摊铺时需有一定的顺序要求。一般下层摊铺的相隔时间不宜过长。通常上午摊铺下层，下午摊铺上层。一般情况下不需要对下层表面进行任何处理。但有的国家和地区采用平地机上的齿耙将下层拉出槽，使其与上层更好地粘结。

两层摊铺时，若对平整度要求不高，允许下层用平地机摊铺，由压路机压实到预定的密实度，上层则必须用高级摊铺机铺筑。

（二）压实问题

混凝土摊铺后应立即进行碾压。一般采用低频率、高振幅的重型钢轮振动压路机碾压。这与沥青路面所用振动压路机压实要求正好相反。振动压路机压实的遍数应以不致产生有害作用为止。通常压实 3～4 遍，以达到预定的密实度要求，碾压遍数过多往往会引起表面细裂纹。碾压工作速度不超过 3.2km/h 时的压实效果最佳。

振动压路机碾压后，须检查现场的密实度是否符合要求，若达到了要求的密实度，然后用重型 20t 轮胎压路机或轻型静力钢轮压路机作表面封层的碾压工作，通常 1～2 遍即可。

在最后的几遍压实作业中，在钢轮表面加足量的水可以使路面产生足够的浆液去密合路表面的孔隙和裂纹。但注意水量一定要加够，以防止表面干料粘到轮上。

压实作业完成后，压路机应驶离压实现场。在相邻路带摊铺时，沿着边缘应留下 30～45cm 的材料先不进行压实，待相邻路带铺好后再与其一起压实，从而保证与相邻的摊铺路带有一致的平整度和压实度。同时也允许路带之间的接缝被压实，以便形成平整密实的接缝。为改善支撑边外缘的密实度，将约 45cm 的外缘压实推迟 10min，若路面宽度 8m

或9m，采用一台或多台沥青摊铺机时，压实的顺序应从外缘到中心。这种压实程序可保证整个路面宽度的密实度。

混凝土路面压实后，要进行密实度检测。因为高密实度意味着抗弯强度和抗拉强度高。目前，碾压混凝土路面密实度仍用核子密实仪来测量。用这种方法测得的密实度的精度没有太大的把握，可在世界各国的工程施工中，至今仍采用这种方法测量现场的密实度。

（三）平整度

路面平整度是评价路面质量的关键指标之一。测量平整度一般用3m尺靠到路表面上，测量路表面到尺下沿的最大垂直距离，通常不平整度的最大允许误差可达到5mm/3m。影响碾压混凝土平整度的因素很多，除与最大骨料尺寸、含水量有关外，还与压路机压实技术、摊铺人员素质及施工方法有关。

首先，是人员技术水平问题。碾压混凝土路面压实设备对操作人员的技术要求比对沥青混凝土路面压实人员的技术要求要高，因为压路机的操作人员对路面平整度起重要的作用，较厚的碾压混凝土路面在平整度上比较薄的沥青路面层容易增大偏差，因此，应作好技术人员的培训工作，使其能熟练地操作机械设备。

其次，是从施工方法上解决平整度问题。目前总的情况是在高等级公路上，碾压混凝土只作路面基层。单层式施工方法一般只适用于城市道路、车场等。所以，在公路施工中大多采用两层式施工方法。即下层为碾压混凝土，上层为低塑性混凝土（或沥青混凝土）。实践证明，用两层式施工方法解决平整度问题是一种较为理想的办法，但应注意以下几点：

（1）上层混凝土水泥含量比下层增大5%～7%，以改变路面的强度和耐久性。

（2）上层厚度应不小于板厚的1/3，最好为1/2。

（3）上下两层摊铺的时间间隔最好不超过2h，以保证上下层的粘结。

（4）板厚大于30cm时，只有用两层式方法施工，才能保证混凝土路面的密实度和平整度。

（四）接缝处理

碾压混凝土路面施工一般不设胀缝和纵缝，通常只设工作缝和缩缝。

1. 工作缝

工作缝（或称施工缝）有两类。即新鲜接缝和冷接缝。在混凝土铺毕后90min内铺上新拌混凝土，并压实，获得的接缝称为新接缝，对新接缝无需特殊处理。为了筑成新接缝，应将已铺好的混凝土边缘留下一段不予压实，待邻接的混凝土铺上后再压实。

新鲜工作缝无论压实情况和接合情况都很好，使用中很少出问题。但要注意在铺筑时不要使混合料溢到已铺好的路带上。当碾压混凝土路面处于塑性状态时，不应采用锯切的方式，否则会使骨料剥落下来。

当已铺好的碾压混凝土，在铺筑邻接的新拌混凝土前已明显变硬时（通常在90min以后），构成的接缝为冷接缝。由于碾压混凝土路面上的冷接缝常常存在孔隙和蜂窝，易使路面局部损坏。因此，铺筑时应特别引起注意。

碾压混凝土路面的冷接缝通常有两种形式，一种是相邻路带之间的纵向接缝；一种是横向接缝，横向接缝包括连续不停顿施工时的工作缝，或因设备故障必须停顿时的断头接缝。对于这种接缝的碾压工作，应完全压到边缘或路沿带上。在下一次继续施工之前，必须将塑性混凝土垂直切掉一段，切掉部分以至压实的平整面为宜。考虑到还要摊铺邻接的混凝土，切割面（接缝）应尽可能垂直、整洁和边缘潮湿，最好再刷上一层水泥浆。在新拌混凝土铺上以后，碾压之前，应把堆在已压实材料上面的新拌混凝土堆回新拌混凝土一侧。冷接缝不用加力就可传递载荷。两个纵向冷接缝至少应相距 20~30m。

2. 缩缝

碾压混凝土路面不需要纵向收缩缝。如果需要设横向缩缝时，在 24h 内割出，还会导致接缝处过分松散。间距应相隔 15~23m 左右为宜。这里应说明的是：碾压混凝土通常不需要割横缝，而是让其自然形成横向裂缝，原因是存在接缝剥落问题。所以，无论是加拿大还是美国都不采用锯缝的方式，而是允许出现混凝土收缩产生的自由裂缝，这种裂缝一般很快就被表面的碎料填满，不会影响路面质量，也不会进一步扩大整个路板的厚度，并且还有充分传递负荷、防止错台现象的优点。

（五）碾压混凝土路面的处理

碾压混凝土与其他水泥混凝土路面一样，需要用湿处理来获得其潜在的强度。特别是前 24h 的湿治理是非常重要的。湿处理可通过湿麻片、湿砂层、湿草垫、用洒水车或喷雾装置喷水等方法来实现，但采用喷洒水的方法时，必须谨防流水冲走已压实表面的细颗粒，同时，洒水车不能太重，否则会使尚未达到承受重载强度的混凝工路面受到损坏。

在湿处理时应注意，由于碾压混凝土的含水量极低，表面极易干燥，因此应及时喷洒水，不能出现干透现象，否则将会变成一个低质量的工程。因为在湿处理期干透了，将会产生易渗透、易受霜冻或其他损坏。湿处理过程中，路面湿度保持或低于饱和状态的 8% 为宜。这也是防止过多开裂的一种有效办法。

第二十一节　粉煤灰混凝土路面施工

一、粉煤灰混凝土

粉煤灰是一种工业废渣，目前我国年排放量已超过 8000 万 t，并且还在以每年 600 多万吨的增长率继续增大，如何综合利用粉煤灰这一资源，一直是建材工作者近年研究的对象，并且取得了丰硕的成果。目前，粉煤灰在建材生产、建设工程的利用中已取得了相当成熟的经验。例如，高层建筑，粉煤灰作为一种优秀的“助泵剂”，在高空泵送混凝土浇筑中发挥着重大作用，上海“东方明珠”电视塔的施工中，掺优质粉煤灰配 C60 混凝土一级泵送 350m 高，创造了世界纪录，这证明了粉煤灰是优良的建筑材料，在重大工程中发挥着不可缺少的作用。

粉煤灰在道路混凝土中的应用情况如何？我国从 20 世纪 50 年代始，用粉煤灰作为掺合料进行过路面施工，但情况不理想，因为当时水泥标号低，粉煤灰也未经过处理，质量差，另外同时还开发了许多粉煤灰加活性材的“无熟料”水泥制品，由于强度不高，易起砂，于是给人的印象是，粉煤灰混凝土耐磨性差，所以一段时间内，粉煤灰在这方面应用得不到很好地发展。

20 世纪 70 年代，由于粉煤灰的处理技术不断发展，粉煤灰质量也在提高，在路面的应用有所发展，各地相继进行了这方面的试点工程工作，根据资料介绍，试验路段使用情况良好。

到80年代后期，粉煤灰在碾压混凝土路面的应用，取得了很大进展，在广西、山西、安徽、河南等地采用掺粉煤灰碾压混凝土筑路，掺量达40%以上，混凝土28d抗折强度均达4.5MPa以上，经济效益显著，一时碾压混凝土筑路技术被推荐为重点推广项目。另外，据资料介绍，在滑模摊铺工艺施工的混凝土路面，掺15%～30%粉煤灰，抗折强度均达6MPa以上。此外，掺粉煤灰改善了混凝土施工性能，夏季施工延缓混凝土凝结时间效果明显，优越性逐步得到体现，至此，各方面对混凝土路面使用粉煤灰表现出一定的积极性。

在国外，美国在混凝土路面施工中，通常掺有10%～20%的粉煤灰，以提高混凝土粘聚性，改善路面摊铺质量，但对大掺量应用持谨慎的态度，但近年来也不乏有掺量超过40%路面施工报道。

在英国，有资料介绍，在机场铺筑两条对比试验段路面，经4年飞机与车辆运行后，掺粉煤灰一条车道，表面抗滑构造完好如初，而另一条却斑斑点点。

从以上的介绍中，我们已经知道，掺粉煤灰混凝土路面研究处于试验性阶段，无论在国内与国外，粉煤灰是否适用路面混凝土，一直存在着诸多争议，为此，我们在原“路用商品混凝土”研究成果的基础上，进一步进行了这方面的研究工作。

二、粉煤灰在水泥混凝土中的行为与作用

（一）粉煤灰的化学成分、矿物组分、颗粒组成

我国低钙粉煤灰化学成分的一般变化范围：$SiO_2$40%～60%、$Al_2O_3$17%～35%、$Fe_2O_3$2%～15%、CaO1%～10%、MgO0.5%～2%、$SO_3$0.1%～2%、Na_2O及K_2O0.5%～4%、烧失量1%～26%。其中$SiO_2+Al_2O_3+Fe_2O_3$的含量均超过70%。

粉煤灰的矿物组分相当复杂，低钙粉煤灰主要有六种矿物组分：铝硅酸盐玻璃微珠50%～85%、海绵状玻璃体（多孔玻璃体）10%～30%、石英1%～10%、氧化铁3%～25%、碳粒1%～20%、硫酸盐1%～4%。

粉煤灰是多种颗粒的混合粒群，其质量优劣，很大程度上取决于颗粒组成的变化，从形貌上粉煤灰颗粒可分为珠状颗粒、渣状颗粒、钝角颗粒、碎屑、黏聚颗粒等五类，颗粒粒径极限范围在0.5%～30%μm，其中玻璃微珠粒径为0.5%～10%μm，细度越细，粉煤灰质量越好。《粉煤灰混凝土应用技术规范》（GBJ 146—90）中要求，粉煤灰细度45μm方孔筛筛余至少不大于45%。

（二）粉煤灰在水泥混凝土中的行为与作用

1. 粉煤灰的活性行为

在粉煤灰中，只有硅酸盐或铝硅酸盐玻璃体的微细颗粒，才能在碱性溶液中显示出火山灰反应性质。当玻璃体与结晶体之比越高，45μm以下玻璃微珠越多、海绵状玻璃颗粒碾碎和玻璃微珠表面碾破程度越高、粉煤灰内碱性物质与硫酸盐激发物质越多等，粉煤灰的活性也越高。

反应刚开始时，粉煤灰中石灰或水泥析出的$Ca(OH)_2$形成钙离子吸收在玻璃体表面上，能够侵蚀玻璃体表面，但玻璃微珠外层结构致密，对反应速度有阻碍作用，如果能碾破表层，将加快反应速度，所以磨细灰表面反应能力较大，最终致密层还是被侵蚀。早期玻璃微珠表面溶解，反应生成物沉淀在颗粒表面，后期该离子继续透过表面和沉淀水化产

物层向芯部发展。在混凝土硬化过程中，水泥熟料矿物水化反应在先，火山灰二次反应在后，这两类水化反应交替进行，相铺相成，互相制约，水泥熟料水化反应为火山反应提供 $Ca(OH)_2$，而粉煤灰为水泥熟料矿物水化反应提供较多水化产物沉淀场合，促进水泥熟料矿物的水化，粉煤灰二次反应的水化产物 C—S—H 凝胶与水泥熟料生成的凝胶类似，所以可以把粉煤灰视作一种低强度等级水泥。

2. 粉煤灰的需水行为与减水作用

粉煤灰与多数其他矿物粉料不同，其需水性可能接近硅酸盐水泥。粉煤灰对混凝土用水量的影响取决于其品质，油脂粉煤灰有减水作用，主要是粉煤灰微粒，吸附于水泥颗粒表面，能起滚珠轴承的作用。

3. 粉煤灰的充填行为和致密作用

混凝土中应用优质粉煤灰，在新拌混凝土阶段，粉煤灰充填水泥颗粒之间，是水泥颗粒“介絮”扩散，改善和易性，增加黏聚性和浇筑密实性，使混凝土初始结构致密化，在硬化前期，主要发挥了物理充填的作用，在硬化后期，发挥了活性充填作用，即粉煤灰活性颗粒水化反应，生成水化产物凝胶网络，与水泥界面胶合，同时对浆体的骨料界面起致密与置换空气作用。更重要的粉煤灰致密作用在于减少了混凝土中孔隙体积，特别是填塞毛细孔的通道，对混凝土耐久性十分有利。

4. 粉煤灰的稳定行为与益化作用

混凝土中水泥水化析出的氢氧化钙是活性物质，混凝土化学侵蚀破坏多半是氢氧化钙引起的，粉煤灰的火山反应，就是对化学性质不稳定的成分用化学方法稳定下来，从而消除不稳定根源。

粉煤灰在混凝土中取代部分水泥，最明显的物理稳定行为就是降低混凝土内部温升，对大体积混凝土工程尤为重要。另外，掺粉煤灰的新拌混凝土和易性、粘聚性、稳定性得到改善，在运输、浇筑等过程中不致于发生离析现象，对结构稳定有明显作用。

三、粉煤灰路面混凝土性能试验情况

从上述来看，优质粉煤灰在混凝土中使用，可以提高和改善混凝土诸多的性能，其优越性已被大众公认，并且已经在大工程中得到体现，但在路面混凝土中，其性能发挥如何？为此我们作了有关试验。

为了方便粉煤灰在道路混凝土的应用，我们仍沿用《粉煤灰在混凝土和砂浆中应用技术规程》(JGJ 28—86)，以一般较为通用原路用商品混凝土配方为基准配合比，采用超量取代法进行配合比试验。

（一）原材料

水泥采用宁国水泥厂的 42.5 级普通硅酸盐水泥，砂为中砂、碎石为 15～25mm、25～30mm，外加剂为麦斯特公司的 C6210，粉煤灰采用磨细粉煤灰，为Ⅱ级灰。

（二）粉煤灰路面混凝土抗压强度、抗折强度试验

在超量取代法中，水泥取代率 β_c 与超量系数 δ_c 是两个不定的因素，水泥取代率 β_c。决定了粉煤灰取代水泥的量，超量系数 δ_c 决定粉煤灰掺入量的多少以及部分用砂量的多少，其原理就是把粉煤灰看成是低强度等级水泥，替代部分水泥后，强度的下降值由超量粉煤灰替代部分惰性的砂从而使强度增值相平衡。在《粉煤灰在混凝土和砂浆中应用技术规程》(JGJ 28—86) 中，相应的粉煤灰取代水泥率 β_c 为 15%～20%，粉煤灰超量系数 δ_c

相应为1.2～1.7。

以规范为依据，这样有利于方便粉煤灰推广应用。在第一批试验中，把超量系数δ_c固定为1.5，通过变动水泥取代率β_c，来看一下β_c对抗压强度与抗折强度的影响情况，见表40-138。

粉煤灰水泥取代率β_c对路面混凝土的影响（$\delta_c=1.5$）　　**表42-138**

组别	β_c (%)	3d抗压强度（MPa）				28d抗压强度（MPa）				28d抗折强度（MPa）			
		1	2	3	平均值	1	2	3	平均值	1	2	3	平均值
1	0	19.6	18.7	19.0	19.0	42.7	42.7	44.9	43.4	6.7	5.3	5.6	5.6
2	10	20.0	19.1	19.7	19.7	41.3	40.4	42.2	41.3	5.9	6.2	5.2	5.8
3	15	21.3	20.0	18.7	20.0	40.9	42.2	39.6	40.9	5.9	6.2	6.4	6.2
4	20	16.7	15.6	15.3	15.9	38.7	37.8	40.0	38.8	5.9	6.7	6.2	6.3

β_c的逐步增高，意味着水泥用量逐步下降，砂用量也在下降，粉煤灰用量增大。

从图42-61来看，粉煤灰β_c在15%以下范围内，早期强度并不亚于基准混凝土，但当$\beta_c>15\%$以后，强度下降明显。从图42-62情况来看，后期强度增大有所下降。从图42-63情况来看，掺入粉煤灰β_c在20%范围内，抗折强度上升极为显著，这说明加大粉煤灰掺量，混凝土抗折强度有明显提高，这证实了我们前面论述的粉煤灰的活性充填作用，生成的水化产物凝胶网络对浆体骨料界面起致密与置换空气的作用。

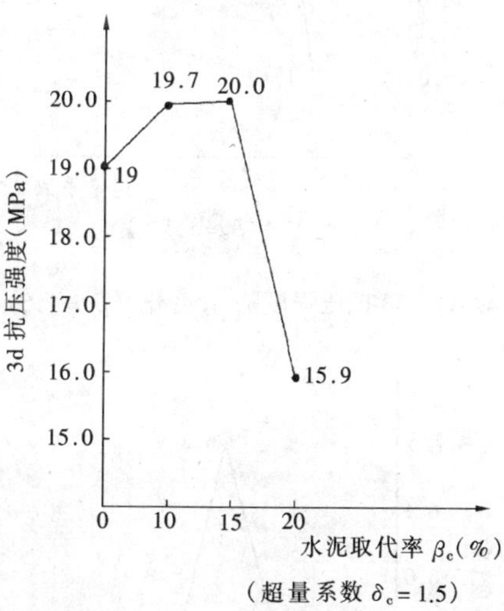

图42-61　3d抗压强度随β_c变化

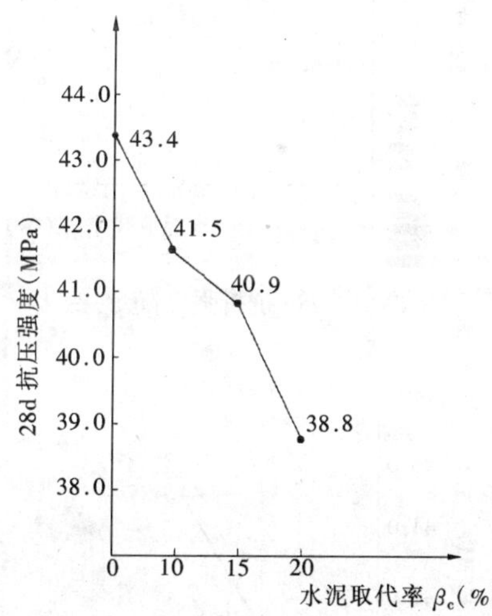

图42-62　28d抗压强度随β_c变化

在第二批试验中，把水泥取代率固定为15%，通过变动超量系数δ_c。来看一下，δ_c对抗压强度、抗折强度的影响。δ_c取为1.0、1.5、2.0，见表42-139。

当固定$\beta_c=1.5\%$，也即水泥用量在此试验中保持不变，δ_c的增大，意味着粉煤灰掺量增大，用砂量减少。从图42-64可以看出，早期强度与基准混凝土相比，由于取代了15%的水泥，虽然粉煤灰替代砂量增加，但由于粉煤灰二次反应较水泥熟料的滞后，δ_c在1.0～2.0范围内，早期3d抗压强度在基准混凝土抗压强度以下。从图42-65可以看出，虽然取代了15%的水泥，但由于粉煤灰掺量增大，后期二次反应效果突出，当 $\delta_c=2.0$ 时，后期28d抗压强度与基准混凝土持平。从图40-66可以看出，虽然取代了15%的水泥，也因为粉煤灰对混凝土后期强度的贡献，28d抗折强度在 $\delta_a=1.0\sim2.0$ 范围内，也超过了混凝土的抗折强度。

粉煤灰超量系数 σ_c 对路面混凝土强度的影响（$\beta_c=1.5\%$） **表42-139**

组别	β_c	3d抗压强度（MPa）				28d抗压强度（MPa）				28d抗折强度（MPa）			
	（%）	1	2	3	平均值	1	2	3	平均值	1	2	3	平均值
1	1.0	15.6	13.8	15.6	15.0	36.9	36.4	30.7	36.4	6.3	5.5	5.2	5.7
2	1.5	21.3	20.0	18.7	20.0	40.9	42.2	39.6	40.9	5.9	6.2	6.4	6.2
3	2.0	16.4	16.0	16.7	16.4	35.8	44.4	45.3	44.4	6.3	5.2	5.8	5.8

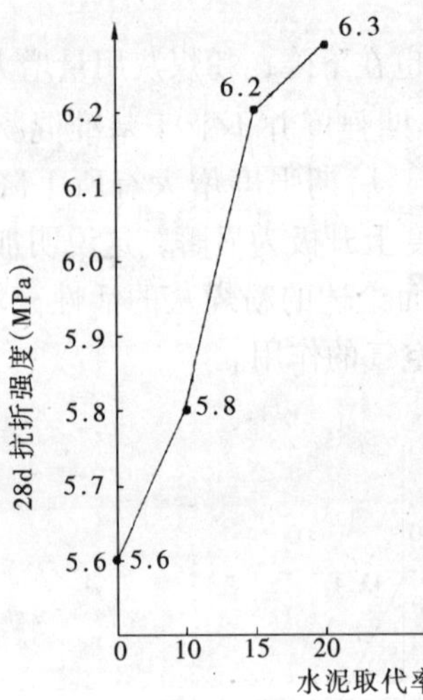

图42-63　28d抗折强度随 β_c 变化

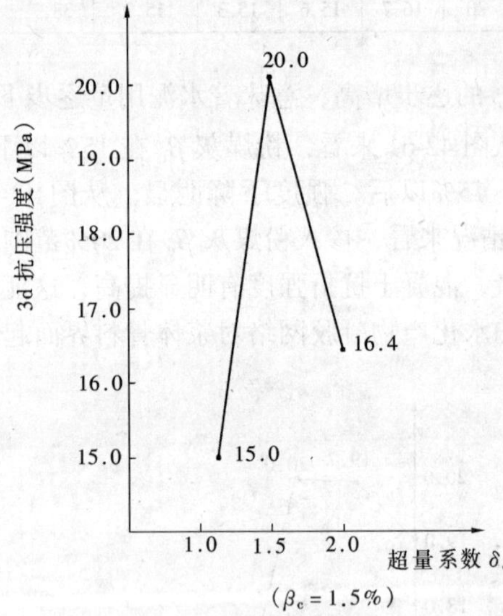

图42-64　3d抗压强度随 δ_c 变化（$\beta_c=1.5$）

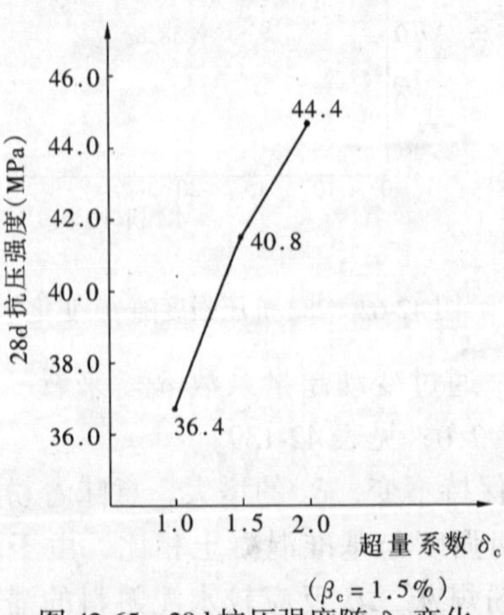

图42-65　28d抗压强度随 δ_c 变化（$\beta_c=1.5$）

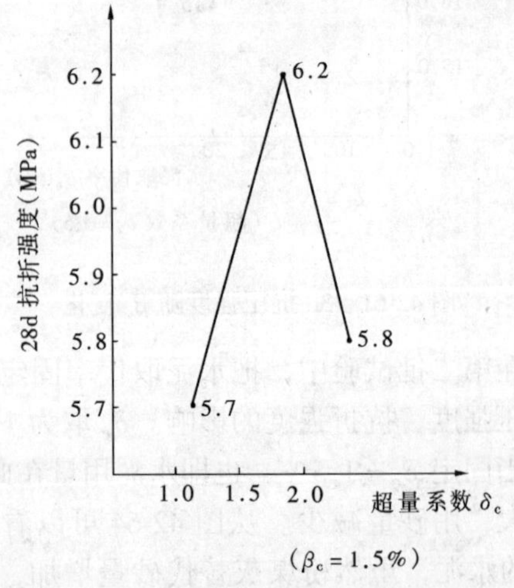

图42-66　28d抗折强度随 δ_c 变化（$\beta_c=1.5$）

从第一批与第二批试验结果来看，已经可以推荐在路面混凝土中，取水泥取代率 $\beta_c=1.5\%$，超量系数 $\delta_c=1.5$ 进行基准混凝土配方调整，将是路面混凝土胶凝材料、粗细骨料的最佳组合，在路面混凝土的早期、后期抗压强度及抗折强度方面均达到与超过了基准混凝土的水平，另外通过以上试验可以知道，粉煤灰路面混凝土的配合比设计，完全可以在原路面混凝土基准配合比的基础上，按《粉煤灰在混凝土和砂浆中应用技术规程》（JGJ 28—86）标准规定的参数范围内取值调配。

（三）粉煤灰路面混凝土的耐磨试验

粉煤灰混凝土的耐磨性不佳。从试验的角度来看，耐磨试验应用的方法各有不相同，因此资料对粉煤灰混凝土的耐磨情况介绍很少。粉煤灰混凝土的耐磨情况究竟如何？进行了以下试验，见表 42-140。

粉煤灰水泥取代率 β_c 对路面混凝土耐磨性的影响（$\delta_c=1.5$）　　表 42-140

组　别	β_c（%）	磨前试件质量（g）	磨后试件质量（g）	质量损失（g）	面　积（cm^2）	28d 磨耗值（g/cm^2）	平均磨耗值（g/cm^2）
1	0	765.0	747.0	18.0	199.79	0.090	0.112
		775.0	749.2	25.8	201.11	0.128	
		769.0	745.0	24.0	201.23	0.119	
2	10	766.5	743.5	23.0	202.35	0.114	0.112
		774.5	752.4	22.1	202.30	0.109	
		（角损伤）	—	—	—	—	
3	15	769.3	750.0	19.3	205.84	0.094	0.100
		766.0	746.2	19.8	205.44	0.096	
		760.0	737.5	22.5	204.28	0.110	
4	20	773.0	752.0	21.0	205.44	0.102	0.099
		777.0	757.0	20.0	204.47	0.098	
		779.0	759.0	20.0	206.48	0.097	

在第一批试验中，我们固定了 $\delta_c=1.5$，β_c 取 0%、10%、15%、20% 进行试验，混凝土的耐磨性与胶凝材料对骨料的粘结性、骨料所占面积的比率以及骨料本身耐磨性等因素有关。在本批试验中，固定 $\delta_c=1.5$，逐渐提高水泥取代率，水泥用量与砂的用量有所下降，但可能由于粉煤灰的掺入，有利于提高胶凝物质对骨料的粘结性，从宏观耐磨数据来看，反而是耐磨性随着取代率的增大而增大，图 42-63 的抗折强度随 β_c 的增大而增大也说明了这个问题，也即粉煤灰掺入有利于提高胶凝物质对骨料的粘结性能，见表 42-140。

在第二批中，固定 $\beta_c=15\%$、δ_c 取 1.0、1.5、2.0 进行试验。

在第二批试验中，固定了 $\beta_c=15\%$，δ_c 逐渐增大，也就是水泥用量固定，粉煤灰替代砂用量增大，从表 40-141 情况来看，δ_c 在 1.0～2.0 范围内耐磨性均大于基准混凝土。究其原因，一方面是上面所说的掺入粉煤灰有利于胶凝物质对骨料的粘结性能有所提高，另一方面，粉煤灰颗粒替代了部分砂，粉煤灰的微骨料其材质本身的耐磨性并不低于黄砂，这是因为粉煤灰玻璃微珠本身强度很高。有资料介绍，厚壁空心微珠的抗压强度在 700MPa 以上，并且玻璃微珠外层玻璃质表面非常致密，即使在粉煤灰磨细工艺中，碾磨时，实心玻璃微珠与厚壁玻璃微珠都是碾不碎，很难磨细，所能碾碎的都是些海绵状玻璃体、碳粒、薄壁空心微珠等结构松脆多孔颗粒，因此磨细粉煤灰成为产品后，形成的颗粒要比原来粗粒更为密实，所以，粉煤灰骨料其本身耐磨性也高，因此在表 40-141 表现出，即使用砂量下降，其耐磨性也并不逊色。从粉煤灰路面混凝土的耐磨试验结果情况来看，掺入粉煤灰，混凝土的耐磨性反而有所提高。根据《粉煤灰在混凝土和砂浆中应用技术规程》（JGJ 28—86）标准规定的参数范围内取值调整的粉煤灰路面混凝土，其耐磨指标均达到大于 0.150g/cm^2 的市政局路面混凝土的耐磨标准值。

粉煤灰超量系数 δ_c 对路面混凝土耐磨性的影响（$\beta_c = 15\%$） **表 42-141**

组别	δ_c	磨前试件质量（g）	磨后试件质量（g）	质量损失（g）	面积（cm^2）	28d 磨耗值（g/cm^2）	平均磨耗值（g/cm^2）
1	1.0	764.0	743.0	21.0	202.75	0.104	0.101
		771.0	751.3	19.7	203.36	0.097	
		768.0	747.0	21.0	203.07	0.103	
2	1.5	769.3	750.0	19.3	205.84	0.094	0.100
		766.0	746.2	19.8	205.44	0.096	
		760.0	737.5	22.5	204.28	0.110	
3	2.0	763.5	742.0	21.5	205.16	0.105	0.102
		760.5	741.5	19.0	202.02	0.094	
		773.5	751.6	21.9	205.09	0.107	

四、经济成本分析

掺入粉煤灰后，是否会引起路面混凝土成本增高？不会，只有降低。从取得的较佳组合 $\beta_c = 15\%$、$\delta_c = 1.5$ 配方为例，每立方米混凝土因水泥用量与砂用量减少引起的原材料成本差约为 27.77 元左右，而掺入粉煤灰所增成本为 10.26 元左右，两者相减为 17.51 元，也即使用粉煤灰每立方米可节约 17.51 元左右的原材料差价。因此，从经济成本的角度上考虑，掺入粉煤灰也是有益的。

粉煤灰是否使用在路面混凝土，这个一直存在争议的问题，经过以上试验，得出只要粉煤灰掺量适当，配合比合理，掺入粉煤灰早期强度并不是很低，后期强度应该是提高，特别是粉煤灰对抗折强度的提高贡献很大，混凝土耐磨性能也有所改善。混凝土路面掺入粉煤灰后有时有起砂等现象，并不是粉煤灰混凝土材质本身有问题，而是粉煤灰对混凝土泌水性改善有时并不理想，主要原因粉煤灰混凝土的用水量并没有比基准混凝土减少，因此在配合比调整方面，一定要注意用水量的问题，建议使用“双掺”技术有利降低用水量，改善泌水现象，另外早期的养护工作也要加强。也有资料介绍，合理的配方，认真地施工，及时的养护，能修补出性能优于基准混凝土的路面。建议在路面混凝土中适量掺入粉煤灰有益无害。

第二十二节　钢筋混凝土和连续配筋混凝土路面施工

钢筋混凝土路面是普通水泥混凝土路面板内设置纵、横向钢筋或钢筋网，提高混凝土路面的整体强度，防止路面板产生的裂缝不断张开。这种路面适用于面板尺寸较大、形状不规则、土质不均匀、路基可能产生不均匀沉降或板下埋有设施的路段。连续配筋混凝土路面则是沿路面板纵向配置连续的钢筋网的混凝土路面，除于其他路面交接处、邻近构造物处设置胀缝以及因施工需要设置施工缝外，不再设置任何横向接缝。钢筋混凝土路面和连续配筋混凝土路面具有传荷能力和抗变形能力强、使用寿命长等特点，适用于高速公路和一级公路的面层及桥头引道等需要使用的场合。

上述两种混凝土路面所用原材料的技术要求和混合料配合比与普通混凝土路面一致，施工方法与要求也基本相同。不同之处在于钢筋混凝土路面施工时，先在钢筋设计位置的底部摊铺一层混凝土拌合物，大致整平后布置钢筋，然后再摊铺钢筋之上的混凝土拌合物。设置双层钢筋时，对于板厚不大于25cm的路面，上下两层钢筋应先用架立筋绑成骨架并安放到设计位置上，然后浇筑混凝土，钢筋安放到位后不得在上面踩踏；对于厚度大于25cm的面板，上下两层钢筋根据设计位置分层安放，分层浇筑混凝土。连续配筋混凝土路面的纵向钢筋应采用闪光对焊或电弧焊焊接，焊头形式、焊接工艺和质量应符合有关规定。钢筋的接头应错开布置，不集中于某一横断面处。横向钢筋宜置于纵向钢筋之下，纵横向钢筋互相垂直。可用与混凝土路面板同强度等级的预制块布置钢筋。连续配筋混凝土路面与其他路面、桥梁、涵洞等构造物的连接处，应根据实际情况选用矩形地梁、混凝土灌筑桩、宽翼缘工字梁接缝、连续设置胀缝等方式进行处理。

第四十三章 水工混凝土

hydraulic engineerring concrete

第一节 概 述

水工混凝土，是用以修建能经常或周期性地承受淡水、海水或冰块的冲刷、侵蚀、渗透和撞击作用的水工建筑物所用的混凝土。体积一般较大，常用于水上、水下和水位变化等部位。由于自然条件比较严酷，因此按照特殊要求和规定，注意混凝土的原材料选择和配合比设计，使之水化热低，收缩小，抗冲击和耐久性良好。

一、水工混凝土的分类

水工混凝土一般可分为以下几种：经常处于水中的水下构筑物；处于水位变化区的构筑物；偶然承受水冲刷的水上构筑物。除此之外，还区分为大体积及非大体积混凝土；有压头及无压头结构等。水工混凝土的分类方法见表 43-1。

水工混凝土分类 **表 43-1**

分类原则	水工混凝土名称
按水工建筑物和水位的关系	1. 经常处于水中的水下混凝土 2. 水位变动区域的混凝土 3. 水位变动区域以上的水上混凝土
按建筑物或结构的体积大小	1. 大体积混凝土（外部或内部） 2. 非大体积混凝土
按受水压的情况	1. 受水压力作用的结构或建筑物的混凝土 2. 不受水压力作用的结构或建筑物的混凝土
按受水流冲刷的情况	1. 受冲刷部分混凝土 2. 不受冲刷部分混凝土
按大体积建筑物的位置	1. 外部区域的混凝土 2. 内部区域的混凝土

二、水工混凝土坝体分区

(一) 各区混凝土性能要求

按《混凝土拱坝设计规范》（SL 282—2003）中坝体水工混凝土分区部位及各分区混凝土的性能应符合表 43-2 的要求。

(二) 各区混凝土强度等级选择

选择各区水工混凝土强度等级时，应注意因温度、渗透压力及局部应力集中所引起的拉应力、剪应力和过大的压应力。坝体内部大孔口（导流底孔、泄水孔等）孔壁混凝土及设计地震烈度超过 8 度的坝体上部混凝土设计强度应适当提高；坝体混凝土的（90d 龄期）强度等级（f_{c90}）不得低于 C10；溢流面、泄水孔等有抗冲刷要求部位的混凝土强度等级（f_{c90}）不得低于C20～C25。严寒及寒冷地区施工期冰冻严重的坝体工程及附属构筑物的混凝土抗冻性要求高。水位变化频繁部位的混凝土抗冻等级应为F20～F25。

各分区混凝土的性能要求　　表43-2

分区	强度	抗渗	抗冻	抗冲刷	抗侵蚀	低热	坝体水工混凝土分区部位	最大水灰比$\left(\frac{W}{C}\right)$		选择各区厚度的主要因素
								严寒和寒冷地区	温和地区	
Ⅰ	+	−	++	−	−	+	上、下游水位以上坝体外部表面混凝土	0.60	0.65	施工和冰冻深度
Ⅱ	+	+	++	−	+	+	上、下游水位变化区的坝体外表面混凝土	0.50	0.55	冰冻深度、抗渗和施工
Ⅲ	++	++	+	−	+	+	上下游最低水位以下坝体外部表面混凝土	0.55	0.60	抗渗、抗裂和施工
Ⅳ	++	+	+	−	+	++	基础混凝土	0.55	0.60	抗裂
Ⅴ	++	+	+	−	−	++	坝体内部混凝土	0.70	0.70	
Ⅵ	++	−	++	++	++	+	抗冲刷部位的混凝土（例如溢流面、泄水孔、导墙、闸墩）	0.50	0.50	抗冲、耐磨

注：1. 表中有“++”号的项目为选择各区混凝土等级的主要控制因素；有“+”的项目为需要提出要求，有“−”号的项目为不需提出要求。
2. 水位变化区及水下混凝土的水灰比可比表中值减少0.05。

三、水工混凝土的应用

在工程结构中，水工混凝土主要适用于堤坝、水电站、水闸、桥墩及涵洞等结构物。这些结构物基本都系大体积混凝土工程。

第二节　水工混凝土的组成材料

一、胶凝材料——水泥

大型水工构筑物所用之水泥，可根据所处的环境条件（如介质种类）对水泥的矿物组成提出专门要求。水泥的品质应符合现行水泥标准的有关规定。

1. 水泥品种的选择

每一项大工程所用的水泥品种以选两三种为宜，并固定厂家供应。选择水泥的原则：

(1) 水位变化区的外部混凝土、构筑物的溢流面和经常受水位冲刷部位的混凝土、有抗冻要求的混凝土，应优先选择：①硅酸盐大坝水泥和硅酸盐水泥；②普通硅酸盐大坝水泥和普通硅酸盐水泥。

(2) 环境水对混凝土有硫酸盐侵蚀时，应优先选用：①抗硫酸盐水泥；②高铝水泥。

(3) 大体积水工建筑物或构筑物内部混凝土、位于水下的混凝土和高层建筑深基础混凝土，要求水泥的水化热小，含碱量低，通常选择：①矿渣硅酸盐大坝水泥和矿渣硅酸盐水泥；②粉煤灰硅酸盐水泥；③火山灰硅酸盐水泥。

一般来讲，配制水工混凝土的水泥，其 C_3A 含量最好不超过3%～5%，而 C_3A+C_4AF 的总含量不宜超过2%，最好是使用 C_2S 含量较高的水泥。

2. 水泥强度等级选择

(1) 选择水泥强度等级应与混凝土设计强度等级相适应。对于强度等级较低的水工混凝土，当其等级与水泥之强度等级不相适应时，应在施工现场掺用适量的活性混合材料，借以调整。

(2) 建筑物外部水位变化区、溢流面和经常受水流冲刷部位以及受冰冻作用的混凝土，其水泥强度等级不宜低于42.5级。

3. 对水泥水化热的要求

大坝水工混凝土的温度应力是由于坝体内部温升和表面温度骤降产生内外温差所造成的，它是大坝水工混凝土产生裂缝的重要原因。混凝土的温升决定于水泥水化热的大小，因此，要求用于大坝的水泥具有较低的水化热。但水泥的水化热与混凝土的强度增长有一定的关系。水化热低往往导致混凝土早期强度的降低，因此，必须综合考虑选择水泥品种。

水工混凝土常用水泥及其主要性能与适用范围见表43-3。

4. 选用水泥的原则

水工混凝土的技术要求复杂，工程量大，消耗水泥多，所以选择水泥时，必须从技术上、经济上和管理上全面考虑。选择水泥取决于下述条件：

(1) 工程部位所处的条件；

(2) 环境水有无侵蚀；

(3) 有无活性骨料（以避免发生碱-骨料反应）；

(4) 品种尽可能减少，运距尽可能缩短。

选用水泥的具体原则可参见表43-3。运至工地上的水泥应有生产厂家的品质试验报告；试验必须进行复验，必要时应进行化学分析，掌握其化学成分和主要矿物组成。

二、粗细骨料

组成水工混凝土的骨料有粗骨料和细骨料之分。水工混凝土中，骨料用量占80%以上，因此，骨料的质量对水工混凝土的和水泥用量影响很大，应十分重视骨料的选择工作。骨料应根据就地取材、优质经济的原则选择天然骨料、人工骨料，或者相互补充。

（一）细骨料

1. 技术要求

(1) 砂粒应质地坚硬、清洁、级配良好，使用山砂或特细砂时，应有试验依据。

(2) 砂的细度模数宜介于2.4～2.8范围内。天然砂料宜按粒径分成两级，人工砂可不分级。

(3) 砂料有活性颗粒时，必须进行专门试验，以防止发生碱-骨料反应。

(4) 其他质量技术要求见表43-4规定。

2. 细骨料的级配

表43-5列出了细骨料级配选择参考值。

（二）粗骨料

1. 技术要求

水工混凝土常用水泥主要性能及适用范围 **表 43-3**

<table>
<tr><th rowspan="2">性能及应用</th><th colspan="8">水 泥 品 种</th></tr>
<tr><th>硅酸盐水泥</th><th>普通硅酸盐水泥</th><th>矿渣硅酸盐水泥</th><th>火山灰硅酸盐水泥</th><th>粉煤灰硅酸盐水泥</th><th>硅酸盐大坝水泥</th><th>普通硅酸盐大坝水泥</th><th>矿渣硅酸盐大坝水泥</th></tr>
<tr><td>比密度 (g/cm^3)</td><td>3.2</td><td>3.1~3.2</td><td>2.9~3.1</td><td>2.7~3.1</td><td>2.7~3.0</td><td>3.2</td><td>3.1~3.2</td><td>2.9~3.1</td></tr>
<tr><td>凝结时间</td><td>快</td><td>较 快</td><td colspan="3">较 慢</td><td>快</td><td>较 快</td><td>较 慢</td></tr>
<tr><td>水化热</td><td colspan="2">高</td><td colspan="3">低</td><td>中 等</td><td>较 低</td><td>低</td></tr>
<tr><td>抗溶出性侵 蚀</td><td colspan="2">差</td><td colspan="3">好</td><td colspan="2">差</td><td>好</td></tr>
<tr><td>强 度</td><td>早期强度高，与同强度等级普通水泥相比，7d前强度高3%~7%</td><td>早期强度高，7d强度约为28d的60%~70%</td><td colspan="3">早期强度低，后期强度增进率较高</td><td>早期强度高</td><td>早期强度较高</td><td>早期强度低，后期强度增长率较高</td></tr>
<tr><td>抗硫酸盐侵 蚀</td><td colspan="2">差</td><td>较 强</td><td>当SiO_2多时较强，当Al_2O_3多时较差</td><td>好</td><td>好</td><td>好</td><td>较 强</td></tr>
<tr><td>抗冻性</td><td colspan="2">好</td><td colspan="3">较 差</td><td>好</td><td>好</td><td>较 差</td></tr>
<tr><td>干 缩</td><td colspan="2">小</td><td colspan="2">大</td><td>较 小</td><td>小</td><td>小</td><td>较 小</td></tr>
<tr><td>保水性</td><td colspan="2">较 好</td><td>差</td><td colspan="2">好</td><td>较 好</td><td>较 好</td><td>差</td></tr>
<tr><td>需水性</td><td colspan="2">小</td><td colspan="3">较 大①</td><td>小</td><td>小</td><td>较 大</td></tr>
<tr><td>适用范围</td><td colspan="2">预应力钢筋混凝土的地上、地下和水中结构，其中包括受反复冻融作用的结构及有抗冲耐磨要求的混凝土工程</td><td>有耐热要求的混凝土结构和大体积内部混凝土</td><td>大体积混凝土、水工混凝土</td><td>大体积内部混凝土、水工混凝土及泵送混凝土</td><td colspan="2">大坝抗冲、耐磨部位的混凝土及水位变化区、有耐磨性要求部位的混凝土</td><td>大坝及其他体积结构部混凝土和水下、地下部位混凝土</td></tr>
<tr><td>不宜应用部位</td><td colspan="2">大体积内部混凝土以及环境水中有硫酸盐和软水侵蚀的外部混凝土</td><td colspan="3">在不采取技术措施情况下，不宜用于有抗冻融要求的外部混凝土</td><td colspan="2">大体积内部混凝土慎用</td><td>在不采取措施情况下，不宜用于有抗冻融要求的外部混凝土</td></tr>
</table>

注：当粉煤灰质量好时，粉煤灰硅酸盐水泥需水性较小。

粗骨料的质量技术要求见表 43-6。

2. 最大粒径选择

(1) 粗骨料最大粒径不得超过构件断面最小尺寸的$\frac{1}{4}$及钢筋净距的$\frac{3}{4}$；

(2) 对于混凝土实心板，最大粒径可以是板厚的$\frac{1}{2}$，但不得超过 50mm；

(3) 对于少筋或无筋结构，应选择较大的粗骨料粒径。

细骨料质量技术要求　　表 43-4

项　　目	指　　标	说　　明
天然砂中含泥量（%）	<3	含泥量指粒径小于 0.080mm 的细屑、淤泥
其中黏土含量（%）	<1	指黏土总量，不含有黏土团粒
人工砂中石粉含量（%）	6~12	指小于 0.15mm 的颗粒
坚固性（%）	<10	指浸 Na_2SO_4 溶液 5 次循环后质量损失
云母含量（%）	<2	
表观密度（g/cm^3）	≥2.50	
轻物质含量（%）	<1	表观密度小于 $2.0g/cm^3$ 的物质
硫化物及硫酸盐（按 SO_4 计）含量（%）	<1	
有机物质含量（%）	浅于标准色	如深于标准色，应配成砂浆进行强度对比

天然砂级配范围　　表 43-5

筛孔尺寸（mm）	累计筛余（%）		
	细　砂	中　砂	粗　砂
5	0	0~8	8~15
2.5	3~10	10~25	25~40
1.25	5~30	30~50	50~70
0.63	30~50	50~67	56~88
0.315	55~70	70~83	83~95
0.16	85~90	90~94	94~97

注：累计筛余量允许稍超出表列数值，但几种粒径的累计筛余量之和不得超出 5%。

粗骨料质量技术要求　　表 43-6

项　　目	指　　标	说　　明
含泥量（%）	D_{20}、D_{40}粒级：<1 D_{80}、D_{120}、D_{150}粒级：<0.5	各粒级均不含有黏土团块
坚固性（%）	<5 <12	有抗冻要求的混凝土 无抗冻要求的混凝土
硫酸盐及硫化物（按 SO_3 计）含量（%）	<0.5	
有机物含量	浅于标准色	如深于标准色，应进行混凝土强度对比试验
表观密度（g/cm^3）	>2.55	
吸水量（%）	<2.5	
针、片状颗粒含量（%）	<15	碎石经试验验证可放宽至 25%

3. 粗骨料级配

由于水工混凝土的密实度要求较高，故对骨料的级配要求较高，有时采用间断级配来代替连续级配。间断级配是将天然状态下的砾石经筛选除去中等大小的石子，只用较小和较大部分，其相邻两级石子颗粒平均粒径的比值在 1:2~1:4 之间。经适当配合可以获得空隙率较小或最小的效果。骨料空隙率小，不仅节约水泥，而且相应地降低混凝土凝结硬化时放出的水化热与体积变形，对提高混凝土的抗渗性是很重要的。

（1）施工中，宜将粗骨料按粒径分为下列几种粒径：

①当最大粒径为 40mm 时，分成 5～20mm 和 20～40mm 两级；

②当最大粒径为 80mm 时，分成 5～20mm、20～40mm 和 40～80mm 三级；

③当最大粒径为 150mm（或 120mm）时，分成 5～20mm、20～40mm、40～80mm 和 80～150（或 120）mm 四级。

（2）究竟是采用连续级配或间断级配，最好是由试验来确定。如果采用间断级配，应注意混凝土运输中骨料分离问题。

（3）粗骨料级配选择参考值见表 43-7。

粗骨料级配选择参考值 **表 43-7**

粗骨料最大粒径（mm）	粗骨料分级（mm）				总计（%）
	5～20	20～40	40～80	80～120	
	各级石子比例（%）				
40	45～60	45～55	—	—	100
80	25～35	25～35	35～50	—	100
120	15～25	15～25	25～35	30～45	100
150	15～25	15～25	25～35	30～45	100

4. 粗骨料力学性能

水工混凝土用粗骨料，不仅必须具有较好的级配，而且它的某些力学性能指标也应比普通混凝土用的粗骨料要求为高。粗骨料力学性能的要求和检验，可按国家有关规定进行。其中应特别指出，骨料的极限抗压强度不得小于混凝土强度等级的 2.0～2.5 倍（普通混凝土为 1.2～1.5 倍）。

三、混凝土外加剂

混凝土外加剂应按《混凝土外加剂》（GB 8076—1997）和《混凝土外加剂应用技术规范》（GB 50119—2002）及《水工混凝土外加剂技术规程》（DL/T 5100—1994）中规定选用。

（一）减水剂

1. 减水剂的种类

水工混凝土常用的减水剂有木质素磺酸盐类、多环芳香族磺酸盐类、腐殖酸类、糖蜜类及萘系减水剂。通常把这些减水剂分为普通型、高效型、早强型、缓凝型和引气型。

2. 减水剂的作用

（1）减少水泥用量，降低水化热温升：减水剂节约水泥百分率及对水化热温升的影响见表 43-8 和表 43-9。

（2）提高强度及耐久性：减水剂对水工混凝土强度及耐久性的影响见表 43-10 和表 43-11。

（3）提高混凝土抗冲耐磨性：掺高效能减水剂，可使混凝土水灰比大幅度降低，对配制高强混凝土创造条件，这样也提高了混凝土抗冲耐磨能力。萘系减水剂 DH-3 和 DH-4 对混凝土抗冲耐磨性能的影响见表 43-12。

缓凝型减水剂节约水泥效果 表 43-8

缓凝型减水剂	水泥品种和强度等级	节约水泥（%）
木质素磺酸钙	42.5 级矿渣硅酸盐水泥	12
糖　蜜	42.5 级普通硅酸盐水泥	8
糖蜜酒精废液	42.5 级矿渣硅酸盐水泥 42.5 级硅酸盐水泥	11~13 10~12

缓凝型减水剂对混凝土温升的影响 表 43-9

工程名称	外加剂	节约水泥（%）	降低温峰（℃）	推迟温峰时间（h）
R	木　钙	4.5	3.4	1.0
M	TF	11.5	2.8	6.7
	3FG-2	17.5	3.7	5.9
W	糖　蜜	6.5	5.5	—

减水剂的增强效果 表 43-10

龄期强度增长率（%）		普通型	缓凝型	高效型
平均增强率（%）	28d	115	120	126
	60d	110	—	—
	90d	102	118	118

减水剂对混凝土抗冻性的影响 表 43-11

水泥品种及强度等级	外加剂		级配	相对动弹性模量下降60%时		
	品种	掺量（%）		冻融循环次数（快冻法）	比基准混凝土增加次数	为基准混凝土的百分率（%）
松江 42.5 级普通硅酸盐水泥	木　钙	0.25	2	21	11	210
松江 42.5 级普通硅酸盐水泥	糖　蜜	0.25	2	20	10	200
松江 42.5 级普通硅酸盐水泥	UNF-2	0.70	2	45	35	450

（4）改善混凝土拌合物的和易性及调节凝结时间：在保持水灰比不变的情况下，掺减水剂能使混凝土坍落度增加 5~10cm，但随着时间的推移，掺减水剂混凝土的坍落度会明显损失。

普通木质素类减水剂及缓凝型减水剂都有不同程度的缓凝作用，能延缓混凝土的初凝、终凝时间。

3. 减水剂的掺量

（1）普通型减水剂：常用普通型减水剂的名称、成分、掺量、研制和生产单位见表 41-13。

（2）高效减水剂：常用高效减水剂的成分、掺量、研制和生产单位见表 43-14。

（3）早强减水剂：常用早强减水剂的成分、掺量、研制和生产单位见表 43-15。

高效减水剂对混凝土抗冲耐磨性的影响　　表 43-12

水泥品种	外加剂品种	28d 抗冲击耐磨强度（h/kg·m^2）
普通硅酸盐水泥	— DH-3 DH-4	0.650/100 0.693/100 0.727/112
矿渣硅酸盐水泥	— DH-3 DH-4	0.487/100 0.585/120 0.740/152

注：分母为与不掺外加剂混凝土抗冲耐磨强度的百分比。

普通型减水剂　　表 43-13

序号	类别	产品名称	主要成分	掺量（按水泥量%计）	研制、生产单位
1	木质素类	M 型	木质素磺酸钙	0.2～0.5	全国 M 型减水剂协作组 吉林开山屯化纤厂
2		JM-1 型	碱木素	0.3（以固体计）	四川省建筑科学研究院 四川省建十二公司外加剂厂 成都木综厂
3		WN-1 型	碱木素	0.2～0.3	福建省建筑科研院 漳平市造纸厂
4		MY 型	木质素磺酸钠	0.3～0.5	交通部四航局 广州造纸厂
5		棉浆	碱木素	0.25	铁道兵科学技术研究院 保定造纸厂
6		TRB	烤胶、磺化酸焦油	0.2～0.75	中国林科院林产化工研究所 黑龙江省交通科研所
7	腐殖酸类	长城牌	磺化腐殖酸钠	0.2～0.3	北京市建材工业科研院 延庆市腐殖酸厂
8		天山Ⅰ型	磺化腐殖酸钠	0.2～0.3	新疆建科院 新疆梧桐化工厂

（4）缓凝减水剂：常用缓凝减水剂的类别、成分、掺量、研制及生产单位见表 43-16。

（二）引气剂

掺入混凝土中经搅拌能引入大量分布均匀的微小气泡，以改善混凝土拌合物的和易性，并在硬化后仍能保留微小气泡以改善混凝土抗冻融耐久性的外加剂为引气剂。

1. 引气剂种类及掺量

水工混凝土常用引气剂种类及掺量见表 43-17。

2. 引气剂的作用

（1）减少泌水：由于引入微小气泡，可以阻止固体颗粒的沉降和水分上升，因而可以减小泌水率。有关我国几种引气剂的效果见表 43-18。

高效减水剂 表43-14

序号	名称	主要成分	掺量 (按水泥量%计)	研制、生产单位
1	NNO	甲基钠磺酸钠	0.5~0.75	交通部协作组、天津合成材料厂、江苏江都县染料化工厂、吉林市第四化工厂、北京市朝阳染料厂
2	JN	多萘磺酸盐	0.5	冶金部冶建研究总院、江苏镇江焦化厂
3	HN	萘磺酸盐	0.5	浙江水力水电研究所、杭州市建筑涂料厂
4	MF	萘磺酸盐	0.5~0.7	建材院、北京建研院、江都染料化工厂
5	建1	萘磺酸盐	0.3~0.7	建材院、北京建研院、上海染涂所、江都染化厂、北京焦化厂
6	NF	萘磺酸盐	0.5	清华大学、淮矿合成材料厂、大连红卫化工厂
7	FDN	萘磺酸盐	0.2~1.0	一冶建研所、湛江外加剂厂
8	FDN-S	萘磺酸盐	0.2~1.0	一冶建研所、湛江外加剂厂
9	FFT	萘磺酸盐缩合物+ 氧化羧酸碱金属物	0.2~1.0	一冶建研所、湛江外加剂厂
10	SN-Ⅳ	多萘磺酸钠	0.5~1.0 1.5~2.5	上海五四农场助剂厂、上海建研院
11	UNF-2 UNF-5A	萘磺酸盐	0.3~0.7 0.3~0.7	天津建科院、天津自强化工厂
12	磺化洗油 减水剂(Cu)	聚烷基 芳基磺酸钠	0.75~1.5 1.5~3.0	上海建研院、上海五四农场助剂厂
13	NF-S	β-萘磺酸甲醛 缩合物钠盐	—	沈阳铁路局工程处第五工程队、沈阳铁路工程处试验室
14	DH-3	萘磺酸甲醛缩合物	0.5	河北省水利工程局外加剂厂
15	NHJ	β-萘磺酸甲醛 缩合物钠盐	0.5~1.0	铁道部第三工程局科研所
16	AF	蒽系	0.5~1.0	建材院、北京建研院、北京焦化厂、江都减水剂厂
17	CRS	古玛龙-茚树脂	0.8~1.0	交通部二航局科研所、武汉四新助剂厂
18	水溶性树脂 SM(227)	磺化三聚氰胺 甲醛树脂	—	苏州水泥混凝土制品研究院、上海新华树脂厂

早强减水剂 表43-15

序号	名称	主要成分	一般掺量 (按水泥量%计)	研制、生产单位
1	UNF-4	萘系减水剂+硫酸钠	1.5~2.5	天津建研院、天津自强化工厂
2	NSZ-1	萘系减水剂+硫酸钠	1.0~1.5	江苏省建材院、如东第三化工厂
3	NNOF	萘系减水剂+硫酸钠	0.75~1.0	青岛市建委混凝土外加剂协作组、交通部一航局二处科研室、大连红卫化工厂

续表

序号	名 称	主要成分	一般掺量（按水泥量%计）	研制、生产单位
4	MSF	木质素磺酸钙＋硫酸钠＋三乙醇胺＋粉煤灰	5	黑龙江低温所、黑龙江建安司混凝土外加剂厂
5	MZS JZS	碱木素减水剂＋硫酸钠糖钙＋硫酸钠	2.5 2.5	四川省建筑科学研究院、四川省邛崃县外加剂厂
6	NC	糖钙＋硫酸钠＋铁砂	2～4	山东建科院、天津固生化工厂、济南磷肥厂
7	3F	碱木素减水剂＋硫酸钠＋粉煤灰	2.0	上海建研院、上海洋泾化工厂
8	H	木质素磺酸钙＋矾泥＋硫酸钠	3.0	同济大学、上海市第二建材公司建材厂
9	ESJ	萘系减水剂＋矾泥＋硫酸钠	5～6	十七冶建筑公司、十七冶企业公司综合厂

缓凝减水剂 **表 43-16**

序 号	类 别	名 称	主要成分	掺 量（按水泥量%计）	研制、生产单位
1	糖 蜜	3FG-2	甘蔗糖蜜酒精废液	0.2	南京水科所、广西大化木电站指挥部
2		ST	糖 蜜	0.2～0.3	上海建科院、浙江瑞安糖厂
3		TF	糖 蜜	0.2（以固体计）	南京水科所、广西大化水电站指挥部

引气剂种类及掺量 **表 43-17**

种 类	掺 量（按水泥量%计）	含 气 量（%）	说 明
松香热聚物及松脂皂	0.01～0.04	3～8	每增加1%的含气量，强度降低5%
烷基酚及环氧乙烷缩合物（OP乳化剂）	0.05	4	减水7%，强度降低15%左右
高级脂肪醇衍生物（801）	0.03	5	减水7%左右
木质素磺酸盐	0.3～0.5	—	减水10%～15%
CON～A	0.01	8.0	

（2）增加混凝土含气量：如表43-18所列，掺引气剂能使混凝土的含气量增加至3%～6%。引气剂所引入的气泡的直径约为0.025～0.25mm。这种微气孔能改善混凝土拌合物的和易性，提高混凝土的抗冻性。

（3）降低混凝土的强度：掺引气剂常使混凝土的抗压强度降低。普通混凝土强度大约降低5%～10%；高强混凝土可能降低20%以上；贫混凝土（20MPa以下）强度不降低反而略有增加。掺引气剂混凝土的空气含量见表43-19。

（4）提高混凝土抗冻性：掺引气剂能明显提高混凝土的抗冻性。在水泥用量及坍落度不变的条件下，能使混凝土的抗冻性提高3倍左右，详见表43-20。

引气剂对混凝土泌水率及含气量的影响　　表43-18

水泥品种	水泥用量（kg/m^3）	外加剂 品种	外加剂 掺量（%）	水灰比 $\left(\frac{W}{C}\right)$	含气量（%）	泌水量（%）
42.5级 荆门矿渣大坝水泥	300	—	0	0.583	1.4	100
		801	0.01	0.527	5.5	85
		松脂皂	0.01	0.533	5.3	92
		801—木钙	0.01+0.2	0.467	4.1	55
		松脂皂+木钙	0.01+0.2	0.473	5.6	32
52.5级 抚顺大坝硅酸盐水泥	300	801	0.01	0.423	4.3	43
		松香热聚物	0.01	0.420	6.9	100
		纸浆废液	0.2	0.410	3.2	38
		801+纸浆废液	0.01+0.2	0.390	6.9	13

掺引气剂混凝土空气含量及强度　　表43-19

水泥 品种	水泥 用量（kg/m^3）	引气剂	掺量（按水泥量%计）	水灰比	减水率（%）	抗压强度 $f_{c \cdot c}$（MPa） f_7	f_{28}	f_{90}	含气量（%）
普通硅酸盐水泥	260	—	0	0.53	0	19.2/100	28.0/100	33.7/100	0.8
		801	0.03	0.49	7	15.3/93	23.5/96	26.6/95	5
		松香热聚物	0.02	0.49	7	12.9/94	19.7/94	22.1/93	6
矿渣硅酸盐水泥	260	—	0	0.52	0	12.5/100	23.8/100	27.2/100	1.5
		801	0.03	0.49	6	11.0/97	19.5/96	25.0/98	6.2
		松香热聚物	0.02	0.50	4	9.7/95	19.2/96	24.8/98	6.2

引气剂对混凝土抗冻融性能的影响　　表43-20

水泥 品种	水泥 用量（kg/m^3）	外加剂种类及掺量（%）	水灰比 $\left(\frac{W}{C}\right)$	含气量（%）	冻融循环次数	相对动弹性模量（%）
42.5级 普通硅酸盐水泥	260	—	0.53	0.8	10	60
	260	801（0.03）	0.49	5.0	218	60
	260	松香热聚物（0.02）	0.49	6.0	161	60
52.5级 大坝硅酸盐水泥	384	—	0.45	1.4	30	53.7
	384	801（0.02）	0.45	5.4	320	92.3
	384	松香热聚物（0.015）	0.45	5.5	300	81.3

（三）复合外加剂

1. 复合外加剂

水工混凝土曾用减水剂与引气剂复合使用，克服了单掺引气剂降低强度和达不到提高耐久性要求的缺点。其掺量是这两种外加剂单掺时剂量的一半。不同种类外加剂复合时，必须要注意它们之间的相容性、对混凝土性能的影响以及外加剂之间的最佳混合比例。

2. 施工注意事项

(1) 外加剂必须与水混合成一定浓度的溶液，各种成分用量应准确，对含有大量固体的外加剂（如含石灰的减水剂），其溶液应通过0.6mm孔筛过滤。

(2) 外加剂溶液必须搅拌均匀，并定期取有代表性的样品进行鉴定。

(3) 当外加剂贮存时间过长，对其质量有怀疑时，必须进行试验鉴定，严禁使用变质外加剂。

四、粉煤灰活性混合材料

在我国，水工混凝土中通常掺用活性混合材料——粉煤灰的情况见表43-21。

国内水工混凝土中使用粉煤灰实例　　表43-21

坝名代号	坝型	坝高(m)	体积(10^4m^3)	水泥			掺合材料		水灰比($\frac{W}{C}$)	外加剂		骨料	
				水泥品种	强度等级	用量(kg/m^3)	种类	用量(kg/m^3)		种类	掺量(kg/m^3)	种类	最大粒径(mm)
B	重力坝	106.0	195	硅酸盐大坝水泥 矿渣大坝水泥	42.5级 32.5级	86~148	粉煤灰	55~57	0.65~0.80	纸浆废液 松脂皂		天然	150
D	宽缝重力坝	40.0	14.8	普通硅酸盐水泥	32.5级	86~136	粉煤灰	42~55	0.60~0.85	糖蜜	0.20	碎石	150
Y	闸墩坝	42.7	68.0	矿渣硅酸盐水泥	32.5级	162~211	粉煤灰	31	0.55~0.70	纸浆废液 引气剂	0.20 0.003	天然	80
H	重力拱坝	75.0	86.0	矿渣硅酸盐水泥	42.5级	144~203	粉煤灰		0.55~0.75	木糖浆	0.1~0.2	天然	150
Z	重力坝	52.0	135.0	矿渣大坝水泥	42.5级	140~175	粉煤灰	15~40	0.56~0.60	糖蜜	0.2	天然	120
P	宽缝重力坝	107.5	280.0	矿渣大坝水泥	42.5级 32.5级	135~195	粉煤灰	15~34	0.50~0.70	木质素钙	0.25	天然	80
HA	宽缝重力坝	78.5	46.0	普通硅酸盐水泥 矿渣硅酸盐水泥	42.5级 42.5级	123~200	粉煤灰	31~40	0.60~0.65	松脂皂	0.006	天然	80
M	重力坝	79.5	42.0	普通硅酸盐水泥 矿渣硅酸盐水泥	52.5级 42.5级	78~280	粉煤灰	20~104	0.70~0.75	3FG	0.20~0.25	石灰石碎石	120
AO	双曲拱坝	58.5	7.0	普通硅酸盐水泥 矿渣硅酸盐水泥	42.5级 42.5级	157.5	粉煤灰	52.5	0.58	塑化剂	0.15	天然	150

(一) 粉煤灰掺合工艺

1. 干掺法

将粉煤灰运往工地，放在储灰罐中，经螺旋机和提升机将其送入搅拌楼配料仓，经称量后加入混凝土搅拌机。

2. 湿掺法

将粉煤灰在搅拌罐中加水制成灰浆，以压缩空气吹拌，将拌匀的灰浆送入贮浆罐，再进入配浆桶入搅拌机。图43-1为湿掺粉煤灰工艺流程示意图。

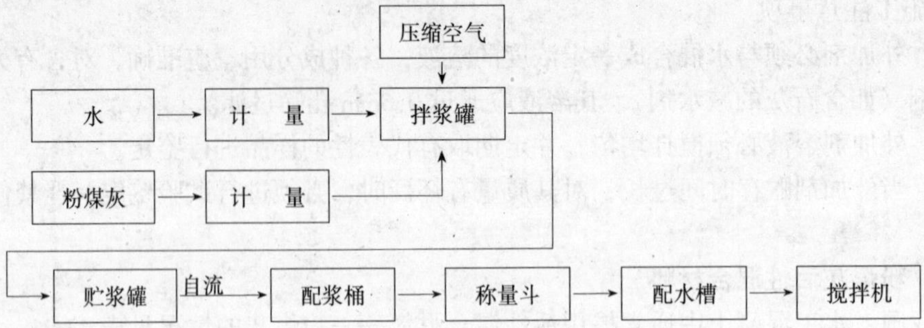

图43-1 湿掺粉煤灰工艺流程图

湿掺法设备简单，投资少，节约钢材，制浆均匀，不需延长混凝土搅拌时间，为利用电厂湿排灰提供了可能。但湿掺受混凝土用水量及砂含水量的限制。

（二）粉煤灰在水工混凝土中的作用

(1) 在混凝土拌合物中掺入粉煤灰，可以改善混凝土的和易性，在运输和浇筑过程中，减少混凝土混合物的离析和泌水。

(2) 减少混凝土水化热温升。

(3) 提高混凝土抗环境水中硫酸盐侵蚀和软水溶出性侵蚀。

(4) 提高混凝土的密实性和抗渗性。

(5) 增强混凝土后期强度增长和提高后期强度。

(6) 缓和水泥中游离石灰氧化钙（CaO）和氧化镁（MgO）的有害影响，对改善由于安定性不良的水泥造成的危害特别有效。

(7) 缓和活性骨料与碱的有害反应（碱-骨料反应）。

(8) 节约水泥，降低成本。

（三）粉煤灰掺合料的品质指标

水工混凝土所用粉煤灰的品质指标，按水电部颁发的《水工混凝土掺用粉煤灰技术暂行规范》DL/T 1996执行，见表43-22。

粉煤灰品质指标 表43-22

项　目	技 术 要 求
细　度	通过0.080mm方孔筛筛余量<12%。当施工用砂过粗时，其筛余量可通过试验确定
烧失量	<12%，超过时，宜降低掺量并进行试验论证
SO_3含量	水泥和粉煤灰总量中，SO_3含量不得超过3.5%
含水率	干粉煤灰含水率≤1%

（四）施工注意事项

1. 选择合理的使用部位和掺量

粉煤灰最适宜掺在大体积内部混凝土中，也适宜用于水下、水上部位混凝土及钢筋混凝土。寒冷地区有抗冻融要求的混凝土及有抗冲耐磨要求的混凝土应经过论证并采取措施方可使用。粉煤灰掺量主要取决于原材料质量、使用部位、环境条件等因素，具体掺量要根据设计要求，通过试验进行技术经济论证后确定。在粉煤灰掺量大时，应注意混凝土拌合物的均匀性。

2. 设计坍落度应取下限值

粉煤灰对改善混凝土拌合物的流变性有显著效果，使其易于振捣，故在设计掺粉煤灰混凝土的坍落度时可取下限值。

3. 必须注意其后期火山灰效应

水工混凝土强度设计龄期多采用90d，这就为充分利用粉煤灰的后期火山灰效应创造了条件。粉煤灰混凝土的后期抗压强度、极限拉伸强度、抗冻性和抗渗性能都比普通混凝土有较大的提高。

4. 要采取提高抗冻性的相应措施

在有抗冻性要求的部位，掺粉煤灰必须采取相应措施，其中包括：

(1) 限制混凝土水灰比不宜超过0.5；

(2) 掺引气剂，并要达到足够的含气量；

(3) 粉煤灰掺量控制在25%以内。

5. 超量取代

在贫混凝土中，以超量取代法（即掺入的粉煤灰数量超过所取代的水泥数量）掺粉煤灰最为有效。其超量系数取1.5左右为宜，具体视工程部位而定。

五、拌合水和养护水

1. 水质要求

(1) 凡适于饮用的水，均可用于拌合和养护混凝土。

(2) 未经处理的工业污水和沼泽，不得用于拌合和养护混凝土。

(3) 天然矿化水，如果其化学成分符合表43-23规定，可以用于拌合和养护混凝土。

天然矿化水的化学成分　　　　**表43-23**

水的化学成分	混凝土和水下钢筋混凝土	水位变化地区和水上钢筋混凝土
总含盐量不超过（mg/L）	35000	5000
硫酸根离子不超过（mg/L）	2700	2700
氯离子含量不超过（mg/L）	300	300
pH值不小于	4	4

(4) 清洁的海水，可作无筋混凝土的搅拌水用，但将减小长期强度的增长，降低耐久性，容易出现粉化等现象，且持久不易干燥，影响美观，必须充分注意。钢筋混凝土，一般不得使用海水拌制。须试验硫酸盐含量后，并经批准方可使用。

2. 注意事项

对拌制和养护混凝土的水质有怀疑时，应进行砂浆强度试验。如果用该水制成的砂浆的抗压强度低于饮用水制成的砂浆28d抗压强度的90%，则认定这种水不宜用作配制水工混凝土。

第三节　水工混凝土配合比设计

一、配合比设计要求

设计配合比时，除应考虑符合水工混凝土所处部位的工作条件，并分别满足抗压、抗裂（抗拉）、抗渗、抗冻、抗冲击耐磨、抗风化和抗侵蚀等设计要求的规定外，还应满足施工和易性要求，并采取措施合理降低水泥用量。

二、参数的选择和保证

（一）基本参数的选择

水工混凝土的配合比可以采用通常的方法来确定。其基本参数如下：

(1) 水泥（包括混合材料）的种类、标号和性质。其性质指细度、凝结时间、安定性、水化热等。

(2) 骨料的性质，包括颗粒级配、表观密度、吸水率、松堆密度、空隙率等。

(3) 外加剂的种类。

(4) 对混凝土拌合物和易性要求。

(5) 对混凝土强度的要求。

(6) 对混凝土抗渗性和抗冻性要求。这是对水工混凝土的两个特殊性能的要求。

（二）主要参数的保证

抗渗性和抗冻性是水工混凝土的两个非常重要的特殊性能，因而也是设计水工混凝土配合比的主要参数，其保证措施如下：

(1) 选择能保证其抗渗性及抗冻性的材料。

(2) 不仅要根据强度条件，同时也根据耐久性条件确定水灰比。

(3) 在一定范围内确定水泥用量。

(4) 合理选择能保证混凝土密实和耐久的骨料拨开系数。

(5) 有时要采用能减少放热量及体积变形、并能在低水泥用量下使混凝土密实的微细填料。

(6) 采用引气剂，使水泥面结构内部产生均匀的封闭微孔，以阻断透水通路，从而改善和提高混凝土的抗渗性和抗冻性等耐久性能。

三、配合比设计原则和步骤

（一）配合比设计基本原则

水工混凝土配合比设计原则基本上与普通混凝土相同，但也有其一定的特殊性，其基本原则如下：

1. 最小单位用水量

水灰比是决定混凝土强度和耐久性（特别是抗渗性和抗冻性）的主要因素，在满足和易性的条件下，力求单位用水量最小。

2. 最大石子粒径和最多石子用量

根据结构物的断面和钢筋的稠密程度以及施工设备等情况，在满足和易性的条件下，应选择尽可能大的石子最大粒径和最多用量。

3. 最佳配料级配

应选择空隙率较小的级配，同时也要考虑料场的天然级配，尽量减少弃方。

4. 选料原则

经济合理地选择水泥品种和强度等级，优先考虑采用优质、经济的粉煤灰掺合材料和外加剂等。

（二）配合比设计步骤

水工混凝土配合比设计步骤也与普通混凝土的基本相同，但除了考虑抗压强度外，还应考虑其抗渗性、抗冻性要求。为了保证水工混凝土的质量，工程中所用的混凝土配合比必须通过试验确定。

1. 配制强度确定

为了使混凝土具有足够的保证率，则必须使其配制强度高于所设计的强度等级。因此，在选择混凝土配合比时，可按下式计算配制强度 f_{p}：

$$f_{\mathrm{p}} = \frac{f_{\mathrm{c.c}}}{1 - t \cdot C_{\mathrm{V}}} = K \cdot f_{\mathrm{c28}}$$

式中　$f_{\mathrm{c.c}}$——混凝土试验强度（MPa）；

f_{c28}——混凝土设计强度等级（MPa）；

t——保证率系数，见表 43-24；

C_{V}——变异系数，见表 43-25；

K——系数，见表 43-26。

保证率和保证率系数的关系　　**表 43-24**

保证率 P（%）	80	85	90	95
保证率系数 t	0.84	1.04	1.28	1.63

变异系数 C_{V}　　**表 43-25**

f_{c28}	< C15	C20 ~ C25	≥C30
C_{V}	0.20	0.18	0.15

K 值表　　**表 43-26**

保证率 P（%）		90	85	80	75
变异系数 C_{V}	0.10	1.15	1.12	1.09	1.08
	0.13	1.20	1.15	1.12	1.10
	0.15	1.24	1.19	1.15	1.12
	0.18	1.30	1.22	1.18	1.14
	0.20	1.35	1.26	1.20	1.16
	0.25	1.47	1.35	1.27	1.21

根据强度保证率要求及施工控制水平（表 43-27），确定出 t 和 C_{V} 值，再用上述公式即可定出混凝土的配制强度。同时也可以看出，如满足相同的保证率，施工控制水平愈差者，则 f_{p} 值愈高，因此对节约水泥不利。

2. 确定水灰比

为保证水工混凝土的密实性，在配合比设计方面，要求水灰比不能太大，一般不大于0.65。

根据 $f_{c28}=Af_{e}\left(\frac{C}{W}-B\right)$，其中 A、B 系数可查表 43-28；再根据抗渗、抗冻要求，参考表 43-29 和表 43-30；为同时满足强度和耐久性要求，水灰比还必须符合表 43-31 中规定。

施工控制水平等级 表 43-27

施工等级	甲（优秀）	乙（良好）	丙（一般）	丁（不良）
标准差（MPa）	<25	25~35	35~50	>50
变异系数 C_V	<0.10	0.10~0.15	0.15~0.20	>0.20

A、B 系数参考值 表 43-28

混凝土种类	水泥品种	骨料系数	
		A	B
碎石混凝土	普通硅酸盐水泥	0.525	0.569
	矿渣硅酸盐水泥	0.503	0.581
卵石混凝土	普通硅酸盐水泥	0.444	0.459
	矿渣硅酸盐水泥	0.501	0.666

注：引自中国建筑材料科学研究院《水泥标准的修订》。

抗渗等级与水灰比的关系 表 43-29

混凝土抗渗等级（28d）	水灰比 $\left(\frac{W}{C}\right)$	混凝土抗渗等级（28d）	水灰比 $\left(\frac{W}{C}\right)$
P2	<0.75	P6	0.55~0.60
P4	0.60~0.65	P8	0.50~0.65

注：未掺外加剂和掺合料。

抗冻等级允许的最大水灰比 表 43-30

混凝土抗冻等级（28d）	混凝土种类	
	普通混凝土	引气混凝土
F50	0.55	0.60
F100	—	0.55
F150	—	0.50

注：有抗冻要求的混凝土，建议优先采用引气剂和普通硅酸盐水泥配制的混凝土。

水灰比最大允许值 表 43-31

水工混凝土所在部位	寒冷地区	温暖地区
上、下游水位以上（坝体外部）	0.60	0.65
上、下游水位变化区（坝体外部）	0.50	0.55
上、下游最低水位以下（坝体外部）	0.55	0.60
基础	0.55	0.60
内部	0.70	0.70
受水流冲刷部位	0.50	0.50

3. 选择砂率和用水量

根据给定的基本资料，查表43-32选择混凝土试拌用水量，用水量与砂率的调整值综合于表43-33。

混凝土试拌用水量参考表　　**表43-32**

（水灰比0.55、卵石、砂子细度模数2.7，坍落度60mm）

石子最大粒径（mm）	未掺外加剂的混凝土			掺外加剂的混凝土	
	空气含量近似值（%）	砂率（%）	用水量（L/m³）	引气混凝土的含气量（%）	用水量（L/m³）
20	2	33	172	5.5	单掺引气剂或一般减水剂，可减水6%~10%；引气剂和一般减水剂联合掺用或单掺高效减水剂，可减水15%~20%
40	1.2	32	150	4.5	
80	0.5	28	129	3.5	
120	0.4	25	117	3.0	
150	0.3	24	110	3.0	

混凝土砂率和用水量调整值　　**表43-33**

条件变化	调整值	
	砂率（%）	每1m³用水量（L）
1. 改用碎石	3~5	9~15
2. 采用需水性大的火山灰质掺合料或火山灰水泥	—	10~20
3. 坍落度±10mm	—	±2~3
4. 砂率每±1%	—	±1.5
5. 砂的细度模数每±0.1	±0.5	—
6. 水灰比每±0.05	±1.0	—
7. 含气量每±1%	∓0.5~1.0	∓2%~3%

4. 计算水泥用量

根据最后确定的水灰比和用水量计算水泥用量。但是，由于水工混凝土的特殊性，在确定时有两条规定：

（1）对于大体积水工建筑物或构筑物内部混凝土，其胶凝材料用量不宜低于140kg/m³。混凝土的水灰比当以骨料在饱和面干状态下的混凝土单位用水量对单位胶凝材料用量之比值为准，单位胶凝材料用量为每1m³混凝土中水泥与混合材料之和。

（2）对于一般水工混凝土建筑，水泥用量以不少于250kg/m³为宜，但也不得采用过大的水泥用量，一般不宜大于450~500kg/m³。为节约水泥，其混凝土配制强度可按60~90d龄期考虑。

5. 确定骨料用量

粗骨料级配及砂率的选择，应考虑骨料生产的平衡、混凝土和易性及最小单位用水量等要求，综合分析确定。

6. 混凝土坍落度确定

混凝土的坍落度，应根据建筑物的性质、钢筋含量、混凝土的运输、浇筑方法和气候条件决定，尽可能采用小的坍落度。混凝土浇筑地点的坍落度可参考表43-34的规定。

混凝土浇筑地点坍落度

（机械振捣）　　**表 43-34**

建筑物的性质	坍落度（cm）
水工素混凝土或少筋混凝土	3~5
配筋率不超过1%的钢筋混凝土	5~7
配筋率超过1%的钢筋混凝土	7~9

四、配合比计算实例

（一）已知条件

【例题】　设计某坝溢流面混凝土的配合比，并计算拌和1.5m³混凝土各种材料的施工用量。其已知基本参数如下：

（1）$f_{c28}=25.0\text{MPa}$，保证率 $P=80\%$；抗冻等级 F=50 次；抗渗等级 P=0.8；

（2）坍落度为80mm，28d 龄期强度的离差系数 $C_v=0.15$；

（3）42.5级普通硅酸盐水泥，实测水泥强度 $f_{ce}=42.5\text{MPa}$，密度 $\rho_c=3.1\text{g/cm}^3$；

（4）加木钙减水剂0.25%（占水泥质量）；

（5）卵石，最大粒径 $D_{max}=150\text{mm}$，四级配：5~20∶20~40∶40~80∶80~150=20∶20∶30∶30；小、中粒级石子表面含水率分别为0.3%和0.8%；大石和特大石为饱和面干状态；

（6）河砂，细度模数 $M_x=2.6$；表观密度 $\rho_s=2.65\text{g/cm}^3$；表面含水率为4.5%。

（二）设计步骤

1.选择水灰比

根据 $f_{c28}=25.0\text{MPa}$，$P=80\%$，查表43-24，得 $t=0.84$，计算 f_p：

$$f_p=\frac{f_{c28}}{1-t\cdot C_v}=\frac{25.0}{1-0.84\times0.15}=28.6(\text{MPa})$$

或

$$f_p=K\cdot f_{c28}$$

2.计算水灰比

按保罗米强度公式计算，A、B 系数查表43-28：

$$\frac{W}{C}=\frac{1}{\dfrac{f_{c28}}{Af_c}+B}=\frac{1}{\dfrac{28.6}{0.444\times42.5}+0.459}=0.506$$

根据抗渗等级、抗冻等级要求，参考表43-29~表43-31，得到 $\frac{W}{C}=0.50$，为同时满足强度和耐久性要求，最后选用 $\frac{W}{C}=0.50$。

3.选择用水量

查表43-32求得用水量为110kg，再按表43-33调整后 $W=103\text{kg}$，见表43-35。

用水量和砂率调整值　　**表 43-35**

条　件　变　化	砂率调整（%）	用水量调整（kg/m³）
由表41-32查得	24	110
砂的细度模数-0.1	-0.5	0
水灰比-0.05	-1.0	0
坍落度+2	0	+6
外加剂（木钙）	0	-10
含气量+1	-1.0	-3.0
调整结果	21.5	103

4. 计算水泥用量

求得水灰比和用水量后，按下式计算：

$$C = 103 \div 0.5 = 206\ (\text{kg/m}^3)$$

5. 计算砂、石用量

分别按绝对体积法和假定堆积密度法计算。

(1) 绝对体积法：掺用木钙减水剂后，四级配混凝土含气量约为 1%。

砂石骨料的绝对体积：

$$V_N = 1000 - 10 \times 1 - \left(103 + \frac{206}{3.1}\right) = 821\ (\text{cm}^3)$$

砂用量：$S = 821 \times 0.215 \times 2.65 = 468\ (\text{kg/m}^3)$

石子用量：$G = 821 \times (1 - 0.215) \times 2.70 = 1740\ (\text{kg/m}^3)$

经试拌，满足和易性要求。

(2) 假定堆积密度法：砂石骨料饱和面干加权平均密度：

$$\rho_N = 0.215 \times 2.65 + 2.70 \times (1 - 0.215) = 2.69$$

按堆积密度计算公式计算堆积密度：

$$r_h = 10\rho_N(100 - a) + C\left(1 - \frac{\rho_N}{\rho_c}\right) - W(\rho_N - 1)$$

$$= 10 \times 2.69 \times (100 - 1.0) + 206 \times \left(1 - \frac{2.69}{3.10}\right) - 103 \times (2.69 - 1)$$

$$= 2516(\text{kg/m}^3)$$

砂石骨料总质量：

$$N = 2516 - (103 + 206) = 2207\ (\text{kg/m}^3)$$

砂用量：

$$S = \frac{2207}{2.69} \times 0.215 \times 2.65 = 467\ (\text{kg/m}^3)$$

石子用量：

$$G = 2207 - 467 = 1740\ (\text{kg/m}^3)$$

经试拌混凝土实测堆积密度与计算堆积密度基本相符。配合比和 1m³ 混凝土材料的计算用量列于表 43-36。

1m³ 混凝土材料用量配合比　　　表 43-36

计算方法	配合比	水泥	砂子	石子(kg)				木钙	用水量
	水泥:砂:石子:水	(kg)	(kg)	5~20	20~40	40~80	80~150	(kg)	(L)
绝对体积法	1:2.27:8.45:0.50	206	268	348	348	522	522	0.52	103
假定堆密度法	1:2.27:8.45:0.50	206	467	348	348	522	522	0.52	103

6. 施工用量配合比

扣去骨料表面含水率等影响，1.5m^3 混凝土实际材料用量的计算结果列于表 43-37。

1.5m^3 混凝土各种材料用量 **表 43-37**

项目	水泥 (kg)	砂 (kg)	石子 (kg)				木钙 (kg)	用水量 (L)
			5~20	20~40	40~80	80~150		
计算用量	309	702	522	522	783	783	0.78（固）	154.5
表面含水率（%）	—	4.5	0.8	0.3	—	—	—	—
表面含水量	—	+32	+4.2	+1.6	—	—	+7（浓度 10%）	-44.8
施工用量	309	734	526	524	783	783	7.8（液）	109.7

第四节 水工混凝土的主要性能

一、施工性能

(一) 良好的施工和易性

水工混凝土体积大，配筋稀疏或无钢筋，骨料最大粒径往往可用到 150mm，故要求混凝土混合物必须具有良好的施工和易性。水工工程几乎都采用塑性混凝土，仓内坍落度一般控制在 30~80mm 不等，这里所说的坍落度系指用湿筛法将 40mm 以上大骨料剔除后所测得的。在进行坍落度试验的同时，还可目测混凝土拌合物的下列性质：

1. 棍度

以捣棒插捣混凝土拌合物的难易程度。棍度分上、中、下三级，分别表示容易插捣、插捣时稍有阻滞和很难插捣三种情况。

2. 粘聚性

用捣棒在做完坍落度的混凝土拌合物圆锥体的一侧轻打，以其下沉及坍倒、崩裂的情况分为较好和不好两级。

3. 析水

根据水分从混凝土拌合物中析出的情况分多、少、无三级。

(二) 少离析、不泌水

水工混凝土拌合物的粗骨料大，运距一般较长，在运输和浇筑过程中，出现离析现象是不可避免的，但必须尽量减少离析，以免造成蜂窝、麻面、乳皮和裂缝等缺陷。

泌水是离析的一种形式，其结果使混凝土表面产生大量的浮浆，使混凝土硬化后面层强度降低，分层浇筑时要影响每层混凝土之间的粘结能力，并降低混凝土抗渗和抗冻能力。要减少泌水，除应从控制拌合物坍落度、水灰比及砂率入手外，还可采用掺引气剂和粉煤灰、火山灰掺合料等措施。

(三) 适宜的凝结时间

水工工程的混凝土搅拌楼（站）距离浇筑地点一般较远，浇筑仓面大，分层分块浇筑，层面之间有一定的间隔时间，这就要求混凝土拌合物凝结时间要适当，如凝结时间太短，层面将发生初凝冷缝，要影响坝体的整体性，还会增加渗漏的可能。掺减水剂、引气剂以及粉煤灰都会延缓混凝土的凝结时间。

二、力学性能

(一) 水工混凝土强度

水工混凝土的主要力学性能为抗压强度。水工混凝土的强度等级是用15cm×15cm×15cm立方体试件，在(20±3)℃及相对湿度95%以上的环境中养护28d的抗压强度试验值确定。根据混凝土抗压强度可将强度等级分为：C7.5、C10、C15、C20、C25、C30、C40、C35、C45、C50和C60。

(二) 大坝混凝土强度的设计龄期

大坝混凝土从浇筑完毕到承受全部荷载需要很长一段时间，这就为利用混凝土后期强度提供了可能，而且大坝混凝土基本上都掺外加剂和掺合材料，采用28d龄期不能很好地反映和有效地利用外加剂和掺合材料的特性。因此，大坝混凝土的强度设计龄期应该比普通混凝土长。表43-38列出一些国家混凝土强度设计龄期。我国大坝混凝土设计龄期多采用90d。

一些国家大坝混凝土强度设计龄期 **表43-38**

国 家	混凝土强度设计龄期(d)	国 家	混凝土强度设计龄期(d)
美 国	365	法 国	90
俄罗斯	180	印 度	365
日 本	91	葡萄牙	90
瑞 士	90	意大利	90

《水工混凝土结构设计规范》中列出混凝土不同龄期的抗压强度比值(表43-39)。

混凝土不同龄期抗压强度比值 **表43-39**

水 泥 品 种	混 凝 土 龄 期				
	7d	28d	60d	90d	180d
普通硅酸盐水泥	0.55~0.65	1.0	1.10	1.15	1.20
矿渣硅酸盐水泥	0.45~0.55	1.0	1.20	1.30	1.40
火山灰质硅酸盐水泥	0.45~0.55	1.0	1.15	1.25	1.30

注：1.标准条件养护。

2.表列数值适用于C30及C30以下的混凝土。

三、热工性能

在设计水工混凝土坝时，必须了解温度变化规律，以便制定温控措施，在计算温度状态时，需要知道混凝土的一系列热学性能，这些性能对大体积混凝土尤为重要。

(一) 水泥水化热与混凝土的绝热温升

水泥水化过程中发出的热量，积蓄在混凝土内部，当外部降温时容易产生温度应力，这是产生混凝土裂缝的重要原因。因此，水化热是大坝水泥的重要指标之一。

1.影响水泥水化热的因素

(1) 水泥熟料矿物成分：表43-40列出水泥中不同矿物组成的水化热，从中可以看出其水化热的顺序为：$C_3A > C_2S > C_4AF > C_2S$。

各种水泥矿物的水化热　　表 43-40

矿物组成	水化热（J/g）	矿物组成	水化热（J/g）
C_3A	867	C_4AF	419
C_3S	502	C_2S	260

（2）混合材料的影响：混合材料掺量越多，水化热降低越大，掺活性高的混合材料比掺活性低的水化热降低要少。

（3）水灰比的影响：水化热是随水灰比增加而增加。水灰比对水泥水化热的影响见表 43-41。

不同水灰比对水泥水化热的影响　　表 43-41

水灰比 $\left(\frac{W}{C}\right)$	各龄期水化热（J/g）							备注
	3d	7d	28d	90d	1年	6.5年	13年	
0.4	233.17	295.48	362.44	395.70	421.26	446.11	452.48	养护温度
0.5	252.57	321.12	398.13	435.68	463.83	473.34	—	21℃
0.6	252.20	327.41	410.28	453.36	477.83	483.53	—	

大坝混凝土实测绝热温升要比用蓄热法测定的水泥最终水化热大，这就是大坝混凝土的水灰比所引起的差别。这一点，在大坝混凝土温控设计时应引起注意。

（4）温度的影响：水泥水化热随着温度的升高而增加，但其对后期水化热影响不是很大。不同温度对水泥水化热的影响见表 43-42。

湿度对水泥水化热的影响　　表 43-42

温度（℃）	水化热（J/g）			
	3d	7d	28d	90d
4.4	123.61	182.27	328.50	372.07
23.3	219.56	303.36	350.28	380.45
40.0	302.94	336.46	363.69	390.09

2. 混凝土绝热温升

混凝土绝热温升是在绝热的条件下，即保证混凝土试件既不放热又不吸热的条件下，直接测定混凝土由于水泥水化热而产生温度升高值。混凝土某一龄期的绝热温升可用下式表示：

$$T_r = \frac{CH}{c_c \rho_h}$$

式中　T_r——混凝土某龄期的绝热温升（k）；

C——混凝土的单位水泥用量（kg/m^3）；

H——混凝土中水泥某龄期的水化热（J/kg）；

c_c——混凝土的平均比热（J/kg·K）；

ρ_h——混凝土的堆密度（kg/m^3）。

如已知混凝土的绝热温升、水泥用量、比热以及堆积密度，可利用上式计算出水化热，算得的水化热值是与大体积混凝土的实际情况相符的。

3. 降低发热量的主要措施

（1）采用 C_3A 和 C_3S 含量低的水泥。

（2）掺用活性混合材料，特别是大体积内部混凝土，在满足强度要求的情况下，可多掺些优质的掺合材料。

（3）坝体分区，并利用混凝土后期强度。

（4）掺外加剂和降低混凝土拌合物的坍落度。

（5）在设备允许和满足强度和坍落度条件下，应加大骨料粒径，改善骨料级配，尽可能减少水泥用量。

（6）采用较低的浇筑温度。

（7）埋块石。

（二）比热、导热系数、导温系数和热膨胀系数

水工混凝土的比热、导热系数、导温系数和热膨胀系数及其影响因素见表 43-43。各水工工程混凝土的热工性能见表 43-44。

水工混凝土热工性能及其影响因素　　表 43-43

热工性能	影　响　因　素
比　热 （J/kg·K）	1. 随温度增加而增加，如温度由 283.15k 增加到 338.75k，比热大约增加 20% 2. 随混凝土拌合水增加而增加，如以混凝土质量计的拌合水，从 4% 增加到 8%，比热约增加 10% 3. 骨料的种类和数量的影响，岩石比热一般变化较小，在其他条件相同的情况下，以不同种类岩石为骨料拌制的混凝土，比热变比很小
导温系数 （m^2/h）	1. 不同种类岩石对混凝土导温性影响很大，主要是岩石导温系数相差较大，如以石英岩为骨料的混凝土较以流纹岩为骨料的混凝土导温系数约大 40% 2. 混凝土含水量与导温系数成反比，以混凝土质量计的混凝土拌合用水从 4% 增至 8%，导温系数要下降 15% 3. 导温系数随温度增加而减少 4. 导温系数随骨料用量的增多而加大
导热系数 （W/m·K）	1. 岩石的种类，不同种类岩石的导热性能相差很大，如流纹岩为 1.617，石英岩为 4.039。在其他条件完全相同的条件下，用石英岩拌制的混凝土比用流纹岩的导热系数大 70% 2. 在一定条件下，导热系数随混凝土含水量的增加而加大
热膨胀系数 （$\times10^{-6}$/K）	1. 水泥用量多的混凝土，热膨胀系数一般较大 2. 与骨料性质有关，以石英质骨料为最大，其次是砂岩、花岗岩、玄武岩和石灰岩

各水工工程混凝土热工性能　　表 43-44

工程号	粗骨料种类	试验温度（℃）	导温系数 a (m^2/h)	导热系数 λ W/（m·k）	比热 c_c J/（kg·k）	热膨胀系数（$\times10^{-6}$/K）	
						最大粒径 40mm	最大粒径 120mm
Ⅰ	石灰岩	10	0.0047	2.942	0.888		
		38	0.0044	2.884	0.942	282.65	281.75
	花岗岩	65	0.0039	2.849	1.051		
Ⅱ		10	0.0029	1.872	0.917		
	玄武岩	38	0.0027	1.872	0.967	281.05	281.45
		65	0.0025	1.884	1.076		
Ⅲ	石英岩	10	0.0034	2.128	0.904		
	花岗岩	38	0.0032	2.128	0.963	—	—
	流纹岩	65	0.0031	2.140	1.017		
Ⅳ	安山岩	10	0.0036	2.279	0.917		
		38	0.0033	2.268	0.976	—	281.75
	板　岩	65	0.0032	2.268	1.034		
Ⅴ		10	0.0042	2.582	0.925		
	石灰岩	38	0.0038	2.559	0.992	230.35	—
		65	0.0035	2.524	1.055		
Ⅵ	花岗岩	10	0.0046	2.791	0.871		
	辉长岩	38	0.0041	2.768	0.925	282.55	281.25
	石灰岩	65	0.0041	2.745	0.980		
Ⅶ		10	0.0049	2.977	0.909		
	砂　岩	38	0.0046	2.954	0.971	284.35	283.45
		65	0.0043	2.919	1.034		
Ⅷ	砂　　岩	10	0.0046	2.814	0.896		
	变质粉砂岩						
	石　英　岩	38	0.0044	2.791	0.938	282.85	282.55
	流　纹　岩	65	0.0042	2.745	0.984		
Ⅸ	硬砂岩	10	0.0043	2.721	0.942		
		38	0.0040	2.687	0.992	282.55	—
	石　英	65	0.0037	2.652	1.047		

四、变形性能

混凝土的变形性能是分析构件应力、变形、裂缝等状态的理论根据之一。大体积混凝土的最常见且影响最大的变形是降温和干燥引起的收缩变形。当上下层或内外部混凝土间相互制约其变形时，往往导致受约束的混凝土开裂。

（一）干缩与湿胀变形

1. 计算公式

某一龄期混凝土的干缩（湿胀）率可按下式计算（精确至 0.01×10^{-4}）：

$$\varepsilon_t = \frac{L_t - L_0}{L_0 - 2\Delta}$$

式中　ε_t——t 龄期时的干缩（湿胀）率；

L_0——试件的基准长度（mm）；

L_t——td 龄期时试件的长度（mm）；

Δ——金属测头的长度（mm）。

2. 粉煤灰掺合料对水工混凝土干缩的影响

粉煤灰对混凝土干缩的影响，主要取决于粉煤灰的质量。颗粒较粗、含碳量多的粉煤灰会增加混凝土的用水量，相应增大混凝土的干缩。磨细粉煤灰则会减少用水量，相应减少混凝土的收缩。粉煤灰对混凝土干缩的影响见表 43-45。

粉煤灰对水工混凝土干缩的影响　　　　表 43-45

编号	水泥品种及强度等级	粉煤灰掺量（%）	外加剂掺量（%）	水灰比（W/C）	砂率（%）	坍落度（mm）	含气量（%）	混凝土干缩率（$\times10^{-4}$）						掺与不掺粉煤灰混凝土干缩率比较（%）					
								7d	16d	28d	56d	91d	180d	7d	16d	28d	56d	91d	180d
池 F_0 硅	永安 42.5 级普通硅酸盐水泥	0	0.015	0.72	26.1	80	3.2	1.01	1.67	2.06	3.17	4.61	4.67	100	100	100	100	100	100
池 F_{30} 硅		30	0.022	0.72	26.1	104	3.7	0.60	0.88	1.81	2.10	3.71	3.93	59.4	52.7	87.9	66.3	80.3	84.1
池 F_0 矿	永安 42.5 级矿渣硅酸盐水泥	0	0.015	0.72	26.1	85	3.7	0.70	1.54	2.37	3.10	4.33	4.78	100	100	100	100	100	100
池 F_{30} 矿		30	0.022	0.72	26.1	88	3.2	0.38	1.34	2.24	3.02	3.58	3.93	53.8	87.0	94.5	97.3	32.8	82.3

3. 外加剂对混凝土干缩的影响

多数外加剂均有使混凝土干缩值增大的影响。因此，国内外的外加剂规范中都对其引起的混凝土干缩增值加以限制。表 43-46 和表 43-47 给出了不同外加剂对混凝土干缩影响的试验结果。

（二）徐变

徐变可使建筑物中的局部应力集中现象得到缓和。因此，在观测大体积混凝土内部的实际应力及计算温度应力时，必须考虑徐变变形的影响。当温度变化缓慢时，徐变能抵消部分温度变形，减轻温度应力引起的破坏作用。

1. 粉煤灰对水工混凝土徐变的影响

表 43-48 列出了掺粉煤灰混凝土与不掺的基准混凝土不同龄期的徐变值，各编号的混凝土配合比及其有关的力学性能见表 43-49。

掺松香热聚物引气剂对混凝土干缩率的影响　　　表 43-46

水泥标号及品种	混凝土强度（MPa）	坍落度（mm）	灰骨比 $\left(\frac{C}{S+G}\right)$	水灰比 $\left(\frac{W}{C}\right)$	含砂率（%）	引气剂掺量（以水泥量%）	含气量（%）	150d 龄期的干缩率（$\times10^{-8}$）
32.5 级火山灰硅酸盐水泥	11.0	80	1:8.20	0.90	45	0	0.8	385
			1:7.96	0.85	44	0.35	2.4	410
			1:7.78	0.80	43	1	4.5	420
			1:7.60	0.75	42	2	6.9	455
42.5 级硅酸盐水泥	17.0	70	1:8.30	0.87	45	0	1.1	335
			1:8.10	0.82	44	0.4	3.6	320
			1:7.95	0.77	43	0.9	4.1	360
			1:7.81	0.72	42	1.8	6.6	365

外加剂对混凝土干缩性能的影响　　　表 43-47

序号	外加剂及掺量（按水泥质量%）	灰骨比	水灰比（W/C）	水泥用量（kg/m³）	用水量（kg/m³）	各龄期混凝土干缩率（$\times10^{-4}$）							
						14d	21d	28d	35d	56d	84d	105d	372d
1	—	1:5.15	0.55	358	197	28	62	161	—	—	—	355	415
2	NNO（0.8）	1:5.15	0.48	367	176	37	53	162	—	—	—	350	405
3	MF（0.8）	1:5.15	0.42	375	156	18	84	223	—	—	—	391	434
4	—	1:5.8	0.55	332	182.6	29	90	164	199	263	286	—	—
5	纸浆废液（0.3）	1:6.09	0.55	322	177.1	32	96	168	214	283	283	—	—
6	NNO（0.8） 纸浆废液（0.3） 引气剂（0.008）	1:6.09	0.42	335	140.7	42	149	238	272	345	345	—	—

各龄期混凝土的徐变值　　　表 43-48

τ（d）	配比编号	（t－τ）·d					备　注
		30	60	90	180	365	
7	Ⅰ	3.09	3.52	3.76	4.20	4.74	Ⅰ—不掺粉煤灰混凝土 Ⅱ—掺粉煤灰50% Ⅲ—掺粉煤灰量大于代替水泥量
	Ⅱ	4.80	5.43	5.60	6.00	6.74	
	Ⅲ	4.32	4.83	4.93	5.60	6.24	
28	Ⅰ	2.34	2.76	2.96	3.40	3.96	
	Ⅱ	2.61	3.02	3.13	3.50	3.85	
	Ⅲ	2.21	2.53	2.63	2.85	3.13	
91	Ⅰ	1.25	1.45	1.70	2.20	2.75	
	Ⅱ	0.79	0.99	1.20	1.50	1.76	
	Ⅲ	0.75	0.96	1.10	1.30	1.60	
380	Ⅰ	1.28	1.46	1.52	1.75	—	
	Ⅱ	0.56	0.65	0.59	0.82	—	
	Ⅲ	0.48	0.60	0.60	0.67	—	

水工混凝土配合比及物理力学性能 表 43-49

编号	水泥用量 (kg/m³)	粉煤灰（kg/m³）		水灰比 $\left(\frac{W}{C}\right)$	砂率 (%)	配合比	坍落度 (mm)	含气量 (%)
		代替水泥	代替砂			胶凝材料:砂:石		
Ⅰ	161	0	0	0.75	37	1:5.04:8.49	61	3.9
Ⅱ	80	80	0	0.75	33	1:4.47:9.17	45	2.9
Ⅲ	80	80	27.3	0.75	32	1:3.55:7.95	52	2.5

编号	抗压强度（MPa）				弹性模量 $\times 10^4$（MPa）				热膨胀系数 $(\times 10^{-6}/K)$
	7d	28d	91d	380d	7d	28d	91d	380d	
Ⅰ	19.4	25.3	26.1	30.6	2.79	3.12	3.43	3.63	278.75
Ⅱ	9.0	17.1	25.7	27.3	1.81	2.40	3.24	3.53	278.55
Ⅲ	9.6	18.2	27.5	32.6	1.73	2.57	3.29	3.65	278.55

在相同强度下，掺粉煤灰混凝土的徐变比不掺粉煤灰混凝土的低，见表 43-50。

2. 外加剂对混凝土徐变的影响

以不同目的掺减水剂，对混凝土徐变的影响也不同。为减少水灰比而掺减水剂能使混凝土徐变降低。为节约部分水泥而掺入减水剂与未掺外加剂混凝土徐变度相比，略有增加或基本相同；为加大流动度在混凝土中掺入木钙减水剂，则能使混凝土徐变度增加 30%左右。

粉煤灰混凝土徐变与普通混凝土徐变的比较（10^{-6}） 表 43-50

混凝土强度等级	C10	C20	C30	徐变比值		
				C10	C20	C30
普通（Ⅰ）	0.74	0.41	0.18	1	1	1
粉煤灰（Ⅱ、Ⅲ）	0.57	0.25	0.08	0.77	0.61	0.44

（三）自生体积变形

自生体积变形对混凝土抗裂性有重要影响，其因素有以下四种。

1. 水泥品种的影响

混凝土自生体积变形是胶凝材料自身水泥反应所引起的体积变化（也称化学变减缩形），因此与水泥本身矿物成分有很大关系。

2. 灰浆率的影响

在水灰比相同的情况下，灰浆率大，自生体积变形也大。

3. 混凝土骨料的影响

骨料弹性模量大，自生体积变形就小；骨料弹性模量小，则自生体积变形就大。

4. 粉煤灰掺合料的影响

这与所用的水泥品种和粉煤灰成分有关，一般成分的粉煤灰，则自生体积变形就大。

（四）极限拉伸变形

为了防止大坝混凝土产生裂缝，《水工混凝土结构设计规范》（SL/T 191—96）对混凝土作出了极限拉伸变形规定，并以该值作为混凝土抗裂性指标。

1. 抗拉强度的影响

混凝土极限拉伸与其轴向抗拉强度成（f_p）正比，可用下列经验公式表示：

$$\varepsilon_p = (a + bf_p) \times 10^{-4}$$

式中 a、b 为试验常数，随具体条件而异，有关单位的试验常数见表 43-51。

混凝土极限拉伸变形经验公式常数　　表 43-51

提出单位	a	b
水利水电科学研究院	0.29	0.032
水电八局	0.329	0.028
水电十一局	0.275	0.023

2. 灰浆率的影响

混凝土的极限拉伸变形与其灰浆率成正比。抗拉强度相同时，用部分掺合料取代水泥，如果增加胶凝材料用量，则会增大极限拉伸变形。另外，在相同抗拉强度的条件下，砂浆极限拉伸大于一级配混凝土的极限拉伸变形；一级配混凝土的极限拉伸变形大于二级配的，依次类推。

3. 骨料的影响

骨料弹性模量低和粘结力好的，如轻骨料和碎石，可提高混凝土极限拉伸变形。

4. 水泥标号的影响

在一定条件下，采用高标号水泥可以提高极限拉伸值，同标号不同品种的水泥，对极限拉伸变形影响不大。

5. 加荷速度的影响

快速加荷的试件极限拉伸变形小，慢速加荷则极限拉伸变形大。

6. 粉煤灰掺合料的影响

混凝土中掺粉煤灰后，随着早期强度的降低，极限拉伸值也降低，一般到 90d 龄期，随着掺粉煤灰混凝土强度的增加，极限拉伸也增加，甚至能超过不掺粉煤灰的混凝土。表 43-52 列出在普通和矿渣硅酸盐水泥中掺入 20%～30%粉煤灰对混凝土极限拉伸变形的影响。

粉煤灰对混凝土极限拉伸变形影响　　表 43-52

编号	水泥品种	粉煤灰掺量（%）	28d			91d		
			f_p（MPa）	$E_{0.5}\times10^4$（MPa）	$\varepsilon_p\times10^{-4}$	f_p（MPa）	$E_{0.5}\times10^4$（MPa）	$\varepsilon_p\times10^{-4}$
普 F_0	普通硅酸盐水泥	10	1.70	2.67	0.71	2.31	3.13	0.88
普 F_{20}		20	1.50	2.84	0.66	2.46	3.13	0.88
普 F_{30}		30	1.10	2.28	0.62	1.90	2.53	0.96
矿 F_0	矿碴硅酸盐水泥	0	1.25	1.60	0.60	20.60	3.12	0.74
矿 F_{20}		20	1.18	2.80	0.51	21.40	3.33	0.78
矿 F_{30}		30	1.25	2.38	0.63	20.45	3.13	0.78

注：f_p—轴向抗拉强度；$E_{0.5}$—弹性模量；ε_p—极限拉伸变形。

7. 外加剂的影响

水工混凝土常用外加剂为减水剂和引气剂。当掺外加剂可提高混凝土强度时，则极限拉伸值也会相应提高。若掺减水剂只是为了节约水泥，则不能提高极限拉伸值。引气剂对混凝土极限拉伸值的影响见表 43-53。

引气剂对混凝土极限拉伸变形的影响　　表 43-53

序号	水泥		外加剂		水灰比	含气量	坍落度	f_p		ε_p		$E_p\times10^4$	
	品种	用量 (kg/m³)	品种	掺量 (‰)	$\left(\frac{W}{C}\right)$	(%)	(mm)	(MPa)	%	$\times10^{-4}$	%	(MPa)	%
1	硅酸盐水泥	260	不掺	0	0.53	0.8	50	2.08	100	7.7	100	3.19	100
2	硅酸盐水泥	260	801 引气剂	3	0.49	5.0	58	2.24	107.8	9.7	126	2.67	83.7
3	硅酸盐水泥	260	松香热聚物	2	0.49	6.0	63	1.79	86	8.0	104	2.75	36.2
4	矿渣硅酸盐水泥	260	不掺	0	0.52	1.5	52	1.98	100	8.2	100	3.15	100
5	矿渣硅酸盐水泥	260	801	3	0.49	6.2	67	1.87	94.4	8.4	102.4	2.87	91.1
6	矿渣硅酸盐水泥	260	松香热聚物	2	0.50	6.2	72	1.75	88.4	8.1	98.8	2.63	33.5
7	矿渣硅酸盐水泥	200	不掺	0	0.74	1.4	41	1.66	100	8.2	100	2.38	100
8	矿渣硅酸盐水泥	200	801	2	0.69	6.3	96	1.50	90.4	8.2	100	2.44	102
9	矿渣硅酸盐水泥	200	松香热聚物	1.5	0.69	8.0	101	1.32	79.5	7.1	86.6	2.33	97.9

注：试验龄期 28d；f_p—轴向抗拉强度；ε_p—极限拉伸变形；E_p—弹性模量。

（五）弹性模量

水工混凝土掺粉灰后，随着早期强度的降低，弹性模量也降低，到 90d 龄期以后，粉煤灰混凝土强度逐渐增加，有时能赶上或超过不掺粉煤灰的混凝土，这时，弹性模量也随之增加。掺引气剂混凝土的弹性模量一般也随着强度的降低而下降。掺减水剂，在降低水灰比的情况下，弹性模量要增加。图 43-2 表示掺外加剂混凝土弹性模量曲线。

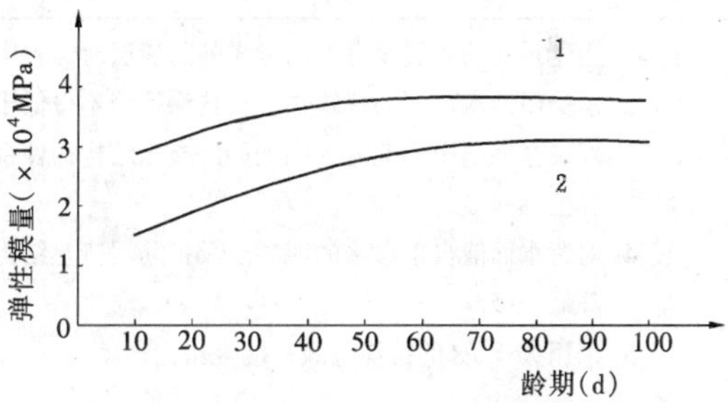

图 43-2　掺外加剂混凝土弹性模量曲线

1—掺减水剂的混凝土；2—未掺减水剂的混凝土

（六）温度变形

混凝土随着温度的变化而发生的膨胀或收缩变形称温度变形。水工大体积混凝土的裂缝主要是由温度变形引起的，因此，降低混凝土的温度变形是防止混凝土出现裂缝的主要措施。减少水工混凝土温度变形的措施：

(1) 降低混凝土的浇筑温度，其中包括降低骨料温度，用低温水拌制混凝土。在高温季节浇筑混凝土时，应根据具体情况采取措施，以减少混凝土温度回升，基础部位混凝土应在有利季节进行浇筑。

(2) 减少混凝土水化热温升，在满足混凝土设计强度的前提下，应加大骨料粒径，改善骨料级配，掺加掺合材料、外加剂和降低混凝土坍落度等综合措施，合理地减少水泥用量，尽量选用水化热低的水泥。为了有利于混凝土浇筑块的散热，基础和老混凝土约束部位，浇筑块厚度以 1～2m 为宜，上下层浇筑间歇时间宜为 5～10d。在坝体混凝土内预埋冷却水管进行冷却，初期冷却时，应在埋管被覆盖一层混凝土后开始通水，通水时间由计算确定，一般为 10～15d。

五、耐久性能

（一）抗渗性

1. 水工混凝土抗渗性要求

在《水工混凝土结构设计规范》(SL/T 191—96)中规定，混凝土抗渗等级按28d龄期的标准试件确定。混凝土抗渗等级分为P2、P4、P6、P8、P10和P12。在设计规范中明确规定，混凝土抗渗等级应根据建筑物承受的水头、水力梯度以及下游排水条件确定，并不得低于43-54规定。

水工混凝土抗渗等级的最小允许值　　表43-54

序　号	结构类型及应用条件			抗渗等级
1	大体积混凝土结构的下游面及建筑物内部			P2
2	大体积混凝土结构的挡水面防渗层混凝土	水　头	$H<30m$	P4
			$H=30m\sim70m$	P6
			$H>70m$	P8
3	混凝土及钢筋混凝土结构构件（其背水面能自由渗水者）	水力梯度	$i<10$	P4
			$i=10\sim30$	P6
			$i>30$	P8

注：1. 当建筑物的表层设有专门可靠的防渗层时，表中规定的防渗等级可适当降低。
2. 承受侵蚀水作用的建筑物，其抗渗等级不得低于P4。
3. 埋设在地层中的混凝土或钢筋混凝土结构构件（如基础防渗层等）可根据防渗要求，参照表中的规定选择其抗渗等级。
4. 对背水面能自由渗水的混凝土及钢筋混凝土结构构件，当水头小于10m时，其抗渗等级可根据表中第3项降低一级。
5. 采用大于P8的抗渗等级，应提出论证。

2. 混凝土抗渗性的评定方法

表43-55中所列为三种最常用的评定混凝土抗渗性的方法。具体试验方法可参阅《水工混凝土试验规程》(DL/T 5150—2001)中有关规定。现将不同抗渗等级的混凝土渗透系数 K 列于表43-56。

水工混凝土抗渗性评定方法　　表43-55

混凝土抗渗性评定方法	特　　点
抗渗等级	该法具有简单、直观的优点，但不适用于抗渗等级高的混凝土
渗透系数	可评抗渗等级高的混凝土
测定渗透距离计算渗透系数	在现有抗渗设备上，可评抗渗等级高的混凝土

混凝土抗渗等级与渗透系数之关系　　表43-56

抗渗等级	渗透系数 K (cm/s)	抗渗等级	渗透系数 K (cm/s)
P1	0.391×10^{-7}	P10	0.177×10^{-8}
P2	0.196×10^{-7}	P12	0.129×10^{-8}
P4	0.783×10^{-8}	P16	0.767×10^{-9}
P6	0.419×10^{-8}	P30	0.236×10^{-9}
P8	0.261×10^{-8}		

3. 影响混凝土抗渗性的因素

(1) 水灰比：混凝土的抗渗能力首先取决于水泥浆的空隙率，而空隙率的大小又决定于水灰比。水灰比越大，必然形成较大的空隙率，渗透系数 K 也随之加大。图 43-3 表示硬化水泥浆水灰比与渗透系数的关系曲线。

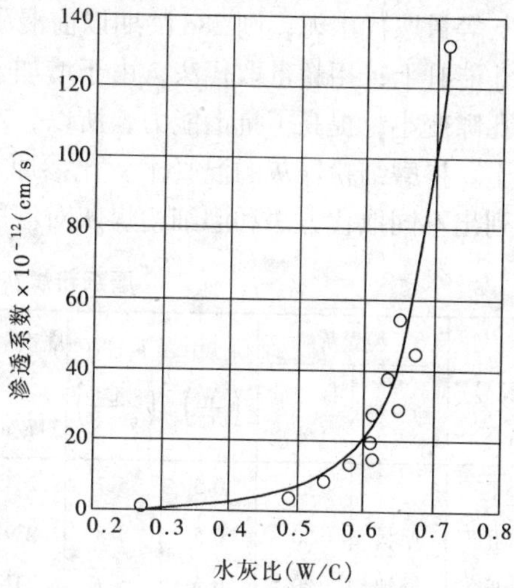

图 43-3　硬化水泥浆水灰比与渗透系数的关系

(2) 养护龄期：随着养护龄期的增加，水泥浆水化作用逐渐增大，从而降低了透水性。表 43-57 列出了水泥浆渗透系数与养护龄期的关系。

(3) 石子最大粒径：在水灰比固定的条件下，石子最大粒径越大，混凝土的抗渗性能就越差。

(4) 外加剂与粉煤灰：在配合比相同的条件下，混凝土的抗渗能力随含气量的增加而提高。表 43-58 列出了掺引气剂对混凝土抗渗性能的影响。减水剂对混凝土抗渗性的影响与引气剂相似，表 43-59 列出了木质素磺酸钙对混凝土抗渗性能的影响。

水泥浆渗透系数与硬化龄期的关系　　表 43-57

养护龄期 (d)	空隙率 (%)	渗透系数 ($\times10^{-12}$cm/s)	养护龄期 (d)	空隙率 (%)	渗透系数 ($\times10^{-12}$cm/s)
新拌水泥浆	67	1150000000	5	53	5900
1	63	36300000	7	52	1380
2	60	2050000	12	51	195
3	57	191000	24	48	46
4	55	23000			

掺引气剂混凝土抗渗性能的比较　　表 43-58

灰骨比	水灰比 $\left(\frac{W}{C}\right)$	含砂率 (%)	含气量 (%)	坍落度 (mm)	六个试件最大不透水压力 (MPa)	最大不透水压力平均值 (MPa)
1:7	0.75	45	1.3	55	0.1, 0.3, 0.3, 0.1, 0, 0	0.13
1:7	0.75	45	4.8	105	0.6, 0.9, 0.4, 0.6, 0.7, 0.8	0.68
1:7	0.75	45	9.5	146	0.8, 1.0, 0.8, 0.7, 0.7, 0.9	0.82

粉煤灰对混凝土抗渗性能的影响　　表 43-59

编号	胶凝材料用量 (kg/m³)		粉煤灰 (%)		水灰比 $\left(\frac{W}{C}\right)$	含气量 (%)	抗渗等级	
	水泥	粉煤灰	代水泥	代砂			28d	90d
A	99	84.1	30	7	0.7	4.1	P9	>P12
B	155.7	0	0	0	0.7	4.5	P4	>P12
C	104	44	30	0	0.7	4.8	P2	>P12

注：编号 A 用粉煤灰超量取代，编号 C 为等量取代。

粉煤灰对混凝土抗渗性能的影响与粉煤灰取代水泥的方法和粉煤灰的质量有关。用粉煤灰等量取代水泥，则28d龄期以前混凝土的抗渗性能低于不掺灰的混凝土，90d龄期以后才能赶上；用超量取代法，由于增加了胶凝材料数量，降低了水灰比，混凝土中大的毛细孔隙变小，提高了抗渗能力，所以，28d龄期混凝土的抗渗性能可优于不掺粉煤灰的混凝土。掺磨细粉煤灰的混凝土，比掺原状粉煤灰的抗渗性能要好。表43-58和表43-60分别列出不同取代方法和磨细粉煤灰对混凝土抗渗性能的影响。

磨细粉煤灰对混凝土抗渗性的影响 　　表 43-60

编号	粉煤灰		水灰比 $\left(\frac{W}{C}\right)$	灰骨比 $\left(\frac{C}{G+S}\right)$	堆积密度 (kg/m³)	坍落度 (mm)	砂率 (%)	平均渗透高度 (cm)	平均渗透面积 (cm²)	计算渗透系数 ($\times 10^{-12}$cm/s)
	种类	掺量 (%)								
Ⅰ	—	—	0.5	5.7	2445	48	39	2.60	47.0	29.0
Ⅱ	原状	30	0.5	4.8	2397	46	39	2.50	44.6	27.2
Ⅲ	磨细	30	0.5	5.7	2418	35	39	1.80	32.1	14.1
Ⅴ	磨细	30	0.45	4.8	2410	50	39	1.50	27.2	9.8

（二）抗冻性

混凝土受冻融破坏作用是很复杂的问题，评定抗冻性指标虽有几种，但是它们之间的关系还不明确，《水工混凝土试验规程》（DL/T 5150—2001）把慢冻法和快冻法并列为两种方法，可根据任一种试验所得结果来评定混凝土抗冻性。

1. 评定方法

水工混凝土抗冻性是以测定抗压强度损失、动弹性模量及膨胀率的变化三种方法评定的。其评定标准见表43-61所列。

水工混凝土抗冻性评定标准 　　表 43-61

序号	评定项目	评定标准	主要优缺点
1	抗压强度损失	≤25%	试验时间长，工作量大
2	动弹性模量	1. 相对动弹性模量下降至60% 2. 质量损失率≤5%	1. 试验工作量大 2. 克服由于试件不均匀而引起的试验误差 3. 试验冻融条件与实际相差过大
3	膨胀率	≤0.1%	与序号2相似

注：目前《水工混凝土试验规程》（DL/T 5150—2001）只列序号1和2两种方法为标准方法。

2. 影响混凝土抗冻性的主要因素

（1）掺引气剂：是提高混凝土抗冻性的有效方法。凡有耐久性要求的混凝土都应该掺引气剂。混凝土拌合物最优含气量，随骨料最大粒径的增加而减小。国内外水工混凝土推荐和规定含气量见表43-62。

对有抗冻要求的混凝土，除要求有足够的含气量以外，还要求气泡尽量要小，在含气量相同的条件下，产生少数大直径的气泡不如产生多数小直径的气泡，因大气泡并不能有效地改善混凝土的抗冻性。单位体积水泥浆中气泡个数愈多，气泡间距系数愈小，混凝土抗冻性愈好。一般气泡间距系数在200～250μm之间的混凝土，具有良好的抗冻性能。

国内在水工混凝土中所用的引气剂，多为松香热聚合物，掺量一般为水泥用量的1%左右就能保证混凝土拌合物具有足够的含气量。

水工混凝土拌合物含气量　　**表 43-62**

骨料最大粒径（mm）	混凝土拌合物含气量（%）				
	日本土木学会	美国混凝土学会(ACI)	美国垦务局		中国(SDJ207—82)规定值
10	—	8	8	—	—
13	—	—	—	6±1	—
15	6	7	7	—	—
20	5	6	6	5±1	6
25	4.5	5	5	4.5±1	—
40	4	4	4.5	4±1	5
50	3.5	3.5	4	4±1	—
80	3	3	3.5	3.5±1	4
150	—	—	3	3±1	3

（2）水灰比的影响：在其他条件相同情况下，混凝土水灰比越大，抗冻性就越差。混凝土水灰比低到一定程度（如<0.30）在施工密实的情况下，不加引气剂也是耐冻的。有抗冻要求的混凝土，必须严格控制水灰比。《水工混凝土试验规程》（DL/T 5150—2001）规定，混凝土的水灰比，应根据对混凝土性能的设计要求，通过试验确定，并不应超过表43-31的规定值。

（3）水泥品种的影响：选择适当品种的水泥也是提高抗冻性的重要手段，不同品种水泥混凝土的抗冻性顺序：抗硫酸盐水泥（引气）>硅酸盐水泥（引气）>矿渣硅酸盐水泥（引气）>火山灰硅酸盐水泥（引气）>硅酸盐水泥>矿渣硅酸盐水泥>火山灰硅酸盐水泥。

水利水电科学研究院曾对九种不同水泥引气与不引气混凝土进行抗冻性试验，试验结果硅酸盐大坝水泥的抗冻性最好，在硅酸盐大坝水泥中掺矿渣后，抗冻性要降低。所以，在现行水工混凝土施工规范中，对有抗冻要求的混凝土提出优先选用硅酸盐大坝水泥和硅酸盐水泥，或普通硅酸盐大坝水泥和普通硅酸盐水泥的要求，并要求水泥强度等级不低于42.5。

（4）骨料质量的影响：软弱颗粒和缝隙多的骨料，不宜用来拌制抗冻性要求高的混凝土。骨料的热膨胀系数应和周围砂浆的膨胀系数相近，否则会在温度变化过程中，由于骨料与砂浆膨胀系数的差异而使混凝土遭到破坏。

总之，要拌制有抗冻耐久性要求的混凝土，应满足下列要求：

①掺引气剂，并使混凝土达到最优含气量。

②混凝土水灰比不宜大于0.50。

③水泥中活性混合材料掺量（包括厂掺及工地掺）不宜超过25%。

3. 水工混凝土的抗冻性要求

《水工混凝土结构设计规范》（SL/T191—96）把混凝土抗冻等级分为F50、F100、F150、F200、F250和F300。混凝土抗冻等级按28d龄期的试件确定，经试验论证后，也可以利用60d或90d龄期的增长值。

水工混凝土抗冻等级应根据建筑物所在地区的气候条件、建筑物的结构类别以及工作条件等确定，并不得低于表 43-63 的规定。

混凝土抗冻等级的最小允许值 **表 43-63**

气候条件		水位涨落区的外部混凝土冻融循环总次数		水位涨落区以上的外部混凝土
		≤50	>50	
严寒气候条件（最冷月月平均气温低于 -10℃）	钢筋混凝土	F250	F250	F100
	混凝土	F150	F200	
寒冷气候条件（最冷月月平均气温在 -3～-10℃之间）	钢筋混凝土	F150	F200	F50
	混凝土	F100	F150	

六、环境水对混凝土的侵蚀

（一）侵蚀类型

环境水对水工混凝土的侵蚀类型见表 43-64。

混凝土受环境水侵蚀类型 **表 43-64**

序号	侵蚀类型	侵蚀介质	化学反应	破坏情况
1	软水侵蚀	水	$Ca(OH)_2$ 溶解	降低水泥石密实度，降低强度，裂缝扩大
2	硫酸盐侵蚀	含 $CaSO_4$、$MgSO_4$ 的海水、地下水	$Ca(OH)_2 + MgSO_4 + 2H_2O \longrightarrow Mg(OH)_2 + CaSO_4 \cdot 2H_2O$	生成没有胶凝性和强度的松散无定形物质，使混凝土结构酥松 生成二水石膏，体积膨胀，使混凝土产生裂缝
3	镁盐的侵蚀	环境中的 $MgSO_4$ 和 $MgCl_2$	$MgSO_4 + Ca(OH)_2 + 2H_2O \longrightarrow Mg(OH)_2 + CaSO_4 \cdot 2H_2O$ $MgCl_2 + Ca(OH)_2 \longrightarrow Mg(OH)_2 + CaCl_2$	生成无黏性、松散、不具备强度的 Ca $(OH)_2$，降低强度。生成的 $CaSO_4 \cdot 2H_2O$ 会引起硫酸盐破坏
4	碳酸水的侵蚀	游离碳酸 H_2CO_3	$Ca(OH)_2 + CO_2 \longrightarrow CaCO_3\downarrow + H_2O$ $CaCO_3 + CO_2 + H_2O \longrightarrow Ca^{++} + 2HCO_3^-$ $Ca(OH)_2 + C_2(HCO_3)_2 \longrightarrow 2CaCO_3 + 2H_2O$	降低强度，裂隙扩大，结构疏松
5	一般酸的侵蚀	H^+ 酸根 R^-	$Ca(OH)_2 + 2HCl \longrightarrow CaCl_2 + 2H_2O$ $Ca(OH)_2 + H_2SO_4 \longrightarrow CaSO_4 + 2H_2O$ $Ca(OH)_2 + 2HNO_3 \longrightarrow Ca(NO_3)_2 + 2H_2O$	反应物易溶于水，则混凝土易遭受侵蚀破坏，如生成物是石膏结晶，体积增大成为硫酸盐侵蚀

（二）防止侵蚀的措施

水泥被侵蚀是一个极为复杂的物理——化学过程，往往几个侵蚀因素同时影响，必须根据具体条件采取综合措施。主要措施有以下几方面：

（1）选择抗硫酸盐水泥。当环境中 SO_4^- 含量超过标准时，应选用 C_3A 含量少的抗硫酸盐水泥，以防止生成水化硫铝酸盐水泥杆菌，造成水工混凝土膨胀破坏。

（2）掺活性混合材料，以减少水泥溶出性侵蚀。

（3）施工时应提高水泥砂浆和混凝土的密实性，以防止侵蚀性介质侵入水泥砂浆和混凝土内部，减少对砂浆和混凝土的侵蚀。

（4）也可采取水泥砂浆和混凝土表面涂层办法，隔绝砂浆和混凝土与侵蚀性介质接触，以减少对砂浆和混凝土的侵蚀。

第五节　水工混凝土施工

一、混凝土搅拌工艺

（一）搅拌系统

1. 搅拌楼

水电系统使用的多为大型搅拌楼，表 43-65 列出一些工程使用的搅拌楼的情况。搅拌楼装料时间短、容量大、机械化自动操作，生产率高，浇筑质量较均匀，适用于混凝土量集中的机械化浇筑的大型工程。

水电工程使用的搅拌楼　　表 43-65

工程名称	搅拌楼 型号	搅拌楼 数量（座）	搅拌机型号	搅拌机设计进料容量（L）	搅拌机数量（台）	搅拌设备总容量（L）	搅拌设备月设计生产能力（10000m³）
I	捷制 TB-640 法制 C-240	2 1	捷制 SV-1500L 法制 TB-1600	2400 1600	2×2 3	14400	7.1
E	双组 4×2400 C-900	1 1	仿俄　C-230A 法制　TB-5000	2400 5000	4×2 4	39200	16.8
B	双组 4×2400 捷制 TB640	1 2	仿俄 C-230A 捷制 SV-1500L	2400 2400	4×2 2×2	28800	11
G	双组 4×2400 仿俄 2×1200 法制 C-240	1 1 1	仿俄 C-230A 仿俄 C-302И 法制 TB-1600	2400 1200 1600	4×2 2 3	26400	0.6
Q	郑州水工机械厂 3×1600	3	郑州产 1600	1600	3×3	14400	7.2~9.0
A	法制 C-2400 法制 C-900	2 1	法制 TB-1600 法制 TB-5000	1600 5000	3×2 4	29600	13.3

2. 搅拌站

搅拌站多使用鼓筒式双锥小仰角式小型搅拌机。搅拌站自动化程度低，劳动强度大，拌制出的混凝土均匀性也较差，但其厂房结构简单、准备工作量小、便于施工现场就地布置。

（二）搅拌工艺

(1) 拌制混凝土时，必须严格遵守试验室签发的混凝土配料单进行配料，严禁随意更改。

(2) 水泥、砂石及混合材料均应以质量计，水及外加剂溶液可按质量折算成体积。称量的偏差不应超过表43-66所规定的数值。

混凝土各种组成材料称量允许偏差　　表43-66

材料名称	允许偏差（%）
水泥、混合材料	±1
砂、石	±2
水、外加剂溶液	±1

(3) 在混凝土拌合过程中，应根据气候条件定时测定砂、石骨料的含水率；在降雨的情况，应相应增加测定次数，以便随时调整混凝土的加水量。同时，应采取措施保证砂、石骨料含水率稳定，砂的含水率应控制在6%以内。

(4) 对掺有混合材料（如粉煤灰等）的混凝土进行拌和时，混合材料可以湿掺，也可以干掺，但应保证掺合均匀。

(5) 如使用外加剂时，应将外加剂溶液均匀配入拌合用水中。外加剂中的水量，应包含在拌合用水量之内。

(6) 必须将混凝土各组分拌和均匀，拌合程序和拌合时间应通过试验确定，也可参考表43-67选择最小拌和时间。

混凝土拌和时间（min）　　表43-67

搅拌机容量（L）	骨料最大粒径（mm）	坍落度（cm） 20~50	50~80	>80
1000	80	—	2.5	2.0
1600	150（或120）	2.5	2.0	2.0
2400	150	2.5	2.0	2.0
5000	150	3.5	2.0	2.5

二、混凝土浇筑成型工艺

（一）浇筑前准备工作

建筑物或构筑物地基必须验收合格后，方可进行混凝土浇筑的准备工作。

(1) 岩基上的杂物、泥土及松动岩石均应清除：岩基应冲洗干净并排净积水，如有承压力，必须由设计与施工单位共同研究，经处理后才能浇筑混凝土。清洗后的岩基在浇筑混凝土前应保持洁净和湿润。

(2) 浇筑混凝土前，应详细检查有关准备工作：地基处理情况、混凝土浇筑准备工作、模板、钢筋、预埋件及止水设施等是否符合设计要求，并应做好记录。

（二）混凝土运输

(1) 水工混凝土拌合物的运输要求与一般混凝土相同。《水工混凝土施工验收规范》（SL/T 207—96）要求运输时间不宜超过表43-68的规定。

混凝土拌合物的允许运输时间　　表43-68

气温（℃）	混凝土拌合物允许运输时间（min）
20~30	30
10~20	45
5~10	60

注：表中参数未考虑外加剂、掺合料及其他特殊施工的影响。

(2) 为了避免因日晒、雨淋、受冻影响

混凝土的质量，必要时应将运输工具加以遮盖或采取保温措施，所有的运输设备都应保证混凝土拌合物自由下降高度不大于2m，否则应采用缓降措施。

(3) 水工混凝土常采用泵送。混凝土输送泵分活塞式和风动式，其水平运距可达200～300m，垂直运距可达30～40m，适用于配筋稠密和仓面狭小的部位。泵送混凝土应掺外加剂和粉煤灰，这样可增加混凝土的可泵性和减少设备的磨损，进泵混凝土的坍落度宜在80～140mm之间，最大骨料粒径应不大于泵管管径的$\frac{1}{3}$。

（三）混凝土浇筑

(1) 基岩面的浇筑仓和新老混凝土施工缝处，在浇筑第一层混凝土前应先铺2～3cm厚水泥砂浆，砂浆水灰比要比混凝土的小，一次铺敷砂浆的面积要与混凝土的浇筑强度相适应，铺设工艺应保证新混凝土与基岩或老混凝土结合良好。

(2) 混凝土应按一定的厚度、顺序、方向分层浇筑。混凝土的浇筑层厚度应根据拌合能力、运输距离、浇筑速度、气温及振捣器的性能等因素来确定，一般情况下，浇筑层允许最大厚度不应超过表43-69规定数值。如采用低流态混凝土及大型强力振捣设备时，其浇筑厚度应根据试验确定。

混凝土浇筑层最大允许厚度　　表43-69

项　次	振　动　器　类　型		浇筑层最大允许厚度
1	插入式振捣器	电动、风动振捣器 软轴振捣器	振捣器工作长度的0.8倍 振捣器工作长度的1.25倍
2	表面振捣器	在无筋和单层钢筋结构中 在双层钢筋结构中	250mm 120mm

(3) 浇入仓内的混凝土应随浇随平仓，不得堆积，仓内如有粗骨料堆叠时，应均匀地分布到砂浆较多处，但不得用水泥砂浆覆盖，以免造成内部蜂窝。在倾斜面上浇筑混凝土时，应从低处开始浇筑，浇筑面应保持水平。

浇筑混凝土时，严禁在仓内加水。如发现混凝土和易性较差时，必须采取加强振捣等措施，以保证混凝土质量。

(4) 混凝土应连续浇筑。如因故中止且超过允许间歇时间，则应按施工缝处理；若能重塑者，仍可继续浇筑混凝土。浇筑混凝土的允许间歇时间，可通过试验确定，或者参考表43-70。

浇筑混凝土允许间歇时间　　表43-70

混凝土浇筑温度（℃）	允许间歇时间（min）	
	普通硅酸盐水泥	矿渣及火山灰硅酸盐水泥
20～30	90	120
10～20	125	180
5～10	195	—

混凝土施工缝的处理，应遵守下列规定：

①消除表面乳皮　清除混凝土表面乳皮一般可用表43-71所列处理方法。施工缝抗剪

强度因其处理方法而异，表43-72列出施工缝不同处理方法的效果比较。

②技术间歇时间　已浇好的混凝土，在强度尚未达到2.5MPa前，不得进行上层混凝土浇筑的准备工作。

消除混凝土乳皮方法 **表43-71**

处理方法	生产效率（m^2/台班）	优缺点
人工凿毛	6~8	劳动强度大，工效低
风铲、风钻、风镐机械凿毛	50~80	操作灵活，效率高
低压水冲毛	60~150	效率高、冲毛时间难以掌握
高压水冲毛	1200~2600	混凝土损耗最少，效率高
风砂枪及水风砂枪冲毛	800	工效高，主要缺点是要清理遗留的石渣和砂子

不同处理方法的施工缝抗剪强度 **表43-72**

处理方法	28d抗剪强度	
	(MPa)	(%)
整体混凝土	5.2	100
喷涂柠檬酸	4.8	91.9
人工凿毛	4.7	90.6
低压水冲毛	4.3	82.7
高压水冲毛	4.9	94.2
光面（未除乳皮）	2.6	49.5

③砂浆垫层　混凝土表面应用压力水、风砂或刷毛机等加工成毛面并清洗干净，排除积水，先铺一层2~3cm的水泥砂浆，方可浇筑混凝土。压力水冲毛时间由试验确定。

④泌水处理　混凝土浇筑期间，如表面泌水较多，应及时采取减少泌水的措施。仓内的泌水必须及时排除。严禁在模板上开孔赶水，带走灰浆。

(5) 浇筑混凝土时，宜经常清除粘附在模板、网筛和预埋件表面的砂浆。

(四) 混凝土振捣成型

(1) 混凝土宜使用振捣器捣固。每一位置的振捣时间，以混凝土不再显著下沉、不出现气泡、并开始泛浆时为准。

(2) 振捣器前后两次插入混凝土中的间距，应不超过振捣器有效半径1.5倍。振捣器的有效半径应根据试验确定。

(3) 振捣器宜垂直插入混凝土中，按顺序依次振捣，如略带倾斜，则倾斜方向应保持一致，以免漏振。

(4) 浇筑块的第一层混凝土以及两罐混凝土卸料后的接触处，应加强平仓振捣，以防漏振。

(5) 振捣上层混凝土时，应将振捣器插入下层混凝土5cm左右，以加强与下层混凝土的结合。

(6) 振捣器距模板的垂直距离，不应小于振捣器有效半径的$\frac{1}{2}$，并不得触动钢筋及预埋件。

(7) 在浇筑仓内无法使用振捣器的部位，如止水片、止浆片等周围，应铺以人工捣固，使其密实。

(8) 结构物设计顶面的混凝土浇筑完毕后，应使其平整，其高程应符合设计要求。

(9) 浇筑低流态混凝土时，应使用相应的平仓设备、振捣器组等，混凝土必须振捣密实。

三、混凝土养护工艺

(一) 混凝土表面养护

混凝土浇筑完毕后，应及时洒水养护，以保持混凝土表面经常湿润。低流态混凝土浇筑完毕后，应加强养护，并延长养护时间。

1. 养护基本要点

(1) 混凝土浇筑完毕后，早期应避免太阳光曝晒，混凝土表面宜加覆盖。

(2) 一般应在混凝土浇筑完毕后 12 ~ 18h 内即开始养护，但在炎热、干燥气候条件下，应提前养护。

(3) 如采用特种水泥，应按专门规定执行。

2. 养护时间

水工混凝土的养护时间应根据水泥品种而定，但不宜少于表 43-73 中规定数值。重要的结构部位或利用后期强度的混凝土，以及在干燥、炎热气候条件下，应提前养护，或应延长养护时间（至少要养护 28d）。低温季节施工的混凝土，其养护应按有关规定执行。

水工混凝土养护时间　　　　**表 43-73**

混凝土用水泥的种类	养护时间（d）
硅酸盐水泥和普通硅酸盐水泥	14
矿渣硅酸盐水泥、火山灰硅酸盐水泥、粉煤灰硅酸盐水泥、硅酸盐大坝水泥	21

3. 养护方法

养护方法多为人工洒水养护，有的工程应用摇头喷雾器，省工、省水，效果甚佳。在大仓面薄层浇筑的工程中，有的用水套养护，这对混凝土散热更为有利。对一些不便于洒水和覆盖草袋浇水的地方，也可用薄膜养护剂对混凝土进行养护。

另外，有温控要求的混凝土，其养护应按有关规定执行。养护工作应有专人负责，做好记录。

(二) 混凝土表面保护

水工混凝土多为大体积混凝土。浇筑后的混凝土内部温度较外部为高，当两者相差悬殊时，要产生较大的温度应力，可能导致混凝土表面开裂，甚至发展为深层或贯穿性裂缝，因此，应注意新浇混凝土的表面保温，这对防止混凝土温度裂缝是必要的。表面保护一般可采用盖草袋或木丝模板铺砂、喷涂珍珠岩粉等办法进行。

四、坝体水工混凝土的温度控制

坝体水工混凝土浇筑后，随着凝结硬化的发展，要释放出大量水化热，混凝土内部温度升高。随着时间推移，由于热量逐渐散发，内部温度逐渐降低，与此同时，混凝土的体积也在不断变化。当混凝土受到基础或相邻浇筑物的约束就会出现拉应力，当拉应力超过混凝土抗拉强度时，就要产生裂缝。这样就会削弱水工建筑物的安全系数，对稳定性产生不利影响。根据国内外筑坝经验，进行坝体混凝土的温度控制，是防止大体积水工混凝土产生裂缝，保证混凝土质量的有效方法。

水工混凝土的温控措施见表43-74。

水工混凝土的温控措施　　表43-74

序号	温控措施	效果
1	减少混凝土发热量	
	1. 使用低热水泥	控制 $C_3A = 40\% \sim 50\%$，可使水泥发热量降低
	2. 加掺合材料	可减少水泥用量和降低混凝土温升，一般可降低1～3℃
	3. 调整骨料级配	由三级配改为四级配，骨料最大粒径为150mm或120mm，每1m^{3}混凝土可节约水泥3%～9%
	4. 采用低流态混凝土	混凝土坍落度为30～50mm与坍落度60～80mm相比较，在保持强度和硬化条件不变的情况下，可节约水泥10%～20%
	5. 掺外加剂	掺不同性能减水剂可节约水泥5%～15%，降低温升2～5℃
	6. 坝体分区并利用后期强度	28d龄期改为90d不同品种水泥有不同的节约效果，一般至少可节约10%水泥
	7. 埋块石	某工程埋石率20%时，混凝土绝热温升可降低4℃
	8. 合理调整施工配合比	改善骨料级配，增加砂率，减少水泥用量，均可减少水化热
2	降低混凝土浇筑温度	
	1. 充分利用有利季节	利用低温季节浇筑混凝土，可以保证混凝土质量和减少温控费用
	2. 冷水和加冰拌合	一般加冰率为40%～60%，约可降低混凝土温度5～7℃
	3. 预冷骨料＋冰冷法	冷却后的骨料再加冰拌合，可使混凝土出机温度降低7～15℃
	4. 隔热降温	采用地弄廊道取料，增加堆料高度，搭凉棚、喷水雾珠等措施，对防止骨料和混凝土升温、降低混凝土浇筑温度有良好效果
3	散发浇筑块热量 1. 表面自然散热 2. 冷却水管	可采取浇筑块顶面洒水、存水及流水的办法，流水冷却可削减水化热温升1～3℃，一期冷却一般可降低最高温升3～5℃，二期冷却可使坝体温度按计划要求达到灌浆温度
4	分块分层浇筑 1. 分缝分块 2. 分层	一般厚度为1.5～2.0m的薄层浇筑，可利用层面散热使水化热温升降低$\frac{1}{3}$，有利于降低混凝土浇筑块的最高温升和内外温差
5	表面保护	可防止寒潮冲击，避免产生裂缝

第六节　水工混凝土工程验收

一、原材料质量检测

水工混凝土的原材料质量检测见表43-75。

水工混凝土原材料质量检测　　表 43-75

名称		检测项目	取样地点	抽样次数	检测目的
水泥		水泥强度等级、凝结时间、安定性。必要时应增加稠度、细度、比密度和水化热	水泥库	每一浇筑块1次或400t水泥取1次	1. 验证水泥活性 2. 预报混凝土强度
水		总含盐量，SO_4^-含量、Cl^-含量、pH值		每季度取1次	验证拌制和养护水是否符合《水工混凝土施工规范》(SDJ207-82)
混合材料		活性、细度、需水量、烧失量	混合材料库	每100～200t水泥抽1次	了解混合材料质量
砂		细度模数 M_k 表面含水率 含泥量	拌合厂、筛分厂 拌合厂、筛分厂 拌合厂、筛分厂	每班1次 每1～2h1次 必要时	生产控制、调整配合比 调整混凝土加水量 了解砂子质量
石子	大、中、小石 中、小石 小石	超粒径 表面含水率 黏土、淤泥、细屑含量	拌合厂、筛分厂 拌合厂、筛分厂 拌合厂、筛分厂	每班1次 每1～2h1次 必要时	生产控制、调整配合比 调整混凝土加水量
外加剂		外加剂溶液浓度	拌合厂、筛分厂	每班1次	调整加水量

二、混凝土检测与控制

（一）混凝土检测

水工混凝土的检测见表43-76。

水工混凝土检测项目和抽样次数　　表 43-76

名称	检测项目	取样地点	抽样次数	检测目的
混凝土拌合物	坍落度 水灰比 含气量 温度	拌合机机口仓面 拌合机机口 拌合机机口 拌合机机口	每班2～4次 每班2次 每1～2h　1次 根据需要	检测混凝土的和易性 控制质量 调整剂量 冬夏季施工及温度控制
硬化混凝土	抗压强度	拌合机机口	每2～4h　1次 每150m³　1次	1. 验收混凝土强度 2. 评定混凝土施工控制水平

（二）混凝土检测数量控制

现场混凝土检验以抗压强度为主，《水工混凝土施工验收规范》(SL/T 207—96) 规定同一强度等级混凝土试件的数量应符合下列要求：

（1）大体积混凝土：每500m^3 成型28d龄期试件三个；每1000m^3 成型设计龄期试件三个。

（2）非大体积混凝土：每100m^3 成型28d龄期试件三个；每200m^3 成型设计龄期试件三个。

（3）对于抗拉强度：每200m^3 成型28d龄期试件三个。

（4）每一浇筑块混凝土数量不足以上规定数字时，也应取样成型一组试件。

（5）主体工程混凝土数量达$10\times10^6m^3$ 以上时，成型试件数量由设计施工单位商定。

（6）三个试件应取自同一盘混凝土。

三、水工构筑物中混凝土质量检验

（一）钻芯法

用钻芯法测定水工混凝土的强度、抗渗性和抗冻性。钻芯法可在建筑物的任何部位以不同深度对混凝土进行检查，该法在大坝混凝土中是常用的、最有效的方法。在混凝土中，钻芯主要是钻孔机，钻孔取样用的钻头尺寸为ϕ150mm、ϕ200mm和ϕ300mm。

抗压用的试件其长度经磨平后最好等于直径的两倍，抗渗试件其长度与直径最好均为15cm，抗冻试验所用的试件与检验试件的尺寸应相同。

（二）压水试验

在混凝土建筑物钻孔内，用压力水试验混凝土的吸水性，可以检查混凝土的抗渗性和密实性。每个钻孔用3～5个大气压进行试验，当达到每个压力阶段及钻孔吸水后，该级压力应保持30min，并每隔5min记录一次水箱上的水位。按下式求单位孔段吸水率。

$$h=\frac{Q}{HL}$$

式中 h——钻孔每1min吸水量（L）；

Q——钻孔每1min用压力H试验全部吸水量（L）；

H——试验所用的压力（MPa）；

L——钻孔受试验的深度（m）。

吸水率的评定标准，应由设计、施工单位共同研究决定。对有抗渗和抗冻性要求的水工混凝土，吸水率每1min不宜超过0.05L。

（三）超声波检测

（1）用超声波仪检测建筑物混凝土强度。

（2）用超声波仪器检测水工混凝土裂缝。

用超声波检测建筑物混凝土强度和探测裂缝的具体试验方法，可参考《水工混凝土试验规程》（DL/T 5150—2001）。

第七节　高性能混凝土在水工混凝土中的应用

高性能混凝土PHC1990年由美国正式提出，立即受到全世界注意，被称为“21世纪混凝土”。我国1992年开始重视和研究，现已在一些大城市商品混凝土和重要建筑中采用。HPC中由于掺加了以工业废渣为主的细掺料，减少了水泥用量，也被称为“绿色混凝土”。对于HPC的确切涵义，各国学者有着不同的观点，但有一种认识已被接受，即：

HPC的高性能与高耐久性能具有相同的意义，而不是高强度，HPC是基于混凝土结构耐久性设计的概念而提出来的，并具有高施工性、高体积稳定性、高抗渗性、高耐久性及足够的力学强度。

一、工程概况

珊溪水库工程位于浙江温州飞云江上游珊溪镇，大坝为钢筋混凝土面板堆石坝。大坝最高132.5m，上游坝坡1∶1.4，上游面板设置钢筋混凝土防渗面板，顶部厚度30cm，底部最大厚度68cm。一期面板一次浇筑长度最长为140m，总共方量2.3万m^3，属条状超薄板结构。面板混凝土设计强度等级C25，抗渗等级P12，抗冻等级F100。面板混凝土的级配设计始终以耐久性和安全性为目标。一旦出现裂缝，抗渗能力急剧下降，混凝土碳化、碱-骨料反应和钢筋锈蚀加快，耐久性和安全性受到极大的影响。所以，耐久性出现问题，后果不堪设想。

二、控制混凝土的裂缝

水工混凝土通常要承受两种不同的荷载：一种是结构荷载，包括水压、淤泥压、地震、渗压、风浪、冰凌以及结构及设备自身的荷载；另一种是混凝土本身体积变化，包括温度、徐变、干缩等。据资料介绍，后一种因素是面板混凝土中出现裂缝的主要原因。世界各国在HPC中填加抗裂组分，一是加纤维（法国），二是加膨胀剂（日本）。我国工程院资深院士吴中伟指出：混凝土内部微裂缝到可见裂缝对安全使用期是有害的，尤其对腐蚀、反复荷载动力作用等；裂缝发展是影响耐久性的主要原因，加入适量膨胀剂有利于减少早期内部裂缝，有的还能取代部分水泥，提高后期强度。膨胀剂还有以下优点：

(1) 除了与纤维一样能提高混凝土的抗裂拉伸值，还能提高混凝土的密实性和抗渗性，防止和减轻水的侵蚀性介质向混凝土内部渗透的扩散，因此提高了混凝土的耐久性。

(2) 由于补偿收缩混凝土的功能使混凝土有更高的体积稳定性。

(3) 使混凝土的力学性质更均质，施工更方便。

三、外加剂的使用

在珊溪水库面板HPC中，掺加了由中水十二局施工科学研究所研制的VF-Ⅱ防裂剂、NMR-1高效减水剂和江苏南京粉煤灰开发公司生产的粉煤灰。其特点如下：

1. 防裂剂的特性

VF-Ⅱ防裂剂与UEA膨胀剂相比，早期膨胀大，90d干缩值小，体积稳定性好，随着混凝土龄期增加，膨胀量逐渐增大，其特点见表43-77。

不同外加剂对混凝土变形的影响　　表43-77

配合比编号	养护条件	外加剂		约束条件（%）	拆模抗压强度（MPa）	水中各龄期膨胀率（$\times10^{-4}$mm/m）						空气中各龄期膨胀率（$\times10^{-4}$mm/m）		
		种类	掺量（%）			3d	5d	7d	14d	28d	60d	28d	60d	90d
1号	20℃	空白		$U=0.4$	2.5	0	0	0	0.1			−1.25	−2.17	−2.60
2号		VF-Ⅱ NMR	12 0.75		1.27	1.39	2.22	2.66	3.0 3.0			1.17	0.85	−0.117
3号		UEA NMR	12 0.75		2.5	0.767	1.12	1.31	1.516			0.12	−0.65	−0.96

VF-Ⅱ防裂剂抗压强度，抗折强度均高于 UEA 膨胀剂，见表 43-78。

防裂剂、膨胀剂强度鉴定结果　　表 43-78

名　称	掺　量（%）	水灰比（W/C）	抗压强度（MPa）		抗折强度（MPa）	
			7d	28d	7d	28d
VF-Ⅱ防裂剂	12	0.44	48.5	55.2	7.2	8.4
UEA 膨胀剂	12	0.44	48.1	52.6	6.7	8.1

2. 其他外加剂的性能

NMR-Ⅱ高效减水剂、BLY 引气减水剂除了达到《混凝土外加剂》（GB8076—1997）中一等品标准以外，还有很好的施工性能：在坝斜面 140m 长、坡比 1∶1.4、靠自身质量低水胶比条件下，不分离，和易性很好，见表 43-79、表 43-80。

NMR 高效减水剂性能指标　　表 43-79

项　目		减水率（%）	泌水率比（%）	含气量（%）	凝结时间之差（min）		抗压强度比（%）			
					初凝	终凝	1d	3d	7d	28d
标准	一等品	≥12	≤90	≤3.0	－90～＋120		≥140	≥130	≥125	≥120
标准	合格品	≥10	≤95	≤4.0	－90～＋120		≥130	≥120	≥115	≥110
试验结果		18.5	10	1.84	－60	－50	165	163	160	155

BLY 引气减水剂性能指标　　表 43-80

项　目		减水率（%）	泌水率比（%）	含气量（%）	凝结时间之差（min）		抗压强度比（%）			收缩率比（%）
					初凝	终凝	3d	7d	28d	28d
标准	一等品	≥10	≤70	≤3.0	－90～＋120		≥115	≥110	≥100	≥135
标准	合格品	≥10	≤85	≤3.0	－90～＋120		≥110	≥110	≥110	≥135
试验结果		15	60	4.48	4.5	＋15	130	119	110	91

3. 粉煤灰选择

选择宁波北仑电厂（A 样品）、南京粉灰开发公司（B 样品）生产的粉煤灰，试验依据《水工混凝土掺用粉煤灰技术规范》（DL/T—1996），其品质指标见表 43-81。

粉煤灰品质指标和等级　　表 43-81

指　标 / 等　级	细度 45μm 方孔筛筛余（%）	烧失量（%）	需水量比（%）	三氧化硫 SO_3（%）
Ⅰ	≤12	≤5	≤95	≤3
Ⅱ	≤20	≤8	≤105	≤3
Ⅲ	≤45	≤15	≤115	≤3
A 样品	6.3	2.4	84	1.64
B 样品	1.92	1.94	92	1.63

经检验，粉煤灰品质均符合Ⅰ级品要求。

由于B样品细度更小，比表面积>400m²/kg，实际选用南京粉煤灰。

四、与日本明石大桥的混凝土对比

1988年东京大学土木系教授冈村甫和助手开始研究HPC应用。最先采用HPC重要工程是当代最长的悬索桥——明石海峡大桥：桥长3910m，6车道，水下混凝土142万m³。珊溪水库面板混凝土配合比与明石海峡大桥混凝土配合比对照见表43-82。

珊溪水库工程与明石海峡大桥的HPC配合比对照表　　表43-82

工程类别	材料用量　（kg/m³）								强度（MPa）			
	水泥	水	砂子	卵石	混凝土		外加剂		设计强度	实测强度		
					粉煤灰	VF-Ⅱ	BLY	NMR-Ⅰ		7d	28d	91d
明石大桥	260	145	615	1137	150		C×3%复合		24(91d)	22	—	42
珊溪水库	287	124	625	1218	51	29	1.0%	0.75%	25(28d)	28.3	37.5	—

五、实际效果

(1) 珊溪水库混凝土上面板配合比中，由于采用"4掺"添加剂，低水胶比0.338，低坍落度（入仓时2~3cm），使混凝土拌合物粘聚性好，无离析，泌水为零，详见表43-83。

面板混凝土拌堆积密度物理性能　　表43-83

拌合温度（℃）	出机坍落度（mm）	棍度	粘聚性	含砂情况	析水情况	泌水率（%）	堆积密度（kg/m³）	含气量（%）	凝结时间（h:min）	
									初凝	终凝
20	50	中	好	多	无	0	2350	4.3	8:30	10:10

(2) 混凝土中在粉煤灰及BLY引起减水剂等作用下，抗渗性能和抗冻能力的提高见表43-84。

混凝土抗渗性能及抗冻性能　　表43-84

设计等级	抗压强度（MPa）				抗渗等级	抗冻等级
	3d	7d	14d	28d		
C25、P12、F100	22.4	28.3	32.0	37.5	>F12	>F15

(3) 面板混凝土还具有良好的抗裂性能，防止混凝土裂缝，干缩率低，不会发生碱-骨料反应等特点，显示了很好的耐久性和安全性。

第四十四章　海 洋 混 凝 土

(ocean concrete)

第一节　概　　述

一、海洋混凝土的涵义

海洋工程是一门新兴的技术学科，其定义尚不统一。一般泛指开发利用海洋资源所需的各种工程和技术设施。其主要包含两部分：

（一）海岸工程

如海岸防护、跨海桥梁、工业引水、商港、渔港、军港、入海口整治、挡潮闸等。

（二）近海工程

如大型深水码头、海上加油站、海上采油平台等。

二、海洋混凝土的发展

近数十年来，海洋资源的开发利用规模不断发展，海洋混凝土技术也相应地得到提高，包括在海上进行石油、天然气和其他矿藏的开采、海洋能源的开发、交通运输，从而出现了钢制或钢筋混凝土制的海上采油平台，潮汐发电站等海洋能源利用装置和超大型油船、矿石船、集装箱船、汽车火车轮渡等专用深水码头。此外，还在沿岸建设工业区，在海底敷设管道、隧道，及在海上架设桥梁等。所有这些工程，主要是采用混凝土构筑而成。

我国在沿海建造了不少的海岸工程，但采用钢筋混凝土结构还是从1893年起在大连、青岛建造港口开始的。新中国成立后，在沿海地区修建了大量的商港、渔港、军港和海岸防护工程，并进行了河口整治、围海造田和利用潮汐发电。近十余年来，海洋工程得到迅速发展，建造了大型灯塔和大型深水码头等各类海工设施，从而使我国的海洋工程安装作业技术水平有了较大的提高。在天津塘沽新港建成我国第一座集装箱码头。在上海宝钢原料码头的建设中，发展和应用了新材料、新工艺。在广州的一些码头工程中相继采用了液压滑升模板施工工艺和泵送混凝土技术，同时采用了混凝土搅拌船和搅拌车进行连续作业，极大地提高了工效，节省劳动力，并使远离岸边的水上混凝土现浇工艺、大跨度混凝土构件和大型沉箱的预制工艺简单化，从而改变了我国海洋混凝土施工的落后面貌。

三、海洋混凝土工程的特殊施工条件

海洋混凝土工程施工，大部分是在海上无掩护或掩护条件较差的情况下进行，除了受到风浪的影响而难以进行外，还往往受到潮汐、潮流、冰凌等的限制而不能进行施工作业。编制作业计划、确定施工方案时应考虑下列几项自然因素：

（一）潮汐

由于月球和太阳引力的作用，使海洋水面发生垂直方向周期性的升降变化，即潮汐。我国沿海各主要港口的平均潮差一般为1.5m左右，最大者可达2.98m（如石臼港），较少

者仅为1.0m（如秦皇岛）。由于潮位在不断的变化，海上施工作业常常受到潮位的限制，如有时浇筑混凝土必须赶到退潮或低潮时进行作业。反之，有时安装沉箱则必须利用高潮进行作业。潮汐对施工作业的工时利用起主要作用，应根据潮汐时的潮位资料安排作业计划。这是施工时应考虑的最大影响因素之一。

（二）潮流

潮流多受地形的影响而缓急不同，对海上施工作业有很大的不利影响。施工前应全面了解施工地点附近海域的潮流流速和流向等情况。在潮流较急的地方，有时仅在某一流速下时才能施工，有时还不得不抢平流时流速接近于零才能进行施工。浇筑上部结构混凝土时，一般流速应小于1.5m/s。

（三）风、波浪

波浪主要是由风和船舶航行引起的。由于风的作用所引起的称为风浪；由于船舶航行所引起的称为航行浪。这两者都是应加以注意的因素。

若风速或波高较大，会造成作业船的剧烈晃动而难以施工，或因模板的损坏而导致返工。在编制施工计划时，应掌握海面平静的天数。对于外海防波堤工程来说，从沉箱安装到箱内充填、封顶混凝土施工，都应连续进行，这就应有2～3个连续的平静日。可施工的临界风速和波高见表44-1。

可施工的临界风速和波高　　表44-1

施工项目	风　速　(m/s)		波　高　(m)	
	可高效作业	能确保安全	可高效作业	能确保安全
沉箱安装	7	15	1.0	2.0
上部结构混凝土浇筑	10	15	1.5	2.0

（四）冰凌

在冬季，我国仅渤海湾内海面出现冰凌现象。常年最大冰厚一般为10～25cm，历史上冰冻最严重时曾达到40～60cm。离海岸工程施工作业时应注意受冰凌撞击。

四、海洋混凝土施工特点

（一）海上作业

海洋混凝土工程大部分为海中或水下作业，就其露出海面以上的部分，在施工时有着与陆上一般土建工程不同的特点，受到波浪、潮汐、潮流、冰凌等天然因素的影响较大。波浪大，工程船舶剧烈振动，施工无法进行，支架模板可能会被波浪撞击而倒塌，造成返工事故。施工过程中有时还会因骤起风浪而被迫中途停工，年作业自然减少，一般为200余天，甚至只有100余天。

（二）赶潮作业

现场浇筑混凝土时，多要乘落潮时进行施工；吃水较大的沉箱拖运等作业，则要乘涨潮时进行。

（三）利用工程船舶

由于海洋工程以海上作业为主，需使用工程船舶，如起重船、打桩船、驳船和拖轮等。

（四）预制装配化

由于海上作业会受到海象和气象的限制，现场浇筑混凝土作业比陆上困难并复杂得多，质量也难得到保证。故多预先在岸上制作构件，然后吊运或浮运至现场安装。需在现场浇筑混凝土的多属整体性较高的部位，或体积过大难以吊运的结构。我国海港工程施工的装配程度目前已达75%左右，其中高桩承台或码头已达85%以上。

（五）浮力的利用

凡可利用浮运或驳船装载的预制构件，均可利用浮力或驳船装载，运往现场安装。例如，可将预制沉箱在下水后拖至现场安装。

（六）永久性模板的利用

在现场浇筑水上混凝土的体积较大，应尽量采用预制的钢筋混凝土镶面板作为永久性模板。其优点如下：

(1) 镶面板作为结构物的组成部分，可减少水上现场浇筑混凝土的工程量；

(2) 不存在现场浇筑混凝土模板周转周期长，需占用大量模板的缺点；

(3) 可减少拆模工序，简化施工，加快施工进度；

(4) 钢筋混凝土镶面板的抗浪能力较抗冰凌撞击板强；

(5) 镶面板对结构物起表面保护作用，从而可提高结构物的耐用年限。

第二节　海洋混凝土的技术要求

一、工程所处的环境条件

海洋工程处境十分恶劣，混凝土结构物在使用过程中要遭受下列各种自然因素的影响。

（一）冰冻影响

处于寒冷或严寒地区的混凝土结构物，在水位变化区由于冻融循环作用和冰凌撞击作用，容易使混凝土遭受严重破坏。这是混凝土遭受破坏最严重的自然因素。

（二）风浪影响

风浪撞击容易使高潮位以上的混凝土内部产生海盐积聚，也是容易使混凝土遭受较严重破坏的自然因素。

（三）水质影响

海水中各种盐类对混凝土有腐蚀作用，但比较缓慢。在发生冻融循环作用的地方，则会加速其破坏。

二、破坏因素、规律和特征

（一）破坏因素

(1) 自然因素：冰凌和风浪撞击、冻融循环作用、钢筋锈蚀作用。

(2) 设计因素：结构造型、结构尺寸。

(3) 施工因素：材料质量、施工质量。

(4) 使用因素：超载、意外碰撞。

(5) 地基变形：位移、沉陷。

（二）破坏规律

(1) 受冻地区较不冻地区破坏情况严重。

（2）受冻地区的水位变动区较水上部位严重，水上部位又较水下部位严重；不冻地区高桩承台式结构的水上部位较水位变动区严重，水位变动区又较水下部位严重。

（3）近海工程较海岸工程破坏情况严重；暴露部位较隐蔽部位严重；迎风面较背风面严重；背阳面较向阳面严重。

（4）钢筋混凝土较素混凝土严重。

（三）破坏特征

水上部位钢筋混凝土结构物中的钢筋先锈蚀膨胀，引起混凝土顺筋开裂、剥离。水位变动区混凝土结构物受冻蚀循环、冰凌撞击等因素作用时，引起层层剥蚀，体积逐渐减小。

三、工程的部位划分

按《港口工程混凝土结构设计规范》JTJ267—98 和《水运工程混凝土施工规范准则》JTJ268—96 规定。

由于混凝土在海洋工程中所处的部位不同，承受外界自然因素的作用也各不相同。为了根据各部位所处不同的工作条件而对混凝土提出不同的技术要求，对混凝土进行部分划分。具体划分见表 44-2。

海洋工程混凝土部位划分　　表 44-2

环境条件	混凝土部位		
	水上部位	水下部位	水位变化区
受冻地区	设计高水位以上	设计低水位以下 1.0m 以下	水上与水下之间
不冻地区	设计高水位以下 0.5m 以上	设计低水位以下	

四、工程技术要求

海洋混凝土工程由于经常地或周期性地与海水相接触，受到海水或海洋大气（含有 Cl^-）的物理化学作用，或受流水、波浪的冲击、磨损等作用，容易使混凝土遭受损害而缩短其耐用年限，故混凝土除强度和拌合物的和易性应满足设计、施工要求外，尚应根据结构物的具体使用条件，具有所需的抗渗性、抗冻性、抗蚀性、防止钢筋锈蚀和抵抗冰凌撞击的性能。

（一）抗渗性

混凝土的抗渗性除关系到挡水作用外，还直接影响抗冻性和抗蚀性的强弱，以及防止钢筋锈蚀的性能，是保证海洋混凝土耐久性的必要条件。抗渗能力的级别以抗渗等级表示之，抗渗等级的选定标准见表 44-3。

海洋混凝土抗渗等级选定标准　　表 44-3

最大作用水头与混凝土壁厚之比	抗渗等级
<5	P4
5~10	P6
10~15	P8
15~20	P10
>20	P12

（二）抗冻性

在海洋工程中，当混凝土处于饱和状态并发生水位升降和正负温度交替变化时，就会出现冻融现象。海洋混凝土工程因冻融作用而引起破坏的实例屡见不鲜，经调查我国北方的每一座海港中几乎都发生过混凝土冻害现象。因此，对混凝土的抗冻性应有较高的要求。混凝土抗冻能力的级别以抗冻等级表示之，抗冻等级的选定标准见表 44-4。

海洋混凝土抗冻等级选定标准 **表 44-4**

结构物所处环境条件	混凝土种类	
	钢筋混凝土	素混凝土
严重受冻地区（最冷月平均气温 < −8℃）	F350	F300
受冻地区（最冷月平均气温 −4 ~ −8℃）	F300	F250
微冻地区（最冷月平均气温 0 ~ 4℃）	F250	F200

海洋混凝土工程由于受潮汐的影响，一般为每天两次涨落潮。在北方低温季节，当落潮而混凝土露出水面时，因受大气负温的影响而冻结；当涨潮而混凝土淹没于海水中时，因受海水正温影响而融化。因此，气温比较低的地区意味着发生冻融循环比较频繁，混凝土冻结深度也较大，抗冻等级相应提高。对于钢筋混凝土，由于钢筋保护层一旦因冻融作用而剥落，使钢筋失去保护，将会给结构物带来危害，故抗冻等级比素混凝土提高一级。

（三）防止钢筋锈蚀的性能

长期处于海洋环境中的钢筋混凝土结构物潮位以上的部位，尤其是经常受浪花溅湿的地方，由于海水的溅湿或吸收大气中含有盐分的水气，而水分又容易蒸发，使盐分不断积聚，提高了混凝土的导电性质和钢筋周围的 Cl^- 浓度，引起钢筋钝化膜破坏，促进了钢筋的锈蚀过程，使钢筋更易生锈。因此，应从下列三方面提出技术要求：

1. 密实性

主要以限制水灰比最大值、提高施工质量并加强养护等措施来保证。为防止钢筋锈蚀的混凝土水灰比最大允许值见表 44-5。

水灰比最大允许值 **表 44-5**

<table>
<tr><th rowspan="2">部　位</th><th rowspan="2" colspan="2">混 凝 土 使 用 条 件</th><th colspan="2">水灰比最大允许值 $\left(\frac{W}{C}\right)$</th></tr>
<tr><th>钢筋混凝土</th><th>素混凝土</th></tr>
<tr><td rowspan="2">水上部位</td><td colspan="2">受水汽积聚或通风不良</td><td>0.50</td><td rowspan="2">0.65</td></tr>
<tr><td colspan="2">受水汽积聚或通风良好</td><td>0.55</td></tr>
<tr><td rowspan="5">水位变动区</td><td colspan="2">严寒受冻地区（冷月平均气温 < −8℃）</td><td>0.45</td><td>0.45</td></tr>
<tr><td colspan="2">受冻地区　（冷月平均气温 −4 ~ −8℃）</td><td>0.50</td><td>0.50</td></tr>
<tr><td colspan="2">微冻地区　（冷月平均气温 0 ~ 4℃）</td><td>0.55</td><td>0.55</td></tr>
<tr><td colspan="2">偶冻或不冻地区（冷月平均气温 0℃以上）</td><td>0.55</td><td>0.65</td></tr>
<tr><td colspan="2">不受水头作用</td><td>0.60</td><td>0.65</td></tr>
<tr><td rowspan="3">水下部位</td><td rowspan="3">受水头作用</td><td>最大作用水头与混凝土壁厚之比 < 5</td><td colspan="2">0.60</td></tr>
<tr><td>最大作用水头与混凝土壁厚之比 5 ~ 10</td><td colspan="2">0.55</td></tr>
<tr><td>最大作用水头与混凝土壁厚之比 > 10</td><td colspan="2">0.50</td></tr>
</table>

2. 钢筋保护层最小厚度

由于 Cl^- 积聚于混凝土内部的浓度随着深度增大降低，故应有一定的钢筋保护层厚度。钢筋保护层的最小厚度见表 44-6。

3. 裂缝宽度最大允许值

混凝土如出现较大裂缝，保护层即使很密实，且相当厚，H_2O、O_2 和 Cl^- 等侵蚀介质也会通过裂缝顺畅地达到裂缝处的钢筋表面，使裂缝处钢筋锈蚀不断发展，造成裂缝处的混凝土剥落，钢筋断面也会因而被削弱，握裹力降低，直接威胁着结构物长期使用的耐久性和安全，故规定裂缝宽度最大允许值见表 44-7。

钢筋保护层最小厚度　表 44-6

构件所处部位		保护层最小厚度（cm）
水上部位		5
水位变动区	不受冻	4
	受　冻	5

裂缝宽度最大允许值　表 44-7

混凝土部位及所处环境条件		裂缝宽度最大允许值（mm）
水上部位	通风条件不良	0.15
	通风条件良好	0.20
水位变动区		0.20
水下部位		0.30

为满足上述三项指标和抗蚀性的要求，最主要的技术措施应是控制水灰比（见表 44-5）。

五、保证耐久性的技术措施

首要的是对混凝土所处地区的气候特征、所处部位和使用条件以及已有结构物的破坏情况进行调查，以便确定对混凝土提出相应的技术要求。在确保施工质量的前提下，一般应采取表 44-8 所列措施。

保证海洋混凝土耐久性的技术措施　表 44-8

使用条件	技术要求	技术措施
承受水压力	抗渗性	1. 严格控制水灰比 2. 掺入引气剂或减水剂
处于严寒、寒冷地区的水位变动区	抗冻性	1. 严格控制水灰比 2. 掺入引气剂或减水剂 3. 优先选用抗硫酸盐水泥 4. 混凝土经养护后，尽量在空气中碳化 14～21d
	抵抗冰凌撞击的性能	1. 混凝土设计强度等级不低于 C25 2. 高度较大的结构构件可采用分层减水，二次振捣，二次抹面等增强密实性的措施 3. 必要时可采用花岗石镶面或用环氧砂浆喷涂表面，其他与抗冻性措施相同
处于水上和水位变动部位	防止钢筋锈蚀的性能	1. 限制裂缝宽度 2. 增大钢筋保护层 3. 严格控制水灰比，以保证混凝土密实性 4. 优先选用硅酸盐水泥或普通硅酸盐水泥 5. 如用海砂，应控制含盐量 6. 不用海水拌合和养护
处于水下和水位变动部位	抗蚀性	1. 严格控制水灰比 2. 采用矿渣硅酸盐水泥、火山灰质硅酸盐水泥或粉煤灰硅酸盐水泥 3. 当采用硅酸盐水泥或普通硅酸盐水泥时，C_3A 含量 $<10\%$

第三节 海洋混凝土组成材料及特殊要求

对海洋混凝土，由于经常遭受各种海象和气象的作用而容易引起破坏，为使混凝土具有抵抗这些自然因素作用的耐久性，以延长结构物的耐用年限，应慎选原材料，科学设计配合比，精心施工，制造出强度高、密实性好的混凝土。原材料的品质除符合一般混凝土用材料要求外，尚应符合一些特殊的要求。

一、胶凝材料——水泥

（一）水泥品种的选择

根据不同地区、不同部位，按表 42-9 选择适当的水泥品种。其中抗硫酸盐水泥的主要特点是抵抗硫酸盐侵蚀的能力强，并且有较好的抗冻性和较低的水化热，主要在矿物成分中限制 C_3A 含量不大于 5%，C_3S 的含量不大于 50%，并限制 C_3A 和 C_4AF 之总量不大于 22%。

（二）水泥强度等级的选择

(1) 为保证混凝土的抗渗性、抗蚀性和防止钢筋锈蚀的性能，所用水泥强度等级不得低于 32.5 级。

(2) 对于有抗冻要求的混凝土，宜采用不低于 42.5 级的水泥。

为了改善混凝土的性能和节约水泥，有时可按《港口工程粉煤灰混凝土工程》(JTJ273—97) 掺加少许粉煤灰掺合料。

二、细骨料

海洋混凝土施工，一般应就地取材——采用海砂。由于海砂含有盐分，在混凝土中溶解于水并放出 Cl^-，当 Cl^- 达到一定浓度时，即会破坏钢筋的钝化膜，并增加铁的溶解，加速铁的阳极过程。当 H_2O、O_2 介质具备时，钢筋锈蚀就会因 Cl^- 的存在而极大地加快。因此，在钢筋混凝土中使用时应限制其含盐量，在《港口工程钢筋混凝土施工规范》(JTJ221—82) 中规定海砂中的 NaCl 总含量不得超过 0.1%，超过规定时，应通过淋洗，使其降至 0.1% 以下，或在所拌制的混凝土中掺入占水泥质量 0.6% ~ 1.0% 的亚硝酸钠 ($NaNO_2$) 或亚硝酸钙 [$Ca(NO_2)_2$] 作为阻锈剂。

水泥品种的选择 **表 44-9**

环境条件		要求程度		
		优先采用	可以采用	不宜采用
水上部位	不冻	普通硅酸盐水泥 硅酸盐水泥	矿渣硅酸盐水泥 粉煤灰硅酸盐水泥 抗硫酸盐水泥	—
	偶冻	硅酸盐水泥 普通硅酸盐水泥	矿渣硅酸盐水泥 抗硫酸盐水泥	火山灰质硅酸盐水泥 粉煤灰硅酸盐水泥
水位变动区	受冻	抗硫酸盐水泥 普通硅酸盐水泥 硅酸盐水泥	矿渣硅酸盐水泥	火山灰质硅酸盐水泥 粉煤灰硅酸盐水泥
	不冻	抗硫酸盐水泥 普通硅酸盐水泥	矿渣硅酸盐水泥 硅酸盐水泥 粉煤灰硅酸盐水泥	火山灰质硅酸盐水泥

续表

环境条件	要求程度		
	优先采用	可以采用	不宜采用
水下部位	矿渣硅酸盐水泥 抗硫酸盐水泥 火山灰质硅酸盐水泥 粉煤灰硅酸盐水泥	硅酸盐水泥 普通硅酸盐水泥	—

海砂中含盐量的变化范围较大，一般为0.01%～0.30%。除特殊情况外，一般多在0.1%～0.15%范围内变动。在波浪溅击线以上者，则多在0.08%以下。施工用砂应尽量采自离波浪溅击线较远的地方，并多采自地表面。根据经验，在生长有小草的地表，砂的含盐量一般在0.005%以下。

三、粗骨料

（1）粗骨料中的软弱颗粒对混凝土的强度和抗冻性均产生不利的影响。《水运工程混凝土施工规范准则》（JTJ268—96）规定：这种颗粒的含量，对用于无抗冻性要求的混凝土时，不宜大于30%；对用于有抗冻性要求的混凝土时，则不宜大于25%。

（2）当混凝土用的粗骨料中含有蛋白石时，或其他无定形 SiO_2 颗粒大于1%，且水泥中的含盐量（按 Na_2O 和 K_2O）大于0.6%，并在有水的环境条件下有出现碱-骨料反应的可能性，因而易于导致混凝土膨胀开裂，故对这种活性骨料含量应限制在1%以内。

四、拌合水

当利用海水拌合混凝土时，其早期强度较高，但后期强度则有所降低（28d龄期抗压强度约降低10%），抗冻性也受到影响，对于钢筋混凝土还会加速钢筋的锈蚀过程。故《水运工程混凝土施工规范准则》（JTJ268—96）规定：混凝土和钢筋混凝土不得采用海水拌合。在缺乏淡水的地区，混凝土允许采用海水拌合，但应符合下列规定：

（1）对于有抗冻性要求的，水灰比应降低0.05；

（2）对于有抗冻性要求的，应加强对混凝土的强度检验，以符合设计要求。

五、外加剂

根据《水运工程混凝土施工规范准则》（JTJ268—96）和《水工混凝土外加剂技术规程》（DL/T 5100—1999）中规定，为提高混凝土的耐久性和强度，改善混凝土拌合物的和易性，节约水泥或加速施工进度，在拌制混凝土时应掺入引气剂、减水剂或低温早强剂。对于有抗冻性要求的混凝土，必须掺入引气剂。

（一）引气剂

引气剂可采用松香热聚物或松香皂等。松香热聚物引气剂的配合比例为：松香热聚物∶NaOH∶水＝1∶0.2∶30。要求使用引气剂时应严格控制掺量，使混凝土的含气量控制在3%～5%以内。如掺量过多，含气量过大，会引起混凝土强度显著降低；如掺量不足，含气量过小，则不能获得应有效果。

一般情况下，松香热聚物的掺量约为水泥质量的0.005%～0.015%；松香皂的掺量约为水泥质量的0.007%～0.012%。

（二）减水剂

符合海洋混凝土使用要求的减水剂，主要有木质素磺酸钙、纸浆废液和NNO等。也可采用其他减水剂，但必须通过试验确定后才能使用。

木质素磺酸钙的掺量为水泥质量的0.25%左右；纸浆废液为1%左右；NNO为0.5%~1%。

（三）低温早强剂

在低温季节进行施工时，常采用三乙醇胺、硫代硫酸钠、氯化钙和氯化钠等。但如采用氯化钙时，应符合下列规定：

(1) 混凝土中氯化钙掺量不得大于2%；采用海水拌合混凝土时，不得掺入氯化钙；对于与海水接触又有抗冻性要求的混凝土，掺入氯化钙时水灰比宜酌情降低。

(2) 在采用海砂拌制的混凝土中掺入氯化钙时，氯化钙和砂中氯盐量之总和不得超过水泥质量的2%，以避免引起钢筋锈蚀。

(3) 在钢筋混凝土和预应力钢筋混凝土中，不得掺入氯化钙。

第四节　海洋混凝土施工要点

一、施工程序

建筑构件应尽可能在结构物设计位置以外有掩护的地区或近岸进行预制，然后拖运至设计位置进行安装。其施工程序如下：

(1) 构件预制；

(2) 预制构件浮运、拖运、载运离岸，或以起重船悬吊离岸；

(3) 预制构件在浮起或临时着地的状态下，在近岸有掩护区域内可继续施工；

(4) 预制构件运至结构物设计位置；

(5) 安放；

(6) 现场灌筑部分混凝土，并安装附属设备。

二、特殊要求

（一）尽量提高预制装配程度

为尽量减少海上作业，并避免新灌筑混凝土过早地接触海水，甚至受波浪冲刷而影响其耐久性和完整性，应尽量提高预制装配程度，减少现场灌筑的工程质量。

（二）严格施工缝处理

海洋混凝土多在水位变动区破坏，应尽量避免在该部位设置施工缝。对于有水密性要求的或用以贮油的采油平台基础，也应尽量避免留置施工缝。

施工缝的处理应严格进行，老混凝土表面应凿毛，并利用高压水除去松动部分，使粗骨料的暴露深度达6mm。在浇筑混凝土之前，水平缝应铺一层1~2cm的水泥砂浆，垂直缝应刷一层净水泥浆，其水灰比应小于混凝土的水灰比。必要时可将施工局部范围内的混凝土强度等级提高一级。对于重要结构物，可采用喷涂（或刷涂）环氧树脂胶粘剂处理施工缝的方法。

（三）采用消除混凝土松顶的措施

基本有四条：

(1) 严格控制混凝土配料的准确，确保供给合格的混凝土。

（2）对于高大结构构件，应坚持分层减水。

（3）明确分层厚度，在保证不漏振并保证振捣时间的基础上，防止因过振而产生离析现象。

（4）采取二次振捣和二次抹面的措施，以增强顶层混凝土的密实性。二次振捣和二次抹面的适宜时间应在混凝土初凝时间的$\frac{1}{2}\sim\frac{1}{3}$范围内进行。先用平板式振捣器振捣好，即将表面抹平压光。

（四）控制混凝土温升

对于大体积混凝土，应控制由于水泥水化热所引起的混凝土温升，以防止可能引起混凝土开裂过度的温度应力梯度。

控制措施包括选用水化热低的水泥，采用缓凝剂，减慢灌筑速度，严格控制各层混凝土灌筑的时间间隔，在夏季要求夜间施工以及充分养护等。浇水养护时应避免温度冷击的现象。

（五）浮态——临时着地的施工

沉箱处于浮态下继续施工时，应具有足够的稳定性，以抗衡波、风、水流和系缆力的影响，沉箱系临时着地时，搁置地点的海底形状应使着力点的混凝土弯曲应力不超过其容许极限。

（六）拖运或吊运

拖运应计划在可靠气象预报期间内完成，在恶劣气候比较频繁或预期可能有冰凌的季节应避免进行拖运。拖运时，其所具有的抵抗倾覆能量应为由风引起的倾覆能量的1.4倍以上。

在由起重船悬吊时应验算风、浪、水流对起重船及其荷载稳定性的影响。

（七）安放

构件的安放应在预期的最大风速、波高和流速下安全进行，并考虑施工所处地区天气预报的可靠性和预期安放的工期，以及水流流速随深度的变化。

（八）水上浇筑混凝土

应严格按操作规程施工，并注意以下五点：

（1）模板应能承受风和波浪等外力的作用。利用低潮浇筑混凝土时，应仔细考虑模板组装所需要的时间、浇筑混凝土的时间和混凝土表面上升高度与潮位上涨的关系；必要时，从还未达到低潮位之前就开始浸在水中进行模板的组装作业。

（2）如下部结构为沉箱或方块时，灌筑上部结构混凝土的伸缩缝应设置在沉箱或方块的安装缝上。

（3）利用混凝土拌合船浇筑混凝土时，因附近通过船舶产生船行波而引起船体摇晃，致拌和船的投料口发生大摆动，应在其端部装设软管。

（4）因结构物形状和位置的缘故，有时难以进行养护，可利用脚手架盖上罩布，以防因受阳光直射和风吹而开裂，设法保持混凝土表面充分潮湿，尽量推迟拆模时间。

（5）拆除模板之后，混凝土表面所残留的对穿螺栓洞应立即用砂浆填塞。

第四十五章　大体积混凝土

(mass concrete)

第一节　概　　述

一、定义

大体积混凝土，是指混凝土结构物中实体尺寸≥1m 的部位所用的混凝土。

大体积混凝土，即为体积较大又就地浇筑、成型、养护的混凝土。常为蛮石、毛石(质量为 45kg 以上的大块荒石)、或石子粒径较大而水泥用量又较少的混凝土。

大体积混凝土结构，如大坝、反应堆体、高层建筑深基础底板及其他重力底座结构物。这些结构物又都是依靠其结构形状、质量和强度来承受荷载的。因此，为了保证混凝土构筑物能够满足设计条件和一定的稳定性，其混凝土必须具备耐久性好，水密性大，有足够的强度，满足单位质量要求，施工质量波动小等条件。大体积混凝土所选用的材料、配合比和施工方法等，应与大体积构筑物规模相适应，并且是最经济的。

作为整体结构，大体积混凝土所需的强度是不高的，这一点可作为优点加以利用。因为通常可以用当地的骨料资源，甚至质量不太好的骨料亦可应用。骨料除不得产生碱-骨料反应外，其耐久性在大坝的核心部位将不是主要考虑的问题。

二、特点

大体积混凝土的最主要特点是以大区段为单位进行施工，且施工体积厚大，由此带来的问题是水泥水化作用所放出的热量使混凝土内部温度逐渐升高，由此产生的内部热量又不易导出造成较大的温差，加之混凝土早期抗压强度低，弹性模量小，致使混凝土冷却时发生裂缝，开裂影响工程质量。为了防止裂缝的发生，必须采取切合实际的措施。如使用水化热小的水泥和粉煤灰的同时，使用单位水泥量少的配合比，控制一次灌筑高度和浇筑整度，以及人工冷却控制温度等。

第二节　大体积混凝土的性质

大体积混凝土的性质与结构的形式、材料组成、温度等有关。对大体积混凝土应该了解的物理力学特性有抗压强度、弹性模量、泊桑比、三轴抗剪强度、干燥过程中的体积变化、热膨胀系数、比热、导热系数、渗透性和耐久性等。

一、物理特性

(一) 体积收缩性

某些大体积混凝土的体积变化资料见表 45-1。从表中不难看出：

(1) 大体积混凝土干缩的变化范围以小于万分之二（稠水泥砂浆、某些含有劣质骨料及用水量过多的混凝土）为界。已硬化混凝土的干缩通常是由于水泥凝胶的变干和收缩而引起的，影响干缩的主要因素是单位用水量及骨料的成分，有些硬砂岩质骨料将极大地增加干缩性。

大体积混凝土收缩率　　表 45-1

坝号	自身体积变化（$\times10^{-6}$）		1年干缩率（$\times10^{-6}$）	备注
	90d	1年		
1	—	—	-270	（1）体积变化试件尺寸为 10cm×10cm×10cm 棱柱体 （2）体积变化试件尺寸为 10cm×10cm×76cm
2	—	—	-420	
3	+3	0	-390	
4	+14	-23	-600	
5	-44	-52	-520	
6	+6	-37	-397	
7	-15	-38	-998	
8	-33	-36	-588	
9	-32	-61	-459	
10	—	—	-496	
11	-12	-38	-345	

（2）自身体积变化，是由于混凝土内部的化学反应而引起的。它与拌合物的用水量有关。大多数混凝土的自身体积变化为（0～150）$\times10^{-6}$。自身膨胀，通常发生在浇筑后的30d以内。

（3）净水泥浆的热膨胀系数一般较骨料的大些，但基本接近。混凝土的热膨胀系数一般反映其组成成分的加权平均值。

（4）碱-骨料反应引起的体积变化，这种变化能使混凝土质地松软，强度降低。

（二）渗透性

低水灰比和良好的固结是获得低渗透性混凝土的重要因素。加气剂可减少用水量，对降低渗透性有利。火山灰、粉煤灰等活性混合材料也能降低混凝土的渗透性。

（三）热工性质

影响混凝土热工性质的主要因素是骨料的矿物组成。但骨料本身由于来源不同，其热工性质变化很大（如花岗岩等）。石英骨料的导热系数就很大。表 45-2 列举了一些大体积混凝土热工性能的数据，以供应用中参考借鉴。

大体积混凝土热工性质　　表 45-2

坝号	粗骨料类别	温度（℃）	膨胀系数$\times10^{-6}$/℃		导热系数［W/(m·K)］	比热［J/(kg·K)］	堆积密度（kg/m^3）	导温系数$\times10^{-3}$(m^2/h)
			$D_{max}=3.8$cm	$D_{max}=11.4$cm				
1	石灰岩 花岗岩	10	9.5	8.6	2.94	887.6	2500	4.7
		38			2.88	942.0		4.4
		66			2.85	1050.9		3.9
2	玄武岩	10	7.9	8.3	1.87	916.9	2534	2.9
		38			1.87	967.2		2.7
		66			1.88	1076.0		2.5
3	石灰岩 花岗岩 流纹岩	10	—	—	2.13	904.3	2465	3.4
		38			2.13	963.0		3.2
		66			2.14	1017.4		3.1

续表

坝号	粗骨料类别	温度(℃)	膨胀系数×10^{-6}/℃		导热系数[W/(m·K)]	比热[J/(kg·K)]	堆积密度(kg/m^3)	导温系数×10^{-3}(m^2/h)
			D_{max} = 3.8cm	D_{max} = 11.4cm				
4	安山岩 板岩	10	—	8.6	2.28	916.9	2510	3.6
		38			2.28	975.5		3.3
		66			2.30	1634.2		3.2
5	石灰岩	10	7.2	—	2.58	925.3	2423	4.2
		38			2.56	992.3		3.8
		66			2.52	1055.1		3.5
6	花岗岩 灰长岩 石灰岩	10	9.4	8.1	2.79	870.9	2433	4.6
		38			2.77	925.3		4.1
		66			2.75	979.7		4.1
7	砂岩	10	11.2	10.3	2.98	908.5	2406	4.9
		38			2.95	971.3		4.6
		66			2.92	1034.1		4.3
8	变质粉砂岩、石英岩、砂岩、流纹岩	10	9.7	9.4	2.81	896.0	2425	4.6
		38			2.79	937.8		4.4
		66			2.74	983.9		4.2
9	砂岩(硬砂岩)、石英岩	10	9.4	—	2.72	942.0	2454	4.3
		38			2.69	992.3		4.0
		66			2.65	996.5		3.7
10	安山岩 二长安山岩 石灰岩	10	10.1	8.1	1.98	950.4	2388	3.2
		38			1.98	1013.2		3.0
		66			1.99	1080.2		2.8
11	石灰岩 燧石 砂岩	10	—	—	3.69	908.5	2407	6.0
		38			3.55	971.3		5.5
		66			3.41	1034.1		4.9
12	石灰岩 安山岩	10	—	7.7	2.69	946.2	2444	4.2
		38			2.63	996.3		3.9
		66			2.56	1055.1		3.6

二、力学性质

(一)抗压强度

国外许多大坝所试验的强度资料表明，水灰比和其强度之间的关系并不一致，有相当大的变化，这说明大体积混凝土完全或部分地与水灰比无关。经研究结果表明，对大体积混凝土强度有影响的因素有：

(1)水泥的品种和强度等级；

(2)火山灰或粉煤灰混合材料的掺量；

(3)骨料的表面结构和形状、矿物组成、强度及级配；

(4)掺合料的品种和掺量。

大体积混凝土的抗压强度见表45-3。

(二)弹性模量

美国几个大坝体混凝土的弹性模量如表45-3所列。其变化范围：28d龄期为(2.5~

3.9) $\times 10^4$MPa；一年为(3.0～4.8) $\times 10^4$MPa。在一般情况下，弹性模量的变异系数较抗压度为大。

（美）大体积混凝土力学性能试验　　表 45-3

序号	水灰比 $\left(\frac{W}{C}\right)$	加气剂 (%)	骨料 D_{max} (cm)	抗压强度（MPa）				弹性模量（$\times 10^4$MPa）				泊桑比			
				28d	90d	180d	365d	28d	90d	180d	365d	28d	90d	180d	365d
1	0.58	0	22.9	21.3	23.2	—	30.2	3.9	4.4	—	4.8	0.18	0.20	—	0.21
2	0.6	0	15.2	33.6	36.3	—	42.1	3.3	4.3	—	4.2	0.17	0.20	—	0.23
3	0.59	0	20.3	28.6	—	29.8	29.3	3.9	—	3.3	4.1	—	—	—	—
4	0.56	0	15.2	29.6	32.7	—	36.1	3.4	3.6	—	4.0	—	—	—	—
5	0.47	3.0	15.2	18.7	21.8	26.7	27.1	3.1	3.2	3.4	3.0	0.16	0.17	0.18	0.18
6	0.54	3.5	15.2	17.9	26.8	27.8	—	3.8	—	4.1	—	0.11	—	0.14	—
7	0.50	3.5	15.2	24.6	34.4	46.1	47.9	3.7	4.4	4.7	—	0.15	0.15	0.19	—
8	0.53	3.5	15.2	20.7	24.6	27.2	32.9	2.5	3.0	3.2	—	0.13	0.25	0.20	—
9	0.49	3.0	15.2	—	32.2	38.1	39.6	—	4.3	3.8	4.4	—	0.24	0.26	0.27
10	0.42	4.3	11.4	33.5	41.9	45.2	47.0	3.1	3.5	3.8	3.3	0.22	0.22	0.23	0.20
11	0.48	0	7.6	22.5	—	53.0	53.6	—	—	2.9	3.1	—	—	—	—

（三）泊桑比

如表 45-3 所列，泊桑比的变化范围为 0.16～0.20，随着养护龄期的增大而略有增大趋势。在短期荷载作用下，当施加的应力等于极限抗压强度的 35%～50%时，混凝土内部开始出现微裂，超此应力时，泊桑比和弹性模量不再表现为常数。

（四）徐变

徐变效应用混凝土的持续弹性模量表示，即用荷载作用时间内的总变形去除应力。瞬时弹性模量是混凝土承受荷载以后立即进行量测而得的数值；持续弹性模量则系荷载作用下长期（365d 及 1000d）量测的数值。如荷载在龄期较早时施加，持续模量约为瞬时模量的$\frac{1}{2}$，而加荷龄期为 90d 或更迟时，则持续模量的百分比值略高。当施加的应力为混凝土极限抗压强度的 40%以下时，混凝土的徐变约与施加的应力成正比。

三、耐久性

掺加气剂能改善混凝土的抗冻性。选用优质骨料、掺加气剂和降低水灰比是保证不透水结构物的条件。

大体积混凝土受化学侵蚀的主要原因是混凝土组成成分之间的化学反应。如必须采用含有反应性（含不定形 SiO_2）成分的骨料，应采用低碱水泥和适宜的火山灰。混凝土表面遭受侵蚀的主要原因是水流的空蚀作用和磨蚀材料的运动，采用强度较高、抗磨能力较强的混凝土，可以减轻其侵蚀程度。如果必须与酸性物质接触，最好用护面加以保护。

第三节　大体积混凝土配合比设计

一、配合比设计原则

大体积混凝土的配合比，应与大体积的规模相适应，并且是最经济的。

大体积混凝土结构物的经济问题是需要考虑的最重要的一个参数。一个指定地点大体积混凝土结构物型式的选择，可能取决于经济条件。混凝土的配合比则又受结构物型式的要求以及强度、耐久性和温度性质的控制。如重力坝和拱式重力坝的混凝土，在坝体的内部和外部使用不同的配合比，但拱坝就只能使用同一配合比的混凝土。重力坝的设计应力很小，因此很少按强度确定混凝土的配合比，其多数是根据外部的耐久性、水密性和内部的和易性来确定混凝土的配合比。与重力坝相比，拱坝的设计应力是大的，但是按照强度所求得的水灰比偏小，只有较高的拱坝多数是按照强度确定混凝土的配合比。

日本土木学会“大坝混凝土标准规范”规定：大尺寸骨料用于坝体内部，混凝土的单位水泥用量在内部取其最小用量，一般为 140kg/m^3 左右，这样有利于降低水化热。在外部根据单位用水量所需要的水灰比来确定，混凝土应具有较高的水泥用量，较低的水灰比和高质量的骨料，以保证耐久性。为了抗冻性需要加气。在溢洪道部分，为了提高耐磨性和防止成穴作用，需要增加特殊措施。

二、参考配合比选择

大体积混凝土的参考配合比列于表 45-4，以供选择。

大体积混凝土参考配合比　　表 45-4

序号	水灰比 $\left(\frac{W}{C}\right)$	加气剂（%）	减水剂（%）	骨料 D_{max}（cm）	大体积混凝土材料用量（kg/m^3）水泥	混合材料	砂	石子	28d 抗压强度 f_{c28}（MPa）
1	0.58	0	0	22.9	225	0	552	1589	21.3
2	0.60	0	0	15.2	224	0	582	1523	33.6
3	0.59	0	0	20.3	178	浮石 36	559	1562	28.1
4	0.56	0	0	15.2	219	0	537	1614	29.6
5	0.47	3.0	0	15.2	111	粉煤灰 53	499	1672	18.7
6	0.54	3.5	0	15.2	111	浮　石 56	461	1651	17.9
7	0.50	3.5	0.37	15.2	111	浮　石 53	474	1662	24.6
8	0.53	3.5	0	15.2	111	页　岩 56	432	1720	20.7
9	0.49	3.0	0	15.2	117	粉煤灰 50	528	1670	—
10	0.42	4.3	0	11.4	221	0	376	1691	33.5
11	0.58	0	0	7.6	276	0	713	1346	22.5

第四节　大体积混凝土施工

大体积混凝土和钢筋混凝土结构，如坝体、大型设备底座基础、高层建筑箱形或板式基础等，体积大，整体性要求较高。在施工时，一般要求混凝土连续浇筑，不留施工缝。如必须留施工缝时，应征得设计单位同意，并应符合《混凝土结构工程施工质量验收规范》（GB50204—2002）的规定。在施工时应分层浇筑，并应考虑水化热对混凝土施工质量的影响，特别是在炎热气候条件下，应采取降温措施。

一、浇筑方案

（一）施工要点

大体积混凝土在浇筑施工时，应采用分段分层浇筑。为保证混凝土在浇筑时不发生离析现象，易于浇筑振捣密实和施工的连续性，施工时应注意满足以下要求：

（1）混凝土自由下落高度超过 2m 时，应采用串筒、溜槽或振动管下落，以保证混凝土拌合物不发生离析现象。

（2）采取分层浇筑，每层的厚度 H 应符合表 45-5 规定，以保证能够振捣密实。

大体积混凝土浇筑层厚度　　表 45-5

混凝土种类	混凝土捣实方法	浇筑层厚度（mm）
普通混凝土	插入式振捣	振捣作用半径 1.25 倍
	表面振捣	200
	人工振捣	
	（1）在基础、无筋混凝土或配筋稀疏构件中	250
	（2）在梁、墙板、柱结构中	240
	（3）在配筋密列结构中	150
轻骨料混凝土	插入式振捣	300
	表面振捣（振动时需加荷）	200

（3）分段分层浇筑时，应保证在下层混凝土凝结前将上层混凝土浇筑并振捣完毕。

（4）分级分层浇筑时，尽量使混凝土浇筑强度（m^3/h）保持一致，供料均衡，以保证施工的连续性。

混凝土浇筑强度 Q，可用下式计算：

$$Q = \frac{F \cdot H}{T}(m^3/h)$$

式中　F——混凝土浇筑区面积（m^2）；

H——浇筑时的分层厚度（m），参考表 45-5；

T——每层间歇时间（h），下层混凝土振捣完毕至凝结的延续时间。

（二）浇筑方案

制定浇筑方案时，首先确定分层厚度 H 及每层时间间隔 T。分层厚度 H，取决于采用的振捣设备；时间间隔 T，与水泥及外加剂的种类和混凝土的温度有关，一般可取 2h。当 H、T 确定后，则根据结构尺寸，现场搅拌机的生产效率等因素，确定最后浇筑方案。

浇筑方案一般有三种：

1. 全面分层

如图 45-1（*a*）所示。在整个模板内全面分层，灌筑区面积下即为基础平面面积。第一层全部浇筑完毕后浇筑第二层，第二层要在第一层混凝土凝结之前，全部浇筑振捣完毕，如此逐层进行。

这时要求搅拌机的生产率能满足浇筑强度 Q 的要求。这种方案，适用于一般平面尺寸不大的结构。

2. 分段分层

如图 45-1（*b*）所示。结构平面面积较大时，全面分层要求混凝土的浇筑强度较大，搅拌机的生产率往往不能满足要求。所以，当结构的厚度不大而面积或长度较大时，可采用分段分层的方案。

混凝土从底层开始浇筑，进行一定距离以后就回头浇筑第二层，如此向前呈阶梯形推进。

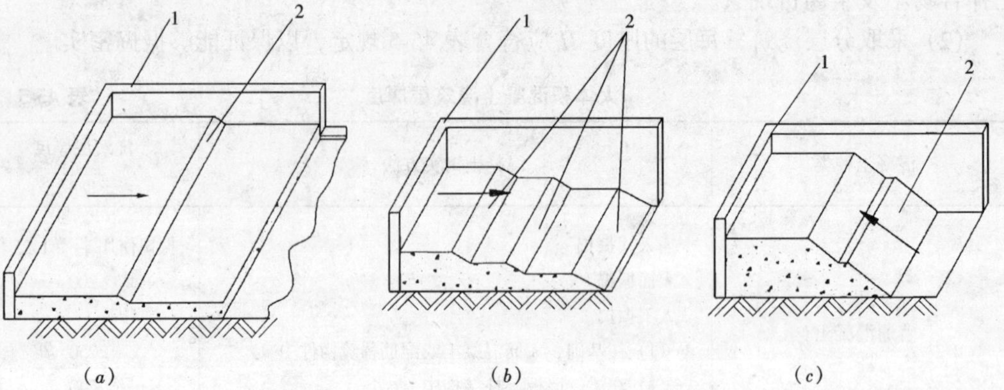

图 45-1 厚大结构的灌筑方案

(a) 全面分层；(b) 分段分层；(c) 斜面分层

1—模板；2—新灌筑的混凝土

3. 斜面分层

如图 45-1 (c) 所示。结构的长度超过厚度的 3 倍时，可采用斜面分层的浇筑方案。振捣工作从浇筑层斜面的下端开始逐渐上移。

二、温度控制

(一) 水化热对混凝土质量的影响

大体积混凝土所特有的主要技术问题，是由于水泥水化作用放出的水化热引起的内部温升，以及随之而发生的冷却差异可能引起的温度应力。

大体积混凝土浇筑完毕后，由于水泥水化作用所放出的热量使混凝土内部温度逐渐升高，混凝土内部的热量又不易导出，造成较大的内外温差，加之混凝土早期的抗拉强度低，弹性模量小，致使混凝土开裂，影响工程质量。

(二) 控制和预防措施

在大体积混凝土施工中，为了保证工程质量，一般可采取如下的措施控制和预防。

1. 原材料

(1) 优先采用水化热较低的水泥。如大坝水泥、矿渣硅酸盐水泥等。

(2) 在保证混凝土强度等级的前提下，使用适当的缓凝减水剂，减少水泥用量、降低水灰比，以减小水化热。

(3) 冷却骨料，特别是冷却粗骨料较冷却细骨料容易一些，具体方法是将石子浇水(井水更好)。

2. 施工工艺

(1) 控制浇筑层厚度和进度，以利散热。

(2) 控制浇筑温度，如在浇筑混凝土时投入适量毛石、蛮石（粒径达 150mm 的大骨料)，以吸收热量，并节约部分混凝土材料，但在这种混凝土中，“毛石块”不应大于总体积的 20%～30%。

(3) 预埋冷却水管，用循环水降低混凝土温度，进行人工导热。循环水是通过管道系统泵入的，以井水为最好。

(4) 在拌合水中加入部分冰块或全部用冰水也是可行的。因此，浇筑温度低于10℃是容易达到的，进一步降至10℃以下则较为困难。拌合物需水量通常随温度降低而减少，故冷却混凝土对配合比是有利的。

(5) 设测温装置，加强观测，并做好记录。

在大体积混凝土施工中，限制温升的主要方法是控制胶凝材料（水泥）的种类和数量，使较低强度等级水泥7d龄期的水化热限制在0.081W/g，28d为0.093W/g以下。采用火山灰、粉煤灰活性混合材料作为代用材料，可进一步延缓和降低发热。延缓水泥发热是有利的，但冷却水管的运用期需要延长。如果配合比中能使胶凝材料的用量不超过140kg/m^3，对大多数混凝土而言，温升可不超过19℃。

第五节　大体积混凝土测温技术

大体积混凝土监控混凝土的水化热是防止混凝土产生裂缝的技术措施之一。以实际工程为例，详细介绍大体积混凝土测温方法，分析大体积混凝土特点和裂缝产生原因，提出大体积混凝土综合防裂措施。

一、工程概况

某高层建筑由6层商场和28层商住楼组成，商场和商柱楼之间标高29.20m处设转换层厚板。该转换层厚板为不规则体积，总面积1328m^2，总厚度为2.2m。根据该工程的具体情况，整个厚板混凝土分两次浇筑，第一次浇筑厚度为700mm，第二次浇筑厚度1500mm。由于第二次浇筑混凝土厚度为1500mm（>1000mm），混凝土用量达2900m^3，属于大体积混凝土，且浇筑期间正值初夏多雨季节，随时都会出现雷雨天气，气温变化莫测，因此有必要对第二次浇筑的混凝土采取蓄热保温养护并进行大体积混凝土温度监测。通过测温监控可随时了解混凝土因水泥水化热作用而产生的混凝土内部温度变化情况，以便及时采取相应措施，控制温差确保工程质量。

二、混凝土配合比

(一) 原材料

1. 水泥

采用地维水泥有限责任公司生产的中热低碱42.5R级水泥。

2. 石子

采用粒径较大骨料，可以减少水泥用量，降低混凝土的干缩和温升。但主要考虑到泵送工艺对混凝土和易性的要求，实际选用了5~20mm小泉碎石。

3. 砂

采用混合砂，其中机制砂占60%，渠河砂占40%。混合砂细度模数≥2.4，含泥量1.0%。

4. 掺合料

采用重庆电厂粉煤灰（一、二级各占50%）。既代替部分水泥以降低混凝土水化热，还可大大改善混凝土拌合物工作性和可泵性。

5. 外加剂

采用长江外加剂有限公司生产的F3泵送剂。

6. 其他

采用 UFA-H 混凝土膨胀剂及杜拉纤维。

(二) 施工配合比

该工程结合施工现场情况，使用泵车连续输送混凝土，要求混凝土拌合物坍落度（18 ± 10）mm。

现场施工混凝土配合比见表 45-6。

C50 转换层混凝土配合比 表 45-6

材料名称	水泥	石子	砂	水	外加剂	F_3	UEA-H	杜拉纤维
每 $1m^3$ 混凝土材料用量（kg）	383	1135	621	175	4.70	60	43	0.7

三、大体积混凝土温度监测

(一) 测温设备

1. 测温仪器

WP-多路巡检显示数字显示仪（香港上润精密仪器有限公司生产）。

2. 测温元件

混凝土内部温度采用 53Ω 铜热电偶，所有热电偶使用前均重新标定；混凝土入模、大气及保温层温度采用水银温度计测取，量程为 0 ~ 100℃。

3. 测区布置

按照测区平面布置原则，结合考虑特殊部位确定测区位置。每一测区均分上、中、下三处埋设传感器，分别测试转换层厚板各部位上部、中部和下部的温度，其中上、下部传感器距混凝土表面 50mm。该混凝土表面积大，设置了 35 处测区，共 105 个测点（见测温布置示意图 45-2）。现场布置时，首先用不同颜色电线将传感器接头分别引出，作为测温时搭接测头（此处使用不同颜色电线以示区别）；其次将引有不同颜色电线的传感器端按照预定顺序分别绑缚在 $\phi10$ 钢筋上、中、下三处，如传感器示意图 45-3 所示；最后，将绑有传感器的钢筋沿混凝土厚度方向插入，靠于结构布筋附近并用细铁丝绑扎或点焊加以固定。

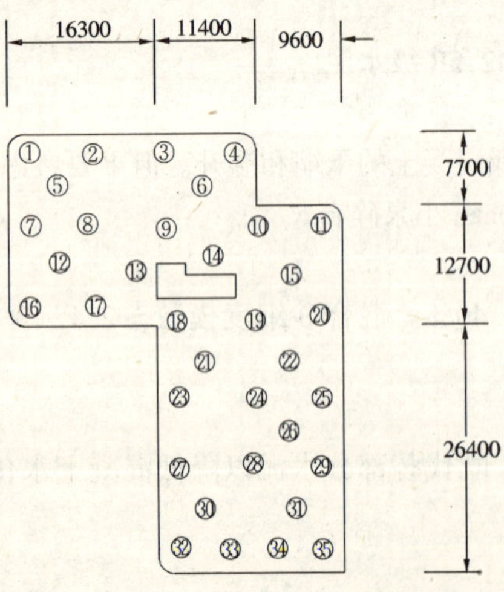

图 45-2 测温布置示意图

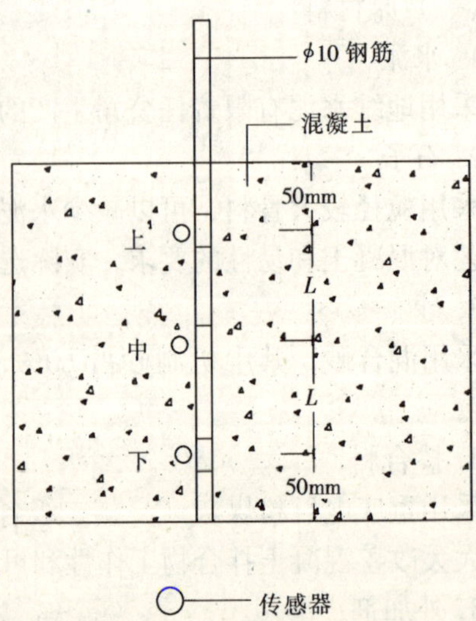

图 45-3 传感器布置示意图

（二）测温方案

通常有两种方案，如图 45-4 所示。

1. 方案 A

一对多，即一个接头对应多个测点。“一对多”是指从测温仪引出一个电线接头，测温过程中以此接头依次去搭接各测区。

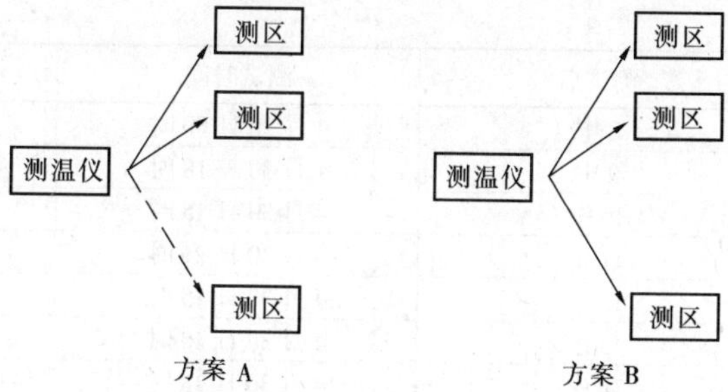

图 45-4　测温方案示意图

2. 方案 B

多对多，即多个接头对应多个测点。“多对多”是指从测温仪引出若干接头与测区数目形成对应关系，测温时按照对应关系固定于相应测区。

以上两种方案各有其优缺点：方案 A 只需引出一根较长电线接头，电线材料使用量少，成本较经济，且现场布置简单，但测温过程费时费力，效率低下；而方案 B 所用电线较多，因此成本相应增加，同时现场布置繁琐，但测温过程省时省力，效率较高。两种方案的选择需根据经济性、工程性质和施工现场综合确定。考虑到经济性以及工程性质，该转换层大体积混凝土测温采用了第一种方案（即 A 方案）。

（三）现场监测

1. 测温时间

混凝土浇筑时即进行测温；混凝土升温阶段，每隔 3h 测温一次；混凝土降温阶段，每隔 6h 测温一次。

2. 混凝土浇筑过程

转换层厚板于 2001 年 4 月 28 日 15 时开始浇筑混凝土，至 5 月 1 日凌晨浇筑完毕。转换层厚板混凝土开始浇筑时即进行测温，混凝土入模温度为 32℃。6h 后开始升温，以后温度逐步上升。在测试期间，4 月 30 日 12:00 时发现 19、20 两测区混凝土内外温差较大；19 测区温差为 29℃，20 测区温差为 25.4℃。分析其原因，导致内外温差越来越大主要是由于混凝土中部温度迅速上升而上部温度却较低的缘故。为此，在 19、20 两测区重新加盖两层草垫，混凝土的上部温度逐渐升高，内外温差最终降低到规范值之内（<25℃），消除了因温差大引起混凝土开裂的隐患。

3. 温度监测结果与分析

转换层厚板混凝土各测区中部混凝土峰值与混凝土入模时间关系，及转换层厚板各测区混凝土中部达到混凝土峰值时混凝土内外温差分别见表 45-7 和表 45-8。

混凝土各测区中部混凝土峰值与混凝土入模时间　　表 45-7

测试点	测试时间	中部混凝土峰值（℃）	混凝土入模时间（h）
1 中	4 月 30 日 09 时	64.7	42
2 中	4 月 30 日 15 时	65.6	44
3 中	4 月 30 日 21 时	67.5	44
4 中	4 月 30 日 15 时	65.4	37
5 中	4 月 30 日 18 时	69.1	48
6 中	4 月 30 日 24 时	67.6	45
7 中	4 月 30 日 09 时	66.0	40

续表

测试点	测试时间	中部混凝土峰值（℃）	混凝土入模时间（h）
8中	4月30日09时	70.9	38
9中	4月30日18时	66.6	39
10中	4月30日15时	64.5	38
11中	4月30日21时	66.1	39
12中	4月30日15时	70.9	48
13中	4月30日18时	65.4	39
14中	4月30日18时	65.3	40
15中	4月30日18时	67.9	38
16中	4月30日6时	65.0	38
17中	4月30日24时	69.8	48
18中	4月30日3时	65.6	45
19中	5月01日3时	66.9	43
20中	5月01日3时	65.7	43
21中	5月01日3时	66.0	42
22中	5月01日12时	70.5	48
23中	5月01日21时	63.1	48
24中	5月01日12时	65.6	46
25中	5月01日15时	62.4	45
26中	5月01日21时	67.2	39
27中	5月01日21时	60.4	42
28中	5月01日21时	62.4	39
29中	5月01日21时	60.1	44
30中	5月02日12时	63.2	46
31中	5月02日21时	62.2	37
32中	5月02日12时	59.8	39
33中	5月02日18时	58.5	48
34中	5月02日15时	58.4	47
35中	5月02日18时	59.8	46

混凝土各测区中部达到混凝土峰值时混凝土内外温差 **表 45-8**

时间	测区	下部（℃）	中部（℃）	上部（℃）	表面（℃）	气温（℃）	中部与上部温差（℃）	表面与上部温差（℃）	表面与环境温差（℃）
4.30—9:30	1	53.0	64.7	60.7	52.0	16.0	4.0	12.7	36.0
4.30—15:00	2	47.7	65.6	51.0	39.0	23.0	14.6	12.0	16.0
4.30—21:00	3	53.5	67.5	46.3	40.0	19.0	21.2	6.3	21.0
4.30—15:00	4	49.8	65.4	48.5	34.0	23.0	16.9	14.5	11.0
4.30—18:00	5	53.1	69.1	49.8	40.0	20.0	19.3	9.8	20.0
4.30—24:00	6	51.3	67.6	50.2	43.0	16.0	17.4	7.2	27.0
4.30—09:00	7	49.2	66.0	59.5	45.0	16.0	6.5	14.5	29.0
4.30—9:00	8	50.2	70.9	59.6	44.0	16.0	11.3	16.6	28.0
4.30—18:00	9	50.5	66.6	58.1	48.0	20.0	8.5	10.1	28.0
4.30—15:00	10	50.5	64.5	46.8	38.0	23.0	17.7	8.8	15.0
4.30—21:00	11	49.8	66.1	61.5	51.0	19.0	4.6	10.5	32.0
4.30—15:00	12	49.5	70.9	52.0	36.0	23.0	18.9	16.0	13.0

续表

时　间	测 区	下 部（℃）	中 部（℃）	上 部（℃）	表 面（℃）	气 温（℃）	中部与上部温差（℃）	表面与上部温差（℃）	表面与环境温差（℃）
4.30—18:00	13	48.8	65.4	52.5	44.0	20.0	12.9	8.5	24.0
4.30—18:00	14	49.4	65.3	53.3	41.0	20.0	12.0	12.3	21.0
4.30—18:00	15	48.9	67.9	57.2	46.0	20.0	10.7	11.2	26.0
4.30—6:00	16	49.0	65.0	61.1	45.0	15.0	3.9	16.1	30.0
4.30—24:00	17	50.4	69.8	56.6	42.0	16.0	13.2	14.6	26.0
5.01—3:00	18	50.2	65.6	57.6	50.0	21.0	8.0	7.6	29.0
5.01—3:00	19	50.3	66.9	50.2	45.0	21.0	16.7	5.2	24.0
5.01—3:00	20	49.4	65.7	45.7	40.0	2.0	20.0	5.7	19.0
5.01—3:00	21	48.8	66.0	52.2	41.5	21.0	14.8	10.7	20.5
5.01—12:00	22	53.8	70.5	50.8	44.0	25.0	19.7	6.8	19.0
5.01—21:00	23	51.2	63.1	50.8	41.5	20.0	12.3	9.3	21.5
5.01—12:00	24	51.5	65.6	52.0	45.5	25.0	13.6	6.5	20.5
5.01—15:00	25	51.0	62.4	54.4	50.0	27.0	8.0	4.4	23.0
5.01—21:00	26	49.5	67.2	53.6	44.0	20.0	13.6	9.6	24.0
5.01—21:00	27	44.8	60.4	51.3	45.0	20.0	9.1	6.3	25.0
5.01—21:00	28	43.5	62.4	54.3	45.5	20.0	8.1	8.8	25.5
5.01—21:00	29	44.7	60.1	53.5	39.0	20.0	6.6	14.5	19.0
5.02—12:00	30	45.0	63.2	56.6	50.0	34.0	6.6	6.6	16.0
5.02—21:00	31	48.6	62.2	58.2	50.0	24.0	4.0	8.2	26.0
5.02—12:00	32	44.5	59.8	56.3	54.0	34.0	3.5	2.3	20.0
5.02—18:00	33	44.3	58.5	55.9	50.0	27.0	2.6	5.9	23.0
5.02—15:00	34	45.0	58.4	52.3	48.0	32.0	6.1	4.3	16.0
5.02—9:00	35	43.0	59.8	55.8	51.0	23.0	4.0	5.2	27.0

表 45-7 数据显示，混凝土峰值最高达 70.9℃。尽管水化热开始的时间以及各测试点混凝土最高温度形成时间不等，但数据变化趋势与水泥水化规律基本相符。混凝土峰值出现最高值（70.9℃）为转换层厚板第 12 测区，这是由于其位于转换层厚板的最中心位置，不易散热，因此较其他测试点偏高 1～10℃。

从以上各测区看出，混凝土各处浇筑时间不一致及各测区位置不同，但因水化热而出现最高温度的时间均很正常。最高温度大致出现在混凝土浇筑之后的 40～48h 之内。

从表 45-8 数据看出，转换层厚板各测区内外温差（中部与上部温差）平均保持在 10～20℃之间，变化幅度不大；混凝土表面与上部温差变化幅度相对更小，仅为 5～15℃之间。而表面与环境温差在 15～35℃之间变动，变化幅度相对较大。就最大温差相比而言，中部与上部温差较大为 21.2℃，上部与表面温差仅为 16.0℃，而表面与环境温差竟高达 36℃。

根据上述分析，混凝土各测区中部达到混凝土峰值时混凝土内外温差基本上都控制在规范范围内（25℃），表明混凝土养护采取覆盖双层保温材料兼蓄水加热措施是相当有效的。混凝土表面覆盖塑料薄膜或彩条布一方面能够防止因阳光直射混凝土表面而引起表面的收缩开裂，同时还能避免水分蒸发，通过采取在塑料薄膜上盖草垫、蓄水、碘钨灯加热及草垫上加盖一层塑料薄膜或彩条布等措施，能够使混凝土表面逐步升温并最终维持在一个相对恒定且较高的温度。正是由于采取以上多重保温措施，使得混凝土表面温度较高，从而避免了因混凝土表面温度较低而出现内外温差过大的不良后果。而在转换层厚板上方搭建一个密封棚，可形成一个较为稳定的环境，使混凝土表面温度不因外界气温的变化而发生较大的波动，消除因外界影响而导致混凝土内外温差过大的隐患。根据表45-8中表面与环境之间较为悬殊的温差数据不难得出，密封棚起到了至关重要的保温作用。以上现场监测结果表明，现场采取的混凝土保温措施是行之有效的。

四、大体积混凝土综合防裂措施

在大体积混凝土工程施工中，水泥水化热的释放会引起大体积混凝土内外形成较大温差，导致混凝土内产生较大的温度应力，导致混凝土发生裂缝。因此，为了防止裂缝的发生和开展，应着重从控制温升，减少温度应力方面采取技术措施。

（一）原材料

由于水泥水化会释放大量的热量，因此应选用水化热较低的水泥以及尽量降低单位水泥用量。该工程选用了水化热较低的42.5级中热水泥。除水泥之外，其他原材料的选择也应以降低水泥用量和降低水化热量为主要原则。

（二）混凝土施工

混凝土抗拉强度远远小于其抗压强度，这是混凝土容易开裂的内在因素。因此，在混凝土配合比中使用杜拉纤维以提高其抗拉强度。

（三）混凝土养护

在尽量减少混凝土内部温升的前提下，大体积混凝土的养护尤为重要。养护主要是保持适宜的温度和湿度条件，混凝土的保湿措施常常也起到保温作用，因此兼收两方面的效果。根据温度应力的观点，保温的目的有两个，其一是减少混凝土表面的热扩散，减少混凝土表面的温度梯度，防止产生表面裂缝；其二是延长散热时间，充分发挥混凝土强度的潜力和材料松弛特性，使平均总温差对混凝土产生的拉应力小于混凝土抗拉强度，防止产生裂缝。

以上措施之间是相互联系，相互制约的，必须结合实际全面考虑合理采用，才能收到防止混凝土裂缝的效果。

第六节　高性能混凝土在大体积混凝土工程中的应用

一、工程概况

某工程地下室一层，面积约1600m^2，层高3.5m，局部4.5m，地下室底板为无梁板基础，厚度为1m，局部最深处达4.65m，属大体积混凝土工程。混凝土强度等级C40，抗渗等级P6，混凝土一次浇筑量约300m^{3}左右。工程要求混凝土水化热低，收缩小，凝结时间较长，并具有良好的工作性，而施工期间气温较高，白天现场最高气温达31℃。为此，在混凝土配制时采用了高性能混凝土。

二、C40高性能混凝土的配制与确定

1. 技术方案确定

（1）配制强度 $f_{cu,0} \geqslant f_{cu,k} + 1.645\sigma$

（2）凝结时间：初凝12~14h，终凝14~16h。

（3）坍落度：≥180mm，经时损失≤20mm。

（4）水化热：推迟峰值出现，并降低温峰。

2. 制定技术措施

为了满足以上技术指标，在原来C40、P6的基础上采取以下技术措施：

（1）在不影响混凝土28d抗压强度的基础上，加大矿粉的掺量，尽可能减少单方水泥用量，有效地控制水化热。

（2）适当提高缓凝高效减水剂掺量，延长混凝土凝结，进一步推迟水化热温峰出现。

（3）掺10%的AE膨胀剂作为补偿收缩。

3. 原材料选择

原材料选择主要根据常用材料，选择供应能力、质量稳定的材料。

（1）水泥：选择质量稳定，活性较好的42.5级普通硅酸盐水泥，物理力学性能见表45-9。

水泥的物理力学性能　　表45-9

安定性	凝结时间（h:min）		抗压强度（MPa）		抗折强度（MPa）	
	初凝	终凝	3d	28d	3d	28d
合格	2:10	3:47	29.7	55.4	5.1	8.4

（2）砂：桐庐中砂，细度模数 $M_x = 2.45$，含泥量0.8%，泥块含量0.5%。

（3）石子：绍兴东风石场生产的5~25mm碎石，含泥量0.8%，泥块含量0.3%，针片状8.1%，压碎指标7.6%。

（4）粉煤灰：萧山发电厂风选二级灰，物埋性能见表45-10。

粉煤灰物理力学性能　　表45-10

细　度（%）	烧失量（%）	SO_3含量（%）	需水量比（%）
18.4	5.2	0.35	103

（5）矿粉：安徽朱家桥水泥公司生产的磨细矿粉，物理性能见表45-11。

矿粉物理力学性能　　表45-11

级　别	密度（g/cm^3）	比表面积（m^2/kg）	SO_3含量（%）	烧失量（%）
S105	2.9	467	0.25	0.45

（6）外加剂：某公司生产的JHN-1复合型缓凝高效减水剂，技术指标见表45-12。

JHN-1复合型缓凝高效减水剂技术指标　　表45-12

名　称	掺量（%）	流动度（mm）	砂浆减水率（%）
JHN-1	2	210	22

(7) 膨胀剂：萧山特种水泥厂生产的AEA膨胀剂，物理性能见表45-13。

AEA膨胀剂物理性能指标 表45-13

稠度（%）	掺量（%）	凝结时间（h:min）		限制膨胀率（%）	
		初凝	终凝	水中14d	空气28d
25	10	2:55	5:30	0.044	-0.006

4. C40高性能混凝土配合比确定

在选择配合比时，结合以往的试验研究及实际工程应用情况，根据技术方案及原材料情况，对矿粉掺量进行对比试验，不再对砂率、水灰比等进行对比试验。试验见表45-14。

矿粉掺量对比试验 表45-14

试验编号	水泥（kg）	β_s（%）	水灰比（W/B）	矿粉（%）	AEA（%）	JHN（%）	F（kg）	坍落度（mm）	抗压强度（MPa）	
									7d	28d
04—01	230	43	0.45	25	10	2	62	170	33.3	51.3
04—02	213	43	0.45	30	10	2	62	205	30.2	49.4
04—03	200	43	0.45	35	10	2	62	210	32.5	51.6

从表45-14来看，在其他条件都相同下，随着矿粉掺量的增加（25%~35%），混凝土的28d强度基本不受影响，但混凝土的流动性逐渐变好，比较适合大体积混凝土泵送施工。考虑施工时气温较高，原材料实际温度与试验室试配有差距，混凝土实际需水量大于试配。故在生产调整时，在04—03试验的基础上作了如表45-15中所列的调整。

矿粉掺量调整表 表45-15

C（kg）	β_s（%）	水灰比（W/B）	F（kg）	矿粉（%）	AEA（%）	JHN-1（%）	坍落度（mm）		凝结时间（h:min）	
							初拌	1h后	初凝	终凝
204	43	0.45	63	35	10	2.0	185	170	13:00	15:00

从表45-15可知，该级配混凝土坍落度损失小，凝结时间长，易于大体积混凝土工程的泵送施工。

三、混凝土性能试验

1. 力学性能

按每100m³抽查一次，共30次，每次做1~2组试件，其中做2组的供龄期7d或60d试压，以观察混凝土强度发展情况，具体统计评定按28d强度，见表45-16。

C40混凝土强度评定 表45-16

组数	M_{fcu}	$f_{cu,min}$	强度评定条件		评定结果 S_{fcu}
			$m_{fcu} \geqslant \lambda_1 S_{fcu} + 0.9 f_{cuk}$	$f_{cu,min} \geqslant \lambda_2 f_{cu,k}$	
30	49.4	42.8	$49.4 > 1.6 \times 3.58 + 0.9 \times 40 = 41.7$	$42.8 > 0.85 \times 40 = 34$	合格 3.58

2. 抗渗试验

抗渗试件经28d标准养护后进行，试验按常规每8h加压一次，最大压力到2.5MPa，持续8h后卸压劈裂测渗水高度（mm），见表45-17。

C40 混凝土抗渗试验　　表 45-17

编　　号	01	02	03	04	05	06
渗水高度（mm）	42	41	23	25	36	18

从试验可知，C40 高性能混凝土抗渗等级大于 P25，远远超过设计要求。同时说明了该混凝土具有良好的密实性。

3. 混凝土膨胀性能试验

采用 C40 普通混凝土、C40（P6）补偿缩混凝土及 C40（P6）高性能混凝土各成型一组（100mm × 100mm × 300mm）试件，置于（20 ± 3）℃的水中养护至 14d，然后移入温度（20 ± 3）℃、湿度（60 ± 5）%的温室养护至规定龄期，分别测得各龄期混凝土的长度变化，得到混凝土的限制膨胀率和龄期的关系（表 45-18）。

C40 混凝土膨胀性能试验　　表 45-18

名　称	限制膨胀率（%）				
	3d	7d	14d	21d	28d
C40 普通	0.0017	0.0007	0.0005	-0.0075	-0.0139
C40（P6）补	0.0125	0.0137	0.0145	0.0062	-0.0022
C40（P6）高	0.0162	0.0168	0.0159	0.0122	0.0055

从表 45-18 可以看出，混凝土的收缩随着龄期的增长而趋增大。对比三个级配：C40 普通混凝土收缩值较大，不利于裂缝的控制；C40（P6）补偿收缩混凝土收缩值较小，明显改善 C40 普通混凝土的缺点；C40（P6）高性能混凝土在 28d 有微膨胀，混凝土补偿能力强，对混凝土控制裂缝特别是大体积混凝土工程是相当有利的。

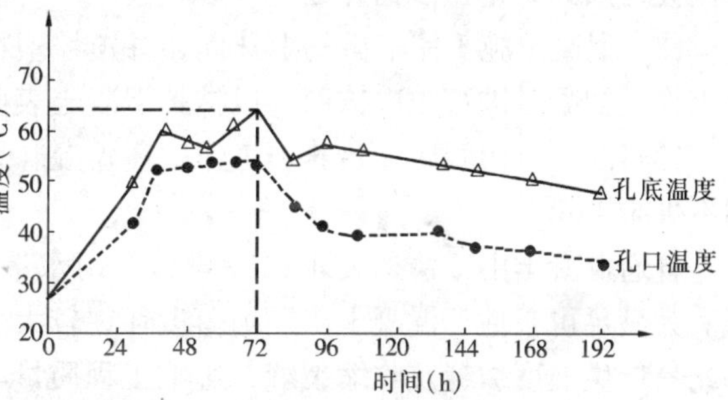

图 45-5　测温曲线（测点埋入混凝土 1m 深）

4. 水化温度的测定

经连续测温，得到图 45-5、图 45-6 曲线（其中图 45-5 为测点埋入混凝土 1m 深，图 45-6 为测点埋入混凝土 4m 深）。

从图 45-5 可知，混凝土内部最高温度 67℃，但此时混凝土内外温差 12℃小于 25℃，不足以产生温度裂缝。7d 的测温混凝土内外温差在 4～23℃之间，因此，混凝土不会产生温度裂缝。图 45-6 所示混凝土最高温度达 79℃，内外温差首次超出 25℃的是 6 月 5 日 12:49，但此时混凝土龄期已达 114h，混凝土抗拉强度已能够抵抗温度应力，故无裂缝产生。从测温情况看，大体积混凝土工程不但要控制水化热，同时也要加强养护，特别要加强混凝土早期的保温养护，减少混凝土内外温差，才能有效地控制混凝土裂缝产生。

四、C40 高性能混凝土在工程中的应用

高性能混凝土在大体积混凝土工程中的应用包括生产与施工两个方面，是一项综合技

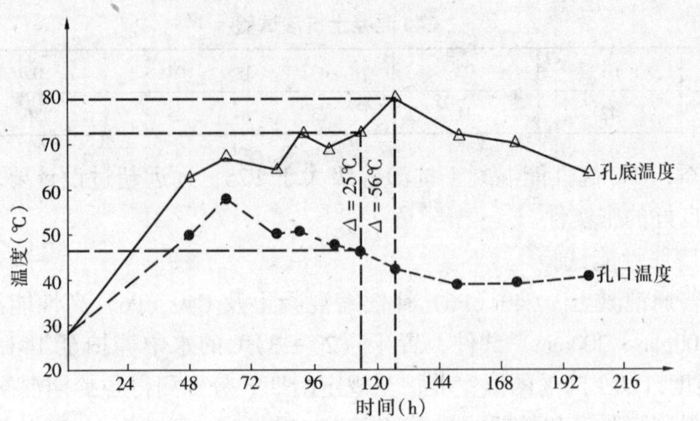

图 45-6 测温曲线（测点埋入混凝土 4m 深）

术。因此，在保证生产的同时，必须有相应的施工方案与养护措施才能保证高性能混凝土的质量。杭州高新留学生创业园底板工程，拆模后，混凝土表面光洁度好，无裂缝产生，其具体施工要点如下：

(1) 混凝土浇捣时采用斜向分层法浇捣，分层厚度不超过 400mm，并保证上下层混凝土之间在初凝前结合好。混凝土振捣要根据泵管流向插入振捣混凝土，做到“不漏振，快插慢拔，点到为止，恰到好处”。

(2) 混凝土施工完毕后马上抹面，并覆盖塑料薄膜，防止混凝土表面水分蒸发。在混凝土临近初凝时进行二次抹面，以抹掉混凝土表面浮浆。

(3) 混凝土初凝后开始养护工作，覆盖湿麻袋，混凝土终凝后蓄水保温养护，养护时间不少于 14d。

普通混凝土由于泵送要求，一般具有用水量大，水泥用量高，坍落度损失较大的缺点。为满足可泵性，混凝土出厂坍落度往往较大。混凝土由于过高的水化热及过大的收缩率，易产生温度裂缝及收缩裂缝，影响工程质量。特别是大体积混凝土工程，混凝土内部温度高，而表层受外层温度影响大，温度梯度大，降温快，易产生冷缩裂缝。应该说，裂缝问题是现代混凝土质量控制的主题与难题。

通过掺磨细矿粉、粉煤灰、膨胀剂及高效减水剂配制的高性能混凝土能有效地降低混凝土水化热，推迟温峰出现，减少混凝土收缩，改善混凝土体积稳定性。更重要的是能改善混凝土中水泥石的孔结构及水泥石与骨料的界面结构，使混凝土强度、抗渗等指标明显提高。因此，高性能混凝土在实际工程、特别是大体积混凝土工程的应用是相当有意义的。

第七节 波纹管导水降温在大体积混凝土施工中的应用

混凝土结构出于种种原因，从施工开始到正常使用都会承受程度不同的温度作用。温度作用对混凝土结构的最不利影响就是导致混凝土结构出现温度裂缝，据统计，混凝土结构中的裂缝属于由变形为主引起的约占 80% 左右，属于由荷载作用为主引起的约占 20% 左右。而在变形变化引起的裂缝中，温度变形是导致裂缝的主要原因。温度裂缝的出现给结构带来了一系列的劣化作用。目前，大体积钢筋混凝土已广泛应用在大型水工、港工建筑物中。而公共建筑的基础构件大体积混凝土，与大坝等大型水工构造物相比，几何尺寸没有大坝那么大，但混凝土强度等级比较高，水泥用量较大，有抗不均匀沉降的受力配筋等。因此，公共建筑中的大体积钢筋混凝土结构施工，有许多特有的技术和经济问题值得探讨和研究。本文以某地中心城佳丽广场主楼承台底层大板 10300m^3 混凝土施工为例，对采用波纹管导水降低大体积混凝土内部温度，控制混凝土温度裂缝的作用进行了初步探讨。

一、工程概况

某地区中心城佳丽广场位于繁华的商业中心，东临交通路，西接老城区居民区，南临花楼街，北面中山大道。该工程占地面积 16000m^2，主楼 53 层，裙楼 8 层，地下室 2 层。主楼大体积混凝土承台是该工程中最重要的部位，也是施工难度最大的区域，该承台平面尺寸为 62.528m×57.764m，厚 4.0m，总混凝土量约为 14600m^3。承台为基础工程中央，沿承台周围设置 1m 宽后浇带，周围板筋锚入主楼承台 0.75m，基础梁按 45d 锚入主楼承台。主楼承台基础钢筋约为 1500t，分 4 层网片置入基础上中下层。主楼承台还沿轴线布置 1.5～2.4m 的暗梁，基础底部中心 ϕ1000mm、ϕ1200mm 的钻孔灌注桩，共 440 根锚入主楼承台内，主承台分两次浇捣，第一次浇捣 2.9m，混凝土约为 10300m^3，第二次浇捣 1.2m，混凝土量约为 4300m^3。

二、温度裂缝展开机理及其控制措施

混凝土结构温度裂缝展开机理是结构承受温度作用后要产生温度变形，若温度变形能自由发展，则结构内将不产生温度应力，也就不会出现温度裂缝；若温度变形受到约束而不能自由发展，则结构内将产生温度应力，温度应力大于混凝土抗拉强度时就产生温度裂缝。

在大体积混凝土施工中将使用大量水泥，这些水泥水化时放出大量水化热，由于混凝土体积大，相对散热面积小，水化热不易散发而积聚在结构内部，导致温度急剧升高，随着水泥水化过程的继续，混凝土结构内部随之而来的将会是降温过程，就在这升温和降温过程中，由于下述原因会产生裂缝。

1. 内外温差

混凝土内部热量积聚不易散发，外部则散热较快，无论在升温或降温过程中，混凝土表面温度总低于内部温度。即使在混凝土硬化后期，水化热散尽，结构温度也接近周围气温，这时若受寒侵袭、气温骤降、结构表面急冷，仍会产生内外温差。这种温差造成内部和外部热胀冷缩的程度不同，就在混凝土表面产生抗应力（又称内约束力）。当温差大到一定程度，表面的抗应力超过当时混凝土的极限抗拉强度时，混凝土表面就会产生裂缝。温度应力与温差 T 的大小成正比，尽可能减少温差是控制温度裂缝的主要措施之一。

2. 收缩作用

温升造成热胀，降温产生冷缩，混凝土在浇捣过程中因其处于流动状态，或只有很低的强度，水化热造成的热胀受到的约束很小。混凝土硬化后发生的收缩（此时还有干缩）将受到地基（佳丽广场大承台有 440 根桩基）的强大约束，产生很大的外约束应力。当这种约束在基础内产生的抗应力超过此时混凝土的极限抗拉强度时，就会在基础内部产生裂缝。

表面裂缝与内部裂缝叠加起来，就可能贯穿结构的整个截面，对结构造成严重危害。

混凝土是含有多相结构的非匀质体，要想其中不出现任何裂缝是不可能，但必须防止影响结构正常使用的有害裂缝出现。如何控制裂缝呢？由前述分析可见，温度应力是前期裂缝的主要原因，而导致产生内约束应力的内外温差，其主要矛盾方面是内部温度升高，至于产生约束力的冷缩，亦是热胀的后果，所以控制大体积混凝土的温升是控制裂缝的关键。

三、波纹管导水降温原理

根据前面所述，为了达到将大体积混凝土内部大量水化热迅速排至体外，以控制降低混凝土内部温度，减小混凝土内外温（度）差的目的，采用如图 45-7 所示的波纹管循环导流体系，如同在混凝土内安置了一套冷却系统，即当混凝土内温度升高时，可以通过加大波纹管进水管水压（即改变循环水的流动速度），迅速将水化热排至体外。按此原理，可以完全控制混凝土内外温差，降低混凝土的热胀冷缩程度、减小混凝土收缩量。

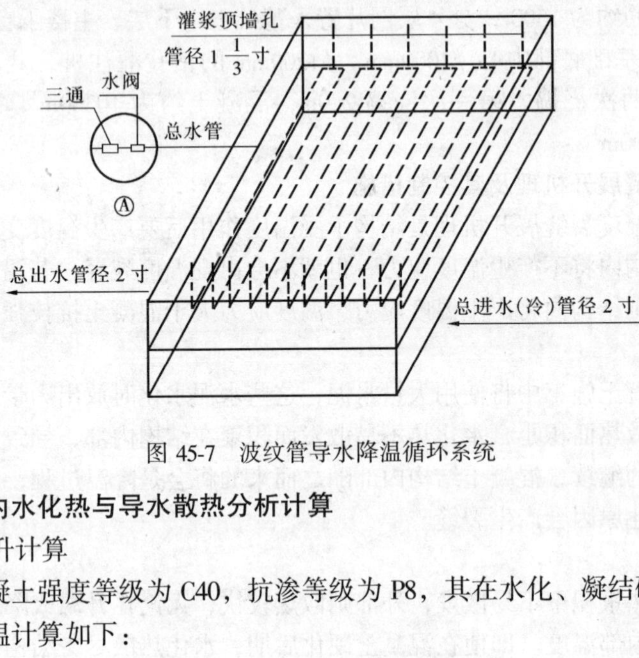

图 45-7　波纹管导水降温循环系统

四、混凝土内水化热与导水散热分析计算

1. 混凝土温升计算

该大体积混凝土强度等级为 C40，抗渗等级为 P8，其在水化、凝结硬化过程中不考虑散热情况下，升温计算如下：

$$T=\frac{C_0\times Q}{C_c\times\rho_c}\cdot(1-e^{-mt})$$

式中　C_0——每 $1m^3$ 混凝土水泥用量（kg/m^3）；

Q——每 1kg 水泥水化热（J/kg）；

ρ_c——混凝土湿堆积密度（kg/m^3）；

e——常数：2.718，经验系数 $m=0.3$；

t——龄期（d）。

52.5 级矿渣水泥：$C_0=430kg/m^3$；

52.5 级矿渣水泥水化热：$Q=380J/kg$；

混凝土比热：$C_c=0.96\ J/(kg\cdot K)$。

混凝土最高水化热绝热温度：

$$T_{max}=\frac{430\times380}{0.96\times2400}(1-e^{-mt})=71℃$$

78h 水化热绝热温度：

$$T_{(78h)}=\frac{430\times380}{0.96\times2400}(1-e^{-0.3\times3.25})=44.2℃$$

按记录，如图 45-8 中入模量温度 28℃，此时混凝土温度应为 72.2℃，而实际测得最高温度为 61.7℃。

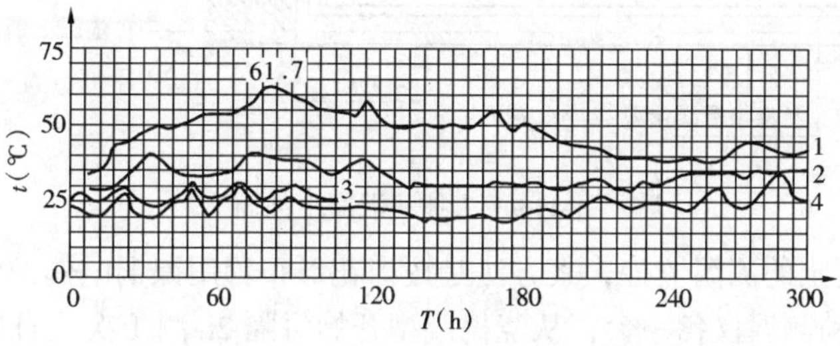

图 45-8　佳丽广场地库承台测温曲线图

1—混凝土的内部温度；2—混凝土的表面温度；3—混凝土的入模温度；4—自然状态下大气温度

2. 导水吸热计算

本工程采用两台 220kW 水泵以供水量 $8.4m^3/h$，转换抽水进入循环管道。进水温度为 18℃，出水温度为 30～58℃。因此循环导水系统每小时吸收混凝土内的水化热热量为：

$$P_{吸}=M_{水}C_{水}(t_{出}-t_{入})$$

$$M_{水}=8400kg/h \quad t_{出}\text{ 取 }40℃$$

$$C_{水}=4.19kJ/kg\cdot k \quad t_{入}\text{ 取 }18℃$$

$$P_{吸}=8400\times4.19(40-18)=7.7\times10^5kJ$$

本工程从混凝土浇捣的 48h 后开始抽水循环，在混凝土浇捣完毕 120h 后 3d 时间内，一共从混凝土内吸收热量：

$$P_{吸}=6\times24\times7.7\times10^5=1.11\times10^8kJ$$

平均从每 $1m^3$ 混凝土中吸收的热量：

$$W=1.11\times10^8/10300=1.07\times10^4kJ$$

该热量相当于让 2.5t 水升温 1℃所需要的热量。所以在实际测得的温度与理论计算温度相差 72.2－61.7＝10.5℃，这其中相当大的一部分热量被循环水带走排至混凝土体外。

五、施工过程中的主要措施

(1) 考虑到浇筑混凝土初凝时间、水化热及抗渗性能等问题，施工时掺入 ML-Ⅱ高效缓凝减水剂（掺量 1%），可减少水泥和水的用量，降低水灰比，减少水化热的发展，使混凝土初凝时间推迟到 10h 左右，同时推迟了水化热放热高峰时间。

(2) 采用早期活性低的水泥品种（华新 52.5 级矿渣水泥）并掺入 15%粉煤灰，以降低早期强度发展过程中的水化热。

(3) 用同强度等级混凝土在大体积面上筑成 100mm 高的小坝，将波纹管放出的热水流入其内，不停地用热水层代替薄膜、草包等进行养护，如图 45-9 所示。波纹管导水降温直到内外温差在 10℃左右为止，停止水循环后，立即采用灌浆方法将波纹管封堵。

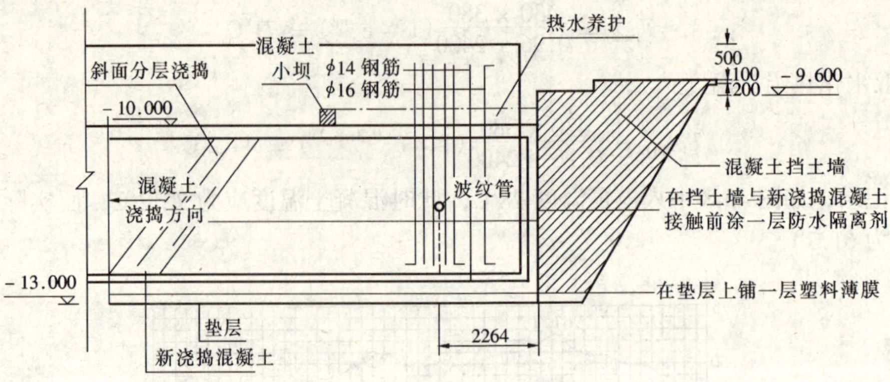

图 45-9 大体积混凝土剖面

(4) 加强混凝土的测温监控，其方法是按梅花形布置用镍铜电偶做的 22 个测温元件，用 8 点和 30 点自动测温仪各一台，从浇捣成型开始每隔 2h 测 1 次，直到混凝土温度开始下降，内外温差在 15℃左右为止。

六、技术经济效果分析

某地区中心城佳丽广场主楼承台基础于 1995 年 5 月顺利完工。在 1 万多立方米大体积混凝土承台施工中所使用的波纹管循环导流降低混凝土内部温度工艺首次应用，以本工程为例可总结出以下优点：

(1) 方案设计合理，施工简单，就地取材，费用低廉。本工程波纹管循环导流降温系统的主要进出口管是一般脚手架所使用的 φ48mm 钢管，降温完毕后可以回收利用其降温水（为该工程深井降水抽上来的地下水），其总投资（含灌浆封堵及人工费）不超过 2 万元。其循环出来的热水温度高达 58℃，用来养护混凝土，既有利于混凝土有良好的养护环境，提高混凝土表面温度，降低混凝土内外温差，同时又节省了一般常用的诸如薄膜、草包保温养护（两者合计约 4 万多元）的费用。

(2) 淘汰了被动的既影响工期又难以在密集钢筋中预留散热孔洞的方法，可以从主观上根据降温需要，调节各个分流管道的阀门，分区分段的通过，人为改变水压和水流量进行降温，这更加大了控制混凝土内外温差范围的可靠度。在降温和混凝土养护的同时，因混凝土面没有覆盖物而可以继续上部钢筋的绑扎及下道工序的施工。另外灌浆封堵波纹管，只在承台的边沿进行，不占施工作业面。这就无需占用施工工期，影响施工进度。

(3) 保证了混凝土水平施工缝的干净。由于大体积承台混凝土分两层浇捣（下层厚 2.9m，混凝土量 10300m^3，上层厚 1.2m，混凝土量 4300m^3），水平施工缝上面竖向钢筋密集，一旦因用草包等覆盖而留下杂物，那就相当难以清除了。

总之，采用波纹管循环导流降低大体积混凝土内部温度，产生了较好的经济效益，技术方面也有保障。

第八节 大体积混凝土冬期冷法施工

随着国民经济的发展，大型现代化技术设施或构筑物不断增多，而大体积混凝土往往是构成其主体的重要组成部分，并且相当多一部分大体积混凝土需要在冬期进行施工。

大体积混凝土，是指混凝土结构物中实体最小尺寸≥1m的部位所用的混凝土。大体积混凝土的最主要特点则以大区段为单位进行施工，施工体积厚大，由此带来的问题是水泥水化作用所放出的热量使混凝土内部温度逐渐升高，由此产生的内部的热量又不易导出，造成较大的内外温差，加之混凝土早期抗拉强度低，弹性模量小，致使混凝土开裂，影响工程质量。为了防止裂缝的发生，必须采取切实的措施。

由于混凝土自身的特点，环境温度对工程质量的影响极大。而大体积混凝土还受决定内外温差的内在因素的影响。

一、混凝土冬期施工的原材料要求

1. 水泥

大体积混凝土施工宜采用低热水泥。水泥的水化热主要取决于其矿物成分，要降低水泥的水化热，主要是选择适宜的矿物组成。实验表明，要减小水泥的水化热和放热速率，必须降低熟料中C_3A和C_3S的含量，尤其是C_3A的含量，则相应提高C_2S和C_4AF的含量。但也要考虑到，C_2S的早期强度很低，不宜增加太多；亦即C_3S的含量不能过少，否则，会使水泥的强度发展太慢。一般认为，尽可能降低C_3A含量，相应使C_4AF含量提高到不超过20%时，对水泥性能和烧成都会有好处。

2. 活性混合材料

工程实践表明，在大体积混凝土中，掺加活性混合材料，既可以降低水泥用量，又可以降低大体混凝土的水化热温升。最常用的降低水化热的活性混合材料是粉煤灰。

粉煤灰降低大体积混凝土内部温升的作用是综合性的：粉煤灰的火山灰反应进展比较迟缓，发热的速率较低。在第七天时，粉煤灰火山灰反应的发热量只有纯硅酸盐水泥的17%。实验数据表明，每100kg的硅酸盐水泥可使混凝土内部温度升高8℃，用粉煤灰等量取代水泥则使峰值温度显著降低，达到峰值温度的时间也向后推迟；掺加粉煤灰和易性得到改善，混凝土中的水泥还可进一步减少，这样更有利于降低混凝土的内部温度；粉煤灰的减水作用，使混凝土强度提高，也能减少出现裂缝的危险。

3. 外加剂

大体积混凝土冬期冷法施工所用外加剂与普通混凝土有所不同，应具备下列特点：

(1) 缓凝作用：在大体积混凝土中，水泥水化放出的热量不易消散，容易造成较大的内外温差，引起混凝土开裂，外加剂的缓凝作用可使水泥水化热速度减慢，有利于热量消散，使混凝土内部温升降低，这对避免产生温度裂缝是有利的。

(2) 引气作用：在混凝土中引入一定量的微小气泡，能减缓冰晶的冻胀应力，从而减少对混凝土内部结构的损伤。

(3) 防冻作用：防冻组分能降低水的冰点，使混凝土在一定的负温下保持液态水存在，以维持水泥持续水化的基本条件，同时又能使冰的晶格构造严重变形，减轻冰晶的破坏作用，避免混凝土结构受损，在融解期还能促进水泥深入水化而提高后期强度。

(4) 高效减水作用：高效减水组分能大幅度减少混凝土拌合用水量，从而减少混凝土中能成冰的水量，降低冰冻的内因；使防冻组分溶液的浓度提高，冰点进一步降低；使混凝土中孔径变小，因而其内部水分的冰点也会进一步降低，并且改变冰晶的形状。

上述作用的综合效果使混凝土的防冻能力显著提高，混凝土的强度也能和缓平衡地发展。

4. 骨料

配制大体积混凝土拌合物，必须寻找一切可能的方法，以减少水的用量，从而相应地减少水泥用量。试验表明，选用最大尺寸的粗骨料、级配良好的中粗砂及合理的砂率，在给定的 W/C 和稠度的前提下，水和水泥用量都有所下降。

二、温度变形与防裂问题

大体积混凝土的裂缝主要是由温度变形引起的。因为混凝土是热的不良导体，散热很慢，浇筑后，大体积混凝土内部温度远较外部为高，形成较高的温差，造成内胀外缩，使外表产生很大拉应力而导致开裂，因此，如何减少内外温差是一个重要问题。

在约束条件下，混凝土浇筑块产生的温差 ΔT 引起的温度变形是 ΔT 与热膨胀系数 α 的乘积（$\alpha \cdot \Delta T$）。当 $\alpha \cdot \Delta T$ 超过混凝土的极限拉伸值 ε_p 时，就会出现裂缝，即

$$\alpha \cdot \Delta T \geqslant \varepsilon_p \tag{1}$$

但是，由于混凝土存在徐变和塑性变形，并且不可能受到绝对约束，因此上式应修正为：

$$\alpha \cdot \Delta T / K \geqslant \varepsilon_p \tag{2}$$

因此

$$\Delta T \geqslant K \cdot \varepsilon_p / \alpha \tag{3}$$

实验表明，K 值约为 5～6，$\Delta T \geqslant 25 \sim 30$℃。

通过（2）式可以说明大体积混凝土的防裂问题主要靠采取如下措施来解决：①提高混凝土极限拉伸能力；②降低温差；③改变约束条件等。但是提高混凝土极限拉伸和改变约束条件有时是不可能的，所以只能通过降低温差来解决大体积混凝土的防裂问题，亦即控制混凝土的内外温差 $\Delta \ngtr 25$℃。

对于大体积混凝土的温度控制，主要考虑三个特征值：①浇筑温度 T_p；②最高温度 $T_m = T_p + T_r$（T_r 为混凝土的水化热温升）；③最终稳定温度 T_f。因此，混凝土内外所形成的温差为：

$$\Delta T = T_p + T_r - T_f \tag{4}$$

T_f 主要取决于环境及保温措施等条件，而且受气候的影响很大，往往难以人为控制，所以要控制温差的主要途径是降低 T_p 和 T_r。T_p 取决于各种原材料的初始温度，为了尽可能降低 T_p，在搅拌混凝土时不能对原材料进行加热，或加热很困难。因此混凝土从搅拌开始即可能处于 0℃以下，混凝土就在负温中硬化。T_r 取决于水泥的性质和龄期，其关系式为：

$$T_r = \frac{C_0 Q_0}{\rho_c C_c}(1 - e^{-at}) \tag{5}$$

式中 C_0——单位水泥用量（kg/m^3）；

ρ_c——混凝土的湿堆积密度（kg/m^3）；

Q_0——水泥的水化热（J/kg）；

C_c——混凝土的比热[J/(kg·K)]；

a——实验常数，与水泥放热速度有关。概值为：中热硅酸盐水泥 0.9，普通水泥 1.0，早强水泥 1.2；

t——龄期（d）。

如果取 $C_c = 0.088$ J/(kg·K)，$\rho_c = 2400 kg/m^3$，则

$$T_r = 4.73 \times 10^{-4} C_0 Q_0 (1 - e^{-at}) \quad (6)$$

即，水化热温升取决于水泥用量、水化热、水泥的性质与龄期。因此配制大体积混凝土时，要采用水化放热量和放热速率较低的水泥，并尽最大可能减少水泥用量，延缓水泥的水化放热速率，从而保证混凝土内部的水化热有足够时间散发出去，以降低内外温差。

三、冬期冷法施工大体积混凝土的施工工艺

大体积混凝土特有的主要技术问题，是水泥由于水化作用放出水化热而引起内部温升，以及随之发生冷却差异而引起温度应力。因此，大体积混凝土在浇筑施工时，应采取如下措施：

(1) 控制浇筑层厚度和进度，以利散热。

(2) 控制浇筑温度。由于冬期施工时，各种原材料的初始温度都比较低，因此拌制的混凝土的温度也较低，有时甚至在0℃以下，但是，由于有防冻剂的存在，即使混凝土内部的温度在0℃以下，混凝土内部仍会有相当数量的液态水存在，从而能保证水泥持续水化，强度平稳发展，同时使混凝土具有较低的浇筑温度，有利于降低大体积混凝土的内外温差。

(3) 必要的时候可以预埋冷却水管，用循环水进入人工导热，以降低混凝土的内部温度。

(4) 表面绝热。表面绝热的目的，不是限制温度上升，而是调节表面温度下降的速率，使混凝土由于表面与内部之间的温度梯度引起的应力差得以减少。因此，在混凝土已经硬化且获得相当的弹性后，环境温度降低与内部温度提高，两者共同作用，会增加温度梯度与应力差。尤其在冬天，必须减慢表面的热量损失，因此要用绝热材料覆盖。

四、工程实例

某高层建筑的深基础筏板，厚度1.2m，面积约为1800m²，混凝土为C30（P8），要求坍落度为30～120mm，泵送施工，环境温度为5～10℃。采用42.5级低热普通水泥，优质粉煤灰和缓凝型复合防冻剂（性能指标见表45-19），混凝土配合比及试验结果见表45-20。

复合防冻剂的技术性能指标　　表45-19

减水率（%）	泌水率比（%）	含气量（%）	凝结时间差（min）		抗压强度比（%）			抗渗压力比（%）	对钢筋锈蚀作用
			初凝	终凝	f_{28}	f_{-7+28}	f_{-7+56}		
25	72	4.2	+420	+510	147	112	131	315	无

注：防冻剂掺量为6%，混凝土受冻温度为-10±3℃。

C30混凝土配合比试验结果　　表45-20

混凝土配合比（kg/m³）					防冻剂掺量（%）	坍落度（cm）	含气量（%）	凝结时间差（min）		抗压强度（MPa）		1.0渗透高度（cm）
C	S	G	W	F				初凝	终凝	7d	28d	
300	695	1092	160	120	6	10	4.0	910	985	31.7	46.5	4.5

第九节　高层建筑基础底板大体积混凝土

一、工程概况

某集团公司二处科技综合楼位于某市小店区人民南路与通达西街交叉口的西北角，占地4757m^2，主楼成“L”形布置，地上18层，地下1层，框剪结构，基础底板，总长107.9m，宽23.8m，厚度1.5m，配筋为3层双面钢筋网，中间一层为抵抗温度应力配筋，施工正值冬末春初，自然气温10℃左右，施工设计时按大体积混凝土施工。

二、配合比设计及原材料选择

本工程基础底板混凝土强度等级为C30，抗渗等级P8，由现场设搅拌站泵送混凝土，其粗骨料粒级选5~31.5mm，利于泵送，含泥量<1%；砂选水洗中砂，含泥量<3%（受地方条件限制）；水泥选水化热低的42.5级矿渣硅酸盐水泥。

在基础底板施工两个多月前就根据本工程材料特点进行配合比设计。

(1) 矿渣水泥虽然水化热低，但泌水率大，容易产生干缩裂缝。

(2) 大体积混凝土内部水化热多，内外温差大，容易产生温度应力，导致裂缝。

(3) 受地方条件限制，砂的含泥量过大，容易产生收缩裂缝。

针对这些情况我们重点在外加剂的选择上作了一番调研，其技术性能首先必须有抗渗性能，即综合膨胀性，补偿混凝土收缩性能，其次要有缓凝效果，推迟高温峰值的出现(在施工组织中另有详细论述)，最后选定高效膨胀剂CPA，其具有以上所需外加剂的鲜明特性。

综合以上情况，为减少泌水，先确定水灰比不能大，坍落度控制在（10±2）cm。按混凝土总量掺加块状片石，并分两组试验，一组确定28d有关指标值，另一组取60d混凝土后期有关指标值。试验结果出来后，确定配合比，见表45-21。

C30混凝土配合比　　　　**表45-21**

材料名称	水泥	砂	碎石	水	外加剂
每1m^3混凝土用量（kg）	337.5	720	1129	160	37.5

三、施工组织设计

1. 混凝土组织

本工程混凝土供给采取现场混凝土搅拌站现场拌制，由一台60泵、两台500L强制式搅拌机组成。根据配合比，计算发现每台搅拌机每盘最多能出0.45m^3混凝土，两台0.9m^3，平均每盘4min计，1h能出13.5m^3混凝土，扣除机器故障，安拆输送泵管，每1h实际能浇筑的混凝土量大约为11m^3左右。

2. 大体积混凝土浇筑方法

(1) 根据底板长边将近是短边的5倍，所以采取以短边为基准分条，沿长边推进的方案。即分段、分条自然流淌，斜面分层，薄层浇筑，连续推进，一次到顶的浇筑方法。

(2) 根据混凝土泵送时自然形成的流淌斜面坡度（由于现场搅拌站供应混凝土是10m^3/h左右，斜面坡度不宜大于5m，避免浇筑间歇时间太长留下不必要的施工缝），在每浇筑带前、中、后布置振动棒。每一道布置在混凝土卸料点，振动手负责振捣导管混凝土使之顺利通过面筋流入到底层，振捣手负责把混凝土振捣密实，第三道布置混凝土流淌的坡角，确保混凝土底部密实，避免因混凝土的流淌使混凝土的底部为浮浆细骨料，粗骨料少。振捣顺序为自下而上。振捣时快插慢抽，并严格控制振动时间、振动点的间距、交接处的插入深度，避免漏振发生。

(3) 填入的片石要紧跟混凝土振捣同步，以便严格控制投入的片石量，最先的片石要在底层混凝土 100mm 以上才能投，且距边模距离应大于 15cm 以上。投片石时还应注意：严格按混凝土流淌坡度填，每次分层填，同层片石间距也至少在 20cm 以上，使片石分布在混凝土内尽量均匀。

(4) 矿渣水泥泌水率较大，泵送混凝土浮浆又较厚，虽然坍落度控制的较小，但实际施工中表面的泌水和坡角处的浮浆仍较多，利用基础底板配电室底座低于板面 600mm 的高差，收集泌水和浮浆，对快要浇筑完毕处的泌水和浮浆，采取从另一头模板顶开始浇筑，使之与后浇筑混凝土的坡角，形成一条泌水和浮浆沟，最后都采取用软胶管抽去泌水和浆水。

(5) 混凝土浇筑至设计标高后，采用铝合金刮尺刮平混凝土面，并刮去表面泌水和浆水，标底满足设计要求，过 3～4h 后，在混凝土初凝前，用滚筒滚压混凝土面层数遍，然后抹去并拍打压实由于泌水的毛孔及封闭干缩产生的裂缝。

四、温度控制

(一) 温度理论计算

1. 混凝土拌合温度

$$T_c = \Sigma T_i WC / \Sigma WC$$

式中 T_c——混凝土的拌合温度（℃）；

W——混凝土组成材料量（kg）；

C——混凝土组成材料比热[J/(kg·K)]；

T_i——混凝土组成材料温度（℃）。

温度比热量见表 45-22。

每 m³ 混凝土组成材料物理性能指标 **表 45-22**

材料名称	每 1m³ 混凝土材料用量 (kg)	比热 L J/(kg·K)	$W\times C$ (J/K)	材料温度 T_i (℃)	$T_i\times W\times C$
水	160	4.2	672	11	7392
水泥	337.5	0.84	283.5	40	11340
砂	720	0.84	604.8	8	4838.4
碎石	1129	0.84	948.36	8	758688
砂石含水量	36	4.2	151.2	9	1360.8
合 计	2382.5	—	2659.86	—	32518.08

$$T_c = 15388.8/2659.86 = 12.23℃$$

2. 混凝土出罐温度

搅拌站搅拌机为敞开式的，故 $T = T_c = 12.23℃$。

3. 混凝土浇筑温度

$$T_j = T_c + (T_q - T_c)(A_1 + A_2 + \cdots + A_n)$$

A_1、$A_2 \cdots A_n$——温度损失系数，每次 $A = 0.032$，浇筑过程 $A = 0.003t$，t 浇筑时间。

故 $T_j = 12.23 + (10 - 12.23) \times 0.152 = 11.89℃$

4. 混凝土内部的最高温度

$$T_{max} = T_j + T_h \cdot \varepsilon$$

式中 T_h——混凝土绝热温升值，$T_h = WQ/C\rho\ (1 - e^{-mt})$；

W——每 $1m^3$ 混凝土所用水泥量（kg）；

Q——每 1kg 水泥所水化的热量（J）；

C——混凝土比热J/(kg·K)；

ρ——混凝土湿堆积密度（kg/m^3）。

3d 时水化热温度最大，所以混凝土内部温度也在此时最高。

经计算：$T_{max} = 11.89 + 39.25 = 42.04℃$

（二）混凝土养护

当时的自然气温是 4～15℃，若只覆盖麻袋再浇水养护，混凝土内外温差肯定大于 25℃，所以采取先在混凝土面覆盖一层塑料薄膜进行保温，利用混凝土内部挥发出来的水分进行养护，保温材料也确定为麻袋，其厚度由公式：$\delta = 0.5H\lambda(T_b - T_q)/\lambda(T_{max} - T_b) \cdot K_b$ 求得，计算结果出来后，基本用两层麻袋可以满足要求。

（三）温度的监测

（1）测温点的布置：根据本工程基础底板的结构尺寸和形状，确定按“之”字形布置 10 个测温点，间距 10m 一个，每个测温点测一个温度：混凝土内部温度、混凝土表面温度、室外自然气温。

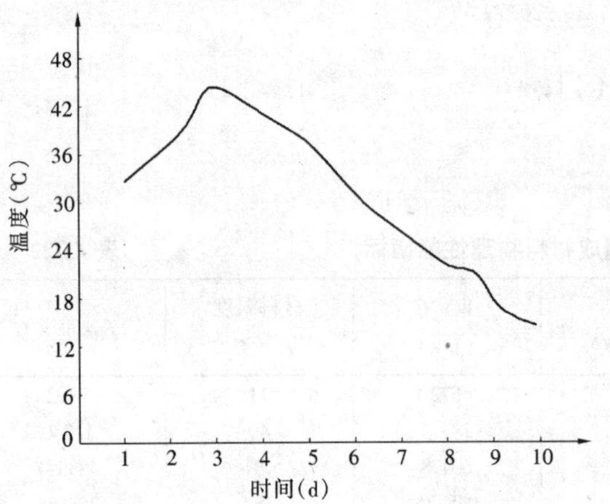

图 45-10 测温 5 点温度变化曲线

（2）测温时间间隔按 4h 一次，重点监测下午 14 点和凌晨 2 点时的温度，使测得温度值最具有代表性。

（3）每天的测温数据出来后，及时对数据进行分析，并和理论计算值相比较，并在第二天上午将分析结果及处理反馈给现场管理人员，及时采取相应的对策。

（4）绘制测温点的温度变化曲线图（图 45-10），达到信息化监控。以第 5 点为例，温度曲线平缓后，温度的温控也随之结束，进入自然养护期限，养护期至少 21d。

（5）温度监测结果显示除第 8 点混凝土内部最高温度达到 43℃，内外温差 26℃外，其他测温点最高温度均在 39℃左右，平均温差 16℃。

五、结束语

（1）某集团公司二处科技综合楼基础底板施工至今已有四个多月，所有抗压和抗渗试件已全部试验，抗压强度等级和抗渗等级均符合设计要求，前不久经甲方、设计、监理、质量监督站联合验收小组验收，连同基础部分核定为优良等级。

(2) 从实测温度结果分析可知，掺加适量的片石，能有效降低混凝土内部温度最高值3～5℃。

(3) 大体积混凝土只要经过很好的施工组织，选择合理的施工方法，并对泌水和浆水及时处理，最后用滚筒轧压，木抹子拍实混凝土的表面，就能有效防止收缩裂缝的出现。

(4) 大体积混凝土内部最高温度在施工前要经过严密的验算，养护时选择合理的养护材料和方法，在施工过程采取信息化温度监控，就能有效地控制内外温差，防止温度应力裂缝的出现。

第四十六章　自应力混凝土

(self-stressing concrete)

第一节　概　述

用普通硅酸盐水泥配制的砂浆或混凝土，在干燥时会产生收缩，一般砂浆的收缩率为0.1%～0.2%，混凝土的收缩率为0.04%～0.06%。收缩的结果，使砂浆或混凝土表面产生裂缝，不仅降低了抗拉强度，而且破坏了结构的整体性，降低了混凝土的抗渗性。大气及水中的侵蚀介质还可能通过裂缝进入混凝土内部，使混凝土或钢筋受到侵蚀。因此，可以采用在硬化过程中能产生一定膨胀作用的水泥来制备一种膨胀混凝土。

自应力混凝土，即是利用强膨胀的自应力水泥水化过程中所产生的化学膨胀能张拉钢筋，进而达到使混凝土产生预压应力，故又称其为化学预应力混凝土。根据采用自应力水泥不同，自应力混凝土的自应力值一般为2.0～8.0MPa，在工程实践中常采用3.0～5.0MPa，少数达8.0MPa。

自应力混凝土与预应力混凝土是两种不同的概念。自应力混凝土主要是利用水泥水化过程中所产生的化学膨胀能，通过与钢筋表面的黏结作用张拉钢筋，使混凝土获得要求的预应力。而预应力混凝土是在混凝土构件的受拉区预先施加压力，使受拉区产生预压应力(同时也产生压应变)，当构件在荷载作用下产生拉应力时，首先要抵消混凝土的预压应力，然后随着荷载的不断增加，混凝土才受拉开裂，从而推迟裂缝的出现时间和限制裂缝的开展，达到提高构件抗裂度和刚度的目的。

在自应力混凝土使用过程中，由于膨胀水泥或多量膨胀剂的膨胀，致使膨胀力被钢筋约束而在混凝土中导入自应力，从而增强了抗裂能力和提高了裂缝荷载。

近年来，国外已开始将自应力混凝土应用于大断面的箱涵，在不降低力学性能的基础上使构件厚度减小获得成功。在其他方面，也用以生产高强混凝土板桩、混凝土柱、钢管混凝土、预制混凝土板等。在我国，主要采用自应力混凝土生产高压水管、输油输气管、预制构件及钢管耐蚀衬里等。

第二节　自应力混凝土的原材料组成

自应力混凝土的组成与普通混凝土基本相同，惟一区别的是胶凝材料各异。

一、胶凝材料——自应力水泥

配制自应力混凝土须用自应力水泥。凡以硅酸盐水泥熟料、高铝水泥熟料、二水石膏按适当比例配合磨细而成，具有膨胀力大、强度高，可以张拉钢筋产生预应力的水硬性胶凝材料，称为自应力水泥。

在我国，用来配制自应力混凝土的自应力水泥，主要有硅酸盐自应力水泥、铝酸盐自应力水泥、硫铝酸盐自应力水泥和明矾石自应力水泥等。与一般膨胀水泥相比，自应力水泥具有更大的膨胀能。

(一) 膨胀水泥的组成

为了满足配制自应力混凝土的要求，为此生产水泥时必须严格控制强度组分和膨胀组分的比例，特别是要控制产生膨胀的化学成分。

1. 硅酸盐自应力水泥

以硅酸盐水泥为主，外加高铝水泥和石膏经过磨细而获得。

试验证明，对于生产自应力管的硅酸盐自应力水泥，根据水泥细度、气候条件、养护制度等条件不同，SO_3 和 Al_2O_3 的含量有这样的合适范围：SO_3 为 6.5% ~ 8.5%；Al_2O_3 为 9% ~ 13%。相应的水泥配比范围大致如下：硅酸盐水泥为 85% ~ 88%；高铝水泥为 6% ~ 7.5%；石膏为 6% ~ 7.5%。

2. 铝酸盐自应力水泥

以高铝水泥为主，外加天然二水石膏和少量助磨剂按一定比例共同粉磨而制得的一种具有快硬、早强、膨胀的水硬性胶凝材料。故又称石膏高铝膨胀水泥。

对于铝酸盐自应力水泥，宜将 SO_3 的含量控制在 15.5% ~ 16.5% 的范围内，相应的水泥配比大致如下：高铝水泥熟料为 60% ~ 66%；二水石膏为 34% ~ 40%；滑石粉（助磨剂）为 2%。

3. 硫铝酸盐自应力水泥

以 $C_3A \cdot CaSO_4 - \beta \cdot C_2S$ 为主要矿物组成的熟料和适量的二水石膏（$CaSO_4 \cdot 2H_2O$）共同磨细而成。

对于硫铝酸盐自应力水泥，则根据熟料中 $C_4A_3\overline{S}$ 的含量，按 $CaSO_4 \cdot 2H_2O / C_4A_3\overline{S} = 2 \sim 6$ 控制石膏掺入量。一般这个比值增加，自应力值也增大，但有一个最佳值，应根据实际条件由试验确定。

4. 明矾石自应力水泥

明矾石自应力水泥是用未经煅烧的明矾石、无水石膏、粉煤灰（或水淬矿渣）与 52.5 级普通硅酸盐水泥熟料共同粉磨制成。相应的水泥成分配比是：普通硅酸盐水泥熟料为 58% ~ 63%；天然无水石膏为 9% ~ 11%；天然明矾石为 12% ~ 15%；粉煤灰（或水淬矿渣）为 15% ~ 20%。

这种自应力水泥的细度要求表面积为（4800 ± 200）cm^2/g；水泥中 SO_3 在 6.5% ~ 7.5% 范围内；28d 龄期抗压强度可达 70.0MPa，抗拉强度为 4.0MPa。其膨胀性能符合自应力混凝土要求。当水泥用量为 400kg/m^3 时，14d 湿养护自由膨胀达（10 ~ 11）$\times 10^{-4}$，移入空气中 90d，膨胀减为（7 ~ 8）$\times 10^{-4}$；水泥用量 350kg/m^3 时，14d 潮湿养护的自由膨胀为（4 ~ 5）$\times 10^{-4}$，移入空气中 90d 减为负应变（2 ~ 3）$\times 10^{-4}$。

当配筋率 $\mu = 0.24\%$ 时，水泥用量 400kg/m^3 的自应力混凝土，湿养护 14d 后的限制膨胀达（6 ~ 7）$\times 10^{-4}$，相应的自应力为 0.18MPa。

(二) 膨胀水泥质量要求

自应力水泥的细度在 3800 ~ 5000cm^2/g（表面积）范围之间，根据强度和膨胀的增进速度进行调节。

自应力水泥由于表面积大，易风化结块，因此存放期超过 3 个月者，不得使用。如须使用，须经检验合格后方可。

另则，不能用普通水泥的某些概念来衡量自应力水泥。对普通水泥某种性能所采用的检验方法，也适用于自应力水泥。如对自应力水泥来讲，抗压强度、标号等都是没有多大意义的，它的主要特征即是膨胀应力。

二、粗细骨料

（一）细骨料——砂

制作自应力混凝土的砂必须经水冲洗，含泥量不得大于1%，最大粒径不超过2.5mm。一般以中砂为佳，但必须洁净，尽量减少其他杂质（如树叶、草根等）含量。

（二）粗骨料——石子

石子必须洁净，含泥量控制在1%以下，含泥量大者须经冲洗后才能使用。石子应采用最大粒径不宜过大的卵石和碎石，并符合一般普通混凝土骨料的规定。

三、拌合水

与普通混凝土要求同。

第三节　自应力混凝土的配合比设计

自应力混凝土的配合比，目前尚无完整的设计理论和方法，大多是通过试验来确定，以达到设计要求。

一、设计要求

采用自应力水泥配制自应力混凝土，必须满足以下几点要求，才能满足工程需要。

（一）具有最优的膨胀值范围

自应力混凝土应具有一定的膨胀值。膨胀的结果不仅使混凝土避免收缩，而且尚有一定的膨胀值，在限制条件下，还可使混凝土受到压应力，从而达到预应力的目的。自应力混凝土如膨胀过小，则钢筋受到的拉应力也较小，混凝土能获得的预压应力也就较低；如膨胀过大，就会破坏混凝土的内部结构，使混凝土开裂，甚至完全胀坏。

对用于生产自应力管的硅酸盐自应力混凝土，其自由膨胀率应在1%～3%之间，而后期增加的膨胀值不超过0.2%。

（二）具有最低限度的强度值

自应力水泥没有足够的强度，就不可能将膨胀能传递给钢筋，因而也不可能获得自应力。在最优膨胀值范围内，虽然强度愈高愈好，但强度与膨胀两者的发展速度应相适应。由于允许膨胀波动范围较大，对强度也不能规定高限，只能以低限来控制，这个最低限值包括自应力混凝土预养强度和膨胀期间的强度。

对用于自应力管的自应力水泥混凝土的自由膨胀试体抗压强度规定：冷水养护前的预养强度≥10MPa；冷水养护7d龄期强度≥15MPa。

（三）具有合适的膨胀速度

为了保证膨胀和强度相适应，借以生产膨胀能，要有一个合适的膨胀速度，这个速度要有利于生产。如膨胀太慢，需要很长的养护周期，必然降低施工生产效率，所以膨胀稳定期应不早于3d，一般不超过7～10d，最迟不应超过28d。

膨胀稳定，系指自应力混凝土的自由膨胀试体到28d龄期后，继续在水中养护所测得的膨胀值与原始读数之比不超过0.2%。

（四）具有一定的自应力值

除了强度和膨胀外，还必须有限制膨胀的条件，才能产生自应力。自应力值愈高，混凝土的抗裂性能愈好。如对直径为600mm自应力混凝土管，在其他条件不变的情况下，自应力值每提高4.0MPa，管子承受内压能力约可提高0.1MPa。

（五）要求中后期稳定性好

在允许的膨胀期内，自应力水泥中的膨胀组分或膨胀组分之一，应基本耗尽，膨胀过程基本完成。在使用过程中，增加的自由膨胀与原始长度比不能太大，否则会引起后期膨胀过大而造成结构破坏。

二、参考配合比

自应力混凝土的配合比与工程种类有关，国内常用的参考配合比见表46-1。

自应力混凝土参考配合比　　**表46-1**

水泥种类	水灰比	自应力混凝土配合比			工程种类
		水　泥	砂	石　子	
301自应力水泥	0.38~0.40	1	0.8	1.2	压力管混凝土
303自应力水泥	0.45~0.50	1	1.4	2.1	油库、反应罐混凝土
303自应力水泥	0.34~0.40	1	1.0~2.0	—	压力管接头砂浆
302自应力水泥	0.30~0.40	1	1.0~2.0	—	防渗砂浆

第四节　自应力混凝土的技术性能

膨胀混凝土的膨胀被约束时，即使产生干缩，所产生的压应力尚有剩余而残留在混凝土中，这即是自应力混凝土的基本原理。

一、自应力产生条件及机理

（一）自应力产生条件

产生自应力必须具备两个条件：一是具有膨胀能，二是具有对膨胀混凝土的约束条件，如配筋或其他形式的限制。但不是混凝土中的所有膨胀能都能产生自应力，更不能认为自由膨胀值大，自应力值就一定高。

（二）自应力产生机理

在水泥水化初期所形成的水化硅铝酸钙，由于混凝土处于塑性阶段，在限制条件下只能起到堵塞水泥石内部孔隙，使混凝土密实和早强的作用。所以，如果在这一阶段，形成大量的水化硫铝酸钙，并不能产生自应力。只有当混凝土具有一定的强度，并有一定的变形能力时，膨胀才能张拉钢筋，产生自应力，同时混凝土本身的结构不受破坏。所以，膨胀性的水化产物宜控制在这一阶段形成，才是对自应力有利的。如果在混凝土已具有相当大的强度而变形能力又很小时发生大量的膨胀，这时虽然也能产生自应力，但混凝土结构将受到破坏，甚至崩溃。可见，发生膨胀的时间和数量必须与强度的增长相适应，才能获得预期的自应力。

（三）基本参数及计算

1.自由膨胀率及限制膨胀率的测定

自应力混凝土的自由膨胀率及限制膨胀率按标准方法测定，以相对伸长值（%）

表示。

(1) 自由膨胀率 e_1 的测定：试件尺寸为 30mm×30mm×275mm，两端埋设铜头或不锈钢头作测量基点。可按下式计算：

$$e_1 = \frac{l_2 - l_1}{\text{试件长度}} \times 100\%$$

(2) 限制膨胀率 e_2 的测定：试件尺寸为 30mm×30mm×250mm，纵轴线上配有一根 ϕ4mm 高强钢丝（$\mu = 1.4\%$），两端各有 3mm 厚钢端板，钢丝穿过端板处用焊条焊牢，各露出钢筋 12mm，车成圆弧形。试件在振动台上成型后，应立即覆盖，待终凝后测量。可按下式计算：

$$e_2 = \frac{l_2 - l_1}{\text{试件长度}} \times 100\%$$

式中 l_1——测量初始长度（mm）；

l_2——测量龄期长度（mm）。

2. 自应力值的测定

自应力混凝土的自应力值，根据所采用的自应力水泥等条件不同，一般为 2.0~8.0MPa，或者更大。自应力值则可按下式计算：

$$\delta_n = \mu E_g \varepsilon_g$$

式中 δ_n——混凝土自应力值（MPa）；

μ——配筋率（%）；

E_g——钢筋弹性模量（MPa）；

ε_g——限制膨胀下钢筋的相对伸长值。

二、影响自应力的因素

影响自应力的因素很多，如水泥的组成配比及细度、水泥用量、水灰比、骨料尺寸及形状、养护条件、限制条件等，但下述因素影响最大。

(一) 水泥组成及物料用量

(1) 水泥矿物组成对自应力的影响，以硅酸盐自应力水泥为例，其中硅酸盐水泥熟料是强度组分，因此强度等级愈高对配制自应力水泥愈有利。因为强度高，在配比中可以适当增加膨胀组分，以增加膨胀率。有了高的强度，较大的膨胀率和适当的膨胀速度，就能获得较高的自应力值。所以生产自应力水泥，宜采用高强度等级硅酸盐水泥，而且是最好不掺混合材料，因为这样的水泥早期强度高。

硅酸盐水泥熟料的矿物组成，对自应力水泥的质量也有一定的影响。含 C_3A 高的水泥，可促使凝结，增加早强，降低膨胀速度，从而提高自应力值。所以，最好采用含 Al_2O_3 高（>6%）、含 Fe_2O_3 低（<3.5%）的硅酸盐水泥配制自应力水泥，其效果较好。

采用不同级别（主要指 Al_2O_3 含量的区别）的高铝水泥，配制相同膨胀率的自应力水泥，其用量随 Al_2O_3 含量增加而减少。这样就能减少高铝水泥用量并相应地增加强度组分的用量，从而提高强度，有利于产生大的膨胀能。因此，用 Al_2O_3 含量高的高铝水泥，效果较好。

高铝水泥的矿物组成对自应力水泥的膨胀速度有显著影响。随着钙铝比（CaO/Al_2O_3）的增大，膨胀速度加快。据有关资料介绍，$C_{12}Al_7$ 与石膏的化合速度最快，其次是铝酸一钙（CA），而二铝酸钙（CA_2）最慢。其中 $C_{12}A_7$ 比 CA 快 60～70 倍。所以，若采用含 $C_{12}A_7$ 的高铝水泥熟料生产自应力水泥，其膨胀速度很快，稳定相时间极短（1d），自应力也必然很低。而且由于 $C_{12}A_7$ 的水化速度很快，还会使自应力水泥出现“闪凝”现象。

目前，我国生产的高铝水泥熟料，其矿物组成一般是以 CA 为主，其次是 CA_2。用这种高铝水泥配制成的自应力水泥，其膨胀速度较合适。

实际生产中还发现，由于二水石膏品种不同，也对膨胀速度有所影响。

（2）水泥物料用量对自应力的影响。在硅酸盐自应力水泥中，三种物料的用量不同，也分别对膨胀和强度产生不同影响。

①硅酸盐水泥用量　硅酸盐水泥主要是起产生强度的作用，其用量随膨胀组分用量的变化而不同。在保证膨胀率达到规定值的前提下，增加硅酸盐水泥的用量，可以提高强度。

②高铝水泥用量　高铝水泥对自应力水泥膨胀性能起着重要作用，尤其对膨胀速度影响很大。高铝水泥掺量多，则膨胀速度就快，稳定期也较早。

当石膏用量不变时，在一定范围内变更高铝水泥用量，能够增加膨胀率，而主要起加速膨胀的作用。如进一步提高高铝水泥用量，反而会降低膨胀率，除非高铝水泥、石膏用量同时增加，此时膨胀率又会增大。出现这种现象，主要是由于当高铝水泥用量增加时，它与石膏化合速度加快，会在预养期间更多地同石膏化合，生成硫铝酸钙。在预养期石膏消耗越多，剩余即越少，水中养护时的最终膨胀率也较小，同时膨胀速度越快。

③石膏用量　石膏用量对膨胀性能的影响最为敏感，如高铝水泥用量固定不变，石膏用量对膨胀率起着决定性作用，膨胀率随石膏用量增加而增大，当石膏超出一定范围后，混凝土因膨胀过大而破坏。石膏用量愈多，破坏愈早。所以，要特别注意掌握石膏的用量。

经验表明，石膏比例变动 0.25%，已会明显地影响膨胀能的大小。

（二）水泥细度

自应力水泥的细度比普通硅酸盐水泥和高铝水泥要求都高，应根据具体情况，在 3800～5000cm^2/g 表面积范围内选用。在水泥的生产中常通过改变细度来调节膨胀和强度的增进速度，以使两者趋于相适应。

但必须注意，如膨胀组分（尤其是石膏）过粗，则生成硫铝酸钙慢，会引起大量的后期膨胀，使混凝土破坏。所以，膨胀组分的细度必须严格控制。膨胀稳定期一般不超过 7～10d，最多不超过 15d。

（三）水泥用量

自应力水泥用量愈高，则膨胀愈大。自应力混凝土的强度和膨胀是相互矛盾、相互制约的。强度高，则膨胀小；反之，膨胀值大，则强度低。但在一定的养护方法和条件下，可以使膨胀及强度相互适应，统一发展。在受限制的条件下（如配筋或堵塞工程），当混凝土的体积、膨胀受到限制时，则混凝土的强度要比自由条件下大得多。

（四）水灰比

水灰比对自应力混凝土的膨胀有很大影响，其影响规律随着养护条件而异。

当水灰比介于 0.25～0.40 之间时，随着养护条件变化而有如下结果：

(1) 当采用常温水养护时，膨胀系数随水灰比增大而增长。

(2) 如先经热水养护，然后再用常温水养护时，则膨胀系数随水灰比增加而减小。

(3) 如降低水灰比时，可使膨胀延长。

因此，利用水灰比的改变，可配制各种不同的自应力混凝土。

(五) 养护工艺

1. 预养期

自应力混凝土成型后，预养期愈短，入水时间愈早，则膨胀愈大。

2. 热水处理

在制造自应力水泥压力管时，常采用1h的热水处理。未经热水处理的混凝土的膨胀值，较之经热水处理的大得多。

3. 养护环境温度

养护环境温度高，则自应力混凝土的膨胀值小，强度高；反之，则膨胀大，强度小。

4. 养护条件

自应力水泥的膨胀，全靠不断供给水分。如果在膨胀尚未充分发挥时，即停止养护，则自应力水泥的膨胀，也将停止。一般自应力水泥混凝土在水中养护5~7d，即可达到充分膨胀；7d后，则膨胀甚微。在干燥空气中，自应力混凝土与普通混凝土一样，也要收缩，其收缩值略高于后者。但若重新遇水，则膨胀仍会恢复，自应力值也会恢复。

(六) 外加剂

自应力水泥的膨胀率如达不到要求指标时，可在混凝土中掺外加剂来进行调整。例如，膨胀率过高时，可加一定剂量的高标号水泥，即可降低；反之，加一定剂量的高铝水泥或磨细石膏，即可提高。

但须注意，外加剂未经试验，绝对不得随意乱掺，以免引起不适应或其他质量问题。

三、自应力混凝土的特性

自应力混凝土由于在一定的限制条件下发生膨胀，所以与普通混凝土相比，在许多性能上有很大差别。

(一) 膨胀裂缝和“畸变”

在限制条件下，在限制作用的方向上水泥浆和骨料间不会产生裂缝，而在未受限制的方向，所发生的膨胀，可能会破坏水泥石的结构，产生膨胀裂缝。三向限制时，水泥石和骨料间不会出现膨胀裂缝。所以，膨胀裂缝出现与否和限制条件有关。

由于自由膨胀值和限制膨胀值差距很大，故在限制试体内的膨胀是不规则的。如以单向限制试体为例，紧靠钢筋的混凝土受限制作用最大，其膨胀变形等于钢筋的伸长变形；反之距离钢筋愈远的混凝土，其变形愈接近自由膨胀。因此，整个断面上的混凝土膨胀未能同等有效地发挥张拉钢筋而产生自应力，其应力分布是不均匀的，这种情况称作“畸变”。

自应力混凝土的“畸变”，用膨胀试体的自由膨胀值 ε_δ 和限制试体中钢筋的伸长值 ε_a 之比来检验，$\frac{\varepsilon_\delta}{\varepsilon_a}$随配筋率及钢筋的分布情况而变。$\frac{\varepsilon_\delta}{\varepsilon_a}$的数值愈大，发生“畸变”愈严重，自应力效果愈差。同一断面上，$\frac{\varepsilon_\delta}{\varepsilon_a}$达到某一限度，混凝土即会出现裂缝。

（二）自应力的损失和恢复

自应力混凝土只有在足够的水分条件下，才会发生膨胀，并建立和保持自应力。但在干燥的空气中，和普通混凝土一样，也会发生收缩，并具有同样的数量级，结果引起自应力的损失。如1:1硅酸盐自应力水泥砂浆的干缩率约为0.14%～0.16%，由此引起的自应力损失可达4.0MPa以上。但干缩的自应力混凝土重新接触水后，则会剧烈吸水，重新膨胀恢复损失的自应力。这即是自应力混凝土的胀缩可逆性。对硅酸盐自应力混凝土，浸水3d约可恢复60%，以后恢复速度逐渐减慢，至60d左右能全部恢复。

（三）自愈性

自应力混凝土具有自行愈合微小裂缝，并使这些裂缝不复存在的特性，这是自应力水泥的水化产物——水化硫铝酸钙和氢氧化钙堵塞和胶结裂缝的结果。但过大的裂缝和后期产生的裂缝不能愈合。

（四）抗渗性

自应力混凝土具有致密的结构，故比普通混凝土的抗渗性能好。自应力混凝土的抗渗性与其含水率有关。由于具有较高的抗渗性能，因此其抗冻性、耐久等性能都比普通混凝土好。试验指出，1:1的硅酸盐自应力水泥砂浆试体，经150次冻融循环，其膨胀性与正常温度下长期水中养护的试体相同。在冻融循环过程中，强度仍不断提高，由50次冻融循环的87MPa上升到150次117.2MPa，试体在冻融50次时在表面有不同程度的小麻点。

（五）与钢筋的粘结力

普通混凝土与钢筋的粘结力是随其强度提高而增加的。自应力混凝土虽然强度很高，但因膨胀关系，与钢筋的粘结力却很低。因此，当制作钢筋混凝土构件时，钢筋两端必须弯钩，使能产生张拉作用。

自应力混凝土的自应力值，并不与钢筋的用量成直线关系，当钢筋用量达一定数值后，自应力即不再增加。试验证明，比较合理的配筋率为1.5%左右。至于弯钩大小，则应按设计图纸施工。

自应力混凝土与钢筋的粘结力还与养护条件有关。由单向限制的自应力混凝土试体表明，在自然预养期间，粘结力随其强度发展而增加。随后浸水养护，随着膨胀（主要是横向膨胀）就逐渐破坏了附着力和咬合力，亦即破坏了粘结。

（六）堵塞、接缝性能

将预养后的强度试件，用外部单向限制的方法，使之结合，放入水中养护，发生膨胀，试体间产生压力，结果在试体相互接触的表面既发生化学性结合，又发生物理性结合。化学结合即是接触面进行化学反应，水化物互相交结，从而形成两块体的胶合力；物理结合即是一试体的膨胀嵌入另一试体表面的孔洞中，发生机械咬合力。试验表面，总的结合力可达到3.0MPa左右。

第五节　自应力混凝土施工及应用

一、自应力水泥的选择

在使用某种自应力水泥之前，应对该材料是否适用应加以充分试验。在调查研究的基础上，看能否获得与事先所要求目的相一致的自应力混凝土。在选择自应力混凝土之前，首先尚需研究施工结构物是否真正需要自应力混凝土。当确定有必要，则着手选择采用哪种自应力水泥。

当必须使用自应力混凝土时，就应该确定以下各项条件：结构物必要的膨胀率、膨胀速度、设计强度等，然后用与结构物相同的约束条件、养护条件的试件进行试验，从而获得所需性能的自应力水泥和用量。

二、自应力混凝土施工质量控制

混凝土要注意充分搅拌，以避免自应力水泥在混凝土混合物中分布不均匀。否则，含自应力水泥过多的地方，就容易发生膨胀破坏。自应力混凝土质量变动的因素比普通混凝土要多得多，因此在工程中必须进行试验，以判定其使用效果。

（一）混凝土的配筋率

试验表面，随着配筋率的增加，限制膨胀率相应减少，而自应力值却提高。但是，当 $\mu > 2\%$，自应力就增加较少，而且略有收缩就会出现过大的拉应力。因此，自应力混凝土的适宜配筋率为 0.15%～1.5%。

（二）养护问题

自应力混凝土的养护与普通水泥混凝土不同，可分预养护和水养护两个阶段。

1. 预养护

预养护的主要作用是使自应力混凝土获得一定的强度，为冷水养护时膨胀准备一个坚强的结晶骨架，为发挥混凝土的膨胀性能打好基础。

2. 水养护

预养护后即将自应力混凝土制品放入水中养护。在自应力混凝土硬化初期，必须供给充分的水才能发挥膨胀效应。根据混凝土的凝结时间和气温条件，在混凝土浇筑后 12～24h 内可浇水养护，养护期以 14d 为宜。冷水养护时，膨胀和强度增长同时发生，但膨胀占主导地位。因为水化铝酸钙中含有大量结晶水，说明它的生成需从外部吸取大量水分。有水的情况下自应力水泥才会膨胀；没有水膨胀就会停止。在冷水养护期间提供了大量的水使膨胀组分充分发挥作用，产生大量的水化硫铝酸钙。

冬季施工则应保温保湿。如采用蒸汽养护水泥制品时，一般蒸养温度为 60～90℃，恒温时间 1～2h 为宜，脱模强度 10～20MPa，冷却脱模后，浸水养护以 14d 为宜。

三、自应力混凝土的用途

（一）主要用途

（1）用于制品或工程结构：作压力管、轨枕、矿井支架等产品，并可代替预应力混凝土用于某些结构上，如薄壳、横梁、梁板，自应力路面、油罐、水电、水塔等。

（2）用于防渗工程：如隧道、地铁、地下室等地下工程及水池等的防水面层和其他防渗工程（须使用膨胀小的自应力水泥）。

（3）用于堵塞填缝工程：如修补漏水的裂缝或孔洞；管道刚性接头的填缝；预制构件接头的锚接；浇筑机械设备地脚螺丝或机械设备底座与混凝土基础之间的连接等。

（二）使用要求

在使用自应力水泥混凝土时，应注意以下几点要求：

（1）自应力水泥混凝土不得用于架空或露天铺设的管道（给排水管例外），以及输送对接头填料有腐蚀性的介质管道。

（2）自应力水泥混凝土管为承压管时，其工作压力不得超过下列范围：输水压力≤1.0MPa;输油、输气压力≤0.6MPa。

（3）自应力水泥混凝土的膨胀力很大，因此用作管道刚性接头填缝时，对套管可能产生1.0MPa以上的内应力，所以套管须有足够的强度才行。

第四十七章　预应力混凝土

(prestressed reinforced concrete)

第一节　概　　述

一般指预应力钢筋混凝土。通过张拉钢筋、钢丝、钢绞线，产生预应力。采用预应力钢筋混凝土可以提高制品或构件的抗拉能力，防止或推迟混凝土裂缝的出现，充分利用高强材料，因而能使制品或构件的抗裂度、刚度、耐久性都大大提高，减轻自身荷载，节约原材料等。预应力的产生，按张拉钢筋的方法，可分为机械法、电热法和化学法。按施加预应力的时间，可分为先张法和后张法。

一、基本原理

为了弥补钢筋混凝土的不足，在受弯构件的受拉区配置预应力钢筋，并把它拉伸到规定的控制应力值，待混凝土达到规定的强度（一般为设计等级强度的70%）后，放松并切断被张拉的钢筋，这时钢筋即产生弹性回缩，由于钢筋已被锚固住，故其回缩力传给混凝土，而使构件受拉区受到的拉应力要首先抵消其预压应力之后，才开始产生拉伸变形，这就提高了构件的抗裂能力。用这样的方法制成的构件，就叫做预应力混凝土构件。

二、预应力混凝土的优缺点

预应力混凝土与钢筋混凝土相比，具有如下的主要优缺点：

(一) 主要优点

1. 提高构件的抗裂度和刚度

由于预应力的作用，增强了构件混凝土的抗拉能力，可以使混凝土不过早地出现裂缝，还可以按照构件的特点，控制其在使用过程中不出现裂缝。同时，由于预应力的作用，构件承受荷载后，向下弯曲的程度减小，也即抵抗变形的能力增大，从而提高了构件的刚度。

2. 增加构件的耐久性

预应力混凝土能推迟或避免出现裂缝，构件内的钢筋就不容易锈蚀，因而能相应地延长构件的使用年限。

3. 节约材料，减轻自身荷载

预应力混凝土可以充分发挥钢筋和混凝土各自的特性，因此可以有效利用高强度钢筋和高强度等级混凝土，从而达到减小构件断面、减轻构件自身荷载和节约材料的目的。如用冷拔低碳钢丝配筋的预应力混凝土空心楼板，与非预应力钢筋混凝土空心楼板相比，可节省钢材30%～50%，节省混凝土10%左右。

（二）主要缺点

制作预应力混凝土时，要增加张拉工序和张拉机具及锚固装置等，制作技术也比钢筋混凝土复杂。

三、施加预应力的方法

目前，制作预应力混凝土的方法，按施加预应力时间及按张拉预应力钢筋的手段不同，分法很多。

（一）按施加预应力的时间

按施加预应力的时间分，可以分为两类：一类叫先张法，一类叫后张法。

1. 先张法

先张法，就是在浇捣混凝土以前把预应力钢筋张拉好，并用夹具将其临时固定在台座（或钢模）上，然后浇捣混凝土，待混凝土达到规定的强度后，再把张拉的钢筋放松，这时，由于混凝土已与钢筋黏结成一体，钢筋的回缩就给混凝土预加了一个压应力。先张法必须有固定台座，也可迭压生产。主要生产小型构件，如预应力钢筋混凝土空心楼板。

2. 后张法

后张法，就是在浇捣混凝土以后再张拉钢筋，这种方法一般是在构件中配置预应力钢筋的部位预先留出孔道，待混凝土达到规定的强度后，把预应力钢筋穿进去，再进行张拉，并用锚具将其固定在构件两端，然后在预留孔道内灌入水泥浆或水泥砂浆，最后放松钢筋的张拉力，钢筋的回缩给混凝土以预压应力。后张法不用台座，或者说是用构件本身当台座，一般适用于大型构件，可以制作成若干块体，运到现场进行拼装。

（二）按张拉预应力的手段

制作预应力混凝土的方法，按张拉预应力钢筋的手段分，一般又可分为机械张拉、电热张拉和化学张拉 3 种。

1. 机械张拉法

机械张拉，就是采用千斤顶、卷扬机等机械设备来张拉预应力钢筋。这种方法灵活性大，适应性强，为城乡预应力混凝土生产普遍采用。

2. 电热张拉法

电热张拉，是利用热胀冷缩原理，在钢筋上通电使之热胀伸长，待达到要求的伸长值时，迅速将其锚固，随后切断电流，钢筋冷缩，而给混凝土以预压应力。电张法具有设备简单、操作方便、无摩擦损失（指用于后张法曲线张拉）、便于高空作业等优点，但又有耗电、用伸长值控制应力不易准确（因为材质不匀）、成批生产尚需校核等缺点。对于长线台座法，由于预应力钢筋很长，散热量大，而不宜采用。

3. 化学张拉法

化学张拉是用特制的膨胀水泥来配制混凝土，使混凝土在水化硬化过程中产生体积膨胀，因而迫使钢筋扩张伸长。钢筋伸长又给混凝土以反作用力，这就使混凝土建立了预应力。这种因混凝土自身膨胀而建立的预应力，通常叫自应力。这种张拉方法，多用于环形构件如水泥压力管等等。

第二节　预应力混凝土的原材料技术要求

一、混凝土

预应力混凝土结构的混凝土强度等级，不宜低于 C30；当采用碳素钢丝、钢绞线、V 级钢筋（热处理）作预应力钢筋时，混凝土强度等级不宜低于 C40。目前国内某些重要的预应力混凝土结构，混凝土强度等级已采用 C60 ~ C80，甚至到 C100，而且逐渐向更高强度等级发展。

在预应力混凝土结构中采用比较高的混凝土强度等级，是因为预应力混凝土中所用的预应力钢筋，其强度比一般钢筋混凝土中的钢筋高得多，所以混凝土的强度等级也要相应提高，使钢筋与混凝土的强度有一定的比例，共同承受外力，从而可以减小截面尺寸，减轻构件自身荷载，并节约材料用量。同时，强度等级较高的混凝土，可以提高钢筋与混凝土之间的粘结力，保证钢筋在混凝土中的锚固性能。

二、钢筋或钢丝

预应力混凝土结构的钢筋有非预应力钢筋和预应力钢筋。非预应力钢筋可采用Ⅰ级、Ⅱ级、Ⅲ级钢筋和乙级冷拔低碳钢丝；预应力钢筋有冷拉Ⅱ级、冷拉Ⅲ级、冷拉Ⅳ级钢筋、Ⅴ级钢筋（热处理）、甲级冷拔低碳钢丝、碳素钢丝、刻痕钢丝、压波钢丝和钢绞线等。

三、必须确保材料的质量

预应力混凝土对其所用材料的要求是十分严格的。如果材料质量不合格，不仅会影响到构件的正常使用，而且可以在制造过程中发生事故（如钢筋在张拉时突然断裂），以致造成国家财产和生命安全的严重损失。因此，切不可粗心大意。

（一）混凝土质量要求

对于混凝土来说，所用水泥最好是硅酸盐水泥或普通硅酸盐水泥，其强度等级宜比所配制的混凝土强度等级高一级；所用砂石和搅拌用水必须符合规定；混凝土拌合物中不得掺有对钢筋有腐蚀作用的氯盐（如氯化钙、氯化钠等）。

（二）钢筋质量要求

对于钢筋来说，入厂时，应作严格检验。入厂后，须分类堆存，不得混淆。预应力钢筋要特别注意防止锈蚀和污染，因为锈蚀和污染都将影响其与混凝土的粘结性能。

对预应力钢筋的性能有以下要求：

（1）具有较高的强度。因为在预应力混凝土制作过程中，预应力钢筋张拉后会有很多的应力损失（由于混凝土的收缩、徐变，钢筋的松弛，夹具的变形等所引起），损失总值可达 100 ~ 200MPa（先张法）。所以，钢筋强度低（如用 3 号钢筋），建立的预应力值很小，意义就不大。

（2）硬钢的条件极限要求在极限强度的 80%以上，这样才能提高钢材的使用效能。

（3）要有一定的塑性和韧性，并符合伸长率和冷弯的有关规定。

（4）表面要保证与混凝土有足够的黏结力。

（5）在承受动力荷载的构件中，要有足够的耐疲劳能力，钢材表面不得出现节疤和缺陷，以免应力集中，降低疲劳强度。

第三节 预应力损失及减少损失的措施

预应力混凝土结构和构件，在制作和使用过程中，因为各种原因，会使已建立的预应力随时间的延续而有所损失。表 47-1 为预应力损失的起因、数值及减少预应力损失的措施。表中各项预应力损失对某种工艺并非全部出现，而是按照表 47-2 所示情况组合起来。

叠加所得总损失值 $\sigma_s=\sigma_{s\,\text{I}}+\sigma_{s\,\text{II}}$，如小于下列数值，则应按下列数值取用：先张法 $\sigma_s=100\text{MPa}$，后张法 $\sigma_s=80\text{MPa}$。

预应力损失的原因、数值和减少损失的措施　　**表 47-1**

<table>
<tr><th rowspan="2">符号</th><th rowspan="2">项　目</th><th rowspan="2">引起预应力损失的因素</th><th colspan="2">损失值（MPa）</th><th rowspan="2">减少损失的措施</th></tr>
<tr><th>先张法</th><th>后张法</th></tr>
<tr><td>σ_{s1}</td><td>张拉端夹具与锚具变形</td><td>夹具与锚具在荷载作用下产生非弹性变形</td><td colspan="2">$\lambda/L\cdot E_g$[①]</td><td>认真操作，使夹具、锚具变形控制在允许变形数值内</td></tr>
<tr><td>σ_{s2}</td><td>预应力筋与孔道壁间的摩擦</td><td>预应力筋孔道制成了曲线形，或在曲线孔道中张拉钢筋</td><td>—</td><td>30～150[②]</td><td>正确掌握抽管时间，及时抽管和清除孔道。采用重复张拉等</td></tr>
<tr><td>σ_{s3}</td><td>温度变化的影响（温差）</td><td>先长法混凝土热养护时，受拉钢筋与承受拉力的台座之间的温差（Δt）的变化（以℃计），每度温差可引起应力损失达 2MPa</td><td>$2\Delta t$</td><td>—</td><td>热养护初期应严格按照规定允许值升温、混凝土达 100MPa 的强度后，才可按一般制度养护</td></tr>
<tr><td>σ_{s4}</td><td>钢筋的应力松弛</td><td>钢筋在长度不变的情况下，应力随时间增加而降低</td><td colspan="2">软筋可达张拉应力的 5%，硬钢可达张拉应力的 7%</td><td>张拉时进行适当的超张拉，或重复张拉</td></tr>
<tr><td>σ_{s5}</td><td>混凝土的收缩、徐变</td><td>收缩是因物理化学作用而产生的体积缩小现象，包括干缩、冷缩等。徐变是在恒定荷载下变形随时间而缓慢增加的不平衡过程。混凝土的徐变，主要是一种弹性后效</td><td colspan="2">50～210，根据《混凝土结构设计规范》确定</td><td>适当选择骨料，准确控制水灰比和水泥用量；混凝土捣固密实；加强养护</td></tr>
<tr><td>σ_{s6}</td><td>螺旋式预应力筋应用于环形构件的预应力损失</td><td>用螺旋式预应力筋作配筋的环形制品，当直径达 3m 时，混凝土局部压陷</td><td>—</td><td>30</td><td>提高混凝土强度，达到规定强度后张拉</td></tr>
</table>

注：1. 式中为夹具、锚具的允许变形值（mm），按《混凝土结构设计规范》GB 50010—2002 取用；L 为张拉端至锚固端之间的距离（mm）；E_g 为钢筋的弹性模量。

2. 按《混凝土结构设计规范》GB 50010—2002 确定。钢管抽出成型的直线孔道，其摩擦损失较小，长度小时近似为零。采用电热张拉时一般不考虑。

各阶段预应力损失值组合　　**表 47-2**

序号	损失值的组合		先张法（MPa）	后张法（MPa）	电热后张法（MPa）
1	$\sigma_{s\,\text{I}}$	热养护	$\sigma_{s1}+\sigma_{s3}+\sigma_{s4}$	$\sigma_{s1}+\sigma_{s2}$	σ_{s1}
2	$\sigma_{s\,\text{I}}$	自然养护	$\sigma_{s1}+\sigma_{s4}$	$\sigma_{s1}+\sigma_{s2}$	σ_{s1}
3	$\sigma_{s\,\text{II}}$	用螺旋式预应力钢筋作配筋的环形制品，当直径 $d\leqslant 3\text{m}$ 时		$\sigma_{s4}+\sigma_{s5}+\sigma_{s6}$	$\sigma_{s4}+\sigma_{s5}+\sigma_{s6}$
4	$\sigma_{s\,\text{II}}$	其他预应力	σ_{s5}	$\sigma_{s4}+\sigma_{s5}$	$\sigma_{s4}+\sigma_{s5}$
5		$\sigma_s=\sigma_{s\,\text{I}}+\sigma_{s\,\text{II}}$	不小于 100	不小于 80	不小于 80

注：表中 $\sigma_{s\,\text{I}}$ 为混凝土预压前的第一批损失。$\sigma_{s\,\text{II}}$ 为混凝土预压后的第二批损失。σ_s为预应力总损失值，σ_s在潮湿条件下可减少 50%。

第四节 预应力混凝土锚、夹具

锚、夹具是锚固预应力钢筋的一种工具，锚固在构件端部，与构件联成一体共同受力。在后张法生产中，通常称为锚具，锚具埋于混凝土构件中，只能使用1次；而在先张法生产中，通常称为夹具，可以重复使用。锚具与夹具有时也能互换使用。

一、锚、夹具基本要求

锚、夹具的选择，与构件外形、预应力钢筋的品种、规格、数量以及所配用的张拉设备等有关，须加以周密考虑。具体要求如下：

(1) 夹持预应力钢筋的作用必须充分可靠。

(2) 有足够的强度储备，以确保使用安全。

(3) 宜优先选用具有自锚条件和预应力筋强度利用系数较高的锚、夹具。

(4) 与预应力钢筋的品种、规格和张拉力设备相匹配。

(5) 构造简单，加工方便，体形小，造价低，制造时容易保证匀质性。

(6) 耐久，能重复使用，装拆容易，使用方便。

二、工程中常用锚、夹具

目前，我国各地采用的锚、夹具的类型很多，各有其一定的选用范围，现将常用的一些锚、夹具按其构造特点分类列入表47-3中，供选用时参考。

常用锚、夹具配套选用参考表 **表47-3**

<table>
<tr><th rowspan="2">类型</th><th rowspan="2">类别</th><th rowspan="2">序号</th><th rowspan="2">名 称</th><th colspan="3">适 用 范 围</th></tr>
<tr><th>预应力筋</th><th>工艺方法</th><th>张拉机具</th></tr>
<tr><td rowspan="3">螺杆式</td><td rowspan="2">锚具</td><td>1</td><td>螺丝端杆锚具</td><td>Ⅱ、Ⅲ级钢筋</td><td>先张法、后张法、电张法</td><td rowspan="5">YL60、YC60型千斤顶</td></tr>
<tr><td>2</td><td>锥形螺杆锚具</td><td>ϕ^b5 钢丝束</td><td>后张法</td></tr>
<tr><td>夹具</td><td>3</td><td>螺杆销片夹具</td><td>Ⅳ、Ⅴ级钢筋束</td><td>后张自锚、先张法</td></tr>
<tr><td rowspan="2">镦头式</td><td>锚具</td><td>4</td><td>钢丝束镦头锚具</td><td>ϕ^b5 钢丝束</td><td>后张法</td></tr>
<tr><td>夹具</td><td>5</td><td>单根镦头夹具</td><td>Ⅱ~Ⅲ级钢筋</td><td>先张法</td></tr>
<tr><td rowspan="7">夹片式</td><td rowspan="4">锚具</td><td>6</td><td>JM12型锚具</td><td>Ⅳ级钢筋束
ϕ^L12 钢绞线束</td><td>后张法</td><td>YC60型千斤顶</td></tr>
<tr><td>7</td><td>精铸JM12型锚具</td><td>Ⅳ级钢筋束</td><td rowspan="3">后张法、先张法</td><td rowspan="3">YC18型千斤顶</td></tr>
<tr><td>8</td><td>JM5型锚具</td><td>ϕ^b5 钢丝束</td></tr>
<tr><td>9</td><td>单根钢铰线锚具</td><td>ϕ^L12、ϕ^L15 钢绞线</td></tr>
<tr><td rowspan="3">夹具</td><td>10</td><td>圆套筒三片式夹具</td><td>$\phi12$、$\phi14$ 单根钢筋</td><td rowspan="3">先张法</td><td>YC18型千斤顶</td></tr>
<tr><td>11</td><td>方套筒二片式夹具</td><td>ϕ^t、2Ⅴ级钢筋</td><td>YL60型千斤顶</td></tr>
<tr><td>12</td><td>单根钢铰夹具</td><td>ϕ^L12、$\phi15$ 钢绞线</td><td>TC18型千斤顶</td></tr>
<tr><td rowspan="4">锥销式</td><td rowspan="2">锚具</td><td>13</td><td>钢质锥形锚具</td><td>ϕ^b5 钢丝束</td><td rowspan="2">后 张 法</td><td rowspan="2">锥锚式60t双作用千斤顶</td></tr>
<tr><td>14</td><td>KT-Z型锚具</td><td>钢筋束、钢铰线束</td></tr>
<tr><td rowspan="2">夹具</td><td>15</td><td>圆锥齿板式夹具</td><td rowspan="2">ϕ^b3 ~ ϕ^b5 冷拔低碳钢丝</td><td rowspan="2">先 张 法</td><td rowspan="2">DL2型电动螺杆张拉机、SL2型手动螺杆张拉器</td></tr>
<tr><td>16</td><td>圆锥三槽式夹具</td></tr>
</table>

第五节　预应力混凝土的张拉设备

制作预应力混凝土结构及构件时，对预应力钢筋施加张拉力有专用张拉设备。张拉设备按其作业方式，有手动、电动和液压之分。目前，我国常用的张拉设备编制及型号见表47-4。

常用张拉设备编制及型号　　表 47-4

类别		形式	代号	主参数		常用型号
				名称	单位表示法	
机械式		手动式	SL	额定张拉力	t	SL1
机械式		电动式	DL	额定张拉力	t	DL2
液压式	千斤顶	拉杆式	YL	额定张拉力	t	YL60
液压式	千斤顶	穿心式	UC	额定张拉力	t	YC60、Y18
液压式	千斤顶	锥锚式	YZ	额定张拉力	t	60t 双作用型，TD-60 型，85 作用型
液压式	千斤顶	台座式	YT	额定张拉力	t	YQ-50、YQ-100，YQ-200
液压式	高压油泵	手动式	SB	额定油压	MPa	
液压式	高压油泵	径向电动式	JB	理论流量额定油压	L/min MPa	
液压式	高压油泵	轴向电动式	ZB	理论流量额定油压	L/min MPa	

注：1. 表中“代号”系指规定的编制代号；“常用型号”系指现有的常用型号，两者不完全相符。

2. 表中未列入电热张拉法所用设备。

一、液压拉伸机

液压拉伸机由千斤顶、配套油泵和外接油管等部分组成。

(一) 千斤顶

1. YL60 千斤顶

YL60 型拉杆式千斤顶系根据原 60t 预应力拉伸机和 57M7 型千斤顶经改进的定型产品。

(1) 适用范围：主要用于后张法、先张法或后张自锚等工艺中，张拉选用螺杆锚具或夹具、镦头锚具或夹具的单根粗钢筋、钢筋束或碳素钢丝束。

(2) 技术性能：

额定压力（MPa）	40	张拉液压面积（cm^2）	162.6
理论张拉力（kN）	650	张拉行程（mm）	150
回程方式（mm）	差动液压回程外 （直径×长度×653）	质量（kg）	65
		配套油泵	ZB4/500 型电动油泵

(3) 构造及工作原理：如图 47-1 所示，YL60 型千斤顶主要由油缸、活塞、拉杆、端盖 、撑脚、张拉头和动、静密封圈等部分组成。

张拉时，*A* 油嘴进油，*B* 油嘴回油，差动阀的小活塞杆弹簧回程，锥阀关闭，*A*、*B* 油腔断绝。这时拉杆右移张拉，*B* 腔油液流回油箱。

拉杆回程，当配用 ZB4/500 型电动油泵或其他双联式拉伸机油泵时，有三种回程方

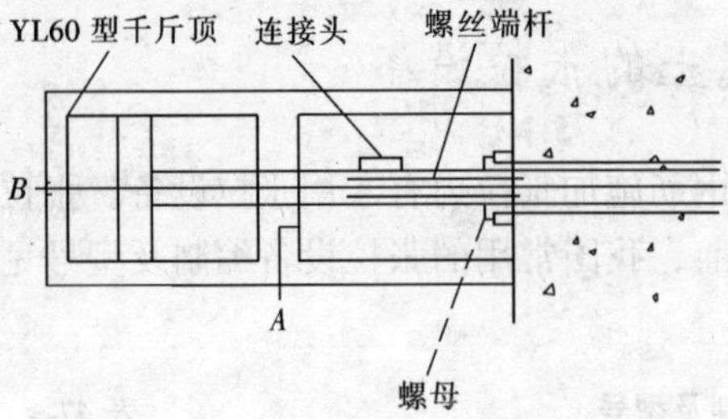

图 47-1 YL60 型千斤顶工作原理

法：第一种是单路进油差动回程。这时 A 路关闭、B 路进油，在 B 腔内造成油压，小活塞杆在差压作用下右向移动，接触并推开锥阀，使 A、B 腔连通，在差压作用下活塞拉杆右移回程。回程完毕卸压后，A、B 腔重新断绝，即可开始下一次张拉。第二种是双路进油差动回程，这时 A、B 路同时进油，工作原理和单路进油时相同，但由于 A 路流量也进入 B 腔，故回程速度比单路进油时快 1 倍（回程油压不大于 10MPa），且只控制 B 路卸荷阀。第三种是带压差动回程，张拉、锚固完毕后 A 腔不卸压，使 B 路进油回程。但使用时应注意，如回程始动，出现预应力筋超张、锚固松动现象，应检查油腔是否入空气、B 路进油是否足够和是否泄漏。

（4）操作顺序：参见表 47-5。

YL60 型千斤顶操作顺序 表 47-5

顺序	工作名称		进、回油情况		动作情况
			A 油嘴	B 油嘴	
1	张拉前准备		回 油	回 油	1. 油泵停车或空载运转 2. 连接头拧入螺丝端杆 3. 千斤顶对中就位
2	张拉预应力钢筋		进 油	回 油	1. 油缸和撑脚顶住构件端面 2. 活塞拉杆左移张拉钢筋 3. 钢筋张拉到设计张拉力后持荷。拧紧螺丝端杆上的螺母
3	液压差动回程	1. 单路进油回程	关 闭	进 油	1. 差动阀活塞杆顶开锥阀，A、B 油腔连通，活塞拉杆右移回程 2. 复位后，打开油泵上的控制阀 3. 油泵停车或空载运转 4. 卸下连接头
		2. 双路进油回程	（卸荷后）进油	进 油	
		3. 带压双路进油回程	进 油	进 油	

注：YL60 型千斤顶有张拉保护装置，满行程张拉到底时，张拉缸油压不升高。但无回程保护装置，操作时应注意防止回程超压，或调整泵上安全阀的制作压力。

2. YC60 型千斤顶

YC60 型穿心式千斤顶系根据 YC-60 型千斤顶和 YC-60S_1、YC-600 及 YC-60L 型千斤顶等原型产品经改进的定型产品。

（1）适用范围：主要用于张拉选用 JM-12 型锚具的高强钢丝束和钢绞线束；配上撑脚、拉杆等附件后，也可作为杆式千斤顶使用。

（2）技术性能：

额定压力（MPa）	40
张拉液压面积（cm^2）	162.6
理论张拉力（kN）	65
张拉行程（mm）	50
顶压液压面积（cm^2）	84.2

理论张拉力（kN） 33.6
顶压行程（mm） 50
穿心孔径（mm） 55
张拉缸回程液压面积（cm^2） 12.4
顶压活塞弹簧回程力（kg） 390～665
带撑套时外形尺寸（外径×长度）（mm） $\phi195\times429$
质量（带撑套）（kg） 62.5
配套油泵 ZB4/500型电动油泵

（3）构造及工作原理：如图47-2所示，YC60型千斤顶主要由张拉油缸、顶压油缸、顶压活塞、穿心套、保护套、端盖堵头、连接套、撑套、回程弹簧和动、静密封圈等部分组成。

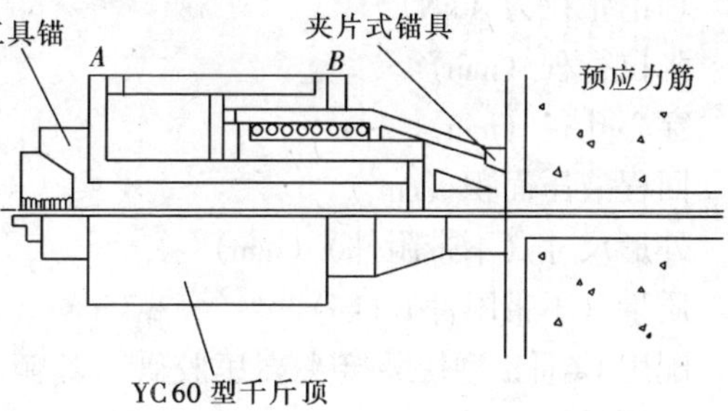

图47-2 YC60型千斤顶工作原理

张拉时，*A*油嘴进油、*B*油嘴回油，顶压油缸、连接套和撑套联成一体右移顶住锚环；张拉油缸、端盖螺母及堵头和穿心套联成一体，带动工具锚左移张拉预应力筋。

顶压锚固时，在保持张拉力稳定的条件下，*B*油嘴进油，顶压活塞、保护套和顶压头联成一体右移将夹片强力推入锚环内。

张拉油缸采用弹簧回程，这时*A*油嘴回油、*B*油嘴进油。

顶压活塞采用弹簧回程方法，*A*、*B*油嘴回油、顶压活塞在弹簧力作用下回程复位。

（4）操作顺序：

操作顺序参见表47-6。

YC60千斤顶操作顺序 表47-6

顺序	工作名称	进、回油情况		动作情况
		*A*油嘴	*B*油嘴	
1	张拉前准备	回油	回油	1. 油泵停车或空载运转 2. 安装锚具、穿筋后安装工具锚 3. 千斤顶对中就位
2	张拉预应力钢筋	进油	回油	1. 顶压缸和撑套右移顶住锚环 2. 张拉缸左移张拉预应力筋
3	顶压锚固	关闭	进油	1. 张拉缸持荷，稳定在设计的张拉力 2. 顶压活塞右移，将夹片强力顶入锚环内 3. 顶压活塞回程弹簧压缩
4	张拉缸液压回程	回油	进油	1. 张拉缸（或顶压缸）右移（或左移）复位，工具锚松脱
5	顶压活塞弹簧回程	回油	回油	1. 油泵停车或空载运转 2. 在弹簧力作用下，顶压活塞左移复位 3. 卸下工具锚和千斤顶

注：1. 顶压锚固时，张拉缸内油压将会升高，应控制其升高值，使预应力的应力不超过流极（钢筋束）或条件极限（钢铰线束）。
2. 张拉、顶压和液压回程时，为防止误操作产生过高的油压，可调高油路中安全阀的溢流压力。
3. 作为拉杆千斤顶使用时，操作顺序为表中的1，2，4，5。

3. YC18 型千斤顶

(1) 使用范围：主要用于张拉选用夹片锚具的单根钢绞线、钢筋和小吨位碳素钢丝束。

配上承力筒、拉杆等附件后，可作为拉杆式千斤顶使用，张拉选用螺丝端杆锚具的螺纹钢筋和选用镦头锚具或 JM 型锚具的小吨位碳素钢丝束。

(2) 技术性能

额定压力（MPa）	50
张拉液压面积（cm^2）	40.6
理论张拉力（kN）	203
张拉行程（mm）	250
穿心孔径（mm）	27
回程液压面积（cm^2）	22
外形尺寸（不带附件）（mm）	$\phi110\times425$
质量（不带附件）（kg）	17

配用 G6ⅢK 型快装接头高压胶管，其额定油压 40 MPa，胶管内径 6mm，钢丝层数 3 层，胶管长度 3000mm。

(3) 附件及选用：YC18 型千斤顶可组成穿心式和拉杆式两种张拉装置。其附件选用分别见表 47-7 和表 47-8。

穿心式张拉装置的附件选用明细表 **表 47-7**

应力筋	配套锚夹具型号	XJ 型夹具压圈孔径	穿心套压圈孔径	D3 型顶压器	
				承压头	活塞
ϕ^L15 钢绞线	ϕ^L15	K15	$\phi20$	A 型，子口 $\phi40$	A 型，孔 $\phi20$
ϕ^L14 螺纹钢筋	YT14、YM15	K15	$\phi20$	A 型，子口 $\phi40$	A 型，孔 $\phi20$
ϕ^L12 钢绞线	ϕ^L12	K12	$\phi20$	A 型，子口 $\phi40$	A 型，孔 $\phi20$
ϕ^L12 螺纹钢筋	YJ12	K12	$\phi20$	A 型，子口 $\phi40$	A 型，孔 $\phi20$
ϕ^L12 Ⅳ 级圆钢筋	YM12	K12	$\phi20$	A 型，子口 $\phi40$	A 型，孔 $\phi20$
ϕ^L9 钢绞线	YJ8.2	K8	$\phi12$	B 型，子口 $\phi35$	B 型，孔 $\phi12$
8.2 调质钢筋	YJ8.2	K8	$\phi12$	B 型，子口 $\phi35$	B 型，孔 $\phi12$
6 – ϕ^b5 钢丝束 7 – ϕ^b5 钢丝束	JM5-6 JM5-7	JM5-6 JM5-7	$\phi27$ $\phi27$	换用 D4 顶压器	

注：表中 K8、K12、K15 楔块，$\phi12$、$\phi20$、$\phi27$ 的穿心套压圈，D3 型承压头和活塞，除其中任意一种已装在设备上外，其他均作为附件随主机出厂。

拉杆式张拉装置的锚具配套明细表 **表 47-8**

应力筋规格	应力筋品种	锚 具 型 号	锚具及连接头螺纹规格
12	冷拉Ⅱ、Ⅲ级	LM12	M15 × 1.5
14	冷拉Ⅱ、Ⅲ级	LM14	M18 × 1.5
16	冷拉Ⅱ、Ⅲ级	LM16	M20 × 1.5
18	冷拉Ⅱ、Ⅲ级	LM13	M22 × 1.5
20	冷拉Ⅱ、Ⅲ级	LM20	M24 × 2
22	冷拉Ⅱ、Ⅲ级	LM22	M27 × 2

续表

应力筋规格	应力筋品种	锚　具　型　号	锚具及连接头螺纹规格
6-ϕ^b5	碳素钢丝	ZL5-6	暂定 M24×2
8-ϕ^b5	碳素钢丝	ZL5-8	暂定 M27×2
6-ϕ^b5	碳素钢丝	ZL4-6	暂定 M20×2
12-ϕ^b5	碳素钢丝	ZL4-12	暂定 M27×2
6~7-ϕ^b5	碳素钢丝	DM5-6/7	附加拉杆 M30×2
8~9-ϕ^s5	碳素钢丝	DM5A-8/9	附加拉杆 M36×2

（4）操作顺序：操作顺序参见表 47-9。

YC18 型千斤顶（穿心式）操作顺序　　**表 47-9**

顺序	工 序 名 称	进、回油情况			分流阀	动　作　情　况
		A 油嘴	*B* 油嘴	*C* 油嘴		
1	张拉预应力筋	进　油	回　油	回　油	开	1. 活塞杆、顶压器顶住套筒 2. 油缸、夹具左移，张拉预应力筋
2	顶压锚固	关　闭	关　闭	进　油	关	1. 张拉缸持荷在设计的张拉力 2. 顶压活塞右移顶锚夹片 3. 顶压器回程弹簧压缩
3	张拉缸回程	回　油	进　油	进　油	开	张拉缸右移复位
4	预压活塞回程	回　油	回　油	回　油	开	1. 油泵停车或空载运转 2. 在弹簧力作用下，顶压活塞左移回程

注：当作为拉杆张拉装置时，则无顶压器和分流阀。张拉时，*A* 进油，*B* 回油；回程时：*A* 回油，*B* 进油。

4. 锥锚式千斤顶

（1）适用范围：主要用于张拉选用钢质锥形锚具的 18×ϕ^t5 至 24×ϕ^t5 高强钢丝束。

（2）技术性能：技术性能参见表 47-10。

常用锥锚式千斤顶技术性能　　**表 47-10**

项目名称		型　号		
		60t 双作用千斤顶	TD-60 型千斤顶	85t 三作用千斤顶
张拉缸	额定油压（MPa）	50	28	51.5
	张拉液压面积（cm^2）		227	165.13
	理论张拉力（kN）	60（公称）	635	850
	张拉行程（mm）	300	215	250
	回程方式	流　压		
顶压缸	额定油压（MPa）	50	32	48
	张拉液压面积（cm^2）		104	86.6
	理论张拉力（kN）	280（公称）	333	416
	张拉行程（mm）	35	60	60
	回程方式	弹　簧		

续表

项目名称		型号		
		60t 双作用千斤顶	TD-60 型千斤顶	85t 三作用千斤顶
退楔缸	额定油压（MPa）	人工退楔	32	50
	退楔液压面积（cm^2）		50.3	32.4
	理论退楔力（kN）		161	162
	退楔行程（mm）		35	>40
外形尺寸（外径×长度）（mm）			$\phi330\times640$	$\phi330\times705$
净　质　量（kg）		99		~120

（3）构造及工作原理：锥锚式千斤顶一般由张拉油缸、顶压油缸、退楔装置、楔形卡盘等部分组成。

（4）操作顺序：操作顺序参见表 47-11。

锥锚式（三作用）千斤顶操作顺序　　表 47-11

顺序	工作名称	进、回油情况		动作情况
		A 油嘴	*B* 油嘴	
1	张拉前准备	回油	回油	1. 油泵停车或空载运转 2. 安装锚环、对中套、千斤顶 3. 开泵后将顶压油缸伸出一定长度，供退楔用 4. 将钢丝按顺序嵌入卡盘槽内，用楔块夹紧
2	张拉预应力筋	进油	回油	1. 顶压缸右移顶住对中套、锚环 2. 张拉缸带动卡盘左移张拉钢丝束
3	顶压锚塞	关闭	进油	1. 张拉缸持荷，稳定在设计的张拉力 2. 顶压活塞右移，将锚塞强力顶入锚环内 3. 弹簧压缩
4	液压退楔 （张拉缸回程）	回油	进油	1. 张拉缸（或顶压缸）右移（或左移）回程复位 2. 退楔翼板顶住楔块使之松脱
5	顶压活塞弹簧回程	回油	回油	1. 油泵停车或空载运转 2. 在弹簧力作用下，顶压活塞杆左移复位

YQ 型手动液压千斤顶技术性能　　表 47-12

项目名称	型号		
	YQ-50	YQ-100	YQ-200
工作压力（MPa）	48.2	48	48.3
安全泄油压力（MPa）	53	49	50.8
起重能力（t）	50	100	200
最小高度（mm）	180	200	260
最大高度（mm）	335	439	507
油缸直径（mm）	515 115	639 165	760 230
手动泵柱塞直径（mm）	11	20	20
手动泵柱塞行程（mm）	22	35	35
底座尺寸（mm）	239×279	$\phi255$	$\phi350$
净质量（kg）	66	172	340

注：表中千斤顶经改装后用拉伸机电动油泵供油。

5. 台座式千斤顶

台座式千斤顶是在先张法台座上整体张拉或放松预应力筋的设备。

YQ 型通用立式起重千斤顶，其中三种型号的技术性能见表 47-12。

（二）油泵

选用与千斤顶配套的油泵时，油泵的额定压力等于或大于千斤顶的额定压力，见表 47-13。

选用配套油泵的额定压力　　表 47-13

千斤顶额定油压（MPa）	配套油泵额定油压（MPa）	千斤顶额定油压（MPa）	配套油泵额定油压（MPa）
32～40	40	50～63	63
40～50	50		

1. 手动高压油泵

一般可用小型液压机具的手动油泵，如 SYB-1 型手动高压油泵，进行单路供油和回油。

SYB-1 型手动高压油泵技术性能如下：

额定压力（MPa）	70	油箱容量（L）	0.77
柱塞直径（mm）	12/28	外形尺寸（长×宽×高）（mm）	622×165×170
柱塞行程（mm）	20.5		
每次排量（L）	0.002/0.012	净质量（kg）	9

2.ZB4/500 型电动油泵

ZB4/500 型电动油泵是 LYB44 型、ZB-71 型、ZBL610 型、LSJ4×400 型、A6-400 型和 69 型等拉伸机油泵原型产品经改进、统型的定型产品。

(1) 适用范围：ZB4/500 型电动油泵是目前通用的拉伸机油泵，主要与额定压力不大于 50MPa 的中等吨位的预应力千斤顶配套使用，并和 YC60 型、YL60 型千斤顶配套供应。

此外，也可供对流量无特殊要求的较大吨位的千斤顶和对油泵自身质量无特殊要求的小吨位千斤顶使用。

(2) 技术性能：

额定压力（MPa）（双路供油时为 40MPa）	50	电机型号	JO_2-32-4T_2
		功率（kW）	3.0
试验压力（MPa）	0.75	转数（r/min）	1430
理论排量（ML/r）	2×1.6	出油嘴个数（个）	2
额定流量（L/min）	2×2	螺纹规格（mm）	M16×1.5
容积效率（%）	≥85	油箱容量（L）	50
斜筋倾角（°′）	60　30	外形尺寸（长×宽×高）	
柱塞分布圆直径（mm）	60	带压力表（mm）	745×494×1052
柱塞直径（mm）	10mm	不带压力表（mm）	745×494×997
行　程（mm）	6.8mm	净质量（kg）	120
个　数（个）	2×3		

(3) 构造简介：ZB4/500 型电动油泵由泵体、控制阀、油箱小车和电气设备等部分组成。

泵体采用直轴斜盘、点接触、阀式配流、双联式轴向定量泵结构型式。双联式即将同一泵体的柱塞分成两组，共用 1 台电动机，由公共的油嘴进油，左、右油嘴各自出油，左、右两路的流量和压力互不干扰。

控制阀由节流阀、卸荷阀、溢流阀、单向阀、压力表和进、出回油嘴等部分组合而成。总装时，通过内接进、回油管和泵体、油箱形成一个油路系统。

(4) 控制油路：ZB4/500 型电动油泵采用旁路节流、单向阀持荷的控制油路系统。有两条独立的油路，可满足预应力千斤顶的张拉、顶压、回程、持荷、调压、调速和有关液压机具加进油和卸压回油等施工操作要求。各控制阀的功能和动作情况见表 47-14，操作情况见表 47-15。

ZB4/500 型电动油泵控制阀的功能和动作 **表 47-14**

名　称	功　能	动 作 情 况	应 用 举 例
可调节流阀（调速）	调节输出流量，控制千斤顶工作速度	右旋手轮，输出量大 右旋全开，全流量供油 左旋手轮，输出量小 左旋全开，空载运转	千斤顶张拉、顶压和液压回程、试车、持荷、空转
截止阀（卸荷）	控制向千斤顶进油或回油，实现千斤顶工作或回程	手轮右旋至关闭，千斤顶进油	千斤顶张拉、顶压和液压回程
		手轮左旋至全开，千斤顶回油	回程、卸荷或超荷
单向阀（持荷）	1. 控制千斤顶油液倒流，实现停车或空载运转、千斤顶持荷 2. 减少压力表指针跳动	开车时，单向阀钢球浮动；停车或节流阀全开时，钢球自动关闭	千斤顶张拉时，降压持荷
溢流阀（安全）	限制油泵或千斤顶最高工作压力，保护设备安全工作	溢流阀螺帽右旋，控制压力高；反之则低 （对左控制阀则旋向相反）	1. 限制液压系统最高压力 2. 控制千斤顶工作压力

ZB4/500 型电动油泵控制阀操作表 **表 47-15**

工 作 性 质	节 流 阀		截 止 阀		应 用 举 例
	左	右	左	右	
空载运转	开	开	开或关	开或关	初运转，排气，中间空运转
左（右）路进油 右（左）路回油	关（开）	开（关）	关（开）	开（关）	千斤顶张拉，滚压回程
左、右路同时进油 （限压 40MPa）	关	关	关	关	千斤顶顶压锚固，张拉缸持荷
卸荷回程	开	开	开	开	千斤顶卸荷，弹簧回程
左（右）路单路进油	关（开）	开（关）	关	关	LD10 型镦头器镦头及卸荷，其他单路液压机具加荷及卸荷
右（左）路单路回油	开	开	开	开	

注：1. 保持油路系统压力下降、油缸作用稳定的持荷方法有 3 种：

①停车持荷。在截止阀关闭的情况下，由单向阀截止油路；

②开车持荷。此时应全开节流阀，油泵空载运转；

③补压持荷。即将节流阀适当右旋，保持一定的进油量和恒定的压力值。

前两种适用于油缸密封装置及油泵单向阀、截止阀等密封性能良好的情况，后一种适用于油路系统密封性能不良，用①、②两法不能保持压力稳定的情况。

2. 系统降压的方法是：将截止阀适当左旋，降压至所要求的数值后再关闭。

钢丝纺织胶管与接头组件型号规格表　　表 47-16

项目名称		规格	
工作压力（MPa）		32	40
钢丝纺织胶管	胶管内径 d（mm）	8	6
	公称通径 d_0（mm）	8	6
	钢丝层层数	Ⅲ	Ⅲ
	胶管长度 l（mm）	3000	3000
	标准号	HG4-406-75	
	标记	8-320 HG4-406-75	6-400 HG4-406-75
胶管接头组件	型式	A 型扣压式	
	公称通径 d_0（mm）	8	6
	钢丝层层数	Ⅲ	Ⅲ
	胶管长度 l（mm）	3000	3000
	连接螺母螺纹（mm）	M16×1.5	M14×1.5
	标准号	JB1885-77	
	标记	8-Ⅲ3000 JB1885-77	6-Ⅲ3000 JB1885-77

（三）油管及接头

连接千斤顶和油泵的外接油管，推荐采用钢丝纺织胶管，也可采用拉制紫铜管。

1. 钢丝纺织胶管及接头组件

表 47-16 所列的两种规格的钢丝纺织胶管与接头组件可订货。但须注意，6-Ⅲ3000 胶管接头的螺纹 M14×1.5，与拉伸机定型产品的油嘴螺丝（M16×1.5）不一致。

2. 紫铜管接头组件

液压拉伸机常用的紫铜管规格有以下 3 种：

外径×壁厚（mm）：10×2、9×2.5、8×2（YB447-70）。

接头型式有平口式和扩口式两种。

3. 油嘴及垫片

（1）定型产品的统一油嘴和垫片 YL60 型千斤顶、YC60 型千斤顶、LD10 型钢丝镦头器和 ZB4/500 型电动油泵 4 种定型产品采用的统一油嘴为 M16×1.5 平端油嘴（图 47-3），垫片为 ϕ13.5×ϕ7×2（外径×内径×厚）紫铜垫片（加工后应经退火处理），适用于纺织钢丝胶管接头组件和紫铜平口接头组件。

（2）扩口式接头的油嘴　适用于紫铜管扩口式接头的油嘴，如图 47-4 所示。

二、冷拔低碳钢丝张拉机具

（一）SL1 型手动螺杆张拉器

1. 适用范围

SL1 型手动螺杆张拉器主要用于规模较小的预制厂台座上张拉冷拔低碳钢丝。

2. 技术性能

张拉钢丝规格（mm）	$\phi^b3\sim5$	最大张拉力（kg）	100
最大张拉行程（mm）	400	自身质量（kg）	13

3. 工作原理

其工作原理是，利用扳手扳动张拉螺母，带动张拉螺杆沿轴向作往复直线运动。张拉

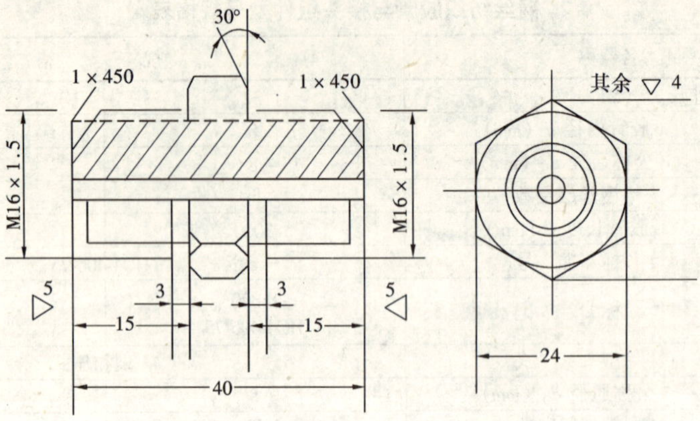

调质处理:HB250-280　　　　　　　　(材料:45号钢)

图 47-3　M16×1.5 平端油嘴

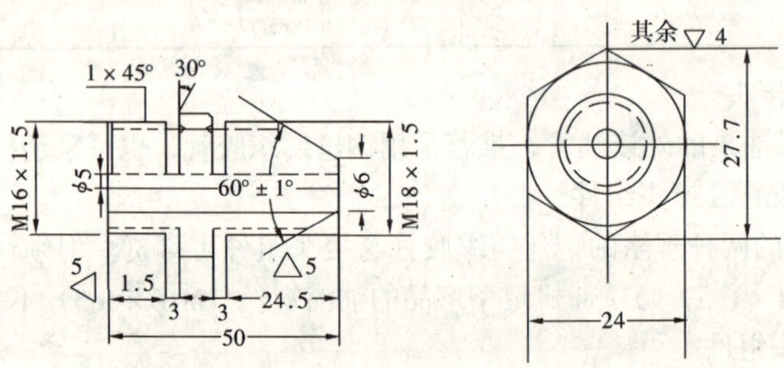

调质处理:HB250-280　　　　　　　　(材料:45号钢)

图 47-4　M18×1.5 锥端油嘴

力由夹具、张拉螺杆传到张拉螺母，后者压在测力弹簧上。对应于弹簧压缩变形的张拉力数值，由测力装置直接读出。

4. 操作方法

打开夹具偏心块，将钢丝端部插入并夹牢。摇动扳手使钢丝受张拉，直到达到规定的张拉力数值。在后座定位板上锚固好钢丝后，将棘爪换向，再摇动扳手，放松钢丝，至此完成一次张拉操作。

（二）DL1 型电动螺杆张拉机

1. 适用范围

DL1 型电动螺杆张拉机主要用于预制厂长线台座上张拉冷拔低碳钢丝。

2. 技术性能

张拉钢丝规格（mm）	$\phi^{b}3\sim5$	最大张拉行程（mm）	780
自身质量（kg）	143	最大张拉力（kg）	1000
张拉速度（m/min）	2	外形尺寸（mm）	200×90×50

3. 工作原理

DL1 型电动螺杆张拉机工作原理是，电动机正向或反向转动时，通过减速箱带动螺母旋转，螺母即推动螺杆沿轴向往复直线运动。弹簧测力计上装有计量标尺和微动开关，当张拉力达到要求数值时，电动机能够自动停止转动。

4. 操作方法

按要求的张拉力数值调整好测力计算尺，将钢丝插入钢丝钳中夹住，开动电动机，螺杆向后运动，钢丝即被张拉。当达到张拉力数值时，电动机自动停止转动。锚固好钢丝后，使电动机反向旋转。这时，螺杆向前运动，放松钢丝，完成一次张拉操作。

三、张拉设备的选用

施工时，应根据所用预应力筋的种类及其张拉锚固工艺情况，选用张拉设备。预应力筋的张拉力不应大于设备的额定张拉力，预应力筋的一次张拉伸长值不超过设备的最大张拉行程。当一次张拉不足时，可采取分次及重复张拉的方法，但所用的锚夹具应适应重复张拉的要求。

1. 预应力筋的张拉力

$$N_y = \sigma_k \cdot A_y \cdot n$$

式中　N_y——预应力钢筋的张拉力（kg）；

σ_k——预应力钢筋的张拉控制应力（MPa）；

A_y——每根预应力钢筋的截面面积（cm^2）；

n——同时张拉的钢筋根数。

2. 预应力钢筋的张拉伸长值

$$\Delta L = \sigma_k / \cdot L$$

式中　ΔL——预应力钢筋的张拉伸长值（cm）；

σ_k——预应力钢筋的张拉控制应力（MPa）；

E_g——预应力钢筋的弹性模量（MPa）；

L——预应力钢筋张拉时的有效长度（cm^2）。

四、液压张拉机具使用注意事项及常见故障

操作人员必须了解液压机的技术性能，并按规定的使用要求进行操作。

（一）高压油泵和千斤顶使用

1. 高压油泵使用注意事项

（1）油泵和千斤顶所用的工作油液，一般用10号或20号机油，亦可用性质相近的其他液压用油，如变压器油等。灌入油箱的油液需经滤清，经常使用时每月过滤1次，不经常使用时至少3个月过滤1次，油箱应定期清洗。油箱内一般应保持85%左右的油位，不足时应补充，补充的油位与油泵中的油相同。油箱内的油温一般应以10~40℃为宜，不宜在负温下使用。

（2）连接油泵和千斤顶的油管应保持清洁，不使用时用螺丝堵封，防止泥砂进入。油泵和千斤顶外露的油嘴要用螺帽封住，防止灰尘、杂物进入机内。每日用完后，应将油泵擦净，清除滤油铜丝布上的油垢。

（3）油泵不宜在超负荷下工作，安全阀须按设备额定油压或使用油压调整压力，严禁任意调整。

（4）接电源时，机壳必须接地线，检查线路绝缘情况后，方可试运转。

(5) 高压油泵运转前，应将各油路调节阀松开，然后开动油泵，待空负荷运转正常后，再紧闭回油阀，逐渐旋拧进油阀杆，增大负荷，并注意压力表指针是否正常。

(6) 油泵停止工作时，应先将回油阀缓缓松开，待压力表慢慢退回至零位后，方可卸开千斤顶的油管接头螺母。严禁在负荷时拆换油管或压力表等。

(7) 配合双作用千斤顶的油泵，以采用两路同时输油的双联式油泵（如 ZB4/500 型）为宜。

(8) 紫铜管或油橡胶管必须耐高压，工作压力不得低于油泵的额定油压或实际工作的最大油压。油管长度不宜小于 2.5m。当 1 台油泵带动 2 台千斤顶时，油管规格应一致。紫铜管应尽量避免弯折，焊接处应保证严密牢固。

2. 千斤顶使用注意事项

(1) 千斤顶不允许在超过规定的负荷和行程的情况下使用。

(2) 千斤顶在使用时必须保证活塞外露部分的清洁，如果沾上灰尘杂物，应及时用油擦洗干净。使用完毕后，各油缸应回程到底，保持进、出口的洁净，加盖保护，妥善保管。

(3) 千斤顶张拉计压时，应观察有无漏油和千斤顶位置是否偏斜，必要时应回油调整。进油升压必须徐缓、均匀、平衡，回油降压时应缓慢松开回油阀，并使各油缸回程到底。

(4) 双作用千斤顶在张拉过程中，应使顶压油缸全部回油。在顶压过程中，张拉油缸应予持荷，以保证恒定的张拉力，待顶压锚固完成时，张拉缸再回油 。

(二) 液压张拉机具常见故障及其排除

1. 高压油泵常见故障及其排除

高压油泵常见故障及其排除参见表 47-17。

高压油泵常见故障及其排除　　表 47-17

故障现象	故障的可能原因	排除方法
不出油、出油不足或波动	1. 泵体内存有空气 2. 漏油 3. 油箱液面太低 4. 油太稀、太黏或太脏 5. 泵体之油网堵塞 6. 泵体的柱塞卡住、吸油弹簧失效和柱塞与套磨损 7. 泵体的进排油阀密封不严、配合不好	1. 旋拧各手柄排除空气 2. 查找漏点清除之 3. 添加新油 4. 调合适当或更换新油 5. 清洗去污 6. 清洗柱塞与套或更换损坏件 7. 清洗阀口或更换阀座、弹簧和密封圈
压力表上不去	1. 泵体内存有空气 2. 漏油 3. 控制阀上的安全阀口损坏或阀失灵 4. 控制阀上的送油阀口损坏或阀杆锥端损坏 5. 泵体的进排油阀密封不严、配合不好 6. 泵体的柱塞与套筒过度磨损	1. 旋拧各手柄排除空气 2. 查找漏点清除之 3. 锪平阀口并配研或更换损坏杆 4. 锪平接合处阀口和修换阀杆 5. 清洗阀口或更换阀座、弹簧和密封圈 6. 更换新件
持压时表针回降	1. 外漏 2. 控制阀上的持压单向阀失灵 3. 回油阀密封失灵	1. 查找漏点清除之 2. 清洗和修刮阀口、敲击钢球或更换新件 3. 清洗并修好回油阀口和阀杆

续表

故障现象	故障的可能原因	排除方法
泄　漏	1. 焊缝或管路破裂 2. 螺纹松动 3. 密封垫片失效 4. 密封圈破裂 5. 泵体的进排油阀口破坏或柱塞与套筒磨损过度	1. 重新焊好或更换损坏件 2. 拧紧各接头和各有关螺钉 3. 更换新片 4. 更换新件 5. 修复阀口或更换阀座、弹簧、柱塞和套筒
噪　声	1. 进排油有局部堵塞 2. 轴承或其他零件损坏和松动 3. 吸油管等混入空气	1. 除去堵塞物使油路畅通 2. 换件或拧紧 3. 排气

2. 千斤顶常见故障及其排除

千斤顶常见故障及其排除见表 47-18。

千斤顶常见故障及其排除　　表 47-18

故障现象	故障的可能原因	排除方法
漏　油	1. 油封失灵 2. 油嘴连接部位不密封	1. 检查或更换密封圈 2. 修理连接油嘴或更换垫片
千斤顶张拉活塞不动或运动困难	1. 操作阀用错 2. 回程缸没有回油 3. 张拉缸漏油 4. 油量不足 5. 活塞密封圈胀得太紧	1. 正确使用操作阀 2. 使回程缸回油 3. 按漏油原因排除 4. 加足油量 5. 检查密封圈规格或更换
活塞不回程或回程困难	1. 操作阀用错 2. 张拉缸没有回油 3. 回程缸漏油 4. 回程时油量不足	1. 正确使用操作阀 2. 使张拉缸回油 3. 按漏油原因排除 4. 加足油量
千斤顶活塞运行不平衡	油缸中存有空气	空载往复运行几次排除空气
千斤顶缸体或活塞刮伤	1. 密封圈上混有铁屑或砂粒 2. 缸体变形	1. 检查密封圈，清除杂物，修复缸体和活塞 2. 检查缸体材料、尺寸、硬度，修复或更换
千斤顶连接油管爆裂	1. 油管拆卸次数过多、使用过久 2. 压力过高 3. 焊接不良	1. 注意装拆、避免弯折，不易修复时应更换油管 2. 检查油压表是否失灵，压力是否超过规定压力 3. 焊接牢固

第六节　预应力混凝土施工

一、先张法

先张法是先将钢筋张拉到设计控制应力，再用夹具临时固定在台座或钢模上，然后浇捣混凝土，待混凝土达到一定强度（一般不低于设计强度等级的 70%）后，放松钢筋，靠钢筋与混凝土之间的黏结力使混凝土构件获得预压应力。

先张法工艺流程如图 47-5 所示。

上面所列为使用粗钢筋生产预应力混凝土构件的工艺流程。如生产钢丝混凝土构件，

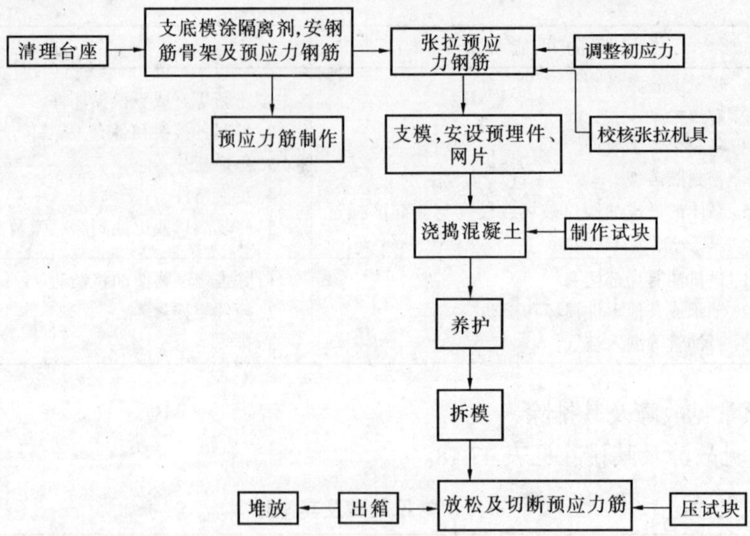

图 47-5　先张法工艺流程

前面应增加“铺丝”、“拼接钢丝”等工序，并相应作些调整。

（一）台座

台座是先张法生产中主要的承力和成型设施，由承力系统和成型系统两部分组成。

承力系统由承力墩和横梁组成，其作用是承受全部预应力钢筋的张拉力。承力墩按其构造和承力方式不同，还可分：墩式台座中的传力墩；槽式台座中的传力柱；爆扩桩台座中的爆扩桩；压杆式台座中的传力杆等不同形式。

成型系统即指台座的底板（或台面、台模），主要用作构件成型时的底模，承受制作构件的自身荷载和施工垂直荷载。

选择台座须根据工厂生产周期的长短、当地土质情况、所制造的构件类型、张拉力大小、所采用的养护方式等条件综合考虑进行选择，并经设计计算确定。

1. 墩式台座

（1）常用墩式台座：常用墩式台座见表 47-19。

常用墩式台座类型及适用范围　　　　**表 47-19**

分类	台座名称	主要优缺点	承受张拉力值（kN）	适用范围
重力式台座	现浇整体式台座	利用毛石混凝土，构造简单，制作容易，结构可靠。但混凝土量大	600～1200	永久性工厂
	活动式台座	因地制宜，构造简单，利用现浇混凝土座基及地坪平衡张拉力	1000	施工现场，利用车间地坪生产所需构件
	拆迁式台座	靠加压混凝土自身荷载及复板上土块自身荷载平衡张拉力，可重复使用，节约材料，施工方便，但土方量仍很大	1000～2000	适用于施工现场
	半拆迁式台座			
挡土墙台座	现浇整体式台座	利用土压力来平衡，稳定性好，混凝土用量小，但土方量大	500	适用于永久性工厂，土质较好的条件

续表

分类	台座名称	主要优缺点	承受张拉力值（kN）	适用范围
桩式台座	单桩式台座	借助桩的承载能力，来抵抗水平张拉力，制作方便，经济，土方量小，但对土质要求高	100	适用于施工现场，土质条件较好的情况下
	串联式台座		20	
综合式台座	简单墩式台座	综合挡土墙、墩式和爆扩桩台座的受力形式	500	适用于现场施工和永久性构件厂

（2）台座底板：台座的底板可分整体式和装配式两种。

①整体式　整体式底板是在生产线作业范围内一次做成台座底板，可做成大面积的长线台座，用于成型各种板式构件。

制作整体式大面积台座底板，需考虑台面上的最大荷载质量，如所行驶的车辆和超重设备等。

几种台座底板的做法，见表 47-20。

常用台座底板的做法　　**表 47-20**

基础层做法	垫层做法	面层做法	适用范围
素土夯实	三合土 10cm，砖砌体	1:2 水泥砂浆 3cm	用作胎模
素土夯实	碎石（卵石）15cm，素混凝土 6 ~ 8cm	1:2 水泥砂浆 2cm	有一定承载能力，大面积台座
素土夯实	C20 细石混凝土 5cm	1:3 水泥砂浆 2cm	有一定承载能力，大面积台座
素土夯实	碎石（碎砖、卵石）8 ~ 10cm	1:3 水泥砂浆 3cm	不承载的小面积台座
素土夯实	碎石（碎砖、卵石）洒一层黄砂（石屑、废砂），找平夯实 8cm，C10 ~ C15 混凝土 5 ~ 8cm	原浆抹平或 2cm 1:3 砂浆	有一定承载能力，大面积台座
素土夯实	煤渣加石灰（7:3），或煤渣加水泥（8:1）8 ~ 12cm 夯实	无	制作小型预应力、非预应力构件
素土夯实	煤渣 5 ~ 12cm	1:3 水泥砂浆 3cm	制作小型预应力、非预应力构件

②装配式底板　装配式底板是利用现成制品或钢模拼装台座底板。

利用工程后期使用的钢筋混凝土地沟盖板装配成底板，表面抹浆，如图 47-6（*a*）所示；利用钢筋混凝土空心板做底板，表面抹浆，如图 47-6（*b*）所示；利用砖底板、砖胎模生产斜槽瓦，如图 47-6（*c*）所示；利用预制胎模装配成长丝台座，如图 47-6（*d*）所示。

（3）台座外形尺寸的确定：

①台座长度　确定台座长度的因素有：钢筋种类，如冷拔低碳钢丝每盘长约 120m，采用该种钢丝的台座长度可取 120m 左右；张拉设备，如千斤顶冲程大小。当生产吊车梁时，用 45m 或 76m 长的台座可分别生产 6 根或 10 根梁，普通 50 ~ 200t 千斤顶冲程约 25cm 左右，只需 1 次冲程就可张足，而且这样长度的钢筋也适宜在一般钢筋车间里制备；构件类型及长短。一般构件生产的台座长度见表 47-21，但根据场地条件，亦可适当延长或缩短。

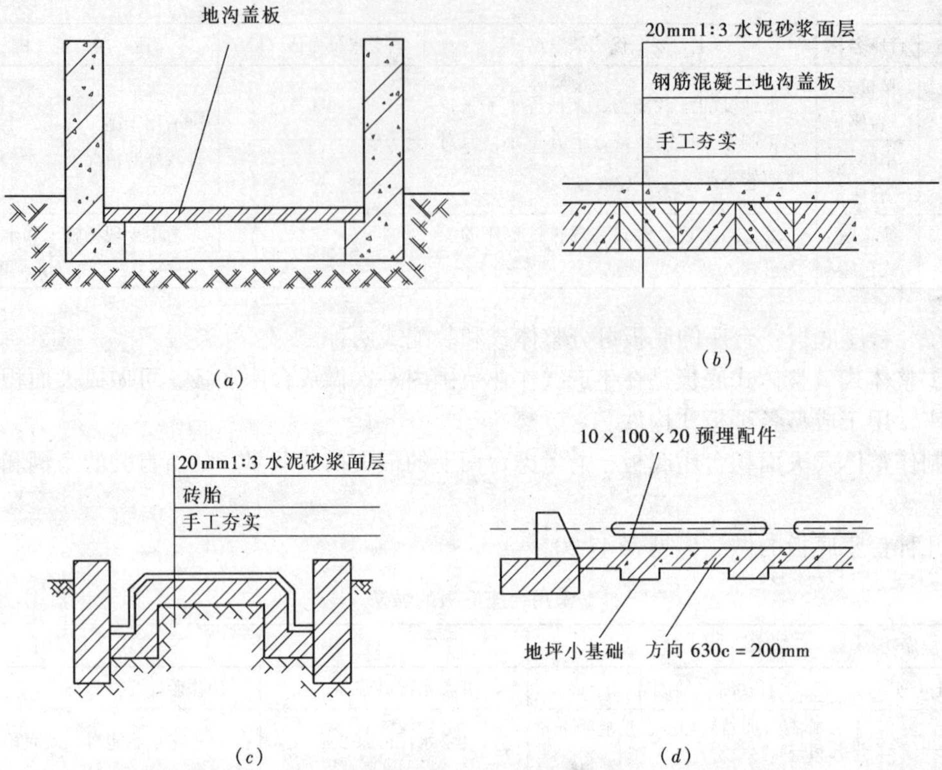

图 47-6 装配式底板形式图

(a) 地沟盖板装配；(b) 强制板装配；(c) 砖砌胎模装配；(d) 预制胎模装配

不同构件的台座长度 表 47-21

产品名称规格	同时生产数量	台座长度（m）	产品名称规格	同时生产数量	台座长度（m）
24m 屋架	3	76	粗钢筋构件	不　定	45 ~ 80
18m 屋架	4	76	钢丝配筋构件	不　定	100 ~ 150
屋面板	18 ~ 20	120			

台座长度计算公式如下：

$$L = lm + (m - 1)a + l_1 + l_2$$

式中 L——台座总长度（cm）；

l——每一件构件长度（cm）；

m——一条生产线内生产构件的数量；

a——构件间距（cm），视构件种类不同而异，按表 47-22 选取；

l_1——台座前梁到第一个构件的距离（cm），按表 47-22 选取；

l_2——台座前梁到末一个构件的距离（cm），按表 47-22 选取。

常用构件的 a、l_1、l_2 值 表 47-22

构件种类	a（cm）	l_1（cm）	l_2（cm）	构件种类	a（cm）	l_1（cm）	l_2（cm）
大型屋面板	30	65	65	吊车梁	120 ~ 140	150 ~ 200	150 ~ 200
空心板	20	30	30	拱型屋架	50	100 ~ 150	100 ~ 150
地沟盖板、楼梯踏步板、窗台板	10	30	30	屋面大梁	120 ~ 140	150 ~ 200	150 ~ 200

②台座宽度　台座宽度取决于构件尺寸的大小及张拉和浇捣是否便利，一般为90～200cm，亦可以两条台座合并组成一单元，可减少占地面积，便于施工。

③台座底板高度　台座底板高度主要与构件种类，即与预应力钢筋的设备位置有关，也取决于地质条件、预应力大小、台座的种类、混凝土下料方式和其他条件。墩式台座的底板一般筑成略高出地面的地坪，高度为5～8cm。

2. 槽式台座

槽式台座由端柱、传力柱、柱垫、槽梁和台面等组成，既可承受张拉力，又可作蒸汽养护槽，适用于张拉吨位较高的大型构件，如吊车梁、屋架等。

槽式台座施工时应注意如下事项：

(1) 台座的长度一般不大于76m，宽度随构件外形及制作方式而定，一般不小于1m。

(2) 槽式台座一般与地面相平，以便运送混凝土和蒸汽养护，但需考虑地下水位和排水等问题。

(3) 端柱、传力柱的端面必须平整，对接接头必须紧密；柱与柱垫联结必须牢靠。

常用槽式台座类型及适用范围参见表47-23。

常用槽式台座类型及适用范围　　**表47-23**

台座名称	主要优缺点	承受张拉力值(t)	适用范围
整体式混凝土台座	结构性能可靠，构件施工方便，重叠生产时经济效果好。但土方量大，混凝土用量大，不能拆迁，宽度受限制	300	在永久性工厂，用于生产吊车梁、桩、柱，利用传力柱墙加上盖，可进行蒸汽养护。传力柱埋入地下，可减少对构件尺寸的限制，便于施工作业
装配式钢筋混凝土台座	因地制宜，节省混凝土和钢材，造价低，可拆迁，投产周期短，总长度较小	100	适用于临时性工地，常用来制造张拉较小的梁、板、屋架等预应力构件
装配式钢管台座			

(二) 张拉工艺要点

1. 张拉控制应力和张拉力

钢筋张拉控制应力是指对预应力钢筋进行张拉时施加的张拉力的限值。张拉控制应力σ_k根据规范规定（表47-24）采用。

先张法张拉控制应力值σ_k　　**表47-24**

项次	钢筋种类	控制应力
1	钢丝、钢绞线	$0.7f_y^b$
2	冷拉热轧钢筋	$0.9f_y^b$

注：1. 对于Ⅱ～Ⅳ级及冷拉Ⅱ～Ⅳ级钢筋、5号钢及冷拉5号钢钢筋，取其屈服点（Ⅱ级钢筋为$d\leqslant25$时的屈服点）作为其标准强度；对于热处理钢筋、冷拔低碳钢丝、碳素钢丝、刻痕钢丝、钢绞线，取其抗拉强度为标准强度，参见本书有关章节。

2. 在下列情况下，表中的数值允许提高$0.05f_y^b$。

①为了提高构件制作、运输及吊装阶段的抗裂而设置在使用阶段受压区的预应力钢筋；

②为了部分抵消由于应力松弛、摩擦、钢筋分批张拉以及预应力筋与张拉台座之间的温差等因素产生的预应力损失。

3. 钢丝、钢绞线的张拉控制应力值σ_k不应小于$0.4f_y^b$。

$$超张拉力：N=(103\%\ \sim 105\%)N_k$$

式中　N_k——预应力钢筋的张拉力（kg）。

2. 张拉程序

预应力筋的张拉程序应符合设计规定。设计无规定时，可按表47-25的程序进行。

先张法预应力筋的张拉程序　　**表47-25**

预应力的种类	张拉程序	备注
钢筋	$0\rightarrow105\%\sigma_k$（持荷2min）$\rightarrow90\%\sigma_k\rightarrow\sigma_k$	见注2
钢丝	$0\rightarrow105\%\sigma_k$（持荷2min）$\rightarrow0\rightarrow\sigma_k$	
钢绞线	$0\rightarrow103\%\sigma_k$	

注：1. 预应力筋的超张拉数值不得大于：

①钢筋的屈服点；

②钢丝、钢绞线抗拉强度的75%。

按本表算得的超张拉数值超过①、②两项规定时，则分别按①、②两项的规定进行张拉，并延长持荷时间至5min。

2. 为保证施工安全，应在超张拉后放松至$90\%\sigma_k$时，再装设预埋件、其他配筋和模板。

3. 表中σ_k为控制应力。

3. 放松的原则和顺序

放松预应力筋前必须拆除模板，试压混凝土试块。混凝土强度必须达到设计规定的数值。当设计无规定时，一般混凝土构件的拆模强度不宜低于设计强度等级的70%（叠层生产时，最下一层构件的强度），≥20MPa；预应力值较低的构件如薄板等，构件强度≥15MPa。

预应力筋的放松顺序，如设计无规定时，可按下列要求进行：

（1）轴心受预压的构件（如拉杆、桩等），所有预应力筋应同时放松。

（2）偏心受预压的构件（如梁等），应先同时放松预压力较小区域的预应力筋，再同时放松较大区域的预应力筋。

（3）如不能满足1、2两项要求时，应分阶段、对称、交错地放松，以防止在放松过程中构件产生弯曲、裂纹和预应力筋断裂。

（4）长线台座生产的钢丝构件，剪断钢丝宜从台座中部开始；叠层生产的预应力构件，宜从中间开始，由上而下顺序进行。

4. 安全技术与注意事项

（1）安全技术

①台座两端应有防护设备。张拉时沿台座长度方向每隔4~5m放一个防护架，两端严禁站人，也不准人进入台座。

②当预应力筋拉到控制张拉力后，宜停2~3min再打紧夹具（或拧紧螺母）。此时，操作人员应站在侧面。

（2）注意事项

①当多根预应力筋同时张拉时，必须事先调整初应力（其值可取$10\%\sim15\%\sigma_k$），确保应力一致。在钢丝配筋的构件内，受压或受拉区钢丝拉断数量，如分别不大于各自钢丝总数的5%时，可不必调换。

②应先张拉靠近台座截面重心的预应力筋，避免台座承受过大的偏心压力。

③预应力筋张拉完毕后，对设计位置的偏差不得大于5mm，亦不得大于构件（包括芯棒）截面最短边长的4%。

④用四横梁整批张拉预应力筋时，千斤顶对称布置，防止活动横梁倾斜。

⑤张拉时，张拉机具（包括钢丝绳）与预应力筋应在一条直线上，同时在台面上每隔一定距离放1根 ϕ8～10mm 的钢筋头或相当于保护层厚度的其他垫块，以防预应力筋因自身荷载而下垂，破坏隔离剂沾污预应力筋。

⑥顶紧锚塞时，用力不要过猛，以防钢丝折断；在拧紧螺母时，应注意压力表读数始终保持在控制张拉力上。

⑦当气温低于0℃时，不宜张拉。

⑧叠层生产时，应待下层混凝土强度达到8～10MPa后，方可浇灌上层构件的混凝土。

二、后张法

（一）工艺流程

后张法是制作构件（或块体）时在预应力筋的位置预留出相应的孔道，待混凝土强度达到设计规定的数值后，穿入预应力筋并施加预应力。张拉力由锚具传给混凝土构件而使之产生预压力。张拉完毕几个小时后，就可在孔道内灌浆。

后张法不需要台座设备，大型构件可分块制作，运到现场拼装，利用预应力筋连成整体。因此，后张法灵活性较大，但工序较多，（锚具）耗钢量较大。后张法的工艺流程如图47-7所示。

（二）施工工艺要点

1.构件（块体）制作

后张法预应力构件（块体）的制作与普通钢筋混凝土构件相同。整体式大型预应力构件（如屋架）的生产多在现场进行。现场布置应考虑混凝土浇捣、抽芯管、穿筋、张拉等的操作位置。后张预应力构件重叠生产时，为了减少构件自身荷载产生的摩阻力及浇捣方便，重叠层数一般不宜超过四层。

生产后张预应力构件时，要注意保证端头预埋铁板位置（板面与孔道芯管应严格垂直）以及预埋芯管位置的准确性。否则，由于张拉时构件受力不均易引起其翘曲；或由于块体拼装后孔道不在一条线上，会使预应力筋无法穿入。

混凝土宜一次浇捣，连续施工不留施工缝。屋架可先捣上弦和腹杆，然后从下弦中间向两边浇捣，保证在混凝土初凝时间内浇捣完毕。特别在气温较高的情况下，不宜先捣下弦，否则，下弦

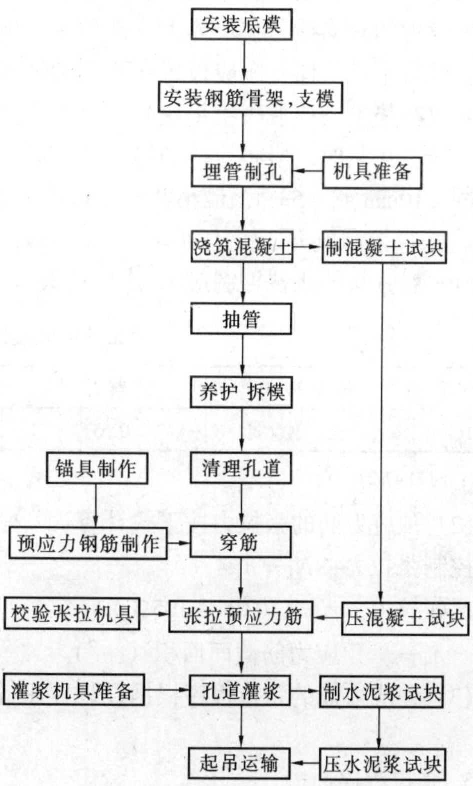

图47-7　后张法工艺流程

抽芯管时间已到，而上弦和腹杆的混凝土可能还未捣完，此时如果抽去芯管，易因振动器的振动而使预留孔道塌陷。屋架平卧重叠生产时，先用平板式振动器在上表面振动拉平，快收浆时再用铁抹子抹平，以减少构件之间的摩擦，从而减少张拉时的摩阻损失。

2. 预留孔道

预留孔道的直径比螺丝端杆、钢筋束、钢绞线束的直径大 10～15mm。预留孔道有直线、曲线、折线之分，其制作程序和方法各不相同。

一般常用钢管抽芯和帆布橡胶管充分加压抽芯两种。

钢管抽芯用于直线孔道。钢管表面必须圆滑，预埋前应除锈、刷油。

抽管定在混凝土初凝以后、终凝以前进行，以用手指按压混凝土表面不显指纹时为宜。

留孔亦可用有 5～7 层帆布夹层、壁厚 6～7mm 的普通橡胶管。此种胶管可用于直线、曲线或折线孔道。

抽管前，先放水降压，待胶管断面缩小与混凝土自行脱离即可抽管。时间比抽钢管时略迟。胶管抽出后，表面用水冲洗干净。

不论采用哪种方法预留孔道，抽管后均应及时清理孔道内的堵塞物。

3. 块体拼装

块体拼装时，混凝土强度应符合设计要求；如需提前拼装，应验算块体吊装时的强度和抗裂性，拼装时混凝土强度一般应不低于设计等级强度的 70%。

块体拼装可在钢制或木制拼装架上进行。拼装架必须有足够的刚度和稳定性，每个块体至少设置两对支撑，在块体上下部位从两侧顶紧，防止构件倾倒和预加应力时产生侧向弯曲。拼装架及块体支座应设置在坚固的地基上，还应考虑排水措施。构件两端及每个拼接处应放在垫木（或混凝土垫块）上，垫木要用水准仪抄平，尚应注意构件起拱要求，弹出中心线。拼装时，应将块体的纵轴线对准，其直线偏差不得大于 3mm，立缝宽度偏差不得超过 +10mm 或 -5mm，最小宽度不得小于 10mm。

4. 张拉控制应力、张拉力

(1) 后张法的张拉控制应力 σ_k 应按表 47-26 采用。

后张法的张拉控制应力值 σ_k 　　表 47-26

项　次	钢筋种类	控制应力	项　次	钢筋种类	控制应力
1	钢丝、钢绞线	$0.65f_y^b$	2	冷拉热轧钢筋	$0.85f_y^b$

注：同表 47-24。

(2) 预应力筋的张拉力按下式计算：

控制张拉力：$N_k = \sigma_k A_y$

超张拉力：$N = (103\% \sim 105\%) N_k$

式中　A_y——预应力筋截面面积（cm^2）。

(3) 预应力筋的张拉程序根据设计要求确定，如设计无规定时，可按表 47-27 的规定进行。

5. 张拉程序

后张法预应力筋的张拉程序见表 47-27。

后张法预应力筋的张拉程序　　表 47-27

预应力筋种类	张拉程序	备注	预应力筋种类	张拉程序	备注
钢筋 钢绞线	持荷 2min $0 \rightarrow 105\%\sigma_k \rightarrow \sigma_k$		钢丝束	持荷 2min $0 \rightarrow 105\%\sigma_k \rightarrow 0 \rightarrow \sigma_k$	

注：1. 预应力筋的超张拉数值不得大于：

①钢筋的屈服点；

②钢丝、钢绞线抗拉强度的 75%。

③超张拉数值超过①、②两项规定时，则应分别按①、②两项的规定进行张拉并延长持荷时间至 5min。

2. 表中为张拉时的控制应力。

6. 孔道灌浆

(1) 灌浆目的：孔道灌浆的目的是使预应力筋与构件混凝土之间有良好的黏结力，防止预应力筋生锈，提高结构的抗震性与耐久性。预应力筋张拉后停几个小时，观察钢筋和锚具无异常现象即可灌浆。

(2) 灌浆操作：

①灌浆操作时，灰浆泵的压力取 0.4～0.6MPa。孔道较长或输浆管较长时压力宜大些，反之可小些。

②灌浆进行到排气孔或沿孔道的三通管冒出浓浆时，即可堵塞此处的灌浆孔（木塞最初不宜打得太紧，以便必要时再取出）。待末端流出浓浆且堵塞后，并将压力提高到 0.6～0.8MPa，随即停泵，关闭灌浆嘴阀门，2～3min 后拔出灌浆嘴并堵塞灌浆孔。

③通过端头锚具中的孔灌浆时，长度小于 35m 的孔道应在中间设置一个排气孔，兼作补浆孔用。

④灰浆应做试块，待灰浆强度达到 10MPa 后方可移动构件。

⑤端头锚具应尽早用混凝土封闭。

7. 安全技术和注意事项

(1) 张拉区应有明显标志，非工作人员禁止进入。张拉时，构件两端不准站人，并设置防护措施。

(2) 操作千斤顶和测量伸长值的人员，应站在千斤顶侧面操作，严格遵守操作规程。

(3) 选择高压油泵的位置时，应考虑张拉过程中构件突然破坏，操作人员能立即避开。如张拉屋架预应力筋时，油泵位置宜放在屋架端头上弦的侧面。

(4) 油泵操作人员要戴防护眼镜，防止油管破裂及油表连接处喷油伤眼。油泵开动过程中，不得擅离岗位，如需离开，必须把油泵阀门全部松开或切断电路。

(5) 油泵与千斤顶之间的所有连接点、紫铜管的喇叭口要求完整无损。连接喇叭口的螺母要拧紧，油表

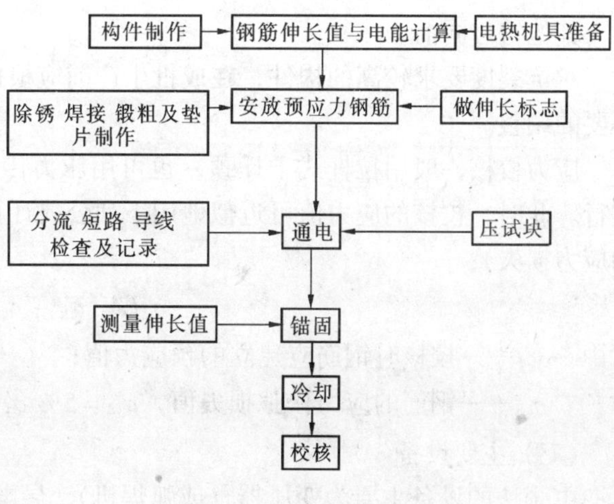

图 47－8　电张法工艺流程

接头处要有纱布包扎，防止漏油喷射伤眼。

三、电热张拉法

（一）工艺流程

电热张拉法（简称电张法）是利用热胀冷缩原理，在钢筋上通电使之热胀伸长，待达到要求的伸长值时锚固，随后停电冷缩，使混凝土构件产生预压应力。

电张法具有设备简单、操作方便、无摩擦损失、便于高空作业等优点。但具有耗电、用伸长值控制应力不易准确（因材质不匀）、成批生产尚需校核的缺点。

用Ⅱ、Ⅲ、Ⅳ级钢筋作预应力筋的结构，都可用电张法施加预应力，但对抗裂度要求较高的结构则不宜采用。对圆形预应力混凝土结构（如水池、油罐）亦可用电张法。此外，电张法也用于成束钢筋的后张自锚构件和钢丝配筋的先张法构件。

电张法工艺流程（以后张法为例）如图 47-8 所示。

（二）钢筋伸长值的计算

电张法以钢筋的伸长值控制其预应力。伸长值的计算公式为：

$$\Delta l = \frac{\sigma_k + 30}{E_g} \cdot L$$

式中 σ_k——张拉控制应力值，先张法构件一般按表 47-24 采用；对于后张法构件，为提高其抗裂度，σ_k 值可适当提高，但施工完毕时钢筋的预应力值不得大于表 47-26 中的数值；

L——电热前钢筋的总长度（cm）；

E_g——电热后钢筋的弹性模量按钢筋冷拉时效后的弹性模量采用，也可试验确定；

30——由于钢筋不直和热塑变形而产生的预应力损失值（MPa）。

除上述规范规定的伸长值计算公式外，有些省市还有下述经验计算公式：

$$\Delta l = \frac{\sigma'_k}{E_g} l + \Sigma \Delta l'_i$$

式中 σ'_k——电热张拉控制应力值，一般取 $0.8 f_y$；

$\Sigma \Delta l'_i$——电张工艺附加伸长，按表 47-28 采用；

其他符号同前。

对抗裂度要求较高的构件，在成批生产前应根据实际预应力值复核结果对伸长值进行必要的调整。

应力校核一般用拉杆式千斤顶，也可用压力传感器测定。校核宜在停电后 2～24h 内进行。此时，校核的应力值可近似地用下列公式计算（如停电超过 24h 尚应考虑相应阶段的应力损失）：

$$\sigma_r f = \sigma'_k - \sigma_{s4}$$

式中 $\sigma_r f$——校核时钢筋应建立的预应力值；

σ_{s4}——钢筋的应力松弛损失值，$\sigma_{s4} = 5\% \ \sigma'_k$。

（三）主要设备

电张法的设备主要为变压器（或弧焊机）、导电夹具和导线三部分。

1．变压器

电张工艺附加伸长值　　**表 47-28**

项　目	附加伸长原因		符　号	电热先张法	电热后张法
1	锚具变形	螺母缝隙 每块热板缝隙 帮条锚具 光圆钢筋镦头锚具 螺纹钢筋镦头锚具	Δl_1	0.10 0.10 0.10 0.10 0.20	
2	钢筋不直和热塑变形		Δl_2	$0.00015L$（或 $300 \cdot L/E_g$）l	
3	混凝土弹性压缩		Δl_3	—	$\frac{\sigma_n}{Eh} \cdot l$①
4	块体弹性压缩		Δl_4	—	$0.05\Sigma\delta$②
5	台座或钢模变形		Δl_5	实测确定	—

注：①σ_n——预应力筋合力点处混凝土的预压应力。

先张法构件：

$$\sigma_h = \frac{N_v}{A_0} \pm \frac{N_{yeoh}}{J_0} \cdot y_c$$

后张法构件：

$$\sigma_h = \frac{N_v}{A_j} \pm \frac{N_{yeoj}}{J_j} \cdot y_j$$

式中　N_y——预应力筋的合力，$N_y = \sigma'_k A_y$；

A_0、A_j——换算截面面积及净截面面积（扣除预应力及孔洞面积）；

J_0、J_j——换算截面惯性矩及净截面惯性矩；

eoh、eoj——换算截面形心及净截面形心至预应力钢筋合力点的距离；

y_c、y_j——换算截面形心及净截面形心至所计算纤维处的距离；

A_y——预应力钢筋截面面积。

②δ——块体拼装竖缝宽度（cm）。

变压器的功率主要根据预应力钢筋的规格、长度和伸长值，采用下列近似公式计算：

$$P = \frac{GCT'}{380t} \qquad T' = T + T_0 < \begin{cases} 250℃(\text{Ⅱ 级钢}) \\ 300℃(\text{Ⅲ 级钢}) \\ 400℃(\text{Ⅳ 级钢}) \end{cases}$$

$$T = \frac{\Delta l}{al}$$

式中　P——变压器（或弧焊机）的功率（kV·A）；

G——同时电张的钢筋质量（kg）；

C——钢筋的热容量，取 4.6J/(kg·K)；

t——钢筋的通电加热时间（h）；

T——钢筋伸长所需的加热温度（℃）；

T'——电张后钢筋温度（℃）；

a——钢筋的线膨胀系数，取 1.2×10^{-5}mm/℃；

T_0——电张前的环境温度（℃）；

Δl——伸长值（cm）；

l——钢筋长度（cm）。

根据计算结果最好选用低压变压器或弧焊机，并应符合下列要求：

(1) 一次电压为220～380V，二次电压为30～65V。电压降应保持2～3V/m；

(2) 二次额定电流值，即钢筋中的电流密度不宜小于下列数值：

冷拉Ⅱ级钢筋为120A/cm^2；

冷拉Ⅲ级钢筋为150A/cm^2；

冷拉Ⅳ级钢筋为200A/cm^2。

2. 导电夹具

导电夹具是供二次导线与钢筋连接用的工具，常用的有夹板式和钳式两种。对夹具的要求是：导电性能好，接头电阻小；与钢筋接触紧密，接触面积不小于钢筋截面面积的1.2倍；构造简单，便于装拆。

导电夹具用紫铜制作，图47-9所示为两种夹板式夹具。

3. 导线

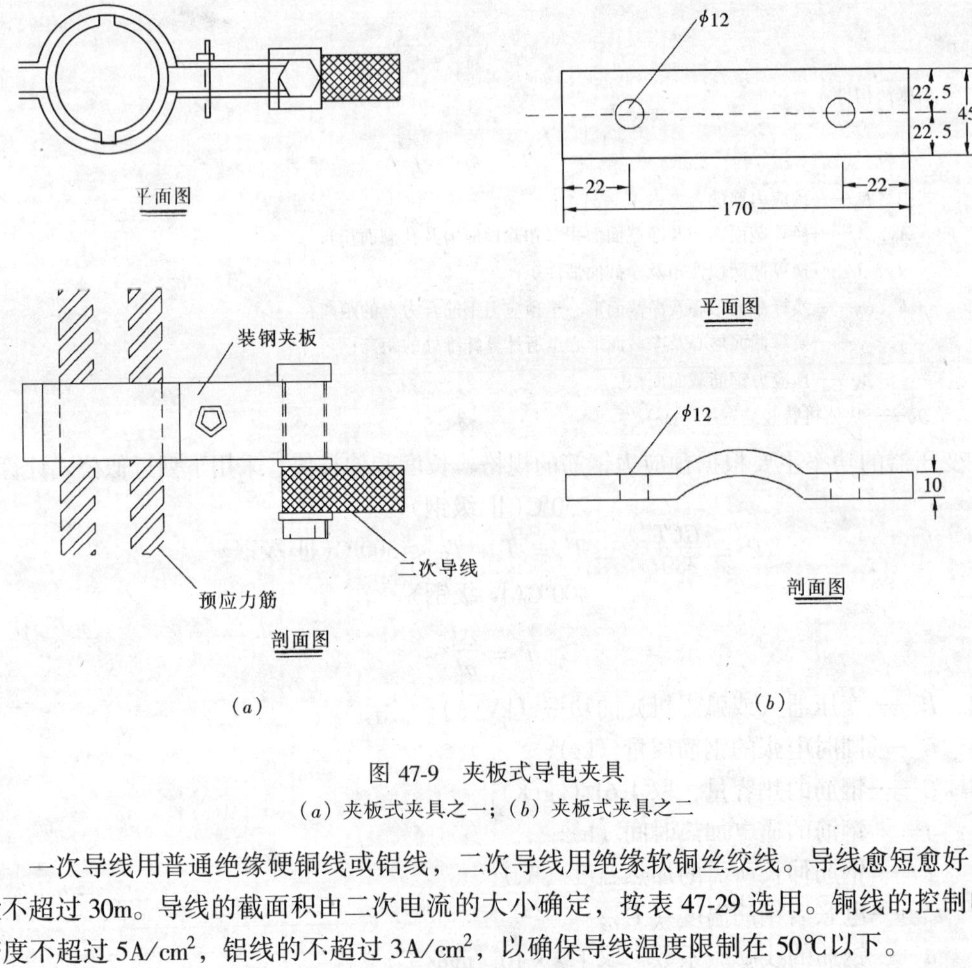

图47-9 夹板式导电夹具
(a) 夹板式夹具之一；(b) 夹板式夹具之二

一次导线用普通绝缘硬铜线或铝线，二次导线用绝缘软铜丝绞线。导线愈短愈好，一般不超过30m。导线的截面积由二次电流的大小确定，按表47-29选用。铜线的控制电流密度不超过5A/cm^2，铝线的不超过3A/cm^2，以确保导线温度限制在50℃以下。

铜导线截面选用表 **表47-29**

导线截面 (mm^2)	100	850	750	500	400	325	250	200	150	125	100
电流 (A)	1540	1340	1050	900	700	670	570	470	430	430	280

续表

适用于钢筋直径（mm）	30～40	28～36	25～32	22～28	20～25	20～25	18～24	16～20	16～20	14～18	12～16
钢筋电流密度（A/cm^2）	218～123	206～132	214～131	237～138	223～143	213～136	224～126	234～124	214～137	221～134	247～139

注：同样的电流，如使用铝线，其截面积应增大 1.5 倍。

4. 其他工具

常用施工工具见表 47-30。

常用施工工具　　表 47-30

用途	检查电流、电压、电阻	量伸长值	测温度	测通电时间	绝缘材料
名称	量电钳、电压表、凯文电桥	游标卡尺、钢直尺或限位开关	棒式水银温度计、半导体湿度计或测温笔	秒表	黄蜡布、石棉布、黑胶布、云母片

（四）张拉工艺

1. 张拉前的准备工作

张拉前的准备工作如图 47-10 所示。

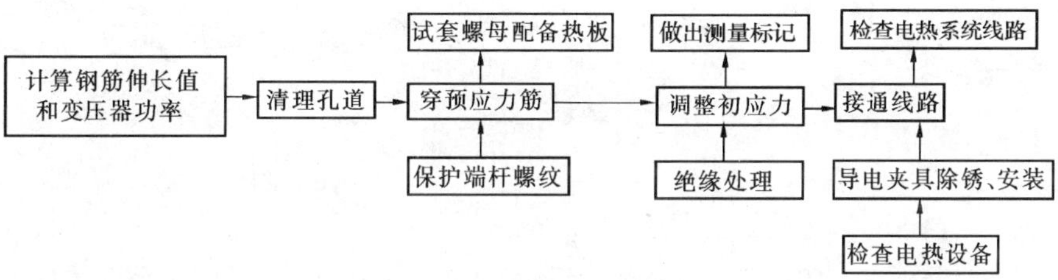

图 47-10　张拉前的准备工作

2. 张拉操作要点

（1）作好钢筋的绝缘处理；

（2）调整初应力，用拧紧螺母的方法，使各预应力筋松紧一致，建立相同的初应力（其值一般为 5%～10%σ_k），并做出测量伸长值的标记；

（3）正式电张张拉前应检查电热系统线路、次级电压、钢筋中的电流密度和电压降是否符合要求；

（4）测量伸长值宜在构件的一端进行，另一端设法顶紧或用小锤敲击钢筋，使所有伸长集中一端；

（5）锚固（拧螺母或插入 π 形垫板）应随着钢筋的伸长随时进行，直至达到预定的伸长值停电为止；

（6）焊接和灌浆。停电冷却（一般应经过 12h）后，将预应力筋、螺母、垫板和预埋铁板互相焊牢，然后即可灌浆（也可先灌浆后焊）；

（7）平卧重叠生产的构件，电热张拉的顺序应先下后上。

（五）安全技术和注意事项

（1）电张时如发生碰火现象应立即停电，重新绝缘或夹紧接头后再通电。

（2）在电张过程中，如发现钢筋伸长很慢而构件混凝土温度升高很快、电热设备发生噪声、导线发热等现象，应停电检查原因。此时可能产生分流，可用摇表摸清分流部位，如两个孔道都有分流，只要处理一个孔的分流即可。

（3）在电张中，应经常检查和测量一、二次导线的电压、电流，钢筋和孔道的温度，通电时间等。如果通电时间较长，构件混凝土发热，钢筋伸长缓慢或不再伸长时，必须停电，待钢筋冷却后，加大电流进行。

（4）冷拉钢筋电热张拉重复次数不宜超过3次。

（5）电张构件的两端必须设置安全防护措施。

（6）操作人员必须穿胶鞋，带绝缘手套；操作时应站在构件的侧面。

第四十八章　高性能混凝土

（high performance concrete）

第一节　概　　述

多年以来，混凝土被认为是坚固耐久的。但实践证明，普通混凝土在大气和水中，在严酷环境中不一定耐久。例如我国在1978年的一项抽样调查结论是：有约40%被查的混凝土碳化深度已达钢筋表面，而在潮湿环境下建筑物中90%构件内钢筋已经锈蚀。美国在1991年一项向国会提出的报告中披露，美国当年共有大小桥梁57万座，其中相当一部分必须修缮或重建，这将耗资910亿美元。如果到2009年为止每年修缮1.6万座桥的话，需要近85亿美元。为此，人们希望并且致力于提高混凝土的强度。

尽管科学技术的发展和人类文明的高度发达对21世纪最重要的建筑材料——混凝土提出了越来越高的强度要求，但实际上人类要求在更多的场合使用的主要不是混凝土的强度，而是希望它有更长的寿命，更坚固和耐久。尤其是现代人类对陆地的开发日趋饱和，21世纪开发重点将转向海洋、戈壁的大漠，甚至是南极洲、太空和月球。同时，对特殊用途的混凝土要求也日益突出。仅仅将混凝土强度提高，是无法满足这些要求的。因为高强混凝土有其自身的缺陷，主要是：①强度越高，脆性越大，例如采用加箍筋的办法也难以使C80混凝土的延性达到C30混凝土的程度；②掺入硅灰量大的高强混凝土，后期强度增长减小，因为其水灰比小，内部湿度小，继续水化困难；③由于高强混凝土自收缩大，因而变形性能也随强度等级的提高而变得严重。这就引起了工程技术专家对改善高强混凝土的研究。

一、研制高性能混凝土的必要性

（一）混凝土技术已进入高科技时代

过去一般都认为混凝土材料是一种经验性的总结，原材料的选择、配制与工艺都比较简单。但从上世纪70年代末期，混凝土已有很大进展，混凝土所达到的强度已远远超出了工程所要求的范围。混凝土技术进入了高科技的行业。其表现为：在原材料方面除了常用的水泥以外，出现了球状水泥、调粒水泥、活化水泥等。这些新型水泥的标准稠度用水量低，在水灰比相同的情况下，比普通水泥的流动性大；如果流动性相同，这些新型水泥可以减少用水量，降低水灰比，提高强度。利用矿渣、粉煤灰、沸石等制造超细掺合料及硅灰等，对改善与提高混凝土的性能起着重要的作用，成为高强度、高性能混凝土的不可缺少的组分。日本近两年新出现的高性能AE减水剂，除了高效减水外，还能控制坍落度损失。这为高性能混凝土的发展提供了一种关键性的材料，使混凝土的性能设计和控制达到了更高的水准。

在日本，还研制出耐久性达500年以上的混凝土。在水灰比0.50的普通混凝土中，掺入乙二醇醚衍生物及氨基醇衍生物，混凝土可达超高耐久性，其干燥收缩值约为普通混凝土的50%～60%；能控制碳化发展速度，约为普通混凝土的1/3；可以防止钢筋的锈蚀，这种混凝土的密实度高，Cl^-渗透速度仅为普通混凝土的1/4；这种混凝土具有优异的耐酸性，能有效地控制盐酸、硝酸对混凝土的渗透。

以上情况说明混凝土技术已取得了很大的进展，能根据选择的原材料，设计并预测硬化后混凝土的技术性能。

（二）混凝土在耐久性方面问题很多

随着建设事业的飞速发展，混凝土材料在工程中获得了更加广泛的应用。

在一般情况下，钢筋混凝土结构设计者（注册结构工程师）往往只对混凝土的强度特别感兴趣。但是，很多工程的钢筋混凝土结构，往往会发生过早破坏，其原因却不是由于强度，而是由于耐久性不足，使很多设计者意识到耐久性的重要。1980年3月27日，北海$ tavanger近海钻井平台Alexander Kjell号突然破坏，导致123人死亡。前苏联的切尔诺贝力核电站的泄漏，造成了大面积的放射性污染，生态环境遭受了严重的破坏。1983年日本的小林一辅教授，在NHK电视台的讲话中明确指出：当前，日本混凝土的主要问题是耐久性问题，耐久性中的主要问题是碱-骨料反应问题。在日本海沿岸，许多港湾建筑、桥梁等，建成后不到10年的时间，混凝土表面开裂、剥落，钢筋锈蚀外露，主要原因是由于碱-骨料反应。在中国，北京的三元立交桥桥墩，建成后不到两年，个别地方发生“人字形”的裂纹，有人认为是碱-骨料反应。更严重的是在1987年左右，山西大同的钢筋混凝土大水塔突然毁坏，水流像山洪爆发一样的冲下，造成人员很大的伤亡和建筑设施等严重毁坏。

以上种种工程事故，使人们意识到，在结构设计时，对所使用材料的耐久性应像其力学性质一样予以仔细地考虑，并认真地对待，加以重视。

（三）混凝土在特种结构中将获得更多应用

在未来的几十年里，海底隧道、海上采油平台与堤坝、污水管道、核反应堆外壳、有害化学物的容器等恶劣环境下的结构物，对混凝土要求的使用寿命将为几百年，而不是普通混凝土要求的40～50年，同时对混凝土的性能要求更高。

综上所述，在很多特种结构中，混凝土是一种必不可少的建筑工程材料；而对这些结构工程来说，混凝土的耐久性与长期性能显得更加重要，甚至比强度都重要。

混凝土既然进入了高科技行列，能按材料科学的观点与方法，根据工程要求设计其技术性能，同时又有客观工程要求；因此，高性能混凝土便自然而然地被提出来了。

混凝土技术的发展，归纳起来，可以说由初期的大流动性混凝土，发展到塑性混凝土；二次大战后，由于机械设备的发展，提高混凝土的质量，发展了半干硬性与干硬性混凝土；后来由于劳动力的昂贵，加之化学工业的发展，新的高效减水剂的出现，发展了流态混凝土；直至今天，由于混凝土技术水平的提高及工程的特种性能要求，又发展为高强度、高性能混凝土。其核心问题都是围绕着混凝土的质量与施工水平的提高。

二、高性能混凝土定义

1990年5月在马里兰州Gakhersburg城，由美国NIST和ACI主办的讨论会上，高性能混凝土（High Performance Concrete，简称HPC）被定义为具有所要求的性能和匀质性的混凝土。这些性能包括：易于浇筑、捣实而不离析；高超的，并能长期保持的力学性能；早期强度高、韧性高和体积稳定性好；在恶劣的使用条件下寿命长。也就是说高性能混凝土要求高的强度、高的流动性与优异的耐久性能。

但是，不同的学派，根据实际工程的要求，对高性能混凝土的看法亦有所不同。

（一）以 Mehta 为代表的美国与加拿大学派

他们强调的是硬化后混凝土的性质。Mehta 认为对于近来建造的暴露于腐蚀性环境下的混凝土结构物，其受腐蚀的速率之快表明，抗压强度指标已不足以保证其长期耐久性，而耐久性应当放在高性能混凝土的首位。Mehta 还认为高性能混凝土应该满足下列规定：

1. 抗渗性

大多数化学侵蚀都是在水分与有害离子渗透进入的条件下产生的，混凝土的抗渗性是防止化学侵蚀的第一道防线。混凝土的抗渗性是以美国的 AASHTO277 方法为标准，在该方法中，氯离子（Cl^-）的渗透速度以“库仑”为单位。如果某种混凝土进行 6h 渗透试验后，通过的电量 ≤500 库仑，则认为该混凝土是不透水的。

2. 尺寸稳定性

尺寸稳定性良好的混凝土的主要特征是高弹性模量、低干燥收缩、徐变及温度应变率小。尺寸稳定性好的混凝土可以降低预应力损失，降低混凝土的原生裂纹。为了获得良好的尺寸稳定性，需要限制水泥用量，使用高弹模、高强度的粗骨料。经验表明，选用适当的原材料，配合比恰当，混凝土 90d 龄期的干缩值可以降低到 <0.04%。

（二）以冈村为代表部分人的日本学派

这一学派认为高流态、免振自密实的混凝土就是高性能混凝土。也就是说，他们强调的是新拌混凝土的性质，其理由是：

（1）混凝土技术熟练的工人越来越少，自密实的混凝土用不着什么技术就可以保证混凝土的施工质量，也可以保证施工速度；

（2）可以有效的减少混凝土施工时的环境噪声，并相对地降低成本。

（三）日本大多数学者及工业界观点

日本建设省综合技术开发计划“钢筋混凝土结构建筑物的超轻量与超高层技术的开发”（简称新 RC 总计划），从 1988 年开始了为期五年的工作，其结果受到了人们普遍的关注。在新 RC 的总计划中，把混凝土的高强与超高强作为目标，同时与钢筋的高强度相匹配，把研究的对象分为 4 个区，如图 48-1 所示。

区域Ⅰ：用高强材料的 RC 结构。

区域Ⅱ—1：超高强混凝土的 RC 结构。

区域Ⅱ—2：超高强钢筋的 RC 结构。

区域Ⅲ：超高强材料的 RC 结构。

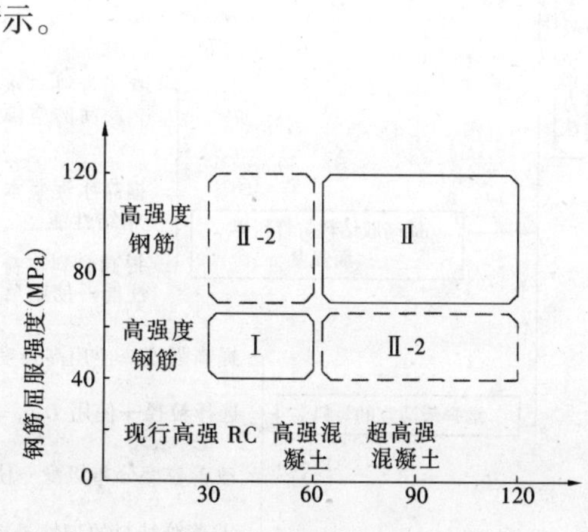

图 48-1　新 RC 研究开发的分区和材料强度的关系

日本许多商品混凝土公司、从事生产与开发高性能减水剂的公司，均纷纷从事高强度、高流态混凝土的开发研究。如日本三菱材料（株）开发了一种超高强、耐磨的混凝土，使用硅灰、高性能减水剂、特殊的天然骨料，成型后蒸养 16h 脱模，混凝土脱模强度达 140MPa。按照

ASTMC666 方法进行抗冻试验，质量损失小于 0.2%，耐久性系数 97；此外，耐磨耗性明显地提高，按雷氏磨耗试验法测定，耐磨性比过去的混凝土提高 10 倍。这是超高强混凝土，也是高性能混凝土。

归纳上述观点可见：

（1）高性能混凝土必须是高强度混凝土，或者可以说，高强混凝土属于高性能混凝土的范围；

（2）高性能混凝土必须是流动性好，可泵性好的混凝土，以保证混凝土施工的密实性；

（3）高性能混凝土一般需要控制坍落度损失，特别是泵送混凝土，以保证施工要求。当然，高性能混凝土还具有设备方面的要求及投料顺序方面的要求等。

第二节　混凝土获得高性能的技术途径

高性能混凝土必须是高强混凝土，那么混凝土达到高强度的技术途径都是混凝土达到高性能的手段。混凝土高强化的技术途径如图 48-2 所示。

一、选择高强度胶凝材料

首先，必须使胶凝材料本身高强化，这是混凝土高强度、高性能的必要条件。

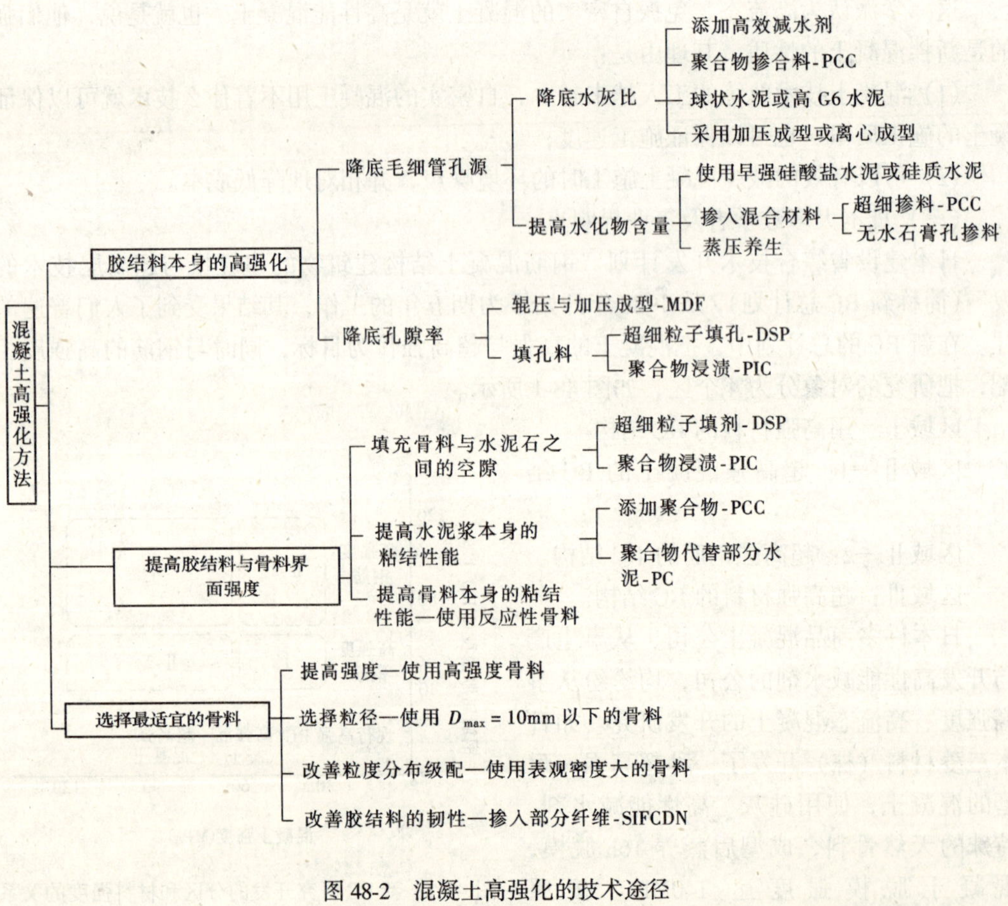

图 48-2　混凝土高强化的技术途径

胶结料除了平常所用的硅酸盐水泥之外，还有球状水泥、调粒水泥以及活化水泥等。这些水泥的最大特点是标准稠度用水量低；因此，在相同的水灰比下，水泥浆的流动值大，或者说达到相同的流动值时，水灰比可以降低；调粒水泥混凝土的水灰比仅仅为17.5%，但是坍落度可达25cm以上。

二、改善水泥与骨料的界面效应

从骨料与胶凝材料之间的界面结构看，界面过渡层约20μm范围内，$Ca(OH)_2$富集及定向排列，与其他部分的水泥石相比，是一种多孔质的结构，强度低。为了改善其界面结构，除了搅拌方法以外，一般都在混凝土中掺入矿物质掺合料，如硅灰、超细矿渣、分级粉煤灰及超细沸石粉等，这些超细的粒子与界面上存在的$Ca(OH)_2$反应，生成C-S-H凝胶，填充界面的空隙，降低$Ca(OH)_2$的富集及定向排列，因而可以提高水泥石与骨料的界面强度，同时还有利于提高混凝土的抗渗性与耐久性。

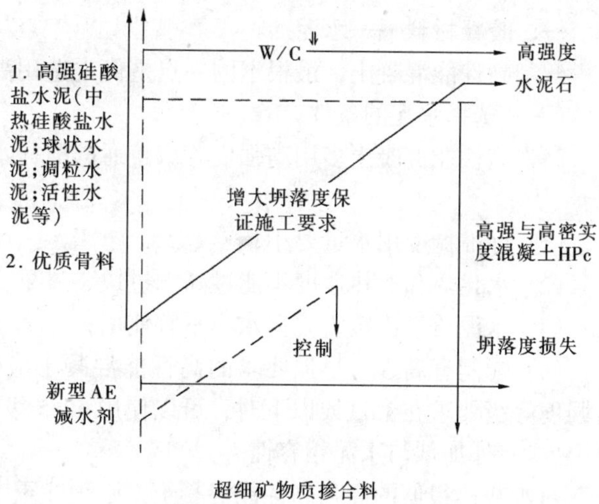

图48-3 高性能混凝土技术路线特点

三、选择适宜的骨料

在普通混凝土中，骨料对混凝土强度的影响不明显。但在高强混凝土中，骨料的数量与质量对混凝土的强度影响很大。水灰比为0.25时，用各种粗骨料配制的混凝土，其抗压强度差约40 MPa；而细骨料差别造成的强度差约20MPa。

在选择最适宜的骨料中，粗骨料的品种与品质、单位体积混凝土中粗骨料的体积含量与最大粒径是三个必须考虑的因素。

高性能AE减水剂是配制高性能混凝土不可缺少的材料，其在混凝土中除了降低水灰比、提高混凝土的流动性以外，新型的高性能AE减水剂还能降低混凝土坍落度损失，这也是配制高性能混凝土不可缺的功能。

综上所述，混凝土达到高性能的技术路线归纳如图48-3所示。

第三节 高性能混凝土的组成材料

所谓高性能混凝土即是具有优异耐久性的混凝土。其主要性能是高的强度、体积稳定性、高的抗渗性与高的工作性能。如今世界混凝土正朝这一趋势发展，而在我国公路、铁路、建筑、石油开采等领域内的这种高性能混凝土已逐步得到广泛地推广和应用。特别是在特种结构中（如桥梁、高层建筑、工艺厂房、近海结构等），混凝土是一种必不可缺的建筑材料，而对这些结构工程来说，混凝土的耐久性能与长期性能更加重要，甚至比强度更重要。混凝土这一新的要求和问题，其最核心的是混凝土的质量与施工水平的提高，即高性能混凝土技术的推广和应用关键在于如何配制出符合强度等级、符合各种工艺参数要求的配合比。

既然高性能混凝土的第一特性是耐久性，因此混凝土必须有高的密实度和体积稳定性。因而其组分较普通混凝土复杂，获得它的技术途径也多种多样。不过在制备高性能混凝土时，这些技术措施往往配合使用。主要技术措施为：①降低水灰比，可以获得高强度；②降低空隙率，可以获得高密实度、低渗透性；③改善水泥的水化物以提高强度和致密性；④提高水泥等胶结料与骨料的粘结强度；⑤利用非水泥的增强材料如纤维、树脂等。

一、胶凝材料——水泥

配制高性能混凝土，最根本的一点是优先选用高性能水泥。

（一）选择水泥的条件

高强高性能混凝土多用高强度等级普通硅酸盐水泥来配制。这种水泥应当满足以下要求：

（1）标准稠度用水量要小；

（2）水化热和放热速度不能过高、过快、过早，因此早强型水泥不适用；

（3）水泥质量稳定，立窑水泥不宜使用；

（4）配制有高强、早强要求的高性能混凝土应使用高强度等级非 R 型水泥，当混凝土强度等级要求在 C60 或以下时，可以使用 42.5 级矿渣水泥。

（二）外加剂与水泥相容性

对水灰比很低的高强高性能混凝土，必须注重考虑水泥的流变性能。而这种混凝土所使用水泥的流变性能又受到掺用的高性能外加剂或高效减水剂的显著影响，即外加剂与水泥的相容性。相容性的主要影响因素是溶液中 SO_3 含量，水泥中 C_3A 含量，熟料塑化度和细度等。流变性能不佳的会造成混凝土的坍落度损失严重甚至假凝。

熟料塑化度　$SD = SO_3/(1.29Na_2O + 0.85K_2O)$

在水泥颗粒比表面积相近时，SD 值越大则坍落度损失越小。根据上式可知，当碱含量不变时，SO_3 含量大则 SD 大，坍落度损失小；或者 SO_3 值不变，含碱量（$1.29Na_2O + 0.85K_2O$）越低，坍落度损失小，亦即相容性好。

（三）水泥的矿物组成

水泥中 SO_3 含量的多少与水泥熟料中铝酸三钙（C_3A）的含量直接有关，更与配制水泥的石膏形态密切相关。混凝土的水灰比小于 0.40 时，SO_3 在水泥浆中数量较少。此时若 C_3A 量高，则其水化时与 $CaSO_4$ 争 H_2O 分子，自由水量越少，SO_3 则更难溶出到水溶液中，这样的水泥与高效减水剂的相容性就差。早强水泥中 C_3A 含量较高，配制混凝土时需水量大，还达不到同样坍落度，同时后期强度也相对较低。有人做过如下试验，其结果十分令人信服地说明了上述推论，试验结果参见表 48-1。

不同铝酸三钙含量水泥配制的混凝土　　**表 48-1**

水　泥	C_3A 量（%）	水泥强度（MPa）	$W/C+F$	坍落度（mm）	f_{c28}强度（MPa）
柳州熟料	5.62	59.8	0.248	210	92.1
冀东 52.5R 级	8.90	56.2	0.330	191	71.3

同时，水泥中石膏 $CaSO_4$ 形态不同则溶解于水的速度不同，这一影响在 C_3A 含量高的早强水泥中对水泥流变性能的影响尤其明显。无水石膏在水中溶解速度最低，因而溶出量最小，不足以控制 C_3A 的水化速度，宏观表现为坍落度损失过快。熟石膏 $CaSO_4 \cdot 1/2H_2O$ 溶解速度最快，使溶液（此处指水泥浆体）中 SO_4^{2+} 迅速增加，引起石膏沉淀，加速形成钙矾石，宏观表现为假凝，也使水泥浆体流变性能迅速变差。只有二水石膏即生石膏 $CaSO_4 \cdot 2H_2O$ 溶解速度介于两者之间，对改善流变性能有利。

（四）水泥颗粒级配

水泥颗粒级配好，其宏观流变性能就好。好的级配，应当是 $\phi 5 \sim 30\mu m$ 的 $\geqslant 90\%$，$< \phi 10\mu m$ 的 $< 10\%$，一般水泥中 $< \phi 2\mu m$ 和 $> \phi 50 \sim 200\mu m$ 的部分不足，故也应适当增加微粒和“粗粒”部分。这种调整，可以通过掺合料粒度调整得到实现。

以上是对现有普通水泥的分析和改进途径，总之，采用硅酸二钙含量高的水泥，在低水灰比下，水化热较低，强度发展好。而如果使用高性能水泥，则制备高性能混凝土就会简单得多。

这里所称的高性能水泥，首先是调粒级配水泥，即含比表面积为 $3400cm^2/g$ 的普通水泥颗粒 70%，水泥粗粉，其比表面积为 $600cm^2/g$ 的水泥 25%，超细粉 5%（主要是比表面积 $18000cm^2/g$ 的石灰石粉和比表面积达 $200000cm^2/g$ 的硅灰）。其次是活化水泥，即将高效减水剂粉与水泥熟料混合磨细，或者是掺活化填料的水泥。第三是超细水泥，其比表面积达 $10000cm^2/g$ 以上。第四种是球状水泥，是一种普通高速气流粉碎熟料，并采用特殊处理使超细微粒粘牢在较大粒子表面从而形成的球圆形颗粒为主的粉尘量下（指细度）的水泥。这种水泥在日本据称已进入实用阶段。

高性能水泥在我国尚未在市场上出现，有关资料报道也很少，有待于今后的开发和实用化。

二、粗细骨料

粗细骨料总量占混凝土体积 65% ~ 75%，是混凝土的主要组成部分。正确选择骨料，是配制高性能混凝土的基础。必须同时考虑粗细骨料的品质、单位体积混凝土中粗骨料所占体积、骨料最大粒径这三项要素指标。

（一）细骨料

细骨料以颗粒较圆滑、坚硬（即石英含量较高）的河砂或碎石砂，细度模数 $M_x = 2.6 \sim 3.2$ 之间，含泥量低，表观比密度 $2.15g/cm^3$ 以上，吸水率低的为好。

（二）粗骨料

粗骨料则选压碎值 $Q_A \approx 10\% \sim 15\%$，表观比密度大于 $2.65\ g/cm^3$，吸水率不超过 1%，表面粗糙有棱角的硬质砂岩、石灰岩、玄武岩的碎石，最大粒径在 15 ~ 20cm 的为好。

粒度分布能使空隙率最小为好，但砂率通常应 > 36%，占 $1m^3$ 混凝土中 $0.4m^3$ 体积的应是粗骨料。

之所以作以上的选择，是因为骨料的物理性质对混凝土的耐久性和强度有显著影响。粗骨料的吸水率低，混凝土的强度较高，且抗冻性好，收缩值较小。粗骨料过于坚硬，则在混凝土遭受温、湿度变化而引起体积变化时，强度较弱的水泥浆—骨料界面处应力大，易于开裂。而大粒径的骨料使其与胶凝物的结合面相对较少，造成混凝土强度的微观不连续性，混凝土强度越高，此种影响越明显。

三、矿物掺合料

矿物掺合料是高强高性能混凝土的必要组分之一，又是辅助胶凝材料。大量的这种水泥活性材料能降低新拌混凝土硬化过程中的温升、改善施工性能、增加抗腐蚀能力和提高强度。

20世纪30年代初的研究已经证实，混凝土材料的强度、耐久性等性能在骨料和水泥浆体的界面结合区是最薄弱的，原因是两相间的过渡区大约20~30μm厚度内，主要是板状的$Ca(OH)_2$结晶，粗大且定向排列，构成多孔结构。掺入粉煤灰就可以降低在界面区的沉积量。掺入更细小的矿物细粉如硅灰、沸石粉等则会更多地与$Ca(OH)_2$反应生成C—S—H凝胶充填空隙，它是无定形的，致密的，从而明显地改善两相结合部的微结构，提高混凝土宏观的强度、抗渗性及抗化学腐蚀性等耐久性能。

但在使用过程中应当注意的是硅灰、沸石粉、油页岩粉等矿物粉料需水量大，因而允许掺量有限，一般不超过10%。而磨细粉煤灰和超细矿渣需水量与水泥接近，有的电厂Ⅰ级粉煤灰需水量甚至小于水泥，换句话说有减水作用。在水化作用开始发生时，这些微粒不可避免地会降低水化作用较快的水泥浆与骨料间的粘结，使得早期强度偏低。但实验和电镜观察证实，28d龄期后，粉煤灰对混凝土强度的增强作用逐渐加大，水灰比越小，这种增强越明显。90d后，粉煤灰与水泥对混凝土强度的贡献十分接近。化学反应可用下式表述：

$$x\mathrm{Ca(OH)_2} + \mathrm{SiO_2} + m\mathrm{H_2O} \longrightarrow x\mathrm{CaO} \cdot \mathrm{SiO_2} \cdot m\mathrm{H_2O}$$

我国对粉煤灰的开发利用较早，对环境保护和工业副产品综合利用作出了巨大贡献。今后宜进一步扩大使用，尤其应当加强粉煤灰微结构的研究和深加工开发，把粉煤灰在高强高性能混凝土中的应用范围进一步扩大和提高应用层次。

四、高性能外加剂

配制高性能混凝土，除了优先选用高性能水泥外，更有效的途径是选用高效减水剂。

高性能混凝土要求的性能不同，因而不能用一种高性能减水剂来满足各种类型的高性能混凝土。

（一）减水剂

市售的萘磺酸盐甲醛缩合物以及三聚氰胺磺酸盐甲醛缩合物两个系列的高效减水剂，不能直接用于配制高性能混凝土，必须进行复合。

（1）萘磺酸盐甲醛缩合物掺量在0.35%~1.5%；

（2）蜜胺磺酸系掺量（液体）15%~4%；

（3）聚羧酸系掺量0.1%~0.3%；

（4）氨基磺酸系掺量（液体）1.5%~2.5%；

（5）木质素磺酸盐掺量0.1%~0.3%。

当混凝土强度越高，使用不同的高效减水剂对最终强度的影响就越大。因此，配制不同要求的高性能混凝土，要选择合适的高性能减水剂。

不同种类的高效减水剂在水泥浆体内的固液界面上吸附形态不同，从而使减水率及坍落度经时损失有很大的不同。萘系及三聚氰胺系是棒状结构，呈刚性垂直链或横卧链吸附状态，与水泥粒子的吸附形式单一，Zeta电位随时间而降低很快，表现为坍落度损失大。

氨基磺酸系在水泥浆体内的高分子链呈环形、齿轮形和引线形。多羧酸系的高分子链呈齿形。它们吸附层的密度变化很大．因为立体的吸附状态形成立体排斥力，一是分散效果更好，二是Zeta电位随时间的降低较小，使混凝土坍落度损失小。多羧酸系性质则更复杂些。由此可知，氨基磺酸系和多羧酸系，尤其是后者的羧基是以悬挂状的接技链为主要成分的接枝共聚物高效减水剂，属于典型的高性能减水剂。而萘系和三聚氰胺系减水剂与控制坍落度损失的外加剂复合后才能构成高性能减水剂。

（二）缓凝剂

在复合型高性能减水剂中，缓凝剂的作用在于抑制水泥初期水化速度，使水化初期的水泥浆中游离水分子能多一些（因为延缓水化而使被结合进去的水分子数量较少），达到坍落度损失较小的目的。高性能混凝土中常用的缓凝剂有羟基羧酸盐和柠檬酸、酒石酸盐、丹宁酸、水杨酸、丙酸钠等；多元醇中的葡萄糖、果糖、糖蜜、山梨醇、甘露醇；木质素磺酸盐如木钙木钠、改性木钙等；磷酸盐如聚磷酸钠、多聚磷酸钠、焦磷酸钠、磷酸二氢钠、磷酸二氢钾、六偏磷酸钠等。但是由于此处缓凝剂主要功能是用来调节和控制高性能混凝土的坍落度经时变化，而不能影响早期强度的增长，因此最佳掺量的变化范围较窄。

常用缓凝剂对不同温度条件下产生的缓疑效果是不同的。羟基羧酸及羟基羧酸盐随着温度升高，缓凝效果降低。多元醇、酯、酮类在高温下仍保持其缓凝作用。各类缓凝剂的掺量范围请查阅大体积混凝土有关章节。

（三）引气剂

高性能减水剂除了聚羧酸系接枝共聚物以外，都是非引气型减水剂。为改善高性能混凝土的耐久性，有必要引入一定的含气量，在实际工程中应用最多的是阴离子引气剂。常用的有松香酸盐、松香皂（松香热聚物）、皂荚素、OP乳化剂、烷基磺酸盐、烷基苯磺酸盐、高级脂肪醇硫酸钠、烷基丙烯基磺酸盐等。不同的引气剂对改善混凝土和易性和增大坍落度效果、对抗冻融性能和抗渗性的提高，都有较大的差别，对气泡的直径、间距和其他组织特性的影响也有明显不同。

混凝土中含气量有一定的适宜范围，超过适宜值将引起强度降低——无论是短龄期还是长龄期；低于适宜值则引气的效果不明显，即达不到改善和易性、提高抗冻融性和抗渗性的预期目标要求。引气剂对混凝土性质的影响以及混凝土含气量的影响因素在引气性防水混凝土中将详细叙述。

常用的引气剂有：

（1）松香皂（松香热聚物）掺量0.004%～0.01%；

（2）烷基磺酸盐和烷基苯磺酸盐掺量0.005%～0.01%；

（3）脂肪醇硫酸钠掺量通常<0.01%；

（4）皂荚素掺量≈0.005%～0.015%。

为保持气泡的稳定性，可添加微量稳泡剂，如与月桂酰二乙醇胺。它与消泡剂如磷酸酯、异构醇、高碳醇并用可控制起泡程度。

（四）增稠剂

增稠剂或称稳定剂，能显著增加水溶液的黏度，从而能用来解决高流动度、高扩展度的新拌混凝土的变形能力和抗离析性的矛盾。掺增稠剂的水泥浆由于自由水约束没有挤出来，使水泥粒子间隙被保持住，粒子间摩擦阻力减小，拌合物易于变形。而增稠剂的存在又使在一定范围内随正应力的增加抗剪力不变，因而提高了抗离析性。但是掺过量的增稠剂却限制了水泥浆的变形性能，也就是物料太粘了，反而使总机剪力提高，不利于物料的变形和流动。

纤维素类的增稠剂在水中溶解时，其长链上的羟基和醚键上的氧原子与水分子缔合成氢键，使水失去流动性，游离水不再“自由”，致使溶液变稠。丙烯类的增稠剂在水中溶解时，其阴离子型高分子在碱性的水泥浆中离解成多电荷大分子量的阴离子，同性电荷强烈相斥作用使线团状大分子变成曲线状，增大溶液黏度。

纤维素类增稠剂常用的有羟基丙酰甲基纤维素、羧甲基羟乙基纤维素、水溶性聚乙烯醇等，掺量在0.001%~0.05%的水泥量范围。

丙烯类增稠剂如聚丙烯酰胺、聚丙烯酸钠、丙烯基磺酸钠等掺量在0.001%~0.05%水泥用量范围。与纤维素类不同的是丙烯类增稠剂只增稠不缓凝，添加量也较大。但两者在超量掺入时均易使混凝土强度受到永久性损失。

（五）膨胀剂

高性能混凝土中添加膨胀剂能提高体积稳定性，补偿收缩，这在高强、超高强混凝土中尤显必要，改善致密性从而提高抗渗透性。

膨胀剂分为硫铝酸钙类（UEA为代表）、石灰类（如UEA）、铁粉类（与石灰类复合成CEA），要按各自的适宜掺量范围添加到混凝土中。它并非高性能混凝土的必需组分。在国外则更倾向于用减缩剂来配制致密性优良的无裂缝或少裂缝混凝土。

五、拌合水和养护水

配制高性能混凝土的拌合水和凝结硬化过程中的养护水，应是自来水或其他洁净的饮用水，pH值大于7，且必须符合混凝土拌合用水标准。

第四节 高性能水泥

近年来，国际上在制造高强度或高性能的胶凝材料的组分与工艺方面，已有许多新的成果，特别是在性能上有很大的提高，接近了传统陶瓷或现代的复合材料，被称为化学粘结陶瓷（CBC），即是通过铸造而成的类似于陶瓷的工程材料，它能在低温下产生凝结硬化。这种材料与传统的陶瓷材料之区别在于：①其粘结不是通过高温熔融；②在高温条件下即能粘结凝固。各种水泥、磷酸盐胶凝材料及所谓的补牙水泥即属此类。CBC的名称是一个广泛的属性，其中包括了许多新的胶凝材料，如DSP和MDF水泥以及碱性激发的水泥。这些新型胶凝材料的组分与硅酸盐水泥有很大的不同。

为了比较容易地在正常条件下配制高性能混凝土，以下重点介绍国内研制而成并已投入使用的几种高性能水泥，以资在配制高性能混凝土时参考。

一、无宏观缺陷水泥

无宏观缺陷水泥，简称MDF水泥。1979年由英国化学工业公司和牛津大学首先研制成功。随后，美国、日本、瑞典等国也相继开展了这种研究。MDF水泥的抗压强度高达300MPa，抗弯强度150MPa，达到抗压强度的1/2，弹性模量达50GMP。这是传统的硅酸盐类水泥所无法比拟的。

MDF水泥的原材料中90%~99%都是高强度等级的硅酸盐水泥或铝酸盐水泥；有4%

~7%的水溶性树脂；水灰比（W/C）一般在20%以下。由于水灰比低，所以必须采用强力式高效剪切搅拌机；由于含有水溶性树脂，成型时则采用热压工艺。这种材料具有高强度的原因，最原始的解释是：由于强烈加工的能量使其缺陷降低。

MDF水泥有铝酸盐水泥制备的和硅酸盐水泥制备的两种。试验表明，如果选用铝酸盐水泥制备MDF，并在其中掺入尼龙纤维增强，则抗弯强度、韧性与硬度都是最高的，是可以与铝合金媲美。亦有人认为，MDF水泥不仅是降低缺陷尺寸，而且其中水溶性聚合物的组分明显地有助于强度的发展。

无宏观缺陷，不应当解释为无孔缝体系。由硅酸盐水泥制得的MDF材料（MDF-PC）的空隙率在20%以上，这是很不寻常的；但是，用铝酸盐水泥制得的MDF材料（MDF-CA），其空隙率则相当低，在5%以下。许多人的研究同时证明，这样低的空隙率一般不可能有大尺寸的缺陷，而应当是很低的，其范围仅是10~100μm。

二、碳化硅纤维增强MDF水泥

由铝酸盐水泥、PVA树脂配制的MDF水泥，掺入其体积含量2%~10%的碳化硅纤维，虽然在碳化硅纤维的周围形成许多微孔，但这种复合材料的抗弯强度与断裂韧性仍得到大大改善。其原因可能由于微孔的增长受到碳化硅纤维的抑制。碳化硅纤维有很高的弹性模量，能吸收裂纹传播的能量，碳化硅纤维对MDF水泥的增韧作用主要是有效地限制了变形，限制了微裂纹的增长及裂纹长度。

三、DSP水泥

DSP水泥，被称为超细粒子均匀排列—密实填充体系的新材料，最早是由Bache阐述的。在实际应用中，密实填充的颗粒是硅酸盐水泥与超细硅灰。这种新类型的材料基体由两部分组成：①粒度由0.5~100μm范围的密实填充颗粒；②均匀排列的超细粒子，其粒度由50Å到0.5μm，排列在比较粗的粒子之间的空隙中。由于分散剂使相邻颗粒之间表面张力的连接作用得到消除，使黏性物质的应力场降得很低。

水泥与硅灰的配比，是密实填充的关键。其原因是：

（1）硅灰的颗粒极细，甚至比磨得很细的水泥都要细，更有助于填充到水泥颗粒间的空隙中去，得到密实的填充。

（2）硅灰微粒是气相凝聚而成的，呈球形，易于滑动，有助于密实填充。

（3）硅灰颗粒的化学反应活性比水泥低，消除了与很细小水泥粒子接触硬化太快的问题。而且，硅灰似乎是加强了水泥颗粒之间凝结结构的形成，最终得到优良、密实的微结构。

另外，由于分散剂对水泥、硅灰中水分的散作用，使用水量很低，获得均匀、密实的水泥石结构。

在配制高性能混凝土时，计算用15%的硅灰代替相应的水泥，在混凝土拌合物中，对每一个水泥颗粒大体上有200000粒硅灰，事实上，当硅灰代替25%的硅酸盐水泥时，已可以达到很高的性能。试验表明，含有5%~15%硅灰的混凝土，其抗压强度高达100MPa，抗弯强度可达12MPa以上，弹性模量可达34GPa，且水的渗透性很低（10^{-8} μm^2）。混凝土中骨料与水泥浆体之间的界面结构比采用普通水泥浆体更密实均匀，而且与混凝土中的骨料、纤维等粘结是可能得到改善的。

研究结果证明，含有硅灰代替部分水泥的浆体，DSP系统可以达到很高的性能。用20%~25%的硅灰代替相应的水泥，水灰比（W/C）为0.12~0.22，通过机械压实，其抗压强度可达270MPa或者更高，弹性模最可达80GMPa。通过不同粒度粉料的配合，同时与化学分散剂的作用，可以获得流动性良好的浆体，密实的硬化体，没有大孔，只有很少的毛细孔，收缩很小。内部残留的水泥颗粒也是一种“微骨料”。

四、调粒水泥

普通水泥是将水泥熟料与适量石膏配合，在球磨机中共同粉磨而成。这种水泥颗粒是碎石状的，颗粒之间的空隙率很大，需水量也大，强度相对降低。在DSP水泥基础上，研究与发展了调粒水泥。

所谓的调粒水泥，是将普通水泥经过再加工以后，变成球状颗粒，这种球状颗粒之间的空隙率降低，再将另一种更细小的粉体填入这种空隙中，得到一种密实的填充结构。这种水泥在同样用水量情况下，坍落度流动值增大，强度也高。

日本、德国、瑞典、挪威等国家近两年来对这种具有优良品质的水泥开展了大量的试验研究，日本已投入使用，效果显著。

五、球状水泥

球状水泥，是将水泥熟料通过粉碎、高速气流处理，使水泥颗粒的凸出部位受到摩擦，细粒增加，再进一步处理，微粉都粘结在水泥粒子表面，粒子表面得到球状粒子，又能降低水泥中的微粉凝聚状态。这种球状水泥在同样水灰比条件下，比普通水泥具有高的流动性与高的强度。

使用球状水泥配制混凝土，在获得同样坍落度的前提下，水灰比比普通水泥的低，因此，利用球状水泥配制高性能混凝土，强度高，性能好。

第五节　高性能减水剂

高性能混凝土中胶凝材料总量大，从而导致需水量增大。另一方面为了提高密实性与耐久性，提高强度，必须降低$W/(C+F)$比，一般至少在0.40以下，水泥用量较大和水胶比必须降低的后果也就必然地导致混凝土黏稠度增大，流变性能变差。解决上述矛盾最有效和现实的途径即是掺入高性能外加剂，这就使高性能减水剂成为高强度高性能混凝土的必要组分之一。

高性能混凝土所要求的外加剂必须具备这样几个突出的性能：

(1) 减水剂对水泥颗粒的分散性要好，对混凝土减水率要高，至少对普通混凝土的减水率要在20%以上。

(2) 对水泥分散性和流动性随时间的变化小，在混凝土中表现为坍落度经时损失小。

(3) 有一定的引气量但不过大，不致影响混凝土最终强度。

(4) 含碱量尽可能小，不含大量氯离子，能显著改善硬化混凝土的耐久性。

(5) 成本适中，添加量低，便于推广应用。

一、高性能减水剂技术性能

(一) 特点

1. 性能上的特点

减水率高，至少在20%以上；坍落度损失小，2h内损失率为10%直至基本无损失，因此预拌混凝土有优良的工作性。硬化混凝土密实、强度高、耐久性好。

2. 组成结构的特点

高性能减水剂的结构组分可分为三种类型，即：减水和分散性保持功能兼而有之的单一组分系；减水组分＋分散性保持成分的二成分复合系；有一定分散保持性的减水成分＋分散性保持成分的二成分复合系。前一类是指胺基磺酸盐聚合物（AS）以及聚羧酸类接枝共聚物这两种单一组分的合成反应产物。后两类是指萘磺酸盐甲醛缩合物或三聚氰胺甲醛缩合物与缓凝剂和其他外加剂组分的复合产品。

（二）适用范围

高性能减水剂适用于配制高强或超高强混凝土，自密实（或称免振捣）混凝土，密实性耐久性优良的混凝土，超高程泵送、超长距离泵送混凝土，要求分散性保持好（即坍落度损失小）的商品预拌混凝土等。

由于生产成本相对较高，因此一般不用于配制普通强度等级的混凝土。

（三）技术要求

我国尚未制定高性能减水剂的标准，只能将《混凝土外加剂》（GB 8076—1997）混凝土减水剂中的高效减水剂和《混凝土泵送剂》（JC 473—92）标准结合来考虑和检验高性能减水剂。

由于我国尚未出台有关标准，现将日本标准（表 48-2）摘录以供参考：

高性能减水剂性能要求　　　**表 48-2**

标准号及提出		高效减水剂 GB 8076—1997（中国）		高性能 AE 减水剂 JIS 6204（日本工业）		高强混凝土用高性能 AE 减水剂（住宅公团．日本）	超高强混凝土高性能 AE 减水剂（建设省．日本）
		标　准	缓　凝	标　准	缓　凝		
减水率（%）		>12	>12	>18	>18	—	—
泌水率比（%）		<90	<100	<60	<70	<50	—
凝结时间差（min）	初　凝	−90～+120	>+90	−30～+120	+90～240	0～+180	5:00～12:00
	终　凝	−90～+120	—	−30～+120	<240	−30～+150	15:00 以内
抗压强度比（%）	3d	≥130	≥125	>135	>135	>140	>100
	7d	≥125	≥125	>125	>125	>130	>100
	28d	≥120	≥120	>115	>115	>120	>100
收缩率比（%）		<135	<135	<110	<110	<110	<110
相对耐久性（%）		—	—	>80	>80	>80	>85
60min 后性能变化	坍落度损失（cm）	—	—	<6	<6	<5	<5
	含气量变化（%）	—	—	<±1.5	<±1.5	<±1.5	<±1.5
［Cl^-］含量（%）		应说明对钢筋有无锈蚀危害		①<0.02　②<0.2　③<0.6			
含碱量（kg/m^3）		北京地方标准<1.0		<0.30			

续表

标准号及提出		高效减水剂 GB 8076—1997（中国）	高性能 AE 减水剂 JIS 6204（日本工业）	高强混凝土用高性能 AE 减水剂（住宅公团．日本）	超高强混凝土高性能 AE 减水剂（建设省．日本）
试验条件	水泥四种	基准水泥	3 种普通水泥混合	同左	同左
	水泥量（kg/m^3）	卵石：310±5 碎石：330±5	坍落度 8　300 坍落度 18　320	450	—
	粗骨料 细骨料	最大粒径 20mm 卵石 M_x = 2.6～2.9 中砂	最大粒径 20mm 碎石砂	石　砂	砂
	单位用水量（kg/m^3）	达 80±10mm 坍落度所需水量	达上述坍落度所需水量	掺 AE 剂坍落度达 18±1 时水量为基准混凝土；上述 -15% 水量为试验混凝土	基准混凝土 205±10，受检混凝土 165
	砂率（%）	36～40	基准混凝土 40～50 受检混凝土 1%	40～50	
	含气量（%）		基准混凝土 2% 受检混凝土：基准 +3	4±0.5	3.5±1.0

（四）主要品种及性能

1. 主要品种

按其主要成分的化学结构，高性能减水剂可以分成四类。凡已有商品生产上市的，均列入表 48-4 中。

（1）聚胺基磺酸盐系：缓凝剂可配制一般高强度混凝土，标准型可配制高强、超高强混凝土。由于其为单一组分合成型，而且坍落度经时变化小，因而适宜配制泵送和流化高性能混凝土。

通常以液体形式供应，掺量范围在水泥用量的 1.5%～3.0%。国内产品牌号有：AN3000.DFS-Ⅱ、AY-A 等。

（2）多羧酸系：在我国虽已研制成功，但尚未见商品出售。根据日本发表的资料大体有三种类型：烯烃马来酸共聚物；多羧酸——丙烯酸、丙烯酸酯；多羧酸接枝共聚物。均为单一组分合成型。稍有引气，分散性保持性很高。

通常以液体形式供应，掺量在 0.5%～3.0%。配制超高强混凝土掺量在 3%～5.0%。

（3）萘磺酸盐甲醛缩合物：由于其分散性保持不良，因而在与其他组分如保塑成分、缓凝成分复合后才能作为高性能减水剂使用。一般达不到配制超高强混凝土的要求，无论标准型还是缓凝型都只用于配制一般高强混凝土。

既有按固体，也有按液体形式供应的。

（4）三聚氰胺（蜜胺）磺酸盐甲醛缩合物；分散性保持不良，因此须与缓凝或保塑成分、改性木钙成分等复合后方可作为高性能减水剂使用。其标准型可加大用量以配制高强和超高强混凝土。

有粉剂和液体两种形式供选择使用。国内产品主要牌号如：JZB-1、SP401、SM 等。

2. 主要性能

（1）凝结时间：掺高性能减水剂的混凝土初凝及终凝时间均较普通混凝土长，掺量越多，初凝时间延迟也越长。

(2) 坍落度及坍落度经时变化：掺高性能减水剂的混凝土的特点是水灰比既使很低，也能得到流动化大坍落度的混凝土，而且坍落度的经时损失很小。国产高性能减水剂，(液剂) 掺量在 1.7% ~ 2.5%，混凝土水胶比在 0.30 左右，坍落度一般可达到 19 ~ 23cm。

(3) 强度增长：不同品种的高性能减水剂，在配制超高强混凝土时，尽管试验条件相同，所达到的强度等级却相差较大。因此配制高性能混凝土时应注意选择使用，特别要注意其缓凝性和引气性。

就总的概念而言，水胶比 0.30 左右的混凝土 28d 强度可达到 90MPa；水胶比 0.25 的可达到 100MPa 左右；水胶比 0.20 左右时可达 110MPa 以上。但后两种水胶比当要求混凝土强度高于 100MPa 时仍掺有硅粉掺合料。当 28d 强度达到上述指标时，长龄期混凝土强度仍然增长。无论是否掺入硅粉，90d 强度一般均可发展到 100MPa。

(4) 耐久性：与一般高效减水剂的规律类似，当高性能减水剂的加入量越高，混凝土的干缩也越大。但收缩率较一般高效减水剂小。

抗冻融性能随高性能减水剂的掺量增大而有所提高。原因是外加剂掺量增大后水胶比可降低。

(五) 应用技术要点

1. 水泥品种的影响

水泥品种不同，高性能减水剂用量也不相同。普通水泥比矿渣水泥可以减少外加剂用量。掺量相同时，普通水泥的混凝土用水量就低于矿渣水泥的。

2. 骨料的影响

一般来说细骨料种类不同对高性能减水剂使用影响不大，但细度有一定影响。当减水剂掺量相同时，骨料越细，减水率就越低，坍落度也越小，必须增大掺量或调整混凝土配合比。细砂较河砂 (中、粗砂) 要多用 1 ~ 2 倍的减水剂或是减水剂不变而加大用水量 15 ~ 20 kg/m^3。

3. 配合比对掺量影响

不同品种、牌号的高性能减水剂其主要成分，对水泥的分散性能和机制不尽相同，因此各自适应范围也不一样。用于一般强度混凝土时由于水泥用量较小，稍增加减水剂掺量，减水效果就明显。掺量再加大就会引起明显缓凝或混凝土黏性增大而成型困难。高强混凝土由于水泥用量大，减水剂掺量低会无法保持坍落度，因而经时损失大、混凝土和易性差。为保证混凝土良好的和易性，水泥用量不得少于 290kg/m^3。

4. 混凝土入模温度的影响

要根据混凝土入模时可能处于哪个温度范围来确定是使用标准型高性能减水剂还是缓凝型的。温度偏低时易于产生缓凝现象，应综合考虑掺合料种类、数量、配合比条件而确定掺量。成型温度高时，例如夏季环境，坍落度经时变化大，甚至会发生速凝，因此使用缓凝型或适当加大掺量有利于混凝土成型质量。

5. 搅拌时间及投料顺序的影响

高性能减水剂的减水效率能否充分发挥，坍落度保持率、引起性 (含气量) 保持率是否合适与混凝土搅拌时的投料顺序、外加剂添加方法及时间、混凝土搅拌时间长短和一次投料量均有关。搅拌时间除受搅拌机型制约之外，还必须注意延续时间过长会影响到坍落度损失加快及含气量损失，而搅拌延续时间短易使混凝土产生离析。一般来说，高强混凝土中细粉料含量比普通强度混凝土多，而搅拌时间应适当延长。

外加剂则不宜直接投入干料中，最佳时间是在水加入后或加水过程中添加减水剂，液体型减水剂尤应如此。

6. 对泌水量的影响

高性能减水剂品种不同则泌水量也不同。高性能减水剂的减水率高，混凝土用水量低，因而泌水量少。泌水量按下列顺序减小：空白混凝土 > 引气减水剂 > 萘磺酸盐甲醛缩合物 > 聚羧酸系丙烯酸—聚乙烯丙烯酸共聚物。而泌水时间长短顺序则与上述相反。

当然，增加细骨料和掺合细粉料也是减少泌水的有效方法。

7. 对凝结时间的影响

高性能减水剂使混凝土凝结时间略有延长，且掺量增加，缓凝时间也稍有延迟，其影响甚于引气型减水剂和高效减水剂。因此要按照产品使用说明书中的要求使用。

8. 不同外加剂混用的影响

未经相应试验，高性能减水剂一般不能随意与其他品种外加剂混合使用。随意混用易使减水剂溶液产生沉淀，或使混凝土产生急凝。

9. 高性能减水剂的选用

高性能减水剂的选用可参考表 48-3 进行。

高性能混凝土用有机外加剂及发挥性能的机理 **表 48-3**

要求性能	发挥性能的机理	发挥要求性能的组成及构造的主要因素	适宜物质之例
(1) 在低水灰比下提高流动性（提高减水率）	增加粒子表面的电位	能形成横卧吸附层，在骨架上具有多元环，附加亲水基密度高的链状高分子 以疏齿环及尾部伸入水中的形式吸附，具有均衡疏水基和亲水基的直链状高分子	NS、MS AS
	降低拌合水的表面张力	分子链环有旋转的自由度，由于亲水基和疏水基的取向易于吸附在液体界面的链状高分子 即使是形成孔隙凝胶等薄的吸附层，也排除气液界面的多量水 分枝状极性基多的水溶性高的、具有大的临界凝胶浓度（c.m.c）的高分子	低分子量 NS LS、PC
	增加空间斥力	具有均衡的疏水基和亲水基，能形成厚的吸附层的直链状高分子	PC、AS
(2) 流动性的经时变化小	控制间隙质水化生成的硫铝酸钙水化物及其形态 陆续供给能有效分散水泥粒子的外加剂分子（徐放）	分子中—OH 和—COOH 数量少，且它们是易于与 Ca^{2+} 形成络合物的高分子 形成间隙物和厚的稳定吸附层的高分子 具有因钠离子而开口（酯结合）的高分子	NS、MS PC 交联聚合物
(3) 少缓凝结或不缓凝结	确保 C-S-H 的生成速度和生成量	分子中的—OH 和—COOH 数量少，且易于与 Ca^{2+} 形成络合物的高分子	NS、MS
(4) 材料分离少	增加混凝土的塑性黏度	非离子性水溶性高分子	MC、PAA、G

续表

要求性能	发挥性能的机理	发挥要求性能的组成及构造的主要因素	适宜物质之例
(5) 引起性小	增加拌合水的表面张力，降低混凝土的塑性黏度	与 (1) 的相反	NS、MS、PC
(6) 强度和耐久性高	减低空隙率 空隙径变小和其分布变适当 空隙形状的球形化	水隙：同 (1) 气泡：与 (1) 相反	NS、MS、PC LS、AS NS、MS
(7) 抗冻融性能高	降低拌合水的表面张力	与 (1) 相同	LS、PC

注：NS：萘磺酸系，MS：蜜胺磺酸系，PC：聚羧酸系，LS：木质素磺酸系，AS：氨基磺酸系，MC：甲基纤维素，PPA：聚丙烯酰胺，G：β-1，3-葡萄糖。

二、国产高性能减水剂

国内市场上销售高性能减水剂产品的技术性能、适用范围及工程实例，包括相当部分冠以高效减水剂名称的复合型高性能减水剂产品列于表48-4，以供参考。

国产高性能高效减水剂产品及性能　　表48-4

品名	技术指标		应用和应用实例	生产单位代码
AN3000	1. 主要成分 氨基磺酸盐聚合物 2. 深紫棕色溶液 3. 比密度 1.15g/mL 4. 水泥净浆流动度 >24cm	1. 掺量：0.7%~1.0%×C（干基） 2. 减水率：25%~35% 3. 初始坍落度 20cm，1h 后坍落度 20cm，2h 后坍落度 19cm 4. 28d 强度提高 25%	1. 配制高强大体积混凝土，C40~C60 级高强混凝土 2. 已用于北京东四环路工程的通惠河立交桥	1-05
RH-8 高性能塑化剂	1. 粉剂产品 2. 氯盐含量：<0.01% 3. 碱含量：5.12% 4. 净浆流动度：>22cm	1. 掺量：0.75~1.5（C×%） 2. 减水率：12%~15% 3. 泌水率比：<70% 4. 坍落度增加 12~18cm 5. 3d、28d 强度分别提高 80%、35%	适用于 5~40min 的 C45~C60 的灌浆、商品和普通混凝土	1-56
DFS-2 高性能外加剂	1. 主要成分：水溶性改性酚醛树脂 2. 外观：棕红色半透明粘性液体 3. 比密度：1.10~1.20g/mL	1. 掺量：0.6%~1.0%×C（干基） 2. 减水率：20%~30% 3. 28d 强度提高 30%	1. 适用于高强大体积混凝土 2. 应用于北京市财税业务楼	1-48
JG-3 缓凝高效减水剂		1. 掺量：1.2~1.5（C×%） 2. 减水率：>15% 3. 凝结时间：2~6h 4. 3d、7d、28d 强度分别提高 30%、25%、20%	1. 配制高强大体积混凝土、C40 以上商混、C60 以上高强混凝土 2. 已用于北京名人广场大厦	

续表

品名	技术指标		应用和应用实例	生产单位代码
CQB-1 高强泵送剂	1. 主要成分：萘磺酸盐高聚物 2. 外观：土黄色粉末 3. 不含氯盐	1. 掺量：0.6~1.2（C×%） 2. 减水率：25%~30% 3. 3d、7d 强度分别达到 28d 的 80%、90% 4. 初始坍落度 20cm，60min 后为 18cm 4. 常压泌水减水 30%	配制 C40~C60 高强混凝土及高强泵送混凝土	1-26
ASM				1-81
JRC-2D 高性能泵送剂	1. 外观：棕褐色液体 2. 无毒、无臭、不燃	1. 掺量：每 100kg 水泥掺 1500~2000mL 2. 减水率：15%以上 3. 稍有引起缓凝性，坍落度损失较小	1. 配制预拌早强泵送、超高泵程商混；钢筋及预应力钢筋混凝土；用 52.5 级普通水泥加矿物填充料，可配制 70~80MPa 高强混凝土 2. 已用于上海电视塔等工程	2
南浦 2-HA 泵送剂	1. 外观：棕褐色液体 2. 氯离子含量：≤1.0% 3. 硫酸钠含量：≤6%	1. 掺量：每 100kg 水泥掺 2500~3000mL 2. 减水率：>15% 3. 稍有引起缓凝性，坍落度损失较小	1. 配制泵送长度为 200m 以上的预拌早强泵送混凝土，超高泵程商混、钢筋及预应力钢筋混凝土。用 52.5 级普通或纯硅酸盐水泥，可配制 40~60MPa 的泵送混凝土 2. 已用于上海杨浦大桥主塔	2-06
YHL 减水剂	1. 品种：Ⅰ、Ⅱ、Ⅲ分三种 2. 外观：深棕褐色液体和灰白色粉末 3. pH 值：8±1 4. 水泥净浆流动度：>20cm	1. 掺量：0.5~1.5（C×%） 2. 减水率：29.6%~43.2% 3. 双掺，3d、28d 强度分别提高 113%~198%、56%~108% 4. 3d 内坍落度（22±2cm）基本上不损失	配制 C50~C80 级高性能混凝土	
SP404 高效泵送剂	主要成分：蜜胺系	1. 掺量：0.7~1.5（C×%） 2. 坍落度可增加至 15~25cm 3. 缓凝 2~5h 4. 早期强度提高 50%左右，28d 提高 20%~40% 5. 减水率：15%~25%	配制商品、泵送、大体积、高强泵送混凝土，及夏季施工和长距离运输的混凝土	11-12
FDN-SF 高效泵送剂	粉剂产品	1. 掺量：0.7~1.5（C×%） 2. 坍落度由 4cm 增至 22cm，2h 后为 20~21cm 3. 1~3d 强度提高>20%，28d 不降低 4. 对钢筋无锈蚀作用	可配制 C30 泵送混凝土	20-1

第六节　高性能混凝土配合比设计

在高性能混凝土的配合比方面，原有的普通混凝土配合比设计方法已不适用。其原因有：通常的高强度与较低的水灰比不再成反比例关系，较大的水泥用量中有不容忽视的不能水化部分，改变超塑化剂用量（不必变更用水量）可以调节坍落度，以及所加矿物掺合料品种和数量直接影响混凝土的强度及其他技术性能。迄今为止，尚没有更为适合高性能混凝土配合比的设计方法，研究人员大多在各自的试验基础上粗略计算具体的配合比。这与下面将介绍的清华大学设计的方法比较，无论从时间、精度还是经济上都是无法比拟的。在说明计算步骤之前，先将概括叙述总体考虑，因为这是以后计算中某些必要假设的基础。

一、配合比总体考虑

（一）水泥浆—骨料比

对给定的水泥浆/骨料体积比 35∶65，通过使用合适的粗骨料，可以获得足够尺寸稳定的高性能混凝土（如弹性性能、干燥收缩及徐变等）。

（二）强度等级

尽管强度不是高性能混凝土的惟一指标，但是当抗压强度在 60MPa 以上时，其渗透性通常很低（$<10^{-14}$m/s），并有令人满意的耐候性能。因此，抗压强度可作为配合比设计及质量控制的基础。应用大多数天然骨料，通过改善水泥浆的强度——选择用水量及掺合料品种和用量来控制，可以制出高达 120MPa 抗压强度的混凝土。为方便配合比计算，可将 60～120MPa 强度划分为几个等级。

（三）用水量

对传统混凝土而言，拌合用水取决于骨料的最大尺寸和混凝土的坍落度。由于高性能混凝土的骨料最大尺寸和坍落度值允许波动范围很小（分别为 10～39mm 和 200～250mm），以及坍落度可通过调节超塑化剂用量来控制，故在确定用水量时不必考虑骨料的最大尺寸及坍落度。纵观全世界不同地区（应用广泛的不同材料）制得的高强混凝土，发现混凝土中用水量（而不是水灰比）与混凝土强度通常成反比例关系，这一关系可用于预测和控制混凝土的抗压强度。

（四）水泥用量

新拌水泥浆含未水化水泥颗粒、水及空气。高强混凝土强力搅拌，要求充分均匀，因此即使不加任何引气剂，混凝土中也含约 2%的空气。对于一定体积的水泥浆（35%），如果已知水和空气的体积，则水泥或胶凝材料的体积可以计算得到。当然，当有冻融耐久性要求引气时，要设定较大的引气体积（5%～6%）。

（五）矿物掺合料的种类及用量

简单的方法是分别考虑三种情况。第一种情况：单独使用硅酸盐水泥，不加任何矿物掺合料。在建议的高性能混凝土强度范围（60～120MPa）内，只有当绝对必要时才可用这种情况。这是因为，如果不加矿物掺合料，将得不到相应的许多重要的技术优点（如新拌混凝土的工作度，降低水化热，以及在腐蚀环境中的长期耐久性）。第二种情况：用一种或多种矿物掺合料取代部分水泥。从减小水化热，改善工作性，提高充分水化水泥浆的微观结构等方面，经验表明，约 25%的水泥可由高质量的粉煤灰或磨细矿渣代替。因此假设硅酸盐水泥与选用的矿物掺合料体积比为 75∶25。第三种情况：在使用的矿物掺合料中，以凝聚硅灰取代部分粉煤灰或磨细矿渣，则效果更好。例如，不用 25%的粉煤灰，而是用占体积 10%的硅灰和 15%的粉煤灰同时掺入。

（六）减水剂的种类与用量

通常的减水剂达不到高性能混凝土要求的减水程度及提高的工作度，一般需要加超塑化剂（或叫高效减水剂），常用的超塑化剂为萘系或三聚氰胺系。然而市售产品在组成和与水泥的适应性差别很大，因此很难说哪种更好，有研究人员报道，三聚氰胺系超塑化剂其减水率大，但坍落度损失快。Ronneberg 指出，三聚氰胺系比萘系超塑化剂引起缓凝明显小，且更适合与引气剂一起使用。因此，对给定的硅酸盐水泥及将使用的其他掺合料，需要在试验室中做些基本试验以决定哪个品种及牌号的超塑化剂更适合。

超塑化剂通常固体用量为胶凝材料质量的 0.8%～2%。对第一次拌合料建议使用超塑化剂 1%。由于超塑化剂很贵，为获得给定水泥浆满意的流变性能，又不产生不希望的缓凝，可能需要多次试验确定最佳用量。同时，由于超塑化剂通常以溶液的形式加入，在计算超塑化剂用量及混凝土拌合水量时一定考虑超塑化剂溶液中的水。

（七）粗—细骨料的比例

据研究，高性能混凝土中骨料体积的最佳比例为 65%。粗细骨料的分配通常取决于骨料的级配与形状、水泥浆的流变性能及混凝土所要达到的工作度。由于在高性能混凝土中水泥浆的含量相对较大，通常细骨料体积用量不超过骨料总量的 40%。因此，假设第一次拌合粗细骨料体积比为 3:2。

二、配合比计算方法

基于以上总体考虑，下列步骤可计算出第一次拌合 1m^3 非引气型混凝土各组成材料的质量。

（一）强度选择

60～120MPa 强度范围人为地分成五个等级——65MPa、75MPa、90MPa、105MPa 及 120MPa，是混凝土试件标准养护 28d 的平均抗压强度。一般说来，混凝土的耐候性随其强度的提高而得到改善，当然造价也提高。假定当地骨料不会制约混凝土的强度，则混凝土强度选择与造价成本关系很大。

（二）拌合水估算

对某一给定强度等级的混凝土，用水量可参考表 48-5。表中最大用水量数值是经验性的，适于大坍落度掺超塑化剂的混凝土，骨料最大尺寸为 12～19mm。通过对超塑化剂中多出水的修正（如果骨料是湿的，也需考虑），可以计算出拌合用水量。

平均抗压强度与最大用水量关系 **表 48-5**

强度等级	平均抗压强度（MPa）	最大用水量（kg/m^3）	强度等级	平均抗压强度（MPa）	最大用水量（kg/m^3）
A	65	160	D	105	130
B	75	150	E	120	120
C	90	140			

（三）水泥浆中各组分的体积含量

由于水泥浆的总体积是 0.35m^3，减去拌合水量（第二步）及 0.02m^3 的含气量，各强度等级混凝土总胶凝材料计算体积如表 48-6 所列。假定三种情况，硅酸盐水泥及矿物掺合料的体积含量也如表列所示。

情况 1：单独硅酸盐水泥（PC）；

情况 2：PC + 粉煤灰（FA）或高炉矿渣（BFS）体积比为 75∶25；

情况 3：PC + FA（或 BFS）+ 凝聚硅灰（CSF）体积比为 75∶15∶10。

0.35m³ 水泥浆中各组分的体积含量（m³） **表 48-6**

强度等级	水	空气	总胶凝材料	情况 1 PC	情况 2 PC + FA（或 BFS）	情况 3 PC + FA（或 BFS）+ CSF
A	0.16	0.02	0.17	0.17	0.1275 + 0.0425	0.1275 + 0.0255 + 0.0170
B	0.15	0.02	0.18	0.18	0.1350 + 0.0450	0.1350 + 0.0270 + 0.0180
C	0.14	0.02	0.19	0.19	0.1425 + 0.0475	0.1425 + 0.0285 + 0.0190
D	0.13	0.02	0.20	—*	0.1500 + 0.0500	0.1500 + 0.0300 + 0.0200
E	0.12	0.02	0.21	—*	0.1575 + 0.0525	0.1575 + 0.0315 + 0.0210

注：不加矿物掺合料不能制出 D 及 E 等级混凝土。

（四）估算骨料用量

根据骨料总体积（0.65m³），如果假设 A 等级混凝土粗—细骨料体积比为 3∶2，则得粗、细骨料体积分别为 0.39m³ 和 0.26m³。对于其他等级的混凝土（B ~ E），由于随着强度的提高，其用水量减少及超塑化剂用量增加，故可假定粗—细骨料的体积比大一些。如 B 等级取 3.05∶1.95，C 等级 3.10∶1.90，D 级 3.15∶1.85，E 等级 3.20∶1.80。

（五）混凝土各组成材料质量计算

通常水泥、粉煤灰或高炉矿渣及凝聚硅灰的典型密度分别为 3.14g/cm³、2.5 g/cm³ 及 2.1g/cm³。天然硅砂及大多数普通砾石或碎石的典型密度分别为 2.65g/cm³ 及 2.70g/cm³。利用第三步（表 48-6）和第四步的数据，可计算出各种组成材料饱和面干（SSD）质量，如表 46-7 所列。如果骨料密度与假定密度值差别较大，则需适当修正。

（六）超塑化剂用量

如果以前没有应用超塑化剂的经验，第一次使用建议掺入占胶凝材料质量的 1%（指不含水的固体）。如果已知超塑化剂溶液的密度及溶液中超塑化剂固体的含量，则不难确定给定拌合物需要该溶液的体积。下面以例子说明。

对 A 强度等级（65MPa）情况 3（表 46-6），胶凝材料总量是 500kg/m³。第一次拌料用固体超塑化剂 1%，即 5kg/m³。如果固体超塑化剂在溶液中占质量 40%，则需溶液量为 $5 \div 0.4 = 12.5$kg/m³。如果溶液的密度是 1.2，则需该溶液的体积为：$12.5 \div 1.2 = 10.4$ L/m³。这部分水，如下面将讨论的那样，要从拌合水中减去（第二步）。

在 10.4L/m³ 超塑化剂溶液中水的质量为：$10.4 \times 1.2 \times 0.6 = 7.5$kg/m³。

（七）含水修正

由于表 48-7 的配合比是基于各材料饱和面干状态之上的，所以根据所用骨料含水率的不同，要进行适当的粗、细骨料含水量修正。对超塑化剂中的水量，表 48-7 拌合用水也要进行相应的修正。

（八）试拌及配合比调查

由于这种方法是建立在许多假设基础上，所以第一次拌料计算的配合比仅起指导作用。为满足给定的工作性和强度指标，获得正确的材料组成及配比，需要应用实际材料在试验室进行多次试验。当需要调整时，可以考虑如下建议：

第一次拌料（SSD）配合比　　表 48-7

强度等级	平均强度（MPa）	情况	胶凝材料（kg）			用水量（kg）	粗骨料（kg）	细骨料（kg）	总　量（kg/m^3）	水灰比 W/C
			PC	FA（或 BFS）	CSF					
A	65	1	534	0	0	160	1050	690	2434	0.30
		2	400	106	0	160	1050	690	2406	0.32
		3	400	64	36	160	1050	690	2400	0.32
B	75	1	565	0	0	150	1070	670	2455	0.27
		2	423	113	0	150	1070	670	2426	0.28
		3	423	68	38	150	1070	670	2419	0.28
C	90	1	597	0	0	140	1090	650	2477	0.23
		2	447	119	0	140	1090	650	2446	0.25
		3	447	71	40	140	1090	650	2438	0.25
D	105	—	—	—	—	—	—	—	—	—
		2	471	125	0	130	1100	630	2466	0.22
		3	471	75	42	130	1100	630	2458	0.22
E	120	—	—	—	—	—	—	—	—	—
		2	495	131	0	120	1120	620	2486	0.19
		3	495	79	44	120	1120	620	2478	0.19

1. 混凝土拌合物较干硬

（1）当混凝土拌合物太干硬时，可逐渐增加超塑化剂用量，直至获得期望的稠度。增加超塑化剂用量可能伴随出现一些负效应，如离析或缓凝。

①离析现象可通过减小粗—细骨料比例或采用较低细度模数的细骨料克服。对不含矿物掺合料的拌合物，这一问题也可通过加硅灰或加粉煤灰或者两者同时加入解决。

②对于缓凝问题，应结合当地其他品种和牌号的超塑化剂和水泥进行试验。含促凝剂的改性超塑化剂，据说不会引起过大缓凝，市面上也可以买到。

（2）应当注意，当混凝土拌合物干硬是由于水泥中含反应性 C_3A 量过高引起时，只增加超塑化剂用量将无济于事。此时，不得不提高水灰比。

2. 抗压强度偏低

如果拌合物 28d 抗压强度低于规定的平均强度值，则通过研究混凝土试块破坏面及应力—应变曲线，可以找出拌合物中的弱组分。如果都是水泥浆和粗骨料间的粘结破坏时，则或是水泥浆强度低，或是骨料表面太光滑。对于前一情况，通过减小用水量控制泌水，或掺一种适当的细颗粒矿物掺合料可以解决。对后一情况，应考虑使用碎石。

三、配合比设计具体步骤

由于受高性能混凝土强度高、水灰比（W/C）低的影响，因此，通常混凝土配合比设计的基础公式（鲍罗米公式）已不再适用。但是迄今为止，世界上尚无适合高性能混凝土配合比设计的方法，各国的研究人员也都是在各自的试验基础上根据经验粗略地计算具体的配合比。

高性能混凝土的合理工艺参数选择主要保证满足其耐久性和强度要求，因而采用不同的矿物掺合料和化学外加剂，其组分较普通混凝土多，配合比设计也比普通混凝土复杂。目前，国际上提出的高性能混凝土配合比设计方法很多，比较典型和较多应用的有以下三种。

①美国混凝土协会（ACI）方法。此设计适用于抗压强度在41～83MPa之间的混凝土。它采用一系列不同胶凝材料比例和用量进行试配，最后得到最佳配合比。

②法国国家路桥试验室方法。它通过在模型材料上大量试验的结论数据编制了计算机软件，称为BETONLAB，可较好地预测给定要求下的最佳、最经济的配合比。

③加拿大方法。它在现有高强高性能混凝土实践经验基础上加以总结，对配合比设计的主要参数给定一些假设，进而算出第一盘试配的混凝土配合比。

我国还没有统一高性能混凝土配合比的设计方法。

下面介绍的两种常用方法，系自普通混凝土设计方法基础上主要参数给定假设而提出，接近国际上通常使用的方法。

（一）假定表观密度法

高性能混凝土密实度大，其表观密度应设定为2450～2500kg/m^3。

1. 试配强度

高性能混凝土变异系数较大，故试配强度f_{c28}应适当增大。亦可参考下式求出：

$$f_{c28}=(f_c+T)+k_1\cdot\sigma$$

式中　f_c——混凝土设计强度等级（MPa）；

T——温度修正系数，取4～6MPa。因为试块强度无法代表实际构件强度而规定的修正值；

k_1——常数，取2.0～2.5；

σ——混凝土强度标准差，约6MPa（对C50～C60混凝土）。

2. 确定水胶比

对于用碎石配制高性能混凝土，采用同济大学提出的改进保罗米公式：

$$f_{c28}=0.304f_{ce}[(C+M)/W+0.62]$$

式中　f_{ce}——测定的水泥实际强度（MPa）；

C——水泥用量（kg/m^3）；

W——用水量（kg/m^3）；

M——不同矿粉掺合量（kg/m^3）；

$(C+M)/W$——胶水比。

3. 矿物掺合料（辅助胶凝材料）用量

矿物掺合料一般按质量计为掺10%～15%。硅粉约为5%～7%，天然沸石超细粉亦然；超细矿渣约为10%；粉煤灰则需超量取代。在单位用水量不变的条件下，要使28d抗压强度与基准混凝土相同，要用1.2～1.4kg粉煤灰取代1kg水泥，适宜的取代量可达到25%左右。按体积计算，则矿物掺合料通常占全部胶凝材料的25%左右。据此，可算出水泥的用量。

4. 绝对用水量

由于高性能混凝土水胶比小于0.40，故最大用水量不超过175kg/m^3，这样可根据经验假定用水量。亦可按表48-8所列，根据不同强度等级确定用水量。此表最适用于最大粒径 12~19mm、坍落度 200~250mm 的混凝土。

高强混凝土最大用水量 **表 48-8**

强度等级	*A*	*B*	*C*	*D*	*E*	*O*
平均强度（MPa）	75	85	100	115	130	50~65
最大用水量（kg/m^3）	160	150	140	130	120	165~175

5. 砂率 S_p

因为高性能混凝土中水泥浆体积相对较大，故砂率通常取得低些。国外研究资料统计表明，$f_{c28}=60\sim120$MPa 的混凝土 $S_P=34\%\sim44\%$，若 $f_{c28}=30\sim100$MPa，$S_p=38\%\sim42\%$。强度越高，砂率越低。

砂率也可以参考表 48-9 选用。

高性能混凝土的砂率 **表 48-9**

胶凝材料总量（kg/m^3）	350~400	401~450	451~500	501~550	551~600
S_p（%）	42	39	36	33	30

由于表观堆密度是设定的，于是根据砂率和已确定的其他成分可求出粗、细骨料用量。

【例一】 某框架柱要求 C60 混凝土，采用普通 52.5 级水泥，实际测试强度为 59.3MPa，$M_x=2.84$ 中砂，粒径 5~15mm 碎石，要求施工坍落度为 22cm。掺缓凝高效减水剂 1.5%，掺粉煤灰，求出配合比。

【解】 假定 C60 混凝土表观堆密度为 $2450kg/m^3$。

要求 C60 混凝土，配制强度应取 70MPa，根据$f_{c28}=0.304f_{ce}[(C+M)/W+0.62]$，得到胶水比 $W/(C+F)=0.31$。用水量据表 46-8 得到 170kg。

$$胶凝材料总量\ C+F=170/0.31=548kg$$

由于掺入粉煤灰故设取代量 15%，$F=548\times0.15=82kg$，则 $C=466kg$。

根据水泥用量查表 46-9 得 $S_p=36\%$。而 $G+S+548+170=2450kg$，则 $S=624kg$，$G=1108kg$，外加剂用量 8.22kg。试配强度实测 $f_{c28}=76.8$MPa。

（二）组分体积法

通过对大量试验结果的分析表明，高性能混凝土的最佳水泥浆与骨料体积比为 35∶65。于是在 $1m^3$ 混凝土总量中水泥浆总体积为 $0.35m^3$，减去拌合水量和约 2% 的含气量（即 $0.02m^3$）体积余下为胶凝材料的体积。根据各组分的体积乘以相应的比密度求得该种材料质量。

胶凝材料的组成大致有三种情况：

①全部由水泥组成；

②由水泥和粉煤灰或矿渣细粉组成，体积比 75∶25；

③水泥+粉煤灰或矿渣+硅灰，体积比 75∶15∶10。

前已述及，高性能混凝土最佳匹配为 $0.35m^3$ 水泥浆体和 $0.65m^3$ 骨料。若设定强度等级 C65 的混凝土中细—粗骨料体积比为 2∶3（相当于砂率 40%），对于依次为 *A*、*B*、*C*、*D* 和 *E* 级混凝土的细—粗骨料体积比可根据强度越高砂率越低的原则列于表 48-10。而 $0.35m^3$ 水泥浆体中各组分体积含量列于表 48-11。混凝土各组分的比密度列入表 48-12 中。

不同强度等级的混凝土中骨料体积（m^3）　　表 48-10

强度等级	细骨料∶粗骨料	细骨料体积	粗骨料体积
A	2∶3	0.26	0.39
B	1.95∶3.05	0.2535	0.3965
C	1.90∶3.10	0.247	0.403
D	1.85∶3.15	2405	0.4095
E	1.80∶3.20	0.234	0.416

$0.35m^3$ 胶凝物中各组分体积含量（m^3）　　表 48-11

强度等级	水	空气	胶凝材料总量	①水泥	②		③		
					水泥	粉煤灰	水泥	粉煤灰	硅灰
A（65）	0.16	0.02	0.17	0.17	0.1275	0.0425	0.1275	0.0255	0.017
B（75）	0.15	0.02	0.18	0.18	0.135	0.045	0.135	0.027	0.018
C（90）	0.14	0.02	0.19	0.19	0.1425	0.0475	0.1425	0.0285	0.019
D（102）	0.13	0.02	0.20	—	0.15	0.05	0.15	0.03	0.02
E（120）	0.12	0.02	0.21	—	0.1575	0.0525	0.1535	0.0315	0.021

混凝土各种组分比密度值（g/cm^3）　　表 48-12

水泥	粉煤灰水渣	渣粉	天然砂	碎石、砾石
3.14	2.5	2.1	2.65	2.70

【例二】　试配 75MPa 混凝土。欲掺用胶凝材料总量 25% 的粉煤灰，掺液体高性能减水剂 2.2（C×%）。其有效成分为 35%，求配合比。

【解】　根据表 48-8，本例要求接近 *B* 级，用水量可设定为 $150kg/m^3$。每立方米混凝土中水泥浆体积一般以 $0.35m^3$ 计算。浆体中约有 2% 的空气，占 $0.02m^3$，于是胶凝材料总量体积为：

$$0.35-0.15-0.02=0.18m^3$$

查表 48-11 可得知水泥占浆体总体积的 $0.135m^3$，粉煤灰占 $0.045m^3$，粉煤灰体积乘以粉煤灰密度 $2500kg/m^3$，得粉煤灰用量为 106kg。水泥体积乘以水泥的密度 $3140kg/m^3$，得水泥质量为 424kg。

再查表 48-10，得知细粗骨料比为 1.95∶3.05，其中细骨料砂的体积为 $0.2535m^3$，乘以密度 $2650kg/m^3$ 得到砂用量为 672kg。该强度等级混凝土的粗骨料体积为 $0.3965m^3$，乘以表观密度 $2700kg/m^3$ 得到碎石用量为 1070kg。

高性能减水剂的用量为（424+106）×0.022=11.7kg。由于该液体减水剂有效成分含量为 35%，因此含水量为11.7×（1−0.35）=7.6kg,这些用水量应从总用水量中减去。即每立方米混凝土材料用量为：水泥 424kg；水 $142.5kg/m^3$；砂 672kg；碎石 1070kg；减水剂 11.7kg。所要求的 75MPa 混凝土配合比为：1∶0.269∶1.27∶2.02∶0.023。

第七节　高性能混凝土拌合物特性

高性能混凝土的重要特性之一是免振自密实。这样就需要拌合物具有良好的填充性与抗离析性能。

一、混凝土的填充性能

作为混凝土材料，为了具有高的填充性，不仅要求高的流动性，同时还必须具有优异的抗离析性能。在配筋密的情况下，浇筑普通混凝土时，在低坍落度范围，混凝土的填充性受其变形性支配；而在高坍落度时，材料的抗离析性是支配填充性的主要因素。考虑抗离析与变形性两者的综合因素，可以得到拌合物最适宜的坍落度。

支配混凝土的变形及抗离析性能的主要因素是新拌混凝土中的自由水，自由水与变形关系是一线性关系，而与抗离析性间的关系则为非线性关系。

上述可见，高性能混凝土的填充性取决于其变形性能及抗离析性；变形性能大、抗离析性高的高性能混凝土拌合物，填充性也好。但这最终取决于自由水的含量，自由水含量低，坍落度流动值大，这是高性能混凝土配合比设计中的技术关键之一。

二、流动中产生离析的机理

不需要振动自密实的高性能混凝土拌合物，在浇筑成型填充模具流动的过程中，粗骨料与砂浆之间产生分离现象是很有趣的，混凝土拌合物在其中流动，由大变小的喇叭处，产生粗骨料的凝聚；进一步继续观察时，发现粗骨料成拱，发生堵塞。

当混凝土中砂浆黏度提高时，混凝土中粗骨料浓度基本上不变，也即混凝土拌合物即使通过喇叭口，粗骨料也不会产生分离现象。但如果混凝土拌合物中砂浆黏度较低，粗骨料在混凝土拌合物中的浓度增加，发生凝聚现象。这是由于两种拌合物在变截面处的剪切变形不同而引起的。砂浆黏度低的混凝土拌合物，在管内某一处，粗骨料间发生激烈的碰撞与摩擦，浆体黏度低，容易流失，粗骨料间内摩擦增大，产生凝聚。

高性能混凝土在流动过程中，粗骨料与砂浆的密度不同，助长了骨料的摩擦与碰撞。为了抑制拌合物中材料的离析，增加砂浆或水泥浆的黏度是很有效的。

三、水泥浆对骨料抗摩擦性能的影响

由于粗骨料相互间的碰撞及摩擦，应力的传递是不同的，但对混凝土的变形性能有很大的影响。在两块钢板之间放入水泥浆试样，通过钢板进行直接剪切试验。固体之间剪切力的传递机理与水泥浆是不同的，也就是说浆体的剪切应力是由摩擦与黏结两者复合而成。

在水泥浆中掺入增稠剂，其可以控制混凝土中液相的黏度，同时也影响变形与离析。在含磨细矿渣的水泥浆中，稍微掺入少量的增稠剂就能大大降低剪切应力，但随着增稠剂的增加，剪切应力又迅速提高。增稠剂最适宜的掺量是 0.2%（对矿渣质量），这时剪切应力最低。

浆体中没有增稠剂时，虽然存在大量的自由水，但当正应力增大时，自由水被挤出，摩擦阻力增大，但掺入矿渣含量 1.0%的增稠剂以后，自由水分能保留在浆体中，即使正应力增大，两块铁板之间的摩擦抵抗也是不变的，两者间的相互作用只是由于黏结引起的，为线性关系。因此，适宜的增稠剂能改善固体间的摩擦抵抗，有效地降低体系的剪切力。

四、粉体的种类与细度对剪切性能的影响

粉体的种类与细度对剪切性能的影响均相似。但由于粒形不同，达到最低剪切应力时，水粉体比不同。粉煤灰具有球形颗粒，故用水量比水泥及矿渣的低。关于粉体细度的影响，以矿渣为例，当矿渣细度提高（$78600cm^2/g$），最低剪切应力的水粉体比增大。这是由于细度大，保水能力增大之故。

粉煤灰、磨细矿渣等混合材料，通过适宜的配比，水量很低时就能给予浆体所需的黏性。

使用适量的增稠剂，既可以不降低混凝土的变形性能，又能赋予抵抗离析分层的能力。

第八节　高性能混凝土硬化后性能

一、干燥收缩

根据日本工业标准 JISA1129，按表 48-13 所示的配合比进行干缩试验。虽然高性能混凝土的用水量稍大，粉体的用量也多，但其干缩率仍比普通混凝土的低。这就解除了人们对高性能混凝土硬化后对其性能的顾虑，因为通常都是这样认为的，细粉料用量增大，必然带来较大的干缩。

高性能混凝土与普通混凝土配合比比较　　表 48-13

	W	C	A_1	A_2	A_3	S	G	Ad	坍落度或流动值（cm）	含气量（%）
高性能混凝土	154	144	10	154	197	753	963	*	57（流动值）	2.1
普通混凝土	150	300	—	—	—	752	1176	* *	17	4.2

注：A_1—膨胀剂；A_2—矿渣；A_3—粉煤灰；*—4800mL 超塑化剂 + 6g 增稠剂；* *—750mL AE 剂及减水剂；粗骨料 $D_{max}=25mm$。

二、脱水试验

脱水试验主要是检验其混凝土的密实度。如密实度不高，真空脱水时必然有较多的水从孔缝中跑出来，脱水量增多。

高性能混凝土与普通 AE 减水剂混凝土两者的用水量大体相同，但高性能混凝土的脱水量仅为普通混凝土的一半左右。

普通 AE 减水剂混凝土成型时必须振动密实，高性能混凝土则免振自密实。成型后第二天脱模，标养 7d，将试件放入真空干燥器中进行脱水，脱水量明显的是高性能混凝土比普通 AE 减水剂混凝土低；而钢筋较密的高性能混凝土比普通 AE 减水剂混凝土则稍高。说明在钢筋混凝土的情况下，两者脱水量大体相同。

三、抗压强度

为了测定硬化后高性能混凝土的抗压强度，按表 48-14 的配合比成型，标养 7d、28d 龄期测定相应的抗压强度。

高性能混凝土配合比示例（kg/m^3）　　表 48-14

水	硅酸盐水泥	磨细矿渣①	粉煤灰	河 砂	河卵石	化学外加剂	坍落度流动值（cm）	含气量（%）	抗压强度	
									7d	28d
159	155	171	202	760	874	* *	57	2.0	27.7	43.9

① 750AE 剂及减水剂。

第九节　高性能混凝土的制备和施工

一、制备工艺

制备高流动度不振捣混凝土需选择强制式搅拌机，另外储存、称量、检测设备等与之配套。亦可用现场或商品混凝土工厂的现有设备制造。其工艺流程如图 48-4 所示。

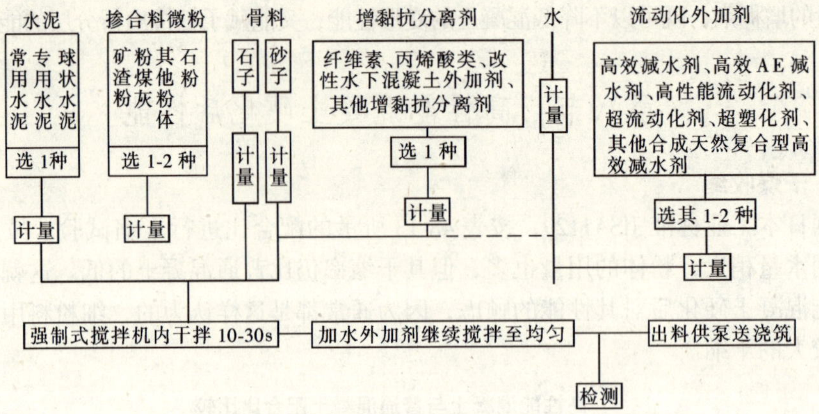

图48-4 高流动混凝土的制备工艺

采用高性能混凝土施工时可获得的施工效果是：①保证施工质量与耐久性；②省人省工、文明安全；③能防止施工噪声；④促进施工体系改革；⑤使混凝土工程施工合理化，缩短工期，减少气候的影响；⑤使工厂构件生产体系合理化，减少劳动强度。

二、技术准备

（一）模板设计的要求

因高性能混凝土的高流动化，混凝土对模壁的压力增加。设计时应以混凝土自身重量传递的液压力大小为作用压力，同时考虑分隔板影响，模板形状、大小，配筋状况，浇筑速度，凝结时间，温度等因素。凝结之前是最危险的时刻，若分隔板间压力差太大，模板的刚度不够或组模不当，下部崩裂后会导致混凝土流出，造成危害。因此，选择高强钢材制作模板，提高设计安全系数，以最不利因素为设计取值甚为重要。

（二）混凝土充填性的检查

对每次搅拌的混凝土在浇筑之前均要作充填性检查。办法是在受料或泵送前的位置设置类似于结构物的钢筋障碍物，以要求的速度通过。检查判定充填性是否良好。不能正常通过该装置的混凝土不能浇筑，否则损害整体质量。为保证浇筑应经常作坍落度流动及罗托等项试验，掌握充填性好坏，及时采取相应的措施。

（三）泵送性能检测

高性能混凝土因材料不易分离，变形性优良，在弯管和锥管处堵管的可能性减小。但另一方面，混凝土与管壁的摩擦阻力增加，混凝土与管壁间的滑动膜层形成困难，混凝土作用于轴向的压力增大。与普通泵送混凝土相比，在同样时间（h）输送量下，其压力损失约增大30%～40%。若浇筑停止后，再浇筑时需增大压送力。因此，泵送施工应制定周密计划，合理布置配管。

三、施工工艺

（一）搅拌工艺

搅拌的目的是使高性能混凝土中各组成材料互相分散而达到均匀地混合。而高性能混凝土施工工艺必须解决的主要问题是搅拌物的高黏性与坍落度损失。由于这种新型混凝土胶凝材料用量大，水灰比又小，使混凝土黏性大，流动慢，因而多采用强制式搅机，如双轴式搅拌机等。另外，高性能混凝土多采用集中搅拌、罐车运输和泵送工艺——只有这种高度工业化控制的生产体系才能生产出匀质性好、质量稳定的"高档"产品。然而，与黏性大相矛盾的要求是混凝土坍落度必须足够大，最低不小于180mm，甚至有要求大到270mm的。而且坍落度经时损失要越小越好，要远小于我国JC473—92所要求的：30min坍落度保留值不小于120mm，60min不小于100mm。上述的数据相当于1h剩余56%～60%的坍落度，而这种混凝土1h剩余值要求95%，甚至是100%。为了克服这种新型混凝土固有的缺点和满足施工性能要求，在施工工艺上应采取相应的措施。

首先在搅拌工序中宜采用分步投料，先将称量好的水泥、掺合料、砂和水混合搅拌40s左右，再投入粗骨料和减水剂搅拌1min才出机。这样做的优点是：①总体上缩短了搅拌时间；②改善流动性（由于后掺减水剂），拌合物泌水低；③强度提高10%左右；强度值的离散性约小于75%。

（二）运输工艺

从搅拌站到工地现场的运输最好使用混凝土搅拌车，稍次的方案是用自卸卡车。国际上要求限时，前者为90min，后者为60min。环境温度超过25℃时，无论哪一种运输方式，从搅拌到浇筑完毕限时60min；环境温度低于25℃时，可以延长到120min。我国规定强度等级高于C30的混凝土高温限时60min，低温限时90min（均指从出机到浇筑完毕的延续时间）。

（三）浇筑工艺

浇筑时应控制好浇筑速度，不能过快。要防止过量空气的卷入与混凝土供应不足而中断浇筑。因随着浇筑速度的增加，不振捣混凝土比一般混凝土输送阻力的增加明显增大，且呈非线性增长，故浇筑时应保持缓和而连续的浇筑。注意制定好浇筑及泵送配管计划。大型结构物可采用分枝配管工法。

高性能混凝土的充填性优良，浇筑高度较大。箱形断面有可能一次浇筑到顶，其底部模型板所受推力大，应考虑模型板设计与安装条件。另外，混凝土的直接下落高度应小于3m，防止粗骨料的离散。此外，该混凝土不产生泌水，施工缝处不会有浮浆，但应注意防止干燥，遵守规范中过去有关施工缝设置与处理的有关规定。

（四）振捣工艺

浇筑完毕的高强高性能混凝土需要高频振捣，试验表明，即使坍落度达到270mm的流态，混凝土振与不振的强度也会相差30%，所以，振捣是必要的，可将混凝土混合物中的空气排出，增加高性能混凝土的密实度，从而提高强度。

（五）养护工艺

由于高性能混凝土水灰比小，通常低于0.30，胶凝材料含量高又使其水化迅速，因此早期就要开始潮湿养护。表面喷洒养护剂也是推荐使用的方法。养护不及时可能使混凝土结构内部的部分毛细管中断，从而使强度增长受到影响。

第十节　高性能混凝土的质量与评价方法

一、混凝土拌合物的评价

如前所述，高性能混凝土相对来说，胶凝材料用量大，水灰比低，结构黏度大，流动慢，与其他混凝土相比，坍落度相同时，振动捣实所需时间长。用坍落度指标是不能客观

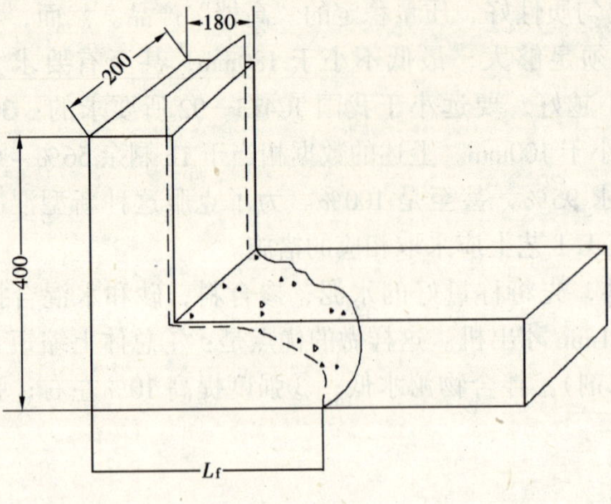

图 48-5　L 形流动测定仪

评价高性能混凝土拌合物性能的。评价其拌合物的性能必须反映流动过程的时间因素。推荐以下 L 形流动仪测定拌合物流动性的方法。

L 形流动测定仪如图 48-5 所示。试验时将混凝土浇入垂直部位，捣实后把隔板往上提。混凝土拌合物则往水平方向移动，其距离为 L_f，从开始移动到停止的时间为 t，垂直部分混凝土下沉量 L_s（L 形坍落度）。测定这些参数之后可以求出 L 形流动速度。L_f/t 即为混凝土拌合物的流动速度。L 形流动速度可代表高性能混凝土拌合物的黏度。

求出的 L_f/t，可以了解到混凝土拌合物水灰比（黏性）的变动情况。L 形流动速度与水灰比关系如图 48-6 所示。由图 48-6 可见，W/C 不同，L 形流动速度不同。可利用 L 形流动速度对混凝土的水灰比进行管理。

表 48-15 为高流动混凝土稠度评价试验方法举例。

高流动混凝土稠度评价试验方法举例　　**表 48-15**

判定性状	测定项目	荷重状态	试验方法举例	说 明 与 备 注
流动性（变形抵抗性）	最终变形量	自重下	坍落度流动试验 L 形流动试验 盒式模型试验	测定仪只靠混凝土自重产生的压力的横向流动距离测定，测定值受屈服值的影响大
		外力下	混凝土的流动试验	当有冲击外力时，还要受到屈服值外的黏性影响
	变形速度	自重下	坍落度流动试验 L 形流动试验 罗托试验	当屈服值相同时，能够比较黏性的大小。测定直至停止时的速度的误差大。在测定荷重减小不太大的初期速度时费神
		外力下	球体引上试验 剪切盒子试验	几乎是流变试验。控制荷重、变形速度进行测定，测定不简便。但能测出屈服值和塑性黏度
抵抗分离性	骨料量	自重下	金属筛网试验 配筋盒子形试验	定量测定粗骨料和砂浆的分离，将分离界限定量化，与靠目测判断没有大的偏差
		外力下	振动下粗骨料的沉降试验 振动金属筛网试验	即使对无振动浇筑的混凝土，控制振动等外力进行试验，也可得到精确的有价值的结果
间隙通过性	流量流动速度	自重下	罗托流下试验 配筋罗托流下试验 配筋盒子试验 配筋 L 形流动试验	砂浆的变形抵抗性与粗骨料及其抗分离性有关，在其对象范围内受到粒度大小影响，如果是垂直下落的模型，有进行横流类型的试验，其种类、形式颇多

续表

判定性状	测定项目	荷重状态	试验方法举例	说明与备注
充填性	充填状况	自重下	采用各种障碍模式的模型试验	将最终综合评价代替实际条件进行试验，将测定值定量表示困难，作为评价试验不大具有通用性

二、力学性能测试及评价

力学性能的测试为施工验收和结构设计提供基本数据。现行测定强度的试验方法及仪器，都是根据普通混凝土制定的，而高性能混凝土的强度较高，需要检查现行的标准试验方法，发现其不足之处，找到改进的技术依据，建立可靠的高性能混凝土的试验方法。

值得注意的一些因素是养护条件的影响；以 ϕ100mm×200mm 的试件代替 ϕ150mm×300mm 试件的可行性；试件受压面的影响；压力试验机的刚度的影响等。

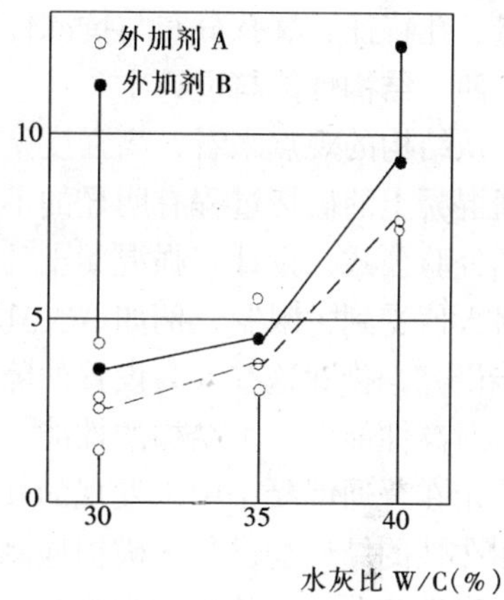

图 48-6　L 形流动速度与水灰比的关系

混凝土的抗压强度是其主要力学指标。在普通混凝土中根据抗压强度结果和经验公式，可以推导出抗折强度与弹性模量。但对于高性能混凝土来说，这些关系式是否适用，还需要进一步检验，必要时还需要更改关系式。

标准养护试件是惟一值得的与必要的。但并不一定能真正提供结构物理性能的信息，因为至今的混凝土试验方法都是针对普通混凝土的，用于高性能混凝土时需要检验，看看是否行之有效。

现场检验混凝土强度时，常用钻芯取样方法。但高性能混凝土的芯样强度明显地低于标准养护的圆柱体强度。需要系统地研究了解混凝土芯样与圆柱体试件的差异，解释从结构物取出芯样的实际强度。

高性能混凝土常用于获取高弹性模量，以控制其受弯变形。但设计人员对弹性模量估算的公式是以抗压强度和比密度为依据的，应该根据其他特征建立估算弹性模量更可靠的模型。

高性能混凝土的水泥用量大，水化热大，混凝土的绝热温升高，初期温度高会导致长期强度偏低。需要加深对不同早期温度和长期性能关系的了解。

三、耐久性及其试验方法

高性能混凝土的渗透性很低，耐久性要比普通混凝土高得多。为了利用这方面的特点，需要进一步认识其劣化机理、组成、微观结构与耐久性的关系，周围环境对耐久性的影响。对高性能混凝土耐久性的进一步认识，可以建立耐久性的设计标准，以补充现行混凝土结构强度设计标准。

普通混凝土的耐久性的快速试验已用于预测高性能混凝土的耐久性，但对这些试验方法的适用性与可靠性仍有争论。需要了解高性能混凝土的劣化机理及其影响因素，以断定现有的试验方法是否适用。开发与实际性能相关性更好的快速试验方法，开发能预测服务寿命的模型，这对于混凝土耐久性设计是很必要的。

渗透性是控制混凝土耐久性的关键性能，对处于某些暴露条件下工作的混凝土来说，靠近表面的渗透性对于其长期耐久性的好坏起决定作用。需要开发一种实用而可靠的试验方法，在试验室和现场能测定其渗透性。渗透性和耐久性的关系对于解释试验结果，进行服务寿命预测是有帮助的。

对高性能混凝土是否需要引气以提高其抗冻性，一直是有争议的，需要进一步研究含气量、孔特征、气孔分布与抗冻性之间的关系。

四、结构性能与设计

从结构的观点来看，高强度是高性能混凝土最令人感兴趣的指标。但是高强混凝土与普通混凝土的破坏过程有明显的不同：高强混凝土脆，破坏断面平滑。利用普通钢筋混凝土的经验公式，设计高强混凝土的结构，目前只能采用外推法，但其设计公式中混凝土强度最大值受到了限制，例如 AC1318—89 限制了混凝土强度不得高于 70MPa。因此需要进一步研究，排除这些人为设置的障碍。

对高性能混凝土结构的性能，除了检测其变形外，还应检验其在使用荷载下的开裂，以确定在普通混凝土中未发现的开裂现象在高性能混凝土中是否出现，还需要对那些要求高耐久性的结构物进行无破损检测。

高性能混凝土的抗震性能是人们关心的另一个问题，是值得深入研究的。但高强度混凝土，如果再掺入纤维，在抗震结构中可以发挥重要的作用。

为了符合实际，结构试验应在实际构件上进行。否则要采用专门的养护措施，以模拟实际构件的温升，真正能代表实际构件早期的温度性能。

五、标准和验收规范

高性能混凝土的验收应有新的标准与规范，而且这些标准与规范应建立在高性能混凝土的生产中质量控制的基础上。

高性能混凝土的技术性能，除了抗压强度要符合验收标准外，还要检查其试验方法是否一致，各项时间性能允许的误差范围。

需要建立高性能混凝土的性能规范，以利改善与提高质量。但为了执行这个规范，必须开发相应的试验方法。

对现场验收新工程也需要建立新的试验方法。现场性能有助于确保硬化后高性能混凝土所要求的性能。

第十一节　高性能混凝土工程应用

从上世纪 80 年代末开始，我国现代高强混凝土的推广应用开始普及。90 年代中期，在研制高性能混凝土及高性能外加剂的基础上，越来越多的高强混凝土脱离了单纯高强的范畴，而更多地转向高耐久性、大流动性、超高度泵送、自密实不振捣等高性能混凝土，进一步向世界先进水平靠近。

一、高流态自密实混凝土

高流态自密实混凝土的一个显著特点是不用振捣而能自密实。它是由 70 年代初前西德发明并首先用之于工程的流态混凝土（又称自密实混凝土）发展而来的。这种混凝土在日本亦得到极其迅速的发展。到90年代中期，日本已生产了自密实免振混凝土80万m^3。有一派学说甚至认为高性能混凝土就是自密实免振混凝土。我国也已经有自密实免振捣混凝土的工程实际应用。为了确保工程质量，不应过多倾向于“免振捣”，而对工程中某些难于自密实的部位也一概不加振捣。目前人们对高流动免振捣混凝土的认识可以归结为：这种混凝土是通过外加剂、胶凝材料和粗细骨料的选择和配合比设计，使混凝土拌合物屈服值减小且又具有足够的塑性黏度，粗细骨料能悬浮于水泥浆体中不离析、不泌水，在不用或基本不用振捣的成型条件下，能充分填充模板和钢筋之间空隙，形成密实而均匀的混凝土结构。它的工作性应能达到：坍落度250～270mm，扩展度550～700mm，流过高差≤15mm，穿过L形流动测定仪前后混凝土中骨料含量差≤10%。

日本的某些自密实高性能混凝土工程实例示于表48-16。

日本自密实高性能混凝土工程实例　　　　表48-16

工程部位	工程概况	原材料	运输	浇筑工艺
某贮罐防波堤	15m×4.5m×0.9m，共用80m^3，C38	低热水泥、矿渣、石灰石、CAS膨胀剂、Al粉	4.5m^3 罐车 30min	压送速度30m^3/h，用ϕ12.7cm软管
过密钢筋密封层二次覆盖	12m×3m×0.225m，共用48.4m^3，C28	3组分低热水泥	5m^3 罐车运 50min	压送速度20～30m^3/h
奥美浓电厂气输机外罩	罩高2.15m，共用280m^3，筋密	普通水泥、石灰石、增稠剂	5m^3 罐车运 60min	配管压送，每5m设阀门均匀浇筑
LPG贮罐混凝土外槽	2.95m×3m，厚0.55～1m，共用1370m^3	普通水泥、粉煤灰、高密矿渣、抗分离剂	运距0.5h	水平浇筑
铁路高架桥	钢筋间隔10cm，柱接头部位高密度配筋，共用100m^3	B型矿渣水泥、粉煤灰及抗分离外加剂	运距1h	泵车及ϕ12.7cm管压送

我国高流态自密实混凝土的若干工程实例见表48-17。混凝土的配合比列于表48-18。

国内自密实混凝土工程实例　　　　表48-17

编号	工程部位	工程概况	原材料	施工情况
1	地下热力管道	“□”形断面，宽3.7m，高2.3m，长160m，厚0.25m，共100m^3，C30混凝土	冀东52.5级水泥、Ⅱ级粉煤灰、UEA、粒径20mm卵碎石、DFS-2高性能减水剂	坍落度25cm，f_{cc28}为57MPa，混凝土表面光洁
2	西单G3区改造	地板厚600mm，双向ϕ28@100布置，净距72mm，钢筋较稠密，采用C30、P6混凝土	南大荒42.5级矿渣水泥、Ⅱ级粉煤灰、UEA复合膨胀剂、DFS-2高效减水剂、中砂和20mm碎卵石	坍落度>25cm，扩展度60～65cm，f_{cc28}为47.6MPa，抗渗性满足设计要求
3	恒基中心过街通道	“T”形结构，高2.8m，宽7.2m，全长83.5m，墙厚0.45m，板厚0.45m，C30、P8混凝土	普通52.5R级水泥、Ⅱ级粉煤灰、DFS-2高效减水剂、20mm卵石、UEA复合膨胀剂	坍落度25～26cm，扩展度约为60cm，抗压强度f_{cc28}=37.5MPa

续表

编号	工程部位	工程概况	原材料	施工情况
4	凯旋大厦	A段4层，1层高4.0m，柱径0.6m×0.6m；B段9层，板厚0.2m，主梁截面0.8m×0.4m，次梁截面0.7m×0.4m；混凝土均为C35	42.5级普通（矿渣）水泥、Ⅱ级粉煤灰、复合高效减水剂	坍落度26cm，强度均大于设计强度
5	台湾高雄国际广场大楼工程（TC-Tower）	楼高347.6m，85层加地下5层，台湾最高建筑，有240根钢柱充55MPa高强混凝土，用混凝土10350m^3	粉煤灰比表面积300～500m^2/kg，水淬渣比表面积500m^2/kg，硅灰比表面积2～2.5×10^4m^2/kg，Ⅰ型硅酸盐水泥约450kg/m^3	坍落度（25±2）cm，1h损失20%；钢柱内采用从下往上灌注，以消除空隙及气泡

自密实混凝土配合比 表 48-18

序号	水胶比 W/（C+F）	P_p（%）	水（kg）	水泥（kg）	粉煤灰（kg）	其他（kg）	砂（kg）	石（kg）	外加剂 C×%	抗压强度 设计	抗压强度 F_{cc28}（MPa）
1	0.37	50	200	350	180	UEA30	800	800	DFS-2（F）0.8	C30	57
2	0.36	50	200	350	180	30	782	797	0.8	C30	47.6
3	0.43	50	200	270	162	30	834	850	0.6	C30	37.5
4	0.365	51	201	381.5	168	—	796	760	SN1.8	C30	53.3
5	0.31	—	154	144	197	矿渣154	753	963	SP12.2L	C50	<60

注：5号例为1989年日本东京大学研制的自密实混凝土，使用丙酰胺作增稠计。不经振捣的高流动自实混凝土，在硬化后表面的结构十分致密，渗透性低，使其耐久性要好得多。有人用硬化后强度等级相同的普通混凝土和高性能不振捣混凝土同时测其干缩率，后者的同龄期干缩率较小。又取以相同用水量拌合的这两种混凝土在硬化后进行真空脱水试验，后者的脱水量也小得多。由此可见，两种试验同时证明了高流动不振捣高性能混凝土的表面致密性好。

二、高性能泵送混凝土

高强混凝土最先大量应用在高层建筑和超高层建筑工程中，而泵送施工工艺也是由于高层建筑施工的需要而得到发展和推广的。在改善高强混凝土性能的过程中，才产生并发展了高性能混凝土的概念，后者是与泵送工艺紧密联系在一起的。

高强高性能混凝土的高黏性对可泵性影响很大，与普通混凝土的可泵性有明显差别。普通混凝土在管道内克服与管壁的摩擦而流动，泵送压力损失而混凝土产生变形很小，即滑动产生的屈服值小于混凝土极限剪切强度。而高性能混凝土在泵送时本身易产生大的变形，因而极限剪切强度很小，即屈服值大于极限剪切力。这正好说明，高性能混凝土不宜高速泵送。因此。高性能泵送混凝土的配合比与普通泵送混凝土也有显著不同。

通过对若干国外高性能混凝土工程实例（表48-19）分析得知：

国外高性能混凝土工程 表 48-19

序号	用水量（kg/m^3）	水泥（kg/m^3）	粉煤灰（kg/m^3）	矿渣粉（kg/m^3）	硅灰（kg/m^3）	细骨料（kg/m^3）	粗骨料（kg/m^3）	减水剂 c×%	水胶比 [W/(C+F)]	坍落度（cm）	f_{cc28}（MPa）	说明
1	161	266	—	—	40	318	1133	9.1+0.9r	0.46	18～23	61	法国，1994
2	195	505	60	—	—	630	1030	9.75	0.35	17～20	65	美国，1975

续表

序号	用水量(kg/m³)	水泥(kg/m³)	粉煤灰(kg/m³)	矿渣粉(kg/m³)	硅灰(kg/m³)	细骨料(kg/m³)	粗骨料(kg/m³)	减水剂 c×%	水胶比 [W/(C+F)]	坍落度(cm)	f_{cc28}(MPa)	说明
3	165	451	—	—	—	745	1030	11.3+4.5r	0.37	17~20	80	法国,1989
4	148	360	150	—	—	603	1157	3.0	0.29	17~20	80	美国
5	145	315	—	137	36	745	1130	5.9	0.30	17~20	83	加拿大,1987
6	138	440	—	—	40	719	1105	8.0	0.30	—	80~85	法国,1989
7	137	400	—	—	24	764	1107	15.8+1.2r	0.35	18~22	76	法国,1993
8	152	440	—	—	35	900	950	15.4	0.32	17~20	89	瑞典,1991
9	135	500	—	—	30	700	1100	14.0	0.25	17~20	93	加拿大,1984
10	155	450	—	—	35	660	1170	12+1.8r	0.32	17~20	—	法国,1990
11	140	500	—	—	—	780	1030	16	0.28		100	瑞士
12	130	513	—	—	43	686	1080	15.7	0.25	17~22	119	美国,1988

注:表中 r 表示缓凝剂,掺入量以 kg/m³ 计。

1. 国外高性能混凝土均掺有粉煤灰、矿渣或硅灰。粉煤灰和矿渣对水泥的置换率可达 25%,硬化混凝土强度可达到 80MPa。掺硅粉达到 7%~12%的混凝土强度可达 85MPa 以上。
2. 掺入高效减水剂后,混凝土用水量变化范围虽小,约在 130~165kg/m³,混凝土强度却可从 61~120MPa 的大范围内变化。
3. 高强高性能混凝土的水泥用量并未超过 505kg/m³。
4. 混凝土砂率在 0.34~0.44,骨料总量变化也不大。

我国从上世纪 90 年代以来，在高强高性能混凝土的应用上已经有了许多出色的例子，推广应用面愈益扩大，见表 48-20。例如上海电视台 C60 粉煤灰混凝土，并且超高程泵送到 350m。上海金茂大厦 C50 混凝土 1.35 万 m³ 整体底板，C40~C60 泵送混凝土高程达到 382.5m。北京首都机场新航站楼 C60 高性能泵送混凝土 16 万 m³。深圳 68 层的帝王大厦 C60 钢柱混凝土，泵送高度达 300m 以上。重庆市万县长江大桥，拱跨达 456m，采用钢-混凝土组合截面，内填及外包 C60 混凝土。汕头海湾大跨悬索桥的预应力混凝土箱梁全部采用 C60 泵送混凝土。北京市财税大楼工程中浇筑了 4 根 C110 泵送混凝土，水胶比仅 0.23。上海国际大厦 21 层框架结构中 C80 商品泵送混凝土。台湾省 1994 年在高雄港建造的 85 层加 5 层地下室总高 347.6m 的国际广场大厦，60 层以下全部 240 根中空钢柱均采用由下而上压筑的 55MPa 高性能混凝土等等。

我国泵送高性能混凝土工程　　　　**表 48-20**

序号	水(kg/m³)	水泥(kg/m³)	粉煤灰(kg/m³)	硅粉(kg/m³)	矿物(kg/m³)	细骨料(kg/m³)	粗骨料(kg/m³)	减水剂(c×%)	水胶比 [W/(C+F)]	坍落度(cm)	f_{cc},28d(MPa)
1	190	480	60	—	—	575	1034	FTH-2A 1.0	0.352	18.0	66.2
2	170	470	80	—	—	—	—	FDN 1.1	0.31	17~21	72.9
3	185	420	180	(复合)	—	—	—	—	0.3	—	C80
4	145	410	30	—	—	468	771	FTB-2B 2.2	0.353	23	68.1
5	203	410	80	—	—	770	830	FTB-2P 3.2	0.495	24.5	51.9

续表

序号	水 (kg/m³)	水 泥 (kg/m³)	粉煤灰 (kg/m³)	硅 粉 (kg/m³)	矿 物 (kg/m³)	细骨料 (kg/m³)	粗骨料 (kg/m³)	减水剂 (c×%)	水胶比 [W/(C+F)]	坍落度 (cm)	f_{cc},28d (MPa)
6	165	480	55	(复合)	—	686	1119	YGU-3 4	0.31	24.5	101.6
7	—	450	80	—	45	—	—	YGU-FST1.8	—	23~25	72
8	—	375	75	(复合)	—	—	—	3.0	—	24~26	58.4

注:1. 上海某美发厅,C60 混凝土柱,1990 年。

2. 深圳莲花北路住宅 7 层以下 C60 柱,剪力墙,1993 年。

3. 上海国际大厦 21 层框架,用 7.25 级普通水泥,1995 年。

4. 上海金茂大厦 88 层以下 C60 及 C40 混凝土柱、核心筒等,最高泵程 382.5m,用普茨曼式固定泵,1995~1997 年。

5. 北京静安中心大厦全现浇框架结构,地下 3 层柱为 C80 混凝土约 700m³,冬施泵送,同条件养护试件 28d 抗压强度达 94%~97%,1995 年。

6. 北京首都机场新航站地下一层,地上三层,全部 C60 泵送高强混凝土计 160000m³,用普通硅酸盐水泥 52.5 级,"矿粉"量为 45kg/m³,低碱膨胀剂,1995~1997 年。

7. 台湾省高雄港国际广场大厦(TC Tower),高 85 层地下 5 层,地面以上 347.6m,为台湾最高建筑物,60 层以下全部 240 根钢柱填充 55MPa 混凝土 10350m³,坍落度保持率 1h 为 80%,采用独特的由下而上浇筑钢柱方式,要求 56d 强度达到 55MPa,1995 年。

三、其他高性能混凝土

事实上,要求很高强度混凝土的工程结构在数量上并不是很多,而有优良的工作度以及耐久性的强度在 C30~C45 级别的混凝土却往往是工程中更经常需要的。

低水灰比、大掺量粉煤灰混凝土的早期强度较低,但长龄期强度如 90d 抗压强度就能赶上空白混凝土,且渗透系数、徐变系数低而弹性模量高,因而耐久性大大优于早强、高强混凝土。另一方面,用优质粉煤灰等量取代水泥后,同样可以配制高流动性高强混凝土。中国铁道科学研究院张璐明的研究表明,用优质Ⅰ级粉煤灰等量取代 20% 的水泥后,仍能制备强度达 C80 的高性能混凝土。而且收缩和徐变均小于空白混凝土,耐久性优良,混凝土渗透系数大大低于不掺的。

大掺量粉煤灰高性能混凝土已在多项工程中成功应用,取得良好效果。现将收集到的若干工程实例列于表 48-21 中。

大粉煤灰掺量的高性能混凝土 **表 48-21**

序号	f_{cc28} (MPa)	f_{cc90} (MPa)	水 (kg/m³)	水 泥 (kg/m³)	粉煤灰 (kg/m³)	细骨料 (kg/m³)	粗骨料 (kg/m³)	减水剂 (c×%)	水胶比 [W/(C+F)]	坍落度 (cm)
1	84.7	102.5	—	500	125	—	—	H2-1	0.24	20.0
2	50	—	141	285	58.0	—	—	NF-2 1.4	0.38	17~21
3	46.7	—	148	300	100	—	—	NF-2 1.0	0.37	14.5~16
4	55.0	—	198	410	68.5	764	834	FTB-2G 3.5	0.483	23.5

注:1. 中国铁科院试验结果,1996 年。

2. 深圳莲花北路高层住宅的 1.5m 厚筏式基础,1993 年。

3. 大亚湾成龙花园 58 层商住楼 2.6m 厚筏式基础,设计 C35 混凝土。

4. 上海金茂大厦 C50 基础底板 1.35 万 m³ 大体积混凝土,1995 年。

第十二节　高性能混凝土工程配合比设计实例

一、引言

近年来,混凝土越来越多地被用来建造大跨、重载、高层和需要承受恶劣环境条件的结构物,如大跨度桥梁、高层建筑、海底隧道、海上采油平台、污水管道等。这就要求混凝土不仅具有良好的物理力学性能,而且还应具有长期的耐久性,尤其是后者。因为这些结构物一般工程浩大,相应的维修、重建费用较高。显然,普通混凝土不能满足这一时代要求。基于此,高性能混凝土便得到了发展。

具有什么性能的混凝土才可称为高性能混凝土呢?目前,在国际范围内存在着几种不同的观点,综合这些观点并结合我国的混凝土技术水平,认为高性能混凝土应具有以下三个方面的性能指标:

①高工作度。这是工业化泵送施工的条件。一般地,高性能混凝土应达到(20±2)cm的坍落度,而且不产生过多的泌水。

②良好的物理力学性能。高性能混凝土应具有较高的强度和体积稳定性。结合我国的实际,高性能混凝土的28d抗压强度应达35MPa以上,弹性模量应达30GPa以上,收缩、徐变均不应低于普通混凝土的相应值。

③长期的耐久性。这是高性能混凝土最重要的性能。高性能混凝土应具有上百年而不是通常对普通混凝土所要求的40~50年的使用寿命。混凝土的耐久性取决于混凝土的抗渗性。这是由于大多数化学侵蚀都离不开水和有害离子的渗透。按P.K.Mehta的观点,高性能混凝土在6h的氯离子渗透实验中,渗透值应小于500库仑。

本文所述及的高性能混凝土是指用常规的硅酸盐水泥、砂石等作原材料,使用常规制作工艺,主要依靠高效减水剂和活性矿物掺合料配制的水泥基混凝土。

高性能混凝土的组分较普通混凝土的多,其配合比设计也比普通水泥混凝土的复杂。目前,国内外对高性能混凝土配合比设计的研究很多,也提出了多种高性能混凝土配合比设计方法。其目的均为将高性能混凝土的配合比设计更合理化、系统化,以减少试配实验次数,有效地指导生产实践。

本文首先总结了混凝土实现高性能的技术要点、高性能混凝土的抗压强度、工作度与其配合比设计参数之间的基本关系。在此基础上,提出了由强度和工作度两个设计指标进行高性能混凝土配比设计的步骤。

二、高性能混凝土实现的技术要点

为实现混凝土的高性能、高流态、高强和耐久性能,混凝土的配合比设计应符合下述几条原则:

(一)低的水灰比

低的水灰比或更严格地说是低的水-胶凝材料比。但不能为了降低水胶比而过分地提高胶凝材料的含量。胶凝材料过多将导致混凝土的体积稳定性变差,造价提高,同时,还不能保证获得高的强度。

(二)使用高效减水剂(包括普通减水剂)

以保证在水胶比较低、胶凝材料用量不过多的情况下大的工作度。高效减水剂的通常掺量为胶凝材料总量的0.8%～1.5%，最多不宜超过2%。因为高效减水剂的减水量在其掺量超过一定值时变化很小，而且其价格昂贵。

(三)选择高质量的骨料

高性能混凝土对骨料的颗粒级配和最大粒径有更严格的要求。细骨料应选用洁净的砂子，最好是圆形颗粒的天然河砂，砂子的细度模量在 $M_x = 3.0$ 左右(中粗砂)。粗骨料应是高强、低吸水性的碎石。其颗粒最大粒径不宜超过15～20mm，如果混凝土强度等级不是很高，可以放宽到25mm，尽量排除片状、针状石子。

(四)掺入活性矿物材料

掺入活性矿物材料可以带来许多益处：①改善新拌混凝土的工作度。②降低混凝土初期的水化热，减少了温度裂缝。③活性矿物材料与水泥水化产物 $Ca(OH)_2$ 起火山灰反应，生成C-S-H，使硬化水泥浆内的空隙细化，提高了水泥浆和水泥浆骨料界面的强度，也提高了混凝土的抗渗性。反应消耗了部分 $Ca(OH)_2$，有利于混凝土在酸性环境下的耐久性。

三、配合比设计参数与其强度之间的关系

对混凝土的物理、力学性能，通常主要规定强度的大小。这是因为与其他大部分性质相比，抗压强度的试验较易进行；再者，混凝土的许多性质，如弹性摸量、抗渗性等均直接与强度有关。虽然在实践中，混凝土大多同时承受压、剪和拉应力在两向或三向的组合，但单轴向压力试验在试验室最容易进行，混凝土抗压强度(通常是28d龄期)已被广泛接受作为混凝土强度的通用指标。本文就是以混凝土的抗压强度作为设计指标来探讨配合比的。

在原材料确定之后，影响高性能混凝土强度的配比设计参数主要有：胶凝材料组成、水胶比、用水量等。现分别加以简述。

1. 胶凝材料组成

胶凝材料组成实际是指活性矿物掺合料的种类和掺量。通常选用的活性矿物材料是粒化高炉矿渣、粉煤灰、硅粉以及天然火山灰材料。在适宜的掺量下，绝大多数低钙粉煤灰和天然火山灰材料要使混凝土28d以前的抗压强度减少，而最终抗压强度将有所改善；粒化高炉矿渣和高钙粉煤灰通常使混凝土的1d和3d强度降低，28d强度可超过对比的纯水泥混凝土强度。高活性的火山灰材料(如硅粉)可使混凝土的早期和后期强度都较高。活性矿物材料的最佳掺量取决于它本身的特性、所要求的混凝土性能以及它的价格等。一般情况配制高性能混凝土时，粉煤灰的掺量为胶凝材料总量15%～35%，低钙粉煤灰的用量要低些；粒化高炉矿渣的掺量为30%～70%；硅粉的掺量为5%～10%。

2. 水胶比

从强度的观点看，水胶比无疑是最重要的因素。它影响着水泥浆基体以及水泥浆-骨料过渡区两者的空隙率。对相同的材料和一定的龄期，普通混凝土的强度与水胶比成反比：

$$f_c = \phi[1/(W/B)]$$

式中 f_c——混凝土的抗压强度；

W——混凝土的用水量；

B——胶凝材料用量；

ϕ——取决于原材料、龄期和实验条件的系数。

普通混凝土的水胶比强度关系对高性能混凝土同样适用，只不过高性能混凝土的水胶比变化范围较小，一般为0.27～0.50。

描述混凝土强度与水胶比之间关系的模型有多种。在北美,普遍采用 Abrams 水胶比定理。水胶比与混凝土强度之间的反比关系以下式表示:

$$f_c = \frac{K_1}{K_2^{(W/B)}}$$

式中 K_1、K_2——为取决于原材料、龄期等的系数。

法国 F.de Larrard 等将 Ferret 公式进行推广,得到如下的强度公式:

$$f_{c28} = \frac{K_G f_c}{\left[1 + 3.1\frac{W + A}{C(1 + K_1 + K_2) + BFS}\right]^2}$$

式中 f_{c28}——混凝土 28d 圆柱体特征抗压强度;

K_G——骨料类型决定的系数;

f_c——水泥强度,即由 3 份砂、1 份水泥、半份水制成的砂浆的 28d 抗压强度;

A——每 $1m^3$ 混凝土中引入(或陷入)的空气体积;

K_1——填充料活性系数,等于 $0.4PFA/C + 3SF/C(\leqslant 0.5)$;

K_2——火山灰活性系数,等于 $0.2LF/C(\leqslant 0.07)$;

W、C、PFA、SF、LF 和 BFS——分别为混凝土中水、水泥、粉煤灰、硅灰、石灰石微填料和矿渣的含量。

我国一般采用改进的鲍罗米公式来表示混凝土强度与水胶比之间的关系:

$$f_{c28} = K_1 + f_c(C/W - K_2)$$

式中 f_{c28}——混凝土 28d 抗压强度;

f_c——水泥的实际强度;

K_1、K_2——经验系数,与骨料、水泥品种等因素有关;

其他符号意义同前。

上式中,没有考虑矿物掺合料对混凝土强度的影响。至于能否用胶凝材料(B)的标准胶砂强度代替水泥强度 f_c,用胶凝材料总量(B)代替水泥量(C),仍采用上式计算高性能混凝土的抗压强度,是笔者正在研究的问题之一。

3. 用水量

在胶凝材料组成和水胶比一定的条件下,改变用水量,即改变胶凝材料用量对混凝土强度也有影响,但影响相对较小。一般地,进行混凝土初次配合比设计可忽略用水量对混凝土的影响。

四、配合比设计参数与其工作度之间的关系

同其强度一样,影响高性能混凝土工作度的因素也有多种,可从胶凝浆体和骨料两方面来说明。

(一)胶凝浆体

在新拌混凝土中,胶凝浆体具有双重作用,它既可以使骨料颗粒相互分开,防止产生点与点的接触,使它们在离散状态下保持在一起;又可作为骨料颗粒间的润滑剂,增加新拌混凝土的塑性变形能力。因此,胶凝浆体本身的稠度及其含量是决定混凝土工作度的重要因素。

胶凝浆体的稠度又是由胶凝料组成、水胶比和高效减水剂用量决定的。

大量研究表明,高质量的矿物掺合料能改善新拌混凝土的工作度。磨细矿渣虽然同水泥颗粒一样,粒形多角,但其颗粒表面质地比水泥颗粒要光滑、致密得多。因此,其颗粒表面的吸附水较少。粉煤灰的颗粒呈球形,且表面光滑,质地细密,颗粒表面的吸附水也较少。硅粉颗粒非常细,加入适量的硅粉能填充水泥颗粒之间的空隙,起到了阻止水泥颗粒凝聚的效果。矿物掺合料还能提高新拌混凝土的内聚性和稳定性,减少泌水和离析,有利于工业化泵送施工。矿物掺合料还能控制坍落度损失,这对高性能混凝土尤其重要。

水是新拌混凝土中最重要的可变形物质。假定胶凝材料表面的吸附水为一固体物质,那么,胶凝浆体的稠度由其自由含量决定。对组成固定的胶凝材料,浆体中的自由水量可由下式表示:

$$W_f = W_t - kB$$

式中 W_f——胶凝浆体中的自由水量;

W_t——胶凝浆体中的总水量;

B——胶凝材料用量;

k——胶凝材料的单位保水系数。

还可从另一角度来分析胶凝浆体的稠度。胶凝浆体的重要特征是水胶比。在高效减水剂用量一定时,胶凝浆体中的自由水含量取决于其水胶比,水胶比越大其稠度越稀。

高效减水剂长链上有大量的极性基团,当其被吸附到胶凝材料颗粒上时,高效减水剂就赋于胶凝材料颗粒强的负电荷。这可使周围水的表面张力明显降低,大大地提高了胶凝浆体的流动性。高效减水剂的塑化能力与其种类、用量、投放时间、胶凝材料的种类和性质等因素有关。在相同条件下,高效减水剂用量越大,坍落度增加得越多,但超过一定限度后就不再显著。高效减水剂有其最适宜的掺量。

当胶凝材料体的稠度一定时,胶凝材料浆体的数量对混凝土工作度起决定性作用。胶凝材料浆体数量越多,骨料颗粒间的润滑浆体量也越多,混凝土的工作度就越好。在水胶比一定时,胶凝材料浆体的数量是用水量或胶凝材料总量的函数。

(二)粗细骨料

除胶凝浆体的稠度和数量外,砂率也是影响新拌混凝土的工作度的重要因素。砂率的变动会使骨料的空隙率和表面积发生变化。砂率过大,骨料的总表面积及空隙率都会增大,在胶凝浆体不变的情况下,相对地胶凝浆体显得少了,减弱了胶凝浆体的润滑作用,使新拌混凝土的流动性变差。砂率过小,骨料之间的空隙率变大,需要较多的浆体填充骨料空隙,相应的润滑浆体也减少。因此,存在一最优砂率。最优砂率的确定是一个复杂的问题。目前,我们根据胶凝材料总量经验地确定砂率,见表 48-22。

高性能混凝土砂率选用表 **表 48-22**

胶凝材料总量(kg/m^3)	350 ~ 400	400 ~ 450	450 ~ 500	500 ~ 550	550 ~ 600
砂率(%)	42	39	36	33	30

由上述分析，认为高性能混凝土的工作度主要是胶凝材料组成、水胶比、用水量、砂率和高效减水剂用量的函数：

$$\text{Workability} = f(B_i, W/B, W, S/g, Sp)$$

实验研究发现，在胶凝材料组成、高效减水剂用量一定时，维持相同的坍落度所需要的用水量与水胶比有下述直线关系：

$$W = k_1 + k_2(\mathrm{W/B})$$

式中　k_1 和 k_2——取决于胶凝材料组成、高效减水剂用量以及所要求的混凝土工作度的常数，可由试验确定。

五、配合比设计方程和流程

（一）配合比设计方程

1. 强度方程

可采用 Abrams 强度-水胶比关系式。不难证明，对指数函数 $f(x) = ab^x$ 在 x 变化较小时，可用直线方程取代，误差不大。对于高性能混凝土，由于其水胶比变化范围较小（0.28～0.45），可将 Abrams 方程简化成直线形式：

$$f_c = k_1 + k_2(\mathrm{W/B})$$

2. 工作度方程

混凝土的工作度一定时，其用水量与水胶比之间的关系可由下式表示：

$$W = k_1 + k_2(\mathrm{W/B})$$

3. 组成方程

每 1 立方米混凝土的各种组分体积之和应满足下式：

$$\sum_{i=1}^{n}\frac{B_i}{\rho_{Bi}} + W + \sum_{i=1}^{m}\frac{A_j}{\rho_{Aj}} + v = 1000$$

式中　B_i——第 i 种胶凝材料的含量；

ρ_{Bi}——胶凝材料 B_i 的密度；

A_j——第 j 种骨料的含气量；

ρ_{Bj}——骨料 A_j 的表观密度；

W——用水量；

v——每 $1m^3$ 混凝土的含气量，一般为 10～20L。

（二）配比设计流程

进行高性能混凝土的配比设计，可按下列流程顺序进行：

1. 原材料选择及其性能测定

结合当地资源，选择适当的原材料，特别是矿物掺合料种类和用量的确定。这要参考当地已有的经验数据和有关部门的意图。选择原材料既要考虑其性能又要考虑其价格，做到以最低的花费生产出性能符合要求的混凝土。需要测定的原材料性能主要包括：材料的比密度、粗细骨料的筛分析、细度模量、吸水性、高效减水剂的最优掺量等，为进一步确定配合比提供原始数据。

2. 配合比设计方程的建立

高性能混凝土的强度方程和工作度方程可由两次或两次以上的试验数据，可选择几组水胶比进行实测。注意胶凝材料组成和高效减水剂用量要一致。试验中可通过调节用水量来使混凝土工作度满足要求。

3. 确定所要求的混凝土性能

所要求的混凝土性能，对新拌混凝土来说，主要是工作度，可用坍落度表示，一般为（20±2）cm；而对于硬化后的混凝土，则主要是强度和耐久性。确定这些性能要求，必须考虑结构构件的种类、用途、构件形状、环境和施工方法等。

4. 根据配合比设计方程进行配合比设计

由目标强度和强度方程可确定水胶比，同耐久性要求的水胶比相比，取最小值。根据工作度方程和水胶比可确定混凝土的用水量，进一步可确定胶凝材料用量。最后由组成方程和建议砂率可得到高性能混凝土的配合比。

5. 调整配合比

以计算的配合比进行混凝土试验，测定坍落度和不同龄期的强度，如不满足要求，需进行调整。本组试验数据又可参与配合比设计方程的建立。如此经过几次试配，所得的配合比就可以用作正式的施工配合比了。

上述流程可用图48-7表示。

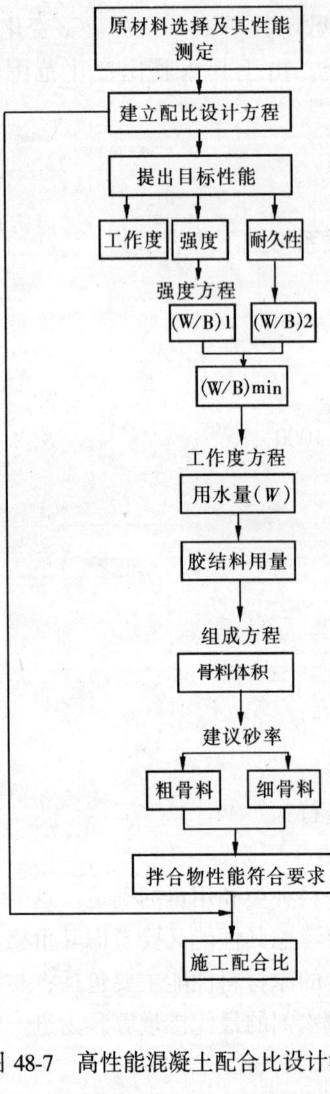

图48-7　高性能混凝土配合比设计流程

六、工程举例

为说明上述流程，现举一工程实例：

（一）试验条件

50L强制式搅拌机，标准振动台，标准养护池，试验室温25~30℃；

（二）试件尺寸

10cm×10cm×10cm；

（三）原材料

①水泥—冀东52.5R级硅酸盐水泥；

②矿物掺合料——内蒙古元宝山电厂产Ⅱ级粉煤灰；

③砂——北京昌平中粗砂，细度模量 M_x = 2.40，表观比密度2.62g/m^3，含泥量<1%；

④石子——石灰石碎石，D = 5~20mm，表观比密度2.75g/m^3；

⑤拌合水——洁净的自来水；

⑥NF高效减水剂。

水泥和粉煤灰的物理、化学性质见表48-23。

将胶凝材料组成定为：水泥∶粉煤灰=0.6∶0.4，这可由实际情况确定。NF高效减水剂的掺量取胶凝材料总量的1.2%，此用量接近其最优掺量。

为建立混凝土的配合比设计方程，试配了4组拌合物，其配合比和试验结果见表48-24。

由试验结果，并通过线性回归，可得高性能混凝土的强度方程和工作度方程：

$$f_{c7} = 89.9 - 120.1W/B, R = -0.964$$

$$f_{c28} = 117.5 - 143.0W/B, R = -0.995$$

$$W = 216.3 - 171.9W/B, R = -0.991$$

f_{c7}、f_{c28}、W 与 W/B 之间的线性关系可由图 48-8、48-9 看出。

水泥、粉煤灰的物理、化学性质　　**表 48-23**

物化性质	水泥	粉煤灰	物化性质	水泥	粉煤灰
SiO_2	24.36	58.64	K_2O	0.92	2.64
Al_2O_3	5.40	19.78	Na_2O	0.33	0.87
Fe_2O_3	3.72	9.56	f-CaO	0.60	—
TiO_2	—	0.91	烧失量（%）	—	0.25
CaO	62.48	4.42			
MgO	2.44	2.08	密度（kg/m^3） 80μm 筛余量（%）	3110 5.0	2200 2.0
SO_3	0.14	0.41			

混凝土拌合物的配合比　　**表 48-24**

编号	水胶比	胶凝材料（kg/m^3）	用水量（kg/m^3）	粗骨料（kg/m^3）	细骨料（kg/m^3）	坍落度（cm）	抗压强度	
							7d	28d
1	0.28	600	168.0	1133	485	19	56.1	77.8
2	0.31	530	164.3	1137	560	20	51.3	73.5
3	0.34	460	156.4	1143	643	20	51.5	67.8
4	0.40	370	148.0	1099	796	19	41.0	60.8

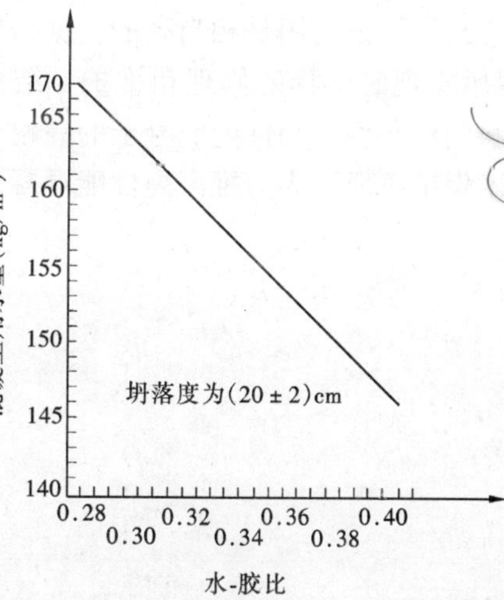

图 48-8　混凝土用水量与水胶比关系

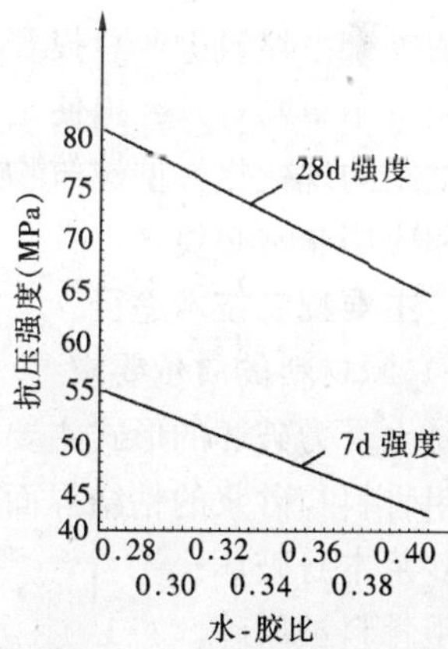

图 48-9　混凝土抗压强度与水胶比关系

当配合比设计方程确定后，可按所要求的混凝土性能进行配合比设计了。例如，要配制 28d 抗压强度为 64MPa、坍落度为 20cm 的高性能混凝土。经计算可得配合比为：水胶比 0.374；用水量 152.0kg/m^3；胶凝材料用量为 406kg/m^3；粗骨料用量为 1129kg/m^3；细骨料用量为 722kg/m^3；高效减水剂用量为 4.872kg/m^3。经测试实际拌合物的坍落度为 19.5cm，28d 抗压强度为 63.5MPa。

第十三节　高性能混凝土的配制技术

一、概述

何谓高性能混凝土？一般认为高性能混凝土是指高强度、高工作性、高耐久性，它要求混凝土拌合物具有大流动性，可泵性，不离析，而且保塑时间可根据工程需要来调整，便于浇筑密实。在混凝土结构硬化过程中水化热低，内部缺陷少，硬化后体积稳定，收缩变形小，结构密实，抗渗、抗冻、抗碳化等耐久性能高。基于高性能混凝土的优良性能，工程上应用高性能混凝土，即使无严格的技术保证措施也能获得密实的结构，不会发生因漏振或振捣不充分而造成结构的可靠性下降现象。随着现代化高层建筑及超高层建筑的不断发展，混凝土所需要的泵送高度也不断提高，如果不能配制出具有优良可泵性的混凝土拌合物，施工速度和质量是无法保证的。由于高性能混凝土的应用，施工人员的劳动强度大大减轻，环境噪声大大降低，施工效率大大提高，同时，工人的工作环境也得到很好改善。

高性能混凝土的高强度为超高层建筑提供了可靠的力学保证。由于强度的提高可以大幅度减小构件的截面尺寸，减轻结构物的自身质量。有资料显示，混凝土强度由 40MPa 提高到 80MPa，由于结构断面的减小，可使混凝土体积减小 1/3，相应结构自身质量也减轻 1/3。这样又使得施工人员的劳动量和施工能耗大大降低，建筑物的有效使用面积相应增加，抗震能力也得到提高。

很长时间以来，混凝土结构的设计人员对材料的强度特性特别重视，但尚没有意识到材料耐久性的重要性。由于材料破坏引起的结构修理和更换费用是相当高的，据估计，在工业发达国家占建筑工业总投资 40%以上的费用用于现时结构的修理和维护。结构的维护和更换费用急剧上升，迫使结构工程师考虑材料的耐久性。高性能混凝土的高耐久性为建造跨世纪的现代化大型建筑物提供了可靠的技术保证。所以大力推广高性能混凝土的开发研究和应用非常必要。

二、主要配制技术途径

（一）原材料的质量要求

混凝土受力破坏的形式主要有三种：

①粗骨料与砂浆的粘结界面破坏；

②砂浆本身破坏；

③粗骨料被压碎。

所以，混凝土强度主要决定于三个方面：

①砂浆与骨料的粘结强度；

②砂浆本身的强度；

③粗骨料的颗粒强度。而这些强度与原材料的质量有着密切的关系。

1. 水泥

不是所有的水泥都可以用来配制高性能混凝土，反而言之，高性能混凝土使用的水泥必须是：

（1）标准稠度用水量要低，从而使混凝土在低水灰比（W/C）时也能获得大流动性；

（2）水化放热量和放热速度要低，为避免因混凝土的内外温差大而造成混凝土产生裂纹；

（3）水泥的强度要高，以保证使用较少的水泥用量获得高强混凝土。中热硅酸盐水泥、球状水泥、调粒水泥等均可用来配制高性能混凝土。

2. 矿物掺合料

在完全水化的水泥石中，$Ca(OH)_2$ 约占 25%，$Ca(OH)_2$ 属三方晶系，在显微镜下，$Ca(OH)_2$为六角形片状晶体，其层状构造为彼此联结的$[Ca(OH)_6]^{4-}$八面体。结构层内为离子键，结构层之间为结合微弱的分子键。由于$Ca(OH)_2$ 的可溶性，在硬化混凝土中$Ca(OH)_2$的分布是极不均匀的，从骨料与胶凝材料之间的界面看，界面过渡层的一定区域内，$Ca(OH)_2$ 富集及定向排列，与其他部分的水泥石相比，是一种多孔质的结构，强度很低，从而影响砂浆与粗骨料之间的粘结强度。为了改善其界面结构，在混凝土中掺入超细矿物质掺合料，使其与界面上的$Ca(OH)_2$ 进行二次反应生成难溶的水化硅酸钙凝胶沉积在界面的孔隙内，降低$Ca(OH)_2$ 的富集及定向排列，因而可以提高界面强度，同时，还有利于提高混凝土的抗渗性。

常用的矿物质掺合料主要有：①硅粉；②磨细矿渣；③优质粉煤灰；④超细沸石粉等。它们的主要活性成分都是活性 SiO_2，其主要反应过程为：

$$xCa(OH)_2 + SiO_2 + mH_2O = xCaO\cdot SiO_2\cdot nH_2O$$

3. 粗细骨料

细骨料宜选用石英含量高、颗粒浑圆、洁净、具有平滑筛分曲线的中粗砂，细度模数在 $M_x = 2.6 \sim 3.2$ 之间。

粗骨料的形状和表面特征对混凝土强度影响很大，在高强混凝土中，骨料的形状和表面特征影响更大。表面较粗糙的结构可能在骨料颗粒和水泥石之间形成较大粘着力。同样具有较大表面积的角状骨料也意味着将会得到较大的粘结强度。但是，针、片状骨料将会影响混凝土的流动性和强度，因此其含量不宜大于5%。

由于混凝土内各个颗粒接触点的实际应力可能会远远超过所施加的标称压应力，所以要求骨料的强度大大高于混凝土强度的通常范围。一般而言，强度和弹性模量高的骨料可以制得质量好的混凝土。但过强过硬的骨料不但没有必要，相反，还可能在混凝土因温度和湿度的原因发生体积变化时，使水泥石受到较大的应力而开裂。所以从耐久性意义上说，强度中等的或适当低的骨料反而有利，试验证明，其压碎指标值宜在 10%～15%之间。

高性能混凝土粗骨料的最大粒径的选择与普通混凝土不同，普通混凝土粗骨料最大粒径的控制主要是由构件断面尺寸及钢筋间距决定，粒径的大小对其强度的影响不大。但对高强混凝土来说，最大粒径的大小对混凝土强度的影响就较大。加大骨料尺寸会使混凝土强度下降，且强度等级愈高愈明显。主要原因是骨料尺寸愈大，粘结面积愈小，造成混凝土的不连续性的不利影响愈大，特别是水泥用量多的高性能混凝土更为明显。因此，高性能混凝土的粗骨料宜选用最大粒径大于 15mm 的碎石。另外，有试验证明，细化粗骨料粒径，可有效地降低高强混凝土的脆性。

4. 高性能减水剂

为了获得高强度，高性能混凝土的胶凝材料用量大，W/C 低，混凝土拌合物黏性大，要获得高工作性，就必须采用高性能减水剂。配制高性能混凝土的减水剂，在日本称之为高性能 AE 减水剂，其特点是既具有高的减水率（20%~30%），又有控制坍落度损失的性能，从而使混凝土能按指定性能进行设计和控制。目前，我国生产的普通高效减水剂都不同时具备高性能 AE 减水剂的性能，因此，通常将普通高效减水剂与缓凝剂复合起来使用，如将萘磺酸盐甲醛缩合物与多羟羧酸盐复合以后基本上就可具备高性能 AE 减水剂相似的性能。

（二）施工工艺要求

1. 搅拌工艺

搅拌的目的是使混凝土的各组成材料互相分散而达到均匀混合。由于高性能混凝土的黏性大，搅拌机的型式与搅拌工艺对混凝土拌合物的流变性能、微观结构及均质性等均有很大的影响，因此，为了获得高工作性的混凝土拌合物，宜选用搅拌效率高、均质性好的双锥式搅拌机，并采用如图 48-10 所示的投料顺序。

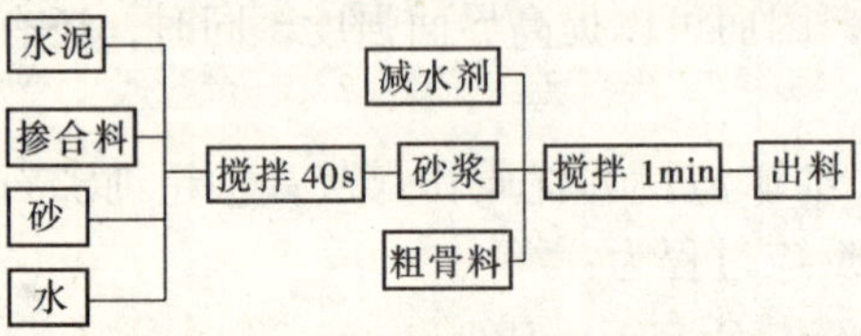

图 48-10　高性能混凝土的投料顺序

2. 浇筑工艺

高性能混凝土的坍落度一般都在 20cm 以上，所以也有人认为高性能混凝土就是免振自密实混凝土。但是，试验结果表明，不经振捣的高性能混凝土，强度和抗渗等级均有所降低。由此可见，短时间的振捣是必要的。日本和瑞典的资料也提出振捣对高性能混凝土的必要性。

3. 养护工艺

养护的目的是要使混凝土保持或尽可能接近于水饱和状态，直到新鲜水泥浆中原始充水空间为水泥水化产物填充到所要求的程度为止。由于高性能混凝土的用水量较少，水化反应迅速，可能使毛细管中断，即重新开始养护时水分将不能进入混凝土内部，从而不会引起进一步水化，所以高性能混凝土在早期即应养护。

（三）施工计量精度

高性能混凝土的原材料均应按质量计量，并使计量偏差尽可能小，否则将会对混凝土的强度产生较大影响。水的计量精度对混凝土强度的影响如表 48-25 所示。

水的计量精度对混凝土强度的影响　　**表 48-25**

水的计量误差（%）	±1	±2	±3	±4	±5
混凝土强度波动幅度（%）	+3	+6	+9	+12	+15

因此，原材料的计量精度不应超过如下规定：

水泥、矿物质掺合料：±2%；

粗、细骨料：±3%；

水、外加剂：±1%。

三、配合比设计原则

由于高性能混凝土的强度高，W/C 低，遭受的影响因素多，因此，通常的混凝土配合比设计的基础鲍罗米公式已不再适用。但是，迄今为止，世界上尚没有适合高性能混凝土配合比设计的统一方法，各国的研究人员也都是在各自的试验基础上粗略地计算具体的配合比。在参阅了有关资料的基础上提出了高性能混凝土配合比的设计原则，并经过大量试验证明是简便而有效的。

下面简述其设计步骤：

（一）配制强度 f_{c28} 的确定

由于影响高性能混凝土强度的因素多，变异系数大，因此，配制强度 f_{c28} 应视原材料的具体情况适当增大。

（二）$W/(C+M)$（M 为矿物质掺合料）的确定

对于用碎石配制高性能混凝土的 $W/(C+M)$，可参考同济大学提出的关系式：

$$f_{c28} = 0.304 f_{ce}(C+M)/W + 0.62$$

f_{ce}——水泥的实际强度（MPa）。

（三）矿物质掺合料掺量的确定

矿物质掺合料的掺量要视活性 SiO_2 的含量大小，一般内掺 C ×（10% ~ 15%）。活性 SiO_2 含量高（如硅粉）取下限，活性 SiO_2 含量低（如优质粉煤灰）则取上限。

（四）用水量 W_0 的确定

用水量 W_0 的多少要根据混凝土拌合物坍落度的大小和高性能减水剂的效果来确定，一般 $W_0 \ngtr 175kg/m^3$。

（五）砂率 S_p 的确定

由于高性能混凝土的 W/C 小，胶凝材料用量大，黏度大，混凝土拌合物的工作性容易保证，所以砂率可以适当降低，一般在 36% ~ 42% 之间选用。

（六）粗细骨料的用量

粗细骨料的用量可用假定表观堆密度法确定。高性能混凝土的密实度大，其表观密度约为 2450 ~ 2500kg/m^3。

【例】　某工程框架柱要求 C60 混凝土，原材料为鲁南水泥厂 52.5 级硅酸盐水泥，崂山产粒径 5 ~ 15mm 碎石，沽河产中砂，$M_x = 2.84$。现场搅拌要求施工坍落度为 18 ~ 22cm。采用缓凝型高效减水剂 CM-1 号，优质粉煤灰 F。求试验室配合比。

【解】　用假定表观密度法（$\rho_{oh} = 2450kg/m^3$）

①配制强度 $f_{cc} = 70MPa$

②确定 $W/(C+F)$

$$f_{c28} = 0.304 f_{c28}[(C+F)/W + 0.62]$$

$$f_{ce} = 59.3MPa$$

$$W/(C+F) = 0.31$$

③用水量 $W_0 = 170kg$

④ $C + F = 170/0.31 = 548kg$

$$F = 548 \times 15\% = 82kg$$

$$C = 466\text{kg}$$

⑤CM-1号 = 548 × 1.5% = 8.22kg

⑥砂率 $S_p = 36\%$

$$G_0 + S_0 + 548 + 170 = 2450$$

$$S_0/(S_0 + G_0) = 0.36$$

$$S_0 = 624\text{kg} \quad G_0 = 1108\text{kg}$$

由此可以得出，1m³ 混凝土材料用量及试验结果见表 48-26。

1m³ 混凝土材料用量及试验结果 **表 48-26**

水胶比 $W/(C+F)$	砂率 S_p（%）	材料用量（kg/m³）						塌落度（cm）	抗压强度（MPa）	
		W	C	S	G	F	CM-1		7d	28d
0.31	36	170	466	624	1108	82	8.22	21.0	65.2	76.8

第十四节 高性能混凝土现场生产配制

结合后张梁高性能混凝土现场生产配制开展试验研究和应用，就高性能混凝土骨料选用、配合比设计、水泥与高效减水剂相容性，以及高效减水剂对高性能混凝土坍落度损失的影响、假凝现象的防止等作了理论性阐述，并分析了高效减水剂、水灰比、坍落度、水泥与粗骨料用量、混凝土弹性模量在高性能混凝土中的机理作用。

一、引言

所谓高性能混凝土就是具有优异耐久性的混凝土。其主要性能是高的强度、体积稳定性、高的抗渗性与高的工作性能。在如今的世界上，混凝土正向这一趋势发展，而在我国铁路工程上这种高性能混凝土已逐步得到广泛的推广和应用。过去一般都认为混凝土材料是一种经验性的总结，原材料的选择、配制与工艺都比较简单。但从上世纪70年代末期，混凝土已有很大进展，混凝土所达到的强度已远远超出了工程所要求的范围。混凝土技术进入了高科技的行业。其表现在：如原材料除了常用的水泥以外，新出现了球状水泥、调粒水泥、活化水泥等；还有的利用矿渣、粉煤灰、沸石等制造超细掺合料及硅灰，已成为高性能混凝土的不可缺少的组分。特别是在特种结构中（如桥梁、高层建筑、工业厂房、近海结构等工程），混凝土是一种必不可少的建筑材料，而对这些结构工程来说，混凝土的耐久性与长期性能显得更加重要，甚至比强度都重要。混凝土这一新技术的发展，对混凝土材料和工艺提出了很多新的要求和问题。其核心问题，归纳起来就是围绕着混凝土的质量与施工水平的提高，给当前的各级试验室摆出了一个严峻而又现实的问题，就是高性能混凝土技术推广和应用关键在于试验室能否在室内配制出符合强度等级、符合各种施工工艺要求的配合比。为此，就现场制造铁路后张梁，开展了高性能混凝土这一课题的研究。

二、工程概况

京九线吉赣段 DK254+000～DK284+470 段，全长 30.47km 的路基、桥涵、隧道工程。其中桥梁 23 座，有 16m 后张预应力混凝土铁路曲线简支梁 40 孔，分散布设在 8 座桥上。由于该项目是我国铁路建设史上首例开展的“三边工程”，在工期紧、任务重的情况下，为不影响京九线铺架计划，确保梁的施工质量和工期要求，决定就地组建桥梁厂进行80根16m预应力后张曲线梁的生产。对于现场制造高性能的铁路后张梁，在生产技术工艺复杂、生产周期长、质量要求高、工期又短的情况下，为加速制梁台座和模板的周转，除采用养护罩蒸汽养护外，还要求混凝土本身具有较高的早期强度和高的弹性模量，以达到缩短混凝土制品养护周期，为预应力钢筋张拉创造条件，加速周转和减少应力损失，加快施工进度的目的；另外，由于铁路梁钢筋排列密集，要求混凝土具有良好的流动性和保塑性，使混凝土成型密实，同时水泥用量又不能过高（$\ngtr$500kg/m^3），以防水化热大造成梁体开裂。为此，在配制高性能混凝土的多种途径中，针对现场只有用52.5R级普通硅酸盐早强水泥配制C50级混凝土，选择利用掺外加剂这一简便的形式，即在原材料不变、加工工艺不变的条件下，只对在混凝土的配合比中多加入一种高效减水剂的混凝土组成材料和配合比进行室内试验。

三、试验用原材料

原材料本着就近取材的原则，根据梁的结构形式，参照有关混凝土外加剂的资料，决定混凝土组成材料如下：

（一）水泥

江西万年水泥厂生产的52.5R级普通硅酸盐早强水泥。经取样鉴定，水泥胶砂强度、安定性、细度均符合现行国家标准要求。

（二）细骨料

江西永丰河河砂。为中砂，细度模数 $M_x=2.71$，含泥量1%，空隙率41%，SO_3 含量0.31%。其级配符合现行行业和国家标准要求。

（三）粗骨料

江西兴国社富石料场石灰岩碎石，粒径5～25mm；龙沙石料场花岗岩碎石，粒径5～25mm。

（四）外加剂

有FDN、NF、UNF-2三种高效减水剂，其性能见表48-27。

三种高效减水剂主要技术性能　　　　**表48-27**

性　　能	NF	FDN	UNF-2
减水率（%）	10～25	16～25	15～20
增强率（%）	15～35	20～30	15～30
含气率（%）	1～2	1～2	2.5～3.0

（五）水

饮用水，pH=7.8，SO_4^- 含量为0.24%，符合混凝土拌合用水标准。

四、试验研究结果

高性能混凝土具有高强、快硬、变形小、高密实性和耐久性好等优点。它与普通混凝土一个重要区别就是水灰比很低，且水灰比的微小改变对混凝土的强度影响很大。减小水灰比，增加密实度是提高高性能混凝土构件强度的一种有效方法。由于铁路工程中应用高性能混凝土不仅要达到设计的强度等级，而且还要达到弹性模量，同时要求一系列综合施工性能，如较大的流动性、较长时间的保塑性等，这些都不能轻易实现。而混凝土本身的强度又是由粗、细骨料的强度、水泥石的强度和水泥石与骨料的粘结强度所决定的。为保证高性能混凝土这一特性要求，进行了如下室内试验研究。

(一) 粗骨料的选用试验

在普通混凝土中，骨料对强度的影响不明显。但在高性能混凝土中，骨料的数量与质量对混凝土的强度影响很大。当选择最适宜的骨料时，粗骨料的品种与品质、单位体积混凝土中的粗骨料的体积含量与最大粒径是三个必须考虑的因素。为提高混凝土的弹性模量和强度，减少因混凝土的收缩、徐变引起的预应力损失，首先对其主要影响因素碎石进行了试验研究。碎石的物理力学性能见表 48-28，并用 52.5R 级普通硅酸盐早强水泥与两种碎石试配，制作成 C50 高强混凝土，其试验结果见表 48-29。

碎石物理力学性能 **表 48-28**

编号	碎石名称	级配	堆积密度（kg/m^3）	密度（g/m^3）	空隙率（%）	粒径（mm）	强度（MPa）	岩石弹性模量 × 10^4（MPa）	压碎指标（%）	针片状含量（%）	含量（%）	颗粒形状	备 注
94 石 013	花岗岩	略差	1647	2.71	51	5 ~ 25	110.3	3.61	7.6	11	0.29	圆方形	1/2 最大粒径偏大
94 石 015	石灰石	良好	1530	2.68	46	5 ~ 25	97.5	3.66	8.9	8	0.32	圆方形	

骨料选择试验结果 **表 48-29**

编 号	配 合 比 水泥:砂:石子:水	水泥用量（kg/m^3）	砂率（%）	减水剂掺量（%）	坍落度（cm）	和易性	碎石编号	强度（MPa）			弹性模量 × 10^4（MPa）		
								3d	7d	28d	3d	7d	28d
A-4-Ⅰ	1:1.30:2.73:0.32	470	31	0.6	10	良好	94 石 015	38.2	42.8	58.6	3.28	3.46	3.87
A-4-Ⅱ	1:1.16:2.83:0.31	470	31	0.65	11	良好	94 石 015	36.5	40.6	56.3	3.24	3.57	3.94
A-4-Ⅲ	1:1.12:2.90:0.34	480	29	0.7	13	良好	94 石 015	39.9	46.4	61.4	3.61	3.80	4.20
A-3-Ⅰ	1:1.20:2.66:0.33	480	32	0.6	9	一般	94 石 013	41.5	55.3	63.7	7.83	3.13	3.36
A-3-Ⅱ	1:1.21:2.57:0.34	480	32	0.7	10	良好	94 石 013	45.6	51.7	68.1	2.91	3.27	3.49
A-3-Ⅲ	1:1.22:2.63:0.31	480	32	0.7	9	一般	94 石 013	49.3	53.4	67.4	3.01	3.24	3.43
A-3-Ⅳ	1:1.18:2.71:0.33	480	31	0.65	11	良好	94 石 013	51.6	59.5	69.3	3.11	3.35	3.52

从表 46-28、表 46-29 可以看出，两种粗骨料对混凝土弹性模量和强度的影响程度是不同的，对混凝土强度影响差别不大而对弹性模量最为敏感。两种碎石配制的混凝土强度完全符合设计要求，而弹性模量花岗岩碎石比石灰岩碎石配制的差，并达不到设计要求的 $E = 3.5 \times 10^4$MPa。虽然花岗岩碎石强度较石灰岩石高，压碎指标小，但由于花岗岩碎石本身弹性模量比石灰岩碎石低，级配差，1/2 最大粒径偏大，针片状含量高，因而混凝土弹性模量较低，尤其 7d 弹性模量最高达 3.35×10^4MPa，但后期弹性模量仅为 3.52×10^4MPa；而石灰岩由于级配良好，形状规则，针片状含量低，抵抗变形能力大，因而 7d 弹性模量最低可达 3.46×10^4MPa。造成上述情况的原因主要是因为骨料尺寸愈大，骨料内部存在薄弱不匀质特性愈明显，加之不同的骨料对浆体-骨料界面微裂缝的逐渐开裂影响强度不同所造成的。一般来讲，骨料颗粒小，质地较致密，并有较大的比表面积，与水泥浆粘结面大，且受力也均匀。但由于混凝土是一种弹塑性材料，其 E 值不是常数，它随应力的增加而减少，随混凝土强度等级的提高而增加。可它的变化幅度又是随混凝土强度

等级的提高而减少的。

为此，通过上述试验结果分析，决定选用社富石料场的石灰岩碎石作为预制梁生产高性能混凝土的粗骨料。

（二）混凝土配合比的设计

影响高性能混凝土强度的因素主要是水泥强度和水灰比。由于高性能混凝土着眼于高强和流态，因此高性能混凝土的配合比设计与普通混凝土配合比设计略有不同，它们之间的区别在于：应用的是高强度等级水泥；粗骨料采用碎石；砂率和水灰比较小；掺高效减水剂和保塑剂；采用强制式搅拌机和振动成型工艺；采取湿养护。为此，根据铁路后张梁的技术要求和结构特点，混凝土配合比的设计必须全面考虑诸多方面因素。通过参考大量的资料，对高性能混凝土配合比设计作了如下主要几个方面的调整。

1. 减水剂的选定

配制高性能混凝土的关键在于选择何种高效减水剂。因为高效减水剂在混凝土中起分散和流化水泥的作用。高性能混凝土中掺高效减水剂的目的是为了降低水灰比，提高混凝土流动性。由于减水剂的掺量是随水泥性质和配合比的用水量而变化，对混凝土的性能反应非常敏感，配合不当时，混凝土内部可能出现水囊、孔道、粉团，混凝土表面可能出现斑纹、沟槽、凹点等缺陷，甚至可能出现大量泌水影响混凝土的密实度，从而造成梁体孔道压浆时漏浆。为此选择的高效减水剂必须具有较大的减水率、较高的增加强度，并且引气性低、不含有害元素等。通过对表46-27所列三种高效减水剂对比试验后，决定选用FDN高效减水剂。其掺量为水泥用量的0.6%～0.7%。

2. 水灰比的确定

水灰比及水泥用量的控制是高性能混凝土配合比中影响混凝土质量的主要因素之一，对预应力混凝土梁体收缩、徐变影响尤为重要。而水灰比愈小配出的混凝土强度愈高，但随之而来的水灰比愈小施工愈加困难。为达到降低水灰比又满足施工和易性的目的，根据梁体强度和流动性要求，水灰比≯0.4，确定水灰比在0.31～0.34之间。

3. 计算水泥用量

目前水泥品种繁多，牌号各异，出厂时水泥强度富裕程度不同，并且存在着存放时间不同、来源渠道不同、伪劣产品容易混入等原因。因此，在试配高性能混凝土时要做水泥技术指标的复验。为了更经济地配制出高性能混凝土，对进入施工现场的水泥作了批批复检，并用水泥实际强度配制混凝土。如水泥富裕强度大，则每立方米水泥用量就少，反之则多。就此，根据坍落度和所掺减水剂确定的用水量与水泥实际强度，确定为411kg/m^3。

4. 粗骨料用量的处理

粗骨料在混凝土中起骨架作用，其本身强度的大小是影响混凝土强度的重要因素之一。对高性能混凝土而言，试配高性能碎石河砂混凝土，粗骨料的用量是根据粗骨料的粗度模数和粗骨料松堆密度来控制。粗度模数的范围一般在1.8～2.7之间。粗骨料用量G，采用前苏联提出的填充原则，每1m^{3}混凝土中粗骨料用量按下式计算而得：

$$G = 100/[(P/G\gamma) \times \alpha + (1/Gc)]$$

式中 G——混凝土中粗骨料含量（kg/m^3）；

P——粗骨料空隙率（%）；

$G\gamma$——粗骨料堆积密度（kg/m^3）；

Gc——粗骨料表观比密度（kg/m^3）；

α——拨开系数。

为提高混凝土弹性模量，对粗骨料用量略提高6%～9%。

5. 试配选定配合比

根据以上设计原则，将混凝土的组成材料进行计算，并结合骨料的选择情况，对曲线梁混凝土作了大量试配调整，择优选定C50铁路后张梁混凝土配合比，见表48-30。

后张法预应力梁混凝土配合比 **表48-30**

梁别	设计强度等级 MPa	要求弹性模量值（$\times10^4$MPa）	配合比（质量比）	水泥用量（kg/m^3）	FDN掺量（%）	坍落度（cm）	抗压强度（MPa）			弹性模量$\times10^4$（MPa）		
							3d	7d	28d	3d	7d	28d
曲线梁	C50	3.5	1:1.12:2.83:0.32	477	0.6	12	40.2	49.4	61.3	3.53	3.86	4.23

从表48-30可以看出，该曲线梁混凝土配合比3d强度达设计强度的80.4%，7d达98.80%；3d弹性模量达设计值的101%，7d达110%。按该配合比拌制的混凝土，不仅早期强度高，早期弹性模量大，而且28d强度和弹性模量也大大超过设计值。有利于保证混凝土构件质量，缩短生产周期，提高后张法预应力混凝土生产速度，减少因混凝土收缩、徐变引起的预应力损失，可提早张拉时间，缩短生产周期。而且混凝土拌合物的坍落度大，和易性好，利于密筋型结构混凝土的灌注。这样不用底振而只采用侧振就可达到密实成型，对减少施工难度，降低成本，提高梁体的质量是十分有益的。

同时还可看出，混凝土的弹性模量虽然随着强度增长而提高，但其增长速度并不呈线性关系，强度虽然有较大的提高，但其弹性模量却提高不大。曲线梁混凝土28d强度比3d强度提高52.5%，而弹性模量只提高19.8%。结合表46-30的试验结果，在混凝土组成材料已定的情况下，单纯从提高混凝土强度来提高弹性模量是有限的。因此，为满足后张梁混凝土弹性模量的技术要求选择适宜的骨料是很关键的。

上述试验结果表明，选用社富石料场生产的石灰岩碎石作为铁路后张梁高性能混凝土的粗骨料，用52.5R级普通硅酸盐早强水泥，按照表48-29的配合比配制混凝土，各项技术指标均达到设计要求，达到了提高混凝土弹性模量和强度的目的。

（三）混凝土坍落度损失试验

使用高效减水剂虽可以大幅度降低水灰比，但随之而来的是混凝土的坍落度损失较大，给施工带来很大难度。尤其在南方，炎热夏季的高温，使水泥水化速度和水分蒸发加快，混凝土坍落度损失较大，会造成先后施工的混凝土之间结合不良，为此就掺高效减水剂混凝土对坍落度的损失，作了如下试验研究。

1. 高效减水剂对坍落度损失的影响

高效减水剂应用中存在的突出问题也就是坍落度损失。要解决掺高效减水剂混凝土的坍落度损失问题，首先应该从考察这种高效减水剂与所用水泥的相容性着手。据加拿大科研人员通过对水泥与高效减水剂相容性的研究得出结论报道称：坍落度损失问题主要是水泥与高效减水剂相容性不好的结果。这是因为水泥中的铝酸盐含量与硫酸盐形态和含量所致。所以，在配制低水灰比的高性能混凝土时，一些水泥不能使用，不是因为配制不出满足强度要求的混凝土，而是由于其流变性能不满足要求，或者说与高效减水剂相容性不好而被淘汰。通过使用普通硅酸盐早强水泥与高效减水剂，就高效减水剂对水泥颗粒在水中的絮凝与分散，以一定量水泥与水充分拌和并倒入一个 1L 的量筒这一简单的沉降试验得知：高效减水剂对防止絮凝及水泥颗粒分散是很有效的。同时，还就普通硅酸盐早强水泥与高效减水剂配比对混凝土坍落度损失试验结果（图 48-11）表明：虽然加入高效减水剂可以增加混凝土流动性，但掺入高效减水剂的流态混凝土，其坍落度损失的速度要比不掺减水剂混凝土坍落度损失的速率大。其主要原因是，FDN 减水剂中的磺酸起中和水泥颗粒表面电荷的作用并引起分散，从而加速水泥中的 C_3S 和 C_3A 的水化作用所致。这是因为在水泥各化学参数中，影响掺高效减水剂拌合物性能的主要是 C_3A 的含量、C_3A 的形态、含碱量和加入熟料中的石膏的形式。石膏对硅酸盐水泥浆流变性的重要作用表明，不是水泥中 SO_3 的总量，而是 SO_4^-，或者它的溶解速率，要和 C_3A 的化学活性相平衡。

综上述坍落度损失试验得知，在搅拌后 0.5h 至 1h 内损失量大，其间大致与时间成线性关系。故对掺有高效减水剂的流态混凝土，要严格控制灌注时间，混凝土搅拌出盘后，应在 20min 内灌注完毕，以减少因坍落度损失带来的麻烦。

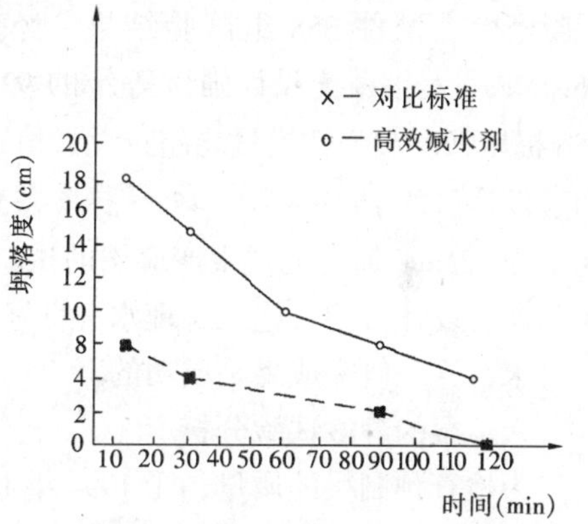

图 48-11　FDN 高效减水剂对坍落度损失的影响［试验温度为（28±2）℃］

2. 温度对坍落度的影响

高性能混凝土由于水灰比较小，水泥用量较大，混凝土粘聚力增强，随着气温的升高，不但加速水分的蒸发，而且水泥的水化反应加快，从而引起坍落度降低。为此，对现场温度对坍落度的影响程度进行考查是十分必要的，以便确定适宜的混凝土灌注时间。

据考查试验结果（图 48-12）表明：随着气温升高，坍落度明显降低；温度越高，影响程度越大。在 5～35℃范围内，坍落度在 8～18cm 之间，均能满足工程所需坍落度，但应注意掌握不同时间内的最佳灌注气温，以达到控制最佳和易性的目的。

3．“假凝”现象的防止

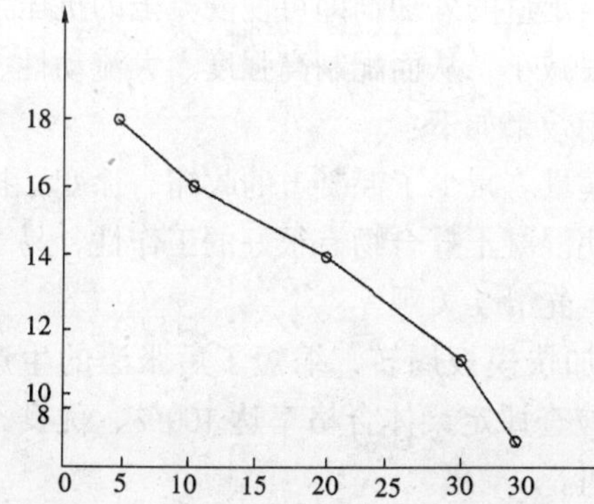

图 48-12　混凝土的坍落度损失与温变的关系（坍落度损失的时间为 30min）

由于混凝土掺入高效减水剂后，表面电荷有时会异常高度集中引起浆体絮凝和高度触变性，在试拌混凝土时，有两次在搅拌结束后不一会儿，混凝土迅速变硬，重新拌和后流动性又恢复，此后混凝土正常凝结，这种现象称之为“假凝”。但混凝土的这一“假凝”现象一般不会发生。为防止这一反常凝结现象的发生，采取用机运翻斗车运输混凝土和外加剂后掺法的控制措施后，使混凝土从出盘到灌注一直处于受振状态，延缓表面电荷的高度集中，有效控制了这一“假凝”现象产生。

（四）严格材料计量误差控制

高性能混凝土与普通混凝土一个重要区别就是水灰比很低，且水灰比的微小改变对混凝土的强度影响很大。因此，材料计量误差特别是水泥、水和外加剂的计量误差，必须控制在±1%，粗、细骨料控制在±2%的范围或更小的范围内；同时，由于高性能混凝土的水灰比很小，有时甚至接近或低于水泥水化所必须的用水量，游离水很小甚至根本没有游离水存在。所以，混凝土结构的保水养护就十分重要，否则早期失水，将造成混凝土强度的永久损失。

五、生产应用比较

从1994年5月20日至10月20日在现场分三个（永丰河大桥、塘背中桥、龙沙中桥桥头）桥梁厂：将80根16m铁路后张梁全部预制完毕。各桥梁厂混凝土采取集中拌和，并派试验人员跟班作业，每次开盘后测定3~4次坍落度，坍落度没有损失。从现场制作混凝土检查试件358组试验结果，经数量统计分析表明：梁的7d抗压强度平均值为46.2MPa，是混凝土设计强度等级的92.4%，7d弹性模量平均值为3.61×10^4MPa；梁的28d抗压强度和弹性模量均超过设计值，其平均值分别为57.6MPa和3.76×10^4MPa，分别超过设计值的15.2%和7.4%。标准差为3.47MPa，变异系数C_v为6%，混凝土坍落度平均值为12cm。通过上述生产应用的试验数据证明：选用的混凝土组成材料和配合比达到了预期的设计目的，施工管理水平良好，控制数值离散波动又小，各项技术指标超过了设计要求，这一研究成果是成功的。

六、梁的静载试验分析

为检查预制梁的质量，于1994年11月26日在桥梁厂，随机抽取永丰002号梁进行了静载试验，其结果如下：

（1）梁体混凝土28d抗压强度强度为52.0MPa，比设计C50级高4%；28d混凝土实际弹性模量达3.65×10^4MPa，比《桥规》3.50×10^4MPa超4.3%，这表明混凝土质量良好。

（2）按TB2092—89方法，加载至$K=1.20$级，持荷20min，用10倍放大镜观察裂纹，梁底部无裂纹出现，梁体抗裂性合格。值为6.00mm，挠度与计算跨度之比$f/L=1/4000$，远小于《桥规》限制1/800，表明梁体刚度满足要求。

七、效果

在不改变普通混凝土配合比的情况下，掺加一定量的外加剂即可使混凝土的抗压强度和弹性模量提高，使大流动度混凝土的坍落度损失减小，从而配制高强度、大流动性、弹性模量高的高性能混凝土变得简便易行，主要应用效果如下：

（1）提高了混凝土强度，尤其是提高了弹性模量。减少了混凝土的收缩、徐变，提高了梁体的抗裂性能和刚度，保证梁体质量。并且使混凝土拌合物有很好的工作性，易于灌注，利于侧振、插振成型。拆模后梁体表面平整、光滑、美观。

（2）通过掺外加剂，提高混凝土早期强度，加快模板周转，缩短了后张法的生产周期，使预制梁生产提前一个月时间完成任务。经检查评定梁体合格率达100%，优良率达98%。为京九线铺架顺利创造了条件，赢得了时间。

（3）由于对进场水泥批批复检，并采用水泥实际强度配制混凝土和掺外加剂技术，从而综合平均替换水泥量在12%~15%，即节约水泥60~75kg/m³，共节约水泥114.7t。加之预制生产进度快，质量好，使实际工程成本比计划成本节约近50万元。

第十五节　超细粉煤灰与硅灰复合对高性能混凝土的影响

采用超细粉煤灰与硅灰复合技术配制C150～C200高性能混凝土材料。在硅灰、超细粉煤灰及两者的复合物分别等量取代15%水泥的条件下，通过与单掺硅灰及单掺粉煤灰的情况对比，系统研究了等比例双掺（简称“双掺”）高性能混凝土的强度特性。试验结果表明，因硅灰与超细粉煤灰的复合掺入，在高性能混凝土结构形成过程中，充分发挥了这两种材料在功能效应方面相互促进和相互补充的作用，从而使“双掺”高性能混凝土的强度性能体现了比单掺更优异的特性。通过孔结构和显微硬度的测试分析，剖析了超细粉煤灰与硅灰复合效应的机理，并论证了用超细粉煤灰配制高性能混凝土的可行性。

一、前言

高性能混凝土是当今混凝土材料发展的总趋势。混凝土高性能的含义主要包括高强度、高韧性、高耐久和大流动性。目前国内外配制高性能混凝土的技术途径很多，但是普遍的是采用硅灰与高效减水剂复合，或采用高强度等级水泥等，聚合物混凝土也是产生高性能混凝土的途径之一。鉴于我国硅灰供量短缺、而粉煤灰的排放量已达7000万t/年、预计到2000年可达1.5亿t/年的国情，如何充分发挥粉煤灰的功能效应，用它来配制高性能混凝土是一个日益迫切的问题。这一问题的解决必将产生很大的技术、经济和社会效益。用超细粉煤灰配制高性能与超高性能混凝土国内外报导还很少。本文采用几种可行措施，激发了超细粉煤灰的活性，充分利用其自身功能效应（火山灰效应、填充效应、微骨料效应）配制高性能混凝土材料，并与钢纤维复合，达到高性能的目的。

二、试验用原材料及特性

1. 水泥

采用江南水泥厂生产的“五羊”牌Ⅰ型52.5级硅酸盐水泥和掺入约5%石灰石的Ⅱ型52.5级水泥，两者熟料矿物组成均相同，见表48-31和表48-32。表48-33是实测的水泥物理性能。凡是用作对比的试件所用水泥类型均相同。

52.5级硅酸盐水泥熟料矿物组成　　**表48-31**

矿物组成	C_3S	C_2S	C_3A	C_4AF	f-CaO
含量（%）	5.21	21.59	4.54	16.29	0.29

52.5级硅酸盐水泥熟料化学组成　　**表48-32**

化学组成	SiO_2	Al_2O_3	CaO	MgO	SO_3	Fe_2O_3
含量（%）	22.06	5.13	65.37	1.06	2.03	5.36

52.5级（Ⅱ）水泥的主要物理性能　　**表48-33**

细度		比表面积（cm^2/g）	凝结时间（h:min）		抗折强度 MPa			抗压强度 MPa		
80μm方孔筛余（%）	20μm方孔筛余（%）		初凝	终凝	1d	3d	28d	1d	3d	28d
0.06	2.64	3560	1:43	2:35	4.0	6.7	9.5	18.0	40.5	68.9

注：52.5级（Ⅰ）型水泥的比表面积为3700cm^2/g。

2. 粉煤灰

采用上海石洞口第二场风选超细粉煤灰，其化学组成、主要物理性能及其颗粒分布分别见表48-34、表48-35、表48-36。

超细粉煤灰的化学成分　　表48-34

化学组成	SiO_2	Fe_2O_3	Al_2O_3	CaO	MgO	SO_3	烧失量
含量（%）	51.83	5.96	32.13	3.74	1.05	0.18	1.31

超细粉煤灰的物理性能　　表48-35

物理性能	密度（g/cm^2）	需水量比	细度（45μm方孔筛余%）	比表面积（cm^2/g）
数值指标	2.42	0.88	2.36	7240

粉煤灰的颗粒分布　　表48-36

典型粒径（μm）	平均粒径（μm）	粒度分布（μm）									
			<1	1~2	2~3	3~5	5~10	10~15	15~20	20~30	>30
3.22	3.50	分计（%）	3.6	19.3	16.8	33.5	20.6	3.2	1.5	1.5	0
		累计（%）	3.6	22.9	39.7	73.2	93.8	97.0	98.5	100	100

从表48-36可以看出此超细粉煤灰很细，粒径不超过10μm的颗粒占93.8%，说明经过风选，粉煤灰的细度是能保证的。

3. 硅灰

采用贵阳青镇铁合金厂、马鞍山冶金公司的产品，其化学成分见表48-37。凡是对比的试件，所用硅灰种类均相同。

硅灰的化学成分与特征参数　　表48-37

生产厂	化学成分（%）							比表面积（m^2/g）	活性
	SiO_2	Al_2O_3	Fe_2O_3	MgO	CaO	SO_3	烧失量		
贵阳清镇铁合金厂	90.7	1.29	1.14	1.99	0.83	0.66	—	23.2	1.12
马鞍山冶金公司	91.3	1.05	0.53	1.23	0.27	—	—	26.0	1.15

4. 高效减水剂

采用上海新浦有机化工厂生产的XP-Ⅱ减水剂，当掺量为水泥质量的0.5%时，减水率为15%，以及天津港湾研究所生产的TH-40，减水率18%。凡是对比试件，所用减水剂种类及掺量均相同。

5. 砂

采用级配良好的中砂，细度模数为$M_x=2.7$。

6. 粗骨料

采用花岗岩碎石，压碎值4.7%，粒径为5~10mm。

7. 钢纤维

宜兴闸口钢纤维厂生产，切削方直型钢纤维，纤维长度$I_f=20mm$，长径比$I_f/d_f=60$。

三、试验结果及分析

1. 硅灰与超细粉煤灰复合对高性能混凝土强度的影响

在大量试验研究基础上，为便于分析和比较硅灰和超细粉煤灰双掺与单掺的效果，以及超细粉煤灰取代部分硅灰配制高性能混凝土的可行性，三个系列的取代水泥量均为

15%，其中超细粉煤灰与硅灰双掺时，两者的比例为1∶1，即硅灰7.5%+超细粉煤灰7.5%，试验龄期为3d、28d、90d或28d、90d、180d，以便观察和分析比较各系列强度的发展规律，养护制度采用标准养护与蒸压养护两种，其中蒸压养护制度压力1.5MPa，温度203℃，恒温恒压时间为8h。试验结果见表48-38和表48-39。

在标准养护条件下硅灰、超细粉煤灰及其双掺对高性能混凝土强度的影响　表48-38

混凝土系列	水灰比 W/C	混合材取代水泥量（%）		抗压强度（MPa）				抗折强度（MPa）		
		SF	FA	3d	28d	90d	180d	28d	90d	180d
高性能空白混凝土（HPC）	0.24	0	0	—	97.7	106.7	—	12.2	13.2	—
	0.19	0	0		92.5	96.5	—	11.3	12.3	—
功能粉煤灰混凝土（HPFAC）	0.24	0	15	84.8	114.3	122.5	—	12.9	14.3	16.8
	0.19	0	15	—	121	132	149	14.3	16.5	18.8
高性能硅灰混凝土（HPSFC）	0.24	15	0	91.7	119.1	130.2	—	13.7	15.6	17.5
	0.19	15	0	—	138	146	164	15.7	17.6	19.4
高性能双掺混凝土（HPFASFC）	0.24	7.5	7.5	88.5	133	138.2	—	15.5	16.8	18.2
	0.19	7.5	7.5	—	139	151	167	16.2	18.9	21.0

对高性能混凝土强度的影响　表48-39

试验试剂	水灰比 W/C	混合材取代水泥量（%）		抗压强度（MPa）	抗折强度（MPa）
		硅灰	超细粉煤灰		
HPC	0.24	0	0	101.0	9.0
	0.19	0	0	103.0	11.3
HPFAC	0.24	0	15	118.0	12.9
	0.19	0	15	143.0	15.0
HPSFC	0.24	15	0	125.0	13.3
	0.19	15	0	162.0	16.4
HPFASFC	0.24	7.5	7.5	143.0	14.6
	0.19	7.5	7.5	169.0	17.8

注：蒸压养护制度：1.5MPa，203℃，8h。

由表48-38和表48-39可见，在标准养护条件下，HPFAC、HPSFC、HPFASFC三者的抗压强度、抗折强度均随龄期增长而提高，且随龄期增长，在超细粉煤灰与硅灰取代同样水泥量（15%）时，三者强度之间的差异逐渐减小，充分显示了超细粉煤灰对高性能混凝土后期强度的有益影响，为利用超细粉煤灰取代硅灰配制高性能混凝土提供了依据。实验结果还充分表明，当超细粉煤灰与硅灰按1∶1双掺时，在标准养护条件下，各龄期的抗压与抗折强度均高于单掺硅灰（HPSFC）或单掺粉煤灰（HPFAC）的情况，其提高幅度20%。四个系列的强度高低顺序是HPFASFC>HPSFC>HPFAC>HPC；在蒸压养护条件下，仅由于高温高压养护，进一步激发了超细粉煤灰的活性，促进了水热合成，从而在其他条件相同时，各系列HP高性能混凝土的强度均高于相应标准养护28d龄期高性能混凝土。

2.双掺和单掺对钢纤维增强高性能混凝土强度的影响

为进一步改善HPFAC、HPSFC、HPFASFC的力学性能，在此三个系列中分别掺入 $V_f=2\%$ 的钢纤维，各系列抗压与抗折强度进一步得到了提高，试验结果列于表48-40，由该表可见，因钢纤维的掺入，不仅抗折强度大幅度提高，其抗压强度与 $V_f = 0\%$ 的情况相比，也提高 30%以上。众所周知，在配制 C100 以上的高性能混凝土时，粗骨料强度是个重要问题，往往因粗骨料抗压强度不足，而影响到高性能混凝土抗压能力的发挥，因钢纤维的掺入，弥补了因骨料抗压强度不足而带来的不利影响。表 48-40 还表明，钢纤维增强四个系列的高性能混凝土，其抗压强度、抗折强度规律同样是：SFRHPFASFC > SFRHSFC > SFRHPFAC > SFRHPC，其中 SFRHPFASFC 与 SFRHSFC 和 SFRHPFAC 相比，28d 抗压强度依次提高 19%和 8%，28d 抗折强度提高 24%和 20%。在蒸压养护条件下，四个系列的强度以同样的比例提高，且双掺之后的 SFRH-PFASFC 的最高抗压强度超过 200MPa，抗折强度大于 28MPa，又进一步体现了硅灰与超细粉煤灰双掺对 SFRHPC 的强化效果。

双掺和单掺对钢纤维增强高性能混凝土强度的影响　　表 48-40

试验系列	水灰比（W/C）	混合材取代水泥（%）		钢纤维掺量 V_F（%）	标准养护				蒸压养护	
					抗压强度（MPa）		抗折强度（MPa）		抗压强度（MPa）	抗折强度（MPa）
		FA	SF		28d	180d	28d	180d		
SFRHPC	0.19	0	0	2	136.0	157.0	14.2	15.1	150.0	15.8
SFRHPFAC	0.19	15	0	2	151.0	189.0	17.5	18.9	185.9	21.4
SFRHPSFC	0.19	0	15	2	166.0	206.0	18.1	19.9	201.3	22.5
SFRFASFC	0.19	7.5	7.5	2	180.0	218.0	21.8	29.1	211.2	28.5

注：1. 高效减水剂 XP-Ⅱ，掺量为 2%；
2. 标准养护。

四、硅灰与超细粉煤灰双掺对高性能混凝土力学性能影响机理的分析

综上所述，在高性能混凝土中掺入硅灰、超细粉煤灰及两者的复合物（即等比例双掺）均不同程度地提高了混凝土抗压强度与抗折强度。其中硅灰与超细粉煤灰双掺后，当取代水泥量相同时，双掺效果不仅比单掺超细粉煤灰的强度高，而且与单掺硅灰相比，强度也有明显增长。这说明超细粉煤灰的掺入，尚贮存有很大潜力。产生这一效果的原因关键在于硅灰、超细粉煤灰，尤其是硅灰与超细粉煤灰等比例双掺产生的功能效应，即火山灰效应、紧密堆积效应和微骨料效应。为什么双掺比单掺有更好的强化效果，本文认为功能效应的综合发挥是问题的关键。硅灰与超细粉煤灰功能效应的发挥，反映在细观结构上，则是孔结构的改善和显微硬度值的提高。以 W/C 为 0.19 对三个系列（HPFAC、HPSFC、HPFASFC）水泥净浆的孔结构和显微硬度值进行了分析对比。

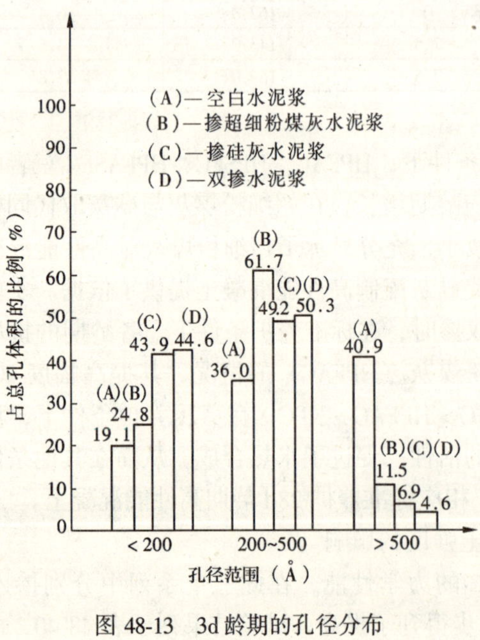

图 48-13　3d 龄期的孔径分布

1. 孔结构分析

硅灰、超细粉煤灰及其双掺对高性

能混凝土性能影响机理，首先反映在孔结构的改善上。当今对孔结构的分类方法有数种，采用吴中伟教授的分类方法，按有害程度分为无害孔级（<200Å）、少害孔级（200～500Å）、有害孔级（500～2000Å）、多塞孔级（>2000Å）。试验结果见表 48-13～图 48-15。孔结构测试结果表明，总孔体积按四个系列（HPC、HPFAC、HPSFC、HPFASFC）及不同龄期（3d、28d、90d）均依次递减，孔尺度也相应减小，其中小于 200Å 的无害孔在四个系列水泥净浆中所占比例均随龄期增长而提高；但四个系列间，无害孔所占比例有显著差异，龄期从 3d 到 90d，空白水泥浆的无害孔由 19.1%增至 23.3%，粉煤灰水泥浆从 26.8%增至 39.7%，硅灰水泥浆由 43.9%增至 74.1%；硅灰与超细粉煤灰双掺水泥浆，其无害孔增长幅度最大，从 44.6%增至 76.3%。与此同时，有害孔（>500Å）在总的孔体积中所占比例随龄期增长而显著下降；当龄期达 90d 时，空白水泥浆有害孔所占比例最高达 16.8%，单掺硅灰或单掺粉煤灰时，有害孔所占比例仅有 2.35%～2.37%，双掺时有害孔仅有 1.4%。孔结构测试结果充分表明，超细粉煤灰与硅灰复合，有效发挥了两者的填充效应、火山灰效应和微骨料效应，以及两者相互补充的作用，致密了结构，缩小了孔缝尺度和减少了孔数量，这是双掺比单掺有更好效果的根本原因。

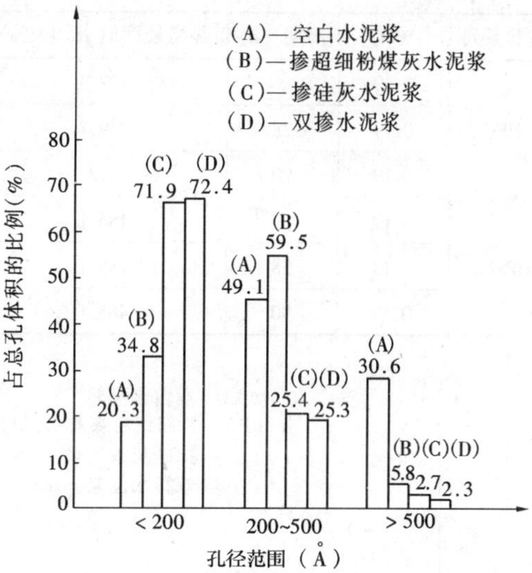

图 48-14　28d 龄期的孔径分布

四个系列水泥浆 3d、28d、90d 总孔隙率的变化规律　　**表 48-41**

水泥浆体种类（相应混凝土种类）	水灰比（W/C）	总孔率（%）		
		3d	28d	90d
空白水泥浆（HPC）	0.19	18.13	15.8	13.61
掺超细粉煤灰水泥浆（HPFAC）	0.19	17.05	13.0	12.25
掺硅灰水泥浆（HPSFC）	0.19	14.76	12.72	11.70
双掺水泥浆（HPFASFC）	0.19	14.51	12.13	11.02

2. 显微硬度分析

显微硬度与材料的密度和强度有较大的相关性，通常显微硬度高者，其强度也较高，其他性能也会相应地有所改善。对四个系列不同龄期硬化水泥浆的显微硬度进行了测试，其结果见表 48-42。

由表 48-42 可以看出，在 W/C = 0.19 条件下，各龄期的显微硬度（H_v）大小顺序为 HPFASFC > HPSFC > HPFAC > HPC。所反映出的规律与孔结构和强度发展规律是一致的。

综上所述，由于硅灰和粉煤灰的火山灰效应、填充效应和微骨料效应，在双掺水泥浆中得以充分发挥，并且两种外掺料在等比例双掺情况下能在上述三种效应方面互相补充，从而得到比单掺水泥浆更优的硬化水泥浆细观结构，并同时改善了水泥基材骨料和水泥基材—钢纤维的界面粘结，最终得到比单掺情况更优越的高性能水泥基复合材料。

四个系列显微硬度分布规律 表 48-42

试验系列	W/C	龄期（d）	显微硬度值 H_v（MPa）	试验系列	W/C	龄期（d）	显微硬度值 H_v（MPa）
HPC	0.19	3	177.3	HPFAC	0.19	3	177.8
	0.19	28	229.7		0.19	28	247.9
	0.19	90	3.2		0.19	90	414.5
HPSFC	0.19	3	186.1	HPFASFC	0.19	3	180.6
	0.19	28	285.1		0.19	28	348.7
	0.19	90	485.1		0.19	90	58109

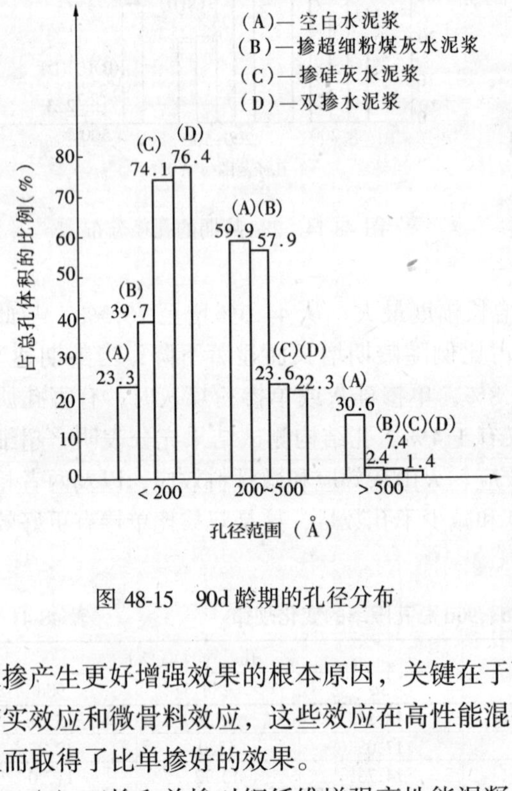

图 48-15 90d 龄期的孔径分布

五、结论

(1) 在高性能混凝土中掺入硅灰、超细粉煤灰及两者等比例复合物，均明显提高了其抗压强度与抗折强度，当掺量（取代水泥）均为 15%时，其强度规律是 HPFASFC > HPSFC > HPFAC > HPC。硅灰与超细粉煤灰双掺效果与单掺硅灰或超细粉煤灰相比，其强度可提高 15% ~ 20%。

(2) 硅灰与超细粉煤灰复合是配制高性能混凝土的有效途径，在常规工艺条件下，制备 C100 ~ C200 强度等级的高性能水泥基复合材料完全可能，而且粉煤灰自身功能效应尚有很大潜力，只要采用合适的措施，用它取代或部分取代硅灰配制高性能水泥基复合材料是完全有可能的。

(3) 与单掺硅灰或超细粉煤灰相比，双掺产生更好增强效果的根本原因，关键在于两种材料的功能效应，即火山灰效应、填充密实效应和微骨料效应，这些效应在高性能混凝土结构形成过程中相互促进和相互补充，从而取得了比单掺好的效果。

(4) 双掺和单掺对钢纤维增强高性能混凝土强度的影响规律与结论不相同，即仍然是双掺的强度最高。另一方面，用钢纤维增强 HPFAC、HPSFC 和 HPFASFC，不仅大幅度提高抗折强度，而且抗压强度也可提高 30%左右，这在一定程度上可弥补因粗骨料强度不足对抗压强度所产生的不利影响。

(5) 因硅灰和超细粉煤灰，尤其是两者复合所产生的功能效应，有效改善了高性能混凝土的孔结构。与不掺硅灰、超细粉煤灰的情况相比，不仅总孔体积随龄期增长而下降，而且无害孔（< 200Å）增长，有害孔减少，其中对每一龄期而言，其总孔体积是 HPFASFC < HPSFC < HPFAC < HPC，无害孔所占比例也随时间而降低，其规律是 HPFASFC > HPSFC > HPFAC > HPC。当龄期达 90d 后，HPFASFC 中有害孔所占的比例已经仅有 1%左右了，显微硬度值也以同样规律变化，这些均反映了硅灰、超细粉煤灰及两者双掺对高性能混凝土产生的功能效应结果。

第十六节　高性能混凝土的粉体效应

高性能混凝土（High Performence Concrete）的组成中，粉体作为其中必不可少的组分之一，制约着高性能混凝土的性能。以下是Ⅰ级增钙磨细粉煤灰粉体，其磨细矿渣粉体对高性能混凝土的流动性能及其后期强度的影响。

一、粉体的作用

粉体由于其巨大的内比表面积，在磨细过程中每一颗粉体上都聚集着强大的表面能，当这些表面能集中堆积时，对混凝土将会产生十分强大的效应，如哈尔滨水泥厂生产的52.5级普通硅酸盐水泥平均的比表面积约为3200cm^2/g，将阿城热电厂Ⅰ级增钙粉煤灰磨细到6000cm^2/g，以35%的粉体取代等量水泥时，粉体的总表面积将比65%的水泥比表面积还大，此时35%的磨细灰与65%普通硅酸盐水泥所产生的总表面积的作用将会越过单一水泥时的本身，特别是在流动效应的体现上，小水灰比时混合体的流动效应是单一水泥体的十几倍之多，而用35%的磨细灰取代35%的水泥时所拌制的混凝土的流变学特性参数将明显地能体现出高性能混凝土的触变性能，此时，可以大致概括出粉体在高性能混凝土中的作用为：填充作用、分散作用及其火山灰作用。

二、粉体的填充与分散效应

1. 粉体的填充效应

粉体的填充效应集中表现在高性能混凝土密实性的提高上，粉煤灰粉体中粒子直径小于10μm时，这时粉煤灰的比表面积可达7500～8000cm^2/g，当水泥比表面积为3200～4000cm^2/g时，粉煤灰的微粒正好能填充到水泥的空隙中去，在适当的比例与匹配下，可使胶凝材料的空隙达到最小值。达到同样的坍落度时，含超细粉煤灰粉体的混凝土可以减小用水量或降低高效减水剂的用量，后期强度还可提高。具体试验值列于表48-43。

掺磨细粉增钙灰高性能混凝土配合比与强度　　　　表48-43

水泥用量 (kg/m^3)	F-A (kg/m^3)	F-A 细度（g/m^2）	FDN-A (%)	配合比 水泥:砂:碎石:水	f_{cc28}（MPa） 3d	7d	28d	90d
550	0	—	—	1:1.16:1.76:0.36	58.6	62.6	69.8	71.0
495	55	6600		1:1.35:1.58:0.35	56.2	68.1	73.6	86.5

注：1. 采用阿城热电厂Ⅰ级增钙灰磨细至6000cm^2/g；

2. 哈尔滨水泥厂52.5级普硅水泥，$f_{cc28}=62.3$MPa；

3. 辽宁凤凰山矿产碎石，$D_{max}=25$mm；

4. 山东荣芜外加剂厂FDN-A高浓型减水剂。

2. 粉体的分散效应

粉体的分散效应集中体现在对高性能混凝土坍落度提高流动性的效应上，尤其是当W/B越小时，这一效应越明显，在W/B＝0.28时，可有效地提高流动性达20倍以上，如果没有粉体的加入，W/C＝0.28的混凝土单一依靠高效减水剂时是很难达到180mm以上坍落度的。见表48-44。

掺磨细粉体对高性能混凝土坍落度的影响　　表 48-44

水灰比 (W/B)	水泥用量 (kg/m^3)	粉体 (kg/m^3)		FDN-A (%)	配合比	坍落度 Sl (mm)
		F.A	PBF		水泥:砂:碎石:水	
0.28	550	—	—	1.4	1:1.16:1.76:0.28	7
	495	55	—	1.4	1:1.16:1.76:0.28	185
	495	—	55	1.4	1:1.16:1.76:0.28	195
0.30	550	—	—	1.2	—	—
	495	55	—	1.2	1:1.16:1.76:0.30	215
	495	—	55	1.2	1:1.16:1.76:0.30	238
0.34	550	—	—	0.75	1:1.16:1.76:0.30	82
	495	—	55	0.75	1:1.16:1.76:0.34	235
	495	—	55	0.75	1:1.16:1.76:0.34	242

从表 48-44 可见，当 W/B 从 0.38 变到 0.28 时，粉体的流态化程度明显地表现出来，实现低水胶比下的大流动度，如果随着粉体（磨细粉煤灰、磨细矿渣）的加入，混凝土的流动性保持在 10mm 左右，属干硬性混凝土，加入粉体之后，混凝土可变成可泵送的流态混凝土。粉体之所以有如此显著的流动作用，来源于其分散效应，当玻璃质材料被充分细化以后，就取得了较高的表面性，当高效减水剂掺入后，由于高效减水剂优先选择吸附于磨细粉体上，而由于静电斥力而迅速使水泥颗粒分散开来，而表现流动性增大效应。日本学者通过了实际测试证明：粉体浆体的电位比水泥高出近 2 倍，也就是说粉体对高效减水剂的吸附能力远大于水泥对高效减水剂吸附能力，这就为粉体的分散机理提供了理论依据。

3. 粉体的增强作用

粉体的增强作用主要表现在高性能混凝土后期强度的大幅度提高，一般来说 90d 后的强度可达到同龄期不掺粉体的空白混凝土的 125%～135%左右，试验表明，随着粉体细度的提高，强度的增进率提高，粉体最适宜的掺量为 30%，可提高其后期强度 10%～30%左右。

三、结论

（1）矿渣、Ⅰ级增钙粉煤灰经过充分磨细后，当比表面积达到普通硅酸盐 52.5 级水泥的 $3200cm^2/g$ 以上时，便可显现出粉体效应。

（2）磨细矿渣，Ⅰ级增钙粉煤灰，当比表面积大于 $6000cm^2/g$ 时，当 W/B 为 0.28 时，其流态化效应可达不掺粉体的空白混凝土 19 倍以上。

（3）粉体的增强效应一般表现在 90d 左右，用 35%复合磨细矿渣与Ⅰ级增钙粉煤灰粉体取代 35%的 52.5 级哈尔滨水泥厂普通硅酸盐水泥，高性能混凝土强度可提高 35%以上。

第十七节　高性能混凝土的耐久性

由于高性能混凝土优良的非渗透性和耐久性，它越来越受到人们的关注。但对现场施工来说，却经常苦于没有一些具体的技术指南，如有化学腐蚀介质环境下使用高性能混凝土的条件，等等。

一、微观结构与耐久性参数

高性能混凝土的耐久性在很大程度上取决于基材自身的质量。混凝土中发生的物理及化学反应与微观结构密切相关，因此了解混凝土的微观结构非常重要，高性能混凝土与普通混凝土的微观结构之间有很大差异；且以骨料和基材的界面处尤为明显。这正是黏结力好和渗透性低的缘故。矿物掺合料和有机外加剂能改善高性能混凝土的微观结构，使其抵抗气体或液体的渗透能力增强。混凝土的耐久性和非渗透性之间有着直接的联系。

在早期施加较高的预应力，可以提高胶凝材料的比密度。由于液体被挤出，水灰比大为减小，从而微观结构变得更致密。以这种工艺生产的材料称为少孔水泥。

高性能混凝土微观结构的梯度变化是由水化、相变及外部湿热作用等引起的。当受冻融循环作用时，这些梯度明显地影响着高性能混凝土的耐久性。它们的变化也可用来解释采用不同标准试验方法所得的试验结果的差异。应当特别指出，ASTMC666 的冻融循环试验方法似乎不适用于高性能混凝土。

高性能混凝土的微观结构改善与水化和硬化过程中的湿热条件有关。当结构构件不同及养护条件不同时，湿热条件也不同。当采用低水灰比，同时又避免配合比组分中各种不相容因素时，高性能混凝土可望具有高耐久性。

未来的试验室研究和大规模的现场研究都应与实际问题紧密结合。若设计者和建设者都要使用高性能混凝土，就必须对高性能混凝土的基本性能和现场施工及养护方法给予明确的定量说明。

二、有除冰盐类化学物质时的抗冻性

试验室试验表明，水灰比 0.30～0.35 时的高强混凝土（HSC）有较高的抗冻性和抗冰冻与除冰盐共同作用能力。对非引气混凝土也如此。甚至有报道说，非引气混凝土比引气混凝土剥落得轻。然而，这一差异是发现在 28 个冻融循环后、厚度不超过 0.1mm 范围。再有，对试件的成型面试验时，由于细砂浆的厚度和质量影响很大，不能忽视试件制备过程中的随机性。

高强混凝土（即使在无引气剂时）的优良性能可能来自其自干燥性。但一旦有水进入混凝土（这在混凝土结构的使用期内通常是可避免的），情况就完全不同了。只要有少量的外部水分，就足以使混凝土受冻破坏。依据 ASTMC666 的方法 A 进行的抗冻性试验，混凝土破坏明显。尽管这种水下抗冻试验方法严格，但低温分析表明，破坏可能与因冻融循环而形成的多余的冰无关。同时，近期研究结果也排除了温差是破坏的主要原因一说。所以，即使在试验室范围内也需要进一步研究，以弄清高强混凝土的受冻破坏机理。当然还需时时考虑，试验室标准试验获得的结果与实际应用时的抗冻性关系怎样。

在挪威，不掺引气剂的 65MPa 以上（抗压强度）的高强混凝土已经在海水结构中使用几十年，尚未发生冻害。这一区域受冻虽然不很严重，却使用了木质素磺酸盐类减水剂。已知这类减水剂可以引入一定的气泡。同样，根据挪威的另外报道，不掺引气剂的 105MPa 道路混凝土也没有明显的剥落现象。

无疑，高强混凝土具有高抗冻性。但就目前研究结果来看，如果接触除冰盐类化学物质，并且受冻严重，即使混凝土的水灰比低于 0.36，也建议使用引气剂。

三、硫酸盐腐蚀及碱-骨料反应

(一) 高强混凝土中的碱—骨料反应（ASR）

考察水灰比和水泥用量对混凝土 ASR 膨胀的影响。采用加速试验（50℃、饱和 NaCl 溶液）测量混凝土棱柱体的线膨胀值。使用两种骨料：一种为反应缓慢的变流纹岩石，另一种为反应迅速的蛋白石。硅酸盐水泥的等效 Na_2O 含量为 1.1%。

1. 以变流纹岩石为骨料

配合比中分别取水灰比 0.50 或 0.35、水泥 440kg/m^3（含等效 Na_2O 为 5.3kg/m^3），以及水灰比 0.28、水泥 530kg/m^3（含等效 Na_2O 为 6.9kg/m^3），直至 60d 龄期时。混凝土的膨胀值都相同，并且出现了肉眼可见的裂缝。

2. 以蛋白石为骨料

配合比为水泥 440kg/m^3，水灰比 0.44 时，ASR 比使用变流纹岩石时快；配合比为水泥 530kg/m^3、水灰比 0.28 时，ASR 比使用变流纹岩石时慢，且最终值较小。而且，后者(高水泥用量 530kg/m^3，低水灰比 0.28）在 240d 龄期时出现裂缝，前者（低水泥用量 440kg/m^3、高水灰比 0.44）在 90d 龄期时出现裂缝。

微观分析发现，变流纹岩石和蛋白石活性骨料的溶解机理相同，但最终膨胀值不论是对普通混凝土还是对高强混凝土都不同。变流纹岩石的膨胀从带裂缝的骨料颗粒内开始，而蛋白石则全部转变为 ASR 凝胶。

总之，和其他混凝土一样，含活性骨料和高碱度水泥的高强混凝土性能必须进行试验。

(二) 水灰比、磺酸盐塑化剂及硅粉对延缓钙矾石形成的作用

热养护混凝土时，迟生钙矾石的形成是由于孔溶液中的硫酸盐离子活化而引发内部硫酸盐反应和水化物稳定性有关。在温度高于 60℃及水泥中 C_3A 和碱含量高的条件下，钙矾石不稳定。它的分解使孔溶液中的硫酸根离子增加。其后，在周围环境温度和湿度作用下，钙矾石重新结晶，使混凝土膨胀。在 60℃、75℃和 95℃下养护砂浆棱柱体，60℃以上温度时，尤其从 75℃起，由迟生钙矾石膨胀造成的危害已很明显。塑化剂不影响该临界温度。低水灰比不能消除迟生钙矾石的生产反应，但使反应速度减慢。硅粉的影响与之相同。总之，如果温度高于 60℃，迟生钙矾石的形成取决与水泥中的 C_3A 和碱含量。

混凝土变化复杂，内部化学腐蚀过程包括孔溶液的化学组成变化、离子扩散、固相中的离子交换、水泥水化物及骨料的溶解，以及能够引起膨胀和开裂的新产物形成，等等。在由 ASR 破坏的混凝土中，也发现了与 ASR 凝胶同时存在的迟生钙矾石。钙矾石与二次产物相似，从凝胶中生成。即使不从化学角度分析，高强混凝土的膨胀也需要考虑。渗透性是一个重要的性质。在低渗透性混凝土中，由于腐蚀性介质的活性低，潜在的反应将不能发生。

水泥用量高将增大混凝土开裂的危险，如热裂缝、收缩干燥、碱—骨料反应（ASR）及 C_3A 和碱含量高时的迟生钙矾石。所以，试验室研究似乎应当考虑：①现场将实际使用的混凝土组成；②诸如碱含量或热处理温度现行规范限值，等等。

四、高性能混凝土耐酸性

依据混凝土在酸溶液中腐蚀试验结果，对将混凝土应用于低 pH 值环境中的可行性持乐观态度。一般情况下，pH 值越低，无机酸的腐蚀性越强。然而，尽管溶解度很小，有

机酸对水泥浆也有很强的腐蚀性。酸能够腐蚀水泥浆和碳酸盐类骨料，但不能腐蚀硅酸盐类骨料。所以，含石灰石骨料的混凝土量损失总是比含硅酸盐类骨料混凝土的大。然而，溶解的石灰量和腐蚀深度与强度降低之间并无直接关系。所以说，以质量损失作为混凝土的耐酸指标可能引起误解。这也是人们更愿意使用抗弯强度指标的缘故。

由于酸腐蚀多发生在混凝土外表面、毛细孔及裂缝中，所以低水灰比和振捣密实的混凝土比多孔的渗透性高的混凝土受的腐蚀轻。因为毛细孔中发生腐蚀，所以由酸腐蚀引起的相对强度降低比质量损失大。以水灰比 0.36～0.37 配制的浸没在乙酸溶液（pH = 3.5 ± 0.5)中的试验表明，腐蚀程度可以设法减轻。最好的结果是使用硅酸盐骨料，而碳酸盐骨料（尤其当混凝土含细石英粉时）也可以。当混凝土暴露于酸溶液中的时间延长，以及降低试件的强度时，溶解的石灰量增加。

由此可得如下结论：①高性能混凝土比普通混凝土的耐酸性强；②高性能混凝土中，可以使用石灰岩骨料，尤其当加入细石英粉时；③在混凝土构件设计时，预留一消耗层供长期溶解，能够保证即使在腐蚀性环境下结构物也有较长的使用寿命；④此结论也适用于混凝土通常发生的腐蚀，如由溶解于水的二氧化碳引起的腐蚀，即弱碳酸腐蚀。

五、高性能混凝土钢筋锈蚀

钢筋锈蚀可能是户外钢筋混凝土应用中遇到的最严重问题。它通常制约着结构物的使用寿命。在此需要考虑两个问题：①混凝土保护层的碳化；②氯离子引起的锈蚀（该锈蚀可能由除冰盐或海洋环境下的海水引起）。锈蚀自身又可分两个独立的阶段：①出现锈蚀之前的引发（潜伏）阶段；②锈蚀活跃阶段。引发阶段是最重要的阶段，因为从原则上讲，在设计结构物时，人们不考虑锈蚀阶段，而只是将引发阶段定得比希望的使用寿命长。大家知道，低水灰比的高性能混凝土可以使结构物具有较高的抵抗钢筋锈蚀的能力。这是因为，氯离子、水、二氧化碳及氧气通过该混凝土的扩散速度低，且引发锈蚀需要的临界值高。

（一）碳化作用

即使在普通混凝土中，如果选取适当的低水灰比和适当的混凝土保护层厚度，碳化就不成问题。然而，使用高性能混凝土可以使混凝土保护层变薄，于是构件变小变轻。对给定的使用寿命，针对不同品种胶凝材料和水胶比的混凝土配合比，需要进一步研究以确定所需的最小保护层厚度。

（二）氯离子作用

要考虑两个因素：①混凝土保护层中的氯离子有效扩散速度；②引发锈蚀的临界氯离子浓度。将放在实际海洋环境中的实际结构物的实际氯离子扩散与放在试验室中未受氯离子污染的相同混凝土试件试验结果进行比较。结果发现，现场混凝土中氯离子的有效扩散速度随时间的延长逐渐减小，暴露几年后的为试验室中的十分之一以下。这说明，需要研究更好的试验方法以评定混凝土的实际氯离子扩散速度，以及对包括高性能混凝土在内的各类混凝土找出现场的和试验室的扩散系数之间的关系。弄清现场环境和试验室环境下结果巨大差异背后的原因也相当重要。同样重要的是，弄清是否这一结果仅限于普通混凝土暴露在海洋环境，还是也适用于高性能混凝土和暴露于除冰盐环境之下的混凝土。

借助电场迫使氯离子向混凝土中扩散的方法很有前途。这样使得用常规方法需几个月时间的扩散试验用此方法几天就可以获得结果。但关键问题是，以该法获得的扩散系数需用现场的实际结果标定。

通过将大量的高性能混凝土试件放在实际海水中试验，得出了出人意料的结果。例如：①试件表面孔隙中的自由氯离子浓度通常是试件周围海水中氯离子浓度的两倍，且没有找到似乎合理的解释。②总氯离子量和结合的氯离子量之间呈非线性关系，其原因可能是以试验室获得的氯离子梯度计算的扩散系数与现场实际扩散系数之间存在差异。③即使存放在水中，混凝土的相对湿度也绝对达不到100%；对低水灰比，混凝土的相对湿度非常低。该结果的一种可能解释是：孔中水溶液的盐分使蒸汽压降低，以及密实混凝土的蒸汽压低之故，而另一种解释为自干燥。④当水灰比为0.40、硅灰掺量为5%时，一些混凝土中的氯离子扩散几年后几乎完全停止。其原因不详，也不知道数年之后渗透是否会重新开始。

非常清楚，在氯离子扩散方面需要大量研究。建立一个真实的模型非常重要，以便预测不同混凝土在不同环境下（海洋的、除冰盐的）的氯离子扩散系数。否则，对一给定的环境条件和要求的使用寿命，人们将无法信心十足地设计出混凝土配合比。

探讨了氯离子浓度临界值问题，结果表明，氯离子临界浓度随孔溶液的OH^-浓度增加而提高。所以，对一定的混凝土，当孔溶液量减少，即当含水量（相对湿度）和水灰比降低时，氯离子临界值提高。然而，对不同的配合比，没有给出氯离子的实际浓度临界值。也许，当水灰比足够低时，氯离子就不能引起高性能混凝土中的钢筋锈蚀。

混凝土的电阻率是影响钢筋锈蚀的重要参数。掺有大量掺合料（尤其是硅灰）的混凝土电阻率非常低，因此认为，该类混凝土中的钢筋锈蚀速率一定很小，甚至可以忽略（至少对宏电池锈蚀如此）。另一方面，混凝土的电阻率对普通微电池的锈蚀速率无明显影响。

不同配合比的混凝土不同环境下的真实锈蚀速率以及混凝土保护层的裂缝对锈蚀速率都有影响。高性能混凝土更脆，因此更易开裂。它常常含有大量的掺合料，因此开裂后的自愈能力可能降低。再者，由于自干燥作用，高性能混凝土将产生自生收缩，由此产生微裂缝，这可能对其耐久性有不利影响。

六、高性能混凝土耐火性

高性能混凝土是一种新型材料，它的一些优良性能使其最有希望适用于实际工程。高性能混凝土的耐火性与普通混凝土类似。但由于它渗透性低，受热过程中不排除有爆炸性剥落现象发生，特别是高抗压强度下的构件，如果不及时采取预防措施，在短期暴露于火中时就可能失去耐火性。爆炸性剥落是高性能混凝土的缺点，在实际工程应用中自然要设法克服。最近发现，如果在混凝土配合比中加入少量的低熔点纤维（LMF），就可避免爆炸性剥落。当暴露在火中时，低熔点纤维在高性能混凝土的微结构中可能起到释放压强能的作用。这样高性能混凝土的性能与其他任何普通混凝土的类似，因此可以在各类建筑中不加限制地使用。

第四十九章　流 态 混 凝 土

（flowing concrete）

第一节　概　　述

一、流态混凝土的定义

在按常规方法制成的坍落度为 8～12cm 的塑性混凝土拌合物（即基准混凝土）中，于浇注前加入一定数量流化剂，再经过二次搅拌，使基体混凝土拌合物的流动性顿时增大至 20～22cm 能像水一样地流动的混凝土，称为流态混凝土。流态混凝土在英、美、加拿大等国称为超塑性混凝土，而在德国和日本又称为流动混凝土。

配制流态混凝土的一种最关键的基本材料是流化剂或高效减水剂。它与普通混凝土中所采用的外加剂相比具有不同的化学结构，对水泥粒子具有高度的分散性，而且即使掺量过多，也几乎对混凝土不产生缓凝作用，引气量也相对较少。因而，可以大量使用。这种对水泥粒子具有高度吸附——扩散作用以及可大量使用的特点，具有很高的减水效果，可据以提高掺量来增加减水率，调节混凝土的流化效果。

二、流态混凝土的特点

流态混凝土在国外采用比较广泛。主要具有以下特点：

（1）坍落度 20cm 以上，流动性好，能象水一样流动，可以采用泵送浇注，不需捣实。因而能获得省能、省力及减少噪声等效果。

（2）与坍落度相同的塑性混凝土相比，单位体积混凝土中的用水量可以大大地减少；如果保持水灰比相同，单位体积水泥用量也可以减少。

（3）不增加单位体积混凝土中的水泥用量，但也不损害混凝土的泵送施工性能，可以大幅度地降低水灰比，因而可以获得高强、耐久、不透水等方面性能良好的混凝土。

（4）流态混凝土与大流动性的泵送混凝土相比，既能降低用水量，又能降低水泥用量，混凝土硬化后不易产生收缩和裂纹，而且还能保证泵送要求的施工性能，混凝土的质量可望获得大幅度的改善。

（5）不产生离析和泌水现象。

三、流态混凝土的应用和发展

德国最早发明和应用流态混凝土，以后逐渐推广到英、美、日等工业发达国家，从上世纪 70 年代开始应用，规模日渐扩大，目前在建筑业已占很大比例。如日本，1985 年流态混凝土的使用量约占 15 万 m^3，1990 年已达 300 万 m^3，且有不少于 $2200m^3$ 以上的大体积混凝土应用了流态混凝土。

流态混凝土的发展是与泵送工艺施工技术的发展分不开的。泵送工艺要求混凝土拌合物有较大的流动性，而且不产生离析，流态混凝土恰好可以满足这种要求，因而代替了过去采用的坍落度为 20cm 左右的大流动性混凝土。因为塑性混凝土的收缩裂缝多，抗渗性、耐久性差，钢筋也易于锈蚀。流态混凝土一方面具有水泥用量和用水量较多，坍落度约20cm的施工性能，便于泵送运输和浇筑；另一方面，又可以得到近似于坍落度为5～10cm塑性混凝土的质量。即满足了施工要求，又改善了混凝土的质量，因而受到广泛的重视，应用规模也逐渐扩大。

我国在北京的地铁工程、南京的金陵饭店等工程中均采用了流态混凝土。特别是金陵饭店采用了先进的滑模施工工艺，配之以泵送流态混凝土，这是高层建筑建设中一种很有发展前途的施工方法。

总之，流态混凝土在国内外的发展广泛。以建筑物的用途来看，仓库、水处理厂等稍有特殊要求的混凝土工程，多可采用流态混凝土；此外，高层建筑、银行、医院等公共建筑也常采用流态混凝土施工。

第二节　流态混凝土的原材料

流态混凝土是在预拌的坍落度为8～12cm的基体混凝土拌合物中，加入外加剂，经过二次搅拌，使基体混凝土拌合物的坍落度顿时增加到12～22cm，能自流填满模型或钢筋间隙的混凝土，又称超塑性混凝土。

一、基体混凝土材料

为适应流态混凝土的坍落度要求，所以基体混凝土的组成也有一些特点：如水泥用量一般不低于300kg/m^3，粗骨料最大粒径不大于20mm，细骨料希望含有一定数量小于0.315mm的粉料，砂率通常可达45%左右。基体混凝土拌合物的坍落度值应与流化后拌合物的坍落度值相匹配，通常两值之差约10cm左右。

二、流化剂材料

凡是具备高效能减水剂减水条件的都可以作为流化剂。

(一) 种类

目前，常用的流化剂材料有三种类型：

Ⅰ类：三聚氰胺磺酸盐甲醛缩合物（SMF）；

Ⅱ类：萘系磺酸盐缩合物（SNF）；

Ⅲ类：改性木质素磺酸盐类（MLS）。

日本市场上销售的高效能减水剂及流化剂见表49-1，我国可作流化剂的高效减水剂见表49-2。

日本市场上销售的高效能减水剂及流化剂　　**表49-1**

商品名	主要产品	效果	掺量(%)	用途
麦地150	萘磺酸盐甲醛缩合物	高减水	0.6	高强度及流态化用
桑弗罗	萘磺酸盐和木质素磺酸盐	高减水	0.6	高强度及流态化用
510N	羟基磺酸盐类	高减水	1.0	高强度、适用于水泥细度高的
NL-4000	高缩合三聚氰胺类化合物	早强高效减水	(2—4) L/100kg水泥	高强度及流态作用

我国可用流化剂的高效减水剂　　　　**表 49-2**

牌　号	主 要 成 分	研制生产单位	掺量（水泥量的%）
UNF-5	β萘磺酸钠甲醛缩合物	天津自强化工厂	0.3～0.75
UNF-5A	β萘磺酸钠甲醛缩合物	天津自强化工厂	0.3～0.75
FDN	β萘磺酸钠甲醛缩合物	湛江外加剂厂	0.5～0.7
SN-11	β萘磺酸钠甲醛缩合物	上海五四农场助剂厂	1.0～1.5
SN-11	β萘磺酸钠甲醛缩合物	上海建筑研究院	1.5～2.5
CRS	古玛隆树脂	交通部二航局科研所	0.8～1.0
CU	聚烷基芳基磺酸钠	上海建研院	0.75～1.5
CU	聚烷基芳基磺酸钠	上海五四农场助剂厂	1.5～3.0
NF	萘磺酸钠甲醛缩合物	清华大学淮南矿物局合成材料厂	0.5～1.0

（二）流化剂质量标准

我国混凝土化学外加剂标准见《混凝土外加剂》（GB 8071—1997）和《混凝土外加剂应用技术规范》（GB 50119—2003）。在日本，流化剂的质量要符合《混凝土用流化剂质量标准》的要求，见表 49-3。

混凝土用流化剂质量标准　　　　**表 49-3**

<table>
<tr><th colspan="3" rowspan="2">项　　目</th><th colspan="2">流化剂类型</th></tr>
<tr><th>标准型</th><th>缓凝型</th></tr>
<tr><td rowspan="4">实验条件</td><td rowspan="2">坍落度（cm）</td><td>基体混凝土</td><td colspan="2">8±1</td></tr>
<tr><td>流态混凝土</td><td colspan="2">18±1</td></tr>
<tr><td rowspan="2">含气量（%）</td><td>基体混凝土</td><td colspan="2">4.5±0.5</td></tr>
<tr><td>流态混凝土</td><td colspan="2">4.5±0.5</td></tr>
<tr><td colspan="3">泌水量差（cm^3/cm^2）</td><td>0.1 以下</td><td>0.2 以下</td></tr>
<tr><td colspan="2" rowspan="2">凝结时间差（min）</td><td>初　　凝</td><td>－30～＋90</td><td>＋60～＋210</td></tr>
<tr><td>终　　凝</td><td>－30～＋90</td><td>＋210 以下</td></tr>
<tr><td colspan="3">15min 内坍落度的经时降低值（cm）</td><td>4.0 以下</td><td>4.0 以下</td></tr>
<tr><td colspan="3">15min 内含气量的经时降低值（%）</td><td>1.0 以下</td><td>1.0 以下</td></tr>
<tr><td colspan="2" rowspan="3">抗压强度比(1)（%）</td><td>3d 龄期</td><td>90 以上</td><td>90 以上</td></tr>
<tr><td>7d 龄期</td><td>90 以上</td><td>90 以上</td></tr>
<tr><td>28d 龄期</td><td>90 以上</td><td>90 以上</td></tr>
<tr><td colspan="3">长度变化比①（%）</td><td>120 以下</td><td>120 以下</td></tr>
<tr><td colspan="3">抗冻融性能(1)相对动弹性模量比（%）</td><td>90 以上</td><td>90 以上</td></tr>
</table>

注：1. 试验用混凝土中单位水泥用量；卵石混凝土 300kg/m^3；碎石混凝土 320kg/m^3；砂率大小要使流化后混凝土不产生离析；流化剂在搅拌后 15min 添加。

2. 表中（1）这个数值是考虑到试验误差而确定的，意味着流态混凝土和基体混凝土应该具有的质量。

美国材料试验协会 ASTM 也制定了高效能减水剂的规格，见表 49-4 所示。

ASTMC494 化学外加剂修改时添加的高效能减水剂规格 **表 49-4**

项目		外加剂类型						
		A 型减水剂	B 型缓凝剂	C 型促凝剂	D 型缓凝型减水剂	E 型促凝型减水剂	F 型高强度减水剂	G 型缓凝型高强度减水剂
单位水量比（%）		95 以下	—	—	95 以下	95 以下	88 以下	88 以下
凝结时间	初凝（h）	−1:00 ~ +1:30	+1:00 ~ +1:30	−1:00 ~ −1:30	+1:00 ~ +1:30	−1:00 ~ −1:30	−1:00 ~ +1:30	+1:00 ~ +1:30
	终凝（h）	−1:00 ~ +1:30	+3:30 以内	−1:00 以内	+3:30 以内	−1:30 以内	−1:00 ~ +1:30	+3:30 以内
抗压强度（%）	3d 龄期	110 以上	90 以上	125 以上	110 以上	125 以上	125 以上	125 以上
	7d 龄期	110 以上	90 以上	100 以上	110 以上	110 以上	125 以上	115 以上
	28d 龄期	110 以上	90 以上	100 以上	110 以上	110 以上	115 以上	115 以上
	180d 龄期	100 以上	90 以上	90 以上	100 以上	100 以上	—	—
	360d 龄期	100 以上	90 以上	90 以上	100 以上	100 以上	—	—
长度变化（%）		135 以下	135 以下	135 以下	135 以下	135 以下	135 以下	135 以下
相对耐久性指数（%）		80 以上	80 以上	80 以上	80 以上	80 以上	80 以上	80 以上

（三）流化剂作用机理——DLVD 理论

流化剂是一种界面活化剂。掺入混凝土后，可以认为主要有两方面的作用：一是润湿作用，二是胶体保护作用。

所谓 DLVO 理论是关于溶胶分散与凝聚的理论。由两位前苏联人（Derjaguin，Landau）和两位荷兰人（Verwey，Overbeek）分别完成的。该理论认为：溶胶在一定条件下是稳定存在还是聚沉，决定于粒子间的作用力。流化剂掺入混凝土中之后，通过搅拌水泥粒子表面吸附流化剂，在其表面形成扩散双电层的离子分布，改变了其电动电位，使水泥微粒在静电斥力作用下分散，把水泥水化过程形成的空间网架结构中的束缚水释放出来，使水泥混凝土流态化。

（四）流化剂掺入方法

流化剂加入混凝土混合体中的方法有两种：

（1）一次加入法（简称 P 法）：在混凝土搅拌过程中即加入流化剂；

（2）后加法（简称 F 法）：预先搅拌好基体混凝土，经过一段时间（5 ~ 90min）静置，然后加入流化剂，并再次搅拌制得流态混凝土。

F 法与 P 法相比，在获得同样流动性混凝土拌合物的情况下，流化剂的添加量，F 法仅为 P 法的 50% ~ 80%。如果使用相同剂量的流化剂，则 F 法比 P 法的流化效果更大，即 F 法要比 P 法优秀。

第三节　流化剂及流化机理

一、流化剂

流化剂又称塑化剂，凡是具有高效能减水作用的都可用作流化剂。常用的流化剂可以分为三类：三聚氰酰胺磺酸盐甲醛缩合物；萘磺酸盐甲醛缩合物；改性木质素磺酸盐。

三聚氰酰胺磺酸盐甲醛缩合物首先在德国得到应用，后来相继引入北美、日本等国。日本的麦地-150即属此类，其他国家也生产各种改型产品，具有高效减水作用，掺量0.6%。流化剂、高效减水剂或超塑化剂，都属表面活性物质，属于多环芳基聚合磺酸盐类。

二、流化剂的流化机理

多环芳基聚合磺酸盐类流化剂的化学结构，可以用通式 $R\text{-}SO_3Na$ 来表示。其中 $-SO_3Na$ 为亲水基团，流化剂加入水泥浆后，离解出 $R\text{-}SO_3^-$、Na^+ 正负离子。R为憎水基团，因而 $R\text{-}SO_3^-$ 被吸附到水泥粒子表面，形成第一电位层；而被水泥粒子吸附了的阴离子，形成第二电位层。因此，在水泥粒子外侧形成双电层。由于双电层产生电的斥力，使水泥粒子间相互排斥，阻止了水泥粒子的凝聚，同时把网状结构中的水释放出来，因而达到流化的目的。

流化剂为表面活性剂，因而能降低表面张力和界面张力，并能使水分容易湿润表面，渗透到物体内部，使水泥颗粒易于被水湿润；同时用水量也可相应减少。

液体在固体表面的湿润程度，以润湿角 θ 表示：

$$\cos\theta = (\sigma_s - \sigma_{sl}) / \sigma_1$$

式中　σ_s——固相与气相的表面张力；

σ_{sl}——液相与固相间的界面张力；

σ_1——气相与液相间的界面张力。

如果 σ_{sl}、σ_1 减少，$\cos\theta$ 增大，θ 变小，则湿润效果较好。加入流化剂后，降低了水的表面张力（σ_{sl}减少），因而使水泥颗粒容易被湿润，使混凝土拌合物在具有相同坍落度的情况下，所需的拌合水量减少，也即是混凝土达到流化的原因之一。

三、流化剂的后添加效应

在国外，流态混凝土的搅拌方法有P法和F法两种，其区别在于流化剂的具体添加方法不同。

（一）P法

P法即同时添加的方法，在混凝土搅拌过程中加入流化剂（Sp）。其制备过程如下：

$$(C) + (S) + (Sp + W) \xrightarrow{\text{搅拌 1min}} + (G) \xrightarrow{\text{搅拌 2min}} \text{流态混凝土。}$$

（二）F法

F法即为后添加的方法，先搅拌好基准混凝土，经过5~10min的静置后再加入流化剂（Sp）。其制备过程如下：

$(C)+(S)+(W)\xrightarrow{\text{搅拌 1min}}+(G)\xrightarrow{\text{搅拌 2min}}$基准混凝土$\xrightarrow{\text{静置 5~90min}}+(Sp)\xrightarrow{\text{搅拌 1min}}$流态混凝土。

流化剂的这两种添加方法对混凝土的流化效果不同。如混凝土中水泥用量为285kg/m^3、水灰比0.65、坍落度12cm、流化剂添加量为水泥质量的0.5%时，搅拌时添加、搅拌后立即添加和搅拌后15~60min加入的流化效果各不相同。试验结果表明，如果搅拌时加入流化剂，坍落度为18.5cm；搅拌后15min加入流化剂，坍落度高达21cm；在搅拌后15~60min加入流化剂，坍落度约为21cm左右。与此同时试验还证明，若获得同样流动性的流态混凝土，后添加法与同时添加法相比，前者流化剂的添加量仅为后者的50%～80%。因此，后添法具有较明显的流化效应。

后添加法的这种效应，是与水泥粒子和水接触后在极短时间内生成的水化产物与流化剂的相互作用有关。在后添加法中，水泥粒子与水接触的头1min内，依次生成的水化产物主要是C_4AH、C_3ACSH_{18}、C_3A_3（CSH）$_{32}$以及C_9AH等，流化剂吸附在这些水化物表面，但吸附量极少。而在同时添加法中，在水泥中$CaSO_4$溶出之后，C_3A和C_4AF吸附流化剂量多，因而在溶液中流化剂量相对减少，因此，在流化剂掺量相同的情况下，后添加法（F法）水溶液中残存的流化剂量比同时添加法（P法）多，也即是C_3S和C_2S流化时能利用的流化剂量相对的多，流化效果也明显。

四、流化剂反复添加效应

在混凝土中添加流化剂搅拌成流态混凝土后，由于水泥水化作用的结果，流态混凝土拌合物的坍落度会随着时间而降低。为了防止坍落度损失，保证混凝土施工的需要，流化剂不是一次全部加入混凝土中，而是分几次逐量加入。例如，在混凝土搅拌后10min加入水泥质量0.5%的流化剂，搅拌1min成为流态混凝土，然后每隔15min再加入水泥质量0.1%的流化剂，搅拌1min。这样，由于流化剂的反复添加，会使流态混凝土的坍落度在一定时间内没有变化。

流态混凝土由于水泥水化而使水泥粒子逐渐产生凝聚，再次添加流化剂后，凝聚的粒子又被分散，经过一定时间就又再次凝聚，以后由于流化剂的反复加入，则水泥粒子反复产生凝聚和分散。其原因主要是由于电位发生变化所致。在电位降低时，添加一定数量的流化剂，使电位有较大的回升，因而水泥粒子再度分散，混凝土拌合物的坍落度则再次提高。

反复添加流化剂会影响混凝土中含气量和气泡的大小，可能会降低混凝土的抗冻性，因而对反复受冻融循环作用的混凝土必须引起注意。

第四节　混凝土的流变特性

一、流变学概述

（1）混凝土拌合物可以看成为是一种由水和分散粒子组成的体系，它具有弹性、粘性、塑性等特性。运用流变学理论可以更深入研究拌合物的各种特性，深刻了解其变形本质。

（2）流变学是研究物体和变形的科学。它是力学的一个分支。但与力学显然不同。物质能流动和变形的性能称该物质的流变性。任何物质的流动和变形是其质点间的相对运动规律的变化，而流变学则是从其运动规律的不同来区分固体和液体以及弹、粘、塑性的不同。

（3）流变学也是研究随时间发展变形的应力关系的科学。物体的流动和变形，实质上可归结为应力与应变的关系随时间发展的规律。对固体材料是指变形的规律；对液体材料是指流动的规律。从流变学观点看，流动和变形实质上是一回事。流动只不过是在不变的剪切应力下，物体随时间产生的连续性变形，因此固体和液体、流动和变形都是人为划分的。

(4) 流变学也是研究物体的弹、黏、塑性演变的科学。它考虑了时间对物体的弹、黏、塑性演变的影响，也考虑了外界条件、湿温度、加荷速度和荷载时间等与弹、黏、塑性演变的关系。因此要确定在某一瞬间内应力与应变的定量关系。

(5) 流变学又是研究物体基本物理化学结构和因外力作用时间和速度所引起的力学特性间的关系的科学。由于物质结构状态决定了一系列的力学性质，所以流变学把微观结构和宏观行为联系了起来。

(6) 流变学是从化学、分子物理学和固体力学交界而成长的一门边缘科学。它与现代热力学、结晶学、地质学、物理化学、流体力学、弹塑性理论以及断裂力学都有密切关系。

(7) 对混凝土而言，流变学是研究水泥浆、砂浆、和混凝土拌合物弹、粘、塑性的演变，以及硬化混凝土的强度、弹性模量和徐变等问题。

二、理想材料的基本模型和基本流变方程

(1) 研究材料的流变特性时，要研究材料在某一瞬间的应力和应变的定量观关系，这种关系常用流变方程来表示。而一般材料的流变方程的建立，都基于以下三种材料的基本模型的流变方程上：

①胡克 (Hooke) 固体模型 (H—模型)，表示具有完全弹性的理想材料。

②圣维南 (St.Venant) 固体模型 (StV—模型)，表示超过屈服点只具有塑性变形的理想材料；

③牛顿 (Newton) 液体模型 (N—模型)，表示只具有粘性的理想材料。

(2) 三种基本模型的流变方程如下：

H—模型：　$\tau = G\gamma$

StV—模型：　$\tau = \tau_y$

N—模型：　$\tau = \eta\ (\gamma/t)$ (其中 $\eta = \mathrm{tg}a$ 见图 49-1)

式中　τ——模型的总应力；

γ——模型的总变形；

G——弹性模型；

τ_y——屈服应力；

η——粘性系数；

G、τ_y、η 等常数，为材料流变特性。

三种基本模型的流变曲线如图 49-1 所示。

(3) 为了更好地表达上述三种理想物体的应力-应变关系，在流变学中还常用一些模型元件来加以形象化。三种基本模型元件如图 49-2 所示。

图 49-2 中 (a) 是一种符和胡克定律的弹簧材料，在拉力 P 的作用下，应力-应变或为直线关系，并具可逆性。(b) 是一个重物在力 P 的牵引下达到或刚超过重物和地面的摩擦力时，重物开始移动，当 P 减至与地面的动摩擦力相等时，重物即以等速移动。(c) 是一个圆筒油缸 (内贮粘性液体)，有一个带孔活塞在力 P 的作用下移动，液体符合牛顿的应力与速度梯度的规律。

(4) 弹性、塑性、粘性和强度是四个基本流变性质，根据这些基本性质可以导出其他性质。胡克固体具有弹性和强度，但没有粘性；圣维南固体具有弹性和塑性，但没有粘

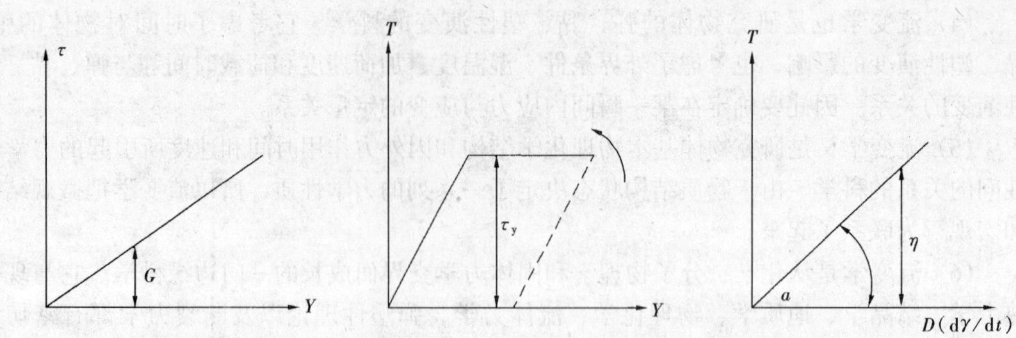

(a)　　(b)　　(c)

图 49-1　三种基本模型的流变曲线

(a) 理想弹性固体；(b) 理想塑性固体；(c) 理想粘性液体

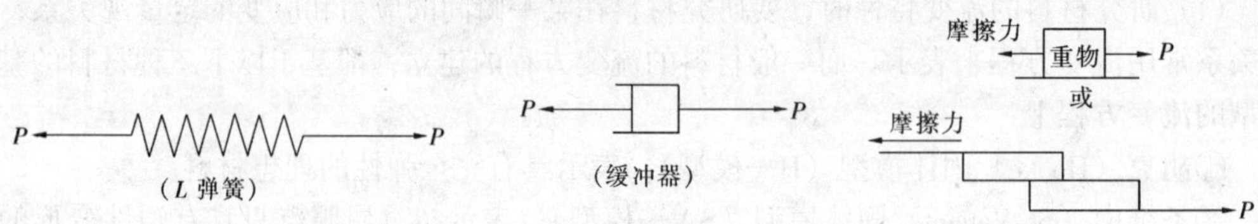

(a)　　(b)　　(c)

图 49-2　三种基本模型元件

(a) H-模型；(b) N-模型；(c) StV-模型

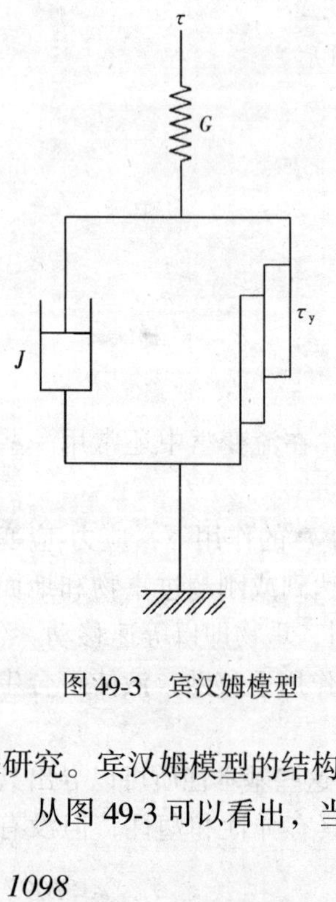

图 49-3　宾汉姆模型

性；牛顿液体具有黏性，但没有弹性和强度。

实际上以上三种理想物是不存在的，大量的物体都是介于弹、塑、粘性之间。所以实际材料的流变性质具有上述四种基本流变性质，只是在程度上有差异。因此各种材料的流变性质可用具有不同的弹性模量 G、粘性系数 η 和表示塑性的屈服应力 τ_y 的流变基元以不同的形式组合成流变模型来研究。也就是说，通过上述三个基本元件的串联(用符号“ - ”表示)、并联（用符号“|”表示）或作各种排列组合模拟各种物体的力学结构，即可导出复杂的流变方程来。

三、混凝土拌合物的流变方程

固体材料在外力作用下要发生弹性变形和流动。应力小时作弹性变形；应力大于某限度（屈服值）时发生流动。混凝土拌合物也基本上具有类似的变形特性，但由于屈服值很小，所以由流动方面的特性所支配。

混凝土拌合物的流变性质可用宾汉姆（Bingham）模型来研究。宾汉姆模型的结构式为M =（N|StV）- H，如图 49-3 所示。

从图 49-3 可以看出，当时，则并联部分不发生变形，因此

$$\tau = G\gamma_e \quad \gamma_e = \tau / G$$

式中　γ_e——弹性基元的变形。

当 $\tau > \tau_y$ 时，则在并联部分发生与应力（$\tau - \tau_y$）成正比的粘性流动，因此有：

$$\tau - \tau_y = \eta \ (d\gamma_v / dt)$$

式中　γ_v——粘性基元的变形。

因为总的变形 $\gamma = \gamma_e + \gamma_v$，而 γ_e 是常数。因此上式可写成

$$\tau = \tau_y + \eta \ (d\gamma / dt)$$

此式即称为和宾汉姆方程。把符合于宾汉姆方程的液体成为宾汉姆体。式中若 $\tau_y = 0$，成为牛顿液体公式。

牛顿液体和宾汉姆的流变方程黏度系数 η 为常数，变形速度 $D/$（$d\gamma/dt$）、剪切应力 τ 的关系曲线或直线形状。如图 49-4（*a*）、（*c*）所示。但若液体中有分散粒子存在，胶体中凝聚结构比较强，则黏度系数 η 将是 τ 或 D 的函数，则流动曲线形如图 49-4（*b*）、（*d*）那样，分别称为非牛顿液体和一般宾汉姆体。超流动性的混凝土拌合物接近非牛顿液体，一般的混凝土拌合物接近与一般宾汉姆体。

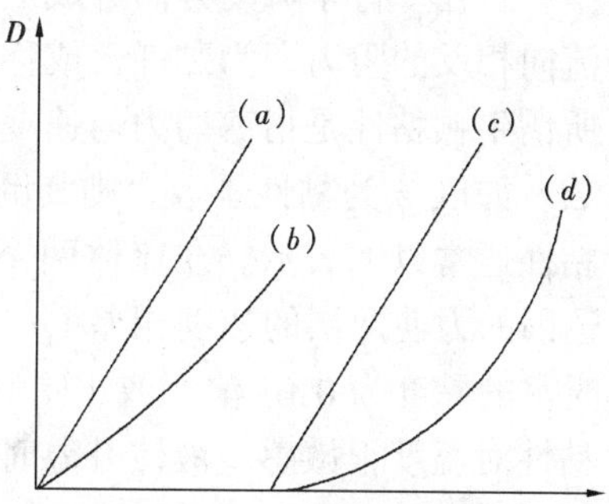

图 49-4　流动曲线的基本类型

（*a*）—牛顿液体；（*b*）—非牛顿液体；（*c*）—宾汉姆体；（*d*）——般宾汉姆体

四、混凝土流变学中重要概念

1. 变形和流动

任何物体，除非属于纯粹的刚性物质，在应力作用下，都会有不同程度的变形。所谓变形，实质上包含三种函义：对弹性体而言，称为应变；对塑性体而言，称为永久变形；对液体而言，则称为流动。因此，流动乃是在不变的剪切应力下，材料随时间产生的连续变形。

流动还包括塑性流动（简称塑流）和粘性流动（黏流）两种。前者是指物体内部的抗剪应力与流动速率无关的一种流动；后者指应力随流速增加的一种流动。

固体物质也能“流动”。这是指物体产生的应变的大小，不决定于作用力大小，而决定于作用时间长短所产生的应变。

任何物体，不论是弹性体、塑性体或粘性体，如果其内部完全没有孔隙或缺陷，那么在各向同性压力或静水压力下，例如对球体从各向施以垂直等压力的作用时，都将表现完全相同的流变特性，即：密度稍增，却无畸变，球仍是球，只是直径稍小，即使是水，也不会产生流动。当环向作用移动时，又能恢复原状。

因此，变形的产生只有在剪切力的作用下才有可能。这时才会使不同的物体产生不同的变形，如弹性应变、塑性永久变形或黏性流动。

2. 弹性

使固体物质产生变形的力，作用停止后，物质能恢复原来的体积或形状的一种性能称为弹性。在弹性极限范围内的变形，其大小一般与作用力成正比。作用力移走后变形消失，恢复原状，但当超过物质弹性极限时，物质就失去弹性性能，产生的若不是断裂，则便是塑性变形。

3. 塑性

使固体物质产生变形的力，在超过该物质的屈服值后，在应力保持在达到屈服值的不变压力下，出现能使该固体物质长期保持变形后的形状和尺寸，也就是长期与固体内部的弹性反应保持平衡状态的一种性能，称为塑性。

塑性变形是一种非可塑性的变形。从微观结构分析，塑性变形的出现是由沿晶体滑移面发生剪切应力而引起的。发生塑性变形的条件是不同时出现断裂现象。

直至今日，塑性只有“质”的概念，而还没有严密的“量”的标准。

4. 粘性

这是包括气体和液体在内的流体，其内部结构阻碍相对流动的一种性能。在流动着的液体中，若在平行于流动方向分成不同流速的若干层，则相邻两层间所产生的与平面平行而与流向相反的阻力即为黏性，或称为摩擦。

所谓牛顿粘性是指剪切力与速度梯度的比值是一个常数的液体。这个常数一般称为粘性系数。如以 η 为黏性系数，则其倒数称为流动系数。

粘性通常以泊表示。在流体两个相距 1cm、面各为 $1cm^2$ 的平行层，在其切线方向作用 1 达因的力使两层的速度相差 1cm/s 时的黏度为 1 泊。所以 1 泊 = $1dyn \cdot s/cm^2 = 0.1Pa \cdot s$，20℃时水的黏度为 0.01 泊，或 1 厘泊。空气一般为 1.8×10^{-4}泊。

粘性对温度很敏感。液体升温时黏度减小，而气体升温时则黏性增大。

5. 强度

在应力作用下，当符合胡克定律的固体物质的应变无限增加时，会出现两种可能的变化，如果该物体具有塑性，则在超过屈服值后呈圣维南体的变形，即出现脆性断裂。出现以上两种后果时的应力，都称为该物质的强度，常称力学强度，以区别于其他光、声等的强度。

所谓破坏强度指的是物体承受变形的极限。它决定于物体吸收弹性势能的能力，也就是弹性极限。因此，对固体物质而言，事实上不存在无弹性的强度。

强度与弹性同样地与荷载速度及持续时间存在着密切关系。

6. 脆性

脆性是材料在外力作用下，一直到破碎以前不出现塑性变形而仅出现弹性变形，或在出现塑性变形之前即告断裂的一种性能。因此，脆性材料的强度不可能会超过弹性极限。脆性材料的最大特点是抗拉强度低于抗压强度，其压拉比也就是脆度系数很大。另外，脆性材料抗冲击、抗动荷载能力都很差。水泥混凝土属于脆性材料，这是它的固有弱点。

7. 延性

这是与脆性相反的一种性能。指材料在破碎以前能承受塑性变形的总的能力。它与金属加工锻炼有密切关系，因此也常称锻性。延性材料在低温下，以及在承受冲击荷载等情况下可以转变为脆性材料。

8. 韧性

韧性是指在外力作用下，材料在塑性下变形的过程中吸收能量的能力。或者说，材料也达到断裂前单位体积内所需要消耗的总量。需要的功愈大，韧性愈好。因此，韧性实际上是强度和延性的综合。水泥混凝土从结构改性来说，主要目的是从脆性改向韧性，也就是要提高它的“断裂功”（即裂缝开展中每单位面积所需要的功，用 J/m^2 表示）。这也是在材料科学中水泥混凝土今后发展的一个主要方向。

9. 结构粘性

一种悬浮分散系统的黏性液体，在静止状态下形成的是比较致密的复杂结构，显示有较大黏度。当加以搅动时，结构随剪切力的增加而变得疏松，阻力减小，黏度降低。但搅动停止后就很快恢复致密结构。这种可变黏度的现象称为结构粘性。

10. 触变性

某些悬浮分散系统的液体，在外力作用下，流动性暂时增加，外力除去后具有缓慢的可逆互变的性能。与结构粘性的主要不同是可逆转变极慢，而前者是瞬间互变。

具有触变性的凝胶，从其结构来说，是由仅有少量接触点的粒子所构成。范德华力很小，在剪切力作用下，键很快被冲散成溶胶，但静置一定时间后，慢慢又恢复成凝胶。

水泥浆体结构形成的初期具有触变性，但在一定阶段后即告消失。因此触变性可作为水泥浆体结构形成和发展的标志之一。

11. 弹性后效

某些物体在外力持续作用下会产生发展得十分缓慢的变形，当外力移走后，变形的消失也十分迟缓，这种现象称为弹性后效，或弹性滞后。一般弹性变形在物体中的传递都是按声速发展或消失的，而弹性后效则以非常慢的速度传递。

一般高分子材料如橡胶等具有极大的弹性后效，所以常被称为高弹性材料。

12. 徐变（或称蠕变）

这是材料在恒定荷载下变形随时间延续而缓慢增加的一种不平衡过程。徐变是一种外力移走后不能立即消失的变形。从流变学考虑，混凝土的徐变，主要是一种弹性后效的表现，而沥青的徐变则主要是一种黏性流动。

13. 应力松弛

在持续外力作用下发生着变形的物体，在总的变形值保持不变下，由于徐变变形渐增，弹性变形相对地渐减地引起物体内部应力随时间延续而逐渐减少。从热力学观点分析，物体受外力作用而长期保持着一定的变形，则贮存在物体中的弹性势能必将逐渐转变为热能。这种从势能转变为热能的过程，即能量消散过程，也就是应力松弛现象。

松弛和徐变都是材料的应力-应变关系随时间而变化的现象，两者在意义上有着密切联系。

第五节　流态混凝土拌合物的性质

流态混凝土拌合物的性质如何，直接影响混凝土的施工质量。要了解流态混凝土拌合物的性质以及对混凝土施工质量产生的影响，就需要了解混凝土中掺加流化剂后，其性质产生什么变化。

一、坍落度及其影响因素

（一）坍落度

坍落度是流态混凝土重要的工艺性能，是流态混凝土拌合物的粘性、流动性、稳定性等综合表现，也即是说，坍落度是反映流态混凝土流化效果的具体技术指标，在施工现场一般是以坍落度大小来控制流态混凝土拌合物工艺性能的。

影响流态混凝土坍落度的因素很多，如流化剂的添加量、添加时间、混凝土温度等均对其产生影响。

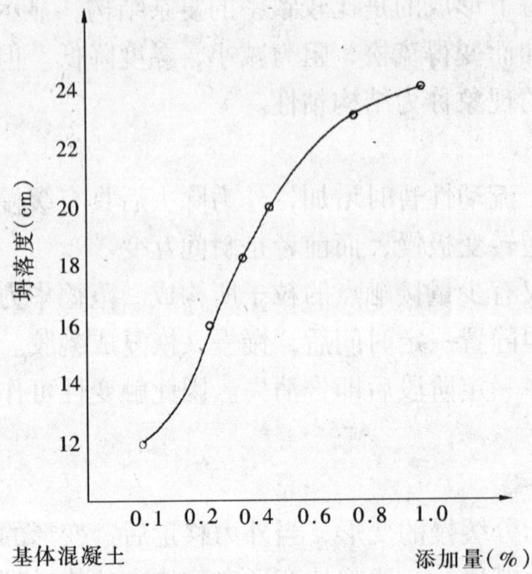

图 49-5　流化剂添加量与坍落度的关系

1. 流化剂添加量对流动性的影响

在后添加法中，流化剂的添加量对流态混凝土坍落度的影响很大。例如：水泥用量 300kg/m³、水灰比 0.60、坍落度 12cm、含气量 4%的混凝土，当流化剂添加量为水泥质量 0.3%～1.0%时，其坍落度的变化如图 49-5 所示。

由图可知，流化剂添加量为 0.5%时，流态混凝土坍落度为 20cm；添加量为 0.7%时，坍落度为 22cm；当流化剂添加量大于 0.7%时，坍落度的增大基本趋于稳定。因此，目前日本使用的流态混凝土，其流化剂添加量为水泥质量的 0.5%～0.7%，这样流化效果较好。如果添加量过多，不但流化效果不明显，而且还会产生分离现象。

另外，流化剂添加量和坍落度增大的关系还与原混凝土的坍落度有关。当搅拌后混凝土的坍落度为 10cm 以上时，流化剂添加量相同则坍落度的增大值也大致相同，如坍落度为 8cm 以下时，掺流化剂后坍落度效果较差。因此，为了取得较好的流化效果，流化前混凝土的坍落度宜为 8～12cm。

2. 流化剂添加时期的影响

试验结果表明，在后添法中，混凝土搅拌后 60～90min 以内添加流化剂，其流化效果（坍落度增大值）大致相似。如果混凝土搅拌后时间太长，坍落度损失太大，则流化后的坍落度也变小。

3. 混凝土原材料的影响

试验证明，各种水泥的流化效果基本一致，但超早强水泥特别突出。

粗骨料种类对流化后的混凝土坍落度值无甚影响。但细骨料中 0.15mm 以下的微粉含量对流化效果有一定影响。

4. 温度的影响

在一般情况下，搅拌后的混凝土温度越高，流化效果增大；温度低，则流化效果亦降低。当温度低时，要增大流化效果，须提高流化剂的添加量。

（二）含气量

流态混凝土所用的流化剂，大多数是非引气型的。流化剂添加后的含气量，由于水泥的分散、坍落度的增大和二次搅拌等，含气量有减少的趋势。因此，为确保施工时所需的含气量，必要时应补充掺加一些引气剂。

（三）泌水与离析现象

流态混凝土的泌水与配合比和外加剂有关，也与流化剂添加量和添加时间有关。在一般情况下，坍落度在 20cm 以下的流态混凝土，其泌水量和流化前混凝土相同或稍小；坍落度超过20cm，泌水量则迅速增加。泌水量一般大于搅拌前的混凝土，但比相同坍落度的普通混凝土，其泌水量大约少30%～50%。

泌水量还与流化剂的掺量有关。当流化剂掺量在0.6%以内时，流态混凝土的泌水量与流化前基本相同；当流化剂添加量超过0.8%时，泌水量则明显增加。

此外，泌水量还与流化剂的掺加时间和温度有关。流化剂掺加时间愈晚，泌水量愈小。温度降低，泌水量增大。

在流态混凝土中，如果流化剂的添加量超过了必要量，则流态混凝土会产生离析现象。因此，为使流态混凝土具有必要的抵抗离析的性能，必须控制流化剂的添加量，最好在0.8%以下，同时亦增加细骨料微粉的用量。

（四）凝结时间

流态混凝土与流化前混凝土相比，凝结时间稍迟。其初凝和终凝的缓凝现象还与温度有关：当温度较高时，缓凝不明显；当温度较低时，可能产生大幅度缓凝。因此，低温施工时，须引起注意。

二、坍落度的经时变化及影响因素

（一）坍落度的经时变化

流态混凝土的坍落度，与普通混凝土一样，也存在经时损失（又称负时效）的问题，即搅拌好的流态混凝土也随着时间的延长而坍落度逐渐减小。与塑性混凝土相比，流态混凝土经时损失大，其原因是塑性混凝土的单位用水量比流态混凝土大，而且流化剂使水泥粒子的分散效果随时间的增长而降低。为了保证施工的顺利进行，需要研究流态混凝土坍落度的经时变化。

（二）影响经时变化的因素

一般来说，流态混凝土坍落度的经时变化，与混凝土的原材料、温度、流化剂种类和添加时间、混凝土搅拌等因素有关。

1. 水泥用量的影响

不同水泥用量的混凝土，其坍落度的经时损失亦不相同。试验证明，水泥用量少的流态混凝土，其坍落度经时损失显著；水泥用量多者，坍落度经时损失则相对的少。

如水泥用量为270kg/m^{3}的流态混凝土，30min后，其流动值为原来的50%；60min后，其流动值就大致与基准混凝土相同。而人造轻骨料的流态混凝土，基准混凝土坍落度为15cm，添加流化剂后成为坍落度为22～23cm的流态混凝土，一般经过30～40min后，其坍落度就降低到与基准混凝土坍落度相同。

2. 温度的影响

温度提高，流态混凝土的坍落度和流动值经时损失大。此外，在高温（30℃以上）下，采用缓凝型流化剂时，坍落度的经时损失比标准型的坍落度损失少得多。

3. 流化剂种类的影响

如常用的萘磺酸盐甲醛缩合物和三聚氰酰胺磺酸盐甲醛缩合物流化剂，在添加量相同的条件下，后者的坍落度经时损失较大。

4. 流化剂添加时间的影响

流化剂添加时间不同，流态混凝土坍落度的经时损失也不相同。试验表明，流化剂掺加时间越迟，流态混凝土坍落度的经时损失越大。

5. 搅拌速度的影响

搅拌的影响表现在搅拌机的转速上。当搅拌时间相同时，搅拌机的转速愈高，则流态混凝土坍落度的经时损失愈大。也即是搅拌愈充分，水泥水化速度愈快，流化剂流化效果的持续时间愈短。

第六节 流态混凝土配合比设计

流态混凝土是在基准混凝土中掺入流化剂而使坍落度增大并能象水一样流动的特种混凝土。因此，流态混凝土的配合比设计首先应当是设计基准混凝土的配合比。此外，要正确选择基准混凝土的外加剂和流态混凝土的流化剂，基准混凝土与流态混凝土的坍落度之间，也要有合理的匹配。

一、配合比设计原则

流态混凝土配合比设计的一般原则：

(1) 具有良好的工作度，要能密实地浇筑成型，而且不产生离析；

(2) 满足所要求的强度和耐久性；

(3) 节约原材料，降低成本。

二、配合比设计步骤

参考日本有关流态混凝土配合比设计，其具体步骤如下述。

(一) 确定试配强度

根据日本建筑学会规定，混凝土的试配强度通过以下公式确定。

(1) 对于高级混凝土：

$$F \geqslant F_c + T + 1.64\sigma$$

或

$$F \geqslant 0.8(F_c + T) + 3\sigma$$

(2) 对于常用混凝土：

$$F \geqslant F_c + T + \sigma$$

或

$$F \geqslant 0.7(F_c + T) + 3\sigma$$

式中 F——流态混凝土试配强度（MPa）；

F_c——流态混凝土强度等级（MPa）；

T——流态混凝土强度气温修正值（MPa），日本按表 49-5 采用；

σ——混凝土强度标准差，日本按表 49-6 采用。

流态混凝土强度气温修正值 T **表 49-5**

水泥品种	混凝土浇筑后 28d 内的预料温度（℃）				
早强硅酸盐水泥	>1.8	1.5~1.8	0.7~1.5	0.4~0.7	0.2~0.4
普通硅酸盐水泥 高炉矿渣水泥 硅质水泥 粉煤灰水泥	>1.8	1.5~1.8	0.9~1.5	0.5~0.9	0.3~0.5
高炉矿渣水泥（B种） 硅质水泥（B种） 粉煤水泥（B种）	>1.8	1.5~1.8	1.0~1.5	0.7~1.0	0.5~0.7
流态混凝土强度气温修正值 T（MPa）	0	1.5	3.0	4.5	6.0

流态混凝土强度的标准差 σ　　表 49-6

混凝土等级	现场搅拌混凝土	预拌混凝土
高级混凝土	2.5MPa	采用与实际使用条件相近的混凝土工厂的标准差
常用混凝土	3.5MPa	采用与实际使用条件相近的混凝土工厂的标准差

（二）确定坍落度

流态混凝土的性能，受基准混凝土的坍落度和流化后坍落度增大值的影响。基准混凝土的坍落度小，能有效地改善混凝土的各种性质。而流化后坍落度增加过大，其使用效果也不好。因此，基准混凝土的坍落度与流态混凝土的坍落度之间要合理的匹配，其标准组合见表 49-7。

流态混凝土坍落度的标准组合　　表 49-7

混凝土种类	普通混凝土		轻骨料混凝土	
	基准混凝土	流态混凝土	基准混凝土	流态混凝土
坍落度（cm）	8	15	12	18
	8	18	12	21
	8	18	15	18
	12	21	15	21
	12	21	18	21

（三）确定含气量

为了提高混凝土的抗冻性能，混凝土中要有一定的含气量。一般情况下，普通混凝土的含气量为 4%，轻骨料混凝土为 5%。但是，在流态混凝土中，由于添加流化剂等原因，含气量会下降，因此，事先应测定其含气量的变化，以便确定基准混凝土配合比时能保证必要的含气量。

流态混凝土的最大水灰比　表 49-8

混凝土种类	混凝土最大水灰比（W/C）	
	普通混凝土	轻骨料混凝土
高等级混凝土	0.65（0.60）	0.60
常用混凝土	0.70（0.65）	0.65（0.60）
寒冷地区混凝土	0.60	
高强度混凝土	0.55	
密实混凝土	0.50	
受海水作用混凝土	0.55	
屏蔽混凝土	0.60	

注：1. 括号中的数字适用于矿渣硅酸盐水泥、硅质水泥和粉煤灰硅酸盐水泥。
2. 此外直接与水接触的轻骨料流态混凝土水灰比的最大值为 0.55。

（四）确定水灰比

流态混凝土的水灰比与基准混凝土的水灰比相同，均根据要求的强度和耐久性确定。为了获得与试配强度相对应的水灰比，需要进行试验。即利用实际工程使用的材料，根据要求的坍落度和含气量，进行 3～4 个水灰比的配合比试验，从中找出强度和水灰比的关系，然后据此来确定满足试配强度的水灰比。同时，所选择的水灰比还不得超过表 49-8 中规定的最大水灰比。

日本商品混凝土厂均有自己的强度与水灰比的关系式。根据设计强度，坍落度以及搅拌站的标准差，就可以购买来符合强度和坍落度要求的混凝土。若现场配制时，可以参考 JASS5 的公式计算：

$$W/C = 61/(F/K + 0.34)$$

式中　F——配合比强度（MPa）；

K——水泥强度（MPa）。

上式只适用于早强硅酸盐水泥、普通硅酸盐水泥及掺入混合材的A种水泥的普通混凝土。水泥强度 K 值应通过检验水泥强度等级求出，其最大值控制在表49-9中数值内。轻骨料混凝土的水灰比，由上式求出并乘以粗细骨料种类确定的修正系数 β。β 值查表49-10。

水泥强度 K 的最大值（JASS5）　　表 49-9

水泥种类	K 的最大值（MPa）
早强硅酸盐水泥	40
普通硅酸盐水泥 高炉矿渣水泥A种 粉煤灰水泥A种 火山灰水泥A种	37
高炉矿渣水泥B种	35
粉煤灰水泥B种 火山灰水泥B种	32

轻骨料混凝土水灰比修正系数 β 值　　表 49-10

轻骨料混凝土种类	β 的标准值
1种	0.90
2种	0.90
3种	0.85
4种	0.75
5种	0.65

注：1. 1种、2种轻骨料系指人造粗轻骨料，用砂、石灰石破碎砂，或人造轻砂或轻砂与重砂的拌合物。
2. 3种、4种、5种是指天然轻骨料或工业废料的轻骨料与砂、石灰石破碎砂或天然轻质砂或其与重砂拌合物配制的混凝土。

（五）确定单位用水量

在保证混凝土规定性质的前提下，应尽量降低用水量。在日本，对于硅酸盐水泥，采用AE减水剂，砂的细度模数 $M_x = 2.8$，粗骨料最大粒径为20mm的碎石、25mm的卵石或15mm的人造轻骨料的情况下，其单位用水量见表49-11。

（六）确定单位水泥用量

根据求出的水灰比和单位用水量，即可求出单位水泥用量。但求出的单位水泥用量不得小于表49-12中所列的最少水泥用量。

在流态混凝土中，如果单位水泥用量太少，工作度变坏，而且泌水量大，浇筑时易出现蜂窝、麻面。

流态混凝土单位用水量（kg/m³）　　表 49-11

水灰比（W/C）	普通混凝土				轻骨料混凝土			
	坍落度组合（cm）		重粗骨料		坍落度组合（cm）		轻粗骨料	
	基准混凝土	流态混凝土	卵石	碎石	基准混凝土	流态混凝土	A种	B种
0.45	8	15	146	159	12	18	166	161
	8	18	148	161	12	21	170	165
	12	18	158	174	15	18	163	163
	12	21	163	177	15	21	171	167
	15	21	175	187	18	21	177	170
0.50	8	15	145	158	12	18	164	160
	8	18	147	160	12	21	168	163
	12	18	156	168	15	18	165	163
	12	21	161	171	15	21	169	164
	15	21	168	181	18	21	176	167

续表

水灰比 (W/C)	普通混凝土				轻骨料混凝土			
	坍落度组合（cm）		重粗骨料		坍落度组合（cm）		轻粗骨料	
	基准混凝土	流态混凝土	卵石	碎石	基准混凝土	流态混凝土	A种	B种
0.55	8	15	144	158	12	18	163	158
	8	18	146	160	12	21	166	161
	12	18	154	167	15	18	169	160
	12	21	159	170	15	21	167	163
	15	21	165	179	18	21	174	166
0.60	12	18	153	167	—	—	—	—
	12	21	157	169	—	—	—	—
	15	21	164	179	—	—	—	—

流态混凝土最少水泥用量（kg/m^3）　　表 49-12

混凝土种类	普通流态混凝土	轻骨料流态混凝土	适用范围
高级混凝土	270	300	—
常用混凝土	250	300	AB类
	—	320	CD类
	—	340	地下及水下混凝土工程

试验表明，单位水泥用量在280kg以下时，泌水量显著增加。因此，英国水泥混凝土协会的报告书指出，对于基体混凝土配合比必须注意以下几点。

(1) 坍落度7.5cm的基体混凝土的砂率，最好比普通混凝土增加4%～5%左右。

(2) 粗骨料最大粒径为40mm时，在水泥和细骨料中，通过0.3mm筛的微粉量不少于400kg/m^3；最大粒径为20mm时，为450kg/m^3。

(3) 单位水泥量270kg/m^3以上时，全部骨料中细骨料对1.2mm筛的通过率为24%～35%；单位水泥量270kg/m^3以下时，必须为35%以上。

(4) 砂中的微粉不够时，用火山灰、石粉等代替也可。

表49-13是流态混凝土与普通混凝土配合比比较的实例。表49-14是流态混凝土与普通混凝土性能比较的实例。

改变微粉掺入量流态混凝土的配合比　　表 49-13

	普通混凝土	流态混凝土		
水泥（普通硅酸盐水泥）（kg/m^3）	3.00	3.00	3.00	3.00
细骨料（Zone 3）（kg/m^3）	6.53	6.53	7.00	7.43
粗骨料（10mm～50mm卵石）（kg/m^3）	12.10	12.10	11.63	12.10　11.20
水（kg/m^3）	1.80	1.73	1.73	1.73kg
减水剂（B型）	0	标准量	标准量	标准量
骨料水泥比	6.2:1	6.2:1	6.2:1	6.2:1
微粒部分水泥比	35:65	35:65	375:62.5	40:60

改变微粉掺入量流态混凝土的技术性能　　表 49-14

技术性质	普通混凝土		流态混凝土		
流动度（cm）	—		60	60	60
坍落度（cm）	5		—	—	—
外观	正常		显著离析	离析	有粘着性
立方体抗压强度（MPa）	7d	30.5	28.5	26.5	27.5
	28d	48.5	47.5	49.0	49.5

（七）单位粗骨料用量

对于采用普通硅酸盐水泥、掺加 AE 减水剂、砂的细度模数 $M_x=2.8$、粗骨料最大粒径为 20mm 碎石、25mm 卵石或 15mm 人造轻骨料的混凝土，其单位粗骨料用量见表 49-15。

单位粗骨料的松散体积（m^3/m^3）　　表 49-15

水灰比	普通流态混凝土				轻骨料流态混凝土			
	坍落度组合（cm）		粗骨料种类		坍落度组合（cm）		轻骨料种类	
	基准混凝土	流态混凝土	卵石	碎石	基准混凝土	流态混凝土	A 种	B 种
0.45	8	15	0.71	0.69	12	18	0.59	0.59
	8	18	0.69	0.67	12	21	0.59	0.59
	12	18	0.68	0.66	15	18	0.57	0.57
	12	21	0.64	0.63	15	21	0.57	0.57
	15	21	0.63	0.62	18	21	0.57	0.57
0.50～0.60（0.55）	8	15	0.71	0.69	12	18	0.58	0.58
	8	18	0.69	0.67	12	21	0.58	0.58
	12	18	0.68	0.66	15	18	0.56	0.56
	12	21	0.64	0.63	15	21	0.56	0.56
	15	21	0.63	0.62	18	21	0.56	0.56

注：轻骨料混凝土的水灰比为 0.50～0.55。

从表 49-15 中查出的为单位松散体积，再乘以粗骨料的堆积密度，即求得单位粗骨料的绝对体积，然后再乘以粗骨料的表观密度，即求出单位粗骨料用量（kg/m^3）。

（八）单位细骨料用量

当单位用水量、单位水泥用量、单位粗骨料用量和含气量确定后，则根据下式即可求出单位细骨料用量（kg/m^3）：

$$\begin{cases} V_s = 1000 - (V_w + V_c + V_g + V_a) \\ S = V_s \cdot \rho_s \end{cases}$$

式中 V_s——细骨料的绝对体积（m^3/m^3）；

V_w——水的绝对体积（m^3/m^3）；

V_c——水泥的绝对体积（m^3/m^3）；

V_g——粗骨料的绝对体积（m^3/m^3）；

S——单位细骨料用量（kg/m^3）；

ρ_s——细骨料的表观密度（g/m^3）；

V_s——混凝土中的含气体积（m^3/m^3）。

（九）轻骨料混凝土的气干堆积密度

设计流态轻骨料混凝土配合比时，还必须满足气干堆积密度要求。日本建筑学会根据轻骨料混凝土的种类规定了相应的气干堆积密度，见表 49-16 所示。

轻骨料混凝土种类与气干堆积密度　表 49-16

轻骨料混凝土种类	细骨料	粗骨料	气干堆积密度范围（t/m^3）	设计基准强度最大值（MPa）
1种	砂	膨胀页岩、膨胀黏土、煅烧烟灰、硬质轻骨料的改良骨料	1.7~2.0	22.5
2种	膨胀页岩、膨胀黏土、煅烧烟灰或在这些骨料中掺入砂	膨胀页岩、膨胀黏土、煅烧烟灰、硬质轻骨料的改良骨料	1.4~1.7	21.0
3种	砂	硬质火山灰渣工业废渣	1.8~2.0	18.0
4种	砂	轻质火山灰渣	1.6~1.8	13.5
5种	轻质火山灰渣	轻质火山灰渣	1.2~1.6	9.0
非结构用的轻骨料混凝土	砂 轻质细骨料	轻质粗骨料	—	—

流态轻骨料混凝土气干堆积密度按下式计算：

$$W_a = G_0 + S_0 + S'_0 + 1.25C_0 + 120\ (kg/m^3)$$

式中　G_0——配合比设计中轻质粗骨料量（绝干）（kg/m^3）；

S_0——配合比设计中轻质细骨料量（绝干）（kg/m^3）；

S'_0——配合比设计中普通细骨料量（绝干）（kg/m^3）；

C_0——配合比设计中水泥用量（kg/m^3）。

（十）基准混凝土外加剂与流态混凝土流化剂的选择

基准混凝土的外加剂一般采用 AE 剂或 AE 减水剂。AE 减水剂又分标准型、缓凝型和促凝型三类。

流化混凝土的流化剂分标准型和缓凝型两类。缓凝型流化剂兼有流化和缓凝两种效果，宜于夏天使用，延缓混凝土的凝结。在使用中，基准混凝土的外加剂与流化混凝土的流化剂搭配组合形式见表 49-17。

外加剂与流化剂的组合　表 49-17

基准混凝土	流态混凝土
AE 型减水剂（缓凝型）	流化剂（标准型）
AE 型减水剂（促凝型）	流化剂（标准型）
AE 型减水剂（标准型）	流化剂（标准型）

（十一）试拌及配合比调整

使用实际材料，根据已确定配合比试搅拌，确定是否已达到设计规定的性能，检查的项目有：①工作度；②坍落度；③含气量；④单位湿堆密度；⑤抗压强度。

三、配合比设计实例

表 49-18 中分别列入日本、德国和英国三个有代表性的流态混凝土配合比，仅供在设计和施工时参考。

流态混凝土配合比设计实例参考 **表 49-18**

每 $1m^3$ 混凝土组成材料		日本	德国	英国
基准混凝土配合比	水泥（kg）	300	300	310
	水（kg）	160	180	190
	水灰比（W/C）	0.533	0.600	0.613
	砂率（%）	44.0	42.0	36.0
	砂（kg）	806	780	770
	石子（kg）	1026	1080	1090
	石子最大粒径（mm）	20	20	20
	细粉料总量（kg）	450	400~450	380
	外加剂	加气剂、减水剂	—	—
	坍落度（cm）	12	7	7
	含气量（%）	4	—	—
流态混凝土	流化剂	萘系	三聚氰胺系	萘系
	流化剂添加方法	后添系	同时添加	同时添加
	流化后坍落度（cm）	18~12	20~23	20~23
	混凝土浇筑方法	混凝土泵	料罐（混凝土泵 20%）	料罐（混凝土泵 60%）

四、参考配合比

表 49-19~表 49-22 分别是几类流态混凝土的参考配合比。

普通硅酸盐水泥、AE 减水剂、砂、卵石混凝土的参考配合比（一）

（砂 $M_x=2.8$，$D_{max}=25mm$） **表 49-19**

水灰比 $\left(\frac{W}{C}\right)$	坍落度的组合		细骨料率（%）	单位水量（kg/m^3）	绝对体积（l/m^3）			质量（kg/m^3）			单位粗骨料松散体积（m^3/m^3）
	基体混凝土	流态混凝土			水泥	砂	卵石	水泥	砂	卵石	
0.45	8	15	34.7	146	103	247	464	324	642	1207	0.71
	8	18	36.2	148	104	257	451	329	668	1173	0.69
	12	18	35.6	158	111	246	445	351	641	1156	0.68
	12	21	38.6	163	115	264	418	362	685	1088	0.64
	15	21	37.7	175	123	250	412	389	650	1071	0.63
0.50	8	15	35.7	145	96	259	464	290	673	1207	0.71
	8	18	37.3	147	93	269	451	294	699	1173	0.69
	12	18	36.9	156	99	260	445	312	677	1156	0.68
	12	21	39.9	161	102	279	418	322	724	1088	0.64
	15	21	39.9	168	106	274	412	336	713	1071	0.63
0.55	8	15	36.6	144	83	269	464	262	699	1207	0.71
	8	18	38.1	146	83	279	451	265	725	1173	0.69
	12	18	37.9	154	89	272	445	280	708	1156	0.68
	12	21	41.0	159	91	292	418	289	758	1088	0.64
	15	21	41.1	165	95	288	412	300	749	1071	0.63

续表

水灰比($\frac{W}{C}$)	坍落度的组合		细骨料率(%)	单位水量(kg/m³)	绝对体积(l/m³)			质量(kg/m³)			单位粗骨料松散体积(m³/m³)
	基体混凝土	流态混凝土			水泥	砂	卵石	水泥	砂	卵石	
0.60	12	18	38.7	153	81	281	445	255	732	1156	0.68
	12	21	41.8	157	83	302	418	262	784	1088	0.64
	15	21	41.9	164	86	298	412	273	775	1071	0.63

普通硅酸盐水泥、AE减水剂、砂、碎石混凝土的参考配合比(二)

(砂 $M_x=2.8$,$D_{max}=20mm$) **表 49-20**

水灰比($\frac{W}{C}$)	坍落度的组合(cm)		细骨料率(%)	单位水量(kg/m³)	绝对体积(l/m³)			质量(kg/m³)			单位粗骨料松散体积(m³/m³)
	基体混凝土	流态混凝土			水泥	砂	卵石	水泥	砂	卵石	
0.45	8	15	42.6	159	112	294	395	353	763	1028	0.69
	8	18	44.0	161	113	302	384	358	786	998	0.67
	12	18	43.0	174	122	286	378	378	743	983	0.66
	12	21	45.1	177	124	298	361	393	774	939	0.63
	15	21	44.5	178	132	286	355	416	743	924	0.62
0.50	8	15	43.6	158	100	307	395	316	797	1028	0.69
	8	18	45.0	160	101	315	384	320	819	998	0.67
	12	18	44.8	168	106	308	378	336	801	983	0.66
	12	21	46.9	171	108	320	361	342	832	939	0.63
	15	21	46.4	181	115	309	355	362	802	924	0.62
0.55	8	15	44.3	158	91	316	395	287	821	1028	0.69
	8	18	45.7	160	92	324	384	291	843	998	0.67
	12	18	45.7	167	96	319	378	304	829	983	0.66
	12	21	47.8	170	98	331	361	309	860	939	0.63
	15	21	47.5	179	103	323	355	325	839	924	0.62
0.60	12	18	46.3	167	88	327	378	278	850	983	0.66
	12	21	48.5	169	89	341	361	282	886	939	0.63
	15	21	48.2	179	94	332	355	298	862	924	0.62

注:水泥密度3.16g/cm³,砂的表观密度2.60g/cm³(绝干状态),碎石表观密度2.60g/cm³(绝干状态),碎石的密实度57.1%。

普通水泥,AE减水剂,轻骨料混凝土(1种)参考配合比 **表 49-21**

水灰比($\frac{W}{C}$)	坍落度的组合(cm)		细骨料率(%)	单位水量(kg/m³)	绝对体积(l/m³)			质量(kg/m³)			单位粗骨料松散体积(m³/m³)
	基体混凝土	流态混凝土			水泥	细骨料	粗骨料	水泥	细骨料	粗骨料	
0.45	12	18	43.9	166	117	293	374	369	762	475	0.59
	15	18	43.3	170	120	286	374	378	744	475	0.59
	12	21	45.5	168	118	303	361	373	787	459	0.66
	15	21	45.1	171	120	298	361	380	774	459	0.57
	18	21	44.3	177	124	288	361	393	748	459	0.57

续表

水灰比 $\left(\frac{W}{C}\right)$	坍落度的组合（cm）		细骨料率（%）	单位水量（kg/m³）	绝对体积（l/m³）			质　量（kg/m³）			单位粗骨料松散体积（m³/m³）
	基体混凝土	流态混凝土			水　泥	细骨料	粗骨料	水　泥	细骨料	粗骨料	
0.50	12	18	46.0	164	104	314	368	328	806	467	0.58
	15	18	45.6	168	106	308	368	336	801	467	0.58
	12	21	47.8	165	104	326	355	330	847	451	0.56
	15	21	47.3	169	107	319	355	338	829	451	0.56
	18	21	46.4	176	111	308	355	352	800	451	0.56
0.55	12	18	46.9	163	94	325	368	296	846	467	0.58
	15	18	46.5	166	96	320	368	302	833	467	0.58
	12	21	48.6	164	94	337	355	298	876	451	0.56
	15	21	48.3	167	96	332	355	304	863	451	0.56
	18	21	47.4	174	100	321	355	316	834	451	0.56

注：水泥密度 3.16g/cm³；细骨料（砂）表观密度 2.60g/cm³（绝干状），$M_x = 2.8$（2.5mm）；人工轻粗骨料表观密度 1.27g/cm³（绝干状态），$D_{max} = 15$mm，空隙率 63.4%。

普通水泥，AE 减水剂，轻骨料混凝土（2 种）参考配合比　　表 49-22

水灰比	坍落度的组合（cm）		细骨料率（%）	单位水量（kg/m³）	绝对体积（l/m³）			质　量（kg/m³）			单位粗骨料松散体积（m³/m³）
	基体混凝土	流态混凝土			水　泥	细骨料	粗骨料	水　泥	细骨料	粗骨料	
0.45	12	18	44.6	161	113	302	374	358	477	475	0.59
	15	18	44.0	165	115	295	374	367	466	475	0.59
	12	21	46.2	163	116	311	361	362	491	459	0.66
	15	21	45.7	167	117	305	361	371	481	459	0.57
	18	21	45.2	170	120	299	361	378	472	459	0.57
0.50	12	18	46.6	100	101	321	368	320	508	467	0.58
	15	18	46.2	163	103	316	368	326	500	467	0.58
	12	21	48.0	163	103	329	355	326	520	451	0.56
	15	21	47.9	164	104	327	355	328	516	451	0.56
	18	21	47.5	167	106	322	355	334	509	451	0.56
0.55	12	18	47.5	158	91	333	368	287	527	467	0.58
	15	18	47.1	161	93	328	368	293	519	467	0.58
	12	21	49.1	160	92	343	355	291	542	451	0.56
	15	21	48.7	163	94	338	355	296	534	451	0.56
	18	21	48.3	166	96	333	355	302	536	451	0.56

注：水泥相对密度 3.16；人工轻量细骨料相对密度 1.58（绝干状态），$M_x = 2.8$，人工轻量粗骨料相对密度 1.27（绝干状态），$D_{max} = 15$mm，空隙率 63.4%。

五、配合比设计应注意的几个问题

流态混凝土的主要特点是流动性大。所以，在混凝土流化后防止由于砂浆不足而引起的离析是不可忽视的。在进行配合比设计时，应考虑要有足够的细颗粒成分（粒径小于0.3mm）和较大的砂率。德国规范规定：0.25～0.30mm以下的颗粒（含水泥在内）不少于450kg/m^3。日本规范规定：当流化后坍落度在15cm以上时，则石子量相应减少，即增大砂率。日本建筑学会常用的三种混凝土配合比对比见表49-23。

三种混凝土配合比对比　　**表49-23**

混凝土种类	坍落度（cm）	水灰比 $\left(\frac{W}{C}\right)$	砂　率（%）	组成材料用量（kg/m^3）				流化剂（g/m^3）
				水（W）	水泥（C）	砂（S）	石子（G）	
基准混凝土	8	0.60	45.5	168	280	832	996	0
塑化混凝土	21	0.60	48.4	209	348	885	943	0
流态混凝土	21	0.60	48.4	173	288	885	943	1870

日本所用砂率比我国普遍偏高。北京地铁采用流态混凝土，采用正交设计进行试验，选择在20cm坍落度时的砂率。初步选择结果：最大粒径2cm的石子用量1050kg/m^3，最大粒径4cm的石子用量1100kg/m^3；对应的砂率范围在35%～41%之间。

为了改善流态混凝土的黏聚性而又不降低强度，用以1.5kg磨细粉煤灰代替1.0kg水泥的比例，可取代5%～10%的水泥，砂率为41%。试验结果表明：掺用磨细粉煤灰使混凝土的黏聚性大为改善，虽然初始坍落度有些降低，但加入流化剂后，坍落度可达20cm以上而强度又不会降低。

第七节　流态混凝土的物理力学性能

流态混凝土是在坍落度较小、用水量较少的基准混凝土中，用后添加法（亦可同时添加）加入流化剂配制而成。基准混凝土经过流化处理后，主要是使其坍落度增大，改善了浇筑性能，而硬化后的物理力学性能，与原来的基准混凝土基本相同，而与坍落度相同的大流动性混凝土相比，其物理力学性能要优越得多。

一、抗压强度

大量试验数据表明，同龄期的基准混凝土与流态混凝土相比较，其抗压强度没有明显差别。即使水泥品种不同，其同龄期的抗压强度与流态混凝土也基本是相同的。但也有人认为，添加流化剂后，会引起混凝土中含气量的降低，特别是泵送后，混凝土的强度略有提高。

流化剂的同时添加或后添加，对坍落度的增大值影响较大，但对混凝土强度的影响并不明显。流态混凝土的抗拉强度亦如此。

二、弹性模量

试验证明，流态混凝土的弹性模量与基准混凝土基本相同。流化剂的添加方法对弹性模量几乎没有影响。

三、与钢筋的粘结强度

流态混凝土由于添加流化剂后坍落度增大，流动性改善，因而与钢筋的粘结强度比基准混凝土有所提高。流态混凝土与钢筋的粘结强度见表49-24。

流态混凝土与钢筋粘结强度　　表49-24

混凝土种类	流化剂	水泥用量 (kg/m^3)	坍落度 (cm)	粘结强度 (MPa)			
				7d		28d	
				光面筋	螺纹筋	光面筋	螺纹筋
普通混凝土	无	400	10.0	1.2	15.0	1.3	15.2
流态混凝土	掺	400	22.0	3.5	27.5	4.0	28.5
普通轻骨料混凝土（堆密度1800kg/m^3）	无	500	10.0	0.4	6.6	0.6	9.2
流态轻骨料混凝土	掺	500	21.0	0.9	14.5	2.1	21.0

四、徐变与收缩

（一）徐变

流态混凝土的徐变，30d时与基准混凝土相同，50d时比基准混凝土稍大，而与普通大流动性混凝土相近。在非常干燥的状态下，流态混凝土徐变较大。

（二）收缩

流态混凝土的收缩与流化剂的添加量有关。流化剂添加量为0.3%～0.8%时，其收缩与基准混凝土相等；流化剂添加量为0.9%～1.0%时，其收缩比基准混凝土稍小。这主要是由于混凝土中含气量降低的原因。如添加缓凝型流化剂时，其收缩比基准混凝土稍大。

总的来说，流态混凝土的收缩与基准混凝土基本相同，但是比坍落度相同的大流动性混凝土小10%～15%。如果混凝土的配合比相同，流化剂添加方法对收缩几乎不产生影响。

五、耐久性

（一）耐久性和透水性

试验证明，流态混凝土的耐水性和透水性、软化系数和透水系数与基准混凝土基本相同。

（二）抗冻性

经300次冻融循环试验的结果证明，流态混凝土的抗冻性比基准混凝土稍差，与大流动性混凝土接近。混凝土的抗冻融性能，与其含气量有关，为了获得必要的抗冻融性能，混凝土的含气量应在3.5%以上。降低水灰比，对提高混凝土的抗冻融性能是有利的。

（三）抗硫酸盐类侵蚀性能

至于抗硫酸盐类侵蚀性能，用三聚氰胺类流化剂配制的流态混凝土，其抗盐类侵蚀性能比基准混凝土好；而用萘磺盐类流化剂配制的流态混凝土，则与基准混凝土相同。

（四）钢筋锈蚀

表49-25的试验结果表明，掺萘磺酸盐外加剂的流态混凝土中的钢筋仅有微量的锈蚀痕迹，掺氯化钙外加剂的流态混凝土比不掺的锈蚀面积稍高，而掺改性木质素磺酸盐减水剂的流态混凝土效果更好。

埋入混凝土中5年后钢筋的锈蚀　　表49-25

外加剂种类	掺量（%）	锈蚀面积（%）
无	—	0.25
萘磺酸盐类	0.60	有痕迹
$CaCl_2$	0.05	0.30
改性木质素磺酸盐	0.25	0.10

六、绝热温度

与具有相同水灰比的流动性混凝土相比，流态混凝土的绝热温升明显降低。这对大体积混凝土工程来说，无疑可以作为控制水化热的方法之一。又有资料指出，由于加入流化剂，水泥的分散效果提高了，因此，流态混凝土的绝热温升要比基准混凝土稍高。

从总的方面来看，流态混凝土的物理力学性能不低于基准混凝土，在某些方面甚至还优于基准混凝土。但是，最关键的是流化后的流态混凝土的坍落度大大增大，对于施工时的运输和浇筑是非常有利的，尤其是配合泵送工艺。

第八节　流态混凝土施工

流态混凝土是在坍落度8~12cm的基体混凝土中，加入流化剂，并通过流态化搅拌，使坍落度增大到20~22cm，能像水一样流动。由于流态混凝土硬化后的物理性能与基体混凝土相近，因此，流态混凝土配合比设计首先是基体混凝土配合比的设计。流态混凝土一般配用泵送施工，因此必须考虑泵送混凝土的有关因素，以保证良好的可泵性。基体混凝土与流态混凝土坍落度之间要有合理的匹配。

一、流态混凝土的振捣工艺

坍落度为20cm以上的流态混凝土，有人称为自密实混凝土。这种混凝土是否可以不经振捣即可浇筑成型密实，保证质量，目前尚有争论。

流态混凝土必须经过振捣才能密实。我国有关单位曾以抗压强度和抗渗等级为指标，考察不同振捣方式对流态混凝土浇筑质量的影响。试验结果表明，不经捣实的流态混凝土，强度显著降低，插捣与振捣强度相似，但抗渗等级有所降低。由此可见，流态混凝土的抗渗性对振捣方式更为敏感。有关单位认为，短时间（1~5s）的捣实是必要的。日本和瑞士的资料也提出捣实对流态混凝土的必要性。

二、使用流态混凝土注意事项

根据国外的资料及国内的工程实践，使用流态混凝土必须注意如下事项：

（1）流态混凝土的浇筑受到流化剂作用时间的限制，坍落度损失较快，应尽量避免拖延施工或中断施工，最好在接近浇筑地点时再加入流化剂。

（2）流态混凝土黏性较大，在断面狭窄、钢筋密集和边角部分应注意振捣。

（3）由于流态混凝土用水量较少，水化反应迅速，必须注意初期保湿养护。

（4）加强施工管理，使有关人员充分了解后添加法流态混凝土的优越性，防止避免出现差错。

第九节　流态混凝土工程实例

在我国的许多地方都不同程度地应用了流态混凝土，如北京地铁、长城饭店、贵宾楼饭店等工程；深圳国贸大厦工程；南京金陵饭店工程等。特别是南京金陵饭店工程，采用了先进的滑模施工工艺，又配之以泵送流态混凝土，这是高层建筑及超高层建筑工程建设中很有发展前途的一种施工方法。

表49-26中列出几幢掺高效减水剂流态混凝土的工程实例，以供参考。

高效减水剂流态混凝土实例　　表 49-26

工程部位	工程情况	原材料	施工情况
墙柱搭接主次梁交叉	1981 年北京长城饭店工程，50000m^3 混凝土	宝山碎卵石，0.5 ~ 3.2cm，龙凤山中砂 $M_x = 2.8 \sim 3.2$，普通 52.5 级水泥，用量 391kg/m^3，建 1 减水剂 0.5（$C \times \%$）	混凝土含气量 3.8%，坍落度 16 ~ 20cm，现场搅拌，吊斗及小翻斗车运输，$f_{cc \cdot 28d}$ 分别为 42.3MPa、40.2MPa
滑模施工，每次 1300m^2	1983 年深圳国贸大厦总高 160m	日本狮头牌硅 52.5 级水泥。东莞河砂 $M_x = 2.43$，澳洲碎石 25mm 粒径，建 1 减水剂 0.5（$C \times \%$），木钙 0.25（$C \times \%$）	砂率：41.5%，C30、C40、C45 等级混凝土，水泥用量 350kg/m^3、390kg/m^3、410kg/m^3，坍落度 14.2cm，气温 32℃
无粘结后张法预应力体系	北京贵宾楼饭店	普通 52.5 级水泥 400kg/m^3，FE-A 流化剂，先掺缓凝型后改早强型	配合比：1 : 1.99 : 2.64，$f_{cc \cdot 3d}$ 为 34MPa，坍落度 20cm

第十节　粉煤灰流态混凝土

流态混凝土是指坍落度在 18cm 以上而又不分层离析的混凝土。它与普通混凝土相比具有许多优点，如混凝土浇筑质量好、施工方便、施工速度快、省人省能、现场文明等，故受到世界各国的重视。我国是在 1979 年宝钢工程上开始应用和研究流态混凝土的。流态混凝土主要用于大型基础及高层建筑的泵送施工，现北京、上海、广州等地已广为应用。

粉煤灰是配制流态混凝土的理想辅助材料。加入粉煤灰的主要意义是：①改善混凝土的和易性、可泵性。由于泵送混凝土需要一定的细粉含量，故可用粉煤灰补充；②适当减少砂率。多次试验证明，粉煤灰流态混凝土的砂率比一般流态混凝土的砂率低 2% ~ 3%；③掺入粉煤灰后可取代部分水泥，降低混凝土的成本；④在大体积混凝土施工中，可降低水泥水化热，减少混凝土收缩开裂的可能性；⑤利用粉煤灰的潜在活性，发挥混凝土的后期强度，为混凝土的耐久性作贡献。

某科研设计院，在利用山砂基础上，选用电厂原状粉煤灰，采用“超掺”技术配制流态混凝土。

一、原材料配合比及制备工艺

1. 水泥

52.5 级普通硅酸盐水泥

2. 碎石

1 ~ 3cm 碎石，级配见表 49-27。

碎石级配　　表 49-27

筛孔尺寸（mm）	30	20	10	5	底盘
累计筛余（%）	0	58.2	98.7	99.8	100

3. 砂

机制山砂，细度数 $M_x = 3.3$，级配见表 49-28。

山　砂　级　配　　表 49-28

筛孔尺寸（mm）	5	2.5	1.2	0.6	0.3	0.15	底　盘
累计筛余（%）	12.1	45.7	61.2	75.4	83.2	87.9	100

4. 粉煤灰

选用贵阳电厂湿排原状粉煤灰晒干后掺用，其细度为 16.6%，需水量 113.2%，比密度 2.05g/cm^3。

5. 流化剂

FDN 高效减水剂。

为了对比，同时设计了三种配合比一起进行试验，它们是基态混凝土（Ⅰ）、普通流态混凝土（Ⅱ）和粉煤灰流态混凝土（Ⅲ）。三种配合比见表 49-29。

三种配合比混凝土流动性对比　　表 49-29

	C	S	G	W	ASH	FDN	坍落度（cm）
Ⅰ	370	950	950	200	—	—	6～8
Ⅱ	370	950	950	200	—	加	18～22
Ⅲ	320	919	996	200	53	加	18～22

Ⅲ是在Ⅱ的基础上以粉煤灰：水泥为 1.1∶1，超量取代 13.5%的水泥而得，超量系数为 1.1，混凝土设计强度等级为 C30。

粉煤灰流态混凝土制备流程如图 49-6 所示。

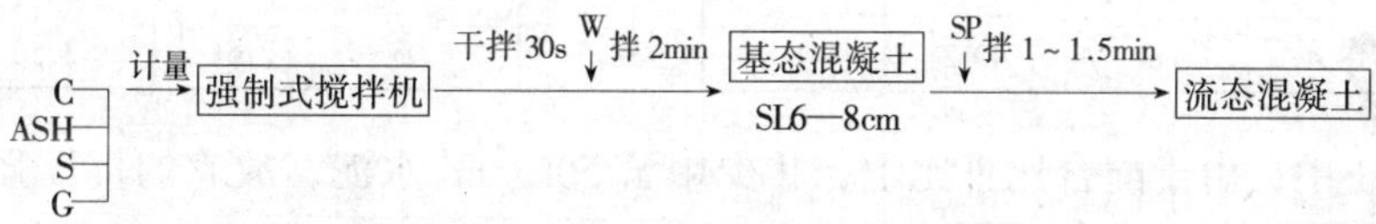

图 49-6　煤粉灰流态混凝土制备工艺流程

二、拌合物的技术性能

三种配合比混凝土拌合物的性能对比　　表 49-30

混凝土配合比	坍落度（cm）	外　观	泌水率（%）	裹浆量（g）	分层度（%）	凝结时间（h）	
						初　凝	终　凝
Ⅰ	8.0	均匀	5.38	0.37	0.30	5.0	6.7
Ⅱ	18.4	一般	5.68	0.24	0.41	5.0	7.5
Ⅲ	18.4	均匀	5.00	0.27	0.32	5.3	8.7

1. 坍落度

为了克服山砂混凝土的内摩擦力，必须增加水泥用量。而用粉煤灰将这部分为满足流态混凝土和易性而多加的水泥超量取代出来，强度没有问题，还节约了水泥。混凝土的和易性、外观质量都优于普通流态混凝土。

2. 泌水率

从表49-30的结果可以看出，在配合比一定的情况下，泌水率随坍落度的增大而提高，这是因为流化剂的加入使混凝土中的絮凝体系内的水充分释放出来的结果。加入粉煤灰后泌水速度明显减慢，保水性能得到加强。

3. 裹浆量

裹浆量越大说明粗骨料所裹砂浆越多，混凝土粘聚性越好。试验中发现，同样坍落度的流态混凝土，不加粉煤灰的Ⅱ号混凝土拌合物很松散，缺乏黏聚性，石子与砂浆是分离的，加粉煤灰的Ⅲ号混凝土拌合物不但节约13%的水泥且粘聚性很好，裹浆量提高。

4. 分层度

从表49-30的试验结果来看，基态混凝土和流态混凝土相比，混凝土的分层度随混凝土坍落度的增大而增大，粉煤灰流态混凝土分层度却明显降低。

5. 凝结时间

从表49-30结果看出，三个配合比的初凝时间几乎是一样的。对混凝土的终凝时间却有影响。这说明粉煤灰掺入后对降低水泥水化热是有好处的，尤其适用于大体积混凝土工程。

三、物理力学性能

1. 抗压强度与抗拉强度

三种配合比混凝土的强度对比 **表49-31**

混凝土配合比	坍落度（cm）	28d抗压强度（MPa）						28d劈拉强度（MPa）	拉压比（%）
		统计数	平均值	最大值	最小值	标准差	变异系数		
Ⅰ	8.0	8	44.3	51.5	40.5	3.65	8.23	3.72	8.4
Ⅱ	18.4	8	43.8	47.7	39.3	2.78	6.35	3.62	8.3
Ⅲ	18.4	8	40.2	41.8	38.5	1.05	2.61	3.50	8.7

表49-31中，由于配合比Ⅲ比Ⅰ、Ⅱ少用了50kg/m^{3}水泥，故它的抗压强度和抗拉强度要低一些，但它的抗压比值却不低于Ⅰ、Ⅱ，说明Ⅲ比Ⅰ、Ⅱ抗拉强度方面有所改善，Ⅰ、Ⅱ、Ⅲ的抗压比在8.3%~3.7%范围内，符合普通混凝土拉压比7%~14%的统计规律。《混凝土结构设计规范》（GB 50010—2002）中规定混凝土的强度等级C40时其抗拉强度应为2.55MPa，将表49-31中的劈拉值换算成轴拉后仍比值高16%~24%，说明在抗压、抗拉强度方面，粉煤灰流态混凝土与其他混凝土一样完全能够满足混凝土结构设计规范。从试件的均匀程度来看Ⅲ比Ⅰ、Ⅱ虽多了一个组分，但它的均匀程度却最佳，可以认为这是与粉煤灰加入后减少了混凝土的分层离析，改善了拌合物的均匀性是分不开的。

2. 后期强度

三种配合比混凝土的后期强度对比 **表49-32**

混凝土配合比	龄期抗压强度（MPa）			
	7d	28d	60d	360d
Ⅰ	39.6	51.5	55.5	72.7
Ⅱ	39.6	47.7	53.8	72.8
Ⅲ	36.7	38.5	48.5	60.8

由表49-32可以看出，Ⅰ、Ⅱ、Ⅲ三种混凝土Ⅰ、Ⅱ配合比一样，故两者强度发展几乎并驾齐驱。Ⅲ由于用粉煤灰取代部分了水泥，各龄期的强度绝对不如Ⅰ、Ⅱ，但其强度发展的速度却并不差。如果将各种混凝土28d的强度值定为100%，再看各种混凝土各个龄期的强度增长率会发现：Ⅲ的后期强度的发展速度均高于Ⅰ、Ⅱ。这是由于粉煤灰具有潜在的火山灰活性之故，这对混凝土的耐久性是非常有利的。

3. 轴心抗压强度

三种配合比混凝土的轴心抗压强度对比　　表49-33

混凝土配合比	28d立方抗压强度（MPa）	28d轴心抗压强度（MPa）	轴压/立压（%）	规范规定轴压/立压×100%值
Ⅰ	44.3	34.8	76.8	70
Ⅱ	43.8	34.2	78.1	70
Ⅲ	40.2	32.1	79.9	70

由表49-33中看出三类混凝土的轴压与立压之比都满足混凝土结构设计规范要求。

4. 抗折强度

三种配合比混凝土抗折强度对比　　表49-34

混凝土配合比	28d立方抗压强度（MPa）	28d抗折强度（MPa）	$f_{折}/f_{压}$（%）	国内有关$f_{折}/f_{压}$比统计（%）
Ⅰ	41.5	5.28	12.7	
Ⅱ	44.8	5.33	12.0	11.4～15.9
Ⅲ	39.7	5.32	13.4	

三组混凝土中$f_{折}/f_{压}$仍然是Ⅲ最高。道路、机场等工程所用混凝土在设计和施工验收中均以抗折强度作为依据，用粉煤灰混凝土显然是有利的。目前，我国工路建设规模很大，而大多数施工单位都用塑性混凝土施工，操作起来劳动强度相当大。若改用流态混凝土施工，不但设计上能满足要求，且大大加快施工速度，还可以减轻施工时的劳动强度。

5. 弹性模量

三种配合比混凝土弹性模量对比　　表49-35

混凝土配合比	28d立方抗压强度（MPa）	28d轴心抗压强度（MPa）	28d静力受压弹性模量$\times 10^4$（MPa）
Ⅰ	46.5	34.8	4.38
Ⅱ	44.0	32.0	4.55
Ⅲ	41.9	32.1	4.25

由表49-35中可以看出，三组的弹性模量值相差不大，同时都比规范中规定的弹性模量值高。由于Ⅲ中粉煤灰取代了13.5%的水泥，其弹性模量值与Ⅰ、Ⅱ如此接近，仍是令人相当满意的。

6. 抗渗性

三种配合比混凝土抗渗性对比　　表49-36

混凝土配合比	坍落度（cm）	28d立方抗压强度（MPa）	坡型渗水高度高/低（cm）	评定抗渗等级
Ⅰ	6.7	45.8	10.0/2.0	>P19
Ⅱ	21.0	39.3	—	P14
Ⅲ	18.0	41.3	11.0/2.0	>P24

试验结果见表49-36。流态混凝土坍落度虽大，但不是靠加水获得的，故它的W/C并不高，加上砂率较大、流动性好、振捣性好，混凝土很容易密实、饱满，抗渗性也随之提高。Ⅲ混凝土水泥只有320kg/m^3，然而其抗渗等级达P24以上，说明粉煤灰加入流态混凝土后对其抗渗性能的改善是相当可观的。这是由于粉煤灰加入混凝土初期作为一种惰性填充料，起到了物理密实的作用；随着龄期的增加，粉煤灰的潜在活性逐步发挥，产生出新的水化产物。这些新的水化产物向混凝土内部空间生长、发育，使混凝土更加密实。

7. 收缩和徐变

从测得不同龄期的混凝土收缩值看出，Ⅰ、Ⅱ、Ⅲ三种混凝土其收缩都具有早期大、后期小的共性。根据试验数据可以计算出这几种混凝土的收缩速度。28d期龄期时，Ⅰ、Ⅱ、Ⅲ的收缩分别为1年龄期时总收缩的56%、63%、61%；90d龄期时则分别为83%、84%、84%。这主要说明：①粉煤灰流态混凝土的收缩与一般混凝土一样，都主要集中表现于早期，特别是28d以前，其收缩占总收缩的50%以上。在实际工作中为减少因收缩带来的危害，加强混凝土的早期养护工作显得十分必要；②粉煤灰流态混凝土的收缩速度略大于基态混凝土，与未惨粉煤灰的流态混凝土基本一致，说明是否惨粉煤灰对收缩速度影响不大。

1年龄期时，三种混凝土的收缩都基本趋于稳定，其值趋于一定，没有多大变化。

另外，从三种混凝土不同龄期收缩值的比较中可以看出：粉煤灰流态混凝土收缩值在28d和一年龄期时均分别大于Ⅰ、Ⅱ的。

试验表明，粉煤灰流态混凝土的徐变特性与一般的混凝土、流态混凝土相比其本质没有什么差别。90d龄期的徐变值分别为1年龄期总徐变的86%、81%，81%说明流态混凝土不管是否掺用了粉煤灰，徐变都是早期较大、后期较小，以后随时间的延长而逐渐趋于稳定。

流态混凝土的徐变速度小于一般混凝土，而流态混凝土是否掺粉煤灰对徐变速度基本没有影响。

90d龄期以前的徐变度，Ⅱ基本与Ⅰ相等，Ⅲ的徐变度则小于Ⅰ、Ⅱ。这可能是由于混凝土掺用粉煤灰后，增加了混凝土的浆体体积、改善了混凝土的硬化结构，致使混凝土中孔隙率降低，内部结构更加紧密，因而单位应力上的徐变减少。

第五十章　干硬性混凝土

(low-slump concrete)

第一节　概　　述

干硬性混凝土，是指坍落度小于 10mm 的混凝土，亦称快硬混凝土、快硬高强混凝土或无坍落度混凝土、低水灰比混凝土。

一、干硬性混凝土的特点

干硬性混凝土混合物与塑性混凝土混合物比较，有一系列优点。采用干硬性混凝土混合物，不但能提高混凝土的质量，而且减少了水泥用量，大大降低了混凝土施工的成本，很受施工现场的欢迎。然而，随着干硬性混凝土的推广，出现了一系列急待解决的问题。例如，如何准确地测定干硬性混凝土的工作度，现场适用的干硬性混凝土工作度范围的确定，干硬性混凝土强度和配合比的正确计算方法等。其中，急待解决的问题就是工作度的测定。

由于干硬性混凝土本身具有水灰比小、砂率低、石子多、硬化快、强度高、必须强力振实等特点，因此它具有快硬、高强、密实度大等许多优良的性能。常用于配制高强混凝土，或用于某些具有特殊施工要求的预制构件的生产，如预应力空心楼板等。

二、配制高强混凝土的途径

可以肯定地说，干硬性混凝土是配制高强混凝土的根本途径。有资料表明，目前世界范围内的高强度等级混凝土，无不是采用配制干硬性混凝土而获得的。采用高强度等级水泥和优质骨料是配制高强度等级混凝土的两个最重要的条件，但水泥用量偏高，一般均多于 500kg/m^3。但如采用在满足上述要求的高强度等级水泥和骨料的条件下，用不大 300kg/m^3 最经济的水泥用量配制高强混凝土，这在大多数情况下要借助于采用干硬性混凝土来完成。

可以有把握地说，在目前生产的强度等级 42.5 级～72.5 级水泥的条件下，为了节约水泥和正确利用水泥，在绝大多数情况下制备高强混凝土也要求利用干硬性混凝土。因此，利用配制干硬性混凝土的目的，即可节约水泥，又可提高强度和缩短硬化时间，降低工程成本。

三、干硬性混凝土的应用

由于振动机械的限制，干硬性混凝土的应用范围还较窄小。目前，主要用于在工艺上必须用干硬性混凝土成型的，如预应力空心楼板、多肋屋面板及基础的空心砌块等建筑构件。

预应力空心楼板占民用建筑钢筋混凝土制品量的 70%以上。这些构件的最大特点是空心率大，约 50%左右。其孔形多为圆形、椭圆形和拱形等，多采用振动、挤压、振压、离心工艺或这些工艺的复合工艺成型生产。这些构件应当采用干硬性混凝土制作，因为用干硬性混凝土混合物成型时，在孔芯抽出之后，构件即能保持已塑成的形状不变。混凝土混合物干硬性一经提高，便可增加新浇筑混凝土的结构强度，这将有利于消除个别废品(拱顶裂缝或孔穴坍陷)，避免这类制品成型过程中常出现的这种缺陷，以保证制品的质量。

第二节 干硬性混凝土工作度的测定

对于干硬性混凝土混合物的稠度，我国目前采用的是前苏联标准，用工业黏度计进行测定，并以干硬度或工作度（s）表示。实践证明，该设备使用不方便，精度不高，现在大多数国家都统一采用维勃稠度仪进行干硬性混合物稠度的测定。前苏联也于1977年废除工业黏度计法而改用维勃仪法。国际标准化协会已颁发《混凝土混合物—稠度测定仪的维勃试验》（ISO4110），作为对坍落度小于10mm的混凝土混合物稠度的标准试验方法。

一、工业黏度计法

工业黏度计法是前苏联标准所规定测定干硬性混凝土混合料工作度的一种方法，过去我国也在长时间内沿用过。此法规定：凡用振幅为（0.5±0.1）mm和振动频率为50Hz的实验室振动台，用标准工业黏度计测得工作度大于30s、且无坍落度的混凝土，均属干硬性混凝土。当工作度为30~200s，称之普通干硬性混凝土；当工作度大于200s的，称之特殊干硬性混凝土。

此法操作复杂，不易掌握，目前除少数东欧国家外，世界各国已很少使用。

二、维勃稠度仪法（Vb法）

此法适用于测定最大粒径不大于40mm、维勃稠度在5~30s之间的混凝土混合料的稠度，其振动频率为（50±3）Hz，振幅为（0.5±0.1）mm，承压荷载（27.5±0.5）N。

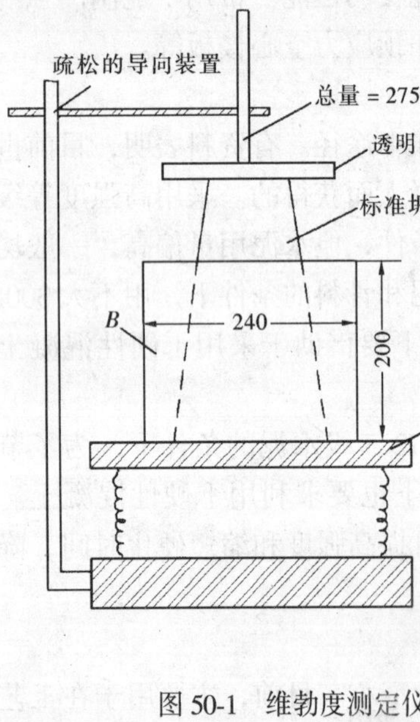

图50-1 维勃度测定仪

国际标准协会推荐使用维勃稠度仪测定坍落度小于10mm的混凝土混合料的工作度，并以时间（s）计算。维勃稠度测定仪构造如图50-1。其试验方法如下：

将所用设备用湿布擦之，将坍落筒 *A* 置于容器 *B* 内，把容器固定于振动台上，按测定坍落度同样的方法，即将混合料装满坍落筒，然后垂直无振动地提起坍落筒，再将测杆下部安装且水平的圆盘 *D*［承压（27.5±0.5）N］放于混合料顶面，同时开动振动台和秒表，关闭振动台，读出秒表的秒数，即为该混凝土混合料的维勃稠度值。

对于干硬性混凝土的工作度，采用维勃稠度仪和工业黏度计测得的结果虽然都以时间（s）表示，但同一时间（s）所代表稠度相差却很大。工业粘度计测得的值是维勃稠度值的3.5~5倍。因此，维勃稠度仪的适用范围5~30s相当于工业黏度计所测工作度（也称干硬度）的 18～150s 范围，这已能满足普通干硬性混凝土的要求。

第三节　干硬性混凝土配合比设计

由于干硬性混凝土本身的特点，因而可采用 42.5 级水泥配制 C40 混凝土，也可采用 52.5 级～62.5 级水泥配制 C60 或 C60 以上的混凝土等等。

一、配合比设计步骤

干硬性混凝土配合比设计过程与塑性混凝土大致相同，初步配合比的计算方法略有差异。不同的干硬性混凝土的试配调整以工作度为依据。干硬性混凝土初步配合比计算方法和步骤如下：

（一）确定水灰比$\left(\frac{W}{C}\right)$

根据已知条件查表 50-1 求出水灰比。已知条件往往是要求 3d 龄期的抗压强度 f_{c3} 或 28d 龄期所要求的混凝土强度等级 f_{c28}。

干硬性混凝土水灰比参考表　　**表 50-1**

$\frac{W}{C}$	各龄期混凝土强度（以水泥强度等级%计）				$\frac{C}{W}$
	1d	2d	3d	28d	
0.30	30	47	57	110	3.33
0.35	28	45	55	100	2.86
0.40	25	38	48	80	2.50
0.45	20	32	40	70	2.22
0.50	16	27	34	63	2.00
0.55	14	22	28	56	1.81
0.60	12	19	26	50	1.67

（二）确定用水量$\left(\frac{W}{C}\right)$

根据石子种类、最大粒径以及要求的坍落度在表 50-2 中查出用水量。

每 $1m^3$ 干硬性混凝土的用水量（kg）　　**表 50-2**

工作度（s）	骨料最大粒径（mm）					
	卵石			碎石		
	10	20	40	10	20	40
150～200	145	130	120	155	145	130
90～120	150	135	125	160	150	135
60～80	160	145	130	170	160	145
30～50	165	150	135	175	165	150
20～30	175	160	145	185	175	160

注：1. 本表适用中砂，采用细砂时，每 $1m^3$ 混凝土应增加 10kg。

2. 采用火山灰质硅酸盐水泥时，应增加 15～20kg。

3. 粗骨料含水率大于 1.5%时，用水量应相应增加。

4. 表列资料适用于水泥用量为 350～400kg/m^3 的混凝土；工作度系指采用工业黏度计所测。

（三）计算水泥用量（C）

根据选定的用水量及水灰比值，用水灰比公式求出水泥用量，即

$$C=\frac{W}{\left(\frac{W}{C}\right)}$$

（四）计算石子用量（G）

$$G=\frac{1000\rho_{aG}}{1+\frac{\rho_{bG}}{\rho_{sG}}\cdot P_G\cdot b}$$

式中 ρ_{sG}、ρ_{bG}——石子的表观比密度（g/cm^3）、堆积密度（kg/m^3）；

P_G——石子的空隙率（%）；

b——砂浆剩余系数，$b=1.05\sim1.20$，一般取下限。

（五）计算用砂量（S）

$$S=\left(1000-\frac{C}{\rho_{sc}}-\frac{G}{\rho_{ss}}-W\right)\cdot\rho_{as}$$

式中 C、W、G——$1m^3$ 混凝土中水泥、水、石子用量（kg）；

ρ_{sc}、ρ_{ss}——水泥比密度、砂的表观密度（g/cm^3）。

（六）试配调整

初步配合比设计好后，以工作度（s）为依据进行调整。

二、参考配合比选择

通常采用配制干硬性混凝土生产高强混凝土，有时为了改善其施工性能，需要掺高效塑化剂、早强剂或减水剂等外加剂。干硬性混凝土的参考配合比见表 50-3。

干硬性混凝土参考配合比 **表 50-3**

序号	水泥用量（kg/m^3）	水灰比（$\frac{W}{C}$）	氯化钙掺量（%）	塑化剂（%）	砂率（%）	工作度（s）	配合比 水泥:砂:石子	抗压强度 f_{c28}（MPa）
1	700	0.28	1.0	0.3	28	40	1:0.62:1.60	92.0
2	750	0.26	1.0	0.3	26	46	1:0.53:1.50	100.7
3	800	0.24	1.0	0.3	24	81	1:0.45:1.41	101.5
4	750	0.26	1.5	0.3	26	15	1:0.53:1.50	102.8
5	750	0.24	1.5	0.3	25	17	1:0.52:1.57	101.0
6	750	0.22	1.5	0.3	24	105	1:0.51:1.62	100.2

从表 50-3 中可以看出：

（1）水泥用量在 $700\sim800kg/m^3$ 范围内变化，对混凝土影响不大，而水泥用量过多反而会使混凝土工作度增加，且收缩增大，因此在配制干硬性混凝土时的水泥用量应控制在 $700kg/m^3$ 以下。

（2）当不具强烈振捣条件时，水灰比在 0.22～0.26 内变化，对混凝土强度影响不大，而水灰比过小，工作度增大，对施工增加困难，因此水灰比应大于 0.26。

（3）砂率较之塑性混凝土为低。

第四节　干硬性混凝土施工

干硬性混凝土尽管具有许多特点，但推广起来却困难重重。这种混凝土除了必须具有强力振捣的必要性之外，其困难首先在于必须采用精确配料、强力搅拌和采用专门措施来保证制品表面的光滑等。

一、配料工艺

干硬性混凝土的物料必须采用精度高的计量装置，最好是配料漏斗。因为在采用低流动性混凝土混合物时，在混凝土组成材料配制过程中所造成的误差会衍变成干硬性混合物，或使其工作度提高。由此，这类混合物就不易捣固好，或者使制成的混合物的工作度不足，不能在成型后立即抽芯。

计量器的精确度，对干硬性混凝土的各种组成材料，都应介于±1.0%。

二、搅拌工艺

混凝土搅拌的目的除了要达到均匀的混合之外，还应具有强化、塑化的作用。这对于干硬性混凝土混合物，尤其应如此。

采用强制式搅拌机，易保证混凝土的均匀性，这是施工干硬性混凝土重要的工艺措施之一。通常采用的搅拌速度为1.3~1.8m/s。

三、振动成型工艺

混凝土拌合物的捣实比搅拌更能影响混凝土的性能。振动作用所以能使干硬性混凝土密实，首先是振动能使混凝土混合物液化，具有液体的流动性，从而能充满模板并排出气体；其次是振动的活化作用，能使混凝土密实。

对混凝土混合物的振动质量取决于振动制度的选择，而选择振动制度又与混凝土混合物的特性有关。振动制度的主要参数为振动加速度 a、振动频率 ω、振幅 A 及振动时间 t_0 振动参数对干硬性混凝土的工作度影响如下：

（一）振动加速度对工作度的影响

混凝土混合物在振动力的作用下，若其黏度越小，则其工作度越小，就越能在短时间内流动并充满空隙，而使混合物密实起来。对工作度有决定影响的是振动加速度 a，a 增加，结构黏度下降，工作度减小，使混凝土密实度增加，强度提高。对于不同工作度（按工业黏度计测定）的混凝土混合物，其最佳振动加速度列于表50-4。

（二）振动频率对工作度的影响

当振动加速度 $a = A\omega^2$ 为一定时，振动频率根据骨料的粒径确定。粒径越细，要求的频率越高（表50-5）。对于特定的混凝土混合物，有一个最佳频率，此时黏度最小，工作度最低，越容易振动密实，强度也应最高。

最佳振动加速度参考值　表50-4

混凝土种类	工作度（s）	最佳加速度（g）
低流动性混凝土	15~30	4~5
干硬性混凝土	30~180	6~7
特干硬性混凝土	>180	>7

混凝土组成材料的振动频率和振幅　表50-5

材料名称	振动频率（Hz）	振幅（mm）
水泥	167~333	0.2~0.3
砂	100~133	0.6~1.0
石子	3.3~13.3	5~8

根据有关资料证明，最佳振动频率 ω 与骨料粒径 d 之间的关系为：

$$d < \frac{14 \times 10^6}{\omega^2}$$

对于个别具体情况，由此条件得到：

当 $d < 6$cm 时　　　$\omega = 25$Hz；

$d < 1.5$cm 时　　　$\omega = 50$Hz；

$d < 0.4$cm 时　　　$\omega = 100$Hz；

$d < 0.1$cm 时　　　$\omega = 200$Hz；

$d < 0.01$cm 时　　　$\omega = 600$Hz。

实际上，混凝土混合物中各种颗粒的粒径 d 参差不一。若采用低频振动，加强活化作用，这对振实干硬性混凝土是有利的；但如频率过高，粒径较大的颗粒则振动不起来，反而降低了干硬性混凝土振动的机械密实作用，也不利于强度提高。因此，对混合物采用多级频率振动是最为理想的。

实际上，在我国通常采用的振动设备（$\omega = 50 \sim 200$Hz）只能振实骨料，而不能振实水泥水化物及其他小颗粒，是无法实现上述水泥粒子振实的理想参数的。目前，国内已经采用高频电磁振动器，不仅能振动粗、细骨料，而且能振动水泥颗粒。德国用超声波振动，已能顺利地施工工作度大于 500s 的混凝土。

（三）振幅对工作度的影响

选择振幅值应考虑混凝土混合物中平均颗粒的大小，混合物的工作度以及振动波的传播方向。振幅适当，混合物容易塑化、液化。

通常，对塑性混凝土混合物，选择的振幅平均值为 0.1～0.4mm；对干硬性混凝土混合物，平均值为 0.3～0.7mm。而振实干硬性混凝土混合物的振幅是随着工作度的增高而增加的，当工作度为 15～20s 时，$A = 0.3 \sim 0.4$mm；工作度为 30～40s 时，$A = 0.6 \sim 0.7$mm。当振幅过大时，往往会把振动转化为捣击，混合物颗粒之间将会变成杂乱排布，其结果不但起不到密实作用，反而使结构更加松散；振幅过小，也达不到振实的目的。

（四）振动时间对工作度的影响

对一定组成的混凝土混合物，在一定的振动制度下，需要一定的延续时间才能振实，并获得最大的密实度和强度。

振动时间对干硬性混凝土尤其关键，一般比塑性混凝土要长；而轻骨料干硬性混凝土又比重骨料干硬性混凝土长，因为从轻骨料混凝土中排出混入的空气的速度要比普通混凝土慢。干硬性混凝土工作度小的，振动时间短；反之，工作度大的振动时间长。但振动时间过长，往往由于结构黏度下降，粗骨料的沉降作用加大，从而产生严重的分层离析，使强度下降。在实际施工中，一般取振动时间为干硬性混凝土工作度值（用工业黏度计测试）的两倍。

为了仔细捣实干硬性轻混凝土拌合物，必须提高振动强度，延长振动时间，采取加荷振动，以防止其离析。干硬性轻混凝土拌合物的振捣制度可按表 50-6 大致确定。

干硬性轻混凝土拌合物捣实制度　　**表 50-6**

拌　合　物	最小振幅（mm）	振动加荷值（N/mm²）	构件振捣时间（s）
密实的干硬性拌合物（工作度 60～100s）	0.60	3～4	150～180

续表

拌　　合　　物	最小振幅（mm）	振动加荷值（N/mm^2）	构件振捣时间（s）
密实的半干硬性拌合物（工作度 30～60s）	0.60	2～3	120～150
密实的塑性拌合物（坍落度 1～3cm）	0.35	不要求加荷	90～120
密实的流动性拌合物（坍落度 3～15cm）	0.35	不要求加荷	60～90
加气混凝土拌合物	0.35	不要求加荷	90～180
泡沫混凝土拌合物	0.35	不要求加荷	60～90
加引气剂的拌合物	0.35	—	120～150
无砂大孔混凝土拌合物	0.35	加荷＜2	30
少砂混凝土拌合物	0.60	3～4	120～180

注：振动频率为 50Hz。

第五十一章　无砂大孔混凝土

(No-fines concrete)

第一节　概　　述

一、无砂大孔混凝土的定义和分类

(一) 定义

不含细骨料的混凝土被称为无砂大孔混凝土。它是由水泥、粗骨料和水按照一定的比例拌合而成。由于无细骨料，在硬化后的混凝土体中存在着较大的孔洞，孔洞的大小与粗骨料的粒径大致相等。正是由于这些孔洞的存在，才使得无砂大孔混凝土显示出与一般普通混凝土不同之处。

无砂大孔混凝土是一种特别的间断级配，其中粗骨料粒径均一，完全不用细骨料。这种类型的混凝土可看作在粗骨料各接触点间用一层硬化水泥石将骨料胶合在一起的粗骨料集合体。这种混凝土系带有大量孔隙的开放结构，并且水泥用量低。

(二) 分类

无砂大孔混凝土的粗骨料可以是卵石、碎石、或是轻骨料，如人造陶粒、浮石、煤渣块等。按照粗骨料种类不同，无砂大孔混凝土分为普通无砂大孔混凝土和粗骨料无砂大孔混凝土两类（表 51-1)。

无砂大孔混凝土的分类　　**表 51-1**

类　别	骨料品种	堆积密度 (kg/m^3)	抗压强度 f_{c28} (MPa)	适 用 范 围
普通无砂大孔混凝土	碎石、卵石	1500~1900	3.5~10.0	可作预制墙板，也可作多层、高层住宅建筑的承重墙体
轻骨料无砂大孔混凝土	陶粒、浮石、碎砖块、烧结料等	500~1500	3.0~7.5	可作现浇或预制墙体（砌块或墙板）

二、无砂大孔混凝土的特点及用途

(一) 特点

与普通混凝土相比，无砂大孔混凝土的主要特点在于以下几点。

(1) 堆积密度小，通常介于 500~1900kg/m^3 之间。

(2) 导热系数小，通常在 0.6~0.8W/m·K 之间；当骨料本身是轻质材料时，则无砂大孔混凝土具有卓越的隔热性质，并且是一种特轻结构材料。

(3) 水泥用量少，大约占同强度普通混凝土水泥用量的 1/2。因此，收缩值也小。

(4) 表面存在蜂窝状孔洞，抹面施工方便，粘结力好。

(5) 完全不用细骨料，简化运输及现场管理，降低成本。

(6) 此外，无砂大孔混凝土的另一个尚未被人们重视的特点是毛细作用不显著。

(二) 用途

基于无砂大孔混凝土的上述特点，其主要应用在强度要求不高，而要求质量及隔热性能特别重要的方面，才是比较合理的。

(1) 广泛用作墙体材料，是因为它具有较好的保温、隔热和隔声性能。

(2) 特别是采用现浇大模板工艺施工，无砂大孔混凝土不致产生离析现象，且对模板侧压力较小，施工简便，靠自身质量落料即可成型，不需振捣。

(3) 可用于6层以下住宅的承重墙，在6层以上的多层结构中，通常把无砂大孔混凝土作为框架填充材料作用，即构成无砂大孔混凝土带框墙，因为它具有良好的保温隔热功能。

(4) 值得重视的是无砂大孔混凝土是一种非常好的地坪材料，这是由于它具有较好的抗毛细作用。特别是地下水位较高的地区，用无砂大孔混凝土作地坪，可使室内保持干燥，还可防止地下水浸入墙体。

(5) 无砂大孔混凝土还被广泛用作水井、水池的滤水层。

因为无砂混凝土多孔，空气和水很容易透过，因此不能作基础，除非采取有效的防潮层。

三、无砂大孔混凝土的发展

无砂大孔混凝土最早出现在19世纪中叶的英国。随后于20世纪初期先后传到荷兰、南非、俄罗斯等地。在以后的数十年里，英国、俄罗斯、德国、南非等国都发展和研究了无砂大孔混凝土建筑，并建造了大量建筑物。英国温比公司还发展了一种新的结构体系，即由无砂大孔混凝土墙体和普通钢筋混凝土加筋框架组成抗侧力结构，用于多层和高层建筑。这种结构体系有许多优点，是一种有发展前途的新结构体系。

最初,无砂大孔混凝土仅用于建造低层建筑,可作为灌筑承重墙或非承重墙的墙体材料。二次世界大战后,无砂大孔混凝土作为一种既经济又便于施工的建筑材料,在欧洲被大量使用。德国用无砂大孔混凝土建成了10~16层住宅楼,称誉为冬暖夏凉的理想建筑。到1986年,在苏格兰地区建筑中,有30%是用无砂大孔混凝土建造的,可见其用途之广泛。

我国上世纪50年代即开始对无砂大孔混凝土进行试验研究，并建造了一批建筑。在以后的数年内，贵州、陕西、四川、广西、天津、上海等地又专题对无砂大孔混凝土的基本性能进行研究。中国建筑工程总公司四局在贵州遵义采用现浇大模板工艺施工无砂大孔混凝土，并正式制订了《无砂大孔混凝土设计施工暂行规定》，并建成一批试点建筑。1979年，在四川将无砂大孔混凝土试图用于地坪材料，并研究出有关设计、工艺参数，制订出施工规程，基本上解决了地坪防潮这个普遍存在的问题。1986年，陕西、天津采用陶粒作为骨料配制大孔混凝土，应用也较广泛。同济大学于1982年建成了一幢13层高宿舍楼，并正在设计和施工一批无砂大孔混凝土带框结构的高层建筑。预计这种体系将成为一种有发展前途的结构体系。

第二节　无砂大孔混凝土的原材料选择

无砂大孔混凝土的组成材料包括水泥、粗骨料和水三种，有必要时也可掺早强剂和减水剂。

一、胶凝材料——水泥

无砂大孔混凝土是粗骨料颗粒与水泥石胶结而成的多孔堆聚结构。研究混凝土的结构破坏特征可以发现，水泥石与粗骨料界面的粘结强度，往往是混凝土中最薄弱的环节。由于骨料的强度远高于混凝土的强度，因而结构的破坏常常是发生在骨料界面间的水泥石层中。从而可以看出，胶凝材料的活性、品种、数量是决定混凝土强度的关键因素。

（一）水泥品种和强度等级

（1）胶凝材料最好采用强度较高的普通硅酸盐水泥、矿渣硅酸盐水泥，若用其他品种水泥，则需在确保混凝土的早期脱模强度和设计强度等级前提下，通过实测确定。

（2）为了提高粗骨料颗粒接触点处的粘结强度，无砂大孔混凝土强度等级建议采用水泥强度等级为：①C7.5以上的大孔混凝土宜采用42.5级水泥；②C5.0～C7.5的大孔混凝土宜用42.5级或52.5级水泥；③低于C5.0的大孔混凝土宜用32.5级或42.5级水泥。

（二）水泥用量

当设计无砂大孔混凝土时，水泥浆的最佳用量以刚好能够完全包裹粗骨料的表面为适度，以最小水泥用量为原则。通常，水泥用量在100～250kg/m^{3}范围内。

二、粗骨料

骨料包括普通骨料和轻质骨料（包括人造和天然骨料），它们是无砂大孔混凝土的结构骨架。

（一）骨料种类

骨料可以是碎石或卵石，也可以是浮石、粉煤灰陶粒、黏土陶粒等轻骨料，甚至也可用碎砖等。

（二）粒径和级配

1. 骨料粒径

粗骨料粒径的大小，应视无砂大孔混凝土结构的厚度而定。一般不允许用小于5mm和大于40mm的骨料，但骨料的粒径不宜过大。试验资料表明，粒径愈小，骨料颗粒间的空隙率愈大，配制的大孔混凝土强度偏高。

2. 颗粒级配

为了减少混凝土的堆密度，通常采用尺寸不大的单一粒级，如10～20mm或10～30mm，以使空隙率较大，骨料颗粒间有足够的接触面积，这样才能保证无砂大孔混凝土的强度及多种功能。

（三）质量要求

（1）碎石型粗骨料除应满足强度和压碎指标要求外，碎石中针片状颗粒总含量不宜大于15%。包裸型和半包裸型的总含泥量（包括含粉量）不宜大于1%。

（2）人造轻骨料各项指标均应符合《轻骨料混凝土技术规程》（JGJ 51—2002）和《轻骨料混凝土结构设计规程》（JGJ 12—1999）的有关规定。炉渣、碎石中未燃烧煤的含量应不超过5%～15%。

三、外加剂

一般情况下不予采用，冬期施工可酌情采用硫酸钠、氯化钙、木素磺酸钙早强剂，以加速混凝土的硬化。

四、拌合水

一般洁净的饮用水即可。

第三节 无砂大孔混凝土配合比设计

无砂大孔混凝土系多孔材料，因而较之普通混凝土的强度偏低。欲提高其强度，从而为合理地设计配合比提供必要的工艺参数，首先有必要了解影响混凝土强度的主要因素，然后才能在施工中采取相应的措施，保证工程质量。

一、影响混凝土强度的因素

（一）水泥用量与强度和水灰比的关系

试验资料表明，保证在最佳用水量的情况下，无砂大孔混凝土的强度在一定范围内随着水泥用量的增加而增长。无砂大孔混凝土的水灰比，一般也是随着水泥用量的增加而下降的，但只是在一个较小的范围内波动。若用水量太少时，水泥浆稠度过小，不能很好地包裹粗骨料表面；反之，用水量过大，水泥浆因过稀而下淌，亦不能均匀地包裹粗骨料颗粒表面，使混凝土上、下层强度相差悬殊，影响浇筑质量。

（二）堆密度与强度的关系

在粗骨料质量及捣实方法一定的情况下，混凝土强度随堆积密度的增加而增加。当混凝土堆密度在 $1800kg/m^3$ 左右时，能获得较高的抗压强度。很显然，这时抗压强度的提高，堆积密度的增加，是由于单位体积水泥用量增加所致。

（三）龄期与强度的关系

在标准条件下养护的试件，无砂大孔混凝土抗压强度的发展规律与普通混凝土近似。

当采用 42.5 级普通水泥、1～2cm 卵石时，其关系：$\frac{f_{c7}}{f_{c28}}=0.487$；$\frac{f_{c7}}{f_{c28}}=0.679$

二、混凝土配合比设计

（一）配合比设计原则

根据已知材料性能及所需标号和松堆密度，在确保混凝土和易性的前提下，以采用最少水泥用量为原则，进行配合比设计。无砂大孔混凝土单位体积的质量应为 $1m^3$ 紧密状态下粗骨料的紧堆密度和单方水泥用量及水泥水化水质量之总和。

（二）配合比设计步骤

国内外进行无砂大孔混凝土配合比设计多采用查表法、图示法及公式计算法等。我国常用的是公式计算法。由于在无砂大孔混凝土中不含细骨料，因此其配合比设计方法、计算公式、设计步骤与普通混凝土不同。

1. 确定水泥用量

无砂大孔混凝土中由于没有细骨料，所以骨料的总表面积比普通混凝小得多，用以包裹骨料的水泥用量也随之下降，通常在 100～$250kg/m^3$ 之间。

水泥用量 C 与混凝土配制强度的关系大致呈正比。两者存在下列关系：

（1）普通粗骨料（卵石）、52.5 级普通硅酸盐水泥：

$$C=59.58+13.78\overline{f}_{p}$$

普通粗骨料（卵石）、42.5 级普通硅酸盐水泥：

$$C=37.19+20.5\overline{f}_{\mathrm{p}}$$

普通粗骨料（碎石）、42.5 级普通硅酸盐水泥：

$$C=69.36+784.93\frac{\overline{f}_{\mathrm{p}}}{f_{\mathrm{c}}}$$

(2) 人造陶粒骨料、42.5 级矿渣硅酸盐水泥：

$$C=3.04\overline{f}_{\mathrm{p}}+10.33$$

人造陶粒骨料、52.5 级普通硅酸盐水泥：

$$C=3.19\overline{f}_{\mathrm{p}}-28.15$$

以上五式中，$\overline{f}_{\mathrm{p}}$ 为混凝土的配制强度，与混凝土设计强度等级的关系为：

$$\overline{f}_{\mathrm{p}}=\frac{f_{\mathrm{c28}}}{1-C_{\mathrm{v}}}$$

式中　C_{v}——混凝土强度变异系数，在 10%～25% 范围内取值，一般水平取 15%，也可根据施工水平查表 51-2。

管理水平与变异系数 C_{v} 之关系　　表 51-2

管理水平	甲级	乙级	丙级
变异系数 C_{v}（%）	<16	16～20	21～25

2. 确定水灰比

通过试验确认，只有在最佳水灰比时，无砂大孔混凝土才会具有最大的极限抗压强度。否则，均将导致混凝土强度降低。水灰比偏大，产生离析，水泥浆会从骨料颗粒上淌下，形成不均匀的混凝土组织；水灰比偏小，则水泥浆难以均匀地包裹所有的骨料颗粒，从而使混凝土的工作度变差。

(1) 普通碎石或卵石大孔混凝土水灰比：水灰比对无砂大孔混凝土的影响是非常重要的。通常有两种确定方法。

方法一：

为了确定最佳水灰比，可在水泥用量一定的情况下，从小到大选定几种不同的水灰比分别拌制，然后通过试验分别求出其抗压强度，再绘制出 $\frac{W}{C}$-f 曲线，求出最大抗压强度所对应的水灰比，此即为最佳水灰比。

方法二：

这是一种在实际工作中常常根据经验来判定水灰比是否合适的方法。取一些拌合好的混凝土拌合物进行观察，如果水泥在颗粒表面包裹均匀，没有水泥浆下滴现象，而且颗粒有金属光泽，则说明水灰比较为合适。

对于普通骨料的无砂大孔混凝土，水灰比通常取 0.45，也可按下述经验公式计算。

①卵石，采用 52.5 级普通硅酸盐水泥：

$$\frac{W}{C}=0.5797-0.000715C$$

②卵石，采用 42.5 级普通硅酸盐水泥：

$$\frac{W}{C}=0.560-0.001C$$

③采用碎石，人工全捣法：

$$\frac{W}{C}=0.58-0.000715C$$

④采用碎石，锤击板法：

$$\frac{W}{C}=0.5372-0.0007914C$$

（2）轻骨料大孔混凝土水灰比：对于陶粒等轻骨料无砂大孔混凝土，水灰比的确定更加困难，因为水灰比与骨料的湿度有关。为了防止水泥浆中的水被轻质骨料中的孔吸收，或者由于骨料太湿而使水泥浆从骨料上滑下，应使骨料处于饱和面干状态，这样才能保证混凝土的质量。通常的适宜范围为：

陶粒大孔混凝土（净水灰比）
- 52.5 级普通硅酸盐水泥：$\frac{W}{C}=0.30\sim0.37$
- 42.5 级矿渣硅酸盐水泥：$\frac{W}{C}=0.34\sim0.42$
- 卵石大孔混凝土：$\frac{W}{C}=0.45\sim0.50$

3. 粗骨料用量

每 $1m^3$ 无砂大孔混凝土的粗骨料用量可取为：碎石的紧堆密度或陶粒的紧堆密度 × 0.98（折减系数）。大孔混凝土的制成系数分别为：

①全捣法成型碎石大孔混凝土——0.94 ~ 0.96；

②半捣法成型陶粒大孔混凝土——0.96 ~ 0.98；

③料斗自由落度——1.0

4. 试拌并验证试配强度

（三）配合比计算实例

【例】 某宿舍大楼墙体用 C5.0 碎石大孔混凝土，采用大模板现浇施工工艺。碎石粒级为 10 ~ 20mm，堆积密度为 1512kg/m³，用 42.5 级普通硅酸盐水泥，$f_{ce}=45.0$MPa，施工管理水平中等，变异系数 $C_v=15\%$。试设计配合比。

1. 计算水泥用量

$$\bar{f}_p=\frac{f_{c28}}{1-C_v}=\frac{5.0}{1-0.15}=5.882\text{（MPa）}$$

$$C=69.36+784.93\times\frac{5.882}{45.0}=171.96\text{（kg/m}^3\text{）}$$

2. 计算水灰比

$$\frac{W}{C}=0.58-0.000715C=0.457$$

3. 计算用水量

$$W=171.96\times0.457=78.59\text{（kg/m}^3\text{）}$$

4. 计算石子用量

$$G=1512\times0.98=1481.76\text{（kg）}$$

5. 求骨胶比

$$\frac{G}{C}=1481.76:171:96=8.6:1$$

6. 试拌并验证试配强度

试拌和制作试件，待28d的抗压强度确能满足设计要求后，可使用于工程实践中。

三、参考配合比选择

随着原材料种类、质量的不同，无砂大孔混凝土配合比则有所不同。下述一些比较成熟的配合比，仅供参考选择。

1. 卵石无砂大孔混凝土配合比

常用卵石无砂大孔混凝土参考配合比见表51-3。

卵石无砂大孔混凝土配合比 **表51-3**

混凝土种类	水泥:粗骨料（体积比）	水灰比（W/C）	水泥用量（kg/m^3）	抗压强度（MPa）	堆积密度（kg/m^3）	导热系数[W/（m·K）]	收缩率（%）
无砂大孔混凝土	1:6	0.38	259	14.6	1999	—	—
	1:8	0.41	193	9.6	1913		0.018
	1:10	0.45	155	7.2	1862	0.74	0.019
普通混凝土	1:3:6	0.40	250	35.0	2550	1.4	0.035

2. 碎石无砂大孔混凝土配合比

常用的碎石无砂大孔混凝土参考配合比见表51-4。

碎石无砂大孔混凝土配合比 **表51-4**

序号	水泥:粗骨料（体积比）	水灰比 $\left(\frac{W}{C}\right)$	水泥用量（kg/m^3）	龄期（d）	堆积密度（kg/m^3）	抗压强度（MPa）
1	1:6	0.333	259	3	2080	8.3
				7	2080	11.6
				28	2075	15.0
2	1:7	0.338	223	3	2045	7.1
				7	2042	9.6
				28	2040	12.6
3	1:8	0.348	194	3	2000	5.7
				7	2000	7.8
				28	1995	10.2
4	1:10	0.360	156	3	1945	4.1
				7	1945	5.6
				28	1942	7.3
5	1:12	0.372	131	3	1926	3.2
				7	1920	4.1
				28	1917	5.4
6	1:15	0.392	104	3	1890	2.1
				7	1888	2.8
				28	1887	3.6

3. 膨胀矿渣无砂大孔混凝土配合比

膨胀矿渣无砂大孔混凝土参考配合比见表51-5。

膨胀矿渣无砂大孔混凝土配合比 表51-5

序号	水泥:膨胀矿渣（体积比）	水灰比 $\left(\frac{W}{C}\right)$	水泥用量（kg/m^3）	堆密度（kg/m^3）	抗压强度（MPa）
1	1:6	0.335	265	1780	12.4
2	1:7	0.345	226	1723	10.0
3	1:8	0.355	199	1702	9.8
4	1:10	0.370	156	1662	5.7
5	1:12	0.388	133	1629	4.3
6	1:15	0.413	106	1585	2.5

注：膨胀矿渣松堆密度为1235kg/m^3。

4. 四川省建筑科学研究院的无砂大孔混凝土试验配合比

四川省建筑科学研究院针对本地区资源情况，对卵石无砂大孔混凝土基本性能进行了比较系统的试验研究，并用作许多住宅工程的地坪材料，取得比较理想的效果。其混凝土参考配合比见表51-6。

卵石无砂大孔混凝土参考配合比 表51-6

序号	水泥用量（kg/m^3）	水灰比 $\left(\frac{W}{C}\right)$	石子用量（kg/m^3）	混凝土堆积密度（kg/m^3）	抗压强度（MPa）	抗拉强度（MPa）	抗折强度（MPa）	棱柱强度（MPa）
1	80	0.50	1540	1660	1.55	0.31	0.90	1.82
2	100	0.47	1554	1701	3.32	0.38	0.99	2.36
3	120	0.43	1553	1705	4.86	0.50	1.21	2.96
4	140	0.40	1539	1735	5.39	0.57	1.25	3.11
5	160	0.40	1555	1779	6.13	0.58	1.57	3.68
6	180	0.38	1540	1788	6.41	0.70	1.65	4.71
7	200	0.37	1504	1778	8.63	0.79	1.80	5.56
8	220	0.35	1508	1805	7.72	0.88	1.89	5.61

注：卵石的实堆密度为1588kg/m^3。

5. 中国建筑公司四局科研所试验的无砂大孔混凝土参考配合比

中建四局科研所根据贵州广大地区缺少河砂、石的具体情况，对碎石无砂大孔混凝土的基本性能进行了比较全面的试验研究，并在遵义地区建造了许多试验建筑，为我国创立并健全了《无砂大孔混凝土——滑模施工》体系。中建四局科研所碎石无砂大孔混凝土参考配合比见表51-7。

碎石无砂大孔混凝土参考配合比 表51-7

序号	水泥:粗骨料（体积比）	水灰比 $\left(\frac{W}{C}\right)$	水泥用量（kg/m^3）	堆积密度（kg/m^3）	抗压强度（MPa）
1	1:9	0.40	170	1850	5.5
2	1:10	0.45	150	1800	4.5
3	1:12	0.50	130	1750	3.5
4	1:15	0.55	110	1700	2.5

第四节 无砂大孔混凝土物理力学性能

无砂大孔混凝土结构中存留有许多孔洞，使它具有许多特殊的性质。

一、普通骨料大孔混凝土物理力学特性

(一) 物理特性

1. 收缩与徐变

由于无砂大孔混凝土孔隙大，凝结硬化快，因此其收缩要比普通混凝土小，通常只是普通混凝土的$\frac{1}{2}$，而且绝大部分收缩量在早期完成。据有关试验资料介绍，在10d之内可完成50%～80%的收缩量；在28d之内几乎可完成全部收缩量；再以后增长甚微，90d后基本停止（表51-8）。所以，早期养护对无砂大孔混凝土至关重要。除此，无砂大孔混凝土的收缩还与水泥用量和粗骨料种类有关。水泥用量越大，收缩量也越大。致密骨料，收缩小；轻质骨料，收缩大。无砂大孔混凝土的徐变可按下式计算：

无砂大孔混凝土收缩随龄期增值表 **表 51-8**

混凝土种类	水泥品种及用量（kg/m^3）	抗压强度（MPa）	随龄期收缩值（mm/m）							
			3d	7d	14d	28d	45d	60d	90d	180d
陶粒无砂大孔混凝土	矿 42.5 级；200 普 52.5 级；230	6.41 8.01	0.085 0.086	0.135 0.125	0.274 0.256	0.320 0.349	0.371 0.363	0.371 0.389	0.400 0.426	0.420 0.435
碎石无砂大孔混凝土	42.5 级矿渣硅酸盐水泥；200	7.94	0.0467	0.123	0.188	0.227	0.260	0.262	0.257	0.260
陶粒砂轻混凝土	42.5 级矿渣硅酸盐水泥；310	30.4	0.036	0.103	0.211	0.332	0.428	0.470	0.501	0.529

$$\varepsilon_{sh} = 15.87\lg t - 0.66$$

式中 t——龄期（d）；

ε_{sh}——徐变值（$\times 10^{-5}$）。

最大徐变值在$0.4f_a$压应力下，约为0.4×10^{-3}，较之普通混凝土为小。

2. 导热系数

热工性能的优劣是评价一种建筑材料的重要标志。无砂大孔混凝土的导热系数与同厚的砖墙大致相当，比普通混凝土墙要小得多。

无砂大孔混凝土的导热系数与其强度大小有关。强度提高，水泥用量增大，从而使堆积密度增加，密实度提高，导热系数也随之增大。据有关资料介绍，堆积密度每增加$200kg/m^3$，其导热系数增加0.12W/(m·K)。一砖墙(24cm)的导热系数约为0.80W/(m·K)，而20cm厚无砂大孔混凝土（碎石骨料）的导热系数为0.826～0.867W/（m·K）。

表51-9列出俄罗斯的试验结果，表明堆积密度为1600～1900kg/m^3的碎石无砂大孔混凝土的导热系数在0.70～0.99W/（m·K）之间。

（俄）无砂大孔混凝土导热系数　　表 51-9

堆积密度 (kg/m³)	导热系数 [W/(m·K)]	堆积密度 (kg/m³)	导热系数 [W/(m·K)]	堆积密度 (kg/m³)	导热系数 [W/(m·K)]	堆积密度 (kg/m³)	导热系数 [W/(m·K)]
700	0.26	1000	0.35	1400	0.58	1800	0.87
800	0.29	1200	0.47	1600	0.70	1900	0.99

3. 隔声系数

隔声系数是墙体材料的一个重要标志。两面未抹灰的墙体，其隔声性能尚不理想。但在两面抹灰之后，其隔声量可大幅度提高。这一点已为法国及英国的一些实验所证实。

4. 抗冻性

因为无砂大孔混凝土具有大的空隙，因而其抗冻性能良好；如再加入少量加气剂，则抗冻性会更好。在抗冻试验中（表 51-10），只有当石子粒径较大，水泥用量又较少时，强度才有所降低，降低幅度在 20% 以内，质量损失为 0.995% ~ 1.337%，吸水率为 1.01% ~ 3.61%。

无砂大孔混凝土抗冻性试验结果　　表 51-10

混凝土种类	水泥		抗压强度 (MPa)	抗冻性能			
	品种及强度等级	用量 (kg/m³)		D15		D25	
				强度系数	质量系数	强度系数	质量系数
碎石无砂大孔混凝土	52.5 级普通硅酸盐水泥	120	2.3	0.98	0.97	0.89	0.99
碎石无砂大孔混凝土	32.5 级普通硅酸盐水泥	180	8.5	0.96	1.00	0.91	1.00
陶粒无砂大孔混凝土	42.5 级矿渣硅酸盐水泥	200	5.8	0.76	0.97	—	—

5. 毛细作用及透水性

无砂大孔混凝土由于存在着较大的非贯通孔洞，这就自然地破坏了毛细管的吸水作用，因为毛细管作用力是随着多孔体孔径的增大而趋于减少（直至等于零）。因无砂混凝土几乎没有毛细管作用，因此在无水压头时（如遭受雨淋的外墙），水很少有吸入透过的倾向，经大量试验证明，水只能由于水蒸汽转移而透过，高湿度和没有空气流动时，水或湿气的渗入深度小于 2 ~ 3 倍骨料的最大粒径。为了保证无砂大孔混凝土的这一特性，施工时水泥用量不可过多，水灰比也不可过大，否则多余的水泥浆将会填入孔洞中，使毛细作用增强。无砂大孔混凝土的透水性很好，为混凝土的 150% ~ 175%。这也是基于孔大而多的原因，使得地面以上的流动水能很快渗透。

较大的透水性和较小的毛细作用，使无砂大孔混凝土成为一种很好的地坪材料，可以用它浇筑停车场、网球场、公园人行道等。

6. 耐火性

物质的可燃性、隔热性及热膨胀，即是衡量一种材料耐火性的三个指标。火势蔓延的速度直接取决于这三个指标。无砂大孔混凝土由矿物质组成，在火焰长时间作用下也不发生燃烧现象；隔热性也较好；在火灾时无砂大孔混凝土的膨胀较小，所以构件遇火变形也较小。根据试验，150mm 厚无砂大孔混凝土墙经 4h 耐火试验强度不降低。所以，与其他轻混凝土一样，无砂大孔混凝土是一种耐火性良好的材料。

7. 软化系数与膨胀系数

无砂大孔混凝土的软化系数为0.76~0.89。在冷却或在0~100℃范围内加热时，线胀系数为0.8×10^{-5}，见表51-11。

无砂大孔混凝土的软化系数试验结果　　表51-11

混凝土种类	水泥		骨料粒级	软化系数	
	品种及强度等级	用量（kg/m^3）		$K_自$	$K_干$
碎石无砂大孔混凝土	52.5级普通硅酸盐水泥	120	10~20	0.97	0.97
碎石无砂大孔混凝土	32.5级矿渣硅酸盐水泥	140	10~20	0.81	0.89
黏土陶粒大孔混凝土	42.5级矿渣硅酸盐水泥	200	5~2.5	0.77	—
粉煤陶粒大孔混凝土	42.5级矿渣硅酸盐水泥	150	0.5~1.5	0.88	—

注：$K_自$、$K_干$分别为自然状态和绝对干燥状态下（在烘箱中烘至恒重）的软化系数。

8. 钢筋锈蚀

无砂大孔混凝土空隙率大，对钢筋的保护性能较差。但一般墙体内钢筋为构造筋，浇灌混凝土时一般水泥黏满钢筋，且钢筋埋置在墙厚中部，具有一定的保护层厚度，在墙两面抹灰后则可认为对钢筋有一定的保护作用。

（二）力学特性

无砂大孔混凝土的力学特性与普通混凝土有很大差别。抗压强度、抗拉强度都较之普通混凝土低，而且由于存在着大量孔洞，骨料之间是点接触，所以它的握裹力也很小。无砂大孔混凝土的基本力学性能见表51-12。

无砂大孔混凝土基本力学性能汇总表　　表51-12

地区	骨料种类（规格）	强度等级	用量配合比（kg/m^3）			干堆积密度 ρ_h（kg/m^3）	抗压强度 f_{c28}（MPa）	轴压强度 f_a（MPa）	抗拉强度 f_e（MPa）	抗折强度 f_w（MPa）	抗剪强度 f_J（MPa）	弹性模量 E（1×10^3 MPa）	钢筋粘结强度（MPa）	$\frac{f_{i墙体}}{f_a}$
			水泥	粗骨料	水灰比 $\left(\frac{W}{C}\right)$									
贵州	碎石 10~30mm	C5.0 C7.5	150 180	1520 1520	0.46 0.45	1772 1825	5.6 7.8	3.024 4.212	0.448 0.624	0.952 1.326	1.15 1.38	12.9 15.1	1.20 1.44	0.5 0.53
四川	卵石 10~30mm （$\gamma'_G=1588kg/m^3$）	C5.0 C7.5	140 200	1539 1504	0.40 0.37	1735 1778	5.39 8.63	3.11 5.56	0.57 0.79	1.25 1.80				
天津	粉煤灰陶粒 （700级）	C5.0	150	730	0.33	1000	6.0	4.3	0.9	1.3	1.8	6.4	1.102~2.84	
陕西	粉煤灰陶粒 （900级）	C5.0	150+37.5 （C+F）	948	0.30	1066	5.98	7.03	0.609	2.06	1.4	8.66		
广西	卵石 10~30mm	C5.0 C7.5	120 150	1600 1600	0.54 0.44	1790 1820	6.0 8.5	4.1 5.68	0.63 0.67	0.93 1.21				0.83
上海	粉煤灰陶粒 （800级）	C5.0 C7.5	186 186 （525号水池）	837 837	0.45 0.45	1080 1180	5.7 7.8	4.2 5.54	0.52 0.88	1.12 1.36		8.7 8.9	1.30 1.42	
上海	黏土陶粒 （800级）	C5.0 C7.5	200 （425号水泥） 231 （525号水泥）	800 838	0.37 0.33	1150 1200	5.8 8.3	4.88 6.65	0.553			8.98 11.4		

1. 抗压强度

如表 51-12 所列，无砂大孔混凝土的抗压强度与水泥用量、水灰比、堆积密度及骨料粒径大小有关。一般情况下，水泥用量大，强度高；骨料颗粒小，外形短粗，强度也愈大。这是由于骨料之间接触点增多，混凝土内部的粘结力增大的缘故。

与普通混凝土相比，无砂大孔混凝土的早期强度增长较快，7d 龄期强度约是 28d 龄期强度的 80%左右；后期强度发展缓慢，1 年后的强度约比 28d 龄期强度增加 1 倍以上，两年后仍有所增加，见表 51-13。

无砂大孔混凝土强度增长率　　**表 51-13**

混凝土种类	水泥用量 (kg/m^3)	水泥强度等级和品种	各龄期强度与强度百分率 $\frac{(MPa)}{(\%)}$						
			3d	7d	28d	90a	180d	360d	720d
碎石无砂大孔混凝土	150	42.5 级普通水泥	$\frac{2.71}{66}$	$\frac{3.00}{73}$	$\frac{4.10}{100}$	$\frac{4.37}{107}$	$\frac{6.37}{154}$	$\frac{6.33}{154}$	$\frac{6.15}{150}$
碎石无砂大孔混凝土	200	32.5 级普通水泥	$\frac{1.90}{35}$	$\frac{3.30}{61}$	$\frac{5.38}{100}$	$\frac{5.32}{99}$	$\frac{5.10}{95}$	$\frac{6.30}{117}$	$\frac{6.10}{113}$
陶粒无砂大孔混凝土	200	42.5 级矿渣水泥	$\frac{3.69}{65.5}$	$\frac{4.90}{84.4}$	$\frac{5.80}{100}$	$\frac{6.09}{105}$	$\frac{8.00}{138}$	$\frac{7.95}{137}$	—

水灰比的变化对强度的影响很大。水灰比太小，水泥浆不能均匀地包裹在粗骨料表面；水灰比太大，水泥浆又会从骨料上滑下。所以，存在一个最佳水灰比，其值约为 0.38～0.50，其时强度也能满足要求。

2. 抗拉强度、抗折强度与粘结力

如表 51-12 所列，以抗压强度为 $f_{c.c}$，无砂大孔混凝土的抗拉强度 f_e 约为 $0.08f_{c.c}$，而抗折强度 f_w 约为 $0.17f_{c.c}$。

粘结力与钢筋的直径有关，其趋势是随直径的减小而增大甚多。但直径过小时，粘结力反而下降。其次，粘结力还与混凝土的成型方法及水泥用量有关，也与钢筋表面是否预先采用水泥浆处理有关。一般情况下在混凝土墙体里不配置钢筋，若一定要放置时，钢筋表面得先涂刷一层水泥浆，这样既可增大粘结力，又可防止钢筋锈蚀。

3. 弹性模量

无砂大孔混凝土的弹性模量参考表 51-14。四川省建筑科学研究院对卵石无砂大孔混凝土的 σ-ε 曲线未作专门的研究，仅作了部分测定，其试验结果见表 51-14。

表 51-15 为俄罗斯《无砂大孔混凝土制备及使用规程》（CH60—95）给出的无砂大孔混凝土弹性模量值。

无砂大孔混凝土弹性模量值　　**表 51-14**

混凝土强度 (MPa)	3.86	6.69	7.68	7.47
静压弹性模量 (1×10^3MPa)	9.55	10.48	13.3	12.5

（俄）无砂大孔混凝土弹性模量值　　**表 51-15**

混凝土强度 (MPa)	静压弹性模量（$\times10^3$MPa）	
	重骨料	轻骨料
1.5	2.8	0.7
2.5	4.0	1.4
3.5	5.0	2.0
5.0	7.0	3.0
7.5	10.0	5.0
10.0	13.0	—

比较表51-14和表51-15可以看出，四川省建筑科学研究院测试的无砂大孔混凝土弹性模量值在1.0×10^4MPa以上，是俄罗斯规程规定值的1.3~1.9倍，因此无砂大孔混凝土的弹性模量值是能够满足设计要求的。

二、轻骨料无砂大孔混凝土物理力学特性

轻骨料无砂大孔混凝土是轻混凝土中最轻的一种，它的堆积密度一般在1000~1900kg/m^{3}之间。颗粒大，空隙大，堆积密度就小；反之，堆积密度就大。

（一）物理特性

1. 收缩

轻骨料无砂大孔混凝土收缩率参考表51-8。试验表明，在一般情况下，轻骨料无砂大孔混凝土的收缩要比普通骨料的大。

2. 导热系数

由于采用了轻骨料，使得它的导热系数较普通骨料大孔混凝土更小，一般为0.35~0.58W/（m·K），建筑热工性能更好。

3. 隔声系数

由于轻骨料无砂大孔混凝土与普通骨料无砂大孔混凝土一样，质轻而又透气，所以在两面抹灰之前，它的隔声效果很差。但两面抹灰之后，它的隔声效果有很大提高。例如，厚12cm无抹灰层的浮石半大孔混凝土（其中掺有少量细骨料）墙，平均隔声系数仅11dB，而在一面做1.5cm厚石灰抹灰层之后，隔热系数即增至41dB，相当于一砖半墙（37cm墙）的隔声系数。由此可见，只要做了抹灰层，无砂大孔混凝土墙体的隔声性能是能够满足要求的。

4. 毛细作用及渗透性

与普通密实骨料无砂大孔混凝土一样，毛细作用非常小，但渗透性较大。

5. 耐火性

由于轻骨料无砂大孔混凝土的导热系数很小，仅为普通密实骨料无砂大孔混凝土的$\frac{1}{2}$以上，所以其耐火性更佳。

（二）力学特性

轻骨料无砂大孔混凝土的基本力学性能参考表51-12。

1. 抗压强度

轻骨料无砂大孔混凝土抗压强度较普通密实骨料无砂大孔混凝土低，见表51-12和表51-13。抗压强度的大小与水泥用量、水灰比和骨料的筒压强度有关，一般较筒压强度稍高。

在一定范围内，水泥用量的增加可使混凝土强度增加，但超过某一数值之后，水泥的增加对强度的影响甚微，因此水泥用量不宜偏多，否则，混凝土堆密度增加，既不经济，又使无砂大孔混凝土性能下降。

由于轻骨料自身强度较之普通密实骨料的低，离散率也大，所以轻骨料无砂大孔混凝土的离散性大，这一因素在普通骨料大孔混凝土中是不复存在的，因为普通骨料大孔混凝土的破坏点，都发生在骨料颗粒之间的水泥石上，而轻骨料大孔混凝土的破坏，则有可能是由于骨料本身强度不够引起的。所以，它的离散率不仅是由于搅拌不均匀等因素引起的，而且还受骨料本身强度不均匀的影响。

2. 抗拉强度

轻骨料无砂大孔混凝土的抗拉强度参见表 51-12。其抗拉强度较低，但要比普通骨料的无砂大孔混凝土稍高。究其原因是轻骨料表面粗糙，水泥浆包裹良好，因而抗拉强度有所提高。一般约为立方体抗压强度的$\frac{1}{6}\sim\frac{1}{9}$。

3. 弹性模量

轻骨料无砂大孔混凝土的弹性模量参见表 51-12。其弹性模量较小，一般只有同强度普通骨料大孔混凝土的 20%～50%。弹性模量的大小，与混凝土的抗压强度有关，抗压强度越大，弹性模量也就越大，这与普通混凝土也是一致的。

三、用作墙体材料的功能

无砂大孔混凝土用作墙体材料的功能见表 51-16。

无砂大孔混凝土用作墙体材料的功能　　表 51-16

混凝土种类	地区	导热系数 λ [W/(m·K)] 混凝土堆密度 ρ_h (kg/m^3)	防火性能	隔声性能	淋水性能	其他性能
碎石无砂大孔混凝土	英国	一般骨料 $\lambda=0.872$ $\rho_h=1760$ 轻骨料 $\lambda=0.314$ $\rho_h=1280$	按英国标准 BS476—1932，150mm 厚的大孔混凝土墙，经 4h 耐火试验强度不降低，耐火极限为： 整体：4.14h；砌块：3.15h	较相似厚度的实心略差，但满足英国标准要求，吸声效果较好 低频　中频 $\frac{125\ (Hz)}{0.25}$　$\frac{500\ (Hz)}{0.55}$ 高频 $\frac{2000\ (Hz)}{0.70}$	混凝土墙体经抹面后连续淋水 24h，迎水面渗水深度为最大石子粒径的 2 倍	浇注大孔混凝土深度为 3.0m 时的侧压力： 墙厚 15cm 1200N/m² 墙厚 30cm 2180N/m²
	贵州	$\lambda=0.826\sim0.837$ $\rho_0=1700\sim1800$	—	墙厚 23cm 隔声指数 Id 为 50.0 (dB)	—	浇注大孔混凝土深度为 2.8m 时的侧压力： 墙厚 23cm 3600N/m²
	上海	$\lambda=1.064$ $\rho_0=1640$	按国际标准"温度-时间"曲线，经 1.5h 耐火试验试件完整，在迎火面朝背火面裂缝 12cm（墙厚 21cm）满足规范要求	墙厚 21cm 隔声指数 Id 为 51 (dB)	—	—

续表

混凝土种类	地区	导热系数 λ [W/(m·K)] 混凝土堆密度 ρ_h (kg/m³)	防火性能	隔声性能	淋水性能	其它性能
粉煤灰陶粒大孔混凝土复合板	天津	$\lambda=0.465\sim0.549$ $\rho_0=1000\sim1200$	—		模拟将瀑雨（200mm/24h）经 24h 淋水后墙体（无粉刷、无渗水现象）保持良好的抗淋水渗透性能	—
黏土陶粒大孔混凝土	上海	$\lambda=0.393$ $\rho_0=937$	按国际标准“温度-时间”曲线经 1.5h 耐火试验，试件完整，墙面未发现肉眼可见裂缝，背火面中心测点与外围测点的温差大，完全满足防火规范要求	墙厚 21cm 隔声指数 Id 为 51（dB）	按上海地区最大风雨荷载下，7h 试验墙体渗透深度仅 3.2cm，满足抗雨渗要求	—

第五节　无砂大孔混凝土施工和质检

一、无砂大孔混凝土施工

（一）混凝土搅拌工艺

在施工时，目前基本都是采用拌合普通混凝土的搅拌机械搅拌无砂大孔混凝土，搅拌方法也大致相同。

1. 采用自落式搅拌机

如采用自落式搅拌机时，不易搅拌均匀，而且由于水泥浆较稠，在搅拌机叶片上容易粘上大量水泥浆，若不注意会越黏越厚。为了避免这些现象的发生，其有效的办法是改变投料顺序：先加用水量的$\frac{1}{2}$，从前面加上，待黏在筒壁上尤其是筒壁后半部所黏的黏结层洗净之后，再投石子和水泥，最后再将余下的$\frac{1}{2}$水从后面慢慢加入，使搅拌筒后半部的物料充分湿润，以便出料及进行下一次冲洗。

采用普通骨料时，搅拌时间约为 5min 左右；采用轻骨料时，由于其表面比较粗糙，搅拌时间为 5～7min。

2. 采用强制式搅拌机

由于无砂大孔混凝土拌合物中水泥浆的稠度较小，且数量较少，为了使水泥浆能够保证均匀地包裹在骨料上，宜采用强制式搅拌机。采用强制式搅拌机时，搅拌时间为 2～4min。

3. 采用预拌水泥浆法

俄罗斯试验了一种称为预拌水泥浆法的新搅拌工艺。这种工艺是首先拌制比需要量大 3～4 倍的水泥浆，然后将粗骨料与已拌好的水泥浆一起搅拌，保证每段骨料上都包裹较多的水泥浆，再使这些骨料通过一个以一定频率振动的筛，筛去多余的水泥浆，这样留在骨料表面的水泥浆，恰好是所需要的。采用这种方法，可以保证搅拌的均匀性，水泥浆的利用率也最大。

俄罗斯的试验资料证明，采用预拌水泥浆法时，单位强度水泥用量几乎是一个常数，甚至与骨料粒径也无关。这说明水泥浆在骨料的表面分布是非常均匀的。用此法搅拌，在水泥用量相同的情况下，强度可增加 50%～100%。由于它能保证拌合物的均匀性，所以离散率也大大下降，这也从另一个方面降低了水泥用量，是一种非常有前途的方法。

实现这种新工艺的方法有两种：

方法：

利用现有砂浆搅拌机拌制水泥浆，用普通自落式搅拌机制备混凝土。也可直接把水泥投入搅拌机内与骨料一起搅拌，用振动筛筛去拌合物中多余的水泥浆，再用砂浆泵将水泥浆打回搅拌机。

方法二：

采用连续式搅拌机搅拌，它与普通连续式搅拌机相似。水泥浆是由快速旋转的转子来搅拌的，由于转子所造成的强烈搅拌作用，不仅搅拌水泥浆，还会使其活化。进入鼓筒的骨料在水泥浆中滚动后，叶片将它带到振动溜槽的筛子处，分离出多余的水泥浆后，进入振动溜槽备用。

混凝土拌合物制备的时间，以骨料装入起到拌合物从振动溜槽卸出为止，约 20～30s。振动溜槽的振动频率约 300 次/min，振幅约 1min，振动时间约 10s。

4. 采用湿拌强化法

为了节约水泥，还可采用湿拌强化法，具方法是在搅拌时加入水泥体积 3%～4%的建筑石膏，并适当延长搅拌时间（一般 5～7min）。石膏掺量视水泥强度等级而定。

（二）混凝土成型工艺

1. 无砂大孔混凝土的浇筑

无砂大孔混凝土应分层浇筑，每层厚约 20～30cm。混凝土的自由下落高度随骨料大小而不同。骨料粒径较小，特别是采用单一级配时，其自由下落高度可以大些，并不产生离析现象；骨料较粗时，其骨料粒径相差很大，浇筑时容易产生离析现象，故自由下落高应小些。施工经验表明，当骨料粒径为 1～3cm 时，其自由下落度在 1.5m 以上较适宜。

2. 无砂大孔混凝土的捣实

无砂大孔混凝土中的水泥用量有限，水泥浆只够包裹骨料颗粒，因此在浇筑过程中不宜强烈振捣或夯实，否则将会使水泥浆沉积，破坏混凝土结构的均匀性。这样，不仅使混凝土强度下降，而且会降低混凝土的隔热性能。所以，只允许在墙脚或转角处用扦轻微插捣。在一定高度下浇筑，靠混凝土的自身荷载力即可得到充分的密实度。成型方法对无砂大孔混凝土的影响见表 51-17。

成型方法对无砂大孔混凝土的影响 **表 51-17**

混凝土种类	成型方法				备注
	倍捣法	全捣法	半捣法	锤击板法	
碎石无砂大孔混凝土	$\frac{103}{11.1}$	$\frac{100}{11.6}$	$\frac{81}{31.2}$	$\frac{72}{13.7}$	42.5 级水泥，其用量为 100 ~ 260kg/m^3
陶粒无砂大孔混凝土	$\frac{102}{9.0}$	$\frac{100}{9.9}$	$\frac{95}{10.7}$	$\frac{80}{15.7}$	42.5 级水泥，其用量为 150 ~ 275kg/m^3

注：1. 表中分子为强度百分率，分母为强度离散系数。
2. 全捣法与普通混凝土立方体试件人工插捣法相同。
3. 半捣法与全捣法相同，插捣次数减半。

（三）混凝土养护工艺

无砂大孔混凝土由于存在着大量的孔洞，易失水，干燥很快，所以养护非常重要，特别是早期养护，可避免混凝土中水分大量蒸发。遇有烈日与大风时，应加覆盖、淋水或用 $CaCl_2$ 促凝，使其提前凝结。无砂大孔混凝土的湿养时间应为 3 ~ 7d。另外，还要防止雨淋，特别是瀑雨冲刷，这样会带走一些水泥浆，造成一些较薄弱的部位。

混凝土应在浇筑后 1d 开始洒水养护，若遇干热天气，可在浇筑后 8h 开始养护，以免过早失水。洒水养护时，应在 2 ~ 3m 处用散射水养护。每天至少洒水 4 次。淋水时不宜用压力水直冲大孔混凝土表面，但可直接从上往下浇水。

（四）混凝土的拆模

无砂大孔混凝土对模板的侧压力较小，约为普通混凝土的$\frac{1}{3}$，因此可采用五夹板或钢丝网作模板。模板设计时，混凝土侧压力可按 47 ~ 50MPa 考虑。计算时，应验算模板的强度和挠度。无砂大孔混凝土的拆模时间与养护温度和最早受荷时间有关。无砂大孔混凝土建筑的单层拆模时间见表 51-18。

无砂大孔混凝土拆模时间 **表 51-18**

混凝土养护温度（℃）	最早拆模时间（d）	最早受荷时间（d）
>21	1	3
10 ~ 21	2	5
4.4 ~ 10	3	10
<4.4	不须采取预防措施	不须采取预防措施

注：本表仅仅适用于单层建筑。

（五）混凝土配筋与装饰

无砂大孔混凝土用于配筋墙体时，钢筋必须作防锈处理。可在钢筋上涂水泥浆、沥青等，亦可采用镀锌等处理方法。

无砂大孔混凝土内、外墙面由于坑凹不平，如不作封闭处理，势必将影响其他使用功能和装饰效果。所以，对墙面按设计要求必须抹灰或黏贴饰面层处理。

二、无砂大孔混凝土质量检验

（一）质量要求

（1）拆模后的无砂大孔混凝土墙体表面应平整，粗骨料颗粒均匀，棱角整齐及无整片水泥浆。

（2）供墙体强度验收用的试件，施工中每一配合比每天或每一单元必须制作不少于一组（3 个）供 28d 龄期抗压用，以试件强度的平均值作为验收强度。如组内极差与平均极差之比大于 2.5，则应把中间相差较大的一个去除。如无平均极差，允许当最小值与其余两个中的较小值相差20%以上时，抗压极限强度按两个较大的试验结果计算。

（二）验收标准

（1）无砂大孔混凝土的质量验收标准见表51-19。

无砂大孔混凝土的质量标准及设计尺寸允许偏差　　表51-19

项目	允许偏差（mm）	项目	允许偏差（mm）
1. 墙面垂直度　1）每层	10	5. 每一层水平高度（找平后）	6
2）全高	15	6. 门窗框垂直偏差	5
2. 墙面平整度	8	7. 门窗洞二对角线	8
3. 墙厚	±5	8. 预留洞及预埋件中心位置偏差	10
4. 层高	±10	9. 轴线位移	8

（2）现场配料的规定误差值见表51-20。

现场配料的规定误差值　　表51-20

项目	现场配料允许最大质量误差值（%）	项目	现场配料允许最大质量误差值（%）
水泥	1	水	1
碎石（陶粒）	3	外加剂	1

第五十二章　快硬混凝土

(rapid-hardening concrete)

第一节　概　　述

在施工后的短时间内能达到快硬早强并具有一定的承载能力的混凝称为快硬混凝土。它能使混凝土预制构件成型后很快具有强度，从而加速施工模板的周转和缩短生产周期，并以不蒸养或少蒸养来生产混凝土构件，以提高生产效率，降低造价。此外，对一些抢修、抢建堵漏工程及冬期施工工程等等，都需要一种早期强度增长很快的混凝土。因此，快硬混凝土就应运而生，并具有广泛的应用前途。

配制快硬混凝土的途径很多，但在工程中一般主要选择早强快硬的水泥或掺早强型外加剂、碱金属硅盐、水泥石结晶核来配制快硬混凝土，以期达到上述技术性能要求和经济效果。

第二节　用早强快硬水泥配制快硬混凝土

一、快硬、特快硬硅酸盐水泥

（一）快硬硅酸盐水泥

以适当成分（硅酸三钙和硅酸二钙含量较高）的硅酸盐水泥熟料，加入适量的石膏，共同磨细制成具有早期强度增长率较高的水硬性胶凝材料即为快硬硅酸盐水泥。一般认为，制造快硬水泥乃至特快硬水泥的主要因素是选择合理的熟料矿物组成，提高水泥的比表面磨细度和确定石膏的最优用量。

（二）特快硬硅酸盐水泥

还有一种特快硬硅酸盐水泥，它是以适当成分品位优良的生料，烧至部分熔融，所得的以硅酸钙为主要成分的熟料，加入适量优质石膏，经过细磨，制成的一种强度发挥极快的水硬性胶凝材料。其强度发挥极快，可用于需要早期强度高的紧急工程、抢修工程和国防工程及制造预应力钢筋混凝土构件。

二、高铝水泥

以石灰石和矾土为主要原料，配制适当成分的生料，经熔融或烧结，所得以铝酸-钙为主要矿物组成，其氧化铝含量约50%的熟料，再经磨细而成，这种水硬性胶凝材料即为高铝水泥，又称矾土水泥。

（一）特点

高铝水泥的主要特点是：

（1）快硬高强。1d的强度可达80%以上，3d几乎达到100%。

（2）5～10℃时，1d强度仅较正常养护时（20℃）的强度约低30%，3d的强度与正常养护时接近。

(3) 耐热性好。在干热处理过程中强度下降较少。加热到900℃时，强度下降30%；1300℃时，下降50%。

(4) 耐蚀性、抗冻融性与不透水性均较好。

(二) 配制注意事项

以高铝水泥配制快硬混凝土应注意以下几点：

(1) 骨料不得使用含碱性骨料的砂、石。

(2) 高铝水泥混凝土表面容易起砂，在养护不当时尤甚。因此，高铝水泥的用量应比使用普通硅酸盐类水泥者稍多。

(3) 水灰比一般可采用0.50～0.60左右。如搅拌完毕隔一段时间后发现表面似乎硬结时，千万不要再另加水，只须用工具稍加搅动，灰浆或混凝土即会重新变稀。高铝水泥的这种现象通常叫"闪凝"或"假凝"现象，在施工过程中经常遇到，也不难解决。"闪凝"是不能恢复凝结的，但可以改善，而"假凝"现象只要采取重新搅拌的技术措施，即可恢复流动性。

(4) 此外，水不能含有碱性，否则，将导致高铝水泥强度明显降低。

三、浇筑水泥

浇筑水泥是一种无收缩或微膨胀的硅酸盐水泥。在高强度等级硅酸盐水泥熟料中加适量煅烧石灰和石膏再经磨细而成。它具有快硬与高强的技术性能。

(一) 用于抢修、补漏、加固、接缝

要求砂、石骨料不得含有泥土及其他杂物，须经过筛洗。颗粒级配须按试验结果严格掌握。用料配合比应根据设计的强度要求通过试验确定，但每立方米混凝土的水泥用量不得少于350kg。砂浆强度不需很高时，水泥和砂的质量比为1∶2。

(二) 用于浆锚法连接点时要求

配制水泥砂浆的细骨料应为中砂，必须经过筛洗，不得含有泥土及其他杂质。水泥砂浆的用料配合比，应根据设计规定和施工经验办理，一般情况可用1∶1（水泥和砂的质量比）的比例。此种配合比的砂浆，在气温20℃左右潮湿环境下养护时其抗压强度可达20MPa左右。气温高时，强度还会有所增加。按此配合比配制的砂浆，其强度等级不应低于50MPa。

灌孔砂浆稠度一般在10cm左右较合适。但因工程具体情况不同，施工前应根据具体工程的设计和施工要求确定砂浆的稠度，并据此测定砂浆的用水量和砂浆强度。用水量并应严格控制。

这种水泥由于其优良的无收缩或微膨胀特性，应用于大型机器和机床的底座固定螺栓安装，收到非常理想的效果，因为这种大型设备均要求绝对的水平，因此固定设备的底座螺栓也要求绝对的垂直，只有这种水泥配制的砂浆灌注底座螺杆孔，才不致形成弯月面而使螺杆保持垂直。

四、硫铝酸盐超早强水泥

硫铝酸盐超早强水泥除具有早强和快硬特性外，尚有微膨胀、耐硫酸盐侵蚀等性能。

硫铝酸盐超早强水泥混凝土的4h强度可达10～25MPa，1d强度可达30～60MPa主要适用于应急抢修、地下和水下工程、桥梁吊装、快速施工、预埋孔灌筑、喷锚支护、节点浆锚、隧道、堵漏等施工。

五、氟铝酸盐水泥

氟铝酸盐快凝快硬水泥是近几十年发展起来的一种新型的特种水泥。这是一种以硅酸三钙和氟铝酸钙为主要矿物组成的超速快硬水泥。日本曾采用该类水泥配制混凝土，每$1m^3$水泥用量为500kg，在65℃的温度下养护1h置放4h，混凝土的抗压强度达到34MPa；在寒冷的季节，不用热养护1d就可以进行两个周的作业。1982年天津住宅研究所与建材院协作研究的氟铝酸钙制品超快硬水泥，当混凝土水泥用量为$380kg/m^3$时配制的C30预应力混凝土，在0～5℃的低温下露天养护1d，其混凝土强度达24MPa即可断筋起吊。

因此，这种水泥在机场、码头、交通枢纽遭到破坏需要抢修时，被广泛应用。

第三节　用掺外加剂配制快硬混凝土

一、氯化钙和二水石膏配制

在混凝土中加入氯化钙和磨细的二水石膏，混凝土的强度增长得很快。氯化钙对水泥的主要作用是加速水泥微粒的水化。此外，它还能改善混凝土混合料的流动性，从而有可能使混凝土的水灰比降到0.37～0.40，大大增加了混凝土的强度。

如果混凝土混合料的浇灌时间在20～25min以内，则只加氯化钙和石膏就行了。当输送混凝土混合料的时间为15～45min时，需往混凝土中补加0.35%的水玻璃（占水泥质量），而氯化钙的含量则相对的减少。此时，混凝土的塑化期为40～45min。在浇灌以前，存放混凝土的结果良好，提高了它的最终强度。

在制作C40～C50混凝土时，水泥的用量为400～$500kg/m^3$，而制作C30混凝土时，水泥的用量则为300～$320kg/m^3$。水灰比为0.37～0.40。骨料的级配分类如下（按粒度）：40～25mm的为40%，25～10mm的为40%，10～5mm的为20%。表52-1所列配合比可供配合比设计时参考。

用氯化钙和二水石膏配制快硬混凝土的配合比与技术性能　　　　**表52-1**

混凝土强度等级	混凝土的配合比（重量比）	坍落度（cm）	混凝土的塑化期（min）	外加剂（占水泥质量%）			龄期极限抗压强度（MPa）							
				氯化钙无水石膏	二水石膏	水玻璃	3h	4h	6h	15h	1d	3d	7d	28d
C30	1:1.64:4.80	3～4	20～25	4.5～5.0	3～7	—	2.0	4.5	6.5	16.0	16.5	22.0	27.0	39.0
			40～45	4.5～5.0	3～5	0.35	1.8	3.0	4.5	13.5	15.0	19.0	22.0	32.0
			50～55	3～4	3～5	—	1.5	2.5	4.0	12.5	13.5	17.0	20.0	30.0
C40	1:1.10:2.00	3～4	20～25	4.5～5.5	3～7	—	4.5	6.5	8.5	20.0	23.0	28.0	34.5	43.0
			40～45	4.5～5	3～5	0.35	2.5	4.0	5.5	16.0	19.0	21.5	29.0	41.0
			50～55	3～4	3～5	—	2.0	3.5	5.0	13.5	16.0	20.0	26.0	40.0

二、用掺碱金属的硅盐配制

碱金属的硅盐包括单甲基硅、单乙基硅、单丙基硅、单乙烯基硅或单丙烯基硅的锂盐、钠盐、钾盐或铯盐。在这些盐中，每个硅原子平均含有1～3个碱金属原子。盐中每个硅原子含有1～2个碱金属原子时为最优。这些盐类是普通的商品材料，并可用普通方法来配制。必要时，在一种混凝土拌合料中可使用两种或两种以上的碱金属硅盐类。

骨料可用普通混凝土所用的砂、砾石或其他固体的含硅材料。胶结料采用硅酸盐水泥。

将碱金属硅盐类（其数量为硅酸盐水泥质量的0.05%～0.7%时为最优）掺加到混凝土中如表52-2所示，然后让混凝土凝固。盐类可以在配制混凝土的任一阶段中掺加进去。例如，碱金属盐的溶液可与水一起加到普通混凝土拌合料中。此外，也可以将固体的碱金属硅盐与硅酸盐水泥混合，而形成干的拌合料。然后将这种干的拌合料与骨料和水一起配制成混凝土。

碱金属硅盐占硅酸盐水泥的比例与技术性能　　表52-2

碱金属硅盐占硅酸盐水泥比例（水泥质量%）	凝固时间（min）		龄期抗压强度（MPa）			8d后强度增长（%）	吸水率（%）
	初凝	终凝	2d	7d	28d		
无硅盐时	237	381	5	9.5	14.2	—	8.73
含0.1硅盐时	497	705	4.7	13.9	19.9	41	7.95
含0.2硅盐时	640	872	8.3	15.8	25.2	76	7.70
含0.4硅盐时	598	806	—	18.7	26.8	87	7.49

三、掺金属氢氧化物和硫酸钙的半液体料浆配制

这是一种便宜的化合物，将少量的这种化合物，加到混凝土混合料中，可以加快硬化速度，而不许改变搅拌和浇灌的施工工序或改变混凝土混合料的成分。

能够加速混凝土混合料硬化速度的化合物是一种半液体的料浆，或是一种新生成的硫酸钙和胶体状的金属氢氧化物，或具有三价离子的金属所组成的。金属氢氧化物和硫酸钙的半液体料浆（以后称S剂）是由氢氧化钙和该金属的硫酸盐成分起反应而生成的。

S剂可以在各种不同的情况下制作，其方法如下：

(1) 一种硫酸铁的溶液是将固体盐溶于水中来制作的。然后加入氢氧化钙，而得到一种氢氧化铁和硫酸的S剂。

(2) 以含硫酸铁为主的一种废液体用氢氧化钙来中和。这种废液体是从钢铁工厂中得来的使用过的浸渍液体。

表52-3所示配合比可供配合比设计时参考。

掺金属氢氧化物和硫酸钙的半流体料浆配合比　　表52-3

配合比	Chelford	600	600	600
	水泥	60	60	60
	水	70	48 〉70 22	26 〉70 44
	S剂	0	22水 〉23 1固	44水 〉46 2固
早强效果（MPa）	1d后	0.14	0.34	0.51
	2d后	0.62	1.16	>1.16

四、掺结晶核配制

结晶核是已经硬化的并根据一定细度磨碎的水泥——水泥核。在制作这种核时，如果掺加化学掺合料，特别是氯化钙或氢氧化钠溶液与钠甲基硅酸盐同时使用，则用少量新拌的水泥就能在最初几天使混凝土达到很高强度。

由于掺加了结晶核，新拌水泥颗粒的成长速度提高，强度上升。含有27%水和不同核掺料的放置3d的高炉矿渣水泥混合料的试验结果表明：在没有核掺料的试件中，大部分水泥浆没有水化。水泥中掺有硅酸盐水泥结晶核，可以清楚地看到水化的颗粒成分比重较大。掺加含有2%的$CaCl_2$的2%硅酸盐水泥的结晶核，则水化成分的数量更多。掺加了含有0.5%的$CaCl_2$和0.5%钠甲基硅酸盐的2%盐酸盐水泥结晶核，大大地提高了水化的颗粒的数量。

含有化学掺合料的水泥结晶核的试验进行的更多，因为这种核对激发强度的提高比普通的核（即没有化学掺合剂的核）更好。根据试验的结果，新拌水泥中核的最优掺加量约为水泥质量的2%，如果掺加量高于这一数量值，则强度降低。

第五十三章　高强混凝土

(high strength concrete)

随着工程材料质量和施工技术的不断提高，特别是高层建筑、多层建筑超高层建筑及大跨度预应力钢筋混凝土结构的发展需要，一般的普通混凝土已不能满足工程要求。因此，研究和制备高强度混凝土、高性能高强混凝土已非常必要。

第一节　概　　述

一、高强混凝土的定义

根据国际上的界定，强度等级不低于 C50 的混凝土称为高强混凝土。在评价高强混凝土的特征时，过去人们总是习惯于把其强度超过所采用水泥的实际强度者认作高强混凝土。与此同时，也有些国家是把强度的下限等于 40MPa 或 50MPa 的混凝土称作高强混凝土，假如承认第一定义正确，那么当水泥强度等级为 32.5 级时用碎石制成的强度等级 C35 混凝土，当属高强混凝土，而当水泥为 62.5 级制成的 C60 混凝土反属普通混凝土的范畴。

很显然，后一种提法比较适用，且容易被人们接受。因为在表征混凝土时，主要是指某一强度值，根据该值的大小，可将其认为是某一强度的混凝土。这个标准是必要的，但尚不充分。假如我们采用 32.5 级与 52.5 级普通硅酸盐水泥在两种情况下同时制备 C40 混凝土，则当水泥强度较低（如 32.5 级水泥）时，混凝土混合物干硬，水灰比较小；当水泥强度等级较高（如 52.5 级水泥）时，混凝土混合物则是呈现为塑性或低流动性，即水灰比较大。在振动密实这些混合物时，前者要采用高频率低振幅振动，时间较长，而后者则仅需要短时间的普通方式振动即可活化。但如后者也采用与前者相同的水灰比和振动方式，则可不同程度地制出 60~100MPa 的混凝土。

实际上，高强混凝土的定义应该与其密实度和水泥强度联系起来，因为正如在鲍罗米混凝土强度公式中所表征的那样，混凝土在不同龄期的强度是与这些因素有关的。也即是说，混凝土的强度是水泥石与骨料共同工作的积分特性。

因此，在我国也可以建议这样来表述高强混凝土的定义：高强混凝土应被认为是强度等级不低于 C50 的混凝土，它是用优质骨料、强度等级不低于 42.5 级的水泥、较低的水灰比，在强烈振动密实作用下制取的。

高强混凝土本身的堆密度可能较大，但用于结构物后，可以显著地减小断面尺寸，从而减轻结构自身质量，节约各种原材料。所以，单从结构整体考虑，高强与轻质是一致的统一。

二、高强混凝土的特点

在普通结构中有应用高强混凝土的趋势，其 28d 龄期抗压强度超过 55MPa。混凝土在

55～70MPa 范围内可以由预拌混凝土工厂（商品混凝土）提供，有资料表明在实验室内可制成抗压强度高达 1000MPa 的混凝土。在预制和预应力混凝土工厂中应用高强混凝土，可加速生产并减少浇灌时的产品损失。在高层建筑中，高强混凝土的优点在于能减少静荷载，混凝土断面可较薄，跨度可较长。高强混凝土的缺点在于性能较脆。必须注意，这里所涉及的是 28d 龄期或稍后达到高强混凝土，而早期想获得很高的强度（1～7d）却是十分困难的问题。高强混凝土 1d 的抗压强度也可以稍有所提高，但也可以 28d 龄期抗压强度增加不多的情况下甚至获得更高 1d 强度，这也不是不可能的。

高强混凝土的优缺点见表 53-1。

高强混凝土的优缺点　　表 53-1

优　点	缺　点
(1) 强度高，变形小，能适用于大跨、重载、高耸结构 (2) 耐久性好，能承受恶劣环境条件的考验 (3) 能减小截面尺寸，降低结构自身质量荷载 (4) 抗渗性抗冻性好，使用寿命长 (5) 能更早施加更大预应力，且预应力损失小	(1) 原材料要求严格 (2) 质量易受生产、运输、浇注和养护环境影响 (3) 延性较普通混凝土差

三、高强混凝土的分类

高强混凝土根据不同的工作性、水灰比及成型方式有正常工作性的高强混凝土、工作性非常低的高强混凝土、压实高强混凝土以及低水灰比高强混凝土。这些混凝土的分类综合于表 53-2 中。

高强混凝土的类型　　表 53-2

类　型	水灰比（W/C）	28d 抗压强度 f_{c28}（MPa）	注 意 事 项
正常稠度高强混凝土	0.35～0.40	35.0～80.0	5～10cm 坍落度，水泥用量大
无坍落度高强混凝土	0.30～0.45	35.0～50.0	坍落度小于 2.5cm，正常水泥用量
低水灰比高强混凝土	0.20～0.35	100.0～170.0	采用外加剂
压实高强混凝土	0.05～0.30	70.0～240.0	加压 70.0MPa，甚至更大

四、高强混凝土发展趋势

近年来，世界各国使用的混凝土平均和最高抗压强度都在不断提高。目前，俄罗斯的平均强度已超过 30MPa，并大量采用强度等级为 C40～C50 的混凝土，C60～C80 的混凝土用量也逐渐增多。德国使用的混凝土平均抗压强度为 30MPa 和 50MPa 各占一半左右。20 世纪 70 年代以来，美国使用的混凝土平均抗压强度已超过 40MPa，其中预应力混凝土达 70MPa 以上。我国的混凝土平均抗压强度接近 30MPa，40～60MPa 混凝土的用量亦日益增多。

仅就使用的混凝土最高强度等级而言，在工业发达的西方国家，C60 的混凝土已普遍采用，C80 以上的混凝土用量不断增加。而且，美、日、俄、德等国都已制成 C100 以上的混凝土，并分别用于大跨度桥梁、空间桁架，以及高层建筑、多层建筑及超高层建筑等重要结构物上。我国一些单位也已分别在试验室条件下配制出 C100 以上的混凝土，与此同时，在普通施工条件下采用优质骨料、减水剂，也较容易获得 C60～C80 的混凝土。

俄罗斯计划 20 世纪末普遍采用 C70 混凝土，少数为 C80～C100，21 世纪的混凝土为 C150～C200。美国混凝土学会曾预言，20 世纪末可建造 600～900m 高度的钢筋混凝土建筑，跨度 500～600m 混凝土桥梁、海上浮动城市及地下城等。届时将使用抗压强度为 140.0MPa 以上的混凝土。

第二节　高强混凝土原材料选择

混凝土是一种复杂的非匀质材料，其硬化体至少包含粗、细骨料，未水化的水泥颗粒，氢氧化钙及其他结晶颗粒，水泥凝胶，凝胶孔隙，毛细管，孔隙水及气泡等各种组分。要配制出高强度的混凝土，首先必须研究影响强度的主要因素及其规律，从而可以看出影响混凝土强度的因素也是非常复杂的。特别是原材料不同的混凝土，其强度差异高低波动也很大。

一、胶凝材料

胶凝材料是影响混凝土强度的主要因素。从观察和研究混凝土的破坏过程可知，对于采用优质骨料配制的混凝土，其破坏常常发生在水泥石与骨料的界面处。换而言之，混凝土的强度取决于水泥石与骨料颗粒的粘结力。因此在混凝土材料中，选择胶凝材料是非常重要的，它不仅要把骨料粘结在一起，而且本身硬化后还必须具有高的强度，以承受荷载。骨料能否发挥作用，与胶凝材料本身强度和粘结力有很大关系。

(一) 水泥品质

配制高强混凝土，应用矿物组成合理、细度合格的强度等级水泥，但并非所有的水泥都能用于配制高强混凝土。

1. 水泥的品种和强度等级

没有必要采用快硬水泥，因为早期强度高不是目的。一般常用强度等级较高的硅酸盐水泥、普通硅酸盐水泥、矿渣硅酸盐水泥或火山灰质硅酸盐水泥，因为可以获得较高的最终强度（28d 龄期抗压强度）。火山灰质硅酸盐水泥通常用以改善长期强度。

过去，配制高强混凝土是比较困难的，在选择水泥时，水泥的强度等级往往是混凝土对应强度等级的 0.9～1.5 倍，也即是说水泥的强度等级一般应高于相对应的混凝土强度等级，或者是略低于混凝土的强度等级。现阶段在我国，随着材料性质及工艺方法的改进，尤其是外加剂的广泛应用，配制高强混凝土也就更加容易。

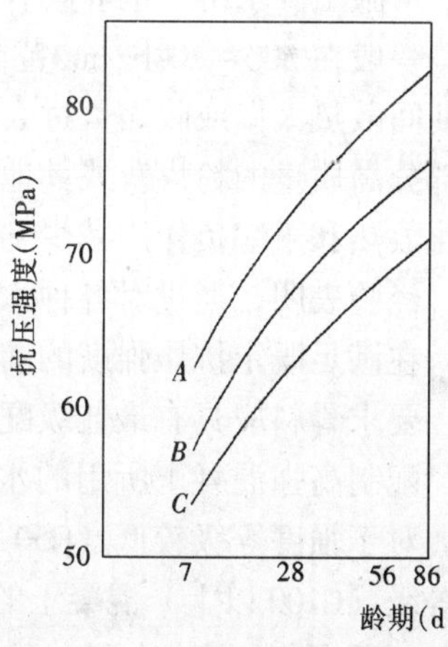

图 53-1　水泥对混凝土强度的影响

A—二次振动磨细水泥；*B*—一次磨细加工水泥；*C*—未经再次加工磨细的水泥

2. 水泥的矿物组成和细度

水泥的选择能影响混凝土的强度（图 53-1）。配制高强混凝土用的水泥宜选用优质高强水泥，但并非所有高强度等级水泥都能配制出高强混凝土，这主要涉及水泥的矿物组成和细度。矿物成分中 C_3S、和 C_3A 的含量应较高，特别是要求水泥具有较高的 C_3S 含量和细度（表面积 3500～

4000cm²/g）的特性。因此，水泥在使用前，如果再经过二次振动磨细后，则可大大提高其强度。磨得愈细，比表面积愈大，水化反应更充分，强度愈高。

较高的硅酸三钙（C_3S）含量和细度虽然是水泥强度的决定因素，但两者并非惟一的决定因素。合适的水泥理应通过试验确定。如果不说水泥均匀性比强度更为重要，至少均匀性与潜在强度的获得具有同样的重要性。

挪威配制高强混凝土的水泥成分见表 53-3。

挪威配制高强混凝土的水泥成分 **表 53-3**

性　　能		普通硅酸盐水泥	配制高强混凝土用水泥	
			SP30-4A	SP30-4A 改进型
细度（m^2/g）		3000	3100	4000
凝结时间（min）	初　凝	120	140	120
	终　凝	180	200	170
抗压强度（MPa）	7d	37	35	44
	28d	46	54	65
主要成分（%）	C_2S	18	28	29
	C_3S	55	50	49
	C_3A	8	5.5	5.5
	C_4AF	9	9	9

注：此处为勃氏细度（Blaine）。

（二）水泥用量

生产高强混凝土，胶凝物质的数量是至关重要的。它直接影响到水泥石与界面的粘结力。从施工要求讲，也应具有一定的工作度。为了增加砂浆胶凝材料的比例，水泥用量要高，一般在 500～700kg/m³ 范围内。但是水泥用量不宜超过这个范围，否则，易于引起水化期间散热太慢或收缩量过大等问题。只要经济上可行，就应减少水泥用量，最好是掺加一部分高质量的粉煤灰或其他粉状硅质材料，如硅灰、稻壳灰、磨细炉渣、沸石粉等，把水化放热和干缩负作用减少到最低限度。

经验表明，通过对各种水泥进行试配，来确定制备高强混凝土所用水泥的种类和数量，在满足既定抗压强度的前提下，以经济适用作为选择水泥的依据。为了使水泥用量最小，要求骨料应具有最佳级配，并在拌制过程中保持均匀。

配制高强混凝土所用的水泥数量较多。随着混凝土强度等级提高，水泥用量稍有增大。对于强度等级较低（C50～C60）的高强混凝土，水泥用量可取 400～500kg/m³；高强度等级（C100 以上）混凝土的水泥用量最好也能控制在 550kg/m³ 以内，这时可通过掺加硅灰、稻壳灰、磨细炉渣、沸石粉等矿料来提高混凝土强度。

二、优质骨料

混凝土的骨料有细骨料和粗骨料之分。配制高强混凝土，应选用坚硬、高强、密实而无孔隙和软弱杂质的优质骨料。

（一）细骨料

在混凝土混合物中含砂量较大，相对地使用中砂或粗砂，最好是圆形颗粒的天然河砂，可以避免混凝土过于干硬。通常宜用细度模数约 2.7~3.0 的砂，并尽可能降低含砂率。混凝土拌合物也不应太干硬，因为过于干硬的混凝土不便于现场浇筑。

细骨料的级配应符合要求。在高强混凝土组成中，细骨料所占比例同样要比普通强度混凝土所用的量要少些。另外，砂的化学成分含量也是非常重要，以采用洁净的石英质河砂为佳。

（二）粗骨料

粗骨料在混凝土的组织结构中起主要骨架作用。

粗骨料对混凝土强度的影响主要取决于：水泥浆及水泥砂浆与骨料的粘结力、骨料的弹性性质、混凝土混合物中水上升时在骨料下方形成的“内分层”状况、骨料周围的应力集中程度等。对高强混凝土来说，粗骨料的重要优越特性是：抗压强度、表面特征及最大粒径等。配制高强混凝土应选用硬质高强的骨料，粗骨料应选择坚硬岩石轧制的碎石。碎石宜近似立方体，有棱角以及形成具有高内摩擦力的骨架。碎石表面组织应粗糙，使其与水泥石具有良好的粘结力。

1. 粗骨料的抗压强度

为了制备高强混凝土，要优先采用抗压强度高的粗骨料，以免粗骨料首先破坏。当骨料的强度大于混凝土的强度时，骨料的质量对混凝土的强度影响不大，但含有多量的软弱颗粒和针、片状石料时，混凝土的强度会降低。

在许多情况下，骨料质量可以是限制得到高强混凝土的主要因素。所以，在试配混凝土之前，应合理地确定各种粗骨料的抗压强度，并应尽量采用优质骨料。优质骨料系指高强度骨料和活性骨料（采用水泥熟料作骨料）。按规定，配制高强混凝土时，必须采用强度指标大于 2.0 的粗骨料，即

$$\text{强度指标}\left(\frac{\text{岩石抗压强度}}{\text{混凝土强度等级}}\right)\geqslant 2.0$$

所以，最好采用密致的花岗岩、辉绿岩、大理石等作骨料，粒型应竖实并带有棱角，骨料级配应在要求范围以内。但是，值得一提的是，即使采用最坚硬的粗骨料，也未必能配制出强度最高的混凝土，因为水化水泥与骨料的粘结也必须考虑在内。

2. 粗骨料的表面特征

因为混凝土初凝时，水化水泥与粗骨料的粘结是以机械式为主，所以要配制高强混凝土，应采用立方体的碎石，而不是用天然砾石。同时碎石的表面必须干净而无粉尘，否则要影响混凝土内部的粘结力。必要情况下，应对骨料进行冲洗，将含泥、含粉量降低到最低限度。

3. 粗骨料的最大粒径

试验研究表明，用以制备高强混凝土的粗骨料，其最大粒径与所配制的混凝土最大抗压强度有一定的关系。为使表面积增加得多（因而可改善总的粘结作用），骨料最大粒径一般要低于 15mm。通常用粒径为 10~15mm 的骨料可得到最大强度，采用 5~10mm 或 5~15mm 粒级的骨料是最适宜的。

三、矿物活性材料

配制高强混凝土时，常需要加入超细矿物活性材料，主要有：粉煤灰、硅粉、沸石粉及磨细高炉炉渣等。

(一) 粉煤灰

按《粉煤灰在混凝土和砂浆中应用技术规程》(GBJ 28—86) 和《用于水泥和混凝土中的粉煤灰》(GB/T 1596—1991)，配制高强混凝土的粉煤灰，通常要求烧失量 $<5\%$ (最好 $<2\%$)，通过 45μm 孔筛的量不少于 66%，$MgO<5\%$，$SO_2<5\%$。

掺量一般为水泥质量的 15% ~ 30%。

掺加粉煤灰可提高混凝土拌合物工作度，减少用水量，使混凝土中空隙减小，提高强度和抗渗性。另外还可减小混凝土收缩。

(二) 硅灰粉

硅粉是电炉生产工业硅或硅铁合金的副产品。

配制高强混凝土的硅粉，$SiO_2 \geqslant 90\%$，比表面积 $\geqslant 25\times10^3 cm^2/kg$，比密度 2.2 左右，平均粒径 0.1 ~ 0.2μm。

掺量不宜超过胶结料总量的 8% ~ 10%。

硅灰混凝土的抗渗性好，抗冻融能力强，耐磨性、耐腐性亦好。

(三) 沸石粉

沸石粉是用天然沸石岩加入改性材料磨细而成。其主要成分为 SiO_2 和 Al_2O_3。按《混凝土和砂浆用天然沸石粉》(JC/T 3048—1998) 和《天然沸石粉在混凝土与砂浆中应用技术规程》(JGJ/T 112—97)，用来配制高强混凝土的沸石粉，铵离子交换量 $\geqslant$100meg/100g (斜发沸石) 或 120meg/100g (丝光沸石)，细度通过 0.08mm 的方孔筛余量 $\ngtr 10\%$，抗压强度比 $\geqslant 90\%$。掺量不宜超过胶结材料总量的 10%。

四、拌合水

通常，拌合水的数量应减到最低限度。在目前生产的 42.5 级 ~ 62.5 级硅酸盐水泥条件下，为了节约水泥和正确利用水泥，在绝大多数情况下配制高强混凝土，要求利用水灰比较小的干硬性混凝土。一般取水灰比 0.28 ~ 0.35 左右。

(一) 普通拌合水

在拌制混凝土用的水中，不得含有影响水泥正常凝结与硬化的有害杂质，一般来说，$pH>4$ 的水即可使用。普通拌合水应符合《混凝土拌合用水标准》(JGJ 63—89) 规定。

(二) 磁化拌合水

在这里值得提及的是一种叫磁化水的磁化水混凝土。磁化水尚处在深入研究阶段，是使普通水流经磁场得以磁化，以此来提高水的“活性”。在用磁化水拌制混凝土时，水与水泥进行水解水化作用，就会使水分子比较容易地由水泥颗粒的表面进入颗粒内部，加深水泥的水化作用，从而提高混凝土的强度。

据俄罗斯有关资料介绍，利用磁化水拌合混凝土，可增加强度 50% 以上。我国现有资料表明，在不减少水泥用量的情况下，混凝土强度可提高 30% ~ 40%。这些资料清楚地指出，磁化水将开拓一条配制高强混凝土的新途径，而且是经济有效的，这尚有待进一步的深入试验研究。

五、高效减水剂

采用目前国内所生产强度等级的水泥以及特种成型工艺，在试验室条件下是能够配制高强混凝土的，但在实际施工中往往就显得比较困难。或者是，对成型后的混凝土进行蒸压处理，也能够配制出高强混凝土，但设备复杂，不易施工。因此，近年来国内外都在掺减水剂（或塑化剂）配制高强混凝土工艺方面做了许多工作。只有在现在，才能生产出水灰比 0.28、坍落度 20cm 的混凝土。混凝土虽可按通常方法施工，但其强度可达 100MPa 以上，早期强度发展也较快。

减水剂（又称塑化剂），特别是高效减水剂，具有较好的减水率，掺入混凝土中、特别是干硬性混凝土中，可提高混凝土的流动性。如果保持施工要求的流动性不变，则可通过减少用水量，降低混凝土混合物的水灰比，从而取得提高强度和密实度的效果。试验证明，采用强度等级水泥与高效能减水剂结合使用，可制得高强混凝土。

配制高强混凝土应选用非引气性高效减水剂，如国产的 NF、UNF、FDN、SN、SM 等，用量一般为水泥质量的 0.5%～1.5%。引入空气将损害混凝土的强度，但如果对强度级别的要求不是非常高，同时又希望混凝土有更好的抗冻性或施工时有更好的可泵性，这时亦可采用引气性的高效减水剂。

高效减水剂对硬化混凝土强度的影响非常明显，见表 53-4。

高效减水剂对硬化混凝土强度的影响　　**表 53-4**

粗骨料的种类	卵　石		碎砾石		砂岩碎石		石灰岩碎石	
高效能减水剂	无	有	无	有	无	有	无	有
水灰比 $\left(\frac{W}{C}\right)$	0.40	0.305	0.431	0.297	0.431	0.273	0.431	0.295
坍落度（cm）	12.5	15.0	13.0	15.0	13.0	15.0	15.0	16.5
空气含量（%）	0.9	1.3	1.2	1.4	1.1	1.3	1.2	1.4
单位水泥用量（kg/m^3）	510	531	510	559	510	566	510	559

目前，国内常用来配制高强混凝土的减水剂主要有 NNO、MF 和木质素磺酸盐系减水剂。其中 NNO 系高效剂，实际减水率可达 25%以上，28d 抗压强度提高 10～20MPa，甚至更高，同时也能提高混凝土的抗拉强度和弹性模量，减少徐变，对钢筋及混凝土的耐久性也无不利影响。在我国，目前有能力配制出高强混凝土的地方和单位，还尚未看到不采用减水剂的，而国外发达国家也基本上都是采用掺减水剂配制高强混凝土。

但是应注意，任何用来配制高强混凝土的外加剂都应符合《混凝土外加剂应用技术规范》（GB 50119—2003）的规定。

第三节　高强混凝土配合比设计和选择

高强混凝土的配合比确定方法也同普通混凝土一样。但此时应对水泥及骨料的质量提出更高的要求，并应采取一切能提高混凝土强度不小于 50MPa 的措施。这些措施是：采用尽可能低的水灰比、尽可能高的水泥用量；认真搅拌、捣实混凝土拌合物，并对其进行更好的养护；采用多种提高水泥活性及混凝土拌合物质量的手段，如水泥的磨细及振动活化、振动搅拌以及采用高效超塑化剂、高效减水剂等。

一、配合比设计基本要求

1. 满足强度要求

按照现有规范规定，混凝土的实际强度对设计强度的保证率应超过 95%，由于高强混凝土多用在结构的关键部位，所以配合比设计时宜使混凝土的平均强度有更高保证率。

如无统计数据，可按实际强度的平均值达到设计要求的1.15倍进行配合比设计。

2. 满足施工要求

根据结构物断面尺寸和形状，配筋的疏密以及施工方法、设备确定和控制坍落度及坍落度损失、可泵性、初凝和终凝时间，早期强度等参数，来确定施工工艺，其目的是为了满足施工要求。

3. 满足经济要求

在满足强度及施工性能要求的前提下，做到就地取材，降低成本。这样，才能得到价廉物美的混凝土工程材料。

二、主要设计原则

(1) 水灰比（W/C）小于0.35，对80MPa混凝土小于0.30，对100MPa混凝土小于0.26，更高强度时取0.22左右。

(2) 水泥用量400～450kg/m³，对80MPa混凝土可到500kg/m³，更高强度时也不宜超过550kg/m³。应通过掺外加活性矿物混合料来控制和降低水泥用量，尤其是外加硅灰粉可以较大幅度地减少水泥用量。

(3) 挑选高强度和低吸水率的碎石骨料，最大粒径不超过15～20m，如混凝土强度等级不是很高时可以放宽到25mm。尽量排除针片状石子。

(4) 砂率一般可取0.3～0.35。砂率过低影响工作度，尤其是泵送时不宜选用较低砂率。

(5) 当水灰比非常低时，为改善工作性，宜外掺矿物混合料，并适当增加高效减水剂用量，当用NF高效减水剂时，用量以不超过水泥量的1.5%～2%为宜。

(6) 对早强有特殊要求时，采用快硬水泥或外加硅灰、沸石粉；对抗磨有特殊要求时，外加硅灰粉最好；限制水化热时，降低水泥用量并外加硅灰粉或粉煤灰、矿渣。

三、决定混凝土强度的主要因素

根据鲍罗米混凝土强度公式 $f_{c28}=A\cdot f_{ce}\left(\frac{C}{W}-B\right)$ 可以看出，影响混凝土强度的主要因素有以下三个方面。要求对这些方面提供最佳状态。

(一) 水泥浆体

影响浆体组分强度的主要因素是水灰比，此值在保持合适的工作性始终不变的条件下，应尽可能低。因此，有趋势生产特干硬性混凝土（无坍落度混凝土），因为这种混凝土可降低需水量。可以采用高强度和高用量的水泥与高效减水剂配制水灰比为0.32～0.40且具有50～100mm坍落度的高强混凝土。高活性水泥硬化后形成的水泥石密实坚强，胶孔比大。加之高效减水剂（超塑化剂）把水灰比降低到小于0.35而同时又可保持合适的工作性，具有非常大的潜力。因此，配制高强混凝土应采用高强度等级富用量水泥，新型高效减水剂，并强烈振捣密实。

(二) 骨料

由于骨料颗粒断裂时混凝土要破坏，故骨料强度非常重要。另一方面，混凝土破坏其裂缝显现在水泥石与骨料的界面处，骨料的粒型也十分重要。因此，配制高强混凝土时应选择高强、致密、表面粗糙、级配良好、质量符合要求的骨料，并且骨料要有坚强的抗压能力，细骨料用量相对较少。

（三）水泥浆——骨料粘结

因为水泥浆体与骨料间的粘结是混凝土的弱点，故应注意改善其对混凝土总体强度的作用。碎石较砾石的表面组织粗糙，能使粘结较好，从而有较好的强度，如图53-2所示。同样，碎石表面积与体积之比较圆形砾石为大，因此，应特别注意保证骨料表面之清洁。

四、配合比设计步骤

（一）确定水灰比$\left(\frac{W}{C}\right)$

在常用水泥品种范围内，以及骨料品质相同的情况下，决定混凝土强度的是胶空比$\left(\frac{J}{K}\right)$和密实度。以胶空比讨论混凝土中水泥浆体的强度，可以直接地说明内部结构的形成状态。但是在配合比的设计实践中，应用水灰比$\left(\frac{W}{C}\right)$较为方便实用。

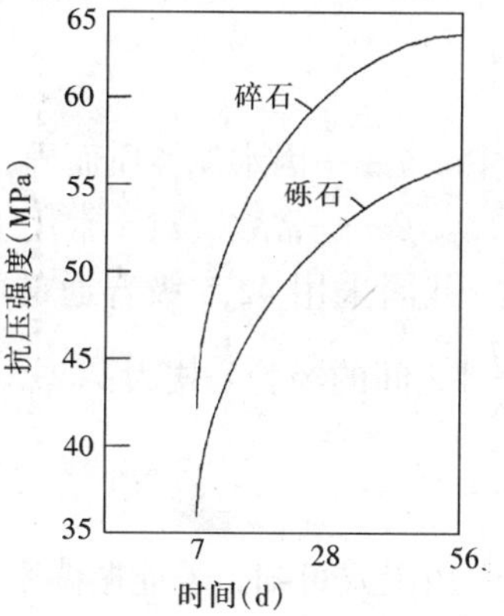

图53-2　相同级配的粗骨料粒型对混凝土强度的影响

然而，在大多数情况下配制高强混凝土还要求利用干硬性混凝土工艺。干硬性混凝土的特点是水灰比小，砂率小，即用水量少，粗骨料用量大。

1. 水泥水化后体积

根据实验结果分析，干水泥水化后的体积约为其原来体积的2.06倍。设C为水泥浆中水泥质量（g）；V_c为水泥比体积，即每克水泥实体积。若系普通硅酸盐水泥（密度3.15g/cm^3），则

$$V_c = \frac{1}{3.15} = 0.318\text{cm}^3$$

又，W为加水体积（cm^3）；α为水泥水化程度系数，普通硅酸盐水泥的α见表53-5。

普通硅酸盐水泥水化程度系数 α 参考值　　**表53-5**

龄期（d）	3	7	41	28	180	365
α	0.50	0.60	0.72	0.80	0.93	1.00

水泥水化后其产物的实体积：

$$J = 2.06C \cdot V_c \cdot \alpha$$

水泥浆所占的空间：

$$K = C \cdot V_c \cdot \alpha + W$$

所以，胶空比：

$$\frac{J}{K} = \frac{2.06C \cdot V_c \cdot \alpha}{C \cdot V_c \cdot \alpha + W}$$

若为普通硅酸盐水泥，则胶空比与水灰比之关系式为：

$$\frac{J}{K} = \frac{2.06 \times 0.318\alpha}{0.318\alpha + \frac{W}{C}} = \frac{0.655\alpha}{0.318\alpha + \frac{W}{C}}$$

因此

$$\frac{W}{C}=\frac{0.655\alpha\cdot K}{J}-0.318\alpha=0.318\alpha\left(2.06\frac{K}{J}-1\right)$$

至此，只要求出胶空比时，即可确定用已知材料配制高强混凝土的水灰比。

2. 混凝土强度 f_{c28} 与胶空比的关系

混凝土 28d 龄期抗压强度 f_{c28} 与胶空比有如下关系：

$$f_{c28}=\beta\cdot\left(\frac{J}{K}\right)^{n}$$

式中　n——因水泥性质而异，介于2.6～3.0；

　　　β——常数，对于常用水泥 β 为常数。

我国采用 42.5 级普通硅酸盐水泥配制不同水灰比的碎石混凝土，其 f_{c28} 与胶空比 $\left(\frac{J}{K}\right)$ 之间的经验公式为：

$$f_{c28}=100\left(\frac{J}{K}\right)^{2.7}$$

由上式可知，若能振捣密实，使混凝土中水泥石的胶空比达到 1，则用 42.5 级普通硅酸盐水泥配制 C100 的高强混凝土是完全可能的。

3. 混凝土强度与水灰比的关系式

原材料的性质及工艺方法不同，其关系式也各异。同济大学提出的关系式为：

对于用卵石配制的高强混凝土：

$$f_{c28}=0.296f_{ce}\left(\frac{C}{W}+0.71\right)$$

对于用碎石配制的高强混凝土：

$$f_{c28}=0.304f_{ce}\left(\frac{C}{W}+0.62\right)$$

4. 高强混凝土水灰比参考值

表 53-6 不掺减水剂的混凝土强度等级与水灰比参考值。

混凝土强度等级与水灰比参考值　　表 53-6

水泥品种	水泥强度 f_{ce} (MPa)	水灰比 $\left(\frac{W}{C}\right)$	混凝土强度等级	备　注
高级水泥	90	0.36	C70	—
高级水泥	70	0.33	C60	—
		0.41	C50	—
普通硅酸盐水泥	60	0.40	C50	—
普通硅酸盐水泥	50	0.30	C70	干硬性
		0.35	C60	干硬性
		0.40	C50	—

（二）选择用水量（W）

根据已给条件，查表 53-7 选择用水量。

高强混凝土用水量参考值　　　　表 53-7

粗骨料		混凝土混合物在下列工作度（s）时的用水量（kg/m^3）					
种　类	最大粒径	30~50	60~80	90~120	150~200	250~300	400~600
卵　石	$D=40mm$	160	150	140	130	122	120
	$D=20mm$	170	160	155	145	140	135
碎　石	$D=40mm$	170	160	150	138	130	128
	$D=20mm$	180	170	160	150	145	140

必须注意，与配制普通混凝土一样，在同一水灰比下，其强度亦有高低。一般是用水量少（130~140kg/m^3）时，强度高；反之，当用水量较大（如160~170kg/m^3）时，强度低。

（三）水泥用量（C）

根据选定的用水量及水灰比，用水灰比公式即可求出水泥用量。

（四）石子用量（G）

在混凝土中，石子用量可按下式计算：

$$G=\frac{1000\cdot\rho_G}{1+\frac{\rho_G}{\rho'_G}\cdot P_C\cdot b}$$

式中　ρ_G、ρ'_G——石子的表观密度和堆积密度；

P_G——石子空隙率（%）；

b——砂浆剩余系数：$b=1.05\sim1.20$，一般取下限。

（五）用砂量（S）

在混凝土中，砂的用量可按下式计算：

$$S=\left(1000-\frac{C}{\rho_c}-\frac{G}{\rho_g}-\frac{W}{\rho_w}\right)\cdot\rho_s$$

式中　C、W、G——分别为1m^3混凝土中水泥、水和石子用量（kg）；

ρ_c、ρ_w及ρ_s——分别为水泥、水的密度（g/cm^3）及砂的表观密度（g/m^3）。

五、配制高强混凝土的试验资料

（一）冶研院为18m桁架结构配制C100高强混凝土实例

1. 原材料

（1）胶凝材料：硅酸盐熟料水泥，按照熟料水泥∶半水石膏=94∶6的比例混合，在振动磨中磨细，比表面积为5000~6000cm^2/g。

（2）细骨料（中砂）：细度模数为$M_k=3.14$；平均粒径为$d_p=0.42mm$。

（3）粗骨料（碎石）：最大粒径为$D_{max}\leqslant10mm$；堆积密度为$\rho'_g=1400kg/m^3$；空隙率为$P=48\%$。

（4）外加剂：纸浆废液塑化剂、工业$CaCl_2$。

（5）自来水。

2. 养护工艺

按一般干硬性混凝土工艺，经普通蒸汽养护：升温3h，90℃恒温30h，降温2h。

3. 配合比试验结果

高强混凝土配合比试验结果见表 53-8。

高强混凝土配合比试验结果　　表 53-8

序号	水泥用量 (kg/m³)	水灰比 $\left(\frac{W}{C}\right)$	$CaCl_2$ %	塑化剂 (%)	砂率 (%)	工作度 (s)	配合比 水泥:砂:石子	抗压强度 (MPa)
1	700	0.28	1.0	0.3	28	40	1:0.62:1.60	92
2	750	0.26	1.0	0.3	26	46	1:0.53:1.50	100.7
3	800	0.24	1.0	0.3	24	81	1:0.45:1.41	101.5
4	750	0.26	1.5	0.3	26	15	1:0.53:1.50	102.8
5	750	0.24	1.5	0.3	25	17	1:0.52:1.57	101.0
6	750	0.22	1.5	0.3	24	105	1:0.51:1.62	100.2

4. 结论

由表 53-8 可见：

（1）水泥用量在 700～800kg/m³ 之间变化，对混凝土强度影响不大，而水泥用量过多会使混凝土干硬度增加，且收缩率增大，因此在配制高强混凝土时水泥用量控制在 700kg/m³以下。

（2）当不具备强烈振捣条件时，水灰比在 0.22～0.26 内变化，对混凝土强度影响不大，而水灰比过小，对施工增加困难，因此应大于 0.26。

（3）砂率较普通混凝土为低。

（二）清华大学土木系采用减水剂配制 C100 高强混凝土实例

1. 胶凝材料

中国水泥厂五羊牌 52.5 级硅酸盐水泥，并掺 13% 粒化高炉矿渣磨细，比表面积为 6300cm²/g，用量为 600kg/m³。

2. 减水剂

NF 减水剂（β-萘磺酸盐甲醛缩合物），掺量为 1.5%。

3. 配合比

C100 高强混凝土的配合比为：

$$1 : 0.70 : 2.23, W/C = 0.25$$

（三）交通部科学研究院采用减水剂配制 C80～C100 高强混凝土实例

1. 胶凝材料

南坪 72.5 级明矾石水泥，比表面积 5200cm²/g，用量 550kg/m³。

2. 减水剂

FDN 减水剂（萘磺酸盐甲醛缩合物），掺量 1.5%。

3. 水灰比

$$W/C = 0.25 \sim 0.35$$

六、高强混凝土配合比示例

高强混凝土的配合比必须通过试配确定，已有的工程实践和实验室研究的经验可作为试配的依据。表 53-9～表 53-11 是清华大学土木系根据研究和工作实践得出的配合比试例，可用来配制 60～80MPa 混凝土（相当于 C55～C75），表 53-12 是国内几个工程所采用的配比。

60MPa 高强混凝土配合比　　　表 53-9

编号	水灰比（W/C）	砂率（%）	泵送剂 NF（%）	每 $1m^3$ 混凝土材料用量（kg/m^3）				7d 强度（MPa）	28d 强度（MPa）
				水泥	水	砂	石子		
R3	0.33	33	1.0	500	165	606	1229	—	70.2
192	0.35	35.7	1.2	550	195	566	1020	51.7	62.3
201	0.327	33.8	1.4	550	180	572	1118	52.4	65.1
203	0.36	36.0	1.4	500	180	634	1125	58.1	65.1
205	0.36	35.3	1.4	450 粉煤灰 50	180	613	1125	59.7	69.8
245	0.33	34.8	0.8	550	180	597	1120	63.4	74.2

80MPa 高强混凝土配合比　　　表 53-10

编　　号	水灰比（W/C）	砂率（%）	减水剂 NF（%）	每 $1m^3$ 混凝土材料用量（kg/m^3）				28d 强度（MPa）
				水泥	水	砂	石子	
F1，干 8，干 1，B1-1，M	0.28	32	1.0	550	154	575	1221	84.6，90.3，83.3，87.1，83.4
G1，G2	0.325	28	1.0	550	179	496	1275	83.0，91.1

60MPa 高强混凝土配合比　　　表 53-11

编号	水灰比（W/C）	砂率（%）	泵送剂 NF（%）	坍落度（cm）	每 $1m^3$ 混凝土材料用量（kg/m^3）				7d 强度（MPa）	28d 强度（MPa）
					水泥	水	砂	石子		
S-1	0.33	34.8	NF-2 1.4	23.9	550	180	597	1120	58.4	63.4
S-2	0.33	34.8	1.2	21.9	550	180	597	1120	55.6	69.4
S-3	0.33	34.8	1.0	20.5	550	180	597	1120	61.9	70.1
1	0.39	40.0	1.0	22.7	500	195	689	1034	51.1	69.4
2	0.39	40.0	1.3	23.3	500	195	689	1034	49.5	67.8
19	0.336	34	NF-0 1.4	13.2	550	185	579	1125	59.9	69.7
20	0.36	36.5	1.4	22.0	500	180	634	1105	59.9	72.0
21	0.36	35.3	1.4	21.2	450 粉煤灰 50	180	613	1125	58.8	70.4
22	0.38	40.0	NF-1 0.70	14.1	513	195	685	1028	57.4	73.1
23	0.40	40.0	NF-1 0.55	15.8	488	195	694	1040	55.4	67.6

国内几个工程中应用高强混凝土的配合比 表 53-12

工程名称	构件类型	水灰比(W/C)	砂率(%)	泵送剂NF(%)	坍落度(cm)	每 1m³ 混凝土材料用量(kg/m³)				28d 强度(MPa)	工程年限
						水泥	水	砂	石子		
广东中堂公路大桥	连续梁	0.34	37.0	—	FDN	500	170	685	1165	66.9	1982
北京新世纪饭店	柱	0.39	35.0	18.0	FDN,1.0 木钙,0.25	467 硅粉 33	195	612	1139	74.5	1988
辽宁省工业技术交流馆	柱	0.31	30.5	14.0	UNF-2 1.0	500	155	544	1241	63.5	1988
京津塘高速公路凉水河大桥	T形梁	0.336	34.0	16.0	NF-2 1.2	550	185	579	1125	67.5	1989
辽宁省农业银行综合楼	柱	0.30	30.0	6.0	NUF-2 1.0	500	150	534	1246	64.9	1989
上海市新新美发厅	柱	0.352	35.7	18.0	FTH-ZA 1.0	480 粉煤灰 60	190	575	1034	66.2	1990

表 53-13 是 Metha 推荐作为试配用的参考配合比，其中按强度高低分为五级，相当于立方体强度从 80MPa ~ 140MPa，每级有 2 ~ 3 种不同配合比可供选择，强度超过 120MPa 后不推荐单独使用水泥作胶结料。表 53-14 是北美一些工程中应用的或试验室内采用的高强度混凝土配比。表 53-15 是国外另一些工程中应用的混凝土配比。

高强混凝土试配参考配合比（材料用量 L/m³） 表 53-13

强度分级	平均圆柱体抗压强度（立方体强度）(MPa)	选择方案	胶结材料（kg）			总用水量(kg)	粗骨料(kg)	细骨料(kg)	堆密度(kg/m³)	砂率(%)	水灰比(W/C)
			硅酸盐水泥	粉煤灰或矿渣	硅灰粉						
A	65 (75)	1	534	—	—	160	1050	690	2434	40	0.30
		2	400	106	—	160	1050	690	2406	40	0.32
		3	400	64	36	160	1050	690	2400	40	0.32
B	75 (85)	1	565	—	—	150	1070	670	2455	39	0.27
		2	423	113	—	150	1070	670	2426	39	0.28
		3	423	68	38	150	1070	670	2419	39	0.28
C	90 (100)	1	597	—	—	140	1090	650	2477	37	0.23
		2	447	119	—	140	1090	650	2446	37	0.25
		3	447	71	40	140	1090	650	2438	37	0.25
D	105 (115)	1	—	—	—	—	—	—	—	—	—
		2	471	125	—	130	1110	630	2466	36	0.22
		3	471	75	42	130	1110	630	2458	36	0.22
E	120 (130)	1	—	—	—	—	—	—	—	—	—
		2	495	131*	—	120	1120	620	2486	36	0.19
		3	495	79	42	120	1120	620	2478	36	0.19

注：* 包括高效减水剂中的水量，根据坍落度和强度的需要，可为 10 ~ 20L/m³。

（美国）高强混凝土配合比 表 53-14

序号	混凝土	28d平均圆柱体抗压强度（立方体强度）（MPa）	每1m³混凝土材料用量（kg/m³）							高效减水剂 l/m³	水灰比（W/C）	砂率（%）
			胶结料 C				总水量W	细骨料	粗骨料			
			水泥	粉煤灰	矿渣	硅粉						
1	Water Tower Place，芝加哥	65（75）	500	60	—	—	178	608	1068	*	0.32	36
2	Commerce Tower 休斯敦	65（75）	390	100	—	—	161	575	1141	*	0.33	34

挪威一些工程的高强混凝土配合比 表 53-15

工程名称	28d平均立方体强度（MPa）	每1m³混凝土材料用量（kg/m³）						坍落度（cm）	水灰比（W/C）	砂率（%）
		水泥	硅灰粉	粗骨料	细骨料	水	减水剂			
北海采油平台	83	早强 SP30-4A 430	20	860	920（0～5mm）	165	密胺树脂 61	24	0.37	52
亚硝酸钙筒仓	65	抗硫酸盐水泥 260	40	920（8～32mm）	920（0～8mm）	112	191（引气剂）0.151	17	0.37	50

第四节 高强混凝土的力学性能

一、混凝土力学性能

1. 抗压强度

根据现行规范，混凝土的强度等级用龄期为28d的15cm边长立方体试件测定，取强度的保证率为95%。而强度等级所用的标准试件边长为20cm，取保证率约85%，所以立方体抗压强度 f_{cu} 被看成是混凝土强度的主要标志。

在实际工程中，还可能采用其他尺寸的立方体强度，$f_{cu,10}$ 或 $f_{cu,20}$（例如边长为10cm或20cm）以及棱柱体（15cm×15cm×45cm）抗压强度 f_c，或圆柱体（例如挪威用 d 为10cm，高度为30cm或20cm）试件抗压强度 f'_{cu}。

尺寸及形状对强度的影响有如下近似关系：

（1）对立方体试件强度 $f_{cu} = 1.05f_{cu,20}, f_{cu} = 0.90f_{cu,10}$，所以，$f_{cu,20} = 0.85f_{cu,10}$。

（2）棱柱体抗压强度 f_c 与方体试件强度 f_{cu} 的比值要大于普通混凝土中的0.76，并随强度提高而逐渐增加，强度达100MPa时有可能接近0.9。

（3）圆柱体试件强度与立方体试件强度的比值 f_c/f_{cu} 也随混凝土强度的提高而提高，大体见表53-16。

中美两国混凝土强度不同表示值之间的近似对应关系 表 53-16

中国	强度等级	C20	C30	C40	C50	C60	C70	C80	C90	C100	C110	C120
	实际强度（MPa）	23	33	43	53	63	73	83	93	103	112	122
美国	ACL规范 设计强度 f_c（MPa）	16	24	32	40	50	60	70	80	90	100	110

注：1. 中国系立方体强度，美国为圆柱体强度。
2. 表中数字考虑了高强混凝土中混凝土的变异系数趋于减小，以及圆柱体标准试件强度与立方体标准试件强度的比值随混凝土强度而变的因素。

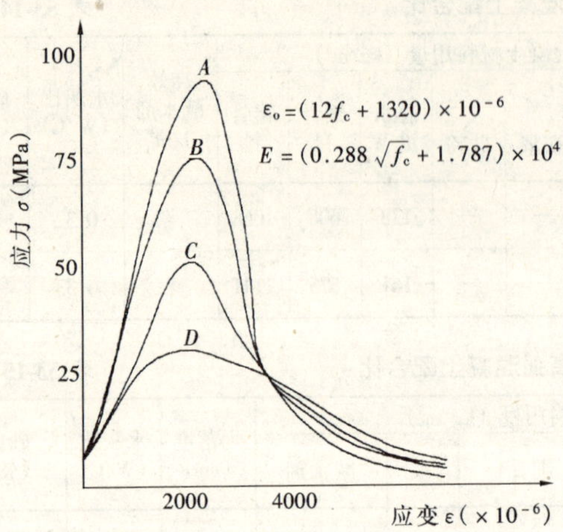

图 53-3　混凝土应力-应变曲线

A、B、C—高强混凝土；D—普通强度混凝土

2. 抗拉强度

由于轴心抗拉试验比较复杂，实际中，一般测定混凝土的劈裂抗拉强度 $f_{t,s}$ 或抗弯拉强度 $f_{t,j}$。高强混凝土的劈裂抗拉强度 $f_{t,s}$ 约为混凝土立方体强度 f_{cu} 的 1/15～1/18，抗弯拉强度 $f_{t,j}$ 约为 f_{cu} 的 1/8～1/12，而轴心抗拉强度 f_t 则为 f_{cu} 的 1/20～1/24。

3. 应力应变曲线

图 53-3 是不同强度的混凝土在单轴心受压下的典型应力-应变曲线。图中所用试件为棱柱体。

图 53-3 中显示了高强混凝土的应力-应变曲线的特点如下：

(1) 应力达到峰值（抗压强度）的 75%～90%以前，应力-应变关系为直线，即为弹性工作。线性段的范围随强度的提高而增大；在低强混凝土，线性段的上限仅为峰值应力的 40%～50%。

(2) 与峰值应力相应的应变值 ε_0 随混凝土强度的提高有增大趋势，可到 2500×10^{-6}甚至更多；而普通混凝土一般仅有 $(1500\sim200)\times10^{-6}$。

(3) 到达峰值后，应力-应变曲线骤然下跌，强度越高，下跌越陡，表现出很大的脆性。

4. 弹性模量

高强混凝土的弹性模量或变形模量随强度的增长而增长，但增长的辐度与强度不呈正比。图 53-4 是清华大学和铁道部大桥工程局科研所的试验数据。

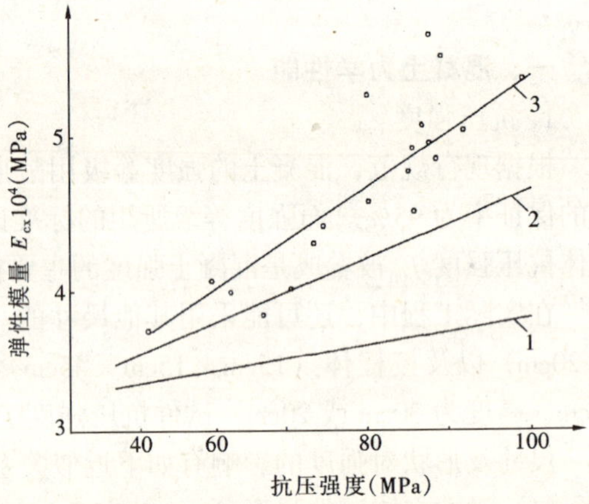

图 53-4　高强混凝土的变形模量

图中：曲线 1 是我国常用来计算普通强度混凝土弹性模量的算式：

$$E_c=\frac{10^5}{2.2+34.74/f_{cu}}\quad(\text{MPa})$$

曲线 2 是清华大学许锦峰提出的弹性模量经验算式：

$$E_c=(0.261f_{cu}+1.787)\times10^4\quad(\text{MPa})$$

曲线 3 近似反映试验弹性模量平均值，为

$$E_c=(0.45f_{cu}+0.5)\times10^4\quad(\text{MPa})$$

式中　f_{cu}——混凝土立方体强度（MPa）。

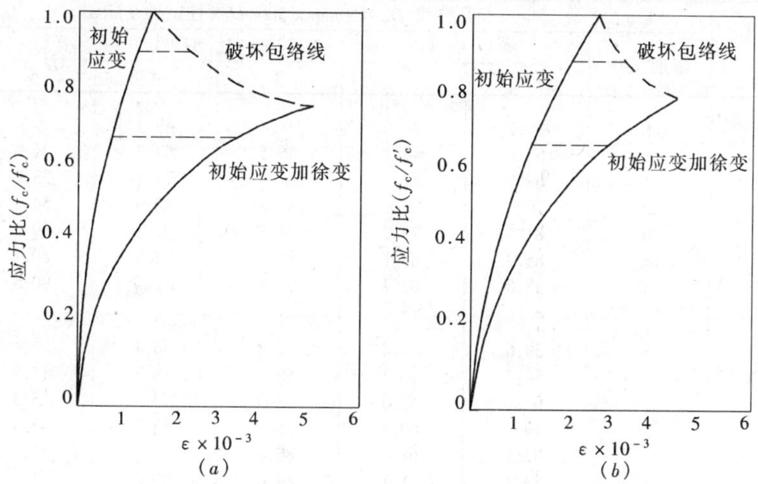

图 53-5　持久荷载下的强度和应变（Nilson）

f_c—混凝土圆柱体抗压强度；f_c/f'_c—应力片

（*a*）低强混凝土；（*b*）高强混凝土

5. 徐变

混凝土在持续荷载作用下，随时间增加的变形称为徐变，亦称蠕变。图 53-5 表示两种混凝土在不同应力水平的持久荷载作用下，其初始应变（荷载一开始施加时所产生的应变）及徐变的发展情况。在相同应力比（σ/f_c）时，高强混凝土的徐变变形比低强混凝土小得多，而两者的总变形则接近，这是由于高强混凝土承受较高的应力值，因而有较大的初始变形所致。高强混凝土徐变的应力比例极限较高，线性范围可达到抗压强度值的 65%，而中、低强混凝土中只有 45%。高强混凝土的徐变系数（徐变变形与初始变形的比值）要比普通强度混凝土的小得多，Comell大学试验已证明了这一点。

二、影响混凝土强度的因素

与普通强度混凝土一样，影响强度的主要因素有材料组成（配合比）、养护条件（温度、湿度及龄期）及试验条件。

加拿大的 Read 对六种不同配比（表 53-17）的高强混凝土作了为期一年的强度试验，试验结果见表 53-18 所示。对于每一种配比混凝土，除制作标准圆柱体试件（ϕ15cm×30cm），在 7d 后分别置于空气中养护和潮湿环境（相对湿度 $RH\geqslant95\%$）中养护外，又在现场制作了三种结构构件，分别模拟实际厚墙、薄墙和柱子，7d 后撤去外盖湿袋，定期从中钻取 ϕ10cm×2 混凝土芯试件进行试验。

六种不同配合比的高强混凝土　　**表 53-17**

配合比编号	水胶比 W/（C+F）	用水量 (kg/m³)	水泥 (kg/m³)	混合料 (kg/m³)	粗骨料 (kg/m³)	细骨料 (kg/m³)	高效减水剂（L/m³）	缓凝剂 (L/m³)
1	0.29	143	315	矿渣 135，硅粉 35	1142	744	7.5	0.45
2	0.28	133	317	矿渣 167	1145	749	7.0	0.46
3	0.27	130	449	硅粉 39	1149	758	11.0	0.84
4	0.27	132	427	硅粉 59	1149	754	14.9	0.90
5	0.29	102	150	低钙粉煤灰 200	1222	811	7.1	0.66
6	0.27	130	180	—	1143	611	3.4	0.94

六种不同配合比高强混凝土的各龄期强度　　表 53-18

养护条件	龄期（d）	抗压强度 f'_c ϕ150mm × 300mm 圆柱试件（MPa）					
		配合比编号					
		1	2	3	4	5	6
潮湿养护	1	36.7	34.5	38.4	43.5	8.3	44.4
	3	55.8	45.1	56.5	63.7	21.9	52.5
	7	69.6	57.9	66.9	77.7	33.7	58.5
	28	79.9	71.6	81.6	90.6	54.7	70.1
	91	81.1	75.7	84.3	92.2	69.5	85.0
	182	85.9	83.1	87.5	94.3	80.7	94.6
	365	88.6	82.7	91.5	103.7	90.5	100.8
空气中养护	1	39.6	34.8	47.8	53.4	* *	45.9
	3	54.7	46.3	59.0	68.7	19.9	53.0
	7	62.1	53.0	68.5	73.5	28.3	59.5
	28	79.5	69.5	76.8	85.0	43.4	64.7
	91	82.1	62.9	80.6	91.7	57.6	79.4
	182	83.4	71.1	84.6	89.2	71.9	83.1
	365	85.7	74.6	85.2	98.1	75.4	88.0
		抗压强度 f'_c ϕ100mm × 200mm 混凝土芯（MPa）					
自然养护 厚墙构件 *A* （0.5m × 2.5m × 1.5m）	1	51.0	43.4	57.5	61.6	* *	38.7
	3	62.4	51.1	66.2	—	24.3	80.8
	7	60.9	58.5	62.8	72.5	29.9	49.0
	28	69.2	64.8	70.6	74.8	52.1	57.2
	91	74.2	68.9	69.8	72.8	87.5	76.2
	182	73.3	70.2	76.4	81.0	92.1	80.2
	365	79.7	76.1	80.2	87.5	98.2	86.5
		抗压强度 f'_c ϕ150mm × 300mm 圆柱试件（MPa）					
自然养护 薄墙构件 *B* （0.25m × 3.1m × 1.5m）	1	48.5	46.0	57.0	67.2		47.4
	3	60.7	53.2	65.7	—		52.0
	7	63.8	57.8	65.8	66.5		57.5
	28	73.1	68.6	72.3	75.9		64.3
	91	83.3	70.8	76.3	71.5		85.7
	182	80.7	70.3	80.2	84.8		86.7
	365	81.7	84.8	82.9	88.1		98.2
自然养护 柱子构件 *C* （2.0m × 1.2m × 1.35m）	1	41.7	45.6	58.4	69.4	7.8	41.7 +
	3	64.3	55.0	63.5	—	27.1	47.5
	7	63.2	57.2	63.4	71.8	34.0	51.4
	28	69.4	63.4	66.8	75.8	49.9	59.9
	91	70.8	63.3	69.1	72.9	82.5	75.6
	182	69.6	69.4	71.4	78.7	87.0	74.3
	365	78.5	76.2	79.2	80.8	95.6	88.2

第五节　高强混凝土施工

欲配制高强混凝土，原则上必须采用高强度等级水泥。但是，一般要求高强度等级水泥细度较大，凝结硬化也较快。因此，从搅拌到振动成型，都应尽量缩短时间。

一、搅拌工艺

施工工艺技术对高强混凝土的影响。首先应是搅拌。就混凝土搅拌的目的而言，除了达到均匀混合之外，还要达到强化、塑化的作用，不同的投料程度与拌合方式，对混凝土混合物的均匀性都有较大的影响。

采用强制式搅拌机二次投料工艺拌合干硬性混凝土是配制高强混凝土的重要工艺措施之一。二次投料法是先拌合砂浆，再投入粗骨料，制成混凝土混合料。采用这种投料方法时，砂浆无粗骨料，便于搅拌均匀；粗骨料投入后，易被砂浆均匀包裹，有利于混凝土强度的提高。

这里应当特别指出，采用日本伊东晴郎发明的造壳混凝土工艺，可以提高混凝土强度30%～40%。造壳混凝土的增强机理是通过控制砂粒的面干含水率，改善水泥与粗、细骨料以及砂浆与粗骨料的界面状态来达到目的。

二、振动成型工艺

假如对混凝土混合物施加振动作用，则骨料和水泥颗粒将赋有加速度，而其值和方向都是变化的。在结构被破坏的水泥浆中，在振动时，骨料和水泥颗粒便有可能占据更加紧凑的空间相互排列的位置。

在混凝土混合物受振动而密实时，产生两个质量不相同的过程：骨料、特别是粗骨料下沉，其空间相对位置紧密；水泥浆结构在水泥粒子凝聚过程中密实，即适宜的振动，可以降低混合物的黏度，使各粒子逼近，并使水泥粒子分散。

法国学者R·雷尔密特讨论混凝土混合物在振动作用下发生的现象时认为：是振动频率对混凝土混合物的密实起主要影响。不同粒度的材料，要振动密实所需的频率与振幅不同。R·雷尔密特指出，最佳振动频率（ω）与骨料颗粒粒度（d）之间的关系，可由下面的条件决定：

$$d < \frac{14 \times 10^6}{\omega^2}$$

对个别具体情况，由此条件得到：

$d < 39$cm时，$\omega = 11$Hz；

$d < 6$cm时，$\omega = 25$Hz；

$d < 1.5$cm时，$\omega = 50$Hz；

$d < 0.4$cm时，$\omega = 100$Hz；

$d < 0.1$cm时，$\omega = 200$Hz；

$d < 0.01$cm时，$\omega = 600$Hz。

根据俄罗斯科学家米哈依洛夫的见解，要振实水泥粒子需要高频率、低振幅。他建议的参数见干硬性混凝土一章中表50-5。

实际上，通常采用的振动设备（$\omega = 50 \sim 200$Hz）只能振实骨料，不能振实水泥水化物及其他小颗粒，是无法实现上述水泥粒子振实的理想参数。目前，国内已经较广泛地采用了高频电磁振动器，这不仅能振动粗、细骨料，而且能振实水泥颗粒。德国采用超声波振动，已制成抗压强度为140MPa的混凝土。

采用适当的减水剂，可达到水泥细粒的均匀分散，形成细粒的水泥浆，降低水灰比，形成密实的水泥石。特别是对于干硬性混凝土，可使得混合物液化，便于施工。

采用振动加压、多频振动、离心成型或真空吸水、聚合浸渍等措施，都可提高混凝土的强度。

三、养护工艺

混凝土混合物经振动密实成型后，其凝结硬化过程在继续进行着，内部结构逐渐形成。为使已经密实成型的混凝土继续进行水化反应，必须采取养护措施，以建立水化反应所必须的介质温度及湿度。高强混凝土早期即应养护，因为部分水化可能使毛细管中断，即重新开始养护时水分将不能进入混凝土内部，因而不会引起进一步水化。

养护工艺的方式很多，其中蒸压养护是提高混凝土强度的重要途径之一。干-湿热养护是目前较理想的一种工艺，其优点在于混凝土的增强过程合理。在养护制度上采取适合于水泥特性的养护参数，也有利于混凝土强度的提高。

总之，欲提高混凝土的强度，或者达到配制高强混凝土的目的，应采取如下措施：

(1) 在胶凝材料方面，改善矿物组成，增加细度，使用快硬高强水泥或其他特种水泥。

(2) 在骨料方面，使用坚硬、密致的岩石与质量良好的砂。

(3) 在外加剂方面，掺用早强剂、减水剂或高效减水促凝剂。

(4) 在配合比方面，采用低水灰比、低砂率的干硬性混凝土。

(5) 在成型时，采用强制式搅拌机搅拌，采用高频加压振捣，真空作业、离心、喷射等，以提高混凝土的密实度。

(6) 在养护时，采用湿热处理，加速水化作用，促进胶凝材料硬化等措施。

第六节　几种高强混凝土的配制途径

一、无坍落度高强混凝土

高强混凝土要求水泥用量多，从而增加了材料费。采用实际上无坍落度的干硬性混凝土可以降低费用。这种混凝土还可以用高频振动密实。

(一) 工作度测定

因为坍落度试验无法区别无坍落度混凝土间的差别，所以必须采用其他工作度测定方法——维勃稠度仪、压实系数或撒奥洛（Thaulow）跳桌来测定，见表53-19。维勃稠度试验和跳桌试验以相类似的方法测量了在振动力作用下无坍落度混凝土的性质。因为良好的密实度必须来自强烈振捣，这是混凝土的一种合理的工艺特征，亦是配制高强混凝土的必然途径。

无坍落度混凝土的工作性　　表53-19

混凝土混合物	坍落度 (mm)	维勃稠度 (s)	压实系数	跳桌 (转)
无坍落度混凝土				
特干硬	—	32~18	—	112~56
很干硬	—	18~10	0.70	56~28
干硬	0~25	10~5	0.75	28~14
塑性混凝土				
稠塑性	25~50	5~3	0.85	14~7
塑性	75~100	3~0	0.90	7~0
流动性	150~175	—	0.95	—

（二）应用领域

无坍落度混凝土应用在现代预应力混凝土作业中，如生产预应力空心楼板等，生产时便于提供强烈的振动，但同样也可用于现场灌注的混凝土。无坍落度混凝土特别适用于滑模工艺，如各种滑模铺砌作业，在这种施工中混凝土在凝结以前必须独自保持其形状而不致坍落。

（三）配合比

在施工现场选定无坍落度混凝土配合比的习惯做法：以通常坍落度的混凝土所用的绝对体积法改成生产干硬混凝土法。减小工作性是籍以减少用水量和增加粗骨料的用量来达到的（表 53-20）。再根据强度和耐久性要求选择水灰比 $\left(\frac{W}{C}\right)$，对强度和耐久性标准与普通混凝土要求一致。

无坍落度高强混凝土用水和粗骨料近似配方　　表 53-20

稠　度	用水量（%）	相对粗骨料用量（%）				
		9.5mm	12.5mm	19mm	25mm	39mm
特别干硬	78	190	170	146	140	130
非常干硬	83	160	145	130	125	125
干　硬	88	135	130	115	116	120
硬　塑	100	108	106	104	106	109

注：1. 基准混凝土的坍落度为 75～100mm。
　　2. 基准混凝土的用水量为 100%，随维勃稠度增加而减水。
　　3. 基准混凝土的粗骨料用量为 100%，粗骨料随维勃度增加而增加。

二、低水灰比高强混凝土

具有适当工作性的混凝土坍落度，其水灰比普通混凝土大约为 0.35，无坍落度混凝土大约 0.30。这样低的极限值只能在高水泥含量、最佳级配的骨料和使用减水剂时才能达到。然而，也可能进一步地减小水灰比，甚至比 0.30 还要低。

（一）配制低水灰比混凝土的途径

可以通过两种截然不同的途径达到非常低的水灰比：

（1）用掺新型高效外加剂来配制的流动性混凝土。

（2）以机械压实振捣的工作性差而又非常干硬的拌合料来成型的干硬性混凝土。

当使用水灰比非常低的水泥浆时，胶空比（J/K）之类关系必须加以修正。用 Powers 估计的“零孔隙率”的内在强度，是依据正常范围的水灰比 0.40～0.70 水化良好的水泥浆体的数据，以外推法求得。在那种情况下，内在强度反映了肯定带有最小内在孔隙率的水泥凝胶（C－S－H 和 CH）强度。在水灰比非常低状态的水泥浆中，水泥不能完全水化，这样，在成熟的水泥浆中，由于存在着未水化水泥所起的作用使内在强度较高。在压实水泥浆中，这种作用还是比较大，好象“水泥凝胶”的内在孔隙率也可以减小似的，这进一步增加了潜在强度。因此，水灰比非常低的混凝土或砂浆，有潜力达到高于 Powers 预测的强度，这点已为实验室的试验所证实。

（二）超塑化剂的效应

（1）超塑化剂有潜力减少水灰比而不会有过分缓凝的问题。

（2）28d 龄期后，抗压强度普遍大于 85.0MPa（表 53-21），再其后的长期强度则近似于普通混凝土。这类低水灰比混凝土，即使在室温条件下养护，其早期强度也非常高（表53-22），当用蒸汽养护或蒸压养护时则可进一步提高。表53-21和表53-22所示为正常坍落度混凝土的资料，其水泥用量一般都非常高。

采用超塑化剂以获得低$\frac{W}{C}$混凝土　　表53-21

水泥用量（kg）	水灰比 $\left(\frac{W}{C}\right)$	抗压强度（MPa）	
		7d	28d
500	0.30	72.0	84.0
500	0.27	73.0	88.0
600	0.27	77.0	87.0
600	0.25	79.0	92.0

注：坍落度为70~95mm。

掺超塑化剂混凝土早期强度的发展　　表53-22

水灰比 $\left(\frac{W}{C}\right)$	养护条件	抗压强度（MPa）		
		1d	7d	28d
0.32	室温养护	49.0	76.0	—
0.33	低压蒸汽养护	42.0	—	62.0
0.33	蒸压养护	62.0	—	64.0
0.30	低压蒸汽养护	55.0	—	70.0
0.30	蒸压养护	89.0	—	92.0
0.27	低压蒸汽养护	60.0	—	78.0
0.27	蒸压养护	104.0	—	107.0

（3）超塑化剂还有潜力增高混凝土强度，或采用工作性减至无坍落度混凝土以降低水泥用量。

（4）已知某些超塑化剂具有增加触变性的特异工作性，但这种改性很可能有利于无坍落度混凝土。

因此，似乎在将来有可能生产抗压强度超过140.0MPa的掺塑化剂的高强混凝土。

三、压实高强混凝土

压实强化已用于工业中。混凝土砌块采用加压振动，以便捣实。这种方法可用于非常干的拌合料，并获得比较高的强度，但孔隙率大，堆密度低。高压力压实可用以生产预制品，如路侧石，水泥花砖等。由于高压，过量的水从混凝土中挤出，所以净水灰比小于0.30。离心制造的预应力混凝土管（参见离心混凝土）从本质上说是在离心力作用下压实，同样是形成低水灰比混凝土。

高压力压实受混凝土和砂浆含水量的限制。如果用水量非常低$\left(\frac{W}{C}<0.2\right)$，在水从水泥浆挤出以前可用较高的压实压力。在正常条件下养护的压实浆体或砂浆的抗压强度主要随初始压实压力而变。强度在最初24h时潮湿养护条件下增长很快，并仍能随龄期而不断增长。

第七节　高强混凝土的工程应用

高强混凝土的应用范围非常广，根据国外的实践经验主要有：

一、桥梁工程

大跨度桥梁的自身荷载往往占总荷载中的大部分，使用高强混凝土可以减少自身荷载和降低截面高度，并由此更获得许多好处。日本、美国、德国、澳大利亚等许多国家先后用高强混凝土建成了一批铁路和公路桥。例如德国从 Hannover 到 Wurzburg 的一个铁路桥，总长 1280m，其中主跨为 162m，采用了高强混凝土。90d 相当于立方体强度 70MPa。美国 1984 年建成的从西弗吉尼亚到俄亥俄的 East Humgtington 公路桥、华盛顿州跨越 Toutle 河的一座预应力混凝土公路桥（Tower Road），加拿大的 Annicis 斜拉桥等均使用了高强混凝土。

二、高层建筑、多层建筑及超高层建筑

高强混凝土是高层建筑底部柱子和剪力墙的理想材料，它不仅在结构造价上取得了明显的节约效果，更重要的是由于柱子尺寸减小，使建筑面积增加，并满足建筑美观的要求。高强混凝土用于高层建筑、多层建筑及超高层建筑在美国、加拿大和澳大利亚都有非常成功的工程应用实例。

近年来，高强混凝土在钢管混凝土中应用颇广。

三、混凝土制品

高强混凝土除应用桥梁预制构件外，还用于预制管桩、管柱、电杆、管道、轨枕、路面板、护壁、栏杆混凝土制品及预制构件等。

四、港口和海洋工程

高强混凝土，能耐海水侵蚀和海浪冲刷，维修费用低廉，所以很适合于建筑码头、船坞、防波堤、採油平台等港口和海洋工程。

第五十四章　聚合物浸渍混凝土

（polymer impregnated concrete）

第一节　概　述

当混凝土以正常方法配制和养护时，在水泥浆体中存在大量毛细孔隙，即使水灰比比正常低的混凝土经很好养护后也是如此。必须记住，某些孔隙率（孔径小于 10μm）可考虑为 C—S—H 凝胶的一部分。如果留在毛细管中的水分可以除掉，并代之以某些固体材料，则由于孔隙体积大量消除，就有可能大大增进混凝土的强度和耐久性。这就是聚合物浸渍混凝土的基础。固体进入孔系统的问题，由于采用了液态单体（分子是聚合物单元的修复）浸渍侵入混凝土孔隙内部而得到解决，随后单体聚合并在孔隙内就地形成固体聚合物。

一、聚合物浸渍混凝土的定义

聚合物浸渍混凝土，是将预先成型、硬化并干燥和经真空处理的混凝土，浸渍在以树脂为原料的液态单体中，然后采用加热辐射的方法或直接加催化剂，使渗入到混凝土内部微孔隙中的单体聚合，生成一种坚硬的玻璃状聚合物，并与混凝土牢固结合，聚合成整体混凝土，以减少其中的孔隙率，提高密实度和强度。

二、聚合物浸渍混凝土的特点

聚合物浸渍混凝土是一种高强、高抗渗、耐腐蚀、抗冻融和耐磨性好的复合材料。其强度比普通水泥混凝土提高约 2～4 倍，可用于轻质高强构件、水工建筑和作耐腐蚀材料等。

三、聚合物浸渍混凝土的聚合方法

能起聚合反应而生成高分子化合物的简单化合物称为单体。如甲基丙烯酸甲酯（MMA）、丙烯酸甲酯（MA）、聚酯树脂（P）、苯乙烯（S）等。聚合方法又可分为热聚合法、辐射聚合法和催化剂聚合法三类。

（一）热聚合法

热聚合法是掺入游离基催化剂将单体加热而聚合。其问题的关键是防止单体逸散，并且连续使用的单体处理较困难。

（二）辐射聚合法

辐射聚合法是以鈷$^{+}$－60 为辐射线催化剂，浸渍剩余单体可以再利用，而不足之处则是需要规模较大的辐射装置，设备成本高，并需要掌握操作辐射线的技术。

（三）催化剂聚合法

掺加催化剂，加速聚合过程。不需要辐射和加热，单体挥发损失少，但引发剂和促凝剂比例不当时，易过早聚合，且单体回收较困难。

四、聚合物浸渍混凝土的增强机理

普通水泥混凝土经浸渍处理后，聚合物填补了混凝土内部的孔洞及水泥浆体，骨料中的微裂缝以及骨料与水泥浆体之间的接触裂缝。借用反光显微镜，可以清楚地看到聚合物填补的情况。经用高压水银测孔仪测定，52Å～10μm范围内的总孔隙率，浸渍后比浸渍前下降了85%（由0.1203mL/g降至0.0143mL/g），而52～200Å的小孔由原来的7.5%（占上述孔范围）猛增至57%。因此浸渍以后，不仅总孔隙率大大下降，而且小孔显著增加，大孔显著减少。由于孔隙大量减少，密实度相应增加，因此强度显著提高，其他性能也得到不同程度的改善。

基于上述原因，浸渍后的混凝土结构变得致密，混凝土各相间的粘结力大大提高。另外，由于聚合物的填充，增加了水泥石单位体积的固相量，使水泥石由原来的多孔体变成较致密的整体，减少了孔隙和裂缝的应力集中，也必然提高混凝土的强度，改善其抗渗、耐蚀、抗冻等性能。

第二节　聚合物浸渍混凝土的原材料选择

生产制造聚合物浸渍混凝土所用的原材料主要是基材（被浸渍材料）和浸渍液（浸渍材料）两种。此外，根据工艺和性能需要，在基材和浸渍液中还需加入适量的添加剂。

一、基材

聚合物浸渍混凝土的基材为预先成型并已硬化的混凝土制品及其他材料。一般说来，凡是用无机胶凝材料将骨料固结起来的混凝土材料均可使用。

（一）基材种类

聚合物浸渍混凝土通常应用的主要基材见表54-1。

聚合物浸渍混凝土常用的主要材料　　**表54-1**

基材种类	单体和聚合物种类	添加剂
水泥砂浆	甲基丙烯酸甲酯（MMA）	引发剂
普通水泥混凝土	苯乙烯（S）	阻聚剂
轻骨料混凝土	丙烯晴（AN）	促进剂
钢筋混凝土	聚酯树脂（P）	交联剂
预应力钢筋混凝土	环氧树脂（E）	稀释剂
纤维增强混凝土	石　蜡	
石棉水泥	硫　磺	
钢丝网水泥	丙烯酸甲酯（MA）	
石膏制品	三羟甲基丙烷三甲基丙烯酸甲酯（TMPTMA）	
陶　瓷	沥　青	
混凝土管、杆、桩、板、柱等		

（二）对基材基体的基本要求

聚合物浸渍混凝土被浸渍材料的有关参数见表54-2。

聚合物浸渍混凝土所用基材应满足下列要求：

（1）有适当的孔隙，能为浸渍液所渗填。

（2）有一定的强度，能承受干燥、浸渍、聚合过程中的作用力，并不因搬动而产生裂缝等缺陷。

(3) 其化学成分不会妨碍浸渍液的聚合。

(4) 材料结构应尽可能是均质的。

(5) 要充分干燥，几乎不含水分。

(6) 尺寸和形状要与浸渍、聚合的方法和设备相适应。

聚合物混凝土浸渍材料有关参数 **表 54-2**

单位	级配名称	筛孔尺寸（mm）													
		35 (40)	30	25	15	10	5	2.5	1.2	0.6	0.3	0.15	0.074	通过 0.074	沥青用量（%）
		保留（<%）													
1. 上海市城建局	粗粒式混合料	0	0	0~25	17~46	33~61	54~77	66~85	—	82~95	—	—	95~99	1~5	4~6
2. 北京市政工程局	中粒式混合料	—	—	0~5	15~25		45~55	53~65	60~70	70~80	80~90	85~95	92~96	4~8	4.4~5.3
3. 上海市城建局	细粒式混合料	—	—	—	0	0~13	0~29	7~39		30~61		60~93	90~98	2~10	5~9
4. 上海市城建局	沥青细砂混合料	—	—	—	—	0	0~14	4~24	15~35	26~44	39~57	56~72	80~90	10~20	8~10
5. 北京市政工程局	黑色碎石	—	—	0~5	30~45	—	75~90	85~95	—	—	92~100	—	95~100	0~5	2.5~3.2
6. 上海市城建局	黑色碎石（粒径 0~40mm）	0	0~30	8~40	35~62	50~80	68~95	—	78~98	87~98	—	—	95~98	2~6	2.5~4.5
7. 北京市政工程局	黑色石屑	—	—	—	—		25~35	45~60	52~68	62~77	76~86	85~92	90~94	6~10	4.5~5.4

(三) 基材对聚合物浸渍混凝土性能的影响

1. 混凝土组成的影响

一般说来，混凝土配合比设计中的水灰比、空气含量、坍落度、外加剂含量、砂率等变化不大时，对浸渍混凝土的强度没有显著的影响。

2. 养护时间的影响

基材养护时间的长短对浸渍混凝土的强度影响不大。

3. 养护方法的影响

养护方法不同，对浸渍液的浸渍量影响不大，但对浸渍混凝土的强度有显著的影响。这主要是由于养护方法不同引起混凝土的孔结构发生了显著的变化。

二、浸渍液

浸渍用的单体，系指流体状的聚合反应的原始分子，称浸渍液。一般来说，凡是能被基体所吸收并能在其中聚合的单体均可使用。

(一) 浸渍液种类

聚合物浸渍混凝土常用的浸渍液见表 54-1。浸渍液的组成可采用单一单体，或者加入其他添加剂（稀释剂、增塑剂、促进剂、交联剂或引发剂）。

(二) 对浸渍液的基本要求

（1）有适当的黏度，以便浸渍时容易渗入基材，并能达到要求的深度。

（2）有较高的沸点和较低的蒸汽压力，以减少浸渍后和聚合时的挥发损失。

（3）聚合后，能在基材内转化为固体聚合物。

（4）聚合收缩率小，聚合后不因水分等作用而软化或膨润。

（5）聚合后与基材的粘结力好，能使两者形成一个整体。

（6）聚合物的玻璃软化温度必须超过材料的使用温度。

（7）有较高的强度和较好的耐水、耐碱、耐热和耐老化性能。

（三）浸渍液的选择

生产制造聚合物浸渍混凝土用单体的选择，主要取决于材料的最终用途、浸渍工艺和制造成本等。采用完全浸渍时，应选用黏度较小的单体，采用局部浸渍，需采用黏度较大的单体。常用的一些单体及聚合物的性能见表54-3。为降低材料的制造成本，在满足用途和工艺要求的前提下，应尽量用价格低、来源广的单体。

三、添加剂

（一）添加剂种类

聚合物浸渍混凝土根据工艺和性能的需要常用的添加剂品种见表54-1。

（二）添加剂的作用

常用各种添加剂的作用见表54-4。

常用单体及聚合物的性能　　**表54-3**

单体或聚合物名称	简称	单体性能			聚合物性能						
		蒸汽压力20℃（kPa）	密度20℃（g/cm^3）	沸点101kPa（℃）	软件温度（℃）	密度20℃（g/cm^3）	收缩（mm/m）	伸长率（%）	抗压强度（MPa）	抗拉强度（MPa）	拉伸弹性模量（×10^4MPa）
甲基丙烯酸甲酯	MMA	4.665	0.936	100	80～120	1.18～1.19	—	2～7	77～130	75～90	3.1
苯乙烯	S	0.38	0.909	145	90～120	1.03～1.10	0.002～0.007	1.5～3.7	80～110	35～80	2.8～4
丙烯酸甲酯	MA	—	0.953	79.9	—	1.17～1.20	0.001～0.004	2.0～10.0	77～130	50～77	2.4～3.1
聚酯树脂	P	（24℃）0.93	1.13～1.15	—	60～100	1.10～1.46	（体积）7	1.3	92～190	42～71	2.1～4.5
环氧树脂	E	—	1.12～1.43	—	300	1.15	0.004～0.010	1.7	110～130	65～85	3.2
丙烯晴	AN	11.33	0.806	77.5～79.0	270	1.17	—	—	—	—	—

聚合物浸渍混凝土常用添加剂　　**表54-4**

添加剂名称	作　　用	主要品种
阻聚剂	凡适用于浸渍混凝土的单体，几乎都不稳定，即在常温下都会有不同程度的自发聚合，故生产的单体中，一般都含有一定量的阻聚剂	对苯二酚、苯醌等
引发剂	采用加热法聚合时，必须同时使用引发剂，以引发单体产生聚合。当加热到一定温度时，引发剂以一定的速度分解生成游离基，诱导单体产生连锁反应。用量过多过少均不适宜，一般为单体质量的0.1%～0.2%	过氧化物（二苯甲酰、甲乙酮、环乙酮）、偶氧化合物（偶氮二异丁腈）、过硫酸盐等

续表

添加剂名称	作　用	主　要　品　种
促凝剂	主要用来降低引发剂的正常分解温度，加快引发剂分解生成游离基的速度，以促进单体在常温下聚合	环烷酸钴、辛酸钴、二甲基苯胺等
交联剂	能使线型结构的聚合物转化为体型结构的聚合物	甲基丙烯酸甲酯、苯乙烯、二甲酸、二丙烯酯
稀释剂	主要用于降低浸渍液粘度，提高其渗透能力	甲基丙烯酸甲酯、苯乙烯等

第三节　聚合物浸渍混凝土的浸渍-聚合工艺方法

聚合物浸渍混凝土是将预先成型、硬化、并经干燥和真空处理的混凝土，用有机单体浸渍，然后采用加热或辐射的方法，使渗入到混凝土内部的单体聚合，生成一种坚硬的玻璃状的聚合物，并与混凝土牢固结合，形成一个整体，因而可改善混凝土的各种性能。

一、浸渍-聚合方法和工艺流程

（一）浸渍-聚合方法

聚合物浸渍混凝土的浸渍-聚合方法如图 54-1 所示。

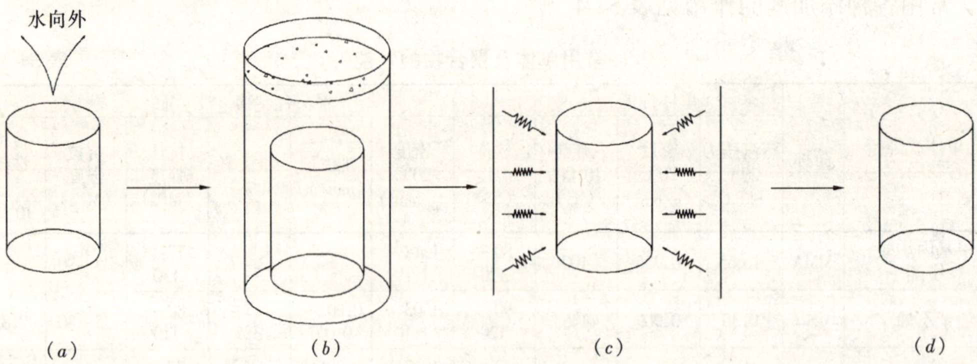

图 54-1　聚合物浸渍混凝土的浸渍-聚合方法

(a) 加热与干燥混凝土；(b) 浸渍混凝土；(c) 聚合混凝土；(d) 聚合物浸渍混凝土

（二）浸渍-聚合工艺流程

聚合物浸渍混凝土的浸渍-聚合工艺流程如图 54-2 所示。

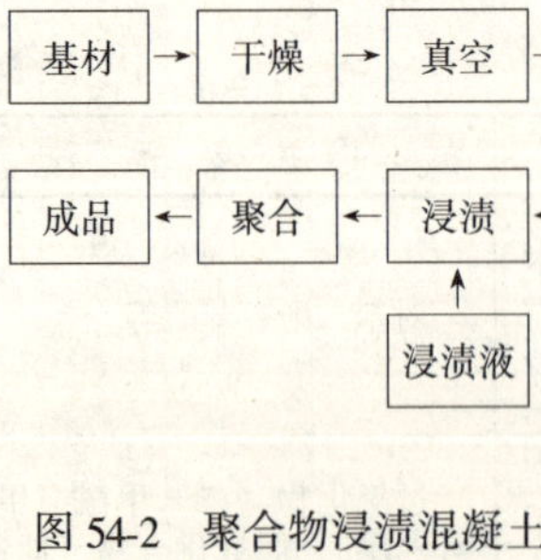

图 54-2　聚合物浸渍混凝土的浸渍-聚合工艺流程

二、干燥-浸渍-聚合工艺操作步骤

（一）基材干燥和真空抽气

1. 基材

被浸渍的基材即是普通混凝土预制构件，其成型工艺同一般预制构件。但是，为了获得高强度的聚合物浸渍混凝土，混凝土宜采用蒸压（如用高压釜）养护为好。因为高压养护在混凝土内所形成孔隙的形状和大小，对单体浸渍是有利的。此外，基材还必须满足一些具体要求：

（1）基材尺寸：其几何尺寸必须满足下述两点。

①被浸渍容器容纳的尺寸，一般基材厚度不超过15cm。

②基材厚度不宜变化太大，以便提高浸渍容器的使用效率。

（2）基材的密实度：由水灰比、捣固、养护所确定的基材的密实度，应该适合浸渍所要求的范围。因为密实度与单体量和处理时间有关，对制品成本有很大影响。

（3）粗骨料强度：常采用重质和轻质粗骨料。基材中的粗骨料强度直接影响聚合物浸渍混凝土的强度。在制作高强度聚合物浸渍混凝土时，宜采用花岗岩、玄武岩碎石等。在制造轻质聚合物浸渍混凝土时，宜采用陶粒、浮石及熟料块等。

2. 基材干燥

（1）干燥目的：聚合物是否充满基材的孔隙，对聚合物浸渍混凝土的强度和耐久性影响很大。为了最大限度地改善基材的性能，必须对基材进行充分干燥，以消除混凝土内孔隙中的游离水，使聚合物充分浸渍基材的孔隙。因此，基材干燥的目的是为了确保浸渍孔隙，基材与树脂的黏结，确保树脂的连续性，抑制聚合时的蒸汽压等。总之，即是将阻碍单体渗入的自由水从混凝土孔隙中排出，以获得较大的单体浸填量。

（2）干燥设备：可采用烘箱、远红外加热器、烘干窑（须防烟气与制品直接接触）等。

（3）干燥方式：基材一般采用常压下热风干燥的方法。必要的干燥时间和温度取决于基材的种类、大小和形状及烘干设备的能力而定。

①干燥温度　通常要求将混凝土基材孔隙中的水分完全排除，也就是要求干燥至基本上达到恒重。干燥的速度与温度有密切关系，温度愈高，干燥速度愈快。但温度过高，不仅热源和隔热材料的提供有困难，而且对浸渍混凝土的强度有影响。烘干温度对强度、浸填率的影响分别见表54-5和表54-6。

烘干温度对混凝土强度的影响　　表54-5

烘干温度（℃）	抗压强度（MPa）		烘干温度（℃）	抗压强度（MPa）	
	普通混凝土	浸渍混凝土		普通混凝土	浸渍混凝土
0	35.4	—	200	32.2	134.6
125	36.3	128.2	250	30.1	112.8
150	36.1	129.7	350	26.6	100.0
175	34.7	122.7			

注：试件尺寸 ϕ7.5cm×14cm，单体MMA。

烘干温度对浸渍混凝土浸渍率及强度的影响　　表54-6

烘干温度（℃）	浸渍率（%）	抗压强度（MPa）	抗折强度（MPa）	抗拉强度（MPa）
0	0	54.5	10.7	5.1
105	3.8	121.0	23.2	13.5
120	4.2	116.0	23.2	13.8
150	4.3	131.0	24.6	14.7
170	4.3	124.0	29.6	15.1
190	4.3	105.0	26.9	14.1

建议的烘干温度以150℃左右为宜。因为采用这个温度干燥，不但速度快，而且能制作出高质量的聚合物浸渍混凝土。

②干燥时间　必要的干燥时间，由干燥温度和构件的密实度确定。只要基材厚度变化不大，形状因素的影响，则是以表面积和体积之比值（裸露系数）作为控制干燥时间的标准。

干燥所需的时间是指将混凝土孔隙中的水分完全排除所需的最短时间（图 54-3），其与基材表面积与体积之比、基材最小厚度、干燥环境温度和湿度、基材表面部分气流速度、基材密实度、开始干燥时的含水率、干燥方式等有关。如果基材干燥不充分，单体在基材中的浸渍也就不充分，聚合物的浸渍量低，浸渍的改性效果就差。烘干时间对强度、浸填率的影响见表 54-7。

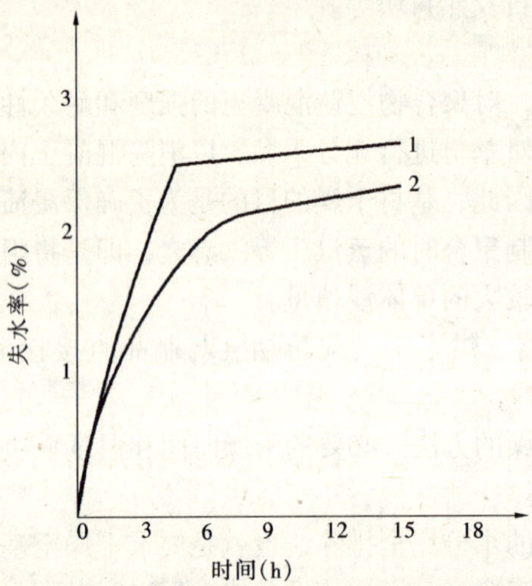

图 54-3　烘干时间与失水的关系
1—烘干温度为 150℃；2—烘干温度为 120℃

烘干时间对浸渍量及浸渍混凝土强度的影响　　表 54-7

烘干时间（h）	浸渍量（%）	抗压强度（MPa）	抗折强度（MPa）	抗拉强度（MPa）
4	3.64	99.5	18.1	11.4
8	4.16	124.0	22.6	11.8
12	4.20	129.0	23.2	12.2
16	4.25	136.0	23.2	12.3
20	4.39	130.0	21.6	12.0
24	4.49	123.0	24.8	11.5

注：试件尺寸为 4cm×4cm×16cm，单体为 S+MA，烘干温度为 120℃。

建议的干燥时间以 6~8h 为宜。因为采用这个时间干燥，不但速度快（时间短），而且能制作出高质量的聚合物浸渍混凝土制品。

3. 真空抽气

干燥的基材自然冷却到常温，转至浸渍工序，在导入单体前基材应预先进行真空抽气。

（1）真空抽气的目的：在于将阻碍单体渗入的空气从混凝土的孔隙中排除，以提高浸渍速度和浸渍率，使单体较容易地浸渍到混凝土的孔隙中去，以避免空气的热膨胀。浸渍率是衡量基材被浸渍浸填程度的指标，以基材浸渍前后质量差（浸渍量）与浸渍前质量的百分比表示。

（2）真空抽气工艺参数：真空抽气所需的真空度及时间应视构件的尺寸大小而定。对于小于 10cm×10cm×10cm 的试件，一般真空时间为 1h，真空度为剩余气压 2.666kPa。

（3）真空抽气的作用：真空处理对基材的浸填率及强度的影响见表 54-8。

真空处理对浸渍砂浆浸填率及强度的影响　　表 54-8

单　体	处理方法	浸渍率（%）	抗压强度		抗折强度		抗拉强度	
			（MPa）	（%）	（MPa）	（%）	（MPa）	（%）
80%S+20%MA	真　空	5.60	146.5	125	28.2	104	9.7	126
	未真空	4.65	117.0	100	27.1	100	7.7	100
90%S+10%P	真　空	5.05	138.0	147	26.8	130	11.0	136
	未真空	4.35	94.0	100	20.6	100	8.1	100
MMA	真　空	5.75	170.0	110	30.5	110	13.0	102
	未真空	5.55	153.5	100	27.7	100	12.7	100

从强度和单体的损失看，真空度以剩余气压 2.666kPa 为宜，这种程度的真空度使用普通密闭容器即可办到。

(4) 适用范围：是否需用真空抽气处理，应视浸渍混凝土的用途而定。高强浸渍混凝土需采用真空抽气处理，耐腐蚀混凝土及现场浸渍工艺、强度要求不高时，可不采用真空抽气处理。

（二）单体浸渍

浸渍，即将基材混凝土制品在常压下或压力状态下浸渍在单体中，直到浸透为止。

1. 单体材料

(1) 对单体的基本要求：选择单体材料必须满足以下一些要求：

①浸渍用的单体，黏度应低一些，以便在浸渍时单体较易于渗透到混凝土中。

②混凝土基材浸渍单体后，可获得所需要的设计强度，耐久性等。

③浸渍、聚合易于处理，成本不高。

④同基体材料不发生化学反应，对人体有害影响少，操作处理方便。

⑤单体本身成本低廉。

(2) 单体的纯度：单体必须纯洁，应符合以下要求。

①在混合剂、脱模剂中不含有溶解于单体阻碍聚合的物质。

②在单体中掺入添加剂时，应注意不得引进易产生膨胀的物质。

(3) 常用单体材料：常用于浸渍混凝土的单体材料见表 54-1。

2. 浸渍原理

(1) 可浸渍的微细孔隙的直径和浸渍液表面张力的关系如下式：

$$r = -2\sigma \frac{\cos\phi}{P}$$

式中　r——孔隙半径；

P——作用于孔隙上的压力；

σ——浸渍液的表面张力；

ϕ——被浸渍物质孔隙壁面和浸渍液的接触角（湿润角）。

(2) 浸渍速度与浸渍液黏度的关系式：

$$V = \frac{\Delta P r^2}{8\eta l}$$

式中　V——浸渍速度；

ΔP——压力差；

l——孔隙的长度；

η——浸渍液的固有黏度。

3. 浸渍方法

根据混凝土断面被浸渍的程度（即深度），浸渍混凝土可分为“完全浸渍”和“局部浸渍”两种。

(1) 完全浸渍：指混凝土的断面被单体完全浸透。完全浸渍法所用的单体及作用见表 54-9。完全浸渍所需要的聚合物用量取决于混凝土的孔隙率，孔隙率则取决于水灰比、养护时间的长短、骨料的孔隙率。孔隙较多的混凝土要求较多的聚合物，但达到完全浸渍，一般比较容易，且比较快。倘若能达到完全浸渍，则所造成的聚合物浸渍混凝土的强度在很大程度上与原始混凝土强度无关。因此，原材料的选用大多可由经济条件来考虑决定。

不同浸渍方法所用的单体及其作用　　表 54-9

浸渍方法	采用单体	作　用	适用范围
完全浸渍	MMA S 80%S+20%MA 90%S+10%MA 80%S+20%MMA 90%S+10%MMA AN	提高混凝土的强度及密实度	高强度混凝土构件，如管、桩、柱、板等
局部浸渍	90%S+10%P 80%S+20%P 70%S+30%P 90%S+10%E 80%S+20%E 70%S+30%E	封闭混凝土表面孔隙，提高它的耐久性、抗渗性及耐腐蚀性	耐腐蚀、防渗、耐磨等工程

(2) 局部浸渍：指混凝土的断面被单体浸透到一定的深度（一般为 10~20mm）。局部浸渍所用的单体及作用见表 54-9。局部浸渍包括现场浸渍，即在施工现场进行浸渍处理。它可提高新浇混凝土的抗渗、抗冻及耐腐蚀性能，又可用来修补已被损坏的老混凝土。现场浸渍的一些工艺参数可参见表 54-10。当采用部分浸渍时，剩余的未浸渍混凝土具有显著的影响，因为聚合物浸渍混凝土的强度决定于材料最后的孔隙。因此，假如轻骨料不被充满，则轻质聚合物浸渍混凝土的强度不会非常高。显然孔要完全被浸渍，轻骨料将需要多量的混凝土填充物。

现场表面浸渍的工艺参数　　表 54-10

单　体	单体黏度 ($\times 10^{-3}$Pa·s)	烘干器与受热面的距离 (cm)	受热面的温度 (℃)	烘干时间 (h)	浸渍时间 (h)	浸渍深度 (cm)
90%S+10%P	1.42	60	120	4	14	1.2
90%S+10%P	1.42	60	120	6	14	2.0
90%S+10%P	1.42	60	120	8	14	2.3
90%S+10%P	1.42	60	120	12	14	2.5
90%S+10%P	1.42	60	120	8	12	2.3
90%S+10%P	1.42	60	120	8	18	2.3
80%S+20%P	2.41	60	120	12	12	2.0
70%S+30%P	4.74	60	120	12	12	2.0

4. 浸渍时间和压力

(1) 浸渍时间：混凝土的浸渍时间视浸渍方法、单体种类、基材的种类和尺寸而定。例如普通混凝土，水灰比为 0.45，试件尺寸为 40mm×40mm×160mm，用完全浸渍方法时，需浸泡 4h。同样条件，试件尺寸为 100mm×100mm×100mm 时，需浸泡 8h。

(2) 浸渍压力：混凝土的浸渍可在常压下进行，也可在压力下进行。试验资料证明，加压浸渍不但能提高浸渍速度，而且能提高浸填量，增强浸渍效果。表 54-11 为我国以水泥砂浆为基材进行加压浸渍的试验结果，由此可看出高压下的浸渍效果较好。表 54-12 为不同浸渍方法下混凝土的浸渍率对比。

甲基丙烯酸甲酯（MMA）加压浸渍效果　　表 54-11

试验条件	浸渍量（%）	抗折强度（MPa）	抗压强度（MPa）	抗压强度提高倍数
水泥砂浆基体	0	9.0	60.0	1.0
常压下浸渍	7.5	3.2	162.0	2.7
在 25×10^5Pa 下浸渍	8.3	33.5	206.0	3.43
在 50×10^5Pa 下浸渍	9.0	33.0	218.0	3.63
在 100×10^5Pa 下浸渍	9.1	31.0	225.0	3.75
在 150×10^5Pa 下浸渍	9.1	30.0	223.0	3.72
在 200×10^5Pa 下浸渍	9.2	27.0	237.0	3.95

不同浸渍方法下的浸渍率比较　　表 54-12

浸渍方法	养护时间（d）	水灰比（%） 30.4	45	60
自然浸渍	0	4.19	6.65	6.99
	3	3.45	5.65	6.40
	7	—	—	—
平均		3.9	5.65	6.74
加压浸渍	0	4.06	5.99	6.57
	3	4.16	5.22	6.27
	7	3.64	5.53	6.91
平均		3.95	5.58	6.58
真空浸渍	0	4.10	6.72	7.37
	3	3.76	6.12	7.38
	7	3.60	4.99	7.53
平均		3.82	5.94	7.43
真空加压浸渍	0	4.34	7.33	7.46
	3	4.38	6.92	7.58
	7	4.29	7.08	7.35
平均		4.34	7.11	7.46

加压浸渍之所以能提高浸渍效果，是由于加压浸渍时混凝土中残留空气的影响大幅度下降，基材中墨水瓶状气孔的气堵现象被克服，减少了浸渍剂在聚合时的体积收缩，以及增大了聚合物与基材间的界面面积，并加强了界面间黏结的缘故。

从表 54-11 和表 54-12 还可以看出，加压浸渍还可提高浸渍量，这是提高混凝土抗压强度的主要原因之一。

5. 掺添加剂浸渍

（1）引发剂：采用热聚合法，应预先将引发剂混入单体中。引发剂在浸渍中被吸附于基材表面。如果是同单体分离倾向性强的材料，则中心部分的聚合不完全。因此，在选定掺量的同时，也要重视引发剂本身的选择。

①引发剂要求稳定性好，与基材的亲和力小，有利于在基材内部均匀分布。常用的引发剂为偶氮化合物：如偶氮二异丁腈，α-特丁基偶氮二异丁腈等；过氧化物：如过氧化二

苯甲酰、过氧化甲乙酮、过氧化环已酮、特丁基过苯甲酸酯、丹桂酰过氧化物等。一般过氧化物不稳定，受热或振动易发生爆炸。为了安全起见，可将过氧化物配制成增塑剂使用，如将过氧二苯甲酰配制成50%的邻苯二甲酸二辛酯。

②引发剂的掺量要适当。太少则生成的游离基过少，起不到激发聚合反应的作用；太多则聚合反应过早过快，形成的聚合物分子量较小，从而导致聚合后强度也较低。一般掺量为单体质量的0.1%～5%。

(2) 交联剂：促进由线型聚合物转化成体型聚合物的物质称为交联剂。通常采用的有：苯乙烯、三甲基丙烯酸三羟甲基丙烷酯、邻苯二甲酸二丙烯酯、甲基丙烯酸甲酯等。

(3) 促进剂：用以降低引发剂的正常分解温度，加快其产生游离基的速度，以促使单体常温聚合的物质，称为促进剂。聚合物浸渍混凝土中常用的促进剂有：二甲基苯胺、NN甲基对甲苯胺、环烷酸钴、萘酸钴等。

(4) 稀释剂：环氧和聚酯之类高黏度单体，加入适量的苯乙烯，可以降低黏度，提高渗透能力，苯乙烯又起着稀释剂的作用。

(三) 单体聚合

聚合，是将已渗入混凝土孔隙中的单体浸渍液转化为聚合物的工艺过程，使聚合后的聚合物混凝土有较高的强度、抗渗性和较好的耐热性、耐腐蚀和耐磨性等。

1. 聚合方法

聚合物浸渍混凝土的聚合方法有：加热聚合、辐射聚合和催化剂聚合（化学法）。目前国外应用较多的是前两种，特别是热聚合，速度快。我国常用加热法，现场浸渍时也采用催化剂聚合法，基本上不再用辐射法。各种聚合方法的主要优缺点见表54-13。

各种聚合方法的主要特点　　　　**表54-13**

方法	优点	缺点
加热法	1. 热源容易获得，设备投资少，使用方便 2. 适宜于处理厚壁、异型的大尺寸制品 3. 聚合速度较快	1. 聚合时温度高，单体挥发损失大 2. 容易过早聚合，单体回收较困难
辐射法	1. 常温聚合，单体挥发损失较少 2. 不需加入引发剂，单体可循环使用	1. 聚合速度较慢 2. 设备投资大 3. 对厚壁及大尺寸制品，射线不易透过，处理比较困难
化学法	1. 不需辐射及加热 2. 常温聚合，单体挥发损失少 3. 适用于现场大面积处理	1. 引发剂和促进剂比例不当时，容易引起过早聚合 2. 单体回收困难

(1) 加热聚合：多用于掺加化学引发剂的加热法。用化学引发剂时，使用前将其溶解在单体中。热聚合的加热可用电炉、蒸汽或热水，其中在热水中聚合最方便，是商品化生产聚合物混凝土最可行的方法。

热聚合要选择合适的聚合温度和加热时间，聚合温度和加热时间不同，得到聚合物浸渍混凝土的强度也不同。

(2) 辐射聚合：不加引发剂的高能辐射聚合，即用射线照射，聚合时要选择合适的辐射量，见表54-14。

各种聚合物所需辐射量和加热时间　　表 54-14

聚合物种类	聚合物软化温度（℃）	100%聚合所需辐射量（$\times 10^{10}$cd/m^2）（辐射强度 1.68×10^9Ca/m^2）	加热时间（h）（75℃加入1%过氧化苯）
甲基丙烯酸甲酯	100	1.53	1.25
苯乙烯	110	15.9	8.0
丙烯腈	270	0.51	0.6
60%苯乙烯＋40%丙烯腈	110	1.62	1.0
醋酸乙烯	70	1.62	1.0

由于基材表面的单体容量挥发，在聚合时宜用薄膜覆盖基材混凝土，或者在不溶解单体的介质中进行聚合。

(3) 催化剂聚合（化学法）：不用辐射及加热，只用引发剂和催化剂的纯化学聚合过程。技术要求较高，应用较少。

2. 聚合制度

不同的浸渍液系统及不同的使用要求，都可以选择一个最佳的聚合制度，见表 54-15。

不同浸渍液系统的聚合制度　　表 54-15

浸渍液系统名称	最佳聚合制度（h）	适用范围
60%S＋40%MMA	60℃（水）6～105℃（空）8	高　强 PIC
80%S＋20%MMA	60℃（水）6～105℃（空）16	高　强 PIC
90%S＋10%MMA	60℃（水）6～95℃（水）16	耐腐蚀 PIC
90%S＋10%P	60℃（水）6～95℃（水）16	耐腐蚀 PIC
90%S＋10%MA	60℃（水）6～95℃（水）16	耐腐蚀 PIC
90%S＋10%E	60℃（水）6～105℃（空）16	高　强 PIC
MMA	55℃（水）2～70℃（水）2	高　强 PIC

3. 防止单体挥发的方法

单体在聚合过程中会很快挥发，当采用加热聚合时挥发更厉害，因而造成浸渍单体的损失，所以必须采取措施，防止单体挥发。目前已知防止单体挥发的方法（表 54-16）有：

单体的挥发原因、防止方法及其优缺点　　表 54-16

<table>
<tr><th>挥发原因</th><th>防止方法</th><th>优缺点</th></tr>
<tr><td rowspan="6">1. 未脱气的空气的膨胀或浸渍砂浆的气化使单体逆流
2. 单体的热膨胀
3. 加热媒体的侵入以及同单体的混合等</td><td>1. 在液体介质中聚合</td><td>方法简便，效果较好，有少量单体溶解</td></tr>
<tr><td>2. 用聚乙烯薄膜包裹</td><td>仅适于低温聚合，形状复杂的制品不适用</td></tr>
<tr><td>3. 在密封装置中聚合</td><td>只适用于形状简单，尺寸小的制品，效果较好</td></tr>
<tr><td>4. 在已浸渍混凝土表面涂一层预聚物</td><td>简单方便，但效果较差</td></tr>
<tr><td>5. 在水蒸汽中压蒸聚合</td><td></td></tr>
<tr><td>6. 在混凝土中掺入触变剂</td><td></td></tr>
</table>

(1) 单体浸渍后的混凝土表面再涂一层所用单体的预聚物。

(2) 浸渍后的混凝土用铝箔或聚乙烯薄膜等包裹起来。

(3) 在密封装置或模型中进行浸渍和聚合。

(4) 在液体介质中聚合。

(5) 在水蒸汽中压蒸聚合。

(6) 在混凝土里或单体中掺入触变剂（如硅藻土等）。

第四节　聚合物浸渍混凝土的基本性能

聚合物浸渍混凝土与普通混凝土相比，其性能有如下特点：强度高，不透水（抗渗性好），抗冻性好，耐腐蚀性能优，抗冲击性能佳，耐磨损，干缩和徐变小等等。

一、物理性能

(一) 吸水率和吸水膨胀

聚合物浸渍混凝土的吸水率比基材混凝土都有大幅度的降低。用 MMA、S—MMA 及 S—P 完全浸渍的混凝土，其吸水率一般都低于1%。

表 54-17 为经浸渍处理的砂浆小梁（4cm×4cm×16cm）的吸水率和吸水膨胀率的测定结果。可以看出，49d 以后到 98d 吸水膨胀没有变化，其值为 9.0×10^{-5}，比未浸渍砂浆要小。吸水率约为未浸渍砂浆的$\frac{1}{10}\sim\frac{1}{20}$。

吸水率和吸水膨胀率　　表 54-17

项　目	吸　水　时　间					
	6d	21d	28d	49d	77d	78d
质量变化（%）	0.36	0.56	0.61	0.74	0.74	0.72
吸水膨胀率（%）	0.000	0.002	0.006	0.009	0.009	0.009

(二) 透水率

聚合物浸渍混凝土的透水率比基材混凝土都有大幅度降低。用 MMA、S—P、S—MA 完全浸渍的混凝土，其抗渗透性见表 54-18。

聚合物浸渍混凝土抗渗性能　　表 54-18

单　体　种　类	聚　填　率（%）	水　压　力（MPa）	渗水高度（cm）
MMA	7	5	0.5
S—P	6.67	5	0.5
S—P	5.67	5	1.0
S—MA	6.80	5	0.5

(三) 体积收缩

表 54-19 为浸渍砂浆在 20℃、50%相对湿度的低湿室内放置时的质量变化率和长度变化率。在浸渍处理后于低湿室内稍许产生膨胀，其质量也有所增加。但若同基材成型时的原长相比，浸渍处理材一般地产生大于水泥制品的收缩；其次在单体聚合时进一步引起收

缩，研究结果表明，收缩主要是由于后者（聚合时）产生，较接近于计算值。

长度变化率和质量变化率　　表 54-19

项　目	静置时间				备　注
	7d	22d	112d	425d	
长度变化率（%）	0.006	0.023	0.033	0.037	膨胀
质量变化率（%）	0.25	0.40	0.67	0.72	增加

（四）热工性能

聚合物浸渍混凝土除了热膨胀比基材混凝土增大$\frac{1}{4}\sim\frac{1}{3}$外，其他如导热系数、热扩散系数、热膨胀系数、比热变化都不大。

二、力学性能

（一）强度

聚合物浸渍混凝土的强度见表 54-20。其抗压强度一般比普通混凝土高 2～4 倍；抗拉强度约提高 3 倍；抗折强度约提高 2～3 倍。

聚合物浸渍混凝土抗压、抗拉、抗折强度　　表 54-20

骨料种类	试件尺寸（cm）	单体种类	聚填率（%）	抗压强度（MPa）	抗拉强度（MPa）	抗折强度（MPa）
石灰石	4×4×16	—	0	50.0	3.9	9.1
		MMA	5.03	135.0	9.9	25.8
		S—MA	4.55	134.6	9.9	25.1
		S—MMA	4.37	138.0	10.4	27.9
		S	3.86	110.8	6.0	19.1
花岗岩	4×4×16	—	0	50.6	3.5	7.8
		MMA	5.38	164.0	12.3	29.3
		S—MA	4.72	143.0	12.2	25.5
		S—MMA	5.38	157.0	12.5	26.5
辉绿岩	—	—	0	51.6	4.4	10.3
		S—MA	4.82	145.8	13.0	27.5
		S—MMA	5.61	146.0	13.5	28.2
石灰石	7.07×7.07×7.07	—	0	53.0	—	—
		MMA	5.33	143.0	—	—
		S—MA	4.49	133.0	—	—
		S—MMA	4.39	130.0	—	—
花岗岩	—	—	0	54.9	—	—
		MMA	5.58	160.0	—	—
		S—MA	4.87	151.0	—	—
		S—MMA	4.73	156.0	—	—
石灰石	—	S—MMA	4.20	135.0	—	—

聚合物浸渍混凝土的抗压强度、抗拉强度及抗折强度的提高，与浸渍量有关，而浸渍量又取决于混凝土的孔隙率和毛细管的大小，此外也与单体的黏性、表面张力、单体分子量大小等有关。因此，孔隙率大而强度低的混凝土，用有机单体来浸渍改性，其效果显著；对于孔隙率小而强度高的混凝土，则有机单体浸渍改性的效果不大。

（二）弹性模量

聚合物浸渍混凝土的弹性模量见表54-21。

聚合物浸渍混凝土的弹性模量　表54-21

材料种类		浸渍液	棱柱体抗压强度		弹性模量		骨料	备注
			(MPa)	%	($\times 10^4$MPa)	(%)		
混凝土	普通混凝土	—	50.9	100	3.68	100	花岗岩	浸深20mm
	局部浸渍混凝土	S:P (9:1)	63.5	124	4.43	120	石灰石	
	浸渍混凝土	S:MMA (8:2)	113.6	223	5.43	147	花岗岩	
	钢纤维浸渍混凝土		120.5	235	5.69	155	花岗岩	
砂浆	普通砂浆	—	45.4	100	2.16	100	—	浸深20mm
	浸渍砂浆	MMA	159.6	352	3.88	179	—	

从表54-21中可以看出，聚合物浸渍混凝土比普通混凝土的弹性模量提高2倍以上。

（三）抗冲击强度

聚合物浸渍混凝土（砂浆）的抗冲击强度见表54-22。

聚合物浸渍混凝土（砂浆）的抗冲击强度　表54-22

种类	试件尺寸 (cm)	抗冲击强度	
		(MPa)	(%)
普通砂浆	$\phi 2\times 2.5$	0.60	100
聚合物浸渍砂浆	$\phi 2\times 2.5$	1.35	225

（四）剪切强度

聚合物浸渍混凝土的剪切强度见表54-23。

聚合物浸渍混凝土的剪切强度　表54-23

材料种类		试件尺寸 (cm)	剪切强度	
			(MPa)	(%)
砂浆	普通砂浆	$4\times4\times16$	6.1	100
	浸渍砂浆	$4\times4\times16$	25.1	409
混凝土	普通混凝土	$7\times7\times27$	10.0	100
	浸渍混凝土	$7\times7\times27$	25.4	254

（五）抗冲刷性能

聚合物浸渍混凝土的抗冲刷性能见表54-24。

聚合物浸渍混凝土的抗冲刷性能　表54-24

材料种类	试件尺寸 (cm)	冲刷损失 (g)
普通混凝土	$15\times15\times15$	226.6
浸渍混凝土	$15\times15\times15$	91.6

（六）徐变

聚合物浸渍混凝土的徐变非常小，约是普通混凝土的$\frac{1}{10}$。这一点不足为奇，因为混凝土在浸渍前已经干燥；因此，不再残留使水泥浆体产生徐变的自由水，在较高温度下，当聚合物开始软化时可观察到徐变增加。

三、耐久性能

（一）抗冻性

聚合物浸渍混凝土的抗冻性能见表 54-25。

聚合物浸渍混凝土抗冻性　　表 54-25

种　　类	质 量 损 失（%）					
	100 次	150 次	250 次	300 次	700 次	1100 次
普通混凝土	29.6	（崩溃）	—	—	—	—
MMA 浸渍混凝土	0.05	0.2	0.32	0.38	0.38	0.38
S—MA 浸渍混凝土	1.07	1.3	2.60	3.03	3.20	4.40

（二）耐化学腐蚀性

聚合物浸渍混凝土的耐腐蚀性能见表 54-26。耐盐腐蚀性能见表 54-27。由于聚合物浸渍混凝土具有很好的耐腐蚀性能，因此它已作为一种新的耐腐蚀材料被列入工业建筑设计防腐蚀规范，从表 54-26 和 54-27 中可以看出，聚合物浸渍混凝土耐酸性能较差，但耐碱和盐类腐蚀的能力较好，对一部分溶剂的耐蚀能力也较好。

聚合物浸渍混凝土耐腐蚀性能　　表 54-26

介质名称	密实混凝土	浸渍混凝土	介质名称	密实混凝土	浸渍混凝土
硫　酸	不耐	不耐	尿　素	耐	耐
盐　酸	不耐	≤5%尚耐	氯化铵	不　耐	耐
硝　酸	不耐	≤5%尚耐	硝酸铵	不　耐	尚耐
醋　酸	不耐	≤5%尚耐	丙　酮	有渗透	耐
铬　酸	不耐	≤5%尚耐	乙　醇	有渗透	耐
氢氟酸	不耐	≤5%尚耐	汽　油	有渗透	耐
氢氧化钠	≤20%耐	耐	苯	有渗透	耐
碳酸钠	耐	耐	酸碱交替	不　耐	不耐
氨　水	耐	耐	硫酸铵	尚　耐	耐

局部聚合物浸渍混凝土的耐盐类腐蚀性能　　表 54-27

腐蚀介质	0 次	100 次 循 环		200 次 循 环	
	抗压强度（MPa）	抗压强度（MPa）	变化率（%）	抗压强度（MPa）	变化率（%）
氯化铵	81.0	76.0	-6.0	65.8	-18.9
尿　素	81.0	76.5	-5.5	69.4	-14.3
芒　硝	81.0	80.0	-1.2	70.0	-13.6
硝酸铵	81.0	52.5	-35.0	44.5	-45.0

注：1. 普通混凝土原始强度 53.4MPa，经 90 次循环后试件崩溃。
2. 浸深约 10mm，试件尺寸 40mm × 40mm × 160mm。
3. 试验方法为快速耐腐蚀试验。

（三）耐候性

聚合物浸渍混凝土的耐候性见表 54-28，耐人工老化性能见表 54-29。

聚合物浸渍混凝土的耐候性 表 54-28

试样种类及龄期			空气		水		室外大气暴露	
			绝对值（MPa）	变化率（%）	绝对值（MPa）	变化率（%）	绝对值（MPa）	变化率（%）
MMA浸渍混凝土	抗压强度	原始值	170.0	0	165.0	0	149.0	0
		三个月	175.0	2.9	148.7	-9.9	147.5	-1.0
		六个月	165.0	-2.9	147.5	-11.7	—	—
		一　年	145.0	-14.7	139.0	-15.8	154.4	3.9
		二　年	152.0	-10.2	108.0	-34.1	140.9	-5.3
		三　年	139.0	-18.2	87.1	-47.2	—	—
	抗折强度	原始值	30.5	0	24.7	0	28.5	0
		三个月	33.9	11.1	21.2	-14.2	25.6	-10.4
		六个月	33.3	9.2	26.8	8.5	—	—
		一　年	28.8	-5.6	21.4	-13.4	24.1	-15.6
		二　年	18.9	-38.0	17.9	-27.5	22.4	-21.6
		三　年	20.5	-32.8	17.6	-28.7	—	—
S—MA浸渍混凝土	抗压强度	原始值	115.5	0	115.5	0	134.5	0
		三个月	128.3	11.1	109.8	-5.0	139.7	4.0
		六个月	131.0	13.4	106.3	-8.0	—	—
		一　年	134.0	16.0	109.0	-5.0	129.1	-4.0
		二　年	130.0	12.5	110.5	-4.4	131.1	-3.0
		三　年	130.0	12.5	109.0	-5.0	—	—
	抗折强度	原始值	28.8	0	28.8	0	27.0	0
		三个月	31.5	9.4	24.7	14.3	27.4	1.4
		六个月	33.5	16.3	23.2	18.3	—	—
		一　年	31.5	9.4	26.3	-8.7	25.8	-4.4
		二　年	32.0	11.1	23.5	-19.4	25.5	-5.5
		三　年	31.5	9.4	22.0	-20.0	—	—

聚合物浸渍混凝土的耐人工老化性能 表 54-29

试样种类	照射时间（h）	抗折强度		抗压强度	
		绝对值（MPa）	变化率（%）	绝对值（MPa）	变化率（%）
MMA浸渍混凝土	0	28.5	0	149.0	0
	1000	25.9	-9.2	147.3	-1.1
	2000	24.0	-16.0	156.3	4.9
	5000	27.4	-3.9	156.6	5.1
	12000	26.5	-7.0	151.1	1.4
	17000	25.8	-9.4	151.8	1.9
S—MA浸渍混凝土	0	27.0	0	134.5	0
	1000	25.6	-5.2	128.6	-4.4
	2000	25.0	-7.6	126.6	-5.9
	5000	26.5	-1.9	131.6	-2.2
	12000	24.8	-8.1	130.4	-3.0
	17000	24.1	-10.7	128.6	-4.4
S—MA—P浸渍混凝土	0	30.5	0	111.5	0
	1000	29.1	-4.6	115.0	3.0
	2000	26.3	-13.7	117.5	5.4
	5000	27.3	-10.6	109.3	-2.0
	12000	25.9	-15.1	110.4	-1.0
	17000	25.1	-17.7	108.8	-2.4

聚合物浸渍混凝土的典型性质见表54-30。

素混凝土及聚合物浸渍混凝土（PIC）的典型性质　　表54-30

性　　质	素混凝土	聚合物浸渍混凝土（PIC）	
		单体-甲基丙烯酸甲酯（MMA）	单体-苯乙烯（s）
抗压强度（28d）（MPa）	37.0	140.0	70.0
抗拉强度（28d）（MPa）	2.8	11.0	5.8
抗折强度（28d）（MPa）	5.2	18.0	—
弹性模量（MPa）	2.4×10^4	4.4×10^4	4.4×10^4
渗水性（m/s）	5.3×10^{-4}	1.4×10^{-8}	1.5×10^{-8}
吸水性（%）	6.4	0.3	0.7
热膨胀系数（10^{-6}/℃）	10.0	9.5	9.0
与钢的粘结力（MPa）	1.7	3.8	4.1

常用聚合物浸渍混凝土的物理力学性能见表54-31。

聚合物浸渍混凝土的物理力学性能　　表54-31

物理力学性能	甲基丙烯酸甲酯（MMA）（浸渍率4.6%～6.7%）			苯乙烯（浸渍率4.2%～6.0%）		
	未浸渍	辐射聚合	热聚合	未浸渍	辐射聚合	热聚合
抗压强度（MPa）	37.00	142.40	127.70	37.00	103.40	7200
弹性模量（$\times10^4$MPa）	2.50	4.40	4.30	2.50	5.40	5.20
抗拉强度（MPa）	2.92	11.43	10.60	2.92	8.47	5.91
抗弯强度（MPa）	5.20	18.54	16.08	5.20	16.79	8.15
吸水率（%）	6.40	1.08	0.84	6.40	0.51	0.70
耐磨量（g）	15.00	4.00	4.00	15.00	9.00	6.00
空气腐蚀（mg）	8.13	1.63	0.51	8.13	0.89	0.23
透水性（mg/a）	0.16	0.02	0.04	0.16	—	0.04
导热系数23℃（W/m·K）	2.30	2.26	2.19	2.30	2.22	2.26
热胀系数（cm/cm·℃ $\times10^{-6}$）	7.25	9.66	9.48	7.25	9.15	9.00
抗冻性（循环、重量损失%）	490；25	750；4.0	750；0.5	490；25	620；0.5	620；0.5
冲击强度（L锤）	32.00	55.30	52.00	32.00	48.20	50.10
耐硫酸盐浸渍300d（膨胀率%）	0.14	0.00	—	0.14	0.00	—
耐盐酸性15%HCl浸渍84d重量减少（%）	10.40	3.64	3.49	10.40	5.50	4.20

物理力学性能	MMA+10%TMPTMA（浸渍率5.5%～7.6%）			聚丙烯腈（浸渍率3.2%～6.0%）		
	未浸渍	辐射聚合	热聚合	未浸渍	辐射聚合	热聚合
抗压强度（MPa）	37.00	158.10	140.70	37.00	104.70	87.80
弹性模量（$\times10^4$MPa）	2.50	5.90	3.58	2.50	4.41	3.61
抗拉强度（MPa）	2.92	12.00	9.77	2.92	9.00	6.39
抗弯强度（MPa）	5.20	59.0	—	5.20	12.90	4.62
吸水率（%）	6.40	1.09	1.21	6.40	2.95	5.68
耐磨量（g）	15.00	9.00	5.00	15.00	7.00	6.00
空气腐蚀（mg）	8.13	1.83	—	8.13	2.51	2.34
透水性（mg/a）	0.16	0.0003	0.0366	0.16	—	—
导热系数23℃［W/（m·K）］	2.30	2.29	—	2.30	2.15	2.16
热胀系数（cm/cm·℃ $\times10^{-6}$）	7.25	8.43	3.43	7.25	8.18	7.63
抗冻性（循环、重量损失%）	490；25	2560；8.0	2560；0	490；25	1840；25	2020；2
冲击强度（L锤）	32.00	54.20	—	32.00	47.50	33.70
耐硫酸盐浸渍300d（膨胀率%）	0.14	0.004	0.002	0.14	0.088	0.006
耐盐酸性15%HCl浸渍84d重量减少（%）	—	10.58	—	—	13.31	—

第五节　聚合物浸渍混凝土的配合比

一、浸渍砂浆的配合比

聚合物浸渍砂浆的配合比见表54-32。

聚合物浸渍砂浆的配合比　　　　**表54-32**

砂浓度（%）	理论密度（g/cm³）	脱模时实测密度（g/cm³）	绝干密度（g/cm³）	计算含气量（%）	成分体积配合比					水化反应率（%）	浸渍率（%）
					聚合物	反应水泥	未反应水泥	砂	最后空隙		
0	2.110	2.11	1.797	0.0	0.221	0.325	0.310	0.000	0.144	39.7	14.98
20	2.162	2.17	1.893	0.0	0.213	0.240	0.241	0.207	0.099	38.5	13.12
40	2.198	2.18	1.902	1.5	0.224	0.137	0.170	0.410	0.059	34.9	13.98
60	2.146	2.08	1.772	4.5	0.245	0.086	0.100	0.470	0.090	34.9	16.97

二、浸渍混凝土的配合比

几种聚合物浸渍混凝土的材料用量配合比见表54-33。

几种聚合物浸渍混凝土的配合比　　　　**表54-33**

基材种体	使用骨料		配合比（kg/m³）				浸渍率（%）	抗压强度（MPa）	抗弯强度（MPa）	对基材强度的增长倍数
	砂	石子	水	水泥	砂	石子				
混凝土1	标准砂	碎石（1）	171.5	380	764	1141	5.85～7.92	162～167	10.6～24.2	2.5～3.8
混凝土2	标准砂	碎石	171.5	380	764	1141	3.91～7.30	102～137	—	2.7～4.5
混凝土3	标准砂	碎石	171.5	380	764	1141	6.00～6.10	91.0～129	—	4.1～4.2
混凝土4	河砂	碎石（2）	165.0	450	756	1019	4.83～5.23	91.0～93.8	—	2.3～2.5
轻混凝土	人造骨料	人造骨料	201	358	433	394	24.8～25.2	101～105	11.8～14.2	5.4～5.5
轻混凝土	珍珠岩	天然骨料	222	347	143	361	51.0～52.3	51.7～53.5	—	8.1～8.4
轻混凝土	珍珠岩	珍珠岩	208	398	614	737	39.7～40.2	25.2～26.8	—	2.8～2.9

第六节　聚合物浸渍混凝土工程应用

聚合物浸渍混凝土的造价目前较高，实际应用尚不普遍，目前，只是利用其耐腐蚀、高强、耐久性好的特性制作一些构件。

一、海洋结构物

日本将聚合物浸渍混凝土使用于水下两层钢筋混凝土结构物中，其窗框部分均为聚合物浸渍混凝土。主要是利用其高强度和在海水中具有安定性的特点。该建筑物已使用数十年。

在美国已将聚合物水泥混凝土用于制造多段快速海水淡化装置的压力容器，以及海洋结构物的浮子。

二、外装饰用人造石材

经聚合物浸渍后，加以研磨就增加了光泽度，利用其作外装修人造石材用，可以防止表面出现白花而影响美观。由于可将不适合研磨加工的天然软质岩石浸渍，因而可获得各种新颖的软质装饰材料。

三、管道

其高强度、耐磨损、耐化学侵蚀等性能，适合于制造管道、桩等制品。

四、电力系统用构件

高压电缆防护用多孔管，要求轻质，施工和易性良好。由高强度聚合物浸渍混凝土制造的薄壁轻质多孔管，已获得广泛应用。防止磁导损失的单芯电缆的盖板也使用了聚合物浸渍混凝土。

五、聚合物浸渍石膏

以石膏为基材，制品成型性好，容易加工成复杂的形状，具有耐水性、强度、耐热性高的聚合物浸渍石膏制品获得种种用途。不仅用来作内装修或幕墙墙板等建材制品，在台板、音响设备中也得到利用。

第五十五章　预填骨料灌浆混凝土

（grouting spreaded aggregate concrete）

第一节　概　　述

预先在模板内将粗骨料铺好、振实，再向其空隙中强制注入水泥砂浆的混凝土，称之预填骨料灌浆混凝土。要求砂浆流动性好，且不易离析。通常掺用一定的外加剂，效果较好。在振动外力作用下，砂浆填满粗骨料空隙的，称为振动灌浆混凝土；用砂浆泵由下面灌注砂浆者，称为压力灌浆混凝土。抗压强度不超过20.0MPa，适用于外形简单的厚大结构，如基础、挡土墙以及地坪、垫层等。

在灌注砂浆混凝土中，由于是把与混凝土总体积相等的松散状态下的粗骨料装入模板之内，因而粗骨料的实方体积约占混凝土量52%～60%，其余40%～48%的空隙被注入的砂浆所填充。因此，灌注砂浆需在搅拌筒的搅拌时间约为普通混凝土的$\frac{1}{2}$，而灌注速度约为普通混凝土的两倍。

一、预填骨料灌浆混凝土应用范围

这种采用特殊施工工艺的混凝土适宜于道路工程，也适用于水下灌注工程，一般多用于港湾结构物、桥墩、护岸等水工构筑工程，亦用于防射线混凝土（即重混凝土）等单位体积内需要骨料用量多的混凝土，钢筋含量特别多的多筋混凝土（如机械基础），坝的溢流部位、隧道、衬砌等断面由于腐蚀和腐损减弱后需要对旧混凝土维修等方面。

二、预填骨料灌浆混凝土的特点

（一）优点

（1）搅拌混凝土时，不掺粗骨料，所以可以采用规格较小的设备（与普通混凝土比较）而灌筑出数量较大的混凝土。

（2）灌注的砂浆是从模板的底部开始慢慢向上的，故在水下施工时，由于堆积密度两倍于水的砂浆楔子侵入骨料之中，也同样可将粗骨料空隙中的水全部置换成砂浆，会比较容易地制作出优质的混凝土。

（3）在构件断面尺寸比较小，钢筋数量大而配筋密列，且已经组装好的情况下，施工成型和振捣也没有困难。

（4）压力灌注膨胀或微膨胀性的砂浆，可使旧混凝土的下面、侧面、新旧混凝土的接触面形成很好的黏结力。

（5）粗骨料相互接触形成受力骨架，使混凝土的干燥收缩减小，特别是采用卵石骨料时，类似于无数个拱骨架，因而混凝土受力状态良好。

（二）缺点

（1）早期强度偏低，欲获得强度等级高于C35的28d龄期抗压强度。是困难的，但并不是不可能。

(2) 在使用骨料时,有必要清除掉不适于级配部分的骨料,因此提高了粗骨料的成本费。

(3) 施工时，为了防止灌注的砂浆泄漏，故增加了模板费用和其他费用。

预填骨料灌浆混凝土优点之中最重要的，是适用于水下灌筑混凝土。预填骨料灌浆混凝土，由于无法看到注入砂浆的填充状态，所以要确定得到满足质量要求的混凝土，最重要的是确定砂浆的配合比和施工组织计划，并做到精心施工。因此，预填骨料压浆混凝土的施工技术，也可以说是“把正常的砂浆送到粗骨料中的技术”。

第二节　预填骨料灌浆混凝土的原材料选择

一、胶凝材料—水泥

宜采用硅酸盐水泥和普通硅酸盐水泥。也有使用矿渣硅酸盐水泥、粉煤灰硅酸盐水泥代替普通硅酸盐水泥和活性混合材料的。

在一般工程中，使用粉煤灰硅酸盐水泥较易管理；从保证混凝土质量均匀上来讲，也多属有利。

二、混合材料

混合材料属胶凝材料的一部分，宜掺用活性混合材料，给于灌注砂浆以必需的各种性质。一般多用含碳量低、细度大、单位用水量少、活性较高的优质粉煤灰，以达到改善灌注砂浆的流动性和减少水泥用量的目的。粉煤灰的比表面积以大于 $2700cm^2/g$ 为佳。

三、粗细骨料

(一) 细骨料

全部细骨料应通过 2.5mm 筛孔，使用砂的细度模数 M_k 应在 1.4 ~ 2.2 范围内，不含有大于 1.2mm 的粗颗粒。

细骨料的粒度分布对灌注用的砂浆离析影响较大，砂积聚在灌浆泵的活瓣室、输浆管道接头等砂浆流动紊乱的地方，使得管路容易堵塞，所以应予以注意。

表 55-1 为细骨料的标准颗粒级配。

灌浆混凝土细骨料标准级配　　**表 55-1**

筛　孔　尺　寸 (mm)	通过筛孔质量百分率 (%)
2.5	100
1.25	90 ~ 100
0.63	60 ~ 85
0.315	25 ~ 50
0.16	5 ~ 10

(二) 粗骨料

粗骨料应以坚硬耐久、表面不黏泥砂和石粉为条件，其颗粒形状以近似球形者为佳，表面最好是有些粗糙，以碎石为更好。

粗骨料应便于注入砂浆的浸透，最小尺寸要大于 15mm，最大尺寸为 50mm，最佳级配范围为 15 ~ 40mm，空隙率为 38% ~ 48%。一般，使用注入砂浆的细骨料较粗时，有必要使用最小尺寸大的粗骨料，且以连续级配为好。

四、外加剂

作为注入砂浆的外加剂，可用缓凝型减水剂和经过脱脂处理后的铝粉（加气剂），或者使用具有同样效果的用于泥浆的外加剂。为了防止砂浆的材料离析，也有的加保水剂（如微沫剂）。

减水剂用量，与在普通混凝土的掺量相当、或者稍多一些。如掺木质素磺酸钙减水剂，其掺量以0.25%～0.30%为宜。

铝粉或铝箔作为膨胀剂是适宜的，其掺量按砂浆的膨胀试验来确定，大约为水泥和混合材料总量的0.01%～0.02%。

第三节　灌注砂浆的性质

预填骨料灌浆混凝土，一般灌注水泥砂浆。因此，要获得理想的混凝土，水泥砂浆在硬化之后，还必须具有足够的强度、粘结力、耐久性和水密性。

一、灌注砂浆的施工和易性

灌注预填骨料的水泥砂浆，必须具有良好的流动性和保水性。

（一）流动性——流动度

流动度是表示尚未凝固的砂浆灌注难易程度及抵抗材料分离程度等性质的。适用于灌注砂浆的流动度范围，大致为16～20s。

灌注砂浆处于未凝状态，要具有良好的流动性和浸透性，一直到灌注完毕仍保持有这种性质，才能较容易地填满骨料的空隙。

（二）保水性

已灌入粗骨料间隙后的砂浆，在未凝固之前具有离析泌水的趋势。随着灌注砂浆的下沉而析出的水，通过混凝土中形成的毛细管通道上升，积聚在混凝土上部；也有一部分泌水由于上升通路被粗骨料堵塞，而滞留在骨料颗粒的下面（内分层）。这种现象显著时，就会引起混凝土上部强度降低、混凝土表面浮沫增大、砂浆与粗骨料的黏结强度降低、抗渗性下降等不良现象。所以，泌水量应尽量少，以不超过30%为宜。

要想减少泌水量，当然一定要降低灌注砂浆的泌水率，即提高或改善砂浆的保水性。要求砂浆自灌入预填骨料的空隙开始到硬化时为止，要泌水少，不收缩，并有适当的膨胀（即微膨胀），才能加强与预填骨料的结合。

（三）膨胀率

使灌注的砂浆具有膨胀性的目的，是为了使因泌水而行将下沉收缩的砂浆膨胀起来，以防止在粗骨料与砂浆之间形成间隙，同时，将多余的变形转化为压力，使彼此间的结合加强。因此，就有增加膨胀率使之大于泌水率的要求。二者之差称为纯膨胀率。

纯膨胀率是了解砂浆膨胀效果的最重要的指标。为了获得所需的膨胀率时，气泡数也就增加，这样就会配制出低密度的砂浆。因此，必须既不过分增大膨胀率，又要使泌水量尽量减少才行。在一般情况下，正常灌注砂浆的膨胀率为5%～10%，纯膨胀率在2%～6%范围内。

二、灌注砂浆的力学性质

灌注预填骨料的水泥砂浆，强化后必须具有足够的强度和粘结力，以及最小的变形性能。

（一）强度

影响砂浆强度的因素较多。由于预填骨料本身的强度大于混凝土的强度等级，因此混凝土的强度主要取决于灌注砂浆的强度。这样，即要求水泥砂浆硬化后，其强度能自始自终满足预填骨料混凝土具有设计要求的抗压强度等级。

（二）黏结力

砂浆不但要均匀地、密实地填满预填骨料的空隙，而且要求将松散的粗骨料黏结为一坚固的整体。因此，要求水泥砂浆必须具有一定的黏结力。试验表明，砂浆的黏结力主要取决于胶凝材料的用量。水泥用量愈多，则黏结力愈大。

第四节　灌浆混凝土的配合比

在预填骨料灌浆混凝土的施工过程中，受很多外界因素干扰的影响，所以实际做出的混凝土抗压强度与灌注砂浆或混凝土试件的抗压强度相比，一般有减小的趋势。越是贫混凝土，在施工过程中强度损失越多。因此，就有必要把作为结构部件设计标准的28d或91d龄期的抗压强度，乘以预计在现场灌注砂浆的抗压强度变动系数，以此浆灌筑时及灌注后的强度损失弥补上去。

满足尚未固化砂浆的各种性质的抗压强度，在91d龄期时大约在35～50MPa范围之内，一般所必须的配制强度多介于其间。

一、灌注砂浆配合比设计

欲想得到所要求的灌注水泥砂浆，可按下述方法确定砂浆的配合比。

（一）一般方法

如果采用一般方法设计灌注砂浆配合比时，应按下述顺序进行：

1. 选定流动度标准

灌注砂浆的流动度，经试验其流下时间以16～20s为准。灌注水泥砂浆流动度试验装置如图55-1所示。其试验方法：在长方体透明塑料容器内，将 ϕ25.6mm 的玻璃球分十三层排列，其空隙率达44.4%，再注入2000mL的水泥砂浆，以流下的时间（s）测定其流动度，进而确定流动性如何。

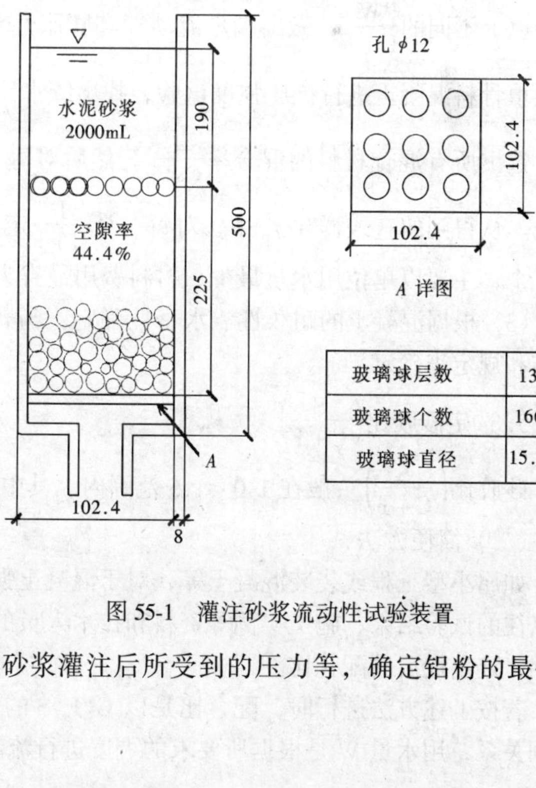

玻璃球层数	13
玻璃球个数	166
玻璃球直径	15.6

图55-1　灌注砂浆流动性试验装置

2. 选定膨胀率标准

一般认为，水泥砂浆搅拌好之后3h所产生的膨胀率为5%～10%是合适的。因此，考虑到灌筑现场的温度及砂浆灌注后所受到的压力等，确定铝粉的最佳掺量，以保证水泥砂浆所必须的膨胀率。

3. 选定混合材料的混合率$\left(\frac{F}{C+F}\right)$标准

混合材料的混合率，在满足适用要求的范围可有几种选择：

(1) 必须考虑早期强度或抗冻性的结构物，其标准为$\frac{F}{C+F}\leqslant 0.2$。

(2) 对于强度和其他性质要求不严格的，其标准为$\frac{F}{C+F}=0.2\sim0.5$。

至于具体数值，应根据试验确定$\frac{F}{C+F}$。其中 F 为单位组成材料中混合材料的质量；C 为单位组成材料中普通硅酸盐水泥的质量。胶凝材料总量为两者之和（C+F）。

4. 选定水胶比$\left(\frac{W}{C+F}\right)$标准

灌注砂浆的水胶比是根据预填骨料混凝土的设计标准强度、混合材料的混合率及混凝土的耐久性、水密性等来选择。

(1) 根据设计标准强度等级确定：配合比设计时所用的配制强度 f_p 是由设计强度 f_{c28} 乘以增大系数确定的。恰当的增大系数是由工程技术负责人根据现场预想到的混凝土抗压强度变异系数、结构物的重要程度以及施工条件等各方面因素确定的。预填骨料混凝土的强度是灌筑附近的比下面的低，在水下施工时是离筑入管远的地方强度低。由于考虑到这种现象，多数是选增大系数值较普通混凝土大一些。

通过试验来确定灌注砂浆的水胶比$\left(\frac{W}{C+F}\right)$值，一般在 40%~60%范围内。

(2) 根据混合材料混合率$\left(\frac{F}{C+F}\right)$确定：选出一种$\frac{F}{C+F}$，然后在满足 f_p 的范围内采用三种以上不同的$\frac{W}{C+F}$，做出满足流动性和膨胀性要求的灌注砂浆，并以此灌注砂浆灌筑的预填骨料混凝土进行抗压强度试验，找出胶水比$\left(\frac{C+F}{W}\right)$与抗压强度的直线关系式。

选出所有混合材料的混合率$\frac{F}{C+F}$，然后对每一个$\frac{F}{C+F}$都按上述的同样方法求出关系直线。从得到的直线群和 f_p 中，对每一个$\frac{F}{C+F}$定出一个配合比。最后，究竟选择其中的哪一个，主要以单位用水量最少、材料费用最省为确定原则。

(3) 根据混凝土的耐久性、水密性确定：与普通混凝土相同，根据有关规范、规程、标准和规定来确定。

5. 选定砂胶比$\left(\frac{S}{C+F}\right)$

砂胶比$\left(\frac{S}{C+F}\right)$一般在 1.0~1.5 范围内。其中，S 为单位组成材料中砂的质量。

(二) 简便方法

如属小型工程或袋装混凝土等，对于混凝土强度、耐久性要求不严格的情况下，可根据以往的试验结果、施工实例等资料和技术人员的经验，选出若干参考配合比，进行试验搅拌，定出最后的配合比。

若按上述方法进行时，配合比是以 C:F:S 的形式来表示水泥、混合材料、细骨料的比例关系，用水量 W 是根据所要求的稠度进行流动性试验确定。

二、灌筑砂浆参考配合比

表 55-2 表示了使用普通硅酸盐水泥灌筑砂浆的配合比。表 55-3 表示了使用粉煤灰硅酸盐水泥和矿渣硅酸盐水泥灌筑砂浆的配合比。

普通硅酸盐水泥灌筑砂浆配合比与抗压强度　　表 55-2

序号	配合比（质量比）C:F:S	$\frac{F}{C+F}$（%）	$\frac{S}{C+F}$（%）	$\frac{Al}{C+F}$（%）	$\frac{W}{C+F}$（%）	流动度（s）	每 1m³ 砂浆材料用量（kg）					抗压强度 $f_{c\cdot c}$（MPa）			
							水泥（C）	粉煤灰（F）	膨胀剂（Al）	水（W）	砂子（S）	28d	91d	180d	365d
1	1:0.11:1.11	10	1.00	1.00	49.5	19.8	742	82	8.24	408	824	25.6	23.8	—	38.8
2	1:0.25:1.25	20	1.00	1.00	49.0	20.2	652	163	8.15	400	815	26.2	33.5	—	40.4
3	1:0.33:0.97	25	0.73	1.00	42.5	24.4	706	233	9.39	399	692	28.6	37.5	41.6	42.9
4	1:0.33:1.93	25	1.45	1.00	53.0	23.0	520	172	6.92	367	1004	21.0	26.8	29.7	35.2
5	1:0.40:1.40	28.6	1.00	1.00	49.5	18.4	573	229	8.02	397	802	21.4	30.4	—	38.7
6	1:0.40:1.80	28.6	1.29	1.00	52.0	19.4	518	207	7.25	377	932	22.0	29.9	—	—
7	1:0.40:2.00	28.6	1.43	1.00	55.0	20.8	488	195	6.83	376	976	17.4	23.2	—	—
8	1:0.40:2.20	28.6	1.57	1.25	57.5	21.0	462	185	8.09	372	1016	17.5	22.8	—	—
9	1:0.54:1.09	35	0.71	0.75	41.5	23.0	612	330	7.07	391	667	27.2	36.7	37.6	41.5
10	1:0.54:1.51	35	0.98	0.75	47.5	23.0	528	285	6.10	386	797	23.0	31.9	32.3	35.8
11	1:0.54:2.20	35	1.43	1.00	52.5	22.4	447	241	6.88	361	983	16.5	23.0	28.8	30.9
12	1:0.60:2.65	37.5	1.66	1.00	54.0	23.4	402	241	6.43	347	1065	13.1	22.3	—	—
13	1:0.60:3.00	37.5	1.88	1.00	69.5	19.6	350	210	5.60	389	1050	10.7	17.4	—	—
14	1:1.00:1.32	50	0.66	0.75	41.0	25.0	470	470	7.05	385	620	23.6	32.9	35.6	39.4
15	1:1.00:1.86	50	0.93	1.40	47.0	20.4	407	407	8.14	383	757	18.0	26.8	29.6	35.0
16	1:1.00:2.74	50	1.37	1.25	52.0	20.0	345	345	8.63	359	945	12.4	20.4	24.9	28.5
17	1:1.50:1.42	60	0.57	1.00	43.0	21.0	374	561	9.35	402	531	19.5	31.5	—	—
18	1:1.50:2.50	60	1.00	1.00	46.5	20.0	315	473	7.88	366	788	11.9	21.9	28.6	34.6
19	1:1.50:3.38	60	1.35	1.50	51.5	19.2	275	413	10.32	354	930	7.5	13.8	16.7	21.3

在 5℃时粉煤灰水泥和矿渣水泥压力灌浆混凝土配合比及抗压强度　　表 55-3

序号	流动度（s）	粗骨料最小尺寸（mm）	养护温度（℃）	水灰比 $\left(\frac{W}{C}\right)$	每 1m³ 砂浆材料用量							混凝土抗压强度 $f_{c\cdot c}$		
					粉煤灰硅酸盐水泥（kg）	矿渣硅酸盐水泥（kg）	海水（kg）	自来水（kg）	砂（kg）	减水剂（kg）	铝粉（g）	f_{c28}（MPa）	f_{c91}（MPa）	$\frac{f_{c91}}{f_{c28}}$
1				0.50	724	—	—	362	1086	1.810	109	21.7	29.7	1.34
2				0.50	734	—	367	—	1067	1.815	110	26.4	33.4	1.27
3	10±2	20	5	0.60	629	—	377	—	1132	1.573	94	15.9	25.4	1.60
4				0.50	—	750	—	375	1050	1.875	113	20.3	38.0	1.87
5				0.50	—	760	380	—	1026	1.900	114	23.3	35.4	1.52
6				0.60	—	613	368	—	1165	1.533	92	19.3	27.8	1.44

在 20℃时

序号	流动度（s）	粗骨料最小尺寸（mm）	养护温度（℃）	水灰比 $\left(\frac{W}{C}\right)$	每 1m³ 砂浆材料用量							混凝土抗压强度 $f_{c\cdot c}$		
					粉煤灰硅酸盐水泥（kg）	矿渣硅酸盐水泥（kg）	海水（kg）	自来水（kg）	砂（kg）	减水剂（kg）	铝粉（g）	f_{c28}（MPa）	f_{c91}（MPa）	$\frac{f_{c91}}{f_{c28}}$
1				0.50	747	—	—	374	1031	1.868	112	33.0	44.2	1.34
2				0.50	764	—	382	—	993	1.910	115	35.2	45.9	1.33
3	19±2	20	20	0.60	608	—	365	—	1186	1.520	91	26.0	33.1	1.27
4				0.50	—	841	—	421	841	2.103	126	33.8	37.7	1.12
5				0.50	—	829	415	—	870	2.073	124	32.4	36.7	1.14
6				0.60	—	645	387	—	1290	1.613	97	24.5	27.8	1.13

三、预填骨料灌浆混凝土的配合比

1. 预填骨料灌浆混凝土配合比表示方式

预填骨料灌浆混凝土配合比的表示方式见表 55-4（日本资料）。

预填骨料灌浆混凝土配合比的表示方式　　表 55-4

<table>
<tr><td rowspan="2">流动度标准范围
(s)</td><td colspan="6">每 1m³ 灌注砂浆材料用量</td><td rowspan="2">水胶比
$\left(\frac{W}{C+F}\right)$
(%)</td></tr>
<tr><td>W
(kg)</td><td>C
(kg)</td><td>F
(kg)</td><td>S
(kg)</td><td>外加剂
(g)</td><td>铝粉
(g)</td></tr>
<tr><td></td><td></td><td></td><td></td><td></td><td></td><td></td><td></td></tr>
<tr><td rowspan="2">混合材料混合率
$\left(\frac{F}{C+F}\right)$
(%)</td><td rowspan="2" colspan="2">砂胶比
$\left(\frac{S}{C+F}\right)$
(%)</td><td colspan="5">粗　骨　料</td></tr>
<tr><td colspan="2">最小尺寸
(mm)</td><td colspan="2">最大尺寸
(mm)</td><td>空隙率
(%)</td></tr>
<tr><td></td><td colspan="2"></td><td colspan="2"></td><td colspan="2"></td><td></td></tr>
</table>

2. 预填骨料压浆混凝土参考配合比

预填骨料压浆混凝土参考配合比见表 55-5（日本资料）。

(日) 预填骨料压浆混凝土参考配合比　　表 55-5

<table>
<tr><td rowspan="2">工程名称</td><td rowspan="2">配合比
C:F:S</td><td rowspan="2">$\frac{W}{C+F}$
(%)</td><td rowspan="2">$\frac{F}{C+F}$
(%)</td><td rowspan="2">$\frac{S}{C+F}$
(%)</td><td rowspan="2">外加剂</td><td rowspan="2">流动度标准范围
(s)</td><td colspan="2">抗压强度
(MPa)</td><td colspan="2">粗骨料</td></tr>
<tr><td>f_{c28}</td><td>f_{c91}</td><td>粒径尺寸
(mm)</td><td>空隙率
(%)</td></tr>
<tr><td>大黑码头联络桥</td><td>—</td><td>49.0</td><td>16.0</td><td>90</td><td>助灌剂</td><td>19±3</td><td>25.0</td><td>—</td><td>40~120</td><td>—</td></tr>
<tr><td>广岛大桥</td><td>1:0.25:1.12</td><td>48.0</td><td>20.0</td><td>90</td><td>助灌剂</td><td>18</td><td>18.9</td><td>27.3</td><td>最大粒径 120</td><td>43.6</td></tr>
<tr><td>黑之濑户大桥</td><td>1:0:1.00</td><td>49.5</td><td>—</td><td>100</td><td>波佐利斯 8 号</td><td>17±2</td><td>25.0</td><td>—</td><td>80~150</td><td>41.0</td></tr>
<tr><td>本四联络桥实验</td><td>1:0.25:1.25</td><td>49.0</td><td>20.0</td><td>100</td><td>波佐利斯 8 号</td><td>17±2</td><td>31.6</td><td>40.9</td><td>80~150</td><td>49.0</td></tr>
<tr><td>鹿岛千船坞</td><td>1:0.20:1.00</td><td>45.6</td><td>16.7</td><td>83</td><td>助灌剂</td><td>19±3</td><td>22.6</td><td>—</td><td>最小粒径 20</td><td>40.0</td></tr>
<tr><td>吉田港（基础加固）</td><td>1:0.40:2.08</td><td>53.0</td><td>28.6</td><td>149</td><td>助灌剂</td><td>19±3</td><td>—</td><td>24.4</td><td>15~50</td><td>44.0</td></tr>
<tr><td>真鹤港（中间填实）</td><td>1:0.40:1.84</td><td>50.0</td><td>28.6</td><td>132</td><td>助灌剂</td><td>20±2</td><td>20.1</td><td>32.4</td><td>15~50</td><td>43.0</td></tr>
<tr><td>佐世保港(中间填实)</td><td>1:0.42:1.50</td><td>51.0</td><td>29.6</td><td>106</td><td>波佐利斯 8 号</td><td>20</td><td>16.6</td><td>20.5</td><td>15~50</td><td>46.0</td></tr>
<tr><td>唐津港（单块）</td><td>1:0:1.20</td><td>50.0</td><td>—</td><td>120</td><td>波佐利斯 8 号</td><td>20</td><td>20.0</td><td>22.7</td><td>15~50</td><td>45.0</td></tr>
</table>

第五节　预填骨料灌浆混凝土施工

一、施工步骤

预填骨料灌浆混凝土的施工步骤，一般按如下顺序进行：

(1) 原材料试验、配制；

(2) 配合比设计，包括灌注砂浆的配合比及预填骨料灌浆混凝土的配合比；

(3) 模板的组装、安装就位；

(4) 预填粗骨料，同时预埋压力灌浆管；

(5) 搅拌砂浆及砂浆灌注;

(6) 灌入砂浆表面的处理。

二、机械仪表及设备

预填骨料灌浆混凝土施工使用的主要设备、机械、仪表，有运送材料、调剂、贮存材料用的设备，计量设备、砂浆搅拌机、振动器、注入泵、电源控制装置、砂浆运输管路和注入管路等。

砂浆搅拌机，搅拌速度越大，搅拌性能越好。可使用200L的砂浆搅拌机或400L混凝土搅拌机。砂浆搅拌好后，在容器内要用低搅拌速度的搅拌器搅动。

砂浆灌注应连续不断地进行，为了能不间断地给泵供应砂浆，当工程量大时，也可采用多台搅拌机联合供浆。

输浆管路可用普通钢管、聚氯乙烯管、耐压橡胶管等，应设环形管路、预备系统、废弃系统、冲水装置等。灌入管用普通钢管，在端头削成斜尖，内径相应于砂浆灌入速度为19~65mm。测定砂浆灌入位置的测标仪是用内径为 ϕ50mm 左右的细管，在管上设有许多纵向切口作成的，管口放置浮标来测定砂浆灌入高度。

三、模板安装及灌入管布置

(一) 模板的安装

(1) 模板要使用能承受灌注压力的坚硬材料，确保灌注砂浆时不变形，模板接缝及模板与基础间要有措施保证压浆时不漏浆。

(2) 填放的粗骨料要冲洗清洁，在灌入砂浆前要预先吸足水分。

(3) 水平面的模板要作成透气模板。

(4) 砂浆未注入之前，对已搅拌的砂浆要继续不停的搅动，以防止沉淀离析。

(5) 砂浆灌入从最下部开始慢慢向上进行。

(二) 灌注管布置

在预填骨料中，灌注管的规格及布置参照表55-6（日本资料）。

灌注管布置参考表 **表55-6**

工程名称	灌注浆管水平间距（m）	灌注浆管直径（mm）	输灰浆管	
			直径（mm）	压送距离（m）
横滨港山下码头	1.0	ϕ19	ϕ25	250
由比港南防波堤	2.0	ϕ25	ϕ25	200
东黑部海岸防波堤	2.0	ϕ25	ϕ38	300
清水港防波堤	1.5	ϕ25	ϕ25	30~50
三河港东防波堤	1.2	ϕ40	ϕ48	25
深浦港防波堤	1.5	ϕ25	ϕ38	20
羽幔港防波堤	1.0	ϕ40	ϕ40	110
田后港防波堤	1.5~2.0	ϕ38	ϕ51	130
天革架桥第三号桥桥墩	1.5~2.0	ϕ38	ϕ51	170
若户大桥桥墩基础	2.0	ϕ25	ϕ38	120

四、灌浆混凝土表面处理

预填骨料灌浆混凝土的强度，一般被认为是混凝土表面层比下部强度低得多，因此应认真进行表面处理。具体施工时，应采取如下措施：

(1) 预部灌注砂浆的配合比要比其他部分的高。

(2) 灌注砂浆 2~3h 后泌水现象大致完成时，于灌浆混凝土表面深约 50cm 处再灌注砂浆，使表面的砂浆流溢由新砂浆置换。

(3) 构件表面用真空振捣平板振实，或使用金属网挂在角钢做的构架上再以布衬里的透气模板，覆盖压住灌浆混凝土的表面上，防止灌注砂浆时骨料上浮，同时随着砂浆的膨胀可将砂浆中的水分挤出。

第六节　预填骨料压浆混凝土

预填骨料压浆混凝土是把洁净的粗骨料预先填入模板中，并埋入灌浆管，然后通过灌浆管用压力泵把水泥砂浆从下面压入粗骨料之间的空隙而成的密实混凝土。预填骨料压浆混凝土的适用范围见表 55-7。

预填骨料压浆混凝土的适用范围　　表 55-7

适用情况	范　围
一般宜适用于	1. 大体积混凝土工程，如工业厂房的柱基础和设备基础等 2. 密列配筋，埋设件多而精确度要求很严，以及其他不易浇灌、捣固的复杂工程 3. 一般水工构筑物和水下混凝土工程 4. 补强加固原有混凝土和钢筋混凝土结构
不宜用于	1. 受反复动荷载作用的基础工程，如锻锤基础、空气压缩机基础、汽轮机基础及轧钢机基础 2. 梁、板、屋架等工程

一、原材料要求

(一) 主要组成材料

预填骨料压浆混凝土使用的粗、细骨料、水和水泥的技术要求见表 55-8。

压浆混凝土原材料技术要求　　表 55-8

材料名称	技 术 要 求
细骨料	除应符合一般混凝土用砂的技术要求外，其细度模数应为 1.2~2.0，平均粒径不大于 0.35mm，最大粒径不大于 2.5mm
粗骨料	1. 采用卵石或碎石即可，宜采用有较大粒径比率的间断级配，以减少颗粒之间的空隙；对石子的质量要求和一般混凝土相同；不宜采用浮石或碎砖 2. 石子最小粒径不得小于 20mm，最大粒径不得大于 300mm，且不大于结构最小尺寸的 $\frac{1}{4}$
水泥	应符合国家标准
水	拌制砂浆用水应符合一般混凝土用水规定（JGJ63—89）

(二) 掺合材料

为了提高预填骨料压浆混凝土的密实性和砂浆的保水性，并改善其和易性和节约水泥，在灌注砂浆（宜采用硅酸盐水泥或普通硅酸盐水泥）中须外加掺合材料，最常用的是粉煤灰和铝粉。

1. 粉煤灰

掺入适量的粉煤灰可以延缓砂浆的凝结，减少水化热，同时提高混凝土的抗渗能力和抗蚀性。粉煤灰的技术要求参见表 55-9。

粉煤灰的技术要求　　　**表 55-9**

项　目	技术要求
化学成分	SiO_2：>40% Al_2O_3：>15% MgO：<3% SO_3：<3% 烧失量：<12% 含碱量：<1.5%
细　度	要求通过 0.08mm 方孔筛其筛余量不超过 15%
含水率	不超过 3%

2. 铝粉

预填骨料压浆混凝土中掺入适量的铝粉，可与水泥水化生成的游离 $Ca(OH)_2$ 共同作用，产生均匀密封的氢气泡，使砂浆体积膨胀，从而有助于消除因砂浆泌水产生的沉陷，以提高混凝土的抗渗能力。其化学反应：

$$2(3CaO \cdot SiO_2) + 6H_2O \longrightarrow 3CaO \cdot 2SiO_2 \cdot 3H_2O + 3Ca(OH)_2$$

$$2(2CaO \cdot SiO_2) + H_2O \longrightarrow 3CaO \cdot 2SiO_2 \cdot 3H_2O + Ca(OH)_2$$

$$2Al + 3Ca(OH)_2 + 6H_2O \longrightarrow 3CaO \cdot Al_2O_3 \cdot 6H_2O + 3H_2 \uparrow$$

二、砂浆的流动性

（一）流动性指标

在压力作用下，通过管道输送的砂浆砂粒应当处于悬浮状态。砂浆必须具有适度的流动性和高度抵抗分层的稳定性（即保水性）。影响砂浆输送能力的是砂浆的流动度和分层度，即砂浆的流动性（砂浆和易性）。

1. 流动度

测定砂浆的流动性。在流动度测定仪中放入定量的砂浆，测出其流出的时间，即为砂浆的流动度，以 s 表示之。流动度大的砂浆，流动性差。

2. 分层度

取决于砂浆组成的持水能力，指砂浆匀质性的变化，即砂浆上、下层稠度的差值，以 cm 计。

在流动性小的砂浆中，水泥浆和砂子颗粒之间的粘聚能力很大，不能满足砂浆在管中的压送，当受到压缩时，砂浆就挤实在一起，使管路堵塞。在流动性大的砂浆中，砂浆由可塑粘滞状态变为液体状态，此时砂浆具有类似单纯液体的性质，砂子脱离水泥浆而离析。在压送过程中砂子会被压实，而水泥浆则被挤出，亦易引起管路堵塞。

当流动度大于 25s 的砂浆，在管中已很难流动时，不适用于作压送灌浆。当分层度超过 2cm 时，表明砂浆已缺乏抵抗分层的稳定性，以致砂粒沉落在下层，水泥浆浮升在上面，容易造成管路堵塞。因此，采用压力灌浆法浇注混凝土的砂浆应选择适宜的流动度和分层度，其要求指标见表 55-10。

预填骨料压浆混凝土的砂浆流动度和分层度指标　　表 55-10

施工性质	技术指标
流动度（s）	$D_{min}\leqslant20$mm　18～22 $D_{min}\geqslant20$mm　22～25
分层度（cm）	≤2

（二）影响砂浆流动性的因素

1. 砂子细度及用量

砂子细度模数应不超过 2.0，否则拌成符合流动性指标的砂浆将极易产生离析。在水灰比相同的条件下，细度模数小的砂子比细度模数大的所调制成的砂浆的流动性显著降低，而砂浆的和易性却得到改善。要获得相同的流动度，就要增大水灰比，这样混凝土强度就相对降低。因此，砂的细度模数宜为 $M_x=1.7\sim1.8$。而当石子的最小粒径为 20mm 时，砂的最大粒径应不超过 2.5mm，同时通过孔径为 1.2mm 的筛余量应不超过 5%，才能满足砂浆输送的要求。

砂与胶凝材料的质量比宜不超过 1.6，否则调制符合流动性指标的砂浆就难以满足输送要求。如砂的用量过多，则砂浆中的砂不能被胶凝材料很好的裹覆，从而降低砂浆的保水性能。因此，砂浆的分层度是随着砂量的增加而减小。

砂的颗粒形状和颗粒的表面特征直接影响砂浆在管中的输送。河砂表面光滑，棱角少，表面积比山砂小，因此由河砂制备的砂浆比由山砂制备的具有较大的流动性。

2. 掺塑化剂

为了提高砂浆在用水量不变条件下的流动性，或在保持相同流动性条件下降低用水量，可在砂浆中掺入适量的塑化剂。其适宜掺量须通过试验确定。

三、压浆混凝土的配合比

（一）选择配合比的程序

(1) 根据混凝土设计强度等级选用水泥强度等级。若需调整现有水泥强度等级时，可掺加适量的活性混合材料（如粉煤灰等）。

(2) 根据混凝土的强度等级确定所需要的砂浆配合比。

(3) 由砂浆流动性指标和配合比，决定相应的水灰比。

(4) 根据已确定的配合比计算出或查表确定外加剂的最佳掺量。

(5) 计算砂浆组成材料的需用量。

当掺有粉煤灰时，预填骨料压浆混凝土的早期强度较低，而后期强度增长较为显著，强度增长延续时间也较长，其增长规律参见表 55-11。

42.5 级普通硅酸盐水泥（掺粉煤灰）的混凝土龄期与强度之关系　　表 55-11

$\frac{粉煤灰用量}{水泥用量}$（质量比）	抗压强度增长率（%）			
	7d	14d	28d	90d
0.50 0.40 0.30 0.20 0.10 0	40～50	70～80	100	150～155 145～150 140～145 130～140 120～130 110～120

（二）压浆混凝土强度与砂浆强度的关系

在保证石子质量的条件下，压浆混凝土的抗压强度主要取决于砂浆的抗压强度，因此，考虑满足预填骨料压浆混凝土时，必须考虑相应砂浆的强度。根据试验结果，在混凝土强度等级 C5 ~ C30 范围内，砂浆抗压强度与压浆混凝土强度之间存在着如下直线公式：

$$f_{c.m}=\frac{1}{0.68}(f_{c.c}-1)$$

式中　$f_{c.c}$——压浆混凝土的抗压强度（MPa）；

$f_{c.m}$——砂浆的抗压强度（MPa）。

（三）粉煤灰掺合材料的计算

粉煤灰的掺量比例可按下式计算：

$$F=\left(1-\frac{f'_e}{f_c}\right)\cdot K$$

式中　F——粉煤灰的掺量（kg）；

f'_e——加粉煤灰掺合材料后的水泥强度等级；

f_c——水泥原有强度等级；

K——系数，用水泥标准稠度用水量 30%，所以计算时应在比例数上乘以系数 K，$K=\frac{C_u}{F_u}$；

C_u——1g（水泥拌成的标准稠度水泥净浆量）；

F_u——1g（粉煤灰拌成的标准稠度粉煤灰净浆量）。

水泥与粉煤灰的净浆量可用试验方法测定，也可用下式计算：

$$C_u=\frac{1}{\rho_C}+W_C$$

$$F_u=\frac{1}{\rho_F}+W_F$$

式中　W_C、W_F——水泥、粉煤灰的标准稠度需水量（kg）；

ρ_C、ρ_F——水泥、粉煤灰的密度（g/cm^3）。

所得结果不能直接作为掺用粉煤灰数量的依据，必须将计算所得的粉煤灰和水泥混合起来测定其标号。测定时可采用三个配合比，即根据计算需用的粉煤灰百分数及以其 ±10% 的数值进行比较试验，选择其中符合标号要求及水泥用量最小的配合比。

（四）水泥与粉煤灰的掺合比

水泥占胶结材料的比率：

$$c(\%)=\frac{f'_c/f_c}{\frac{f'_c}{f_c}+\left(1-\frac{f'_c}{f_c}\right)\cdot K}=\frac{f'_c}{f'_c+(f_c-f'_c)K}$$

粉煤灰占胶结材料的比率：

$$f(\%)=\frac{\left(1-\frac{f'_c}{f_c}\right)\cdot K}{\frac{f'_c}{f_c}+\left(1-\frac{f'_c}{f_c}\right)\cdot K}=\frac{(f_c-f'_c)\cdot K}{f'_c+(f_c-f'_c)\cdot K}$$

在一般无抗冻性、抗侵蚀性等特殊要求的混凝土工程中，用普通水泥调制的砂浆，其掺加粉煤灰的数量应通过试验确定，须符合强度要求，并按结构使用条件及混凝土强度的不同而有所区别。

(1) 在普通硅酸盐水泥中，粉煤灰的掺量一般可按表55-12选用。

普通硅酸盐水泥中粉煤灰掺量选用表 表55-12

结构使用条件	混凝土抗冻等级	混凝土强度等级	外掺混合材料占水泥的比率（%）		
			活性	惰性	活性+惰性
地上结构，不受充水状态下的冰冻作用	— —	C20～C40 C10～C20	10 20	20 30	20 30
地下及水中结构，不受冰冻作用	— —	C20～C40 C10～C20	20 30	15 25	30 40
位于水面升降或地下水位升降范围内，同时遭受充水状态冰冻作用的结构	F200 F100 F50 F25	C20～C40 C15～C20 C10～C15 C10～C15	— 10 15 15	— 15 25 25	— 15 25 25

(2) 在火山灰质硅酸盐水泥中，混合材料的掺量应考虑水泥厂已有的混合材料的数量。全部混合材料的最大掺量按表55-13选用。

火山灰质硅酸盐水泥混合材料掺量选用表 表55-13

结构使用条件	混凝土强度等级	全部混合材料掺量占水泥的比率（%）		
		活性	惰性	活性+惰性
地上结构，不受充水状态下的冻融作用	C10～C20	30	35	40
地下、水中结构，不受冰冻作用	C10～C20	40	30	45

(3) 在矿渣硅酸盐水泥中，外掺粒化高炉矿渣与厂掺混合材料总量应不超过胶凝材料总量的70%；外掺火山灰质混合材料与厂掺混合材料的总量不得超过胶结材料总量的50%。

(五) 铝粉掺量的计算

铝粉的最佳掺量随水泥的品种、强度等级、粉煤灰掺量、砂的掺量和砂的细度模数而变。对于不同品种和强度等级的水泥，其铝粉最佳掺量可按下列公式求得：

$$\mathrm{Al}=\frac{K\cdot C}{\mathrm{B}\times 10^{4}}\left(a\,\frac{\mathrm{F}}{\mathrm{C}}+\mathrm{D}\right)$$

$$\mathrm{D}=\frac{1}{2}(\mathrm{M_x}-2)^{2}+\frac{1}{3}\left(\frac{\mathrm{S}}{\mathrm{C}}-1\right)+\frac{1}{6}\left(\frac{\mathrm{S}}{\mathrm{C}}\right)+\frac{2}{3}$$

式中 Al——铝粉最佳掺量（kg）；

B——铝粉中纯铝含量（kg）；

a——系数，取1.2；

$\frac{\mathrm{F}}{\mathrm{C}}$——粉煤灰与水泥的质量比；

$\frac{S}{C}$——砂与水泥的质量比；

M_x——砂的细度模数；

c——水泥的用量；

K——系数，因水泥品种及强度等级而异：42.5 级普通硅酸盐水泥，$K=1.15$；32.5 级普通硅酸盐水泥 $K=1.00$；32.5 级火山灰质硅酸盐水泥，$K=1.00$。

确定砂浆中铝粉最佳掺量时，宜先根据经验公式计算铝粉最佳掺量，并以其 $\pm 0.1C\times 10^4$ 的铝粉掺量调制三个配合比，试配至符合膨胀要求的铝粉最佳掺量。

（六）砂浆配合比的选择

1. 配合比设计要求

为使预填骨料灌浆混凝土的砂浆满足：①具有足够的抗压强度；②适度的流动性；③高度抵抗分层的稳定性三个最基本的要求，首先必须控制砂浆在一定的流动度（18～25s）内，一般以 20s 左右最为适宜。这时，砂浆的输送情况良好，分层度小。

2. 水灰比选择

表 55-14 为 32.5 级普通硅酸盐水泥在不同配合比条件下满足砂浆流动度指标 18～25s 时相应的水灰比。

不同配合比与水灰比的关系　表 55-14

粉煤灰:水泥 $\left(\frac{F}{C}\right)$	水泥:砂 $\left(\frac{C}{S}\right)$	水灰比 $\left(\frac{W}{C+F}\right)$				
		$M_x=1.20$	$M_x=1.40$	$M_x=1.60$	$M_x=1.80$	$M_x=2.00$
0	1:1.0	0.55	0.54	0.52	0.51	0.50
	1:1.5	0.64	0.63	0.60	0.57	0.56
	1:2.0	0.75	0.73	0.69	0.66	0.63
	1:2.5	0.91	0.87	0.82	0.78	0.75
0.10	1:1.0	0.55	0.54	0.53	0.50	0.51
	1:1.5	0.64	0.63	0.60	0.57	0.56
	1:2.0	0.74	0.72	0.68	0.66	0.63
	1:2.5	0.86	0.83	0.80	0.77	0.71
0.20	1:1.0	0.55	0.55	0.54	0.53	0.52
	1:1.5	0.64	0.63	0.60	0.58	0.57
	1:2.0	0.72	0.70	0.67	0.65	0.63
	1:2.5	0.82	0.80	0.77	0.75	0.73
0.30	1:1.0	0.56	0.56	0.55	0.54	0.53
	1:1.5	0.63	0.63	0.60	0.58	0.57
	1:2.0	0.71	0.69	0.67	0.65	0.63
	1:2.5	0.81	0.78	0.76	0.74	0.73
0.40	1:1.0	0.56	0.56	0.55	0.54	0.54
	1:1.5	0.63	0.62	0.60	0.59	0.58
	1:2.0	0.69	0.67	0.65	0.64	0.63
	1:2.5	0.78	0.76	0.74	0.72	0.70
0.50	1:1.0	0.57	0.57	0.54	0.55	0.54
	1:1.5	0.62	0.61	0.60	0.59	0.58
	1:2.0	0.67	0.66	0.65	0.64	0.63
	1:2.5	0.76	0.74	0.72	0.70	0.68

注：M_x—砂之细度模数。

3. 配合比与抗压强度的关系

用425号普通硅酸盐水泥配制的各种砂浆的配合比及28d龄期抗压强度之关系见表55-15。

不同砂浆配合比与抗压强度之关系　　　　表55-15

粉煤灰:水泥 $\left(\frac{F}{C}\right)$	水泥:砂 $\left(\frac{C}{S}\right)$	砂浆28d抗压强度(MPa)				
		$M_x=1.20$	$M_x=1.40$	$M_x=1.60$	$M_x=1.80$	$M_x=2.00$
0	1:1.0	18.5	20.5	23.0	26.0	30.0
	1:1.5	16.5	18.0	21.0	24.0	27.0
	1:2.0	14.0	14.5	17.0	20.0	24.0
	1:2.5	10.0	10.5	12.0	14.5	18.5
0.10	1:1.0	17.5	19.0	21.0	23.5	26.0
	1:1.5	15.5	16.5	18.5	21.0	24.0
	1:2.0	12.5	13.5	15.0	18.0	21.0
	1:2.5	9.0	9.5	11.5	13.5	16.5
0.20	1:1.0	16.0	17.0	18.5	20.0	22.0
	1:1.5	14.5	15.0	16.5	18.5	20.5
	1:2.0	11.5	12.0	13.5	15.5	18.0
	1:2.5	8.0	9.0	10.5	12.5	14.5
0.30	1:1.0	14.0	14.5	16.0	17.5	19.5
	1:1.5	12.5	13.0	14.0	16.0	18.0
	1:2.0	10.5	11.0	12.0	13.5	15.5
	1:2.5	7.5	8.0	9.0	11.0	13.0
0.40	1:1.0	12.0	12.5	13.5	15.0	17.0
	1:1.5	10.5	11.0	12.0	13.5	15.5
	1:2.0	9.0	9.5	10.5	12.0	14.0
	1:2.5	7.0	7.5	8.5	10.0	11.5
0.50	1:1.0	10.0	10.5	11.0	13.0	15.5
	1:1.5	9.0	9.5	10.0	11.5	14.0
	1:2.0	8.0	8.5	9.0	10.5	12.5
	1:2.5	6.0	6.5	8.0	9.5	11.0

注：M_x—砂之细度模数。

(七) 压浆混凝土用砂浆材料用量计算

可先通过下式求出每$1m^3$砂浆的材料用量(kg)，然后拌制少量砂浆进行试验，以检验其强度、流动度、分层度是否满足要求。如不能满足，应视具体情况适当调整配合比。

$$水泥用量\ C=\frac{1000C_r}{\frac{C_r}{\rho_C}+\frac{F_r}{\rho_F}+\frac{S_r}{\rho_S}+\alpha(C_r+F_r)}$$

根据已求得的每$1m^3$砂浆中水泥和粉煤灰的用量，即可求得塑化剂的掺量：

$$塑化剂掺量=\frac{0.002(C+F)}{\gamma}$$

式中　C_r、F_r、S_r——水泥、粉煤灰、砂对水泥的质量比；

ρ_C、ρ_F、ρ_S——水泥、粉煤灰之密度(g/cm^3)，砂之表观密度(g/cm^3)；

α——水胶比，$\alpha=\frac{W}{C+F}$；

F——粉煤灰用量（kg）；

S——砂之用量（kg）；

W——水的用量（L）；

γ——塑化剂浓度。

四、压浆混凝土施工

（一）施工组织

1. 编制施工组织设计

预填骨料压浆混凝土的施工组织设计包括以下内容：

（1）确定施工方案，主要是确定施工顺序，分区、分段或分层的位置；

（2）根据结构物的立面和平面图，确定灌浆管、观测管的位置和压浆程序；

（3）绘制模板的特殊结构及支撑大样图；

（4）确定施工队的组织形式，编制劳动力、材料、施工机械、主要工具的需要量计划；

（5）编制施工进度计划；

（6）布置施工总平面图。

2. 灌浆管的布置

灌浆管须按以下几点考虑布置方案。

（1）灌浆管的间距应根据管径、砂浆流动度与灌浆压力通过试验确定，一般约为1.5~2.0cm。

（2）灌浆管离模板及埋设件的水平间距不得小于30cm。

（3）灌浆的布置应垂直于结构的最小断面，对于一般的基础及其他类型的厚壁结构，必须采用立式布管。

（4）在钢筋及埋设件较密集而难以采用大粒径骨料的部位，应适当缩小灌浆管的间距。

3. 压力灌浆施工

压力灌浆施工应按以下程序进行。

（1）当构筑物的高度不大而面积较大时，在同一灌浆区内布置的灌浆管不能同时进行灌浆时，可以采用双线循环法，即由构筑物的一端开始向另一端推进。

（2）当构筑物的标高由四周向中心逐渐递增（如柱基），而在整个构筑物上布置的灌浆管不能同时进行灌浆时，可以先在第一台阶进行灌浆，待第一台阶灌满之后再移至第二台阶，依次向中心推进。布管时，应考虑砂浆上升流动的坡度保持为25~30°，使第二台阶向中心的管子逐次向上提高，不必全部埋入底层。

4. 压浆施工队的组成

为了很好组织平行流水作业，可分成三个不同专业性的施工小组，由压浆施工队统一指挥。首先，按拌合机组组成混合施工小组，再按与拌合机组的每班工作量相应地组成支模、扎筋及石子填充施工小组。压浆混合施工小组的组成人员见表55-16。

（二）主要施工机具

1. 砂浆搅拌机

砂浆搅拌机的容量必须与砂浆输送泵的生产能力相适应。常用砂浆搅拌机的主要技术性能见表55-17。

压浆混合施工小组人员组成表　　表 55-16

组别	人数	工种	小组工作内容
Ⅰ	3	普通工	运送水泥、掺合料、砂、塑化剂至搅拌台
Ⅱ	5	机械运转工 2人 水泥工 2人 普通工 1人	分别负责管理砂浆搅拌机及砂浆泵的运转 负责上料 协助机械运转工及其他工作
Ⅲ	3	灌浆工 1人 木工 1人 普通工 1人	负责提升、安装和拆卸管子，保证管路顺利压浆，并掌握工程质量 负责加固模板及堵漏 负责清洗管路及协助灌浆工装卸管子

注：1. 本表是按 1 台 $3m^3/h$ 砂浆泵装备 1 台砂浆搅拌机组成混合施工小组人员编制。

2. 人员配备可按工程具体情况作相应调整。

常用砂浆搅拌机主要技术性能　　表 55-17

项目		型号				
		HJ-200	HJ_1-200A	HJ_1-200B	HJ-325	连续式
容量（L）		200	200	200	325	—
搅拌叶片转速（r/min）		30～32	28～30	34	30	38.3
搅拌时间（min）		2	—	2	—	—
生产率（m^3/h）		—	—	3	6	2
配套电动机	型号	J02-42-4	J02-42-6	J02-32-4	J02-32-4	J02-32-4
	功率（kW）	2.8	3	3	3	3
	转速（r/min）	1450	950	1430	1430	1430
外形尺寸（mm）	长	2200	2000	1620	2700	610
	宽	1120	1100	850	1700	415
	高	1430	1100	1050	1350	760
自身质量（kg）		590	680	560	760	180

2. 砂浆输送泵

砂浆输送泵可采用直接作用式砂浆泵。砂浆泵的输送距离取决于输浆管、灌浆管和石子空间的阻力。这种阻力与导管间的直径、线路特征以及砂浆的流动性指标有关。常用直接作用式砂浆泵的技术性能见表 55-18。

直接作用式砂浆泵的技术性能　　表 55-18

技术性能		型号	
		HB6-3	HP-013
输送量（m^3/h）		3	3
垂直输送距离（m）		40	40
水平输送距离（m）		150	150
工作压力（MPa）		1.5	1.5
配套电机	型号	J02-41-4	J052-4
	功率（kW）	4	7
	转速（r/min）	1440	1440
进浆口胶管直径（mm）		64	—
排浆口胶管直径（mm）		51	50.4
外形尺寸（长×宽×高）（mm）		1033×474×890	1825×610×1075

3. 砂浆储备器

为了充分发挥砂浆机的使用效率，保证砂浆的连续供应，必须有一定的砂浆储备量。砂浆泵的受料斗上应安设一个砂浆储备器，储备器中有搅拌装置，以提高砂浆的均匀性。储备器底设一活门控制砂浆供应量。

4. 输送管

输送管应采用耐压橡胶软管。管径粗细应适当：过粗时出浆量大，出口处容易拥塞；过细时则阻力增大，容易堵塞。适宜的管径为 32 ~ 40mm。输送管接头处不应减小有效截面，也不应有漏浆现象。

5. 灌浆管

灌浆管应采用钢管，其内径应与输浆管内径一致。输浆管与灌浆管的接头应用短钢管连接，以便于拆卸。灌浆管采用装拆式时，其长度以 1.5m 为单节，逐节相连，以便在提管时随时装拆。灌浆管的出口一端应刻成若干道宽 1.5cm、长 15cm 的槽口，间距约 1.0cm，以使砂浆能够畅通地沿槽口灌入周围的石子空隙，相应地减少砂浆在管路中的堵塞。

选定输浆管路时，应保证输浆管中不致发生过大的阻力，以防管路堵塞，因此须遵守以下要求：

（1）尽可能缩短输浆管的长度。

（2）铺设输浆管路时，应尽量减少弯曲处，且不得有死弯。

（3）在同一砂浆泵分支管上接出的输浆管长度均应相等，使其产生的阻力相等，避免出浆不匀。

（4）输浆管与灌浆管连接处不得弯折，应用支架将输浆管架高，使其成为圆滑的弧度。

（5）输浆管的接头及管节内壁必须清洁、光滑，没有凹痕、锈蚀和凝固的砂浆。输浆管和分支管在安装前应全部卸开，清除以前残留的砂浆沉积物。

（三）安装模板

预填骨料压力灌浆混凝土的模板应有足够的刚度，其接缝处应严密、平整，以防止砂浆渗漏。模板的支撑结构，必须充分考虑能承受压浆时所产生的压力，不致变形破坏。

（四）粗骨料的预填筑

（1）粗骨料在预填筑前必须清洗干净，其表面不得带有泥土或杂物。粗骨料的填筑应按规定级配进行，应筛除 20mm 以下的细颗粒。

（2）填筑粗骨料时，应保证填筑均匀，不得有大、小颗粒集中成堆的现象。若分层填筑，其填筑层厚度应不超过粗骨料的最大粒径值。混合填筑时，应按骨料颗粒级配百分率均匀混合。

（3）在同一施工段填筑粗骨料时，应保证填筑的骨料在同一水平面上逐渐上升，避免大小颗粒不均匀的分布。

（4）填筑粗骨料过程中，灌浆管及埋设件等必须按设计要求及时安设；灌浆管必须保持垂直，所有埋设件的位置在填入粗骨料时应确保不受任何影响。

（5）当基础中采用较大粒径骨料，因其排列不好致使底部空气难于逸出表面时，就会在底部产生空隙。因此，在填筑骨料时，应将骨料的棱角部分朝下，使砂浆能沿棱角边沿迅速上升，以免空气停留在骨料底面。

(五) 压浆混凝土施工

1. 施工准备

压浆施工前应进行下列各项检查。

(1) 检查水泥、掺合材料、膨胀剂、塑化剂和砂的备料情况，以及其质量是否合格，数量是否能够保证施工。

(2) 检查水电线路是否完好，能否保证压浆施工顺利进行。

(3) 检查灌浆管的布置有否遗漏，螺丝扣有无破损现象；灌浆前应将所有灌浆管事先加以活动，用铁钎疏通后再与输浆管接头连接，并用螺丝拧紧。

(4) 严格检查模板及其支撑是否严密牢靠。

(5) 认真检查所有机械设备是否运转正常，砂浆泵的全部固定零件是否拧紧，并消除已检查出的故障。油盅内应充满润滑油。对于隔膜式砂浆泵，其隔膜橡皮应无裂缝，泵室灌水时，连杆应位于拉出的位置，检查无故障后，即进行水压试验。

(6) 检查砂浆流动测定仪、试模等是否齐全。

(7) 检查管钳、链式起重机等工具是否准备齐全。

2. 投料顺序

搅拌砂浆时的投料顺序如下：

(1) 加$\frac{2}{3}$水 + 塑化剂→加水泥 + 铝粉 + 掺合料→加$\frac{1}{2}$砂→加$\frac{1}{3}$水→加$\frac{1}{2}$砂。

(2) 配料均应按质量比计，且投完料后的搅拌时间不得少于3min。

3. 压力灌浆

开始灌浆前应先压送水泥净浆，以润滑管路，然后再按规定的砂浆配合比进行搅拌和灌浆。

(1) 对于初次搅拌好的砂浆，必须测定其流动度是否符合要求。如流动度数值超过规定时，应查明原因并加以纠正。压浆过程中也应经常检查砂浆的流动度。

(2) 对大体积混凝土工程，必须随时观察和观测砂浆的上升情况。

(3) 随着灌注砂浆的逐渐上升，灌浆管也应相应地向上提升，以免模板因承受较大的动压力而胀裂漏浆；但提升时必须保证灌浆管的出浆口低于砂浆上升面不少于60cm。

(4) 如果用装拆式灌浆管的埋置深度超过2m时，可用链式起重机提升。

(5) 压浆过程中，当压力骤然增高时，可将灌浆管提高15~20cm，以恢复正常压力。若压力继续增高，则应停泵检查。砂浆运转时应保持正常压力。一般小型泵，停泵时间不得超过5min。砂浆泵的料斗内应尽可能的充满砂浆，以免空气进入泵的工作室，造成气塞。

(6) 压浆时应随时倾听输浆管中砂浆有无流动声或脉动现象，以检查管路是否堵塞；发现堵塞时，可拆下接头，检查出堵塞部位，再用木棍敲打胶管堵塞处，然后用压力水或压缩空气疏通堵塞部位。

(7) 灌浆期间，如砂浆大量溢出或砂浆泵发生故障而被迫停车的时间较长时，则应将构筑物上所有埋设的灌浆管提升到砂浆面层之上10~15cm处，并用铁钎或压缩空气将管子疏通洁净。继续压浆前，应先压送适量的纯水泥浆$\left(\frac{W}{C}=0.50\right)$，然后再压送砂浆，以免砂浆由上而下灌注时容易在接缝处形成蜂窝麻面。

（8）当砂浆供应暂时中断时，为了防止砂浆浓化，应在砂浆泵受料斗中储以一定量的砂浆，间断地将泵的活塞唧动几下，以压动砂浆。这是因为活塞往复运动时，砂浆受到动力的作用，由于其振动液化的性质，从而得以稀释。

（9）为提高压浆混凝土面层（20~30cm）的质量，可采用平板振动器振动，以提高其密实度。

4. 冬期施工

压浆混凝土冬期施工时，必须将预填的粗骨料预先通以热风或蒸汽，待其达到正温度后方可灌浆。模板也必须采取保温措施，以减少热量的散失。冬期施工所用的砂浆，可用不超过 80℃的热水搅拌。从压浆直至养护，砂浆的温度不得低于5℃。

5. 灌浆机具的清洗

灌浆结束后，应将所有的灌浆管及观测管清洗干净，排除泵、料斗及管路内的剩余砂浆，再用清水冲洗砂浆泵和输浆管路，将分支管卸下并清除掉其中的砂浆沉积物。当配有压缩空气设施时，可用压缩空气清扫管路。

五、养护及质量检验

（一）压浆混凝土的养护

对压浆混凝土必须加强养护，而初期的养护尤为重要。特别是在干燥和高温的环境中更应注意养护。在夏期，浇灌 2h 后即应覆盖浇水。混凝土每 24h 浇水次数按表 55-19 规定进行。如果在日光直接照射下，混凝土浇水次数应在规定的基础上增加 50%，室外温度为5℃以下时应停止浇水。压浆混凝土的养护时间不得少于 3 周。在低温环境中施工时，应采取加热养护措施。

压浆混凝土每 24h 浇水次数　　**表 55-19**

中午 13 时在背阳处室外温度（℃）	+10	+20	+30	+40
每 24h 混凝土模板覆盖材料浇水次数	2	4	6	8

模板的拆除时间应根据气温、养护时间、混凝土性质、荷载大小以及结构种类等条件确定。

（二）质量管理

压浆混凝土的质量应按下列规定进行检查：

（1）检查砂浆各种组成材料用量，每一工作班至少 2 次。

（2）检查已搅拌砂浆的流动度，每台班至少 8 次。

（3）通过观测管和结构四侧的模板，随时观测砂浆上升的情况，并作好记录。

（4）为鉴定压浆混凝土的强度，应在现场以压浆方法单独灌试块，也可在建筑物上附设试模与结构物同时压浆灌筑，试块的数量，每工作班至少两组（每组 3 块）；并对试块作 28d 及 90d 抗压强度检验。

（5）压浆混凝土的抗压强度试验与普通混凝土相同。

第五十六章　升浆法混凝土

（elevating-grout method concrete）

第一节　概　述

与预填骨料灌浆法相似，升浆法也是一种成型混凝土的新方法。升浆法是先拌合水泥砂浆并置之于模内，而后在振捣成型过程中将粗骨料逐步加入，由于机械的振动力和粗骨料的自身质量荷载，骨料下沉，水泥砂浆穿过骨料空隙相对上升并遍布骨料的表面，从而形成一种很理想的混凝土结构。

一、升浆法混凝土的特点

大量的试验资料表明，升浆法混凝土具有如下显著特点：

（1）可以改善混凝土的主要物理力学性能。

（2）节约水泥，大约8%左右。

（3）不用混凝土搅拌机，简便了施工工艺，同时也能节约能源。

（4）浇筑时，混凝土拌合物不易产生流浆、泌水和分层离析。

（5）水泥浆与骨料分布均匀，混凝土密实。

二、升浆法混凝土的应用

基于升浆法混凝土的特点，主要适于应用以下几个方面：

（1）一般混凝土和钢筋混凝土工程。

（2）大体积或大面积工程，如大梁、基础、闸坝等。

采用升浆法在现场施工，毋需特殊设备即可作出干硬性或半干硬性混凝土，如用于泵送混凝土，因只需泵送砂浆，即可改善泵送工艺，特别有利于避免输送管堵塞。

第二节　升浆法混凝土组成材料及配合比

一、组成材料

（一）胶凝材料——水泥

作为胶凝材料，通常采用以下品种和强度等级的水泥。

（1）32.5级普通硅酸盐水泥；

（2）32.5级或42.5级矿渣硅酸盐水泥。

（二）细骨料——砂

一般宜采用中砂，细度模数以2.4～2.8为最好，级配良好，含泥量不超过5%。

（三）粗骨料——石子

可采用卵石或碎石，最大粒径为40mm，以连续级配或间断级配为好。

（四）拌合水和养护水

一般洁净的饮用水即可。

升浆法混凝土对原材料的质量要求，与普通混凝土基本相同。

二、配合比设计

升浆法混凝土配合比设计，主要以普通混凝土配合比设计的原理、方法为基础，再根据升浆法混凝土的特点，将材料的用量作适当的调整。升浆法混凝土配合比设计步骤如下：

（1）先设计每 $1m^3$ 普通混凝土材料用量及配合比。

（2）保持与普通混凝土相同的砂灰比，减少用水量，调制出满足成型需要的砂浆稠度，并确定其用水量，即可得到升浆法混凝土中水泥砂浆的配合比；或者保持与普通混凝土相同的水灰比，减少水泥浆用量，以满足升浆法混凝土的水泥砂浆的稠度要求。此时，三项材料用量与水泥用量之比也是升浆法混凝土中砂浆的配合比。

（3）在升浆法混凝土中，粗骨料用量 G 按下式计算：

$$G = G_1 + G_2 \quad \text{或} \quad G = G_0 \cdot \lambda$$

式中 G_0——水泥砂浆用量；

G_1——普通混凝土粗骨料用量；

G_2——适当增加的粗骨料用量；

λ——系数，一般在 1.1～1.4 范围内取值。

如已知升浆法混凝土中砂浆配合比和 λ 值，即可计算粗骨料用量比值；或者已知升浆法混凝土中砂浆用量和 λ 值，也可直接计算出粗骨料用量。设计配合比时，砂浆较稀，振捣时间较长，则取较大的 λ 值，反之则取较小值。

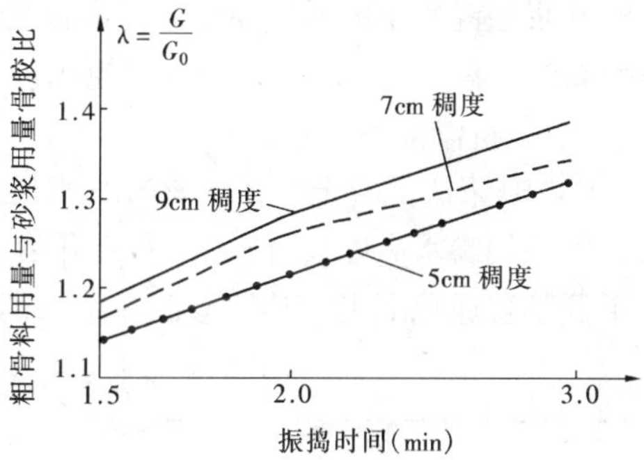

图 56-1　骨胶比与砂浆稠度、振捣时间的关系

试验中统计的 λ 值绘于图 56-1，可供设计升浆法混凝土配合比时参考。

第三节　升浆法混凝土主要物理力学性能及增强机理

一、主要物理力学性能

（一）抗压强度和抗拉强度

升浆法混凝土与普通混凝土的抗压强度和劈裂抗拉强度对比试验结果见表 56-1。

1. 抗压强度

从表 56-1 可以看出，升浆法混凝土与普通混凝土相比，7d 龄期可以提高 19%～67%，平均提高 41%；14d 龄期可以提高 11%～80%，平均提高 40%；28d 龄期平均提高 15%，最大能提高 30%。

2. 抗拉强度

从表 56-1 可以看出，升浆法混凝土与普通混凝土相比，7d 龄期劈裂抗拉强度提高 10%～80%；14d 龄期提高 40%；28d 龄期平均提高 9%，最大也能提高 30%。

升浆法混凝土强度对比试验结果　　　　表 56-1

序号	混凝土种类	稠度(cm)	水灰比$\left(\frac{W}{C}\right)$	灰砂比$\left(\frac{C}{S}\right)$	抗压强度（MPa）			抗拉强度（MPa）		
					7d	14d	28d	7d	14d	28d
1	C30 普通混凝土	5~7	0.59	1.99	17.0	24.1	35.8	0.9	1.4	1.8
2	C30 升浆法混凝土	5	0.49	1.99	28.0	43.5	46.7	1.4	1.7	2.4
3	C30 升浆法混凝土	7	0.52	1.99	23.3	29.3	41.4	1.6	2.0	2.3
4	C20 普通混凝土	5~7	0.65	2.30	13.5	16.4	20.1	0.8	1.0	1.1
5	C20 升浆法混凝土	5	0.54	2.30	22.7	27.0	34.1	1.0	1.4	1.6
6	C20 升浆法混凝土	7	0.58	2.30	19.1	22.1	26.2	1.1	1.2	1.2
7	C20 升浆法混凝土	9	0.62	2.30	17.9	22.7	24.3	0.8	1.0	0.9
8	C20 普通混凝土	5~7	0.65	2.30	11.5	15.0	20.3	0.7	0.9	1.3
9	C20 升浆法混凝土	7	0.65	2.57	13.6	16.7	21.8	0.6	0.8	1.4
10	C20 升浆法混凝土	9	0.65	2.39	14.5	19.1	23.6	0.8	0.8	1.6

（二）弹性模量

升浆法混凝土的弹性模量也随着混凝土强度的提高而提高，与普通混凝土相比，平均可提高约 7%，其弹性模量的变化规律也与普通混凝土基本一致。

（三）抗渗能力

C30 升浆法混凝土，在 1.86MPa 水压力作用下也未透水。劈裂开后检查六块未透水试件，其平均渗水高度仅有 5cm；C20 升浆法混凝土也能承受 0.785MPa 的水压力，其抗渗能力不低于普通混凝土。其抗渗试验结果列于表 56-2。

升浆法混凝土抗渗能力检验结果　　　　表 56-2

混凝土种类	稠　度(cm)	水灰比$\left(\frac{W}{C}\right)$	抗　渗　试　验		备　注
			渗透压力(MPa)	渗透高度(cm)	
C30 升浆法混凝土	5	0.49	>1.86	5	6 个试件
C20 升浆法混凝土	5	0.54	0.785	9	3 个试件

二、增强机理分析

升浆法混凝土的物理力学性能与普通混凝土相比，有较明显地改善，其主要原因初步分析有以下几点。

(1) 升浆法混凝土施工成型时，粗骨料不参与搅拌而直接入模，不考虑混凝土拌合物坍落度，仅考虑水泥砂浆的稠度。一般情况下，水泥砂浆达到规定稠度的用水量都比普通混凝土少，因而升浆法混凝土降低了水灰比，提高了水泥石基体的强度，以及骨料界面与基体的粘结力，这是升浆法混凝土强度提高的主要原因。

(2) 升浆法混凝土单位体积粗骨料用量比普通混凝土的多，水泥砂浆用量相对减少，在振捣和静置过程中不易产生流浆、泌水，在粗骨料下表面和侧表面的水囊、气泡和泌水通道大大减少，从而进一步增强了界面的粘结力。以稠度小于 5cm 的 C30 升浆法混凝土为例，测定劈裂抗拉强度时，由于粗骨料与砂浆界面粘结良好，在试件劈开的断面上，据统计有 81%的石子被劈裂。

（3）基于升浆法混凝土粗骨料用量多，且直接入模，振捣成型时间又较长，使粗骨料形成较为均匀紧密的混凝土骨架，能承受较大的破坏荷载；同时，也因增加了粗骨料用量，混凝土中有一部分水泥砂浆断面被高于砂浆基体强度2～3倍的粗骨料断面所代替；又因振捣时间长，混凝土比较密实，减少了孔隙率，改善了混凝土内部的初始应力状态。

（4）升浆法混凝土成型时，使用了表面干燥的粗骨料，因骨料表面不存在一层薄的水膜，使粗骨料附近的水泥浆体的水灰比有所减小，骨料与水泥浆体接触更为紧密，亦有利于粘结强度的提高。

第四节　升浆法混凝土施工

一、砂浆拌合工艺

（1）根据砂、石含水率，将升浆法混凝土的配合比调整成为成型时材料用量，然后拌合水泥砂浆。

（2）对砂浆的稠度要求是使升浆成型方便，不易流淌泌水。因此，拌合砂浆时，先将水泥与砂拌匀，再陆续加水搅拌，加最后部分剩余水时，要注意砂浆的稠度变化，同时测定稠度，待加水量达到需要的稠度为止。试验表明，砂浆过稠，振捣升浆过慢，成型不变；砂浆过稀，拌合时容易产生流浆泌水，同时成型时易产生排浆过多，混凝土中水泥浆用量不足等问题，可能导致一部分骨料间少浆，使胶结能力降低。

二、最佳振捣时间的确定

（一）振捣时间对混凝土强度的影响

在一定限度的振捣时间内，振捣时间越长，强度增加幅度越大。但振捣时间过长，影响施工进度，增加能源消耗，提高劳动强度；振动时间过短，则影响强度的增长和其他性能的改善，升浆法混凝土的优越性就不能充分发挥。

振捣时间的长短，要视水泥砂浆的稠度、强度提高的幅度以及施工的经济效益而定，一般以3min为宜。振捣3min，混凝土强度有一定提高，能源和人力消耗也较少，技术经济效益显著。

（二）石子增量对混凝土强度的影响

升浆法混凝土强度提高的幅度与石子增量的大小有一定的关系。试验表明，砂浆稠度一定，振捣时间越长，石子增量越大，强度增加幅度也越大。

石子增量一般不超过20%，平均增量可达13%左右。当砂浆稠度和石子增量一定时，通过试验确定升浆法混凝土获得最大密实度和最高强度时的最佳振捣时间。当材料一定时，欲获得较高质量的混凝土，这些工艺参数都是非常重要的。

第五十七章 离 心 混 凝 土

（spun concrete）

第一节 概 述

用离心法成型的混凝土，习惯上称为离心混凝土。采用三阶段工艺制作的预应力管管芯和一阶段离心挤压工艺制作的预应力管是采用离心法成型的。成型过程中，管模连同混凝土在离心机上以一定的旋转速度转动，混凝土在离心力的作用下，分布于管模内表面上，形成密实结构。常用的离心混凝土制品有钢筋混凝土管结构（如水塔、双肢柱等）、预应力压力水管、电杆等。

离心混凝土的特点是其内部结构呈现明显的分层现象：内壁是水泥净浆层，外层是混凝土层，中间夹着一层水泥砂浆层。这种分层现象是随着混凝土离心密实过程而发生的，它是离心工艺的必然结果。在混凝土离心密实的同时，多余水分被挤出，离心后混凝土的水灰比显著下降，这就是离心混凝土强度和抗渗性能好的主要原因。

混凝土的强度取决于水泥石的结构、骨料的排列和水泥石与骨料间的粘结力。在原材料和配合比不变的条件下，成型工艺是影响混凝土强度的主要因素。在离心混凝土中，骨料的排列、水泥石结构以及水泥与骨料间的粘结力都与离心工艺有着十分密切的关系。因此，只有了解离心工艺的特点，才能更好地控制制管混凝土的质量。

第二节 离心混凝土结构的形成

一、离心混凝土分层结构的形成过程

装在管模中进行离心工艺的混凝土混合物，通常可视为多相的，大小颗粒相差悬殊的悬浮体系。在离心过程中，混凝土混合物内所有颗粒在离心力作用下都远离旋转中心。在此悬浮体系中任取一固相颗粒观察其在离心状态下的运动情况（图 57-1）。设模型的旋转角速度为 ω，固相颗粒的直径为 r，该颗粒至旋转中心的距离为（离心半径）为 R，此时使颗粒在其周围介质中沉降的离心力为：

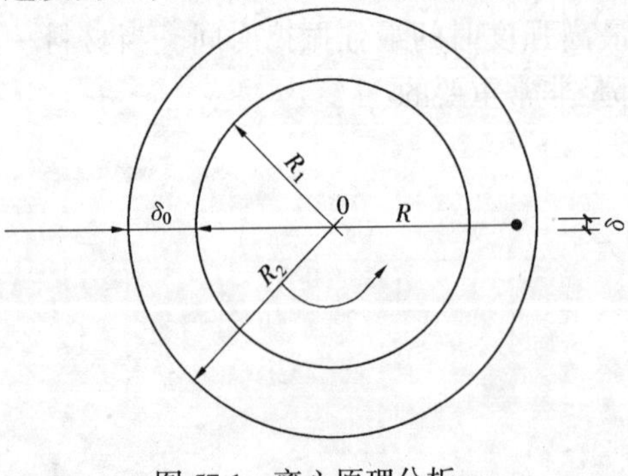

图 57-1 离心原理分析

$$P_s = \frac{4}{3} \times 10^2 \pi r^3 (\rho_s - \rho_f) \omega^2 R$$

式中 P_s——使颗粒在液态介质中沉降的离心力（N）；

r——颗粒直径（cm）；

ρ_s、ρ_f——分别为颗粒与液态介质的比密度（g/cm^3）；

ω——管模的旋转角速度（rad/s）；

R——离心半径（cm）。

随着颗粒沉降的同时，周围液态介质对颗粒也产生阻止其沉降的摩阻力。摩阻力的大小与液态介质的黏度和颗粒的运动速度有关。根据斯托克斯（Stokes）沉降定理，固体颗粒在液相中运动时所受到的阻力为：

$$F = 6 \times 10^{-2}\pi\eta r v_s$$

式中　F——液态介质对颗粒的摩阻力（N）；

η——黏度系数（g/cm·s）；

v_s——颗粒的运动速度（cm/s）。

当作用在颗粒上的离心力 P_s 与摩阻力 F 相等时，颗粒便以等速度沉降，即 $F = P_s$，此时颗粒的沉降速度

$$v_s = \frac{2}{9}\frac{r^2(\rho_s - \rho_f)w^2 R}{\eta}$$

由上式可见，颗粒等速沉降时的速度 v_s 与离心加速度 w^2R、固相粒子和介质的比密度差（$\rho_s - \rho_f$）、颗粒直径 r 的平方成正比；与介质黏度系数成反比。在离心混凝土混合物中，石子粒径一般在 5～15mm 左右，砂的平均粒径为 0.35～0.50mm，水泥颗粒约为 40×10^{-3}mm。由于粒径相差很大，离心成型时，大颗粒沉降速度最快，首先沉降至最外层，相互搭接形成稳定的堆聚结构。水泥砂浆填充于大颗粒间的孔隙中，形成密实的混凝土层。剩余的水泥砂浆沉积在制品内壁形成净浆层。随着分层结构形成的同时，由于固相颗粒在离心力作用下沉降，混合物中的多余水分被挤出。这就是离心混凝土分层结构的形成过程。这种粗、细骨料的分层现象，称为外分层，如图 57-2 所示。如果离心加速度过大或离心时间过长，混凝土混合物中的固相颗粒已搭接成固定骨架，此时外分层已经形成，而粗骨料间的水泥浆仍在离心力作用下继续沉降，水泥颗粒便从水泥浆中分离出来，在粗骨料边缘形成一层水膜，这种现象称为内分层，如图 57-3 所示。由于内分层的出现，骨料与水泥石之间的粘结力便受到破坏。内分层的存在是促使混凝土强度下降的主要原因。在生产过程中应尽量避免或减少内分层的发生。

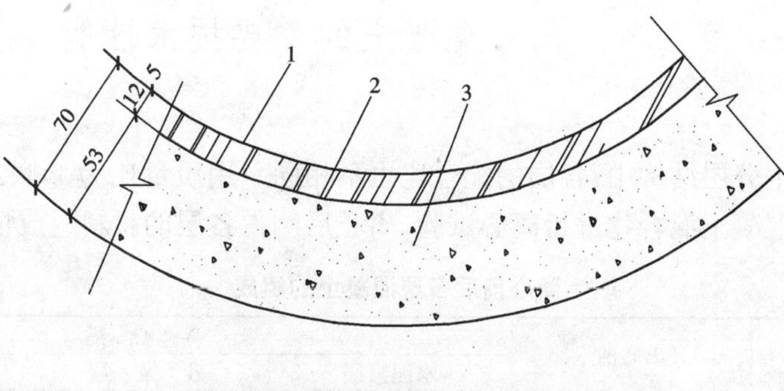

图 57-2　离心混凝土外分层结构

1—水泥浆层；2—砂浆层；3—混凝土层

二、分层现象对离心混凝土强度的影响

在离心工艺过程中，粗、细骨料分层对混凝土整体强度的影响，可通过以下计算进行分析：若离心混凝土立方体试块的总厚度为 δ，其中水泥浆厚度为 δ_1，砂浆层厚度为 δ_2，

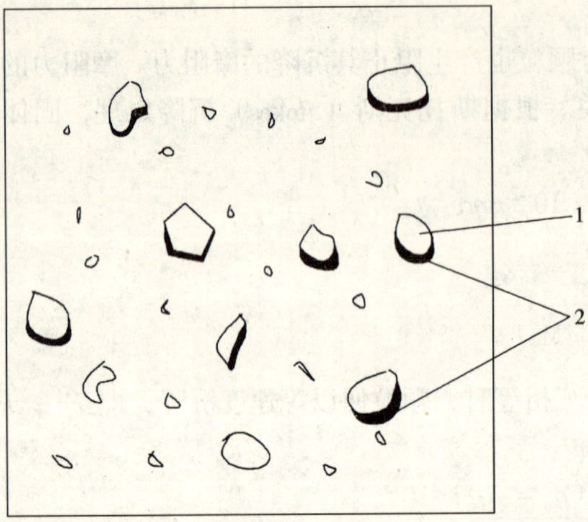

图 57-3 离心混凝土内分层结构

1—骨料；2—水膜

混凝土层厚度为 δ_3；试块受压破坏时的整体强度为 $f_c\left(f_c=\frac{Q}{A}\right)$，各层的强度分别为 f_1、f_2、f_3；各层的弹性模量分别为 E_1、E_2 和 E_3。由于各层弹性模量不同，加荷时弹性模量较高的材料将出现较大的应力，弹性模量较低的材料相应地起到了卸荷作用。离心混凝土试块破坏时的强度为：

$$f_C=\frac{Q}{A}=\frac{1}{A}(f_1A_1+f_2A_2+f_3A_3)$$

$$=f_3\left(\frac{f_1}{f_3}\cdot\frac{A_1}{A}+\frac{f_2}{f_3}\cdot\frac{A_2}{A}+\frac{A_3}{A}\right)$$

$$=f_3\left(\frac{E_1}{E_3}\cdot\frac{\delta_1}{\delta}+\frac{E_2}{E_3}\cdot\frac{\delta_2}{\delta}+\frac{\delta_3}{\delta}\right)$$

根据试验离心成型的立方体试块，其水泥浆层厚 $\delta_1=5$mm，砂浆层厚 $\delta_2=12$mm，混凝土层厚 $\delta_3=53$mm，总厚度 $\delta=70$mm。在一般情况下，弹性模量可采用以下数值：水泥浆 $E_1=2.5\times10^4$MPa；砂浆 $E_2=2.8\times10^4$MPa；混凝土 $E_3=3.5\times10^4$MPa。将此值代入上式得：

$$f_C=f_3\left(\frac{2.5\times10^4}{3.5\times10^4}\cdot\frac{5}{70}+\frac{2.8\times10^4}{3.5\times10^4}\cdot\frac{12}{70}+\frac{53}{70}\right)=0.94f_3$$

由上述计算可以看出，试块的整体强度比混凝土层的强度低 6%，随着水泥浆层和砂浆层厚度的加大，试块的整体强度与混凝土层的强度之差也越大。所以在离心过程中，混凝土分层对强度是不利的，尤其内分层的危害性更大。外分层是随着混凝土的密实过程而产生的，所以很难避免。而内层则常常由于工艺制度不当所致，但如采取合理的离心工艺制度是可以减少或克服的。

第三节 离心混凝土的主要技术性能

一、抗渗性

在离心混凝土分层结构中，各层的配合比也不相同。用质量比为 1:1.20:1.50:0.45（水泥:砂:石:水）的混凝土混合物进行离心试验，离心后测得各层的材料组成情况见表 57-1。

离心前后各层混凝土的组成 表 57-1

项 别	离心前	离 心 后		
		水泥浆层	砂 浆 层	混凝土层
层厚（mm）	70	5	12	53
水灰比 $\left(\frac{W}{C}\right)$	0.45	0.22	0.26	0.30
砂率（%）	44	0	100	39.1
水泥用量（kg/m³）	625	1045	620	576
堆积密度（kg/m³）	2100	1275	1560	2480
配合比 水泥:砂:石:水	1:1.20:1.50:0.45	1:0.22	1:1.26:0.26	1:1.8:1.83:0.30

由表57-1可见，离心后混凝土各层的剩余水灰比由内壁到外层递增，水泥用量则由内到外递减。水泥浆层的剩余水灰比只有0.22，砂浆的剩余水灰比为0.26，混凝土层的剩余水灰比为0.30，都较离心前的原始水灰比低。混凝土层的水泥用量为576kg/m^3，但水泥浆层的水泥用量却达1045kg/m^3。在管芯内壁形成的水泥浆层主要起抗渗作用，而外部的混凝土层则发挥强度效果。如果制管时，水泥浆层受到损坏，管芯的抗渗能力便显著下降。根据陕西省红旗水泥制品厂和辽阳水泥制品厂的抗渗试验资料表明，历年生产的预应力管管芯的抗渗能力可达试验水压2.0MPa而不渗漏。这即说明，离心混凝土具有较高的抗渗性。

二、力学强度

（一）抗压强度

离心工艺后，混凝土混合物中约有20%～40%的水分被排出。从而使水灰比降低，混凝土的强度提高。将离心制管用的混凝土混合物分别在离心机和振动台上成型，抗压强度对比试验结果列于表57-2。

混凝土离心和振动成型强度对比　　　　**表57-2**

原始水灰比	28d抗压强度（MPa）		强度提高系数
	离 心 成 型	振 动 成 型	$f_{离}/f_{振}$
0.70	50.3	23.0	2.19
0.60	52.1	25.9	2.01
0.50	63.8	31.9	2.00
0.45	66.8	35.3	1.89
0.40	70.7	46.2	1.53

由表57-2可知，离心成型的混凝土比振动成型的混凝土强度高，随着原始水灰比的增大，强度提高系数也增大，但原始水灰比超过0.5时，强度提高系数变化不大。这就说明，离心前后水灰比的变化幅度不同，混凝土强度的变化也随着改变。水灰比下降得越多，强度提高得也越多，当原始水灰比超过一定限度后，剩余水灰比值变化不大，其强度变化也不大。从这点可以看出，离心混凝土的强度与其剩余水灰比有关。在相同的水泥品种和工艺制度条件下，剩余水灰比与原始水灰比之间呈线性关系。原始水灰比越大，离心后排出的水量越多，水灰比下降的幅度越大，其剩余水灰比也大。

试验表明，在离心工艺中，采用过大的用水量是不适宜的。由于在原始水灰比大的混凝土混合物中，含有过多的自由水分，在离心力作用下，虽可排出较多的水量，但要将全部多余水分排除是困难的。如果原始水灰比过小，离心作用力不足以使混凝土混合物密实，成型后会出现蜂窝、麻面现象，在这种情况下只有用联合成型工艺，如离心—振动、离心—辊压或离心—振动—辊压工艺才能保证混凝土的质量。离心混凝土的强度与剩余水灰之间的关系如图57-4所示。试验采用32.5级普通硅酸盐水泥，其标准稠度为28%，当离心后，混凝土混合物的剩余水灰比为0.276时，即接近水泥的标准稠度时，混凝土强度最高，与此剩余水灰比相对应的原始水灰比为0.42。因此得出结论，当原始水灰比为水泥标准稠度的1.5倍时，离心混凝土强度提高。

（二）离心工艺对抗压强度的影响

离心过程一般分为慢速、中速和快速三个阶段。慢速和中速阶段主要是使混凝土混合

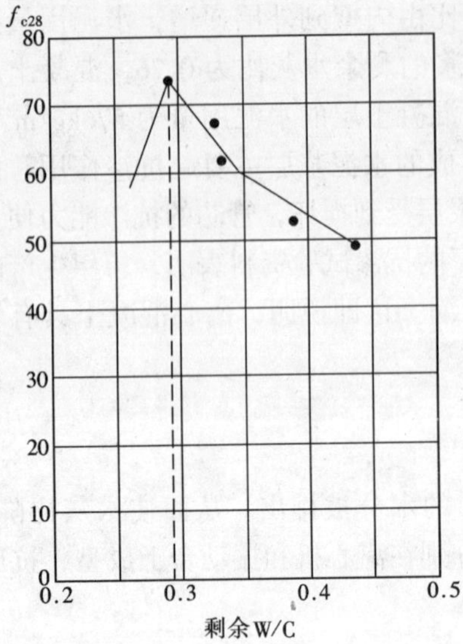

图 57-4　强度与剩余水灰比之关系

物沿管模内壁均匀分布；快速阶段是在离心力作用下使混凝土密实成型。如前所述，当某一颗粒在离心力作用下沉降时，其沉降速度由上式得出：

$$v_s = \frac{dR}{dt} = \frac{2}{9} \cdot \frac{r^2(\rho_s - \rho_f)}{\eta}\omega^2 R$$

$$\frac{dR}{R} = \frac{2}{9} \cdot \frac{r^2(\rho_s - \rho_f)}{\eta}\omega^2 dt$$

在离心力场中，当此颗粒从混凝土表面开始移动至管模内壁时，经过的距离为 $\delta = R_1 - R_2$（图 57-1），所需的时间为 t。上式积分得：

$$\int_{R_1}^{R_2} \frac{dR}{R} = \int_0^t \frac{2r^2(\rho_s - \rho_f)}{9\eta}\omega^2 dt$$

求得

$$\omega^2 t = \frac{9}{2} \cdot \frac{\eta \ln \frac{R_2}{R_1}}{(\rho_s - \rho_f) r^2}$$

因 $\delta = R_1 - R_2$，故上式又可写成：

$$\omega^2 t = \frac{9}{2} \cdot \frac{\eta \ln\left(1 + \frac{\delta}{R_1}\right)}{(\rho_s - \rho_f) r^2}$$

式中，$\frac{\delta}{R_1}$ 与离心制品的尺寸有关，对在同一管模内离心的混凝土混合物来说，它是常数。η、r、$(\rho_s - \rho_f)$ 却随着多相悬浮体中的不同颗粒而异。但对于混合物内所有固体颗粒都有该颗粒所对应的固定值。因此，对于某一颗粒而言，上式右边各项皆为常数，也即左边的 $\omega^2 t$ 为常数。本公式的物理意义是在旋转的管模内，混凝土混合物中的某一颗粒在离心力作用下，沿垂直于旋转轴方向（径向）作等速运动时，从混凝土表面开始，通过厚度为 δ 的混凝土层而到达管模内壁，所需的时间与旋转角速度 ω 的平方之乘积为一常数。

由此可见，在离心成型过程中，混凝土混合物的沉降密实、骨料的排列和结构的形成，与离心角速度和离心时间有很大关系，故称 $\omega^2 t$ 为离心工艺特征。

1. 离心加速度对混凝土强度的影响

离心加速度 $a = \omega^2 R$，它和离心工艺特征 $\omega^2 t$ 均与 ω 有关，因此对于不同直径的离心混凝土制品，如果离心加速度相同时，可以获得相同的离心效果。离心加速度 a 可以重力加速度 g（$g = 980 cm/s^2$）的倍数来表示。

$$a = \frac{\omega^2 R}{980} \cdot g \qquad \because \omega = \frac{2\pi n}{60}$$

故

$$a = \frac{n^2 R}{90000} \cdot g$$

式中　n——管模转速（r/min）。

离心混凝土的强度随着离心后剩余水灰比的大小而变化。在不同离心加速度下，对配合比为 1:1.20:1.50（水泥:砂:石）的混凝土混合物进行排水量试验，结果见表 57-3。离心制度：慢速 3min（离心加速度 8g），中速 1min，然后升至所要求的离心加速度，快速离心 15min。当离心加速度从 10g 增大到 20g 时，原始水灰比为 0.7 的混凝土混合物的排水量增加 11%；但原始水灰比为 0.45 的混凝土混合物，其排水量的变化并不显著。

离心成型混凝土混合物排水量试验结果　　表 57-3

原始水灰比	混凝土混合物排水量占总加水量百分数（%）				
	10g	15g	20g	25g	28g
0.70	37.4	40.6	41.7	42.8	42.3
0.60	30.1	35.7	36.3	38.8	37.5
0.50	33.0	35.2	35.4	35.2	36.8
0.45	30.2	30.9	31.6	32.0	32.5

不同离心加速度下成型的混凝土的抗压强度（f_{c28}）和抗拉强度（f_{ts}）试验结果见表 57-4。对原始水灰比为 0.45 和 0.50 的两种混凝土混合物，离心加速度为 15g 时，抗压和抗拉强度达到最高值；而原始水灰比为 0.60 和 0.70 的混凝土混合物，离心加速度为 20g 时，抗压和抗拉强度最高。

不同离心加速度下成型的混凝土强度试验结果　　表 57-4

原始水灰比	混凝土强度项别	混　凝　土　强　度（MPa）				
		10g	15g	20g	25g	28g
0.70	抗压强度 f_{c28}	42.2	44.6	50.8	48.7	47.2
	劈裂抗拉强度 f_{ts}	2.22	2.37	2.60	2.50	2.44
0.60	抗压强度 f_{c28}	44.8	49.3	59.1	55.3	49.2
	劈裂抗拉强度 f_{ts}	2.81	2.93	3.03	2.94	2.59
0.50	抗压强度 f_{c28}	67.3	69.5	68.6	67.0	63.8
	劈裂抗拉强度 f_{ts}	3.30	3.41	3.33	3.28	3.13
0.45	抗压强度 f_{c28}	71.0	75.5	74.6	70.7	70.2
	劈裂抗拉强度 f_{ts}	3.51	3.75	3.70	3.50	3.44

由此可见，最佳的离心加速度与原始水灰比有关。在上述试验条件下，对于原始水灰比大于 0.60 的混凝土混合物，最佳的离心加速度为 20～50g；对于原始水灰比小于 0.60 的混凝土混合物，则为 15～20g。离心加速度过大或者过小，都会降低混凝土的强度。

2. 离心时间对混凝土强度的影响

对于不同原始水灰比的混凝土混合物，慢转 3min，中转 1min，然后升至快速离心。不同离心时间成型的混凝土强度的试验结果见表 57-5。

从表 57-5 中可以看出，离心时间不同，混凝土强度也不同。对于原始水灰比大于 0.60 的混凝土，其强度随离心时间延长而增大，当离心时间为 25min 时强度达到最大值。对于原始水灰比小于 0.5 的混凝土，离心时间在 15～20min 范围内，混凝土强度最高。离心时间过短，不足以使混凝土密实；离心时间过长，引起混凝土严重的内分层，此时发生的振动不但不会起到好的作用，反而会破坏混凝土的早期塑性，甚至产生微细裂缝，使混凝土强度降低。必须指出，离心时间只是影响混凝土强度的因素之一。最优离心时间随着离心加速度、混凝土配合比和管芯壁厚的变化而变化。离心制管（水管、电杆等）时，最好根据具体条件通过实测来确定。

不同离心时间成型的混凝土强度试验结果　　表 57-5

原始水灰比	混凝土强度项别	混凝土强度（MPa）					
		10min	15min	20min	25min	30min	40min
0.70	抗压强度 f_{c28}	45.5	47.2	48.3	50.7	48.6	38.1
	劈裂抗拉强度 f_{ts}	2.42	2.44	2.50	2.58	2.37	2.08
0.60	抗压强度 f_{c28}	48.0	49.2	52.7	56.8	54.0	48.1
	劈裂抗拉强度 f_{ts}	2.52	2.59	2.64	2.71	2.56	2.48
0.50	抗压强度 f_{c28}	57.9	63.8	66.7	64.8	61.8	58.7
	劈裂抗拉强度 f_{ts}	3.16	3.46	3.53	3.25	3.21	3.02
0.45	抗压强度 f_{c28}	70.3	72.2	69.3	68.9	67.8	66.6
	劈裂抗拉强度 f_{ts}	3.34	3.51	3.68	3.40	3.30	3.10

第四节　三阶段预应力管生产工艺原理与流程

一、三阶段工艺流程

采用三阶段工艺制造预应力混凝土压力管是把整个工艺过程分为三阶段进行的。

第一阶段：制作混凝土管芯。包括张拉纵向预应力钢筋，管芯成型，蒸汽养护和装卸管模等几个工序。

第二阶段：缠绕预应力钢丝。管芯达到规定的强度之后，在缠丝机上缠绕环向预应力钢丝，使管芯混凝土获得环向预压应力。

第三阶段：制作保护层。为了防止缠绕在管芯上的环向预应力钢丝碰断和锈蚀，在已缠丝的管芯外表面覆盖一层水泥砂浆保护层。

三阶段预应力管的生产工艺流程见图 57-5。

二、施工操作工序

（一）制作混凝土管芯

混凝土管芯制作质量的好坏，是直接影响预应力管质量的重要环节。因此，在三阶段工艺中，采用的管芯成型方法要求能够保证混凝土的强度和抗渗性。由于使用离心法可以获得较高强度和抗渗性的混凝土，所以中、小直径的管芯，一般多用离芯法成型。

1. 张拉纵向预应力钢筋

管芯中的纵向预应力钢筋采用先张法张拉。在混凝土混合物浇注成型之前，将一定长度的钢筋张拉到规定的应力值（或伸长值-单控法），然后锚固在管模两端的锚固盘上。管芯成型后，当混凝土达到一定强度时，在锚固盘处切断预应力钢筋，使管芯混凝土获得纵向预压应力。

纵向预应力钢筋可采用锚具或将钢筋两端镦粗锚固在锚固盘上。纵向钢筋张拉方法常用的有机械法和电热法两种。机械法一般采用油压千斤顶或螺杆张拉钢筋。电热法是将钢

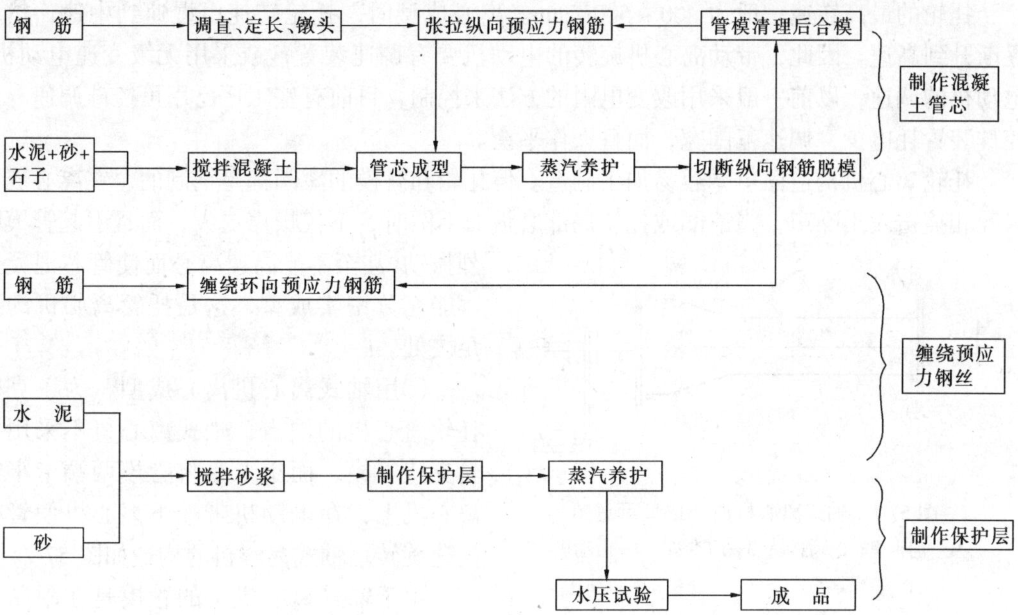

图 57-5 三阶段预应力管工艺流程

筋通电加热使之伸长，然后锚固在锚固盘上，钢筋冷却力图回缩，从而产生拉应力。

张拉时，每次张拉 1～2 根钢筋的，称为单根张拉或双根张拉。若把全部纵向钢筋预先锚固在锚固盘上，然后顶动锚固盘，使所有的纵向钢筋同时张拉，这种方法称为整盘张拉。这两种皆可用，以前者应用较多。

2. 离心成型方法

用离心法制作混凝土管芯是将管模平卧在离心机上旋转，使混凝土在离心力作用下成型，故这种制管方法也称为卧式制管法。

(1) 离心设备：我国使用的离心机按其构造可分为托轮离心机和轴式离心机两种。

①用托轮离心机离心成型　离心成型时，管模的滚圈自由支承在离心机的托轮上（图 57-6）。管模 2 依靠托轮 3 和滚圈 1 的摩擦力带动旋转，托轮是通过传动皮带 4 由电动机 5 带动的。

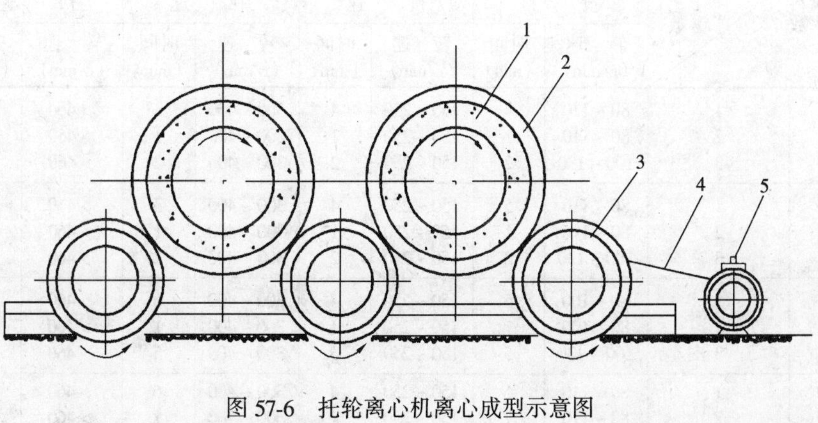

图 57-6 托轮离心机离心成型示意图

1—滚圈；2—管模；3—托轮；4—传动皮带；5—电动机

托轮的最高转速一般为400～500r/min。离心成型时，托轮转速由慢速到中速，然后逐渐升到高速。因此，带动离心机旋转的电动机要有调速装置，或采用无级变速电动机。电动机的调速，以前一般采用改变电阻的方法来控制，目前有些工厂已用可控硅调速。可控硅装置耗电少，调速范围宽，而且操作平衡。

托轮离心机构造简单，容易加工制造。但托轮和管模的滚圈都是钢制的，在离心成型时互相撞击发出噪声，当滚圈或托轮局部磨损而不圆时，不仅噪声更大，而且引起管模剧烈振动，甚至不能高速离心而使管芯混凝土不能充分密实成型，这是托轮离心机的不足之处。

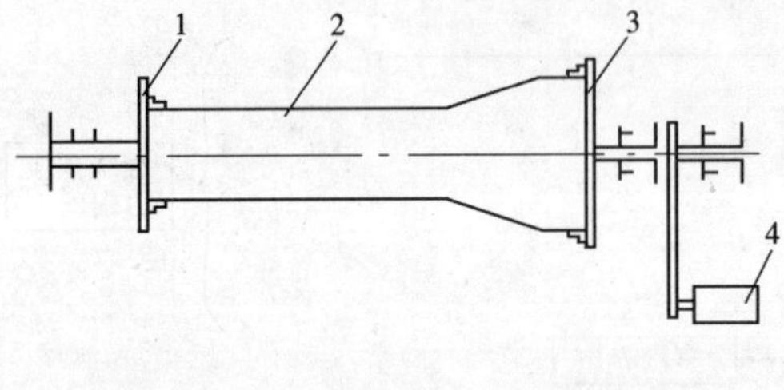

图 57-7　轴式离心机离心成型示意图

1—前卡盘；2—管模；3—后卡盘；4—电动机

②用轴式离心机离心成型　为了克服托轮离心机的缺点，轴式离心机不采用托轮支持管模，而用卡盘将管模两端卡牢在离心机上，在电动机带动下离心机使管模高速旋转。轴式离心机的构造如图57-7。

由于轴式离心机上的管模是在限制状态下旋转的，离心过程中管模不能自由振动，因此离心转速可以提高。轴式离心机的最高转速可达800～1000r/min。混凝土混合物处于高速离心条件下成型，不仅离心时间可以缩短，而且管芯混凝土的密实度和强度也有所提高。同时，使用轴式离心机成型时，噪声也比较小。但是这种离心机设备比较复杂，操作不如托轮离心机方便，因此，使用也不如托轮离心机普遍。

(2) 离心工艺参数：离心成型的主要工艺参数是离心速度和离心时间

离心速度分为慢速、中速和快速。投料时的离心速度只要保持装入模内的混凝土混合物不塌落即可。慢速离心的目的是使混凝土混合物沿模壁均匀分布；然后由中速过渡至快速离心。快速离心才能使混凝土混合物中多余水分甩出，并密实成型。

各厂的离心速度和离心时间由于设备、原材料、操作方法等条件不同，而稍有区别。辽阳水泥制品厂采用的离心制度见表57-6。

离心工艺参数表　　表 57-6

管内径(mm) \ 投料次数 \ 工艺参数		投料		慢速		中速		快速		总时间(min)
		转速(r/min)	时间(min)	转速(r/min)	时间(min)	转速(r/min)	时间(min)	转速(r/min)	时间(min)	
500	1	80～110	4	150～250	4	300～400	3	>460	8	41
	2	80～110	1	150～250	1	300～400	1	>460	3	
	3	100～130	2	150～250	2	300～400	2	>460	10	
600	1	80～110	5	150～250	4	300～400	3	>460	10	47
	2	80～110	1	150～250	1	300～400	1	>460	3	
	3	100～130	3	150～250	2	300～400	2	>460	12	
700	1	80～100	5	150～250	4	300～400	6	>460	10	57
	2	80～100	1	150～250	1	300～400	1	>460	3	
	3	100～130	5	150～250	3	300～400	5	>460	13	
800	1	80～110	6	150～250	4	300～400	6	>460	12	65
	2	80～110	1	150～250	1	300～400	1	>460	4	
	3	100～130	6	150～250	4	300～400	5	>460	15	

①配合比　水泥∶砂∶石子∶水 = 1∶1.2∶1.5∶0.41；

②坍落度　4 ~ 6cm；

③砂　率　43%左右；

④混凝土设计强度等级　C40；

⑤水泥用量　每 $1m^3$ 混凝土用 32.5 级普通硅酸盐水泥 565kg；

⑥细骨料　采用 0.35 ~ 0.5mm 河砂，含泥量小于 0.5%，孔隙率 37%左右。

⑦粗骨料　采用 5 ~ 15mm 石子，含泥量少于 1.0%，孔隙率 45%左右；

⑧投料顺序和搅拌时间　按石子、砂、水泥顺序投料，净搅拌时间应超过 5min。

如果冬季生产时，应对骨料和水进行预热，使骨料温度保持在 15 ~ 20℃，水温不宜超过 60℃，这样才能在离心时使混合物不低于 10℃。

（二）缠绕预应力钢丝

三阶段预应力管中的环向预应力是采用后张法施工的。当混凝土强度达到设计强度等级的 70%以上时，将管芯安置在缠丝机上，把通过机械式电热方法使之处于张拉状态下的钢丝，按照规定的螺距连续缠绕在混凝土管芯上。缠绕在管芯上的预应力钢丝，使混凝土获得环向预压应力。

（三）制作保护层

在缠绕了预应力钢丝的管芯外表面制作的保护层，主要是防止钢丝锈蚀，以保证管道的耐久性。因此，要求保护层必须具有足够的厚度和密实度，并与管芯黏结牢固。

目前常用的保护层做法是喷浆法。用喷浆法制作的保护层是在一定的压力之下喷射成型的，因此，制成的水泥砂浆保护层密实度高，与混凝土管芯黏结牢固。但喷射过程中灰尘大，劳动条件差，且有部分水泥和砂弹落地上，造成材料损耗。为了克服喷浆法的缺点，有些工厂曾采用振动法和真空法制作保护层。但使用这些方法制作的质量，一般都不如喷浆法好。因此，用振动制造保护层时，厚度通常都比喷浆保护层厚。目前国外有些厂家采用抛浆法制作保护层，据资料介绍已经取得了一定效果。

第五节　一阶段预应力管生产工艺原理与流程

一、一阶段工艺原理

用一阶段工艺制造预应力混凝土管，是在管体混凝土硬化的同时，使位于管体内部的环向预应力钢丝也被张拉完毕，因此不再需要象三阶段工艺那样另外缠绕环向预应力钢丝和喷涂水泥砂浆保护层。一阶段工艺原理：管模分为内模与外模。内模为钢板卷制成的圆筒体，在筒体外表面上套一橡胶套，橡胶套两端与筒体密封，在内钢筒里焊有进水管，以便于向橡胶套与内钢筒之间的空腔中注入高压水。外模由两片（中、小口径）或四片（大口径）组成。在合缝处用带弹簧的螺栓拧紧，以拼装成圆筒形整体。在外模内先安放环向钢筋骨架，并张拉好纵向预应力钢筋，然后将混凝土混合物浇灌入内、外模之间，浇灌完后，通过进水管向内钢筒与橡胶套之间的空腔中注入高压水，根据液体传递压强的原理，高压水以相等的压强迫使橡胶套向周围膨胀，挤压刚浇灌入模的混凝土混合物，使大部分游离水从外模合缝中排出，从而使混凝土的密实度提高。当水压继续升高时，橡胶套进一步膨胀，推动已经挤压密实的混凝土，迫使环向钢丝受拉伸长，产生预拉应力。此时，外模合缝由于弹簧螺栓的弹簧被压缩而微微张开。腔内水压力达到规定的恒压值时，即保持其稳定，并随即用蒸汽养护加速混凝土硬化，使其达到一定的强度，然后降压排水。此时，由于受拉伸长的预应力钢丝的弹性应变能力，使管壁混凝土建立了所需的预压应力。

充水加压是一阶段工艺的关键工序。加压过程分为两个阶段：第一阶段是腔内水压力与外模合口弹簧螺栓的预压力（一般相当 0.2～0.4MPa 的腔内水压力）相平衡以前，此时，混凝土混合物中的游离水分已被大量排除，合口缝未张口，钢丝也未伸长；第二阶段是腔内水压力大于弹簧螺栓预压力以后，此时，弹簧受压变形，合口缝张开，环向钢丝被迫伸长产生应力，随着内压力逐渐增加至恒压值时，钢丝应力就达到了设计要求的控制应力。

二、离心挤压成型工艺流程

离心挤压法制管是将外模卧放在离心机上，在外模转动时，浇灌混凝土混合物，管壁成型以后，将带有橡胶套的内模穿进外模中，再充水加压的一种成型方法。

（一）工艺流程

离心挤压法制管的工艺流程如图 57-8 所示。

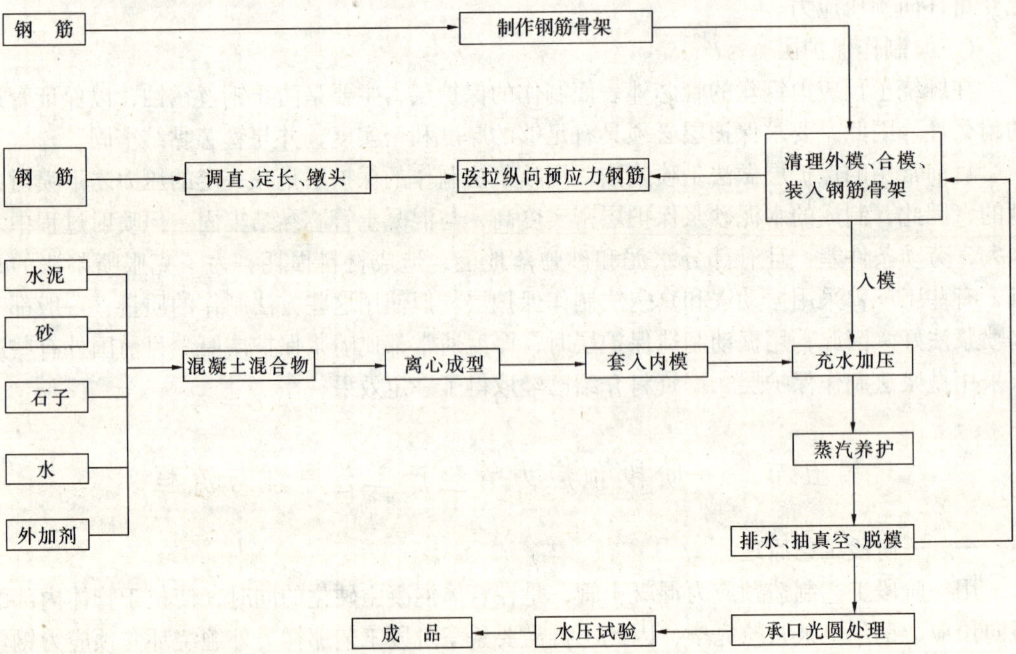

图 57-8 离心挤压法制管的工艺流程

（二）施工操作工序

1. 制作钢筋骨架

用钢丝按规定的螺距缠绕成一端为喇叭形的圆筒体，叫做钢筋骨架。骨架由环筋、纵筋和斜筋三种钢筋组成。环筋为管体主筋，恒压时受到张拉而伸长，降压后对管体施加环向压力，它的作用完全象木桶外的铁箍。纵筋主要是保持环筋螺距用的。斜筋的作用则是稳定骨架不致发生歪斜变形。目前，制作钢筋骨架主要采用缠丝机和滚焊机。

2. 组装外模

将每片外模清理干净，合模，在合缝处拧紧弹簧螺栓，在合缝内贴胶布，内表面涂刷脱模剂，安装插口模，然后穿进钢筋骨架，在大头临时夹紧承口锚固盘，最后穿放纵向预应力钢筋。

3. 张拉纵向预应力钢筋

纵向预应力钢筋，最好采用刻痕钢丝，也可采用低碳冷拔钢丝。大口径管可采用低合金螺纹钢筋。钢丝或钢筋要预先经过调直、定长、切断和镦头后才能放入钢模内进行张拉（未经镦头的钢丝或钢筋也可用楔形夹具锚固）。纵向钢筋可以整盘张拉，也可单根分组张拉。张拉方法有机械张拉、电热张拉或手工张拉几种。

4. 离心挤压法浇灌成型

将已张拉好纵向钢筋的外模吊在离心机上，用喂料机向慢速旋转的外模内喂料，经快速旋转后，由于离心力的作用，排除了混凝土混合物中约占原始加水量25%的水分，并使混凝土混合物贴附在外模内壁面不致塌落，然后将外模套在横卧的内模上。

5. 充水加压

管壁混凝土混合物成型后，应立即充分加压。从开始充水到单位压力上升至0.2～0.4MPa，在这段时间里，排除混凝土混合物中多余的游离水分及初步将混凝土挤压密实。随后继续加压至规定恒压值并保持压力稳定，使环向预应力钢丝在混凝土硬化前始终保持一定的张拉值。

6. 蒸汽养护

管壁混凝土在恒压状态下，应同时进行蒸汽养护，使混凝土强度迅速增长，以便缩短脱模时间。有的放在养护坑内养护，有的则盖在蒸汽罩内养护。蒸汽温度控制在85～100℃，经5～7h后，混凝土一般可达到脱模强度。

7. 降压排水脱模

蒸汽养护后，先打开阀门降压排水，利用压缩空气排除橡胶套内残留水分。此时，因混凝土与橡胶套表面粘结在一起，所以必须利用真空泵在5～6kPa真空度下排除空气，使橡胶套在负压作用下脱离管壁内表面，并贴附在内模上，即能脱模。

8. 承口光圆处理

恒压时，由于两片外模合口缝张开，因此，承口工作面横断面就变为椭圆形，为了满足管道的密封性要求，承口工作面必须进行光圆处理。光圆处理通常采用车光法或磨光法，将椭圆形的承口车圆或磨圆。车光法最适用于离心挤压管，磨光法既适用于振动挤压管也可用于离心挤压管。对于尺寸偏大的椭圆形承口，也可以用环氧树脂砂浆或玻璃钢，把椭圆度修补得符合公差要求。

9. 产品检验

每一根管必须按规定进行外观检查与抗渗压力检验，合格后方能入库。

第六节　离心混凝土的蒸汽养护

预应力离心混凝土管成型后，一般要使混凝土经过一个硬化过程，才允许脱模。脱模时混凝土具有的强度，通常称为脱模强度。预应力管混凝土的脱模强度一般不应低于混凝土的70%的设计强度。为了使混凝土尽快具有脱模强度，提高管模周转率和生产效率，制管混凝土成型以后，有必要采取措施，加速其硬化。加速混凝土硬化的方法有很多，这里仅介绍常压蒸汽养护。

常压蒸汽养护是使混凝土在温度为80～100℃、相对湿度为80%～90%情况下硬化，由于温湿度的影响，促进了水泥的水化和硬化作用，使水泥石结构迅速形成，使混凝土强度迅速增长。与此相反，采用蒸汽养护过程中，在水泥石结构内部还会产生定向的毛细孔道；在混凝土结构断面中，由于受热不均匀和组成材料受热膨胀大小的不同，引起内部温度应力及与此相应的变形。这对混凝土的强度和抗渗性都是不利的。由此可见，蒸汽养护对混凝土具有有利于加速硬化的一面，同时又存在着不利于混凝土密实的一面。因此，必须根据水泥品种，成型工艺和结构形状等选择合理的蒸汽养护制度。

一、蒸汽养护制度

一般将蒸汽养护过程分为静停、升温、恒温和降温四个阶段。

（一）静停阶段

混凝土成型以后，先在常温下静止停放一段时间，然后进行蒸汽养护，这段时间称为静停期。静停可使混凝土在蒸汽养护以前获得足以抵抗由于温度升高而引起破坏的结构强度。如果成型后混凝土的水灰比大，养护时升温快，温度高，静停期要长；如果水灰比小，塑性强度高。静停期可以短一些。

（二）升温阶段

升温是使混凝土通过静停以后，由常温升至最高温度。在升温初期，混凝土的温度低于蒸汽温度，在其表面形成的冷凝水对水泥水化是有利的，当蒸汽温度不断升高，混凝土内部的温度应力和体积变化相应增加，如果升温过快，一直到结构破坏作用超过结构形成作用时，反而产生了有害的影响，因此控制升温速度是保证混凝土质量的重要关键之一。只有提高静停后的结构强度，才允许加快升温速度。对于一般塑性混凝土，升温速度不宜超过20～25℃/h，对于密实的混凝土，不宜超过30～40℃/h。

（三）恒温阶段

恒温是使混凝土保持在最高养护温度下，加快水泥的水化作用并迅速提高混凝土的强度。由于在规定的时间内，保持恒定的最高养护温度，所以称恒温。在此阶段，结构形成作用占主导地位，结构破坏作用很小。恒温时间和最高养护温度要根据对脱模时的强度要求以及采用的水泥品种进行选择。一般对硅酸盐水泥、普通硅酸盐水泥选择最高温度为80℃，矿渣硅酸盐水泥、火山灰质硅酸盐水泥和粉煤灰硅酸盐水泥为90～95℃，有些甚至为100℃。

（四）降温阶段

恒温以后，混凝土温度逐渐降低至常温。在降温过程中，混凝土内部产生的温度应力和水分向外移动，对水泥石起破坏作用，所以与升温相类似，也必须控制降温速度。降温速度取决于恒温以后的结构强度和混凝土的结构尺寸。在一般情况下，成型后水灰比小于0.40时，降温速度不宜超过40～60℃/h；成型后水灰比大于0.40时，降温速度不宜超过30～35℃/h。混凝土越厚，降温速度越要慢，并要求混凝土出养护坑（窑）时的温度与气温相差不宜超过40℃，当室内温度在0℃以下时，温差不宜超过20℃。

为了防止混凝土收缩而影响质量，并能使强度继续增长，经过蒸汽养护后的混凝土，还要放在潮湿环境中继续养护，一般洒水7～21d，使混凝土处于相对湿度在80%～90%

的潮湿环境中。为了防止水分蒸发过快，混凝土制品上面可盖草帘或其他覆盖物。

二、养护设备及其技术经济效果

（一）养护设备

预应力离心管通常是放在养护坑，养护罩或养护室内进行蒸汽养护的。

（二）技术经济效果

1. 养护坑

一般设在地面以下或一部分设在地面以下，四周有围墙，顶上有坑盖，坑盖四周采用水封或砂封以防漏汽。这种设施构造简单，保温好，但操作时坑盖起吊次数频繁，每次开盖蒸汽弥漫，蒸汽耗损大。

2. 养护罩

其保温效果不及养护坑好，但用的设施最少。

3. 养护窑

常有间歇式和连续式两种。采用间歇式隧道窑进行养护，操作时劳动强度大；采用连续式隧道窑进行养护不仅产量高，操作方便，而且还可以节约蒸汽，但必须装有连续传送装置，因此设备费用高。

由于制管工艺和生产条件不同，所以养护方法和养护制度要按照具体情况进行选择。对于离心挤压工艺制造的预应力管，因管壁混凝土混合物是在密封的模内进行养护，是属于加压密闭养护，同时混凝土混合物经过挤压，排出大量多余水分，变得很干硬。因此，可以采取不设置静停期并快速升温、快速降温的养护制度。

第五十八章　挤 压 混 凝 土

（vertical internal-moulding concrete）

第一节　概　　述

挤压混凝土是特干硬性混凝土，只有在振动和挤压双重作用下才能使其液化密实。它与普通混凝土相比有许多不同的特性：密实度高、堆积密度大、用水量少、砂率高，其拌合物既不能用坍落度筒测定它的坍落度，也不能用普通维勃仪测定其工作度，且难以用普通振动台成型试块。因此，《普通混凝土配合比设计规程》（JGJ55—2000）中的混凝土配合比设计方法和图表不适用于挤压混凝土。至今还没有一种和挤压混凝土的特征相适应的配合比设计方法，给挤压混凝土的进一步发展带来了困难。

第二节　挤压混凝土密实原理

经过多年试验研究和大量工程实践，提出了一种与挤压混凝土的特性相适应的配合比设计方法——二次填充包裹法。

一、振动-挤压密实原理

挤压混凝土在振动与挤压共同双重作用下实现液化，并使其密实，其内部结构的最理想的状况是：

①水泥浆填充砂子孔隙并包裹砂粒。

②水泥砂浆填充石子孔隙并包裹石子。

这就是二次填充包裹法提出的理论依据。由上述两个理想状况导出以下两个公式：

$$W+\frac{C}{\rho_c}>K_s\cdot S \tag{1}$$

式中　W——用水量（kg/m³）；

C——水泥用量（kg/m³）；

ρ_c——水泥密度（g/m³）；

K_s——砂子振压实空堆比$\left(K_s=\dfrac{P_s}{\gamma_s}\right)$；

S——砂子用量（kg/m³）；

P_s——砂子振压实孔隙率$\left(P_s=1-\dfrac{\gamma_s}{\rho_s}\right)$；

γ_s——砂子振压实堆积密度（g/cm³）；

ρ_s——砂子表观密度（g/cm³）。

$$1000(1-P_a)-\frac{G}{\rho_g}>K_g\cdot G \tag{2}$$

式中　P_a——混凝土孔隙率（取1%）；

G——石子用量（kg/m^3）；

ρ_g——石子表观密度（g/cm^3）；

K_g——石子振压实空堆比$\left(K_g = \frac{P_g}{\gamma_g}\right)$；

P_g——石子振压实孔隙率$\left(P_g = 1 - \frac{\gamma_g}{\rho_g}\right)$；

γ_g——石子振压实堆积密度（g/cm^3）。

为了保证在工业化生产条件下制得密实的混凝土，使制品不仅强度符合设计要求，而且表面灰浆饱满，没有蜂窝麻面。因此，水泥浆的绝对体积要充分大于砂子的孔隙体积，水泥砂浆的绝对体积要充分大于石子孔隙体积。为此，在配合比设计中引入了水泥浆富余系数 α 和水泥砂浆富余系数 β，并将公式（1）和公式（2）分别改为：

$$W + \frac{C}{\rho_c} = \alpha \cdot K_s \cdot S \tag{3}$$

$$1000(1 - P_a) - \frac{G}{\rho_g} = \beta \cdot K_g \cdot G \tag{4}$$

二、α、β 的取值

用二次填充包裹法设计挤压混凝土配合比关键是 α、β 的取值，它关系到新拌混凝土的和易性、硬化混凝土的密实性和强度及制品外观质量的优劣。因此，应综合考虑挤压工艺和原材料特性后正确选取，并根据试拌结果和使用效果加以调整。

β 值主要与砂子的细度模数 M_x 有关，β 值按表 58-1 选取，其取值范围为 1.6～2.0。

不同细度模数砂 β 值选取表　　**表 58-1**

砂细度模数（M_x）	3.7～3.1	3.0～2.3	2.2～1.5	<1.5
选取范围	≥1.9	1.9～1.7	1.8～1.6	≤1.6
砂率大致范围	>0.42	0.44～0.36	0.40～0.32	<0.34

α 值主要与水灰比有关，水泥强度高、水灰比小，α 取值高。同时，α 取值亦与 β 值有关，α 与 β 的乘积应大于 2 而小于 4，一般应控制在 2.7～3.7 之间。α 值按表 58-2 选取，其取值范围为 1.4～2.0。

不同水灰比（W/C）挤压混凝土 α 值选取表　　**表 58-2**

β	水灰比			β	水灰比		
	0.55～0.46	0.45～0.41	≤0.40		0.55～0.46	0.45～0.41	≤0.40
1.6	1.7～2.0	1.8～2.0	1.9～2.0	1.9	1.5～1.7	1.6～1.8	1.7～1.8
1.7	1.6～1.9	1.7～2.0	1.8～2.0	2.0	1.4～1.6	1.5～1.7	1.6～1.8
1.8	1.5～1.8	1.6～1.9	1.7～1.9				

在选取 α、β 值时还应考虑石、砂原材料 K_g、K_s 值的大小。K_g、K_s 值小，即石、砂的振压实堆积密度 γ_g、γ_s 大，α、β 取值大；K_g、K_s 值大，即石、砂的振压实堆积密度 γ_g、γ_s 小，α、β 取值小。

第三节　原材料特性和设计参数

用二次填充包裹法设计挤压混凝土配合比所需要的基本参数和原材料性质是：混凝土的设计强度 f 和试配强度 f_{cu}，水泥的密度 ρ_c 和实际强度 f_c，砂的表观密度 ρ_s 和细度模数 M_x，石子的表观密度 ρ_g，砂的振压实堆积密积度 γ_s、振压实孔隙率 V_s 和空堆比 K_s，石子的振压实堆积密度 γ_g、振压实孔隙率 V_g 和空堆比 K_g。

砂、石振压实堆积密度 γ_s、γ_g 采用专用的具有适宜频率和振幅的特干硬性试块振动台测定。其方法是：按一定高度在 10L 容量桶里徐徐加入砂或石试料到高出口面，刮平称重，将桶放在振动台上并固定之，放下待定质量的压重板，开机振动 60s，停机后精心量测压重板至量桶上口的高度 h。量相互垂直的 4 个点，并取其平均值，则砂或石面层至量桶上口高度为 $h = h_0 + \delta$（δ 为压重板厚度）。由此即可计算出砂、石的振压实体积和振压实堆积密度 γ_s、γ_g、振压实孔隙率 V_s、V_g 和空堆比 K_s、K_g。

第四节　配合比设计方法和步骤

一、计算法

（一）石子用量

由公式（4）直接求出石子用量 $G = \dfrac{1000(1-P_a)}{\beta \cdot K_g + 1/\rho_g}$　　(5)

（二）砂子用量

$$S = \rho_s\left[1000(1-P_a) - \left(W + \frac{C}{\rho_c}\right) - \frac{G}{\rho_g}\right] \tag{6}$$

将式（3）和式（5）代入式（6）得：$S = \dfrac{\beta \cdot K_g \cdot G}{\alpha \cdot K_s + 1/\rho_s}$　　(7)

（三）水泥用量

1. 水灰比

水灰比按下面两个公式计算。

用碎石时：　$f_{cu} = 0.46 f_c^o (C/W - 0.52)$　　(8)

用卵石时：　$f_{cu} = 0.48 f_c^o (C/W - 0.61)$　　(9)

式中　f_{cu}——混凝土试配强度（MPa）；

f_c^o——水泥实际强度（MPa）；

C/W——混凝土灰水比（其倒数 W/C 即为水灰比）。

2. 水泥用量

将 $W = C \cdot (W/C)$ 代入式(3)得水泥用量 $C = \dfrac{\alpha \cdot K_s \cdot S}{W/C + 1/\rho_c}$　　(10)

（四）用水量

$$W = C \cdot (W/C) \tag{11}$$

二、查表法

根据公式（5）、公式（7）、公式（10）制成表 58-3、表 58-4 和表 58-5。按测得的原材料性质和选取的 α、β 值查表，再经简单计算即可求出石子、砂、水泥和水的用量。其方法是：

（一）石子用量（G）

按 β、K_g、ρ_s 值在表 58-3 中查得石子用量和计算砂用量所需的 β、K_g、G 的乘积。

石子用量及 $\beta \cdot K_g \cdot G$ 乘积表　　**表 58-3**

β \ K_g	石子的表观比密度																			
	2.66					2.68					2.70					2.72				
	0.23	0.24	0.25	0.26	0.27	0.23	0.24	0.25	0.26	0.27	0.23	0.24	0.25	0.26	0.27	0.23	0.24	0.25	0.26	0.27
1.6	1331/490	1303/500	1276/510	1250/520	1225/529	1336/492	1308/502	1281/512	1255/522	1230/531	1341/494	1312/504	1286/514	1260/524	1234/533	1345/495	1315/505	1289/515	1263/525	1238/535
1.7	1291/505	1263/515	1236/525	1210/535	1186/544	1296/507	1268/517	1241/527	1215/537	1191/546	1301/509	1273/519	1245/529	1219/539	1194/548	1304/510	1276/520	1248/530	1222/540	1197/550
1.8	1253/519	1225/529	1198/539	1172/549	1148/558	1258/521	1230/531	1203/541	1177/551	1153/560	1263/523	1235/533	1207/543	1181/553	1157/562	1266/524	1238/534	1209/544	1183/554	1159/564
1.9	1218/532	1190/542	1163/552	1137/562	1113/571	1273/534	1195/544	1168/554	1142/564	1117/573	1228/536	1200/546	1172/556	1146/566	1121/576	1230/537	1202/547	1174/557	1148/567	1124/577
2.0	1184/545	1156/555	1129/565	1105/575	1081/584	1189/547	1161/557	1134/567	1109/576	1084/586	1194/549	1166/559	1138/569	1112/578	1088/588	1196/550	1167/560	1141/570	1115/580	1090/590

注：分子为石子用量 G（kg/m^3）；分母为分子与相应的 $\beta \cdot K_g$ 的连乘积即 $\beta \cdot K_g \cdot G$，是计算砂用量使用的。

（二）用砂量（S）

根据 α、K_g、ρ_s 值在表 58-4 中查得砂用量系数 k_2，即可按下式求出砂用量 S：

$$S = k_1 \cdot \beta \cdot K_g \cdot G$$

砂用量系数 k_1 及水泥用量系数 k_2　　**表 58-4**

α \ K_g	砂表观比密度																			
	2.61					2.63					2.65					2.67				
	0.19	0.20	0.21	0.22	0.23	0.19	0.20	0.21	0.22	0.23	0.19	0.20	0.21	0.22	0.23	0.19	0.20	0.21	0.22	0.23
1.4	1.54/0.26 6	1.51/0.28	1.47/0.29 4	1.45/0.30 8	1.42/0.32 2	1.54/0.26 6	1.51 —	1.48 —	1.45 —	1.42 —	1.55 —	1.52 —	1.49 —	1.46 —	1.43 —	1.56 —	1.53 —	1.50 —	1.47 —	1.44 —
1.5	1.50/0.28 5	1.46/0.30	1.43/0.31 5	1.41/0.33	1.37/0.34 5	1.50/0.28 5	1.46 —	1.43 —	1.40 —	1.37 —	1.50 —	1.47 —	1.44 —	1.41 —	1.38 —	1.51 —	1.48 —	1.45 —	1.42 —	1.39 —
1.6	1.46/0.30 4	1.42/0.32	1.39/0.33 6	1.37/0.35 2	1.33/0.36 8	1.46/0.30 4	1.42 —	1.39 —	1.36 —	1.33 —	1.46 —	1.43 —	1.40 —	1.37 —	1.34 —	1.47 —	1.44 —	1.41 —	1.38 —	1.35 —
1.7	1.42/0.32 3	1.38/0.34	1.34/0.35 7	1.33/0.37 4	1.29/0.39 1	1.42/0.32 3	1.38 —	1.35 —	1.32 —	1.29 —	1.42 —	1.39 —	1.36 —	1.33 —	1.30 —	1.43 —	1.40 —	1.37 —	1.34 —	1.31 —
1.8	1.38/0.34 2	1.35/0.36	1.31/0.37 8	1.29/0.39 6	1.25/0.41 4	1.38/0.34 2	1.34 —	1.31 —	1.28 —	1.25 —	1.38 —	1.35 —	1.32 —	1.29 —	1.26 —	1.39 —	1.36 —	1.33 —	1.30 —	1.27 —

续表

K_g \ α	砂表观比密度																			
	2.61					2.63					2.65					2.67				
	0.19	0.20	0.21	0.22	0.23	0.19	0.20	0.21	0.22	0.23	0.19	0.20	0.21	0.22	0.23	0.19	0.20	0.21	0.22	0.23
1.9	$\frac{1.34}{0.36}$	$\frac{1.31}{0.38}$	$\frac{1.28}{0.39}$	$\frac{1.25}{0.41}$	$\frac{1.22}{0.43}$	$\frac{1.35}{0.36}$	1.31	1.28	1.25	1.22	1.35	1.32	1.29	1.26	1.23	1.35	1.32	1.29	1.26	1.23
	1		9	8	7	1	—	—	—	—	—	—	—	—	—	—	—	—	—	—
2.0	$\frac{1.31}{0.38}$	$\frac{1.28}{0.40}$	$\frac{1.25}{0.42}$	$\frac{1.22}{0.44}$	$\frac{1.19}{0.46}$	$\frac{1.32}{0.38}$	1.28	1.25	1.22	1.19	1.32	1.29	1.26	1.23	1.20	1.32	1.29	1.26	1.23	1.20
	0.38	0.40	0.42	0.44	0.46	0.38	—	—	—	—	—	—	—	—	—	—	—	—	—	—

注：1. 分子 $k_1=1/(\alpha\cdot K_s+1/\rho_s)$，分母 $k_2=\alpha\cdot K_s$。

2. 用本表查得的系数 k_1 乘以表 58-3 查得的 $\beta\cdot K_g\cdot G$ 值，即为砂用量。

3. k_2 是计算水泥用量的一个系数。

（三）水泥用量（C）

按 W/C、ρ_c 值在表 58-5 中查出另一水泥用量系数 k_3，则水泥用量为：

$$C=k_2\cdot k_3\cdot S$$

水泥用量系数 k_3 **表 58-5**

水灰比（W/C）	水泥比密度（g/cm^3）				
	2.95	3.00	3.05	3.10	3.15
0.49	1.21	1.22	1.22	1.23	1.24
0.47	1.24	1.25	1.25	1.26	1.27
0.45	1.27	1.28	1.29	1.30	1.31
0.43	1.30	1.31	1.32	1.33	1.34
0.41	1.34	1.35	1.36	1.37	1.38
0.39	1.37	1.38	1.39	1.40	1.41

注：①$K_s=1/(W/C+1/\rho_c)$；

②从本表查得 k_3，乘以从表 58-4 查得 k_2，再乘以砂用量，即得水泥用量。

（四）用水量（W）

按 W = C·（W/C）求出用水量。

第五节　配合比试拌、试用与调整

配合比设计好之后，先在实验室试拌，并在特干硬性混凝土试块成型台上测定混凝土拌合物的工作度和湿堆积密度。

当以河砂和石灰石作粗骨料时（$\rho_s\approx2.65g/cm^3$、$\rho_s\approx2.70g/cm^3$），挤压混凝土的湿堆密度应在 2420~2450kg/m^3 范围内。如超出这个范围，应分析原因并采取相应的措施加以调整。

挤压混凝土的工作度以 50~70s 为宜。调整时，应首先调整用水量。用水量一般应控制在 155~165kg/m^3 范围内（特殊情况也不应超过 150~170kg/m^3 的范围），如在此范围内调整用水量，而工作度仍不满足要求时，则可调整 α 值，增加或减少水泥用量。倘若在 α

的取值范围内仍不能奏效，则可调整 β 值，增加或减少水泥砂浆用量。

将通过试拌调整好的混凝土配合比拿到构件厂去试用，根据挤压出的预应力空心楼板外观质量判断配合比是否合适。挤压混凝土的强度一般均能满足要求，因此，配合比适当与否看制品的外观。然而，外观不良首先要判明是配合比不当造成的，还是挤压机性能不好造成的。若确是配合比不当，则应根据外观主要缺陷加以调整，若外观粗糙，蜂窝麻面，应适当增加用水量或提高 α 值；若板面坍孔，板侧向弯曲或适当超厚，应适当减少用水量或降低 α 值。在满足外观质量的前提下，α 在其合理取值范围内，取值越小越好，这可节约水泥，降低成本。

第五十九章　振 实 混 凝 土

（vibrocast concrete）

第一节　概　　述

一、振实混凝土的定义

能够使混凝土，特别是干硬性混凝土增实的最有效方法，即是振实法。利用振实设备，采用振实法密实成型的混凝土，即称之振实混凝土。

二、振实混凝土的发展

随着混凝土施工工艺的发展，混凝土的成型方法也不断趋于完善。最早，当浇筑捣实混凝土时，仅仅要求将混凝土捣实到表面上出现水泥浆为止，而这一点也就是增实程度的判据。随着稀质（流动性或塑性）混凝土应用技术的发展，浇筑过程才有所简化，但在混凝土施工中这一过程仍然不是机械化的。只有采用振实法成型混凝土时，劳动生产率才有所增加，而工作量才有可能减少。

三、振实混凝土的应用

振实法，作为混凝土拌合物浇筑和增实的方法，将越来越多地被广泛采用。预制构件的生产必然是与改用干硬性混凝土拌合物相关连的。联合应用振动法和其他增实方法来浇筑这种混凝土，最为有效。要预制强度和密实度较高，并且具有不透水性和其他性能的混凝土及钢筋混凝土结构，也有待于应用振动法来使混凝土拌合物增实。

第二节　混凝土拌合物振实原理

一、混凝土振动密实原理

在混凝土拌合物中插入振动器，或者是通过模板对混凝土拌合物施加振动作用，就使拌合物进入颤震运动，混凝土拌合物的粒子获得了脉冲，因此它们就在不稳定平衡位置上振动。此时，混凝土拌合物具有“稠液”的性能。

在脉冲的影响下，混凝土拌合物的粒子将围绕着某种不稳定平衡的中间位置作连续不断地颤震运动。由于相邻粒子移位的结果，将形成一个空穴，并在新的不稳定平衡位置上继续振动。因此，粒子的彼此相继运动主要是向下方进行的。除了向下的竖向位移外，混凝土拌合物的粒子也可能具有其它位移：向上的，向着振动器和离开振动器的（施行内部振动时）。

混凝土拌合物在某种程度上具有“稠液”的性质。在振动力作用下，空气将变成气泡的形状从其中析出；拌合物可能具有任何形状，并在模板的侧立面上造成压力，即侧压力，随模板高度而增加。用振动器使混凝土拌合物增实时，它的粒子将互相靠近，并将空气排出，而这种空气则成为许多气泡升至混凝土的表面。浮在混凝土表面上的，只能是一些具有一定直径的气泡。直径小于某种限值的气泡的浮力，就不足以克服内摩擦力，这一现象保证了在振动拌合物的情形下能够获得密实混凝土。在某些情况下（一般指外部振动），受振动的混凝土拌合物并不析出气泡，而是吸取空气，对此，以尽量缩短振动时间，应用振幅较小的高频振动等方法来使之削弱。

二、影响混凝土振动密实程度的因素

（一）混凝土拌合物的黏滞度

水-水泥体系对于骨料粒子在其中移位的抵抗，可以按振实过程中水泥浆的黏滞度来估计。振实效果决定于介质的黏滞度、骨料粒子的形状、尺寸和表面性质、固相的数量，并在很大程度上决定于传递给混凝土拌合物粒子脉冲的大小和频率。

1. 水泥浆的黏滞度

黏滞度以液体作用于两个与运动方向平行的单位面上的力 τ 来测定，这两个面之间的距离在垂直于运动面的方向上等于 x。则黏滞度的方程式为：

$$\tau = \eta \frac{\mathrm{d}v}{\mathrm{d}x}$$

式中　η——黏滞度系数；

v——一层对于邻层移位的速度。

黏滞系数（或称内摩擦系数）就是在单位面积上所发生的、为维持一个单位速度梯度所必须的力。黏滞度分为普通黏滞度和结构黏滞度，在研究混凝土拌合物时，普通黏滞度可能是我们所要注意的，因为水是混凝土拌合物的主要组成之一，而水的黏滞度决定于温度。在 0～80℃范围之内，水的黏滞度在 0.0178～0.00355Pa·s 之间变化。

2. 水灰比对黏滞度的影响

黏滞度指标决定于水泥浆的稠度或水灰比。随着水灰比加大，混凝土拌合物的和易性就有所改善。但是，过大或过小的黏滞度都将损害混凝土拌合物的性能，引起离析。

3. 混凝土配合比对黏滞度的影响

随着水泥用量减少，拌合物即变得更加干硬。这种和易性的贬损，对于用砂量很少的拌合物来说，比较不敏感，因为骨料颗粒的总表面积是相当小的。

4. 水泥品种对黏滞度的影响

不同品种的水泥，由于矿物组成不同而导致需水量不尽相同，因而配制的混凝土的黏滞度也有所差异。

经过对施工过程进行观察，浇筑用火山灰质硅酸盐水泥拌制的混凝土不如普通硅酸盐水泥拌制的混凝土好，而振动器的效能也有所降低。

经试验可以证明混合材料对结构黏滞度的影响。特别是掺加硅藻石、火山灰、火山凝灰岩，对于水泥砂浆结构黏滞度影响很大。此时，结构黏滞度将急剧增长、在按质量含水50%并具有 0.0466Pa·s 结构黏滞度的水泥浆中掺加 30%的硅藻石，将使黏滞度增加到 0.187Pa·s，也就是增加到 40 倍。

5. 骨料表面性质对黏滞度的影响

试验证明，骨料颗粒的表面性质对混凝土拌合物的黏滞度有巨大的影响。表面粗糙、凹凸不平的粗细骨料拌制的混凝土的黏滞度增加，而颗粒表面光滑、呈椭圆形的骨料拌制的混凝土的黏滞度减小。

6. 塑化剂对黏滞度的影响

塑化剂及各种塑化型减水剂对混凝土拌合物的黏滞度都有一定的降低作用。

在振动台上对混凝土制品施行振实时，混凝土拌合物的黏滞度是一个不但影响机械生产率，而且同时也影响制品混凝土的强度和密实度的因素。采用振动冲压法时，或同时施行振实、真空抽吸和加压法的情形下生产空心构件时，混凝土拌合物黏滞度的意义更为巨大。

(二) 振动的极限速度和最小速度

讨论了混凝土拌合物的黏滞度，就可以获得混凝土拌合物受振动增实性的一般概念。具有不同配合比和不同流动度的混凝土拌合物的粒子运动速度极限值，具有重要的意义。知道了运动的极限速度，即可确定振动效能。

振动的极限速度是对某一体积的（8L）的混凝土施行一定时间振动来确定的，它具有独特的性质。对一系列研究工作所做的分析指出，单独指定的振动振幅、速度、加速度，都不能够表征振实的效果。振实效果是指可能达到的强度及密实性，或是所需的振动持续时间。

对于混凝土拌合物转入液体状态有决定性影响的，并不是单独指定的频率或振幅，而是它们决定混凝土拌合物粒子的速度或加速度的函数。只有在混凝土拌合物粒子的速度是以减小内摩擦力的情况下，振实作业才有效。

为了表明内部振动器或表面振动器的特征，必须测定那些紧贴振动器工作部分的混凝土拌合物粒子的运动速度。外部振动器的特征则以模板本身运动的速度来表示。当振动持续时间固定不变时，具有给定配合比的混凝土都有一个极限速度，超过了这个极限值时，强度和密实度就增高得很慢，或者不再增高。当速度低于极限速度时，强度和密实度将急剧降低。

在振幅高于极限值的情形下对混凝土拌合物施行振实，不会改变它的密实度和强度，但振幅很大时的情况除外，因为那时混凝土拌合物可能由于发生紊流现象而分层离析。

对于给定的速度来说，各有一个临界的振动持续时间，低于这个数值时，混凝土的强度就要降低；而高于这个数值时，强度却没有变化。当振动速度很小时，振动时间的临界值可能是极大的。

在给定振幅在情形下，振动时间对于干硬性混凝土强度影响的结果见表 59-1。

振动时间对干硬性混凝土强度的影响 表 59-1

振动时间 (s)	混凝土堆密度 (kg/m³)	7d 龄期抗压强度 (MPa)	振动时间 (s)	混凝土堆密度 (kg/m³)	7d 龄期抗压强度 (MPa)
10	2380	10.8	30	2400	13.4
15	2390	11.7	40	2400	13.3
20	2390	11.7	60	2400	18.3
25	2390	12.4	120	2400	18.3

注：1. 模板和混凝土的振幅 $A=0.262$mm。

2. $\frac{W}{C}=0.60$，碎石粒径 10～20mm。

3. 振动频率 50Hz。

从表 59-1 中可以看出，随着振动时间从 10s 增加到 60s，极限抗压强度增加了 80%，堆密度也有相应增加。这表明，如果正确地选定振动制度，即便是振幅比较小（< 0.626mm）的小型机械，也有使用的极大可能性。但是，如果再减小振幅时，振动时间就成为极大的数值，接近于无限值。极限振幅或极限振动速度就是这样确定的。

采用增大水灰比或提高水泥用量的方法增加混凝土拌合物的流动性时，其极限速度将随之减小。在前一种情况，也即是用改变水灰比的方法改变流动性时，极限速度有急剧变化。在后一种情况（提高水泥用量），骨料表面性质起着巨大作用。例如，混凝土拌合物的坍落度从 3cm 增至 6cm，以碎石配制的拌合物的极限速度将从 9cm/s 减至 7cm/s，而以卵石配制的拌合物的极限速度则实际上没有多大变化。

如果采用表面光滑并呈椭圆形状的骨料，仅凭借改变配合比或水灰比而改善混凝土的流动性，极限振动速度变化很微小。例如，以卵石配制的拌合物的坍落度在 0～6cm 之间变化，当频率为 58Hz 时，仅仅使振动极限速度由 15cm/s 降至 10cm/s；当频率为 33Hz 时，仅使其从 7cm/s 降至 4cm/s。可是，如果改变以碎石作骨料的混凝土拌合物的配合比或水灰比，则就要使振动的极限速度有显著的变化。例如，当拌合物的坍落度在 0～6cm 之间变化时，在 58Hz 频率之下的极限速度将在 20cm/s 到 5cm/s 之间变化；而在 33Hz 频率之下，将在 15cm/s 到 4cm/s 之间变化。

为了使混凝土拌合物受振动后得以很好地增实，必须使振动的速度超过相当于给定配合比和所使用条件的极限速度。

在评定混凝土拌合物的适应浇筑能力时，混凝土拌合物的坍落度、骨料粒径和种类以及表面性质，都有巨大的意义。

当振动时间为 30s 时，表 59-2 列有一些适用于不同骨料制成并具有一定坍落度的拌合物的速度极限值。

不同频率和坍落度的极限速度（cm/s）　　表 59-2

振动频率 (Hz)	粗骨料种类							
	卵石			碎石			炉渣	
	混凝土拌合物坍落度（cm）							
	0	3	6	0	3	6	0	0.5
33	7	5	3	15	5	3	32	18
50	15	12	10	20	9	5	40	20
100	25	20	15	30	15	10	50	25

从表 59-2 中可以看出，碎石混凝土的极限速度比卵石混凝土的大，而炉渣（轻骨料混凝土的极限速度比前两者都要大得多。

以火山灰硅酸盐水泥配制的拌合物的极限振动速度，比以普通硅酸盐水泥配制的大，例如，当频率为 58Hz 时，以普通硅酸盐水泥配制的拌合物的极限速度等于 10cm/s，而拌合物以火山灰质硅酸盐水泥配制时，这一极限速度就提高到 15cm/s；当频率为 33Hz 时，以普通硅酸盐水泥配制的等于 5cm/s，而以火山灰质硅酸盐水泥配制的则等于 9cm/s。

极限速度决定于一系列因素：水泥浆的黏滞度、介质的温度、骨料的表面性质，级配和直径、振动时间、拌合物坍落度以及振动频率。

这样看来，决定振动器振动速度的两个动力学特征——频率和振幅，对混凝土的强度和密实度的影响是很显著的。例如，对于给定条件来说，采用振幅从零到极限值的振动制度时，所得到的混凝土强度可能是各种各样的，但总要比正确选用振动制度时小得多。

为了显示颤变特性而必须的极限速度或极限振幅，称之为最小速度或最小振幅。这是与极限速度或极限振幅所不同的。如果知道了振动波在混凝土拌合物中的传播规律，就可以把相应于给定体积混凝土的极限速度换算为最小速度。最小速度、最小振幅和最小加速度与四种振动频率的相应值见表59-3。

最小速度、振幅和加速度值 **表59-3**

频率 (Hz)	最小			频率 (Hz)	最小		
	振幅 (mm)	速度 (cm/s)	加速度 (m/s^2)		振幅 (mm)	速度 (cm/s)	加速度 (m/s^2)
25	0.37	5.5	8.3	75	0.06	2.8	12.6
50	0.14	3.3	10.0	100	0.04	2.5	15.0

（三）振动器作用半径

根据振动器的作用半径，可以判断它的施工能力，以及施行内部和外部振动器之间的必要距离。正确地安放振动器可以保证浇筑混凝土构件的均匀性和质量、强度、密实度以及振动器的最大生产能力。

振动器的作用半径可以用测量混凝土压力和导电率的方法来求得。

（四）振动频率和骨料粒径

通常认为：其一，高频振动总比低频振动效果好。所谓的振动效果就是指浇筑所需时间的减少，或者是指浇筑的混凝土的质量、强度、密实度和外形的改进。其二，振动频率必须依据所用骨料的粒径来选定。特别是对于较粗的骨料，通常都建议采用比用于较细骨料稍低一些的振动频率（75Hz）。

混凝土拌合物的增实，以那些自振频率接近于受迫振动的频率的颗粒较为有效，因而波长较大的振动将作用于粗大的颗粒，而频率较高的振动则作用于较细的颗粒。从理论的观点看，仅仅振动频率并不能解决振动器效能的问题，因为有可能得到极高的频率，而与之伴随的振幅却是如此之小，以致振动器根本不发生任何效果。从应用的观点看，高频振动器比较不利，因为磨损较快。另一方面，在保持功率不变的情况下，机械的自身荷载及总尺寸都将减小。

对于流动性混凝土拌合物，通常建议采用低频率，而对于干硬性混凝土拌合物，则采用60~100Hz的高频率。采用高频振动器振实干硬性混凝土可以减少水泥用量，减少蒸汽养护的时间以增加生产能力，缩短制品成型时间，并增加振动器的效率，以及改善制品的外形质量。

第三节　振实混凝土的配合比选择

一、配合比设计参数

（一）密实度和强度

混凝土是由水泥石、骨料颗粒、水和空气所构成的复合材料。作为骨料颗粒胶凝材料的水泥石，质地是不均匀的，它由一些部分水化并形成胶质和结晶核的水泥颗粒所组成，颗粒之间的孔隙则由水和空气所填充。

影响混凝土强度和密实度的主要因素为水灰比。振实混凝土强度和密实度的最大数值是在水灰比为较小值时获得的，因而振实法能使干硬性混凝土拌合物增实。试验结果表明，以坚固骨料制成的振实混凝土的强度不仅决定于水灰比，而且也取决于配合比。在振动得密实的、水泥用量较少的混凝土中，压力是通过骨料骨架传递的，而不是通过较弱的水泥石传递的，这可能使强度增高达80%。

混凝土拌合物配合比的变化，对于以坚固骨料制成的振实混凝土的强度有影响，当使用振动器浇筑密实时，能使混凝土强度平均增加35%左右。为了获得这样的强度值，需要谨慎地设计混凝土配合比，在尽可能减少砂率的情形下使水泥用量降低到最小值。

骨料的吸水率对于混凝土强度有重大意义。如果吸水率过大，则混凝土实际水灰比就要改变，因而混凝土强度随之改变。

如果达到同一密实度，振实混凝土的强度与人工浇筑的是没有多大差别的。只是在浇灌干硬性混凝土拌合物时用手工浇筑不能获得适当密实度的情况下，混凝土强度才可能有差别。当混凝土水灰比很低时，使用振动器浇灌可以获得很高的强度；如用手工浇筑时，只要水灰比小于一定数值，混凝土强度就要降低。水灰比较小的混凝土，很难用手工浇筑，而它的强度也要降低。强度开始随着水灰比减小而降低时的水灰比，对于振实混凝土来说要比手工浇灌的小一些，这一情况也使人们可能在施行振实法时获得比手工浇灌时更高的强度。随着水泥用量的增加，水灰比的极限值将要减小，而相当于振实混凝土的水灰比极限值，如表59-4中所列。

（二）最佳砂率

1. 砂率对混凝土强度的影响

取决于水灰比的水泥石强度，是决定混凝土强度的关键。骨料级配涉及的主要不是强度，而是混凝土拌合物的流动性及混凝土的经济性。级配对强度有某些影响，但不是直接的。砂率太大的振实混凝土的强度比具有最佳砂率的混凝土要低一些，强度降低可达14%。这种情况在使用坚实骨料的场合下才发生。对水灰比为0.60、配合比为1:6（水泥:骨料）的混凝土，砂率对混凝土强度的影响见表59-5。

水灰比与水泥用量的关系　　表59-4

水泥用量 C（kg/m^3）	400	500	600
极限水灰比$\left(\frac{W}{C}\right)$	0.40	0.33	0.29

砂率对混凝土强度的影响　　表59-5

砂　率（%）	混凝土工作度（s）	混凝土坍落度（cm）	28d抗压强度（MPa）
33	15	1	17.3
35	12	6	16.1
37	14	3	15.2

2. 砂率对混凝土和易性的影响

最佳砂率是按混合物和易性的条件确定的。根据和易性条件而确定的最佳砂率，能使混凝土的水泥用量最少而强度又最高。

在水泥用量相同的情形下，应用振实法可以不改变砂率而凭借拌合物流动性的降低而增加强度。如果将砂率减少到最佳值，那么就可以在水泥用量相同的条件下增加振实混凝土的强度。例如，以强度为14.0MPa的混凝土来说，凭借砂率的减少，可能增加强度4.0～6.0MPa。在这种情况中，砂率的降低具有直接的或间接的影响，这种影响直接涉及到水泥砂浆夹层厚度的减小，使得内力更好地传递于比较坚固的粗骨料。但是，强度增加的主要原因是用水量的减少（保持水泥用量相同），或是由于水灰比的减小。

对于不同粒径的骨料，应具有一定的砂率（表59-6）。当正确地选择混凝土拌合物的砂率时，必须考虑水泥用量、骨料最大粒径、粗骨料的级配和孔隙率。

粗骨料的全部孔隙应当为砂所填充，并略有多余，以保证混凝土拌合物的和易性。对于振实混凝土来说，骨料混合物中砂的含量应当按照粗骨料在增实状态下的孔隙率来选定。

粗骨料最大粒径与砂率的关系　　表59-6

粗骨料最大粒径（mm）	最佳砂率（%）	
	振实混凝土	人工浇灌混凝土
50	31	35
12	34	38

二、配合比设计方法

在设计振实混凝土配合比时，与普通混凝土配合比相同，应当满足强度、和易性、耐久性及经济性的要求。在给定水泥和符合标准要求骨料的情形下，混凝土的强度主要取决于水灰比，并在较小程度上取决于骨料级配及其他因素。因此，在选定混凝土配合比时，必须以下述论点出发：混凝土强度决定于水灰比；在用水量减少的情形下混凝土抵抗大气作用的安定性较高；具有给定流动度的混凝土拌合物中水的含量实际上不决定于混凝土的配合比（当水泥用量为250～300kg/m^{3}时）；浇灌好的混凝土体积等于水泥、水和骨料的绝对体积与混入空气体积之总和；粗、细骨料的选择原则，务使砂在混凝土拌合物中既不多余，也不缺少。

（一）计算水灰比$\left(\frac{W}{C}\right)$

水灰比的计算可按下式进行：

$$\frac{W}{C}=\frac{A\cdot f_{ce}}{f_{c28}+A\cdot B\cdot f_{cc}}$$

（二）求用水量（W）

用水量的确定是根据骨料的表面性质和最大粒径的不同而结合混凝土流动性、结构种类来选择的。

（三）计算水泥用量（C）

用水量确定后，可按求得的水灰比来计算水泥用量：

$$C=\frac{W}{\left(\frac{W}{C}\right)}$$

（四）计算砂、石总质量（S+G）

知道1m^{3}混凝土中水和水泥的质量，即可按照混凝土拌合物的湿堆积密度（ρ_h）计算骨料的质量：

$$S+G=\rho_h-(C+W)$$

式中　ρ_h——混凝土拌合物的湿堆积密度（kg/m^3），一般取值：花岗岩碎石混凝土为ρ_h=2500kg/m^3；卵石混凝土为ρ_h=2400kg/m^3。

（五）求砂率（S_p）

砂率可按下式计算：

$$S_p = 1 - \frac{\rho'_G}{\rho_G}$$

式中　ρ'_G——石子堆积密度（kg/m^3）；

ρ_G——石子表观密度（g/cm^3）。

求得的 S_p 值很适合于真空吸水混凝土，但若由于振实混凝土时，算得的值应减 0.02；而用于手工方法浇灌混凝土，算得的值应增加 0.02。

（六）分别求砂、石用量（S、G）

知道了 S_p 和骨料总质量，即可先求 S，后求 G。

（七）试拌调整

当每 $1m^3$ 混凝土的四种组成材料质量确定后，应进行小数量体积的试拌，并分别测定流动度、湿堆积密度和强度。如满足设计要求即可，否则即需进行调整。

第四节　振实混凝土的性能

一、振实混凝土的力学性质

（一）抗压强度 $f_{c.c}$

1. 立方体抗压强度 f_c

混凝土的抗压极限强度是以 15cm × 15cm × 15cm 立方体试件在 28d 龄期测定的。将这一种极限强度定为混凝土的强度等级。

在规范中规定混凝土的强度等级 f_{c28} 分别为：C10、C15、C20、C25、C30、C35、C40、C45、C50、C60 共有 10 个等级。这些等级都是按照规定的试验标准进行试验的。

2. 棱柱抗压强度 f_a

比较正确的方法是用高度与底边的比值不小于 4.0 的混凝土棱柱体作试验。用混凝土棱柱体作抗压试验的结果称为棱柱体强度，这种强度通常应用在计算中心受压和偏心受压的混凝土及钢筋混凝土构件的时候。

C・r・Bach 所做棱柱体试件的对比试验结果见表 59-7。

棱柱体试件高度对混凝土抗压强度的影响　　表 59-7

高宽比（h/a）	0.5	1.0	2.0	4.0	8.0	12.0
抗压强度比值	1.38	1.00	0.93	0.85	0.84	0.82

3. 受挠抗压强度 f_u

混凝土受挠抗压强度为棱柱强度的 1.25 倍，（$f_u = 1.25f_a$），这一点已为钢筋混凝土结构计算所证实。

（二）抗拉强度 f_{ts}

对于承受拉力的结构来说，抗拉极限强度具有极大的意义。

(1) 当抗压强度为 12 ~ 24MPa 时，抗拉强度与抗压强度之间有如下关系：

$$f_{ts} = \frac{1}{2}\sqrt[3]{f_{c28}^2}$$

(2) 当抗压强度为 20 ~ 30MPa 时，则抗拉强度与抗压强度之间有：

①对于普通硅酸盐水泥制成的混凝土：

$$f_{ts}=\left(0.1-\frac{f_{c28}}{10500}\right)\cdot f_{c28}$$

②对于高铝水泥制成的混凝土：

$$f_{ts}=\left(0.05-\frac{f_{c28}}{30000}\right)\cdot f_{c28}$$

如在混凝土中掺加 20% 的矿棉，并且搅拌均匀，可在水灰比为 0.60 ~ 0.65 的条件下提高抗拉极限强度 18% ~ 20%。

混凝土在潮湿状态下试验所得的抗拉强度，要比在干燥状态下试验所得的小一半。对于振实混凝土，可以假定抗拉强度的数值 $f_{ts}=0.1f_{c28}$。

（三）振实混凝土与钢筋的粘结力

钢筋与混凝土这两种性质截然不同的材料之所以能够共同工作的原理，即是混凝土与钢筋之间的粘结力和由于混凝土的收缩而引起的作用于钢筋的压力（摩擦阻力）。振实混凝土的密实性较之手工浇灌的混凝土增加，这就使得钢筋与混凝土之间粘结效果有所改善（表 59-8）。

钢筋与混凝土粘结力 **表 59-8**

混凝土坍落度 (cm)	混凝土工作度 (s)	龄期抗压强度 $f_{c.c}$ (MPa)		龄期粘结强度 (MPa)		龄期粘结强度与抗压强度之比		备　注
		6d	30d	6d	30d	6d	30d	
0	100	9.0/9.9	15.6/13.6	1.3/1.6	2.6/1.6	0.136/0.166	0.168/0.120	钢筋 ϕ12、石子为碎石
0	22	9.2/8.0	15.0/13.5	1.0/0.9	2.2/1.8	0.107/0.107	0.150/0.133	
4.5	11	6.6/5.6	11.6/9.5	1.0/0.8	1.8/1.7	0.146/0.143	0.157/0.184	
5.0	8	5.3/5.6	11.0/9.4	1.1/1.1	1.9/1.9	0.215/0.190	0.178/0.206	
8.5	—	5.2/4.2	9.9/9.2	1.1/1.3	1.9/2.2	0.204/0.306	0.195/0.242	
0	18	13.9/17.6	19.4/24.2	1.2/1.8	2.4/2.6	0.086/0.104	0.123/0.106	
0	30	4.0/14.2	9.2/23.0	1.2/3.1	2.6/4.7	0.300/0.218	0.290/0.205	钢筋 ϕ16、石子为卵石
4.5	14	0.3/0.8	12.1/14.7	1.1/1.7	2.2/3.0	0.180/0.179	0.184/0.168	
0	29	13.3/25.2	22.9/35.3	0.9/2.9	2.9/4.0	0.065/0.114	0.126/0.114	

注：表中分子—手工浇灌混凝土的数值；分母—振实混凝土的数值。

（四）收缩变形

混凝土的收缩变形主要包括化学减缩、干缩变形及温度变形三部分。对于混凝土收缩有影响的是：水泥用量、用水量、细骨料的数量、水泥品种和粉磨细度、混凝土硬化时的温度和湿度条件及硬化时间。

混凝土中含水量的减少，可能大大地减少混凝土的收缩，这正是用振实法浇灌混凝土时所能做到的。减少水泥的数量，密实混凝土的孔隙数量少，因而收缩也小。因此，减少混凝土中水泥浆的数量，即可减少混凝土的收缩。要减少混凝土的收缩，必须采用级配良好的骨料，减小砂率，缩减水泥用量，并且采用干硬性混凝土拌合物。

用振实法浇灌干硬性混凝土拌合物时，混凝土的收缩大约比手工浇灌的混凝土的收缩减小$\frac{1}{2}$，因为粗骨料的含量增加，而水灰比相同时水泥浆的数量相应减少。这样，即可提高混凝土结构的可裂性。

防止收缩裂纹的措施，在于减少水泥用量和水的数量，选择良好的骨料级配，使砂率尽量减小，以及均匀地使混凝土增实，以保证它的质地均匀。同时，也需要良好的养护条件。

欲防止混凝土裂纹，必须采用发热量较小的水泥，减少混凝土中水泥的数量，限制混凝土浇灌层的厚度、块体大小尺寸和浇灌的速度，人为地使块体冷却，设置伸缩缝，用加温法阻止温度迅速降低，在低温下浇灌混凝土。

（五）耐磨强度和抗冲击强度

1. 耐磨强度

受荷载作用时，混凝土最易磨损部分的是砂浆。因此，如果混凝土中有过多的砂浆，而在浇灌和抹光混凝土时砂浆升至表面，那末这就会使混凝土的磨损增加。

振实混凝土具有较好的密实性，并且采用较小砂率配制的，因此它能够比手工浇灌的混凝土更好地抵抗磨损。对振实混凝土的磨损试验可知，混凝土对于磨损的抵抗是随着骨料粒径的增加和水灰比的减小而改善的。

2. 抗冲击强度

为检验振实混凝土的抗冲击强度，曾经用1:7（水泥:砂+石）、水灰比0.60、坍落度2cm的混凝土成型成200mm×200mm×100mm的板进行标准抗冲击试验。作为混凝土抗冲击强度指标的是板面每1cm^{2}所受的功，以J/cm^{2}计（表59-9）

振实混凝土抗冲击强度　　**表59-9**

混凝土龄期（d）	抗压强度（MPa）	抗冲击强度（J/cm^2）	
		出现第一条裂缝时	破坏时
3	5.7	96.2	107.0
6	10.5	167.0	187.0

从表中可以看出，混凝土3d龄期的抗冲击强度为6d龄期的68%。在早期内，振实混凝土能够很好地抵抗冲击荷载，表59-9中的数据已经表明了这一点。

（六）弹性模量

试验指出，水灰比为0.55~0.70的振实混凝土的弹性模量比手工浇灌的同样混凝土的弹性模量大一些。除了用流动性极大的混凝土拌合物外，粗骨料用量较多的振实混凝土的弹性模量较之手工浇灌的同样混凝土为大。这种弹性模量的差别，以贫混凝土表现得特别强烈。随着水灰比的增加，振实混凝土的弹性模量逐渐降低。振实混凝土的最大弹性模量出现在龄期为60d时，随着龄期继续增加到150d，振实混凝土的弹性模量就要减小，与手工浇灌的混凝土一样，混凝土的弹性模量随着时间增加到某一极限值，然后又减小。振实混凝土在60d龄期时的弹性模量的平均值如表59-10所列。

振实混凝土弹性模量平均值　　表59-10

抗压强度 $f_{c.c}$（MPa）	35	30	17	14	11	9
弹性模量 E（MPa）	3.4×10^4	3.0×10^4	2.6×10^4	2.5×10^4	2.4×10^4	2.3×10^4

振实混凝土的弹性模量不仅决定于混凝土的强度等级，而且还在更大程度上决定于骨料、水泥用量、混凝土密实度和龄期。在早期内，由于有较大的塑性变形，混凝土的弹性模量是随着应力而强烈变化的。

二、振实混凝土的耐久性

混凝土的耐久性通常是与其吸水性相关联的。人们认为，混凝土吸水愈少，则愈加耐久，吸收少量水的混凝土不会在水冻结时被内压力所破坏。

（一）抗渗性

当水灰比不变时，振实混凝土的渗透性比手工浇灌的混凝土小。振实混凝土的渗透性不仅决定于水灰比，而且也决定于骨料的最大粒径。水泥和骨料能够保持一定数量的水，在浇灌混凝土拌合物的过程中，沉重的颗粒向下沉降，将水挤出。粗大的颗粒占据了稳定的均衡位置，而较细小的颗粒则在粗大颗粒之间的孔隙中沉降。被挤出的水停滞在粗骨料的下方，之后经过蒸发，就形成气孔。这种气孔加上水泥石中更细的微观孔道，形成了任水分流过的渗滤通路。随着骨料粒径的加大，形成气孔的条件更为有利，而混凝土也更易透水。

用100mm高的试件在不同龄期测定振实混凝土的渗透性，其结果见表59-11。从表中可以看出，在早期透水的混凝土，到了较晚的硬化期，将变得比较不透水。水灰比对混凝土的透水性有影响，这一点在比较了水灰比为0.65和0.70的两种1:8（水泥:骨料）的碎石混凝土后，即可看出。

振实混凝土的透水性　　表59-11

质量配合比 水泥:砂+石	坍落度（cm）	和易性（s）	水灰比 $\left(\frac{W}{C}\right)$	振动时间（s）	龄期（d）	在下列大气压下经过试件的水量（MPa） 0.1	0.2	0.3	0.4	0.5
1:8卵石	0	28	0.63	60	3	0	0	47	142	268
					6	0	0	0	9	55
1:8碎石	0	24	0.65	30	3	0	26	160	280	430
					6	0	0	9	50	99
1:8卵石	3.5	13	0.70	30	30	0	0	13	107	221
					3	0	72	290	555	810
					6	0	0	68	172	282
					30	0	0	50	155	275
1:6.5碎石	0.5	16	0.55	30	3	0	3	80	172	272
					6	0	0	52	87	185

（二）耐冻性

混凝土的耐冻性在很大程度上决定于孔隙充水的程度和冷冻速度。譬如说，石灰岩的临界充水率为80%，但即使平均充水率不大时，也可能发生水分局部集中，超过临界充水率的现象（例如当壁部冷却时），致使耐冻性降低。不同直径的毛细管中水的冻结温度是不一样的。以石灰岩为例，毛细管中水冻结的温度为-60℃。

为了使试件冻结，必须将它们保持在低温下数小时。在重复冻结时，过冷的水很容易转变成为冰。充水程度愈低，则水愈难冻结。迅速冷却的作用比缓慢冻结更具有破坏性。经过缓慢冻结后，石灰石的弹性模量仅降低5%~10%，而经过一次迅速冻结后，就会降低60%~80%。

由于密实度较大，振实混凝土是不透水的，并且吸水极少，因而它的耐冻性也较好。配合比为1:10（水泥:骨料）的振实混凝土经得起150次冻融循环，而在此时还具有初始强度的91%~95%。振实混凝土的耐冻性远远超过25次冻融循环的标准冻结。表59-12所列有水灰比为0.55和0.60、配合比相应为1:6.5和1:8的振实混凝土的试验结果。前一种混凝土拌合物的坍落度为8.5cm，而后一种则为1.5cm。

振实混凝土的耐冻性　　**表59-12**

质量配合比 水泥:砂+石子	龄　期 (d)	抗压强度（MPa）		冻结150次后的质量损失 (g)
		未　冻　前	冻结150次后	
1:8	6	11.2	20.7	263
	30	21.5	21.8	330
1:6.5	6	12.9	21.9	257
	30	21.6	23.4	383

经过150次冻融循环后，所观察到的是强度大大增长，特别以早期的混凝土为甚。经过150次冻融循环后的混凝土的强度，以第6d受冻的混凝土来说，差不多增长了100%。发生这一现象的原因是在混凝土融解期内强度有所增长，由于振实混凝土较为密实，它的耐冻性胜过普通混凝土。

第五节　振实混凝土的振实设备

一、振动器的工作原理和分类

（一）振动器的工作原理

振动器的振动可以凭借不同种类能（电能、压缩空气能、蒸汽能、水和液体燃料能的）转化来引起，先转化为机械能，然后再变为振动能。通常用的振动器属于慢性机械一类，冲击式或复合式（慢性和冲击）机械则很少应用。

（二）振动器分类

（1）按照驱动和启动能的种类：按照驱动和起动能的种类，振动器分为两种：

①电动机式振动器　包括电动机、不均衡重体系（偏心子式偏重体）、振动器工作部分（平板、铁钎等）和操作体系（手柄附止动器）。偏心子可以直接装在电动机转子的轴上，或者设在电动机之外，借助于皮带或三角皮带、软轴及弹性离合器与电动机相连。

②电磁式振动器　是一个交流电的电磁石，振动器的工作部分刚性地装置在这个电磁石的磁枢式铁芯之上，用压缩空气、蒸汽或水供能的振动器可以分为活塞型和涡轮型两

种。

活塞型振动器是一个筒状气缸，活塞就在气缸中运动。压缩空气或蒸汽借助于装置在振动器气缸上的分配阀和活塞本身上面的沟槽系统配送。

涡轮式气压振动器按其构造与电动机式相近。转子是由于它位于一个交替变换的磁场中而得以旋转的，而涡轮的旋转则有赖于低压（0.4~0.6MPa 大气压）压缩空气、蒸汽或水通入涡轮之内。振动器的工作部分偏心子的位置与电动机或振动器相同。也有一些由内燃机工作并借助皮带等传动的振动器。

（2）按传递振动的方式：按传递振动的方式振动器分为四种。

①内部振动器　又称插入式振动器，多用于振捣基础、柱、梁、墙等构件及大型设备基础等大体积混凝土结构。

插入式振动器按产生振动的原理分为偏心式或行星式；按振动频率分为低频（25~50Hz）、中频（83~133Hz）和高频（167Hz）；按传动装置分有软轴式和直联式；按振动器的原动力又分为电动式、气动式及内燃式等。

建筑工地常用带软轴的插入式振动器，主要有：中频偏心软轴插入式振动器和高频行星滚锥软轴插入式振动器。

②表面振动器　又称平板振动器，是将一个带偏心块的电动振动器安装在钢板或木板上，振动力通过平板传给混凝土。表面振动器的振动作用深度小，适用于振捣表面积大而厚度小的结构，如现浇楼板、地坪或预制板等。平板振动器底板大小的确定，应以振动器能浮在混凝土表面为准。

③外部振动器　亦称附着式振动器。是将一个带偏心块的电动振动器利用螺栓或钳形夹具固定在构件模板的外侧，不与混凝土接触，振动力通过模板传给混凝土。外部振动器的振动作用深度小，适用于振捣钢筋密、厚度小及不宜使用插入式振动器的构件，如墙体、薄壁梁等。

④台式振动器　或称振动台。是在工厂或建筑工场中用来制造混凝土及钢筋混凝土制品和装配式构件的。这种振动器包括一个支承在弹簧或螺旋弹簧之上的工作平台，和一套刚性固定在工作平台下方或是独立基础之上的起振机械。起振机械由一个电动机和一些装在转子轴上的偏心子所组成，或者由一些用安装在振动台附近的发动机驱动的偏心子所组成。也有使用电磁式、气压式或其他振动器作为台式振动器的起振机械。

二、振动器馈电设备

（一）变频机

电动机或振动器的频率，可以使用特殊的变速器变更发动机转速来加高，变速器可以由齿轮体系或是皮带及其他传动设备所组成。人们间或也采用由专门的变频机——变周机——将高频电流馈送同步电动机的方法。

1. 变频机的特点

由变频机馈送高频电流给振动器的优点主要有以下三点：

（1）不用传动设备（皮带、三角皮带、齿轮）。因为在高频率之下传动设备是不能很好工作的。

（2）供应一组振动器的机组便于看管。

（3）振动体制（频率和振幅）恒定不变。

①由于变频机——变周机的这些优点，应推荐应用提高这种频率的方法。另一优点还在于变频机的输出可以有两种或更多种的频率。

②同步电动机中回转磁场的转速决定于馈入电流的频率。调节同频电动机回转的最简单方法就是改变馈入电流的频率，这种频率的改变可能是平稳的，也可能是逐级进行的。

2. 变频机的形式

变频机主要有下列四种形式。

(1) 同步发电机：可用以调节速度的直流电动机驱使转动；

(2) 交流整流器；可用以调节速度的发动机驱使转动；

(3) 离子式变频机：改变频率，调节速度；

(4) 异步三相鼠笼式电动机：用弹性离合器与一个带有接触环的不同步电动机相连接。

(二) 低压变压器

混凝土振动器通常是在这种情况下使用的，即当机件失灵或不设地线时馈入电流的高电压可能伤害振动器操作工人。对于内部振动器和表面振动器来说，这种情况很突出，而对于外部振动器则稍好一些。在固定的工厂条件下使用的台式振动器，总是有良好地线的，因而可容许在高压条件下工作。

为了避免伤害振动器操作工人，并保证工作安全，振动器应当用 36 ~ 40V 的低压电。为此，可以采用多层变压器铁片加绕两个线圈组成的降压变压器。初级线圈用细电线绕成，匝数较多，次级线圈则用较粗的电线，匝数较少。电压的变换决定于初级线圈匝数对次级线圈匝数的比值，通常称为变压系数。如果向初级线圈输入交流电，那末在次级线圈中将发生一种电流，其电压低于输入电流电压的倍数，恰好等于次级线圈匝数少于初级线圈匝数的倍数。

降压变压器也可以在额定电压范围内用作升压变压器。

三相电流的变压原理与单相电流相同。三相电流变压器的铁芯用变压器钢片做成三条肢干，两端各镶接用变压器铁片做成的横条。三相的线圈分别缠绕在三个肢干上。

变压器的输出电压通常为 36V，初级线圈按照插入 220/110V 电路中计算。

第六节　振实混凝土施工

一、用于振实混凝土的模板

(一) 受外部振动时模板的侧压力

混凝土模板的两侧板在成型混凝土时，承受侧压力，并且随高度而呈直线变化，同时在振实时，随振动力而增加。侧压力的绝对数值，以及它在高度上分布的情形，决定于振动传播的范围，也就是振动器的作用半径。这是因为在振动器作用半径范围以外混凝土拌合物不具有液体的性能，并且形成一种将自身荷载向侧壁传递的拱。

坍落度不同的混凝土拌合物，在振动器作用球面范围之内，墙壁上的压力决定于混凝土拌合物的单位体积质量（湿堆密度）和填充高度。混凝土拌合物的坍落度对于压力在高度上分布的性质没有影响。试验表明，坍落度为 0 ~ 1cm 的混凝土拌合物的侧压力与坍落度为 5 ~ 7cm 的混凝土相同。在这两种场合，最大的侧压力都等于 0.055MPa。对于坍落度为 15～18cm 的流动性混凝土拌合物，则由于水灰比较大，加之模板不严密之故，所测得的绝对数值偏小。受振混凝土拌合物作用于模板侧壁到压力相当于一种密度等于所灌混凝土单位体积质量液体的压力。有人曾用比密度为 $2.8g/cm^3$ 的碎石配制混凝土进行试验，因而所测得的单位体积质量很高。

总之，混凝土拌合物的坍落度和配合比对于振动时压力在高度上分布的性质不发生影响。压力的绝对数值决定于混凝土增实后的单位体积质量和振动传播范围。因此，对于不同坍落度和不同配合比的拌合物，压力的绝对值都可以按照混凝土单位体积质量和振动器的作用半径来确定。与此同时，试验也证明了模板的尺寸不会影响到压力在高度上的分布。

（二）混凝土作用于模板上的残余压力

在混凝土浇灌后 1.5～2.0h，侧压力降低到最小值，等于初始压力的 60%，而经过 4h 后又重升高到初始值 75%。以绝对数值来说，最低压力为 0.04MPa，经过 4h 后升高到 0.06MPa。

巨大的残余压力必然会使拆模时发生一些困难，如模板变形、混凝土拉裂等。而试验表明残余压力与混凝土中水泥的用量有关。当拌合物中水泥含量为 10% 时经过 18h 后的残余压力平均值约为最大压力的 50%，而当水泥用量为 12% 时则经过 14h 后的残余压力平均值约为最大压力的 20%。这一点可以这样来解释：水泥用量多的混凝土收缩现象进行比较强烈，而收缩的绝对数值也较大，这就影响模板侧壁上压力的减小。混凝土收缩并不是到了 18h 就完毕。可以预料，到了脱模的时候，侧壁上的残余压力还要减小。

（三）施行振动时模板的侧压力

1. 振动模板的侧压力分布状态

用内部振动器浇灌混凝土时，压力在高度上分布的性质与外部振动稍有不同。内部振动器依次通过柱子的每一个截面，在截面外面留下增实了的混凝土。如果柱子有一个截面超出了振动器的作用范围，那么，在这个截面上的侧压力也不可能升高，因为经过振动增实的混凝土没有传递上面复叠层次的压力的能力，只有混凝土拌合物流动性过大的场合可能是例外。这种拌合物对于振动是不适宜的。

施行内部振动时，侧压力略高于重液体的理论压力，一般多出 0.003～$0.005N/mm^2$。这可能是由于振动器插入混凝土拌合物内有动力作用的缘故。在内部振动期间的压力，稍小于振动器停闭后读得的数据。

2. 模板侧压力计算

根据俄罗斯 B.M. 莫伊申科的资料，在灌筑水工构筑物块体时，振实混凝土的压力可按混凝土单位体积质量与混凝土浇灌层计算厚度的乘积来求算，此项计算厚度实际上就是振动器的作用深度。受振混凝土拌合物作用于模板的侧压力决定于拌合物单位体积质量。模板填充高度以及振动器作用半径。

当采用正确的施工方式时，模板侧压力的绝对数值可按以下公式计算。

（1）施行外部振动时，其模板侧压力为：

$$q = \rho_h(2r + K)$$

式中 q——模板侧压力（kN/m^2）；

ρ_h——混凝土增实状态下的湿堆积密度（kg/m^3）；

r——振动器竖直方向的作用半径（m）；

K——复叠层次所引起的压力系数，其数值：当坍落度为 0cm 时，$K=0.4$m，当坍落度为 7～8cm 时，$K=0.6$m。

施工方式应当是使柱子的高度上同时工作的振动器不多于一只。随着模板被逐渐填充起来，最初开动下面的振动器，在它停止工作以后再开动第二部振动器，并依此类推。对于已经灌筑好的层次施行过度的振动，将导致混凝土分层离析，而大量水泥浆从模板漏出。安装在柱子上的振动器同时工作，将使柱子底面上的压力大大增加（柱高 4m 时可达 100kN/m^2），因为在全部高度上混凝土混合物都具有重液体的性能。

（2）施行内部振动时，其模板的侧压力为：

$$q=\rho_h \cdot r+0.6$$

振实混凝土浇灌完毕后经过 14h 后的残余压力，当水泥含量为干拌合的 12%～14% 时，约为初始数值的 20%～50%。

随着越来越多的混凝土逐步进入振动，压力将增加到它的极限值。施行外部振动时，可以观察到，在停闭振动器的时候压力将升高 0.002～0.004N/mm^2。

在外部振动期间，压力总是比振动后所记录的数值小 2～4kN/m^2，而施行内部振动时则相反，在振动期间内压力较大。作为外部振动的计算荷载，应当扣减 0.3，并将由于倾倒混凝土而引起的压力定为 0.4～0.9，也即是：

$$q=\rho_h\ (2r+K)\ +4 \quad (\mathrm{kN/m^2})$$

当施行内部振动时，为了考虑荷载的动力性质，应当采取：

$$q=\rho_h \cdot r+12 \quad (\mathrm{kN/m^2})$$

对于内部振动来说，由于荷载动力作用所引起的压力定为 6kN/m^2，而倾倒混凝土拌合物所引起的压力亦定为 6kN/m^2。在内部振动的场合，由于层次复选而压力增加的系数等于零，因为在一个层次增实时，不论是何种振动器，总是位于混凝土表面附近。

（四）用于振实混凝土模板的构造特点

如何创造条件，保证混凝土拌合物获得液体性能而同时又避免混凝土拌合物作用于模板上的压力增加，是施工人员和设计人员的基本任务。在评价各种不同模板体系时，应考虑如何将受振混凝土对模板的危害作用消除掉。

为了防止和避免侧压力的破坏，模板的主要类型应当考虑下列条件进行设计。

（1）模板的整体强度和各部分的强度；

（2）模板对于受振混凝土拌合物透过的严密性；

（3）能够保证振动效果的弹性；

（4）振动器的固定应简便易行；

（5）能够保证混凝土增实后质地均匀的振动器作用半径；

（6）振动从一个侧壁到另一个侧壁的传递；

（7）传递振动的方式（外部或内部振动）。

选定了外部振动或内部振动，上述条件就有了限制。如施行内部振动时，必须考虑两个条件：模板的整体强度和各部分的强度，以及模板的严密性。

二、工业厂房和民用房屋结构的灌筑

（一）基础的浇筑

在基础中浇灌混凝土拌合物，宜用内部振动器或表面振动器，或者二者同时使用。使用表面振动器对混凝土拌合物进行加工时，混凝土应分为20~30cm的层厚浇灌。如果采用这样分层的浇灌方法，混凝土大型块体可能具有许多施工缝，而后者将降低构筑物的耐久性。假如除此以外混凝土浇灌层下部的加工还比上部差一些，那么整个块体势将具有一种多层性，对于这样的构筑物来说，这是不能允许的。在施工缝上新老混凝土的粘着不可能是很好的，因为施行表面振动时浇灌层的光滑表面将蒙上一层水泥薄膜，而且同老混凝土相接触的新浇灌层下部不一定能加工得很好。表面振动器同内部振动器联合使用与内部振动器单独使用比较起来并不能增加粘着强度，甚至还能稍稍减小一些。除此，在模板壁附近和钢筋周围的混凝土拌合物很难用表面振动器加工；大型块体的外表面遭受大气和侵蚀性介质的作用最为剧烈，因此应当仔细地灌筑。

改用内部振动器（振动铲或振动棒）浇灌大块体混凝土时，已经查明的缺点大部分可以消除或者减轻。使用小型振动铲时浇灌层厚度可以增加到60cm，而使用大的振动铲时则可以增至75cm。将振动器徐徐插入浇灌层，浇灌层的全部厚度上均被涉及到。这样，所浇灌的块体就不会不均匀。施工缝的数目就可以减少$\frac{2}{3}$~$\frac{3}{4}$，施工缝上新老混凝土的粘着也比施行表面振动器时更好。在模板壁附近和钢筋周围的混凝土拌合物，都能用内部振动器振动密实而不留“死角”。当混凝土拌合物在运输途中发生离析时，使用内部振动器进行加工可以部分地进行纠正，这一点是使用表面振动器所做不到的。内部振动器的生产能力也比表面振动器的大。

使用内部振动器浇灌大型块体混凝土拌合物时，其技术经济指标比使用表面振动器高得多。为了成功地使用内部振动器进行工作，必须确立一套振动制度和施工程序。

1. 振动制度

(1) 作用半径：内部振动器的作用半径（水平方向上）决定于振动器的功率、动力矩、水泥品种、骨料种类、混凝土拌合物的坍落度及振动时间。

(2) 振动时间：内部振动器达到最大生产能力的最佳振动时间约在30~60s之间。但在模板底部浇灌第一层混凝土时，振动持续时间应增加50%。

(3) 生产能力：对于坍落度为3~5cm的塑性混凝土拌合物来说，振动器的生产能力可达14.5m^3/h。振动器的生产能力还取决于按照什么样的格式来移置振动器。采取梅花式的比方格式的生产能力大。试验表明，移置振动器频繁一些，距离小一些，其效果好。

(4) 混凝土层厚度：通常取其等于起振部分的高度，但是最大的厚度可以容许稍大一些，因为振动器可以插得较深，同时增加振动的时间。

2. 施工程序

使用内部振动器浇灌混凝土拌合物的工作程序决定于浇筑块体的尺寸、钢筋的密集程度、以及传送混凝土拌合物的方法。

(1) 在混凝土与模板相接触的地点，应当仔细对混凝土拌合物进行加工，振动器应当顺延模板移置，间距不大于作用半径的$\frac{1}{2}$；在已倾卸的混凝土拌合物的所有其余表面上，振动器应按梅花式或方格式移置。

(2) 振动器在工作时不应当放在模板或钢筋之上，因为这可能促使模板剧烈振动，以致在模板与老混凝土接触地点形成缝隙，砂浆从其中漏出；如果有粗骨料落入缝隙，那么块体表面上将形成一个贝壳状赘疣。

(3) 当块体分为几层灌筑，间断时间超过 4～6h 时，不得使振动器与钢筋相接触，因为在混凝土经过这一段时间以后，在未完全硬化的混凝土层内混凝土与钢筋间的粘结通常有所减损。

(4) 运抵浇灌地点的混凝土拌合物，应当尽可能倾斜在新浇筑的混凝土上。在灌筑配有双筋的块体下层时，应当避免将混凝土拌合物倾注在上层钢筋上。基础的浇筑应按照这样的方式进行：务使每一后继层次的浇灌都不迟于前一层次浇灌后 3～6h。将浇灌层覆盖起来的时间取决于水泥的品种、选定的水灰比、外界空气温度，在每一场合均须单独确定。

（二）柱和墙的浇筑

截面边长 20～50cm 的柱以及配筋较密的薄壁墙，可以用外部振动器来振动。在这些场合，由于钢筋密集，使用内部振动器是有困难的，特别是在多肋楼盖的柱子与主梁和次梁相连接的节点处尤为困难。高度很大的柱子，拌合物不是自上而下浇灌，而是从旁侧进行，在这时使用内部振动器也是可能的。截面大于 50cm 的柱子及薄壁墙，最好兼用内部和外部振动器来灌筑。

为了灌筑钢筋密集而竖直方向上尺寸很大的薄壁构件，适宜使用附有足够长度的软轴内部振动器，或安装在钢模板上的附着式振动器。使用内部振动器在柱子中增实混凝土拌合物时，常常觉察到模板的弹性性能对振动效能有若干影响。由于模板弹性性能的影响，内部振动器的加工深度同工作部分的高度比起来，稍有增加。

在浇灌柱和墙的多数场合，最好使用外部振动器。虽然在生产条件下这一灌筑方法最难掌握，并且需要很大的注意和慎密的准备。使用外部振动器时，振动在柱子的每一截面上传布的深度取决于模板块的振幅。振幅愈大，则增实的深度也愈大。

三、道路和工业厂房地面的灌筑

道路、堤岸和工业厂房地面的铺筑，常以不需要对混凝土表面作进一步加工或用承载层覆盖为宗旨。这种方法在经济上是合理的，而且已经广泛应用。在工业和其他房屋地面的混凝土底层上抹一层水泥砂浆使表面平整的做法，不能认为是成功的，因为水泥砂浆是混凝土的软弱部分，而地面很快就被磨损。

道路机械化的独特性对于筑路振动器的构造有影响。筑路振动器是筑路机械（整平机、辗压机、刮平机）和起振器的组合。每一台整平机、辗压机或刮平机装备着一套起振机组，便能按道路路堤全宽一次振动铺设混凝土拌合物，通常规定一台起振机组的宽幅不超过 1.8m。起振机械的布置应使振动时它刚好位于增实层的表面上。

筑路振动器最简单的类型是辗压式振动器，它是一个直径为 35cm 的滚筒，装置在单架上，并且配备着升降用的设施。辗压式振动器较少用，代替它的是配设起振机组的整平机或刮平机，起振机组由电力、压缩空气或电动机驱动。

在筑路工程中，由于有可能采用极其干硬的混凝土拌合物，振实混凝土的优点可以最完全地加以利用。施行振动灌筑法时，不仅可能浇灌坍落度为 2～6cm 的混凝土拌合物，而且也可能浇灌坍落度为 1cm 或更小的比较干硬的拌合物。此时，可以减少砂的含量。这样做，每 $1m^3$ 混凝土可少用水泥 50kg 以上。振实混凝土中砂含量的减少，对于道路建筑来说，是非常宝贵的，因为道路的磨损将因此而减轻。

振动刮尺是一段长 4.4～4.5m 的 10 号槽钢，在它的中部装置振动器，两端则设置手把。浇灌混凝土的面积被划分为宽度等于刮尺长度的条幅，顺着这些条设置一些标定板厚度的桩子。卸在刮尺之间的混凝土拌合物预整平成为一个高出桩顶 2～3cm 的层次。然后，将振动刮尺这样放置，使它的端头支承在桩上，开动振动器，并逐渐移动振动刮尺。紧随着振动刮尺移动的是一个木质样板，将振动刮尺遗留的不平顺部分全部刮平。振动完毕后在表面上析出的水用麻布除去。用这种方法加工所得的表面很平整，并且不需作进一步地加工处理。

类似的方法也可以用来浇灌堤岸边坡、道路和其他结构的混凝土。当灌筑边坡时，先沿坡铺设两道铁质或木质梯子，同时供作振动刮尺的导向架和供工人们升降之用。振动刮尺可以借人力或绞车顺沿导向架移动。边坡宽约 4m 的条幅从下面开始灌筑，而振动刮尺随着灌筑的进行向上提升。

第六十章　碾压混凝土

（rolled compacted concrete）

第一节　概　　述

一、碾压混凝土的特点

碾压混凝土是一种通过振动碾压施工工艺达到高密实度、高强度的水泥混凝土（或沥青混凝土）。它是一种坍落度为零的干硬性水泥混凝土，与普通混凝土相比，用水量少、稠度低、能节约大量水泥，并且施工速度快、养护时间短，主要用于道路路面工程和水工坝体工程等。碾压混凝土具有以下特点：

（1）水灰比和单位用水量少，稠度低。由于碾压混凝土中要掺加粉煤灰和外加剂等，使水泥用量大大减少。

（2）碾压混凝土含水量少，养护期短，公路铺筑施工期就具有承载能力，可实现道路交通早期开放。

（3）碾压混凝土是依靠粗骨料之间的嵌锁作用获得强度的。而普通水泥混凝土是靠水泥的水化反应产生的凝结力来获得强度。从浇筑部位抽取的硬化混凝土试件所得的试验结果表明，碾压混凝土的性能与普通水泥混凝土大致相同。

（4）干燥收缩小，可省去接缝和扩大横向接缝的间隙。

（5）耐久性好，养护费用低。

（6）经济性好，与普通水泥混凝土路相比，可减少工程费用30%以上。

二、碾压混凝土的发展

碾压混凝土最早用于水库堤坝的建设。用于道路铺筑始于20世纪70年代初期，最早是西班牙。世界各国开始利用碾压混凝土铺筑道路是在第一次石油危机时期（1973年），当时沥青供应短缺、成本高，促进了碾压混凝土铺筑的实验研究与发展。到70年代中期，实际铺筑施工量大大增加。世界一些主要工业国家的施工量情况见表60-1。

各国碾压混凝土施工量与施工机械　　表60-1

项　目	德　国	西班牙	法　国	美　国	加拿大	日　本
施工场所	军用重车停车场 重交通道路	轻交通道路 城市道路 重交通道路	轻交通道路 木材选择场	军用重车停车场 机场停车场 集装箱货场 轻交通道路	矿山道路 汽车站场 木材选择场	工事用道路 木材场 I·C坡道 厂区道路(试验)
施工量（$1\times10^4m^2$）	1.5	400	200	27	—	2.3

续表

项 目	德 国	西班牙	法 国	美 国	加拿大	日 本
摊铺机械	带模板的沥青摊铺机	平地机沥青摊铺机	平地机沥青摊铺机	带模板的沥青摊铺机	带模板的沥青摊铺机	带T·V模板及大压实模板的沥青摊铺机
压实机械	振动压路机 轮胎压路机	振动压路机（10～20t） 轮胎压路机（9～21t）	振动压路机（9～10t） 轮胎压路机（10～35t）	振动压路机（8～15t） 轮胎压路机(30t) 单列式压路机	振动压路机(10t) 轮胎压路机(15t)	振动压路机（7～10t） 轮胎压路机（8～25t）

西班牙、美国和日本等国家对碾压混凝土路面的研究和应用处于世界前列。日本协会1990年已制定了《碾压混凝土路面技术指南（草案）》，并初步解决了平整度问题，现正进行高速公路路面工程中的铺设试验。1991年美国陆军工程兵团制定了《碾压混凝土路面技术规范》，1995年5月美国混凝土学会（ACI）325委员会（混凝土路面委员会）发表了“碾压混凝土当前工艺水平报告”，概括了美国碾压混凝土路面的应用信息、材料性能、配合比、结构设计、施工和质量控制办法等内容。

我国国内从上世纪80年代初在陕西、四川、山西、江苏、安徽等地开始碾压混凝土路面铺筑技术的研究。国家把碾压混凝土铺筑路面作为一个重点研究项目，组织施工部门、科研院所对碾压混凝土路面的强度、性能、材料配比、施工工艺等进行了较为系统的研究，取得一定的研究成果，使碾压混凝土路面的应用得到了较快的发展。全国已有十几个省市在公路、城建和机场建筑建设中应用碾压混凝土铺筑技术。

三、碾压混凝土的应用

目前，我国公路上常用下层为碾压混凝土，上层为普通混凝土的复合式路面，或碾压混凝土路面上铺筑磨耗层。在《公路水泥混凝土路面设计规范》（JTJ 012—94）和《水泥混凝土路面施工及验收规范》（GBJ 97—87）中已列入碾压混凝土路面的有关内容。适用范围中规定，全厚式碾压混凝土路面只能用于二级及其以下等级的公路路面。

在水坝的建设中，采用碾压混凝土施工较多的国家是美国、日本、澳大利亚、巴西和英国。日本建造了5个水库堤坝，美国建造了10个堤坝。

在水泥混凝土工事修补中，碾压混凝土铺筑具有快速性。1975年，巴基斯坦的塔贝拉坝，大约浇筑了344000m^3的碾压混凝土，用来修复由于水库第一次蓄水时泄水洞崩坍而被冲去的岩石和堤岸，在44d内浇筑完毕。平均日浇筑量超过7600m^3，最高达19000m^3。

第二节　碾压水泥混凝土配合比设计

碾压水泥混凝土的配合比应按照“能满足施工作业的和易性及路用性能要求”的原则进行设计，并力求经济合理。在冰冻寒冷地区还应符合抗冻性能要求。所采用的碾压混凝土配合比，在机械施工条件下，应能获得所要求的路面平整度并满足强度及耐久性的要求。

一、配合比设计指标

碾压混凝土配合比的设计指标是碾压混凝土的稠度和强度。

（一）稠度

路面碾压混凝土以“改进 VC 值”为配合比，稠度宜为（40±5）s。

（二）强度

碾压混凝土配合比设计强度可按下式确定。

$$F_{\tau} = kF_{\tau m}$$

式中　F_{τ}——碾压混凝土设计强度（MPa）；

$F_{\tau m}$——碾压混凝土设计抗折强度（MPa）；

k——提高系数，其值为1.15～1.25，可根据施工的技术水平及工程的重要程度确定。

各级交通量要求的碾压混凝土设计抗折强度不得低于表60-2的规定。碾压混凝土抗折弹性模量应以试验实测确定。如无条件时，可按混凝土设计抗折强度参照表60-3选用。

碾压混凝土设计抗折强度与弹性模量　　**表60-2**

交　通　等　级	特　重	重	中　等	轻
设计抗折强度 $F_{\tau m}$（MPa）	5.0	5.0	4.5	4.5
抗折弹性模量 E_c（$\times 10^5$MPa）	3.0	3.0	2.8	2.7

碾压混凝土抗折弹性模量　　**表60-3**

设计抗折强度 $F_{\tau m}$（MPa）	5.0		4.5		4.0	
抗折弹性模量 E_c	碾压混凝土	F 碾压混凝土	碾压混凝土	F 碾压混凝土	碾压混凝土	F 碾压混凝土
（$\times 10^5$MPa）	3.5	3.3	3.3	3.1	3.1	2.9

注：表中碾压混凝土——未掺粉煤灰的碾压混凝土。F 碾压混凝土——掺粉煤灰的碾压混凝土。

另外，碾压混凝土试配比强度应根据路面设计强度，考虑路面压实率波动所附加的“压实安全强度”及混凝土质量变异系数可按下式确定：

$$F_{b} = (F_{k} + F_{y})k = F_{ky}k \quad \text{(MPa)}$$

式中　F_b——配比强度；

F_k——设计基准抗折强度；

F_y——压实安全强度。即，为补因压实率不足所致的强度损失，在设计基准抗折强度上加大的强度值。根据下式确定：

$$F_{y} = (Y_{1} - Y_{2}) \times a$$

Y_1——抗折试件标准压实率（=95%）；

Y_2——路面芯样压实率下限值（根据芯样压实率统计提出）；

a——相应于压实率变化1%的抗折强度波动值（通过试验得出）；

F_{ky}——配比基准强度（为设计基准抗折强度与压实安全强度之和，是求取配比强度时的基准强度，可作为碾压混凝土质量控制的基准值）；

k——加成系数（与质量保证率要求及质量变异系数有关）。

在缺少路面芯样压实率下限值 Y_2 和相应于压实率变化1%的抗折强度波动值 a 统计数的情况下，可根据施工质量变异系数 C_v（%）统计结果按表60-4确定相应的配比强度。

如无变异系数统计数，C_v 按 15%考虑。

路面碾压混凝土设计指标参考表 **表 60-4**

变异系数	8	9	10	11	12	13	14	15
加成系数 k	1.07	1.08	1.09	1.10	1.11	1.12	1.13	1.14
配比强度 f_{28}（MPa）	5.9	6.0	6.0	6.1	6.2	6.2	6.3	6.4

注：1. 按照重交通和特重交通路面混凝土设计基准抗折强度为 5.0MPa 计算。

2. 混凝土抗折强度试验采用 15cm×15cm×55cm 棱柱体小梁试验。

进行配合比试验若采用 10cm×10cm×40cm 试件测定混凝土抗折强度时，配比强度设计指标可按下式换算：

$$(f_{28})_{水} = 1.457 f_{28}^{0.816}$$

式中　$(f_{28})_{水}$——采用 10cm×10cm×40cm 试件时的抗折强度指标；

f_{28}——表 57-4 中采用 15cm×15cm×55cm 试件试验所得的配比强度（f_{28}）数值。

在碾压混凝土配合比设计确定抗折强度时，考虑到早期使用，一般选用养护 7d 配合出的抗折强度。另外，考虑到现场压实的变动情况，其抗折强度可选用 5.7MPa。碾压混凝土的强度指标见表 60-5 所示。

碾压混凝土的强度指标 **表 60-5**

粗骨料的最大粒径（mm）	20	配合的抗折强度（MPa）	5.7（养护 7d）
设计抗折强度（MPa）	4.5（养护 7d）	要求的密实度（%）	96（空隙率为 4%）

二、配合比设计

（一）碾压混凝土材料的基本要求

路面碾压混凝土应采用抗折强度高、施工时间（从拌合到铺筑结束）长、强度发展快、水化热低及耐磨性好的水泥。

碾压混凝土宜采用强度等级不低于 42.5 级的硅酸盐水泥、普通硅酸盐水泥和道路硅酸盐水泥。水泥品质须分别符合 GB 175—1999 和 GB 3693—1992 规定的要求。矿渣硅酸盐水泥和含火山灰混合料的普通硅酸盐水泥不宜用于高等级公路碾压混凝土路面。中热硅酸盐水泥水化热低、干缩小，但早期强度增长较慢，不宜用于要求提前开放交通的碾压混凝土路面。

骨料的最大粒径以 20mm 为宜。当碾压混凝土分两层摊铺时，其下层骨料最大粒径可采用 40mm。碾压混凝土骨料级配范围见表 60-6。

碾压混凝土骨料级配范围建议值 **表 60-6**

最大粒径（mm）	筛孔尺寸（mm）								
	圆孔						方孔		
	40	25	20	10	5	2.5	0.6	0.3	0.15
	通过百分率（以质量计）（%）								
20			90~100	50~65	30~45	21~35	10~20	7~15	5~10
40	90~100	65~77		35~50	25~40	19~32	10~20	7~15	5~10

路面碾压混凝土的拌合用水应采用清洁的淡水。使用非饮用水时，应经过化验，水质必须符合国家建设部标准《混凝土拌合用水标准》（JGJ 63）的要求。

碾压混凝土掺入粉煤灰时，粉煤灰的质量不低于国家标准《用于水泥和混凝土中的粉煤灰》（GB/T 1596—1991）Ⅱ级粉煤灰的标准。掺入剂量一般为20%（等量取代）或40%（超量取代）。

碾压混凝土宜采用缓凝型减水剂或缓凝引气型减水剂。对有抗冻性能要求的路面碾压混凝土，原则上应采用复合引气剂。加入缓凝剂，如木质素磺酸钙时，其最佳剂量一般为0.25%～0.30%（以占水泥＋粉煤灰干重计）。所用外加剂的品质应符合现行国家标准《混凝土外加剂》GB 8076—1997规定的要求，外加剂的品种应经过混凝土试验优选。所以外加剂的品种和掺量必须预先通过混凝土性能试验优选，被选用的外加剂，在确认掺用此种外加剂的混凝土性能满足使用要求后方可使用。使用时，必须符合《混凝土外加剂应用技术规范》（GB 50119—2003）要求。

（二）配合比设计

碾压混凝土配合比的设计主要是确定骨料组合级配、单位用水量和水灰比。碾压混凝土各组分的用量，可采用正交试验法或经验公式来确定。

1. 一般设计程序

（1）骨料组合级配的确定：在单位用水量、水灰比一定的情况下，骨料的组合级配与以5点的变化（密级配沥青混凝土是以20mm的中央级配为中心）进行击实试验，以最大击实密实度作为最佳骨料的组合级配（参见第三章沥青混凝土）。

（2）单位用水量的确定　当骨料的组合级配、水灰比一定时，变动5点的单位用水量进行击实试验，选定击实密实度为96%的单位用水量。

（3）水灰比的确定　在确定了单位用水量和骨料级配的情况下，改变水灰比3点，测定配制混凝土的抗折强度，确定的目标是抗折强度为5.7MPa的水灰比值。

2. 配合比设计试验

在碾压混凝土施工前应选取样品进行混凝土配合比设计试验。对于重要工程或大型工程配合比设计可采用正交设计试验方法，对于非重要的小型工程，可采用简捷设计方法。

采用正交设计试验对普通碾压混凝土可选取用水量、水泥用量、石子填充体积三个因素，对掺粉煤灰混凝土可选取用水量、基准胶凝材料用量、粉煤灰掺量和石子填充体积四个因素。每个因素均选定三个水平，用$L_9(3^4)$正交表安排试验方案。将试验结果进行直观分析及回归分析，根据直观分析结果并依据所建立的混凝土单位用水量及抗折强度推定经验式，综合考虑拌合料的抗分离性及易修正性，确定稠度和强度满足设计要求的“初步配合比”。

对初步配合比在施工现场进行混凝土拌合试验，对稠度、抗折强度、混合料均匀性进行验证，并可进行适当的调整，进而确定碾压混凝土施工时的配合比。

在碾压混凝土配合比设计中，骨料合成级配建议范围可按图60-1选用。表60-7为碾压混凝土铺筑用配合比设计工程实例。

3. 正交设计试验法

采用“正交试验”进行碾压混凝土配合比设计，不仅能考察配合比中各个因素对设计指标的影响程度及规律，而且可以根据试验建立的经验式较为准确地选定稠度、强度及和易性获得满足要求的配合比。

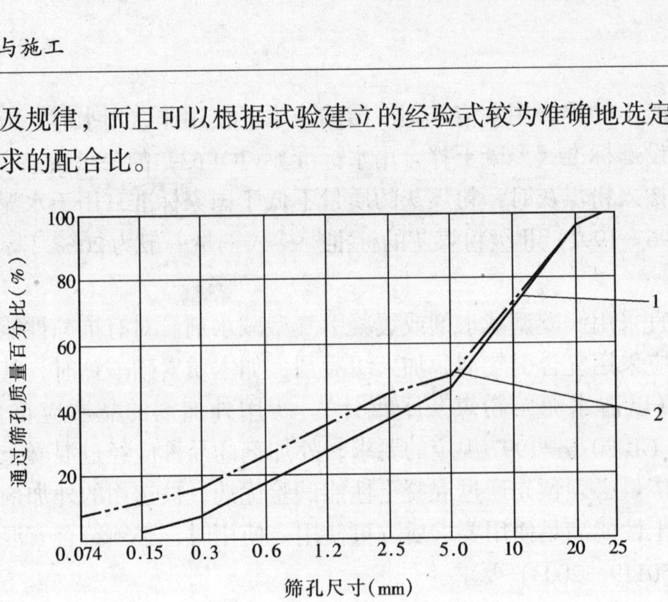

图 60-1 骨料合成级配

1—含水泥的合成级配；2—骨料合成水泥

铺筑混凝土的配合比设计工程实例 **表 60-7**

水泥种类	水灰比 $\left(\frac{W}{C}\right)$	K_D (a)	K_m (b)	砂率 (%)	单位粗骨料体积 (m^3)	单位用量 (kg/m^3)							理论最大堆密度 (kg/m^3)
						水	水泥	砂	粗骨料		外加剂		
									20～13	13～15	减水剂	AE 剂	
普通水泥 (NC)	0.35	1.04	1.85	43.9	0.75	105	300	956	646	626	1.80	0.24	2633
粉煤灰水泥 (FC)	0.33	1.12	1.92	43.9	0.74	105	318	942	636	616	1.91	0.25	2617
中热水泥 (MC)	0.35	1.03	1.86	43.9	0.75	105	300	959	648	627	1.80	0.24	2639

(1) 确定试验考察的因素和水平，按正交表安排试验：分别按掺与不掺粉煤灰的情况，列出试验因素与水平表供参考采用，见表 60-8 和表 60-9。

因素与水平（无粉煤灰） **表 60-8**

因素 水平	A 用水量 (kg/m^3)	B 水泥用量 (kg/m^3)	C 石子填充体积 (%)
1	105	250	75
2	110	290	70
3	100	330	80

因素与水平（掺粉煤灰） **表 60-9**

因素 水平	A 用水量 (kg/m^3)	B 基准胶凝材料量 (kg/m^3)	C 粉煤灰掺量 (%)	D 石子填充体积 (%)
1	100	240	10	75
2	120	280	15	70
3	110	320	20	80

上列因素与水平表，主要适用于采用强度等级不低于42.5级的水泥及品质不低于Ⅱ级的粉煤灰，粉煤灰掺量按超量取代法计算；“用水量”按粗、细骨料饱和面干状态计，并采用缓凝引气减水剂。确定因素水平的原则是，使混凝土稠度及抗折强度设计值包含在正交试验结果范围中，如有特殊情况可根据原材料具体条件按上述原则适当调整“水平”范围。

（2）根据 L_9（3^4）正交试验方案进行各个混凝土理论配合比的计算。

普通碾压混凝土采用“绝对体积法”（假设空隙率为零）进行配合比材料用量计算：掺粉煤灰的碾压混凝土参考《粉煤灰混凝土应用技术规范》（GBJ 146—90）提供的配合比计算方法进行材料用量计算（孔隙率也假设为零）。

（3）按照试验方案及确定的考核指标进行各个配合比的混凝土试验。

一般情况下，应进行拌合料改进 *VC* 值、表面出浆状况评分和混凝土抗折强度试验，也可根据需要增加其他试验项目。

（4）进行各项考核指标试验结果的直观分析及方差分析。

考察各个因素对考核指标的影响程度及其规律（注：如果无重复试验数据进行方差分析有一定困难，可只进行直观分析）。

（5）进行试验数据的回归分析，建立稠度及强度的推定经验式。

对普通碾压混凝土，用水量（W）是影响稠度（改进 *VC* 值）的主要因素；灰水比（C/W）是影响强度（f_{28}）的主要因素；石子填充体积（V_g）对强度也有一定影响。因此，建立下列经验式：

$$W = a + b \times \ln VC$$

$$f_{28} = a + b \times (W/C) + C \times V_g$$

对粉煤灰的混凝土，用水量和粉煤灰掺量是影响稠度的第一、第二位重要因素，基准胶凝材料（$C+F_1$）和粉煤灰掺量（f）均是影响强度的重要因素，石子填充体积（V_g）对强度也有一定影响。因此，建立下列经验式：

$$W = a + b \times \ln VC + C \times f$$

$$f_{28} = a + b \times (C + F_1) + C \times V_g$$

式中　W——用水量（kg/m^3）；

C——用灰量（kg/m^3）；

VC——稠度值；

V_g——石子填充体积（%）；

f——粉煤灰掺量（%）；

F_1——粉煤灰用量（kg/m^3）；

a、b、c——常数。

（6）根据配合比稠度设计指标及强度指标，并综合考虑抗分离性及易修整性的要求，确定初步的配合比。

①根据直观分析结果确定石子填充体积和粉煤灰掺量；

②根据建立的稠度及强度推定式，确定用水量、水泥用量和基准胶凝材料用量；

③按绝对体积法确定砂子用量。

(7) 进行初步配合比的验证试验，在确认其性能（主要是稠度和强度）满足设计要求后，提供现场试拌。

碾压混凝土按《公路工程水泥混凝土试验规程》（JTJ 053—94）规定进行试配，并根据试拌效果对初步配合比进行适当调整，最后确定标准配合比。

第三节　碾压水泥混凝土振动密实特性

碾压水泥混凝土是由水泥、细骨料、粗骨料等加水拌合均匀的一种混合料。在未凝结硬化之前，它与常规水泥混凝土一样是由固相、液相和气相组成的粒状集合体，可以看作是像黏性土一样的黏、弹、塑性流变体。固相包括大小从数微米的微细水化物粒子到数厘米的粗骨料，具有极广泛的粒径分布、形状、密度各异的粒子群。一些是粒子凝集，一些是粒子分散的粒状集合体；液相是强盐基性溶液，它存在于凝胶孔、毛细孔、固相周界及游离状态中；气相是 0.01 ~ 1mm 的气泡，存在于固相与液相的孔隙之中。随时间推移，液相或是蒸发或是与未水化水泥颗粒继续反应，逐渐减小。而固相则不断增加，从而过渡到黏、弹性为主的物理结构状态。

由于碾压水泥混凝土与常规水泥混凝土的级配不同，含水量远小于常规水泥混凝土，属干硬性水泥混凝土，用在道路铺筑上，保证一定的密实度和强度要求是十分重要的。

一、水泥混凝土的密实方法

水泥混凝土路面性能的好坏除与所选用的材料、材料级配、拌合质量、施工机械、施工条件、施工工艺与方法等因素有关外，水泥混凝土的密实状况也是一个极为重要的因素。

水泥混凝土的密实方式一般是按新拌混凝土的稠度决定的。通常密实水泥混凝土有三种方式：一种是内部振动（捣）式，一种是表面振动式，第三种是振动压实。对坍落度在 4 ~ 5cm 以上的柔软性水泥混凝土，一般采用内部振动式（如棒状振动器等）；坍落度在 2.5cm 左右较软的水泥混凝土，通常采用表面振动式（如振动平板）或插入棒状振动器；干硬性水泥混凝土（坍落度为零）采用振动压实方式。水泥混凝土的密实方式如图 60-2 所示。

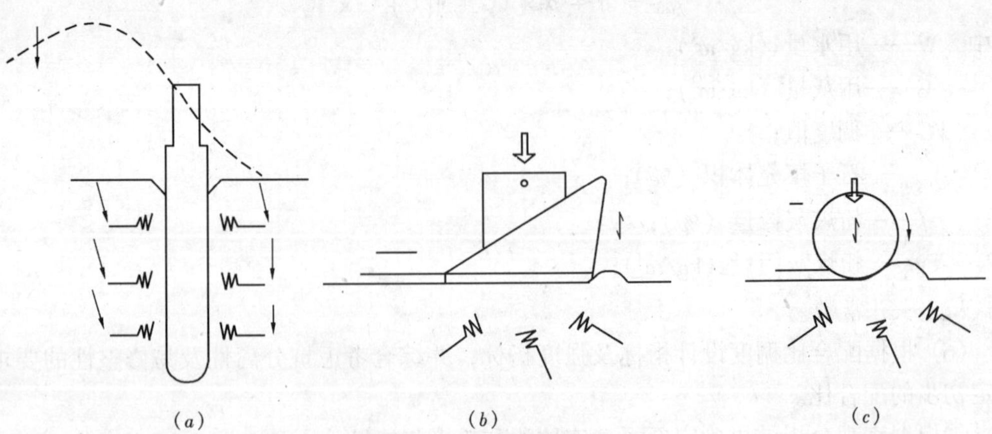

(*a*)　　(*b*)　　(*c*)

图 60-2　水泥混凝土的密实方法

(*a*) 内部振动式（$SL>4$）；(*b*) 表面振动式（$SL\approx2.5$）；(*c*) 振动压密式（$SL=0$）

碾压水泥混凝土属于硬性水泥混凝土，用它铺筑路面时，为达到要求的密实度，多采用振动压路机进行压实。

内部振动是将振动器（源）插入水泥混凝土内部，起振后，振动由振源向周围传递的同时，水泥混凝土内的空气就上升排出。空气排出与振源的强度影响范围有关，离振源较远处，空气排出量就减少。

由于内部振动，使水泥混凝土骨料、水泥浆体易滑动，并占据排出空气的位置，从而使混凝土密实。内部振动密实原理如图 60-3 所示。

实际使用中，一般土木建筑上多用直径 30 ~ 60mm 的内部振动器，水库大堤上多用直径 130mm 的内部振动器。

表面振动密实的振动源在水泥混凝土的表层，影响深度受到限制，如果水泥混凝土铺层较厚，则对下层密实不充分。

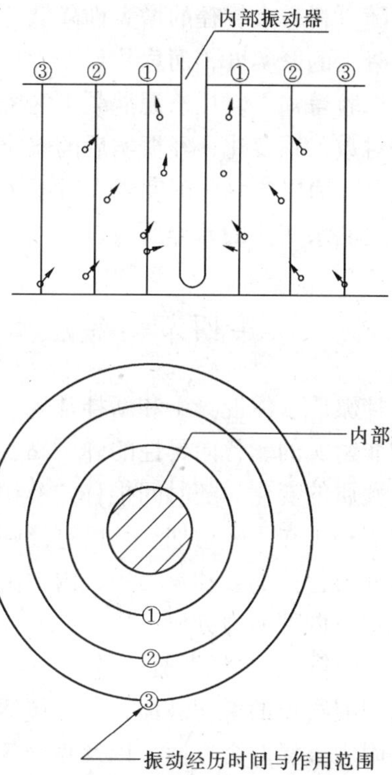

图 60-3　内部振动密实原理图

二、水泥混凝土振动密实特性

碾压水泥混凝土是一种干硬性混凝土材料，其振动密实特性与本身的材料组成、级配以及新拌混合料的性质等有关，另外还与振动压实设备、振动密实方法有关。要求碾压水泥混凝土既能够支承碾压设备自身的质量，以得到有效地振碾密实，又足以使在拌合与振碾过程中水泥浆胶结料遍布整个混合料，这样才能在振碾过程中得到较好的密实性。

碾压水泥混凝土混合料的用水量对其振碾密实影响最大。通过对最大粒径为 38mm 的粗骨料的粉煤灰混凝土混合料的振动试验，结果表明：如果延长振动时间（达 40s 或更多），混合料的湿堆密度随用水量的增加而迅速增加，用水量达 $68kg/m^3$ 后，湿堆密度开始下降；当用水量为 $86kg/m^3$ 时，只要振动 30s，便可接近无空气堆密度的 98%。若继续增加用水量，会显著减少充分增实所需的振动时间，却降低了工作度，这不利于混凝土支承振碾机的自身质量。显然，这种混合料的最佳用水量应接近 $68kg/m^3$ 和 $86kg/m^3$ 的中值，大约为 $77kg/m^3$。对全部以硅酸盐水泥作胶结材料的混合料的测试结果表明，达到最大堆密实的最佳用水量为 $110kg/m^3$，而掺有硅酸盐水泥和粉煤灰者，其最佳用水量随粉煤灰与水泥的比率在上述范围内变化。

碾压水泥混凝土混合料中水泥浆含量多少也影响密实效果。如果配入混合料的水泥浆的最小湿堆密度有富余，在密实时混凝土呈可塑状态，会在振实设备前出现明显的挤压波，尤其是在已经浇筑两层或多层时就更为突出；如果水泥浆不足以填充全部骨料间孔隙，则在振碾密实时石料就会互相碰撞，部分石料随混凝土密实而被挤碎。

骨料级配影响碾压水泥混凝土的相对密实性，也影响填充骨料孔隙和包裹骨料颗粒而形成坚实混凝土整体所需要的水和胶结料的用量。若级配控制满足要求，则捣实后的干堆密度将随骨料最大粒径的增大而降低。另外，圆形和立方形骨料在振碾时有利于增加碾压水泥混凝土的密实度，而扁片形、针状形骨料则不利于密实度的提高。

从试验得知，碾压水泥混凝土的密实特性与土的密实特性较相近。其密实程度与振碾能量成对数关系变化，经振实后的碾压水泥混凝土上、下层的密实度大体一致，可以达到98%以上，辅层愈厚、深度越大时压实度下降值越大，其强度上层比下层低，主要原因是上、下层的水灰比的差异所致。

第四节　碾压水泥混凝土的工程力学性质

新拌碾压水泥混凝土和新拌常规水泥混凝土、湿软土壤一样都是由固相、液相和气相组成的非密实的、各向异性的弹、黏、塑性流变体。它们随时间、温度和受力状态的不同而发生性质的变化。随时间推移，液相或是蒸发或是与未水化水泥颗粒继续反应，逐渐减小。而固相则在不断增加。从而过渡到以弹、黏性为主的物理结构状态。在外力和内力作用下（外力包括加载和重力场，内力由颗粒间的力产生，来源于混凝土本身。一般将颗粒之间或颗粒内部的力分成：化学力、分子力、离子—静电力、毛细力、静电力、库仑力和磁力），新拌碾压水泥混凝土的应力分布和大小随时间发展发生复杂变化。从宏观分析，碾压水泥混凝土的剪切破坏，主要包括水泥浆体断面的内聚力破坏，浆体与骨料接触层断面的黏附力破坏两个方面，以及克服各混合颗粒间的相互咬合，产生相对移动的摩擦力。

了解新拌碾压水泥混凝土的内摩擦阻力、外摩擦阻力等力学特性对混凝土的铺筑施工作业与施工机械的性能要求都具有重要的意义。

一、新拌碾压水泥混凝土的内摩擦力学特性

未固结碾压水泥混凝土由于是弹、粘、塑性混合料，它与常规水泥混凝土、湿软土壤一样，内摩擦阻力剪切应力符合 Mohr-Coulomb 理论式，可用下式表示：

$$\tau = c + \sigma \operatorname{tg}\psi$$

式中　τ——剪切应力（kPa）；

c——内聚力（kPa）；

σ——作用在剪切面上的法向压应力（kPa）；

ψ——内摩擦角（°）。

未固结水泥混凝土内部还存在粘附力，它是由分子力引起的两种不同物质接触部分之间产生的引力。水泥浆和骨料间的粘附力的产生同时存在着物理吸附、机械咬合和化学键（氢键和主价键）三种作用，因而骨料周围出现一个接触层，而接触层的结构，则决定着粘附力的大小。

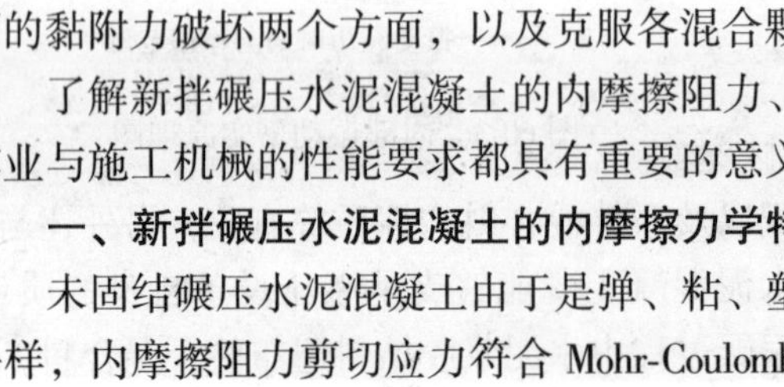

图 60-4　固、液体间的接触角度

1—空气；2—水泥浆；θ—接触角

水泥浆作为粘附剂时，粘附力的大小首先决定于对骨料的湿润效应。湿润本身说明水分子已与骨料产生范德华力。湿润效应决定于固体、液体间接触角的大小（图 60-4）。而接触角的大小又决定于水泥浆的内聚力与固、液体间分子引力的比

例。属于亲水的固体表面，或具有较小内聚力的浆体，接触角较小，有较好的湿润效应，其极限为 $\theta=0°$，即全部湿润。反之，固体表面如属于憎水性而浆体内聚力又较大时，接触角就大，湿润效应就差，极限可达 $\theta=180°$，这时黏附力就等于零。因此，从物理吸附来说，浆体黏度和骨料表面构造是确定水泥浆和骨料黏附力的两个重要参数。

内摩擦系数（公式中 $\mathrm{tg}\psi$）与混合料的级配组成和混合料的物理状态有关，不同的新拌混合料，在不同时间、不同外界条件下是不同的。按照维莫斯（Wegmouth）粒子干扰学说：凡是具有一定直径比的骨料组成水泥混凝土时，其粒度组配是以某一单位骨料的平均相互间隔恰好等于其次一级大小的骨料平均直径与包裹骨料的水泥膜的厚度之和时为最佳。当骨料的平均相互间隔小于水泥膜的厚度之和时，则发生粒子干扰。混凝土拌和物在外力的作用下，石子间将发生相对移动，石子与石子之间将产生干摩擦，此时摩擦系数很大。反之，则水泥砂浆在石子之间形成润滑介质，石子之间形成润滑介质，石子之间的摩擦系数将大大减小。摩擦系数大小决定于水泥浆介质黏滞度、骨料颗粒形状和表面性质。

（一）内摩擦时间特性

新拌水泥混凝土是弹、粘、塑性流变体。混合料完成拌合后，随停放时间的推移，其中强盐基性溶液的液相是蒸发或是未水化水泥颗粒继续反应，逐渐减小，从而由弹、粘、塑性过渡到弹、黏性为主的物理结构状态。其内摩擦特性随停放时间历程可表示为介质润滑状态经附着状态到干摩擦状态，在状态变化过程中，内摩擦特性（内聚力、内摩擦角以及内摩擦力等）也发生相应的变化。

从试验研究中得到：新拌碾压水泥混凝土内摩擦的内聚力随停滞时间的增加，由于稠度变大，其内聚力呈逐渐减小的趋势。它的内摩擦角（或内摩擦系数）随停滞时间也发生变化。在混合料拌合后 0～30min 范围内，内摩擦角急剧增大，此段属润滑区；在 30～60min 范围内次之，此段属附着区；在 60min 以后 ψ 值增加平缓，渐趋于一致，此段属干摩擦区。内摩擦角随时间的变化如图 60-5 所示。

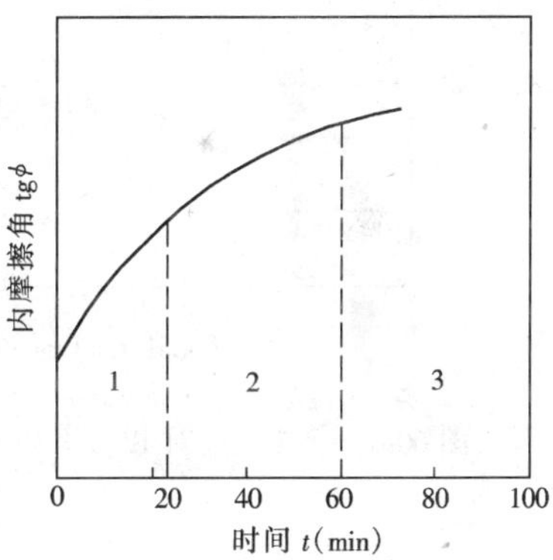

图 60-5　内摩擦角随时间的变化
1—润滑区；2—附着区；3—干摩擦区

从公式中可以看出，内摩擦力由两部分组成，一种力是内聚力（c），另一种力是摩擦力（$\sigma\mathrm{tg}\psi$）。从实验得知：得 σ 增大，内摩擦力主要来源于 $\sigma\mathrm{tg}\psi$，而内聚力 c 影响很小，反之亦然。在 $\sigma\geqslant10\mathrm{kPa}$ 情况下，混合料停滞时间 $t=0\sim30\mathrm{min}$ 范围内，为内摩擦力剧增区（属润滑区）；$t=30\sim60\mathrm{min}$ 范围内，为内摩擦力缓增区（属附着区），其变化不大；$t>60\mathrm{min}$ 为缓减区（属干摩擦区）。在 $\sigma\leqslant5\mathrm{kPa}$ 情况下，$t=0\sim30\mathrm{min}$ 范围内，为内摩擦力缓增区；$t>30\mathrm{min}$ 范围内为剧降区。

另外，不同材料配合比的碾压水泥混凝土，其内摩擦力系数也是有差异的。

试验结果表明，碾压水泥混凝土混合料含水量对内聚力有影响，当外加剂（减水剂和引气剂等）掺量相差不大时，在一定范围内，含水量越少，内聚力越小。另外，在混合料中掺加粉煤灰能降低碾压水泥混凝土的内聚力，掺量越大，内聚力越小。

（二）内摩擦速度特性

通过对三种碾压水泥混凝土材料在不同剪切速度下试验表明，内摩擦力与正压力的关系符合莫尔—库仑公式：$t = c + \sigma \mathrm{tg}\psi$。内摩擦速度不改变内摩擦力（$t$）与正压力（$\sigma$）的线性关系。

图 60-6 和图 60-7 是碾压水泥混凝土材料内摩擦特性试验结果。图 60-6 是在不同剪切速度和不同压力下测得的碾压水泥混凝土剪切力（内摩擦力）的大小；图 60-7 是经处理后得到的不同剪切速度下的内聚力（c）和内摩擦系数（$\mathrm{tg}\psi$）。从试验结果可以看出：碾压水泥混凝土内摩擦力（t）是随剪切速度（v）的增大而呈缓慢上升的趋势。内聚力（c）也随剪切速度的增大而呈上升趋势。这是由于在不同剪切速度下，试料结构破坏程度、变形速度不同而产生的结果。而内摩擦角（ψ）是随剪切速度的增大而呈下凹变化，碾压水泥混凝土越干，内摩擦角随速度变化越大，低谷越明显；混凝土越湿越平坦，低谷越不明显，趋势近于平行线。

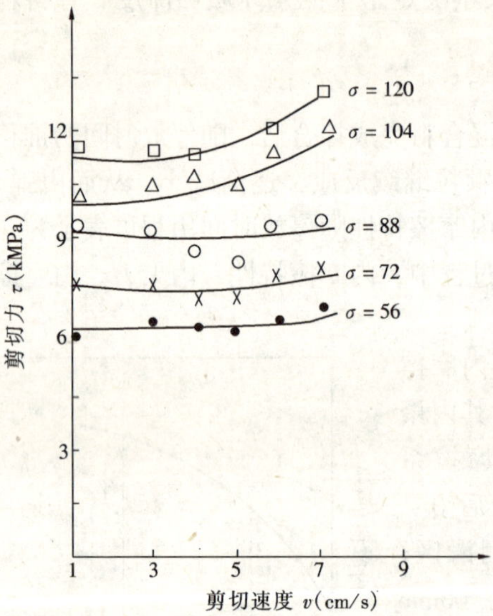

图 60-6　剪切速度对 RCC 剪切力的影响

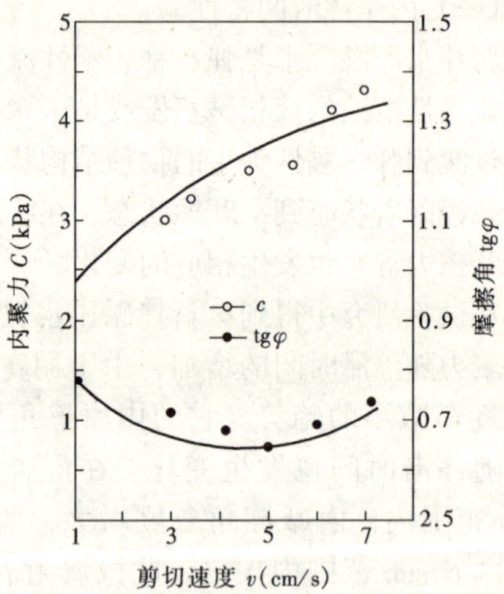

图 60-7　剪切速度对 RCC 内聚力、摩擦角的影响

二、新拌碾压水泥混凝土的外摩擦力学特性

新拌碾压水泥混凝土的外摩擦力学特性是指它与其他材料表面发生滑动时的摩擦特性。用于铺筑碾压水泥混凝土材料的设备都是用金属材料制造而成的，它们与碾压水泥混凝土相互作用也是金属板材等。因而，在此主要讨论碾压水泥混凝土与金属材料表面相互作用的摩擦特性。

新拌碾压水泥混凝土与金属的接触区是一种水模、胶体、水泥浆体、污染物、混凝土骨料颗粒等物质组成的混合物。金属与水泥混凝土的相对滑动实质上是接触区物质的流变（这也是与金属与金属相对滑动摩擦机理的本质区别，仅凝固到较干时，才有类似性质），以及水泥混凝土骨料颗粒与金属表面的凹凸相互楔合，机械作用而产生的犁削效应。水泥混凝土较干时，骨料颗粒在外力作用下，楔入金属表面。较湿软时，金属表面凸峰浸入水泥混凝土表面。可见，混凝土和金属间的摩擦力主要来源于界面流变体的剪切和摩擦结构表面间的变形以及机械犁削阻力三部分。

碾压混凝土在未固结之前与金属材料表面的摩擦状态可划分为润滑状态、附着状态和干燥（干摩擦）状态，如图 60-8 所示。

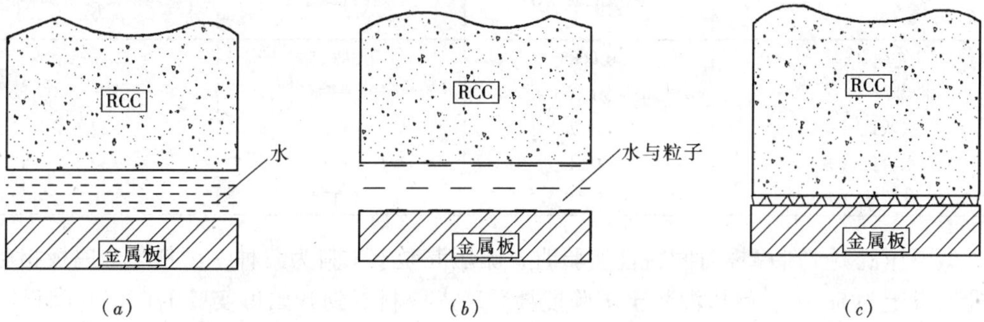

图 60-8 碾压水泥混凝土与金属板间的摩擦状态

(*a*) 润滑状态；(*b*) 附着状态；(*c*) 干燥状态

润滑状态是刚刚拌合好的混合料，它与金属板表面有较多的水存在；附着状态是经停留生成水化物粒子，此时混合料与金属板表面间存在着水和粒子；干燥状态是混合料与金属板表面为固体间摩擦。

新拌未固结碾压混凝土属黏、弹、塑性材料，外摩擦力可根据 Mohr-Coulimb 理论，按式求得：

$$f = c + \sigma \mathrm{tg}\beta$$

式中 f——外摩擦力（kPa）；

c——内聚力（kPa）；

σ——垂直压力（kPa）；

β——外摩擦角（°）。

按照 Mohr-Coulimb 理论，粘、弹性材料的外摩擦力由两部分组成，即黏性摩擦力（c）和干摩擦力（$\sigma \mathrm{tg}\beta$）。

新拌未固结碾压混凝土材料在初期为润滑状态和附着状态，粘性摩擦占主导地位。随停滞时间增加逐渐转变为干燥状态，干摩擦将占主导地位。

外摩擦特性试验是在专用的碾压混凝土外摩擦特性试验装置上进行的，试验选用三种不同级配的碾压混凝土材料，见表 60-10，试验金属材料为金属板材。

碾压混凝土材料配合比 **表 60-10**

混合料	碾压混凝土种类		
	碾压混凝土 1	碾压混凝土 2	碾压混凝土 3（日本）
水泥（kg/m^3）	211.75	302.5	301
砂（kg/m^3）	782.2	796	856
碎石（kg/m^3）	1290.4	1313.3	1225
水（kg/m^3）	124.4	124.7	98
减水剂（kg/m^3）	1.21	0.908	0.75

续表

混　合　料	碾压混凝土种类		
	碾压混凝土 1	碾压混凝土 2	碾压混凝土 3（日本）
引气剂（kg/m^3）	0.0605	0.03025	—
粉煤灰（kg/m^3）	90.75	—	—
水灰比（%）	58.7	41.2	32.6
水胶比（%）	41.4	41.2	32.6
含气量（%）	5.23	5.17	4.1

做碾压混凝土外摩擦时间特性实验时，碾压混凝土试料为三种，试料与金属板相对滑移速度设定为5cm/s。碾压混凝土试验搅拌后装入取料器到开始做实验的停留时间设定为10min、30min、50min、70min、90min。取料器内碾压混凝土碾压混凝土试料上垂直加载分别 40N、60N、90N、120N、150N、180N（换算成压应力为：12.70kPa、19.10kPa、2.87kPa、3.82kPa、4.78kPa、5.73kPa）；做碾压混凝土材料摩擦速度特性实验时，碾压混凝土试料搅拌后装入取料器到开始做实验停留时间为10min、30min、90min三种，试料与金属板相对滑移速度设定为1cm/s、3cm/s、4cm/s、5cm/s、6cm/s、7cm/s、9cm/s七种，取料器内碾压混凝土试料上垂直加载与做外摩擦时间特性实验时相同。

实验测得碾压混凝土材料在时间历程和相对滑移速度下的静摩擦力、静摩擦系数、动摩擦力和动摩擦系数的大小及其它们的变化规律。

（一）碾压混凝土材料的外摩擦时间特性

在一定滑移速度下，新拌未固结碾压混凝土材料与金属表面的静、动摩擦力，静、动摩擦系数以及静、动粘附力都随碾压混凝土材料搅拌后停留时间的不同而发生变化。静摩擦力随停留时间增加呈略有增大的倾向，静摩擦系数随停留时间呈增大倾向，静粘附力则随停留时间增加呈减小的倾向，而静摩擦力随垂直压力的增加而增大。动摩擦力在停留时间10~30min内急剧增大，随后呈缓慢增加的倾向；动摩擦系数随停留时间增加而增大，而动黏附力则随停留时间增加呈急剧减小的倾向，而动摩擦力随垂直压力的增加而增大。

（二）外摩擦速度特性

新拌未固结碾压混凝土材料与金属表面的动摩擦力、动摩擦力及动黏附力都随滑移速度的不同而变化。当碾压混凝土拌合料的停留时间为10min、30min、90min时，动摩擦力在1~4cm/s呈减小趋势，在5cm/s以上呈上升趋势；动摩擦系数随滑移速度的变化与动摩擦力变化大体一致。动黏附力随滑移速度增大呈增大的趋势。另外，在不同滑移速度下，动摩擦力随垂直压力的增加则呈增大倾向。

从试验研究结果可以看出，在碾压混凝土混合料中添加适量的粉煤灰材料，可降低碾压混凝土材料与金属材料表面的黏附力和摩擦系数。

三、碾压水泥混凝土工程力学性质对施工作业的影响

用碾压混凝土材料铺筑路面时，摊铺机械在作业时的工作阻力主要来自熨平板与碾压混凝土材料的外摩擦阻力，螺旋分料器横向推移料堆时物料相对位移的内摩擦阻力以及螺旋分料器叶片与碾压混凝土材料间相对滑移产生的外摩擦阻力等。碾压混凝土材料的内外摩擦特性直接影响到摊铺机械的作业性能、作业生产率以及作业质量等。合理选择摊铺机械、作业时间、作业参数对碾压混凝土路面的施工是十分重要的。

由于新拌碾压混凝土材料属弹、黏、塑性物料，随搅拌后停留时间增加碾压混凝土材料将逐渐变成弹、黏性材料，进而成为固体材料。因而，在施工作业时，应选择作业阻力小，适合摊铺的时间。

碾压混凝土材料内外摩擦特性实验研究结果表明：碾压混凝土摊铺作业中，摊铺机熨平板的整平作业应控制在碾压混凝土材料的润滑区和附着区内，也就是说应在碾压混凝土搅拌后60min内进行熨平作业。此时间内，有利于摊铺整平作业。在碾压混凝土实际施工中，碾压混凝土拌合站到施工作业现场有一定的距离，运输碾压混凝土需要一定的时间，完成摊铺作业也需一定的时间，若运输碾压混凝土拌和料控制在30~40min以内，摊铺作业能在10min内完成的话，是可以满足碾压混凝土材料工作性要求的。在条件允许情况下，应尽量缩短运输时间，并在运输途中对碾压混凝土料加盖遮布，防止水分散发，保证碾压混凝土拌合料靠近润滑区工作。

在实际摊铺作业时，摊铺机的作业速度一般都在1~4m/min。从碾压混凝土拌合料外摩擦速度特性实验中得到：滑移速度在3~5cm/s范围内是碾压混凝土材料外摩擦力较低的区间，所以将摊铺机的作业速度控制在每分钟1~3m（即3~5cm/s）是较为合适的，从外摩擦力特性出发，此速度是较佳的作业速度。如果作业速度大于此速度，虽然缩短摊铺时间，提高作业生产能力，但路面平整度会受到影响，且工作阻力增大会导致较大的功率损失。

根据碾压混凝土拌合料内、外摩擦特性，摊铺作业时，从减小作业阻力出发，螺旋分料作业、熨平板整平作业都控制在碾压混凝土拌合料的润滑状态和附着状态进行。另外，实验研究表明，在碾压混凝土材料中掺加适量的粉煤灰代替水泥，不仅强度不受多大影响，而且可以改善碾压混凝土材料的内、外摩擦特性，有利于螺旋分料、熨平作业，减小摊铺装置作业阻力。

第五节　碾压水泥混凝土的螺旋分料特性

在碾压水泥混凝土路面施工中，多采用高密实度摊铺设备进行碾压混凝土混合料摊铺。安装在摊铺设备前的螺旋分料器担负着将搅拌站拌合好经车辆运输、倾卸在路中的碾压混凝土混合料均匀沿摊铺宽度分送的任务。螺旋分料器的工作状况、性能好坏，直接影响到摊铺路面质量的优劣和作业效能等。

一、螺旋分料的运动学特性

碾压混凝土在硬化之前属于粘、弹、塑性流变体，它是固体、液体和气体三相组成的粒状混合物，颗粒间存在着液体和气体。在输送分料过程中，由于螺旋分料器叶片与混合料相互动态作用，其运动状态和力学性质发生复杂的变化。

碾压混凝土混合料输送分料过程中，在螺旋叶片的推移下物料被移送，如图60-9所示，其中位于叶片A处某颗粒物料的动力是由圆周速度（$v_{圆}$）引起的圆周动力和轴向速度（$v_{轴}$）引起的轴向运动的合成运动。其大小可由下式确定：

$$v_{圆} = \frac{nH}{60} \cdot \frac{\mu + \frac{H}{2\pi r}}{1 + \left(\frac{H}{2\pi r}\right)^2}$$

$$v_{轴} = \frac{nH}{60} \cdot \frac{1 - \mu \dfrac{H}{2\pi r}}{1 + \left(\dfrac{H}{2\pi r}\right)^2}$$

式中 $v_{圆}$、$v_{轴}$——螺旋某点圆周速度和轴向速度；

n——轴转速（r/min）；

H——螺距；

r——螺旋某点到轴心距离；

μ——物料与螺旋面的摩擦系数。

当 n、H、μ 取为定数时，可得到 $v_{圆}$、$v_{轴}$ 随 r 变化的特性曲线，如图 60-10 所示。

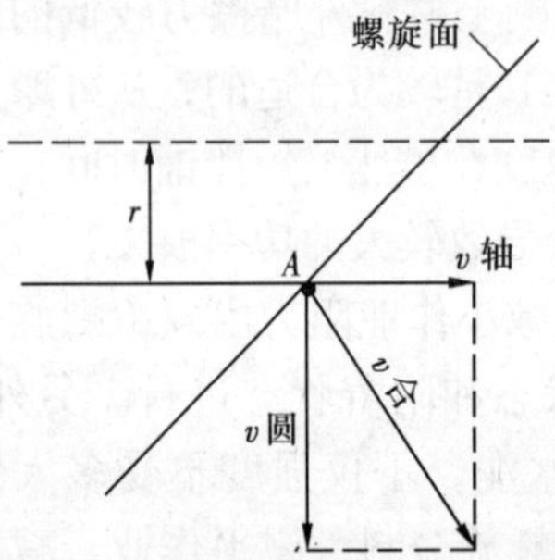

图 60-9　物料颗粒运动图

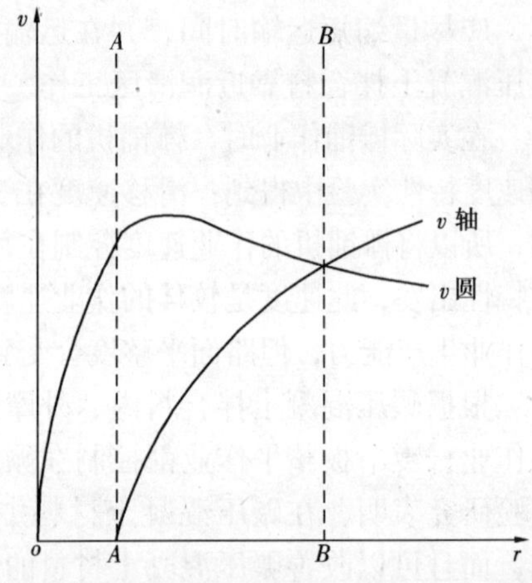

图 60-10　$v_{圆}$ 和 $v_{轴}$ 随 r 变化

由图 60-10 可看出：如果物料处在螺旋面高度 A-A 线左边，则碾压混凝土混合粒料不沿轴向前进（$v_{轴}=0$），只在原位置翻滚，产生无用的内部摩擦阻力，该区域为无功区域或称纯耗能区。若物料在螺旋面高度 A-A 线和 B-B 线之间，物料的平均轴向速度不大，但圆周速度较大，由于圆周速度大于轴向速度，使碾压混凝土混合料形成沿合成速度方向的附加抛射物流，影响混合料的轴向输送，该区域为低生产率、高能耗区。若物料位于螺旋面高度 B-B 线右边，则混合料沿轴向移动的平均速度大，圆周速度小，此区域为高生产率区。

从上述分析知，螺旋分料器输送碾压混凝土混合料时，靠近螺旋轴的部分物料随螺旋旋转翻滚，产生较大的内部摩擦力阻力；在远离螺旋轴的物料则有利于轴向输送，离析少，效率高。

二、螺旋分料的力学特性

螺旋分料器在分料时，螺旋面作用给碾压混凝土物料上的力有轴向力 $F_{轴}$ 和沿圆周方向的切向力 $F_{圆}$，如图 60-11 所示。其大小可按下式求得：

$$F_{轴} = F_{合}\cos(\alpha + \beta)$$

$$F_{圆} = F_{合}\sin(\alpha + \beta)$$

$$F_{圆} = F_{轴}\,\mathrm{tg}(\alpha + \beta)$$

式中 $F_{轴}$——螺旋面对碾压混凝土物料的轴向力；

$F_{圆}$——螺旋面对碾压混凝土物料的圆周切向力；

α——螺旋面长角，$\alpha = \mathrm{tg}^{-1}\dfrac{H}{2\pi r}$；

β——碾压混凝土物料与螺旋面的外摩擦角，$\beta = \mathrm{tg}^{-1}\mu$；

H——螺距（m）；

$F_{合}$——螺旋面结碾压混凝土物料的作用力。

在螺旋面上的各点螺距是相同的，越靠近螺旋轴的点，到螺旋轴的距离 r 越小，螺旋升角 α 越大，因此圆周力 $F_{圆}$ 也越大，使碾压混凝土物料的扭转程度也大。当圆周力大到一定程度，使碾压混凝土物料的摩擦力、自身质量无法平衡时，碾压混凝土物料就开始随螺旋轴翻滚。所以，碾压混凝土物料最容易翻滚的是靠近螺旋轴的这一部分。也就是说在螺旋分料器输送碾压混凝土时，靠近螺旋轴的一部分碾压混凝土物料随螺旋轴旋转，而远离螺旋轴的一部分碾压混凝土物料扭转到一定角度与圆周力平衡，在螺旋面的轴向推力作用下，被轴向输送。在翻滚物料与不翻滚物料之间存在一个界面，这个界面距螺旋轴线的距离假定为 r。

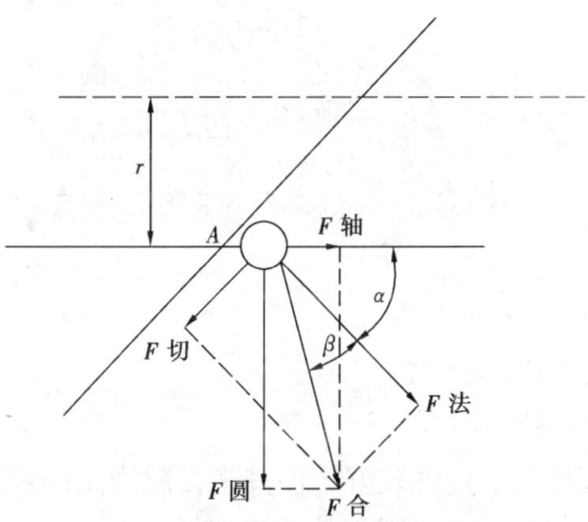

图 60-11　螺旋面对物料的作用力

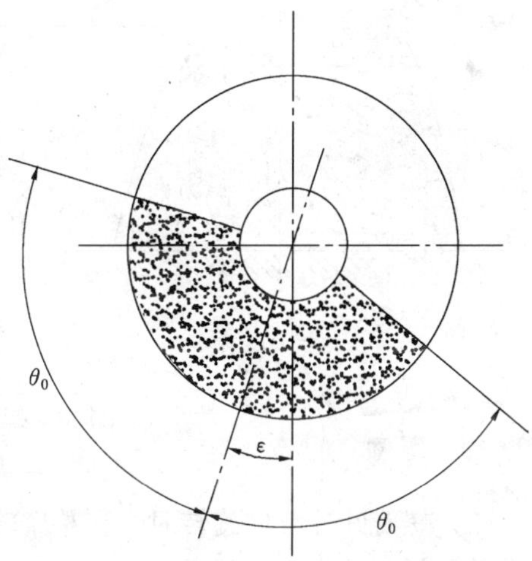

图 60-12　物料沿圆周倾斜角度

碾压混凝土物料在圆周方向力作用下沿圆周方向倾斜一个角度 ε（图 60-12）。正常情况下，碾压混凝土物料颗粒间的摩擦力和物料本身自身质量的下滑力可以平衡螺旋面的圆周力，物料不会沿圆周翻滚。当圆周力达到一定程度时，倾斜角 ε 开始增大，倾斜角 ε 随圆周力增大到使碾压混凝土物料沿圆周力方向翻滚，此时碾压混凝土物料不沿螺旋方向输送。

翻滚使靠近螺旋轴的一部分碾压混凝土物料随螺旋旋转，产生较大的内部摩擦阻力，消耗大量的能量，同时，使碾压混凝土物料的搅拌作用加强，使碾压混凝土粗骨料不沉并从碾压混凝土本体中出来，离析的程度将增大，对输送质量不利。

图 60-12 表明：当 $\theta_0 + \varepsilon$ 的值大到接近 180°时，物料就可能从螺旋的一边鄱滚到另一边，因此，为了使碾压混凝土物料可靠地输送，在设计和施工应用中应控制 $\theta_0 + \varepsilon$ 的值。一方面要避免碾压混凝土物料的翻滚，另一方面要提高输送效果。

翻滚角的大小与螺旋结构参数、运动参数有关，另外还与碾压混凝土物料的性质、内外摩擦特性有关。包含以上诸多参数的翻滚角计算公式比较复杂，可以借助计算机，编制相应程序，计算出螺旋不同径向矢径 r 和不同螺旋轴转速下的翻滚角，确定碾压混凝土物料翻滚的区域。

螺旋分料器是依靠螺旋叶片的旋转来达到输送物料的目的。随着螺旋叶片的旋转，碾压混凝土物料一方面受到轴向推力的作用，另一方面也受到圆周力的作用，从而使碾压混凝土物料完成搅拌和输送两道工序。目前国内外的沥青混合料摊解机螺旋分料器的旋转方向在稳定输送过程中均为反向旋转，如图 60-13（*b*）所示。这种旋转方向的工作过程较正向旋转有以下特点：

(1) 反向旋转时，物料沿叶片上升，但其上升的位置还会超过螺旋轴的垂直截面，大部分物料将沿轴向输送，只有较少部分的物料落在螺旋分料器的后部，输送效果较好。而当螺旋叶片正向旋转时，大部分物料随螺旋叶片的旋转落到螺旋分料器的后部，不能再被运送，直接影响输送效果，如图 60-13（*a*）所示。

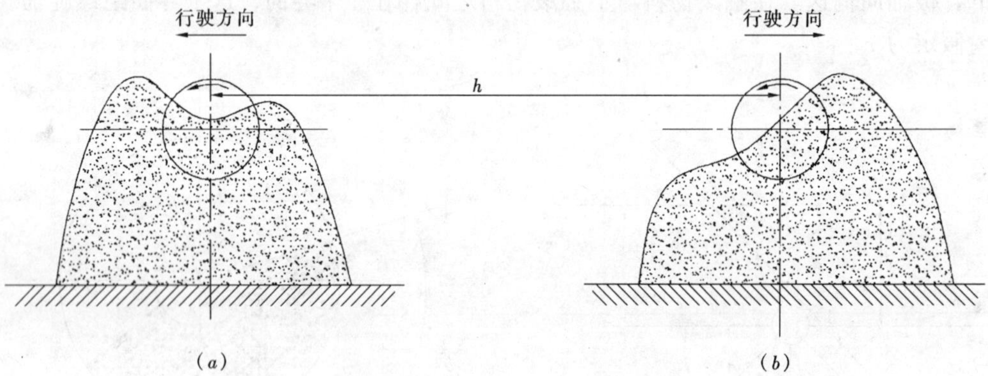

图 60-13　螺旋分料器叶片旋转方式

（*a*）正向旋转；（*b*）反向旋转

(2) 螺旋叶片反向旋转时，在整个输送过程中的稳定性较好，但其工作阻力正向旋转的大，消耗的功率也比正转大，然而正向旋转方式将增加导料板的功率消耗。

(3) 旋转方向对平整度的影响很大。反向旋转时，只有较少部分的物料落在螺旋分料器的后部，可保证熨平板工作阻力的平衡，摊铺平整度较好。与此相反，正向旋转将使螺旋分料器后部的物料增多，极易破坏熨平板工作阻力的平衡，摊铺平整度较差。

三、螺旋分料器分料阻力计算

螺旋分料器安装在摊铺机的前方，工作时，螺旋分料器随摊铺设备行驶的同时，将碾压混凝土混合料沿摊铺宽度方向分料作业。由于螺旋分料器叶片与混合料相互作用力使混合料在运动中沿轴向分料。分送物料的内外阻力主要表现在以下几个方面：移送物料与螺旋面间的外摩擦阻力，此阻力与金属表面的外摩擦系数、黏附力和滑动速度有关；被送物料与未送物料之间的摩擦阻力，其大小与物料间的内摩擦系数、内聚力等有关；由物料在不同螺旋半径处具有不同的圆周速度和轴向速度而产生相对运动引起的输送阻力以及螺旋分料器端部轴承产生的摩擦阻力等。即计算以下几种阻力：

(1) 碾压混凝土被运移部分的物料与静止物料之间摩擦所产生的阻力；

(2) 碾压混凝土物料与螺旋面的摩擦所产生的阻力；

(3) 轴承摩擦所产生的阻力；

(4) 碾压混凝土物料颗粒间的相对运动所产生的阻力。

在计算以上各工作阻力时，要确定碾压混凝土在螺旋分料器中的轴平均输送速度 V。一般按下式计算：

$$V = \frac{nH}{60}$$

式中 V——碾压混凝土物料轴向输送平均速度（m/s）；

n——螺旋轴转速（r/min）；

H——螺距（m）。

（一）碾压混凝土移送部分物料与非移送物料间的摩擦阻力（F_1）

此种摩擦阻力是物料与物料间相对滑移产生的阻力，属碾压混凝土混合料的内摩擦阻力，它遵循 Mohr-Coulomb 理论，可用下式求得：

$$F_1 = PL\text{tg}\psi_0 + c_0 \cdot \theta \cdot D/2 \cdot Lg$$

式中 F_1——碾压混凝土物料间相对滑移产生的摩擦阻力（N）；

P——单位长度碾压混凝土物料移动面上的压力（N/m）；

L——输送长度（m）；

θ——弓形碾压混凝土物料面所对应的圆心角；

D——螺旋叶片直径（m）；

g——重力加速度（m/s^2）；

c_0——碾压混凝土物料的内聚力（kg/m^2）；

$\text{tg}\psi_0$——碾压混凝土物料的内摩擦系数。

（二）碾压混凝土物料与螺旋面的摩擦阻力（F_2）

碾压混凝土物料与螺旋面的摩擦属外摩擦，它符合碾压混凝土外摩擦特性规律。它与外摩擦系数（$\text{tg}\beta$）、粘聚力（c）及滑移速度有关，可用下式求得：

$$F_1 = F_1\sin\alpha\,\text{tg}\beta + cAg$$

式中 F_2——碾压混凝土物料与螺旋面的摩擦阻力（N）；

α——碾压混凝土物料距轴中心线平均半径处的螺旋线升角，$\alpha = \text{tg}^{-1}\frac{H}{2\pi R_m}$；

R_m——碾压混凝土物料距轴中心的平均半径（m），通常按 $R_m = 3/8D$ 计算；

A——摩擦面积（m^2），$A = \frac{\pi L(D^2 - d^2)}{4(H + \delta)}$；

H——螺距（m）；

δ——螺旋叶片钢板厚度（m）；

d——螺旋轴直径（m）。

（三）轴承摩擦阻力（F_3）

轴承摩擦阻力包括空载时轴承摩擦阻力和荷载作用时轴承摩擦阻力两部分。而荷载作用时的摩擦阻力与摩擦阻力 F_1、F_2 成比例。因此，轴承摩擦阻力可用下式求得：

$$F_3 = f_3[G + (F_1 + F_2)]$$

G——螺旋分料器回转部分重力（N）；

f_3——轴承摩擦系数。

（四）碾压混凝土物料颗粒相对运动产生的阻力（F_4）

碾压混凝土在螺旋输送时，由于碾压混凝土是一种松散的颗粒体，具有近似散体的性质，其物料颗粒由于螺旋半径 r 的不同而具有不同的轴向速度和圆周速度，颗粒间存在相对运动，由此产生输送过程的阻力。这种因颗粒相对运动产生的阻力主要表现在以下两个方面：

（1）由于碾压混凝土物料颗粒处在内、外不同螺旋线上，颗粒运动情况不同，颗粒间相对移动、互相制约，产生阻力。

（2）碾压混凝土物料在螺旋分料器中的运动可视为不连续的螺旋线运动。这是由于在输送过程中，碾压混凝土物料沿螺旋轴转动方向转过一定角度时，处于碾压混凝土物料表面的颗粒往往会倒塌或沿碾压混凝土物料表面下滑，这种现象重复发生，产生的阻力。

碾压混凝土物料颗粒相对运动产生的阻力可按下式计算：

$$F_4 = (K + K_0)(F_1 + F_2)$$

式中 F_4——碾压混凝土物料颗粒相对运动阻力（N）；

K——系数，K 的取值范围：对于质轻无磨损的小颗粒物料，$K = 1.1 \sim 1.2$；对于较重的少磨损性物料为，$K = 1.2 \sim 1.6$；对于重的磨损性物料，$K = 1.8 \sim 2.0$；

K_0——系数，$K_0 = 1 \sim 2$，为填充系数，表示碾压混凝土物料在螺旋分料器的装满程度。当碾压混凝土物料充满螺旋叶片直径圆面积时 $K_0 = 1$。

四、碾压水泥混凝土螺旋分料特性试验

螺旋分料特性与螺旋分料器的结构参数（如螺旋叶片直径、螺距等）、运动参数（如螺旋轴转速等）有关，还与被输送物料的组成、物性、状态等有关。螺旋分料器的性能和被输送物料的性质都影响分料的特性和输送物料的质量。

表征螺旋分料器分料性能和分料质量的主要指标是能量效率和离析程度。离析程度一般用离析系数来表示。

能量效率（E）定义为单位功率所能达到的输料能力，可用下式表示。

$$E = \frac{QL}{P}$$

式中 Q——输送能力；

L——输送长度；

P——功率。

能量效率综合反映螺旋分料器的技术经济性能，是评价分料器在稳定输送过程中输送能力、效果的重要指标。

离析系数可以定义为：在螺旋分料器端部，等量取上、下层物料，用孔径 10mm 的筛网筛析出粗骨料。上、下层粗骨料的质量比即为离析系数，可表示为：

$$SF = \frac{\text{上层粗骨料量}}{\text{下层粗骨料量}}$$

通过对碾压混凝土螺旋分为试验来考察其分料特性。

（一）螺旋分料器与试验材料

试验用螺旋分料器是参照国内外摊铺机分料器结构，选取九种不同结构参数制成。其主要结构参数见表 60-11。

螺旋分料器结构参数　　表 60-11

参　　数	编				号				
	1	2	3	4	5	6	7	8	9
螺旋叶片直径 D（mm）	300	300	300	400	400	400	500	500	500
螺旋距 H（mm）	245	285	330	245	285	330	245	285	330
螺旋轴径 d（mm）	76.5	76.5	76.5	76.5	76.5	76.5	76.5	76.5	76.5
螺旋输送长度 L（mm）	1550	1550	1550	1550	1550	1550	1550	1550	1550

试验用碾压混凝土材料选取三种不同配合比，它们的水灰比、水胶比、砂率、含水量分别为 50.59、43.0、30.69；5.97、50.6、43.0；30.69、62.4、50.6；43.0、30.69 和 65.0。

（二）试验方法

螺旋分料器试验可采用现场实际试验方法和模拟试验设备试验方法。采用模拟试验法试验时，将搅拌好的碾压混凝土混合料堆放在分料器的前方，然后启动模拟试验设备，在牵引台车按设定速度行驶的同时，分料器开始工作，安装在分料器旋转轴上的扭矩传感器、轴向力传感器将信号通过应变仪，由磁带记录仪记录下来。而台车行驶速度和分料器转速则分别由转速传感器测定，磁带记录仪记录下来。

螺旋分料器直径 D 分别取 300mm、400mm、500mm，螺距 H 分别取 245mm、285mm、330mm，碾压混凝土混合料层高 h 控制在 0.2D、0.4D、0.6D、2/3D、0.8D、D 共 6 个级别，螺旋轴转速设定为 20r/min、40r/min、50r/min、60r/min、80r/min、100r/min、120r/min，牵引台车行驶速度定为 1m/min，上述和参数不同组合进行摊铺的模拟分料试验。每次试验测取轴扭矩（M_n）、轴向力（F）、螺旋轴转速（n）、碾压混凝土混合料层高度（h）和牵引台车行车速度（V），并在螺旋分料器端部等量取上、下两部分碾压混凝土混合料，用孔径 10mm 的筛网筛析出粗骨料的量。

（三）试验结果

通过分料器对碾压混凝土混合料的分料试验，找到了螺旋分料器结构参数：螺旋叶片直径、螺距以及分料时混合料层高度与能量效率、离析程度、生产能力和螺旋轴功率之间依存关系，也找到了对碾压混凝土混合料分料时的物料层高度对螺旋轴轴向力、轴扭矩的影响。从而弄清了螺旋分料器输送碾压混凝土混合料的分料特性，证明了螺旋分料器输送弹、黏、塑性混合料时，其结构参数、运动参数等对分料输送质量、效果有着重要的影响。找出了它们之间的相互依存关系，得到了以下有参考价值的试验研究结果。

（1）螺旋分料器输送碾压混凝土过程中容易引起翻滚，翻滚对输送效果和质量产生不利的影响。推导出的翻滚角三角函数方程式可以确定翻滚的区域。

（2）评价输送效能和输送质量的指标是能量效率、生产率和离析系数。试验研究表明：碾压混凝土混合料在螺旋分料输送过程中，能量效率、生产率和离析系数取决于螺旋叶片直径、螺距、轴转速以及物料层高等结构参数与运动参数。

(3) 螺旋叶片直径对碾压混凝土物料输送时的能量效率的影响呈线性增长趋势，在其他参数不变情况下，增大叶片直径 D 将提高能量效率；直径 D 对离析系数的影响呈单调递增趋势，在其他参数不变情况下，D 的增大将使离析系数增大，分料离析程度降低。从降低能耗、减小离析出发，建议设计时，螺旋叶片直径取 0.45～0.50m 较为适宜。

(4) 螺距对能量效率的影响呈非线性上凹趋势变化，在某一螺距，能量效率可得到最大值；螺距对离析系数的影响也呈非线性上凹趋势变化，在某一螺距，离析系数有最大值，离析程度最轻。从降低能耗、减小离析角度出发，螺距应取在 280～300mm 范围内较为适宜。

(5) 物料层高度对能量效率的影响呈线性变化，在某一物料层高度，能量效率有最大值；物料层对离析系数的影响呈单调递减趋势变化，料层高增加使离析系数减小，物料离析加大，输送分料时，建议物料层高度控制在 0.08～0.15m。

(6) 螺旋轴转速增大导致能量效率下降；转速对离析系数影响呈单调递减趋势变化，转速增大使离析程度加剧。在满足施工要求前提下，螺旋轴转速不宜太高，建议取 $n \leqslant 40\text{r/min}$。

(7) 可用 $P = \dfrac{QL}{E}$ 估算螺旋分料器输送碾压混凝土物料过程中单位长度上螺旋轴功率。

(8) 在碾压混凝土物料中掺加适量的粉煤灰或增加用水量，有利于混合料的输送。

第六节　碾压混凝土路面施工机械与施工工艺

碾压混凝土属于硬性水泥混凝土，含水量少，其工作性不同于常规水泥混凝土，更不同于沥青混凝土，所以在路面铺筑施工时，应选用适合于碾压混凝土特性，能保证路面铺筑质量符合碾压混凝土路面施工工艺要求，且机械性能优良、高效、使用操作方便的碾压混凝土施工机械。另外，也由于碾压混凝土具有的不同特性，在进行路面铺筑时，也就采用正确的施工方法和施工工艺。

一、路面施工机械的造型

在国外，西班牙、法国、美国、加拿大等国家是发展碾压混凝土路面比较早、施工面积也比较多的国家，在碾压混凝土路面施工中积累了一定的经验。但由于这些国家的应用目标主要是低等级公路或停车场、堆场等，所以在施工机械的造型配套上进行的研究较少，路面平整度水平相对也较低。日本虽起步较晚（1987 年），但起点较高，发展速度较快，在建设省、道路公团等部门的大力支持下，一大批有相当实力的道路公司积极响应，短短的几年时间，已在全国铺筑了 100 多处试验工程，施工面积超过 100 万 m^2，并于 1990 年制订《碾压混凝土路面技术指南（草案)》，在以高密实度摊铺机为主导机械的大型施工机械配套方面积累了丰富的经验。在国内，近几年对碾压混凝土路面铺筑比较重视，一些省市进行了碾压混凝土路面铺筑试验，积累了一些施工和机械试配的经验。在交通部公路科学研究院等单位承担的国家“八五”重点科技项目——“高等级公路碾压混凝土路面施工技术的研究”中，对碾压混凝土路面施工机械配套、施工工艺、施工质量检测和控制等进行了较系统的研究，无疑将推进我国碾压混凝土路面施工的普及与提高。

碾压混凝土路面施工机械造型配套已越来越引起国内、外的重视，对它的研究必将推动碾压混凝土路面施工技术的发展。

在碾压混凝土路面整个施工过程中，涉及配料、拌和、运输、摊铺、碾压、切（灌）缝、养护等重要环节。要保证每一环节的良好衔接，保证每台设备充分发挥其效能，保证各环节施工质量，不仅需要完善的组织管理，而且需要对所需设备进行认真造型和合理配套，尤其作为大型机具联合作业方式，任何一个环节的动作不畅都将影响整个工程的进度和工程质量，造成人、财、物的浪费。因此，选择满足施工条件的优良设备，并根据其生产能力，各环节相互配套，已成为大型机械化施工顺利进行的必要条件，也是现代化生产的必然要求。

碾压混凝土路面施工机械的合理造型与配套是提高工效、降低成本，保证路面按设计要求施工，达到施工质量要求的重要条件。因此，应根据碾压混凝土路面的施工特点，经济、科学、合理地配置路面施工的主导机械。

（一）主要施工机械的选型

碾压混凝土路面铺筑采用的主要机械有拌合机、摊铺机和振碾设备。

1. 拌合机的选型

选择碾压混凝土拌合机时，应考虑到拌合质量（拌和均匀性、材料级配与计量、拌合时间等）、生产能力、安装调试等因素。

碾压混凝土在处于未振碾密实的状态时是一种松散、堆密度很低、极干的材料。由于它的松散堆密度小，拌合机装入的材料只有正常质量的3/4，这样才能保证碾压混凝土均匀拌和。另外，拌合时间和出料时间应当有所延长。所有这些情况，使拌合机的拌合能力仅为生产正常混凝土时的2/3。

碾压混凝土对含水量是极为敏感的，因此要避免碾压混凝土与其他混凝土交替拌制。

由于碾压混凝土是用水量很少的超干硬混凝土，需要的拌合能量大。因此，拌合主机应选用强制式的拌合机，从拌合效率和效果考虑，推荐采用双卧轴强制式拌合机，且出料口能自动开闭。

对于大型路面施工，由于采用大型摊铺机，混凝土拌合厂的生产能力最好不小于250t/h，这样便可满足混凝土铺筑工程的需要。另外，拌合厂生产能力不应大于摊铺机的摊铺能力，也不要大于振动压路机的振碾能力。应尽可能靠近铺筑工地设置拌合厂，以便尽量减少拌合厂与摊铺机之间的运输时间。

与常规混凝土相比，拌合物的骨料种类较多，因此，拌合设备必须有足够的料仓数目和进料通道才能满足配料要求。最基本的拌合设备至少有4个料仓通道和一个液体通道，在掺入多种添加剂及粉煤灰后，还应根据需要另外增加通道数目。

水量的多少对干硬性混凝土拌合物的工程力学特性和施工性能有着重要的影响。含水率的变化直接影响到拌料过程中的供水量和骨料级配的准确性，一般的拌合设备对水的计量精度都较高，但骨料中含水率，往往只能由人们的视觉及试验数据调整，且调整后的用水量还需要由试验数据进行修正。特别是雨后，料的干湿程度变化很大，这给拌合物的质量控制带来极大的困难，因此，对拌合设备一般要求装有含水率测量装置，能够连续不断地把骨料中含水量信息送到控制中心，以便调整供水量大小。

拌合时间的长短，直接关系到拌合物的质量，拌合时间不足，料的裹附性不好，水还在水泥层外部，添加剂也不能充分发挥效应。影响拌合时间的因素主要由桨叶线速度、桨叶安装角度及搅拌器几何尺寸等。

拌合机的生产能力一般由路面宽度、厚度和摊铺机的作业速度来确定。其生产能力应与摊铺机的作业能力相匹配。其理论生产能力可按下式计算：

$$Q = BHV$$

式中 Q——拌合机的理论生产能力（m^3/h）；

B——摊铺路面宽度（m）；

H——摊铺路面厚度（m）；

V——作业速度（m/h）。

在碾压混凝土路面摊铺施工中，推荐选取拌合机的生产能力应大于 $100m^3/h$，如果一台拌合机生产能力达不到要求时，可采用多台（一般不要超过 3 台）拌合机同时拌制，但各台所用材料、级配应完全相同，并保证拌制的混合料应均匀一致。

2. 摊铺机的选型

摊铺机是碾压混凝土路面铺筑的重要设备，摊铺机性能的好坏直接影响到施工质量。摊铺机的选型应考虑到路面宽度、工程量的大小。同时，所选用的摊铺机要能达到路面平整度、密实度等质量要求。

(1) 保证摊铺平整度要求：平整度是碾压混凝土路面性能的重要标准之一，对不同等级的路面有不同平整度的要求。摊铺的平整度直接影响到后序碾压的平整度，最终影响路面平整度要求。因此，要求所选用的摊铺机应具有自动找平系统和工作性能良好的供料系统以及整平装置等。

实践经验证明：对于干硬性碾压混凝土材料，装有强力熨平装置的高密实度沥青混凝土摊铺机，如 VOGELES-1800 和 S-2000，ABG TTTN411 和 TTTAN 422 等机型，可以用于较高级碾压混凝土路面摊铺施工，路面成型后的平整度可达到 3mm 的要求。

(2) 保证足够的预压密实度：碾压混凝土材料经摊铺机摊铺后，还要经振动碾压才能密实成型，如果摊铺后的碾压混凝土材料没有一定的密实性，或处于较松散状态，则在强力振动碾压作用下摊铺料会产生堆挤，造成路面的不平整。当基层的密实度和平整度较好，若摊铺预压密实度越高，压实的沉降量越小（松铺系数小），压实后的平整度就越好，经试验路段的试验研究表明，摊铺机的预压密实度应保证在 88%以上。

3. 碾压设备的选型

碾压混凝土路面的碾压是在摊铺之后进行的，是碾压混凝土路面施工很重要的一道工序。它的作用是进一步提高路面的密实程度，保证路面有足够的强度和稳定性。

用于碾压混凝土路面的碾压设备是压路机，包括静力式光面滚压路机、振动压路机、轮胎式压路机、振荡压路机等。压路机性能的好坏，主要技术参数是否与碾压混凝土材料特性相匹配等都直接影响到路面的压实质量。因此，在选择碾压设备时，应考虑到压实效果、压实平整度和压实表面均匀密实的要求。

(1) 具有良好的压实效果：对于压路机来说，影响压实效果的主要参数有自身质量、线压力（静线压力和动线压力）、振幅、振频、激振力以及工作速度等。

①自身质量　压路机自身质量对压实有关重要的作用。特别是静碾压实，主要是靠自身质量作用于被压实材料来达到密实的目的。对碾压混凝土路面，自身质量太小，压实所需的静压力不够，达不到压实效果；自身质量太大，又易造成碾压推挤破坏路面的平整性。碾压混凝土材料摊铺后进行初压时，多采用静力（靠自身质量）碾压方式。根据施工

经验，一般选用10～12t级压路机较为适宜。

②振幅与振动频率　振幅与振频也是影响碾压效果的重要因素。对于不同的压实材料，应选用不同的振幅和振频。一般黏性材料压实选用低频大振幅，砂性材料选用高频小振幅可以得到较理想的压实效果。碾压混凝土材料含水量少，属于硬性混凝土，所以应选用小振幅高频率的压路机。根据施工经验，碾压碾压混凝土路面时，振幅应小于0.7mm，振动频率应大于40Hz。

③激振力　激振力是反映压路机压实能力的重要指标。激振力的大小影响压实深度、密实快慢。铺层越厚，材料黏性越大，就需要较大的激振力；反之，就不需要太大的激振力。对于碾压混凝土路面，为了达到较高的密实度，应选用中等以上激振力的压路机，一般选取激振力的大小为15～20t。

（2）保证路面平整和均匀密实：压路机的碾压轮宽和直径也会影响到路面压实的平整度。碾压轮直径越大，对碾压混凝土推挤作用越小，则对摊铺平整度的破坏越小；碾压轮越宽，碾压作业越稳定，有利于保证路面平整度。在保证压实效果的前提下，应尽量选用碾压轮直径和宽度都较大的机型。

碾压混凝土路面最终碾压时，路面已达到较高的密实度，终压的目的在于对路表面进行修整，以改善道路的表面（层）性能。因此，选最终（最后）压实设备时宜选用水平振荡压路机、裹胶钢轮振动压路机和轮胎压路机。采用水平振荡压路机碾压是为了使振动碾压后可能产生的表面微裂纹愈合以及增强表面宏观构造，使表面功能更趋完善的一种手段。裹胶压路机是利用裹胶层可形变的性能，使混凝土路面受胶面压实达到更加致密，且使其形成较好的宏观构造，压路机以表面裹着20～30mm厚胶层的6～10t双钢轮振动压路机为最佳。无裹胶压路机时，可用轮胎压路机代替。

（二）施工机械的配置

碾压混凝土路面施工的主要机械有碾压混凝土拌合机、运料设备（大型自卸汽车）、摊铺机、碾压设备、洒水机、切缝和灌缝机、装载机等。在配置这些施工机械时，首先应根据路面施工工程量的大小来确定各种机械的生产能力、台数等；其次是各机械的作业能力应相互匹配协调一致，特别是主导机械，如拌合机、摊铺机、碾压设备等。如果摊铺机作业能力已选定，则拌合机、碾压设备的生产能力和作业能力必须满足摊铺作业能力的要求，以充分发挥主导机械的生产率；另外，还要考虑各种机械的技术性能、经济性、安装和使用维修等方面的因素。表60-12和表60-13是国外碾压混凝土路面施工机械的配置情况，表60-14是国内深圳机荷路段复合路面结构下层碾压混凝土施工机械的配置情况。

碾压混凝土路面施工机械造型（日本）　　**表60-12**

工序		使用机械	备注
拌合		强制式拌合机	使用率90%，大多为卧强制式，拌合能力250t/h以上
运输		大型自卸汽车	与拌合设备和摊铺设备匹配
摊铺		高密实度摊铺机	带强力高效熨平装置
碾压	初压	复压使用的振动压路机	自身质量10t左右
	复压	双钢轮串联式振动压路机	自身质量10t左右
	终压	气压式轮胎压路机 水平振动压路机 小型组合式压路机	自身质量8t～15t左右 自身质量8t左右 自身质量3t～4t左右

碾压混凝土路面施工机械配置（日本）　　表 60-13

工　序	机械名称	型　式	能　力	制造会社	备　注
拌制碾压混凝土	间歇式拌合机	—	最大 $2.5m^3$	石川岛播磨重工业	
运　输	自卸汽车	—	11t	—	6台/d用
摊　铺	沥青混凝土摊铺机	S-1700	高功率综合夯实板	福格勒公司	
初次振碾	振动压路机	SW-70	7t	酒井重工业	
二次碾压（振平碾压）	轮胎压路机	TR-15	15t	川崎重工	
养　护	洒水车	—	—	—	—

碾压混凝土路面施工机械配置（深圳机荷路）　　表 60-14

设备名称	型　号	数　量	设备名称	型　号	数　量
稳定粒料拌合站	WDB300	1	洒水车	JYJ5100GSS	2
装载机	ZL50	3	自卸汽车	太脱拉	8
压路机	YZC7B、YZC10B、YL16	3	切缝机		1
摊铺机	ABG422、ABG423	2	灌缝机		1

二、路面材料拌合设备

碾压混凝土材料不同于常规水泥混凝土，对拌合设备的要求也不同于常规水泥混凝土搅拌设备。碾压混凝土拌合物的含水量较少，稠度值较大，掺入添加剂后，更需要充分地拌和，才能使各骨料均匀混合，添加剂才能充分发挥作用。根据国、内外的试验研究资料及施工经验，拌合设备中的搅拌器应以双卧轴强制式为主。

双卧轴强制式拌合设备按照生产方式不同可分为间歇和连续式两大类。间歇式一般可分为搅拌站和搅料楼，搅拌站有拉铲式和储料仓式两种型式，生产率一般在 20～100m^3/h 之间，连续式的生产率较大，最大可达 500m^3/h，但设备占地面积大，拌合时间短。

按照设备的布局及机动性拌和设备可分为：移动式和固定式两大类型。

移动式拌合设备将全部构件安装在一个或多个专用的拖式底盘上，拌和设备可以根据施工场地的改变而及时转移，快速投入拌和生产。在转移过程中，不需吊装设备或只用超重量较小的设备即可安装就位。

固定式设备固定安装在预先选好的场地上，一般不需要搬迁，可看作是一个碾压混凝土材料拌合厂，此类设备一般规模较大，具有大、特大生产能力。

（一）双卧轴强制连续式拌合设备

双卧轴强制连续式拌和设备主要由骨料配料机组、骨料提升输送带、搅拌器、成品料输送带、成品料仓、粉料供给系统、液体供给系统、电控系统等组成，结构简图如图 60-14 所示。

强制连续式拌合设备的生产过程是先用装载机把不同规格的骨料装入不同的配料仓中，各骨料仓按设定的配合比将骨料连续配料，通过输送带将配料输送到搅拌器中进行拌和。同时，水泥等结合料由储存仓供给系统连续计量并输送到搅拌器中；添加剂水溶液（按比例溶于水中）经流量计直接连续泵送到搅拌器中。经过搅拌器强制拌合将各种材料拌制成均匀混合料，再由成品料输送皮带机输送到储料仓中。

1. 骨料配料机组

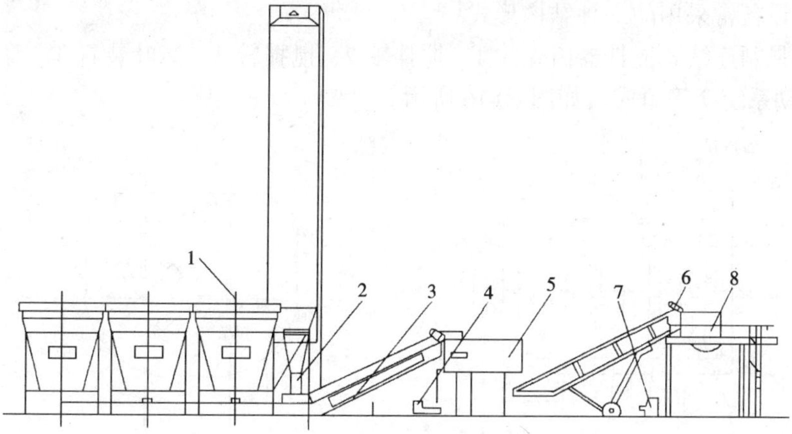

图 60-14　强制连续式拌合设备典型结构图

1—骨料配料机组；2—粉料供给系统；3—骨料输送皮带机；4—液体供给系统；

5—搅拌机；6—成品料输送皮带机；7—电控箱；8—成品混合储仓

连续式拌合设备骨料配料机组一般由几个料斗 1 和相对应的配给机 4、水平骨料皮带机 2、机架 3 等组成。水平骨料皮带机放置在配给机下边，将各配给机送出的骨料集中送往骨料为输送带上。其结构如图 60-15 所示。

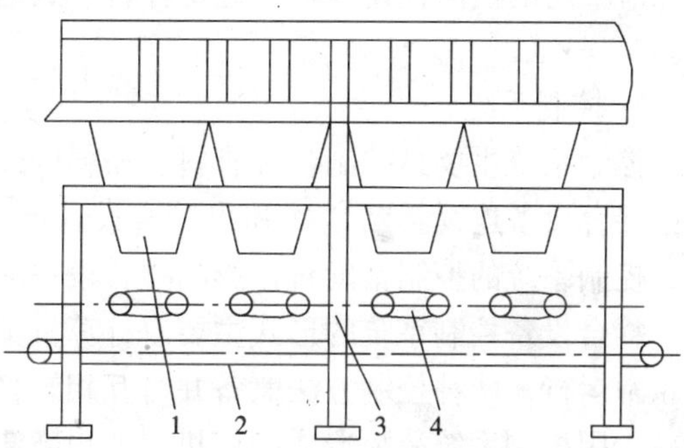

图 60-15　骨料配料机构简图

1—料斗；2—水平骨料皮带机；

3—机架；4—配给机

配给机构的作用是将骨料从料斗中送出并进行计量，一般由料斗、料门、配料皮带机及驱动装置等组成。设在料斗下的配料皮带机由调速电机驱动，根据配合比的要求可对各给料机的给料速度进行调节，配料皮带速度是通过微机数字调节器控制电机调速。测速电路有两种方式，一是皮带靠轮脉冲测速，二是用电机附带的交流测速电机测频法测速，这两种方法都能达到定比定量喂料的目的。在料斗中还装有振动器，以消除物料起拱现象。出料阀门安装在料斗下方，调节开启高度以改变配料皮带的供料量。有些设备在料仓出料口处还装有检测装置，当物料在料斗中起拱时，检测装置发出讯号，启动振动器破坏料拱，保证给料机连续均匀地给料。还有的在料斗的出料口处装有含水量测定仪，用于测定骨料的含水量。配料计量方式有容积式和称重式两种。容积式计量方式是以调节料斗阀门的开启高度和调节喂料皮带机转速的方法改变配料体积量。称重式计量方式是在容积计量的基础上，用电子传感器测出物料单位时间内通过的质量信号，并根据质量信号调节皮带机转速。称重式计量器的形式很多，有电子皮带秤、减量秤、冲量秤、核子秤等。

2. 搅拌器

搅拌器是拌合设备的关键装置，它的作用是将粗骨料、细骨料、粉料、添加剂等拌和成均匀的混合料。双卧轴强制连续式搅拌器具有体积小、效率高、生产能力大等特点，是连续式拌合设备常采用的一种结构形式。

双卧轴强制连续式搅拌器由壳体1、搅拌轴2、搅拌臂3、桨叶装置4、盖板5、驱动装置6、传动系统7等组成。如图60-16所示。

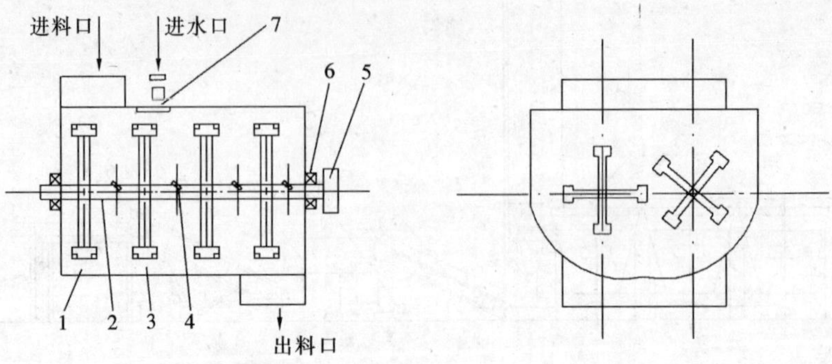

图60-16　双卧轴强制连续式搅拌器简图

1—机壳；2—搅拌轴；3—搅拌臂；4—桨叶装置；

5—盖板；6—驱动装置；7—传动系统

搅拌器的工作过程是：级配料和粉料从进料口连续进入搅拌器，搅拌器双轴在传动机构带动下作相反方向转动，带动桨叶旋转。由于桨叶沿轴向安装成一定角度，旋转时使物料在沿轴向的横向快速移动中进行拌合，到达出料口时已被搅拌成均匀的混合料排出搅拌器。

3. 控制系统

控制系统主要是控制各种骨料、粉料的配合比精度以及准确计算供给水和添加剂等，保证拌合设备连续不断地拌和出符合设计配合比要求的高质量、稳定均匀的混合料。因此，控制系统的控制精度直接影响拌合设备的性能和拌合质量。

拌合设备控制系统的形式主要有计算机集中控制和常规电器元件控制两种。为确保设备正常运行，两种控制方法兼备并可互相转换，在线路上采取两套控制线路并行的办法，来减少因控制系统故障造成的停机。四川新津筑路机械厂生产的碾压混凝土拌合设备的控制系统采用多片单片机对各种物料的计量单独进行调速定量控制，再由中间及工业控制机对各单片机计量数据收集管理，最后由系统机实现集中控制。各种物料的计量方法，不同的设备，其方法各不相同。对连续式拌合设备，骨料采用减重称计量时需对失重量信号放大，以避免装载机料时短暂的大增量信号影响，并充分利用微机数据处理能力，才能较精确地控制定量精度。

（二）双卧轴强制式拌合设备

间歇式拌合设备分为搅拌楼和搅拌站两大类。搅拌楼的结构较复杂，整机高度尺寸，拆装费工费时，一般用于固定式厂拌设备；搅拌站的结构较简单，多为移动式，安装比较方便，搅拌站转移场地容易，在国内使用较多。

搅拌站有拉铲式和储料仓式两种结构形式。拉铲式拌合站主要由拉铲装置、配料系统、提升料斗、供水系统、水泥供给系统、搅拌器、支承脚架等组成。拉铲式搅拌站的提升料斗及装置位于料堆底部，料堆布置是以拉铲臂回转中心成扇形区域。拉铲的作用是把远处的骨料刮送到物料计量入口，保证供料不间断。拉铲式搅拌站具有结构简单、使用方便、占地少等特点，应用较多。

拉铲装置由刮铲、悬臂、底盘及操纵室组成，刮铲的形状为簸箕状斗形结构。刮铲的前、后端与两条绕向相反的钢索相连接，当卷扬机转鼓转动时，两条钢索就会牵引刮铲运动，把物料刮向配料入口处，完成积料任务。

骨料配料系统位于骨料场下提升斗上方，由配料机构与称量系统两部分组成。配料机构的料斗数目由骨料种类而定，料门的开启由气动或液力驱动来实现。称量斗在出料口下方，悬挂在配料机构支架上，并与配料机械相互独立。称量方式有称重式和机械杠杆两种形式。

提升机构由提升斗、导轨、卷扬机等组成。功用是把计量后的骨料提升装入搅拌器。

水泥供给系统主要由储罐、螺旋输送机、计量斗等组成。水泥从储罐经螺旋输送机送入计量斗。当计量斗的水泥达到设定值时，停止水泥螺旋输送，待搅拌器重新开始拌合时，打开计量斗料门，将水泥卸入搅拌器，完成一次水泥计量供料。

液体供给系统指水和添加剂水溶液供给系统。主要是将水和添加剂溶液按一定的量定时间歇地输送给搅拌器。计量控制方式有量筒式、时间计量和微机控制。微机控制是由计算机控制高精度流量马达来控制液体的加入量、加入时间以及加入量的准确度。它控制准确，精度高，可实现控制的全自动化，是一种较先进的控制手段。

料仓式搅拌设备由骨料供给系统 1、提升斗 2、水泥供给系统 5、水供给系统 6、搅拌器 4、成品料储仓 3 及支承脚架 7 等组成，如图 60-17 所示。

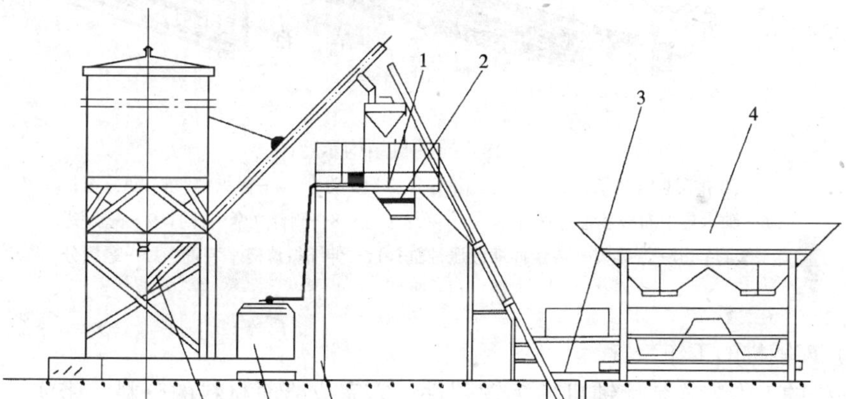

图 60-17　料仓式拌合站

1—骨料供给系统；2—提升斗；3—成品料储仓；4—搅拌器；
5—水泥供给系统；6—水供给系统；7—脚架

料仓式骨料供给系统由料斗、称量斗、水平皮带机和支架等组成。料斗下方为计量斗，通过重力传感器悬挂在支架上，由重力传感器进行称量。称量斗的出料门由气动控制。

强制间歇式搅拌器有立轴式和双卧轴式两种。双卧轴式主要是靠双轴由里向外反向转动，带动桨叶旋转，使物料在搅拌器中翻滚拌合。出料口在搅拌器底中部，多采用翻转式料门。

三、路面摊铺设备

碾压混凝土路面摊铺设备的功用是将碾压混凝土拌合料按要求的厚度均匀、密实、平整地摊铺在路基上，形成较稳定的路面面层。为此，碾压混凝土路面摊铺设备的结构、性能必须满足碾压混凝土混合料的特性要求和路面结构、强度的要求。

碾压混凝土混合料含水量少，属于硬性混凝土，摊铺时需要强力的夯实熨平装置。目前国内外多采用带有高密实度熨平板装置的沥青混凝土摊铺机来摊铺碾压混凝土混给料。

（一）总体结构

摊铺机主要结构由发动机、传动系统、刮板输送器、螺旋分料器、行走系统、熨平装置和自动调平装置等组成，如图 60-18 所示。

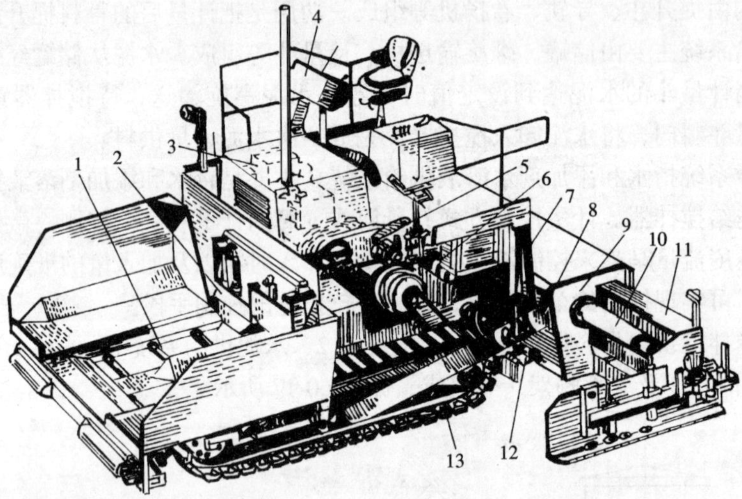

图 60-18　摊铺机结构示意图

1—双排刮板输送器；2—液压控制闸门；3—发动机；4—操纵台；5—变速箱；6—轴承集中润滑装置；7—振捣梁升降压油缸；8—侧臂（牵引杆）；9—振捣熨平装置；10—振捣熨平装置伸缩液压油缸；11—伸缩振捣熨平装置；12—螺旋分料器；13—履带行走装置

（二）摊铺机的工作装置

摊铺机的工作装置是摊铺机的关键部件。它完成路面材料的分料、密实、整平等功能。主要工件装置有螺旋分料器和熨平装置。

1. 螺旋分料器

螺旋分料器的作用是把拌合料均匀地分布在横向摊铺宽度上。螺旋分料器一般设在摊铺机后方摊铺室内，它是由两根大螺距、大直径叶片及旋向相反的螺杆组成。可以使混合料由中部向两侧输送。左、右两根螺旋轴装在机架上，内端由链条或齿轮分别传动，可以独立驱动，两螺旋轴可同时工作，又可单侧工作。为适应不同摊铺厚度的需要，有的摊铺机螺旋分料器可调节离地高度。

2. 熨平装置

熨平装置的功能是将螺旋输送器沿摊铺宽度分送的混合料摊平、捣实和熨平。一般摊铺机的熨平装置有牵引臂、刮料板、振捣梁、熨平板、厚度调节机构、拱度调节机构等组成。用于碾压水泥混凝土摊铺机熨平装置是一种高密实度的熨平装置。图 60-19 所示为高密实度熨平板的结构形式，它们与沥青摊铺机熨平装置相比，增加了二次振捣梁和振动器，大大增强了熨平装置的密实、整平能力。

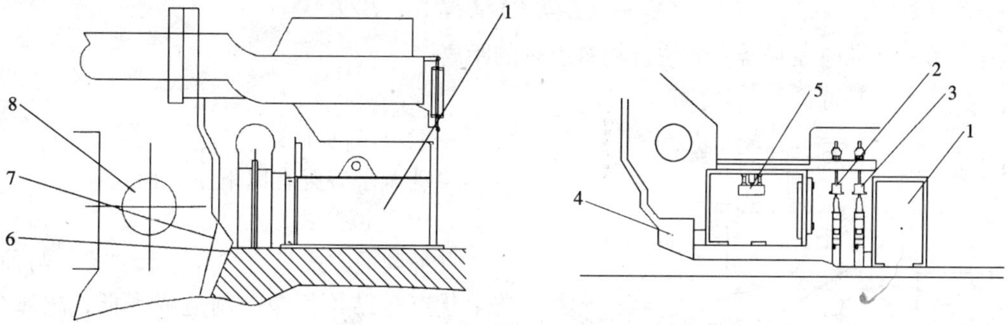

图 60-19 高密实度熨平板的结构形式

1—振动器；2—第一承压杆；3—第二承压杆；4—振捣夯梁；5—快速振动器；
6—振捣梁；7—高频振捣梁；8—螺旋给料器

高密实度熨平装置中振动器的振动数可以达到 4080r/min（68Hz），振幅 0 ~ 5mm；振捣夯梁的振动数 1 ~ 1800r/min；冲程 4mm 和 8mm；承压杆脉冲数最大为 4200r/min，推挤力 5 ~ 15MPa/cm^2。

熨平板后部外端设有左、右两个厚度调节机构，多采用螺杆调节形式。摊铺厚度的控制是通过厚度调节机构调节熨平板与地面的夹角实现的。

熨平装置内部还设有拱度调节机构，由螺杆、锁定螺母和标尺等组成。通过调整螺杆，可实现路面的水平横截面和单斜坡拱横截面的摊铺要求。

（三）自动调平装置

自动调平装置是根据参照基准，使摊铺机浮动熨平板在排除外界干扰条件下进行自动找平的一种控制装置。分横向调平、纵向调平和纵向基准三部分。控制系统的信息传递路线如图 60-20 所示。自动调平系统组成如图 60-21 所示。

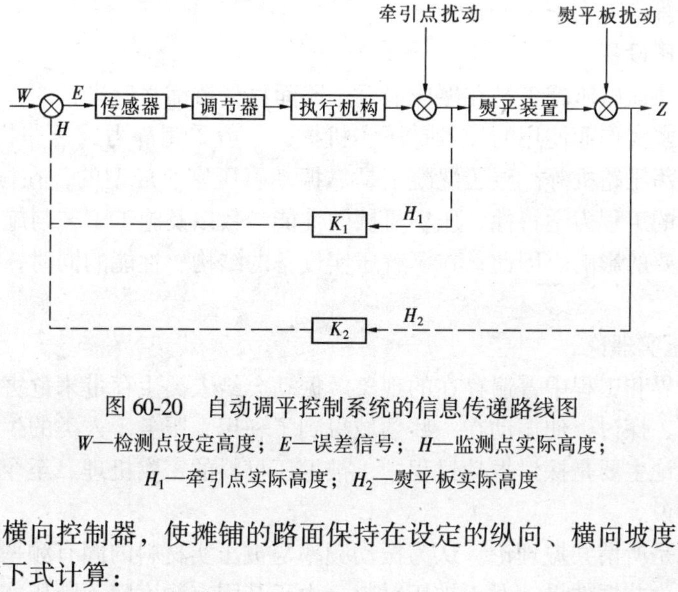

图 60-20 自动调平控制系统的信息传递路线图

W—检测点设定高度；E—误差信号；H—监测点实际高度；
H_1—牵引点实际高度；H_2—熨平板实际高度

通过纵向、横向控制器，使摊铺的路面保持在设定的纵向、横向坡度基准上。检测点的实际高度可按下式计算：

$$H = K_1H_1 + K_2H_2$$

$$K_1 = (L - C)/L; K_2 = C/L$$

式中　C——纵向控制器安装位置距牵引点的距离；

　　　L——侧臂长。

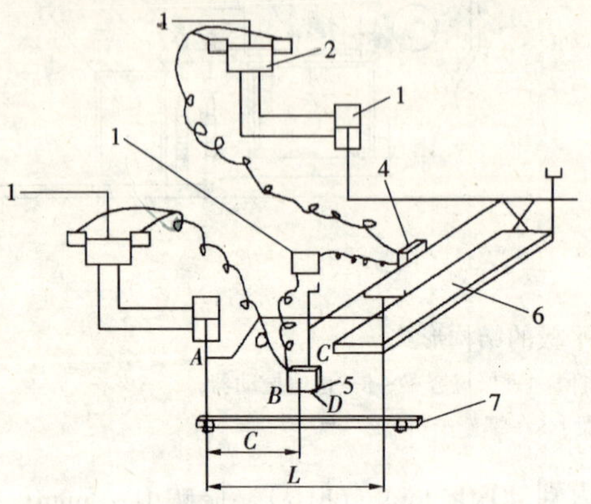

图 60-21　摊铺机自动调平系统构成简图

1—电源；2—电磁换向阀；3—油缸；4—横向控制器；5—纵向控制器；6—熨平板；7—平均梁

一般取 $K_1 = 1/3 \sim 1/9$。

自动调平装置有以下三种形式：

1. 开关调节式

此种调平方式只有"开"和"关"两种状态。优点是结构简单、制造成本低、故障少；缺点是调节精度低、死区较大。一般最小纵向分辨率为 ±2mm，最小横向分辨率为 ±0.10%。

2. 比例调节式

系统调节作用的强弱随传感偏差信号的大小成比例变化，系统有较高的静态精度，但其结构复杂，制造成本较高。

3. 比例脉冲式

其调节过程分为死区、脉冲调节区和恒速调节区三个范围。当外界干扰较大（基准面不平度大于5mm）时，控制指令装置连续发射脉冲，终端执行机构连续动作，此时系统作恒速调节；当外界干扰变小（传感器偏差讯号大于0.3，小于5）时，系统处于脉冲调节区，系统的调节作用随偏差讯号值大小成比例变化。脉冲调节区有两种工作方式，其一是比例调节，即脉冲频率随偏差讯号值成比例变化，从而改变调节强度；其二是在脉冲区内，固定频率作开关式调节，但脉冲宽度随偏差讯号成比例变化，并改变其调节强度。

摊铺机采用比例脉冲式自动调平装置较多，其最小纵向高度分辨率不大于 ±0.3mm，最小横向坡度分辨率不大于 ±0.02%。

四、路面碾压设备

碾压混凝土路面碾压施工是在碾压混凝土路面材料摊铺之后进行的，是一步很重要的施工作业。碾压密实作业使用的设备是压实机械，一般采用静力式压路机、振动压路机、轮胎压路机和振荡压路机等。碾压混凝土是靠振动碾压密实成型的，在振动碾压过程中，碾压混凝土材料的工程力学特性、压实机械的性能参数以及施工工艺与施工组织管理等对碾压密实有着重要的影响。因此，在了解压实设备的结构、性能的同时，必要探讨一下振动压实成型理论。

（一）振动压实理论

振动是自然界和工程中普遍存在的现象。振动会给人类生存带来危害，但由于人们对振动的不断研究、探讨，使振动在一些领域得到了利用，服务于人类的生活建设中。

振动压实理论主要是探讨振动过程中，被振压材料的密实机理。至今，对振动压实理论存在着三种学说。

第一种学说是所谓共振理论。认为振动频率与被压实材料的固有频率一致时，振动压实最为有效，即为共振效果。对于被压材料，由于其固有频率随不断压实而发生变化，因此，要求压实机械不断改变工作频率是比较困难的。

第二种学说是内摩擦减少学说。振动时，被压实材料存在着内力和外力。内力包括料粒间的黏结力和摩擦力以及料粒的自身质量；外力包括由于振动作用使被压材料颗粒产生的惯性力和上层材料的重力。

在振动外力作用下，由于各粒料质量及所处位置的不同，所产生的惯性力也不同，此时粒料间的黏结膜发生张紧现象。若惯性力不大，该力将被料颗粒间的黏聚力和摩擦力所平衡，各颗粒仍处于原始位置；如果惯性力很大，足以克服颗粒间的黏聚力和摩擦力，根据能量最小原理，料粒在自身质量和其上层物料重力作用下相互离开发生位移，力图占据最低稳定位置，料粒相互挤近，排出空气和水，趋于密实。

料粒的惯性力可按下式确定：

$$F = - mA\omega^2\sin\omega t$$

式中　F——惯性力；

A——振幅；

ω——角频率；

m——料粒质量；

t——振动时间。

其中，振幅 A 随被压实材料层深度而变化，离振源愈远愈小，可按下式确定：

$$A = A_0\mathrm{e}^{-rh}$$

式中　A_0——振动器振幅；

r——系数，视材料性质而定；

h——材料至振源的垂直距离。

对于砂质土，系数 r 为：

$$r = 0.39\frac{\omega}{v} - \frac{1}{kl}\ln\frac{l\omega}{2v\sin\frac{\omega}{v}lk}$$

式中　ω——角频率（s^{-1}）；

v——振动波传递速度，对砂质土可取 $v = 150 \sim 200$m/s；

k——系数，$k = 2 \sim 3$；

l——振波源底面宽（m）。

可以看出，组成材料的颗粒在质量上差别越大，颗粒间的联系越弱，则它们的相对位移就越大。因此，非粘性和低粘性材料能较好地通过振动而被压实，而粘性土在组成上比较均匀，土颗粒间联系力较大，就需要很重的振动器来振动压实。

具有较大质量的大粒料在振动时得到较大的惯性力，首先脱离相邻的料粒向下位移。如果含有不同大小颗粒的材料进行长时间的振动，就会导致分层（离析）现象，大颗粒处在下层。这种情况是不允许的。而振动应在材料具有最大密实度和大颗粒之间的孔隙由小粒料填满时结束，此时分层（离析）还未发生。

上述内摩擦减少学说的振动压实理论的论点可概括为：由于振动作用命名被压实材料

的内摩擦急剧减小，剪切强度降低，抗压阻力变得很小，因而在重力作用下易于压实。实验表明，抗剪阻力可减小到几十分之一；黏性土在振动加速度很大时内摩擦也显著减小，沥青混合料大约平均减小到1/5以下。

第三种学说是重复冲击学说。认为振动使被压材料周期性受压缩作用而得到压实。此种学说是建立在弹性波理论的基础上来研究振动压实的。

以上三种压实理论学说是从不同的研究观点和方法出发，以不同的角度对材料振动压实大批量进行解释。但由于被压实材料种类繁多，性质差异较大，实际碾压情况又不尽相同，影响振动碾压的因素也很多。所以各种学说还不能完整系统地解释所有的振动压实现象，只能对某一些压实现象做比较好的说明。对于压实理论，还有待于进行更深入地试验研究和理论探讨。

（二）影响振动密实的主要因素

振动压实过程是一个比较复杂的过程。振动压实效果的好坏与很多因素有关。影响压实效果的因素主要有压实机械的质量、振动参数（振动频率与振幅）、碾压遍数、碾压速度、被压实材料性质（材料级配、含水量）等。

1. 压实机械的质量

如果其他参数（频率、振幅等）不变，增加振动压路机的质量，对压实效果有利。被压实材料所受的静的和动的压力的增加与压路机质量增加成正比。压实试验表明：振动压路机压实深度及压实效果与压路机的质量成正比。因此，静载荷（线压）是振动压路机的重要参数之一。

对于碾压混凝土，振动压路机质量可取10~12t较为适宜。

2. 振频和振幅

振动频率和振幅是影响振动压实的一个重要因素。根据共振学说，振动频率与被压实材料固有频率一致时，被压实材料颗粒发生最大位移，材料得到密实。

对于实际压实作业，如何根据材料种类、性质、工况来确定最佳频率的数值。研究表明：频率变化对黏土的压实效果影响不大，采用低频率大振幅压实效果较好；频率变化对砾石、砂土等粗粒状非黏性土效果显著，这是因为非黏性材料的抗剪强度主要取决于粒料之间的摩擦力（内摩擦），而粘性材料除内摩擦之外，还有内聚力的缘故。

在振动压实过程中，振动压实机械传给被压材料的能量可用下式计算：

$$W = C_1 m A^2 \omega^3 t$$

式中 W——振动能量；

C_1——常数，取决于材料的阻尼；

m——被压材料的质量；

A——振幅；

ω——频率；

t——振动时间。

从上式可以看出：在频率不变情况下，能量随振幅的增大而增加。一般高频率大振幅可以得到较好的压实效果，但振幅过大会给压路机减振等带来一定的困难。

从上面的分析可以得到如下结论：大振幅（1.0~1.8mm）适用于压实黏性材料、厚铺层及岩石料；小振幅（<1.0mm）适用于压实非黏性材料、薄铺层及表面压实。高频

（35～45Hz 以上）适用于压实非黏性材料；低频（25～35Hz）适用于压实黏性材料。对于碾压混凝土材料的压实，经试验验证，振动频率选取 40～50Hz，振幅选取 0.4～0.8mm，可以得到好的压实效果。

3. 碾压速度

碾压速度决定压力作用在被压实材料上的时间长短。行驶速度低时，作用于材料上的时间长，单位面积上的振动次数比高速行驶时多，压实效果好，但生产率低；行驶速度高时，每次振动的间隔增大，作用在材料上的压实能量减少，但生产率高。

选择压实速度时，应权衡被压实能量的性质、压实条件、压实质量及生产率等因素。一般在不影响压实深度时的振动压路机极限碾压速度可按下式确定：

$$\omega_g = 0.2\sqrt{\omega}$$

式中　ω_g——极限碾压速度；

ω——振动频率。

振动压路机的碾压速度一般选取 1.5～3km/h；压实沥青混合料时，其压实速度可以达 8～10km/h；对碾压混凝土混合料，碾压速度可取 1.5～6km/h。

4. 被压材料的特性

材料的级配、含水量（稠度）、粒料的大小等对振动压实有较重要的影响。在压实粒径尺寸相同的材料时，不能达到很好的密实度，而且表面密实度较低，所以要求材料的粒径大小有所差别，各占一定的比例。这样在振动时，小颗粒充填到孔隙中去，把粒料孔隙中的空气、水排出，从而达到所要求的密实度和强度。

含水量是影响可压实性的一个重要因素。同时含水量对被压材料的强度也有很大影响。对于不同的材料，有一个能够得到最大压实密度的含水量，称为最佳含水量，在此含水量下压实，材料颗粒易产生位移，易密实，而且所需压实能量也相对小一些。

碾压混凝土含水量少，属干硬性混凝土。当振动压路机在稠度小的碾压混凝土碾压时，压实量增加，混凝土质点的振动加速度也增加，碾压混凝土容易液化，但是下沉量增大又会使振动压路机陷入混凝土中无法工作。因此，碾压混凝土配合比设计时，稠度选择应与振动压路机的振捣机构的振动特性相适应。

（三）路面碾压设备

碾压混凝土路面的密实成型是靠压实机械的碾压作用来实现的。为了保证碾压混凝土路面的成型质量，在碾压混凝土路面碾压施工中，主要使用振动压路机、轮胎压路机或组合压路机，有条件时可以配置振荡压路机和裹胶轮振动压路机。在这些压实机械中，振动压路机是碾压混凝土路面碾压密实的主导压实机械，而轮胎式压路机或振荡压路机是作为表面压实机械。

1. 振动压路机

振动压路机按行走方式分自行式振动压路机和拖式振动压路机两大类。在自行式振动压路机中有轮胎驱动光轮振动压路机、两轮（串联与并联）振动压路机等。

在碾压混凝土路面施工中，多采用自行式两轮振动压路机。它们的总体构造一般都由发动机、传动系统、操纵系统、转向系统、振动轮、驱动轮以及前、后车架等组成。

YZC10 两轮振动压路机总体构造如图 60-22 所示。

YZC10 型振动压路机是 10t 级双钢轮串联铰接式振动压路机，采用液压驱动、液压振

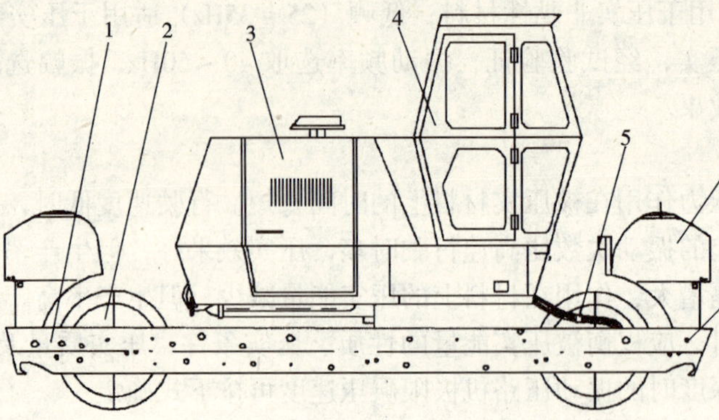

图 60-22　YZC10 两轮振动压路机总体构造

1—后车梁；2—后振动轮（驱动轮）；3—发动机；4—驾驶室；
5—前振动轮（驱动轮）；6—前水箱；7—前车架

动、液压转向和液压制动，双轮驱动和双轮振动。该机由以下几部分组成：

(1) 车架：车架由前车架和后车架通过中间的铰接架铰接而成。前、后车架上各装一只水箱，前车架上还装有柴油箱和液压油箱。发动机也安装在前车架上。整机重心位于铰接轴正上方，从而整机质量可以相等地分配在两个振动轮上，使前、后振动轮产生相同的振动能量，达到相同的振压效能。

(2) 振动轮：前、后两个振动轮完全相同，由厚钢板制成，通过减振器与前、后车架相连接。振动激振装置安装在振动轮内，由液压马达驱动实现振动。

(3) 转向系统：转向由液压泵通过转向器及固定在前车架与铰接架之间的两只液压油缸来实现。

(4) 制动系统：行车制动由换向杆中位来控制。换向杆在中位时，行车泵倾盘角度为零，从而实现制动。停车制动和紧急制动由两个多片常闭式制动器来完成，这两个制动器分别固定在前、后轮的轮边减速器上，靠液压脱开。停车制动和紧急制动与发动机熄火联动，一旦发动机熄火，制动器即自动发生作用。

(5) 行走系统：行走系统由分动箱上的变量泵提供压力油给前、后轮的定量马达。该马达与前、后轮的轮边减速器相连，从而驱动两个钢轮转动行走。两钢轮的行走驱动和振动驱动是由各自独立的液压控制系统来完成的。

(6) 振动系统：由分动箱上的三联齿轮泵给前、后轮的振动马达提供压力油，振动马达分别驱动前、后轮内的偏心轴式激振装置来实现振动。前、后轮可以同时振动，也可以单独振动，而且各轮可以选择不同的振动频率和振幅。若两轮均不振动，则可以作为两钢轮静压压路机使用。

YZC10 型有两个振幅供选择（YZC10A 有五个振幅可供选择），选择开关位于仪表盘下部。频率调节阀位于驾驶员座椅右后方的操纵平台靠背上。

(7) 洒水系统及刮泥板：前、后车架上各有一只水箱，每只水箱各有一只水泵，将水从水箱经水滤器送到洒水管喷头，洒布在钢轮上。

每个钢轮相应地配备有两个刮泥板，而且刮泥板与轮面之间的间隙可以调节。

YZC10、YZC10A、CC21 和 CA25 型振动压路机主要技术性能参数见表 60-15 所示。

几种振动压路机主要技术性能参数　　表 60-15

机　型	额定功率（kW）	使用质量（t）	振动轮		振　动　参　数			静线载荷（N/cm）	工作速度（km/h）	备　注
			直径（mm）	宽度（mm）	振动频率（Hz）	振幅（mm）	激振力（kN）			
YZC10	80（2400r/min）	10.00	1220	1680	40～48	0.8/0.4	120/60	292（前后）	0～10	双钢轮振动
YZC10A	80（2400r/min）	10.00	1220	1680	40～48	0.83/0.43	120/62	292（前后）	0～10	
CC21-Ⅱ	51（2400r/min）	6.66	1040	1450	48	0.71/0.35	71/35.5	237/223	10.5	
CA25-S	80（2400r/min）	9.30	1523	2134	30	1.74/0.82	198/93	225.4	0～24	轮胎驱动，钢轮振动
CA25D	80（2400r/min）	9.60	1523	2134	30	1.74/0.82	198/93	235.2	0～11	

2. 轮胎压路机

轮胎压路机是一种靠机械自身的重力，通过特制的充气轮胎对铺层材料以静力压实作用的压实机械。它对铺层材料的压实作用不同于光钢轮压路机。装有特制宽基轮胎的压路机，轮胎踏面与铺层的接触面为矩形，而光钢轮与铺层的接触面为一窄条。因此，在相同的行走速度下，用充气轮胎滚压时，铺层处于压应力状态的延续时间比用光面钢轮要长得多。同时，充气轮胎给铺层材料以独特的揉压作用，因而碾压所需时间就短（碾压次数少）。

充气轮胎的一大特点是可以改变轮胎内的气压，以限制对铺层压实材料的最大压实力作用，从而提高压实效果。

另外，充气轮胎与铺层表面的接触面积大，因而压应力分布均匀，可得到较好的表面层压实质量。

轮胎压路机用于碾压混凝土路面的终压实，其目的是继续增加压实度的同时，改善面层料粒的致密均匀性和面层的平整度。

轮胎压路机由发动机、传动系统、驱动桥、制动系统、液压系统、特制轮胎气压调节装置、配重箱等组成。图 60-23 是 YL16 型自行式轮胎压路机总体构造图。

(1) 轮胎：轮胎压路机所采用的轮胎都是特制的宽基轮胎。轮胎的踏面宽度是普通轮胎的 1.5 倍左右，在自然状态下是平的，使充气轮胎对地面的压力垂直向下，轮胎踏面宽度范围内都处于高压力区，且压力分布均匀，增加了压实深度，提高了压实质量。轮胎是由特殊合成橡胶加钢丝制成，具有高强度、耐磨、耐酸腐蚀和高温等特点。

(2) 集中充气系统：设有集中充气系统的轮胎压路机，司机可以根据铺层状况和施工需要随时改变轮胎的充气压力，使压路机始终处于最佳工作状态。对于松软土和潮湿黏土，应选用较小的充气压力。随着压实次数和压实度的增加，可以用提高轮胎充气压力的办法提高接触压力，直到获得满意的压实效果。

集中充气系统由空气压缩机、储气罐、控制阀、管路、气门和操纵系统等组成。

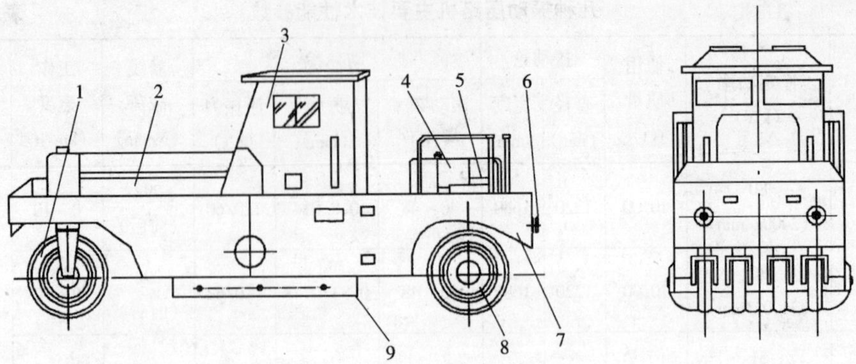

图 60-23　YL16 型自行式轮胎压路机总体构造图

1—转向轮；2—发动机；3—驾驶室；4—汽油机；5—水泵；
6—拖挂装置；7—机架；8—驱动轮；9—配重箱

(3) 转向系统：轮胎压路机是采用偏转前轮方式实现转向的。轮胎压路机前轮个数为 3~5 个，为使每个前轮在转向时无侧滑移地滚动，每个前轮应有相应的不同偏转角，使处于内弯道的轮胎比外弯道的转向半径小，由内向外逐渐增大。现在采用的转向机构有格栅式转向机构、机械摇摆悬挂装置等。

(4) 车架：轮胎压路机车架有整体式和铰接式两种形式。整体式车架是由型钢和钢板焊接而成的一个刚性整体；铰接式车架由前、后两部分车架组成，中间由铰轴连接。

(5) 悬挂装置：轮胎压路机是依靠行走过程中前、后每个轮胎对铺层材料进行压实的。在这个过程中应保证每个轮胎负荷均匀，保持机架处于水平状态，这就要求压路机应有性能优良的轮胎悬挂装置。例如采用三点支承并能使充气轮胎垂直运动的液压悬挂装置；采用可使轮胎左右摆动和上下浮动的机械摇摆式悬挂装置等。

几种轮胎压路机主要技术参数见表 60-16。

几种轮胎压路机技术参数　　**表 60-16**

名称		型号				
		YL10	YL16	YL20	YL25	YL40
压实宽度（mm）		≥1500	≥1800	≥2000	≥2300	≥3000
接地比压（MPa）		0.15~0.3		0.2~0.4		0.3~0.5
最小转弯半径（mm）		≤6500	≤7500	≤8000	≤9000	≤10500
爬坡能力（%）		≥20				
轮充胎气	规格（特制）	8.25~20 9.00~20	9.00~20 11.00~20		11.00~20	12.00~20
	气压（MPa）	0.2~0.8				

五、路面施工工艺

由于碾压混凝土材料属超干硬的碾压混凝土材料，所以碾压混凝土路面施工不同于常规水泥混凝土路面施工，更不同于沥青混凝土路面的施工。要把碾压混凝土材料摊铺到路面基层，并密实成型为具有一定强度和平整度的混凝土路面，必须有一套合理的、适合于干硬性碾压混凝土材料的施工工艺与施工方法。

根据国内外的研究和施工实践，碾压混凝土路面施工应包括：碾压混凝土材料的拌和、运输、摊铺、碾压、养生、接缝处理等施工工序。其施工工艺流程如图 60-24 所示。各工序相互衔接、相互配合、相互协调以及科学组织管理，才能保证施工质量。

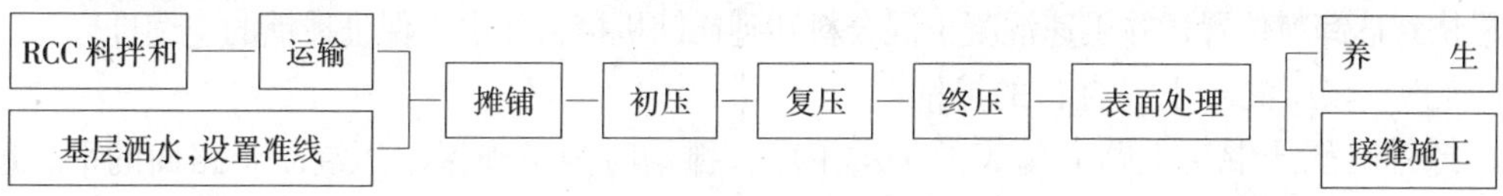

图 60-24　碾压混凝土路面施工工艺流程

（一）碾压混凝土混合料的拌合

碾压混凝土混合料的拌合采用强制式混凝土拌合设备进行拌和，使各种骨料、结合料、水、添加剂等严格按照设计配合比达到均匀拌和。

粗、细骨料的规格、材料品质应符合设计要求，做好骨料的取样检验工作，并控制各种材料的含水量及材料的防雨水侵蚀的保护等。

对于材料的计量，应在拌合机安装调试中，对各种材料进行计量标定，其计量精度可参照常规水泥路面混凝土的要求，以保证碾压混凝土混合料的质量。

拌合时间不仅影响到拌合料的均匀性，而且与拌合生产效率有关。由于碾压混凝土单位用水量少、比较干硬，所以拌合均匀所需的时间要比普通混凝土长。一般来说，对于不同拌合形式、不同型号的拌合机，拌合均匀所需的时间有较大差异。根据日本的资料，碾压混凝土的拌合时间是普遍混凝土的 1.5 倍左右，没有规定具体的拌合时间。

美国陆军工兵部队军事建筑指导性技术规范规定，当使用连续式搅拌机时，搅拌时间应不少于 35s，直至得到合乎要求的均质混合物。对不同的拌合设备，拌合均匀所需要的时间是不同的。因此，施工时应采用选定的拌合机进行试拌，以拌合均匀所需要的时间作为拌合的控制时间。

在国外，有采用最大堆密度为 2250kg/m^3 的拌合机。若每一批拌 1.66m^3，则拌合时间为 70s，排料时间为 20s，每个周期为 90s。

由于碾压混凝土特别干硬、松散，所以从拌合机出来的混合料如果到运料车的落距过大，很容易造成离析。因此，安装拌合机时应考虑所用运料车的车型，应采取措施尽量减低落高。

（二）碾压混凝土混合料的运输

碾压混凝土混合料的运输工具是自卸汽车。要求在尽可能短的时间内将混凝土卸到摊铺机料斗中，以减少碾压混凝土拌合料的离析和稠度变化，保证摊铺作业的连续性。

运输距离决定运料所需时间。运输距离短、运料时间少，有利于碾压混凝土路面的施工。实际确定运距时，应考察施工现场，运输通道状况以及碾压混凝土的工作物性。若自卸卡车行驶速度按 30km/h 计，运距应控制在 15km 以内较为适宜，此时运料所需时间约为 30min。国外的碾压混凝土路段试验时，运输时间控制在 15min 以内。

混合料的水分蒸发是稠度增大的原因之一。为了减少由此造成的稠度损失，当运距较大或气温较高、风速较大时，应采取覆盖措施。

装料是运输工序的起点，其关键是使混凝土混合料均匀地装载到运料车上，并减少拌合机的等待和停顿时间，尤其是对连续式拌合机，如果运料车到位不及时，就会造成停机，影响混凝土的产量和质量。

卸料是运输工序的重点，也是该工序中对施工质量影响较大的一个环节。其关键是在运料车到达摊铺现场后应按照一定的规律排列，使得在前一辆车卸料完毕驶离摊铺机后，后一辆车能尽快到达卸料位置，并迅速混凝土混合料卸到摊铺机接料斗中，保证摊铺的连续进行。

（三）碾压混凝土混合料的摊铺

摊铺是碾压混凝土路面施工的关键工序，摊铺时为了确保碾压混凝土路面的平整度和较高的密实度，一般应使用带强力熨平板的高密实度沥青摊铺机。

碾压混凝土料的摊铺是将从自卸汽车上卸下的碾压混凝土混合料按规定的宽度和厚度，一定的预压密实度均匀地摊铺到路的基层上。难铺质量与机械的自动找平系统、摊铺速度、熨平板参数等有关。

1. 自动找平系统

（1）自动找平系统是保证摊铺质量的关键控制系统，用于碾压混凝土路面的摊铺机应配有性能良好的自动找平系统，施工时关键是选择可靠的找平基准和保证系统处于良好的工作状态。

（2）一般摊铺机可用张拉钢丝法、滑靴法和施杆法设置找平基准。碾压混凝土路面直接摊铺在路面基层上，且摊铺厚度较大，宜采用张拉钢丝法，并宜选用直径为 3mm 的钢丝，以尽量减少由钢丝自身质量形成的挠度。根据一般摊铺机找平系统的性能和应用实践，当摊铺宽度大于 6m 时，应采用双侧拉钢丝作为基准。

（3）确定基准钢丝标高时应以保证路面厚度为原则，个别路段基层偏高时应相应调整基准钢丝标高。作业过程中，要注意基准钢丝的张紧和保护，基准线布设时最易发生基准桩与基层不垂直或横杆紧固螺丝松动造成横杆下垂的现象，这时虽然基准钢丝高程正确，也会由于接触点不在钢丝上而在横杆上，导致找平传感器通过时高出预定标高，摊铺厚度不准，摊铺平整度变差。

根据施工实践，基准线的布设还须注意以下要点：

①基准桩必须埋设牢固，各连接部螺栓紧固有效：桩柱间距一般为 5～10m，间距过大易增大钢丝挠度；

②一次放线长度不宜超过 200m，建议 80～100m 左右，弯道处应适当缩短；

③需用拉力器张拉，拉力不少于 1000N；

④基准桩横杆应水平或稍为上翘，以保证传感器不碰撞横杆；

⑤摊铺中严禁碰撞钢丝，并设专人护管钢丝架，发现钢丝扭曲变形时，应及时整平调直，及时清除钢丝上黏结、悬挂的砂浆、杂物等。

2. 摊铺速度

摊铺速度应与拌合机的拌合能力、运输车辆相匹配，摊铺速度还与摊铺层的平整度、密实度等有密切的关系。因而正确选用适量的摊铺速度，对加快施工进度，提高设备利用率和提高施工质量都有重要的意义。

施工时，摊铺速度可根据机械配套情况参考下式选用，即：

$$v = \frac{100Q}{60BH} \cdot K$$

式中　v——摊铺速度（m/min）；

Q——拌合机生产能力；

B——摊铺宽度（m）；

H——摊铺厚度（m）；

K——效率系数。

根据机械配套情况确定 K 值，一般取 0.85 ~ 0.95，单台拌合机时取低值。

当路面宽度为 9m，厚度 24cm 时，摊铺速度为 0.6 ~ 0.9m/min；路面宽度 4.85 ~ 5m，厚度 15 ~ 20cm 时，摊铺速度为 0.9 ~ 1.2m/min。

3. 摊铺厚度与松铺系数

当路面设计厚度超过 30cm 时，由于受摊铺机预压能力和压实设备的压实能力所限，要采用分层摊铺。在摊铺上层时，要求下层不应干透、表面潮湿，以利层间结合。

松铺系数是摊铺拌合物厚度与压实厚度的比值。它是控制施工质量的重要参数，只有正确地选定松铺系数才能保证路面的压实厚度。

松铺系数实质上是摊铺预压密实度的反映，与摊铺机性能、摊铺机速度、摊铺工艺参数及混凝土配合比等因素有关。设置时可参照混凝土压实试验数据，通过试铺确定。根据经验，松铺系数一般为 1.05 ~ 1.15。

4. 摊铺密实度

摊铺时获得的预压密实度，是路面成型质量的影响因素和控制指标。当预压实不足，压路机施行碾压时，沉降量较大，使已得到的平整度受到破坏。有资料介绍，预压密实度太高时（大于 95% 葡氏密度），容易产生"拉裂裂纹"并影响浓度方向密实度的均匀性。根据我国的实践经验，摊铺机预压密实度取 85% ~ 89% 为宜。

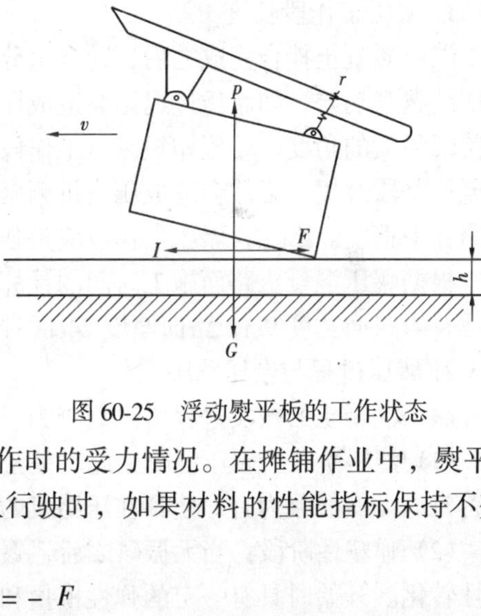

图 60-25　浮动熨平板的工作状态

5. 熨平板参数

(1) 熨平板工作角：一些大型摊铺机均采用浮动熨平板形式。图 60-25 为浮动熨平板在工作时的受力情况。在摊铺作业中，熨平板悬浮在混合料上，当摊铺机以恒速在水平基面上行驶时，如果材料的性能指标保持不变，则浮动熨平板处于受力平衡状态，即：

$$P = -G, T = -F$$

当熨平板工作角 α = 常数时，单位时间进入熨平板底部的混合料体积不变，从而使 h 值保持不变，摊铺厚度均匀一致。

当 α 增大时，单位时间内进行熨平板底部的混合料体积增多，混合料作用于熨平板上的浮力大于熨平板的自身质量，熨平板平衡状态被破坏，摊铺厚度增大，直至建立新的平衡。反之，摊铺厚度减小。因此，对熨平板工作角的调整，实质上就是摊铺厚度的调整。熨平板的初始工作角是通过熨平板与主机的连接机构确定，但准确的工作角须在摊铺作业中精确调整，施工时，注意要准确记录前一天摊铺终点的仰角标尺位置，第二天开始作业时应保持这一角度，这有利于改善接缝位置的路面平整度。

（2）夯锤行程、振动频率和液压梁压力：高密实度熨平板是通过夯锤、振动部件和压力梁来实现对路面的预压实、整形熨平工作的。因此，夯锤行程、振动频率和液压梁压力是熨平板的重要工作参数。

碾压混凝土路面施工中常用的两种高密实度熨平板主要参数见表60-17。根据施工实践，对不同型号的摊铺机应设不同的熨平板工作参数，从保证路面质量的角度，以摊铺后预压密实度达到88%~89%为宜。

典型熨平板主要参数 **表60-17**

机　　型	ABG TTTAN 411/422			VOGELE S1800		
熨平板形式及参数	振捣器	振幅（mm）	0~0.1	液压梁	行程（mm）	0~18
		频率（Hz）	0~60		频率（Hz）	0~80
		激振力			压力（MPa）	0~130
夯锤参数	行程（mm）		3/6~9/12	行程（mm）		4/8mm
	频率（Hz）		0~25	频率（Hz）		0~30

（四）碾压混凝土混合料的碾压

碾压使碾压混凝土混合料充分密实。在摊铺作业完成后，就要立即进行碾压作业，它是保证路面最终密实成型的关键工序。

1．碾压工作段长度

碾压混凝土拌合完成之后，随着水分蒸发、水化反应的进行，混凝土稠度越来越大，可碾性越来越差，如碾压过迟则会造成压实度不足，影响硬化混凝土的强度。因此，从保证路面强度的角度，希望缩短碾压工作段长度，使摊铺后的路面尽快得到压实。但是，如果碾压路段过短，必然会造成压路机频繁换向，增加碾压的接头，从而影响压实的均匀性和路面平整度。因此，碾压工作段应是强度损失所能容许的最大长度。

根据碾压混凝土路面施工时间的计算，以45min摊铺的长度作为一个碾压工作段比较合适，当路面宽度9m、路面厚度24cm时，碾压工作段长度一般在30m左右。

2．碾压过程与碾压顺序

碾压混凝土的振实过程可以划分为以下三个阶段：

（1）塑料阶段：碾压混凝土此时呈松散状态，不可能将振动能量有效地向内部传递，故首先以无振静碾为宜，使其在压路机的重力作用下产生相对位移，减小孔隙。

（2）弹塑性阶段：当无振碾之后，碾压混凝土内部孔隙部位得到填充，开始由塑性向弹性转化。开始时具有一定的弹性模量和剪切模量，并能将表面的振动波传至内部，这时可开始进行振动碾压。在振动作用下，骨料产生与振动碾振频率一致的振动，包裹在骨料周围的胶凝浆体的监界厚度变薄，骨料间游离浆体增加，拌合物的内摩擦阻力减小，屈服应力和黏度迅速下降，此时，碾压混凝土产生流动而液化。骨料颗粒在激振力和重力作用下产生位移，互相填充，骨架间孔隙也被胶凝浆体填充，空气和自由水排出，碾压混凝土表面逐步达到密实，向弹性开始转化。由于此阶段碾压混凝土由塑性逐步转化为弹性，因此，其激振力也应由小到大，由低到高，即由弱振到强振。

（3）弹性阶段：随着振幅的进行，碾压混凝土逐步密实，最后达到设计堆密度，此时碾压混凝土基本上不再吸收能量，密实度也不再增加。若继续振动碾压，反而将已达到密实状态的骨架破坏，重新出现孔隙，且碾压混凝土表面产生剪切破坏。

根据碾压混凝土振实过程的理论分析及实际施工经验，碾压混凝土路面一般要经过初压、复压和终压三个碾压过程。

①初压 摊铺之后的路面虽然具有一定的预压密实度，便要直接进行振动碾压一般还会产生推移等表面损坏，所以摊铺之后一般是先进行稳压（初压）。稳压的作用主要是提高表面的密实度，为振动压实整层路面提供基础，所以稳压对压路机的要求不太严格，采用10t左右的静力压路机即可，但实际施工时为了减少机械配置数量，大多采用振动压路机不振动压实，稳压一般碾压两遍。

②复压 复压采用碾压效果好、作用深度大的振动压路机。在碾压过程中选用适宜的振动和足够的碾压遍数，保证路面达到规定的压实度。复压时碾压轮重叠量宜为轮宽的1/3～1/2，这有利于消除压痕，提高路面平整度。复压的遍数与压路机性能、混凝土配合比、路面厚度和碾压重叠量有关。一般在2～6遍之间，实际施工时可结合压实的测定结果确定。

③终压 摊铺或钢轮振动压路机碾压过程中，有时会使路面表面形成一些浅的表面裂缝。研究实践表明，气压式轮胎压路机碾压时的揉搓作用对封闭和消除这些细小裂缝是非常有效的，并且轮胎压路机碾压形成的表面宏观构造对提高路面的抗滑能力是有利的。因此，终压一般采用气压式轮胎压路机或振荡压路机。轮胎压路机的吨位以16～15t为宜，碾压遍数视表面状况而定，一般在2～8遍。

3. 振动频率和振幅

振动压路机的振幅和频率是影响压实效果的重要参数。对于碾压混凝土路面的压实，经施工实践，宜采用10～12t的高频低振幅的振动压路机：振动频率40～50Hz，振幅0.4～1.0mm。

4. 碾压速度

根据施工实践经验，建议初压（静压）速度采用1.5～2km/h，复压（振动碾压）速度采用2～3km/h，终压（轮胎压路机）速度采用4～8km/h。

5. 养生切缝

养生是水泥混凝土强度形成的必要工序，尤其是对超干硬的碾压混凝土。

（1）由于本身水分少，如不能很好地加以养生，及时保存和补充水分，将严重影响碾压混凝土的强度发展。

（2）根据试验与施工实践，推荐按以下方法养生：

①碾压结束后立即覆盖保温养生（一般用塑料薄膜）；

②根据施工工艺的具体情况，一般在6h后，去掉薄膜，选择保水性能较好的材料（如锯末、湿砂、麻袋、草帘等）覆盖，洒水湿润；

③4～6h后开始间隔一定时间（视蒸发情况确定，以混凝土表面保持湿润为度）洒水养生，直至达到规定的养生时间。

（3）养生时间是按混凝土的抗折强度达到3.5MPa以上要求试验确定的。由此得到碾压混凝土路面需要的潮湿养护时间长一些，约为7d左右。

（4）碾压混凝土路面成型后约8h可采用切割机按缩裂位置切缝。切缝时应准确掌握切缝时间及切缝深度，待缝槽干燥、清除杂物后方可灌缝。

第七节 大坝碾压混凝土的抗裂性能

碾压混凝土（RCC）筑坝技术是近20年来坝工建设上日臻完善的新技术，具有施工速度快、方法简单、建设周期短、工程投资低、大坝运行性能良好等优点。碾压混凝土属特干硬性混凝土，具有水泥用量低、用水量少、骨料用量大的特点。性能与常态混凝土相比，抗压强度、抗冲磨强度均较大。但同时，由于碾压混凝土灰浆率较小，所以其弹性模量较高，徐变与极限拉伸值低。这在一定程度上制约了混凝土抗裂性、抗渗性的改善。

碾压混凝土的材料组成与性能设计是碾压混凝土的力学性能得以改善的关键。低碱度钢渣基材料的矿物组成，以高硅酸二钙、高铁铝酸钙及适量钙铁橄榄石和以 MgO-FeO 固溶体存在的 RO 相组成。高硅酸二钙是低碱度钢渣中的主导矿物，具有后期强度增长率大、低脆性和水化热低的特点，铁铝酸钙和钙铁橄榄石矿相则高耐磨、抗裂性好。将低碱度钢渣材料和中热硅酸盐水泥熟料复合研制了低脆性钢渣大坝水泥，应用于碾压混凝土筑坝材料，明显改善了混凝土的抗裂性。

一、混凝土胶凝材料的品种与脆性系数

混凝土是一种多相复合材料，由水泥浆、骨料、水泥浆与骨料基体的黏结界面三相组成。作为胶凝材料的水泥是混凝土的重要组成部分，混凝土组成结构和强度的主要影响因素。混凝土的抗压强度与水泥的抗压强度成正比，根据反映混凝土力学特征的应力-应变关系，混凝土的弹性模量随抗压强度的提高而增大，必然的导致混凝土的脆性增大，变形性能降低。测定水泥强度等级、品种与碾压混凝土抗压强度、弹性模量的关系可知，混凝土的抗压强度随水泥强度提高而增加，相应的弹性模量亦随之增加。

与道路混凝土类似，大体积混凝土最常见且影响最大的变形是降温和干燥引起的收缩变形。当这种变形受上、下层或内、外部混凝土相互制约时，往往导致受拉应力约束的混凝土的开裂。因此，对于大坝混凝土的强度设计，应着重考虑材料的抗拉极限应力。由此，引入脆性系数概念——同一龄期的抗压强度/抗折强度（抗拉强度）比值来反映混凝土或胶凝材料的抗裂性。

改善大坝混凝土的抗裂性应降低胶凝材料的脆性系数。胶凝材料的脆性系数与材料的矿物组成相联系。已有的大量研究工作在于提高胶凝材料中硅酸三钙的含量达到提高混凝土材料抗压强度目的。研究证明：硅酸三钙含量越大，水泥后期抗折强度增长缓慢，因而脆性系数增大。根据不同水泥品种国标的抗压、抗折强度值计算的脆性系数列于表60-18。显然，中热水泥的脆性系数低于普通硅酸盐水泥，增加水泥强度等级将同时导致脆性系数的增大。

水泥品种与水泥的脆性系数 **表 60-18**

水泥品种	国家标准					实际出厂水泥		
	低热 42.5 级	中热 42.5 级	中热 52.5 级	普硅 42.5 级	普硅 52.5 级	JJ-52.5 级	DF-42.5 级	BH-42.5 级
脆性系数	6.75	6.75	7.39	6.54	7.50	6.37	5.41	5.78

为提高胶凝材料抗脆性能力应尽量提高材料中铁相、硅酸二钙的含量，低碱度钢渣矿物组成根据钢渣碱度不同，钢渣分别以硅酸二钙、镁蔷薇辉石、钙铁（镁）橄榄石为主导矿物，这些矿物有利于降低材料的脆性系数。同时，钢渣中富镁相具有膨胀特征将增加混凝土的自身体积变形而提高材料的抗裂性。表 60-18 中 DF、BH 水泥掺有 20% 的低碱度钢渣，因而，DF、BH 水泥脆性系数较 JJ 厂的普通中热 42.5 级水泥降低 17%。同时，表 60-19 中，DF、BH 水泥配制的碾压混凝土的脆性系数较 JJ 样降低 28%。

水泥品种与混凝土的脆性系数 **表 60-19**

水泥品种	JJ-42.5 级	JJ-52.5 级	DF-32.5 级	BH-32.5 级
混凝土的脆性系数	13.27	11.45	10.30	10.77

二、极限拉伸变形

碾压混凝土的极限拉伸变形，是衡量混凝土抗裂性的主要指标。混凝土的极限拉伸与其灰浆率成正比，碾压混凝土由于胶凝材料用量的减少，使灰浆比常态混凝土少，因此，其极限拉伸值一般小于常态混凝土。根据国内外碾压混凝土试验结果，28d 极限拉伸值在 40～70$\mu\varepsilon$，90d 为 20MPa 极限拉伸值在 70～80$\mu\varepsilon$。本体系由于高掺粉煤灰提高了胶凝材料用量而增加了碾压混凝土的极限拉伸值，见表 60-20。同一粉煤灰掺量即灰浆率相同情况下，虽然 JJ 厂 52.5 级水泥配制的碾压混凝土 90d 极限拉伸值为 93$\mu\varepsilon$，高于国内平均统计数据，但 DF 采用脆性系数低的钢渣大坝 42.5 级水泥配制的碾压混凝土极限拉伸值为 143$\mu\varepsilon$，高于 JJ 厂 53%，单位抗压强度的极限拉伸较 JJ 增加 87%。这说明降低混凝土胶凝材料的脆性系数，对提高混凝土的极限拉伸变形效果明显。

碾压混凝土的极限拉伸 **表 60-20**

水泥品种	极限拉伸 $\varepsilon_p \times 10^4$	极限拉伸/$f_{cc,90d}$ ($\mu\varepsilon$/MPa)	抗拉强度（MPa）	抗拉模量（GPa）
DF-32.5 级	1.43	6.11	2.50	27.7
BH-32.5 级	1.10	5.02	2.17	26.5
JJ-42.5 级	0.93	3.27	2.13	25.7

混凝土的极限拉伸与其抗拉强度成正比。降低混凝土胶凝材料的脆性系数，在于提高了碾压混凝土的抗拉强度，如表 60-20 所示的随材料脆性系数的降低，DF 样的抗拉强度较 JJ 提高 21%，表现为上述讨论的混凝土的极限拉伸变形值显著增加。

DF、BH 样的混凝土弹性模量低于 JJ 等样 40%以上，这说明，低碱度钢渣对于降低碾压混凝土的弹性模量效果显著，这也有利增加混凝土极限拉伸。

三、绝热温升

大体积混凝土的裂缝，主要是由温度变形引起的。坝体混凝土浇筑后，随着凝结硬化的发展，要释放大量水化热，积蓄在混凝土内部，当外部降温时容易产生拉应力，拉应力超过混凝土抗拉强度时，就要产生裂缝而削弱大坝的安全系数。因此，防止大体积混凝土产生裂缝的有效方法在于控制混凝土的绝热温升。

水泥品种与水泥的水化热 **表 60-21**

水泥品种		国家标准			实际出厂水泥	
		中热 42.5 级	低热矿渣 42.5 级	DF-42.5 级	BH-42.5 级	JJ-52.5 级
水化热 (J/g)	3d	< 251	< 197	< 188	223	248
	7d	< 293	< 230	211	257	274

控制混凝土的绝热温升应降低水泥的水化热，在国家标准中，水化热是大坝水泥的重要技术指标（表 60-21）。降低水泥的水化热应减少熟料中硅酸三钙含量和提高混合材掺量。低碱度钢渣配制的 DF 水泥 3d、7d 水化热均低于低热矿渣水泥标准，这对控制混凝土的绝热温升是有利的。根据表 60-22 中 DF 水泥配制的碾压混凝土 28d 的绝热温升比 JJ 水泥低 2.3K。显然，这有助于改善碾压混凝土的抗裂性。

碾压混凝土的绝热温升 **表 60-22**

水泥品种	绝热温升（K）			
	3d	7d	28d	最终
DF-42.5 级	6.8	9.5	14.1	17.3
BH-42.5 级	6.8	9.6	14.5	17.5
JJ-52.5 级	11.3	14.5	16.4	18.1

四、结论

（1）使用低脆性胶凝材料配制碾压混凝土，能降低混凝土的脆性系数、弹性模量、绝热温升，提高碾压混凝土的抗拉强度。

（2）碾压混凝土的极限拉伸随胶凝材料脆性系数降低而增大，混凝土的抗裂性得到改善。

第六十一章　真 空 混 凝 土

(vacuum concrete)

第一节　概　　述

在混凝土施工工艺中，密实成型是保证混凝土制品质量的一个重要环节。

一、真空混凝土的定义及特点

（一）真空混凝土的定义

混凝土真空脱水作业，即是对刚浇筑完毕的混凝土，借助于真空负压原理抽出一部分多余水和空气，降低水灰比，提高混凝土的密实度，达到防水、抗渗目的的一种成型方法。用真空作业法成型的混凝土，称真空混凝土。

目前国内的具体作业是：在刚浇筑完的混凝土表面上，铺一层塑料网片，再用不透气的顶部盖布将塑料网片盖住。然后用真空泵抽出顶部盖布与混凝土表面之间的空气，形成一定的真空度，混凝土中的一部分水便被吸住。

（二）混凝土真空作业的特点

目前，混凝土主要采用振动成型，其设备简单，操作方便，效果良好，但它噪声大，能耗多，机械磨损严重。混凝土真空作业法，既避免了振动成型的缺点，又能有效地排除混凝土中多余的水分，使混凝土拌合物得到密实，是一项有发展前途的技术。

二、混凝土真空作业分类

真空混凝土按真空作业的方式不同分为两种。

（一）表面真空作业

表面真空作业是在混凝土构件的上、下表面或侧表面布置真空腔，然后进行真空吸水。上表面真空作业适用于道路、机场跑道、楼面及预制混凝土平板的施工；下表面真空作业适用于薄壳、隧道顶板等结构物；对于水池、桥墩、水坝等则可采用侧表面真空作业。有时，根据需要还可将上述几种方法综合使用。

（二）内部真空作业

内部真空作业是利用插入混凝土内部的真空管进行的，在不能实现表面作业的情况下可采用此法。对于一些设有预留孔道的构件或构筑物，如能直接利用结构的预留孔道布置真空管进行内部真空作业则尤为适宜。一般说来，内部真空作业比较复杂，实际工程中应用较少。

三、真空混凝土的发展

1935年，美国的Billner获得“真空混凝土”技术专利后，西欧、俄罗斯等国就纷纷把这一技术用于混凝土的预制及现浇工程中。但当时终究由于真空作业的设备笨重，操作不便，使它的应用与推广受到限制，但各国仍大量采用并注重改进振动密实工艺。然而，由于振动工艺的一些缺点难于克服，俄罗斯、瑞典等国反过来又致力于真空作业法的研究。瑞典的混凝土楼地面施工已有40%～50%采用真空作业法，并进一步地推广应用到沉淀池、桥墩等结构垂直面的施工中。这项技术，在国外被称之为20世纪80年代混凝土先进技术之一。

我国50年代就开始在水工建筑、混凝土管、水泥船及其他构件的生产中采用过真空作业法，但为数不多。近年来，北京、西安、天津、上海、江苏等地又在工艺原理的研究与设备的研制方面做了许多工作，并在实际工程中收到了较好的技术经济效果。

第二节　真空原理及对混凝土性能的影响

从上世纪70年代初开始，瑞典学者系统地研究了真空脱水原理以及对混凝土性能的影响。

一、真空作业基本原理

（一）挤压脱水原理

在真空泵抽气时，真空腔内即形成部分真空，混凝土拌合物内的部分多余水分和空气不断被吸出；同时，由于部分真空所产生的压力差，使拌合物受到机械挤压。当真空腔内的真空度为65～70kPa时，可对新拌的混凝土拌合物表面产生850～920Pa的负压作用，相当于对每1m^{2}混凝土拌合物表面作用85～92kN的挤压力。挤压作用，更加加强了水和空气被排出的能力，显著地提高了混凝土的密实度，使体积收缩降为0.5%～1.5%。

（二）过滤脱水原理

这种原理是认为混凝土拌合物是一个滤水器，在由大气压与真空负压之间所形成的压差作用下，滤液——游离水通过过滤介质而脱出。并假定，真空向拌合物内部传播，被束缚在拌合物中的小气泡产生附加膨胀压力，使其容积增大，产生了挤水作用。这种原理只有在混凝土一面有可能从外部渗入空气的情况下，才是正确的，而且没有考虑到脱水过程中拌合物的体积压缩及三相结构不断变化对脱水密实的影响。

对上述两种脱水原理的阐述，结合实际工艺过程的分析表明，前者大致符合于真空处理的前期，而后者大致符合于真空处理的后期。

二、真空脱水对混凝土性能的影响

（一）混凝土内部结构发展变化

混凝土真空处理工艺是将混凝土拌合物浇筑入模后，先振动使混凝土充满模板并初步密实，然后开动真空设备，在压差作用下再进一步密实。

混凝土经振捣后，粗骨料向底部下沉，而细骨料、水泥和水都向顶部移动。在成型过程中，水灰比不断发生变化（表61-1）。

成型过程混凝土水灰比的变化　　　　**表61-1**

成型过程	搅拌后	不同密实工艺方法	
		振捣后	真空脱水后
上部水灰比	0.72	0.83	0.47
下部水灰比		0.70	0.58

试验表明，搅拌后混凝土的水灰比为0.72，振捣后底部水灰比减为0.70，而顶部水灰比增为0.83。经真空脱水后，混凝土的水灰比由0.70降为0.58，特别是在混凝土的上部，与振捣后相比，水灰比由0.83降为0.47。因此，真空脱水能提高混凝土的强度，特别是克服了由于振捣引起表面强度下降的缺点。

用电子显微镜进行微观分析表明，混凝土经真空脱水后毛细管结构也发生了变化。未经真空脱水的混凝土的水泥颗粒之间距离较大，因而容易渗入水。经过真空脱水后，水泥颗粒之间距离减小，靠得较紧，毛细管变细，上口变小，使水不易渗入。尤其是经过表面抹光以后，毛细管上部被破坏，水更不易渗入。

（二）真空作用对混凝土物理力学性能的影响

1. 混凝土强度

由于混凝土拌合物孔隙中的自由水大量脱出，孔壁形成弯月面，并产生使孔壁收缩的微管压力，将混凝土颗粒挤紧，使混凝土的内聚力和内摩擦力增加，提高了拌合物的初始强度，为快速脱模、表面处理（压光、抹面）创造了有利条件，如果蒸汽养护时还可以取消或缩短预养时间，加快升温，使养护周期大大缩短。

(1) 抗压强度，真空脱水大大提高了混凝土的抗压强度。试验资料表明，1d龄期抗压强度可提高5%，特别是上部混凝土的强度，可提高94%；28d龄期抗压强度可提高30%左右，上部强度可提高57%。真空脱水混凝土强度的发展规律与基准混凝土一样，但上、下层强度的情况不一样。真空脱水混凝土的上层强度高于下层强度。掺入加气剂后，真空脱水混凝土的强度也提高较多，但提高的比率不如不掺加气剂的混凝土。

(2) 抗拉强度和抗弯强度：真空脱水使混凝土劈裂抗拉强度提高约10%左右，抗弯强度提高约15%以上。

试验结果表明，影响真空混凝土强度的主要因素是水灰比$\left(\frac{W}{C}\right)$，其次是砂石比$\left(\frac{S}{G}\right)$。即水灰比为0.60、砂石比为0.65为较合理的配合比。当然合理的工艺（如脱水率—抽水量ΔW与加水量W之比）对强度也有较大影响。其他还有骨料粒径及级配、水泥用量等，也都具有不同程度的影响。

2. 混凝土堆积密度

真空脱水能增加混凝土堆积密度，28d龄期增加约2%，上部混凝土堆积密度增加约3%。

3. 混凝土收缩值

真空脱水能降低混凝土的收缩值，但在各个部位的影响程度不同。上部是真空脱水的作业面，其收缩值降低最多，约为70%，下部的收缩值降低最少。

4. 混凝土耐磨性

真空脱水能大大提高混凝土的耐磨性。试验结果表明，混凝土表面经真空脱水和机械抹面后，其耐磨性可提高30%～50%，如果经二次抹光，则可提高100%。因而，道路、机场跑道、楼地面等结构，如采用真空吸水作业处理，则可延长其使用寿命。

5. 混凝土粘结力

由于混凝土与钢筋界面处的过渡层得到改善，使混凝土与钢筋的粘结力增强，与此类似，新老混凝土之间的粘结力也有所提高。一般情况下，真空混凝土与钢筋或与老混凝土之间的粘结力，可提高30%～50%。

三、真空作业对混凝土耐久性的影响

(一) 混凝土抗渗性

真空脱水和配之以机械抹面，可大大提高混凝土的抗渗性。在不掺加气剂的混凝土中的渗水深度由4.4cm降至2.4cm，在掺加气剂的混凝土中渗水深度由4.6降至3.3cm。

真空混凝土之所以能将提高抗渗性，这要由混凝土本身的结构和真空工艺原理来分析。混凝土的主要渗水原因是水泥颗粒之间距离较大；硬化水泥石毛细管径较大；毛细管路连通。于是乎，水便利用这些途径进入结构内部，发生渗漏。经过真空脱水后，水泥颗粒间距减小，相互之间接触紧密，毛细管数量减少，孔径变小变细，真空作业一侧表面坚实，使水不易进入，起到防水作用。如果条件许可，再加一道表面抹光工序，能够破坏表面部位的毛细管通路，使水更不易进入。

(二) 混凝土抗冻性

抗冻试验结果表明，真空脱水大大提高混凝土的抗冻性。不掺外加剂混凝土的冻融体积损失降低50%，掺加气剂的混凝土冻融体积损失则降低80%。

第三节　真空混凝土配合比设计

真空混凝土的配合比对真空作业效果确有影响，这是绝大多数学者一致的观点，但对真空混凝土的配合比设计，各国学者看法不一。然而，倾向性的观点是认为真空混凝土的砂石比$\left(\frac{S}{G}\right)$应比振动混凝土大些。因此，在真空混凝土的配合比设计中，应当考虑到这一影响。

一、配合比设计参数的确定

(一) 水灰比

试验表明，混凝土拌合物初始水灰比不同，真空作业中的脱水量也不同。从图61-1可见，初始水灰比越大，则水灰比的减少值越大，即脱水量越大。但同时可以发现，初始水灰比较大的混凝土拌合物，虽然脱水量较大，但最终剩余水灰比也较大。因而，真空混凝土的水灰比可适当提高，但不宜过大。

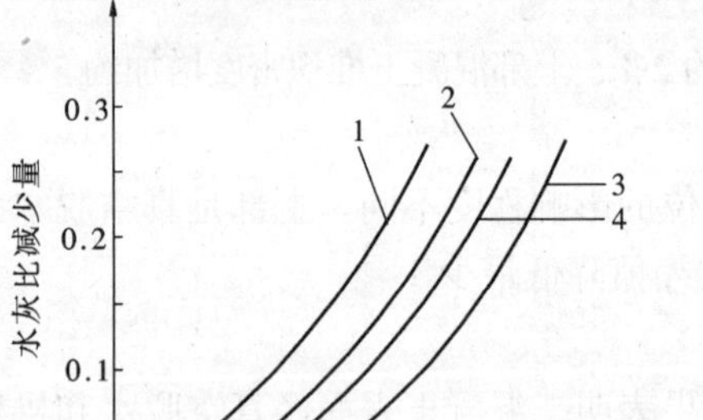

图61-1　初始水灰比与真空作业后水灰比减少量的关系

1—骨料/水泥为4:1；2—骨料/水泥为6:1；3—骨料/水泥为7:1；4—骨料/水泥为8:1

当普通混凝土的水灰比为0.38～0.44时，从理论上讲水泥完全可以水化成水泥凝胶而无毛细孔生成。真空作业中混凝土拌合物的脱水量为总加水量的20%左右，故设计水灰比从理论上说在0.45～0.35范围之间为最佳。但考虑到真空处理对混凝土结构的密实作用，其实际水灰比可比理论值有所提高。

(二) 水泥品种与水泥用量

1. 水泥品种

各种水泥均可用于配制真空混凝土，但采用硅酸盐水泥、普通硅酸盐水泥及矿渣硅酸盐水泥效果更好。火山灰质硅酸盐水泥和粉煤灰

硅酸盐水泥由于其保水性较差，用于真空混凝土的效果就欠佳。

2. 水泥用量（C）

水泥用量与混凝土拌合物的渗透系数 K、黏度系数 η 有关，因而直接影响脱水效果。水泥用量越少，拌合物的渗水性越好，脱水速度与脱水量也越大。试验证明，水泥用量越少，真空脱水的效果越好，表现在强度的增长率越大。不同水泥用量与混凝土的强度增长率之关系见表 61-2。

不同水泥用量混凝土强度增长率　　**表 61-2**

水泥:骨料	1:4	1:6	1:7	1:9
强度增长率（%）	22	35	41	48

试验资料还表明，对低强度等级的混凝土进行真空作业，其效果比高强度等级的混凝土更为明显。

（三）砂石比$\left(\frac{S}{G}\right)$

砂石比的控制，应考虑到混凝土拌合物的渗水性和可压缩性。砂石比较大。则渗水性差，而易于压实；砂石比小，则渗水性好而不易压实。国外学者倾向认为 0.52～0.53 的砂石比为最优。而天津大学提出根据不同的水泥用量来调整砂石比：当水泥用量为 300kg/m^3 时，砂石比可采用 0.55～0.67；水泥用量为 350kg/m^3 时，砂石比采用 0.65～0.75。

一般情况下，真空混凝土的砂石比可比普通混凝土提高 5%～10%。

二、常用参考配合比

真空混凝土常用参考配合比见表 61-3。

真空混凝土参考配合比　　**表 61-3**

序　号	水泥用量（kg/m^3）	混凝土配合比（质量比） 水泥:砂:石子:水	抗渗压力（MPa）
1	380	1:1.80:3.10:0.465	>2.0
2	425	1:1.70:2.68:0.50	>2.5
3	400	1:1.66:2.80:0.50	>2.5

第四节　真空混凝土施工

一、工艺设备

混凝土真空作业的主要设备有：真空吸水机组、真空腔及吸水软管三部分。辅助设备有：清洗槽、抹面机及振动机等。

真空吸水机组由真空泵、电动机、真空室、集水室、排水管及滤网等组成。真空泵启动后，在真空腔内形成一定的真空度，水便被挤压吸出，经吸水软管引入真空室，再由真空泵进入集水室，最后从排水管排出。泵的吸口处设有滤网，以防止水泥颗粒进入泵内。这种轻型真空吸水机组十分轻巧，其质量一般只有 100kg 左右，安装在手推车上，移动灵活。

真空腔有刚性吸盘与柔性吸垫两种。刚性吸盘见图 61-2（*a*），用金属板材做成，其底部为带孔钢板，外设滤网、滤布，沿吸盘周边有一条边框，边框下贴有橡胶垫以防止外界空气吸入。刚性吸盘能承受较大压力而不变形，作业后表面平整度较好，但吸盘下容易漏气。此外，它比较笨重，一般适用于预制构件施工。

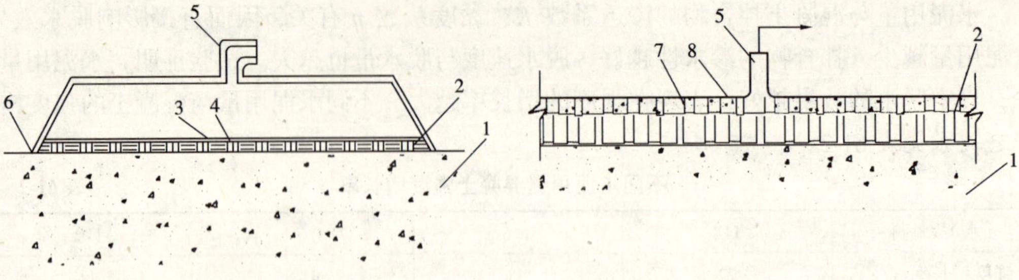

（*a*）　　　　　　　　　　　　（*b*）

图 61-2　真空腔构造示意图

（*a*）刚性吸盘；（*b*）柔性吸垫

1—混凝土拌合物；2—滤布；3—滤网；4—带孔钢板；

5—吸水接口；6—橡胶垫；7—骨架层；8—密封层

瑞典研制的柔性吸垫（或称柔性卷席）是真空设备的一项重大革新。这种吸垫轻便、耐用，每 $1m^2$ 约 2kg 左右，其构造见图 61-2（*b*）。吸垫的过滤层，由透水纤维织物如尼龙做成，用以形成真空区并作为吸水通道；密封层一般用致密的橡胶布或化纤织物夹胶布做成，覆盖在骨架上起密封作用。用这种柔性吸垫，施工方便，效果良好，可广泛用于各种现浇混凝土的施工。

二、施工工艺流程

真空混凝土的施工工艺流程如图 61-3 所示。

布料 → 抄平 → 稍加振动 → 铺设真空腔 → 周边密封 → 接通软管 → 真空作业 → 抹面

图 61-3　真空混凝土施工工艺流程

为了保证真空作业的顺利进行，特别应防止真空系统的漏气及真空腔底部过滤层的堵塞。对于柔性吸垫，在真空处理将近完毕时，要掀开吸热边缘，然后继续作一段时间的真空处理，以除去吸垫底层的残余水分，不使其回渗到混凝土拌合物内。

三、真空作业制度

（一）真空度选择

抽真空时，必须保证有足够的真空度，真空吸力才能克服拌合物内部毛细管道的阻力。真空度越高，总的抽水量越大，真空延续时间越短，混凝土也越密实。实际生产中一般选用的真空度为 60～80kPa，这样既经济又适用。

对于不同厚度的制品，可采用不同的真空度。制品厚度越大，真空度也要相应提高。对薄壁制品可采用较小的真空度。对此，苏州水泥混凝土制品研究院建议按表 61-4 来选择真空度。

构件厚度与真空度之关系　　　　**表 61-4**

构件厚度（cm）	＜5	5～10	10～15	15～25
真空度（kPa）	47～60	53～67	67～80	73～87

日本建议，在真空作业的初始阶段，为保持排出通道，提高脱水效率，扩大作业的有效范围，采用的真空度不宜过高，可从26.664kPa开始，以后逐渐上升至控制值，以防止真空腔附近的混凝土拌合物表面过早形成密实层而发生脱水阻滞，这在混凝土拌合物中及粉料或细砂含量较多的情况下尤其要注意。

（二）真空作业时间选择

真空作业时间与制品厚度、真空度、环境温度、水泥品种及混凝土配合比（主要是水泥用量、水灰比）等因素有关。

1. 制品厚度

制品厚度越大，作业时间越长。制品厚度小于15cm时，两者关系近似直线。表61-5采用普通硅酸盐水泥、0.60～0.65水灰比的拌合物在66.66kPa真空度下，制品厚度与真空作业处理时间的关系。

制品厚度与真空作业时间的关系　　表61-5

制品厚度 d（cm）	真空作业时间 T（min）	制品厚度 d（cm）	真空作业时间 T（min）
<5	$0.75d$	16～20	$16+2.0(d-15)$
6～10	$3.5+(d-5)$	21～25	$26+2.5(d-20)$
11～15	$8.5+1.5(d-10)$		

如采用其他真空度时，真空作业时间可近似按下式计算：

$$T_1 = T \cdot \frac{500}{P_1}$$

式中　P_1——真空作业时采用的真空度（Pa）；

T_1——相应于 P_1 时的真空作业时间（min）；

T——真空度为66660Pa时的真空作业时间（min），取表61-5中值。

在抽真空过程中，开始时，大量的多余水和空气被抽出，随着抽空时间的持续增长，效率急剧下降。因此，T 不宜超过表61-5中数据为佳。

2. 水泥用量和拌合物坍落度

水泥用量越多，拌合物坍落度越大，真空作业时间越长。反之，亦然。

3. 环境温度

环境温度低时，真空作业时间延长。至于温度的影响，可由表61-5查得的真空作业时间乘以温度修正系数 K。K 值按表61-6查用。

温度修正系数 K 值　　表61-6

温度（℃）	5～10	10～15	15～20	20～25	>25
K 值	1.2	1.1	1.0	0.95	0.90

4. 水泥的保水性

真空混凝土采用硅酸盐水泥、普通硅酸盐水泥和矿渣硅酸盐水泥时，效果较好，火山灰质硅酸盐水泥和粉煤灰硅酸盐水泥由于其保水性较好，用于真空混凝土的效果就欠佳。

（三）拌合用水量选择

拌合用水量视水泥用量而定，用水量的选择见表61-7。

最低用水量选择 表 61-7

水泥用量 (kg/m³)	最小水灰比 $\left(\frac{W}{C}\right)$	最低用水量 (kg/m³)	水泥用量 (kg/m³)	最小水灰比 $\left(\frac{W}{C}\right)$	最低用水量 (kg/m³)
150	1.15~1.20	172~180	300	0.55~0.60	165~180
200	0.80~0.85	160~170	350	0.50~0.55	174~192
250	0.65~0.70	162~175	400	0.45~0.50	180~200

（四）真空振动作业制度

在真空作业过程中，附加适当的振动，最好是重复振动，可促使混凝土拌合物液化，减少脱水阻力，并有利于固相颗粒位置的调整和气泡的排出。俄罗斯学者 H.A.Сторжук 认为，采用合理的真空-振动制度，真空混凝土的强度比普通振动成型的混凝土提高 60% 左右。如果混凝土真空后不加振动，将影响混凝土的密实度，所以重复振动是有好处的。

为了防止混凝土在振动后产生分层，最好采用断续振动，每次振动时间在 5~20s 为宜。

真空-振动复合工艺制度中，每次周期振动时间更要使真空腔内的真空度限制到 0.1~0.2（全真空度为 1.0），或完全切断真空。但此时混凝土内部还是处于真空状态，应立即进行振动，这时混凝土内部阻力最小，振动效果最好。若不立即振动，外部空气传到混凝土整个厚度，振动效果就要降低。

第六十二章　喷 射 混 凝 土

(spray concrete)

第一节　概　　述

喷射混凝土是指将掺加速凝剂的混凝土利用压缩空气的力量喷射到岩面或建筑物表面的混凝土。与其紧密地粘结在一起，并能填充其面的裂缝和凹坑，把岩层或建筑物加固成完整而稳定的、具有一定强度的结构，从而使岩石或结构物得到加强和保护。

一、喷射混凝土的技术经济特点

用喷射机进行喷射混凝土施工，其技术经济特点：施工简便而易行；可以不用模板或只用单面模板，节约大量模板材料；省去支模、浇筑和拆模工序，使混凝土的输送、浇筑和捣固合为一道工序，无需专门的运输和振捣设备，加快衬砌施工速度；喷射的混凝土密实度高，强度和抗渗性较好，可以节约混凝土；可通过输料软管在高空或狭小工作区间向任意方向施作薄壁结构，其工序简单、机动、灵活，有广泛的适应性。经济效果较好，衬砌总成本约可降低30%。

二、喷射混凝土分类

按混凝土在喷嘴处的状态，喷射混凝土分为干式喷射混凝土和湿式喷射混凝土两种。

(一) 干式喷射混凝土

将水泥、砂、石按一定配合比例拌和而成的混合料装入喷射机中，混凝土在“微湿”态状下$\left(\frac{W}{C}=0.1\sim0.2\right)$输送至喷嘴处加水加压喷出者，为干式喷射混凝土。干式喷射混凝土施工，灰尘大，施工人员工作条件恶劣；喷射回弹量较大；要采用高标号水泥。

(二) 湿式喷射混凝土

将水灰比为0.45~0.50的混凝土拌合物输送至喷嘴处加压者，为湿式喷射混凝土。在其施工时，可以使工作面附近空气中的粉尘含量降低到每$1m^3$混凝土含2mg以下，符合国家规定的卫生标准；混凝土的回弹量可以减少到5%~10%，既可改善施工条件，又可降低原材料消耗。其所存在的问题是如果处理不当，混凝土拌合物易在输送管中凝固和堵塞。

三、喷射混凝土的应用范围

(一) 新型结构工程

适用于薄壁结构和有特殊曲线或折线形截面的屋面，如壳体、岩巷洞体结构、墙壁、预应力贮罐、游泳池、隧道洞、峒室等地下建筑物的混凝土支护或喷锚支护。

(二) 面层和地下工程

喷在砌体、砖石、混凝土、岩石及钢材、木材的表面面层；矿山竖井、巷道支护、交通或水工隧道衬砌、地下电站衬砌等。

(三) 防护层工程

用于耐水、防水的钢结构及钢筋混凝土结构的防护层或防水层。

(四) 修复工程

适用于建筑结构的修复工程，如修复地震及火灾破坏的砖石及混凝土、钢筋混凝土结构。修复贮液池衬里、堤坝、隧道、竖井、电梯井、挡水结构及管道等损坏的混凝土。

(五) 耐火衬里工程

适用于各种耐火工程，重点用于烟囱炉墙及锅炉等耐火衬里和修补。

(六) 加固工程

适用于边坡加固或基坑护壁，尤其是厂房边坡、路堑、露天矿边坡加固，挖孔桩及各类基坑的护壁，用于混凝土板、混凝土与砖石墙壁。

(七) 除锈工程

喷砂除锈，效率较高，可以较彻底地清除钢材上的锈蚀与油污。

(八) 其他工程

喷射混凝土衬砌不仅广泛地应用于一般地质条件（岩石坚固系数 $f>3$）的地下工程中，近年来，在一些不良地质岩层（松软的、破碎严重的，或松软而无粘结性的极易坍塌、需要临时支撑，岩石坚固系数 $f<3$）中也开始采用喷射混凝土或喷射混凝土同锚杆、钢丝网、钢拱架联合应用的被覆，并取得了良好的效果。

第二节　喷射混凝土的原材料选择

一、胶凝材料——水泥

喷射混凝土，一般多掺加速凝剂，借以缩短混凝土的初凝和终凝时间。因此，在选择水泥品种时，要注意水泥与速凝剂的相容性问题，以保证喷射混凝土的质量。如若水泥品种选择不当，水泥与速凝剂作用后，可能造成“闪凝”现象（使喷射混凝土变得干稠，重新搅拌后也不会恢复塑性），或引起破坏，凝结速度慢，初凝与终凝间隔时间长等不利因素而增大回弹量，也会影响喷射混凝土强度的增长。如掺入速凝剂时，绝不能用高铝水泥。因速凝剂中的碱性碳酸盐与水泥中的水化铝酸钙作用后会引起混凝土的破坏。

(一) 水泥相容性技术标准

国内常用红星一型速凝剂，通过对各种水泥相容性试验结果表明，在选择水泥品种时应注意下述四个技术指标及其技术标准。

1. 铁率（铝氧率）P

铁率主要与水泥的凝结速度有关。铁率高，则水泥易速凝。但是，如果任何一种水泥的铁率过高，掺加速凝剂后喷射物干稠，回弹量极大，甚至使喷射施工无法进行。因此，水泥的铁率应当严格控制在 1.2～1.5 的范围之内。即

$$1.2<\frac{1.1501C_3A}{C_4AF}+0.6383<1.5 \text{ 或 } 0.49<\frac{C_3A}{C_4AF}<0.75$$

2. C_3A 与石膏掺量

为有利于干喷射混凝土施工，要求水泥中 C_3A 与石膏掺量为：

$$\frac{C_3A}{CaSO_4}>1.5\text{ 或 }\frac{C_3A}{SO_3}>3.0$$

3. 硅率 n

水泥中的硅率可按下式计算：

$$n=\frac{C_3S+1.3254C_2S}{1.4341C_3A+2.0464C_4AF}$$

硅率愈大，C_3S+C_2S 的含量愈大，而 C_3A+C_4AF 的含量则愈小。考虑到水泥与速凝剂的相容性和强度的发展，作为喷射混凝土用的水泥，宜为 $1.9<n<2.1$。

4. 饱和比 KH

水泥的饱和比可按下式计算：

$$KH=\frac{C_3S+0.8838C_2S}{C_3S+1.3256C_2S}$$

KH 值愈高，C_3S 与 C_2S 的比值亦愈高，C_3S 过高，能抑制 C_3A 的水化速度，使水泥凝结时间延长。作为喷射混凝土用的水泥，其 KH 值控制在 0.87～0.89 范围之内。

（二）常用水泥品种

1. 硅酸盐水泥和普通硅酸盐水泥

根据上述相容性指标，喷射混凝土最好优先选用强度等级不低于 42.5 级的硅酸盐水泥和普通硅酸盐水泥。试验证明，这两种水泥掺加红星一型速凝剂后，初凝时间多在 5min 以内，终凝时间多在 10min 以内，早期强度也较高，均适用于喷射混凝土。

2. 矿渣硅酸盐水泥

由于矿渣硅酸盐水泥组成中熟料矿物较少，活性混合材料较多，其水化反应分两步进行。首先是熟料矿物水化，随后是熟料矿物水化析出的$Ca(OH)_2$ 和掺入的少量石膏对混合材料中的活性 SiO_2、Al_2O_3 的激发作用，使活性混合材料的潜在活性得以充分发挥，促进凝结硬化，故矿渣硅酸盐水泥的早期强度较低。

但在矿渣硅酸盐水泥中掺入红星一型速凝剂进行相容性试验后证明，多数的终凝时间都在 10min 以后，看来还是可以用于喷射混凝土。只是由于矿渣硅酸盐水泥的品质变化较大，使用前宜进行速凝剂的相容性试验。

3. 喷射水泥

喷射水泥，又称速凝水泥是一种特种水泥。这种水泥在使用时即不用掺速凝剂就可用于喷射混凝土，系速凝和早强型水泥。

4. 双快水泥

双快水泥，又称控凝水泥，具有快凝快硬作用，是硅酸盐水泥的新发展。这种水泥是指在生产过程中加入了 1%～2%的氟石（CaF_2），其作用是在水泥熟料中提供生成 $C_{11}A_7\cdot CaF_2$ 所需要的氟成分，以及降低 C_3S 生成温度所必要的、一系列过渡型氟硅酸盐所需要的矿化剂，它有助于使 C_2S 和游离 CaO 结合成 C_3S。$C_{11}A_7\cdot CaF_2$ 是熟料水化时获得速凝和早强的主要矿物之一，它与水作用，几分钟内就可以生成钙矾石而使水泥浆硬化。

但是，单纯使用双快水泥，还不能完全满足喷射混凝土施工的要求，还有必要辅以硬化剂和速凝剂。同时，水温也必须保持在 38℃左右。

5. 超早强水泥

一般主要指的是硫铝酸盐水泥。其原材料为石灰石、矾土、石膏和萤石等。主要矿物成分为无水硫铝酸钙（$3CaO \cdot 3Al_2O_3 \cdot CaSO_4$ 和 $3CaO \cdot 3Al_2O_3 \cdot 3CaSO_4$）和硅酸二钙（$2CaO \cdot SiO_2$），二者含量之和大约85%。初凝时间为10~60min，终凝时间为15~90min。无水硫铝酸钙在水泥水化过程中起早强、膨胀作用，而硅酸二钙则保证水泥的后期强度。外掺石膏是为了控制水化硫铝酸钙的生成速度和数量，以获得快凝、早强和膨胀性能。

超早强水泥各龄期的强度见表62-1。

超早强水泥的强度 表62-1

龄　期	4h	8h	12h	1d	3d	28d	365d
抗压强度（MPa）	15.0~20.0	20.0~30.0	30.0~40.0	40.0~50.0	50.0~60.0	60.0~80.0	90.0~100.0
抗拉强度（MPa）	—	—	3.0	—	—	4.0	—

另外，当喷射混凝土用于有严重硫酸盐侵蚀的环境时，应选用抗硫酸盐水泥；当用于耐火工程时，还应选用高铝水泥（矾土水泥）。

二、细骨料

（一）种类选择

喷射混凝土宜采用细度模数（M_x）大于2.5的坚硬耐久的中、粗砂，或者选用平均粒径为0.35~0.50mm的中砂或平均粒径大于0.50mm的粗砂，其中粒径小于0.075mm的颗粒不应超过20%，否则将影响水泥与骨料表面的良好黏结。有条件的地方，以采用天然石英砂为最优。不宜用细砂，因为细砂能加剧喷射混凝土的收缩，同时它含有较多的小于5μm（$1\mu m = 10^{-3}mm$）的颗粒，喷射时容易悬浮在空气中，危害操作人员的健康。

（二）质量要求

砂的质量应符合表62-2的要求。砂加入搅拌机时，其含水率宜控制在6%~8%，以创造“微湿状态”。当含水率较低时，喷射施工中会产生大量粉尘；含水率过高时，混合料湿度太大，易使喷射机黏料，并可能造成管路堵塞，影响施工顺利进行。

喷射混凝土用砂技术要求 表62-2

颗　粒　级　配	筛孔尺寸（mm）	0.16	0.315	1.25	5
	累计筛余（%）	95~100	70~95	20~55	0~10
混土杂质含量（用冲洗法试验）按质量计，不大于（%）		3			
硫化物和硫酸盐含量（折算为 SO_3）按质量计，不大于（%）		1			
有机物含量（用比色法试验）		颜色不应深于标准色。否则，须以混凝土强度对比试验加以复核			

三、粗骨料

（一）种类选择

喷射混凝土的石子，一般多使用碎石和卵石，但以卵石为优。这是由于卵石表面光滑，有利于在管道内输送，可以减少堵管。而且，卵石混凝土拌合物的流动性较好，达到同样流动性的需水量少，有利于提高喷射混凝土的强度。

（二）最大粒径

石子的最大粒径，应小于喷射机具输送管道最小直径的$\frac{1}{3}\sim\frac{2}{5}$，目前大多数国家以20mm作为喷射混凝土石子的最大粒径。但是，为了减少回弹，骨料的最大粒径不宜大于15mm。当用喷射混凝土修复、加固建筑物时，因所需喷层厚度较小，可用最大粒径为10～15mm的石子。

（三）杂质含量

参见表62-3。石子中的杂质、硫化物（折算成SO_3计）按质量不大于1%；片状颗粒不大于15%；石粉对于碎石不大于2%。

喷射混凝土用石子的技术要求　　　　**表62-3**

<table>
<tr><td rowspan="2">颗粒级配</td><td>筛孔尺寸（mm）</td><td>5</td><td>10</td><td>20</td></tr>
<tr><td>累计筛余（%）</td><td>90～100</td><td>30～60</td><td>0～5</td></tr>
<tr><td>强　度</td><td>以岩石试块（5×5×5cm）在水饱和状态下的极限抗压强度与混凝土设计强度之比，不小于（%）</td><td colspan="3">150</td></tr>
<tr><td colspan="2">软弱颗粒含量，按质量计，不大于（%）</td><td colspan="3">5</td></tr>
<tr><td colspan="2">针、片状颗粒含量，按质量计，不大于（%）</td><td colspan="3">15</td></tr>
<tr><td colspan="2">泥土、杂质含量（用冲洗法试验），不大于（%）</td><td colspan="3">1</td></tr>
<tr><td colspan="2">硫化物和硫酸盐含量（折算成SO_s），按质量计，不大于（%）</td><td colspan="3">1</td></tr>
<tr><td colspan="2">有机物质含量（用比色法试验）</td><td colspan="3">颜色不深于标准色。否则，则以混凝土强度对比试验加以复核</td></tr>
</table>

注：1. 有抗冻性要求的混凝土用碎石，除应符合上述要求外，尚应有足够的坚实性，碎石在硫酸盐溶液中浸泡至饱和，又使其干燥，循环5次后，其质量损失不超过10%。

2. 碎石、卵石在运输中应保持干净，不得混有黏土块或有机杂质，更不得混入煅烧过的白云石或石灰石等。碎石中也不宜含有石粉。

3. 喷射混凝土中需掺速凝剂时，不得用含有活性SiO_2的岩石作骨料。

在喷射混凝土中需掺入速凝剂时，不得用含有活性二氧化硅的石材作粗骨料，以免发生碱-骨料反应而使喷射混凝土开裂破坏。

（四）石子级配

喷射混凝土宜采用连续级配的石子，参见表62-3。因为，如果采用缺少中间颗粒的间断级配，则混凝土拌合物易于分离，黏滞性差，回弹增多，对喷射混凝土不利。

（五）石子含水率

对于干法喷射的混凝土，石子最好具有一定含水率。因为干法喷射施工时，干的拌合料与水的混合是在喷嘴出口处并在很短时间和行程内进行的。在这种情况下，有一部分水泥来不及湿润就被压缩空气吹到空气中去。在吹出的水泥中，97%以上的是粒径1～45μm的细粉，而水泥石的粘着力和早期强度在很大程度上与这一部分细粉有关。

此外，喷射混凝土的水灰比是比较低的，由于水泥浆速凝，水分吸收很快，如果石子处于干燥状态，石子界面处的水泥浆会失水加剧，会使水泥水化极不完全，干燥增大，产生收缩裂缝，从而严重影响水泥浆与石子的黏结，对喷射混凝土的耐久性也产生较大的影响。如果石子处于干燥状态，在与其接触的极短时间内，表面湿润效果较差，也影响喷射混凝土强度的发展。

因此，为了吸附一部分水泥细粉，降低喷射施工时空气中的粉尘浓度，同时也为了提高喷射混凝土的强度和耐久性，所以喷射混凝土的石子表面宜有一定的含水率。适宜的含水率约为3%～6%，视石子粗细及级配状况而定。

四、拌合水

喷射混凝土用水与普通混凝土相同。不得使用污水、pH值小于4的酸性水、含硫酸盐量（按SO_3计）超过水总量1%的井水或海水。

五、混凝土外加剂

喷射混凝土用的外加剂有速凝剂、减水剂和早强剂等。

（一）速凝剂

1. 掺速凝剂的作用

（1）掺速凝剂使喷射混凝土具有速凝快硬的性质，可以提高早期强度。

（2）分层喷射时，缩短层间间歇时间，增加每层喷射厚度，减少回弹损失。

（3）在含水岩石上喷射时，防止混凝土脱落，改善混凝土在含水地层中的适应性。

2. 速凝剂的型号与性能

施工中通常采用粉状速凝剂，其型号和主要技术性能见表62-4。

速凝剂的型号及主要技术性能 **表62-4**

型号	水泥品种及标号	掺量（%）	水泥浆凝结时间		28d抗压强度损失（%）	对皮肤的腐蚀程度	生产厂家
			初凝（min）	终凝（min）			
782型	42.5级普通硅酸盐水泥 42.5级矿渣硅酸盐水泥	6～8 6～8	<2 <2.5	<4 <5	<15	轻微	湖南省冷水江市速凝剂厂
红星Ⅰ型	42.5级普通硅酸盐水泥 42.5级矿渣硅酸盐水泥	2.5～4.0 2.5～4.0	<5 <7	<8 <10	25～30	严重	黑龙江省鸡西市水泥速凝剂厂
711型	42.5级普通硅酸盐水泥 42.5级矿渣硅酸盐水泥	2.5～4.0 2.5～4.0	<4 <7	<5 <9	15～20	较严重	上海市硅酸盐制品厂
尧山型	42.5级普通硅酸盐水泥 42.5级矿渣硅酸盐水泥	2.5～4.0 3.0～4.0	<3 <5	<5 <6	15～20	严重	陕西省蒲白矿务局水泥厂

3. 速凝剂的速凝机理

有62-4所列均属铝酸盐粉状速凝剂，一般能使水泥在3min内初凝，10min内终凝。这是由于掺入速凝剂后能消除水泥中石膏的缓凝作用，因为速凝剂各组分间的反应生成物NaOH能与石膏（$CaSO_4$）生成Na_2SO_4，从而使溶液中的$CaSO_4$浓度显著下降，于是铝酸三钙（C_3A）就非常迅速地进入溶液，析出其水化物，并进一步与$CaSO_4$生成含水硫铝酸钙，使水泥迅速凝结。

4. 影响凝结时间和强度的因素

速凝剂的使用效果除与掺量有关外，还受水泥品种、强度等级、新鲜程度、施工温度和混凝土水灰比的影响。为此，使用前应通过水泥净浆的凝结时间试验选择最佳掺量。试验时，取水灰比为0.40，先将水泥与速凝剂（粉状）干拌均匀，然后加水迅速搅拌30～40s，再把水泥浆装入试模内，用维卡仪测定其初终凝时间。初凝时间不得超过5min，终凝时间在10min以内。

影响掺速凝剂喷射混凝土的凝结时间和最终强度的因素有：

（1）水泥品种：速凝剂与水泥的相容性，同水泥中铝酸三钙（C_3A）和硅酸三钙（C_3S）的含量有关。若铝酸三钙和硅酸三钙的含量高，则速凝剂的速凝效果较好。一般来说，速凝剂对硅酸盐水泥、普通硅酸盐水泥、抗硫酸盐水泥、火山灰质硅酸盐水泥的速凝效果较好，而对矿渣硅酸盐水泥的效果较差。

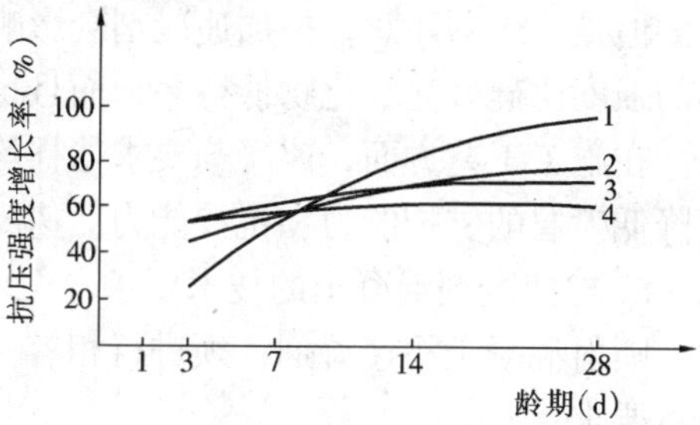

图62-1　速凝剂掺量对喷射混凝土强度的影响

1—无速凝剂；2—掺2%速凝剂；3—掺4%速凝剂；4—掺6%速凝剂

（2）速凝剂掺量：多数速凝剂的最佳掺量为2.5%～4%。偏离这一范围，不仅增长凝结时间（表62-5），同时对混凝土的最终强度也有不利影响，见图62-1。

（3）温度：温度对水泥与速凝剂的相容性也有影响。一般来说，温度在10～25℃时，其对水泥凝结时间影响不大。但当温度小于10℃时，则凝结时间明显增长。表62-6为不同温度对水泥凝结时间的影响。

速凝剂掺量对水泥速凝效果的影响　　**表62-5**

速凝剂掺量（%）	掺入方法	水灰比 $\left(\frac{W}{C}\right)$	室温（℃）	湿度（%）	凝结时间	
					初凝	终凝
0	—	0.40	23～26	75	4min51s	6min53s
2	干拌	0.40	23～26	75	1min18s	7min12s
4	干拌	0.40	23～26	75	2min12s	3min9s
6	干拌	0.40	23～26	75	2min11s	5min0s
8	干拌	0.40	23～26	75	2min54s	8min29s

注：速凝剂掺量为占水泥质量的百分数。

温度对水泥凝结时间的影响　　**表62-6**

速凝剂名称	速凝剂掺量（%）	施工温度（℃）	凝结时间	
			初凝	终凝
红星Ⅰ型	3	25	1min24s	2min37s
	3	20	2min30s	3min45s
	3	14	2min04s	3min46s
	3	10	2min30s	0min04s
	3	4	0min08s	14min03s

注：速凝剂掺量为水泥质量的百分数。

5. 速凝剂的掺量

速凝剂的最佳掺量，取决于喷射位置、岩面状态、喷射方法对凝结时间的要求，对喷射混凝土早期强度和28d抗压强度的要求以及施工地点的温度等。如掺红星Ⅰ型速凝剂，对地下工程侧壁，其掺量为水泥质量的2.5%~3.0%，拱顶为4%。红星Ⅰ型、711型和尧山型速凝剂的掺量一般为2.5~4.0%，782型为6%~8%。如超过上述范围，用量增加则28d抗压强度损失愈大。

但是，还须注意，掺加速凝剂会影响混凝土的后期强度。主要原因是由于铝酸盐水化物的强度比硅酸盐水化物低得多，而且也使硅酸三钙（C_3S）后期的继续水化受到阻碍之故。在施工工艺方面，速凝剂要求掺拌均匀，如掺拌不匀，会导致水泥石结构不匀质，从而降低喷层的支护能力和抗渗能力。速凝剂掺拌不匀，还会导致喷层成片的脱落。

6. 掺速凝剂混凝土的技术要求

喷射混凝土掺速凝剂，须进行相容性试验。掺入速凝剂（水泥净浆）后必须满足下述几点要求：

（1）应具有良好的流动性，不得出现"闪凝"。

（2）初凝时间不大于5min，终凝时间不大于10min。

（3）各龄期抗压强度应达到表62-7要求。

水泥净浆各龄期抗压强度对比　　表62-7

龄　期	4h	1d	3d	7d	28d
f_n/f_c^6（%）	2~3	20~30	30~50	50~60	60~80

注：1. f_n 为掺速凝剂的水泥净浆各龄期的抗压强度。

2. f_c^0 为不掺速凝剂的水泥净浆28d抗压强度。

7. 使用注意事项

（1）速凝剂极易吸潮变质，变质后的速凝剂其使用效果将显著降低，甚至会完全失效。因此，在运输和存放速凝剂过程中，应特别注意受潮。

（2）速凝剂中碱性物质含量较高，使用中应采取防护措施，以避免腐蚀皮肤。

（二）减水剂

减水剂是一种表面活性剂，能显著地减少混凝土的拌合用水。常用的减水剂有木质素磺酸钙、亚甲基二萘磺酸钠（NNO）等。

喷射混凝土掺入木质素磺酸钙后，能改善其黏滞性，可以提高混凝土的一次喷射厚度，降低回弹量。但是，木质素磺酸钙对混凝土有缓凝作用，如掺量超过水泥质量0.25%，则缓凝作用更大。使用时应特别注意，并通过试验确定容许掺量。

（三）早强剂

1. 常用早强剂

常用的单一早强剂有：氯化钙、氯化钠、亚硝酸钠、三乙醇胺、硫酸钠等。

2. 复合早强剂

（1）用于一般钢筋混凝土结构：氯化钠0.5%+三乙醇胺0.05%；

（2）预应力钢筋混凝土结构：亚硝酸钠1%+二水石膏2%+三乙醇胺0.05%；

（3）重要钢筋混凝土结构和采用矿渣水泥的钢筋混凝土结构：亚硝酸钠1%+氯化钠

0.5% + 三乙醇胺 0.05%。

氯化物和三乙醇胺对速凝剂的各组分，有较好的相容性，不会影响混凝土的凝结时间。三乙醇胺还可作塑化剂，对改善喷射混凝土的黏聚性有利。

第三节　喷射混凝土配合比设计与选择

一、配合比设计

(一) 配合比设计要求

喷射混凝土施工要求混凝土具有较高的粘结力。因此，必须制出塑性好的、质量均匀的混凝土，要求细骨料中的细粒成分要比普通混凝土多，以较大砂率的配合比为好。虽说砂率减少，则单位水泥用量、单位用水量都较少，能指望得到强度高的混凝土。可是，回弹率却增大，反而有不经济之虞。

喷射混凝土配合比设计要求基本与普通混凝土相同。所不同的是喷射混凝土需掺速凝剂，因此除了满足强度和和易性要求外，还必须达到所要求的初凝时间和终凝时间。

总之，喷射混凝土配合比的确定需满足下列条件：

(1) 能得到所需的强度。

(2) 回弹量少。

(3) 粉尘少。

(4) 黏附性好，能获得密实的混凝土。

(5) 不发生管道堵塞。

因此，欲满足上述要求，考虑到混凝土施工有回弹，其水泥浆、外加剂及细骨料的含量在拌和时的比例要富一些。

(二) 配合比设计步骤

喷射混凝土的配合比，应按下列步骤进行设计：

1. 确定粗骨料最大粒径和砂率

(1) 粗骨料最大粒径：喷射混凝土粗骨料的最大粒径，不得大于喷射系统输料管最小断面直径的$\frac{1}{3}\sim\frac{2}{5}$，也不宜超过一次喷射厚度的$\frac{1}{3}$。

(2) 砂率　砂率对喷射混凝土的稠度和黏滞性影响很大，对喷射混凝土的强度也有一定的影响（表 62-8)。根据喷射混凝土的施工工艺特点，为了能够最大限度地吸收二次喷射时的冲击能，所以其砂率应较高。

砂率对喷射混凝土性能的影响　　表 62-8

性能	砂率 (%)			性能	砂率 (%)		
	< 45	> 55	45 ~ 55		< 45	> 55	45 ~ 55
回弹率	大	较小	较小	混凝土强度	高	低	较高
管路堵塞	易	不易	不易	混凝土收缩	较小	大	较小

可以根据骨料的最大粒径 D 和喷射部位及围岩表面状态，参考表 62-9 进行初选，然后经试拌试喷来确定最佳砂率。

砂率与骨料最大粒径的关系 **表 62-9**

骨料最大粒径 D（mm）	10	15	20	25	30
砂率允许范围（%）	65～85	52～75	45～70	40～65	38～62
砂率平均值（%）	75	63.5	57.5	52.5	50

砂粒粗时，砂率可以偏大；砂粒细时，砂率应偏低。喷拱肩及拱顶部位时，宜采用较大的砂率。一般选用的砂率为 45%～55%。

2. 确定水泥及细粉掺合料的用量

水泥及细粉掺合料（如粉煤灰、火山灰等）总称为细粉料。细粉料用量与骨料的最大粒径有关，见表 62-10。

喷射混凝土细粉料用量 **表 62-10**

骨料最大粒径 D（mm）	10	15	20	25	30
细粉料用量（kg/m^3）	453	411	382	364	357

如果需要增加喷射物的稠度及黏聚性，或提高喷射混凝土的密实度，细粉料的用量可按表 62-10 提高 7%～10%。细粉料的掺量可按以下公式计算：

（1）硅酸盐水泥和普通硅酸盐水泥：

$$C' = \frac{K(f_s - f'_s)}{K(f_s - f'_s) + f'_s + 5} \cdot [C]$$

（2）矿渣硅酸盐水泥和火山灰质硅酸盐水泥：

$$C' = \frac{K(f_s - f'_s)}{K(f_s - f'_s) + f'_s + 22} \cdot [C]$$

式中 C'、$[C]$——1m^3 混凝土中细粉掺合料、细粉料用量（kg/m^3）；

f_s、f'_s——水泥强度等级、掺细粉掺合料后水泥强度等级；

K——系数，$K = \frac{G'_B}{G_B} \cdot \frac{1 + B_C}{1 + B'_C}$；

G_B、G'_B——未掺细粉掺合料前水泥标准稠度净浆堆积密度、掺细粉掺合料的水泥标准稠度净浆的堆积密度（kg/m^3）；

B_C、B'_C——未掺细粉掺合料前水泥净浆标准稠度需水量、掺细粉掺合料水泥净浆标准稠度需水量（%）。

水泥用量 $C = [C] - C'$

水泥用量过少，回弹量大，初期强度增长缓慢；水泥用量过多，不仅不经济，而且会产生大量粉尘，恶化施工条件，硬化混凝土收缩也增大。因此，每 1m^3 混凝土的水泥用量以 375～400kg 为宜。

3. 确定水灰比及用水量

（1）水灰比$\left(\frac{W}{C}\right)$：喷射混凝土的水灰比取决于喷射物要求的稠度。它与水泥净浆标准稠度需水量、砂率、砂的粒径、细粉掺合料及外加剂种类与掺量有关。在不掺减水剂的情况下，喷射混凝土的水灰比一般为 0.40～0.60，以喷射物不出现干斑、不流淌、色泽均匀为宜。

表 62-11 为水灰比与砂率的关系，可供干法喷射时参考。

水灰比与砂率的关系　　**表 62-11**

砂率（%）	35	40	45	50	55	60	65	70	75
水灰比$\left(\frac{W}{C}\right)$	0.41	0.43	0.45	0.47	0.49	0.52	0.54	0.56	0.58

（2）用水量：喷射混凝土的用水量可按下式进行计算：

$$W=\left(\frac{W}{C}\right)\cdot[C]$$

4. 确定砂、石用量

根据绝对体积法的原理，可得

$$\frac{W}{\rho_w}+\frac{C}{\rho_c}+\frac{Q\cdot C}{\rho_Q}+\frac{S_a}{\rho_a}+\frac{S_b}{\rho_b}=1000$$

式中　W、C、$Q\cdot C$、S_a、S_b——1m^3 喷射混凝土中水、水泥、速凝剂、砂、石用量（kg），其中 Q 为速凝剂的掺量占水泥用量百分数（%）；

ρ_w、ρ_c、ρ_Q、ρ_a、ρ_b——水、水泥、速凝剂的密度和砂、石的表观密度（g/cm^3）。

又

$$S_p=\frac{S_a}{S_a+S_b}\quad 得\quad S_b=\frac{1-S_p}{S_p}\cdot S_a$$

所以

$$\begin{cases}S_a=\dfrac{1000-\left(\dfrac{1}{\rho_c}+\dfrac{1}{\rho_Q}+\dfrac{W}{C}\right)\cdot C}{\dfrac{1}{\rho_a}+\dfrac{1}{\rho_b}\cdot\dfrac{1-S_p}{S_p}}\\[2ex] S_b=\dfrac{1-S_p}{S_p}\cdot S_a\end{cases}$$

二、常用参考配合比

喷射混凝土的配合比是指同时满足回弹率最小而抗压强度又最大的配合比。综合最佳配合比以单位水泥用量 350kg/m^3、水灰比 0.50、砂率 60% 为最好。喷射混凝土采取不同的施工方法，同时也具有不同的最佳配合比。

（一）干式喷射混凝土最佳配合比

1. 干混合料的配合比

采用干式施工方法，干混合料的配合比选择应满足混凝土的设计强度，并使喷射中回弹较少。施工中常采用经验配合比，并以试配法确定。为减少回弹量，干混合料的含砂率一般为 45%～60%，每 1m^3 混合料水泥用量为 250～400kg。

2. 水灰比

喷射混凝土的用水量是在喷嘴处加入的，由喷射手（喷嘴操作者）根据喷射面上混凝土的状况，通过水阀调整。当喷射混凝土表面出现流淌、滑移、拉裂时，表面水灰比太大；若喷射混凝土表面出现干斑，作业中粉尘大，回弹多，则表明水灰比太小。水灰比适宜时，混凝土表面平整，呈水亮光泽状，粉尘和回弹都较小。水灰比的正常值为 0.40～0.50。偏离这一范围，喷射混凝土的强度降低（图 62-2），回弹率增大（图 62-3）。

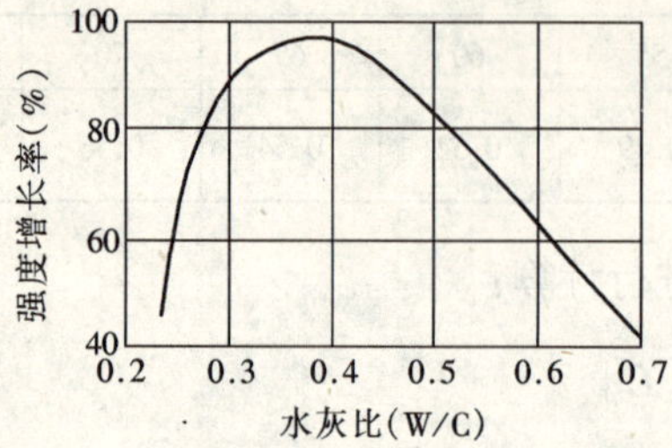

图 62-2　水灰比对喷射混凝土强度的影响

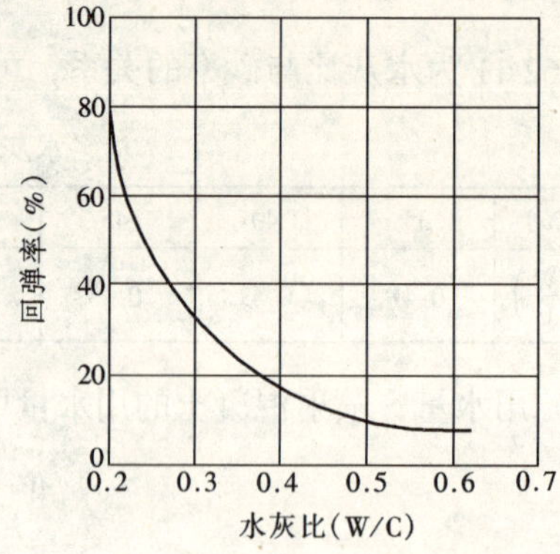

图 62-3　水灰比对回弹的影响

3. 最佳配合比

干式喷射混凝土的最佳参考配合比见表 62-12。

干式喷射混凝土最佳参考配合比　　表 62-12

因素	配合比		
	使用弹率最小的配合比	使 28d 强度最大的配合比	综合最佳配合比
水泥用量（kg）	350	300	350
砂率（%）	70	50	60
水灰比$\left(\frac{W}{C}\right)$	0.60	0.40	0.50
速凝剂掺量（%）	2	2	2
粗骨料种类	碎　石	卵　石	碎　石
喷射面角度	90°	90°	90°
喷射距离（cm）	70	70	70
平均回弹率（%）	23.6±6.2	47.3±6.3	32.1±6.3
28d 龄期平均抗压强度（MPa）	12.23±0.99	18.19±0.99	12.51±0.99

湿式喷射混凝土的最佳配合比　　表 62-13

因素	配合比			
	使用弹率最小的配合比	使 28d 强度最大的配合比	使粉度最小的配合比	综合最佳配合比
水泥用量（kg/m^3）	340	340	340	340
砂率（%）	50	50	60	60
水灰比$\left(\frac{W}{C}\right)$	0.47	0.42	0.47	0.42～0.47
速凝剂掺量（%）	5	1	1.5	顶拱：5；侧壁：1
缓凝剂掺量（%）	0.2	0	0.4	0.4
砂细度模数 M_K	3.0	3.0	2.0	2.5
喷射面角度	90°	45°	90°	—
每项量测值	17%～32%	24.6～27.6MPa	90～201CPM	—

（二）湿式喷射混凝土最佳配合比

采用湿式施工工法，是以水泥用量340kg/m³、水灰比0.42～0.47、砂率60%为最好。其他条件：砂的细度模数 $M_x=2.5$、缓凝剂（日本的西里崩）掺量0.4%、速凝剂掺量在拱顶为5%而侧壁部分以1%为最好。

湿式喷射混凝土的最佳配合比见表62-13。

第四节　喷射混凝土的技术性能

一、力学性能

（一）抗压强度

混凝土以高速喷射时，使水泥和骨料受到连续冲击而得到压实，加之选用较小的水灰比，因而有较高的强度。特别是喷射混凝土与混凝土基层、岩石、砖和钢材都有很高的黏结力，可以在结合面上传递一定的拉应力和剪应力。其强度与水泥品种、强度等级和用量、混凝土配合比、外加剂种类和掺量、水灰比等有关。在地下工程中，常需在喷射混凝土中加入速凝剂，从而使早期强度较快增长。一般在喷射后2h具有强度，8h抗压强度为1～2MPa，24h高达6.0～15.0MPa，其28d龄期抗压强度为30MPa以上，有时亦可达40MPa以上，甚至更高。加速凝剂的喷射混凝土的早期强度增长曲线见图62-4，其抗压强度见表62-14。

喷射混凝土的抗压强度　　**表62-14**

水泥标号及种类	质量配合比 水泥:砂:石子	速凝剂掺量 (%)	抗压强度 $f_{c.c}$（MPa）		
			28d	60d	180d
42.5级普通硅酸盐水泥	1:2:1.5	0	35.0～43.0	40.0～48.0	45.0～53.0
42.5级普通硅酸盐水泥	1:2:2	0	30.0～40.0	35.0～45.0	40.0～50.0
42.5级矿渣硅酸盐水泥	1:2:2	0	25.0～30.0	30.0～35.0	35.0～40.0
42.5级普通硅酸盐水泥	1:2:2	2.5～4.0	20.0～25.0	22.0～28.0	—

注：试件系从35cm×45cm×12cm大板上切割的10cm×10cm×10cm的立方体。

喷射混凝土的试件，是采取取芯法制作的。取芯法是在已喷好的结构中，或在50cm×50cm×15cm的模板内喷射成板，在相同条件下养护28d，而后于板中心部位切割出15cm×15cm×15cm或10cm×10cm×10cm的立方体试件做强度试验，可较真实地反映喷射混凝土的强度。

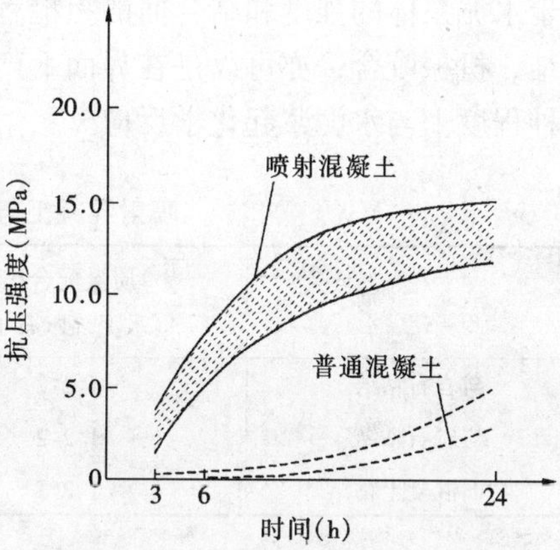

图62-4　喷射混凝土早期强度增长曲线

（二）抗拉强度

因为在薄层喷射混凝土衬砌中，尤其在岩体突出部位附近会产生拉应变，因而喷射混凝土的抗拉强度与衬砌的支护能力有很大关系。

喷射混凝土的抗拉强度约为其抗压强度的10%～12%，与混凝土的正常范围相等，见表62-15。为了提高其抗拉强度，可采用纤维配筋。

喷射混凝土的抗拉强度 **表 62-15**

水泥标号及品种	质量配合比 水泥:砂:石子	速凝剂掺量 (%)	抗拉强度 $f_{c.c}$ (MPa)	
			28d	150d
42.5 级普通硅酸盐水泥	1:2:2	0	2.0~3.5	3.0~4.0
32.5 级矿渣硅酸盐水泥	1:2:2	0	1.8~2.5	2.4~3.0
42.5 级普通硅酸盐水泥	1:2:2	2.5~4.0	1.5~2.0	2.0~2.5

注：1. 试件系从 35cm×45cm×12cm 大板上切割的 10cm×10cm×10cm 的立方体。
2. 抗拉强度系用劈裂法求得。

经试验，喷射混凝土的轴心抗拉强度约比劈裂抗拉强度低 15%。

(三) 混凝土与钢筋的粘结力

喷射混凝土与钢筋的粘结力同钢筋直径、间距和喷射工艺有很大关系。为保证钢筋能被混凝土完全紧密包裹，除应按有关要求进行喷射作业外，钢筋直径一般不宜大于 14mm。喷射混凝土与钢筋的粘结力见表 62-16。

喷射混凝土与钢筋的粘结力 **表 62-16**

水泥标号及品种	质量配合比 水泥:砂:石子	红星Ⅰ型速凝剂掺量 (%)	黏 结 力 (MPa)
42.5 级普通硅酸盐水泥	1:2:2	0	3.5~4.5
	1:2:2	4	2.5~3.5

注：试件成型时，混凝土的喷射方向应垂直钢筋。

(四) 粘结强度

喷射混凝土的粘结强度，乃是保证工程质量的重要指标之一，因为它是衬砌支护发挥作用的重要因素。喷射料冲出喷嘴的速度约为 40~60m/s。由于材料颗粒高速冲击受喷面，并要在初期形成薄的（5~10mm）砂浆层后石子才能嵌固，因此喷射混凝土与岩面、砖结构及旧混凝土表面之间有很高的粘结力。这对地下工程的喷射混凝土支护及结构物的补强加固都是有益的。喷射混凝土与岩面及旧混凝土的粘结强度见表 62-17。粘结强度取决于水泥浆体的强度和结合面的粗糙程度。水泥浆体与结合面的粘结，可以是物理作用的粘结、机械咬合，亦可以是在界面上产生化学反应物的化学作用，绝大多数岩石都可以在某种程度上与水泥浆起化学反应。

喷射混凝土与岩石及旧混凝土的粘结强度 **表 62-17**

类 型	质量配合比 (水泥:砂:石子)	速凝剂掺量 (%)	粘 结 强 度 (MPa)
与岩石粘结	1:2:2	0	1.5~2.0
与岩石粘结	1:2:2	2.5~4.0	1.0~1.5
与旧混凝土粘结	1:2:2	0	1.5~2.5

对于喷射混凝土与岩石的粘结，必须考虑两种粘结强度，即抗拉粘结强度和抗剪粘结

强度。抗拉粘结强度是衡量喷射混凝土在受到垂直于结合界面上的拉应力时保持粘结的能力。而抗剪粘结强度则是抵抗平行于结合界面上作用力的能力。实际上在地下工程中，常在与岩石的结合界面上呈现出两种粘结应力的综合作用。岩石性状、节理裂隙充填物的特征、岩石的粗糙程度及喷前对岩面的清洗情况等，对于喷射混凝土与岩石的粘结强度都有重要影响，选用粘结强度时应预以特别重视。

（五）剪切强度

冶金建筑研究总院曾在实际工程条件下对厚度 3 ~ 10cm 的喷射混凝土进行了剪切试验。其中剪切强度变动在 3.0 ~ 4.0MPa 之间，约为喷射混凝土 28d 抗压强度的 12% ~ 18%。

（六）弹性模量

表 62-18 所列国外弹性模量的最高和最低值，并附有现场可以达到的有代表性的数值。由于拌合物设计、混凝土龄期、抗压强度和试件类型不同，并且定义也不尽相同，国内外文献报导的喷射混凝土弹性模量有较大的离散。

国外喷射混凝土弹性模量的典型范围　　**表 62-18**

弹性模量范围	不同龄期弹模值（$E\times10^4$MPa）		
	1d	3 ~ 8d	28d
文献报导的范围	1.3 ~ 2.9	1.8 ~ 3.4	1.8 ~ 3.7
可达到的范围	1.1 ~ 2.2	1.4 ~ 2.5	1.8 ~ 3.2

表 62-19 所列的喷射混凝土弹性模量值是国内各单位测定的弹性模量的平均值，可作为设计时的参考。由表列可知，同普通混凝土一样，喷射混凝土的弹性模量是随龄期和抗压强度的增长而提高的。两者的关系相似于普通混凝土抗压强度与弹性模量的关系。

喷射混凝土的弹性模量　　**表 62-19**

混凝土强度等级	C20	C25	C30	C35
弹性模量（$E\times10^4$MPa）	2.0 ~ 2.3	2.3 ~ 2.5	2.5 ~ 2.7	2.7 ~ 3.0

二、变形性能

（一）收缩变形

喷射混凝土的收缩包括干缩和热缩。干缩主要由水灰比决定，较高的用水量会出现较大的收缩，而粗骨料则能限制收缩的发展。热缩取决于水泥的水化热所导致的温升。水泥用量低和速凝剂掺量少的喷射混凝土热缩较小，薄层结构的热缩也较厚层结构少。

由于喷射混凝土水泥用量较多（富混凝土），用水量相应较大，砂率高，加之速凝剂的影响和表面系数较大，故干缩率较普通混凝土大。水泥用量和砂率对混凝土干缩率的影响，分别见表 62-20 和表 62-21。

喷射于岩面的混凝土，由于岩面有保水和约束作用，其干缩率小于敞露于大气中的喷射混凝土（为自由收缩）。为减少喷射混凝土的干缩率，加强养护，保持喷射混凝土在早期处于潮湿状态，降低干燥速度，有利于减少收缩的发展。另外，采用尺寸较大、级配良好的粗骨料也可以减少收缩。

水泥用量对混凝土干缩率的影响　　表 62-20

用水量 (kg/m^3)	水泥用量 (kg/m^3)	水灰比 $\left(\frac{W}{C}\right)$	砂率 (%)	胶骨比 ($C:S_a+S_b$)	150d 龄期的干缩率 ($\times10^{-4}$)
190	238	0.80	39	1:8.25	2.43
190	271	0.70	39	1:7.11	2.70
190	317	0.60	39	1:5.98	3.04
190	380	0.50	39	1:4.85	3.18
190	475	0.40	39	1:3.70	3.30

砂率对混凝土干缩率的影响　　表 62-21

砂率 (%)	水灰比 $\left(\frac{W}{C}\right)$	胶骨比 ($C:S_a+S_b$)	150d 龄期的干缩率 ($\times10^{-4}$)
32	0.60	1:6	2.80
36	0.60	1:6	2.88
39	0.60	1:6	3.02
42	0.60	1:6	3.28

（二）徐变

喷射混凝土的徐变有以下一些特点：

(1) 徐变规律与普通混凝土一样，随着持续荷载时间的增加，徐变变形也增加，加荷初期增加得比较快，以后就逐渐减缓趋于某一极限值。喷射混凝土徐变稳定较早，28d 龄期加荷的密封试件，持荷 120d 的徐变度为 $6.6\times10^{-5}mm^2/N$，即接近极限值。

(2) 当加荷应力小于 $0.4f_a$（轴心抗压强度）时，喷射混凝土的徐变应变 ε_c 与加荷应力 σ 成正比。即 $\varepsilon_c=c\sigma$，c 为徐变度，即单位应力的徐变。

(3) 加荷龄期对喷射混凝土的徐变影响很大。加荷龄期越早，徐变值越大；加荷龄期晚，徐变则小。加荷龄期早的试件持荷前期变形发展快，徐变速率衰减也快。加荷龄期晚的试件，持荷前期徐变发展慢，徐变衰减也慢。

(4) 环境相对湿度对喷射混凝土的徐变影响很大。环境的相对湿度越低，徐变越大，相同的加荷龄期和持荷时间条件下的非密封试件［环境相对湿度为 (80±5)%］比密封试件的徐变度大 1.22~1.99 倍，而且延续时间要长。

(5) 速凝剂使喷射混凝土的徐变增大。虽然速凝剂提高混凝土的早期强度，但后期水泥矿物的继续水化受到阻碍，从而降低了同龄期混凝土的强度，使徐变增大。

三、耐久性能

（一）抗冻性

喷射混凝土具有良好的抗冻性。主要原因是由于在高速喷射过程中，会自动带入一部分空气。据测定，空气含量约为 2.5%~5.3%，气泡一般是不贯通的，并且有适宜的尺寸和分布状态，这近似于引气混凝土（加气、充气或泡沫混凝土）的气孔结构，它有助于减少水的结冻压力对混凝土的破坏作用。

冶金建筑研究总院曾对采用普通硅酸盐水泥喷射混凝土进行了抗冻性试验，见表 62-22。试验结果表明，在经过 200 次冻融循环后，试件的强度和质量变化不大，强度降低率最大为11%。美国进行的试验也表明：有80%的试件经受300次冻融循环后，没有明显的膨胀、质量损失和弹性模量的减小。

喷射混凝土的抗冻性　　表62-22

冻融循环次数	冻融状态	速凝剂	冻融试件强度（MPa）	检验试件强度（MPa）	冻融后强度变化率（%）
150	饱和吸水	无	29.4	27.1	+8
		有	23.5	24.0	-2
	半浸水	无	32.4	33.3	-3
		有	18.9	19.4	-3
200	饱和吸水	无	28.8	32.2	-11
		有	22.2	21.0	+6
	半浸水	无	30.2	33.5	-10
		有	20.8	19.0	+6

坚硬的骨料、较小的水灰比、较多的空气含量与适宜的气泡组织等，都有利于提高喷射混凝土的抗冻性。相反，采用软弱的、多孔易吸水的骨料以及密实性差或混入回弹料并出现蜂窝、夹层及养护不当而造成早期脱水的喷射混凝土，不可能具有良好的抗冻性能。

（二）抗渗性

由于喷射混凝土的施工工艺特点，提高了混凝土的密实性。喷射混凝土中的孔隙少，且互不连通，再加上拌合物的高水泥用量及低水灰比，因而喷射混凝土具有较好的抗渗性能。但是，在实际过程中往往由于岩面还有点滴渗水及混凝土水灰比控制不好等原因，喷射混凝土难以达到稳定的抗渗指标，这已经几乎成为一个世界性的工程质量通病。

试验研究资料表明，影响喷射混凝土抗渗性的主要因素是水灰比和水泥用量、骨料及养护条件。因此，选用级配良好的坚硬骨料，提高混凝土的密实度和降低孔隙率，均可增加防水性能。但是，应当指出，任何能造成蜂窝、回弹物裹入、分层、孔隙等不良情况的喷射条件，都会使喷射混凝土易于渗透。

第五节　喷射混凝土施工

一、机械设备

喷射混凝土施工的主要机械设备有混凝土喷射机、搅拌机、干混合料上料机和空气压缩机。此外，根据现场条件和施工要求，还必须配备风包、水箱等设备。

（一）混凝土喷射机

混凝土喷射机分干式和湿式两种。国内目前以干式喷射机为主，湿式喷射机正在试制之中，即日可投入使用。干式混凝土喷射机又主要分为双罐式混凝土喷射机、螺旋式混凝土喷射机和转子式混凝土喷射机三种。

1. 双罐式混凝土喷射机

这种混凝土喷射机构造简单，生产可靠，性能好，经久耐用。但其体积较大，较笨重，易产生反风，粉尘大。

2. 螺旋式混凝土喷射机

这种混凝土喷射机结构简单，体积小，质量轻，成本低，适用于中，小型坑道使用。其缺点是螺旋和锥管易磨损，输送距离短，粉尘大。

3. 转子式混凝土喷射机

这种混凝土喷射机工作稳定可靠，性能好，体积小，操作方便。其缺点是密封胶板易磨损，需要经常交换。转子式混凝土喷射机，按旋转体轴的方向分为垂直和水平两种结构形式。

喷射混凝土常用喷射机型号与技术性能见表62-23。

混凝土喷射机型号与技术性能　　　　表 62-23

项目		双罐式			螺旋式			转子式	
		冶建-65	HP-1	WD-25	SP-2	ZPG-2	HPZ-30B	SP-3	HP$_{30}$-74
生产能力（m^3/h）		4	4~5	4	4~5	3~7	3~5	2~5	2~6
工作风压（MPa）		0.12~0.6	0.15~0.6	0.12~0.6	0.3~0.5	0.3~0.5	0.1~0.6	0.1~0.5	0.1~0.5
耗风量（m^3/min）		7~8	9	6~8	5~10	7~8	7~10	6~10	10
输料管内径（mm）		50	50	50	50	50	50	50	50
骨料最大粒径（mm）		25	25	25	25	25	30	25	30
最大输距	水平（m）	200	240	200	200	300	200	200	250
	垂直（m）	70	60	70	60	60	80	60	100
电动机功率（kW）		2.8	3	5.5	4	5.5	4	4	7.5
外形尺寸（长×宽×高）（mm）		1600×850×1630	1840×970×1660	1600×850×1630	1250×750×1435	1352×774×1160	1430×868×1375	1390×890×952	1500×1000 1600
机身质量（kg）		1100	1000	1100	650	920	700	700	800
研制单位		冶金部建筑研究总院	上海市水工机械厂	河南省焦作矿业学院实习工厂	冶金部长沙矿山研究院	煤炭部萍乡矿物局	湖南省常德机械厂	冶金部长沙矿山研究院	江苏省扬州市机械厂

（二）干混合料搅拌机

干混合料搅拌时宜用强制式搅拌机，无条件时亦可采用自落式搅拌机，但拌合过程中水泥飞扬严重，不利于环境保护。常用的JW-375型搅拌机的技术性能见表62-24。

JW-375型搅拌机的技术性能　　　　表 62-24

项目		指标	项目		指标
投料容量	（L/次）	375	电动机功率	（kW）	10
出料容量	（L/次）	250	运行速度	（km/h）	<20
最大台班时产量	（m^3/h）	12.50	外形尺寸	（mm）	3350×1865×2420
搅拌骨料粒径	（mm）	40/60（碎石/卵石）			

（三）空气压缩机

喷射混凝土用的压缩空气由空气压缩机供给。为保证喷射混凝土质量和顺利施工，压缩空气应满足以下要求：

（1）保证具有足够的风量和风压；

(2) 风压应保持稳定，施工过程中不得突变；

(3) 压风（压缩空气）中不含有冷凝水或油类物质。

施工现场有压缩空气机组时，压风可由总站供给。若需配备专供喷射混凝土用的空气压缩机时，按每台喷射机耗风量不小于 9m^2/min。

（四）干混合料上料机

向喷射机内加料采用小型皮带机或螺旋输料机均可。为便于添加粉状速凝剂，采用小型皮带机者为多。这种皮带机的进料端装有振动筛，可防止干混合料中的大石块和其他杂物进入喷射机而造成管路堵塞。常用小型皮带机的技术性能见表 62-25。

小型皮带机的技术性能 **表 62-25**

项目		指标	项目		指标
有效长度	(m)	4	皮带机倾角	(°)	25
皮带速度	(m/s)	1.49	进料高度	(m)	0.47
最大送料能力	(m^3/h)	35	电机功率	(kW)	3
皮带宽度	(mm)	400	外形尺寸	(mm)	4010×830×1870
提升高度	(m)	1.87			

（五）水箱或水泵

当施工现场供水压力不能保证喷嘴加水压在 0.15MPa 以上或需向喷射混凝土中加入减水剂时，应配备水箱或水泵，用压缩空气提高水压，使之满足喷射要求。水箱的最大耐压力应不小于 1.0MPa，其结构形式应保证喷射作业中能连续供水。在高空喷射作业中，亦可用具有溢流装置的水泵向喷头供水。

（六）喷射混凝土机械手

在地下工程施工中，亦可用喷射混凝土机械手代替人工操作喷头，以改善喷射手的工作条件，减轻劳动强度，保证安全作业。当向高空工作面喷射时，还可免除操作平台。对机械手的主要要求是：根据受喷面的不同状况，使喷嘴与喷射面保持垂直和适宜距离，并作低速划圈运动；传动灵活平稳，操作简单，稳定性好。

施工中常用的喷射混凝土机械手有 PHS-3 型和 QPS-Ⅱ型，这两种机械手均为液压传动。PSH-3 型适用于矿山一般水平巷道的喷射混凝土施工，QPS-Ⅱ型适用于大断面地下工程喷射混凝土施工。

二、施工工艺

（一）喷射方式

根据混凝土不同的搅拌和运输工艺，喷射方式大致分成干式和湿式两种，通常采用干式喷射。近年来发展起来的造壳喷射工艺不同于原有的干式及湿式工艺。

1. 干式喷射

干式喷射是用喷射机压送干拌合料，在喷嘴处加水。图 62-5 是干式喷射混凝土工艺流程图。

2. 湿式喷射

湿式喷射是用喷射机压送已加入拌合水的拌合物，在喷嘴处加入速凝剂。图 62-6 是湿式喷射混凝土工艺流程图。湿喷时，水与其他材料拌合较均匀，产生的粉尘和回弹少。

为了将湿式的长处引入干式中，采用在喷嘴前几米的地段加水的方法，有时也把这种方式称作半湿式。但从本质上说，还是属于干式。表 62-26 所列为干式与湿式两种方式的比较。

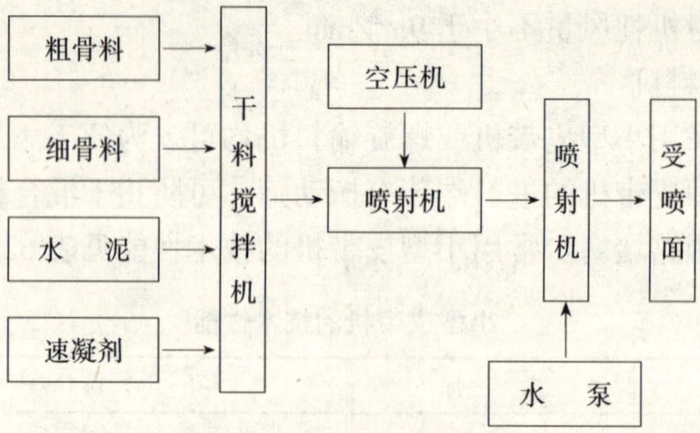

图 62-5　干式喷射工艺流程

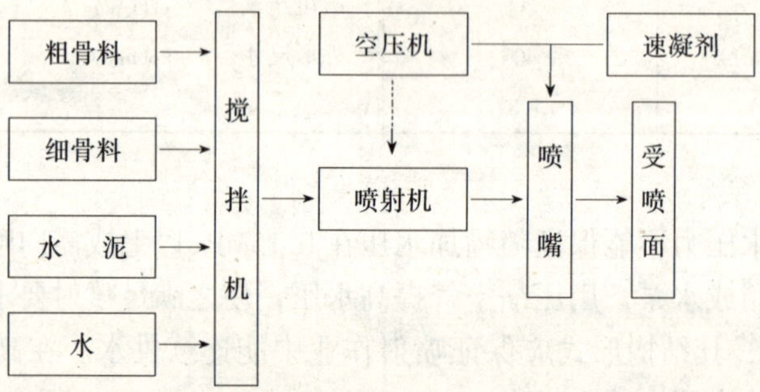

图 62-6　湿式喷射工艺流程

干式喷射与湿式喷射工艺比较　　**表 62-26**

项　目	干式喷射工艺	湿式喷射工艺
混凝土质量	拌合水在喷嘴处加入，混凝土质量取决于作业人员的熟练程度	能事先将包括水在内的各种材料正确计量、充分混合，故质量管理容易
压送距离	能进行远距离的压送	不适宜远距离压送
粉　尘	多	少
回　弹	较多	少
机械设备	小型、轻型，购置费用低	较复杂，购置费用较多
适应性	易加入速凝剂，可以在含水或自稳时间短的地下工程中采用，适应性广	不易加入速凝剂，对不同条件的适应性较差
喷头操纵	喷头脉冲现象少，操纵方便	常有脉冲现象，喷头操纵较费劲
清扫保养	保养容易	保养较费事

3. 造壳喷射法

造壳喷射法（或造壳喷射混凝土工艺）不同于原有干式及湿式工艺，它是将喷射混凝土分为砂浆和干骨料两部分，分别以压缩空气压送至喷嘴附近的混合管处合流，再由喷嘴喷出，其工艺流程如图 62-7 所示。这种喷射工艺的粉尘量相当于或低于湿喷工艺的粉尘量，回弹率约 10% ~ 20%，混凝土的早期及后期强度均较高。

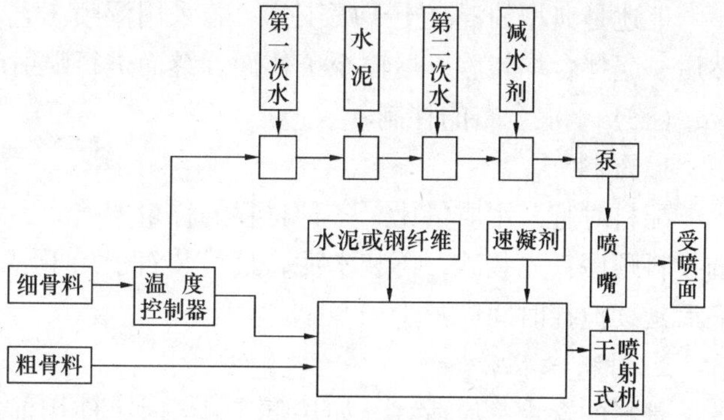

图 62-7　造壳喷射混凝土工艺流程

造壳喷射混凝土工艺并不复杂，只需增设一台砂湿度控制器，对砂进行处理，使处理后的表面含水率为 4% ~ 6%，然后将经过处理的砂分成两部分，一部分作为干骨料与石子按比例混合，另一部分送入砂浆搅拌机配制造壳砂浆。

在水灰比适宜条件下，砂外壳的水泥浆呈毛细孔状态，具有一定强度，能将骨料黏结住，从而使喷射混凝土强度提高。同时，砂颗粒表面的水泥壳还能阻止游离水离析，因而造壳砂浆还具有不离析、不泌水、强度稳定等优点。

试验表明，调整造壳砂浆与粗骨料的比例，可以得到回弹量少、粉尘小、具有较高黏结强度的喷射混凝土。一般情况下，每 $1m^3$ 喷射混凝土中粗骨料含量以 500 ~ 600kg 为宜。

造壳喷射混凝土的一系列性能都比普通喷射混凝土优越。具体表现为：

（1）回弹量小，现场实测结果为 15% ~ 20%。

（2）粉尘少，约为 2 ~ $10kg/m^3$。

（3）混凝土强度稳定，变异系数小。

（4）可以远距离压送（与干喷相同）。

（5）生产能力高，平均为 6 ~ $12m^3/h$。

（6）一次喷射厚度大，可达 10 ~ 40cm。

（7）在大量涌水条件下能喷射。

（8）容易喷射钢纤维混凝土。

（二）工艺流程

喷射混凝土施工工艺流程包括供料、供风、供水三个部分。

1. 供料

石子和砂通过过筛并按质量配合比过称，然后进入混凝土搅拌机中，水泥也同时装入。砂、石、水泥干料经搅拌机充分拌合后，把其混合料倒入运料小车中，由小车运至作业面，再把混合料卸入上料皮带机尾部的贮料槽内，然后经皮带进入喷射机。

2. 供水

靠高位水池（水箱）或借助水泵形成压力水，再通过水管压送至喷头。

3. 供风

由空气压缩机出来的压缩空气进入贮气罐，经风管再进入混凝土喷射机，喷射机内的混合料在压缩空气推动下，连续均匀地沿输料管送到喷头，并在该处与压力水混合，以较高的速度喷射至受喷面上，水泥颗粒与骨料受到反复的冲击和压实，而形成致密的混凝土。

上述是典型的混凝土干喷工艺。若采用湿喷工艺，则水通常是在干料混合时加入的，然后一起拌合均匀后，运输至工作面，继而进行喷射施工。

（三）干混合料的拌制

1. 配料

配料时宜采用质量比。各种材料的称量偏差为：水泥±3%；砂、石±2%。向搅拌机的投料顺序：先装砂，再装水泥，最后装石子。干混合料应先搅拌均匀，颜色一致。投料完后延续搅拌时间应不少于90s。

2. 骨料含水率

骨料的含水率应适宜。如果低于4%时，使用前应提前8h洒水，使之充分均匀地湿润。这对于拌制混合料时水泥同骨料颗粒的黏结、提高喷射混凝土强度和减少粉尘都是有利的。雨季时，砂、石料场应设防雨棚，以保持骨料具备适宜的含水率。

3. 水泥预水化

混凝土料宜随拌随用。不掺速凝剂时，停放时间不得超过2h；掺有速凝剂时，不应超过20min。否则，假如水泥与潮湿骨料保持接触，则发生部分水泥预水化，延缓初终凝时间，降低喷射混凝土的早期与后期强度，并增加回弹。这种现象在掺入或不掺入速凝剂的喷射混凝土中均会发生，而且停放时间愈长，强度降低愈多。图62-8为水泥与含有4%水量的骨料接触后预水化15min对初凝时间的影响。另一方面，采用干法喷射时，水泥与骨料是在加入喷射机前进行混合的，所用骨料一般有4%～6%的含水率，这种预先湿润的骨料会减少灰尘和干混合料通过管路时所产生的静电现象。

加入速凝剂后加速了水泥预水化。图62-9表明，在同样骨料含水率条件下，掺入4%（占水量）的速凝剂的混合料在喷射前停放2h，强度降低40%。而不掺速凝剂的混合料喷射前停放2h，强度才降低10%左右。

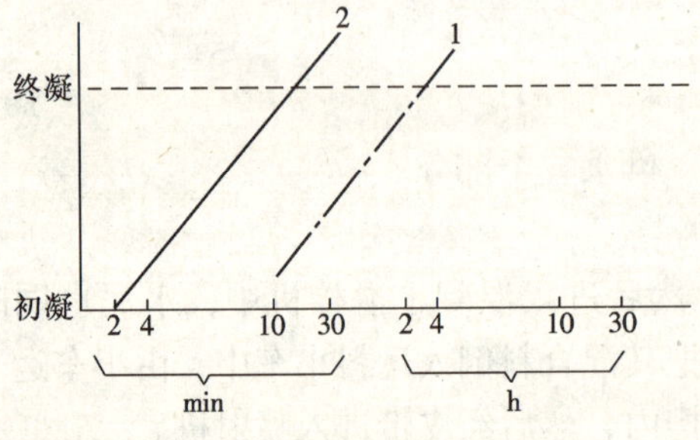

图62-8 预水化对凝结时间的影响

1—预水化，15min后喷射；2—无预水化，拌制后立即喷射

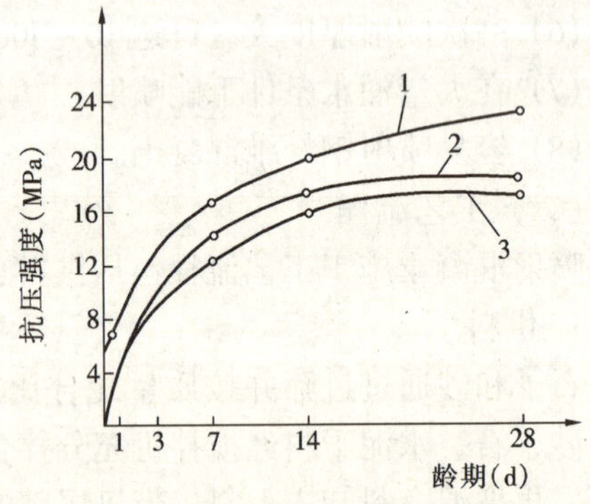

图62-9 掺速凝剂的干混合料停放时间对强度的影响

1—未停放；2—停放30min；3—停放120min

在实际工程中，常常可以看到，预水化的混合料会出现结块成团现象，使混合料温度升高。喷射后则形成一种缺乏凝聚力的、松散的、力学强度很低的混凝土。

促使干混合料拌合后发生水泥预水化的因素有：骨料的高湿度；高水泥用量；高速凝剂掺量或使用能引起速凝早强的特种水泥；混合料（特别是混有速凝剂后）的长时间存

放；以及高的环境温度和湿度。水泥预水化往往不是单一因素的结果，而是几种因素联合作用的结果。为了防止水泥预水化的不利影响，最重要的是缩短混合料从搅拌到喷射的间隔时间。也就是说，混合料一般应随搅随喷，搅拌和喷射工艺紧密衔接。另外，干混合料在运输和存放过程中应防止雨淋、滴水或杂物混入。

（四）作业区段划分

喷射施工应按一定的顺序有条不紊地进行。喷射作业区段的宽度依坑道具体条件而定一般以 1.5～2.0m 为宜。对于水平坑道，其喷射顺序应是先墙后拱，自下而上。侧墙应自墙基开始，封拱区宜沿轴线由前向后（图 62-10）。

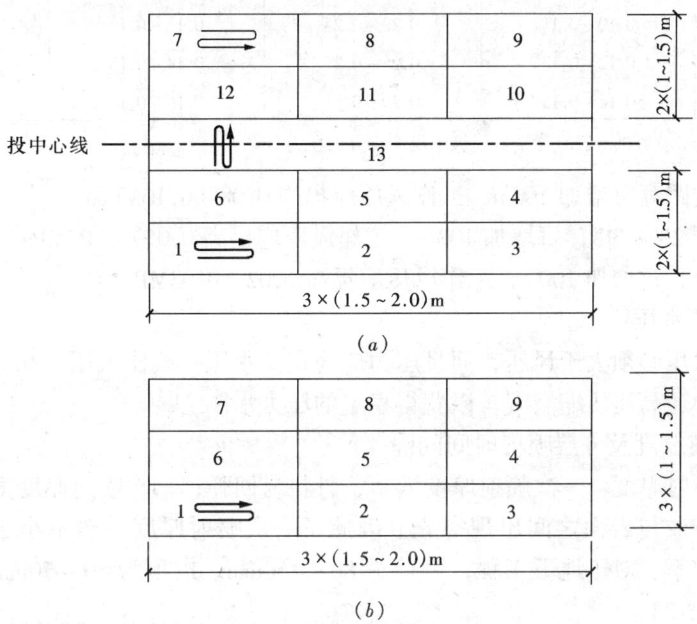

图 62-10　喷射施工作业区段划分
（*a*）拱；（*b*）侧墙

当岩面松散或处理塌方时，喷射作业应紧跟作业面，初喷应先拱后墙，复喷时则先墙后拱。

（五）喷射作业

在以干法进行喷射作业时，应充分注意下述几个问题：

1. 工作风压

喷射机正常进行喷射作业时工作罐内所需的风压称之工作风压。不同类型的喷射机有不同的风压，而且它还与喷射方向、拌合料输送距离、混凝土配合比、含水量（水灰比）等因素有关。适宜的工作风压，可以减少回弹量，一次喷射厚度增加，并保证喷射质量。喷射机的工作风压，一般需保证喷嘴处有 0.1MPa 左右的压力，可参考表 62-27 选择。工作风压可参照下列方法确定。

(1) 当拌合料的水平输送距离在 200m 以内时：

①双罐式喷射机和转子式喷射机　工作风压＝（0.01＋0.0013×输送管长度）(MPa)。

②螺旋式喷射机　工作风压应控制在 0.15～0.35MPa。

(2) 当输送距离变化时，工作风压亦随之变化。

喷射机工作压力（MPa）　　表 62-27

输料管长度（m）	双罐式喷射机		螺旋式喷射机	
	空载压力	工作压力	空载压力	工作压力
20	0.02	0.11~0.12	—	—
30	0.03	0.12~0.13	—	—
40	0.05	0.14~0.15	0.08~0.09	0.13~0.15
70	0.08	0.17~0.19	0.10~0.11	0.16~0.18
100	0.10~0.11	0.22~0.24	0.12~0.13	0.20~0.22
120	0.12~0.13	0.25~0.27	0.14~0.15	0.23~0.24
150	0.14~0.15	0.29~0.31	0.16~0.17	0.25~0.27

注：空载压力系指喷射机空转时，主进气管中压缩空气的压力。

①水平输送距离每增加 100m，工作风压应提高 0.08~0.10MPa。

②倾斜向下 25°~30°，每增加 100m，工作风压应提高 0.05~0.07MPa。

③垂直向上，每增加 100m，工作风压应提高 0.02~0.03MPa。

2. 喷嘴处的水压

喷嘴处的水压必须大于风压，而且压力应稳定。水压一般比风压大 0.1MPa 左右为宜。可采用向水箱中通高压压缩空气，以获得稳定的压力水。

3. 一次喷射厚度及分层喷射时间间隔

(1) 一次喷射厚度：一次喷射厚度太薄，骨料易回弹；一次喷射厚度太厚，易出现喷层下坠、流淌，或与岩面之间出现空壳。因此，一次喷射厚度一般不小于骨料粒径的 2 倍，以减少回弹率。对于地下工程，侧壁为 80~150mm；拱顶为 50~70mm。适宜的一次喷射厚度见表 62-28。

一次喷射厚度参考表　　表 62-28

喷射方向	一次喷射厚度（mm）		喷射方向	一次喷射厚度（mm）	
	掺速凝剂	不掺速凝剂		掺速凝剂	不掺速凝剂
向　上	50~70	30~50	向　下	100~150	100~150
水　平	70~100	60~70			

根据施工经验，不掺速凝剂时，一次喷射厚度与喷射方向、水平夹角的关系，如图 62-11 所示。如掺速凝剂时，一次喷射厚度可以适当地增加。

(2) 间隔时间：当喷射混凝土设计厚度大于一次喷射厚度时，应分层进行喷射。两次喷射的最小时间间隔，在常温（15~20℃）时为：

①掺速凝剂或用喷射水泥、双快水泥等速凝水泥时，为 15~20min；

②不掺速凝剂而用普通硅酸盐水泥时，宜为 2~4h。

当时间间隔超过 2h，复喷前应先喷水湿润（最好用压力水）表面，以保证层间良好的粘结。

4. 喷嘴的运动

喷嘴与受喷面的距离和夹角，应随着风压的波动而不断地调整。一般情况下，喷嘴与受喷面的垂线成10°~15°夹角时，喷射效果较好。喷嘴可沿螺旋形轨迹运动，螺旋的直径以300mm为宜，使料束以一圈压半圈作横向运动。

5. 喷射操作

对不同的喷射机，要严格按规定的操作方法进行操作，否则容易发生堵管、反风等现象。喷射机的开停顺序为：开动时，先开风后给水，最后通电供料；停止时，先停止供料，待料罐中的存料喷完后再停电，最后关水停风。同时，要根据输送距离变化，随时调整风压。

喷嘴的操作：喷射开始时先给水再送料，结束时，先停风后停水。在喷射时，要随时观察围岩、喷层表面、回弹和粉尘等情况，及时调整回弹量和水灰比。当喷嘴不出料时，应将喷嘴对准前下方，避开工作人员。处理堵管时的工作风压不得超过0.4MPa。

6. 回弹量调整

回弹是混凝土喷射时由于与坚硬表面、钢筋或骨料颗粒相互碰撞而从受喷面上弹落下来的拌合物。回弹量视喷射位置、空气压力、水泥用量、用水量、骨料最大尺寸和级配、钢筋数量和层厚等因素不同而异。回弹的变化情况见表62-29。

喷射混凝土的回弹率　　表62-29

喷射部位	回弹率（%）
底板或平板	5~10
倾斜或垂直壁面	10~20
向上喷射	25~20

开始喷射时回弹率很大，当形成塑性层后，粗骨料易嵌入，回弹就逐渐减少（图62-12）。因此，可以建议一次喷射厚度不宜小于5cm。

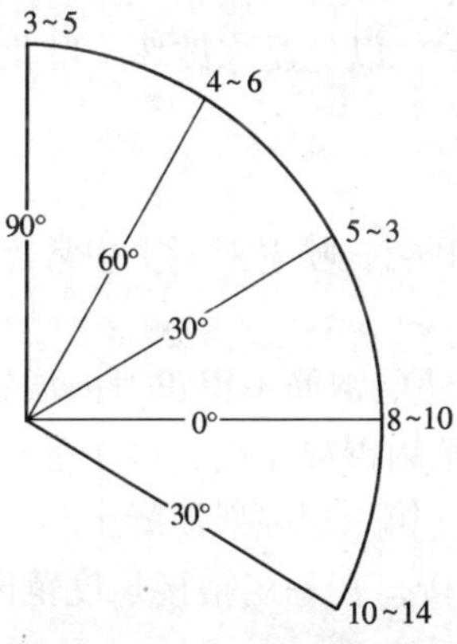

图62-11 一次喷射厚度与喷射方向、水平夹角的关系

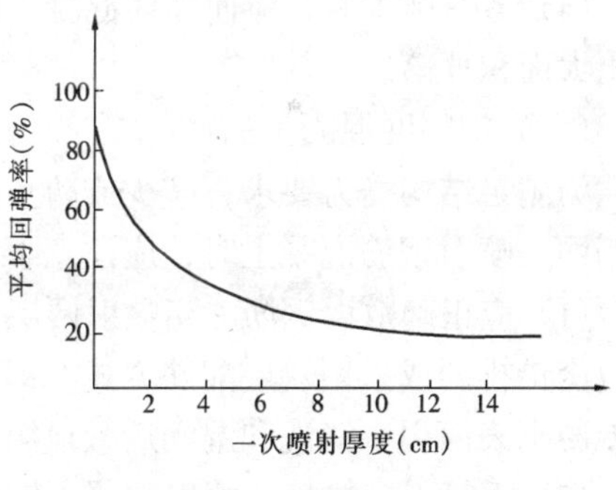

图62-12 喷层厚度与回弹率之关系曲线

回弹物中水泥含量很少，主要为粗骨料，因此不可把回弹物重新喷在结构上。一般收集起来的回弹物也不能放进下批配料中，否则将影响喷射混凝土的质量。

7. 整平

喷射后自然整平，对结构强度和耐久性都是有利的。进一步追加整平往往是有害的，它能损害喷射混凝土与钢筋之间或喷射混凝土与底部材料之间的黏结，且在混凝土内部产生裂缝。然而，靠喷射自然整平过于粗糙。要求表面光滑和外形美观的地方，必须使用特殊的整平方法，即在混凝土初凝后，用刮刀将模板或基线以外的多余材料刮掉，然后用喷浆或抹灰浆找平。

8. 停止工作

在发生下列情况下，要暂时停止喷射工作：

(1) 大风妨碍喷射手进行工作。

(2) 天气突然变冷接近结冰，而工程不能得到保护时。

(3) 雨天会冲刷新喷面上的水泥，从而造成混凝土脱落时。

9. 养护工艺

喷射混凝土的坍落度低，具有粗糙的表面，又常以薄壁结构形式存在，故良好的养护就显得十分重要。另外，喷射混凝土的单位体积水泥用量及含砂率都较高，为使水泥充分水化，减少和防止混凝土不正常的收缩裂缝，在喷射混凝土终凝后即开始进行养护。

(1) 喷射混凝土宜采用自然养护，即在自然气温（+5℃以上）下进行洒水养护。洒水应在终凝后2h开始。

(2) 洒水养护时间以达到在标准条件下养护28d抗压强度60%左右为度。养护时间取决于水泥品种和空气的相对湿度。采用普通硅酸盐水泥时，养护时间不得少于10d；采用矿渣硅酸盐水泥或火山灰质硅酸盐水泥时，不得少于14d。在任何情况下，养护时间都不得少于7d。

(3) 在一般气温条件（+15℃左右）下，混凝土喷射完最初3d内，每天应隔两小时洒水一次，夜间至少两次。在以后的养护期内，每天至少四次。在干燥气温条件下，洒水次数应适当增加。在地下工程中，因峒内湿度较大，每天的洒水次数可酌情减少。

(4) 冬季施工时，应使喷射混凝土的温度保持在0℃以上，以免受冻破坏，融化后混凝土大面积掉落。

（六）钢筋网混凝土的喷射

为满足结构受力要求，减少或防止喷射混凝土层的收缩开裂，喷射混凝土中常需配置钢筋网。喷射钢筋混凝土时，应注意下列施工要点：

(1) 应正确敷设钢筋。当喷射两层以上配筋结构时，则外层钢筋不得正对内层钢筋，而应交错排列或采用双层配筋方式，即里层钢筋埋在第一层喷射混凝土内，再在第一层喷射混凝土表面用水清洗和湿润后敷设第二层钢筋，然后再施作第二层喷射混凝土。

(2) 钢筋不应拼接。喷射混凝土钢筋网的钢筋接头应搭接，在一定搭接长度范围内，使钢筋间距不小于50mm，平行钢筋的间距不小于70mm。

(3) 喷射砂浆时，钢筋网与受喷面的间距不小于12mm；喷射粗骨料混凝土时，钢筋网与受喷面的间距不小于30mm或两倍最大骨料粒径。

(4) 钢筋的网格尺寸不宜小于80mm。钢筋网应通过锚固件与受喷面牢固联结，使其在喷射混凝土时不发生抖动。

(5) 喷射混凝土时应适当加大水灰比，减小喷嘴至受喷面的距离（一般为500～600mm），以提高混凝土的塑性，增加料流的冲击压实力，保证混凝土的密实性和钢筋完全被握裹。

(6) 喷射施工中如有脱落的混凝土被钢筋网架住，应及时清除，予以补喷，并做好其他善后工作。

三、施工中的几个问题

（一）开裂

1. 衬砌层主要开裂原因

喷射混凝土衬砌层有出现不同程度的开裂。其原因多是由于喷射混凝土表面层收缩值及其产生的拉应力远远大于混凝土的极限受拉变形值和抗拉强度而使混凝土表面层先行开裂所致。

2. 骨料出现开裂的因素

（1）养护条件的影响：喷射混凝土的养护对混凝土的强度增长和收缩变形影响很大。喷射混凝土施工后应注意潮湿养护，则收缩裂纹少；反之，如不注意养护，则混凝土早期脱水，收缩裂纹多而严重。

（2）喷射层厚度和单位水泥用量的影响：如喷射混凝土层厚度很薄，在施工中一般回弹物较多，粗骨料含量相应减少，则单位体积混凝土中的水泥用量及用水量相应增加，因而使喷射混凝土衬砌层的收缩值增大，于是开裂比较严重。

（3）水泥品种的影响：由于火山灰质硅酸盐水泥、矿渣硅酸盐水泥早期硬化较慢，因此用它们作为胶凝材料的喷射混凝土衬砌层，需要较长时间的潮湿养护，否则容易干缩开裂。而采用普通硅酸盐水泥作为胶凝材料的喷射混凝土衬砌层，其干缩开裂现象远较前者为轻。

3. 防止措施

收缩裂纹虽然一般不影响衬砌层的使用，但是贯通的收缩裂缝会减弱衬砌层的抗渗性。对于一些有振动影响或处于不良地质条件下的衬砌层，均会使工作状态变差。因此，应当力求使喷射混凝土衬砌层避免或减少出现收缩裂纹。为此，应注意以下几点：

（1）保证喷射混凝土施工后 14d 以内具有潮湿的养护条件，最好使用喷雾法。

（2）在满足喷射混凝土强度和工艺要求的情况下，尽可能地减少单位水泥用量。一般，每 $1m^3$ 混凝土水泥用量不得大于 450kg。

（3）尽可能选用普通硅酸盐水泥。

（4）对于起支承作用、封闭作用和黏结作用的喷射混凝土衬砌层，厚度不宜小于 5cm。

（5）在要求较高的喷射混凝土工程中，可以敷设钢丝网或配置钢筋。

（二）回弹

1. 不利作用及措施

回弹既浪费材料，又在一定程度上改变了混凝土的配合比，影响喷层的强度。因此，在进行喷射作业时，应尽量减少回弹。在正常情况下，侧壁回弹率不应超过 10%，拱顶不应超过 15%。

2. 影响因素

回弹率与许多因素有关，如喷射混凝土的配合比、速凝剂掺量、工作风压、水压和水量、喷射层厚度、受喷面是否光滑和有无粉尘、喷射顺序和喷嘴移动方式等均影响回弹率。

3. 注意事项

回弹物应及时回收并加以利用，可作为骨料掺入使用，但掺量不得超过总骨料的

30%，并不得用于拱部。

（三）粉尘

1. 粉尘的成分

干喷作业产生的粉尘主要是水泥，其中也含有少量的游离 SiO_2。

2. 施工措施

可采取下列措施减少粉尘：

(1) 适当增加砂的含水率，以6%～8%为宜，对减少粉尘有明显效果；

(2) 加强通风，以迅速排除作业后产生的粉尘；

(3) 采用双水循环供水的喷嘴，使干料得到充分湿润，以减少粉尘；

(4) 加长拢料管，以400～1000mm为宜，以增加水与干料混合的机会，降低粉尘。

最根本降低粉尘的措施是采用湿法喷射，目前在我国已在推广试用。

（四）管路堵塞与排除

管路堵塞是喷射混凝土中易出现的故障。它既影响工效，又浪费材料，施工中应尽量避免。

1. 堵塞原因

产生管路堵塞的原因主要有以下几方面：

(1) 干混合料中夹有大块石子、水泥结块或其他杂物；

(2) 喷射机操作失误。喷射机开始操作时，先启动电机后打开进气阀，或停止工作时先关闭进气阀后停止电机，致使干混合料不能及时送走而堆积在喷射出料弯管内；

(3) 供给喷射机的压缩空气风量不够或压力过低，使干混合料在输送中没有足够的力量克服管路阻力而停留在途中；

(4) 输料管弯曲过甚，弯曲部位太多，或喷射机出料弯管内壁粘结水泥太厚，内径缩小，从而使输送阻力增加。

2. 预防措施

针对上述原因，为防止管路堵塞，喷射作业中应采取以下措施：

(1) 干混合料加入喷射机前，应严格过筛。筛网的孔径，以选用的石子最大粒径而定。

(2) 喷射机操作者应按规程要求正确操作喷射机。工作开始时，应先给风，后开动输料电机；停止工作时，应先关闭输料电机，待输料管中的干混合料全部喷出后，再停止供风。

(3) 按喷射机性能要求供给足够风量和压力的压缩空气，并保持风量和风压的稳定。同时，应使喷射机和管路接头保持良好的密封，以防止跑风漏气。

(4) 定期清除喷射机出料弯管内壁的黏结料；喷射中应尽可能将输料胶管拉直。须弯曲时，拐弯半径不能太小，更不能出现死弯。

3. 排除方法

管路堵塞的特征是喷射机进气管上的压力表指针急剧上升，喷头出料突然中断。如果发生堵管，其排除方法如下：

(1) 发生堵管时，喷射手应紧握喷头，喷射机操作者应及时关闭输料电机和进气阀，打开排气阀，使机内压力很快降下来。常见堵管部位的识别及排除方法见表62-30。

填管的检查与排除方法　　表 62-30

堵塞部位	识别方法	堵塞原因	排除方法
喷　头	喷头出料突然中断，喷嘴只有滴水或少量水流出，喷射机压力表急剧上升	大块石子或其他杂物卡住	停止电机，关闭停气阀，排除压缩空气，拆开喷头取出堵物
输料胶管	喷头出料突然中断，喷嘴有小股水流出，喷射机压力表急剧上升。当向喷射机通入压力空气时，出料弯管至堵塞部位的输料胶管发硬	大块石子或杂物卡住；混合料湿度太大；风量不够或压力突然降低；输料管弯曲过甚	停止电机，关闭进气阀，排除机内压气，用手锤敲击软管堵塞处，使堵物松散，然后用 0.3 ~ 0.4MPa 压力的风压疏通，或边通风边敲击堵塞部位，排出堵物
喷射机出料弯管	喷头出料中断，喷嘴只有小股水流出，喷射机压力表指针急剧上升。当向喷射机通入压缩空气时，胶管内无气、发软	喷射机操作失误，或大块石子、其他杂质卡住	停止电机，关闭停气阀，排出机内压风，拆开出料弯管，取出堵物
双罐式喷射机底盘下料口	喷头出料中断，喷嘴只有小股水流出，喷射机压力表指针急剧上升，但喷嘴处有小股压缩空气喷出	大块石子或杂物卡在下料口	停止电机，关闭停气阀，排出机内压风拆开出料弯管，取出堵物

(2) 当用压缩空气疏通管路时，压力不得超过 0.4MPa，喷射手应将喷头握牢或放在地上用力按紧，以防堵物突然冲出喷嘴时，引起喷头甩动伤人。

(五) 质量检查

1. 外观检查

在喷射施工过程中，要及时检查喷射混凝土表面，检查是否有松动、开裂、下坠滑移等现象，如有发生应及时消除重喷。

2. 密实程度检查

当喷射混凝土达到一定强度后，可用锤击听声法进行检查，对空鼓、脱壳处应及时进行处理。

3. 配合比检查

在喷射过程中，要及时测回弹率和混凝土实际配合比，以指导施工。

4. 强度检查

应及时制作喷射混凝土试件，以便进行力学性能的试验来检查质量，其中多数是进行抗压和粘结力试验。

第六节　锚杆喷射混凝土

喷射混凝土衬砌，是由石料、砂、水泥和速凝剂在强制式搅拌机中干拌均匀后，通过喷射机在喷头与高压水混合，并以较高的速度（约 100m/s）直接喷射在围岩表面上凝结硬化形成衬砌层。而锚杆喷射混凝土衬砌，则是先安设锚杆或同时挂钢筋网、后喷射混凝土而形成的一种衬砌层。

一、衬砌的结构作用

锚杆喷射混凝土衬砌的结构作用，主要可归纳为三个方面。

（一）封闭作用

由于喷射混凝土或锚杆喷射混凝土能以最短的时间紧跟掘进工作面施工，且有相当高的早期强度和与围岩有高度的密贴性，因而可在掘进后迅速把围岩封闭起来，完全隔绝水、空气同围岩的接触，这对于松软的和易风化的岩层可以阻止或缓和由于风化或潮湿而引起的松动、离层和坠落。裂隙中的充填物也不致因软化、解体使裂隙张开，而导致围岩失去稳定。

（二）粘结作用

在喷射过程中，由于混凝土在很高压力的重复冲击下充填了围岩的节理（裂隙）和凹凸面，把裂隙分离的岩体粘结起来，有效地阻止了岩块的相对运动，并使顶板中的法向应力可能转化为切向应力，而岩层表面凹穴的填补，也避免了危险的应力集中现象。

基于上述两点，喷射混凝土衬砌对于遏止岩层压力的显现和发展，提高围岩的自身稳定和自支撑能力有很大作用。锚杆的设置，更进一步地加强了这些综合作用。

（三）支承作用

锚杆喷射混凝土衬砌同捣制混凝土衬砌的工作原理是有本质区别的。后者是与被支撑的岩层分离的，只以自身的强度被动地支撑岩石。而前者却与岩层紧密地粘结和咬合在一起，衬砌层与岩层间有较高的粘结力，能在结合面上传递拉应力、剪应力和压应力，使围岩与衬砌层形成不可分割的共同受力体系。这样，使一向被看作荷载的岩层变为承重结构的一部分，有效地利用了围岩本身的强度。

二、锚杆衬砌工程

（一）锚杆喷射工程的特点

与喷射混凝土不同，锚杆喷射混凝土衬砌，是先安设锚杆或同时挂钢筋网、后喷射混凝土而形成的一种衬砌。锚杆衬砌具有如下特点：

（1）喷射混凝土具有较高的密实度，较小的水灰比，因而衬砌的强度高，并有一定的抗渗性能。

（2）衬砌与岩石表面粘结紧密，并嵌楔于岩石裂缝之中，使衬砌与岩石层形成一个整体，不但有效地防止岩石的风化，还可以提高围岩自身的稳定性和承载能力，减薄衬砌厚度，减少掘进作业量。

（3）简化混凝土作业程序，不用模板，无需回填，可以大量节约材料，降低工程造价，节省人力，加快施工速度。

（4）最好同光面爆破结合使用，既美观，又可节省混凝土用量。

（5）不便于设置排水系统，且衬砌厚度较薄，不能阻止地下水的渗漏。渗漏水较多而防水要求又较高的地段，可与防潮衬套结合使用，成为离壁式衬砌或双层衬砌。

（二）锚杆衬砌作业方法

锚杆喷射混凝土衬砌按设置锚杆、钢筋网和喷射混凝土的顺序施工。锚杆和钢筋网可以结合使用，也可只单独使用锚杆。

1. 设置锚杆

锚杆通常有钢筋楔缝式和钢筋砂浆式两种，以钢筋砂浆锚杆为最好。锚杆的构造、作用和安设方法可参考有关资料。常用的锚杆直径为 16 ~ 25mm，长 1.5 ~ 2.0m，锚杆间距一般为 1.0 ~ 1.5m。

2. 设置钢筋网

钢筋通常用于岩层节理发达或有特殊要求的部位。一般为细钢筋，直径 6 ~ 12mm，网眼不大于 15cm × 15cm，钢筋网与岩层间隙应不小于 3cm，保护层应在 2.5cm 以上。施工时，先将岩石深凹处用喷射混凝土找平，然后将钢筋网绑在锚杆端部，再喷射混凝土。

3. 喷射混凝土施工

锚杆喷射混凝土的施工方法与喷射混凝土衬砌相同。一般先喷两侧墙底脚至 1.0m 高处，以固定钢筋网，然后再按一般顺序向拱顶喷射。喷头要略微向下倾斜，喷钢筋网后面时，水灰比可稍大一些。喷头与岩面距离可适当缩短，一般可控制在 0.7 ~ 1.0cm。若发现有脱落的混凝土被钢筋网架住，要及时清除，尔后补喷。若钢筋网不止一层时，应逐层安设和喷射。

三、锚杆支撑工程

锚杆支撑是一种新型支撑，它不像其他类型的支撑架设在地下工程空间内，而是锚固于围岩之中，将地下工程周围个别地层联成一整体，或将地下工程周围的岩层固定于扰动区域范围以外的坚固地层上，以达到防止地下工程坍塌变形的目的。

（一）锚杆支撑的种类

锚杆支撑按其锚头的构造不同，分为楔式和涨圈式两种。

1. 楔式锚杆

楔式锚杆是由楔子、杆体、垫板和螺母四部分组成的。它是依靠打击锚杆下部使楔缝头部涨开，与孔壁产生摩擦力而固定于孔内。它具有构造简单、制作方便，工作可靠等优点。一般情况下中等硬度岩层锚固力可达 100kN 左右；坚硬岩层次之，锚固力一般均在 50kN 以上；松软岩层中锚固力较差，一般在 50kN 以下。但与支撑架设工程相比，锚固支撑工程也存在着对钻孔深度、直径要求较高、锚固直径较大（一般为 25mm）、不易回收利用等缺点。

为了便于回收，可将楔缝式锚杆的锚头部分和杆体分开，用螺栓联结。这样不但可以回收锚杆，还可减少锚杆的直径，降低工程成本。

2. 涨圈式锚杆

涨圈式锚杆是利用一些附加零件将锚杆固定在岩层中，按涨圈的构造不同，有四瓣涨圈式，两瓣涨圈式和双楔式三种。

（1）四瓣涨圈式锚杆：它是由锥形螺母、涨圈、螺杆、垫板和螺母五部分组成。安装时转动螺杆，锥形螺母向下移动，使涨圈张开紧压在孔壁上。为了防止锥形螺母随着螺杆同时旋转，在锥形螺母的最宽处焊有尖角。此锚杆的主要优点是全部材料可以回收重新使用。

（2）两瓣涨圈式锚杆：这种锚杆的构造和作用原理基本与四瓣涨圈式相同，只是涨圈瓣数减少一半，同时用楔形螺母代替了锥形螺母，使涨圈能全面张开，提高了锚固力。缺点是只能回收螺杆，不如四瓣涨圈式能全部回收。

(3) 双楔式锚杆：它是由两个带斜切面的半圆形楔子及螺杆、垫板、螺母五部分组成。上楔的内表面刻有螺纹，用以保证锚头和螺杆的联结，而下楔则空套在螺杆上，外表面刻有倒刺，用以增大与孔壁的摩擦力而提高锚固力。

综述螺杆式涨圈的共同优点是：锚杆可以回收重复使用；与楔缝式相比，能在钻孔的任何深度锚固，而锚固力较大，特别是在较松软的岩层中，仍能有较大的锚固力（$f=3$的整体性较好的岩层中，锚固力可达100kN左右）；所需锚杆直径一般为19mm。

缺点是：构造复杂，加工费用高。

(二) 锚杆支撑设计

当确定选用锚杆支撑后，锚杆的长度、间距、安装方向及试验，是锚杆支撑设计所需要解决的主要问题。

1. 设计依据

锚杆支撑的作用原理主要是挤压加固作用和悬吊作用。目前按挤压加固作用原理设计锚杆参数的理论公式尚不够成熟。为了偏于安全，多数地区采用悬吊作用原理设计，同时结合现场试验，最终确定锚杆支撑的参数和布置形式。

2. 锚固长度

锚固长度必须满足锚杆锚固在自然平衡拱以外的较坚硬的岩层中。其长度可按下式计算：

$$L = c_1 + h + c_2$$

式中 L——锚杆长度（m）；

c_1——锚杆外露长度（取0.1m）；

h——自然平衡拱高度(m)：当$f \geqslant 4$时，$h=\dfrac{a}{f}$；$f \leqslant 3$时；$h=\dfrac{a+h_0\text{tg}\left(45-\dfrac{\varphi}{2}\right)}{f}$；

a——毛洞半跨（m）；

f——岩石坚固系数；

h_0——毛洞高度（m）；

φ——围岩内摩擦角；

c_2——锚固长度（m）：楔缝式$c_2=0.3$m；涨圈式由锚头决定；锚杆长度通常为1～3m，见表62-31。

锚固长度参考表 **表62-31**

L (m) \ f	有效跨度 (m)								
	2	3	4	5	6	7	8	9	10
1.5	1.3	2.0	2.3						
2.0	1.0	1.5	2.0	2.5	3.0				
3.0	0.7	1.0	1.3	1.7	2.0	2.3	2.3	2.7	
>4.0	0.5	0.75	1.0	1.2	1.5	1.7	1.7	2.0	2.5

3. 锚杆间距

锚杆间距根据锚杆本身的抗拉能力及锚杆在岩层中的锚固力两个条件来确定。

(1) 按锚杆本身的抗拉能力：

$$a=\sqrt{\frac{F[\sigma_{拉}]}{\rho_6\cdot h}}$$

式中　a——锚杆间距（cm）；

F——锚杆最小截面积（cm^2）；

$[\sigma_{拉}]$——锚杆允许拉应力（MPa）；

ρ_6——岩石堆密度（kg/m^3）；

h——自然平衡拱高（cm）。

(2) 按锚杆在岩层中的锚固力：

$$a=\sqrt{\frac{p}{K\cdot\rho_6\cdot h}}$$

式中　p——使锚杆在岩层中开始滑动的力（kN）；

K——抵抗滑动的安全系数（$\geqslant 2$）；

ρ_6——岩石堆密度（kg/m^3）；

h——自然平衡拱高（cm）。

按上述两种方法计算后，选择较小的 a 值作为锚杆间距。目前，锚杆间距一般为 0.8～2.0m，常用锚杆间距为 1.0～1.5m。

4. 锚杆安装方向

锚杆在岩层中的安装方向，通常沿拱形径向布置。而在层状的岩层中，锚杆安设方向，根据岩层的层理方向确定。

5. 锚杆支撑试验

锚杆支撑试验一般均采用拉拔试验的方法。通常，试验主要解决两个问题：

(1) 确定锚杆的安全锚固力：将锚杆安装好，不断增加拉力，直到锚杆开始滑动时的拉力，即为锚固力。测得几次锚固力后，取平均值，再考虑一定的安全系数，便可选取锚杆的安全锚固力。

(2) 锚杆的工作性能：锚杆在不变荷载（或拉力）长期作用下，观察锚固力的变化与锚杆变形情况。通过多组试验后，了解设计锚杆工作的稳定性和可靠程度。

在做上述试验时，为使试验结果尽可能符合实际情况，试验处的岩石坚硬系数 f 值应尽量测准确；用以试验的锚杆参数均应符合设计要求；同时根据试验内容和目的编组编号；每项内容的试验不得少于三次。

第七节　钢纤维喷射混凝土

钢纤维喷射混凝土是一种采用喷射法施工的典型的复合材料。它同时含有抗拉强度不高的混凝土基体材料和抗裂性大以及弹性模量高的钢纤维材料，目的是为了改善喷射混凝土的性能，如抗拉强度、抗弯强度、抗冲击强度以及抗裂性和韧性。

一、原材料及其组成

（一）钢纤维

1. 纤维规格

喷射混凝土常用的钢纤维直径为0.25～0.4mm，长度为20～30mm。长径比一般为60～100。

2. 纤维的功能

不同品种的钢纤维具有不同的功能，碳素钢纤维用于常温下的喷射混凝土，不锈钢钢纤维则用于高温下的喷射混凝土。端头带弯钩的钢纤维具有较高的抗拔强度，当比平直的纤维掺量少时，也能获得相同性能的喷射混凝土。

（二）胶凝材料——水泥

1. 品种和强度等级

一般采用42.5级普通硅酸盐水泥。

2. 水泥用量

每1m^{3}喷射混凝土水泥用量为400kg左右。

（三）骨料

钢纤维喷射混凝土的骨料分为粗骨料和细骨料。其中，粗骨料最大粒径为10mm，这是由于粗骨料应完全被长为20～30mm的纤维所包裹，以保证其良好的力学性能。

（四）配合比

1. 配合比

常用的钢纤维混凝土的配合比为1∶2∶2（水泥∶砂∶石子）。

2. 钢纤维掺量

每1m^{3}钢纤维混凝土的钢纤维掺量以80～100kg为宜。

二、主要力学性能

（一）抗压强度

在一般条件下，钢纤维喷射混凝土的抗压强度要比素喷射混凝土高50%左右。表62-32为国内、外钢纤维喷射混凝土的抗压强度实测资料。当钢纤维的尺寸相同时，混凝土强度随纤维含量增加而提高。混凝土中加入适宜的钢纤维后，特别明显的是可以改善48h内的强度，这是其非常重要的一个特点。

钢纤维喷射混凝土的抗压强度 表62-32

实测单位		中国冶金部建筑研究总院		美国混凝土学会		美国陆军工程兵总部	
水泥∶骨料（质量比）		1∶4		1∶4		1∶4	
钢纤维尺寸（mm）		—	$d=0.3$ $L=25$	—	$d=0.3$ $L=30$	—	$d=0.25$ $L=25$
钢纤维掺量（按体积%计）		0	1.20	0	1.0～1.5	0	1.3～1.5
抗压强度	实测值（MPa）	28.0	36.0～46.0	36.0	48.5～58.8	25.4	41.2
	相对值（%）	100	135～150	100	134～163	100	162

（二）抗拉强度

钢纤维喷射混凝土的抗拉强度比素喷射混凝土约提高 50%～80%。抗拉强度随纤维掺量的增加而提高（图 62-13）。当钢纤维的长度和掺量不变时，细纤维的增强效果优于粗纤维，这是因为细纤维的单位体积的比表面积大，与混凝土的黏结力高的缘故。

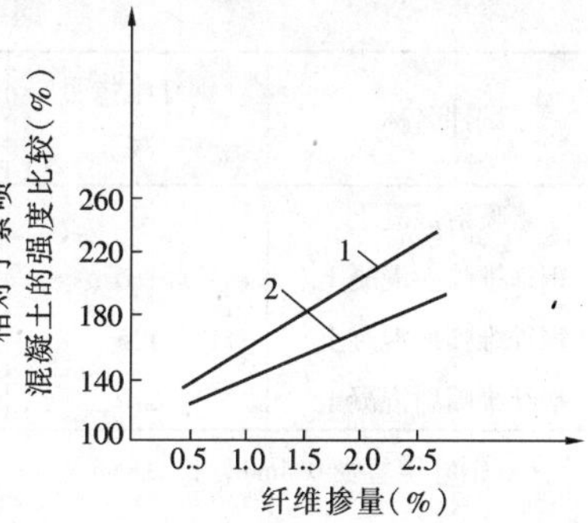

图 62-13　抗拉强度与钢纤维掺量的关系
1—抗弯强度；2—抗拉强度

（三）抗弯强度

钢纤维混凝土的抗弯强度要比素喷射混凝土提高 0.4～1 倍。国内、外的实测资料见表 62-33。与抗拉强度的规律相同。增加钢纤维掺量和减小钢纤维直径，均有利于提高钢纤维喷射混凝土的抗弯强度（图 62-12）。

（四）韧性

良好的韧性是钢纤维混凝土的重要特性。所谓的韧性，是指从加荷开始直至试件完全破坏所做的总功。韧性的大小，常以荷载-挠度曲线与横坐标轴所包络的面积表示之。国外采用 10cm×10cm×35cm 的小梁试验表明，钢纤维喷射混凝土的韧性可比素喷射混凝土提高 10～50 倍。冶金部建筑研究总院采用 70mm×70mm×700mm 的试件试验表明，钢纤维混凝土的韧性约为素喷射混凝土的 20～50 倍。

钢纤维喷射混凝土的抗弯强度　　表 62-33

实测单位		中国冶金部建筑研究总院		美国混凝土学会		美国矿山局	
水泥:骨料（质量比）		1:4		1:4		1:4	
钢纤维尺寸（mm）		—	$d=0.3$ $L=25$	—	$d=0.3$ $L=30$	—	$d=0.4$ $L=25$
钢纤维掺量（按体积%计）		0	1.0～2.0	0	2.0	0	
抗弯强度	实测值（MPa）	6.3	8.6～10.8	5.6	7.5	—	—
	相对值（%）	100	143～170	100	140	100	200

（五）抗冲击性

在喷射混凝土中掺入钢纤维，可以明显地提高喷射混凝土的抗冲击性能。测定钢纤维喷射混凝土的抗冲击力，常采用落锤法或落球法。美国对准厚 38～63mm、直径为 150mm 的试件进行锤击试验，素喷射混凝土在锤击 10～40 次后即破坏，而钢纤维喷射混凝土试件破坏所需的锤击次数约在 100～500 次以上，即抗冲击力提高 10～13 倍。

我国冶金部建筑研究总院曾用直径 35mm、质量 2.55kg 的钢球，在离试件 1.0m 高的上方对 70mm×250mm×250mm 的试件进行撞击，其试验结果见表 62-34。钢纤维喷射混凝土的抗冲击力约提高 8～30 倍。

钢纤维喷射混凝土的抗冲击性能　　表 62-34

试件名称	钢纤维掺量（%）	初裂		破坏	
		裂纹条数	冲击次数	裂纹条数	冲击次数
素喷射混凝土	0	1	3~6	1	4~7
钢纤维喷射混凝土	1.0	1~3	4~7	3~4	30~46
钢纤维喷射混凝土	1.5	1~3	8~10	3~4	69~95
钢纤维喷射混凝土	2.0	1	15~24	3~4	195~416

注：钢纤维直径 0.4mm，长 20mm。

三、施工工艺

（一）施工机具

现有的喷射混凝土机械，包括双罐式、转子式、转盘式干法喷射混凝土机械或挤压泵送型湿法喷射混凝土机械，不加改进或稍作改进就能用于钢纤维喷射混凝土施工。

在设备改进中，为了减少堵管，应取消 90°弯头，在管路内径突变处，采用长的锥形变径器。输料管直径应为钢纤维长度的 2 倍。

目前，瑞典已研制出用于单独喂送钢纤维的专门设备，日本已研制成专门用于钢纤维混凝土的无叶片搅拌机。新的钢纤维喂入器主要是一个能旋转的圆筒，其内壁上装有很多长钉，当钢纤维喂入后，旋转筒可使成团的纤维松散开来。圆筒是向下倾斜的，圆筒前端有一可调的开口，纤维经过开口，落入喂料漏斗，再由喷吹器吹进软管，并送至喷嘴处，与混凝土混合料均匀混合后再喷出。

（二）工艺要求

在钢纤维混凝土施工中，最重的问题是要能较均匀地掺入混合料并尽可能地减少钢纤维的回弹。

1. 防止纤维结团措施

纤维结团现象既会造成管路堵塞，又会影响钢纤维的增强效果。有利于防止钢纤维结团的措施：

（1）采用新型钢纤维喂入器，使纤维单独喂入喷嘴处与混凝土混合料均匀混合。

（2）通过振动筛或振动装置使纤维分散后加入皮带机或搅拌机内，与该处正在运送或搅拌的混合料混合。

（3）纤维不要加得太快。也就是说，搅拌操作和皮带输送应来得及使纤维分开，以免纤维相互叠合。

（4）钢纤维加入搅拌机内时，要卸入混合料处，不要卸至叶片处，以防止纤维堆叠。

（5）控制钢纤维的掺量，特别对于长径比大于 80cm 的钢纤维，其掺量一般不宜大于 1.5%（占混凝土体积）。

2. 防止钢纤维回弹的措施

至于减少钢纤维回弹，可采取以下三点措施：

（1）采用较低的空气压力或较少的空气。

（2）控制纤维的长径比，采用短而粗的钢纤维以及采用较大的喷射厚度。

（3）采用较小的骨料（粒径≤10mm）或者预湿骨料。

第六十三章　泵送混凝土

(pump concrete)

第一节　概　　述

一、泵送混凝土的定义及特点

1. 定义

将搅拌好的混凝土，采用混凝土输送泵沿管道输送和浇筑，称泵送混凝土。由于施工工艺上的要求，所采用的施工设备和混凝土配合比都与普通施工方法不同。

2. 特点

采用混凝土泵输送混凝土拌合物，可一次连续完成垂直和水平运输，而且可以进行浇筑，因而生产效率高，节约劳动力，特别适用于工地狭窄和有障碍物的施工现场，以及大体积混凝土结构物和高层建筑。

二、泵送混凝土的发展

在国外，泵送混凝土的应用日趋扩大，其中尤以日本应用最为广泛，其预拌（商品）混凝土大部分为泵送混凝土。其他如美国、德国、英国、俄罗斯、意大利等国，都广泛采用泵送混凝土，且随着预拌混凝土的扩大，其应用规模日渐扩大。

我国在目前的高层建筑和大体积基础混凝土工程中，已较广泛地使用泵送混凝土，并取得了较好的效果，如北京西直门的立交桥、南京的金陵饭店、上海的联谊大厦、华亭宾馆、宝山钢铁总厂等工程。特别是随着滑升模板施工工艺的发展，泵送混凝土的应用更趋广泛。

泵送混凝土对材料要求较严，对混凝土配合比要求较高，要求施工组织严密，以保证连续进行输送，避免有较长时间的间歇而造成堵塞。

第二节　泵送混凝土原材料要求

泵送混凝土施工，要求混凝土具有可泵性，这对能否顺利泵送以及混凝土泵的使用寿命有很大影响。所谓混凝土的可泵性，即指混凝土拌合料在泵压作用下，能在输送管道中连续稳定地通过而不产生离析的性能。可泵性良好的混凝土，具有较好的粘塑性，混凝土泌水小，不易分离，否则在泵送过程中易产生堵管。混凝土的可泵性，主要取决于拌合料本身的和易性。在实际应用中，混凝土的和易性往往根据坍落度来判断，坍落度越小，要求的泵压越高。当坍落度小于5cm时，摩擦力很大，虽然可以通过提高泵压（约5.0MPa）来实现泵送，但在此高压下，混凝土极易吸水，最终使管路堵塞。但如坍落度过大（如20cm以上），虽然泵压降低，但拌合料的离析现象很明显，也会造成管道堵塞。因此，许多国家都对泵送混凝土的坍落度作了规定，一般认为在 8 ~ 20cm 范围内较合适，具体的坍落度值则要根据泵送距离、气温对混凝土的要求而定。

一、胶凝材料——水泥

（一）水泥品种

要保证混凝土具有可泵性，很重要的一点是混凝土必须具有一定的保水性，而不同品种的水泥对混凝土保水性的影响，也不尽相同。一般情况下，保水性好、泌水性小的水泥都宜用于泵送混凝土。因此，硅酸盐水泥和普通硅酸盐水泥常常被优先用作配制泵送混凝土，但又往往由于水化热较大，又不宜用于大体积混凝土工程。

矿渣硅酸盐水泥由于保水性差、泌水大，不宜制备泵送混凝土。但是，矿渣硅酸盐水泥水化热低，用于大体积泵送混凝土亦有其有利的一面。但在采取措施后，矿渣硅酸盐水泥拌制的混凝土也是可以泵送的。上海宝钢总厂即大量应用了矿渣硅酸盐水泥配制泵送混凝土，所采取的措施为：适当降低坍落度，以避免拌合物离析；提高砂率和掺加粉煤灰。

这里值得一提的是，掺加粉煤灰，不仅对降低大体积混凝土的水化热有利，而且还能改善混凝土的粘塑性和保水性，对混凝土泵送也是有利的。掺用外加剂，特别是引气型减水剂为最好，如引气型木质素磺酸钙也能取得较好的效果。

（二）最小水泥用量

在泵送混凝土中，水泥砂浆起到润滑输送管道和传递压力的作用，所以水泥用量的多少对泵送混凝土的可泵性是非常重要的。水泥用量过少，混凝土和易性差，泵送阻力大，泵和输送管的磨损亦加剧，容易产生堵塞。水泥用量过多，不但不经济，而且水化热高，对大体积混凝土会引起过大的温度应力而产生温度裂缝。此外，水泥用量过多，混凝土黏性增高，也会增大泵送阻力。为此，与普通混凝土一样，应尽量减少水泥用量，但必须保证混凝土的设计强度和顺利泵送为前提。

为保证混凝土的可泵性，有一最少水泥用量的限制。国外对最少水泥用量的规定一般为 250 ~ 300kg/m^3。我国《混凝土结构工程施工质量验收规范》（GB 50204—2002）规定泵送混凝土的最少水泥用量宜为 300kg/m^3。最佳水泥用量应根据混凝土的设计强度等级、泵压、输送距离等通过试配、试泵确定。日本建筑学会制定的《泵送混凝土施工规程》确定的最少水泥用量见表 63-1。

（日）泵送混凝土最少水泥用量 **表 63-1**

泵 送 条 件	输送管尺寸（mm）			水平管换算长度（m）		
	ϕ100	ϕ125	ϕ150	< 60	60 ~ 150	> 150
最少水泥用量（kg/m^3）	300	290	280	280	290	300

根据国内经验，用 42.5 级水泥配制 C30 混凝土，水泥用量为 380 ~ 420kg/m^3；用 52.5 级水泥配制 C30 混凝土，水泥用量 350 ~ 380kg/m^3 较佳。

二、骨料

泵送混凝土的骨料分为粗骨料和细骨料。

骨料的种类、形状、粒径和级配，对泵送混凝土的性能有很大影响，必需予以严格控制。

（一）粗骨料

1. 最大粒径

骨料的最大粒径要控制，这是管道输送所需要的。碎石的最大粒径与输送管内径之比，宜小于或等于 1:3；卵石则宜小于或等于 1:2.5。这是从三个石子在同一断面处相遇最容易引起阻塞的原理推算出来的。

2. 颗粒级配

对于粗骨料颗粒的级配，国外有一定规定，各国皆有其推荐的曲线。由于我国的骨料级配，不完全符合泵送混凝土所要求的级配曲线，因此有时泵送易产生问题。必须时，可以把不同粒径的骨料加以合理掺合，以改善其级配。

（二）细骨料

实践证明，在骨料级配中，细度模量为 2.3～3.2，粒径在 0.315mm 以下的细骨料所占的比例非常重要，其比例不应小于 15%，最好能达到 20%，这对改善泵送混凝土的泵送性能非常重要。很多情况下就是因为这部分颗粒所占的比例太小，而影响正常的泵送施工。如果这部分颗粒较少时，可掺加粉煤灰加以弥补。

三、掺合材料——粉煤灰

从流变学观点来看，混凝土拌合物的流动性由屈服剪切应力和粘性系数两个参数来决定。而粉煤灰掺入混凝土中，可显著地降低混合物料的屈服剪切应力，从而提高流动性。试验结果也表明，掺入粉煤灰后能使坍落度提高。图 63-1 为普通水泥配制的 C30 混凝土坍落度与时间的关系。由图中可以看出，掺粉煤灰后，坍落度可提高约 2cm，而坍落度损失值则基本一样。

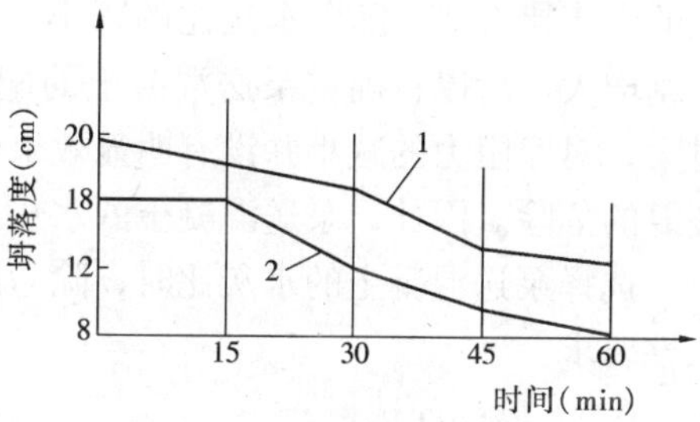

图 63-1　坍落度与时间的关系
1—掺 20%磨细粉煤灰；2—未掺粉煤灰

粉煤灰越细，球状颗粒越多，则活性越大，润滑作用也更好。所以，一般以磨细粉煤灰掺入。

上海联谊大厦在施工时，为了改善混凝土的可泵性，开始时采取增加水泥用量的办法，但由于混凝土拌合物黏度增大，当泵送到第 5 层时，就感到困难；后改为掺入磨细粉煤灰，既改善了可泵性，加快了施工速度，也节约了水泥。此外，掺入粉煤灰还有一定的缓凝作用，有利于混凝土的泵送；由于降低了水泥的水化热，也改善了混凝土的抗裂性能，有利于大体积混凝土的施工。

四、拌合水

一般洁净的自来水均能满足要求。

第三节　泵送混凝土配合比设计

与普通混凝土一样，泵送混凝土的配合比除要满足设计强度和经济性之外，要具有良好的流动性和黏聚性，对于大体积混凝土还要考虑设法降低混凝土的水化热。但基于泵送混凝土工艺与常规施工方法不同的是混凝土在压力作用下，通过管道输送，所以泵送混凝土施工所用的混凝土除要具有常规施工方法所要求的质量外，还必须具有良好的可泵性。

在常规的施工方法中，混凝土工作性的好坏用和易性表示。对泵送混凝土，可泵性是表示混凝土可压送性能的好坏。混凝土在泵的压力作用下在输送管内能顺利流动，又没有离析现象，称可泵性良好。目前可泵性尚没有确切的表示方法，在施工中可以根据坍落度、黏滞性及压送混凝土的质量情况来检验混凝土的可泵性。

一、配合比设计基本原则

根据泵送混凝土的工艺特点，确定泵送混凝土配合比设计的基本原则如下：

(1) 要保证压送后的混凝土能满足所规定的和易性、匀质性、强度及耐久性等质量要求；

(2) 根据所用材料的质量、泵的种类、输送管的直径、压送距离、气候条件、浇筑部位及浇筑方法等，经过试验确定配合比。试验包括混凝土的试配和试送；

(3) 在混凝土配合成分中，应尽量采用减水型塑化剂等化学附加剂，以降低水灰比，改善混凝土的可泵性。

二、配合比主要参数选择

(一) 水灰比的选择

未凝固的混凝土在输送管中流动时，必须克服管壁的摩阻力，而摩阻力的大小与混凝土的水灰比有关。随着水灰比的减小，摩阻力逐渐增大。当水灰比小于0.40后，摩阻力急剧增大。所以，确定泵送混凝土的配合比时，其水灰比应不低于0.40。但是，水灰比过大，对摩阻力的减小并没有明显效果，反而会引起硬化后的混凝土收缩量增加，有发生裂缝的危险。因此，泵送混凝土的水灰比一般也不宜超过0.60。

选择泵送混凝土的水灰比时，除考虑可泵性要求外，还必须考虑结构物对混凝土的耐久性要求。

(二) 砂率的选择

泵送混凝土的砂率应比一般施工方法所用混凝土的砂率约高2%～5%。这主要是因为输送泵送混凝土的输送管，除直管外，尚有锥形管、弯管、软管等。当混凝土拌合物经过上述锥形管和弯管时，混凝土颗粒间的相对位置会发生变化，此时如砂浆量不足，便产生堵塞。而适宜地提高混凝土的砂率，对改善混凝土的可泵性是必要的，但过高的砂率不仅会引起水泥用量和用水量的增加，而且会引起硬化后混凝土质量的变坏。因此，确定泵送混凝土配合比时，在能满足可泵性要求的前提下，应以尽量减少单位用水量为原则来选择砂率，不能随意增加砂率。

确定泵送混凝土的砂率时，还要考虑粗骨料的粒状和级配，对以碎石为骨料的普通混凝土，建议按表63-2的范围选取。我国规定的泵送混凝土的砂率宜控制在38%～45%，也要视具体条件而定，不得过大，否则会增加水泥用量，同时降低混凝土强度，故应在保证可泵性的情况下，可尽量降低砂率。

泵送混凝土适宜砂率范围　　表63-2

粗骨料最大粒径（mm）	适宜砂率范围（%）
25	41～45
40	39～43

(三) 坍落度的选择

这里所说的泵送混凝土坍落度，系指运至施工现场压送前混凝土的坍落度，确定泵送混凝土配合比时，轻混凝土的坍落度宜不少于18cm，普通混凝土的坍落度可参照表63-3选取。

普通泵送混凝土的适宜坍落度　　表 63-3

捣固方式	压　送　前　(cm)		压　送　后 (cm)	压送前后坍落度允许变化范围 (cm)
	适宜坍落度	坍落度波动范围（%）		
机械振捣	8 ~ 18	15（并 < 2.5cm）	> 5	± 1.5
不振捣时	> 18	15	> 15	± 1.0

泵送混凝土的坍落度视具体情况而定。如水泥用量较少，坍落度应相应减小。用布料杆进行浇筑，或管路转弯较多时，由于弯管接头多，压力损失大，宜适当加大坍落度。向下泵送时，为防止混凝土因自身荷载下滑而引起堵管，坍落度宜适当减小。向上泵送时，为避免过大的倒流压力，坍落度也不宜过大。

我国规定泵送混凝土的坍落度，宜为 8 ~ 18cm。如上海一些高层建筑施工时，泵送高度在 30m 以下时，坍落度值规定为（12 ± 1）cm；30m 以上时，则在 15 ~ 18cm 范围内。

日本规定，普通混凝土泵送后、浇筑前的坍落度，进行振捣时为 5 ~ 15cm，不进行振捣时为 5 ~ 21cm。

对于轻骨料混凝土，泵送时要注意其吸水特性。当其在输送管内进行压力输送时，它会急剧的吸水，使原来的坍落度降低很多，容易引起堵塞；而当卸载后，它又会大量放水，使混凝土的坍落度增大很多，影响混凝土的强度和耐久性等。为此，在进行轻骨料混凝土泵送时，骨料宜预先充分吸水，以避免产生上述现象。日本规定轻骨料混凝土泵送后的坍落度见表 63-4。

（日）轻骨料混凝土泵送后要求坍落度　　表 63-4

浇　筑　方　法	泵送水平换算距离（m）		
	< 60	60 ~ 150	> 150
不进行振捣	15 ~ 21	18 ~ 21	19 ~ 21
进行振捣	—	10 ~ 15	—

至于泵送过程的坍落度损失，普通混凝土约为 1.0 ~ 1.5cm；轻骨料混凝土约为 2.0 ~ 2.5cm。

（四）混凝土的黏聚性要求

按确定的配合比所拌制的混凝土应具有良好的黏聚性。如果黏聚性不良，易产生离析现象，压送过程中易发生输送管的堵塞。在施工过程中，有离析现象的混凝土不能进入混凝土输送泵受料斗，应调整其配合比，改善其黏聚性。

三、常用参考配合比

我国上海宝钢总厂、联谊大厦、南京金陵饭店等工程所采用的泵送混凝土分为掺粉煤灰和未掺粉煤灰的两种，其配合比也随之不同。

（一）未掺粉煤灰泵送混凝土的配合比

未掺粉煤灰泵送混凝土的配合比见表 63-5。

未掺粉煤灰泵送混凝土配合比表 **表 63-5**

序号	强度换算（MPa）		碎石粒径（mm）	配合比			每 1m³ 混凝土材料用量（kg）					坍落度（cm）
	日本 f_{c28}	中国 f_{c28}		$\frac{W}{C}$（%）	$\frac{S}{a}$（%）	$\frac{M\text{-}Ca}{C}$（%）	水泥（C）	砂（S）	石子（G）	木钙（M-Ca）	水（W）	
1	15.0	18.8	5～40	71.5	44	0.25	268	854	1036	0.670	192	11～13
2	18.0	22.5	5～40	62.0	43	0.25	310	816	1082	0.775	192	11～13
3	21.0	26.3	5～40	54.8	42	0.25	350	780	1078	0.875	192	11～13
4	15.0	18.8	5～25	71.5	45	0.25	282	861	1055	0.705	202	11～13
5	18.0	22.5	5～25	62.0	44	0.25	326	825	1047	0.815	202	11～13
6	21.0	26.3	5～25	54.8	43	0.25	369	786	1043	0.922	202	11～13

（二）掺原状粉煤灰泵送混凝土的配合比

掺原状粉煤灰泵送混凝土的配合比见表 63-6。

掺粉煤灰泵送混凝土配合比 **表 63-6**

序号	强度换算		碎石粒径（mm）	配合比				每 1m³ 混凝土材料用量（kg）						坍落度（cm）
	日本 f_{c28}	中国 f_{c28}		$\frac{W}{C+F}$（%）	$\frac{S}{a}$（%）	$\frac{F}{C+F}$（%）	$\frac{M\text{-}Ca}{C+F}$（%）	水泥（C）	砂（S）	石子（G）	木钙（M-Ca）	粉煤灰（F）	水（W）	
1	15.0	18.8	5～40	58.5	42	15	0.25	291	780	1078	0.855	51	200	11～13
2	18.0	22.5	5～40	52.1	41	15	0.25	326	745	1071	0.960	58	200	11～13
3	21.0	26.3	5～40	47.0	40	15	0.25	361	710	1065	1.062	64	200	11～13
4	15.0	18.8	5～25	58.5	42	15	0.25	305	770	1061	0.898	54	210	11～13
5	18.0	22.5	5～25	52.1	42	15	0.25	342	750	1037	1.007	61	210	11～13
6	21.0	26.3	5～25	47.0	41	15	0.25	379	715	1029	1.118	67	210	11～13

泵送混凝土的配合比实例 **表 63-7**

工程名称	混凝土强度等级	混凝土原材料用量(kg/m³)							水灰比 $\left(\frac{W}{C+F}\right)$	砂率（%）	坍落度（cm）
		水泥(C) 品种	水泥(C) 用量	粉煤灰(F)	砂(S)	石子(G)	水(W)	木钙(M-Ca)			
金陵饭店(30层)	C30	52.5级(普)	390	—	732	1100	215	1.15	0.55	40	18
联谊大厦(1—7层)	C30	42.5级(矿)	424	—	700	998	208	0.824	0.49	41	16～18
联谊大厦(1—7层)	C30	42.5级(矿)	395	50	663	998	206	0.98	0.46	40	16～18
联谊大厦(8—12层)	C30	42.5级(矿)	440	—	664	1020	215	0.88	0.49	40	16～18
联谊大厦(8—12层)	C30	42.5级(矿)	420	40	632	1020	215	0.88	0.47	38	16～18
煤气厂煤仓基础	C25	42.5级(矿)	278	50	753	1048	194	0.82	0.59	42	14
煤气厂筒仓基础	C30	42.5级(矿)	408	—	663	1064	198	1.02	0.49	38	9
煤气厂贮焦仓基础	C20	32.5级(矿)	309	50	746	1038	190	0.85	0.53	42	10
上港八区引水工程	C20	42.5级(矿)	364	46	762	1061	192	0.78	0.62	42	12～14

（三）典型工程泵送混凝土的配合比

典型工程泵送混凝土的配合比见表 63-7。

第四节　混　凝　土　泵

混凝土泵是一种用于输送和浇筑混凝土的施工设备，已有70多年历史。20世纪50年代开始生产液压式混凝土泵。60年代初出现了挤压式混凝土泵。70年代中期又出现了汽车式混凝土泵，更加灵活机动。根据驱动方式，混凝土泵分为挤压式和活塞式两类。

一、挤压式混凝土泵

挤压式混凝土泵有多种构造方式，我国多采用转子式双滚轮型，它主要由料斗、泵体、挤压胶管、驱动装置和真空系统等组成。泵体为一密封壳体，其内的转子架上装有两个行星滚轮，壳体内壁衬有橡胶垫板，垫板内周装有挤压胶管，驱动装置带动两个行星滚轮回转，滚轮在挤压胶管上碾过时，将管中的混凝土挤入输送管内。

挤压式混凝土泵构造简单，使用寿命长，能逆运转，便于排除堵管的故障。但输送管内混凝土的压力较小，输送距离较短，排量少。目前虽然世界各国都有应用，但不是主要发展方向。

挤压式混凝土泵的排量按下式计算：

$$Q' = 2\pi^2 R_a a^2 \overline{n}$$

式中　Q'——挤压式混凝土泵的理论排量（m^3/h）；

R_a——转子的有效回转半径（m）；

a——挤压管的半径（m）；

$\overline{n}$——转子的平均回转速度（r/h）。

挤压式混凝土泵的最大排量 Q，等于理论排量 Q'乘以容积效率系数 η'：

$$Q = Q' \cdot \eta'$$

容积效率系数 η'取决于吸入效率，而吸入效率又与混凝土坍落度、泵体内真空度、挤压胶管的性能和垂直配管的反压力等因素有关，一般情况下容积效率系数 η'可取0.85。

二、活塞式混凝土泵

活塞式混凝土泵又分为机械式和液压式两种。由于液压式混凝土泵结构紧凑，传动平稳，又易于安装在汽车的底盘上，因此目前机械式已皆为液压式所代替。

活塞式混凝土泵多用液压驱动，它主要由料斗、液压缸、混凝土缸、活塞、板阀、Y形输送管、冲洗设备、液压系统和动力系统等组成。将液压式混凝土泵装在汽车上便成为混凝土泵车，车上装有可伸缩式曲折的布料杆，布料杆的末端是软管，可将混凝土拌合物直接送至浇筑地点，工作十分方便。

活塞式混凝土泵的关键部件是分配阀，许多形式的混凝土泵，其工作原理都是相似的，不同之处就是分配阀。

不同型号的活塞式混凝土泵，其排量不同，水平运距和垂直运距也不相同。常用者，混凝土排量为30~60m^3/h，水平运距200~500m，垂直运距50~100m。

第五节 混凝土泵送施工

一、混凝土泵送计算

在施工之前，首先要进行混凝土泵送计算。混凝土泵送计算的目的是求出在一定输送量情况下混凝土工作缸中活塞上的总压力 P，由此即可求出油泵的油压 P_0 和功率 N。由混凝土泵送理论可以推导出：

（一）油泵中的油压 P_0

$$P_0 = \frac{4P}{\pi D_0^2 \eta}\left(P = \frac{\pi}{4}D^2 P'\right)$$

式中 P——混凝土缸中活塞上的总压力（MPa）；

D——混凝土缸的直径（cm）；

D_0——液压缸的直径（cm）；

P'——混凝土的压力（MPa）；

η——传动效率，约为 0.70～0.80。

（二）油压功率 N

$$N = \frac{P_0 \cdot Q_0}{612\eta}$$

式中 Q_0——油泵的排量（L/min），$Q_0 = \frac{\pi}{4}D_0^2 Sn$；

S——液压缸内活塞的冲程（cm）；

n——活塞每 1min 冲程次数。

混凝土在输送管中的流速愈大，摩擦阻力也愈大，压力损失也就愈大，故应将流动速度限制在一定范围之内，通常以不大于 1m/s 为佳，这样就需要选用直径较大的管子，只要不造成搬运上的困难，采用较大直径的输送管，对于减少压力损失和避免堵塞都是有利的。

二、混凝土泵送施工

（一）混凝土的拌制和运输

1. 混凝土的拌制

泵送混凝土的拌制，在各种材料的计量精度、搅拌延续时间等方面与普通混凝土同。但对泵送混凝土所用的骨料粒径和级配应严格控制，防止骨料中混入粒径过大的颗粒和异物。当使用具有吸水性的骨料时，应事先进行充分吸水，预吸水量由试验确定。

2. 泵送混凝土的运输

运输是本工艺的关键，因此必须严格按照规范规定进行。

(1) 泵送混凝土的运输设备：泵送混凝土的供应在国外一般采用商品化的预拌混凝土。预拌混凝土的运输应用混凝土搅拌运输车，否则在现场须设置二次搅拌装置。常用混凝土搅拌运输车的斗容量有 $3m^3$ 和 $6m^3$ 两种。有关搅拌运输车的技术性能见表 63-8 和表 63-9。

MR-4470 型搅拌运输车主要技术性能　　表 63-8

技术性能	指标	技术性能	指标
发动机功率（kW）	255	额定载质量（kg）	14600
最大车速（km/h）	91	适用混凝土坍落度（cm）	3～21
爬坡能力	26%	搅拌筒转速（r/min）	
搅拌筒受料漏斗离地高度（mm）	3470	装料	1～10
搅拌筒容积（m^3）	8.9	运输	1～4
运输作业时装载量（m^3）	6	卸料	1～10
搅拌作业时装载量（m^3）	4.5	洗筒	1～2
空车质量（kg）	9825		

注：本车为从日本引进的萱场 MR-4470 型搅拌运输车。

JY-3000 型混凝土搅拌运输车主要技术性能　　表 63-9

技术性能	指标	技术性能	指标
搅拌筒几何容积（L）	5700	进料口尺寸（长×宽，mm）	1000×1000
额定装干料容量（L）	3000	水箱容量（L）	250
混凝土成品最大载量（kg）	4500	搅拌筒转速（r/min）	
搅拌筒尺寸（直径×长，mm）	ϕ2020×2813	进料和混合	8～12
外形尺寸（mm）		搅拌	2～4
长	7440	卸料	6～8
宽	2400	卸料时间（min）	2～4
高	3400	全机质量（空车，kg）	9500

（2）搅拌运输车需用数量的确定：混凝土输送泵连续压送时，所需配备混凝土搅拌运输车的数量可按下式确定：

$$N=\frac{Q_{m}}{60Y}\left(\frac{60L}{S}+T\right)+C\quad（台）$$

式中　N——每台混凝土输送泵配备混凝土搅拌运输车台数；

Q_{m}——计划每台混凝土输送泵的平均压送量（m^3/h）；

Y——搅拌运输车的斗容量（m^3）；

L——运输距离（km）；

S——平均行车速度，一般取 30km/h；

T——一个运输周期内总的停歇时间（包括出发、停车、装卸料、冲洗等，min）；

C——考虑其他原因的停歇（如加油等）所需增加的台数，一般为 1～2 台。

（3）泵送混凝土的运输延续时间：混凝土的和易性随运输时间的延长而降低，所以应尽量缩短运输延续时间。一般情况下泵送混凝土的运输延续时间，不宜超过表 63-10 所列数值。

（4）注意事项：泵送混凝土运输车辆的调配，应保证混凝土输送泵压送时混凝土供应不中断，并且应使混凝土运输车辆的停歇时间最短。运输车装料前，要排净滚筒中多余洗润水，并且运输过程不得随意增加水。为保证混凝土的匀质性，搅拌运输车在卸料前应先高速运转20~30s，然后反转卸料。连续压送时，先后两台混凝土搅拌运输车的卸料，应有5min的搭接卸料时间。

允许运输延续时间　表63-10

混凝土的出机温度（℃）	运输延续时间（min）
25~35	50~60
10~25	60~90
5~10	≤90

注：对掺有外加剂的混凝土，其运输延续时间应通过试验确定。

（二）混凝土压送

1. 压送前的准备工作

压送混凝土前须做好以下准备工作：

(1) 输送泵在压送混凝土时有脉冲式振动。为防止泵体因振动引起滑移，施工中无论采用什么形式的混凝土输送泵，都应设置在坚实的平地上，并进行适当的固定。

(2) 操作人员除要做好与机械有关的准备工作外，还应做好直接与混凝土压送有关的准备工作，如检查受料斗与输送管，清除堵塞物；对泵体与混凝土直接接触的部位、泵室、受料斗、管路等用水洗净或湿润。

(3) 为防止初压送时混凝土配合比的改变，在正式压送前应用砂浆或水泥浆进行预压送，以润滑泵和输送管内壁。润滑用的砂浆和水泥浆的配合比按表63-11选用，也可根据输送管的管径，按表63-12配制水泥浆。

润滑用水泥浆和砂浆配合比　表63-11

输送管长度（m）	水（L）	水泥浆		水泥砂浆	
		水泥用量（kg）	稠度	水泥用量（kg）	配合比（水泥:砂）
<100	30			0.5	1:2
100~200	30			1.0	1:1
>200	30	100	粥状	1.0	1:1

输送管内壁水泥浆附着量　表63-12

输送管管径（mm）	每1m管壁附着水泥浆量（g）	每10m管所需水泥浆量（kg）
100	400	4
125	500	5
150	600	6
175	700	7

2. 混凝土的压送

混凝土输送泵的操作方法是否正确，不仅直接影响混凝土的压送，而且也影响混凝土输送泵的使用寿命。所以压送混凝土时，混凝土输送泵的操作应注意以下几点：

(1) 开始压送混凝土时，应使混凝土输送泵处于低速运转，并注意观察泵的输送压力（工作压力），当确认可以顺利运转后，才能提高到正常运转速度。

(2) 混凝土的压送要连续进行，尽量避免压送中断。混凝土在输送管连续压送时处于运动状态，匀质性好；压送中断时输送管内混凝土处于静止状态，混凝土就会泌水，混凝土中的骨料也会按比密度不同而下沉分层，停歇时间愈长愈容易使混凝土离析，还可能引起输送管路的堵塞。所以压送混凝土时，宁可降低压送速度，也要保证压送连续进行。但慢速压送时，应保证混凝土从搅拌出机至浇筑的时间不超过1.5h。

如果由于某种技术或组织上的原因迫使混凝土泵停车时，则应每隔数分钟开泵1次；如果预计泵送时间超过45min，或混凝土出现离析现象时，应立即用压力水或其他方法冲洗输送管内残留的混凝土。

(3) 混凝土压送过程中，有计划的停歇应事先确定中断浇筑的位置。中断浇筑的位置必须是允许留置施工缝的位置。一般情况下停歇的时间不宜超过1h。并且，在停歇时间内，为防止混凝土在输送管内离析，应作间歇推动，尤其在夏季高温季节浇筑，冬季低温季节浇筑，或混凝土的析水量较多以及压送困难时，更要特别注意进行间歇推动，每4~5min应进行不少于4次正反转推动。

(4) 混凝土压送过程中，输送管道的堵塞不一定是突然发生的，一般会出现压送困难、泵的工作压力异常、输送管路振动增大等情况。在这种情况下不可勉强高速压送，操作人员应及时转为慢速压送或作正反转往复推动，并在管路上易堵塞的部位，如弯管、锥形管、Y形管等，用木锤敲击，以防管路堵塞。

当输送管路发生堵塞时，可用木锤敲击管路，找出堵塞管段。在混凝土输送泵卸压后，拆卸堵塞管段，取出管内堵塞的混凝土，再检查其余管路，确认无堵塞后才可接管。重新压送时，应待管路内空气排尽后，才可把拆卸过管段的接头上紧。

(5) 在混凝土压送过程中，如需要接长输送管，应预先用水泥浆或水对接长管段进行润滑，当接长管段的长度小于或等于3m时，可不进行润滑。

(6) 在混凝土压送过程中，如经常发生压送困难或输送管路堵塞时，施工管理人员应检查混凝土的配合比、和易性和匀质性以及配管方法、压送操作方法是否妥当，如有问题应及时解决，当然这也不能排除其他原因引起的堵塞。

(7) 混凝土压送接近结束时，应计算还需多少立方米混凝土，协调供需关系，避免停工待料或多余混凝土的浪费。

(三) 混凝土浇筑及泵管清洗

1. 混凝土的浇筑

混凝土泵送到施工面后，浇筑时要充分考虑到泵送混凝土输送速度快、投料集中、出管口时混凝土尚有一定冲力的特点。因此，应注意以下几点：

(1) 当混凝土入模时，输送管或布料杆的软管出口应向下，并尽量接近浇筑表面，必要时可以借用溜槽、串筒或挡板，以避免混凝土直接冲击模板和钢筋。

(2) 为便于集中浇筑，保证混凝土的捣固质量，要配备足够的振捣机具和操作人员。

2. 混凝土输送泵及管道的清洗

混凝土压送完毕后，输送管道应及时用水清洗。对带有布料杆的混凝土输送泵可采用压力水或压缩空气清洗。一般用压力水清洗较为方便。清洗时应注意下列事项：

(1) 首先装入水洗辅助物（海绵球等），水洗辅助物与混凝土之间不得留有空隙。

(2) 清洗水不得掺入混凝土里，否则未经适当处理前不得使用。

(3) 应采取排水措施，防止清水流入混凝土或模板里。

(4) 清洗时操作人员必须离开出料口，安全距离半径为5m。

(四) 施工的现场试验

加强质量管理对保证泵送混凝土的质量十分重要。除在施工准备阶段应对泵送混凝土所使用的材料进行必要的物化检验，对混凝土配合比进行可泵送性试验外，施工过程中尚需进行下述几项现场试验。

(1) 对混凝土骨料的粒度、级配、含泥量、含水量等，每一工作班内进行1~2次试验。

(2) 对混凝土坍落度，每一工作班内进行1~2次试验，如发现混凝土质量有变化或配合比改变时，应及时抽样试验。压送前后泵送混凝土坍落度的变化应不大于表63-13所列数值，并无离析现象。

压送前后坍落度变化允许值　　表 63-13

原配合比要求的坍落度（cm）	坍落度变化允许值（cm）	原配合比要求的坍落度（cm）	坍落度变化允许值（cm）
< 8 8 ~ 12	± 1.5 ± 2.5	> 18	± 1.5

第六节　泵送混凝土工程实例

随着预拌混凝土的普及扩大，泵送混凝土的应用规模日渐扩大。特别是滑模施工工艺的发展，泵送混凝土的应用更趋广泛。在目前的高层建筑、超高层建筑及大体积基础混凝土工程中，都已较广泛采用了泵送混凝土，并取得较好的经济效果和社会效益。

表 63-14 列出泵送混凝土工程实例，施工时可供参考选用。

泵送混凝土工程实例　　表 63-14

编号	工程部位	工程概况	原材料	施工情况
1	东莞市智光公司三个地下油库	混凝土用量 3900m^3，井壁为 C40 泵送混凝土，封底为 C25 泵送混凝土	“南山”52.5 级普硅水泥；东莞中砂；东莞 10 ~ 30mm 碎石；UEA 膨胀剂；HB 混凝土泵送剂；配合比：水泥:UEA:砂:石:水:HB = 370:50:582:1181:185:2.8（kg/m^3）	经 0.5h 运输后，无泌水，坍损 2 ~ 3cm；井壁强度（平均）46.6MPa，封底防渗等级超过 P10
2	江阴长江公路大桥	承台混凝土 6000m^3，C40；塔柱混凝土 16000m^3 和横梁混凝土 3500m^3，均为 C50 高强预应力混凝土	苏州产普硅 52.5 级水泥；夏港Ⅱ级粉煤灰；碎石二级配（0.5 ~ 3cm）；中粗砂，Mx = 2.7；NA-F2（B）高效泵送剂	坍落度 17 ~ 23cm，坍损 2cm，压力泌水率 33% 左右，最大泵送高度 185cm
3	青岛中银大厦	青岛最高建筑，244.7m，地下柱、墙，地上 1 ~ 10 层的柱墙及内外筒均为 C60 泵送混凝土	52.5 级普硅水泥，540kg/m^3；中砂、石子粒径 5 ~ 31.5mm；沸石粉，掺量 9%；NOF-B2 外加剂	坍落度 17cm 以下，$f_{cc,28d}$ = 61.6 ~ 69.1MPa
4	深圳津房广场	1 号、2 号公寓楼为框支剪力墙，于 5 层楼面设梁式框支层，该层以下柱及该层梁板混凝土 C60	52.5 级普硅水泥，535kg/m^3；河砂，Mx 为 2.61；5 ~ 25mm 石灰岩碎石；SF 高效泵送剂，掺量 6.38kg/m^3；Ⅰ级粉煤灰，110kg/m^3	坍落度 12 ~ 15cm，初凝 7 ~ 8h
5	上海浦东金茂大厦	主楼 88 层，强度等级随高度上升由 C60 过渡到 C50，直至 C40，最高泵程 382.5m	52.5 级普硅水泥，人工砂，5 ~ 16mm 及 5 ~ 25mm 两种级配的碎石，Ⅱ级粉煤灰，FTH 系列泵送剂	坍落度 23 ~ 25cm，坍损 2h 约为 2cm，各项强度达标，抗渗指标 P > 23

续表

编号	工程部位	工程概况	原材料	施工情况
6	江苏常州国贸大厦	地下室墙板，用量 925m³，C60泵送混凝土	52.5级普硅水泥，石英石碎石，最大粒径30mm；粗砂，Mx为3.3；上海Ⅱ级粉煤灰；山西万荣BC-1高效减水剂，掺量3（C×%）	坍落度 18.5～20cm，90min后损失仅 7.5cm，$f_{cc,28d}$ ≥ 60.3MPa，$f_{cc,28d}$ ≥ 70MPa
7	北京航华科贸中心	地下两层和地面以上6层钢筋混凝土框架柱直径1.6m，C60泵送混凝土，并处于冬期施工		初始坍落度19.5cm，90min后损失9.1%。7d、14d、28d强度分别为62.7、72.7、80.1MPa
8	哈尔滨森融大厦	框架结构，现浇柱为C40，梁为C30、C35，板为C25，均为负温泵送混凝土，1993年10月初～11月15日施工	LNC-53负温泵送剂，随气温降低按3%、4%、5%递增	强度均满足设计要求
9	哈尔滨花圃大厦	施工部位：1～23层；强度等级：C30；泵送高度：87m；运距：3km	HSM-Ⅲ高效泵剂，掺量1.5（C×%）	28d强度为35.5MPa

第七节　预拌泵送混凝土施工防裂

一、概述

近年来预拌泵送混凝土在建设工程中使用量急剧增加，泵送工艺极大地方便了施工，提高了生产效率，缩短了工期。但同时也带来了一个不容忽视的问题，对泵送混凝土开裂现象作深入的调查，研究其开裂成因，提出防治措施，有着重要的技术经济意义。

造成混凝土构件开裂的原因是多方面的，主要有设计原因、施工原因、混凝土材性等因素。例如，设计方面，构件尺寸大小、配筋率或构造等不合理会造成开裂；施工方面，模板安装不牢固，变形大，混凝土浇筑成型差，养护不好，过早拆模受荷等；混凝土材性方面，原材料质量波动大、配合比不当、拌合物匀质性差、硬化变后形性能差及抗环境侵蚀能力弱等等。

本节主要从混凝土材性方面与施工方面进行探讨。

二、普通混凝土材性

材料的宏观行为取决于材料的组成与内部结构。对混凝土内部结构的研究常在粗观、细观和微观三个尺度上进行。硬化混凝土由水泥浆体、界面过渡层、骨料三个环节组成。混凝土的性质取决于这三个环节各自的性质及其相互关系和整体的均匀性。三个环节都很重要，但界面过渡层是将性质完全不同的水泥浆体和骨料联成一个整体的重要环节。可以说界面过渡层的性质对混凝土的性质起着决定性的作用，但是界面达渡层的性质又受水泥浆体和骨料性质支配，而其中水泥浆体又起着主导作用。

混凝土裂缝是指混凝土构件实体体积不连续的空间。按"断裂力学"的观点，固体都是有缺陷的。混凝土有裂缝是绝对的，无裂缝是相对的。

从粗观尺度上看，混凝土是由水泥石和骨料两相组成的复合材料；从细观尺度上看，水泥石又是各种水化物和未水化颗粒、水、气等多相复合体，各相之间的界面是混凝土内部结构重要的组成部分。

在宏观现象上普通混凝土的开裂、劣化或破坏往往出现在界面处。这是因为水泥石和骨料的弹性模量不同，当受荷载或温湿度发生变化时，水泥石和骨料变形不一致，致使在界面处形成细微的裂缝；还因为，在混凝土硬化前水泥浆体中的水分向亲水的骨料表面迁移，在骨料表面形成一层水膜，从而在硬化的混凝土中留下细小的缝隙；此外，浆体泌水也会在骨料下表面形成水囊。这样，混凝土承受应力以前界面就充满微裂缝；受应力作用以后，随着应力的增长，这些微裂缝不断扩展并伸向水泥石：水泥石中微裂缝的开展最终导致水泥石断裂形成混凝土的裂缝。

三、预拌泵送混凝土的特点

预拌混凝土的定义按《预拌混凝土》（GB/T 14902—2003），预拌混凝土是指由水泥、骨料、水以及根据需要掺入的外加剂和掺合料等组分按一定的比例，在集中搅拌站经计量、拌制后出售的，并采用运输车，在规定时间内运至使用地点的混凝土拌合物。有交货检验要求，像其他商品入库时需验收合格才能入库一样。

泵送混凝土就是用泵机输送入模的混凝土。《混凝土泵送施工技术规程》（JGJ/T 10—95）要求：混凝土泵送施工应有严密的施工组织设计，且应在前项工序验收合格后，方可进行泵送。前项工序的验收应包括取得混凝土浇灌许可证和完成预拌混凝土交货检验如坍落度检验合格等事项。

预拌泵送混凝土就是用泵机输送入模的预拌混凝土。

预拌泵送混凝土与现场拌制且用塔机吊送入模的混凝土比较，一般有如下特点：

1. 坍落度大

现场拌制的混凝土用塔吊送入模时，坍落度一般为 3~5cm 或 5~7cm，而泵送混凝土的坍落度通常达 18~22cm。

2. 砂率大

泵送混凝土比现场拌制的塔机吊送的混凝土的砂率平均高 10%左右。

如《混凝土泵送施工技术规程》（JGJ/T 10—95）推荐的中砂泵送砂率宜为 38%~45%；《普通混凝土配合比设计规程》（JGJ 55—2000）用中砂现场拌制砂率应为 29%~34%（W/C=0.4，D_x=20mm）；《混凝土结构工程施工质量验收规范》（GB 50204—2002）用中砂泵送时宜为 40%~50%；《高强混凝土结构技术规程》（CECS 99）用中砂现场拌制宜为 16%~22%（W/C=0.4，D_x=20，坍落度=3~5cm）。

3. 水泥用量大，用水量大

相同强度的混凝土，由于泵送工艺需要，水泥平均多用 30kg/m^3 左右，用水量多用 25kg/m^3 左右。

4. 外加剂与矿物细掺料同时使用

预拌泵送混凝土几乎都同时用外加剂与矿物细掺料。现场拌制混凝土时，人们往往因认识不足或不想增加操作上的麻烦，未能掺用，或未同时掺用。

5. 缓凝时间长

预拌泵送混凝土由于运输和泵送的需要，其凝结时间比现场拌制的要长许多。

6. 模板侧压力大

混凝土一次性泵送浇筑量大，因而泵送混凝土比之现场拌制塔吊入模的混凝土更趋于容易开裂。

四、施工防裂措施

（一）采用搅拌站混凝土的防裂措施

（1）混凝土搅拌站与项目部应严格执行《预拌混凝土》（GB/T 14902—2003）；

（2）混凝土搅拌站与项目站共同精心选择由所需混凝土性能决定的制造混凝土的原材料；

（3）混凝土搅拌站应严格按《普通混凝土配合比设计规程》（JGJ 55—2000）设计混凝土的配合比，对坍落度的确定应考虑运输过程中的损失值；

（4）项目部必须严格控制收货时的坍落度不大于200mm（特殊要求按双方约定）逐车检查，对不符合者拒收；

（5）搅拌站与项目部应规定交货时混凝土的温度范围；

（6）搅拌站在交货处的调度人员与站内调度人员应加强通讯联系，使混凝土装车、运输、卸料的总时间控制在1.5h内（当最高气温低于25℃时，可控制在2.0h内）；

（7）搅拌站运送混凝土的频率，必须保证项目部施工的连续性要求。

（二）塑性收缩裂缝的防治措施

防治混凝土出现塑性收缩裂缝的主要措施：

（1）严格控制混凝土单位用水量，在满足泵送和浇筑要求时，尽可能降低坍落度和选用性能良好的泵机；

（2）掺加适量的质量良好的泵送剂和掺合料，以改善混凝土工作性；

（3）浇筑混凝土时，下料不宜过快，防止堆积过快过大、振捣不充分和漏振；

（4）振捣时，以表面出现浮浆为度，避免过振或欠振，在梁板柱墙交接的变截面处，应特别注意分层浇筑，分层振捣；

（5）对于预拌泵送混凝土，必须进行二次振捣。二次振捣的时间在头次振捣后0.5h左右，混凝土尚处于塑性状态时，环境条件不同时应及时把握二次振捣时机；

（6）水平结构的混凝土表面，应用铁滚筒碾压或尺枋振压两遍，再适时用手铁板抹压二至三遍；

（7）在大风天气或炎热夏季，应及时用塑料膜或湿草袋、湿麻袋覆盖混凝土暴露的表面，使混凝土构件保持适当温度、湿度且超过14d。

（三）干燥收缩裂缝的防治措施

防治混凝土的干燥收缩，可采取以下措施：

（1）选用性能稳定的大厂水泥，性能良好的粗细骨料，Ⅰ级粉煤灰和高效减水剂；

（2）降低混凝土水灰比，降低水泥用量和用水量，相对增大粗骨料用量；

（3）在满足泵送和浇筑要求下，尽量降低混凝土坍落度；

（4）浇筑混凝土时，进行二次振捣；

（5）保湿养护14d；

(6) 项目部在审图或在设计交底时，应提醒设计人员考虑设置超长结构的伸缩缝，考虑在配筋率一定时，将钢筋适当细化分散。

(四) 温度裂缝的防治措施

防治温度裂缝的措施有：

(1) 选择水化热低的水泥，如矿渣水泥、大坝水泥；

(2) 掺用优质粉煤灰取代部分水泥；

(3) 掺用缓凝高效减水剂，推迟热峰出现时间；

(4) 选择级配合理，洁净的粗细骨料，可降低水泥用量；

(5) 在满足泵送与浇筑要求下，尽量降低混凝土的坍落度，选择性能优良的泵机；

(6) 包裹覆盖混凝土结构，保温保湿养护 14d 以上，降低混凝土内外温差和水分散失；

(7) 把握超长结构后浇带浇筑时间，并注意后浇带混凝土性能选择和养护。

(五) 组合因素导致裂缝的防治措施

模内混凝土凝结硬化过程所表现的开裂类型，有时不是孤立的，而是塑性收缩裂缝、干燥收缩裂缝、温度裂缝等类型的组合开裂形式。防止组合因素导致裂缝的措施，就是控制好混凝土工程的每一个过程，包括控制好混凝土的原材料选择、配合比设计、混凝土拌制、运送、浇筑、振捣与养护的全过程。

五、工程实施举例

这些措施的单项或其组合，在一些工程中应用实施，效果良好。暂举两例以说明之。

【例一】 重庆渝中区嘉滨路某工程，1999 年初夏时泵送浇筑楼板混凝土，现场反映浇筑完毕后第二天上去放线，发现楼面有许多裂纹。有关各方遂注意观察后一层楼板的浇筑，从晚上 10 点多钟开始，浇筑至第二天早晨 6 点多钟结束，上午 9 点去观察，楼面出现许多细小的无规则裂纹。而此时混凝土还处于完全塑性状态，用于铁板拍打 3~5 下就可提起浆子，抹压几下裂纹随即闭合。

这种裂纹就是因风吹日晒，新拌混凝土表面失水过快而形成的塑性收缩裂纹。由于适时采取了铁滚筒碾压、人工抹压、覆盖彩条膜养护等塑性防裂措施，该层楼板及以后楼层的楼板均未发生大面积开裂。如不采取这些措施，细小裂纹会随混凝土的硬化而向长大宽深发展。

【例二】 江北建新北路某工程，其中两层楼混凝土泵送浇筑于 2001 年 3 月，至 5 月便发现梁板有裂缝。经检测，梁裂缝有多条，形态为竖向呈梭形，中间宽，向上及下变窄，最大裂宽 0.23mm，裂缝深不大于 20mm，而保护层厚约 40mm；楼板裂缝长短不一，方向不一，无规律，许多是贯穿性的。在楼面有积水处，板底可见沿裂缝的水迹，严重者还在滴水。经有关各方参加的现场联席会议分析，梁产生裂缝的原因主要是干燥收缩的组合。

经过实施前述塑性收缩防裂措施和干燥收缩防裂措施，后续施工的梁板基本上未出现这类裂缝。因此，根据混凝土结构构件可能出现的裂缝的性质和所处的环境条件，进行综合分析，采取多种措施联合防裂可取得较好的技术效果，这些防裂措施具有推广价值。

第六十四章　水下不分散混凝土

（subaqueous-unsegregated concrete）

第一节　概　　述

一般的普通混凝土在水下直接浇灌时，由于水的影响，产生分离，水泥流失，强度下降，污染环境。因此，在水下进行混凝土施工时，通常采用隔水法，即从施工机具上进行改进，使混凝土拌合物减少或杜绝与水的接触，从而避免水的影响，解决水中混凝土的浇筑和质量问题，由此使施工工艺变得复杂化，工程成本大大增加，并且难于保证水中混凝土的质量。从20世纪70年代开始，原西德、日本先后研制开发了配制水中混凝土的专用外加剂，从而制备出一种全新的混凝土——水下不分散混凝土（亦称水中不离析混凝土、水中抗分散混凝土），从而大大简化了水中混凝土的施工工艺，促进了水中混凝土施工技术的发展，具有划时代的意义。

配制水中不分散混凝土的关键技术是在混凝土拌合物中添加一种特殊的外加剂，该外加剂由原西德于1974年首先研制，1977年投入使用，外加剂取名为UWB（Under Water Beton）；日本于1979年从原西德引进技术，根据本国国情进行了改进，1981年投入使用，到1992年其工程用量达70万m^3，2000年达150万m^3，日本称该混凝土为“特殊水中混凝土”。其外加剂被称为“特殊外加剂”。在日本，特殊外加剂有两大类，一类为丙烯系，一类为纤维素系。目前使用较多的主要是纤维素系，其使用量约占95%。

我国在水下混凝土施工研究方面，特别是在特殊外加剂方面，一直是空白。1984年由中国石油天然气总公司工程技术研究所开始进行研究和开发，研制出具有先进水平的水中混凝土施工专用外加剂，如UWB型系统絮凝剂，近期又推出最新研制的SCR系列聚合剂，并在各种工程中进行了应用，取得了良好的经济技术效益。交通部第二航务工程局科研设计所于1988年也研究成功PN系列水下不离析混凝土外加剂，并应用于各种工程中。

第二节　抗分散作用机理

新拌制的普通混凝土拌合物是一种粗分散体系，颗粒之间的黏结力很小，各组分的密度、粒径也各不相同。这种粗分散体系在水中直接浇灌时，由于水的影响，拌合物就极易分散，造成水泥流失、砂石离析、分层，从而改变混凝土的级配组成，使混凝土混合物极不均匀，强度下降，同时污染水质。

以添加SCR系列聚合剂为例，当在混凝土中加入SCR聚合剂后，将发生两种作用：

（1）SCR聚合剂组成物中含有长链结构的高分子化合物，它在水泥细颗粒体系中，将水泥细颗粒体吸附到分子链上，通过分子链在水泥细颗粒之间纵横交叉的“桥架作用”，把许多粒粒联结在一起，形成稳定的网状结构。

(2) 由于 SCR 聚合剂是一种表面活性物质，因此改变了拌合物粗组分体系中颗粒表面的电位，降低了粒子间的排斥作用，增大了颗粒间相吸的作用，使多相粗分散体凝聚在一起，达到增稠的作用。图 64-1 为掺与不掺 SCR 聚合剂的水泥浆粒子的相斥能量对比图。从图中看出掺 SCR 聚合剂后的水泥浆粒子的相斥能量 E_{max} 明显变小。

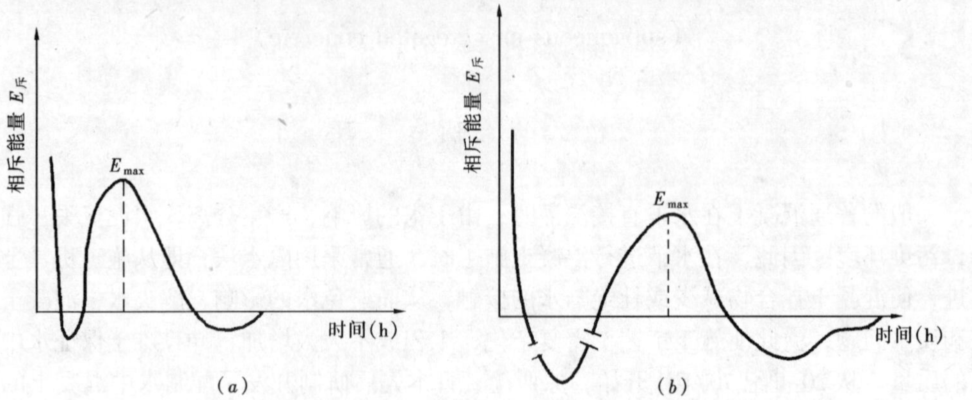

图 64-1　掺与不掺 SCR 聚合剂的水泥浆粒子相斥能量的对比
(a) 不掺 SCR 聚合剂的能量图；(b) 掺 SCR 聚合剂的能量图

由于上述两种作用的结果，在宏观上表观为凝聚作用，使混凝土拌合物的性质产生根本的变化，提高了拌合物的黏性，增强了抗水洗能力和抗分散能力，使水中浇灌的混凝土能够抗分散、抗离析，且又自动流平、自动密实，成为一种特殊的新型混凝土，从根本上简化了水下混凝土的施工工艺，保证了水下混凝土工程的质量。

第三节　掺 UWB 絮凝剂混凝土

一、UWB 絮凝剂

UWB-1 絮凝剂，适于长距离、大体积、连续浇灌及非连续浇灌的无施工缝整体工程；UWB-普通型，适于一般水下工程；UWB-3 早强型，适于对凝结、硬化有特殊要求的止水、锚固等工程；UWB-4 双快型，用于抗洪抢险、快速修补及战场抢修抢建工程；UWB-5 筑浆型，用于配制稳定性水泥浆液，施工水下注浆堵漏、固结等工程。

絮凝剂为粉剂，在拌制混凝土时加入搅拌机，加入量占水泥的 0.5% ~ 3%。

二、掺 UWB 絮凝剂混凝土特点

(1) 混凝土拌合物遇水不离析，水泥不流失，因而可进行水中自落浇灌，进行不排水施工。

(2) 落到水底的混凝土可自流平、自密实、也可进行水下振捣和砌筑。

(3) 已有工程强度可达 15 ~ 40MPa，抗冻 300 次（F300），抗渗 4MPa（P4）。

(4) 经国家海洋局认可此种混凝土对施工水域无污染。

(5) 絮凝剂对人体无害，可用于饮用工程。

三、掺 UWB 絮凝剂混凝土配合比

(一) 流动度

振捣混凝土坍落度 5 ~ 8cm；斜坡混凝土扩展度 35 ~ 40cm；普通混凝土扩展度 40 ~

45cm；充填混凝土扩展度 45 ~ 50cm；止水、堵漏混凝土扩展度 50 ~ 55cm。

（二）水泥用量

根据设计要求、施工工艺、自然条件，选择合适的水泥品种和数量，并通过试验校核。一般条件下振捣混凝土不少于 400kg/m^3，自流平混凝土不少于 430kg/m^3。

（三）技术性能

混凝土性能的设计指标弹性模量降低 5% ~ 20%。抗渗性提高（大于 4MPa）外，均符合普通混凝土的设计规范取值。C18 水下不分散混凝土的技术性能指标见表 64-1。

C18 水下不分散混凝土的技术性能指标　　　　**表 64-1**

技术性能	抗压强度（MPa）	轴心抗压强度（MPa）	抗折强度（MPa）	抗拉强度（MPa）	钢筋粘结力（MPa）	弹性模量（MPa）	抗渗等级
性能指标	23.5	20.8	4.66	9.94	1.93	2.16×10^5	P4

第四节　掺 SCR 聚合剂混凝土

一、抗分散性

抗分散性，就是衡量混凝土在水环境下灌筑时，抵抗分散的性能。普通混凝土在水环境中灌筑时，拌合物中的水泥、砂、石等材料，由于水的作用而产生分离，造成水泥流失，砂、石沉降，影响浇灌混凝土质量，污染环境。加入 SCR 型聚合剂后，混凝土拌合物之间的凝聚性得到增大，提高了混凝土的抗分散性，使水泥很少流失，从而保证了水中混凝土的质量，减少了混凝土对环境水的污染。

图 64-2 为掺入不同掺量的 SCR 聚合剂水泥砂浆通过 40cm 水层后对水的影响结果。从图中可清楚地看出，SCR 聚合剂掺量从 0 增加到 0.8%（水泥质量的百分数），水溶液的 pH 值急剧下降，透光率 T（表示水的透明程度）直线上升，这说明掺入 SCR 聚合剂后，浆体拌合物之间的凝聚力增大，使拌合物保持一体，抵抗水的影响。

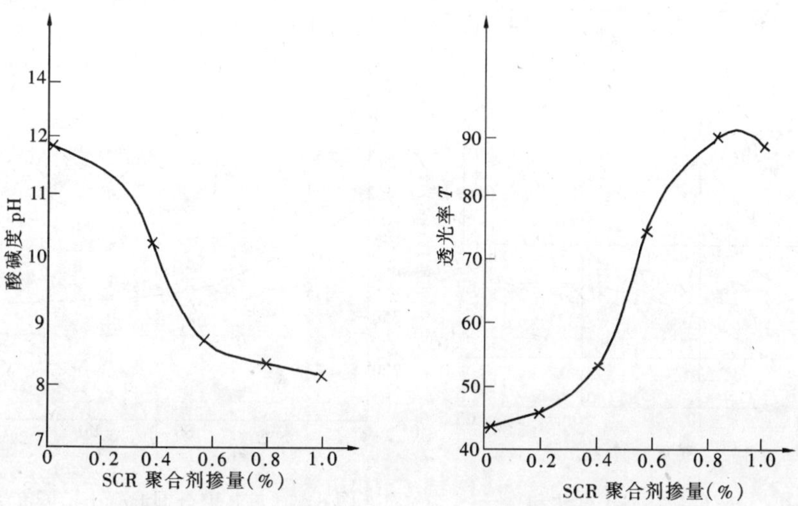

图 64-2　不同 SCR 聚合剂掺量的混凝土在水中落下后对水的 pH 值和透光率 T 的影响

表 64-2 为普通混凝土与 SCR 聚合剂混凝土的配合比；图 64-3 为表 64-2 中配合比的混凝土拌合物在水深 40cm 中自由落下后的组分筛洗分析结果。

从图 64-3 中的数据对比中可明显看出，普通混凝土的水泥流失率很大，而 SCR 混凝土的水泥基本不流失，充分显示了 SCR 聚合剂混凝土在水中浇筑时的抗分散特性。

掺 SCR 聚合剂混凝土的配合比 **表 64-2**

混凝土类别	粗骨料最大粒径（mm）	水灰比（%）	含砂率（%）	湿堆积密度（kg/m³）				
				水	水泥	细骨料	粗骨料	SCR 剂掺量
普通混凝土	20	53	40	228	430	658	985	—
SCR 聚合剂混凝土	20	53	40	228	430	658	985	4.3

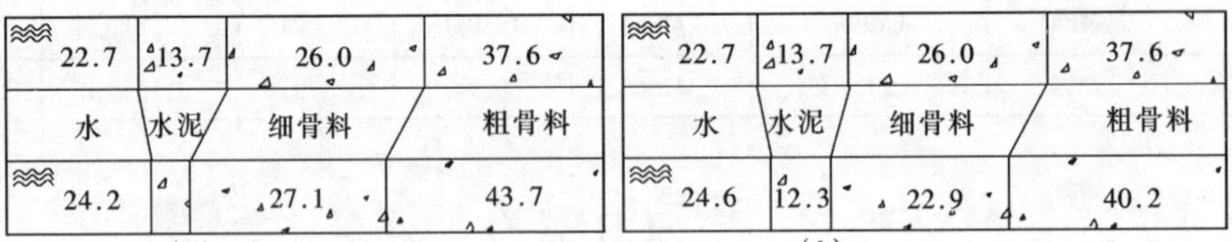

图 64-3　普通混凝土和 SCR 聚合剂混凝土在 40cm 水中自由落下后的筛洗分析结果

（*a*）拌合时配比；（*b*）水中下落后的配比

二、流动性

水下混凝土流动性的测定，一般有三种方法，即坍落度法、坍扩度法和扩展度法。图 61-4 为三种方法测定值的关系。从图中明显看出，坍落度法的灵敏度最差，测定时间最长；坍扩度和扩展度法之间虽然大体呈线性关系，但也存在测定时间较长的问题；而扩展法灵敏度最高，测定时间最短。因此，扩展度法是测定和控制水中混凝土流动性的一种有效方法。

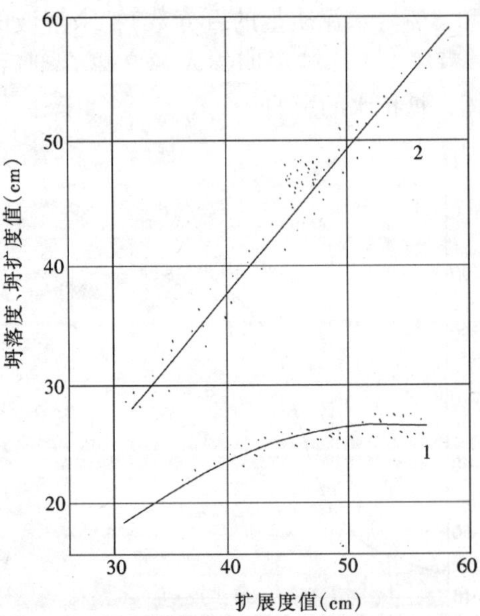

图 64-4　坍落度法、坍扩度法和扩展度法之间的关系

1—坍落度法；2—坍扩度法

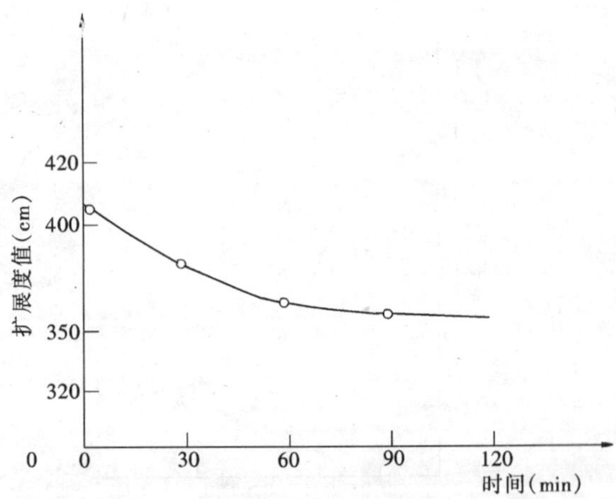

图 64-5　SCR 聚合剂混凝土扩展度法随时间的变化曲线

图 61-5 是用扩展度法测定 SCR 聚合剂混凝土拌合物经一定时间后流动性的变化结果，结果表明 SCR 聚合剂混凝土拌合物在温度 27℃的条件下，其流动性变化比较小，60min 扩展度仅损失为 9.8%，120min 为 13.4%。比通常流态混凝土的流动性损失要小。其原因在于 SCR 聚合剂具有较好的保水性、润滑性和一定的缓凝性，所以，SCR 聚合剂混凝土具有较好的施工性能。

三、凝结性

用 SCR 聚合剂配制的混凝土，其凝结时间的测定结果列于图 61-6。

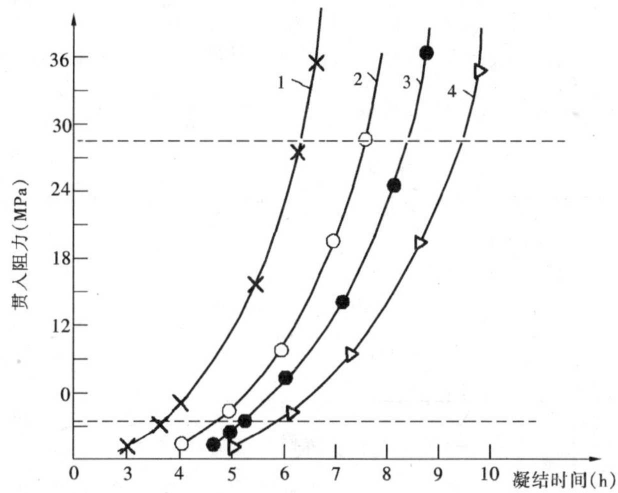

图 64-6　SCR 聚合剂掺量与凝结时间的关系

1—SCR 掺量 0%；2—SCR 掺量 0.6%；

3—SCR 掺量 0.9%；4—SCR 掺量 1.2%

由图 64-6 结果看出，SCR 剂聚合混凝土有一定的缓凝性，且随外加剂掺量的增加，凝结时间延缓得更长，一般 SCR 聚合剂掺量在 0.6%～1.2%范围内，初凝要延迟 1～3h，终凝要延迟 2～4h，图中 2、3、4 曲线之间的初凝延长时间约 1h，这也说明 SCR 聚合剂混凝土的早期强度不会因 SCR 聚合剂的掺入而受到很大影响。

四、泌水性

掺 SCR 聚合剂的混凝土几乎不泌水。在 1:2:5 砂浆中，水灰比为 0.6 时，当 SCR 聚合剂掺量在 0.2%以上时，就不见砂浆有泌水现象，说明 SCR 聚合剂的保水性十分好。图 64-7 为 SCR 聚合剂掺量与泌水率的关系图。

五、水陆强度比

水下成型强度和陆上成型强度（亦称空气成型强度）之比是水下不分散混凝土强度特性的一项重要的技术指标。日本特殊水下混凝土质量管理标准要求，龄期 7d 的水陆强度比为 0.6 以上，28d 的水陆强度比为 0.7 以上。图 64-8 为在水泥砂浆中掺入不同 SCR 聚合剂掺量后的 1:2:5 砂浆水陆强度比。

结果表明，要保证 28d 水下混凝土的水陆强度比为 0.7 以上，必须使 SCR 聚合剂的掺量大于 0.6%。同配合比的混凝土中，进行不同 SCR 聚合剂的掺量的几种强度试验，结果列于表 64-3。

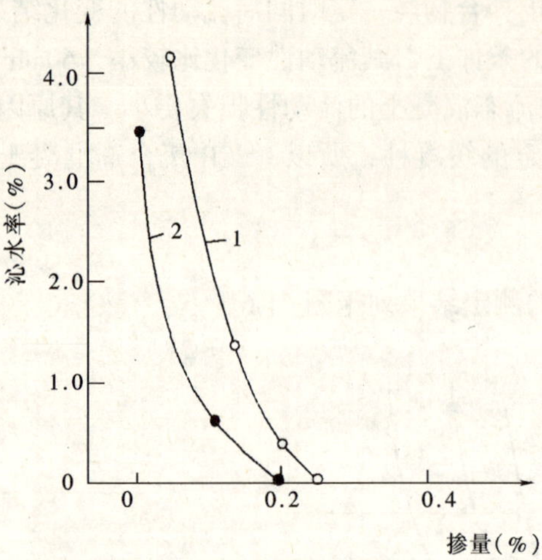

图 64-7 SCR 聚合剂掺量与泌水率的关系

1—W/C = 0.5，S/C = 1；

2—W/C = 0.6，S/C = 2

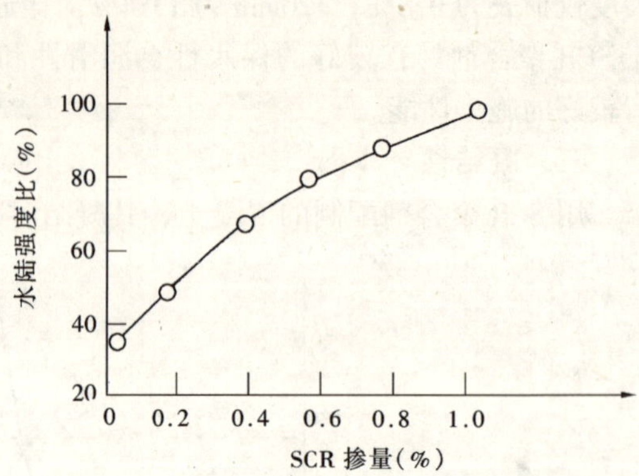

图 64-8 聚合剂掺量与水陆强度比的关系

掺 SCR 聚合剂混凝土的水陆强度化 **表 64-3**

试验组号	7d 抗压强度 (MPa)			28d 抗压强度 (MPa)		
	水下	陆上	水陆比	水下	陆上	水陆比
1	21.8	30.2	0.72	24.2	29.9	0.81
2	22.4	29.5	0.76	29.8	35.5	0.84
3	22.8	32.6	0.70	31.6	36.7	0.86
4	29.3	35.4	0.80	29.6	36.1	0.82
5	28.0	34.1	0.82	31.7	36.4	0.87
6	29.3	34.0	0.86	33.1	36.4	0.91

第五节 掺 PN 剂混凝土

一、拌合物性能

(一) PN 剂掺量与离析关系

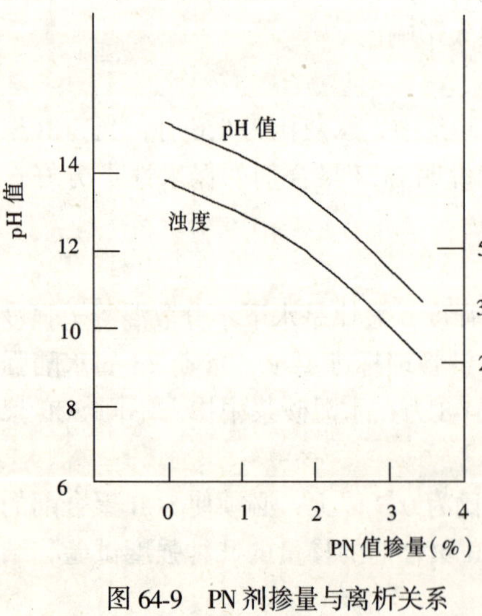

图 64-9 PN 剂掺量与离析关系

由图 64-9 可知，随 PN 剂掺量的增加，水质的 pH 值及浊度逐渐下降，这说明随 PN 剂掺量的增加，PN 剂的吸附、溶胀、絮凝、架桥作用随之增加，从而减少了水泥浆的流失，增强了砂浆在水中的抗离析能力。

(二) 凝结时间

由凝结时间试验结果图 64-10 可知：无论 PN 掺量大小，水中混凝土的初、终凝时间均比同一配合比陆上混凝土的初、终凝时间要延长 4 ~ 6h，随 PN 剂掺量的增加，凝结时间随之延长，这说明 PN 剂早期有延迟水泥水化反应的性质，随着时间的推移，水泥水化反应恢复正常，但反应速度可以通过复合早强剂进行调节。

（三）PN 剂掺量与泌水关系

PN 剂掺量过小，不仅水泥浆离析严重，且出现泌水，随着 PN 剂掺量增加，絮凝剂数量加大，线形大分子物质在溶胀过程中把混凝土中的游离水吸收到自身体积中来，使原呈卷曲状态的线团变成伸展状况，架桥、捕集作用加大，从而改善了混凝土泌水的缺陷。PN 剂掺量与泌水关系如图 64-11 所示。当 PN 剂掺量大于 1.5%（砂浆中）和 2.0%（混凝土中）时，不会发生泌水。

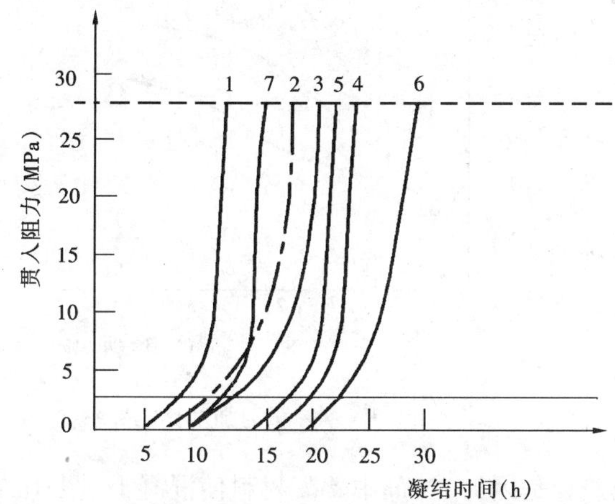

图 64-10 凝结时间与反应速度的关系

1—对比混凝土（陆上）；2—对比混凝土（水中）；3—PN-2 2.2%；4—PN-2 2.6%；5—PN-1 35%（陆上）；6—PN-1 35%（水中）；7—PN 剂与早强剂复合

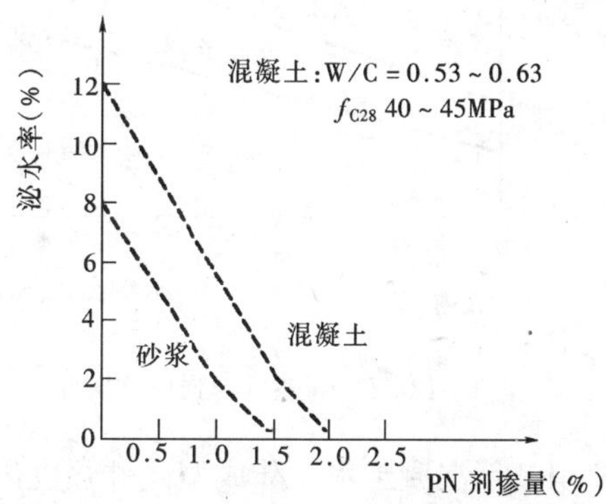

图 64-11 PN 剂掺量与泌水率之关系

（四）坍落度、扩展度与时间关系

水下不分散混凝土具有易流动的特点，在坍落度超过 20cm 后，坍落度每增加 1 ~ 2cm，扩展度可增加 3 ~ 5cm，在评定水下不分散混凝土流动性、和易性时用扩展度（参照 DIN1048 方法）作为考核指标更能直接反映该混凝土的流动性特征，由试验资料（表64-4）可知掺 PN 剂混凝土拌合后 1.0h 仍有 21cm 的坍落度和 43 ~ 45cm 的扩展度，这类混凝土水下浇筑是可行的。

掺 PN 剂混凝土坍落度、扩展度与时间关系 **表 64-4**

经时（min）	0		20		40		60	
PN 系列	PN-1	PN-2	PN-1	PN-2	PN-1	PN-2	PN-1	PN-2
扩展度（cm）	49 × 51	55 × 54	51 × 50	45 × 48	45 × 45	43 × 43	43 × 43	45 × 46
坍落度（cm）	25.0	23.0	25.0	24.0	24.0	22.0	21.0	22.0

二、物理力学性能

（一）PN 剂掺量与混凝土抗压强度关系

图 64-12、图 64-13 表明：①陆上成型时，随 PN 剂掺量的增加，混凝土强度略呈下降

趋势；②水下成型中，随 PN 剂掺量的增加，混凝土强度略呈上升趋势；③当掺量大于 2.8%（占水泥质量）时，$f_{7水}$、$f_{28水}$平均值分别达到 13.0MPa、22.5MPa 以上；④当 PN 剂掺量大于 2.8%时，$f_{7水}/f_{7陆}$、$f_{28水}/f_{28陆}$分别达到 0.6 及 0.7 以上，这些值分别达到了日本现行水下不分散混凝土外加剂质量标准。

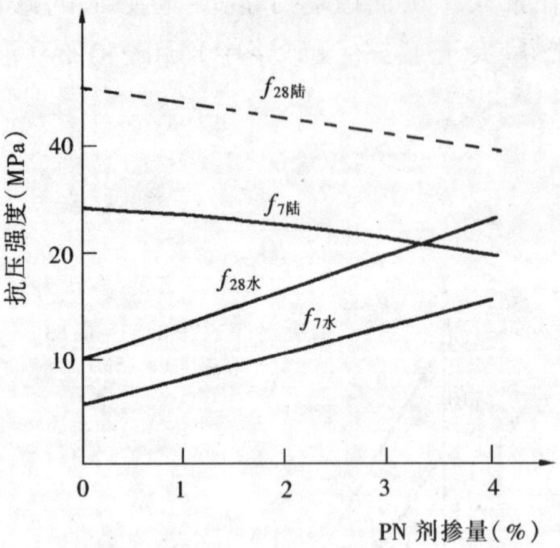

图 64-12　PN 剂掺量与强度之关系

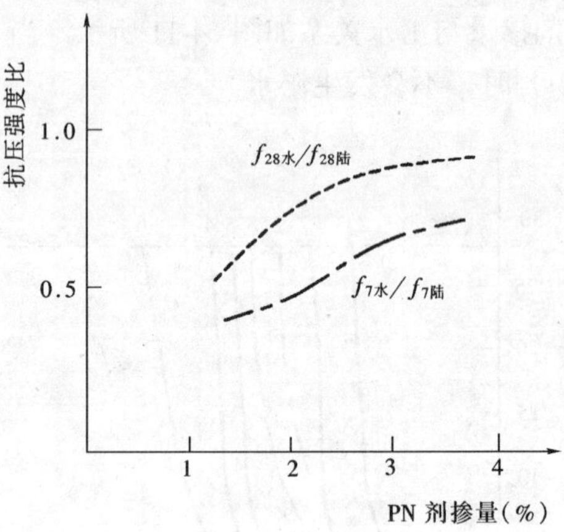

图 64-13　PN 剂掺量与强度比之关系

PN 剂混凝土水、陆成型试件强度出现差异是因为 PN 剂中絮凝材料使混凝土呈多孔结构所致，掺量越大，混凝土越黏稠，流动性反而变差，孔隙越多，陆上混凝土强度呈下降趋势，这种多孔体结构还会影响混凝土的冻融、干缩性能；当水下成型时，PN 剂赋予混凝土既黏稠又易流动，这种特性能使混凝土在水中遇水流冲刷而离析得很少，同时，混凝土自流密实性增加了混凝土的填充作用，增加了混凝土与钢筋、岩面的粘结力，减少了夹层、孔洞及骨料的下沉，不离析性确保了混凝土在水中的浇筑质量，所以水下成型试件强度呈上升趋势。

（二）掺 PN 剂混凝土的力学性能

掺 PN 剂混凝土的抗折强度、与钢筋握裹强度、静力受压弹性模量、新老混凝土粘结强度、抗渗性能见表 64-5。

掺 PN 剂混凝土的力学性能（龄期 28d）　　**表 64-5**

试件编号	抗折强度(MPa)		混凝土与钢筋握裹强度(MPa)		静力弹性模量 $\times 10^4$(MPa)		新老混凝土粘结强度(MPa)		劈裂抗拉强度(MPa)		水中成型抗渗性能	
	$f_{WL水}$	$f_{WL陆}$	$t_{n水}$	$t_{n陆}$	$E_{水}$	$E_{陆}$	$f_{PL水}$	$f_{P陆}$	$f_{PL水}$	$f_{PL陆}$	最大水压(MPa)	渗透高度(cm)
PN-1 混凝土	6.08	7.44	6.0	8.1	2.92	3.23	1.73	2.51	4.35	4.95	2.2	2.9
PN-2 混凝土	5.60	5.96	4.6	7.5	2.53	2.86	1.57	2.48	2.68	3.59	1.9	4.3
对比混凝土	—	8.01	—	6.5	—	2.81	—	2.39	—	4.19	2.2	7.6

可以看出，陆上成型时掺 PN 剂的弹性模量、劈拉强度与钢筋握裹力的平均值都较对比混凝土大，从抗掺后测出的渗透高度值都小于对比混凝土，在相同条件下对比混凝土水

中成型因试件离析严重，尺寸无法保证，有的拆模后完全散开，这充分显示出掺 PN 剂混凝土的优秀品质。

（三）混凝土的变形

1. 徐变

试验研究证明，掺 PN 剂混凝土的徐变度与同强度等级的普通混凝土基本一致，其变化特征符合一般混凝土抗压强度高，弹性模量大、变形小的规律。

2. 干缩

掺 PN 剂混凝土的干缩较大，这是因为：

（1）掺 PN 剂混凝土内部呈多孔体，在干燥环境下混凝土内部多余的水分易沿毛细管蒸发出来；

（2）掺 PN 剂混凝土保水性好，而对比混凝土泌水较大，同样用水量情况下，混凝土硬化后，掺 PN 剂混凝土内部剩余的游离水多于对比混凝土的；

（3）掺 PN 剂絮凝成分的线形大分子的在吸水后溶胀，在干燥条件下又会脱水体积收缩。这些都是导致掺 PN 剂混凝土干缩较大的原因，也可以说干缩大是水下不分散混凝土的特征之一，这也是许多研究人员得出的共同结论，但这一缺点通过复合膨胀剂办法得到满意的改善。

3. 湿胀

长期在水中的混凝土体积和质量都要增加，通过试验研究证明掺 PN 剂的混凝土长期在水中体积也是缓慢增加（湿胀），但这种膨胀量很小且发展很慢，一般情况下膨胀压缩应力对结构无害。

（四）混凝土抗冻融性能

单掺 PN 剂，混凝土抗冻融性能差，与引气剂复合后，混凝土含气量小于 4%情况下，冻融次数只能达到 100～150 次，这是因为混凝土内部没有足够的微小气泡之故。当 PN 剂和与之匹配的引气剂复合后混凝土含气量达到 5%时，能有效地改善混凝土抗冻融性能。

第六节　水下不分散混凝土施工新技术

一、水中自落施工法

这种混凝土遇水不离析、水泥不流失，可在水中直接下落和浇灌，可减少水下工程常用的围堰、筑岛等临建设施，取消地下工程的人工降水等技术措施，简化一般的导管法、泵送法等施工，实现施工工艺陆地化，水下操作水上化，从而大大加快了进度。在已经施工的工程中，除能在数十米深水中用导管法、泵送法浇灌优质水下混凝土外，还在较浅的水域中用开口吊罐法、手推车浇灌法、溜槽浇灌法、自流灌浆法等简易方法快速施工了多项水下优质工程。例如，吉林油田在 50 多口沉井施工中积累了在 8～9m 的落差条件下用含 UWB 的水下不分散混凝土进行沉井封底的经验，总结出水下封底的新工法——开口吊罐法，能自行流平、自密实，不用捣固，与传统的沉井、沉箱施工方法比较，可缩短工期 50%以上，节约投资 50%以上，技术含量很高，具有显著的技术经济效益。

二、水下振捣施工法

现行国内外规范、规程及 ACI 等组织，均禁止扰动已浇筑的水下混凝土，但中国油气总公司研究结果和工程实践却证明在振捣器所及的浅水中采用水下振捣不分散混凝土更好，不仅混凝土不离析，而且可以采用较低的水灰比，混凝土强度也有提高。该技术开发后在海军南海某工程、渤海石油公司码头、辽河油田污水站、华东输油局抗冻抢险、深圳妈湾电厂过渡段码头工程中广泛应用。这些工程证实，由于水下振捣时使用较干硬的混凝土，强度能提高 8MPa 以上，曾配合出 C40 混凝土；在为人工岛进行的研究中，水下振捣混凝土的冻融循环已达 300 次，抗冻性能可满足北方港工程混凝土的最高抗冻要求；水下振捣的混凝土不离析，表面平整，无须用砂浆抹面即可直接投入使用，节约工程造价 20%～30%。

三、水下自流灌浆施工法

水下不分散混凝土，现已能做到用小车或输送泵等工具，将不分散水泥砂浆或混凝土浇到水下狭窄缝隙，直到充填、固结、堵漏、锚固等作用。该技术曾在胜利油田海堤抛石灌浆、新港码头导梁与板桩（间隙 0～200mm）灌浆，钱塘二桥吊箱止水，钱塘江大坝加固，重庆挖孔灌注桩止水，广西漫滩水坝岩溶基础固结灌浆，桂林离江江堤堵漏等工程中广泛应用，效果良好。

四、无污染施工法

在江河湖海进行水下施工时，流失的水泥颗粒能影响鱼虾的繁殖和水生植物的生产，因此必须通过环保部门的审查，以大港油田张巨河人工岛的施工为例，岸上 15km 为当地渔民的养虾池，入海 10km 内是海产捕捞区，该地海洋的海底污染已较严重，在这种环境条件下，经国家海洋局等推荐和当地环保部门的同意，大港油田正式选用 UWB 水下不分散混凝土进行水下现浇施工。此外，还有河北黄壁庄取水工程等四、五项工程都做到水下不分散混凝土无污染施工。

第六十五章　水下灌筑混凝土

(underwater concreting)

水下灌筑混凝土，系直接灌筑于水下结构部位并就地成型硬化的混凝土。常采用垂直导管法灌筑，有时也采用其他方法，如泵送法、开底吊桶法、麻袋装混凝土法等。为便于施工和保证质量，常需要采用富配合比，酌增水泥用量、用砂量或坍落度，掺用减水剂或加气剂等。

第一节　概　　述

在进行基础施工（如大开挖后灌筑混凝土或沉井、钻孔桩的封顶等）时，有时由于水位的原因地下水渗透量大，大量抽水又会影响地基质量，这时可以在水下直接灌筑混凝土。

一、水下灌筑混凝土存在的问题

仅从施工条件来看，水下灌筑混凝土比地上灌筑困难得多。水下灌筑混凝土常存在的问题：

（1）当混凝土穿过水层而在水中移动时，容易产生离析现象，使水泥和骨料分离而形成不匀质的混凝土，并使砂浆沫成层。

（2）施工时及施工后都不能对建筑物的填充程度进行直接观察，在提高和控制混凝土质量方面，常有不稳定因素。

（3）在钢筋混凝土中，钢筋与混凝土的粘结力降低。

因此，水下灌筑混凝土的关键，应解决如何防止未凝结的混凝土中的水泥颗粒被水带走的问题。即应该在与环境水隔离的条件下灌筑，不允许直接向水中倾倒混凝土拌合物。

二、水下灌筑混凝土施工要求

欲正确地灌筑水下混凝土，应注意下述要求：

（1）混凝土拌合物到达灌筑地点以前，避免与环境中水接触；进入浇筑地点以后，也要尽量减少与水接触；尽可能使与水接触的混凝土始终为同一部分。

（2）浇筑过程连续进行，直至一次灌筑所需高度或高出水面为止，以减少环境水的不利影响和凝固后清除强度不符合要求的混凝土数量。

（3）已浇筑的混凝土不宜搅动，使其逐渐凝固和硬化。

三、水下混凝土灌筑方法

为满足上述要求，水下混凝土的灌筑方法分为两大类。

第一类方法：

在水上拌制混凝土拌合物，进行水下浇筑。如导管法、泵压法、柔性管法、倾注法，开底容器法和装袋叠置法。

第二类方法：

在水上拌制胶凝材料，进行水下预填骨料的压力灌浆。包括自流灌筑法和加压灌筑法。

第二节 水下灌筑混凝土原材料选择

除了必须具备地上灌筑混凝土对原材料的要求外，鉴于水下施工的特殊环境，对水下灌筑混凝土的组成材料还应满足其他一些特殊要求。

一、胶凝材料——水泥

为保证混凝土质量和水下压浆顺利进行，宜选用细度大、泌水性差和收缩率较小的水泥。

（一）水泥品种

1. 硅酸盐水泥和普通硅酸盐水泥

由于硅酸盐水泥和普通硅酸盐水泥矿物组成中的 C_3S 和 C_2S 含量高，水化后析出的 $Ca(OH)_2$ 数量多，可用于具有一般要求的水下混凝土工程，但不宜在海水中应用。

2. 矿渣硅酸盐水泥

由于矿渣硅酸盐水泥泌水性较强，不适宜用于水下灌筑混凝土工程。

3. 火山灰质硅酸盐水泥和粉煤灰硅酸盐水泥

由于火山灰硅酸盐水泥和粉煤灰硅酸盐水泥化学成分中 SiO_2 含量较高，可用于具有一般要求及有浸蚀性海水、工业废水中的水下混凝土工程。

4. 复合硅酸盐水泥

由于复合硅酸盐水泥具有上述各种水泥的许多优点，可用于不同种类的水下工程。

（二）水泥强度等级选择

用于水下灌筑混凝土，其强度等级不宜低于 32.5 级。但又由于这种混凝土水泥用量都较大，水泥强度等级也不应过高。一般有如下关系：

$$\text{水泥强度等级} = (2.0 \sim 2.5) \times \text{混凝土强度等级}$$

二、粗细骨料

（一）细骨料——砂

1. 水下灌筑混凝土

对于水下灌筑混凝土，细骨料的质量应满足如下技术指标：

（1）选用细度模数为 2.1～2.8 之间的中砂。

（2）砂中石英含量应较高，表面平滑，颗粒浑圆。

（3）为满足混凝土流动性要求，其含砂率较大，一般为 40%～50%，比普通混凝土小 5%；若用碎石时，必须再增加 3%～5%，以使砂浆量多些。

2. 水下压浆混凝土

对于水下压浆混凝土，以采用颗粒浑圆的细砂为宜。砂的最大粒径应满足下式：

$$\begin{cases} d_{\max} \leqslant \dfrac{D_{\mathrm{h}}}{(15 \sim 20)} \leqslant 2.5\mathrm{mm} \\ d_{\max} \leqslant \dfrac{D_{h\min}}{(8 \sim 10)} \end{cases}$$

式中　d_{max}——砂的最大粒径（mm）；

D_h——预填骨料的平均粒径（mm）；

D_{hmin}——预填骨料的最小粒径（mm）。

如若采用颗粒较粗的砂，易于破坏砂浆的粘性，引起离析，还阻碍水泥砂浆在预填骨料空隙间的流动。

（二）粗骨料——石子

1. 水下灌筑混凝土

对于水下灌筑混凝土，在选择粗骨料的种类时应满足如下技术要求：

（1）为保证混凝土拌合物的流动性，宜采用卵石；如缺乏卵石，亦可采用碎石。

（2）当需要增加水泥砂浆与骨料的粘结力时，可掺入20%～25%的碎石。

2. 水下压浆混凝土

对于水下压浆混凝土，其质量应满足如下技术要求：

（1）在海水中，不宜采用易被凿石虫破坏的石灰岩、砂岩作预填骨料；

（2）在饱和含水情况下，火成岩、变质岩不应降低面干状态下强度的10%以上，沉积岩不应降低30%以上；

（3）对于水下灌筑的混凝土，最好采用连续级配的粗骨料，以免混凝土产生离析现象，不宜采用单一级配；

（4）粗骨料的最大粒径，与填筑方法和浇筑设备的尺寸有关，见表65-1。如果水下结构中布置有钢筋笼、网等，则粗骨料粒径不能大于钢筋间净距$\frac{1}{4}$，以保证新浇的混凝土能顺利地穿过钢筋笼、网形成整体。

粗骨料允许最大粒径　　**表65-1**

水下灌筑方法	导管法		泵送法		倾注法	开底容器法	装袋法
	卵石	碎石	卵石	碎石			
允许最大粒径	导管直径的$\frac{1}{4}$	导管直径的$\frac{1}{5}$	灌筑管直径的$\frac{1}{3}$	灌筑管直径的$\frac{1}{3.5}$	60mm	60mm	视袋大小而定

三、拌合水

一般洁净的自来水均可使用。

四、外加剂

在水下灌筑混凝土中，常用的外加剂有下列四种。

（一）减水剂

应用较多的为木质素磺酸盐类、萘磺酸盐甲醛缩合物类、糖蜜类等。拌合物中掺入减水剂后，能显著降低混凝土用水量，从而提高混凝土的密实性和强度，或者节约水泥，同时不增加或少增加含气量。

（二）加气剂

用于提高抗渗、抗冻性能的工程中，以掺脱脂铝粉为主。掺入后能改善拌合物的保水性和黏滞性，降低泌水率，提高流动性。

（三）膨胀剂

主要用于压浆工程中，以用铝粉较为普遍，也可掺入 MgO、铁粉等膨胀剂。掺入铝粉时，由于其会浮在水面，拌合时应将铝粉先掺入，使之与干混合材料拌合均匀。

（四）早强剂

在水下灌筑混凝土中，只用于抢险和堵漏工程中，可掺三乙醇胺、氯化钙、三氯化铁等早强剂。

第三节　水下灌筑混凝土技术要求

水下灌筑混凝土，要受到环境水的浸渍、扰动和稀释，受到施工的影响也不会小。为了减少和避免这些不利因素，不仅要求采用特殊的施工方法，而且还要对水下灌筑混凝土拌合物的性质、混凝土凝结硬化后的强度有一定要求。

一、对水下灌筑混凝土拌合物的要求

（一）具有较好的施工和易性

1. 混凝土的流动性

水下混凝土与空气中施工不同，不能用振捣器振捣，而是靠自身荷载或外界压力产生流动进行摊平和密实。在凝结硬化前，若流动性稍差，就会在混凝土中形成蜂窝和孔洞，严重影响混凝土质量。此外，水下施工又多是通过各种管道进行输送和浇筑的，如果流动性差又容易造成堵管，给施工带来困难。所以，要求混凝土必须是富有粘性、较大的流动性和一定的保持能力。但过大的流动性，不仅增加砂浆数量而浪费水泥，而且采用导管法、泵压法施工时造成倾注过快而形成管口脱空和返水事故。

（1）根据水下灌筑混凝土的方法不同，对其拌合物的流动性要求如表 65-2 所列。

水下灌筑混凝土流动性要求　　**表 65-2**

混凝土灌筑方法	要求坍落度（cm）	混凝土灌筑方法	要求坍落度（cm）
导管法、泵压法	15~20	开底容器法	10~16
倾注法	5~15	袋装混凝土法	7~15

（2）在钢筋密集部位灌筑水下混凝土时，其坍落度应增加 2~3cm；在泥浆中灌筑，宜增加 1~2cm。

混凝土拌合物仅有较好的流动性，尚不能适应水下灌筑的要求，应该在凝结硬化之前保持一定的流动性和均匀性，才能适用于水下灌筑。流动性的保持能力，用在灌筑条件下保持坍落度 15cm 的时间来表示。对于采用导管法施工水下灌筑混凝土拌合物，其要求流动性保持能力以不小于 1h 为宜；运距较近时，以不小于 0.7~0.8h 为度。

2. 混凝土黏聚性和保水性

水下灌筑混凝土拌合物，不但要求具有较好的流动性，而且还必须具有较好的黏聚性和保水性，以防止混凝土在运输和浇筑过程中产生离析现象和分层泌水现象。因此，在施工中要保证工程质量，就必须控制混凝土拌合物的泌水率。据有关资料介绍，泌水率为 1.2%~1.8%的混凝土拌合物，具有较好的黏聚性。实际施工中，要求 2h 内析出的水分不大于混凝土体积的 15%。

（二）具有一定的湿堆积密度

水下灌筑混凝土，往往是靠混凝土自身荷载排开仓面的环境水或泥浆进行摊平和密实，因此，要求其湿堆密度不小于2100kg/m^3。为了在施工过程中便于及时掌握新拌的混凝土湿堆密度是否满足施工要求，可采用下述经验公式进行计算：

$$\rho_h = 2224 + 108\lg D$$

式中　ρ_h——混凝土拌合物湿堆积密度（kg/m^3）；

D——粗骨料最大粒径（mm）。

二、对水下压浆混凝土中水泥砂浆的要求

（一）水泥砂浆的和易性

1. 砂浆稠度

砂浆的稠度常用流动度（或稠度）来表示。流动度过小的砂浆，不易灌满预填骨料的空隙；流动度过大，又容易产生离析，堵塞管道。水泥砂浆的最佳流动度与输浆管的内径、管长、灌浆压力、预填骨料粒径等有关，试配前宜通过试验确定。按一般情况，进入灌浆管前的流动度以15~20s为宜。

2. 砂浆泌水率

泌水率大的砂浆，即保水性能差，容易引起分层离析现象，从而堵塞管道；进入水下预填骨料后，又不易扩散，影响压浆混凝土的质量。据有关资料介绍，对水下压浆混凝土中的水泥砂浆的泌水率，要求4h内析出的水分不大于砂浆体积的1.1%。

（二）砂浆灌筑度

反映水泥砂浆在预填骨料中流布范围的指标，称为砂浆的灌筑度。以水泥砂浆楔体的长度与高度之比$\left(\frac{L}{h}\right)$表示。灌筑效果良好的水泥砂浆的灌筑度，应不小于5。

三、对水下灌筑混凝土强度的要求

水下灌筑混凝土的强度，受施工条件影响较大。

（一）抗压强度

（1）在静止水中施工的混凝土强度，可达在空气中取样而进行标准养护混凝土强度的90%左右；在膨润土泥浆中灌筑的混凝土强度，仅达70%~80%。

（2）水下灌筑混凝土的强度与灌筑深度有关。愈深部位，强度愈低。如表65-3所列，灌筑桩的长度越长，则桩尖部分混凝土强度越低。

灌筑桩端部混凝土强度　　　　**表65-3**

桩身长度（m）	8	23	24	36	备　　注
取芯抗压强度（MPa）	36.9	35.9	30.3	26.3	三根桩的平均值（试样20个）
标准偏差（MPa）	1.8	2.1	0.9	1.4	
标准试件强度（MPa）	40.4	37.7	37.5	38.0	
取芯强度（MPa） 标准强度（MPa）	0.93	0.95	0.81	0.69	

（二）混凝土与钢筋粘结强度

在膨润土泥浆中进行钢筋混凝土施工时，膨润土粘附于钢筋之周围，所以混凝土与钢筋的黏结力显著下降。据有关资料介绍：

(1) 对于垂直钢筋，当膨润土掺率为8%时的粘结力是不掺的47%～49%；当掺率为12%时，是不掺的32%～42%。

(2) 对于水平钢筋，其黏结强度则更低，仅仅是垂直钢筋的$\frac{1}{2}\sim\frac{1}{3}$。

(3) 钢筋浸入膨润土泥浆中的时间愈长，则粘结强度降低愈多。

第四节　水下灌筑混凝土配合比设计

任何一种混凝土的配合比，理应通过试验来确定。水下灌筑混凝土也不例外。

一、配合比设计步骤

当工程量不太大时，灌筑混凝土配合比与普通混凝土配合比的设计方法及步骤基本相同，一般采用绝对体积法较好。

(一) 选择水灰比$\left(\frac{W}{C}\right)$

选择水灰比时，除了要保证混凝土的强度外，同时也应满足耐久性的要求。若按强度计算的水灰比不能满足耐久性要求的，则须按耐久性要求确定。

1. 按强度选择水灰比

根据混凝土的要求配制强度、所采用的水泥品种及强度等级，按鲍罗米混凝土强度公式计算：

$$f_P = A \cdot f_{ce}\left(\frac{C}{W} - B\right)$$

式中　f_P——混凝土配制强度 (MPa)；

f_{ce}——水泥实际强度 (MPa)；

$\frac{C}{W}$——灰水比，即水灰比的倒数；

C——$1m^3$ 混凝土中水泥用量 (kg)；

W——$1m^3$ 混凝土中用水量 (kg)；

A、B——系数，参考表65-4。

A、B 系数参考值　　**表65-4**

粗骨料种类	卵石		碎石	
水泥品种	硅酸盐水泥 普通硅酸盐水泥	矿渣硅酸盐水泥 火山灰质硅酸盐水泥 粉煤灰硅酸盐水泥	硅酸盐水泥 普通硅酸盐水泥	矿渣硅酸盐水泥 火山灰质硅酸盐水泥 粉煤灰硅酸盐水泥
A	0.43	0.50	0.52	0.50
B	0.44	0.66	0.56	0.58

2. 按耐久性指标选择水灰比

主要按抗渗等级和抗冻等级不同选择混凝土。

（1）抗渗混凝土：指有抗渗性要求的混凝土，其水灰比参考表65-5。

（2）抗冻混凝土：指有抗冻性要求的混凝土，其水灰比参考表65-6。

抗渗等级与水灰比的关系　　**表65-5**

抗渗等级	P2	P4	P6	P8	P10	P12
水灰比$\left(\frac{W}{C}\right)$	0.60～0.65	0.60～0.65	0.55～0.60	0.50～0.60	<0.50	<0.50

抗冻等级与水灰比的关系　　**表65-6**

抗冻等级	F25～F50	F100	F200
水灰比$\left(\frac{W}{C}\right)$	0.65	0.60	0.50

总之，在不利条件下要生产出质量可靠的混凝土，其水灰比应小于0.50。

（二）计算用水量（W）

一般通过试验确定用水量。但估算时可根据表65-7规定的坍落度，按下式计算：

1. 普通混凝土

对于普通混凝土，其每$1m^3$混凝土用水量按下式计算：

$$W_1 = \frac{10}{3}(S + K)$$

2. 加气混凝土

对于加气混凝土，其每$1m^3$混凝土用水量按下式计算：

$$W_2 = W_1 - K_a \cdot A$$

式中　W_1——每$1m^3$普通混凝土用水量（kg）；

W_2——每$1m^3$加气混凝土用水量（kg）；

S——混凝土拌合物要求坍落度（cm），参考表65-7。

K_a——减水系数（3.4～3.8）；

A——含气量（%）；

K——试验常数，参考表65-8。

灌筑方法对混凝土坍落度要求　　**表65-7**

水下混凝土浇筑方法	导管法			泵压法	倾注法		开底容器法	袋装叠置法
	不振捣		机械振捣	—	自然推进	振动推进	—	—
	导管直径200～250（mm）	导管直径300（mm）						
坍落度（cm）	18～20	15～18	14～16	12～15	10～15	5～9	10～16	5～8

（三）计算水泥用量（C）

根据已确定的用水量和水灰比，即可按下式计算水泥用量：

试验常数 K 值　　表 65-8

骨料最大粒径（mm）		10	20	40	80
K 值	碎石	57.5	53.0	48.5	44.0
	卵石	54.5	50.0	45.5	41.0

注：1. 用火山灰质硅酸盐水泥、粉煤灰硅酸盐水泥时，K 值增加 4.5～6.0。

2. 用细砂时，K 值增加 3.0。

$$C = \frac{W}{\left(\frac{C}{W}\right)}$$

确定水泥用量时，还要考虑到混凝土的耐久性要求，同时也应考虑到所选择的施工方法的特殊性。

1. 考虑耐久性要求

考虑耐久性时对水泥用量的规定如下：

（1）有抗渗性要求时，每 $1m^3$ 混凝土水泥用量不得少于 300kg;

（2）有抗冻性要求时，每 $1m^3$ 混凝土水泥用量不得少于 330kg。

2. 考虑施工方法要求

考虑施工方法对水泥用量的规定如下：

（1）当用混凝土泵输送时，也要满足泵送施工的需要，每 $1m^3$ 混凝土水泥用量不得少于 300kg;

（2）当采用泵压法和导管法施工时，每 $1m^3$ 混凝土水泥用量不得小于 370kg;

（3）当采用开底容器法（开底箱、开底袋）和袋装混凝土法施工时，水泥用量应更多，应为空气中施工时的 2 倍。

（四）计算砂率（S_P）

水下灌筑混凝土的砂率，可按下式计算：

$$S_P = K_a \frac{\rho'_s \cdot P_G}{\rho'_s \cdot P_G + \rho'_G} \times 100\%$$

而

$$P_G = \left(1 - \frac{\rho'_G}{\rho_G}\right) \times 100\%$$

式中　S_P——砂率（%）;

P_G——石子空隙率（%）;

K_a——砂浆剩余系数，对水下灌筑混凝土取 $K_a = 1.3 \sim 1.4$;

ρ'_s、ρ'_G——分别为砂、石松堆密度（kg/m^3）;

ρ_G——石子的表观密度（g/cm^3）。

（五）计算砂、石用量（S、G）

在每 $1m^3$ 混凝土中，骨料所占的绝对体积按下式计算：

$$V = 1000 - W - \frac{C}{\rho_c} - 10\alpha$$

式中　V——每 $1m^3$ 混凝土中骨料的绝对体积（L）；

ρ_c——水泥的比密度，为 2.85～3.20（g/cm^3）；

α——含气量（%）：普通混凝土取 1%～2%；加气混凝土取 3%～6%。

这样，每 $1m^3$ 混凝土中砂、石用量可由下述联立方程解得：

$$\begin{cases} \dfrac{S}{\rho_s} + \dfrac{G}{\rho_G} = 1000 - W - \dfrac{C}{\rho_c} - 10\alpha \\ \dfrac{S}{S+G} = S_P \end{cases}$$

式中　S——每 $1m^3$ 混凝土用砂量（kg）；

G——每 $1m^3$ 混凝土石子用量（kg）；

ρ_s——砂的表观密度（g/cm^3）。

二、水下灌筑混凝土配合比实例

为了更顺利地组织施工水下灌筑混凝土，保证工程质量，表 65-9 推荐了一些国内、外较成熟的混凝土配合比，以供实际工程中参考选用。

水下灌筑混凝土参考配合比　　表 65-9

粗骨料最大粒径（mm）	坍落度（cm）	水灰比 $\left(\frac{W}{C}\right)$	水泥用量（kg/m^3）	砂率（%）	导管直径（cm）	28d 抗压强度（MPa）	工程种类	施工方法	是否掺有外加剂
40	15	0.476	370	37.4	25	31.0	岸壁	导管法	掺
40	15	0.52	370	—	30	28.0	防波堤		—
25	15	0.457	370	—	30	34.0	防波堤		—
25	15	0.50	370	41.0	25	31.8	护岸		掺
40	17	0.443	370	—	25	35.4	灌筑桩		掺
40	15	0.473	370	—	25	33.2	灌筑桩		掺
40	17	0.435	390	40.0	25	38.0	灌筑桩		掺
25	17	0.465	370	43.0	25	37.2	灌筑桩		掺
25	17	0.48	370	43.0	25	34.1	灌筑桩		掺
25	17	0.44	370	32.0	25	40.3	灌筑桩		掺
40	15	0.48	500	42.0	14	42.2	灌筑桩		掺
40	15	0.48	460	42.0	14	41.2	灌筑桩		掺
40	15	0.47	511	42.0	14	44.2	灌筑桩		掺
40	15	0.459	370	—	15	33.6	护岸	泵压法	—
40	18	0.51	371	—	10	33.0	护岸		—
25	15	0.483	370	—	15	34.2	护岸		—
25	15	0.441	384	—	15	34.6	护岸		—
25	17	0.465	390	—	15	38.1	地下墙	膨润土泥浆导管法	掺

第五节　水下灌筑混凝土施工

水下灌筑混凝土的灌筑方法有导管法、泵压法、柔性管法、倾注法、开底容器法、装袋叠置法。其中导管和泵压法是应用较普遍的方法，用于规模较大的水下混凝土工程，能够保证结构的整体性和强度，可在深水中施工（泵压法宜在水深不超过15m的情况下），要求模板密封条件较好。开底容器只适用于小量的、零星的水下灌筑混凝土工程。倾注法类似于地面上斜面分层灌筑法，施工技术简单，但只能在水深不足2m的浅水区使用。装袋叠置法虽然施工较简单，但袋间有接缝，整体性差，一般只用于对整体性要求较低的水下抢险、堵漏和防冲工程，或在水下立模困难的地方用作水下模板。柔性管法是较新的一种施工方法，能保证水下混凝土的整体性和强度，可以在水下灌筑薄板，能得到规则的表面。

一、导管法施工

导管法，是通过不透水的金属导管来施工水下灌筑混凝土。这种方法具有设备简单、整体性好、灌筑速度快、不受水深和仓面大小限制等优点，是应用最广泛的一种方法。导管法仅用于水下灌筑混凝土，也可用在膨润土泥浆中灌筑混凝土。

（一）施工主要设备

1. 导管

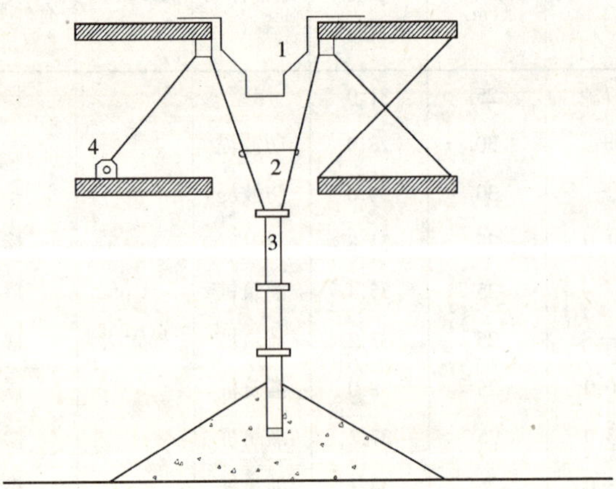

图65-1　导管法灌筑设备

1—承料漏斗；2—承料漏斗；3—导管；4—提升机具

施工的主要设备是金属导管（图65-1），其直径为200～300mm，亦有超过450mm的。多是由长度不同的钢管，通过法兰盘和螺栓连接而成的空心圆管。

（1）导管种类：导管可以组装成整节式、套筒式和活节式三种（图65-2）。

①整节式导管　如图65-2（*a*）所示，整节式导管由一根钢管或非拆卸管节组成。适用于灌筑层厚不超过5m、工作平台有足够超高、在灌筑过程中不提升导管或可以随承料漏斗一起上提的仓面。

②套筒式导管　如图65-2（*b*）所示。套筒式导管是布置双层导管，与承料漏斗相接的内导管固定不动，只提升埋入土中的外套管，省去拆卸导管时间，特别适用于泵压法施工。

③活节式导管　如图65-2（*c*）所示。活节式导管可以随着混凝土面的上升逐步折卸管节。是用得最多的一种导管。

（2）导管直径的选择：导管直径和导管通过能力与粗骨料的最大粒径有关，同时，也视水深而定，可参照表65-10选择。

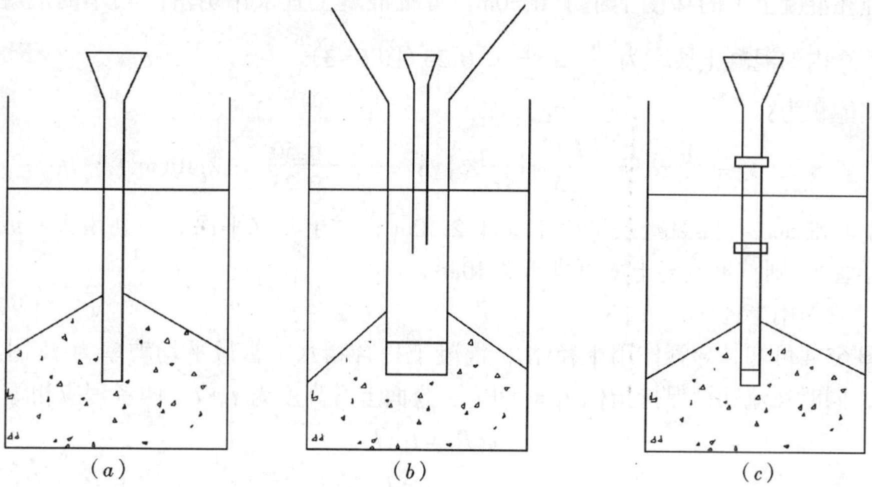

图 65-2　导管的组装
（a）整节式；（b）套筒式；（c）活节式

导 管 直 径 选 择　　　　表 65-10

<table>
<tr><td>导管直径（mm）</td><td>100</td><td>150</td><td colspan="2">200</td><td>250</td><td>300</td></tr>
<tr><td>通过能力（m³/h）</td><td>3.0</td><td>6.5</td><td colspan="2">12.5</td><td>18.0</td><td>26.0</td></tr>
<tr><td>允许粗骨料最大粒径（mm）</td><td>20</td><td>20</td><td>20
碎石</td><td>40
卵石</td><td>40</td><td>60</td></tr>
</table>

2. 底盖或滑阀

用导管法施工，进入导管内的第一批混凝土拌合物能否在隔水条件下顺利到达仓底，并使导管底部埋入混凝土内一定深度，是顺利灌筑水下混凝土的重要环节。为此，就要采用底盖悬挂在导管上部的顶门或吊塞作为活阀以隔绝环境水。因此，导管施工法又分为底盖式和滑阀式两种。

（1）底盖式：在导管底端设有底盖，每接上一节管子就沉到水中一节，直到水底为止。底盖一般采用钢板加工而成，微焊接于管底端。将混凝土填入管内，待填满之后将管上提 20～30cm，这时管内的混凝土即将底盖压开而注入水底，随即将混凝土不断地投入管内。随着混凝土不断堆积变厚而相应地提升导管。每上提一根，即卸掉一根，如此反复进行，直达设计高度为止。

（2）滑阀式：通常用作滑阀的有顶门和吊塞两种。顶门用木板或钢板制作。吊塞是用各种材料制成的圆球形。灌筑前，用吊绳把滑阀悬挂在承料漏斗下面的没有底板的导管内，随着混凝土的灌筑而下滑，至接近管底时剪断吊绳，在混凝土本身质量荷载推动下滑塞下落，混凝土冲击管口并将管底埋入混凝土内。

（二）工艺参数选择

用导管法灌筑水下混凝土，为保证施工质量，需注意以下几个工艺参数的选择。

1. 首批混凝土量

在开灌阶段，首批混凝土推动滑塞冲出导管后，在管脚处堆高不宜小于 0.50m，以便导管口埋在混凝土中的深度不小于0.30m。首批混凝土宜采用坍落度较小的混凝土拌合物，流入仓内的混凝土坡率为$\frac{h}{R}=\frac{1}{4}=0.25$（图65-3）。

因此，其体积为：

$$V=\frac{1}{3}\pi R^2 h=\frac{1}{3}\pi\left(\frac{h}{0.25}\right)^2 h=\frac{1}{3}\pi\frac{0.50^3}{0.25^3}=2.10(\mathrm{m}^3)$$

对于基础面，首批混凝土量应不少于2.10m^3；对于非水平面（如利用天然或人工凹坑设置导管），则首批混凝土量可少于2.10m^3。

2. 导管作用半径

由图65-4可知，导管作用半径R_t，混凝土拌合物水下扩散平均坡率为i，上升高度为$i\cdot R_t$，同时在流动性保持指标t_h时间内，仓面上升高度为$t_h\cdot I$，两者理应相等，即

$$i\cdot R_t=t_h\cdot I$$

$$\therefore\quad R_t=\frac{t_h\cdot I}{i}$$

式中　I——水下灌筑混凝土面上升速度（m/h）。

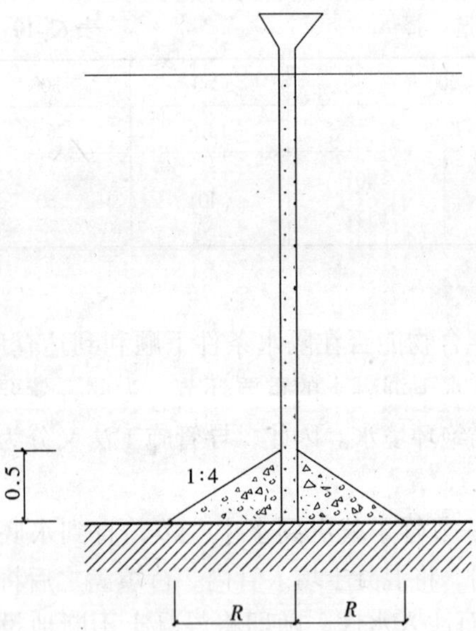

图65-3　首批混凝土数量

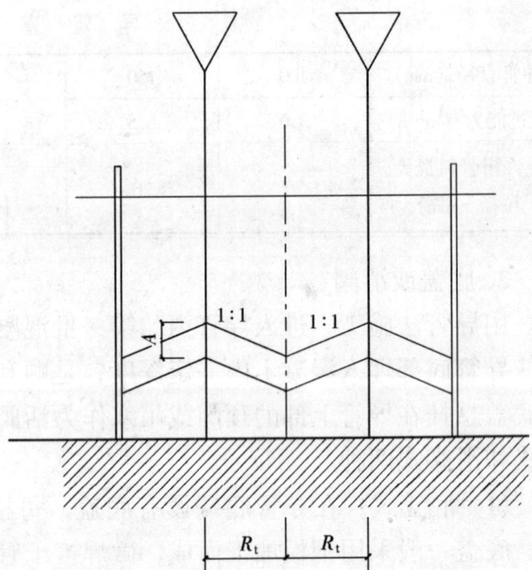

图65-4　导管作用半径

在灌筑阶段，一般要求水下灌筑混凝土面坡率小于$\frac{1}{5}$，若取$i=\frac{1}{6}$代入上式，则得

$$R_t=6t_h\cdot I$$

式中　t_h——混凝土拌合物流动性保持能力（h），一般要求不小于1.0h。

据此数值即可布置导管。

3. 导管插入混凝土内的深度

在实际施工过程中发现，当导管插入混凝土内的深度不足0.5~0.6m时，混凝土拌合物锥体会出现骤然下落，导管附近会出现局部隆起现象，表面曲线突然转折。这说明混凝土拌合物不是在表面混凝土保护层下流动，而是灌筑压力顶穿了表面保护层，在已灌筑的

混凝土拌合物表面成层流动，这就破坏了混凝土的整体性和均匀性。

当导管插入混凝土中深 1.0m 以上时，混凝土表面坡度均一，所灌筑的混凝土拌合物在已灌筑体内部流动，混凝土内部质量均匀。据此可见，导管插入深度对混凝土灌筑质量影响较大，密切相关。

导管埋入已灌筑混凝土内部越深，混凝土向四周均匀扩散的效果越好，混凝土更密实，表面也越平坦。但如埋入过深，混凝土在导管内流动容易受阻，造成堵管事故。

据有关资料介绍，混凝土的最佳埋入深度与混凝土的灌筑强度和拌合物的性质有关，其值约等于流动性保持指标与混凝土面上升速度的 2 倍。即

$$h_t = 2t_h \cdot I$$

或

$$h_t = 2t_h \cdot \frac{Q}{F}$$

式中　h_t——导管插入最佳深度（m）；

I——仓面混凝土面的上升速度（m/h）；

t_h——混凝土拌合物流动性保持指标（h）；

Q——每根导管灌筑强度（m^3/h）；

F——每根导管灌筑面积（m^2）。

确定导管的最大插入深度，可按下式计算：

$$h_{tmax} = K \cdot t_c \cdot I$$

式中　h_{tmax}——导管最大插入深度（m）

t_c——混凝土初凝时间（m/h）；

I——混凝土面上升速度（m/h）；

K——系数，取 0.8～1.0。

确定导管的最小插入深度，以混凝土拌合物在仓面的扩散坡面不陡于 1:5 和极限扩散半径不小于导管间距考虑：

$$h_{tmin} = i \cdot L_t$$

式中　h_{tmin}——导管最小插入深度（m）；

i——混凝土面扩散坡率$\left(\frac{1}{5} \sim \frac{1}{6}\right)$；

L_t——导管间距（m）。

于是，导管的一次提升高度：

$$h_t = h_{tmax} - h_{tmin}$$

4. 超压力

如图 65-5 所示，为了保证混凝土能顺利通过导管下注，导管底部的混凝土柱压力应等于或大于仓内水压力和导管底部所必须的超压力之和，即

$$\rho_c H_c \geqslant P + \rho_w H_{cw}$$

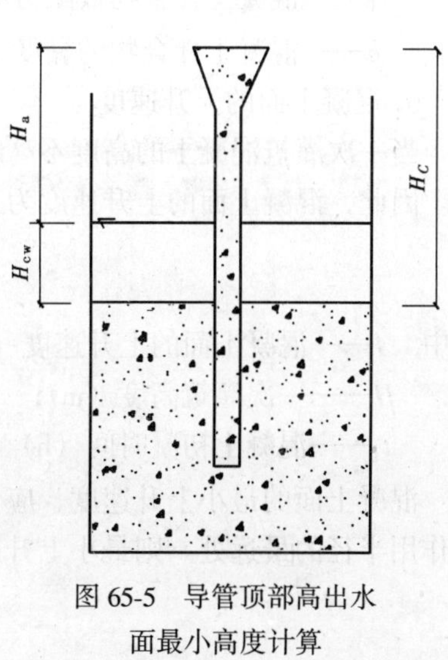

图 65-5　导管顶部高出水面最小高度计算

$$\therefore \qquad H_c \geqslant \frac{P + \rho_w H_{cw}}{\rho_c}$$

或

$$H_a \geqslant \frac{P - (\rho_c - \rho_w) H_{cw}}{\rho_c}$$

式中 H_c——导管顶部至已浇筑混凝土面的高度（m）；

H_a——导管顶部高出水面高度（m）；

H_{cw}——水面至已浇混凝土面的高度（m）；

ρ_c、ρ_w——分别为混凝土和水的堆积密度（kg/m^3）；

P——超压力（kN/m^2），见表 48-11。

导管底部最小超压力 **表 65-11**

仓面类型	桩孔	大	仓	面	
导管作用半径（m）	—	≤2.5	3.0	3.5	4.0
最小超压力（kN/m^2）	75	75	100	150	250

5. 导管通过能力

根据混凝土流变学原理，导管通过水下灌筑混凝土拌合物的能力，可用下式表示：

$$Q = \frac{0.0036\pi r_t^4}{8h(H_a - H_{cw})}\left[\rho_c H_a + (\rho_c - \rho_w) H_{cw} - \frac{4}{3} P_0\right]$$

而

$$P_0 = \frac{2(H_a - H_{cw})\tau_0}{r_t}$$

式中 Q——导管通过能力（cm^3/s）；

ρ_c、ρ_w——分别为混凝土和水的堆积密度（kg/m^3）；

H_a——导管水上部分长度（cm）；

H_{cw}——水下混凝土顶部上面的水深（cm）；

r_t——导管半径（cm）；

τ_0——混凝土拌合物极限剪应力（MPa）；

h——混凝土拌合物的黏度（Pa·s）。

6. 混凝土面的上升速度

当一次灌筑混凝土的高度不高时，最好使其上升速度能在混凝土初凝之前灌到设计高度。因此，混凝土面的上升速度为：

$$I = \frac{H}{t_f}$$

式中 I——混凝土面的上升速度（m/h）；

H——一次灌筑高度（m）；

t_f——混凝土初凝时间（h）。

混凝土面的最小上升速度，应使灌入的混凝土在保持流动性指标时间内，能流动至导管作用半径的最远处。则最小上升速度应按下式计算：

$$I = \frac{R_t}{6t_h}$$

在实际施工中，混凝土面上升速度不得小于0.2m/h。对于大仓面，宜使混凝土面的上升速度为0.3～0.4m/h；而小仓面可达0.5～1.5m/h。

二、泵压法施工

采用泵压灌筑混凝土，能够扩大导管作用半径，增加水下灌筑混凝土的扩散面积；减少灌筑导管的提升次数；保持终灌阶段亦有足够的超压力。但其需要专门的输送设备，要求有较大的灌筑强度和搅拌能力，且不宜用于水深超过15m时。

（一）泵压系统

泵压系统由水平输送管和垂直灌筑管组成。垂直灌筑管有五种形式：

1. 导管灌筑管

利用带承料漏斗的导管，作为垂直灌筑管。承料漏斗的容积约1.5～3.0m^3。但如全过程均用导管法灌筑，导管直径应与混凝土泵输送能力相适应（表65-12）；如只用于开浇阶段，则导管直径应与混凝土泵的水平输送管直径一致。

导管直径与混凝土泵输送能力的关系　　　　**表65-12**

混凝土泵输送能力（m^2/h）	8	10	15	20	30	40
导管直径（mm）	180	200	240	260	300	350

2. 单根输送灌筑管

将垂直灌筑管与水平输送管组成一根管子。这种方式最方便，宜用于灌筑高度不大、不需提管即可灌完的工程中。

3. 套接灌筑管

由内插管和外套管组成。内插管与混凝土泵的水平输送管连接，外套管作为导管进行灌筑，它随着混凝土面的上升而提升，可不中断灌筑。

4. 带辅助管灌筑管

在灌筑管下部外侧套一长3cm，直径600mm的辅助管，辅助管上端有吊绳，通过吊绳提升或下放辅助管来控制灌筑的卸料速度，并防止混凝土在泵压作用下以喷射状喷出管口。

5. 带辅助管套接灌筑管

由内插管、外套管、辅助管三部分组成。随着混凝土面的上升，提升外套管。辅助管用于调节卸料速度。

（二）灌筑方法

在采用泵压法灌筑混凝土施工过程中，通常有以下三种方法：

1. 导管法

导管灌筑法，即把混凝土压送到导管上面的承料漏斗中，自始至终采用导管法进行灌筑。混凝土泵只作为运输设备。

2. 导管开灌法

导管开灌法，即开灌阶段采用导管法灌筑，待灌筑管埋入混凝土内1m以上时，再拆去承料漏斗，将水平输送管与灌筑管连接，继续进行压灌，如图65-6所示。

由于泵压混凝土下灌的流速往往很大，在开灌阶段若不采取有效措施，水容易倒灌入管内造成泛水事故，管口不能很快埋入已灌筑的混凝土中，影响水下灌筑混凝土的质量。

3. 输送管直接灌筑法

输送管直接灌筑法，将与混凝土泵水平输送管直接连接的垂直灌筑管直接插至仓底，自始至终用其灌筑。采用这种方法灌筑，在开灌阶段需要利用掏穴法、防冲盘法或辅助管法（图 65-7）来降低灌筑管内混凝土的下灌速度，使管口能尽快埋入已浇混凝土内。

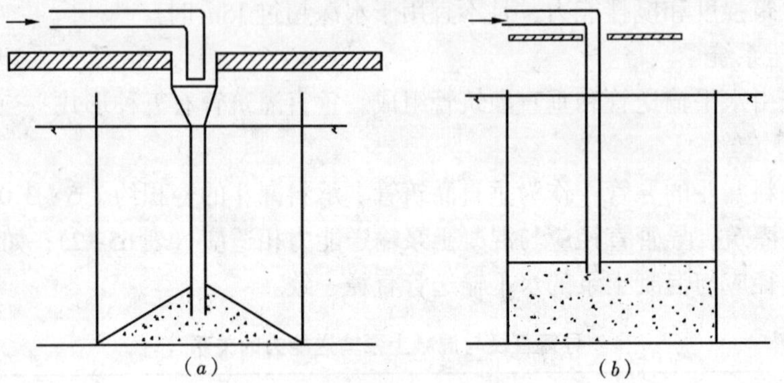

图 65-6 导管开灌法

（*a*）开灌阶段；（*b*）中间及终凝阶段

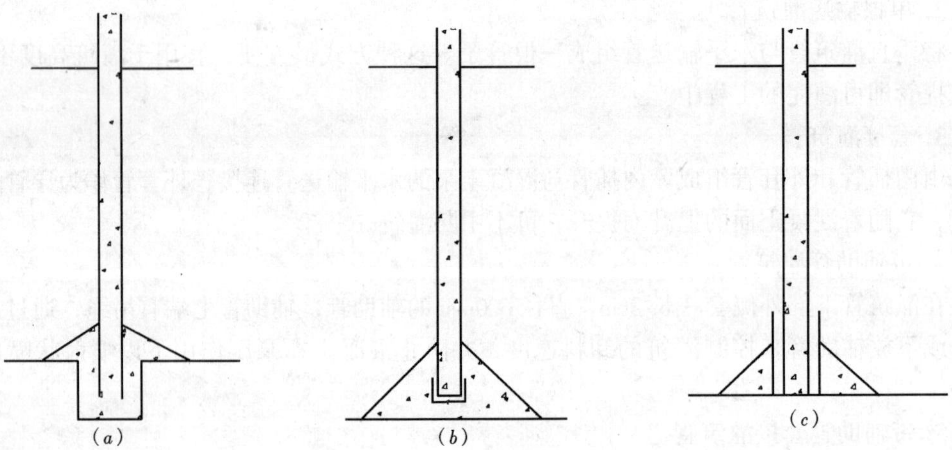

图 65-7 开浇方法

（*a*）掏穴法；（*b*）防冲盘法；（*c*）辅助管法

三、施工注意事项

（一）导管法施工

（1）选择导管：选择导管的任务主要确定导管的内径和使用范围。

①导管的内径，可直接根据水深来选择：水深小于 3m，选 $\phi25$；水深为 3 ~ 5m，选 $\phi30$；水深为 5m 以上者，选 $\phi30\sim50$。

②导管作用范围，可直接按导管的内径来选择：一根 $\phi25$ 的导管，施工所及面积约 $4m^2$；一根 $\phi30$ 的导管，施工所及面积 $5\sim15m^2$；一根 $\phi30\sim50$ 的导管，施工所及面积 $15\sim50m^2$。

（2）在流速小于 3m/min 的静水中灌筑。

（3）混凝土中，粗骨料的最大粒径为导管内径的$\frac{1}{6}\sim\frac{1}{8}$左右，过大造成堵管。

（4）灌筑开始，先堵住管的下口，装满混凝土。在灌筑过程中，混凝土也要经常保持满管。导管下口应埋入已灌混凝土50~60cm深度以上，做到混凝土不在水中落下。

（5）灌筑过程和灌筑之后，要尽量做到混凝土和水不搅混。因此，要经常注意混凝土上升面的测定，以便摸清导管出口位置及混凝土上升面位置，判断上提导管时间。

（6）混凝土应连续灌筑。若灌筑中断，混凝土往往就难于再度流出，或引起堵管，以致不能继续施工。要做到连续施工，则必须做到合理组织。

（7）混凝土灌筑速度，从混凝土运输车直接向导管投料时，每$1m^3$混凝土以2.0~2.5min为标准。

（8）易使混凝土从导管上口的外部溅落到水中去。为此，宜在导管上设置漏斗，或在漏斗周围设置围护，以防止混凝土下落。

（二）泵压法施工

（1）一般采用10~15cm内径输送管，每根管的施工面积最多为$3\sim5m^2$，但也有达$40m^2$之多者。

（2）在水中安装输送管时，为了不使管内充满水，须在管底堵上一个能从管外摘下来的栓塞。

（3）为使管的垂直部分装满混凝土，在水平管与垂直管联结处的圆弧弯管处，须设置一排气阀，以便把已压缩空气排出去。

（4）在压送混凝土时，管的出口必须始终埋在已浇混凝土面下30~40cm处，最深不得超过1m。如果过浅，即可能发生水向管内倒流；过深，管内压力增大，潜伏着危险。

（5）压送混凝土流出时的反力能把管子顶起来，所以施工前要设一个防止这种反力的装置。

（6）混凝土灌筑开始打开管底栓塞时，混凝土一时流出过激，为了防止发生管内有水倒灌的事故，在管底外面设置一个内径60cm、长2m以上的辅助管，能收到良好的效果。

第六节　水下压浆混凝土施工

水下压浆混凝土的施工质量，与压浆管道的布置密切相关。压浆管道包括灌筑管和输浆管。

一、灌筑管和输浆管

（一）灌筑管

灌筑管可以预埋，亦可以钻孔下插。

1.预埋灌筑管

预埋灌筑管，即在未抛填粗骨料或块石之前，按要求间距预先将灌筑管固定在仓内。当预填骨料厚度不足2m时，灌浆过程中可以不提管，灌筑管可以固定。当预填骨料厚度不足4m时，灌筑管可以不设护管筒，直接与预填骨料接触，依靠外力提升。当预填骨料厚度超过4m时，为了减少上拨阻力和防止水下抛填骨料击坏灌筑管，宜在灌筑管下部外套一个能使浆体外渗的护管筒。

护管筒可由型钢、螺旋钢筋焊成，也可利用刻有流浆槽的钢管。护筒管顶部高程，应高出设计填石高度 1.5m 以上。护管筒的内径按下式计算：

$$d_p = \frac{\eta \cdot D_h}{7K_h} + d_t$$

式中 d_p——护管筒内径（mm）；

η——实验系数，约为 1.5；

D_h——预填碎石骨料的平均粒径（mm）；

K_h——碎石附加阻力系数，约为 4.5；

d_t——灌筑管直径（mm）。

2. 钻孔下插灌筑管

钻孔下插灌筑管，即在抛填骨料后，用回转式岩心钻机在预填骨料上钻孔，在套管内下插灌筑管，而后拔除套管，使灌筑管埋入堆石体。这种方法成本较高，且不宜用于钢筋较密的仓面。

（二）灌筑管与输浆管的连接

当用灰浆泵加压灌筑时，可以一根输浆管供应一根灌筑管，亦可利用中间阀门使一根输浆管供应两根或两根以上的灌筑管。

当工程量不大、深水灌筑式压浆混凝土不大于 2m 时，可用自流灌筑（图 65-8）。

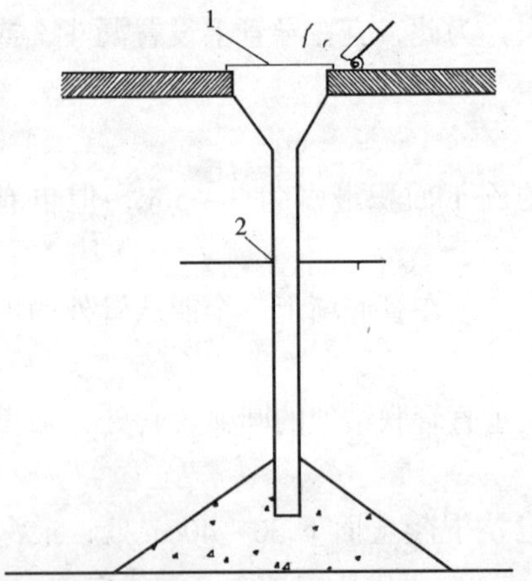

图 65-8 自流灌筑

1—承料漏斗；2—灌筑管

二、预填骨料

当在动水中抛填骨料时，需采用带栏石钢筋网的格栅模板，抛填骨料后再堵漏。在静水中抛填，则需利用不透水模板。

抛投时，应注意骨料大小的搭配，为使模板均衡受力，应使预填骨料在仓内均衡上升。抛填高度宜高出设计高度 0.5m 左右。

在进行水下压浆混凝土施工时，为保证施工质量，在进行施工组织设计时，应注意各工序有关工艺参数的选择。

第七节 水下灌筑混凝土事故的预防及处理

桩基以其承载力大，施工简便，造价低等特点，越来越多地被广泛运用于各种桥梁和高层建筑的基础中，灌筑水下混凝土则是成桩的关键性工序。施工中经常会碰到这样那样的问题，有些问题并不能从有关的施工手册或规范中查到解决的办法。结合现场施工经验，就钻孔灌筑桩经常碰到的问题提出了相应的预防和解决办法。

一、导管进水

（一）产生原因

其主要原因有：

(1) 首批混凝土量不足或导管悬空过大，致使首批混凝土不能埋住导管，泥水从导管底口进入。

(2) 灌筑中提升导管过猛、过高或测深错误，导致导管底口脱离混凝土顶面（即拔脱），底口涌入泥水。

(3) 导管脱落，泥水从上口涌入。

(4) 导管接头不严密，螺栓不紧或法兰变形；胶垫被高压气冲破，焊缝开裂；导管掉落引起的导管被高压气和混凝土撕裂。

（二）预防措施

出现以上事故要查明原因，以便采取相应的技术措施。

(1) 灌筑前应认真测量孔深和导管长度，准确计算料斗、导管容量及首批混凝土量，并严格控制导管悬空。首批混凝土的计算方法可参阅有关施工手册，但应注意不能忽略导管存料。导管悬空一般要控制在 0.2～0.4m 范围内并根据孔径大小、孔深、导管粗细、料斗大小、沉淀多少和孔底采用相应值。一般孔径越大、孔深越深、导管越粗、沉淀越少、平孔底要采用低平，反之可悬空大些。

(2) 首批混凝土下去后应立即测量导管内外混凝土深，根据导管深度计算导管埋深。如果导管没有埋好，导管已进水，应立即提出导管，将散落孔底的混凝土与泥水混合物用空气吸泥机或抓斗机清出，没有以上设备的可迅速提出钢筋笼，二次下钻清孔。

(3) 灌筑中，导管要严格控制埋深在 2～6m 范围内，注意不要拔脱导管，并准确测定混凝土面上升高度，及时与实灌混凝土量理论上升高度验证。计算时应根据地质资料考虑必要的充盈量及扩孔、缩径等因素。

(4) 导管是灌筑成败的关键因素。因此，灌前要仔细检查导管吊绳是否牢固，连接是否坚实可靠，同时，操作导管的工作应加强责任心，严格操作，清净法兰盘、砂浆泥水、混凝土、结冰等杂物，拧紧螺栓。法兰变形，垫圈破损，螺丝已损伤的坚决换掉。导管在使用前和使用中一段时间后，要做承压和水密实验，千万不可大意。导管底口可以在环外缘焊一根 ϕ8～10mm 圆钢予以加强加固，防止导管脱落，造成底口外翻。

（三）处理方法

(1) 导管因脱落造成的自上口进水的事故处理比较简单，出现此类事故后可先打捞起导管，用水泵将管内泥水抽干，然后边注入清水清洗导管内壁边抽干。此时管内混凝土面上口仍会留有少量泥水。接下来将导管上提，导管埋深控制在 0.5m 左右，测量管内混凝土深度。计算并注入适量新的混凝土（以能充分排出泥浆为宜），继续灌筑。当新的混凝土将泥水充分排出后，再将导管向下插入 0.5m 左方，继续灌筑至凝结。第二次插入时导管底口以上的混凝土应视作浮浆，以后的导管埋深要超过此时导管埋深的 1m 以上，并且这些浮浆要在灌筑终结时预留出来，以便凿除。

(2) 导管中部进入泥水、卡管等事故处理起来则比较麻烦，如果始终有水进入，应怀疑已灌混凝土都已混入泥水，应采用以上介绍的办法将混凝土清出重灌：如果仅是突然进水或卡管造成的事故，可采用二次灌筑的处理办法。曾用此法在青岛西流高架桥等四合同段桩基施工中成功地挽救了 8 根此类事故桩中的 6 根。桩号 178C、204A、189D 为一类桩，桩体完整；桩号 165B、164C、193D 为二类桩，桩体基本完整。

(3) 二次灌筑的主要方法是：事故发生后迅速提出导管整修，再迅速下入，使导管悬空 0.2～0.3m（使用隔水塞）或插入混凝土 0.5m 左右（使用开户阀或拔塞），后者应尽量将管内泥浆抽出，然后按照初灌时一样灌筑，使这批混凝土以巨大冲击力将管内泥水及混凝土同泥水混合物推出导管底口，排净后再行插入 0.5m（前者还要边灌边插入 0.5m），使导管埋深不低于 1m。此时导管底口以上混凝土应作浮浆处理。这批混凝土量 $W_0=\alpha\cdot W$，W 为导管容积，一般富余数 α 取 1.5～2。贮料斗容量不足可继续浇灌混凝土补足，以便充分排出混合物。

①二次灌筑的方法简单实用，但受到的限制条件较多，风险也较大，不可轻易使用。决定此法成败的因素有实测混凝土面的准确度、时间、温度等。如温度高于 10℃，前期处理时间过长或初灌混凝土已初凝，使二次下管不能插入原混凝土相应深度都不易成功；反之，时间短，混凝土和易性好且尚未初凝、测算准确、处理得当是可以成功的。即使成功，亦应经过严格检测后方可使用。

②二次灌筑还有一个办法可大大降低风险，成功率也高，但须事先制作一节这样的导管作底节备用：底口做成莲瓣样尖状开口。莲瓣须能开合自如，外部用栓销销住，销由细钢丝绳控制，在上部提拉绳能拔出销。这样提出导管后，换上此节专用底节，边下管连灌入适量和易性好的高强度等级混凝土至插入原混凝土 1m 以上，再提拉绳开启莲瓣底口，上下提动导管，使混凝土冲下，此法既快且好，成功率又高。须注意的是底口封闭要好，封闭不好的可预先装入适量混凝土，且边下边灌装，同时又可克服浮力。

③二次处理不成功时也不可轻易放弃，可以迅速将钢筋笼整体或单根提出，调稠泥浆，下钻重钻、将粗细骨料捞出。相对补桩来说这样做损失也小，况且地质条件允许，安全有保障的情况下，抽干泥水，人工清除浮浆，再续灌混凝土也不失为一种好的解决办法。

二、卡管

（一）产生原因

灌筑事故中，卡管现象也是比较多见的，产生的主要原因有：

（1）初灌时隔水塞（栓）卡管。

（2）混凝土原因卡管：如混凝土塌落度过小、和易性差、离析、拌和不均匀、粗骨料过于集中及混凝土中夹有大块砖石、卵石、毛石、水泥结块、混凝土块等原因，都可能造成卡管。

（3）导管原因卡管：如导管漏水造成管内混凝土在自重作用下泌水离析，形成混凝土堵塞。

（4）机械故障或其他原因卡管：造成中止混凝土灌筑时间过长时，管内混凝土会离析，和易性变差、管内底部混凝土会泌水形成堵塞。

（5）其他原因造成的卡管：如导管坠落管底口内翻，减小了内径，还会积存混凝土，使混凝土流动不畅，极易造成卡管。

（二）预防措施

卡管事故处理时一般都比较困难，因此要注意预防和避免卡管。

（1）如隔水栓可采用小于导管内径 1cm 左右的充气皮球、充填泡沫板碎屑的塑料袋或砂袋，也可用塞子先塞住料斗底口贮满料后再提拉的办法。导管用前用后冲洗干净，清除附着于内壁上的混凝土，整平导管凹陷，使管内平滑流畅。

（2）另外，灌前要注意检修机械设备，使其保持良好的工作状态并准备必要的备用机械设备。

(3) 拌制混凝土应达到要求，注意料物不要夹带大块固体。

(4) 同时，要加强组织的协调性，尽量使混凝土灌筑保持其连续性、快速性，减少中止时间。因故中止时间间隔 10min 左右，上下小幅提动并转动导管，使管内混凝土间断性下行，也可以减少卡管机会。

(三) 处理方法

轻度卡管可采用长杆冲捣或用卷扬机快速上下提动导管，使管道通畅。但较重卡管，以上办法往往不能奏效，反而会因振动加快粗骨料下沉，加快混凝土离析，加重卡管。出现这种后果后，只有提出导管，清理后再作处理。处理办法可参照前面介绍的二次灌筑等办法。

三、埋管

导管不能从混凝土中提出，称之为埋管。

(一) 产生原因

造成埋管的主要原因有导管埋深过大，灌筑时间、混凝土已初凝，塌孔严重等原因。埋管轻则损坏导管，重则毁桩，其危害不亚于卡管。因此灌筑时间不要太长，导管埋深要严格控制在 2~6m 范围内。千万不要以为翻浆还很好就不会埋管而使其埋深过大。实践表明，多数埋管都是因为这样大意造成的。

(二) 处理方法

(1) 一旦发生埋管，可先卸掉料斗，用卷扬机或吊车直接吊拉导管。

(2) 吊拉时应全力、小幅、间幅、快速提动导管，不可猛提硬拉，待导管活动开后再提卸。

(3) 一般经过这样折腾后的导管尤其是法兰变形严重，应检修并做水密试验，合格后再用。

四、塌孔、缩径

(一) 塌孔现象

塌孔的判断主要应依据实灌混凝土量计算混凝土面上升高度与实测值的差值。如果差值突然变大即混凝土上升速度突度，在正常翻浆情况下，应疑为塌孔。轻度塌孔可以继续灌筑，重度塌孔宜填实重钻。

(二) 缩径现象

缩径主要同地质情况有关。例如砂层或富水层，如果停钻到灌筑时间间隔太长，孔内泥浆会在自重作用（静水压）下失水，水向砂层渗透，泥则附着于孔壁越积越厚，从而加厚了泥壁，减小孔径；又如处于地下水位线以上的黏土层会在吸夺泥浆中的水分、加厚泥壁的同时自身膨胀，也会减小孔径；再如砂土层钻进过快，钻头尺寸不够也是缩径的一个原因。以上这些原因在下钢筋笼前先下一个同孔一样粗的孔规，预先检测一下都能够发现并予以纠正。另外，再把停钻到灌筑控制在 4h 以内，这样就不会造成缩径的后果了。

五、短桩头

(一) 产生原因

出现短桩头主要是因为灌筑临近终了时误测所致。

（二）预防措施

（1）灌筑结束前，由于浆渣过稠，要加重测锤，增多施测点。

（2）测量时轻轻上下提动测锤，使之渐渐深入，直到提出后测锤上粘有混凝土浆为止，即可测量准确。

（3）同样，灌筑过程中，也应如此测量，同时凭着测量时对测绳的感觉也能区别泥浆、砂浆和混凝土。泥浆滑腻，砂浆沙松，混凝土有石子的碰撞且较难测入，这些感觉只有有一定经验的人才能感觉到。

（4）当然桩顶设计较浅的，也可以插入木杆或钢筋，待提出后观察所粘水泥浆测量，更直观。

（三）处理方法

一般短桩头短小混凝土高度不是很大，可以凿除桩头后补足或结合上部施工。

六、断桩、夹泥、夹心

（一）产生原因

造成断桩、夹泥、夹心的原因很复杂，而大多数原因又不易发觉，只有经过检测后才能发现。其主要原因有：

（1）以上各种事故引起的必然或次生结果。

（2）灌筑时间过长，首批混凝土已初凝，流动性降低，续灌混凝土冲破首批混凝土面上升，致使两层混凝土中间加有泥浆渣土。

（3）清孔不彻底或提钻时粘连在钻头上的泥石块掉落孔内。当首批混凝土巨大冲击力将这些渣块托起到一定高度时，由于混凝土面的不均匀上升或托浮力减小，使这些渣块留裹在混凝土内造成夹泥。灌筑中局部塌孔也会造成夹泥。

（4）灌筑时间过长，初凝混凝土粘在导管外壁，并随着终凝时导管的提出而提出，使桩顶部出现竖向空洞或夹心。

（5）质量不合格混凝土灌入造成断桩。如偶有一拌合严重离析的混凝土灌入或洗刷搅拌机的水灌入会在桩内形成一层相对均匀的粗料隔离层。

（6）导管提脱或导管埋深较小底口已到浮浆层，造成续灌混凝土同已灌混凝土连接不良、强度降低或断桩。

（7）大幅上提导管后又落下，泥浆容易随导管夹带进入混凝土后留在混凝土内形成夹心。

（二）预防措施

断桩、夹泥、夹心这些事故多是成桩检测后才能发现，这就要求我们要采取相应技术措施，预防和避免此类事故的发生。

（1）如灌前认真检测增多施测点，尽量减少孔内沉淀物；

（2）灌筑中通力合作，尽量缩短灌筑时间；

（3）严格混凝土拌制，不合格混凝土严禁灌入；

（4）避免导管大幅提落。提卸导管时小幅振动，减少混凝土的带出，尤其是结束前提管更应如此等等。

七、钢筋笼上浮

钢筋笼随着混凝土灌入而上升的现象我们称之为钢筋笼上浮。

（一）产生原因

这种现象多是因为混凝土上升托浮所致，多发生在笼底离孔底有一段距离，笼质量较轻、桩径小于1.2m以内，尤其是0.8m以内的灌筑桩中，桩径1.2m以上的较少见。

（二）预防措施

（1）当混凝土埋住钢筋笼一定深度，导管底口又在笼底以下时，导管底口以上混凝土会随着续灌混凝土整体上升，并对钢筋笼施以向上的摩擦托浮力后就会使笼子上升。

（2）因此，当发现笼子上浮时应当提卸导管，尽量减小导管埋深，使其底口高于笼底，减小托浮力。采取以上措施后，笼子就会停止上浮。

（3）另外，导管也能挂住笼子上升。如果轻提导管笼子随着导管上提而上升，且上升幅度一致，则属这种情况。此时只要轻轻转动导管，笼子一般会自行落入。反之，笼子上升与提动导管无关，而是随着续灌混凝土而上升则是混凝土托浮所致，应提卸导管，提卸导管后还上升的，应结合上部加压的办法，同时放慢灌筑速度，减少每拌混凝土数量。采取以上措施后，一般笼子都会停止上浮。

（三）处理方法

钢筋笼已经上升，且上升幅度不大，在采取以上措施后，在笼顶施压，笼子会慢慢沉下；发现较晚或上升幅度较大的，则很难使其再恢复到初始状态。因此，笼顶位置高的，应同上部灌筑设备焊牢；笼顶位置较深的，应在笼顶焊一钢筋并露出浆面，以便随时观察。

在工程中运用上法曾成功地避免和制止了几十根桩中的钢筋笼上浮，还成功地打捞了一个灌筑中掉落的钢筋笼。1992年11月18日在牟平明珠宾馆2号楼ZJ4-43桩灌筑20min时，笼子被导管刮落（桩径600mm，导管ϕ250mm，法兰ϕ310mm，笼径500mm，笼子离孔口、孔底都有数米，用1/2in钢管支顶，8号钢丝吊拉）。通过测量支管下落深度，计算出笼底深度及已进入混凝土深度，遂将导管下落，使其底口低于笼约30cm，继续灌筑。15min后，笼子上升至设计位置，再按以上办法提卸导管灌筑，从而挽救了该桩。

通过对以上几种常见工程质量事故的分析不难看出，导管和混凝土是水下灌桩成败的关键因素。因此，灌前要积极准备，仔细检修设备机具，使其保持良好的工作状态，并准备相应的备用机具；认真检查导管的封闭性，吊具的牢固性，灌筑中明确分工，密切配合，统一指挥，协同作战，做到连续、快速施工，浇好每一盘混凝土，灌成高质量的水下混凝土，防止质量事故的发生。

出现事故后要沉着冷静，积极查明原因，采取合理得当的技术措施，及时设法补救，尽可能地挽回或减少损失。经过补救措施的成桩，必须经严格检测后方可使用，不合格的坚决不能使用，宜同设计单位、业主研究后，采取补强、补桩或其他措施。

第八节　水下灌筑混凝土工程实例

水下灌筑混凝土，系直接灌筑于水下结构部位并就地成型硬化的混凝土。为了便于灌筑施工，保证质量，通常采用富水泥配合比，酌增水泥用量、用砂量或坍落度，常掺用减水剂或加气剂等。

表65-13列出水下灌筑混凝土工程实例，供施工时参考选用。

水下灌筑混凝土工程实例　　表 65-13

工程名称	混凝土强度等级(MPa)	减水剂 名称	减水剂 掺量(C%)	灌筑桩混凝土配合比
深圳某大厦灌筑桩	C25	木钙	0.25	52.5 级水泥:细砂:粗砂:1～2cm 碎石:2～4cm 碎石:水＝370:400:410:610:410:207 (kg/m³)，坍落度 20cm
福州宏利大厦灌筑桩(地下水为温泉水)	C30	木钠	0.312	52.5 级水泥 386kg/m³，粉煤灰 80kg/m³，其配合比：水:水泥:砂:石子:粉煤灰＝0.56:1:1.52:2.83:0.21；坍落度＞18cm
湖北财经学院培训楼灌筑桩	C20	FDN	0.5	42.5 级水泥 373kg/m³，坍落度 18～22cm；水泥:砂:石:水＝1:1.99:2.86:0.59
苏州地区灌筑桩	C20	AT	0.5	42.5 级水泥:中砂:石:水＝350:750:1130:200 (kg/m³)；坍落度 18～22cm

第六十六章　热 拌 混 凝 土

(hot-mixed concrete)

第一节　概　　述

热拌混凝土也称预热混凝土，或“热混凝土”。热拌混凝土，其实质是在拌合混凝土过程中进行加热，以拌制成具有较高的出罐温度（一般拌合物为40～60℃的热混凝土），通常是以在搅拌过程中直接对组合材料加热的方式获得热源而拌成热混凝土。这样的混凝土可以加速水泥的水化，缩短硬化过程，获得早期强度，加速构件制品厂设备的周转，提高经济效益。

一、热拌混凝土的发展

热拌混凝土是在1964年由丹麦的托马斯·斯密特公司首先研究和采用这种新工艺，很快就推广到世界各地，如北欧、西欧、南北美、日本和俄罗斯许多国家都得到应用。

我国1975年在天津市第一构件厂生产线首先应用这种新工艺，取得了较好的效果，混凝土板材蒸养时间从原来的14～15h缩短为6～7h。国内其他构件厂在相继采用之后，也同样收到良好的效果。如无锡市建筑构件厂原蒸养达到70%混凝土强度需12h，采用热拌热模养护仅需7h。还应当提及，国内的工程实践表明，热拌混凝土用于冬期施工，提高现浇混凝土的浇筑温度，防止混凝土早期受冻，也有明显的效果。

为了更进一步地提高其效果，同时在混凝土拌合物中掺加硫酸钠早强剂，热拌热模及干、湿热养护工艺（G-S工艺），就更臻完善，更加显示出其优越性。

二、热拌混凝土的加热方法

在冬季施工中，热拌混凝土的加热方法有两种。

（一）加热原材料

先将各种组成材料用热风或蒸汽进行加热后，再加入搅拌机内搅拌，得到具有一定温度的混凝土混合物，即热混凝土。

（二）搅拌加热

在搅拌机内，用蒸汽对拌合物在搅拌过程中直接加热，以获得具有一定温度的混凝土混合物，即热混凝土。

比较这两种加热方法，从加热效果和经济效益二方面来衡量，采用后者更为理想，更为经济、实用。

在拌合混凝土过程中进行加热，以制成温度一般为40～60℃的热拌混凝土，这种混凝土在趁热成型灌筑后，凝结硬化过程可以加快，获得初期结构强度较早，而当趁热进行蒸汽养护时，其所需要的再加热量少，制品或构件热膨胀作用小，这就显著地减轻了混凝土蒸汽养护过程中的结构破坏作用。为此，对于热混凝土可以取消或缩短预养期，加快升温过程和缩短恒温时间，使混凝土需用的热养护时间大为缩短，加快了混凝土制品的生产周期，增加了产量，提高了企业经济效益。

表66-1说明了热拌混凝土的蒸养适应性。图66-1为热拌混凝土的强度发展。

热拌混凝土蒸养适应性试验　表66-1

养护混凝土类型	混凝土拌合温度（℃）	蒸养后热压强度（MPa）	试件外观质量
热拌混凝土	43.5 51.0	18.2 20.1	外观表面良好 外观表面良好
非热拌混凝土	9.5 7.5	13.2 14.7	酥松、起鼓严重 酥松、起鼓严重

注：1. 试验用32.5级矿渣硅酸盐水泥，用量440kg/m^3，水灰比0.42。

2. 两种混凝土的蒸养制度约为：0 + 1 + 3.5（9.5℃）+ 1.5（共约6h）。

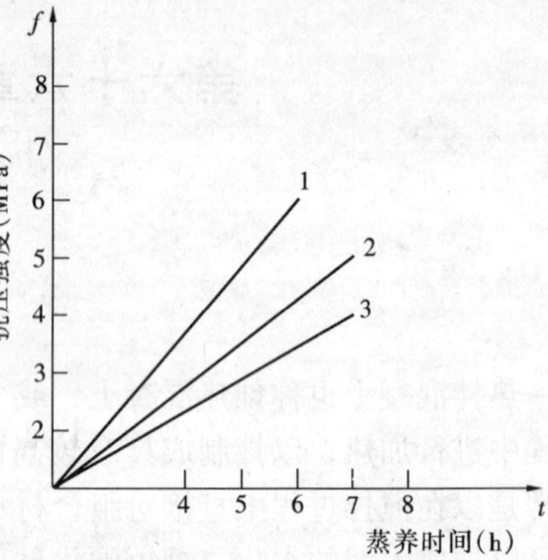

图66-1　热拌混凝土的强度发展

1—热拌混凝土热模养护；2—非热拌混凝土热模养护；3—非热拌混凝土常温养护

第二节　热拌混凝土施工设备和施工工艺

一、主要设备

（一）搅拌机

用于热拌混凝土搅拌机的结构，应满足下列各项技术性能要求：

（1）必须是强制式搅拌机，以使能适应搅拌低流动性混凝土和干硬性热拌混凝土。

（2）搅拌时间不超过对普通混凝土所需的搅拌时间，能拌制出温度达到50～80℃的热拌混凝土。

（3）在搅拌机的蒸汽供给系统中，应装有气压机、手控式电控气阀、蒸汽管道、调压阀和时间继电器等。

（4）为了防止蒸汽外溢，在水泥和骨料的进料管口上，应设置当蒸汽加入搅拌机时能自动密闭的闸门。

（5）搅拌机内腔与大气相通，搅拌机盖子应用良好的密封材料，以防止蒸汽外溢。

由于国内尚无专门生产热拌混凝土的搅拌机，故一般都采用强制式搅拌机改装。

（二）热模板

根据构件的外形尺寸，在普通钢模板的基础上，将钢模板增加厚度3～4mm，用钢板对模底封闭，如采用振动台振捣时，应不让封底层直接接触振动台以解决减振作用。进气孔安在模板边肋中部焊以管头，用胶管连接输以蒸汽，同时在模板两端部开小孔，以排除空气及冷凝水。为使热源迅速均匀传播，在封底内腔配以U型喷气管，此管上开有两排直径3mm的气孔，气孔间距为20cm。

二、施工工艺

（一）施工程序

热拌混凝土的施工程序：先将松散材料按预定的配合比例加入搅拌机，根据稠度放入需要量50%～70%的水，然后通蒸汽，由于蒸汽的冷凝使热拌混凝土能象搅拌一般混凝土那样进行卸料。在搅拌中同时加热，使用饱和蒸汽，表压为0.1～0.2MPa，温度为110～120℃，拌合物的加热温度一般在50℃左右（丹麦为55～60℃，日本为40～60℃，德国为45～50℃，俄罗斯为80～90℃，英国为65～70℃）。

（二）施工工艺流程

热拌混凝土的施工工艺流程如图66-2所示。

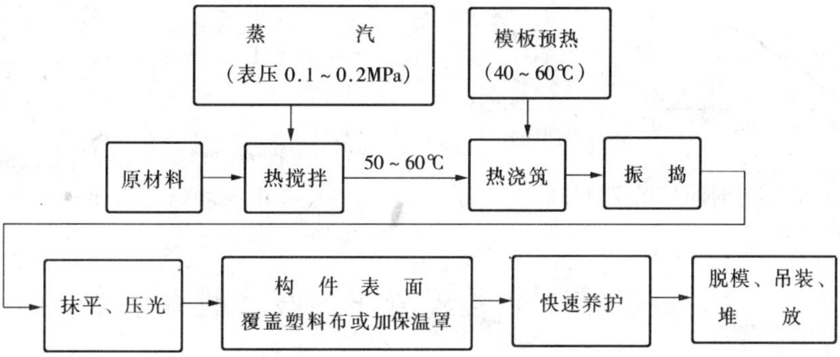

图66-2　热拌混凝土的施工工艺流程

（三）施工工艺参数

热拌混凝土的施工工艺参数为：

（1）搅拌温度：50～60℃；

（2）坍落度：0～2cm（根据振捣成型能力而定）；

（3）搅拌时间：即喷汽时间1.5～2.0h。

（4）蒸汽表压：0.1～0.2MPa；

（5）浇筑成型后混凝土表面温度：40～45℃。

（四）养护制度

热拌混凝土的蒸养时间为5～6h，生产周期计8h。其养护制度如图66-3所示。

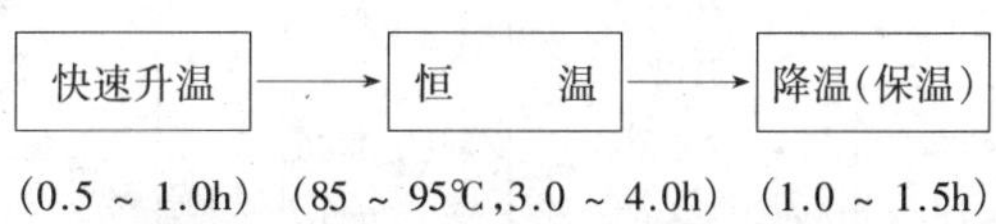

图66-3　热拌混凝土养护制度

（1）快速升温指在混凝土浇筑、抹光后立即送汽。以6.0m×3.0m屋面板为例，在1h以内混凝土表面温度可达到85～95℃（一般40min即可），否则C30和C40混凝土在短时间内（5h左右）使其达到拆模强度是极其困难的，如图66-4所示。如果升温速度慢，将大大影响混凝土的平均强度。

（2）以6.0m×3.0m屋面板的混凝土试块为例，如果生产时各工艺参数控制得好，甚至仅经过3h养护，热压强度可以达到设计强度的80%（24.0MPa）；冷压强度（脱模后在室温内静放1h左右后试压）可以达到设计强度的92.7%（27.8MPa），用回弹仪实测构件的强度与混凝土试块强度基本相符。图66-5为快速升温时的养护效果。

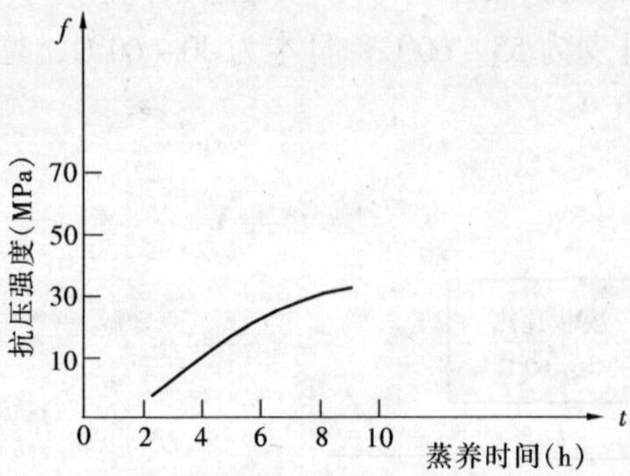

图 66-4 蒸养时间与强度的关系

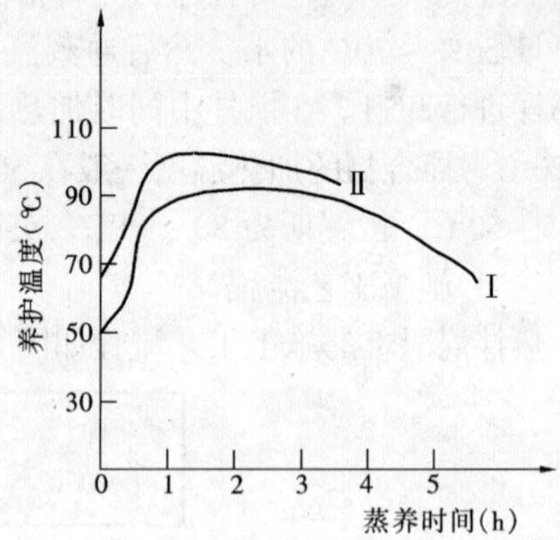

图 66-5 蒸养时间与温度的关系
Ⅰ—C40 混凝土；Ⅱ—C30 混凝土

第三节 热拌混凝土的技术性能

一、物理性能

(一) 水泥凝结时间

热搅拌对水泥凝结时间的影响见表 66-2。

温度与标准稠度的关系 **表 66-2**

加热温度(℃)	稠度(%)	用水量(mL)	初凝(h:min)	终凝(h:min)	硫酸钠掺量(%)
20	8.0	26	4:25	9:05	0
20	8.5	26	3:50	7:11	2
40	9.0	28.75	2:10	3:08	0
40	9.5	28.75	1:38	2:27	2
50	8.5	31.25	1:53	2:30	0
50	6.5	31.25	1:23	1:40	2
60	6.5	35	1:36	2:21	0
60	7.0	35	1:16	1:40	2
70	7.0	37	1:31	2:15	0
70	7.5	37	1:0.5	1:31	2

由表 66-2 可知，热拌混凝土的初凝、终凝时间比常温混凝土缩短$\frac{1}{3}$~$\frac{1}{4}$，尤其对缓凝类水泥，其效果更为明显。所以要求混凝土从搅拌至成型要迅速进行。但是，尽管如此，一般也是能够满足施工要求的。

(二) 单位用水量

搅拌温度越高，得到同样坍落度所需要的单位用水量越大。轻混凝土比普通混凝土用水量小。热拌混凝土的用水量可按下列参考公式推算：

$$W_x=\frac{(C_w+S_w+G_w)-\dfrac{\rho_h}{1-a_i}\left(\dfrac{C_w}{\rho_C}+\dfrac{S_w}{\rho_S}+\dfrac{G_w}{\rho_G}\right)}{\dfrac{\rho_h}{1-a_i}-1}$$

式中　W_x——热拌混凝土的用水量（kg）；

C_w、S_w、G_w——投入的水泥、砂、石质量（kg）；

ρ_C——水泥的密度（g/cm^3）；

ρ_S、ρ_G——砂、石的表观密度（g/cm^3）；

ρ_h——混凝土的堆积密度（kg/m^3）；

a_i——搅拌后混凝土的含气量实测值（%）。

（三）干缩值

热拌混凝土的干缩值参见表 66-3。由表可以看出，加热搅拌混凝土成型后，由于养护方式不同，其收缩值也不尽相同，其中以常温养护收缩值较小。

热拌混凝土干缩值　　表 66-3

养护方式	不同龄期干缩值（mm/m）			不同龄期水分蒸发率（%）		
	7d	14d	28d	7d	14d	28d
蒸汽养护	0.27	0.34	0.38	0.22	0.59	0.76
标准养护	0.25	0.27	0.32	1.29	1.70	1.98
常温养护	—	0.020	0.0389	—	1.86	2.08

（四）抗渗性

热拌混凝土的抗渗性与养护方式有关，见表 66-4。

（五）抗冻性

热拌混凝土的抗冻性与养护方式有关。抗冻试验时，试块在 -17℃内经 50 次循环后，又经 -40℃下 25 次循环。热拌混凝土的抗冻性能试验见表 66-5。

热拌混凝土抗渗性能试验　　表 66-4

养护方式	抗渗等级	备　注
蒸汽养护	>P1.6	试压正常，未继续加压
标准养护	P1.6	正常
普通养护	P1.4	正常

二、力学性能

（一）强度

热拌混凝土的抗压、抗拉、抗折强度见表 66-6。其中抗压强度远能满足设计要求；抗拉强度采用劈裂法测定，且能满足规范要求；抗折强度也较高。

（二）棱柱强度和静力弹性模量

热拌混凝土抗冻性能试验　　表 66-5

养护方式	标准强度 f_{c28}（MPa）	F50（-17℃）			F25（-40℃）		
		龄期强度（MPa）	冻后强度（MPa）	变化率（%）	龄期强度（MPa）	冻后强度（MPa）	变化率（%）
蒸汽养护	46.2	46.7	55.7	19.28	51.3	53.7	4.65
标准养护	45.1	46.1	57.8	25.38	51.0	48.3	-5.29
普通养护	29.7	—	26.4	-16.9	—	—	—

热拌混凝土抗压、抗拉、抗折龄期强度　表 66-6

搅拌温度（℃）	坍落度（cm）	养护方式	28d 龄期强度（MPa）		
			抗压强度	抗拉强度	抗折强度
60	0.4～1.5	蒸汽养护	46.2	2.85	7.27
		标准养护	45.1	3.14	6.26
55		蒸汽养护	31.0	2.53	5.19
		标准养护	33.1	2.55	5.06
常温		蒸汽养护	40.7	—	2.77
		标准养护	40.3	—	2.84

热拌混凝土的棱柱强度和静力弹性模量见表 66-7。

热拌混凝土棱柱强度和静力弹性模量　表 66-7

养护方式	棱柱强度（MPa）	静力弹性模量（$E_y\times10^4$MPa）	残余强度（MPa）
蒸汽养护	30.7	2.20	29.9
标准养护	32.0	2.62	34.2

（三）粘结强度

不同养护方式和养护制度的热拌混凝土，其粘结强度及相应的弹性模量、收缩值见表 66-8。

热拌混凝土的粘结强度、弹性模量及收缩值　表 66-8

试验项目	标　准	热Ⅰ（40℃）		热Ⅱ（48℃）	
		7d	28d	7d	28d
粘结强度（MPa）	2.5～4.0	2.71	4.20	3.09	2.65
弹性模量（$E_y\times10^{-4}$MPa）	3.0	2.83	3.21	2.64	3.17
收缩值（%）	0.02～0.04	—	—	0.0275	0.0377

第四节　热拌混凝土施工

一、施工准备

（1）施工中做好构件浇筑前的准备工作，以减少运输和振实时间，加快构件振实成型。

（2）根据水泥品种和强度等级以及浇筑振实设备的可能条件，规划热拌混凝土需要的温度。温度如果太高时，混凝土和易性差，凝结快，难于成型；如果温度太低时，制品的热效果较差。

二、振动成型工艺

（1）热拌混凝土流动性损失较快，凝结时间较短，拌和后尽快浇筑振动成型，要求操作迅速，快浇快振。否则，混凝土的和易性随时间的延长而降低，造成振捣抹光困难，影响构件质量。

（2）热拌混凝土宜使用预热钢模浇筑成型，成型后趁热供汽养护，以此达到最佳经济效果。

（3）采取有效振实措施，确保混凝土构件成型密实。

（4）操作成型室如气温较低时，浇筑前提早预热模板，使其热至40～60℃。

三、养护工艺

（1）振动成型后，混凝土表面应立即覆盖塑料布或保温罩，使其利用自身水分进行热养护。盖罩的同时，即可快速通汽养护，免去了静停和缩短了较长的升温、恒温时间。

（2）在冬季施工条件下，要提高操作室内温度，并在浇筑、成型等工序阶段要注意保温。

（3）养护室内连接热模的支汽管应注意分汽均匀，同时也应避免冷凝水的储存，以免堵塞汽路，影响蒸汽养护时的升温。如需安装支汽管节门时，宜装摇柄节门，以便于分别关汽和开汽，避免造成有未接通现象发生。

四、善后工作

每一班完工后清扫搅拌机的同时，打开蒸汽管吹气，以免搅拌铲背后的蒸汽喷嘴被混凝土拌合物堵塞，影响下一班的生产。

第六十七章　造 壳 混 凝 土

(sand enveloped with cement concrete)

第一节　概　　述

造壳混凝土即水泥裹砂混凝土，亦称 SEC 混凝土，是处在被水灰比较小的水泥浆皮壳进行包裹的状态，是一种用新型搅拌工艺制备的混凝土。

一、造壳法和造壳混凝土

造壳法，即水泥裹砂造壳法，在我国又叫二次投料法。它是在不增加水泥用量的情况下，通过改变投料程序，首先使水泥颗粒充分分散包裹在砂粒表面，避免产生水泥团，充分发挥水泥的活性，以提高混凝土强度效果的一种方法。

采用造壳法制备的混凝土，即为造壳混凝土。造壳混凝土是在砂粒周围包裹着有一定强度的水泥浆壳，从而增强颗粒间的相互黏结力。使水泥粒子在拌合物中由原来不太均匀的分散状态有所改善，更充分发挥水泥的活性，减少物料在搅拌过程中的摩擦程度，从而提高混凝土的强度和拌合物的流动性。当混凝土坍落度相同时，可减少单位用水量，提高强度；当混凝土强度相同时，可节约水泥用量；当配合比不变时，可增大拌合物的流动性，从而改善和易性。

二、造壳混凝土的特点

工程实践证明，混凝土中的水，在搅拌时的加入方式会影响混凝土的性能。如普通搅拌工艺那样，水是一次直接加入搅拌机时，则搅拌后混凝土混合物中的含气量较多，会在混凝土内部产生小气泡，同时混凝土产生泌水和沉降。

按图 67-1 所示的投料顺序制备的造壳混凝土，水分两次加入：第一次加入水（W_1），与砂（S）拌合，再加入水泥（C）与之拌和，然后加入粗骨料（G），与第二次水（W_2）和外加剂（A_d）进行搅拌。以这种方式制成的造壳混凝土，几乎看不到气泡，泌水也极少，能改善混凝土的性能。

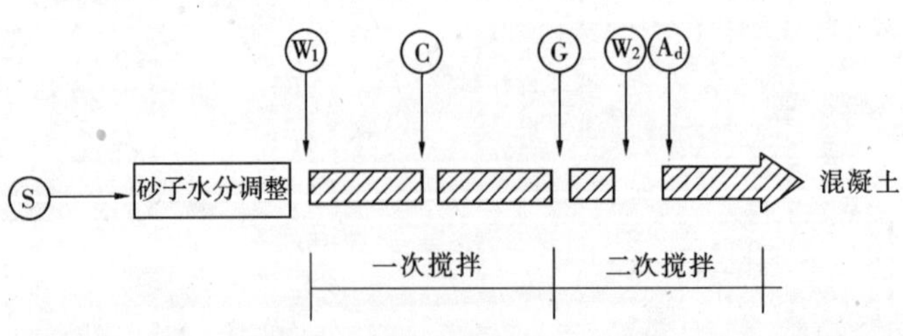

图 67-1　造壳混凝土搅拌顺序

S—砂；G—石子；C—水泥；W_1——次水；W_2—二次水；A_d—外加剂

造壳混凝土所以能改善性能，是由于一次搅拌时在砂粒周围的表面上黏结着水泥，形成水泥皮壳。在加二次水进行搅拌时，砂粒周围的水泥皮壳与二次水充分混合，形成分散性良好的水泥浆填充骨料之间的孔隙，同时水泥浆由于受到骨料的约束，使水分的移动也受到限制，因而使泌水量几乎接近零，骨料的分离和沉降也极小，因而改善了混凝土的性能。

三、造壳混凝土的发展

造壳混凝土是日本小林觉二教授首先发明的，并享有技术专利。我国从 1972 年开始进行试验，并在全国各地推广使用。实践证明，这种混凝土是一种技术经济效果都比较显著的新型混凝土。

第二节　造壳混凝土的制备

造壳混凝土的制备，是由砂粒表面水分调整、一次搅拌和二次搅拌三部分工艺过程组成的。

一、砂粒表面水分调整

砂粒表面水分调整，需使用砂粒水分调整装置。在日本，是利用砂粒水分调整机，即使砂粒通过调整机后，砂粒表面即可含水均匀。也有利用贮藏仓和洒水装置来调整砂粒表面水分的，只要充分洒水，就能获得具有表面稳定水的砂粒。

二、一次投水量与水灰比

（一）一次投水量（W_1）的确定

配制造壳混凝土的关键是形成砂颗粒周围水泥浆体的厚度与强度，使其能充分抵抗住在混凝土搅拌过程中，物料之间相互冲撞的能力，保持水泥浆壳的完整性。此时浆体的流动度不宜过稠或过稀，应有一个适宜的范围，通常称为理想的第一次水灰比$\left(\frac{W_1}{C}\right)$。当水泥用量一定时，此时的用水量就是决定的因素，因为混凝土强度不同，单位体积的水泥、水、砂的用量也有差异。

由此可见，一次投水量是个重要因素，它直接关系到造壳效果。为了确定最佳的一次水量，日本进行了大量试验，即在水泥中逐渐加入水，以测定不同水灰比的搅拌力矩。从图 67-2 可知，搅拌力矩最大时的水灰比为 0.22 左右、这表明此时的黏结力最大，水泥浆易于附在砂粒周围形成坚固的皮壳。也即表明，一次水量以保持获得 0.22 的水灰比为宜。

实际上，一次水量与细骨料的种类有关，还应考虑砂的表面含水率，一般以保持 0.20～0.30 的水灰比为宜。

（二）一次水灰比对混凝土性能的影响

1. 对混凝土泌水率的影响

一次水灰比$\left(\frac{W_1}{C}\right)$与混凝土的泌水率有关。试验证明，当总水灰比为 0.55 时，不论对那种粗骨料和细骨料，当一次水灰比最小$\left(\frac{W_1}{C}=0\right)$时，泌水率最大；当一次水灰比为 0.15～0.35 时，泌水率最小，约减小$\frac{1}{2}$～$\frac{2}{3}$。而且这种倾向在总水灰比越小时越明显。若将泌水率最小时的一次水灰比换算成骨料表面含水率，则表面含水率约为 4%～7%。

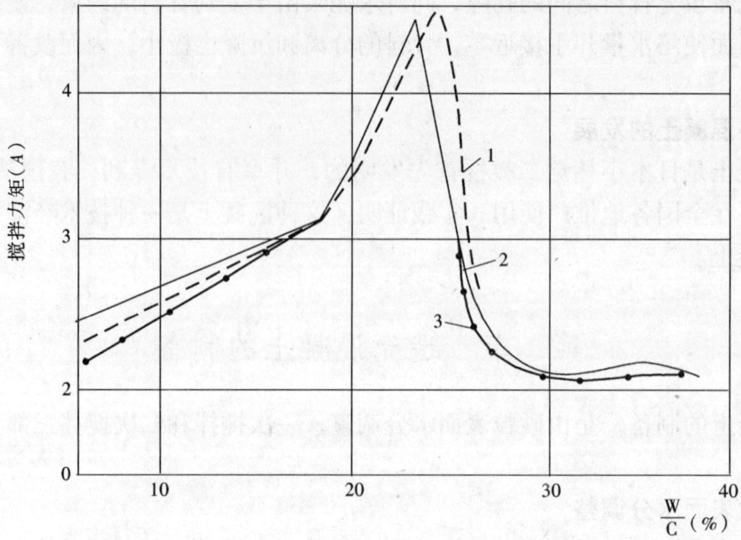

图 67-2 水泥浆搅拌力矩测定

1、2—硅酸盐水泥；3—硅酸盐水泥掺加1%的砂子

与一次水灰比一样，总水灰比对混凝土的泌水率也有影响。但一次水灰比对泌水率的影响趋势是一致的，而且影响也较大。因此，在制取造壳混凝土时，一次水灰比和一次搅拌是很重要的。

2. 对混凝土坍落度的影响

一次水灰比还影响混凝土的坍落度。经国内试验结果，一次水灰比对混凝土坍落度的影响见表 67-1。

不同强度混凝土一次水灰比选择 表 67-1

混凝土强度等级	总水灰比 $\left(\frac{W}{C}\right)$	一次水灰比 $\left(\frac{W_1}{C}\right)$	坍落度 (cm)	f_{c7} (MPa)	f_{c28} (MPa)
C15	0.73	0 0.40	2 8	8.6 9.2	18.5 16.5
C20	0.60	0 0.30	2 6	10.3 11.5	19.2 20.5
C30	0.48	0 0.32	1 5	22.5 26.3	36.0 36.6
C40	0.43	0 0.32	1 5	41.9 42.9	47.3 51.3

注：0—为混凝土传统投料方法，即用水量一次投入。

从表 67-1 结果可以看出，当总水灰比相同时，新的混凝土投料工艺与传统工艺相比较，其抗压强度基本一致，但坍落度确有明显提高。

若按总水灰比为100%计算时，一次水灰比的适宜范围一般在55%～74%之间。坍落度一般可提高3～5倍。一次水灰比的适宜范围详见表67-2。

一次水灰比$\left(\frac{W_1}{C}\right)$适宜范围　　表67-2

混凝土强度等级	一次水灰比占总水灰比（%）	坍落度提高倍数	混凝土强度等级	一次水灰比中总水灰比（%）	坍落度提高倍数
C15	55	4	C30	67	5
C20	62	3	C40	74	5

但日本有关资料认为，当一次水灰比为零（即用水量一次投入）时，坍落度最大；为0.15～0.35时，坍落度减少2～4cm；超过0.35时，坍落度又缓慢上升。这表明，采用造壳混凝土搅拌工艺时，为了制得相同坍落度的混凝土需要增加单位用水量。否则，尽管水灰比与普通搅拌工艺的混凝土相同，但制备出的混凝土坍落度却不相同。

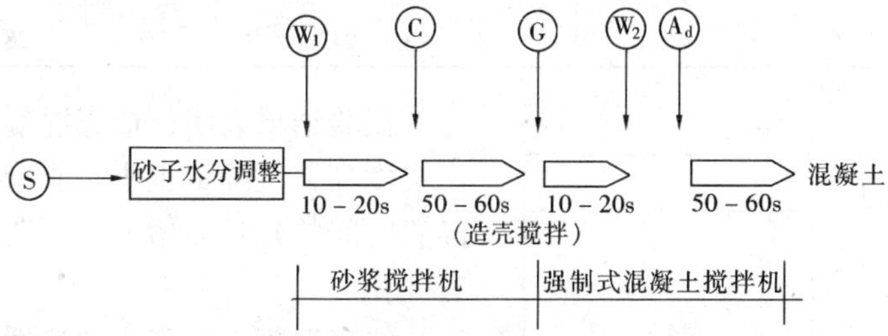

图67-3　造壳混凝土工艺流程

（S—砂；G—石子；C—水泥；W_1——一次水；W_2—二次水；A_d—外加剂）

三、制备造壳混凝土的工艺流程

制备造壳混凝土，采用两阶段搅拌工艺最合适，如图67-3所示。在第一阶段的砂浆搅拌机中进行砂和水泥的造壳搅拌，然后在第二阶段的混凝土搅拌中，向经过成壳的砂中投入粗骨料，经过短时间搅拌后，再投入二次水和外加剂进行二次搅拌。

采用两阶段搅拌工艺制备造壳混凝土，在日本多采用涡流式砂浆搅拌机和双轴卧式混凝土搅拌机，两者皆属强制式搅拌机。

第三节　造壳混凝土的性质

造壳混凝土，不论是新拌混凝土，还是硬化后的混凝土，都可获得良好的性能。

一、新拌造壳混凝土的性质

（一）混凝土的泌水率

试验结果表明，不论何种水灰比和坍落度，造壳混凝土的泌水量均比非造壳混凝土显著降低，水灰比和坍落度大的混凝土，降低得尤其显著。同时，加压泌水试验也获得了与此相同的结果，这表明造壳混凝土泵送性能大大改善。造壳混凝土在泵送过程中，在混凝土泵活塞产生脉动压力作用下，脱水量减少；能避免输送管阻塞。

（二）混凝土的沉降

为了研究造壳混凝土的沉降特性，曾从表67-3所列配合比的造壳混凝土和非造壳混凝土进行性能对比试验，结果见表67-4和图67-4。

混凝土配合比 表 67-3

混凝土种类	配合比			材料用量				
	水灰比 $\left(\frac{W}{C}\right)$	砂率（%）	高效减水剂（%）	水泥（kg/m^3）	河砂（kg/m^3）	卵石（kg/m^3）	高效减水剂（L/m^3）	水（L/m^3）
造壳混凝土	0.50	40.7	1.0	369	738	1107	3.69	185
非造壳混凝土	0.50	40.7	0.8	367	739	1100	3.94	182

搅拌后混凝土的性能 表 67-4

混凝土种类	搅拌后混凝土的性能					抗压强度	
	温度（℃）	坍落度（cm）	空气量（%）	湿堆密度（kg/m^3）	泌水率（%）	f_{c7}（MPa）	f_{c28}（MPa）
造壳混凝土	10	18.0	0.5	2430	0.08	37.4	49.5
非造壳混凝土	11	18.0	1.4	2400	1.26	28.9	39.5

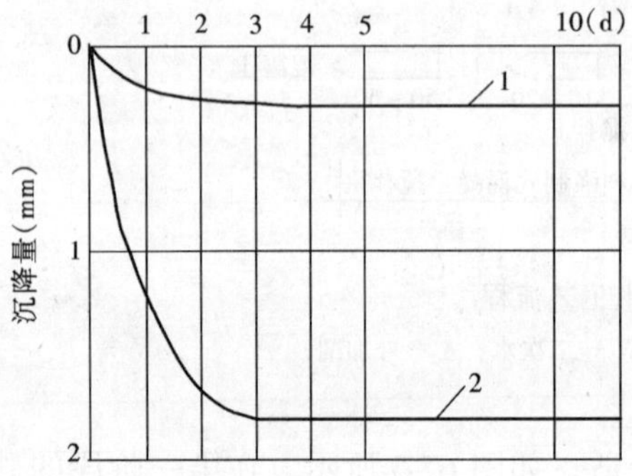

图 67-4 混凝土的沉降量

1—造壳混凝土；2—非造壳混凝土

试验结果表明，造壳混凝土泌水率小，抗压强度高，沉降量也小。非造壳混凝土的沉降随着时间的延长而增大，而造壳混凝土几乎没有变化。

造壳混凝土沉降小的特性，对于高度大的柱子和墙体的浇筑非常重要。因为用普通混凝土浇筑时，这些构件的上端由于混凝土沉降等原因，混凝土本身的强度及混凝土与钢筋之间的黏结强度较低，是这些构件的弱点所在。如改用造壳混凝土浇筑，则可大大改善。

（三）混凝土坍落度

由日本有关试验资料可知，在相同水灰比情况下，造壳混凝土的坍落度一般比非造壳混凝土的为小。表 67-5 和表 67-6 为相同配合比的人工轻骨料混凝土的坍落度研究结果。

人工轻骨料混凝土配合比 表 67-5

混凝土种类	水灰比 $\left(\frac{W}{C}\right)$	用水量（kg/m^3）	水泥用量（kg/m^3）	表干质量（kg/m^3）		
				水泥	河砂	人工轻骨料
造壳混凝土	0.51	160	314	314	793	642
非造壳混凝土	0.51	160	314	314	793	642

人工轻骨料混凝土性能对比 表 67-6

混凝土种类	基准混凝土		流化混凝土			抗压强度（MPa）			
						基准混凝土		流化混凝土	
	坍落度（cm）	空气量（%）	坍落度（cm）	空气量（%）	泌水率（cm^3/cm^3）	R_{c7}	R_{c28}	R_{c7}	R_{c28}
造壳混凝土	10.4	6.8	16.9	6.8	0.10	29.1	38.7	28.2	35.2
非造壳混凝土	14.1	6.9	17.8	8.0	0.18	20.1	30.3	19.8	28.5

由表67-6可以看出，造壳轻骨料混凝土的坍落度，无论是基准混凝土或者流化混凝土，都比非造壳混凝土小。此外，空气含量和泌水率亦降低，而抗压强度却提高。因此，采用造壳混凝土搅拌工艺也能制得高质量的人工轻骨料混凝土。

二、造壳混凝土的物理力学性能

造壳混凝土与普通混凝土的物理力学性能对比见表67-7。由于造壳混凝土具有较好的物理力学性能，因此用其浇筑混凝土结构有利于提高施工质量。这也是造壳混凝土能够在国内外逐渐推广和应用的主要原因。

造壳混凝土与普通混凝土的物理力学性能比值　　表67-7

性能指标	造壳混凝土/普通混凝土	性能指标	造壳混凝土/普通混凝土
抗压强度（MPa）	1.0～1.3	收缩率（mm/m）	1.0
抗拉强度（MPa）	1.0～1.3	水密性	1.6
黏结强度（MPa）	1.0～1.3	抗冻性	1.0～1.1
弹性模量（MPa）	1.0	耐弯曲疲劳能力	2.0
最大应变（%）	1.0～1.2		

第六十八章　冬季施工混凝土

(concreting in freezing weather)

第一节　概　　述

冬季施工混凝土，又称抗冻混凝土，即在低温寒冷条件下施工的混凝土。

众所周知，混凝土之所以具有强度，是由于其组成中的水泥与水进行化学反应（水化反应）的结果。水泥与水的化学反应，在低温条件下进行缓慢，在4～5℃时尤其显著。因此，寒冷的冬季气候对混凝土工程的影响很大。新浇筑的混凝土对温度非常敏感，在低温条件下混凝土强度的增长要比常温下慢得多。如果温度降至4℃以下，尤其是－0.5～2.0℃，水泥所需的水即开始膨胀，这对于脆弱的、新形成的水泥颗粒结构可能产生永久性损害。如果混凝土温度降至水的冰点（－4℃）以下，由于结冰的水不能与水泥化合，混凝土内化学反应停止，所产生的新复合物就大为减少。一旦冻结时，不只是水化作用不能进行，其后即使给以适宜的温度养护，也会对强度、耐久性、水密性等性能带来不利影响，贻害于未来。因此，在混凝土凝结硬化初期，当预计到日平均气温在4℃以下时，必须以适当的方法保护混凝土，不使其受到冻害。

一、冬季施工混凝土应达到的标准

鉴于上述情况，冬季施工混凝土应达到以下标准：

(1) 没有受到冻害影响之前，应给予加热或进行保温养护。特别是从养护结束到开春之前，混凝土将具有充分的抗冻融性能。

(2) 施工过程中的各阶段，对于预想的各种荷载，应具有足够的强度。

(3) 竣工的结构物，应满足使用时所要求的强度、耐久性和水密性。

其中前两者是临时要达到的要求，后一项是最终要达到的标准。

二、冬季施工混凝土有关规定

混凝土必须硬化到一定程度时才不会受冻害的影响。这种程度往往与冰冻时的水分、空气含量、冻结温度、冻结次数有关。为达到上述标准，冬季施工混凝土必须满足如下规定：

(1) 冬季施工混凝土的施工要点是寻求即使在室外气温低于冰点的气象条件下，也能获得满足所需要强度和耐久性混凝土的施工方法。

(2) 按当地多年气温资料，当室外的平均气温连续5d稳定低于5℃时，必须遵守冬季施工混凝土有关规定。

(3) 尚未结硬的混凝土在－0.5℃时就冻结，混凝土强度将因冻结而明显受到损害。故冬季施工混凝土在受冻前的抗压强度（临界强度）不得低于下述规定：

①硅酸盐水泥和普通硅酸盐水泥配制的混凝土为设计强度等级的30%，但C15以下的混凝土，其强度不得低于3.5MPa。

②矿渣硅酸盐水泥、火山灰质硅酸盐水泥和粉煤灰硅酸盐水泥配制的混凝土为设计强度等级的40%，但C15以下的混凝土不得低于5.0MPa。

总之，一般来说，当抗压强度大约达到3.5~5.0MPa时，有1~3次冻结，混凝土不会受到很大冻害。寒冷地区，暴露在露天的结构物，从保温养护结束到开春之前，有1~3次以上的冰冻是常事。故上述强度此时是不够的。

第二节　冬季施工混凝土原材料及施工配合比

一、原材料要求

（一）胶凝材料——水泥

1. 水泥品种的选择

对于不同的养护方式，不同的构筑物，应采用不同的水泥。

（1）在冬季混凝土的一般施工方法中，如掺外加剂法、蓄热法、暖棚法等，除厚大结构物外，应选用活性高而水化热大的水泥品种，因此应优先选用硅酸盐水泥和普通硅酸盐水泥。

（2）采用蒸汽湿热养护的混凝土，宜优先考虑矿渣硅酸盐水泥、火山灰质硅酸盐水泥和粉煤灰硅酸盐水泥。

（3）采用电热法养护的混凝土，由于高活性水泥配制的混凝土对于热脱水较为敏感，因此不适应急速于热高温养护环境。

（4）对于厚大体积的结构物，如水坝、反应堆、高层建筑物大体积基础等，则选用水化热较小的水泥，以避免温度应力对结构产生的影响。

2. 水泥强度等级和用量的选择

冬季施工混凝土一般采用标号不低于32.5级的水泥；水泥用量最低不少于300kg/m^3。一般电热法养护的混凝土采用32.5级以下的水泥，则会收到较好的效果。

（二）骨料

混凝土骨料分细骨料和粗骨料。细骨料宜选用中砂，含泥量小于3%，粗骨料须选用经15次冻融值试验合格（总质量损失小于5%）的坚实级配花岗岩或石英岩碎石，不应有风化的颗粒，含泥量小于1%。

骨料多处于露天堆置条件，因此要求提前清洗和贮备，做到骨料清洁。要使用冰雪完全融化了的骨料，不宜使用冻结的或是掺有冰雪的骨料，否则会降低混凝土的温度，另外，由于冰雪的融化会在混凝土中留下孔隙。为了有利于骨料的加热，特别要注意在运输和贮存过程中不要混入冰雪，以避免冰融化时吸热降温。

冬季施工混凝土所用骨料的贮备场地，应选择地势较高、不积水的地方。

（三）水灰比

混凝土的冻结，主要是由于其中的水分结冰所致。

混凝土中的孔隙率和孔结构特征（大小、形状、间隔距离）对抵抗冻害起着明显的作用，而水灰比又直接影响混凝土的孔结构，故冬季施工混凝土的水灰比应不大于0.60。另外，为适应目前的一般施工工艺水平条件，水灰比最好也不要低于0.40。

（四）外加剂

1. 早强剂——氯化钙（$CaCl_2$）

混凝土中掺入适量的$CaCl_2$，会促进硬化，尚可减少养护时间和受冻害的机会。但在钢筋混凝土中，$CaCl_2$的掺量不得超过水泥质量的1%（按无水状态计算），以免钢筋锈蚀。

是否使用$CaCl_2$以及如何确定其掺量，应主要根据使用$CaCl_2$时，其具有缩短养护周期、加速模板周转、保证制品早期强度等有利因素，以及具有降低最终强度、耐久性、可能腐蚀钢筋等不利条件来综合考虑。

掺$CaCl_2$的混凝土必须振捣密实，且不宜采用蒸汽养护。

2. 减水剂

使用减水剂，在水泥用量一定时可以减少单位用水量，从而减少混凝土内部的孔隙率，提高密实度，这对于抵抗冰冻是有利的。

3. 泡沫剂

配制抗冻混凝土时须掺泡沫剂。泡沫剂宜选用不加胶质的松香酸钠，其配合比和配制方法与防水混凝土用松香酸钠泡沫剂相同。

4. 引气剂

使用引气剂，亦可减少用水量，同时混凝土具有适当的含气量，抗冻性会大大改善。这主要是由于分布均匀的微孔能减缓游离水冻结压力之缘故。因此，冬季施工混凝土使用加气型减水剂最好，并控制混凝土含气量达3%～5%，以提高混凝土的抗冻性能。

二、施工配合比

在低温条件下施工，除了在工艺上必须采取相应的加热措施外，更重要的是提高混凝土自身的抗冻条件，即配制抗冻混凝土。

（一）配合比

抗冻混凝土的施工配合比可参见某氧气站冷箱基础、空气分离塔基础C20强度等级F150抗冻混凝土的施工配合比，见表68-1。

F150抗冻混凝土施工配合比　　表68-1

质量配合比 水泥:砂:碎石	水泥用量 (kg/m^3)	水灰比 $\left(\frac{W}{C}\right)$	粗骨料		泡沫剂掺量 (%)	抗压强度 f_{c23} (MPa)	冻融150次 强度损失 (%)	抗渗等级
			粒径 (mm)	掺量 (%)				
1:1.57:3.35	370	0.5	20～40	100	0	30.8	31.4	—
1:1.57:3.34	368	0.5	20～40	100	0.01	21.9	16.0	P0.8
1:1.57:2.92	384	0.5	20～40 5～15	80 20	0.01	23.8	14.5	P1.2
1:1.63:3.00	380	0.5	20～40 5～25	80 20	0.01	31.5	9.6	P1.2
1:1.77:3.15	385	0.45	20～40 15～20 5～15	50 30 20	0.075	32.7	10.0	P0.8～P1.2
1:2:0	590	0.46	—	—	0.02	32.0	1.2	—

（二）施工要点

（1）抗冻混凝土的拌制是先加50%的水，然后加松香酸钠泡沫剂和其他材料，最后再加50%的水，共搅拌3～4min即可均匀。

（2）浇筑成型时，要振捣密实，要连续施工，不留施工缝，养护与松香酸钠防水混凝土同。

第三节　冬季寒冷条件对混凝土的影响

一、早期受冻对混凝土的损害

在新浇筑的混凝土混合物中，水泥与处于液态的水起化学反应，生成胶体复合物，其牢固地与砂、石、钢筋结合。当温度低于常温时，产生新生物的化学反应速度减慢，混凝土强度增长延缓；当温度低于4℃的水继续冷却时，水的体积就会膨胀。继续降温，如果为进行水化所需的水结冰了，其化学反应就不能继续下去，而且对新形成的很薄弱的水泥晶体结构会产生永久性的损害。

因此，水化反应得以进行必须具备温度和水两个条件。水决定着水化反应能否进行，温度决定其水化反应速度的快慢，激烈程度。显然，在不同的气温下，不仅水化反应速度有极大的不同，其水化产物的力学性能——强度也有很大区别。

混凝土强度的降低决定于浇筑温度及受冻前的养护时间。见表68-2。

不同受冻龄期对混凝土强度的影响　　表68-2

冻结温度（℃）	养护时间（d）	不同龄期受冻后混凝土相对强度（%）			
		立即受冻	1h	3h	6h
-15	3	44	50	63	81
	7	52	56	80	91
	28	54	58	72	83
-9	3	51	60	71	92
	7	66	75	73	93
	28	60	71	89	98

新浇混凝土受冻后引起的损害，是混凝土内部的水结冰所致。经试验发现在不同的养护条件下，处于不同冻结温度下的水泥浆及混凝土试件，随着负温的降低，冰的析出量增加。混凝土中的含冰量，一方面取决于所达到的负温，但是温度由-20℃降至-40℃，含冰量增加得很慢；另一方面，也取决于冰冻前硬化的时间。后者尤为重要。冰冻前混凝土经历的硬化时间越长，所达到的强度越大，水化生成物越多，保持不结冰的那部分水的比例就越大，而能变成冰的游离水就越少。

新浇混凝土过早受冻促使强度降低的原因，归纳成如下三方面：

（1）水冻结冰后，体积增加9%，由于冻结使混凝土体积膨胀，在解冻后并不会缩回去而是保留下来。因此，混凝土受冻后孔隙率显著提高，而密实度则降低。如果孔隙率增加到15%～16%，其强度就会降低10%。

（2）在骨料周围有一层水膜或水泥浆膜，在受冻后其黏结力受到严重损害，即使解冻后也不能恢复。据有关丧失黏结力的研究资料表明，如果黏结力完全丧失，强度将降低

13%。

(3) 在结冻和解冻过程中，会发生水分迁移现象，水分的体积也有变化，混凝土中的各组分体积膨胀系数又各不相同，使得混凝土的体积及各组分的相对位置有所改变，这对于当时强度仍然很低的混凝土是承受不住的，结构因而产生裂纹。

二、混凝土的早期抗冻性

混凝土早期遭受冻结，结构受到破坏，后期强度受到一定损失，结冻时间越早，损失越大。

经试验认为，为达到早期抗冻能力所需的预硬化时间，与水泥品种，水灰比及养护温度有关。所谓的预硬化时间，是指使混凝土获得一定的早期抗冻能力，即使混凝土获得不致遭受冻害的最低强度——临界强度所需的时间。因为经过这样长的预硬化时间以后，混凝土抗压强度约为5.0MPa，这时也有相当一部分拌合水固定到已形成的水化物中，可能冻结的水量较小，混凝土本身也有一定的抗冻能力。

世界各国规范规定的允许受冻临界强度见表68-3。

各国规范规定的允许受冻临界强度 **表68-3**

国家	混凝土设计强度等级	允许受冻临界强度(MPa)	国家	混凝土设计强度等级	允许受冻临界强度(MPa)
瑞典	—	2.5~4.5	挪威	—	4.5~8.5
美国	—	3.5	加拿大	—	7.0~10.5
丹麦	—	25% f_{c28}或3.5	俄罗斯	C15 C20~C30 C40~C50	50% f_{c28} 40% f_{c28} 30% f_{c28}
日本	—	6.0			
荷兰	—	4.5~8.5	瑞士		14.5

三、混凝土强度在低温及负温下的发展

(1) 在低温及负温下混凝土强度的发展规律：混凝土强度的不断增长，是水泥的一系列化学反应的结果，这个反应的重要因素即是温度。自然界的温度是变化的，特别是北方地区，冬夏温差变化较大，因而使混凝土强度增长产生很大差异。

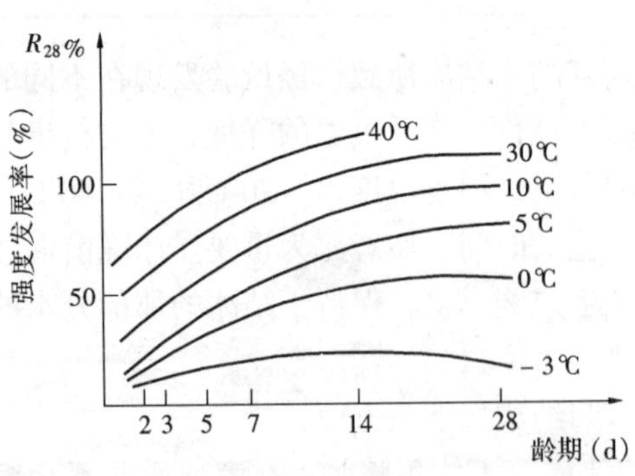

图68-1 C40混凝土在不同温度下强度的发展

图68-1为不同温度下混凝土强度增长的关系。从图中可以看出，随着温度降低，强度增长逐渐缓慢，当温度低于0℃时，强度发展已非常缓慢。当混凝土处于0℃时，经28d后强度只达到标养的50%，当降低到0℃以下时，仅为标养的20%。这与混凝土中含水量的研究结果相一致。自然界中的纯水0℃时结冰，混凝土拌合物中的水，其冰点低于0℃，大约为-0.5~-2.5℃。当温度降低到-3℃时，混凝土中只有10%左右的液相存在，其水化及强度增长已相当缓慢了。

(2) 不同温度下混凝土的强度与f_{c28}的关系：根据各种温度时对f_{c28}的影响试验结果，经整理得出S曲线如图68-2。

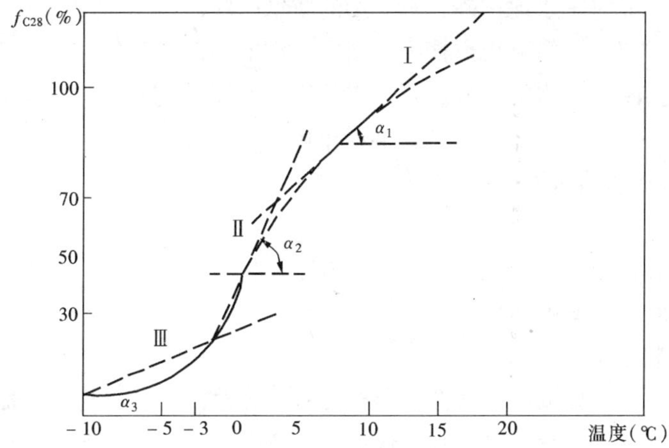

图 68-2　各种温度下养护的混凝土强度与 f_{c28} 的关系

分析养护温度与 f_{c28} 的关系，可将 S 曲线划分为三个区域：第Ⅰ区为常温区，20～5℃；第Ⅱ区为低温——负温区，5～-3℃；第Ⅲ区为负温区，-3～-10℃。分析三个区的特点可以看出：第Ⅰ、Ⅲ区曲线的斜率小于Ⅱ区曲线的斜率，即 $\alpha_1 < \alpha_2$、$\alpha_3 < \alpha_2$。这说明在这两个区域中当养护温度有变化时，对 f_{c28} 发展的影响比较稳定，但当温度低于5℃而进入Ⅱ区养护时，养护温度的微小变化都会带来混凝土强度的剧烈波动，而且 f_{c28} 值也显著地陡降。因而在工程实践中，当温度降低到5℃以下时，必须慎重对待混凝土强度的增长。

第四节　冬季寒冷条件下混凝土的施工方法

一、材料加热法施工

（一）基本原则

冬季施工混凝土的原材料一般需要加热，通过混凝土材料的加热，使混凝土在搅拌、运输、浇筑以后，还蓄有相当的热量，具有适当的温度，以不致受到冻害，并在一定的养护条件下硬化，逐步增长到所需要的强度。为此，对材料加热规定如下原则：

（1）不论采用何种方法加热，必须以能够节约燃料为准；

（2）水的加热最简单，易于控制，且水的比热较砂、石骨料高5倍左右，故应予首先考虑。如果水加热至规定温度尚不能使搅拌的混凝土达到规定的温度时，应再考虑砂、石骨料的加热；

（3）原材料的加热温度应通过热工计算决定；

（4）为防止水泥"假凝"，水的加热极限温度不宜超过80℃。如经热工计算80℃的水所含的热量还不能满足要求，可适当提高水温，但须将砂石与热水先行搅拌，等砂、石和热水温度降低后再加入水泥搅拌成混凝土，以防止水泥假凝现象而影响混凝土的强度。

（二）加热材料热工计算

搅拌所得混凝土的温度由下式计算：

$$T = \frac{(CT_C + ST_S + GT_G) \times 0.836 \times 10^3 + WT_W}{(C + S + G) \times 0.836 \times 10^3 + W}$$

式中 C、S、G、W——水泥、砂、石、水的质量（kg）；

T——混凝土搅拌绝对温度（K）；

T_C、T_S、T_G、T_W——水泥、砂、石、水的绝对温度（K）；

0.836×10^3——水泥、砂、石平均比热（J/kg·K）。

（三）各种材料的加热方法

1. 水的加热方法

①用锅炉或锅直接烧水；②直接向水箱内导入蒸汽；③在水箱内装置螺形管传导蒸汽的热量；④水箱内插入电极加热。

2. 砂、石骨料的加热方法

（1）直接加热——直接将蒸汽管通到需要加热的骨料中去。其优点是加热迅速，并能充分利用蒸汽中的热量，有效系数高。缺点是骨料中的含水量增加，不易控制搅拌时的用水量。

（2）间接加热——在骨料堆、贮料斗或运输骨料工具中，安装气盘管间接地对砂、石送汽加热。这种方法加热较慢，且易控制搅拌时的用水量。

（3）用大锅或大坑进行加热。此法设备简单，但热量损失很大，有效系数低，加热不均匀，一般用于小型工程。

原材料不论用何种方法加热，在设计加热设备时，必须先求出每天的最大用料量和要求达到的温度。根据原材料的初温和比热，求出需要的总热量，考虑到加热过程中的热量损失，求出所需热量尚应适当地提高。有了总需热量，即可决定采用热源的种类、规模和数量。

（四）混凝土拌合物热量损失的计算方法

寒冷条件下施工时外界气温很低，由于空气和容器的传导，混凝土在搅拌、运输和浇筑过程中热量损失很大，所以在施工时必须认真考虑。

（1）搅拌的热量损失应根据周围环境的温差决定，一般应使搅拌机温度保持在5℃以上，使搅拌的热量损失尽量减少。

（2）运输的热量损失应根据运转次数、运输时间和工具的保温及室外温差而定。故冬季施工准备时，应有周密计划，使运输距离缩短、运输次数减少和做好运输工具的保温工作。

计算混凝土搅拌、运输、浇筑热量损失可参考表68-4。

混凝土施工时温度损失 **表68-4**

搅拌温度与环境温度差（℃）	15	20	25	30	35	40	45	50	55	60	65	70	75
搅拌温度损失（℃）	3.0	3.5	4.0	4.5	5.0	6.0	7.0	8.0	9.0	10.5	—	—	—
运输温度损失（℃）	0.52	0.65	0.75	0.90	1.00	1.25	1.50	1.75	2.00	2.25	2.50	2.75	3.00
浇筑温度损失（℃）	2.0	2.5	3.0	3.5	4.0	4.5	5.0	5.5	6.0	6.5	7.0	7.5	8.0

值得特别指出的是，在同样温差情况下，刮风时较无风时具有更大的热量损失。因此，在具体施工时应经常测量，适当增加混凝土的搅拌温度，最终满足需要的入模温度。

二、混凝土蓄热法施工

（一）适用范围

这一方法即是利用加热搅拌混凝土中的预加热量与混凝土中水泥硬化过程中放出的热量，将适当的保温材料覆盖在构件受冻表面上，以防止热量过快的损失，减缓混凝土的冷却速度，保持混凝土构件能够在正温的环境下达到预定效果的一种方法。

蓄热法比较简单，在混凝土周围不需要特殊的外加热设备和外表加热设施，因此各期施工费用比较低廉，故混凝土工程在冬季施工时，应首先考虑用蓄热法。只有当确定蓄热法不能满足要求时，才考虑选择其他方法。

蓄热法适用于气温不太寒冷的地区或是初冬和冬末季节；一般室外气温在 -15℃以上时；或是厚大结构建筑物其表面系数为 6~8 的构件。经验表明，对大型深基础和地下建筑，如地下室、挡土墙、地基梁以及室内地坪等均能取得良好效果。因为它易于保温，热量损失较少，并能利用地下土壤的热量。对于表面系数大的结构（大于 6.0 者）和气候较寒冷地区（在 -15℃以下）也可以应用。但对于保温则特别需要注意，如加厚保温材料或使用早强剂相配合的方法更为有利，这样可以防止混凝土的早期冻结，但要经过热工计算。

使用蓄热法除与上述各项因素有关外，并与下列条件有关：

（1）混凝土拆模时所需达到的强度愈小，愈宜采用此法；

（2）室外气温愈高，风力愈小时也宜用此法；

（3）当水泥标号愈高，发热量愈大或用量愈多时，愈宜采用此法施工，同时也应考虑经济效果。

（二）热工计算

计算混凝土蓄热过程中的冷却时间，根据 $1m^3$ 混凝土初期温度降低到零度时所放出的热量，应等于其他材料附加热量和水泥本身所发出的热量（水化热）之和的平衡原理来进行计算：

$$C \cdot T + Ch_s = xM(T_1 - T_2) \cdot \frac{\alpha}{R}$$

故

$$x = \frac{2.512 \times 10^6 + Ch_s}{M(T_1 - T_2)} \cdot \frac{R}{\alpha}$$

式中　x——混凝土冷却时间（h）；

T——混凝土浇筑初期绝对温度（K），$T = 273 + t$；

t——混凝土浇筑初温（℃），按下式计算：

$$t = \frac{C_0 T' + 0.3C'_0 T_2}{C_0 + 0.7C'_0}\text{(用两种以上保温材料)}$$

或

$$t = \frac{C_0 T' + 0.5C'_0 T_2}{C_0 + 0.5C'_0}\text{(用一种保温材料)}$$

C——$1m^3$ 混凝土水泥用量（kg）；

C_0——混凝土热容量，由混凝土堆积密度（$2400kg/m^3$）乘单位体积比热（$1.0467 \times 10^3 J/(kg \cdot K)$），得 $2.512 \times 10^6 J/(m^3 \cdot K)$；

C'_0——保温材料热容量 J/（m^3·K）；

T'——混凝土浇筑入模绝对温度（K），$T'=273+t'$；

t'——混凝土浇筑入模温度（℃）；

T_1——混凝土由浇筑到冷却的平均绝对温度，$T_1=273+t_1$，t_1 按下式计算：

①当混凝土构件表面系数 $M\leqslant 3$，$t_1=\dfrac{t+5}{2}$

②当混凝土构件表面系数 $M\leqslant 8$，$t_1=\dfrac{t^2}{2}$

③当混凝土构件表面系数 $M\leqslant 12$，$t_1=\dfrac{t}{3}$

④当混凝土构件表面系数 $M>12$，$t_1=\dfrac{t}{4}$

T_2——室外绝对温度（K），$T_2=273+t_2$；

t_2——室外温度（℃），取硬化期间外界空气平均温度，而不是最低温度；

M——表面系数（结构单位面积所含冷却表面积）；

R——保温材料热阻系数，$R=\dfrac{1}{K}$，K 为总传热系数；

h_s——每 1kg 水泥水化热（J），见表 68-5；

α——保温材料透风系数，见表 68-6。

h_s 值（$\times 10^3$T） **表 68-5**

水泥品种	水泥强度等级	凝固时间		
		3d	7d	28d
硅酸盐水泥	52.5	188	251	356
	42.5	163	209	314
火山灰质硅酸盐水泥	32.5 级	126	168	251
	42.5 级	105	147	230

注：1. 此表系根据平均硬化温度 +15℃编制的，当平均硬化温度为 7～10℃时，h_s 为表中所列相当系数值的 60%～70%；

2. 掺入化学剂所散发出来的增加热量，不予计算。

保温材料透风系数 a 值 **表 68-6**

序号	保温层组成	透风系数	
		a_1	a_2
1	单层模板	2.0	3.0
2	无盖模板表面，用芦苇、稻草、锯末、炉渣覆盖	2.7	3.0
3	密实模板或无盖模板的表面油毡、棉毡或矿物棉覆盖	1.3	1.5
4	外层用第 2 项材料，内层用第 3 项材料做双层覆盖	2.0	2.3
5	外层用第 3 项材料，内层用第 2 项材料做双层覆盖	1.6	1.9
6	内外双层采用第 3 项材料，中间夹层采用第 2 项材料做三层覆盖	1.3	1.5

注：1. a_1 为风速小于 4m/s，结构物高出地面不大于 25m 的系数。

2. a_2 为风速大于 4m/s，结构物高出地面 25m 的系数。

混凝土及其组成材料的最高允许温度见表 68-7。

保温材料透风系数 *a* 值　　**表 68-7**

水 泥 品 种	最高允许温度（℃）		
	水装入搅拌机时	骨料装入搅拌机时	自搅拌机卸出时
32.5 级普通硅酸盐水泥	70	50	40
42.5 级普通硅酸盐水泥	60	40	35

（三）扩大蓄热法适用范围

蓄热法施工比较可靠，而且设备简单，在寒冷地区当 $t_2 \cdot A \leqslant -200$ 时（即室外大气计算温度和构件表面系数乘积小于 -200 时）的构件均可采用蓄热法施工，扩大蓄热法施工可采用如下措施：

（1）采用化学外加剂的办法，以加速混凝土的硬化和降低混凝土的冻结温度；

（2）地面以下结构尽量利用土壤热源，用保温材料严密覆盖基槽，形成正温环境；

（3）将蓄热法与混凝土外部加热法或短期加热法合并使用；

（4）采用高强度等级水泥和水化热高的水泥配制混凝土，在施工中要减小水灰比，降低用水量，采用干硬性或低流动性混凝土等。

三、混凝土蒸汽加热法施工

混凝土在冬季寒冷条件下施工时，为使其强度增长较快，当采用蓄热法无法满足要求时，通常采用蒸汽加热法施工，即利用蒸汽的热湿作用加热混凝土，使混凝土快速硬化，加速获得所需的强度。蒸汽养护虽然简便，但要保证获得优质的混凝土制品即是一个复杂的问题。其中关键问题是选择一套合理的养护制度，否则混凝土的质量不能得到保证。

（一）蒸养制度的选择

蒸养制度通常包括：预养——升温——恒温——降温四个阶段。另外，尚存在后期续养问题。

1. 预养阶段

指混凝土浇筑完毕到开始供汽升温之间的一段养护期。在预养期间要使混凝土达到一定的强度——初始结构强度（或临界强度），使之能经受因升温热膨胀对混凝土结构的破坏作用。

2. 升温阶段

指将混凝土由预养温度升高到预定的恒温温度（养护温度）的一个阶段。在这个阶段产生了两个互相矛盾的过程：一是因温度升高，水泥水化作用大大加快，混凝土强度迅速增长的过程；另一个是因温度升高使混凝土各组分膨胀，损害内部结构的过程。后者是不利因素。这一阶段关键在于掌握升温速度，将不利因素减少到最低限度，从而使水泥水化得到大大加快。

表 68-8 是升温速度与干硬性混凝土工作度、蒸养条件的关系。

混凝土蒸养升温速度限制值（℃/h）　　**表 68-8**

预养时间（h）	混凝土工作度（s）	构件由钢性模板全面封闭时	构件在开口模板中	即时脱膜构件
>4	>30	不限	20	20
	<30	不限	25	—
<4	—	不限	20	15
		不限	15	—

3. 恒温阶段

指混凝土的蒸养温度。这阶段混凝土强度继续增长，而水泥水化作用趋向缓慢以至停止。恒温期的长短则由混凝土所需达到的强度决定。

4. 降温阶段

指混凝土停止蒸汽养护阶段。在降温阶段会引起混凝土失水。表面干缩，内外温差会使混凝土表面产生拉应力。因此，降温速度是控制因素，结构愈复杂，表面系数愈小，愈容易引起表面裂缝。

蒸养过程中各个环节是相互关联的，相互制约的，而控制好升温速度最为重要。对于有抗冻性、抗渗性等耐久要求的混凝土，蒸养结束后还要进行适当的后期养护，最好是湿养。

（二）选择蒸汽养护制度的规定

选择蒸汽养护制度与一些因素有关，比较复杂，可参考下列一般规定：

(1) 采用蒸汽加热施工时，硅酸盐水泥和普通硅酸盐水泥的养护温度不宜超过80℃，矿渣硅酸盐水泥、火山灰硅酸盐水泥和粉煤灰硅酸盐水泥的温度可提高到85～95℃；相对湿度必须达到90%～95%，而近似于饱和状态。

(2) 混凝土最终强度与标准养护条件下的强度比较；普通硅酸盐水泥为标准强度的85%；矿渣硅酸盐水泥为标准强度的115%；火山灰质硅酸盐水泥为标准强度的100%～110%。因此，在选择水泥品种时应考虑对结构强度的影响。

(3) 用蒸汽加热混凝土时，要求加热温度均匀和设有排除冷凝水的装置，防止结冰，其温度上升应逐渐增加。温度增加速度见表68-9。

(4) 混凝土在开始通汽加热前本身温度不应低于5℃，加热完毕应采用调节通入蒸汽量的办法来控制混凝土的冷却速度，使其不大于10℃/h，同时在混凝土冷却至5℃后方可拆模。如果拆模时混凝土与外界空气温度相差大于20℃，拆模后的混凝土外露表面应暂时用保温材料覆盖，以免混凝土产生裂纹。

温度增加速度　　表68-9

构件表面系数及状态	温度增加速度（℃/h）
构件表面系数 $M\geqslant6$ 时	≤15
构件表面系数 $M<6$ 时	≤10
钢筋较密，连续长度较短（6～8m）薄壁结构	≤20

(5) 应采用低压饱和蒸汽（小于0.07MPa）养护，以防止混凝土表面出现裂缝。

（三）几种常用蒸汽养护方法

1. 蒸汽养护窑法

利用坑、窑作固定蒸汽养护室，温度易控制，施工简便，固定式费用较少，养护时间短，耗气量大，要考虑汽、水的排除。此法常用于预制厂。

2. 汽套法

在混凝土模板外加密闭不透风的套板，模板与套板间距不超过15cm，从下部通入蒸汽养护混凝土，套内温度可达30～40℃，分段送汽，温度易控制，加热均匀，养护时间短，但设施复杂，费用大，模板损失较严重。常用于养护水平构件，如梁、板等工程。

3. 毛管模板法

在混凝土模板中开成适当的通汽槽，蒸汽通过汽槽加热混凝土。用汽少，加热均匀，温度易控制，养护时间短，但设施复杂，费用大，模板损失较严重。常用于养护垂直结构工程。

4. 内部通汽法

在混凝土内部预留孔道，将蒸汽通入孔道加热混凝土，蒸汽养护结束将孔道用水泥砂浆填塞。节省蒸汽，温度易控制，费用较低，要注意冷凝水的处理。常用于养护厚度较大的构件及热电站的框架等结构。

四、混凝土电热法施工

电热法是利用电能作为热源养护混凝土的方法，即是将电极放入混凝土内，或将电热器贴在混凝土表面，接通电源，使电能变为热能，以提高混凝土的温度。电热法对要求在较短时期内尽快达到设计强度的混凝土结构有特殊功效。这种方法简单，热量损失小，易于控制，而且设备简单，与蒸汽加热设备比较费用少得多，但耗电量大。在目前电能缺乏的情况下推广有困难，但如在电能充足时这种方法经济，效果好，值得推广应用。

由电能所产生的热量可由焦耳-楞次定律计算确定：

$$Q = 3617 I^2 R t$$

式中　Q——热量（J）；

I——电流（A）；

R——混凝土电阻（Ω）；

t——时间（h）。

对新浇筑的混凝土，主要采用两种电热方法加热：一种是电极加热法，如棒形电极，片形电极、弧形电极等；另一种是电加热法（即间接加热法），如电热焙烘、电加热器、电热模板等，主要用于板式结构。因电极法方便易行，故应用较多。

（一）常用电极法

常用电极法见表68-10所列。

（二）主要设备

电极法施工的主要设备见表68-11。

常用电极法　　**表68-10**

种类	型式	常用规格	设备方法	适用范围
内部电极	棒形	ϕ6～12钢筋截成短棒	混凝土浇筑后经过模板或混凝土表面插入混凝土体内	梁、板、柱、墙、小型柱基，设备基础及大型结构
	弦形	ϕ6～12钢筋，长2.0～2.5m	平行于结构的中心线放置，在混凝土浇筑前放入	含筋较少的墙、梁、柱、大型柱基以及厚20cm以上并单侧配筋板等
片面电极	薄片	薄铁片1～2mm宽3～6cm	固定在模板的内侧或混凝土的外表面上	少筋薄墙、板、梁，带形基础的放大脚及混凝土地面等
	贴面	ϕ6钢筋或薄钢板	固定在模板内侧或混凝土的内表面上	少筋薄墙、板、梁、带形基础的放大脚及混凝土地面等
	浮面	ϕ6～12钢筋	于混凝土浇筑时，浮置于3～4cm深处	地面、垫层、大型基础表面等

电极法施工主要设备　表 68-11

仪器或设备名称	用　途	仪器或设备名称	用　途
变压器 油开关 配电盘	变压用 控制电路安全用 固定仪表、开关用	电流、电压表 钳式电流计、电压表	测定电流、电压用 测量电流、电能消耗量

(三) 线路布置方案及电线规格的确定

1. 线路布置方案

高压电流经由开关接于变压器，每个变压器原则上应设一个配电盘，在配电盘上将变压器的二次电源接于总闸刀开关上，总闸刀开关下分设几个分闸刀开关，由分闸刀开关引出电线，接于混凝土构件某一段电路线。若某一段电路发生故障，即可以关闭一个分闸刀开关，而不致影响整个电路的供电和整个混凝土结构的加热。固定在配电盘上的电压表和电流计同变压器的一次电源相联接，以观察二次电压和二次电流的变化情况。

电压表和电流计的规格依不同的变压器容量配置。最好是保证每个变压器各一个。

2. 电线规格的确定

应按电流的大小来确定，由于冬季室外温度均较低，在一般情况下可以让电路略超过本身的负荷。

(四) 施工注意事项和规定

(1) 在升温、恒温加热阶段，变压器的调整方法如下：

①升温阶段　当联接电极的电源线路全部接好后，经过检查即行送电，第一次输送的电压按照计算的电压值，通电后应根据事先计算要求，按每 1h 逐步升温，在第 2、3h 即可以从测温记录中看出升温情况是否符合计算要求，如果温度不上升或上升得很慢，应及时调整可变电压器的电压，并将电压加大至符合每小时升温的要求。如果发现升温过快，超过计算要求时，应及时将电压降低，调整至符合升温速度规定为止。

②恒温阶段　当升温至规定的计算温度后，就不应再将温度升高，此时可将电压稍微降低，使混凝土保持规定温度。

(2) 当混凝土结构较大、需要一边浇筑一边通电时，应将钢筋接地（零线），以免电极与钢筋短路时发生人身触电事故。

(3) 当浇筑完混凝土、电极联接妥当后，应该按逐个分闸刀送电，这样容易检查和排除故障。

(4) 整体浇筑的结构采用电热法时，混凝土结构的升温速度不得大于表 68-8 所列数值。在加热结束后，混凝土冷却温度的速度不得超过 10℃/h，可采用调节电压或周期切断电流的方法控制其冷却速度。为保证结构各部分维持相同的冷却条件，对结构突出部分和其他容易冷却部分应加强保温。

(5) 为防止电极位移，避免电极与钢筋接触，一般规定电极与钢筋的距离见表 68-12。

电极与钢筋的距离　表 68-12

电压（V）	65	87	106
距离（cm）	≥5～7	≥8～10	≥12～15

配筋密度大、不能保证钢筋与电极间的上述距离时，应隔以适当的绝缘物，捣固要小心，避免接触电极及其支架。

(6) 电流加热时混凝土应等温加热，其等温加热极限温度见表 68-13。

(7) 电极固定后进行浇筑混凝土，混凝土工与电工应相互配合，操作时应小心谨慎，勿碰电极，并应经常检查电极位置，发现位移及时矫正。

电热养护等温极限加热温度（℃）　表 68-13

水泥品种及强度等级	结构表面系数		
	≤10	≤15	≤20
42.5 级硅酸盐水泥	40	40	35
32.5 级普通硅酸盐水泥	70	50	45
32.5 级火山灰硅酸盐水泥	80	60	45

五、冷混凝土施工方法

冷混凝土，是对水以外的组分在寒冷条件下既不进行防护与加热，成型后又不进行保温防护，完全在寒冷状态下施工的混凝土。

(一) 冷混凝土的应用范围

(1) 无筋混凝土结构，如地面、垫层、排水坡和房屋基础等；

(2) 始终处于水下的钢筋混凝土结构；

(3) 管式爆扩桩的下头部分和预计不致于由冻切力产生冻胀现象的爆扩桩；

(4) 纯属构造配筋的一般柱基；

(5) 钢筋直径小于 12mm 的结构和洞口尺寸小于 1.5m 的钢筋混凝土圈梁。

(二) 冷混凝土不适用的结构

(1) 承受动力荷载的结构；

(2) 建筑和使用过程中经常受热达 60℃以上的结构；

(3) 处在水位变化区内的钢筋混凝土结构；

(4) 直接靠近高压电源的结构；

(5) 与酸、碱和硫酸盐侵蚀水相接触的结构；

(6) 表面系数小于 2.5 的厚大结构；

(7) 建筑物在外观上有特殊艺术要求的结构；

(8) 具有露出钢筋头或突出的铁埋件而无专门防护措施的结构。

(三) 冷混凝土的配制

1. 氯盐掺量

配制冷混凝土时氯盐的掺量，应根据混凝土在硬化最初 15d 内其内部的最低温度，参照表 68-14 选用。其最大氯盐掺量不得超过 15%，混凝土的最低温度应由热工计算确定。

2. 氯盐溶液的配制

氯盐的使用，应首先配制成 +15℃条件下密度的溶液：①1 号溶液，密度 1.29g/cm^3；②2 号溶液，密度 1.15g/cm^3。溶液的密度用刻度范围为 1.0 ~ 1.3g/cm^3 的密度计测定。

混凝土在不同硬化温度下氯盐掺量　表 68-14

最低硬化温度（℃）	氯化钙（$CaCl_2$）	氯化钠（NaCl）
-5	—	5
-10	3	7
-15	9	6

注：氯盐掺量，系指 100L 水中应掺入无水氯盐数量。

为了加速氯盐的溶解速度，配制溶液时应将水加热到 40 ~ 50℃，氯盐应击碎成小块而呈粒状。配制好的溶液储放在表面涂沥青防腐的桶中，储放量应满足 4h 的需要。

(四) 冷混凝土施工

冷混凝土允许在外界气温－15℃以内浇筑，同时要求浇筑后在15d内混凝土内部温度不低于－15℃。施工时，应注意以下几点：

（1）采用冷混凝土时，混凝土强度等级不得低于C10，每$1m^3$混凝土水泥用量不超过250kg，水灰比要求小于0.65。当抗冻等级≥50时，水灰比要小于0.50。氯盐可增加混凝土的塑性，每$1m^3$冷混凝土用水量可减少6%～8%，坍落度不应大于3～4cm。

（2）冷混凝土的搅拌，首先加入砂、石，同时加入氯盐溶液，搅拌1.5～2.0min后再加入水泥。整个搅拌时间不小于4～5min。

（3）含有6%$CaCl_2$和9%NaCl的高浓度氯盐溶液，可使混凝土在－15℃以内硬化；含有3%$CaCl_2$和7%NaCl的中浓度氯盐溶液，可使混凝土在－10℃以内硬化。上述情况下混凝土的浇筑温度，分别不应高于＋2℃和＋5℃。

（4）为避免冷混凝土在浇筑后迅速冷却和失去水分，应覆盖养护，并防止水和雪直接落到混凝土上，直至混凝土获得规定强度后方可拆除覆盖材料。

（5）如果混凝土在浇筑后的15d内温度低于计算温度，且强度尚未达到设计强度等级的30%，则必须通过热工计算进行保温处理。

（6）氯盐的混合溶液密度要经常进行测定，每班不应少于四次，发现问题应查明原因，立即纠正。

（7）在设计的极限温度下硬化的冷混凝土强度，与正常条件下硬化的混凝土强度，其强度发展关系见表68-15。

冷混凝土与普通标养混凝土强度比较 **表68-15**

混凝土龄期（d）	相当于普通混凝土在标养条件下的28d强度f_{c28}（%）	混凝土龄期（d）	相当于普通混凝土在标养条件下的28d强度f_{c28}（%）
7	20～25	90	80～90
28	40～50		
60	60～70	180	100

六、掺早强剂的施工方法

在低温环境中的施工，为了加速混凝土的凝结和硬化，提高其早期强度和抗冻性，常采用在混凝土中加氯盐或其他复合早强剂。

（一）掺氯化物混凝土

冬季施工的混凝土或钢筋混凝土可以掺入氯化钙（$CaCl_2$）、氯化钠（NaCl）和盐酸作为早强剂和防冻剂，其掺量由试验确定。由于氯盐对钢筋有锈蚀作用，并增加混凝土的收缩值，所以氯盐的掺量（按无水状态计算）不得超过水泥质量的2%，同时也不得超过$6kg/m^3$。在素混凝土中，其掺量不得超过水泥质量3%。预应力钢筋混凝土结构禁掺，以免造成过大的应力损失。

1. 适用范围

对下列结构不得在混凝土中掺入氯盐：

（1）在高湿度空气环境中使用的结构；

（2）处于水位升降变化部位的结构；

（3）具有外露的钢筋、预埋铁件而无防护措施的结构；

（4）露天结构或经常受水淋湿的结构；

（5）与含有酸、碱或硫酸盐等侵蚀性介质相接触的结构；

（6）使用过程中经常处于环境温度高于60℃的结构；

（7）使用冷拉和冷拔低碳钢丝的钢筋混凝土结构；

（8）薄壳、屋架、吊车梁、落锤或锻锤基础等结构；

（9）电解车间或直接靠近直流电源的混凝土结构；

（10）在施工过程中直接靠近高压电源、发电站、变电所的钢筋混凝土结构；

（11）预应力钢筋混凝土结构。

2. 有关规定

由于氯盐对钢筋有锈蚀作用，掺氯盐的混凝土在施工中应按照下列规定：

（1）应用普通硅酸盐水泥，其强度等级要大于32.5级，水灰比小于0.65，水泥用量不少于250kg/m^3；

（2）适当延长搅拌时间，并搅拌均匀；

（3）振捣要密；

（4）钢筋的保护层不得小于3cm；

（5）不适宜采用蒸汽养护。

3. 氯盐早强剂的配制

（1）氯盐配合比和混凝土最低硬化温度：掺氯盐混凝土由于氯盐对钢筋有锈蚀作用，使用时应加入2%（水泥质量的）亚硝酸钠（$NaNO_2$）作为阻锈剂。工业氯化钙、氯化钠和工业亚硝酸钠的技术要求分别见表68-16、表68-17和表68-18，掺氯盐加热混凝土的配合比和混凝土的最低硬化温度见表68-19。

工业用氯化钙技术要求　　表68-16

名　　称	等　　级	
	一　级　品	二　级　品
氯化钙（$CaCl_2$）不少于（%）	88	83
氯化镁（$MgCl_2$）（%）不大于	0.9	不规定
耐金属氯化物（换算为$MgCl_2$）（%）不大于	2.0	不规定
氯酸钾（$KClO_3$）不大于（%）	0	3.0
不溶于水的煅烧残余不大于（%）	2.0	5.0
氯化铁（换算为Fe）不大于（%）	0.02	0.05

工业用氯化钠技术要求　　表68-17

名　　称	标准
氯化钠（NaCl）（%）不小于	93.0
氯化钙（$CaCl_2$）（%）不大于	3.0
氯化镁（$MgCl_2$）（%）不大于	0.5
硫酸钙（$CaSO_4$）（%）不大于	2.6
不溶性残渣不大于（%）	2.0

工业用亚硝酸钠技术要求　　表68-18

名　　称	等　级	
	一级品	二级品
亚硝酸钠（$NaNO_2$）（%）不小于	98.5	96.0
含水量不大于（%）	2.5	3.0
硝酸钠（$NaNO_3$）（%）不大于	1.5	2.5
不溶于水的残渣（%）不大于	0.07	0.1

（2）氯化钙早强剂溶液的配制：氯化钙及亚硝酸钠在使用前应配成比密度为1.29g/cm^{3}的浓溶液。配制溶液时为加速溶解速度，将氯化钙击碎为小块，用40～50℃的热水加以搅拌至全部溶解，待冷却至15℃时测定其浓度。亚硝酸钠极易溶解，采用温水即可，但溶液浓度是以20℃时的比密度为标准。

（3）注意事项：测定溶液比密度时，应在要求的温度下进行，其温度误差不应超过±5℃，不得使用混有块状氯化钙沉淀物的溶液。混凝土拌合时掺入的氯化钙量要准确，误差不超过掺量的±2%。

氯盐配合比和混凝土最低硬化温度　　表 68-19

氯盐的组成及掺量（以用水量的%计）	最低硬化温度（℃）
3%氯化钠+2%亚硝酸钠	-5
3%氯化钙+5%亚硝酸钠	-8

3. 施工要点

（1）掺氯盐的混凝土搅拌时间，应比普通混凝土搅拌时间增加0.5倍，搅拌后40min内浇灌完毕，以防凝结。

（2）掺氯盐混凝土应加强养护，在潮湿条件下养护时，收缩值增加25%~50%，养护不良，收缩值将增加1倍。

4. 增强效应

在混凝土混合物掺入氯化钙，可以显著地提高混凝土的早期强度。如果以不掺氯化钙的混凝土的强度为1，则掺一定量氯化钙的混凝土的强度增长值见表68-20。

掺氯化钙混凝土的强度增长值　　表 68-20

混凝土龄期（d）	养护温度（℃）	氯化钙掺量（水泥质量比）		
		1%	2%	3%
2	10~20	1.40	1.65	2.00
3		1.30	1.50	1.65
5		1.20	1.30	1.40
7		1.15	1.20	1.25
30		1.05	1.10	1.10
2	5~10	1.60	1.90	2.30
3		1.50	1.70	1.90
5		1.35	1.50	1.60
7		1.30	1.35	1.45
30		1.20	1.25	1.25
2	0~10	1.75	2.05	2.50
3		1.60	1.85	2.05
5		1.50	1.60	1.75
7		1.45	1.50	1.55
30		1.30	1.35	1.35

（二）掺复合早强剂混凝土

1. 硫酸钠复合早强剂

（1）原材料和技术要求：硫酸钠复合早强剂所选用的原材料和技术要求见表68-21。

硫酸钠复合早强剂组成原材料和技术要求　　表 68-21

名　称	纯度（%）	性　能
工业硫酸钠（$NaSO_4$）	97.92	白色粉末体，易溶水
工业氯化钠（NaCl）	95.97	白色立方晶体，易溶水
工业亚硝酸钠（$NaNO_2$）	88.76	苍黄色斜方晶体，易溶水
二水石膏（$CaSO_4 \cdot 2H_2O$）	—	粉碎成细粉末用，不溶水
三乙醇胺［$N(C_2H_4OH)_3$］	—	无色液体

（2）硫酸钠复合早强剂的选择，应根据当地气温条件、结构类型以及所采用的水泥品

种进行。硫酸钠复合早强剂配方的选择，见表68-22。

（3）硫酸钠复合早强剂在负温下不低于－7℃（混凝土构件本身温度）时，能防止混凝土冻结，促进其强度正常发展。

（4）硫酸钠复合早强剂，可以改善混凝土和易性，其强度随龄期增长而不断提高。

（5）硫酸钠复合早强剂对混凝土中的钢筋无腐蚀作用，可使用在钢筋混凝土结构上。

（6）硫酸钠复合早强剂的使用方法：除石膏不溶水外，硫酸钠复合早强剂中的其他成分皆为水溶性材料，使用时，石膏粉末和水泥一起加入搅拌机中拌合，其他成分用热水溶成溶液后注入搅拌机中。配制好的硫酸钠溶液不允许有结晶沉淀析出，若有则立即用热水将结晶化开后，方准使用。硫酸钠溶液当浓度大或温度低时，极易结晶沉淀。为防止出现结晶沉淀现象，配制溶液时硫酸钠的掺量和水温关系，可参考表68-23。冬期施工时最好采用白色无水粉状的硫酸钠，使用时和石膏粉末与水泥同时加入搅拌机，适当延长干拌时间，保证拌合均匀。

硫酸钠复合早强剂　　表68-22

养护期间的温度条件	早强剂类型	早强剂的组成及掺量（以水泥质量%计）	
		使用硅酸盐水泥时	使用矿渣硅酸盐水泥时
正常温度条件下	甲型-1	硫酸钠＋食盐＋石膏 （1.5～2.0）＋（0.5～1.0）＋2.0	硫酸钠＋食盐＋三乙醇胺 （1.5～3.0）＋（0.5～0.75）＋0.05
	乙型-1	硫酸钠＋亚硝酸钠＋石膏 （1.5～2.0）＋1.0＋2.0	硫酸钠＋亚硝酸钠＋三乙醇胺 （1.5～2.0）＋1.0＋0.05
	乙型-2	硫酸钠＋石膏＋三乙醇胺 （1.5～2.0）＋2.0＋0.05	硫酸钠＋三乙醇胺 （1.5～2.0）＋0.05
－3～－5℃	甲型-2	硫酸钠＋食盐＋亚硝酸钠＋石膏 （1.5～2.0）＋2.5＋1.0＋2.0	硫酸钠＋食盐＋亚硝酸钠 （1.5～3.0）＋1.5＋1.0
	乙型-1	硫酸钠＋亚硝酸钠＋石膏 （1.5～2.0）＋2.5＋2.0	硫酸钠＋亚硝酸钠＋三乙醇胺 （1.5～2.0）＋2.5＋0.05
－5～－8℃	甲型-1	硫酸钠＋食盐＋亚硝酸钠＋石膏 （1.5～2.0）＋2.0＋2.0＋2.0	硫酸钠＋食盐＋亚硝酸钠 （1.5～2.0）＋2.0＋2.0
	乙型-2	硫酸钠＋亚硝酸钠＋石膏 （1.5～2.0）＋3.5＋2.0	硫酸钠＋亚硝酸钠＋三乙醇胺 （1.5～2.0）＋3.5＋0.05

注：1. 甲型适用于一般钢筋混凝土结构，乙型适用于预应力钢筋混凝土结构。
2. 石膏均为二水石膏，使用时要粉碎成和水泥细度相同的粉末。
3. 无三乙醇胺时，可用三异丙醇胺代替，效果接近。
4. 预应力钢筋混凝土结构掺入三乙醇胺时，要考虑干缩性增大的影响。
5. 硫酸钠对砂石有浸蚀作用，故在含有活性 SiO_2 的骨料中严禁使用。

（7）混凝土的养护应遵守一般规定。早期混凝土构件表面应加潮湿覆盖，否则养护不良，则构件表面很快会出现析碱冒露现象，并会降低早期强度。

硫酸钠掺量和水温的关系　　表68-23

水的温度（℃）	1L水中硫酸钠掺量（kg）
20	≤200
30	≤400
＞40	≤450

（8）由于水泥本身的多变性，使用时要加强质量控制，所使用的砂石材料严禁混入蛋白石（$SiO_2 \cdot nH_2O$）或其他活性矿物材料。

（9）必须对试块进行试压，达到拆模强度后方准拆模。

2. 亚硝酸钠——三乙醇胺复合早强剂

（1）原材料技术要求：三乙醇胺——化工产品，无色或淡黄色油状液体，呈强碱性，不燃，溶于水，比密度1.2，纯度70%～75%。

（2）常用配方：亚硝酸钠∶氯化钠∶三乙醇胺＝1%∶0.5%∶0.05%（均按水泥质量计）。

（3）亚硝酸钠——三乙醇胺复合早强剂在负温下，不低于－10℃时（外界计算温度），f_{c3}可达f_{c28}的30%；f_{c7}可达f_{c28}的50%。

（4）这种复合早强剂可以改善混凝土的和易性，对混凝土中的钢筋无锈蚀作用。

（5）亚硝酸钠——三乙醇胺复合早强剂配制时，首先用热水溶化氯化钠，再加入亚硝酸钠，最后加入三乙醇胺，溶解后充分搅拌均匀。拌制混凝土时必须和水混合均匀一次加入，混凝土的搅拌时间要适当延长。

（6）混凝土在施工过程中，振捣要密实，必须注意早期浇水养护，充分保持混凝土的湿润。

（7）三乙醇胺的掺量不得超过0.05%，也不得少于0.02%。

第五节　冬季施工混凝土工程实例

冬季施工混凝土，即在低温寒冷条件下施工的混凝土。这种混凝土在施工时为了保证工程质量必须加入抗冻剂，故又称抗冻混凝土。而抗冻剂又有早强型、减水型、泡沫型及加气型，尤以加气型减水剂为最好，可以显著地提高混凝土的抗冻性能，这对低温寒冷地区冬季施工混凝土是非常有利的。

表68-24列出国内冬季施工混凝土实例，仅供施工时借鉴、参考。

冬季施工混凝土的工程实例　　　**表68-24**

工程部位	工程情况	原材料	施工
内蒙霍林河电厂办公楼	在－3～15℃期间采用MNC-A2低温早强剂和MNC-C15防冻剂，气温－14～6℃用硫铝酸盐早强水泥	用MNC-A2早强剂，2（C×%），不加热任何材料，用硫铝酸盐水泥加热至60℃，严寒用100℃水先拌砂、石1min，再加水泥，入模温度10℃	C25级混凝土，减跨法施工，掺MNC-A2在5d达设计强度80%，用硫铝酸盐早强水泥7d达设计66.5%，均为现场搅拌
京津高速中十八里店桥	1990年1月施工，C20混凝土要求P6抗渗，0～－15℃	普通42.5级水泥，861-2型防冻剂6（C×%）	自然养护 $f_{cc,3d}$ = 7.9MPa、$f_{cc,28d}$ = 26MPa、$f_{cc,56d}$ = 32MPa，坍落度18cm，常温覆盖
地下通道底板	1991年12月初，北京前门地下通道底板，C20级	普通42.5级水泥，861-2型防冻剂4（C×%）	自然养护 $f_{cc,3d}$ = 4.6MPa、$f_{cc,28d}$ = 24MPa、$f_{cc,56d}$ = 31.2MPa
带钢冷轧机基础	鞍钢公司技术改造工程，该基础为C25、S8防水混凝土，厚度1m，严冬施工3400m^3	采用普通42.5级水泥340kg/m^3，砂770kg/m^3，碎石1100kg/m^3，水160kg/m^3，ZB-3防冻剂，Fe_2O_3，均为2（C×%）	混凝土入模低于20℃，浇筑完毕约5～10℃，0～5℃养护，湿养护14d，入模坍落度110mm，平均强度3d为8.2MPa，28d为25.6MPa，P15渗等级

续表

工程部位	工 程 情 况	原 材 料	施 工
黑龙江省速滑馆屋顶预应力拉杆及承台	屋顶为钢结构，用预应力后张法作拉杆与承台相连，共浇筑 800m^3 混凝土，C40 级，12 月中旬施工，平均气温 -17℃	普通 52.5R 水泥 429kg/m^3，配合比 1:1.53:2.57:0.48，AS2-2 防冻剂 4（C×%）	用 18cm 坍落度泵送混凝土 60min 保留值 12cm。热拌入模温度 12.6℃，现场同条件试块 3d、7d 和 28d 强度分别为 29.4、41.6 和 49.8MPa
炼油厂大豆连体筒仓	筒仓直径 16m 高 32.6m，混凝土量 4360m^3，C28 级，P8 防水混凝土	UEA 掺量 12（C×%）、YND151 防冻剂 4（C×%）、海工牌 42.5 级水泥 380kg/m^3（计算量），配合比 = 1:1.86:3.23:0.44	坍落度 6～7cm，入模温度 7.5℃，环境 4～-12℃；同条件养护 14d 强度 27.7MPa，为设计强度 94%；自养 14d + 标养 28d，达 112%～142%，P14 抗渗等级

第六十九章　夏季施工混凝土

（concreting in summer weather）

第一节　概　　述

当月平均气温超过25℃时，即应采用夏季炎热天气条件下混凝土的施工方法和施工控制，把高温的影响控制在最小限度，直至完全消除高温气象下施工的混凝土所受的影响。

一、夏季炎热天气的定义

炎热天气可定义为高气温、低湿度及风速的结合。这种天气将对新拌及硬化混凝土的质量有所损伤或因而产生不正常的性质。在炎热天气下，影响混凝土的气候因素是高气温及相对湿度，当风速加大，这些因素的影响将随之更为显著。炎热天气影响最严重的时候是温度上升、相对湿度下降，或两者同时发生。这在热带性或干旱性气候地区可能终年都会发生；而在其他地区则一般发生于夏季。即使空气温度相同，在干燥大风的日子里所应采取的预防措施就应该比在和风湿润时要求严格。

在我国，长江以南广大地区夏季气温较高，月平均气温超过25℃的有3个月左右，日最高气温有高达40℃以上的。因此，应特别重视夏季混凝土施工。

二、夏季炎热天气对混凝土的影响

在夏季炎热高温条件下进行混凝土施工，搅拌后的混凝土温度会升高，浇筑后硬化阶段的混凝土也要经受周围的高温影响。

(1) 当混凝土处于塑性状态时，夏季炎热天气所引起的不利影响包括：

①增加需水量；

②坍落度逐渐减小，因而在施工现场要相应地不断加水；

③凝结速度加快，因而加大了装卸、抹光及养护的困难，容易导致接茬不良；

④增加产生塑性裂纹的趋势；

⑤难以控制含水量。

(2) 当温度处于硬化状态时，夏季炎热天气所引起的不利影响包括：

①由于高用水量及高温度，导致强度降低；

②增加产生干缩裂纹及温差裂缝的趋势；

③降低耐久性；

④降低外观均匀性。

(3) 其他因素的影响：下列因素使夏季炎热天气施工更加复杂，应将它们与气候因素同时考虑，这大致包括：

①使用水化速度加大的磨细水泥；

②使用需要富水泥用量的高强度混凝土；

③混凝土断面小而相应含钢率又高的设计；

④混凝土（指商品混凝土）运输汽车尺寸加大；

⑤要求将大量低坍落度混凝土沿水平及垂直方向作较长距离移动；

⑥混凝土泵送设备的使用加多；

⑦皮带传动运输加多；

⑧由于经济方面的原因，要求在特炎热条件下连续施工；

⑨使用了抵消收缩型水泥——膨胀水泥。

由于夏季炎热天气施工的混凝土容易发生上述种种问题，因此有必要在开工前研究材料的选择、混凝土配合比、搅拌、运输、浇筑和养护等问题。

第二节　夏季施工混凝土原材料选择和配合比确定

一、原材料选择

（一）胶凝材料——水泥

在夏季炎热条件下，不可使用水化热大的水泥。因为水化热高的水泥，对混凝土会产生不利影响，对混凝土的制成温度、水泥温度的影响并不太大。一般水泥温度变化±8℃，约使混凝土温度变化±1℃，但在初期有容易使混凝土变硬的缺点，为降低混凝土的温度，应尽量使用低温水泥，这对于防止水化热产生的温度裂缝是有效的。

（二）骨料

在混凝土组成中，骨料用量最大（占75%以上），因此骨料温度对混凝土的温度影响较大，一般是骨料每±2℃使混凝土温度变化±1℃。施工时尽量使用低温度骨料，要避免骨料温度上升，可以采取对骨料给予覆盖以免日光直接照射，或洒水防止温度上升等措施。

（三）拌合水和养护水

在混凝土的组成材料中，水的比热最大，是水泥或骨料的4~5倍。一般，水温每±4℃时，混凝土温度有±1℃的变化。所以，水温对于混凝土制成温度的影响与用水量成正比。水的温度容易控制，容易使之降温，要降低混凝土的制成温度，利用低温水最为方便，可采用井水（地下水），或在水中加冰块，以在冰化成水时吸热而降低混凝土的温度。贮水槽、输水管要避免阳光直接照射，必要时可采取冷却措施。

二、配合比确定

在高温环境下拌制、运输和浇筑混凝土，均需经常保证质量。

(1) 炎热条件下混凝土的单位用水量往往偏多，是形成混凝土发生缺陷的一大原因，故单位用水量必须尽可能的压缩。

(2) 应根据运输和施工方法通过试拌而确定配合比。故应采用优质骨料，严格控制砂石含泥量，改善砂石级配，尽量采用坍落度小、单位用水量少、水灰比小的混凝土拌合物，以提高混凝土的极限抗拉强度，增加对裂缝开裂的抵抗能力。

(3) 确定配合比时，必须考虑由于高温使之单位用水量增加，造成后期强度发展减少，以及由于运输造成坍落度的减少等因素。

(4) 使用减水缓凝剂，对防止减少坍落度效果不大，但对捣固和整修工作有利，可以防止冷接头，可以因减少单位用水量和单位水泥用量而减少水化热的影响。

第三节　夏季施工混凝土的技术性质

一、抗压强度

在夏季高温下搅拌、浇筑及养护的混凝土，其早期强度通常比在常温下制备和养护的混凝土为高，但其 f_{c28}或后期强度则较低。如图 69-1 所示。由于高温或缺乏养护，将对混凝土强度起不利影响。例如，将在 23℃、相对湿度 60%，以及在 38℃、相对湿度 25%的空气中成型及养护的试件，与在 23℃潮湿条件件养护的标准试件的 f_{c28}相比，其强度分别仅为 73%及 62%。同时还发现，试件从浇筑好到放入标准潮湿养护环境的时间间隔越长，强度降低越大。这些试验表明，养护不足，特别是加之高温浇筑，削弱了水化作用并使强度降低。

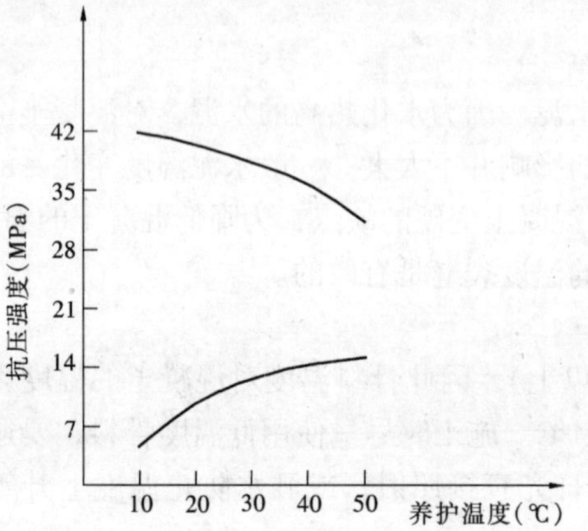

图 69-1　混凝土强度随养护温度发展曲线

二、塑性收缩变形

塑性收缩裂纹经常与在夏季干旱地区炎热天气的混凝土施工有联系。混凝土浇筑完毕初期，其泌水速度大于蒸发速度；一定时间之后，当蒸发速度大于泌水速度时，混凝土面层即发生塑性收缩裂纹。混凝土温度高、气温高、大风以及低湿度或其综合，导致高速蒸发，这就大大地增加了产生塑性收缩裂纹的可能性。

表 69-1 列出了不同相对湿度时有可能出现塑性收缩裂纹的混凝土温度。当估计混凝土的蒸发速度可能较大时，则应采取以下预防措施：

出现塑性裂纹的混凝土温度　　**表 69-1**

混凝土温度（℃）	40.6	37.8	35.0	32.2	29.4	26.7	23.9
相对湿度（%）	90	80	70	60	50	40	30

（1）浇湿基面及模板，使混凝土在可能最低的温度下浇筑；

（2）安装风障及遮阳板，缩短从混凝土灌筑到开始养护的时间间隔；

（3）采用喷雾等加湿方法，在混凝土浇筑后最初几小时内，将蒸发量尽可能减少。

塑性收缩裂纹一旦产生之后，就很难闭合。这些裂纹将导致其他形式的变质，因为裂纹将使水分及溶解的盐质浸入混凝土，并可能影响其耐久性。

第四节　夏季混凝土施工

一、混凝土搅拌

在炎热高温条件下搅拌混凝土时，应尽量采用温度和水化热都低的水泥。混凝土的搅拌温度不超过30℃。在浇筑时如果混凝土的温度超过30℃，即给施工带来许多困难，混凝土往往会出现许多缺陷。

混凝土实际的制成温度，由于水泥加水后的水化热和搅拌时机器发生摩擦产生的碰撞热，将比计算温度高，这一点需要加以控制。据估计，要使混凝土温度下降1℃，则各种材料的温度均须降低，水泥降低8℃，水温下降4℃，骨料则须下降2℃。

二、混凝土运输

在夏季炎热条件下用工具运输混凝土时，坍落度将下降。为确保要求的坍落度，经常是预先增加水泥浆或水泥砂浆的数量，以增大坍落度，这是很不经济的。这样做，虽能保持坍落度，但有损混凝土的其他性能。因此，要合理规划混凝土的运输方案，采取能防止运输时降低坍落度的措施，充分考虑气温和施工条件，希望搅拌好的混凝土在受热或干燥时，不会降低坍落度，运输后不影响施工质量。因此，应注意如下几点：

(1) 选择好运输设备，运输距离和时间尽可能缩短，控制在1h以内。

(2) 使用手推车、皮带运输机、翻斗车等运输时，在白天要覆盖，以防曝晒。

(3) 应用混凝土泵送时，输送管要覆盖湿布。

(4) 在输送过程中即使减少了坍落度，在浇筑地点不宜重新加水搅拌。

(5) 为防止运输引起坍落度降低，比较有效的办法是采用后添法掺缓凝型减水剂。

三、混凝土浇筑

(1) 夏季炎热条件下浇筑混凝土时，如与混凝土接触部分高温而干燥，则浇筑在该处混凝土中的水泥水化特别快，混凝土中的水分被吸收将不易彻底硬化。因此，模板、钢筋、以及即将浇筑地点的基岩和旧混凝土等，在浇筑前可洒水冷却并使之吸足水分。在浇筑地点采取遮挡阳光和防止通风的设备，可避免温度升高和干燥。

(2) 在浇筑过程中，新老混凝土浇捣时间间隔要短，例如浇筑一道混凝土墙，应减少每一层段尺寸，以缩短两个层断的浇捣间隔。施工地点应尽量安排在白天气温较低处。热天混凝土坍落度消失快，因此浇筑和捣实混凝土要迅速，施工操作要精细，严格认真，一丝不苟。

(3) 在白天浇筑的混凝土，由于夜间温度降低和混凝土产生热量形成混凝土内外温差，易于发生裂缝。因此，避开阳光照射，制作出低温混凝土和夜间施工是有利的。

(4) 混凝土的温度高，凝结快，所以施工间隔时间尽可能缩短，这样就容易产生接茬不良，而且混凝土冷却时的容积变化也大，而大体积混凝土更易出现裂缝。因此，浇筑时的混凝土温度应低于35℃。

(5) 对于一些重要结构，应尽量避开在高温季节施工，不得已时也要选择阴凉天气或改在夜间施工。

四、混凝土养护

混凝土的温度高，将促进混凝土的水分蒸发，而气温高，促使蒸发更甚。浇筑的混凝土表面水分急剧蒸发，将造成混凝土硬化不良和发生龟裂等缺陷，从而降低混凝土的质量。因此，在养护混凝土时应注意以下问题：

(1) 浇筑后的混凝土，应立即在其表面覆盖薄膜等，在不能覆盖的情况下，可在表面喷水防止干燥。

(2) 对于表面平整、有抹面加工的混凝土表面，可采用喷刷塑料薄膜养生液的方法进行养护。

(3) 为了使混凝土表面于不受损伤的情况下硬化，要覆盖麻布、草帘子、蓆子等，并充分洒水，至少在24h内保持湿润状态。如密闭覆盖不再洒水，往往会由于急剧的水化热使表面干燥，产生裂缝。

(4) 对龄期较早的混凝土采取洒水养护时，如操作间断会使混凝土忽湿忽干，很易造成龟裂，所以在一定时期内保持湿润状态。

(5) 养护时要防止温度骤变，避免曝晒、风吹和暴雨浇淋，在气温变化较大的夜晚，最好用保暖材料加以保暖。

(6) 对于重要结构至少湿润养护28d，停止养护时也要逐渐干燥，以避免裂缝的发生。

第七十章　太阳能养护混凝土

(sun curing concrete)

第一节　概　　述

在宇宙，太阳以电磁波的形式，不断地将能量定向地辐射给大地。表 70-1 为太阳射线的辐射波。

太阳辐射光谱　　**表 70-1**

波长（$\times 10^{-6}$m）	射线范围
$\lambda < 0.38$	X 射线、γ射线及紫外线
$0.38 < \lambda < 0.76$	可见光（紫、蓝、青、绿、黄、橙、赤）
$0.76 < \lambda < 1000$	红外区（近、中、远红外线）
$\lambda > 1000$	微波、超短波、短波、中波、长波等

如图 70-1，太阳辐射线的热量主要集中在可见光和红外线两个区间里，而混凝土各组成成分的光谱吸收值都在 20×10^{-6}m 之内。

我国绝大多数省份和地区的全年日照时间都比较长，如能充分利用太阳发出的热量来养护混凝土，则可达到缩短养护周期、节约能源、降低成本的目的，其技术经济效果是十分显著的。

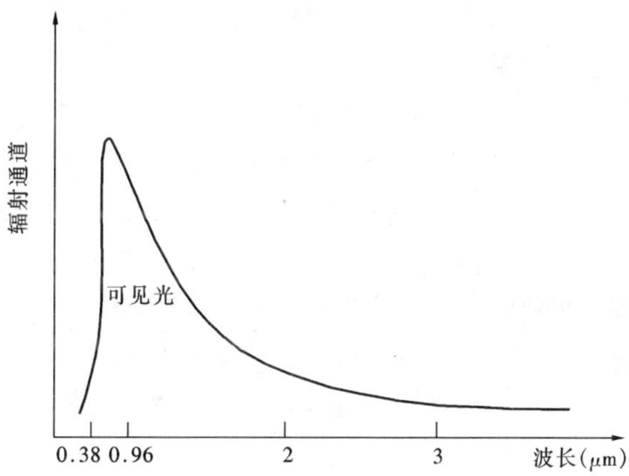

图 70-1　太阳辐射线与波长的关系

在我国的云南、陕西、上海、山东、西藏等地区，日照数较高，广泛地采用太阳能养护混凝土，为研究和发展我国的太阳能科学做了大量的工作。

第二节　透光材料和罩型的选择

优质透光材料和合理的罩型，应能使太阳辐射能最大限度地穿透到罩内，并能较长久地保留罩内的热量。

一、透光材料

在太阳的辐射光谱中，可见光和红外线含有大量辐射热能。可见光中的热量分布，在中午前后以黄、绿光为高，早晚以赤、橙光为高。因此，选用透光材料，其光学性能应以能够最大限度地透过可见光和红外线为先决条件。

在太阳能养护混凝土工艺中，常用玻璃、聚氯乙烯塑料薄膜、透明聚酯玻璃钢等透光材料。三种材料的优缺点对比见表70-2。

透光材料优缺点对比 表70-2

材料名称	透明度（%）	透光率（%）	质量	牢固程度	其他
玻璃	>90	（2～3）$\times 10^{-6}$m波长以下	大	易碎	使用时需要骨架
聚氯乙烯薄膜	55～60	80	小	易碎	使用时需要骨架
透明聚酯玻璃钢	60～65	88	小	较好	不需骨架

透明聚酯玻璃钢，是国内近几年内研制成的一种新材料，其光学性能比较好。透过这种玻璃的赤、橙光与红外线的穿透量大，且光线在透过时发生散射，可使罩内光照均匀，受光面积增大。同时，它属于弹性材料，抗冲击、质轻、易成型，并且可以用于结构承重，且修补方便，与聚氯乙烯薄膜相比，使用寿命提高几倍。

透明聚酯玻璃钢存在老化问题，反映老化的主要指标是透光率的降低程度，它与材料的变黄、玻璃纤维的白浊、表面树脂的浸蚀、纤维的外露等有关。据有关资料介绍，透明聚酯玻璃钢3～5年自然老化的结果，强度变化很少，透光率降低约20%～30%。因此，在制作透明聚酯玻璃钢时，应充分考虑这些因素，尽可能延缓老化的进程。还可采用添加紫外线吸收剂，改善表面层状态，粘贴单氟薄膜等措施来延长使用寿命。

二、罩型

（一）透明聚酯玻璃钢集光罩

在预制厂内，如果利用透明聚酯玻璃钢制成集光罩养护混凝土构件，其罩型可采用罩面中间起脊的方式（图70-2）。这样作，既能排雨水，又利于有效的接收辐射。起脊角度以8°为宜，不得过大。考虑四边框若用木材，质量大、易损、易变形，且使受光面积减少和保温材料吸湿后性能降低，增加了罩体质量，故在预应力多孔板养护线上，采用全透明的聚酯玻璃钢养护罩。这种养护罩虽无保温层，但因全透明，接受太阳辐射能量多，罩体轻，搬动灵活，且彼此对接和与地面接触严密，冷空气不易侵入，也有一定的保温性能，所以效果良好。

罩内吸热黑体选用黑色塑料布（黑度为1），这比其他颜色或无色材料为好。根据试验，一般黑色塑料布比后者可以使罩内最高温度提高5～10℃以上。

经我国昆明、济南等地区的试验和生产实践证明，使用透明聚酯玻璃钢集光罩养护混凝土构件，效果显著。其特点：

1. 优点

（1）罩内温度较高：据有关试验资料介绍，在夏季罩内一般温度为70℃左右，最高达82℃；冬季一般为15℃，最高达25℃。罩内的温度随日出日落、气温升降、季节变化、云量多少而不同。高峰值一般出现在13～14点，最高温差44℃。低值一般出现在凌晨3～4点，最低温差10～15℃。升温从早6点开始，由慢到快，降温一般由快到慢。

阴雨天气一般没有日照或日照很少，气温也较低，但辐射中的散射辐射也起到作用，罩内温度也高于气温。由于冬季气温很低，日照时间短，辐射量仅为夏季的30%左右，罩内温度的规律不变，但温差变小。

(2) 罩内湿度合理：罩内塑料布以上的湿度在50%左右，随温度而变化，但这个湿度对混凝土养护不发生直接影响，因为混凝土在黑塑料布下面进行养护，塑料布覆盖比较严密，且紧靠混凝土表面，两者之间空隙较小，温度较高。当混凝土构件达到剪断预应力钢丝的强度（松张强度），打开黑塑料布时，在黑塑料布下面有很多凝结水存在，构件表面潮湿，这说明黑塑料布起到了阻挡混凝土内水分蒸发的作用，使混凝土处在较高湿度的养护介质中。

(3) 与自然养护相比，可缩短养护周期1/2以上，提高了台座的利用率。

(4) 节约大量养护用水，节约养护用工，且现场文明，并提高了养护质量。

(5) 每个集光罩仅10kg左右，操作方便，且利于雨季施工，降低了养护费用。

2. 缺点

养护罩的主要缺点是不便保管，占用场地较多，特别当构件起吊搬运时，养护罩要随之来回搬动。

（二）塑料薄膜太阳能养护被

塑料薄膜太阳能养护被采用适用透明度和抗老化性能好的聚氯乙烯薄膜。这种薄膜耐高温，耐寒冷，使用寿命长。

太阳能养护被的制作，是将一层透明的、一层黑色的塑料薄膜，按照所要求的尺寸，用高压热合机将四周都粘合起来。在一边角处，用较厚一点的塑料布粘合成一根长20cm、直径1.5cm的进气管。沿塑料薄膜袋的两个长边，放出宽20cm的双层塑料薄膜，并且粘结起来，作覆盖混凝土构件后压封用。使用时，用0.42m^3/min的空气压缩机通过进气管向塑料袋内充气，充气后袋高约20～30cm，然后将进气管扎起来。充气后的塑料薄膜袋很象棉被，将透明的一面朝上，黑的一面朝下。由于透明塑料薄膜透光率好，黑色塑料薄膜吸收率高，因而接受太阳辐射效果也好，中间形成热空气层，起储热保温作用。

这里介绍的太阳能养护被长4m，宽1m，两边留出各20cm的压封边，在60cm宽的混凝土圆孔板挤压线上试验。

养护被两边用直径10cm的砂袋压严。砂袋是用麻袋布或玻璃纤维布做成长1m的袋子。塑料薄膜太阳能养护被及台座断面，如图70-3所示。

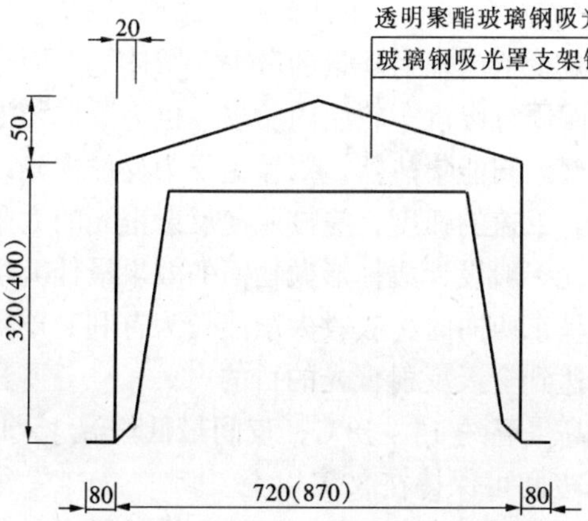

图70-2　透明聚酯玻璃钢集光罩断面

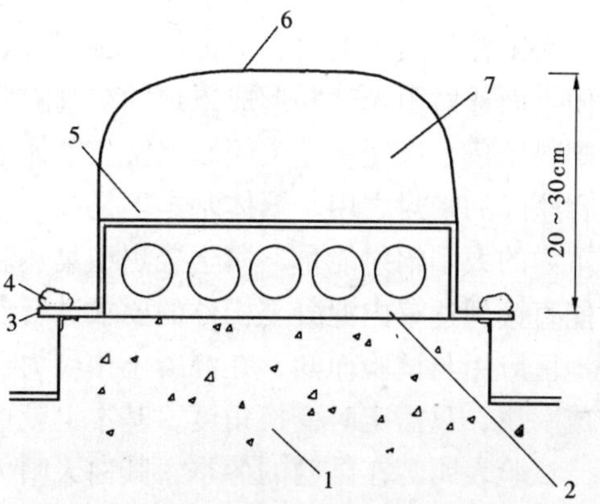

图70-3　塑料薄膜太阳能养护及台座断面

1—台座；2—混凝土空心板；3—压封边；4—砂袋；5—黑色塑料薄膜；6—透明塑料薄膜；7—空气层

由于空气受热后膨胀，应注意在晴天高温时对太阳能养护被内少充气，以免被内空气过分膨胀，导致破口跑气。

养护被覆盖混凝土构件时，混凝土构件两边要清扫干净，以免有落地砂石刺破塑料薄膜，并注意不要与硬的、尖的东西碰撞。使用前充好气，即可覆盖在混凝土构件上，养护被之间的搭接要大于30cm，如遇大风，搭接处应压一个砂袋。

由于太阳能养护被很轻，因而减少了养护工人的劳动强度。养护被底下的介质温度高，再加上水泥水化放出的热量，因此养护被覆盖的最初两天温度较高，有时甚至比自然气温高5倍以上。阴天和夜间养护被下的温度也比自然气温高1.5~2.0倍。以某地某日制作的C30混凝土构件抽样试压情况看，养护被养护的混凝土3d龄期抗压强度高达133%，而自然气温下覆盖草色养护3d龄期抗压强度只有83%。由于混凝土养护过程蒸发的水量仍保留在养护被下，可以观察到10d后混凝土构件表面仍很潮湿，相对湿度在75%~93%之间，因而就无须浇水养护。

目前使用塑料薄膜充气的太阳能养护被虽然简易方便，但夜间和阴天温度不很高（与气温相比，只高出4~9℃），而且最大的缺点是充气后3~4d，气会自动跑掉。其原因一是由于充气嘴扎结方法不妥；二是由于塑料薄膜本身就渗气。不过养护被一般在自然平均气温15℃时使用，混凝土构件3d龄期即可剪筋出厂。这样，在养护被内气跑完时，混凝土构件已经养护结束。当其再用时，可再充气。在气温较低、养护时间较长的情况下，也可采取二次充气的办法。

塑料薄膜充气太阳能养护被一般能使用3个月，但在使用过程中，难免会被场地上的钢筋戳破或其他原因损坏，因此要经常检查修补，修补的方法很简单，即将损坏的部分擦洗干净，然后用刷子蘸点塑料胶涂刷在破损的地方，再将事先剪好的塑料薄膜贴上去，用手压平即可。

（三）扇形断面箱式太阳能养护罩

这种罩由罩体和罩盖两部分组成。为使罩内受光面增大，并减少侧板产生的阴影区，而使其横断面呈扇形，罩体用1.5cm厚木板钉成，壁板刮桐油灰，用以防腐并确保密闭和保温性能，罩内四壁铺3~5cm飞花或其他材料。为避免飞花受潮板结而降低保温性能和铺设方便，使用黑色塑料布包裹，并以木压条钉上，黑色塑料布使罩内壁变成黑体，可增加对太阳辐射热的吸收，罩顶设10cm高弧形木枋，在其上、下两侧钉上透明的塑料薄膜，以便罩面透射阳光，并形成罩顶的空气隔层，减少罩内辐射能量的散失。罩体上四周钉泡沫塑料压条，以便罩盖关闭时严密。罩体下口四周钉废汽车轮胎内胎皮，也为罩体与混凝土台座间的密封之用。罩体基本上是一个平板型太阳能集热器。罩盖主要为反射聚光以增加罩内的太阳辐射能量，属于聚焦型集热装置。罩盖的弧度，应按照使反射聚光的太阳辐射能直接到达罩内混凝土构件的要求进行设计，一般设计成柱形抛物面的效果最佳。经昆明地区应用与试验而知，在混凝土预应力台座呈东西向时，吸收太阳能较为有利。罩盖可作成一块，只需定时变换角度，基本上就可以达到全天反射聚光的目的。

试验表明，在昆明的冬季，其白天晴天最高气温约15~18℃，夜间最低气温1~16℃的条件下，罩内养护温度白天可达80℃以上，夜间可保持在32℃以上。

试验还表明，在阴雨天用此罩养护混凝土的效果也是较好的。因为到达地面上的太阳辐射，是由直射和散射两者组成的，在晴朗和干燥的气候条件下，直射占辐射总能量的

90%以上；在有云或潮湿的气候条件下，直射的比例下降，散射部分比例增加，后者甚至占可利用能量的$\frac{1}{2}$，阴雨天的散射辐射量大大超过当时的直射辐射，但总辐射量少于晴天。例如在雨季作的几组试验表明，在阴雨天的白天最高气温 21℃，有小到中雨的情况下，罩内最高温度仍可达到 52℃；夜间最低气温 14℃，有小到中雨，罩内温度仍可保持在 27～28℃以上。混凝土试验 1d 抗压强度可达45%以上，2d 抗压强度可达 70%以上。对于冬天小雪天气，只作了罩内空负荷温度的测试，当时白天最高气温为 6℃，罩内最高温度达 38℃；夜间最低气温为 -2℃，罩内温度仍保持在 14℃以上。

养护混凝土时罩内的湿度，开始由于自由水随温度升高而蒸发，罩内相对湿度迅速升高到 90%以上，但到了最高养护温度时（约 12～14℃）又下降到 40%～30%，15 点随着罩内温度的下降，相对湿度又逐渐上升，约在 17 点又达到 90%以上。从 17 点到次日 8 点，由于温度变化较少，基本上是一个 30℃以上的恒温过程，其相对湿度一直稳定在 90%左右。由此看来，在昆明地区，扇形箱式太阳能养护罩养护混凝土的相对湿度除温度高峰的两小时外，相对湿度都保持在 90%以上，从而保证了混凝土制品的养护质量。

利用太阳能养护混凝土，早期强度的发展受季节、气象、气温、日照、昼夜和辐射变化的影响。但在同样条件下，太阳能养护较自然养护混凝土强度增长快得多，太阳能养护的 f_{c1} 约为自然养护的 2～3 倍。

利用太阳能养护混凝土，外观整洁，无裂纹、疏松或肿胀变形等缺陷，质量良好。分析太阳能养护混凝土构件之所以质量良好，首先在于太阳能养护是辐射换热，当辐射加热物体时，不需要介质，且有可能直接到达物体内部，因而不仅能更有效地利用热能，而且物体的加热升温也比较均匀，故可以得到良好的养护质量。

第三节 太阳能养护混凝土技术经济效果

一、缩短养护周期

在山东济南地区，太阳能养护、塑料薄膜养护及自然养护（草帘覆盖）的比较，见表 70-3。

各种方式养护时间比较 **表 70-3**

养护方式	季节		
	夏季（d）	春秋季（d）	冬季（d）
自然养护	4～6	6～10	10～20
塑料薄膜养护	2～3	3～6	不宜用
玻璃钢罩养护	1～2	2～3	3～6

太阳能养护周期一般为自然养护周期的 1/3。如加适当的外加剂，春秋季可以缩短 1～2d，冬季可以缩短 3～4d。由于养护周期大幅度缩短，预应力台座利用率可成倍提高，年产量大增。

二、节约养护用水

预制厂采用自然养护方法时，耗用的总水量中 70%～80%是浇热水养护。年产量 1.5 万 m^3 的混凝土构件厂，如采用太阳能养护时，一年可节约 3.0 万余吨水量。

三、节约能源

如用蒸汽作热源养护混凝土构件时，若方式为蒸汽养护、蒸汽远红外线养护等，则需耗用大量的煤，而太阳能养护则可不耗用燃料。

四、降低养护费用

据使用单位的经济分析，无论是透明聚酯玻璃钢养护罩、还是聚氯乙烯薄膜养护被，都比天然覆盖草帘浇水养护混凝土构件（每 $1m^3$ 混凝土构件需养护费 2.7 元）要经济，一般每 $1m^3$ 混凝土构件可节约 0.87～1.45 元。

太阳能养护混凝土作为一种新工艺，还处在摸索阶段，尚不够完善，需要不断改进和发展。由于还没有从根本上解决太阳能的储存问题，因而受地理、日照、季节、气象和昼夜的变化影响较大。从劳动生产率来看，比之蒸养、干热、红外线、微波养护的效率还是较低的。今后，相信随着新材料和新罩型的出现和完善，以及太阳能的收集和储存效率的提高，必将给太阳能养护混凝土带来更大的效益。

第七十一章　红外线养护混凝土

（ultrared curing concrete）

第一节　概　　述

红外线加热技术是1938年从美国开始的，但能够利用的红外线波长最长限度为4～5μm。随着分光技术等近代科学的发展，近年来日本各地出现了远红外线发光体，有效波长可达50μm或更长。从60年代起，德国、日本、法国、俄罗斯等国已将红外线加热技术用于混凝土的加速硬化工艺以及木材的干燥等，并取得了显著效果。

红外线技术在我国首先应用于混凝土冬季施工。目前，已将它应用于构件生产中。实践表明，红外线能够通过热作用以及光的折射和反射作用对制品辐射加热养护。辐射热传递迅速，确实是缩短混凝土制品养护周期的一个有效途径，比传统蒸汽养护优越，与电子束加热、微波加热、感应加热等相比则是有设备简单、操作方便、容易实施等优点，因而为工厂化生产混凝土制品创造了条件。

第二节　红外线与红外线的基本性质

一、红外线的波长

红外线与X射线、γ射线、紫外线等可见光一样，都是电磁波。它们的区别仅仅是波长不同。红外线的波长范围是$0.72\sim1000\times10^{-6}$m，区域广阔，在可见光的红光以外，介于可见光和微波之间，通常即称这一波长范围的电磁波为红外线。

红外线可进一步划分为三部分，但这种区别并不是统一的。按波长可划分为：近红外线，波长（$0.75\sim1.5$）$\times10^{-6}$m；中红外线，波长（$1.5\sim5.6$）$\times10^{-6}$m；远红外线，波长在5.6×10^{-6}m以上。

从红外线本身的物理作用来说，并没有特别明显的差异，大体上4μm是个界限，而人们眼睛所能看到的只是可见光区域，此范围很狭窄，波长是（$0.22\sim0.72$）$\times10^{-6}$m。

二、红外线的吸收、透射、反射

红外线的波长位于可见光或微波之间，它所具有的性质也是两者共有的。和可见光一样，它具有直线传播性，被射到物体表面时，一部分在物体表面被反射，其余部分射入物体内部，而射入物体中的红外线一部分又透过物体，其余部分则为物体所吸收，若以入射的红外线量为P表示，吸收、透过、反射量分别以P_A、P_B、P_T表示，则

$$P = P_A + P_B + P_T$$

若$\alpha = \dfrac{P_A}{P},\beta = \dfrac{P_R}{P},\gamma = \dfrac{P_T}{P}$

则
$$\alpha + \beta + \gamma = 1$$

这里的 α、β、γ 分别是吸收率、透射率和反射率。

红外线若被吸收到物体内部，被吸收的能量就转变为热，因此红外线加热是否有效，取决于受红外线照射的物体吸收率的大小，而吸收率是与物体的性质、种类、表面状况及红外吸收波长等多种因素有关。如果能转变成热的红外线量多，而不变成热的可见光量少或者等于零，也就是能够辐射高密度的红外线，这就成为加热效率非常高的热源。这种红外线所具有的性质如同电磁波一样，以光速在空间传播，在空气或真空里没有损失，即透过性能好。

三、红外线的吸收

分子是由原子所组成，在力学上又是由原子这样一种具有质量的圆球和这些圆球相互间结合起来而具有相当结合力的"弹簧"所构成。这种"弹簧"的动作有两种类型的基本振动：一类是沿径向作伸缩振动；另一类是在结合轴的方向改变其角度的变角振动（即转动）。在室温下，与热运动能量相当的波长通过计算为 50μm。因此，在室温下几乎所有的分子都处在量子数等于零的振动状态。分子被红外线照射后，如果红外线的波长刚好相当于两个振动量子数的能量差，分子就吸收红外线的光量子，吸收相当于各固有振动能量的红外线分子中的原子，增大了振动量子数，扩大了以平衡位置为中心的振幅，因而温度上升，这即是红外线被吸收产生热的原理。

但是，并非所有的分子都吸收红外线，如大气中的 H_2、O_2、N_2 等有两个原子组成一个分子，由于同一种原子的伸缩振动是对称的，不显示出所谓的"极性"，也就是这样的分子的双极矩经常是零，因此其不吸收红外线，具有对红外线的不敏感性。正因为如此，我们才有可能在大气中对物体用红外线加热。

四、红外线的热辐射

热的传递方式有对流、传导、辐射三种，其中对流与传导是通过固体或液体等介质运动来传递热的，而辐射则不需要介质。大部分热辐射有着可见光范围以外的波，这个具有波长较光线波长为长的范围，称为红外线范围。当把物体加热到高温时，从物体表面所能辐射的能量方面研究，是从理想黑体开始的。

（一）黑体辐射

黑体就是完全吸收入射的辐射线或者在给定温度下，从黑体辐射的能量比其他任何物体都大的物体。因此，对一切温度、一切波长来说，黑体是理想的物体，或者说是完全吸收体及辐射体。

1. 黑体辐射理论

以表面为中心半空间内的黑体（理想物体）辐射能量公式：

$$E = C_b\left(\frac{T}{100}\right)^4$$

式中 E——黑体辐射能量（W/m^2）；

C_b——黑体辐射系数，其值为 4.88；

T——绝对温度。

上式表明：从黑体表面辐射的全部能量仅由黑体表面温度决定，与绝对温度的 4 次方成正比。因此温度为 0°K（－273℃）时，辐射能量为零。但在 0°K 以上时，不管如何低温，都有相当于物体温度的能量辐射。

2. 最大辐射强度与波长的关系

单色辐射强度出现最大值的波长 λ_m，温度 T 愈低，λ_m 愈大，T 与 λ_m 成双曲线关系。即

$$\lambda_{max} \cdot T = C$$

式中　C——常数，其值为 2897（$\mu m \cdot K$）。

绝对温度与单色辐射强度出现最大值的波长关系见表 71-1。

单色辐射强度与最大波长值关系　　表 71-1

波长 λ_m（$\times 10^{-3}$m）	0.5	0.6	0.95	1.8	2.1	3.6	4.4	5.4	8.8	9.3
绝对温度（°K）	5500		3033	1653	1366	810	673	533	323	311

（二）实际物体（固体）的辐射

以上仅系理想物体的辐射，实际上物体受到照射后，并不是全部吸收一切波长的能量，也就是说把实际物体保留在高温，从它表面发出的辐射能比同一温度下黑体的辐射能量要少，因此有以下关系：

$$\varepsilon_t = \frac{E_t}{(E_t)_B}$$

式中　ε_t——辐射率，黑体的辐射率（黑度）$\varepsilon_t = 1$，实际物体的辐射率小于 1；

E_t——物体的全辐射量（W/m^2）；

$(E_t)_B$——同一温度下黑体的辐射量（W/m^2）。

因此，实际物体的辐射量公式为：

$$E_t = \varepsilon_t \cdot (E_t)_B = \varepsilon_t C_b \left(\frac{T}{100}\right)^4$$

辐射率的大小是随物体的种类、表面状况和温度等不同而不同的常数，这个值是由经验得到的。从很多测量结果，可以概括 ε_t 的一般倾向：

（1）金属材料的 ε_t 值一般较小，并随温度增加而成比例增加。不同金属则与其电阻值的平方根成正比，金属表面被氧化是未氧化的几倍。

（2）铁和钢与表面氧化及粗糙程度有关，光泽面在低温下为 $0.05 < \varepsilon_t < 0.45$，高温时为 $0.4 < \varepsilon_t < 0.7$；而氧化面在低温下为 $0.6 < \varepsilon_t < 0.95$，高温时为 $0.90 < \varepsilon_t < 0.95$。

（3）一般非金属材料，低温时 $\varepsilon_t > 0.8$，高温时 $0.3 < \varepsilon_t < 0.8$。

（4）耐火材料，如陶瓷等，ε_t 比金属大得多，其数值为 0.96。

几种常见建筑材料正常全辐射时的辐射率见表 71-2。

建筑材料正常全辐射的辐射率　　表 71-2

材料名称	t（℃）	ε_t	材料名称	t（℃）	ε_t
氧化铁面	100	0.736	毛面红砖	20	0.93
光滑氧化铁面	125～525	0.78～0.82	耐火砖	—	0.80～0.90
未加工铸铁	925～1115	0.87～0.95	有光黑漆	25	0.875
铁锈	500～1200	0.85～0.95	无光黑漆	40～95	0.96～0.98
水	0～100	0.95～0.963	浅灰色大理石	22	0.931
石膏	20	0.903	金属薄板	21	0.91

总之，如果被加热体的红外线吸收率和发光发热体的单色强度率具有完全相对应的光

谱，则从发光发热体辐射的能量就为被加热物体全部吸收，这种情形即是无损失的理想辐射加热法。

（三）红外线辐射能的传播

如前所述，在绝对 0°K 以上的物体均辐射出相对于其温度 T 的能量，这种能量以怎样的过程透射或传播的呢？以下分几种情况简单讨论：

1. 点光源辐射

从单位面积点光源 S 所发射的辐射能，在空间扩展成球状。如果求距 S 为 r 和 $2r$ 的两个球面上单位面积的全辐射能量，可得出：

$$E_1 = \frac{E}{2\pi r^2}$$

$$E_2 = \frac{E}{2\pi(2r)^2} = \frac{E}{8\pi r^2}$$

$$\frac{E_1}{E_2} = 4$$

因此，离辐射源有一定距离的球面上的辐射强度是与这一距离的 2 次方成反比的。

2. 面状光源辐射

如果光源是面状，则入射到整个半球面的辐射能量

$$E_b = \frac{\varepsilon}{\pi}C_b\left(\frac{T}{100}\right)^4$$

3. 体状光源辐射

如果有两个相对照射的物体，在物体Ⅰ与物体Ⅱ间相互反复进行辐射和吸收，则其辐射量可按以下两种情形进行计算。

（1）没有边界影响而平行的两平面间的辐射热量 Q

$$Q = \frac{\left(\frac{T_1}{100}\right)^4 - \left(\frac{T_2}{100}\right)^4}{\frac{1}{C_1} + \frac{1}{C_2} - \frac{1}{C_b}}$$

（2）物体Ⅰ被物体Ⅱ完全包围，而物体Ⅰ的表面积为 F_1，物体Ⅱ的表面积为 F_2，则

$$Q = \frac{F_1\left[\left(\frac{T_1}{100}\right)^4 - \left(\frac{T_2}{100}\right)^4\right]}{\frac{1}{C_1} + \left(\frac{1}{C_2} - \frac{1}{C_b}\right)\frac{F_1}{F_2}}$$

第三节　红外线养护混凝土

利用红外线热辐射进行混凝土养护具有很多优点，如养护周期短，模板周转快，节省大量蒸养设备，并可使养护过程实现自动化，在相同条件下能耗约比蒸汽养护低 50%～60%，成本要比蒸汽养护降低 6%～7%。究其利用红外线养护混凝土能缩短硬化时间的原因，这主要是由于红外线养护的热效率高。

一、红外线养护混凝土的基本原理

对于没有掺任何外加剂的新成型混凝土，欲较早的获得所要求的强度，最有效的办法

即是提高环境温度——对混凝土进行升温养护，但要损失一些后期强度。升温有两个作用：一方面使水泥各组分加速水化反应；一方面使存在于混凝土毛细孔之外的多余水分（这部分水不参加水化反应）蒸发。

红外线养护混凝土的基本原理，是在载热体（散热器）表面涂刷远红外辐射材料，当载热体使涂料分子受热后便被激发而向四周发射电磁波，该波被物体吸收，成为分子运动能，使被加热物体的温度上升。红外线加热养护就是利用载体热改变表面状态提高辐射强度，使被加热的混凝土制品吸收辐射热提高内部温度，另外模板和介质也吸收热量，最终以对流和传导的方式再次传给制品一部分，使制品内部温度进一步提高，加速水泥水化，促进混凝土内部结构的形成。

混凝土是由水泥、砂、石（或多孔轻骨料）和水四种主要材料组成的。如果这四种主要材料都是对红外线敏感的物质，用红外线加热就会收到升温快、热效率高的效果。

为了进一步研究混凝土无机物质对红外线的吸收特性，还必须进一步了解混凝土中各种组分对红外线的吸收带（波长范围）和吸收峰。

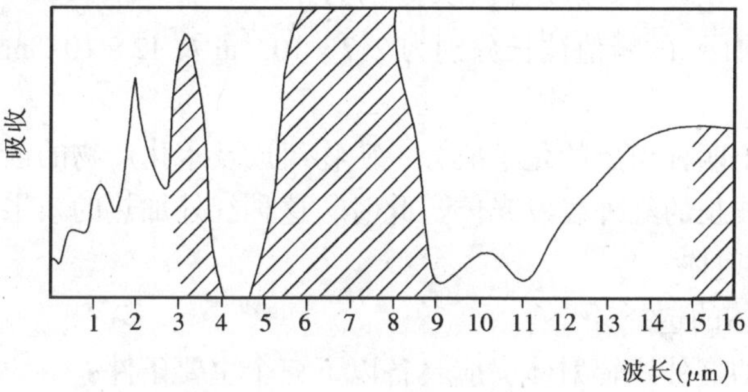

图 71-1　水的红外光谱图

（一）主要无机化合物的红外线吸收特性

1. 水的红外光谱

图 71-1 为水的红外光谱图。从图上可以清楚地看出，水在红外区具有很宽的吸收带，在波长为 3×10^{-6}m、（5～7）$\times10^{-6}$m、（14～16）$\times10^{-6}$m，都有强烈的吸收峰。

因此，水分子吸收了相应的红外线辐射后，即被加热；水被加热后，不但会迅速提高混凝土的温度，促进与水泥各组成间的水化作用，也加速了多余水分的蒸发。

2. 骨料的红外光谱

混凝土中大量的组成材料是砂、石骨料，其主要化学成分是 SiO_2；人造轻骨料的主要化学成分是 SiO_2 和 CaO。经试验结果表明，骨料的红外线吸收特性见表 71-3。

3. 水泥的红外光谱

水泥的主要化学成分为 CaO、SiO_2、Al_2O_3 和 Fe_2O_3 等四种，经红外光谱分析，这几种氧化物对红外线的吸收特性见表 71-3。

（二）水泥矿物及其水化产物的红外吸收特性

前面仅分析了水泥的化学成分，但实际上，水泥生料经 1450℃煅烧之后生成四种主要矿物：C_3S（硅酸三钙）、β-C_2S（硅酸二钙）、C_3A（铝酸三钙）、C_4AF（铁铝酸四钙）。水泥加水后，这四种矿物熟料与水进行水化作用，又分别生成 $C_3S_2H_3$（水化硅酸钙）、C_3AH_6（水化铝酸三钙）、CFH（水化铁酸一钙）和 CH（氢氧化钙）等水化产物。因此，水泥加水后，这四种主要无水矿物即逐渐向其水化物过渡。经对水泥的四种矿物组成及其水化产物进行红外光谱分析结果，可得出如下结论：

几种氧化物的红外吸收特性　　表 71-3

红外吸收特性＼氧化物	氧化硅 SiO_2	氧化钙 CaO	氧化铝 Al_2O_3	氧化铁 Fe_2O_3	铁锈 Fe_3O_4	备注
吸收带波长范围 ($\times10^{-6}$m)	—	—	14～18 —	<3 17～19	—	在高温下即形成铁锈 Fe_3O_4
主要吸收峰位置 ($\times10^{-6}$m)	9 —	2.7 20	—	—	2.7 17	—

(1) 不同品种水泥的红外光谱吸收波长，大体是一致的，即 (10～12.5) $\times10^{-6}$m 及 (16.6～20) $\times10^{-6}$m。

(2) 在水泥中虽然掺有少量的其他化合物，但并不改变水泥的吸收峰。

(3) 硅酸三钙 (C_3S) 的吸收峰波长分别为 10.6×10^{-6}m、19×10^{-6}m、、22×10^{-6}m，水化铝酸三钙 (C_3AH_6) 的峰值波长分别为 2.7×10^{-6}m 及 12×10^{-6}m。这两种成分在胶凝材料中至关重要。

当明确了混凝土四种组成的化学成分、矿物组成及水化产物的红外吸收特性后，即可选发出包括上述诸波长的红外线发光体。此时，这种红外加热的效果是最高的。

(三) 红外线辐射体

1. 红外线辐射体的选择

选择比较理想的红外线辐射体，应具备以下三个主要条件：

(1) 能够耐较高的温度；

(2) 不易氧化的惰性金属或非金属；

(3) 辐射率 ε_t 较大。

2. 红外辐射体材料

目前，国内外常用的铁铬铝金属网片，其发射波长为 (2～6) $\times10^{-6}$m，陶瓷板的发射波长为 (3～10) $\times10^{-6}$m，辐射率达 96%，接近于理想的黑体辐射率。此外，最近日本在碳化硅板上涂一层薄薄的远红外辐射材料，如 TiO_2、SiO_2、V_2O_5、Nb_2O_5、Cr_2O_3、Fe_2O_3 等。利用远红外线来养护混凝土，由于发射波长与水泥及其矿物、水化产物的吸收波长完全一致，因而比较理想与合理。几种远红外材料的发射波长见表 71-4。

为了防止对混凝土成型面的直接热辐射失水过多，可覆盖金属薄板或水玻璃，射线穿透辐射膜而为混凝土吸收，也可以向金属模板辐射。作为优良导体的金属模板，对射线的吸收率为 90% 左右，当吸收了射线后，得到了加热，成了热源，再经过热传导，把热量传给混凝土。

二、几种不同热源的红外线养护工艺

如前所述，因辐射的能量是与温度的 4 次方成正比，而对流的能量与温度的 1.25 次方成正比，所以，无论是采用何种热源的红外线加热技术，都是以尽可能提高辐射能量、充分利用热能为目的的。混凝土制品在养护过程中，由于内部有游离水存在，而水对红外线又有较宽广的吸收带，混凝土在 60～100℃时对红外线的吸收率为 90% 左右。因此，用

热养护。所有电热管都集中控制。经养护 8～10h 后，即可达出窑强度。

电热管的数量与模板大小和加热混凝土的体积有关，可计算出电热管的实际数量。

1. 加热制品需要热量 Q_1

$$Q_1 = c_1\rho_1 V_1(t_2 - t_1)$$

式中　c_1——混凝土比热［J/（kg·K）］，取 840～1170J/（kg·K）；

ρ_1——混凝土湿堆密度（kg/m^3）；

V_1——养护混凝土体积（m^3）；

t_1——混凝土养护前温度（K）；

t_2——设计采用的恒温绝对温度（K）。

2. 模板吸收热量 Q_2

$$Q_2 = c_2 m_2(t'_2 - t_1)$$

式中　c_2——模板的比热［J/（kg·K）］；

m_2——模板的质量（kg）；

t'_2——被加热模板的最高温度（K）。

3. 散失热量 Q_3

$$Q_3 = (Q_1 + Q_2) \times 20\%$$

4. 电热管发出的热量 Q_4

$$Q_4 = 0.86W\tau$$

式中　W——电热管功率（W）；

τ——通电时间（h）。

电热远红外线养护，也可自行设计一个辐射器，发热体为镍铬电阻丝，电压 220V，功率 1kW，电炉丝的底盘绝缘材料为 MgO 或耐火粘土，辐射器的面板用 0.75cm 厚黑铁皮制成，其表面用砂布擦去油污、锈斑，再用干净棉布擦净后涂刷红外线涂料，采用这种远红外线辐射器养护混凝土制品，经 5h 混凝土即可达到出窑强度（70%以上）。

（三）煤气红外线养护

煤气红外线养护混凝土制品，是属于干热养护。它是以煤气红外线辐射器发出的热射线加热窑内介质，并迅速穿透空气层与钢模板进行热交换。这种热交换是以热辐射和热传导为主。介质温度可在 2h 内室温由 25℃升至 100～120℃，12cm 厚的混凝土制品经过 2～3h，它的中心温度由 25℃升至 80～85℃，介质的相对湿度为 50%～10%，养护时间为 7.5～8.0h。

一般以液化石油气为燃料，在红外线辐射器内进行无焰燃烧，产生热射线。所用红外线辐射器的装置大体可分为贮存液化石油气罐、减压阀、橡胶输气管、控制节门、辐射器等几个部分，其中辐射器为主要设备，铁铬铝制成的金属网是这种辐射器的主要组成部分。

对热辐射器可按相互多次反射的情况进行计算，使钢模板和窑壁在单位面积上和单位时间内得到的热量按下式计算：

$$Q_{1\text{-}2} = \varepsilon_n \cdot c_0 \cdot \left[\left(\frac{T_1}{100}\right)^4 - \left(\frac{T_2}{100}\right)^4\right]$$

式中 Q_{1-2}——辐射器给模板或窑壁的热量（J）；

T_1——辐射器表面绝对温度（K）；

T_2——模板或窑壁表面绝对温度（K）；

c_0——绝对黑体的辐射率（取 $4.9J/K^4$）；

ε_n——总辐射系数，

$$\varepsilon_n = \frac{1}{\frac{1}{\varepsilon_1} + \frac{1}{\varepsilon_2} - 1}$$

ε_1——辐射体的厚度；

ε_2——模板或窑壁的厚度。

对辐射器的造型很重要，当辐射器种类固定时，模板和窑壁所得的热量仅与 ε_2 和 T_2 有关，对钢模板而言可取 $\varepsilon_2 = 0.73 \sim 0.78$，$T_2 = 363 \sim 373K$；对混凝土窑壁而言，取 $\varepsilon_2 = 0.65$，$T_2 = 323K$。为使窑壁吸热小，保温质量好，可选择 ε_2 和 λ 小的材料。因为这种干热窑，窑内介质相对湿度较低，可以采用灰白色的加气混凝土做保温材料。

三、红外线养护混凝土的技术经济效果

据国内外资料介绍，红外线（能源有电、蒸汽、液化石油气、丙烷等）养护混凝土的技术经济效果很显著。

（一）技术效果

日本采用这种方法，混凝土的早期强度与标养相比，f_{c1}提高 80%，而 f_{c28}大体相等。如果经红外线加热 4～5h，$\frac{W}{C}$为 0.4 时，其热压强度可达设计强度的 80%～90%。

据德国资料介绍，当水泥用量为 $350kg/m^3$、$\frac{W}{C}$为 0.40、骨料取 5～15mm，经 4.5h 红外线辐射，强度为 14.8MPa，为 f_{c28}的 48%，而混凝土的吸水率比蒸养低 17%，弹性模量高 10%。又从收缩变形试验结果看：静停 2h、加热 4h 的条件下蒸养试件的收缩值为 0.74mm/m，而红外线养护的为 0.3mm/m。这进一步证明，经红外线加热养护混凝土的技术效果是比较理想的。

（二）经济效果

从能量消耗方面来看，红外线养护混凝土是较优的。表 71-8 列出德国在这方面的统计资料。

红外线养护各种构件能量消耗 **表 71-8**

构件种类	混凝土种类	辐射方式	能量消耗（J/m^3）
钢筋混凝土肋形楼板	普通混凝土	自上方	576000
空心楼板	普通混凝土	自内部	529200
轨枕	普通混凝土	自上方和下方	493200
预应力混凝土梁	普通混凝土	自上方	612000
预应力混凝土条板	普通混凝土	自上方	432000
墙板	轻混凝土	自上方	324000～349200

从经济费用上看，红外线养护是较低的，表 71-9 为日本对几种硬化方法的单项费用比较。

几种硬化方法单项费用比较　　**表 71-9**

单项费用项目	养护方法		
	标准养护	蒸汽养护	红外养护
能量费用	1.0	2.5	2.0
运转和设备费	1.0	0.7	0.41
模板和底板费	1.0	1.0	0.22
场地和生产面积费用	1.0	0.76	0.43

第七十二章　预 拌 混 凝 土

（ready-mixed concrete）

第一节　概　　述

预拌混凝土（也称商品混凝土）生产是建筑工程中一项意义重大的现代化生产形式，其全部内容就是把混凝土这一主要建筑工程材料从备料、拌制到运输一系列生产环节从传统的一揽子施工系统中游离出来，成为一个独立经济核算的材料加工企业——预拌混凝土工厂。混凝土的商品化生产不要生产技术和装备作根本性的改变，却能因生产的专业化、集中化等特点为建筑工程中节省水泥及砂石材料、改进施工组织、提高设备利用率、减轻劳动强度、降低生产成本提供可能，同时也因节省施工用地、改善劳动条件、减轻环境污染而使社会受益。国外实践表明，采用预拌混凝土之后，一般可提高劳动生产率200%～250%，节约水泥10%～15%，降低生产成本5%左右。

预拌混凝土工厂根据用户的订货要求，生产出他们所需品种、强度等级的混凝土，然后用特定的运输工具，在约定的时间内，把混凝土运往施工现场，甚至直接浇灌到建筑物的模板中去。因其生产方式和运输方式上的特点，国外把这种在工厂中生产的混凝土称为预拌混凝土，又因其具有商品的属性，也称为商品混凝土。

国外预拌（商品）混凝土最早出现在欧洲。1872年，英国开始设计了一座预拌厂。但在第二次世界大战前仅美国发展较快，第二次世界大战后预拌混凝土得到较快发展。1950年，美国建起了1700座预拌混凝土厂，年产量达3800万m^3，占全部混凝土用量的35%。德国、英国、意大利、法国、荷兰、比利时等也相继发展起来。日本虽起步较晚，但发展迅速，1950年开始办厂，到1960年已有预拌厂70个，年总产量590万m^3，占水泥总用量的9.6%。

20世纪60～70年代初是世界预拌（商品）混凝土发展的全盛时期。美国1973年统计有预拌厂近1万个，年总产量1.74亿m^3，居世界首位。日本有预拌厂4811个，年产1.5亿m^3，居第二位。前联邦德国为欧洲首位，年产量达1800万m^3。一些经济发达的国家预拌混凝土用量占混凝土总用量的60%以上，如美国84%、瑞典83%、日本78%、澳大利亚68%、荷兰56%。前苏联等东欧国家使用工厂预拌或拆迁式、移动式搅拌厂生产的混凝土数量也很大，前苏联年产量约6000万m^3左右。据统计目前全世界已有预拌混凝土厂3万多个，40多万从业人员，已构成了一门新兴的工业部门。

即使在发展中国家，预拌混凝土生产也已成为供应基本建设中混凝土需求的主要手段。由于种种原因，我国预拌混凝土生产的发展始于21世纪80年代，其发展规模与建筑工业现代化的要求还不太适应，因此迅速发展预拌混凝土生产势在必行。

一、预拌混凝土工厂的组成、装备和规模

（一）组成和装备

预拌混凝土一般由砂石堆场（或贮罐）、水泥贮罐、混凝土搅拌楼、混凝土运输车、污水处理场、试验室、机修车间、办公室等组成。

最初预拌混凝土的生产沿用传统方式，在工厂中用固定的配料和搅拌设备拌制混凝土。然后用汽车或其他运输工具运送到浇灌地点。但是人们很快发现，为了缩短生产周期和减少混凝土在运送途中的离析现象，可以在工厂中配料，投入用汽车载运的搅拌机，在运送途中拌制成混凝土。随着泵送浇灌技术的发展，由于对混凝土流动度和均匀性有较高的要求，长途拌制混凝土显得更为有利。目前世界各地75%以上的预拌混凝土是用搅拌车拌制的。

然而，不能因此认为预拌混凝土工厂非得配置大量搅拌车甚至泵送汽车不可。在某一具体条件下，采用集中拌制还是运输拌制是一个须经全面分析才能解决的问题。供应范围、需求量、搅拌车使用率及机械磨损等都是分析研究中必须考虑的因素。最近十余年来，人们对混凝土生产的质量控制越来越重视，在这一点上，集中拌制显然具有较大的优越性。因而集中拌制混凝土的百分率又有上升趋势。

用于集中搅拌的混凝土搅拌楼有固定式和移动式两种，以固定式为主，固定式大多是单阶式上料，配有若干台可倾式或强制式搅拌机，整个运行系统用工业电视监视，原材料计量与调整配合比用卡片输入式的PCS系统，按不同配合比卡片上打印穿孔贮存，然后根据不同卡片自动计量、供料和出料，还可自动记录砂石含水量，及时准确调整配合比，这样的搅拌楼只需2名操作人员就可科学管理。移动式搅拌楼用钢构架，全部设备包括贮罐以内拆成若干大件，有利于搬运，这种搅拌楼从安装到投产的时间不超过1个月。

混凝土运输车可分为搅拌车和翻斗车两大类：

搅拌车在混凝土运输过程中搅拌，并由转筒旋转卸料，而翻斗车不能搅动，靠自身质量荷载自卸。

搅拌车有三个作业形式：一种是在搅拌楼将混凝土拌合好后装车，为了防止混凝土离析，可一面行驶，一面搅拌；另一种是将原材料按配合比计量后装入车内，在鼓筒内搅拌；第三种是将干的拌合料计量后装入鼓筒内，同时在车上装有贮存水和外加剂的罐，在行驶过程中，选择适当的时间加水，到达施工现场前拌好，这样可以加大供应半径。前两种搅拌车在日本普遍采用，后者在美国较普遍。

翻斗车在预拌混凝土发展初期用得比较普遍。它是一种带有防止风雨侵入和水分蒸发的外罩的自卸卡车，在车厢两侧挡板与底板连接处有密封橡胶条或做成勺形车厢，以防止混凝土漏浆；这种运输车结构简单，造价低廉，维修费用省，但在行驶过程中，混凝土受到振动会出现离析，因此供应半径受到一定限制。这种翻斗车与常用的自卸卡车不同，斗身可倾斜90°，出料口窄，以免卸出的料散开，目前瑞典、瑞士等西欧国家用得较多。

从我国机械工业和城乡道路建设的现状和近期发展的可能来看，要在短时间内为混凝土工业生产大量搅拌车并提供高效率使用的条件，是不易做到的。预拌混凝土仍应从集中拌制入手，尽量利用现有的条件，当然，也应在近期内研制适合应用的搅拌车、搅动车和泵送车等运输机械，并逐步推广使用。

除搅拌和运输机械外，混凝土工厂还需要配置一系列大型装备，诸如贮料仓、传送机、配料器等。这些装备和搅拌机械的设置可以有永久式、拆迁式和流动式三种。正确选择装备的设置方式是建厂设计的重要任务之一。

（二）预拌混凝土的规模

混凝土生产和其他工业生产不同，其最大的特点就是产品不能贮存和远程发运。由于水泥凝结时间所限，混凝土从搅拌机出来起至运抵浇灌地点所经过的时间一般不能超过1.5h，如果用搅拌车在运送途中拌制，也因为要防止骨料过度磨耗，搅拌鼓筒旋转次数不宜超过300次。考虑这些特点，混凝土搅拌工厂的供应半径一般不应超过20～30km。在交通频繁或道路坎坷的地区，供应范围更为狭小。因此，除工程密集的区域及大型工程需要大量混凝土供应以外，一般以建立中小型搅拌工厂为宜。

从国外情况看，例如美国属于5000家公司所有的8000～10000家工厂，每家工厂的平均年产量不过10000～20000m^3。这5000家公司中从业人员不超过7人的有2000家，不超过18人的3700家，而超过50人的只有300家，由此可见，美国预拌混凝土工业具有小而多的特色。

我国预拌混凝土的生产，应采用中小结合、两条腿走路的方针。从我国工业和生活设施的布局、基本建设的发展速度和城乡道路状况来看，除了大型建筑工程可以利用其搅拌设施的剩余生产兼营预拌混凝土外，应以广设年产量在2～3万m^3以下的搅拌工厂为主。这种工厂可以是独立经营的企业，可以是联营企业的搅拌站，也可以是集体经营的小企业。各地可以因地制宜，发挥各自的优势。

应当指出，尽管混凝土是一种不能贮存、不能远运的材料，但作为混凝土骨料的砂石却是可以大量地和长时间地贮存的，而且运送的距离不受技术限制。砂石的开采、洗选、筛分和贮运应当成为一种独立的材料工业。砂石工厂的规模应当根据矿源和开采、堆放和运输等条件决定。这就是说，广设中小型预拌混凝土工厂，并不意味着由各工厂零散地采集自己需用的砂石，而应由少数大型现代化砂石工厂来供应多数预拌混凝土工厂对于骨料的要求，这样才能更好地体现现代化工业生产的组织原则，为预拌混凝土工业的迅速发展提供有利条件。

二、国内外预拌混凝土生产状况和特点

（一）国外生产状况及特点

(1) 筹建预拌厂时都很重视厂址选择。一般都选择在靠近河道和铁路沿线，以便砂、石等直接卸入料仓，节省运输费。如流经法国巴黎市中心的塞纳河两岸，在48km沿线内就有大约50家混凝土工厂。每个预拌厂的规模一般都较小，如美国一般为年产量1～2万m^3左右，德国认为3～4万m^3为最佳，前苏联的固定或搅拌站产量大一些，约10～20万m^3/年。预拌厂工艺设备和生产线布置都比较紧凑，占地面积较小，如美国芝加哥一家每小时产量750m^3的预拌厂其厂区占地仅42亩。

(2) 在生产方式上计量站和搅拌站并存发展。近年来，特别是美国，为适应大规模建设的需要，采用大型搅拌车运输，发展一种预拌厂只完成称量和配料，而混凝土搅拌则由搅拌车在途中进行搅拌。而另外一些国家（如法国等）则仍坚持工厂搅拌，认为这样更有助于产品质量的提高。

(3) 混凝土搅拌工艺和工艺设备的选择。不仅有永久性固定式预拌厂，也出现了形式繁多，为适应小批量、边远地区使用、灵活性大的拆迁式和移动式小型搅拌站。一般由搅拌机、骨料贮存仓和按重量计量的调料器组成，用卡车运到现场拼装起来形成生产能力或装在大型拖车上进行转移，每小时产量约20m^3。混凝土运送设备主要采用各种系列容量的混凝土搅拌罐车或搅拌车（途中搅拌），同时也使用开敞式非搅拌车等专用运输设备。预拌厂骨料提升方式有单阶和双阶的。这些都要根据实际条件，因地制宜进行选择。

（4）预拌（商品）混凝土企业经营上有由单一型向综合型发展的趋势，一般预拌厂从事骨料等原材料开采、混凝土搅拌、运输，有的还承担现场泵送、浇筑施工全部工作。通常是骨料公司或水泥公司兼营预拌混凝土。

（5）预拌混凝土供应品种、规格日趋多样化，方便用户的需要。有的同时还供应各种砂浆和灰浆、特种混凝土、少灰混合料、混凝土砌块和预制混凝土构件等。

（6）国外组织生产预拌混凝土的几种体制：

① 由水泥公司组织生产　如泰国某水泥总公司年产水泥 500 万 t，还生产水泥制品和石棉水泥制品，1963 年引进预拌混凝土技术和设备，在曼谷建厂，下设 32 个站，每站最多的有混凝土搅拌车 60 辆，年产 500 万 t 混凝土，此外在清迈和哈特一复各建有 1 座年产 14 万 t 的分厂。

② 由砂石公司组织生产　如法国巴黎砂石公司在 1964 年创办预拌混凝土公司，下设 20 个分厂，有 220 辆混凝土搅拌车，1975 年年产量达到 122 万 m^3，其中 60%用于住宅建筑和工商业建筑，40%用于公共工程。

③由水泥制品厂组织生产　如美国格列斯威公司是一家生产混凝土管 1 万 t、水泥砌块 160 万块的水泥制品厂，1958 年开始生产预拌混凝土时，只有 1 个很小的搅拌楼和 5 台混凝土运输车，目前已采用每台容量为 7.64～11m^3 的混凝土搅拌车，所生产的混凝土一半用于住宅建筑，一半用于公共建筑和工商建筑。

④预拌混凝土厂　日本预拌混凝土工业中，90%是小企业，每个小厂的职工人数不到 100 人。以岐阜县为例，全县面积不到 10000km^2，其中森林覆盖面积占 82.7%，但预拌混凝土厂就有 91 家，这些厂的职工人数都在 50 人以下，有的只有 28 人，年产量达 60000m^3。

（7）在国外，为了加强同行之间的技术交流，严格控制产品质量，维护信誉，不仅设在各国自行组织的管理机构，如美国商品混凝土协会，英国预拌混凝土协会，日本混凝土工业联合会、工业组合联合会等，还有跨国的欧洲预拌混凝土组织，供需双方严格按照产品标准组织生产，签订协议，信守协议，有法律保障。

国外的产品标准有：美国 ASTM 94—81；英国 BS 1926；德国 DIN 1045—78；前苏联 ГОСТ 7473—76；法国 NF P18—305；日本 JIS 5308—1978。

产品标准不仅严格规定了原材料和成品、半成品的质量要求，同时对生产设备、运输车及其使用方法提出必要的条款。凡产量质量达到规定要求的工厂，经国家指定的检验机构或协会认可，可发给合格证书，使用户放心；而事实上生产厂为了确保企业信誉，增加商品竞争能力，各自制订了比国家标准要求略高的企业标准。

（二）国内生产状况及特点

我国建国初期，一些大型水利工程早就采用预拌混凝土，从国外引进了一些自动化程度较高的混凝土搅拌设备和混凝土搅拌车，一些重点建设工程和一些城市的建筑公司如上海宝山钢铁公司、北京地铁工程和上海、北京、天津等地的建筑公司下设的预拌混凝土厂，在满足本单位混凝土构件生产和现场施工需要以后，为了充分利用现有设备和技术力量，打破行业界限，向其他行业供应预拌混凝土。在中小城市中，常州基建材料供应处的砂石和散装水泥中转站增添了 11 台翻斗车，增添了混凝土搅拌楼和试验室，已建成了 1

个年产5万 m^3 的预拌混凝土供应站，从1978年起，向全市100多个单位千余个分项项目供应混凝土，产品合格率达到90%以上，保证了施工进度，尤其受到原材料供应困难和缺乏搅拌设备单位的欢迎。原建材部系统的湖北、西安红旗水泥制品厂等在不增加任何设备和投资的条件下，用翻斗车运输混凝土，为当地城市工业建设提供设备利用率、节约原材料、节约能源、节约施工用地、实现文明施工等方面的优越性。目前在我国，已初步具有使用预拌混凝土的条件和可能性，并且也已得到了一定的发展，如1986年全国建工系统预拌混凝土产量已达到153万 m^3，仅上海建工系统每年就生产50多万 m^3 预拌混凝土，1987年生产量达64万 m^3，约占现浇混凝土总量的50%左右。近年来，全国大城市的预拌混凝土搅拌站更是成倍地增长着。截至2001年年底，四川省成都市的预拌混凝土厂或预拌混凝土有限公司就有16家，而西部大省陕西省西安市有24家，发展迅猛。

三、我国发展预拌混凝土的前景

（一）发展预拌混凝土势在必行

水泥是建筑材料工业的首要部分。按一般情况，平均每1万元基本建设投资，约消耗水泥8.5t。如某市1985年全市基本建设总投资15亿元，其中土建总投资5.9亿元，约需水泥50万t，若按水泥消费总量中60%采用预拌混凝土生产，则可生产预拌混凝土百万 m^3 左右。可见，预拌混凝土生产的潜力颇大。

混凝土按传统现场搅拌方式生产，除需要消耗大量的劳动力外，还需要一整套搅拌、运输设备，还要求有较大的骨料堆放场地、水泥库或散装水泥罐，以及其他临时设施，这是一种“小而全”的作坊式生产，因而在一些大型现浇工程中，受到了限制。特别是大中城市的基本建设中，往往因占地、污染、噪声等问题在市政、交通环境污染方面产生一些难以克服的矛盾。特别是我国建筑体系发生变化后，内浇外砌，框架和高层建筑的比重增加，传统的方法已无力满足生产需要，加之经济合同制在建筑施工中推广，现浇混凝土的需要量不断增加。由于现浇钢筋混凝土结构的整体性好，抗震性强，吊装、运输设备适应性大，一直受到设计、施工部门的重视。虽然现场用工比预制装配多，但它无需大量投资建立梁、板、柱生产基地，因而在国外一值得到提倡，发展很快。从20世纪60年代起，国外的混凝土生产就逐渐脱离施工部门，形成了独立的工业部门，便于向施工现场提供大量优质、经济的混凝土，适应建筑工业化步伐的发展。我国发展预拌混凝土生产的特点是：起步晚、发展慢、技术装备落后。但仍有西安、成都、重庆、常州、上海、北京、天津、大连、深圳等城市大力发展预拌混凝土生产，这些城市由于城市建筑和工厂的技术改革，中外合资项目和引进项目的不断增加，使现浇混凝土的需求量不断增大，促使了预拌混凝土生产的发展。以常州为例，60年代该市的房屋竣工面积仅为每年3~5万 m^3，80年代高达每年70多万 m^2。每 $1m^2$ 建筑面积所需的现浇混凝土量也由 $0.05m^3$ 增加到 $0.1\sim0.11m^3$，再加上市政建设、人防工程等，使现浇混凝土量增加了30~40倍，可见预拌混凝土生产的发展势在必行。

使用预拌混凝土的技术经济效益概括如下：

1.企业财务效益

通过西安、成都、北京、上海、天津、常州等预拌混凝土供应站的经营统计资料分析与现场搅拌混凝土比较，获得的技术经济效益为：

（1）一般预拌混凝土较现场搅拌混凝土销售单价高20%左右，主要是新增混凝土运输费和提高固定资产摊销费。

(2) 预拌混凝土供应站，扣除非生产工艺因素材料价差的影响，一般降低成本率4%～7%左右，与现场施工相当。

(3) 单方用工降低，劳动生产率提高。一般生产预拌混凝土为0.25工日/m^3，全员产值2.5～3.0万元/（人·年），现场搅拌为0.35工日/m^3，产值一般仅0.8万元/（人·年）。

(4) 原材料节约。经测算和分析，应用预拌混凝土可节约水泥8%（如常州预拌混凝土供应站年产5万m^3混凝土，每年可节约水泥3000t），砂石12%左右。

(5) 混凝土质量大大提高。一般试块强度合格率都达96%以上。

2. 社会经济效益与效果

(1) 相关部门获利。前几年经典型工程调查统计，应用预拌混凝土节省了许多单位的费用支出，普遍受欢迎，如节省砂、石中间储料堆场租用费0.90元/m^3，砂、石运输费8.00元/m^3，水泥中转库租用或搭设费1.00元/m^3，水泥袋节约费1.75元/m^3，现场建材堆放场地租用费2.40元/m^3，现场临时水电及设施费4.00元/m^3，节省设备投资费0.45元/m^3及现场施工单位节省搅拌混凝土管理费6.00元/m^3等，尚不计算加快施工速度等效果。

(2) 经西安、成都、北京、常州预拌混凝土供应站测算，投资利润率一般15%～20%左右，有些地区市达30%，投资回收期6年左右。

(3) 加快施工速度，提前发挥投资效果。

(4) 促进水泥工业和混凝土新技术发展及建筑工业化的发展。

3. 生态环境效益

应用预拌混凝土环境效益十分显著，不需在现场堆放材料及中转材料、搭棚，避免对城市产生脏、乱和粉尘污染（如常州市推行预拌后，经该市防疫站多点测试，粉尘浓度降到国家规定的标准以下），改善环境卫生条件，而且避免现场堆料、影响交通安全和市容及污水、泥砂漫流、堵塞管道、沟渠，以及搅拌混凝土产生的噪声污染，消除影响居民正常生活的因素。

以下为上海市发展预拌混凝土所取得的具体效果实例：

(1) 有利于建筑工业化的发展，提高施工机械化程度，减轻体力劳动强度和加快施工速度。宝钢炼钢厂转炉基础底板大体积混凝土6912m^3，使用预拌混凝土和泵送浇灌工艺，原计划需连续施工48h，结果仅用了28h；华亭宾馆建筑面积8.6万m^2，高29层，基础结构阶段的混凝土量有4万m^3，全部采用预拌混凝土和泵送浇灌工艺，仅用470d就主体结构封顶，达到每次1000m^2建筑面积平均施工期为5.2d，显示了预拌混凝土供应的优越性。

(2) 有利于改善混凝土级配，控制混凝土质量。从各搅拌站连续三年中收集的12313组试块抗压强度分析，年强度合格率在99.46%～100%之间，年强度保证率在93.03%～99.95%之间。因此，预拌混凝土强度合格率、保证率和匀质性。都达到了国家规定的优良标准。

(3) 有利于节约原材料。预拌混凝土一整套完善合理的生产工艺和准确的秤量计量装置，可以避免水泥、砂、石等原材料的浪费，减少损耗。根据4年的初步统计，采用预拌混凝土后共节约水泥45169t，节约率达8.59%。

(4) 有利于减少施工用地，适合闹市区狭小场地的文明施工，并减轻环境污染。对施工面积大，混凝土用量多的工程，可避免施工、运输忙乱现象。对施工场地小，不能设搅拌机和砂、石骨料堆场的工程，预拌混凝土可随要随送，按时、按需供应，改变了过去砂、石到处乱堆，道路不通，尘土飞扬，泥浆四溢和下水管道堵塞等不文明脏乱施工现象。

(5) 具有比较明显的社会经济效益。上海市建筑用地少，建筑密度高达70%~80%，人口密度每1km^{2}平均达4.2万人（最高超过6万人），且交通拥挤，人均道路面积仅2.2m^2。所有这一切，都给高层建筑施工带来了很大的困难。但采用混凝土商品供应和泵送混凝土施工以后，使市区很多工程都能比较顺利地进行施工。联谊大厦位于外滩闹市区，建筑面积29800m^2，高30层（108m），施工用地少，人流、车流集中，施工不能影响交通，经采用预拌混凝土和配套两台ELBA—B5516E型固定泵垂直输送混凝土后，工期提前80d，施工单位得益320万元，建设单位增加营业收入265万元，取得了显著的社会经济效益。

(二) 采用预拌混凝土的优越性

在我国推广预拌混凝土，有以下10大优点：

①节约水泥。

②有助于推广散装水泥。

③减少砂石耗损。

④工业废渣掺加混合材，有利于有效利用水泥熟料。

⑤有利于掺加外剂改善混凝土的技术性能。

⑥在现场掺加混合材，有利于有效利用水泥熟料。

⑦减少施工单位工作量，加快施工进度，缩小施工场地，减少现场设施。

⑧提高建筑工程质量，降低工程造价。

⑨减少城市污染，充分利用城市废料。

⑩节约能源。

(三) 我国发展预拌混凝土的条件

我国发展预拌混凝土在技术上是完全可行的。当前我国已能初步生产必要的技术装备。如我国有自制的混凝土搅拌车、混凝土搅拌机，也可以生产单卧轴强制式搅拌机。特别是近几年，新技术、新工艺在搅拌站获得采用，如微处理机、穿孔卡、自动测水装置、自动打印装置、工业电视的应用，使许多搅拌站装备水平大大提高。上海华东电子仪器厂生产的2P—2型自动配料装置，由数字电子显示、微处理机、接口电路等组成，能对多种物料进行自动称量和配料控制，能贮存多种固定的配合比，又能同时制定10种活动配合比，性能较佳。

此外，西安、成都、常州、上海、北京和深圳等城市已积累了预拌混凝土生产、运输、施工方面的经验。特别是解决供需之间的商业性、计划生产的准确性、现场质量的可靠性等问题方面，可供预拌混凝土在建立科学的、合理的经营和管理制度等方面予以借鉴。

第二节　预拌混凝土搅拌系统

一、搅拌楼（站）

(一) 搅拌楼的分类及其特征

搅拌楼可按结构形式，操作方式、称量方式、生产能力及使用对象等加以分类。

1. 按结构形式分类

如前所述，搅拌楼有固定式和移动式两种，其中根据竖向布置方式又可分为单阶式、双阶式两类。若按照搅拌机的平面布置分，则有单列式、双列式和放射式等多种。

(1) 固定式搅拌楼主要使用于混凝土制品工厂、预拌混凝土工厂及大型施工工地，一般产量均较大。移动式搅拌站则常使用小型现场、便于拆装、搬迁，但产量较小。

(2) 混凝土搅拌楼主体，是由材料输入贮存部分、称量控制部分、搅拌部分及出料部分等组成，这些部分往往立体重叠，形成塔状结构，原材料一次被提升到顶部后，再按工艺过程逐渐下落，这就是所谓单阶式。这种形式易于实现自动化、生产效益高，操作条件好，但投资较大，维护管理较复杂。常作为固定式大中型搅拌楼用，目前国内已广泛采用这种形式。

(3) 此外，根据地形、规模、投资等条件，可将骨料贮存部分脱离本体单独设置，即原材料要经过两次提升，第一次是提升到贮料斗中，经称量后，再提升到搅拌机内搅拌，这就是双阶式。这种搅拌楼还包括能够很快进行搬迁，由1个整体或几具单元组成的移动式搅拌站。

(4) 双阶式搅拌楼结构简单，建筑及设备投资较低，形式多样，机械化程度变化幅度大，易于建筑投产，也易于扩建。其不足之处是，占地面积大，操作条件较差，主要用作中小型固定式搅拌楼，或临时性拆迁式搅拌站。

(5) 单列式的特点是搅拌间距大，出料口布置在一侧，大多用于双阶式搅拌楼，便于用来供应多品种混凝土，也便于临时施工现场安装使用。这种布置方式，每台搅拌机常需单独设置一套贮料斗和称量器，因而占地面积较大。

(6) 双列式布置较为紧凑，占地面积较小，每两台搅拌机可合用一套贮料斗和称量器。当搅拌机台数较多时，可考虑采用这种布置方式，常用于单阶式搅拌楼。

(7) 设置3台或4台搅拌机的单阶式搅拌楼，可采用放射式布置，只需要一套贮料斗和称量器即可。其结构紧凑，自动化程度较高，这种搅拌楼往往产量很大，常使用于兴建混凝土坝等大型施工工地及预拌混凝土工厂中。

2. 按操作方式分类

(1) 手动式：各料斗、搅拌机等的闸门开闭，均由人工操作，是最简单的一种形式，主要使用于小型现场。

(2) 半自动式：其操纵方式各异，例如最典型的情况是，各材料从料仓卸出时，采用机械控制（如通过压缩空气由电磁气阀启闭闸门），材料的称量自动进行，而卸料由手动控制，搅拌机的启动自动进行，出料则由手动控制。

(3) 全自动式：从原材料投料、称量、放料，到搅拌机的启动和出料，整个操作均实现程序自动控制。通过操纵台的按钮操作，当产生误动作时，联动装置能自动停止。它往往同时也兼设手动操作按钮，以备必要时使用。全自动式多采用小型电子计算机控制。

3. 按称量方式分类

(1) 个别称量方式：各项材料均单独设置称量器，分别在短时间内进行称量。这种方式适用于需要高精度的称量，及材料种类较多的场合。这是目前搅拌楼设计中的主要采纳方式。

（2）累计称量方式：在1个称量斗中，依次称量各材料，但水泥是在单独的料斗中称量，水也通过另外的系统称量，然后，同时投到搅拌机。这种方式结构简单、紧凑，主要适用小规模现场，多使用滑轮吊斗式称量器。

4. 按生产能力分类

（1）对于制品工厂的搅拌楼，可分成大、中、小型3类。一般认为年产3万m^3以上为大型，年产1万m^3以下为小型，两者之间为中型。至予预拌混凝土工厂，其产量均较高，国外通常以小时产量$50m^3$以上为大型，小时产量$15m^3$以下为小型，两者之间为中型。

（2）搅拌楼的产量主要取决搅拌机的容量和数量，通常1台搅拌机每1h可拌制20~28次混凝土拌合物。在同等容量和数量的搅拌机情况下，产量将随搅拌时间和混凝土稠度而有所变化。当搅拌机容量较小时，因称量、供料的关联时间缩短，使搅拌次数相应有所增加。

（3）目前常用的搅拌机主要有重力式和强制式两类，出料容量大多在0.5~3.0m^3范围内，其中以1.0~1.5m^3使用最广。通常以设置两台可倾式或强制式搅拌机作为标准型搅拌楼。表72-1为各种容量强制式搅拌机，不同台数所组合的搅拌楼最大生产能力参考数值。

各种规模搅拌楼的生产能力 **表72-1**

搅拌机出料容量（m^3）	每小时搅拌次数（次）	搅拌台数（台）	小时产量（m^3/h）	日产量（7h）（m^3/d）	年产量（m^3/a）
0.5	30	1	15.0	105	31500
		2	30.0	210	63000
		3	45.0	315	94000
0.8	26	1	20.8	146	43800
		2	41.6	292	87500
		3	62.4	438	131000
1.0	24	1	24.0	168	50400
		2	48.0	336	101000
		3	72.0	504	152000
1.5	22	1	33.0	231	69200
		2	66.0	462	139000
		3	99.0	693	208000
2.0	20	1	60.0	420	126000
		2	120.0	840	252000
		3	180.0	1260	378000

5. 按使用对象分类

可分为预拌混凝土（商品混凝土）工厂用搅拌楼、混凝土制品工厂用搅拌楼，以及大坝等大体积混凝土施工用搅拌楼数种。此外，还有小型工地用临时性搅拌站等。

（二）搅拌楼的构造、设备及工艺过程

混凝土搅拌楼，是用来将混凝土的原材料（粗骨料、细骨料、水泥、水以及外加剂等）按照规定的配合比进行称量，然后搅拌加工成为混凝土拌合物的综合设施。就整个搅拌系统而言，除搅拌楼以外，还包含附属的水泥贮存、骨料贮存处理和材料输送系统等。

搅拌楼本体主要由供料、贮存、称量、搅拌、出料及控制等部分构成。本节将着重阐述搅拌楼本体部分在设计和使用中的有关问题。

现代新型的搅拌楼，应具备的性能大体可以归纳为以下几个方面：①称量准确；②操作方便、效率高；③根据材料的含水率、温度等能进行称量补正；④对掺入的外加剂等能正确称量；⑤能够称量一定数量和品种的材料；⑥材料的贮存、称量、搅拌以及出料等一系列作业过程，能顺畅地进行；⑦可自动完成称量记录。

下面以预拌混凝土工厂常用的单阶式搅拌楼为例，就其结构特征、设备形式、工艺过程等。按流程顺序分别介绍。

1. 进料层

进料层位于搅拌楼的最上端，其楼面即为贮料仓的顶楼，是原材料进入和操作的场所。砂石等骨料主要通过胶带输送机、斗式提升机，有时也使用耙料斗、抓斗起重机输入。

该层一般设有骨料输送设备的传动装置，骨料通过回转漏斗，分别输送到按圆周分布的各料仓口。

水泥可经由螺旋输送机、斗式提升机、溜管、输送到贮料层的水泥仓中。近年水泥常采用气力输送方式，散装水泥由筒仓通过仓式泵、输送管道直接吹送到水泥仓中。

在进料层需设置双路阀门、排气除尘装置等。在对应水泥仓的楼板上，还需开设观察孔及人孔，以便对仓内部进行检查和维修。

进料回转漏斗应转动灵活，有电动和手动操纵两种，电动的需配设限位开关，可按要求自动地停在所需的卸料仓口。回转漏斗内壁常焊以钢筋条，用来保护漏斗壁和增加耐磨性，有时可衬以橡胶衬垫，除耐磨以外，还能达到减振和降低噪声的效果。

考虑到搅拌楼与各原材料贮存场地的相互联系，常在进料层设置操纵台。这时，进料回转漏斗也可采用手动操作。目前国外有些搅拌楼，在进料层已实现遥控操纵方式。

从料仓的布置看，采用在周边设骨料仓，中央设水泥仓，以回转漏斗卸料的布置方式，可最大限度地缩小进料层的面积。这对大型施工工地拆装式的钢结构搅拌楼尤为有利，可以减轻结构自身荷载，降低建筑造价，减小水平风荷载对楼柱底的作用。计算表明，缩小了进料层，承受风荷载对楼柱底的剪力弯矩，要比未缩小的减少18%左右。

就钢结构搅拌楼而言，缩小了整个进料层间（包括进料层的楼面、屋盖、四周墙板及内部设备胶带输送机的传动装置、斗架等），可在地面进行总装，然后整体吊装，置于料仓中央的水泥仓上，从而大大加快拆装速度。钢结构搅拌楼大多用于大型混凝土施工现场。

至于混凝土制品工厂的固定式搅拌楼，大多数都是采用钢筋混凝土框架结构。它与钢结构相比，可以降低投资、节约钢材、防寒、隔热、耐久、耐火性好，因整体性好还有利于抗震。平时在维护上也较简单，不像钢结构那样，需常涂刷油漆防锈。但钢结构的有利点是，自身荷载轻，可以拆卸，组装速度快，对于局部磨损处也能够拆换。

另一方面，考虑到进料层如过分狭窄，将给操作、检修带来不便。因此，对于预制工厂的钢筋混凝土结构搅拌楼来说，目前设计的趋势是，在保证结构稳定的前提下，不再缩小进料层的面积，而使之与下面各层保持一致。这除了给操作、安全和设备安置创造良好条件外，对于钢筋混凝土结构处理，也是十分有利的。

由于面积的扩大，设计时常将各层的除尘装置集中到该层，相应减轻和改善了有关楼层的拥挤与混乱。此外，供应搅拌用水的落差式水箱，也可放置在该层。

新近设计的混凝土制品工厂搅拌楼，常在进料层的顶板上端设置大型水箱，以供全厂水塔使用，这对充分合理利用建筑设施，节约投资都是有利的。

2. 贮料层

为确保混凝土搅拌楼的正常运行，就需要在堆场贮备充分的原材料。同时，需要在搅拌楼主体，贮备即时可供应的最小限度容量的材料。

贮料层实际上就是材料进入称量斗之前的贮存仓，其往往由1个大仓构成，再根据骨料、水泥等的品种数量，将内部分隔成若干个小仓。骨料按品种、粒级常分为3~6个仓，水泥设置2~3个仓，将不同牌号或强度等级的水泥分别贮存。

贮料仓的形状有矩形、正方形、六角形、圆形等。水及外加剂等液状材料，通常贮放在落差式液箱中。

混凝土制品工厂的搅拌楼，都设置5~6个贮料仓，即2个粗骨料仓、2个细骨料仓及1~2个水泥仓。其布置示例参见图72-1。对于像水坝工地使用的大型搅拌楼，在所搅拌的混凝土中，骨料分级较多，有特大石、大石、中石、小石及砂之分，而各材料用量相差又悬殊，个别用量大的，需占两个以上的仓，以至需要设置7~8个仓才能满足要求。

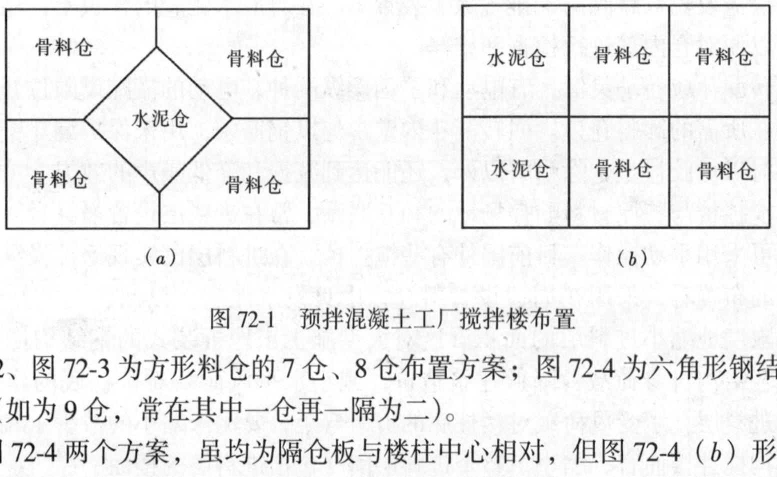

(*a*) (*b*)

图72-1 预拌混凝土工厂搅拌楼布置

图72-2、图72-3为方形料仓的7仓、8仓布置方案；图72-4为六角形钢结构仓的8仓布置方案（如为9仓，常在其中一仓再一隔为二）。

对比图72-4两个方案，虽均为隔仓板与楼柱中心相对，但图72-4（*b*）形式的料仓六角形断面，与下层楼柱所呈的六角形之间错开了30°的夹角，并且上部六角形比下部为大。这使料仓的容积有所增大，对下部面积不大的楼体来说是甚为有利的，它使整个搅拌楼的高度得以降低，从而缩短了骨料运输距离，降低了动力消耗。

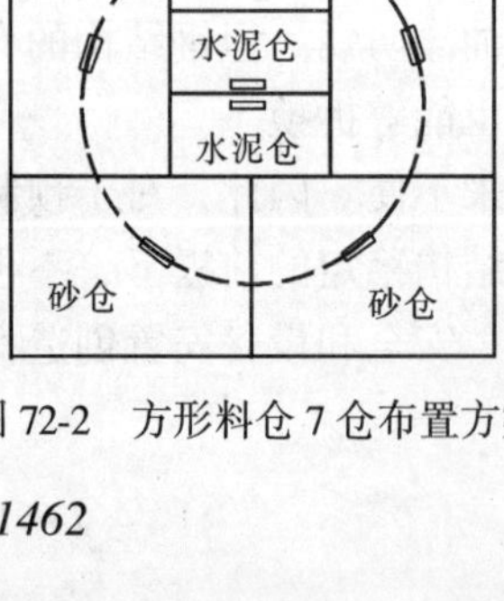

图72-2 方形料仓7仓布置方案

图72-4（*b*）的做法，从加工制作、吊装和受力的角度来看，也是比较有利的，它的加工精度可适当放宽。因隔仓板只与一块外壁板相连，安装甚为方便，受力情况也较好。其不足之处是，因上下层之间有30°的错角，给设置上下通道带来一定困难。

贮料仓大多采用钢结构，由钢板和型钢构成，要充分考虑承受材料重量、地震及其他各种外力作用的强度和刚度。对于现场临时使用的搅拌楼，要考虑各部分安装、拼

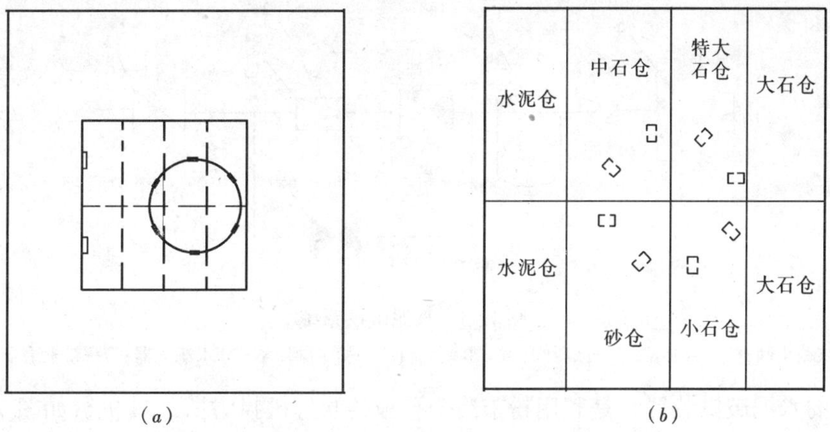

图 72-3　方形料仓 8 仓布置方案

(*a*) 上部进料口平面；(*b*) 中部切面及出料口位置

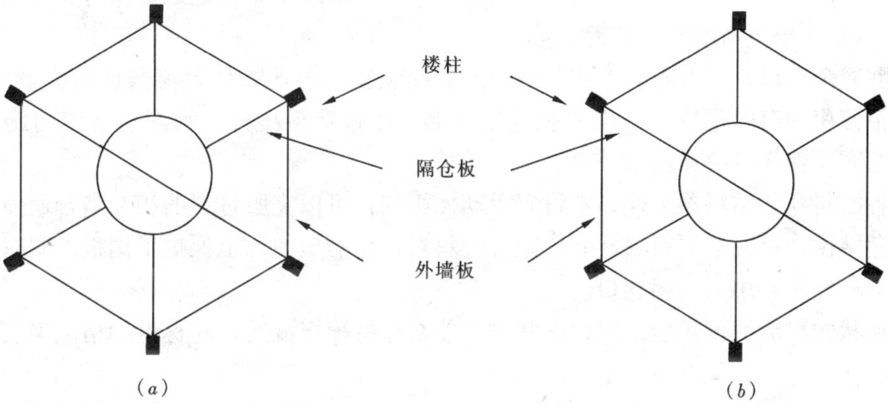

图 72-4　六角形钢结构料仓的 8 仓布置方案

接、拆卸及运输的方便性，宜采用螺栓连接。

在中石或更大骨料的料仓入口处，可设置阶梯式装置，以防止骨料垂直下落，减缓冲击作用。

水泥仓大多设置两个，布置在贮料层或一侧。位于中央部分的常为圆锥形，以钢板为隔成两个仓。底部锥体部分的斜度，要考虑物料的自然安息角和对仓壁的摩擦角。一般钢结构料仓要取 55°以上，混凝土结构料仓取 60°以上。水泥贮料仓结构还要注意防潮防水问题。

通常在料仓中需设置料位指标器和破拱装置。

常见的料位指标器，有回转阻力式、薄膜式、探杆式、电容式等接触探测仪器。近来国外还出现了利用 γ 射线激发计数器、超声波探测、应力测量等原理而设计的非接触性探测法。

砂石骨料的破拱，目前仍以机械或人工振打为主。关于水泥破拱装置，过去大多采用在料仓内出料口附近，设置多孔棒吹以压缩空气的方式。其效果不够理想，容易失效并给检修带来麻烦。

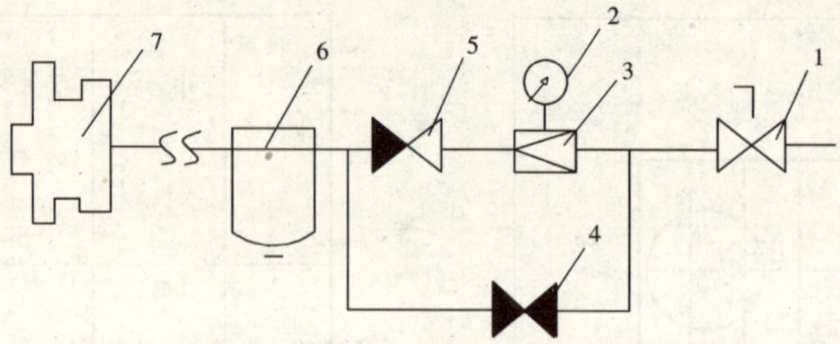

图 72-5　水泥破拱系统

1—螺纹截止阀；2—压力表；3—减压阀；4—电磁气阀；5—单向阀；6—分水滤气器；7—粉末冶金充气头

常用的水泥破拱装置，是利用粉末冶金孔板的吹气破拱方式。其机械如图 72-5 所示。运行中当发现粉末冶金充气斗，在锥形仓壁上扩散为一层空气薄膜，从而消除水泥的结拱。在破拱管路上装设减压阀，使破拱压力降低到 0.5 ~ 1.0MPa，目的是在低压的情况下，能尽可能少地将水珠带入仓内。如果结拱严重，低压状态不足以破拱时，可以直接通入 0.7MPa 的压缩空气而将拱破除。

在贮料仓出口，装有各种形式的阀门及启闭装置，要求能均匀流畅地向称量斗投料。砂石仓常使用的有弧形闸门、电磁振动给料器、皮带喂料机等。水泥仓常使用旋转给料器、旋塞阀、弹簧管喂料机等。

在各贮料仓的结料器上端，常设置手动插板阀，可以克服骨料的相互啮合而使下料流畅，避免结拱，可调节下料量，并能减轻骨料对给料器压力，也保护了侧板。同时，还可在给料器检修时，用来封闭仓口。

粉粒状物料能否流畅地下料，液状物料能否保持稳压流送，对称量的精度确实有很大的影响。

为确保混凝土拌合物具有必要的最低温度，在寒冷地区或冬季，原材料需要预热。砂石骨料除可在堆场、筛洗间或运输中保温外，常采用贮料仓中设置蒸气排管预热的方式。因水加温较为方便，因此常以水加温为主，骨料加温为辅。通常的方法是，在水箱中设置蒸汽管。使用时，将蒸汽直接通入水中即可。加热温度取决于混凝土排出搅拌机后所要求的温度值，可由计算确定。

3. 称量层

各原材料的正确称量，是获得高质量混凝土混合物的首要保证。目前使用的各类固定式搅拌楼，几乎均采用精确度高的质量称量法。

就称量方式而言，常常是水泥、骨料、水及外加剂分别单独称量。其中骨料称量有两种方式，一种是根据骨料品种和粒级，设置独立的称量装置分别称量，另一种是分成细骨料和粗骨料两套称量装置，进行累计替换称量。在骨料品种较多时，可采用后述方式。

水泥的称量也大体相同。外加剂多采用一个称量装置替换称量的方式，当材料称量变化幅度较大，或可能引起化学变化时，则往往设立两套称量装置。为了提高外加剂的称量精度和缩短称量周期，一般和水一起混合称量。

常用给料装置的操作过程如下：

骨料给料器的制作：因在气缸上安设冲程调节装置，可进行微量调节而控制弧形闸门的开口度。称量开始时，使电磁阀和汽缸动作，先进行粗称，即弧门呈全开状态，称量所需材料的90%～95%。然后由微动开关切换电磁回路，调节弧形闸门的开口度，进行精称，直到需用量的100%，弧形闸门自动关闭。

水泥给料器的操作：在水泥贮料仓的出料口，安装有旋转给料器及旋塞阀，其上部也设有检修及紧急时使用的手动插板阀。旋塞阀为柔性阀门形式，系由汽缸动作，为了防止水泥泄漏，采用橡胶衬垫密封。工作时启动传动马达，使旋转给料器均匀流畅地供料，当粗称完毕后，通过旋塞阀截止动作的精确性及微动动作的微量供料，可保持极高的称量精度，从而满足精算要求。旋塞阀开孔度的微量调节，是作用于在操纵旋塞阀的汽缸上，设置冲程调节装置而实现的。在旋塞阀和水泥称量斗之间，用柔性帆布溜槽连接，以防水泥飞扬。

通过料仓给料器供给的各项材料，进入称量斗中。各称量斗利用框架结构悬挂于贮料仓下部。骨料秤斗有方形和圆形两种。因圆形下料流畅，使用较多，其下部常为偏心圆锥形，上部圆柱体与下部圆锥体之间用法兰连接，这种构造利于磨损后的更换，并可缓和材料冲击。

料斗出料门只起排料作用，常使用电磁铁控制的翻板阀，也使用汽缸控制的扇形闸门。

水泥料斗型式与骨料秤斗大致相同，但宜设置专门的排气装置，以保证水泥下料时不冒灰，出料常使用汽缸控制的锥形阀。

水的计量装置有以下三种；一为配水箱；二为自动定量水表；三为量水秤。固定式搅拌站和大型搅拌站都有水的计量装置。

水称量槽一般也为圆筒状，称量完毕的水，由汽缸控制的板阀，经过分配装置直接流入相应的搅拌机中。水称量槽的表面应刷以防锈涂层。

称量完毕的材料的排料顺序，是一个值得注意的问题。如若排料顺序不当，则材料易在同搅拌机相联的溜槽中，和在搅拌机投料口产生粘结、堵塞，以致不能获得匀质的混凝土拌合物，或不能连续生产。因此，要根据装于操作台中的定时器，使各称量斗的排料阀门按顺序打开，正确地遵守各种材料的投料顺序和投料时间。较理想的投料顺序应该是水泥→砂→石子→次石子→水。其目的是：

①用易于流动的材料来推动不易流动的材料；

②用最短的搅拌时间获得质量均匀的混凝土。

先进的称量设备，应具备的条件大体有以下几点：

①称量准确，保证物料不超过允许误差范围，即水泥、水、外加剂为1%以内，骨料为2%以内，混合材料为3%以内；

②应能对称量完毕的材料正确且按规定的顺序投料；

③对应搅拌机的搅拌时间，材料能在适当的时间内称量和投料；

④能检验称量值；

⑤材料质量发生变化，特别是细骨料表面含水率变化时，能够迅速作出反应；

⑥对不同配合比的混凝土，能满足连续称量要求。

常用的称量设备有机械杠杆和电子秤两类。由于后者结构紧凑，体积小，占地面积小，灵敏，精确，耐振，可靠，便于自动操作和程序控制，可连续称量，因能实现遥控而改善操作条件，减少操作人员，甚至在价格上也愈来愈经济，因此当前在大多数设计中，均转向采用这种称量系统。

电子称系由一次元件和二次仪表组成。一次元件即传感器，在重力作用下，能将该非电量的机械变化转换为电量变化。这是一微弱的电压信号，通过桥路送入二次仪表。

二次仪表即为信号放大及指示系统。电子放大器接受一次元件输入的电压信号，并对此信号进行电压放大和相敏放大，驱动可逆电机旋转。然后，通过电气线路和机械联系来反映被测量参数。传感器安装于料斗吊杆上，二次仪表则设于控制室内。国产电子秤种类及特性见表 72－2。

电子秤的种类及特征 **表 72-2**

电子秤种类		适用范围	称量特征	质量显示方法	称量精度（%）	功率（W）	质量（kg）	传感器型号	生产厂
系列	型号								
GGD	GGD-41	任意预选 4 种质量	累计称量。最多可给出 4 种料（或 1 种料给 4 次）的定值控制信号	数字显示，在投影显示器上直接读出质量数值	<0.5	40	30	BHC-1 BHC-2	营口市仪器三厂
	GGD-3	任意预选质量	对单一的材料定值称量	指示灯显示，仪表部分线路简单可靠	4	<40	10		
	GGD-31	任意预选 4 种质量	累计称量。最多可给出 4 种料（或 1 种料给 4 次）的定值控制信号	指示灯显示，仪表部分线路简单可靠	—	—	—		
	GGD-25/03	对各种物料能进行 4 次定值称量	可配用 GGDD-25 型定值器对各种物料进行 4 次定值称量 可配用 GGDDJ-25 积算器，对各种被称物料的称量值进行累加输出信号，可供打印记录	彩色集成电路的数字显示	±0.5	—	—	—	上海华东电子仪器厂
	GGD-26	—	具有微机处理功能，能自动去皮重，自动累加，具有粗细定值	由微处理机控制实现扫描式显示	±1.0	—	—	—	
DCZ-1	DCZ-1/03	任意预选质量传感器数量为 3 个	对于同一种材料，能同时进行给定报警及自动控制和调节	旋转刻度结构	1	35	—	BHR-4 BLR-1	上海华东电子仪器厂
	DCZ-1/005	任意预选质量的料斗秤		标尺指示，需要打开面板拨动指针	1	35VA	—		
KDC-1		任意预选质量	除具有 DC 系列特征外，接上外接电路，可实行多种配合比迅速转换	圆图式显示指示范围广，刻度清晰	±1	40	10	BLR	开封第二仪表厂

由于使用了电子秤，使搅拌楼能实现集中控制和遥控。其控制室常在称量一侧单独设立，也有少数设于搅拌层的。由于集中控制，使搅拌楼的生产操作人员减到最小。同时，大大减轻噪声、振动、尘埃和温度变化的影响，并改善了工作条件。

控制室内设置台式操作盘，考虑作业的程序和操作的方便，配备全部控制按钮和指标灯，以及各称量器的质量指示表盘，可实现1人控制搅拌楼的作业全过程。

当有必要经常变更配合比时，需要各定量称的控制装置，能够同时地短时间进行调整，除使用常用的插座式选择器、按钮式选择器外，目前又采用了冲孔卡方式，它是将所需混凝土配合比的相应材料数量，在特制卡片上有关位置冲击孔洞，每种配合比一张卡片。工作时，只要将所需配合比的卡片塞进称量控制设备中，则各种材料的称量工作就可自动地进行。

目前国内搅拌楼的控制系统，按控制水平大致可分为下列三种：

(1) 电气集中控制　这是中小型预制厂普遍采用的控制形式，控制系统由强电操纵、电磁器件或气动器件执行，控制按钮集中在操作台上，每步动作都用继电器触头互锁，以免误动。水用量表、定量水箱、水秤等计量，一般都能单盘自动，也有的能自动循环连续生产。

(2) 程序控制　特别是用晶体管（或集成电路）的程序器代替继电器程序控制，改变每一程序的时间较方便；砂、石、水泥计量多用电子秤，可以在操纵台上改变称量值，水的计量多用定量水表。按控制功能完备的程度，可分为3类：

①简单程序控制　一般能数字显示进行的程序代号和累计搅拌盘数；改变称量值仍需操作人员拨电子秤的给定盘；没有输出打印及故障报警等功能。

②较复杂程序控制　变换配合比只需按1个按钮，砂、石、水泥的数量同时改变；发生故障时，及时发出警报并自锁下一程序，直至故障排除为止。控制室装有多路集中显示闭路电视，分别监视进料、分配、称量、出料等主要运转环节。装有1个电流表，测定搅拌电机的电流，可以大致知道稠度情况。

③较完善程度控制　云南省第五建筑公司搅拌楼可作为这种类型的代表，它具有较完善的功能。有配合比贮存功能，对每1台搅拌机可分别存4种强度等级混凝土和一种砂浆的配合比，数据用旋转式十位开关存入。

在操作台上或翻斗车司机在出料口都能方便地改变混凝土强度等级及拌合物体积。每2台搅拌机合用1套称量设备，用叉管分配到各搅拌机。每套称量设备合用1台数字式电子秤，秤上挂了4个计量斗，分别称砂、石、水，外加剂先溶成液体，在水计量斗中有一水桶，按比例称量。在搅拌过程中就进行下一盘料的预称。由于这个搅拌楼供料变化大，常不能肯定下一盘料的强度等级，所以预称量按第4种配合比中砂、石、水泥、水的最小量称取；当强度等级信号送入设备，立即被称不足部分。因此，补称只补足少量的料，大大节约了称量的时间。

有声、光报警讯号，还有1台录音机能用语言报告故障点，料仓中装有料位指示器，在操纵台及出料口装有人工控制的减水讯号输入装置。

(3) 计算机控制：如南京市第二构件厂搅拌楼用2台JS-10A型计算机（其中1台备用）配合其他外围设备，控制两台500L强制式搅拌机运转。输入计算机的信息是2个机组的砂、石、水泥质量讯号及砂子含水率讯号等8个模拟量；输出、输入的开关量为2台机组的砂、石电磁振动给料机和水泥螺旋输送机的开关，砂、石、水泥秤斗门的开关。供水的起停，出料门的开关等共16对开关量（图72-6）。

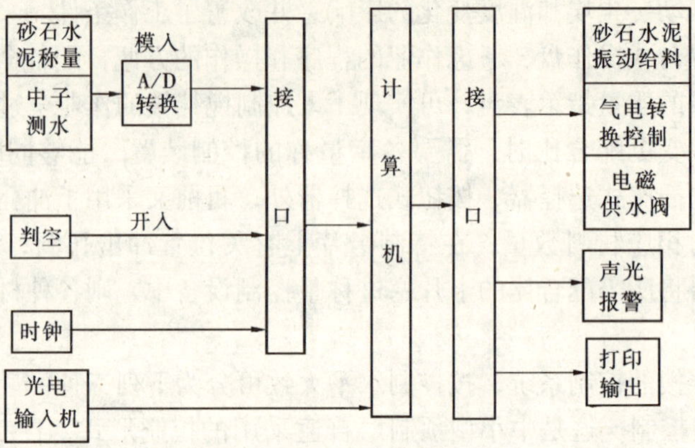

图72-6　计算机控制系统示意图

计算机参与控制过程所起的功能大致分为5个部分：

①配合比储存　机内可储存16种配合比，通过面板上的电键，在16种配合比中选择，特殊的配合比可临时用光电机或手动输入；

②搅拌过程的控制　设有随时接收各种变量进行随机处理、优化生产的能力。计算机是开环运行的，仅相当于1台可变程序控制器；

③称量控制及减水补砂操作　测定砂中含水率并进行减水补砂操作，是该系统的特点；

④输出打印　将每次搅拌的起始时分、砂、石、水泥、水的用量，砂中含水率等数据按要求格式打印制表；

⑤报警　出现故障时能发出声、光讯号，并显示故障位置，但对故障设有处理能力。

目前，除了一些高等院校、科研设计单位与生产单位相结合，将微机应用于混凝土搅拌楼外，一些生产厂商也开始生产成套称量配料装置。如上海华东电子仪器厂生产的ZP-2型自动称量配料装置由8~12台数字电子秤、微处理机、接口电路等组成，它能对多种物料进行自动称量和配料控制，也能对已转换成电量的温度、压力、流量、含水率等非电量进行综合控制，主要用于对多种物料进行自动称量和各种控制。使用该装置配料系统的配料精度可达到1%~2%，且能贮存多种固定配合比，同时可装订10种活动配合比，除能迅速更改配合比外，还具有自动调零、超秤处理、校正定量差值的功能和精粗定值、快慢加料功能，对生产过程中有关参数能自动记录、显示和打印。

在称量操作中，应注意下述事项：

①作业开始时，将称量斗的阀门全开。首先应了解清楚称量内是否残存材料，再确认指示计的指针是否正确的指在零位。这时也将搅拌机空转，以确定有无残留物。

②根据配合比要求，在称量装置上正确地定位。

③测定骨料表面含水率，在水分补正装置中设置测定值。

④称量材料时，确认指示针是否正确地指示定位值。

⑤用目视检查坍落度，如发现与预定值不符时，再检查骨料表面含水率或骨料粒度。

根据检查结果，进行表面水分补正、配合比变更等处理。

⑥称量完毕排料后，指示针是否恢复到零位。

⑦检查集中料斗能否流畅地下料，要避免堵塞现象。

国外在新型搅拌楼的称量控制系统中，常配备下列各种自动控制装置，以保证称量的精确性和获得符合要求的高质量混凝土拌合物。

①粒度补正装置　用来补正细骨料和粗骨料的粒度分布，根据补正率将相互的数量予以增减；

②表面含水补正装置　利用中子水分探测器、高频电容率水分计、红外线检测器等，测定骨料（以细骨料为主）表面的含水率，将这部分水分从总的水量中扣除，并增补骨料因水分而减少的份量；

③搅拌体积变更装置　当浇灌混凝土到了最终阶段，或因装料车原因，需要少于搅拌机1次搅拌的容量时，从1/4~1次搅拌量的物料，可以在配合比不变的情况下任意选择，称量的材料数量自动按比例减少；

④材料的精称控制装置　称量过程常常需要经过粗称和精称两个阶段，即开始快速投入90%~95%的所需材料量，在称量接近终了时，需要减缓投入材料速度，以提高称量精度；

⑤回收水溶度补正装置　随着对污水处理的重视，利用回收水的情况也愈来愈多，该装置可用来补正加收水的浓度变化；

⑥坍落度测定装置　如果称量、搅拌均符合要求，同时对砂质的状态、水分补正率、粒度分布等都能可靠地掌握，那么就可以不需要坍落度计。但如果上述各条件不能全满足时，就有必要对坍落度进行检验。目前所使用的坍落度测定装置，大多是根据搅拌机的负荷变动，以专门的电流计读数，对照预先制定好的搅拌量、配合比类别校正曲线，来间接地测定坍落度值；

⑦记录装置　可记录各种材料的称量质量、混凝土的搅拌稠度、搅拌次数、出料累计容量等，以作为管理资料，常采用图表式和印字式两种。图表式是将材料的机械荷载变换为电量，由马达带动记录计，自动地在记录纸上记录。印字式是将称量机构刻度盘指针的动作。由变换器传递，在称量结束的同时，自动在记录纸上打字。采用印字式场合，也可根据需要，很方便地设置累计装置。

各称量器称量完毕的材料，经过集中漏斗，再通过材料分配装置，输送到各搅拌机中。经计量后的不通过单独的管道直接流入搅拌机，以防止材料在溜槽中粘结。为使材料流畅地和基本同时地投入搅拌机，有必要设置抽气装置，同时，在有关部位需设置除尘设备。在集中漏斗内壁的材料下落部分，宜敷设耐磨衬里。

4. 搅拌层

在搅拌机上部，设有材料分配装置，它与集中漏斗出口端连接。当搅拌楼采用1台强制式搅拌机时，直接使用固定溜槽即可，如为倾翻式搅拌机，则要采用伸缩溜槽，工作时，与搅拌机的受料口相互衔接而将材料输入，同时又能离开受料口，使得不妨碍搅拌倾翻卸料。

当搅拌机为两台以上时，常设置旋转分料装置，若为两台强制式搅拌机，也可采用叉式分料器，以气闸翻板进行控制。

搅拌机是搅拌楼的主要设备，其形式很多，基本可分为重力式（可倾及不可倾）和强制式两类。除小规模工程以外，搅拌楼中使用不可倾的鼓筒式搅拌机，而常使用可倾式及强制式搅拌机，其中以后者使用较普遍。

衡量搅拌机的优劣，大致以下列诸因素为准则：

①能在短时间内将材料（水泥、砂、石、水、外加剂等）混合均匀；

②能搅拌均匀；

③材料投入及搅拌完毕出料，能在短时间内完成；

④物料在搅拌机中搅拌时不偏到一边，数量少的材料（水泥、外加剂等）不粘附在角落部分而积存，物料排出时不残留；

⑤搅拌器叶片耐磨；

⑥容易清扫。

混凝土搅拌机按其搅拌机理，可分为自由落体式和强制式两大类。而自由落体式又可分为鼓筒式、双锥反转出料式及双锥倾翻出料式搅拌机；强制式搅拌机可分为主轴涡浆式和卧轴式（又可分为单卧、双卧轴两种）。

（1）鼓筒式搅拌机：鼓筒式搅拌机是我国长期使用和量大面广的施工机具设备之一。其优点是经久耐用，生产、使用、维修方便。但是，由于混合料在搅拌筒内仅限于二维平面运动，沿搅拌筒轴向几乎不产生任何运动，故运动轨迹单一。当搅拌坍落度较大混合料时，由于混合料黏度小，流动性较好，骨料克服屈服应力下落的能力也较大，但是易产生分层离析现象；当坍落度较小时，混合料黏度较大，内聚力和黏附力也较大，骨料克服屈服应力下落的能力较小，被叶片带起的混合料容易整体落下而不发生相互穿插掺合，这是导致鼓筒式搅拌机搅拌时间长的根本原因。此外，混合料靠自身质量荷载落下，其有限的能量立即在较小的局部被吸收，不利于混合料组分在较短时间内实现匀质化。所以存在着自身质量荷载大、生产效率低、搅拌质量差等缺点。我国已将鼓筒式搅拌机列入建筑搅拌第一批淘汰产品，规定从1987年12月30日起停止生产、销售和购买，有些国家已停止生产而代之以锥形反转出料式。但是，有些国家（如美国）却向大容量、高搅拌性能发展。

（2）锥形反转出料式搅拌机：当搅拌筒正转时，相对于搅拌筒轴线倾斜设置的低叶片一方面将混合料推向进料锥方向，产生较强烈的轴向料流，然后沿进料锥锥面流向搅拌筒中的圆柱部分，与其中随搅拌筒旋转而获得一定势能而下坍的料流以及被出料叶片挡回的料流交错掺合，另一面低叶片将部分混合料提升至一定高度，抛向相反倾斜布置的高叶片背壁上，发生较强烈的碰撞，其中大部分继而被高叶片抛向出料叶片上，被推向进料堆方向，小部分沿高叶片斜面滑下，与搅拌筒圆柱部分的混合料掺合。这一过程是由两组高低叶片交错进行的，搅拌筒每转一周重复两次。

由于混合料运动在三维空间进行，是较复杂的运动轨迹，除利用物料重力势能产生冲击碰撞外，在轴向较大区域内产生强烈的料流，在相当大的范围内有交错穿插甚至逆向流动的料流，加速了宏观匀质化的进行，为混凝土微观匀质化提供了条件。此外，由于低叶片的相对搅拌轴轴线位置，混合料下落运动受离心力的影响较小，因而搅拌筒转速可相应增强有利于提高混合料运动频率，也提高了轴向料流的变形速度。

但是，国内锥形反转出料式搅拌机都采用电机反转来实现出料，虽然减轻了操作强度，但随之而来的是电机启动次数增加，以正常使用一天连续 6h 计算，电器作用频率为鼓筒式搅拌机的 180 倍，电机启动次数为鼓筒式搅拌机的 360 倍。一般三相异步电机会由于启动电流大而发热，且因频繁正反启运而使电机过热，从而缩短了电机的使用寿命。此外，锥形反转出料式搅拌机在搅拌过程中，部分砂石沿搅拌筒壁直接摩擦，在 180°范围内仅受一低叶片阻挡，反转时又承受重复摩擦，故它的磨损较大。

(3) 锥形倾翻出料式搅拌机：锥形倾翻出料式搅拌机由于能获得较好的搅拌效果，是因为能同时具备鼓筒式搅拌机和双锥反转出料式搅拌机的许多优点，且可避免它们存在的某些缺点。

锥形倾翻出料式搅拌机搅拌筒容积利用系数较大，因而在相同容量条件下，其几何尺寸要小得多，质量也要轻得多。同时，由于混合料在提升过程中产生势能，抛反时受圆周速度和重力加速度的影响，每抛一次要向后移动一段距离，前后交叉混合时，混合料还受到叶片的剪切，所以搅拌作用强烈。由于搅拌时混合料提升高度不大，且搅拌筒工作时倾斜一个角度，混合料重心至旋转轴距离小，混合料产生的阻力矩小，因而动力消耗较少，耗电量比强制式搅拌机少一半左右，而且不易损坏叶片。搅拌筒内叶片结构简单，而且数量少，对不同级配和稠度的混凝土适应性好，不但可以搅拌流动性混凝土，而且可搅拌低流动性混凝土，即使是水灰比为 0.35 左右的干硬性混凝土搅拌 150~200s 也可达到足够的均匀性。搅拌机由于采用高支点支承，因而在倾翻及复位时运转平稳。此外，这种搅拌机的电器及电器控制简单，搅拌筒不反转，故可靠性好，适合我国国情；施工现场或搅拌站即使突然停电，也能倾翻将料卸出；卸料速度较快，大约 5~6s 即可，且残留量少。

(4) 立轴强制式搅拌机：立轴强制式搅拌机其结构简单可靠，使用维修都比较方便。混合料在搅拌过程中，物料颗粒在搅拌叶片造成的外力、离心力、内外摩擦力以及材料的黏塑性能形成的力的作用下，在叶片旋转方向和径向方向上受到强烈的搅拌。这种搅拌机主要适用于搅拌干硬性混凝土，不适宜搅拌大流动性混凝土，其主要缺点是混凝土匀质性差，衬板和搅拌叶片易磨损，密封程度差，漏浆严重，粉尘污染难于控制，其生产效率不如卧轴式高。

(5) 卧轴强制式搅拌机：单卧轴搅拌机转动时，通过搅拌臂带动侧叶片和两条左右螺旋叶片跟随转动。两端的侧叶片交替将混合料从一端推向另一端。左右螺旋叶片分别推动混合料作左右螺旋形圆周运动。这样，叶片连续转动使混合料形成强烈对流运动，迫使混合料在短时间内搅拌成均匀的混合物。

双卧轴搅拌机有两根水平配置、反向等速旋转的搅拌轴。搅拌车是支承于用钢板焊成的槽形搅拌罐内。每根搅拌轴分别装有 6 个搅拌叶片，搅拌罐内的混合料随着两根搅拌轴的旋转而被搅拌叶片带动作"相互切翻"运转和按螺旋形轨迹交替运动，由于水平涡流和垂直反向流搅拌的组合，使物料得到迅速强烈的搅拌。由于搅拌叶片周界的线速度小，所以其搅拌混凝土的能耗、叶片和衬板的磨损都较小。

卧轴式搅拌机具有混凝土质量好、生产率高、能耗低、搅拌叶片磨损小、结构紧凑等优点，既能搅拌干硬性混凝土和塑性混凝土，又能搅拌砂浆和轻骨料混凝土，特别是搅拌轻骨料混凝土时，其性能比其他形式的搅拌机好。

从表 72-3 可知，卧轴强制式搅拌机可制备水灰比为 0.32~0.9 的各种混合物；自由落体式搅拌机能耗量低，为 1.1~1.3kVA/m^3，立轴强制式搅拌机为 3.5~4kVA/m^3，卧轴强制式搅拌机为 3.2~3.35kVA/m^3，搅拌时间最短为 30~60s，而双卧轴强制式搅拌机搅拌和卸料时间最短为 18~30s。从该表还可知，双卧轴强制式搅拌机与立轴和单卧轴强制式搅拌机相比，具有明显的优越性。但用于制备坍落度为 3~5cm，骨料最大粒径 180mm 以上的塑性混凝土时，不如自落式搅拌机。

不同型式的搅拌机主要技术性能比较 **表 72-3**

机型	容量 (m^3)	使用范围	水灰比	骨料最大粒径 (mm)	消耗 (kVA/m^3)	搅拌时间 (s)
双锥倾翻出料搅拌机	0.1~1	搅拌站	0.5~0.8	60	$\frac{1.1\sim1.4}{1.2}$	180
	1~5	大中型工厂	0.52~0.9	180	1.2	(25~45)
双锥反转出料搅拌机	0.1~5	各种规模工厂和搅拌站	0.6~0.9	150	$\frac{1\sim2.25}{1.125}$	40~45
自落式搅拌机	0.1~1	搅拌站	0.5~0.8	60	$\frac{1\sim1.2}{1.1}$	180
立轴涡浆式搅拌机	0.5~2	中型工厂和搅拌站	0.48~0.7	80	$\frac{2.2\sim4.8}{3.5}$	(30~35)
	0.5~4.5	大型工厂	0.42~0.8	70	$\frac{2.5\sim5}{3.75}$	60
单卧轴强制式搅拌机	0.5~2	中小型搅拌站	0.42~0.85	100	$\frac{2.8\sim3.9}{3.35}$	30~40
	0.5~3	大中型工厂	0.32~0.9	150	$\frac{2.8\sim3.6}{3.2}$	30~60
双卧轴强制式搅拌机	0.5~5	大中型工厂	0.32~0.9	80~100	$\frac{2.9\sim8.7}{3.3}$	(18~30)
	0.5~3.5	大中型工厂	0.32~0.9	180	$\frac{3.0\sim3.6}{3.3}$	30~60

注：搅拌时间一栏中，括号内为卸料时间。

国外的资料也表明。双卧轴强制式搅拌机与立轴涡浆式搅拌机相比，能耗（搅拌）能降低 20%，水泥用量降低 50kg/m^3。

综上所述，我国选择卧轴强制式搅拌机和双锥反转出料搅拌机为当前主要新机型是正确的，但是要搅拌大流动性、粗骨料混凝土还是以双锥倾翻式出料搅拌机较为理想。

表 72-4 为国产混凝土搅拌机的规格及主要技术性能。

国产混凝土搅拌机规格及主要技术性能 **表 72-4**

项目	JQ250	JQ500	JQ1000	JD150	JD200	JS350	JS500	JZ150	JZ350
进料容量（L）	400	800	1600	240	300	560	800	240	560
出料容量（m^3）	0.25	0.5	1.0	0.15	0.20	0.35	0.50	0.50	0.35
每 1h 循环次数（次/h）	40	40	40					30~40	>30
生产率（m^3/h）				7.5~9	10~14	14~21	20~24		
骨料最大粒径（卵石/碎石）（mm）				60/40	60/40	60/40	60/80	60	60
搅拌时间（s）									
搅拌筒转速（r/min）								19	17.5
搅拌轴转速（r/min）	36	28.5	20		36.3	36			
搅拌电动机功率（kW）	15	30	55	5.5	7.5	17	20.5	4	5.5

续表

项　目	JQ250	JQ500	JQ1000	JD150	JD200	JS350	JS500	JZ150	JZ350
水泵电动机功率（kW）						1.5		（油泵+水泵）3	1.5
提升电动机功率（kW）		7.5				4	7.5		4
水箱容量（L）		20~120	20~190		40			4.5	72
外形尺寸（长×宽×高）（mm）	3280×1870×2385	2375×2138×1650	3900×3128×1820	2800×1800×2000	3150×2000×2240	2875×3155×2769	65100×2745×4850	2230×1880×2470	4030×2200×4470
质量（kg）	2550	3700	7000	1490	2070	3000	4000	1200	2500
制造厂名	华东建筑机械厂、天津搅拌机厂	华东建筑机械厂、江苏江阴建筑工程机械厂、吉林工程机械厂	华东建筑机械厂	山东省建筑机械厂、四川省建工机械厂、浙江新登工程机械厂	福建省建筑机械厂	山东省建筑机械厂		长沙建筑机械厂	天津搅拌机厂、长沙建筑机械厂

无论采用何种搅拌机，均要求它能够进行充分的搅拌，制成符合质量要求的混凝土拌合物。一般认为，要获得良好的搅拌，对于可倾式搅拌机，应控制其筒体周速为1m/s，搅拌时间为1min以上（指$1.0m^3$以下的搅拌机）。现在大多立足于确定其最优回转数，这相当于周速为1.2~1.4m/s，而强制式搅拌机则为3~4m/s。

最优搅拌时间需通过对搅拌机进行实地试验，弄清性能后加以确定。要避免超过必要的搅拌时间，以提高搅拌楼的制备效率。通常可倾式搅拌机的搅拌时间约为90s，而强制式搅拌机为40s左右。

搅拌时间除与搅拌机性能有关外，还受到搅拌楼称量器、称量精度及材料投入顺序和时间差的影响。

应将正确称量的各种原材料，以适应该搅拌机而设置的投料顺序、时间差投入搅拌，要对搅拌机充分进行试验，根据混凝土的坍落度和品种（普通混凝土或轻混凝土）修正搅拌时间。

在生产中要获得高质量的混凝土拌合物，除应经常检修、遵守操作规程外，还必须把握住材料的种类、尺寸、投料顺序、电动机的负荷电流和坍落度的关系，每次的搅拌量以及搅拌时间等。

必须强调指出，在生产过程中，搅拌机的搅拌性能，会因搅拌叶片逐渐磨损而发生变化。因此，需要定期检验搅拌机的性能，在确定符合该搅拌机搅拌时间的同时，还应经常对设备进行检修和调整。

在搅拌开始前，应使搅拌机空转作排料操作，以确定搅拌机内有无残留混凝土和清洗水等，并了解是否具有正常运转能力。

对搅拌机的投料，以全部材料均匀投入为原则，据有关试验得知，用下述方法投料具有较好的效果，即水比其他材料稍早一些投入，并保持一定的流量，直到其他材料均匀投入结束以后，水才投完毕。这种投料方法恰当与否，各使用单位需用实际的设备进行试验，从而可靠地确保以最短的周期，搅拌出高品位的混凝土拌合物。

当混凝土拌合物均匀地搅拌完毕之后，就必须迅速排料。搅拌楼中的搅拌机，其搅拌时间大多由定时器控制，不能允许徒劳的延长时间。从搅拌机排料时间看，可倾式和强制式搅拌机，均可达到15s以内。

搅拌作业完毕后，搅拌机必须很好地进行冲洗，否则在搅拌叶片上将要附着混凝土和砂浆，其搅拌效能就要显著降低。

为了使在称量层的操纵室，能观察搅拌机的运行情况，应在搅拌层顶板的适当位置开设观察孔。

5. 出料层

当搅拌楼用于预制构件厂时，它常设有两层出料层，上层通过底开门运输小车或吊斗式运输小车，将混凝土拌合物输送到成型车间，分别由自落方式或起重机起吊，供应到浇灌设备受料斗中，下层由翻斗车、搅拌车等受料，供应其他场合所需的混凝土（包括商品混凝土）。

在搅拌层楼板上，需悬挂混凝土贮料斗，这是用来接受搅拌完毕的混凝土拌合物，以准备供应给运输车的中间贮料斗。考虑到交通关系或浇灌地点受料作业影响，运输车不能及时到达，或一次搅拌量与运输车容量的差别等因素，贮料斗至少应具有搅拌机2~3次以上搅拌量的容积。

此外，对贮料斗下开闭闸门的质量也不应忽视，它是搅拌楼中使用极为频繁的一个闸门。当处理干硬性混凝土拌合物时，因磨损甚为严重，一旦造成漏浆，粘附在各部分，就会引起故障，影响生产。因此，无论在设计上和材质上均应确保质量，操作、维护也必须充分注意。

（三）我国混凝土搅拌设备系列化的方向

为适应“七五”及后十年工程建设需要，实现混凝土集中生产和商品化供应，必须发展适合我国国情的混凝土集中搅拌设备的系列化产品。

1. 逐步形成国产混凝土集中搅拌设备产品系列

（1）充实、完善适用于工业、交通大型建设项目和大中城市永久性混凝土集中搅拌楼，形成产量从50~230m^3的系列产品。目前已有每小时生产量50~75m^3的产品，“七五”重点是发展每小时生产量115~180m^3和230m^3的产品。

（2）充实、完善适用于工业、交通中型建设项目和中小城市混凝土集中搅拌站（可设计成固定型和拆迁式两类），逐步形成每小时生产量以15m^3到115m^3的系列产品。目前有每小时生产量15m^3、20m^3、25m^3的产品，“七五”重点是发展每小时生产量40m^3、60m^3、75m^3、115m^3的产品。

（3）要积极发展适用于铁道、交通等施工战线长、流动性大的移动式混凝土搅拌站，形成每小时生产量以5m^3到20m^3的系列产品。这种型号的混凝土搅拌站，目前还刚刚起步。

（4）开发水泥裹砂搅拌站（楼）、有温控要求的搅拌站（楼）、连续式及其他高效率、低能耗的搅拌系统；开发应用多种形式的计量、控制装置，形成不同类型多层次的产品，以满足不同用户的需要。

2. 引进必要的先进样机和技术

为了提高国产搅拌设备的质量，缩短研制时间和国产化进程，需要吸收国外的先进技术，引进国外技术成熟的机种。

(1) 引进新型卧轴强制式搅拌机、立轴行星强制式搅拌机、连续式搅拌机、对开式搅拌机等作为样机，加以消化、吸收，在此基础上研制具有中国特色的新机种。

(2) 引进关键性的国内短期内不能过关的部分配套件，如传感器、气动元器件、关键液压件以及减速机等传动机，迅速组织有关企业攻关，消化吸收，尽快地形成国内生产能力。

(3) 引进直接影响混凝土质量的检测装置。如砂含水率在线测定装置、料位指示仪、混凝土稠度测定仪等，与国外技术水平差距甚远的，要重点开发和引起消化、吸收。

二、砂石、水泥贮存系统

砂石、水泥贮存是否合理，对预拌混凝土的质量、产量以及基本建设投资和产品成本均有较大的影响。砂石堆场也是商品混凝土工厂中较严重的污染源之一。因此，在设计和确定砂石堆场的型式时，必须考虑上述诸因素。

(一) 砂石的贮存

预拌混凝土工厂常用的砂石堆场形式有：龙门抓斗、地沟皮带机、地沟-栈桥及筒仓式等几种类型（表 72-5）。龙门抓斗式一般适用于中小型预拌混凝土工厂；地沟皮带式一般适用于中型预拌混凝土工厂；而栈桥-地沟式则适用于大型预拌混凝土工厂。拉铲式堆场内外搅拌站应用较广泛，但由于受拉铲悬臂的限制，堆场面积及贮存量不能过大，且贮存的砂石规格一般也只有 3～4 种，不能适应预拌混凝土生产的需要。此外，操纵室工作人员的环境也较差。西欧和日本等国家为了控制环境污染采用筒仓来贮存砂石。这不仅可以改善厂区及周围的卫生条件，同时骨料不易发生离析现象，保证砂石有良好的级配，因而能确保混凝土的质量。缺点是土建费用较高。但由于每 $1m^2$ 面积堆放量大，故占地面积较小。如贮存量 $3200m^3$ 的地沟皮带机堆场。每 $1m^3$ 存放量为 $1.28m^3$；而贮存量为 $1800m^3$ 的筒仓。每 $1m^3$ 存放量为 $1.65m^3$；如筒仓容量加大的话，每 $1m^3$ 存放量大大增加。扣除少占土地面积的费用，筒仓土建费用相对能降低一些。另外，由于使用筒仓贮存砂石，砂石损耗极小，这部分费用也可补偿基本建设投资费用。

不同形式砂石堆场技术经济指标比较　　**表 72-5**

项　目	砂石堆场型式					
	龙门抓斗	地沟皮带			地沟栈桥	筒　仓
贮存量（m^3）		3200	3800	4300	11000	4×450
适用搅拌站的小时产量（m^3）	25	30	35	40	55	20（20～40）米
占地面积（m^2）	2750	2500	2900	3300	6600	1025
总电容量（kW）	61.2	5.5	5.5	5.5	32.2	16.5
设备总重量（t）	52.88	17.5	18.9	20.4	74.9	24.38
劳动组织（人/班）	5	5	5	5	5	3
投资估算（万元）	26.67	21.64	24.63	27.41	63.03	52.66
其中：工艺设备及安装费（万元）	19.63	10.77	12.80	13.15	39.46	12.03

注：1. 投资估算系 1985 年价格，仅供对比参考。

2. 筒仓一类中，当贮量为 $4×450m^3$，与 $20m^3/h$ 搅拌站相配合时，贮存天数为 3d；与 $30～40m^3/h$ 搅拌站相配合时，贮存天数为 1～2d。

预拌混凝土工厂砂石堆场中的砂、石应按规格分别堆放。砂、石的规格应与搅拌楼贮料仓分格数相适应，一般，石子至少有三种规格。

关于水泥的贮存、运输除考虑贮存量外，还需要考虑当地水泥供应情况。目前，当地水泥的供应情况不相同，有的城市（如常州）水泥由市基本建设材料公司归口调拨，这时预拌混凝土工厂就较有利，因为可以尽量使用同一生产厂、同一品种的水泥，有利于贮存。而绝大多数城市属于来料加工，即使同一强度等级，也因品种不同，生产厂不同而不能存放在一个筒仓中。故预拌混凝土搅拌站的筒仓设备数量要尽量满足这些要求。一般宜设置3~4个筒仓。如果供应条件好，品种、强度等级单一的话，则可设置2个筒仓。目前，许多城市在供应散装水泥的同时，还供应一部分袋装水泥。此时应设置拆包间，将袋装水泥拆包后用输送设备送往水泥筒仓。表72-6是几个不同输送方式和容量的散装水泥筒仓技术经济比较表。

（二）水泥的贮存

散装水泥输送方式及设备的选择。首先要保证能完成预期的输送任务，结合本单位的生产工艺流程和总平面布置的可能性来综合考虑输送距离、输送方式、前后段的设备以及运转管理的难易和费用等。一般，较短距离的输送采用机械输送和风动输送较为有利，而对于较长距离的输送，采用气力输送无论在设备及土建投资方面都是有利的，且随着输送距离的增大，所消耗的功率（kW/th·m）也随之减少。因此，对于小型筒仓不宜采用气力输送，否则会导致能源消耗高，输送成本高。

关于散装水泥运输车，武汉、四平、无锡、四川什邡等地已成批生产3.5t、4.0t、7.0t、10t的液压举升或吹气式运输车。国产散装水泥运输车质量基本过关。

不同输送方式和容量的散装水泥筒仓技术经济比较表 **表72-6**

项　目	机械输送		气力输送		
总容量（t）	2×100	2×150	$2\times350$①	3×350	2×400
占地面积（m^2）	49.6	65	150	126.75	98
总电容量（kW）	12.5	22.5	17.5	2.26	1.75
设备总重量（t）	5.83	8.8	16.3	7.99	5.60
劳动组织（人/班）	3	3	2	2	2
投资估算（万元）	14.04	21.90	18.09	26.24	19.60
其中：工艺设备及安装费（万元）	5.48	6.83	6.65	9.11	5.33
	（钢结构）	（钢结构）	（钢筋混凝土）	（钢筋混凝土）	（钢筋混凝土）

注：1. 投资估算为1986年价格供参考。
2. ①为气力输送入库，机械输送到搅拌楼；
3. 气力输送的总电容量一栏中，未计入空压机电容量。

三、搅拌系统的维护和环境保护

（一）搅拌系统的维护

要想经济地制造出高质量的混凝土拌合物，其首要之点，就是看能否对搅拌楼及其附属设施进行良好的维护，维护的项目多种多样，维护的重点因具体条件而异。下面择要举例，借以说明维护管理工作的重要性。

1. 骨料系统

骨料质量的好坏，固然和产源地密切相关，但维护措施对骨料影响极大，在骨料堆场或贮料斗中，常常由于管理不善而致使掺杂尘埃和泥土，这些杂物积存数量有时相当大，以致合格的骨料又变成不合格品，如不加筛洗处理进入搅拌，就会制得不符合质量要求的混凝土拌合物。

2. 水泥处理系统

水泥从生产厂出库，如果在不太长的时间内输送到工厂，那么往往还是发热的。这时，如果气温较低，水泥在筒仓中冷却，就将结露而出现水滴。这除了降低水泥的质量外，形成的凝固体还有可能堵塞输送设备。同时，块体进入称量器中将使称量发生偏差。另一方面，对于水泥处理系统中的装置，如果各个开口部分盖子的补垫，有发生破损或松弛的，就可能渗入水分而造成凝结。

3. 材料输送设备

材料输送设备如发生故障，修理是很麻烦的，胶带输送机、斗式提升机等都是如此。例如常遇到的胶带断裂、链条断裂等事故，往往因停产修理造成意想不到的时间和经济损失。假如能够注意日常的检修，及早发现漏洞，就可以在出现事故之前进行补修而避免损失。

4. 称量控制系统

称量器是搅拌楼中的关键设备之一，由于多次反复地使用，若在调整上稍稍发生偏差，对材料总数量就有颇大的影响。因此要十分细心地调整设备和保持其正常性能。

目前控制装置多采用电控方式，这是非常敏感的机构，最应避免绝缘劣化。当进入灰尘时，其性质也易变更。基本的防护措施是加密封罩和经常进行清扫。

5. 外界气温影响

在严寒季节，若骨料所含的水分发生冰结，骨料就不易流动。同时，结成的团块如进入提升斗或称量器中，就容易造成故障。因此无论在堆场、筛洗间或搅拌楼的料仓中，在寒冷季节进行加热保温处理，都是极为必要的。

（二）搅拌系统的环境保护

环境保护是生产管理当中不允许忽视的一项工作。

搅拌楼在生产过程中，将产生噪声、粉尘、污水等环境污染，应该采取有效措施，尽可能予以排除和控制。这在设计阶段就应通盘加以考虑。

1. 消除噪声

(1) 搅拌楼运行时在下列各部位产生噪声：

①进料层向回转漏斗投入石子、称量层向集中料斗投入材料撞击铁板的噪声；

②各电磁气阀的排气声；

③电磁振动器噪声；

④搅拌机的搅拌、排料噪声。

(2) 对于骨料投放的噪声，可采用衬以耐磨橡胶的办法克服，即消除了噪声，也增加了回转漏斗的使用寿命。如果有必要，在料仓内部适当部位也应该安装衬板。

(3) 对于电磁气阀的排气声，可安设消音器来降低噪声。

(4) 其他部位产生的噪声，目前尚没有好的办法，通常是在围护结构上采取措施，以限制声音向外部传播，常用的办法是采用双重结构或用吸声材料处理。

2. 除尘

(1) 搅拌楼中的尘埃主要是由水泥和骨料产生。

砂石骨料若为潮湿状态，问题尚不大。通常只需对输送骨料的胶带输送机设置防护罩，避免大风时粉尘飞扬即可。

(2) 属于水泥系统的设备，大多采用密封结构。这从防潮角度考虑也是必要的。因而在猛烈投放水泥的场所，需要设置排气孔，这就是最易飞扬粉尘的部位。对搅拌楼来说，产生水泥等粉尘的部位，除搅拌层和进料层以外，还有称量层的集中料斗和称量斗等处。

常用的集尘装置有袋式滤尘器、旋风分离器、洗涤式除尘器及静电除尘器等。使用最多的当推袋式滤尘器，这种装置可将 1μm 粒径以上的粉尘，以大于 90% 的效率集尘，但必须定期加以清扫，以保持滤袋的效能。

3. 污水处理

为了保护自然环境，控制污染已成为工业部门的一项十分重要的社会职责。对于预拌混凝土工厂来说，除了要重视噪声和粉尘的处理以外，污水处理也是必须要考虑的问题。根据资料介绍，清洗一辆混凝土搅拌车平均需要 0.76～1.1m^3 的水，如果工厂备有 15～20 辆车，则每天需要排出的污水就达 17～23m^3 左右。污水里含有水泥、砂石和外加剂等强碱性物质，pH 值约为 11～12，因此在排出厂外之前必须采取中和处理。此外，洗车污水中悬浮物含量可高达 435～500mg/L，也会造成严重污染，因此须采取措施使污水沉淀，其中的砂石等骨料还可以回收利用，经处理的污水中悬浮物含量可降低到排放标准。为了节约用水，这部分废水也应考虑回收重复使用，以便解决预拌混凝土工厂用水量大的问题。尤其在当前我国城市缺水现象较为突出的情况下，废水的重复利用就愈显其重要性。

图 72-7 为与预拌混凝土工厂搅拌用水有关的流程。

图 72-8 为预拌混凝土工厂中如何使用各类水进行搅拌的处理流程。

澄清水完全可以与清水一样，作为混凝土搅拌用水。

泥浆水要是符合下述条件，也可以作为混凝土搅拌用水。

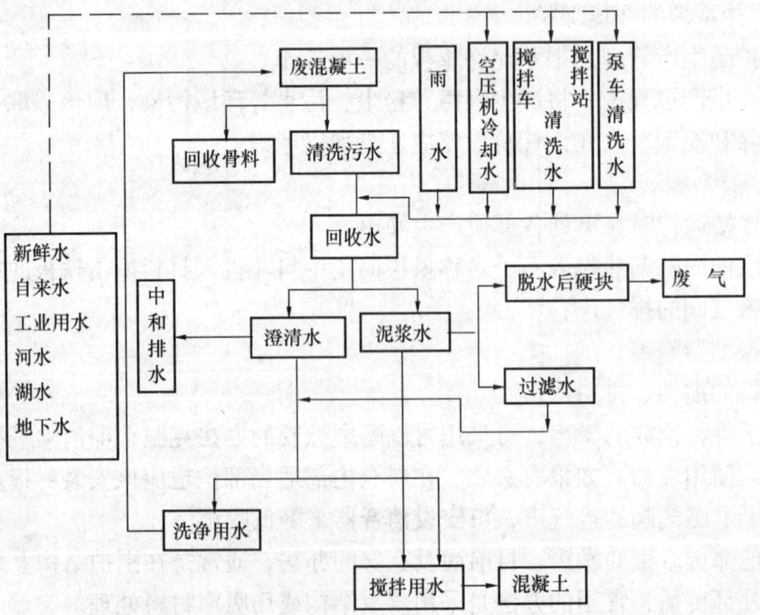

图 72-7　与预拌混凝土搅拌用水有关的流程

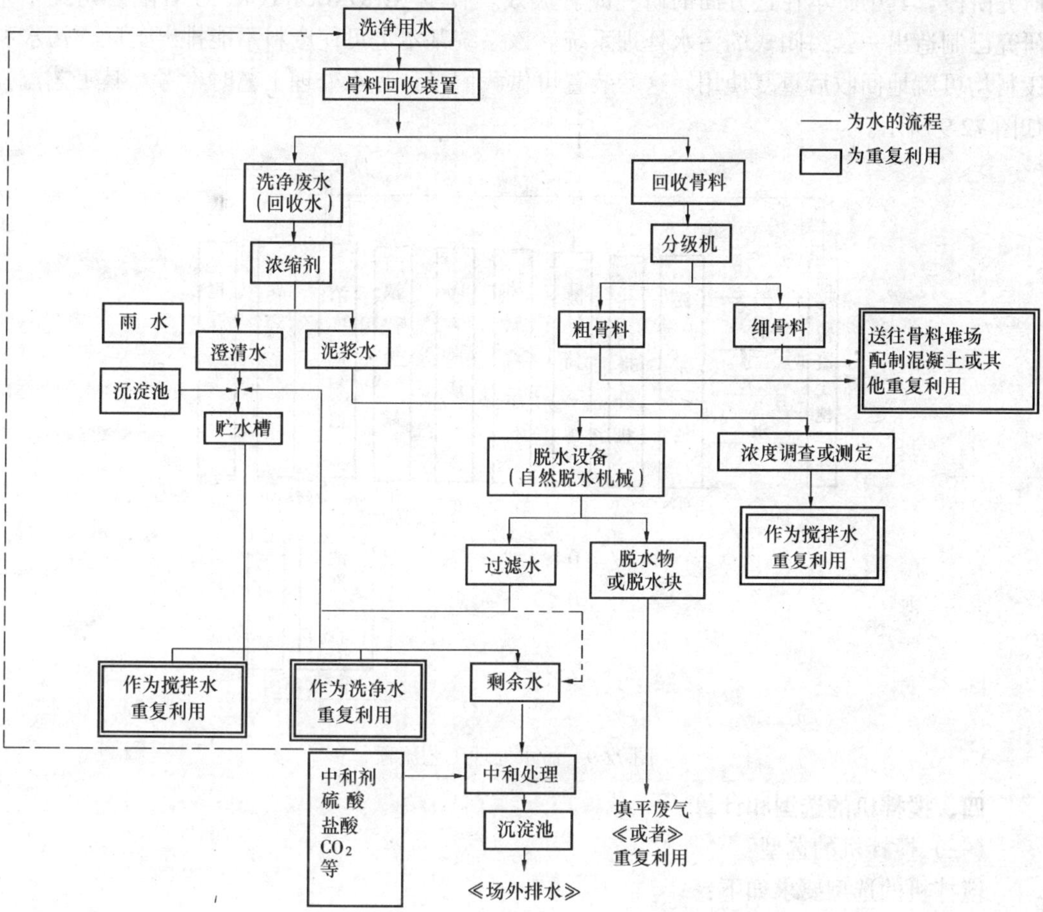

图 72-8　预拌混凝土工厂中利用各类水进行搅拌的处理流程

（1）泥浆水中泥浆固体组分质量不得超过水泥质量的 3%。这个值如果换算成泥浆水的话，对塑性混凝土，约为 4.5%；干硬性混凝土约为 5.5%。

（2）为使水灰比和稠度与使用之水搅拌的混凝土相等。泥浆固体组分质量每 1%，单位用水量及单位水泥用量增加 1%～1.5%，而砂率降低 0.5%。

（3）为使含气量与使用上述水搅拌的混凝土相等，应根据需要增加 AE 剂掺量。对于减水剂也具有同样的倾向，所以应根据需要增加空气量调整剂的掺量。

表 72-7 为日本重复利用的水的质量标准，可供国内预拌混凝土工厂参考。

（日本）**回收水的质量标准**　　**表 72-7**

项　目	标　准　值
水泥的凝结时间差	初凝 30min 以内；终凝 60min 以内
砂浆的抗压强度比	龄期 7d、28d 约为 90% 以上

当使用泥浆水配制预拌混凝土时，混凝土配合比需作以下调整：①当泥浆固体组分含量小于水泥重量的 1%时，混凝土配合比不必进行修整。但是，水的称量值需要加上泥浆固体组分的量；②当泥浆固体组分含量为水泥重量的 2%时，可按表 72-8 进行修整。

目前，日本和西欧一些国家已有成套的污水处理和重复利用装置出售，而国内尚处于研究阶段。其中日本在这方面的研究颇有成效。日本 NIHONDORYOKOKI 有限公司经多年研究已制造出一套封闭式的污水处理系统。该系统基本上可使废料不能排出工厂，污水和废料均可就地回收后重复使用。这套装置可供我们设计污水处理工艺时参考。其工艺流程如图 72-9 所示。

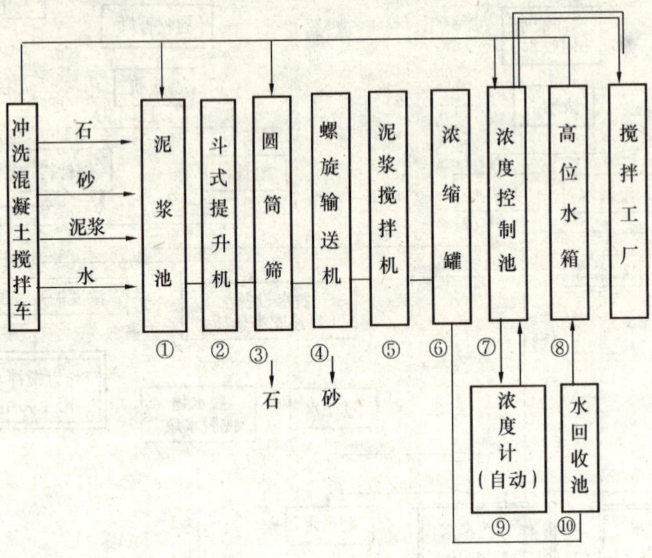

图 72-9　污水处理工艺流程

四、搅拌机的选型和计算

（一）搅拌机的选型

搅拌机的选型要求如下：

（1）搅拌机类型的选择必须根据所拌制的混凝土的品种和性能而定，见表 72-9。

泥浆固体组分 2%时的修整值　　表 72-8

混凝土种类	普通混凝土	轻质混凝土
指定坍落度（cm）	小于 8	大于 9
单位用水量（%）	增加 3	增加 2
砂率（%）	减少 1	减少 1
AE 剂使用量（%）	增加 15	增加 15
水灰比（W/C）	与修整前同一值	与修整前同一值

搅拌机的类型　　表 72-9

搅拌机种类	混凝土的品种
强制式搅拌机	低流动性混凝土 干硬性混凝土 轻骨料混凝土 粉煤灰、矿渣混凝土
鼓筒式搅拌机 锥形反转出料搅拌机 锥形倾翻出料搅拌机	低流动性混凝土 塑性混凝土
砂浆搅拌机	各种配合比砂浆 轻骨料混凝土

（2）各种搅拌机容量的选择，必须考虑搅拌车间生产规模，在有预拌混凝土的情况下，还需考虑商品混凝土的需要量，参见表 72-10。

搅拌机容量选用　　表 72-10

搅拌机出料容量（L）	选用范围
50	适用于实验室，制作混凝土试块
150	适用于修缮工程和混凝土用量较少的工地，亦可用于搅拌砂浆，一般为单机使用
250、350	适用于年产混凝土 5000m^3 左右的工地及小型混凝土制品厂，可作单机使用，亦可装备成移动式、拆装式或固定式的搅拌站

续表

搅拌机出料容量（L）	适　用　范　围
500	用于年产混凝土1万 m^3 左右的工地和中型混凝土制品厂，需要时可装备成移动式、拆迁式或固定式搅拌站
750	用于年产混凝土3万 m^3 左右的工地和大型混凝土制品厂，需要时可装备成移动式或固定式搅拌站
1000	用于年产混凝土5万 m^3 左右的工地和大型混凝土制品厂，需要时可装备成拆装式或固定式搅拌站
1500、3000	用于中型和大型水电站大坝施工的搅拌车间的主机

(3) 搅拌机的数量，应不少于同时搅拌的混凝土的各类型数，对于同一品种混凝土强度等级相差悬殊的情况下，也不宜共用1台搅拌机。

(4) 在同一单元的搅拌层里，尽量选用同一类型、同一容量的搅拌机，每一单元搅拌机的布置数量以1~3台为宜。

(5) 搅拌机的容量，应根据搅拌车间的产量及制品的一次混凝土最大用量来确定。

（二）搅拌机生产能力计算

1. 计算搅拌车间小时产量

搅拌车间小时产量，可按下式计算：

$$Q_s = Q_i / n$$

式中　Q_s——混凝土小时计算产量（m^3/h）；

Q_i——混凝土日计算产量（m^3/d）；

n——日工作小时数。

2. 搅拌机数量确定

搅拌机数量可按下式计算：

$$N = Q_i / q$$

式中　N——搅拌机台数，取整数；

q——每台搅拌机小时生产能力（m^3/h）。

3. 搅拌机的小时生产能力

搅拌机的小时生产能力按下式计算：

$$q = 3600 \times \frac{V}{t_1 + t_2 + t_3}$$

式中　q——每台搅拌机小时生产能力（m^3/h）；

V——搅拌机出料容量（m^3），当采用搅拌机的进料容量时，应乘上出料系数0.67；

t_1——装料时间（s），参见表72-11；

t_2——混凝土搅拌时间（s），参见表72-12和表72-13；

t_3——搅拌机卸料时间（s），参见表72-14。

装　料　时　间　　**表72-11**

单阶搅拌车间		双阶搅拌车间	
一次投料	顺序投料	落地布置	布置于3~4m楼层
5~8s	10~15s	20~30s	30~40s

注：料斗提升平均速度按0.2m/s计，投料时间按10s计，水及外加剂按30s加完。

轻骨料混凝土及其他品种混合料在搅拌机内最少搅拌时间参见表 72-12。

轻骨料混凝土搅拌时间 **表 72-12**

混凝土种类	投料顺序	搅拌时间（min）	搅拌设备
陶粒河砂混凝土	陶粒和水+砂	3~4 1~3	自落式搅拌机 强制式搅拌机
陶粒河砂混凝土	全部材料同时投入	4~5	
湿辗矿渣炉渣混凝土	外加剂、水+全部材料	3~3.5	400L 鼓筒式搅拌机
粉煤灰混凝土	粗、细骨料+胶结料+水	3~4	双锥式搅拌机
珍珠岩混凝土	全部材料同时投入	3~3.5	强制式搅拌机

混凝土在搅拌机中延续搅拌最短时间参见表 72-13。

混凝土在搅拌机中延续搅拌最短时间 **表 72-13**

<table>
<tr><td rowspan="4">混凝土搅拌机容量
（L）</td><td colspan="4">延续搅拌时间（s）</td></tr>
<tr><td colspan="3">混凝土湿堆密度大于 2200（kg/m³）</td><td rowspan="3">混凝土的湿堆密度为
1800~2200（kg/m³）</td></tr>
<tr><td colspan="3">混凝土的坍落度（cm）</td></tr>
<tr><td>0~1</td><td>2~7</td><td>>7</td></tr>
<tr><td>400 及 400 以下</td><td>120</td><td>60</td><td>45</td><td>180</td></tr>
<tr><td>1000</td><td>—</td><td>120</td><td>90</td><td>240</td></tr>
</table>

注：1. 如用普通混凝土搅拌机搅拌干硬性混凝土时，其搅拌时间应适当延长。

2. 不允许用超过混凝土搅拌机说明书规定的回转速度，以缩短搅拌延续时间。

3. 搅拌机筒中装料量不得大于搅拌筒标准容量的 10%。

混凝土卸料时间 **表 72-14**

<table>
<tr><td>搅拌机型号</td><td>卸料时间（s）</td><td>搅拌机型号</td><td>卸料时间（s）</td></tr>
<tr><td rowspan="2">鼓筒式搅拌机：
JG150
JG250
JG750</td><td rowspan="2">45~60</td><td>锥形倾翻式出料搅拌机：
JF750</td><td>60</td></tr>
<tr><td>JF1000
JF1500
JF3000</td><td>120~150</td></tr>
<tr><td rowspan="2">锥形反转出料搅拌机：
JZ150
JZ350
JZ500</td><td rowspan="2">60</td><td>强制式搅拌机：
JQ50
JQ150</td><td>25</td></tr>
<tr><td>JQ250
JQ350
JQ500
JQ750
JQ1000</td><td>30</td></tr>
</table>

注：表中数据系混凝土坍落度小于 3cm 时的数值。

搅拌机的基本参数和产量见表 72-15 和表 72-16。

搅拌机的基本参数 **表 72-15**

搅拌机型号		出料容积（m³）	进料容积（m³）	搅拌机额定功率（kW）	每 h 工作循环次数	骨料最大粒径（mm）
鼓筒式搅拌机	JG150	0.15	240	5.5	25	60
	JG250	0.25	400	7.5	25	60
	JG750	0.75	1200	1.7	20	80

续表

搅拌机型号		出料容积（m^3）	进料容积（m^3）	搅拌机额定功率（kW）	每h工作循环次数	骨料最大粒径（mm）
锥形反转出料	JZ150	0.15	240	4	30	60
	JZ250	0.35	560	5.5	30	60
	JZ500	0.50	800	11	30	80
锥形倾翻式出料	JF750	0.75	1200	2×5.5	25	120
	JF1000	1.00	1600	2×7.5	25	120
	JF1500	1.50	2400	2×7.5	25	150
	JF3000	3.00	4800	2×17	25	250
强制式搅拌机	JQ150	0.15	240	10	40	40
	JQ250	0.25	400	13	40	40
	JQ350	0.35	560	22	40	40
	JQ500	0.50	800	30	40	60
	JQ750	0.75	1200	40	40	60
	JQ1000	1.00	1500	55	40	60

搅拌机产量　　**表 72-16**

搅拌机型号	搅拌车间型式	班产量（m^3）	年产量（m^3）	净搅拌时间（min）
JG250	双　阶	20～25	5500～6500	2～2.5
JQ250	双　阶	30～40	8000～10000	1.5～2
JZ350	双　阶	30～40	8000～10000	2～2.5
JQ350	双　阶	50～60	13000～15000	1.5～2
JZ500 JQ500	双　阶	45～50	12000～13000	2～2.5
	单　价	50～60	13000～15000	2～2.5
	双　阶	60～80	15000～20000	1.5～2
	单　阶	70～95	18000～24000	1.5～3
JZ7500、JF750 JQ750	双　阶	60～70	15000～18000	2.5～3
	单　阶	65～75	17000～19000	2.5～3
	双　阶	75～95	19000～24000	2～2.5
	单　阶	85～105	22000～27000	2～2.5
JZ1000 JQ1000	双　阶	70～85	18000～21000	2.5～3
	单　阶	80～90	20000～23000	2.5～3
	双　阶	100～130	26000～33000	2～2.5
	单　阶	110～140	28000～36000	2～2.5
JF1500	双　阶	90～105	23000～27000	3～3.5
	单　阶	100～110	26000～28000	3～3.5

注：表列数据为1班制生产时的台班产量。

（三）砂浆搅拌机小时生产能力计算

砂浆搅拌机小时生产能力计算：

$$q = 3600 \times \frac{Vf}{T}$$

式中　q——搅拌机小时生产能力（m^3/h）；

V——搅拌机出料容量（m^3）；

f——出料系数，取 $f = 0.85$；

T——搅拌周期，可按下式计算：

$$T = t_1 + t_2 + t_3$$

式中 t_1——装料时间（s）；

t_2——搅拌时间（s）；

t_3——卸料时间（s）。

常用的砂浆搅拌机基本参数见表72-17。

常用的砂浆搅拌机基本参数　　表72-17

砂浆搅拌机型号	工作容量（L）	搅拌时间（min/次）	额定功率（kW）	重量（kg）
HJ_1-200	200	1.5~2	3	600
HJ_1-200A	200	2	4	680
HJ_1-200B	200	2	2.8	560
HJ_1-325	325	—	3	760

第三节　预拌混凝土配合比设计

预拌混凝土对于满足用户需要，保证产品质量有十分重要的意义。以下介绍日本预拌混凝土配合比设计方法。

一、配合比的决定

（1）通常是先由用户向生产单位提出标准品、特购品或非标准品中任何一种预拌（商品）混凝土的订购要求。生产厂在接到订货确定最终产品的配合比时，要考虑到从工厂拌制混凝土时起，直至运往现场卸车时止可能发生的质量变化，以满足已指定的质量要求。另外，在建筑施工中，根据有关规定需要对结构混凝土的强度试验（现场水养护）进行检查时，则用户指定的公称强度不仅要符合《预拌混凝土》JISA5308的规定，而且还要研究该强度是否能符合该项检查规定的要求。当然，在原则上只要生产厂能保证达到《预拌混凝土》JISA5308规定的强度即可，况且对构筑物混凝土质量的保证，是由指定公称强度的施工单位负责。然而，事实上有时会转由预拌混凝土行业协会（合作公会）负责而成为发生纠纷的原因。因此，需要事先与用户磋商。

（2）预拌混凝土的配合比要执行《预拌混凝土》JISA5308的规定。标准品的配合比由生产厂决定，特购品的配合比，则要经过协商和满足用户的要求由生产厂决定。即使是标准品，也要协商一下指定的事项。不论在哪种情况下，所确定的配合比均应保证所指定的质量并通过检验而合格。再则，生产厂在发货之前还应把生产中所用的材料与配合比报告给用户，用户若有要求，尚须提供配合比设计的基础资料。

（3）用户有时要求做试配搅拌。修订的《预拌混凝土》JISA5308虽未规定试配搅拌，但用户仍可同生产厂协商会同进行搅拌试验。不过，在《预拌混凝土》JISA5308批准的工厂里都有自己的内部标准，即根据实际使用的状况对所用的材料与配合比等分别做出了标准的规定。这样，由生产厂确定标准品的配合是可以信赖的。因此，除特殊情况外，标准品的试验搅拌可以免做。与一次试拌相比，还是以要求提供日常管理资料并据此予以确认更为可靠。当由于某些原因必须进行试配搅拌时，对其费用的分担等也要协商解决。

特购品的配合比，虽然是由厂方与用户协商决定，但由于对混凝土的质量和使用的材料也有某些指定的项目，所以，为了确认配合比和混凝土的质量，亦可根据需要，会同进行试配搅拌。

二、生产标准关于配合比的规定

（1）在按《预拌混凝土》JISA5308的标准对工厂进行审查的事项中，已对预拌混凝土的配制及其在生产中的管理项目做出了标准规定，见表72-18。因此，被标准批准的工厂，就应对所申请的预拌混凝土的标准品与特购品备齐上述的有关资料，并定出使用材料和标准配合比（计划配制比例）。

审　查　事　项　　表72-18

JIS编号	规定项目	要求事项
A5308	1. 材料 （1）水泥 （2）骨料 （3）水 （4）外加剂	1. 对标准品和特购品所用材料（种类与质量）应有规定
	2. 类别 （1）标准品 （2）特购品 （3）称呼	2.（1）对标准品和特购品，应按照申请批准的类别予以规定 （2）对混凝土的类别做下述规定 ①标准品是按粗骨料的最大尺寸、公称强度和坍落度分别规定之 ②特购品是综合考虑其公称强度和坍落度，以确定可接收订货的范围 （3）对用户与生产厂协商后指定的项目应予规定
	3. 质量 （1）强度 （2）坍落度 （3）含气量	3. 以进厂混凝土质量的保证应予规定
	4. 容积	4. 对进厂混凝土体积的保证应予规定
	5. 配合比	5.（1）在设计配合比时，对设定的质量（强度、坍落度、含气量）应予规定。 （2）根据配合比设计用的基础资料，规定出配合比的设计基准。同时，其资料还可向用户提供 （3）对《2》项中的产品（标准品），应规定其标准配合比。同时，还应规定出标准配合比变动和修正的条件 （4）对生产中使用的材料和配合比的报告书的形式应予规定
配合比	1.（1）①细骨料的细度模数 ②粗骨料的实体积比 ③回收水的浓度（若使用回收水时）	2.（1）在使用细骨料的细度模数、粗骨料的实体积比和回收水时，要根据其浓度对配合比予以修正 管理中的骨料筛分试验，原则上每天做1次
	（2）细骨料的表面水率 但是采用人造轻骨料时，则为含水率	（2）要根据细骨料的表面水率（采用人造轻骨料时，则为含水率），在现场对配合比进行修正。 细骨料的表面水率（采用人造轻骨料时，则为含水率），要每天测2次。 （3）施工现场原则上是通过传票来指示配合比。

（2）再则，根据工业技术院的指导，已取得旧的《预拌混凝土》JISA5308认可的工厂，应在1978年12月底以前根据修订后的《预拌混凝土》JISA5308制定好自己内部的标准并报告给地方通产局，以取得新标准《预拌混凝土》JISA5308的认可。因此，目前基本上均应已取得新的执照。另外，在报告书中还要注明按旧标准订购的混凝土是符合原标准要求的字样，并报告用户以遵照行政指导来办理（暂行措施）。

（3）同时，由表72-18可见，为了生产中能对混凝土的配制进行适当的管理，还制定了标准配合比的修正基准、变动基准和现场配制基准。

三、预拌混凝土标准配合比的决定

（1）一般情况下，预拌混凝土工厂是按图72-10（普通混凝土）和图72-11（轻混凝土）所示的程序来确定标准品混凝土的标准配合比。为适应《预拌混凝土》JISA5308中质

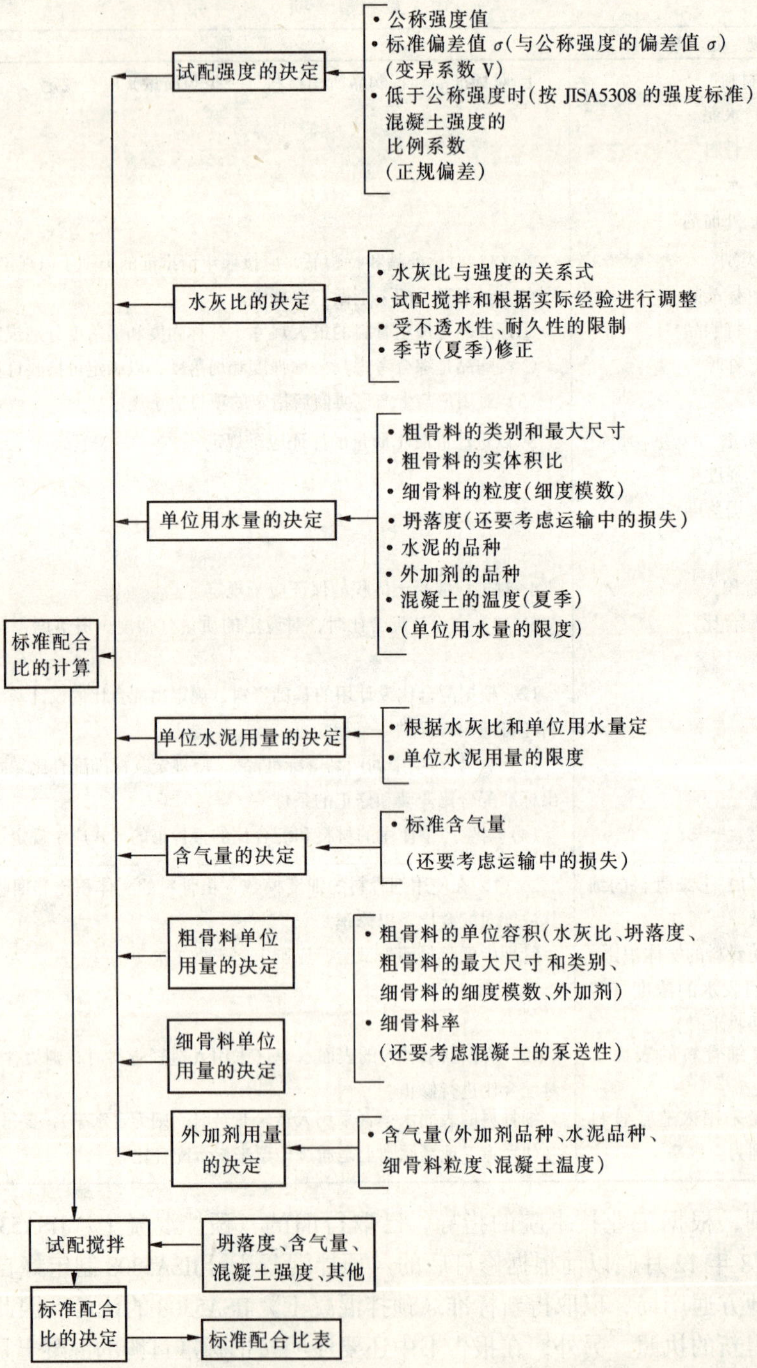

图72-10　标准配合比设计程序（普通混凝土）公称强度值

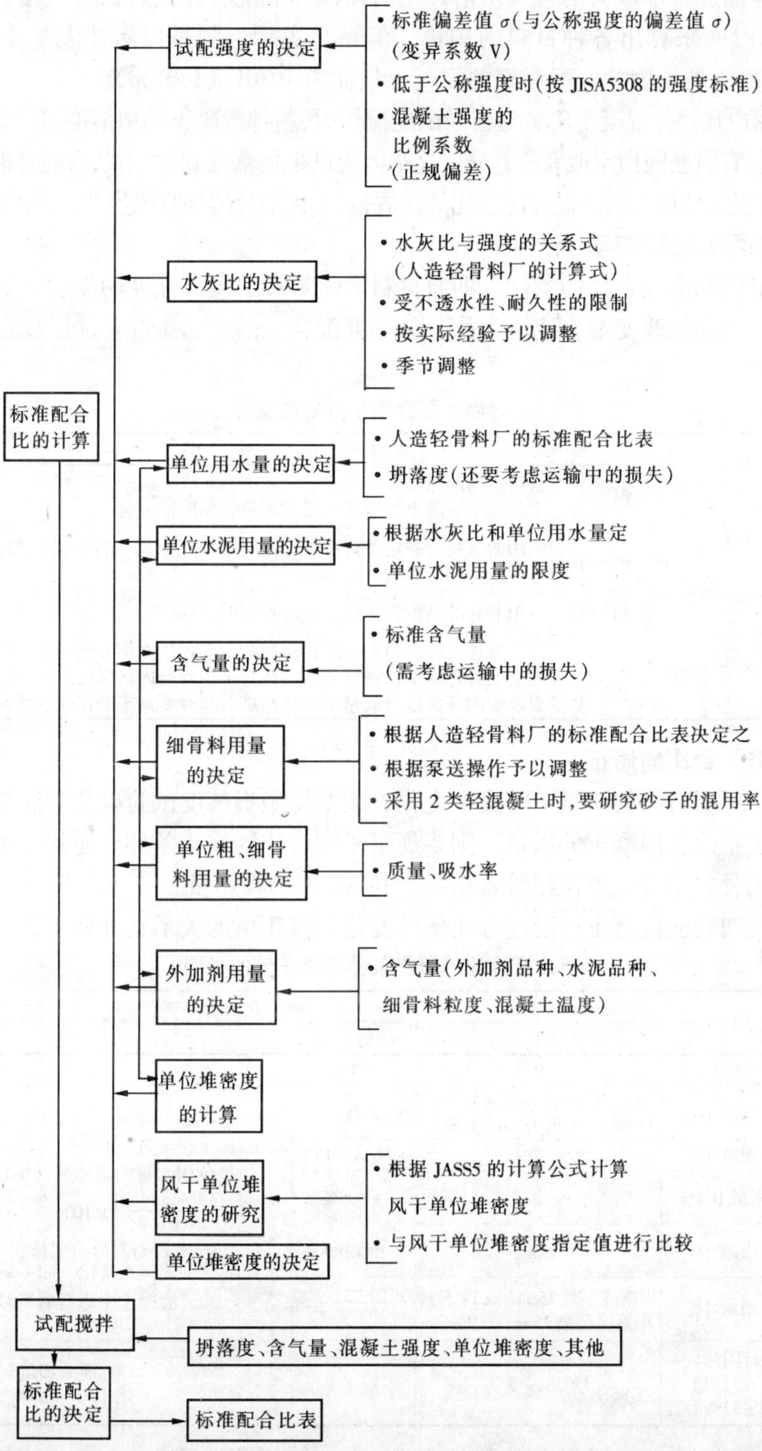

图72-11　标准配合比设计程序（轻混凝土1、2类）

量和配合比的规定,《预拌混凝土》JASS5和土木学会RC规范也有相应的规定。

(2) 为了保证进货时混凝土的体积(交货单上注明的体积),生产厂通常都把由工厂至施工现场运输过程中散失的含气量估计在内，以标准配合比设计的含气量为30L（指定含气量为4%时）来算出各种材料的用量。但是，实际上则是以新拌混凝土的含气量为4%来配制混凝土的。因此，配制好的混凝土量便为1010L（1.01m^3）。

（3）当用户在预拌混凝土厂参与会同试配搅拌时，新拌混凝土的坍落度、含气量、轻混凝土的单位堆密度，有时会同指定值有所差异。这是因为已把坍落度和含气量，自搅拌时起至运往现场进货时止的损失估计在内来设计配合比的缘故，对于该估计值须听取生产厂的说明。

四、标准配合比的变动

当已确定的标准配合比的条件（即原材料的质量和混凝土强度的变动）长期超过某些标准规定时，就必须改变配合比。为此，对标准配合比的变动条件要加以规定，现举例示于72-19中。

对标准配合比条件的改变　　表72-19

致变要因	更改条件	
原材料质量发生变化	水　泥	改用新的水泥 水灰比与混凝土强度的关系式不符合实际情况时
	骨　料	使用的骨料与制定的标准配合比时的骨料不同（特别是表观密度、吸水率、实体积比、细度模数）时
	外加剂	改用非标准品配合比规定的外加剂时
混凝土质量发生变化	混凝土强度	工艺管理、产品检验表明，强度的变动和倾向均有明显变化时 在强度管理区里，强度的倾向或标准值均与内部规定的标准发生明显变化时 要改变内部标准对质量的保证措施时（改变低于公称强度的废品率时）

五、标准配合比的修正

当生产厂所用材料的质量一时发生变化、或要重做坍落度试验以及对混凝土泵进行校正等时，为了不改变混凝土的质量，则要规定出配合比的修正条件。通常，主要是改变单位用水量、细骨料率（或单位粗骨料用量）和AE剂的掺用量。

现举例说明普通混凝土标准配合比条件变化与修正值的关系，并列于表72-20中。

标准配合比的修正条件与修正值的举例　　表72-20

条件的变化		修正值		
		单位用水量	细骨料量	
水灰比	增减0.05	0	±1%	
坍落度	增减1cm	坍落度低于18cm±1.2% 坍落度大于18cm±1.5%	0	注：# 按下式求算 单位用水量的增加率（%） $=\frac{(1-\Delta g)\ v_g}{100-v_g}\times 100$ Δg——碎石对砾石实体积率之比 v_g——同一水灰比、同一坍落度砂和砾石混凝土中砾石的绝对容积（L/m^3）
含气量	增减1%	±30%	±(0.5～1)%	
细骨料的细度模数	增减0.1%	0	±0.5%	
粗骨料的实体积比	增减1%	±3kg	±0.9%	
细骨料率	增减1%	坍落度不足15cm，±1～5kg， 坍落度超过15cm，±2～7kg	—	
回收水	对固体物添加量(2±1)%而言	增2%～3%	减1%	AE剂添加量 增15%～20%

1. 含气量增减1%，混凝土强度增减4%～6%，坍落度增减2cm。

2. 普通混凝土砂子的$M_x \approx 2.8$，W/C=0.55、坍落度约为8cm时，若采用碎石，则单位用水量增加9～15kg，细骨料率增加3%～5%；若采用碎石砂，则单位用水量增加6～9kg，细骨料率增加2%～3%。

3. 普通混凝土（砂和砾石混凝土），砾石的最大尺寸为25mm时，则分为：

①AE混凝土、碎石混凝土、碎石AE混凝土的配合比，只能按表72-21所示的规定值予以补偿。

碎石水泥混凝土配合比补偿值　　表72-21

混凝土品种	水泥用量（kg）	含砂量（L）（绝对容积）	粗骨料用量（%）（绝对容积）	用水量（%）
砂和砾石AE混凝土	不补偿	减少15	不补偿	减少8
砂和碎石混凝土	不补偿	增加15	减少10	增加8
砂和碎石AE混凝土	不补偿	增加10	减少10	不补偿

②粗骨料的尺寸小于30mm或小于40mm时的配合比（砾石尺寸小于25mm），只能按表72-22的规定予以补偿。

粗骨料尺寸小于30mm或40mm的配合比补偿值　　表72-22

粗骨料的尺寸（mm）	水泥用量（%）	含砂量（L）（绝对容积）	粗骨料用量（%）（绝对容积）	用水量（%）
小于30	减少3	减少15	增加5	减少3
小于40	减少6	减少25	增加10	增加6

六、现场配合比的修正

为了配制标准配合比的混凝土，应根据生产厂家所用材料的状态（骨料的湿润状态、细骨料的细度模数）和计量方法（一次搅拌量）对标准配合比予以修正，以制定现场用的配合比。

1. 按骨料表面含水率予以补偿

先测出骨料表面含水率（采用人造轻骨料时，则要测出含水率），再按下式算出单位用水量和单位粗骨料用量以及单位细骨料用量。细骨料的表面含水率，每1d要测定2次，粗骨料的表面含水率既使变化，也比细骨料为少，除下雨后要测定外，通常都按一个常数值（例如，当砾石尺寸为25mm时，其采用值为0.5%～1.5%）予以补偿。

同时，在一般情况下，细骨料的表面水量，是采用生产厂表面水补偿装置来补偿的。

$$W = W_0 - 1/100 \cdot (S_0 P_s + G_0 P_g)$$

$$S = (1 + P_s/100) S_0$$

$$G = (1 + P_s/100) G_0$$

式中　W、S、G——补偿的用水量、细骨料用量、粗骨料用量（kg/m^3）；

W_0、S_0、G_0——标准配合比时的单位用水量、单位细骨料用量、单位粗骨料用量（kg/m^3）；

P_s、P_g——细骨料、粗骨料的表面含水率（%）。

表面含水量补偿的准确度，对预拌混凝土的坍落度和强度的影响尤大，因此，这是工艺管理上的重点。现举例说明表面含水率的变化对普通混凝土质量的影响，并列于表72-23。

表面含水率的变化对普通混凝土质量的影响　　表72-23

致变要因	变化（%）	坍落度（cm）	混凝土强度（%）
细骨料的表面含水率	±1	±（3～4）	±（6～8）
粗骨料的表面含水率	±1	±（1～2）	±（2～4）

2. 骨料混合比的变动

粗骨料的最大尺寸为40mm时，通常是采用40~20mm（碎石为40~25mm）和25~5mm（碎石为20~5mm）的骨料，使之处于最大尺寸为40mm的标准粒度区域内，据以确定适当的混合比和进行计量。因此，必须根据所使用的骨料粒度来改变骨料比，以达到所确定的标准粒度的要求。

当使用的细骨料是把粗、细砂混合成具有一定细度模数 M_x 以确定混合比时，则要根据所用的粗、细砂的 M_x 值来改变混合比，使其处于所规定的 M_x 值±0.2的范围内。

同时，粗骨料中小于5mm者作为细骨料，细骨料中大于5mm者作为粗骨料来对粗、细骨料的用量予以修正。

3. 外加剂掺量

外加剂是通过稀释求出稀释的外加剂掺量。

4. 一次搅拌量

根据一次搅拌量来修正各种材料的计量值。但是，容量的变动装置有时亦可不予修正。

5. 轻骨料用量修正值

按轻骨料的吸水率予以修正。

标准配合比时轻骨料的用量，通常是用全干质量予以表示。因此，计量轻骨料的质量，每次都要测定其吸水率和表面含水率，视含水量（吸水量+表面水量）为其补偿值。

6. 最小单位配合比

一旦算出各种材料的用量，即可将其约为最小单位来设定出现场施工配合比。

七、配合比报告书

根据《预拌混凝土》JISA5308要求，在预拌混凝土发送以前，生产厂商应把生产中使用的材料和配合比报告给用户。而用户则要验证使用材料和配合比，看其是否已满足指定的事项。另外，还要根据需要向厂方索取配合比设计的基础资料，例如配合比计算书及根据的资料（根据该厂的使用材料计算水灰比和强度的公式、配合比的修正条件与方法、使用材料的质量和管理状况，混凝土的坍落度、含气量、强度等的管理图）进行研究。若在提出报告书之后改变了使用材料，生产厂商要迅速向用户重新提交报告。

另外，如标准配合比的决定一书中所述，对报告书中的配合比表所记载的各种材料用量的决定，一般是把运输过程中含气量的散失估计在内而将混凝土的容积配制成1010L（$1.01m^3$）。

再则，1d龄期的混凝土浇注完毕后，有时会在浇注量和生产厂商交货（交货单中记入的总的交货量）量之间出现差额而发生麻烦。若相关很大时，则需调查其原因，由生产厂商与用户协商找出解决的方法。这时，可以参考运往该施工现场的各批材料计量值的打印记录。一般来说，两者相关2%左右似乎是不可避免的。

八、标准配合比设计参考资料

1. 运输中坍落度降低的估计值

运输中坍落度降低的程度，会因使用材料的质量、坍落度的大小、季节、外加剂的品种、运输时间等不同而有所差异。有人曾对标准运输时间为40~50min的全国各地预拌混凝土厂坍落度降低的估计值作过调查（表72-24）。由调查结果可见，不同地区差异很大。

特别是气温高和采用缓凝剂时，坍落度有时降低很大，须予注意。

各地区坍落度下降的估计值（cm）　　表 72-24

地区	坍落度（cm）	春秋			夏			冬		
		空白	AE剂	AE减水剂	空白	AE剂	AE减水剂	空白	AE剂	AE减水剂
北海道（日本）	15	0.5~3.5	1.0~3.5	1.0~3.5	1.0~3.5	1.5~3.5	1.5~3.5	0.5~3.5	1.0~3.5	1.0~3.5
	18	0.5~3.5	0.5~3.5	0.5~3.5	0.5~3.5	1.0~3.5	1.0~3.5	0.5~3.5	0.5~3.5	0.5~3.5
	21	0.5~2.0	0.5~2.0	0.5~2.0	0.5~2.0	1.0~2.0	1.0~2.0	0.5~2.0	0.5~2.0	0.5~2.0
东北	15	1.0~3.0	1.0~2.0	1.0~3.0	2.5~4.0	2.5~3.0	2.5~4.0	0.5~1.5	0.5~1.5	0.5~3.0
	18	1.0~3.0	1.0~2.5	1.0~3.0	2.5~4.0	2.0~3.0	2.5~4.0	1.0~1.5	0.5~1.5	0.5~3.0
	21	1.0~3.0	1.0~2.5	1.0~2.5	1.5~4.0	1.5~3.0	2.5~4.0	1.0~1.5	0.5~1.5	0.5~2.0
关东	15	0.5~1.5	0.5~1.5	0.5~3.0	1.0~4.0	1.0~2.5	1.0~2.5	0.5~1.5	0.5~2.5	0.5~3.0
	18	0.5~1.0	0.5~1.5	0.5~2.0	0.5~3.0	1.0~2.5	1.0~2.0	0.5~1.0	0.5~1.5	0.5~2.0
	21	0.5~1.0	0.5~1.5	0.5~2.0	0.5~2.5	0.5~2.0	0.5~1.5	0.5~1.0	0.5~1.5	0.5~2.0
中部	15	1.0~2.0	0.5~2.0	0.5~2.0	1.0~2.5	0.5~2.5	1.0~2.5	0.5~1.0	0.5~1.0	0.5~1.0
	18	1.0	1.0	0.5~1.0	1.5~2.5	0.5~2.5	1.5~2.5	0.5~1.0	0.5~1.0	0.5~1.0
	21	0.5~1.0	0.5~1.0	1.0	1.0~2.0	0.5~2.0	1.0~2.0	0.5~1.0	0.5~1.0	0.5~1.0
近畿（日本）	15	1.0~1.5	1.0~2.0	1.0~3.0	2.0~3.0	0.5~3.0	0.5~5.0	1.0~1.5	0.5~2.0	0.5~2.5
	18	1.0	0.5~1.5	0.5~2.0	1.5~2.0	0.5~2.5	0.5~3.5	1.0	0.5~1.5	0.5~2.0
	21	1.0	0.5~1.5	0.5~2.0	1.5	0.5~2.0	0.5~3.0	1.0	0.5~1.0	0.5~2.0
中国	15	—	0.5	0.5~2.0	—	0.5	0.5~2.5	—	0.5	0.5~2.0
	18	—	0.5	0.5~2.0	—	0.5	0.5~2.5	—	0.5	0.5~2.0
	21	—	0.5	0.5~2.0	—	0.5	0.5~2.5	—	0.5	0.5~2.0
四国（日本）	15	1.0~2.0	1.0~2.0	1.0~3.0	1.5~4.0	1.5~5.0	1.5~5.0	0.5~1.0	0.5~2.0	1.0~2.0
	18	1.0~2.0	1.0~3.0	1.0~3.0	1.5~4.0	1.5~5.0	1.5~5.0	0.5~1.0	0.5~2.0	1.0~2.0
	21	1.0~2.0	1.0~3.0	1.0~3.0	1.0~4.0	1.5~5.0	1.5~5.0	0.5~1.0	0.5~2.0	1.0~2.0
九州（日本）	15	0.3~2.0	0.5~2.0	0.5~2.0	0.3~2.0	0.3~2.5	0.5~2.5	0.3~2.0	0.5~2.0	0.5~2.0
	18	0.3~2.0	0.5~2.0	0.5~2.0	0.3~2.0	0.5~2.0	0.3~2.5	0.3~2.0	0.5~2.0	0.5~2.0
	21	0.3~2.0	0.5~2.0	0.5~2.0	0.3~2.0	0.5~2.0	0.3~2.5	0.3~2.0	0.5~2.0	0.5~2.0

2. 运输中含气量散失的估计值

散失量会因水泥品种、混凝土品种、外掺物品种、配合比、预拌混凝土的温度和搅拌时间等不同而有所差异。建筑混凝土含气量散失的估计值，一般取 0.5%~2%左右。如前所述，为安全计、配合比设计时多采用 1%的估计值。

3. 混凝土温度的变化

冬期施工时，混凝土浇注时的温度规定为 10~20℃。因此，必须在充分考虑当地气象和施工条件的基础上来预计并确定运输中温度下降的影响，以使浇注时混凝土的温度不低于 10℃。札幌地区的运输时间为 30~40min，其温度下降并不大。因此，对温度的下降并不要特别考虑。运输中温度的下降程度，可按下式求出：

$$\Delta T = 0.15(T_1 + T_0)t$$

式中　ΔT——预拌混凝土温度的下降值（℃）；

T_1——搅拌时混凝土的温度（℃）；

T_0——周围气温（℃）；

t——自搅拌时起至浇注完了时止的时间（h）。

夏季采用泵送施工时，浇注部位的预拌混凝土的温度有时约可上升0.5～1.5℃。特别是在夏季进行大体积混凝土施工时，必须考虑到浇注后水化热导致温度上升和直至进厂卸料时止运输过程中温度的上升（一般约升1～2℃），据此确定搅拌时混凝土的温度。为了降低混凝土的温度，有时投入冰块冷却或冷却骨料与运拌车，或从气温较低的早晨和黄昏时开始浇注混凝土。

4.混凝土强度的标准偏差

混凝土强度的偏差，是采用该厂以往的实际成绩推算的。这时，或取平均或视其波动取大一点的安全值，并要明确该计算值的适用期间或季节。通常，似应按其波动取值比平均值约大0.5MPa的数值为宜。

从对全国预拌混凝土厂的调查实例中可以看出，混凝土强度若为24～27MPa时，则$\sigma \approx 2.7$MPa（实际σ值$\approx$2MPa），通常，多采用$\sigma = 2 \sim 2.5$MPa，当混凝土强度为30～35MPa时，$\sigma \approx 3 \sim 3.5$MPa。

5.正规偏差值

为满足JISA5308对混凝土强度的要求，其变异系数约低于10%的工厂，在规定试配强度时应把低于公称强度的混凝土的比例限制在4%以下。因此，这时的正规偏差值$k=1$（废品率为16%）足可以满足要求。然而，预拌混凝土厂大多根据生产过程中的误差，从安全角度考虑设$k=2$来确定各自的配合比。即在设计基准强度的基础上加以2σ确定试配强度。

由上述的调查实例可见，$k=1 \sim 2$。通过这次修订应予增大，使$k=1.73$。在原标准JISA5308中，采用了$k=2$的数值，理应满足其要求。不过若为安全计，似应$k=2.5$（混凝土强度约增加1～1.5MPa，水灰比约减少2%）左右。但是，由于它还同确定与公称强度相适应的水灰比时的安全率和标准偏差σ的安全率等有关，必须对已生产的混凝土的强度进行实际调查后，再来确定正规偏差k的值。

6.水灰比和混凝土强度的计算公式

（1）通常，预拌混凝土厂是通过对本厂所用材料进行试配搅拌以确定水灰比与强度的关系式。该关系式是按水泥品种、骨料类别与质量、AE剂、AE减水剂、减水剂及其他外掺物组合的关系（通过标准养护）确定的。但实际配制的混凝土的强度还会因受到混凝土的温度、季节变化、水泥强度的变化、骨料质量的变化、养护方法、试验误差和试验技术等的影响而变化，因此，确定关系式时最好要考虑到这些因素。

（2）常用混凝土在进行试配搅拌时，其水灰比介于50%～70%之间，取用三种以上的水灰比，对每种水灰比至少试做两种坍落度。高强混凝土的水灰比低于50%，并按相同方法求其计算式。

特别是在确定可靠性高的计算式时，要进行多次试配搅拌。当整年使用同一个计算式时，则要考虑到季节的变化、每间隔适当期间重新进行多次拌后确定之。

另外，在实际生产中，由于设备的特性、配合比修正误差和计量操作误差等，有时也会使混凝土的实际强度与试拌确定的计算公式不相符合。因此，一定要把在工艺管理中通过试验得出的强度结果列于水灰比与强度的关系图里，以便对通过试拌确定的关系式予以修正。此外，还要考虑到骨料质量的变化和气温所引起的变化等。

通常就是采用上述方法得出关系式的，并据以确定水灰比或灰水比，从而获得能与公称强度相适应的混凝土强度来。

该关系式除28d龄期强度外，还要求3d、7d的龄期强度，并要求出与累计计算温度的关系。在指定采用不经常使用的水泥、骨料和外加剂等情况下，除试拌结果外，还要参考过去的大量资料，经过充分研究后再比较保险的方式，来确定水灰比的计算式。

(3) 关于水灰比和强度的计算公式，已有大量文献见诸报道，望能参阅表72-25，根据旧标准JISA5308施行期间的调查实例可见，适合于设计基准强度21MPa的水灰比，见表72-25。依地区而异，受骨料质量、碎石的使用和气温等因素的影响，其数值均有不同的差异（在这种情况下，实际所得的强度，乃是在设计基准强度21MPa的基础上另加以4～5MPa，即为25～26MPa）。

(4) 对冬期施工的混凝土而言，根据累计温度求算公称强度的水灰比时，可采用JASS5规定的方法参考混凝土冬期施工指南等。

预拌混凝土厂通常是把20℃下28d龄期时的水灰比与强度的关系视为累计温度，即M840DD，来求累计温度 M 与水灰比以及强度之间的关系图。在这种情况下，若采用四种水灰比，并分别对5℃时的1d、3d、5d、7d、14d和28d、20℃时的1d、2d、3d、7d、14d和28d、以及10℃时的几种龄期的强度进行试验时，则可得出精度相当好的关系图。

7. 单位用水量、单位粗骨料用量、细骨料率

如前所述，标准配合比是按照图72-10、图72-11所示的顺序确定的。水灰比一旦确定，便可针对坍落度决定单位用水量，继而决定细骨料率（或单位粗骨料用量）。最后，通过设定含气量便可定出各种材料的用量。至于单位用水量、细骨料率、单位粗骨料用量的参考值，可参考表72-26所列有关文献决定之。

当混凝土用粗骨料的最大尺寸为25mm、细骨料的细度模数为 $M_x=2.8$，并外掺AE减水剂时，则由JASS5的基准配合比所决定的坍落度量、粗骨料的实体积比以及单位用水量之间的关系示于图72-12中，若把对全国各地的实例示于图中，便可看出双方是比较吻合的。特别是最近，有的工厂采用了碎石砂已增加了单位用水量。在土建施工中，通过试配搅拌来确定细骨料率S/a时是以能获得所需要的和易性为限度尽可能减少其单位用水量的。在这种情况下，是以表72-26所列数值为参考来先定单位用水量、s/a单位细骨料容积，并根据试验结果，运用补偿值参考表以修正标准配合比。筑路混凝土可遵照表72-29。

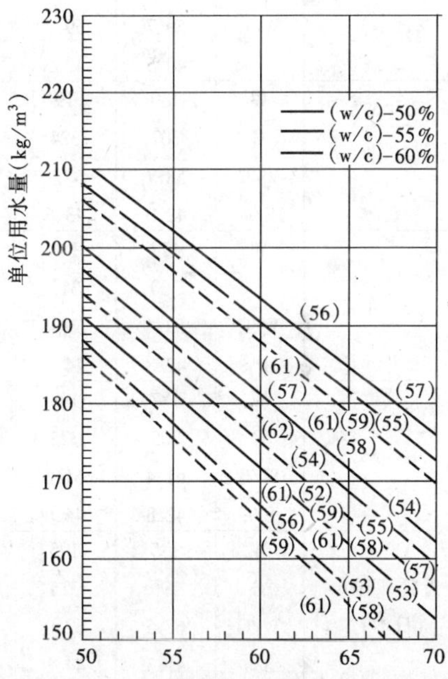

图72-12　掺用AE减水剂混凝土的单位用水量与粗骨料实体积比的关系

（粗骨料的最大尺寸25mm，细骨料的细度模数为2.8）

另外，若根据单位粗骨料容积判断时，砂子的细度模数每增加（减小）0.1，单位粗骨料容积便减小（增加）1%。

确定混凝土品种、水灰比和强度间关系式的文献 **表 72-25**

NO	混凝土品种与文献名	
1	混凝土配合比的设计、配合比管理、质量检验指南草案、草案说明	日本建筑学会 1976 年 2 月
2	混凝土表面活性剂使用指南草案、草案说明	日本建筑学会 1978 年 2 月
3	轻混凝土配合比的设计、施工指南草案、草案说明	日本建筑学会 1978 年 2 月
4	混凝土冬季施工指南草案、草案说明	日本建筑学会 1978 年 2 月
5	矿渣混凝土配合比设计和施工指南草案、草案说明	日本建筑学会 1978 年 2 月
6	粉煤灰混凝土配合比设计和施工指南草案、草案说明	日本建筑学会 1978 年 2 月
7	膨胀混凝土配合比设计、施工指南草案、草案说明	日本建筑学会 1978 年 2 月
8	矿渣碎石混凝土指南草案、草案说明	日本建筑学会 1978 年 2 月
9	特快硬波特兰水泥混凝土配合比设计、施工指南草案、草案说明	日本建筑学会 1976 年 2 月
10	预拌混凝土厂质量管理参考手册	全国预拌混凝土行业合作公会联合会 1975 年 12 月
11	混凝土技术要点 78	日本混凝土工程协会 1978 年 9 月

掺用 AE 剂、AE 减水剂时混凝土的变化率（%） **表 72-26**

混凝土类别		空	白		掺用 AE 剂			掺用 AE 减水剂		
坍落度		15cm	18cm	21cm	15cm	18cm	21cm	15cm	18cm	21cm
北海道（日本）	W	176	187	202	−7.9	−8.0	−7.9	−12.5	−12.8	−12.3
	C	295	313	338	0.0	0.0	0.0	−7.0	−6.7	−7.0
	W/C	59.7	59.7	59.7	−4.7	−4.7	−4.7	−3.6	−3.6	−3.6
	S/a	40.5	42.5	45.0	−1.4	−1.3	−1.3	−1.4	−1.1	−1.2
东　北	W	180	19	202	−7.7	−7.9	−7.9	−12.2	−12.1	−12.3
	C	307	324	344	+1.2	+1.2	+1.1	−6.5	−6.1	−6.3
	W/C	58.7	58.7	58.7	−5.3	−5.3	−5.3	−3.7	−3.7	−3.7
	S/a	42.0	43.6	45.2	−1.1	−1.1	−1.2	1.5	−0.9	−1.2
关　东	W	178	188	204	−7.5	−7.6	−7.7	−11.7	−11.7	−11.9
	C	300	317	343	−1.3	−1.2	−1.4	−7.9	−7.5	−8.1
	W/C	59.4	59.4	59.4	−3.5	−3.5	−3.5	−2.3	−2.3	−2.3
	S/a	42.8	44.5	46.4	−1.0	−1.1	−1.1	−1.1	−1.3	−1.0
中　部	W	187	198	211	−6.4	−7.0	−6.6	−12.8	−12.6	−12.3
	C	305	322	344	−0.3	−1.2	−1.4	−7.5	−7.7	−7.5
	W/C	61.4	61.4	61.4	−3.5	−3.5	−3.5	−3.4	−3.4	−3.4
	S/a	42.8	44.6	46.6	−1.0	−0.7	−0.4	−1.6	−1.5	−1.4
近畿·四国（日本）	W	185	195	211	−7.5	−7.7	−7.5	−11.2	−10.7	−10.8
	C	296	315	338	+1.6	+1.2	+1.2	−5.4	−6.1	−5.9
	W/C	62.5	62.0	62.5	−3.6	−3.6	−3.6	−1.7	−1.7	−1.7
	S/a	41.3	44.1	46.3	+0.5	−0.4	−0.1	+0.3	−0.4	−0.1
中　国*	W				192	200	213	187	196	210
	C	—	—	—	340	354	377	321	336	360
	W/C				56.5	56.5	56.5	58.3	58.3	58.3
	S/a				46.2	47.1	49.4	45.7	47.3	49.8
九　州（日本）	W	184	194	210	−7.6	−7.6	−7.6	−11.9	−11.8	−11.9
	C	303	320	346	−0.3	−0.6	−0.5	−7.9	−8.1	−8.6
	W/C	60.6	60.7	60.7	−1.0	−1.0	−1.0	−2.3	−2.3	−2.3
	S/a	42.7	44.5	46.8	−2.3	−1.6	−1.4	−1.9	+0.7	−1.0

注：中国系指砂和碎石混凝土的数据。

混凝土单位粗骨料容积、细骨料率和单位用水量的概略值（RC规范说明）　**表 72-27**

粗骨料的最大尺寸（mm）	单位粗骨料容积（%）	未掺AE剂的混凝土			AE混凝土				
					含气量（%）	掺用优质AE剂时		适当掺用优质减水剂时	
		截留空气（%）	细骨料率（s/a）（%）	单位和水量 W（kg）		细骨料率（s/a）（%）	单位和水量 W（kg）	细骨料率（s/a）（%）	单位用水量 W（kg）
15	53	2.5	49	190	7.0	46	170	47	160
20	61	2.0	45	185	6.0	42	165	43	155
25	66	1.5	41	175	5.0	37	155	38	145
40	72	1.2	36	165	4.5	33	145	34	135
50	75	1.0	33	155	4.0	30	135	31	125
80	81	0.5	31	140	3.5	28	120	29	110

注：1. 该表所列数值系指其骨料为普通粒度的砂子（细度模数2.08）和砾石、水灰比为0.55和坍落度约为8cm的混凝土。

2. 当所用材料或混凝土的质量与上条的规定条件不符时，则须把表72-27的数值按表72-28的规定予以修正。

条　件　修　正　值　**表 72-28**

区　　别	s/a（%）的修正	W（kg）的修正
当砂子的细度模数每增加（减少0.1）	增加（减小）0.5	不修正
坍落度每增加（减小）1cm	不修正	增加（减小）1.2%
含气量每增加（减小）1%	减小（增加）0.5~1	减小（增加）3%
水灰比每增加（减小）0.05	增加（减小）1	不修正
s/a每增加（减小）1%	—	增加（减小）1.5kg
采用碎石时	增加3~5	增加9~15
采用碎石砂时	增加2~3	增加6~9

筑路混凝土单位粗骨料容积与单位用水量参考表（筑路混凝土标准规范说明）**表 72-29**

此表数值适用于细度模数FM=2.80、沉降度为30s（坍落度约为2.5cm）的新拌AE混凝土（采用优质减水剂、含气量为4%）

粗骨料的最大尺寸（mm）	砾石混凝土		碎石混凝土	
	单位粗骨料容积（m^3）	单位用水量（kg/m^3）	单位粗骨料容积	单位用水量（kg）
40	0.76	115（135）	0.73	130（150）
30		120（140）		135（155）
25		125（145）		140（160）

（1）砾石中掺用碎石的单位用水量和单位粗骨料用量，是把表72-30数值视为直线变化予以求取的。

与上述条件不相吻合时的修正　**表 72-30**

条件的变化	单位粗骨料容积（m^3）	单位用水量（kg/m^3）
细骨料的 M_x 发生增减变化	单位粗骨料容积＝上述单位粗骨料容积×（$1.37-0.133M_x$）	不修正
沉降度增减10s	不修正	±2.5
含气量增减1%		±2.5

(2) 单位用水量与沉降度的关系，具有（log沉降度）—单位用水量为直线变化的关系，对应于沉降度10s时的单位用水量的变化如下：沉降度为30s时，为2.5kg，沉降度为50s时，为1.5kg，沉降度为80s时，为1kg。

(3) 若以坍落度每变化1cm时单位用水量的相应变化表示时，则单位用水量与坍落度之间的关系如下：坍落度为5cm时，用水量变化2kg；坍落度为2.5cm时，用水量变化4kg；坍落度为1cm时，用水量变化7kg。

(4) 单位用水量（ ）内所列数值，系指普通混凝土。

(5) 根据细骨料 M_x 值的增减来修正单位粗骨料容积的公式，适于细骨料 M_x 介于2.2～3.3之间时采用。

第四节 预拌混凝土厂址的选择

在一个城市中建设商品混凝土工厂，首先必须根据混凝土的需要量、骨料的来源、混凝土的供应半径等，有计划地选择建厂地址，同时还必须考虑如何防止对居民的干扰和环境保护等措施。

一、混凝土需要量的估算

应从某一地区的建设远景规划出发，根据相应的不动产建设计划和所采用的结构体系，估算出每个地区和工地的混凝土需要量，并促进预拌混凝土搅拌站网的合理布点。但是，由于许多项目还没有设计，只知道1个总数，所以必须把建筑工程量换算成混凝土量(m^3)。例如原东德OST建筑机械联合企业二厂1989年在制订1995年的发展规划，准备建设新的预拌混凝土搅拌厂时，就以100万马克的工程量（工业建筑）=1000m^3混凝土，来求出整个规划期间每个工地的混凝土需要量的。

我国预拌混凝土需用量的预测一般可分为近期（5年以内）、中期（5～10年）、远期（15年以上）3个时期进行。做到近远期结合，避免临时大建，过后大拆，需要时又重建，多次投资，大起大落。

在一个城市筹建永久性预拌厂，特别是大城市，应全面规划，合理布局，打破部门界限，实行统一管理，尽可能缩小供应半径，提高运输效率，避免相向和迂回运输，做到供应任务合理分工，保持长年均衡生产。如上海全市在上海建工局统一领导下成立上海预拌混凝土供应站，下设宝山、真如、江湾、浦东4个分站布局合理，经济效果较好，运输费和加工费成本比北京低。

二、粗细骨料来源

国外的预拌混凝土工厂，一般都有充足的骨料来源。由于厂址的选择和骨料的运输有密切的关系。因此，预拌混凝土工厂的贮料仓大多设置在靠近铁路的地方或建在河边，以减少骨料的运输费和卸料设备的投资费用。如法国在流经巴黎市中心的塞纳河两岸的48km范围内，就设置了约50家预拌混凝土工厂。其中10家是在巴黎市区范围之内，这些工厂所需的骨料和水泥绝大部分是通过河道由驳船运来的，巴黎使用的预拌混凝土，约80%是由4家主要的公司生产的，其中最大的一家是“巴黎预拌混凝土公司”。这家公司由1个年产100万t骨料的企业投资经营，该企业有200艘驳船，是欧洲最大的驳船队。这些驳船给设在塞纳河沿岸属于该企业的21个码头供料。“巴黎预拌混凝土公司”拥有20

家工厂，其中 4 家都设在塞纳河沿岸，其中一家竟设置在一艘驳船上。

三、选择合理的供应半径

在选择预拌混凝土工厂的厂址时，必须考虑它们在城市里的合理布局问题，这个问题和预拌混凝土工厂的供应半径有密切的关系。由一个集中搅拌站向许多工地供应混凝土，应特别注意：建设项目应包括哪一些工地，这些工地距离集中搅拌站有多远，而最重要的标准，则是确定经济的运输界限。有的国家把此界限规定为 5 ~ 20km。如遇到特殊情况，应考虑以下一些因素，进行单独计算。这些因素是：集中搅拌站的混凝土生产量，每个工地的混凝土需要量，生产价格，运输费用，集中搅拌站相对于工地搅拌站的运输费用，新鲜混凝土的运输费用，集中搅拌站相对于工地搅拌站的安装和拆卸费用等。

选择合理的运输半径的另一个重要原则是要把运输时间控制在混凝土的初凝以前，以保证混凝土得到及时和良好的浇捣，这取决于混凝土的配合比、水泥含量、气温、外加剂、运输车辆、道路和交通条件等许多因素。因此，确定一个固定不变的运距中时间来适应不同的情况，是不适宜的。例如英国预拌混凝土公司所属的技术中心只提出这样的规定："在一定情况下，混凝土必须在搅拌后尽快浇罐，但是，如果能使混凝土得到正常的浇灌和捣实，则延长时间也是容许的。"但是，为了便于掌握，在有些国家的规范中，还是规定了运输和浇灌的时间。例如瑞典和丹麦的规范都规定混凝土必须在搅拌开始后 90min 内浇灌。英国规范，搅拌车的卸料必须在水泥和湿骨料接触后 2h 内完成。日本规范规定，采有搅拌车时，从搅拌开始算起，应在一个半小时内卸料；采用翻斗卡车时，则应在搅拌开始后 1h 内卸料。美国材料试验协会 G94 ~ 47 中规定，如在运输过程中对混凝土加以搅动，则最长的运输时间不得超过 1 个半小时，如不加搅动，则不得超过 45min。美国工程师协会又规定，在 30℃以上的气温条件下，必须在 45min 之内卸料，卸料后必须在 15min 浇灌完毕。东德则根据运输车的种类，规定了供应半径；翻斗车为 15km，搅动车为 25km，搅拌车为 30km。

中小城市预拌混凝土供应半径，一般都不存在什么问题，城市规模不大，长、宽均在 20km 以内，一座预拌厂实行全方位供应平均运距仅 5 ~ 6km，不论技术上和经济上那方面都比较合理。常州预拌混凝土供应站，据 1983 年 1 ~ 5 月供应混凝土统计，平均运距为 4.86km，其中运距在 6km 以内的占 83%，最大运距（戚墅堰）仅约 15km，自卸汽车行驶 30 ~ 40min，也不至于影响质量，发生离析，出现初凝，坍落度减小、强度损失等现象。一般认为从投料到入模浇灌控制在 1.5h 内完成都是允许的，对于中小城市只要施工组织的好，计划周密都很容易满足这些要求。

当然，供应半径愈小，运输设备利用率愈高，运输愈省，经济效益就愈高。但若使用大型混凝土搅拌车，其装料及和现场卸料停歇一般每次都要半个小时左右，运距过短，运量也不可能增加太多。10km 以内，运输成本不会相关太大。如采用按运距分挡取费，（北京市规定 10km 以内 7 元/m^3，10 ~ 15km 为 9 元/m^3，15 ~ 20km 为 11 元/m^3，则就不一定是运距愈短，经济效益愈高。

中小城市筹建预拌厂选择厂址时，可按如下公式计算供应半径 R，其他条件基本相同时选择 R 最小的方案为最优。

供应半径 R 的计算公式：

$$R=\frac{\sum_{i=1}^{n}\beta_i X_i}{\sum_{i=1}^{n}\beta_i}\quad(\text{km})$$

式中　R——预拌厂平均供应半径（km）；

β_i——i 施工点需用混凝土预测量（m^3）；

X_i——i 施工点到预拌厂距离（km）；

$i=1$、2、3……n，施工点编号。

四、预拌混凝土工厂占地面积

国外预拌混凝土工厂的占地面积一般都不太大，平面布置一般都力求做到紧凑。

例如日本日工公司推荐采用该公司生产的搅拌装置（每 1h 产量为 50～260m^3 和 75～90m^3 两种）。其合理的平面布置是：皮带走廊和 5 个串列式骨料筒仓成直角。皮带走廊投影长度约为 52m，5 个骨料仓排列成一条直线，总长度为 33m。根据这样的布置。搅拌设备的工艺流程部分的占地面积约为 3 亩（办公室、辅助车间、洗车场、沉淀池等项的占地面积不包括在内）。表 72-31 列出了一些搅拌厂的占地面积，其中有的也比较紧凑。从这些例子中可以看出，凡是单一经营预拌混凝土的工厂，占地面积都比较小；如经营多种项目，则占地面积较大。

国外 8 个预拌混凝土工厂的占地面积和每 1h 的产量　　表 72-31

工　厂　名　称	占 地 面 积（亩）	每 1h 的产量（m^3）
英国东伦敦预拌混凝土工厂	10	138
美国圣地亚哥预拌混凝土工厂	13	153
日本小野田预拌混凝土工厂	32	73
日本名古屋预拌混凝土工厂	25.5	60～100
日本三重预拌混凝土工厂	17.3	50
美国德克萨斯州“G-H”号预拌混凝土工厂	48	230
美国弗罗里达州预拌混凝土和砌块厂	162	230（混凝土）2 万块/台班（砌块）
美国芝加哥预拌混凝土工厂	42	750

第五节　预拌混凝土工厂的类型

混凝土的生产，除去骨料和混合材料的采集和加工不计外，主要包括搅拌和运输两个部分。最初，预拌混凝土的生产沿用传统的方式：在工厂中用固定的配料和搅拌设备制备混凝土，然后用各种运输工具把搅拌好的混凝土运送到浇灌地点。随着机械加工工业的发展，出现了用汽车载运的搅拌机——搅拌车。人们发现，可以在工厂中配料，把配好的料投入搅拌机内，在运送途中搅拌制成混凝土，这样做可以缩短生产周期和减少混凝土在运输途中的离析。因而就出现了一种只计量、配料而不进行搅拌的计量站。有时，由于供应半径的限制，在固定式搅拌工厂（站）的服务半径所不及的地方，或者由于某些工程项目建在比较偏辟的地方或对混凝土的需求量不大，不必建立固定式搅拌站的地方，就可以建立可拆迁的移动式搅拌站。此外，由于工艺流程的不同，又可分为单阶和双阶搅拌站。但是，不论是集中搅拌站还是计量站，固定式搅拌站还是移动式搅拌站，单阶（高式）搅拌站还是双阶（低式）搅拌站，都各有其优点和不足之处。

一、计量站和集中搅拌站

计量站的做法是：在中心配料站把料配好，装入搅拌车中，然后，在运往施工现场的途中完成搅拌工序。采用这种生产方式的工厂比较简单、经济、规模可大可小，可以缩短生产周期，减少混凝土在运送途中的离析。计量站可以设计成移动式的，也可以根据需要设置在现场附近。随着泵送混凝土浇灌技术的发展，对混凝土的流动度和均匀性有较高的要求，采用搅拌车（在运输途中）拌制的混凝土显得更为有利，搅拌车一般装有所需的搅拌用水，以保证混凝土的质量。混凝土的质量只受计量站能调动的搅拌车数量的限制。目前，世界各地75%以上的预拌混凝土都是采用经计量站计量、配料，用搅拌车在行车途中拌制完成的。

集中搅拌站的做法是：配料和搅拌都在中心搅拌站里进行，然后把搅拌好的混凝土用各种运输工具运往施工现场。当然，建立集中搅拌站要付出更大的投资，增加工厂的占地面积，但是，可以对混凝土的质量更好的加以控制。混凝土能搅拌得更加均匀，在坍落度低的情况下更是如此，混凝土在出厂前可以进行质量检验，在运输过程中减少搅拌车的磨损，只要对混凝土加以搅动就行。而且，根据需要与可能，在选择运输工具（搅拌车或非搅拌车）时，具有较大的机动性。此外，一辆搅拌车在装湿料时，可以比干料多装50%。

美国在20世纪30年代以后，因为有了比较有效的搅拌车，绝大部分预拌混凝土工厂都是计量站式的工厂。但是，近10年来，由于对混凝土的质量要求越来越高了，集中搅拌站显然具有较大的优越性，因而集中搅拌站的百分比又有了上升的趋势。1966年，美国预拌混凝土工厂采用集中搅拌站式的占15%，到1977年，增加到27%，在此10年中，计量站的工厂则由83%下降为71%。

除了在计量站计量、配料，用搅拌车边运边搅拌和集中搅拌站搅拌，然后用各种运输工具运往施工现场这两种生产预拌混凝土的方式以外，又出现了一种袋装预拌混凝土。其实，袋装的并不是混凝土，而是在工厂里按不同的配合比配好装袋的干骨料和水泥，并在袋上标明不同配合比所需的用水量。这种袋装材料适用于混凝土用量小的工程或搅拌车进不去的小现场。

二、固定式搅拌厂和移动式搅拌站

比较大型的搅拌厂通常都是固定的。近年来，在搅拌厂的设计方面，一个普遍受到重视的问题是如何缩短其安装时间。先进的搅拌厂大多是根据单元组合的原则进行设计的。有些厂商，根据不同产量的要求，制造出系列化的搅拌装置。但是，由于大型集中搅拌厂的一次投资大，加之运输混凝土所花的能源费用，使得小型的设备在施工现场附近的移动式搅拌站（拖车式或自行式的），在设备的选择上具有更大的吸引力。根据1974~1975年的统计，美国约有12%的搅拌厂是移动式的。在过去没有搅拌厂的地方，或在混凝土需要量大的施工现场，往往设置移动式搅拌站。目前，有许多移动式搅拌站用固定式搅拌厂的设备一样现代化，一样能生产高质量的混凝土，它的产量可大可小，一个8h工作日平均可生产300~900m^3的混凝土。移动式搅拌站的上料、称量和出料等工序大多数也实现了自动化。当然，也有半自动化和用人工操作的。这种搅拌站一般都设计得易于装、拆，并能用卡车运到或拖到别的工地去。

三、单阶搅拌站和双阶搅拌站

过去一个时期，现代化的新厂，一般都采用单阶（高式）搅拌站，即把骨料的贮料仓设置在搅拌设备的上方，称料装置设在料仓的下方。根据重力作用，材料能自动落入称量装置，经称量后，再将料卸入搅拌机或搅拌车进行搅拌。这种方案的主要优点是材料只经一次提升，可以节约时间，提高生产效率。但是，这种搅拌站的结构较高，投资较大。双阶（低式）搅拌站：骨料的贮料仓（或贮料斗）同搅拌设备大体是设置在一个水平面上。骨料经提升输入贮料仓（或贮料斗），在料仓下进行称量，然后再次提升，输入搅拌机。这种方案的优点是：(1) 在地震区或考虑风荷载的地方，可以简化搅拌站的结构，因而可以节约投资；(2) 降低了高度，平面布置灵活；(3) 从称量装置到上料斜槽的运输皮带很容易延伸；(4) 即使在工厂区，也易为邻近的工厂所接受。

第六节　从搅拌站到施工现场混凝土运输

新浇筑混凝土的运输是预拌混凝土生产环节中的一个重要组成部分。在预拌混凝土的整个生产过程中，除了计量、搅拌等一整套设备外，还需要把混凝土运往使用地点的运输工具，不同的运输方式，所选用的运输工具也不相同，而最常使用的运输工具是混凝土搅拌车，在某些情况下也可使用自卸汽车等。

一、运输搅拌车分类

混凝土运输搅拌车，简称搅拌车或罐车。

（一）按用途可分为：

按用途运输搅拌车可分为：

(1) 用以运送拌合好的、质量符合施工要求的混凝土拌合物（通称湿料）。在运送途中，拌筒进行低速转动（1～4r/min），以防止混凝土离析和与筒壁粘结。因此，在国外有人称承担这种任务的运输搅拌车为搅拌车。

(2) 用以装运在配料站里按设计配合比配合好的干混合料（水泥、砂、石子混合物），在将要到达施工地点时，按要求在搅拌筒中注入定量拌合水，并使搅拌筒按搅拌机的标准速度转动，在路途中完成搅拌全过程（加水后搅拌筒总转数不少于50r），待到达工地后立即反转卸料浇注入模或通过混凝土泵注入模板，此即通常所谓干料搅拌车。

(3) 用以运送半干料（即在配料站里按设计配合比混合好的水泥、砂、石子及部分拌合水的拌合物），在运送途中，搅拌筒以低速转动，同时在筒中补充注入不足的拌合水，待搅拌筒总转数达到70～100r时，便可认为完成了搅拌全过程。后两种工况主要适用于运距大、浇注作业面分散的工程，以避免由于运输时间过长所带来的不利影响。其构造与前者并无重要差别，只是水箱容量适当增大而已。

（二）按搅拌筒大小分类

按搅拌筒公称量大小而言，混凝土运输搅拌车可区分为2m^3、2.5m^3、4m^3、5m^3、6m^3、7m^3、8m^3、9m^3、10m^3、12m^3等10个档次。相对于搅拌筒的几何容积来说，混凝土料的充盈率一般为55%～60%。

1. 轻型运输搅拌车

通常，2.5m^3以下者列为轻型，由翻斗车或普通载重卡车为底盘改装而成。

2. 中型运输搅拌车

4～6m^3 者属于中型，由重型载重卡车为底盘改装成。8m^3 以上者为重型混凝土运输搅拌车，由大功率三轴式重型卡车为底盘制成。

3. 重型运输搅拌车

半挂式混凝土运输搅拌车的公称容量均在 8m^3 以上，属于重型搅拌车，以 40t 以上的半挂车为底盘制成，其车头是大功率双轴或三轴式牵引车。

（三）运输搅拌车变形产品

近 10 年来，为增加混凝土运输搅拌车的功能，以扩大使用范围，国外一些生产厂家相继推出了一些变形产品：

（1）装有皮带输送机的混凝土运输搅拌车，皮带输送机的带长 10m，带宽 400mm，可仰 27°，也可回转 270°，升运高度为 6m。

（2）附装有混凝土泵和折叠式臂架布料杆的混凝土运输搅拌车，布料杆的最大工作高度达 23m。

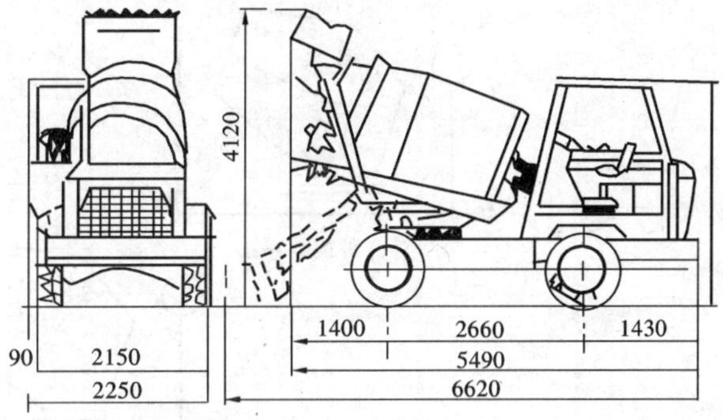

图 72-13　配备有装料铲的轻型混凝土运输搅拌车示意图

（3）配备有装料铲的轻型混凝土运输搅拌车，可自行集运并装入各组成材料，在运输路程中可自动往搅拌筒内注入拌合水并完成搅拌全过程，如图 72-13 所示。

我国目前生产的主要是以 TATRA815 型载重卡车为底盘改制而成的 6m^3 混凝土运输搅拌车，是一种经济效益较好的车型，其合理极限运距为 20km。

二、运输搅拌车构造

混凝土运输搅拌车主要由底架、搅拌筒（拌筒）、发动机、静液驱动系统、加水系统、装（进）料及卸（出）料系统、卸料溜槽、卸料振捣器、操作平台、操纵系统及防护设备组成。搅拌筒是运输搅拌车的核心，现今各式搅拌车的搅拌筒均是斜卧式，其轴线倾斜为 15°～18°。筒体中段为圆柱形，两端是圆锥形，分别用厚 4.5～5mm 薄钢板制成，进料斗则用厚 3.5mm 薄钢板制作。筒底端承受轴向力、水平力及扭矩，故采用双层拱形结构，以增强刚度，筒内焊装有对数曲线压型螺旋形搅拌叶片，叶片用厚 4.5～5mm 耐磨及耐腐蚀高强度低合金钢板制作。近年来国外混凝土运输搅拌车生产厂家致力于搅拌筒设计的改进，以提高混凝土运输搅拌车的效能。

（一）搅拌筒类型

大致说来，国外厂家开发的搅拌筒基本上有下列五种型式，如图 72-14 所示。

第 1 种型式是一种应用较为普遍的构造型式，清洗用水和运输途中视需要补充加入的拌合水，均由搅拌筒头部进料口处注入筒内。

第 2 种型式的主要特点是可由筒底端注入补加的拌合用水。

第 3 种搅拌系统的特点是，在拌筒底部另装有一套搅拌装置，用以强化搅拌作用，补加的拌合用水仍由拌筒头部进料口注入。

第 4 种搅拌系统的特点是，在拌筒底部装有振动装置，用以便利装料和加速完成装料

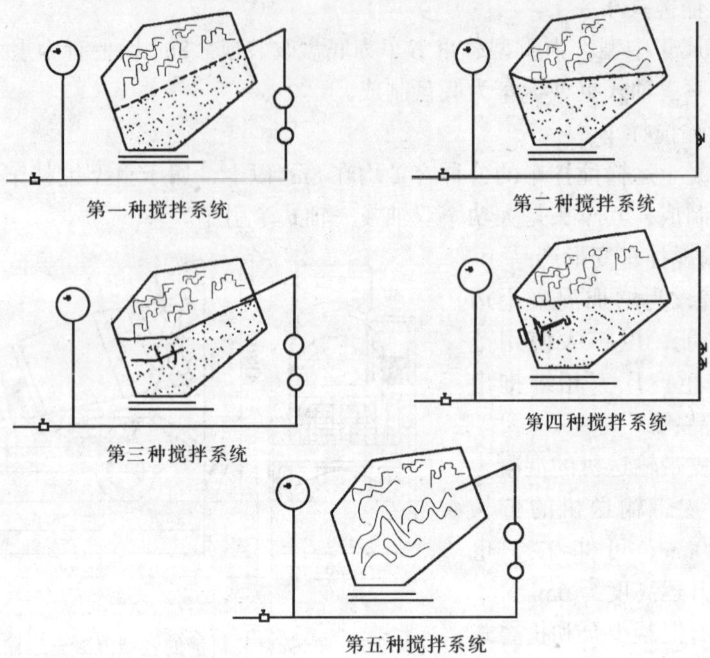

图 72-14　5 种不同搅拌系统构造示意图

初期的搅拌混合过程。筒底端设有注水装置，补加的拌合用水既可由筒底端注入，也可由筒头部进料口加入。

第 5 种搅拌系统的特点是，在搅拌筒内部除一般拌筒所共有的焊接于筒壁上的外层螺旋形搅拌叶片外，还利用内部空间装设两道相互成 180°的内层螺旋形搅拌叶片，叶片上附装有压力水管及喷水嘴。外层螺旋形叶片的作用是搅动干料并将其输送到筒部，而内层与之相对称的螺旋形叶片的作用是搅动干料并将其输送到筒底部，并在此过程中通过叶片背面上的一些压力喷水嘴将拌合用水均匀地喷洒在混合料上，从而保证混凝土在拌筒的各个部位均能得到很好的拌合。这种搅拌系统显然特别适合于装运干料和半干料并在运输途中完成搅拌全过程。

在以上 5 种搅拌系统中，除第 4 种型式因拌筒底部设有振动装置，也可在拌筒处于静止状态装料外，其他四种搅拌系统均为拌筒正转装料、反转卸料。卸出来的混凝土拌合物通过漏斗和可转向的溜槽输送到各浇注部位。漏斗和溜槽均用耐磨钢板制作，并喷涂以特殊塑料以减小磨损。

（二）搅拌筒驱动方式

搅拌筒的驱动方式可概分为四种，如图 72-15 所示。

（1）以载重卡车发动机为动力源，由汽车发动机前端取力。发动机曲轴前端直接通过联轴节带动变量轴向柱塞油泵，柱塞泵以高压油驱动柱塞马达，再经由行星传动带动搅拌筒转动。这种方式应用最广，特点是构造简单，出力大，灵活可靠，耐用和维修方便。此外，采用这种方式还可压缩搅拌筒与汽车驾驶室之间的空间，使搅拌筒的重心略向前移，汽车轴荷载的分布可更趋合理。

（2）以载重卡车发动机为动力源，但由发动机后方飞轮轴端取力，通过联轴节驱动变量柱塞油泵，并进而驱动柱塞油马达经由行星传动以带动搅拌筒转动。这种方式的特点是构造较为简单，布置紧凑，但效果不如前者好。

(3) 以载重卡车发动机为动力源，但由发动机后端取力，通过分动箱、离合器以带动变量轴向柱塞油泵和柱塞油马达，再通过行星而带动搅拌筒转动，这种方案构造复杂，离合器磨损大，效益差，不如第2种方案，不适合容量大的搅拌车使用。

(4) 以专用发动机为动力源，优点是构造简单，不受汽车底盘发动机制约，便于保证商品混凝土的运输和搅拌质量。因此，虽然有造价较高、燃油量增加、运营费用稍大等缺点，仍然受到用户的重视。有些国产 $6m^3$ 混凝土运输搅拌车就采用这种驱动方式，显然，这种驱动方式对半挂式混凝土运输搅拌车是比较适宜的。

混凝土运输搅拌车的供水系统有两种做法：一种是离心水泵供水系统，一种是压力水箱供水系统，以后者应用较为普遍。压力水箱供水系统的原理是：利用载重卡车气路系统中的储气筒内的压缩空气通过截止阀、安全阀引入密闭的压力水箱中。水箱中的水在压力作用下，通过截止阀水管、喷嘴而注入拌筒内。压力水箱容量视运输搅拌车用途而定，一般为450～600L，如只供应清洗用水，水箱容量可减为200～300L，离心水泵的压力为0.35MPa。

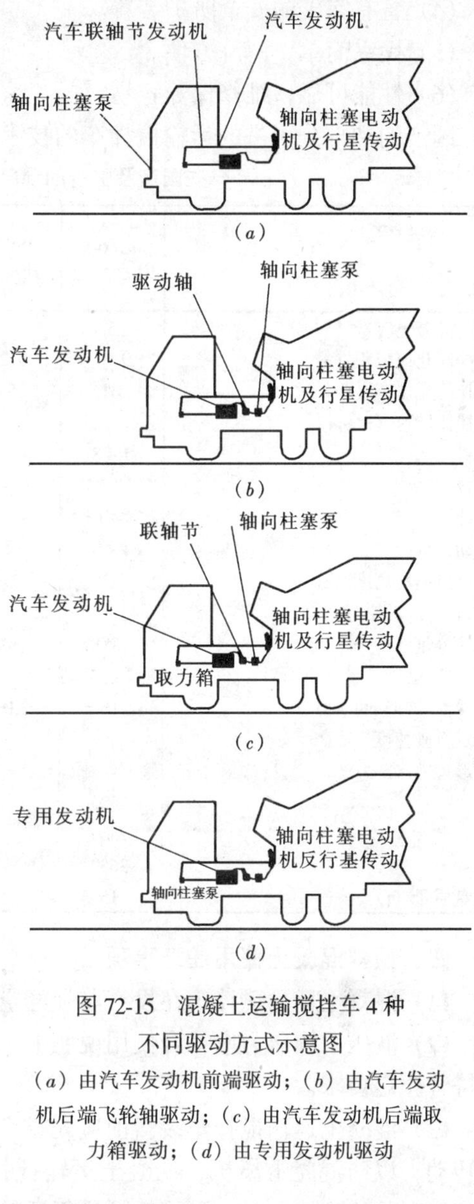

图72-15 混凝土运输搅拌车4种不同驱动方式示意图

(*a*) 由汽车发动机前端驱动；(*b*) 由汽车发动机后端飞轮轴驱动；(*c*) 由汽车发动机后端取力箱驱动；(*d*) 由专用发动机驱动

三、运输搅拌车的选用原则

在商品混凝土机械设备总投资中，混凝土搅拌车的购置费用所占份额甚大，因此不能不慎加选用。除考虑一次性投资多少之外，还必须注意考察运输搅拌车的构造性能、制造质量、可靠性和使用寿命，以及维修与备件供应等，在考察运输搅拌车构造性能时，必须认真注意以下各点：

(1) 装、卸料迅速，以利提高生产效率。$6m^3$ 运输搅拌车的装料时间40～60s，卸料时间90～180s，搅拌筒头端开口宽度应大于1050mm，卸料溜槽宽度应大于450mm。

(2) 运输搅拌车的装料高度应低于集中搅拌站出料漏斗的卸料高度。

(3) 搅拌筒的筒壁及搅拌叶片必须用耐磨和耐腐蚀的优质低合金钢材制作，并要有适当的厚度。

(4) 备有完善的安全防护装置。

(5) 操纵简单，清洗方便。

(6) 性能可靠，维修保养容易。

国产的和部分引进的运输搅拌车的技术性能见表 72-32。

一些国产及引进的混凝土运输搅拌车技术性能表 **表 72-32**

型　号	JC6 北京城建	TSCJ-6 唐　山	JCD6A 湖南浦沅	AMS365 捷克	AM6FH 德国 STETTER	MR45	NTO-500C 日　本
额定混凝土容量（m^3）	6	6	6	4.5	6	6	6
搅拌筒几何容积（m^3）	9.31	9.24	9	10.35	10.115	8.9	8.9
搅拌筒充盈率（%）	64	65	66	43	59	67	67
搅拌筒转速（r/min）							
装料	1~8					1~10	2~16
卸料	1~14	14~8	0~16	4~12.5	0~14	1~10	2~16
搅拌	8~12					6~10	8~11
搅动	1~3					0.6~4	1~3
装料口离地高度（m）	3.7	3.7		3.5	3.78	3.45	3.61
出料速度（s/m^3）	40~50		60			25~40	
水箱容量（L）	300	300		700	450/650	200	200
给水方式	气动、电动					电动	电动
搅拌筒轴倾斜角（°）	16	18		15	15	16	16
额定行驶速度（km/h）				60	60		40
外形尺寸（mm）							
长	8620				5370	7780	8770
宽	2500				2290	2490	2450
高	3650				3390	3650~3730	3390
底盘质量（t）	15	15	15	15	15	10~12	10~12

四、预拌混凝土使用注意事项

(1) 混凝土运输搅拌车在投产前须经空车和负荷运转，待检验合格后方可交付使用。

(2) 液压系统压力应符合使用说明书中的规定，不得任意调整。液压油的油质和油量应符合原定要求。

(3) 混凝土运输搅拌车装料前应先排净拌筒内残存的积水和杂物。在运输过程不得停止转动，以防混凝土离析。混凝土运输搅拌车在到达工地和卸料之前，应先使拌筒全速14~18r/min 转动 1~2min，然后再进行反转卸料。反转之前，应使拌筒停稳不转。

(4) 环境温度高于 +25℃，从装料、运输到卸料延续时间一般不得超过 60min；环境温度低于 +25℃时，上述时间不得超过 90min。

(5) 冬期施工时，应切实做到：开机前，检查水泵结冰；下班时，认真排除筒内及供水系统内的残存积水，关闭水泵开关，将控制手柄置于“搅拌、出料”位置。

(6) 在施工现场卸料完毕后，应立即用搅拌车随带的软管洗装料口、出料漏斗及卸料溜槽等处，清除粘附在车身各处的污泥及混凝土。在返回搅拌站途中，应向拌筒内注水150~200L 以清洗筒壁及叶片上粘结的混凝土残渣。

(7) 每天工作班结束后，司机应负责向拌筒内注入清水并高速（14~18r/min）转动 5~10min，然后将水排去，以保证筒内清洁。用高压水清洗搅拌车各部分时应注意避开仪表及操纵杆等部位。压力水喷嘴与车身油漆表面的距离不得小于40cm。

（8）在清除搅拌筒内外积污及残存的混凝土渣块时，以及在机修人员进入筒内进行检修和焊补作业时，须先关闭汽车发动机，使拌筒完全停止转动。在检修人员进入拌筒内工作期间，必须保证拌筒内通风良好，空气新鲜，无可燃气体及有害灰尘，氧气供应充足（不得使用纯氧）。在筒内使用电动工具操作时，操作人员必须有良好的绝缘保护。

（9）工作时，不得将手伸入旋转中的搅拌筒内，严禁将手伸入主卸料溜槽和接长卸料溜槽的连接部位，以免发生事故。

（10）应定期检查搅拌叶片磨损情况并及时进行修补和换新。

（11）严格贯彻各项有关安全操作的规定。

（12）混凝土运输搅拌车司机必须经过专业培训，无合格证者不得上岗操作。

第七节　施工现场的混凝土运输

一、施工现场混凝土主要运输方法

（1）在施工现场将混凝土拌合物输送至成型工地浇灌入模，最重要的是保持混凝土拌合物的均匀性，避免分层离析。

为了避免分层离析，必须慎重确定运输方法。运输方法的确定与运输距离有密切的关系。在混凝土构件厂，输送距离一般为几十米或几百米。在运输过程中应注意以下几方面：

①应以最快的速度将拌合物输送至成型地点并浇灌入模，其时间不得超过混凝土初凝时间，混凝土运输延续时间应遵守有关规定；

②在寒冷、炎热或大风等气候条件下，输送拌合物时应采取有效的保温、防热、防雨、防风等措施；

③采用车辆运输时，应力求道路平坦，行车平稳，以免发生严重分层离析现象。如发生分层离析，则应在浇灌入模前进行二次搅拌；

④转运次数不宜过多，垂直运输时，自由落差不得超过2m，否则应加设分级溜、溜槽、减少落差，避免或减少分层离析。混凝土卸料溜管，倾角不得小于60°；卸料槽的倾角不得小于55°。

（2）混凝土运输设备很多，选用时需满足下列要求：

①混凝土运输设备的容量必须根据搅拌机容量和混凝土贮料斗的容量来确定，并应大于它们的容量，一般取整数倍；

②混凝土运输设备必须保证混凝土运输过程中不漏浆、不分层离析；

③运输设备的接料周期必须考虑搅拌机的搅拌周期和满足工艺需要。

（3）施工现场中的混凝土的主要运输方法见表72-33。混凝土构件厂常用的运输设备有：独轮手推车（适用于运距30～50m）、双轮架子车（适用于运距100～300m）、窄轨翻斗车（适用于远距300～500m）、机动翻斗车（适用于运距500～1000m），此外还可以采用浇灌机、自卸汽车等。

（4）采用泵送混凝土可以加快施工进度，施工费用约降低20%～30%，可使普通混凝土的强度提高约14%，即间接可以节约水泥，并可节约劳动力。目前，国外承包企业的发展倾向是不断扩大分包业务，商品混凝土生产商在很多情况下也参与了混凝土的浇灌工作。因此，用泵来浇灌混凝土就成为预拌混凝土生产的一个服务性部门。如原西德预拌混凝土之所以得到很快的发展，其部分原因就是由于采用了泵送混凝土。资料介绍，仅1966年到1972年，其采用泵送混凝土的比例就由0.5%提高到20%。

前苏联和东欧国家，泵送混凝土有普遍发展的趋势，参见表72-34。

一般建筑施工现场混凝土的运输方法　　　表72-33

运输机械	运输方向	运　距（m）	运送量（m^3）	坍落度（cm）	动　力	适用场所	附　注
混凝土泵	水　平 垂　直	水平～500 垂直～100	20～85	8～21	发动机	高处远距离	常用于流动度较大的混凝土的建筑工程
混凝土塔架	垂　直	10～120	0.6～1.0	12～21	电　力	高处运输	用泵皮带机等分担水平运输时15～10m/h
爬升式起重机	垂　直	300	0.6～1.1	12～21	电　动	超高层工程	同上
吊　罐	水　平 垂　直	10～50	每罐 0.5～1.0	8～21	吊车	一般	由于混凝土分离较小所以适宜场内运输
纵向斜槽	垂　直	5～15	每1h 10～40	12～21	重　力	浇灌地下钢筋混凝土	容易分离
斜溜槽		2～6		12～21	重　力	建造简易	分离较大
皮带运输机	水　平	5～100	每1h 10～30	小于10	发　动	重混凝土	容易分离
混凝土导管	垂　直	10～30	每1h 10～40	13～18	重　力	水平混凝土	因不能捣固、故要求流动性较大

前苏联和东欧国家泵送混凝土发展现状（%）　　　表72-34

浇灌方式	保加利亚		匈牙利		民主德国		罗马尼亚		前苏联		捷　克	
	1980年	1985年	1980年	1985年	1980年	1985年	1980年	1985年	1980年	1985年	1980年	1985年
泵　送	15	30	35	45	18	40	20	40	3	15	20	30
吊　斗	30	45	42	40	20	15	50	33	90	70	35	25
浇灌车	5	12	15	10	40	40	20	20	3	5	40	40
其他方法	50	13	8	5	22	5	10	7	4	10	5	5

二、混凝土泵送方式

泵送混凝土是通过专用混凝土输送泵和管道靠泵压力将混凝土直接输送到灌筑地点，一次完成水平和垂直运输的一种高效混凝土输送技术。泵送混凝土目前输送能力为：水平距离可达到400～600m，垂直高度可达60～110m，最大输送量达90m^3/h。不仅适用于需要量大、质量要求高的大型设备基础、水利、港湾、桥梁等工程的混凝土施工，同时也适用于高层建筑的施工，特别对一些工作面狭小、现场地形复杂，如地下工程和隧洞等有独到的优越性。它的较高的技术经济效益，是当前发展较快的一种混凝土输送技术。泵送混凝土技术具有施工省力、现场临时设施少、操作方便、浇灌范围大、适应性较强、工效高等优点，我国70年代已在一些重点工程中开始使用，近年来更有较大的发展，如宝钢等重点工程均大规模地采用了泵送混凝土技术，并取得了较好的效果。

（一）原材料及配合比

配合比除满足一般混凝土要求外，还必须满足其可泵性。泵送混凝土不得使用快凝水泥，初凝时间不小于1h，含气量宜小于3%，为节约水泥，混凝土强度等级小于或等于C15时，不宜采用泵送混凝土。

1. 粗骨料

按几何学可知，输送管直径必须大于粗骨料最大粒径的2.23倍。美、英、日等国家最大粗骨料尺寸规定为40cm。

施工中，0.5~2.0cm粗骨料宜用ϕ100mm管输送；0.5~4cm碎石宜用ϕ150mm管输送0.5~4cm卵石宜用ϕ125mm管输送。为防止堵管，禁止使用含有超过40mm粒径的骨料，粗骨料级配要均匀，符合筛分曲线要求。

2. 细骨料

日本与宝钢的经验：通过0.3mm筛孔的砂为15%~10%，不得小于3%。微粒过多，混凝土黏性增大，也会影响可泵性。

细度模数，美国为2.4~3.0；日本为2.6~2.8；宝钢为2.39。不宜低于2.0，砂子要全部过筛。

砂率，我国规程规定宜控制在40%~50%；用特细砂配制泵送混凝土，需试配及做可泵性试验，再确定其砂率和混凝土坍落度。也可掺一定比例的石屑，改善砂子级配，一般泵送混凝土的砂率比塑性混凝土大2%~5%。

3. 混凝土坍落度

我国规定：泵送混凝土坍落度宜为8~18cm；宝钢控制在11~13cm；武钢多用8~18cm；澳大利亚为6~10cm；美国为5~15cm。

根据施工实践中体会，泵送混凝土坍落度宜控制在8~14cm，变动值控制在15%内。当坍落度大于15cm时，混凝土易出现离析，石子与水泥浆分离，导致堵管；小于5cm坍落度的混凝土难于泵送。

泵送混凝土出罐时坍落度计算：

当大气温度为高温（30~40℃）时坍落度的计算公式：

$$T_g = T_c \cdot X^{-2}(1 + K)$$

当气温在常温或低于常温（1~23℃）时坍落度的计算公式：

$$T_g = T_c \cdot X^{-3/2}(1 + K)$$

式中　T_g——混凝土泵送完时要求的坍落度（cm）；

T_c——混凝土出罐时的坍落度（cm）；

$X = C + 1 \geqslant 1$；

C——混凝土出罐到泵送的时间（h）；

K——水泥品种差异系数（普通水泥$K=0$；矿渣水泥$K=0.2$；普通水泥掺粉煤灰$K=0.2$；矿渣水泥掺粉煤灰$K=0.4$）。

4. 水泥

最小水泥用量，主要是考虑混凝土泵送过程与输送管管壁间形成泵浆润滑层，减小摩阻力。普通泵送混凝土水泥用量的最小值参见表 72-35。

普通泵送混凝土水泥用量的最小值（kg/m^3）　　表 72-35

输送管尺寸（mm）			水平换算距离（m）		
ϕ100	ϕ125	ϕ150	小于 60	60~150	大于 150
300	290	280	280	290	300

水泥中外掺混合材料（如粉煤灰）对改善混凝土和易性，减少混凝土在输送管中的泌水及降低水泥的水化热均有显著效果。

5. 水灰比

一般水灰比控制在 0.50~0.90 之间，水灰比 0.45 为临界值。

6. 减水剂

减水剂可以增加混凝土的塑性，降低混凝土与输送管之间的摩阻力。通常用价格低廉的木钙减水剂，常用掺量为 0.25%。要选择对混凝土坍落度损失小，凝结时间较长，减水率大，泌水率小的减水剂。减水剂用沸水法掺入，可提高混凝土的流动性，与同掺法或先掺法相比较，可少用减水剂 1/3 左右。

7. 泵送混凝土配合比参考值

表 72-36 与表 72-37 系宝钢工程泵送大体积混凝土施工中，经试验室的混凝土配合比设计和现场泵送试验而拟定的参考配合比。

泵送混凝土参考配合比　　表 72-36

强度换算		碎石粒径	配合比参数			每 1m^3 混凝土用料（kg）					坍落度
日本 f_{28}	中国 f_{28}	（mm）	W/C	S/a（%）	$\frac{M-Ca}{C}$（%）	C	S	G	M－Ca	W	（cm）
150	188	5~40	0.715	44	0.25	268	854	1086	0.670	192	11~13
180	225	5~40	0.620	43	0.25	310	816	1082	0.775	192	11~13
210	263	5~40	0.548	42	0.25	350	780	1078	0.875	192	11~13
150	188	5~25	0.715	45	0.25	282	861	1055	0.705	202	11~13
180	225	5~25	0.620	44	0.25	326	825	1047	0.815	202	11~13
210	263	5~25	0.548	43	0.25	369	786	1043	0.922	202	11~13
利用 60d 强度											
f_{28}	f_{60}										
160	188	5~40	0.807	44	0.25	238	866	1104	0.595	192	11~13
191	225	5~40	0.707	43	0.25	271	834	1103	0.677	192	11~13
224	263	5~40	0.625	42	0.25	307	799	1102	0.767	192	11~13
160	188	5~25	0.807	45	0.25	250	876	1072	0.625	202	11~13
191	225	3~25	0.707	44	0.25	286	841	1071	0.720	202	11~13
224	263	5~25	0.625	43	0.25	323	806	1069	0.806	202	11~13

掺原状粉煤灰的泵送混凝土参考配合比　　表 72-37

标号换算		碎石粒径	配合比参数				每 1m^3 混凝土用料（kg）						坍落度
日本 f_{28}	中国 f_{28}	（mm）	$\frac{W}{C+F}$	S/a（%）	$\frac{F}{C+F}$	$\frac{M-Ca}{C}$（%）	C	S	G	M－Ca	F	W	（cm）
150	188	5~40	0.585	42	15	0.25	291	780	1078	0.855	51	200	11~13
180	225	5~40	0.521	41	15	0.25	326	745	1071	0.960	58	200	11~13
210	263	5~40	0.470	40	15	0.25	361	710	1065	1.062	64	200	11~13

续表

标号换算		碎石粒径（mm）	配合比参数				每 $1m^3$ 混凝土用料（kg）						坍落度（cm）
日本 f_{28}	中国 f_{28}		$\frac{W}{C+F}$	S/a（%）	$\frac{F}{C+F}$	$\frac{M-Ca}{C}$（%）	C	S	G	M－Ca	F	W	
150	188	5～25	0.585	42	15	0.25	305	770	1061	0.898	54	210	11～13
180	225	5～25	0.521	41	15	0.25	342	750	1037	1.007	61	210	11～13
210	263	5～25	0.470	40	15	0.25	379	715	1029	1.118	67	210	11～13
利用 60d 强度													
f_{28}	f_{60}												
160	188	5～40	0.646	42	15	0.25	263	794	1096	0.775	47	200	11～13
191	225	5～40	0.580	41	15	0.25	293	761	1094	0.862	52	200	11～13
224	263	5～40	0.524	40	15	0.25	325	726	1092	0.955	57	200	11～13
160	188	5～25	0.646	42	15	0.25	276	783	1082	0.812	49	210	11～12
191	225	5～25	0.580	42	15	0.25	308	768	1060	0.905	54	210	11～12
224	263	5～25	0.525	41	15	0.25	341	733	1056	1.003	60	210	11～12

注：1. 水泥（C）为 42.5 级上海吴松矿渣水泥。
2. 砂（S）为中砂，细度模数 2.278～2.389，含泥量 1.4%～1.8%。
3. 碎石（G）粒径为 5～40mm，5～25mm。
4. 减水剂为木质素磺酸钙（M-Ca）。
5. 粉煤灰（F）细度 24.8%～29%。
6. 水（W）为饮用水。
7. S/a（%）为砂率。

（三）泵送混凝土工艺

1. 配管

输送管压送混凝土，可作水平、向上或向下倾斜及垂直 4 个方向输送。其水平换算长度不得超过泵车额定压送距离。为安全起见，一般以 0.8 倍为定。输送管前端软布料范围 $R \leqslant 8m$。

输送管水平换算长度计算：

$$L = (L_1 + L_2 + \cdots\cdots) + k(h_1 + h_2 + \cdots\cdots) + fm + bn_1 + tn_2$$

式中　L_1、L_2——水平配管长度（m）；
h_1、h_2——垂直配管长度（m）；
m——软管长度（m）；
n_1——弯管个数；
n_2——锥形管个数；
b、t、k、f——分别为弯管、锥形管、每 1m 垂直管和软管的换算系数（可查表）。

各种输送管水平换算长度参考值参见表 72-38 和表 72-39。

臂架输送管水平换算长度　　　　**表 72-38**

臂加端部配管状态	臂架位置	水平长度换算		
		坍落度 5～10（cm）	坍落度 11～17（cm）	坍落度 18～23（cm）
125A×3m 对接软管	水　平	94	94	94
	45°（度）	109	115	118
	垂　直	109	116	121

各种输送管水平换算长度　　表 72-39

水平长度换算	单位	名义尺寸	坍落度 5~10（cm）	坍落度 11~17（cm）	坍落度 18~23（cm）
垂直管道（向上）	每 1m	100A	2	2.5	3
		125A	3	3.5	4
		150A	3.5	4.5	5.5
锥形管	每一根	175A→150A 150A→125A 125A→100A	3	3	3
弯　管	每 90°		4	4	4
柔性软管	每 1m		2	2	2

混凝土用布料杆直接布料，其前端软管长度与管径有关。泵车停放位置，距地面 20.8m 的空间不得有障碍物，以便吊杆打开或折叠。5 级风以上，严禁布料杆布料。当布料杆在高压线附近操作时，应有一定的相隔距离。

2. 输送管铺设

输送管沿地面铺设时，应在每节管的两端垫 50mm × 100mm 方木，以便装拆。向上或倾斜输送时，应搭设斜道铺设脚手板。垂直输送时，应把输送管固定在厂房的框架上或临时搭设的井架上与模板系统分开。

在同一管路上，尽可能使混凝土断面保持不变，弯管和锥形管尽量不用。

输送管的铺设，尽量避免交叉或弯折。除混凝土出口处，尽量不用软管。

输送管敷设后，必须进行耐压和送水试验。

夏季施工，应在输送管上覆盖两层湿草垫；冬季施工，输送管上应该采取保温措施。

3. 泵车现场布置原则

为使混凝土运输方便，离浇灌地点最近，便于配管，场地倾斜应小于 3°。几台泵车同时浇灌时，选定的位置使各自浇灌区尽可能同时浇灌完毕。如果泵送距离过长，以两台泵车接力输送极为有利。泵车位置应接近供水和排污设施处。

4. 泵送程序

混凝土泵送开始前，先用清水冲洗和湿润泵车料斗和输送管道。再在料斗中投入 1:2 的砂浆 0.5m^3 以润滑管道。砂浆灌到料斗后，随即卸入混凝土，再开始泵送。混凝土的供应量逐步增加，待泵送正常后，再提高到最大供应量。泵送要连续，当混凝土供不上时，减压慢送不得已才停泵，也要浇筑到适当位置。一般停泵不得超过 30~40min。

混凝土即将泵送完毕时，应预先估计到剩余混凝土量和管中混凝土体积，以便及时停止供料。利用清洗装置放 2~3 个充分渗入水泥浆的方形海绵于输送管中，用水清洗管或清洗空气道。将料斗和摆动阀中的混凝土掏干净，并用高压水冲洗。

5. 混凝土的浇灌

（1）灌注方法：

①分层浇灌法——用插入式振动器振捣，层厚为 40~50cm，间隔时间要小于水泥初

凝时间。

②侧推浇灌法——从一个浇灌区的某一端开始一直浇到顶部，然后顺次向其他部位推移。

（2）混凝土入模与振捣：用输送管或布料杆布料时，端部软管均匀移动，不允许将混凝土泵送成堆。水平分层浇注时，应先在模板边角垂直下料，而后再往中间布料。布口离浇灌面落差以 50～100cm 为宜。当落差大于 3m 时，可用引浆法，不得已采用串筒，应加设临时挡板控制石子下落方向，防止落料产生偏移。机械捣固时间以 15～30s 为宜，不得大于 30s，防止过振使砂浆浮升。浇注部位低处有积水，应及时排除，方可继续浇注混凝土。

6. 泵车台数

泵车台数（不包括备用数）计算公式：

$$N = \frac{Q_n}{Q_{max} \cdot n}$$

式中　Q_n——计划每 h 混凝土需要量（m^3/h）；

Q_{max}——泵车最大排出量（m^3/h）；

n——泵车作业系数，配筋不多，断面大的构件 $n=0.43$；大坍落度混凝土 $n=0.55$；中等坍落度混凝土 $n=0.41$。

7. 最大泵送量

最大泵送量的计算公式：

$$Q_{cp} = Q_{max} \cdot a \cdot E_t$$

式中　θ_{cp}——最大泵送量（m^3/h）；

E_t——作业效率，两台搅拌车供料时 $E_t=0.7$，一台搅拌车搅拌时 $E_t=0.5$；

a——作业条件系数。

（四）防止堵塞的方法

1. 配制可泵性良好的混凝土

设计泵送混凝土配合比应注意以下几点：

（1）水泥用量：应在满足设计要求的强度、抗渗和耐久性的前提下，考虑到混凝土的配制和泵送有无困难等因素进行选定，一般不能太少。根据宝钢泵送混凝土施工经验，水泥用量不要少于表 72-35 数值。

（2）坍落度不宜过小：工程实践表明，如混凝土拌合料较干，泵送时泵机缸体吸入状态不好，不能充满，效率低，泵送阻力也大；坍落度太大，容易离析，泵送时粗骨料容易在弯管或锥形处“卡住”造成堵塞。在考虑各种因素后，在施工中采用的标准坍落度为 12cm，这个数值以现场实测数据为准。

（3）选用级配良好的粗细骨料：粗骨料应尽可能接近中间级配，最大粒径应小于输送管径的 1/4。最大也不能超过 1/3。宝钢工地泵送施工中，粗骨料选用自然级配的碎石。当输送管直径为 125mm、150mm 时，用 5～40mm 碎石；直径为 ϕ100mm 时，用 5～25mm 碎石。砂的细度模数一般要求在 2.4～3.0，并有 15%～30%通过 0.3mm 筛孔，有 5%～10%通过 0.15mm 的筛孔。

（4）适当增大砂率：泵送时混凝土通过输送管特别是锥形管、弯管、软管时，颗粒间的相对位置要发生变化，此时如砂浆量不足就会发生堵塞，所以泵送混凝土配合比应适当增大砂率。但砂率过大又会影响混凝土强度，故以增大2%～5%为宜。宝钢工地泵送混凝土常用的砂率值在43%左右。

(5) 掺加粉煤灰和减水剂：掺粉煤灰对降低水泥水化热，改善混凝土的粘塑性有明显效果。掺木质素磺酸钙减水剂可明显推迟水泥水化热的释放速度，减低水化热峰值，延缓初凝时间，减少夏季施工时的坍落度损失。掺加上述外加材料，能明显改善混凝土的流动性，有利于泵送施工。

(6) 正确计量和充分拌合：如果计量不准，就不能保证合理配合比，搅拌不充分，即使有良好的配合比和优质材料也得不到优质混凝土。宝钢工地采用了大型自动化搅拌站和搅拌运输车制备和运输混凝土，设备配套，工艺先进，加上科学管理，保证了混凝土的质量。大型搅拌站砂石称量误差不超过2%，水泥、水、外加剂等称量误差均不超过1%。大型搅拌站能连续不断供应商品混凝土。搅拌运输车在运输途中可以边走边搅拌，有效地防止了混凝土的离析和泌水现象，对保证混凝土的质量和泵送混凝土的顺利进行起着重要作用。

各种材料对压送性的影响参见表72-40。

各种材料对压送性的影响　　表72-40

材料种类	空　气	水　泥	水	细骨料	粗骨料	混合材	外加剂
原材料	AE剂种类，气泡形状与分散状态	细度，化学组成，形成的保水性差别，风化程度	回收水（浆水浓度）	种类（天然或碎石），粒度模数Mx，形状，吸水率，密度，保水性，不纯物	种类，最大粒径，吸水率，密度，粒度模数Mx	粉煤灰，高炉矿渣粉，分离混合材（超微细粉），粉煤中不纯物	减水剂的牌号，流化剂的牌号
配合比及施工	空气量，运输条件	单位水泥量，单位水泥浆量，水灰比，搅拌程度，搅拌时间	单位水量，搅拌方法	S/a，微粉含量	s/a，运输中处理方法，粗粒筛除	添加量	添加量，涂加时间
影响压送性的因素	变形性的改善，利用空气压缩性的缓冲效果	流动特性，脱水特性，变形特性	流动特性，脱水特性，变形特性	流动特性，脱水特性，变形特性，成拱	变形特性	流动特性，脱水特性	流动特性，变形特性，脱水特性

2. 严格按规定操作

为防止泵送堵塞，在泵机操作上应该注意以下几点：

(1) 压送前先往料斗内倒入几筒清水洗润料斗及管道（用18L的水桶，倒水3～5次）；

(2) 先投入大约$0.5m^3$的水泥砂浆作为压送混凝土的前导，以润滑输送管道。水泥砂浆要根据管道长度不同而采用不同的水灰比。如配管实际长度在100m以内时可采用1:2的水泥砂浆，配管实际长度在150m以上时可采用1:1的水泥砂浆。

(3) 先压送富配合混凝土3～$6m^3$，此后正常压送。压送时要注意观察泵机的压力表和部机件的工作状态。开始运转时油泵转速要慢，并处于随时可能采取逆运转等措施的预备状态。当确认泵送可以正常进行后，方可以常速运行。

在开始正常压送时，若发现在Y型附近堵塞，应立即把“泵主机”的开关转换到“反转”上，使在Y型管处堵塞分离的混凝土逆流到料斗，把它重新搅拌一下再压送。

压送正常进行后就不要路途停止，遇有特殊情况，如混凝土供应不足时，宁可减低压送速度也要保持压送连续进行。因故一旦停泵而后又开始压送时，要注意泵机压力表变化，如缓慢上升，方可正常压送。若因故需停泵时间较长，也要每隔4~5min进行约4个行程的正转——反转的反复运行，以防混凝土在管道内离析。

(4) 压送完毕，可从进料口放入特制的锥形海绵塞和清理球，用水泵压水或用压缩空气把管道中的混凝土推挤出去。应注意海绵塞和清理球要完好无损，放置要严密。否则将因压力水串入使混凝土分离、石子停住而堵塞。

3. 在各种不利条件下压送应采取相应措施

例如，当采用45°下弯管往基坑泵送混凝土时，由于在下降管段处因自身质量荷载下落易出现孔隙和离析，开始压送时容易堵塞，因此正常压送前要适当多泵送一些水泥浆和富配合比混凝土，以润滑和填充下降管道，作为压送的先导，并用熟练工进行操作；在垂直向上往高处泵送混凝土时，由于混凝土因自身质量荷载下堕和水垂作用，对泵机阻力较大，易在泵口处堵管，所以在配管设计上应适当保留一段水平缓冲管；在泵送轻骨料混凝土时，由于轻骨料在压力作用下吸水而改变混凝土的稠度，易造成堵塞，故在施工前应对轻骨料进行浸泡吸水。

4. 设备配套和加强管理

由于泵送混凝土是机械化联动化生产方式，与以往手工作业不同，必须从原材料配比、搅拌、运输、泵送等各个环节加强管理，并使机械配套成龙才能发挥最好效能。一般单机单用（如只用泵车而没有搅拌运输车配套是不能顺利压送的。泵送施工一般都连续进行，必须认真做好机械设备的清洗和维修工作，这就需要配备认真负责、技术熟练的技工，同时要制订严格的科学管理制度和操作规程。只有技术和管理工作统一起来才能有好的效果。

5. 产生堵塞后采取的措施

(1) 堵塞部位的判断：

①料斗口堵塞　若液压系统动作正常，泵送压力较低，无异常噪音和振动，但料斗中料位不下降，出口端亦无混凝土排出。

②分配阀出口处堵塞　液压系统动作突然中断，并伴有异常和显著的振动，而且振动只发生在泵机本身。反泵后油压立即回升到最高压力，但混凝土回不到料斗。

③管道内堵塞　在推送混凝土冲程中，油压随冲程次数增加而逐步升高。同时泵机振动、而且管道亦有强烈振动和位移。反泵时能吸回部分混凝土，但正泵后只排出所吸入的混凝土，而继续堵塞。

确定堵塞部位一般有开泵检查和关泵检查两种方法。前者是用铁锤击管道，声音沉闷处为堵塞点，或管内发出刺耳尖叫声处为堵塞点。后者是从泵机出口处开始，放松第一节管接头，如有砂浆在压力下冒出，则夹紧此夹头。按此法顺序逐个检查接头，直到在压力下没有砂浆冒出来处，则可判断堵塞发生在这个和前一个接头之间。

（2）堵塞的排除法：

堵塞一般分初期堵塞和后期堵塞。必须及时判断初期堵塞并加以排除。

①如判断是进料口堵塞，则采取反泵措施利用混凝土的逆流来破坏起拱部分，再将泵回料斗的混凝土重新搅拌均匀，再恢复正泵进行泵送。若特大料块堵住进料口，反泵亦无计于事，必须用人工加以剔除和捣碎。

②如判断为排料口堵塞，可倒入 10～30L 灰浆，再反复进行正反泵操作。如还不能排除，则必须拆除首道端管，用人工清除排料口的堵塞物。

③如判断为管道堵塞，对于初期堵塞应及时反复数次正反泵加以排除。如无效，则可按上述方法判断出堵塞部位，用人工清除。

若由于操作不当或判断不及时，使堵塞延误了 1～2h，而形成后期堵塞。此时只能用泵机的清洗装置对管道进行分段清除堵塞。如无效，则只能将管道一节节拆开，用人工将每节管道内的混凝土倒空。这不仅要耗费大量的人力和时间，而且还浪费了许多混凝土，应尽量避免。

（五）防止质量弊病的措施

1．蜂窝、麻面

（1）产生原因：

①模板漏浆　泵送混凝土坍落度一般在 15cm 左右，甚至达 18～22cm。这种混凝土，水灰比和加水量较大，浇灌振捣时容易泛浆和泌水。当模板拼缝不严时容易跑浆，造成蜂窝、麻面、水纹印等外观缺陷。

②布料不匀　采用泵车浇灌，压送速度较快。混凝土从输送管端头的布料软管排出后，要靠人工牵动布料、摊平捣实。一根布料软管重达 250～300kg，操作比较吃力。特别是当采用配管远距离输送时，由于分层浇灌和平铺布料的要求，布料地点不断变动，配管时长时短，拆管换管以及牵动软管布料等十分繁忙，工人劳动强度较大。这时，当遇到移动输送管道受障碍，不能就近布料，或操作人员图省事，不愿多次搬运输送软管时就会造成混凝土入模时在某处堆积。这时，如果操作人员再图省事，错误地采用振捣器摊平推赶混凝土的布料方式，会使砂浆和浮水向低洼处流动，骨料与砂浆分离。由于在低洼处和模板边角处缺乏骨料或存有积水，会造成混凝土的严重缺陷。拆模后常发现蜂窝、麻面、露筋甚至狗洞等。

③高落差下料　在浇灌薄型墙板、长柱及大型设备基础时，由于支模高度或马道距基坑较远，因高落差布料会使混凝土产生离析。实践表明，当落差超过 3m 时，坍落度大的混凝土很易离析，造成石子在某处堆积，不易振捣，均在外观上形成蜂窝、麻面等缺陷。

④气泡　泵送混凝土一般掺加引气型减水剂如木素磺酸钙等，加上水泥用量大，砂率高，掺加粉煤灰，加水量大，砂浆含量高，黏性大等，制备和浇灌振捣时常有较多的气泡产生，而且不易消散。这些常会造成气孔、麻面等缺陷。

⑤局部积水和砂浆堆积　按照泵车操作说明书规定，开始正常压送前先要压几桶水和几立方米的水泥砂浆以润滑管道。泵送结束时还要压水冲洗管路。如果管理不善，没有适当的排放地点，会将水和砂浆送至浇灌地点。当积水未能排除而夹存于正在浇灌的混凝土中时，就会造成空洞或露筋等质量问题。

（2）预防措施：

①模板拼缝必须严密　对于木模板，混凝土浇灌前应充分浇水润湿。对有可能产生漏浆的缝隙，可用环氧胶布、嵌缝胶泥等贴补填缝。采用组合钢模板，应事先进行选板和检查，对于超差和未经修补的旧模板不要采用。钢模板拼装时，可在拼缝处加垫马粪纸或粘胶纸等，使其拼合严密，而不漏浆。

②应根据作业面大小和振捣难易程度配足操作人员　一般每台泵车要配3~4人操作振动棒和牵拉布料软管。长距离配管输送时，每100m水平配管应配2~3人（夏天5~6人），负责局部拆除或接长管道以及排障等。此外还应另设信号指挥1人。牵动软管布料劳动强度较大，最好配以小型机械。

③当泵车布料杆的工作半径不能满足要求，以及输送配管、橡胶软管的布管和移动受限制，浇灌布料出现死角时，应采用二次倒运等辅助方式向该处布料，避免混凝土在某处堆集。在任何情况下，均不得采用振动棒推赶布料方法顺序布料。为防止气泡等质量问题的发生，在浇灌时采用二次振捣效果较好。当浇灌部位有积水，或振捣后混凝土有析水流淌到低洼和模板边角处时，可用小型潜水泵抽除。

④为防止高差落料造成混凝土材料的离析，首要的是限制浇灌混凝土时的落料高度。对于浇灌高度大的长柱、墙板等，应在模板适当位置预留浇灌孔。对于浇灌大型设备基础等深基坑，最好采用两节软管下料，不得已采用串筒落料时，应当加设临时挡板等控制石子的下落方向，防止落料时产生偏析。对石子和砂浆产生分离的部位，要充分振捣，使其均匀密实。

2. 张膜及支撑系统失稳

（1）产生原因：

由于泵送混凝土使用大坍落度混凝土，浇灌振捣时混凝土的横向流动。加上浇灌速度快，一次入模量大，特别是遇到长柱、墙板等一次就浇灌到顶时，模板侧压力急剧增加。这时，如果模板刚度不足，支撑不牢，就容易出现鼓肚、变形和爆开等质量问题。此外，由于模板支承的偏心，浇灌时的不对称下料，输送管路的振动冲击，以及操作荷载等引起的意外的水平荷载，在泵送混凝土施工中发生的机会和量值均比常规作业方式大、据国外资料介绍，由此引起的支架失稳和造成的倒塌事故实例不少，对此应引以为戒。

（2）预防措施：

①根据现场情况，合理安排浇灌顺序。尽量采用依次分层或分区分仓等浇灌方式，避免在一个地方集中浇灌的方式。

②根据混凝土的灌筑计划及时加固模板，泵送与传统手工作业方式相比，混凝土对侧面模板的压力明显升高。特别是作业计划临时变更调整时，例如由分层浇灌改为集中浇灌，必须对模板及支架系统进行加固。如增加对拉螺栓、用锚定拉杆加强支撑系统等，以防止模板和支架的水平移动或转动与倒塌事故的发生。

③输送管道下部的模板，因不断受到泵和输送管道的脉动冲击，容易沿配管方向移动。为此，管道支架必须用拉条加固，最好锚定在固定支点上。柱子和墙壁应用花篮螺丝紧固，并随时测量找正。

④施工前必须认真进行作业设计。由于模板侧压力的取值大小对材料的耗用和模板及支架系统的安全度影响较大，应慎重对待。在缺乏经验的情况下，建议除按照国家现行的施工规范进行验算外，还可参照主要工业国家有关规范对泵送混凝土进行对比验算。其中

可推荐采用的是日本 JASS5 规程（表 72-41）。

模板设计用的混凝土侧压力（日本 JASS5 规程）　　表 72-41

<table>
<tr><td colspan="3">R（m/h）</td><td colspan="2">R < 10m/h</td><td colspan="2">R = 10 ~ 20m/h</td><td></td></tr>
<tr><td colspan="3">H（m）</td><td>H < 1.5m</td><td>H = 1.5 ~ 4.0m</td><td>H < 2.0m</td><td>H = 2.0 ~ 4.0m</td><td>H < 4.0m</td></tr>
<tr><td rowspan="3">部位</td><td colspan="2">柱</td><td rowspan="3">WH</td><td>1.5W + 0.6W × (H − 1.5)</td><td rowspan="3">WH</td><td>2.0W + 0.8W × (H − 2.0)</td><td rowspan="3">WH</td></tr>
<tr><td rowspan="2">墙</td><td>长度 < 3m</td><td>1.5W + 0.2W × (H − 1.5)</td><td>2.0W + 0.4W × (H − 2.0)</td></tr>
<tr><td>长度 > 3m</td><td>1.5W</td><td>2.0W</td></tr>
</table>

注：表中 R—混凝土浇灌速度（m/h）；W—混凝土湿堆密度（t/m^3）；H—混凝土浇灌高度（m）。

鉴于模板支架系统失稳造成倒塌事故的危害较大，而对水平荷载的估算又缺乏资料，为此可借鉴日本《混凝土及钢筋混凝规范解说》中提供的计数值，即："作用于支架系统的横向荷载有操作时的振动、冲击和一般认为的偏载等，可考虑发生在支架的顶部侧向。在实际设计中，正确估计这些偏心荷载是困难的，为方便起见，可以假定为固定荷重的2%以上，或以支架顶承面积乘以 70kg 计算"。

3. 混凝土质量波动

(1) 产生原因：

①随意加水。泵送施工一般采用商品混凝土。当夏季气温较高，混凝土运距较长，以及掺加外加剂（如高效能减水剂）等，混凝土坍落度损失较大，有时泵送比较困难。由于管理不严，施工人员图方便，有的随意加水，因而影响混凝土的质量。此外，混凝土制备中也有许多不稳定因素，如材料配比的交替，石子转动和向料仓落料时的离析，也常影响混凝土质量和坍落度的波动。

②浇灌柱、墙、梁、平台（楼）板混凝土，有时先浇的混凝土部分残存在平台板上，等浇灌完下部结构再浇灌平台板时，先浇灌部分的混凝土已经凝固，如果不加处理直接用于浇灌，就会造成质量问题。在处理管道堵塞故障时，有时把已经凝固的混凝土放入新浇灌的混凝土中，也会改变混凝土的匀质性。此外，泵送开始或泵送终了，压水和水泥砂浆润滑管道或清洗管路时，将水灌入坑混入正在浇灌的混凝土中，也会降低质量。

(2) 预防措施：

加强各个环节的质量管理，做到坍落度波动范围控制在 2cm 以内。遇到坍落度过低，泵送有困难时，应退回搅拌站，或在现场按规定比例加水和水泥重新拌合均匀后再泵送，严禁随意加水。

要注意清理浇灌中原先残存的混凝土。对于因管道堵塞存留时间过长的混凝土，一般不准放入新浇灌的混凝土中。

4. 接槎不良

(1) 产生原因：

①模板漏浆造成新旧混凝土接槎处的水纹印和"烂脖子"现象。

②因管道堵塞造成压送中断，停泵时间过长（超过混凝土的初凝）时，会在接槎部位形成"冷接头"。在依次分层浇灌时，如果返回到最初浇灌地点的时间过长，先浇灌的混凝土已开始凝固，也容易产生"冷接头"。

(2) 预防措施:

①新旧混凝土接槎处的模板要支承牢固，接缝要严密。为取得支点和防止胀模，可在先浇混凝土中预埋铁件，待下次浇灌混凝土支模时加以利用。将模板夹固在旧混凝土结构接触面上，并加垫马粪纸或堵塞嵌缝胶泥等使其严密而不露浆。对接槎面的旧混凝土应认真打毛，清洗干净，充分润湿后再敷上一层高强度等级水泥砂浆，而后浇灌新混凝土。必要时还可采用二次振捣，使其牢固结合。

②应从材料配比、机械配套、操作技术和管理等方面查找泵送管道堵塞故障的原因，研究改进措施。但在现场施工中，作为临时措施，最好是设置备用泵车。当工作泵车出现故障，应一边排障，一边用备用泵车接替浇灌。

③为避免依次浇灌混凝土时出现的“冷接头”，应根据当时气温等情况，在混凝土初凝前浇完第一层混凝土。在需要拓宽工作面，延长返回到最初浇灌地点的时间时，可掺加缓凝型减水剂，或采用二次振捣方式，即在浇灌上层混凝土前，先对下层将要凝固的混凝土再来个二次振捣，使其重新恢复塑性，而后接着浇灌上一层混凝土。振捣时可先深插振动棒（超过接槎面 20cm)，振捣几分钟后再上拔至新浇灌混凝土层。这样可使两层混凝土紧密结合、不致留下接槎痕迹，并能避免“冷接头”等质量问题。

5. 碰动钢筋及埋设件

(1) 产生原因:

泵送依次分层浇灌混凝土时经常需要拆装管路，牵动软管布料及排障等，操作人员在钢筋上来回走动常会踩乱和碰动预埋件。另外，泵机开动时脉冲击力会通过输送管道传向浇灌地点，使配管下面的钢筋和模板沿前进方向变位和移动。

(2) 预防措施:

钢筋应尽量绑扎牢固。为配管和布料方便，应在浇灌部位另设配管支架和操作脚手铺道，以防踩乱钢筋。对输送管道下面受泵送冲击影响较大的部位，应用拉条等牵拉牢固，防止模板和钢筋变位，施工过程中并注意检查校正。

6. 预留孔洞塌陷变形

(1) 产生原因:

泵送混凝土坍落度较大，有的还掺加粉煤灰和木钙减水剂等，一般凝结慢，早期强度低。有的按以往施工经验过早地拆除预留孔洞的芯模，常造成孔洞塌陷或变形。

(2) 防治措施:

防治办法是施工时根据材料检验提供的数据，合理安排拆模时间。

7. 裂缝

(1) 产生原因:

泵送施工多用于大体积混凝土，浇灌速度快，一次入模量大。为适应泵送工艺的特殊要求，混凝土坍落度大，水泥用量多，加水量大，由于这些不利因素使产生温度裂缝的机会大大增加。

①温度裂缝　在浇灌大体积混凝土时，由于水泥用量的增加，水泥水化热引起的温升很大。当混凝土表面与内部、混凝土与外界温差过大时，譬如过早拆模或气温突变时保温养护不力等，会因混凝土表面急剧冷却收缩，变形受到约束而产生拉应力。当拉应力大于混凝土的极限抗拉强度时就会产生裂缝。

②收缩裂缝　一是塑性收缩裂缝，它产生于混凝土凝结初期，多半是由于水分的急剧蒸发造成的。另一种是干燥收缩裂缝，它产生于混凝土的凝结硬化过程之中。由于水泥水化生成物的体积比原来的小，水分蒸发和胶凝体的失水紧缩使体积变小，当收缩变形受到约束时也会产生裂缝。上述过程虽然与以往施工的混凝土相同，但泵送混凝土出现的量值比较大，产生裂缝的机会也比较多。

(2) 预防措施：

①防止和消除混凝土的塑性收缩和干缩裂缝，一是设法降低夏季施工混凝土的入模温度，控制蒸发速度。例如在盛夏高温季节采用冷水加碎冰拌合混凝土，在泵车和浇灌地点采取遮阳措施，以及在干热多风天气在上风口浇水喷雾，浇灌完后及时敷草袋等。二是当出现收缩和沉降缝时，可在临近混凝土初凝时，利用二次振捣方法使其重新恢复塑性，消除原有裂缝。由于二次振捣在混凝土坍落度已经消失下进行的，停振后能很快固结，这样就在很大程度上防止了水分的再次上升（析水）和沉陷收缩裂缝的发生。

②为防止大体积混凝土温差裂缝，施工前应通过计算并采取预防措施。例如，采用水化热低的水泥，利用后期强度、控制水泥含量，掺加减水剂和粉煤灰等。施工中应做好结构内外温差的监测，用科学数据指导施工。混凝土浇灌后，及时进行保温养护，防止降温过快造成内外温差过大引起裂缝。此外，还应从提高原材料质量入手，例如控制砂石含泥量不超过规定，保证混凝土的极限抗拉强度达到规定数值等。

(六) 混凝土泵车

下面以湖北建筑机械厂与日本川岛播磨重工业公司联合制造的楚天-JHI·IPF-85B型混凝土输送泵车为例加以说明。

1. 产品的主要技术性能

该机为一种新型臂架式泵车，具有Z形三段液压折叠式臂架，前端附有橡胶软管，上车部分能作360°全回转，可在作业范围内向高、低、远处自由地进行混凝土的压送和浇灌。还可以利用臂架及地上铺设配管，对高达110m的高层建筑、520m远的水平距离、狭小通路以及跨越建筑物、水中混凝土等工程进行混凝土输送。其最大排出量为85m^3/h，实际排出量可达90m^3/h，排出压力最大为4.71MPa。其主要技术性能参见表72-42。

楚天-JHI·IPF-85B泵车的主要技术性能　　表72-42

泵车组成	技术性能		技术指标
混凝土泵	类型排出量		水平单动双列液压活塞式10~85m^3/h
	输送距离	150A管 125A管 100A管	水平750m或垂直125m 水平520m或垂直110m 水平310m或垂直80m
	骨料最大粒径	150A管 125A管 100A管	50mm 40mm 30mm
	混凝土坍落度 缸筒直径×（最大）行程 混凝土缸筒数目		5~23cm ϕ195mm×140mm 2

续表

泵车组成	技术性能		技术指标
	料斗容积×垂直高度		$0.45m^3$×1280mm
混凝土管道清洗	方　式		水洗式
	类　型		往复式活塞水泵
	排出压力×排出量		（5.2～3.0）MPa×200L/min
	水箱容积		495L
臂架	类　型		三段液压抓叠式
	长　度		17.4m
	垂直高度		20.7m
	动作角度	上　臂	0～270°
		中　臂	0～180°
		下　臂	0～90°
	旋转角度		360°（全旋转）
	混凝土输送管内径		125A
	前端软管内径		125A
	支腿操作方式		水平前部手动式，后部液压式，垂直液压式
汽车底盘	类　型		ISUZU　K-SJR461
	发动机	型　号	ISUZU　6QA1（直接喷射式）
		最大输出功率	DIN　188HP/230r/min
外形尺寸	总长×总宽×总高		9000mm×2485mm×3280mm
质　量	车辆总质量		15330kg

2. 泵车的操作要点

（1）泵车在进入现场前，操作工必须对各部分进行检查，确认没有问题，才能发动引擎。发动至少要在泵送前20min进行，以让各部件充分运转，特别是冬季和气温较低的时候，更需如此。应让液压箱内的油温上升到20℃（工作温度是20～60℃）方可进行正式泵送。在正式泵送前，还应让活塞运转5～10min，以便自动泵油机构将润滑油送入需要部位。

（2）正式泵送之前，还应注意泵车的操纵杆开关是否在OFF（停）的位置，并把输送量调整手柄摇向最低输送量位置，使泵车在低负荷状态不启动。同时把活塞伸缩阀关紧，把运输阀全部放开挂上挡，油泵转速达1400～1500r/min，方可开始压送。

（3）泵送混凝土之前，先泵送与混凝土同等级强度的砂浆，以润滑管壁。$1m^3$砂浆可润滑约300m长管道。一般实际施工时，第一车都用砂浆（一搅拌车为$6m^3$）。

（4）泵送开始后就要连续进行，一般不要中断。如因气候原因或吃饭必须停车时，以不超过15min为宜。如果预计间歇时间超过45min或混凝土出现离析现象时，必须排空管道中的混凝土，并清洗干净。

（5）在浇灌中需要接长管道时，管道必须用水泥砂浆润滑。一次接长的管子尽可能短些，一般不超过3m。

（6）泵送过程中，操作工应时刻注意泵车的各项仪表指示，特别是液压油的工作压力、工作温度及仪表上的“超载”指示灯。如果油温超过60℃，应立即打开油冷却器进行冷却，并检查泵车是否在超载状态下工作（油压过高时如果液压零件无毛病，则可能是工作负荷太大的缘故）。如果“超载”灯亮，应将输出量调整盘摇向“减”的方向，直到

“过载”灯熄灭为止。

需要停车时，应关上操作开关（从 ON 拨向 OFF），并把输出量调度盘再摇到最低量方向。如果在高层建筑泵送中，则应同时把高压旋转阀关闭，等下次起动时再先行打开旋转阀，以消除高层回压时对泵车的损害。

（7）泵结束时，应先将料斗内混凝土压完，然后再启动反泵开关，将管道内的残留混凝土吸回来。如果是高压下泵送，则应在泵送结束后立即关闭旋阀，拆除与泵相连锥形管，然后把管道（高层）里的混凝土用开启旋转阀的方式，将混凝土落回到料斗内，再用吊车吊到别处。这样可使管道里残留混凝土减少到最低限度，减轻清理工作。

另外，当混凝土浇筑工作接近完毕时，应预先估计剩余工作量和管道中的混凝土体积，以便停止供料，如采用 ϕ125mm 的管子，每 100m 大约有 1.2m^3 混凝土。表 72-43、表 72-44 为采用日本 IPF-85B 型泵车缸体活塞一次冲程排出混凝土距离和配 1m、3m 长管内占有混凝土体积。

IPF-85B 型泵车缸体活塞一次冲程排出混凝土距离　　表 72-43

配管直径（mm）	IPF-85B 型泵车缸体活塞一次冲程排出距离（m）
100	4.3
125	2.8
150	2.0

配管 1m、3m 长管内占有混凝土体积　　表 72-44

配管直径（mm）	1m^3 混凝土占有配管长度（m）	每根 3m 配管占有混凝土（m^3）	每根 1m 配管占有混凝土（m^3）
100	115	0.0261	0.0087
125	75	0.0403	0.0134
150	53	0.0568	

（8）管道清洗：当泵送结束后，马上清理管道和设备。清洗时，可用高压水或压缩空气。用水清洗，简单易行，比较常用。

清洗的方法是：

①关闭输送管道上的截止阀门，拆下泵机出口处第一节管道，装上清洗装置，将海绵球和湿透的水泥袋纸或麻袋布塞入泵的第二节管道；

②而后，以相应的高压水或压缩空气（1～0.8MPa，0.6m^3），一次或分段推动海绵球向前移动，把剩余的混凝土排上或排下（高层时排下），当管道内海绵球移至输送管末端前应停止推动（可以敲击管道判断海绵球移动前后声音来确定排空与否），以免高压水流或气流冲坏新灌筑的混凝土；

③一切人员要绝对离开排出口位置范围，以免击伤。

（9）特殊条件下泵送混凝土的注意事项见表 72-45。

特殊条件下泵送混凝土的注意事项　　表 72-45

特殊泵送条件	注 意 事 项	特殊泵送条件	注 意 事 项
长距离泵送	泵、管径、压送速度、途中洗净机能	高处泵送（轻混凝土）	预湿、大直径 Y 形管、高压配管、防振
中转浇灌	长距离压送界限、高处压送界限	向下配管的混凝土	防止自溜、设控制阀、设横向区段、缩小管径、排除空气
高处泵送（普通混凝土）	高压管接口、用回转阀防止套管内脱水、防振连续运转、反转除去分离的混凝土	水下混凝土	排除空气、防波起振、管顶堵塞
		压力灌浆混凝土	模板、浇灌量、排出位置、钢筋间距

（10）特殊材料泵送混凝土的注意事项见表72-46。

特殊材料泵送混凝土的注意事项　　表72-46

特殊泵送条件	注　意　事　项	特殊泵送条件	注　意　事　项
贫混凝土	堵塞、砂率、管径、锥形管	大粒径骨料混凝土	大口径管、大口径Y形管、堵塞、s/a、泵种
富混凝土	压送阻力增加1.3～1.7倍，水泥量510kg/m^3	流态混凝土	压送阻力减少，坍落度损失、s/a
		低坍落度混凝土	大口径Y形管、压送速度
轻混凝土	预湿、管前端坍落度下降、定坍落度	重混凝土	不可使用三段吊杆、排出压误差大、连续运转、洗净

第八节　预拌混凝土的经营管理

一、经营管理的特点

预拌混凝土的生产管理与经营管理能否搞好是预拌混凝土能否生存、发展的关键。

下面以常州预拌混凝土供应站为例加以说明。该站在管理体制上是隶属于常州市基本建设材料供应处，是一个具有半独立的核算资格单位。其行政管理体制如图72-16。全站职工人数81人，分早、中两班生产、供应。其中混凝土搅拌班18人，运输班24人，计划调度5人，技术试验6人，机修15人，材料管理5人，经济核算2人，后勤6人。生产规模：年产3.5～5万m^{3}新拌混凝土。

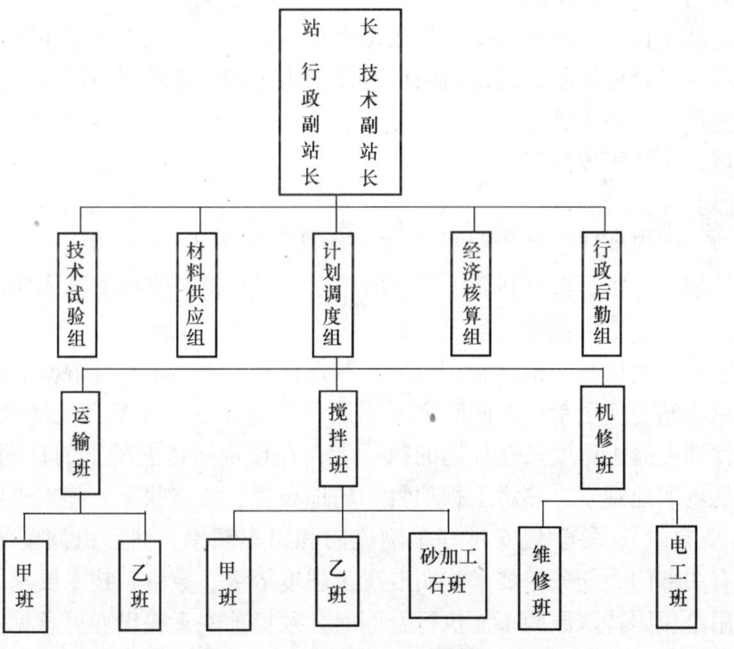

图72-16　行政管理体制图

（一）供需之间的商业性

专业化商品混凝土供应站是以销售拌制好的混凝土作为服务手段的，它与传统的现场搅拌混凝土比较，生产与使用之间的关系由过去的内部关系转变为外部关系，商业的预拌混凝土要求质量好、成本低、时间准，才具有生命力和竞争能力。

（二）计划生产的准确性

预拌混凝土生产方式与别的商品不同，其特点是以销定产，混凝土一是生产出来后，必须在2h内使用掉，才能保证混凝土的质量。因此，在下达混凝土生产任务时，必须要有严肃性和准确性。生产与使用单位，必须密切配合，协调一致，即供料的速度必须节拍相同，使工地上混凝土既不脱节，也不堆积。

（三）预拌混凝土的技术性

预拌混凝土同其他商品一样，必须坚持质量第一。只有质量可靠，才能赢得用户的信任。此外，由于预拌混凝土生产与使用的两地性，混凝土经过长距离运输颠簸，中转贮存，使它的某些性能有所改变。因此，预拌混凝土的一切技术性能指标必须以工地使用时间的状况为准。所以在技术控制时必须慎重考虑这一要素。

（四）经营管理工作的适应性

该站是立足全局面向全市供应的，是属于社会化生产，用户多而杂，要求各不一。这就要求商品混凝土在产品性能、生产工艺方面能做到多品种、多强度等级、多功能、高效率，以满足用户的需要。此外，当前城市建设正由郊区向市区、由低层向市场发展，临街建筑增多，施工场地减少，集中搅拌的预拌混凝土取代了现场搅拌混凝土，因此要求混凝土的中转运输设备也必须相应地跟上。供应中还必须根据使用者的具体情况，协调生产与现场施工、供应与使用之间的关系，重视经营作风和服务态度，切实做到为工地着想，为工程服务，对用户负责，使用户满意。

几年来，该站在摸索预拌混凝土供应站管理方法上，首先确定以生产为中心，管理为重点，改革和完善管理体制，制订出岗位责任制为主的一整套规章制度、操作规程，逐步健全正常的生产秩序和经营方法。

二、管理方法和管理制度

（一）计划管理工作

通过总结，认识到计划性不强是造成工作被动的根本原因。因此，在计划管理方法上，采用长计划短安排，特别强调1～2d的短期计划平衡，安排出具体的作业计划。实行计划要料制度，凡是使用预拌混凝土单位，要在每月25日前提出月度申请计划，并报建工局计划调度科，由局统一平衡制订月度控制性计划，下达给预拌混凝土供应站。每周由预拌混凝土供应站与使用单位共同确定下周逐日供应计划，并签订经济合同，互相制约，互相监督。预拌混凝土调度员是计划的执行者，在预定运送混凝土的日期的前一、二天，必须派人到现场实地观察，熟悉工程项目、场地布置、道路状况，施工进度及工地的接受能力（每1h要料量），科学地安排好车辆流向和出车频率。然后由调度组签发生产任务单，报送各有关部门，任务单要求注明混凝土强度等级、数量、技术要求、浇捣部位等项目。如果使用单位因特殊原因不能执行合同时，须提前一天提出变更意见。经双方协商修改供应计划。在供应过程中，双方以随车签证的送料单为结算依据。

（二）送料准备工作

该站的生产是面向全市的，以建工口为主，兼顾系统外单位，如人防工程、道路桥梁、工厂维修、农业建设等，形成社会化生产。每天派车时，根据“先重点后一般”、“先基建后维修”、“先计划内后计划外”的原则，统筹兼顾、综合平衡。为了保障供应，改变了生产时间安排，即比工地早上班半小时、早中班连续供应。每天提早做好搅拌准备；机修工顶班维修；运输班做到只要交通条件许可，不计较时间早晚，不计较数量多少，哪里需要，就供应到哪里。

（三）技术质量工作

预拌混凝土的技术管理以质量为中心。预拌混凝土技术要求高、品种标准多，这就增加了预拌混凝土技术管理工作的复杂性。该站围绕混凝土的质量标准和技术要求，建立了各种责任制，加强了检验力量，配置了试验仪器，狠抓了“四定”、“四准”、“四考核”，同时制订了“商品混凝土质量验收细则”对每一批砂、石来料，按“GB”要求各做一次全分析，对每批水泥，用快速蒸养法测出其早期强度，并利用已建立的回归方程推断出28d标准强度，并以此为据，来确定混凝土基准配合比。现已具备十五种基准配合比，此外，在特殊情况下，需要时还可临时再配。每一种新的配合比，事先都必须经过试配合格后，方可交付使用。此外，每天都要测定混凝土的湿堆积密度，砂、石含水率、含泥量，随时调整配合比，对不同品种、不同强度等级的混凝土，每天至少各做1~2组试块，测出28d标准养护的强度和快速蒸养强度。从1982年统计的试块强度情况来看，全年破型试块1117组，合格率（达设计强度等级）达96.7%，达设计标号85%的试块占99.9%，而重要部位（如梁、柱、板等）的试块强度全部达到设计强度等级，强度均方差控制为$\sigma=2.5\sim4MPa$，离散系数$C_v=0.09\sim0.17$，属优、良级。

“四定”是

（1）定单位工程名称，施工项目。

（2）定预拌混凝土强度等级，骨料粒径。

（3）定混凝土供应时间、供应数量。

（4）定混凝土技术要求（水泥品种、坍落度、外加剂、混凝土功能等）。

“四准”是：

（1）混凝土强度等级准确（掌握好各种配合比）。

（2）标准计量准确（砂、石、水泥和称量，砂石含水率的测定，掺合料的掺量，计量系统的样验等等）。

（3）材料品种、规格准确（骨料的级配、粒径、质量、水泥的强度等级、品种，外加剂的种类）。

（4）混凝土技术标准准确(坍落度大小、外加剂及抗渗、抗冻、早强、塑化的功能等)。

“四考核”是

（1）班组考核：搅拌和计量都要求做好生产记录，包括混凝土强度等级，配料称量，搅拌数量，原材料变化、外加剂掺量，混凝土和易性状况，机械运转和车辆情况等。

（2）调度考核：必须有发车车号，供应单位，供应数量，混凝土强度等级及技术，施工项目，浇捣部位，车辆运行情况及存在问题等供应记录。

（3）技术考核：检查混凝土强度等级、品种、堆积密度，根据供应要求，原材料变化，按“预拌混凝土质量验收细则”检验标准性能，负责成型试块，做好外加剂的测定、配料工作，测试混凝土坍落度和易性和砂石含水、含泥量及记录好气象情况。负责签发混凝土质量报告单，监督技术措施的执行情况，做好混凝土的质量管理，运用质量管理图控制预拌混凝土生产。

(4) 生产统计考核：整理汇总生产日报和混凝土质量报告单、做出配料记录、调度记录、耗料记录、车辆运行记录、统计产量、产值、检查质量、材料消耗情况。

实践证明，预拌混凝土生产技术管理工作愈细，预拌混凝土质量就愈稳定，材料消耗就愈小，生产成本就愈低，企业盈利也就愈多。

（四）经营方式

在经营管理上除重点抓住了计划要料、送料准备、技术质量等几个环节外，还重视了商品结算、信息反馈、现场服务工作。

由于水泥是国家一类物资，目前还很紧张，为了方便用户，又便于控制质量，充分发挥了材料供应的“统供代办”的优势，做到有指标交指标，有实物交实物；对既无实物也无指标的单位也照样供应，在结算时采取差价补贴的办法。这样不仅方便了用户，而且又搞活预拌混凝土生产，提供了先决条件。

在预拌混凝土生产与供应过程中“信息反馈”是很重要的一环。预拌混凝土的时间性很强，既不能迟又不能早；在供应数量上既不能多也不能少。为了不迟不早、不多不少的“四不”要求，实行了各学科管理，派专人深入现场了解情况，协助施工；采用无线电通讯手段，装置了无线电对讲机，分别设置在施工现场和混凝土站控制室，随时掌握预拌混凝土的生产、汽车运送和现场浇注进程等动态，随时了解施工单位的要求和混凝土质量的变化情况，从而确保混凝土的正常供应。

为了体现预拌混凝土的服务特点，该站还设计制作了商品混凝土中转料斗和中转料车，解决了预拌混凝土运到现场后的中转布料问题，大大减轻了混凝土浇捣工人的劳动强度。

（五）建立健全经济责任制、实行联责联产计酬法

预拌混凝土供应站的一线岗位是混凝土搅拌班和运输班，这两个班也是参加直接生产，面向前方的关键班组。因此，对一线人员试行了联责联产计酬的方法。具体做法如下：

搅拌班采用包产考核的形式，全班月产量指标为 $2500m^3$，完成任务则每 $1m^3$ 提若干元，超额部分每 $1m^3$ 提成若干元，两项相加为班组分配数。

质量必须达到局、处的要求，试块合格度若不达到 95%，扣全班超产额的 20%，低于 90% 扣除班组当月超产额。

运输班采用单车核算，利润提成考核形式，按每月纯利润提成 3% ~ 5% 作为全班超额工资。

个人分配办法

(1) 搅拌班采用百分制考核每人的工作，学习，质量，劳动纪律等，每人按所得分数乘以班组每月所测的分值，作为个人所得超产工资。

班组分值 = 班组超产总额 ÷ 全员总分数

(2) 运输班分驾驶员分配法与修理、装卸工分配法两种：

①驾驶员个人分配实行单车核算，提取本车纯利润的部分作为 2 名驾驶员的超产金额，提成比例随班组提成比例浮动。

燃料消耗一项单独考核，但必须作为成本核算。每节约 1L 汽油奖励若干元，超耗 1L 扣奖若干元。油耗标准为每百车公里 31L。超过标准 6% 扣除超产款 20%，超过标准 10%

扣全部超产款。

单车修理人工费、材料费，每月为若干元，节约部分提取10%作为奖励；超用罚扣10%，所得或所罚款项均由两人分担。

个人分配以单车提成额除以使用车辆的周转次数，得出每周转次数的平均值，然后再乘个人的周转次数，预为个人分配数。但个人分配数同样应以百分考核，如不满分，应扣分数的分值。

②修理工，装卸工，必须保证全部在用车辆的完好率在90%以上，完成指标后，提成驾驶员平均超产额的80%，测算分值后，乘以个人所得分数即为个人分配额，但若完好率低于90%则提成比例也相应减少。

责任制落实以后，面貌大为改观，过去出车要扯皮，现在抢着干；过去一到下班前半小时就不愿再开了，现成唯恐任务不足。个人收入也比以前多了，班组内部奖金分配的档次也拉开了。克服了平均主义，并且调动了广大职工的积极性。

（六）机械设备管理工作

机械设备是生产力的一大要素。该站机械设备的投资占总投次的2/3，主要的大型设备有：3.5t自卸翻斗汽车九辆，1t及3t装载车各一辆，10m^{3}空压机一台，120kW发电机一台，750L强制式搅拌机两台，皮带输送机组100多米，还有淘石子机、筛砂机，车床，刨床等。维护好机械设备是保证商品混凝土正常生产和供应的重要手段。

预拌混凝土机械设备管理重点为：

（1）定人、定机、定责任。

（2）机器操作实行“三会”考核，即会操作，会保养，会修理。

（3）健全班组、个人岗位责任制，严格规程操作，违者依情节轻重给予适当的处罚。

（4）建立定期“红旗”机械设备的检查评比，优胜者给予一定的奖励。

（七）财务成本管理方面

该站财务成本管理从属于常州市基本建设材料供应处，为半独立核算性质，由处财务部门设立“专户”帐册，定期检查。每月由站报商品混凝土产量、产值统计报表和材料、油料、燃料耗用统计及工具、五金、配件、劳务等消耗明细单，由财务部门按工资、材料、燃料、机械作用，废品损失，其他直接费和管理费用等科目，逐月分析核算商品混凝土成本，力求获取最大经济效益。

三、预拌混凝土出厂业务处理

利用适应我国目前情况的小型计算机，可以很好地进行出厂业务处理。

出厂业务处理的内容包括：① 订契约和出厂预定登记；②调车管理；③出厂指令和防止发错货：④统计与制订日报表、月报表。

（一）契约和出厂预定登记

将契约的数据，按用户登记在契约存储器上。所谓契约数据就是施工单位名称，工程名称及预拌混凝土的质量和单价、契约数量等，出厂预定是以契约编号为依据，按用户输入到出厂预定在存储器。

（二）调车管理

每一台搅拌车都有车号卡片，搅拌车回到工厂时，在车号卡片读出装置上，记上车号和回厂时间。在离开工厂时，与交货通知单上的出发时间是基本相同的。从搅拌车回厂与出发时间之差，就可知道搅拌车的运输时间和在工厂的等待时间。积累这些数据，就可制成搅拌车的管理资料，而且还可以掌握车号和回厂次序。所以，可在电子计算机上制成调车车号板，在发出出厂指令时，按次序分派回厂的车，就能出厂。

（三）出厂指令与防止发错货

每次出厂，只要操作操纵台上的电键、输入出厂前编号、体积及搅拌车编号，那么，从称量、搅拌到出料一连串的控制，都能自动进行。预拌混凝土的质量、搅拌车及交货通知单要正常管理，防止交错货。

(1) 预定输入时，先确定出厂前编号。每一个出厂前编号，输入到契约编号与商品混凝土的质量条件或者配合比编号，根据所确定的配合比，进行制造。

(2) 在发出交货通知单之前，核对是否是先调车的车号。

(3) 根据出厂前的文件，用打印机发现交货通知单，所以还会写错。

（四）统计与日报表、月报表的编制

出厂数据、称量数据及搅拌车运行的数据，可记忆在电子计算机中。一天工作结果后进行统计，用打印机打印出日报表，到月末，编制成各种月报表。编制成的日报表、月报表内容如下：

①出厂明细表。

②出厂日报表、月报表。

③不同品种的出厂统计表。

④材料消耗日报表。

⑤运行管理表。

⑥其他管理表。

如果某市设有一个预拌混凝土供应总站，总站下设若干个分站，则可采用集中管理系统。这时，由混凝土总站负责订货、销售，决定价格。总站还负责对各分站的契约文件的分配、出厂数量的监视、货款的请求和回收等销售有关的业务。

（五）使用电传机的集中管理系统

在预拌混凝土总站的销售和出厂业务管理中，要是从使用电传机来区分的话，则有两种方式。一种是数据通信装置（DRESS）系统；另一种是用独自经营的电子计算机与终端装置将总站与各分站连结起来。不管何种方式，都是使用电子计算机与通令线路的联机系统。

1. 使用 DRESS 的集中管理系统

系统的构成，如图 72-17 所示。

在总站与各分站之间，设置 DRESS 终端装置，用回线和 DRESS 连结。在 DRESS 中心中，设置超大型电子计算机。而在分站中设置出厂管理专用的出厂管理装置。该管理装置的作用是向称量控制盘发出出厂指令，发出交货通知单，输出出厂实际情况数据的纸带。

处理的流程如下：

(1) 将在总站签订的契约，从总站的终端装置，登记在 DRESS 中心的电子计算机上。

(2) 与 (1) 相同，输入出厂计划，在各分站都能打印出来。

(3) 在实际出厂之前，将 (2) 的出厂计划用纸带从分站的终端装置打印成孔。并将此纸带在出厂管理装置上读出。使预拌混凝土的制造、出厂成为可能。也就是说，不通过

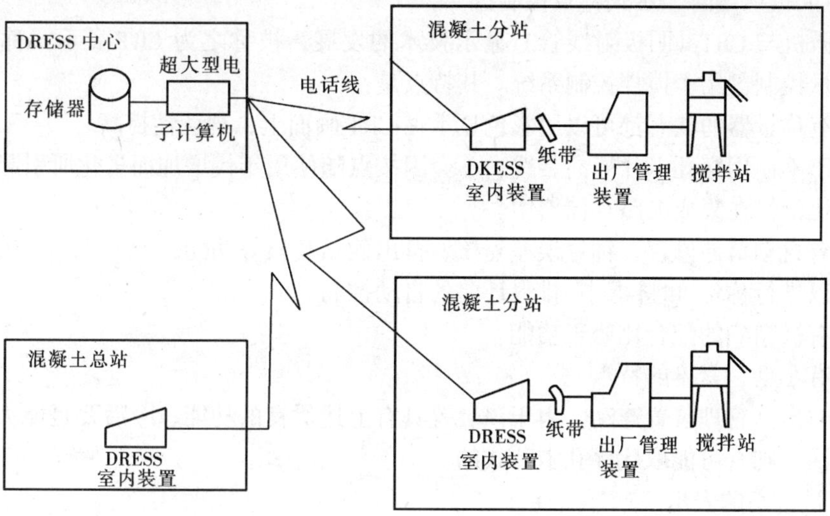

图 72-17　用 DRESS 的集中管理装置

总站的契约文件，分站就不能制造、出厂。

（4）在签发交货通知单的同时，纸带打成孔。

（5）每天工作结束后，从分站的末端读出（4）的纸带，输入到 DRESS 中心每天的出厂实际情况。

（6）DRESS 统计各分站的数据，制成各种日报表。第二天打印给总站和分站。

（7）在月末制成各种月报表、管理资料及其他资料。

本系统的特点是：机密数据的保密很严密。

2. 使用独自经营的主电子计算机的集中管理系统

该系统是在总站设置独自经营的主电子计算机，在分厂中设置作为终端装置的办公用计算机或者个人用计算机以及出厂管理装置。其业务内容与前述的 DRESS 系统是相同的。

出厂管理装置的功能是：

①与称量控制盘连动的出厂指令。

②防止发错货。

③发出交货通知单。

④制成与出厂有关的日报表、月报表。

⑤称量实际情况数据的保存、打印。

⑥车辆管理（搅拌车的运行管理）。

⑦原材料入库，使用处理。

⑧销售管理。

⑨经营管理（一般会计、成本计算）。

⑩供应计算。

⑪质量管理（试验数据处理）。

⑫坍落度测定。

⑬字码处理，制成图表、表格计算。

(六) 阴极射线管显示式称量控制盘

由于微机与 CRT (阴极射线管) 显示技术的发展，被称之为 CRT 显示式称量控制盘的新型称量控制盘用于搅拌控制系统。其特点是：

①所有称量器的状态都可以用彩色显示在 CRT 画面上，视认性提高。

②由于不使用穿孔卡片导向装置，不会因按点随使用年代增加而劣化所引起的设定不良，配合比记忆在集成电路存储器中。

③具有自动落差修正、称量误差复核、排出残量复核等功能。

④可以进行称量-卸料-搅拌-排料环路的自动控制。

⑤具有极精确的配合比修正功能。

⑥具有小型、紧凑的特点。

⑦能与出站管理装置连动　由于该装置具有上述优良的功能，今后要是能大量生产降低成本的话，则有可能取代穿孔卡片式的。

1. 称量状态的表示

用图表显示和数字显示一起使用。

2. 与控制有关的功能

(1) 自动落差修正：将前一盘的称量误差进行反馈，修正下一盘的落差修正值。

(2) 定时功能：

①搅拌机的搅拌定时 (搅拌时间)；

②搅拌机的排料定时 (排料时间)；

③称量时间监视定时；

④放料顺序；

⑤称量值稳定定时；

⑥轻摇动作设定定时 (骨料进行精称时，称量闸门速续开、闭动作，就叫做轻摇动作)。

上述定时值都是从画面、用电键进行设定的。定时是软件定时器。

3. 称量误差、放出残量校核功能

当称量误差超过基准值时，警铃就响起来，且闭锁，当秤斗内残余量超过1%时，也同样如此。

4. 出厂指令的功能

用电键插入每次出厂的出厂前编号，混凝土体积及搅拌车编号，可以预约登记 4 台车的出厂指令。要是按下第一盘的称量按钮，以后每台车的称量-卸料-搅拌-排料这一控制循环，全部能自动地进行。

5. 与配合比有关的功能

(1) 标准配合比的记忆：用电键在画面上登记每个配合比编号与标准配合比 500 ~ 1000 种配合比记忆在集成电路存储器中，副本可保存在盒式记录器中。

(2) 容积自动变更：就是按 1 台搅拌车的装载容积，对该工厂的搅拌机的搅拌能力进行分割的功能。例如，搅拌机的搅拌能力为 $1.5m^3$，而每搅拌车的装载容积为 $4m^3$，可分割成 $1.5m^3$ 2 次和 $1m^3$ 1 次。

(3) 表面含水率修正：对于所有的骨料，都能够修正表面含水率。

(4) 骨料粒径过大或过小的修正计算：就是将 5mm 细骨料筛余量与 5mm 粗骨料筛分通过量相互补正。组合成每个配合比，所有的骨料都能进行修正。

(5) 比率设定计算：为了使细骨料粒径变化与粗骨料绝对体积比的变化相适应，骨料的混合比例可任意改变。

(6) 体积增额计算：为了确保在卸料地点的混凝土体积，一般要将搅拌时的体积增加1%～2%，这种增额叫做体积增额。要是指定增额率的话，那么，所有的配合比都可以进行增额计算。

(7) 回收水修正装置：要是与作为敏感元件的回收水浓度计相连结的话，就能够测定回收水的浓度。

(8) 称量实际情况数据的记录：要是与附的打印机连接，就能保留称量实际情况的记录。

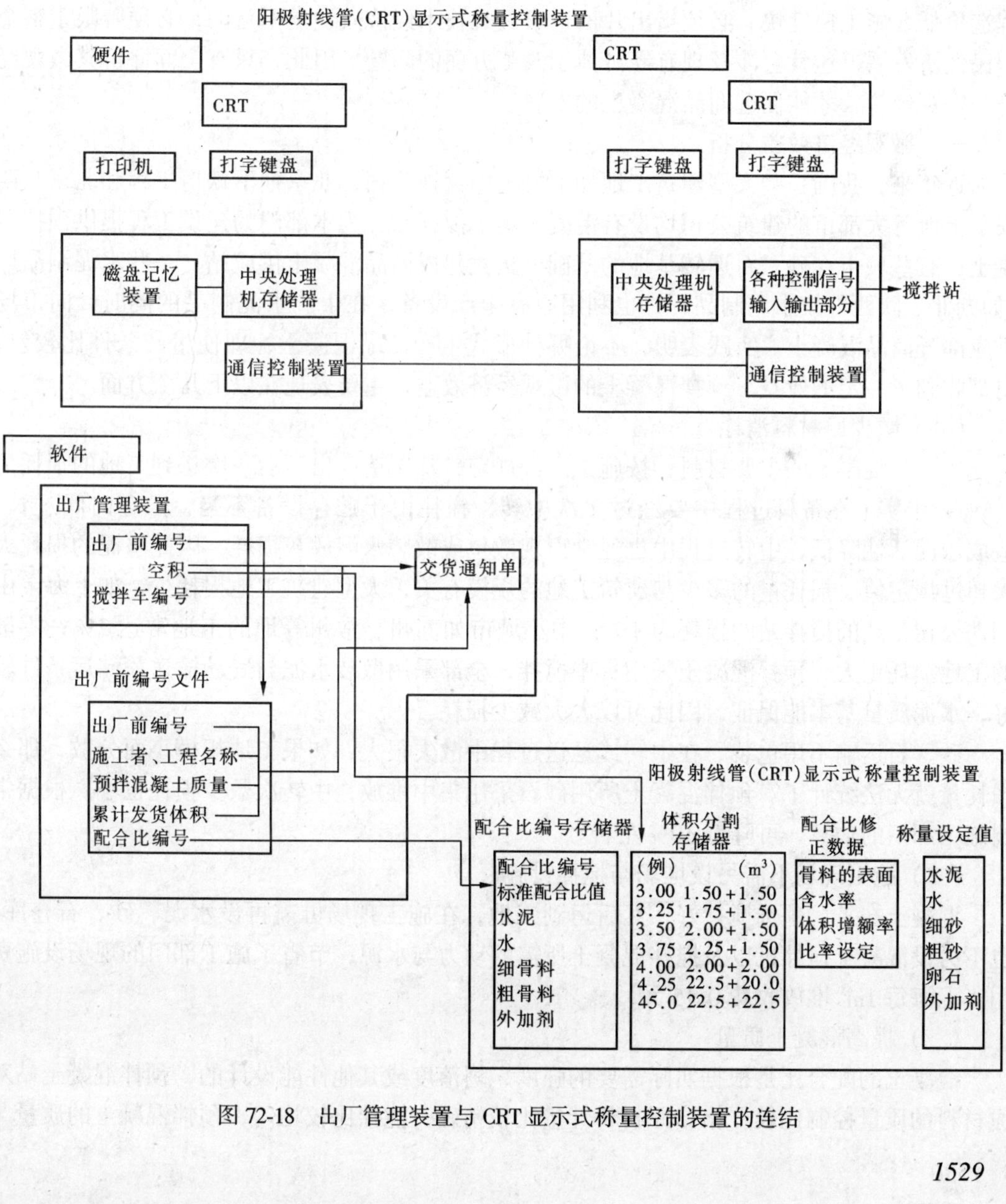

图 72-18　出厂管理装置与 CRT 显示式称量控制装置的连结

（七）与出厂管理装置的连动：

依靠其通信功能，能与其他计算机，例如通过出厂管理装置的通信，进行连动。从出厂管理装置向称量控制装置发出出厂指令，那么，通过出厂管理装置既可对工序状态进行监视，又可以存入称量实际情况数据，并保存下来。

出厂管理装置与 CRT 显示式称量控制装置的连结，如图 72-18 所示。

第九节　预拌混凝土技术经济效益分析

预拌混凝土的技术经济效益不仅取决于企业、部门或地区片面的微观经济，更重要的是它能影响国民经济建设有关全局的宏观领域的经济效益。微观经济涉及的是混凝土供需双方的切身利益，要求供方采取先进的生产技术，达到降低成本、节约原材料与能耗、工程造价低、施工速度快。必须指出片面追求微观技术经济效益是不行的，必须着眼于整个国民经济发展，这就会涉及现有经济体制改革方面的问题，因此，只有全面评价其微观经济与宏观经济，才能促进商品混凝土的发展。

一、微观经济效益分析

近年来，我国一些大型建筑工地如上海宝山钢铁公司、北京地下铁道工程和北京、西安、上海等大都市的建筑公司均设有混凝土集中搅拌站，为本部门的建设工程提供预拌混凝土；有些城市在砂、石运转基地的基础上扩大建成商品混凝土供应站；一些水泥制品厂（如湖北、陕西红旗水泥制品厂）也利用原有生产设备，在生产水泥制品的同时，向市场供应部分商品混凝土。实践表明，不论哪种形式生产商品混凝土，即使生产条件比较差，也都收到了一定的效益。预拌混凝土的微观经济效益，主要表现在以下几个方面。

（一）减少原材料消耗

水泥是混凝土的主要材料，按施工定额规定，从制造厂出厂后一次送到工地的损耗为 0.5%，事实上在备料过程中要经过多次中转，往往由于贮存设备不当，贮存时间过长，造成水泥活性降低，中转过程中也经常出现散包或散装水泥放灰损耗，因此水泥的损耗大大超过规定值。损耗量的多少与建筑工地的规模有关，大型建筑工地损耗少，如上海宝山钢铁公司工地的搅拌站的损耗为 1%；中小城市如苏州、常州等地的工地常达 2%；零散的工地损耗更大。预拌混凝土采用集中搅拌，全部采用散装水泥与气动输送，储运条件较好，水泥质量基本能保证，因此可以大大减少损耗。

砂、石运输不用包装、在中转或运送过程中散失很大，如果工地规模小而分散，那么损耗量就无法统计了。预拌混凝土所用砂石采用集中堆放，中转次数少损耗也小。根据常州施工部门的估算，可降低 10%左右。

（二）施工现场不需另设堆场与搅拌设施

混凝土在工厂预选搅拌好，然后运到工地，在施工现场毋需再设水泥、砂、石仓库，也不另设混凝土搅拌机以及搅拌混凝土所需的动力与水源，节省了施工部门的现场设施费用（上海每 $1m^3$ 堆放收费 0.15 元）。

（三）提高混凝土质量

混凝土的配合比是根据实际需要的强度、坍落度或其他性能设计的，预拌混凝土站对原材料的质量控制比较严格，原材料计量比较精确，搅拌比较均匀，预拌混凝土的质量与现场搅拌的相比会有较大幅度的提高。常州预拌混凝土供应站的混凝土试块出厂强度保证率达到90%左右。离散系数 $C_v=0.07\sim0.15$；标准偏差 $\sigma=2.5\sim4.0$MPa，按数据统计分类属优良级；一般工地现场搅拌的混凝土的 $\sigma=6.1\sim8.6$MPa，$C_v=0.27\sim0.32$，由此可见，工程使用预拌混凝土，施工部门是愿意采用的。

（四）有利于掺加外加剂和混合材

混凝土掺加外加剂与混合材，不但可以节约水泥，还可以改善其技术性能，因此国外已经将外加剂与混合材作为混凝土的第五组分。

在现场搅拌混凝土，原材料计量不准，外加剂与混合材掺法不当或搅拌不匀，掺加以后非但起不到应有的作用，反而会导致混凝土质量下降，这是我国未能在混凝土中大幅度掺加外加剂与混合材的症结所在。预拌混凝土采用集中搅拌，计量准确，搅拌均匀，这就为合理掺加外加剂和混合材创造了有利条件。

（五）有效利用混凝土搅拌设备

现浇混凝土采用分散搅拌机，每个工地都要备有混凝土搅拌机，不但设备利用率低，而且能耗大。常州市每年现浇混凝土量为8～10万 m^3，以前需要配备60台混凝土搅拌机，推进预拌混凝土后，仅配备2台750L混凝土搅拌机，年产量可达5万 m^3，按常州市预拌混凝土站的资料，搅拌机的设备利用率对比，见表72-47。

搅拌机的设备利用率对比　　表72-47

	江苏省建委规定指标	常州市建工局系统现浇工地	预拌混凝土供应站	预拌与现浇混凝土的比率（%）
设备利用率（%）	50	58.9	81	137.5
设备完好率（%）	88	92.5	98.7	107
单机单产能力（m^3/年）	4560	4996	10000	200

（六）产品成本低

产品成本一般是由直接费、间接费和运输费组成。直接费由材料、设备、动力和人工等费用组成，可按理论消耗与实际消耗两种情况计算。间接费是产品制造过程中所需的各种管理费一般按直接费的百分数计算。运输费一般按定额计算。在混凝土的成本中，材料费一般占到70%左右，因此降低混凝土成本的关键在于降低材料费用。常州预拌混凝土站通过两年来的实践表明：砂、石损耗降低10%左右，水泥降低3%～5%左右，仅此两项就可降低成本10%左右。该站1981年1～9月每1m^3混凝土实际成本为61.17元，扣除运输费5.76元、机械费2元、人工费0.73元、管理费6.5元，每1m^3混凝土的材料费为50.3元。江苏省建安设计预算定额规定：C20混凝土材料费为51.89元；C25为56.81元；C30为58.99元。取其平均值55.89元。目前一般施工工地由于管理水平与现场条件限制，材料损耗高，实际成本大于定额。而预拌混凝土的材料费则可比定额降低10%左右。

混凝土的机械设备摊销费包括固定资产折旧和设备维修、保养等项费用。固定资产折旧还没有统一计算方法，上海过去按10年折旧，现在按千分之五折旧。根据上海宝钢工地混凝土搅拌站每1m^3预拌混凝土摊销费为2.42元，占成本3%～4.3%；常州预拌混凝土供应站为2元，占混凝土成本3.3%。虽然现浇基础混凝土的机械设备摊销费定额为1.28～1.94元，但这是由于预拌混凝土站集中搅拌后机械设备有所增加造成。如考虑预拌混凝土机械设备利用率大大提高，相应摊销费就会减小。目前常州预拌混凝土的机械设备利用率为现浇混凝土定额的 1.62 倍，因此每 $1m^3$ 混凝土的设备摊销费就只有 1.23 元，这样预拌混凝土的实际机械费可低于现浇混凝土的机械摊销费。

预拌混凝土的劳动生产率高，因此它的人工费要比现浇混凝土低。按定额规定每立方米混凝土全部工时的 40% 为生产混凝土的工时，则现浇混凝土为 1.43 ~ 3.30 元。上海宝钢工地混凝土搅拌站的人工费为 0.35 元，常州预拌混凝土站的人工费为 0.73 元。由此可见，预拌混凝土的人工费可降低 50% 以上，随着预拌混凝土生产效率的提高，人工费的降低幅度越显著。

关于预拌混凝土的运输费用，目前常州预拌混凝土站根据当地条件，通过测算，运输半径按 7.5km 计算，每 $1m^3$ 运输费为 5.76 元，约占预拌混凝土总价格的 9%。这个价格比专业运输单位取费标准低 25%。即使如此，由于运输车辆集中使用，统一调度，使平均车班达到行程 63.2km，装载量达 34t。按定额 3.5t 重自卸汽车班费为 65.45 元，则每 t 运输费仅 1.93 元，每 $1m^3$ 混凝土仅 4.80 元，现行的每 $1m^3$ 运输费取 5.76 元，仍是有利可图的。

预拌混凝土的间接费是根据直接费的百分率计算。

通过以上分析，无论从材料的损耗、设备的利用情况，以至成本分析，都可以看出预拌混凝土要比现浇混凝土有不少优点，更重要的是预拌混凝土能保证质量，因此微观技术经济效益是明显的。

二、宏观经济效益分析

（一）有利于建筑工业化的发展

向建筑工业化过渡，目的在于把建筑业的手工操作的小生产方式逐步转变为机械操作的大生产方式。预拌混凝土发展是能够适应建筑工业化的要求的。随着国民经济的调整，城乡住宅建设规模将会继续扩大。如果每年建筑面积为 8000 ~ 10000 万 m^2，每 $1m^2$ 建筑面积按耗用混凝土 $0.1m^3$ 计算，则混凝土每年用量为 800 ~ 1000 万 m^3，采用现浇混凝土的方法，需要搅拌机 6000 台。要是建造 1 个 2 台 750L 搅拌机的年产 5 万 m^3 的预拌混凝土站，就可少用 30 台 375L 搅拌机，节约设备投资 30 万元，还可降低人工费用和劳动强度。

（二）有利于水泥生产和混凝土技术的发展

水泥是短线材料。到 20 世纪末，水泥必然会由于大幅度增产而出现包装问题。目前世界上一些工业较发达的国家，水泥散装的比例都在 80% 以上，只有少数水泥采用袋装。我国近年来散装水泥有了较大进展，但其用量仍只占水泥总用量的 14%。把大部分混凝土从现场搅拌改为预拌混凝土站集中搅拌，那么散装水泥的推广问题就可以从根本上得到解决。

增产水泥的途径一方面靠增产水泥熟料，另一方面是靠掺加混合材和外加剂，由于预拌混凝土搅拌站有条件对混凝土质量控制严格，可以根据实际工程对混凝土强度或其他性能要求掺加适量的外加剂，这样就可以充分发挥水泥熟料的作用。例如上海的 1 个搅拌站在商品混凝土中掺加 $35kg/m^3$ 的粉煤灰代替部分砂子，不仅降低了混凝土成本，还利用了工业废料。

为了进一步提高预拌混凝土技术，要加强对新鲜混凝土与早期混凝土性能的研究，这就对混凝土技术的发展提出了新的课题。

（三）推动混凝土管理科学的发展

日前，建筑施工部门对混凝土的生产与使用是不够重视的，现场搅拌，往往缺乏严格的管理制度和计量条件。而混凝土作为预拌出售，首先存在着供需双方的经济技术责任与经济核算关系，相互之间要有合同加经济制约；其次，混凝土搅拌之后，要在一定的时间内运到工地并注入模内，否则水泥结硬就会使工程造成损失，因此产品供应的计划性很强；第三，从生产到使用整个过程要有严格的管理制度，产品出厂前要定期抽样检验强度的和易性，以确保产品质量。

（四）有利于改善城市环境卫生

现场搅拌混凝土时，不但要有供砂、石的堆放场地和水泥仓库，并且在材料装卸时，灰尘飞扬，严重影响环境卫生。

我国旧城市改建任务繁重，各大、中城市街道狭窄，行人拥挤，再加上堆放在工地附近的砂石，影响市容，还会使排水的沟渠阻塞。因此，建筑工地在现场搅拌混凝土是城市污染三大来源之一。预拌混凝土毋需在现场设砂、石堆场和水泥仓库，还可以利用工业废料，这些都会给城市环境卫生带来好处。

综上所述，尽管预拌混凝土在微观经济与宏观经济上都各有明显的效益，但由于我国基本建设管理体制的影响与推行过程中的一些具体的技术管理问题，要普遍推行预拌混凝土会遇到一些阻力。首先，水泥是国家统配的短线材料，投向市场的数量很少，大都是随着建设项目分配材料，因此要解决水泥来源的渠道问题；其次，在现场拌合混凝土对质量控制不重视已形成习惯，而且施工单位往往是施工进度随用随拌，而预拌混凝土从搅拌到浇注的时间是有严格要求的；第三，预拌混凝土的原材料质量、计量装置、配料控制、搅拌与运输设备各有其特殊的要求；第四、确定合理的商品混凝土的价格、税收和利润。这些问题有的要通过宏观领域经济管理体制的改革来解决，有的要通过试点或科研工作摸索经验，提出一整套适合我国国情的商品混凝土实施方案，采用有效措施和质量管理制度，对于有些在部门之间，供需之间出现的矛盾也要从整体利益出发加以解决。今后，为了加速预拌混凝土在我国普遍推广，要在实践中不断完善微观经济改革的办法和措施，同时要加快经济改革的步伐。只有这样，预拌混凝土才能在国民经济建设中取得突破。

第七十三章　绿化混凝土

(Afforstation Concrete)

绿化环境已越来越受到人们的重视。混凝土结构已成为城市建设的主导结构。为绿化环境，混凝土结构物已成为环境绿化技术的一个新领域。

混凝土结构物的绿化技术，主要有三个方面：即①屋面、墙面；②道路特殊空间；③混凝土直接绿化。对混凝土结构绿化可以带来良好的物理与生态效果。诸如温度控制、大气净化、防风、防灾、缓和噪声、维持生态等。最近最引人注目的一项混凝土技术是一种结构本身就有利于植物生长的绿化多孔混凝土。这项技术的开发，对河川护岸、周围环境景观协调、保持生态等很具实用价值。

第一节　概　述

绿化混凝土（Afforstation Concrete）是指能够适应绿色植物生长、进行绿色植被的混凝土及制品。绿化混凝土分为环保型绿化混凝土和随机多孔型绿化混凝土。

一、性能特点

绿化混凝土是一种连续孔隙硬化体，孔隙内填有保水材料、肥料、种子。多孔混凝土内的孔隙即是保水材料、肥料和种子的填充空间，也是植物的生长空间。绿化多孔混凝土的技术性能见表 73-1。

绿化多孔混凝土的技术性能　　表 73-1

质　量 (kg/个)	空隙率 (%)	抗压强度 (MPa)	弯曲强度 (MPa)	保水率 (%)	吸水率 (%)	透水系数 (cm/s)
22	30.0 以上	10.0 以上	18.0 以上	31.6	12.8	2.37×10^{-5}

绿化混凝土用于城市的道路两侧及中央隔离带、水边护坡、河川护岸、屋顶花园、停车场等部位，可以增加城市的绿色空间，调节人们的生活情绪，同时又能够吸收噪声和粉尘，对城市气候的生态平衡也起到积极作用，是符合可持续发展原则、与自然协调、具有环保意义的绿色混凝土材料。

混凝土与适于绿化的土壤差别很大；混凝土的孔隙率约为 4%，pH 值约 13，有效水分 1%以下，肥料成分为 Ca，抗压强度在 18MPa 以上；而土壤中的孔隙率为 40%～60%，pH 值为 4.5～8，有效水分在 10%以下，肥料成分除 Ca 以外，还有 N、R、K 等。绿化混凝土作为绿化材料，与土壤相比，除强度占有优势外，尚需克服的主要缺点是：为便于植物生根、发芽，要有确保吸水性的孔隙；pH 值过高，有碍植物生长；维持植物生长的必要水分过少；肥料成分不足。为克服以上缺点，因而开发出一种绿化混凝土。

二、发展趋势

20 世纪 90 年代初期，日本最早开始研究绿化混凝土并申请了专利。当时主要针对大型土木建设工程，例如，为了修筑道路、大坝、人工岛等，需要开挖山体，破坏自然景观，同时产生大面积的人造混凝土平面和水边护坡等部位，需要进行绿化处理。随着人类对环境和生态平衡的重视，混凝土结构的美化、绿化、人造景观与自然景观的协调成为混凝土学科的又一个重要课题。在此背景下，日本混凝土协会成立了混凝土结构绿化设计研究委员会。从混凝土结构物的绿化施工方法、评价指标等多方面进行了系统的研究和开发。因此，绿化混凝土在日本得到了广泛的应用，从城市建筑物的局部绿化、近水、护岸工程到道路、机场建设等大型土木工程，均考虑了绿化措施。

三、应用范围

近年来，我国城市建设速度加快，城区被大量的建筑物和混凝土的道路所覆盖，绿色植被面积明显减少，因此，形势逼人，人们开始重视混凝土结构物的绿化问题。到目前为止，孔洞型绿化混凝土块体材料，已经常用于城市广场、停车场，而对于郊外大型土木工程的施工，绿化问题则考虑得较少。为了修复道路或水坝等破坏了的自然景观，我国有关科研单位和企业几经研究和实践，研制出了能长草的环保型绿化混凝土护砌材料。经专家们的鉴定，该研究开发的环保型绿化混凝土成果已达到国际先进水平。因此积极地开发、完善研究应用绿色混凝土是将混凝土向环保型材料发展的一个重要方向。

第二节 绿化混凝土配合比设计

一、原材料组成

到目前为止，绿化混凝土共开发了三种类型，其基本结构和材料组成如下：

（一）孔洞型绿化混凝土块体

孔洞型绿化混凝土块体制品的实体部分与传统的混凝土材料基本相同，只是在块体材料的形态上设计了一定比例的孔洞，为绿色植被提供生长和存在的空间。

施工时将块体材料拼装铺砌，形成部分开放的地面。由这种绿化混凝土块铺筑的地面有一部分面积与土壤相连，在孔洞之间可以进行绿色植被，增加城市的绿色面积。这类绿化混凝土块适用于停车场、广场、步行街、城市道路两侧树木之间。但这种地面的连续性较差，且只能预制成制品进行现场拼装，不适合大面积、大坡度、连续型地面的绿化。目前，这种产品在我国城市已逐渐推广应用。

（二）多孔连续型绿化混凝土

连续型绿化混凝土以现浇多孔混凝土作为骨架结构，内部存在着一定量的连续孔隙，为混凝土表面的绿色植物提供根部生长、吸收养分的空间，这种混凝土的结构如图 73-1 所示。这种混凝土的构件也已问世，并颇受人们青睐。

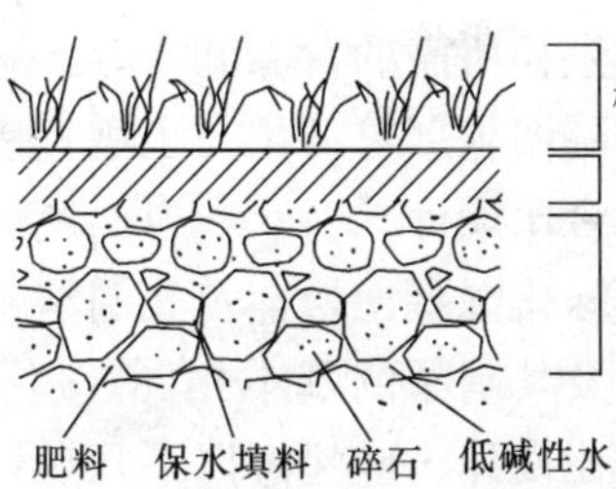

图 73-1 绿化混凝土的结构

多孔连续型绿化混凝土由以下三部分组成：

1. 多孔混凝土骨架

由粗骨料和少量的水泥浆体或砂浆构成绿化混凝土的骨架。一般要求混凝土的孔隙率达到 18%～30%，且要求孔隙尺寸大，孔隙贯通，有利于为植物的根部提供足够的生长空间，肥料等营养填充在孔隙中，为植物的生长提供养分。由于内比表面积较大，可在较短龄期内溶出水泥混凝土内部的氢氧化钙，从而降低混凝土的碱性，有利于植物的生长。为了促进碱性物质的快速溶出，可在使用前放置一段时间，利用自然碳化作用降低碱度，或掺入高炉矿渣、煤渣等掺合料，利用火山灰质与水泥水化产物的二次水化减少内部氢氧化钙的含量，也可以使用树脂类胶凝材料代替水泥浆。

2. 保水性填充材料

在多孔混凝土的孔隙内填充保水性的材料和肥料，植物的根部生长深入到这些填充材料之内，吸收生长所必要的营养和水分。如果绿化混凝土的下部是自然的土壤，保水性填充材料能够把土壤的水分和养分吸收进来，供植物生长所用。保水性填充材料由各种土壤的颗粒、无机的人工土壤及吸收性的高分子材料配制而成。

3. 表层客土

在绿化混凝土的表层铺设一薄层客土，为植物种子的发芽提供空间，同时防止混凝土硬化体内的水分蒸发过快，并供给植物发芽后初期生长所需的养分。为了防止表层客土的流失，通常在土壤中拌入胶粘剂，采用喷射施工将土壤浆体粘附在混凝土的表面。

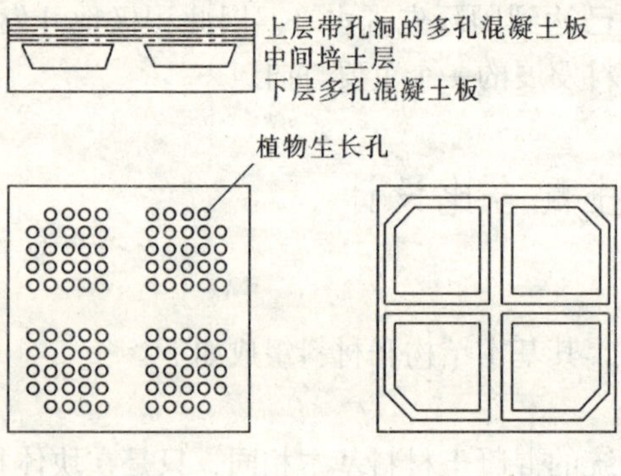

图 73-2　孔洞型多层结构绿化混凝土

这种连续型多孔绿化混凝土适合于大面积、现场现浇施工的绿化混凝土工程，尤其是用于大型土木工程之后的景观修复以及新环境艺术景观的实施等。作为护坡材料，由于基体混凝土具有一定的强度和连续性，同时又能够生长绿色植物，采用这种绿化混凝土实现了人工与自然的和谐统一。

（三）孔洞型多层结构绿化混凝土块体

这是一种采用多孔混凝土并施加孔洞、多层板复合制成的绿化混凝土块体材料，如图 73-2 所示。

上层为孔洞型多孔混凝土板，在多孔混凝土板上均匀地设置直径大约为 10mm 的孔洞，多孔混凝土板本身的孔隙率为 20%左右，强度大约为 10MPa，底层是不带孔洞的多孔混凝土板，孔径及孔隙率小于上层板，作成凹槽型。上层及底层复合，中间形成一定空间的培土层。上层的均布小孔洞为植物生长孔，中间的培土层填充土壤及肥料，蓄积水分，为植物提供生长所需的营养和水分。这种绿化混凝土制品多数应用在城市楼房的阳台、女儿墙顶部及院墙顶部等部位与土壤直接相连的部位，增加城市的绿色空间，美化环境。

二、配合比设计

孔洞型绿化混凝土块体及孔洞型多层结构绿化混凝土块体的配合比设计和制作方法与普通混凝土及其制品的基本相同。多孔连续型绿化混凝土是以透水性混凝土作为基本骨架，其配合比设计，应注意以下几点：

（一）水泥选择

选择水泥时应尽量选择低碱性的水泥，可以使用普通硅酸盐水泥、矿渣硅酸盐水泥、粉煤灰硅酸盐水泥等，但需要采取措施降低游离石灰的溶出，以不对动、植物产生影响同时也不致使耐久性下降为宜。为此，最好使用硅酸钙（C_3S 和 C_2S）含量少的水泥或掺加火山灰质混合材的水泥。

（二）骨料选择

1. 骨料粒径

要合理选择骨料粒径。为了使植草能够在混凝土孔隙内生根发芽并穿透至土层，要合理选择骨料粒径，保证有一定的内部孔隙率、表面孔隙率。表面孔隙率小时，混凝土强度较好，对地面防护效果亦好，但植物材料不容易填充，草的成活率低；表面孔隙率过大时，容易产生直贯性孔隙，混凝土强度较低，影响混凝土对地面的防护功能，但草生长环境较好。

2. 骨料级配

粗骨料级配一般选用单一粒级。如 10~20mm 或 20~31.5mm 最佳。

（三）水灰比和骨灰比选择

要合理控制水灰比（W/C）和骨灰比（G/C）。选择合理的水灰比和骨灰比，保证绿化混凝土具有相互贯通的孔隙，以利于植物根系生长，具有良好的耐久性，可防护地面不被草根膨胀而导致破坏。

第三节　绿化混凝土的施工技术

一、施工准备工序

绿化混凝土主要施工准备工序：

制作透水性混凝土或构件→孔隙内碱性水环境改造→植物生长材料的选择和充填→植草选择和播种。

二、施工准备要点

（一）制作透水性混凝土和构件

用专用混凝土生产设备制作透水性混凝土或构件。透水性混凝土配制方法参见透水性混凝土。

（二）碱性水环境改造

改造孔隙内碱性水环境是制作绿化混凝土的关键问题之一。根据有关专家的实验研究，在温度38℃下28d时，硅酸盐水泥中的 $Ca(OH)_2$ 有 86%~97%释放出来，其中有45%~85%是在前几个小时内释放出来的。经过较长时间的暴露后，硅酸盐水泥硬化浆体仅保留15%的 $Ca(OH)_2$，混凝土初凝后，采用特殊方法，能减少孔隙间水泥表面可溶性碱量。辅以填充偏酸性植物生长材料，可在短时间内，改善孔隙间的碱性水环境。

（三）植物长生材料的选择和充填

填充的植物生长材料应当提供草在发芽、生长初期及在数年生长期内的养分与水分，减少残留碱性水环境对草根的不利影响。植草品种多数为多年生植物，必须为草提供当年以及今后数年生长期内所需要的缓释肥。为提高缓释程度与绿化混凝土的绿色程度，选择了动物角蛋白类，这种动物角蛋白每100g含氮16.3g，包含有18种氨基酸。

当绿色混凝土的护砌厚度在15~20cm时，可采用在护砌材料下面提供缓释肥的办法，即铺设营养型无纺布。在无纺布表面覆上一层角蛋白纤维，既起到反滤作用，又作为向植物提供营养物的载体。草根穿透无纺布后，可将大孔隙透水性混凝土、无纺布一道锚固在被保护土上，提高整体护砌效果。

（四）植草选择和播种

对于城区堤防、河川等有美化环境要求的防护工程，可采用草坪草，虽然草好、养护费用较高，但环境应较好；对于无特殊美化要求或保持大自然状态的防护工程，宜采用自然生长草。对多种草坪草在绿化混凝土上进行生长实验，紫羊茅、早熟禾品种表现出很好的耐碱性和耐寒性，在 −7～9℃时仍郁郁葱葱，但耐热性均有不足，特别是混凝土表面温度一般超过 40℃，孔隙浅层温度 35～38℃时，植草在生长初期易产生热休眠现象，生长缓慢。

考虑到自然环境下植草品种的多样性，也选用了多样野生花草进行种植研究。稗草、车前草、蒲公英、波斯菊、芍药花、马莲草、无名野蒿草等均能生长。

播种方式试验了平面覆土播种法、凹面覆土播种法、预埋播种法、草坪卷铺法等，平面覆土播种法制作便利，发芽率较好，有一定抗冲刷能力，可向孔隙内自行补给部分土壤，有一定抗晒能力，但在一定坡度遇大雨时草籽易被冲刷；凹面覆土播种法发芽率、成活率均较好，抗冲刷能力较强，土壤补给能力佳，抗晒能力较好，但凹面制作比较难控制；预埋播种法能够使草在混凝土孔隙深处发芽，耐践踏，但草籽用量大，后期营养容易接续不上，使得成活率较低；草坪卷铺法种植简单，成活率高，但造价较高，根须穿透能力不强。

三、施工工艺流程

绿化混凝土的铺设具体施工工艺流程：

坡面或平地修整→铺设营养型无纺布→摆放绿化混凝土构件或现浇透水性混凝土→铺设薄土层→播种及铺盖草帘→浇水养护→撤除草帘→浇水至苗壮。

第四节 绿化混凝土的技术性能指标

一、植物生长功能

绿化混凝土最主要的功能是能够为植物的生长提供可能。为了实现植物的生长功能，就必须使混凝土内部具有一定的空间，充填适合植物生长的材料。因此，绿化混凝土应满足如下要求：

（一）孔隙率

混凝土的孔隙率主要决定植物根系的可生长空间。为保证植物生长，通常在 20%～30%左右。

（二）贯通性

绿化混凝土孔隙间相互的贯通程度。决定着植物根系的发育扩展及获得养分补给的能力。但绿化混凝土不应有直贯型孔洞，以免土壤流失。不产生直贯孔洞的条件建议为：

$$D \leqslant 0.37h$$

式中 D——骨料平均粒径（mm）；

h——构件厚度（mm）。

（三）最小厚度 t_{mm}

最小厚度要保障植物根系最小生长空间。在混凝土上下为岩石、不可耕种土壤有防渗要求时，建议

$$t_{mm} \geqslant 100/(k \times b)$$

式中　t_{mm}——最小厚（mm）；

b——孔隙率（%）；

k——充填系数，一般为0.8~0.9左右。

当绿化混凝土厚度不能达到上述要求时，可增加局部填充土量来增加土层的等效厚度。

复合多孔型绿化混凝土上、下为可耕作土壤时，可按有关设计规范计算厚度。

（四）有效孔径

可定义为绿化混凝土表观孔径，体现可充填营养土能力，影响植物根系发育，建议

$$Q_g \approx 0.26D$$

有效孔径不宜过小，一般在8~10m为宜。

二、力学强度

绿化混凝土的抗压强度取决于骨灰比、骨料品种、粒径的选择与配比、振捣程度等，由于绿化混凝土具有较高的孔隙率，所以其抗压强度较低，一般基体混凝土抗压强度在2.0~20MPa之间。软基上的绿化混凝土厚度小于150mm时，较大的抗压强度指标并无意义。此时，绿化混凝土的承载能力主要取决于骨料间的粘结强度，一般为数兆帕。

三、胶凝材料的种类

普通硅酸盐水泥水化之后，pH=12~14，植物难以生长，这是长期以来绿化混凝土未能在我国推广应用的主要原因，用高炉B、C型水泥制作的绿化混凝土，其表面pH值为9，孔隙内充填pH=5.5~6.5的苔藓类土，使孔隙内pH=7~8，植物可以生长，我国有关专家通过对普通硅酸盐水泥或复合硅酸盐水泥孔隙内碱性水环境的形成或表现形式的试验与分析，结合化学、物理、农艺、结构、土壤化学、生物化学等方式，根据研究中提出的元素形态转变、离子动态平衡、分子筛效应等理论，采用特定的改性剂等十几种方法，不仅使硅酸盐水泥绿化混凝土孔隙内水环境的pH降低到7~7.5，而且增加了缓冲容量，将有害元素转化为有利植物生长和提高混凝土耐久性的材料。

四、表层客土

为了使植物种子最初有栖息之地，表层客土不应少。一般表层客土的厚度为3~6cm。绿化混凝土必须提供可行的播种、补种、复种作业条件，并使各种适用植物均能发芽生长，并具有如下特性：

（一）附土性

附土性指绿化混凝土表面附着土壤的能力。绿化混凝土表面应有较大粗糙度，亦可在表面敷设三维植被网。

（二）滞土性

滞土性指绿化混凝土表面滞留土壤的能力。采用凹面复合多孔型绿化混凝土、加高方块边框滞土。

（三）保土性

保土性指绿化混凝土保留孔隙内充填土的能力。绿化混凝土自身的反滤保土能力按下式计算：

$$D/d_{s0} = 9 \sim 20$$

式中 d_{s0}——为被保护土特征粒径（mm）。

对 $d_{s0}<1$mm 的被保护土，在铺设厚度较大（一般宜超过 300mm）时，可采用不同级配的骨料分层浇筑，或在底层铺设高纤维（$d_{tex}>10\sim15$mm）土工布。

五、耐久性

（一）植物生长情况实验

实验工程于 1994 年 5 月在西安市郊某河河堤进行，施工面积 82m²，河堤坡度为 20%，选用的植物为肯塔基早熟禾（Kentucky blue grass）、立文斯牛毛草（Chewing fescue）和狗牙草（Beermuda grass）。作为管理条件，既不需要洒水，也不需要追肥，并按过去的习惯方法进行割、烧，经过 38 个月异常气候的严峻环境，对植物进行长期观察表明：施工一个月以后，种子发芽良好，长出绿化混凝土面 1～2cm；3 个月后植物长出 40～60cm，绿化混凝土护坡砌块几乎已隐而不显；11 个月后，过了冬季，过火的草正在出芽；15 个月后植物的长势比邻近铺的草更丰盛；22 个月后，又过了冬季，还是过火的草正在长出绿化多孔混凝土的表面；27 个月后，矮草衰退，大半是原来种植的矮棘，长草茂盛；35 个月后，过冬季，并过火（烧），大部分原来种的植物仍在开始长出绿化多孔混凝土表面；36 个月后，于 27 个月的情况相同，大半都是原来种植的矮棘且长势繁茂。

（二）耐久性实验

如以上长期观察所得，虽然异常气候、过火（烧）和刀割所处环境条件严酷，但近两年的草长势仍繁茂，两年后，因过火、刀割，一些飞来附着的自然植物的种子也长出了绿化多孔混凝土表面，原来种植的矮棘也同样繁茂。

再根据施工后 26 个月的绿化混凝土取样，（10cm × 10cm）与施工时保存下来的同一制品［保存室温（20 ± 3）℃］相比较，可以确认绿化多孔混凝土未发生劣化。实验结果见表 73-2 所示。此外，通过试件取样还可以确认，草根通过绿化多孔混凝土已深入基土。

绿化多孔混凝土耐久性实验经过 **表 73-2**

试件 NO	1	2	3	4	5	6	7	8	平均值
保存试体（MPa）	13.3	13.9	12.6	13.1	12.5	11.9	12.8	13.0	12.88
施工试体（MPa）	12.9	13.2	13.7	12.7	13.0	12.5	13.0	12.1	12.85

通过对绿化多孔混凝土进行长期的追踪调查研究，作为园林景观的一种素材，特别是为了提高河川、水坝的景观与生态系统，正在进行进一步设计和技术开发。

由于绿化混凝土具有较多、较大的孔隙，所以用于寒冷地区要进行抗冻性试验。目前国际上采用 ASTMC666 中的 A 法（水中冻结水中溶解法）和 B 法（气中冻结水中融解法）等抗冻试验方法进行冻融循环试验。

第五节　透水性绿化混凝土

伴随着城市建设的发展,城内道路混凝土开始向步行道的路面发展。过去传统的城市步行道有以下几类:①烧结型步道砖铺砌的路面;②水泥混凝土砌块型步道砖路面;③普通水泥混凝土路面;④石材铺砌路面。上述四种路面材料除黏土烧结型步道砖外,其余三种材料均有一个共同的缺点:即透水性差。这一缺点不仅导致雨天路面易积水,影响行人行走,而且雨水几乎全部通过下水口从下水道泄走,不对路面的树木、花草进行自然浇灌。这不仅不利于绿化,而且浪费了大量本可以利用的水资源。而黏土烧结型步道砖虽然具有一定的透水性,但透水量很少,耐磨性差,且生产该种砖浪费了大量良田土地资源,生产能耗高,对环境污染大。现在,它已经和普通黏土烧结砖一起被国家列入明令限用、禁用范围。

20世纪80年代，美国、英国、日本等发达国家开始研究透水性混凝土路面材料，并取得初步成效。最近几年，我国一些科研院（所）已研究出一种专门用于步行道使用的透水性混凝土和透水性混凝土步道砖。该混凝土砖以水泥、砂、石子为主要原料，再经配合比调整及特殊的制备工艺，配制出一种具有较强透水性的混凝土和制品。目前，透水性混凝土已在国内一些城市开始使用，并将适当推广。

一、名称及定义

（一）英文名称：Permeable concrete

（二）定义

选用优质水泥和合理级配的砂、石子与拌合水，再经配合比调整及特殊制备工艺配制出的具有较强透水性的混凝土，称之为透水性混凝土。这种混凝土最适用于城市步行道路，故又称步行道混凝土。

（三）技术特点

1. 优点

(1) 雨水能够迅速地渗入地表还原成地下水，使地下水资源得到及时补充。

(2) 提高地表的透气、透水性，保持土壤湿度，改善城市地表生态平衡。

(3) 吸收车辆行驶过程中产生的噪声，创造安静舒适的交通环境。而且雨天尚能防止路面积水和夜间反光，改善车辆行驶以及行人行走的舒适感与安全性。

(4) 透水性路面材料具有较大的孔隙率，能蓄积较多的热量，有利于调节城市地表的温度和湿度，消除近几年来日益出现的“热岛现象”。

2. 缺点

(1) 与密实的水泥混凝土道路相比，其本身抗压强度和抗折强度较低。

(2) 对路基基础要求较高，其基础高度必须能达到蓄水和渗水的要求。

（四）技术分类

透水性混凝土主要有三种类型：水泥透水性混凝土、高分子透水性混凝土和烧结型透水性制品。

1. 水泥透水性混凝土

水泥透水性混凝土是以硅酸盐系列水泥为胶凝材料，采用单一粒级的粗骨料，不用或少用细骨料配制的多孔混凝土（或无砂大孔混凝土）。这种混凝土强度较高（由于形成“内拱结构”）、成本低、制作简单、耐久性好，适用于用量较大的道路铺筑。但由于含有较多的连通孔隙，提高其强度及耐久性、抗冻性是技术的关键。

2. 高分子透水性混凝土

高分子透水性混凝土是采用单一粒级的粗骨料，以沥青或其他高分子树脂为胶结材料而配制的透水性混凝土。这种混凝土强度高，成本也高。由于对温度变化敏感，耐候性差，易老化，使用较少。

3. 烧结型透水性制品

烧结型透水性制品是以矿物粒状物和浆体拌和，经压制成型和高温焙烧而成的具有多孔结构的砖块体材料。该块体材料强度高、耐磨性好、寿命长，但烧结过程需要消耗能量，成本较高，适用于用量较小而档次要求又较高的路面部位。

本节主要将介绍水泥透水性混凝土，简称透水性混凝土。

二、原材料组成

普通水泥透水性混凝土的组成材料包括水泥、骨料和水，必要时还按规定掺入少量的增强剂和减水剂等外加剂材料。

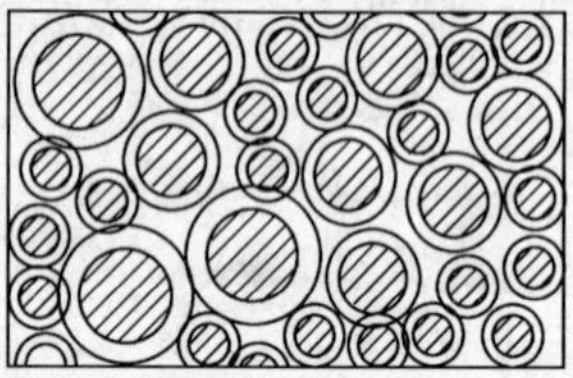

图 73-3　透水性混凝土内部结构模型

（一）水泥

由于透水性混凝土少用或不用细骨料，故可将其看做是粗骨料颗粒与水泥石胶结而成的多孔堆聚结构，即无砂大孔混凝土结构。凝结硬化后的透水性混凝土内部结构模型如图 73-3 所示。

从研究混凝土的结构破坏特征可以发现，水泥石与粗骨料界面的黏结强度往往是混凝土中最薄弱的环节。由于骨料的强度远高于混凝土的强度，因而结构的破坏常常发生在骨料界面间的水泥石层中。从而可以看出水泥的活性、品种、数量是决定混凝土强度的关键因素。所以，水泥透水性混凝土要采用强度较高、混合材料掺量较少的硅酸盐水泥或普通硅酸盐水泥，水泥的强度最好在 40MPa 以上。水泥浆的最佳用量以刚好能够完全包裹骨料的表面、形成一薄层均匀的水泥浆膜为适度，并以采用最小水泥用量为原则，因为过多的水泥用量会造成透水性的丧失，且增加成本。试验研究结果表明，通常水泥用量在 250 ~ 400kg/m^3 范围内。

（二）骨料

骨料包括普通骨料（卵石、碎石）和特种骨料，它们是透水性混凝土的结构骨架。骨料可以采用普通卵石、碎石，也可以采用浮石、陶粒等轻骨料，甚至可以选用废弃建筑物的碎砖、混凝土碎块等。骨料粒径的大小，应视透水性混凝土的结构的厚度和强度而定。通常骨料的粒径不宜过大。大于 20mm 的骨料应控制在 5% 以内，最大粒径不应超过 25mm。有时需要选用部分细骨料，但细骨料含量不宜太多。试验资料表明，骨料粒径愈小，骨料堆积的孔隙率愈大，且颗粒间的接触点愈多，配制的透水性混凝土强度偏高。

透水性混凝土的颗粒级配是决定其强度和透水性的主要因素之一。为了保证透水性混凝土的强度及透水功能，粗骨料通常采用粒径较小的单一粒级，如 10 ~ 20mm 或 5 ~ 10mm，对于碎石粗骨料除应满足强度和压碎指标要求外，碎石中针、片状颗粒含量应尽量减少，且石子的含泥量应不得大于 1%。

（三）外加剂

透水性混凝土除了采用砂、石子、水泥、水这四种基本材料外，通常还掺入一定量的外加剂。例如添加一定量的增强剂，有助于提高水泥浆与骨料间的界面黏结强度；添加一定量的减水剂，有助于改善混凝土成型时的和易性并同时提高强度；为了使路面更美观，通常添加一定量的着色剂；添加一定量的消石灰可增加水泥浆的黏性，提高施工时面层的平整度，另外其碱性对酸性雨有中和作用，也许能够提高混凝土的耐久性；冬期施工时可酌情采用硫酸钠、氯化钙等早强剂，以加速混凝土的硬化。

（四）拌合水

采用一般洁净的饮用水即可，一般情况下用水量控制在 80～120kg/m^3 范围内。

三、混凝土参考配合比设计

（一）原材料选择

1. 水泥

透水性混凝土一般采用硅酸盐水泥或普通硅酸盐水泥和复合硅酸盐水泥，也可用矿渣硅酸盐水泥或快硬水泥。为了提高混凝土的强度，可掺加一定量的高活性混合材料（如硅灰等）。一般选用 32.5 级以上高强度等级的水泥。

2. 骨料

骨料的级配是控制混凝土透水性的重要指标。若级配不良，则堆积骨料中含有大量的孔隙，透水系数大但强度降低；反之，虽然强度较高但渗透性却很低。配制透水性混凝土，对骨料的自身强度（抗压强度、抗折强度、抗拉强度）、颗粒形状（针状、片状含量）及含泥量等都有一系列要求。

3. 外加剂

外加剂包括高效减水剂和增强剂，两者的作用是在保持一定稠度或干湿度的前提下，提高颗粒间的黏结强度，进而提高制品的整体力学性能和耐磨性能。

（二）配合比参数确定

影响透水性混凝土和透水砖技术性能的因素有透水方式、材料密度、原材料性能、配合比、成型方法和养护条件等。而强度和透水性是对立的，在配合比设计时必须综合考虑。

1. 水灰比（W/C）的选择

水灰比（W/C）既影响透水性混凝土和透水砖的强度，又影响其透水性。对特定的某一骨料有一最佳水灰比。当水灰比（W/C）小于这一最佳值时，水泥浆过于干稠，混凝土拌合物和易性太差，水泥浆体不能充分包裹骨料表面，不利于透水性混凝土和透水砖强度的提高；反之，水灰比（W/C）过大，水泥浆可能把透水孔隙部分或全部堵死，既不利于透水，也不利于强度提高。具有代表性的水灰比（W/C）介于 0.25～0.35 之间。

2. 用水量的选择

透水性混凝土不做和易性试验，无需坍落度测试，只要目测判断所有骨料颗粒表面均形成平滑的水泥浆包裹层，而且包裹层有光泽、不流淌即可。对普通卵石、碎石骨料来说，一般用水量为 80～120kg/m^3。对透水性混凝土和透水砖的实际用水量，应根据其透水性及强度由试验确定。

3. 骨灰比（G/C）

水泥用量一定时，增大骨灰比（G/C），骨料颗粒周围包裹的水泥浆厚度减薄，增加了孔隙率，但透水性混凝土强度减小；相反骨灰比（G/C）减小，骨料周围的水泥浆层厚度增大，透水性混凝土强度提高，但孔隙率减小，透水性能下降。另外，小粒径骨料具有较大比表面积，为保持水泥浆体的合理厚度，小粒径骨料的骨灰比（G/C）适当比大粒径的小一些。通常，透水性混凝土和透水砖的骨灰比（G/C）在 3～6 之间。

4. 骨料用量

1m^3 透水性混凝土所用骨料总量取决于骨料堆积密度的数值，大致在 1200～1800kg。

其中主要是粗骨料，如果一定要用细骨料，细骨料用量控制在 0% ~ 20%以内。

5. 水泥用量

根据骨料的单位体积孔隙率，胶凝材料在骨料内的填充率一般为 25% ~ 50%。再根据水泥密度定出水泥用量。

四、施工技术和工艺

水泥透水性混凝土路面典型路基结构如图 73-4 所示。

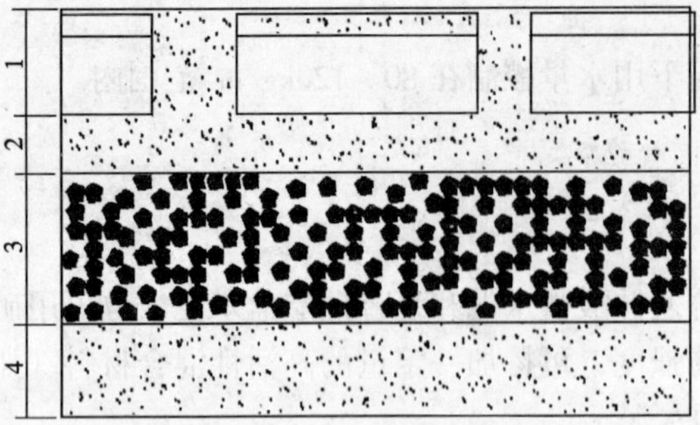

图 73-4　典型路基结构

1—透水砖（厚度 60mm 或 80mm）；2—砂层（厚度 30mm）；3—路基结构层（厚度 100mm 或 150mm）；4—砂层（厚度 50mm 或 100mm）

水泥透水性混凝土路面材料的施工工艺大致可分为搅拌、浇筑、振捣、辊压、养护等几个工艺阶段。

（一）搅拌工艺

透水性混凝土拌合物中水泥浆的稠度较大，且数量较少，为了保证水泥浆能够均匀地包裹在骨料表面上，宜采用强制式搅拌机，搅拌时间为 2 ~ 4min，其投料顺序有以下几种。

（1）将所有原材料一次倒入搅拌机，边加水边搅拌，搅拌 2 ~ 4min 后出料。

（2）采用预拌水泥浆法。这种工艺是首先拌制比需要量大 3 ~ 4 倍的水泥浆，然后将骨料与已拌好的水泥浆一起搅拌，保证每颗骨料上都包裹较多的水泥浆，再使这些骨料通过一个以一定频率振动的筛子，筛去多余的水泥浆，这样留在骨料表面的水泥浆恰好是所需要的。采用这种方法较先进，可以保证搅拌的均匀性，水泥浆的利用率也最大。

（3）先将粗骨料、水泥和水拌和，使水泥浆均匀地包裹在粗骨料表面，然后边搅拌边撒入细骨料，使其混入水泥浆体中，共同包裹石子表面，这种搅拌方法适于细骨料比较细的场合。

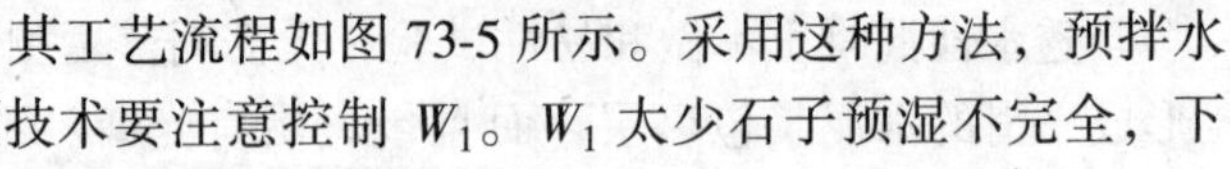

图 73-5　水泥裹石法工艺流程

（4）采用水泥裹石法（造壳法）。其工艺流程如图 73-5 所示。采用这种方法，预拌水（W_1）为总用水量的 8% ~ 10%。这项技术要注意控制 W_1。W_1 太少石子预湿不完全，下一步加水泥拌和时，形成不了包裹石子表面的水泥浆壳；W_1 太多则形成的浆壳很稀，易被第二次加水搅拌时冲刷破坏，所以要控制好 W_1 和两次搅拌时间。

（二）成型工艺

1. 浇筑

由于水泥透水性混凝土拌合物比较干硬，用一般的铺路机铺平即可。在浇筑之前，路基必须先用水湿润，其原因是透水性混凝土中的搅拌水量有限，如果路基材料再吸收其中部分拌合水，就会加速水泥凝结，减少用于路面浇筑、振捣、压实和接封的时间，并且快速失水会减弱骨料间的黏结强度。

2. 振捣

水泥透水性混凝土中的水泥浆量有限，只能包裹骨料颗粒，在浇筑过程中不宜强烈振捣或夯实。因采用高频振动器会使混凝土过于密实而减少孔隙率，并影响透水效果，所以宜采用低幅低频振动器。实现低幅低频振捣的途径有减少振动设备的荷重块质量、降低振动电机的振捣频率，或使用小型手扶式振动器。

3. 辊压

振捣以后，应进一步采用实心钢管或轻型压路机压实压平透水性混凝土拌合料，考虑到拌合物的稠度和周围温度等条件，可能需要多次辊压。但应注意，在辊压前必须清理辊子并涂油，以防粘结骨料。

（三）养护工艺

透水性混凝土由于存在着大量的孔洞，易失水，干燥很快，所以保湿养护非常重要。尤其是早期养护，要注意避免混凝土中水分大量蒸发，通常透水性混凝土拆模时间比普通混凝土短，其侧面和边缘容易暴露于空气中，所以应用塑料膜及时覆盖路面和侧面，以保证湿度和水泥充分水化。并在浇筑后 1d 开始洒水养护。若遇干热天气，可在浇筑后 8h 即可开始洒水养护，以免过早失水。洒水养护时，应在 2～3m 处用散射水喷洒，每天至少洒水 4 次。淋水时不宜用压力水直冲混凝土表面，这样会带走一些水泥浆，造成一些较薄弱的部位产生创伤。透水性混凝土的湿养时间应不少于 3～7d。

五、技术性能指标

（一）技术性能

目前，透水性混凝土的性能指标及测定方法各国还没有正式的标准规范，参见日本《多孔混凝土性能试验方法草案》，对道路或路面的透水性混凝土应进行总孔隙率、连通孔隙率、透水系数和抗压强度等项技术性能的测试，其试验方法规定如下：

1. 总孔隙率（P_1）和连通孔隙率（P_2）

总孔隙率（P_1）和连通孔隙率（P_2）的计算公式

$$P_1 = [1 - (m_2 - m_1)/V_1] \times 100(\%)$$

$$P_2 = [1 - (m_3 - m_1)/V_1] \times 100(\%)$$

式中　V_1——试件的外观体积（m^3）；

m_1——试件的饱和质量（kg）；

m_2——试件的干燥质量（kg）；

m_3——试件在自然状态下的质量（kg）。

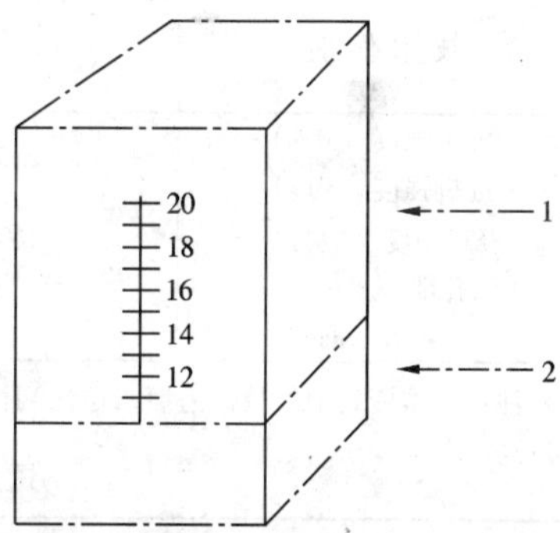

图 73-6　简易透水性测定装置
1—透明方框；2—混凝土试件

2. 透水系数（T）

透水系数有两种测定方法。比较简单的是采用如图 73-6 所示的简易透水性测定装置。透水系数分为变水位（T_1）和定水位（T_2）两种。其计算公式

$$T_1 = (160 \sim 140)/t_1 (\text{mm/s})$$

$$T_2 = 160/t_2 (\text{mm/s})$$

式中　t_1——当水面通过试件渗漏，下降到 16cm 时开始计时到水面下降至 14cm 时的时间（s）；

t——当水面通过试件渗漏，下降到 16cm 时开始计时到水全部渗漏完毕时的时间（s）。

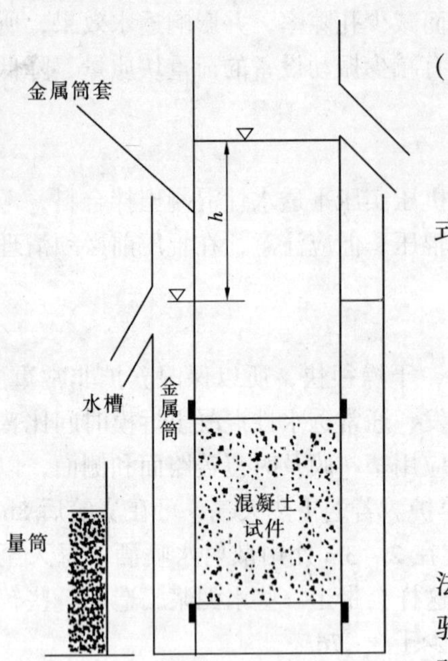

图 73-7　固定水位透水性测定

另一种透水系数的测定方法是固定水位透水系数（T）测定方法，其测定装置如图 73-7 所示。

其计算公式

$$T = (H/h) \times (Q/A \times \Delta t)(\mathrm{mm/s})$$

式中　H——混凝土圆柱体试件高度（mm）；

A——混凝土圆柱体试件断面积（mm^2）；

h——水槽出水口至套筒出水口之间的距离，即水位差（mm）；

Q——测定从水槽出水口流出的水量（mm^3）；

Δt——水量 Q 流出的时间（s）。

3. 强度及其他性能

抗压强度和抗折强度可参照普通混凝土的试验方法。对于寒冷地区的透水性混凝土要进行抗冻融试验。对耐磨性要求高的路面，有必要进行耐磨度试验。为了减少渗透水的碱性对底下土质的影响，必要时对透水性混凝土进行石灰溶出性试验。

（二）技术指标

这里以透水性混凝土路面砖为例，提供了有关技术性能指标，见表 73-3 和表 73-4，仅供参考。

透水性混凝土面砖物理力学性能　　表 73-3

技术性能	透水性混凝土	高透水性混凝土	
		日本国家资料	中国建筑材料研究院
抗压强度（MPa）	5～20	25～35	25～45
抗折强度（MPa）	1～4	4.5～6.0	4.0～6.0
表观密度（kg/m^3）	1600～2100	2000～2100	1950～2050
孔隙率（%）	5～30	15～20	—
透水系数（mm/s）	1.0～15.0	1.0～15	2.8～15.0

注：日本资料中的数据为恒水位法测得；中国建材研究院数据为变水位法测得。

透水性混凝土路面砖物理力学性能　　表 73-4

抗压强度（MPa）		耐磨性		孔隙率（%）		透水率（mm/s）	抗冻性（25 次）	
平均值	单块最小值	磨坑长度（mm）	耐磨度（%）	总孔隙率	连通孔隙率		质量损失 ≯%	强度损失 ≯%
≥35.0	≥20.0	≤28.0	≥1.9	≥25	≥15	≥1.6	3.0	20

注：本表是根据日本《多孔混凝土性能试验方法草案》及《混凝土路面砖》（JC/T 446—2000）有关资料得出。

第七十四章　其他特种混凝土

第一节　发光混凝土

发光混凝土是一种表面可发出磷光或荧光的混凝土，最先由德国迪尔公司制造成功，商品名为迪维特（Diwit）发光混凝土。发光混凝土其制造方法是在混凝土的表面层中配加能发出磷光和强烈荧光的材料，虽薄但薄层结构十分致密，有很高的耐磨性和耐污染性，即使稍有污染，经雨水冲刷或车辆行驶时的摩擦后又十分光洁。在黑夜无雾大气中，几百米外都能看到其在发光。

迪维特发光混凝土常用于标识街道上的人行横道、交通边线，特别是高速公路边线、中心线和转弯线以及地下室楼梯、防空室、隧道、地下通道等。在各大机场，通常用发荧光的混凝土标识飞机的着陆点、飞行跑道。一般机场应放置发射紫外光的装置，以便使发光混凝土发射出强烈的荧光。

据有关资料介绍，迪维特发光混凝土可用20余年，而且可以重复加以显激，这种发光混凝土曾在巴西、澳大利亚、瑞典、挪威等国采用，经受了冬天极冷和夏天极热的气候及冰雪的冻融侵蚀，未受到任何影响。

20世纪80年代，日本也研制成功一种新的发光混凝土，它是用5%～30%的发光物质（带硫化锌的颜料）、白色水泥、骨料、非常透明的大理石粉末、陶瓷粉末、玻璃粉末配制而成。为提高混凝土强度，再掺入脲烷系树脂等外加剂。这种混凝土只要与阳光、灯光、甚至红外线接触几分钟，就会吸收光线而“蓄光”，然后即使在无光处，也会于15min到1h内发光，光的颜色有红、蓝、绿、黄、象牙色五种。

这种混凝土持续耐久、无公害，与塑料发光相比，不燃、耐火性强，具有广泛的用途，如标识楼梯、门（特别是太平门）和引导避难、疏散、标识交通线，还可用于室内照明和铺设地下铁道、隧道等。

第二节　环保混凝土

环保混凝土即表面可以长出草及其他植物的混凝土。用这种新型混凝土构筑海堤和河堤，能起到保护生态环境的作用。

这种吸水混凝土内掺混有植物纤维，吸水量最多可达自身质量的35%，具有高度的浸透性。新型混凝土价格虽然要比普通混凝土高10%，但强度不变，而且质量减轻了约30%。研究人员用这种混凝土构筑河堤作试验，两个月后发现，混凝土表面长出了杂草和水草，还有螃蟹等水生动物栖息。

可保护生态环境的混凝土，除能用来构筑海堤和河坝外，还可用作建筑物墙壁和屋顶花园绿化设施等，在城市绿化、广场美化等方面有着广阔的发展前景。

第三节 智能混凝土

公路上的货车质量测量站相信在不久将来便可以被新发明的智能混凝土所取代。

据悉，美国水牛城的纽约大学机械和航空宇宙工程学的美籍华人钟博士（Deborah D. L. Chung）和另一位研究生，共同研究和发明了一种新的智能混凝土，可以用来建筑道路、桥梁和楼宇。用这种混凝土建造的公路，当车辆驶过后，便可以知道车辆的位置载量和速度。

智能混凝土是把混凝土用短的碳纤维强化，使混凝土的电阻因压紧力和压力而改变。由于碳纤维的电导能力较普通混凝土高，因此强化后的混凝土有高度的感应作用，只要量测电阻，便可以探测由压力所引起的紧力。在智能混凝土测试之前事先作出标定，便能确电阻和质量的关系。

智能混凝土的其他用途包括用来感应桥梁、公路结构或楼宇的震动。制造这种混凝土的成本会比普通混凝土的高30%，但这仍比在道路中埋设感应器便宜得多。

第四节 会呼吸混凝土

上世纪40年代，韩国的一座钢筋混凝土桥梁在汽车经过时突然断裂，结果连人带车坠入滚滚的江河中，造成了严重的人员伤亡。有人认为，如果桥梁在刚刚出现裂纹还没有断裂之前，自己能大呼“哎哟！救命呀!”向人们报警，提醒管理人员赶紧抢救，也许就有可能避免一次恶性事故；或者，桥梁更“主动”、更“自觉”一点，出现裂纹后自己能立即自动修补并加固如初，那也有可能避免桥毁人亡的惨剧。

美国一些桥梁专家正在研究能喊“救命”和自动修补裂纹的桥梁。美国伊利诺伊大学的建筑学家卡罗琳·德赖从90年代初开始了这项研究工作，他的思路是：在混凝土中埋入大量空心纤维，空心纤维中事先装有“裂纹修补剂”。当混凝土开裂时，空心纤维也会开裂，并流出修补裂纹的胶结剂，把裂纹牢牢焊在一起，防止裂纹进一步扩大。

上述这种智能材料称为“被动式”智能材料。美国的另一些桥梁专家则在研究一种主动式智能材料。他们的方法是在混凝土中埋入光导纤维或微型电子芯片和传感器，在桥梁出现问题是，能使桥梁自动加固。专家们认为，如果桥梁的某些局部受损，可使桥梁的另一些部分自动加固并承载重力，使桥梁总的强度不会降低。

随着电脑技术的迅速发展，现在完全可以制造出极微小的信号传感器及微电子芯片和计算机，把这些一一埋入桥梁材料中；而桥梁材料则用各种功能材料构成，例如用形状记忆材料或在电压作用下能够从液体变成固体而自动加固的压电材料；埋在混凝土中的传感器得到某部分出现裂纹的信号后，计算机就会发出指令，使事先埋入桥梁中的微小液滴变成固体而自动加固或使形状记忆合金发生相变，增加桥梁强度。

我国的材料科学家也在研究用形状记忆合金制造的可自行诊断的材料。方法是在玻璃纤维环氧树脂复合材料中埋入镍钛形状合金丝及光纤和电阻应变丝传感器阵列，它们可以检测材料中的受损部位，然后用由计算机控制的机行系统对相应的受损位置的形状合金进行加热激发其产生相变，使复合材料结构中的受力状态自动适应原有设计的受力条件，从而自动加固。

第五节　消震混凝土

消震混凝土是一种多孔混凝土，其制品类似于加气混凝土，有含水的泡沫，但无粗骨料，属于轻混凝土的范畴。一般是惰性的，热透射率较低，而且消震效率较高。

消震混凝土可以是浇筑成型或切割成型。凡是可用于混凝土的一切无毒的有色材料，均可用于消震混凝土中。此外，设计用于混凝土喷涂的任何油漆或涂料，均可用于消震混凝土靶墙的饰面。

消震混凝土一般是用钢纤维或聚丙烯纤维作为内部加筋。消震混凝土的一般密度就是带泡沫的砂子、水泥和水拌合物的密度。尽管纤维对提高了混凝土的延性但加入纤维其极限抗压强度并无明显的影响，只使其堆积密度产生了少量的变化。钢纤维确能提高泡沫混凝土的抗弯强度，但对其他方面不会产生很大的影响。

表 74-1 中列出了额定堆积密度为 1440kg/m^3 消震混凝土的材料配合比，其中包括掺钢纤维的和掺聚丙烯纤维的消震混凝土。

消震混凝土的典型配合比　　**表 74-1**

组成材料	钢纤维增强	聚丙烯纤维增强	组成材料	钢纤维增强	聚丙烯纤维增强
混凝土实际堆积密度（kg）	1554	1440	稳定剂（kg）	0.16	0.16
水泥（kg）	557	577	纤维增强材料（kg）	114.5	0.87
水（kg）	277	277	泡沫剂（L）	329	329
砂（kg）	577	577			

消震混凝土具有自流平的特征，可用一块整平板使表面平整，就像普通的纤维含量很高的混凝土施工时那样。消震混凝土一般是不会有泌水光泽的，所以在表面整平后即可进行抹面压光。

消震混凝土可用在小型武器射击物上，过去小型射击场靶子后面的挡墙，一般都是用土堆起来的。子弹进入靶墙后，被土壤中的酸性物质所腐蚀，日久天长就会造成铅对地下水的污染。消震混凝土能卡住子弹，且其碱性环境不会腐蚀弹头，从而解决了这个世界性的环保难题。

第六节　上釉混凝土

上釉混凝土是用磨得很细的水泥、石英砂和玻璃等材料制成的新型装饰材料。所用原材料及生产工艺如下：

一、原材料的技术要求

1. 水泥

符合国家标准的高铝水泥，过去亦曾称矾土水泥。

2. 细玻璃

掺加玻璃成分是为了提高混凝土焙烧后的性能，改进釉底料和混凝土表面的粘着力。根据铝酸盐水泥成分的不同，所用玻璃也不同，如硅铅玻璃、硅石玻璃、碱硅铅玻璃、碱硅硼铅玻璃或硼硅碱玻璃。

3. 釉底料

可由粘土、高岭土和一种助熔剂组成。为了减少收缩，可在釉底料中加入20%～30%已经煅烧并磨细的釉底料。

二、配合比及配制方法

上釉混凝土配合比应通过试验确定。制造涂玻璃釉的泡沫混凝土可有不同的配比，下述配合比可供设计时参考：

1. 制造1m³泡沫混凝土的配合比

高铝水泥（矾土水泥）	188kg
石英砂	376kg
玻璃	180kg
水	280L

2. 制造1m³泡沫混凝土的配合比

高铝水泥（矾土水泥）	300kg
砂	500kg
玄武岩和火山质填充料	1280kg
细磨玻璃	180kg
水	180L

配制方法如下：

将上述混合料倒入快速搅拌机中搅拌。搅拌后，将混合料倾入振动模内，待混凝土硬化后（3～4h），即放在潮湿空气中养护，制作制品的过程需10～15h。然后贮存数天，就能涂釉。釉料可直接涂上，也可先涂底料，以保证釉的粘附力，并能把水泥中氧化铁所造成的棕色遮盖住，为了减少收缩，可往釉底料中加入20%～30%预先已煅烧过的磨细的釉底料。涂釉后，即可在800～1100℃的高温中焙烧。由50℃提高到500℃时必须缓慢地升温（约需经1h）使混凝土中的水分消失后，再迅速增温至1100℃。

第七节　反应性粉末混凝土（RPC）

反应性粉末混凝土（RPC）实质为一种气密性材料，具有高密实性。据报告称，其极限抗拉强度可达到800MPa，并能象金属一样延伸。由于取消了被动性预应力，设计者们需要重新考虑建筑技术和结构几何学。

1997年11月27日，在Quebec城市Serbrooke地区开通了一座新型步行桥，该桥197英尺长，完全用反应性粉末混凝土制造，而未用预应力钢筋。通过两个月预制后，用起重机现场安装。该反应性粉末混凝土是由法国最大的一家工程承包公司在Bouygues实验室开发的。混凝土完全由粉末组成，其中包括：玻璃制的砂、水泥、石英和硅粉。最大颗粒直径不超过500μm。其他主要成分是金属微纤维，长0.5英寸，直径为200μm。该纤维是用高质钢筋生产的，该种钢筋具有2600MPa抗拉强度。微纤维的设计使反应性粉末混凝土

(RPC) 具有较大的抗拉力。粉末混凝土（RPC）被定义为可延展的，能象金属一样延伸，这些性能保证了混凝土抗剪应力和抗拉应力。该种抗拉应力过去主要源于结构的预应力钢筋。所以 Bouygues 的工程师们预测，混凝土的下一代（现正在试验）将能够提供象钢筋一样的延伸。由于密实性高，抗拉性得到了永久性的改善。

反应性粉末混凝土（RPC）能够承受标准抗压强度 200MPa，在混凝土凝固时，通过施压，并在 482F 热养护下，抗压强度可提高到 800MPa。由于具有较低孔隙率，它的抗压强度为任何著名天然石材抗力的 2 倍。即具有水密性，又几乎完全气密，可抵抗有害物质（如氯根）的渗透。同时，微细孔的出现，使混凝土具有最佳抗冻融循环能力。

反应性粉末混凝土（RPC）平均造价为 23 ~ 28 美元/in^2（即$ 800 ~ 1000/m^2），是传统预应力混凝土造价的 10 倍。然而，考虑到以下两大变化，生产者认为，该混凝土仍具有竞争性。

其一，设计结构几何尺寸的改变，可充分利用材料建筑技术的潜力。

其二，必须维持“全球性建筑项目经济观点”，很容易计算出由于取消预应力所节约的价值。但这种节约，还应考虑到设计者们的简化（因为复杂的计算预应力图被省去），以及现场工作计划和劳工造价被减少。具有相同承载能力而结构较轻，从而获得较轻基础。这些较薄结构比传统结构将持续更长时间，并提供最大的生活空间、停车空间，以及多层结构中更多楼层等优越性。

第八节　受钉混凝土

有时需要能受钉的混凝土，这可用锯屑作骨料来配制。所谓受钉混凝土是指钉子可钉进去并使其牢固保持住的一种材料。作出后边的规定是因为某些轻混凝土，虽然容易吃钉，但却保持不住。有些屋面结构和房屋的预制构件都有受钉性的要求。锯屑混凝土的湿度迁移很大，所以不适于用在潮湿的地方。以下介绍国外锯屑混凝土的实例。

锯屑混凝土大致用相同体积的硅酸盐水泥、砂和细锯屑组成，加水使其具有 25 ~ 50mm 的坍落度。这样的混凝土能与普通混凝土紧密粘结，是一种良好的保温材料。对锯屑要求清洁，无大量树皮，因为这些东西会使有机物的含量增高而破坏水化反应。最好对锯屑进行化学处理，这可以避免对凝结和水化作用的不利影响，也能防止锯屑的腐烂和减小其湿度迁移。应用的锯屑颗粒介于英国标准所列的 6.3mm 与 1.8mm（NO—14）试验筛之间，则可取得最好的结果。但是因为不同种类的锯屑有不同的特性，应该采用试配方法确定配合比。锯屑混凝土堆积密度介于 650 ~ 1600kg/m^3 之间。

受钉混凝土也可用某些其他骨料配制，例如膨胀矿渣、浮石、火山渣和珍珠岩等。

其他如木片和刨花等废料经适当的化学处理也已用于制作非承重的混凝土，其堆积密度为 800 ~ 1200kg/m^3，有的国家用稻壳甚至麦秸制造混凝土，但这还不是具有普遍意义的材料。

合成有机材料也已获得应用，例如膨胀聚苯乙烯塑料珠，它的堆积密度低于10kg/m^3，用它配制的混凝土，具有特别好的绝热性能。每立方米的水泥用量为 410kg 的拌合物，可有堆积密度为 550kg/m^3、强度等级为 C20 的混凝土，可是因为拌合物各组分的堆积密度差别太大，拌合很困难，可能需要采用高达成 18% 的大量截留空气。令人满意的浇筑技术至今尚未研究出来。

第九节 蜂窝式混凝土

日本东京都立大学资深教授桔高指出："地球上结构最稳定的材料是树木，我们想模仿树木的这种性质，人工制造各种产品。"近十年来，桔高教授一直在开发研究质轻而强度高的"轻型纤维强化混凝土"。

市区的气温普遍高于郊区的气温，这种现象被称为"热岛现象"。特别是重工业发达国家的城市，这种现象更趋突出。东京都立大学研究生院的一个研究所正在致力有助于缓和"热岛现象"的蜂窝式混凝土的研究。使其像树木一样，具有吸收水分、保持水分和蒸腾作用等功能，因此这种混凝土一旦实用化并得到普及，就会阻止城市气温的逐年升高，缓和"热岛现象"，调节周围环境的温度和湿度。

蜂窝式混凝土可以看到的孔与普通混凝土一样，但作为混合材料而混入了具有吸水性的树脂，这就是"轻型纤维强化混凝土"的特性，即"蜂窝式混凝土"。

东京都立大学研究生院某研究所研究众多孔质骨料材料和多孔混凝土，但要同时具备这两个条件，即吸水率在50%左右，并能够同时保持住吸收的水分，也只有吸水树脂这种高分子材料才能同时满足这两个条件。因此，对利用这种树脂配制"蜂窝式混凝土"的各种工艺参数和材料进行了研究。

在试验研究中，桔高教授等人改变吸水性树脂的混入量以及各种成分，制作出各种试件和样品，并测算了其吸水量、蒸腾作用和热工特性。试验结果证实，"蜂窝式混凝土"具有良好的吸水和保水功能以及蒸腾作用，并具有通过蒸腾作用来抑制城市环境温度上升的效果，是一种比较理想的环保型混凝土。

在测算试验的结果时，研究人员同时发现了今后应解决的课题，"蜂窝式混凝土"与以往的普通混凝土一样，强度低的样品吸水率较大，树脂混入量越多，抗压强度亦就越低。所以，如何解决好吸水率和强度的矛盾，也是研究开发"蜂窝式混凝土"的一个方向，即强度要符合力学结构的指标，同时吸水率也要满足缓和"热岛现象"物理性质的要求。

第十节 金属混凝土

金属混凝土（Metal concrete）是指用金属代替普通水泥作为胶结材料的混凝土，它是一种新的结构材料。根据金属种类的不同，可以获得铝、钢铁、铸铁、钛、锡和锌的金属混凝土。混凝土中金属胶结材料的体积含量占15%~50%，骨料可采用辉绿岩、石英、玄武岩、花岗岩等，或者采用多孔陶粒、烧结料、灰岩、浮石等轻骨料以及改性的外加剂。

金属混凝土制品按下列工艺方法生产：先往模板内铺放骨料混合物，然后用熔融的金属浇筑填满；或将骨料混合物与金属先行密实，然后加热，加热的温度要高于金属的熔点。

一般金属混凝土不仅具有很高的强度（比其成分中的金属强度高得多），而且伴有很高的耐热性、耐磨性、化学性和耐火性。例如，铝金属混凝土具有下述技术性能：

抗压强度：150~300MPa；

弹性模量：$3\times10^4\sim6\times10^4$MPa；

耐热性（抗800~1000℃高温）：30~60min；

单位体积电阻：2~4μm·Ω/cm²；

耐磨性（用AKN-2转盘）：0.0002~0.0004g/cm²；

在中等和弱的侵蚀性介质中的化学稳定性：80%~100%。

由上可见，铝金属混凝土抗压强度比纯铝高出0.5~1倍，比C30级普通混凝土高出4~9倍，而耐热性和电阻率显著超过纯铝。

采用金属混凝土代替金属制成各种制品和结构可以节约50%~80%的金属。而且还可以改善金属的许多技术性能和使用效果。金属混凝土最适宜制作经受温度、磨损、冲击和化学腐蚀的各种薄壁结构，以及各种承载能力高的建筑构件。例如用薄而美观又轻便的石英砂金属混凝土板制作的隔声天花板，比用薄钢板预制加工天花板便宜得多；用铝金属混凝土制成的各类防辐射室镶贴面比纯铝镶贴面便宜；生铁混凝土特别适宜浇灌重型机床底座；在制钾车间，钾盐四年可蚀毁钢筋混凝土塔，一年可蚀毁石棉水泥天花板，而大多数金属混凝土抗钾盐腐蚀的能力要比金属本身和普通混凝土强得多。

参 考 文 献

1 王异，周兆桐主编·混凝土手册·长春：吉林科学技术出版社，1985

2 建筑施工手册编写组·建筑施工手册（第四版）·北京：中国建筑工业出版社，2002

3 建筑材料手册编写组·建筑材料手册（第四版）·北京：中国建筑工业出版社，2001

4 重庆建筑工程学院，南京工学院编组·混凝土学·北京：中国建筑工业出版社，1981

5 ［英］A.M. 内维尔著·李国泮，马贞勇译·混凝土的性能·北京：中国建筑工业出版社，1985

6 ［苏］Ю.М. 布然诺夫著·龚洛书，柳春圃译·混凝土工艺学·北京：中国建筑工业出版社，1985

7 ［日］村田二朗主审·腾家禄译·日本土木工程手册·北京：中国铁道出版社，1983

8 黄大能，沈威等编译·新拌混凝土的结构和流变特征·北京：中国建筑工业出版社，1983

9 赵志缙等编著·新型混凝土及其施工工艺·北京：中国建筑工业出版社，1986

10 ［法］雷尔密特著·于宏译·混凝土工艺学问题·北京：中国建筑出版社，1966

11 ［苏］N.H. 阿赫维尔多夫著·傅增玉译·高强混凝土·北京：中国工业出版社，1964

12 ［苏］Ю.М. 布特，A.H. 拉什科维奇著·重庆建筑工程学院蒲心诚等译·杨珏校·高温下胶凝物质的硬化·北京：中国工业出版社，1965

13 中国建筑工业出版社编·建筑材料辞典·北京：中国建筑工业出版社，1981

14 李德富译·［日］樱井纪朗，壶阪佑三，宫坂庆男合等著·特殊混凝土施工·北京：水利电力出版社，1985

15 C.M.ИИКОВИц 著·龚洛书译·无砂大孔混凝土生产新工艺（国外轻骨料混凝土应用）·北京：中国建筑工业出版社，1982

16 吴中伟·初偿收缩混凝土·北京：中国建筑工业出版社·1979

17 冶金工业部建筑研究总院编著·水玻璃耐酸混凝土·北京：冶金工业出版社，1985

18 朱伯芳等编著·水工混凝土结构的温度应力与温度控制·北京：水利电力出版社，1976

19 ［日］小林一辅著·冷锦文译·混凝土工程·北京：煤炭工业出版社，1981

20 ［日］森茂二朗编·王幼云等译·新型水泥与混凝土·北京：中国建筑工业出版社，1982

21 雍本·无砂大孔混凝土地坪·混凝土及建筑构件，1982（1）

22 李晓飞译·于宏校·导电混凝土·施工技术（建筑技术通讯），1982（2）

23 刘东鉴·利用磁化水提高混凝土强度的探讨·混凝土及加筋混凝土，1982（5）

24 张蕴哲·苏联用磁化水搅拌混凝土简介·混凝土及加筋混凝土，1984（4）

25 谭洪光·太阳能养护混凝土构件·混凝土及建筑构件，1980（2）

26 北京市建筑工程研究所·红外线与红外线养护混凝土·科研情报（建筑技术），1978·3

27 中国新型建筑材料公司等编著·新型建筑材料实用手册·北京：中国建筑工业出版社，1987

28 ［苏］A.E. 杰索夫著·信夫译·振实混凝土·北京：中国工业出版社，1965

29 王福川编著·现代装饰材料及施工·北京：中国建筑工业出版社，1986

30 雍本编著·装饰工程施工手册·第二版·北京：中国建筑工业出版社，1992

31 ［英］悉尼 . 门德斯，［美］J. 弗朗西斯·杨著·方秋清，林如楼，吴科如，沈曼曼译·陈志源校·混凝土·北京：中国建筑工业出版社，1989

32 彭圣浩主编·建筑工程质量通病防治手册 . 第二版·北京：中国建筑工业出版社，1991

33 叶林标等编著·建筑工程防水施工手册·北京：中国建筑工业出版社，1990

34 薛君玕，吴中伟主编·膨胀和自应力水泥及其应用·北京：中国建筑工业出版社，1985
35 菲利浦 H. 珀金斯著·杜文华,蔡行健译·混凝土结构、修补、防水与防护·北京:中国建筑工业出版社,1982
36 长安大学主编·公路施工手册——工程材料·北京：人民交通出版社，2001
37 吴中伟，张鸿直著·膨胀混凝土·北京：中国铁道出版社，1990
38 赵志缙，赵帆编著·混凝土泵送施工技术·北京：中国建筑工业出版社，1998
39 乔英杰，李家和等编著·特种水泥与新型混凝土·哈尔滨：哈尔滨工业大学出版社，1997
40 赵志缙，李继业等主编·高层建筑施工·上海：同济大学出版社，1999
41 高强与高性能混凝土委员会编·高强混凝土工程应用·北京：清华大学出版社，1998
42 程良奎编著·喷射混凝土·北京：中国建筑工业出版社，1990
43 傅温主编·混凝土工程新技术·北京：中国建材工业出版社，1990
44 冯乃谦编著·流态混凝土·北京：中国铁道出版社，1988
45 沈旦申编著·粉煤灰混凝土·北京：中国铁道出版社，1989
46 杨文浦，铁绍武编·道路施工工程师手册·北京：人民交通出版社，1997
47 王政，战宁亭主编·新型建筑材料·哈尔滨：洽尔滨工业大学出版社，1996
48 陈肇元等编著·高强混凝土及其应用·北京：中国建筑工业出版社，1992
49 李继业编著·新型混凝土技术与施工工艺·北京：中国建筑工业出版社，2002
50 雍本编著·幕墙工程施工手册·北京：中国计划出版社，2000
51 ［法］果尔蒙著·苏锡南等译·今日轻混凝土·北京：中国建筑工业出版社，1984
52 冶金建筑研究院编·防水混凝土及其应用·北京：中国建筑工业出版社，1979
53 北京市建筑研究设计院，东北建筑设计院合编·加气混凝土在建筑中的应用·北京：中国建筑工业出版社，1980
54 交通部混凝土减水剂协作研究组编·混凝土减水剂·北京：人民交通出版社，1980
55 陈增林等编译·结构用轻骨料混凝土·长沙：湖南科学技术出版社，1982
56 ［日］赤冢雄三，关博著·腾福崇，周壬壬译·水下混凝土施工法·北京：中国建筑工业出版社，1983
57 杨光煦·水下灌注混凝土·北京：中国建筑工业出版社，1983
58 赵志缙编著·泵送混凝土·北京：中国建筑工业出版社，1985
59 沈芙河编著·实用混凝土技术·哈尔滨：黑龙江科学技术出版社，1984
60 朱清红编著·高强高性能混凝土研究及应用·北京：中国建材工业出版社，1999
61 吴中伟·流态混凝土—混凝土技术发展新方向·混凝土及加筋混凝土·1984（2）
62 沈旦申·流体混凝土·混凝土及加筋混凝土·1981（6）
63 杨嘉震·S.E.C 混凝土·建筑机械化，1985（1）
64 职维恕等编著·混凝土早期质量的制定与控制·北京：中国建筑工业出版社，1986
65 生为光，王琳·升浆法混凝土·混凝土与水泥制品，1987（4）
66 ［加拿大］V.S.Ramachandran、R.F.Feldman、J.J.Beaudoin 著·黄土元，孙福强等译·混凝土科学·北京：中国建筑工业出版社，1986
67 雍本编著·特种混凝土配合比手册·成都：四川科学技术出版社，2003
68 吴中伟，唐惠珍著·高性能混凝土·北京：中国铁道出版社，1999
69 高丹盈，赵军，朱海堂编著·钢纤维混凝土设计与应用·北京：中国建筑工业出版社，2003
70 宋玉普编著·多种混凝土材料的本构关系和破坏准则·北京：中国水利水电出版社，2002
71 赵志缙、赵帆编著·混凝土泵送施工技术·北京：中国建筑工业出版社，1998
72 张应力主编·现代混凝土配合比设计手册·北京：人民交通出版社，2003
73 朱清江主编·高强高性能混凝土研究及应用·北京：中国建材工业出版社，1999
74 张征明编著·高性能混凝土的配制及应用·北京：中国计划出版社，2003